T0225139

Handbuch der
Ernährung und des Stoffwechsels der landwirtschaftlichen Nutztiere
als Grundlagen der Fütterungslehre

Erster Band.
Nährstoffe und Futtermittel.

1929. XIV und 575 S. gr. 8⁰. 11 Abbildungen. RM 46.80; gebunden RM 49.80

Zweiter Band.
Verdauung und Ausscheidung.

1929. XI und 464 S. gr. 8⁰. 146 Abbildungen. RM 42.—; gebunden RM 46.—

(Forts. s. III. Umschlagseite.)

Springer-Verlag Berlin Heidelberg GmbH

HANDBUCH DER ERNÄHRUNG UND DES STOFFWECHSELS DER LANDWIRTSCHAFTLICHEN NUTZTIERE

ALS GRUNDLAGEN DER FÜTTERUNGSLEHRE

HERAUSGEGEBEN VON

ERNST MANGOLD

DR. MED. · DR. PHIL. · O. PROFESSOR DER TIERPHYSIOLOGIE
DIREKTOR DES TIERPHYSIOLOGISCHEN INSTITUTS DER
LANDWIRTSCHAFTLICHEN HOCHSCHULE BERLIN

VIERTER BAND

ENERGIEHAUSHALT
BESONDERE EINFLÜSSE AUF ERNÄHRUNG UND STOFFWECHSEL

SPRINGER-VERLAG BERLIN HEIDELBERG GMBH
1932

ENERGIEHAUSHALT

BESONDERE EINFLÜSSE AUF ERNÄHRUNG UND

STOFFWECHSEL

BEARBEITET VON

P. HERTWIG-BERLIN/DAHLEM · J. KŘÍŽENECKÝ-BRÜNN
F. W. KRZYWANEK-LEIPZIG · E. MANGOLD-BERLIN
J. PAECHTNER-MÜNCHEN · W. RAAB-WIEN · M. STEUBER-
BERLIN · R. STIGLER-WIEN · W. WÖHLBIER-ROSTOCK

MIT 210 ABBILDUNGEN

SPRINGER-VERLAG BERLIN HEIDELBERG GMBH
1932

ISBN 978-3-7091-9546-8   ISBN 978-3-7091-9793-6 (eBook)
DOI 10.1007/978-3-7091-9793-6

Inhaltsverzeichnis.

IX. Der Energiewechsel.

1. Der Wärmehaushalt.

Von

Professor Dr. Robert Stigler

Vorstand des Physiologischen Institutes der Hochschule für Bodenkultur in Wien.

A. Wesen und Bedeutung des Energiewechsels für das Leben.

Ein fortwährender Austausch von Stoffen und Kräften ist zu mindest die Grundbedingung des Lebens, wenn nicht das Leben selbst. Die *stoffliche* Seite dieses Austausches ist bereits in früheren Abschnitten dieses Handbuches erörtert worden. Der für das Leben weitaus wichtigere Teil ist aber der *Energiewechsel*. Denn nur um des Energiewechsels willen interessiert uns überhaupt der materielle Stoffwechsel. Erst der Energiewechsel charakterisiert das Leben vollständig. Der Energiewechsel ist aber vom Stoffwechsel gar nicht zu trennen; denn der Stoff ist der Träger der Energie. Nur durch die Nährstoffe kann dem Körper jene Energie zugeführt werden, deren fortwährende Umwandlung das Leben ausmacht.

Der Zweck des Stoffwechsels im weitesten Sinne liegt also beim tierischen Organismus im Energiewechsel, und der Zweck des Energiewechsels ist das Leben selbst.

Wer einen wirtschaftlichen Betrieb ansehen und seine Einrichtungen studieren will, wird zunächst einmal seine Erzeugnisse kennenlernen und somit wissen wollen, wozu der Betrieb überhaupt dient. Darum erscheint es mir zweckmäßig, an die Spitze der Erörterungen über den Energiewechsel eine kurze Betrachtung des *Lebens* selbst zu stellen.

I. Historischer Rückblick.

Zusammenfassende Darstellungen:

Claude Bernard: Vorlesungen über die tierische Wärme. Übersetzt von A. Schuster. Leipzig 1876.

Rubner, M.: Die Quelle der tierischen Wärme. Z. Biol. **30**, 73 (1894).

Der Tote rührt sich nicht mehr und ist kalt. Dies war sicher eine der ältesten physiologischen Beobachtungen der Menschheit. Ebenso alt dürfte wohl der daraus hervorgehende Schluß sein, daß das Leben mit Wärmeerzeugung verbunden ist.

Hippokrates (460—377 v. Chr.) hielt, entsprechend einer uralten Idee, die Lebenswärme für eingeboren und geradezu für die Ursache des Lebens. Aristoteles (384—322 v. Chr.) glaubte an einen Feuerherd in der rechten Herzkammer, von dem aus die Wärme durch das Blut in alle Körperteile gesendet werde. Der

römische Arzt Galen (131—201 n. Chr.) verlegte den Sitz dieses Feuerherdes
nicht in die rechte, sondern in die *linke* Herzkammer. 2000 Jahre herrschte diese
vitalistische Lehre von der tierischen Wärme, bis in das 17. Jahrhundert.

Es ist von physiologischem Interesse, daß die Alten die Seele und die Lebensflamme
gerade in das Herz verlegten. Offenbar waren hierfür einerseits die mit der seelischen Aufregung einhergehenden Empfindungen in der Herzgegend, andererseits die Beobachtung des
Herzstillstandes mit dem Tode, maßgebend.

Als man allmählich aufhörte, an die Unfehlbarkeit der Galenschen Lehre
zu glauben, kamen im 17. und 18. Jahrhundert neue Hypothesen über die tierische
Wärme auf. Die *Iatrochemiker* (vor allem der Belgier van Helmont und der
Franzose Sylvius) hielten die Körperwärme für das Produkt von Gärungen beim
Zusammentreffen verschiedener aus der Nahrung stammender Stoffe im Blut,
die *Iatromechaniker* (wie die Wiener Ärzte Boerhave und van Swieten) lehrten,
daß die Körperwärme aus der Bewegung der Körpermuskulatur und der des
Blutes in den Gefäßen infolge der Reibung entstehe. Daneben erhielten sich aber
noch bis in das 19. Jahrhundert vitalistische Anschauungen über die Lebenswärme. Diese besagten, daß die unbekannte Ursache der Lebenswärme zu gleicher
Zeit die Ursache des Lebens selber sei. Hunter verlegte den Sitz dieser Kräfte
in den Magen, Brodie und Chaussat in das Nervensystem.

Es ist Lavoisiers[183] unsterbliches Verdienst, in die damaligen Irrlehren eine
Bresche geschlagen und den Weg zur Wahrheit gezeigt zu haben. 1777 erklärte
er den Lebensprozeß als einen durch die Atmung unterhaltenen Verbrennungsprozeß. Vordem herrschte noch die alte Lehre von Aristoteles und Galen, daß
die Respiration dazu diene, das durch die Lebenswärme überhitzte Blut zu kühlen.
Lavoisier[182] betrachtete die Respiration als eine Verbrennung, für die das Blut
das der Nahrung entnommene Brennmaterial, den *Kohlenstoff* und *Wasserstoff*,
und die atmosphärische Luft das die Verbrennung bewirkende Element, den
Sauerstoff, liefere. Er sagt: ,,Das Atmen ist also ein zwar sehr langsames, aber
übrigens dem der Kohle vollkommen ähnliches Verbrennen; es geschieht inwendig
in der Lunge, ohne merklich Licht zu entbinden, weil das freigewordene Feuer-
wesen alsbald von der Flüssigkeit dieser Werkzeuge angezogen wird." Zit. n.
M. Rubner S. 75[286].

Nur über den *Ort der Erzeugung der tierischen Wärme* war Lavoisier im
Irrtum: die Verbrennung, welche die tierische Wärme liefert, findet nicht im
Innern der Lunge, sondern in den gesamten Geweben des Tierkörpers statt.
Der Nachweis der *Gewebsatmung* wurde auf verschiedene Weise erbracht. Hier-
von war bereits in einem früheren Abschnitte dieses Handbuches die Rede (vgl.
J. Paechtner. Der Gaswechsel. III Bd. dieses Hdb. S. 367).

Lavoisiers[182, 183] Entdeckung bildete den Ausgangspunkt jener Forschungen,
auf welchen die heutige Lehre vom Stoffwechsel und vom Wärmehaushalt aufgebaut ist.

II. Begriff des Lebens.

Zusammenfassende Darstellungen:

Lehmann, G.: Energetik des Organismus. Handbuch der Biochemie 2. Aufl., **6**,
564. 1926.

Oppenheimer, C.: Energetik der lebenden Substanz. Handbuch der Biochemie,
2. Aufl., **2**, 222. 1925.

Roux, W.: Das Wesen des Lebens. Die Kultur der Gegenwart. III. 4. 1., 173. 1915.

Tschermak, A. v.: Allgemeine Physiologie, 1. Berlin 1918.

Uexkuell, J. v.: Definition des Lebens und des Organismus. Handbuch der normalen und pathologischen Physiologie 1, 1. 1927.

Zwaardemaker, H.: Allgemeine Energetik des tierischen Lebens. Handbuch der
normalen und pathologischen Physiologie 1, 228. 1927 u. a.

Es gibt *belebten* und *unbelebten* Stoff. Was beide voneinander unterscheidet, ist das *Leben*.

Ernährung, Reizbarkeit, Bewegung, Wachstum, Fortpflanzung und, über allem stehend, die Bewußtseinserscheinungen sind Vorgänge, die in ganz eigener Weise dem Leben zukommen. Die Merkmale, durch die sich Belebtes und Unbelebtes unterscheiden, sind sehr zahlreich (vgl. u. a. W. Roux[282]). Mit ihrer Aufzählung ist jedoch natürlich noch kein Einblick in das Wesen des Lebens gewonnen. Was muß zur toten Masse noch hinzukommen, damit sie lebe? Ist es eine Substanz, eine Energie oder nur ein ganz besonderer Zustand, in dem sich die Materie so verhält, wie es das Leben zeigt?

Seit jeher hat sich die Menschheit um die Lösung des Lebensrätsels abgemüht, und dabei waren es wahrscheinlich schon lange vor den körperlichen seine *seelischen* Lebensäußerungen, die der Mensch zu ergründen suchte. Zweifellos müssen ja die *Bewußtseinsvorgänge* dem Menschen viel wichtiger erscheinen als die rein körperlichen physiologischen Vorgänge. Darum möchte ich auch, entgegen dem sonst allgemeinen Gebrauche der Physiologen, die Erörterung des Lebensbegriffes mit den *seelischen Lebenserscheinungen* beginnen.

1. Die seelischen Lebenserscheinungen.

Man wird vielleicht denken, daß die seelischen Lebenserscheinungen mit der Ernährung und Nutzung der Haustiere wohl kaum sehr viel zu tun haben und daß ihre Erörterung in diesem Rahmen daher ganz überflüssig wäre. Dies wäre aber eine sehr irrige Anschauung. Für die landwirtschaftliche Praxis spielen die seelischen Eigenschaften der Arbeitstiere eine ebenso große Rolle, wie die seelischen Eigenschaften der Arbeitsmenschen. Dies ist ungemein leicht darzutun durch den Hinweis auf die *Kastration*. Schon zur historischen Zeit der alten Ägypter und wahrscheinlich noch früher wurde diese ausgeübt. Schon damals hatten die Menschen die wichtige physiologische Beobachtung gemacht, daß die Entfernung der Geschlechtsdrüsen den Übermut und Trotz des Männchens zu brechen und es zum willigen Sklaven seines Herrn zu machen vermag. Nur aus diesem psychologischen Grunde verwendet der Bauer Wallache und Ochsen statt Hengsten und Stieren zur Arbeit. Gerade der primitive Tierzüchter hat also die Wichtigkeit der Tierseele für seine eigenen praktischen Zwecke sehr frühzeitig erkannt und diese Erkenntnis zur Veranlassung eines im größten Stile durchgeführten physiologischen Experimentes gemacht, dessen Grundlagen erst vor wenigen Jahrzehnten mit der Erkenntnis der inneren Sekretion verständlich wurde (hierüber siehe Raab und Křiženecký in diesem Bande des Handbuches S. 264 u. 341).

Die Verwendbarkeit bestimmter Tiere als landwirtschaftlicher Haustiere hängt natürlich in allererster Linie von ihrer Zähmbarkeit und Dressurfähigkeit ab. Auch diese rein psychologischen Eigenschaften der Tiere muß die Menschheit schon in sehr frühen Entwicklungsstadien ihrer Kultur beobachtet und berücksichtigt haben, als sie die auch heute noch maßgebende Auswahl der Haustiere traf.

Aus alledem geht der große Anteil hervor, den die *seelischen Lebenserscheinungen* der Haustiere an dem ganzen wirtschaftlichen Betriebe haben.

Das, was uns Menschen das Leben wertvoll macht, sind selbstverständlich nur die *Bewußtseinsvorgänge*, während die körperlichen physiologischen Lebensäußerungen nur insofern von Bedeutung erscheinen, als sie die notwendigen Bedingungen zum Auftreten der Bewußtseinsvorgänge bilden. Niemand würde sich um Gesundheit und Krankheit seiner Organe kümmern, wenn nicht davon unsere Lust- und Unlustempfindungen abhingen. Niemand würde um einen Toten trauern, wenn mit dem Erlöschen der körperlichen physiologischen Lebensvorgänge nicht zugleich die seelischen Lebensäußerungen verschwänden. Die gesamte menschliche Erfahrung lehrt, daß alle seelischen Äußerungen an das Leben des Körpers gebunden sind.

Die Alten verlegten den Sitz der Seele in das Blut oder das Herz oder in andere Organe. Erst spät erkannte man das *Gehirn als den Sitz der Seele*. ARISTOTELES hielt das Gehirn noch für eine kalte, fettige Masse, dazu bestimmt, die aus dem Herzen aufsteigende Wärme zu dämpfen.

Daß die *Bewußtseinserscheinungen* tatsächlich *ihren Sitz im Gehirn* haben, geht vor allem daraus hervor, daß nicht nur das Bewußtsein überhaupt verschwindet, wenn das Gehirn schwer geschädigt oder z. B. durch unzulängliche Blutzufuhr in seiner Funktion beeinträchtigt wird, sondern auch daraus, daß durch die Zerstörung *bestimmter* Gehirnteile ganz *bestimmte* Erscheinungen unseres Bewußtseins ausgelöscht werden, z. B. durch Zerstörung des Gehirns in der Gegend des Hinterhauptes das *Sehen*, durch Zerstörung des Schläfenhirns die *Sprache* schwer geschädigt oder gänzlich vernichtet wird. Aus ungezählten derartigen Tatsachen können wir schließen, daß *unser Seelenleben sicher an eine bestimmte Beschaffenheit und an bestimmte ununterbrochene Zustandsänderungen des Gehirns gebunden ist.*

Diese eigenartigen Zustandsänderungen der Organe, von denen die Möglichkeit gesunder Lebensäußerungen abhängt, nennen wir ihre *physiologische Funktion.* Dieses Wort hat sich notwendigerweise viel früher eingestellt als der klare Begriff; denn wir haben auch heute noch nicht den geringsten Einblick in das wirkliche Wesen dieser „physiologischen Funktion". Wir kennen aber schon eine Unmenge von physikalischen und chemischen Bedingungen, welche zum Bestande der physiologischen Funktion notwendig sind.

Es ist also ganz sicher, daß unser Seelenleben auf der physiologischen Funktion des Gehirns beruht. Damit ist aber durchaus noch nicht bewiesen, daß Bewußtseinserscheinungen nichts anderes als physikalische oder chemische Zustandsänderungen des Gehirnes seien. Ehe man wußte, daß für das Zustandekommen von Lichtempfindungen der Hinterhauptlappen des Gehirns nötig ist, glaubte man, daß die Lichtempfindungen im Auge selbst entstünden. Es ist aber möglich, daß auch die Elemente des Gehirns noch nicht das letzte Glied der ganzen Kette darstellen, welche am Zustandekommen der Lichtempfindung beteiligt ist, sondern daß die Erregung des Sehzentrums im Gehirn wieder nur die Voraussetzung zur Erregung eines uns bisher noch unbekannten letzten Gliedes dieser Lebenskette, der sog. Seele, ist. Der Haß der Aufklärungsphilosophen des 18. Jahrhunderts gegen den Begriff Seele, dem ja für den Physiologen ohnehin nur der Charakter einer Arbeitshypothese zukommt, beruhte zweifellos auf einer allzu naiven Vorstellung von der „Seele". Für den unvoreingenommenen Physiologen besteht gar kein zwingender Grund zur Annahme, daß es außer jenen „Kräften" oder „Energien", die wir heutzutage mehr oder weniger zufälligerweise schon kennen, andere dynamische oder energetische Prinzipien absolut nicht geben könne. Selbstverständlich kann man aber in der Naturwissenschaft mit problematischen Energiearten nicht rechnen.

Mit dem Nachweise, daß das individuelle Seelenleben an die normale Funktion des Gehirns gebunden ist, fällt natürlich die Vorstellung eines postmortalen Bestandes des ersteren in sich zusammen.

Es wird, und zwar auch von Männern der Wissenschaft, gegen diesen ablehnenden Standpunkt mitunter ins Treffen geführt, daß sich der Gedanke des Fortlebens der individuellen Seele nach dem Tode zu allen Zeiten und bei allen Völkern findet und daß derartige instinktive Ideen der Menschheit in manchen Fällen früher den richtigen Weg gewiesen hätten als die Wissenschaft. Demgegenüber ist aber zu bemerken, daß die Ideen der Menschheit auch durch die Notwendigkeit von gewissen *Illusionen* bestimmt werden, welche einerseits über den entwicklungsgeschichtlich schwer verständlichen Widerspruch zwischen dem angeborenen Lebensdrang und der eisernen Notwendigkeit des Todes, andererseits über den Widerspruch zwischen den Interessen des Einzelnen und den Interessen der Gesamtheit durch ihre suggestive Massenwirkung hinweghelfen sollen.

Der experimentelle Beweis für die Existenz einer außerhalb des Körpers bestehenden und ihn überlebenden Seele wird — auf eine sehr einfältige Weise — von den Spiritisten versucht, ist aber bisher völlig mißlungen. Ihr Geisterspuk wurde immer wieder als bewußte oder unbewußte Täuschung und Selbsttäuschung entlarvt.

Die Bewußtseinserscheinungen sind eigene Erlebnisse und können nicht objektiviert, d. h. von anderen Personen beobachtet oder in, direkt oder indirekt, wahrnehmbare Vorgänge umgewandelt werden. Sie sind daher aus der Physiologie ausgeschaltet und der Philosophie bzw. Psychologie überlassen worden. Der Physiologie obliegt aber die Untersuchung jener physiologischen Bedingungen, unter denen die Erscheinungen des Seelenlebens überhaupt zustande kommen. Als Beispiel sei die Frage erwähnt, ob und inwieweit *das Gesetz von der Erhaltung der Energie auch auf die seelischen Vorgänge anwendbar ist*, ob etwa eine regere Denkarbeit mit einem größeren Verbrauch von Energie einhergehe als eine weniger rege Denkarbeit. Die von vornherein zu erwartende Bejahung dieser Frage geht aber aus den hierüber angestellten Versuchen nicht sicher hervor. Hiervon soll noch später die Rede sein.

2. Die körperlichen Lebenserscheinungen.

Dadurch, daß die körperlichen Lebenserscheinungen unserer objektiven Beobachtung zugänglich sind, scheint es, als wäre der Begriff des Lebens auf körperlichem Gebiet leichter zu erfassen als auf seelischem. Tatsächlich ist dies aber nicht der Fall. Warum sich der gereizte Muskel kontrahiert oder die gereizte Drüse sezerniert oder was für eine Materie oder Energie die Erbanlagen hervorbringt und überträgt, darüber wissen wir keine Spur mehr als über die Seele. Ist es überhaupt ein und dasselbe Prinzip (um nicht den viel gelästerten Ausdruck „Kraft" zu gebrauchen), welches die Drüsenzellen zwingt, auf einen gegebenen Reiz zu sezernieren, und welches die Seele zwingt, auf irgendeinen psychischen Reiz mit Lust- oder Unlustempfindungen zu antworten? So wahrscheinlich dies auch den meisten Naturforschern erscheinen mag, erwiesen ist es ebensowenig wie das Gegenteil.

3. Der Ursprung des Lebens.

Zusammenfassend u. a. bei E. GODLEWSKI, WINTERSTEINS Hdb. d. vergleichend. Physiol. III, 2, S. 457. 1910.

Von grundlegender Wichtigkeit ist die Frage, ob es gelingt, experimentell aus Unbelebtem Belebtes zu machen. Alle darauf gerichteten Versuche sind vollkommen fehlgeschlagen. Das Gesetz „omne vivum e vivo" besteht zurecht.

Die Übertragung des Lebens auf den an sich unbelebten Stoff erfolgt nur durch Miteinbeziehung des letzteren in die lebendige Substanz, also nur durch unmittelbaren Kontakt mit dieser; eine Fernübertragung des Lebens gibt es nicht.

Irgendeinmal muß aber doch das erste Lebewesen auf unserer Erde entstanden sein. Früher stellte man sich vor, daß unter bestimmten Umständen aus toter Substanz Lebewesen entstehen könnten. ARISTOTELES nahm z. B. an, daß sich Würmer, Insekten und Fische aus dem Regenwasser, das auf den Schlamm oder ins Meer fällt, entwickeln könnten. Später dachte man allerdings nur mehr an die Entstehung ganz niederer kleinster Lebewesen aus Unbelebtem, z. B. der Schimmelpilze. Durch keimfreie (aseptische) Aufbewahrung der fraglichen Stoffe konnte man in der Neuzeit mit Sicherheit alle diese Vorstellungen von einer sog. *Urzeugung* widerlegen (SCHWANN, HELMHOLTZ, H. HOFFMANN, PASTEUR, KOCH u. a.).

Das Entstehen der ersten Lebewesen auf der Erde stellen sich die *Monisten* so vor, daß sich zu einer Zeit, da sich die Erde schon hinlänglich abgekühlt hatte, spontan, durch sog. Autogonie, die lebende Substanz gebildet habe (HAECKEL).

Es sprechen verschiedene Gründe dafür, daß die Urheimat der Lebewesen das Meer sei (QUINTON[267]). Diese Ansicht beruht auf verschiedenen Gründen, namentlich auf der Ähnlichkeit der Gewebsflüssigkeit mit dem Meerwasser bezüglich des Salzgehaltes (FRÉDERICQ[85], QUINTON[267] u. a.), ferner auf entwicklungsgeschichtlichen und paläontologischen Befunden und verschiedenen anderen Beobachtungen z. B. des Verlustes der bei den Wassertieren noch sehr wichtigen, über die Richtung oben und unten orientierenden Funktion des Otolithenapparates bei Landsäugetieren, zumindest beim Menschen (R. STIGLER[312]) u. a.

Die Autogonie soll sich, nach E. A. SCHAEFER[293] im Meer unzählige Male wiederholt haben und vielleicht auch jetzt noch andauern.

Die *Dualisten* stellen sich hingegen vor, daß die lebende Substanz nicht aus der unbelebten durch innere Umwandlung entstanden sei, sondern durch Zusammentreten der unbelebten Substanz mit einer „Lebenskraft", die außerhalb der zu belebenden Körper entstanden sei.

Die *Dauer des Lebens* auf der Erde schätzt Lord KELVIN auf ca. 24 Millionen, Sv. ARRHENIUS hingegen auf 100—200 Millionen Jahre (vgl. A. TSCHERMAK[339]). Diesen Zahlen dürfte wohl kaum mehr als Phantasiewert zukommen. Sicher muß man aber wohl annehmen, daß sich auf der Erde zu der Zeit, da sie noch feuerflüssig war, kaum Lebewesen befunden haben können und daß diese erst später entstanden sein müssen.

Es ist übrigens bemerkenswert, daß schon die Biblische Geschichte lehrt, daß zuerst die Meertiere entstanden seien.

4. Das Wesen der physikalischen und chemischen Vorgänge.

Das Wesen des Lebens ist uns also trotz aller Fortschritte der Wissenschaft noch immer ein Rätsel. Es ist aber hervorzuheben, daß auch unsere Erkenntnis der *unbelebten* Natur nicht tiefer reicht als die des Lebens. Warum fliegt ein Stein weiter, wenn man ihn wirft? Da auf ihn, sobald er die Hand des Werfers verlassen hat, äußere Kräfte in der Richtung des Fluges nicht mehr einwirken, so muß die Ursache der Weiterbewegung des Steines in ihm selber liegen, d. h. sein Zustand muß sich dadurch, daß er geworfen wurde, gegenüber jenem Zustand, in dem er sich in der Ruhe befand, geändert haben. Wir drücken dies physikalisch mit den Worten aus: „Wir haben dem Stein Bewegungsenergie mitgeteilt." Was aber dieses als „Bewegungsenergie" bezeichnete geheimnisvolle Etwas ist, bleibt ebenso dunkel wie das Wesen der „Lebenskraft" oder der „Seele". Ebensowenig erkennen wir, warum der von uns losgelassene Stein zur Erde fällt, ebensowenig, warum sich zwei Atome H mit einem Atom O zu einem Molekül H_2O verbinden. Die allereinfachsten physikalischen oder chemischen Vorgänge in der unbelebten Welt sind also für uns auch heute noch gerade so große Rätsel wie die größten Wunder des Lebens.

5. Vergleich zwischen der belebten und unbelebten Substanz.

Unterscheidet sich nun das Lebende vom Unbelebten oder Toten nur durch einen besonderen Zustand seiner Masse oder noch durch das Hinzukommen einer eigenartigen „*Lebenskraft*"?

Es gilt heute als erwiesen, daß die lebende Materie den gleichen Naturgesetzen gehorcht wie die unbelebte.

Eine Ausnahme hiervon bildet in mancher Hinsicht das *Entropiegesetz*, das anscheinend nur für einen Teil der biologischen Vorgänge Gültigkeit hat; davon ist später noch die Rede. Im übrigen sind alle physikalischen una chemischen Gesetze uneingeschränkt auch für die belebte Welt als bindend bestätigt. Man kann aber mit ihrer Hilfe die Lebenserscheinungen, Wachstum, Fortpflanzung, Reizbarkeit, Eigenbewegung, Selbstregulierung und erst recht die psychischen Lebenserscheinungen, durchaus nicht restlos erklären. Dies gilt sogar von der Aufnahme der Nährstoffe und von der Abgabe der Stoffwechselprodukte von seiten der einzelnen Zelle. Auch HÖBER (S. 80[135]) bezeichnet diese Vorgänge „als etwas Besonderes, ein vitales Phänomen, eine Energieäußerung der Zelle, nicht bloß als einen einfachen Diffusionsausgleich... Vermöge ihrer Plasmahaut emanzipiert sich die Zelle von ihrem Milieu und führt ihr eigenes Leben."

Es besteht also eine *vitale Autonomie* (ROUX[282], A. v. TSCHERMAK, S. 36[339]), d. h. eine selbstständige Eigengesetzlichkeit der lebenden Substanz. Der Vergleich der Lebewesen mit einer Maschine, den zuerst DESCARTES (1596—1650) aufgestellt hat, ist nur bezüglich der rein physikalischen und chemischen Leistungen der Lebewesen aufrechtzuerhalten. Daß sich das Lebende vom Toten durch eine besondere Struktur unterscheide (vgl. hierzu: P. RONA[276]), ist wohl anzunehmen, aber nicht erwiesen. In die Struktur der *Zelle,* die schon BRUECKE sen. als die elementare Organisationsform der lebenden Masse bezeichnet hat, haben wir nur einen für die Deutung der Lebensprozesse viel zu oberflächlichen Einblick.

Früher dachte man sich, daß die lebende Substanz allein imstande sei, die höheren organischen Verbindungen des Körpers zu erzeugen und betrachtete diese Fähigkeit wohl auch als Äußerung einer besonderen „Lebenskraft." Es wurde daher als eine mächtige Stütze für die materialistische Lebensauffassung betrachtet, als es WOEHLER (1828) gelang, synthetisch Harnstoff aus dem isomeren cyansauren Ammon herzustellen. Darin liegt aber noch lange nicht die Kunst, das Leben zu ergründen oder gar zu schaffen. Es ist gar kein experimenteller oder philosophischer Grund vorhanden, die Erzeugung selbst der höchsten organischen Verbindung *nur* auf vitalem Wege für möglich zu halten oder gar in der künstlichen Darstellung der Eiweißkörper schon die Lösung des Lebensrätsels zu erblicken. Dieser Anschauung lag eine ganz unglaublich kurzsichtige Betrachtung des Lebens zugrunde.

Außerordentlich wichtig ist es, daß in der lebenden Substanz *ununterbrochen Energieumwandlungen* stattfinden, und daß eine Pause in denselben auch schon den Tod bedeutet (C. OPPENHEIMER S. 225 und 249[251]). Die *lebende Substanz wird also auch, wenn sie gar keine Arbeit leistet, sondern ruht, von einem ununterbrochenen Energiestrom durchflossen, der schließlich in Wärme übergeht.* Viele Organismen (z. B. manche Insekten) können wohl durch Abkühlung, andere (Infusorien) durch Entrocknung in einen solchen Zustand versetzt werden, daß sie keine Lebenserscheinungen mehr zeigen. W. ROUX (S. 175[282]) meinte allerdings, daß in diesem Zustande des bloßen „Nichtlebens" der Stoffwechsel ganz oder fast ganz ruhe, daß kein Verbrauch und keine weitere Leistung stattfinde. Es ist aber anzunehmen, daß in ihnen doch noch eine „vita minima" fortbesteht, also ein, wenn auch auf das äußerste reduzierter Stoffwechsel (W. SCHLEIP, S. 191[297]). Auch E. MANGOLD (S. 363[219],) Bd. 2, 1 nimmt an, daß während des Lebens ein *ununterbrochener* Stoffwechsel stattfinde, dessen Geschwindigkeit aber gelegentlich verschwindend klein sein könne.

Selbst wenn man nun annimmt, daß sich die lebende Substanz von der toten nur durch ihren physikalisch-chemischen Zustand unterscheide, so fragt es sich: wie und wodurch wird die aus der toten Nahrung stammende Substanz assimiliert d. h. selbst in jenen eigenartigen Zustand versetzt, welcher eben die Grundbedingung des Lebens ist? Dies geschieht *erst nach Einverleibung der toten Sub-*

stanz in den Zelleib. Das Wesen der dabei erfolgenden Umwandlungen ist aber vollkommen dunkel.

Daß das *Leben nicht etwa selbst eine Energie im Sinne der Physik ist,* erweist sich zuverlässig dadurch, daß bei seinem Verschwinden nicht ein äquivalenter Zuwachs physikalischer oder chemischer Energie nachweisbar ist. Selbstverständlich darf man sich unter gar keinen Umständen die Lebensursache als eine mit den physikalischen und chemischen Gesetzen in *Widerspruch* stehende Kraft vorstellen. In diesem Sinne wurde ja die „Lebenskraft" früher meist verstanden oder, besser gesagt, mißverstanden. So nennt R. Tigerstedt S. 2[335] die *Lebenskraft* der *Vitalisten* ein „von keinen Gesetzen gebundenes, launenhaft wechselndes, bald unerhört kräftiges, bald spurlos verschwindendes Gespenst". Niemand bezweifelt, daß es Unterschiede zwischen Lebendem und Totem gibt; niemand hat diese auf physikalische oder chemische Weise zu erklären vermocht; niemand wird aber bestreiten wollen, daß diese Unterschiede dennoch eine Ursache haben müssen. Wenn man hierfür in ganz unverbindlicher Weise den Namen „Lebenskraft" gebraucht, so ist das auch nicht unklarer, als die Verwendung des Wortes „Energie" für eine Sache, von der man gar keinen Begriff hat. Derartige Worte bezeichnen in gewissem Sinne Postulate und diese sind nichts anderes denn Arbeitshypothesen.

III. Begriff des Stoffwechsels.
(Vgl. E. Mangold, Band I dieses Handbuches S. 1[220].)

1. Stoffwechsel im engeren Sinne und Energiewechsel.

Einerseits zum Aufbau des wachsenden Körpers und zum Ersatz der im Körper andauernd zugrunde gehenden Gewebsteile, andererseits zur Gewinnung der für das Leben nötigen, während des ganzen Lebens ununterbrochen transformierten Energie bedarf der Körper der Zufuhr von Nahrung. Diese wird durch die Verdauung resorbierbar und assimilierbar gestaltet und der Arteigentümlichkeit des Körpers angepaßt.

Der *Stoffwechsel* (Metabolismus) zerfällt also in zwei Teile:
1. Der Stoffwechsel im engeren Sinnes des Wortes,
2. der Energiewechsel.

Der Stoffwechsel ist für den Bestand des Lebens unentbehrlich. Er findet in allen Zellen und, in entsprechend geringerem Grad, auch in der Intercellularsubstanz statt.

Es ist geradezu ein Charakteristikum des Lebens, daß unter allen Umständen ein fortwährender Wechsel sowohl der Stoffe als auch der Energie stattfindet. Dieser erstreckt sich nicht nur auf die Zufuhr höher zusammengesetzter Moleküle aus der Nahrung und die Abfuhr der unbrauchbaren Endprodukte des Stoffwechsels. Auch scheinbar indifferente Atome bleiben vielmehr niemals lang an ihrem Platz in der lebenden Substanz. Unaufhörlich werden z. B. die alten Natriumatome des Organismus durch neue aus der Nahrung ersetzt, und so geschieht es auch mit den C-, H-, N-, S-Atomen des Protoplasmas. „Immer verschwinden aus einem Gewebe die alten Atome und kommen wieder neue an ihre Stelle. Die Ratio, warum dies geschieht, ist uns vollkommen dunkel . . . Die Triebkraft für diesen fortwährenden Strom von Stoff und Energie, der durch die Zelle, das Organ, das Bion geht, hat ihren Ursprung in dem System selbst und ist an das Leben gebunden" (Zwaardemaker, S. 229[375]).

Mit dem *Tode* hört der Stoffwechsel auf und macht sofort davon gänzlich verschiedenen chemischen Prozessen Platz.

Der *Energiewechsel* besteht *darin, daß der Organismus aus der chemischen Energie der Nahrung Arbeit und Wärme erzeugt.* Von der Produktion von *Elektrizität (elektrische Fische)* und von *Licht* soll hier nicht die Rede sein, da beide Arten von vitaler Energietransformation bei Säugetieren nicht vorkommen. (Vgl. H. ROSENBERG[277] und E. MANGOLD[217].) *Der tierische Körper kann nur die in seiner eigenen Substanz oder in der zugeführten Nahrung aufgespeicherte chemische Spannkraft in Arbeit und Wärme umwandeln.* Die strahlende Energie der Sonne oder die von außen auf ihn einwirkende Wärme vermag das Tier zwar zu absorbieren, aber in seinem Leibe nicht in andere Energieformen (als in Wärme) umzusetzen und dadurch zu verwerten.

Wenn das Tier dies könnte, so müßte es möglich sein, zumindest einen Teil der Nahrung durch einen ihrem chemischen Energievorrat äquivalenten Betrag von thermischer oder photischer Energie zu ersetzen. Dies ist aber nicht möglich. Licht und Wärme haben sozusagen keinen Nährwert.

Wenn es gelänge, dem lebenden Körper transformierbare Energie noch in anderer Weise als durch die Nahrung einzuverleiben, etwa durch aktinische Energie, so wäre dies vor allem medizinisch von außerordentlicher Bedeutung. Man braucht nur an die Insuffizienz der Ernährung bei Erkrankung der Verdauungsorgane oder an die Insuffizienz der Sauerstoffzufuhr infolge Erkrankung des Herzens und der Gefäße zu denken. In allen diesen Fällen könnte dann die zum Leben notwendige Energie dem Körper direkt einverleibt und die Funktion der erkrankten Organe dadurch entbehrlich gemacht werden. Leider ist aber von all dem vorderhand noch nicht die Rede.

Die Menge der durch die Sinnesorgane in den Körper aufgenommenen Energie. Ein, allerdings außerordentlich geringes, Ausmaß von Energie nehmen wir direkt mit unseren Sinnesorganen von außen auf. Die Größe dieses Betrages hat ZWAARDEMAKER zu berechnen versucht (S. 243[375]). Nach ZWAARDEMAKER beziffert sich die durch die Augen aufgenommene Energie an einem tropischen Tag von 12 Stunden auf 0,5 cal. Die durch die Ohren aufgenommene Energie beträgt auch im Straßenlärm der Großstadt im Verlauf eines Tages noch weniger. Die durch die beiden wichtigsten Sinnesorgane aufgenommene Energiemenge erreicht also im Verlaufe eines Tages noch nicht einmal 1 cal. Noch geringer ist natürlich die Energiemenge, die der Körper durch die Riechstoffe empfängt. Hingegen steigert die Erregung der Sinnesorgane den Stoffwechsel und erhöht dadurch einigermaßen das Bedürfnis nach Nahrung. (Näheres hierüber siehe bei E. MANGOLD in diesem Bande des Handbuches.)

2. Unterschied des Stoffwechsels von Pflanze und Tier.

Während das Tier bloß die chemische Energie seiner Nahrung ausnützen kann, vermag die grüne Pflanze die an ihrer, oft durch die Blätter außerordentlich vergrößerten Oberfläche absorbierten Sonnenstrahlen teilweise in chemische Energie umzuwandeln und als solche aufzuspeichern, indem sie aus den von ihr aufgenommenen spannkraftlosen, einfachen Stoffen Kohlensäure und Wasser und aus anorganischen Stickstoffverbindungen des Bodens spannkraftreiche organische Verbindungen, Kohlehydrate, Fette und Eiweißkörper, aufbaut (Synthese). Im *Dunkeln* tritt aber auch bei der Pflanze nur derselbe Energiewechsel zutage wie beim Tier, nämlich die Umwandlung der potentiellen chemischen Energie in kinetische Energie. Diese Transformation besteht auch bei der Pflanze andauernd, nämlich auch während der Besonnung, nur ist in diesem Falle die zum Leben ganz allgemein nötige Dissimilation durch die gleichzeitige Assimilation überdeckt. Da sich alle Tiere direkt oder indirekt von der Pflanze nähren, so stammt demnach alle Energie der Lebewesen mittelbar oder unmittelbar von der Sonne.

Die chlorophyllfreien Pflanzen (Schuppenwurz, Sommerwurz, die Saprophyten) besitzen auch keine eigene Assimilationsfähigkeit und beziehen ihre Nahrung als echte Parasiten aus organischen Stoffen.

IV. Die Gültigkeit der physikalischen und chemischen Gesetze für den gesamten Stoffwechsel.

1. Das Gesetz von der Erhaltung der Masse (Massenprinzip).

Es besagt, daß die *Materie weder zugrunde gehen, noch aus nichts entstehen kann, daß also die Gesamtheit der Materie immer gleich groß ist* und daß nur ihre einzelnen Teile ihre Form und Beschaffenheit wechseln können.

Dieses Gesetz wurde schon von Anaximander von Milet (geb. 610 v. Chr.) aufgestellt. Er lehrte: „Woraus die Dinge entstehen, in eben dasselbe müssen sie auch vergehen nach der Notwendigkeit; denn sie müssen Buße und Strafe einander geben um der Gerechtigkeit willen nach der Ordnung der Zeit" (Ueberweg-Heinze, S. 58[340]). Anaximander von Milet betrachtete als materielles Urwesen einen der Qualität nach unbestimmten und der Masse nach unendlichen Stoff, welcher unsterblich und unvergänglich ist, und aus dem durch die ewige Bewegung die Dinge entstehen.

Auch die christlichen Scholastiker, vor allem Thomas Aquinus (1224—74), haben dieses Gesetz deutlich ausgesprochen: „Nihil in nihilum redigitur." Aber erst im Jahre 1785 wurde das Massenprinzip von Lavoisier experimentell bewiesen, und zwar zunächst nur für die *tote* Masse. Die Gültigkeit dieses Gesetzes auch für die *lebende* Substanz wurde erst später von verschiedenen Autoren (Pettenkofer, Voit, Rubner, Zuntz, Tangl, Atwater und Benedict, Tigerstedt u. a.) dargetan. (Vgl. A. v. Tschermak, S. 6[339]).

2. Das Gesetz von der Erhaltung der Energie.

a) Entdeckung und Nachweis der biologischen Gültigkeit dieses Gesetzes.

Dieses besagt, daß all das, was wir als *Energie* bezeichnen, *weder entsteht noch vergeht, sondern nur seine Erscheinungsform ändert. Die Summe der vorhandenen Energien bleibt also immer gleich.*

Dieses Gesetz bildet die wesentlichste Grundlage unserer heutigen naturwissenschaftlichen Weltanschauung. Es ist von dem süddeutschen Arzt Dr. Robert Mayer (geb. 1814 zu Heilbronn, gest. 1878) entdeckt und zum erstenmal im Jahre 1842 in seinem Aufsatze „Bemerkungen über die Kräfte der unbelebten Natur"[234] ausgesprochen worden. Mayer hebt dort selbst die Analogie seines neuen Gesetzes mit jenem von der Erhaltung der Materie hervor.

Angesichts der überragenden Bedeutung der Entdeckung Robert Mayers ist es von großem Interesse, wie er auf seine Theorie gekommen ist. Dies erzählt Sigmund Exner[79]. Mayer unternahm mit 25 Jahren als Schiffsarzt auf einem holländischen Schiff eine Seereise von der Dauer eines Jahres nach Java. Im Hafen von Batavia brach bei seiner Schiffsmannschaft eine katarrhalische Lungenaffektion aus. Mayer ließ reichlich zur Ader und bemerkte, daß das venöse Blut in seiner hellen Röte fast dem arteriellen glich. Er fand also den Unterschied zwischen der Farbe des arteriellen und venösen Blutes in Batavia viel geringer, als er dies bei Aderlässen in Europa gesehen hatte. Er hielt die Größe des Farbenunterschiedes zwischen arteriellem und venösem Blut für den Ausdruck der Größe des Sauerstoffverbrauches (während der Durchströmung der Kapillaren) oder der Stärke des Verbrennungsprozesses im Organismus. Daher glaubte er, daß in den Tropen der Verbrennungsprozeß in geringerem Ausmaße vor sich gehe als in gemäßigten Zonen. Diese Auslegung seiner Beobachtung brachte Mayer auf die Idee von der „Erhaltung der Kraft".

Es ist sehr bemerkenswert, daß die Vorstellungen, von denen Mayer bei seiner Deduktion ausging, in der Hauptsache gar nicht stimmten. Es ist gar nicht richtig, daß der Unterschied zwischen der Farbe des arteriellen und venösen Blutes in den Tropen geringer ist als in gemäßigten Zonen. Mayers Beobachtung wird also wohl auf rascherer Zirkulation des Blutes infolge hohen Fiebers beruht haben. Zweitens ist in der Regel das Maß der im Körper bei Ruhe stattfindenden Oxydationen, der sog. *Grundumsatz,* in den Tropen weder bei Europäern noch bei Eingeborenen von dem Grundumsatz in gemäßigten Klimaten nennenswert verschieden (Eijkman S. 57[71], A. Loewy[202]).

ROBERT MAYER hat also sein Gesetz auf rein heuristischem Wege gefunden, ohne es wirklich zu beweisen. Eben deshalb, und weil überdies bekannt war, daß ROBERT MAYER geisteskrank war — er litt an periodisch auftretenden maniakalischen Anfällen —, wurde er mit seiner Entdeckung lange Zeit nicht ernst genommen. Das Gesetz von der Erhaltung der Energie wurde erst nach MAYERS Veröffentlichung, nämlich 1847, von HELMHOLTZ exakt begründet. Die Anerkennung seiner Priorität hatte MAYER dem englischen Physiker TYNDALL zu danken, der im Jahre 1862 in einem Vortrage anläßlich der Londoner Weltausstellung MAYERS Verdienst hervorhob.

Verschiedene Autoren nehmen an, daß es überhaupt nur *eine* Energie gebe, nämlich die *elektromagnetische*; unter dieser Annahme kann man sich das Gesetz von der Erhaltung der Energie leicht verständlich machen. Diese *eine* Energie erscheint dann eben in der Natur in verschiedener Form, ohne sich zu vermehren oder zu vermindern. Selbstverständlich ist die Frage nach dem Wesen der Energie auch durch die elektromagnetische Theorie nicht im geringsten geklärt, sondern nur um einige Fragen weiter hinausgeschoben.

Die Gültigkeit des Gesetzes von der Erhaltung der Energie oder des „Gesetzes von der Äquivalenz der gesetzmäßigen Umwandelbarkeit der verschiedenen Energieformen" (A. v. TSCHERMAK, S. 8[339]) im Bereiche der lebenden Substanz wurde durch kalorimetrische Ermittlungen der Energiebilanz von RUBNER[286] erwiesen, und zwar mit großer Genauigkeit: Im Verlaufe von 45 Tage anhaltenden Versuchen an Hunden war der Gesamtdurchschnitt der mit dem Tierkalorimeter festgestellten Wärmeabgabe nur um 0,47 % geringer als die Verbrennungswärme der zersetzten Körper- und Nahrungsstoffe (RUBNER, S. 136[286]). Daraus ergibt sich auch, daß die Nahrungsmittel die einzige Energiequelle des Tierkörpers sind. Durch großzügige und oft sehr kostspielige Versuche, die mit Menschen und Tieren in hinlänglich großen Respirationskalorimetern vorgenommen wurden, wurde das Gesetz von der Erhaltung der Energie beim Stoffwechsel noch von verschiedenen Autoren bestätigt (PETTENKOFER, VOIT, ZUNTZ, ATWATER und BENEDICT, TANGEL, TIGERSTEDT u. a.). (Zusammenfassende Angaben u. a. von TIGERSTEDT S. 475[336].)

Im großen und ganzen negativ verliefen aber die bisherigen Versuche über

b) ein energetisches Äquivalent der geistigen Arbeit.

Es wurde oft nachgeforscht, ob bei geistiger Arbeit eine Vermehrung des Sauerstoffverbrauches und der Kohlensäureproduktion oder geradezu der vom Körper erzeugten Wärme nachweislich sei. Diese Versuche konnten aber keine Steigerung des Gesamtstoffwechsels durch geistige Arbeit dartun (H. W. KNIPPING[166], H. ILZHOEFER[141]; vgl. A. LOEWY, S. 189[202]). Wenn sich bei solchen Versuchen mitunter eine geringe Steigerung des Gesamtstoffwechsels zeigt um 3—4 % bei F. G. BENEDICTS Versuchen, so ist sie wohl auf die bei andauernder geistiger Arbeit unvermeidliche, hin und wieder auftretende, stärkere Innervation der Muskeln und eventuell auch auf unwillkürliche Verstärkung der Herz- und Atemtätigkeit zurückzuführen. Auch Schmerz und Chloroformierung, also Verstärkung oder Verminderung der Bewußtseinsvorgänge, haben auf die Temperatur des Gehirns keinen nachweislichen Einfluß (BERGER, zitiert nach TIGERSTEDT S. 868[335]).

Bisher ist es also nicht gelungen, die Bewußtseinserscheinungen nach Calorien zu messen. Jede *körperliche* Arbeit aber kann nur auf Kosten einer ganz bestimmten, ihr äquivalenten Menge von chemischer Spannkraft geleistet werden.

c) Der I. und II. Hauptsatz der mechanischen Wärmetheorie.

Der I. Hauptsatz der mechanischen Wärmetheorie sagt aus, daß man sowohl Wärme in Arbeit als auch umgekehrt Arbeit in Wärme umwandeln kann; dabei erhält man für je 1 kcal (1 Calorie) 427 kg/m Arbeit und umgekehrt für je

1 kg/m Arbeit 1/427 kcal. Arbeit kann völlig in die äquivalente Wärmemenge umgewandelt werden, umgekehrt ist dies aber nicht ganz so ; wenn man Wärme in Arbeit verwandelt, so erhält man nie den ganzen, der Wärme äquivalenten Arbeitswert. Der unbelebte Stoff verliert dadurch immer mehr an nutzbarer Energie und strebt so einer energieärmeren Gleichgewichtslage zu. Man nennt dies den *II. Hauptsatz der mechanischen Wärmetheorie* oder das *Entropiegesetz*. Es besagt, daß die Ausnützbarkeit der Wärme, das ist die Möglichkeit der Umwandelbarkeit der Wärme in Arbeit, stets sinkt oder: daß die Unausnützbarkeit steigt. Der II. Wärmesatz ist nach Boltzmann als ein Ergebnis der Wahrscheinlichkeitsrechnung aufzufassen: es ist viel wahrscheinlicher, daß alle geordneten (gleichgerichteten) Bewegungszustände der Massenteilchen allmählich in die ungeordnete Form der Wärme übergehen, als daß der umgekehrte Fall eintritt. Die in der Natur vorhandene Energie hat das Bestreben, immer mehr in gleichmäßig verteilte Wärme überzugehen und wird dadurch immer mehr „entwertet" (Ostwald), d. h. man kann aus ihr keine Arbeit mehr gewinnen. Dadurch geht die Welt dem „Wärmetod" entgegen. Ganz allgemein kann man das Entropiegesetz auch so auffassen, daß in einem abgeschlossenen System nur so lange Energieänderungen möglich sind, als Intensitätsunterschiede innerhalb desselben bestehen (Maxwell).

3. Der Wirkungsgrad der vitalen Energietransformationen.

a) Bei den Warmblütern.

Das Entropiegesetz gilt auf biologischem Gebiet nicht uneingeschränkt, da der Entwertung der Energie bei der Dissimilation die Bildung höherwertiger Energie durch die Assimilation gegenübersteht. Von F. Auerbach[16] wurde diese aufbauende Wirksamkeit des belebten Stoffes als *Ektropie* und das Leben geradezu als die Organisation bezeichnet, welche sich die Welt geschaffen habe zum Schutze gegen die Entwertung der Energie.

Das Entropiegesetz besteht zurecht bei der Umwandlung von chemischer Energie in Arbeit. Es kann nämlich im Maximum nur etwa ein Drittel der gesamten umgesetzten chemischen Energie durch die Muskeln, zumindesten des Warmblüters, in Arbeit umgewandelt werden, der Rest erscheint als Wärme und geht, insofern diese Wärme nicht zur Aufrechterhaltung der Körperwärme notwendig ist, ohne Nutzen für das Individuum praktisch verloren. Der Nutzeffekt oder Wirkungsgrad des Warmblütermuskels ist also im Maximum ca. 30%.

Auch beim *Wachstum* und bei der *Mast* wird durchaus nicht die ganze mit der Nahrung zugeführte Energie vom Körper in Form der chemischen Energie der aufgebauten Körpersubstanz gespeichert. Der Nutzeffekt beträgt vielmehr nach Rubner, S. 260[289], während des Wachstums beim Säuger 34%, beim Lachs 31,6%, beim Hecht 27,7% (vgl. hierzu auch H. Jost, S. 452[149]). Andererseits wird hingegen von G. Lehmann für den Ansatz beim Säugling mit einem reinen Wirkungsgrad von 60—70% gerechnet (G. Lehmann, S. 594[188]). Für die Bildung des Hühnereies wurde von Gerhartz[100] ein Wirkungsgrad zwischen 30 und 50% festgestellt.

Von sehr großer Bedeutung ist, besonders für den Landwirt, der Wirkungsgrad bei der *Mast*. Darüber sind wir namentlich durch die Untersuchungen O. Kellners sehr gut unterrichtet. Der Wirkungsgrad ist bei der Mast von Ochsen von Kellner mit durchschnittlich 56,4% ermittelt worden (O. Kellner S. 150[159]). Ein gleicher Wirkungsgrad wurde auch der *Stärkewerteinheit* zugrunde gelegt, ausgehend von der Feststellung, daß Stärkemengen, welche als „Produktionsfutter" verabreicht werden (d. h. den Grundumsatzbedarf überschreiten), den vierten Teil ihres Gewichtes an Fett erzeugen; d. h.: 4 g Stärke als Produktionsfutter liefern 1 g Fett als Mast. In Kalorien umgerechnet heißt das: $4 \times 4,1$ Cal im Produktionsfutter entsprechen 9,3 cal im angesetzten Fett. Daraus ergibt sich ein Nutzeffekt von 56,7 %.

Bei zahlreichen anderen Untersuchungen wurden von KELLNER für die Mast ähnliche Werte des Nutzeffektes gefunden (vgl. O. KELLNER u. G. FINGERLING[160]). Bei Hunden, die mit Fleisch gefüttert wurden, fand RUBNER einen Wirkungsgrad von 64—65 %.

Die weniger an sich als durch die nicht immer ganz eindeutige Literatur recht verworrenen Begriffe der Ausnützung des Futters und der sich daraus ergebende Begriff des Stärkewertes wurden in einer ausgezeichneten Darstellung des *Stärkewertes* und anderer Futtereinheiten von E. MANGOLD im dritten Band dieses Handbuches[221] geklärt. Vom physiologischen Gesichtspunkte aus erschiene es wohl am besten, das Ausmaß der bei der Ernährung stattfindenden Energieumsetzungen *in Kalorien* anzugeben und außerdem zu bezeichnen, wieviel Prozent des gesamten Brennwertes der Nahrung verdaut und resorbiert und wieviel Prozent des Brennwertes der ganzen Nahrung zu äußerer Arbeitsleistung oder zu Fleisch- bzw. Fettansatz oder zur Milchproduktion verwendet werden. Man wird sich wohl einmal auch in der landwirtschaftlichen Fütterungslehre dazu entschließen müssen, den alten Ballast von allerhand verworrenen Definitionen und künstlichen Einheiten über Bord zu werfen und die energetischen Vorgänge im Tierkörper in einer für die ganze Welt gleich verständlichen, klaren und einfachen Weise auszudrücken (vgl. H. MÖLLGAARD S. 365[238a]).

Bezüglich der Ausnützung der Nährstoffe bei der *Milchproduktion* sei auf das Kapitel Milchleistung von VÖLTZ und KIRSCH im dritten Bande dieses Handbuches hingewiesen.

b) Bei den Kaltblütern.

Sehr auffallend ist die Fähigkeit der Kaltblüter, bei außerordentlich sparsamem Stoffverbrauch große Leistungen zu vollführen, wobei z. B. der Rheinlachs während seiner langen Wanderung vom Meer bis zum Oberrhein ausschließlich von seinem Körperbestand zehrt. Es scheint daher, daß *der Kaltblüter unter bestimmten Bedingungen einen höheren Arbeits-Nutzeffekt aus seinem Stoffwechsel erzielen kann als der Warmblüter* (H. JOST, S. 453[149]). An isolierten Muskeln hat indessen E. FISCHER[81] das Gegenteil beobachtet.

c) Der Wirkungsgrad der Umwandlung der Lichtenergie in chemische Energie durch die Pflanze.

Alle energetischen Äußerungen der Lebewesen sind letzten Endes der strahlenden Energie der Sonne entlehnt. Die Pflanze baut aus CO_2 und H_2O, deren chemische Energie gleich Null ist, Stärke auf, welche pro Gramm 4,1 Cal Wärmewert besitzt. Auch dieser für das gesamte Leben auf Erden grundlegende Vorgang erfolgt nicht etwa so, daß die *gesamte* von der Pflanze absorbierte strahlende Energie in chemische Energie umgewandelt und als solche in der Pflanze aufgespeichert wird, sondern nur ein Bruchteil davon. Der Rest der absorbierten strahlenden Energie geht als Wärme verloren. Der Wirkungsgrad dieser Energietransformation wurde experimentell ermittelt. Man bestimmte die strahlende Energie, die von 1 m² Blattfläche absorbiert wird, und den kalorischen Wert jener Stärkemenge, welche von 1 m² Blattfläche gebildet wird. So wurde von PFEFFER ein Wirkungsgrad von weniger als 1 % gefunden. In neuerer Zeit wurden derartige Untersuchungen sehr genau von WARBURG und NEGELEIN durchgeführt (Literaturangabe und Zusammenfassung der Ergebnisse bei G. LEHMANN, S. 584[188]).

Die Fähigkeit, die von außen aufgenommene *Wärme* in andere Energieformen umzuwandeln, ist auch bei der Pflanze (wie beim Tier) nicht nachzuweisen (A. v. Tschermak, S. 11[339]).

V. Die Art der animalischen Energietransformationen.

1. Die Form, in der die Energie vom Organismus von außen aufgenommen wird.

Wie bereits hervorgehoben, *ist das Tier nur imstande, seine Lebensäußerungen von jener Energie zu bestreiten, die es in Form von chemischer Energie mit seiner Nahrung aufnimmt.* Selbstverständlich kann dem Tiere auch die von außen aufgenommene Wärme innerhalb bestimmter Grenzen von Nutzen sein, indem die Wärme beim Kaltblüter die Geschwindigkeit des Stoffwechsels steigert, beim Warmblüter die Abgabe der vom Körper selbst erzeugten Wärme beschränkt, nämlich unter ganz bestimmten Bedingungen, von denen später ausführlich die Rede sein wird. Die Verwertung der von außen aufgenommenen Wärme zur Bestreitung der Lebensäußerungen ist aber dem Tier nicht möglich.

Es ist auch bisher gar kein Beweis dafür gefunden worden, daß die Tiere etwa elektrische oder aktinische Energie (Radiumstrahlen) aus der Umwelt aufnehmen und in Arbeit umwandeln könnten. Die „tierische Elektrizität" wurde nach der Entdeckung des Galvanismus (1756) in ihrer vitalen Bedeutung außerordentlich überschätzt und von ihr sogar die Enträtselung des Lebens erwartet. Heute weiß man, daß die Elektrizität im tierischen Leben nur in Form von Ionenladungen und sehr geringen Potentialdifferenzen eine Rolle spielt und daß sie im Energiehaushalt quantitativ kaum in Betracht kommt.

2. Die Umwandlung der chemischen Energie in Arbeit erfolgt direkt, nicht auf dem Umweg über die Wärme.

Die energetische Seite des Stoffwechsels besteht darin, daß die chemische Energie der lebendigen Substanz oder der in dieselbe aufgenommenen Nährstoffe in Arbeit und Wärme übergeführt wird.

Die Umsetzung der chemischen Energie der Nährstoffe in Arbeit erfolgt im Leben nicht auf dem Umweg über die Wärme, wie bei einer Dampfmaschine, bei welcher sich zunächst die im Kessel erzeugte Wärme in Spannung des Dampfes und erst diese in Arbeit umsetzt; im Leben wird die Arbeit vielmehr direkt aus der chemischen Energie erzeugt. Dies ergibt sich für den Muskel aus dem *Wirkungsgrad*. Die Ausnützbarkeit der Wärme bei der Erzeugung von Arbeit ist direkt proportional dem Temperaturgefälle:

$A = Q \dfrac{T_1 - T_2}{T_1}$, wobei A die Arbeit, d. h. den Wirkungsgrad, in Prozenten der gesamten umgesetzten Energie, Q die gesamte Wärmemenge, T_2 die Temperatur am Ende der Reaktion und T_1 jene Temperatur zu Beginnn der Reaktion bezeichnet, bis zu der sich der Stoff erwärmen muß, damit bei seiner Abkühlung auf T_1 der Wirkungsgrad A erzielt werden kann. T_1 und T_2 müssen in absoluten Massen = Celsiusgrade + 273, angesetzt werden.

Für den Warmblütermuskel ist A gleich 30 % von Q, T_2 = Körpertemperatur gleich $273 + 37 = 310^0$. T_1 ist dann jene absolute Temperatur, bis zu welcher sich der Muskel erwärmen müßte, um den während der Arbeit von ihm zersetzten Stoff mit einem Wirkungsgrad von 30% auszunützen. Es ergibt also:

$$A = \frac{30Q}{100} = Q \frac{T_1 - T_2}{T_1};$$

daraus ergibt sich: $T_1 = 443^0$ (absolute Temperatur) = 170^0 C.

Es müßte sich also der Muskel bei seiner Kontraktion auf 170° C erwärmen, um einen Nutzeffekt von 30 % zu erzielen. Eine so hohe Temperatur wäre für das Gewebe selbstverständlich tödlich; daher kann die Umsetzung der chemischen Energie in Arbeit nicht über die Wärme erfolgen. *Der Muskel ist keine thermodynamische, sondern eine chemo-dynamische Maschine* (A. FICK[80]). Das Nähere hierüber ist Sache eines folgenden Abschnittes dieses Handbuches.

3. Was haben wir uns unter der chemischen Spannkraft vorzustellen?

Wir erkennen weder das Wesen der Energien, noch ihrer Transformationen, aber wir können uns wenigstens in der Form von Gleichnissen Vorstellungen davon machen. Vor allem fragt es sich: was haben wir uns überhaupt unter chemischer Energie oder chemischer Spannkraft zu denken?

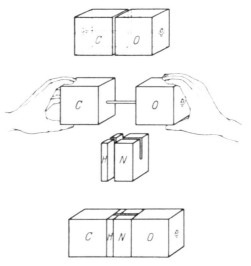

Die Erklärung dieses Begriffes geht von der *chemischen Affinität* aus (vgl. A. v. TSCHERMAK S. 11[339]). Darunter versteht man bekanntlich die Anziehungskraft, welche die Atome aufeinander ausüben. Es üben z. B. die Kohlenstoffatome untereinander eine geringere Anziehungskraft aus als die C- und O-Atome. Hingegen üben die Atome der edlen, d. h. durch atmosphärischen Sauerstoff nicht angreifbaren Metalle, so des Goldes, untereinander eine größere Anziehungskraft aus, als die Au- und O-Atome aufeinander. Diese Anziehungskräfte zwischen den Atomen sind die Ursache der *interatomaren* oder *intramolekularen Energie* oder der *chemischen Spannkraft*. A. v. TSCHERMAK[339] versinnbildlicht diese durch ein mechanisches Schema (Abb. 1).

Abb. 1. Schema der Speicherung von interatomarer bzw. intramolekularer Energie oder chemischer Spannkraft nach A. v. TSCHERMAK. (Aus A. v. TSCHERMAK, Allgemeine Physiologie, 1, 14, Abb. 3.)

„Man verknüpft 2 Holzwürfel, von denen der eine mit Symbol *C*, der andere mit *O* bezeichnet ist, durch eine starke Gummischnur, so daß beide Würfel eng aneinanderliegen. Um diese auseinander zu reißen, bedürfte es eines sehr erheblichen Kraftaufwandes. Aber auch, um sie so weit auseinander zu ziehen, daß man Holzstücke von geeigneter, an Kluppen gemahnender Form — beispielsweise mit den Symbolen *H*, *N* usw. bezeichnet, eventuell erst aus der paarweisen Aneinanderheftung befreit — einzuschieben vermag, bedarf es einer gewissen Arbeit. Diese erscheint dann in der Zugbeanspruchung der die Endglieder verbindenden Gummischnur als elastische Spannung gespeichert. Erteilt man dieser gespannten Kette von Holzstücken eine geringe Erschütterung, welche der zur Lockerung des Atomgefüges erforderlichen auslösenden Energiemenge vergleichbar ist, so folgen die Endglieder der elastischen Attraktion. Die Zwischenglieder springen unter Entfaltung von kinetischer oder Bewegungsenergie heraus. Die bei der Zusammenfügung der Spannungskette verbrauchte, d. h. in ihr gespeicherte Energie ist frei geworden und schließlich in Wärme übergegangen." (TSCHERMAK S. 14[339].)

Das v. TSCHERMAK gegebene Gleichnis besitzt meines Erachtens eine Stütze in der Tatsache, daß beim Nachlassen der Spannung eines elastischen

Bandes Wärme entsteht und anderseits beim Spannen des elastischen Bandes Wärme gebunden wird, und zwar immer ein der elastischen Spannung, die verschwindet oder erzeugt wird, proportionaler Betrag von Wärme. Daß dies wirklich so ist, daß sich also elastische Körper durch Dehnung abkühlen und durch Zusammenziehung erwärmen, ist mehrfach nachgewiesen. So fand A. WASSMUTH[355] u. [355a], daß sich ein Metalldraht, wenn er gedehnt wird, abkühlt; daß er sich aber erwärmt, wenn der dehnende Zug vermindert wird und sich der Draht zusammenzieht. Ebenso stellte WASSMUTH fest, daß bei der Biegung von Metallstäben eine meßbare Abkühlung auftritt. Man kann sich, wie mir scheint, auch die *Schwerkraft* versinnbildlichen als die Wirkung unendlich vieler elastischer Bänder, welche zwischen der Erdmitte und den Gegenständen auf der Erde ausgespannt sind. Nähert sich ein Gegenstand der Erde, sei es im freien Falle, sei es langsamer, so werden die zwischen ihm und dem Erdmittelpunkte ausgespannt gedachten elastischen Bänder entspannt und dadurch wird Wärme frei. Entfernt man den Gegenstand hingegen wiederum ebenso weit vom Erdmittelpunkt, d. h. hebt man ihn um den gleichen Betrag, um den er gefallen war, so wird ein der beim Fall erzeugten Wärme äquivalenter Betrag von Energie verbraucht und an seiner Stelle erscheint das, was man *Energie der Lage* oder *potentielle Energie* nennt. Diese Form der Energie kann man sich sehr leicht als Zunahme der Spannung der zwischen allen Elementarteilchen des Gegenstandes und dem Erdmittelpunkt ausgespannt gedachten elastischen Bänder vorstellen. Der durch das Heben erzeugte Zuwachs an potentieller Energie konnte nur entstehen auf Kosten einer äquivalenten Menge einer zugeführten Energie, der sog. *Arbeit*.

Ebenso kann die Auseinanderrückung der Atome, das ist die Überwindung der zwischen ihnen bestehenden Attraktion, z. B. die Trennung von C und O aus der Verbindung CO_2 beim Aufbau des Stärkemoleküles durch die Pflanze, nur durch *Arbeit* geschehen, die sich in einen Zuwachs der Spannung der zwischen diesen Atomen ausgespannt gedachten elastischen Bänder, also in einen Zuwachs der intramolekularen Energie oder chemischen Spannkraft oder der potentiellen Energie (Energie der Lage) der Atome umwandelt. Bei der Zertrümmerung (Verbrennung) eines großen Moleküls entspannen sich die zwischen den Atomen ausgespannt gedachten elastischen Bänder wieder, da die miteinander am nächsten verwandten Atome nunmehr eng aneinander rücken, und aus der freigewordenen elastischen Spannkraft entwickelt sich entweder ein äquivalenter Betrag an Wärme (*positive Wärmetönung* oder *exothermischer Prozeß*) oder eine andere Energie (z. B. mechanische Arbeit oder Konzentrationsenergie). Je näher die Atome in den Molekülen der Verbrennungsprodukte bereits aneinander gerückt sind, um so geringer ist ihre Energie der Lage und um so geringer ist demnach die in diesen Molekülen aufgespeicherte und in andere Energieformen umwandelbare chemische Energie.

Im Sinne des Vergleiches mit den interatomaren elastischen Bändern heißt das, daß die einzelnen Atome ohnehin schon so nahe aneinander gerückt sind, daß die zwischen ihnen gespannten elastischen Bänder nicht noch weiter entspannt werden können.

Die Verbindung CO_2 enthält keine *nutzbare* chemische Spannkraft, weil kein Element eine höhere Atomattraktion zum C besitzt als eben der O (vgl. A. v. TSCHERMAK S. 12[339]). Wenn die Atome der Kohlensäure auseinandergerissen werden, wenn also die zwischen ihnen gedachten elastischen Bänder gedehnt werden, so wird *Wärme verbraucht*. Man nennt das einen Vorgang mit *negativer Wärmetönung* oder einen *endothermen Prozeß*. In dem von der Pflanze aus CO_2 und H_2O gebildeten Stärkemolekül sind C- und O-Atome durch Zwischenschaltung von H-Atomen in eine solche Lage zueinander gebracht, daß die zwischen ihnen gedachten elastischen Bänder gedehnt erscheinen, sie haben dadurch einen Zuwachs an potentieller Energie (Energie der Lage) erfahren. (Die Affinität der Atome, d. h. die zwischen ihnen bestehende Attraktionskraft, ist zum Teil durch andere Kräfte kompensiert, nämlich durch Zwischenschaltung der H-Atome. Die hierzu nötige Energie wurde von der Pflanze den Sonnenstrahlen entnommen.) Infolgedessen enthält das Stärkemolekül einen bestimmten Betrag von nutzbarer, d. h. in andere Energie umwandelbarer, chemischer Spannkraft.

Bei der *Verbrennung* tritt an die Stelle der potentiellen Energie der Atome in der zu verbrennenden Substanz (also der „Dehnung der elastischen Bänder" zwischen ihnen) eine Verstärkung der gegenseitigen Bindung der Atome in den Verbrennungsprodukten (eine Entspannung der zwischen ihnen gespannten Bänder). Dadurch wird Wärme frei (*exothermer Prozeß, positive Wärmetönung*).

Daß die Atome im Molekül untereinander nicht starr, sondern durch elastische Kräfte verbunden sind, geht nach L. Ebert[69] aus bestimmten physikalischen Beobachtungen mit so großer Wahrscheinlichkeit hervor, daß in neuester Zeit im Forschungslaboratorium der General Motors Corporation C. F. Kettering, Andrews und Shutts sogar *mechanische Modelle von verschiedenen Molekülen* aus Metallkugeln konstruiert haben, die durch Spiralfedern untereinander verbunden sind. Ein Beispiel eines solchen Modells, und zwar des *Methylalkohols,*

$$\begin{array}{c} H \\ | \\ H-C-O-H\,. \\ | \\ H \end{array}$$

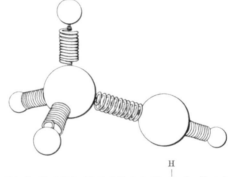

zeigt Abb. 2. Solche Modelle wollen die genannten Autoren sogar zur Ermittelung der Konstitutionsformeln verschiedener Moleküle verwenden.

Abb. 2. Modell des Methylalkohols H—C—O—H nach
C. F. Kettering, Andrews und Shutts. (Aus L. Ebert, „Die Umschau", **35.** 471. 1931.)

Die moderne theoretische Physik stellt die These auf, daß sich die chemischen Kräfte auf die *elektrischen Wechselwirkungen der Elementarteilchen* zurückführen lassen. (Vgl. M. Born, S. 532[39].)

Die bei der Verbrennung von 1 g einer bestimmten Substanz erzeugte Wärmemenge heißt ihre *Verbrennungswärme.* Sie ist gleich der Menge von nutzbarer, d. h. in andere Energie umwandelbarer, chemischer Spannkraft, welche in der zu verbrennenden Substanz enthalten ist. Man mißt die Verbrennungswärme bekanntlich in kleinen Calorien oder *Grammcalorien* (cal) oder in *großen Calorien* oder Kilogrammcalorien (kcal). Da aber auch diese Einheit für die praktischen Bewertungen in der landwirtschaftlichen Fütterungslehre zu klein ist, so hat Armsby hierfür das *Therm*, gleich 1000 kcal, als sehr brauchbare Einheit eingeführt.

Die Umrechnung von Calorien in die bei uns allgemein gebräuchliche Stärkewerteinheit und umgekehrt ist in dem einschlägigen Kapitel von Mangold, S. 451 u. 474[221] behandelt worden.

VI. Chemismus der Energietransformationen im Körper.

1. Die Oxydation als Hauptquelle der vitalen Energie.

(Vgl. J. PAECHTNER[255a] im Band III dieses Handbuches.)

Zusammenfassende Darstellungen:

LIPSCHITZ, W.: Übersicht über die chemischen Systeme des Organismus und ihre Fähigkeit, Energie zu liefern. Handbuch der normalen und pathologischen Physiologie. 1, 26. 1927. WIELAND, H.: Mechanismus d. Oxydation und Reduktion in der lebenden Substanz. Handbuch der Biochemie, 2. Aufl., 2, 251. 1925.

Die zum Leben nötige Energie wird aus den chemischen Spannkräften der Körpersubstanz und Nahrung durch Zersetzung derselben freigemacht. Diese Zersetzung erfolgt ganz überwiegend durch *Oxydation*. Der Beweis hierfür ist schon von LAVOISIER (1777) erbracht worden: alle Tiere erzeugen CO_2 und die allermeisten gehen ohne O sehr bald zugrunde. Der Sauerstoff ist daher zum Leben unentbehrlich.

2. O-Bedarf der verschiedenen Organe.

Zusammenfassende Darstellung bei H. WINTERSTEIN, S. 515[364].

Der Bedarf nach O ist bei verschiedenen Zellarten des Organismus verschieden, während der Arbeit natürlich immer größer als während der Ruhe. Einen besonders hohen Bedarf nach O haben die *Ganglienzellen*.

Sauerstoffbedarf des Zentralnervensystems. Das außerordentlich hohe Sauerstoffbedürfnis des Gehirns zeigt sich schon an der allgemein bekannten Tatsache, daß eine Kompression der Halsschlagadern und dadurch hervorgerufene Verminderung der Blutdurchströmung des Gehirns fast sofort zur Ohnmacht führt. Der O-Verbrauch des Hirns übertrifft den aller anderen Organe während ihres Ruhezustandes, den des ruhenden Muskels um mehr als das 20-fache. Das Gehirn hat also den größten O-Bedarf unter allen Organen. Dies zeigt folgende von H. WINTERSTEIN (S 541[364]) nach verschiedenen Autoren zusammengestellte Tabelle (Tab. 1).

Tabelle 1. Vergleich des O-Verbrauches der Organe des Warmblüters (Katze, Hund, Kaninchen) in situ bei normaler Blutversorgung in der Ruhe.

Organ	O-Verbrauch in cm³ pro 100 g und Min.	O-Verbrauch bezogen auf den des ruhenden Skelettmuskels.
Skelettmuskel	0,45	1
Herz (Vagusreizung)	1,1	2,4
Leber	1,1	2,4
Darm	1,8	4
Nieren	2,6	5,8
Speicheldrüsen	2,8	6
Nebennieren	4,4	9,8
Milz	5,0	10,1
Pankreas	5,3	11,8
Gehirn (Kaninchen)	9,4	20,1
Gehirn (Hund)	9,95	22,1

Die Bedeutung des Sauerstoffes für die Wärmeproduktion lebender Zellen geht daraus hervor, daß bei O-Entziehung die Wärmeproduktion steil abfällt (vgl. W. LIPSCHITZ, S. 64[197]).

3. Anoxybiose.

Es kommen aber auch *sauerstofflos* verlaufende und dennoch energiespendende chemische Reaktionen im tierischen Körper vor. Eine der wichtigsten darunter ist die sog. *Glykolyse*, die fermentative Umwandlung von Hexosen in Milchsäure in den Zellen (vgl. W. LIPSCHITZ, S. 29[197]), dann die sog. *Spaltungen* (über ihr wahres Wesen als Oxydoreduktionen, vgl. W. LIPSCHITZ, S. 38[197]).

Das klassische Beispiel einer Spaltung ohne Zufuhr von freiem O ist die alkoholische Gärung. Manche Mikroorganismen brauchen zum Leben überhaupt keinen O; man nennt ihren eigenartigen Stoffwechsel *Anoxybiose.* Sie kommt auch bei Darmparasiten vor, denen ja Nährstoffe in ungeheurer Menge zur Verfügung stehen. Aber auch im Stoffwechsel der Säugetiere gibt es gewisse Phasen, in denen zunächst auf anoxybiotische Weise, durch Spaltung ohne O, Energie gewonnen wird. Die Nährstoffe werden nämlich beim Stoffwechsel nicht sofort zu ihren spannkraftlosen (CO_2 und H_2O) oder spannkraftarmen (Harnstoff) Endprodukten verbrannt, sondern allmählich in immer niedrigere Produkte zerlegt. Man nennt diese allmähliche Zerlegung der Nährstoffe den *intermediären Stoffwechsel.* Die Spaltungen, mit denen dieser beginnt, erfolgen ohne O-Aufnahme. Erst durch die darauffolgenden Oxydationen werden die Nährstoffe bis auf ihre spannkraftlosen Endprodukte verbrannt, und erst dadurch wird ihre ganze chemische Energie in Freiheit gesetzt.

Kaltblüter kann man stunden- und selbst tagelang ohne O am Leben erhalten, und zwar um so länger, je niedriger die Temperatur ist.

Bei der Zersetzung einer bestimmten Substanz ohne O, bei der ,,Spaltung'', entsteht immer viel weniger Wärme als bei ihrer Verbrennung. Die Endprodukte der Spaltung stehen noch auf einer viel höheren Stufe als die Endprodukte bei der Verbrennung (CO_2 und H_2O), die aus der Substanz ihre ganzen chemischen Spannkräfte herausholt und in Arbeit und Wärme oder in Wärme allein umwandelt.

4. Die vitale Oxydation, ein fermentativer Prozeß.

Nach der heutigen Anschauung sind die Oxydationen durch *Enzyme* bedingte Prozesse, wie die Gärungen. Wenn man die Nährstoffe *außerhalb* des Körpers mit elementarem O bei Körpertemperatur zusammenbringt, so werden sie nicht (richtiger: nur unmeßbar langsam) oxydiert. Was ist die Ursache, daß die Oxydation aber im Leben bei Körpertemperatur viel schneller erfolgt?

Die *Geschwindigkeit einer chemischen Reaktion* ist ganz allgemein direkt proportional der *chemischen Kraft*, die als Ursache für den Ablauf der chemischen Reaktion anzusehen ist (die ,chemische Kraft'' nennt man auch ,,freie Energie''), und umgekehrt proportional dem inneren ,,chemischen Widerstand'' (vgl. E. STERN, S. 135 u. 139[310]). Durch hohe Temperatur läßt sich der innere Widerstand der Reaktion aufheben und dadurch die Verbrennung erzeugen. Beim Stoffwechsel kommen aber so hohe Temperaturen nicht vor. Daher muß der ,,innere Widerstand'' durch organische *Katalysatoren*, durch *Fermente*, beseitigt werden (H. WIELAND, S. 252[359]). Welcher Art diese Oxydationsfermente sind, ist noch fraglich. (Vgl. hierzu GUNNAR AHLGREN[6], W. LIPSCHITZ[197], T. THUNBERG[332], H. WIELAND, S. 252[359].)

5. Der Ort des vitalen Oxydationsprozesses.

(Vgl. J. PAECHTNER[255a] im Band III dieses Handbuches.)

LAVOISIER hat, wie bereits erwähnt, die gesamten vitalen Oxydationsvorgänge in die Lunge verlegt. Nachdem MAGNUS[215]) durch Auspumpen der Blutgase aus dem Blut den Nachweis erbracht hatte, daß sich CO_2 und O_2 nebeneinander im Blut befinden und daß CO_2 im venösen Blut in reicherer Menge vorhanden ist, nahm man an, daß die Verbrennung nicht ausschließlich in der Lunge vor sich gehe, sondern im ganzen Körper, aber innerhalb der Capillaren, also *im Blute selbst.* Aber auch diese Anschauung erwies sich als unrichtig. Die energiespendenden Oxydationen finden in *allen Geweben* und in allen oder mindestens fast allen Bestandteilen derselben statt, vorwiegend in den Zellen, aber auch in den Fortsätzen und lebenden Produkten derselben. Man spricht daher von einer *Gewebsatmung* und versteht darunter die Aufnahme von O_2 und die Abgabe von CO_2 durch die Gewebe. Der Beweis für die Existenz der Gewebsatmung wurde auf verschiedene Weise erbracht, z. B. durch Pflügers „*Salzfrösche*", worüber bereits an früherer Stelle (J. Paechtner, S. 367[255a]) berichtet wurde.

Auch niedrige Tiere und Pflanzen, die gar kein Blut besitzen, verbrauchen O_2 und produzieren CO_2.

Das *Blut* selbst hat, wie man bei seiner Untersuchung außerhalb des Körpers findet, nur einen sehr geringen Stoffwechsel; es verbraucht O_2 und erzeugt CO_2 nur sehr langsam. Sein Gaswechsel ist viel geringer als der der meisten Organe (Spallanzani[309]).

Daß nicht etwa nur die Zellen selbst Sitz der Oxydationen und damit der Arbeits- und Wärmeerzeugung sind, zeigt sich unter anderem auch daran, daß auch die Nerven*fasern* O_2 verbrauchen und CO_2 produzieren, und daß ihre Erregung mit einer Erhöhung der Wärmeproduktion einhergeht (Näheres hierüber bei Ph. Broemser, S. 308 und 309[42]).

Die Gewebsatmung erfolgt ganz überwiegend in der festen Gerüstsubstanz, der „Struktur" der Zelle (Warburg[352]). Immerhin ist der durch Zentrifugieren abgesonderte Zellsaft auch nicht frei von Atmung, beim abfiltrierten Lebergewebssaft macht diese noch 20 % der Strukturatmung aus.

Nach Warburg soll das in der Gerüstsubstanz enthaltene *Eisen* imstande sein, den O_2 zu aktivieren, also ohne daß dazu Oxydationsfermente nötig wären. H. Wieland (S. 258[359]) macht aber verschiedene schwerwiegende Gegengründe gegen diese Theorie Warburgs geltend.

Von grundlegender Bedeutung scheint mir folgende Erwägung zu sein:

Aus den erwähnten Untersuchungen ergibt sich; die chemische Spannkraft der Nahrung kann der Zelle nur dann zugute kommen, wenn die Freimachung dieser Energie *innerhalb* der Zelle erfolgt. Es würde der Zelle gar nichts nützen, wenn die Freimachung der chemischen Energie der Nahrungsstoffe außerhalb des Zelleibes, wenn auch noch so knapp daneben, erfolgte. Die Energie kann nicht von außen nach innen in die Zelle eindringen, daher muß der Energiespender zuerst in den Zelleib aufgenommen werden. Die alte Vorstellung, daß die energiespendende Oxydation in der Lunge oder im Blute selbst stattfinde, ist auch aus diesem Grunde als ein prinzipieller Irrtum zu betrachten. Durch den Blutkreislauf werden nur die energiespendenden Stoffe, nicht aber die irgendwo im Körper frei gemachten chemischen Energien, transportiert. In welcher Form sollte auch freie Energie vom Blute weiterbefördert werden? Als chemische Energie kann sie nur innerhalb bestimmter Substanzen gespeichert und mit diesen weiterbefördert werden; Energie in Form von Wärme wird vom Blute tatsächlich im Körper ausgleichend vom einen Ort zum anderen befördert, aber die Wärme kann aus den bereits erörterten Gründen von der Zelle nicht in Arbeit umgesetzt werden. Es führt also schon eine rein theoretische Überlegung zu dem Schlusse, daß die *vitale Energietransformation in den Zellen selbst* vor sich gehen muß.

VII. Bilanz des Energiewechsels.

1. Verdauungskoeffizient, physiologischer Verbrennungswert, Verdauungsarbeit und Wertigkeit der Nahrung.

Von der genossenen Nahrung wird ein Teil unverdaut mit dem Kot ausgeschieden. Seine Menge kommt im Verdauungskoeffizienten oder der „*Aus-*

nützung" zum Ausdrucke; darunter versteht man die Zahl, welche angibt, wieviele Prozente vom Gewicht der mit der Nahrung aufgenommenen Nährstoffe resorbiert, also nicht im Kot ausgeschieden werden.

Die resorbierten *Kohlehydrate und Fette* werden beim Stoffwechsel bis zu ihren spannkraftlosen Endprodukten CO_2 und H_2O verbrannt, es wird also ihr ganzer Energiegehalt in Arbeit und Wärme umgewandelt. Das resorbierte *Eiweiß* wird hingegen beim Stoffwechsel nicht vollkommen oxydiert, seine Endprodukte, unter denen der *Harnstoff* das wichtigste ist, enthalten noch chemische Spannkräfte. Diese sind also von dem Verbrennungswert des Eiweißes (5,754 kcal pro 1 g Eiweiß) abzuziehen, um den physiologischen Verbrennungswert des Eiweißes zu erhalten.

Für den *physiologischen Verbrennungswert* der verschiedenen Nährstoffe fand RUBNER beim Menschen bei gemischter Kost folgende Standardzahlen:

> 1 g Eiweiß . . . . 4,1 kcal
> 1 g Kohlehydrat . . . . . 4,1 kcal
> 1 g Fett . . . . 9,3 kcal

(dazu kommt noch 1 g Alkohol 7 kcal).

Beim *Wiederkäuer* werden aber die Kohlehydrate vor der Verbrennung zu ihren Endprodukten zunächst vergoren, und dabei entstehen auch brennbare Gase, CH_4 und H_2O, welche zum größten Teil mit dem Ructus entleert werden. Ihr Brennwert ist also von dem Brennwert der Kohlehydrate abzuziehen, um den physiologischen Brennwert der Kohlehydrate für den Wiederkäuer zu finden (vgl. E. MANGOLD, S. 451[221]). KELLNER berechnet aus diesem Grunde den physiologischen Brennwert der Kohlehydrate für Wiederkäuer nur mit 3,7 kcal pro 1 g Stärke. Alle diese Zahlen haben nur einen Durchschnittswert. Um wissenschaftlich sicher zu gehen, müßte man sie eigentlich im Einzelfalle jedesmal ermitteln.

Von dem physiologischen Brennwert der resorbierten Nahrung wird ein, bei den *Wiederkäuern* sehr beträchtlicher Teil für die *Verdauungsarbeit* verbraucht, d. h. für die Kaubewegungen, für die ungemein lebhaften Mischbewegungen der Vormägen, die Peristaltik des Darmes und für den Wiederkauakt selbst. Die Verdauungsarbeit des Pferdes und der kleinen Wiederkäuer ist mit der der Rinder nicht zu identifizieren (vgl. E. MANGOLD, S. 457[221]).

Der für die Verdauungsarbeit nötige Energiebetrag ist bei der Berechnung der für die äußere Arbeit, Mast, Wachstum, Milchproduktion usw. zur Verfügung stehenden Energie vom physiologischen Brennwert der resorbierten Nahrung abzuziehen. Dies kommt zahlenmäßig zum Ausdrucke in der *Wertigkeit* des Futtermittels (KELLNER, vgl. E. MANGOLD, S. 441[221]). Diese ist eine Zahl, welche angibt, wieviele Prozent des physiologischen Brennwertes der als Produktionsfutter verabreichten, resorbierten Nährstoffe vom ruhenden erwachsenen Rind als Fleisch und Fett angesetzt werden.

Die Größe der Verdauungsarbeit hängt vor allem von der Verholzung des Futters ab; ihr Ausmaß kann unter Umständen den ganzen energetischen Wert des Futters übersteigen. z. B. bei der Verfütterung von Winterhalmstroh an Pferde (HAGEMANN und ZUNTZ, O. HAGEMANN, S. 232[120]).

2. Isodynamie-Gesetz.

1883 zeigte RUBNER, *daß die einzelnen Nährstoffe einander beim Stoffwechsel, entsprechend ihrem physiologischen Brennwert, ersetzen können.* Jene Mengen verschiedener Nährstoffe, die einen gleichen physiologischen Brennwert haben, heißen *isodynam.* 1 g Fett ist also (beim Menschen) $\frac{9,3}{4,1} = 2,24$ g Kohlehydrat oder Eiweiß isodynam.

Die Isodynamie gilt nur für die energetische, nicht für die stoffliche Seite des Stoffwechsels, und auch für erstere nur mit gewissen Einschränkungen. Eiweiß treibt an sich den Stoffwechsel in die Höhe (spezifisch-dynamische Wirkung) und ist daher nicht unbeschränkt zum Ersatz einer gleichen Menge Kohlehydrat geeignet. Anderseits zeigt sich auch eine gewisse Verschiedenheit im Wert isodynamer Mengen von Fett und Kohlehydrat für die Muskelarbeit. Wenn der für Muskelarbeit nötige Kalorienbedarf durch Fett gedeckt werden soll, braucht man davon um etwa 10% mehr, als wenn ausschließlich Kohlehydrate für die Muskelarbeit zur Verfügung stünden. Kohlehydrate werden bei der Muskelarbeit direkt angegriffen, Fett aber vor seiner Zersetzung im arbeitenden Muskel wahrscheinlich zuerst in Kohlehydrate umgewandelt und dazu ist eine gewisse synthetische Arbeit erforderlich (KROGH und LINDHARD[175]).

3. Quantitative Bestimmung des Energieumsatzes im Körper.

Der ganze physiologische Energiewechsel besteht in einer Umwandlung von chemischer Spannkraft in Wärme und Arbeit. Auch die Arbeit verwandelt sich sofort, nachdem sie geleistet worden ist, in Wärme, insoweit sie nicht als potentielle Energie eines gehobenen Gewichtes aufgespeichert erscheint. Dies kann man aber beim Stoffwechselversuch vermeiden und dann erscheint als Endprodukt der ganzen umgewandelten chemischen Spannkraft *Wärme*. C. OPPENHEIMER[251] nennt jenen Anteil der beim Stoffwechsel gebildeten Wärme, der als unvermeidliches Nebenprodukt bei allen Energietransformationen erscheint, *primäre Wärme* und den aus der Arbeit entstandenen Betrag *sekundäre Wärme*.

Man kann also die Menge der gesamten, im Körper umgesetzten Energie in Form von Wärme messen, und zwar *direkt oder indirekt*. Die *direkte Calorimetrie* erfolgt mittels verschiedener *Calorimeter*, welche an anderer Stelle beschrieben werden. Die *indirekte Calorimetrie* erfolgt durch Berechnung der gebildeten Wärme aus dem physiologischen Brennwert der im Körper zersetzten Stoffe. Man stellt, ohne sich um die Zusammensetzung der Nahrung zu kümmern, den calorimetrischen Wert sämtlicher Einnahmen und Ausgaben fest. Die Differenz ergibt den im Körper entwickelten Energiebetrag. Eine Auskunft über die Beteiligung der verschiedenen Nährstoffe an der gesamten Energieproduktion bekommt man dadurch natürlich nicht. Die Verbrennungswärme aller aus dem Körper ausgeführten Substanzen bedeutet den Energieverlust bei der Verwertung der Nahrung. Bei Pflanzenfressern muß man auch noch den calorischen Wert der abgegebenen Gase in Abzug bringen. Bei den Fleischfressern aber genügt für die Berechnung der im Körper umgesetzten Energie die Feststellung der Verbrennungswärme von Nahrung, Harn und Kot.

Wenn man aber die Beteiligung der einzelnen Nährstoffe am Gesamtumsatze erkennen will, so bestimmt man die Menge des ausgeschiedenen N und C und berechnet daraus die Art und Menge der im Körper zersetzten Stoffe und daraus die Menge der gebildeten Wärme. Es ist durch viele Versuche, zuerst von RUBNER[286], gezeigt worden, daß die mit direkter und indirekter Calorimetrie gefundenen Werte übereinstimmen.

Am einfachsten ist die Ermittlung des Energieumsatzes aus dem *respiratorischen Gaswechsel*. Nach der Methode von ZUNTZ wird aus der O-Aufnahme und CO_2-Bildung die vom Körper gebildete Wärme berechnet. Der calorische Wert des O und der CO_2 hängt davon ab, welche Nährstoffe im Körper verbrannt worden sind.

Dies kann man aus dem *respiratorischen Quotienten* näherungsweise ermitteln (vgl. J. PAECHTNER, S. 426[255a]). Der calorische Wert des aufgenommenen O_2

schwankt je nach der Art der im Körper verbrannten Stoffe weniger als der calorische Wert der gebildeten CO_2, deshalb verwendet man zur Berechnung der im Körper erzeugten Wärme lieber den O_2-Verbrauch als die CO_2-Produktion.

1 g O_2 entspricht bei der Verbrennung von Fett . . . . 3,29 kcal
1 g O_2 entspricht bei der Verbrennung von fettfreiem Muskel . . 3,3 kcal
1 g O_2 entspricht bei der Verbrennung von Stärke . . . . 3,53 kcal
(R. TIGERSTEDT, S. 111[335].)

Den Gaswechsel einzelner Organe kann man ebenfalls aus der Menge des verbrauchten O_2 und der gebildeten CO_2 und diese hinwiederum aus der Analyse des in das betreffende Organ fließenden arteriellen und des aus ihm kommenden venösen Blutes ermitteln, wenn zugleich bekannt ist, wieviel Blut in der Zeiteinheit durch ein Organ strömt.

4. Beziehungen zwischen Sauerstoffangebot und Stoffumsatz.

Die Steigerung der unter normalen Verhältnissen beim Stoffwechsel verfügbaren O_2-Menge führt nicht zu einer Steigerung des Stoffwechsels; das Ausmaß der Verbrennungen richtet sich vielmehr nach dem Bedürfnis der Organe. Dies wurde durch viele verschiedene Untersuchungen nachgewiesen. Die Größe des respiratorischen Gaswechsels hängt nicht von der Menge des vorhandenen O ab, sondern nur von dem Bedürfnis der Zellen (vorausgesetzt natürlich, daß genug O vorhanden ist, um das Bedürfnis der Zellen zu decken). Steigerung des in der Einatmungsluft enthaltenen O_2 über den Bedarf des Körpers führt nicht zu einer Steigerung der körperlichen Leistungsfähigkeit, auch die geistige Leistungsfähigkeit des Gesunden wird dadurch nicht erhöht (L. ISLER[145]).

5. Grundumsatz und Leistungszuwachs.

Näheres siehe in den folgenden Kapiteln von PAECHTNER und STEUBER.

Der gesamte Energiewechsel setzt sich aus 2 Teilen zusammen: 1. Aus dem *Erhaltungsumsatz oder Grundumsatz*, das ist aus dem Ausmaß der bei möglichster Ruhe, Nüchternheit und einer gewissen mittleren Umgebungstemperatur stattfindenden Wärmebildung, nnd 2. dem *Leistungszuwachs*, jener Wärmebildung, welche den Grundumsatz überschreitet und allen jenen Leistungen der Organe entspringt, welche in der willkürlich eingehaltenen Ruhe nicht vorkommen. Den Hauptbestandteil des Leistungszuwachses macht die Muskelarbeit aus.

Da auch Nahrungsaufnahme, insbesondere von Eiweiß, den Stoffwechsel in die Höhe treibt, so muß man den Grundumsatz nicht nur bei völliger Ruhe, sondern auch im nüchternen Zustand bestimmen.

Der Grundumsatz besteht aus der Arbeit des Herzens, der Atemmuskulatur, der Tätigkeit der Drüsen, der durch die Nüchternheit auf ein Minimum reduzierten Arbeit der glatten Muskulatur und dem Ruhestoffwechsel der Gewebe. Ein besonderer Bestandteil des Grundumsatzes ist die Zellarbeit oder Organarbeit (C. OPPENHEIMER, S. 242[251]); sie ist größtenteils physiko-chemischer Art: Osmotische Arbeit, Quellungsarbeit, Oberflächenarbeit, elektrische Arbeit in Form von Ionisierungsspannungen, Aufladungen, Ausbildung der Potentialdifferenzen und bioelektrische Ströme. Auch bei der Organarbeit wird mehr Energie verbraucht, als der geleisteten Arbeit entspricht, der Überschuß wird auch hier sofort in Wärme umgewandelt (primäre Wärme).

Bei Versuchstieren ist es oft sehr schwer, den Grundumsatz zu bestimmen, weil man die Tiere nicht zur Ruhe zwingen kann. Aber auch der beim nüchternen und willkürlich ruhenden Menschen gefundene Grundumsatz ist nicht etwa das Minimum des Stoffwechsels, mit welchem das Leben noch fortbestehen kann. Im Schlaf, in Narkose und nach langem Hungern sinkt der Stoffwechsel noch weiter (vgl. G. LEHMANN, S. 568[188]) und auch nach *langer* Einwirkung hoher Außentemperatur sinkt das gesamte Ausmaß des Grundumsatzes ein wenig.

Durch Untersuchung des O-Verbrauches und der CO_2-Produktion der einzelnen Organe (entweder am lebenden Tier oder am überlebenden Organ) hat man die Verteilung des Grundumsatzes auf die verschiedenen Organe zu ermitteln versucht. Die von verschiedenen Autoren erhaltenen Werte für die prozentuelle Teilnahme am Grundumsatz schwanken sehr erheblich. Beispielsweise seien hier nach den Angaben von G. LEHMANN (S. 568[188]) folgende Zahlen angeführt.

Tabelle 2. Verteilung des Grundumsatzes auf die verschiedenen Organe.

Muskulatur	24—50 %
Herz	ca. 5 %
Magen und Darm	ca. 7 %
Leber	12 %
Niere	5—8 %
Gehirn	3 %

Der *Leistungszuwachs* ist leichter quantitativ zu bestimmen, als seinem Wesen nach zu erkennen. Steigerung der Arbeit der Zelle ist nur auf Grund einer Steigerung ihres Stoffwechsels möglich; diese wird durch irgendeinen „Reiz" ausgelöst. Wir kennen aber weder das Wesen dieser Reize, noch ihres die Oxydation beschleunigenden Mechanismus.

B. Die Bildung und Abgabe der Körperwärme.

I. Die Wärmeproduktion im Körper.

1. Die Wärmeproduktion als allgemeine Begleiterscheinung des Lebens.

Alle Lebensprozesse sind mit Wärmebildung verbunden, auch die des Kaltblüters und der Pflanze. Dies ergibt sich schon als eine Folgerung des Entropiegesetzes, ist aber auch experimentell erwiesen. Die Wärmebildung der *Pflanze* ist besonders leicht beim Keimungsprozeß und bei den Blüten nachzuweisen. Keimende Gerste erwärmt sich gelegentlich 6—10 ° über die Umgebungstemperatur, trotzdem dabei eine erhebliche Wasserverdunstung stattfindet. An den Blütenkolben der Aroideen wurde mitunter eine um 15° C höhere Temperatur als die der Umgebung beobachtet (R. TIGERSTEDT, S. 56[335]). Auch an Zweigen und Blättern ist die Wärmebildung nachgewiesen worden.

Noch viel leichter als bei Pflanzen ist die *ununterbrochene Wärmeentwicklung* an *Tieren* nachzuweisen. *Die Wärmeproduktion der Kaltblüter ist geringer als die der Warmblüter*, und darum ist es vorteilhaft, um die Wärmebildung beim Kaltblüter nachzuweisen, sie in einer größeren Anzahl in einem Raume zu halten. Wenn man z.B. mehrere Frösche in ein Glas Wasser gibt, so steigt die Temperatur in diesem wegen der Wärmebildung durch die Frösche schon nach kurzer Zeit. Sehr bedeutend kann die Wärmebildung eines *Bienenhaufens* im Bienenstocke sein, so daß dessen Temperatur die Außentemperatur um mehr als 20° C übersteigen kann. Am größten ist natürlich die Wärmebildung beim *Warmblüter*, ja sie kann bei extremer Muskelarbeit für ganz kurze Zeit sogar den 50fachen Betrag des Ruheumsatzes erreichen.

2. Quellen der Wärmebildung.

Wie bereits im ersten Abschnitt auseinandergesetzt, ist die Hauptquelle der tierischen Wärme der dissimilatorische Stoffwechsel. Neben den chemischen Wärmequellen spielen die physikalischen und physikalisch-chemischen nur eine ganz geringe Rolle. Die Reibung des strömenden Blutes, der Gelenksenden aneinander, der Sehnen in den Sehnenscheiden, der Muskeln, die Reibung bei den Bewegungen des Herzens und der Darmschlingen oder des Wiederkäuermagens an der Umgebung, die elektrischen Vorgänge im Körper, die Quellungs- und Entquellungsvorgänge liefern zu der vom Körper erzeugten Wärme nur einen ganz geringen Beitrag.

Die Aufnahme von Wärme aus der Außenwelt durch warme Speisen und Getränke, durch die Sonnenstrahlen, durch die Wärme überheizter Räume spielt im gesamten Wärmehaushalt ebenfalls eine ganz untergeordnete Rolle. Indessen ist die Nährstoffersparnis durch warme Stallungen bzw. durch Warmfütterung bei knappem Erhaltungsfutter gerade in der Physiologie der landwirtschaftlichen Haussäugetiere nicht ganz zu vernachlässigen.

3. Das Ausmaß der Wärmeproduktion in der Ruhe beim Warmblüter und beim Kaltblüter.

Bei Ruhe und Nüchternheit kann man für den Menschen etwa eine Calorie für 1 kg Körpergewicht und 1 Stunde rechnen. Bei den Pferden und Rindern beträgt die Wärmeproduktion im möglichst vollständig eingehaltenen Ruhezustande und bei Hunger ungefähr die Hälfte. Die gesamte Wärmebildung würde also bei einem vollständig ruhenden, nüchternen Menschen bei gewöhnlicher Zimmertemperatur bei einem mittleren Körpergewicht von 70 kg in 24 Stunden, ca. 1680 Calorien betragen. Viel geringer ist die Wärmeproduktion des *Kaltblüters*. Diesbezügliche Untersuchungen verdanken wir namentlich M. RUBNER. RUBNER fand, daß beispielsweise bei einer Außentemperatur von 15—16° C die Wärmeproduktion der Fische schätzungsweise nur 2,82% der Wärmeproduktion der Säugetiere beträgt (M. RUBNER, S. 266[289]).

4. Verschiedene Faktoren, von denen die tierische Wärmebildung abhängig ist.

Zusammenfassende Darstellung:

LOEWY, A.: Der respiratorische und der Gesamtumsatz. OPPENHEIMERS Handbuch der Biochemie, 2. Aufl., **6**, 168. 1926.

TIGERSTEDT, R.: Die Produktion von Wärme und der Wärmehaushalt. WINTERSTEINS Handbuch der vergleichenden Physiologie **3**, II, 29. 1910.

a) Die Größe des Tieres. Die energetische Flächenregel.

Absolut genommen ist selbstverständlich die Wärmeproduktion eines größeren Tieres größer als die eines kleineren. Auf die Einheit des Körpergewichtes bezogen ist sie aber bei großen Tieren geringer als bei kleinen. Dies hat RUBNER[283] an hungernden erwachsenen Hunden von verschiedener Körpergröße nachgewiesen. Der Kern dieser Tatsache wurde aber schon lange vor RUBNER, nämlich schon im Jahre 1847 von KARL BERGMANN erkannt (vgl. M. PFAUNDLER[257]). Er erklärte: Durch jegliche Körperoberflächeneinheit gehe eine bestimmte Wärmemenge verloren. Die vom Körper abgegebene Wärmemenge sei daher durch die Körperoberflächengröße bestimmt. Danach müßte sich auch die Wärmeproduktion des Körpers richten, wenn die Warmblüter eine konstante Körpertemperatur haben sollten. RUBNER hat diese Erkenntnis in seinem *Oberflächengesetz* dahin formuliert, daß *die von dem Tiere produzierte Wärmemenge der Größe der Körperoberfläche etwa proportional sei.* Es ist aber anzunehmen, daß damit die je Kilogramm Körpergewicht im allgemeinen *beträchtlichere* Wärmeproduktion *kleinerer* Tiere noch nicht hinlänglich erklärt ist, sondern daß noch andere Faktoren mitbestimmend wirken. Alle Untersuchungen haben ergeben, daß tatsächlich die bei körperlicher Ruhe produzierte Körperwärme zur Körperoberfläche in einem einfachen Verhältnisse steht. RUBNER fand z. B. den Grundumsatz je 24 Stunden für 1 m² Körperoberfläche für: Mensch 1042, Schwein 1078, Hund 1039, Meerschweinchen 1131, Maus 1188 Calorien (M. RUBNER. S. 294[289]). Für das *Rind* fanden F. G. BENEDICT und RITZMAN (S. 238[26b]) beim Liegen 1300, beim Stehen 1700 Cal., für das liegende *Schaf* durchschnittlich 1163 Cal. (S. 81[26c]).

b) Alter, Geschlecht und Rasse.

Wachsende Individuen weisen je Einheit des Körpergewichtes eine größere Wärmeproduktion auf als erwachsene Individuen derselben Art. Dies erklärt sich nicht nur aus dem sog. Oberflächengesetz.

Die je Einheit der Körper*oberfläche* im Kindesalter produzierte Wärmemenge ist größer als die auf die Körperoberflächeneinheit entfallende Wärmemenge im reifen und im Greisenalter. Der kindliche Stoffwechsel ist also überhaupt lebhafter. Im *Greisenalter* sinkt der Grundumsatz mit zunehmendem Alter. Für die *Frau* ist er durchschnittlich ein wenig kleiner als für den Mann. Die Rasse scheint unter sonst gleichen äußeren Umständen keinen Einfluß auf den Stoffwechsel zu haben.

c) Die Nahrungsaufnahme.

Durch die Nahrungsaufnahme wird die Wärmeproduktion gesteigert, und zwar wird sie unter sonst gleichen Umständen am stärksten durch *Eiweiß* in die Höhe getrieben. Die Steigerung der Leistungen des Verdauungsapparates durch die Nahrungsaufnahme, die sog. *Verdauungsarbeit*, reicht allein nicht aus, um die beobachtete Zunahme der Wärmeproduktion vollends zu erklären, es muß also erst eine Anregung der Verbrennung durch die resorbierte Nahrung, selbst bestehen, die eben für Eiweiß am stärksten ist. (Vgl. BENEDICT u. RITZMAN S. 84[26c]).

d) Die Muskelarbeit.

Bei jeder Muskelarbeit wird, wie bereits erwähnt, etwa ein Viertel bis ein Drittel der gesamten umgesetzten chemischen Energie in Arbeit, der Rest aber in Wärme verwandelt. Hieraus ergibt sich die große Zunahme der Wärmeproduktion durch die Muskelarbeit. Alles Nähere hierüber gehört in das Kapitel Leistungszuwachs.

e) Einfluß des Lichtes.

Zusammenfassende Darstellungen:

MANGOLD, E., in diesem Bande des Handbuchs.
ADAMETZ, L.: Lehrbuch der allgemeinen Tierzucht, S. 116. 1926.
JODLBAUER, A.: Die physiologischen Wirkungen des Lichtes. Handbuch der normalen und pathologischen Physiologie 17, 305. 1926.
PINCUSSEN, L.: Die Beeinflussung des Stoffwechsels durch Strahlung. Handbuch der Biochemie, 2. Aufl., 7, 235. 1927.

Daß Licht auf den tierischen Stoffwechsel einen Einfluß ausübt, ist in der landwirtschaftlichen Praxis längst bekannt. Bei gleicher Fütterung setzen die Tiere in einem dunklen Stall in der gleichen Zeit mehr Fett an als in einem hellen Stall. Davon macht man ja auch bei der Mästung schon längst Gebrauch (vgl. L. ADAMETZ, S. 119[2]). Daraus ergibt sich, daß im dunklen Stall der Stoffwechsel ein trägerer sein muß.

Man hat lange Zeit angenommen, daß Licht an sich die Oxydationsvorgänge im Körper steigere. Dies könnte bei höheren Organismen, wie es die Säugetiere sind, wohl nur durch die direkte Lichtwirkung auf die Haut erklärt werden, weil ja die kurzwelligen Lichtstrahlen überhaupt schon in den oberflächlichsten

Hautschichten völlig absorbiert werden, aber auch die langwelligen nur in geringer Menge tiefer eindringen. Sicher ist, daß alle von der Haut absorbierten Lichtstrahlen in Wärme umgewandelt werden. Außerdem haben sie aber auch noch besondere Wirkungen, namentlich die *ultravioletten* Strahlen. Die wichtigste Wirkung ist sicher die *Pigmentbildung.* Ob das Licht seine Allgemeinwirkungen auf den Körper nur dem Pigment oder außerdem noch irgendwelchen besonderen Reaktionen in den von ihm getroffenen Zellen verdankt und wie weit es indirekt durch Vermittlung des Nervensystems auf den ganzen Körper einwirkt, darüber besteht noch lange nicht völlige Klarheit. Ganz sicher ist, daß das Licht die Lebhaftigkeit und damit die Intensität der Muskelbewegungen und der Wärmeproduktion anregt. Die Steigerung der Wärmeproduktion bei Aufenthalt in der Sonne hat hauptsächlich *psychische* Ursachen.

Schon vor 80 Jahren hat MOLESCHOTT[238] angegeben, daß im Hellen gehaltene Frösche um ein Zwölftel bis ein Viertel mehr Kohlensäure ausscheiden als im Dunklen gehaltene und daß ihre Kohlensäureausscheidung mit der Intensität der Belichtung wachse. EWALD hat den MOLESCHOTTSchen Versuch mit curarisierten Fröschen wiederholt. Diese zeigten keine Steigerung der Kohlensäureproduktion im Lichte mehr. Letztere war also auf den Einfluß reflektorischer Muskelbewegungen zurückzuführen (vgl. A. JODLBAUER, S. 324[147]).

Das Licht ist nicht gerade unentbehrlich für das Leben unserer Haussäugetiere. Man hat z. B. bei Pferden, welche jahrelang in Bergwerken ohne jede Spur von Sonnenlicht arbeiteten, keine Verringerung der Leistungsfähigkeit beobachtet (L. PINCUSSEN, S. 238[262]).

Bei Bestrahlung von Menschen mit künstlicher Höhensonne (Quecksilberquarzlampe) fanden verschiedene Autoren, namentlich KESTNER (Handbuch, S. 520[161]), eine Steigerung des Sauerstoffverbrauches. Einreibung der Haut mit Zeozon hob diese Wirkung auf. KESTNER bezieht sie daher auf eine *direkte Einwirkung der ultravioletten Strahlen auf die Haut.* Er vergleicht sie, offenbar mit Recht, mit der Wirkung anderer Hautreize, z. B. eines Senfbades oder der Kälte. Bei unseren Haustieren mit ihrem dicken behaarten Fell kann die Wirkung der ultravioletten Strahlen auf die Haut nicht groß sein.

f) Chemische Einflüsse. (Vgl. A. LOEWY, 183 u. 191[202].)

Abgesehen von der spezifisch dynamischen Wirkung der verschiedenen Nahrungsstoffe gibt es verschiedene chemische Substanzen, welche auf die Wärmeproduktion entweder fördernd oder herabsetzend wirken. In erster Linie kommen hier die *Hormone* in Betracht, vor allem das *Thyroxin,* das Hormon der Schilddrüse (vgl. E. GABBE, S. 464[96]). Bei Krankheiten mit vermehrter Schilddrüsentätigkeit (z. B. Morbus Basedowi) ist der Stoffwechsel gesteigert, bei herabgesetzter Schilddrüsentätigkeit verringert. Exstirpation der Schilddrüse setzt die Wärmebildung außerordentlich herab. Auch das *Adrenalin* wirkt steigernd auf den Stoffwechsel, aber nicht so stark wie das Thyroxin. Auch die *Sexualhormone* haben einen beträchtlichen Einfluß auf die Wärmebildung. Durch *Kastration* wird der Umfang des Sauerstoffverbrauches und damit der Wärmebildung meistens um 12—20% herabgesetzt. (LOEWY und RICHTER [205a und 205b] bei ♂ und ♀ Hunden, J. PAECHTNER [254] bei einem Bullenkalb, BENEDICT und RITZMAN [S. 23[26d]] bei einem Widderjährling. Andere Angaben bei BERGMANN und STROEBE [29a].)

Viele *Arzneimittel* und *Gifte* haben einen steigernden oder hemmenden Einfluß auf die Wärmebildung. Man nennt erstere *Fiebererreger* oder *Pyretica,* letztere *Antipyretica.* Diese Mittel wirken teils auf die Wärmeproduktion, teils auf die Wärmeabgabe. Am mächtigsten steigert die Wärmeproduktion unter allen Pyreticis das *Tetrahydro-β-naphthylamin*. Auch *Cocain* und *Coffein* steigern die Temperatur, es ist aber noch nicht sicher, ob dies durch erhöhte Wärmebildung oder nur durch eingeschränkte Wärmeabgabe erfolgt (R. ISENSCHMID, S. 280[142]). Unter den Antipyreticis wirkt das *Chinin* wesentlich durch eine Einschränkung der Wärme*bildung*, aber nur auf *fiebernde* Menschen und Tiere; auf *gesunde* wirkt es nicht. Näheres hierüber bei O. LOEWI[198], MEYER und GOTTLIEB[236], H. FREUND, S. 581[87].

Curare, das die quergestreifte Muskulatur lähmende südamerikanische Pfeilgift, setzt die Wärmebildung durch Ausschaltung der Muskulatur sehr gewaltig herab, weil eben alle willkürlichen Bewegungen wegfallen (RÖHRIG und ZUNTZ[275]). O. FRANK und F. VOIT (S. 349[83]) haben zwischen der Wärmebildung von normalen, *ruhig am Boden* des Respirationsapparates *liegenden* und von mäßig curarisierten Hunden bei Zimmertemperatur keinen bezeichnenden Unterschied gefunden.

Die *Narkotica* haben nach A. LOEWY, S. 193[202] wahrscheinlich gar keinen direkten Einfluß auf die Verbrennungsprozesse im Tierkörper. Wohl haben mit Narcoticis (Morphin, Codein, Chloralhydrat usw.) eingeschläferte Tiere einen viel (bis zu 60%) geringeren Sauerstoffverbrauch als vor der Narkose; dies erklärt sich aber völlig durch den Unterschied zwischen wachem Zustand und Schlaf; denn in A. LOEWYS Versuchen an *Menschen*, bei denen vor dem Schlaf für möglichst vollkommene willkürliche Muskelerschlaffung gesorgt war, zeigte sich nach Injektion von 0,02 g Morphinum muriaticum *keine* nennenswerte Abnahme des Gaswechsels. *Äußerlich* applizierte chemische Reagenzien können durch den *Hautreiz* steigernd auf die Wärmebildung wirken, z. B. Senfbäder oder große Senfpflaster (vgl. A. LOEWY, S. 201[202]).

g) **Einfluß der Temperatur der lebenden Substanz auf die Größe der Wärmeproduktion.**

Zusammenfassende Darstellungen:

ADAMETZ, L.: Lehrbuch der allgemeinen Tierzucht, S. 103. 1926.

JOST, H.: Die Abhängigkeit des Stoffwechsels von äußeren Faktoren. Handbuch der normalen und pathologischen Physiologie 5, 407. 1928.

KANITZ, A.: Temperaturabhängigkeit der Lebensvorgänge, RGT-Regel. OPPENHEIMERS Handbuch der Biochemie, 2. Aufl., 2, 200. 1925. — KROGH, AUGUST: The quantitative relation between temperature an standard metabolisme in animal. Internat. Z. physik.-chem. Biol. 1, 491 (1914).

Es steht fest, daß *sowohl die Reaktionsgeschwindigkeit bei den meisten chemischen Vorgängen, wie auch der Sauerstoffverbrauch, der Stoffwechsel und die Wärmebildung der lebenden Substanz mit der Temperatur sinken und steigen.* Im Prinzip hat also die Temperatur auf die Lebensvorgänge denselben Einfluß wie auf die chemische Reaktion. VAN 'THOFF[137] hat hierfür eine Regel aufgestellt, welche besagt, daß bei gewöhnlicher Temperatur eine 10gradige Temperaturerhöhung Verdoppelung bis Verdreifachung der Reaktionsgeschwindigkeit bewirkt (I. H. VAN 'THOFF). Diese Regel wird in folgender Formel ausgedrückt:

$$Q_{10} = \frac{K_{t+10}}{K_t} = 2 \text{ bis } 3 \, .$$

Dabei bedeutet Q_{10} den Temperaturkoeffizienten K_{t+10} und K_t die Reaktionsgeschwindigkeitskonstanten bei Temperaturen, die um 10° auseinander liegen.

A. KANITZ[154] hat diese Regel als *Reaktionsgeschwindigkeits-Temperatur-Regel*, abgekürzt *RGT-Regel*, bezeichnet. Wenn man die Temperatur als Abscisse, den O-Verbrauch als Ordinate einträgt, so erhält man für die Abhängigkeit der Reaktionsgeschwindigkeit von der Temperatur eine Exponentialkurve, die um so steiler verläuft, je höher der Temperaturkoeffizient ist. Durch zahlreiche

Untersuchungen, insbesondere von A. KANITZ, ist gezeigt worden, daß eine gesetzmäßige Abhängigkeit der Reaktionsgeschwindigkeit von der Temperatur auch im Gebiete des organischen Lebens besteht, und zwar derart, daß auch hier der Wert des Temperaturkoeffizienten Q_{10} in der Regel 2—3 beträgt. Solches ist z. B. erwiesen für die Geschwindigkeit der Nervenleitung, für die Pulsfrequenz, für die Geschwindigkeit der Embryonalentwicklung, das Wachstum und allgemeine Stoffwechselvorgänge. Indessen hat die angegebene Kurve durchaus nicht für alle biologischen Vorgänge Gültigkeit. Wenn man die Abhängigkeit des Stoffwechsels der Tiere von ihrer Temperatur untersuchen will, so muß man, wie dies A. KROGH (S. 491[173]) als erster getan hat, bei der Untersuchung alle Einflüsse der Temperatur auf das Nervensystem ausschalten. Deshalb hat KROGH seine Versuchstiere (Goldfische, Frösche, Hunde u. a.) bei dem Experiment narkotisiert oder er hat überhaupt bewegungslose Lebewesen untersucht, wie z. B. Puppen des Mehlkäfers (*Tenebrio molitor*). KROGH fand bei seinen Versuchen, daß die Abhängigkeit der Wärmeproduktion von der Temperatur sich nicht ganz nach der VAN 'THOFFschen Regel richte, sondern daß der Temperaturkoeffizient Q_{10} mit zunehmender Temperatur rapid abnehme, also durchaus nicht konstant sei (S. 507). Er erhielt daher für die Beziehung zwischen Stoffwechsel und Temperatur eine Kurve, welche etwa in der Mitte zwischen einer geraden Linie und einer Exponentialkurve liegt. KROGHS Kurve hat also einen viel gestreckteren Verlauf als die Exponentialkurve nach der VAN 'THOFFschen Regel. W. v. BUDDENBROCK und G. v. ROHR[45] haben Untersuchungen an der indischen Stabheuschrecke vorgenommen, die wegen ihrer Starrezustände bei Tageslicht für solche Versuche besonders geeignet ist, und dabei gefunden, daß die O-Aufnahme genau proportional mit der Temperaturerhöhung ansteigt. Die RGT-Kurve BUDDENBROCKS und v. ROHRs hat daher einen völlig geradlinigen Verlauf. Die genannten Forscher vertreten die Meinung, daß die Stoffwechseltemperaturkurve bei allen Tieren eine gerade sein müsse. Wie immer auch diese Frage sich noch entscheiden möge, sicher ist auf alle Fälle, daß der Temperatur beim Ablauf der Lebensvorgänge eine ganz außerordentliche und grundlegende Bedeutung zukommt. Dieser großen Bedeutung entspricht auch die ungeheure Fülle der Literatur über diese Angelegenheit.

Bei allen Versuchen über die Abhängigkeit der Wärmeproduktion von der Temperatur muß man sehr wohl unterscheiden zwischen dem Einfluß der Außentemperatur und dem Einfluß der Temperatur des Körpers selbst; denn die RGT-Regel sagt nur etwas aus über die Abhängigkeit der Wärmeproduktion von der *Körper*temperatur.

In ihrem Verhalten gegenüber der *Außen*temperatur teilen sich die Tiere in zwei große Gruppen. Die Körpertemperatur und infolgedessen auch die Wärmeproduktion der *Kaltblüter* steigen und sinken mit der Außentemperatur. Die *Warmblüter* hingegen setzen dem Einflusse der Außentemperatur einen gewissen Widerstand entgegen, so daß sie imstande sind, ihre Eigentemperatur innerhalb gewisser Grenzen trotz Variation der Außentemperatur näherungsweise konstant zu erhalten. Da dieser Unterschied zwischen Kaltblütern und Warmblütern eigentlich bezeichnender ist als die absolute Höhe ihrer Körpertemperatur, hat man nach dem Vorschlage von BERGMANN (S. 269[29]) die Warmblüter als Tiere mit konstanter Körpertemperatur oder *homoiotherme Tiere*, die Kaltblüter als Tiere mit wechselnder Temperatur oder *poikilotherme Tiere* bezeichnet.

Auf die Konstanz bzw. Inkonstanz der Körpertemperatur als wesentlichsten Unterschied zwischen Kaltblütern und Warmblütern hat schon vor BERGMANN JOHN HUNTER[140] hingewiesen. Die Bezeichnung Warmblüter

und Kaltblüter trifft übrigens auch nicht immer zu; es können bei hoher
Umgebungstemperatur Kaltblüter gelegentlich viel wärmer sein als Warmblüter. Außerdem ist nicht gerade die Temperatur des *Blutes* die Hauptsache;
nicht nur das Blut, sondern alle Gewebe des Warmblüters sind in der Regel
wärmer als die des Kaltblüters.

Die Umgebungstemperatur wirkt innerhalb ihres normalen Bereiches auf das
Ausmaß der Verbrennungen im Körper unserer Haustiere nicht *direkt* ein, weil
ja ihre Körpertemperatur bei verschiedener Umgebungstemperatur konstant
bleibt. Ihre Wirkung ist vielmehr eine *indirekte*, durch die Nerven vermittelte.
Kälte wirkt anregend, Hitze erschlaffend. Davon wird in dem Kapitel *Wärmeregulation* eingehend die Rede sein.

h) Einfluß des Klimas.
Zusammenfassende Darstellungen:
Adametz, L.: Der Einfluß des Klimas auf den Tierkörper, Lehrbuch der allgemeinen
Tierzucht, S. 102—121. 1926.
Müller, S., u. W. Biehler: Stoffwechsel und Klima. Oppenheimers Handbuch der
Biochemie, 2. Aufl., 7, 38. 1927.

Klima ist die Gesamtwirkung mehrerer verschiedener Faktoren, unter
denen Temperatur, Luftfeuchtigkeit, Luftdruck, Luftbewegung und Sonnenstrahlung die Hauptrolle spielen. Diese Faktoren können die Wärmebildung
direkt ändern oder *indirekt*, letzteres durch Einwirkung auf das Zentralnervensystem, durch Beeinflussung der Innensekretion (z. B. der Schilddrüse im Hoch-
gebirge) oder durch Änderung der Zusammensetzung des Blutes. Um die Wirkung
des Klimas auf den Stoffwechsel zu analysieren, liegt es am nächsten, seine einzelnen Faktoren im Laboratorium künstlich nachzuahmen. Man kann z. B.,
wie dies Barcroft[19] getan hat, in einer Respirationskammer den Luftdruck
erniedrigen, darin einen Menschen tagelang belassen und dann sein Blut untersuchen, seinen Gaswechsel bestimmen usw.; man kann die Wirkung verschiedener
Außentemperaturen im Laboratorium während verschieden langer Zeit auf den
Menschen und auf Tiere untersuchen; man kann so die Bergkrankheit, das
Tropenklima und das Polarklima teilweise nachahmen. Aber die Versuchs-
menschen und Versuchstiere leben doch im Laboratorium nicht unter ganz
natürlichen physiologischen Verhältnissen, die Einflüsse des Klimas sind vielseitiger, als man sie im Laboratorium nachahmen kann. Die Beobachtungen
in der Natur allein geben uns hinwiederum nur einen Gesamteindruck über die
Wirkung des Klimas. Um dessen einzelne Faktoren richtig einzuschätzen,
müssen wir also die Erfahrungen in der Natur mit den Erfahrungen im Laboratorium kombinieren.

Von besonderem Interesse ist z. B. der Einfluß des *Hochgebirges* auf unsere
Haustiere. Der Hauptfaktor ist hier der *niedere Luftdruck*, nebst dem wirken
aber auch noch das an ultravioletten Strahlen reiche Sonnenlicht, die großen
Temperaturschwankungen und die starke Luftbewegung mit.

Eine *geringe* Verminderung des Luftdruckes hat auf den Stoffwechsel der
Haustiere höchstwahrscheinlich eine ebenso geringe Einwirkung wie auf den
des Menschen. Größere Höhen mit einer stärkeren Herabsetzung des Luftdruckes wirken um so weniger, je allmählicher man sich daran gewöhnt. *Sehr
geringer* Luftdruck in *bedeutenden* Höhen kann bei unseren Haustieren ebenso
die *Bergkrankheit* erzeugen wie beim Menschen (s. Adametz, S. 116[2]).

Wind und Kälte wirken, wie alle *Hautreize, steigernd* auf die Wärmebildung.
H. Wolpert (S. 223[366]) fand beim bekleideten Menschen die Kohlensäureabgabe
in *bewegter* Luft bei niederen Temperaturen, bis etwa 20⁰ C aufwärts, *bedeutend*,
d. h. bis um 20—25 %, aber auch noch bei *mittleren* Temperaturen (zwischen

20 und 25°C) noch reichlich um 10 % über das Ausmaß der CO_2-Abgabe bei Windstille *gesteigert*.

Es scheint, daß alle klimatischen Reize (mit Ausnahme von Sauerstoffmangel in sehr bedeutenden Höhen) nur oder mindestens ganz vorwiegend *indirekt* auf das Ausmaß der Verbrennungen im Körper einwirken, hauptsächlich durch *nervöse* Reize, durch Hautreize und psychische Erregung. *Trockenes und kühles Klima* wirkt *anregend und erfrischend, feuchtes und warmes,* also *schwüles* Klima, wirkt *erschlaffend.* Dadurch erklärt sich wohl auch die von KNIPPING[167] und OZORIO[252] beobachtete geringe Herabsetzung des Grundumsatzes in den Tropen, ferner die geringe Abnahme des Grundumsatzes des Menschen in der heißen und dessen geringe Zunahme in der kalten Jahreszeit (GESSLER[101]). Ein *direkter* Einfluß des Klimas auf das Ausmaß der Verbrennungen im Körper ist aber bisher noch nicht nachgewiesen worden.

Bei der Wirkung der klimatischen Einflüsse auf den Stoffwechsel unserer Haustiere muß man, wie L. ADAMETZ (S. 110) kritisch hervorhebt, ganz besonders darauf zu achten, daß die zu vergleichenden Einflüsse *auf Tiere gleicher Rasse bei sonst gleicher Haltung und Fütterung* einwirken, sonst kommt man leicht zu Fehlschlüssen. Besonders ist auch zu beachten, ob die betreffenden Versuchstiere dem Klima, bei dem sie jeweils untersucht werden, schon vollkommen angepaßt sind oder nicht. ADAMETZ hebt noch ganz besonders hervor, daß außer dem von außen kommenden zu vergleichenden Reiz, z. B. der Umgebungswärme, noch das innere Moment der *Reizempfindlichkeit* des betreffenden Tieres sehr in Frage komme. Reizempfindlichkeit und entsprechende Reaktion sind aber für verschiedene Haustierspezies verschieden (L. ADAMETZ, S. 110). Wenn wir z. B. den Einfluß des heißen Klimas mit dem Einfluß des gemäßigten Klimas auf unsere Haustiere vergleichen wollen, so können wir brauchbare Versuchsergebnisse nur dann erhalten, wenn wir unsere eigenen Rassen in ein heißes Klima versetzen, sie dort sich anpassen lassen und dann vergleichende Untersuchungen vornehmen. Dann haben wir den Einfluß verschiedener Klimaten auf die bei uns heimischen Rassen festgesetzt. Das Ergebnis ist aber durchaus noch nicht gültig für die z. B. in den heißen Klimaten *heimischen* Rassen. Wie wichtig diese Versuchsbedingungen sind, ergibt sich aus folgenden von L. ADAMETZ (S. 110[2]) angeführten Beispielen. Für unsere Haustiere wurde auf Grund der bisherigen Erfahrungen der Satz ausgesprochen, daß die Milchergiebigkeit im gemäßigten Klima am größten sei und im heißen Klima sinke. Dieser Satz gilt aber nicht für die in den heißen Gegenden heimischen Haustiere. Die *Ziegen* Arabiens zeigen enorm entwickelte Euter und stehen an Milchergiebigkeit unseren Ziegen nicht nach. Der *Büffel* liefert als Haustier im Balkan und in Ägypten und anderen heißen Gegenden reichlich vorzügliche und sehr reiche Milch.

Im großen und ganzen liegen über die Einflüsse des Klimas auf unsere Haussäugetiere wohl noch nicht hinlängliche Untersuchungen vor.

Eine Untersuchung über das Sonderklima im Stall hat P. LEHMANN[189] angestellt.

5. Anteil der verschiedenen Organe, insbesondere der Leber, an der Wärmebildung.

Zusammenfassende Darstellungen:

BARCROFT, J.: Zur Lehre vom Blutgaswechsel in den verschiedenen Organen. Erg. Physiol. 7, 699 (1908).

LOEWY, A.: Der Gaswechsel der Organe. OPPENHEIMERS Handbuch der Biochemie, 2. Aufl., 8, 1. 1925.

TIGERSTEDT, R.: Die Produktion von Wärme und der Wärmehaushalt. WINTERSTEINS Handbuch der vergleichenden Physiologie 33/2, 27. 1910.

Die Beteiligung der verschiedenen Organe an der Wärmebildung ist auf dreierlei Weise untersucht worden:

1. Die sog. indirekte Methode; man bestimmt zuerst den gesamten Stoffwechsel, dann entfernt man das betreffende Organ; dann bestimmt man den Stoffwechsel wieder. Die Differenz bezieht man auf das ausgefallene Organ. Es ist schon von vornherein zu erwarten, daß man auf diese Weise einen zu großen Betrag für den Stoffwechsel des betreffenden ausfallenden Organes erhält; denn durch seine operative Entfernung werden so schwere Störungen herbeigeführt, daß man erwarten muß, daß schon dadurch der Stoffwechsel des Tieres nach der Operation herabgesetzt werde.

2. Viel verläßlicher als diese sog. *indirekte Methode* ist die *direkte Methode* der Bestimmung des Gaswechsels einzelner Organe. Man bestimmt mittels eingeschalteter Stromuhr oder onkometrisch oder mit Hilfe der Thermo-Stromuhr von H. REIN[269, 270] die Menge des in der Zeiteinheit durch das Organ durchströmenden Blutes und aus dem Unterschied des Sauerstoffgehaltes des arteriellen und venösen Blutes die Menge des in dem Organ verbrauchten Sauerstoffes. Daraus kann man ermitteln, wieviel Wärme das Organ in der Zeiteinheit gebildet hat. Dieses Verfahren ist wohl das beste und sicherste zur Bestimmung der Wärmebildung in einem einzelnen Organ, aber ganz einwandfrei ist es doch nicht, erstens wegen der operativen Eingriffe, die die physiologischen Bedingungen in dem Organ und in seiner Durchblutung immerhin verändern, und zweitens darum, weil das Experiment doch nur für allzu kurze Zeit durchführbar ist, so daß es schwer ist, daraus wirklich die für den ganzen Tag gültige Größe der Verbrennung in dem betreffenden Organ auszurechnen.

3. Man stellt den Umfang des Gaswechsels an sog. überlebenden, d. h. aus dem Körper entfernten, Organen fest. Diese Organe müssen natürlich künstlich durchströmt werden, und dabei muß Sorge getragen werden, daß genügend Sauerstoff für das Organ vorhanden sei. Für diesen Zweck gibt es besondere Durchströmungsapparate. Bei den Organen der Kaltblüter genügt es aber, sie in einem abgeschlossenen, mit Luft oder Sauerstoff gefüllten Raum zu halten, und aus der in einer bestimmten Zeit verbrauchten Menge von Sauerstoff bzw. aus der Menge der gebildeten Kohlensäure festzustellen, wieviel Wärme das Organ produziert hat. Selbstverständlich müssen alle diese Messungen bei *Körpertemperatur* durchgeführt werden. Besonders viele Untersuchungen überlebender Kaltblüterorgane sind mittels des THUNBERGschen *Mikrorespirometers* durchgeführt worden (THUNBERG[330]).

Der Anteil der einzelnen Organe an der gesamten Wärmebildung ist aus den Tabellen 1 und 2 dieser Abhandlung ersichtlich. Tabelle 1 enthält *den Sauerstoffverbrauch in Kubikzentimetern je 100 g und Minute*, Tabelle 2 *die prozentuelle Beteiligung der Organe am Grundumsatz*.

Auch bei möglichst vollkommener Ruhe fällt der Hauptanteil des Grundumsatzes der *quergestreiften Muskulatur* zu. Nur ein kleiner Teil davon entfällt auf die *Herz- und Atemtätigkeit.* Nach LILJESTRAND[193] beträgt der Anteil der Atmungsarbeit am Grundumsatz nur 1—3%. Nach den Untersuchungen von ZUNTZ und HAGEMANN (S. 408[373]) am Pferd verbraucht das *Herz* des *ruhenden Pferdes* im Mittel 5% des gesamten absorbierten Sauerstoffes. Bei *mäßiger Steigarbeit* beträgt der *Anteil* des *Herzens* an dem *Gesamtsauerstoffverbrauch* sogar noch *weniger*, nämlich, wie ZUNTZ und HAGEMANN (S. 408[373]) gefunden haben, 3,77%. Bei sehr gesteigerter Puls- und Atemfrequenz steigt aber natürlich auch der Anteil der Atemmuskulatur und des Herzens am gesamten Stoffwechsel viel bedeutender an. Dies kommt namentlich für die Wärmeregulierung praktisch in Betracht.

Quergestreifte Muskeln produzieren auch nach Durchschneidung ihrer Nerven noch Wärme (R. TIGERSTEDT S. 510[335]). Die Wärmebildung der ruhenden Muskulatur ist nicht etwa auf den *Muskeltonus* zurückzuführen; denn dieser ist mit keiner Steigerung der Oxydationsvorgänge verbunden.

Daß sich die *quergestreifte Muskulatur* trotz ihrer aus Tabelle 1 hervorgehenden geringen Wärmeproduktion sogar in der Ruhe dennoch mit 25—50% an der gesamten Wärmeproduktion beteiligt, erklärt sich aus ihrer großen Masse. Durch entsprechende *Mehrarbeit* wäre die Muskulatur wohl allein imstande, die für den Körper bei drohender Hypothermie erforderliche Mehrproduktion von Wärme innerhalb der beobachteten Grenzen beizustellen. Es wird aber von vielen behauptet, daß *auch bei völliger Entspannung der Muskeln* bei Hypothermie die Wärmeproduktion wesentlich *gesteigert* werden könne. Sollte also die quergestreifte Muskulatur *auch ohne Kontraktion* die von ihr gebildete Wärme bedürfnisweise steigern können? Gibt es eine derartige „chemische Wärmeregulation"? Wenn dies etwa für die Muskulatur nicht erweislich sein sollte, welche anderen Organe könnten dafür verantwortlich gemacht werden? Wie wir später sehen werden, ist dies überhaupt der strittigste Punkt in der ganzen derzeitigen Lehre von der Wärmeregulation.

Bezüglich der Beteiligung an der gesamten Wärmeproduktion steht an zweiter Stelle *die Leber*.

Nach Tabelle 1 hat die Leber einen 2,4 mal größeren Sauerstoffverbrauch als der ruhende Muskel, nach Tabelle 2 beteiligt sie sich mit 12% an dem gesamten Grundumsatz. CLAUDE BERNARD (S. 146[30]) hat die Lehre aufgestellt, daß *die Leber* das wärmste Organ und damit eine Art Wärmeherd für den Körper sei. Letzteres schloß er daraus, daß er die Temperatur des Blutes in einer Lebervene um 0,2—0,4° C höher fand als die Temperatur des Blutes in der Pfortader. Die hierzu erforderliche Wärme konnte nur in der Leber selbst gebildet worden sein. E. CAVAZZANI[48] fand die Temperatur der Leber um 0,14 bis 0,63° C höher als die des Aortablutes. Auch R. TIGERSTEDT (WINTERSTEINS Handbuch, S. 27[334]) fand, daß auf Grund ihrer höheren Temperatur und ihrer Masse die Leber unbedingt zu den speziell wärmebildenden Organen des Körpers gezählt werden müsse. Als bedeutendster Vorkämpfer für diese Lehre ist aber J. LEFÈVRE (S. 333[186]) zu betrachten. Er hat mit thermo-elektrischen Messungen gefunden, daß die Temperatur der Leber am höchsten im Körper sei, und zwar um 1° C höher als die Rektaltemperatur. Sodann hat er Versuchstiere, Hunde, Kaninchen und Schweine, durch kalte Bäder von 6—10° Wärme und 25—150 Minuten Dauer stark abgekühlt, so daß die Rectaltemperatur beim Hunde auf 32°, beim Kaninchen auf 31,1°, beim Schwein auf 34,35° C sank, und dann die Temperatur unter der Haut, in den Muskeln und in der Leber während ihres Wiederanstieges nach dem Bade untersucht (S. 550). Er fand dabei, daß die Temperatur der Leber während des kalten Bades am wenigsten sank (im Vergleich mit Muskeln und Haut) und nach dem Bade beim Kaninchen am raschesten, also vor den Muskeln und der Haut, ihren höchsten Stand wieder erreichte. Daraus schloß LEFÈVRE, daß neben den Muskeln die Leber der bedeutendste Wärmebildner im Körper sei. Er schätzt ihre Beteiligung an der gesamten Wärmeproduktion mit 30% ein (S. 1019).

Den Versuchsergebnissen von LEFÈVRE widersprechen die Kontrollversuche von H. MAGNE[213, 214]. Dieser Autor hat seine Versuchstiere, Hunde und Kaninchen, ebenfalls in ein kaltes Bad gebracht und nach demselben die Wiedererwärmung der einzelnen Organe messend beobachtet. Er hat aber, was sehr wichtig ist, die Temperatur der Organe immer mit jener des in sie hineinfließenden arteriellen Blutes verglichen, was LEFÈVRE vernachlässigt hat. So fand MAGNE, daß wohl die Temperatur der *Muskeln* nach der Abkühlung *über* der des arteriellen Blutes lag, die Temperatur der Leber und der Gedärme aber entweder gleich blieb oder *unter* die des arteriellen Blutes sank. Überdies fand sie *während* der Kälte die Blutzirkulation in den *Muskeln beschleunigt*, in den *Abdominalorganen* aber *vermindert*. MAGNE schließt aus seinen Versuchen mit großer Bestimmtheit, daß nur die Muskulatur an der Wärmeregulation gegen Kälte beteiligt sei, aber ganz und gar nicht die Leber.

M. S. PEMBREY (S. 896[292]) zweifelt *darum* an einer besonderen Beteiligung der Leber an der Wärmeproduktion, weil die Leber nur mit wenigem arteriellen Blute versehen und der Hauptanteil ihres Stoffwechsels durch Blut bewerkstelligt wird, welches bereits in den Darmcapillaren einen großen Teil seines Sauerstoffes verloren hat.

Alle bisher angegebenen Experimente ergaben keine wirklichen Messungen der in der Leber gebildeten Wärmemenge. Solche liegen indessen seit neuerer Zeit vor.

E. MASING[231] versuchte die Bestimmung des Lebergaswechsels auf direktem Wege, nämlich mit Hilfe von Durchblutungsversuchen. Er durchströmte Kaninchenleber bei 38—39° C mit Blut und fand einen Sauerstoffverbrauch von 15—24 cm³ je Kilogramm und Minute. O. VERZAR (S. 59[345]) suchte den Lebergaswechsel auf indirektem Wege zu ermitteln. Er schaltete an curarisierten Hunden den Pfortaderkreislauf aus und bestimmte den Gaswechsel unmittelbar vorher und nachher. Es ergab sich eine Differenz von etwa 12% des gesamten Sauerstoffverbrauches.

Auf ganz andere Weise hat in neuester Zeit KOSAKA TAKAO[325] die Wärmebildung in der Leber zu bestimmen gesucht. Leider liegt über seine japanische Arbeit nur ein Referat in Ronas Berichten (58, 95 [1931]) über einen englischen Auszug der Arbeit vor. TAKAO maß an Hunden in Morphin-, Äther-, Alkoholnarkose die Temperaturdifferenz zwischen Lebervenen- und Pfortaderblut und die durch die Leber in der Zeiteinheit strömende Blutmenge und berechnete daraus die Wärmebildung der Leber. Die Temperaturdifferenz zugunsten des Lebervenenblutes betrug 0,2—0,32°, im Durchschnitt 0,25°, der Blutdurchfluß 6,5—11 cm³ je Sekunde (im Mittel 8,9 cm³). TAKAO berechnete daraus, daß die Leber in der Ruhe 20% der gesamten Wärmeproduktion bedecke.

Alle diese Untersuchungen sind wohl noch sehr der Nachprüfung bedürftig. Doch scheint sich aus ihnen zu ergeben, daß tatsächlich unter allen Organen die Leber bezüglich der Beteiligung an der gesamten Wärmebildung an zweiter Stelle steht. Die Angaben über die prozentuelle Beteiligung der Organe an der Wärmebildung beziehen sich natürlich nur auf die untersuchten *Tiere*, nicht auf den *Menschen*, dessen *Gehirn* prozentuell einen viel größeren Anteil am Gesamtgewicht und daher auch an dem Gesamtstoffwechsel haben muß als das relativ viel kleinere Gehirn der Versuchstiere.

Bezüglich der Wärmebildung in den übrigen Organen verweise ich auf die Tabellen 1 und 2 und bezüglich aller Einzelheiten auf die bereits erwähnte Darstellung von A. LOEWY[201]. Aus der von A. LOEWY am angeführten Orte eingesetzten Tabelle (Tabelle III, S. 22) des Ruheumsatzes der Organe geht auch hervor, daß (nach indirekten Messungen TANGLS) die prozentuelle Beteiligung der gesamten Baucheingeweide außer den Nieren an der gesamten Wärmebildung 24,6% beträgt. In der gleichen Tabelle ist die Beteiligung der gesamten ruhenden Muskulatur mit 24,1% angegeben.

Die überragende Bedeutung der *Leber* als Wärmeproduzent, welche ihr LEFÈVRE zuschreiben will, ist also durch die Experimente bisher durchaus nicht erwiesen worden. Größer ist wahrscheinlich die *indirekte* Bedeutung der Leber für den Wärmehaushalt durch die *Produktion von Zucker*, welcher in der Muskulatur *verbrannt* wird. Auf diese Beziehung der Leber zum Wärmehaushalt hat bereits H. MAGNE (S. 370[213]) hingewiesen. Besonders deutlich kommt sie dadurch zum Ausdruck, daß im hypoglykämischen Stadium der experimentellen Insulinvergiftung ein starker Temperatursturz eintritt und daß mit dem Aufbrauch der Zuckerdepots des Körpers nach Insulinzufuhr jede Form des Fiebers unterdrückt werden kann (nach F. ROSENTHAL, S. 125[278]).

Eine einwandfreie Klarlegung der Bedeutung der Leber für den Wärmehaushalt sollte man sich eigentlich von der *funktionellen Ausschaltung* der Leber erwarten. Leider ist diese aber mit so schweren Allgemeinstörungen verbunden, daß weder die durch Krankheit hervorgerufene noch die vivisektorische Leberausschaltung eine eindeutige Antwort auf unsere Frage gibt. Eine vollständige Ausschaltung der Leber durch Erkrankung ist überdies nicht denkbar, weil der Tod schon früher eintritt.

Sehr spärlich sind die Angaben, welche sich über die Körpertemperatur Leberkranker finden. MINKOWSKI (S. 611[237]) schreibt über die akute gelbe Leberatrophie: „Die Körpertemperatur verhält sich verschieden, je nach der Ursache der Erkrankung. Beim Beginne ist jedoch Fieber vorhanden. Mit dem Auftreten der schweren Erscheinungen der Leberinsuffizienz sinkt die Temperatur häufig unter die Norm (bis auf 35⁰ und darunter). Man hat gerade diese Hypothermie auf eine Infektion mit dem Bacterium coli bezogen." Nach STRÜMPELL (S. 746[322]) ist sie aber als *agonale* Körpertemperatursenkung aufzufassen.

Die *Leberexstirpation* gelingt beim *Vogel*, infolge der günstigen anatomischen Eigentümlichkeiten seines Abdominalkreislaufes, besser als beim Hund. Sie wurde bei beiden Tiergattungen von verschiedenen Autoren (MINKOWSKI[237], GRAFE und DENECKE, S. 249[116]) durchgeführt. Diese Versuche führten aber, namentlich am Hund, infolge der kolossalen Allgemeinschädigungen durch den Eingriff, zu keinem klaren Ergebnis. Mit einer neuen, weitgehend verbesserten Methode haben F. C. MANN und TH. B. MAGATH[223] in der Mayoklinik in Minnesota das gleiche Ziel verfolgt. Die von diesen beiden Autoren operierten Hunde blieben durch höchstens 10 Stunden am Leben; nur wenn man ihnen oral oder intravenös Traubenzucker verabreichte, konnte man sie 34 Stunden erhalten. Dadurch war die *ausschlaggebende Bedeutung der Hypoglykämie für das Leben der Tiere nach Leberexstirpation* erwiesen. Die Temperatur dieser Hunde ist gewöhnlich normal, bis die kritische und charakteristische, auf Blutzuckermangel beruhende Muskelschwäche einsetzt (nach 3—8 Stunden); kurz vorher kann die Temperatur um 1⁰ höher stehen als vor der Operation. Vor dem Tode kann die Temperatur subnormal werden (MANN und MAGATH, S. 223[223]). Die Wärmeproduktion nahm nach der Operation ab, solange sich das operierte Tier ruhig verhielt; wenn es sich aber bewegte, so blieb sie gleich oder nahm zu. Injektion einer bestimmten Menge Glykose erzeugte nach Hepatektomie eine größere Zunahme der gesamten Wärmeproduktion als vorher (S. 241). Diese Versuchsergebnisse wurden von ROSENTHAL, LICHT und MELCHIOR[279] (vgl. F. ROSENTHAL, S. 125[278]) bestätigt; sie zeigten, daß bei fehlender Traubenzuckerzufuhr der leberlose Hund nicht mehr imstande ist, seine Eigenwärme aufrechzuerhalten und daß die abgesunkene Temperatur des entleberten Hundes nach reichlicher Traubenzuckerzufuhr wieder zur Norm zurückgebracht werden kann; F. ROSENTHAL (S. 125[278]) schließt aus diesen Ergebnissen vollkommen mit Recht:

„Nicht als eine Hauptquelle von exothermischen Prozessen, hinter denen die Wärmeproduktion der übrigen Gewebe an Bedeutung zurücktritt, ist die Leber zu betrachten, sondern als die wichtigste endogene Bildungsstätte und als wichtigstes Regulationsorgan des Traubenzuckers im Organismus, mit dessen

Ausschüttung in den Kreislauf und mit dessen Einbeziehung in den Stoffwechsel der Gewebe grundlegende Voraussetzungen für den ungefährdeten Ablauf der Wärmeregulation gegeben sind."

Sehr wichtig ist der von Rosenthal, Licht und Melchior[279] geführte Nachweis, daß auch leberlose Tiere bei Glykosezufuhr zu starkem Fieber befähigt sind. Sogar bei Hunden, die sich nach der Operation kaum erheben konnten und einen außerordentlich stark geschwächten Eindruck machten, gelang es den genannten Autoren, durch stark wirksame pyrogene Mittel, wie Tetra-hydro-naphthylamin, in kurzer Zeit beträchtliches Fieber zu erzeugen. Die nach der Leberexstirpation auf 35^0 gesunkene Körpertemperatur stieg im Verlauf von 4 Stunden nach Subcutaninjektion von 0,06 g Tetra-hydro-naphthylamin und gleichzeitiger Glykosezufuhr auf $41,5^0$. $1^1/_2$ Stunden später trat der Tod ein (F. Rosenthal, S. 124[278]). Auch zur Erzeugung der fieberhaft gesteigerten Körpertemperatur ist also die Leber durchaus nicht notwendig, hingegen war die dauernde Zufuhr von Glykose notwendig, um dieses Ergebnis zu erzielen.

II. Die Wärmeabgabe des Tierkörpers.

Der Körper gibt Wärme ab: erstens durch *Leitung*, die bei Flüssigkeiten und Gasen noch durch die *Konvektion* unterstützt wird; zweitens durch *Strahlung* und drittens durch *Wasserverdunstung*.

1. Wärmeabgabe durch Leitung.

Die Abgabe der Wärme durch Leitung erfolgt dadurch, daß sich die Molekularbewegung, welche als Ursache der Wärme zu betrachten ist, vom Ort der jeweils größeren Wärme auf die Nachbarschaft fortpflanzt. Die Wärmeleitung ist proportional dem jeweiligen Temperaturgefälle, sie ist verschieden je nach der spezifischen Wärmeleitfähigkeit der Stoffe; für Gase ist sie sehr gering.

Meßeinheit für die Wärmeleitung ist das *absolute Wärmeleitvermögen*; das ist jene Anzahl von Grammcalorien, welche je Sekunde durch den Querschnitt von 1 cm² hindurchgehen, wenn zwei um 1 cm abstehende Querschnitte die Temperaturdifferenz von 1^0 C haben.

Die besten Wärmeleiter sind die Metalle. An erster Stelle steht das Silber. Flüssige und namentlich gasförmige Körper mit Ausnahme des Wasserstoffes leiten die Wärme schlecht. Darauf beruht die kälteschützende Wirkung der Kleider und der Doppelfenster; die eingeschlossene Luft wirkt hier als Wärmeisolator. Der beste Wärmeisolator ist aber der luftleere Raum (,,Thermosflaschen" sind Glasgefäße mit doppelter Wandung und einem Vakuum dazwischen). Das Wärmeleitvermögen des Wassers ist ca. 600mal kleiner als das des Kupfers, das der Luft noch ca. 23mal kleiner als das des Wassers.

Mit Rücksicht auf die Verteilung der Wärme im Körper und ihre Abgabe nach außen sowie auf die Wirkung zu Heilzwecken verabreichter kalter und warmer Umschläge oder Bäder hat die Wärmeleitfähigkeit der verschiedenen körperlichen Gewebe ein besonderes Interesse, insbesondere die der Muskulatur, der Haut und des Fettes. Darüber liegen nur wenige Untersuchungen vor. Ihre Ergebnisse enthält nebst einigen Vergleichswerten die Tabelle 3.

Tabelle 3. Absolutes Wärmeleitvermögen in cal, sec., cm, Grad.

Silber 1,01		Wasser 0,0014	
Kupfer 0,90		Luft 0,00006	

Muskulatur . . . . 0,00072 (Adamkiewicz[4])
Muskulatur . . . . 0,00096—0,001 (H. Breuer, S. 445[41])
Menschliches Hautfett . . . . . . 0,00055 (F. Klug[165])

Menschliche Epidermis . . . . . . 0,00028 (F. Klug)
Menschliches Corium . . . . 0,00083 (F. Klug)
Tierisches Fettgewebe . . . . 0,000316—0,000366 (H. Breuer).

F. Klug[165] hat mit seinen Untersuchungen bewiesen, daß eine Verdickung der Fettschichte in der Haut um nur wenige Millimeter das Wärmeleitvermögen der Haut sehr beträchtlich, in den von ihm untersuchten Fällen um die Hälfte bis zu zwei Drittel, herabsetzt (F. Klug, S. 80[165]). Dies entspricht ja der allgemein bekannten Erfahrung, daß dickere Menschen die Kälte besser, die Hitze aber schlechter vertragen als magere. G. Wobsa (S. 323[365]) hat allerdings die Verläßlichkeit der von F. Klug gefundenen Werte in Frage gestellt. Die in neuester Zeit von H. Breuer[41] durchgeführten Untersuchungen haben aber Werte ergeben, die von den alten Werten von Adamkiewicz[4] und von Klug nicht sehr wesentlich abweichen. H. Breuer hat Muskulatur und Fett vom Rind, Pferd, Hund und Schwein untersucht. Das schlechte Wärmeleitvermögen des Fleisches ergibt sich, wie H. Breuer hervorhebt, schon aus der langen Zeit, welche das Fleisch frisch geschlachteter Tiere zur Abkühlung braucht. H. Breuer hat zahlreiche derartige Versuche im Schlachtviehhof von St. Marx in Wien durchgeführt. Er hat in große Fleischstücke (Hinterviertel vom Rind) von frisch geschlachteten Tieren ein Thermometer 15 cm, das zweite 5 cm tief eingeführt und das Fleisch dann in einem Raum mit einer Temperatur von 0—4⁰ C liegen lassen. Gleich nach dem Schlachten hatte das Fleisch eine Temperatur von 39—39,8⁰. Nach einem ganzen Tag war die Temperatur in 15 cm Tiefe erst auf ca. 10⁰ gesunken. Erst nach 2—3 Tagen hatte es die Temperatur des Außenraumes angenommen.

Kallert (zit. nach H. Breuer, S. 443[41]) gibt für das Einfrieren großer Fleischstücke (Hinterviertel vom Rind) durch kalte Luft (— 8 bis —10⁰) eine Zeit von ca. 144 Stunden an.

Das *Wärmeleitvermögen des Fleisches* ist nur wenig geringer als das des Wassers und nur ca. 17mal besser als das der Luft. *Fettgewebe* leitet etwa 3mal schlechter als Fleisch und kaum 6mal besser als Luft.

In flüssigen und gasförmigen Körpern wird die Wärmeleitung wesentlich unterstützt durch die *Wärmekonvektion* oder die *Wärmeströmung*. Sie beruht darauf, daß die erwärmten Teilchen infolge ihrer Ausdehnung leichter werden und daher aufsteigen, während kältere und schwerere Teilchen an ihre Stelle treten. So werden beim Kochen des Wassers die untersten Schichten zuerst erwärmt, sie steigen dann auf und werden durch andere, kältere Teilchen ersetzt. Auf der Konvektion beruht die Zentralheizung mit Wasser, Luft bzw. durch Wasserdampf. Durch die Konvektion wird bewirkt, daß dann, wenn der Körper von Luft, als einem überaus schlechten Wärmeleiter, umgeben ist, durch den fortwährenden Austausch der der Körperoberfläche unmittelbar anliegenden Luftschichten dennoch eine erhebliche Wärmeabgabe zustande kommt. Das Gleiche trifft auch für das Bad zu.

Im Bade erfolgt die Abgabe von Wärme durch Leitung hauptsächlich dadurch, daß die dem Körper unmittelbar anliegenden, von ihm erwärmten Wasserschichten durch die Konvektion fortwährend erneuert und gegen kältere ausgetauscht werden. Infolgedessen steigt auch die Abgabe von Wärme durch Leitung.

Die längs des wärmeren Körpers aufsteigenden Gase bzw. Flüssigkeiten bewegen sich vorwiegend in *Wirbeln*. Die Turbulenz der Strömung des umgebenden Mediums ist von der Form der Oberfläche des Körpers wesentlich abhängig.

Der Wert unserer *Kleider* beruht vor allem auf der starken Beschränkung der Wärmekonvektion. Die dem Körper unmittelbar anliegende Luftschicht wird durch die Kleider festgehalten und dadurch die Wärmekonvektion wesentlich herabgesetzt.

2. Wärmeabgabe durch Strahlung.

Zusammenfassende Darstellungen:
LECHER, E.: Lehrbuch der Physik, 6. Auflage, S. 190, 1930.
SCHAUM, K.: Photochemie und Photographie, T. 1. Leipzig 1908, Bd. 9 von BREDIGS Handbuch der angewandten physikalischen Chemie.

Jeder warme Körper, d. h. jeder Körper, dessen Temperatur nicht der absolute Nullpunkt, —273⁰ C, ist, sendet auf Kosten seines Wärmeinhaltes beständig strahlende Energie aus. Diese Wärmestrahlung ist ein Teilgebiet der sog. elektromagnetischen Strahlung. Sie hat nach der jetzigen Annahme der Physik folgende Ursache: Die Atome sind aus noch kleineren elektrisch geladenen Bestandteilen, den Elektronen, aufgebaut. Die Zwischenräume zwischen diesen kleinsten Teilen erfüllt der sog. *Äther*, ein hypothetisches, allgegenwärtiges Medium, das auch im leeren Raum vorhanden ist. Die kleinsten Teilchen der Atome, die Elektronen, kreisen unaufhörlich in sehr großer Geschwindigkeit im Atom und erzeugen dadurch in dem sie umgebenden Äther periodische Störungen. Als Folge derselben treten transversale Ätherschwingungen auf. Alle diese Ätherwellen schreiten im Vakuum mit einer Geschwindigkeit von 300000 km je Sekunde fort. Es ist dies die Geschwindigkeit des Lichtes. Wenn die Wärmestrahlen andere Medien passieren als das Vakuum, so tun sie dies meist mit etwas kleinerer Geschwindigkeit und unter teilweiser, oft sehr geringer Umwandlung in andere Energieformen. Für unsere Sinne ist die strahlende Energie an sich nicht erkennbar, sie wird es erst durch ihre Umwandlungen in Wärme oder in Licht. Die Wellenlängen der *Temperaturstrahlen* erstrecken sich von 0,04—0,0000014 cm. Innerhalb dieser Temperaturstrahlen ist ein ganz kleines Teilgebiet dadurch besonders ausgezeichnet, daß es auf unser Auge wirkt und in uns die verschiedenen Farbenempfindungen hervorruft, je nach der Wellenlänge. Diese *optische Strahlung* liegt zwischen 400—800 $\mu\mu$ (1 $\mu = {}^1/_{1000}$ mm, 1 $\mu\mu = {}^1/_{1000} \mu = {}^1/_{1000000}$ mm).

Sowohl feste wie flüssige wie gasförmige Körper zeigen Temperaturstrahlung.

Die Wärmestrahlen gehen durch Luft hindurch, ohne sie merklich zu erwärmen. Daher kommt es zum Beispiel, daß man im Winter bei einer Temperatur um 0⁰ in Hemdärmeln in der Sonne sitzen kann, ohne zu frieren. Solche Körper, welche die Wärmestrahlen ungehindert hindurchlassen, nennt man *diatherman* (wärmedurchlässig), solche Körper, welche die Wärmestrahlen absorbieren, wobei sie sich selbst erwärmen, *atherman* (wärmeundurchlässig). Wasser ist sehr wenig diatherman.

Die Stärke der calorischen Strahlung eines Körpers ist der vierten Potenz der absoluten Temperatur (von —273⁰ an gerechnet) proportional. Je höher die Temperatur des strahlenden Körpers ist, um so mehr kurzwellige Temperaturstrahlen sendet er aus, also Lichtstrahlen. 70% der gesamten von der Sonne uns zugeführten Wärmeenergie sind Lichtstrahlen. Hingegen ist z. B. bei der Rotglut der Metalle (500—600⁰) praktisch fast nur noch unsichtbare calorische Strahlung vorhanden. Wenn die Wärmestrahlen auf einen anderen Körper auffallen und von ihm ganz oder teilweise absorbiert werden, so versetzen sie dessen Moleküle in verstärkte Bewegung und dann wird der Körper wärmer. *Matte* und *schwarze* Körper absorbieren viel mehr von der auffallenden Strahlung als *weiße glatte* Körper. Eine dicke Schichte von Ruß absorbiert so ziemlich alle auffallenden Strahlen im sichtbaren Spektrum, hingegen absorbiert blank poliertes Silber fast gar nichts, sondern es reflektiert alle Strahlen. Alle Temperaturstrahlen, welche Wellenlänge sie auch immer haben mögen, können, wenn sie von irgendeinem Körper absorbiert werden, in Wärme umgewandelt werden. Dies trifft also auch für die kurzwelligen, die Lichtstrahlen, zu, doch geben die langwelligen Strahlen, von Ultrarot aufwärts, mehr Wärme. Darauf beruht ihre Bezeichnung als *Wärmestrahlen* im engeren Sinne, die aber oft mißverstanden wird, als würden die *Licht*strahlen, wenn sie auf irgendeinen Körper auftreffen, in demselben nicht Wärme erzeugen können. Es kann z. B. durch intensive Bestrahlung des Schädels mit gelbem Licht die Hirnoberfläche erwärmt werden, indem das gelbe Licht durch die Schädeldecke hindurchdringt, von der Hirnoberfläche absorbiert und in Wärme umgewandelt wird.

Das Strahlungsvermögen eines Körpers ist nicht nur von der Temperatur desselben, sondern auch in hohem Maße von der Körperoberfläche abhängig. Je glatter diese ist, um so geringer ist die Ausstrahlung (das *„Emissionsvermögen"*). Das Emissionsvermögen eines Körpers verhält sich also genau so wie sein Absorptionsvermögen. Ein blanker weißer Körper reflektiert die auffallenden Strahlen und sendet auch selbst fast keine Strahlen aus. Ein schwarzer, rauher Körper absorbiert die auffallenden Strahlen und sendet auch selbst wiederum solche in größter Menge aus. Diese Tatsachen sind sehr wichtig für die Beurteilung der Hautfarbe und ihrer Bedeutung im Wärmehaushalt.

Das *absolute Strahlungsvermögen* oder *Emissionsvermögen*, d. h. die von der Flächeneinheit eines Körpers von einer bestimmten Temperatur in der Zeiteinheit ausgesendete Temperatur-

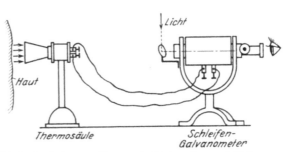

Abb. 3. Vorrichtung zur Messung der Hautstrahlung nach H. PHILIPP. (Zeitschr. f. physikal. Therapie **38**, 178 [1929].)

strahlung, ist ganz unabhängig von der Umgebungstemperatur, auch wenn diese viel höher sein sollte als die Temperatur des genannten Körpers. Dieses absolute Emissionsvermögen ist aber gar nicht direkt meßbar. Es wird nämlich zu gleicher Zeit dem Körper von der Umgebung Wärme zugestrahlt, und es ist daher nur das *relative Strahlungsvermögen* des Körpers meßbar, nämlich die Differenz zwischen der absoluten Strahlung des Körpers in den Raum und der Rückstrahlung des Raumes in den Körper. Die tatsächliche *Wärmeabgabe eines Körpers durch Strahlung ist im allgemeinen proportional der Differenz der Temperatur des Körpers und der Umgebung*. Dies ist das NEWTONsche Erkaltungsgesetz. Für die physiologisch in Betracht kommenden Temperaturdifferenzen ist es gültig.

Man mißt die Wärmestrahlung durch Absorption mittels an der Oberfläche geschwärzter Meßinstrumente, Thermoelemente oder Bolometer. H. PHILIPP hat die Wärmestrahlung der menschlichen Haut durch eine MOLLsche *Thermosäule* in Verbindung mit einem ZEISSschen *Schleifengalvanometer* gemessen (Abb. 3). (Näheres hierüber und Angaben weiterer Literatur bei H. PHILIPP[261].)

Mit einer neuen Methode wurden die Strahlungsverluste des Menschen in jüngster Zeit von H. BOHNENKAMP und H. W. ERNST[37] geprüft, ausgehend von dem Grundsatze, daß die hierfür allein in Frage kommende Flächengröße die Projektionsfläche des Körpers nach verschiedenen Richtungen ist.

Die Luft erwärmt sich nicht oder nur in geringem Ausmaß durch direkte Wärmeaufnahme aus den Sonnenstrahlen, sondern vorwiegend durch Wärmeleitung vom Erdboden aus und außerdem durch Strahlungsausgleich zwischen dem Boden und den benachbarten Luftschichten (F. LINKE, S. 479[196]).

3. Wärmeabgabe durch Verdunstung.

Den Übergang eines flüssigen Körpers in den dampfförmigen Zustand bezeichnet man als *Verdampfung*. Es gibt zwei verschiedene Arten der Verdampfung, das *Sieden* und das *Verdunsten*. Das *Sieden* erfolgt bei einer bestimmten Temperatur, dem *Siedepunkt*, die Dampfbildung geht dabei sowohl im Inneren wie an der Oberfläche der Flüssigkeit vor sich. Das *Verdunsten* ist hingegen nicht an eine bestimmte Temperatur gebunden, es erfolgt nur an der freien Oberfläche und überdies viel langsamer als das Sieden. Die Geschwindigkeit der Verdunstung nimmt mit der Temperatur zu. Das Verdunsten kann man sich so vorstellen, daß an der Oberfläche der Flüssigkeit die Moleküle derselben durch ihre Schwingungen in die benachbarten Luftschichten gelangen und nicht mehr zurückkehren. Es muß dabei eine bestimmte Arbeit geleistet werden, um den äußeren Luftdruck sowie die Kohäsion zwischen den einzelnen Flüssigkeitsteilchen zu überwinden. Hierbei wird aber nicht, wie beim Sieden, die hierzu nötige Energie (*Verdampfungswärme*) von außen (durch Erhitzen) zugeführt, sondern sie wird der Flüssigkeit selbst und zum Teil auch ihrer Umgebung entzogen. Daher sinkt bei der Verdunstung deren Temperatur. Das ist das *Wesen der kühlenden Wirkung des Schweißes.*

Luftströmungen beschleunigen die Verdunstung. Dies beruht auf folgender Erscheinung: Unmittelbar über der Flüssigkeitsoberfläche bildet sich gesättigter Dampf, weil dessen Diffusion in die Luft sehr langsam vor sich geht. Die weitere Verdampfung der Flüssigkeit geschieht daher langsamer, weil die in der darüberliegenden Luft vorhandene Dampfspannung die Verdunstung verzögert. Wenn diese wasserdampfreiche Luft durch Wind weggeführt wird, so wird dadurch die Verdunstung erleichtert.

Die Dampfmenge, die ein Raum bei einer bestimmten Temperatur aufnehmen kann, steigt mit der Temperatur. Eine bestimmte Luftmenge, die bei einer bestimmten Temperatur mit Dampf bereits gesättigt ist, kann also bei Erhöhung der Temperatur noch mehr Wasserdampf aufnehmen.

Die Wärme, welche notwendig ist, um eine Flüssigkeit in Dampfform überzuführen, heißt *Verdampfungswärme*.

Zur Verdampfung von 1 kg Wasser bei 0^0 sind 607 kcal, zur Verdampfung von 1 kg Wasser von t_0 sind $(607 - 0,708 \cdot t)$ kcal notwendig. Zur Verdampfung siedenden Wassers sind also 539 kcal je Kilogramm Wasser notwendig.

Im tierischen Wärmehaushalt kommt die Abgabe von Körperwärme durch die Verdunstung des Schweißes auf der Haut und durch die Verdunstung des Schleimes auf der respiratorischen Oberfläche in Betracht. Sonderbarerweise nehmen hierfür verschiedene Lehrbücher und auch Handbücher einfach die Verdampfungswärme des siedenden Wassers (539 kcal) an. Das ist natürlich vollkommen falsch. Man muß die Verdampfungswärme bei *der* Temperatur berechnen, bei welcher der Schweiß bzw. der Schleim an der Körperoberfläche wirklich verdunstet. Dies ist bisher in einwandfreier Weise meines Wissens nicht geschehen.

RUBNER (S. 186[288]) hat aus der angegebenen Formel die Verdampfungswärme des an Haut und Lunge verdunstenden Wassers unter der Annahme berechnet, daß die Verdunstung bei Körpertemperatur von 38^0 erfolge. Bei dieser Tem-

peratur braucht 1 kg Wasser zur Verdampfung 580 große Calorien. Dazu hat
RUBNER aber auch noch jene Wärmemenge gerechnet, welche notwendig ist,
um das aus der Nahrung stammende Wasser auf Körpertemperatur von 38⁰
zu erwärmen. Das mit der gesamten Nahrung zugeführte Wasser soll nach
RUBNER eine Durchschnittstemperatur von 20⁰ haben, so daß also die zur Erwärmung von 20 auf 38⁰ erforderliche Wärmemenge ebenfalls vom Körper
bestritten werden müßte. Das wären also 18 kcal je Kilogramm Wasser. So
kommt RUBNER zu dem Ergebnis, daß je 1 kg Wasser, das auf der Haut oder
Lunge verdunstet worden ist, ein Wärmeverlust des Körpers von 598, also
rund *600* kcal, entspricht.

Diese Berechnung RUBNERs ist nicht ganz einwandfrei. Man kann wohl
annehmen, daß das Wasser an der respiratorischen Oberfläche bei Körpertemperatur verdunste, dies gilt aber durchaus nicht für den Schweiß. Die Hauttemperatur ist schon an und für sich niedriger als die Körpertemperatur und
sinkt erst noch ganz besonders durch die Verdunstung des Schweißes. Der
Schweiß verdunstet also bei der durch das Schwitzen bereits verminderten Hauttemperatur. Über diese liegen keine hinlänglichen Messungen vor; sie ist
auch sicherlich sehr variabel.

Auch bei den schweißdrüsenlosen Tieren wird durch Verdunstung von
Wasser an der Hautoberfläche (perspiratio insensibilis) dem Körper andauernd
Wärme entzogen; man wird auch hier durchschnittlich 590 kcal je Kilogramm
Wasserverdunstung zu rechnen haben.

Die Verdunstung geht um so ausgiebiger vor sich, je höher die Temperatur,
je trockener und bewegter die Luft und je niedriger der Luftdruck ist.

Für die Beurteilung der Wärmeabgabe durch Wasserverdunstung ist die
Kenntnis des *Feuchtigkeitsgehaltes der Luft* von großer Wichtigkeit.

Unter *absoluter Feuchtigkeit* versteht man jene Menge Wasser in Gramm,
welche in 1 m³ Luft als Dampf vorhanden ist.

1 m³ Luft sei imstande, bei Sättigung mit Wasserdampf, die Dampfmenge S
zu fassen. In Wirklichkeit enthalte er aber eine kleinere Wasserdampfmenge s,
und zwar z. B. 30⁰/₀ von S. Dann nennt man 30 die *relative Feuchtigkeit der
Luft*. Unter *relativer Feuchtigkeit* versteht man also *die vorhandene Dampfmenge in
Prozent der maximal möglichen*. Die relative Feuchtigkeit bei gesättigtem Dampf
ist 100⁰/₀, bei ganz trockener Luft 0⁰/₀. Mitunter drückt man die Feuchtigkeit
nicht in *Mengen* des Wasserdampfes in der Luft aus, sondern durch den *Partialdruck* des Wasserdampfes (*Dampfdruck*).

Der Gesamtdruck in der Luft ist gleich der Summe des Luftdruckes und
des Partialdruckes des in der Luft enthaltenen Dampfes. Jede Barometer-
messung gibt daher den Luftdruck + den Partialdruck des Dampfes an.

Bei einer bestimmten Temperatur kann, wie bereits erwähnt, eine bestimmte
Menge Luft nur eine bestimmte Menge Feuchtigkeit aufnehmen. Dann ist sie
eben damit gesättigt. Der Druck, den im gegebenen Falle der Wasserdampf
ausübt, heißt der *maximale Dampfdruck oder Sättigungsdampfdruck*. Dieser
maximale Dampfdruck ist vom Luftdruck ganz unabhängig und nur von der
herrschenden Temperatur abhängig. Wird eine mit Wasserdampf gesättigte Luft
noch mehr komprimiert, so kommen die gasförmigen Molekeln einander näher und
es tritt teilweise Kondensation des Wasserdampfes ein, und zwar insolange, bis der
Dampfdruck wiederum gleich ist wie zu Anfang, d. h. jener Größe entspricht, die
eben allein von der herrschenden Temperatur abhängig ist. Steigt die Temperatur,
ohne daß weitere Flüssigkeit zur Verdampfung zur Verfügung stünde, so wird
der Dampf *ungesättigt* oder *überhitzt*; steht aber noch weitere Flüssigkeit zur
Verdunstung zur Verfügung, so sättigt sich der Dampf wieder und der Dampf-

druck nimmt dann jene Größe an, welche eben bei der betreffenden Temperatur
für einen gesättigten Dampf gilt. Je niederer die Temperatur ist, um so weniger
Dampf vermag die Luft aufzunehmen. Daher kommt die außerordentliche
Trockenheit der Luft in den Polargegenden und in sehr hohen Bergesregionen.
Das hohe Ausmaß dieser Abhängigkeit der Luftfeuchtigkeit von der Temperatur
gibt folgende Reihe an:

Lufttemperatur	−20°	−10°	0°	+10°	+20°	+30°	+40° C
Maximaler Dampfdruck .	1,0	2,2	4,6	9,2	17,5	31,8	55,3 mm Hg

Sättigungsdampfdruck in mm Hg.

(F. LINKE, S. 485[196].)

Über jeder Wasseroberfläche herrscht eine infolge der Verdunstung schon etwas
reduzierte Temperatur, d. h. eine Temperatur, welche geringer ist als die Temperatur der umgebenden Luft. Es ist nun der Sättigungsdampfdruck bei dieser
an der verdunstenden Wasseroberfläche herrschenden Temperatur zu nehmen,
um die Schnelligkeit der Verdampfung zu beurteilen; für diese ist die Differenz
zwischen dem Sättigungsdampfdruck bei der Temperatur der Wasseroberfläche
und dem wirklich vorhandenen Dampfdruck maßgebend (F. LINKE, S. 485[196]).

Wind erhöht selbstverständlich die Verdunstung an der Körperoberfläche
und damit die Wärmeabgabe. Diesbezügliche Untersuchungen hat unter anderen
H. WOLPERT[366] angestellt.

Der einfachste relative Feuchtigkeitsmesser ist das (von BENEDICT [S. 312[25a]]
abgelehnte) *Haarhygrometer*. Es beruht darauf, daß entfettetes Frauenhaar die
Eigenschaft hat, sich durch Feuchtigkeit auszudehnen. Diese Ausdehnung wird
auf einen Zeiger übertragen, der vor einer geeichten Skala spielt.

Ein und dieselbe Außentemperatur wirkt auf den Wärmehaushalt und das
Befinden der Tiere und des Menschen je nach der gleichzeitigen Luftfeuchtigkeit
und der durch Wind und durch Konvektion hervorgerufenen Luftbewegung
verschieden. Dazu kommt noch die Differenz der dem Körper zu- und von ihm
ausgestrahlten Wärmemenge. Zur Beurteilung dieser Gesamtwirkung soll das
von L. HILL[130] konstruierte *Katathermometer* dienen. Dies ist ein Alkoholthermo-
meter, dessen Kugel, wenn die abkühlungsbeschleunigende Wirkung der Verdunstung mitgemessen werden soll, mit einem befeuchteten Löschpapier oder
einem feuchten Läppchen umwickelt wird. Es wird zunächst auf Körpertemperatur (etwas über 37° C) erwärmt, und dann die Zeit gemessen, innerhalb deren es
unter dem Einflusse der Lufttemperatur des Windes und der Verdunstung von 37°
auf 35° C sinkt. Es wird also mit diesem Apparat, den man trocken oder feucht
anwendet, die Geschwindigkeit der Abkühlung unter dem gleichzeitigen Einfluß aller klimatisch in Betracht kommenden Faktoren bestimmt. Diese Gesamtwirkung nennt L. HILL „*Cooling power*", „*Abkühlungsgröße*". L. HILL hat mit
diesem Apparat sehr umfangreiche Untersuchungen über die klimatischen Einflüsse in verschiedenen alpinen Sanatorien und Kinderheimen, namentlich in der
Schweiz, durchgeführt (S. 145). C. DORNO[66] hat das Katathermometer L. HILLS[130]
modifiziert und so das als Registrierapparat verwendbare „*Davoser Frigorimeter*"
hergestellt (R. THILENIUS und C. DORNO[328]). Hier tritt an Stelle der Alkohol-
kugel des Katathermometers als „Normalkörper" eine Kupferkugel; sie wird
elektrisch auf eine bestimmte Temperatur, +33° C, geheizt. Durch ein Kontakt-
thermometer wird der Strom bei 33° unterbrochen: dann sinkt die Temperatur
des Normalkörpers in einer von der „Abkühlungsgröße" abhängigen Zeit bis
auf +30°. In diesem Moment wird der Hauptstrom wieder automatisch geschlossen. Heizzeit und Abkühlungszeit werden durch einen Chronographen
automatisch registriert. Die Abkühlungsgröße der Kupferkugel wird, wie beim
Katathermometer, durch Umrechnung mit einem Eichfaktor errechnet.

Für physiologische Zwecke, insbesondere für die Bestimmung der Abkühlungsgröße des menschlichen Körpers, wurde dieser DORNOsche Apparat wiederum modifiziert von H. LOSSNITZER[208].

Es hat sich aber namentlich A. LOEWY[203, 204] gegen die Übertragung der mit dem beschriebenen Instrument gefundenen Abkühlungsgröße auf den Menschen gewendet; Wärmekapazität, Wärmeleitfähigkeit, Strahlungsvermögen der menschlichen Haut sind doch von denen einer Kupferkugel weitgehend verschieden. Außerdem ändern sich die genannten Eigenschaften bei der Haut je nach dem jeweiligen Zustande der Wärmeregulation (vgl. H. LOSSNITZER, S. 198[208]).

4. Die verschiedenen Wege der Abgabe der Körperwärme und die quantitative Verteilung auf dieselben.

Zusammenfassende Darstellungen:

ATWATER, W. O.: Neue Versuche über Stoff- und Kraftwechsel im menschlichen Körper. Erg. Physiol. 3, 1, S. 497 (1904). — ATWATER, W. O., u. F. G. BENEDICT: Versuche über den Stoff- und Kraftwechsel im menschlichen Körper. 1900—02.
BENEDICT u. MILNER: Experiments on the metabolism of matter and energy in the human body, Bull. Nr 175. Washington 1907.
ROSENTHAL, J.: Die Physiologie der tierischen Wärme. HERMANNS Handbuch der Physiologie 4, T. 2, 375. 1882. — RUBNER, M.: Die Gesetze des Energieverbrauches bei der Ernährung, S. 186. 1902.
TEREG, J.: Tierische Wärme. ELLENBERGERS Vergleichende Physiologie der Haussäugetiere, 1. Aufl., 2. T., 114. 1892. — TIGERSTEDT, R.: Die Wärmeökonomie des Körpers. NAGELS Handbuch der Physiologie 1, Abt. 2, 582. 1909.

Die Wärmeabgabe eines Tieres setzt sich aus folgenden Teilen zusammen:
1. dem Verlust auf dem Wege von Leitung und Strahlung durch die Haut,
2. dem Verlust durch Erwärmung der Atemluft,
3. Verlust durch Erwärmung der Speisen,
4. Wasserverdunstung durch Haut und Lunge.

Die Beteiligung dieser einzelnen Faktoren an der Wärmeabgabe schwankt naturgemäß, je nach der herrschenden Temperatur, Luftfeuchtigkeit, Luftbewegung und natürlich auch je nach dem Wärmeschutz durch Behaarung und Bekleidung. ATWATER und BENEDICT[14] haben in ihrem Respirationscalorimeter hierüber sehr genaue Untersuchungen angestellt. Als Beispiel diene folgende, von E. ABDERHALDEN (S. 1491[1]) angeführte Untersuchung von BENEDICT und MILNER[26]:

Tabelle 4. Hungerversuch.

Abgegeben wurden an Wärme:
1. durch Leitung und Strahlung	1440	Calorien
2. durch Erwärmung der eingeatmeten Luft	44	,,
3. mit dem Harn und Kot	22	,,
4. durch Wasserverdunstung in den Atemwegen	185	,,
5. durch Wasserverdunstung von der Haut aus	239	,,
Korrektur für die während der Versuchszeit auftretenden Veränderungen der Körpertemperatur und des Körpergewichtes	7	,,
Summe:	1923	Calorien

Von der gesamten Wärmeabgabe entfallen (ohne Korrektur) auf
Leitung und Strahlung	74,6 %
Erwärmung der eingeatmeten Luft	2,3 %
Harn und Kot	1,1 %
Wasserverdunstung in den Atmungswegen	9,6 %
Wasserverdunstung von der Haut aus	12,4 %

Diese an einem hungernden Menschen vorgenommene Untersuchung zeigt, daß unter gewöhnlichen Verhältnissen, bei Ruhe, die Wärmeabgabe hauptsächlich durch Leitung und Strahlung erfolgt. Bei Arbeit und bei Hitze ändert sich natürlich sofort der Anteil der Wasserverdunstung ganz wesentlich. In extremen Fällen kann er bis zu 95 % der gesamten Wärmeabgabe steigen (E. ABDERHALDEN, S. 1493[1]).

Die *Wärmeabgabe durch Leitung und Strahlung* steigt mit der Differenz zwischen der Temperatur der Körperoberfläche und der Umgebung. Je wärmer also die Haut und je kälter die Umgebung ist, um so mehr Wärme verliert der Körper durch Leitung und Strahlung. Wieviel Wärme durch Strahlung allein abgegeben wird, wurde von MASJE[232] und von STEWART[311] am Menschen mit der bolometrischen Methode untersucht, die beiden Autoren kamen aber zu ganz entgegengesetzten Ergebnissen. Es liegen übrigens auch neuere Arbeiten hierüber vor (vgl. H. PHILIPP[261], woselbst auch die neuere Literatur angegeben ist).

Leitung und Strahlung werden natürlich auch durch *Behaarung* und durch *Bekleidung* wesentlich beeinträchtigt. Die Wärmeabgabe an bekleideten Stellen beträgt beim Menschen etwa die Hälfte der Wärmeabgabe an unbekleideten Stellen (J. PAECHTNER, S. 345[255]). Soweit die Versuche an behaarten Körperstellen des Menschen einen Schluß zulassen, wird wahrscheinlich auch das Strahlungsvermögen der Tiere wegen ihres schützenden Haarkleides ein geringeres sein als das für den nackten Menschen ermittelte. Nach dem Abscheren der Haare steigt die Wärmeabgabe durch Strahlung (J. TEREG, S. 121[327]; M. RUBNER, S, 220[284] und S. 140[288]) ebenso nach dem *Rupfen* von Vögeln (A. GIAJA[103]). M. RUBNER, S. 73[287]) hat unter Berücksichtigung des Einflusses von Bekleidung und Behaarung den Anteil der *Strahlung* an der gesamten Wärmeabgabe des Menschen mit 43,74 %, den der *Leitung* mit 30,85 % berechnet.

Die Wärmeabgabe steigt selbstverständlich mit der *relativen Größe der Körperoberfläche*, kleine Tiere geben also verhältnismäßig mehr Wärme ab als große. Außerdem nimmt die Wärmeabgabe mit dem zunehmenden Blutgehalt der Haut zu, weil dann die Haut wärmer wird und infolgedessen das Temperaturgefälle steigt. Darauf beruht auch die *wärmeentziehende Wirkung des Alkoholgenusses*: unter dem Einfluß des Alkohols erweitern sich die Hautblutgefäße, dadurch erhöht sich die Hauttemperatur und infolgedessen der Temperaturunterschied zwischen der Hautoberfläche und der Umgebung; infolgedessen steigt die Wärmeabgabe durch Leitung und Strahlung.

Daß der *Fettpolster* als schlechter Wärmeleiter einen ganz besonderen Wärmeschutz bildet, wurde bereits oben erwähnt. Bei Kälte ist dies ein Vorteil, bei Hitze ein Nachteil.

Daß Tiere, welche dauernd in kalten Klimaten leben, durchschnittlich einen weitaus dickeren Fettpolster haben als Tiere, welche in den Tropen leben, gehört eigentlich schon zu dem Kapitel der Regulierung der Körpertemperatur. Auch der Wärmeschutz durch das *Federkleid*, durch die *Behaarung* und durch die *künstliche Bekleidung* des Menschen soll unter dem Kapitel der Wärmeregulierung eingehender erörtert werden.

Das Ausmaß der Wärmeabgabe durch Verdunstung Das *Ausmaß der Wärmeabgabe durch Wasserverdunstung an der Hautoberfläche* hängt von der Menge des Wassers ab, welches zur Verdunstung gelangt. Es verdunstet um so mehr, je größer die Verdunstungsoberfläche, je geringer die relative Feuchtigkeit der Luft und je höher die Temperatur ist. Wasserverdunstung findet an der *Haut* und an der *respiratorischen Schleimhaut* statt. Wo Schweißdrüsen vorhanden sind, wird die Wärmeabgabe durch Verdunstung durch deren Tätigkeit wesentlich unterstützt. Davon wird bei der Wärmeregulation noch eingehender die Rede sein. Aber auch an schweißdrüsenlosen Hautstellen und bei schweißdrüsenlosen

Tieren variiert die Menge des von der Haut abgeschiedenen und verdunstenden Wassers. In der Hitze geben die Nager ein reichliches Sekret von der Nase ab, welches über einen großen Teil ihres Körpers rinnt und dort abdunstet (R. Stigler, S. 88[318]). Auch die Zunge wird bekanntlich, namentlich von Hunden, aber auch von Katzen, zur Vergrößerung der Verdunstungsoberfläche verwendet.

Das Ausmaß der Wärmeabgabe an der respiratorischen Oberfläche. Die Wärmeabgabe von seiten der respiratorischen Oberfläche, wozu beim Hunde und auch bei anderen Tieren bei großer Hitze noch die Zungenoberfläche zu rechnen ist (Hacheln), erfolgt einerseits durch Erwärmung der geatmeten Luft, also durch Leitung und Strahlung, anderseits durch Verdunstung von Wasser.

Die Wärmeabgabe an die Atmungsluft ist leicht zu errechnen: Zur Erwärmung von 1 kg Luft von 1⁰ C sind 0,24 kcal erforderlich. Die im Mund gemessene Temperatur der Ausatmungsluft wurde von A. Loewy und H. Gerhartz[205] im Mittel mit 34,0⁰ C bestimmt. Auch bei einer Atemfrequenz von 40 je Minute war die Temperatur der exspirierten Luft 33,7⁰. Beim Tier liegen ähnliche Versuche allerdings nicht vor. Wenn man das Gewicht der im ganzen Tag geatmeten Luft kennt, so läßt sich daraus leicht berechnen, wieviel Wärme dem Körper entzogen wurde, um die eingeatmete Luft, deren Temperatur natürlich auch bekannt sein muß, auf die Temperatur der ausgeatmeten Luft zu bringen.

Rubner gibt für den Menschen die zur Erwärmung der trockenen Atemluft erforderliche Wärmemenge in der Regel mit etwa 1,8⁰/₀ der ganzen, abgegebenen Wärme an (M. Rubner, S. 187[288]). Die vom Menschen in einem Tag geatmete Luft bemißt Rubner mit 11,6 kg.

Für die Ermittlung der *durch Wasserverdunstung an der respiratorischen Oberfläche abgegebenen Körperwärme* hat man von der Tatsache auszugehen, daß die ausgeatmete Luft mit Feuchtigkeit gesättigt ist; dies gilt aber nur bei ruhigem Atemholen; bei schnellen Atemzügen *sinkt* der Gehalt der Ausatmungsluft an Wasser (G. Galeotti[97]). Wenn man von der Menge des in der Ausatmungsluft enthaltenen Wassers die schon in der Einatmungsluft enthaltene abzieht, so erhält man die von der respiratorischen Oberfläche zur Verdunstung abgegebene Wassermenge. M. Rubner[287a] hat für den bei mittlerer Außentemperatur und mittlerer Luftfeuchtigkeit atmenden Menschen folgende Mittelwerte für die *je Stunde* mit der Ausatmungsluft abgegebenen, an der respiratorischen Oberfläche verdunstenden Wassermengen ermittelt:

Ruhe	17 g	Lesen	28 g
Tiefes Atmen	19 g	Singen	34 g

Das Singen entzieht also am meisten Feuchtigkeit, doppelt soviel, als bei ruhiger Atmung abgegeben wird.

Das *Ausmaß der Wärmeabgabe durch Verdunstung von Wasserdampf in den Atmungsorganen* ist natürlich variabel. *Im Durchschnitt* dürfte es näherungsweise *mit 10⁰/₀ der gesamten Wärmeabgabe* zu berechnen sein (vgl. die Tabelle 4). Je trockener die Einatmungsluft ist, um so mehr Wasser entzieht sie den Atmungsorganen; aber auch vollkommen mit Wasserdampf gesättigte Einatmungsluft von geringerer Temperatur als die der Ausatmungsluft entzieht den Atmungsorganen noch Wasser, weil ihre Aufnahmefähigkeit für Wasserdampf mit der Erwärmung steigt.

Sehr kalte Luft hat eine sehr geringe Aufnahmefähigkeit für Wasserdampf, sie ist also sehr trocken (d. h. ihre absolute Feuchtigkeit kann nur sehr gering

sein). Diese Lufttrockenheit macht sich bei Polarreisen und bei Expeditionen
auf die höchsten Bergesgipfel sehr stark bemerkbar. Schon die Polarforscher
PAYER und WEYPRECHT klagten über Durst, der schwer befriedigt werden
konnte. Sowie die Sonne den Schnee feucht machte, verschwand dieses Übel
(zit. nach RUBNER, S. 150[284]). HINGSTON, der Arzt der englischen Mount-
Everest-Expedition vom Jahre 1924, berichtet über den furchtbaren und
geradezu erschöpfenden Durst, unter dem alle Teilnehmer der Expedition in
Höhen über 7000 m litten. HINGSTON (S. 193[132]) schreibt: „Die Sehnsucht nach
einem Trunk ist nicht die Folge des Schwitzens, sondern des Flüssigkeitsverlustes
in den Atmungswegen infolge der übermäßigen Einatmung trockener, kalter
Luft. Diese Austrocknung des Körpers in extremen Höhen kann die Absonderung
von Urin außerordentlich herabsetzen. Einer der Bergsteiger urinierte auf
6400 m 16—18 Stunden überhaupt nicht, ein anderer während eines Abstieges
von 8500 m 24 Stunden lang nicht."

Außerhalb der Schweißsekretion erfolgt die Wasserdampfabgabe vorwiegend
durch die *Atmung*. Aber auch der *Perspiratio insensibilis* kommt ein variabler
Betrag von Wasserdampfabgabe zu. Je stärker die Haut von außen oder von
innen her (durch starke Durchblutung) durchfeuchtet ist, um so mehr Wasserdampf vermag sie abzudunsten.

Wärmeabgabe an das Futter und Getränk. J. TEREG (S. 114[327]) zeigt die Größe
der für die Erwärmung des Futters notwendigen Wärmemenge an folgendem
Beispiel:

Ein größerer Pflanzenfresser (Pferd oder Rind), im Gewicht von 500 kg,
brauche, um sich bei Ruhe in gleichmäßigem Nährzustand zu erhalten, 11 kg
Gesamtfutter und 20 kg Tränkwasser, wobei die gesamte Wärmeproduktion
19000 kcal betrage. Nehmen wir eine Außentemperatur von 15° an, so müssen
die Ingesten auf 38°, d. h. um 23°, erwärmt werden. Wenn man die spezifische
Wärme von Hafer und Heu mit 0,75 veranschlagt, so entfallen für die Erwärmung der Nahrung auf Körpertemperatur:

$$11 \text{ kg Futter} \ldots \ldots 190 \text{ kcal} = 1\% \quad \text{der Wärmeproduktion,}$$
$$20 \text{ „ Wasser} \ldots \ldots 460 \text{ „}\quad = 2,42\% \text{ „} \qquad \text{„}$$

Zur Erwärmung der Nahrung sind also in diesem Falle 650 Cal = 3,42%
der gesamten Wärmeabgabe erforderlich.

5. Wärmeabgabe bei Schwüle und feuchter Kälte.

Eine ganz besondere Rolle spielt die Luftfeuchtigkeit bei jenen Zuständen,
die man als *Schwüle* und als *feuchte Kälte* bezeichnet.

Wie ändert sich die *Wärmeabgabe* an der Körperoberfläche unter dem
Einfluß hoher Luftfeuchtigkeit?

Die *Wärmeleitfähigkeit der Luft* nimmt allerdings mit der Feuchtigkeit *zu*,
aber lange nicht in so großem Ausmaße, als daß man sich die durch feuchtkaltes
Wetter hervorgerufene Kälteempfindung damit erklären könnte. Manche meinen,
daß tiefe Lufttemperatur bei höherer Feuchtigkeit besonders abkühle infolge der
hygroskopischen Wirkung der Kleider (vgl. F. LINKE, S. 487 und 488[196]). Sicher sind
feuchte Kleider infolge der bei der Verdunstung entstehenden Kälte geeignet,
die Temperatur der Haut herabzusetzen. Aber man merkt die fröstelnde Kälte,
wenn man z. B. im Spätherbst eine dunstige, neblige Wiese durchschreitet,
augenblicklich, noch ehe die Kleider durchfeuchtet sein können, und überdies
auch dann, und zwar besonders stark, wenn man mit bloßem Oberkörper mar-
schiert.

M. Rubner (S. 271[285]) hat durch sehr eingehende Untersuchungen am Menschen nachgewiesen, daß *die feuchte Luft bei jeder Außentemperatur den Wärmeverlust durch Leitung und Strahlung vermehrt* (in seinen Versuchen bis zu einem Siebentel der gesamten Tagesproduktion beträgt. Als Gesamtmittel aus seinen Versuchen fand er bei einer Steigerung der Luftfeuchtigkeit um 1% eine Steigerung der Wärmeabgabe durch Leitung und Strahlung um 0,32%. Rubner erklärt diese Wirkung der Feuchtigkeit durch die Erhöhung der Leitungskonstante des Felles, welches Wasserdampf anzieht und wärmedurchgängiger wird. Rubner (S. 280[285] und S. 190[288]) stellt sich vor, daß in die mit Luft erfüllten Porenräume der Kleidung oder zwischen die Haare des Pelzes Wasser eindringe und dadurch die Wärmeleitung eine bessere werde. Er läßt die Frage offen, ob nicht auch Epidermisschichten an der Änderung des Feuchtigkeitsgehaltes durch Wasseraufnahme teilnehmen (S. 283[285]).

Es fragt sich nun, ob die Verminderung der Wärmeabgabe durch die Beschränkung der Wasserverdunstung oder die Steigerung der Wärmeabgabe durch vermehrte Strahlung und Leitung bei irgendeiner bestimmten Luftfeuchtigkeitsänderung überwiegt, ob also die Gesamtwärmeabgabe infolge der Luftfeuchtigkeitsänderung steigt oder sinkt oder gleich bleibt. M. Rubner hat diese Frage auch bei verschiedenen Temperaturen und bei verschiedener Feuchtigkeit der Luft untersucht, und zwar an Hunden. Er fand, daß *bei mittlerer Temperatur* die *Zunahme* des Wärmeverlustes durch infolge der Luftfeuchtigkeit vermehrte Strahlung und Leitung und die *Verminderung* des Wärmeverlustes durch Unterdrückung der Wasserdampfabgabe sich fast immer das Gleichgewicht halten. Bei *mittlerer* Temperatur hatten Schwankungen der Feuchtigkeit der Luft keinen beachtenswerten Einfluß auf den Wärmehaushalt von Rubners Versuchshunden (Rubner: S. 284[285] und S. 188[288]). Unter gleichzeitiger Variation der Außentemperatur und der Feuchtigkeit hat Rubner gezeigt, daß *bei allen Temperaturen* (unter Körpertemperatur) durch die Erhöhung der relativen Feuchtigkeit mehr Wärme durch die Haut abgegeben wird (S. 286[285]). Während bei *mittleren* Temperaturen Schwankungen der relativen Feuchtigkeit zwischen 3% und 80% für den gesamten Wärmehaushalt praktisch ohne Bedeutung sind (Rubner, S. 231[288]), haben *hohe* Feuchtigkeitsgrade bei *sehr niedrigen* Temperaturen eine erhebliche *Vermehrung* der *Wärmeabgabe* im ganzen zur Folge. Zugleich damit entsteht das Gefühl der *feuchten Kälte*. Anderseits wird Feuchtigkeitszunahme bei *höheren* Temperaturen nach M. Rubner (S. 231[288]) schon von 10—12° an aufwärts als Wärme empfunden, welche bei 25° C und 60% relativer Feuchtigkeit schon sehr drückend erscheint, Bangigkeit, innere Unruhe und Unbehaglichkeit erzeugt. Diese Beängstigungsgefühle treten meistens auf, ohne daß es, wenigstens bei mageren Personen, zum Ausbruch von sichtbarem Schweiß zu kommen braucht (Rubner S. 231[288]). Diese feuchte Schwüle erschwert ganz besonders die Arbeit. Rubner fand schon bei 20° das Hitzegefühl bei feuchter Luft so bedeutend, daß schwere Arbeit nicht mehr ausgeführt wurde, mittlere Arbeit konnte noch bei 30° mit Mühe bewältigt werden (Rubner, S. 233[288]).

Die Erklärung der *Schwüle* und der *feuchten Kälte* sind nicht so einfach. In beiden Fällen ist die Wärmeabgabe durch Leitung und Strahlung durch die Feuchtigkeit gesteigert, die Wärmeabgabe durch Wasserverdunstung verringert. Warum macht sich bei niederer Temperatur unter diesen Umständen mehr das Gefühl der Kälte, bei hoher Temperatur mehr das Gefühl der Hitze geltend? Auch Rubners umfangreiche Untersuchungen haben die beiden Fragen noch nicht ganz geklärt, wie er in seinen Mitteilungen an verschiedenen Orten selbst zugibt (S. 289 und 291[285]).

Auch F. LINKE[196] hat sich mit diesen Fragen beschäftigt; er kommt aber zu einem Ergebnisse, das mit der Wirklichkeit ganz und gar nicht übereinstimmt. Er meint nämlich auf Grund seiner Berechnungen, daß feuchte Hitze und *trockene* Kälte gesundheitsschädlich wirken, erstere durch Überhitzung, letztere durch zu starke Abkühlung, und zwar deshalb, weil die feuchte Luft dem Körper weniger Wärme entziehe als trockene. Er bemerkt dabei selbst, daß bei extremen Feuchtigkeitswerten seine Regel nicht ganz mit der Erfahrung zu stimmen scheine, insbesondere deshalb nicht, weil bei tiefen Lufttemperaturen höhere Feuchtigkeit abkühlend wirke infolge der hygroskopischen Wirkung der Bekleidung (F. LINKE, S. 487[196]).

Da die kombinierte Wirkung von Temperatur und Luftfeuchtigkeit auf das Wohlbefinden von Mensch und Tier von außerordentlicher Bedeutung ist, so würde es sich wohl lohnen, die Verhältnisse, unter denen *feuchte Kälte* oder *Schwüle* empfunden werden, einer genaueren neuerlichen Untersuchung zu unterziehen, und zwar getrennt an Mensch und Tier, wegen der Verschiedenheiten der Wasserabgabemöglichkeiten durch den Besitz oder Mangel an Schweißdrüsen.

Die beiden genannten Zustände dürften sich in folgender Weise erklären:

a) *Schwüle*. d. h. hohe Temperatur und hohe Feuchtigkeit der Luft:

1. Die *Wärmeabgabe durch Verdunstung* ist zwar durch die hohe Temperatur gesteigert, aber in weit höherem Maße durch die Luftfeuchtigkeit gehemmt, also im Ganzen sehr gering. Beispiel: im *Dampfbad* ist trotz einer Lufttemperatur von 36⁰ die Wärmeabgabe durch Verdunstung infolge der hohen relativen Feuchtigkeit (von 100 %) = 0.

2. Die *Wärmeabgabe durch Leitung und Strahlung* ist infolge der geringeren Differenz zwischen der Temperatur der Körperoberfläche und der umgebenden Luft sehr gering, und daher kann auch ihre Zunahme durch hohe Feuchtigkeit und dadurch erzielte Verbesserung der Wärmeleitfähigkeit der Oberhaut keine praktische Bedeutung haben. Man kann also ohne weiteres verstehen, daß bei hoher Luftfeuchtigkeit und hoher Außentemperatur Wärmestauung im Körper eintreten muß, und so erklärt sich natürlich auch das Gefühl der *Schwüle*.

b) *Feuchte Kälte* d. h. sehr niedere Außentemperatur und hohe relative Feuchtigkeit.

1. Die *Wärmeabgabe durch Verdunstung* ist infolge der sehr geringen Aufnahmefähigkeit *kalter* Luft für Wasserdampf schon bei Trockenheit sehr gering, ihre weitere Verminderung durch die hohe Feuchtigkeit ergibt daher erst recht keinen praktisch in Betracht kommenden Betrag;

2. die *Wärmeabgabe durch Leitung und Strahlung* ist infolge der großen Differenz zwischen der Temperatur der Körperoberfläche und der Luft selbst bei Trockenheit sehr groß; die Zunahme von 0,32 % je 1 % Feuchtigkeitszunahme (nach RUBNER[285]) ergibt daher schon einen bedeutungsvollen Betrag (bei Nebel und 100 %iger relativer Feuchtigkeit von 32 % gegenüber *trockener* Kälte!).

Es ergibt sich ein sehr beträchtliches Überwiegen der *Zunahme* der Wärmeabgabe durch die infolge der Hautdurchfeuchtung erzielte Vermehrung der Strahlung und Leitung über die *Beschränkung* der Wärmeabgabe durch die Beeinträchtigung der Wasserverdunstung infolge der hohen Luftfeuchtigkeit. So erklärt sich das Gefühl der *feuchten Kälte*.

(F. MÜLLER und W. BIEHLER (S. 40[242]) behaupten, daß bei feuchter Kälte der Wärmeverlust des bekleideten Menschen größer sein könne als der des nackten. Dies wäre aber wohl erst zu erweisen.)

C. Die Körpertemperatur.

I. Das Zustandekommen der Körpertemperatur.

1. Physikalische Vorbemerkungen.

Zusammenfassende Darstellungen
mit besonderer Berücksichtigung der physiologischen Verhältnisse:
C. LIEBERMEISTER: Handbuch der Pathologie und Therapie des Fiebers. Leipzig
1875. — E. LECHER: Lehrbuch der Physik für Mediziner usw., 6. Aufl. 1930.

Früher hielt man die *Wärme* für eine imponderable Substanz, welche von
dem wärmeren Körper auf die kühlere Umgebung ausströme. Diese Anschauung
ist durch verschiedene physikalische Versuche endgültig widerlegt worden.
Eine Substanz ist die Wärme sicherlich nicht, sie ist vielmehr ein Etwas, mit
dessen Hilfe man Arbeit, Licht, Elektrizität, erzeugen kann, also eine *Energie*.
Man faßt derzeit die Wärme als eine *kinetische Energie* auf. Man nimmt an,
daß die Moleküle eines jeden Körpers ununterbrochen sehr rasche, unregelmäßige Bewegungen ausführen. In einem *festen Körper* macht jedes Molekül
kleine Schwingungen um eine fixe Ruhelage, in einem *Gas* bewegen sich indessen
die Molekel geradlinig so lange weiter, bis sie an die Wand oder an ein anderes
Molekel anstoßen.

Die in einem Körper enthaltene *Wärme* ist also gleich der *Summe aller
kinetischen Energien der einzelnen Moleküle.* Vollkommen frei von Wärme wäre
ein Körper dann, wenn sich alle seine Moleküle in Ruhe befänden.

Das, was man *Temperatur* nennt, ist dem Wesen nach die Intensität der
Bewegungen der Körpermoleküle. Ein Körper, der gar keine Wärme enthält,
dessen Moleküle also in vollkommener Ruhe sind, hat die *absolute* Temperatur 0^0.

Beim absoluten Nullpunkt sind nur die *Moleküle* bewegungslos, die *Atome*
aber enthalten auch beim absoluten Nullpunkt nach derzeitigen Anschauungen
ungeheuer große Energiemengen und Geschwindigkeiten. Träger dieser Bewegungsenergie sind die Elektronen, die in dem, einem Planetensystem ähnlich
gedachten Atom um einen Kern mit ungeheurer Geschwindigkeit kreisen.

Nach den Anschauungen der Physik wird der absolute Nullpunkt erreicht, wenn man einen Körper bis zu einer Temperatur von -273^0 C abkühlt.
Bei dieser Temperatur von -273^0 C werden demnach die Moleküle bewegungslos. Diese Temperatur experimentell hervorzurufen ist aber unmöglich. Es
gibt kein Mittel, einem Körper die Wärme *vollständig* zu entziehen (III. Hauptsatz der mechanischen Wärmetheorie). Ein tierischer Körper von 37^0 C hat
demnach in seinen Molekülen soviel Wärme aufgespeichert, als nötig ist, alle
seine Moleküle von -273^0 C auf $+37^0$ C zu erwärmen. Je wärmer ein Körper
ist, um so größer ist die kinetische Energie aller seiner Moleküle.

Dadurch, daß ein Körper eine bestimmte Menge Wärme enthält, befindet
er sich in einem bestimmten *Wärmezustand.* Diesen *Wärmezustand* nennt man
seine *Temperatur.*

Der Begriff der Temperatur ist uns durch die von ihr abhängigen Wärme-
und Kälteempfindungen geläufig. Bei einiger Übung kann man z. B. durch
Einlegen der Hand in die Achselhöhle des Patienten in der Regel mit ziemlicher
Sicherheit ermitteln, ob er Fieber hat. Aber zu exakten Messungen der Temperaturen reicht unsere Empfindung durchaus nicht hin.

Dazu dienen bekanntlich die *Thermometer.* Alle Temperaturmessungen
beruhen auf der Erfahrung, daß zwei verschieden warme Körper bei hinlänglich
langer und inniger Berührung dieselbe Temperatur annehmen. Das z. B. in
den Mastdarm eingeführte Thermometer nimmt nach einiger Zeit die Körper-

temperatur an und gestattet, diese an der Thermometerskala abzulesen. Das
Thermometer gibt nur die *Temperatur*, nicht aber die *Wärmemenge* an, die in
einem Körper enthalten ist. Die *Temperatur* mißt man bekanntlich in *Graden*,
die *Wärmemenge* in *Calorien*.

Die Wärmekapazität.

Um 1 kg Wasser um 1⁰ C zu erwärmen, benötigt man bekanntlich 1 große
Calorie (kcal). (Genau ausgedrückt ist eine Calorie jene Wärmemenge, die erforderlich ist, um 1 kg Wasser von 14,5⁰ C auf 15,5⁰ C zu erhöhen, weil sich nämlich die spezifische Wärme mit der Temperatur etwas ändert. Die zur Erwärmung
von 1 kg Wasser von 14,5⁰ C auf 15,5⁰ C erforderliche Wärmemenge ist $^1/_{100}$
der zur Erwärmung von 1 kg Wasser von 0⁰ auf 100⁰ C erforderlichen Wärmemenge.)

Fast alle anderen Körper erwärmen sich leichter als Wasser. Um z. B. 1 kg
Eisen um 1⁰ C zu erwärmen, braucht man nur den zehnten Teil, nämlich
0,105 Calorien.

Man nennt jene Wärmemenge, die erforderlich ist, um 1 kg eines Körpers
um 1⁰ C zu erwärmen, die *spezifische Wärme* des Körpers. Die spezifische Wärme
des Wassers ist also 1, die spezifische Wärme des Eisens 0,105. Nur sehr
wenige Körper haben eine größere spezifische Wärme als das Wasser, die größte
hat der *Wasserstoff*, nämlich 3,41. Die spezifische Wärme der *Luft* ist 0,238.

Als *Wärmekapazität* bezeichnet man jene Wärmemenge, welche erforderlich ist, um einen Körper in toto um 1⁰ C zu erwärmen.

Die *Wärmekapazität ist daher gleich der spezifischen Wärme mal dem Gewicht.*
Man nennt die Wärmekapazität auch den *Wasserwert*. Dies hat folgende Bedeutung: Ein zu erwärmender Körper kann aus verschiedenen Stoffen von verschiedener spezifischer Wärme bestehen; wir können uns dann bezüglich seiner
Erwärmbarkeit immer eine so große *Wassermenge* denken, daß diese die gleiche
Erwärmbarkeit besitzt. Diese Wassermenge ist dann der Wasserwert oder,
was dasselbe ist, die Wärmekapazität jenes Komplexes.

2. Die spezifische Wärme des tierischen Körpers.

Die spezifische Wärme des tierischen Körpers muß man kennen, wenn man
die Wärmemenge berechnen will, welche zur Erhöhung der Körpertemperatur
jeweils notwendig ist. Wenn z. B. die Körpertemperatur eines 70 kg schweren
Menschen im Fieber um 2⁰ C steigt, so ist die dazu notwendige Wärmemenge
gleich Körpergewicht mal Erhöhung der Körpertemperatur mal spezifischer
Wärme des Körpers.

Als spezifische Wärme des tierischen Körpers nimmt man allgemein
0,83 an. Diese Angabe rührt von LIEBERMEISTER (S. 371[192]) her. Die spezifische
Wärme einzelner Organe des Körpers ist aber schon viel früher experimentell
ermittelt worden, zuerst von CRAWFORD[56].

Diese ersten Untersuchungen sind etwa 100 Jahre später durch J. ROSEN-
THAL[281] ergänzt worden. Diese Autoren fanden unter anderem folgende Zahlen:

Tabelle 5.

Mageres Rindfleisch	0,740	Spongiöser Knochen	0,710
Ochsenfell samt Haaren	0,787	Fett	0,712
Schaflunge	0,769	Skeletmuskulatur	0,825
Frische Kuhmilch	0,999	Defibriniertes Blut	0,927
Kompakter Knochen	0,300		

Die Versuche, die spezifische Wärme des *lebenden* Tierkörpers zu ermitteln,
scheinen nicht gelungen zu sein, und zwar vor allem wohl deshalb, weil das

Tier ja selbst Wärme erzeugt. Die derzeitige Annahme der Größe der spezifischen Wärme des tierischen Körpers beruht also auf Berechnung.

C. LIEBERMEISTER (S. 146[192]) ging bei der Berechnung der spezifischen Wärme des tierischen Körpers von folgender Erwägung aus. Der Körper besteht mindestens zu zwei Dritteln aus Wasser. Dieses hat bekanntlich die Wärmekapazität 1. Das restliche Drittel hat eine geringere Kapazität. Man kennt die Wärmekapazität der weniger als ein Drittel des gesamten Körpergewichtes ausmachenden festen Bestandteile des Körpers nicht, aber jedenfalls ist sie kleiner als 1. Es muß daher die Wärmekapazität des *gesamten* Körpers ebenfalls kleiner als 1 sein. LIEBERMEISTER nimmt nun das arithmetische Mittel zwischen 1 und zwischen $^2/_3$, also $^5/_6$, als *wahrscheinliche Größe der Wärmekapazität des gesamten tierischen Körpers* an. Er weist aber selber auf die Unsicherheit dieser Zahl hin und meint, es könne jede Zahl zwischen den Grenzen 0,67—1,0 ebensowohl in Rechnung gesetzt werden (S. 147[192]). $^5/_6$ *oder 0,83 wurde seither dauernd als Größe der spezifischen Wärme des Körpers angenommen.*

Die Angaben verschiedener Autoren über die *spezifische Wärme des Muskels* weichen recht beträchtlich voneinander ab. Dies mag wohl zum Teile vom verschiedenen Wassergehalte der jeweils untersuchten Muskeln herrühren (nähere Angaben hierüber und über die Methode der Messung der spezifischen Wärme bei K. BÜRKER, S. 39—41[46]).

3. Begriff der Körpertemperatur.

Ein Körper von dem Gewicht G habe in allen seinen Teilen gleiche spezifische Wärme und in allen seinen Teilen die gleiche Temperatur t. Dann ergibt sich die Wärmemenge W, die er enthalten muß, aus folgender Formel:

$$W = G \times \text{spezifischer Wärme} \times t.$$

Die *Temperatur* dieses Körpers t erhält man, indem man die in dem Körper enthaltene Wärmemenge durch das Produkt des Gewichtes des Körpers und seiner spezifischen Wärme dividiert.

Wenn die Temperatur des Körpers um einen weiteren Betrag t_1 steigt, so ergibt sich dieser, indem man die von dem Körper noch weiterhin aufgenommene Wärmemenge W_1 durch das Produkt aus seiner spezifischen Wärme mal seinem Gewicht dividiert.

$$t_1 = \frac{W_1}{\text{spezifische Wärme} \cdot G}.$$

Voraussetzung für die Gültigkeit dieser Formel ist wiederum, daß die neu aufgenommene Wärmemenge sich über den ganzen Körper gleichmäßig verteile. Der Körper darf also nicht etwa eine kühlere Oberfläche und einen wärmeren Kern haben.

Nach diesem Prinzip hat man auch die Wärmemenge bestimmt, welche der tierische Körper für Erhöhung seiner Eigentemperatur um einen bestimmten Grad benötigt, und sie gleich gesetzt dem Produkt aus dem Körpergewicht, der Erhöhung der Körpertemperatur und der spezifischen Wärme des Tierkörpers (0,83) (z. B. P. HÁRI, S. 452[122]).

Der Zustand, daß ein Körper in allen seinen Teilen gleiche Temperatur habe, ist nur dann möglich, wenn er sich in vollkommenem Wärmegleichgewicht befindet, d. h. wenn er weder Wärme an die Umgebung abgibt, noch Wärme aufnimmt, noch selbst in sich Wärme erzeugt; denn in jedem anderen Falle müßte die Oberfläche des Körpers eine andere Temperatur haben als sein Inneres. Der ersterwähnte Zustand besteht beim lebenden tierischen Körper in keinem Falle.

Mensch und Tier geben an ihrer Oberfläche Wärme durch Leitung, Strahlung und Verdunstung ab und erzeugen in ihrem Inneren ununterbrochen neuerdings Wärme. Deshalb ist in der Regel die Körperoberfläche der Tiere kühler als das Körperinnere. Die Temperatur nimmt aber keineswegs geradlinig von der Körperoberfläche zu einem wärmsten Teil des Körperinneren, den man als *Kern* bezeichnet hat (Rosenthal, S. 5 [280]), zu, sondern die Wärme ist auf den ganzen Körper der Tiere ungleichmäßig verteilt. Dies hat folgende Ursachen: Es ist die Gestalt des Körpers eine ganz unregelmäßige und daher auch die Abgabe der Wärme eine dementsprechende; zweitens wird an verschiedenen Stellen des Körpers Wärme in verschiedener Menge erzeugt und endlich drittens sorgt der Blutkreislauf für eine teilweise Ausgleichung verschiedener Temperaturen an verschiedenen Körperstellen. Die Wärmeverteilung im Körper hängt also sehr wesentlich von dem Blutkreislauf ab und verändert sich unter sehr vielen und mannigfaltigen Einflüssen (J. Rosenthal, S. 6 [280]). Viertens wird durch die Atmung eine je nach deren Intensität sehr verschiedene Ableitung der Körperwärme bewirkt. Dazu kommen noch verschiedene andere Umstände, von denen später eingehender die Rede sein wird. Solange sich der Körper in einer Umgebung befindet, deren Temperatur geringer ist als die Körpertemperatur selbst, ist wenigstens in den oberflächlichen Schichten ein Temperaturgefälle.

Da sowohl die Wärmeproduktion als auch die Wärmeabgabe an verschiedenen Körperstellen an sich verschieden und überdies auch noch starken zeitlichen Schwankungen ausgesetzt ist, so kann man niemals aus der Kenntnis der Temperatur an irgendeiner Körperstelle die Temperatur an irgendeiner anderen mit Sicherheit ableiten. Genau genommen gibt es also überhaupt nicht eine bestimmte „Körpertemperatur", sondern gleichzeitig deren viele. Immerhin hat sich gezeigt, daß im Körperinneren, d. h. einige Zentimeter tief im Mastdarm oder in der dicht geschlossenen Achselhöhle, die Körpertemperatur auch bei Schwankungen der Wärmeproduktion und bei Schwankungen der Wärmeabgabe unter normalen Umständen nur sehr geringe örtliche und zeitliche Variationen aufweist, so daß die Messung daselbst gut vergleichbare und brauchbare Ergebnisse liefert.

Wenn man kurzweg von *Körpertemperatur* spricht, so versteht man darunter die Temperatur an jenen Körperstellen, wo sie aus praktischen Gründen in der Regel gemessen wird: also bei den Haustieren fast immer im Mastdarm.

II. Die Messung der Körpertemperatur.

1. Methoden zur Messung der Körpertemperatur.

Die Messung der Körpertemperatur erfolgt für gewöhnlich mit dem *Quecksilberthermometer*. Bei physiologischen Experimenten verwendet man außerdem noch *elektrische Thermometer*, und zwar entweder *Thermoelemente* oder *Widerstandsthermometer* (*bolometrische Methode*).

Die älteste Methode der Thermometrie ist die *Volumsthermometrie*. Sie beruht darauf, daß sich alle Körper in der Wärme ausdehnen (eine Ausnahme davon ist bekanntlich nur die, daß Wasser bei einer Temperatur von ungefähr 4^0 C seine größte Dichte hat, sich aber beim Abkühlen von 4^0 auf 0^0 wieder ausdehnt).

a) Das Quecksilberthermometer.

Zusammenfassende Darstellungen:

Ebstein, E.: Die Entwicklung der klinischen Thermometrie. Erg. inn. Med. **33**, 407 (1928).

Liebermeister, T.: Handbuch der Pathologie und Therapie des Fiebers, S. 3. 1875.

Müller, E.: Untersuchungen über die normalen Tagestemperaturen der Haustiere. Inaug.-Dissert., Gießen 1910.

Rosenthal, J.: Die Physiologie der tierischen Wärme. L. Hermanns Handbuch der Physiologie 4, T. II, 290. 1882.

Den größten Ausdehnungskoeffizienten haben zwar die Gase, man verwendet aber aus Zweckmäßigkeitsgründen statt dieser meist *Quecksilber* als thermometrische Substanz. Bei den Haustieren wird die Temperatur meist im *Mastdarm* gemessen.

Geschichte der Thermometrie. Als Erfinder des Thermometers wurde bisher allgemein, so auch von LIEBERMEISTER und ROSENTHAL, GALILEI (1564—1642) angegeben. Nach E. HOPPE[139] und E. EBSTEIN (S. 439[70]) haben aber GALILEI sowie noch andere Zeitgenossen desselben nur geringfügige Verbesserungen an dem bereits von PHILON aus Byzanz um 230 v. Chr. erfundenen *Thermoskop* durchgeführt. Dieses war ein offenes Luftthermometer, das später auch von HERON aus Alexandria (um 110 n. Chr.) beschrieben worden war. Das Verdienst, dieses Instrument zuerst zur Messung der Körpertemperatur zur Feststellung des Fiebers verwendet zu haben, gebührt zweifellos dem in Capo d'Istria 1561 geborenen Arzt SANTORIO. SANTORIO ließ seine Patienten das kugelförmige Ende seines Instrumentes entweder mit der Hand umfassen oder es vor den offenen Mund halten und darauf hauchen. Sein Thermometer war, wie bereits erwähnt, ein Luftthermometer. Bald darauf wurden auch schon Alkohol- und Quecksilberthermometer gebraucht. Die wesentlichste Förderung verdankt die Thermometrie dem holländischen Glasbläser D. FAHRENHEIT (1686—1736), der sowohl Weingeist- wie Quecksilberthermometer in der noch heute üblichen Form herstellte und die Thermometer vor dem Zuschmelzen auskochte. Die ersten Versuche klinischer Thermometrie scheinen gegen Ende des 17. Jahrhunderts in England gemacht worden zu sein (E. EBSTEIN, S. 448[70]). Ganz besondere Verdienste um die Anwendung des Thermometers am Krankenbett erwarben sich der berühmte Leidener Internist BOERHAAVE (1668 bis 1738) und später, besonders durch die Einführung der graphischen Aufzeichnung der Tagesschwankungen der Temperatur, der Leipziger Kliniker WUNDERLICH (1815—1877).

Das Maximalthermometer wurde im Jahre 1868 von dem Allgäuer Arzt EHRLE erfunden (E. EBSTEIN, S. 485[70]), und zwar durch einen glücklichen Zufall: eine kleine Luftblase hatte den Quecksilberfaden unterbrochen, dadurch blieb der obere Teil stecken, so daß die Höchsttemperatur in aller Ruhe abgelesen werden konnte.

EHRLES Erfindung wurde für die praktische Thermometrie am Krankenbett deshalb so wichtig, weil es nun möglich war, dem Wartepersonal die Messung zu überlassen und diese zu einer beliebigen Zeit vorzunehmen. Dadurch wurden auch die Messungen der Körpertemperatur der *Haustiere* im großen Stile erst eigentlich ermöglicht.

Wie schon erwähnt, hat SANTORIO zuerst die Temperatur im *Munde* zu bestimmen gesucht, die zweitälteste Art der Temperaturmessung ist die in der *Achselhöhle* (E. EBSTEIN, S. 491[70]). Diese kommt natürlich nur für den Menschen in Betracht. Zu den ältesten Methoden der Messung der Körpertemperatur gehört auch die Thermometrie des *Harnes*, der eben frisch gelassen wird. Erst viel später hat sich die Thermometrie im *Mastdarm* eingebürgert.

Der erste *Tierversuch* mit dem Thermometer wurde von ALFONSO BORELLI (1608—1679) ausgeführt, der Professor in Messina und Pisa war (E. EBSTEIN, S. 468[70]). Zur Bestimmung der Wärme des Herzens führte BORELLI ein Thermometer in die Brusthöhle eines lebenden Hirsches ein. Er gelangte dabei zu der Überzeugung, daß das Herz nicht der Sitz der tierischen Wärme sei. Sein Thermometer hatte bereits eine ähnliche Gestalt wie die modernen Glasthermometer. Die erste *Rectal*temperaturmessung am Tier hat gegen Ende des 18. Jahrhunderts JOHN HUNTER (E. EBSTEIN, S. 495[70]) durchgeführt, und zwar speziell für den Zweck, um zu erforschen, ob künstlich erzeugte Entzündungen im Mastdarm zu einer Temperatursteigerung führen (E. EBSTEIN, S. 469[70]).

Als *Nullpunkt* der Thermometerskala benutzte man von Anfang an den auch jetzt noch gebräuchlichen *Eispunkt.* Als oberen festen Punkt benutzte man ursprünglich die Sonnenwärme oder die Temperatur des menschlichen Körpers. NEWTON schlug (1680) den *Siedepunkt des Wassers* hiefür vor (bei 760 mm Quecksilber Barometerstand).

Man gibt die Temperatur heute fast ausschließlich in *Celsius*graden an. Der Schwede CELSIUS (1701—1744) teilte den Abstand zwischen Siedepunkt und Eispunkt in 100 gleiche Teile. Daneben werden aber noch die älteren Thermometerskalen nach RÉAUMUR und FAHRENHEIT (in England und Amerika) angewendet. RÉAUMUR teilte (1730) die Strecke zwischen Eispunkt und Siedepunkt in 80 Teile, FAHRENHEIT wählte einen willkürlichen Nullpunkt, so daß der Eispunkt bei $+32^0$ F und der Siedepunkt bei $+212^0$ F zu liegen kommt.

Man rechnet *Celsiusgrade in Réaumurgrade um*, indem man von der Zahl der Celsiusgrade ein Fünftel subtrahiert, man rechnet Réaumur- in Celsiusgrade um, indem man zu der Zahl der Réaumurgrade ein Viertel derselben Zahl addiert.

Die Umwandlung von Fahrenheit- und Réaumur- oder Celsiusgraden ergibt folgende Formel: $t^0 F = {}^5/_9 (t^0 — 32^0) C = {}^4/_9 (t^0 — 32^0)$ R.

Es empfiehlt sich, überhaupt nur nach Celsiusgraden zu rechnen.

Verläßlich sind Thermometerablesungen nur dann, wenn die Thermometer von Zeit zu Zeit geeicht werden.

Für ärztliche Zwecke verwendet man Thermometer mit fraktionierter Skala (in der Regel zwischen 35 und 42^0 C).

Das sog. *Maximalthermometer (Fieberthermometer)* ist so konstruiert, daß der Quecksilberfaden nach der Herausnahme des Thermometers aus dem Körper, z. B. aus dem Mastdarm, nicht sinkt, sondern auch nach längerer Zeit den Höchststand der im Körper gemessenen Temperatur anzeigt. Von den hierzu verwendeten Konstruktionen hat sich das *Stift*thermometer am besten bewährt. Seine Einrichtung zeigt Abb. 4.

Der Quecksilberbehälter am unteren Ende des Thermometers ist durch das geknickte Ansatzröhrchen *d* mit dem Thermometerrohr *b* verbunden. Dieses ist eine Capillare von einer Weite unter 0,1 mm. In ihm soll der Quecksilberfaden nach der Abkühlung des Thermometers stehen bleiben. Dies geschieht durch den feinen Glasfaden *c*, der am Boden des Quecksilbergefäßes angeschmolzen ist. Er reicht ungefähr bis zur Mitte des Ansatzröhrchens *d*. Zwischen diesem Glasfaden und der Wand des Ansatzröhrchens bleibt nur eine feine, kreisringförmige Öffnung und durch diese wird das Quecksilber hindurchgepreßt, wenn das Thermometer auf eine Temperatur von mehr als 35^0 C erwärmt wird. Es steigt dann durch diese ungemein feine und zarte Öffnung in das Thermometerrohr *b* empor. Der Druck, der dazu notwendig ist, das Quecksilber durch die Öffnung bei *d* hineinzupressen, wird durch die Ausdehnung des erwärmten Quecksilbers erzeugt.

Wird das Thermometer abgekühlt, so bleibt die in *b* befindliche äußerst zarte Quecksilbersäule bei *d* stecken, und das Thermometer zeigt dauernd seinen höchsten Stand an. Um das Quecksilber aus dem Thermometerrohr *b* durch die Enge bei *d* wieder in das Quecksilbergefäß zurückzubringen, läßt man das Thermometer sich abkühlen, evtl. indem man es kurze Zeit in kaltes Wasser hält, und schleudert dann das Quecksilbergefäß ein paarmal hin und her, indem man es möglichst weit am oberen Ende festhält.

Jeder einzelne Grad des Maximalthermometers ist noch in Zehntel geteilt.

Nach dem hier angegebenen Prinzip sind verschiedene Maximalthermometer konstruiert worden. Der Unterschied besteht nur in der Vorrichtung, welche nach dem Herausnehmen des Thermometers aus dem Körper das Quecksilber in der Capillare festhält.

Zu den Maximalthermometern gehören auch die *Ausflußthermometer*. Das sind kleine Gefäße, die vollkommen mit Quecksilber gefüllt sind und nur eine sehr kleine Öffnung haben, durch welche bei Erwärmung eine gewisse Menge des Quecksilbers, je nach dessen Ausdehnung, herausfließt. Diese Menge wird nach der Messung der Temperatur durch den stattgefundenen Gewichtsverlust ermittelt und daraus die Temperatur bestimmt, welche das Thermometer erreicht hat. Solche Ausflußthermometer wurden zuerst von PETIT und DULONG angegeben. KRONECKER und MEYER[176] haben solche Ausflußthermometer von so geringer Größe angefertigt, daß sie von Tieren verschluckt (Schluckthermometer) oder in die Blutgefäße gebracht werden konnten. Diese Thermometer befinden sich in einer Kapsel von gut wärmeleitendem Metall, Silber oder Messing. Nachdem dieses Thermometer den Körper verlassen hat, wird es in ein Wasserbad von Zimmertemperatur gebracht und die Temperatur des Bades so lange gesteigert, bis sich das Quecksilber so ausgedehnt hat, daß es das Gefäß wieder vollkommen füllt. Dann wird mittels eines Normalthermometers die Wärme des Bades bestimmt. Diese Temperatur ist dann die höchste, welche im Körper auf das Ausflußthermometer eingewirkt hat. Man kann auch aus dem stattgefundenen Gewichtsverlust indirekt die Temperatur bestimmen.

Man hat auch verschiedene Apparate zur *fortlaufenden Temperaturmessung* angegeben. Der *Thermograph* stellt eine solche Vorrichtung mit einer graphischen Registrierung dar. Ein derartiger Apparat wurde zuerst von MAREY konstruiert. STRASSER hat ein Badethermometer für den Menschen konstruiert, dessen Quecksilberbehälter der Badende während des Bades andauernd im Mastdarm trägt und das eine so lange Capillare hat, daß diese über das Niveau des Bades heraussieht und die Temperaturschwankungen andauernd von dem Badenden selbst abgelesen werden können. Der Quecksilberbehälter ragt dabei 12—13 cm tief in das Rectum. Außerdem gibt es eine ganze Reihe verschiedener *Dauerthermometer* (vgl. E. MÜLLER, S. 36ff.[241]). Sie unterscheiden sich wesentlich durch die Vorrichtungen, welche das Thermometer in seiner Lage im Mastdarm festhalten. Das von OERTMANN[250] (Abb. 5) konstruierte Mastdarm-Dauer-*Thermometer* ist bloß 3 cm lang. Es eignet sich auch zum Gebrauch bei Tieren.

Es gibt auch besondere *Thermometerhalter* für die Messung der Körpertemperatur der Haustiere, z. B. der Thermometerfixator nach SCHÜNHOFF, eine Klemme von der Art eines Krawattenhälters, welche an den Haaren der Kruppe angeklemmt wird und mit dem Thermometer durch einen Faden verbunden ist (J. MAREK, S. 145[228] [Abb. 6]).

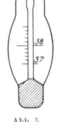

Abb. 5.
OERTMANNS
Mastdarm-
Dauerthermo-
meter. (Aus
E. EBSTEIN,
Erg. d. inn.
Med. u. Kin-
derheilk. **33**,
499, [1928].)

Man mißt die *Körpertemperatur der Haussäugetiere* in der Regel entweder mit einem gut geeichten entsprechend langen (18—20 cm) Thermometer, das man in den Mastdarm einführt und an dessen aus dem Körper herausragender Skala man die Temperatur abliest, oder mit einem Maximalthermometer, das man ebenfalls in den Mastdarm einführt. W. EBER[68] hat bei vergleichenden Messungen mit genau übereinstimmenden Thermometern verschiedener Länge beobachtet, daß die langen Thermometer die unzuverlässigsten Resultate ergeben und meist 0,2—0,4° C weniger anzeigen als die kleineren Instrumente. Nach seiner Meinung kommt dies daher, daß die Quecksilberkugel bei den langen Thermometern entweder frei in den ampullenartig ausgedehnten Mastdarm (namentlich bei Pferden) hineinragt oder sich in einen Kotballen hineinsenkt, während die kleineren Thermometer stets dem Sphincter oder der Mastdarmschleimhaut fest anliegen. Aus diesem Grunde hat man für den Gebrauch an den Haussäugetieren kleinere Maximalthermometer konstruiert, welche in Gänze in den Mastdarm hineingesteckt, dort entsprechend lange liegen gelassen und mit Hilfe eines an einem oben angeschmolzenen Glashenkel angebrachten Bindfadens wieder herausgezogen werden. Diese Thermometer haben nur eine Länge von 8—10 cm. Sie haben den Vorteil, daß sie wegen ihres geringen Umfanges auch bei störrischen Tieren sicher und leicht einzuführen sind. Dies ist für im großen durchzuführende Temperaturmessungen in der Rindviehpraxis, besonders bei Tuberkulinversuchen, wichtig (A. EBER, S. 39[67]). Bei der Verwendung langer Thermometer gehen natürlich auch viel mehr Instrumente zugrunde, als wenn man diese kurzen Thermometer verwendet.

Wenn man aber zur Messung der Körpertemperatur der großen Haustiere kein Maximalthermometer verwendet, sondern ein gewöhnliches, so muß dies natürlich hinlänglich lang sein, so daß man bei wagrechter Thermometerhaltung an dem aus dem Mastdarm herausragenden Teile die Temperatur ablesen kann, außerdem muß der Behälter mit Quecksilber entsprechend tief in den Mastdarm eingeführt werden. Letztere, sehr wichtige Bedingung wird noch eingehender erörtert werden.

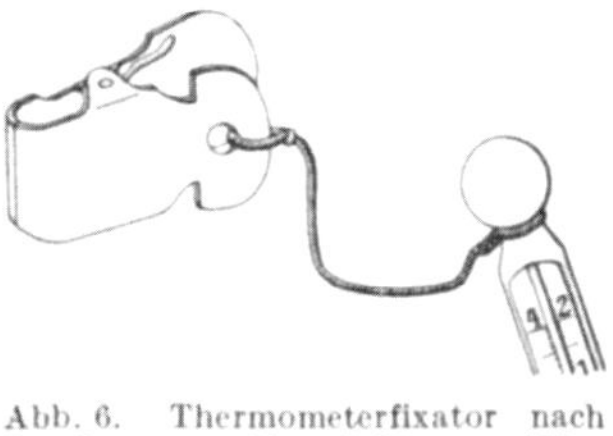

Abb. 6. Thermometerfixator nach SCHÜNHOFF. (Aus J. MAREK, Klin. Diagnostik, 11. Aufl., S. 128. 1922.)

Für die Messung der Körpertemperatur kleinerer Versuchstiere bei physiologischen Experimenten sind entsprechend kleine, zarte Thermometer konstruiert worden, z. B. Kaninchenthermometer und Meerschweinchenthermometer.

Ein *Tiefenthermometer* zur Messung der Temperatur in der Tiefe des Körpers hat in Gestalt eines einstechbaren, sehr zarten Maximalthermometers B. ZONDEK (I. Mitt.)[372] konstruiert. Es steckt in einer Metallhülse mit einem 10 cm langen Einstichrohr (Abb. 7).

Quecksilberthermometer zur Bestimmung der *Hauttemperatur* haben meist einen in einer Ebene spiralig aufgerollten, langen Quecksilberbehälter, welcher auf die Haut aufgesetzt wird und die Berührungsfläche zwischen Haut und Quecksilber möglichst vergrößern soll. Dieser spiralige Hg-Behälter ist von einem halbkugeligen gläsernen, über der Haut offenen Behälter eingeschlossen, welcher mit einem freien kreisförmigen Rand auf die Haut aufgesetzt wird und so die Luft in der Umgebung des auf die Haut aufgelegten Quecksilberbehälters abschließt. Diese Hautthermometer haben aber Fehler: vor allem ist ihr

Quecksilberbehälter nur auf einer Seite mit der Haut in Berührung, auf der anderen Seite aber der Umgebungsluft ausgesetzt. Es nützt auch der Abschluß der Umgebungsluft durch den erwähnten kleinen Glassturz, wie er am Hautthermometer angebracht ist, nicht viel, da sich die darin enthaltene Luft nicht sicher auf die Hauttemperatur erwärmt. Schließt man aber die Außenfläche des der Haut angelegten Quecksilberbehälters, z. B. durch Watte, noch dichter ab, so wird dadurch die Temperatur der von dem Quecksilberbehälter bedeckten Hautoberfläche beeinflußt, nämlich voraussichtlich gesteigert. Die Messung ergibt dann nicht mehr die normale Temperatur der Hautoberfläche, die eigentlich gesucht wird.

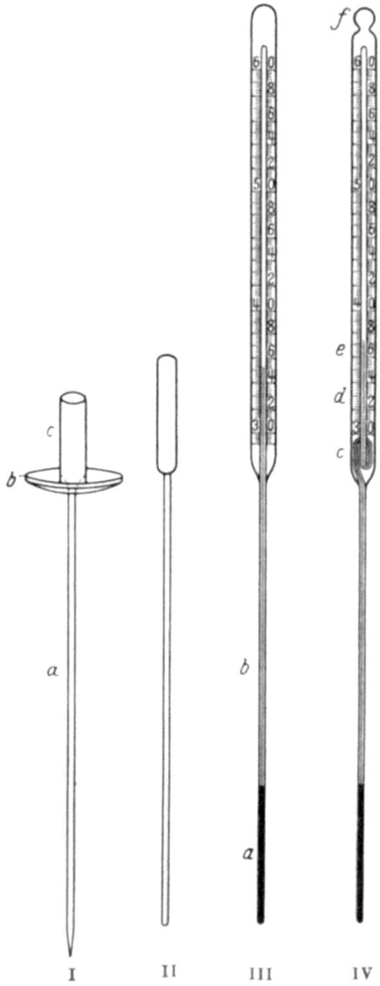

Wenn man aber schon mit einem solchen Hautthermometer Untersuchungen macht, so soll man dieses vor der Anlegung an die zu untersuchende Hautstelle durch Anhalten an die Körperhaut an irgendeiner Stelle etwa auf die zu erwartende Hauttemperatur vorerwärmen. Bei der Messung der Hauttemperatur mit dem Quecksilberthermometer ist auch zu bedenken, daß durch die Anlegung desselben auf die Haut der Wärmeverlust an die Umgebung durch Wasserverdunstung sogleich gehemmt und dadurch in dem darunterliegendem Gewebe Wärme angehäuft wird.

Von der Messung der Hauttemperatur auf thermo-elektrischem Wege wird später noch die Rede sein. Für die Untersuchung der Haussäugetiere hat übrigens die Bestimmung der Hauttemperatur mit dem Quecksilberthermometer kaum eine praktische Bedeutung. Auch in der Tierheilkunde hat sie bisher keine diagnostische Wichtigkeit erlangt (J. MAREK, S. 141[228]).

Um den parallaktischen Fehler möglichst zu vermeiden, muß die Ableseskala ganz nahe an der Quecksilbercapillare sein. Diesbezüglich unterscheidet man *Einschluß-* und *Stabthermometer*. Bei den Einschlußthermometern ist die Skala auf Milchglas geätzt und in das äußere Glasrohr des Thermometers hineingesteckt. Das Ganze ist oben zugeschmolzen. Beim Stabthermometer ist die Skala außen am Rohr eingeätzt. Sie kann sich daher gegen den Quecksilberbehälter nicht verschieben.

Nach dem Herausnehmen des Maximalthermometers sinkt der Hg-Faden infolge der Abkühlung innerhalb etwa einer Minute ein wenig, nämlich um etwa 0,05⁰ C (E. MÜLLER, S. 32[241]).

Abb. 7. Tiefenthermometer nach B. ZONDEK. (M. m. W. 1919, S. 1315.)
I = Metallhülse. Sie wird in das vorher mit irgendeiner Kanüle angestochene Gewebe eingestochen, nachdem vorher zur Versteifung der Hülse II ein Stab aus Stahl in sie hineingesteckt worden ist. III = Thermometer, Einschlußthermometer (Teilung auf der Milchglasskala) *a* Quecksilberbehälter, *b* Kapillare. IV = Maximalthermometer. Der oben stehenbleibende Teil wird durch eine sehr geringe Luftmenge *d* festgehalten. *e* = oberes Ende des Hg-Fadens.
Das Thermometer wird in die in das Gewebe eingestochene Metallhülse I hineingesteckt, nachdem man den Stahlstift II aus der Hülse herausgezogen hat.

b) Thermoelektrische Methode.

Zusammenfassende Darstellungen:

BÜRKER, K.: Methoden zur Thermodynamik des Muskels. R. TIGERSTEDTS Handbuch der physiologischen Methodik 2, Abt. 3, S. 1908.

WASER, E.: Temperaturmessung mit Thermoelementen. ABDERHALDENS Handbuch der biologischen Arbeitsmethoden, Ab. 5, T. 1, 433. 1930.

Prinzip. 2 Drähte aus verschiedenem Material sind an 2 Stellen aneinander gelötet. Wenn die 2 Lötstellen verschiedene Temperatur haben, so fließt ein elektrischer Strom durch das System, den man *Thermostrom* nennt. Die Stromstärke ist der Temperaturdifferenz proportional, so lange der Widerstand dieses Stromkreises sich nicht ändert. Daher kann man aus der Stromstärke des Thermostromes auf die Temperaturdifferenz schließen. Die Stromstärke wird mittels eines in den Stromkreis eingeschalteten Spiegelgalvanometers bestimmt.

Man bringt die eine Lötstelle des Thermoelements auf konstante Temperatur, die andere setzt man der zu messenden Temperatur aus. Dann wird der Apparat geeicht, indem man auf die Thermoelemente bekannte Temperaturunterschiede einwirken läßt und dabei den Ausschlag am Galvanometer mißt. Durch Hintereinanderschaltung mehrerer Thermoelemente zu einer Thermosäule kann man die thermoelektrische Wirkung steigern. Die elektromotorische Kraft, welche an den Lötstellen entsteht, hängt außer von der Temperaturdifferenz von der Art der Metalle ab. Zur Herstellung der Thermoelemente lötet man häufig Eisen und Konstantan, eine Legierung von Kupfer und Nickel, oder Antimon und Wismut, zusammen. Das Thermoelement kann die Gestalt einer spitzen Nadel oder eines flachen Plättchens haben. Man kann entweder die Nadel in das zu untersuchende Organ hineinstecken oder das Plättchen an das zu untersuchende Organ unmittelbar anlegen. Als Mittel, um die eine Lötstelle andauernd auf gleicher Temperatur zu erhalten, verwendet man meist schmelzendes Eis. Der Hauptvorteil des Thermoelementes gegenüber dem Quecksilberthermometer besteht in der punktförmigen Kleinheit der Meßstelle. Außerdem folgen die Thermoelemente den Temperaturschwankungen sehr rasch, während es eine beträchtliche Zeit dauert, bis das ziemlich große Volumen des Quecksilbers im Quecksilberthermometer die zu messende Temperatur annimmt.

Wenn die Temperaturen verschiedener Organe eines und desselben Tieres thermoelektrisch verglichen werden sollen, so ist eine konstante Wärmequelle überhaupt nicht nötig. In dieser Weise haben z. B. KREHL und KRATSCH[172] gefunden, daß die Leber 0,4—0,8° wärmer sei als das Aortenblut. Sie hatten von 2 Thermoelementen das eine in die Aortenwurzel, das andere in die Leber eingeführt und aus dem so entstandenen Thermostrom die Temperaturdifferenz zwischen diesen beiden Stellen ermittelt.

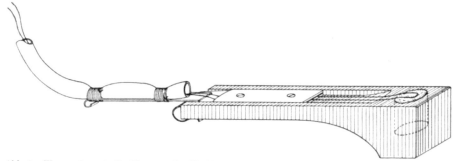

Abb. 8. Thermoelement für Messung der Hauttemperatur nach F. BENEDICT. (Aus Ergebn. der Physiol. 24, 595. 1925.)

Die thermoelektrische Methode ist insbesondere bei der Messung der Temperatur der Haut der Anwendung des Quecksilberthermometers ganz außerordentlich überlegen. F. BENEDICT[24] hat für die Messung der Hauttemperatur ein sehr handliches Kupferkonstantanelement angegeben, dessen auf die Haut zu applizierende Lötstelle zur Bequemlichkeit an einen Hartgummiblock montiert ist, um die Lötstelle vor Beschädigungen zu schützen. Dadurch wird auch Schutz vor der Umgebungstemperatur während der Applikation der Lötstelle auf die bloße Haut gewährleistet (F. G. BENEDICT, S. 595[24]).

Dieses Thermoelement nimmt schon etwa 6 Sekunden nach der Applikation auf die Haut die Hauttemperatur an.

c) Bolometrische Methode (Widerstandsthermometer).

Diese Methode beruht darauf, daß der elektrische Leitungswiderstand vieler Metalle mit zunehmender Temperatur wächst, und zwar bei reinen Metallen um 0,4% je Grad (K. BÜRKER, S. 25[46]). Darum kann man aus der Widerstandsänderung eines Drahtes auf seine Temperaturänderung schließen. Die Widerstandsänderungen können sehr genau gemessen werden mit Hilfe der WHEASTONschen Brücke.

Die Drähte für das Bolometer müssen aus Metallen mit möglichst großem Temperaturkoeffizienten hergestellt sein. Nach diesem Prinzip haben F. BENEDICT und G. S. SNELL[27] ein Instrument zum Messen von Mastdarmtemperaturen konstruiert: Die Widerstandsrolle, der wichtigste Teil des Thermometers, ist aus einem mit Seide umsponnenen Draht aus reinem Kupfer gewickelt und hat eine Länge von 2 cm und einen Durchmesser von 4 mm und ist in eine Röhre aus reinem Silber von 3 cm Länge und 5 mm Durchmesser hineingefügt. Diese wird in den Mastdarm eingeführt. Das Silber, als guter Wärmeleiter, überträgt die Mastdarmwärme auf die Kupferdrahtrolle. Diese ist durch Leitungsdrähte mit der Meßbrücke in Verbindung. Damit kann man Temperaturen bis zu 0,01° C bestimmen.

Das gleiche Instrument ist von den Autoren nicht nur zu Messungen im Mastdarm, sondern auch in der Scheide und in den Achselhöhlen verwendet worden.

2. Technik der Körpertemperaturmessung mit dem Hg-Thermometer.

a) Messung im Mastdarm.

I. Ausführung bei den verschiedenen Haustieren.

Eingehende Angaben hierüber bringt E. MÜLLER (S. 28[241]). Die Körpertemperatur wird bei den landwirtschaftlichen Haustieren aus guten Gründen meistens im *Mastdarm* gemessen.

E. MÜLLER[241] gibt hierfür folgende Regeln (S. 28): „Beim Pferd hat man sich vor allem vor dem Geschlagenwerden zu hüten. Man läßt nötigenfalls durch einen Gehilfen den Kopf des Tieres festhalten und evtl. gleichzeitig den linken Vorderfuß aufheben. Hierauf faßt man mit der linken Hand den Schwanz an seinem Ansatz und drückt ihn fest gegen die linke Kruppe, während die rechte Hand das vorher angefeuchtete, oder besser, eingeölte Thermometer vorsichtig drehend so tief als möglich in das Rectum einführt, wo das Thermometer in horizontaler Lage mindestens 5 Minuten zu belassen ist. Dabei hat man Sorge zu tragen, daß das Thermometer im Mastdarm nicht zerbricht und daß es immer in Kontakt mit der Schleimhaut bleibt und nicht etwa in einen Kotballen eindringt, wo die Temperatur unter Umständen erheblich niedriger ist. Bei nur einigermaßen geduldigen Pferden bedarf es, wenn das Tier im Stall angebunden ist, keines Gehilfen. Unter der üblichen Annäherung an das Tier gelangt man, auf der linken Seite stehend, entlang des Rückens fahrend, an den Schwanz; es ist jedoch meistens nicht notwendig, denselben mit Gewalt auf die Seite zu biegen und anzulegen, sondern durch leichtes Berühren der Partie direkt unterhalb des Schwanzansatzes mit einigen Fingern der linken Hand wird das Pferd ganz von selbst durch Heben des Schwanzes den After freigeben und das Einführen des Thermometers mit der rechten Hand ermöglichen. Durch Benutzung des HAUPTNERschen Reformthermometers, das ganz in das Rectum zu liegen kommt und mit einem Faden am besten mit der auf die linke Kruppe aufgelegten Hand festgehalten wird, fällt das unbequeme, unsaubere und die Messung durch evtl. auftretende Unruheerscheinungen seitens des Pferdes beeinträchtigende Festhalten des Endteiles des Thermometers mit der rechten Hand weg. Nach Beendigung der Messung wird das Thermometer mit dem Faden aus dem Rectum gezogen, wobei ein Abwärtsfallen des Thermometers zu vermeiden ist.

Beim Rind und Kalb, wie fast bei allen jungen größeren Haustieren, ist die Messung häufig mit Schwierigkeiten verbunden. Manche Kühe treten, ja springen, beim Versuche, das Thermometer einzuführen, hin und her, so daß Festhaltenlassen des Kopfes und des Schwanzes sowie Andrücken gegen eine Wand notwendig wird. Bei einiger Gewöhnung läßt sich die Temperaturabnahme ohne jede Hilfe vornehmen; auch hier wird durch Kitzeln an der Schwanzfalte unter gleichzeitigem Festhalten des Schwanzes das mitunter sehr starke Anpressen desselben an die Aftergegend überwunden, und die Anwendung des Thermometers kann wie beim Pferde geschehen."

Ziegen und *Schafe* lassen sich die Messung der Temperatur im Rectum meist gutmütig gefallen. *Schweine* wehren sich öfters dagegen. Nach E. MÜLLER (S. 29) ist bei Schweinen die Zeit der Futteraufnahme für die Temperaturmessung am günstigsten. Zu einer anderen Zeit muß ein Gehilfe das Schwein in die Enge treiben, an die Wand drücken und durch geeignetes

Zurufen unter Kratzen des Rückens beruhigen. In vielen Fällen muß man die Tiere niederlegen.

Hunde lassen sich auch meist die Temperatur im Mastdarm ohne Schwierigkeit messen, *Katzen* indessen sind sehr widerspenstig; man muß sich vor allem vor dem Kratzen und Beißen in acht nehmen und am besten die Pfoten in Tücher einwickeln und durch einen Gehilfen halten lassen, während man ihnen das Thermometer in den Mastdarm einführt.

Kaninchen und Meerschweinchen mißt man die Temperatur durch Einführung des Thermometers, während sie auf allen Vieren stehen oder auf der Hand sitzen.

Beim *Geflügel* werden Flügel und Beine zusammengehalten und die Kloake nach auswärts gekehrt (nach E. Müller, S. 30[241]).

II. Bedingungen, von denen das Ergebnis der Temperaturmessung abhängt.

1. Die Dauer der Messung der Temperatur im Mastdarm.

Man muß jedes Thermometer so lange im Mastdarm belassen, bis es nicht mehr steigt. In der Regel genügen dazu ca. 5 Minuten. Es gibt auch sog. Minutenthermometer, welche einen besonders kleinen Hg-Behälter haben und angeblich schon in einer Minute das Maximum erreichen. Dies ist aber nur in warmem Wasser der Fall. Im Mastdarm braucht es eine längere Zeit. Sie hängt von der Größe des Quecksilberbehälters und der spezifischen Wärme des Glases ab. Indem sich das Thermometer erwärmt, entzieht es seiner Umgebung, also der Mastdarmschleimhaut, Wärme. Man muß also warten, bis sich jene wiederum durch das nachströmende Blut auf die normale Temperatur erwärmt hat. Wenn man hingegen das Thermometer in eine Flüssigkeit hält, so wird durch die Konvektion die in der Umgebung des Thermometers befindliche durch die Berührung mit dem kühleren Thermometer etwas abgekühlte Wassermenge immer wieder erneuert. Deshalb nimmt bei ruhiger Haltung das Thermometer im Wasser schon nach 20 Sekunden die Temperatur an, beim Umrühren mit dem Thermometer etwa in 5 Sekunden (J. Tereg, S. 79[327]).

2. Die Tiefe, bis zu der man das Thermometer in den Mastdarm einführen muß.

Daß man in verschiedener Tiefe des Mastdarmes verschiedene Temperaturen findet, hat zuerst (1870) R. Heidenhain[124] erwähnt. J. Rosenthal, S. 4[280] fand dementsprechend Unterschiede bis zu 0,5° C und darüber. Eingehendere Untersuchungen hierüber hat Adamkievicz vorgenommen. Adamkievicz[3] maß die Körpertemperatur im Mastdarm von Kaninchen von außen bis zu einer Tiefe von 14 cm, wo er sie am höchsten fand (a. a. O., S. 109). A. Högyes (S. 360[138]) hat den verschiedenen Temperaturen in verschiedener Tiefe des Mastdarmes aus der verschiedenen Wärme des die einzelnen Mastdarmabschnitte versorgenden Blutes erklärt und empfohlen, immer die Temperatur im Beckenmastdarm anzugeben. Dies wäre bei einem Kaninchen etwa in einer Tiefe von 5—7 cm, von der Afteröffnung an gerechnet (A. Högyes, S. 363[138]). Auf die Bedeutung der Tiefe, bis zu der man das Thermometer in den Mastdarm einführt, für die Messung der Temperatur, haben auch noch andere Autoren eingehend aufmerksam gemacht.

Dabei ist zu bedenken, daß der Quecksilberbehälter des Temperatureine gewisse Länge hat und daß seine verschiedenen Querschnitte mit verschieden warmen Teilen des Mastdarmes in Fühlung stehen. Der tiefste Teil des Quecksilberbehälters wird also etwas rascher erwärmt, als die weiter außen befindlichen Teile desselben.

Meine eigenen Untersuchungen haben ergeben, daß das Temperaturgefälle Rectum von außen nach innen in der Regel abnimmt, d. h. der Unterschied der Temperatur zwischen zwei gleich weit voneinander abstehenden Querschnitten des Rectums ist im äußeren Teile des Rectums größer als im inneren.

Außerdem ist das *Temperaturgefälle im Rectum* aber auch in hohem Grade von *der Außentemperatur* abhängig (R. STIGLER, S. 269[319]). Bei einem Kaninchen betrug z. B. der Unterschied zwischen den in 3 cm und in 7 cm gemessenen Rectaltemperaturen bei einer Außentemperatur von 16,5⁰ C .. 0,9⁰ C, bei einer Außentemperatur von 40,5⁰ C nur 0,2⁰ C. Der Unterschied zwischen den in verschiedener Tiefe des Rectums abgelesenen Temperaturen ist also um so geringer, je näher die Außentemperatur der Körpertemperatur kommt. Beim Übergang aus niedrigerer in höhere Außentemperatur steigt die Rectaltemperatur in der Nähe des Anus um einen größeren Betrag als in der Tiefe. Das Temperaturgefälle sinkt ab. Nach der Einwirkung eines kalten Bades sinkt die Temperatur im äußeren Teile des Rectums mehr als im inneren, das Temperaturgefälle im Rectum nimmt zu. Nach dem Verlassen des kalten Bades hingegen steigt die Temperatur der Körperoberfläche und damit auch des äußeren Teiles des Rectums auf Kosten des Körperinneren. Da das Auftreten der Kälteempfindung und das Kältezittern von dem Sinken der Hauttemperatur bedingt ist, so kann es vorkommen, daß nach dem Verlassen des kalten Bades die Rectaltemperatur in der Tiefe ohne Zittern und ohne Kältegefühl sinkt, wie dies A. STRASSER als eine besonders auffallende Erscheinung beschrieben hat (A. STRASSER, S. 231[321]), weil eben die Haut zu gleicher Zeit wärmer geworden ist.

3. Einfluß der Haltung der Versuchstiere auf die Mastdarmtemperatur.

Während der Messung der Körpertemperatur ist jede Zwangslage des Tieres zu vermeiden, weil infolge der Unruhe und Aufregung des Tieres und seiner Abwehrbewegungen die Körpertemperatur zunehmen kann. Anderseits sinkt die Körpertemperatur durch das *Aufbinden der Tiere.*

Dies ist bereits LEGALLOIS[187] bei seinen Versuchskaninchen aufgefallen. ADAMKIEVICZ[3] hat gezeigt, daß auch bei den durch „*Hypnotisieren*" zur Ruhe gebrachten Tieren die Mastdarmtemperatur gleich von Anfang an abnimmt, z. B. bei Kaninchen von 39,2⁰ auf 37,9⁰, nachdem sie ca. 80 Minuten „hypnotisiert" waren; dies geschah durch Bedecken der Augen mit einer über den Kopf des Kaninchens gestülpten Kappe; gleichzeitig ließ man einfach die Schwere der Hand auf dem Kaninchen ruhen. Noch tieferes Absinken der Körpertemperatur stellte ADAMKIEVICZ (S. 92[3]) bei *gefesselten (aufgebundenen)* Kaninchen fest (die Temperatur fiel im Mittel von 39,3⁰ auf 36,4⁰ ab, in kaum 2 Stunden). Im ersten Fall genügt schon die *Körperruhe,* um *bei Kaninchen* einen Temperaturabfall herbeizuführen, beim Aufbinden kommt dazu noch die Vergrößerung der Wärmeabgabe durch die ausgestreckte Körperlage (O. FRANK u. F. VOIT, S. 353[83]).

4. Auch noch durch verschiedene andere Umstände kann die Mastdarmtemperatur beeinflußt werden.

Bei Pferden ist der Verschluß des Afters mitunter mangelhaft, namentlich bei älteren Tieren. Es kommt dann öfter zum Einsaugen von Luft in den Mastdarm. Dies ist dadurch bedingt, daß beim Stehen in dem obersten Teil des Abdomens ein negativer Druck herrscht. Durch diesen wird, wenn sich der After öffnet, Luft in den Mastdarm hineingesaugt. Wie ich von Tierärzten gehört habe, spielen sich manche Pferde damit, abwechselnd Luft in den Mastdarm einzusaugen und dann wieder auszupressen. Dadurch wird natürlich die Mastdarmtemperatur herabgesetzt.

E. Müller hat auch beobachtet, daß sich mit der Veränderung des Blut-
gehaltes der Mastdarmschleimhaut bei der Defäkation auch die Temperatur
des Mastdarmes ändert (E. Müller, S. 32[241]).

Bei *starker Arbeit der Muskeln der hinteren Extremitäten* erwärmen sich diese.
Es fließt dann aus ihnen erwärmtes Blut in die großen Beckenvenen. Dadurch
kann auch die Temperatur des Mastdarmes steigen. Es kann also nach Laufen,
Steigen, Lastenziehen usw. die Mastdarmmessung einen zu hohen Wert ergeben
und eine allgemeine Steigerung der Körpertemperatur vortäuschen. Auch durch
Verdauungsvorgänge (z. B. Gärungen) kann die Temperatur des Mastdarmes
gelegentlich gesteigert werden. Um sicher zu gehen, soll man daher in zweifelhaften Fällen die Körpertemperatur an verschiedenen Stellen des Körpers
messen (H. Zimmermann[370]).

b) Messung der Körpertemperatur in der Scheide.

Die Technik ihrer Messung ist dieselbe wie bei jener der Rectaltemperatur.
Das Thermometer läßt sich in die Scheide noch leichter einführen als in das Rectum.
Die Vaginaltemperatur ist im Durchschnitt von der Rectaltemperatur nicht
wesentlich verschieden. Zahlreiche Vergleichsmessungen wurden vorgenommen
und ergaben gar keine oder geringe Differenzen im positiven oder negativen
Sinne (O. P. Berneburg, S. 43[31]; E. Müller, S. 54[241]; I. Marek, S. 147[228]).

Die landläufige Ansicht, daß während der Brunst und während der Gravidität die Scheidentemperatur höher sei als sonst, ist durch das Experiment
nicht bestätigt. Gavarret (zit. nach Berneburg, S. 43[31]) gab zwar an, daß die
Scheidentemperatur bei brünstigen Schafen um 0,5—1° höher sei als unter gewöhnlichen Verhältnissen. Man führte dies auf Hyperämie und Schwellung der Ge-
schlechtsteile während der Brunst zurück. Andere Autoren, darunter Berneburg
(S. 44), fanden aber auch bei brünstigen Tieren die Scheidentemperatur bald
gleich, bald etwas höher, bald wieder um einige Zehntelgrade niedriger als die
Rectaltemperatur. Ein Sinken der Vaginaltemperatur im Vergleich zu der
Wärme des Rectums erklärt sich nach Anackers[9] Meinung (zit. nach Berneburg, S. 43[31]) aus einer Abkühlung der Scheide durch die äußere Luft, weil ja,
besonders bei älteren Tieren, die Schamlippen häufig klaffen und der Scheiden-
eingang offen steht. *Die Hauptursache des Eindringens äußerer Luft in die Scheide
ist aber meines Erachtens der negative Druck, der in dem oberen Teile des Abdomens
bei dem auf allen Vieren stehenden Tiere herrscht.* Man kann sich davon sehr
leicht überzeugen; man braucht bloß die Vulva einer stehenden Kuh mit den
Fingern zu öffnen und wird bemerken, wie die Luft in die Scheide eindringt,
gerade so wie dies beim Mastdarm der Fall ist. Aus diesem Grunde ist die Temperaturmessung in der Scheide, zumindestens des stehenden Tieres, häufig
nicht ganz verläßlich. Der Mastdarmschließmuskel sperrt den Mastdarm gegen
die äußere Luft doch viel besser ab als der Scheidenschließmuskel die Scheide.

c) Temperaturmessung an anderen Körperstellen.

Die beim Menschen am meisten gebräuchliche Messung in der *Achselhöhle*
eignet sich für unsere Haustiere vor allem deshalb nicht, weil die Haut der
Achselhöhle viel zu dick und dicht behaart ist, so daß die Übertragung der
Körperwärme auf das Thermometer nur unvollständig und viel zu langsam
stattfände. Das Gleiche gilt von der Thermometrie in der Schenkelbeuge.

Die *Mundhöhle* kann bei den Haustieren für die Temperaturmessung aus
selbstverständlichen Gründen kaum in Betracht kommen: die Tiere sind viel
zu widersetzlich dazu. Auch beim Menschen ist die Messung in der Mundhöhle
infolge der Abkühlung durch Atmen, infolge der Abkühlung der Wangen usw.

nicht ganz verläßlich. Man mißt beim Menschen am besten unter der Zunge. Im Bad ist dies meist die einzige leicht ausführbare Methode. In der Achselhöhle mißt man mindestens 10 Minuten, in der Mundhöhle 7—8 Minuten (H. Zimmermann, S. 85[370]), im Rectum genügen meistens 5 Minuten. Bei der Axillartemperatur ist zu berücksichtigen die Möglichkeit einer Abkühlung der Achselhöhle durch mangelhaften Abschluß und durch Schweißverdunstung.

Im Mastdarm und in der Scheide findet man eine durchschnittlich um 0,2—0,5⁰ höhere Temperatur als in der Achselhöhle (beim Menschen). Der Unterschied hängt von der Hautdurchblutung ab. Bei warmer, stark durchbluteter Haut ist der Unterschied zwischen der Achselhöhlen- und der Rectaltemperatur kleiner als bei kalter Haut mit engen Blutgefäßen. Bei *Phthisikern* kann die Differenz nach Sahli (S. 71[290]) auch 1⁰ betragen. Es läßt sich also die Axillartemperatur nicht durch Subtrahieren eines bestimmten Wertes aus der Rectaltemperatur berechnen. Auch die Mundhöhlentemperatur ist wegen der fortwährend wirksamen respiratorischen Abkühlung wohl stets etwas niedriger als die Mastdarmtemperatur (um etwa 0,2—0,3⁰ im Durchschnitt): hier kann man schon ganz und gar keinen bestimmten zahlenmäßigen Unterschied angeben, weil ein und derselbe Faktor, z. B. Spazierengehen, die Mastdarmtemperatur steigern, die Mundhöhlentemperatur aber unbeeinflußt lassen kann, während andererseits kalter Wind oder Aufnahme kalter Getränke oder feuchtkaltes Wetter die Mundhöhlentemperatur wesentlich, die Mastdarmtemperatur aber gar nicht beeinflussen kann. Aus diesem Grunde empfahl in zweifelhaften Fällen H. Zimmermann[370] die Beurteilung der Körpertemperatur durch vergleichende Mund- und Darmmessung.

Eine ganz alte Methode ist auch die Messung der Temperatur des frisch gelassenen *Harnes*, den man zur Vermeidung der Abkühlung z. B. in einer vorgewärmten Dewarschen Flasche auffängt (S. van Creveld[57]). Sie wurde schon Mitte des 18. Jahrhunderts von englischen Medizinern gepflogen. Bei richtiger Ausführung stimmen die so gefundenen Werte mit den im Mastdarm gefundenen fast überein. Für unsere Haustiere hat aber diese Art der Körpertemperaturmessung kaum eine Bedeutung.

III. Die Höhe der Körpertemperatur.

1. Warm- und kaltblütige Tiere (Homoiotherme und Poikilotherme).

Linné hat in seinem System die Unterscheidung der Vögel und Säuger als *warmblütiger Tiere* gegenüber den *kaltblütigen* eingeführt. C. Bergmann hat statt dieser die bezeichnenderen Namen *poikilotherme* oder *wechselwarme* und *homoiotherme* oder *gleichwarme* Tiere gewählt (C. Bergmann und R. Leuckart, S. 269[29]). Diese Bezeichnungen entsprechen den wirklichen Unterschieden zwischen den beiden Tiergruppen besser; denn es ist nicht gerade das *Blut* für die Wärme des Körpers maßgebend, ferner kann ein poikilothermes Tier unter Umständen wärmer sein als ein homoiothermes, und vor allem ist die charakteristischeste Eigenschaft der homoiothermen Tiere ihr Bestreben, ihre Körpertemperatur innerhalb sehr enger Grenzen bei verschiedener Außentemperatur *konstant* zu erhalten. Dies erreichen sie dank der ihnen eigenen Fähigkeit der *Wärmeregulation*. Sie verfügen nämlich über ganz bestimmte physiologische Mechanismen, mit Hilfe deren sie imstande sind, einerseits ihre Wärmebildung, andererseits ihre Wärmeabgabe je nach Bedarf zu modifizieren, natürlich innerhalb gewisser Grenzen. Diese Fähigkeit fehlt hingegen den poikilothermen Tieren. Ihre Körpertemperatur weicht daher von der Temperatur der Umgebung in der Regel nur sehr wenig ab und wechselt mit der Außentemperatur.

Ein anderer, sehr wesentlicher Unterschied zwischen den Homoiothermen und Poikilothermen liegt in dem *Ausmaße des Stoffwechsels* je Gewichtseinheit des Körpers. Der Energiewechsel und Betriebsstoffwechsel der Kaltblüter ist wesentlich geringer als der der Warmblüter. Ein dritter wichtiger Unterschied besteht in der *Unempfindlichkeit vieler Poikilothermer*, und zwar auch ihrer *höheren Funktionen, gegen Erniedrigung der Körpertemperatur.* Selbst bei Eiskälte bleibt z. B. die Muskelkraft vieler Fischgattungen noch ungeschwächt (M. Rubner, S. 267[289]). Die Funktionen der Homoiothermen geraten aber schon bei geringen Abweichungen von ihrer normalen Körpertemperatur in Unordnung. Eine längere Zeit dauernde Verminderung ihrer Körpertemperatur um einige Grade führt bei den meisten Homoiothermen schon zum Kältetod. Die *obere* Grenze der noch erträglichen Körpertemperatur ist für beide Gruppen weniger verschieden als die untere und bei den Poikilothermen im allgemeinen *niedriger* als bei den Homoiothermen.

Eine weitere Besonderheit der poikilothermen Tiere ist es, daß viele von ihnen bei Kälte einen *Scheintod*, eine *Abnahme aller Funktionen* aufweisen; Herzschlag und Atmung werden seltener und schwächer und zuletzt verfallen sie in eine Art Erstarrung, aus der sie erst wieder erwachen, wenn die Außenwärme und damit ihre Körperwärme entsprechend steigt. In dieser Hinsicht gibt es einen eigenartigen *Übergang von den poikilothermen zu den homoiothermen Tieren.* Dieser wird von den sog. *Winterschläfern* gebildet: *Siebenschläfer, Haselmaus, Igel, Murmeltier, Hamster, Ziesel, Dachs und Fledermaus.* Auch den *Bären* hat man oft zu den Winterschläfern gezählt, weil man ihn im Winter häufig in irgendeinem Versteck schlafend getroffen hat. Das für die Winterschläfer kennzeichnende Merkmal besteht aber darin, daß ihre Körpertemperatur, sobald die kalte Jahreszeit angebrochen ist, allmählich so tief fällt, daß sie die Außentemperatur nur um wenige Grade übertrifft oder ihr sogar gleichkommt. Ihr schlafartiger Zustand allein ist also noch nicht maßgebend dafür, sie in die Reihe der Winterschläfer einzurechnen. Nun haben russische Forscher am Bären zahlreiche Messungen während seines sog. Winterschlafes vorgenommen und dabei gefunden, daß er im Sommer und im Winter eine konstante Temperatur aufweist (Mangili[216]). Der Bär ist also nicht zu den Winterschläfern zu rechnen.

Auch die *neugeborenen Jungen mancher Homoiothermer* verhalten sich gegenüber Schwankungen der Außentemperatur fast so wie die Poikilothermen; dies kommt eben daher, daß bei ihnen die Fähigkeit zur Wärmeregulation noch nicht entwickelt ist.

Homoiotherm sind nur die Säugetiere und die Vögel, *poikilotherm* sind die Reptilien, Amphibien, Fische und die Evertebraten. Zwischen diesen beiden Gruppen sind Übergänge mit sehr *gering* entwickelter Fähigkeit zur Wärmeregulation auch unter Poikilothermen vorhanden.

Beim *Warmblüter* ist die Intensität des Stoffwechsels und der Wärmebildung nicht nur innerhalb beträchtlicher Grenzen *unabhängig von der Außentemperatur*, sondern auch *bedeutend größer* als beim Kaltblüter, und zwar auch bei gleicher Körpertemperatur. Wenn man die Energieproduktion des Kaltblüters auf die Gewichtseinheit und für 37° C Körperwärme berechnet, so findet man sie allerdings von ganz ähnlicher Größe wie die des Menschen und anderer großer warmblütiger Tiere. Es macht auch Rubner[289] darauf aufmerksam, daß es bezüglich der Stoffwechselintensität keine scheidende Grenze zwischen dem Plasma des Kaltblüters und des Warmblüters gibt, beim Pferd kommt z. B. auf die Gewichtseinheit ein ebenso geringer Energieverbrauch, wie ihn etwa auch der Goldfisch zeigt (Rubner[289]). Man muß aber warmblütige und kaltblütige Tiere von *gleicher Größe* und bei gleicher Körpertemperatur vergleichen, da ja die kleinen Tiere je Körpergewicht einen viel größeren Stoffumsatz haben als die großen. Wenn man dies tut, so ist der Umsatz bei den poikilothermen wesentlich geringer als bei den homoiothermen Tieren. Ein Ochsenfrosch von 600 g produziert z. B. bei 25⁰ C Außentemperatur 0,5 kcal je Kilogramm Körpergewicht und Stunde, bei 37⁰ C würde das 0,95 kcal ausmachen; bei einem Meerschweinchen von gleichem Gewicht entfallen aber bei derselben Temperatur auf die Gewichtseinheit 5 kcal (H. JOST, S. 417[149]).

Auch bei den *Kaltblütern* zeigt sich gesetzmäßig, daß große Tiere einen erheblich geringeren Umsatz je Masseneinheit haben als kleine Tiere (H. JOST, S. 458[149]).

Der *Warmblüter* ist gegen Mangel an Nahrung und Sauerstoff ungleich empfindlicher als der Kaltblüter. Er hat sich durch die Fähigkeit der Wärmeregulation ein ziemlich konstantes Binnenklima geschaffen, so daß die Geschwindigkeit des Ablaufes seines Stoffwechsels keinen so großen Schwankungen unterworfen ist wie beim Kaltblüter. Er braucht keinen Winterschlaf zu halten, er ist das ganze Jahr über gleich befähigt, sich vor seinen Feinden zu schützen, sich seine Nahrung zu suchen, klimatischen Schwankungen durch seine Wärmeregulation die Spitze zu bieten. Die höhere Körpertemperatur verleiht dem Homoiothermen auch eine größere Geschwindigkeit der Muskelaktionen und der Erregungsleitung in den Nerven, eine raschere Herzaktion und dadurch bessere Durchblutung der Organe (R. HÖBER, S. 274[135]).

Dies sind die Vor- und Nachteile, welche für die eine oder die andere Gruppe in der Regel hervorgehoben werden. Aber damit ist meines Erachtens die Frage bezüglich der *Bedeutung der Homoiothermie* gegenüber der Poikilothermie noch lange nicht erschöpft. Diese liegt vielmehr in der *Möglichkeit der Höherentwicklung der Funktionen des Zentralnervensystems bei den Homoiothermen.* Diese ungemein vielseitigen Funktionen sind offenbar an eine weitgehende Konstanz des Ablaufes der Stoffwechselvorgänge, der Geschwindigkeit der chemischen Umsetzungen, der regelmäßigen Zufuhr von Sauerstoff und natürlich auch der Temperatur als einer Grundbedingung für die Geschwindigkeit der chemischen Reaktionen gebunden. Die Aufrechterhaltung eines weitgehenden Gleichmaßes der Lebensfunktionen, also einer gleichmäßigen Lebensintensität, wird aber auch von den in größeren Gewässern lebenden *Kaltblütern* vielfach fast ebenso erreicht wie von den Warmblütern, wie R. ISENSCHMID (S. 8[143]) sehr richtig hervorhebt.

M. RUBNER (S. 307[289]) meint, der Übergang des Kaltblüters zum Warmblüter konnte einfach durch die Entwicklung einer neuen Regulation, der chemischen Wärmeregulation, und durch wärmeisolierende Hautbedeckung zustande kommen. Der erhöhte Energieverbrauch sei dazu nicht notwendig gewesen. Es zeigt sich aber, daß die Höhe der Entwicklung, gekennzeichnet durch das Ausmaß der Differenzierung der einzelnen Leistungen und namentlich durch die geistige Entwicklung bei den in tropischen Gewässern lebenden Kaltblütern, trotzdem ihre Körpertemperatur nur sehr wenig schwankt, doch weit hinter jener der Warmblüter zurückgeblieben ist. Ich glaube daher, daß die Konstanz der Körpertemperatur innerhalb bestimmter Grenzen an sich noch lange nicht hinreichte, um aus den Kaltblütern die Warmblüter zu machen. Dazu gehört doch der erhöhte Energieverbrauch des Warmblüters, wenn es auch Übergangsformen gibt, wo der Leistungsbereich der Kaltblüter ebenso groß ist wie der der Warmblüter, wie RUBNER hervorhebt (M. RUBNER, S. 307[289]). Für die hohe Entwicklung der Funktionen des Zentralnervensystems, also vor allem des geistigen Lebens, ist die Homoiothermie offenbar unentbehrlich, aber keinesfalls die wichtigste Bedingung dafür. Was diese ist, wissen wir ganz und gar nicht.

2. Die Temperatur der Säuger und Vögel im allgemeinen.

Die Angabe irgendeiner Zahl als Körpertemperatur einer bestimmten Tiergattung hat an sich noch keinen klaren Sinn. Man muß wissen, auf welche Weise und unter welchen Umständen, zu welcher Tageszeit, bei welcher Außentemperatur usw. die Temperatur gemessen worden ist; denn auch die Körpertemperatur der Homoiothermen unterliegt verschiedenen *Schwankungen*, deren Bereich bei verschiedenen Tiergattungen verschieden groß ist. Auch wenn man die sog. *Durchschnittstemperatur* angibt, so soll man mitteilen, wie sie gewonnen worden ist, namentlich aus einer wie großen Anzahl von Messungen, und wieviele Tiere man zu den Messungen herangezogen hat. Oft werden sog. *Grenzwerte* angegeben; sie stimmen in den allermeisten Fällen nicht mit der Wirklichkeit überein, die Grenzen sind meistens viel zu eng gezogen. Klar ist nur die Angabe jener Grenzwerte, welche das betreffende Tier bei einer ganz bestimmten Außentemperatur hat, oder die Angabe der untersten und der obersten Körpertemperatur, die das Tier überhaupt aushalten kann. Sehr wichtig ist ferner die Angabe der Grenzen, innerhalb welcher die Körpertemperatur des betreffenden Tieres im Tage schwankt, der Bereich der sog. *Tagesschwankungen der Körpertemperatur*. Auch dieser ist bei verschiedenen Tiergattungen verschieden groß.

So erklärt es sich denn auch, daß die Angaben verschiedener Lehr- und Handbücher über die Temperaturen verschiedener Säugetiere sehr stark voneinander abzuweichen pflegen.

Zusammenfassende Darstellungen
über die Höhe der Körpertemperatur verschiedener Homoiothermen finden sich unter anderen bei:

KANITZ: Körpertemperatur der Tiere. Tabulae biologicae von E. JUNK, C. OPPENHEIMER u. L. PINCUSSEN 1, 371. 1925.

RICHET, CH.: Chaleur. CH. RICHETS Dictionnaire de Physiologie 3, 81. 1898.

SCHÄFER, E. A.: Text-book of Physiology 1, 790. 1898.

TIGERSTEDT, R.: Die Produktion von Wärme und der Wärmehaushalt. WINTERSTEINS Handbuch der vergleichenden Physiologie 3, T. 2, 54. 1910—1914.

Die höchste Körpertemperatur von allen Homoiothermen haben die *Vögel*. Bei fast allen Vogelarten übersteigt die Körpertemperatur 40° C. Sie reicht bis zu 43,9° C (R. TIGERSTEDT, S. 505[335]). Sie ist also höher als die der *Säugetiere*, deren Körpertemperatur sich mit wenigen Ausnahmen zwischen *35,5 und 40,5° C* bewegt. Zahlreiche Gattungen unter den Säugetieren haben eine viel höhere Körpertemperatur als der Mensch (36,5—37,5° C). Eine Körpertemperatur von einer Höhe, wie sie für die Vögel und viele Säugetiergattungen noch normal ist, würde beim Menschen schon ein hohes Fieber bedeuten. Indessen finden sich in beiden Gruppen der Homoiothermen altertümliche Formen mit einer auffallend *niederen Körpertemperatur*: Bei den *Vögeln* zeigen dies die *Kurzflügler*; der *Strauß* hat nach HOBDAY (zit. nach SCHÄFER, S. 791[292]) eine Körpertemperatur von bloß 36,9—37,8° C, der *Kiwi* in Neuseeland (Schnepfenstrauß) bloß 37° C (H. PRZIBRAM, S. 42[265]). Unter den Säugetieren haben ebenfalls die *ältesten* Formen, nämlich die *Kloakentiere*, die niedrigsten Temperaturen: der neuholländische *Ameisenigel* (*Echidna*) und das *Schnabeltier* aus Van Diemens-Land (*Ornithorrhynchus*) haben nach C. J. MARTIN[229] bei einer Außentemperatur von 15° C eine mittlere Körpertemperatur von 29,8° C. Die *Beuteltiere* (*Marsupialier*) haben nach dem gleichen Autor[229] bei einer Außentemperatur von 15° C eine mittlere Körpertemperatur von 36,5° C, während z. B. die mittlere Temperatur der *Katze* bei der gleichen Außentemperatur 38,75° C beträgt (C. MARTIN, S. 26[229]). Auch das in Südamerika lebende *Faultier* hat nur eine Körpertemperatur von 30,2—32,9° C (OZORIO DE ALMEIDA und BRANCA[253]).

Bemerkenswert erscheint, daß auch die Körpertemperatur der *Affen* wesentlich *höher* ist als die der *Menschen*; die *mittlere Tagesschwankung* vom Macacus rhoesus bewegt sich nach verschiedenen Autoren (vgl. R. Tigerstedt, S. 6[334]) zwischen 37,25 und 38,87° C.

Auffallend groß ist der Bereich der Schwankungen der normalen Körpertemperatur bei den *Nagetieren*. So liegt z. B. nach I. Eyre[79a] die Normaltemperatur des Meerschweinchens zwischen 36 und 39,2° C (vgl. R. Tigerstedt, S. 59[334]).

3. Die Körpertemperatur der verschiedenen Haustierarten.

a) Obere und untere Grenzen der normalen Körpertemperatur.

Zusammenfassende Darstellungen:

Marek, J.: Lehrbuch der klinischen Diagnostik der inneren Krankheiten der Haustiere, 2. Aufl., S. 132. 1922. — Müller, E.: Untersuchungen über die normalen Tagestemperaturen der Haustiere. Inaug.-Dissert., Gießen 1910.

Tabelle 6. Untere und obere Grenzen der normalen Mastdarmtemperatur von Haustieren (nach J. Marek, S. 133[228]).

1. Pferde, über 5 Jahre alt	37,5—38,0° C
Fohlen, bis zum fünften Lebensjahre	37,5—38,5° C
Füllen, in den ersten Lebenstagen	bis 39,3° C
2. Esel	37,5—38,5° C
3. Maultiere (nach Cadéac)	38,8—39,0° C
4. Rinder, über 1 Jahr alt	37,5—39,5° C
Jungrinder, bis zum ersten Lebensjahre	38,5—40,0° C
Junge Kälber	38,5—40,5° C
5. Schafe, über 1 Jahr alt	38,5—40,0° C
Lämmer, bis zu 1 Jahr	38,5—40,5° C
6. Ziegen, über 1 Jahr alt	38,5—40,5° C
Zicklein, bis zu 1 Jahre	38,5—41,0° C
7. Kamele (nach Leese)	35,0—38,6° C
8. Schweine	38,0—40,0° C
Ferkel	39,0—40,5° C
9. Hunde	37,5—39,0° C
10. Katzen	38,0—39,5° C
11. Kaninchen	38,5—39,5° C
12. Meerschweinchen	37,8—39,5° C
13. Vögel	39,5—44,0° C
Hühner	40,5—42,0° C
Puten	40,0—41,5° C
Fasanen	41,0—44,0° C
Tauben	41,0—43,0° C
Enten	41,0—43,0° C
Gänse	40,0—41,0° C

Wie man aus Tabelle 6 sieht, ist der Abstand zwischen der unteren und oberen Grenze der normalen Mastdarmtemperatur bei verschiedenen Haustiergattungen verschieden. Dies hängt zum Teil mit der verschiedenen *Leistungsfähigkeit der Wärmeregulation zusammen.* Diese ist beim Menschen weitaus am größten, nach dem Menschen kommt in dieser Hinsicht nach J. Marek (S. 132[228]) das *Pferd*. Die Verschiedenheit der für die einzelnen Haustiere angegebenen Zahlenwerte hängt aber nach J. Marek (S. 132[228]) auch damit zusammen, daß sich vorübergehende Erkrankungen bei Tieren oft bloß in einer Steigerung der Körperwärme kundgeben und dadurch physiologische Temperatursteigerungen vortäuschen.

Bezüglich der einzelnen Haustiergattungen ist noch folgendes zu bemerken:

Pferd. Verschiedene Beobachter geben für das Pferd fast ausnahmslos Temperaturen zwischen 38,5 bzw. 38,7° C noch als physiologisch an, von Dieckerhoff werden noch solche zwischen 38,6 und 38,9° C als „hochnormal" bezeichnet. Nach J. Mareks (S. 133[228]) Beobachtungen an erwachsenen Pferden dürfen aber Temperaturen über 38° C nicht mehr als normal betrachtet werden; Temperaturen bis 38,5° C finden sich vielmehr nur bei Fohlen.

„Warmblütige" und „kaltblütige" Pferde. Die Frage, ob es wirklich warmblütige und kaltblütige Pferde gebe, hat schon N. Wilckens[360] untersucht. Die Ausdrücke „warmblütig"

und „kaltblütig" hat H. NATHUSIUS aus der amerikanischen Literatur an Stelle der Bezeichnungen „edel" und „gemein" oder „leicht" und „schwer" übernommen. Im großen Durchschnitt bezeichnet man nach M. WILCKENS[360] die morgenländischen und die von ihnen abstammenden (englisches Voll- und Halbblut) Pferde als warmblütig, die abendländischen Pferde als kaltblütig. Die Temperaturgrenze zwischen beiden Formen soll 38° C sein. WILCKENS[360] hat nun vergleichsweise die Körpertemperaturen beider Typen von Pferden bestimmt, und zwar mit folgendem Ergebnis:

Von 81 Pferden sog. warmblütiger Schläge ergab die Durchschnittstemperatur 38,21°C, von 19 Pferden sog. kaltblütiger Schläge 38,41° C. WILCKENS[360] kommt somit zu dem Ergebnisse, daß es warm- und kaltblütige Pferdeschläge überhaupt nicht gibt. Dies ist, wie zu erwarten, auch noch von anderen Autoren bestätigt worden.

Rind. A. EBER[67] hat zur Beurteilung der Tuberkulinprobe sehr eingehende Körpertemperaturmessungen an 273 Rindern angestellt. Für *erwachsene*, d. h. mindestens $2^1/_2$ Jahre alte männliche und weibliche Rinder, stellt er folgende Regeln auf (S. 20):

Bei eingewöhnten, erwachsenen Stallrindern gelangen Normaltemperaturen von 38—39,5° C zur Beobachtung. Körpertemperaturen über 39,5—39,9° C können entweder physiologische oder pathologische Überschreitungen dieser Grenze darstellen und sind als verdächtige Temperaturen besonders zu würdigen. Körpertemperaturen von 40° C und darüber liegen jenseits der Grenze, bis zu welcher sich die physiologischen Schwankungen auszudehnen pflegen, und müssen als pathologische Temperaturerhöhungen aufgefaßt werden, wenn es auch nicht immer gelingt, zugleich offensichtliche Störungen des Allgemeinbefindens festzustellen.

Ein Temperaturmaximum wird sowohl in den späten Nachmittags- als auch in den späten Abendstunden beobachtet. Bei Temperaturmessungen, welche nur bis 9 resp. 10 Uhr abends fortgesetzt werden, übertrifft das Nachmittagstemperaturmaximum das in den Abendstunden festgestellte nicht selten um 0,1—0,2° C.

Die täglichen Schwankungen der Körpertemperatur bei ein und demselben Rind überschreiten in der Regel 1° C nicht.

Kamel. Seine Körpertemperatur wird nach LEESE sehr von der Tageszeit und von dem Wetter beeinflußt, außerdem aber auch durch verborgene Krankheiten (Trypanosomen) abgeändert: Temperaturen über 37,5° C in den Morgenstunden und solche über 39° C zwischen 5—6 Uhr nachmittags sind gewöhnlich als fieberhaft zu betrachten. Bei Kamelen in Rußland gibt KOWALEWSKI als physiologische Grenzwerte 38,2—39° C an, wogegen TARTAKOWSKY eine Temperatur von 38,7° C bereits für Fieber hält (nach J. MAREK, S.133[228]).

Schaf und Ziege. O. P. BERNEBURG[31] macht hierüber folgende Angaben:

Bei den einzelnen Tieren schwankt die Temperatur in den verschiedenen Altersperioden außerordentlich: bei den Schafen von 38—41° C, bei den Ziegen sogar von 37,6 bis 41° C.

Im Durchschnitt haben jüngere Schafe und Ziegen höhere Temperaturen als ältere Tiere. Vom ersten bis vierten Jahre nimmt dieselbe etwas ab, um dann wieder eine Zunahme zu erfahren.

Ein wesentlicher Unterschied zwischen den Geschlechtern und Rassen besteht nicht. Magere Tiere zeigen nicht immer niedrigere Temperaturen als gut genährte, wohl aber weisen schlecht und dürftig genährte ein Temperaturminus auf.

Im Mittel wurde von BERNEBURG aus 2122 Messungen an 445 Tieren der Gattung „Schaf" 39,34° C, aus 1316 Messungen an 349 Tieren der Gattung „Ziege" 39,06° C festgestellt (S. 53).

Der niedrigste Stand der Tagestemperatur fiel in BERNEBURGS Versuchen bei Schaf und Ziege in die Morgenstunden, darauf folgte ein Steigen in den ersten Vormittagsstunden zum ersten Temperaturmaximum, und von da sank die Temperatur allmählich bis gegen Abend; bei Ziegen, vereinzelt auch bei Schafen, trat meist schon um diese Zeit eine Steigerung der Körpertemperatur ein. Nach dem Abendfutter stieg die Temperatur abermals zum zweiten, in der Regel um ca. 0,2° höheren Temperaturmaximum, fiel dann bei Ziegen häufig schon nach 2 Stunden, bei Schafen aber erst nach Mitternacht langsam bis zum Morgen ab. Die Tagesschwankungen selbst betrugen bei beiden Gattungen bis 1,25° C (S. 50). Nach BENEDICT u. RITZMANN (S. 85[26c]) schwankt die Rectaltemperatur der Schafe zwischen 38,8 und 40,4°.

A. B. CLAWSON[51] fand bei *Schafen* einen Durchschnittswert von 39,06° C, 64 % der Messungen fallen in den Bereich von 38,6—39,55° C; dabei ist zwischen Hammeln und Schafen kein merklicher und konstanter Unterschied. Die Temperatur ist am höchsten bei Lämmern und nimmt mit dem Alter ab, am schnellsten im ersten Jahre. Sie ist am niedrigsten in den ersten Morgenstunden und nimmt im Laufe des Tages allmählich zu, zwischen 18 und 20 Uhr ist sie ungefähr $^1/_2$° C höher als zwischen 6 und 8 Uhr.

Schwein. Die Körpertemperatur der Schweine ist bedeutenden Schwankungen unterworfen, sie wird namentlich durch die starke Unruhe während der Messung sehr stark beeinflußt. Bei erwachsenen Tieren fanden COBBELT und GRIFFITH Grenzwerte zwischen 38 und 39,4° C, bei Ferkeln MIHALYI zwischen 40,4 und 41° C, MAREK zwischen 39 und 40,5° C (J. MAREK, S. 134[228]).

Hund. Nach J. MAREKs (S. 134[228]) Untersuchungen übertrifft die Mastdarmtemperatur ganz gesunder Hunde nie 39,4° C, bei Tieren der großen Rassen ist sie sogar mehrere Zehntelgrade unter 39° C.

Kaninchen und Meerschweinchen. J. MAREK (S. 134[228]) erwähnt, daß die Angaben über die Normaltemperaturen der *Kaninchen* sehr widersprechend seien, Grenzwerte zwischen 37 und 40° C werden angegeben. Für das *Meerschweinchen* gibt BRÄUNING Grenzwerte von 37,1—40,5° C an. Tatsächlich haben sich angesichts der so abweichenden Messungsresultate sehr viele Forscher anscheinend entschlossen, willkürlich irgendwelche Grenzwerte anzunehmen; bei keiner Tiergattung wird man die Angaben über ihre normale Körpertemperatur so sehr abweichen sehen wie gerade bei den Nagern. Die *Nager* nehmen bezüglich ihrer Wärmeregulation unter den Homoiothermen eine ganz eigenartige Stellung ein. Sie stehen den Poikilothermen näher als der Mensch, der Affe und die Raubtiere und wahrscheinlich sehr viele andere, vielleicht die meisten anderen Homoiothermen, und zwar in zweierlei Hinsicht, nämlich *erstens in der größeren Abhängigkeit ihrer Körpertemperatur von der Außentemperatur und zweitens in ihrer viel geringeren Empfindlichkeit gegenüber extremen Körpertemperaturen.* Es ist verschiedenen Autoren, darunter auch mir, gelungen, durch allmähliche Steigerung der Umgebungstemperatur die Nager an eine hohe Außentemperatur zu gewöhnen und sie dann wochenlang bei einer Körpertemperatur von 40—42° C ohne Gesundheitsstörung auffälliger Art am Leben zu erhalten (R. STIGLER[318]). Anderseits hat Z. ÁSZODI[12] gezeigt, daß weiße Mäuse und weiße Ratten auch eine sehr beträchtliche Verminderung ihrer Körpertemperatur durch niedere Außentemperatur sehr lange Zeit hindurch vertragen. Sie verfielen dann schließlich in einen halb torpiden, dem Winterschlaf ähnlichen Zustand, wobei ihre Körpertemperatur unter 21° C sank. Dies geschah zuweilen sogar schon bei Zimmertemperatur. Ihre Wärmeproduktion vermindert sich dabei auf ein Siebentel der Norm. Ich glaube daher, daß man von einem eigenen *Nagertypus der physiologischen Wärmeregulation* sprechen kann (R. STIGLER, S. 80[319]). Damit soll nicht behauptet sein, daß nicht vielleicht auch noch andere Homoiotherme sich ähnlich verhalten wie die Nager, darüber fehlen uns eben bisher noch entsprechende Untersuchungen.

Vögel. Die Körpertemperatur schwankt innerhalb weiter Grenzen (39,5—44° C). Bei der Messung muß man, wie J. MAREK (S. 134[228]) verlangt, mit dem Thermometer stets in den Mastdarm eingehen und nicht bloß in die Kloake, weil in dieser um 1—1,5° C niedrigere Temperaturwerte erscheinen. KLIMMER und SAALBECK, die diese Vorsichtsmaßregel befolgt haben, haben dennoch bei Hühnern Tagesschwankungen bis über 2,2° C ohne erkennbare äußere oder innere Ursache gefunden. Die Tagesschwankungen ändern sich auch mit der Fütterung und der Beleuchtung (J. MAREK, S. 134[228]).

b) Die Tagesschwankungen der Körpertemperatur.

Zahlenmäßige Angaben, zusammengefaßt bei:

JUNK, OPPENHEIMER u. PINCUSSEN: Tabulae biologicae 1, 373ff. 1925.
PEMBREY, M. F.: Animal heat. SCHÄFERS Text-book of Physiology 1, 802. 1898.
TIGERSTEDT, R.: Die Produktion von Wärme und der Wärmehaushalt. WINTERSTEINS Handbuch der vergleichenden Physiologie 3, 2, 53ff. 1914.

Die Tagesschwankungen der Körpertemperatur kommen nicht nur beim Menschen und bei den Säugetieren, sondern auch bei den Vögeln vor. Bei diesen sind sie überhaupt entdeckt worden: im Jahre 1843 hat CHOSSAT[49] bei Tauben regelmäßig wiederkehrende, tägliche Schwankungen von durchschnittlich 0,74° C gefunden; am Mittag betrug die Temperatur 42,22° C, um Mitternacht 41,48° C. Am Menschen wurden die Tagesschwankungen der Körpertemperatur erst 2 Jahre später von J. DAVY[61] entdeckt. Seither ist eine sehr große Literatur über die Tagesschwankungen bei verschiedenen Tiergattungen und namentlich über ihre Ursache entstanden, ohne aber über den letzteren Punkt volle Aufklärung zu bringen. Das Ausmaß der Tagesschwankungen der Körpertemperatur hängt nicht nur von der betreffenden Tiergattung, sondern auch von der Tierhaltung, von der körperlichen Bewegung, von der Fütterung, von Schlaf und Ruhe usw. ab.

Es liegt natürlich nahe, den *Wechsel zwischen Wachen und Schlafen* als Ursache der Tagesschwankungen der Körpertemperatur zu betrachten. Diese Ansicht findet eine sehr wesentliche Stütze in dem *gegensätzlichen Verhalten der Tagesschwankungen bei den Tag- und Nachtvögeln* (Abb. 9, Die Körpertemperatur der Tagvögel, nach HILDÉN und STEN-BÄCK[128] und Abb. 10, Tagesschwankungen der Körpertemperatur bei der Eule, nach SIMPSON und GALBRAITH[304]). Bei der *Eule* fällt das Maximum der Körpertemperatur zwischen 1 und 4 Uhr früh, das Minimum zwischen 9 Uhr vormittags und 7 Uhr nachmittags.

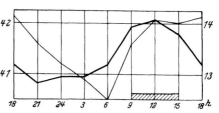

Abb. 9. Die dicke ausgezogene Linie stellt den mittleren Verlauf der Temperaturkurve bei den untersuchten Vögeln (Habicht, Zeisig, Möwe, Fasan, Hahn, Huhn, Taube ♂ und Taube ♀) dar, die dünne ausgezogene Linie bezieht sich auf die mittlere Temperatur im Versuchszimmer. (Aus HILDÉN u. STENBÄCK, Skand. Arch. f. Physiol. 34.)

Als Ursache des am Morgen beginnenden Anstieges der Körpertemperatur wird die mit dem Wachsein verbundene regere Muskeltätigkeit und Nahrungsaufnahme, als Ursache des Absinkens der Körpertemperatur während des Schlafes die Ermangelung dieser, die Wärmebildung befördernden Vorgänge betrachtet.

Dies wird durch folgenden Versuch bewiesen: wenn man *Affen* (GALBRAITH und SIMPSON[305]) oder *Vögel* (HILDÉN und STENBÄCK[128]) in einem dunklen Raum hält, den man nur *nachts* erhellt, so stellt sich schon nach wenigen Tagen eine Umkehr der Temperaturkurve ein (Abb. 11). Wenn man die Tiere tagelang ununterbrochen im Dunkeln oder ununterbrochen im Licht hält, so hören die normalen Tagesschwankungen der Körpertemperatur auf und an ihre Stelle treten nur ganz unregelmäßige Schwankungen.

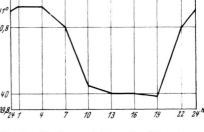

Abb. 10. Die Tagesvariationen der Körpertemperatur einer *Eule*, nach SIMPSON und GALBRAITH.

Auch beim Menschen tritt eine völlige Umkehr der Temperaturkurve auf, wenn man eine Reise nach Ost oder West um die halbe Erde macht und dadurch Tag- und Nachtzeit allmählich vertauscht (GIBSON[108]).

Plötzlich läßt sich diese Umkehr der Tagesschwankungen der Körpertemperatur *nicht* erzielen, wenn man künstlich Tag und Nacht in der Lebensweise vertauscht. Der ganze Organismus, vor allem wahrscheinlich das vegetative Nervensystem, ist an die mit der normalen Lebensweise verbundene Aktivitätssteigerung am Tage so sehr *gewöhnt*, daß sich der normale Tagesrhythmus der Lebensprozesse nicht mit einem Schlage ändern läßt.

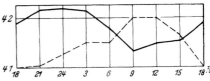

Abb. 11. Durchschnittlicher Verlauf der Tagesschwankungen der Körpertemperatur des Hahns, des Huhns sowie der Tauben ♂ und ♀ bei normaler (gestrichelt) und umgekehrter (ausgezogen) Lebensweise. (Aus HILDÉN u. STENBÄCK, Skand. Arch. f. Physiol. 34.)

Gleichsinnige *Tagesschwankungen* wie für die Körpertemperatur lassen sich bei vielen Lebensprozessen nachweisen. Für die Pulsfrequenz, die Kohlensäureausscheidung, den Sauerstoffverbrauch, die Atmungsgröße, die Harnmenge, die N-Ausscheidung im Harn zeigt dies Abb. 12 nach H. VÖLKER[348].

Die nykthemeralen Temperaturschwankungen zeigen sich nicht gleich nach der Geburt, sondern erst ein paar Tage später.

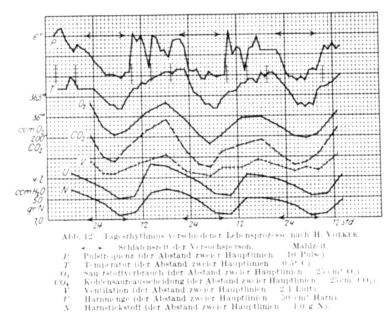

Abb. 12. Tagesrhythmus verschiedener Lebensprozesse nach H. VOLKER.
◄——► Schlafenszeit der Versuchsperson.   Mahlzeit.
P   Pulsfrequenz (der Abstand zweier Hauptlinien   10 Pulse).
T   Temperatur (der Abstand zweier Hauptlinien   0,5° C).
O_2 Sauerstoffverbrauch (der Abstand zweier Hauptlinien   25 cm³ O_2).
CO_2 Kohlensäureausscheidung (der Abstand zweier Hauptlinien   25 cm³ CO_2).
V   Ventilation (der Abstand zweier Hauptlinien   2 l Luft).
U   Harnmenge (der Abstand zweier Hauptlinien   50 cm³ Harn).
N   Harnstickstoff (der Abstand zweier Hauptlinien   1,0 g N).

c) Physiologische Einflüsse auf die Höhe der Körpertemperatur.

Zusammenfassende Darstellungen:

BERNEBURG, O. P.: Untersuchungen über die normale Rectal- und Vaginaltemperatur des Schafes und der Ziege. Inaug.-Dissert., Bern 1908.

MAREK, J.: Lehrbuch der klinischen Diagnostik der inneren Krankheiten der Haustiere, 2. Aufl., S. 134. 1922.

PEMBREY, M. F.: Animal heat. SCHÄFERS Text-book of Physiology 1, 803 ff. 1898.

RICHET, CH.: Dictionnaire de Physiologie 3, 95 ff. 1898.

I. Die Nahrungsaufnahme.

Nahrungsaufnahme veranlaßt eine Steigerung der Verbrennungsvorgänge einerseits durch den direkten Anreiz auf den Stoffwechsel und anderseits durch die sog. *Verdauungsarbeit*, d. i. die Kaubewegungen, die Bewegungen des Verdauungstraktes, die Tätigkeit der Verdauungsdrüsen und sonstige mit der Nahrungsaufnahme verknüpfte Körperbewegungen. Auch die mit warmen Futter eingeführte Wärmemenge kommt in Betracht. In BERNEBURGS[31] Versuchen bedingte jede Futteraufnahme sowohl beim Schaf als auch bei der Ziege eine Temperaturzunahme von 0,2—1° C. Diese hielt nach der Frühfütterung beim Schaf und der Ziege meist $1\frac{1}{2}$—2 Stunden, nach der Abendfütterung bei den Schafen aber 5 Stunden, bei den Ziegen 1 Stunde an (S. 50). Nach dieser Zeit trat wieder ein Abfall der Temperatur ein. Beim *Hungern* zeigt die durchschnittliche Temperatur je 24 Stunden eine Abnahme von geringem Grade. Die Hauptwirkung des Fastens besteht nach BENEDICT und SNELL (S. 71[27]) in einer Erniedrigung des Tagestemperaturschwankungsbereiches.

Vor dem *Verhungern* sinkt die Temperatur der Tiere 2—2,5° C unter die Normaltemperatur, unmittelbar vor dem Tod sogar bis zu 13 und 14° C unter die Norm (CHOSSATS[49] Versuche, zit. nach LIEBERMEISTER, S. 88[192]).

Wenn Pferde viel Wasser trinken, so kann ihre Körpertemperatur für 4—6 Stunden um 0,8—1° C sinken; verschiedene Autoren fanden verschiedene

Folgen des Trinkens auf die Körpertemperatur (MAREK, S. 135[228]). Diese hängen natürlich von der Menge und von der Temperatur des getrunkenen Wassers ab.

II. Das Alter.

Ganz junge Tiere haben eine etwas höhere Temperatur; ihre Wärmeregulationsfähigkeit ist geringer als die erwachsener.

Da der *Fetus* einen gewissen eigenen Stoffwechsel hat (vgl. A. LOEWY S. 269[202]), so ist seine Körpertemperatur etwas höher als die des Muttertieres. Die Differenz beträgt etwa 0,3° (TIGERSTEDT, S. 508[335]). Die Temperatur des Neugeborenen sinkt aber gleich nach der Geburt infolge des starken Wärmeverlustes um $1/_2$ bis 1° C, bei neugeborenen Hunden sogar um 1—2° C und mehr. Am gleichen oder am nächsten Tag steigt sie wieder und beträgt dann bei Fohlen in den ersten 5 Tagen etwa 39,3° C, sinkt dann von neuem, ohne bis zum Alter von 5 Jahren unter 38° C herunterzugehen. Alte, gut genährte Tiere unterscheiden sich in ihrer Körpertemperatur nicht wesentlich von jüngeren Tieren (Näheres hierüber bei MAREK, S. 135[228] und BERNEBURG, S. 52[31]).

Genaue Untersuchungen über die Körpertemperatur der Neugeborenen hat R. W. RAUDNITZ[268] angestellt, in seiner Arbeit findet sich auch eine Übersicht über die umfangreiche ältere Literatur über diesen Gegenstand. Bei Kindern bis zur Pubertät kommen häufig etwas höhere Temperaturen vor als bei Erwachsenen, überhaupt neigen Kinder vielmehr zu Temperatursteigerungen schon aus geringfügigem Anlasse als Erwachsene. Auch bei ganz gesunden Kindern finden wir mitunter Temperaturen bis zu 37,2 oder 37,3° C in der Achselhöhle. Im allgemeinen kann man sagen, daß *Kindern* eine größere *Labilität der Temperatur* eigen ist als Erwachsenen.

III. Das Geschlecht.

Die Einwirkungen des Geschlechtes auf die durchschnittliche Körpertemperatur sind von vielen Autoren untersucht worden, das Ergebnis ist nicht eindeutig. Die meisten Autoren haben gefunden, daß sich bei den weiblichen Tieren und bei der Frau um etwa 0,1—0,5° C höhere Temperaturen als beim männlichen Individuum finden. Nebstdem wird, namentlich von C. A. WUNDERLICH (S. 144—150[368]) angegeben, daß sich das weibliche Geschlecht durch eine größere Labilität der Körpertemperatur vom männlichen unterscheide; scheinbar ganz unmotivierte Erhebungen, starke, sprungweise Steigerungen, kommen bei weiblichen Individuen vor und äußere Zufälligkeiten üben einen starken Einfluß auf die Temperatur aus. Es besteht hier also ein ähnliches Verhalten wie bei den Kindern.

Dieser geschlechtsmäßige Unterschied zwischen weiblichen und männlichen Individuen ist auch *allgemein* interessant; es ist als eine überaus wichtige, allgemein gültige Regel anzunehmen, daß das *Weib* anatomisch, physiologisch und psychologisch in sehr vielen Hinsichten *zwischen Mann und Kind* steht. Diese Regel fände durch das Verhalten der Körpertemperatur eine neuerliche Bestätigung.

SIEDAMGROTZKY[303] (zit. nach PEMBREY, S. 811[256]) gibt als Mitteltemperaturen von Hengsten, Stuten und Wallachen 37,8, 38,2 und 38,05° C an, MARTINS (zit. nach ELLENBERGER, S. 85[72]) fand im Durchschnitt bei männlichen Enten 41,96° C, bei weiblichen 42,27° C. Indessen konnte BERNEBURG (S. 53[31]) bei Schafen und Ziegen keinen sicheren Unterschied zwischen der Temperatur bei beiden Geschlechtern feststellen. Besonders zahlreiche Untersuchungen wurden von Physiologen an *Nagetieren*, als ihren regelmäßigen Versuchsobjekten, angestellt (zusammenfassende Angaben hierüber finden sich bei H. PRZIBRAM, S. 45 und Tabelle A auf S. 116 und 117[265]). Die Untersuchungen H. PRZIBRAMS[265] und seiner Schüler ergaben bei verschiedenen Außentemperaturen einen im Durchschnitt um 0,74° C größeren Mittelwert der Körpertemperatur der Weibchen gegenüber jener der Männchen des gleichen

Wurfes bei *Ratten* (Przibram, S. 45[265]). Dann hat aber A. Lipschütz durch seine Schüler
Bormann, Brunnow und Savary[38] mit besonderer Berücksichtigung der für die Körperuntersuchung von Nagetieren gebotenen Vorsicht (nämlich in normaler Hockestellung
der Tiere und das Thermometer 8 cm tief in das Rectum eingeführt) eine große Reihe von
Messungen durchführen lassen; dabei konnte eine sichere Differenz zwischen Männchen
und Weibchen weder bei jugendlichen, noch bei geschlechtsreifen Tieren, noch bei Kastraten
festgestellt werden. Simpson und Galbraith[304] haben angegeben, daß auch bei *Vögeln*
die Körpertemperatur der männlichen Individuen etwas niedriger sei als die der weiblichen. (Zit. nach R. Tigerstedt. S. 55[334].) Auch A. Hildén und K. Stenbäck (S. 396[128])
haben die gleiche Beobachtung gemacht.

Ob die Brunst eine Steigerung der Körpertemperatur bei weiblichen Tieren hervorruft, hängt von ihrem Grade ab (E. Weber[356], zit. nach Marek. S. 135[228]); sie kann aber die
Körpertemperatur selbst um 0,7—1° C steigern. Bei zwei Kühen wurde von Schmidt
(Marek, S. 135[228]) kein Unterschied in den Körpertemperaturen vor und nach dem Decken
festgestellt.

IV. Trächtigkeit.

Im Gegensatz zum Menschen besteht bei allen Haustieren in den letzten Wochen der
Hochträchtigkeit ein Ansteigen der Körpertemperatur. Dieses zeigt sich am deutlichsten
beim *Rind*, wo sie im letzten Trächtigkeitsmonat in drei Viertel der Fälle die physiologische
Höchstgrenze von 39,5° C überschreitet und sogar 40,5° C erreicht; namentlich findet man
diese hohen Temperaturen zur Abendzeit, aber auch die Morgen- und Mittagstemperaturen
sind relativ erhöht. Auch beim *Pferd* kann man innerhalb der letzten 2—3 Wochen einen
einen Anstieg der durchschnittlichen Körpertemperatur beobachten (Marek, S. 136[228]).
Bei *Schafen* und *Ziegen* hat Berneburg während der Trächtigkeit keine Steigerung der
Körpertemperatur bemerkt (S. 52[31]). *Vor der Geburt* erfolgt ein *Abfall* der Körpertemperatur, und zwar beim *Pferd* durchschnittlich innerhalb von 4 Tagen, *beim Rind, Schwein
und Hund* ungefähr in 2 Tagen, *beim Schaf und bei der Ziege* ganz langsam und allmählich.
Dieser eigentümliche Abfall der Körpertemperatur kann in erster Linie beim Rind, meistens
aber auch beim Pferd und beim Hund als ein Zeichen der bevorstehenden Geburt gewertet
werden, während ihm bei Schaf, Ziege und Schwein keine Bedeutung zukommt (Weber[356],
Limmer[195], Killig[163], König[169], Marek, S. 136[228]).

Keller[158] hat beobachtet, daß bei einer ganz gesunden *Hündin* eine Temperatur in
der Nähe der unteren physiologischen Grenze (etwa 37,6° C und darunter) auf eine vorgeschrittene Trächtigkeit hindeutet, wenn eine solche überhaupt in Frage kommt, des
weiteren eine deutliche, subnormale Temperatur unter 37° C mit großer Wahrscheinlichkeit
auf das Eintreten der Geburt längstens in 24 Stunden. Wenn auf diesen Abfall hin ohne
sonst erkennbare Ursachen (Fütterung, Bewegung usw.) ein Anstieg um mehrere Zehntel
Grad erfolgt, so bedeutet dies mit großer Sicherheit den eben beginnenden oder schon
erfolgten Eintritt der Geburt. Diese Zeichen können bei Geburtsschwierigkeiten, oder
wenn infolge Uterusatonie der Geburtseintritt übersehen werden könnte, bei wertvollen
Zuchttieren bedeutungsvoll sein. Keller[158] betrachtet das geschilderte Verhalten der
Körpertemperatur als die Folge einer unter dem Einfluß von resorbiertem Placentareiweiß
oder fetalem Blutserum entstandenen Anaphylaxie, wofür auch das vor dem Geburtseintritt
häufige keuchende Atmen zu sprechen scheine (zit. nach J. Marek, S. 136[228]).

Während der Geburt steigt die Temperatur beim Menschen, Hund und Schaf in geringem Ausmaße, bei Pferd, Rind und Ziege sinkt sie aber im allgemeinen (beim Rind und
Schaf nach einer vorübergehenden Erhöhung im Eröffnungsstadium), beim Schwein kann
entweder Steigerung oder Abfall eintreten. Innerhalb der ersten 12—15 Stunden nach der
Geburt steigt die Körpertemperatur sowohl beim Menschen wie auch bei der Mehrzahl
der Haustiere; nur beim Schwein wird das Gegenteil beobachtet. In den ersten Tagen
nach der Geburt wird die obere Grenze der physiologischen Körpertemperatur bei Pferd,
Rind und Hund vorübergehend überschritten, in 2—4 Tagen nach der Geburt aber bei
allen Tieren die normale Körpertemperatur wieder erreicht (J. Marek, S. 136[228]).

V. Rasse.

Ein Einfluß der Rasse auf die Körpertemperatur der Haustiere ist in keinem
Falle nachgewiesen. Von den sog. warmblütigen und kaltblütigen Rassen war
bereits früher die Rede.

Das gleiche gilt auch für die Menschenrassen, trotzdem viele alte Angaben
dafür zu sprechen scheinen, daß die Körpertemperatur in den tropischen Gegenden
höher sei als in gemäßigten Klimaten. Alle neueren Untersuchungen mit genaueren Methoden haben ergeben, daß die *Körpertemperatur des Menschen in*

verschiedenen Klimaten im Durchschnitt gleich ist, solange die Menschen wirklich gesund sind. Auch die *Schwankungen* der Körpertemperatur verlaufen bei den Weißen in Europa und in Zentralafrika und bei den Eingeborenen in Zentralafrika in der gleichen Weise (R. STIGLER[317]).

VI. Der Ernährungszustand.

Magere Tiere haben c. p. meist etwas niedrigere Temperaturen. Bei herabgekommenen Pferden beobachtet man um $1/_2$—1^0 C niedrigere Temperaturen als normal; bei solchen Tieren können Temperaturen, die an der oberen physiologischen Grenze liegen, schon fieberhaft sein (J. MAREK, S. 137[228]).

VII. Die Schur.

Die Schur verursacht bei Pferden einen Temperaturabfall um 0,3—0,6^0 C (SIEDAMGROTZKY[303]). Das Scheren der Schafe bedingt nach BERNEBURG[31] in jedem Falle am ersten Tage der Schur einen Temperaturabfall von 0,3—1,05^0 C, also im Durchschnitt 0,61^0 C, nachdem unmittelbar nach der Schur eine leichte Steigerung erfolgt war. Ein Ausgleich der Temperaturdifferenz trat am häufigsten nach 4—6 Wochen ein. Im Mittel haben geschorene Schafe in den ersten 6 Wochen nach der Schur um 0,3—0,4^0 C niedrigere Temperaturen als ungeschorene. Andere Autoren beobachteten einen Temperaturabfall infolge der Schur um 2—4^0 C, der sogar dann, wenn die Tiere in die Sonne gestellt wurden, bestehen blieb (zit. nach J. MAREK, S. 137[228]).

VIII. Körperbewegung.

Körperbewegung macht, wie jede Muskelarbeit, infolge der erhöhten Wärmeproduktion, zunächst eine Steigerung der Körpertemperatur, und zwar je nach dem Ausmaße der Wärmeüberproduktion. Diese ist sehr verschieden beim Schritt und beim Trab des Pferdes, die Temperatursteigerung verhält sich dabei angeblich wie 1 : 7,5 (RITTER, zit. nach MAREK, S. 137[228]). Bei Trab steigt die Körpertemperatur rascher als bei Schritt. Nach einer gewissen Steigerung bleibt die Körpertemperatur dann annähernd gleich, solange die gleiche Muskelarbeit geleistet wird. Das ist natürlich dann der Fall, wenn inzwischen die Wärmeabgabe durch die Wärmeregulationsmechanismen im gleichen Maß gestiegen ist wie die Wärmeproduktion im Körper.

Groß ist der Einfluß der *Übung*. Eine ungewohnte Arbeit steigert die Körpertemperatur stärker als die gleiche Arbeit, wenn man auf sie eintrainiert ist. Wenn Tiere lange im Stall gestanden haben, so steigt ihre Körpertemperatur, sobald sie wieder ins Freie kommen, stärker und rascher, als wenn sie an die Bewegung im Freien bereits gewöhnt sind. BERNEBURG[31] beobachtete bei Ziegen und Schafen nach $3/_4$ stündiger Schrittbewegung bei 22 und 14^0 C Außentemperaturen Steigerungen von 0,1—0,8^0 C, bei Ziegen von 0,3—1,4^0 C. Nach $1/_2$ stündiger Trabbewegung bei 10^0 C Außentemperatur stellte sich bei den Schafen eine Steigerung von 0,55—0,9^0 C, bei Ziegen eine solche von 0,65—1,1^0 C ein. Die Abkühlung erfolgte nach der Bewegung meist in $1^1/_2$—2 Stunden. Bei niederer Außentemperatur kann aber auch schon nach $1/_2$ Stunde Ruhe die Norm der Körpertemperatur wieder erreicht werden.

Bei Dauerwettritten beobachtete HENGL (zit. nach J. MAREK, S. 138[228]) nach dem Zurücklegen eines Weges von 35 km im Galopp Temperaturerhöhungen bis auf 40—41,5^0 C. einige Male sogar über 42^0 C und im letzten Falle auch Zeichen von Gehirn- und Lungenhyperämie (Bewußtseinstrübung, verstörten Blick, Muskelzittern, Schweifwedeln, Vorwärtsdrängen, Schwanken, Stolpern, Wiehern, Rötung der Schleimhäute, Schaum und oft blutigen Nasenausfluß, erhöhte Puls- und Atmungszahl). LEHMANN verzeichnete unter ähnlichen Umständen Temperatursteigerungen bis auf 41^0 C ohne sonstige Störungen. Bei hoher Außentemperatur und besonders bei Schwüle, also bei hohem Feuchtigkeitsgehalt der Luft oder in dicht gedrängten Herden, kann die Körperwärme sehr bedeutend steigen. In Betracht kommt hier auch die Fettschicht der Haut, das Haar- und Federkleid, die Leistungsfähigkeit der Schweißdrüsen, ferner bei Hunden das Tragen eines *Maulkorbes*, das ihn am *Hacheln* hindert.

Unruhe infolge großer Schmerzen oder infolge Belästigung durch Insekten, wie sie namentlich bei Kamelen vorkommt, kann ebenfalls eine Steigerung der Körpertemperatur zur Folge haben. Nach dem Aufhören der Bewegung sinkt die Körpertemperatur im Verlaufe von 1—2 Stunden wiederum auf die ursprüngliche Höhe. Wenn die Pferde nach der Bewegung andauernd weiter schwitzen, so kann nach 1—2 Stunden auch ein Abfall der Temperatur um 0,1—0,6° C unter die Norm eintreten (Marek, S. 138[228]). Bei Rindern einer Herde, welche bei 30° C Außentemperatur 10 km weit getrieben wurde, bemerkte Manotzkow eine Zunahme der Körpertemperatur um 1,5° C und einen Abfall um 0,8° C nach 45 Minuten der Ruhe (zit. nach Marek, S. 139[228]).

Bei Schnelläufern hat man eine Steigerung der Mastdarmtemperatur über 40° C gefunden; es ist allerdings möglich, daß infolge der besonderen Betätigung der unteren Gliedmaßen die Mastdarmtemperatur in diesem Falle höher war als die wirkliche Körpertemperatur. Nach dem Aufhören einer längeren Muskelarbeit hat E. Gellhorn[99] eine Verminderung der Körpertemperatur (und der Pulsfrequenz) beim Menschen beobachtet.

IX. Psychische Einflüsse.

Psychische Erregung kann eine Steigerung der Körpertemperatur zur Folge haben, hauptsächlich wohl durch die Steigerung der Lebhaftigkeit der Bewegungen. *Intensive geistige und körperliche Arbeit* führt beim Menschen einen Ermüdungszustand herbei, in dem die Pulsfrequenz und die Körpertemperatur bereits bedeutend herabsinken (E. Gellhorn[99]).

X. Alkohol.

Alkohol bewirkt Steigerung der Wärmeabgabe durch Erweiterung der Hautblutgefäße. Er wirkt in dieser Weise nicht nur beim Menschen, sondern auch beim Säugetier. Walther[351] setzte 2 Kaninchen einer Temperatur von —21,2° C aus. In 2 1/4 Stunde sank die Temperatur des normalen Kaninchens von 38,8 auf 35,5° C, während die eines Kaninchens, das vorher 35 cm³ Schnaps bekommen hatte, von 38,8 auf 19,8° C sank. Derartige Versuche sind in großer Zahl angestellt worden (vgl. Pembrey, S. 820[256]).

Es gibt verschiedene Chemikalien, welche die Körpertemperatur steigern, und andere, welche sie herabsetzen. Davon war bereits bei der Lehre vom Stoffwechsel die Rede.

XI. Der Einfluß der Außentemperatur.

Der Einfluß der Außentemperatur wird, innerhalb gewisser Grenzen, bei den Homoiothermen durch die Wärmeregulation kompensiert. Sowohl von der Wärmeregulation wie von den mit dem Leben noch vereinbarten Grenzen der Außentemperatur wird später noch die Rede sein.

Der Einfluß einer hohen oder tiefen Außentemperatur auf die Körpertemperatur hängt nicht nur von der *absoluten Höhe* der Außentemperatur, sondern auch von der *Plötzlichkeit* ab, mit der sie auf das Tier oder den Menschen wirkt; durch allmähliche Gewöhnung an immer höhere oder an immer tiefere Temperaturen kann eine Temperatur ohne Einfluß auf die Körpertemperatur sein, welche bei plötzlicher Einwirkung die Körpertemperatur bereits verändern würde. Dies gilt namentlich betreffs der Einflüsse von Wetterstürzen und anderseits auch der Jahreszeiten. Temperaturen, welche im Winter ohne weiteres ohne Änderung der Körpertemperatur ertragen werden, können, wenn sie im Sommer eintreten, schon einen merklichen Einfluß auf die Körpertemperatur ausüben. In warmen und kalten Stallungen zeigen die Tiere etwas höhere Temperaturen als sonst. Berneburg fand Ziegen für Witterungseinflüsse empfindlicher als Schafe (S. 51[31]). Einen wesentlichen Unterschied in der Körpertemperatur konnte er aber in den verschiedenen Jahreszeiten im allgemeinen nicht feststellen. Neugeborene Tiere sind gegenüber der Abkühlung viel empfindlicher als bereits an die Außentemperaturschwankungen angepaßte erwachsene Tiere. *Bäder* rufen bei Schafen für die Dauer etwa eines halben Tages eine Erniedrigung der Körpertemperatur bis um 1,6° C hervor, die ursprüngliche Höhe wird erst nach dem Trocknen des Vlieses erreicht (Colin[55], zit. nach Marek, S. 137[228]). Die Wirkung der Bäder gehört auch zu dem Kapitel der Wärmeregulation.

d) Die Lebensgrenzen der Temperatur der Homoiothermen.

Zusammenfassende Darstellungen

u. a. bei:

MARCHAND, F.: Die thermischen Krankheitsursachen. KREHL-MARCHANDS Handbuch der allgemeinen Pathologie 1, 49. 1908.

Die tiefste und die höchste Körpertemperatur, welche ein homoiothermes Tier verträgt, sind verschieden, je nach der Dauer, während welcher das Tier die betreffende Temperatur hat, und je nach der Gewöhnung des Tieres an die Temperatur. Bei allmählicher Gewöhnung verträgt es beträchtlich höhere bzw. tiefere Temperaturen, als wenn diese ganz plötzlich auftreten. Im allgemeinen verträgt das Tier leichter eine Abnahme als eine Zunahme seiner Temperatur. Man muß auch unterscheiden zwischen den Temperaturen, welche die einzelnen Gewebe noch vertragen und jenen, welche das Tier selbst verträgt. Für das Tier kommt vor allem in Betracht, daß durch extreme Temperaturen zuerst die höchsten nervösen Zentren geschädigt werden. Infolgedessen geht das Tier selbst meist schon bei Temperaturen ein, welche einzelne Zellen oder Gewebe noch vertragen.

In den Tabulae biologicae (II. Bd., S. 13[324]) finden sich folgende Grenzen der Nerven- und Muskeltätigkeit:

Tabelle 7. Temperaturgrenzen der Nerven- und Muskeltätigkeit.

Organ und Vorgang	Temperaturgrenze		Beobachter
	untere °C	obere °C	
Warmblüternerven	+6		WOLLMANN und LECRENIER
Hundeischiadicus		49—50	WOLLMANN und LECRENIER
Kaninchennerven, sensible Fasern (die sensiblen Fasern werden schneller als die motorischen leitungsunfähig)		50—54	OSTLUND, HODGES und DAWSON
Warmblüternervenzellen		50	EVE

Tabelle 8. Untere Temperaturgrenze des Lebens.

Art	Temperatur °C	Verhalten	Beobachter
Katze	+16	wiederbelebbar	S. SIMPSON
Affe (Macacus)	+12,5	stirbt	S. SIMPSON
„ „	+14	in Äthernarkose, wiederbelebbar	S. SIMPSON
Mensch	+24	überlebt	REINCKE
„	+26,7	„	QUINCKE

Tabelle 9. Obere Temperaturgrenze des Lebens der Wirbeltiere.

Art	Temperatur °C	Verhalten	Beobachter
Monotremata:			
Ornithorhynchus	35	wird bewußtlos	C. J. MARTIN[229]
Echidna	37	stirbt	C. J. MARTIN[229]
Marsupialia:			
Bettongia	40	wird bewußtlos	C. J. MARTIN[229]
Mammalia:			
Kaninchen	44—45	Todestemperatur bei langsamer Erwärmung	OBERNIER
Hund	44—45	Todestemperatur bei langsamer Erwärmung	KANITZ

Es wurde schon früher berichtet, daß das *Kaltblüterherz* sich auch nach Einfrieren wieder erholen kann (L. Haberlandt[118]). Auch über das *Warmblüterherz* liegen gleiche Beobachtungen vor. Waller und Reid[350] haben ausgeschnittene Säugetierherzen einfrieren lassen; trotz dreistündigen Aufenthaltes in der Kältemischung konnten diese durch Erwärmen wieder belebt werden. Kuliabko[178] hat herausgeschnittene Kaninchenherzen nach 18-, 24- und 44stündigem Aufenthalt in einem Eisschrank von 0⁰ C durch künstliche Durchströmung wieder zum Schlagen gebracht. L. Haberlandt (S. 37[118]) hebt allerdings hervor, daß man nicht sicher sei, ob die Herzen wirklich durch und durch festgefroren waren. H. E. Hering[126] hat ein Affenherz, trotzdem das Tier zweimal steinhart gefroren war, mehrmals durch künstliche Durchströmung mit Ringer-Lösung wieder zum Schlagen gebracht.

Die *höchste* Temperatur, die ein isoliertes und künstlich durchblutetes *Katzenherz* ertragen kann, wurde bestimmt von H. Newell Martin und E. C. Applegarth[230]. In der Regel starb das Herz bei 44,5—45⁰ C. Zum Unterschied vom Kaltblüterherz ist das durch Überhitzung zum Stillstand gebrachte Warmblüterherz in der Regel tot und nicht wieder zum Schlagen zu bringen (F. Marchand, S. 86[226]). Langendorff und Nawrocki fanden als äußerste Temperaturgrenze für das Herz vor dem definitiven Stillstand 45—47⁰ C. Ein länger dauernder Bestand von 45⁰ C Körpertemperatur wurde manchmal schlechter ertragen als ein kurzer von 47⁰ C (F. Marchand, S. 86[226]).

Nach den bisherigen Erfahrungen ist es als sicher anzunehmen, daß durch eine Erhitzung auf 50—52⁰ C die mittleren und tieferen Schichten der *Epidermis* bei längerer Dauer oder intensiverer Einwirkung auch die Elemente des Bindegewebes, die Gefäßwände und selbst der Ohrknorpel absterben (F. Marchand, S. 58[226]).

Erhitzt man frisch aus den Gefäßen entnommenes menschliches *Blut*, z. B. in einem Capillarröhrchen, auf 48—49⁰ C, so merkt man noch keine deutliche Veränderung. Bei 50—50,5⁰ C aber sieht man an den roten *Blutkörperchen* zunächst unregelmäßige Einkerbungen auftreten; von dem vorspringenden Teile der Oberfläche schnüren sich kleine Kügelchen ab, von der Farbe des Blutkörperchens oder etwas heller, während der Rest des Körperchens kugelige Form, etwas dunklere Farbe und stärkeren Glanz annimmt (F. Marchand, S. 51[226]).

Bei *einzelnen, frei beweglichen Zellen* tritt zunächst eine reversible Wärmestarre oder Wärmelähmung auf, welche erst bei längerer Dauer der betreffenden Temperatur oder bei Steigerung derselben in eine irreversible Wärmestarre übergeht. M. Schultze[300] hat die Wärmestarre der *Leukocyten* beobachtet; sie tritt ziemlich genau bei 50⁰ C ein, nachdem bei Temperaturen von 45—46⁰ C noch lebhafte Kontraktionen der Leukocyten stattgefunden haben; bei stärkerer Erwärmung erstarrt die Zelle, und zwar in der Form, die sie eben gerade einnimmt; es treten dann hellere Hohlräume, Vakuolen, im Protoplasma auf, die auf beginnende Zersetzung durch Wasseraufnahme hindeuten. Bei länger dauernder Einwirkung kann die Abtötung schon bei 48—49⁰ C stattfinden (F. Marchand, S. 59[226]).

Von dem Zerfall der roten Blutkörperchen bei 50⁰ C ist die *Hämolyse* zu unterscheiden, die erst bei höherer Temperatur eintritt (nach M. Schultze[300] bei 60⁰ C). Diese ist gekennzeichnet durch das Lackfarbigwerden des Blutes, d. h. das Blut wird durchscheinend und in der Draufsicht dunkelrot (während das native Blut undurchsichtig und in der Draufsicht hellrot ist).

Die menschlichen *Spermatozoen* bewahren sich nach P. Mantegazza[225] ihre Lebensfähigkeit von —15⁰ bis +47⁰ C. Bei 0⁰ hört zwar die Bewegung der Spermatozoen auf, doch sah Mantegazza[225] auch bei einem Sperma, das bis auf

—15⁰ C abgekühlt worden war, nach dem Auftauen wieder lebendige Spermatozoen. Nach Abkühlen auf —15⁰ C blieben aber die Spermatozoen nach Wiedererwärmung bewegungslos.

Es ist bemerkenswert, daß MANTEGAZZA[224] auch für die *Zoospermien des Frosches* nur wenig von den angegebenen abweichende Grenzwerte gefunden hat: —13,7 und + 43,75⁰ C.

Ich[313] habe die *Widerstandsfähigkeit* der *Spermatozoen verschiedener Menschenrassen* und verschiedener *Nagetiere gegen Hitze* untersucht, und zwar einerseits bei Erwärmung der Spermatozoen außerhalb des Körpers, anderseits nach künstlicher Steigerung der Körpertemperatur der Versuchstiere, deren Hoden- und Nebenhodeninhalt hernach auf Bewegungsfähigkeit der Spermatozoen geprüft wurde. Für diesen Zweck habe ich entweder das ejaculierte Sperma oder das mit einer die Motilität der Spermatozoen fördernden, sehr schwach alkalischen Lösung (0,002—0,004 % NaOH, nach W. HIROKAWA[133]) verdünnte Zupfpräparat des Hodens oder Nebenhodens in dünnwandige Eprouvetten gegeben; in diese wurde ein geeichtes Thermometer, mit Zehntelgradeinteilung im Gebiete der zu untersuchenden Temperatur, eingetaucht, die Eprouvette oben mit Watte verschlossen, das Ganze darauf in einem Thermostaten oder in einer DEWARschen Flasche auf die gewünschte Temperatur gebracht. Das Thermometer zeigte in jedem Fall die wirkliche Temperatur der Spermaaufschwemmung. Die Dauer der Erwärmung wurde mit einer Stoppuhr bestimmt. Es zeigte sich, wie bereits erwähnt, daß die Spermatozoen vor dem Stadium der *Wärmestarre* ein Stadium der *vorübergehenden Wärmelähmung* durchmachen, welches nach rechtzeitiger Abkühlung wieder verschwindet. Die Spermatozoen verhalten sich also diesbezüglich genau so wie nach MANGOLD und KITAMURA[222] auch das Froschherz und wie überhaupt wohl alle *Organe.*

Die menschlichen Spermatozoen werden nach R. STIGLER[313] bei einer Temperatur von mindestens 48⁰ C sofort wärmestarr, die Wärmestarre tritt aber auch bei einer Temperatur ein, welche unterhalb der genannten absoluten Grenze liegt, wenn die Spermatozoen dieser Temperatur *lange genug ausgesetzt* werden. Auch Temperaturen von einer Höhe, wie sie im *Fieber* beobachtet werden, führen nach mehreren Stunden zur Wärmestarre der Spermatozoen (außerhalb des Körpers). Eine Temperatur von 40,2⁰ C vermochte z. B. die Spermatozoen eines 22jährigen Mannes in weniger als 4 Stunden abzutöten (außerhalb des Körpers). Meine Versuche an menschlichen Ejaculaten ergaben einen beträchtlichen Unterschied der Hitzewiderstandsfähigkeit sowohl verschiedener Spermatozoen des gleichen Ejaculates als auch der widerstandsfähigsten Spermatozoen verschiedener Ejaculate. Bei wiederholtem Coitus traten Wärmelähmung und Wärmestarre bei den Spermatozoen des *zweiten Ejaculates bei derselben Temperatur bedeutend früher ein als bei denen des ersten Ejaculates.*

Wie sich bei der Untersuchung der Spermatozoen aus dem Hoden und Nebenhoden von Meerschweinchen und weißen Mäusen mit Sicherheit ergab, zeigten die Spermatozoen des Nebenhodens eine weit größere Hitzewiderstandsfähigkeit als die Spermatozoen des Hodens. Offenbar erfahren die Spermatozoen während ihres Aufenthaltes im Nebenhoden eine Kräftigung, welche ihre Motilität, Hitzewiderstandsfähigkeit und wahrscheinlich auch noch andere physiologische Fähigkeiten steigert (R. STIGLER[316]).

Zwischen den Spermatozoen verschiedener Menschenrassen habe ich bezüglich der Widerstandsfähigkeit gegen hohe Temperaturen keine sicheren Unterschiede finden können.

Die *Spermatozoen der Nagetiere* scheinen gegen Erwärmung widerstandsfähiger zu sein als die vom Menschen. Bei sehr rascher Erwärmung wurden die

Spermatozoen des Hodens von weißen Ratten und Mäusen zwischen 55 und
57° C, die des Nebenhodens aber erst zwischen 61 und 62° C wärmestarr.
    Bei einem Meerschweinchen, dessen Körpertemperatur während 14 Tagen
auf durchschnittlich 40 (bis 41° C) gehalten worden war, waren alle Spermatozoen des *Hodens* auch nach Zusatz von Spermaverdünnungsflüssigkeit (welche
die Beweglichkeit der Spermatozoen sehr anregt) *bewegungslos.* Indessen waren
die Spermatozoen des Nebenhodens sowohl dieses Versuchstieres als auch zweier
anderer Meerschweinchen, welche bis zu 4 Tagen auf Körpertemperaturen von
40—42,5° C gehalten worden waren, nach Zusatz von Spermaverdünnungsflüssigkeit sehr lebhaft beweglich.
    Auch bei den *Flimmerzellen* des Warmblüters hat ENGELMANN[75] eine obere
Temperaturgrenze von 45° C gefunden, welche zunächst eine durch Abkühlung auf-
hebbare Wärmelähmung, bei längerer Dauer aber wirkliche *Wärmestarre.* bewirkt.
    Sehr ausführliche Angaben über die tiefsten und höchsten Temperaturen,
welche die Homoiothermen noch ertragen können, bringt F. MARCHAND (S. 82,
91, 120, 128[226]).
    Schon vor 200 Jahren hat BOERHAAVE[35] experimentell *Hyperthermie* bei
Tieren horvorgerufen. Ein Hund starb bei einer Körpertemperatur von 43,3° C.
Über viele andere derartige Versuche berichtet F. MARCHAND (S. 82[226]). Die
äußerste Grenze der noch ertragbaren Temperatur muß unterhalb derjenigen
liegen, bei der die Ganglienzellen des Zentralnervensystems absterben. Eine
absolute Bestimmung dieser Grenze ist nicht möglich. Aus Versuchen an Tieren
und Beobachtungen an Menschen ergibt sich, daß diese Grenze ungefähr bei
46° C liegen muß. Im allgemeinen tritt aber der Tod schon bei einer Körpertemperatur von 43—44° C, selbst bei 40—41° C ein. Er ist dann natürlich nicht
die Folge einer direkten Abtötung der Ganglienzellen, wohl aber einer Lähmung
der lebenswichtigen Zentren (nach F. MARCHAND, S. 101[226]). CLAUDE BERNARD
(S. 331[30]) gab an, daß die obere Grenze der Körpertemperatur von *Warmblütern*
4—5° C über der Normaltemperatur derselben liege. Tauben, deren normale
Temperatur ungefähr 45° C beträgt, sterben nach CL. BERNARD[30], wenn ihre
Körpertemperatur 48—50° C erreicht hat, Säugetiere bei 44—45° C. Bei
kaltblütigen Tieren ist die Grenze, wie früher bereits erwähnt, tiefer, nach
CL. BERNARD[30] beim Frosch 37—39° C. Immer hängt die Temperatur, welche
von den Tieren noch ausgehalten wird, von ihrer Dauer und von der Gewöhnung ab.
    Sehr ausführliche Angaben über die höchsten beobachteten *Fiebergrade*
findet man bei CH. RICHET (S. 121[274]). Dem Menschen ist schon eine Fieber-
temperatur von 41—42° C gefährlich, er kann aber noch höhere Temperaturen
ertragen, allerdings nicht lange. Die Höchsttemperaturen, die mit Sicherheit
von Menschen überlebt wurden, sind nach R. TIGERSTEDT (S. 508[335]) 43,3° C
(Malaria), 43,6° C (Scharlach), 43,9° C (akuter Rheumatismus). Bei tödlich
ausgehendem Fieber wurden aber, namentlich unmittelbar vor dem Tode, auch
noch höhere Temperaturen beobachtet. Oft folgt darauf noch eine *postmortale
Temperatursteigerung* des Kadavers. Bei Tetanus wurde unmittelbar vor dem Tode
eine Körpertemperatur von 44° C beobachtet, die in den ersten 2 Stunden nach
dem Tode noch weiter bis auf 46° C und in einem Falle, bei einem Pferd, sogar
auf 48° C (15 Minuten nach dem Tode) stieg (J. MAREK, S. 143[228]). Die Temperatur von Kaninchen kann, wie J. ROSENTHAL (S. 16[280]) richtig angibt, sehr
schnell und für ganz kurze Zeit auch eine Höhe von 44—45° C erreichen; aber
schon bei niedrigeren Temperaturen tritt bei längerer Dauer der Tod ein. Schon
Körpertemperaturen von 42—43° C werden von den Nagern nicht lange ausgehalten (R. STIGLER, S. 266[319]).

Die sog. *Wärmestarre* der Muskeln hat mit dem Hitzetod direkt nichts zu tun, sie tritt erst bei höheren Temperaturgraden auf als der Hitzetod (bei Kaltblütern bei 40° C, bei Säugern bei 47° C, bei Vögeln bei 53° C (LANDOIS-ROSEMANN, S. 447[180]). Näheres über die *Wärmestarre* bei E. MANGOLD[218].

Die Frage, bei welcher *Verminderung* der Körpertemperatur der Tod erfolgt, ist ebensowenig absolut zu beantworten wie die nach der oberen Grenze der Körpertemperatur. Die zum Tod führende Erniedrigung der Körpertemperatur ist beim Menschen und den meisten Warmblütern, mit Ausnahme der Winterschläfer, ungefähr 18—20° C (F. MARCHAND, S. 128[226]). CH. RICHET (S. 126[274]) gibt eine Reihe von tiefsten Temperaturen von Menschen während verschiedener Krankheiten an. Fälle, wo die Körpertemperatur infolge starker Abkühlung auf 23° C herabgesunken war und der Kranke dennoch wieder hergestellt worden ist, wurden in der Tat beobachtet, es ist sogar ein Fall bekannt, wo ein Mann mit einer Körpertemperatur von bloß 26,7° C noch bei Bewußtsein war (R. TIGERSTEDT, S. 508[335]). Über zahlreiche Versuche zur Feststellung der unteren Grenze der Körpertemperatur bei verschiedenen *Tieren* berichtet F. MARCHAND (S. 120ff.[226]).

Im kalten Bade sterben die Versuchstiere meist in einigen Stunden, nachdem ihre Körpertemperatur auf 20° C gesunken ist (J. MAREK, S. 150[228]).

e) Einfluß der Lage und der Durchblutung auf die Temperatur der Organe.

Die Temperatur irgendeines Körperteiles hängt ab:

1. von der Wärmemenge, die er produziert,

2. von der Wärmemenge, welche er abgibt und

3. von der Wärmemenge, die ihm zugeführt wird.

Jedes Organ erwärmt sich während seiner *Tätigkeit.* Auch die Lage ist von Einfluß: oberflächlich gelegene Teile geben durch Leitung und Strahlung mehr Wärme ab als tiefgelegene. Auch die Haut ist je nach ihrer Lage verschieden warm: über einem warmen Organ ist sie wärmer als z. B. über einem Knochen.

Für die *Wärmeverteilung* ist der Blutkreislauf der wichtigste Faktor; *aus den wärmeren Organen führt er Wärme in die kühleren.* So wird z. B. der Herzmuskel vor allem durch den Coronarkreislauf von einem Teil der durch seine fortwährende Tätigkeit erzeugten Wärmemenge befreit.

Anderseits wird aus jenen Teilen des Körpers, in denen viel Wärme produziert wird, durch den Kreislauf Wärme an kältere Körperteile abgegeben, z. B. an die Haut.

Wie sehr die Temperatur einer Körperstelle von der Durchblutung beeinflußt wird, zeigt sich am allerbesten an dem Temperaturunterschied zwischen dem *erschlafften* und dem *erigierten Penis*: G. COLIN (S. 105[255]) fand in einem erigierten Pferdepenis, dessen Erektion soeben im Ablauf begriffen war, in der Urethra, 10 cm von ihrer Mündung entfernt, die Temperatur 36,2°C (bei einer Außentemperatur von 26° C), in einer *hängenden* Rute maß er dagegen (bei einer Außentemperatur von 16° C) einmal 28, das andere Mal nur 26,5° C.

Natürlich kann das Blut *keine höhere* Temperatur bewirken als seine *eigene.* Am wärmsten sind jene Organe, welche stark durchblutet sind, geschützt liegen und in lebhafter Tätigkeit begriffen sind. Sie zeigen eine besonders hohe Temperatur auf der Höhe ihrer Funktion. Es ist z. B. der *tetanisierte* Muskel um 0,6—0,7° C wärmer als der *ruhende* Muskel. Das *Pfortaderblut* des Tieres ist auf der Höhe der Verdauung um fast 2° C wärmer als das des Hungertieres (39,7 zu 37,8° C). Auch das *Lebervenenblut* ist zur

Zeit der Verdauung wärmer als zur Zeit des Hungers (41,3 zu 38,4⁰ C). Der Submaxillarisspeichel der tätigen Drüse ist um 1,5⁰ C wärmer als das Carotisblut (vgl. J. PAECHTNER, S. 349²⁵⁵).

Der starke Einfluß der Zirkulation auf die Wärme der Haut ergibt sich schon aus der Erfahrung, daß man infolge enger Schuhe, namentlich im Winter, kalte Füße bekommt.

f) Die Temperatur an verschiedenen Stellen des Körpers.

Zusammenfassende Darstellungen:

COLIN, G.: Traité de Physiologie comparée des animaux, 3. Aufl., 2, 1048. 1888.
LEFÈVRE, J.: Chaleur animale, S. 310. Paris 1911.
ROSENTHAL, J.: Die Physiologie der tierischen Wärme. HERMANNS Handbuch der Physiologie 4, T. 2, 381. 1882.
TEREG, J.: Tierische Wärme. W. ELLENBERGERS Vergleichende Physiologie der Haussäugetiere, S. 69. 1892.

Zusammenfassende Darstellung der Temperatur der menschlichen Haut:
BENEDICT, F. G.: Die Temperatur der menschlichen Haut. Erg. Physiol. 24, 594 (1925).
COBET, R.: Die Hauttemperatur des Menschen. Erg. Physiol. 25, 439 (1926).

Zur Methode der Temperaturmessung mit Thermoelementen an verschiedenen Stellen:
WASER, E. B.: ABDERHALDENS Handbuch der biologischen Arbeitsmethoden, Abt. V, T. 1, 453. 1930.

I. Temperatur der Haut.

Die Temperatur der Haut wechselt natürlich je nach der Körpergegend, der Behaarung, der Bekleidung, der Außentemperatur, bei den Tieren auch je nach der Gattung und Rasse, im allgemeinen aber vor allem nach der *Durchblutung* der betreffenden Stelle. Eine Verminderung der Durchblutung durch mechanische Hindernisse (Umschnürung) oder durch starke Blutverluste, durch hochgradige Herzschwäche oder durch Gefäßkrampf (besonders in den Extremitäten) kann eine *wesentliche Abkühlung der Haut* hervorrufen.

Hingegen findet man bei *Entzündungsprozessen* örtliche Erhöhung der Hautwärme. Die *Wärme* entzündeter Stellen ist ja nebst der *Rötung*, der *Schwellung* und dem *Schmerz* schon seit altersher als eine *Grunderscheinung der Entzündung* betrachtet worden.

Die Frage, ob diese Wärme über entzündeten Stellen von einer *Steigerung der Verbrennungsvorgänge* in dem Entzündungsherd selbst herrührt oder nur von einer *stärkeren Durchblutung (Hyperämie)*, hat seit langen Zeiten das Interesse der Ärzte in hohem Grade wachgerufen, und es sind viele Experimente darüber angestellt worden.

Der berühmte JOHN HUNTER¹⁴⁰ hat als erster die Temperatur entzündeter Stellen beim Menschen und beim Tier mit dem Thermometer gemessen. Er fand z. B. beim Einlegen des Thermometers in die frisch eröffnete Scheidenhaut des Hodens eine Temperatur von 33,3⁰ C, später aber, nachdem sich die Entzündung eingestellt hat, 37,8⁰ C. Er zog aus seinen vielen Versuchen den Schluß, daß eine *lokale Entzündung* die örtliche Wärme des Tieres *nicht* über die natürliche Temperatur des Tierkörpers steigern könne (zit. nach F. MARCHAND, S. 175²²⁷). F. MARCHAND faßt (S. 178²²⁷) die Ergebnisse der zahlreichen über die Entzündungswärme angestellten Versuche zu dem Schlusse zusammen, daß die nachweisbare örtliche *Temperatursteigerung entzündeter äußerer Teile des Körpers vollkommen durch die vermehrte Durchströmung mit arteriellem Blute erklärt wird.* Es kann auch nebstdem eine vermehrte Wärmeproduktion in dem entzündeten Teile stattfinden, dies kommt aber quantitativ nur in geringem Maße in Betracht; es würde ja ohnehin die überschüssige Wärme durch den Blutkreislauf sofort im ganzen Körper verteilt werden.

Die *Temperatur der Haut mit und ohne Bekleidung* wurde von vielen Autoren gemessen, der Einfluß der Kleidung namentlich von M. Rubner[288] bestimmt, Tabellen der Hauttemperatur finden sich in den Tabulae biologicae 1, 383ff. Nach R. Cobet (S. 474[53]) hat ein gesunder, bekleideter Mensch in der Ruhe bei gewöhnlicher Zimmertemperatur unter den Kleidern und stellenweise auch an den unbedeckten Partien des Kopfes durchschnittlich 34—35° C Hauttemperatur. Die Haut der Extremitäten und der vorspringenden Teile des Gesichts kann niedriger temperiert sein. Ein nackter Mensch hat bei einer Zimmertemperatur, bei der er sich noch behaglich fühlt (22—23° C), eine durchschnittliche Hautwärme von 32—33° C. Hauttemperaturen über 35° C werden im allgemeinen als unangenehm heiß empfunden. Die untere Grenze der Behaglichkeit der Hauttemperatur liegt durchschnittlich bei 32° C, doch gibt es hier starke persönliche Unterschiede. Das beste Mittel, um beim Menschen eine gleichmäßige Hauttemperatur zu erzielen, ist nach F. B. Benedict (S. 617[24]) ein längerer Aufenthalt im Bett, besonders in einem Zimmer von ungefähr 25° C.

Wie die Temperatur von *der Oberfläche in die Tiefe allmählich zunimmt,* wurde von V. Henriques und C. Hansen (S. 161[125]) thermoelektrisch in der *Rückenhaut des Schweines* gemessen. Die Temperatur der Fettschichte nahm in folgender Weise zu:

1 cm unter der Haut . . . . . . 33,7° C	4 cm unter der Haut . . . . . . 39,0° C
2 „ „ „ „ . . . . . . 34,8° C	Rectaltemperatur . . . . 39,9° C
3 „ „ „ „ . . . . . . 37,0° C	

B. Zondek (3. Mitt.[372]) hat mit Hilfe seines Tiefenthermometers die Temperaturverschiebung in der Haut bei Abkühlung genau verfolgt, des weiteren auch die Wirkung kalter oder heißer Umschläge auf die Temperatur der Haut und der unmittelbar darunterliegenden Organe.

Die *Tagesschwankungen* an verschiedenen Hautstellen des Menschen haben Winternitz[362, 363] und H. di Gaspero (S. 196ff.[98]) untersucht.

Die *Oberflächentemperatur des Pferdes* wechselt nach Colin S. 1049[55] an verschiedenen Körpergegenden zwischen 11,5 und 35,2° C, sie ist am höchsten an der Schenkelinnenfläche, besonders niedrig an der Nasenspitze. Beim *Rind* sind am höchsten temperiert die Mittellinie des Euters und die Schamlippen, Kopf und Rumpf höher temperiert als die Gliedmaßen, der Ohren- und Hörnergrund um etwa 10° C wärmer als die Spitzen, unerwartet hoch temperiert ist das Flotzmaul (trotzdem es sich kühl anfühlt), auffallend kühl dagegen der Triel (diese Angaben über die Hauttemperatur der Haustiere bei J. Marek, S. 55[228], über die jungen *Ochsen* bei Benedict und Ritzman, S. 181[26a]).

Die *dauernd feuchten* Körperstellen fühlen sich bekanntlich bei allen Säugetieren kühl an, so das Flotzmaul beim Rind, die Rüsselscheibe beim Schwein, die Schnauze der kleinen Wiederkäuer und Fleischfresser, außerdem auch die peripheren Körperteile, die Gliedmaßen und das Schwanzende. Auch der Laie weiß, daß erhöhte Wärme dieser Körperteile ein Zeichen von *Fieber* ist, besonders *erhöhte Wärme und Trockenheit des Flotzmaules beim Rind,* der Rüsselscheibe beim Schwein und der *Schnauze der kleinen Wiederkäuer* und der Fleischfresser (J. Marek, S. 56[228]). Nach T. B. Wood und A. V. Hill[367] sollen Ochsen mit geringerer Hauttemperatur eine größere Mastfähigkeit aufweisen.

II. Temperatur der inneren Organe.

Seit alters bemühte man sich, den sog. Wärmeherd des Körpers ausfindig zu machen; diese Fragestellung ging von der ursprünglichen Anschauung aus, daß die körperliche Wärme an irgendeiner besonderen Stelle entstehe. Nachdem man aber erkannt hatte, daß die Körperwärme in *allen* Organen gebildet wird, hat sich diese Fragestellung dahin geändert, *welches das wärmste Organ des Körpers sei.*

Diese Rolle wurde, wie schon früher erwähnt, von CLAUDE BERNARD (S. 176[30]) *der Leber* zugeschrieben. Er fand die Leber nicht nur als das wärmste Organ des Körpers, sondern auch das Blut der Lebervenen immer wärmer als das der Pfortader. Von mehreren Autoren ist diese Ansicht geteilt worden, darunter namentlich auch von KREHL und KRATZSCH (S. 189[172]), welche an gesunden hungernden Kaninchen die Temperatur der Leber um 0,4—0,8° C höher fanden als die des Blutes in der Aortenwurzel. Auch KOSAKA TAKAO[325] ermittelte, daß die Temperatur des Lebervenenblutes im Durchschnitt um 0,25° C über der des Pfortaderblutes liege. Hingegen fand MAGNE[213, 214], daß die Temperatur der Leber geringer sei als die des arteriellen Blutes. B. ZONDEK (2. Mitt.[372]) hat mit Hilfe seines Tiefenthermometers die Temperatur der menschlichen Leber zu ermitteln getrachtet; sofort nach Eröffnung des Abdomens bei einer Operation führte er das Thermometer 9 cm tief horizontal *in die Leber* ein und fand eine Temperatur von 36,4° C, während die Mastdarmtemperatur knapp vorher 36,8 und nach der Operation 36,1° C war.

H. ITO[146] fand hinwiederum bei Kaninchen die höchste Temperatur nicht in der Leber, sondern im *Duodenum*. Er maß die Temperaturen mit Normalthermometern, die Rectaltemperatur 5 cm tief im Rectum. Der Unterschied betrug in manchen Fällen 0,7° C zugunsten des *Duodenums* (bei einem hungernden Kaninchen). Die Wärme der Leber fand er, zwischen den Lappen gemessen, nicht wesentlich verschieden von der Rectaltemperatur (S. 88[146]).

B. ZONDEK[372] fand mit seinem Tiefenthermometer die *Rectaltemperatur am höchsten im ganzen Körper*; auch die Temperatur der Niere und des Uterus, besonders die der Muskulatur der Bauchdecke sowie der Extremitäten, blieben hinter der Temperatur des Rectums zurück (B. ZONDEK, 2. Mitt.[372]).

Die Temperatur *der Lunge* fand B. ZONDEK[372] in der Spitze im linken Unterlappen (Mensch) um 0,2° C niedriger als die gleichzeitige Rectumtemperatur.

Es ist gar nicht besonders auffallend, wenn sich die Leber meist wärmer als die anderen Organe zeigt; zur Erklärung ist es gar nicht notwendig, der Leber eine besonders ausgiebige Wärmeproduktion zuzuschreiben; ihre geschützte Lage, ihre kompakte Masse, der Zufluß von bereits im Bauch wesentlich hochtemperiertem Blut sind hinreichende Gründe.

Die Messung der Lebertemperatur ist nicht leicht. Am besten gelingt die Einführung der Thermonadel nach vorangegangener minimaler Laparotomie (2 cm langer Schnitt unter der Grenze des rechten Rippenbogens). Dann dringt man mit dem Zeigefinger in die Bauchhöhle ein und führt mit Hilfe des Fingers die Spitze der Thermonadel so, daß sie wirklich in die Leber eindringt (E. WASER, S. 455[354]).

Im Magen und insbesondere im Vormagen der Wiederkäuer ändert sich die Temperatur je nach den darin vor sich gehenden chemischen Prozessen. FR. W. KRZYWANEK[177] fand im allgemeinen die *Pansentemperatur* unter gewöhnlichen Verhältnissen *stets höher als die Rectaltemperatur.*

Die Temperatur des *Gehirns* an verschiedenen Stellen ist am besten mit Thermonadeln zu ermitteln, weil sie infolge ihrer Feinheit ohne größere Verletzung eingeführt werden können. Bezüglich der Technik s. E. WASER (S. 458[354]). Wenn man ermitteln will, ob sich im Gehirn eine Steigerung der Wärmebildung bei irgendeinem Prozeß zeigt, so genügt es nicht einfach, die Temperatur des Gehirns selbst zu messen, sondern man muß, wie dies auch für andere Organe bei der gleichen Fragestellung gilt, die Temperatur des Gehirns mit der des *zuströmenden Blutes vergleichen.* Nur wenn sie diese übertrifft, kann man auf Zunahme des Stoffwechselprozesses im Gehirn selbst schließen. Mosso[240] und andere haben die Temperatur des Gehirns niedriger gefunden als die des Rectums. Näheres über diese Frage bei H. WINTERSTEIN (S. 604[364]).

III. Temperatur des Blutes.

CLAUDE BERNARD (S. 83[30]) fand mit thermoelektrischen Nadeln, die er in die Herzhöhlen einführte, daß die Temperatur des Blutes im rechten Ventrikel höher ist als im linken, und zwar um etwa 0,2°C. CLAUDE BERNARD[30] führte dies darauf zurück, daß das in das rechte Herz fließende venöse Blut aus Organen komme, die als besondere Quellen der tierischen Wärme anzusehen seien. HEIDENHAIN und KÖRNER[124a] erklärten die auch von ihnen beobachtete größere Wärme des rechten Herzes durch die Nähe der Leber und des Magens, welche durch das Zwerchfell hindurch das rechte Herz erwärmen. Es hat indessen HERING[126] an einem Kalbe mit Ectopia cordis, dessen Herz also vollständig außerhalb des Brustkastens und entfernt von der Leber lag, ebenfalls die rechte Herzkammer um etwa 0,6°C wärmer gefunden als die linke. Es scheint daher, daß wirklich das venöse Blut wärmer ist als das von den Lungen strömende arterielle. Die Abkühlung des Blutes erfolgt in den Lungen; die Lungen sind tatsächlich um etwa $1/2$°C kühler als die Wandung des linken Ventrikels (H. YOSHIMURA, S. 249[369]). Nach S. EXNER[78] kühlt sich nicht nur das Blut auf seinem Weg durch den kleinen Kreislauf, sondern auch das Herz der Säugetiere an der angrenzenden Lunge ab. YOSHIMURA berechnete die von dem Herzen an die Lunge abgegebene Wärmemenge auf ein Zehntel bis ein Fünfzehntel der ganzen von ihm gebildeten Wärme (S. 358[369]).

S. EXNER[78] vermutet, daß das Atmen mit geöffnetem Munde bei schwerer Arbeit den Zweck habe, daß die Luft verhältnismäßig kühl in die Lunge gelange und nicht wie sonst in der Nase zum Teile erwärmt werde, damit dadurch auch dem Herzen ausgiebige Abkühlung geboten werde.

Nach S. EXNER[78] dienen auch die *Luftsäcke der Vögel* ähnlich den Lungen der Säugetiere der Wärmeregulation, nämlich zur Kühlung des Herzens und der gesamten Muskulatur bei der Arbeit. Nach EXNER[78] weist schon der Umstand auf diese Tatsachen hin, daß das Vogelherz größtenteils von Luftsäcken umgeben ist, deren Luft bei jedem Atemzug erneuert wird.

Die *direkte Meßmethode der Bluttemperatur* besteht darin, daß das Meßinstrument, ein Thermometer oder eine Thermonadel, direkt in das Blutgefäß eingeführt wird (Näheres hierüber bei E. WASER, S. 456[354]). Zahlreiche Angaben über Bluttemperaturen an verschiedenen Stellen des Kreislaufes finden sich unter anderem bei PEMBREY, S. 827, 828[256]).

Das Blut in den *oberflächlichen* Venen ist natürlich kühler als das Blut in der Tiefe. Messungen in der Plica cubiti des Menschen hat J. FOGED[82] mit einer Thermonadel vorgenommen und damit die Bluttemperatur in diesen oberflächlichen Venen zu durchschnittlich 34,3°C, also um 2,2° niedriger als die Rectaltemperatur, gefunden. Die Bluttemperatur dieser Venen wird natürlich von der Hauttemperatur und auch von der Außentemperatur beeinflußt.

Eine sehr wichtige Untersuchung dieser Art ist aber noch ausständig: die des Temperaturgefälles in der Haut und der Temperatur des Blutes in den Hautblutgefäßen *während des Schwitzens* bzw. *während der Verdunstung des Schweißes an der Haut.* Für die Kenntnis der Wärmeregulation wären gerade diese Temperaturverhältnisse sehr interessant.

H. ZIMMERMANN[371] bezeichnet die Temperatur des aus dem linken Herzen kommenden arteriellen Blutes als „*regulierte Temperatur*", weil anzunehmen ist, daß Schwankungen dieser Temperatur als Reize auf die Wärmeregulationszentren wirken. Diese regulierte Temperatur kann man aber leider an Tieren nur schwer und an Menschen gar nicht messen.

4. Postmortale Temperatursteigerung. Vergleich zwischen der Wärmeabgabe des lebenden und toten Körpers.

Die Temperatur eines an infektiösem Fieber oder an Verletzungen des Gehirnes, besonders des Kopfmarkes, verstorbenen Tieres oder Menschen kann eine Zeit nach dem Tode noch ansteigen; auch infolge Todes nach chronischen, langsam verlaufenden Krankheiten kann die Temperatur des Kadavers eine Zeitlang unverändert bleiben oder nur ganz schwach abnehmen. Diese Erscheinungen rühren daher, daß auch nach dem Tode noch im Körper eine Wärmebildung stattfindet. Der Stoffwechsel hört eben nicht überall im Körper mit dem Augenblicke des Todes auf. Da nach dem Tode überdies die Wärmeabgabe infolge des Aufhörens der Zirkulation langsamer vor sich geht als während des Lebens, so erklärt es sich, daß in jenen Fällen, wo eben der Stoffwechsel und damit die Wärmebildung im Körper auch nach dem Tode noch weitergehen, die Temperatur des Kadavers für eine kurze Zeit noch steigen kann. Dies bezeichnet man als *postmortale Temperatursteigerung*.

Durch den Blutkreislauf wird der sich abkühlenden Körperoberfläche andauernd neue Wärme aus dem Inneren des Körpers zugeführt. Deshalb ist auch die Wärmeabgabe während des Lebens bedeutend größer als nach dem Tode. Der Blutkreislauf erwärmt die Haut, steigert dadurch das Temperaturgefälle zwischen ihr und der Umgebung und dadurch die Wärmeabgabe durch Leitung und Strahlung.

Nach GUILLEMOT[117] beträgt die mittlere Abkühlung eines nackt an der Luft liegenden menschlichen Kadavers 0,6°C je Stunde. Genauer sind die Angaben von BOUCHUT[40], der 1100 Beobachtungen gemacht hat; danach beträgt das Mittelmaß der Abkühlung des Kadavers im Sommer 0,4°C, im Winter 0,8°C je Stunde. Daraus hat J. LEFÈVRE (S. 384[186]) die Menge der vom Kadaver je Stunde oder je Tag abgegebenen Wärme berechnet.

Anderseits hat CLAUDE BERNARD (S. 119[30]) nachgewiesen, daß sich in einem überkörperwarmen Raum ein lebendes Tier auch viel rascher erwärmt als ein totes. Er hat 2 Kaninchen, das eine lebend, das andere mittels Durchschneidung der Medulla oblongata soeben getötet und noch körperwarm, in einen Wärmeschrank von 60—80°C gebracht, das lebende Kaninchen erwärmte sich viel rascher als das tote, seine normale Temperatur wurde bald überschritten. Beim lebenden Tier im heißen Raume bringt die Zirkulation fortwährend neue Blutmengen an die Peripherie, wo sie sich erwärmen und die ihnen von dem umgebenden Medium mitgeteilte Wärme in die Tiefe mit sich führen. Beim toten Tier schreitet die Erwärmung nur durch Leitung allmählich von Stelle zu Stelle, von den oberflächlichen Partien gegen die tieferen fort und erfolgt daher natürlich langsamer. Außer diesen von CLAUDE BERNARD angeführten Gründen ist aber die Andauer der Wärmeproduktion beim lebenden Kaninchen für seine raschere Erwärmung maßgebend.

D. Die Wärmeregulation.

Zusammenfassende Darstellungen:

Die Literatur über die Wärmeregulation ist namentlich in den letzten Jahren so stark angewachsen, daß es mir zweckdienlich erscheint, hier nur *neue* (seit dem Kriegsende erschienene) zusammenfassende Darstellungen über die Wärmeregulation anzuführen, in denen die ältere Literatur ohnehin angegeben ist.

ALLERS, R.: Nervensystem und Stoffwechsel. Z. Neur. 19, 331 (1919).

FREUND, H.: Pathologie und Pharmakologie der Wärmeregulation. Handbuch der normalen und pathologischen Physiologie 17, 86. 1926.

GESSLER, H.: Die Wärmeregulation des Menschen. Erg. Physiol. 26, 185 (1928). — GRAFE, E.: Die pathologische Physiologie des Gesamtstoff- und Kraftwechsels bei der Ernährung des Menschen. Ebenda 21, II 43 (1923). — Die nervöse Regulation des Stoffwechsels. OPPENHEIMERS Handbuch der Biochemie, 2. Aufl., 9, 5. 1927.

ISENSCHMID, R.: Physiologie der Wärmeregulation. Handbuch der normalen und pathologischen Physiologie 17, 3. 1926.

KAYSER, C.: Contribution à l'étude du mechanisme nerveux de la regulation thermique. Ann. de Physiol. 5, Nr 1 (1929). — KREHL, L.: Die Störungen der Wärmeregulation und das Fieber. C. MARCHANDS Handbuch der allgemeinen Pathologie 4, Abt. 1, I. 1924.

TOENNIESSEN, E.: Die Bedeutung des vegetativen Nervensystems für die Wärmeregulation und den Stoffwechsel. MÜLLER, L. R.: Lebensnerven und Lebenstriebe, 3. Aufl., S. 289. 1931.

I. Wesen und Begriff der physikalischen und der chemischen Wärmeregulation.

Die *Wärmeregulation* ist durch folgende *zwei Leistungen* gekennzeichnet: *die Körpertemperatur der Homöothermen bleibt 1. trotz relativ beträchtlicher Schwankungen der Außentemperatur innerhalb eines geringen, im Maximum wenige Grade ausmachenden Bereiches konstant und 2. auch bei tiefer Außentemperatur auf einer relativ beträchtlichen Höhe* (von 35,5—40,5⁰ bei Säugetieren, 39,4—43,9 C bei Vögeln).

Die lebenswichtigsten Organe des Warmblüters, namentlich sein Zentralnervensystem, funktionieren, wie schon BERGMANN (S. 304[28]) erkannt hat, offenbar nur innerhalb eines bestimmten, sehr geringen und relativ hohen Temperaturbereiches.

In obigem Sinne definiert H. GESSLER (S. 209[102]) die Wärmeregulation als „das Vermögen, einen bestimmten *gleichmäßigen* Wärmebestand im Körper festzuhalten". Mit dieser Definition will GESSLER auch zum Ausdruck bringen, „daß die absolute Höhe der durchschnittlichen Körpertemperatur und der konstante Verlauf auf dieser Höhe nicht zwei trennbare Teile sind, sondern am Lebenden eine untrennbare Einheit darstellen, die wir nur für Zwecke der wissenschaftlichen Analyse und Verständigung besonders betrachten".

Verschiedene physiologische Mechanismen sorgen dafür, daß die Körpertemperatur mit geringen Schwankungen auf der der betreffenden Tierart eigenen Höhe bleibt. Dies erfolgt durch entsprechende Veränderung erstens der *Wärmeabgabe* und zweitens der *Wärmeproduktion*.

Es ist von vornherein klar, daß Verminderung der Wärmeabgabe und Steigerung der Wärmeproduktion den „Wärmebestand" des Körpers vermehren und dadurch der Hypothermie entgegenwirken, daß andererseits Vermehrung der Wärmeabgabe und Verminderung der Wärmeproduktion den Wärmebestand des Körpers vermindern und dadurch der Hyperthermie entgegenwirken. Inwieweit jeweils Veränderungen der Wärmeabgabe oder der Wärmeproduktion an der Wärmeregulation beteiligt sind, kann nur experimentell entschieden werden. Man muß sich davor hüten, aus diesbezüglichen Beobachtungen an *einer* Tierart auf eine *andere* zu schließen. Wir sind darüber bisher noch lange nicht bei allen Gattungen der Warmblüter sicher unterrichtet.

Man nimmt heute wohl allgemein an, daß die Wärmeregulation einer cerebralen Oberleitung untersteht, die man als *Wärmezentrum* bezeichnet.

Das Wärmezentrum muß die Fähigkeit haben, erstens auf Wärme- oder Kältereize mit kompensatorischen Reaktionen zu antworten, und zweitens Wärmeproduktion und Wärmeabgabe so zu regeln, daß die Körpertemperatur auf der normalen Höhe bleibt bzw. sobald sie durch äußere oder innere Einflüsse davon abgewichen ist, wieder auf die normale Höhe eingestellt wird.

Man könnte diese beiden Fähigkeiten des Wärmezentrums mit dem *relativen* und dem *absoluten* Gehör vergleichen. Unter dem *absoluten* Gehör versteht man bekanntlich die Fähigkeit, ohne irgendeinen Vergleichston, z. B. ohne Stimmgabel, die absolute Höhe eines Tones genau anzugeben, während das *relative* Gehör in dem Vermögen besteht, durch Vergleich eines Tones mit einem anderen die Tonhöhe anzugeben.

Daß das Wärmezentrum die Fähigkeit hat, auf Temperaturreize, die von außen oder vom Blute selbst ausgehen, also entweder durch Temperaturnerven oder durch das Blut zugeführt werden, mit zweckdienlichen Gegenreaktionen zu antworten, ist viel weniger wunderbar, als daß es die Körpertemperatur immer wieder auf eine bestimmte absolute Höhe einzustellen vermag, ohne hierfür irgendein Vergleichsobjekt zu haben, daß es also sozusagen über einen „absoluten Temperatursinn" verfügt.

PFLÜGER, S. 374 Anm.[260] hat das „Behagen, welches der Temperatursinn vermittelt", als den eigentlichen Regulator der Körpertemperatur betrachtet. Diese Erklärung ist aber schon darum nicht hinreichend, weil die normale Körpertemperatur auch bei Ausschaltung aller Bewußtseinsvorgänge, im Schlaf und in der Bewußtlosigkeit, aufrechterhalten bleibt. Es ist auch nicht wahrscheinlich, daß die *Temperaturempfindung* dem Wärmezentrum die Grundlage für die Einstellung der normalen Körpertemperatur gibt, und zwar vor allem darum, weil die „*Indifferenztemperatur*", d. h. jene Temperatur, welche weder als kalt noch als warm empfunden wird, gar nicht konstant, sondern in hohem Grad von der vorhergehenden Abkühlung oder Erwärmung abhängig ist (vgl. TH. THUNBERG[331]). Hingegen sind die Temperaturempfindungen natürlich für unsere *willkürliche* Wärmeregulation maßgebend. (M. v. FREY, S. 368[95].)

Die Mechanismen der Wärmeregulation können durch äußere oder innere Reize in Gang gesetzt werden. Ihre Erfolgsorgane können zum geringeren Teile auch direkt durch die peripher wirkenden Reize erregt werden, zum größten Teile aber erfolgt ihre Erregung reflektorisch auf dem Wege über das Wärmezentrum. Dieses kann entweder durch zentripetale Nerven oder durch das Blut erregt werden, sei es durch die Temperatur oder durch chemische Bestandteile der Blutes (Hormone, Toxine, pyrogene Stoffe).

Es besteht auch die Möglichkeit, daß das Wärmezentrum auf die Erfolgsorgane nicht bloß durch die Nerven, sondern auch durch das Blut einwirkt, so hat z. B. H. MEYER angenommen, daß die regulatorischen Reize vom Zentrum zu den Erfolgsorganen für die chemische Wärmeregulation nicht auf dem Nervenweg, sondern durch die Schilddrüse gelangen, die je nach Bedarf auf Anregung des Wärmezentrums einmal ein verbrennungshemmendes „Kühlhormon", das andere Mal ein die Verbrennung steigerndes „Heizhormon" in das Blut sezernieren sollte (H. H. MEYER[235]).

Im *Fieber* dürfte die normale Fähigkeit des Wärmezentrums, jede Abweichung der Körpertemperatur von der Norm mit den passenden Gegenreaktionen zu kompensieren, *gestört* sein. Woher das Wärmezentrum das „Normalthermometer" nimmt, nach dem es die Körpertemperatur reguliert, ist einstweilen noch eines der großen Lebensrätsel.

Was läge näher, als sich vorzustellen, daß die Konstanz der Körpertemperatur durch kompensatorische Veränderungen der Wärmeproduktion aufrechterhalten würde, und daß das Wärmezentrum die Fähigkeit besäße, irgendwie das Ausmaß der Verbrennungen im ganzen Organismus zu steigern, wenn Hypothermie, es zu vermindern, wenn Hyperthermie droht?

Der erste Teil dieser Vorstellung schwebte denn auch den Physiologen vor 100 Jahren zumindest als Hauptursache der Konstanz der Körpertemperatur vor. Im besonderen dachte man, daß das Ausmaß der Verbrennungen durch quantitative und qualitative Verschiedenheit der Nahrungsmittel, z. B. im hohen Norden und in der Hitze der Tropen, so geregelt werde, daß trotz verschiedener Außentemperatur die Körpertemperatur gleich bleibe. Es ist das große Verdienst BERGMANNS, die Regulierung der Wärme*verluste* als Grundfeste der Wärmeregulation erkannt zu haben, und zwar fast in allen ihren Einzelheiten. BERGMANN hat auch als erster die Existenz eines Wärmezentrums erschlossen. Seine im Jahre 1845 erschienene Arbeit[28] enthält in großen Zügen schon fast alles, was wir heute über die Wärmeregulation wissen, allerdings nur in Form noch nicht bewiesener Ideen.

Rubner (S. 131[288]) hat „die mit Änderungen der Stoffzersetzung einhergehenden Regulationen die *chemische*, die ohne solche verlaufenden die *physikalische Regulation*" genannt. Darüber, was man unter der *physikalischen Wärmeregulation* zu verstehen hat, besteht nicht der geringste Zweifel. Alle Hilfsmittel derselben hat schon Bergmann klar und deutlich aufgezählt. Heillose Verwirrung aber hat sich um den Begriff der *chemischen Wärmeregulation* gebildet, und zwar nicht nur bezüglich der Frage, was man darunter überhaupt zu verstehen habe, sondern — was weit bedenklicher ist — auch bezüglich der Frage, was von dieser chemischen Wärmeregulation überhaupt wirklich besteht. Es ist daher notwendig, vor allem den *Begriff der chemischen Wärmeregulation* scharf zu umgrenzen.

Daß uns Arbeit warm macht, ist sicher eine der ältesten physiologischen Erkenntnisse. Instinktiv bedienen sich Mensch und Tier bei Kälte sehr häufig dieses Hilfsmittels zur Erwärmung. Man erfriert in Schnee und Eis, wenn man nicht andauernd *Muskelarbeit leistet.* Auch das Zittern vor Kälte macht uns etwas wärmer. *Diese* Form der chemischen Wärmeregulation gibt es *sicher.* Bezüglich ihrer Anwendung werden aber seitens verschiedener Autoren Zweifel geäußert. G. Colasanti (S. 101 und 121[54]) bemerkte, daß seine Versuchsmeerschweinchen bei einer Temperatur von bloß 6—8⁰ C ganz ruhig dasaßen. Rubner[288] macht ähnliche Angaben für seine Versuchstiere (S. 135). J. Giaja[106] bestreitet überhaupt, daß Mensch und Tier im Kampfe gegen die Hypothermie willkürliche Bewegungen machen. Er spottet: „Die Tiere scheinen den Vorteil des Sportes von diesem Gesichtspunkt aus nicht zu schätzen." Giaja hebt hervor, daß man lebhafte Willkürbewegungen ohnehin nicht lange aushalten könnte, und daß die dadurch bewirkte Ermüdung erst recht den Widerstand gegen die Kälte herabsetzen würde. Daher haben Mensch und Tier bei lang dauerndem Kampf gegen die Kälte viel eher das Bestreben, sich unbeweglich zusammenzukauern, als sich heftig zu bewegen.

Daß der *respiratorische Gaswechsel* bei der Arbeit natürlich auch dann steigt, wenn sie instinktiv durch Kältegefühl veranlaßt wird, ist von vornherein selbstverständlich. Bei einer gewissen Außentemperatur oder, richtiger gesagt, innerhalb eines gewissen geringen Bereiches der Außentemperatur, gibt der nüchterne Warmblüter, wenn er sich vollkommen ruhig verhält, ebensoviel Wärme ab, wie er erzeugt, ohne dabei seine Wärmeregulation zu betätigen. Seine Körpertemperatur bleibt dabei von selber konstant. Diese Außentemperatur kann man als „*Neutraltemperatur*" („*neutralité thermique*" nach J. Lefèvre, S. 99, Anm. 5 und S. 907[186]) bezeichnen (s. Anm.). *Sinkt die Außentemperatur unter die Neutraltemperatur, so steigt der respiratorische Gaswechsel. Das* ist es, was Rubner als *chemische Wärmeregulation* bezeichnet hat. Diese Tatsache hat schon A. Crawford entdeckt 1788[56]), den wissenschaftlich einwandfreien Nachweis dafür hat kurz darauf Lavoisier erbracht (1789[184]). Seither ist über die chemische Wärmeregulation eine Riesenliteratur entstanden.

Es fragt sich vor allem: *erfolgt diese Steigerung der Wärmeproduktion bei Abkühlung indirekt durch Kontraktion der Willkürmuskulatur (mit Willkürbewegungen oder Zittern) oder durch einen den Stoffwechsel direkt steigernden Einfluß des Wärmezentrums, sei es in allen Zellen oder nur in bestimmten Organen?*

R. Isenschmid (S. 22[143]) bezeichnet jene chemische Wärmeregulation, welche ohne Muskel*kontraktion* zustande kommt, als „*chemische Wärmeregulation im engsten Sinne des Wortes*". Ich möchte statt dieses allzu langen Ausdruckes die Bezeichnung „*calorische Organreaktion*" vorschlagen. Diese zerfiele dann in eine „*calorische Muskelreaktion*", d. h. Wärmeerzeugung im Muskel ohne Kon-

---

Anm. Sie wird auch als „*kritische Temperatur*" bezeichnet (vgl. R. Möllgaard S. 234[238a]).

traktion, „*calorische Leberreaktion*", d. h. Steigerung der Wärmeerzeugung in der Leber auf einen Kältereiz hin (für welche Erscheinung bisher noch kein Beweis vorliegt) usw.

Zum Unterschied von den calorischen Organreaktionen kann man die durch Willkürbewegungen und durch Zittern hervorgerufene Steigerung der Wärmeproduktion bei Kälte als „*calorische Muskelkontraktionen*" bezeichnen.

Ob *Tonussteigerung* der Muskulatur Wärme produziert und daher als Hilfsmittel der Wärmeregulation in Betracht kommt, wird von den einen angenommen, von den anderen abgelehnt.

Die chemische Wärmeregulation im weitesten Sinne zerfällt also nach der von mir vorgeschlagenen Nomenklatur in folgende zwei Teile:

1. *die calorischen Muskelkontraktionen und*
2. *die calorischen Organreaktionen.*

Mit der Frage nach der Existenz der calorischen Organreaktionen hängen noch verschiedene andere überaus bedeutungsvolle und bisher ebensowenig geklärte Fragen unmittelbar zusammen.

Gibt es überhaupt ein *Zentrum* zur quantitativen und qualitativen Regelung des *Stoffwechsels? Wenn es eine calorische Organreaktion gibt: erfolgt diese reflektorisch durch die Temperaturnerven oder durch thermische oder chemische Einwirkungen des Blutes?*

Wenn man an die Existenz einer calorischen Organreaktion glaubt, so liegt natürlich die Annahme nahe, daß sie sich nicht nur in einer *Steigerung der Wärmeproduktion bei Kälte*, sondern auch in einer *Beschränkung der Wärmeproduktion bei Hitze* zu äußern vermöge. Die Schule KESTNERs hat in der Meinung, die Existenz der letzteren schon bewiesen zu haben, diese von ihr angenommene Reduktion der Verbrennungsvorgänge bei Hitze als „*II. chemische Wärmeregulation*" der Steigerung der Verbrennungsvorgänge bei Kälte gegenübergestellt und diese als „*I. chemische Wärmeregulation*" bezeichnet. Vorderhand sprechen zwar viele Beobachtungen für die Existenz der I., aber keine einzige sichere Tatsache für die Existenz der „II. chemischen Wärmeregulation".

II. Die physikalische Wärmeregulation (Regulierung der Wärmeabgabe).

Die physikalischen Wärmeregulationsmechanismen bestehen aus:
1. *anatomischen,*
2. *willkürlichen (instinktiven) und*
3. *unwillkürlichen, zum größten Teil reflektorischen, Hilfsmitteln.*

1. Anatomische Hilfsmittel der Wärmeregulation.

Diese werden gebildet durch:

a) *das subcutane Fettgewebe,*
b) *das Haar- und Federkleid,*
c) *Vergrößerung oder Verkleinerung der Oberfläche im Verhältnis zur Masse des Körpers,*
d) *die Luftsäcke der Vögel.*

a) Das subcutane Fettgewebe.

Das Fettgewebe leitet die Wärme, wie auf S. 37 auseinandergesetzt, etwa 3mal schlechter als Fleisch. Je dicker die Hautfettschicht ist, um so besser schützt sie die darunterliegenden Organe vor Wärmeverlust. Besonders deutlich zeigt sich die Bedeutung des subcutanen Fettes bei den im Eismeer lebenden

Seesäugetieren. Die Körpertemperatur des *Wales* beträgt ungefähr 35,5⁰ C (F. Doflein, S. 796[65]). Seine gewaltige, bis zu 40 cm (O. Schmeil, S. 66[298]) dicke Speckschicht schützt den Wal vor der Kälte des Eiswassers. Beim *Seehund* und beim *Delphin* ist fast alles Fett des Körpers unter der Haut abgelagert, wo es eine zusammenhängende 4—5 cm dicke Schicht bildet (Henriques und Hansen, S. 156[125]). Auch die an sehr harte Kälte gewöhnten *Pinguine* sind mit dicken Fettpolstern versehen (Doflein, S. 857[65]).

Henriques und Hansen haben gezeigt, daß das Fett unserer Haustiere in verschiedenen Tiefen der Subcutis verschiedene Schmelzpunkte hat. In den kühleren oberflächlichen Schichten ist das Fett reicher an Olein und hat daher einen niedrigeren Schmelzpunkt als in den tieferen, wärmeren Schichten. Beim *Schwein* fand man für das Rückenfett einen Schmelzpunkt von 33,8⁰, für das Nierenfett von 43,2⁰ (vgl. Henriques und Hansen, S. 151[125]). Bei einem Fettschwein läßt sich die etwa 6 cm dicke Fettschicht der Haut in zwei Teile zerlegen, zwischen denen eine Fascie liegt; die darüberliegende Schicht ist etwa 2 cm, die darunterliegende etwa 4 cm dick; diese innere Fettschicht hat einen um etwa 2⁰ höheren Erstarrungspunkt.

Henriques und Hansen bewiesen den Einfluß der Temperatur auf die chemische Zusammensetzung und die davon abhängige Erstarrungstemperatur der Körperfette durch folgenden Versuch: von zwei Ferkeln aus dem gleichen Wurf wurde eines bei 30—35⁰, das andere bei ca. 0⁰ (im Winter) gehalten und beide nach 2 Monaten geschlachtet. Es ergaben sich u. a. folgende Messungen:

Tabelle 10.

	Erstarrungstemperatur beim	
	warmgehaltenen Schwein	kaltgehaltenen Schwein
Oberflächlichste Schicht des Hautfettes . .	24,2	22,8
Tiefste Schicht des Hautfettes	27,2	25,6
Nierenfett	28,1	28,4
Omentfett	29,0	29,0

Die Unterschiede der Außentemperatur machen sich also nur im Schmelzpunkt des Hautfettes, aber nicht in dem des Nieren- und Gekrösefettes geltend

Eine dicke Fettschicht steigert andererseits die Gefahr der Hyperthermie Darauf muß man beim Transport von Mastschweinen achten.

Interessanterweise ist im Gegensatz zu den Polartieren das Subcutanfett beim Elefanten wenig entwickelt, selbst dann, wenn im Mesenterium massenhaft Fett angehäuft ist (Christy, S. 104[50]).

b) Das Haar- und Federkleid.

Die Anpassung an die kältere Jahreszeit erfolgt durch Entwicklung eines dichten feinen Flaumhaares oder von Flaumfedern.

Der Wärmeschutz durch Haare und Federn beruht nicht etwa darauf, daß deren Substanz (Keratin) ein besonders schlechter Wärmeleiter und somit ein besonders guter Schutz gegen Wärmeverlust wäre, sondern darauf, daß Haare und Federn eine Hülle um den Körper bilden, die unzählige kleine mit Luft gefüllte Hohlräume enthält. Wie bei den Kleidern des Menschen ist auch beim Haar- und Federkleid die darin enthaltene Luft der ausschlaggebende Wärmeisolator. Dadurch, daß die Luft in ungezählten kleinen Partien zwischen den Haaren oder Federn eingeschlossen ist, wird die *Konvektion verhindert*. Die Luft stagniert in diesen kleinen Zwischenräumen zwar nicht völlig, sie bewegt sich aber trotz ihrer Ausdehnung infolge der Erwärmung an der Körperoberfläche und der Verringerung ihres spezifischen Gewichtes nur sehr langsam. Infolgedessen ist die behaarte oder befiederte Körperoberfläche von einer erwärmten

Luftzone umgeben. Die einzelnen kleinen Lufträume sind nach außen zu enger als an ihrer Basis an der Körperoberfläche; hier sind nämlich die Haare durch größere Zwischenräume voneinander getrennt als im Bereiche der Spitzen, wo sie infolge einer stärkeren Neigung gegen die Hautfläche in innigere Berührung miteinander treten. J. TEREG (S. 125[327]) vergleicht die dadurch entstandenen Räume mit Doppelfenstern. Das gleiche gilt nach TEREG auch für das Federkleid, „insofern, als sowohl Deck- als auch Flaumfedern an ihrem Spulenteil wegen der mangelnden Fortsetzung der Fahne bis unmittelbar zur Haut, Raum zur Bildung einer ausreichenden Luftzwischenschicht gewähren".

Der Luftreichtum der Pelze ist ungemein groß, nach RUBNER (S. 142[288]) 97,3—98,8%; nur 1,2—2,7% bestehen aus Haarsubstanz. Kein künstlicher Kleidungsstoff erreicht diese ungeheure Luftigkeit. Trotz dieser Luftigkeit kann der Wind nur schwer zwischen die Haare eindringen, besonders beim Pelz des schwarzen Lammes, des Bibers und Schafes, leichter in den Pelz der schwarzen Katze, des Bisams, des Nerz, Waschbären und Skunks, wo das Haar aus zwei Arten besteht, aus borstenartigen überragenden Haaren und feineren Härchen dazwischen (S. 142).

RUBNER (S. 143[288]) fand das Wärmeleitungsvermögen des *Kaninchenfelles* weit geringer als das der besten Kleiderstoffe und nur um 6,9% größer als das Wärmeleitungsvermögen stagnierender Luft.

Die Tiere vermögen bekanntlich *Haare und Federn durch die Arrectores pilorum aufzustellen* („*Gänsehaut*"), dadurch die Lufthülle zu verdicken und so willkürlich die Wärmeabgabe zu verringern, so wie wir es durch Anziehen mehrerer Kleider übereinander tun. Darin besteht jedenfalls das *wichtigste* Regulierungsmittel *langhaariger* Tiere gegen Wärmeverlust. Es ist mir nicht bekannt, daß die durch das Sträuben der Haare oder Federn bewirkte Abnahme der Wärmeabgabe wirklich gemessen worden wäre.

Die in den gemäßigten Zonen lebenden Säugetiere bekommen bei Beginn der kälteren Jahreszeit ihren *Winterpelz* und wechseln ihn im Frühling gegen den *Sommerpelz*, dessen Haare kürzer und schütterer sind, aber fester im Haarboden stecken als die Haare des Winterpelzes. Die *Vögel* „mausern" im Spätsommer oder Herbst und im Frühling. Ihr Sommerkleid ist lebhafter gefärbt (Hochzeitskleid) und erlaubt eine ausgiebigere Wärmeabgabe. Der Eintritt dieses Kleidungswechsels wird nur durch die Außentemperatur bestimmt. Dies geht schon daraus hervor, daß das Winterkleid bei mildem Wetter später angelegt wird als sonst. Überdies läßt sich der Haarwechsel sehr leicht durch künstliche Änderung der Außentemperatur hervorrufen. K. HOESSLIN (zit. n. J. TEREG, S. 103[327]) zeigte dies an Hunden, A. MAYER und G. NICHITA[233a] an Kaninchen. Letztere Autoren haben Kaninchen im Mai, nachdem bereits die Winterhaare auszufallen und die Sommerhaare zu wachsen begonnen hatten, in einem Käfig bei minus 5° gehalten. Innerhalb von 15 Tagen wurde das Fell der Kaninchen viel dichter, die Haare länger. Darauf wurden die Kaninchen wieder aus dem Käfig ins Freie gebracht und nun fiel bei einer Außentemperatur von 18—20° der Winterpelz schon nach 8 Tagen zum größten Teil wieder aus. Die Umwandlung vollzog sich also jedesmal sehr rasch.

Man muß demnach bei Dauerversuchen über den Einfluß der Außentemperatur auf den Stoffwechsel und auf die Wärmeregulation sehr darauf achten, ob und inwieweit durch die Außentemperatur das Fell und damit der Wärmeschutz des Körpers geändert worden ist. (Auf die Bedeutung des Behaarungszustandes der Tiere für die Technik der Stoffwechselversuche hat übrigens schon RUBNER [S.222[284]] hingewiesen.)

Einfluß der Schur.

Wie groß der Wärmeschutz durch die Haare ist, fühlt man, wenn man sich bei kaltem Wetter das Haar kurz schneiden läßt; manche Leute vertragen das überhaupt nicht, ohne sich zu erkälten. Aus dem gleichen Grunde braucht ein Glatzköpfiger einen Hut viel notwendiger als ein Mann mit dichtem Haarwuchs.

Die Bedeutung des Pelzes für den Wärmehaushalt der Tiere zeigt sich am klarsten an den Folgen der *Schur.*

RUBNER hat die Neutraltemperatur bei einem kleinen langhaarigen Hund mit 25⁰, bei einem kleinen kurzhaarigen Hund mit 31⁰ bestimmt (S. 137[288]), nach der Schur aber war sie noch höher (S. 140).

RUBNER (S. 140) hat bei einem Meerschweinchen nach der Schur calorimetrisch eine Zunahme des Wärmeverlustes durch Leitung und Strahlung um 33% gefunden, und zwar auch während der nächsten Tage nach der Schur. Bei verschiedenen Außentemperaturen ist die Wirkung des Scherens natürlich ganz verschieden. Nach der Schur wiesen RUBNERs Versuchshunde (S. 142) bei 30⁰ eine Verminderung, bei 25⁰ eine Vermehrung und bei 20⁰ eine noch größere Vermehrung der Wärmeproduktion auf, im Vergleich mit der Wärmeproduktion *vor* der Schur bei gleichen Außentemperaturen. Bei 30⁰ war der Hund *vor der Schur* offenbar schon hypertherm und daher sein Stoffwechsel gesteigert (infolge des durch die Hyperthermie bedingten Erregungszustandes). So erklärt sich die Verminderung der Wärmeproduktion bei dieser Außentemperatur *nach* der Schur.

Bei *Pferden* sinkt die Körpertemperatur nach der Schur um 1—1¹₂⁰. Nach einigen Tagen wird die normale Körpertemperatur wieder erreicht (SIEDAMGROTZKY[303], zit. n. TEREG, S. 127[327]).

Bei *Schafen* tritt gleich nach der Schur eine leichte Temperatursteigerung, zuweilen um 0,5—1,1⁰ (nach J. MAREK [S. 137[228]] infolge reflektorischer Erregung der Muskulatur) ein, aber schon am ersten Tag sinkt die Temperatur um 0,3—2⁰ oder sogar um 4⁰, selbst wenn die Tiere in die Sonne gestellt werden (COLIN[55]). Erst nach 4—6 Wochen wird wieder die normale Körpertemperatur erreicht.

S. MORGULIS[239] fand, daß seine Versuchs*hunde* bei einer Außentemperatur von 10⁰ *nach* der Schur einen ungefähr doppelt so großen Umsatz hatten als *vor* der Schur. Die Neutraltemperatur rückte nach der Schur um etwa 10⁰ hinauf. Aber auch bei dieser neuen Neutraltemperatur war der Minimalumsatz höher als der Grundumsatz *vor* der Schur (natürlich bei der entsprechenden normalen Neutraltemperatur). Diese Steigerung des Grundumsatzes durch die Schur betrachtet MORGULIS als ein Zeichen dafür, daß der Zustand der geschorenen Hunde nicht mehr als physiologisch zu betrachten ist.

Der Pelz nützt dem Tier natürlich nur so lange etwas, als er *trocken* ist. Der *nasse* Pelz *steigert* durch die Verdunstung die *Wärmeabgabe.* Sogar die *Schafe,* welche trockene Kälte ausgezeichnet vertragen, bekommen in Regenzeiten infolge der Durchnässung ihres Pelzes leicht Affektionen der Atemwege (G. COLIN, S. 1076[55]). Für ein langhaariges Pferd, das bei seiner Arbeit dem Regen oft ausgesetzt ist oder oft in Schweiß kommt, ist die Schur vorteilhaft, weil seine Haut dann rasch trocknen kann.

Der Mensch schafft sich einen Ersatz für Fell und Federn durch seine *Kleider.* Der durch diese gebotene Wärmeschutz ist von RUBNER auf das eingehendste untersucht worden. Um mit seiner Kleidung einen gleichen Wärmeschutz zu erzielen wie das Tier mit seinem Pelz, muß der Mensch mehrere Kilogramm Stoff am Leib tragen. RUBNER (S. 225[288]) erzielte bei seinen Versuchen am Menschen *Behaglichkeit* bei absoluter Muskelruhe

bei $+ 12^0$ in Pelzkleidung,
„ $+ 25^0$ in Sommerkleidung,
„ $+ 33^0$ nackt.

Die Mächtigkeit des *Wärmeschutzes durch Pelz und Gefieder* zeigen am besten die ungeheuren Differenzen zwischen den Körpertemperaturen verschiedener Polartiere und der gewöhnlichen Außentemperatur in Tabelle 11, nach etwa 100 Jahre alten Messungen von Parry, Lyon und Back (zit. n. R. Tigerstedt, S. 66[334]).

Tabelle 11.   Außentemperatur und Körpertemperatur von Polartieren.

Tierart	Körpertemperatur	Außentemperatur	Differenz
Polarfuchs	38,3	− 35,6	73,9
„	41,1	− 35,6	76,7
„	39,4	− 32,8	72,2
Wolf	40,5	− 32,8	73,3
Weißer Hase	38,3	− 29,4	67,7
Schneehuhn	42,4	− 19,7	62,1
„	43,3	− 38,8	82,1
„	43,3	− 35,8	79,1

Die *Haare* bilden nicht nur einen Schutz gegen Wärmeverlust, sondern auch gegen das Eindringen der Sonnenstrahlen in den Körper (A. Basler[21]). Ein Teil von diesen wird an der Oberfläche der Haare reflektiert, ein anderer, und zwar um so größerer, je pigmentreicher das Haar ist, absorbiert. Für den Menschen ist das in zweierlei Hinsicht wichtig:

1. wegen der Absorption der ultravioletten Strahlen; dadurch wird die Kopfhaut vor Sonnenbrand geschützt. Allerdings pigmentiert sich die kahle Kopfhaut unter dem Einfluß der Sonnenstrahlen bald, und es entsteht dann auch ohne Haarschutz kein Sonnenbrand mehr;

2. wegen der Absorption und Resorption von Lichtstrahlen: diese haben namentlich im Rotgelb eine große Penetrationskraft, vermögen sogar vermutlich die Schädeldecke zu durchdringen und dann in der Hirnoberfläche eine Entzündung hervorzurufen. Diese ist wahrscheinlich an der Entstehung des Sonnenstiches beteiligt.

Es ist eine allbekannte Erfahrung, daß ohne zureichende Kopfbedeckung Blonde und noch mehr Kahle in der Sonne leichter Kopfschmerzen und sogar Sonnenstich bekommen als Leute mit dichtem, dunklem Haar, besonders in den Tropen.

c) Die Körperoberflächenentwicklung im Dienste der Wärmeregulation.

Je größer die Oberfläche im Verhältnis zur Masse des Körpers ist, um so größer ist die Möglichkeit zur Wärmeabgabe. Diese Beziehungen hat bekanntlich Rubner[283] eingehend behandelt. Die Körperform der Tiere zeigt in vielen Fällen eine zweckdienliche Anpassung an das Klima. Die Polartiere haben eine gering entwickelte Oberfläche, ihre Körperanhänge (Ohrmuscheln, Schwanz) sind im Vergleich mit ihren Verwandten in warmen Klimaten klein.

R. Hesse[127] hat die Beziehungen zwischen der Körperform der Tiere und der Wärmeregulation je nach dem Klima einer besonderen Betrachtung unterzogen. Er weist namentlich auf die Bedeutung der riesigen *Ohrmuscheln des Elefanten* für die Wärmeabgabe hin. Wenn der Elefant seine Ohrmuscheln, die gewöhnlich der caudalen Fläche der Körperwand anliegen, davon abhebt, so vergrößert sich die ausstrahlende Oberfläche um die vorher angelegte Fläche der Ohrmuscheln und um das vorher von ihr bedeckte Stück Körperhaut; bei einem afrikanischen Elefanten von 3 m Schulterhöhe macht das 4—5 m² aus, das ist $1/6$ der gesamten Oberfläche des Elefanten (R. Hesse, S. 320[127]). Die Elefanten gebrauchen ihre großen Ohrlöffel oft als Fächer, sogar im Schlaf. Der afrikanische Elefant hat viel größere Ohren als der indische. Hesse nimmt an, daß er nur dadurch imstande ist, die heißen Steppen Afrikas zu bewohnen, während der indische Elefant mit seinen kleinen Ohren vorwiegend auf die kühleren Wälder angewiesen ist. Beim Mammut scheinen die Ohren noch kleiner gewesen zu sein als beim indischen Elefanten (Hesse, S. 326[127]).

Auch beim *Hasen* hat das Klima einen Einfluß auf die Länge der Löffel, in wärmeren Gegenden sind diese bei der gleichen Art länger als in kühleren. Sehr deutlich zeigt dies R. Hesses nach E. W. Nelsons[248] Angaben hergestellte Kartenskizze der relativen Länge der Löffel der nordamerikanischen Lepusart, die Schädellänge gleich 1 gesetzt. Die Länge der Löffel zeigt eine starke Zunahme von Norden gegen Süden.

Die Kaninchen richten, wenn ihnen heiß wird, die Löffel auf und vergrößern dadurch die freie Körperoberfläche.

E. S. Sundström[323] nimmt an, daß das Aufwachsen in heißen Klimaten eine relative Vergrößerung der Körperoberfläche im Verhältnis zum Gewicht zur Folge habe (eine größere, schlankere Gestalt der in den Tropen aufgewachsenen Weißen). Er hat dies auch experimentell an weißen Mäusen gezeigt, die er während der ersten 2 Monate nach der Geburt entweder bei gewöhnlicher Zimmertemperatur oder in einem sehr warmen Raume hielt. Der gleiche Autor schreibt auch dem *Schwanz* und dem *Hodensack der Nagetiere* eine Bedeutung für die Wärmeregulation zu. In der Hitze hängt der Hodensack der Ratten und Mäuse weit herab, dadurch vergrößert sich seine Oberfläche und damit auch die Wärmeabgabe (S. 417[323]).

Sehr eingehend wurde der *Einfluß der Außentemperatur* auf die *Schwanzlänge der Ratten* und Mäuse von H. Przibram und seinen Schülern untersucht (Temperatur S. 60[265]). Er wies nach, daß die Schwanzlänge im Verhältnis zur Körperlänge mit steigender Außentemperatur allmählich zunimmt, so daß man die relative Schwanzlänge der Ratten und Mäuse geradezu als eine Art „registrierendes Thermometer" betrachten könne (S. 63).

d) Die Luftsäcke der Vögel.

S. Exner[78] hält die *Luftsäcke der Vögel* ebenfalls für Organe der Wärmeregulation, und zwar für Kühlvorrichtungen, namentlich zur Abgabe der beim Flug in den Muskeln erzeugten Wärme, deren Abgabe gerade durch das Federkleid erschwert ist (C. Victorow[346]). Außerdem hält Exner die *Lunge* für ein Kühlungsmittel für das Herz.

2. Willkürliche (instinktive) Schutzhandlungen im Dienst der Wärmeregulation.

a) Künstliche Wärmeregulation.

Rubner (S. 200[288]) unterscheidet beim *Menschen* eine durch physiologische Mittel bewirkte *natürliche* und eine durch die Kultur erzeugte *künstliche* Wärmeregulation (Wohnung, Kleider, Heizung). Die künstliche Wärmeregulation spielt aber auch bei unseren Haustieren eine beträchtliche Rolle, insoweit diese in Ställen, Hundshütten, Hühnersteigen usw. oder gar im menschlichen Wohnhaus selbst gehalten werden, besonders insofern sie den Vorteil der Beheizung genießen.

Viele *wild lebende Tiere* schaffen sich eine eigene *künstliche* Wärmeregulation durch den Bau von Nestern oder unterirdischen Wohnungen (Dachsbau, Biberburg usw.; vgl. O. Schmeil, S. 95[298]). Der *Ameisenigel*, der eine sehr schlechte Wärmeregulation hat, entgeht der Hitze, indem er sich unter die Erde eingräbt

und erst nach Sonnenuntergang herauskommt (C. J. Martin, S. 36[229]). Unter
der Erde ist natürlich der Temperaturwechsel wesentlich geringer als außen.

b) Lebensweise der Tiere.

Im Dienste der Wärmeregulation stehen die so rätselhaften *Reisen der Zug-
vögel*, ferner das *Aufsuchen des Schattens, der Badestellen* und das *Nachtleben* vieler
Tropentiere, besonders der Dickhäuter. Auch das Trinken kalten Wassers bei
Hitze und, was allerdings nur für den Menschen gilt, das Verlangen nach warmen
Speisen und Getränken bei Kälte, gehören hierher. Ein Hungernder friert eher
als ein Satter, wie Rubner (S. 225[288]) bemerkt.

Instinktiv regulieren Mensch und Tier ihren Wärmebedarf auch durch das
Ausmaß der Willkürbewegungen. Die *Hitze* macht Menschen und Tiere faul und
schlaff, die *Kälte* macht sie lebhafter, beweglicher, unruhiger. Dies beruht zum
größten Teil wohl auf den durch die *Kälte* ausgeübten *Hautreizen*, außerdem aber
wahrscheinlich auch auf der durch die *Kälte* bewirkten Steigerung des Minutenvolumens des Herzens (Barcroft und Marshall[20]) und auf der von H. Rein[271]
nachgewiesenen Steigerung der Durchblutung der Halsschlagadern und damit
des Gehirns. Diese Vorgänge erklären wohl auch den Erfolg des uralten Mittels,
daß man an die frische Luft geht, wenn einem in einem geschlossenen und überhitzten Raume übel wird.

c) Die Körperhaltung im Dienste der Wärmeregulation.

Beim Ausstrecken des Körpers wird die Wärme verlierende Oberfläche vergrößert, beim Zusammenkauern verkleinert und dadurch in jenem Fall mehr,
in diesem Fall weniger Wärme abgegeben. Bergmann (S. 302[28]) vergleicht damit
richtig den Gebrauch von Fäustlingen, bei denen sich vier Finger in einem ge-
meinschaftlichen Abteil befinden. Menschen und Tiere kauern sich zusammen,
wenn ihnen kalt ist. Auch Winterschläfer rollen sich während des Schlafes zusammen. Vögel nehmen bei Hitze und Kälte eine andere charakteristische Stellung ein. Auf dem Tierbrett ausgestreckt aufgebundene Versuchstiere unterkühlen
sich bekanntlich bald. Auch in der *Pflege der Brut* macht sich das Bestreben nach
Wärmeregulation geltend. H. Przibram (S. 165[266]) hat beobachtet, daß die Ratten
bei hoher Temperatur den Nestbau ganz unterlassen und die Neugeborenen auf dem
Boden herumstreuen, so daß nicht eines durch die Wärme des anderen belästigt
wird. Rubner (S. 184[288]) hat zur Beleuchtung der Ausgiebigkeit des Einflusses der
Körperlage auf die Wärmeabgabe folgenden Versuch gemacht: Ein hungernder
Hund lag an einem Tage in gewöhnlicher eingerollter Haltung im Respirations-
apparat, am nächsten Tage mußte er in einer Hängematte liegen und konnte
sich darum nicht einrollen. In dieser ausgestreckten Stellung gab er um ein
Drittel mehr Wärme ab als in der eingerollten Körperhaltung. Beim *Zusammen-
drängen der Schafe* vor Kälte wird nur die Wärmeausstrahlung, nicht aber die
Wärmeproduktion vermindert (Benedict u. Ritzman S. 60[26c]).

3. Unwillkürliche, zum größten Teil reflektorische Regulation der Wärmeabgabe.

Sie erfolgt *durch die Haut und durch die Schleimhaut der Atemwege und der
Zunge.*

a) *In der Haut* wird die Wärmeabgabe variiert:

α) *durch Änderung der Durchblutung der Haut.*

Durch *Erweiterung der Hautblutgefäße* wird die Haut stärker durchblutet
und daher mit dem Blut mehr Wärme aus den tiefer liegenden Organen und aus
den Hauptquellen der Körperwärme, den Muskeln und Verdauungsorganen, an

die Oberfläche geleitet. Dadurch wird die Haut erwärmt, das Temperaturgefälle zwischen ihr und der Umgebung und damit die Wärmeabgabe durch Leitung und Strahlung vergrößert.

Durch *Verengerung der Hautblutgefäße* wird das Gegenteil bewirkt. Es kommt weniger Blut aus den tiefergelegenen Organen und damit auch weniger Wärme aus diesen in die Haut, diese bleibt daher kühler, das Temperaturgefälle zwischen der Haut und der Umgebung, und damit auch die Wärmeabgabe, sinkt.

Die Haut ist selbst ein um so besserer Wärmeleiter, je mehr Blut sie enthält, und umgekehrt; denn die subcutane Fettschicht leitet die Wärme etwa 4 mal schlechter als das Blut. Auch aus diesem Grunde befördert stärkerer Blutgehalt der Haut die Wärmeabgabe.

β) Durch *Verdunstung von Schweiß* wird Wärme gebunden, und zwar pro Kilogramm verdunstenden Schweißes etwa 580 Cal.

γ) Durch *Kontraktion der M. arrectores pilorum* erfolgt Sträuben der Haare oder Federn (*Gänsehaut*) und dadurch Verminderung der Wärmeabgabe.

b) Wärmeregulation durch die *respiratorische Schleimhaut einschließlich der Zungenoberfläche*.

α) *Wärmepolypnoe (Tachypnoe). In der Hitze steigt* die *Atemfrequenz* und auch die *Atmungsgröße* (die pro Minute geatmete Luftmenge). Dadurch wird der respiratorischen Schleimhaut mehr Wärme entzogen, und zwar einerseits durch die *Erwärmung der* größeren die *Atmungswege passierenden Luftmengen*, andererseits durch die *Abdunstung einer* größeren *Wassermenge an der respiratorischen Oberfläche*.

β) Bei manchen Tieren werden bei hoher Außentemperatur auch beträchtliche Mengen von *Nasendrüsensekret* abgegeben, welches die Haut benetzt und auf ihr verdunstet (R. STIGLER, S. 87[318]).

Diese fast durchaus reflektorischen Mechanismen der physikalischen Wärmeregulation sollen nun eingehender behandelt werden.

a) Die Wärmeregulation durch Veränderung der Blutverteilung.

I. Wesen der vasomotorischen Wärmeregulation.

Schon BERGMANN[28] hat die Variation der Durchblutung der Haut als Wärmeregulator erkannt. Er schloß, daß die bei Hitze zu beobachtende reichere Durchblutung der Haut eine stärkere Abkühlung des Blutes mit sich bringe. Er erkannte ferner ganz richtig, daß die direkte Ableitung der Wärme aus dem Inneren hauptsächlich infolge des schlechten Wärmeleitungsvermögens der subcutanen Fettschicht bei geringem Blutgehalt der Haut sehr langsam vor sich gehen müsse, und daß daher die wechselnde Blutfülle der Haut auch in dieser Hinsicht als Regulator der Wärmeabgabe zu betrachten sei (S. 310).

Den zahlenmäßigen Nachweis für die Bedeutung der Weite der Hautblutgefäße für den Wärmehaushalt hat aber erst RUBNER[288] erbracht. Er wies calorimetrisch an Hunden nach, daß bei Steigerung der Wärmeproduktion durch Nahrungszufuhr die überschüssige Wärme bei niedriger und mittlerer Außentemperatur nur in geringem Grade durch Wasserdampfabgabe, hingegen in hohem Maße durch Steigerung der Wärmeabgabe durch Leitung und Strahlung durch die Haut abgegeben werde. Das gleiche wies RUBNER für die Steigerung der Wärmeabgabe des Menschen während der Muskelarbeit nach (S. 195).

Das die Haut durchfließende Blut gibt an diese um so mehr Wärme ab,

1. je größer die Differenz zwischen der Temperatur des Blutes und des von ihm durchflossenen kälteren Gewebes ist,

2. je größer die in der Zeiteinheit durch die Haut strömende Blutmenge ist.

Die Temperatur irgendeiner Hautstelle und damit auch die Größe des Temperaturunterschiedes zwischen ihr und dem durchfließenden Blut hängt wiederum ab: 1. von der Außentemperatur, 2. von der Oberflächlichkeit der Lage der Blutgefäße, 3. von der Abkühlung der Hautoberfläche durch Verdunstung von Schweiß oder anderer die Haut benetzender Flüssigkeit. Durch die Verdunstung kann eine oberflächliche *Abkühlungszone* in der Haut erzeugt werden, in der sich das durchfließende Blut abkühlt.

II. Vorkommen der vasomotorischen Wärmeregulierung bei verschiedenen Arten der Homöothermen.

Der *Mensch* wird in der Hitze rot, in der Kälte blaß; seine Hautgefäße reagieren unter denen aller Warmblüter am stärksten auf Temperaturreize. Sehr leicht kann man die vasomotorische Wärmeregulierung auch bei *Kaninchen, Hasen und Meerschweinchen* an der Erweiterung der Blutgefäße der Ohren in der Hitze beobachten. Das bleiche gilt von den vielfach verzweigten Blutgefäßen der riesigen *Elefantenohren*; bei niederer Temperatur (9—10°) sind deren Blutgefäße eben zu erkennen, an heißen Tagen sind die prall gefüllt und springen finger- bis daumendick über die Oberfläche vor (R. HESSE, S. 320[127]).

Beim *Hund* kann man die thermische Vermehrung der Hautdurchblutung bei Hitze zwar nicht leicht sehen, RUBNER gibt aber an, daß er beim Katheterisieren seiner Hündinnen mit dem in die Scheide eingeführten Finger die bessere Durchwärmung auch der äußeren Partien mit zunehmender Lufttemperatur recht gut gefühlt habe (S. 185[288]).

R. PLAUT (S. 53[264]) behauptet zwar, daß die Vasomotorenreaktion der Haut der *Raubtiere* minderwertig sei und auf mechanische und chemische Reize überhaupt nicht eintrete; selbst stärkste Bestrahlung des Hundes mit ultraviolettem Licht bringe nicht die geringste Hautrötung hervor. Es ist aber schon durch die früher erwähnten Versuche RUBNERS erwiesen, daß auch die Hunde über eine thermische Vasomotorenreaktion verfügen. Hinlängliche Untersuchungen liegen aber hierüber noch nicht vor. Man müßte namentlich auf die wenig behaarten Hautstellen am Bauch und an den inneren Schenkelflächen achten. Noch weniger bekannt sind uns die Gefäßreaktionen der *Wiederkäuer* und des *Pferdes*.

Bei dem in der Entwicklung der Wärmeregulation noch sehr tief stehenden *Ameisenigel* konnte J. C. MARTIN (S. 35[229]) noch gar keine Veränderung der Hautdurchblutung bei Hitze oder Kälte wahrnehmen. MARTIN rasierte einem Ameisenigel beide Füße, steckte den einen in eine Flasche mit Wasser von 40°, den anderen in eine Flasche mit Wasser von 0°. Auch nach mehreren Minuten war kein Unterschied in der Farbe der beiden Pfoten wahrzunehmen.

Von der thermischen Gefäßreaktion der *Vögel* ist nichts bekannt.

III. Einfluß der Außentemperatur auf die Bluttemperatur in der Haut.

Daß die Hauttemperatur von der Außentemperatur abhängt, ist allbekannt und selbstverständlich. Man muß daher von vornherein erwarten, daß auch die Temperatur des die Haut durchfließenden Blutes von der Außentemperatur beeinflußt werde. Daß dies wirklich so ist, hat J. FOGED (S. 117[82]) am Menschen nachgewiesen. Er maß die Bluttemperatur in einer oberflächlichen Vene der Ellenbeuge mittelst einer Thermoelektrode, die er in die Vene einstach, und fand folgende Werte:

Tabelle 6.

Zahl der Versuche	Außentemperatur	Bluttemperatur in der Vena cubiti	Differenz zwischen Rektal- und Hautbluttemperatur
39	$16-20^0$	$34,0^0$	$3,1^0$
20	$21-24^0$	$34,8^0$	$2,3^0$

Die Temperatur des Blutes in einer Hautvene steigt und fällt also tatsächlich mit der Außentemperatur.

IV. Einfluß der Außentemperatur auf die Blutverteilung.

Bei Kälte wird die Haut blaß, die Hautblutgefäße kontrahieren sich; bei Wärme wird die Haut rot, die Hautblutgefäße erweitern sich. (Näheres hierüber bei A. KROGH[174].) Die Gesamtheit der Hautblutgefäße vermag im erweiterten Zustande einen sehr großen Teil der gesamten Blutmenge zu fassen. Wohin kommt nun ihr Inhalt, wenn sie sich in der Kälte kontrahieren, und auf Kosten der Blutfülle *welcher* Organe erweitern sie sich in der Wärme?

Schon aus den Untersuchungen der LUDWIGschen Schule war bekannt, daß dies die *vom Nervus splanchnicus versorgten Blutgefäße der Baucheingeweide* sind. Wie groß der Fassungsraum der Blutgefäße der Baucheingeweide ist, geht aus folgendem Versuche hervor: Wenn man bei einem Tier die Nervi splanchnici durchschneidet, dadurch die Bauchblutgefäße lähmt und das Versuchstier mit dem Kopf nach oben vertikal stellt, so staut sich sofort eine so große Menge Blutes der Schwere folgend in den gelähmten und daher stark erweiterten Bauchblutgefäßen, daß nur mehr eine ganz ungenügende Menge Blut zum Herzen zurückströmt und daher der Kreislauf insuffizient wird. Aber auch ohne Durchschneidung des Splanchnicus halten verschiedene, an die aufrechte Stellung nicht gewöhnte Vierfüßler diese nicht lange aus; die meisten Kaninchen „verbluten sich dabei in ihren eigenen Bauch", wie man zu sagen pflegt, und zwar, wie L. HILL[129] gefunden hat, die zahmen Kaninchen viel rascher als die wilden. Aber auch beim Menschen erlebt man oft das gleiche physiologische Schauspiel, nämlich in der *Ohnmacht*. Auch die Ohnmacht kommt häufig durch nervöse Erschlaffung der Bauchblutgefäße zustande. Daraus ergibt sich wieder eine Stauung des Blutes in den Bauchblutgefäßen, die, wenn der Mensch steht oder aufrecht sitzt, infolge des hydrostatischen Druckes der bis zum Herzen reichenden Blutsäule ausgedehnt werden, sodann Verringerung des Minutenvolumens des Herzens und infolgedessen eine kritische Verlangsamung des Blutstromes im Gehirn und daher die Ohnmacht. Dies zeigt also, eine wie große Blutmenge die Bauchblutgefäße im erweiterten Zustande auch beim Menschen fassen können.

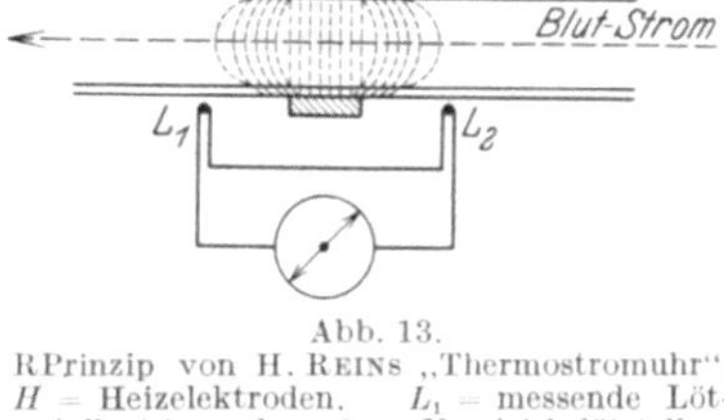

Die Lehre vom *Antagonismus zwischen den Blutgefäßen der Körperperipherie und des Splanchnicusgebietes* wird meist als DASTRE-

Abb. 13.
Prinzip von H. REINS „Thermostromuhr".
H = Heizelektroden. L_1 = messende Lötstelle (stromab). L_2 = Vergleichslötstelle (stromauf).

MORATsches Gesetz[59] bezeichnet. O. MÜLLER[244] wies nach, daß das DASTRE-MORATsche Gesetz auch für den Menschen gilt. Einen genauen Einblick in die thermoregulatorischen Blutverschiebungen verdanken wir aber erst den wichtigen Untersuchungen von H. REIN[269, 270 u. 271] mit seiner „Thermostromuhr". Dieser Apparat dient zur Messung der Blutmenge, welche in der Zeiteinheit durch ein bestimmtes, *uneröffnetes* Blutgefäß strömt, und beruht auf folgendem Grundgedanken (Abb. 13):

Die im uneröffneten Blutgefäß fließende Blutmasse wird an einer circumscripten Stelle mit Hochfrequenzströmen geheizt und die dadurch stromauf und stromab von der Heizstelle auftretende Temperaturdifferenz thermoelektrisch gemessen, in der Weise, daß die eine Lötstelle eines Thermoelementes in einem empirisch ermittelten Mindestabstand stromauf, die andere ebensoweit stromab von der Heizstelle der Gefäßwand anliegt. Die Größe der Temperaturdifferenz zwischen den beiden Lötstellen hängt von zwei Faktoren ab: von der zu heizenden Masse und von der Intensität des Heizstromes. Da diese während des

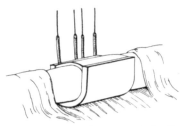

Versuches konstant gehalten wird, kann man die durch die eingeschaltete Blutgefäßstelle fließende Blutmenge aus der Temperaturdifferenz der Lötstellen berechnen. Abb. 14 zeigt ein in die Thermostromuhr eingelegtes Blutgefäß, Abb. 15 die ganze Versuchsanordnung. Mit dieser Stromuhr hat H. REIN die Größe der Blutverschiebung bei der Einwirkung höherer und tieferer Außentemperatur an narkotisierten, *spontan* atmenden *Hunden* untersucht.

Abb. 14. REINS „Thermostromuhr" mit eingelegtem Blutgefäß.

Die Lufttemperatur zu Anfang des Versuches war in einem bestimmten Falle 37—39⁰. Plötzlich wird kalte Luft in den Versuchskasten eingeblasen. Sofort steigt die Durchblutung der Arteria carotis jäh an, viel allmählicher setzt eine geringfügige Mehrdurchblutung der Niere ein, sowie eine mehr und mehr wachsende Strömungszunahme in den Darmgefäßen. Etwa 2 Minuten nach Beginn der Abkühlung, nachdem eine Temperaturdifferenz von 22—23⁰ zwischen Tier und Umwelt erreicht worden ist, beträgt das Maximum der Durchblutungszunahme:

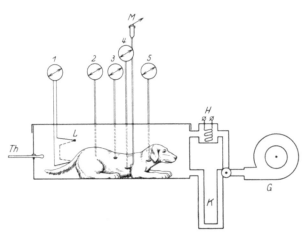

in der A. carotis communis dorsalis etwa 28 %,
in der V. renalis sin. etwa 23 %,
in der V. mesenterica sup. mehr als 400 %.

Wird dann wieder Warmluft in den Kasten geblasen, so erfolgt, zunächst bei unverändert erhöht bleibendem Blutdruck, ein ganz allmählicher Rückgang der erhöhten Durchblutungen. Sowie die Umwelttemperatur auf 30—33⁰ angestiegen ist, fallen aber die Werte jäh ab, um schließlich etwa die gleiche Größe zu erreichen wie vor der Abkühlung, auch der Blutdruck kehrt ziemlich plötzlich auf die frühere Höhe zurück. Am wenigsten

Abb. 15. Versuchsanordnung mit der REINschen Thermostromuhr. G = elektrisches Gebläse. H = elektrischer Heizkasten. K = Kühlschlange. Th = Thermometer, M = Membranmanometer zur Messung des arteriellen Blutdruckes in der Arteria brachialis. L = Lötstelle eines Thermoelementes, dessen zweite Lötstelle im Rectum des Tieres liegt und zur Messung der Temperaturdifferenz zwischen Tier und Umwelt dient, hierzu Thermogalvanometer. 1. 2 = Galvanometer zur Blutströmungsmessung in der Arteria femoralis. 3 = dasselbe in der linken Nierenvene, 4 = dasselbe in der Vena mesenterica superior. 5 = dasselbe in der Arteria carotis communis.

charakteristisch ist das Verhalten der Nierendurchblutung.

Der Befund REINS, daß Abkühlung der Umgebungsluft von Körpertemperatur auf Zimmertemperatur auch eine 10—20 proz. Mehrdurchblutung der *Nieren* bewirkt, steht im Gegensatz zu den Angaben von WERTHEIMER[358] und von SCHLAYER[296], daß das Nierengefäßgebiet mit dem Hautgefäßgebiet *gleichsinnig* reagiere.

Von außerordentlicher Wichtigkeit ist die Feststellung einer 400proz. Mehrdurchblutung des Darmes infolge der Kälteeinwirkung. Hieraus geht *die große Bedeutung der die Darmblutgefäße versorgenden Nerven für die Wärmeregulation* hervor, ein Faktor, der in diesem Sinne kaum richtig eingeschätzt worden ist.

H. REIN stellt ferner im Einklange mit früheren Untersuchern fest, daß bei *Kälte*wirkung, sobald das Tier zu zittern beginnt, ein heftiger *Anstieg der Muskeldurchblutung* erfolgt.

Sobald der *Hund* aber einmal *unterkühlt* ist (z. B. bei einer Körpertemperatur von 33,5⁰), wie dies beim Aufbinden des narkotisierten Tieres in Rückenlage von selber auftritt (R. BOEHM und F. A. HOFFMANN[34]), findet beim Anstieg der Umgebungstemperatur nur mehr eine sehr schwache und träge wärmeregulatorische Blutverschiebung statt.

Bezüglich der Beeinflussung der *Hirn*durchblutung durch Veränderung der Außentemperatur ist zu schließen, daß infolge der Beschleunigung des Blutstromes in der Carotis bei *Kälte* auch der *Blutstrom im Gehirn beschleunigt* wird.

Es wäre wünschenswert, daß Untersuchungen über die Wärmeregulation mit der REINschen Stromuhr weiter ausgedehnt und auch mit verschiedenen Tierarten durchgeführt würden. REINS Untersuchungen haben jedenfalls gezeigt, daß *Hunde* über eine ausgezeichnete thermoregulatorische Vasomotorenreaktion verfügen, womit RACHEL PLAUTS[264] bereits erwähnte Ablehnung des Vorkommens derselben bei Raubtieren vollständig widerlegt erscheint.

V. Einfluß der Außentemperatur auf Blutdruck, Pulsfrequenz und Minutenvolumen des Herzens.

Abkühlung der Umgebungsluft steigert, Erwärmung vermindert den arteriellen Blutdruck. Diese Feststellung verschiedener Autoren wurde auch von H. REIN mit seiner Methode bestätigt (S. 48[271]).

Die *Hautdurchblutung*, d. h. die durch die gesamten Hautblutgefäße in der Zeiteinheit strömende Blutmenge, *kann auf zweierlei Weise gesteigert werden*:

1. dadurch, daß sich die Hautblutgefäße um ebensoviel erweitern, wie sich die Splanchnicusgefäße zusammenziehen, also durch *Änderung der Blutverteilung*, und

2. *durch Steigerung des Minutenvolumens*, d. h. der vom Herzen in der Minute durch den Kreislauf getriebenen Blutmenge.

Daß die Pulsfrequenz bei Wärme zunimmt, bei Kälte abnimmt, ist sowohl für das im Körper befindliche als auch für das isolierte Herz schon seit sehr langer Zeit bekannt. Die physiologischen Mechanismen des ersteren Vorganges sind von T. GILLESSEN[109], die des letzteren von A. HACHENBERG[119] näher untersucht worden.

Im Gegensatz zu manchen anderen früheren Untersuchern haben J. BARCROFT und E. K. MARSHALL[20] beim Menschen festgestellt, daß das *Minutenvolumen nicht nur bei Wärme, sondern auch bei Kälte* trotz der Verlangsamung des Pulses *steigt*, woraus hervorgeht, daß das *Schlagvolumen*, d. h. die Menge des mit jedem Herzschlag durch den Blutkreislauf getriebenen Blutes, *bei Kälte ganz besonders groß* sein muß.

VI. Lokale und reflektorische Wirkung der Temperaturreize auf die Weite der Blutgefäße.

1. Innervation der Blutgefäße (Abb. 16).

Die Blutgefäße stehen unter dem Einfluß gefäßverengender (*Vasoconstrictoren*) und gefäßerweiternder Nerven (*Vasodilatatoren*). Nicht nur die

Arterien, sondern auch die Venen und Capillaren können sich aktiv kontrahieren. Die Blutgefäßnerven (*Vasomotoren*) gehören zum *vegetativen* oder *autonomen Nervensystem*. Sie entspringen zum Teil aus dem Mittelhirn und der

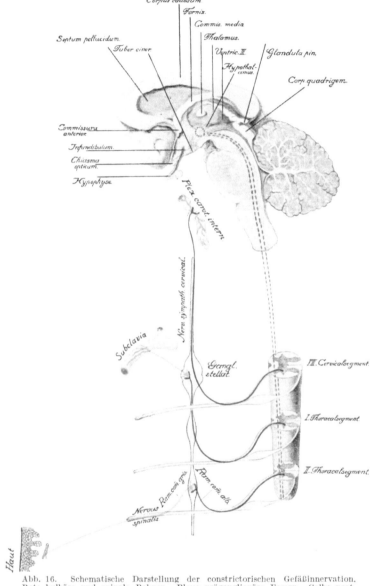

Abb. 16.   Schematische Darstellung der constrictorischen Gefäßinnervation.
Rot: bulbäre und spinale Bahnen. Blau: präganglionäre Fasern. Gelb: postganglionäre Fasern. (Aus MÜLLER: Lebensnerven, 3. Aufl.)

Medulla oblongata, zum Teil aus dem Rückenmark. Man nennt jene autonomen
Nerven, die aus dem Gehirn oder aus dem Sakralmark entspringen, *parasympathisch*, jene, welche im Brust- oder Lendenmark entspringen, *sympathisch*.
Einige Autoren (z. B. R. GREVING, S. 13[116a u. 243]) nehmen an, daß auch aus
dem Halsmark sympathische Nerven entspringen, andere bestreiten dies.

Während die animalen Nerven von ihrem Ursprunge im Zentralnerven-system oder in den sensorischen Ganglien ohne Unterbrechung zu ihren Erfolgs-organen verlaufen, werden die autonomen Nerven in ihrem Verlaufe vom Ur-sprungskern zum Erfolgsorgan durch eine Schaltstelle, *ein autonomes Ganglion*, unterbrochen und zerfallen daher ausnahmslos in 2 Teile (Abb. 18): 1. die *präganglionäre Faser*; sie entspringt in einer Nervenzelle des Gehirns oder Rückenmarks und reicht bis zum autonomen Ganglion; 2. die *postganglionäre Faser*; sie entspringt in einer Nervenzelle des autonomen Ganglions und reicht bis zum Erfolgsorgan.

Die Gefäßnerven senden auch im Zustande der Ruhe Impulse in die Ge-fäßmuskulatur, die dadurch *tonisch* innerviert wird. Es überwiegt im allge-meinen der Vasoconstrictorentonus über den Vasodilatatorentonus. Dies geht aus folgendem Versuche hervor:

Wenn man den die Ohrgefäße des Kaninchens versorgenden Halssympathicus durchschneidet, so erweitern sich die Blutgefäße des Ohrs sehr stark. Wenn man den peripheren Stumpf des durchschnittenen Halssympathicus reizt, so ver-engern sich die Blutgefäße des Ohrs.

Zur richtigen Deutung der Versuche über die *vasomotorische Wärmeregulation* ist die Kenntnis der Zusammenhänge der verschiedenen Partien des Rücken-marks mit verschiedenen Hautanteilen durch vasomotorische Nerven notwendig. Die Blutgefäße der verschiedenen Körpergegenden werden mit geringen Unter-schieden je nach der Tierart in folgender Weise innerviert: Die Vasoconstric-toren treten durch die vorderen, die Vasodilatatoren durch die hinteren Wurzeln des Rückenmarks aus.

1. Der *Kopf* bekommt seine Vasomotoren bei Katze und Hund aus dem 1.—5. Brustnerven, beim Kaninchen aus dem 2.—8. Brustnerven (LANDOIS-ROSEMANN, S. 613[180]). Das *Ohr* bekommt aber außerdem gefäßerweiternde Nerven noch vom 4.—6. Halsnerven (R. TIGERSTEDT, S. 295[335]).

2. Die *vorderen Extremitäten* werden vom 4.—10. Brustnerven vasomotorisch versorgt. Vasodilatatoren für sie sollen nach BAYLISS[22] aus dem 5.—8. Cervical-nerv austreten.

3. Die *hinteren Extremitäten* bekommen gefäßverengernde Nerven vom 11. Brust- bis 3. Lendennerven, gefäßerweiternde Nerven etwa vom 5.—7. Lenden-nerven (R. TIGERSTEDT, S. 295[335]). Die Grenze zwischen dem Ursprung der Gefäßnerven für die vorderen und hinteren Extremitäten liegt demnach zwischen 10. und 11. Brustsegment des Rückenmarks.

4. Die Vasomotoren für die *Rumpfhaut* stammen aus dem 4. Brust- bis 4. Lendennerven (LANDOIS-ROSEMANN, S. 613[180]). Die Vasodilatatoren für die Haut entspringen nach H. DENNIG, S. 360[62] aus demselben Rückenmarks-niveau, in welches die Temperaturnerven einmünden.

5. Die Vasomotoren für die *Baucheingeweide* entspringen aus dem 3. Brust-bis 3. Lendennerven. Ihr präganglionärer Anteil verläuft im Nervus splanch-nicus major und minor zum Ganglion coeliacum und mesentericum, wo die Umschaltung auf die postganglionäre Faser stattfindet. Auch der *N. vagus* enthält verengende Nerven für die Blutgefäße des Magens und Darmes (A. LOHMANN[207]).

Als *Gefäßzentren* bezeichnet man solche Stellen des Zentralnervensystems, von denen aus die Weite und der Tonus der Blutgefäße geregelt werden. Diese Zentren liegen:

1. im *Rückenmark (spinale Gefäßzentren)*,
2. nach der alten, in neuester Zeit angefochtenen (vgl. W. GLASER, S. 364[110]) Lehre in der *Medulla oblongata (bulbäre Gefäßzentren)*,

3. im *Zwischenhirn*, insbesondere im Höhlengrau des 3. Ventrikels (Karplus und Kreidl[155], s. Abb. 17).

Außerdem üben auch die in der Gefäßwand selbst liegenden Ganglienzellen auf die Gefäße einen tonisierenden Einfluß aus.

Die Oberleitung kommt allem Anscheine nach einem *im Zwischenhirne* gelegenen Zentrum zu.

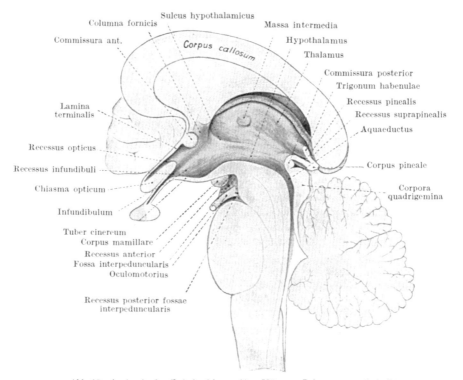

Abb. 17. Anatomie des Zwischenhirns. (Aus Müller: Lebensnerven, 3. Aufl.)

2. Unmittelbare Wirkung von Temperaturreizen auf die Weite der Blutgefäße.

Wenn ein Blutgefäß direkt erwärmt wird, so erweitert es sich, wenn es abgekühlt wird, verengt es sich. Die Temperaturreize wirken also auch ohne Vermittlung von Nerven unmittelbar auf die Gefäßwand. Diese Tatsache wurde schon vor mehr als 100 Jahren von Hastings[123] nachgewiesen; er beobachtete unter dem Mikroskop die Blutgefäße der aufgespannten Froschschwimmhaut. Wenn er auf diese Eis legte, so sah er die Gefäße sich kontrahieren und die Blutbewegung schneller werden; wenn aber das Eis einige Zeit auf der Schwimmhaut liegen blieb, so sah er die Blutgefäße sich erweitern und das Blut langsamer fließen. Wenn er den Froschfuß $1/2$ Minute in sehr heißes Wasser (von ca. 46^0 C) eintauchte, so kontrahierten sich die Gefäße sofort. An diesem Versuche zeigte sich bereits, daß langdauernde Kältewirkung lähmend und erweiternd, sehr starke, plötzliche Wärmewirkung verengernd auf die Blutgefäße wirkt, während sie sich bei mäßiger Wärmewirkung erweitern. Diese lokale Wirkung der Temperaturreize läßt sich besonders leicht am Kaninchenohr zeigen (C. Sartorius[291]). S. Lewaschew, S. 60[191] wies nach, daß sich auch die Blutgefäße einer vom Körper abgetrennten Extremität kontrahieren, wenn diese in kaltes Wasser gesteckt wird. Außerdem ließ er die Blutgefäße der abgetrennten Extremität mit defibriniertem Blute von verschiedener Temperatur durchströmen und ermittelte aus der Durchströmungsgeschwindigkeit die Weite der Blutgefäße. Diese intravasale Temperaturwirkung wurde besonders eingehend von STEFANIS Schülern, A. LUI[212] und A. BERTI[32], und später von S. PISSENSKI[262a] untersucht. Es ergab sich immer Kontraktion der Gefäße bei Durchströmung mit kalter, Erweiterung bei Durchströmung mit warmer Flüssigkeit. BERTI fand aber, daß bei Temperaturen von 42—44⁰ aufwärts an Stelle der Erweiterung eine rapide und heftige Kontraktion der Blutgefäße auftritt, und zwar noch stärker als in der Haut in den von BERTI untersuchten Blutgefäßen der Baucheingeweide und ganz besonders in denen der Niere (A. BERTI, S. 130[32]). Infolge durch plötzliche heftige Wärmewirkung erzeugten lokalen Chokes kann außer dem Erblassen der Haut auch noch Gänsehaut eintreten. Auf diese sehr flüchtige Anfangswirkung von lokaler Hitze folgt sehr rasch ein Umschlag mit arterieller Hyperämie (DI GASPERO, S. 135[98]).

Die gleiche lokale Wirkung wie Wärmereizung haben auch chemische, elektrische und mechanische Reize. Man kann bekanntlich durch Reiben oder durch ein Senfpflaster lokale Rötung erzeugen.

Die *Venen* ziehen sich bei Kältewirkung langsamer und weniger energisch als die Arterien zusammen, ihr Lumen kann sich aber bei intensiver Kälte nahezu schließen, bei lange dauernder Kälte kann eine Vene kontrahiert bleiben, wenn die zuführende Arterie schon durch Ermüdung erweitert ist (DI GASPERO, S. 134[98]). Da starke Kälte die Gefäße lähmen kann, so erklärt es sich, daß eine anfangs erblaßte Hautstelle infolge Hyperämie hellrot und saftreicher wird. Später wird sie dunkelblaurot, als Zeichen venöser Stase infolge der Kälte. Schließlich aber nimmt der abgekühlte Teil Leichenfarbe an.

O. BRUNS und F. KÖNIG[44] haben mit dem Capillarmikroskop beobachtet, daß die Hautrötung nach Kälte durch sog. *Capillarhyperämie* zustande kommt. Fast alle Capillaren zeigen während eines Armbades von 10⁰ beschleunigte Blutströmung. Die beiden Autoren nehmen daher während der Kältereaktion Erweiterung sowohl der Arteriolen als auch der Capillaren und Venen an.

Die Blutmenge, welche durch die Capillaren strömt, kann einerseits durch Beschleunigung des gesamten Stromes in dem betreffenden Gefäßbezirk, anderseits durch Öffnung vorher geschlossener Capillaren gesteigert sein. Durch KROGH[174] wissen wir ja, daß durchaus nicht immer alle Capillaren eines gegebenen Bezirkes offen stehen.

Über das *Verhalten der Blutgase nach Wärme- oder Kältewirkung* unterrichten uns Messungen des O_2-Gehaltes und CO_2-Gehaltes des menschlichen Hautvenenblutes durch E. FREUND und A. SIMÓ[93]. Aus ihren Angaben habe ich folgende Mittelwerte berechnet.

Tabelle 13. O_2- und CO_2-Gehalt des Armhautvenenblutes bei Abkühlung und Erwärmung.

	O_2 %	CO_2 %	
I. Normal	10,2	50,5	
II. Nach einem warmen Armbad von 45⁰ C und 10 bis 15 Min. Dauer	12,2	37,4	Offenbar infolge Erweiterung der Blutgefäße und schnellerer Strömung des Blutes vermehrter O_2- und verminderter CO_2-Gehalt des venösen Blutes.

Fortsetzung von Tabelle 13.

	O_2 %	CO_2 %	
III. Nach einem kalten Armbad von 15⁰ und 10 Min Dauer	10,1	55,7	Unter den 8 Versuchspersonen zeigten 3 keine objektiven Veränderungen an der abgekühlten Extremität, bei den anderen waren sie vorhanden.
IV. Reaktive Hyperämie nach Übergießen oder nach kurzem Eintauchen des Armes in Wasser von 8 Grad	10,6	46,5	Die Rötung nach Kälteeinwirkung geht also mit Verminderung der Reduktion des Blutes infolge Steigerung der Durchblutung einher.
V. Vollbad von 20 bis 22 Grad und 10 Min. Dauer	8,4	54,7	Die Reduktion des Blutes ist durch Verzögerung der Durchblutung infolge Verengerung der Blutgefäße gesteigert.

Die Frage, warum *bei der Kälte die Haut des Menschen blaurot* wird, ist noch nicht ganz sicher geklärt. Bergmann, S. 319[28] äußerte die Vermutung, daß die oberflächlichen Capillaren durch die starke Abkühlung gelähmt und daher weit werden, während die etwas tiefer gelegenen ab- und zuführenden Gefäße reflektorisch kontrahiert sind. Dadurch käme sehr verlangsamte Strömung des Blutes in den Capillaren und infolgedessen gesteigerte Venosität des darin enthaltenen Blutes und daher die *blaurote* Farbe zustande.

Diese Vorstellung ist bis heute durch keine bessere ersetzt, vielmehr, wie fast alle Ideen Bergmanns über die Wärmeregulation, von verschiedenen Autoren „wieder entdeckt" worden.

Von der reflektorischen, über die ganze Haut ausgedehnten Erweiterung oder Verengerung der Blutgefäße auf Temperaturreiz hin unterscheidet sich die durch Kontaktwirkung erzeugte Schwankung der Gefäßweite außer durch ihre lokale Begrenztheit auch durch ihren langsameren Verlauf (A. Atzler und G. Lehmann, S. 995[15]).

F. Hoff, S. 709[136] faßt die „*reaktive Hyperämie*" als Folge der Kälteanämie auf; diese rufe CO_2-Anreicherung und H-Ionenvermehrung im Gewebe hervor, und diese wieder veranlassen die Gefäßerweiterung.

3. Der thermische Gefäßreflex.

Weit wichtiger und ausschlaggebender als die durch den thermischen Kontaktreiz bedingte ist die *reflektorische* Erweiterung und Verengerung der Hautblutgefäße für die Wärmeregulation.

Am schönsten zeigt sich die *Fernwirkung eines Temperaturreizes* auf die Blutgefäße an folgendem, von Beke-Callenfels[23] 1855 zuerst beschriebenen Versuche: Taucht man die hintere Hälfte eines Kaninchens in *warmes* Wasser, so tritt nach wenigen Sekunden eine starke Erweiterung der deutlich durch die Haut durchscheinenden Ohrgefäße auf; setzt man das Kaninchen mit der hinteren Hälfte in *kaltes* Wasser, so verengen sich die Ohrgefäße (Näheres über diesen Versuch bei F. Winkler[361]).

Brown-Séquard[43] hat gezeigt, daß Abkühlung einer Hand Absinken der Temperatur in der anderen Hand bewirkt. Plethysmographisch beobachtete S. Amitin[8], daß sich die Blutgefäße des einen Armes kontrahieren, wenn der andere abgekühlt wird.

Ein auf einen kleinen Teil der Körperoberfläche wirkender Temperaturreiz wird also durch die Vasomotorenzentren reflektorisch auf die ganze Hautoberfläche übertragen. Es wurde schon früher hervorgehoben, daß die dadurch reflektorisch bedingte Erweiterung oder Verengung der Hautblutgefäße durch eine gegensätzliche Volumschwankung der Abdominalblutgefäße kompensiert wird (DASTRE-MORAT*sches Gesetz*).

Es soll nun der *Reflexbogen* untersucht werden, auf dem der periphere Temperaturreiz auf die Blutgefäße übermittelt wird.

Die *afferenten Schenkel des thermoregulatorischen Gefäßreflexbogens* werden in der Regel durch *Temperaturnerven* gebildet. *Es kann auch die Blutwärme selbst das vasomotorische Zentrum erregen.* Daß aber in der Regel die Temperaturnerven hierfür in Betracht kommen, erscheint durch verschiedene Beobachtungen erwiesen, so besonders dadurch, daß nach Rückenmarksdurchschneidung von dem dadurch seiner Sensibilität beraubten Körperteil eine Wärmereflexwirkung auf den kranial davon gelegenen Körperteil nicht ausgeübt wird. Erst wenn die Temperaturwirkung auf den anästhetischen Körperteil ziemlich lange dauert, so daß sich dadurch schon das Blut und damit der ganze Körper erwärmt oder abkühlt, so tritt durch direkte Reizung der Gefäßzentren durch die veränderte Bluttemperatur Gefäßverengerung oder Erweiterung in dem kranial vom Schnitt gelegenen Anteil des Tieres ein (F. WINKLER[361]).

Kontaktwirkung und Reflex summieren sich, daß aber dieser für die Wärmeregulation maßgebend ist, zeigt folgender Versuch von LUCHSINGER[210]:

Einem jungen Kätzchen mit nicht pigmentierten Hinterpfoten wird der eine N. ischiadicus durchschnitten. Während die gesunde Pfote ihr blasses Aussehen behält, wird die operierte bald hyperämisch. Bringt man aber das Tier auf 5—10 Minuten in einen Raum von 60—70⁰, so rötet sich die gesunde, vorher blasse Pfote viel stärker. Durch Abkühlung wird die gesunde Pfote wieder viel blasser als die operierte. Das gleiche zeigt sich auch, wenn man statt des N. ischiadicus den Bauchstrang des Sympathicus auf einer Seite durchschneidet. Aus diesem treten nämlich die Gefäßnerven in den Nervus ischiadicus über, der sie an die Blutgefäße der Extremität leitet.

Daß der *Blutweg nicht der gewöhnliche Weg ist,* auf dem die Temperaturreize dem Zentrum zugeführt werden, geht, wie H. REIN, S. 44[271] treffend hervorhebt, schon aus der *Kürze der Reflexzeit* von Beginn des Temperaturreizes bis zum Auftreten der Erweiterung oder Verengerung der Arterien hervor. Diese thermische Gefäßreflexzeit beträgt nach REINS Messungen z. B. bei der *A. carotis* und *femoralis* bei Temperaturänderungen von 0,5—3⁰ nur 0,5—2 Sekunden. Zu einer Erwärmung oder Abkühlung des Blutes kann es in dieser kurzen Zeit überhaupt noch nicht kommen. Etwas länger ist die Reflexzeit für die Darm- und Nierengefäße, oft aber beträgt auch diese nur 5—10 Sekunden.

H. REIN[271] fand, daß die Anzahl der Thermorezeptoren der Haut in verschiedenen Regionen der Körperoberfläche stark variiert, daß beim Menschen beträchtliche Flächen überhaupt keine Thermorezeptoren enthalten, daß diese anderseits im Gebiete des Trigeminus am dichtesten sind, insbesondere in der Haut der *Nasenflügel.* H. REIN, S. 44[271] nennt diesen Bezirk „*Wärmetastfläche*". Auf Abkühlung der *Nasenöffnung* des Hundes sah REIN eine deutliche Mehrdurchblutung der A. carotis communis auftreten, mit einer Reflexzeit von weniger als 0,6 Sekunden.

Nicht nur von der äußeren Haut, sondern *auch von bestimmten Schleimhäuten aus können thermische Gefäßreflexe ausgelöst werden.* Temperaturempfindlich sind die Schleimhaut der Mund-, Rachenhöhle und des obersten Abschnittes der Speiseröhre, des vorderen Einganges und des Bodens der Nasenhöhle, des Kehlkopfes und des Afters. Dagegen soll die Schleimhaut des Magens und Darmes sowie der Innenteile des Körpers gar keine Temperaturempfindungen auslösen können (Landois-Rosemann, S. 752[180]). Indessen nimmt H. H. Meyer[235] an, daß auch von der *Magenschleimhaut* aus, trotz ihrer Temperaturunempfindlichkeit, thermische Gefäßreflexe vermittelt werden können; denn Trinken von kaltem Wasser macht reflektorisch die Haut blaß, Trinken heißer Getränke bewirkt Hautröte und Schweißausbruch (S. 752). In gleicher Weise wie die heißen Getränke wirken scharfe Gewürze, vor allem Paprika. R. Isenschmid, S. 67[143] glaubt, daß der afferente Schenkel des Thermoreflexes der Magenschleimhaut durch sensible Vagusfasern gebildet wird.

   Die Reflexzentren für die thermische Gefäßreaktion. Die einfachste Form für den *Gefäßreflexbogen* ist die in Abb. 18 schematisch dargestellte, wobei das Reflexzentrum im Rückenmark liegt. Daß es ein *spinales Gefäßreflexzentrum* gibt, ist schon früher erwähnt worden; es scheint aber, *daß die Temperaturerregungen bei den Säugetieren in der Regel erst auf dem Wege über Reflexzentren*

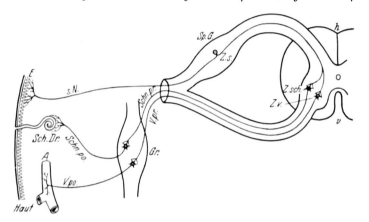

Abb. 18. Schema des Verlaufes zweier vegetativer Nerven und der Bahnen zweier vegetativer Reflexe. 1. Eine vasomotorische und 2. eine sekretorische Nervenfaser. *h* = dorsal; *v* = ventral; *Sp. G* = Spinalganglion, *s. N.* = sensible Nervenfaser; *E* = Endausbreitung derselben in der Haut; *Gr* = Grenzstrangganglion, *Sch. Dr.* = Schweißdrüse; *A* = Arterie, *Schn. pr.* = präganglionäre Faser des Schweißdrüsennerven; *Schn. po.* = postganglionäre Faser desselben; *Z. sch.* = Ursprungszelle der präganglionären Faser des Schweißdrüsennerven im Rückenmark; *V. pr.* = präganglionäre Faser des Gefäßnerven; *V. po.* = postganglionäre Faser desselben; *Z. v.* = Ursprungszelle der präganglionären Faser im Rückenmark.

im Gehirne auf die diesen untergeordneten spinalen Reflexzentren übertragen werden. Man sollte meinen, daß diese Frage durch einen einfachen Versuch zu entscheiden wäre: man durchschneidet das Rückenmark weit oben im Brustmark, so daß das Tier, wie man sich auszudrücken pflegt, jetzt aus einem „Vordertier" und einem „Hintertier" besteht. Übt man dann auf die Haut des Hintertieres einen Temperaturreiz aus, so kann sich die Haut des „Hintertieres" daraufhin entweder in ihrer durch die Durchblutung bedingten Farbe ändern oder nicht. Wird die Haut nach einem Wärmereiz röter oder nach einem Kältereiz blässer, so ist damit ein *thermisches Gefäßreflexzentrum im Rückenmark* festgestellt, wie es in Abb. 18 angedeutet ist. Solche Beobachtungen sind von verschiedenen Autoren an verschiedenen Tieren und am Menschen gemacht worden, die Ergebnisse sind jedoch widersprechend.

   Nussbaum (zit. nach Dennig, S. 360[62]) hat in der Schwimmhaut von *Fröschen*, deren Rückenmark unterhalb der Medulla oblongata durchschnitten war, auf Reizung eines sensiblen Nerven reflektorisch Gefäßkontraktion beobachtet; nach Zerstörung des Rückenmarks trat diese nicht mehr auf. B. Luchsinger[210] sah bei jungen *Kätzchen* mit hellen Pfoten nach Durchschneidung zwischen dem 8. und 9. Brustwirbel auf sensible Reizung beträchtliche Rötung der Pfote, also reflektorische Erregung des isolierten Rückenmarks auftreten (S. 378, Anm.). Hiernach gibt *es also bei Fröschen und jungen Kätzchen einen spinalen Gefäßreflex.* Es ist zwar damit noch nicht bewiesen, daß er auch auf *thermische* Reize hin zustande kommt, aber nach dem Mitgeteilten doch wahrscheinlich.

Zu entgegengesetzten Schlüssen kam SHERRINGTON bei seinen Versuchen an *Hunden.* C. S. SHERRINGTON[302] hat Hunden das Rückenmark an verschiedenen Stellen durchschnitten. Es gelang ihm, diese Hunde über ein Jahr am Leben zu erhalten; dadurch war er in der Lage, die Veränderungen der Wärmeregulation infolge der Rückenmarksdurchschneidung so lange nach der Operation zu beobachten, daß sich in der Zwischenzeit der durch die Operation hervorgerufene spinale Chok sicher schon gelegt haben mußte. SHERRINGTON[302] brachte seine operierten Hunde zugleich mit einem normalen Vergleichshund in einen *kalten* Raum.

Bei einem Hunde, dessen Brustmark zwischen 5. und 6. Brustsegment durchschnitten war, wurden Ohren und Vorderfüße zu gleicher Zeit mit denen des normalen Hundes kalt. Die Hinterbeine des operierten Hundes blieben aber, im Gegensatz zu denen des normalen, *warm.* Es trat also die regulatorische Kontraktion der Hautgefäße beim operierten Hunde nur am „Vordertier" auf, nicht aber am „Hintertier".

Bei 2 Hunden, denen das 8. Cervicalsegment durchschnitten war, fühlten sich während des Aufenthaltes im kalten Raum Ohren, Vorderfüße und Hinterfüße warm an. *Bei diesen Hunden konnte also im Rückenmark kein Thermogefäßreflex ausgelöst werden. Zu seinem Zustandekommen muß die Erregung offenbar über ein cerebrales Reflexzentrum gehen.*

Zu dem gleichen Schlusse, daß nämlich das Zentrum für den thermischen Gefäßreflex im *Hirn* liege, kommt H. REIN, S. 44[271] auf Grund der Beobachtung, daß bei einem Hunde, der durch Chloralose nur so tief narkotisiert ist, daß die spontane Atmung noch völlig intakt, die spinalen Reflexe erhalten und das Vasomotorenzentrum durch CO_2 erregbar ist, eine Abkühlung der Umgebungsluft von 40 auf 15° überhaupt keine Reaktion hervorruft. Die Art des Narkoticums ist dabei gleichgültig. Trotzdem also das Rückenmark und die Medulla oblongata erregbar geblieben sind, kommt es nicht zur Wärmeregulation. REIN[271] schließt daraus, daß der Reflexbogen für den thermischen Gefäßreflex weit zentral verläuft.

Beim *Menschen* hat man Gelegenheit zu diesbezüglichen Beobachtungen bei *Querschnittsläsionen* des Rückenmarks. H. DENNIG[62] sah bei solchen Fällen keine reflektorische Gefäßverengerung, wenn er kandal von der Verletzung ein Stück Eis auf die Haut legte. Er schloß daraus, daß das Gefäßzentrum in der Medulla oblongata oder im Subthalamus liegen müsse. W. GLASER, S.368[110] behauptet indessen das Gegenteil, daß nämlich selbst bei völliger Querschnittsläsion des Rückenmarks noch die Möglichkeit bestehe, von der anästhetischen unteren Körperhälfte aus vasomotorische Effekte zu erzielen. „Man vermißt bei Kranken mit einer Durchtrennung des Rückenmarks die auf geeignete mechanische Hautreize hin auftretenden reflektorischen Vasomotorenreaktionen der Haut nur in dem Dermatom, welches dem betroffenen und geschädigten Rückenmarkssegmente entspricht." Nach GLASER[110] können die spinalen Gefäßzentren auch direkt durch die Bluttemperatur erregt werden. „Bei Steigerung der Blutwärme tritt auch in den paraplegischen Körperteilen ausgleichende Hyperämie ein" (S. 368). Wenige Seiten später erwähnt der gleiche Autor allerdings, daß entsprechend den Versuchen von H. FREUND und R. STRASMANN[94] nach Durch-

trennung des Halsmarks jede Wärmeregulation unmöglich sei, die Tiere verhalten sich dann „poikilotherm". Es bestehen also sehr viele Widersprüche
in dieser Frage.

Mag die Möglichkeit, spinale Vasomotorenreflexe hervorzurufen, auch bei
höheren Säugetieren und beim Menschen in einem gewissen Ausmaße unter
bestimmten Umständen bestehen, so ist doch das eine sicher, daß eine Durchtrennung des Rückenmarks, je weiter oben, um so mehr, die Wärmeregulation
auf das schwerste stört. Von der hierauf bezüglichen ungemein umfangreichen
Literatur wird später noch die Rede sein.

VII. Die calorische Nachwirkung.

Eine sehr wichtige Erscheinung ist es, daß die primären regulatorischen
Reaktionen auf thermische Reize nach dem Aufhören dieser zunächst noch
eine Zeitlang bestehen bleiben, dann aber häufig bei der Rückkehr des Organismus
zum Normalstadium überkompensiert werden. Ehe die durch Kälte kontrahierten
Gefäße zur Normalspannung zurückkehren, bleiben sie längere Zeit erschlafft.
Ein mit Heißluft behandelter Körperabschnitt verbleibt nachher eine Zeitlang
örtlich höher temperiert als die Nachbarschaft, wird jedoch schließlich kühler
als diese (DI GASPERO, S. 499[98]). Das ist es, was JÜRGENSEN, S. 32[151] als
„Gesetz der Kompensationen" bezeichnet hat. DI GASPERO nennt diese Erscheinung „calorische Nachwirkungen" und zitiert den Lehrsatz des HIPPOKRATES,
daß „kaltes Wasser wärmt, warmes hingegen kühlt". Dieser Satz gilt allerdings nur für einen gewissen Temperaturbereich der primären Reize. Daß
auf ein kaltes Bad sogar leichte *Vermehrung* der Innentemperatur folgen kann,
hat schon 1801 CURRIE[58] beschrieben. *Ein überhitztes Tier kühlt sich nach dem
Aufhören der Kältewirkung um so mehr über die Norm ab, je höher seine Körpertemperatur gesteigert war und je länger diese Steigerung gedauert hatte.* Diese
Erscheinung wurde von der KESTNERschen Schule als „zweite chemische Wärmeregulation" bezeichnet. Von einer „Regulation" kann aber hier gar keine Rede
sein, es wird ja die normale Temperatur unterschritten. Man kennt eine Menge
ähnlicher Ermüdungs- oder Erschöpfungserscheinungen.

Bei der „calorischen Nachwirkung" spielt wohl auch der in der gesamten
Lebewelt gesetzmäßig auftretende *Kontrast* eine ausschlaggebende Rolle.

VIII. Abhärtung.

Die uralte Erfahrung, daß es eine Abhärtung gegen tiefe und hohe Außen-
temperaturen gibt, bekam durch NASAROFFS[245] Versuche eine zahlenmäßige
Grundlage; dieser Autor setzte Hunde während einiger Tage täglich $1/_2$ bis
$3/_4$ Stunden einer Lufttemperatur von 42—44° C aus. Einer dieser Hunde erwärmte sich am ersten Tage um 3,5°, am zweiten Tage um 3,3°, am dritten
Tage nur mehr um 2,9° C. Ein andermal setzte er Hunde in kaltes Wasser von
0,2—12°, und zwar täglich 10 Minuten lang. An jedem folgenden Tag sank die
Temperatur der Hunde um immer geringere Beträge, z. B. am ersten Tage
um 2,4°, am dritten Tage um 2,2°, am fünften Tage um 0,9° C.

Der Vorgang der Abhärtung besteht offenbar darin, daß die Kälte- oder
Wärmereize mit fortschreitender Gewöhnung nicht mehr so stark wirken wie
im Anfang. Es kommt also nicht mehr zu Chokwirkungen auf die Organe der
Wärmeregulation (z. B. Erweiterung der Hautblutgefäße statt Verengerung
durch die Kälte) und infolgedessen zu einer ökonomischeren Verwendung ihrer
Hilfsmittel. Die Hauptrolle bei der Abhärtung dürfte die *Einübung der Reflexzentren der Wärmeregulation* spielen.

b) Wärmeregulation durch Wasserverdampfung von der Hautoberfläche.

Die Wasserdampfabgabe an der Haut kommt 1. durch *Perspiratio insensibilis* und 2. durch *Schweiß* zustande.

1. Perspiratio insensibilis.

Der Istrianer SANTORIO hat 1614 mit Hilfe der Waage als erster den Nachweis erbracht, daß bei Mensch und Tier unaufhörlich und bei jeder Temperatur ein unsichtbarer Gewichtsverlust zustande kommt. Diesen hat SANTORIO *Perspiratio insensibilis* genannt. Ihre Hauptursache ist Wasserdampfabgabe durch Haut und Lunge. (Man hat aber auch oft die unsichtbare Hautausdünstung allein im Gegensatz zum sichtbaren Schweiß als Perspiratio insensibilis bezeichnet [KRAUSE[170]].)

Nach F. G. BENEDICTS [25a und b] Wägungen macht die Perspiratio insensibilis beim Menschen stündlich 20—40 g aus. Davon entfallen ungefähr 90% auf *Wasserdampfabgabe*, und zwar zu etwa gleichen Teilen durch die Haut und durch die Lunge. Der Rest von 10% erklärt sich dadurch, daß die ausgeatmete und die nur 1% davon ausmachende, von der Haut abgegebene *Kohlensäure* schwerer ist als der in der gleichen Zeit durch die Atmung aufgenommene Sauerstoff (S. 368 [25b]). BENEDICT stellte bei Menschen und *Wiederkäuern*[25] fest, daß die Perspiratio insensibilis mit dem Stoffwechsel steigt und sinkt. Es fragt sich, ob die Wasserdampfabgabe ohne sichtbare Schweißbildung ein *Sekretionsprodukt* der Schweißdrüsen ist oder nur durch die Verdampfung der von innen her aus der Haut an die Oberfläche *diffundierenden Feuchtigkeit* zustande kommt, oder ob beides zutrifft. Diese Frage ist auch heute noch nicht ganz geklärt (A. SCHWENKENBECHER, S. 739[301]). Sie ist aber gerade für die Deutung der Wärmeregulation bei *schweißdrüsenlosen Tieren* sehr wichtig. H. WALBAUM[349] und R. W. KEETON[157] sind auf Grund ihrer Versuche zu dem Schlusse gekommen, daß *Kaninchen* imstande sein müssen, trotzdem sie nicht schwitzen, durch die Haut beträchtliche Mengen, ja sogar das ganze Ausmaß der von ihnen produzierten Körperwärme in Form von latenter Verdampfungswärme abzugeben.

Es ist ganz sicher, daß Wasser aus der Haut aus rein physikalischen Gründen unabhängig von jeglichem Sekretionsvorgang entsprechend der relativen Feuchtigkeit der umgebenden Luft an der Hautoberfläche verdampft und dann wieder langsam aus dem Körperinneren Wasser durch die Epidermis an die Oberfläche diffundiert.

A. LOEWY[200] hält die Perspiration für eine rein physikalische Erscheinung. LOEWY und WECHSELMANN[206] haben bei Patienten, die infolge Störungen in der embryonalen Anlage gar keine Schweißdrüsen und Talgdrüsen besaßen, dennoch die Abgabe erheblicher Wassermengen durch die Haut beobachtet.

A. SCHWENKENBECHER, (S. 738[301]) möchte aber in der Perspiration mehr erblicken als eine bloß physikalische Wasserdampfabgabe, „nämlich eine Art von Capillarsekretion, bei der eine stark hypotonische Lösung aus den Capillaren der tieferen Hautschichten austritt und nach der Oberfläche zu weiter wandert, um dann schließlich aus der Hornschicht der Epidermis zu verdunsten".

Die Perspiratio insensibilis spielt eine, meines Erachtens entscheidende, Rolle bei der Erscheinung, daß die *Körpertemperatur künstlich überhitzter Tiere* nach der Rückkehr in normale Außentemperatur unter den normalen Anfangswert der Körpertemperatur sinkt (KESTNERS zweite chemische Wärmeregulation): Während der *Hyperthermie* sind die Hautblutgefäße maximal erweitert; dadurch wird die Haut stark durchfeuchtet. Diese starke Durchfeuchtung besteht selbstverständlich auch noch fort, wenn das Tier aus dem Thermostaten herausgenommen wird, bis der Überschuß von Hautfeuchtigkeit verdunstet ist. Daher ist die Wasserabgabe durch Perspiratio insensibilis nach Beendigung des Versuches gesteigert; daher kühlt sich die Körperoberfläche stärker ab als vor der Erwärmung des Versuchstieres, und daher sinkt die Körpertemperatur unter den normalen Wert, und zwar findet man, besonders im *äußeren* Teile des Rectums beträchtlichere Senkung der Temperatur als in den inneren Teilen, verglichen mit den Normalwerten (R. STIGLER II, S. 260, 263[319]).

Außer der besseren Durchfeuchtung der Haut infolge stärkerer Durchblutung kommt beim Menschen und bei jenen Tieren, welche schwitzen können, auch noch in Betracht, daß der während der Hyperthermie reichlich abgeschiedene Schweiß die Haut durchfeuchtet und dadurch nach dem Aufhören der hohen Außentemperatur so lange eine Steigerung der insensiblen Wasserdampfabgabe bewirkt, bis der angesammelte Überschuß verdunstet ist. Die Hypothermie nach Hyperthermie erklärt sich also ganz anders als durch eine mystische Drosselung des Grundumsatzes.

II. Der Schweiß als Wärmeregulator.

1. Die Funktionsweise der Schweißdrüsen.

Wenn 1 kg Schweiß auf der Hautoberfläche verdunstet, so werden dadurch $(607 — 0,708 \cdot t)$ Calorien Wärme gebunden, wenn t die Temperatur bedeutet, bei welcher der Schweiß verdunstet. Diese Wärme wird zum weitaus größten Teile der darunterliegenden Haut entzogen und nur zum viel geringeren Teile der umgebenden Luft. Wenn nur *gerade so viel* Wärme durch Schweißverdunstung gebunden wird, als der Hautoberfläche durch das Blut fortgesetzt wieder zugeführt wird, so bleibt die *Hauttemperatur* natürlich gleich; wenn aber infolge der Schweißverdunstung *mehr* Wärme gebunden wird, als der Hautoberfläche jeweils von der darunterliegenden Hautschicht und vom Blut zugeführt wird, so kühlt sich die Haut beim Schwitzen ab. Letzteres ist um so eher der Fall, je mehr die Schweißverdunstung durch Trockenheit und Bewegung der Luft gefördert wird. In diesem Falle entsteht an der oberflächlichen Schicht der Haut eine Abkühlungszone; durch diese fließt das Blut und gibt dabei um so mehr Wärme ab, je kühler die Haut ist und je mehr Blut durch sie fließt.

Die *Hauttemperatur, bei welcher Schweiß auftritt,* ist keine bestimmte Größe; als Beispiele für einen häufigen Mittelwert fand KISSKALT[164] beim Menschen 34,6—34,7°. Indessen kommt es auch vor, daß der Schweißausbruch erst bei höherer Hauttemperatur erfolgt. Für die Schweißverdunstung bei der eben angegebenen Hauttemperatur von 34,6° errechnet sich eine Wärmebindung von ca. 580 Cal je 1 kg Schweiß; diese werden aber nicht zur Gänze der Haut, sondern, wie erwähnt, teilweise auch der Luft entzogen.

Es nützt aber nichts, wenn der Schweiß, ohne zu verdunsten, über den Körper herabrinnt. Bei hoher Temperatur erfolgt die Schweißproduktion leider immer im Überschuß. Durch das andauernde heftige Schwitzen tritt eine allgemeine Erschöpfung ein, wie auch RUBNER, (S. 235[288]) hervorhebt. Wahrscheinlich liegt in dieser Erschöpfung eine der Hauptursachen des Hitzschlages (R. STIGLER, S. 71[318]).

LEVY-DORN[190] hat die Hinterpfoten schwitzender Katzen in einen Lampenzylinder geschoben, diesen an der Haut luftdicht befestigt und den Druck der eingeschlossenen Luft noch über den arteriellen Blutdruck des Tieres gesteigert. „Trotzdem" ging die Schweißabsonderung weiter vor sich, selbst bei einem Drucke von 300 mm Hg.

Dieses Ergebnis ist von vornherein selbstverständlich und keineswegs etwa ein Beweis dafür, daß die Schweißdrüsen einen Sekretionsdruck aufzubringen vermögen, der größer als der Druck in dem Zylinder, also größer als der Aortendruck, ist. Der Versuch zeigt nur, daß die Schweißsekretion trotz der Beeinträchtigung der Blutzirkulation durch den lokalen Druck auf die eingeschlossene Hinterpfote nicht wesentlich verändert wurde. Der Druck, der die Hinterpfoten umgebenden Luft pflanzt sich ebenso wie der Druck des Badewassers ungeschwächt bis auf die Knochen fort, er wirkt also ebenso stark auf die in der Tiefe der Haut liegenden Knäuel der Schweißdrüsen wie auf die Mündungen ihrer Ausführungsgänge an der Hautoberfläche. An der Druckdifferenz zwischen dem Inneren der Knäuel und der Mündung der Ausführungsgänge an die Oberfläche wird durch eine derartige Steigerung des Außendruckes gar nichts geändert.

Mit dieser physikalischen Feststellung erscheint auch A. STRASSERs[320] Vermutung richtiggestellt, daß der *Sekretionsdruck des Schweißes* vielleicht zu gering wäre, um den „Seitendruck" eines Bades zu überwinden, und daß daher möglicherweise die Körperteile unter Wasser nicht schwitzen könnten. Der hydrostatische Druck des Bades wirkt nicht nur auf die Hautoberfläche, sondern auch auf die tiefsten Organe mit gleicher Stärke, mit Ausnahme der aus dem Wasser herausragenden und der in der Brusthöhle gelegenen Organe.

Die allbekannte große Hitzewiderstandsfähigkeit der *Neger* beruht nicht, wie öfters angenommen wird, auf der Fähigkeit, während der Hitze mehr zu schwitzen, sondern auf dem Vermögen des Negers, sich von einer bereits erfolgten Überhitzung rascher zu erholen, sich bei Ruhe an einem kühlen Orte rascher wieder abzukühlen, als es der Weiße vermag (R. STIGLER, S. 482[314]).

2. Einfluß des Wassertrinkens auf die Schweißabsonderung.

Durch Trinken von großen Mengen kalten Wassers wird nach den Versuchen von P. LASCHTSCHENKO[181] weder bei Zimmertemperatur noch bei hohen Außentemperaturen von 32—37,5⁰ die Wasserdampfabgabe ruhender Versuchspersonen gesteigert. Heiße Flüssigkeiten sollen nur durch die in ihnen enthaltene Wärme schweißtreibend wirken.

Es ist meines Wissens noch nicht untersucht, ob nicht vielleicht die Schweißmenge durch Trinken von Wasser bei Hitze dann gesteigert wird, wenn gleichzeitig eine schwerere körperliche Arbeit geleistet wird.

Nach O. KESTNER, S. 506[161] kommt es bei Mensch, Katze, Hund und Esel beim Schwitzen zu einer Verdünnung des Blutes.

Gute Durchblutung und ein gewisser Wassergehalt der Haut unterstützen die Schweißsekretion. Sie kann aber auch *ohne Blutkreislauf*, z. B. durch Reizung der Schweißdrüsennerven an amputierten Beinen, erfolgen. Auch Eindickung des Blutes braucht die Schweißsekretion nicht zu unterdrücken, wie dies bei Erschöpfungszuständen und sehr heftigem Durste vorkommt (F. HOFF, S. 736[136]).

Das zur Schweißsekretion nötige Wasser wird dem Blute entzogen, aber aus den Geweben in das Blut wieder abgegeben. Man soll bei Arbeit in hoher Außentemperatur, namentlich in den Tropen, aus diesem Grunde Menschen und Tieren hinreichend Trinkwasser verschaffen. Bei hoher Luftfeuchtigkeit nützt das viele Trinken aber auch nichts, weil der Schweiß nicht verdunstet.

Die Menge des Schweißes kann im Dampfbade in 1 Stunde bis zu 2 l betragen, über die von *Tieren* gelieferten Schweißmengen liegen keine *zahlenmäßige* Angaben vor.

Schweißtreibend wirken das Trinken von heißem Tee und gewisse Pharmaca, die man *Diaphoretica* nennt. Die wichtigsten sind das *Pilocarpin* und die *Salicylate*. Schweißhemmend wirkt das *Atropin*. Man zieht heute den medikamentösen Schweißmitteln die physikalischen vor (Schwitzbäder, Wickel).

3. Die Schweißsekretion bei verschiedenen Säugetieren.

Der Mensch schwitzt auf der ganzen Hautoberfläche mit Ausnahme der Glans penis. Bei *Affen* rief Luchsinger, S. 426[211], durch kleine Dosen Pilocarpin starke Schweißsekretion an der Vola und Planta, eine erheblich geringere auch auf dem Nasenrücken hervor. Das *Pferd* schwitzt auf der ganzen Hautoberfläche, besonders in der Leisten-, Scham- und der inneren Flankengegend, der Ellenbogengegend, an den seitlichen Halsflächen, am Grunde der Ohren, in der Umgebung der Augen, der Nüstern und des Maules (J. Marek, S. 52[228]).

Beim Rind ist gewöhnlich überhaupt keine Schweißbildung zu sehen. Das Rind hat, wie Gurlt schon 1835 entdeckt hat, sehr einfach gebaute Schweißdrüsen, nämlich nur kleine ovale Säckchen, während sie bei Mensch, Pferd, Hund, Katze, Schwein (Rüsselscheibe) lange, zu Knäueln aufgewundene Schläuche darstellen, mit einem Belag glatter Muskelfasern (L. Fredericq, S. 233[85]). Das *Rind* vermag unter besonderen Umständen namentlich am Grunde der Ohren, an den seitlichen Halsflächen, in der hinteren Schultergegend und an den Flanken zu schwitzen.

Auch bei den *kleinen Wiederkäuern* bemerkt man nur selten einen Schweiß, und dann namentlich an den Schenkelinnenflächen, am Euter und an der unteren Schwanzfläche. Bei leichtem Schwitzen bleibt dieses auf die genannten Stellen beschränkt, es kann aber auch beim Rind und bei Ziegen zu einem allgemeinen Schweißausbruch am ganzen Körper kommen. Dies zeigt sich an Durchfeuchtung und Dunkelwerden des Haarkleides oder am Auftreten von Flüssigkeitstropfen an den nackten Körperstellen, wobei an den sich gegenseitig berührenden oder sonstwie einer Reibung ausgesetzten Körperstellen der Schweiß schaumähnlich und weiß erscheint. Nach dem Trocknen erscheinen die vorher durchnäßten Haare gesträubt, zusammengeklebt und fühlen sich hart, hornartig an; an den Randbezirken bleiben ferner weißgraue, aus eingetrocknetem Albumin und Epidermisschuppen bestehende Streifen zurück (J. Marek, S. 52[228]). Auch klebriger, *kalter Schweiß* kommt bei den Haustieren vor (im Kollaps, bei Perforationsperitonitis). *Übermäßige Schweißbildung* kommt vor: bei krankhafter Aufregung, starken Schmerzen (besonders Kolik), CO_2-Anhäufung im Blute (Atmungsstörungen, Aufblähung), Herzschwäche und Kollaps, beim *Pferd* nach Fütterung mit Kürbissen, reichlichen Mengen von Rohzucker und Melasse. „*Blutschwitzen*" (Hämatidrosis) entsteht bei Blutung in die Schweißdrüsen, worauf das Blut rein oder mit dem Schweiß vermischt, in Tropfenform auf der Hautoberfläche auftritt (Marek, S. 53[228]). Es ist bei Pferden auch nach großen Märschen in der Sommerhitze beobachtet worden. Bei Rindern tritt es namentlich am Bauche und an der Unterbrust auf. Hochgradige Anämie dürfte die Ursache sein (G. Schneidemühl[299]).

Katzen schwitzen sehr leicht an den unbehaarten Sohlenflächen, am übrigen Körper hat Luchsinger, S. 427[211], an der sorgfältig rasierten Haut keine Spur von Schweiß beobachten können. Neugeborene Kätzchen schwitzen aber während der zwei ersten Lebenswochen auch an den Pfoten nicht, ganz alte Katzen zeigen oft an den Pfoten keinen Schweiß, wahrscheinlich wegen der schwieligen Wucherung der Epidermis; denn manche sieht man an den Vorderpfoten schwitzen, nicht aber an den schwieligeren Hinterpfoten (Luchsinger, S. 427[211]).

Bei der Katze steigt nach den Versuchen des Herzogs CARL THEODOR[47] die Schweißbildung, wenn die Außentemperatur von 22⁰ auf 30⁰ erhöht wird, um 50 %) an. Bei einer Hauttemperatur zwischen 32,3 und 34,1⁰ war die Wasserabgabe etwa gleich. Die Katze schwitzt also schon bei niedrigeren Temperaturen als der Mensch (zit. nach H. DÄUBLER, S. 62[60]).

Auch *Hunde* schwitzen an den Pfoten, aber viel seltener als Katzen. Die Schweißdrüsen des Hundes sind sehr klein, aber über die ganze Haut verteilt (FREDERICQ, S. 233[85]). Die amerikanischen Nackthunde sowie die Skyterrierhunde haben die Fähigkeit, auch an der übrigen Körperoberfläche zu schwitzen (J. MAREK, S. 52[228]).

Bei sehr starker Aufregung kommt es in sehr seltenen Fällen vor, daß Hunde am ganzen Körper schwitzen. SCHINDELKA[295] erwähnt einen solchen Fall: BARBEY sah bei einem Hunde, der unter ein Rad gekommen war, 10 Minuten darauf einen derartigen Schweißausbruch, als wäre der Hund aus dem Schwitzbade gekommen. Nach 5 Tagen hörte die Erscheinung wieder auf.

Kaninchen, Ratten, Mäuse schwitzen gar nicht (LUCHSINGER, S. 427[211]). Hingegen hat LUCHSINGER beim *Igel* durch Reizung des Nervus ischiadicus auf der Pfote Schweiß erzeugt.

Aus der histologischen Feststellung der Anwesenheit tubulöser Drüsen in der Haut kann man noch nicht ohne weiteres auf das Schwitzvermögen der betreffenden Hautstelle schließen; dieses muß experimentell geprüft werden.

Den Schweißdrüsen verwandte Drüsen finden sich am *Flotzmaul der Wiederkäuer*, in der *Rüsselscheibe des Schweines* und in der *Nase der Fleischfresser*. Im Fieber fühlt sich letztere infolge verminderter Tätigkeit dieser Drüsen trocken und wärmer, manchmal sogar rissig an (J. MAREK, S. 54[228]); die ,,warme Schnauze" des Hundes ist also wirklich meist ein Zeichen von Krankheit. Bei Hunden mit Cervicalmarkdurchschneidung beobachtete SHERRINGTON[302], daß sie in der Hitze ihre Schnauze, die sonst andauernd trocken war, oft mit der Zunge befeuchteten.

Nach S. EXNER[77] ist die Aufgabe der feuchten Schnauze dieser Tiere die Erkennung der Richtung, aus der der Wind kommt, aus der Abkühlung der Nase, ähnlich wie sie der Jäger mittels des durch den Mund gezogenen und dann in die Höhe gehaltenen Zeigefingers erkennt.

Eine eingehendere Beschreibung erheischt der *Schweiß der Schafe*, weil darüber in vielen einschlägigen Hand- und Lehrbüchern widersprechende und nicht ganz richtige Angaben zu finden sind. Das, was die Schafzüchter gewöhnlich als ,,Schweiß" bezeichnen (H. v. NATHUSIUS, S. 237[246]) ist in der Hauptsache *Talg*, d. h. das Sekret der Talgdrüsen. Es kommt aber an manchen Hautstellen noch echter Schweiß dazu. Außerdem besteht der *Fettschweiß* der Schafe zum großen Teile noch aus Abschuppungen der Hornhaut der Epidermis. Schweißdrüsen sind in derjenigen Hautfläche des Schafes, die das eigentliche Wollfließ trägt, nur spärlich entwickelt, aber doch auch zu finden (Abb. 19, Schnitt durch die Schafhaut). Am größten sind die Schweißdrüsen an der unteren Schwanzfläche des Schafes (W. v. NATHUSIUS, S. 137[247], ELLENBERGER-TRAUTMANN-FIEBIGER, S. 296[74]). W. v. NATHUSIUS schließt daraus, daß der Sekretion des eigentlichen Schweißes beim Schafe nur geringe Bedeutung zukomme (S. 138). J. BOHM, S. 221[36], sagt sogar, daß die Schafe nach alter Erfahrung überhaupt niemals schwitzen. Daß der Fettschweiß für die Wärmeregulierung insofern wichtig ist, als er das Fell gegen das Eindringen von Wasser schützt, wurde schon früher erwähnt. Ob aber das Sekret der Schweißdrüsen der Schafe eine besondere Bedeutung für die Wärmeregulation hat, ist noch nicht festgestellt. Wahrscheinlich ist dies nicht der Fall und ist seine Hauptaufgabe die Ausscheidung von unbrauchbaren Stoffwechselprodukten.

In der Haut des *Elefanten* scheinen gar keine Schweißdrüsen vorzukommen. Mit Rücksicht auf die Entwicklung der Wärmeregulation ist bemerkenswert, daß die *Beuteltiere* nach C. J. MARTIN[229] reichlich mit Schweißdrüsen versorgt sind, daß das Schnabeltier nur an der Schnauze und an der Brust solche besitzt, während der Ameisenigel trotz Hyperthermie überhaupt nirgends schwitzt. W. KOLMER[168] fand allerdings bei der von ihm untersuchten Echidnaart am ganzen Körper Schweißdrüsen und gar keine Talgdrüsen vor. Unsere Kenntnisse über die Schweißsekretion bei verschiedenen Säugetiergattungen sind eben noch lange nicht hinreichend.

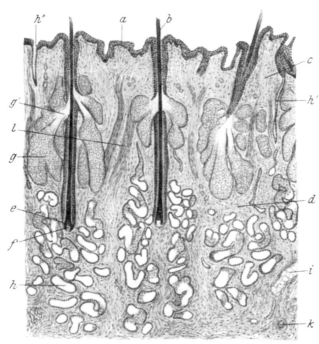

Abb. 19. Schnitt durch die Haut vom Schaf.

a = Epidermis; *b* = *Haar*; *c* = Corium; *d* = tiefe Coriumschicht; *e* = Haarzwiebel; *f* = Haarpapille; *g* = Talgdrüse; *g'* = Talgdrüsenmündung; *h* = Schweißdrüse; *h'* = deren Ausführungsgang; *h''* = Porus einer Schweißdrüse; *i* = Fettgewebe; *k* = Gefäße; *l* = Musc. arrectores pilorum. Die beiden Haare links sind unter gewöhnlichen Verhältnissen schräger in die Haut eingepflanzt.

Bei den *Vögeln* scheint die Schweißsekretion entweder zu fehlen oder nur von ganz geringer Bedeutung zu sein (ISENSCHMID, S. 45[143]). Hingegen ist die *Talg*sekretion besonders für die *Wasservögel* wichtig (DISSELHORST-MANGOLD, S. 112[64]).

4. Der Reflexbogen der Schweißsekretion.

Wie bei der Vasomotorenreaktion ist auch bei der Schweißsekretion zu untersuchen, ob sie auch unmittelbar durch die periphere Einwirkung der hohen Temperatur auf die Schweißdrüsen oder nur reflektorisch erfolgt, und wie der Reflexbogen verläuft. Dann fragt es sich, ob die Erregung des Reflexzentrums nur durch zentripetale Nerven oder auch durch die Temperatur des Blutes erfolgt.

Direkte Erwärmung der Schweißdrüsen bewirkt keine Schweißsekretion, diese kann nur auf dem Nervenwege ausgelöst werden. Dies hat H. DIEDEN[63] durch folgende Beobachtungen erwiesen: Bringt man die Hinterpfoten einer *Katze* in einen Heißluftkasten, so schwitzen sie; durchschneidet man aber den Nervus ischiadicus der einen Seite, so schwitzt die gleichseitige Hinterpfote im Heißluftkasten nicht mehr. Patienten mit umschriebenen Anästhesien schwitzen an diesen Stellen im Heißluftkasten niemals (DIEDEN, S. 195[63]). Ein transplantiertes Hautstück schwitzt erst dann wieder, wenn es seine Sensibilität wieder erlangt hat (L. R. MÜLLER[243]). Auch durch Pilocarpin läßt sich nach DIEDEN bei durchschnittenen Sekretionsnerven keine Sekretion der Schweißdrüsen hervorrufen.

Im Gegensatz zur Vasomotorenreaktion kann also die *Schweißsekretion nur reflektorisch* hervorgerufen werden.

Die Schweißdrüsen werden von *sympathischen Nerven* versorgt. Deren präganglionärer Anteil tritt aus dem Rückenmark mit den vorderen Wurzeln aus und endet in einem Ganglion des Grenzstranges. In diesem entspringt die postganglionäre Faser; sie schließt sich einem Spinalnerven an und gelangt mit dessen Fasern an die Hautoberfläche (Abb. 18). Die Ursprungszellen der präganglionären Schweißnervenfasern liegen im Rückenmark in Gruppen beisammen, welche die *spinalen Schweißzentren* bilden. Nach A. Thomas[329] (zit. nach E. Schwenkenbecher, S. 760[301]) liegen die spinalen Schweißzentren: für Kopf, Hals und oberen Teil des Brustkorbes zwischen den Segmenten C_8 und D_6; für die vorderen Extremitäten zwischen D_5 und D_7; für die Haut des Rumpfes nach rückwärts bis D_9; für die hinteren Extremitäten im unteren Dorsalmark und im oberen Drittel des Lumbalmarkes.

Genügt zur Auslösung der Schweißsekretion der in Abb. 18 dargestellte einfache Reflexbogen mit einem spinalen Zentrum oder sind dazu höher gelegene Reflexzentren notwendig?

B. Luchsinger (S. 376[209]) hat bei jungen *Katzen* das Rückenmark zwischen 8. und 9. Brustwirbel durchschnitten. Gleich darauf fehlte die Schweißsekretion in den hinteren Extremitäten. Nach ein paar Tagen stellte sie sich aber wieder ebenso stark ein wie an den vorderen Extremitäten, wenn die Versuchstiere in einen Brutofen von 60—70° gesetzt wurden (S. 377).

Auch durch Reizung sensibler Nerven kann man nach Durchschneidung des Brustmarkes noch immer Schweiß an den hinteren Extremitäten hervorrufen. Dieser Reflex zeigte aber bei den Versuchen Luchsingers große Inkonstanz (S. 378).

Hingegen fand Sherrington[302] an seinen bereits erwähnten *Hunden*, daß nach Durchschneidung des Rückenmarkes in der Mitte des Thorax die Hinterfüße in der Hitze immer trocken blieben und nach der Durchschneidung im 8. Cervicalsegment auch die Vorderfüße. Ein Hund, dem vor 132 Tagen das 1. Thoracalsegment durchschnitten worden war, wurde aus einem Stall mit 26,5°, wo seine Vaginaltemperatur 37,9° C war, in einen Raum von 61° C gebracht. Nach 25 Minuten war seine Körpertemperatur 41,6°, er begann heftig zu keuchen, aber seine Füße blieben trocken. Ein Hund mit Durchschneidung in der Mitte des Brustmarkes zeigte unter gleichen Umständen einen Anstieg der Körpertemperatur nur auf 39,6°, seine Vorderpfoten schwitzten kräftig, aber die Hinterpfoten blieben trocken.

Nach diesen Ergebnissen Sherringtons müßte man schließen, daß, wenigstens beim Hunde, die thermoregulatorische Schweißsekretion ein *cerebrales Reflexzentrum* benötigt.

In Sherringtons Versuchen hat auch die gesteigerte Bluttemperatur die spinale Schweißsekretion nicht zu erregen vermocht.

Nach F. Hoff (S. 737[136]) genügt zur Erregung der Schweißsekretion der in Abb. 18 abgebildete einfache Reflexbogen über das spinale Schweißzentrum.

Nach Dieden, S. 203[63], kann die Schweißsekretion nicht nur von der Haut aus, sondern auch durch *direkte Erregung der spinalen Schweißzentren durch überwarmes Blut* erfolgen. Bei Durchleitung auf 45° erhitzten Blutes durch das vom Gehirn abgetrennte Rückenmark erfolgte Schweißausbruch auch in den von dem abgetrennten Rückenmarke versorgten Hautgebiete (F. Hoff, S. 738[136]).

Während also der Erfolg der Reizung der spinalen Schweißzentren in verschiedenen Fällen verschieden war und namentlich in Sherringtons Versuchen allein zur Erregung der Schweißsekretion auf Wärme nicht hinreichte, ist man allgemein darüber einig, daß die Schweißabsonderung dem von KARPLUS und KREIDL[155] entdeckten *vegetativen Zentrum im Zwischenhirn* untergeordnet ist. Durch Reizung dieser Gegend konnten KARPLUS und KREIDL an *Katzen* Schweißerguß an allen vier Pfoten auslösen. Die frühere Annahme, daß in der Medulla oblongata ein dominierendes Zentrum für Schweißsekretion bestehe, ist heutzutage von den meisten Autoren aufgegeben.

Nach Versuchen von R. KAHN[152] kann man auch durch Erwärmung des Carotidenblutes Schweißsekretion in den Pfoten junger *Katzen* hervorrufen.

LUCHSINGER[209] durchschnitt die hinteren spinalen Wurzeln bei einer Katze und überhitzte dann diese in einem Brutofen; es erfolgte Schweißausbruch in der von den durchschnittenen hinteren Wurzeln sensibel versorgten Haut. Dieser Schweißausbruch konnte daher nicht von der Haut aus, sondern nur direkt durch Erwärmung der Schweißzentren erregt worden sein.

Wahrscheinlich wird die Wärmeregulation durch Schweißabgabe von den spinalen Schweißzentren in der Regel nicht direkt, sondern nur indirekt auf Befehl des vegetativen Zentrums im Zwischenhirn durchgeführt, wie sich namentlich aus SHERRINGTONS Versuchen ergibt. *Dazu ist eine Steigerung der Blutwärme gar nicht nötig*, denn die Schweißsekretion kann schon auftreten, bevor noch eine Steigerung der Blutwärme nachweisbar ist, und sie kann anderseits trotz einer geringen Steigerung der Blutwärme auch unterbleiben.

Daß die Temperaturreize von der Haut aus für die Wärmeregulation durch Schweißsekretion eine größere Bedeutung haben als die Reizung der Zentren durch das überwarme Blut ergibt sich aus den Beobachtungen am Menschen.

Auch vom *Großhirn* aus kann Schweißabsonderung angeregt werden (Angstschweiß!), aber auf dem Wege eines über das Zwischenhirnzentrum gehenden Reflexes, dessen afferente Schenkel also die von der Hirnrinde zum Schweißzentrum im Zwischenhirn führenden Hirnbahnen sind. Ein *corticales* Schweißzentrum besteht nicht.

Anhang: Die Haarbalgmuskeln (M. arrectores pilorum) im Dienste der Wärmeregulation.

Die Haarbalgmuskeln (Abb. 20) verlaufen schief vom unteren Drittel des Haarbalges zur Epidermis. Der Haarbalg steckt in der Regel schief in der Haut, bildet also mit der Hautoberfläche auf der einen Seite einen spitzen, auf der anderen einen stumpfen Winkel (Abb. 20). Die Haarbalgmuskeln liegen immer im stumpfen Winkel. Der Erfolg ihrer Kontraktion ist daher, daß sie das Haar aufstellen und etwas herausheben, so daß dabei der Haartrichter etwas in die Höhe gezogen wird und einen über die Hautfläche herausragenden kleinen Kegel bildet. Dadurch entsteht die „*Gänsehaut*".

Die Haarbalgmuskeln sind auffallend stark in der Haut des *Schafes* und des *Pudels* (TRAUTMANN-FIEBINGER, S. 303[338]).

Die Haarbalgmuskeln dienen der Wärmeregulation nach W. ELLENBERGER[73], S. 153, auf folgende Arten: Mäßige Kontraktionen wirken sekretentleerend auf Schweiß- und Talgdrüsen, stärkere Kontraktionen sträuben das Haar- oder Federkleid, ferner wird die Dicke der Oberhaut dadurch verringert, Blut- und Lymphgefäße etwas zusammengedrückt und dadurch auch indirekt die Wärmeabgabe vermindert.

Die Haarbalgmuskeln werden von *sympathischen Nerven* versorgt (Abb. 20). Die *Piloarrektion* entsteht zumeist mit einer ganz sonderbaren „Schauderempfindung", welche sich von dem oft gleichzeitig vorhandenen Frostgefühl deutlich unterscheidet, und zwar außer durch die Empfindungsqualität auch durch den wellenartigen Ablauf über den Körper und die geringe Dauer von wenigen Sekunden (F. HOFF, S. 727[136]).

Die *Piloarrektion* entsteht in der Regel *reflektorisch* auf dem in Abb. 20 dargestellten Wege, aber auch ohne Reflex durch *direkte, lokale* Einwirkung eines thermischen oder mechanischen oder elektrischen Reizes auf die Haarbalgmuskeln oder die in ihnen endigenden Nerven (F. HOFF, S. 730[136]). Streichen mit einem stumpfen Instrument, Ätherspray oder faradischer Strom können lokal beschränkte Gänsehaut erzeugen, die dann 20—30 Sekunden bestehen bleibt. *Ausgebreitete* Gänsehaut wird *reflektorisch* ausgelöst. Daß durch die Kälte *auch ohne Reflex* Gänsehaut entstehen kann, zeigte A. BIER[33] an ihrem Auftreten bei der Durchleitung *kalten* Blutes durch eine frisch amputierte Schweinsextremität; bei der Durchströmung mit körperwarmem Blute blieb die Gänsehaut aus. Daß auch für das Auftreten der Gänsehaut der von der Haut ausgehende Reiz der maßgebende ist, zeigt sich daran, daß die Gänsehaut sofort

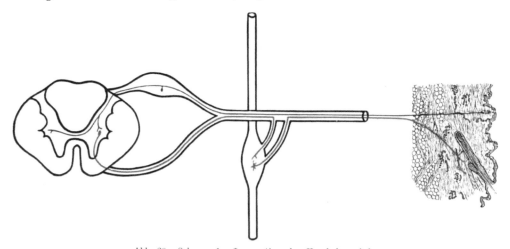

Abb. 20. Schema der Innervation der Haarbalgmuskeln.
Blau = sensible zentripetale Bahn. Rot = visceromotorische, zentrifugale Piloarrektionsbahn.
(Aus MÜLLER: Lebensnerven, 3. Aufl.)

zum Verschwinden gebracht wird, wenn man die Haut nur ganz wenig reibt, wie A. STRASSER[321] beobachtet hat (S. 225).

Es ist ganz sicher, daß für die Entstehung der Gänsehaut ein *spinales Reflexzentrum* genügt und kein cerebrales erforderlich ist; denn die *Piloarrektion ist bei Kranken mit Querschnittsverletzung des Rückenmarkes* in der Regel in den gelähmten Körperteilen sogar *verstärkt*, woraus noch zu schließen ist, daß vom Gehirn auch *hemmende* Reize auf die pilomotorischen Zentren im Rückenmark übergehen. Daß diese aber vom Gehirn aus auch *erregt* werden können, ergibt sich aus dem Auftreten der Gänsehaut aus psychischen Gründen.

c) Die Wärmeregulierung durch Wasserverdampfung an den Schleimhäuten der Atemwege und Zunge.

I. Die Wärmepolypnoe.

Das Ausmaß der Wärmeabgabe an der respiratorischen Oberfläche wurde bereits früher (S. 45) besprochen. Hier soll im besonderen von der im Dienste der Wärmeregulation stehenden Steigerung desselben die Rede sein.

Die *Wärmepolypnoe,* das „*Hacheln*", z. B. beim Hunde, besteht darin, daß das Tier mit offenem Maule und heraushängender Zunge 130—600 mal in der

Minute atmet. Der Atem wird dabei nicht durch die Nase, sondern nur über die mit Schleim und Speichel reichlich berieselte Zunge herausgestoßen und eingesogen.

Am genauesten wurde die Polypnoe von CH. RICHET[274] studiert, und zwar beim *Hunde.* Außer dem Hunde zeigen aber noch sehr viele andere Tiere die Wärmepolypnoe, und zwar jene, bei denen die Schweißsekretion nicht oder nur wenig entwickelt ist (J. MAREK, S. 132[228]). Die Wärmepolypnoe kommt durch einen *plötzlichen Sprung* der Atemfrequenz auf die charakteristische Höhe von 130 und mehr zustande. Mitunter geht diesem Sprung Irregularität der Atmung vorher.

Auch die *Katze* hachelt bei großer Hitze. Bei einem Kater, der normalerweise eine Atemfrequenz von 30 hatte, stieg diese bei einer Außentemperatur von 40,5° nach 50 Minuten, als die Körpertemperatur von 38,4 auf 39,3 gestiegen war, auf 120, nach 2 Stunden bei einer Körpertemperatur von 40° auf 450—460, bei einem *Kaninchen* stieg bei gleicher Außentemperatur von 40,5° die Atemfrequenz schon nach 45 Minuten auf 480 (R. STIGLER, S. 260[319]).

Auch *Rinder* hacheln bei Hitze (J. MAREK, S. 132[228]), die *Vögel* sperren den Schnabel auf und atmen sehr schnell.

Wärmepolypnoe tritt aber beim *Hunde* viel leichter auf als bei den übrigen Tieren. Beim Hunde genügt hierzu schon Steigerung der *Umgebungs*temperatur ohne die der Körpertemperatur. Bei anderen Säugern kommt die Wärmepolypnoe nach T. VACEK[342] erst dann zustande, wenn ihre Körpertemperatur etwas gestiegen ist. Der Hund streckt auch schon bei geringer Hitze die *Zunge* heraus. Daß außer dem Hunde nur Ziege und Schaf hacheln (T. VACEK[342]), ist unrichtig. Wir sahen auch Katzen mit heraushängender Zunge sehr rasch atmen.

Auch beim *Schwein* erscheint die Polypnoe erst, wenn die Körpertemperatur steigt. Es kann hierdurch seine Körpertemperatur selbst bei hohen Außentemperaturen noch normal erhalten, wenn es dabei ruhig bleibt; Bewegung aber steigert seine Temperatur dann trotz der Polypnoe (T. VACEK[343]).

Die Wichtigkeit der *Wärmepolypnoe als Abkühlungsmittel* zeigt sich bei folgendem Versuche von N. ZUNTZ, S. 566[374]: Läßt man Hunde arbeiten und verhindert die abkühlende Wirkung des Hachelns durch Tracheotomie, so gehen die Tiere durch Überhitzung zugrunde. Verhindert man einen Hund durch einen Maulkorb am Hacheln, so steigt bei höherer Außentemperatur die Körpertemperatur alsbald an (RICHET[274]).

Die Wirkung der Wärmepolypnoe besteht in der Abkühlung der respiratorischen Schleimhaut und der Zunge durch den rascheren Wechsel der darüberstreichenden Luft und durch die Steigerung der Wasserverdunstung. So kann der Hund seine Atemgröße von 2 l (je Minute) bis auf 50—75 l vermehren und durch Verdunstung an der von dieser großen Luftmenge bestrichenen Schleimhaut je Stunde bis zu 200 g Wasser verlieren (N. ZUNTZ S. 279[374]).

Eingehend berichtet E. I. SINELNIKOFF (S. 550[307]) über Versuche seines Schülers WELIKANOFF, die ein sehr anschauliches Bild des Zustandekommens der Wärmepolypnoe beim Hunde geben. Es zeigte sich dabei, daß sie teilweise den Charakter eines bedingten Reflexes im Sinne PAWLOWS hatte.

H. WALBAUM[349] und R. W. KEETON[157] haben versucht, die *auf Haut und Atemwege entfallenden Anteile der Wasserabgabe* beim *Kaninchen* zu trennen. Diese Versuche entsprechen aber nicht den wirklichen Verhältnissen (Näheres hierüber bei R. STIGLER, S. 83[318]).

Zur Hervorrufung der Wärmepolypnoe genügt es, das Karotidenblut zu erwärmen (J. GOLDSTEIN[112], R. KAHN[152]). Sie kann aber auch ohne Erwärmung des Blutes, reflektorisch, zustande kommen (RICHET[274] und SINELNIKOFF[307]).

II. Steigerung der Speichel- und Schleimproduktion im Dienste der Wärmeregulation.

Die Speicheldrüsen vertreten beim Hunde die Rolle der fehlenden Schweißdrüsen, wie sich SINELNIKOFF[307] ausdrückt (S. 550). Außer den Speicheldrüsen sondern auch die verschiedenen *Drüsen der Nasenschleimhaut* bei Hitze viel Schleim ab, der über die Schnauze, den Hals und sogar über die Brust herabrinnt, und dort verdunstet (R. STIGLER I, S. 87[318]).

III. Die chemische Wärmeregulation.

Wenn die Außentemperatur unter den Bereich der Neutraltemperatur sinkt oder über denselben steigt, so steigt der Stoffwechsel des ruhenden und nüchternen Warmblüters.

Dieses Gesetz wurde schon 1788 von CRAWFORD[56] an Meerschweinchen und 1 Jahr später von LAVOISIER und SEGUIN[184] am Menschen festgestellt. Da der Raum es verbietet, an dieser Stelle näher darauf einzugehen, so sei bloß auf die übersichtlichen Darstellungen von C. VOIT[347] und E. SJÖSTROEM[308] verwiesen. Von PFLÜGER, RUBNER, HÁRI und ihren Schülern und vielen anderen wurden namentlich Nagetiere, Meerschweinchen, Kaninchen, Mäuse, Ratten (K. GOTO[113]) und Hunde zu derartigen Versuchen verwendet; alle diese Tiere zeigten die gleiche Abhängigkeit ihres Stoffwechsels von der Außentemperatur. An 4 hungernden Schweinen hat F. TANGL[326] den Einfluß von Außentemperaturen zwischen 13 und 26⁰ untersucht: 2 Schweine zeigten bei Senkung der Außentemperatur vermehrte CO_2-Abgabe, die anderen 2 nicht.

ZUNTZ und HAGEMANN (S. 260 und 266[373]) konnten beim *Pferd*, BENEDICT und RITZMANN (S. 201, 230, 238, 239[26b]) beim *Ochsen* bei Abnahme der gewöhnlichen Umgebungstemperatur bis 5—6⁰ nur eine geringe und inkonstante Zunahme der Wärmeproduktion, und zwar deutlicher bei Unterernährung, feststellen, beim *Schaf* fanden BENEDICT und RITZMANN (S. 57[26c]) bei Abnahme der Außentemperatur von 29—0⁰ keine chemische Wärmeregulation. C. J. MARTIN[229] hat bei Monotremen und Marsupialiern die chemische Wärmeregulation nachgewiesen. Sehr deutlich zeigt sie sich auch bei *Vögeln* (zusammenfassende Darstellungen bei O. KESTNER und R. PLAUT[162], A. GIAJA[104, 105]). Beim *Menschen* ist der Anstieg der Wärmebildung mit dem Sinken der Außentemperatur viel weniger regelmäßig als bei kleinen Warmblütern.

Die größte Wärmemenge, welche der Organismus ohne willkürliche Muskelarbeit im Kampfe gegen die Kälte erzeugen kann, nennt J. GIAJA[106, 107] „métabolisme de sommet", *Höchstumsatz*, als Gegenstück zum *Grundumsatz*, „métabolisme de base".

Bei RUBNERS[288] Versuchen an Hunden zeigte sich, daß schon eine Verminderung der Außentemperatur um 1,1⁰ zu einer merkbaren Steigerung des Stoffwechsels führt, beim Menschen ist dies durchaus nicht der Fall. RUBNER, S. 125[288] hat nachgewiesen, daß der Einfluß der Umgebungstemperatur auf den Stoffwechsel *bei überreichlicher Kost*, insbesondere bei großer *Eiweißzufuhr*, verschwindet. Der Stoffwechsel ist dann schon bei Neutraltemperatur so groß, wie er eigentlich erst bei niedriger Außentemperatur zu sein brauchte, und daher ist beim Sinken der Außentemperatur kein Reiz zur Steigerung der Wärmeproduktion vorhanden.

Bei *reichlich ernährten* und *fetten* Tieren liegt die Neutraltemperatur tiefer als bei unterernährten und mageren. Die Neutraltemperatur eines kurzhaarigen Versuchshundes RUBNERS[288] sank, nachdem der Hund durch einige Wochen sehr reichlich ernährt worden war und Fett angesetzt hatte, von ca. 27 auf 22⁰ C.

Die Steigerung des Stoffwechsels bei sinkender Außentemperatur steht klarerweise im Dienste der Wärmeregulation. Die Steigerung des Stoffwechsels bei Erhöhung der Außentemperatur über die Neutraltemperatur erschwert hingegen die Wärmeregulation und kann von dieser nur bei schwitzenden Warmblütern ausgiebig kompensiert werden.

Wenn die Kälte oder Hitze zu groß wird oder zu lange dauert, so versagt die Wärmeregulation; die Körpertemperatur sinkt oder steigt. Sobald die Körpertemperatur bis zu einer gewissen Grenze gesunken oder gestiegen ist, hört die Wärmeregulation vollständig auf, der Homoiotherme verhält sich dann wie ein Poikilothermer. Seine Eigentemperatur steigt und sinkt mit der Außentemperatur (R. STIGLER[319]).

Daß außer den Willkürbewegungen auch der *Zitterreflex* im Dienste der Wärmeregulation steht, wurde zuerst von CH. RICHET[273] erkannt. Das *Kältezittern* tritt in der Regel auf, noch ehe sich das Blut und das Körperinnere abgekühlt haben. Es wird also durch den auf die Haut wirkenden Kältereiz ausgelöst. Andererseits kann es trotz Sinkens der Körpertemperatur unterbleiben, wenn nämlich die Haut über die Kälteempfindung sozusagen hinweggetäuscht wird, wenn man sie z. B. im kalten Bade reibt (A. STRASSER, S. 227[321]) oder bei Erweiterung der Hautblutgefäße im kühlen Kohlensäurebad (LILJESTRAND u. MAGNUS, S. 227[194]). Das Zittern kann aber auch ohne Kälteempfindung durch Abkühlung des Blutes allein ausgelöst werden: isolierte Durchschneidung der sensiblen Spinalnerven hob bei SHERRINGTONS[302] Versuchshunden das Kältezittern beim Eintauchen der Extremitäten in Eiswasser *nicht* auf.

Nach Rückenmarksdurchschneidung sah SHERRINGTON[302] in den gelähmten Regionen niemals Kältezittern auftreten, beim Eintauchen der unempfindlichen Körperhälfte in Eiswasser trat Zittern nur kranial von der Läsion auf. Nach Ausschaltung des vegetativen Zentrums an der Basis des Zwischenhirns hört das Zittern bei Abkühlung überhaupt auf (ISENSCHMID, S. 66[143]).

Es steht also offenbar auch das Kältezittern unter der Herrschaft des Wärmezentrums und kann nur durch einen über dieses gehenden Reflex ausgelöst werden.

Es ist auch oftmals erwogen worden, ob nicht Steigerung des sog. *Muskeltonus*, d. h. Spannung der Muskulatur ohne Verkürzung derselben, Mehrproduktion von Wärme im Dienste der chemischen Wärmeregulation veranlassen könne. Es haben aber namentlich GRAFE und seine Mitarbeiter dargetan, daß Veränderungen im Spannungszustande der Muskulatur ohne Arbeitsleistung keinen Einfluß auf die Intensität der Verbrennungen haben (E. GRAFE, S. 31[115]).

Die Frage, ob Steigerung der Wärmeproduktion in der Kälte auch *ohne Muskelarbeit*, also durch *calorische Organreaktion*, zustande kommen kann, wird von den einen bejaht, von den anderen verneint. Daß es eine *Stoffwechselsteigerung ohne Muskelarbeit* gibt, ist nicht nur durch die spezifisch dynamische Wirkung der Nahrung, sondern auch durch andere Erscheinungen sichergestellt, vor allem durch die Möglichkeit, Fieber durch Gifte oder Hirnstich auch dann zu erzeugen, wenn die Muskulatur durch Curare gänzlich (HIRSCH und ROLLY[134], SINELNIKOFF[306], FREUND und SCHLAGINTWEIT[92]) oder durch Halsmarkdurchschneidung (ISENSCHMID[142] 1920) zum größten Teil gelähmt ist.

Es fragt sich aber, ob eine Stoffwechselsteigerung ohne Muskelarbeit auch im Dienste der Wärmeregulation vorkommt, mit anderen Worten, ob es eine *calorische Organreaktion* wirklich gibt.

Zur Beantwortung dieser Frage hat man untersucht, ob Stoffwechselsteigerung durch Kälte auch ohne merkbare Muskelkontraktionen, also bei völliger Ruhe, ferner beim curarisierten oder mittels Durchschneidung der motorischen Nervenbahnen gelähmten Tiere vorkommt.

Verschiedene Autoren haben mit großer Sicherheit angegeben, daß ihre Versuchstiere *bei Kälte trotz des Fehlens jeder sichtbaren Muskelkontraktion Stoffwechselsteigerung aufwiesen.* COLASANTI[54], RUBNER[288] u. a. berichten dies vom Meerschweinchen, HÁRI[121] von winterschlafenden Fledermäusen, R. PLAUT[264] und namentlich A. GIAJA[105] von verschiedenen Vögeln. Aber die Beobachtung mit dem bloßen Auge ist für die Beurteilung der völligen Muskelruhe nicht hinlänglich verläßlich. Darum hat man bei derartigen Versuchen alle vom Tier ausgeführten Bewegungen mittels sog. *Aktographen* graphisch registriert.

S. MORGULIS[239] registrierte auf diese Art das Ausmaß der Bewegungen von Hunden in der Respirationskammer. Wirkliche Ruhe wurde, wie die graphische Bewegungsregistrierung zeigte, von den Hunden während der Abkühlung nur sehr selten eingehalten, und gerade diese Versuche *ergaben keinen sicheren Einfluß der Umgebungstemperatur auf den Stoffwechsel.* MORGULIS[239] verwirft daher die Annahme einer calorischen Organreaktion und läßt nur die durch Muskelkontraktionen herbeigeführte chemische Wärmeregulation gelten.

Indessen hat C. KAYSER[156] unter Anwendung derselben Methode bei 24 Stunden lange fastenden und ganz im Dunkel gehaltenen Tauben eine Steigerung sowohl der Kohlensäureabgabe wie der Sauerstoffaufnahme beim Sinken der Außentemperatur unter 30° feststellen können, während gleichzeitig der Aktograph *nicht die geringste Bewegung der Tiere* anzeigte. KAYSER[156] kommt auf Grund seiner Versuche zu dem Schlusse, daß es bei den Vögeln eine calorische Organreaktion sicher gebe (S. 83). Eine „2. chemische Wärmeregulation" hat indessen auch KAYSER[156] nicht auffinden können: der respiratorische Gaswechsel seiner Vögel stieg, sobald sich die Außentemperatur über 30° erhob, sehr beträchtlich. Gleiche Ergebnisse liegen auch von seiten A. GIAJAS[105] vor.

Weitgehende Aufklärung über die Möglichkeit der calorischen Organreaktion erhoffte man sich aus Versuchen an Menschen, die sich bei niederer Außentemperatur willkürlich möglichst ruhig verhalten. In sehr sorgfältig ausgeführten Selbstversuchen A. LOEWYS[199] 1890, JOHANSSONS[148] und SJÖSTROEMS[308] konnte unter diesen Umständen keine Steigerung des Stoffwechsels durch Kälte sichergestellt werden. Diese Autoren wenden sich daher *gegen* die calorische Organreaktion. Indessen haben andere Autoren (L. HILL und CAMPBELL[131], C. FRANKE und H. GESSLER[101]) doch auch ohne Zittern und ohne Muskelbewegung auf Kältereize hin eine merkliche Stoffwechselsteigerung feststellen können.

Es scheint wohl, daß, wie auch O. KESTNER (S. 500[161]) annimmt, durch *hinlänglich starke Hautreize auch ohne Zittern und ohne Muskelspannungen Steigerung des Stoffwechsels hervorgerufen werden kann.*

Eine sichere Ausschaltung der Muskelkontraktion wird durch *Curare* erzielt. Tatsächlich verlieren *curarisierte Tiere* die Fähigkeit, ihre Körpertemperatur bei verschiedener Außentemperatur konstant zu erhalten. *Ihre Körpertemperatur und ihr respiratorischer Gaswechsel steigt und fällt mit der Umgebungstemperatur,* wie dies vor allem RÖHRIG und ZUNTZ[275], PFLÜGER (S. 305[260]), VELTEN[344] und KROGH[173] gezeigt haben.

Der curarisierte Warmblüter verhält sich in seiner chemischen Wärmeregulation wie ein Kaltblüter. Dies wurde zwar von verschiedenen Seiten (u. a. von GRAFE (S. 48[114] und ISENSCHMID[143]) bezweifelt, und FREUND und SCHLAGINTWEIT[92] suchten mit ihren in Abb. 21 ersichtlichen Versuchsergebnissen am curarisierten Kaninchen die calorische Organreaktion zu erweisen, weil ein geringer Rest von Wärmeregulation innerhalb sehr bescheidener Schwankungen der Außentemperatur von 30 auf 32° C herum übrigzubleiben scheint. Aber selbst

wenn man diesen Rest von Wärmeregulation gelten läßt, so kann er sich ja doch
aus dem Teil der physikalischen Wärmeregulation erklären, der auch dem curarisierten Tiere noch bleibt. Die abgebildete Kurve von Freund und Schlagintweit (S. 262[92]) scheint mir also vielmehr die *Aufhebung* der chemischen Wärmeregulation durch Curarisierung darzutun, als, wie die Autoren wollen, ihren Bestand.

Nach Pflüger[258, 259] haben besonders Freund mit seinen Mitarbeitern
R. Strassmann[94] und E. Grafe[88, 89] und Sherrington[302] in bereits erwähnten
Versuchen den Beweis dafür erbracht, daß *Durchschneidung des Rückenmarkes, je
weiter kranial, um so mehr, die Wärmeregulation stört.* Das ist ja auch ohne weiteres
zu verstehen als Folge der Unter-
brechung der nervösen Verbindungen zwischen den Erfolgs-
organen der Wärmeregulation
und dem Wärmezentrum. In-
folge der Lähmung der Hautblutgefäße des „Hintertieres"
ist die Wärmeabgabe bei Zimmertemperatur erhöht, andererseits aber infolge der Lähmung
der Muskulatur des Hintertieres

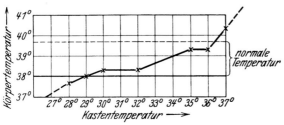

Abb. 21. Fehlen der chemischen Wärmeregulation bei curarisierten Kaninchen.

die Möglichkeit zur Steigerung der calorischen Muskelkontraktionen vermindert.
An der Wärmeregulation ist also nur das Vordertier beteiligt.

Freund und Grafe (S. 138[88]) fanden den Stoffwechsel ihrer Versuchstiere mit durch-
schnittenem Rückenmark trotz ausgedehnter Muskellähmungen bedeutend gesteigert;
daraus schloß Grafe (S. 49[114]), daß die chemische Wärmeregulation nicht an die Intakt-
heit der Körpermuskulatur gebunden sei. Es sprechen aber äußerst wichtige Gründe dafür,
daß die von den Autoren beobachtete Steigerung der Wärmeproduktion viel mehr durch
Fieber infolge der Operation als durch Wärmeregulation veranlaßt war. Daß aber die *Fieber-
wärme,* mit Ausnahme des *Schüttelfrostes,* nicht durch Muskelkontraktionen zustande kommt,
bedarf eigentlich keines besonderen Nachweises; das weiß jeder, der selbst einmal Fieber
gehabt hat.

Der Versuch, die Existenz eigener sympathischer Nerven mit nutritiver Funktion
zu erweisen, durch welche die calorische Organreaktion veranlaßt würde (Freund und
Janssen[90, 91]), ermangelte nicht nur hinlänglich verläßlicher Beweise, sondern er wurde auch
durch Kontrollversuche, einerseits von F. C. Newton[249], andererseits von Kuré, Araki und
Maéda[179] widerlegt. Als gänzlich mißlungen ist der Versuch von Rahel Plaut[263] zu betrachten, eine calorische Leberreakton nachzuweisen, die durch längs der Leberarterie verlaufende sympathische Nerven veranlaßt werden sollte.

*Die Leber hat offenbar nur insofern einen Anteil an der Wärmeregulation, als
sie die geregelte Ausschüttung des Traubenzuckers in das Blut besorgt,* wie sich vor
allem aus den früher erwähnten Versuchen mit Leberausschaltung ergibt.

H. Freund[86] glaubt, einen gewissen Einfluß des *N. vagus* auf die Wärmeregulation gefunden zu haben, und schließt daraus auf eine Beteiligung der Abdominalorgane an der
chemischen Wärmeregulation. Wenn sich der angegebene Einfluß des N. vagus wirklich
bestätigen sollte, so ist meines Erachtens viel eher zu erwarten, daß er durch die von A. Lohmann[207] nachgewiesene Innervation der Bauchblutgefäße zustande kommt, deren Anteil
an der Blutverteilung und damit an der *physikalischen* Wärmeregulation sehr bedeutend ist.

Die sogenannte 2. chemische Wärmeregulation.

Von einer „2. oberen chemischen Wärmeregulation" scheint zuerst H. Wolpert[366] gesprochen zu haben. Plaut und Wilbrand[264a] haben sie aus dem
Ausbleiben eines Mehrverbrauches von Sauerstoff beim Schwitzen in der Hitze
erschlossen, indem sie annahmen, daß der für das Schwitzen erforderliche Energiebetrag durch Drosselung des Grundumsatzes, also durch eine 2. chemische Wärmeregulation, kompensiert werde. Auch während des Hachelns vermißten sie bei

Hunden eine Steigerung des Sauerstoffverbrauches (s. Anm.). Hauptsächlich aber schlossen sie auf eine 2. chemische Wärmeregulation aus dem Absinken des Stoffwechsels nach der Abkühlung vorher durch Hitze hypertherm gemachter Versuchstiere, wenn diese wieder in normale Außentemperatur zurückkehren. Dieses Sinken des Grundumsatzes unter die Norm nach dem Verschwinden einer exogenen, d. h. durch heiße Umgebung erzeugten, Hyperthermie ist aber nur eine Parallelerscheinung zu sehr vielen ähnlichen *Nachwirkungen* nach einer besonderen Steigerung der Tätigkeit oder Beanspruchung irgendeines Organes, wie z. B. die Verminderung der Körpertemperatur oder des Blutdruckes nach vorhergegangener besonderer Steigerung. Der Charakter einer Regulation kommt diesen, besonders in der Balneologie genauer untersuchten *Nachwirkungserscheinungen* durchaus nicht zu. Dies geht schon daraus hervor, daß sie dem von ihnen Betroffenen kaum jemals nützen, aber oft schaden.

Einen Beitrag dazu, *daß lang dauernde exogene Hyperthermie bei Nagetieren zu einer Verminderung des Ruheumsatzes nach dem Aufhören der hohen Außentemperatur führen kann*, hat B. ENGELMANN[76] erbracht. Er hat Meerschweinchen 4—5$\frac{1}{2}$ Wochen in einem auf ca. 33° C erwärmten Raum gehalten. Am Ende dieser Periode erwies sich ihr Ruheumsatz deutlich, im Maximum bis zu 24%, geringer als zu Beginn der Versuche. Aber auch diese Versuche ENGELMANNS[76] sind für eine 2. chemische Wärmeregulation nicht beweisend, ganz abgesehen von der Frage, ob es sich hier überhaupt um eine Regulation handelt, schon darum, weil die Nagetiere unter dem Einflusse lange dauernder hoher Außentemperatur, wie B. WERHOVSKY[357] festgestellt hat, häufig krank, namentlich blutarm werden. Es ist kein Wunder, daß dann der Stoffwechsel sinkt.

Ein Beweis für die Existenz der 2. chemischen Wärmeregulation ist also bisher noch nicht erbracht worden.

IV. Das Wärmezentrum.

Die Existenz eines Wärmezentrums im Zentralnervensystem, welches auf die Temperatur des Blutes und der Haut reagiere, wurde schon 1845 von BERGMANN, S. 318[28] angenommen. Es war aber lange Zeit fraglich, ob vielleicht die Gesamtheit aller vegetativen Zentren als Wärmezentrum gelten solle oder ob eine ganz bestimmte, wohl umschriebene Stelle im Gehirn diesen Rang für sich allein beanspruchen könne. Letzteres kann heute wohl als sichergestellt gelten.

Die ursprüngliche Methode zur Auffindung des Wärmezentrums war der „*Wärmestich*", d. h. ein Einstich durch die präparierte Schädeldecke in die Stammganglien, der durch Reizung der Hirnsubstanz das sog. „*Stichfieber*" erzeugt. Diese Methode wurde zuerst (1884) von CH. RICHET[272] und, kurze Zeit darauf, von ARONSOHN und SACHS[11] eingeführt. (Die Methoden des Hirnstiches sind zusammenfassend von E. WASER[353] beschrieben worden.) Nach einer halben Stunde, manchmal aber auch schon nach wenigen Minuten oder erst nach 1 Stunde, beginnt die Körpertemperatur des Tieres zu steigen, bei gutem Erfolg auf etwa 41,5°. Dieses Stichfieber besteht manchmal nur wenige Stunden, manchmal aber auch 1—2 Tage. Es ergab sich, daß man durch Einstich an sehr vielen Stellen des Gehirns das Stichfieber hervorrufen kann.

Das Auftreten des Stichfiebers beweist nur, daß *die Reizung des gestochenen Hirnteiles auf irgendeine uns bis heute noch nicht ganz klare Weise und auf irgend-*

Anm. A. GIAJA (S. 45[105]) fand bei Truthähnen bei Außentemperatur von 31—37° trotz Polypnoe, solange die Körpertemperatur noch nicht gestiegen war, eine Verminderung des O_2-Verbrauches.

*welchen noch immer nicht sicher ermittelten Wegen eine Steigerung der Wärme-
produktion, wahrscheinlich in allen oder in den meisten Geweben, hervorruft.* Denn
daß die Wärmeproduktion beim Wärmestich wirklich (und zwar bis um etwa
25%) gesteigert ist, geht aus verschiedenen Untersuchungen hervor (Ch. Richet[272] u. a.).

Nicht nur *mechanische* Reizung durch den *Wärmestich,* sondern auch *elektrische* und *thermische Reizung des Wärmezentrums erzeugt Fieber.* R. Kahn[152]
hat die Körpertemperatur durch Abkühlung des Carotisblutes zum Steigen
gebracht.

H. S. Barbour[17] hat durch ein Trepanloch ein doppelläufiges Röhrchen
(Abb. 22) an der Stelle des Wärmestiches in das Gehirn eingefügt und einmal
mit kaltem, einmal mit warmem Wasser durchspült. War die Wassertemperatur
geringer als 33°, so stieg regelmäßig die Rectaltemperatur; war die Wassertemperatur höher als 42°, so sank in den meisten Versuchen Barbours[17] die
Rectaltemperatur des Kaninchens. Man hat aus
diesen Ergebnissen weitgehende Schlüsse gezogen:
Wärme sollte auf das Gehirn bzw. auf das von
H. H. Meyer[235] angenommene, die Wärmeproduktion
steigernde „Wärmzentrum" beruhigend, Kälte dasselbe erregend wirken. Es wäre verlockend, in
dieser einfachen Formel den Schlüssel zur chemischen
Wärmeregulation gefunden zu haben, aber davon sind
wir noch weit entfernt, vor allem, weil Barbours[17]
Versuche gerade über den Einfluß des Temperaturbereiches zwischen 33 und 42° auf das Wärmezentrum
keine Auskunft geben, der für die Bluttempe-

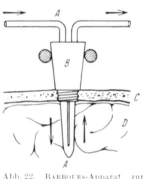

Abb. 22. Barbours-Apparat zur
thermischen Reizung des Wärmezentrums.

ratur wirklich in Betracht kommt. Die innerhalb
dieses Bereiches gelegenen Versuche Barbours[17]
ergaben einander widersprechende Beobachtungen.

Barbours[17] Schlüsse werden noch mehr erschüttert durch Versuche von
M. Cloetta und E. Waser[52]. Diese beiden Autoren erwärmten das Wärmezentrum ohne Hirnverletzung mittels Diathermie, durch Ansatz kleiner Elek-
troden an der entsprechenden Stelle des Schädels. Nachdem sie sich durch
ein in das Gehirn eingestochenes Thermoelement über den Grad der Erwärmung
des Gehirnes bei bestimmten hindurchgehenden Strommengen unterrichtet
hatten, fanden sie, daß Erwärmung des unverletzten Wärmezentrums um etwa 1°
während 10—14 Minuten sowohl am normalen, wie am fiebernden Tier ohne
Einfluß auf die Rectaltemperatur blieb. Stärkere Erwärmung des Wärmezentrums führte immer eine *Steigerung* der Rectaltemperatur herbei. Diese
erklärt sich offenbar ebenso wie das Stichfieber durch die Reizung der Stammganglien.

Im Gegensatz zu der durch den Hirnstich ausgeübten Reizung verwendeten
Isenschmid und Krehl[144] die *Ausschaltung* bestimmter Hirnteile zur *Auffindung des Wärmezentrums.* Sie kamen zu folgendem Ergebnisse (Isenschmid,
S. 52[143]): Wenn man einem Kaninchen das Vorderhirn (Hemisphären samt
Streifenkörper) vom Hirnstamm völlig abtrennt, so bleibt seine Wärmeregulation
normal, d. h. das Tier behält seine normale Körpertemperatur, ob man es bei
10° nüchtern im Freien hält oder bei 27—28° im Brutschrank. Wird dagegen
der Hirnstamm hinter dem Thalamus opticus, zwischen diesem und dem vorderen
Vierhügelpaar, durchtrennt, so ist das Regulationsvermögen aufgehoben, d. h.
das Tier hat nur mehr bei einer bestimmten Umgebungstemperatur seine normale
Körpertemperatur. Bei niedrigerer Umgebungstemperatur unterkühlt es sich

bis zu lebensgefährlicher Hypothermie; bei höherer Temperatur, aber von solchem Ausmaß, wie es von normalen Kaninchen noch leicht ausgehalten wird, überhitzt sich das operierte Tier und stirbt meist unter Krämpfen. Von wirklich poikilothermen Tieren unterscheidet sich der seines Wärmezentrums beraubte Warmblüter allerdings unter anderem auch dadurch, daß seine Körpertemperatur immer noch um ca. 10° höher ist als die der Umgebung (ISENSCHMID, S. 52, Anm.[143]). Alles, was die Wärmebildung steigert, wie die Nahrungsaufnahme, treibt die Körpertemperatur in diesem Zustande in die Höhe.

Die Hirnstelle, deren Ausfallen die Wärmeregulation aufhebt, liegt nach ISENSCHMID[143] *im Zwischenhirn, ventral vom Thalamus opticus*, unmittelbar rechts und links von der Medianlinie, und zwar *im Tuber cinereum und seiner nächsten Umgebung* (Abb. 16 u. 17). In dieser Gegend, *im Hypothalamus, am Boden des dritten Ventrikels*, haben, wie bereits erwähnt, KARPLUS und KREIDL[155] ein *Zentrum vegetativer Funktionen* gefunden.

H. H. MEYER[235] hat angenommen, daß es nicht *ein*, sondern *zwei* Wärmezentren gebe, und zwar ein sympathisches „*Wärmzentrum*", welches durch Kälte erregt, durch Wärme betäubt werde, und ein dazu gegensätzlich wirkendes parasympathisches „*Kühlzentrum*". Der Beweis für die Existenz dieser beiden getrennten Zentren ist aber noch nicht erbracht worden. Dieses MEYERsche „Wärmzentrum" ist nicht zu verwechseln mit dem „Wärmezentrum"; Erregung des „Wärmzentrums" bringt Steigerung der Wärmeproduktion mit sich, während Erregung des Wärmezentrums, je nach Bedarf, die Wärmeproduktion und -abgabe einmal steigert, einmal vermindert. Leider ist von der Verwechslung dieser beiden Begriffe fast die ganze Fieberliteratur durchzogen!

V. Der adäquate Reiz des Wärmezentrums.

Daß die Temperatur des Blutes als Reiz für das Wärmezentrum dienen kann, dafür sind in den vorhergehenden Kapiteln bereits mehrere Beispiele angeführt worden. In der Regel setzt aber die Wärmeregulation schon ein, bevor es noch zu einer Änderung der Bluttemperatur gekommen ist. Bis dahin würde es ja auch zu lange dauern. Es läßt sich überdies durch verschiedene Beobachtungen erweisen, daß die peripheren Temperaturreize in ihrer Wirkung der des etwas über oder unter die Norm *temperierten Blutes sogar überlegen sind und daß daher als adäquater Reiz für die Wärmeregulation in erster Linie nicht die Bluttemperatur, sondern der periphere Temperaturreiz zu betrachten ist* (LILJESTRAND und MAGNUS[194], FRANKE und GESSLER[84]).

VI. Hyperthermie.

Die Wärmeregulation hat natürlich ihre Grenzen: geht die Wärmeproduktion oder die Behinderung der Wärmeabgabe zu weit, entweder an Intensität oder an Dauer, so entsteht *Wärmestauung oder Hyperthermie*, wird der Wärmeverlust des Körpers nicht durch Wärmeproduktion ersetzt, weil entweder ersterer zu groß oder letztere zu gering ist, so entsteht *Unterkühlung, Hypothermie*. Die *Hyperthermie* kann entweder infolge äußerer Gründe (hoher Außentemperatur, hoher Luftfeuchtigkeit) erfolgen — *exogene Hyperthermie* — oder aus inneren Gründen, wie bei starker Muskelarbeit oder im Fieber — *endogene Hyperthermie*. In praxi ist meist beides vereinigt, so bei Treibherden oder bei Bahntransporten von Rindern, Schafen, Schweinen. Mastschweine erliegen oft einem Fußtransport auf ebener Landstraße (J. TEREG, S. 134[327]).

Hält die Wärmestauung entsprechend lange an, so kann es zum *Hitzschlag* kommen. Die Vorboten desselben äußern sich unter dem Bilde allgemeiner Ermattung und Atemnot (Atemfrequenz 40—60, „*Sommerdämpfigkeit*") mit starkem Schweißausbruch (TEREG, S. 134[327]).

Der Hitzschlag geht immer mit Steigerung der Körpertemperatur einher.

Diese braucht aber durchaus nicht die Todesursache zu sein; denn der Tod durch Hitzschlag kann schon bei ziemlich geringer Körpertemperatur erfolgen, ja selbst ohne diese. Manchmal tritt der Tod auch erst einige Tage nach dem Ereignis ein, das zum Hitzschlag geführt hat. Alles dies spricht dafür, daß als *Ursache des Hitzschlages* nicht die Steigerung der Körpertemperatur zu betrachten ist, sondern *die Erschöpfung des Wärmeregulationsapparates im vergeblichen Kampfe gegen die Wärmestauung.* Alle an der Wärmeregulierung beteiligten vegetativen Zentren, namentlich das Herz- und Gefäßzentrum, können von dieser Erschöpfung mitbetroffen werden, und so erklärt es sich wohl auch, daß der Tod nach Hitzschlag meist unter dem Bilde der Herzinsuffizienz vor sich geht. Auch durch unmittelbare *Sonnenbestrahlung* kann eine gefahrdrohende Steigerung der Körpertemperatur veranlaßt werden. Ganz besonders empfindlich sind dagegen z. B. die Affen. Beim Pferd sah COLIN, S. 1097[55] die Temperatur der Haut nach $^1/_2$ stündiger Sonnenbestrahlung bis auf $43,3^0$ steigen.

Der *Sonnenstich* unterscheidet sich wesentlich vom Hitzschlag; er kommt beim Menschen nur durch direkte Bestrahlung von Haupt und Nacken zustande, oft ohne Körpertemperatursteigerung und fast immer erst mehrere Stunden nach der Bestrahlung. Er wird wahrscheinlich durch die die Schädeldecke durchdringenden Sonnenstrahlen erzeugt, indem diese auf die Hirnrinde direkt reizend einwirken, ist also im Wesen eine Hirnentzündung (R. STIGLER[315]).

Wirklicher Sonnenstich scheint bei Tieren überhaupt nicht vorzukommen, nicht einmal bei Affen; denn isolierte Bestrahlung des Kopfes von Affen blieb erfolglos, ebenso Bestrahlung des ganzen Körpers während einiger Stunden bei gleichzeitiger Kühlung mit einem Ventilator, während Bestrahlung des ganzen Körpers ohne gleichzeitige Abkühlung die Affen tötete (ARON[10]). Die Todesursache war also Hitzschlag, nicht Sonnenstich. Künstliche Steigerung der Körpertemperatur durch hohe Außentemperatur wird viel schlechter ertragen als fieberhafte Hyperthermie gleicher Höhe (R. STIGLER, S. 89[318]).

VII. Hypothermie.

Zum Sinken der Körpertemperatur kann es ebenfalls aus äußeren und aus inneren Gründen kommen (*exogene und endogene Hypothermie*). Das Ausmaß der Wärmebildungen kann aus vielen Gründen unter die Norm sinken und endogene Hypothermie herbeiführen, so bei Inanition nach starken Durchfällen, nach großen Blutverlusten. Häufiger ist aber die *exogene* Hypothermie. Der *Kältetod* tritt bei den Warmblütern (mit Ausnahme der Winterschläfer) bei einer Körpertemperatur von 18—20^0 (F. MARCHAND, S. 128[226]) ein. Kaninchen, deren Körpertemperatur unter 26^0 gesunken ist, erholen sich in warmer Umgebung nach MAYER und NICHITA, S. 2[233] nicht mehr, sondern ihre Temperatur sinkt weiter. In der Hypothermie erlischt allmählich die Tätigkeit des Zentralnervensystems (Schlafbedürfnis vor dem Erfrierungstod!).

Die verschiedenen warmblütigen Tiere sind gegen Steigerung und Verminderung ihrer Körpertemperatur verschieden empfindlich. Auffallend gering ist diese Empfindlichkeit bei den *Nagetieren*.

VIII. Beziehungen der inneren Sekretion zur Wärmeregulation.

Die Frage, ob die *Drüsen mit innerer Sekretion* auf die Konstanz der Körpertemperatur der Warmblüter irgendeinen bestimmten Einfluß haben, *ob sie also an der Wärmeregulation mitbeteiligt sind,* ist trotz sehr zahlreicher Versuche *nicht sicher zu bejahen.* Vgl. E. GRAFE[114], R. ISENSCHMID[143], KŘÍŽENECKÝ in diesem Bande.

Literatur.

(Die hinter den Literaturangaben in eckigen Klammern stehenden Zahlen verweisen auf die Stellen im Text, an denen der betreffende Autor zitiert ist.)

(1) ABDERHALDEN, E.: Lehrbuch der physiologischen Chemie, T. II, S. 1491. 1915 [43, 44]. — *(2)* ADAMETZ, L.: Lehrbuch der allgemeinen Tierzucht. Wien 1926 [26, 28, 30, 31]. — *(3)* ADAMKIEVICZ, A.: Die Analogien zum DULONG-PETITschen Gesetz bei Tieren. Arch. Anat. u. Physiol. 1875, 78 [59, 60]. — *(4)* Die Wärmeleitung des Muskels. Ebenda 1875, 255 [36, 37]. — *(5)* ADLER, L.: Der Winterschlaf. Handbuch der normalen und pathologischen Physiologie 17, 105. 1926 [63 (MANGILI)]. — *(6)* AHLGREN, GUNNAR: Zur Kenntnis der tierischen Gewebsoxydation. Lund 1925 [19]. — *(7)* ALLERS, R.: Nervensystem und Stoffwechsel. Z. Neur. 19, 331 (1919) [84]. — *(8)* AMITIN, SARAH: Über den Tonus der Blutgefäße bei Einwirkung der Kälte und der Wärme. Z. Biol. 35, 13 (1897) [104]. — *(9)* ANACKER: Ein Beitrag zur Thermometrie der Haustiere. Der Tierarzt 1875, Nr 10 (zit. nach BERNEBURG, S. 54) [61]. — *(10)* ARON, H.: Experimentelle Untersuchungen über die Wirkungen der Tropensonne auf Mensch und Tier. Berl. klin. Wschr. 1911, 1115 [126]. — *(11)* ARONSOHN, ED., u. J. SACHS: Pflügers Arch. 37, 232, 625 (1885) [123]. — *(12)* ASZODI, Z.: Beitrag zur Kenntnis der chemischen Wärmeregulation der Säugetiere, II. Mitt. — Über künstlich erzeugte winterschlafähnliche Zustände an Mäusen. Biochem. Z. 113, 70 (1921) [68]. — *(13)* ATWATER, W. O.: Neue Versuche über Stoff- und Kraftwechsel im menschlichen Körper. Erg. Physiol. 3, 1497 (1904) [43]. — *(14)* ATWATER, W. O., u. F. G. BENEDICT: Versuche über den Stoff- und Kraftwechsel im menschlichen Körper. 1900—02 [43]. — *(15)* ATZLER, E., u. G. LEHMANN: Reaktionen der Gefäße auf direkte Reize. Handbuch der normalen und pathologischen Physiologie 7/2, 963 (1927) [104]. — *(16)* AUERBACH, F.: Ektropismus oder die physikalische Theorie des Lebens. Leipzig 1910 [12].

(17) BARBOUR, H. G.: Die Wirkung unmittelbarer Erwärmung und Abkühlung der Wärmezentren auf die Körpertemperatur. Arch. f. exper. Path. 70, 1 (1912) [124]. — *(18)* BARCROFT, J.: Zur Lehre vom Blutgaswechsel in den verschiedenen Organen. Erg. Physiol. 7, 699 (1908) [31]. — *(19)* Die Atmungsfunktion des Blutes, ins Deutsche übersetzt von FELDBERG. T. I, S. 55. 1927 [30]. — *(20)* BARCROFT, J., u. E. MARSHALL: Note on the effect of external temperature on the circulation in man. J. of Physiol. 58, 145 (1923/24) [94, 99]. — *(21)* BASLER, A.: Über die Funktionen des menschlichen Haarkleides. Münch. med. Wschr. 1925, 1019 [92]. — *(22)* BAYLISS, W. M.: J. Physiol. l'homme et des animaux 26, 173 (1901); 28, 276 (1902). Vgl. LANDOIS-ROSEMANN: Lehrbuch, 19. Aufl., S. 618 [101]. — *(23)* BEKE-CALLENFELS: Über den Einfluß der vasomotorischen Nerven auf den Kreislauf und die Temperatur. Z. rat. Med. 7, 157 (1855) [104]. — *(24)* BENEDICT, F. G.: Die Temperatur der menschlichen Haut. Erg. Physiol. 24, 594 (1925) [57, 81]. — *(25)* BENEDICT, F. G., u. CORNELIA GOLAY BENEDICT: Nature of perspiratio insensibilis. Comm. XII. Intern. Physiol. Congr. Skandin. Arch. 49 (1926) [109]. — *(25a)* Biochem. Z. 186, 278 (1927) [42, 109, 110]. — *(25b)* Energy Requirement of intense Mental Effort. Proceed. Nat. Acad. Scienc. 16, 438 (1930) [11]. — *(26)* BENEDICT u. MILNER: Bull. Nr 175. Washington 1907 [43]. — *(26a)* BENEDICT, F. G., u. E. G. RITZMAN: Undernutrition in Steers. Carnegie Inst. Publ. 1923, Nr. 324 [81]. — *(26b)* Metabolism of the Fasting Steer. Ebenda 1927, Nr. 377 [26, 119]. — *(26c)* Über die den Energieumsatz bei Schafen beeinflussenden Faktoren. Arch. Tierernähr. u. Tierzucht 5, 1 (1931) [25, 26, 67, 94, 119]. — *(26d)* Heat Production of Sheep etc. New Hampshire Agric. Exper. Stat. Techn. Bull. 45, April 1931 [27]. — *(27)* BENEDICT, F. G., u. J. F. SNELL: Körpertemperaturschwankungen usw. Pflügers Arch. 90, 33 (1902) [70]. — *(28)* BERGMANN: Nichtchemischer Beitrag zur Kritik der Lehre vom Calor animalis. J. Müllersches Arch. f. Anat., Physiol. u. wiss. Med. 1845, 300 [85, 86, 94, 95, 104, 123]. — *(29)* BERGMANN, C., u. R. LEUCKART: Anatomisch-physiologische Übersicht des Tierreiches, S. 269. Stuttgart 1852 [29, 62]. — *(29a)* BERGMANN, G. v., u. F. STROEBE: Die Kastration. Handbuch d. Biochemie, 2. Aufl. 7, 607. 1927 [27]. — *(30)* BERNARD CLAUDE: Vorlesungen über die tierische Wärme, übersetzt von H. SCHUSTER. Leipzig 1876 [33, 78, 82, 83]. — *(31)* BERNEBURG, O. P.: Untersuchungen über die normalen Rectal- und Vaginaltemperaturen des Schafes und der Ziege. Inaug.-Dissert., Bern 1908 [61, 67, 70, 71, 72, 73, 74]. — *(32)* BERTI, A.: Action locale de la température sur les vaisseaux sanguins. Arch. ital. de Biol. 54, 126 (1910) [103]. — *(33)* BIER, A.: Über die Entstehung des Kollateralkreislaufes. Virchows Arch. 147, 272 (zit. nach A. STRASSER: Wien. Arch. inn. Med. 6, 224 [1923]) [11]. — *(34)* BOEHM, R., u. F. A. HOFFMANN: Beiträge zur Kenntnis des Kohlehydratstoffwechsels. 3. Abh. Arch. f. exper. Path. 8, 375 (1878) [99]. — *(35)* BOERHAAVE, H.: Elementare Chemie. I. Coroll. 16, 273 (1732) [78]. — *(36)* BOHM, J.: Die Schafzucht. I. Teil: Die Wollkunde, S. 220. Berlin 1873 [113]. — *(37)* BOHNENKAMP, H., u. H. W. ERNST: Untersuchungen zu den Grundlagen des Energie- und Stoffwechsels, I.—V. Mitt. Pflügers Arch. 228, 40 (1931) [39]. — *(38)* BORMANN, F., S. BRUNNOW u. E. SAVARY: Über den

Unterschied in der Körpertemperatur beim männlichen und weiblichen Kaninchen und über die Frage der Abhängigkeit der Körpertemperatur von den Geschlechtsdrüsen. Skand. Arch. Physiol. **44**, 248 (1923) [72]. — (*39*) Born, M.: Was sind die chemischen Kräfte? Umsch. **35**, 532 (1931) [17]. — (*40*) Bouchut: Traité de diagnostic. Paris: Baillière 1883 [84]. — (*41*) Breuer, H.: Über die Wärmeleitung des Muskels und des Fettes. Pflügers Arch. **204**, 442, 443 (1924) [36, 37]. — (*42*) Broemser, Ph.: Erregbarkeit, Reiz und Erregungsleitung. Handbuch der normalen und pathologischen Physiologie **1**, 308, 309 (1927) [20]. — (*43*) Brown-Sequard: Leçons sur les nerfs vasomoteurs. Paris 1872 [104]. — (*44*) Bruns, O., u. F. König: Über die Strömung in den Blutcapillaren der menschlichen Haut bei kalten und warmen Bädern und über die „Reaktion" in und nach kalten Wasser- und Kohlensäurebädern. Z. physik. u. diät. Ther. **24**, 1 (1920) [103]. — (*45*) Buddenbrock, W. v., u. G. v. Rohr: Einige Beobachtungen über den Einfluß der Temperatur auf den Gasstoffwechsel der Insekten. Pflügers Arch. **194**, 468 (1922) [29]. — (*46*) Bürker, K.: Methoden zur Thermodynamik des Muskels. Tigerstedt, R.: Handbuch der physiologischen Methodik **2**, 3. Abt., 39. 1908 [51, 56, 57].

(*47*) Carl Theodor, Herzog: Über den Einfluß der Temperatur der umgebenden Luft auf die Kohlensäureausscheidung und die Sauerstoffaufnahme bei einer Katze. Z. Biol. **14**, 51 (1878) [113]. — (*48*) Cavazzani, E.: Über die Temperatur der Leber. Zbl. Physiol. **8**, 73 (1894) [33]. — (*49*) Chossat, Ch.: Recherches expérimentales sur l'inanition. Mem. des Savants étrangers **8**, 533 (1843) [68, 70]. — (*50*) Christy, Cuthbert: Big game and pygmies. London 1924. Zit. nach R. Hesse [89]. — (*51*) Clawson, A. B.: Normal rectal temperatures of sheep. Amer. J. Physiol. **85**, 251—270 (1928) [67]. — (*52*) Cloetta, M., u. E. Waser: Über den Einfluß der lokalen Erwärmung der Temperaturregulierungszentren auf die Körpertemperatur. Arch. f. exper. Path. **77**, 16 (1914) [124]. — (*53*) Cobet, R.: Die Hauttemperatur des Menschen. Erg. Physiol. **25**, 439 (1926) [80, 81]. — (*54*) Colasanti, G.: Einfluß der umgebenden Temperatur auf den Stoffwechsel der Warmblüter. Pflügers Arch. **14**, 121 (1877) [87, 121]. — (*55*) Colin, G.: Traité de physiologie comparée des animaux, 3. Aufl., **2**, 1041 (1888) [74, 79, 81, 91, 126]. — (*56*) Crawford, A.: Experiments and observations on animal heat. London 1788. Zit. nach Schäfers Text-book of Physiologie **1**, 838. 1898 [50, 87, 119]. — (*57*) Creveld, S. van: Die Urintemperatur als Maß der Körpertemperatur. Nederl. Tijdschr. Geneesk. (holl.) **66**, 2526 (1922). Ref. in Ronas Ber. **15**, 271 (1923) [62]. — (*58*) Currie: Über die Wirkungen des kalten und des warmen Wassers als eines Heilmittels im Fieber. (1801) [108].

(*59*) Dastre u. Morat: Recherches experiment. sur le système nerveux vasomotor. Paris 1884 [97]. — (*60*) Däubler, K.: Die Grundzüge der Tropenhygiene. Berlin 1900 [113]. — (*61*) Davy, J.: On the temperature of man. Philosoph. Transactions. 1845. Zit. nach R. Tigerstedt: Nagels Handbuch der Physiol. 1/2, 562 (1909) [68]. — (*62*) Dennig, H.: Studien über Gefäßreflexe bei Erkrankungen des Zentralnervensystems. Dtsch. Z. Nervenheilk. **73**, 350 (1922) [101, 106, 107]. — (*63*) Dieden, H.: Klinische und experimentelle Studien über die Innervation der Schweißdrüsen. Dtsch. Arch. klin. Med. **117**, 180 (1915) [114, 115]. — (*64*) Disselhorst u. Mangold: Grundriß der Anatomie und Physiologie der Haussäugetiere, 6. Aufl. Berlin 1931 [114]. — (*65*) Doflein, F.: Das Tier als Glied des Naturganzen. Bd. 2 von Hesse u. Doflein: Tierbau und Tierleben. 1914 [89]. — (*66*) Dorno, C.: Davoser Frigorimeter. Meteorol. Z. **1924** [42].

(*67*) Eber, A.: Tuberkulinprobe und Tuberkulosebekämpfung beim Rinde. Berlin: P. Parey 1898 [55, 67]. — (*68*) Eber, W.: Über Temperaturmessungen bei großen Haustieren. Z. Tiermed. **2**, 67 (1898) [55]. — (*69*) Ebert, L.: Mechanische Molekülmodelle. Umsch. **35**, H. 24, 471 (1931) [17]. — (*70*) Ebstein, E.: Die Entwicklung der klinischen Thermometrie. Erg. inn. Med. **33**, 407 (1928) [52, 53]. — (*71*) Eijkman: Über den Gaswechsel der Tropenbewohner. Pflügers Arch. **64**, 57 (1896) [10]. — (*72*) Ellenberger, W.: Vergleichende Physiologie der Haussäugetiere, II. Teil. Berlin 1892 [71]. — (*73*) Handbuch der vergleichenden mikroskopischen Anatomie der Haustiere **1**, 153. 1906 [116]. — (*74*) Ellenberger, Trautmann u. Fiebiger: Lehrbuch der Histologie und vergleichenden mikroskopischen Anatomie der Haussäugetiere, 6. Aufl. 1931 [113, 116]. — (*75*) Engelmann: Hermanns Handbuch der Physiologie **1**, T. 1, 396 (1879) [78]. — (*76*) Engelmann, B.: Anhaltende Grundumsatzverminderung durch Wärmeeinwirkung. Arb. physiol. **2**, 387 (1930) [123]. — (*77*) Exner, S.: Bemerkungen über die Bedeutung der feuchten Schnauze der mit feinem Geruchssinn ausgestatteten Säuger. Z. Zool. **40**, 557 (1884) [113]. — (*78*) Temperaturbeziehungen zwischen Herz und Lunge. Wien. klin. Wschr. **22**, Nr 17 (1909) [83, 93]. — (*79*) In Julius Robert v. Mayer: Ebenda **27**, Nr 48 (1914) [10]. — (*79a*) Eyre, J.: J. of Physiol. **25**; Proc. roy. Soc. Lond., Ser. B **1900**, 24—25. Zit. nach R. Tigerstedt: Wintersteins Handbuch der vergleichenden Physiologie **3** II, 59 (1914) [66].

(*80*) Fick, A.: Untersuchungen aus dem physiologischen Laboratorium der Züricher Hochschule. Wien 1869 [15]. — (*81*) Fischer, E.: Die Wärmebildung des isolierten Säugetiermuskels. Pflügers Arch. **224**, 484 (1930) [13]. — (*82*) Foged, J.: Bluttemperatur. Skand.

Arch. Physiol. **59**, 109 (1930) [83, 96]. — (*83*) FRANK, O., u. F. VOIT: Der Ablauf der Zersetzungen im tierischen Organismus bei der Ausschaltung der Muskeln durch Curare. Z. Biol. **42**, 308 (1901) [28, 60]. — (*84*) FRANKE, C., u. H. GESSLER: Die chemische Regulation beim Menschen. Pflügers Arch. **207**, 376 (1925) [125]. — (*85*) FREDERICQ, L.: Die Sekretion von Nutz- und Schutzstoffen. WINTERSTEINS Handbuch der vergleichenden Physiologie **2/2**, 232 (1924) [6, 112, 113]. — (*86*) FREUND, H.: Über die Bedeutung der Vagi für die Wärmeregulation. Arch. f. exper. Path. **72**, 295 (1913) [122]. — (*87*) Pathologie und Pharmakologie der Wärmeregulation. Handbuch der normalen und pathologischen Physiologie **17**, 86 (1926) [28, 84]. — (*88*) FREUND, H., u. E. GRAFE: Untersuchungen über den nervösen Mechanismus der Wärmeregulation. Arch. f. exper. Path. **70**, 135 (1912) [122]. — (*89*) Über die Beeinflussung des Gesamtstoffwechsels und des Eiweißumsatzes beim Warmblüter durch operative Eingriffe am Zentralnervensystem. Arch. ges. Physiol. **168**, 1 (1917) [122]. — (*90*) FREUND, H., u. S. JANSSEN: Über den Sauerstoffverbrauch der Skeletmuskulatur und seine Abhängigkeit von der Wärmeregulation. Pflügers Arch. **200**, 97 (1923) [122]. — (*91*) Über Muskelstoffwechsel und Wärmeregulation. Klin. Wschr. **2**, 979 (1923) [122]. — (*92*) FREUND, H., u. E. SCHLAGINTWEIT: Über die Wärmeregulation curarisierter Tiere. Arch. f. exper. Path. **77**, 258 (1914) [120, 121, 122]. — (*93*) FREUND, E., u. A. SIMÓ: Über das Verhalten der Blutgase bei einigen Maßnahmen der physikalischen Therapie. Wien. Arch. inn. Med. **6**, I. Mitt., 373; II. Mitt., 487 (1923) [103]. — (*94*) FREUND, H., u. R. STRASMANN: Zur Kenntnis des nervösen Mechanismus der Wärmeregulation. Arch. f. exper. Path. **69**, 12 (1912) [107, 122]. — (*95*) FREY, M. v.: Physiologie der Sinnesorgane der menschlichen Haut. Erg. Physiol. **9**, 368 (1910) [86].

(*96*) GABBE, E.: Über die Wirkung von Arzneimitteln auf den respiratorischen Gaswechsel. Z. exper. Med. **51**, 391 (1926) [27]. — (*97*) GALEOTTI, G.: Über die Ausscheidung des Wassers bei der Atmung. Biochem. Z. **46**, 173 (1912) [45]. — (*98*) GASPERO, H. DI: Die Grundlagen der Hydro- und Thermotherapie. Graz 1920 [81, 103, 108]. — (*99*) GELLHORN, E.: Psychologische und physiologische Untersuchungen über Übung und Ermüdung. II. Das Verhalten von Puls und Körpertemperatur im Zustand der Ermüdung. Pflügers Arch. **189**, 174 (1921) [74]. — (*100*) GERHARTZ, H.: Ebenda **156**, 1 (1914) [12]. — (*101*) GESSLER, H.: Untersuchungen über die Wärmeregulation. I. Mitt. Die Konstanz des Grundumsatzes. Ebenda **207**, 370 (1925) [31, 121] — (*102*) Die Wärmeregulation des Menschen. Erg. Physiol. **26**, 185 (1928) [84, 85]. — (*103*) GIAJA, A.: Sur la thermorégulation des oiseaux partiellement plumés. Sitzgsber. biol. Ges. in Belgrad **1929**, 23. März [44]. — (*104*) Contributions à l'étude de la thermorégulation des oiseaux. Sitzgsber. kgl. serb. Akad. Wiss. Belgrad (serb.) **137** (1929) [119]. — (*105*) Contribution à l'étude de la thermorégulation des oiseaux. Thèse à la faculté des sciences de l'Université de Strasbourg. 1931 [119, 121, 123]. — (*106*) GIAJA, J.: Le metabolisme de sommet. Societé de biol. **1929**, 17. u. 18. Mai [87, 119]. — (*107*) Le métabolisme de sommet et l'accommodation de la thermogenèse. Paris méd. 3. Mai (1930) [119]. — (*108*) GIBSON, R. B.: The effects of transposition of the daily routine on the rhythme of temperature variation. Amer. J. med. Sci. **1905**, June [69]. — (*109*) GILLESSEN, P.: Zur Analyse der Änderung der Herzschlagzahl infolge von Temperatursteigerung. Pflügers Arch. **194**, 298 (1922) [99]. — (*110*) GLASER, W.: Die Innervation der Blutgefäße. MÜLLERS Lebensnerven und Lebenstriebe, S. 364 [101, 107]. — (*111*) GODLEWSKI, E. jun.: Physiologie der Zeugung. Handbuch der vergleichenden Physiologie **3 II**, 457. 1910 [5]. — (*112*) GOLDSTEIN, J.: Über Wärmedyspnoe. Inaug.-Dissert., Würzburg 1871 [118]. — (*113*) GOTO, KIKO: Beitrag zur Kenntnis der chemischen Wärmeregulation der Säugetiere. III. Biochem. Z. **135**, 107 (1923) [119]. — (*114*) GRAFE, E.: Die pathologische Physiologie des Gesamtstoff- und Kraftwechsels bei der Ernährung des Menschen. Erg. Physiol. **21 II**, 43 (1923) [84, 121, 122, 126]. — (*115*) Die nervöse Regulation des Stoffwechsels. OPPENHEIMERS Handbuch der Biochemie, 2. Aufl., **9**, 5 (1927) [84, 120]. — (*116*) GRAFE, E., u. G. DENECKE: Über den Einfluß der Leberexstirpation auf Temperatur und respiratorischen Gaswechsel. Dtsch. Arch. klin. Med. **118**, 249 (1915) [35]. — (*116a*) GREVING, R.: Allgemeiner Aufbau und makroskopische Anatomie des vegetativen Nervensystems. MÜLLERS Lebensnerven und Lebenstriebe, S. 3 [100]. — (*117*) GUILLEMOT: Le refroidissement cadaverique. Thèse de méd. Paris 1878 [84]

(*118*) HABERLANDT, L.: Gefrierversuche am Froschherzen. Z. Biol. **71**, 35 (1920) [76]. — (*119*) HACHENBERG, A.: Über die Wirkung der Abkühlung des Warmblüters auf die Herzschlagzahl. Pflügers Arch. **194**, 308 (1922) [99]. — (*120*) HAGEMANN, O.: Lehrbuch der Physiologie der Haussäugetiere, 1. Aufl., S. 232. 1906 [21]. — (*121*) HÁRI, P.: Der respiratorische Gaswechsel der winterschlafenden Fledermaus. Pflügers Arch. **130**, 112 (1909) [121]. — (*122*) Betrachtungen über das Entstehen der fieberhaft gesteigerten Körpertemperatur. Biochem. Z. **149**, 447 (1924) [51]. — (*123*) HASTINGS: Disputatio physiologica inauguralis de vi contractili vasorum etc. Edinburgi 1818 [102]. — (*124*) HEIDENHAIN, R.: Über bisher unbeachtete Einwirkungen des Nervensystems auf die Körpertemperatur und den Kreislauf. Pflügers Arch. **3**, 533 (Anm.) (1870) [59]. — (*124a*) HEIDENHAIN, R., u. H. KÖRNER:

Über den Temperaturunterschied des rechten und linken Ventrikels. Ebenda 4, 564 (1871) [83]. — (125) HENRIQUES, V., u. C. HANSEN: Vergleichende Untersuchungen über die chemische Zusammensetzung des tierischen Fettes. Skand. Arch. Physiol. 11, 151 (1901) [81, 89]. — (126) HERING, H. E.: Über die Wirksamkeit der Nerven auf das durch RINGERsche Lösung sofort oder mehrere Stunden nach dem Tode wiederbelebte Säugetierherz. Pflügers Arch. 99, 249 (1903) [76, 83]. — (127) HESSE, R.: Die Ohrmuscheln des Elefanten als Wärmeregulation. Z. Zool. 132, 314 (1928) [92, 93, 96]. — (128) HILDEN, A., u. K. S. STENBÄCK: Die Körpertemperatur bei den Vögeln. Skand. Arch. Physiol. 34, 382 (1916) [69, 72]. — (129) HILL, L.: The influence of the force of gravity on the circulation of the blood. J. of Physiol. 18, 17 (1895) [97]. — (130) The katathermometer. Medical Research Council. Spec. Rep. 1923, Nr 73 [42]. — (131) HILL, L., u. J. A. CAMPBELL: Observations on the metabolism during rest and work with special reference to athmospheric cooling power. Ebenda 1923, Nr 73 [121]. — (132) HINGSTON, R.: Die physiologischen Schwierigkeiten bei der Besteigung des Mount Everest. BARCROFT, J.: Die Atmungsfunktion des Blutes, S. 192. Berlin 1927 [46]. — (133) HIROKAWA, W.: Über den Einfluß des Prostatasekretes und der Samenflüssigkeit auf die Vitalität der Spermatozoen. Biochem. Z. 19, 291 (1909) [77]. — (134) HIRSCH, C., u. FR. ROLLY: Zur Wärmetopographie des curarisierten Kaninchens nach Wärmestich. Dtsch. Arch. klin. Med. 75, 307 (1903) [120]. — (135) HÖBER, R.: Lehrbuch der Physiologie des Menschen, 6. Aufl. 1931 [7, 64]. — (136) HOFF, F.: Vegetatives Nervensystem und Haut. MÜLLERs Lebensnerven und Lebenstriebe, S. 700 [104, 111, 115, 117]. — (137) VAN'T HOFF, J. H.: Vorlesungen über theoretische und physikalische Chemie. 1. Heft. Die chemische Dynamik, S. 222 (1898) [28]. — (138) HÖGYES, A.: Bemerkungen über die Methode der Mastdarmtemperaturbestimmung bei Tieren usw. Arch. f. exper. Path. 13, 354 (1881) [59]. — (139) HOPPE, E.: Geschichte der Physik, S. 175ff. 1926 [53]. — (140) HUNTER, JOHN: WORKS, PALMERS edition 3, 16. 1837. Zit. nach S. PEMBREY: SCHÄFERS Text-book, a. a. O., S. 788 [29, 80].

(141) ILZHÖFER, H.: Arch. f. Hyg. 94, 317 (1924) [11]. — (142) ISENSCHMID, R.: Über die Wirkungen der die Körpertemperatur beeinflussenden Gifte auf Tiere ohne Wärmeregulation. Arch. f. exper. Path. 85, 271 (1920) [28, 120]. — (143) Physiologie der Wärmeregulation. Handbuch der normalen und pathologischen Physiologie 17, 3 (1926) [64, 84, 87, 106, 114, 120, 121, 124, 125, 126]. — (144) ISENSCHMID, R., u. L. KREHL: Über den Einfluß des Gehirns auf die Wärmeregulation. Arch. f. exper. Path. 70, 109 (1912) [124]. — (145) ISLER, L.: Z. physik. Ther. 40, 55 (1930) [23]. — (146) ITO, H.: Über den Ort der Wärmebildung nach Gehirnstich. Z. Biol. 38, 63 (1899) [82].

(147) JODLBAUER, A.: Die physiologischen Wirkungen des Lichtes. Handbuch der normalen und pathologischen Physiologie 17, 305 (1926) [26, 27]. — (148) JOHANSSON, J. E.: Über den Einfluß der Temperatur in der Umgebung auf die Kohlensäureabgabe des menschlichen Körpers. Skand. Arch. Physiol. 7, 123 (1897) [121]. — (149) JOST, H.: Vergleichende Physiologie des Stoffwechsels. Handbuch der normalen und pathologischen Physiologie 5, 377 (1928) [12, 13, 64]. — (150) JUNK, E. W., C. OPPENHEIMER u. L. PINCUSSEN: Tabulae Biologicae 2 (1925) [68, 75]. — (151) JÜRGENSEN, TH.: Die Körperwärme des gesunden Menschen. Leipzig 1873 [108].

(152) KAHN, R. H.: Die Erwärmung des Carotidenblutes. Arch. f. Physiol. 81 (1904, Suppl.) [116, 118, 124]. — (153) KANITZ, A.: Körpertemperatur der Tiere. JUNK, OPPENHEIMER und PINCUSSEN: Tabulae Biologice 1, 371. 1925 [65]. — (154) Temperaturabhängigkeit der Lebensvorgänge. RGT-Regel. OPPENHEIMERs Handbuch der Biochemie, 2. Aufl., 2, 200 (1925) [28]. — (155) KARPLUS u. KREIDL: Gehirn- und Sympathicus. Pflügers Arch. 1, 129, 138 (1909); 2, 135, 401 (1910); 3, 143, 109 (1911); 4, 171, 192 (1918); 5, 215, 667 (1927); 6, 219, 613 (1928) [102, 116, 125]. — (156) KAYSER, C.: Contribution à l'étude du méchanisme nerveux de la régulation thermique. Ann. de Physiol. 5, Nr 1 (1929) [84, 121]. — (157) KEETON, R. W.: The peripheral waterloss in rabbits as a factor in heat regulation. Amer. J. Physiol. 69, 307 (1924) [109, 118]. — (158) KELLER, K.: Die Temperatursenkung vor der Geburt bei der Hündin. Wien. tierärztl. Mschr. 2, 257 (1915) [72]. — (159) KELLNER, O.: Die Ernährung der landwirtschaftlichen Nutztiere, 1. Aufl., S. 150. 1905 [12]. — (160) KELLNER, O., u. G. FINGERLING: Die Ernährung der landwirtschaftlichen Nutztiere, 9. Aufl. 1920 [13]. — (161) KESTNER, O.: Die physiologischen Wirkungen des Klimas. Handbuch der normalen und pathologischen Physiologie 17, 498 (1926) [27, 111, 119, 121]. — (162) KESTNER, O., u. R. PLAUT: Physiologie des Stoffwechsels. WINTERSTEINERS Handbuch der vergleichenden Physiologie 2/2, 901 (1924) [119]. — (163) KILLIG: Über das Verhalten der Körpertemperatur vor, während und nach der Geburt bei Pferd, Schwein und Hund. Inaug.-Dissert., Dresden 1913 [72]. — (164) KISSKALT: Die Hauttemperatur des Nackten unter normalen und einigen abnormalen physiologischen Bedingungen. Arch. f. Hyg. 70, 17 (1909) [110]. — (165) KLUG, F.: Untersuchungen über die Wärmeleitung der Haut. Z. Biol. 10, 73 (1874) [36, 37]. — (166) KNIPPING, H. W.: Ebenda 77, 165 (1922) [11]. — (167) Ein Beitrag zur Tropenphysiologie. Ebenda 78, 260 (1923) [31].

— (*168*) KOLMER, W.: Zur Frage der Wärmeregulation bei den Monotremen. Pflügers Arch. **221**, 319 (1928) [114]. — (*169*) KÖNIG: Über die Temperatur vor und nach der Geburt beim Rind, der Ziege und dem Hunde. Münch. tierärztl. Wschr. **1914**, Nr 36 [72]. — (*170*) KRAUSE in R. WAGNER: Handwörterbuch der Physiologie 2, Kap. Haut, 136 (1844) [109]. — (*171*) KREHL, L.: Die Störungen der Wärmeregulation und das Fieber. MARCHAND, G.: Handbuch der allgemeinen Pathologie 4, Abt. 1 (1924) [84]. — (*172*) KREHL u. KRATZSCH: Untersuchungen über die Orte der erhöhten Wärmeproduktion im Fieber. Arch. f. exper. Path. **41**, 185 (1898) [57, 82]. — (*173*) KROGH, A.: The quantitative relation between temperature and standard metabolism in animals. Internat. Z. physik.-chem. Biol. **1**, 491 (1914) [28, 29, 121]. — (*174*) Anatomie und Physiologie der Capillaren. Berlin 1929 [97, 103]. — (*175*) KROGH, A., u. J. LINDHARD: Biochemic. J. **14**, 290 (1920). Zit. nach HÖBER: Lehrbuch der Physiologie, 6. Aufl., S. 212, 218 [22]. — (*176*) KRONECKER u. MEYER: Verschluckbare Maximalthermometer usw. Du Bois-Reymonds Arch. path. Anat. u. Physiol. **1879**, 567; Z. Instrumentenkde 9, 293 (1889) [54]. — (*177*) KRZYWANEK, FR. W.: Über die Temperatur im Pansen des Schafes. Pflügers Arch. **222**, 89 (1929) [82]. — (*178*) KULIABKO, A.: Studien über die Wiederbelebung des Herzens. Ebenda **90**, 461 (1902) [76]. — (*179*) KEN KURÉ, EICHI ARAKI u. TAKEO MAÉDA: Die autonome Innervation des willkürlichen Muskels und ihre Beziehung zur chemischen Wärmeregulation. Ebenda **225**, 372 (1930) [122].

(*180*) LANDOIS-ROSEMANN: Lehrbuch der Physiologie, 19. Aufl. 1929 [79, 101, 106]. — (*181*) LASCHTSCHENKO, P.: Über den Einfluß des Wassertrinkens auf Wasserdampf- und CO_2-Abgabe des Menschen. Arch. f. Hyg. **33**, 145 (1898) [111]. — (*182*) LAVOISIER: Experiences sur la regulation des animaux et sur les changements qui arrivent à l'air en passant par leurs poumons. Mém. Acad. Sci. 1777 [2]. — (*183*) Oeuvres, T. II. Paris 1862 [2]. — (*184*) LAVOISIER u. SEGUIN: Premier mémoire sur la respiration des animaux. Mém. Acad. Sci. 1789, 566 [87, 119]. — (*185*) LECHER, E.: Lehrbuch der Physik, 6. Aufl., S. 190. 1930 [38]. — (*186*) LEFÈVRE, J.: Chaleur Animale. Paris 1911 [33, 84, 87]. — (*187*) LEGALLOIS, C.: Oeuvres 2. Paris 1824. Zit. nach A. HÖGYES: Arch. f. exper. Path. **13**, 354 (1881) [60]. — (*188*) LEHMANN, G.: Energetik des Organismus. Handbuch der Biochemie, 2. Aufl., **6**. (1926) [2, 12, 13, 24]. — (*189*) LEHMANN, P.: Das Sonderklima des Stalles. Fortschr. Landw. **6**, H. 20, 642 (1931) [31]. — (*190*) LEVY-DORN, M.: Über den Absonderungsdruck der Schweißdrüsen und über das Firnissen der Haut. Arch. Anat. u. Physiol., Physiol. Abt. **1893**, 383 [110]. — (*191*) LEWASCHEW, S.: Über das Verhalten der peripheschen vasomotorischen Zentren zur Temperatur. Pflügers Arch. **26**, 60 (1881) [102]. — (*192*) LIEBER-MEISTER, C.: Handbuch der Pathologie und Therapie des Fiebers. Leipzig 1875 [49, 50, 51, 52, 70]. — (*193*) LILJESTRAND: Untersuchungen über die Atmungsarbeit. Skand. Arch. **35**, 199 (1907) [32]. — (*194*) LILJESTRAND, G., u. R. MAGNUS: Die Wirkung des Kohlensäurebades beim Gesunden nebst Bemerkungen über den Einfluß des Hochgebirges. Pflügers Arch. **193**, 527 (1922) [120, 125]. — (*195*) LIMMER: Über das Verhalten der Körpertemperatur vor, während und nach der Geburt bei Rind, Schaf und Ziege. Inaug.-Dissert., Leipzig 1912 [72]. — (*196*) LINKE, F.: Die physikalischen Faktoren des Klimas. Handbuch der normalen und pathologischen Physiologie 17, 463 (1926) [40, 42, 46, 48]. — (*197*) LIPSCHITZ, W.: Handbuch der normalen und pathologischen Physiologie 1, 26 (1927) [18, 19]. — (*198*) LOEWI, O.: Pharmakologie des Wärmehaushaltes. Erg. Physiol. 3/1, 338 (1904) [28]. — (*199*) LOEWY, A.: Über den Einfluß der Abkühlung auf den Gaswechsel des Menschen. Pflügers Arch. **46**, 189 (1890) [121]. — (*200*) Untersuchungen über die physikalische Hautwasserabgabe. Biochem. Z. **67**, 243 (1914) [109]. — (*201*) Der Gaswechsel der Organe und Gewebe. OPPENHEIMERS Handbuch der Biochemie, 2. Aufl., 8, 9. (1925) [31, 34]. — (*202*) Der respiratorische und der Gesamtumsatz. Ebenda **6**, 125 (1926) [10, 11, 25, 27, 28, 71]. — (*203*) Z. physik. Ther. **35**, 1 (1928) [43]. — (*204*) Ebenda **36**, 3 (1929) [43]. — (*205*) LOEWY, A., u. H. GERHARTZ: Über die Temperatur der Exspirationsluft und der Lungenluft. Pflügers Arch. **155**, 239 (1914) [45]. — (*205a*) LOEWY, A., u. P. F. RICHTER: Arch. Anat. u. Physiol. Suppl. **1899**, 174 [27]. — (*205b*) Zentralbl. Physiol. **16**, 449 (1902) [27]. — (*206*) LOEWY, A., u. W. WECHSELMANN: Zur Physiologie und Pathologie des Wasserwechsels und der Wärmeregulation seitens des Hautorganes. Virchows Arch. **206**, 79 (1911) [109]. — (*207*) LOHMANN, A.: Über den Nachweis von vasokonstriktorischen Nerven für Magen und Darm im Nervus vagus. Z. Biol. **59**, 315 (1913) [101, 122]. — (*208*) LOSSNITZER, H.: Über ein neues Frigorimeter. Z. physik. Ther. **38**, 196 (1930) [43]. — (*209*) LUCHSINGER, B.: Neue Versuche zu einer Lehre von der Schweißsekretion. Pflügers Arch. 14, 369 (1877) [115, 116]. — (*210*) Fortgesetzte Versuche zur Lehre von der Innervation der Gefäße. Ebenda 14, 391 (1877) [105, 106]. — (*211*) Die Schweißabsonderung und einige verwandte Sekretionen bei Tieren. HERMANNS Handbuch der Physiologie 5/1, 426 (1883) [112, 113]. — (*212*) LUI, A.: Action locale de la température sur les vaisseaux sanguins. Arch. ital. de Biol. **21**, 416 (1894) [103].

(*213*) MAGNE, H.: Quels sont les organes de la régulation homéotherme? J. Physiol.

et Path. gén. **16**, 337 (1914) [33, 35, 82]. — (*214*) La chaleur de la regulation thermique et sa place dans les dépenses d'énergie de l'organisme animal. Ebenda **17**, 912 (1918) [33, 82]. — (*215*) MAGNUS: Über die im Blut enthaltenen Gase: O, N, CO_2. Poggendorffs Ann. **1837** [19]. — (*216*) MANGILI: Fünf Mitteilungen über den Winterschlaf. Paris 1818. Zit. bei L. ADLER: Handbuch der normalen und pathologischen Physiologie **17**, 107 [63]. — (*217*) MANGOLD, E.: Die Produktion von Licht. WINTERSTEINS Handbuch der vergleichenden Physiologie **3**/2, 225. 1910 [9]. — (*218*) Zur Theorie der Wärmestarre. Pflügers Arch. **200**, 327 (1923) [79]. — (*219*) Reiz und Erregung, Reizleitung und Erregungsleitung. Erg. Physiol. **21**, I. Abt., 363 (1923) [7]. — (*220*) Energieumwandlungen im Körper. Dieses Handbuch **1**, 1ff. (1929) [8]. — (*221*) Der Stärkewert und andere Futtereinheiten. Dieses Handbuch **3**, 436 (1931) [13, 17, 21]. — (*222*) MANGOLD, E., u. N. KITAMURA: Der Wärmestillstand des Froschherzens. Pflügers Arch. **201**, 117 (1923) [77]. — (*223*) MANN, F. C., u. TH. B. MAGATH: Die Wirkungen der totalen Leberexstirpation. Erg. Physiol. **23** I, 212 (1924) [35]. — (*224*) MANTEGAZZA, P.: Sur la vitalité des zoospermes de la grenouille. Bruxelles 1859 [77]. — (*225*) Sullo sperma umano. Rendiconti d. reale istituto Lombardo. Cl. d. sc. math. e natur. **3**, 183 (1866) [76]. — (*226*) MARCHAND, F.: Die thermischen Krankheitsursachen. KREHL-MARCHANDS Handbuch der allgemeinen Pathologie **1**, 49 (1908) [75, 76, 78, 79, 126]. — (*227*) Die örtlichen reaktiven Vorgänge (Lehre von der Entzündung). Ebenda **4**/1, 173. 1924 [80]. — (*228*) MAREK, J.: Lehrbuch der klinischen Diagnostik der inneren Krankheiten der Haustiere, 2. Aufl. 1922 [55, 56, 61, 66, 67, 68, 71, 72, 73, 74, 78, 81, 91, 112, 113, 118]. — (*229*) MARTIN, C. J.: Thermal adjustment and respiratory exchange in Monotremes and Marsupiels. A Study in the development of Homeothermien. Philos. Trans. Roy. Soc. Lond., Ser. B **195**, 1—37 (1902) [65, 75, 94, 96, 114, 119]. — (*230*) MARTIN, H. NEWELL, u. E. C. APPLEGARTH: On the temperature limits of the vitality of the mammalian heart. John Hopkins Univ. Baltimore. Studies of the Biological Laboratory **4**, 5, 275 (1889) [76]. — (*231*) MASING, E.: Über Zuckermobilisation in der überlebenden Leber. Arch. f. exper. Path. **69**, 431 (1912) [34]. — (*232*) MASJE, A.: Untersuchungen über die Wärmestrahlungen des menschlichen Körpers. Virchows Arch. **107**, 267 (1887) [44]. — (*233*) MAYER, A., u. G. NICHITA: Sur les échanges des Homéothermes au cours du réchauffment-Contribution à l'étude du „Métabolisme minimum" et de la Thermogénèse. Ann. de Physiol. **5**, 1 (1929) [126]. — (*233a*) Ebenda **5**, 621 (1929) [90]. — (*234*) MAYER, ROBERT: Bemerkungen über die Kräfte der unbelebten Natur. Liebig u. Wöhlers Ann. **1842**, 42 [10]. — (*235*) MEYER, H. H.: Die Wärmeregulation im menschlichen Körper. Naturwiss. **8**, 751 (1920) [86, 106, 124, 125]. — (*236*) MEYER, H. H., u. R. GOTTLIEB: Experimentelle Pharmakologie, 7. Aufl. 1925 [28]. — (*237*) MINKOWSKI, O.: MEHRING-KREHLS Lehrbuch der inneren Medizin, 6. Aufl., S. 611. 1909 [35]. — (*238*) MOLESCHOTT: Wien. med. Wschau **1855**, Nr 43 [27]. — (*238a*) MÖLLGAARD, H.: Grundzüge der Ernährungsphysiologie der Haustiere. Berlin 1931 [13, 87]. — (*239*) MORGULIS, SERGIUS: The effect of environmental temperature on Metabolism. Amer. J. Physiol. **71**, 49 (1924) [91, 121]. — (*240*) MOSSO, L.: Arch. ital. de Biol. **8**, 177 (1887) [82]. — (*241*) MÜLLER, E.: Untersuchungen über die normalen Tagestemperaturen der Haustiere. Inaug.-Dissert., Gießen 1910 [52, 55, 56, 58, 59, 61, 66]. — (*242*) MÜLLER, F., u. W. BIEHLER: Stoffwechsel und Klima. OPPENHEIMERS Handbuch der Biochemie, 2. Aufl., **7**, 38 (1927) [30, 48]. — (*243*) MÜLLER, L. R.: Lebensnerven und Lebenstriebe, 3. Aufl. 1931 [84, 100, 114]. — (*244*) MÜLLER, O., u. E. VEIEL: Beiträge zur Kreislaufphysiologie des Menschen. Klin. Vortr., N. F. **1910**, Dezember, Nr 606—08 [97].

(*245*) NASAROFF: Einige Versuche über künstliche Abkühlung und Erwärmung warmblütiger Tiere. Virchows Arch. **90**, 482 (1882) [108]. — (*246*) NATHUSIUS, H. v.: Vorträge über Schafzucht, S. 237. Berlin 1880 [113]. — (*247*) NATHUSIUS, W. v.: Das Wollhaar des Schafes. Berlin 1866 [113]. — (*248*) NELSON, E. W.: The rabbits of North Americ. North amer. Fauna (Washington) **1909**, Nr 29 [93]. — (*249*) NEWTON, F. C.: Researches on the alleged influence of sympathetic innervation on warmth production in skeletal muscles. Amer. J. Physiol. **71**, 1 (1924) [122].

(*250*) OERTMANN: Bestimmung der Fieberhöhe und Dauermessung. Münch. med. Wschr. **1904**, Nr 48, 2140 [55]. — (*251*) OPPENHEIMER, C.: Energetik der lebenden Substanz. Handbuch der Biochemie, 2. Aufl., **2**, 222 (1925) [2, 7, 22, 23]. — (*252*) OZORIO DE ALMEIDA, A.: J. Physiol. et Path. gén. **18**, Nr 5 (1920) [31]. — (*253*) OZORIO, A. DE ALMEIDA, u. A. BRANCA: Métabolisme, Température et quelques autres determinations physiologiques faites sur le paresseux (Bradypus tridactylus). C. r. Sci. Soc. Biol. **91**, 1124 (1924) [65].

(*254*) PAECHTNER, J.: Respirator. Stoffwechselforschung und ihre Bedeutung für Nutztierhaltung und Tierheilkunde, S. 59. Berlin 1909 [27]. — (*255*) Tierische Wärme. ELLENBERGER-SCHEUNERTS Lehrbuch der vergleichenden Physiologie, 3. Aufl., S. 341 (1925) [44, 80]. — (*255a*) Der Gaswechsel. Dieses Handbuch **3**, 365 (1931) [18, 19, 20, 22]. — (*256*) PEMBREY, M. S.: Animal Heat. E. A. SCHÄFERS Text-book of Physiology **1**, 784 (1898) [34, 71, 74, 83]. — (*257*) PFAUNDLER, M.: Über die energetische Flächenregel. Pflügers

Arch. **188**, 273 (1921) [25]. — (*258*) Pflüger, E.: Über Temperatur und Stoffwechsel der Säugetiere. Ebenda **12**, 282 (1876) [122]. — (*259*) Über Wärmeregulation der Säugetiere. Vorläuf. Mitt. Ebenda **12**, 333 (1876) [122]. — (*260*) Über Wärme und Oxydation der lebendigen Materie. Ebenda **18**, 247 (1878) [86, 121]. — (*261*) Philipp, H.: Die Beeinflussung der Wärmestrahlung der menschlichen Haut durch physikalische Behandlung. Z. physik. Ther. **38**, 177 (1930) [39, 44]. — (*262*) Pincussen, L.: Die Beeinflussung des Stoffwechsels durch Strahlung. Handbuch der Biochemie, 2. Aufl., **7**, 235 (1927) [26, 27]. — (*262a*) Pissenski, S. A.: Über den Einfluß der Temperatur auf die peripherischen Gefäße. Pflügers Arch. **156**, 426 (1914) [103]. — (*263*) Plaut, R.: Über den Stoffwechsel bei der Wärmeregulation. Z. Biol. **76**, 192 (1922) [122]. — (*264*) Beiträge zur vergleichenden Physiologie der Wärmeregulation und des Fiebers. Pflügers Arch. **205**, 51 (1924) [96, 99, 121]. — (*264a*) Plaut, R., u. E. Wilbrand: Zur Physiologie des Schwitzens. Z. Biol. **74**, 191 (1922) [122]. — (*265*) Przibram, H.: Temperatur und Temperatoren im Tierreiche. Deuticke 1923 [65, 71, 72, 93]. — (*266*) Experimentalzoologie. 6. Zoonomie, S. 165 (1929) [94]. — (*267*) Quinton, R.: L'eau de mer, milieu organique. Paris 1904 [6].

(*268*) Raudnitz, R. W.: Die Wärmeregelung beim Neugeborenen. Z. Biol. **24**, 423 (1888) [71]. — (*269*) Rein, H.: Die Thermo-Stromuhr. Ebenda **87**, 394 (1928) [32, 97]. — (*270*) Die Thermo-Stromuhr. II. Mitt. Ebenda **89**, 195 (1930) [32, 97]. — (*271*) Vasomotorische Regulationen. Erg. Physiol. **32**, 28 (1931) [94, 97, 99, 105, 107]. — (*272*) Richet, Ch.: Bull. Soc. biol. **1884**, 189 (Wärmestich) [123, 124]. — (*273*) Le frisson comme appareil de régulation thermique. Arch. de Physiol. **1893**, 312 [120]. — (*274*) Production de chaleur par les êtres vivants. Dictionaire de Physiologie **3**, 81. Paris 1898 [65, 78, 79, 118, 119]. — (*275*) Roehrig, A., u. N. Zuntz: Zur Theorie der Wärmeregulation und der Balneotherapie. Pflügers Arch. **4**, 57 (1871) [28, 121]. — (*276*) Rona, P.: Die Fermente. Handbuch der normalen und pathologischen Physiologie **1**, 68 (1927) [7]. — (*277*) Rosenberg, H.: Die elektrischen Organe. Handbuch der normalen und pathologischen Physiologie **8/2**, 876 (1928) [9]. — (*278*) Rosenthal, F.: Die Bedeutung der Leberexstirpation für Pathophysiologie und Klinik. Erg. inn. Med. **33**, 63 (1928) [35, 36]. — (*279*) Rosenthal, F., H. Licht u. E. Melchior: Weitere Untersuchungen an leberlosen Säugetieren. Arch. f. exper. Path. **10**, 115, 170 (1926) [35, 36]. — (*280*) Rosenthal, J.: Zur Kenntnis der Wärmeregulierung bei den warmblütigen Tieren. Antrittsvorlesung. Erlangen 1872 [52, 59, 78]. — (*281*) Physiologie der tierischen Wärme. Hermanns Handbuch der Physiologie **4**, Teil 2, 289 (1882) [43, 50, 52]. — (*282*) Roux, W.: Das Wesen des Lebens. Die Kultur der Gegenwart, III. Teil, 4. Abt., 1. 1915 [2, 3, 7, 7]. — (*283*) Rubner, M.: Über den Einfluß der Körpergröße auf Stoff- und Kräftewechsel. Z. Biol. **19**, 536 (1883) [25, 92]. — (*284*) Die Beziehungen der atmosphärischen Feuchtigkeit zur Wasserdampfabgabe. Arch. f. Hyg. **11**, 137 (1890) [44, 46, 90]. — (*285*) Thermische Wirkungen der Luftfeuchtigkeit. Ebenda **11**, 255 (1890) [47, 48]. — (*286*) Die Quelle der tierischen Wärme. Z. Biol. **30**, 73 (1894) [1, 2, 11, 22]. — (*287*) Zur Bilanz unserer Wärmeökonomie. Arch. f. Hyg. **27**, 69 (1896) [44]. — (*287a*) Notiz über die Wasserdampfausscheidung durch die Lunge. Ebenda **33**, 151 (1898) [45]. — (*288*) Die Gesetze des Energieverbrauches bei der Ernährung. Leipzig u. Wien 1902 [40, 43, 44, 45, 47, 81, 87, 90, 91, 93, 94, 95, 96, 110, 119, 120, 121]. — (*289*) Leben des Kaltblüters. Biochem. Z. **148** (1924) [12, 25, 26, 63, 64].

(*290*) Sahli, H.: Lehrbuch der klinischen Untersuchungsmethoden. 1929 [62]. — (*291*) Sartorius, C.: De vi et effectu caloris et frigoris ad vasa sanguinifera. Bonn 1864 [102]. — (*292*) Schäfer, E. A.: Text-book of Physiology **1**. 1898 [34, 65]. — (*293*) Das Leben, übersetzt von Ch. Fleischmann. Berlin 1913 [6]. — (*294*) Schaum, K.: Photochemie und Photographie, 1. Teil. Leipzig 1908. Bd. 9 von Bredigs Handbuch der angewandten physikalischen Chemie [38]. — (*295*) Schindelka, H.: Hautkrankheiten bei Haustieren. Beyer u. Frohner: Handbuch der tierärztlichen Chirurgie und Geburtshilfe, 2. Aufl., **6**. 18 (1908) [113]. — (*296*) Schlayer: Dtsch. Arch. klin. Med. **1907**, 90 [98]. — (*297*) Schleip, W.: Lebenslauf, Alter und Tod des Individuums. Die Kultur der Gegenwart, III. Teil, 4. Abt., 1, 191 (1915) [7]. — (*298*) Schmeil, O.: Lehrbuch der Zoologie, 48. Aufl., S. 66 (1927) [89, 93]. — (*299*) Schneidemühl, G.: Spezielle Pathologie und Therapie der Haustiere (1908) [112]. — (*300*) Schultze, M.: Das Protoplasma der Rhizopoden und der Pflanzenzellen. Leipzig 1863. Zit. nach Krehl u. Marchand: Handbuch der allgemeinen Pathologie **1**, 50 (1908) [76]. — (*301*) Schwenkenbecher, A.: Die Haut als Exkretionsorgan. Handbuch der normalen und pathologischen Physiologie **4**, 709 (1929) [109, 115]. (*302*) Sherrington, C. S.: Notes on temperature after spinal transsection, with some observations on shivering. J. of Physiol. **58**, 405 (1924) [107, 113, 115, 120, 122]. — (*303*) Siedamgrotzky: Beiträge zur Thermometrie der Haustiere. Sächs. Vet.-Ber. **1873** [71, 73, 91]. — (*304*) Simpson, S., u. J. Galbraith: An investigation into the diurnal variation of the body temperature of nocturnal and other birds, and a few mammals. J. of Physiol. **33**, 225 (1905) [69, 72]. — (*305*) Observations on the normal temperature of the monkey and its diurnal variation, and on the effect of changes in the daily routine on this variation.

Trans. roy. J. Edinburgh **45**, 69 (1906) [69]. — (*306*) SINELNIKOFF, E.: Über die Wirkungsweise des Wärmezentrums im Gehirne. Arch. Anat. u. Physiol., Physiol. Abt. **1910**, 279 [120]. — (*307*) SINELNIKOFF, E. J.: Über den Einfluß der Großhirnhemisphären auf die Wärmeregulation. Pflügers Arch. **221**, 549 (1929) [118, 119]. — (*308*) SJÖSTRÖM, L.: Über den Einfluß der Temperatur der umgebenden Luft auf die Kohlensäureabgabe beim Menschen. Skand. Arch. **30**, 1 (1913) [119, 121]. — (*309*) SPALLANZANI, L.: Mém. sur la respiration. Genf 1803 [20]. — (*310*) STERN, E.: Physiologie und Chemie der Fermente usw. Handbuch der Biochemie, 2. Aufl., **2**, 111 (1925) [19]. — (*311*) STEWART: Stud. physiol. Labor. Owens Coll. Manchester **1**, 102 (1891) [44]. — (*312*) STIGLER, R.: Versuche über die Beteiligung der Schwereempfindung an der Orientierung des Menschen im Raum. Pflügers Arch. **148**, 573—584 (1912) [6]. — (*313*) Wärmelähmung und Wärmestarre der menschlichen Spermatozoen. Ebenda **155**, 201 (1913) [77]. — (*314*) Vergleich zwischen der Wärmeregulierung der Weißen und der Neger bei Arbeit in überhitzten Räumen. Ebenda **160**, 445 (1915) [111]. — (*315*) Physiologischer Selbstschutz gegen Hitzschlag bei Weißen und Negern. Wien. klin. Wschr. **1915**, Nr. 19 [126]. — (*316*) Der Einfluß des Nebenhodens auf die Vitalität der Spermatozoen. Pflügers Arch. **171**, 273 (1918) [77]. — (*317*) Körpertemperatur in den Tropen. Sitzgsber. Wien. Akad. Wiss., Math.-Naturwiss. Kl. **1918**, 6. Juni [73]. — (*318*) Vergleichende Untersuchung der physiologischen Wärmeregulation bei Steigerung der Körpertemperatur infolge hoher Außentemperatur, bei Fieber und bei Hitzschlag I. Arch. f. exper. Path. **152**, 68 (1930) [45, 68, 95, 110, 118, 119, 126]. — (*319*) Vergleichende Untersuchung der physiologischen Wärmeregulation bei Steigerung der Körpertemperatur infolge hoher Außentemperatur, bei Fieber und bei Hitzschlag II. Die Wärmeregulation der Nagetiere bei exogen gesteigerter Körpertemperatur. Ebenda **155**, 257 (1930) [60, 68, 78, 110, 118, 120]. — (*320*) STRASSER, A.: Über den Schweiß und das Schwitzen. Z. physik. u. diät. Ther. **18** (1914) [111]. — (*321*) Die Wärmeregulation und ihre Bewertung. Wien. Arch. inn. Med. **6**, 215 (1923) [60, 117, 120]. — (*322*) STRÜMPELL, A.: Lehrbuch der inneren Medizin, 19. Aufl., S. 746 (1914) [35]. — (*323*) SUNDSTROEM, E. S.: Studies on the adaptation of albino mice to an artificially produced tropical climate. Amer. J. Physiol. **60**, I. Mitt. S. 397, II. Mitt. S. 416 (1922) [93].

(*324*) Tabulae Biologicae **1** u. **2**, herausgegeben von E. W. JUNK, C. OPPENHEIMER u. L. PINCUSSEN. 1925 [68, 75]. — (*325*) TAKAO KOSAKA: On heat production in the liver (japanisch). J. orient. Med. **12**, engl. Zusammenfassung 19—22 (1930). Ref. Ronas Ber. ges. Physiol. **58**, 95 (1931) [34, 82]. — (*326*) TANGL, F.: Die minimale Erhaltungsarbeit des Schweines. Biochem. Z. **44**, 252 (1912) [119]. — (*327*) TEREG, J.: Tierische Wärme. ELLENBERGERs Vergleichende Physiologie der Haussäugetiere, 1. Aufl., II. Teil, S. 79 (1892) [43, 44, 46, 59, 90, 91, 125]. — (*328*) THILENIUS, R., u. C. DORNO: Das Davoser Frigorimeter. Z. physik. Ther. **29** (1925) [42]. — (*329*) THOMAS, ANDRÉ: L'Encéphale **1920** [115]. — (*330*) THUNBERG, TH.: Ein Mikrorespirometer. Skand. Arch. Physiol. **17**, 74 (1905) [32]. — (*331*) Physiologie der Druck-, Temperatur- und Schmerzempfindungen. NAGELs Handbuch der Physiologie **3**, 671 (1905) [86]. — (*332*) Zur Kenntnis des intermediären Stoffwechsels und der dabei wirksamen Enzyme. Skand. Arch. Physiol. **40**, 1 (1920) [19]. — (*333*) TIGERSTEDT, R.: Die Wärmeökonomie des Körpers. NAGELs Handbuch der Physiologie **1/2**, 557 (1909) [43]. — (*334*) Die Produktion von Wärme und der Wärmehaushalt. WINTERSTEINs Handbuch der vergleichenden Physiologie **3/2**, 1 (1910) [25, 31, 33, 65, 66, 72, 92]. — (*335*) Lehrbuch der Physiologie des Menschen, 10. Aufl. 1923 [8, 11, 23, 24, 33, 65, 71, 78, 79, 101]. — (*336*) Energiewechsel. Handbuch der Biochemie, 2. Aufl., **6**, 475 (1926) [11]. — (*337*) TOENNIESSEN, E.: Die Bedeutung des vegetativen Nervensystems für die Wärmeregulation und den Stoffwechsel. L. R. MÜLLERs Lebensnerven und Lebenstriebe, 3. Aufl., S. 289 (1931) [84]. — (*338*) TRAUTMANN u. FIEBIGER: Lehrbuch der Histologie der Haussäugetiere. 6. Aufl. von ELLENBERGER u. TRAUTMANN. 1931 [113, 116]. — (*339*) TSCHERMAK, A. v.: Allgemeine Physiologie **1**. Berlin 1916 [2, 6, 7, 10, 11, 14, 15, 16].

(*340*) UEBERWEG u. HEINZE: Handbuch der Geschichte der Philosophie, 11. Aufl., **1**, 58. Berlin 1920 [10]. — (*341*) UEXKÜLL, J. v.: Definition des Lebens und des Organismus. Handbuch der normalen und pathologischen Physiologie **1**, 19 (1927) [2].

(*342*) VACEK, T.: Über die Wärmeregulation bei einigen Haustieren. Veröff. tierärztl. Hochsch. Brünn **1**, 14 (1922) (tschechisch) [118]. — (*343*) Die Wärmeregulation beim Schwein. Biol. Mitt. tierärztl. Hochsch. Brünn **3**, 1 (1924) (tschechisch) [118]. — (*344*) VELTEN, W.: Über Oxydation im Warmblüter bei subnormalen Temperaturen. Pflügers Arch. **21**, 361 (1880) [121]. — (*345*) VERZAR, F.: Die Größe der Leberarbeit. Biochem. Z. **34**, 52 (1911) [34]. — (*346*) VICTOROW, C.: Die kühlende Wirkung der Luftsäcke bei Vögeln. Pflügers Arch. **126**, 300 (1909) [93]. — (*347*) VOIT, C.: Über die Wirkung der Temperatur der umgebenden Luft auf die Zersetzungen im Organismus der Warmblüter. Z. Biol. **14**, 57 (1878) [119]. — (*348*) VÖLKER, H.: Über die tagesperiodischen Schwankungen einiger Lebensvorgänge des Menschen. Pflügers Arch. **215**, 43 (1926) [69].

(349) WALBAUM, H.: Ein Beitrag zur Klarstellung des Mechanismus der Wärmeregulation beim normalen und dem durch Gehirnreizung (Wärmestich) hyperthermisch gemachten Kaninchen. Arch. f. exper. Path. **72**, 153 (1913) [109, 118]. — (350) WALLER, A. D., u. E. W. REID: On the action of the excised mammalian heart. Philos. Trans. roy. Soc. Lond. B **178**, 215 [76]. — (351) WALTHER: Arch. Anat., Physiol. u. wiss. Med. **1865**, 45. Zit. nach E. A. SCHÄFERS Textbook of Physiologie **1**, 820. 1898 [74]. — (352) WARBURG, O.: Pflügers Arch. **158**, 189 (1914) [20]. — (353) WASER, E.: Methodik des Wärmestiches. ABDERHALDENS Handbuch der biologischen Arbeitsmethoden, Abt.V., T. 5 B, H. 1, S. 73 (1923) [123]. — (354) WASER, E.: Temperaturmessung mit Thermoelementen. Ebenda Abt. 5, T. 1, S. 433 (1930) [56, 80, 82, 83]. — (355) WASSMUTH, A.: Apparate zum Bestimmen der Temperaturänderungen. Sitzgsber. Wien. Akad. Wiss., Math.-Naturwiss. Kl. IIa **111**, 996 (1902) [16]. — (355a) Über die bei der Biegung von Stahlstöcken beobachtete Abkühlung. Ebenda IIa **112**, 578 (1903) [16]. — (356) WEBER, E.: Beobachtungen über die Rectaltemperatur des gesunden Rindes usw. Dtsch. tierärztl. Wschr. **18**, Nr 10, 11 u. 12 (1910) [72]. — (357) WERHOVSKY, B.: Untersuchungen über die Wirkung erhöhter Eigenwärme auf den Organismus. Zieglers Beitr. path. Anat. u. allg. Path. **18**, 72 (1895) [123]. — (358) WERTHEIMER: Arch. de Physiol. **6**, 308, 724 (1894) [98]. — (359) WIELAND, H.: Mechanismus der Oxydation und Reduktion der lebenden Substanz. Handbuch der Biochemie, 2. Aufl. **2**, 251 (1925) [18, 19, 20]. — (360) WILCKENS, M.: Gibt es warm- und kaltblütige Pferde? Österr. Mschr. Tierheilk. u. Rev. Tierheilk. u. Tierzucht **1892**, Nr 6 [66, 67]. — (361) WINKLER, F.: Studien über die Beeinflussung der Hautgefäße durch thermische Reize. Sitzgsber. Akad. Wiss. Wien, Math.-Naturwiss. Kl. Abt. III, **111**, 68 (1902) [104, 105]. — (362) WINTERNITZ, R.: Beiträge zur Lehre der Wärmeregulation. Virchows Arch. **56**. Zit. nach H. DI GASPERO [81]. — (363) Die Hydrotherapie auf physiologischer und klinischer Grundlage 1. Wien 1890. Zit. nach H. DI GASPERO, S. 194 [81]. — (364) WINTERSTEIN, H.: Der Stoffwechsel des Zentralnervensystems. Handbuch der normalen und pathologischen Physiologie **9**, 515 (1929) [18, 83]. — (365) WOBSA, G.: Wärmeleitungsfähigkeit der menschlichen Haut. Arch. f. Hyg. **79**, 323 (1913) [37]. — (366) WOLPERT, H.: Einfluß der Luftbewegung auf die Wasserdampf- und Kohlensäureabgabe des Menschen. Ebenda **33**, 206 (1898) [30, 42, 122]. — (367) WOOD, T. B., u. A. V. HILL: Hauttemperatur und Mastfähigkeit der Ochsen. J. agricult. Sci. **6** II, 252—254 (1914) [81]. — (368) WUNDERLICH, C. A.: Das Verhalten der Eigenwärme in Krankheiten, 2. Aufl. 1870 [71].

(369) YOSHIMURA KISAKU: Die kühlende Wirkung der Lunge auf das Herz. Pflügers Arch. **126**, 239 (1909) [83].

(370) ZIMMERMANN, H.: Dtsch. Arch. klin. Med. **147**, 82 (1925) [61, 62]. — (371) Münch. med. Wschr. **1930**, Nr. 48, 2051 [83]. — (372) ZONDEK, B.: Tiefenthermometrie. I. Mitt. Münch. med. Wschr. **1919**, Nr. 46, 1315, 1316; II. Mitt. ebenda **1919**, Nr. 48, 1379—1381; III. Mitt. ebenda **1920**, Nr 9, 255; IV. Mitt. ebenda **1920**, Nr 28, 810—813; V. Mitt. ebenda **1920**, Nr 36, 1041—1042; VI. Mitt. ebenda **1921**, Nr 10, 300, 302; VII. Mitt. ebenda **1922**, Nr 16, 579, 580 [55, 81, 82]. — (373) ZUNTZ, N., u. O. HAGEMANN: Untersuchungen über den Stoffwechsel des Pferdes. Landw. Jb. **17**, Erg.-B. III (1898) [32, 119]. — (374) ZUNTZ, N., u. A. LOEWY: Lehrb. d. Physiol. S. 714 (1909) [118]. — (375) ZWAARDEMAKER, H.: Allgemeine Energetik des tierischen Lebens (Bioenergetik) Handbuch der normalen und pathologischen Physiologie 1, 228, 229, 243. 1927 [2, 8, 9]

2. Der Grundumsatz.

Von

MARIA STEUBER

Assistentin am Tierphysiologischen Institut der Landwirtschaftlichen Hochschule Berlin.

A. Allgemeines über den Grundumsatz.

Unter dem Grundumsatz (Erhaltungs- oder Basalumsatz) *irgendeines Individuums* verstehen wir die unterste Grenze des Stoff- bzw. des Energieumsatzes, die zur Aufrechterhaltung der wesentlichsten physiologischen Arbeitsleistungen, wie Kreislauf, Atmung, Sekretion usw. notwendig ist.

Dieser Energieumsatz kann auf zwei verschiedene Arten ermittelt werden: erstens mit Hilfe des Calorimeters, durch eine quantitative Messung der von

dem Organismus abgegebenen Wärmemenge und zweitens durch die Bestimmung der Oxydationsgröße, wie sie in der Kohlensäureausscheidung und dem
Sauerstoffverbrauch zum Ausdruck kommt (s. Anm.). Durch die Messung der
von dem Organismus abgegebenen Wärmemenge und einen Vergleich der erhaltenen Versuchsergebnisse mit den chemisch-physikalischen Konstanten der
im Körper zersetzten Stoffe (Eiweiß, Fett und Kohlehydrate) konnte bewiesen
werden, daß das Gesetz von der Erhaltung der Energie auch im Tierkörper
seine Gültigkeit hat (Rubner). Erst durch diesen Beweis ist es möglich geworden, den Energieumsatz eines Individuums allein aus der Menge des ausgeschiedenen Stickstoffes (N im Harn), der Kohlensäure und des aufgenommenen
Sauerstoffes einwandfrei zu berechnen (Zuntz). Es ist daher ziemlich gleichgültig, ob die mit Hilfe eines Respirationsversuches erhaltenen Werte in Calorien
ausgedrückt werden oder nur durch ihre gasförmigen Komponenten, der Kohlensäureausscheidung und dem Sauerstoffverbrauch. Bei kurzdauernden Gaswechselversuchen, bei denen das Maß des im Körper zersetzten Eiweißes nur selten
bekannt sein dürfte, ist die Angabe der Oxydationsgröße wohl allein richtig,
wenn auch für die Umrechnung in Calorien die Vernachlässigung des mit dem
Harn ausgeschiedenen Stickstoffes keine wesentlichen Fehler bedingt. Bei ausgedehnten Versuchen und besonders dort, wo es sich um die Aufstellung einer
vollständigen Stoff- bzw. Energiebilanz handelt, ist die Umrechnung in Calorien
schon deshalb geboten, weil hierdurch eine viel bequemere Vergleichsmöglich-
keit mit anderen Versuchsresultaten erzielt wird. *Denn nur unter Anwendung
eines einheitlichen Meßsystems ist es möglich, den Stoffumsatz verschiedener Einzel-
individuen und verschiedener Tiergattungen miteinander zu vergleichen.* Bei der Messung des Energieumsatzes ist die direkte calorimetrische Untersuchung jedoch
immer mehr in den Hintergrund getreten. Dies liegt wohl zum Teil an der Kost-
spieligkeit der gesamten Apparatur und ihrer komplizierten Bedienung, im
wesentlichen indes an der geringen Verwendungsmöglichkeit für die verschiedensten Untersuchungen über den Ablauf kurzdauernder physiologischer Vorgänge.
Die Bestimmung des Grund- bzw. des Energieumsatzes beruht heute fast ausschließlich auf der *indirekten Methode*, d. h. auf der Ermittlung des Gaswechsels.

Die Methodik des Gaswechsels und die Berechnung eines „indirekten" Versuches sind in Bd. 3 von Paechtner angegeben und ausführlich behandelt worden.

Der Grundumsatz ist bei den meisten *normalen Individuen pro Quadratmeter
Oberfläche eine relativ, nicht absolut, konstante Größe*, die bei täglichen Messungen
zwar nicht unerheblich schwankt, aber beim Menschen über viele Jahre *mit einem
bestimmten Durchschnittswert* bestehen bleibt. Derartige über lange Zeiträume
hinaus fortlaufende Untersuchungen sind zuerst von Zuntz[134] und Loewy[134]
ausgeführt und später von Magnus-Levy, Lusk[138] und Dubois, Harris[92] und
Benedict[92], sowie von Benedict[18], vervollständigt worden.

Die auffallende Konstanz der erhaltenen Werte wird am besten durch folgende Tabellen illustriert, von denen die erste den Versuchen von Zuntz[134]
und Loewy[134] und die zweite denen von Benedict[18] entnommen ist.

Tabelle 1.

Versuchsperson	Jahr	Alter	Körpergewicht in kg	O_2-Verbrauch pro Min. in cm³	R. Q.	Cal. pro qm u. 24 Stunden
N. Z.	1888	41	65,7	236,0	0,74	804
	1901	54	67,6	230,7	0,79	780
	1903	56	67,6	228,0	0,80	773
	1910	63	68,5	234,9	0,83	792

Anm. Siehe auch Paechtner im 3. Bande dieses Handbuches.

Tabelle 2.

Versuchsperson	Jahr	Alter	Körpergewicht in kg	O₂-Verbrauch pro Minute in cm³	Cal. in 24 Stunden	
					pro kg Körpergewicht	pro qm
H. M. S.	1911	42	58,5	193,0	22,8	760,0
	1916	48	60,5	196,0	22,8	777,0
	1918	50	56,5	185,0	22,9	753,0
	1927	59	62,5	198,0	22,0	760,0

Bei N. Zuntz zeigen die Werte innerhalb eines Zeitraumes von 22 Jahren kaum eine Veränderung, und auch bei H. M. Smith sind sie über 16 Jahre dieselben geblieben.

Diese Konstanz und die Höhe des Grundumsatzes, die sich bei gleichem Alter und ähnlichen Körpermaßen gleichmäßig über *eine bestimmte Gruppe derselben Art erstreckt*, hat zur Aufstellung von Tabellen geführt (Harris und Benedict, Aub und DuBois, Kestner und Knipping), aus denen mit Hilfe des Körpergewichtes, der Länge, des Alters und Geschlechts der Grundumsatz eines normalen Individuums annähernd genau ermittelt werden kann. Jede Abweichung von dieser allgemeingültigen Norm kann daher im wesentlichen auf *eine funktionelle Störung des endokrinen Drüsensystems oder auf eine Änderung in der körperlichen Beschaffenheit* (s. Anm.) zurückgeführt werden. Wichtig ist dabei natürlich, daß die äußeren Bedingungen, unter denen die Versuche ausgeführt wurden, nicht wesentlich voneinander differieren. Doch abgesehen hiervon sind noch eine Reihe der verschiedensten Faktoren bekannt, die ebenfalls den Grundumsatz entscheidend beeinflussen können. Auf welche Art diese Beeinflussung erfolgen muß, um die Höhe des Umsatzes nach einer bestimmten Richtung eindeutig zu verschieben, soll in den nachfolgenden Abschnitten näher erörtert werden.

Wenn der Grundumsatz irgendeines Individuums ermittelt werden soll, so muß — entsprechend der Definition — jeder Einfluß, der eine Steigerung des Umsatzes bewirken könnte, auf das sorgfältigste vermieden werden.

Als Ursache für eine umsatzsteigernde Wirkung können zum Teil äußere, als Lärm oder Geräusche aus der Umgebung kommende Störungen angesprochen werden; in erhöhtem Maße jedoch alle inneren Vorgänge, die bei vermehrter Drüsen-, Darm- und Muskeltätigkeit oder durch psychische Unruhe, einen Reiz auf die Oxydationsvorgänge im Organismus ausüben.

In Hinsicht auf diese Gesichtspunkte muß bei allen Grundumsatzbestimmungen gefordert werden, daß sie *bei vollkommener Ruhe, im Hungerzustand* (Nüchternzustand) *und innerhalb der Behaglichkeitsgrenze,* durchgeführt werden.

Als Ergänzung zu dieser Forderung könnte noch darauf hingewiesen werden, daß Gaswechselmessungen — *sofern sie auf 24 Stunden umgerechnet und irgendeine Beweiskraft haben sollen* — eine Versuchsdauer von 20 Minuten nicht unterschreiten dürfen.

Wie berechtigt ein solcher Hinweis ist, geht besonders aus einer Arbeit hervor, die Bernhard[39] über das Problem der Fettleibigkeit veröffentlicht hat. Diese an Fettsüchtigen angestellten Versuche erstrecken sich *nur über 10—12 Minuten* und umschließen folgende Perioden:

1. den Grundumsatz,
2. den Umsatz bei einer sehr leichten, gut meßbaren Arbeit,
3. den Umsatz unmittelbar nach der Arbeit (Nachwirkung) und weiter in folgenden Zeitabständen, ebenfalls in Ruhe und bei Nüchternheit. Den
4. Umsatz nach 10 Minuten,
5. „ „ 30—45 Minuten,
6. „ „ 90 oder 105 Minuten,
7. „ „ 150 Minuten.

Anm. z. B. durch eine pathologische Anreicherung von Fett.

Sämtliche Versuchsdaten sind auf 24 Stunden umgerechnet und ergaben im extremsten Fall folgende Resultate:

1. Grundumsatz . . . . 2848,5 Cal.
2. Mehrumsatz während der Arbeit . . . . 3206,6 „
3.   „   unmittelbar nachher . . . . 1379,6 „

Ruheumsatz im Vergleich zum Grundumsatz s. 1.

4. nach 10 Minuten . . . . —759,0 Cal.
5.   „   30   „   . . . . —933,3 „
6.   „   90   „   . . . . —424,4 „
7.   „   150   „   . . . . —180,4 „

Die Angabe dieser Resultate kann — wie Magnus-Levy[150] in einer ausführlichen Kritik der Bernhardschen[33] Versuche und der daraus gezogenen Schlußfolgerungen ebenfalls betont hat — nicht anders als merkwürdig bezeichnet werden. Abgesehen davon, daß eine ununterbrochene, gleiche körperliche Arbeit nicht über 24 Stunden geleistet werden kann, muß eine solche Art der Versuchsanstellung und Berechnung zu Größenordnungen und Vorstellungen führen, die mit der Wirklichkeit nicht mehr vereinbar sind. Auf Grund seiner Resultate bzw. des Umstandes, daß die nach der Arbeit erhaltenen Ruhewerte den Erhaltungsumsatz unterschreiten, bezeichnet Bernhard[33] denn auch den Grundumsatz als „überschätzt" und „irreleitend" und kommt zu dem Schluß, daß dieser Begriff neu gewertet werden müßte.

Die Temperaturgrenzen, innerhalb deren sich die einzelnen Tierarten behaglich fühlen, sind sehr verschieden. Kleine Tiere sind im ganzen gegen Unterschiede in der Umgebungstemperatur empfindlicher als große. Wenn bei einem Versuch nicht gerade die kritische Temperatur — d. h. diejenige, bei der die Tiere sich absolut ruhig verhalten — gewählt wird, so ist es zweckmäßig und für einen Vergleich vorteilhafter, mit den Angaben der Resultate auch die Umgebungstemperatur, bei der sie erhalten wurden, zu notieren.

Ebenso ist das Einsetzen des Hungerstadiums bei den einzelnen Tierarten an verschiedene Zeitpunkte gebunden. Dies hängt jedoch weniger von der Größe des Tieres — wenn wir von den ganz kleinen absehen — als von dem Bau des gesamten Verdauungsapparates ab. Die Art und Menge der Nahrung, sowie der Ernährungszustand, spielen dabei eine wesentliche Rolle.

Das sicherste Merkmal für das Einsetzen und Fortschreiten des Hungerns ist in dem meist gleichzeitigen Absinken des Energieumsatzes und des Respirationsquotienten zu sehen. Schon Pettenkofer[169] und Voit stellten fest, daß im Hunger der Gaswechsel ziemlich schnell absinkt und dann für einige Zeit konstant bleibt. Dieselben Versuche wurden mit den exaktesten Methoden von Rubner[190] an Hunden, Kaninchen und Vögeln wiederholt und in ihren Ergebnissen bestätigt. Den sichersten Aufschluß über das Verhalten im Hunger ergaben jedoch Versuche, die Zuntz und Lehmann[126], Luciani[135], Grafe[73], Benedict[17] u. a. an hungernden Menschen anführten.

Lehmann[126] und Zuntz[126] fanden, daß der Gaswechsel schon am ersten Hungertage absinkt und am zweiten einen Minimalwert annimmt, der — wie die folgende Zahlenreihe beweist — für einige Zeit konstant bleibt.

Hungertag	pro kg Körpergewicht und Minute		Hungertag	pro kg Körpergewicht und Minute	
	O_2-Verbrauch in cm³	CO_2-Bildung in cm³		O_2-Verbrauch in cm³	CO_2-Bildung in cm³
1	4,86	3,51	7	5,06	3,39 ⎱ Kolik-
2	4,59	3,13	8	5,24	3,55 ⎰ schmerzen
3	4,48	3,37	9	4,89	3,33
4	4,78	3,10	10	4,62	3,10
5	4,68	3,10	11	4,67	3,16
6	4,67	3,13			

Entnommen A. Loewy: Oppenheimers Handbuch der Biochemie der Menschen und der Tiere **6**, 161. 1926.

Genauere Untersuchungen über den Eintritt des Hungerstadiums (Nüchternzustand) beim Menschen wurden besonders von MAGNUS-LEVY[143] durchgeführt. Er fand, daß schon 12—14 Stunden nach der letzten Nahrungsaufnahme der Gaswechsel sich auf einen gleichbleibenden Minimalwert einstellt.

Trotz dieser beinahe gesetzmäßig verlaufenden Abnahme der Wärmeerzeugung im Hunger sind in neuester Zeit doch auch Versuche bekannt geworden, aus denen ein entgegengesetztes Verhalten hervorzugehen scheint. So fand KUNDE[121] bei ihren Versuchen an zwei Menschen und drei Hunden eine regelmäßig eintretende *Steigerung des Grundumsatzes in der Hungerperiode*. Die uns hier interessierenden wichtigsten Daten dieser Versuchsreihen können aus der folgenden Tabelle 3 bzw. 3a entnommen werden.

Tabelle 3.

Ver-suchs-objekt	Periode und Datum	Anzahl der Tage	Körper-gewicht in kg	Im Durchschnitt			Verlust des Körper-gewichts in %
				Calorienproduktion			
				in 24 Std.	je kg in 24 Std.	Steigerung in % bezog. auf kg	
Versuche an Menschen							
M. K.	1. VII. bis 14. IX. normal	75	55,1	1354,8	24,58	—	
	14. bis 28. IX. Hunger	*15*	*50,3*	*1403,2*	*27,80*	*+ 13,1*	14,3
F. H.	3. bis 17. XI. normal	15	61,1	1435,7	23,40		
	19. XI. bis 3. XII. Hunger	*15*	*58,4*	*1403,9*	*24,02*	*+ 2,6*	10,2
Versuche an Hunden							
Nr. 1	21. III. bis 9. IV. normal	19	10,2	360,1	35,3		
	9. IV. bis 16. V. Hunger	*37*	*8,04*	*305,3*	*37,9*	*+ 7,3*	39,2
Nr. 2	9. VII. bis 16. IX. normal	50	12,40	465,3	37,54		
	17. IX. bis 27. X. Hunger	*40*	*9,78*	*391,8*	*40,0*	*+ 6,7*	42,0
Nr. 3	17. X. bis 12. XI. normal	27	12,00	515,5	42,9		
	13. XI. bis 23. XII. Hunger	*41*	*8,73*	*379,4*	*43,45*	*+ 1,2*	45,0

Tabelle 3a. Calorienproduktion pro 24 Stunden in den ersten 5 Hungertagen.

Tag	M. K.	F. H.	Hund 1	Hund 2	Hund 3
1.	*1351*	*1412* (s. Anm.)	*313,0*	*444,0*	*509,0*
2.	1532	1523	397,0	470,0	527,0
3.	1541	1592	335,0	499,0	516,0
4.	1590	1564	338,0	459,0	491,0
5.	1500	1494	347,0	439,0	477,0
6.	—	—	—		523,0

Die Zusammenstellung in Tabelle 3 zeigt ohne jegliche Ausnahme, daß selbst noch bei einem Körpergewichtsverlust von 45% der Energieverbrauch pro Einheit des Gewichts ständig erhöht war.

Anm. Wert des letzten Normaltages. 1. Hungertag fehlt.

Tabelle 4. Wärmeproduktion von Ochsen pro Quadratmeter Oberfläche und 24 Stunden bei einer Hungerperiode von 5—14 Tagen.

Datum	Stunden nach der letzten Mahlzeit													
	22—32	42—56	65—80	89—104	113—128	137—149	168—174	192—200	216—228	241—245	267—272	291—300	312—315	336—339
	Cal.	Cal.	Cal.	Cal.	Cal.	Cal.	Cal.	Cal.	Cal.	Cal.	Cal.	Cal.	Cal.	Cal.
Ochse C.														
6. bis 13. XII. 1921	1880	1680	1560	1520	1500	1490	1480	—	—	—	—	—	—	—
4. bis 14. I. 1922	1960	1890	1690	1500	1600	1510	1520	1400	1510	1590	—	—	—	—
17. IV. bis 1. V. 1922	1800	1470	1530	1450	1420	1500	1410	1500	1510	1410	1360	1400	1340	1300
1. bis 7. VI. 1922	1920	1690	1460	1530	—	1580	—	1590	1680	—	—	—	—	—
4. bis 10. XI. 1922	2090	1780	1690	1520	1550	—	—	—	—	—	—	—	—	—
6. bis 16. XI. 1923	?	1880	1670	1500	1610	1670	—	—	—	—	—	—	—	—
3. bis 13. III. 1924	*1290*	*1110*	*1180*	*1220*	*1230*	*1200*	*1270*	*1240*	*1230*	*1150*	—	—	—	—
Ochse D.														
6. bis 13. XII. 1921	2080	1680	1690	1620	1600	1550	1530	1420	1460	1470	—	—	—	—
4. bis 14. I. 1922	2060	1760	1630	1560	1570	1500	1530	1420	1410	1360	—	—	—	—
17. IV. bis 1. V. 1922	1740	1630	1560	1440	1430	1410	1410	—	—	—	1460	1390	1390	1400
1. bis 6. VI. 1922	2130	1830	1810	1620	1740	—	—	—	—	—	—	—	—	—
4. bis 9. XI. 1923	2490	2090	1830	1790	1650	1560	—	—	—	—	—	—	—	—
3. bis 12. III. 1924	*1770*	*1550*	*1490*	*1470*	*1380*	*1430*	*1430*	*1230*	*1260*	*1360*	—	—	—	—

Auch VÖLKER[215] konnte (anscheinend an sich selbst) bei *mehrtägigem Hungern eine Erhöhung des Sauerstoffverbrauches* um 10—15 cm^3 pro Minute feststellen. Da keine äußeren Gründe für die Erklärung dieser Werte gegeben werden können, nimmt er an, daß sie „im Hungerstoffwechsel selbst" zu suchen seien.

Über den *Einfluß des Hungerns auf den Energieumsatz der landwirtschaftlichen Nutztiere* — Wiederkäuer, Pferde und Schweine — existierten nur wenige Versuche. Die ausgedehnten und sehr aufschlußreichen Untersuchungen, die GROUVEN[87] an hungernden Stieren ausführte, sind lange vereinzelt und ziemlich unbeachtet geblieben. Jedoch in der neuesten Zeit haben sich die Arbeiten auf diesem Gebiete erfreulich vermehrt. Insbesondere die Amerikaner BENEDICT und RITZMAN[26], ARMSBY, FRIES und BRAMAN[6], FORBES[66a] und seine Mitarbeiter haben umfassende *Untersuchungen bei Wiederkäuern* angestellt. BENEDICT und RITZMAN[26, 28] fanden bei ihren zahlreichen Versuchen, daß der Energieumsatz bei *Stieren* zwischen der 24. und 32., und bei *Schafen* zwischen der 30. und 40. Stunde nach Nahrungsaufnahme einen konstanten Wert annimmt. Sie schließen aber aus ihren Resultaten, daß bei Ochsen erst in der 48. Stunde jener Zustand eintritt, den man bei Menschen als den „postresorptiven" bezeichnet.

Analoge Werte fanden MAGEE[140] und ORR bei einer *hungernden Ziege*. Auch bei diesen Versuchen stellte sich der entsprechende Wert erst in der 42. bzw. 48. Stunde nach der letzten Mahlzeit ein.

Noch weniger zahlreich sind die *Versuche an hungernden Schweinen*. Den ersten Einblick in den Hungerstoffwechsel des Schweines verdanken wir der exakten Arbeit von MEISSL[155]. Die Versuche selbst sagen indes über das Einsetzen des Hungerstadiums nichts aus, da beide Hungerperioden zu kurz waren. Erst durch die klassischen Versuche von TANGL[209] und die ausgezeichneten, mit dem Tiercalorimeter durchgeführten Untersuchungen von CAPSTICK und WOOD[49] sowie DEIGHTON[56] konnte dargetan werden, daß der Beginn des Hungerstadiums bzw. der konstante Minimalwert des Energieumsatzes sich erst zwischen dem 3. und 4. (s. Anm.) Tage nach Aufhören der Nahrungsaufnahme einstellt.

Diese Angaben würden dafür sprechen, daß, im Verhältnis zu anderen Tieren und besonders zu den Wiederkäuern, das Schwein relativ spät nüchtern wird; doch bei einer genauen Durchsicht der BENEDICTschen und RITZMANschen[26] Resultate (s. Tabelle 4) ergibt sich auch für den Wiederkäuer, daß in den meisten Fällen der wirkliche „Hungerwert" erst am 4. Tage nach der letzten Mahlzeit erreicht wird.

Auf Grund dieser Versuche können daher die oft vorgebrachten Einwände, nach denen ein wirklicher *Nüchternwert bei Wiederkäuern* nicht zu erhalten sei, als widerlegt angesehen werden. Aber selbst unter Voraussetzung des Hungerzustandes sind die erhaltenen Resultate — auch bei sorgfältigster Einhaltung aller Versuchsmaßregeln — *nur selten mit dem wirklichen Grundumsatz identisch*, da es meistens unmöglich ist, sie über längere Zeit bei vollkommener Körper- und Muskelruhe zu untersuchen.

Aus diesem Grunde sind Versuche an Wiederkäuern zur Aufklärung wichtiger physiologischer Vorgänge wenig geeignet. Trotzdem erhält man auch hier brauchbare Werte, die zwar nicht im Sinne der bei Carnivoren und Omnivoren gefundenen Zahlen zu verwenden sind, aber sehr gut als Grundlage für die Bewertung einer Leistungssteigerung durch die verschiedensten Tätigkeiten bei den untersuchten Individuen herangezogen werden können.

Nach den eben dargelegten Gesichtspunkten ist der Grundumsatz von Menschen und den verschiedensten Tierarten in einer fast unübersehbaren Anzahl von Versuchen ermittelt worden. Eine erschöpfende Behandlung des gesamten enormen Materials kann an dieser Stelle nicht angestrebt werden. Wir beschränken uns hauptsächlich auf die Wiedergabe der wichtigsten Daten und derjenigen Versuche, die zur Aufklärung der verschiedenen Einflüsse auf den Energieumsatz des Warmblüters beigetragen haben.

In der folgenden Tabelle (5) sind einige Werte zusammengestellt, die bei *Menschen und den einzelnen Tiergattungen im ausgewachsenen Zustand* und *unter normalen Versuchsbedingungen* gefunden wurden. Die Werte beziehen sich auf den Energieumsatz pro Einheit der Körperoberfläche in 24 Stunden.

Tabelle 5.

Tierart	Cal. pro m² in 24 Stunden	Bemerkungen
Mensch	948	zwischen 20 und 30 Jahren
Hund	800	ausgewachsen
Kaninchen	800	,,
Meerschweinchen . . .	860	,,
Schwein	1078	,,
Ratte (weiße)	860	,,
Katze	860	,,
Pferd	1085	,,
Rind	1200	137—149 Stunden nach der letzten Fütterung
Schaf	1163	liegend

Aus der Tabelle geht hervor, daß die *unter den gleichen Versuchsbedingungen* erhaltenen Werte bei Carnivoren und Omnivoren relativ gut übereinstimmen. Bei den Herbivoren liegen die Werte entschieden höher. Ob diese Erhöhung allein durch die von den anderen Tierarten abweichende Körperstellung während des Versuches bedingt wird oder ob sie tatsächlich einer gesteigerten Intensität der Stoffwechselvorgänge bei Wiederkäuern ent-

---

Anm. Siehe Abb. 25.

spricht, geht aus den Versuchen nicht hervor. Indessen scheinen die von Benedict und Ritzman[28] an liegenden Schafen ausgeführten Versuche (Tabelle 6) und die hierbei erhobenen Befunde darauf hinzudeuten, daß bei vollkommener Ruhe eine wesentliche Abweichung von den bei Menschen und den anderen Tiergattungen gefundenen Werten nicht bestehen kann.

Tabelle 6. Wärmeproduktion bei liegenden Schafen.

	Perioden		Stunden ohne Nahrung	Kammer-temp.	Wärmeproduktion		
Tier	Anzahl	Dauer der Versuche Minuten		°C	pro Stunde Cal.	pro kg nach 24 Stunden Cal.	pro m² nach 24 Stunden Cal.
D 139 ♂	1	44	18	25,3	56,5	25,6	1160 (s. Anm.)
D 139 ♂	3	26	42	23,7	43,6	20,4	893 (s. Anm.)
D 139 ♂	1	33	50	22,1	59,0	25,4	1253
D 90 ♀	2	27	24	22,3	47,0	23,5	1035 (s. Anm.)
D 90 ♀	2	30	48	21,5	48,2	25,5	1070
B 138 ♂	3	27	26—35	22,3	58,6	37,1	1545
D 103 ♀	5	33	26—37	22,9	42,9	29,7	1186
Durchschnitt	—	—	—	—	—	—	1163

B. Der Einfluß von Art und Menge der Nahrungsstoffe auf den Grundumsatz.

I. Einfluß der verschiedenen Nahrungsstoffe.

Wie zahlreiche Versuche gezeigt haben, steht aber der Grundumsatz in einer gewissen Abhängigkeit von der Art und Menge der aufgenommenen Nahrung. Auf Grund sehr genauer Bestimmungen konnten Krogh und Lindhard[120] nachweisen. daß schon bei normaler Ernährung zwischen der Höhe des Grundumsatzes und der Kategorie der im Körper umgesetzten Stoffe ein enger Zusammenhang besteht. Krogh und Lindhard[120] fanden, daß bei eiweißarmer Ernährung und einem respiratorischen Quotienten von 0,8—0,9 der Energieumsatz am niedrigsten liegt. Bei vorwiegendem Fettumsatz und dem entsprechenden Quotienten von 0,71 liegt er um ca. 6% und bei Kohlehydratumsatz um ca. 3% höher.

Benedict und Higgins[22], Bernstein und Falta[35] stellten ähnliche Versuche an. Auch sie fanden, daß die am Vortage des Versuches genossene Nahrung eine deutliche Wirkung auf den Grundumsatz und ebenso auf den respiratorischen Quotienten ausübt.

Benedict und Ritzman[26] a. a. O. konnten bei ihren Versuchen an Stieren, in denen das Erhaltungsfutter einmal aus Alfalfa- und das andere Mal aus Timotheeheu bestand, nach Verfütterung von Alfalfaheu eine deutlich höhere Wärmeproduktion als nach Verfütterung von Timotheeheu beobachten.

II. Einfluß der Überernährung.

Über den Einfluß der Überernährung *auf den Grundumsatz* (Müller[160], Grafe[74, 61, 77, 81] und seine verschiedenen Mitarbeiter, Lauter[123] und Helmreich[95]) soll nur wenig gesagt werden. Es handelt sich dabei — sofern eine Steigerung nachweisbar war — doch wohl weniger um eine wirkliche Verschiebung des Grundumsatzes, als vielmehr um eine Verschiebung der Zeit, innerhalb welcher das Versuchsindividuum wieder nüchtern wird. Wenn die Bestimmung des Grundumsatzes nicht zum Unsinn führen soll, so muß daran festgehalten werden, daß sie — entsprechend der Definition — erst in einem Zeitpunkt vorgenommen werden darf, *in dem sich der Energieumsatz auf einen*

Anm. Berechnet auf der Basis der wirklich gemessenen Körperoberfläche.

konstanten Minimalwert eingestellt hat. Daß dieser Zeitpunkt aber bei Überernährung nicht in der 15. Stunde nach der letzten Nahrungsaufnahme erreicht wird, geht aus den obenerwähnten Versuchen an Schweinen deutlich hervor.

III. Einfluß der Unterernährung und des Hungers.

Aber auch die Unterernährung übt eine bestimmte Wirkung auf den Grundumsatz aus. Derartige den Gasstoffwechsel berücksichtigende Versuche sind an den verschiedensten Tieren und ebenso an Menschen ausgeführt worden (Literatur bei GRAFE, s. Anm.).

Wie schon PETTENKOFER und VOIT[170] bei ihren Versuchen an unzureichend ernährten Hunden feststellen konnten, geht mit zunehmender Unterernährung und zunehmender Körpergewichtsabnahme auch schon eine Herabsetzung der Wärmebildung einher. Indessen war die hierbei eingehaltene Versuchsanordnung — wie schon BENEDICT[24] hervorgehoben hat — nicht geeignet, um das in Frage stehende Problem genügend zu klären.

Die ersten grundlegenden Versuche an unterernährten Tieren hat PASCHUTIN[166] im Jahre 1895 veröffentlicht. Er beobachtete, daß während der Unterernährung sowohl der Sauerstoffverbrauch als auch die Kohlensäurebildung deutlich herabgesetzt waren. Sein Versuchshund, der allmählich auf die Hälfte der normalen Futterration gesetzt wurde, verlor in 87 Tagen ca 13% seines Körpergewichts. Inzwischen nahm auch der Grundumsatz ab, der Sauerstoffverbrauch wurde auf 95% und die Kohlensäurebildung auf 80% reduziert.

Auch die Versuche, die von RUBNER[192], FALTA[66], GROTE und STÄHELIN angestellt wurden, ergaben im Prinzip dasselbe Resultat.

In neuester Zeit haben besonders DIAKOW und MORGULIS unter ZUNTZ[219] und später MORGULIS[158] den Einfluß der Unterernährung auf den Energieumsatz genauer studiert.

Die von MORGULIS[158] bei einem *Hunde* erhaltenen Resultate, das jeweilige Körpergewicht des Tieres und die Nahrungszufuhr, bzw. die Calorien- und Eiweißzufuhr, sind in der nachfolgenden Tabelle (7) vollständig angeführt.

Aus dieser Tabelle ist ersichtlich, daß schon in der ersten Woche der Unterernährung die Kohlensäurebildung um 17% und der Sauerstoffverbrauch um 10% abgenommen hatten. Es war also bereits in dem ersten Stadium der chronischen Unterernährung eine deutliche Herabsetzung der Intensität des Stoffwechsels zu erkennen. In der 9. Hungerwoche, als der Hund ca. 40% seines Gewichtes verloren hatte, war auch der Grundumsatz um 36% und ebenso die Körpertemperatur auf 35° abgesunken.

Nach dieser Zeit wurde der Hund wieder aufgefüttert, so daß nicht entschieden werden kann, ob der kurz vor dem Tode eintretende Anstieg des Grundumsatzes, den DIAKOW und MORGULIS[219] (s. unter ZUNTZ) a. a. O., S. 39, bei ihrem Hund in den *letzten Lebenswochen* und andere Forscher in den *letzten Tagen* der Inanition beobachten konnten, auch hier eingetreten wäre. Aber trotzdem ist es nicht ausgeschlossen, daß sich auch dieser Hund anders bei der Unterernährung verhielt, denn aus den von KLEIN[116] an hungernden Hunden angestellten Versuchen geht hervor, daß der Beginn einer prämortalen Eiweißeinschmelzung nicht immer mit einer gleichzeitig erhöhten Sauerstoffaufnahme verbunden ist.

BENEDICT und RITZMAN[25] haben den Einfluß der Unterernährung auf die Wärmebildung von *Wiederkäuern* wiederholt untersucht. Sie fanden bei 11 Stieren, die $4\frac{1}{2}$ Monate auf halbe Ration gesetzt waren, daß der Energieumsatz im Ver-

---

Anm. GRAFE, E.: Handb. d. norm. u. path. Physiol. von BETHE usw. 5, 212, 1928.

Tabelle 7.

Zustand des Hundes	Dauer der Periode	Körpergewicht kg	Rectaltemperatur °C	Stickstoffeinnahme g	Stickstoffausscheidg. g	Stickstoffbilanz g	Calorien in der Nahrung	Gasstoffwechsel CO₂-Bildung l·pro Min.	O₂-Verbrauch l·pro Min.	Respirat.-Quotient	Calorienproduktion pro Tag	Durchschnitt-Pulszahl
Normal . . .	10 Tage	13,94	38,0	9,33	7,396	+1,934	987	3,75	4,76	0,79	546	47,5
Ungenügend ernährt	1. Woche	13,59 .	37,6	3,10	5,351	—2,251	349	3,16	4,36	0,73	493	43,4
	2. „	12,79	37,6	3,10	4,918	—1,818	349	3,01	4,03	0,75	458	41,7
	3. „	12,17	37,3	3,10	4,869	—1,769	349	2,99	4,01	0,75	457	44,6
	4. „	11,59	36,9	3,243	5,236	—1,993	327	3,00	3,94	0,76	449	42,3
	5. „	11,02	36,7	3,300	5,430	—2,130	310	2,89	3,80	0,76	433	44,1
	6. „	10,38	36,7	3,300	6,312	—3,012	310	2,87	3,90	0,74	442	45,9
	7. „	9,70	36,4	3,300	6,263	—2,963	310	2,99	4,04	0,74	454	52,2
	8. „	8,92	35,5	3,283	7,603	—4,320	313	2,59	3,41	0,76	417	56,1
	9. „	8,27	35,0	3,180	6,171	—2,991	333	{2,39 / 2,54}	{3,07 / 3,01}	0,78 / 0,84	369 / 350	51,2 / 60,9 (s. Anm.)

Anm. Letzter Tag der Unterernährung.

hältnis zum Normalwert um ca. 30 % abgesunken war. In dieser Zeit waren 1300 g N-Substanz und 52 kg Fett zu Verlust gegangen.

Auch bei gesunden und kranken Menschen liegt eine ganze Reihe ähnlicher Versuche vor. Bei dieser Betrachtung sollen aber nur die Untersuchungen an Gesunden berücksichtigt werden, denn bei einem durch Krankheit gestörten Organismus bestehen noch andere Momente, die ebenfalls den Grundumsatz beeinflussen können und daher die Wirkung der Unterernährung nicht eindeutig erkennen lassen.

Als einen wichtigen Beitrag zu dem Problem der Unterernährung können die Selbstuntersuchungen von Zuntz[134] und Loewy[134] angesehen werden. Ihre seit Jahrzehnten bekannten Grundumsatzwerte ließen unter dem Einfluß der beschränkten Kriegsernährung ein deutliches Absinken der Oxydationsprozesse erkennen. So betrug der Sauerstoffverbrauch pro Kilogramm und Minute bei Zuntz in der Norm 3,37 bis 3,65 cm³, bei längerer Nahrungsbeschränkung aber nur noch 3,26 cm³. Bei Loewy[131] vor dem Kriege 3,29 cm³ und während diesem 2,89 cm³. Der O₂-Verbrauch war bei ihnen ebenso stark bzw. stärker gesunken als das Körpergewicht. Bei fortschreitender Unterernährung, als das Körpergewicht bei Loewy[131] um 20 % gesunken war, stieg der Gaswechsel wieder an, und zwar um 10,6 % über die Norm. Nach Loewys[131] Ansicht steht „diese sekundäre Steigerung vielleicht mit einem vermehrten Eiweißzerfall in Verbindung, denn eine Butterzulage von 200 g je Tag beseitigte den letzteren und führte den Gaswechsel wieder auf die normale Höhe zurück".

Benedict[24], Miles, Roth und Smith a. a. O. haben diese Versuche an 2 Gruppen experimentell unterernährter Studenten wiederholt. Die zum Teil recht beträchtliche Nahrungsentziehung — bis zu 40 % bei Gruppe A — dehnte sich über 4 Monate aus. Nur die Sonntage und ebenso die Weihnachtsferien waren davon ausgenommen. Die uns hier interessierenden wichtigsten Daten der auf sehr breiter Grundlage aufgebauten Versuche sind von Gruppe A in Tabelle 8 zusammengestellt.

Tabelle 8.

Versuchs-personen	Anfangs-Gewicht 30.9.1917 kg	Gewicht am Ende der Unterernährung kg	Gesamt-Gewichts-Verlust in %	Anzahl der Unter-ernährungs-tage	Gesamt-N Verlust des Körpers in g	Grundumsatz bei normaler Diät	Grundumsatz am Ende der Unter-ernährung	Calorienproduktion in 24 Stunden (s. Anm. 1) pro kg bei normaler Diät	pro kg am Ende der Unter-ernährung	qm Oberfläche bei normaler Diät	qm Oberfläche am Ende der Unter-ernährung
Bro.	61,8	54,4	12,0	83	153,48	1481	1271	24,0	23,4	871	737
Can.	79,8	69,3	13,2	84	155,77	1758	1590	22,0	22,4	893	834
Kon.	69,0	61,5 (s.Anm.2)	10,9	57	233,07	1818	1429	—	23,1	—	846
Gar.	71,3	63,0	11,6	86	168,95	1815	1450	25,5	22,2	992	808
Gul.	66,8	61,0	8,7	86	162,45	1698	1427	25,4	21,7	974	783
Mon.	68,8	60,6	11,9	86	134,07	1858	1544	27,0	25,3	1027	897
Moy.	63,5	57,8	9,0	83	230,31	1638	1331	25,8	23,3	926	796
Pea.	69,3	61,3	11,5	86	206,14	1766	1295	25,5	21,4	987	769
Pec.	64,3	59,1	8,1	87	252,85	1589	1217	24,7	20,5	908	716
Spe.	63,5	55,7	12,9 (s.Anm.3)	61	130,15	1734	—	27,3	—	990	—
Tom.	59,5	55,1	7,4	78	48,66	1526	1217	25,6	22,5	882	740
Vea.	65,8	58,5	11,1	76	159,70	1604	1264	24,4	21,6	891	740
Im Durch-schnitt:	67,0	59,8	10,5	—	150,00	1686	1367	25,2	22,3	940	788
(s. Anm. 4)								26,4	21,6	979	763

Anm. 1. Sämtliche Grundumsatzwerte sind in Einzelversuchen erhalten.
Anm. 2. Kon. kam erst am 28. Oktober 1917 in den Versuch.
Anm. 3. Spe. mußte am 13. Dezember den Versuch wegen Krankheit abbrechen. 8. Dezember letzter Tag sicheren Wohlbefindens. Bei Feststellung des Durchschnittwertes sind die letzten Tage nicht berücksichtigt.
Anm. 4. Die letzten eingeklammerten 4 Zahlen sind Durchschnittswerte aus Gruppenrespirationsversuchen.

Wie aus dieser Zusammenstellung hervorgeht, betrug der durchschnittliche Gewichtsverlust am Ende des Versuches 10,5 %. Die Calorienproduktion pro Kilogramm Körpergewicht war inzwischen um 18 % gesunken und pro Einheit der Oberfläche um 22 %.

Die Resultate dieser Versuche bestätigen also die oft erhobenen Befunde, nach denen die Beschränkung der Nahrungszufuhr in den meisten Fällen von einer deutlichen Verminderung der Wärmebildung begleitet ist.

Über die Ursachen der herabgesetzten Stoffwechseltätigkeit wissen wir wenig. Es bestehen zwar verschiedene Theorien, von denen sich aber bis heute keine einzige definitiv bestätigen ließ.

Wohl als erster hat Voit[213] darauf aufmerksam gemacht, daß als Ursache des abnehmenden Energieumsatzes der abnehmende Eiweißbestand des Tieres anzusehen ist. Er nahm an, daß der Energiebedarf eines Hungertieres nicht proportional der Oberfläche sinkt, sondern sich in dem Maße vermindert, in dem der Eiweißbestand des Körpers abnimmt.

Gegen diese Theorie sprechen aber die von Benedict[24] und seinen obengenannten Mitarbeitern an einer zweiten Gruppe von Studenten angestellten Beobachtungen. Diese Gruppe erhielt 3 Wochen lang eine Nettocalorienzufuhr von 1375 Cal. bei einem Bedarf von etwa 4000 Cal. Aus den angegebenen Daten hat nun Lusk[136] berechnet, daß einer Gesamtabnahme der Wärmebildung um 32 %, pro Kilogramm um 20 % und pro Einheit der Oberfläche um 27 %, *nur eine Verminderung des Körper-N um 3,2 % entspricht.*

Eine deutliche Korrelation zwischen der herabgesetzten Stoffwechseltätigkeit und dem abnehmenden Eiweißbestand des Körpers besteht demnach nicht. Auf dieses Mißverhältnis — besonders hinsichtlich der Theorie — haben vor allem schon Lusk[136] und Dubois[42] und auch Grafe[76] aufmerksam gemacht.

Klemperer[118], F. Müller[161], Magnus-Levy[149] und in neuester Zeit hauptsächlich Lusk[136] und Grafe[76] bringen die Herabsetzung der Stoffwechseltätigkeit bei der Unterernährung mit dem abnehmenden Ernährungszustand des Körpers in Verbindung. Sie nehmen an, daß es sich hierbei um *eine ökonomische Anpassung* an das verminderte Nahrungsangebot handelt.

Als Ursache für die herabgesetzte Wärmeerzeugung ziehen Benedict[24] und seine Mitarbeiter zwei verschiedene Möglichkeiten in Betracht. Sie denken daran: 1. daß bei einer allgemeinen Abnahme der lebenden Körpersubstanz *weniger Arbeit zu leisten sei*, besonders auch für die Funktion der Atmung und der Zirkulation, 2. daß durch die Verminderung des Eiweißgehaltes in der Gewebsflüssigkeit auch eine *Abnahme der Stoffwechselreize* bedingt sei.

In neuester Zeit hat besonders Plummer[179] auf eine Inaktivitätsatrophie und demzufolge auf eine Hypofunktion der Schilddrüse bei der Unterernährung aufmerksam gemacht. Für diese Auffassung ist auch eine Arbeit interessant, die Jackson und Steward[105] über die Schilddrüse bei der Ratte ausgeführt haben. Sie konnten dabei nachweisen, daß unter dem Einfluß des Hungers das Epithel der Follikel zunächst eine einfache Atrophie zu erleiden scheint, bei der das Cytoplasma mehr als der Zellkern geschädigt wird. Im fortgeschrittenen Hungerstadium treten dann aber deutlich degenerative Veränderungen auf.

Trotz dieser Befunde und der a priori einleuchtenden Theorie scheint aber ein kausaler Zusammenhang zwischen der Schilddrüse und dem Absinken der Wärmeerzeugung doch nicht zu bestehen. Dies müssen wir wenigstens auf Grund der obenerwähnten Versuche von Klein[116] schließen, aus denen hervorgeht, daß bei seinen 4 Versuchshunden, von denen 2 im normalen und 2 im schilddrüsenlosen Zustand untersucht wurden, ein *Unterschied in der Sauerstoffaufnahme* pro *Einheit der Oberfläche nicht bestand.* Der Sauerstoffverbrauch nahm auch bei den thyreopriven Tieren gleichmäßig und deutlich ab, so daß man annehmen darf, daß die Herabsetzung des Gasstoffwechsels nicht durch eine nach und nach insuffizient werdende Schilddrüse zustande kommen kann.

GRAFE und v. REDWITZ[80] konnten indessen bei einem Hund, den sie einmal mit und einmal ohne Schilddrüse hungern ließen, nach der Thyreoidektomie einen geringeren Abfall in der Wärmebildung als vorher beobachten.

Auf die enge Verknüpfung von Inkretstoffen und vegetativem Nervensystem hat besonders ABELIN[3] hingewiesen. Ob aber diesem Nervensystem bei dem Regulierungsmechanismus für den Energieumsatz auch im Hunger eine besondere Bedeutung zukommt, wissen wir nicht.

C. Der Grundumsatz im Schlaf.

Über den Grundumsatz im Schlaf liegt eine ganze Reihe älterer und auch neuer Versuche vor. Besonders aus den älteren Untersuchungen (Literatur bei LOEWY, s. Anm.) schien hervorzugehen, daß im Schlaf eine beträchtliche Herabsetzung der Stoffwechseltätigkeit eintritt. In weiteren Versuchen konnte jedoch gezeigt werden, daß zwischen Wachen und Schlafen kein — oder nur ein geringer — Unterschied in der Wärmeerzeugung besteht, sofern die Gaswechselmessungen auch im wachen Zustand bei vollkommen entspannter Muskulatur vorgenommen werden.

Wie gering dieser Unterschied in der Oxydationsgröße ist, geht aus Versuchen hervor, die LOEWY[130], MAGNUS-LEVY[143], JOHANSSON[107] und seine Mitarbeiter sowie andere bei Menschen und RUBNER[191] an Hunden ausführten.

LOEWY fand im Wachen einen Sauerstoffverbrauch von 209,7 cm³ pro Minute und im ruhigen Schlaf einen solchen von 204,6 cm³.

Ebenso konnte MAGNUS-LEVY bei seinen über 24 Stunden fortlaufenden Versuchen ein Absinken der Wärmebildung um 1—6 % gegenüber dem Wachzustand feststellen. Auf derselben Höhe bewegen sich die Werte, die ATWATER, WOOD und BENEDICT[14] in dem Respirationscalorimeter bei Menschen und RUBNER bei Hunden erhielten.

Auch die schönen und anscheinend sehr genauen Untersuchungen über die tagesperiodischen Schwankungen einiger Lebensvorgänge des Menschen von VÖLKER[215] zeigen in den frühen Morgenstunden ein geringes Absinken der Oxydationsgröße. Das gleichzeitige Bestehen einer verringerten Nierensekretion, die Herabsetzung der Pulszahl und der Körpertemperatur, wird am besten durch die folgende interessante Tabelle (9) illustriert.

Diese relativ große Gleichmäßigkeit in den Tages- und Nachtumsatzwerten scheint jedoch bei Vögeln nicht zu bestehen.

Schon BOUSSINGAULT fand bei Tauben in der Nacht einen geringeren Umsatz als am Tage. Aber erst in neuester Zeit sind diese Angaben von BACQ[16], GROEBBELS[86], BENEDICT und FOX[21] sowie von HERZOG[96] bestätigt worden.

GROEBBELS[86] hat bei Versuchen an Kanarienvögeln gefunden, daß die Sauerstoffaufnahme schon wenige Minuten nach Eintritt des Schlafzustandes mit gleichzeitiger Abnahme der Atemfrequenz zurückgeht.

Dasselbe konnten BENEDICT und FOX[21] für den Grundumsatz bei Wildvögeln feststellen und ebenso BACQ[16] bei Hähnen.

Einen deutlichen Rückgang in den Nachtumsatzwerten fand auch HERZOG[96] bei seinen Untersuchungen an Hühnern, Gänsen, Tauben und bei einer Braut-

Anm. LOEWY, A.: OPPENHEIMERS Handbuch der Biochemie der Menschen und Tiere **6**, 162, 2. Aufl. 1926.

Tabelle 9.

	Zeit	Puls	Temperatur in °C	Harnmenge in cm³	Harn-N in g	Ventilation in l	O₂ Verbrauch in cm³
Mahlzeit	18	54,28	37,1	152	2,29	—	—
	19 →	51,62	37,02	—	—	5,49	232,1
	20	55,19	37,02	—	—	—	—
	21	55,94	37,02	—	—	—	—
	22	54,42	36,9	139	2,19	—	—
	23	50,36	36,75	—	—	—	—
	24	46,85	36,59	—	—	4,87	221,2
	1	45,2	36,48	—	—	—	—
	2	43,74	36,35	97	1,73	4,59	212,8
Schlafenszeit	3	43,38	36,23	—	—	—	—
	4	43,42	36,20	—	—	—	—
	5	42,81	36,21	—	—	4,54	210,2
	6	44,82	36,32	82	1,40	—	—
	7	45,59	36,43	—	—	—	—
	8	47,24	36,58	—	—	5,36	227,3
Mahlzeit	9 →	50,0	36,7	—	—	—	—
	10	59,73	36,88	144	1,59	—	—
	11	58,96	36,98	—	—	—	—
	12	57,28	36,96	—	—	—	—
	13	52,79	36,96	—	—	5,46	232,7
	14 →	51,43	36,98	172	2,09	—	—
Mahlzeit	15	58,74	37,01	—	—	—	—
	16	59,42	37,04			Durchschnitts-	Durchschnitts-
	17	56,62	37,06	Durchschnitts-werte von 19 Tagen		werte von 14 Tagen	

Durchschnittswerte von 26 Tagen

ente. Die Tagesversuche fielen meistens in die 10.—16. Stunde und die Nacht-versuche in die 20.—2. Stunde. Sämtliche Versuche wurden in der pneumatischen Kammer durchgeführt. Die Tiere waren meistens vollkommen ruhig.

Die erhaltenen Resultate, ausgedrückt *in Calorien pro 1000 cm² Oberfläche und 24 Stunden*, sind aus der folgenden Zusammenstellung ersichtlich.

	Tag	Nacht	Differenz in %
Huhn	88,11	73,23	16,9
Hahn	131,23	98,05	25,3
Taube	87,36	72,05	17,5
Gänserich	90,69	74,72	17,6
Gans	89,09	84,94	4,6
Brautente	109,3	100,88	7,7

Die Körpertemperatur der Tiere wurde bei diesen Versuchen nicht gemessen. Jedoch konnte Bacq[16] bei seinen Untersuchungen an Hähnen feststellen, daß mit dem Abfallen der Eigentemperatur in der Nacht auch ein gleichzeitiges Absinken der Wärme-erzeugung verbunden ist. Der in der Völkerschen[215] Tabelle (9) sehr schön hervortretende Parallelismus zwischen Körpertemperatur und Sauerstoffauf-nahme bei den Menschen scheint hiernach auch für die Vögel zu bestehen.

D. Individuelle Verschiedenheiten des Grundumsatzes.

Wird der Grundumsatz bei verschiedenen Individuen derselben Art oder bei Individuen der verschiedenen Arten ermittelt, so ist es beinahe selbstver-ständlich, daß man je nach der Größe und dem Körpergewicht der betreffenden Individuen einen ganz verschiedenen Wert erhält. Große und schwere Organis-men haben unter sonst gleichen Bedingungen einen höheren Stoffumsatz als leichtere. Die Gegenüberstellung solcher Werte vermittelt uns indessen keinen Einblick in den gesetzmäßigen Ablauf des Stoffwechsels. Um den Verbrauch zu vergleichen, ist es daher allgemein üblich, daß die erhaltenen Resultate — ganz gleichgültig, ob sie als gebildete Kohlensäure, als verbrauchter Sauerstoff oder als produzierte Wärmemenge angegeben werden — auf die Einheit des Körpergewichtes oder auf die Einheit der Oberfläche bezogen werden.

I. Einfluß des Körpergewichtes.

Daß die Körpergröße einen bestimmenden Einfluß auf die Höhe des Stoffumsatzes ausüben muß, ist schon ziemlich früh sichergestellt worden. Wenn aber trotz dieser Feststellung die gewonnenen Resultate in kein gesetzmäßiges System zu bringen waren, so lag dies im wesentlichen daran, daß der wechselnde, den Stoffumsatz beträchtlich beeinflussende physiologische Zustand der untersuchten Individuen viel zu wenig berücksichtigt worden war und daß die äußeren Bedingungen, unter denen die Versuche durchgeführt wurden, keine einheitlichen waren. Erst durch die grundlegenden Untersuchungen von RUBNER[190], *die an erwachsenen und hungernden Hunden unter den gleichen Temperaturverhältnissen im Tiercalorimeter angestellt wurden*, ist die Abhängigkeit des Energieverbrauches von der Körpergröße — wie aus den nachstehenden Werten hervorgeht — zahlenmäßig bewiesen worden.

Diese Werte zeigen ohne jegliche Abweichung, daß beim Hunde mit dem Sinken des Körpergewichtes ein allmähliches Ansteigen der Intensität der Verbrennungsprozesse verbunden ist.

Durch analoge Versuche sind die entsprechenden Beziehungen auch an Menschen und an den verschiedensten Tierarten (Literatur bei LOEWY, s. Anm.) studiert worden.

Nummer des Hundes	kg Körpergewicht	Cal. pro 24 Stunden u. kg Körpergewicht
1	31,20	38,18
2	24,00	40,91
3	19,80	47,95
4	18,20	46,14
5	9,61	61,19
6	6,50	68,06
7	3,19	90,90

Die hierbei gewonnenen Resultate werden am besten durch die folgenden Tabellen erläutert, in denen eine Übersicht über die absolute Größe des Gaswechsels in 24 Stunden (Tabelle 10) und pro Kilogramm Körpergewicht (Tabelle 11) bei den einzelnen Tiergattungen gegeben ist.

Tabelle 10 (s. Anm.).

	Körpergewicht in kg	In 24 Stunden	
		O₂-Verbrauch in g	CO₂-Bildung in g
Rind	600	7950	10 900
Pferd	450	3900	5 200
Mensch . . .	75	750	900
Schaf	70	840	1 010
Hund	15	430	460
Katze	2,5	60	64
Kaninchen .	2,0	44	56
Huhn	1,0	29	31

Tabelle 11 (s. Anm.).

	O₂-Verbrauch in g pro kg Körpergewicht	
	in 24 Std.	in 1 Std.
Rind	13,20	0,55
Pferd	8,40	0,35
Mensch . . .	10,08	0,42
Schaf	11,76	0,49
Hund	28,56	1,19
Katze	24,24	1,01
Kaninchen .	22,08	0,92
Huhn	28,56	1,19
Sperling . . .	230,3	9,59
Grünfink . .	312,0	13,00

Auch aus diesen Tabellen — in denen die bei Carnivoren, Omnivoren und Herbivoren ermittelten Resultate zusammengestellt sind — geht die Abhängigkeit des Energieverbrauches von der Körper-

---

Anm. Entnommen A. LOEWY: OPPENHEIMERS Handbuch der Biochemie der Menschen und der Tiere 6, 2. Aufl. 1926.

größe deutlich hervor. Sie zeigen aber auch weiter, daß das Gesetz, wonach *der Energieumsatz pro Kilogramm Körpergewicht mit dem Sinken der Körpergröße ansteigt, nicht allein für die Individuen derselben Art, sondern auch im Vergleich mit Individuen anderer Tiergattungen im allgemeinen Gültigkeit hat.*

Aber trotz dieser Gleichmäßigkeit ist eine Parallelität zwischen der Größe des Stoffumsatzes und dem Körpergewicht des betreffenden Individuums nicht vorhanden. So ist der Grundumsatz eines 80 kg schweren Mannes bei vollkommener Ruhe *nur um etwa 30—40%* höher als bei einem Mann von 40 kg.

Ein Vergleich des Stoffverbrauches auf der Basis der Gewichtseinheit ist demnach nur innerhalb engbegrenzter Größenverhältnisse möglich.

II. Einfluß der Oberflächenentwicklung.

Beim Suchen nach gesetzlichen Beziehungen hat sich nun herausgestellt, daß annähernd übereinstimmende Werte des Stoffverbrauches erhalten werden, wenn derselbe nicht auf die Gewichtseinheit, sondern auf die Oberflächeneinheit des Körpers bezogen wird.

Robiquet und Thillaye[187] in Frankreich und Bergmann[31] in Deutschland haben als erste darauf aufmerksam gemacht, daß zwischen der Oberfläche der Säugetiere und ihrer Wärmeabgabe bei Körperruhe eine allgemein gültige und feste Beziehung bestehen muß. Das von ihnen aufgestellte *Oberflächengesetz* besagt, daß bei allen Warmblütern die von der Einheit der Oberfläche abgegebene Wärmemenge eine konstante ist.

Der experimentelle Beweis für die Richtigkeit dieser Formulierung ist aber erst durch die klassischen Untersuchungen von Rubner[190] erbracht worden. Die weitgehende Übereinstimmung der pro Quadratmeter Oberfläche gebildeten Wärmemenge bei verschiedenen Individuen und verschiedenen Tierarten ist aus den folgenden von Slowtzoff[204] (Tabelle 12) und Rubner[190] (Tabelle 13) zusammengestellten Werten ersichtlich.

Tabelle 12.

Anzahl der Tiere	Oberfläche in cm²	Körpergewicht in kg	O_2-Verbrauch pro Minute in cm³		Autor
			pro kg	pro 1000 cm²	
7	3624	5,04	7,97	11,09	Slowtzoff
10	4700	7,45	7,14	11,32	
8	5681	9,90	6,61	11,53	
10	7362	14,61	5,88	11,66	
4	7772	15,83	6,26	12,60	A. Loewy
3	9337	20,86	5,95	13,29	N. Zuntz
3	10246	24,61	5,10	12,26	A. Loewy
7	11251	27,59	5,26	12,89	
9	13665	36,93	5,96	16,12	Slowtzoff
4	14147	38,90	4,35	11,95	A. Loewy

Tabelle 13.

Tierart	Calorien pro m²	Tierart	Calorien pro m²
Schwein	1078	Maus	1188
Mensch	1042	Katze	1039
Hund	1039	Pferd	1085
Kaninchen	917	Rind	1085
Meerschweinchen	1246		

Die *Proportionalität zwischen Energieumsatz und Körperoberfläche* besteht ebenso bei den größeren *Vögeln.* Wie aus den von Regnault und Reiset[184], Richet[185], Hari[90], Gerhartz[69], Benedict[21] und Fox, Bacq[16] und Herzog[96] angestellten Versuchen (s. Tabelle 14) hervorgeht, stimmt der Grundumsatz pro Quadratmeter Körperoberfläche annähernd mit dem der Säugetiere überein. Bei kleineren Vogelarten scheint diese Gesetzmäßigkeit jedoch nicht mehr zu bestehen. Besonders die eingehenden Untersuchungen von GROEBBELS[83] haben gezeigt, daß bei kleineren Vögeln der Energieumsatz pro Einheit der Oberfläche beträchtlich höher liegt als bei größeren. Die von ihm aus der Literatur und aus eigenen Versuchen zusammengestellten Werte sind aus der folgenden Tabelle ersichtlich.

Tabelle 14.

Vogelart	Körper-gewicht g	Versuchs-temperatur ° C	Calorien in 24 Stunden	
			pro kg	pro m²
Pelecanus conspicillatus	5090	17,3	70	1267
Aguja	2860	17,4	42	526
2 Hausgänse (gefüttert)	3097 bis 3578	27,0		1043 1135
2 Hausenten (gefüttert)	924 bis 1185	22		1182 1246
6 Haushühner (bei voller Ver-dauung)	1150 bis 1510	22,8 bis 24		1533,4
Haushuhn in der Ruheperiode (ge-füttert)	1920	23	76,45	874,8
Mäusebussard	600	22	93	780 bis 880
Waldkauz	360	21	106	591 (s. Anm. 1) 760
Steinkauz	198	26	200	1428
Kiebitz	196	25,2	312	1686
Rabenkrähe (6 Wochen alt) . . .	340	22,5	123	1719
Amsel	106	25,2	382	2129,7 (s. Anm.1)
Singdrossel	88	25	511	4734 (s. Anm. 2) 2812 (s. Anm. 1)
Rotkehlchen	17	25	1223	5197 (s. Anm. 2) 3276 (s. Anm. 1)

Beim Vergleich der an verschiedenen Tierarten erhobenen Befunde darf indessen nicht vergessen werden, daß kleinere Vögel nur selten bei wirklicher Nüchternheit und — entsprechend ihres stärkeren Bewegungsdranges — auch nur selten bei vollkommener Ruhe untersucht werden können. Doch abgesehen hiervon ist bei der Beurteilung des Energieumsatzes eines Vogels noch sein besonderer Stoffwechselcharakter (s. Anm. 3) (GROEBBELS[83]) zu berücksichtigen.

Für die Berechnung der Wärmeproduktion pro Quadratmeter Oberfläche ist die genaue Kenntnis von der Größe der gesamten Körperoberfläche erforderlich. Da nun bei mathematisch ähnlichen Figuren die Oberflächen dem Quadrat der dritten Wurzel der Masse proportional sind, ließ sich durch genaue Ausmessung der Körperoberfläche beim Menschen und einigen Tieren ein Faktor finden,

Anm. 1. Berechnet nach den Oberflächenzahlen von MAGNAN.
Anm. 2. Berechnet nach den Oberflächenzahlen von RÖRIG.
Anm. 3. Um den großen Unterschied der Calorienproduktion pro Quadratmeter Oberfläche zwischen den einzelnen Vogelarten zu erklären, nimmt GROEBBELS zwei Kategorien von Vögeln an, 1. solche, deren chemische Wärmeregulation eine gute ist, die sich durch relativ niedrigere Körpertemperatur relativ niedrigen Calorienverbrauch, geringen relativen Nahrungsverbrauch, langsame Verdauung und große Hungerresistenz auszeichnen; 2. solche, die durch schlechte chemische Wärmeregulation, hohe Eigenwärme, hohen relativen Stoffwechsel, großen Bewegungsdrang, hohen relativen Nahrungsverbrauch, schnelle Verdauung und geringe Hungerresistenz charakterisiert sind.

der mit dem Quadrat der dritten Wurzel des Gewichtes in Grammen multipliziert, die Oberfläche des Körpers in Quadratzentimetern angibt.

Dieser Faktor wurde von Meeh und anderen für eine Anzahl Menschen und für die verschiedensten Tierarten zu den folgenden in Tabelle 15 zusammengestellten Werten ermittelt.

Tabelle 15.

Tierart	Faktor K	Autor
Mensch:		
Kind	12,312	Meeh: Z. Biol. 15, 425 (1879).
Erwachsener . .	12,312	
Kind	10,3	Lissauer: Jb. Kinderheilk., 3. F. 8, 392 (1903).
Hund	11,2	Rubner: Z. Biol. 19, 555 (1883).
Kaninchen	12,88	
Ratte	9,13	
Huhn	10,45	
,, ...	9,492	Gerhartz: Inaug.-Dissert., Merseburg 1914.
Kalb	10,50	Rubner: Die Gesetze des Energieverbrauchs bei der Ernährung. Leipzig und Wien 1902.
Schaf	12,10	
,, ...	8,50	Mitchell, H. H.: Annual Rep. Illinois Exp. Stat. 1927/1928.
Katze	9,90	
Meerschweinchen . .	8,50	
Maus (weiß) . . .	11,40	
Schwein	9,02	Voit: Z. Biol. 41, 113 (1901).
Hammel	10,60	
Gans	10,45	
Pferd	9,023	Hecker: Z. Vet.kde 1894, 97.
,, ...	9,985	Hertel: Inaug.-Dissert., Berlin 1922.
Fohlen	11,20	
Frosch	4,62 (s. Anm.)	Rubner: Z. Biol. 19, 535 (1883).

Wie die obige Zusammenstellung zeigt, ist der Faktor K — *die sog. Konstante* — für die einzelnen Tierarten sehr verschieden.

Aber auch für Individuen derselben Art ergeben sich bei der Auswertung der Körpermessungen für die Meehsche Konstante beträchtliche Unterschiede.

Dies gilt besonders für Menschen und in einem noch größeren Ausmaß für den *Wiederkäuer*. Bei den Menschen ist die Variabilität der *Konstante* im wesentlichen durch die große individuelle Verschiedenheit der körperlichen Konstitution bedingt. Kleine und dicke Individuen haben in Beziehung zu ihrem Körpergewicht eine geringere Oberfläche als große und schlanke von demselben Gewicht. Hingegen beruht bei den Wiederkäuern die Ermittlung des Faktors K bzw. der Oberfläche auf einer anderen Schwierigkeit. Hier sind es im wesentlichen die mächtigen und ungleich gefüllten Verdauungsapparate, die eine genaue Bestimmung des für die Berechnung der Oberfläche brauchbaren Körpergewichtes beträchtlich erschweren.

Die Anwendung der Konstante K — die immer nur ein Durchschnittswert sein kann — zur Umrechnung von Körpergewicht auf Körperoberfläche muß demgemäß, besonders in extremen Fällen, zu mehr oder weniger großen Unstimmigkeiten führen, die letzten Endes auch in der Berechnung des Energieverbrauches pro Quadratmeter Körperoberfläche zum Ausdruck kommen.

Bei Benutzung der Meehschen Formel: $O = K \cdot \sqrt[3]{G^2}$ (wobei O die Körperoberfläche, K die Konstante und G das Gewicht in Gramm bedeuten) betragen

Anm. Nach E. Voit[214] beruht dieser Wert auf einem Rechenfehler; aus dem von Rubner angegebenen Körpergewicht und der Körperoberfläche berechnete sich der Faktor K zu **9,92**.

die Unterschiede bei normal gebauten Menschen bis zu 15% und bei fettleibigen bis zu 30%.

BENEDICT und RITZMAN[28] (a. a. O.) erhielten bei Anwendung dieser Formel im Vergleich zu der *direkt gemessenen Körperoberfläche* bei 115 *Schafen* einen *um 40—45% höheren Wert.*

Um die Fehler zu vermeiden, die für die Berechnung der Oberfläche aus der alleinigen Benutzung des Körpergewichts resultieren, sind eine Reihe von Formeln in Vorschlag gebracht, in welche außer dem Körpergewicht auch die Körper- oder die Rumpflänge und der Brustumfang eingesetzt werden.

Am häufigsten angewandt werden die Formeln von DU BOIS[44] und DREYER[59]. Nach letzterem ist:

$$K = \frac{\sqrt{W}}{C \cdot A^{0,1333}},$$

wobei W das Körpergewicht in Gramm, C die in 24 Stunden (bzw. in einer beliebigen Zeit) gebildeten Calorien und A das Alter bedeuten. K ist eine Konstante, die bei Männern 0,1018—0,1015, bei Frauen 0,1127 beträgt. Wenn das Körpergewicht von dem normalen abweicht, kann dasselbe unter Berücksichtigung der Rumpflänge und des Brustumfanges ,,theoretisch abgeleitet'' werden.

Nach DU BOIS und DU BOIS[44] ist:

$$O = W^{0,425} \cdot L^{0,725} \cdot 71,84,$$

wo O die Oberfläche, W das Gewicht in Kilogramm und L die Körperlänge in Zentimeter bedeuten. 71,84 ist eine für Männer und Frauen und für die verschiedensten Lebensalter gleichbleibende Konstante (für Neugeborene erhält man indessen bessere Werte, wenn anstatt 71,84 die Konstante zu 78,50 eingesetzt wird).

Eine ähnliche Formel ist neuerdings von E. VOIT[214] (a. a. O.) aufgestellt worden. Er ging dabei von der Form eines Zylinders aus und kam auf Grund der von MEEH ausgeführten Körpermessungen zu folgendem Ergebnis:

$$O = f \cdot \sqrt{G : \pi \cdot L} \cdot (L + \sqrt{G : \pi L}).$$

Auch hier ist O die Oberfläche, G das Gewicht in Gramm und L die Körperlänge in Zentimetern; f ist eine Formkonstante, die für die verschiedenen Lebensalter aus der folgenden Aufstellung ersehen werden kann.

Alter in Jahren	Körpergewicht in kg	f
0—10	3—19	10,02
12—18	28—56	10,46
21—66	50—78	10,13

Schließlich sei noch eine Formel erwähnt, die HARRIS und BENEDICT[91] nach biometrischen Grundsätzen an Hand eines zahlreichen Untersuchungsmaterials für die Berechnung des Grundumsatzes aufgestellt haben. Hiernach ist für:

A Männer: $66,4730 + 13,7516\,W + 5,0033\,S - 6,7550\,A$,
B Frauen: $655,0955 + 9,5634\,W + 1,8496\,S - 4,6756\,A$,

wobei H die gesamte Wärmeproduktion in 24 Stunden, W das Körpergewicht in Kilogramm, S die Körpergröße in Zentimetern und A das Alter in Jahren ausdrücken.

MEANS und WOODWELL[154], ebenso BOOTHBY und SANDIFORD[41] haben an zahlreichen normalen Individuen den Grundumsatz direkt ermittelt und ihn mit den Werte nverglichen, die unter Zugrundelegung der obigen Formeln berechnet wurden. Sie kamen dabei zu dem Ergebnis, daß die direkt bestimmten Werte im Vergleich zu den berechneten im allgemeinen ziemlich gut übereinstimmen.

Für die *Berechnung der Oberfläche bei den Wiederkäuern* —. Rindern und Schafen — sind neuerdings von Moulton[159], Hogan und Skouby[101], Cowgill und Drabkin[52], Elting[65] sowie Brody und Elting[48] verschiedene Formeln aufgestellt worden.

Nach Moulton[159] ist für Rinder:

$$S = W^{\frac{5}{8}} \cdot 0,1186 ,$$

wobei S die Körperoberfläche, W das warme und leere Gewicht (nach dem Schlachten ermittelt) und 0,1186 eine Konstante bedeuten (Benedict und Ritzman[28] (a. a. O.) fanden bei ihren Versuchen an hungernden Stieren indessen bessere Werte, wenn anstatt 0,1186 die Konstante zu 0,1081 eingesetzt wurde). Die Schwierigkeiten der Oberflächenberechnung liegt also auch hier bei der unsicheren Bestimmung des Lebendgewichtes.

Hogan und Skouby[101] haben die obige Formel modifiziert, nach ihnen ist:

$$S = W^{0,4} \cdot L^{0,6} \cdot 217,02 .$$

S = Oberfläche, W = Körpergewicht, L = die in Zentimetern gemessene Körperlänge vom Widerrist bis zum Sitzbein. 217,02 bedeutet eine Konstante.

Brody und Elting[48] geben für Milchkühe folgende Formel an:

$$S\,s\,q\,m = K \cdot W^{0,56}_{\text{kg}} .$$

$S\,s\,q\,m$ und W bedeuten dasselbe wie in der vorhergehenden Formel. K ist eine Konstante, die Cowgill und Drabkin bei einer Anzahl von Hogan und Skouby[101] gemessener Rinder zu 0,132 festgestellt haben.

Benedict und Ritzman[28] (a. a. O.) verwerteten die Brody-Eltingsche[48] Integration auch für die Berechnung der Körperoberfläche bei Schafen. Auf Grund von direkten, an 115 Tieren (92 ausgewachsene Tiere und Jährlinge, 20 Lämmer von 9—45 Tagen und 3 Lämmer von 3 Monaten) ausgeführten Körpermessungen ergab sich jedoch eine etwas *abweichende Konstante von 0,124*. Die *endgültige Formel für Schafe* lautet demnach:

$$S = 0,124 \cdot W^{0,561} .$$

W bedeutet das *im geschorenen Zustand festgestellte Gewicht* in Kilogramm.

Zum Schluß sei noch eine Methode erwähnt, die E. Voit[214] für die *Bestimmung der Körperoberfläche bei kleinen Tieren* — gemessen wurden Fische und Frösche — angegeben hat.

Zu diesem Zweck wird auf ein mit Korkplatten belegtes Reißbrett ein Bogen Millimeterpapier befestigt und darauf jeder Zentimeterlinie entlang eine feines, nicht dehnbares Band mit Hilfe von Nadeln an beiden Enden ausgespannt. Hierauf wird das Tier gelegt und jeweilig durch Umgreifen des Körpers mit je einem der gespannten Bänder von Zentimeter zu Zentimeter dessen Peripherie gemessen. Die erhaltenen Werte werden nun, von der gleichen Horizontalen ausgehend, auf den dazu gehörigen Zentimeterlinien aufgetragen, die Endpunkte gradlinig miteinander verbunden und die so erhaltene Fläche mittels des Planimeters (benutzt wurde das Kompensationsplanimeter von Riefler) gemessen. Das Verfahren läßt sich am besten aus den beiden nachfolgenden Skizzen (Abb. 23 und 24) übersehen und bedarf kaum einer weiteren Beschreibung.

Das Verhältnis der Oberfläche zum Körpergewicht und der Länge des Tieres ist in eine mathematische Beziehung gebracht, die in der von Voit[214] angegebenen Oberflächenformel für Menschen zum Ausdruck kommt.

Gegen die Beziehung des Energieverbrauches auf die Oberfläche des Körpers — bzw. gegen die theoretische Begründung — sind jedoch mancherlei Bedenken erhoben worden.

Das gesetzmäßige Verhalten des Energieverbrauches zu der Körperober-

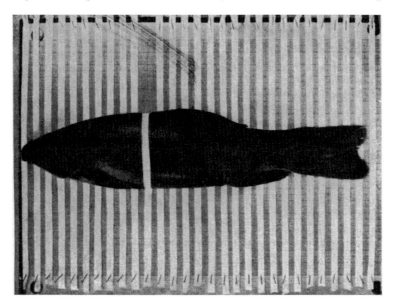

Abb. 23. (Aus VOIT: Z. Biol. 90.)

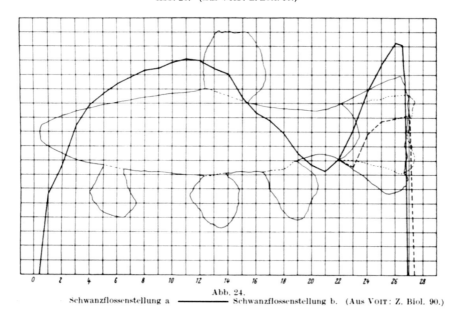

Abb. 24.
Schwanzflossenstellung a ——————— Schwanzflossenstellung b. (Aus VOIT: Z. Biol. 90.)

fläche hatte RUBNER[190] (a. a. O.) zu der Auffassung geführt, daß der Wärmeverlust von der Haut sowie die hierdurch ausgelösten oxydativen und wärmeregulatorischen Vorgänge als allein maßgebende Faktoren für die Größe der Wärmeproduktion anzusprechen seien.

Gegen diese einfache Erklärung spricht jedoch die von Jolyet und Regnard[108] sowie von Knauthe[112] nachgewiesene Tatsache, daß das „Oberflächengesetz" im allgemeinen auch für Kaltblüter gilt, trotzdem bei ihnen kein Bedürfnis besteht, die Wärmeproduktion den Wärmeverlusten anzupassen.

Von Hösslin[103], und später auch Zuntz[218], kamen auf Grund eingehender Betrachtungen zu der Anschauung, daß der Unterschied in der Wärmebildung bei kleinen und großen Tieren im wesentlichen durch die verschiedene Anforderung an die Arbeitsleistung ihrer Muskulatur bedingt sei. Auf Grund der von Slowtzoff[204] ausgeführten Versuche konnte Zuntz[218] nachweisen, daß der Energieverbrauch verschieden großer Hunde bei Zurücklegung des gleichen horizontalen Weges pro Kilogramm Körpergewicht um so größer ist, je kleiner die Tiere sind, und daß er annähernd proportional ist der Oberfläche bzw. proportional dem Quadrat der dritten Wurzel der Masse.

Ebenso hat sich Pfaundler[172] gegen die Rubnersche Auffassung gewandt. Er ist der Meinung, „daß der Energieumsatz höchstwahrscheinlich mit der Hautoberfläche als solcher nichts zu tun habe, sondern daß er vielleicht eine Körperflächenfunktion allgemein sei". In dieser „Flächenfunktionslehre" ist weder die äußere Haut — noch die eine oder andere innere Schleimhautoberfläche das Bestimmende, sondern eher die gesamte Assimilationsfläche, das ist die Summe der Oberflächen aller am Stoffwechsel teilnehmenden Elemente.

Bei dieser allgemeinen Formulierung, nach welcher der Energieumsatz proportional einer Fläche entsprechend der $^2/_3$ Potenz des Körpergewichtes wächst ($E = k \cdot P^{2/3}$, wobei E den Umsatz, P das Gewicht und k eine Konstante bedeutet), ist es nach Pfaundler[172] richtiger, „nicht von einem energetischen Oberflächengesetz, sondern von einer energetischen Flächenregel zu sprechen".

Pütter[181], Kaup und Grosse[110, 111], Terroine und Garot[210] sowie andere haben ähnliche Betrachtungen angestellt, die hier jedoch nicht näher erörtert werden können (eine kritische und eingehende Würdigung dieses gesamten Fragenkomplexes findet sich in der Abhandlung über die „Energetik des Organismus" von G. Lehmann[125]).

Auf Grund dieser Betrachtungen und zugleich experimenteller Beobachtungen, die sich mit der Definition des Oberflächengesetzes nicht in Einklang bringen lassen, müssen wir annehmen, daß ein kausaler Zusammenhang zwischen dem Grundumsatz und der Körperoberfläche nicht besteht. Aber trotz dieser Abweichungen ist es Tatsache, daß bei normalen Individuen der Grundumsatz pro Quadratmeteroberfläche eine Größe darstellt, die sich zum Vergleich der erhaltenen Resultate und zur Beurteilung eines normalen Energieverbrauches am besten eignet.

III. Der Einfluß der Körperbeschaffenheit.

Aber auch die körperliche Beschaffenheit übt einen Einfluß auf den Stoffverbrauch aus. Wie aus den von Chauveau und Kauffmann[49a], von Barcroft u. a. ausgeführten Untersuchungen über die Blutversorgung verschiedener Organe und den Sauerstoffgehalt ihres Venenblutes hervorgeht, besteht in der Sauerstoffmenge, welche die Gewichtseinheit der einzelnen Organe verbraucht, ein beträchtlicher Unterschied.

Nach Barcroft kann man für einen 7,5 kg schweren Hund, der in absoluter Ruhe je Minute 40 cm³ Sauerstoff verbraucht, den Anteil der einzelnen Organe wie folgt abschätzen (s. Anm.):

Anm. Entnommen N. Zuntz: Lehrbuch der Physiologie von Zuntz-Loewy, S. 697. 1920.

Organ	Gewicht des Organs	cm³ Sauerstoffverbrauch je Minute	
		für 1 kg	für das Organ
Skeletmuskeln	3235	4	12,9
Herz (tätig)	68	30	2,0
Speicheldrüsen	14	25	0,4
Pankreas	18	40	0,7
Darmkanal	279	25	7,0
Leber.	264	30 (?)	7,9
Nieren	44	35	1,6
Alle anderen Organe . .	3578	—	7,5
Summa:	7500		40,0

Unter der nicht genauer untersuchten Organmasse von 3578 g Gewicht befanden sich 600 g Fett, 100 g Sehnen, 794 g Haut und Haare, 1320 g Knochen, 90 g Zentralnervensystem und 16,5 g Milz.

Es muß daher die Größe des Stoffverbrauches eines Individuums in weitgehendem Maße von der Zusammensetzung des Körpers und der Aktivität seiner Organe, speziell der Muskeln, bestimmt werden. Bei sehr fetten Individuen wird man also im allgemeinen — sofern ihr Stoffwechsel durch keine von der Norm abweichenden Faktoren beeinflußt wird — pro Kilogramm Körpergewicht einen niedrigeren Stoffverbrauch erwarten müssen als bei einem muskulösen oder normalen von sonst gleicher Konstitution.

Diesen Erwartungen entsprechen auch Versuche, die MAGNUS-LEVY[148] bei einem normalen und einem fettleibigen Individuum angestellt hat. Dabei fand er:

	Länge cm	Gewicht kg	cm³ O₂ absolut	Je Minute je kg
Bei einem Fettleibigen von . . .	167	109	307	2,82
Bei einem Normalen	175	83	297	3,60

Der Einfluß der Körperbeschaffenheit auf den Energieumsatz läßt sich auch aus den Werten ersehen, die LOEWY aus der Literatur und aus seinen eigenen Versuchen in der folgenden Tabelle zusammengestellt hat.

Tabelle 16 (s. Anm.).

Nr.	Name	Alter	Körpergewicht in kg	pro Person und Minute		pro Körperkilo und Minute		Respirat.-Quotient	Körperbeschaffenheit
				O₂-Verbrauch in cm³	CO₂-Prod. in cm³	O₂-Verbrauch in cm³	CO₂-Prod. in cm³		
1	RUD.	24	43,2	195,8	146,9	4,53	3,40	0,750	klein und mager
2	Dr. SCH.	24	48,0	176,8	156,4	3,68	2,88	0,783	klein, mager, gute Muskulatur
3	L.	30	50,8	189,4	156,5	3,73	3,08	0,826	klein, mager
4	RUTT.	36	53,0	219,5	168,2	4,14	3,45	0,833	fettarm
5	WALD.	24	56,3	248,3	180,9	4,41	3,21	0,728	muskulös
6	W.	56	56,5	222,0	188,0	3,93	2,98	0,766	fettarm
7	B.	32	58,0	221,2	162,5	3,81	2,90	0,760	„normal"
8	Prof. D.	—	58,5	231,8	178,4	3,96	3,05	0,770	fettarm, muskulös
9	Prof. Lw.	38	60,0	227,0	177,7	3,80	2,96	0,779	mäßig muskulös
10	M.	—	61,2	336,4	254,4	5,50	4,18	0,760	muskulös
11	Prof. Z.	43	65,0	220,6	162,5	3,39	2,50	0,740	ziemlich muskulös, etwas fettarm
12	Dr. C.	—	66,1	226,0	172,2	3,42	2,60	0,760	fettarm
13	Dr. M. L.	25	67,5	231,3	192,5	3,43	2,86	0,830	fettarm u. muskulös
14	Dr. L. Z.	22	67,5	231,3	200,2	3,43	2,97	0,865	ebenso
15	KOLM.	23	71,7	267,5	212,4	3,73	2,96	0,793	muskulös
16	Dr. M.	34	73,6	248,2	196,1	3,37	2,66	0,789	ziemlich muskulös und fettreich
17	Dr. JAG.	34	82,0	226,3	178,3	2,76	2,17	0,788	ebenso
18	SP.	29	82,7	297,6	225,4	3,60	2,72	0,757	sehr muskulös
19	SCHM.	22	88,3	291,7	237,4	3,30	2,69	0,814	ebenso

Anm. Entnommen A. LOEWY 131.

Auch aus dieser Zusammenstellung — die nach steigendem Körpergewicht
geordnet ist — läßt sich ein Absinken der Stoffwechselintensität pro Kilogramm
Körpergewicht (analog der RUBNERschen Tabelle auf S. 149) mit zunehmender
Körpergröße deutlich erkennen. Zugleich zeigt sie aber noch einprägsamer, daß
der *Sauerstoffverbrauch muskulöser Individuen durchweg höher liegt* als der von
Schwächlichen und Fettleibigen.

Der Anteil der Muskulatur am Körpergewicht bzw. der Eiweißbestand des
Körpers scheint demnach von weitgehender Bedeutung für die Größe des Grundumsatzes zu sein. Soweit ältere (PFLÜGER[173], RUBNER, MAGNUS-LEVY[144]
SCHREUER[201]) und neuere Versuche (ECKSTEIN und GRAFE[61], GRAFE und GRA-
HAM[77], GRAFE und KOCH[79]) zur Lösung dieser Fragestellung ausgeführt wurden,
kann es wohl als erwiesen gelten, daß überreiche Eiweißzufuhr die Eiweißmenge
im Körper erhöht und auch noch nach dem Abklingen der *spezifisch dynamischen
Wirkung* den Gaswechsel im nüchternen Zustand steigert. SCHREUER[201] allerdings konnte zeigen, daß es bei seinen überreichlich mit Eiweiß ernährten Hunden
nur zweier Hungertage bedurfte, um den Grundumsatz wieder auf den normalen
Wert zurückzuführen.

Der Einfluß der Körperzusammensetzung auf den Gaswechsel und auf die
spezifisch dynamische Wirkung wurde neuerdings von BRENDLE[47] an großen
und kleinen Ratten näher untersucht. Nach Abschluß der Respirationsversuche wurde ein Teil der Tiere getötet und auf ihre Zusammensetzung, d. h. auf
Fett und Eiweiß, analysiert. Die hierbei erhobenen Befunde sind aus der folgenden Zusammenstellung (Tabelle 17) ersichtlich. Die Steigerung des Gaswechsels durch die spezifisch dynamische Eiweißwirkung wurde dabei (als hier
nicht interessierend) weggelassen und durch Umrechnung und Angabe des Sauerstoffverbrauches auf 10 Minuten und 1000 cm² Oberfläche ergänzt.

Tabelle 17.

Ratte	Gewicht in g	Fett in g	Fett in %	N in g	N in %	Grundumsatz		
						in 10 Min.	pro Min. und kg	pro 10 Min. und 1000 cm²
1	299	26,2	8,76	5,9	1,97	60,8	20,3	148,93
2	300	25,7	8,57	—	—	59,5	19,7	145,39
7	309	32,0	10,36	5,5	1,78	61,3	19,8	146,90
8	314	32,5	10,35	5,7	1,82	55,4	17,6	131,35
4	81	2,7	3,33	1,6	1,99	25,2	31,1	147,43
3	92	4,0	4,35	1,6	1,74	26,2	28,5	140,80
11	86	4,5	5,23	1,7	1,98	22,9	26,6	128,73
12	95	5,5	5,79	1,7	1,79	24,1	27,4	126,79
6	220	32,0	13,85	3,7	1,68	46,5	21,1	139,75
5	220	25,0	11,3	4,5	2,05	42,3	19,3	127,13

Auffallend ist der prozentual gleichmäßige Stickstoffgehalt bei großen und
kleinen Ratten (s. Anm.). Der Sauerstoffverbrauch pro Kilogramm Körpergewicht
ist entsprechend der zunehmenden Körpergröße auch hier bei den schwersten
Tieren am niedrigsten, während er umgekehrt — und im Gegensatz zu den
meisten anderen Befunden — bei den kleinsten und wohl auch jüngsten Ratten
pro 1000 cm² Körperoberfläche die niedrigsten Werte erreicht.

Den interessantesten Versuch, den *Anteil des Fettgewebes am Gesamtstoffwechsel* des Organismus festzustellen, hat wohl SCHATERNIKOFF[199] bei einem

---

Anm. Denselben Prozentwert an Stickstoff fand auch RADEFF bei neugeborenen Kaninchen, Hunden, Ziegen und Schweinen.

Fettsteißschafbock unternommen. Er bestimmte den Grundumsatz des Tieres vor und nach der Entfernung des Fettsteißfettgewebes und fand in der Tat, daß nach der Operation ein relativ höherer Stoffverbrauch existierte als vorher. Aus dem Unterschied dieser beiden Werte ließ sich der Gaswechsel des aus dem Hammelkörper entfernten Fettgewebes ableiten. Wie die folgende Aufstellung (Tabelle 18) zeigt, ergab dieses Gewebe tatsächlich wesentlich niedrigere Werte als die übrige Körpermasse.

Tabelle 18.

Versuchsanordnung	Datum	Körpergewicht in kg	pro Min. und kg		Respirat.-Quotient	Bemerkungen
			CO₂-Prod. in cm³	O₂-Verbrauch in cm³		
Vor der Operation, 10 stünd. Resp.-Vers. 24 Stunden Hunger	1. XI. 1926	58,8	2,95	4,28	0,688	
	11. XI. 1926	55,36	2,96	4,26	0,694	
Mittel:		57,08	2,955	4,27	0,691	
Nach der Operation, sonst wie oben	9. XII. 1926	48,32	3,29	4,47	0,736	8.12.26. Resektion der Schwanzfettablagerung, insg. 6,765 kg, darin 6,055 kg Fettgewebe, 0,628 kg Haut, 0,022 kg Schweifwirbel.
	21. XII. 1926	48,73	3,25	4,39	0,741	
Mittel:		48,52	3,27	4,43	0,738	

Durch die Entfernung von 6 kg Fettgewebe, entsprechend ca. 10 % des ursprünglichen Lebendgewichtes, ist also der Sauerstoffverbrauch pro Kilogramm Körpergewicht und Minute um 0,16 cm³, das ist ca. 4 %, angestiegen (s. Anm.). Der *fettärmere Organismus* des operierten Tieres zeigt also eine *deutliche Erhöhung des Grundgaswechsels;* auch der Respirationsquotient ist deutlich erhöht.

Den Gaswechsel des entfernten Fettgewebes ermittelte SCHATERNIKOFF[199] durch Abzug der nach der Operation erhaltenen O₂- bzw. CO₂-Werte von denen des letzten Versuches vor der Operation (11. November 1926). Er kam dabei zu dem Ergebnis, daß 1 kg des entfernten Gewebes pro Minute 2,86 bzw. 3,24 cm³ O₂ verbrauchte und 0,73 bzw. 0,83 cm³ CO₂ produzierte. Der Respirationsquotient dieses Gewebes bzw. der sich darin abspielenden Oxydationsprozesse würde demnach nur 0,255 betragen.

Durch den im Vergleich zu der gebildeten CO₂ abnorm hohen O₂-Verbrauch in den Versuchen vor der Operation kommt als Differenzwert der beiden Versuchsreihen der hohe O₂-Verbrauch pro Kilogramm Fettgewebe zustande. Nun deutet aber der auffallend niedrige Respirationsquotient von 0,69 in den Versuchen vor der Operation daraufhin, daß während der Respirationsversuche — vorausgesetzt natürlich, daß Analysenfehler ausgeschlossen sind — irgendwelche Sauerstoff verbrauchenden intermediären Abbau- oder Umwandlungsprozesse im Tierkörper stattgefunden haben, so daß der O₂-Verbrauch pro Kilogramm Fettgewebe nicht als Grundlage für die Berechnung des Anteils dieses Gewebes an dem Gesamtgaswechsel verwandt werden kann. Es ist also für die Berechnung sicherer, den in diesem Fall besser fundierten CO₂-Wert zu verwenden. Wie aus der Tabelle hervorgeht, beträgt die CO₂-Produktion pro Kilogramm Körpergewicht nach Entfernung des Fettgewebes durchschnittlich 3,27 %, während er sich für 1 kg Fettgewebe zu 0,78 cm³ ermitteln ließ. Eine prozentuale Umrechnung dieser Werte ergibt demnach, *daß der Grundgaswechsel des Fettgewebes ca. 24 % des normalen Körperdurchschnittswertes dieses Tieres ausmacht.*

Aus diesem interessanten Resultat geht also mit aller Deutlichkeit hervor, daß die übermäßige Ausbildung des Fettpolsters *zu einer Verringerung des Stoffverbrauches pro Kilogramm Körpergewicht führen muß, während er auf die Einheit*

Anm. Bei Gleichsetzung der Respirationsquotienten auf 0,738 berechnet sich die Steigerung des Sauerstoffverbrauchs auf den wahrscheinlicheren Wert von ca. 9,4 %.

der Oberfläche bezogen — wie die obigen Versuche an Ratten zeigen — *vollkommen normal bleiben kann.*

IV. Der Einfluß des Alters und Geschlechts auf den Grundumsatz.

Neben den Einflüssen, welche die Körpergröße, Oberflächenentwicklung und Körperbeschaffenheit auf die Höhe des Grundumsatzes ausüben, spielt auch das Alter eine bedeutende Rolle und ebenso — nur in einem geringeren Ausmaß — noch das Geschlecht.

Der Einfluß des Alters auf den Grundumsatz geht schon aus den älteren Versuchen hervor, die Sondén und Tigerstedt[206], Eckholm[60], Magnus-Levy und Falk[152] an Menschen der verschiedensten Altersgruppen ausgeführt haben. Besonders die nachfolgende Tabelle (19), in der Magnus-Levy den Sauerstoffverbrauch verschiedenaltriger Individuen von annähernd gleicher Länge und gleichem Gewicht zusammengestellt hat, ergibt eine anschauliche Übersicht über das Absinken des Stoffumsatzes in den verschiedenen Lebensaltern.

Tabelle 19.

Versuchspersonen	Alter	Gewicht in kg	Länge in cm	O_2-Verbrauch absolut	O_2-Verbrauch pro kg	Relationszahlen des O_2 pro kg	Relationszahlen des O_2 pro m^2 Oberfläche
Knabe	15	43,7	152	216,6	4,97	*110*	*110*
Mann	24	43,2	148	195,8	4,53	*100*	*100*
Greis	71	47,8	164	163,2	3,42	*75*	*78*

Die beiden letzten Stäbe der obigen Tabelle zeigen, um wieviel der *Sauerstoffverbrauch der Kinder und Greise von dem der Erwachsenen im mittleren Alter nach oben bzw. nach unten abweicht,* den letzteren gleich 100 gesetzt. Bei Kindern besteht eine Erhöhung des Umsatzes von 10—11 % und bei Greisen eine Verminderung von 16—22 %.

In der neueren Zeit sind diese Versuche von Harris und Benedict, du Bois, Benedict und Talbot[29], Benedict und Ritzman[28] (a. a. O.), Boothby und Sandiford[39] u. a. an einer enormen Anzahl von Menschen und *Tieren wiederholt und bestätigt* worden.

Das ausführlichste Material über die Abhängigkeit des Grundumsatzes von dem Entwicklungsstadium des Organismus wurde von Boothby und Sandiford[39] mitgeteilt. Die an 1822 männlichen und 5066 weiblichen gesunden Versuchspersonen erhobenen Befunde können aus der nachfolgenden Tabelle ersehen werden. Die Werte sind auf 1 Stunde und Quadratmeteroberfläche bezogen und nach Altersgruppen geordnet.

Tabelle 20. Stündlicher Calorienumsatz pro Quadratmeter Oberfläche.

Alter in Jahren	männlich Cal.	weiblich Cal.	Alter in Jahren	männlich Cal.	weiblich Cal.	Alter in Jahren	männlich Cal.	weiblich Cal.
5	53,0	51,6	15	45,3	39,6	40—44	38,3	35,3
6	52,7	50,7	16	44,7	38,5	45—49	37,8	35,0
7	52,0	49,3	17	43,7	37,4			
8	51,2	48,1	18	42,9	37,3	50—54	37,2	34,5
9	50,4	46,9	19	42,1	37,2	55—59	36,6	34,1
10	49,5	45,8	20—24	41,0	36,9	60—64	36,0	33,8
11	48,6	44,6	25—29	40,3	36,6	65—69	35,3	33,4
12	47,8	43,4						
13	47,1	42,0	30—34	39,8	36,2	70—74	34,8	32,8
14	46,2	41,0	35—39	39,2	35,8	75—79	34,2	32,3

Diese Aufstellung gibt *ein charakteristisches Bild von dem Ablauf der Stoff-wechselintensität während der verschiedenen Lebensalter* und zugleich von dem Unterschied, der zwischen der Höhe des *Grundumsatzes bei männlichen und weiblichen Individuen* besteht.

BENEDICT und RITZMAN[28] (a. a. O.) fanden eine entsprechende Differenz in der Wärmebildung für Alter und Geschlecht *auch bei Schafen.* Abgesehen von den Werten bei saugenden Lämmern — die wegen ihrer Nervosität weder in Ruhe noch im nüchternen Zustand untersucht werden konnten — zeigen die allerdings ziemlich schwankenden Versuchsresultate, daß der Energieumsatz (s. Anm. 1) bei jüngeren Tieren wesentlich höher ist als bei ausgewachsenen und alten (untersucht wurden Schafe bis zu 6 Jahren), und daß er bei männlichen Individuen etwas höher ist als bei weiblichen.

Aus den vorliegenden Ergebnissen geht also eindeutig hervor, daß — im Vergleich zum Erwachsenen — der höhere bzw. niedrigere Grundumsatz im Kindes- und Greisenalter nicht allein durch die Beziehung auf die aus dem Körpergewicht resultierende verschiedene Körperoberfläche bedingt sein kann.

Über die Ursache, auf welche das allmähliche Absinken der Wärmeproduktion zurückzuführen ist, wissen wir wenig. Ob man aus den übereinstimmenden Resultaten den Schluß ziehen darf, daß *die Aktivität der lebendigen Substanz mit zunehmendem Alter immer deutlicher abnimmt* (s. Anm.2) oder ob es sich nur *um Differenzen im Tonus der Muskulatur handelt* (LOEWY), muß vorläufig dahingestellt bleiben.

Im Gegensatze zu dem höheren Stoffverbrauch des jugendlichen Individuums zeigt das Neugeborene einen ziemlich niedrigen bzw. schwankenden Grundumsatz. Während die Säuglinge in den Versuchen von RUBNER und HEUBNER[195], SCHLOSSMANN und MURSCHHAUSER[200], von YANO[216] u. a. einen annähernd normalen, d. h. den älteren Säuglingen entsprechenden Grundumsatz aufweisen, geht aus den früheren (s. Anm. 3) und zahlreichen neueren Untersuchungen ein auffallend niedriger Energieumsatz hervor.

BENEDICT und TALBOT[29] (a. a. O.) fanden bei Neugeborenen und Frühgeburten einen Energieumsatz von 459—732 Cal. pro Quadratmeter und 24 Stunden. Der Umsatzwert steigerte sich in den ersten 10—12 Lebenswochen allmählich bis auf die Höhe der Erwachsenen und erreichte etwa am Ende des ersten Jahres ein Maximum von ca. 1300 Cal. pro Quadratmeter Oberfläche.

Ein ähnliches Verhalten des Stoffumsatzes fand auch PLAUT[176] bei neugeborenen Hunden, Katzen, Kaninchen, Meerschweinchen und Mäusen während der ersten 10 Lebenstage. Der kurz nach der Geburt am niedrigsten stehende Energieumsatz stieg zu einem Maximum beim Hunde am zweiten, bei der Katze am zweiten bis dritten Tage, beim Kaninchen am vierten, beim Meerschweinchen am zehnten Tage. Dann sank er auf einen annähernd konstant bleibenden Wert von ca. 1000 Cal. pro Quadratmeter Oberfläche und 24 Stunden herab. Nur bei Mäusen stieg der Umsatz bis zum zehnten Tag ununterbrochen an. PLAUT[176] bringt den höheren Umsatz in den ersten Tagen und den darauffolgenden Abfall mit den wärmeregulatorischen Vorgängen in Verbindung und nimmt an, daß

Anm. 1. BENEDICT und RITZMAN bezeichnen die gefundenen Werte als „Standardumsatz" und verstehen darunter den Energieumsatz, der 24 Stunden nach der letzten Nahrungsaufnahme und im Stehen erhalten wurde.

Anm. 2. In diesem Sinne wären auch wohl die Erfahrungen von ABDERHALDEN und WERTHEIMER[2] zu deuten, die am überlebenden Gewebe junger Meerschweinchen einen höheren Gaswechsel fanden als bei älteren.

Anm. 3. Eine Zusammenstellung der älteren Literatur findet sich bei A. LOEWY[131] und der neueren bei P. GROSSER im Handbuch der normalen und pathologischen Physiologie von BETHE, G. v. BERBMANN usw. **5**, 165. 1928.

der Körper in den ersten Lebenstagen seine Temperatur nur durch einen gesteigerten Stoffverbrauch, später jedoch auch von der Haut aus durch Einschränkung der Wärmeabgabe zu erhalten vermag.

Den niedrigsten Umsatz bei Neugeborenen bringen KAUP und GROSSE
hingegen mit dem vermehrten Wassergehalt der Körpersubstanz, d. h. mit der
geringeren Masse an aktiven Protoplasma in Zusammenhang.

E. Der Einfluß endokriner Drüsen auf den Grundumsatz.

I. Einfluß der Schilddrüse.

Daß die Größe des Grundgaswechsels unter der Einwirkung von endokrinen
Drüsen bzw. von deren Absonderungsprodukten beeinflußt werden kann, ist
zuerst für die Schilddrüse (Thyreoidea) nachgewiesen worden, vor allem durch
Untersuchungen von MAGNUS-LEVY[146] an Menschen; und zwar zeigte sich hierbei, daß eine Minderung der Schilddrüsenfunktion (Myxödem und Kretinismus)
zu einer erheblichen Herabsetzung des Grundstoffwechsels — bis auf 50—60%
der Normalwerte — und daß eine Steigerung ihrer Tätigkeit (bei Basedowscher
Krankheit) zu einer bedeutenden Erhöhung des Stoffverbrauches — bis über
100% der Norm führen kann. Im ersten Fall steigt der Grundumsatz nach Ein-
gabe von Schilddrüsensubstanz an; im anderen Fall geht er mit Besserung der
Krankheitserscheinungen wieder zurück, ebenso nach operativer Entfernung
größerer Teile der erkrankten Schilddrüse.

Diese Erfahrungen sind durch *Versuche an Tieren* der verschiedensten Art
— Hunden, Kaninchen, Ratten und Mäusen — im wesentlichen bestätigt worden.
Auch hierbei zeigt sich in den meisten Fällen ein *Absinken des Grundumsatzes
nach Entfernung der Schilddrüse*, wenn auch die Regelmäßigkeit der Verminderung
nicht so ausgesprochen ist wie beim Menschen.

Die Herabsetzung der Stoffwechselintensität stellt hier oft nur eine vorübergehende
Phase von einigen Wochen oder Monaten dar, nach welcher der erniedrigte Grundumsatz
wieder annähernd auf sein normales Niveau zurückkehrt. Doch ungeachtet dieser Erholung bleibt eine Schädigung des Gesamtorganismus bestehen, die bei der Arbeitsleistung
und ebenso bei Kälteeinwirkung deutlich hervortritt.

Auch gegen *die Zufuhr* von Schilddrüsensubstanz verhalten sich die einzelnen
Individuen nicht gleichmäßig. Im allgemeinen pflegt die Verabreichung von
Thyreoideapräparaten eine deutliche Erhöhung des Stoffverbrauchs zu ver-
ursachen, doch konnten GABBE[68] bei Ratten, KENDALL[113] bei einer Ziege,
BÄCKER[15a] bei Kindern, MARK[153] bei Hunden und MØLLER[157] bei erwachsenen
Menschen feststellen, daß bei der Wirkung der Thyreoideasubstanz nicht *allein
die absolute Menge*, sondern vor allem *die Art der Verteilung und das Lebensalter
der betreffenden Individuen eine wichtige Rolle spielten*.

Die Bedeutung des Lebensalters für die Wirkung der Hyperthyreose auf
den Grundumsatz ist aus der folgenden — ABELIN[3] entnommen — interessanten Tabelle 21 zu ersehen.

Tabelle 21. Durchschnittliche Grundumsatzerhöhung bei 70 Basedow-Patienten
geordnet nach dem Alter der Kranken.

	Alter in Jahren			
	10—20	20—30	30—40	40—60
Zahl der Patienten	8	24	15	18
Durchschnittliche Grundumsatz-erhöhung	+ 117,4 %	+ 134,5 %	+ 148,1 %	+ 152,5 %

Wie die Zusammenstellung zeigt, ist bei den jugendlichen Patienten eine deutliche Resistenz gegen die vermehrte Zufuhr von Schilddrüsenhormon zu beobachten. Dasselbe konnte auch MARK[153] bei Untersuchungen an jungen Hunden feststellen, die bis zum Alter von 4 Monaten überhaupt nicht auf Schilddrüsenaufnahme reagierten.

Das *verschiedene Verhalten des Organismus gegen Schilddrüsensubstanz* wird noch kompliziert durch teils fördernde, teils antagonistisch wirkende Beziehungen, die zwischen der Schilddrüse und anderen Organen, so z. B. der Thymus, der Milz und vielleicht auch den Geschlechtsdrüsen, zu bestehen scheinen. So kehrt nach Untersuchungen von DANOFF[54] an Ratten und von HAURI[94] an Kaninchen der durch Schilddrüsenexstirpation verminderte Gaswechsel nach folgender Milzzuführung wieder zur Norm zurück (s. Anm. 1); und RUCHTI[196] konnte durch Versuche an thyreoidektomierten und später thymektomierten Kaninchen feststellen, daß die Funktionen dieser Drüsen in einem sich gegenseitig fördernden Verhältnis stehen. Bei intakter Thymusdrüse stieg der nach Thyreoidektomie (s. Anm. 2) beträchtlich gesunkene Gaswechsel allmählich wieder an, bei nachfolgender Thymektomie blieb die Steigerung aus.

II. Einfluß der Keimdrüsen.

Neben dem regulierenden Einfluß der Schilddrüse auf die Höhe des Grundumsatzes spielen auch noch die Geschlechtsdrüsen, insbesondere **die Hoden und Eierstöcke,** eine wichtige Rolle.

Das muß wenigstens aus den Resultaten der meisten Tierversuche geschlossen werden, bei denen der Grundumsatz vor und nach der Kastration bei männlichen und weiblichen Individuen bestimmt wurde. So fanden CURATULO und TARULLI[53] bei Hündinnen und Mäusen, POPIEL[180] bei Kaninchen, HEY-

Anm. 1. Aus den vorliegenden Daten von DANOFF[54] und HAURI[94] konnte gefolgert werden, daß die Milz eine hemmende Wirkung auf die Oxydationsprozesse im Körper ausübt. Indessen haben Versuche, die nach Splenektomie in dieser Richtung angestellt wurden, kein einheitliches Bild ergeben. Den positiven Befunden von STOLZ[208] und PERACCHIA[167], die eine deutliche Erhöhung des Grundumsatzes nach Entfernung der Milz fanden, stehen die negativen von DAVID und BAUMANN[55], DOUBLER[58], KODA[119], ASHER und TAKAHASHI[10], ASHER und NAKAYAMA[9] gegenüber, die keine gesteigerte, oft sogar eine verminderte Wärmebildung feststellen konnten. Auch ASZODI[12] fand bei weißen Ratten den Umsatz bisweilen erhöht, bisweilen erniedrigt. Er zieht jedoch aus seinen Versuchen den Schluß, „daß die nach der Milzexstirpation nachgewiesene Änderung des Energieumsatzes von Umständen herrührt, die von der Milzexstirpation unabhängig sind (Änderung des Körpergewichts bzw. der Körperzusammensetzung) oder aber sekundär durch Umstände bedingt seien, die in primärer Weise durch die Milzexstirpation verursacht wurden (Änderung der Zahl der roten Blutkörperchen)".

Anm. 2. Über den Einfluß der Schilddrüsensubstanz auf den Ruhe-Nüchternumsatz von landwirtschaftlichen Nutztieren liegen meines Wissens noch keine Untersuchungen vor. Hingegen existieren einige Beobachtungen über den Gesamtenergieumsatz bei kastrierten und halbseitig thyreoidektomierten Schafen von KLEIN[115], aus denen jedoch hervorgeht, daß im Vergleich zum normalen Tier und im Verhältnis zum Anwuchs keine Verminderung der Oxydationsprozesse eingetreten ist. Auf Grund der bei anderen Tieren gemachten Erfahrungen (so von GRAFE und ECKSTEIN[61] am Hund; Kritik dieser Arbeit s. bei KLEIN[115]) wäre es immerhin denkbar, daß durch geeignete Eingriffe an Masttieren bzw. durch Verschiebung der endokrinen Regulationsmechanismen, eine Herabsetzung der Oxydationsprozesse zugunsten des Ansatzes und hierdurch eine wirtschaftliche Verbesserung der Mästung zu erzielen sei.

In diesem Sinne könnten vielleicht auch die Versuche gedeutet werden, die AGNOLETTI[4] über den Einfluß der partiellen Thyreoidektomie auf die Wollbildung bei Lämmern anstellte. Aus den gleichzeitig vorgenommenen Gewichtsbestimmungen ging hervor, daß die Gewichtszunahme der halbseitig thyreoidektomierten Tiere um 13% diejenige der nicht operierten Tiere übertraf. Bei kastrierten und partiell thyreoidektomierten Lämmern war die Zunahme noch größer.

Mans[98] bei Hähnen, Loewy und Richter[133] bei männlichen und weiblichen Hunden und Paechtner[164] bei einem jungen Bullen *nach der Kastration eine deutliche Herabsetzung des Grundumsatzes* — um 10—20%.

Im Gegensatz zu diesen Ergebnissen sind indessen auch Untersuchungen bekannt geworden, bei denen sich eine Verminderung des Grundgaswechsels nicht feststellen ließ. So fanden Lüthje[139] bei einem Hund und einer Hündin — allerdings mit einer Gaswechselmethode, die für die Entscheidung dieser Frage nicht recht geeignet war — Klein[114, 115] bei einem Bullen und später bei Hammeln (a. a. O.), Plaut und Timm[177] bei einer Hündin und Bertschi[37] bei Kaninchen keine Beeinflussung des Grundumsatzes durch die Kastration.

Dieselben schwankenden Ergebnisse fanden sich auch bei Versuchen an kastrierten Frauen. Bei der Beurteilung dieser inkonstanten Daten ist allerdings zu bedenken, daß es sich bei den meisten negativen Fällen um die Entfernung kranker oder nicht erweislich gesunder Ovarien handelte (Loewy).

Auf Grund der bei den meisten gesunden Versuchstieren erhobenen positiven Befunde müssen wir also annehmen, *daß ein Einfluß der Keimdrüsen auf die Größe des Stoffumsatzes* vorhanden ist. Ob es sich jedoch bei der Steigerung der Stoffwechselintensität um einen direkten Einfluß der wirksamen Keimdrüsensubstanz auf die Erfolgsorgane handelt oder nur um eine anregende Wirkung der entsprechenden anderen Inkretdrüsen, konnte bis jetzt nicht entschieden werden.

Ebenso ist *der Einfluß der Gravidität* auf den Grundumsatz von Menschen und Tieren untersucht worden.

Die ersten derartigen Versuche verdanken wir Magnus-Levy[147], der bei mehreren Frauen den Gaswechsel vor und während der Schwangerschaft ermittelte. Dabei zeigte sich indes, daß nur bei der einen Frau der Sauerstoffverbrauch pro Kilogramm Körpergewicht mit dem Fortgang der Schwangerschaft zunahm, während er bei den anderen kaum eine Beeinflussung erkennen ließ.

Die in dem positiven Falle erhaltenen Werte sind aus der folgenden Tabelle 22 ersichtlich.

Tabelle 22.

		Zahl der Einzel- versuche	Atem- volumen pro Min.	Sauerstoff- verbrauch pro Min. cm³	Gewicht in kg	Sauerstoff- verbrauch pro Min. und kg cm³	Pulszahl	Atemzüge pro Min.
Normal		12	7,10	*302*	108,4	2,79	72	13
3. Monat		5	7,88	*320*	111,4	2,88	66	10
4. ,,		6	7,88	*325*	111,3	2,92	84	13
5. ,,	der Gravidität	8	8,38	*340*	110,7	3,16	84	15
6. ,,		2	9,15	*349*	110,9	3,14	78	15
7. ,,		2	9,42	*348*	112,0	3,10	80	15
8. ,,		4	9,26	*363*	113,5	3,20	90	16
9. ,,		3	9,78	*383*	115,1	3,33	84	13

Auffallend ist in dieser Versuchsreihe — und ebenso in denen, die später von L. Zuntz[217], Hasselbalch[93], Klaften[111] u. a. ausgeführt wurden — eine deutliche Zunahme der Ventilationsgröße von der Mitte der Schwangerschaft ab. Der aus der Tabelle ersichtliche mit dem Fortgang der Gravidität langsam zunehmende Sauerstoffverbrauch ist demnach zum Teil durch die vergrößerte Ventilations- und Herzarbeit bedingt. Wird dieser Faktor bei der Berechnung der Versuche berücksichtigt, so verbleibt in den meisten Fällen *ein Zuwachs an Sauerstoff, der annähernd proportional der Gewichtserhöhung ist*.

Benedict und Ritzman[28] (a. a. O.) haben den Einfluß der Gravidität auf den „Standardumsatz" auch bei Schafen untersucht. Sie kamen auf Grund ihrer Versuche zu dem Resultat, daß — neben einer öfters beobachteten geringen Abnahme des Sauerstoffverbrauches in der ersten Trächtigkeitsperiode — mit dem Fortschreiten der Gravidität keine meßbare Erhöhung des „Standardumsatzes" stattfindet.

Im Gegensatz zu diesen Ergebnissen konnte MURLIN[163] während der Trächtigkeitsperiode bei Hunden einen deutlichen Anstieg des Energieumsatzes feststellen. In der ersten Versuchsreihe, in der nur ein Föt geboren wurde, betrug die Steigerung des Umsatzes pro Kilogramm Körpergewicht 6%, während bei einer zweiten, in der 5 Junge zur Welt gebracht wurden, die Zunahme fast 30% betrug.

III. Einfluß der Nebennieren und Hypophyse.

Auch den anderen *innersekretorischen Drüsen*, wie *Nebenniere und Hypophyse*, wird ein Einfluß auf die Höhe des Grundumsatzes zugeschrieben.

Über die Einzelheiten des gesamten Fragenkomplexes siehe BIEDL (s. Anm. 1), ABELIN (s. Anm.1), ISENSCHMID (s. Anm.1), PERITZ[168] sowie RAAB und KRIZENECKY in diesem Bande des Handbuchs. Hier sei nur hervorgehoben, daß nach Exstirpation der Hypophyse (ASCHNER und PORGES[8] — Entfernung des Vorderlappens —, BENEDICT und HOMANS[23]) und der Nebenniere (ATHANASIU[13] und GRADINESCU[13], AUB, FORMAN und BRIGHT[15]) ein deutliches Absinken des Gaswechsels beobachtet wurde.

Das Verhalten des Energieumsatzes nach Entfernung der *Nebenniere* ist allerdings noch etwas unklar, MARINE und BAUMANN[151] fanden keine Verminderung der Wärmebildung.

Nach subcutaner Injektion von Adrenalin beim Menschen wurden regelmäßig Steigerungen des Umsatzes gefunden (FUCHS und ROTH[67a], BERNSTEIN und FALTA[34], SANDIFORD[198] und BORNSTEIN[45]), nach den ausgedehnten Untersuchungen von BOOTHBY und ROWNTREE[40] beträgt die durchschnittliche Erhöhung 30—60%.

Die *Wirkung der Hypophysenpräparate* auf den Energieumsatz scheint hingegen keine einheitliche zu sein. BERNSTEIN und FALTA[34] sahen nach Injektion von Hinterlappenpräparaten eine Steigerung des Umsatzes von maximal 20%, nach Injektion von Vorderlappenpräparaten hingegen eine Herabsetzung des Umsatzes, dasselbe fanden auch ARNOLDI und LESCHKE[7]. KLEIN, MÜLLER, SCHEUNERT und STEUBER[117] konnten nach subcutaner Injektion von Extrakten der Gesamtdrüse, des Vorderlappens und Hinterlappens + Intermediärteils bei einem 16jährigen Knaben mit Dystrophia adiposogenitalis in allen Fällen eine Verminderung des Energieumsatzes feststellen.

F. Abhängigkeit des Grundumsatzes von exogenen Faktoren.

I. Einfluß chemischer Agenzien und der Vitamine.

Die zahlreichen Untersuchungen über den Einfluß chemischer Agenzien — wie Säuren, Alkalien, Salze und organische Verbindungen — auf den Energieumsatz sind größtenteils von medizinischer Bedeutung und können darum hier unerörtert bleiben (eine Zusammenstellung dieser Versuchsergebnisse findet sich bei LOEWY[131] und BORNSTEIN (Anm. 2), bei dem letzteren auch eine genaue Übersicht über die Wirkung der sog. „Gifte").

Anm. 1. Im Handbuch der normalen und pathologischen Physiologie von BETHE usw. **16 I**, Correlationen II/I. Berlin 1928.
Anm. 2. Ebenda **5**, 301. 1928.

Vom Standpunkt der vorliegenden Abhandlung haben diese Fragen jedoch insofern eine gewisse Bedeutung, als sie das Verhalten des Gaswechsels unter dem *Einfluß von Vitaminen*, insbesondere bei Vitaminmangel und den hierdurch bedingten Krankheiten (Avitaminosen), betreffen.

Zu diesen Fragen liegt nun in der Literatur ein zahlreiches Versuchsmaterial vor, aus dem man zum Teil entnehmen kann, daß eine Herabsetzung des Gaswechsels bei gewissen Avitaminosen (z. B. bei Vögeln) als Charakterisierung dieser Krankheit aufzufassen ist. So konnte Abderhalden[1] durch Untersuchungen an Tauben feststellen, daß bei spezifischer B-Avitaminose eine deutliche Verminderung des Sauerstoffverbrauches und ebenso der Kohlensäureproduktion vorhanden ist. Eine ähnliche Beeinflussung des Gaswechsels fanden auch Anderson und Kulp[5] bei Hühnern, Gröbbels[84] bei Mäusen sowie Bickel[38] und Tsuji[211a] bei Hunden.

Im Gegensatz zu diesen Befunden existieren aber auch Angaben, nach denen sich bei Avitaminosen entweder keine Beeinflussung des Gaswechsels, oder — wie in den Untersuchungen von Danel[57] und Weiss — auf der Höhe der Krankheitserscheinungen sogar eine Steigerung desselben ermitteln ließ (diese Steigerung des Umsatzes bringen die Autoren indessen nicht mit einer direkten Wirkung des Vitaminmangels in Verbindung, sondern sie nehmen an, daß es sich hierbei um eine Folgeerscheinung des erhöhten Tonus der Muskulatur handelt).

Zu einem ähnlichen Ergebnis kam auch Lawrow[124] auf Grund seiner Versuche an avitaminotischen Hühnern. Er konnte dabei feststellen, daß ein Absinken des Gaswechsels erst mit dem Einsetzen des durch die Avitaminose bedingten Hungerzustandes beginnt, und daß die *Herabsetzung des Oxydationsvermögens* im Organismus in keinem Verhältnis zu dem Auftreten der eigentlichen Avitaminosensymptome steht.

(Über den Einfluß der Vitamine auf die übrigen Stoffwechselvorgänge im Organismus siehe die Arbeit von Schieblich im ersten Bande sowie von Krzywanek in diesem Bande des Handbuches, ferner R. Berg[30], K. Funk[67], W. Stepp[207] u. a.)

II. Einfluß der Umgebungstemperatur.

Der Einfluß der Umgebungstemperatur auf die Stoffwechselintensität des Organismus ist eine Frage, die die Wissenschaft am anhaltendsten und aus den verschiedensten Gründen beschäftigt hat. Die physiologische Bedeutung dieser Frage liegt im wesentlichen in der engen Verknüpfung mit den gesamten wärmeregulatorischen Vorgängen, die das Gleichbleiben der Körpertemperatur trotz des häufigen Temperaturwechsels in dem umgebenden Medium und trotz der sich ständig ändernden Wärmebildung im Körper bei den Warmblütern gewährleisten. Die Aufrechterhaltung der Körpertemperatur, die bei Säugetieren und Vögeln ca. 37—42° C beträgt, erfolgt auf zweierlei Art:

1. durch *Angleichung der Wärmebildung* an den jeweiligen Bedarf und
2. durch *Veränderung der Wärmeabgabe*.

Die Anpassung der Wärmeproduktion an den wechselnden Bedarf nennt *man chemische Wärmeregulation*, während diejenige Form, die trotz Schwankungen der Temperatur den Stoffverbrauch unberührt läßt und nur den Wärmeabfluß ändert, als *physikalische Wärmeregulation* bezeichnet wird (Rubner). Für das Studium dieser verwickelten Fragen, auf die wir hier nicht eingehen können, sei auf die zusammenfassenden Darstellungen von Rubner[193], Benedict[20], Du Bois[43], Loewy[132], Grafe[75] und Isenschmid[104] verwiesen.

1. Die chemische Wärmeregulation.

Daß die Intensität der Stoffwechselprozesse durch die Umgebungstemperatur beeinflußt wird, konnten schon CRAWFORD (1788), LAVOISIER und SEGUIN (1789—1790) sowie DELAROCHE (1831) durch Untersuchungen an Menschen und Tieren feststellen; ihre allerdings nur in kurzdauernden Versuchen erhaltenen Resultate zeigten bei erniedrigter Umgebungstemperatur einen deutlichen Anstieg des Sauerstoffverbrauches. Dieselben Ergebnisse hatte 1867 auch SANDERS EZN[197] bei Kaninchen. Doch erst im Laufe der siebziger Jahre wurden die wärmeregulatorischen Vorgänge genauer untersucht, so von COLASANTI[51] und FINKLER an Meerschweinchen, von HERZOG CARL THEODOR[97] an der Katze, von LIEBERMEISTER[128], PETTENKOFER, VOIT u. a. an Menschen.

Die eingehendsten Studien über das Verhalten der Oxydationsprozesse bei wechselnder Umgebungstemperatur und über die Art der Wärmeabgabe verdanken wir RUBNER. Bei den zahlreichen Untersuchungen, die an Menschen, an großen und kleinen Tieren unter den verschiedensten Bedingungen durchgeführt wurden, konnte er zeigen, daß neben der regelmäßigen Steigerung der Wärmebildung bei erniedrigter Temperatur auch noch der Ernährungszustand, die Art der Behaarung und die Größe des Individuums eine wichtige Rolle spielen. Je kleiner die Tiere sind, desto größer muß der Unterschied in der Wärmebildung ausfallen. So sah RUBNER die Kohlensäureausscheidung beim Meerschweinchen mit dem Sinken der Umgebungstemperatur von 30⁰ auf 0⁰ C um 153% ansteigen, d. h. für 1⁰ Temperaturausfall *5,1%*. Einen ähnlichen Wert fand auch COLOSANTI[51] bei der gleichen Tierart.

Bei einem 4 kg schweren kurzhaarigen Hunde stellte RUBNER bei 30,6⁰ Umgebungstemperatur nur ungefähr die Hälfte der Wärmebildung fest, die er bei 5⁰ gefunden hatte. Bei diesem Tiere betrug die Steigerung des Umsatzes für 1⁰ Temperaturabfall *3,75%*, bei einem 24 kg schweren Hunde hingegen nur noch **2,5%**.

Zu einem ähnlichen Ergebnis führten auch die Untersuchungen an Vögeln (LEICHTENTRITT[127], GRÖBBELS[85], PLAUT[175], RIDDLE und BENEDICT[186]). Die letzteren Autoren konnten an zehn verschiedenen Taubenrassen nachweisen, daß ein Absinken der Umgebungstemperatur von 30⁰ auf 20⁰ eine Steigerung des Energieumsatzes bei männlichen Tieren um **28,1%** und bei weiblichen um **20,3 %** hervorrief.

GIAJA[72] bestimmte bei verschiedenen Vögeln den „*Spitzenstoffwechsel*", d. h. den größtmöglichen Effekt, der unter dem Einfluß der Abkühlung erreichbar ist. Diesen maximalen Umsatz setzte er in Beziehung zum Grundumsatz, den Quotienten: Spitzenstoffwechsel/Grundumsatz bezeichnet er als „*Umsatzquotienten*"; bei dem untersuchten Stieglitz beträgt dieser Wert 3,9 und bei dem Raubwürger 3,2. Ganz ähnliche Quotienten ergaben sich auch bei seinen Untersuchungen an Ratten und Mäusen.

Tabelle 23.

Körpergewicht in kg	Umgebungstemperatur ⁰C	Stündlicher Calorienverbrauch	
		pro kg Körpergewicht	pro qm Körperoberfläche
50	13—14	1,390	56,2
	17—18	1,396	56,6
	20	1,177	47,6
	23	1,092	44,3
	26	1,113	46,1
100	16—17	0,806	44,2
	22	0,806	44,2
	26	0,929	52,1

Die Wirkung der Umgebungstemperatur auf die Wärmebildung bei Schweinen wurde von TANGL[209] sowie von CAPSTICK und WOOD[49] untersucht.

Die in zahlreichen Versuchen an 4 Hungertieren erhaltenen Umsatzwerte sind von TANGL[209] zusammengestellt und aus Tabelle 23 ersichtlich.

Die Erhöhung der Wärmeproduktion bei erniedrigter Temperatur kommt bei der ersten Gruppe, den jüngeren und ungemästeten Tieren, sehr deutlich zum Ausdruck. Bei der zweiten Gruppe ist eine Steigerung des Umsatzes bei 16—17° Umgebungstemperatur nicht zu beobachten; dies kann aber — wie Tangl[209] annimmt — damit zusammenhängen, daß die kritische bzw. indifferente Temperatur bei den gemästeten Tieren viel tiefer liegt als bei den ungemästeten. Der geringste Energieumsatz findet bei einer Umgebungstemperatur von 20—23° statt; d. h. also: *dies ist diejenige Temperaturbreite, innerhalb deren die Schweine die geringste Erhaltungsarbeit zu leisten haben.*

Capstick und Wood[49] maßen die Wärmeabgabe eines durchschnittlich 124 kg schweren hungernden Schweines direkt im Calorimeter. Die bei den verschiedensten Umgebungstemperaturen pro Kilogramm und Minute erhaltenen Umsatzwerte sind aus der folgenden Darstellung ersichtlich.

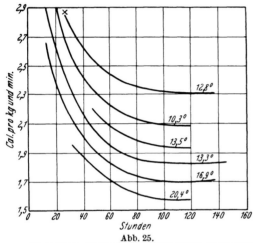

Abb. 25.

× Diese Kurve ist um 0,2 Cal. höher gelegt, da sie sonst mit der bei 10,3° erhaltenen zusammenfallen würde.

Aus den einzelnen Kurven der Abb. 25 geht hervor, daß bei dem absolut nüchternen Tier, ungefähr zwischen der 110. und 120. Stunde nach der letzten Nahrungsaufnahme, mit dem Sinken der Umgebungstemperatur von 20,4° auf 10,3°, eine Steigerung der Wärmebildung um 34,7%, also *für 1° Temperaturabfall um 3,47%*, eingetreten ist.

Die *Erhöhung des Energieumsatzes bei erniedrigter Außentemperatur* tritt aber nur bei dem hungernden und ruhenden Individuum ganz klar in Erscheinung. Wird dagegen unter dem Einfluß eines anderen Faktors, wie z. B. der Verdauung oder der Muskelarbeit, überschüssige Wärme im Körper gebildet, so kann der Effekt der chemischen Wärmeregulation hierdurch vollkommen verdeckt werden.

Bei einem mit 320 g Fleisch gefütterten Hunde konnte Rubner nachweisen, daß der Energieumsatz, ausgedrückt in Calorien, bei 6° nicht viel höher war als bei 30°; so betrug er bei

35° = 82,6 Cal.   15° = 86,6 Cal.
30° = 83,4 „   6° = 89,8 „

Die mit dem Sinken der Umgebungstemperatur beim hungernden Tier beobachtete Steigerung der Wärmebildung ist hier unter dem Einfluß der Nahrungsaufnahme, insbesondere der spezifisch-dynamischen Wirkung des Eiweißes, fast vollständig aufgehoben; es ist also nach Rubner eine „Kompensation der Wärmebildung" eingetreten.

Das normale Verhalten der chemischen Wärmeregulation gilt indessen nur so lange, wie die Eigentemperatur des Organismus konstant bleibt; bei anhaltender Abkühlung sinkt aber auch beim Warmblüter die Körpertemperatur und schließlich auch die Wärmebildung mehr oder weniger erheblich ab.

Das Verhalten der Körpertemperatur und des Energieumsatzes bei wechselnder Umgebungstemperatur wird am besten durch folgende von Pflüger an Kaninchen durchgeführte Versuche erläutert (Tabelle 24).

In dieser Versuchsreihe macht sich erst mit dem Absinken der Körpertemperatur auf 26,1° eine deutliche Herabsetzung des Energieumsatzes bemerkbar; bei 22,4° beträgt der Umsatz nur noch 50 % der Norm.

Ein dem Kaninchen analoges Verhalten konnte QUIN-QAUD[182] auch beim Hund und ebenso ASZÓDI[11] u. a. bei weißen Mäusen nachweisen.

Tabelle 24 (s. Anm.).

Mittlere Körper-temperatur °C	pro kg Körpergewicht u. Stunde		Bemerkungen
	O₂-Verbrauch in cm³	CO₂-Bildung in cm³	
39,2	794,3	691,0	
38,8	737,3		
38,1	762,7	703,5	
37,3	838,7		
37,4	888,0	777,8	Starkes Zittern des Tieres
34,3	858,5		
26,1	607,8	576,6	
22,4	456,8	512,2	

Die Abhängigkeit des Energieumsatzes von der Körpertemperatur tritt aber nur bei denjenigen Tieren ohne weiteres in Erscheinung, bei denen die Tätigkeit der Muskulatur durch Halsmarkdurchtrennung oder mit Hilfe von Curare gelähmt ist. Es verhält sich dann der Warmblüter genau wie der Kaltblüter, indem sein Stoffverbrauch parallel mit dem Steigen oder Sinken der Körpertemperatur zunimmt oder abfällt.

So fand PFLÜGER[174] bei curaresierten Kaninchen für 1° C Temperaturabfall eine Herabsetzung des Umsatzes um etwa 5 % und beim Hund um etwa 7 %; beim Ansteigen der Körpertemperatur um je 1° C erhöht sich der Umsatz beim Kaninchen um 5,7—6,1 %.

Auf Grund dieser und zahlreicher anderer in der Literatur vorliegenden Resultate ergibt sich, daß auch beim Warmblüter die im Körper ablaufenden Oxydationsprozesse dem sog. VAN'T HOFFschen Gesetz — der R.G.T.-Regel — folgen; der *Temperaturkoeffizient* beträgt auch bei den obigen Umsatzwerten ungefähr 2, d. h. bei einer Erhöhung der (Körper-) Temperatur um 10° C verdoppelt sich die Geschwindigkeit des Reaktions- bzw. Oxydationsprozesses.

Das Verhalten des Gaswechsels beim Warmblüter haben wir bis jetzt nur unter dem Einfluß der Abkühlung betrachtet und dabei gesehen, daß der tierische Organismus mit einer Steigerung des Umsatzes auf den Abkühlungsreiz reagiert.

Wird hingegen die *Umgebungstemperatur immer weiter gesteigert*, so findet man schließlich eine mehr oder weniger breite Temperaturzone, in welcher die Wärmebildung von Menschen und Tieren auf ein Minimum — den sog. *Grundumsatz* — zurückgeht.

Diese sog. *indifferente Zone* ist natürlich je nach der Natur des umgebenden Mediums — Wasser oder Luft — und je nach dem Zustand der Ernährung, Bekleidung, Behaarung, des Fettpolsters usw. verschieden. Auch die Größe des Tieres spielt dabei eine wichtige Rolle. LAPICQUE[122] konnte an Hand systematischer Untersuchungen nachweisen, daß die indifferente Zone — bzw. die Temperaturbreite der geringsten Wärmebildung — mit der Tiergröße wechselt, und daß sie im allgemeinen der Körpertemperatur um so näher liegt, je kleiner die Tiere sind.

Nach den Beobachtungen zahlreicher Untersucher umschließt die *Indifferenzzone beim Menschen und einigen Tieren* etwa folgende Temperaturgrade:

beim (bekleideten) Menschen . . . . 15—22° C
beim (unbedeckten) Hund . . . . 27° C
beim Meerschweinchen . . . . 30° C
bei der Ratte . . . . 29—31° C
bei der Ziege . . . . 12—21° C
beim Schwein . . . . 20—23° C
beim Schaf . . . . 0—29° C

Anm. Entnommen A. LOEWY[131].

Bei den größeren *landwirtschaftlichen Nutztieren* — dem *Rind* und dem *Pferd* — ist diese Frage noch nicht systematisch untersucht worden. Benedict und Ritzman[26] konnten zwar bei ihren Versuchen an unterernährten Ochsen eine Steigerung der Wärmebildung bei erniedrigter Temperatur feststellen, jedoch war der Effekt dabei niemals so groß, daß er sich mit dem Absinken der Umgebungstemperatur hätte zahlenmäßig in Verbindung bringen lassen.

Auch für die *Vögel* — abgesehen von den Tauben — steht die Indifferenztemperatur noch nicht genau fest. Während Terroine und Trautmann[211] bei ihren Untersuchungen an einigen Vogelarten (Gans, Huhn, Taube u. a.) eine ziemlich große Differenz des Energieumsatzes bei verschiedenen Umgebungstemperaturen fanden, konnte Herzog[96], der den Gaswechsel an sechs absolut nüchternen Hühnern bei $22,1^0$ bzw. $8,5^0$ C in vierstündigen Versuchen ermittelte, nur den geringfügigen Unterschied von $4,4\%$ feststellen. Nach den Ergebnissen der erstgenannten Autoren beträgt die Indifferenzzone für Hühner etwa 26^0; aber auch die von ihnen bei dieser Temperatur gewonnenen Werte liegen noch um rund 31% höher als die von Herzog[96] bei $8,5^0$ gefundenen.

Der minimalste Energieumsatz des homoiothermen Organismus ist demnach an eine bestimmte — wenn auch unter dem Einfluß der verschiedenartigsten Faktoren nach oben und unten verschiebbare — Temperaturbreite gebunden. Wird diese Grenze nach unten überschritten, so kommt es zu einem beträchtlichen Ansteigen des Stoffverbrauches, der im wesentlichen mit einer gesteigerten Leistung der Muskulatur verknüpft ist. Aber auch beim Überschreiten der Indifferenzzone nach oben und besonders dann, wenn durch länger dauernde Überwärmung des Körpers die Eigentemperatur erhöht wird, tritt erneut eine deutliche Steigerung des Sauerstoffverbrauches ein. So fand Pflüger bei normalen überwärmten Kaninchen eine Heraufsetzung des Sauerstoffverbrauches um $5,7\%$ je 1^0 C. Ebenso sah Quinquaud[182] bei Hunden, die in heißen Bädern auf $41,2$—$41,6^0$ Körpertemperatur erwärmt wurden, eine Zunahme des Energieumsatzes um mehr als 100%.

Bei *erhöhter Außen- und Körpertemperatur* ist die Zunahme des Sauerstoffverbrauches ebenfalls mit einer gesteigerten Leistung der Muskulatur, insbesondere des Herzens und der Atmungsorgane, verbunden. Doch nach Abzug einer der geleisteten Arbeit entsprechenden Sauerstoffmenge bleibt immer noch eine Steigerung des Umsatzes bestehen, die — analog den bei curaresierten Tieren gemachten Erfahrungen — auf einer Erhöhung der Körpertemperatur beruhen muß.

Im Gegensatz zu den älteren Ansichten, nach denen bei erhöhter Temperatur eine weitere Anspannung der Wärmeregulation nicht mehr besteht, nehmen Plaut und Wilbrand[178] an, daß oberhalb der Indifferenztemperatur noch eine „zweite chemische Wärmeregulation" stattfindet. Diese Ansicht stützt sich auf Versuche an Hunden, an denen der Gaswechsel bei nach und nach gesteigerter Umgebungstemperatur ermittelt wurde. Der Verlauf der Sauerstoffaufnahme beim Übergang von niedriger zu höherer Temperatur entsprach dabei genau den schon bekannten Erscheinungen. *Jedoch nach der Übererwärmung, als das Tier wieder in eine normale Umgebung zurückgeführt und genügend abgekühlt war, zeigte der Sauerstoffverbrauch im Vergleich mit dem vor der Überwärmung innerhalb der Behaglichkeitsgrenze gefundenen Minimalwert eine deutliche Herabsetzung.* Auf Grund dieser Resultate nehmen Plaut und Wilbrand[178] an, daß die Verminderung des Stoffverbrauches schon während der Überwärmung eingesetzt hatte und nur durch einen auf Muskelaktion beruhenden, gesteigerten Sauerstoffverbrauch überdeckt war. Der Verlauf des Versuches bzw. des Sauerstoffverbrauches ist aus der nachstehenden graphischen Darstellung ersichtlich (Abb. 26).

Ob es sich bei diesen Vorgängen — die von anderen Autoren auch nach anstrengender Muskeltätigkeit hin und wieder beobachtet wurden — tatsächlich um eine zweite chemische Wärmeregulation handelt, muß erst durch weitere Versuche erhärtet werden.

Die Fähigkeit des Warmblüters, durch *vermehrte Wärmebildung auf den Abkühlungsreiz* zu reagieren, ist bis jetzt nur beim tierischen Individuum sichergestellt worden. Für den Menschen ist diese Frage noch wenig geklärt. Die hierüber vorliegenden Versuche haben je nach der Art, in der sie ausgeführt wurden (bei trockener, feuchter, ruhender und bewegter Luft oder bei kalten Bädern), zu wechselnden Ergebnissen und infolgedessen zu lebhaften Diskussionen geführt. Dabei läßt sich der Streit der Meinungen im wesentlichen in die Frage zusammenfassen:

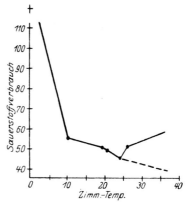

Abb. 26. Sauerstoffverbrauch eines Hundes bei verschiedener Lufttemperatur. (Nach PLAUT und WILBRAND.)

Ist beim Menschen unter dem Einfluß von Kälte eine gesteigerte Wärmebildung ohne motorische Muskeltätigkeit vorhanden?

Während LOEWY und JOHANNSSON[106] auf Grund ihrer (und anderer) Versuche eine Stoffwechselsteigerung bei Kälte ohne sichtbare Veränderung der Muskulatur ablehnen, konnten RUBNER[192] und seine Schüler (BRODEN, WOLPERT, LEWASCHEW, SCHATTENFROH), von BERGMANN und CASTEX[32], HILL und CAMPBELL[99] sowie vor allem GESSLER[70] eine deutliche Erhöhung des Sauerstoffverbrauches bei dem absolut ruhigen (nicht zitternden) Menschen nachweisen.

Bei den von GESSLER[70] an ihm selbst angestellten Versuchen zeigte es sich, daß Temperaturen von 13,8—15,0° C bei einer relativen Feuchtigkeit von 63 bis 72% eine Erhöhung des Sauerstoffverbrauches um 12,15% zur Folge hatten.

Auf Grund dieser positiven Befunde ist wohl anzunehmen, daß *auch beim Menschen eine chemische Wärmeregulation* besteht, wenn auch das Ausmaß derselben viel geringfügiger ist, als dies bei den meisten Tieren beobachtet wurde. (Eine zusammenfassende Darstellung über die Wärmeregulation beim Menschen sowie eine kritische Betrachtung des vorliegenden Versuchsmaterials findet sich bei GESSLER in den Erg. d. Physiol. 26, 185. 1928.)

2. Die physikalische Wärmeregulation.

Bei der Untersuchung über den Einfluß der Umgebungstemperatur auf die Wärmebildung der verschiedensten Individuen hat sich gezeigt, daß fast *für jede Tierart eine bestimmte Temperaturbreite* besteht, *in welcher der Energieumsatz nicht mehr verändert wird.* Da aber bei zunehmender Außentemperatur die Wärmeabgabe des Organismus auf dem Wege der Leitung und Strahlung immer geringer wird, und da andererseits die Eigentemperatur des normalen Körpers in nur geringen Grenzen schwankt, so müssen innerhalb dieser Temperaturbreite besondere Vorgänge im Körper ausgelöst werden, die eine Umstellung der Wärmeabgabe unter den wechselnden Bedingungen herbeiführen. Diese Vorgänge, die trotz der ungünstigeren Verhältnisse für Leitung und Strahlung eine genügende Abkühlung des Körpers bezwecken, hat RUBNER als *physikalische Wärmeregulation* bezeichnet.

Die variierbaren Mittel der physikalischen Regulation sind Blutkreislauf und Wasserverdunstung. Durch vermehrte Blutfülle der Haut wird die Temperatur derselben erhöht und dadurch die Wärmeabgabe des Körpers auf dem Wege der Leitung und Strahlung verstärkt. Die Wasserverdunstung (bei der durch Umwandlung von 1 g Wasser in 1 g Dampf 586 Cal. verbraucht werden) erfolgt teils durch die Tätigkeit der Schweißdrüsen und teils durch vermehrte Wasserabgabe von den Atemwegen. Bei den Menschen und einzelnen Tierarten (Pferd, Esel, Schaf und Affe) vollzieht sich die Wärmeabgabe im wesentlichen durch Verdunstung von Wasser auf der gesamten Hautoberfläche, während beim Hund und allen jenen Tieren, deren Schweißdrüsen mangelhaft ausgebildet sind, der Wärmeabfluß durch verstärkte Atemtätigkeit reguliert wird.

Über die Art, wie die physikalische Wärmeregulation einsetzt und das Wärmegleichgewicht herstellt, gibt folgender Versuch von Rubner Auskunft (Tabelle 25).

Wie aus dieser Tabelle hervorgeht, liegt der Beginn der physikalischen Regulation bei 20° C. Die Wärmeabgabe wird von dieser Grenze an in steigendem Maße durch Wasserverdampfung bestritten, die letztere kann sich dabei so stark erhöhen, daß andere Wärmeverluste bei sehr hoher Temperatur gar nicht in Frage kommen.

Tabelle 25.

Temperatur °C	Cal. (Anm.) pro 1 kg und 24 Stunden	Cal. in Leitung und Strahlung	Cal. in Wasserdampf
2	86,4	78,5	7,9
15	63,0	55,2	7,9
20	55,9	45,3	10,6
25	54,2	41,0	13,2
30	56,2	33,2	23,0

Der Übergangspunkt zwischen chemischer und physikalischer Wärmeregulation ist unter den gleichen Bedingungen konstant; wechselt indes der Ernährungszustand des Individuums, die Behaarung, Bekleidung usw., so kann er weitgehend variiert werden. Der zunehmende Fettreichtum des Körpers verschiebt den Wendepunkt zwischen chemischer und physikalischer Regulation nach den niedrigen Temperaturgraden, das Scheren der Tiere hingegen nach den höheren.

Die Auswirkung der physikalischen Regulation kann nur innerhalb der für den Energieumsatz indifferenten Temperaturzone exakt gemessen werden. Aber auch bei dem Aufenthalt in kalter Umgebung kann die physikalische Regulation bis zu einem gewissen Grade durch die Haut stattfinden. Durch verringerte Blutzufuhr in die Hautoberfläche kann sich dieselbe bis nahe zu der Temperatur der Umgebung abkühlen und dadurch die inneren Organe, die von der Haut durch eine Fettschicht getrennt sind, vor Wärmeverlusten bis zu einem gewissen Ausmaß schützen.

Die chemisch-physikalischen Wärmeregulationen sind daher Begriffe, welche *die Art der Wärmeabgabe* genau zu definieren gestatten, die aber trotzdem nicht getrennt werden dürfen. Die Wärmebildung bzw. Wärmeabgabe sind eben chemisch-physikalische Prozesse, von denen der eine ohne den anderen nicht denkbar ist.

Über diese Zusammenhänge siehe die hier vorausgehende Arbeit von Stigler in diesem Bande des Handbuches.

G. Der Grundumsatz in den verschiedenen Jahreszeiten.

Der Einfluß der verschiedenen Jahreszeiten auf den Grundumsatz ist erst relativ spät systematisch untersucht worden.

Anm. Die Versuche wurden beim hungernden Tier angestellt. Entnommen Rubner: Bethes Handbuch 5, 158. 1928.

Wohl die ersten, von EIJKMANN[64] in dieser Richtung angestellten, Versuche führten zu dem Resultat, daß im Ablauf der Jahreszeiten die Wärmebildung konstant bleibt. Viel später konnten HOOGENHUYZE und NIEUWENHUYSE[102] ebenfalls nachweisen, daß in den Herbst- und Wintermonaten (November bis Februar) bei einer durchschnittlichen Außentemperatur von 13° C die Sauerstoffaufnahme nicht höher war als in den Sommermonaten (Mai bis November), als die Temperatur im Durchschnitt 23° C betrug.

Hingegen konnte aus den Versuchen von LINDHARD[129], SMITH[205], MÜLLER[162], GUSTAFSON und BENEDICT[89], PALMER, MEANS und GAMBLE[165], COLLET und LILJESTRAND[50], GRIFFITH, PUCHER, BROWNELL[82] usw. sowie GESSLER[70] ein deutliches Schwanken der Grundumsatzwerte in den verschiedenen Jahreszeiten ersehen werden.

LINDHARD[129] fand bei 2 Versuchspersonen einen bemerkenswerten Anstieg des Sauerstoffverbrauches im Sommer. Die niedrigsten Werte ergaben sich bei dem einen Individuum in den Monaten Januar, Februar und März und bei dem anderen im September. Diese deutlichen Schwankungen in der Stoffwechseltätigkeit des Organismus bringt LINDHARD[129] mit der variierenden Intensität der Sonnenbeleuchtung in Zusammenhang.

Zu denselben Versuchsresultaten kamen auch HITCHCOCK und WARDWELL[100] bei ihren Untersuchungen über die cyklischen Variationen im Grundumsatz bei Frauen. Die an 20 Personen erhobenen Befunde zeigten den niedrigsten Grundumsatz im Winter und im Frühjahr, den höchsten ebenfalls im Sommer.

GUSTAFSON und BENEDICT[89] stellten Versuche mit 20 jungen Studentinnen an, von denen jede monatlich einmal untersucht wurde. Die Autoren neigen auf Grund der erhaltenen Resultate zu der Ansicht, daß der Grundumsatz im Frühjahr wahrscheinlich um einige Prozent erhöht sei. Analoge Werte beobachtete auch SMITH[205] bei einer einzigen Versuchsperson.

GRIFFITH, PUCHER[82] usw. fanden bei 2 normalen Männern und 3 Frauen, von denen die Männer über 2 Jahre und die Frauen 1 Jahr lang kontrolliert wurden, ein deutliches Absinken der Sauerstoffaufnahme im Sommer.

Die ausgesprochensten Schwankungen im Grundumsatz erhielt wohl GESSLER[70] bei Versuchen an sich selbst. Seine aus der folgenden Kurve ersichtlichen Werte scheinen einer der allgemeinen jahreszeitlichen Außentemperatur streng parallel verlaufenden Richtung zu folgen, die bis jetzt noch von niemand beobachtet wurde.

Ebenso konnten COLLET und LILJESTRAND[50] bei ihren Versuchen über das Minutenvolumen des Herzens einen deutlichen Anstieg der Sauerstoffaufnahme zwischen Januar und März beobachten. Auch

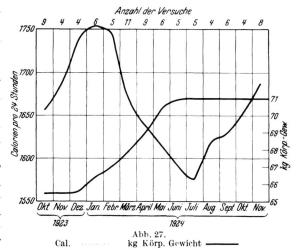

Abb. 27.
Cal. ....   kg Körp. Gewicht ——

PALMER, MEANS und GAMBLE[165] fanden bei einer im Gewicht gleichgebliebenen Versuchsperson eine Wärmeproduktion von 2004 Cal. im Winter, gegenüber 1797 Cal. im Juli.

Benedict und Ritzman[26] (a. a. O.) konnten bei *Stieren* ebenfalls eine deutliche Variation der Umsatzgröße in den verschiedenen Jahreszeiten feststellen. Wie aus Tabelle 4 hervorgeht, ist der Energieverbrauch bei den angeführten Tieren, C und D, in den Monaten März und Juni am niedrigsten.

Seltsamerweise läßt sich jedoch aus den zahlreichen Versuchen, die Benedict[19] an vielen Personen über viele Jahre ausdehnte, ein Einfluß der Jahreszeiten auf den Grundumsatz niemals erkennen. Auch in den Versuchen von Simonson[203] an 3 Versuchspersonen findet sich kein diesbezüglicher Hinweis.

Eigene, noch nicht abgeschlossene Untersuchungen, die sich ebenfalls mit dieser Frage beschäftigen und bei denen der Grundumsatz wöchentlich an einer Person ermittelt wurde, zeigten im Verlauf eines Jahres keinen über die gewöhnliche Schwankungsbreite hinausgehenden Unterschied in der Sauerstoffaufnahme.

Diese wenigen Versuche und noch weniger einheitlichen Befunde lassen immerhin erkennen, daß eine *periodisch verlaufende auf- und absteigende Tendenz der Oxydationsprozesse* bei manchen Menschen und ebenso bei den Tieren vorhanden ist.

Ob diese Veränderungen in der Stoffwechseltätigkeit des Organismus einem Einfluß der Jahreszeiten zugeschrieben werden müssen oder ob der Grund hierfür in einer „verschiedenen individuellen Ausgestaltung der chemischen Wärmeregulation liegt", wie Simonson[203] (a. a. O.) und auch Gessler[70] annehmen, muß vorläufig dahingestellt bleiben.

Literatur.

(1) Abderhalden, E.: Pflügers Arch. 187, 80 (1921). — *(2)* Abderhalden, E., u. E. Wertheimer: Pflügers Arch. 195, 487 (1922). — *(3)* Abelin, J.: Handbuch der normalen und pathologischen Physiologie von Bethe, G. v. Bergmann usw. 16, 1. Hälfte, S. 94. 1930. — *(4)* Agnoletti, G.: Clin. vet. 43 (1920). — *(5)* Anderson, R. J., u. W. L. Kulp: J. of biol. Chem. 50, XXX (1922). — *(6)* Armsby, Fries u. Braman: Proc. nat. Acad. Sci. U. S. A. 6, 263 (1920). — *(7)* Arnoldi u. Leschke: Z. klin. Med. 92, 364 (1921). — *(8)* Aschner u. Porges: Biochem. Z. 39, 200 (1912). — *(9)* Asher, L., u. Nakayama: Ebenda 149, 491 (1924). — *(10)* Asher, L., u. Y. Takahashi: Ebenda 145, 130 (1924). — *(11)* Aszódi: Ebenda 113, 70 (1921). — *(12)* Ebenda 162, 128 (1925). — *(13)* Athanasiu u. Gradinescu: C. r. Acad. Sci. 149 (1909). — *(14)* Atwater, Wood u. Benedict: Bull. Dep. Agricult. 109 und 136. — *(15)* Aub, Forman u. Bright: Amer. J. Physiol. 61, 349 (1922).

(15a) Bäcker, Gregor: zit. nach Abelin: a. a. O. (3). — *(16)* Bacq: Ann. de Physiol. 5 477 (1927). — *(17)* Benedict, F. G.: A study of prolonged fasting. Washington 1915. — *(18)* Amer. J. Physiol. 85, H. 3 (1928). — *(19)* Ebenda 85, 3 (1928). — *(20)* Benedict, F.: Biometric study of basal metabolism in man 1919. — *(21)* Benedict u. Fox: Proc. Amer. philos. Soc. 66, 511 (1927). — *(22)* Benedict, F. G., u. H. L. Higgins: Amer. J. Physiol. XXX, 3, 217 (1912). — *(23)* Benedict u. Homans: J. med. Res. 25, 3, 409 (1912). — *(24)* Benedict, F. G., W. R. Miles, P. Roth u. M. Smith: Publ. Carnegie Instit. Washington 1919, 280. — *(25)* Benedict, F. G., u. E. G. Ritzman: Ebenda 1925. — *(26)* The metabolism of the fasting steer. Ebenda 1927. — *(28)* Arch. Tierernährg u. Tierzucht 5, 1 (1931). — *(29)* Benedict u. Talbot: Publ. Carnegie Instit. Washington 1914 und 1921. — *(30)* Berg, R.: Die Vitamine. Leipzig: Hirzel 1927. — *(31)* Bergmann, C. von: Wärmeökonomie der Tiere. Göttingen 1848. — *(32)* Bergmann, von, u. Castex: Z. exper. Path. u. Ther. 10, 1 (1912). — *(33)* Bernhard, H.: Erg. inn. Med. 36, 1—55 (1929). — *(34)* Bernstein u. Falta: Dtsch. Arch. klin. Med. 125, 233 (1918). — *(35)* Bernstein, S., u. W. Falta: Dtsch. Arch. klin. Med. 121, 95 (1928). — *(36)* Bernstein u. Falta: Verh. 29. Kongreß inn. Med. 1912. — *(37)* Bertschi, A.: Biochem. Z. 106, 37 (1920). — *(38)* Bickel, A.: Klin. Wschr. 1922, Nr 3. — *(39)* Boothby, W. M., u. J. Sandiford: 13. intern. physiol. congr. Boston. Amer. J. Physiol. 90, 290 (1929). — *(40)* Boothby u. Rowntree: J. of Pharmacol. 22, 99 (1923). — *(41)* Boothby u. Sandiford: Il. of Biol. Chem. 54, 767 (1922). — *(42)* Du Bois, E. F.: Basal metabolism in health and disease. Philadelphia und New York: Lea & Feliger 1924. — *(43)* Du Bois: Basal metabolism in health and disease 1927. — *(44)* Du Bois, D. u. E. F. Du Bois: Proc. Soc. exper. Biol. a. Med. 33, 77 (1916). — *(45)* Bornstein, A.: Biochem. Z. 124, 157 (1921). — *(46)* Handbuch

der normalen und pathologischen Physiologie von Bethe usw. **5**, 301. 1928. — (*47*) Brendle, E.: Pflügers Arch. **226**, 1, 108 (1930). — (*48*) Brody, S., u. E. C. Elting: Univ. Missouri Agric. Exper. Stat. Bull. **89** (1926).

(*49*) Capstick u. Wood: Proc. roy. Soc. **94**, 35 (1922). — (*49*a) Chauveau u. Kaufmann: C. r. 1887. — (*50*) Collet u. Liljestrand: Skand. Arch. Physiol. **17** (1924). — (*51*) Colosanti: Pflügers Arch. **18** (1878). — (*52*) Cowgill, G. R., u. D. L. Drabkin: Amer. J. Physiol. **81**, 54 (1927). — (*53*) Curatulo u. Tarulli: Boll. Acad. Roma 1896.

(*54*) Danoff, N.: Biochem. Z. **93**, 44 (1919). — (*55*) David u. Baumann: J. metabol. Res. **2**, 341 (1922). — (*56*) Deighton: Proc. roy. Soc. Lond. **95**, 340 (1923). — (*57*) Denel, H., u. R. Weiss: Proc. Soc. exper. Biol. a. Med. **21**, 456 (1924). — (*58*) Doubler, H.: Biochem. Z. **122**, 161 (1921). — (*59*) Dreyer, G.: Lancet **199**, 284 (1920).

(*60*) Eckholm: Skand. Arch. Physiol. **11**, 1 (1900). — (*61*) Eckstein u. E. Grafe: Z. physik. Chem. **107**, 73 (1909). — (*64*) Eijkmann, C.: Koninkl. Akad. Wetenschappen Amsterdam **27**, 308 (Ndr. 1897). — (*65*) Elting, E. C.: J. Agricult. Sci. **33**, 269 (1926).

(*66*) Falta, W. F., Grote u. K. Stählin: Hofmeisters Beitr. **9**, 333 (1907). — (*66*a) Forbes, E. B., Windford, W. Braman, Max Kriss usw.: Jl. of Agril. Research **40**, I (1930). — (*67*) Funk, K.: Die Vitamine. München: J. F. Bergmann 1924. — (*67*a) Fuchs u. Roth: Z. exper. Path. u. Ther. **10**, 187 (1912); **14**, 54 (1913).

(*68*) Gabbe: Z. exper. Med. **51**, 391 u. 447 (1926). — (*69*) Gerhartz, A.: Pflügers Arch. **156**, 1 (1914). — (*70*) Gessler, H.: Ebenda **207**, 370 (1925). — (*71*) Ebenda **207**, 396 (1925). — (*72*) Giaja: Ann. de Physiol. **1**, 596 (1925). — (*73*) Grafe, E.: Z. physiol. Chem. **65**, 21 (1910). — (*74*) Dtsch. Arch. klin. Med. **113**, 1 (1913). — (*75*) Handbuch der Biochemie der Menschen und Tiere von Oppenheimer **9**. 1927. — (*76*) Handbuch der normalen und pathologischen Physiologie von Bethe, C. v. Bergmann usw. **5** (1928). — (*77*) Grafe, E., u. D. Graham: Z. physik. Chem. **73**, 1 (1911). — (*78*) Ebenda **73**, 1 (1911). — (*79*) Grafe, E., u. R. Koch: Dtsch. Arch. klin. Med. **106**, 564 (1912). — (*80*) Grafe, E., u. E. von Redwitz: Z. physik. Chem. **119**, 125 (1922). — (*81*) Grafe, E., u. A. Weissmann: Dtsch. Arch. klin. Med. **143**, 350 (1924). — (*82*) Griffith, Pucher, Brownell u. a.: Amer. J. Physiol. **81**, 483 (1927). — (*83*) Groebbels, F.: Der Zool. Garten **3**, H. 9/10. Leipzig: Akad. Verlagsgesellschaft 1930. — (*84*) Klin. Wschr. **1922**, 1548. — (*85*) Z. Biol. **70** (1919). — (*86*) Z. Biol. **70**, 477 (1920). — (*87*) Grouven: Physikalisch-chemische Fütterungsversuche. 2. Ber. üb. d. Arb. d. agriculturchem. Versuchsstat. Salzmünde. Berlin 1864. — (*88*) Gruber, M. von: Sitzgsber. Akad. Wiss. Berlin **341** (1921). — (*89*) Gustafson, F., u. F. G. Benedict: Amer. J. Physiol. **86**, H. 1 (1928).

(*90*) Hari, P., u. A. Kriwuscha: Biochem. Z. **88**, 345 (1918). — (*91*) Harris u. Benedict: Publ. Carnegie Instit. Washington **1919**, Nr. 272, S. 239. — (*92*) J. of biol. Chem. **46**, 257 (1921). — (*93*) Hasselbalch, K. A.: Skand. Arch. Phys. **27**, 1 (1912). — (*94*) Hauri, O.: Biochem. Z. **98**, 1 (1919). — (*95*) Helmreich, E.: Ebenda **146**, 153 (1924). — (*96*) Herzog, D.: Arch. Tierernährg u. Tierzucht **3**, 601 (1930). — (*97*) Herzog, Carl Theodor: Z. Biol. **14** (1878). — (*98*) Heymans, C.: J. Physiol. et Path. gén. **19**, 323 (1921). — (*99*) Hill u. Campbell: Brit. med. J. **1922**, Nr 3193, 385. — (*100*) Hitchcock, F. A., u. F. R. Wardwell: J. Nutrit. **2**, Nr. 2, 203 (1929). — (*101*) Hogan u. Skouby: J. agricult. Res. **25**, 419 (1923). — (*102*) Hoogenhuyze, van, u. Nieuwenhuyse: Koninkl. Akad. Wetensch. Wisen Naturk. Afd. **21**, 555 (1912). — (*103*) Hösslin, H. v.: Arch. f. Anat. 1888.

(*104*) Isenschmidt, R.: Handbuch der normalen und pathologischen Physiologie von Bethe usw. **17**, Correlationen III, 1. 1926.

(*105*) Jackson, C. M., u. C. A. Steward: J. of exper. Zool. **39**, 97 (1920). — (*106*) Johannsson: Skand. Arch. Physiol. **7** (1896). — (*107*) Skand. Arch. Physiol. **8** (1898). — (*108*) Jolyet u. Regnard: Arch. Physique biol. 1877.

(*109*) Kaup u. Grosse: Klin. Wschr. **6**, 2184, 2223 (1927). — (*110*) Münch. med. Wschr. **73** (1873); **1938** (1926). — (*111*) Klaften, E.: Mschr. Geburtsh. **66**, 1 (1924). — (*112*) Knauthe, K.: Pflügers Arch. **73** (1898). — (*113*) Kendall, E. C.: Collected Papers Mayo Clin. **9**, 309 (1917). — (*114*) Klein, W.: Biochem. Z. **72**, 169 (1916). — (*115*) Z. Tierzucht u. Züchtgsbiol. **6**, 1 (1924). — (*116*) Biochem. Z. **168**, 187 (1926). — (*117*) Klein, Müller, Scheunert u. Steuber: Arch. Kinderheilk. **73**, 263 (1923). — (*118*) Klemperer: Z. klin. Med. **16**, 597 (1889). — (*119*) Koda, Chu: Biochem. Z. **122**, 154 (1921). — (*120*) Krogh, A., u. J. Lindhard: Biochem. Z. **14**, 290 (1920). — (*121*) Kunde, M.: J. metabol. Res. **3**, 399 (1923).

(*122*) Lapicque: C. r. Acad. Sci. **172**, 1526 (1926). — (*123*) Lauter, S.: Dtsch. Arch. klin. Med. **150**, 315 (1926). — (*124*) Lawrow, B., u. S. N. Matzko: Biochem. Z. **179**, 332 (1926). — (*125*) Lehmann, G.: Oppenheimers Handbuch der Biochemie der Menschen und Tiere **6**, 564. 1926. — (*126*) Lehmann, Müller, Munk, Senator u. Zuntz: Virchows Arch. **131**, Suppl.-Bd. (1893). — (*127*) Leichtentritt: Z. Biol. **69**, 545 (1919). — (*128*) Liebermeister: Dtsch. Arch. klin. Med. **10**, 89 (1872). — (*129*) Lindhard, J.: Skand. Arch. Physiol. **26**, 221 (1912). — (*130*) Loewy, A.: Berl. klin. Wschr. **437** (1891). — (*131*) Oppenheimers Handbuch der Biochemie der Menschen und Tiere **6**, 162, 2. Aufl.

1926. — (*132*) Loewy, A.: Pflügers Arch. **46** (1889). — (*133*) Loewy, A., u. P. F. Richter: Arch. f. Anat. Suppl.-Bd. (1899). — (*134*) Loewy, A., u. N. Zuntz: Berl. klin. Wschr. **30** (1916). — (*135*) Luciani, M.: Das Hungern. Hamburg und Leipzig 1890. — (*136*) Lusk, G.: Physiologic. Rev. **1**, 523 (1921). — (*137*) Ebenda **1**, 523 (1921). — (*138*) Lusk, G., u. E. F. Du Bois: J. Physiol. **214** (1924). — (*139*) Lüthje: Arch. f. exper. Path. **48**, 184 (1902); **50**, 268 (1903).

(*140*) Magee, H. E., u. J. B. Orr: J. agricult. Sci. **14**, 619 (1924). — (*141*) Magman, A.: Collect. de Morphol. Dynam. **3**. Paris 1911. — (*142*) Magnus-Levy, A.: Z. f. klin. Med. **112**, 468 (1930). — (*143*) Pflügers Arch. **55** (1893). — (*144*) Ebenda **55** (1893). — (*145*) Ebenda **55**, 1 (1893). — (*146*) Ebenda **55** (1893). — (*146a*) Berl. klin. Wschr. **32**, 650 (1895). — (*147*) Z. gynäk. Urol. **52**, 116 (1904). — (*148*) In C. v. Noorden: Pathologie des Stoffwechsels **1**, 4. Aufl. Berlin 1906. — (*149*) Z. klin. Med. **60**, 203 (1906). — (*150*) Ebenda **112**, 468 (1930). — (*151*) Marine u. Baumann: Amer. J. Physiol. **57**, 135 (1921). — *152*) Magnus-Levy u. Falk: Arch. f. Anat., Suppl.-Bd. (1899). — (*153*) Mark, R. E.: Pflügers Arch. **209**, 693 (1925). — (*154*) Means u. Woodwell: Arch. of Int. Med. **27**, 608 (1921). — (*155*) Meissl: Z. Biol. **22**, 104 (1886). — (*157*) Møller, E.: Acta med. scand. (Stockh.), Suppl.-Bd. **21**, 1 (1927). — (*158*) Morgulis, S.: Hunger und Unterernährung. Berlin: Julius Springer 1923. — (*159*) Moulton: J. of biol. Chem. **24**, 231 (1916). — (*160*) Müller, A.: Z. Physiol. u. Pathol. **15** (1911). — (*161*) Müller, F.: Allgemeine Pathologie der Ernährung. In E. v. Leyden: Handbuch der Ernährungstherapie, 2. Aufl., **1**, 162 (1903). — (*162*) Müller, Fr.: Veröff. Z.stelle Baln. **1911/21**, Mitt. 7. — (*163*) Murlin, J. R.: Amer. J. Physiol. **26**, 194 (1910).

(*164*) Paechtner, J.: Respiratorische Stoffwechselforschung und ihre Bedeutung für Nutztierhaltung. Berlin 1909. — (*165*) Palmer, Means u. Gamble: J. of biol. Chem. **19**, 239 (1914). — (*166*) Paschutin, J. A.: Dissert., St. Petersburg 1895 (russ. zit. bei Morgulis). — (*167*) Perachia: zit. nach Simonson: 203 a. a. O. — (*168*) Peritz, G.: Oppenheimers Handbuch der Biochemie der Menschen und Tiere Jena 1927. — (*169*) Pettenkofer u. Voit: Z. Biol. **2** (1886). — (*170*) Ebenda **7**, 433 (1871). — (*171*) Pfaundler, M.: Z. Kinderpfl. **14**, 79 (1916). — (*172*) Pflügers Arch. **188**, 273 (1921). — (*173*) Pflüger: Ebenda **52**, 1 (1892); **54**, 333 (1893). — (*174*) Pflüger: Ebenda **18** (1878). — (*175*) Plaut, R.: Ebenda **205** (1924). — (*176*) Z. Biol. **73**, 141 (1921). — (*177*) Plaut u. Timm: Klin. Wschr. **37**, 1664 (1924). — (*178*) Plaut u. Wilbrand: Z. Biol. **74** (1921); **76**, (1922). — (*179*) Plummer, J.: J. amer. med. Assoc. **77**, 243 (1921). — (*180*) Popiel, zit. nach Loewy: a. a. O., 131. — (*181*) Pütter: Z. allgem. Physiol. **12**, 125 (1911).

(*182*) Quinquaud: Il de l'Anat. Phys. **32** (1887).

(*183*) Raab, W.: Naturwiss. u. Landw. H. **10** (1926). — (*184*) Regnault, V., u. J. Reiset: Ann. Chem. Pharm. **73** (1850). — (*185*) Richet, Ch.: Arch. physiol. norm. et path. **22** (5. Ser., Bd. 2), 483 (1890). — (*186*) Riddle, O. G. Christman u. F. G. Benedict: Amer. J. Physiol. **95**, 111 (1930). — (*187*) Robiquet u. Thillaye: Bull. Acad. Méd. Paris **3**, 1094 (1839). — (*188*) Rörig, G.: Mitt. biol. Anst. Land- usw. **9**. Berlin 1910. — (*189*) Rubner, Max: Z. Biol. **19** (1883). — (*190*) Z. Biol. **19**, N. F. 1 (1883). — (*191*) Festschrift für Ludwig. 1887. — (*192*) Rubner, M.: Die Gesetze des Energieverbrauches. Leipzig und Wien 1901. — (*193*) Rubner, M.: Biol. Ges. Marburg **1887**; Gesetze des Energieverbrauches. 1902. — (*194*) Gesetze des Energieverbrauches bei der Ernährung. Leipzig u. Wien 1902. — (*195*) Rubner u. Heubner: Z. Biol. **36** (1898). — (*196*) Ruchti, E.: Biochem. Z. **105**, 1 (1920).

(*197*) Sanders Ezn: Ber. sächs. Ges. Wiss., Math.-nat. u. Math.-physik. Kl. **1867**, 58. — (*198*) Sandiford: J. Amer. J. Physiol. **51**, 407, (1920). — (*199*) Schaternikoff, M. N., O. P. Moltschanowa u. M. Th. Tomme: Arch. f. Physiol. **218**, 216 (1927). — (*200*) Schlossmann u. Murschhauer: Biochem. Z. **26** (1910); **56** u. **58** (1913). — (*201*) Schreuer: Pflügers Arch. **110** (1905). — (*202*) Seguin u. Lavoisier: Oeuvres de Lavoisier **2**, 688, 704. Paris 1857. — (*203*) Simonson, E.: Erg. Hyg. **9**, 385 (1928). — (*204*) Slowtzoff, B.: Pflügers Arch. **95**, 171 (1903). — (*205*) Smith, H. M.: Publ. Carnegie Instit. Washington **1922**, Nr. 309, 98. — (*206*) Sonden u. Tigerstedt: Skand. Arch. Physiol. **6**, 1 (1895). — (*207*) Stepp, W.: Handbuch der normalen und pathologischen Physiologie von Bethe usw. **5**, 1143 (1928). — (*208*) Stolz: Arch. inn. Med. **13**, 179 (1901).

(*209*) Tangl, Franz: Biochem. Z. **44**, 252 (1914). — (*210*) Terroine u. Garot: Arch. internat. Physiol. **4**, 509 (1922). — (*211*) Terroine u. Trautmann: Ann. de Physiol. **3**, 422 (1927). — (*211a*) Tsuji, M.: Biochem. Z. **129**, 194 (1922).

(*212*) Voit: Z. Biol. **14** (1878). — (*213*) Ebenda **41**, 147. — (*214*) Ebenda **90**, 231 (1930). — (*215*) Völker, Hans: Pflügers Arch. **215**, 43 (1927).

(*216*) Yano, T., zit. nach Loewy: a. a. O., 131.

(*217*) Zuntz, L.: Arch. Gynäk. **90**, 452 (1910). — (*218*) Zuntz, N.: Pflügers Arch. **95**, (1903). — (*219*) Biochem. Z. **55**, 341 (1913).

3. Der Arbeitsgaswechsel.

Von Professor Dr. J. PAECHTNER

Vorstand des Tierphysiologischen Instituts der Universität München.

I. Die Steigerung des Grundgaswechsels durch Tätigkeiten verschiedener Art. Der Gaswechsel als Maßstab tierischer Leistungen.

Wir hatten unter Grundgaswechsel das Maß der nach Ausschluß aller willkürlichen Tätigkeit und Beanspruchung ablaufenden, lediglich der Daseinserhaltung eines gegebenen Körperbestandes dienenden gasförmigen Umsetzungen verstanden, wie es durch die Untersuchung ruhender Individuen im Nüchternzustand und psychischen Gleichgewicht bei behaglicher Umgebungstemperatur erhalten und in bestimmten stofflichen oder energetischen Werteinheiten ausgedrückt wird.

Demgegenüber kann man den Gaswechsel eines Individuums im Zustand irgendeiner über dieses Maß gesteigerten Tätigkeit oder Leistung als Leistungsgaswechsel bezeichnen. Aus der Differenz: Leistungsgaswechsel minus Grundgaswechsel läßt sich der durch eine gegebene Leistung bedingte Gaswechsel bestimmen und zu der Größe der Leistung in Beziehung setzen.

An der Steigerung des Grundgaswechsels können grundsätzlich alle lebendigen Bestandteile eines Organismus beteiligt sein. Im Vordergrund stehen aus naheliegenden Gründen praktisch die an Masse überwiegenden und in ihrer Tätigkeit temporär wechselnd beanspruchten Körperbestandteile, also in erster Linie die Muskulatur, die Verdauungsorgane mit ihren Anhangsdrüsen und die am übrigen Gesamtstoffwechsel, d. h. an der Umbildung, Zurichtung und etwaigen Speicherung der Nährstoffzufuhr beteiligten Gewebe und Organe.

Eine derartige Steigerung des Organgaswechsels durch Tätigkeit ist an und für sich vielfach studiert und erwiesen, insbesondere für die Skeletmuskulatur und für Drüsen verschiedener Art; hier interessiert sie uns indes nur insoweit, als sie sich in Abhängigkeit von den wesentlichen Verrichtungen und Leistungen der Nutztiere im Gesamtgaswechsel derselben nennenswert auswirkt.

In dieser Beziehung kommen vor allem zwei Fragestellungen in Betracht:
1. Die Steigerung des Gaswechsels durch Muskelarbeit und
2. Die Steigerung des Gaswechsels durch Nahrungsaufnahme.

1. Die Steigerung des Gaswechsels durch Muskelarbeit.

Daß willkürliche Muskeltätigkeit eine beträchtliche Steigerung des Gaswechsels zur Folge hat, ist schon lange bekannt und seit LAVOISIER[107, 108] durch eine ganze Reihe von Versuchen an Menschen und Tieren erwiesen (SPECK[173, 174], LEBER und STUVE[112], WINTERNITZ[208], N. ZUNTZ[216], A. DURIG[42] u. a.).

Dies geht so weit, daß selbst geringfügige, unauffällige und unbewußte Muskelverrichtungen den Grundgaswechsel um 10% und mehr über die Norm erhöhen; so fanden BENEDICT und TALBOT, daß Muskelbewegungen, bei denen ein Kind gemeinhin als ruhig bezeichnet, wird seinen Grundumsatz um ca. 10% erhöhen, und JOHANSSON[75a] wies durch Selbstversuche in der TIGERSTEDTSchen Respirationskammer nach, daß sein Gaswechsel, gemessen an der CO_2-Abgabe, bei gewöhnlicher Bettruhe im Vergleich mit vorsätzlicher absoluter Ruhe um ca. 25% gesteigert war.

Um quantitative Beziehungen zwischen Muskelarbeitsleistung und Gaswechsel aufzudecken, bedarf es neben der Messung der Umsatzsteigerung einer

genauen Bestimmung der geleisteten Arbeit. Nach diesem Prinzip ist zuerst
durch Speck[174] am Menschen, in der Folge mit verbesserter Technik von N. Zuntz
und seiner Schule[213, 214, 216, 217 u. a.] und später von anderen der Arbeitsaufwand
für verschiedenartige Arbeitsformen am Menschen, Hund und Pferd eingehend
und mit vorzüglichem Ergebnis studiert worden.

Über die Hauptergebnisse dieser klassischen Untersuchungen, deren reichhaltige Einzelheiten hier unerörtert bleiben müssen, gibt die folgende Übersicht
Aufschluß.

a) Steigerung des O_2-Verbrauches (Energieumsatzes) durch Horizontalbewegung (Fortbewegung auf ebener Bahn).

Dieselbe betrug im Durchschnitt zahlreicher Versuche für 1 kg horizontal
bewegter Masse, bei mäßiger Marschgeschwindigkeit,

```
beim Menschen    0,134 cm³ O₂, entsprechend  0,65 cal
  „   Hund (groß) 0,257 cm³ O₂,      „         1,24  „
  „    „   (klein) 0,553 cm³ O₂,     „         2,68  „
  „   Pferd        0,077 cm³ O₂,     „         0,37  „
```

Die Werte zeigen, ähnlich dem Grundumsatz, ein Absinken mit zunehmender
Körpermasse; wie jener stimmen sie, auf die Oberflächeneinheit bezogen, annähernd überein. Im übrigen sind sie abhängig vom Marschtempo und steigen
bei Überschreitung der „ökonomischen Marschgeschwindigkeit" stärker als diese
an; auch nicht unerhebliche individuelle Schwankungen, bedingt durch Körperbeschaffenheit, Übung (Training) und z. T. vorläufig unbekannte Umstände
machen sich geltend; so liegen z. B. die Extreme der für den obigen Durchschnittswert des Menschen zugrunde liegenden Einzeldaten zwischen 0,086 und 0,168 cm³
O₂ für 1 kg horizontal bewegter Masse.

b) Steigerung des O_2-Verbrauches (Energieumsatzes) durch Steigarbeit.

Hierfür wurden im Mittel zahlreicher Versuche folgende Werte für 1 mkg
Steigarbeit gefunden:

```
beim Menschen 1,35 cm³ O₂, entsprechend  6,55 cal
  „   Hund    1,41 cm³ O₂,       „        6,84  „
  „   Pferd   1,35 cm³ O₂,       „        6,55  „
```

Diese Werte stimmen für alle drei untersuchten Kategorien nahe überein;
auch hier gilt im übrigen der obenerwähnte Einfluß des Marschtempos und das
Bestehen gewisser individueller Unterschiede, die sich allerdings in engeren
Grenzen halten als bei der Horizontalbewegung; außerdem ist c. p. auch die
relative Größe der Steigung von Einfluß, indem beim Überschreiten eines gewissen Steigungswinkels der für 1 mkg Steigarbeit benötigte O₂-Verbrauch
zunimmt. Dies tritt beim Menschen gewöhnlich bei ca. 25 % Steigung ein, beim
Pferd schon bei ca. 15 % und darunter. Eine Beziehung zur Körperoberfläche
besteht hier nicht (s. Anm.).

Anm. Aus den obigen Werten ergibt sich der „Wirkungsgrad" (W) der Muskelarbeit,
wenn man das calorische Äquivalent der geleisteten äußeren Arbeit (1 mkg = 2,342 cal)
in Prozent des hierfür erforderlichen Calorienaufwandes (n) ausdrückt $\left(W = \dfrac{2,342 \cdot 100}{n}\right)$,

$$\text{beim Menschen mit } \frac{234,2}{6,55} = 35,7\%$$

$$\text{beim Hund} \quad \text{mit } \frac{234,2}{6,84} = 34,2\%$$

$$\text{beim Pferd} \quad \text{mit } \frac{234,2}{6,55} = 35,7\%$$

c) Einfluß des Bergabgehens auf den O_2-Verbrauch (Energieumsatz).

Diesbezügliche Untersuchungen haben bei Mensch und Pferd zu grundsätzlich verschiedenen Ergebnissen geführt. Die Versuche am Menschen ergaben
bei verschiedenem Gefälle eine deutliche Verminderung des O_2-Verbrauches
gegenüber der Horizontalbewegung; sie betrug nach den Feststellungen von
KATZENSTEIN[76] ($2^1/_2$ % Gefälle) 15 %, nach denen von ZUNTZ, LOEWY, MÜLLER
und CASPARI[222] (25 % Gefälle) ca. 14 %.

In den Pferdeversuchen von ZUNTZ und HAGEMANN[212, 213] fand sich eine
deutliche Umsatzverminderung nur bei geringem Gefälle (5 %), während bereits
in einem 10 proz. Gefälle der Umsatz demjenigen für Horizontalbewegung gleichkam. Sie folgern hieraus, daß das Pferd für Bergabgehen nicht besonders geeignet
ist und schon bei mäßiger Neigung des Weges Muskelarbeit für die Zurückhaltung seines Körpers verrichten muß.

d) Steigerung des O_2-Verbrauches durch Zugarbeit.

Auch für die Zugleistung ist der O_2-Verbrauch durch Versuche an Hunden
(ZUNTZ[216], SLOWTZOFF[171a]) bestimmt worden; er ergab sich für die Leistungseinheit
durchschnittlich etwas höher als bei der Steigarbeit, und zwar für 1 mkg

> beim Hund zu 1,48 cm³, entsprechend 7,2 cal,
> beim Pferd zu 1,41 cm³, entsprechend 6,85 cal beim Zug in der Ebene.

e) Einfluß der Belastung auf den Gaswechsel.

Der Einfluß der Belastung auf den Gaswechsel ist am Menschen eingehender
studiert worden, so von BORNSTEIN und OTT[33]. Es ergab sich, daß der Umsatz
weitgehend von der Art und Anbringung des Gepäcks abhängig ist; bei zweck-
mäßiger Beschaffenheit desselben kann jede Steigerung des Umsatzes ausbleiben.
Ähnliche Ergebnisse hatten ZUNTZ und HAGEMANN[213] an Pferden; Reitpferde
mit kräftigem Rücken ertrugen eine beträchtliche Belastung ohne deutliche Erhöhung ihres Gaswechsels.

f) O_2-Verbrauch beim Stehen und Liegen.

A priori ist anzunehmen, daß das Stehen eine Tätigkeitssteigerung des
Körpers bedeutet und folglich mit einer deutlichen Erhöhung des Gaswechsels
einhergehen müßte.

Nach dem Ergebnis diesbezüglicher Untersuchungen ist dies indessen in
sehr wechselndem Grade und offenbar in weitgehender Abhängigkeit von der
anatomischen und physiologischen Beschaffenheit des Individuums bzw. der
Gattung der Fall.

So wurden *am Menschen* teils kaum merkliche Steigerungen des Gaswechsels,
teils solche bis zu 25 % und darüber gefunden; auch bei bestimmten Individuen
ergaben sich je nach den Bedingungen des Einzelversuchs (z. B. Strammstehen
— lässiges Stehen) beträchtliche Unterschiede. Durch Übung verringerte sich
der Aufwand für äußerlich gleiche Leistung (KATZENSTEIN[76], ZUNTZ und SCHUM-
BURG[221], LILJESTRAND und STENSTRÖM[115], WILDBURG[207], BENEDICT und MURSCH-
HAUSER[18] u. a.).

Bei *Tieren* ist die durch das Stehen bedingte Stoffwechselsteigerung, jedenfalls auf Grund anatomischer Besonderheiten, gattungsweise verschieden.
Während sie beim *Pferde* offenbar kaum eine Rolle spielt, sind beim *Rind*
(ARMSBY[5], DAHM[39], W. KLEIN[82], und besonders beim *Hund* (N. ZUNTZ[216]) beträchtliche Zunahmen des Gaswechsels beobachtet worden. Dieselben schwanken

freilich im einzelnen recht bedeutend; so fand für das hier hauptsächlich interessierende Rind Armsby 30 %, Dahm 8 %, W. Klein, je nachdem er den Verbrauch des stehenden Tieres mit dem des liegenden im Schlafe oder im Wachzustand verglich, 24—46$\frac{1}{2}$ % Mehrumsatz. Es spielen hierbei jedenfalls neben individuellen Eigentümlichkeiten das Körpergewicht und die Beschaffenheit des Standorts, vor allem der Streu, eine Rolle. Ein interessanter Beitrag zu dieser Frage, der die mittels des Respirationsversuchs erhaltenen Ergebnisse grundsätzlich bestätigt, ist neuerdings von W. Krüger und Th. Thur[94] durch Registrierung der Aktionsströme der für das ruhige Stehen bei den Vierfüßlern in Frage kommenden Muskeln bzw. Muskelgruppen geliefert worden.

g) Sauerstoffverbrauch für andere Muskelleistungen.

Hiervon interessieren vor allem die Aufwendungen, welche die Tätigkeit der *Atemmuskeln*, des *Herzens* und *der an der Aufnahme und dem Transport der Nahrung beteiligten Muskulatur* bedingt. Dabei ist zu bedenken, daß der Umsatz für die unablässige Tätigkeit des Herzens (einschließlich der übrigen Kreislauforgane) und der Atemmuskeln, und in einem gewissen Grade auch diejenige der quergestreiften und besonders der glatten Muskulatur der Verdauungsorgane zunächst einen wesentlichen Bestandteil des Grundgaswechsels bildet, soweit sie sich eben unter den eingangs bezeichneten Bedingungen desselben abspielt.

Andererseits erfährt sie aber bei den verschiedenartigen Leistungen des Körpers eine mehr oder weniger beträchtliche Steigerung, die dann natürlich als Anteil am Leistungszuwachs des Gesamtgaswechsels zu bewerten und eventuell gesondert zu berücksichtigen ist. Letzteres gilt besonders für die mit der Nahrungsaufnahme verbundene temporäre Tätigkeitssteigerung der Muskulatur des Verdauungsapparates.

Die Größe des Gaswechselanteils der genannten Organe hat man verschiedentlich durch besondere Versuchsanstellungen und Berechnungsverfahren zu bestimmen gesucht; bezüglich der Einzelheiten des Verfahrens und der erhaltenen Ergebnisse wird im folgenden auf die einschlägigen Quellen verwiesen.

I. Die Herzarbeit

besteht aus zwei Anteilen: erstens der sog. *Hubarbeit,* die bei jeder Kammersystole von jeder der beiden Herzkammern durch das Auswerfen ihres Blutinhaltes in die zugehörige Schlagader unter Überwindung des darin herrschenden Blutdrucks geleistet wird; sie ergibt sich (in mkg) aus $p \cdot h$, worin p das „Schlagvolumen" (Gewicht der ausgeworfenen Blutmenge in kg) und h die Höhe der dem herrschenden Blutdruck entsprechenden Blutsäule in Metern bedeutet, zuzüglich der sog. *Strömungsarbeit,* durch welche der ausgeworfenen Blutmenge p eine bestimmte Geschwindigkeit v (gemessen als mittlere Strömungsgeschwindigkeit in der Aorta bzw. A. pulmonalis) erteilt wird; sie berechnet sich aus $p \cdot \frac{v^2}{2g}$. Auf Grund obiger Überlegung und der Bestimmung der in Betracht kommenden Werte hat man die tägliche Herzarbeit eines normalen ruhenden Menschen auf ca. 18000 mkg, diejenige von Pferden mittleren Lebendgewichtes im Zustand äußerer Körperruhe auf ca. 110000 mkg berechnet.

Bei der Tätigkeit steigt die Herzarbeit eines Individuums natürlich an, im wesentlichen durch die allgemein bekannte Erhöhung der Herzfrequenz und durch eine Vergrößerung des Wertes von p (Schlagvolumens). Ein Beispiel hierfür, nach Versuchen von Zuntz, Hagemann und C. Lehmann[213] gibt die folgende Übersicht.

Aus der Größe der Herzarbeit ist durch Analogie mit dem O_2-Verbrauch der Skeletmuskulatur und unter Annahme eines für beide Muskelarten gleichen Wirkungsgrades der *Sauerstoff-*

Tabelle 1. Herzarbeit des Pferdes bei Ruhe und Arbeit.

Je Minute	Ruhe mkg	Leichte Arbeit mkg	Schwere Arbeit mkg
Hubarbeit . . .	80,8	144,1	635
Strömungsarbeit	1,7	5,2	323
Gesamtarbeit . .	82,5	149,3	958

umsatz des Herzens ermittelt worden; er würde nach N. ZUNTZ für das Herz des ruhenden Versuchspferdes 104,2 cm³ Sauerstoff je Minute, entsprechend ca. 5 % des gleichzeitigen Totalverbrauches, und für das Herz des arbeitenden Tieres 188,6 cm³ Sauerstoff oder ca. 3,8 % des gleichzeitigen Totalumsatzes betragen.

Der geringere Anteil der Herzarbeit am Totalverbrauch des arbeitenden Pferdes gegenüber dem ruhenden würde nach ZUNTZ durch eine bessere Ausnützung des umlaufenden Blutes des ersteren zu erklären sein, indem diesem während der Tätigkeit von den Körperzellen relativ mehr O_2 entnommen und mehr CO_2 übergeben wird als im Zustand der Körperruhe.

Nach neueren Untersuchungen dürfte der O_2-Verbrauch des Herzens etwas niedriger liegen als die obigen Werte, da für dieses Organ der Nutzeffekt günstiger ist als für die Skeletmuskulatur (BOHNENKAMP[29]).

II. Die Atemarbeit

ist bedingt durch die Tätigkeit der bei der Atemmechanik wirkenden Atemmuskeln, die natürlich wie jede Muskeltätigkeit mit Gaswechselvorgängen einhergeht und in diesen einen Maßstab ihrer Größe findet.

Sie läßt sich bestimmen, wenn man den Gaswechsel eines Individuums unter sonst gleichen Bedingungen bei verschieden intensiver Atmung bestimmt und hieraus die auf eine bestimmte Volumzunahme der Atmungsluft entfallende Steigerung des Gaswechsels, etwa in Kubikzentimeter Sauerstoff je 1 l Atemluft (oder den entsprechenden Energiewerten) ermittelt. Gewöhnlich verfährt man so, daß man zunächst den Grundgaswechsel unter genauer Bestimmung der Atemgröße (d. i. der pro Minute geatmeten Liter Luft) feststellt und dann den Versuch unter Beimengung geringer CO_2-Mengen zur Einatmungsluft, welche durch Reizung des Atemzentrums die Atemgröße steigern, wiederholt: beim Menschen kann die Steigerung der Atemgröße auch willkürlich erfolgen

Solche Versuche sind zuerst von SPECK[173], ferner von N. ZUNTZ mit O. HAGEMANN und C. LEHMANN[213] am Pferd, von A. LOEWY[118] am Menschen ausgeführt worden; in neuerer Zeit hat sich insbesondere G. LILJESTRAND[114] unter Anwendung einer verbesserten Technik eingehend mit dieser Frage beschäftigt.

Die für 1 l Atemluft gefundenen O_2-Verbrauchswerte liegen in den von der ZUNTZschen Schule am *Menschen* ausgeführten Versuchen durchschnittlich bei ca. 5 cm³ O_2, woraus sich die Beteiligung der Atmung am Grundgaswechsel eines Menschen mit täglich ca. 40 l O_2-Verbrauch, entsprechend ca. 200 Cal oder etwa 10 % des energetischen Erhaltungsumsatzes ergeben würde. Die Einzelwerte schwanken im übrigen ziemlich erheblich nach oben und unten, offenbar auch in Abhängigkeit von der angewandten Methode der Atmungssteigerung: sie sind bei Steigerung durch CO_2 niedriger als bei willkürlicher Erhöhung der Atemgröße.

Für das ruhende *Pferd* fanden ZUNTZ und seine Mitarbeiter bei Versuchen mit CO_2-Steigerung der Atemgröße einen Mehrverbrauch von 2,19 cm³ O_2 für das Liter Atemluft, was einen Betrag der Atemarbeit von 4,7 % des Tagesumsatzes des normal ernährten Tieres ausmachen würde; für die durch körperliche Anstrengung gesteigerte Atmung wurden relativ höhere Werte gefunden; es zeigte sich auch, daß der je Volumeinheit geatmeter Luft erforderliche Aufwand verschieden ist, je nachdem er durch eine Steigerung der Frequenz oder durch ein Anwachsen der Atemtiefe bedingt wird.

Liljestrand[114] wies in seinen methodisch vortrefflichen Untersuchungen nach, daß in der Tat ein erheblicher Unterschied in der Größe des Atmungsaufwandes zwischen willkürlich bzw. unwillkürlich (durch CO_2) gesteigerter Atmung besteht. Für erstere fand er ähnliche Werte, wie sie oben angegeben wurden, für die nach einem verbesserten Verfahren durch schonende CO_2-Anreicherung der Inspirationsluft bedingte unwillkürliche Atmungssteigerung aber viel niedrigere, aus denen sich der Anteil der Atmung am Erhaltungsumsatz nur mit ca. 1—3% ergibt. Es ist anzunehmen, daß diese von Liljestrand gewonnenen Ergebnisse den physiologischen Bedingungen der Atmung am nächsten kommen. Im übrigen ergab sich aus seinen Versuchen, daß der je Liter Atemluft erforderliche Aufwand bei gleichbleibender Atemtiefe von der Atemfrequenz abhängt und mit dieser ansteigt und bei gleichbleibender Atemfrequenz mit wachsender Atemgröße parabolisch ansteigt.

III. Die Arbeit der Muskulatur des Verdauungsapparates.

Nach dem bisher Erörterten ist es naheliegend, daß auch die Tätigkeit der an der Ergreifung, Aufnahme, Zerkleinerung, der Beförderung, Bergung und Durchmischung der aufgenommenen Nahrung sowie an der Entfernung ihrer Rückstände beteiligten (quergestreiften und glatten) Muskulatur einen je nach dem Grad ihrer Inanspruchnahme wechselnden Betrag am Gaswechsel beanspruchen wird. Derselbe soll in dem vorliegenden Abschnitt nur insoweit besprochen werden, als er sich als ausgesprochener Vorgang der Muskeltätigkeit von dem übrigen Komplex der Verdauungsvorgänge verhältnismäßig rein abtrennen und experimentell gesondert bestimmen läßt.

Dies gilt für die sog. *Kauarbeit*, d. h. die Summe von mechanischen Tätigkeiten, die im wesentlichen durch das Zerkleinern der in die Mundhöhle aufgenommenen Nahrungsbestandteile bedingt sind (womit überdies freilich neben dem eigentlichen Kauakt die kaum davon abzusondernden Verrichtungen des Ergreifens und Einführens in die Mundhöhle, der Durchmischung in dieser und des Abschluckens sowie der durch den Kauakt angeregten Drüsentätigkeit verquickt sind).

Die Bestimmung des Gaswechselaufwandes für *Kauarbeit* ist insbesondere seitens der Zuntzschen Schule verschiedentlich und vor allem auch an landwirtschaftlichen Nutztieren (Pferd, Rind) ausgeführt worden; sie geschieht grundsätzlich so, daß man das (im übrigen in tunlichster Körperruhe befindliche) Versuchstier während eines Respirationsversuches eine bekannte Menge Futter von bestimmter Beschaffenheit aufnehmen läßt und von dem dabei festgestellten Umsatz an Atemgasen denjenigen eines im übrigen vergleichbaren Ruheversuches abzieht. Die Differenz ergibt den Aufwand für die aufgenommene Futtermenge; aus ihr läßt sich der O_2-Verbrauch (Energieaufwand) für die Gewichteinheit derselben bestimmen und weiterhin auswerten.

Von dem hierüber aus den bekannten Pferdeversuchen von Zuntz und Mitarbeitern[212, 213] aus Arbeiten des Verfassers mit Bragon[36] und mit Terjung[196] an Ponywallachen, ferner aus den Versuchen von Paechtner[146], Dahm[38] und W. Klein[82] an Rindern vorliegenden Ergebnissen werden die wichtigsten nachfolgend kurz behandelt.

1. Versuche über die Kauarbeit an Pferden

sind zuerst von N. Zuntz, O. Hagemann und C. Lehmann [212, 213] an ihrem Versuchspferd Nr. 3 (Barnabas) in größerer Zahl und mit verschiedenen Futtermitteln (Hafer-Strohhäcksel-Gemisch 6 : 1, Heu, Hafer-Heu-Strohhäcksel-Mischung, Mais-Strohhäcksel-Mischung 6 : 1 und grüner Luzerne) durchgeführt worden. Das Ergebnis ist — bezogen auf den O_2-Verbrauch je Kilogramm Futteraufnahme — in folgender Übersicht zusammengestellt.

Tabelle 2. O_2-Verbrauch für 1 kg aufgenommenes Futter (Pferd).
(N. Zuntz, O. Hagemann und C. Lehmann).

	Hafer, Häcksel 6:1	Heu	Hafer, Häcksel, Heu	Grüne Luzerne	Mais
	l	*l*	*l*	*l*	*l*
Einzelversuche	10,7	31,9	20,5	7,3	6,9
	13,6	33,3	16,1	6,5	8,6
	8,7	39,1	22,4	4,4	—
	8,6	33,3	22,4	6,1	—
	15,4	30,6	16,6	4,6	—
	14,2	31,1	23,5	5,2	—
	15,9	36,5	23,3	6,5	—
	12,9	39,8	12,8	—	—
Mittel	*12,5*	*34,5*	*20,0*	*5,8*	*7,8*

In den Versuchen von Bragon [36] und von Terjung [196] an den Ponywallachen Castor (12jährig) und Cajus (ca. 20jährig) ergaben sich für die Aufnahme von Stroh- bzw. Heuhäcksel und für Mischfutter aus Heu- und Strohhäcksel mit wenig Hafer folgende Werte.

Tabelle 3. O_2-Verbrauch zweier Ponys für 1 kg Futteraufnahme.

Versuchstiere	Autoren	Futtermittel	O_2-Verbrauch für Aufnahme von 1 Kilo Futter												Mittel
			Einzelversuche												
			l	*l*	*l*	*l*	*l*	*l*	*l*	*l*	*l*	*l*	*l*	*l*	*l*
Castor	B.	Mischfutter	18,3	15,3	18,3	14,8	24,3	37,5	28,4	34,6	26,4	24,9	28,7	30,4	*25,1*
	T.	Heuhäcksel	37,9	36,1	44,6	—	—	—	—	—	—	—	—	—	*39,6*
	T.	Strohhäcksel	51,8	52,4	45,7	—	—	—	—	—	—	—	—	—	*50,0*
Cajus	B.	Mischfutter	23,1	33,9	19,2	28,9	24,6	28,2	(8,6)	23,6	24,4	20,8	17,6	13,4	*20,4*
	T.	Heuhäcksel	48,9	42,7	47,0	—	—	—	—	—	—	—	—	—	*46,1*
	T.	Strohhäcksel	36,1	36,3	45,1	44,2	—	—	—	—	—	—	—	—	*40,4*

Diese Versuche zeigen, unbeschadet der bedeutenden Schwankungen der Einzelergebnisse, durchwegs, daß die durch den Akt der Futteraufnahme des Pferdes bedingte Stoffwechselsteigerung, besonders für Rauhfutter und Rauhfuttermischungen eine recht erhebliche ist. Dies wird noch deutlicher, wenn man die in dem Sauerstoffverbrauch entsprechenden Energiebeträge betrachtet und zu dem Energiewert des aufgenommenen Futters in Beziehung setzt. Dann ergibt sich beispielsweise nach den Versuchen von Zuntz für den Verzehr von 1 kg *Hafer* ein Energieaufwand von rund 60 Cal, für 1 kg *Heu* ein solcher von 167 Cal und für die *Hafer-Heu-Häcksel-Mischung* von rund 100 Cal; in ähnlicher Höhe liegen die Werte für das Mischfutter in den Ponyversuchen von Bragon mit 120 bzw. 100 Cal pro 1 kg Mischfutter und in den Heuversuchen Terjungs an dem Ponywallach Castor mit 192 Cal pro 1 kg Heu, während der alte Cajus für dieselbe Verrichtung ca. 220 Cal aufwandte. Für den Verzehr von 1 kg *Roggenstrohhäcksel* benötigte Castor im Durchschnitt der vorliegenden Versuche rund 240 Cal, Cajus dagegen nur etwa 200 Cal; beide indes in relativ gut übereinstimmenden Versuchen. Der Energieaufwand für den Verzehr einer bestimmten Futtermenge ist demnach individuell verschieden und außer von der Art des Futtermittels jedenfalls auch von der Intensität des Kauaktes und den mit der Futteraufnahme sonst einhergehenden Körperbewegungen abhängig.

Für die praktische Bewertung der Frage ist dies indes von untergeordneter Bedeutung; sie lehrt uns, daß jedenfalls die Futteraufnahme eine recht erhebliche Stoffwechselsteigerung beansprucht, die einen beträchtlichen Teil des nutzbaren Energieinhaltes von dem verzehrten Futter ausmacht, um so mehr, je derber und je weniger nutzbar dieses an und für sich ist. Derselbe würde beispielsweise für den Verzehr von Hafer mit ca. 2%, für Heu mittlerer Güte mit ca. 10%, für Roggenstroh mit reichlich 20% ihres Gehaltes an verdaulichen Calorien anzuschlagen sein.

2. Versuche über die Kauarbeit an Rindern.

Bei Wiederkäuern zerfällt die gesamte Kauarbeit bekanntlich in zwei Anteile, nämlich den des Futterverzehrs mit anschließendem Kauakt und den des Wiederkauens. Ersterer wird im Vergleich mit der gleichen Verrichtung des Pferdes verhältnismäßig oberflächlich, letzterer (an dem in Pansen und Haube macerierten Material) gründlich ausgeführt.

Die hierdurch bedingte Steigerung des Gaswechsels ist zuerst von Paechtner[146], später von C. Dahm[38] und von W. Klein[82] am Rinde eingehend studiert worden.

Ersterer fand an zwei schwarzbunten Jungrindern von ca. 230 bzw. 280 kg Lebendgewicht den O_2-Verbrauch für den Verzehr (Kauen) von 1 kg Wiesenheu mit 13,8 bzw. 13,6 l entsprechend 66 Cal; dazu kommen für das Wiederkauen (unter Annahme einer mehrstündigen Wiederkauzeit für das aufgenommene Tagesfutter) noch 9,4 l O_2 bzw. 45 Cal, insgesamt also rund 23 l O_2 bzw. 111 Cal für diesen Anteil der mechanischen Verdauungsarbeit. Zu ähnlichen Ergebnissen: 94—112 Cal kamen in guter gegenseitiger Übereinstimmung C. Dahm[38] und W. Klein[82] mit ihrem Versuchstier Anton in zeitlich ca. $1\frac{1}{2}$ Jahr auseinanderliegenden Untersuchungen.

Der aus dem Gaswechselversuch ermittelte Energieaufwand des Rindes ist demnach für ein und dasselbe Futtermittel fast um die Hälfte niedriger als beim Pferd; die ökonomische Einrichtung des Rindes für die Verwertung von Rauhfutterstoffen und seine diesbezügliche Überlegenheit dem Pferde gegenüber findet hierin einen deutlichen Ausdruck.

2. Die Steigerung des Grundgaswechsels durch Nahrungsaufnahme

(„Verdauungsarbeit" — „Spezifisch dynamische Energie der Nährstoffe").

Daß der mechanische Akt der Nahrungsaufnahme, d. h. des Futterverzehrs, an und für sich eine Steigerung des Grundgaswechsels bedingt, ist im vorigen Abschnitt bereits erörtert worden und bei dem ausgesprochen mechanischen, mit sinnfälliger Muskeltätigkeit verbundenen Charakter dieser Verrichtung durchaus einleuchtend erschienen.

Indes ist hierdurch die infolge der Nahrungsaufnahme auftretende Änderung des Grundumsatzes keineswegs erschöpft; die Erfahrung, insbesondere der Gaswechselversuch, lehrt vielmehr, daß im Anschluß an jene eine je nach Art und Menge der verzehrten Nahrung mehr oder weniger erhebliche, bald nach derselben einsetzende, zunächst ansteigende und allmählich wieder zum Grundwert abfallende Steigerung desselben einsetzt, deren Tatsache außer Zweifel steht, deren Wesen jedoch verschieden gedeutet wird.

Was zunächst die Tatsache dieser Steigerung des Grundumsatzes (Grundgaswechsels, -Energieumsatzes) anbelangt, so ist diese schon in den frühesten Untersuchungen über den Gaswechselprozeß, so schon von LAVOISIER und SEGUIN[107, 108] und in der Folge von verschiedenen anderen Autoren beobachtet worden; eine systematische Bearbeitung und grundsätzliche Deutung als ,,Verdauungsarbeit" hat sie zuerst durch SPECK[173, 174] gefunden, bei dem sich a. a. O. auch die ältere Literatur hierüber findet, besonders aber weiterhin durch die vielseitigen experimentellen Arbeiten der ZUNTZschen[211] und der RUBNERschen[168] Schule. Von diesen interessieren uns hier neben der Quintessenz der am Menschen und Hund ausgeführten Arbeiten vor allem die an landwirtschaftlichen Nutztieren (Pferd, Rind, Schaf, Schwein) gewonnenen Ergebnisse.

Über das Verhalten des Gaswechsels nach Nahrungsaufnahme beim Menschen liegen vor allem von MAGNUS-LEVY[127, 217] eingehende Untersuchungen nach der ZUNTZ-GEPPERTschen Methode vor. Er fand bei verschiedener Ernährungsweise (Rindfleisch, Speck, Weißbrot, gemischter Kost) folgende Steigerung des Grundgaswechsels:

Tabelle 5. Steigerung des O_2-Verbrauches beim Menschen durch
Verdauungsarbeit (gemischte Kost) (MAGNUS-LEVY).

Nüchternwert i. M. je Minute cm³ O_2	Steigerung des O_2-Verbrauches in % nach Stunden								nach dem
	1	2	3	4	5	6	7	8	
217,4 cm³ = 100%	27	27	16	16	—	—	—	—	Frühstück
	40	35	27	19	17	9	—	—	Mittagessen
	33	23	12	6	1	—	—	—	Abendessen

Von den zahlreichen Hundeversuchen desselben Autors seien die nachfolgenden Ergebnisse wiedergegeben.

Tabelle 6. Verdauungsarbeit beim Hunde (mittlere Fleischration)
(MAGNUS-LEVY).

Nüchternwert je Minute cm³ O_2	Steigerung des O_2-Verbrauches in % nach Stunden										
	1	2	3	4	6	8	11	13	15	17	22
139,3 cm³ = 100%	22	46	51	47	39	41	44	28	12	3	3

Die stark und nachhaltig steigernde Wirkung des Eiweißkonsums (s. S. 192) tritt hier deutlich hervor.

Diese Ergebnisse finden eine vielfache Bestätigung in den Arbeiten anderer Versuchsansteller, die hier im einzelnen unerörtert bleiben müssen; s. hierzu eventuell A. LOEWY[117].

Von besonderem Interesse ist im Rahmen dieses Werkes die *Umsatzsteigerung*, die der Grundumsatz der *herbivoren Haustiere* unter dem Einfluß der Nahrungsaufnahme erfährt und diese wiederum insbesondere bezüglich der durch den charakteristischen Bestandteil des Rauhfutters, die *Rohfaser*, bedingten Erscheinungen, die in dieser Hinsicht seit Jahrzehnten Gegenstand lebhafter Erörterungen sind. Diesbezügliche Untersuchungen sind vor allem von N. ZUNTZ und seinen Mitarbeitern und Schülern ausgeführt worden. Die wichtigsten Ergebnisse folgen hierunter.

a) Versuche über den Gaswechsel von Pferden nach
Nahrungsaufnahme.

Eine Zusammenstellung über den Ruheverbrauch ihres Versuchspferdes Barnabas in verschiedenen Verdauungsstadien geben auf Grund einer größeren

Anzahl von Versuchen Zuntz und Hagemann[212, 213]; das Durchschnittsergebnis ist folgendes:

Tabelle 7. Sauerstoffverbrauch (Energieumsatz) des „nüchternen" und des gefütterten Pferdes (Zuntz, Lehmann und Hagemann).

Morgens nüchtern				Nach der ersten Mahlzeit (i. M. 2,17 kg Hafer, Häcksel, 0,92 kg Heu)					
Letzte Mahlzeit vor Std.	je kg Tier und Minute		Zeit Std.	je kg Tier und Minute		Zeit Std.	je kg Tier und Minute	
	O_2-Verbrauch cm³	cal		O_2-Verbrauch cm³	cal		O_2-Verbrauch cm³	cal
11¹/₂	3,34	16,93	0,6	3,65	18,51	3,5	3,70	18,78

Diese Werte zeigen, daß morgens nüchtern, ca. 12 Stunden nach der letzten Mahlzeit, der Umsatz erheblich niedriger ist als nach der Nahrungsaufnahme; die Steigerung durch die stattgehabte Futteraufnahme beträgt ca. 10 % des Grundwertes. Dabei ist, wie schon einmal betont, zu bedenken, daß ein Pferd 12 Stunden nach der letzten Mahlzeit nicht eigentlich nüchtern ist; es ist also mit zunehmender Dauer des Nahrungsentzugs c. p. eine beträchtlichere Wirkung der Futteraufnahme zu erwarten. Das wird durch einzelne Ergebnisse der Zuntz-Hagemannschen Untersuchungen bestätigt. So in einem Falle aus der ersten Versuchsreihe von Zuntz-Lehmann-Hagemann[213] über den Stoffwechsel des Pferdes. Dort hatte das Versuchspferd Nr. 2 (Versuch XVIIIa) nach mehrtägiger geringer Futteraufnahme vor dem bezeichneten Versuch 23 Stunden gefastet. Sein Sauerstoffverbrauch in diesem Versuch lag (trotz ungünstiger äußerer Bedingungen: Stehen im Freien in Wind und Schnee bei 1° C auf aufsteigender Bahn) weit unter allen sonst an ihm beobachteten Werten; er betrug 2,97 cm³ bei einem R.-Q. von 0,767. Der hiermit zu vergleichende Verbrauch, 4 Stunden nach Futteraufnadme, betrug 3,87 cm³ O_2, bei einem R.-Q. von 0,915. Hieraus ergibt sich eine Steigerung des O_2-Verbrauches für das Tier im vorgeschrittenen Nüchternzustand (Hungerzustand) von ca. 30 %, für den entsprechenden Energieumsatz (unter Berücksichtigung des R.-Q.) von 36 %.

An den früher erwähnten Ponywallachen Castor und Cajus hat später auf meine Veranlassung Terjung[196] Untersuchungen über die Steigerung des Nüchternumsatzes nach Futteraufnahme ausgeführt, die in bestimmten Abständen bis zu 12 Stunden nach deren vorausgegangenem Verzehr ausgedehnt wurden.

Sie ergaben für Castor nach der Aufnahme von 0,20 kg Hafer, 0,75 kg Heu und 0,65 kg Strohhäcksel (in einem Drittel der Versuche unter Zulage von 0,4 kg Pilzmehl) durchschnittlich folgende Werte:

Tabelle 8.

Versuchsabschnitte	O_2-Verbrauch je kg Tier u. Minute	Grundwert i. M.	Stunden nach der Futteraufnahme							
			1	2	3	4	6	8	10	12
Grundfutter (Vorperiode)	cm³	2,83	3,04	3,19	3,15	3,08	3,01	3,04	2,95	2,96
	%	100,0	107,5	112,8	111,3	108,8	106,3	107,4	104,2	104,6
Grundfutter und Pilzmehl	cm³	2,83	3,32	3,37	3,41	3,42	3,18	3,16	3,13	3,07
	%	100,0	117,3	119,1	120,4	120,8	112,3	111,6	110,6	108,5
Grundfutter (Nachperiode)	cm³	2,83	3,30	3,28	3,16	3,20	3,06	3,06	3,02	2,97
	%	100,0	116,7	115,8	111,6	113,1	108,2	108,2	106,7	105,0
im Mittel	cm³	2,83	3,22	3,28	3,24	3,23	3,08	3,09	3,03	3,00
	%	100,0	113,8	115,9	114,4	114,2	108,9	109,1	107,2	106,0

Für den alten Cajus, der sein aus 0,15 kg Hafer, 0,45 kg Heu und 0,35 kg Strohhäcksel bestehendes (wie oben z. T. durch Pilzmehlzulage verstärktes) Früh

stück nur teilweise und wählerisch verzehrte, wurde folgendes Durchschnittsergebnis für die einzelnen Stunden nach Beendigung der Futteraufnahme gefunden:

Tabelle 9.

Versuchs-abschnitte	O_2-Ver-brauch je kg Tier u. Minute	Grund-wert i. M.	Stunden nach der Futteraufnahme							
			1	2	3	4	6	8	10	12
im Mittel	cm³	2,62	2,85	2,79	2,83	2,81	2,78	2,82	2,69	2,73
	%	100,0	108,8	106,5	108,0	107,2	106,1	107,6	102,8	104,2

b) Über den Gaswechsel von Wiederkäuern nach Nahrungsaufnahme
sind ebenfalls auf Anregung von N. ZUNTZ verschiedentlich Untersuchungen an
Rindern und auch an Schafen ausgeführt worden, so von PAECHTNER, DAHM
und W. KLEIN an verschiedenen Rindern, von O. HAGEMANN und W. KLEIN
am Schaf. Ferner läßt sich das reichhaltige Versuchsmaterial von O. KELLNER[77]
obschon es nicht für das spezielle Studium dieser Frage angelegt wurde, hierfür
mit heranziehen, ebenso die neueren schönen Arbeiten von MÖLLGARD[138] und
last not least diejenigen der Amerikaner ARMSBY[6], F. G. BENEDICT[22] und ihrer
einschlägigen Mitarbeiter.

PAECHTNER[146], der die ersten diesbezüglichen Untersuchungen nach der
ZUNTZ-GEPPERT-Methode an zwei schwarzbunten Jungrindern ausführte, fand
eine Steigerung des Grundgaswechsels, die in den ersten Stunden nach der Futteraufnahme (Heu, Heu und Rüben) bei dem einen Versuchsrind durchschnittlich
je 1 kg Lebendgewicht und Minute 0,82 cm³ Sauerstoff, entsprechend 22 % des
relativen Nüchternwertes betrug; an dem anderen Tier wurde in einer Versuchsreihe ein O_2-Mehrverbrauch von 0,52 cm³ oder 13,3 % des relativen Nüchternwertes, in einer weiteren von nur 0,31 cm³ oder 9,1 % gefunden.

DAHM[38a] erhielt an einem etwa ³/₄ jährigen etwa 240 kg schweren Jungbullen
im Durchschnitt mehrerer Versuche mit vorausgegangener reichlicher Futteraufnahme (Heu, Heu und Getreideschrot) eine Steigerung des O_2-Verbrauches
um 0,90 cm³ je 1 kg Tier und Minute, d. i. 20,6 % des zugehörigen Nüchternwertes; W. KLEIN[82] in späteren Versuchen an demselben inzwischen ca. 2 ¹/₂ jährigen und 530 kg schweren und seit einem Vierteljahr kastrierten Tier direkt nach
beendeter Futteraufnahme einen Zuwachs von 0,45 cm³ Sauerstoffverbrauch
= 11,1 % über den relativen Nüchternwert je 1 kg Tier und Minute.

Wesentlich größere Steigerungen des Grundgaswechsels durch Nahrungsaufnahme fanden F. G. BENEDICT und RITZMANN[18, 20, 21, 22, 23] in ihren nach
eigener Methode ausgeführten Untersuchungen an *hungernden* Stieren; dieselben
betrugen, je nachdem im Anschluß an längeres Fasten eine knappe oder eine
reichliche Heuration verabreicht wurde, zwischen 34 und 72 % des Basalumsatzes
(34—47 % bei unzulänglicher, 47—72 % bei ausreichender Heugabe); der verschiedene N-Gehalt der verwendeten Heusorten (Thimotheeheu mit 0,99 % bzw.
Alfalfaheu mit 2,06 % N) beeinflußte das Ergebnis nicht. Bei diesen Werten ist
zu bedenken, daß der Grundumsatz dieser hungernden Tiere an sich erheblich
unter dem im „relativen Nüchternzustande" des Rindes gelegen ist; unter Berücksichtigung dieses Umstandes nähern sie sich den von ZUNTZ und seinen
Mitarbeitern am Pferde gefundenen.

So sehr diese Werte von Fall zu Fall differieren und einer weiteren syste-
matischen Ergänzung bedürftig erscheinen, so zeigen sie doch, daß auch beim
Rinde eine deutliche Steigerung des Grundgaswechsels unter dem Einfluß frischer
Nahrungsaufnahme besteht, die sich im großen Durchschnitt den beim Menschen

wie beim Hund, Pferd und Schwein (v. d. Heide und W. Klein[68]) gefundenen Werten nähert. Immerhin liegen hier die Verhältnisse alles in allem wesentlich komplizierter, weil eben schon der Grundumsatz aus den mehrfach erörterten Gründen, insbesondere durch die schwer übersehbaren qualitativen und quantitativen Änderungen der Inhaltsmassen und symbiotischen Vorgänge im Verdauungsapparat, bedeutend schwanken kann.

c) Wesen der Verdauungsarbeit.

Was nun schließlich die *Deutung* der bei allen untersuchten Tiergattungen unter vergleichbaren Bedingungen festgestellten *Steigerung des Grundgaswechsels* anbelangt, so sind hierüber die Meinungen seit Anbeginn der einschlägigen Forschung geteilt gewesen und in einem gewissen Grade noch heute umstritten. Die grundsätzliche Divergenz liegt in der Frage, ob es sich bei der nach Nahrungsaufnahme erscheinenden Umsatzsteigerung im wesentlichen um eine gesteigerte mechanische, sekretorische und resorbierende Tätigkeit der Verdauungsorgane — „*Verdauungsarbeit*" (Speck[173], Zuntz[213]) handelt oder aber um eine durch chemische Reizwirkung resorbierter Nährstoffe bedingte Steigerung des allgemeinen Zellstoffwechsels — *spezifisch dynamische Energie* (C. von Voit, M. Rubner[168]). Bei objektiver Prüfung der Sachlage ergibt sich der Schluß, daß beiderlei Vorgänge an der in Rede stehenden Umsatzsteigerung beteiligt sind; allerdings nach Lage der Umstände, vor allem je nach der stofflichen (chemischen und physikalischen) Eigenart der aufgenommenen Nährstoffe und Futtermittel in verschiedenem Ausmaß.

Die Tatsache einer „Verdauungsarbeit" im Sinne der Speck-Zuntzschen Grundanschauung ist experimentell erwiesen; allerdings wohl mitunter überschätzt worden.

So wurde durch Verabreichung von Stoffen ohne Nährwert eine Erhöhung des Gaswechsels gefunden, die füglich aus einer gesteigerten Beanspruchung des Magendarmkanals zu erklären ist; beispielsweise fand Speck[173] nach Aufnahme von $1\frac{1}{4}$ l kalten Wassers eine Steigerung von 8%, A. Loewy[117] nach Verabreichung von Glaubersalz eine Zunahme des Gaswechsels bis zu 30%, Magnus-Levy[127] durch reichliche Knochenfütterung an zwei Hunden eine Steigerung des Sauerstoffverbrauches über den Nüchternwert, die im Mittel beider Versuche maximal (5 Stunden nach der Knochenaufnahme) 33% betrug und darnach noch weitere 5 Stunden fast unvermindert anhielt.

Eine besondere Bedeutung dieser Frage kommt, zumal im Bereiche dieses Werkes, der *umsatzsteigernden Wirkung pflanzlicher Ballaststoffe*, d. h. vor allem der *Rohfaser* und der an ihr reichen *Rauhfutterarten* zu. Sie ist daher auch seit Jahrzehnten Gegenstand eingehender Untersuchungen, Überlegungen und Auseinandersetzungen mit teilweise sehr abweichenden Standpunkten gewesen.

N. Zuntz, der in seinen Versuchen mit Hagemann über den Stoffwechsel des Pferdes bei Ruhe und Arbeit[213] die ersten eingehenden Untersuchungen hierüber angestellt hat, stellt dort eine sehr bedeutende Umsatzsteigerung bei extremer Heufütterung (10,5 kg Heu mit 2,759 kg Rohfaser) gegenüber der Normalfütterung (6 kg Hafer, 1 kg Strohhäcksel und 4,75 kg Heu mit insgesamt 2,111 kg Rohfaser) desselben Pferdes im gleichen Verdauungsstadium (2,6 bzw. 2,7 Stunden nach der Futteraufnahme) fest und bezieht dieselbe auf eine spezifisch umsatzsteigernde Wirkung der Rohfaser. Der Betrag dieser aus dem Gaswechsel des Versuchstieres unter Anbringung verschiedener Korrekturen ermittelten Umsatzsteigerung wird mit 1352 Cal für 648 g Rohfasermehraufnahme in der Heuration, *entsprechend einer Verdauungsarbeit von 2,086 Cal für 1 g im Futter aufgenommener Rohfaser* festgestellt, wozu überdies noch die für die Aufnahme des Futters erforderliche *Kauarbeit* zu rechnen ist.

ZUNTZ und HAGEMANN geben anschließend auf Grund obiger Zahlen und des verdaulichen Energieinhaltes verschiedener Futtermittel, sowie des für die Verdauung ihrer sonstigen organischen Bestandteile erforderlichen Energieaufwandes eine Überschlagsrechnung für den nach Abzug der gesamten Verdauungsarbeit (jedoch zunächst ohne Berücksichtigung der Gärverluste) für Arbeitsleistungen im Tierkörper verbleibenden Anteil; derselbe stellt sich für das als Beispiel gewählte *Heu* wie folgt:

Energiewert der resorbierten Nährstoffe von 1 kg Heu (406 · 4,1 Cal) . . . . 1665 Cal
davon ab für Verdauungsarbeit der Rohfaser . . . . . 263 · 2,086 = 549 Cal
„   „   „   „   „ übrigen Bestandteile . . . . . . 150 „
„   „   „ Kauarbeit . . . . 167 „
Verdauungsarbeit für 1 kg Heu im ganzen . . . . 866 „
Disponibel für Arbeitsleistungen im Pferdekörper . . . . *799 Cal*
(entsprechend 48 % der resorbierten oder ca. 20 % der Rohcalorien des Heues).

Für *Strohhäcksel* ergibt sich entsprechend folgender Überschlag:

Energiewert der resorbierten Nährstoffe von 1 kg Strohhäcksel (190 · 4,1 Cal) . 779 Cal
davon ab für Verdauungsarbeit der Rohfaser . . 386,5 · 2,086 Cal = 806 Cal
„   „   „   „   „ übrigen Bestandteile . . . . . . 70 „
zusammen (ohne Kauarbeit) . . . . 876 „
Disponibel für Arbeitsleistungen im Pferdekörper . . . . *—97 Cal*
(entsprechend ca. —12 % der resorbierten oder ca. —2,5 % der Rohcalorien des Strohhäcksels).

Demnach würde das Strohhäcksel beim Pferd einen negativen Nährwert haben, der sich unter Berücksichtigung der für seine Aufnahme erforderlichen Kauarbeit (s. S. 184) auf 300 Cal je 1 kg erhöhen müßte, falls die obigen Werte für die Verdauungsarbeit für Rohfaser tatsächlich zutreffen.

Dies ist nun seit ihrer Bekanntgabe verschiedentlich bestritten worden, so von HENNEBERG und PFEIFFER[67], M. RUBNER[168] und anderen; ja, man ist vereinzelt so weit gegangen, das Bestehen einer nennenswerten mechanischen Verdauungsarbeit (abgesehen von der Kauarbeit) überhaupt in Abrede zu stellen.

Daß der Wert von 2,086 Cal Verdauungsarbeit für 1 g Rohfaser, wie ihn ZUNTZ und HAGEMANN für das Pferd ermittelten, erheblich zu hoch liegt, erscheint aus verschiedenen Gründen kaum zweifelhaft. So z. B. auf Grund der a. a. O. erwähnten Gaswechselversuche, die ich in Gemeinschaft mit BRAGON und mit TERJUNG an Ponypferden ausgeführt habe und bei denen eben zur Prüfung der Rohfaserfrage eine im ganzen knappe, dabei aber verhältnismäßig rohfaserreiche Fütterung über längere Zeit angewandt worden ist. Bei Gültigkeit der obigen Werte für die Rohfaserverdauungsarbeit wäre eine verhältnismäßig hohe Lage des Gaswechsels, insbesondere im frischen Verdauungszustand der Versuchstiere, ferner aber im längeren Verlauf des Versuchs ein körperlicher Zusammenbruch derselben zu erwarten gewesen; beides ist indes nicht eingetreten, wie die folgenden Angaben zeigen.

Tabelle 10. O₂-Verbrauch und Rohfaserkonsum
(ZUNTZ, HAGEMANN und LEHMANN, TERJUNG).

Versuchs-tiere	O₂-Verbrauch		Futter je kg und Tag			Davon Rohfaser		Bemerkungen
	je kg u. Minute cm³	je m² u. Minute cm³	Hafer g	Heu g	Stroh-häcksel g	im Futter %	je kg Tier und Tag	
Barnabas	3,70	317	13,4	10,1	2,23	18	4,71	ZUNTZ, HAGE-
do. . .	3,98	333	—	23,8	—	26	6,24	MANN u. LEHMANN
Castor . .	3,28	230	3,0	5,4	8,9	34	5,84	TERJUNG
Cajus . .	2,83	174	3,5	6,3	10,3	34	6,75	

Castor und Cajus zeigten also in zeitlich vergleichbaren Verdauungsstadien sowohl auf die Gewichtseinheit als auch auf die Oberflächeneinheit bezogen einen erheblich niedrigeren O_2-Verbrauch als Barnabas, obwohl sie eine prozentual und zum Teil auch absolut rohfaserreichere Ration als jener erhielten. Der größere O_2-Verbrauch von Barnabas dürfte somit weniger seinem Rohfaserkonsum, sondern vielmehr seiner reichlicheren, insbesondere erheblich eiweißreicheren Gesamtration zuzuschreiben sein.

Wie oben bemerkt, hätte überdies die an den beiden Ponywallachen angewandte Fütterungsweise, falls der hohe Energieaufwand für Rohfaserverdauung zuträfe, in kurzer Zeit zu einer bedenklichen Unterernährung und schließlich zum körperlichen Zusammenbruch der Tiere führen müssen, wie dies aus den folgenden Aufstellungen und Überlegungen wahrscheinlich wird, in denen der nach Abzug der Verdauungsarbeit und der Gärverluste für ihren Unterhalt einschließlich der in regelmäßiger Bewegung und gelegentlicher Zugarbeit bestehenden Leistungen verbleibende Betrag an nutzbarer Energie aus dem Tagesfutter auf Grund der durch quantitative Ausnutzungsversuche bestimmten Zufuhr unter Anwendung der ZUNTZ-HAGEMANNschen Werte ermittelt ist.

Dabei ergibt sich für Castor:

Tagesfutter: 0,81 kg Hafer, 1,45 kg Heu und 2,37 kg Roggenstrohhäcksel, mit 1,57 kg Rohfaser — davon 720 g verdaulich — und 7980 verdaulichen Calorien.

Hieraus folgt:

Energiewert der verdauten Nährstoffe		7980 Cal
davon ab für Verdauungsarbeit und Gärverluste:		
Kauarbeit (4,63 kg Mischfutter à 190 Cal)	880 Cal	
Verdauungsarbeit für *Rohfaser* (1570 g à 2,086 Cal)	*3275* „	
Verdauungsarbeit für die übrigen Nährstoffe	406 „	
Gärverluste (720 g verdaute Rohfaser à 0,64 Cal)	461 „	
insgesamt		5022 „

es verbleiben demnach für Erhaltung und Leistungen . . . . 2958 Cal
oder *je Quadratmeter und Tag 787 Cal.*

Für *Cajus* ergibt sich entsprechend:

Tagesfutter: 0,70 kg Hafer, 1,20 kg Heu und 2,00 kg Roggenstrohhäcksel, mit 1320 g Rohfaser — davon 610 g verdaulich — und 6500 verdaulichen Calorien.

Hieraus folgt:

Energiewert der verdauten Nährstoffe		6500 Cal
davon ab für Verdauungsarbeit und Gärverluste:		
Kauarbeit (3,90 kg Mischfutter à 220 Cal)	858 Cal	
Verdauungsarbeit für *Rohfaser* (1320 g à 2,086 Cal)	2752 „	
Verdauungsarbeit für die übrigen Nährstoffe	355 „	
Gärverluste (610 g verdaute Rohfaser à 0,64 Cal)	390 „	
insgesamt		4355 „

es verbleiben demnach . . . . 2145 Cal
oder *je Quadratmeter Oberfläche und Tag 768 Cal.*

Die nach obigen Beispielen nach Abzug der Verdauungsarbeit und der Gärverluste verbleibenden Energiebeträge konnten für den tatsächlichen Bedarf der beiden Tiere auf die Dauer unmöglich genügen, wenn man die sonst hierfür bekannten Bedarfswerte als richtig unterstellt.

Denn, angenommen, daß der Tagesbedarf des nüchtern gedachten, ruhenden Pferdes, wie dies viel Wahrscheinlichkeit hat, ca. 950 Cal je Quadratmeter beträgt, so würden daran für den Ruhebedarf von *Castor* laut obigem Beispiel je Quadratmeter 163 Cal oder je Tier und Tag 612 Cal, für Cajus entsprechend 182 Cal bzw. 504 Cal fehlen. Das hätte, selbst bei dauernder Körperruhe der Tiere, zu einer beträchtlichen Abzehrung von Leibessubstanz führen müssen, für welche bei dem mageren Zustand derselben im wesentlichen Eiweißmaterial in Betracht kam, zumal auch niemals respiratorische Quotienten auftraten, die für eine nennenswerte Fettzehrung sprachen.

In Eiweißkonsum ausgedrückt würde aber ein Tageszuschuß von 612 Cal für Castor rund 150 g, d. i. 600 g Leibessubstanz, bedeuten, also im Monat einen Gewichtsverlust von 18 kg, außerdem eine stark negative N-Bilanz. Tatsächlich blieb das Gewicht des Tieres durch viele Monate annähernd gleich und die N-Bilanz lag im Gleichgewicht; entsprechend lagen die Dinge bei *Cajus*.

Da beide Tiere überdies sich während der Versuchszeit durchaus nicht im Zustand dauernder Körperruhe befanden, dürfte ihr täglicher Oberflächenbedarf im Durchschnitt beträchtlich über 950 Cal gelegen haben, und es wäre also de facto ein noch erheblich größerer Zuschuß an Leibessubstanz nötig gewesen, falls die nach Abzug der Verdauungsarbeit und der Gärverluste verfügbar bleibenden Energiebeträge tatsächlich zuträfen. Wie die Dinge liegen, kann das kaum der Fall sein und muß also der in Rede stehende Sonderaufwand für Rohfaserverdauung beim Pferd als zu hochgegriffen erscheinen.

Dies lehrt im übrigen auch die vielfältige praktische Erfahrung, besonders der Kriegsnotzeiten; ebenso spricht dafür das Ergebnis vergleichender Untersuchungen an anderen Tiergattungen, so z. B. an Wiederkäuern.

Der in Rede stehende hohe Aufwand für die Rohfaserverdauung des Pferdes hat weiterhin auch in vergleichenden Untersuchungen am Rinde kein Analogon gefunden. Hierüber berichten u. a. DAHM[38] und W. KLEIN[82] auf Grund sorgfältiger Versuche an dem bereits mehrfach erwähnten Jungbullen Anton. Nach den Ermittlungen von C. DAHM S. 498[38] würde sich demnach aus seinen diesbezüglichen Gaswechselversuchen ein Aufwand von höchstens 0,81 Cal (unter Anbringung gewisser Korrekturen nur ca. 0,5 Cal) für die Verdauung von 1 g aufgenommener Rohfaser ergeben, wozu für Kau- und Wiederkauarbeit noch 0,14 Cal kommen, und W. KLEIN S. 27[82] kommt in seiner schönen Arbeit an demselben Tier unter Verzicht auf bestimmte Zahlenangaben zu dem Schluß, daß eine umsatzsteigernde Wirkung des Rauhfutters als Folge der vergrößerten mechanischen Verdauungsarbeit durch dessen Rohfasergehalt „beim Wiederkäuer nur in geringem Maße besteht. Soweit sie vorhanden ist, kann sie durch Modifikationen der Pansengärung ganz und gar verdeckt werden".

Diese Auffassung dürfte immerhin etwas zu weit gehen, zumal doch die peristaltikanregende Wirkung der Rohfaser bekannt ist, und ferner auch die im übrigen vorzüglichen KELLNERschen Bilanzversuche unter vergleichbaren Bedingungen eine Erhöhung des Tagesumsatzes bei rohfaserreichen Rationen gegenüber rohfaserärmeren erkennen lassen.

Alles in allem erscheint jedenfalls die Frage der Rohfaserverdauungsarbeit einer weiteren Bearbeitung bedürftig.

Wenn demgegenüber die Tatsache einer Umsatzsteigerung nach Nahrungsaufnahme an sich unzweifelhaft feststeht, so ist mit der Einschränkung oder Ablehnung einer spezifischen Einwirkung der Rohfaser an diese keineswegs die ursächliche Beteiligung mechanischer Vorgänge im Verdauungsapparat überhaupt abgetan oder gar eine Nichtbeteiligung dieses Organs an jener Umsatzsteigerung erwiesen. Es wäre vielmehr grundsätzlich verkehrt, eine solche bei dem tatsächlichen Verhalten des Digestionsapparates mit seiner offenkundigen mechanischen und sonstigen Tätigkeitssteigerung unter dem Einfluß der Ingesta völlig abzulehnen. Schwierig und einstweilen unmöglich scheint es nur, diesen Anteil an der Gesamtverdauungsarbeit quantitativ abzugrenzen, und feststeht zweifellos, daß die umsatzsteigernde Wirkung der Nahrungsaufnahme sich nicht ausschließlich im Bereiche der Verdauungsorgane abspielt, sondern darüber hinaus auf das Gebiet des Gesamtstoffwechsels erstreckt, sei es durch Anregung der Kreislauforgane, des Respirationsapparates, der Leber und sonstiger Drüsen oder schließlich aller Zellen und Gewebe, die an dem Umsatz, der Verarbeitung, etwaigen Speicherung und Umwandlung der resorbierten Nährstoffe beteiligt sind.

Diese Seite der vorliegenden Frage ist zuerst von M. Rubner[168] erkannt, in klassischen Versuchen studiert und eingehend gedeutet worden; er hat sie als „*spezifisch dynamische Wirkung*" der Nahrungsstoffe bezeichnet; sie ist in der Folge insbesondere von amerikanischen Forschern (Atwater[10], Armsby[5] u. a.) mit den von ihnen entwickelten verbesserten Methoden der direkten und indirekten bzw. vergleichenden Calorimetrie an Menschen und verschiedenerlei Versuchstieren eingehend bearbeitet worden. Das in Energiewerten ausgedrückte Ergebnis der umsatzsteigernden Wirkung der Nahrungszufuhr wird von ihnen als „*thermische Energie*" der Nahrung bezeichnet.

Das praktisch wesentliche Ergebnis der Untersuchung ist unter vergleichbaren Bedingungen dasselbe, ob man diese unter dem Gesichtspunkt der „Verdauungsarbeit" oder aber der „spezifisch-dynamischen Wirkung" bzw. der „thermischen Energie" ausführt; unterschiedlich ist eben nur die Deutung seiner physiologischen Wesensart, je nachdem diese die faktische Umsatzsteigerung im wesentlichen auf eine Beanspruchung der *Verdauungsorgane* (und der sonst durch den Verdauungsprozeß in ihrer Tätigkeit angeregten Organsysteme) oder aber auf eine *allgemeine Stoffwechselsteigerung* der Körperzellen unter der Reizwirkung resorbierter Nährstoffe oder gewisser Spaltprodukte von solchen zurückführt.

Eine Wirkung der letztgenannten Art wird dadurch wahrscheinlich, daß die umsatzsteigernde Wirkung der verschiedenen Hauptnährstoffgruppen c. p. sehr verschieden ist: sehr beträchtlich bei Eiweißnahrung, viel geringer bei Fetten und verschwindend gering bei Kohlehydraten. Demnach dürfte eine spezifisch-dynamische Wirkung im konkreten Sinn Rubners für die Gruppe der Eiweißkörper — aber auch nur für diese — mit Sicherheit Geltung haben. Daß es sich hierbei um eine stoffwechselsteigernde Reizwirkung auch von Abbauprodukten des Eiweißes handeln kann, geht u. a. aus den interessanten Harnstoffversuchen von A. Scheunert, W. Klein und M. Steuber[183] an Hammeln deutlich hervor.

Alles in allem dürfte es indes angezeigt sein, die Umsatzsteigerung, die nach Nahrungsaufnahme auftritt, weiterhin mit dem inzwischen verbreiteten Ausdruck „*Verdauungsarbeit*" zu bezeichnen und als *Gesamtwirkung der mechanischen und chemischen Vorgänge* zu betrachten, die sich als Folge der Nahrungsaufnahme im Verdauungsapparat mit seinen Anhangsdrüsen und in der Gesamtheit der an der Aufnahme, dem Transport und Umsatz der Nährstoffe sowie der Ausscheidung ihrer Umsatzstoffe, soweit diese durch die Nahrungsaufnahme erhöht sind, abspielen.

Bezüglich näherer Einzelheiten dieser Vorgänge und ihrer Bedeutung sei im übrigen auf die einschlägigen Kapitel dieses Werkes (Stoffwechsel, Energieumsatz, Stärkewert) verwiesen; in dem vorliegenden Abschnitt sollten sie schließlich nur insoweit Erwähnung finden, als sie sich im Verhalten des Gaswechsels ausdrücken bzw. durch dessen Bestimmung untersucht werden können.

II. Der Intestinalgaswechsel.

Wir hatten bisher ausschließlich die Größe und wichtigsten Abhängigkeiten des eigentlichen Gaswechsels behandelt, der das Ergebnis des Organstoffwechsels der untersuchten Individuen ist, und haben nun schließlich noch jener unter Umständen beträchtlichen und besonders für die Fütterungslehre praktisch wichtigen Gaswechselvorgänge zu gedenken, die sich an den Inhaltsmassen des Verdauungsapparates als Lebensäußerung der dortigen Mikroben im wesentlichen in Form von Gärungsprozessen abspielen, wo sie zur Bildung und Ansammlung unter Umständen bedeutender Gasmengen führen, die z. T. zeitweilig durch die Öffnungen des Digestionsapparates (Mund, After) nach außen entleert werden, z. T. aber auch durch dessen Epithelbekleidungen in die Blutbahn übergehen und von hier aus über die Atmungsorgane zur Ausscheidung gelangen.

Über das Wesen und die wichtigeren Einzelheiten dieser Vorgänge ist an anderen Stellen dieses Werkes (s. Bd. 2, S. 147, 263, 310 ff.) eingehender berichtet; hier interessiert uns hauptsächlich die Art und Größe derselben, soweit sie mit Hilfe des Gaswechselversuchs an landwirtschaftlichen Nutztieren bestimmt worden ist.

Die in Betracht kommenden gasförmigen Umsatzstoffe dieser Prozesse sind neben einem geringfügigen O_2-Verbrauch die aus der Vergärung von Kohlehydraten (Zuckern, Stärke, Rohfaser) stammenden C-haltigen Ausscheidungsprodukte *Kohlendioxyd, Methan* (vielleicht auch geringfügige Anteile der nächsthöheren Kohlenwasserstoffe) und ferner *Wasserstoff*, wovon die beiden letztgenannten — CH_4 und H_2 — ausschließlich aus dem Intestinalgaswechsel stammen und daher ohne weiteres als Erzeugnisse desselben feststellbar sind, während der Intestinalanteil der CO_2 natürlich nur umständlich und nur annähernd bestimmt werden kann, zumal ein unter Umständen nicht unbeträchtlicher Teil desselben, wie erwähnt, den Körper durch die Atmungsorgane verläßt und daher nur schätzungsweise zu ermitteln ist.

Für die Totalbestimmung des Gaswechsels ist dies an sich ja belanglos; immerhin wäre es für ihre exaktere Auswertung und für manche anderen Fragestellungen von Wert, den Anteil der Gärungs-CO_2 an der Gesamtausscheidung zu kennen. Dies ist zuerst von TACKE[187-190] am Kaninchen, später von N. ZUNTZ und Mitarbeitern [214, 82] am Pferd und Rinde versucht worden: hierauf soll später noch kurz eingegangen werden.

Zunächst mögen die grundlegenden Untersuchungen Erwähnung finden, in denen die Produkte des Intestinalgaswechsels bei unseren herbivoren Haustieren überhaupt quantitativ bestimmt worden sind. Das ist mit befriedigendem Ergebnis und in reichhaltigem Ausmaß zuerst durch die G. KUEHN-KELLNERschen Versuche an Ochsen mit dem Möckerner Pettenkoferapparat geschehen, dessen diesbezügliche Einrichtung Bd. 3, S. 378, beschrieben wurde und sich für den Zweck der Methanbestimmung vortrefflich bewährt hat. Über das Ergebnis der KELLNERschen Versuche, soweit es die *Methanausscheidung* betrifft, gibt eine gekürzte Übersicht aus den KELLNERschen Versuchen einige Auskunft.

1. Methanbildung.

Tabelle 11. Die Methanausscheidung beim Ochsen (nach O. KELLNER[77]).

Versuchsreihen	CO_2-Ausscheidung			hieraus CH_4		entspr. C vom Nahrungs-Kohlenstoff
	ungeglühte Luft g	geglühte Luft g	geglühte Luft mehr g	g	l	%
Ochse A. 8,5 kg Wiesenheu (3354 g C)	6193	6637	444	162	226	3,62
Ochse B. 4 kg Wiesenheu, 5 kg Haferstroh (3554 g C)	6896	7376	480	175	246	3,69
Ochse I. 9 kg Wiesenheu (3404 g C)	7112	7543	431	157	220	3,46

Die recht erhebliche, im Durchschnitt bei der gegebenen Fütterungsweise etwa 3,5 % des Nahrungskohlenstoffs betragende C-Ausscheidung in Form von Methan geht hieraus deutlich hervor und zeigt für die verschiedenen Versuchstiere bei ähnlicher Fütterungsweise eine weitgehende Übereinstimmung. Diese zeigt sich auch schön in den obigen Mittelwerten zugrunde liegenden Einzelversuchen; so z. B. für die fünf Einzelversuche am Ochsen I wie folgt:

Tabelle 12.

Versuchsreihen (Einzelversuche)	Versuch Nr.	CH_4		hierin C	
		g	l	g	vom Nahrungs-C %
Ochse I. 9 kg Wiesenheu mit 3404 g C	1	150	210	112	3,3
	2	163	227	122	3,6
	3	167	233	124	3,6
	4	152	212	114	3,4
	5	155	217	116	3,4
	i. M.:	157	220	118	3,5

Die Bestimmung der Methanausscheidung in den Kellnerschen Respirationsversuchen hat zu praktisch wichtigen Aufschlüssen über die Größe und Bedeutung der Intestinalgärung beim Wiederkäuer geführt; ihr Ergebnis ist von O. Kellner dahin zusammengefaßt worden, daß bei der Verdauung von 100 g N-freien Extraktstoffen + Rohfaser vom Rinde durchschnittlich 4,29 g Methan gebildet werden, was einem Verlust von 13,7 % der verdaulichen Energie dieser Nährstoffe gleichkommen würde; ein Betrag, der sich bei Verwendung extrem rohfaserreicher Rationen bis auf etwa 20 % des Energieinhaltes der verdauten N-freien Extraktstoffe + Rohfaser steigern kann. Daß diese Verlustquote auch z. B. durch die Beigabe leichtverdaulicher Kohlehydrate und insbesondere durch die zeitlichen Bedingungen der Darreichung beeinflußt werden . kann, ist von Zuntz nachgewiesen worden. Näheres hierzu bei N. Zuntz[220] und an anderen Stellen dieses Werkes.

Weitere Untersuchungen über die Methanbildung von Wiederkäuern sind u. a. von W. Klein[82] am Ochsen und neuerdings in großer Zahl von H. Möllgaard[138] an Milchkühen ausgeführt worden; von ersterem ferner auch an Schafen und Schweinen unter verschiedenerlei Bedingungen. Die Versuche von Klein[83, 88, 89, 68], die z. T. auch mit einer Analyse der Pansengase verbunden wurden, sind besonders deshalb interessant, weil sie die Abhängigkeit der Intestinalatmung von Art und Darreichungsweise des Futters deutlich beleuchten und weitere Aufschlüsse über das gegenseitige Verhältnis der Gärungsgase, insbesondere von $CH_4 : CO_2$, das normaliter in guter Übereinstimmung mit Krogh-Schmidt-Jensen[102] zu 1 : 2,6 — 1 : 2,73 gefunden wird, geben.

2. Der Anteil der Gärungs-CO_2 an der CO_2-Ausscheidung.

Im übrigen ist natürlich in den primären CO_2-Werten der besprochenen Respirationsversuche („CO_2 in ungeglühter Luft" nach Kellner) auch der Anteil dieses Gases aus den Intestinalgärungen enthalten; doch hat z. B. Kellner nicht versucht, seine Größe zu ermitteln.

Diesbezügliche Versuche sind hingegen, wie schon erwähnt, verschiedentlich von der Zuntzschen Schule unternommen worden, so von B. Tacke[187] am Kaninchen, von N. Zuntz und O. Hagemann[214] am Pferd, von W. Klein[82] am Rind. Man verfuhr dabei so, daß der Lungengaswechsel des in einem Respirationskasten nach Pettenkofer, Regnault-Reiset oder anderswie im Versuch befindlichen Tiere von der Messung ausgeschaltet oder eventuell nach der ZUNTZ-GEPPERT-Methode gesondert bestimmt wurde, so daß also durch den Kastenversuch nur die durch die Öffnungen des Intestinums (Mund und After) und die durch die Haut ausgeschiedenen Gase bestimmt wurden; während man ihr Verhältnis zum Gesamtgaswechsel durch besondere Versuche feststellte.

Die ersten derartigen Versuche an großen Haustieren wurden von N. ZUNTZ in Gemeinschaft mit F. LEHMANN und O. HAGEMANN[214] an dem mehrfach erwähnten Versuchspferd Barnabas in Weende (Göttingen) mit Hilfe des von STOHMANN modifizierten PETTENKOFER-Apparates ausgeführt, wobei in einer Versuchsreihe die 24stündige Gesamtproduktion, in einer anderen 10stündigen Reihe auf die obenerwähnte Weise nur die Haut- und Darmausscheidung gemessen wurde. Der hierbei ermittelte Betrag an CH_4 und H_2 war ohne weiteres der Intestinalatmung zuzuschreiben; schwieriger gestaltete sich die Aufteilung der gefundenen CO_2 auf Haut- und Darmatmung und die Bestimmung der Gärungs-CO_2-, CH_4- und H_2-Mengen, die den Körper mit der Lungenatmung verlassen.

Das Ergebnis dieser Versuche ist in der folgenden Tabelle zusammengestellt.

Tabelle 13. CO_2- und Methanausscheidung durch Haut und Darm beim Pferd (nach N. ZUNTZ, F. LEHMANN und O. HAGEMANN[214]).

Gasausscheidung	CO_2		CH_4		Bemerkungen
	in 10 Std.	in 24 Std.	in 10 Std.	in 24 Std.	
	l	l	l	l	
Total	—	2440	—	22,9	Die eingeklammerten Werte sind aus
Aus Haut und Darm	30,8	(73,9)	14,0	(35,4)	den 10-Std.-Versuchen berechnet.

Es überrascht insofern, als der aus den 10stündigen Versuchen berechnete Tageswert für *Methan* bei der ausschließlichen Bestimmung der Haut- und Darmatmung mit 35,4 l erheblich höher liegt als der unter sonst gleichen Bedingungen im 24stündigen Versuch gefundene Totalwert von 22,9 l. Das dürfte im wesentlichen durch eine vom Verdauungszustand abhängige Intensitätsschwankung der Methanausscheidung bedingt sein, die es nicht gestattet, das Ergebnis von Teilabschnitten des Tagesgaswechsels ohne weiteres auf Tageswerte umzurechnen. Jedenfalls scheint aber hieraus hervorzugehen, daß der durch die Lungen abwandernde Anteil der Methanproduktion beim Pferde von untergeordneter Bedeutung ist.

Was die *CO_2-Ausscheidung durch Haut und After* anbelangt, so würde diese in 24 Stunden rund 74 l oder in toto reichlich 3% der Gesamtausscheidung betragen, wovon nach den auf TAPPEINERs und eigene Analysen von Pferdedarmgasen gestützten Berechnungen der Autoren ca. 61 l auf die Hautatmung und nur ca. 13 l auf die Intestinalatmung entfielen.

Über die entsprechenden Verhältnisse beim Rinde hat später W. KLEIN[82] im Tierphysiologischen Institut zu Berlin mit verbesserter Methode Versuche ausgeführt. Er benutzte hierzu den dortigen Universalrespirationsapparat und verfuhr so, daß er den Lungengaswechsel seines Versuchstieres nach der ZUNTZ-GEPPERT-Methode und gleichzeitig die auf Haut und die Intestinalöffnungen entfallende CO_2- und CH_4-Ausscheidung nach dem REGNAULT-REISET-Prinzip bestimmte.

Seine a. a. O. beschriebenen Versuche, die im einzelnen je 2—3 Stunden (11.05 bis 1.10, 9.52—12.05, 10.25—12.24 Uhr) dauerten, ergeben, auf 24 Stunden berechnet, im Mittel für Haut und Intestinum eine Ausscheidung von 394,5 l CO_2 und 150,6 l CH_4, während sich aus der gleichzeitigen Lungenatmung eine CO_2-Ausscheidung von 2799 l CO_2 (bei 2972 l O_2-Verbrauch) berechnete. Demnach würde sich hier die 24stündige Gesamtausscheidung an CO_2 mit 3193,5 l und der

Anteil der Haut- und Intestinalausscheidung hieran mit rund 12 % ergeben. Die Methanausscheidung durch Haut- und Intestinalöffnungen erscheint absolut wie im Verhältnis zur CO_2 bedeutend höher als beim Pferde, niedriger dagegen als sie in 24 stündigen REGNAULT-REISET-Versuchen an demselben Tiere unter vergleichbaren Bestimmungen mit im Mittel 250 l pro die direkt festgestellt wurde und wie sie auch nach den Versuchen von KELLNER, MÖLLGAARD u. a. zu erwarten ist. Hieraus dürfte indes, wie W. KLEIN betont, nicht etwa geschlossen werden, daß die differierenden 100 l CH_4 nach erfolgter Resorption durch die Lungen ausgeschieden worden wären; vielmehr ist auch hier daran zu denken, daß die Methanbildung und -ausscheidung periodische Tagesschwankungen unter dem Einfluß der Nahrungsaufnahme zeigt, wie dies von KLEIN auch durch fraktionierte Bestimmungen erwiesen wurde (s. z. B. die nachstehende Übersicht) und auch nach einschlägigen Studien über den Verlauf der Pansengärung außerhalb des Körpers wahrscheinlich ist.

Tabelle 14. Schwankungen der Methanausscheidung beim Rind (nach W. KLEIN[82]).

Ochse Anton (PETTENKOFER-Versuch vom 18.10.1910)	CH_4-Ausscheidung je Stunde					Bemerkungen
	im Tages-durch-schnitt	in den Zeitabschnitten von				
		11.45 bis 21.10 Uhr	21.10 bis 3.02 Uhr	3.02 bis 8.45 Uhr	8.45 bis 11.45 Uhr	
Liter	13,9	14,0	13,3	10,9	17,2	Tagesfutter: 8 kg Heu,
Prozent	100,0	100,7	95,6	78,4	123,7	1,5 kg Schrot, 1 kg Leinkuchen

Bei näherem Zusehen gibt freilich die auf S. 195 erwähnte Versuchsreihe von W. KLEIN zur kombinierten Bestimmung des Lungen- bzw. Haut- und Intestinalgaswechsels in Verbindung mit den einschlägigen Werten der vorstehenden Tabelle der oben vertretenen Auffassung einer unmaßgeblichen Bedeutung des Methanabzuges durch die Lungen keine einwandfreie Stütze. Denn unter den Bedingungen der vorliegenden beiden Versuche, die im Anschluß an eine reichliche Futteraufnahme stattfanden, wäre der aus ihnen berechnete Tageswert an CH_4 eher über demjenigen des vergleichbaren R.R.-Tagesversuches zu erwarten gewesen; tatsächlich liegt er aber so beträchtlich darunter, daß dies kaum durch eine zufällige Abweichung im Verhalten des Versuchstieres erklärt werden kann. Demnach wäre also doch wohl mit einer beträchtlichen Methanausscheidung durch die Lungen, etwa im Verhältnis von 250:100 oder rund $^2/_5$ der Gesamtausscheidung bzw. ca. $^2/_3$ der unmittelbar durch Mund und After entleerten Menge zu rechnen.

Für die Gärungskohlensäure des Intestinums dürfte gemäß ihrer höheren Konzentration und ihrem günstigeren Diffusionskoeffizienten der entsprechende Anteil noch größer sein, falls dem nicht etwa ein besonderes Verhalten der Vormagenepithelien entgegenwirkt. Der Fall liegt hier noch wesentlich verwickelter, da man eben die durch Gärung gebildeten Mengen nicht direkt messen und nur aus Intestinalgasanalysen und künstlichen Gärversuchen, deren Übertragung auf die physiologischen Verhältnisse trotz aller darauf verwandten Mühe (s. u. a. v. MARKOFF[132, 133]) Bedenken hat, abschätzen kann.

Nehmen wir aber an, daß von der Gärungskohlensäure des Intestinums ein gleich großer Anteil wie vom Methan den Körper durch die Lungen verließe und die oben fürs Methan aufgestellte Quote von ca. 67 % der unmittelbar nach außen entleerten Menge zuträfe, so würde sich auf dieser Basis die Gesamtmenge der Gärungs-CO_2 für den besprochenen Versuch mit $395{,}5 \cdot 1{,}67 = 662$ l und das Verhältnis von $CH_4 : CO_2$ in den Gärungsgasen $= 1 : 2{,}64$ ergeben, ein Wert, der den analytischen Befunden über die Zusammensetzung der Pansengase (1 : 2,6) ganz nahekommt und, wenn man ihn zu einer Abschätzung des Eigengaswechsels beim Rinde verwendet, einleuchtende Werte, besonders für den R Q. und die aus ihm folgenden Schlüsse über die Art der am Stoffwechsel beteiligten Nährstoffqualitäten ergibt. So etwa für das in Rede stehende Versuchsbeispiel die folgenden:

$$\text{Betrag der Gesamt-}CO_2\text{-Ausscheidung} \ldots \ldots \ldots \quad 3194\ l$$
$$\text{,,}\quad \text{,,}\quad \text{Gärungs-}CO_2 \text{ (s. o.)} \ldots \ldots \ldots \ldots \quad \underline{662\ l}$$
$$\text{demnach aus dem eigentlichen Stoffwechsel} \ldots \ldots \quad 2532\ l$$

Hieraus mit dem O_2-Verbrauch von 2972 ein R Q. von 0,85, d. i. einer Größenordnung, die der bei anderen Pflanzenfressern unter ähnlichen Ernährungsbedingungen gefundenen nahekommt.

Diese Auffassung weicht allerdings wesentlich von den Vorstellungen ab, die N. Zuntz auf Grund der vielfachen v. Markoffschen Gärungsversuche mit Panseninhalt in tiefschürfenden Überlegungen über die Eigenart des Wiederkäuerstoffwechsels dargelegt hat, und nach denen dieser infolge eines enormen Ausmaßes der intestinalen Gärungsprozesse zu einem ganz erheblichen Teil im Umsatz von niederen Fettsäuren und Milchsäure bestehen würde, wofür u. a. S. 61[82] eine Begründung gegeben wird. Bei aller hohen Würdigung, welche diesem führenden Forscher und Meister der Stoffwechselphysiologie gebührt, scheint sein Standpunkt in dieser Frage doch einer weiteren experimentellen Prüfung bedürftig. Denn es ist kaum anzunehmen, daß so große Mengen von niederen Fettsäuren, insbesondere von Buttersäure, wie dies etwa nach dem unter S. 49[82] zitierten Beispiel mit ca. 1600 g Buttersäure pro die der Fall wäre, als solche in den Säftestrom eintreten, ohne daß sie sich dort irgendwie nennenswert bemerkbar machen. Tatsächlich ist aber das Rinderblut, wie das des Pferdes, bisher frei von Fettsäuren gefunden worden (s. hierzu Abderhalden[1]). Denkbar wäre vielleicht eine Resynthese der Gärungsfettsäuren zu Kohlehydraten, wofür gewisse Anzeichen sprechen (s. S. 205); doch ist sie einstweilen nicht bewiesen.

Somit stehen leider, trotz allen Scharfsinns und aller Mühe, die auf ihre Klärung verwendet wurden, unsere Vorstellungen über das Ausmaß der Gärungskohlensäure und die damit zusammenhängenden Fragen noch auf schwankendem Boden und es erscheint einstweilen müßig, bestimmte Zahlenwerte dafür aufzustellen oder gar weitgehende bündige Schlüsse daraus zu ziehen.

III. Der Durchschnittsgaswechsel unter den Bedingungen des täglichen Lebens.

Bei allem Erkenntniswert und mancher nützlichen Anwendungsmöglichkeit, welche die Erforschung der *Teilvorgänge des Gaswechsels* und ihrer Abhängigkeiten als wesentlicher Bestandteil unserer Kenntnisse über die Erscheinungen des tierischen Stoffwechsels und die damit zusammenhängenden Fragen einer zweckmäßigen Ernährung und Fütterung besitzt, tritt sie an Bedeutung für die praktischen Aufgaben der Fütterungslehre doch zurück gegenüber der experimentellen Bestimmung des durchschnittlichen *Gesamtgaswechsels unter den eigentlichen Bedingungen der Alltagspraxis*.

Denn so interessant es an und für sich ist, den Gaswechsel eines Tieres in seine Einzelbestandteile (Grundgaswechsel, Leistungsgaswechsel, Intestinalgaswechsel usw.) zu zerlegen, den Betrag dieser Anteile zu erfassen und in gesetzmäßige Beziehung zu den verschiedenen Daseinsbedingungen, Leistungen usw. zu bringen, so liegt hierin für die hier behandelten Zwecke doch nicht die wesentliche Bedeutung des Problems. Uns interessiert vielmehr vor allem die Größe und Abhängigkeit der durch den Gaswechselversuch erfaßbaren stofflichen (und energetischen) Umsetzungen, die sich bei der üblichen Haltungs- und Nutzungsweise unserer Haustiere unter den praktisch in Betracht kommenden Haltungs- und Nutzungsbedingungen abspielen und sich letzten Endes in dem wirtschaftlichen Ergebnis der Tierhaltung äußern; also z. B. der tägliche Totalumsatz eines Ochsen bei Stallruhe und Erhaltungsfutter, oder der eines solchen Tieres im Zustand der Mästung, oder derjenige einer Milchkuh oder eine Legehuhnes bei bestimmter Leistung.

Tabelle 15. Durchschnittsgaswechsel (CO_2-Ausscheidung) volljähriger Ochsen bei Stallruhe und verschiedener Fütterung (nach O. Kellner).

Versuchsreihen	Versuch Nr.	Datum	Tiergewicht kg	CO_2 aus der Atmung i. M. geglüht g	geglüht l	nicht geglüht g	nicht geglüht l	cm³ je kg Tier u. Min.	CO_2 aus CH_4 g	entspr. CH_4 g	CH_4 l	Netto-CO_2 cm³ je kg Tier u. Min.
Ochse A Ration: 8,5 kg Wiesenheu, 40 g NaCl 116,2 g N = 3354,6 g C 32177,6 Cal	1	6. Nov. 94	622,5	6703	3411	6240	3175	3,542	463	169	236	3,017
	2	9. Nov. 94	621,5	6662	3390	6237	3174	3,547	425	155	216	3,064
	3	13. Nov. 94	623,0	6599	3358	6175	3143	3,486	424	154	215	3,024
	4	16. Nov. 94	615,0	6618	3368	6150	3130	3,534	468	170	238	2,997
	5	20. Nov. 94	624,5	6602	3360	6164	3137	3,488	438	160	223	2,992
Mittel:			621,3	6637	3377	6193	3152	3,519	444	162	226	3,019
Ochse B Ration: 4 kg Wiesenheu, 5 kg Haferstroh, 40 g NaCl 77,08 g N = 3554,2 g C 33794,4 Cal	1	25. Okt. 95	609,5	7123	3625	6689	3404	3,878	434	158	221	3,375
	2	29. Okt. 95	603,0	7404	3768	6945	3534	4,070	459	168	234	3,531
	3	1. Nov. 95	615,0	7365	3748	6871	3497	3,948	494	180	251	3,386
	4	5. Nov. 95	612,5	7472	3803	6969	3547	4,021	503	183	256	3,441
	5	8. Nov. 95	617,5	7518	3826	7005	3565	4,009	513	187	261	3,422
Mittel:			611,5	7376	3754	6896	3508	3,985	481	175	246	3,432
Ochse I Ration: 9 kg Wiesenheu II 109,4 g N = 3403,7 g C 32252,2 Cal	1	13. Okt. 96	753,5	7819	3979	7407	3769	3,474	412	150	210	3,087
	2	16. Okt. 96	752,0	7721	3929	7275	3702	3,419	446	163	227	2,999
	3	20. Okt. 96	749,5	7520	3828	7065	3595	3,331	455	167	233	2,899
	4	23. Okt. 96	744,5	7354	3743	6938	3531	3,293	416	152	212	2,898
	5	27. Okt. 96	744,5	7303	3717	6877	3500	3,265	426	155	217	2,860
Mittel:			749,0	7543	3839	7112	3619	3,365	431	157	220	2,949
Ochse II Ration: 6 kg Wiesenheu II, 3 kg Roggenkleie, 40 g NaCl 164,24 g N = 3651,6 g C 35109,8 Cal	1	29. Okt. 96	749,0	8528	4340	8110	4127	3,827	418	153	213	3,431
	2	2. Nov. 96	751,0	8219	4183	7741	3940	3,643	478	174	243	3,194
	3	6. Nov. 96	748,5	8192	4169	7733	3935	3,651	459	168	234	3,216
	4	10. Nov. 96	751,0	8253	4200	7773	3956	3,658	480	175	244	3,207
	5	13. Nov. 96	749,5	8100	4122	7664	3900	3,614	436	159	222	3,202
Mittel:			749,8	8258	4203	7804	3972	3,678	454	166	231	3,250
Ochse III 6 kg Wiesenheu V, 5 kg Melasseschnitzel, 1 kg Roggenkleie III, 179,82 g N = 4695,2 g C 44176,3 Cal	1	22. Okt. 97	859,0	10815	5504	10114	5147	4,161	701	256	357	3,584
	2	26. Okt. 97	857,5	10520	5354	9753	4963	4,020	767	280	391	3,386
	3	29. Okt. 97	859,0	10673	5432	9908	5042	4,076	765	279	390	3,446
	4	2. Nov. 97	855,0	10420	5303	9719	4946	4,017	701	256	357	3,437
Mittel:			857,6	10607	5398	9874	5025	4,069	734	268	374	3,464

Diese Art von Gaswechselversuchen ist es auch, die in der Tat bisher den praktisch wesentlichen Teil an Experimentalarbeit für die Begründung einer rationellen Fütterungslehre geleistet hat, und unter ihnen stehen, aus historischen wie auch aus faktischen Gründen die meisterhaften Versuche O. KELLNERs und seiner Mitarbeiter an erster Stelle.

Über die Fülle der darin ruhenden Arbeit gibt die folgende auszugsweise Zusammenstellung einige Auskunft; sie zeigt im übrigen (besonders in den Werten über die CO_2-Ausscheidung je Gewichts- und Zeiteinheit) die Abhängigkeit des „Ruhe"-Umsatzes von der Fütterungsweise, auf deren Auswertung die KELLNER-sche Stärkewertslehre beruht (Tab. 15).

IV. Der Gaswechsel und die Stoffwechsel- (Energie-) Bilanz.

Diese Kategorie des Gaswechselversuches spielt denn auch in der Tat einstweilen mit ihren Methoden und Ergebnissen die maßgebliche Rolle als Bestandteil von *Bilanzversuchen zur Bestimmung des Nährstoffbedarfes und des Nutzungsvermögens unserer Haustiere*, wie sie auf der Grundlage der VOIT-PETTENKOFER-schen Methoden von F. STOHMANN[175] und G. KÜHN[77] vorbereitet, von O. KELLNER[77-81] mit maßgeblichem Erfolg verwirklicht worden und seitdem, neuerdings besonders durch H. MÖLLGAARD[138, 139], im weiteren Ausbau begriffen ist.

Das Versuchsziel ist hierbei, unter Benutzung einer geeigneten Einschlußmethode des Gaswechselversuchs — praktisch ist bisher überwiegend der PETTENKOFER-Apparat beteiligt gewesen — in Verbindung mit quantitativen Stoffwechselversuchen zur Bestimmung der sensiblen Einnahmen und Ausgaben neben der durch den sensiblen Stoffwechselversuch vermittelten Stickstoffbilanz (als Maßstab des Eiweißumsatzes) auch eine zuverlässige *Kohlenstoffbilanz* (als Maßstab des Gesamtumsatzes an organischer Substanz) zu erlangen, aus der sich weiterhin die für die Beurteilung des Nährstoffbedarfs der Tiere, ihres Verwertungsvermögens für die angewandten Nährstoffe und der Eignung dieser für den vorliegenden Zweck wesentlichen Aufschlüsse ergaben.

1. Bilanzversuch nach KELLNER.

Ein praktisches Beispiel, nach O. KELLNER[77], möge dies erläutern. Es zeigt die Durchschnittsergebnisse von vier 24stündigen PETTENKOFER-Versuchen, die in Verbindung mit einem 14tägigen Stoffwechselversuch an einem 664 kg schweren volljährigen Ochsen ausgeführt wurden (die Futter- und Kotmengen sind als Trockensubstanz angegeben):

Einnahmen:	N	C
4,359 kg Wiesenheu	69,96 g	2010,8 g
3,516 kg Trockenschnitzel	50,95 g	1572,0 g
0,870 kg Roggenkleie	27,50 g	408,6 g
0,270 kg Klebermehl	36,06 g	138,4 g
3,242 kg Stärkemehl	2,01 g	1442,0 g
36,09 kg Trinkwasser	—	2,7 g
Summe der Einnahmen:	186,48 g	5574,5 g

Ausgaben:	N	C
3,443 kg Kot	106,55 g	1609,6 g
7,005 kg Harn } organische Substanz und Carbonate	72,69 g	166,6 g
} freie und halbgebundene Kohlensäure	— g	4,3 g
Gasförmige Ausscheidungen	—	3111,5 g
Summe der Ausgaben:	179,24 g	4892,0 g

Bilanz:	N	C
Summe der Einnahmen	186,48 g	5574,5 g
Summe der Ausgaben	179,24 g	4892,0 g
Ansatz im Körper	7,23 g	682,5 g

Beachtenswert ist hierbei die überwiegende Beteiligung des Gaswechsel-C an der Gesamtkohlenstoffausscheidung; sie geht aus der folgenden Aufstellung hervor:

Von der C-Ausscheidung finden sich

	in den Gesamtausgaben %	in den Gesamtausgaben minus Kot %
im Kot	32,9	—
im Harn	3,5	5,2
in den gasförmigen Ausscheidungen . . .	63,6	94,8

Es erscheinen also fast $2/3$ der gesamten Kohlenstoffabgabe und über $9/10$ des Kohlenstoffs der ausgeschiedenen Stoffwechselprodukte in den gasförmigen Ausscheidungen; die Bedeutung des Respirationsversuchs für eine Bestimmung des C-Umsatzes wird hieraus evident.

Aus den so festgestellten Beträgen der N- und C-Ausscheidung läßt sich unter geeigneten Versuchsbedingungen die Menge des im Stoffwechsel zersetzten Eiweißes und, wenn man das Stickstoff-Kohlenstoff-Verhältnis desselben kennt, auch die Kohlenstoffmenge berechnen, die aus verbrannten N-freien organischen Substanzen stammt. Eine Sonderung derselben in bestimmte N-freie Stoffgruppen (Fette und Kohlehydrate) ist allerdings hierbei nicht ohne weiteres möglich.

Wie bereits angedeutet, hat man nun weiter versucht, aus derartigen Bilanzversuchen auch die *Art und Menge der zum Ansatz gelangenden organischen Substanzen*, insbesondere von Eiweiß bzw. eiweißhaltiger Leibessubstanz (Muskelfleisch) und von Körperfett abzuleiten (M. Rubner[168], O. Kellner[77]), und *dieses Verfahren ist in der Kellnerschen Stärkewertbestimmung grundlegend für die Fütterungslehre geworden.*

In der Tat läßt sich der Kohlenstoffanteil des angesetzten Eiweißes am Gesamt-C-Ansatz mit großer Annäherung ermitteln, wenn das Kohlenstoff-Stickstoff-Verhältnis des in Frage kommenden Eiweißes bekannt ist, und aus der Differenz des angesetzten Gesamtkohlenstoffs minus Kohlenstoff des Eiweißansatzes ergibt sich die in Form N-freier organischer Substanzen (Fett und Kohlehydraten) angesetzte Kohlenstoffmenge mit genügender Zuverlässigkeit; entsprechend kann bei negativer N-Bilanz der C-Anteil des zersetzten Körpereiweißes ermittelt und ausgewertet werden. Bedenklicher erscheint es, die auf N-freie Substanzen entfallende Kohlenstoffmenge ohne weiteres auf Fettansatz umzurechnen, wie dies insbesondere bei der Kellnerschen Methode der Stärkewertbestimmung geschieht. Denn es ist nicht nur möglich, sondern wahrscheinlich, daß neben der Speicherung von Fett aus den fraglichen Kohlenstoffüberschüssen auch eine solche in Form von Kohlehydraten (Glykogen) oder anderen N-freien organischen Verbindungen in einem je nach den Umständen wechselnden Ausmaß erfolgt. Maßgeblich hierfür dürften neben den jeweiligen Ernährungsbedingungen des Individuums (z. B. Kohlehydrathunger) gattungsweise Besonderheiten sein. Bei unseren Nutztieren sind derartige Unterschiede des Stoffwechselverhaltens z. B. zwischen Pferd und Rind wahrscheinlich; wenigstens deuten sowohl das unterschiedliche Vermögen der Glykogenspeicherung — beim Pferde in allen Organen, besonders Leber und Muskulatur, sehr ausgesprochen, beim Rinde dagegen sehr geringfügig entwickelt —, als auch die verschiedenartige Form der zur Resorption gelangenden Verdauungsprodukte der Kohlehydratnahrung — beim Pferde überwiegend Zuckerarten, beim Rinde erheblichere Mengen organischer Säuren (Fettsäuren, Milchsäure), neben anderen Erscheinungen darauf hin.

Hiermit soll an dem grundsätzlichen Verdienst und der praktischen Bedeutung des besprochenen Verfahrens, insbesondere auch im Zusammenhang mit der KELLNERschen Stärkewertrechnung, nicht gerüttelt werden, zumal die Bedingungen, unter denen es von O. KELLNER angewandt wurde (Rind als Versuchsobjekt, Stallruhe, reichliche Ernährung, kein Kohlehydratmangel) für die Gangbarkeit des eingeschlagenen Weges möglichst günstig waren.

Einen wesentlich tieferen Einblick in Art und Größe der stofflichen Umsetzungen, der eine weitgehende Erfassung der Umsatzbeträge auch an den Fett- und Kohlehydratanteilen der N-freien Substanzen, damit also eine wichtige Vervollständigung der Bilanzaufstellung und überdies eine zuverlässige energetische Bewertung der Stoffumsätze ermöglicht, bietet indes die Mitbestimmung des O_2-Verbrauches im Gaswechselversuch gemäß den Bd. 3, S. 426 erörterten Grundsätzen, wie sie z. B. in den neueren Arbeiten der ZUNTZschen Schule, insbesondere von W. KLEIN[82], ferner von H. MÖLLGAARD und A. C. ANDERSEN[138, 4], G. WIEGNER[206] zur Anwendung kommt.

2. Bilanzversuch nach MÖLLGAARD.

Als Beispiel hierzu, das zugleich neben der Aufstellung der stofflichen Bilanz die Berechnung des zugehörigen Energieumsatzes und deren Zuverlässigkeit erläutert, möge die *Berechnung eines Stoffwechselversuches mit einer Milchkuh* nach H. MÖLLGAARD S. 77[138] wiedergegeben sein.

Es behandelt die Ergebnisse eines vierwöchigen, in zwei Abschnitte geteilten quantitativen Stoffwechselversuchs (Nr. 51 vom 10. März bis 9. April 1925), mit welchem sechs 24stündige Respirationsversuche nach der MÖLLGAARDschen Methode verbunden wurden. Die Kuh gab während der Versuchszeit durchschnittlich pro Tag 22 kg Milch.

Tabelle 16. Stoffwechselbilanzversuch an einer Milchkuh (nach H. MÖLLGAARD[138]). Stoffwechselversuch Nr. 51, 10. März bis 9. April 1925.

I. Resultate der Respirationsversuche.

Nr.	Zeitraum	O_2 Liter	CO_2 Liter	CH_4 Liter	Nitrat-N
221 I	10. März bis 11. März	3523	3665	369	
221 II	11. ,, ,, 12. ,,	3358	3680	421	
					16,80
222 I	24. ,, ,, 25. ,,	3551	3824	388	
222 II	25. ,, ,, 26. ,,	3469	3881	379	
					16,76
223 I	7. April ,, 8. April	3391	3774	370	
223 II	8. ,, ,, 9. ,,	3508	3824	392	
Mittelzahlen:		3467	3775	387	16,78

Korrektur *für Nitrat* (s. Anm.): $+34$

Zusammen: 3501

3775 l CO_2 entsprechen: 2025,3 g C.
387 l CH_4 entsprechen: 207,6 g C und 3678 Calorien.

Anm. Die Korrektur des Sauerstoffverbrauches für Nitrat-Sauerstoff wird folgendermaßen begründet: Nach ROGOZINSKI werden die Nitrate bei der Gärung im Pausen vollständig zu freiem Stickstoff reduziert. Dabei werden je 1 Atom N 1,25 Mol Sauerstoff zur Oxydation reduzierender Substanzen frei, d. h. für je 14 g N werden 40 g = 28 l Sauerstoff verfügbar.

II. Die stoffliche Bilanz.

	Periode I g	Periode II g	Mittel für die ganze Versuchszeit g
Stickstoff:			
Futter	293,94	295,18	294,56
Kot	76,22	86,99	81,61
Harn	113,61	109,93	111,77
Milch	93,73	93,84	93,79
Kohlenstoff:			
Futter	5109,2	5053,2	5081,2
Kot	1346,7	1413,8	1380,3
Harn	208,2	192,2	200,1
Milch	1347,0	1331,4	1339,2

N-Bilanz: 294,56 — (81,61 + 111,77 + 93,79) = + 7,39 g N.

7,39 g N entsprechen: 46,2 g Protein mit 24,0 g C und 263 Calorien.

Kohlenstoffbilanz:

Futter		5081,2 g C
Kot	1380,3	
Harn	200,1	
Milch	1339,2	
CO_2	2025,3	
CH_4	207,6	
Abgelagertes Protein	24,0	5176,5 g C

Bilanz   —95,3 g C

—95,3 g C entspricht 124,6 g zugesetztem berechneten Fett mit 1177 Calorien.

III. Die Berechnung der Wärmebildung.

N im Harn: 111,77 entsprechen: 698,6 g Protein mit *3102 Calorien.*

698,6 g Protein entsprechen: 678 l O_2.

698,545 g Protein entsprechen: 545 l CO_2.

387 l CH_4 entsprechen: 774 l O_2.

387 l CH_4 entsprechen: 387 l CO_2.

Hieraus folgt:

3501 + 774 — 678 = 3597 l O_2 (O_2-Verbrauch für Oxydation von N-freien Stoffen).

3775 + 387 — 545 = 3617 l CO_2 (CO_2-Produktion aus Oxydation von N-freien Stoffen).

$$\frac{CO_2}{O_2} = \frac{3617}{3597} = 1,006 .$$

Die Zuntzsche Gleichung gibt:

3597 (4,686 + 0,00123 · 299) =	18 179 Calorien
Hierzu für *oxydiertes Protein:*	3102 „
Zusammen:	21281 Calorien
Hiervon für *ausgeschiedenes* CH_4:	3678 „
Berechnete Wärmebildung:	*17 603 Calorien*

IV. Kontrolle der Übereinstimmung mit dem Gesetz der Erhaltung der Energie.

	Periode I Calorien	Periode II Calorien	Mittel für die ganze Versuchszeit Calorien
Futter	50396	50476	50436
Kot	13315	14058	13687
Harn	1395	1429	1412
Milch	14650	14789	14720

Calorien im Futter	50436
„ im zugesetzten Fett	1177
Zusammen:	51613 Calorien

```
Calorien im Kot . . . . . . . . . . . . . . . . .   13687
   „    im Harn . . . . . . . . . . . . . . . . .    1412
   „    in der Milch . . . . . . . . . . . . .      14720
   „    im CH₄ . . . . . . . . . . . . . . . .       3678
   „    im abgelagerten Protein . . . . . . . .        263
   „    in der Wärme . . . . . . . . . . . . .       17603
                                    Zusammen:  51363 Calorien
```

Abweichung vom Gesetz der Erhaltung der Energie: 250 Calorien.
In Prozenten der zugeführten Energie: 0,48 %.

Daß die im vorstehenden Versuch gefundene nahe Übereinstimmung des unter Auswertung des Gaswechselversuches ermittelten Energieumsatzes mit dem Gesetz der Erhaltung der Energie kein Zufall ist, zeigt die folgende Aufstellung, die das entsprechende Ergebnis sämtlicher einschlägiger Versuche von Möllgaard aus den Jahren 1922—1929 wiedergibt:

I. Versuche mit Trockenkühen.

Nr.	Ab-weichung	Nr.	Ab-weichung	Nr.	Ab-weichung	Nr.	Ab-weichung
10	+0,3	21	−1,4	31	+0,4	42	+0,7
11	+1,4	22	−0,6	32	+1,3	58x	+1,9
12	+0,6	23	−0,1	33	+0,1	62x	+0,2
14	−1,0	24	−0,4	34	+0,4	64x	+1,5
15	−0,8	25	+0,5	35	−0,2	65	+0,5
16	−0,9	26	−0,5	36	−1,4	71x	+2,6
17	−0,7	27	+1,1	39	−0,4	75	−0,8
20	−2,0	30	−0,3	41	+1,2		

II. Versuche mit Milchkühen.

Nr.	Ab-weichung	Nr.	Ab-weichung	Nr.	Ab-weichung	Nr.	Ab-weichung
2	+0,2	40 II	+0,2	50	+0,3	57	+1,7
28	−0,1	43	+0,7	51	−0,4	63	+1,0
29	−1,8	46	+1,2	52	+1,5	66	−0,7
37	+0,5	48	+1,1	53	−0,7	78	−0,3
38	−1,9	49	−0,2	55	+1,0	81	−0,3
40 I	−0,8						

„Diese Tabelle zeigt, daß man durch wohlgeleitete Stoffwechselmessungen (an großen Wiederkäuern) in der weit überwiegenden Mehrzahl der Fälle die ganze zugeführte Energie mit einer Annäherung von 1 % wiederfinden kann" (H. Möllgaard, S. 81[138]).

In der Tat kann die Eignung derartiger Versuche für die objektive Begründung einer rationellen Tierernährung kaum schlagender erwiesen werden.

3. Bilanzversuch nach Zuntz, Klein und Steuber.

Beachtenswert erscheint weiterhin die *Aufstellung von Gesamtbilanzen unter Heranziehung der calorimetrischen Elementaranalyse* der Futterbestandteile und der sensiblen Ausscheidungen auf Grund einer von W. Klein und M. Steuber[93] unter N. Zuntz ausgearbeiteten neuen Methode.

Hierbei erfolgt zunächst eine *direkte elementaranalytische Bestimmung der Umsatzbeträge an CO_2 und O_2 in Einnahmen und sensiblen Ausgaben* (Kot und Harn) *mittels der calorimetrischen Bombe* (meist in Verbindung mit der Bestimmung der betreffenden Brennwerte); die genannten Beträge an CO_2 und O_2 (und Cal) werden, zuzüglich der entsprechenden Anteile aus brennbaren Gasen, mit den auf Gewichtswerte umgerechneten Umsatzbeträgen an Atmungs-CO_2 und Atmungs-O_2 in die Bilanz eingesetzt, wie es das folgende Beispiel zeigt:

Bilanzversuch am Hammel Z.

Vierte Periode vom 20.—26. Mai 1921. (Hierzu 2 Respirationsversuche im pneumatischen Kabinett, am 19./20. und am 26./27. Mai 1921.)

Tabelle 26. Stoffwechselbilanz eines Hammels (Scheunert, Klein und Steuber, S. 173[183]).

	CO₂-Bildung g	O₂-Verbrauch g	Cal
Einnahme	1178,1	876,1	3082,9
im Kot	425,5	330,1	1141,3
verdaut	752,6	546,0	1941,6
in brennbaren Gasen . . .	48,7	74,2	264,0
ins Blut aufgenommen . .	703,9	471,8	1677,6
im Harn ausgeschieden .	29,8	28,2	77,1
bleibt übrig	680,1	443,6	1600,5
respiriert sind	559,8	383,7	1338.8
für Ansatz verfügbar . . .	*120,3*	*59,9*	*261,7*

Die *N-Bilanz* der Periode betrug (unter Berücksichtigung der durch die Haut ausgeschiedenen N-Mengen) im Mittel +0,22 g.

Die Schlußzahlen der Bilanz ergeben also einen Ansatz von täglich im Mittel 0,22 g N, 32,8 g C und 59,9 g O, bzw. 262 Cal.

Hieraus berechnet sich zunächst ein *Eiweißansatz* von 1,3 g mit 0,22 g N, 0,7 g C und 0,3 g O, bzw. 7 Cal; für den *Ansatz N-freier Substanzen* verbleiben also 32,1 g C und 59,6 g O, bzw. 255 Cal. Es liegt a priori nahe, diese Ansatzbeträge an C und O auf angesetztes Fett oder Kohlehydrat oder ein Gemisch beider zu beziehen; das Verhältnis beider Elemente — C : O = 1 : 1,86 — zeigt aber — die kaum zu bezweifelnde Richtigkeit der Bilanzwerte vorausgesetzt —, daß ohne weiteres weder eine dieser beiden Stoffgruppen noch eine Mischung derselben in Betracht kommen kann; es würde in jedem Falle ein beträchtlicher Überschuß an Sauerstoff bleiben. Auch der Energiewert des Ansatzes gibt zu diesbezüglichen Bedenken Anlaß, denn ein Ansatz von 32,1 g C würde in Form von Fett einem Betrag von ca. 403 Cal, in Form von Kohlehydrat (Glykogen) ca. 302 Cal entsprechen. Denkbar bliebe dagegen angesichts der relativ hohen O-Retention eine Speicherung von Kohlehydrat unter Heranziehung von Fett oder Fettsäuren zur Kohlehydratbildung. Diese Möglichkeit läßt sich auf Grund der vorliegenden experimentellen Daten der C- und O-Bilanz rechnerisch prüfen durch eine Gleichung mit zwei Unbekannten, in welcher die an dem mutmaßlichen Vorgang beteiligten unbekannten Mengen von Fett (x) und Kohlehydrat (y) als Koeffizienten der respektiven Prozentgehalte an C- bzw. O- fungieren und auf die entsprechenden Ansatzbeträge von C (a) und O (b) bezogen werden; so z. B. für Körperfett mit 76,10 % C und 12,10 % O, bzw. Kohlehydrat, ausgedrückt als Glucose mit 40,00 % C und 53,33 % O:

$$0,7610\,x + 0,4000\,y = \quad a$$
$$0,1210\,x + 0,5333\,y = \quad b$$

$$1,0145\,x + 0,5333\,y = 1,333\,a$$
$$0,1210\,x + 0,5333\,y = \quad b$$

$$0,8935\,x \qquad\qquad = 1,333\,a - b$$

$$x = \frac{1,333\,a - b}{0,8935}$$

x ergibt dann die gesuchte Menge Fett; durch Substitution von x in einer der obigen Gleichungen erhält man $y =$ die gesuchte Menge Kohlehydrat (hier Glucose).

Auf das vorliegende Versuchsbeispiel angewandt ergibt sich folgendes:

$$0{,}7610\,x + 0{,}4000\,y = 32{,}1$$
$$0{,}1210\,x + 0{,}5333\,y = 59{,}6$$
$$\overline{1{,}0145\,x + 0{,}5333\,y = 42{,}8}$$
$$0{,}1210\,x + 0{,}5333\,y = 59{,}6$$
$$\overline{0{,}8935\,x \qquad\qquad = -16{,}8}$$

$$x = -\frac{16{,}8}{0{,}8935} = -18{,}8 \text{ g Fett}$$

$$y = \frac{42{,}8 + 19{,}1}{0{,}5333} = 116{,}1 \text{ g Kohlehydrat (Glucose).}$$

Es hätte demnach, unter Heranziehung von 18,8 g Körperfett, eine Bildung von 116,1 g Kohlehydrat (Glucose) stattgefunden.

Energetisch betrachtet folgt hieraus:

Bildung in Form von Glucose: $116{,}1 \cdot 3{,}74$ Cal $= 434{,}2$ Cal

Abgabe in Form von Körperfett: $18{,}8 \cdot 9{,}55$,, $= 179{,}4$,,

Im N-freien Ansatz also: 254,8 Cal

Die nahe Übereinstimmung dieses Wertes mit dem im Versuch gefundenen Ansatz von 255 Cal (s. o.) verlockt zur Annahme der Wahrscheinlichkeit des berechneten Vorgangs; falls eine solche Bildung von Kohlehydraten aus Fettkörpern wirklich vorläge, bliebe indes zu erwägen, ob hieran nicht an Stelle von Fett (Körperfett) vielleicht *resorbierte Fettsäuren* beteiligt sind, etwa in der Weise, daß im Laufe oder nach der Resorption eine Resynthese dieser Produkte der intestinalen Kohlehydratgärung zu Kohlehydraten (z. B. Buttersäure-Glucose) stattfände.

Rechnerisch würde sich diese Annahme auf Grund der experimentellen Daten des vorliegenden Versuches für Buttersäure (x) mit 54,51% C und 36,34% O bzw. Glucose (y) mit 40,00% C und 53,33% O folgendermaßen darstellen:

$$0{,}5451\,x + 0{,}4000\,y = 32{,}1$$
$$0{,}3634\,x + 0{,}5333\,y = 59{,}6$$
$$\overline{0{,}7266\,x + 0{,}5333\,y = 42{,}8}$$
$$-\,0{,}3634\,x + 0{,}5333\,y = 59{,}6$$
$$\overline{0{,}3632\,x \qquad\qquad = -16{,}8}$$

$$x = -\frac{16{,}8}{0{,}3632} = -46{,}3 \text{ g Buttersäure}$$

$$y = \frac{42{,}8 + 33{,}6}{0{,}5333} = 143{,}3 \text{ g Glykose}$$

Energetisch betrachtet folgt hieraus:

Speicherung als Glykose: $143{,}3 \cdot 3{,}74$ Cal $= 535{,}9$ Cal

$-$ Verbrauch von Buttersäure: $46{,}3 \cdot 5{,}953$,, $= 275{,}6$,,

Im N-freien Ansatz also: 260,3 Cal

Auch dieser Wert kommt also dem im Versuch gefundenen befriedigend nahe und würde demnach nicht gegen die in Rede stehende Auffassung des vorliegenden Stoffwechselvorgangs sprechen. Bewiesen ist deren Richtigkeit damit freilich nicht, zumal auch eine Durchrechnung der übrigen Perioden dieser Versuchsreihe zum Teil beträchtliche Unterschiede zwischen dem so berechneten und dem aus den Versuchsdaten ermittelten Betrag der Energiebilanz ergibt. Immerhin erscheint der eingeschlagene Weg, sofern er zu erheblicheren Abweichungen zwischen dem stofflichen und energetischen Ergebnis der Berechnung führt, wohlgeeignet zur Auffindung etwaiger Fehlerquellen und Besonderheiten, sei es in der Durchführung des Versuches oder in einem von der vorausgesetzten Norm abweichenden Verhalten im Stoffwechsel des Versuchsobjektes. Das letztere wird voraussichtlich in dem komplizierten Stoffwechsel des Pflanzenfressers — und besonders des Wiederkäuers — in der Regel zutreffen und den Einblick in die Wandlungen der am Umsatz beteiligten Stoffgruppen verdunkeln, solange die Möglichkeit fehlt, den Anteil der Intestinalgärungen am Gesamtumsatz der Atemgase (und damit den reinen Eigenstoffwechsel des Tieres) scharf zu erfassen, und solange überhaupt die mutmaßlichen weitgehenden und mannigfaltigen Veränderungen der den angewandten Berechnungen zugrunde liegenden Hauptnährstoffe (besonders der Kohlehydrate) unter dem Einfluß der Gärungsprozesse und ihre weiteren Schicksale nicht näher bekannt sind. Es wird sich in dieser Hinsicht vor allem darum handeln, neben dem Studium der Gärungsprodukte im Verdauungsapparat auch deren Spuren jenseits desselben nachzugehen.

Literatur.

(1) Abderhalden, E.: Z. phys. Chem. 25, 106 (1898). — (2) Pflügers Arch. 187, 80 (1921); 192, 163 (1921). — (5) Armsby, H. P.: Proc. nat. Acad. Sci. U. S. A. 6, 263 (1920). — (6) Principles of animal nutrition. — (7) Asada, K.: Biochem. Z. 140, 326 (1923). — (8) Ebenda 143, 387 (1923). — (9) Aschner u. Porges, O.: Biochem. Z. 39, 200 (1912). — (16) Benedict: Grundumsatz und Vitalaktivität. — (17) J. med. Res. 25, 409 (1912). — (18) Benedict, F. G., u. H. Murschhauser: Publ. Carnegie-Inst. 231. — (19) Benedict, F. G. u. E. G. Ritsman: Undernutrition in stears. Ebenda 324 (1923). — (20) The basal metabolism of stears. Proc. Acad. Sci. 13 (1927). — (21) The metabolism of the fasting stear. Publ. Carnegie-Inst. Washington 1927, 6. — (22) The metabolic stimulus of food in case of stears. Proc. nat. Acad. Sci. 13 (1927). — (23) The fasting of large ruminants. Ebenda 13 (1927). — (25) Bertschi, H.: Biochem. Z. 106, 37 (1920). — (26) Bickel, A.: Ebenda 146, 493 (1924). — (28) Biedl, A.: Innere Sekretion. Berlin u. Wien: Urban & Schwarzenberg. — (29) Bohnenkamp, H.: Die Energieumwandlungen im Herzmuskel. Z. Biol. 84, 79 (1926). — (32) Bornstein, A., u. von Gartzen: Einfluß der Atemarbeit. Pflügers Arch. 109, 628 (1905). — (33) Bornstein u. Ott: Über den resp. Stoffwechsel bei statischer Arbeit. Ebenda 109, 621 (1905). — (36) Bragon, Ilias.: Dissert., Hannover 1920. — (37) Curatulo u. Tarulli: Sulla surezione int. dell' ovaio. Boll. Acad. Roma 1896. — (38) Cushing, H.: Amer. J. med. Sci. 1910. — (39) Dahm, C.: Biochem. Z. 28 (1910). — (40) Dapper: Beiträge zum Stoffwechsel 2, 17. — (41) Denel, J., J. Harry u. R. Weiss: Proc. Soc. exper. Biol. a. Med. 21, 456 (1924). — (42) Durig, A.: Ber. Wien. Akad. 86 (1920). — (48) Farmer, Ch., u. H. Redenbaugh: Amer. J. Physiol. 75, 27 (1925). — (49) Ebenda 75, 41 (1925). — (50) Fleischer: Über Fettbildung im Tierkörper. Virchows Arch. 51, 30 (1870). — (51) Frey, M. von: Versuche über den Stoffwechsel des Muskels. Arch. f. Physiol. 1885, 533. — (54) Groebbels, F.: Z. phys. Chem. 122, 104 (1922). — (55) Ebenda 131, 214 (1923). — (56) Ebenda 137, 14 (1924). — (61) Gulick, A.: Amer. J. Physiol. 68, 131 (1924). — (66) Hagemann, O.: Beitrag zum Stoffwechsel der Wiederkäuer. Arch. (Anat.) u. Physiol. 1889, Suppl. — (67) Henneberg, W., u. Th. Pfeiffer: Z. Landw. 38, 258 (1890). — (68) Heide, v. D., u. Klein: Biochem. Z. 55, 195 (1913). — (75) Jarussowa, Natalie: Gas- und Stickstoffwechsel bei dem experimentellen Skorbut der Meerschweinchen. B. Z. 179, 104 (1926). — (75a) Johansson: Skand. Arch. Physiol. 8 (1898). — (76) Katzenstein, G.: Pflügers Arch. 49, 330 (1891). — (77) Kellner, O.: Die Ernährung der landwirtschaftlichen Nutztiere. Berlin: Paul Parey 1924. — (82) Klein, W.: Zur Ernährungsphysiologie landwirtschaftlicher Nutztiere, besonders des Rindes. Inaug.-Dissert., Berlin 1916; Biochem. Z. 72 (1915). — (83) Lassen sich die Beziehungen des endokrinen Systems, besonders der Schilddrüse, Thymus- und Keimdrüse zu Wachstum und Anwuchs für die Tierhaltung praktisch verwerten? Berl. tierärztl. Wschr. 1923, Nr 15. — (84) Hormone und Körperentwicklung vom Standpunkte der Energetik aus. Mit einem Beitrag zur Frage der mechanischen Verdauungsarbeit. Z. Tierzüchtg 6, 1 (1923). — (85) Stoffwechsel- und Respirationsversuche an schilddrüsenlosen Tieren. Vortr. a. d. 9. Tagung dtsch. phys. Ges. i. Rostock 10. bis 13. August 1925. — (86) Respira-

tionsversuche an Hungerhunden mit und ohne Schilddrüse. Biochem. Z. **118**, 187ff. (1926). — (*87*) Die Wirkung des Entwicklungstriebes während und nach der Säugeperiode auf den energetischen Leistungsumsatz und dessen Bedeutung für die Aufzucht am Lamm. II. Mitt. Berl. tierärztl. Wschr. **39**, 231 (1923). — (*91*) KLEIN, W., u. M. STEUBER: Biochem. Z. **120**, 81 (1921). — (*93*) Die elementaranalytische Methode der direkten Bestimmung von Kohlensäure und Sauerstoff in der BERTHELOTschen Bombe und ihre Bedeutung für Stoffwechselbilanzen, speziell beim Herbivoren. Biochem. Z. **120**, 81 (1921). — (*94*) KRÜGER, W., u. TH. THUR: Beiträge zum Problem des Stehens der Vierfüßler. Pflügers Arch. **218**, 677 (1928). — (*102*) KROGH, A., u. SCHMIDT-JENSEN: Biochemic. J. **14**, 686 (1920). — (*107*) LAVOISIER, A. L.: Expériences sur la respiration des animaux et sur les changements qui arrivent à l'air en passant par les poumons. Mém. Acad. Sci. **1777**. — (*108*) Œuvres 2. — (*109*) LAWROW, B. A., u. J. N. MATZKO: Biochem. Z. **179**. 332 (1926). — (*110*) Über den Gaswechsel im Anfangsstadium der B-Vitaminose bei Vögeln. Biochem. Z. **179**, 332 (1926). — (*111*) LAWROW, B. A., O. MOLTSCHANOWA u. ANNA J. OCHOTNIKOWA: Zur Frage nach der Stickstoffumsetzung des zur Nahrung zugesetzten Harnstoffs bei einem jungen Wiederkäuer (Böcklein). Biochem. Z. **153**, 71 (1924). — (*112*) LEBER u. STÜWE: Berl. klin. Wschr. **1896**, 16. — (*114*) LILJESTRAND, G.: Skand. Arch. Physiol. **35**, 199 (1918). — (*115*) LILJESTRAND, G., u. STENSTRÖM, N.: Ebenda **39**, 167 (1920). — (*116*) LOENING: Arch. f. exper. Path. **66**, 84 (1911). — (*117*) LOEWY, A.: Die Gase des Körpers und der Gaswechsel. OPPENHEIMER: Handbuch der Biochemie, 2. Aufl., **6**. Jena: Gustav Fischer 1926. — (*118*) Verh. Berl. physiol. Ges. **1899**. — (*119*) LOEWY, A., u. P. F. RICHTER: Sexualfunktion und Stoffwechsel. Arch. Physiol. **1899** (Suppl.). — (*120*) LOSSEN: Z. Biochem. **1**, 207 (1865). — (*121*) LUSK, G.: The influence of food on metabolism. J. of biol. Chem. **20**, 7 (1915).

(*127*) MAGNUS-LEVY, A.: Pflügers Arch. **55**, 1 (1893). — (*128*) In VON NOORDEN: Physiologie und Pathologie des Stoffwechsels **1**, 226ff. — (*129*) Untersuchungen zur Schilddrüsenfrage. Z. klin. Med. **33** (1897). — (*132*) MARKOFF, I. VON: Biochem. Z. **34**, 211 (1911); **57**, 1 (1913). — (*136*) MEYER, LOTHAR: Die Gase des Blutes. Göttingen 1857. — (*137*) MITCHELL, H., u. G. CARMANN: Amer. J. Physiol. **76**, 385 (1926). — (*138*) MÖLLGAARD, H.: Fütterungslehre des Milchviehs (die quantitative Stoffwechselmessung und ihre bisherigen Resultate beim Milchvieh). Hannover: M. & H. Schaper 1929. — (*139*) Ernährungsphysiologie der Haustiere. Berlin: Paul Parey 1931. — (*140*) MOLTSCHANOWA, O.: Der Gaswechsel bei normalen und großhirnhemisphärenberaubten Tauben. Biochem. Z. **179**, 112 (1926).

(*142*) NEUMANN: Zur Lehre von dem täglichen Nahrungsbedürfnis. Arch. f. Hyg. **45**, 1 (1902).

(*144*) OPPENHEIMER, C.: Zur Kenntnis der Darmgärung. Z. physiol. Chem. **48**, 240 (1906).

(*146*) PAECHTNER, J.: Respiratorische Stoffwechselforschung und ihre Bedeutung für Nutztierhaltung und Tierheilkunde. Berlin: R. Schoetz: 1909. — (*152*) PFEIFFER: Landw. Versuchsstat. **54**, 101 (1900). — (*153*) Ebenda **56**, 283 (1902). — (*155*) PLAUT, R.: Dtsch. Arch. klin. Med. **139**, 285 (1922). — (*156*) Ebenda **142**, 266 (1923). — (*157*) POPIEL, zitiert in BAYER: Kastration und deren Folgezustände. Inaug.-Dissert., Greifswald 1901.

(*160*) RANKE: C- und N-Ausscheidung des ruhenden Menschen. Arch. f. Physiol. **1862**, 311. — (*161*) REACH, F., u. F. RÖDER: Biochem. Z. **22**, 471 (1909). — (*165*) REULING: Über den NH$_3$-Gehalt der expir. Luft. Inaug.-Dissert., Gießen 1854. — (*166*) RIGG: Med. Tim. **1842**, 278. — (*167*) RITZMANN, ERNEST G., u. FRANCIS G. BENEDICT: Simplified technique and apparatus for measuring energy requirements of cattle. Agricult. exper. Stat., Univ. New Hamsphire, Bull. **240** (1929). — (*168*) RUBNER, M.: Die Gesetze des Energieverbrauches bei der Ernährung. Leipzig 1902.

(*171*) SLOWTZOFF, B.: Über die Beziehungen zwischen Körpergröße und Stoffverbrauch der Hunde bei Ruhe und Arbeit. Pflügers Arch. **95**, 158 (1903). — (*173*) SPECK, C.: Untersuchungen über den Sauerstoffverbrauch und die Kohlensäureausscheidung des Menschen. Kassel 1871. — (*174*) Physiologie des menschlichen Atmens. Leipzig 1892. — (*175*) STOHMANN: Biologische Studien **1**, 150 (1873). — (*177*) STOHMANN, ROST u. FRÜHLING: Über den Ernährungsvorgang bei milchproduzierenden Tieren. Z. Biol. **6**, 204 (1870). — (*182*) SCHENK: Das Ammoniak unter den gasförmigen Ausscheidungsprodukten. Pflügers Arch. **3**, 470 (1870). — (*183*) SCHEUNERT, A., W. KLEIN u. M. STEUBER: Biochem. Z. **133**, 137 (1922). — (*186*) SCHWARZ, H.: Untersuchungen über den Erhaltungsumsatz bei Störungen des endokrinen Systems. Klin. Wschr. **6**, 799 (1927).

(*187*) TACKE, B.: Über die Bedeutung der brennbaren Gase im tierischen Organismus. Inaug.-Dissert., Berlin 1884. — (*188*) Ber. dtsch. chem. Ges. **17**. — (*189*) Verh. Ges. dtsch. Naturforsch. Berlin 1887. — (*190*) Rep. anal. Chem. **6** (1886). — (*196*) TERJUNG, FR.: Dissert., Hannover 1920. — (*197*) THOMSON: On the exhalation of bicarbonate of ammoniac by the lungs. Philos. Mag. **30**, 124 (1847). — (*198*) TSUJI, M.: Biochem. Z. **129**, 194 (1922).

(*203*) USTJANZEW, W.: Die energetischen Äquivalente der Verdauungsarbeit bei den Wiederkäuern (Schafen). Biochem. Z. **37**, 457 (1911).

(204) Voit, C.: Z. Biol. 11, 552 (1875). — (205) Voit, E.: Über die Größe des Energiebedarfs der Tiere im Hungerzustand. Z. Biol. 41, 113 (1901).

(206) Wiegner, G., u. Ghoneim: Über die Formulierung der Futterwirkung. Die Tierernährung 2, 193 (1930). — (207) Wildburg: Skand. Arch. Physiol. 17 (1905). — (208) Winternitz, H.: Klin. Jb. 7 (1889).

(211) Zuntz, N., u. v. Mering: Pflügers Arch. 32, 173 (1883). — (212) Zuntz, N., C. Lehmann u. O. Hagemann: Landw. Jb. 18 (1889). — (213) Zuntz, O. Hagemann, C. Lehmann u. J. Frentzel: Landw. Jb. 27, Erg.-Bd. 3, 1 (1898). — (214) Zuntz, F. Lehmann u. O. Hagemann: Landw. Jb. 23, 158ff. — (216) Zuntz: Über den Stoffverbrauch des Hundes bei Muskelarbeit. Pflügers Arch. 68, 191 (1897). — (217) Zuntz u. Magnus-Levy: Pflügers Arch. 49 (1891). — (220) Zuntz: Erfahrungen und Gesichtspunkte für das Studium des tierischen Stoffwechsels. Internat. agrartechn. Rdsch. 5, H. 4 (1914). — (221) Zuntz, N., u. Schumburg: Physiologie des Marsches. Berlin 1901. — (222) Zuntz, N., A. Loewy, F. Müller u. W. Caspari: Höhenklima und Bergwanderungen. Berlin 1906. — (223) Zuntz, N., R. von der Heide u. W. Klein: Zum Studium der Respiration und des Stoffwechsels der Wiederkäuer. Landw. Versuchsstat. 1913.

X. Besondere Einflüsse auf Ernährung und Stoffwechsel der landwirtschaftlichen Nutztiere.

1. Der Einfluß der Vererbung.

Von

Professor Dr. Paula Hertwig

Institut für Vererbungsforschung, Berlin-Dahlem.

Mit 14 Abbildungen.

A. Allgemeine Einführung in die Theorie und Methodik der Untersuchungen über die Erbbedingtheit von Stoffwechselunterschieden.

I. Einleitung.

Auf den folgenden Seiten will ich versuchen, das mitzuteilen, was wir über den Einfluß der Erbanlagen auf den Stoffwechsel wissen. — Ich bin mir dabei bewußt, daß meine Darstellung in vieler Beziehung lückenhaft bleiben muß, denn Stoffwechselverschiedenheiten sind für den Genetiker bisher nur indirekt in *quantitativen* Eigenschaften, wie Größe, Wuchsfähigkeit, Fruchtbarkeit und anderen sekretorischen Funktionen analysierbar gewesen. Die Erbanalyse von *quantitativen* Unterschieden gehört aber zu den schwierigsten und undankbarsten Aufgaben für den nach exakten Zahlenwerten strebenden Mendelismus. — Wenn ich es aber trotzdem freudig begrüßt habe, daß im Rahmen dieses Handbuches, das über so viele und in sich abgeschlossene Forschungsgebiete berichtet, auch die Vererbungslehre zu Wort kommen soll, so geschah es aus der Überzeugung heraus, daß die Tierzüchtung der Zukunft mehr noch wie bisher mit den rassenmäßigen und individuellen Stoffwechseleigenschaften der Haustiere wird vertraut sein müssen. Denn wenn auch die großen Fortschritte der Tierzucht in den letzten Jahrzehnten in erster Linie durch richtige Haltung und Fütterung erzielt worden sind, und wir hier auch in Zukunft noch weitere Erfolge zu erwarten haben, so wird doch die Zeit kommen, wo eine Hebung des Ertrages nur durch die Kenntnis und Auswertung der Rasse- und Individualeigenschaften oder des *Erbwertes* der Zuchttiere zu erreichen ist.

Die Genetik hat sich in den letzten Jahrzehnten zu einem umfangreichen Spezialgebiet der biologischen Wissenschaften ausgebildet. Die Entwicklung ist dank der erfolgreichen Zusammenarbeit von Kreuzungsversuchen und Chromosomenforschung so rasch fortgeschritten, daß eine starke Spezialisierung der Vererbungswissenschaft eingetreten ist, die leider zur Folge hat, daß Grundbegriffe, Fachausdrücke, methodisches Vorgehen, nicht als allgemein bekannt vorausgesetzt werden dürfen. Ich sehe mich daher auch hier gezwungen, eine kurze Einführung voranzuschicken. Ich beschränke mich dabei auf die Erläuterung der Begriffe, die zum Verständnis unseres Gebietes unbedingt erforderlich sind.

II. Die Erbsubstanz.

Die Vererbung beruht darauf, daß Eltern und Nachkommen gleiche Erbanlagen besitzen. Als die Träger der Erbanlagen oder der Gene sehen wir heute in
Fortsetzung von Gedankengängen von O. HERTWIG, BOVERI und anderen mehr,
die Chromosomen an. Wir wissen, daß jede Tierart 2 Sortimente von homologen
Chromosomen besitzt, ein väterliches und ein mütterliches, daß wir in allen Zellen
des Individuums und der Art die gleiche Zahl von Chromosomen vorfinden (Zahlen-
gesetz der Chromosomen), und daß nicht nur die Zahl, sondern auch die Form
jedes einzelnen Chromosoms ein charakteristisches Artmerkmal ist. Der Form-
verschiedenheit der Chromosomen entspricht eine qualitative Verschiedenheit
ihres Erbwertes. Jedes Chromosom, als Träger von bestimmten, nur für dieses
Chromosom charakteristischen Erbeinheiten, hat seinen spezifischen Anteil am
Ablauf des Entwicklungsprozesses. Die Zahl der einzelnen Chromosomen innerhalb des Pflanzen- und Tierreiches ist eine sehr variable. Bei den Haustieren,
sowohl bei den Säugetieren als auch bei den Vögeln, finden wir recht hohe Zahlen,
die ich, wie sie dem heutigen Stand unserer Kenntnisse entsprechen, auf der folgenden Tabelle zusammenstelle:

Art	Körperzellen	reife Keimzellen	Geschlechts-chromosom	Autor
Pferd	cc 60	30	$X\ Y\ \male\ ?$	PAINTER[125]
Rind	cc 60	30	?	KRALLINGER[98, 99]
Schwein	cc 40	20	—	HANCE[68]
Kaninchen . . .	44	—	$X\ Y\ \male$	PAINTER[126]
Huhn	32	—	$X\ Y\ \female$	SHIWAGO[69, 163]
Taube	62	31	$X - \female$	OGUMA[123]
Truthenne . . .	46	—	$X\ Y\ \female$	SHIWAGO[164]

III. Der Mendelismus.

1. Grundbegriffe und Definitionen.

Unter einem MENDEL-Versuch verstehen wir ein planmäßig durchgeführtes
Kreuzungsexperiment. Wir gehen aus von der Eltern- oder Parental $= P_1$-Genera-
tion. Als Filial-Generationen bezeichnen wir die 1. bis n^{te} Generation, die in
direkter Linie von P_1 abstammt (F_1-, F_2-, F_3 bis F_n-Generation). Eine Rückkreuzungsgeneration entsteht bei Kreuzung eines F_1-Individuums mit dem einen
Elter (R.-K.-Generation). Ein homozygoter Organismus entsteht aus der Vereinigung zweier in sämtlichen Erbeinheiten übereinstimmender Gameten, ein
heterozygotes Individuum oder ein Bastard entsteht, wenn die Gameten in einem
oder mehreren Genen ungleichartig waren. Oder anders ausgedrückt: monomere,
dimere . . . polymere Verschiedenheit der Gameten bedingt Mono-, Di- . . . Poly-
heterozygoten. — Als Allelomorphen-Paare (multiple Allelomorphen), kurz auch
als Allele, bezeichnen wir Genpaare (Genserien), welche identische Stellen
in einander entsprechenden Stellen von homologen väterlichen und mütterlichen
Chromosomen einnehmen. — *Polymerie* liegt vor, wenn eine größere Anzahl von
Genen die gleiche Eigenschaft gleichsinnig oder auch entgegenwirkend beeinflußt.
— Sehr wichtig sind ferner noch die Begriffe *dominante und recessive* Faktoren.
Dominante Gene sind solche, deren Vorhandensein in der Erbsubstanz auch im
Heterozygoten erkennbar ist. Die Wirkung der recessiven Gene wird im Hetero-
zygoten durch die Anwesenheit eines dominanten Allels verdeckt. Erst der
doppelt recessive Homozygot zeigt phänotypisch die Anwesenheit recessiver Gene.
Wenn vollkommene Dominanz vorliegt, was recht häufig der Fall ist, dann ist
der Homozygot von den Heterozygoten nicht unterscheidbar und es folgt daraus

der für die praktische Genetik sehr wichtige Satz, daß wir aus dem Erscheinungs-
bild, dem „Phänotypus", nicht auf den „Genotypus" schließen dürfen. Häufig
ist der Bastard freilich auch intermediär zwischen den beiden Eltern; wir sprechen
dann von unvollständiger Dominanz. — Wir bezeichnen im Mendelismus die
einzelnen Gene mit den Buchstaben des Alphabetes und benutzen für dominante
Gene das große Alphabet, für die recessiven Allele den entsprechenden Buchstaben des kleinen Alphabetes (s. Anm.). Zum tieferen Verständnis dessen, was
die Erscheinung der Dominanz eigentlich bedeutet, können wir nur durch ent-
wicklungsphysiologische Beobachtungen und Überlegungen gelangen, und wir
stehen hier erst am Anfang einer neuen Forschungsaufgabe (GOLDSCHMIDT[42]).
Vorläufig kann uns nur die Erfahrung, die wir aus einem Kreuzungsversuch
gewinnen, lehren, welche Eigenschaften dominant, welche recessiv sind.

2. Die freie Spaltung der Anlagen und die Reduktionsteilung.

Wenn der F_1-Bastard seine reifen Keimzellen bildet, erfolgt das, was wir
im Mendelismus als „Spaltung der Anlagen" bezeichnen. Die Regel lautet: Ein
Heterozygot bildet Gameten,
in denen die elterlichen Gene
wieder rein, d. h. unverändert
enthalten sind. Diese Trennung der Allele ist auf das
engste mit der Reduktionsteilung verbunden, der einzigen *erbungleichen* Teilung,
die wir kennen. Die Reduktionsteilung, die der Befruch-
tungsfähigkeit der Gameten
vorangeht, setzt die Chromo-
somenzahl auf die Hälfte herab, indem je ein väterliches
und ein mütterliches Chromosom auf verschiedene Keimzellen verteilt werden. Seitdem wir wissen, daß die Chromosomen die Träger der mendelnden Gene sind, kennen wir
den Mechanismus, der die
Trennung der allelen Gene

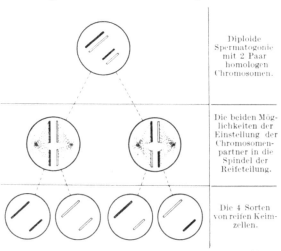

Diploide
Spermatogonie
mit 2 Paar
homologen
Chromosomen.

Die beiden Mög-
lichkeiten der
Einstellung der
Chromosomen-
partner in die
Spindel der
Reifeteilung.

Die 4 Sorten
von reifen Keim-
zellen.

Abb. 28. Schema. Es sind nur 2 Chromosomenpaare gezeichnet.
Die väterlichen Chromosomen sind dunkel, die mütterlichen hell;
hierdurch soll angedeutet werden, daß väterliche und mütterliche
Chromosome verschieden sind in bezug auf die in ihnen lokalisierten Allele. Ein Dihybrid bildet also 4 verschiedenartige Keimzellen.

oder die „Spaltung der Anlagen" bewirkt. Alle Beobachtungen stimmen darin
überein, daß die Chromosomenverteilung bei der Reduktionsteilung nur durch den
Zufall beherrscht wird, und daher können wir uns auch die relative Anzahl der ver-
chiedenartigen Gameten, die ein Mono-, Di-... Polyheterozygot bilden wird, nach
den Regeln der Wahrscheinlichkeitslehre berechnen. Es bildet ein Monohybrid
zwei verschiedenartige Keimzellen, ein Dihybrid 4, ein n-Hybrid 2^n verschiedene.
Das Schema Abb. 28 wird zum Verständnis des Vorgangs beitragen.

3. Rückkreuzung und F_2-Generation.

Nur in wenigen Fällen ist es bisher möglich gewesen, die Erbverschiedenheit
der Gameten direkt zu erkennen. — Wir sind im allgemeinen darauf angewiesen,
aus den diploiden Individuen der Rückkreuzungs- oder F_2-Generation Rück-

---

Anm. Vgl. z. B. auf S. 257 die Symbole von PEARL[133]: L = Fertilitätsfaktor, dominant; l = Faktor für geringe Fertilität, recessiv.

schlüsse auf die Beschaffenheit der Gameten des F_1-Bastards zu ziehen. Am geeignetsten ist hierzu eine Rückkreuzung mit dem recessiven Elter, weil sich hier aus der Anzahl der verschiedenartigen Nachkommen direkt die Zahl der verschiedenartigen Gameten des Bastards erkennen läßt. — Bei der Züchtung einer F_2-Generation ist das Zahlenverhältnis der auftretenden Phänotypen komplizierter. Man muß die Kombinationsmöglichkeiten der erbungleichen väterlichen und mütterlichen Gameten bedenken. Da wir Grund zu der Annahme haben, daß die Vereinigung der Gameten bei der Befruchtung im allgemeinen nach den Gesetzen des Zufalls erfolgt, so entsprechen die Zahlengesetze der F_2-Generation bei Mono-, Di-,Tri-, Polyhybridismus den Gesetzen der Kombinatorik, und wir finden folgende Zahlenverhältnisse, die sich nach den MENDELschen Regeln für die Gameten der F_1-Generation und die Zygoten der R.-K.- oder F_2-Generation bei freier Spaltung ergeben:

	Verschiedene Gameten in F_1	Kombinationsmöglichkeiten bei		Verhältniszahlen der verschiedenen Phänotypen bei Dominanz
		R.-K.	F_2	
Monohybrid .	2	2	4	$3:1$
Dihybrid . .	4	4	16	$9:3:3:1$
Trihybrid . .	8	8	64	$27:9:9:9:3:3:3:1$

4. Koppelung.

Die Voraussetzung für das Auftreten der obigen Kombinationszahlen in der R.-K.- und F_2-Generation ist, daß die verschiedenen Genpaare bei Polyhybridismus sich unabhängig voneinander auf die verschiedenen Keimzellen verteilen. (Gesetz von der freien Kombination der Erbanlagen.) Da wir die Chromosomen als die Träger der Erbanlagen erkannt haben (vgl. S. 210), und da ferner beobachtet wurde, daß bei der Reifeteilung die Verteilung der homologen Chromosomen auf die Keimzellen in der Tat den Gesetzen des Zufalls entsprechend erfolgt, so haben wir Grund zu der Annahme, daß das Gesetz von der freien Kombination der Erbanlagen immer dann realisiert wird, wenn die allelen Gene in verschiedenen Chromosomen lokalisiert sind. Da aber bei jedem Individuum die Zahl der mendelnden Gene eine weit höhere ist als die Zahl der Chromosomen, so ist zu erwarten, daß häufig mehrere Erbanlagen im gleichen Chromosom liegen, und hierdurch erfährt die Regel von der freien Kombination der Erbanlagen Einschränkungen durch das Gesetz der Koppelung der Gene und des Genaustausches (MORGAN[119]). — Wenn Gene im gleichen Chromosom liegen, so vererben sie sich gekoppelt, d. h. sie kommen in die gleiche Keimzelle in allen Fällen, wo absolute Koppelung vorliegt, wie z. B. bei geschlechtsgebundener Vererbung. Es treten in diesem Fall, obgleich Polyheterozygotie vorliegt, die Zahlenverhältnisse des Monohybridismus auf. Die absolute Koppelung ist aber nur als ein nicht oft realisierter Grenzfall aufzufassen. Häufiger finden wir, daß auch die Gene, die im gleichen Chromosom liegen, voneinander geschieden werden und in verschiedene Gameten gelangen. Dieser Vorgang, den wir als *Faktorenaustausch* bezeichnen, findet nicht durch die Reduktionsteilung statt, sondern auf einem früheren Stadium der Keimzellbildung, vielleicht auf einem Stadium, wo sich die beiden Partnerchromosomen eng umflechten, dabei vielleicht miteinander verkleben, und nach der Trennung Substanzteile miteinander ausgetauscht haben.

Die letzte Konsequenz des Faktorenaustausches ist die Aufstellung von Chromosomenkarten, die die relative Lage der in einem Chromosom gelagerten, d. h. miteinander gekoppelten Faktoren angibt. Wenn die eben hier entwickelten Ansichten zu Recht bestehen, so ist eine der wichtigsten Voraussetzungen, daß es nicht mehr Koppelungsgruppen als Chromosomenpaare in einem Individuum gibt. In vielen Fällen, so bei vielen Fliegenarten, wo die Zahl der Chromosomen klein und die Zahl der bekannten MENDEL-Faktoren groß ist, ist diese Voraussetzung voll erfüllt. Es ist bisher auch noch nie eine höhere Zahl von Koppelungsgruppen als von Chromosomen nachgewiesen worden, wohl aber haben wir bei den meisten Objekten mit höheren Chromosomenzahlen, also bei Vögeln und Säugern, überhaupt noch keine oder nur wenig Koppelungen gefunden. Es ist aber nicht daran zu zweifeln, daß eingehendere Erbanalysen auch hier in Zukunft die gleiche Gesetzmäßigkeit aufdecken werden. Da aber zur Zeit die ganze Frage der Koppelung und des Austausches von untergeordneter Bedeutung für die Praxis der Tierzucht ist, so mag das eben Gesagte zur Orientierung genügen.

5. Geschlechtsbestimmung und geschlechtsgebundene Vererbung.

Wenn wir die Entscheidung über das Geschlecht als abhängig von Genen ansehen, dann läßt sich das Zahlenverhältnis der Geschlechter, das ja in den meisten Fällen der Proportion 1 : 1 sehr nahekommt, mit dem Zahlenverhältnis einer monohybriden Rückkreuzung vergleichen. Es wäre dann das eine Geschlecht als heterozygot für die geschlechtsbestimmenden Gene anzusehen, das andere als homozygot. Während wir im allgemeinen die heterozygote bzw. homozygote Beschaffenheit der Keimzellen auch mikroskopisch nicht erkennen können, liegt für den Geschlechtsbestim-

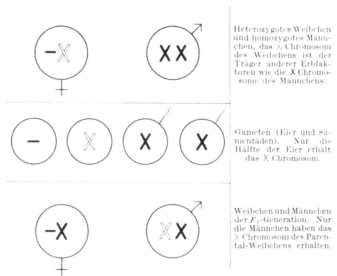

Heterozygotes Weibchen und homozygotes Männchen, das x Chromosom des Weibchens ist der Träger anderer Erbfaktoren wie die X Chromosome des Männchens.

Gameten (Eier und Samenfäden). Nur die Hälfte der Eier erhält das X Chromosom.

Weibchen und Männchen der F_1-Generation. Nur die Männchen haben das X Chromosom des Parental-Weibchens erhalten.

Abb. 29. Schema der geschlechtsgebundenen Vererbung, bei Heterozygotie des Weibchens. (Vogel-Typus.)

mungsmechanismus die Sache günstiger. Die Anwesenheit von Heterochromosomen (X-Chromosom, Geschlechtschromosom) d. h. von Chromosomen, die keinen oder einen ungleichwertigen Partner haben, ist bei vielen Tieren und auch bei manchen Pflanzen ein morphologischer Beweis für die Heterozygotie des einen Geschlechts. So weit man bei den Schwierigkeiten, die für die genaue Chromosomenzählung bei Säugetieren bestehen, zu einem Nachweis von Heterochromosomen gelangt ist, hat sich herausgestellt, daß das Männchen heterozygot ist, das Weibchen homozygot. Bei den Vögeln liegen die Verhältnisse umgekehrt; hier hat das Männchen 2 große X-Chromosome, das Weibchen nur eins.

Was wir cytologisch über die Geschlechtschromosome der Haustiere wissen, ist auf S. 210 zusammengestellt. Es ist aber vielfach noch etwas fraglich, ob die Deutung der Autoren richtig ist. Erfreulicherweise steht der cytologische Nachweis immer in voller Übereinstimmung mit den genetischen Befunden, mit den Beobachtungen über die geschlechtsgebundene Vererbung. Die Heterochromosomen sind, wie alle andern Chromosome, an der Übertragung von Genen beteiligt. Es können aber Anlagen, die im X-Chromosom des heterozygoten Säugermännchens lokalisiert sind, nur an die Töchter weitergegeben werden, da ja die Söhne gar kein X-Chromosom vom Vater erhalten. Von den Töchtern können dann die im X-Chromosom lokalisierten Gene auf die Hälfte der Enkel vererbt werden. Aus der Abb. 29 wird es nicht schwer werden, sich den geschlechtsgebundenen Erbgang bei weiblicher und, entsprechend geändert, bei männlicher Heterozygotie klarzumachen (vgl. Hühner, S. 257).

IV. Der Erbgang bei quantitativen Merkmalen.

Es ist noch eine, für die Vererbung quantitativer Eigenschaften, wie Wachstum, Fruchtbarkeit usw., besonders wichtige Frage zu erörtern. Bei vielen Merkmalen, durch die sich Arten, Rassen, Individuen unterscheiden, läßt sich der Unterschied *alternativ* fassen, d. h. z. B. gescheckt, ungescheckt; helläugig, dunkeläugig usw. In solchen Fällen ist es meistens leicht möglich, die Anzahl der Gene, die diesen Unterschied bedingen, im Kreuzungsversuch festzustellen, denn die einzelnen Phänotypenklassen machen der Einordnung keine Schwierigkeiten. Anders aber, wenn die Unterschiede, deren Erbbedingtheit wir feststellen wollen, sich nur durch *Maß* und *Zahl* ausdrücken lassen, also *quantitativer* Art sind. Auch in diesem Fall wirkt sich die Heterozygotie der Eltern in einer Ungleichmäßigkeit der Nachkommen aus, die häufig den Charakter einer *fluktuierenden Variabilität* annimmt, zumal dann, wenn mehrere Gene Einfluß auf das nur quantitativ erfaßbare Merkmal haben. Fälle von Polymerie bei quantitativen Eigenschaften setzen dem Nachweis einer Aufspaltung nicht unerhebliche Schwierigkeiten entgegen, so daß es begreiflich ist, daß man in den Anfangszeiten des Mendelismus an eine konstant intermediäre Vererbung quantitativer Merkmale, wie der Ohrenlänge der Kaninchen oder der Hautfarbe nach Kreuzungen zwischen Negern und Weißen, um nur die bekanntesten Fälle zu nennen, geglaubt hat. Es wird zweckmäßig sein, sich das Verhalten der zwei ersten Bastardgenerationen bei einem quantitativen Merkmal, etwa der *Wuchsgröße*, klarzumachen, und wir wollen dabei die relativ einfache Voraussetzung machen, daß die Größenunterschiede zwischen zwei Individuen allein bestimmt werden von 3 Paar Allelen, die alle gleichartig oder *homomer* den Wuchs beeinflussen, etwa derart, daß jedes Gen den Wuchs um eine Einheit fördert. Die größere Rasse, deren Erbformel wir durch die Symbole AA, BB, CC wiedergeben wollen, ist also um 6 Einheiten größer als die Rasse aa, bb, cc. Der Bastard Aa, Bb, Cc steht intermediär zwischen beiden Eltern und bildet 8 verschiedenartige Gameten, nämlich: ABC ABc AbC aBC Abc aBc abC abc, denen die wachstumsfördernden Werte: 3   2   2   2   1   1   1   0 zukommen. Von 8 Keimzellen eines Triheterozygoten wird also je eine alle 3 das Wachstum um eine Einheit fördernden Gene besitzen, je 3 nur zwei Einheiten, je 3 eine Einheit und eine wird ganz recessiv für die Gene des Wachstums sein. Hieraus folgt für eine F_2-Generation folgendes Kombinationsschema der nur nach ihrem das Wachstum fördernden Wert klassifizierten Gameten:

		Von den 8 männlichen Gameten besitzen Einheiten des Wachstums			
		3 (1 ×)	2 (3 ×)	1 (3 ×)	0 (1 ×)
desgl. weiblichen Gameten	3 (1 ×)	6 (1 ×)	5 (3 ×)	4 (3 ×)	3 (1 ×)
	2 (3 ×)	5 (3 ×)	4 (9 ×)	3 (9 ×)	2 (3 ×)
	1 (3 ×)	4 (3 ×)	3 (9 ×)	2 (9 ×)	1 (3 ×)
	0 (1 ×)	3 (1 ×)	2 (3 ×)	1 (3 ×)	0 (1 ×)

Wir haben also in der F_2 zu erwarten: je ein Individuum von der Größe der Parentalrassen; je 6 besitzen eine bzw. 5 Zuwachseinheiten; 15 2 oder 4; intermediär zwischen den beiden Ausgangsrassen wie der F_1-Bastard sind 20 von 64 Individuen. Wir bekommen den besten Überblick über die Zusammensetzung der Population, wenn wir die Größenklassen auf einer Abszisse, die dazugehörigen Frequenzzahlen auf der Ordinate eintragen: wir erhalten dann das Variationspolygon (Abb. 30).

Die Seltenheit der extremen Typen und demgegenüber die relative Häufigkeit der mittleren Typen hat zur Folge, daß wir die extrem kleinen und die extrem großen Individuen nur in einer größeren Anzahl von Nachkommen überhaupt finden werden, in unserem Beispiel je einmal unter 64, und daß die F_2-Generation den Eindruck macht, als ob auch sie intermediär zwischen den beiden Elterntypen stände, also als ob keine Aufspaltung der Anlagen stattgefunden hätte. Dieser Eindruck wird häufig dadurch verstärkt, daß sich zu der *genetischen* Variabilität noch eine durch *äußere* Einflüsse bedingte gesellt, die unter anderem bewirkt, daß auch die genetisch einheitliche F_1-Generation große und kleine Individuen aufweist, also auch schon variabel ist. Es ist dann nur durch möglichst gleichartige Gestaltung der Umweltsverhältnisse möglich, einen Einblick zu erhalten in die genetische Variabilität, und vor allen Dingen zu einer Abschätzung der Zahl der beteiligten Gene zu gelangen. Man muß dabei entweder die empirische Variationskurve mit einer Normalkurve (Binomialkurve) vergleichen und den Koeffizienten des dazugehörigen Binoms $(1 + 1)$ ermitteln (vgl. S. 236), um zu einem Überblick der beteiligten Gene zu kommen oder man kann sich der Formel von CASTLE und WRIGHT[13] bedienen, die die Anzahl der

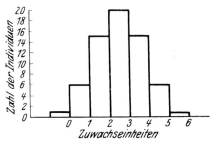

Abb. 30. Schema der Zusammensetzung der F_2-Generation bei dreifacher Polymerie. Treppenpolygon, das die Frequenz der F_2-Generation bei 3 polymeren Genpaaren zeigt. Es wird angenommen, daß jedes dominante Gen das Wachstum um eine Einheit fördert.

gleichsinnigen Gene $= n$, die an dem Zustandekommen eines quantitativen Merkmals beteiligt sind, nach der Formel abschätzen:

$$n = \frac{D^2}{8\,(\sigma_2^2 - \sigma_1^2)}\ .$$

Hierbei bedeutet D die Differenz zwischen den Mittelwerten der Variabilität der elterlichen Rassen, σ_2 die Standardabweichung von F_2, σ_1 die Standardabweichung von F_1. Diese Formel ist aber nur anwendbar, wenn es sich um Fälle von Polymerie handelt, die unserem obigen Beispiel genau entsprechen, wenn also 1. der eine Elter alle positiven, der andere alle negativen Faktoren enthält, und 2., wenn alle Faktoren gleichsinnig und quantitativ gleichartig wirken. Das wird aber nur ganz selten, wenn überhaupt je der Fall sein, meistens wird neben der gleichsinnigen Wirkung (Homomerie) der Faktoren eine gegensinnige (heteromere) vorhanden sein. Auch werden die Faktoren wohl nie unabhängig additiv wirken, sondern voneinander in irgendeiner physiologischen Beziehung und Abhängigkeit stehen. — Die Formel von CASTLE ist aber trotz dieser Einschränkung von Bedeutung, weil sie nach BERNSTEIN[5] (1929) aller Wahrscheinlichkeit nach die Mindestzahl der an einem quantitativen Entwicklungsvorgang beteiligten Gene angibt. — Eine weitere Formel ist neuerdings von SEREBROVSKY[161] ausgearbeitet worden und ist zu begrüßen als ein weiterer Versuch, die mathematischen Grundlagen der Polymerie zu klären. Es kann kein Zweifel darüber bestehen, daß gerade in allen physiologischen Eigenschaften die Individuen und Rassen polymer verschieden sind, und wir an der Beantwortung gerade dieser Fragen das allergrößte Interesse haben.

V. Die Umweltsbedingtheit.

Ich habe bisher die Erbanalyse so behandelt, als ob der Phänotypus eines Individuums allein abhängig wäre von den ererbten Anlagen. Das ist natürlich nur eine Abstraktion, denn mitbestimmend sind für jeden Schritt der Entwicklung für jeden funktionellen Vorgang und für jeden Involutionsprozeß die Umweltsbedingungen in ihrer großen, manchmal schwer zu erfassenden Vielseitigkeit. Am leichtesten gestaltet sich noch die Aufgabe, die außerhalb des Organismus liegenden Umweltsfaktoren zu erkennen und ihren Einfluß, den sie auf die Variabilität eines Merkmals haben, entweder durch eine möglichst gleichartige Gestaltung der Umwelteinflüsse, wie Temperatur, Licht, Nahrung, auszuschalten oder durch eine zweckmäßige Materialbehandlung einzuschränken und auszugleichen. — Da aber auch diejenigen Faktoren, die erst während der Entwicklung aus der gegenseitigen Beeinflussung der Zellen, der Gewebe und der Organe im Organismus selbst entstehen und korrelativ Entwicklung und Wachstum beeinflussen, vom Standpunkt des Keimplasmas als Umweltsfaktoren zu betrachten sind, so gestaltet sich die Frage nach dem Anteil der Erbfaktoren und der Außenfaktoren an einem Entwicklungsprozeß oder an irgendeiner funktionellen Tätigkeit des Organismus, zu einer außerordentlich schwierigen, ja zur Zeit noch unlösbaren. Am klarsten zeigen ihre Abhängigkeit von einigen wenigen mendelnden Faktoren diejenigen Eigenschaften, deren Ausbildung autonom ist oder, wie der Entwicklungsphysiologe sagt, auf *Selbstdifferenzierung* beruht. Ich nenne als Beispiele bei den Wirbeltieren die Pigmentierungsvorgänge, die Ausbildung der Haut und ihrer Anhangsorgane. Man hat früher sogar geglaubt, den Geltungsbereich der MENDELschen Gesetze auf diese Eigenschaften beschränken zu müssen. Das ist selbstverständlich nicht richtig. Doch muß anerkannt werden, daß der Nachweis der genetischen Bedingtheit eines Merkmals, das abhängige, d. h. korrelativ gebundene Entwicklung aufweist, außerordentlich schwer ist. Je komplizierter das Ineinandergreifen von Entwicklungsabläufen, die zu einer Determination führen, ist, desto größer ist auch die Zahl der an dem Prozeß beteiligten Gene, so daß wir wohl annehmen können, daß eine komplex verursachte Entwicklung (HÄCKER[62] 1925) stets polymer bedingt ist. — Leider gehören die physiologischen Eigenschaften, wie das *Wachstum* in seiner Abhängigkeit von Nahrungsaufnahme und Verwertung, von der Funktion inkretorischer Drüsen, wie die *Fertilität*, die *Drüsentätigkeit* usw. zu der Gruppe der komplex verursachten Eigenschaften, und es gehört daher gerade die Erbanalyse dieser Eigenschaften zu den schwierigsten Aufgaben der Genetik.

Um eine richtige Vorstellung von den zu überwindenden Schwierigkeiten zu geben, will ich als Beispiel kurz die Abhängigkeit der *Milchsekretion* von äußeren und inneren Faktoren schildern. Eingehendere Angaben sind bei KRONACHER[100, 101], v. PATOW[129, 130, 130a], GOWEN[50-57] zu finden. — Maßgebend für die Leistung einer Kuh wird in erster Linie ihr allgemeiner Gesundheitszustand in seiner Abhängigkeit von Haltung, Fütterung und Konstitution sein. Von den konstitutionellen Eigenschaften sind von größter Wichtigkeit die Funktionen der Verdauung und Atmung, von denen in erster Linie der Nährstoffgehalt des Blutes abhängt, der maßgebend ist für die synthetische Arbeit der milchsezernierenden Zellen des Euters. Es kann kein Zweifel darüber bestehen, daß Verschiedenheiten in der Nährstoffverwertung erblich bedingt sein können; ich

denke dabei besonders an die anatomischen Unterschiede, wie Weite des Brustkorbes, Länge des Verdauungstraktes usw. — Nach Turner[171] soll die Größe
des Tieres in direkter Beziehung zur Fettsekretion stehen, indem bei Kühen
desselben Alters ein Mehr von 100 kg Lebendgewicht eine Steigerung der jährlichen Fettmenge um 20 kg entspricht. Das gilt aber nur innerhalb der gleichen
Rasse. Zwischen Milch- und Mastrind besteht ein tiefgreifender Unterschied
im Umsatz der Nährstoffe (Finlay[31]). Eine Milchkuh setzt den über das Erhaltungsfutter gebotenen Nährstoff vorwiegend in Milch um, eine Mastkuh in
Körperfett.

Die Milchsekretion ist abhängig vom Alter der Kuh. Anfänglich, etwa bis
zur 6. oder 7. Lactation, steigt der Milchertrag ständig, um dann allmählich
wieder zurückzugehen. Pearl[132] glaubt, die Milchmenge, die eine Kuh je Zeiteinheit liefert, als eine logarithmische Funktion des Alters darstellen zu können.
Möglicherweise besteht auch hier wieder ein rassenmäßiger Unterschied, etwa
für das Alter, in dem zuerst die Höchstleistung erzielt wird, und man kann hier
an einen Zusammenhang mit sexueller Frühreife denken.

Sehr wichtig für die Milchsekretion ist auch die inkretorische Komponente,
namentlich die *hormonale* Funktion der Sexualorgane (Wendt[174a]). Wir wissen,
daß der Milchertrag in den ersten Monaten nach dem Kalben am größten ist, bis zum
7. Monat langsam und geringfügig abnimmt, um dann plötzlich stark zurückzugehen. Die Länge der Lactationsperiode und die Beständigkeit der Leistung,
ist aber wieder unzweifelhaft eine ererbte Rasseneigenschaft. — Gaines[35] stellt
fest, daß ein Ausbleiben der Trächtigkeit, ein verlängertes Güstbleiben, den
Milchertrag erheblich vermindert. Er überlegte, ob etwa ein Zusammenhang
zwischen sehr hoher Milchleistung nach dem Kalben und Aufnahmeunfähigkeit
bestände, konnte jedoch keine zahlenmäßig faßbare Korrelation zwischen hoher
Milchleistung und längerem Güstbleiben feststellen. Es wird jedenfalls sehr
schwer sein, zu unterscheiden zwischen einer *zeitweisen* Sterilität, die durch *äußere*
Bedingungen, wie Krankheiten des Genitalapparates, Katarrhe, Cysten, hervorgerufen ist, und einer auf *erblicher* Basis beruhenden *herabgesetzten Fertilität* zu
unterscheiden. — Ebenfalls hormonal bedingt wird die Beziehung sein, die zwischen hoher Milchproduktion und Neigung zu Zwillingsgeburten besteht, einer
Veranlagung, die zweifelsohne als erblich zu bezeichnen ist (Richter[149], Lush[108]).
Für eine Steigerung der Milchleistung bei mehrlingsgebärenden Kühen sprechen
sich Glenn[40] und Hunt[83] aus. Letzterer gibt folgende Zahlen:

55,7 % aller Kühe, die ♂♂ oder ♀♂ Zwillinge geworfen hatten, gaben Milchhöchstleistung,
45,8 % aller Kühe, die ♀♀ Zwillinge geworfen hatten, gaben Milchhöchstleistung,
20,4 % von sämtlichen Kühen, Zwillings- und Einzelmüttern zusammengenommen, gaben
Milchhöchstleistung.

Eine ausschlaggebende Bedeutung für die Höhe der Milchleistung kommt
der Größe und dem Bau des Euters zu. Man weiß jetzt, daß die Milch in den
Zwischenmelkzeiten gebildet wird (vgl. Lenkeit: Die Milchbildung, im 1. Bande
dieses Handbuchs S. 481). Swett[168] berechnete das Fassungsvermögen des
Euters nach Formalininjektion und bestätigt die Befunde von Gowen[57], daß
mindestens 80 % des Gemelkes im Euter vor dem Melken schon vorhanden gewesen sein muß. Nach Gowen[57] liefert 1 kg Drüsengewebe in 15 Stunden 5 kg
Milch. Freilich ist die absolute Größe des Euters kein unfehlbares Kennzeichen
seiner Leistungsfähigkeit, denn die Größe des Organs kann auch durch stark
entwickeltes Binde- und Fettgewebe bedingt sein. Ausschlaggebend ist aber
allein die Menge der Drüsensubstanz und ferner die Geräumigkeit der Milch-
kanäle. — Hier ist auch die Frage zu erörtern, ob die Polymastie, die Erhöhung
der Zitzenzahl auf 5 oder 6, wie sie als erbliche Eigenschaft in manchen Gegenden

gefunden wird (IWANOWA[87]), den Milchertrag fördert. IWANOWA spricht sich in bejahendem Sinne aus. Sie fand in 22 Wirtschaften bei polymastischen Kühen eine erhöhte Leistung verglichen mit dem Stalldurchschnitt, und bei Kühen, die mehr als 6 Zitzen hatten, eine um 49% gesteigerte Milchleistung. Im Durchschnitt soll die 5- und 6-Zitzigkeit den Milchertrag um 15% steigern. JULER[90] hingegen konnte keinen Zusammenhang finden.

Aber sicherlich ist nicht die Quantität des Drüsengewebes, sondern seine qualitative Beschaffenheit von ausschlaggebender Bedeutung, besonders wenn man nicht nur die Gesamt*menge* der Milchproduktion, sondern, was richtiger ist, auch die *Qualität* der Leistung, d. h. den Gehalt der Milch an Milchzucker, Fett und Eiweiß mit in Rechnung setzt. Dann wird, wie GOWEN[55] sagt, ,,das Problem der Vererbung der Milchleistung zu dem Problem des Einflusses der Vererbung auf die Variation des Stoffwechsels im Euter", und es braucht kaum hervorgehoben zu werden, daß wir noch weit davon entfernt sind, diese speziellen Fragen in Angriff nehmen zu können.

Ich könnte noch weitere Ursachen für die Variabilität des Milchertrages anführen, wie klimatische Bedingungen, Zeit des Kalbens, Temperament des Tieres usw., aber der Zweck dieses Abschnittes, die komplexe Verursachung der Milchsekretion zu zeigen und die Schwierigkeit der Trennung innerer und äußerer Ursachen voneinander, dürfte erreicht sein. (Weitere Angaben sind zu finden bei KRONACHER[100, 101], v. PATOW[130a], SPÖTTEL[165a].)

VI. Methodik der Vererbungsforschung bei quantitativen Charakteren der Haustiere.

Eine exakt durchgeführte Erbanalyse, deren Ziel es ist, die Zahl der Gene, von denen die Ausbildung einer Eigenschaft abhängt, zu bestimmen und ihren Erbgang zu verfolgen, d. h. festzustellen, ob autosomale oder geschlechtsgebundene Vererbung vorliegt, ob freie Spaltung der Gene oder Koppelung nachzuweisen ist, setzt dreierlei voraus: 1. Es müssen mindestens 3 Generationen aufgezogen werden mit einer größeren Individuenzahl in denjenigen Generationen, in denen Aufspaltung zu erwarten ist, und zwar müssen möglichst alle Geschwisterschaften großgezogen werden, damit nicht eine unbewußte Auslese stattfindet. 2. Es muß jedes Individuum untersucht und hinsichtlich der Eigenschaften, die wir analysieren wollen, klassifiziert werden. 3. Es muß die Klassifizierung eine eindeutige sein, was nur unter Ausschluß der Paravariabilität möglich ist. — Es liegt auf der Hand, daß wir diese Bedingungen nur bei kleinen Haustieren, wie Kaninchen, Hühner usw., einhalten können und auch da nur mit Schwierigkeiten, da die letzte Forderung, Vermeidung der Paravariabilität, auch hier auf große Schwierigkeiten stößt. Man ist aber bei diesen Objekten wenigstens dazu gelangt, die MENDEL-Versuche auf die Beobachtung der Eltern- und etwa 3 Filialgenerationen auszudehnen und die Aufzucht aller lebensfähigen Nachkommen durchzuführen und bindende Schlüsse auf die Genovariabilität der einzelnen Generationen zu ziehen. Hier könnte man in einigen Fällen etwa mit Hilfe der Formel S. 215 die Anzahl der Gene bestimmen.

Nahezu unerfüllbar sind die Forderungen eines strengen MENDEL-Versuches in der *Großtierzucht*, der in der Tat im größeren Umfang hier auch noch nie versucht wurde. Alles was hier bisher über Erblichkeit veröffentlicht wurde, stützt sich auf *unvollständiges* Material, sei es, daß nach einer Kreuzung nur ein ausgewählter Teil der Nachkommenschaft großgezogen wurde, sei es, daß auf die Aufzeichnungen der Herdbücher zurückgegriffen wurde.

Immer liegt ein, wie man in der menschlichen Genetik sagt, nicht vollkommen repräsentatives Material vor, denn der Aufzucht von Großtieren sind Schranken, besonders finanzieller Art, gesetzt, und die Eintragung in das Herdbuch stellt schon eine Selektion dar. — Sehr viele Veröffentlichungen stützen sich auf die statistische Auswertung der Herdbücher, und so sorgsam und wertvoll diese Veröffentlichungen auch sein mögen, so muß man sich doch stets darüber klar sein, daß Herdbuchaufzeichnungen, die zu anderen als genetischen Zwecken vorgenommen wurden, nie den Wert eines bewußt gesammelten MENDEL-Materials haben können.

Die zweite große Schwierigkeit liegt in der richtigen Klassifizierung einer quantitativ paravariablen Leistung. Schon technisch allein ist die richtige Einschätzung der individuellen Leistung oft recht schwierig, wie z. B. bei der Legeleistung der Hühner, der Milchleistung der Kühe, da sie von Monat zu Monat, von Jahr zu Jahr schwankt. Die richtige Einschätzung der *Gesamtleistung* hängt also von einer zweckmäßig gewählten *Probeleistung* ab, und diese ist nicht immer leicht zu finden. Es ist daher begreiflich, daß man vielfach gesucht hat, nicht die Leistung selbst als Merkmal einzusetzen, sondern nach bequemeren, korrelativ mit der Leistung festverbundenen Merkmalen zu suchen, nach *Leistungstypen* oder nach bestimmter Gestaltung einzelner Körperpartien. — Es ist selbstverständlich, daß es Korrelationen zwischen Leistung und körperlichen Merkmalen gibt, wir brauchen nur an den konstitutionellen Unterschied zwischen Milch- und Mastrindschlägen zu denken, zwischen Fleisch und Wollschafen usw.; denn es handelt sich ja vielfach um unmittelbare biologische Wechselbeziehungen, die zwischen der spezifischen Ausbildung einzelner Körperteile und der Ausbildung der Leistung bestehen (KRONACHER S. 165[101]). Es fragt sich nur, ob uns diese Art von Korrelationen bei einer Erbanalyse von Wert sein können. Und diese Frage ist leider zu verneinen. Denn die feineren Unterschiede der Leistung, auf die es uns im Vererbungsversuch ankommt, lassen sich nach Konstitutionsmerkmalen nicht erkennen. — GOWEN[51, 53a], der die Frage eingehend untersucht hat, ob und wie weit man aus dem Körperbau der Kuh auf Milchleistung schließen könne, meint, daß die Voraussage der Leistung, die sich auf die Aufzeichnungen der amerikanischen Körkarte stützt, nur $2/5$ so wertvoll ist, wie ein 7-Tage-Probemelken. Der Fettgehalt der Milch läßt sich überhaupt nicht aus Körpereigenschaften erkennen. Ganz abzulehnen ist der Rückschluß aus einzelnen sog. *Milchzeichen*, wie etwa die Ausbildung der Adern am Euter u. a. m. In ähnlichem Sinn sprechen sich KRONACHER S. 166[101] und andere Autoren mehr aus. — Von diesen funktionell bedingten Korrelationen sind wohl zu unterscheiden die auf Genkoppelung beruhenden Korrelationen. Wenn ein Gen, das eine quantitative Leistung beeinflußt, mit einem klar mendelnden Gen, das etwa die Pigmentierung bestimmt, im gleichen Chromosom gelagert und eng gekoppelt ist, so würden bestimmte Farbtypen einen bestimmten Leistungstyp zeigen, und dessen Auffinden also wesentlich erleichtern (vgl. die Beobachtung von KRONACHER[100b] über die Wüchsigkeit bei Schweinen, S. 239 dieser Abhandlung). Vorläufig sind bei Tieren solche für die Praxis wichtigen Koppelungen nicht gefunden worden (vgl. S. 212), es sei denn, daß man einige Beobachtungen am Fleckvieh über das Zusammengehen von geringer Scheckung (dunkleren Tieren) und höherer Milchleistung in diesem Sinne auslegt. Die von GAUDE, ESSKUCHEN, KRONACHER[100] zu dieser Frage gemachten Beobachtungen sind kürzlich von LAUPRECHT[106a] durch eigene Daten erweitert und nochmals kritisch zusammengestellt worden. LAUPRECHT meint, daß „in der Milchmenge die wenig gescheckten, dunkelschwarzbunten Kühe den stark gescheckten, hellschwarzbunten in allen drei Untersuchungen im Mittel überlegen waren, daß sich aber für den Fettgehalt der Milch keine eindeutige Beziehung zum Scheckungsgrad ergab". LAUPRECHT hält aber die angeführten Ergebnisse selbst nicht für voll gesichert und wünscht erweiterte Untersuchungen. — PRAWOCHENSKI[144a] äußerte sich zu der gleichen Frage auf dem Worlds Dairy Congress 1928. Er glaubt, daß Tiere mit viel Weiß im Winter das Futter besser ausnutzen, Tiere mit viel Schwarz hingegen im Sommer. Er denkt also an einen Zusammenhang zwischen Wärmeausstrahlung, Fellfarbe und Futterverwertung. Auch diese Frage muß noch weiter geprüft werden.

Ähnlich wie in der Humanmedizin spielt die Untersuchung der *Blutgruppen* und ihre eventuelle Koppelung mit Artmerkmalen eine nicht unbedeutende Rolle in neueren Arbeiten zur Haustiergenetik, ohne daß jedoch positive Erfolge zu verzeichnen wären (vgl. GROLL[61], KRONACHER[103], SCHERMER[160]).

Über einen weiteren Punkt muß sich der Erbforscher wie der Züchter noch vollkommen klar sein. Der individuelle Wert, und mag er auch noch so richtig erkannt sein, sagt nur wenig über den Erbwert aus. Gerade bei Polymerie kann die individuelle Leistung bei Homozygoten und Heterozygoten identisch sein, ihre Nachkommenschaft wird aber sehr verschiedenartig sein, die des Homozygoten gleichartig, die des Heterozygoten schwankend zwischen guten und schlechten Leistungen. Hierzu kommt, wie schon immer wieder hervorgehoben, die Verschleierung der genotypischen Leistung durch die Paravariabilität. Die einzige Möglichkeit, ein Bild vom *Erbwert* eines Tieres zu erhalten, bietet die *Beurteilung nach der Nachkommenschaft*, deren individuelle Leistung, deren Variabilität festzustellen ist. Es ist dies zwar ein mühsames Verfahren, aber das einzige, das Erfolg verspricht.

Angesichts der großen Schwierigkeiten, die einer voll durchgeführten Kreuzungsanalyse entgegenstehen, begnügen sich viele Autoren mit einer Aussage über die erste Kreuzungsgeneration, die, falls reziprok durchgeführt, manche Aussagen gestattet über autosomale oder geschlechtsgebundene Vererbung und über die Dominanzverhältnisse der Allele. Vielfach sind schon diese Feststellungen von Bedeutung, namentlich um den Nutzwert einer sog. Gebrauchskreuzung zu beurteilen. Man schreibt den F_1-Heterozygoten häufig eine gute Entwicklungsfähigkeit zu und spricht von sog. Bastardüppigkeit, einer Erscheinung, die EAST[26] für eine allen Heterozygoten zukommende Eigenschaft hält und als *Heterosis* bezeichnet. Für die Zweckmäßigkeit einer Gebrauchskreuzung entscheidet, ob die wertvollen Eigenschaften der Rassen dominant oder nahezu dominant sind und die weniger erwünschten überdecken. Dies kann nur von Fall zu Fall untersucht werden, und weitere Forschungen auf diesem Gebiet scheinen mir erwünscht und auch durchaus lohnend zu sein.

B. Spezieller Teil.

I. Pferde.

LAUPRECHT und SCHMIDT[106] veröffentlichten kürzlich „vergleichende Betrachtungen über das Wachstum einiger deutscher Pferderassen". Es wird in dieser Arbeit erstmalig der Versuch gemacht, in größerem Umfang die rassenmäßige Verschiedenheit der Gesamtkörpermaße, der Brust- und Kruppenmaße und der Knochenstärke für Kaltblut (Rheinisch-deutsche Kaltblutpferde) und für Warmblut (Holsteiner, Oldenburger, Hannoveraner, Ostpreußen) festzustellen. Gemessen wurden die Fohlen gleich nach der Geburt, ferner einjährige und volljährige Tiere. Es lassen sich auf Grund der gefundenen Durchschnittswerte nicht unbedeutende Verschiedenheiten des rassenmäßigen Wachstums feststellen. — FEIGE[30] stellt die Variation für die Widerristhöhe nach dem ostpreußischen Stutbuch für edles Halbblut Trakehner Abstammung und für reinrassige Trakehner zusammen und versucht auch die Vererbung an der Nachkommenschaft einzelner Hengste zu prüfen. Er glaubt, daß eine verhältnismäßig einfache Spaltungsregel vorliegt. Der gleichen Meinung ist auch WRIEDT[182], der bisher als einziger eine Genanalyse der Größenunterschiede zwischen Schritt- und Laufpferd versucht hat. WRIEDT stützt sich auf die Messungen von LANDMANN[105] an Ostpreußischen Pferden und Kreuzungspferden von Ostpreußen und Belgiern. Aus dieser Kreuzung sowie aus der Rückkreuzung der F_1-Tiere mit Belgiern sollte ein schweres Arbeitspferd für die Provinz Ostpreußen gezogen werden. WRIEDT stellt LANDMANNs Daten zusammen mit den Maßen, die von NATHUSIUS[121] über belgische Stuten bringt. Er bespricht die Vererbung der Brusttiefe und des Röhrbeinumfanges und ich gebe die Angaben von WRIEDT in nachfolgender Zusammenstellung wieder:

Tabelle 1 (nach WRIEDT[182]).

	Brusttiefe in % der Widerristhöhe																		
	45,5	46	46,5	47	47,5	48	48,5	49	49,5	50	50,5	51	51,5	52	52,5	53	53,5	54	54,5
47 Ostpreußische Stuten. M. = 48,12%	2		4	5	7	8	12	7											
45 F_1 Stuten. M. = 49,01%					3	8	4	21	5	3	1								
37 Stuten. Rückkreuzung $F_1 \times$ Belgier					1	1	4	13	4	13	4	1							
90 belgische Stuten. M. = 50,91%	1	1			1	4	3	4	5	18	11	8	14	9	7	1			3

Hierzu ist zu bemerken, daß die Variationskurven der Ostpreußen und Belgier sich verhältnismäßig wenig überschneiden, wenigstens wenn wir, wie WRIEDT es tut, die beiden in die zwei niedrigsten Klassen fallenden belgischen Stuten als Ausnahmen, die vernachlässigt werden dürfen, ansehen. Es ist auffallend, das von den F_1-Stuten nicht weniger als 21 in der Klasse 49—49,5 zu finden sind. WRIEDT sieht in diesen Tieren den Typus der Heterozygoten. Bei der Rückkreuzung liegt der Höhepunkt in der Klasse 49—49,5 und ein zweiter bei 50—50,5. WRIEDT meint, daß alle Stuten mit einer Brusttiefe über 50, d. h. 18 Tiere oder nahezu 50 % der Tiere, den Erbfaktor für Brusttiefe, der den Belgiern zukommt, besitzen, während die restlichen ca. 50 % den F_1-Typus wiederholen; er sieht also in dieser Aufstellung den Ausdruck eines ziemlich klaren Spaltungsverhältnisses in zwei Gruppen und schließt daraus „auf relativ wenig Hauptfaktoren, die den Unterschied in der Brusttiefe zwischen Lauf- und Schrittpferd bedingen". — Für den *Röhrbeinumfang* ergab sich am gleichen Material umstehende Aufstellung.

Die Zahlen zeigen eine ähnliche Verteilung und veranlassen WRIEDT zu den gleichen Schlüssen hinsichtlich der Zahl der Erbfaktoren.

Es läßt sich zur Zeit noch nicht beurteilen, ob WRIEDT mit seiner relativ einfachen Annahme Recht hat, das Zahlenmaterial ist noch zu klein, auch haftet ihm der Nachteil an, daß die Messungen verschiedener Autoren zusammengenommen werden mußten. — Einen ähnlichen Versuch, Wuchseigenschaften auf wenige Erbfaktoren zurückzuführen, macht WRIEDT[182] auch für die Brustbreite bei Schafen (vgl. S. 240), und die dort geäußerten Bedenken gelten auch hier.

Tabelle 2 (nach Wriedt[182]).   Röhrbeinumfang in Zentimeter.

	Röhrbeinumfang in cm																			
	17	17,5	18	18,5	19	19,5	20	20,5	21	21,5	22	22,5	23	23,5	24	24,5	25	25,5	26	26,5
Ostpreußische Stuten. M. = 18,84 cm	3		6	10	14	7	6													
F₁ Stuten. M. = 20,21 cm				1	2	6	6	10	4	8	7			1						
Kückkreuzung F₁ × Belgier. M. = 21,37 cm							1	2	6	6	12	6	1	2		1				
Belgische Stuten M. = 23,48 cm								1			3	9	5	24	9	19	8	10		2

II. Rinder, besonders Milchleistung.

Alles, was ich anfangs über die Schwierigkeiten, die Erbbedingtheit quantitativer Eigenschaften zu klären, gesagt habe, gilt in vollem Maß für die Anlagen für Milch- und Fettleistung und für Fleisch- und Fettansatz bei den Rindern. Für einen Mendel-Versuch ist es außerordentlich ungünstig, daß wir es hier mit einem Objekt mit sehr langsamer Generationsfolge zu tun haben, und daß es wirtschaftlich nahezu unmöglich ist, alle Individuen, besonders die Bullen, zu halten und genetisch zu prüfen. Ferner sind die zu untersuchenden Eigenschaften stark umweltsbeeinflußt, und zwar durchaus nicht immer in irgendwie übersichtlicher Weise. So z. B. reagieren die Kühe auf Futterwechsel durch schlechtere Milchleistung, selbst wenn die neue und die alte Futtermischung den gleichen Nährwert haben. — Oder eine Kuh, die aus uns unbekannten Gründen nicht gleich wieder aufnimmt, wird in dem Jahr, indem sie verspätet aufnimmt, weniger Milch geben als im sonstigen Jahresdurchschnitt. Es ist also praktisch unmöglich, den Einfluß der Umweltsbedingungen ganz gleichmäßig zu gestalten, und man muß daher immer mit Durchschnittswerten oder korrigierten Zahlen rechnen. — Schließlich sind die zu untersuchenden Eigenschaften, Milch- und Fettleistung, geschlechtsbegrenzt, d. h. nur bei den Kühen zu erkennen, und man muß auf die Erbanlagen des Bullen indirekt aus den Leistungen der Töchter schließen. — Aus allen diesen Gründen, — und es ließen sich noch leicht mehr anführen —, ist es begreiflich, daß es zwar zahlreiche Arbeiten über die Vererbung der Nutzeigenschaften des Hausrindes gibt, aber nur wenige, die über allgemeine Hinweise wie für die Praxis vorgegangen werden muß, hinausführen. Trotz der vielen Zahlen, die beigebracht werden, läßt sich das genetische Ergebnis meistens mit wenigen Worten angeben, und so habe ich eine Reihe der wichtigsten Arbeiten tabellenmäßig zusammengestellt und will dann nur die im größeren Umfang begonnenen Versuche, und die vom methodischen Standpunkt aus wichtigeren Arbeiten etwas ausführlicher besprechen. — Die Tabelle 3 macht keinen Anspruch auf eine erschöpfende Anführung aller Arbeiten, doch hoffe ich, alles erfaßt zu haben, was vom modernen genetischen Standpunkt aus wichtig ist. Weitere Literaturangaben sind zu finden in den zusammenfassenden Arbeiten von Patow[129, 130a], Gowen[53, 53a] und in Finlays Cattle Breeding[31].

Im größten Maßstab ist das Problem der Vererbung von Milch- und Fettleistung wohl durch die Landwirtschaftliche Station in Maine, U. S. A., in Angriff genommen worden. Die Versuche wurden von Pearl[131] vor 1913 begonnen, von Miner[141], und namentlich von Gowen[48–55, 140] fortgesetzt. Die Grundlage für die meist statistischen Untersuchungen bilden die Herdbücher der Elite-

Tabelle 3.

Autor	Jahr	Rasse	Zweck und Methode der Untersuchung	Untersuchungsresultat
ADAMETZ[2]	1924	Ostfriesen, Kuhländer	Vererbung morphologischer und physiologischer Eigenschaften in F_1 und R.-K. mit Friesen	Ostfriesen, Milchleistung: ca. 2400, Fettprozente = 2,6. — Kuhländer, Milchleistung: ca. 2100, Fettprozente = 3,6. — F_1-Tiere, Milchleistung: ca. 2400, Fettprozente = 2,98. — R.-K. × Ostfriesen, Milchleistung: ca. 2550. — F_1 wie Kuhländer wenig empfindlich gegen Futterwechsel. F_2 härter wie Friesen
AMSCHLER[1a]	1931	Yak, Altairind	Milch und Fettleistung bei 6 Yakbastarden und deren Eltern.	Durchschnittl. Tagesmilchleistung vom Yak = 2,73 kg. Tagesfettleistung = 6,09%. Bastarde: Tägliche Milchleistung 3,20 kg, Fett: 5,45%. — Altairind: Milch 3,17 kg, Fett = 5,27%
BONNIER, G.[7]	1927	Schwedische Ayreshires	Korrelationsberechnung von Milchleistung und Fettprozenten je Individuum	Korrelationskoeffizient (r) negativ und sehr variabel ($r = -0,017$ bis $-0,83$). Bei Anordnung nach steigendem Wert von r bemerkt man, daß der durchschnittliche Prozentfettgehalt auch steigt, hier also eine zweite Korrelation positiver Art. besteht. Auch diese Korrelation muß erblich sein, beruht vielleicht auf Gen-Koppelung
BOYD, M.[8]	1908	Bison, Aberdeen, Hereford	Artkreuzungen. Beschreibung der F_1, genannt Hybrids, und der F_2 usw., genannt Cattalos	Die Hybriden sind größer wie Bison. Oft steril. Nach R.-K. mit Rindern die mehr und mehr fertilen, sehr widerstandsfähigen Cattalos
CAPELAND[9]	1927	Jersey	Untersuchung über Einfluß der Eltern auf Quantität und Fettgehalt der Milch	Gleicher Erbeinfluß beider Eltern auf Milch- und Fettleistung. Beide Leistungen werden unabhängig voneinander vererbt. Gesamtfettleistung kann sowohl durch Selektion auf Milchmenge als durch Selektion auf Fettprozente erreicht werden
CASTLE, W. E.[12]	1919	Holstein, Guernsey	Untersuchung der reziproken F_1-Generationen der sog. Bowlker Herde auf Milchertrag und Fettprozente	F_1-Kühe kalben etwas früher. Bei der ersten Lactation übertreffen die F_1-Kühe den Durchschnitt von Holstein und Guernsey um 467 Pfund, bei der zweiten Lactation um 1129 Pfund. Fettprozent bei Holstein 3,4%, in F_1 4,1% (vgl. S. 232)

Tabelle 3 (Fortsetzung).

Autor	Jahr	Rasse	Zweck und Methode der Untersuchung	Untersuchungsresultat
COLE, L. J.[18,19]	1913	Aberdeen Angus, Jersey, Holstein	Kreuzung einer Fleischrasse (Aberdeen) mit einer Milchrasse. Untersuchung der F_1	In der Milchleistung stehen die F_1-Kühe intermediär zwischen beiden Rassen, hohe Leistung ist unvollständig dominant. — Dominant ist die lange Lactationsperiode der Jersey. — F_1 sehr frohwüchsig
DUNNE, J. J.[25]	1914	Rote Dänen	Vererbung der Fettprozente nach 12jährigen Aufzeichnungen	Die statistische Untersuchung nach Herdbuchaufzeichnungen zeigen 2 Typen, die verschieden sind im Fettprozentgehalt der Milch. Typ $a = 4\%$, Typ $b = 3,3\%$. Die Typen sollen monofaktoriell mendeln, der Heterozygot intermediär sein. Sehr anfechtbare Resultate!
ELLINGER, T.[27]	1923	Rote Dänen, Jersey	Kreuzung, Untersuchung der F_1, F_2 und R.-K.-Generation auf Milchleistung	Es werden multiple Faktoren für Milchleistung und für Fettleistung angenommen
FORBES[32]	1927	Holstein, Jersey, Ayrshire	Rassenmäßige Verschiedenheit von Frühreife und Wachstum	Frühreife ist rassenmäßig verschieden, und zwar ist Jersey frühreifer als Ayrshire, diese frühreifer als Holstein
FREDERIKSEN, L.[33]	1929	Rote Dänen, Jersey	Beobachtungen über die Leistung von reinen Rassen und der F_1-Generation	Resultate sind im Text, S. 234, referiert
FRÖHLICH, G.	1931	Yak- u. Gayal-Zebubastarde mit Hausrind (Jersey u. a.)	Vererbung von Quantität und Fettprozent der Milch	Milchmenge von verschiedenen Faktoren abhängig. Fettgehalt vielleicht monofaktoriell bedingt
GAINES, W. L. u. DAVIDSON[38]	1923	Holstein, Guernsey	Vererbung von Fettprozenten in F_1- und F_2-Generation nach Kreuzung	Bearbeitung der F_2-Generation der Bowlker Herde (vgl. CASTLE u. YAPP). Unabhängige Vererbung von Fettgehalt und Milchleistung
GAINES, W. L.[37]	1928	Rote Dänen, Jersey	Berechnung des Leistungswertes von F_1 und den Eltern	Berechnung des „Leistungswertes," (vgl. Text S. 234) von Eltern und F_1-Tieren nach den Angaben von FREDERIKSEN. Dänen $= 23,8$, Jersey $= 24,3$, $F_1 = 23,9$

GOODNIGHT[47]	1914	Bison (Texas-Büffel) und Hausrind	Artkreuzung, Züchtung der F_1 und der Rückkreuzungen (Cattalos)	In der F_1 fehlen die ♂♂, jedoch entwickeln sich die Färsen gut. Die „Cattalos" sind gegen Texasfieber immun, sind größer und schwerer als das Rind und fressen weniger
GOWEN, J. W.[48, 55]	1918—1928	Holstein, Guernsey, Jersey, Aberdeen-Angus	Untersuchungen über die Physiologie der Milchsekretion, Fortsetzung der PEARLschen Erbuntersuchungen in Maine, U.S.A.	Resultate näher im Text, S. 216 und 231, besprochen
GRAVES, R. R.[59]	1925	Jersey, Guernsey	Ist Einfluß des Alters auf Fettgehalt der Milch rassenmäßig verschieden?	Jerseys erreichen maximalen Milchfettgehalt im Alter von 6—10½ Monaten, Guernseys erreichen maximalen Milchfettgehalt im Alter von 5—11 Monaten
GRAVES, R. R.[60]	1926	Holstein	Untersuchungen über den Erbwert von 23 Stieren	Vergleichende Untersuchung über den Milchertrag von Müttern und Töchtern. — Manche ♂♂ steigern sowohl Milch- wie Fettertrag, andere nur Milch oder Fett. Milch- und Fettleistung wird getrennt vererbt, gleicher Einfluß von ♀ oder ♂
HAMER[64]	1925	Bison, Aberdeen-Angus, Hereford	Artkreuzung, Züchtung von F_1 und Cattalos. Beobachtungen an der Herde von Boyd	Die (seltenen, vgl. GOODNIGHT u. IWANOFF in dieser Tabelle) F_1 ♂♂ sind selten fertil, die ♀♀ hingegen gut fertil. Die Hybriden sind sehr widerstandsfähig, namentlich gegen Kälte
HAMMOND, J.[66]	1921	Viele englische Rassen	Untersuchungen über den Schlachtwert von reinen Rassen und F_1-Kreuzungstieren nach den Registern der Fleischschau (Aufzeichnungen über 21 Jahre)	Wenn zwei Fleischrassen gekreuzt werden, sind die Eltern häufig schwerer als beide Eltern. Kreuzungstiere haben im allgemeinen mehr Schlachtfleisch, mehr Fett. Die reinen Rassen haben einen größeren Kopf, mehr Haut, mehr Blut
HANNSSON, N.[70]	1913	Schwedische Kühe	Untersuchungen über die Vererbung von Milch- und Fettleistung nach Herdbuchaufzeichnungen nach dem Muster von PEARL	Beide Eltern beeinflussen Milch- und Fettleistung gleichartig
HARRIS, J. A.[72]	1915	—	Kritik der Angaben von KORRENG, statistische Arbeit	Die zweigipflige Kurve, die KORRENG (vgl. unten diese Tabelle) erhielt, zeigt, daß KORRENGs Material aus zwei Rassen bestand und seine Schlüsse daher nicht gesichert sind

Tabelle 3 (Fortsetzung).

Autor	Jahr	Rasse	Zweck und Methode der Untersuchung	Untersuchungsresultat
HAYDEN, C. C.[75]	1916	Jersey	Beeinflußt der Bulle die Milchleistung? Rechnung mit Durchschnittszahlen	Es wird festgestellt, daß die Bullen verschieden wertvoll hinsichtlich ihres Erbwertes sind
HAYS, F. A.[76]	1919	Guernsey	Prüfung der Inzuchtfolgen	Die Inzucht an sich hat keinen Einfluß auf die Milchleistung. Inzucht steigert den Ertrag nur dann, wenn dadurch eine für die Faktoren für hohe Milchleistung homozygote Rasse selektioniert wird
HILLS u. BOWLAND[82]	1913	Holstein	Die Fettprozentvererbung soll auf Grund von Korrelationsberechnungen zwischen der Mütter- und Töchterleistung analysiert werden	Es wird eine Aufspaltung von 7:1 in der F_2-Generation gefunden. Zwei gekoppelte Faktoren werden angenommen, von denen der eine geschlechtsgebunden sein soll. — Sehr hypothetisch!
HUNT, R. E.[83]	1921	Holstein	Statistische Feststellungen über die Frage, ob Zwillingsmütter erhöhte Milchleistung aufweisen.	Resultate im Text angegeben, S. 217
IWANOFF[86]	1911	Bos taurus und Bison americanus	Artkreuzung, Prüfung auf Fertilität	Die F_1-Hybriden sind steril, haben keine Samenzellen im Sperma. Die Dreiviertel-Blut-Bisonbullen sind fertil
IWANOWA[87]	1928	Russische Landkühe	Vererbt sich die Mehrzitzigkeit? Ist sie mit höherer Milchleistung verbunden?	Mehrzitzigkeit ist monohybrid dominant. Polymastie soll den Milchertrag wesentlich steigern (vgl. Text, S. 217, und JULER, diese Tabelle)
JOHANNSON[88]	1928	Schwedische Ayreshires und Friesen	Prüfung auf Korrelation von Gewicht und Leistung	Es wird bei den Gebirgstieren keine Korrelation zwischen Körpermasse, Milch und Fettleistung gefunden, desgleichen nicht bei Ayreshires. Nur beim Vergleich aller Rassen stellt sich eine deutliche Korrelation zwischen Durchschnittsgröße und Leistung heraus. — Genetischer Zusammenhang von Milch und Fettleistung soll fehlen.

JULEE, J.	1927	Angler-Rind	Es wird gefragt nach der Erblichkeit der Afterzitzen und ob eine Korrelation zwischen überzähligen Zitzen und hohem Milchertrag besteht	Die Neigung zur Bildung von Afterzitzen ist erblich. Normales Euter dominent über mehrzitziges, aus den Auszählungen von zwei Herden wird auf Monohybridismus geschlossen. (Nicht ganz einwandfrei!) In der Leistung besteht kein Unterschied zwischen normalen und mehrzitzigen Kühen (vgl. Text, S. 218, und IWANOWA, diese Tabelle)
KILDEE u. McCANDISH[91]	1916	Landkühe und reine Rassen	Siehe McCANDISH und Text S. 233	—
KÖPPE[96]	1921	Ostfriesen	Wirkung von Inzucht, Erörterungen über Individualpotenz	Der Fettgehalt soll zu 54% durch den Vater, zu 4% von der Mutter ererbt werden. Ein sehr unwahrscheinlicher Erbgang wird zur Erklärung obiger Angaben angenommen. Fettgehalt ist kein gutes Maß für Leistung
KORRENG, G.[97]	1912	Ostfriesen	Korrelationsberechnung von Körpermaßen (Herz, Lunge, Ganaschenweite) und Leistung	Es wird eine negative Korrelation zwischen Ganaschenweite und Milchertrag festgestellt. Enge Ganaschen = hoher Ertrag (vgl. HARRIS, diese Tabelle)
KRONACHER[102]	1928	Landkühe	Im Stall eines Landwirtes wurde eine sich über 7—8 Generationen erstreckende Inzucht beobachtet	Es konnten keine Inzuchtschäden nachgewiesen werden
KUHLMANN, A. H.[104]	1915	Jersey, Aberdeen-Angus	Kreuzung zwischen Milch- und Fleischrasse, Beobachtungen an F_1- und F_2-Kühen	Die F_1 ist Angusähnlich, Fleischtyp. Milch- und Fettleistung fast wie bei den Jerseys. Die durchschnittliche Leistung der F_2-Kühe ist geringer
LOCHOW, F. VON[107]	1921	Petkuser Landkühe, Ostfriesen	Versuch, die alternative Vererbung für Milch- und Fettleistung nachzuweisen	Die Milchleistung beruht auf mehreren mendelnden Faktoren. Die Bullen vererben sowohl Milch- wie Fettleistung aus 2 guten Tieren kann auch weniger gute Leistung herausspalten
LUSH, R. H.[108]	1925	Holstein	Feststellungen über Zwillingsvererbung	Bei Holsteins kommen Zwillinge häufiger vor als bei anderen Rassen. Die Prozentzahl der Zwillingsgeburten ist = 8,84, d. h. fünfmal größer als bei anderen Rassen (Jersey, Guernsey). Familienweise Häufung der Zwillingsgeburten. Mendelnde Erbanlagen

15*

Tabelle 3 (Fortsetzung).

Autor	Jahr	Rasse	Zweck und Methode der Untersuchung	Untersuchungsresultat
McCandish[109, 110]	1919—1925	Landkühe (scrubbs), Holstein, Guernsey, Jersey	Kreuzung von hochgezüchteten Rassen mit minderwertigen Kühen. Beobachtung von F_1- und R.-K.-Generationen	Resultate sind im Text, S. 233, referiert
Marshall, F. R.[114]	1914	Holstein	Untersuchung über Milch- und Fettprozentvererbung nach Aufziehnungen über 7 Tage Probemelken	Der Fettprozentgehalt der Milch wird von ♀♀ und ♂♂ gleich stark vererbt
Merkens[117]	1927	Bantang, Zebu	Artkreuzung, aus der das Sumatrarind stammt	Die Widerristhöhe der Bantang-Zebus wird gemessen. Der Größenunterschied zwischen beiden Rassen soll bifaktoriell bedingt sein
Olson u. Biggar[124]	1922	Holstein, Guernsey, Jersey, Hereford, Shorthorn	Kreuzung von Milch- und Fleischrassen. Beobachtungen bei F_1- und F_2-Kühen über Milch- und Fettleistung	Beide Eltern vererben gleichstark. Die F_1-Kühe mit 7000 Pfund Milchleistung stehen über der mütterlichen Leistung von 4000 Pfund. Die F_2 ist in der durchschnittlichen Fettleistung besser wie die F_1
Parlour u. Stevens[127]	1913	Jersey, Aberdeen-Angus	Prüfung einer Ertragskreuzung auf ihren wirklichen Nutzwert	Die F_1 ist hinsichtlich der Milchleistung fast den Jerseys gleichwertig
Patow, K. von[128], 130a	1925, 1930	Landkühe	Nachweis eines polymeren Erbganges auf Grund von Herdbuchaufzeichnungen für Milchleistung	Nachweis eines polymeren Erbganges, vgl. Text S. 235.
Pearl,R.[131,133,135,136] Pearl u. Miner[140], 141	1910—1916 1919	Jersey, Guernsey, Holstein, Ayreshire	Statistische Untersuchungen über die Vererbung der Milchleistung	Resultate im Text, S. 230, referiert
Pearson, K.[142]	1910	Ayreshire	Korrelationsberechnungen zwischen Milch- und Fettleistung	Korrelationsberechnung zur Vererbung von Milchmenge und Fettgehalt. $r = 0,1$—$0,3$ (vgl. Bonnier, diese Tabelle)

			Wird Butter und Fettleistung vererbt? Prüfung auf Grund von Korrelationstabellen über die Leistung der Mütter und der Töchter	Die Fettleistung ist erbbedingt
RIETZ, H. L.[150]	1909	Holstein	Wird Butter und Fettleistung vererbt? Prüfung auf Grund von Korrelationstabellen über die Leistung der Mütter und der Töchter	Die Fettleistung ist erbbedingt
RINECKER, A.[152]	1922	Ostpreußisches schwarz-weißes Tieflandrind	Untersuchung über den Wert der Blutlinien auf Milch- und Fettleistung	Es wird versucht, auf Grund der Vererbungsforschung in homozygote, d. h. gut veranlagte, und heterozygote, d. h. schlecht veranlagte Linien zu trennen
ROBERTSON, E.[156]	1921	Kerry Cattle	Untersuchung über den Einfluß der Inzucht auf Milchleistung	Inzucht mit einem männlichen Verwandten scheint Qualität und Quantität der Milch zu steigern, Inzucht mit weiblichen Verwandten zu verringern. Sehr anfechtbares Resultat!
ROHRWEDDER[157]	1927	Friesen und Holländer	Bedeutung der Blutlinien für Milch- und Fettleistung	Es wird der Blutlinie „Jan" nachgeforscht. Der Durchschnitt der Töchterleistung wird der durchschnittlichen Mütterleistung gegenübergestellt
TERHO[170, 170a]	1926 u. 1928	Finnisches Rind	Vererbung von Milch- und Fettleistung	Es wird ein Erbeinfluß festgestellt, Korrelationsberechnung
WENTWORTH, E. N.[177, 178]	1925	Shorthorn, Galloways	Beobachtungen an der F_1-Generation bei einer Nutzungskreuzung	Die Angus-Rasse scheint den Charakter der F_1-Generation zu bestimmen, doch ist dies für die äußere Merkmale als für die Nutzeigenschaften richtig
WILSON, J.[179, 179a]	1911 u. 1925	Rote Dänen, Ayreshire	Kreuzung zweier für Milch- und Fettleistung recht verschiedener Rassen. Versuch, die alternative Vererbung nachzuweisen	Nachweis des unabhängigen Mendelns von Milch- und Fettleistung. Die F_1-Heterozygoten sind in der Leistung intermediär. — Annahme von 4 dominanten Faktoren
WOODWARD, J. E.[180]	1916	Guernsey	Vergleich der Mütter- und Töchterleistung nach Herdbuchaufzeichnungen	Gute Töchter stammen von guten Müttern. — Die Leistung der Töchter ist ausgeglichener als die der Mütter
WRIEDT[183, 183a]	1930	Jersey × rote Dänen. Zucht von Frederiksen, Rückkreuzungen nach beid. Richtungen	Vererbung des Fettgehaltes	Vgl. Text S. 235. 1 genetischer Faktor wird als ausreichend zur Erklärung des Leistungsunterschiedes angesehen.
YAPP, W. W.[186]	1925	Holstein, Guernsey	Weitere Beobachtungen an der Bowlkerherde, vgl. CASTLE, GAINES, GRAVES. Fett, Protein, Lactosevererbung	Resultate sind im Text, S. 233, referiert

herden (Advanced Registry) von Jersey-, Guernsey-, Holstein- und Ayreshire-Rindern. Die Leistung wurde teils auf Grund der Milchmenge in den ersten 8 Monaten nach dem Kalben beurteilt, teils nach 7 oder 14 tägigem Probemelken, teils nach der Jahresleistung. Pearls Arbeit[135, 136] ist fast rein biometrisch. Er berechnet den Erbwert eines Bullen nach der Durchschnittsleistung der Mütter (D_M) einer Herde minus der Durchschnittsleistung sämtlicher Töchter (D_T) des Bullen und gibt dafür die Formel an: Wert des Bullen $= D_M - D_T$.

Um die Leistungen verschiedener Tiere miteinander vergleichbar zu machen, wurde nach Formeln, die Pearl ebenfalls ausarbeitete, die individuelle Leistung auf Alter und Kalbemonat hin korrigiert.

So zweckmäßig das Verfahren von Pearl auch für die Praxis sein mag, so haften ihm doch für die Erforschung des Erbganges sehr wesentliche Nachteile an, und die Kritik von Walther[173] und die von v. Patow[130a] ist durchaus berechtigt. Walther bemerkt, daß der Pearlsche Erbwert des Bullen stark durch die Herde, mit der er angepaart wird, mitbestimmt wird, denn ein mittelmäßiger Bulle verbessert bei einer schlechten Kuhherde den Ertrag weit mehr als ein guter Bulle bei guten Kühen, würde also nach der Pearlschen Formel mit Unrecht höher gewertet werden als der Bulle der guten Herde. Walther schlägt vor, um diesen Fehler zu vermeiden, die Ertragssteigerung in „Prozenten des Durchschnittes zwischen einer für die Rasse festzusetzenden Höchstleistung und der im einzelnen gegebenen Durchschnittsleistung der Mutter" auszudrücken.

Ein weiterer Nachteil des Pearlschen Verfahrens beruht auf dem Arbeiten mit Durchschnittswerten ohne Berücksichtigung der Variabilität. Denn eine gleichförmige Nachkommenschaft, die sich nahe um den Mittelwert gruppiert, wie sie häufig für eine F_1-Generation charakteristisch ist, kann den gleichen Mittelwert haben, wie eine F_2-Generation, die aber infolge von Aufspaltung sehr verschiedenwertige Typen enthält, also sehr variabel ist (vgl. Abb. 30 S. 215). Für unseren Fall bedeutet das, daß ein Bulle mit ausgeglichener mittelguter Nachkommenschaft, den man als homozygot für mittelgute Anlagen bezeichnen könnte, einen gleichen Erbwert aufweisen müßte wie ein Bulle, dessen Töchter z. T. sehr gute, z. T. sehr schlechte Leistungen aufzuweisen haben, und den man als heterozygot für sehr gute Leistung ansprechen müßte. Das ist aber vererbungstheoretisch gewiß nicht richtig und auch für die Praxis durchaus nicht unbedenklich. — Schließlich ist noch zu bemerken, und dieser Einwand gilt für alle Untersuchungen, die sich auf Herdbuchaufzeichnungen stützen, daß die ganze Statistik sich auf nicht vollkommen repräsentatives Material stützt. Denn die Herdbücher von Elitestämmen stellen immer schon ein ausgelesenes Material dar, die Nieten, die für den Züchter unerwünscht sind, deren Kenntnis der Genetiker aber nicht entbehren kann, sind fraglos nicht in die Register eingetragen worden. — Alle diese Einwände sollen aber nicht die Bedeutung der obigen Untersuchungen herabsetzen, denn Mängel müssen vorläufig jedem Verfahren, den Erbwert einzelner Kühe und Bullen zu bestimmen, anhaften. Es scheint mir aber doch nötig, die Grenzen einer solchen Untersuchung klar hervorzuheben.

Gowen[48-55] setzte die Versuche von Pearl fort und folgte im großen und ganzen den gleichen Bahnen. Das Hauptverdienst Gowens liegt in den sehr genauen Beobachtungen über die Variabilität der Milchsekretion, ihrer Abhängigkeit vom Alter bzw. der Lactationsperiode, der Permanenz von Milchertrag und Fettprozent, der Korrelation von Körperbau und Milchergiebigkeit. — Für den genetischen Fortschritt war es wichtig, daß Gowen auch die oben hervorgehobenen Fehler des ursprünglichen Verfahrens erkannte, und versuchte, Korrekturen einzuführen. So z. B. vergleicht er die Produktion von Halbschwestern mit derjenigen der Vollschwestern, um eine bessere Grundlage für den Erbwert eines Bullen zu erhalten und begegnet so dem ersten Einwand, der von WALTHER gemacht wurde (vgl. S. 230). Desgleichen führt er auch Vergleiche von Töchtern derselben Mutter aber von verschiedenen Vätern durch. Er drückt dann den Einfluß des Vaters bzw. der Mutter auf die Nachkommenschaft mit Hilfe einer Korrelationsberechnung aus. Es muß aber immer wieder betont werden, daß auch diese Zahlen nur die Erwartungszahlen für die *Durchschnittsleistung* bei großer Individuenzahl ausdrücken. Der Erbwert des *Einzelindividuums* wird nicht erfaßt (vgl. die Kritik von v. PATOW[130a], S. 8).

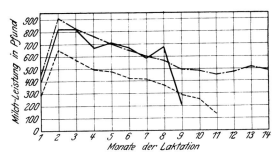

Abb. 31 a. Ausgezogene Linie: Milchleistung der F_1-Generation aus Guernsey ♀ × Holstein ♂. — Punktierte Linie: Milchleistung von reinrassigen Guernseykühen. — Gestrichelte Linie: Milchleistung von Holstein. (Nach GOWEN[53a].)

Die Landwirtschaftliche Station von Maine hat sich aber nicht nur auf statistische Bearbeitung von gegebenem Material gestützt, sondern es wurden auch Kreuzungen zwischen einer Fleischrasse, Aberdeen, Angus, und Milchrassen, Holstein, Jersey, Guernsey, durchgeführt. Die Rassen unterscheiden sich in bezug auf Milch- und Fettertrag, denn die Holsteiner sind eine Rasse mit hoher Milchleistung und geringem Fettgehalt der Milch. Die Jersey

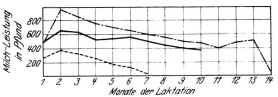

Abb. 31 b. Ausgezogene Linie: Milchleistung der F_1 aus Aberdeen Angus ♀ × Holstein ♂. Obere Linie: Leistung reinrassiger Holsteinkühe. Untere Linie: Leistung reinrassiger Aberdeenkühe. (Nach GOWEN[53a].)

und Guernsey sind einander gleichzusetzen in bezug auf mittlere Milchleistung und hohen Fettgehalt. Das Angusrind weist eine niedrige Milchleistung auf, während der Fettgehalt ungefähr der gleiche ist wie bei den Jerseys und Guernseys. Auch Ayreshires wurden benutzt, mit mittlerem Milch- und Fettertrag. Die Versuchsergebnisse werden von GOWEN wie folgt zusammengefaßt (S. 360[52]):

Wenn die Gruppe mit hoher Milchleistung mit derjenigen mit geringer Milchleistung gekreuzt wird, so haben die F_1-Tiere eine mittlere Milchleistung, die derjenigen der höheren Klasse nahesteht. Wenn die Gruppe mit hoher Milchleistung mit der mittleren gekreuzt wird, so stehen die F_1-Tiere der höheren

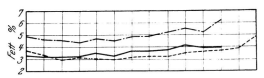

Abb. 32. Die Kurven zeigen die Fettleistung von reinrassigen Jersey- (obere Linie) und Holsteinkühen (punktierte untere Linie). Die Leistung der F_1-Heterozygoten (ausgesogene Linie) ist intermediär, aber ähnlicher der Holsteinkurve. (Nach GOWEN[53a]).

Gruppe näher. Am besten wird das Ergebnis durch die Abb. 31 dargestellt. GOWEN zieht aus der Gleichheit der reziproken Kreuzungen den weiteren Schluß, daß sicherlich eine Reihe von Erbanlagen den Milchertrag bestimmen, und daß Bulle und Kuh gleichartig an der Leistung der Nachkommen beteiligt sind und also keine Anzeichen für eine geschlechtsgebundene Vererbung vorliegen. — Für die Vererbung des Fettgehaltes ist am günstigsten die Holstein × Guernsey oder Jerseykreuzung (Abb. 32). Auch hier ist die Fettleistung der F_1-Kühe intermediär, steht aber der niedrigeren Leistung näher. Im übrigen gilt das gleiche, was über die Vererbung der Milchleistung gesagt wurde. — Was die Vererbung der Fleischtyps anbetrifft (z. B. Angus $\times$ Jersey), so zeigt sich die F_1 als sehr frohwüchsig, wenn auch zuletzt eine intermediäre Ausbildung des Körperbaues erreicht wird. Die F_1-Tiere aus Angus $\times$ Holstein sind größer als die Jersey-bastarde. — Die F_2-Generation zeigt für alle untersuchten Merkmale eine viel größere Variabilität, was ja auf Grund der polyfaktoriellen Hypothese zu erwarten ist. Rückkreuzungen sollen intermediär zwischen den F_1-Tieren und der Rasse, mit der rückgekreuzt wurde, sein.

Eine zweite sehr ausgedehnte amerikanische Versuchsserie ist die von Castle[12] begonnene, von Gaines[34, 36] und Yapp[186] fortgeführte Untersuchung der sog. Bowlker-Herde. Bowlker, ein praktischer Züchter in Massachusetts, gründete 1911 die Herde, indem er reziproke Kreuzungen von Holstein- und Guernsey-rindern vornahm. Seit 1919 befindet sich die Herde an der Universität von Illinois. Die Resultate von Castle gibt die Tabelle 4 in der Zusammenfassung von v. Patow[129] wieder.

Tabelle 4.

	Rasse und Zahl	Alter Jahr	Fett %	Fett Pfund		Zahl	Alter Jahr	Fett Pfund
Erste Lactation	25 Holstein	2,8	3,4	261	Zweite Lactation	20	4	322
	8 Guernsey	2,7	5,0	231		8	3,8	280
	31 F_1 . . .	2,6	4,08	270		13	3,9	363

Man kann das Ergebnis in die Form bringen, daß die F_1-Kühe 1,88mal der Leistung der Holsteineltern näherkommen als derjenigen der Guernsey, oder in der zweiten Lactation um 3,8mal. Der Fettprozentgehalt der Milch ist wieder der niedrigeren Elternleistung näher. Gaines[38] setzte die Beobachtungen fort. Nach ihm gaben

47 Kühe der F_1-Generation durchschnittlich 4,352% Fett
19 Kühe der F_2-Generation durchschnittlich 4,439% Fett.

Gaines schätzt die Zahl der polymeren Faktoren auf 14. Diese Schätzung ist natürlich als sehr provisorisch zu betrachten und wird wahrscheinlich zu hoch gegriffen sein. — Die Methodik der Illinoisversuche unterscheidet sich nicht sehr von derjenigen von Maine, besonders nicht, was die Rechnung mit Mittelwerten anbetrifft. Die letzten Veröffentlichungen über die Bowlker-Herde sind diejenigen von Yapp[186], die deswegen interessant sind, weil er auch die anderen Festbestand-teile der Milch in den verschiedenen Rassen und Kreuzungen feststellt, und weil er auch den Variationskoeffizienten berechnet, wodurch wir wenigstens etwas Aufschluß erhalten über mögliche Aufspaltung in der F_2-Generation. — Es wird genügen, die Tabellen von Yapp wiederzugeben.

Die Zahlen zeigen, daß der mittlere Fettgehalt der F_1- und F_2-Kühe inter-mediär ist, daß die größere Variabilität der F_2 auf Aufspaltung hinweist, ohne daß es möglich wäre, die Zahl der Faktoren zu bestimmen. Der Proteingehalt zeigt ungefähr die gleichen Beziehungen wie der Fettgehalt. — Der Lactosegehalt variiert kaum in den beiden Rassen und ebensowenig in den Kreuzungsgenera-tionen, hingegen ist der totale Aschegehalt der Milch der beiden Elternrassen um nahezu 10 % verschieden, und die F_1- und F_2-Hybriden nehmen wieder eine Mittelstellung ein.

Schließlich seien noch die Versuche der Iowa-Station[109–110] besprochen. 1907 wurde aus Arkansas eine Rinderherde, die nicht hochgezüchtet war und sich als wenig wertvoll erwies, beschafft. Die Tiere wurden als „scrubbs", d. h. rasse-lose Tiere, bezeichnet, und waren klein und schlecht in bezug auf Quantität und Qualität der Milchproduktion. Diese Tiere sollten durch Einkreuzung von Rasse-

Tabelle 5. Fettprozentgehalt der Milch bei der Holstein- und Guernseyrasse und der F_1- und F_2-Kühe (nach YAPP, S. 330[186]).

Rasse	Zahl	Mittelwert	Standard-Abweichung	Variabilitäts-Koeffizient
Holstein . . .	5266	$3,413 \pm 0,003$	$0,3095 \pm 0,002$	$9,080 \pm 0,059$
Guernsey . . .	3564	$5,033 \pm 0,005$	$0,4710 \pm 0,004$	$9,350 \pm 0,080$
F_1	47	$4,352 \pm 0,026$	$0,2620 \pm 0,018$	$6,010 \pm 0,420$
F_2	19	$4,247 \pm 0,061$	$0,3910 \pm 0,043$	$9,200 \pm 1,007$

Tabelle 6. Fettprozentgehalt der Milch bei der Holstein- und Guernseyrasse und der F_1- und F_2-Kühe (nach YAPP, S. 331[186]).

Rasse	Zahl	Mittelwert	Standard-Abweichung	Variabilitäts-Koeffizient
Holstein . . .	11	$3,101 \pm 0,063$	$0,3074 \pm 0,044$	$9,912 \pm 1,425$
Guernsey . . .	10	$3,920 \pm 0,034$	$0,1607 \pm 0,024$	$4,099 \pm 0,617$
F_1	14	$3,429 \pm 0,058$	$0,3248 \pm 0,041$	$9,470 \pm 1,207$
F_2	19	$3,511 \pm 0,028$	$0,1776 \pm 0,019$	$5,059 \pm 0,554$

Tabelle 7. Lactoseprozentgehalt der Milch bei der Holstein- und Guernseyrasse und der F_1- und F_2-Kühe (nach YAPP, S. 332[186]).

Rasse	Zahl	Mittelwert	Standard-Abweichung	Variabilitäts-Koeffizient
Holstein . . .	11	$4,918 \pm 0,041$	$0,1999 \pm 0,029$	$4,065 \pm 0,585$
Guernsey . . .	10	$5,100 \pm 0,023$	$0,1095 \pm 0,017$	$2,147 \pm 0,324$
F_1	14	$5,007 \pm 0,037$	$0,1871 \pm 0,024$	$3,740 \pm 0,477$
F_2	19	$4,989 \pm 0,044$	$0,2855 \pm 0,031$	$5,720 \pm 0,625$

Tabelle 8. Ascheprozentgehalt der Milch bei der Holstein- und Guernseyrasse und der F_1- und F_2-Kühe (nach YAPP, S. 333[186]).

Rasse	Zahl	Mittelwert	Standard-Abweichung	Variabilitäts-Koeffizient
Holstein . . .	11	$0,6836 \pm 0,005$	$0,0241 \pm 0,004$	$3,525 \pm 0,507$
Guernsey . . .	10	$0,7540 \pm 0,007$	$0,0329 \pm 0,005$	$4,363 \pm 0,658$
F_1	14	$0,7314 \pm 0,005$	$0,0262 \pm 0,003$	$3,580 \pm 0,456$
F_2	19	$0,7189 \pm 0,004$	$0,0268 \pm 0,003$	$3,720 \pm 0,406$

rindern, wie Ayreshire, Guernsey, Holstein, Jersey hochgezüchtet werden. Die Landkühe, die bei der guten Fütterung auf der Station ihren Milchertrag verbesserten, blieben doch auf einer Leistung von durchschnittlich 1573 kg Milch je Jahr stehen. Die Einkreuzung mit den Rassebullen und Rückkreuzung der F_1-Kühe wiederum mit Rassebullen besserte in sehr kurzer Zeit die Leistung der Gesamtherde, wie die Tabelle 9 zeigt.

Tabelle 9. Ein Vergleich von 2 Generationen Kreuzungstieren (F_1 und R. K. $\times$ Eltern) mit ihren Landkuh-Vorfahren. (nach M'CANDISH S. 312[109]).

Rasse	Mütter		Töchter		Enkelin		Leistungszuwachs			
							F_1-Generation		R. K.-Generation	
	Milch	Fett	Milch	Fett	Milch	Fett	Milch	Fett	Milch	Fett
	Engl.Pfd.	Engl.Pfd.	Engl.Pfd.	Engl.Pfd.	Engl. Pfd.	Engl. Pfd.	%	%	%	%
Holstein . .	3688,3	175,13	6748,3	276,70	10325,5	399,48	83	58	180	128
Guernsey . .	4306,1	195,73	4730,9	230,69	7271,3	369,97	10	18	69	89
Jersey . . .	4046,7	193,91	4933,5	265,88	6256,9	329,44	22	37	55	70
Durchschnitt	4008,7	187,40	5769,0	258,80	8413,3	376,35	44	38	110	101

Um eine solche Herde, die aus sehr verschiedenen Erbelementen aufgebaut ist, dauernd auf ihrer Höhe zu halten, ist freilich unausgesetzte Selektion erforderlich.

Ein beachtenswerter Versuch, den Leistungswert einer Kuh korrekter auszudrücken als durch die Angaben über ihre Milch- und Fettproduktion, ist von GAINES[37, 38] gemacht worden. — Zunächst führt er den Begriff der „Fettkorrigierten Milch" (FCM) ein, indem er jede Leistung auf 4 % Fettgehalt umrechnet. Seine Berechnungsformel hierfür ist: $FCM = 0,4\,M + 15\,F$, wobei M = Jahresmilchleistung, F = Jahresfettleistung zu setzen ist. Hierdurch kommen z. B. Kühe mit hohem Fettprozent und mittlerer Leistung in die gleiche Stufe wie Kühe mit sehr hoher Milchmenge und niedrigerem Fettgehalt. — Nun ist aber der Wert einer Kuh weiter noch abhängig von dem Futterverbrauch, der eine bestimmte Leistung ermöglicht, also ausdrückbar durch das Verhältnis verdaubarer zugeführter Nährstoffe zu den produzierten Nährstoffen. Formelmäßig ausgedrückt ist der Leistungswert $= \dfrac{100\ (\text{verdaubare Nährstoffe in der Milch produziert}}{\text{verdaubare, im Futter verzehrte Nährstoffe.}}$

Diese Formel kann man umformen, indem man in Zähler und Nenner ermittelbare Werte einsetzt. Die Summe der verdaubaren Nährstoffe der Milch kann durch die fettkorrigierte Milchleistung ausgedrückt werden. Der Nenner des Bruches läßt sich schätzen nach den Angaben von HAECKER[63]. Die Summe der Erhaltungsnährstoffe je Jahr läßt sich $= 2,893\,W$ setzen, wobei W das in Pfund ausgedrückte Lebendgewicht der Kuh ausdrückt. Die für die Milchleistung notwendigen Nährstoffe sollen das 0,327 fache der fettkorrigierten Milchleistung betragen. Wenn wir diese Werte in unsere Formel einsetzen, so erhalten wir für den Leitsungswert einer Kuh

$$\text{Leistungswert} = \frac{52,6\ FCM}{FCM + 8,847\ W}.$$

Die Formel wird dem Verständnis näher gebracht werden durch ein Zahlenbeispiel, das GAINES anführt. Wenn eine Kuh 1000 Pfund wiegt und eine Milchleistung von 8847 Pfund fettkorrigierter Milch aufzuweisen hat, dann ist der

Leistungswert $\dfrac{52,6 \times 8,847}{8,847 + 8,847 \times 1000} = 26,3$. Die Bedeutung der Berechnung des Leistungswertes geht gut aus der Tabelle 10 von GAINES hervor, auf der die einzelnen Koeffizienten für Dänen, Jerseys und deren Kreuzungszucht nach den Angaben von FREDERIKSEN[33] berechnet sind.

Tabelle 10.

	Rote Dänen	Kreuzung	Jersey
Gewicht in Pfund	1021	913	796
Milch in Pfund	7934	6389	5018
Fett in Prozenten	3,60	4,28	5,34
Fett in Pfund	286	273	268
FCM in Pfund	7458	6657	6027
Verdaubare Nährstoffe in der Milch	1283	1145	1037
Verdaubare Nährstoffe im Futter	5388	4809	4347
Beobachteter Leistungswert	23,8	23,8	23,9
Errechneter Leistungswert	23,8	23,8	24,3

Wenn wir nun alle bisher besprochenen Arbeiten zusammenfassen, so müssen wir gestehen, daß ihre genetischen Resultate sich in einigen wenigen Sätzen zusammenfassen lassen: Wir sehen, daß die F_1-Generation auf eine Kreuzung hin sowohl in bezug auf Milch als auf Fettleistung intermediär und relativvariabel ist. Die F_2-Generation zeigt größere Variabilität, was auf Aufspaltung multipler Faktoren zurückzuführen sein wird. Es sind keine Anzeichen für eine geschlechtsgebundene Vererbung vorhanden, da der väterliche und mütterliche Einfluß gleich hoch zu bewerten ist wie die reziproken Kreuzungen zeigen. Milchleistung und Fettleistung scheinen faktoriell nicht gekoppelt zu sein. — Es bleiben nun noch die wenigen Arbeiten zu besprechen die über diese, für die Praxis vielleicht schon ausreichenden Kenntnisse hinaus, versucht haben, uns Aufschluß über die Zahl der beteiligten Erbfaktoren zu geben.

WRIEDT S. 39[183, 183a] glaubt durch Rückkreuzungsversuche die Frage nach der Zahl der Erbfaktoren lösen zu können. Er benutzt die Zahlen von Versuchen auf Tranekjær in Dänemark, wo rote Dänen mit Jerseys gekreuzt wurden. Da von 14 rückgekreuzten Kühen 3 mit einem „Fettgehalt von über 5 %/o in die gleiche Klasse wie die Jerseykühe gelangen", 6 mit einem Fettgehalt von 4,3—4,6%/o den höchsten Kühen der F_1-Generation gleichen, und 5 einen Gehalt von 4,7 bis 4,9%/o haben, so deuten nach WRIEDT „die wenigen Zahlen darauf hin, daß der Unterschied im Fettgehalt der zwei Rassen einigen wenigen Vererbungsfaktoren zugeschrieben werden muß". Die obigen Zahlen entsprechen der Annahme von zwei Faktoren. Mehr als der Wert einer Arbeitshypothese kann natürlich dieser Angabe, da sie mit außerordentlich niedrigen Zahlen belegt werden, nicht zugeschrieben werden (s. Anm. 1).

Neue Wege beschritt v. PATOW[128—130a] in seinen Studien über die Vererbung der Milchleistung beim Rinde. Im Gegensatz zu den großangelegten Untersuchungen der Amerikaner will er nicht die Erbunterschiede der verschiedenen Rassen klarlegen, sondern die individuellen Erbverschiedenheiten innerhalb von einheitlichen, gut durchgezüchteten Herden. Nach v. PATOWS Ansicht ist diese Frage nicht nur einfacher zu lösen, sondern auch diejenige, der für die Praxis die größere Bedeutung zukommt, und mir scheint diese Auffassung sehr berechtigt.

v. PATOWS Arbeit[128] hat zunächst großes methodologisches Interesse in der Art, wie er sein Material, die Herdbücher von Uchtenhagen und Calberwisch, bearbeitet, um möglichst alle äußeren Einflüsse auf die Milchleistung in der Auswertung auszuschalten. Dies wird dadurch wesentlich erleichtert, daß die Herde 50 Jahre in der gleichen Leitung gewesen ist. Natürlich schwankt der Stalldurchschnitt in den einzelnen Jahren, in erster Linie wohl aus klimatischen Gründen recht erheblich. Um diese Schwankung in der Leistung einer Kuh auszugleichen und zu vergleichbaren Resultaten der Leistung der Kühe in verschiedenen Jahren zu kommen, wird die wirkliche Leistung einer Kuh in Beziehung zu dem Stalldurchschnitt und zu einer willkürlich angenommenen Leistungsnorm, hier je 8 kg je Kuh und Tag, gesetzt. Die miteinander in Vergleich gestellten Erträge der einzelnen Kühe sind also nach der Formel berechnet: $x = \dfrac{8 \text{mal empirischer Ertrag}}{\text{Stalldurchschnitt}}$ (s. Anm. 2).
Ferner geht v. PATOW nicht von dem Jahresertrag aus, sondern er nimmt als Grundlage die Zwischenkalbezeit. Er hat dadurch den Vorteil, Kühe mit anormalen Zwischenkalbezeiten ausschalten zu können, in der richtigen Annahme, daß verlängerte Zwischenkalbezeiten, die sicherlich durch andere Fak-

Anm. 1. Während des Druckes dieser Abhandlung erschien eine weitere Veröffentlichung des kürzlich verstorbenen Autors, die ein größeres Material beibringt. Es wurden 49 Rückkreuzungskühe mit Jersey, 42 mit roten Dänen untersucht. WRIEDT glaubt auf Grund dieser neuen Daten, daß die Leistungsverschiedenheit beider Rassen monofaktoriell erklärt werden kann.

Anm. 2. In der Arbeit von 1930 wird als Norm 10 kg Milch gewählt, um die Prozentberechnung zu erleichtern. Aus dem gleichen Grund als Norm des Fettertrags 300 g Fett je Tag, so daß $x = \dfrac{300 \text{ mal empirischer Ertrag}}{\text{Stalldurchschnitt}}$.

toren als die hier zu untersuchenden Gene für Milchleistung bestimmt werden, das Bild der Milchleistung stark verändern können. Die erbliche Leistung einer jeden einzelnen Kuh wird ausgedrückt durch die Durchschnittsleistung, berechnet aus allen ihren Zwischenkalbezeiten. Er prüfte so die Leistung von etwa 316 Kühen und fand sie recht variabel. Die Gruppierung der Varianten nach einem Klassenspielraum von 1,3 kg Milchleistung je Tag ergab 7 Klassen und eine Kurve, die etwa einer Binomialkurve entspricht. Eine mit der empirischen Kurve annähernd kongruente Kurve würde man erhalten, wenn man das Wirken von 3 Genen annimmt, von denen jedes einer Grundleistung von 4,6 kg Milchertrag je Tag um 1,3 kg steigert. In wie hohem Grade die beiden Kurven, die empirische Frequenzkurve und die auf die gleiche Anzahl von Individuen berechnete Kurve des Binoms $(1 + 1)^6$ miteinander übereinstimmen, zeigt folgende Aufstellung über die Herde von Calberwisch (v. Patow[130a], S. 109):

In Klasse	Nach der Arbeit Hyp. erwartet		beobachtet	Differenz
	auf 64	auf 316		
0	1	4,9	6	1,1
1	6	29,6	26	3,6
2	15	74,1	69	5,1
3	20	98,8	107	8,2
4	15	74,1	76	1,9
5	6	29,6	24	5,6
6	1	4,9	8	3,1
Summe:	64	316	316	

Die Wahrscheinlichkeit, daß die Abweichungen der theoretischen von den empirischen Zahlen nur zufälliger Natur sind, ist = 0,57.

Dieser Hinweis auf drei gleichsinnig polymere, die Leistung gleich intensiv steigernde Erbfaktoren, der durch die biometrische Behandlung des Materials gewonnen wurde, wird nun an Hand der Stammbäume auf seine Richtigkeit geprüft. Auch hier sei kurz auf die Methodik eingegangen. — Wir wollen die drei unabhängig mendelnden polymeren Gene mit A, B, C bezeichnen. Damit eine Kuh die Leistungen z. B. der Klasse 4 aufweist, muß sie 4 dominante und 2 rezessive Gene besitzen, also z. B. die Erbformel $A/A\,B/b\,C/c$ haben. Eine solche Kuh kann Gameten mit dem Erbwert 3 $(A\,B\,C)$, oder 2 $(A\,B\,c)$ oder 1 $(A\,b\,c)$ liefern. Sie kann also, je nach dem Erbwert des mit ihr angepaarten Bullens, Nachkommen in den Klassen 1—6 haben. Eine Kuh, die der Klasse 5 angehört, muß 5 dominante Gene besitzen (z. B. Erbformel $A/A\,B/B\,C/c$). Sie liefert nur zwei Sorten von Gameten, solche mit dem Erbwert 3 $(A\,B\,C)$ und solche mit dem Erbwert 2 $(A\,B\,c)$. Demnach kann sie nur Nachkommen der Klassen 2—6 haben. Und schließlich kann eine Kuh der 0-Klasse nur rezessive Gene $(a\,a\,b\,b\,c\,c)$ haben, und nur Gameten vom Erbwert 0 produzieren, und daher nur Nachkommen in den Klassen 1—3 haben, nie solche in den höheren Leistungsklassen. Diese Überlegungen ergeben ganz bestimmte Voraussetzungen über die Leistungen der Kühe, die zu einer Sippschaft gehören und über den Erbwert der Bullen. — Eine Prüfung des umfangreichen Stammbaummaterials ergibt nach von Patow eine befriedigende Übereinstimmung von der Theorie mit der Erwartung. — Eine erhebliche Vergrößerung des Materials bringt die erst nach der Niederschrift dieser Zusammenfassung erschienene Veröffentlichung von 1930. Sie erstreckt sich auf 10 Herden mit Aufzeichnungen über 4045 Kühen. Die neuen Daten scheinen die zuerst gemachten Annahmen zu bestätigen. Die Überlegungen v. Patows über die Möglichkeit einer Koppelung zwischen den 3 Faktoren müssen im Original nachgelesen werden. — Abschließend sei bemerkt, daß durch diese Untersuchungen sicher noch nicht das letzte Wort über die quantitativ gleich große Wirkung und über die Anzahl der selbst in diesem speziellen Fall beteiligten Faktoren gesprochen ist. Wichtig ist aber, daß neue Wege gezeigt werden, wie aus Herdbuchaufzeichnungen brauchbares Material gewonnen werden kann.

Die Arbeit von 1930 bringt auch noch einige wichtige Bemerkungen über die Vererbung des Fettertrages. Nach v. Patow ist mit jeder erblich bedingten Milchmenge gleichzeitig eine bestimmte Fettmenge verbunden. Es wird daher angenommen, daß die gleichen Gene, die die Milchmenge steigern, auch die Fettmenge bestimmen, oder daß es sich um eng gekoppelte Gene handelt. Doch scheint es noch einen weiteren unabhängig mendelnden Faktor für hohe Fettleistung zu geben, dessen Existenz v. Patow wieder durch individuelle Erbanalyse nachzuweisen versucht. V. Patow kommt hier also zu dem gleichen Resultat wie Wriedt[183a] in seiner letzten Arbeit.

III. Schweine.

Merkwürdig wenig ist über die Vererbung des Gewichtes und der *Wüchsigkeit bei Schweinen* gearbeitet worden; es liegen neben einigen wenigen Angaben über die erste Kreuzungsgeneration einzig die Beobachtungen Kronachers ([102a]) über die Aufspaltung nach Einkreuzung eines Wildebers in hochgezüchtete Kulturrassen vor.

Culbertson und Evvard[21] wollten an einem schlagenden Beispiel zeigen, wie kostspielig die Verwendung eines schlechten Ebers für den Züchter werden kann. Sie kreuzten zu diesem Zweck eine Poland-China-Sau mit einem europäischen Wildschweineber und stellten die Gewichtszunahme, den Futterverbrauch und die Futterkosten je Zentner Gewichtszunahme zusammen, indem sie einen reinrassigen Poland-China-Wurf mit den F_1-Tieren und den Rückkreuzungen $F_1 \times$ Wildeber verglichen (Tabelle 11).

Tabelle 11 (nach Culbertson und Evvard[21]).

	Poland-China-Wurf	F_1-Ferkel	F_1 Wildeber-Ferkel
Abferkeltag	26. März 1921	9. Juni 1920	27. April 1920
Lebendgeborene Ferkel	10	5	3
Totgeborene Ferkel	2	0	0
Geburtsgewicht je Ferkel in Pfund	2,13	2,18	3,57
Gewicht nach 60 Tagen in Pfund	39	27	22
Endgewicht in Pfund	200	200	201
Alter beim Endgewicht in Tagen	270	298	355
Durchschnittliche tägliche Zunahme vom Absetzen gerechnet	0,763	0,728	0,603
Futterverbrauch auf 100 Pfund Lebendgewichtzunahme:			
Mais	355	426	536
Eiweiß	62	55	105
Zusammen	417	481	641
Kosten je Zentner Zunahme in Dollar	6,88	8,12	10,70

Die Bastardtiere sind also beim gleichen Endgewicht viel unvorteilhafter für die Zucht, da sie das Endgewicht später erreichten, je Tag weniger gut zunehmen und viel schlechtere Futterverwerter sind.

Über eine praktisch wertvolle Kreuzung berichtet Evvard[28]. Er will die Frage prüfen, ob die oft gerühmte Frohwüchsigkeit von F_1-Heterozygoten bei Kreuzung zwischen zwei hochgezüchteten Rassen sich auch für Schweinemastzucht bewährt, und kreuzte zu diesem Zweck Poland-China-Sauen mit Jerseyebern. Um den Einfluß der Mutter während der Trächtigkeit und während der Zeit des Säugens gleichartig zu gestalten, ließ er jede Sau gleichzeitig von einem China- und Jerseyeber decken und erhielt so jeden Wurf gemischt aus reinrassigen und Kreuzungstieren (vgl. S. 249 Kopec[93]). Die Hybriden waren, da gescheckt, leicht erkennbar. Es wurden beobachtet 21 reinrassige und 31 F_1-Ferkel. Das Geburtsgewicht der ersteren betrug 1,3 kg, der F_1-Ferkel 1,2 kg. Aber schon während der Saugperiode überholten die Kreuzungstiere ihre Genossen und wogen beim Absetzen 17,7 kg gegenüber 16,3 kg. Die Weiterentwicklung zeigt die Tabelle 12.

Tabelle 12.

Gruppe	kg Gewicht im Alter von						Trockenfutterverzehr auf 1 kg Gewichtszunahme		
	2	3	4	5	6	200 Tagen	Mais	Eiweißfutter	Zusammen
A { Reinzucht	15,9	23,6	37,2	52,7	76,7	94,4	3,33	0,26	3,59
Kreuzung	16,9	27,2	42,2	65,4	85,3	103,5	3,18	0,33	3,51
B { Reinzucht	18,2	28,5	42,8	62,6	89,4		3,09	0,20	3,29
Kreuzung	20,9	32,9	52,4	76,4	107,8		2,75	0,36	3,11

Die Gruppeneinteilung A und B wurde vorgenommen, um möglichst Tiere im gleichen Alter zusammen zu züchten. Man sieht, daß trotz besserer Gewichtszunahme die Kreuzungstiere niedriger sind im Gesamtfutterverzehr, wenn auch etwas höher im Eiweißfutterverzehr. Alles Futter wurde in Automaten verabreicht, stand also jederzeit ausreichend zur Verfügung. Es ist sehr zu bedauern, daß nicht noch weitere Kreuzungsgenerationen in gleicher Weise analysiert werden konnten.

Einen ähnlichen Versuch, der in Sutton, Hampshire, ausgeführt wurde, erwähnt Crew (S. 288[20]). Es wurden 9 reinrassige „Large Black"-Schweine mit 9 Berkshire- und F_1-Sauen verglichen. Es zeigte sich auch hier, daß die F_1-Tiere frohwüchsiger sind, frühreifer und billiger im Futterverbrauch. Beim Beginn des Versuches waren die Tiere 8 Wochen alt. Anders wie bei Evvard war hier die Futterverabreichung. Allen Stämmen wurde die gleiche beschränkte Futterration gegeben. Nach 2 Monaten stellte sich freilich die Notwendigkeit heraus, die Kreuzungstiere besser zu füttern, und es wurden ihnen von dieser Zeit so viel gegeben, wie sie je Mahlzeit fressen konnten. Das Resultat faßt Crew wie folgt zusammen:

	Gewichtszunahme in Pfund in 116 Tagen	Gesamtfutterverbrauch je Pfund Lebendgewicht
Reine Rasse . .	1047	3,3
Kreuzungstiere .	1231	3,1

Kronacher[102a] hatte zweimal Gelegenheit, die Aufspaltung nach einer Wildeberbastardierung zu beobachten. Neben zahlreichen interessanten Angaben über die Vererbung der Haarfarbe, der Kopfform, der Rumpf- und Gliedmaßenausbildung, sowie der Instinkte, wird über die Wüchsigkeit der F_1 und F_2 berichtet. In Übereinstimmung mit den eben angeführten Angaben von Culbertson und Evvard steht die F_1-Generation hinsichtlich dieser wichtigen Eigenschaft den domestizierten Rassen erheblich nach. In der F_2 erschien die

Entwicklungsfreudigkeit „in den verschiedensten Abstufungen bis zur äußersten Grenze des Entwicklungsvermögens". Neben sehr wüchsigen Ferkeln wurden solche beobachtet, „denen bei Mangel sichtbarer Krankheitserscheinungen und Ursachen und vollkommenem Wohlbefinden der Entwicklungsantrieb und seine entsprechende Auswirkung bei ganz gleichen Lebensbedingungen mehr oder minder, ja fast vollständig mangelte". KRONACHER bezeichnet die Tiere als „gesunde Kümmerer", die die Aufzuchtverhältnisse der Kulturschweine „nicht einmal mit den ihnen eigenen geringeren Wachstumsfähigkeiten voll ausschöpfen". — Genetisch am interessantesten ist nun folgende Beobachtung: Die mangelnde Frohwüchsigkeit geht offenbar mit der mehr oder minder bedeutenden Ausbildung der Wildschweinformen, die ja in der F_2 in allen möglichen Kombinationen wieder herausmendeln, Hand in Hand. Wenn wir unter „Wildschweintyp" die Herausbildung der charakteristischen Körperformen und der Wildschweininstinkte verstehen, so ist das Zusammengehen von langsamer Jugendentwicklung und Wildschweinform und -benehmen wohl als physiologische Korrelation zu verstehen. Merkwürdigerweise ist aber der Wildschweintyp auch häufig mit dem Vorhandensein von schwarzem oder wildfarbigem Pigment verbunden. Dieses merkwürdige Zusammengehen hat KRONACHER[100b] schon in älteren Versuchen beobachtet, und der Gedanke an eine genetische Koppelung von einem Pigmentfaktor mit einem der Faktoren für Wüchsigkeit wird von KRONACHER mit Recht in Erwägung gezogen und weiterer Untersuchung anempfohlen. (Vgl. S. 248 die Versuche von CASTLE[10] bei Kaninchen.)

Ich schließe noch die kurze Besprechung einiger Versuche über die *Vererbung der Fruchtbarkeit und der Zitzenzahl beim Schwein* an, zwei Fragen, die ja nur im losen Zusammenhang mit unserem Thema stehen. — Die Fruchtbarkeit, als deren Maßstab wir gewöhnlich die Zahl der Jungen je Wurf einsetzen, ist, wie SURFACE[167], SEVERSON[162], WENTWORTH[175] festgestellt haben, rassenmäßig verschieden. SEVERSONS Angaben entnehme ich folgende Zusammenstellung:

Rasse	Beobachtete Säue	Durchschnittszahl der Ferkel je Wurf
Yorkshire	78	11,7
Duroc Jersey. . .	70	10,7
Chester, weiß . . .	81	9,6
Berkshire	82	8,3
Poland China . . .	82	8,2

Ob auch innerhalb ein und derselben Rasse sich genetische Unterschiede bezüglich der Zahl der Jungen je Wurf feststellen lassen, wurde statistisch von WENTWORTH[175], ROMMEL und PHILIPS[158] geprüft. WENTWORTH erhielt in 3 aufeinanderfolgenden Generationen ungleichwertige Variationskurven und hält eine individuelle genetische Bedingtheit der Wurfgröße für möglich. ROMMEL und PHILIPS hingegen konnten keinen Anhalt dafür finden, daß die Fruchtbarkeit durch Selektion erhöht wird. JOHANNSSON[89] faßt das Resultat seiner schönen statistischen Untersuchungen über die Fruchtbarkeit der Schweine, die er an der größten und ältesten Zuchtherde Schwedens, der Yorkshire-Large-White-Rasse in Svalöv aufstellte, wie folgt zusammen: „Es erscheint wahrscheinlich, daß gewisse Verschiedenheiten zwischen den Säuen hinsichtlich ihrer erblichen Anlage für Fruchtbarkeit vorhanden sind, daß aber diese genetische Variation beinahe vollständig von einer nichtgenetischen Variation verdeckt wird, welche darauf beruht, daß die Säue in der Zeit des Wachstums und später von verschiedenen äußeren Einwirkungen beeinflußt worden sind. Die Erhöhung der Fruchtbarkeit, wenn man Zuchttiere nach den Säuen auswählt, die hohe Wurfgrößen aufweisen, ist minimal, wenn sie überhaupt nachgewiesen werden kann." — Graf VITZTHUM[172] glaubt, Fruchtbarkeitsunterschiede in gewissen Blutlinien des veredelten Landschweins nachgewiesen zu haben, aber man kann ihm den Einwand entgegenhalten, daß er das Alter der Sauen, das die Wurfgröße anerkanntermaßen beeinflußt (JOHANNSSON[89], BERTRAM[6] u. a. m.) nicht berücksichtigt hat.

Über die Fruchtbarkeit einer ersten Kreuzungsgeneration haben SIMPSON[165], WENTWORTH und LUSH[176] gearbeitet. Sie paarten einen Schwarzwald-Wildeber mit Tamworth-Sauen. Die Wildschweine sollen durchschnittlich 4 Junge je Wurf haben, die Tanworthrasse hingegen 11 Junge. Das F_1-Weibchen hatte 4 Ferkel je Wurf, von denen 3 Sauen weiter zur Zucht verwandt wurden und 4,4 und 6 Ferkel hatten. Soweit man überhaupt berechtigt ist, aus diesem kleinen Material einen Schluß zu ziehen, kann man mit WENTWORTH geringe Fruchtbarkeit als dominant bezeichnen.

Was die *Vererbung der Zitzenzahl* anbetrifft, so interessiert sie uns hier nur insofern, als die Frage, obgleich wiederholt erörtert, noch offen steht, ob erhöhte Zitzenzahl eine bessere Milchleistung bedingt (vgl. S. 218). — WENTWORTH[145] machte als erster das Variieren der Zitzenzahl bei Duroc Jerseys zum Gegenstand einer Untersuchung. Er nimmt für die hinten gelegenen rudimentären Zitzen einen recessiv geschlechtsgebundenen Erbgang an, eine Hypothese, die in Anbetracht ihrer theoretischen Tragweite auf größeres Material gestützt sein müßte. NACHTSHEIM[120] untersuchte 1500 Schweine der Schweineversuchsanstalt Ruhlsdorf und konnte genetische Differenzen der Zuchteber und der Zuchtsauen hinsichtlich der Vererbung der Zitzenzahl feststellen, so daß die Möglichkeit besteht, auf eine Rasse mit hoher Zitzenzahl, etwa 14, als Zuchtziel zu züchten. Die hohe Zitzenzahl ist, wenn auch die Frage nach höherer Milchleistung noch offensteht, so doch jedenfalls für die Aufzucht von größeren Würfen wünschenswert.

IV. Schafe.

Bei den Schafen steht die *Vererbung der Körperformen* im Vordergrund des Interesses. Namentlich die Vererbung des guten *Fleischansatzes*, der Frühreife, d. h. des frühzeitigen Abschlusses der körperlichen Entwicklung und der damit verbundenen frühzeitigen Schlachtreife, hat große praktische Bedeutung. — MACKENZIE und MARSHAL[113] kreuzten Merinos und Shropshires und beobachteten die Variabilität des Brustumfanges (gemessen vor und hinter der Schulter), der Lendenmaße und der Beinlänge. Die relativ große Variabilität der F_1- und die noch weiter erhöhte Variabilität der F_2-Generation spricht für eine größere Anzahl von Erbfaktoren, für die die Ausgangsrassen kaum homozygot gewesen sein dürften. RITZMANN[153] arbeitete über Rambouillet × Southdown-Kreuzungen. — WRIEDT[182, 183] glaubt auf Grund seiner Angaben, daß der recht erhebliche Unterschied in der Brustbreite zwischen den beiden Rassen auf einem einzigen mendelnden Faktor beruht. Die Southdownschafe hatten eine durchschnittliche Brustbreite von 25,8 cm, die Rambouillets von 20,2. — 36 F_1-Schafe hatten eine Durchschnittsbreite von nur 20,5 cm, ihre Variabilitätsgrenzen decken sich ungefähr mit denjenigen der Rambouillets. Schmale Brust ist also dominant. Es wurden 41 F_2-Schafe gezogen. Jetzt treten 10 Schafe auf, die ungefähr die Brustbreite der Southdowns zeigen. Hierin sieht WRIEDT eine klare Spaltung in 31 schmalbrüstige zu 10 breitbrüstigen, also ein Verhältnis 3 : 1 (vgl. S. 221). RITZMANN[153] ist vorsichtiger in seinen Schlüssen. Er bezeichnet die F_1 als intermediär und hebt die größere Variabilität der F_2 hervor. Die Abb. 33 wird dem Leser Gelegenheit geben, sich selbst ein Urteil zu bilden.

HAMMOND[67] behandelte das Material des Smithfield Club's Fat Stock Show aus den Jahren 1893—1913 variationsstatistisch und gewann durch seine vorbildlichen Zusammenstellungen ein sehr großes Material über die Gewichtsverhältnisse der reinen Rassen und mancher für Gebrauchszwecke gern vorgenommener Kreuzungen. Er gibt an:

Rasse	Lebendgewicht in engl. Pfund	
	9 Monate	21 Monate
Leicester	1087	1415
Blackface	1253	1445
Cheviot	1353	1768
Southdown.	430	671
Hampshire	1558	1080
Suffolk	1080	1294
Southdown × Hampshire . .	1443	---

Wir sehen, daß die Kreuzung Southdown × Hampshire schon nach 9 Monaten schwerer ist als die schwerere Elternrasse, und das gleiche gilt nach HAMMOND von Oxford × Hampshire, Leicester × Cheviot. Andere Kreuzungstiere, wie Hampshire × Oxford, erreichen erst nach 21 Monaten ein höheres Gewicht als beide Elternrassen, wieder andere, wie Southdown × Suffolk oder Leicester × Blackface sind nur schwerer als der Mittelwert beider Elternrassen. Es scheint nach HAMMOND, als ob im Vergleich mit den reinen Rassen die Kreuzung zu einer Erhöhung des Lebendgewichtes und zum Eintritt der Frühreife führt. Diesen Vorteilen der Kreuzungstiere stehen aber Nachteile gegenüber, denn das Gewichtsverhältnis der einzelnen

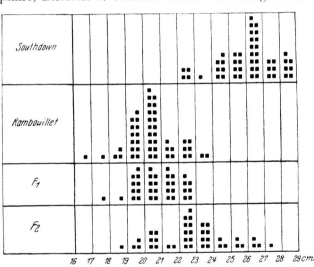

Abb. 33. Brustweite von Southdown und Rambouillet Schafen und der F_1- und F_2-Generationen. Jeder Punkt bedeutet ein Individuum. (Nach RITZMANN[153] aus WRIEDT[182, 184].)

Organteile zueinander ist ungleichartig bei reinrassigen und Kreuzungstieren. Die F_1-Tiere haben eine relativ viel schwerere Haut und einen großen Verdauungstraktus, hingegen ist der Anteil von Fleisch, Fett, Leber, Herz, Lunge an dem Gesamtgewicht klein. — Die Variabilität des Lebendgewichts von Kreuzungstieren ist im Vergleich mit den reinen Rassen relativ niedrig.

Da es für den Fleischschafzüchter recht wichtig ist, die frohwüchsigen Tiere rechtzeitig zu erkennen, so hat man versucht, Korrelationen zwischen *Frühreife und Konstitutionsmerkmalen* herauszufinden. GÄRTNER und HEIDENREICH[39] fanden bei einer Merinoschafherde Korrelationen zwischen Frühreife und Kopfform, Ohrform und Röhrbeinumfang. Je breiter der Kopf, desto früher reif waren die Tiere. Kurze dicke Ohren, großer Röhrbeinumfang zeigte Leistungsfähigkeit an. Noch interessanter ist, daß sie zwischen Blutbeschaffenheit und Frühreife bzw. rascher Wüchsigkeit eine Korrelation gefunden zu haben glauben. Sie teilten einjährige Schafe in zwei Klassen, je nachdem sie mehr oder weniger als 53,19 kg wogen, und prüften das Blut auf Prozentgehalt von Trockensubstanz, Alkalität und Gerinnungsfähigkeit. Es ergab sich:

	Gruppe 1 (leichtere Tiere)	Gruppe 2 (schwerere Tiere)
Alkalität	399 mg NaOH	451 mg NaOH
Trockensubstanz . .	17,74%	15,87%
Gerinnungsfähigkeit	137 Minuten	79 Minuten

Gärtner und Heidenreich halten die Eigenschaften des Blutes für Familieneigentümlichkeiten und glauben, daß sich eindeutige Wechselbeziehungen zwischen Brusttiefe, Körperlänge und anderen Konstitutionsmerkmalen und den Eigenschaften des Blutes ergeben.

Obgleich beim Schaf 3 Agglutinationsgruppen (Herlyn, Koczkowski) bekannt sind, hat sich noch keine Beziehung zu anderen Konstitutionsmerkmalen ergeben.

Eine Besonderheit im *Fettansatz* zeigen einige Schafrassen in der Fettschwanz- und Fettsteißbildung. Sie ist charakteristisch für Rassen, die dem Steppenleben angepaßt sind, die also wechselnde Perioden reichlicher und schlechter Ernährung durchzumachen haben. Eine Rasse mit einem beutelförmigen, dorso-ventral abgeflachten Fettschwanz sind die Karakulschafe. Adametz[1] teilt einiges über die Vererbung des Fettschwanzes in seiner großen, hauptsächlich die Vererbung der Lockenbildung behandelnden Monographie über die Karakul × Rambouilett-Kreuzung mit. In der F_1 fand er bei den meisten Tieren einen recht schwach, aber deutlich erkennbaren Fettschwanz. Die F_2 teilt Adametz ein in: 1. normal magerer Schwanz (1 Exemplar), 2. der Fettschwanz ist angedeutet (3 Tiere), 3. Fettschwanz deutlich, schwach bis mäßig stark entwickelt (5 Tiere), 4. Fettschwanz ebenso stark wie bei Karakul. Adametz sieht hierin ein 1 : 8- bzw. beim Zusammenfassen aller Tiere, die überhaupt einen Fettschwanz erkennen lassen, ein 1 : 9-Verhältnis, das er als den Ausdruck einer dimeren Aufspaltung deutet. Die Annahme von zwei gleichsinnig wirkenden Genen wird an den Resultaten der F_3-Generation und der Rückkreuzungen geprüft, und es scheint nichts dagegen zu sprechen. Jedoch sind die Zahlen für bindende Schlüsse viel zu klein. — Die Angaben von Davy[23] lauten allerdings anders; die F_1 aus einer Kreuzung Karakul × Merino besaß einen dünnen Schwanz, und Davy bezeichnet infolgedessen den dünnen, kurzen Schwanz als dominant.

Auch bei den Schafen variiert die *Zahl der Zitzen*, und es ist durch die langjährigen Beobachtungen von Bell[4], die Castle[16] weiter bearbeitete, bekannt, daß sich überzählige Zitzen vererben. Von 1890—1913 stieg die durchschnittliche Zitzenzahl von 2,27 auf 5,40. Es ist auch durchaus möglich, auf funktionierende erhöhte Zitzenzahl zu selektionieren, doch konnte noch nicht nachgewiesen werden, daß erhöhte Zitzenzahl erhöhte Milchleistung bedingt, und ebensowenig, daß ein Zusammenhang zwischen hoher Zitzenzahl und Mehrlingsgeburten besteht.

Heape[79] wies nach, daß verschiedene Fruchtbarkeit, gemessen an der Zahl der Zwillingsgeburten, ein Rassemerkmal ist. So sind in England die Hampshires fruchtbarer als andere Rassen, wie z. B. Black Face. Marshal[115], Nichols[122], Rietz und Roberts[151], Wentworth und Sweet[178a] bestätigen Heapes Annahme. Nach Marshal und Hammond hängt die Zwillingsschwangerschaft von der Anzahl der sprungreifen Follikel ab, und es scheint, als ob bei den wenig fruchtbaren Rassen häufiger Follikelatrophie eintritt. Auch scheint die Neigung zu fötaler Sterblichkeit erblich zu sein. Nach allgemeiner Ansicht kann gute

Ernährung die *Mehrlingsschwangerschaft* begünstigen (TELSCHOW[169], SCHULTZ[160a]). CASTLE[16] und auch TELSCHOW[168] sprechen sich gegen die Vererbbarkeit der Zwillingsschwangerschaft aus, anscheinend mit Unrecht, wenigstens was die Verallgemeinerung anbetrifft. Man wird RICHTER[148] zustimmen müssen, der die Frage nach der Erblichkeit der Mehrlingsgeburten für diejenigen Rassen, bei denen die Geburt mehrerer Lämmer stets beobachtet wird, wie beim chinesischen Schaf und den deutschen Marschschafen, für gelöst hält, da hier die Mehrlingsträchtigkeit eine Rasseeigenschaft wie viele andere ist. Es muß hier eine ,,erbliche Anlage für die Reifung mehrerer Eier zur selben Brunst" vorliegen. — Größere Anzahl von Lämmern ist erwünscht, denn es hat sich herausgestellt, daß bei Rassen, die regelmäßig Zwillinge werfen, beide Lämmer kräftig sind und sich gut entwickeln können. Weitere Angaben über Rassen, bei denen Zwillingsgeburten erblich sind, findet man bei RICHTER[149] und bei NICHOLS[122], wo auch die die Fruchtbarkeit mitbestimmenden Umweltsfaktoren eingehender besprochen werden.

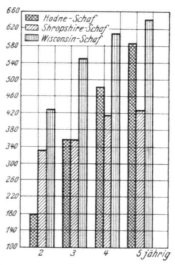

Abb. 34. Graphische Darstellung der Zahl der Zwillingslämmer je 1000 Geburten bei 3 verschiedenen Schafrassen. (Nach WRIEDT[181].)

Ergänzende Angaben verdanken wir WRIEDT[181]. Nach ihm ist das Fruchtbarkeitsverhältnis der verschiedenen Altersklassen rassenmäßig verschieden. Er gibt Daten für das norwegische Hodne-, das Shropshire- und Wisconsin-Schaf. Auf Abb. 34 ist die Anzahl der Zwillingsgeburten je 1000 Geburten bei verschiedenjährigen Schafen dargestellt. Man sieht, daß die Shropshireschafe als zweijährige mehr Zwillingslämmer haben als die Hodneschafe, die als 5jährige aber bei weitem die Shropshires übertreffen.

SELLENTIN[160b] kommt zu ganz ähnlichen Schlußfolgerungen. Er meint für die Mehrlingszeugung einen monohybriden Erbgang annehmen zu können. Die Fähigkeit, Zwillinge zu werfen, kann ebensogut durch den Vater wie durch die Mutter auf die Töchter vererbt werden. Es sind dies die gleichen Schlüsse, zu denen BONNEVIE[6a] in der Humangenetik gekommen ist. — Auch SCHULTZE[160a] (Hansfelder Herde) und BULLER[8a] (Herde von Golzow) folgern, daß sowohl erbliche Faktoren als auch reichliche Ernährung die Zwillingsprozentzahl erhöhen. Die Arbeit von BULLER enthält weiter noch gute Feststellungen über die Reihe der Zwillingsgeburt in der Geburtenfolge. Wenn die erste Geburt eine Zwillingsgeburt ist, so besteht eine Wahrscheinlichkeit von 80% für weitere Zwillingsgeburten. Ist die erste Geburt ein Einling, so sinkt die Erwartung für Zwillinge auf 40%.

V. Kaninchen.

Dank ihrer leichten Züchtbarkeit und raschen Generationsfolge sind die Kaninchen unzweifelhaft das günstigste Objekt für die Lösung der Frage nach der *genetischen Bedingtheit des Wachstums*. Die Kreuzungsversuche mit Kaninchenrassen von verschiedener Größe und Gewicht gewinnen daher über das Gebiet der Kaninchengenetik hinaus allgemeineres Interesse, weil hier Fragen, wie etwa nach der Korrelation von Geburts- und Endgewicht oder von früher oder später sexueller Reife und Endgewicht, einer genaueren Untersuchung zu-

gänglich sind. Auch die grundlegende Frage, ob das Wachstum einzelner Körperregionen oder Organe unabhängig vom Ganzen erfolgt, oder ob die Größe des
Tieres als Ganzes bestimmt wird, die *Wachstumsvorgänge der einzelnen Organe*
also weitgehend korreliert sind, wird anläßlich der Versuche mit Kaninchen zum
ersten Male eingehend erörtert. Die letztere Ansicht wird am eifrigsten von
CASTLE[11, 15, 17] verfochten, indem er meint, daß die gleichen Gene, die das
Gewicht bestimmen, auch die Größe der Schädelknochen, die Länge der Beine,
ja sogar die Länge der Ohren bestimmen. Nach Angabe anderer Autoren, ich
nenne namentlich SUMMER[166], dessen Auseinandersetzung mit CASTLE viel dazu
beigetragen hat, den Standpunkt beider Forscher völlig klarzulegen, besteht
hingegen keine völlige Korrelation von Gesamtgröße zur Größe einzelner Teile
und Erbfaktoren, die z. B. das Gewicht bestimmen, brauchen nicht gleichzeitig
einen entsprechenden Größenzuwachs der Extremitäten, des Schwanzes, der
Ohren zu bedingen. Hiernach kann sich also bei Kreuzungen von verschieden
großen Rassen eine Disproportionalität der einzelnen Organe ergeben, die unter
Umständen entwicklungshemmend wirken könnte. Wie meistens in solchen
Kontroversen wird jede Partei z. T. recht haben. Es ist sehr wohl denkbar, daß, wie
CASTLE annimmt, das Wachstum der Wirbeltiere z. T. abhängig ist von der
Schnelligkeit der Zellvermehrung und des Zellwachstums, also von der Intensität
des Zellstoffwechsels, und ferner später besonders während der postembryonalen
Entwicklung kontrolliert wird durch Hormone des inkretorischen Systems.
Genetische Veränderungen innerhalb dieses Systems können leicht dazu führen,
daß das Wachstum einer großen Anzahl von Organen gleichzeitig und proportional
verändert wird. Andererseits wird man nicht abstreiten können, daß z. B. der
Funktionsausfall einer Drüse, z. B. der Schilddrüse, die verschiedenen Organe
verschieden beeinflußt, also auch eine Unabhängigkeit der einzelnen Organe,
der Körperregionen, des Gewichtes zur Größe besteht. Es wird daher wohl immer
nötig sein, durch Korrelationsuntersuchungen zu prüfen, wieweit ein Maß für
das andere eintreten darf, denn es sind zahlreiche Beispiele dafür anzuführen,
wo ein Körperteil anders variiert, man denke nur an die Kurzbeinigkeit, z. B.
beim Anconschaf (WRIEDT[183]).

Der erste Versuch, erbanalytisch die Größe der Kaninchen zu untersuchen,
wurde 1909 von CASTLE[10] gemacht, noch ehe die Theorie der multiplen Faktoren
in ihrer vollen Bedeutung für die Vererbung quantitativer Merkmale erkannt
worden war. So führten denn CASTLES Angaben ebensowenig wie die Versuche
von DAVIES[22] zu genetisch brauchbaren Resultaten. Erst MACDOWELL[112], gemeinsam mit CASTLE[11], stellte die Versuche auf eine breitere Basis und erkannte
die polymere Bedingtheit der Größenunterschiede. Wie in allen späteren Versuchen wurde als die große Rasse Belgische Riesen benutzt, als kleine eine Albino-
Rasse, die sog. Russen oder Himalayakaninchen. Das von MACDOWELL benutzte
Belgische ♀ wog ca. 3000 g, der kleine Russen-Rammler ca. 2511 g. Entsprechend
den Ansichten CASTLES, daß das raschere oder langsamere Wachstum, das zu
einem schwereren oder leichteren Endgewicht führt, alle Organe des Körpers
gleichmäßig beeinflußt, wurde als Maß für die Größe nicht das Gewicht noch die
Länge des erwachsenen Tieres genommen, sondern die leichter und exakter zu
ermittelnden Maße einzelner Skeletteile. Um die Berechtigung dieses Verfahrens
nachzuweisen, wurden auf Veranlassung von CASTLE, von WRIGHT und FISH
an dem Material von MACDOWELL die Korrelationskoeffizienten von Schädellänge, Schädelbreite, Humerus-, Tibia-, Femurlänge berechnet. Da stets eine
hohe Korrelation der Längen gefunden wurde, wie z. B. von Schädellänge und
Humeruslänge, durfte wohl angenommen werden, daß hier in der Tat die Faktoren, die die Größe des ganzen Tieres beeinflussen, auch die Größe aller Ske-

letteile gleichzeitig bestimmen. In einer etwas späteren Abhandlung schränkt WRIGHT diesen Satz freilich etwas ein, denn er weist, wieder an den gleichen Daten und Messungen, eine gewisse Unabhängigkeit in der Größenvariation, namentlich des Schädels und der Beine, nach.

Wenn man sich aber auf den Boden der Annahme von CASTLE stellt, deren Richtigkeit durch die eben erwähnte Abhandlung von WRIGHT[185] nicht widerlegt, sondern nur etwas eingeschränkt wird, so sind in der Tat Längenmessungen an Knochen genauer durchzuführen als Gewichtsanalysen. Denn das Gewicht eines erwachsenen Tieres schwankt je nach Umweltsbedingungen, während die Länge eines Knochens nach vollendeter Ossifikation konstant bleibt. — MacDowELL stellte fest, daß die Ossifikation nach 12 Monaten abgeschlossen ist und nahm seine Maße an 15 Monate alten Kaninchen. Aus den Gesamtmaßen eines Tieres (Schädel, Femur, Tibia, Ulna und Humerus) wurde ein Größenkoeffizient aufgestellt. Jedes einzelne Maß wurde durch das Durchschnittsmaß der Geschwisterschaft dividiert und dann die Quersumme aller Maße gebildet. Für die Größenkoeffizienten wurde die Streuung berechnet. Analysiert wurde eine F_1-Generation und eine Rückkreuzungsgeneration F_1-♂ × Belgische Riesen-♀. Die Maße der Rückkreuzungsgeneration zeigten eine weit größere Variabilität.

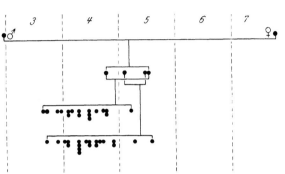

Abb. 35. Der kleine Bock wog weniger als 3 Pfund, das große Weibchen mehr als 7. — Die 4 F_1-Tiere wiegen zwischen 4 und 5 Pfund. — Es wurden 2 F_2-Familien gezogen, mit 17 und 20 Tieren. Beide Familien sind recht variabel in bezug auf das Gewicht, und in der Größe intermediär zwischen beiden Elternrassen. Weder das niedrige Gewicht des Hermelins, noch das hohe der Belgier wird erreicht. Besonders auffallend ist das Fehlen der schweren Tiere. (Nach PUNNETT und BAILEY[146].)

PUNNETT und BAILEY[146] veröffentlichten 1918 ihren ersten Bericht über 1912 begonnene Versuche in gleicher Richtung. Als große Rasse wurden wieder die Belgischen Riesen gewählt (auch „Flemish Race" bezeichnet), als kleine Rasse die albinotischen Hermelins (bei Engländern und Amerikanern als Polen bezeichnet). Sie wollen die Vererbung des Gewichtes bestimmen und geben das Maximalgewicht an, das im Alter von 12 Monaten in der Regel erreicht sein soll. Wertvoll sind die Angaben über die Wachstumskurven, die bei großen und kleinen Rassen verschieden zu sein scheinen. Die F_1-Tiere sind bis zum Alter von 7 Monaten schwerer als die Belgier. Sie erreichen aber nicht deren Endgewicht, anscheinend weil die sexuelle Reife bei den F_1-Tieren früher eintritt als bei den Belgischen Riesen. Die sexuelle Reife wird nach den Angaben unserer Autoren durch einen leichten Abfall der Gewichtskurve charakterisiert. Dies ist besonders deutlich bei den leichten Rassen im 7.—10. Monat. Nach einiger Zeit setzt wieder eine erneute Gewichtszunahme ein, besonders bei den ♀♀, die durch die Gewichtszunahme namentlich in der Endperiode ein etwas höheres Endgewicht als die ♂♂ erreichen. Für die F_2-Generation ist wieder die größere Variabilität zu beobachten (Abb. 35). Es wurden aber keine Tiere gefunden, die so groß wie die Belgier sind, und ebensowenig Tiere, die so klein wie die Hermelins sind. Am meisten fällt das Fehlen der großen Tiere auf. Der Mittelwert nähert sich mehr demjenigen des kleineren Elters. Hierdurch unterscheidet sich das Variationspolygon der F_1-Kaninchenkreuzung merkbar von demjenigen der Hühnerversuche der gleichen Autoren (vgl. Abb. 41 S. 253). Vielleicht beruht das Fehlen der auf Grund der Polymeriehypothese zu erwartenden extremen Typen auf den Zufälligkeiten der kleinen Zahl. Wir müssen aber auch mit einer genetisch oder physiologisch bedingten Ursache rechnen, da die gleiche Beobachtung auch von späteren Autoren (Castle[14, 17], Pease[143]) wiederholt gemacht wurde. — Zu erwähnen sind noch die Beobachtungen über die sexuelle Reife der F_2-Generation. Trotzdem die Tiere im Durchschnitt kleiner wie die F_1 sind, so werden sie nicht so früh reif, manche sogar erst nach 13 Monaten. Innerhalb der F_2 sind die kleinen Tiere früher reif als die großen, so daß frühe sexuelle Reife z. T. unabhängig von Größe zu sein scheint.

Pease[143], der das Material von Punnett übernommen hat, veröffentlichte 1928 einen Schlußbericht über die Cambridger Versuche. Im großen und ganzen werden die Ergebnisse der ersten Versuche bestätigt, wie Abb. 36 zeigt. — Als Ergänzung zur ersten Arbeit Punnetts ist die starke Variabilität, also wohl Heterozygotie für Gewichtsfaktoren der Ausgangsrassen festgestellt. Es werden jetzt auch die bisher fehlenden großen Individuen in der F_2 gefunden, aber merkwürdigerweise nur in der Nachkommenschaft ganz bestimmter ♀♀. Auch Pease stellt für die meisten Tiere eine eingeschränkte Variabilität der F_2 fest, und das Mittel liegt näher der kleineren Rasse. — Zum Unterschied mit Punnett benutzte Pease nicht das Maximalgewicht, sondern er setzte das Gewicht des sog. Drehpunktes (turning point) ein. Er glaubt mit Punnett in jeder Wachstumskurve das

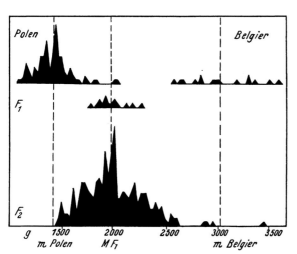

Abb. 36. Die Polygone zeigen die Variabilität der Eltern, der F_1- und F_2-Tiere bezüglich des Gewichtes. Der Mittelwert der F_2-Generation ist nach links verschoben. Die punktierten Linien geben die Mittelwerte an. (Nach Pease[143].)

Eintreten der sexuellen Reife an einer vorübergehenden Gewichtsabnahme zu erkennen. Sein „Drehpunktgewicht" ist demnach das Gewicht zur Zeit der Erlangung der sexuellen Reife. Castle beanstandet die Messungen von Pease, die nur in einem 14tägigen Turnus vorgenommen wurden, und meint, man könne auf Grund solcher Messungen überhaupt nicht einen Abfall in der Wachstumskurve feststellen, denn eigene Messungen (Abb. 38) haben zwar ein Flacherwerden der Kurven, aber nie eine regelmäßige Gewichtsabnahme zur Zeit der sexuellen Reife ergeben. Dieser Einwand von Castle scheint berechtigt zu sein, denn das Castlesche Material ist größer und besser durchgearbeitet. Ich glaube aber, daß trotzdem die Schlußfolgerungen von Pease bestehen bleiben können, denn seine Berechnung auf das maximale Gewicht, das sich auf eine etwas kleinere Zahl von Tieren erstreckt, deckt sich im ganzen mit der Drehpunktaufstellung. — Da nach Pease der Drehpunkt das Eintreten der sexuellen Reife angibt, ermöglichen seine Versuche auch Beobachtungen über die Vererbung dieser Anlage. Er konnte aus der F_2 zwei Stämme selektionieren, von denen der eine durchschnittlich mit 172 Tagen reif wurde, der andere erst mit 300 Tagen. Zwischen Gewicht und Reife besteht eine erhebliche Korrelation, die aber bei vielen Kaninchen augenscheinlich durchbrochen wurde. Auch diese

Schlußfolgerung beanstandet Castle aus den bereits angegebenen Gründen und behauptet, daß langsam wachsende Tiere immer spät reif würden und umgekehrt. Ich glaube, daß Castle auch hier in seiner Kritik etwas zu weit geht.

Wenn wir nun auf die in ihrem kritischen Teil schon mehrfach erwähnte letzte Arbeit von Castle[17] zu sprechen kommen, so ist sie sicherlich als grundlegend für die Beurteilung der *rassenmäßigen Wachstumsverschiedenheit* zu bezeichnen. Die Wachstumskurve einer kleinen, in 4 Faktoren für Haarfarbe recessiven Rasse mit einem Durchschnittsgewicht von 1450 g wurde verfolgt, desgleichen einer großen Rasse, die homozygot dominant für die gleichen 4 Faktoren für Haarfarbe war, und ein Durchschnittsgewicht von 4950 g hatte. Ferner die Wachstumskurven einer großen Anzahl reziproker F_1-Tiere und von F_2-Tieren. — Nach noch unveröffentlichten, in

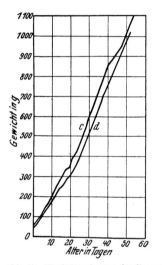

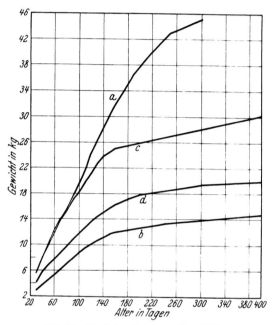

Abb. 37. Wachstumskurven für die ersten 2 Monate nach der Geburt von reziproken F_1-Bastarden zwischen der großen und der kleinen Rasse. $c = 18 F_1$-Junge, große Mutter × kleiner Vater, $d = 8 F_1$ Junge, kleine Mutter × großer Vater. (Nach Castle[17].)

Abb. 38. Wachstumskurve von 30—400 Tagen.
a) Durchschnittswachstum von 25 großen Kaninchenböcken. b) Desgleichen von 16 kleinrassigen ♂♂. c) 15 F_1 ♂♂, von denen 12 von der großen Mutter, 3 von der kleinen geboren waren. d) 85 Rückkreuzungstiere, F_1 × kleine Rasse. (Nach Castle.)

obiger Arbeit nur erwähnten Untersuchungen von Castle und Gregory soll embryologisch der Unterschied zwischen einer großen und einer kleinen Rasse in einer verschieden großen Schnelligkeit der Zellvermehrung und des Wachstums bei fehlendem Unterschied in der Differenzierungsgeschwindigkeit liegen. Große Rassen sollen bei der Geburt mehr Zellen und mehr Gewebsmasse haben, während die Differenzierung bis zum Eintritt der Pubertät bei der kleineren Rasse gleiches Tempo haben soll. Es werden nun genaue Wachstumskurven zuerst für die ersten 60 Tage nach der Geburt (Abb. 37) und dann von 30—400 Tagen (Abb. 38) gegeben.

In Castles leichter Rasse wogen im Durchschnitt die ♀♀ = 1464 g, die ♂♂ 1450 g. Die entsprechenden Gewichte der schwereren Rasse sind: ♀♀ = 5700, ♂♂ = 4950 g. — Das Geburtsgewicht der F_1-Tiere liegt nahe bei dem der schwereren Rasse, und sie wachsen anfangs etwas schneller als ihre großrassigen Konkurrenten. Castle erblickt hierin einen Ausdruck der oft beobachteten heterozygoten Üppigkeit. Die F_1-Bastarde werden aber sehr früh-

zeitig reif, fast ebenso früh wie die Tiere der kleinen Rasse und von diesem Augenblick an hört ihr starkes Wachstum auf. Große Rassetiere erreichen die sexuelle
Reife um ca. 100 Tage später. Der Hauptunterschied in der Wachstumskurve
bei der großen und der Bastardrasse ist nach Castle in dem schnelleren Aufhören
der Wachstumsenergie zu sehen, und die Pubertät kann infolgedessen früher
eintreten. Punnett und Pease deuten die gleiche Kurve so, daß sie darin eine
Hemmung des raschen Wachstums durch den für die Bastarde charakteristischen
Eintritt einer frühen sexuellen Reife sehen. Dieser zunächst so unbedeutend
aussehende Gegensatz führt also doch zu genetisch nicht unerheblich verschiedenen Ansichten. Für Castle ist Größe und spätes Eintreten der Pubertät
nicht voneinander trennbar, da physiologisch korreliert. Für die englischen
Autoren besteht die Möglichkeit, daß sexuelle Reife und Gewicht unabhängig
voneinander mendeln, und sie glauben, hierfür durch ihre Untersuchungen Beweise gebracht zu haben.

Castle hat sich in seiner letzten Arbeit die weitere Aufgabe gestellt, die
Hypothese der multiplen Faktoren für *Größendifferenzen zwischen zwei Rassen*
in ähnlicher Weise zu prüfen und zu beweisen, wie es die Botaniker getan haben,
nämlich durch Nachweis einer Koppelung von Genen für Wüchsigkeit mit anderen
bekannten und leichter feststellbaren Faktoren. Lindstrom konnte eine Koppelung für Farb- und Größenfaktoren bei der Tomate feststellen, Sax[159] die Koppelung, d. h. Lagerung im gleichen Chromosom für Größen und Farbfaktoren bei
Bohnen nachweisen. Es ist klar, daß das Auffinden solcher Koppelungsgruppen bei
höheren Tieren für die genetische Analyse der so schwer faßbaren quantitativen
Merkmale von großer Bedeutung wäre und die Beobachtungen Kronachers[100b],
die auf S. 239 besprochen wurden, lassen das Suchen nach einer Koppelungs-
gruppe nicht aussichtslos erscheinen. — Daher ist Castles sorgfältige Prüfung,
ob bei den Kaninchen die Aufspaltung der Größenklassen in einer festen
Beziehung zum Auftreten der Haarfarbmerkmale steht, sehr dankenswert,
wenn sich auch leider ergeben hat, daß mit den bekannten Farbfaktoren: $A =$
Wildfarbigkeitsfaktor, $D =$ Verdünnungsfaktor (Blaufaktor), $E =$ Ausdehnungs-
faktor, $E_n =$ Faktor für englische Scheckung, keine Koppelung besteht. Die
Koppelung wurde geprüft durch die Rückkreuzung von F_1-Tieren mit dem vier-
fach recessiven Elter, d. h. mit der kleinen Rasse. Die 4 Farbfaktoren A, D, E_n, E
spalten alle unabhängig voneinander, müssen also in 4 verschiedenen Chromosomen liegen. — Der mißglückte Koppelungsnachweis veranlaßt Castle sogar
zu der Frage, ob wir weiter daran festhalten dürfen, die Erbfaktoren für Körpergröße als mendelnde, in Chromosomen lokalisierte Gene anzusehen. Zu dieser
Skepsis scheint mir aber noch kein Grund vorzuliegen, denn das Kaninchen hat
22 Paar von Chromosomen (vgl. S. 210), so daß der negative Ausfall der Prüfung
mit 4 Faktoren noch nicht viel besagt, und außerdem schwache Koppelungen
sich sehr leicht der Beobachtung entziehen.

Kopec[94, 95], von der unzweifelhaft richtigen Annahme ausgehend, daß die
Bestimmung des Geburtsgewichtes sehr viel einfacher ist als Gewichtsbestimmungen bei wachsenden und erwachsenen Tieren, glaubt das Geburtsgewicht
für erbanalytische Größenunterschiede verwenden zu können. Er hält das Geburtsgewicht als Ausdruck des genetischen Gewichtes sogar allen anderen Gewichtsbestimmungen überlegen, da seiner Ansicht nach das Geburtsgewicht
weniger paravariabel ist. Gewiß wird auch schon das Geburtsgewicht durch
äußere Einflüsse mitbestimmt, wie z. B. Alter und Ernährungszustand der
Mutter, Dauer der Tragzeit, Anzahl der Jungen im Uterus, aber diese Umweltsbedingungen lassen sich leichter vereinheitlichen als die weiteren Aufzuchtsbedingungen in einem größeren Zuchtmaterial. — Es ist auch ganz sicher, daß

das Geburtsgewicht genetisch weitgehend mitbestimmt wird, wie es besonders schön ein Versuch von KOPEC[93] zeigt, indem er ein Hermelin-♀ gleichzeitig von zwei Böcken gedeckt wurde, einem Hermelin und einem großen Silberbock. Es gelangten Spermatozoen beider Böcke zur Befruchtung, in ein und demselben Wurf waren reinrassige Hermelins und F_1-Bastarde (vgl. S. 238). Letztere waren deutlich größer, und es bleibt nur merkwürdig, daß bei dem gemischten Wurf auch das Gewicht der reinrassigen kleinen Rasse etwas gesteigert war, was KOPEC auf eine nicht ganz vorstellbare hormonale Beeinflussung durch die großen F_1-Hybriden erklärt. Auf Grund von Korrelationsrechnungen glaubt sich KOPEC dazu berechtigt, das Geburtsgewicht für das definitive Gewicht einsetzen

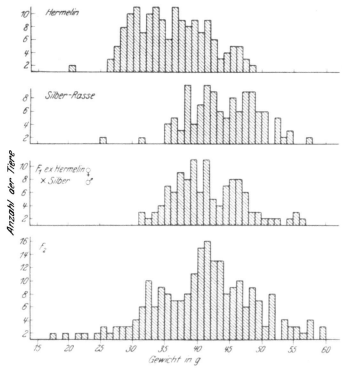

Abb. 39. Diagramme der Gewichtsverteilung bei verschieden schweren Rassen und von Kreuzungstieren. (Nach KOPEC[94].)

zu dürfen, denn er fand stets eine bedeutende positive Korrelation zwischen den beiden Gewichten, vorausgesetzt, daß man die Geburtsgewichtsdifferenzen, die auf verschiedener Wurfgröße beruhen, aus dem Material ausschaltet. KOPECs Wägungsresultate werden durch Abb. 39 wiedergegeben. — Es fragt sich, ob die Kreuzung sehr günstig gewählt worden ist, denn beide Ausgangsrassen scheinen wenig homozygot zu sein, da sie eine sehr große Variabilität zeigen und in dieser Beziehung nicht so sehr von der F_1- und F_2-Generation abweichen. — Es scheint mir auch trotz der Korrelationsberechnung von KOPEC noch fraglich zu sein, ob das Geburtsgewicht einen Schluß auf das Endgewicht gestattet. Denn wenn wir zum Vergleich die Wachstumskurve von CASTLE (Abb. 10 u. 11) heranziehen, dann sehen wir, daß sich im Geburtsgewicht und bis zu 40 Tagen die große und die Bastardrasse kaum voneinander unterscheiden und doch am Schluß wesentliche Größendifferenzen aufweisen, und das gleiche berichtet auch PUNNETT und PEASE. Aber, wenn das Geburtsgewicht auch nicht dem End-

gewicht gleichzusetzen ist, so ist es natürlich doch eine dankbare Aufgabe, die
Genetik des Wachstums für die Embryonalperiode klarzulegen.

Über eine physiologische Korrelation von Wüchsigkeit in den ersten Lebenswochen und einer monofaktoriell mendelnden Haarbeschaffenheit der Kaninchen
berichtet Nachtsheim[120a] in seinen Studien über das *Rexkaninchen*. Das Rexkaninchen, eine kürzlich gefundene Haarmutation, zeichnet sich durch eine starke
Verkürzung und Formveränderung der Haare aus. Besonders stark reduziert
sind die Granenhaare. Mit dieser auffälligen Veränderung ist ein abnormer
Haarwechsel verbunden, denn das Milchhaar der Rexe geht früher als das der
normalen Kaninchen verloren und die Tiere sind zeitweise fast ganz nackt.
Während dieser Periode sind die Tiere sehr anfällig und überwinden die Anfälligkeit erst nach dem Auftreten der zweiten Behaarung, die etwa nach der 8. Woche
voll ausgebildet ist. Tabelle 13 zeigt die Gewichtsunterschiede von normalen
und Rexhaarigen Jungkaninchen.

Tabelle 13.

Zahl der Würfe:	8. Woche	
	Normal	Rex
8 Frühjahrswürfe	613,70	492,27
14 Sommerwürfe	586,81	515,96
22 Würfe	597,29 ± 12,87	508,92 ± 15,31

Die größere Gewichtsdifferenz bei den Frühjahrswürfen im Vergleich zu den
Sommerwürfen ist sehr verständlich, wenn man bedenkt, daß die Benachteili-
gung durch das unvollständige Haarkleid sich in den Frühjahrsmonaten stärker
bemerkbar machen muß als in der warmen Jahreszeit. Nach der Ausbildung
der Behaarung schwindet der Gewichtsunterschied mehr und mehr, und das
Endgewicht wird nicht beeinflußt von der schlechteren Wüchsigkeit der ersten
Wochen.

VI. Enten.

Über die Vererbung der *Größe und Wüchsigkeit* bei *Enten* liegen nur sehr
wenig Angaben vor, trotzdem wir es hier mit einem für die Frage nach der Vererbung des Wuchses sehr günstigem Objekt zu tun haben. Denn Paarungen von
sehr verschieden großen Rassen sind leicht möglich. — Phillips[144] kreuzte
schwere französische Rouenenten mit leichten halbdomestizierten Wildenten
(Mallard-Enten), und erhielt eine ziemlich ausgeglichene, im Endgewicht intermediäre F_1-Generation. Eltern und Heterozygoten wurden im Alter von 5 Monaten gewogen. — Auch die F_2-Generation wurde aufgezogen, deren größere
Variabilität auf eine Aufspaltung der Faktoren für Wüchsigkeit schließen läßt.
Die Tabelle 14 zeigt die Anzahl der gewogenen Tiere, eingeteilt nach Gewichtsklassen, wieder, und ist wohl ohne weitere Erläuterung verständlich.

Tabelle 14 (nach Goldschmidt).

g Gewicht von männlichen Enten

	835 bis 990	991 bis 1146	1147 bis 1302	1303 bis 1458	1459 bis 1614	1615 bis 1770	1771 bis 1926	1927 bis 2082	2083 bis 2236	2237 bis 2394	2395 bis 2550	2551 bis 2706	2707 bis 2862
Rouen								1	1	3	2	1	
Mallard	20	23	14	2									
F_1					2	8							
F_2			1	2	6	3	5						

g Gewicht von weiblichen Enten

	683 bis 846	847 bis 1010	1011 bis 1174	1175 bis 1338	1339 bis 1502	1503 bis 1666	1667 bis 1830	1831 bis 1994	1995 bis 2158	2159 bis 2322	2323 bis 2486	2487 bis 2650	2651 bis 2814
Rouen								2	2	6	3		1
Mallard	3	31	9										
F_1						3							
F_2				2	1	6	4	3					

GOLDSCHMIDT[41] arbeitete mit 5 verschiedenen Rassen. Seine leichten Rassen sind: Wildente, Lockente, indische Laufente, seine schweren Rassen: Pekingente und Aylesburyente. Außerdem untersuchte er noch Cayuga- und Schwedenenten, die sich aber als nicht homozygot für die Wüchsigkeitsfaktoren erwiesen. Von Kreuzungstieren wurde gezogen: Peking-♀ × Wildenten-♂, F_1- und F_2-Generation.

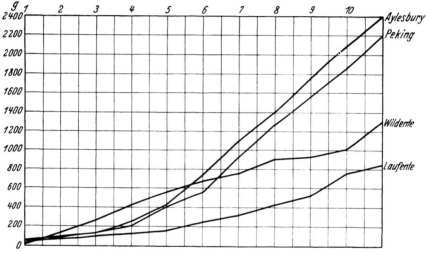

Abb. 40. Wüchsigkeit verschiedener Entenrassen nach GOLDSCHMIDT[41].

Peking- × Cayugaente, und zwar die reziproken F_1-Generationen, und die Rückkreuzung × Peking-♂; ferner Peking- × Cayugaente und Peking- × Laufente, beidemal die reziproken F_1-Generationen. — Um einen Ausdruck für die Wüchsigkeit zu erhalten, die hier an Stelle des Endgewichtes als Rassenmerkmal geprüft werden soll, wird das Verhältnis vom Gewicht nach den ersten 10 Wochen zum Anfangsgewicht vor dem ersten Fressen gewählt. Hierdurch soll die *assimilatorische Leistungsfähigkeit* der Tiere in den ersten 10 Wochen ausgedrückt werden. Da nach GOLDSCHMIDTs Prüfung keine Korrelation zwischen Anfangsgewicht und der Wüchsigkeit besteht, so scheint dieser Koeffizient in der Tat gut benutzbar zu sein. Die von GOLDSCHMIDT so berechneten Wüchsigkeitsdaten sind in Abb. 40 graphisch dargestellt.

Da wahrscheinlich die rassenmäßig verschiedenen Wachstumsfaktoren schon im Embryonalleben ihre Wirksamkeit entfalten, nimmt GOLDSCHMIDT an, daß schon das Gewicht des Kükens im Verhältnis zum Eigewicht beeinflußt wird. Er führt daher einen weiteren Koeffizienten ein, *Kükengewicht : Eigewicht*, als „Maß für die Intensität, mit der die im Ei mitgegebene Nahrung während der Embryonalentwicklung ausgenutzt wird". Dieser Gedankengang ist recht beachtenswert und verdient eingehender nachgeprüft zu werden, wenn auch die

Zahlenangaben von GOLDSCHMIDT nicht groß genug sind, um die Realität dieses von ihm angenommenen „*Eiausnutzungskoeffizienten*" zu beweisen. GOLDSCMIDTs Angaben über mittleres Eigewicht, mittleres Kükengewicht nach dem Schlüpfen, seinen Eiausnutzungskoeffizienten und seine Wüchsigkeitsziffer sind in Tabelle 14 für 5 Rassen zusammengefaßt.

Tabelle 14 (nach GOLDSCHMIDT [41]).

	Mittleres Eigewicht	Mittleres Kükengewicht	Eiausnutzungs- koeffizient	Wüchsigkeits- ziffer
Pekingente . . .	74	44	0,59	47,5
Aylesbury-Ente .	84	55	0,65	44,4
Wildente. . . .	64	33	0,52	33,8
Lockente . . .	50	28	0,56	36,6
Laufente	80	38	0,48	16,3

Die Wüchsigkeit der F_1-Tiere war nach der Art der Kreuzung recht verschieden. Bald scheint geringe Wüchsigkeit zu dominieren, wie bei Peking-♀ × Wildenten-♂; bald ist die F_1 intermediär wie bei den reziproken Kreuzungen Peking × Laufente. Für die Eiausnutzungskoeffizienten ergab sich folgendes (siehe nebenstehende Tabelle):

Art der Kreuzung	Eiausnutzungs- koeffizient
F_1 Peking-♀ × Wildente-♂ . .	0,65
F_1 Peking-♀ × Laufente-♂ . .	0,51
F_1 Laufente-♀ × Peking-♂ . .	0,48
F_1 Peking-♀ × Aylesbury-♂ . .	0,63
F_1 Aylesbury-♀ × Peking-♂ . .	0,56

Man vergleiche hiermit die Koeffizienten der reinen Rassen Tabelle 14. Die Spaltungsfrage wurde z. T. an Rückkreuzungen und an der F_2-Generation von der Peking- × Wildentenkreuzung, aber auch an den nicht reinerbigen Schweden- und Cayugaenten untersucht. GOLDSCHMIDT beobachtete eine starke Variabilität, die er auf Faktorenspaltung zurückführt.

VII. Hühner.

1. Gewicht und Wachstumsgeschwindigkeit.

Die ersten exakten und bisher immer noch die genauesten Versuche über die Vererbung des *Gewichtes* bei Hühnern führten PUNNETT und BAILEY 1914[145] aus. Sie kreuzten eine mittelschwere Rasse, die Hamburger, mit einer Zwergrasse, den Sebright Bantams. Die Hähne der ersten Rasse wogen im Durchschnitt 1350 g, die Hennen 1100 g. Hahn und Henne der Sebrights wogen ca. 750 bzw. 600 g. Die F_1-Generation aus Sebrighthenne × Hamburghahn nahm in bezug auf die Größe eine intermediäre Stellung ein mit Gewichten von ca. 1200 für die Hähne und 1000 für die Hennen, näherte sich also etwas mehr der größeren Rasse. Die Analyse von F_2 und F_3 ergab, daß die kleinsten Vögel kleiner sind als die Sebrights, die größten größer als die Hamburger. Die Abb. 41 veranschaulicht vortrefflich das Gewichtsverhältnis der 3 Generationen. — Die Verfasser ziehen den Schluß, daß die Hamburger nicht alle in Frage kommenden Faktoren für hohes Gewicht besitzen und andererseits die Sebrights nicht alle entbehren, denn nur so ist zu erklären, daß die F_2-Generation die Eltern sowohl unterbietet, als auch übertrifft. Wahrscheinlich sind an dem Zustandekommen der Gewichtsunterschiede 4 Faktorenpaare beteiligt, von denen 2 (A und B) eine Zunahme von 60% über das Mindestgewicht, C und D eine Zunahme von 30% bedingen. Die Hamburger besitzen die Erbformel $A A B B C C d d$, die Sebrights $a a b b c c D D$.

Da die heterozygoten F_1-Tiere $(Aa\,Bb\,Cc\,Dd)$ kleiner als die Hamburger sind, muß die Wirkung von $1 \times A$ kleiner sein als von $2 \times A$, also quantitativer Natur. Wenn auch, wie die Verfasser selbst betonen, der Schluß auf 4 polymere Faktoren trotz des schönen von den Verfassern beigebrachten Materials in erster Linie nur den Wert einer Arbeitshypothese hat, so zeigt uns doch dies Beispiel außerordentlich gut, wie auf eine ziemlich ausgeglichene F_1-Generation die stark variable F_2-Generation folgt mit einigen wenigen, scheinbar weitgehend recessiven und dominanten Individuen und der großen Anzahl von mittleren Kombinationsklassen. Das von PUNNETT gezeichnete Treppenpolygon (Abb. 41) schließt sich eng an unsere auf S. 215 gegebene Darstellung der normalen Verteilung bei Heterozygotie an.

MAY[116] (1925) arbeitete mit Cornwall-Kämpfern, einer schweren Rasse, und den leichten Hamburger Silberlack ebenfalls über die Vererbung des Gewichtes. Das Gewichtsverhältnis der elterlichen Rassen entsprach durchschnittlich der Proportion $3:2$. Nach etwa 10 Monaten sind beide Rassen ausgewachsen; die

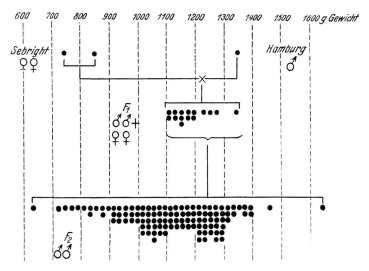

Abb. 41. Das Schema illustriert die Vererbung des Gewichtes in einer Sebright-♂ Goldlack-♂-Kreuzung. Das Gewicht der ♀♀ der Parental- und F_1-Generation ist auf das ♂♂ Gewicht umgerechnet. (= Tatsächliches Gewicht $\times$ $^5/_4$.) In der F_2 sind nur Hähne gewogen. (Nach PUNNETT und BAILLEY.)

kleinen Hamburger wachsen also langsamer wie die großen Cornwalls. Die Gewichtszunahme, die nach dem 10. Monat noch stattfindet, beruht weniger auf einer Größenzunahme der Tiere als auf Fettansatz. Die F_1-Heterozygoten zeigen bis zu 10 Monaten die gleiche Wachstumskurve wie die Cornwalls und bleiben im Gewicht erst in der zweiten Periode hinter diesen zurück, so daß sie, genau wie in PUNNETTS Versuchen, eine intermediäre Stellung, dem größeren Elter näher stehend, einnehmen. Im Gegensatz zu den eben besprochenen Versuchen von PUNNETT konnte aber MAY in der F_2-Generation keine Spaltung nachweisen. Seine F_1-Generation war, wie die F_2, den Cornwalls sehr ähnlich. MAY meint, daß der gleichartige Ausfall der F_1 sowohl der F_2 durch das Luxurieren der Bastarde bedingt würde. Die kräftige Entwicklung der Bastardküken verdecke die vorhandene Variabilität. So ganz plausibel ist diese Erklärung nicht, denn wenn auch in der F_1 das Luxurieren, d. h. eine besonders kräftige Entwicklung, eine bekannte Erscheinung ist (vgl. S. 220), so gilt das nicht für die F_2-Generation, die auch hinsichtlich der Lebensfähigkeit sehr wenig ausgeglichen zu sein pflegt.

Tabelle 15.

Kreuzung	Eigewicht der geschlüpften Küken	Schlupfgewicht	Schlupfgew.: Eigew. Eiausnutzungskoeffizient
Leghorn ♀ × Seidenhahn. F_1 (2070 g) (1225 g) 1930	$M = \quad 63{,}75 \text{ g} \pm 0{,}96$ $\sigma = \pm \quad 5{,}45$	$M = \quad 41{,}61 \text{ g} \pm 0{,}52$ $\sigma = \pm \quad 2{,}97$	$M = \quad 0{,}6525 \pm 0{,}008$ $\sigma = \pm 0{,}0445$
Leghorn (♂) × Seidenhuhn (♀). F_2 $F_1 ♂ × F_1 ♀$ (1600 g) (cc. 1400 g) 1930	$M = \quad 41{,}92 \quad \pm 0{,}3$ $\sigma = \pm \quad 2{,}35$	$M = \quad 28 \quad \text{g} \pm 0{,}355$ $\sigma = \pm \quad 2{,}8$	$M = \quad 0{,}669 \quad \pm 0{,}0056$ $\sigma = \pm 0{,}043$
Seidenhuhn-Rückkreuzung (Lg. ♂ × Sd. ♀) $F_1 ♂ ×$ R. Seid. ♀ (1600 g) (cc. 1000) 1930	$M = \quad 38{,}5 \quad \pm 0{,}77$ $\sigma = \quad 3{,}43$	$M = \quad 25{,}88 \quad \pm 0{,}55$ $\sigma = \quad 2{,}47$	$M = \quad 0{,}6744 \pm 0{,}0024$ $\sigma = \quad 0{,}0106$

Die neuesten Beobachtungen von Warren[174] (1927) gehen nicht über die F_1 hinaus, sind aber, da sehr sorgfältig durchgeführt, von Bedeutung. Seine Ausgangsrassen waren schwarze Jersey-Riesen (Gewicht im Alter von 6 Monaten = 2316 g) und weiße Leghorns (Gewicht 1537 g). Die F_1-Küken wuchsen in den ersten 12 Wochen schneller wie die elterlichen Rassen, im Alter von 6 Monaten erreichten sie ein Durchschnittsgewicht von 2121 g, standen also intermediär, aber den Jersey-Riesen sehr nahe, in guter Übereinstimmung mit den übrigen Arbeiten. Doch zeigt uns Warrens Arbeit, daß wir einen Unterschied machen müssen, zwischen Wachstumsgeschwindigkeit und Endgewicht.

Eine weitere eingehende Analyse über die Vererbung des Gewichtes bei Hühnern ist in dem Institut für Vererbungsforschung, Berlin-Dahlem, im Gang. Ich gebe aus der noch nicht abgeschlossenen Arbeit von H. Lauth einige Daten wieder. Der Tabelle 15 liegt eine Leghorn-Seidenhuhnkreuzung zugrunde. Die benutzte Leghornhenne, die Stammutter der F_1-Generation, wiegt 2070 g, der Seidenhahn nur 1225 g. Es ist das Eigewicht der gebrüteten Eier, aus denen Küken schlüpften, das Schlupfgewicht, das Gewicht am 100. Tag und das Gewicht mit 8 Monaten in der Tabelle berücksichtigt. Aus diesen Angaben wurde der Eiausnutzungskoeffizient und zwei Wüchsigkeitsziffern (I bis zum 100. Tag und II bis zum 8. Monat) berechnet. Man erkennt deutlich, daß der Eiausnutzungskoeffizient in allen drei Kreuzungen nahezu unverändert ist, daß sich also in der Embryonalentwicklung die das Wachstum differenzierenden Gene nicht bemerkbar machen. Auch die Wüchsigkeitsziffern vom 100. Tag sind einander noch sehr ähnlich. Deutlich werden erst die Unterschiede für den Wüchsigkeitskoeffizienten II. Hier erkennen wir, daß die Tiere der F_2- und R.K.-Generation eine größere Wachstumsleistung im Durchschnitt zu verzeichnen haben, als die durch das hohe Schlupfgewicht bevorzugten F_1-Tiere. Die größeren Streuungswerte lassen erkennen, daß die Variabilität stark gestiegen ist, ein Zeichen für die erfolgte Aufspaltung in klein- und großwüchsige Tiere. Das Endgewicht wird offenbar vorwiegend bestimmt durch ein verschieden frühes Aufhören des Wachstums. Auffallend und genetisch vielleicht bedeutsam ist der sehr große Unterschied der Wüchsigkeitsziffern bei Hähnen und Hennen in der F_2-Generation. — Für das *Eigewicht* ergibt sich, übereinstimmend mit älteren Arbeiten, die Dominanz des leichten Eies über das schwere.

Tabelle 15.

Gewicht am 100. Tage	Endgewicht (8 Mon.)	Wüchsigkeitsziffern		
		I $\dfrac{o\ 100}{\text{Schlupfgewicht}}$	II $\dfrac{\text{Endgewicht}}{\text{Schlupfgewicht}}$	
$M = \quad 808,6 \ \text{g} \pm 25,7$ $\sigma = \pm \ 85,18 \qquad$ ♀♀	$M = \quad 1375,4\,\text{g} \pm 29,3$ $\sigma = \pm \quad 97,3 \qquad$ ♀♀	$M = \quad 19,64 \pm 0,71$ $\sigma = \pm \quad 2,46 \qquad$ ♀♀	$M = \quad 33,77 \pm 0,88$ $\sigma = \pm \ 3,06 \qquad$ ♀♀	
$M = \quad 865,6 \ \text{g} \pm 23,22$ $\sigma = \pm \ 86,8 \qquad$ ♂♂	$M = \quad 1702,3\,\text{g} \pm 29,2$ $\sigma = \pm \ 105,2 \qquad$ ♂♂	$M = \quad 20,47 \pm 0,65$ $\sigma = \pm \quad 2,44 \qquad$ ♂♂	$M = \quad 39,76 \pm 0,76$ $\sigma = \pm \ 2,75 \qquad$ ♂♂	
$M = \quad 586,2 \quad \pm 28,93$ $\sigma = \quad 150,3 \qquad$ ♀♀	$M = \quad 1245 \ \text{g} \pm 26,7$ $\sigma = \quad 127,3 \qquad$ ♀♀	$M = \quad 20,5 \quad \pm 3,45$ $\sigma = \quad 17,8 \qquad$ ♀♀	$M = \quad 43,12 \pm 1,51$ $\sigma = \pm \ 7,26 \qquad$ ♀♀	
$M = \quad 769,1 \quad \pm 26,93$ $\sigma = \quad 107,7 \qquad$ ♂♂	$M = \quad 1623 \ \text{g} \pm 43,6$ $\sigma = \quad 163,2 \qquad$ ♂♂	$M = \quad 27,74 \pm 1,32$ $\sigma = \quad 5,1 \qquad$ ♂♂	$M = \quad 56,23 \pm 1,89$ $\sigma = \pm \ 6,82 \pm \qquad$ ♂♂	
$M = \quad 495 \quad \pm 34,8$ $\sigma = \quad 85,2 \qquad$ ♀♀	$M = \quad 1097,5 \quad \pm 59,8$ $\sigma = \pm \ 146,3 \qquad$ ♀♀	$M = \quad 20,4 \ \pm 1,8$ $\sigma = \quad 4,42 \qquad$ ♀♀	$M = \quad 49,2 \ \pm 4,58$ $\sigma = \quad 11,22 \qquad$ ♀♀	
$M = \quad 585 \quad \pm 16,68$ $\sigma = \quad 83,4 \qquad$ ♂♂	$M = \quad 1410 \quad \pm 95,1$ $\sigma = \quad 164,7 \qquad$ ♂♂	$M = \quad 22,7 \ \pm 4,1$ $\sigma = \pm \ 8,13 \qquad$ ♂♂	$M = \quad 56 \quad \pm 6,62$ $\sigma = \quad 11,47 \qquad$ ♂♂	

Wenn wir nochmal das Ergebnis aller Beobachtungen zusammenfassen, so läßt sich feststellen, daß die Wachstumsfaktoren quantitativ wirken. Ob an den genetisch bedingten Wachstumsverschiedenheiten Unterschiede in der Nahrungsaufnahme und -verwertung, ob und wie weit die endokrinen Drüsen an den Wachstumskurven beteiligt sind, darüber läßt sich noch nichts aussagen.

2. Legeleistung.

Wie bei allen physiologischen Eigenschaften ist es für eine erfolgreiche Analyse der Legetätigkeit notwendig, zuerst mit den anatomisch physiologischen Grundlagen der Eiproduktion vertraut zu sein. Nicht weil wir einzelne Eigenschaften, wie z. B. Frühreife oder Größe des Eierstocks auf einzelne Gene zurückführen wollen — denn den Standpunkt, daß einem jeden Außencharakter nun auch ein Gen entspricht, haben wir ja schon längst verlassen — sondern weil es bei einer Erbanalyse von Eigenschaften, die auf Grund eines Werturteils in Klassen eingeteilt werden müssen, sehr darauf ankommt, daß wir ein richtiges Urteil über die Zuordnung zu einer bestimmten Gruppe besitzen.

Die anatomisch-physiologischen Vorarbeiten über die Fruchtbarkeit der Hühner sind in den letzten Jahren von verschiedenen Seiten in Angriff genommen worden, so von DUNN[24] in seinen Studien über den Legezyklus von Leghorns und unter neuen Gesichtspunkten von FAURET-FREMIET und L. KAUFMANN[29], die über das Gesetz der fortschreitenden Abnahme der Legetätigkeit beim Huhn arbeiteten. — Sie zählten die Oocyten 2 Tage nach dem Schlüpfen und konnten eine rassenmäßige Differenz zwischen Leghorns und Rhodeländern feststellen, denn sie fanden bei den Leghorns 2,5 bis 3,8 Millionen Eizellen, bei den Rhodeländern 11,5 bis 13,5 Millionen. Diese vielen Jungeier sind aber längst nicht alle entwicklungsfähig; ihre Zahl verringert sich sehr rasch, so daß man bei Leghorns in Wirklichkeit nur mit etwa 1074, bei Rhodeländern mit 1571 entwicklungsfähigen Eiern rechnen kann.

Aber noch in anderer Beziehung scheint die Legetätigkeit von Leghorns und Rhodeländern zu differieren. Es wurden Hühner beobachtet, die im ersten Jahre eine Rekordleistung aufwiesen, die in den beiden nächsten Jahren nicht wieder erreicht wurde (Leghorntyp). Andere Hennen legen in allen 3 Jahren eine ungefähr konstante Zahl (Rhodeländertyp). In den folgenden Jahren nimmt die

Legetätigkeit sukzessive ab; sie beträgt ungefähr immer 88 % des Vorjahres und soll noch genauer nach einem recht komplizierten Gesetz berechnet werden können, das FAURET-FREMIET und KAUFMANN aufstellen. Die Zahl der gelegten Eier soll immer in einem konstanten Verhältnis zu der Zahl der noch im Eierstock verbleibenden Eier stehen. — Wenn auch die, nach einer aus diesem Gesetz abgeleiteten Formel zur Berechnung der zu erwartenden Eierzahl sich errechnete, *theoretische Zahl* mit praktisch gefundenen Zahlen recht gut übereinstimmte, so muß doch wohl dieser Punkt der Arbeit noch nachgeprüft werden. Es geht aber aus den Beobachtungen wohl jetzt schon klar hervor, daß zweierlei notwendig ist für die hohe Eiproduktion: 1. ein Eierstock mit recht vielen entwicklungsfähigen Eiern, also ein anatomisches Merkmal, 2. die Fähigkeit zur schnellen Umwandlung der Eizelle zum fertigen Ei, also eine *Funktion des Stoffwechsels*.

Von dem Ablauf der Umwandlung wissen wir wieder sehr wenig. Sicher ist nur, daß das Wachstum der Eizellen vor der Geschlechtsreife sehr langsam vor sich geht, dann kurz vor dem Legen sehr schnell einsetzt. Nach unseren Autoren soll das Ei dann um 2 mm in 24 Stunden wachsen. — Jedenfalls ist die Umwandlungsgeschwindigkeit der Oocyten zu fertigen Eiern von den verschiedensten Faktoren abhängig. Am wichtigsten wird wohl die *Fähigkeit der Henne zur Nahrungsverwertung* sein, besonders, wie weit verarbeitete Nährstoffe dem Ovar, d. h. der Eiproduktion zugute kommen, anstatt in Körperfett umgesetzt zu werden. — Ferner beeinflussen cyclische Vorgänge die Reifung der Eier. Es ist interessant, daß HARLAND 1927[71] in Trinidad sehr regelmäßige, etwa 4 wöchentliche Zyklen fand. Das Klima von Trinidad, Britisch-Westindien, ist während des ganzen Jahres außerordentlich gleichmäßig, besonders in bezug auf die Länge der Tage. Er beobachtete die eingeborenen Trinidad-Hennen und fand, daß sie meistens Gelege von 12 Eiern oder auch von 2- bis 3mal 12 Eiern hervorbrachten, dann trat eine Pause im Legen, bedingt durch Brütlust, ein. Die Zeit für die Produktion eines Geleges und die daran schließende Periode der *Brütlust* erstreckt sich auf etwa 1 Monat. Mit den eingeborenen Hühnern wurden Leghorns, Plymouth-Rocks und Minorkas gekreuzt, also Rassen europäischer Herkunft, denen die Neigung zur Bildung von Gelegen ebenso wie die Brütlust fehlte. Die F_1-Hennen schienen sich ähnlich wie die eingeborenen Hühner zu verhalten, woraus auf Dominanz des Zyklus zu schließen ist. (Es wurden allerdings nur 4 F_1-Hennen geprüft.)

Für den *Eiertrag des ersten Jahres* ist ferner noch von Bedeutung die Frühreife des Tieres, also gute Wuchsfähigkeit während des Kükenalters. Dieser Faktor ist besonders in unserem gemäßigten Klima von Bedeutung. Die Wintereiproduktion ist meistens für den Jahresrekord ausschlaggebend, weil die Sommerperiode durch das Einsetzen der Mauser immer ihren natürlichen Abschluß findet.

Ich komme nun auf die einzelnen Versuche über die *Erbanalyse der Eiproduktion* bei Hühnern zu sprechen. Dem Amerikaner PEARL[133] gebührt das Verdienst, zuerst von umfassenden Gesichtspunkten aus das Problem in Angriff genommen und die Wege gezeigt zu haben, wie das Problem genetisch und statistisch anzufassen ist. Er kreuzte zwei Rassen, die sehr verschiedenartig in bezug auf Eiproduktion waren, nämlich durch 9 jährige Selektion hochgezüchtete Plymouth-Rocks und indische Kämpfer, eine Sportrasse mit nur geringer Fruchtbarkeit. PEARL zieht aus seinen Analysen der F_1- und F_2-Generation sowie aus Rückkreuzungen mit den beiden Elternrassen den Schluß auf bifaktorielle Bedingtheit von hoher Fruchtbarkeit. Im ganzen registrierte er die Legetätigkeit von über 1000 Versuchshennen. Den ersten Faktor (L_1) bezeichnet er als den physiologisch grundlegenden Faktor, der einen niederen Grad von Fruchtbarkeit (Winterproduktion weniger als 30 Eier) bedingt. Erst der zweite Faktor (L_2)

bewirkt zusammen mit L_1 eine Winterproduktion von mehr als 30 Eiern, also hohe Fruchtbarkeit. Wenn L_2 fehlt, werden weniger als 30 Eier produziert. L_1 soll autosomal, L_2 geschlechtsgebunden vererbt werden (vgl. S. 213). Die Annahme einer geschlechtsgebundenen Vererbung begründet PEARL durch die Beobachtung, daß die Eigenschaft hohe Fruchtbarkeit nicht von den Müttern auf die Töchter vererbt wird, während die Hähne, obgleich bei ihnen natürlich die Anlage für hohe Eiproduktion latent ist, diese auf ihre weiblichen und männlichen Nachkommen übertragen. Die reziproken Kreuzungen, schlechter Hahn × gute Hennen und gute Henne × schlechter Hahn, fielen also nicht gleichmäßig aus; der Wert des Hahnes war ausschlaggebend für das Resultat. — Nach PEARL konnte die genetische Konstitution von Plymouth und Kreuzungshennen folgende sein:

1. $l_1 \, l_1 \, l_2$ = unfruchtbar
2. $L_1 \, L_1 \, l_2$
3. $L_1 \, l_1 \, l_2$ = weniger als 30 Eier
4. $l_1 \, l_1 \, L_2$
5. $L_1 \, L_1 \, L_2$
6. $L_1 \, l_1 \, L_2$ = mehr als 30 Eier

Den indischen Kämpfern fehlt der geschlechtsgebundene Faktor L_1 vollständig, und es gibt bei ihnen also nur 3 Klassen von genetisch verschiedenen Weibchen. Es ist natürlich praktisch außerordentlich wichtig, zu wissen, ob die Annahme von PEARL, daß die Fruchtbarkeit von einem geschlechtsgebundenen Faktor mit beeinflußt wird, richtig ist. Denn, sollte dies sicher der Fall sein, so ist natürlich auf die Auswahl der Hähne ganz besondere Sorgfalt zu verwenden. — Die Angaben von PEARL sind nicht ohne Widerspruch geblieben, und zwar ist besonders PEARLS Klassifizierung der guten und schlechten Legerinnen auf Grund der Wintereiproduktion im Junghennenjahr (1. November bis 1. März) beanstandet worden. Denn diese Zahl ist sehr abhängig von dem Datum des ersten Eies und von der Länge der Winterpause, die bei leichten und schwereren Rassen sehr verschieden sein kann. Der ideale Versuch müßte daher die Eizahl des ganzen Jahres berücksichtigen. Da dies aber aus praktischen Gründen wohl kaum je möglich sein wird, so ist jeder Versuch, der uns Aufschluß bringt über den Verlauf der Legetätigkeit bei den verschiedenen Rassen während des ganzen Jahres und über die Beziehungen, die zwischen den Leistungen eines Abschnittes zu den Leistungen eines anderen bestehen, sehr zu begrüßen. Es ist das Verdienst von HARRIS, BLAKESLEE und ihren Mitarbeitern[73], von HAYS[77] und von DUNN[24], uns reichhaltiges, statistisch genau durchgearbeitetes Material gegeben zu haben.

GOODALE[43, 44] prüfte an etwas anderem Material die Ergebnisse von PEARL nach, ohne die Hypothese der geschlechtsgebundenen Vererbung bestätigen zu können. Er kreuzte Rhodeländer mit Cornisch-Indischen Kämpfern, wählte also eine im Prinzip gleiche Kreuzung. Er versucht seine und auch PEARLS Zahlen mit Hilfe eines bifaktorellen, aber nichtgeschlechtsgebundenen Erbgangs zu erklären, und man muß zugeben, daß GOODALES Einteilung des PEARLschen Materials auch durchaus möglich ist. Zu einer restlos befriedigenden Deutung der Resultate gelangt jedoch auch GOODALE nicht.

Auch WARRENS[174] Angaben über die Fertilität der F_1-Generation sind nicht ohne Interesse für unsere Frage. Er fand, daß die F_1-Hennen besser legten wie die Hennen von beiden Elternrassen. Das bestätigt PEARLS und GOODALES Annahme von der Dominanz der die hohe Fruchtbarkeit bedingenden Faktoren. WARREN fand

	Jersey-♀♀	Diff. Jersey: F_1	F_1 ♀♀	Diff. Legh: F_1	Legh.-♀♀
Eiproduktion . . .	162,3	50,6 : 7,4	213	39,1 : 8	174

Von mehr theoretischem, als ausgedehnt experimentellem Standpunkt aus behandelt HURST[84, 85] das Problem. Er nimmt 5 Faktoren an. 1. Frühe oder späte geschlechtliche Reife (E-e); 2. Gute und schlechte Winterproduktion (W-w); 3. Dito Frühjahrsproduktion (S-s); 4. Dito Herbstproduktion (M-m); 5. Brütlust (H-h). Mir scheint dieser Versuch nicht sehr glücklich, sowohl nicht in der Einteilung bezüglich der Abhängigkeit der Fruchtbarkeit als auch besonders nicht in der Voraussetzung, daß jede der 5 Eigenschaften von einem genetischen Allelenpaar abhängen soll. Es taucht hier die doch nun überwundene Presence- und Absence-Theorie wieder auf.

Dennoch sind die Überlegungen von HURST nicht ohne Wert. — Er lehrt uns, daß es unzweckmäßiger ist, sich die Aufgabe durch Kreuzung von zwei Rassen, die hinsichtlich der Eileistung so ziemlich in jeder Hinsicht verschieden sind, zu erschweren, und daß man einfachere Resultate erhalten wird, wenn man von der Beobachtung von Kreuzungszuchten ausgeht, deren Eltern nur in einigen wenigen Eigenschaften differieren. Unter diesem Gesichtspunkt sind denn auch in den letzten Jahren von HAYS[77] und Mitarbeitern auf der Massachusetts Agricultural Station einige wichtige Beobachtungen gesammelt worden. Sie fanden bei einer Zusammenstellung über das *Alter* beim ersten Ei eine zweigipflige Kurve, wie sie vielleicht durch die Mischung von zwei genetisch verschiedenen ♀♀-Stämmen entstehen kann. Es wurde nun die Nachzucht von einigen besonders frühreifen und einigen besonders spätreifen Hennen geprüft, und es gelang tatsächlich zu zeigen, daß fast alle Töchter der frühreifen-♀♀ wieder frühreif sind. Die spätreifen Hennen lassen sich hinsichtlich ihrer Nachkommenschaft wieder in zwei Gruppen teilen, in solche, deren Töchter alle spätreif sind, und in solche, die zur Hälfte frühe, zur Hälfte späte Töchter haben. Danach soll nach HAYS Frühreife auf dominanten Faktoren beruhen, von denen der eine geschlechtsgebunden ist. — Diesen Schluß halte ich für sehr hypothetisch. — Die *Winterpause* soll nach Beobachtungen und statistischen Feststellungen an einer Herde auf einem dominanten Gen beruhen, die Winterproduktion auf 2 dominanten Genen. — Späte Mauser, die ein langes Legen im Herbst erlaubt, ist sicher auch rassenmäßig verschieden, aber noch nicht genetisch analysiert.

Eine der wichtigsten Rollen in der Jahreseiproduktion spielt die Häufigkeit der Brütlustperioden. Bekanntlich ist diese rassenmäßig sehr verschieden, nicht nur die schweren Rassen, sondern auch viele leichte, wie auch z. B. Zwerghühner (Seidenhühner), neigen sehr zum Brüten; nur bei einigen auf sehr hohen Eiertrag gezüchteten Rassen ist die Brütlust so gut wie ganz verschwunden. Einige gelegentliche Angaben über die Vererbung der Brütlust finden wir bei BATESON[3], HURST[84], HARLAND[71] und anderen mehr. Es zeigte sich immer, daß Nichtbrüter × Nichtbrüter nur nichtbrütende F_1-Tiere ergaben, jedoch bei Kreuzung einer brütlustigen Rasse mit einer nichtbrütigen die Brütlust dominant war. Eingehender wurde die Frage von PUNNETT und BAILEY[147] untersucht. Sie wollten feststellen, ob es eine feste Korrelation zwischen dunkler Eierschale und Brutinstinkt bestände, denn es ist ja bekannt, daß viele Rassen, die als gute Brüter gelten, dunkle Eier legen. Es wurden daher Italiener und Hamburger, beide Nichtbrüter mit weißen Eiern, mit Langshans (dunkle Eier, gute Brüter) gekreuzt. Die Einteilung der F_1- und F_2-Hennen stieß aber auf große Schwierigkeiten, da die ♀♀ zwei Jahre lang beobachtet werden mußten, denn nicht alle Hennen, die im zweiten Jahr gluckten, hatten es schon im ersten getan. So konnte nur der Wahrscheinlichkeitsschluß gezogen werden, daß die Brütlust von mehreren Faktoren abhängt. Freilich scheint jeder Faktor allein schon zu genügen, um die Brütlust hervortreten zu lassen. Es zeigte sich aber kein Anhalt für die Annahme einer Koppelung von dunkler Eifarbe und Brütlust; beide

Eigenschaften können getrennt auftreten. — Ausgedehnter sind die Feststellungen von GOODALE[46] über die Vererbung der Brütlust bei Rhodeländern. Er glaubt mit Bestimmtheit eine mindestens bifaktorielle Bedingtheit der Brütlust nachgewiesen zu haben. Beide Faktoren, A und C, sind dominant. Einzelne Beobachtungen würden auch noch die Einführung eines dominanten Verhinderungsfaktors N für Brütlust rechtfertigen. Danach könnten Nichtbrüter die genetische Konstitution $NN\,AA\,CC$ oder $nn\,AA\,cc$ oder $nn\,aa\,CC$ oder $nn\,aa\,cc$ besitzen. Man sieht hieraus, daß im Gegensatz zu PUNNETT die gleichzeitige Anwesenheit beider die Brütlust bedingenden Faktoren erst das Tier zum Brüter macht. GOODALE erwägt auch die Möglichkeit, daß einer der beiden dominanten Faktoren geschlechtsgebunden ist.

HAYS[78] gewann nach 14 jähriger Selektion bei Rhode-Isländern auf der Landwirtschaftlichen Station zu Massachusetts eine brütige und eine nichtbrütige Linie von Rhode-Isländern. Das Herauszüchten von zwei in bezug auf Brütigkeit konstant verschiedenen Linien ist wieder ein weiterer Beweis für die Erbbedingtheit derselben. HAYS schließt auf das Vorhandensein von zwei unabhängigen dominanten, komplementären Faktoren und glaubt an eine Koppelung zwischen den Erbanlagen für Brütigkeit und hoher Winterproduktion, denn es ist ja bekannt, daß Rassen, meistens die schweren, die im Frühjahr und Sommer viele Legetage durch Brütlust verlieren, diesen Verlust durch eine sehr gute Winterlegetätigkeit z. T. wieder ausgleichen. — Ob es sich bei dieser Eigenschaft um eine durch Genkoppelung bedingte oder um eine Wirkung inkretorischer Drüsen sowohl auf Wintereiproduktion als auf Brütlust handelt, möchte ich dahingestellt sein lassen. — Die Eliminierung der Brütlust im Stamme von HAYS durch Selektion hat jedenfalls die Leistung um ein Beträchtliches gehoben. Die durchschnittliche Eiproduktion war in den 14 Jahren von 144 auf 200 gestiegen, die Anzahl der brütlustigen Tiere von 90 % auf 27 % gesenkt worden. 1912 gingen durch Brütlust je Henne 75 Legetage verloren, 1922 nur noch 29 Tage.

Man bekommt kein volles Bild von der Legeleistung einer Henne, wenn man nicht auch das *Gewicht der gelegten Eier* berücksichtigt, das ja auch wieder rassenmäßig und individuell sehr verschieden ist (vgl. S. 254). Bei der Bestimmung des Eigewichtes müssen wir wieder davon absehen, daß das Gewicht der Eier in hohem Maße alterskorreliert ist, indem Junghennen viel kleinere Eier legen als ältere. Im späteren Leben ist aber das Gewicht der Eier ein und derselben Henne recht konstant, so daß man einwandfreie Wägungen ausführen kann. HURST[85] bestimmte die Eigröße bei Italienern und Wyandotten und deren Bastarden. Er hält die Fähigkeit, große Eier zu legen, für eine recessive, monofaktoriell bedingte Eigenschaft. VON LANGE gibt bei der Kreuzung von Rheinländern und Leghorns an, daß die F_1-Hennen kleinere Eier legen als die Leghorns, die Elternrasse mit den größeren Eiern. HAYS[78a] (1929) bearbeitet recht eingehend die Vererbung des Eigewichtes bei Rhodeländern. Töchter der gleichen Mutter sind nicht einheitlich bezüglich des Eigewichtes. Sie lassen sich in 4 Gruppen bringen. Es sollen zwei Faktoren, A und B, für das Eigewicht bestimmend sein, von denen der eine für Eigröße dominant, der andere recessiv sein soll. Als Schluß aus den bisherigen Versuchen über die Vererbung der Eigröße ist leider auch wieder die Folgerung zu ziehen, daß der Erbgang nicht einfach und noch bei weitem nicht geklärt ist.

Eine ausführliche Zusammenstellung über die älteren Arbeiten zur Hühnergenetik findet man bei P. HERTWIG[81, 81a].

VIII. Tauben.

Bei den Tauben haben Wriedt und Christie[184] erst die Vorarbeit für eine genetische Untersuchung von Größe und Gewicht geleistet, indem sie bei 458 Tieren der verschiedensten Rassen Gewicht, Brustbeinlänge, Brustumfang, Beinlänge und einige andere Eigenschaften durchgemessen haben. Die rassenmäßige Größenvariabilität ist bei den Haustauben nicht so groß wie bei den Hühnern oder gar den Enten, trotzdem aber deutlich nachweisbar. Es besteht ferner, wie die Verfasser hervorheben, eine starke Korrelation zwischen Brustbeinlänge, Beinlänge und Schnabellänge. Hingegen sind die besonders langen Beine der Brünner und der englischen Kröpfer anscheinend durch spezifische Gene bedingt. Ich bringe einen kurzen Auszug aus der Zusammenstellung von Wriedt und Christie:

Rasse	Zahl	mittleres Gewicht	Brustbeinlänge	Brustumfang
Brünner Kröpfer . . .	30	$6,19 \pm 0,06$	$290 \pm 5,89$	$23,0 \pm 0,19$
Ägyptische Möven. . .	20	$6,38 \pm 0,05$	$279 \pm 6,04$	$23,6 \pm 0,26$
Dänische Tümmler . .	62	$6,77 \pm 0,04$	$323 \pm 3,03$	$24,7 \pm 0,10$
Gimpel	37	$7,23 \pm 0,06$	$353 \pm 4,40$	$26,0 \pm 0,13$
Strasser	26	$8,17 \pm 0,05$	$498 \pm 9,66$	$29,4 \pm 0,17$
Englische Kröpfer . .	36	$8,29 \pm 0,07$	$519 \pm 8,53$	$28,8 \pm 0,23$
Römer	13	$9,32 \pm 0,12$	$818 \pm 25,70$	$35,5 \pm 0,51$

Literatur.

(1) Adametz, L.: Studien über die Mendelsche Vererbung der wichtigsten Rassenmerkmale der Karakulschafe bei Reinzucht und Kreuzung mit Rambouillets. Bibliotheca Genetica 1 (1917). — (2) Beobachtungen über die Vererbung morphologischer und physiologischer Merkmale und Eigenschaften bei Kreuzung von rotscheckigen Ostfriesen und Kuhländer Rindern. Z. Tierzücht 1, 1 (1924). (2 a) Amschler, W.: Beobachtungen an Yakbastarden. Züchtungskunde 5 (1930). — (3) Bateson, W., u. Saunders: Experiments with poultry. Rep. Evol. Comm. 1, T. 2 (1902). — (4) Bell, A. Graham: Saving the Six-nippled Sheep. J. Hered. 5 (1923). — (5) Bernstein, F.: Variations- und Erblichkeitsstatistik. Handbuch der Vererbungswissenschaft 1. Berlin: Bornträger 1929. — (6) Bertram, H. A.: Über die Wurfgröße beim veredelten Landschwein. Züchtungskde 1 (1926). — (6 a) Bonnévie, Chr. u. Sverdrup: Hereditary predisposition to twin birth. Jnl. genetics. 16 (1926). — (7) Bonnier, G.: Correlations between milk-yield and butterfat-% in Ayreshire cattle. Hereditas 10 (1927). — (8) Boyd, M.: Cattalo. J. Hered. 6 (1914). — (8 a) Buller, F.: Untersuchungen in der Stammschäferei Golzow, Dissert. Berlin, (1928). — (9) Capeland: Inheritance of fat % in Jersey cattle. J. Dairy Sci. 10 (1927). — (10) Castle, W. E.: Studies of inheritance in Rabitts. Publ. Carnegie Inst. Washington 1909, Nr 114. — (11) The nature of size factors as indicated by a study of correlation. Ebenda 1914, Nr 196. — (12) Inheritance of quantity and quality of milk production in dairy cattle. Proc. nat. Acad. Sci. 5 (1919). — (13) On a method of estimating the number of genetic factors concerned in blending inheritance. Science 54, 55 (1921/22). — (14) Genetic Studies of Rabbits and Rats. Publ. Carnegie Inst. Washington 1922, Nr 320. — (15) Does the Inheritance of differences in general Size depend upon general or special size factors. Proc. nat. Acad. Sci. 10 (1924). — (16) Genetics of the multi-nippled sheep. J. Hered. 15 (1924). — (17) A further Study of size inheritance in rabbits, with special reference to the existence of genes for size characters. J. of exper. Zool. 53 (1929). — (18) Cole, L. J.: Inheritance of milk and meat production in cattle. Bull. Wisconsin Sta. 319 (1920). — (19) Verschiedene Artikel in Finlay: Cattle Breeding. 1925. — (20) Crew, F. A. E.: Animal genetics. London 1925. — (21) Culbertson u. Evvard: Costly influence of an inferior sire. Amer. Herdsman 1926.

(22) Daveis, C. J.: The growth of rabbits. The Bazaar, Exchange and Mart. June 8, 1917. — (23) Davy, J. B.: Persian and Merino Sheep crosses. J. Hered. 18 (1927). — (24) Dunn, L. C.: A statistical study of egg production in four principal breeds of the domestic fowl. Bull. Storrs Agricult. Exp. Stat. 147 (1927). — (24a) The effect of inbreeding

on the bones of the fowl. Ebenda **152** (1928). — (*25*) DUNNE, J. J.: Hereditary transmission of fat percentage. Hoards Dairyman **47** (1914).

(*26*) EAST, E. W., u. JONES: Inbreeding and Outbreeding. Philadelphia u. London 1919. — (*27*) ELLINGER, T.: The variation and inheritance of milk characters. Proc. nat. Acad. Sci. **9** (1923). — (*28*) EVVARD: Cross bred hogs win new laurels. Amer. Swineherd **1926**, Nr 12.

(*29*) FAURÉ, FREMIET u. L. KAUFMANN: La loi de décroissance progressive du taux de la ponte chez la poule. Ann. de Physiol. **1928**, Nr 1. — (*30*) FEIGE: Typenmerkmale beim Rind und ihre exakte Bestimmung. Züchtungskde **3** (1928). — (*31*) FINLAY, G. H.: Cattle Breeding. Proc. Scottish cattle breeding conf. **1925**. — (*32*) FORBES, KRISS usw.: Experiments with dairy cattle. Bull. Missouri Sta. **244** (1927). — (*33*) FREDERIKSEN, L.: Einige dänische Beobachtungen und Versuche über Leistung und Fütterung von Milchkühen. Mitt. dtsch. Landw.-Ges. **44** (1929). — (*33a*) FRÖHLICH, G.: Experimentelle Untersuchungen über Fettvererbung beim Rind. Züchtungskd. **5** (1930).

(*34*) GAINES, W. L.: The inheritance of fat content of milk in dairy cattle. Proc. amer. Soc. Animal Production **29—32** (1922). — (*35*) Milk yield in relation to recurrence of conception. J. Dairy Sci. **1927**. — (*36*) Persistency of lactation in dairy cows. Bull. Illinois Agricult. Exp. Stat. **288** (1927). — (*37*) Efficiency formula for dairy cows. Science (N. Y.) **67**, 1735 (1928). — (*38*) GAINES u. DAVIDSON: Relation between percentage fat content and yield of milk. Correction of milk yield for fat content. Bull. Illinois Sta. **245** (1923). — (*39*) GÄRTNER u. HEIDENREICH: Konstitution und Leistung. Züchtungskde **3** (1928). — (*40*) GLENN, A.: Relation of milk production to the twinning tendency. J. Dairy Sci. **7** (1924). — (*41*) GOLDSCHMIDT, A.: Zuchtversuche mit Enten. Z. Abstammgslehre **2** (1914). — (*42*) Physiologische Theorie der Vererbung. Berlin: Julius Springer 1927. — (*43*) GOODALE, H. D.: Inheritance of winter egg production. Science (N. Y.) **47** (1918). — (*44*) Internal factors influencing egg production in the Rhode Island Red Breed of domestic fowl. Amer. Naturalist **32** (1918). — (*45*) GOODALE, H. D., u. MACMULLEN: The bearing of ratios on theories of the inheritance of winter egg production. J. of exper. Zool. **28** (1919). — (*46*) GOODALE, H. D., SANBORN u. WHITE: Broodiness in domestic fowl. Bull. Mass. Agricult. Exp. Stat. **199** (1920). — (*47*) GOODNIGHT: My experiments with Bison-hybrids. J. Hered. **5** (1914). — (*48*) GOWEN, J. W.: Studies in inheritance of certain characters of crosses between dairy and beef breeds of cattle. J. agricult. Res. **15** (1918). — (*49*) Ebenda **16** (1919). — (*50*) Studies in milk secretion. Genetics **5** (1920). — (*51*) J. Hered. **11** (1920). — (*52*) Milk secretion. The study of the physiologie and inheritance of milk yield and butterfat percentage in dairy cattle. **1924**. — (*53*) Genetic and physiological analysis of cattle problems. FINLAY: Cattle breeding. London 1925. — (*53a*) A résumé of cattle inheritance. Bibliographia Genetica **3** (1927). — (*54*) Judging dairy cattle and some of its Problems. J. Hered. **17** (1926). — (*55*) Milk secretion as influenced by inheritance. Quart. Rev. Biol. **2** (1927). — (*56*) GOWEN, J. W., u. Mitarbeiter: Verschiedene Artikel in Bull. Maine Sta. **1921—24**, Nr 300, 301, 306, 311, 314, und J. Dairy Sci. **4, 6, 7**. — (*57*) GOWEN, J., u. TOBLY: Udder size in relation to milk secretion. J. gen. Physiol. **10** (1927). — (*58*) GRAVES, R. R.: Dairy cattle breeding. FINLAY: Cattle Breeding. Edinburg, London 1925. — (*59*) Effect of age and development on butterfat production of Jersey and Guernsey cattle. Bull. United States Dep. Agricult. **1925**, Nr 1352. — (*60*) Transmitting ability of 23 Holstein-Friesian sires. Ebenda **1926**, Nr 1372. — (*61*) GROLL: Blutuntersuchungen mit Isohämagglutination zur Rassebeurteilung. Züchtungskde **2** (1927).

(*62*) HÄCKER, V.: Aufgaben und Ergebnisse der Phänogenetik. Bibliographia Genetica **1** (1925). — (*63*) HAECKER: Bull. Minn. Agricult. Exp. Stat. **1926**, Nr 140; zitiert nach GAINES[37]. — (*64*) HAMER, R. S.: The Canadian Bison-Cattle Cross. in: FINLAY: Cattle Breeding. 1925. — (*65*) HAMMOND, J.: On some factors controlling fertility in domestic animals. J. agricult. Sci. **5, 11** (1914, 1921). — (*66*) On the relative growth and development of various breeds and crosses of cattle. Ebenda **10** (1920). — (*67*) J. agricult. Res. **11** (1921). — (*68*) HANCE, R. T.: The diploid chromosome complexes of the pig. J. Morph. **30** (1917). — (*69*) Sex and the chromosomes in the domestic fowl. Ebenda **43** (1926). — (*70*) HANNSSON, N.: Der Einfluß der Zuchtarbeit auf den mittleren Fettgehalt der Milch. Fühlings Landw. Ztg **62**, 758 (1913). — (*71*) HARLAND, S. C.: On the existence of egg-laying cycles in the domestic fowl. J. Genet. **18** (1927). — (*72*) HARRIS, J. A.: Physical conformation of cows and milk yield. J. Hered. **6** (1915). — (*73*) HARRIS, BLAKELEE, WARNER u. KIRKPATRIK: The correlation between egg production between various periods of the year. Genetics **3** (1918). — (*74*) HARRIS u. Mitarbeiter: Verschiedene Veröffentlichungen statistischer Art über das gleiche Thema. Genetics **6**; Proc. nat. Acad. Sci. **3, 7**; Science (N. Y.) **54**, 224 (1918—27). — (*75*) HAYDEN, C. C.: The influence of sires on production. Bull. Ohio Stat. **1916**, Nr 1. — (*76*) HAYS, F. A.: Inbreeding animals. Bull. Delaware Sta. **1919**, Nr 123. — (*77*) Inbreeding the Rhode Island Red fowl with special reference for winter egg production. Amer. Nat. **58** (1924). — (*78*) HAYS, F. A., u. SANBORN: Broodiness in relation to fecundity in the domestic fowl. Bull. Mass. Agricult. Exp. Sta. 1926, Nr 7. — (78a) The inheritance of egg weight in the domestic fowl. J. agricult. Res. 38 (1929). — (79) HEAPE, W.: Note on the fertility of different breeds of sheep with remarks on the prevalence of Abortion and Barrenness therein. Proc. roy. Soc. 64 (1899). — (80) HERLYN: Über Blutgruppen bei Tieren. Züchtungskde 3 (1928). — (81) HERTWIG, P.: Der bisherige Stand der erbanalytischen Untersuchungen an Hühnern. Z. Abstammgslehre 30 (1923). — (81a) Vererbung der Nutzeigenschaften bei den Haushühnern. Züchter 2 (1930). — (82) HILLS u. BOWLAND: Segregation of fat factors in milk production. Proc. Iowa Acad. Sci. 20 (1913). — (83) HUNT, R. E.: Relation of milk production to the twinning tendency. J. Dairy Sci. 7 (1924). — (84) HURST, C. C.: Experiments with poultry. Rep. Evolut. Comm. roy. Soc. 2 (1905). — (85) Experiments in genetics. Gesammelte Werke. 1925.

(86) IWANOFF, E.: Die Fruchtbarkeit der Hybriden des Bos taurus und des Bos americanus. Biol. Zbl. 31 (1911). — (87) IWANOWA: Vererbung der Mehrzitzigkeit beim Rind. Z. Tierzüchtg 12 (1928). — (88) JOHANNSON, J.: De svenska nötkreaturstraserna kroppsutveckling och produktion. (Mit engl. Zusammenfassung.) Ultuna Landtbruksinst. arsredogörelse 1927 (1928). — (89) Statistische Untersuchungen über die Fruchtbarkeit der Schweine. Z. Tierzüchtg 15 (1929). — (90) JULER, J.: Afterzitzen beim Rind. Ebenda 10 (1927).

(91) KILDEE, H. (1916), siehe M'CANDISH. — (92) KOCZKOWSKI: Die Vererbung der biochemischen Bluteigenschaften bei Schafen nebst einem Beitrag zur Blutuntersuchung des wilden Mufflons. Z. Tierzüchtg 11 (1927). — (93) KOPEC, S.: On the offsprings of rabbitdoes mated with two sires simultaneously. J. Gen. 8 (1923). — (94) Studies on the inheritance of the weight of the new-born rabbits. Ebenda 14 (1924). — (95) The morphogenetical value of the weight of rabbits at birth. Ebenda 17 (1926). — (96) KÖPPE: Inzucht und Individualpotenz in der schwarzbunten Rinderzucht. 56. Flugschr. d. dtsch. Ges. f. Züchtungskde. 1921. — (97) KORRENG, G.: Die Ganaschenweite des Rindes im Verhältnis zur Milchleistung und zum Gewicht von Herz und Lunge. Jb. Tierzucht 7 (1912). — (98) KRALLINGER, H. F.: Gibt es einen Spermatozoendimorphismus beim Hausrind? Züchtungskde 2; Anat. Anz. 63 (1927). — (99) Die Chromosomen der Haustiere. Züchtungskde 2 (1927). — (100) KRONACHER, C.: Körperbau und Milchleistung. Dtsch. Ges. f. Züchtungskde 2 (1909). — (100a) Über die Physiologie der Milchsekretion und Milchleistung. 10. Flugschr. d. dtsch. Ges. f. Züchtungskde. 1910. — (100b) Vererbungsbeobachtungen und Versuche an Schweinen. Z. Abstammungslehre 34 (1924). — (101) Allgemeine Tierzucht. Berlin: Parey 1927. — (102) Inzucht beim Rinde. Z. Tierzüchtg 13 (1928). — (102a) Weitere Beobachtungen und Versuche an Schweinen. Z. Tierzüchtg 18 (1930). — (103) KRONACHER, C., W. SCHÄPER u. TH. BÖTTGER: Bemerkungen zu GROLLS Neuen Untersuchungen mit Isohämagglutination zur Rassebeurteilung. Z. Tierzüchtg 12 (1928). — (104) KUHLMANN, A. H.: Jersey-Angus cattle. J. Hered. 6 (1915).

(105) LANDMANN, A.: Die Zucht eines schweren Arbeitspferdes in der Provinz Ostpreußen. Kühn-Arch. 4 (1914). — (106) LAUPRECHT u. SCHMIDT: Vergleichende Betrachtungen über das Wachstum von Pferderassen. Züchtungskde 3 (1928). — (106a) LAUPRECHT, E.: Schwarzbuntscheckung und Milchleistung. — Züchtungskde 5 (1930). — (107) LOCHOW, F. VON: Beiträge über Leistungsprüfung und Zucht auf Leistung sowie Vererbung der Leistung usw. Arb. dtsch. Landw.-Ges. 1921, H. 309. — (108) LUSH, R. H.: Inheritance of twinning in a herd of Holstein cattle. J. Hered. 16 (1925).

(109) M'CANDISH: Building up a dairy herd from scrubs. FINLAY: Cattle breeding. 1925. — (110) Environment and breeding as factors in influencing milk production. J. Hered. 11, 204 (1919). — (111) M'CANDISH, GILLETTE u. KILDEE: Bull. Iowa Stat. 1919, Nr 188. — (112) MAC DOWELL: Size inheritance in rabbits. Publ. Carnegie Inst. Washington 196 (1914). — (113) MACKENZIE u. MARSHAL: Inheritance of mutton points in sheep. Trans. Highschool Agricult. Soc. Scotl. 89 (1917). — (114) MARSHALL, F. R.: Holstein milk yield. J. Hered. 5, 437 (1914). — (115) Fertility in Scottish sheep. Proc. roy. Soc. B. 77 (1905). — (116) MAY, G. H.: The inheritance of body Weight in poultry. Bull. Agricult. Exp. Stat. Rhode Isl. Stat. Coll. 1925, Nr 220. — (117) MERKENS: Polymerie in der Tierzüchtung. Z. Tierzüchtg 14 (1927). — (118) MINER, siehe PEARL. — (119) MORGAN, T. H.: Die stofflichen Grundlagen der Vererbung. Übersetzt von NACHTSHEIM. Berlin: Bornträger 1921. (119a) MÜLLER-LENHARTZ u. WENDT: Die höchste Milchleistung. 2. Aufl. (1929).

(120) NACHTSHEIM, H.: Untersuchungen über Variation und Vererbung des Gesäuges beim Schwein. Z. Tierzüchtg 2 (1924). — (120a) Das Rexkaninchen und seine Genetik. Ztsch. Abst. 52 (1929). — (121) NATHUSIUS, S. VON, zitiert nach WRIEDT: Erbliche Unterschiede zwischen Schritt- und Laufpferd; vgl. Nr 182 des Literaturverzeichnisses. — (122) NICHOLS, J. E.: Einige Beobachtungen über die Fruchtbarkeit der Schafe. Z. Tierzüchtg 10 (1927).

(123) OGUMA, K.: The sexual difference of chromosomes in the pigeons. J. Col. Agricult. Hok. Imp. Univ. 16 (1927). — (124) OLSON u. BIGGAR: Influence of pure bred dairy sires. Bull. South Dakota Stat. 1922, Nr 198.

(*125*) PAINTER, T.: The chromosomes of the horse. J. of exper. Zool. **39** (1924). — (*126*) The chromosomes of the rabbit. J. Morph. **43** (1927). — (*127*) PARLOUR, W.: Jersey-Angus lattle. Live Stock J. London **77** (1913). — (*128*) PATOW, C. VON: Studien über die Vererbung der Milchergiebigkeit an Hand von 50jährigen Probemelkaufzeichnungen. Z. Tierzüchtg **4** (1925). — (*129*) Milchvererbung beim Rind. Ebenda **6** (1926). — (*130*) Heutiger Stand der Frage der Milchvererbung beim Rind. Züchtungskde **4** (1929). — (*130a*) Weitere Studien über die Vererbung der Milchleistung beim Rind. Z. Tierzüchtg **17** (1930). — (*131*) PEARL, R.: Breading for production in dairy cattle in the light of recent advances in the study of inheritance. Ann. Rep. Comm. Agricult. State Maine **8** (1910). — (*132*) On the law relating milk flow to age in dairy cattle. Proc. Soc. exper. Biol. a. Med. **12** (1914). — (*133*) The mendelian inheritance of fecundity in the domestic fowl. Amer. Naturalist **46** (1912). — (*134*) Data regarding the brooding instinct in its relation to egg production. J. An. Beh. **4** (1914). — (*135*) Report of Jersey sire's futurity test. Bull. Maine Agricult. Exp. Stat. **1916**, Nr 247. — (*136*) A contribution of genetics to the practical breeding of dairy cattle. Proc. nat. Acad. Sci. **6** (1920). — (*137*) PEARL, R., u. SURFACE: Data on the inheritance of fecundity obtained from the records of egg production of the daughters of „200 Egg" Hens. Bull. Maine Agricult. Exp. Stat. **1909**, Nr 166. — (*138*) Is there a cumulative effect of selection? Data from the study of fecundity in the domestic fowl. Z. Abstammgslehre **2** (1909). — (*139*) PEARL, R., u. PATTERSON: The change of milk flow with age. Bull. Ann-Rep. Maine Sta. **1917**, Nr 262. — (*140*) PEARL, R., GOWEN u. MINER: Studies in milk secretion. Ebenda **1919**, Nr 281. — (*141*) PEARL, R., u. MINER: Variation of Ayrshire cows in the Quantity and fat content of their milk. J. agricult. Res. **17** (1919). — (*142*) PEARSON, K.: Note on the separate inheritance of quantity and quality in cow's milk. Biometrica **7**, 548 (1910). — (*143*) PEASE, M. S.: Experiments on the inheritance of weight in rabbits. J. Gen. **20** (1928). — (*144*) PHILLIPS, J. C.: Size inheritance in dues. J. of exper. Zool. **16** (1914). — (*144a*) PRACHOWENSKI, R.: Worlds Dairy Congress, London (1928). — (*145*) PUNNETT u. BAILEY: On inheritance of weight in poultry. J. Genet. **6** (1914). — (*146*) Genetic studies in rabbits. On the inheritance of weight. Ebenda **8** (1918). — (*147*) Inheritance of egg-colour and broodiness. Ebenda **10** (1920). — (*148*) PUNNETT, R. G.: Heredity in Poultry. London 1923.

(*149*) RICHTER, J.: Zwillings- und Mehrlingsgeburten bei unseren landwirtschaftlichen Haussäugetieren. Dtsch. Ges. Züchtungskde **29** (1926). — (*150*) RIETZ, H. L.: On inheritance in the production of butter fat. Biometrica **7** (1909). — (*151*) RIETZ u. ROBERTS: Degree of resemblance of parents and offspring with respect to birth as twins for registered Shropshire sheep. J. agricult. Res. **4** (1915). — (*152*) RINECKER, A.: Wert der Blutlinien für die Leistungsfähigkeit in bezug auf Milch und Fettvererbung. 59. Flugschr. dtsch. Ges. Züchtungskde **1922**. — (*153*) RITZMANN: The inheritance of size and conformation in sheep. Bull. New Hamp. Stat. **1923**, Nr 25. — (*154*) ROBERTS, E.: Fertility in Shropshire Sheep. J. agricult. Res. **22** (1921). — (*155*) ROBERTS, J. A. FRASER u. CREW: The genetics of the sheep. Bibliographia genetica **2** (1925). — (*156*) ROBERTSON, E.: Notes on breeding for increase of milk in dairy cattle. J. Genet. **11** (1921). — (*157*) ROHRWEDDER, W.: Untersuchungen in der holländisch-friesischen Rinderzucht über Milch- und Fettvererbung. Dissert., Berlin 1927. — (*158*) ROMMEL u. PHILIPS: Inheritance in the fermale line of size of litters in Poland China sows. Proc. amer. phil. Soc. **45** (1906).

(*159*) SAX, K.: The nature of Size inheritance. Proc. nat. Acad. Sci. **10** (1924). — (*160*) SCHERNER: Über das Vorkommen von Blutgruppen bei unseren Haustieren. Klin. Wschr. **1928**, Nr 47. — (*160a*) SCHULTZ, K.: Dissert. Berlin (1928). (*160b*) SELLENTIN: Dissert. Berlin (1927). — (*161*) SEREBROVSKY, A. S.: An analysis of the inheritance of quantitative transgressive characters. Z. Abstammgslehre **48** (1928). — (*162*) SEVERSON, A.: Prolificacy of sows and mortality of pigs. Proc. amer. Soc. animal Product **1925/26**. — (*163*) SHIWAGO, B. J.: The chromosomes in the somatic cells of mate and female of the domestic chick. Science (N. Y.) **60** (1924). — (*164*) SHIWAGO, P. J.: Über den Chromosomenkomplex der Truthenne. Z. Zellforschg **9** (1929). — (*165*) SIMPSON, Q. J.: Fecundity in swine. Amer. Breeders Assoc. Ann. Rep. **1912**. — (*165a*) SPÖTTEL, W.: Die Abhängigkeit der Vererbung der Milchleistung. Züchtungskde **5** (1930). — (*166*) SUMMER, F. B.: The partial genetic independence in size of the various parts of the body. Proc. nat. Acad. Sci. **10** (1924). — (*167*) SURFACE, F. M.: Fecundity in swine. Biometrica **6** (1909). — (*168*) SWETT, W. W.: Relation of conformation and anatomy of the dairy cow to her milk and butterfat producing capacity. Udder capacity and milk secretion. J. Dairy Sci. **10** (1927) u. Journ. agr. Research 1928.

(*169*) TELSCHOW: Welche Beziehungen bestehen zwischen der Zitzenzahl bei Schafen, den Mehrlingsgeburten sowie der Milchergiebigkeit. Fortschr. Landw. **1928**, Nr 22. — (*170*) TERHO: Inheritance of production in Finnish cattle. Publ. Finn. Vetensk. **4** (1926). — (*170a*) Ebenda, Nr. 19 (1928). — (*171*) TURNER, C. W.: A quantitative form of expressing persistancy of milk or fat secretion. J. Dairy Sci. **9** (1926).

(172) Vitzthum, Graf: Fruchtbarkeitsuntersuchungen an Schweinen unter besonderer Berücksichtigung der Inzuchtverhältnisse. Züchtungskde 3 (1928).

(173) Walther, A. R.: Sammelreferat, betr. einige neuere Arbeiten über die Vererbung quantitativer Eigenschaften. Z. Abstammgslehre 24 (1921). — (174) Warren, D. C.: Hybrid vigor in poultry. Poultry Sci. 7 (1927). — (174a) Wendt: Dieses Handb. 1 (1929). — (175) Wentworth, E. N.: Inheritance of fertility in swine. J. agricult. Res. 5 (1916). — (176) Wentworth, E. N., u. Lush: Inheritance in swine. Ebenda 23 (1923). — (177) Relation between genetics and practical cattle breeding. Finlay: Cattle breeding. 1925. — (178) Prepotence in character transmission. Ebenda. — (178a) Wentworth, E. N., u. Sweet: Inheritance of fertility in Southdown Sheep. Amer. Naturalist 51 (1917). — (179) Wilson, J.: The inheritance of milk yield in cattle. Sci. Proc. roy. Dublin Soc. 12 (1911); Finlay: Cattle breeding. London 1925. (179a) A theory of the mode of inheritance of milk yield in cattle. Departments Journ. 24 (1925). — (180) Woodward, J. E.: Is the ability to produce milk fat transmitted by the dam or the sire? Hoards Dairyman 51 (1916). — (181) Wriedt, Chr.: Zwillings- und Drillingsgeburten bei Schafen. Z. Tierzüchtg 2 (1925). — (182) Erbliche Unterschiede zwischen Schritt- und Laufpferd. Ebenda 5 (1926). — (183) Vererbungslehre der landwirtschaftlichen Nutztiere. Berlin: Parey 1927. — (183a) Heredity of Butter-fat. — J. Genetics, 22 (1930). — (184) Wriedt u. Christie: Messungen und Wägungen von Haustauben. Z. Abstammgslehre 42 (1926). — (185) Wright, S.: On the nature of size factors. Genetics 3 (1918).

(186) Yapp, W. W.: The inheritance of percent fat content and other constituents of milk in dairy cattle. Finlay: Cattle breeding. London 1925.

2. Der Einfluß der inneren Sekretion.

a. Allgemeine Beziehungen der Drüsen mit innerer Sekretion zu Ernährung und Stoffwechsel der Tiere (mit Ausnahme des Kohlehydratstoffwechsels) (s. Anm.).

Von

Privatdozent Dr. W. Raab, Prag (Wien).

Mit 21 Abbildungen.

Einleitung.

Unter *Drüsen mit innerer Sekretion* verstehen wir im allgemeinen solche Organe, deren Aufgabe und Tätigkeit darin besteht, chemisch differenzierte spezifische Stoffe zu produzieren und abzugeben, die dazu bestimmt sind, innerhalb des geschlossenen, den Gesamtorganismus darstellenden Zellkomplexes spezifische Fernwirkungen zu vermitteln. Nicht diese Wirkungen an sich sind das Gemeinsame der innersekretorischen Drüsen, auch nicht der chemische Aufbau ihrer Sekrete, ja nicht einmal ihr eigener histologischer Aufbau — alle diese Einzelheiten zeigen weitestgehende Verschiedenheiten — sondern bloß die Tatsache der Fernwirkung auf humoralem Wege. — Auch bei strenger Berücksichtigung obiger Definition ließe sich allerdings die Zahl der Organe und Zellkategorien, welchen eine innere Sekretion zugeschrieben werden darf, noch wesentlich über jene Gruppe von Organen hinaus erweitern, die allgemein als innersekretorische Drüsen anerkannt und traditionsgemäß als solche bezeichnet werden, doch wurde in der folgenden Darstellung der allgemein üblichen Einteilung Rechnung getragen und den Organen mit fraglicher bzw. nicht „offiziell" anerkannter innerer Sekretion nur ein gemeinsames Sonderkapitel als Anhang eingeräumt.

Anm. Hierüber siehe Seuffert im Bd. III dieses Handbuches.

Zum besseren Verständnis der Begriffe, die in der Physiologie der inneren Sekretion eine Rolle spielen, seien einige diesbezügliche Bemerkungen vorausgeschickt. Der Ausdruck „innere" Sekretion ist nicht etwa z. B. auch der Tätigkeit der Intestinaldrüsen zuzuerkennen, da das mit der Außenwelt kommunizierende Darmlumen gewissermaßen bereits der Außenwelt angehört, während Sekrete, die primär ins Blut, in die Lymphe, in die Gewebssäfte gelangen, als wirkliche „innere", nicht die Außenwelt erreichende Sekrete zu bezeichnen sind. Ein Beispiel: Das Pankreas secerniert seine Verdauungsfermente nach „außen" ins Darmlumen, sein den Kohlenhydratstoffwechsel regulierendes inneres Sekret, das Insulin, nach „innen", in die Blut- und Lymphbahn. Derartige *Kombinationen einer äußeren und inneren Sekretion* eines und desselben Organes — allerdings sind hierbei verschieden differenzierte Zellelemente beteiligt — werden wir noch in mehreren Fällen kennenlernen. — Der Ausdruck „*Drüse*" ist für die Mehrzahl der epithelial strukturierten innersekretorischen Organe ohne weiteres anzuerkennen; bei anderen fehlt zwar vom morphologischen Standpunkt aus betrachtet, der drüsige Charakter vollkommen, doch wird die Bezeichnung „Drüse" durch die Tatsache eines sekretionsartigen Abscheidens spezifischer Stoffe gerechtfertigt. — Die inneren Sekrete selbst, auch *Hormone oder Inkrete* genannt, sind nur in wenigen Fällen in ihrer chemischen Konstitution definierbar, von den meisten kennen wir bloß eine Anzahl biologischer Wirkungen, von einzelnen nicht einmal das. Sie werden nicht in präformiertem Zustande von außen aufgenommen, sondern zumeist aus wohl wesentlich niedriger differenzierten Bausteinen innerhalb der einzelnen „Hormondrüsen" aufgebaut, für deren Tätigkeit sie absolut spezifisch sind. Trotz mannigfaltigster *Wechselwirkungen der Drüsen* und ihrer Hormone untereinander scheint eine Übernahme der Bildung irgendeines Hormones durch eine andere als seine Stammdrüse niemals vorzukommen. — Von den exogenen Vitaminen und den eine Antikörperbildung provozierenden Antigenen sind die Hormone prinzipiell scharf unterschieden, dagegen ist die Abgrenzung von den Fermenten theoretisch weniger einfach. Ein Hauptunterschied ist die den Hormonen nicht zukommende weitgehende Unverbrauchbarkeit der Fermente.

Das *Funktionsgebiet der Hormone* läßt sich grob schematisch einteilen in 1. morphogenetische, die Gestaltsentwicklung gewisser Gewebe und Organe regulierende, 2. chemische, den Zellchemismus und Stoffwechsel beeinflussende und 3. pharmakodynamische Wirkungen, welche letztere sich vorwiegend in den Tonusverhältnissen der glatten Muskulatur bemerkbar machen. — Da mehr oder weniger allen von diesen 3 Gruppen chemische und physikalisch-chemische Prozesse zugrunde liegen, sind die Grenzlinien nicht überall vollkommen scharf zu ziehen.

Sehr wesentlich ist die *Beteiligung des Nervensystems* an einem großen Teil der Hormonwirkungen, indem diese erst durch Vermittlung vegetativer Nervenbahnen und -endigungen zustande kommen, welche unter dem Reiz der Hormone das betreffende Erfolgsorgan beeinflussen (hormoneurale Korrelation, BIEDL[110]). Umgekehrt wird die Sekretionstätigkeit der Hormondrüsen selbst z. T. vom Nervensystem aus reguliert (neurohormonale Korrelation), vielfach unter Mitwirkung der Hormone anderer Hormondrüsen. Überhaupt bestehen zwischen den einzelnen Drüsen, was die Intensität ihrer Sekretionstätigkeit betrifft, die verschiedenartigsten und kompliziertesten Wechselwirkungen, welche oft genug den Überblick über die Zusammenhänge enorm erschweren, wenn nicht ganz unmöglich machen. Synergismen, Antagonismen, kompensatorische Mehr- und Minderfunktionen spielen hin und her und ergeben in ihrer Gesamtheit ein im normalen Organismus harmonisch funktionierendes, sinnvolles System. Tritt nur an einer Stelle dieses Systems eine Störung ein, so vermag zwar der Organismus unter Umständen durch Umschaltungen und Kompensationen nach außenhin den Anschein normalen Funktionierens aufrechtzuerhalten, doch finden sich in solchen Fällen, soweit uns überhaupt Einblick in den feineren Mechanismus gegönnt ist, oft wesentliche Abweichungen von der Norm, die sich auch in morphologischen Anpassungsveränderungen der einzelnen Hormonorgane äußern.

Zur *Erkennung hormonaler Funktionen* stehen uns zwei Hauptwege zur Verfügung: die Beobachtung 1. der Ausfallerscheinungen nach Verlust der betreffenden Drüse, 2. der Wirkung von künstlicher Zufuhr ihres Hormones, sei es mittels Organimplantation, sei es mittels Einverleibung des isolierten Hormones selbst.

Im *Stoffwechsel* spielen die Hormone, wie aus den folgenden Kapiteln zu ersehen sein wird, die Rolle mächtiger Regulatoren, sie beherrschen die Intensität einer großen Anzahl von Stoffwechselprozessen und deren Gleichgewicht, doch ist ihr Einfluß vorwiegend, wenn nicht ausschließlich, quantitativer Art. Es gibt wahrscheinlich keinen einzigen chemischen Stoffwechselvorgang, der in seiner qualitativen Existenz unbedingt an das Vorhandensein irgendeines Hormons gebunden wäre. Eine Überschätzung der Hormone in dieser Richtung wäre also unangebracht.

I. Morphologie und Sekretionsmodus der innersekretorischen Drüsen.
Schilddrüse (Glandula thyreoidea).

Die Schilddrüse gehört der Gruppe der sog. branchiogenen Halsorgane an, welche gemeinsam das System der Schilddrüse, Nebenschilddrüsen und Thymusdrüse bilden und aus verschiedenen Anteilen der bei den Wirbeltierembryonen am Kopfende der Darmhöhle befindlichen Kiementaschen, -furchen und -spalten hervorgehen. Sie entstammt einer unpaarigen medianen Anlage an der ventralen Seite der Kopfdarmhöhle, und zwar als eines der im Embryonalleben sich am frühesten differenzierenden Organe. — Bei den Vögeln teilt sich die mediane Anlage späterhin und läßt die Schilddrüse als paariges Organ zu beiden Seiten der Bifurkation der Trachea erscheinen. Bei den Säugern entwickelt sich ein länglicher Epithel-

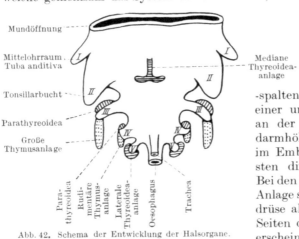

Abb. 42. Schema der Entwicklung der Halsorgane.
(Nach J. Broman.)

zapfen, der sich allmählich in zwei breitere Seitenlappen und einen langgestreckten mediangestellten Strang bzw. Schlauch gliedert. Dieser „Ductus thyreoglossus" mündet cranialwärts an der Zungenoberfläche und verfällt später völliger Obliteration. Nur in seltenen Fällen bleibt er ganz oder in beträchtlichen Resten bestehen, welche zu Geschwulstbildungen spezifischen Schilddrüsengewebes Anlaß geben können, besonders dann, wenn die Schilddrüse selbst Störungen der Entwicklung aufweist. Abgeschnürte Partikel des Ductus thyreoglossus werden häufig als Nebenschilddrüsen in der Gegend seines einstigen Verlaufes vorgefunden.

Was die *makroskopischen Eigenschaften* der vollentwickelten Schilddrüse betrifft, so ist sie bei den Vögeln, wie schon erwähnt, in zwei getrennten, tief im Thoraxraum sitzenden Teilen vorhanden, während sie bei den Säugern sowie beim Menschen als zusammenhängendes Organ unterhalb des Kehlkopfes vorn der Luftröhre aufsitzt und sie beiderseits in Gestalt schmälerer oder breiter ausladender Lappen umgreift. Untereinander sind diese beiden Lappen durch den entweder bandartig schmalen oder als „Lobus pyramidalis" sich cranialwärts in der Richtung des einstigen Ductus thyreoglossus erstreckenden Isthmus verbunden. Bei manchen Tierarten atrophiert der Isthmus im vorschreitenden Alter so vollständig, daß nur mehr die Seitenlappen bestehen bleiben. Dies ist z. B. bei Hunden, Füchsen, Hauskatzen und Raubkatzen der Fall (OTTO[674]).

Akzessorische Schilddrüsen finden sich in wechselnder Anzahl und Größe teils in unmittelbarer Nähe der Thyreoidea, teils längs der Luftröhre angeordnet bis hinab zum Aortenbogen. Ihre praktische Bedeutung beruht hauptsächlich darin, daß sie bei experimentellen Schilddrüsenexstirpationen leicht übersehen werden, dann hypertrophieren und evtl. die Ausfallserscheinungen durch ihre kompensatorisch einsetzende Tätigkeit verschleiern können.

Die Gefäßversorgung der Schilddrüse ist eine außerordentlich reichliche und entstammt den Carotiden und Subclavien. Nach TSCHUEWSKY[853] ist die Thyreoidea nächst den Nebennieren das lebhaftest durchblutete Organ des Körpers und wird z. B. beim Hunde innerhalb 24 Stunden 16mal von der Gesamtmenge des Blutes passiert. — Ihre Nervenversorgung bezieht die Schilddrüse teils aus den sympathischen Cervicalganglien, teils aus dem Nervus laryngeus superior.

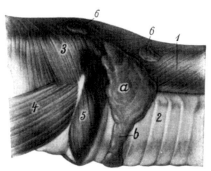

Abb. 43. Schilddrüse des Rindes. *a* Lobus sinister; *b* Isthmus. 1 Speiseröhre; 2 Luftröhre; 3 Pharynxkonstriktoren; 4 M. hypothyreoideus; 5 M. cricothyreoideus; 6 Lnn. cervicales craniales. (Aus ELLENBERGER-BAUM: Handb. der vergl. Anatomie der Haustiere.)

Im *histologischen Bau* kommt eine kleinläppchenartige Unterteilung der gesamten Drüse dadurch zustande, daß die umhüllende bindegewebige Kapsel nach allen Richtungen Fortsätze ins Innere entsendet. Zwischen den Maschen dieses dichten Netzes eingebettet liegen die sog. *Follikel*, bläschenförmige Gebilde, deren Wand durch eine Schicht kubischen oder zylindrischen Epithels mit kugeligen basalständigen Kernen gebildet wird. Von außen her ist jeder einzelne Follikel von Zweigen eines die ganze Drüse durchsetzenden reichen Kapillarnetzes umsponnen, welchem die Aufgabe zukommt, die Sekretionsprodukte der eines Ausführungsganges entbehrenden Drüse zu übernehmen und auf dem Blutwege dem gesamten Organismus zuzuführen (BENSLEY[97]).

Die Größe des Follikeldurchmessers schwankt zwischen 20 und 300 μ. Das Lumen ist von einer homogenen Substanz erfüllt, die als *Kolloid* bezeichnet wird, wechselnde Konsistenz von der dünnflüssigen bis zur festen zeigt und saure Farbstoffe begierig aufnimmt, doch finden sich häufig auch kolloidfreie Follikel in beträchtlicher Anzahl vor. — Die Muttersubstanz, aus welcher das Kolloid gebildet wird, scheinen im Protoplasma der Follikelzellen entstehende spezifische Granula zu sein, welche zu Tropfen konfluierend ins Innere des Follikellumens abgesondert werden, im Gegensatz zu dem obengenannten echten Sekretionsmodus ähnlicher Körnchen, der in entgegengesetzter Richtung, nach außen erfolgt.

Man nimmt heute allgemein an, daß das Kolloid nichts anderes darstellt als aufgespeichertes überschüssiges Schilddrüsenhormon in einer allerdings modifizierten Depotform. — Breitner und Mitarbeiter[144] haben nach halbseitiger Schilddrüsenresektion Kolloidschwund in der belassenen Hälfte beobachtet: kompensatorischer Verbrauch des Reservematerials, das jedoch erst einen Aktivierungsprozeß durchmachen muß, um zum vollwertigen Hormon zu werden. Einer der Hauptunterschiede zwischen dem Kolloid und dem aktiven Schilddrüsenhormon besteht in der relativen Jodarmut des ersteren gegenüber dem Jodreichtum des letzteren (s. nächstes Kapitel).

Verschiedene pathologische *Veränderungen des Schilddrüsenbaues* stehen im Zusammenhang mit funktionellen Erscheinungen, insbesondere solchen der krankhaften Über- und Unterfunktion. Bei Tieren werden spontane Überfunktionszustände der Schilddrüse viel seltener angetroffen als beim Menschen. Es liegen darüber nur vereinzelte Mitteilungen vor (Klose[484]: Pferd und Hund, und zwar besonders bei durch Inzucht rasserein erhaltenen Individuen, Prietsch[708]: Rind, Haebrant und Antoine[387]: Hund).

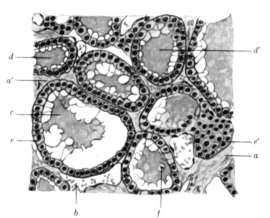

Abb. 44. Schnitt aus der Schilddrüse des Pferdes. *a* Interstitialgewebe; *a′* Interfollikuläres Bindegewebe; *b* Kapillare in letzterem; *c* Durchschnitt durch ein größeres Bläschen mit stark geschrumpftem Kolloid; *d* desgleichen durch ein kleineres mit weniger stark geschrumpftem Kolloid; *d′* Bläschen mit oberer, schräg getroffener Wand; *e* Bläschenepithel; *e′* Tangential geschnittenes Bläschen; *f* Vakuole im Kolloid. (Aus Ellenberger-Trautmann: Histologie der Haustiere.)

Sehr mannigfaltig sind die histologischen Bilder bei *kropfiger Entartung der Schilddrüse*, welche in solchen Gegenden, in denen der Kropf bei der menschlichen Bevölkerung endemisch ist — vorwiegend in alpinen Landstrichen — nicht allzu selten auch die dort gehaltenen Nutztiere betrifft und teils erst erworben wird, teils schon angeboren auftritt. Diesbezügliche Befunde wurden an Pferden (Adam[17]), Rindern, Schweinen, Hunden (Marine[611], Carlson[167]) und Katzen (Carlson[167]), ferner auch häufig bei Fischen erhoben (Marine und Lenhart[609] u. a.). — Man unterscheidet 1. den Parenchymkropf (Struma parenchymatosa diffusa), bei dem es sich bloß um eine quantitative Vermehrung an sich normal erscheinenden Schilddrüsengewebes handelt, was zuweilen auch unter physiologischen Verhältnissen, z. B. während der Schwangerschaft vorkommt, 2. die Struma diffusa colloides mit vielfach bedeutend vergrößerten kolloidhaltigen Follikeln und durch den starken Innendruck abgeflachten Epithelzellen, 3. die Struma nodosa, bzw. adenomatosa, den Knotenkropf, charakterisiert durch Adenomknoten, welche das sonst normale Parenchym in größerer oder geringerer Anzahl durchsetzen, evtl. sogar vollkommen zurückdrängen. Dies ist die in Kropfgegenden häufigste Form.

Zahlreiche Untersuchungen sind der Frage gewidmet worden, ob und inwieweit die Sekretion der Schilddrüse von *Einflüssen seitens des Nervensystems* abhängig ist. Asher[55] und seine Mitarbeiter konnten zeigen, daß eine längerdauernde Reizung der die Schilddrüse versorgenden Nervenzweige die Hormonabgabe steigert. Zu im Prinzip gleichsinnigen Resultaten gelangten Levy[554] und Carlson[167], so daß die sekretionsanregende Wirkung nervöser Reize als feststehend angesehen werden kann.

Daß jedoch die Funktionsintensität der Schilddrüse nicht ausschließlich von nervösen Faktoren abhängt, sondern auch auf dem Blutwege „humoral" reguliert zu werden scheint, geht aus Beobachtungen von CRAWFORD und HARTLEY[212] hervor, welche die kompensatorischen Veränderungen nach halbseitiger Schilddrüsenexstirpation auch in entnervten Schilddrüsenresten auftreten sahen.

Epithelkörperchen (Glandulae parathyreoideae).

Die Epithelkörperchen entwickeln sich paarig aus der dritten und vierten embryonalen Schlundtasche, und zwar aus dorsocranial an jene angelagerten Epithelansammlungen. Ihre Lokalisation im extrauterinen Leben ist nach Tierspezies, aber auch individuell stark variabel. Fast immer liegen sie in nächster Nähe der Schilddrüse, vielfach sogar in das Gewebe der Schilddrüse, evtl. auch in das des Thymus eingebettet. Das aus der 3. Kiementasche abstammende Epithelkörperchen wird gewöhnlich als *äußeres*, das aus der vierten Kiementasche hervorgegangene als *inneres* bezeichnet. Letzteres liegt beim Pferd, Rind, Schaf, Hund, bei der Ziege und bei der Katze meist innerhalb der Schilddrüse in dem medial-dorsalen Anteil des betreffenden Lappens, beim Rind und Schaf allerdings häufig ganz oder teilweise frei. Beim Schwein fehlt es fast immer. — Das *äußere Epithelkörperchen* findet sich bei Schaf und Ziege weit cranialwärts verschoben in der Nähe der Teilungsstelle der Arteria carotis communis, ähnlich auch beim Schwein, während es beim Rind am ventralen Rande oder an der medialen Fläche der Schilddrüse liegt. Die Fleischfresser tragen es zumeist an der Dorsalfläche des oberen Poles der Schilddrüse. Beim Pferd liegt es entweder

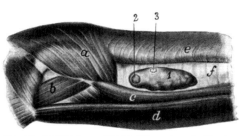

Abb. 45. Schilddrüse und Epithelkörperchen des Hundes. *1* linker Lappen der Schilddrüse; *2* äußere; *3* innere Epithelkörperchen (punktiert). *a* Pharynxmuskulatur (M. crico- und thyreopharyngeus); *b* M. hypothyreoideus; *c* M. sternothyreoideus; *d* M. sternohyoideus; *e* Speiseröhre; *f* Luftröhre. (Aus ELLENBERGER-BAUM: Handb. der vergl. Anatomie der Haustiere.)

nasal von dem oralen Ende der Schilddrüsenseitenlappen oder dorsal an deren medialer Fläche in ihrem oralen Drittel, manchmal auch im Gewebe selbst (ELLENBERGER und BAUM[262], dort auch Literatur). — Eine Sonderstellung nimmt das Kaninchen insofern ein, als bei ihm das äußere, sonst oralwärts vom inneren gelegene Epithelkörperchen kaudalwärts bis zu $1^1/_2$ cm von der Schilddrüse entfernt an die Carotis zu liegen kommt, während das innere im vorderen Pol der Schilddrüse sitzt. Außerdem kommen beim Kaninchen im Gegensatz zu den Fleischfressern besonders häufig akzessorische Epithelkörperchen, vorwiegend im Thymus vor (ERDHEIM[274], PEPERE[691] u. a.). Bei Meerschweinchen, Ratte und Maus fehlt das Epithelkörperchen der vierten Kiementasche. Beim Affen endlich finden sich meist sämtliche vier Epithelkörperchen ähnlich wie beim Menschen außerhalb der Schilddrüse an ihrer Hinterfläche.

Aus dieser *Verschiedenheit der Lage* und aus dem Vorhandensein akzessorischer Gebilde erklärt sich die Schwierigkeit der experimentellen exakten Entfernung der Epithelkörperchen, die noch durch die Kleinheit und Unscheinbarkeit der Organe erhöht wird. — Die Epithelkörperchen sind nur wenige Millimeter lang und unterscheiden sich von dem sie umgebenden Schilddrüsengewebe makroskopisch bloß durch eine gewöhnlich ein wenig lichtere Farbe. Ihre Zellstränge oder -haufen bestehen aus den schlecht färbbaren polygonalen sog. Hauptzellen und aus oxyphilen Zellen. Ob die zuweilen zwischen den Zellen sichtbaren Ansammlungen einer kolloidartigen Substanz ein Produkt der innersekretorischen

Tätigkeit darstellen, ist zweifelhaft. Eine solche konnte überhaupt nicht mittels histologischer Methoden, sondern nur auf Grund biologischer Versuchsergebnisse mit Sicherheit nachgewiesen werden. — Über den Sekretionsmodus ist uns indes nichts Näheres bekannt. Tumoren der Epithelkörperchen sind sehr selten. Von Möller-Sörensen[638] wurde ein solcher bei einem Hunde gefunden.

Der (die) Thymus. (Das Bries, Glandula thymus.)

Das dritte unter den branchiogenen Organen, dasjenige, über dessen Funktionen wir am mangelhaftesten orientiert sind, ist die *Thymusdrüse*. Sie entwickelt sich paarig aus der dritten Schlundtasche und zwar bei den Säugetieren mit wenigen Ausnahmen aus ventral gelegenen Epithelverdickungen. — In Gestalt zweier dickwandiger Schläuche wachsen einander die paarigen Anlagen entgegen, um endlich zu einem größtenteils median gelegenen Organ von anfangs beträchtlicher Ausdehnung zu verschmelzen, das sich caudalwärts bis ins Mediastinum und an den Herzbeutel, cranialwärts vorn der Trachea anliegend bis zum Kehlkopf erstreckt. Der Bestand dieser Dimensionen ist jedoch von verhältnis-

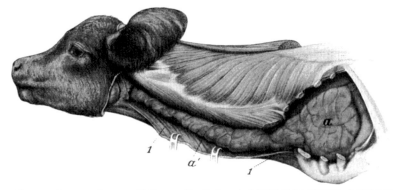

Abb. 46. Thymus eines neugeborenen Kalbes. *a* Brustteil und *a'* Halsteil des Thymus. *1* zurückgeschlagene Halsmuskulatur. (Aus Ellenberger-Baum: Handb. der vergl. Anatomie der Haustiere.)

mäßig kurzer Dauer. Im Extrauterinleben setzen frühzeitig Rückbildungsvorgänge ein, die insbesondere von der Zeit des Abschlusses des Skelettwachstums an so rasch vor sich gehen, daß schließlich nur mehr ein die Form der verschwundenen Drüse annähernd nachahmender Komplex von Fettgewebe übrigbleibt. — Bei jugendlichen Tieren ist gewöhnlich der ins Mediastinum ragende Teil zweischenkelig in breite, flache, dem Herzen aufliegende Lappen geteilt, der Halsteil ist schmäler und langgestreckt. Er geht als erster zugrunde. — Beim Kalb kann das Gewicht des Thymus 600 g erreichen, nach der vierten bis sechsten Woche beginnt die Rückbildung. Bei der Ziege ist auch die Halspartie zweigeteilt. Beim Pferd pflegt der Thymus vom zweiten Jahr an vollständig zu verschwinden, dagegen erhält er sich beim Schwein verhältnismäßig lange. Wenig entwickelt ist der Halsteil des Hundethymus, der die Gestalt zweier fast ganz im Thoraxraum befindlicher, nur an ihrem cranialen Ende miteinander verbundener Platten hat. Schon ca. 14 Tage nach der Geburt setzt die Involution ein. — Die Farbe des Thymus ist meist graurötlich, die Oberfläche deutlich gelappt, die Bindegewebshülle sehr zart. Abgetrennte Drüsenpartikel in der Umgebung des Hauptorgans sind keine Seltenheit.

Der *histologische Aufbau des Thymus* ist während des fötalen und extrauterinen Lebens tiefgreifenden Veränderungen unterworfen. — Der ursprüngliche *epitheliale Grundstock* bleibt auch weiterhin als „Reticulum" erhalten (Hammar[389]), welches in den zentralen Partien einen kompakten Charakter beibehält, in den peripheren Partien dagegen immer mehr zurücktritt und schließlich nur mehr als feines Netzwerk zwischen massenhaft eingewanderten Lymphocyten zu erkennen ist, die der „Rinde" ihr charakteristisches Gepräge geben. — Die lange bestrittene Identität der Rindenzellen mit aus dem Blut eingewanderten Lymphocyten darf heute wohl als gesichert angesehen werden (HAMMAR[389], MAXIMOW[611] u. a.). Die Unterteilung des gesamten Organs in polyedrische Läppchen erfolgt durch lockere Bindegewebsscheidewände. — Die für die *Marksubstanz* charakteristischsten Gebilde sind im extrauterinen

Abb. 47. Schnittfläche des Thymus des Kaninchens in verschiedenen Lebensaltern. Nach SÖDERLUND und BACKMANN. Neugeborenes Tier. Thymusgewicht: 0,10 g. (Aus BIEDL: Innere Sekretion I.)

Leben neben Inseln großer epithelialer Zellen die sog. HASSALschen Körperchen, konzentrisch geschichtete kugelige Zellkonglomerate, häufig mit verhornender Außenschicht und zentralem körnigem oder schlollligem Zerfall. Der Beginn ihres Entstehens fällt in jene Periode des Embryonalstadiums, in dem Rinde

Abb. 48. 5 Monate altes Tier; Thymusgewicht 2,70 g. (Aus BIEDL: Innere Sekretion I.)

und Mark sich zu differenzieren beginnen. Sie sind direkte Abkömmlinge der epithelialen Markzellen. Ihre funktionelle Bedeutung ist noch völlig ungeklärt. — Die extrauterine *Rückbildung des Thymus* betrifft in erster Linie die Rindenelemente. Abgesehen von der physiologischen Involution kommen

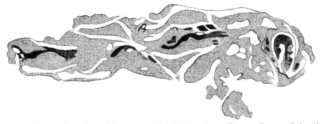

Abb. 49. 3 Jahre altes Tier; Thymusgewicht 0,75 g. (Aus BIEDL: Innere Sekretion I.)

bei verschiedenen Krankheiten, im Hunger usw. vorübergehende reversible Thymusatrophien vor, ebenso während der Gravidität (FULCI[333]). — Nach Kastration wurden Vergrößerungen des Thymus und Verzögerung der Involution beobachtet (CALZOLARI[160], HENDERSON[412] u. a.). Dagegen wird die Atrophie bei Stieren, die zu Zuchtzwecken verwendet werden, beschleunigt. — Nach alledem scheint es, daß die Rückbildung des Thymus durch die Reifung der Keimdrüsen angebahnt und entsprechend der Intensität ihrer Tätigkeit weitergeführt wird.

Über den *Sekretionsmodus der Thymusdrüse* ist so gut wie nichts bekannt, doch erscheint ihre Einreihung unter die inkretorischen Drüsen, die vielfach abgelehnt worden war, auf Grund biologischer Beobachtungen gerechtfertigt. — Es sei hier auf das zweibändige Monumentalwerk des Klassikers der Thymusforschung HAMMAR[390] hingewiesen, welches die gesamte vorliegende Thymusliteratur in umfassendster Weise kritisch wiedergibt.

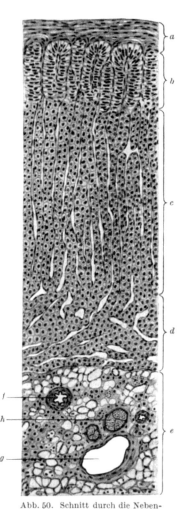

Abb. 50. Schnitt durch die Nebenniere des Pferdes. *a* Kapsel; *b* Zona arcuata; *c* Zona fasciculata; *d* Zona reticularis; *e* Marksubstanz; *f* Arterie; *g* Vene; *h* Nerv. (Aus ELLENBERGER-TRAUTMANN.)

Die Nebennieren (Glandulae suprarenales).

Die Nebennieren sind nicht als einheitliche Organe zu betrachten, sondern als Verschmelzungsprodukte zweier scharf unterscheidbarer Organsysteme, die übrigens bei den niederen Wirbeltierklassen auch räumlich voneinander getrennt angeordnet sind. — Wir haben erstens das mesodermale Interrenalsystem, welchem die *Nebennierenrinde* angehört, zweitens das ektodermale Adrenalsystem, das als *Nebennierenmark* erscheint, auseinanderzuhalten. Das Interrenalsystem tritt bei den niederen Wirbeltieren in Form der „Interrenalkörper" auf, kleiner entlang der Wirbelsäule angeordneter Gebilde mit reichlichem Lipoidgehalt. Die Adrenalorgane bestehen aus mit chromsauren Salzen besonders intensiv braun färbbaren Zellen und werden deshalb auch als *chromaffine Organe* bezeichnet. Sie sind ebenfalls paarig längs der sympathischen Grenzstrangganglien verteilt, zu denen sie auch in engster entwicklungsgeschichtlicher Beziehung stehen. — Je weiter wir die phylogenetische Entwicklung nach aufwärts verfolgen, in desto engerem topischem Kontakt finden wir die beiden Organsysteme. Bei den Säugern besteht völlige Vereinigung in Form der beiden Nebennieren, doch findet sich auch hier vielfach noch reichlich akzessorisches Gewebe beider Systeme außerhalb der Hauptorgane.

Die Nebennieren sind im Extrauterinleben der Vögel und Säuger paarige, im Retroperitonealraum gelegene Organe, die in mehr oder weniger naher topischer *Beziehung zu den Nieren* stehen, mit denen sie durch ihre Bindegewebskapseln und ihre Blutgefäße zusammenhängen. Sie sitzen teils dem oberen bzw. thorakalen Nierenpol auf wie beim Menschen und Affen, beim Pferde liegen sie dem medialen Nierenrande an und sind platt und langgestreckt (etwa 3 × 7 cm), beim Rind liegen sie beiderseits neben der Vena cava inferior, bei Schaf und Ziege sind sie bohnenförmig oder zylindrisch geformt und ebenfalls nahe der Hohlvene gelegen, beim Schwein langgestreckt und gefurcht, bei Hund und Katze erscheinen sie häufig durch einen querverlaufenden Venenast in zwei Lappen unterteilt. Sie haben bei den Fleischfressern eine gelbliche, sonst eine mehr rotbraune Farbe.

Die *Rindenschichte der Nebennieren*, die schon makroskopisch durch ihre graugelbe Farbe am Querschnitt deutlich erkennbar ist, unterteilt sich in **drei**

Zonen: 1. eine äußere (Zona glomerulosa), 2. eine zentralwärts anschließende (Zona fascicularis), die aus radiär angeordneten Zellsträngen zusammengesetzt ist, 3. eine an der Markgrenze verlaufende feinmaschige Zona reticularis. — Die Rindenzellen selbst liegen überall kompakt. Vorwiegend in den inneren Schichten der Rinde enthalten sie massenhaft gelbliche bis braune Lipoidtröpfchen und -körnchen, und Pigment.

Das von der Rindensubstanz nicht immer in scharfer Linie abgegrenzte *Nebennierenmark* besteht aus einem Gewirr von Strängen und Klumpen polygonaler Zellen mit exzentrischem chromatinarmem Kern. Diese Zellen enthalten feine Granula, welche die charakteristische Chromreaktion geben.

Die Blutgefäßversorgung des Markes ist außerordentlich dicht und mündet schließlich in die große Zentralvene, die das Organ der Länge nach durchzieht.

Auch die *Nervenversorgung des Nebennierenmarkes* ist sehr reichlich ausgebildet. Die Nervenfasern umspinnen vielfach die chromaffinen Zellen (DOGIEL[236]). Daneben finden sich Gangliengruppen vom Typus der multipolaren sympathischen Ganglienzellen.

Die, wie schon erwähnt, sehr häufig vorkommenden freien Anteile des Interrenalsystems finden sich an verschiedenen Stellen der Abdominalhöhle und des Retroperitonealraumes und insbesondere in der Gegend der Genitaldrüsen. Nach Exstirpation der Nebennieren können sie hochgradig hypertrophieren.

Freies Adrenalgewebe ist oft in so reichlicher Menge in Form der sog. Paraganglien vorhanden, daß es das Nebennierenmark an Masse übertrifft. Der langgestreckte chromaffine Körper des Fetus teilt sich in zwei Reihen von Paraganglien, die längs des sympathischen Grenzstranges angeordnet sind und an der Teilungsstelle der Bauchaorta die ZUCKERKANDLschen Organe bilden; weitere chromaffine Inseln finden sich in den meisten Ganglien des sympathischen Grenzstranges, im Herzen (WIESEL[893]), im Bauchraum, im Becken, in der Genitalregion.

Da von einer eigentlichen drüsigen Struktur bei den Nebennieren nicht gesprochen werden kann und somit nach Auffassung der Histologen (KOHN[494], STOERK[820]) u. a. die Hauptvoraussetzung für eine Sekretionstätigkeit fehlt, ist der alte Streit um die Frage, ob die Nebennieren überhaupt als innersekretorische Organe zu betrachten sind oder nicht, bis heute noch nicht gänzlich verstummt, obgleich es mit Sicherheit feststeht, daß die Nebennieren eine Substanz produzieren, die im Mark gebildet wird und eine Reihe äußerst wichtiger Wirkungen im Organismus entfaltet. — Die Existenz dieses Wirkstoffes, des *Adrenalins*, wird zwar von niemand mehr geleugnet, doch halten auch einige Physiologen noch hartnäckig an der Anschauung fest, es handle sich da um einen Stoff, der nicht regelrecht secerniert und normalerweise nicht in nennenswerter Menge ins Blut abgegeben würde (GLEY[350], GLEY und QUINQUAUD[354], STEWART und ROGOFF[815] u. a.). Tatsächlich ist allerdings ein strikter, unanfechtbarer Beweis für eine im vollkommen normalen, intakten, ruhenden Organismus vor sich gehende *Adrenalinsekretion* kaum zu erbringen, da so gut wie jeder experimentelle Eingriff, der der Kontrolle der Sekretion dienen soll, schon an sich zu einer gesteigerten Ausschüttung von Adrenalin ins Blut führen kann.

Die Nervenversorgung der Nebennieren entstammt dem mit ihnen so innig verbundenen und verwandten Splanchnicussystem, welches gefäßerweiternde Fasern in ihr Inneres entsendet (BIEDL[107], DREYER[242] u. a.). — Zahlreiche Untersuchungen wurden der Erforschung der Anteile des Zentralnervensystems gewidmet, welche die Adrenalinsekretion auf nervösem Wege beherrschen (ELLIOTT[264], CANNON und RAPPORT[166], HOUSSAY und MOLINELLI[443], TOURNADE, CHABROL und WAGNER[844] u. a.).

Der weitgehende Einfluß, den nervöse Momente auf die Nebennierensekretion ausüben, äußert sich in der lebhaften Adrenalinausschüttung bei elektrischer Splanchnicusreizung (Biedl[110], O'Connor[660], Asher[55], Tournade und Chabrol[843], Anrep und de Burgh Daly[41], Cannon[163] u. a.), bei psychischer Erregung, Schreck u. dgl. (Cannon u. de la Paz[166c]), ferner bei Asphyxie (Cannon und Hoskins[165] u. a.), bei Hirnanämie (Anrep und de Burgh Daly[41]), bei Auslösung nervöser Reflexvorgänge (Houssay und Molinelli[443]). — Auch Änderungen des Blutdruckes, der Außentemperatur (Cramer[207]) führen zur Adrenalinmobilisierung, ebenso Muskelarbeit (Bayer[91], Kahn[463], Cannon[163] und Mitarbeiter) und eine ganze Reihe von neurotropen und anderen Pharmaka, endlich verschiedene inkretorische Vorgänge, wovon später noch die Rede sein wird. — Wenn auch manche der eben angegebenen Einzelheiten von Stewart und Rogoff[815] nicht oder nur unvollständig bestätigt werden konnten, so gestattet doch die überwältigende Mehrzahl der vorliegenden Untersuchungsergebnisse die Behauptung, daß die *Nebennieren echte Hormonorgane mit nervös regulierter Sekretion* sind, mag diese Sekretion auch eine vielleicht nicht ganz kontinuierliche, sondern auf besondere Bedarfsfälle beschränkte sein, wie dies Cannon[163] annimmt.

Es muß ausdrücklich betont werden, daß alles bisher über die Sekretion der Nebennieren Gesagte ausschließlich das Mark betrifft, aus welchem das Adrenalin in fertigem Zustande in die Blutbahn übertritt. — Die Nebennierenrinde enthält zwar bisweilen auch Adrenalin in nicht ganz unbeträchtlichen Mengen, doch scheint es sich da nur um die Folge einer Hineindiffusion dieses Stoffes zu handeln. — Es ist überhaupt nicht sicher, ob trotz der anatomischen Vereinigung irgend ein direkter funktioneller Zusammenhang zwischen Rinde und Mark besteht.

Daß aber die Nebennierenrinde unabhängig vom Adrenalsystem als selbständiges endokrines Organ funktioniert, geht aus ihren eigentümlichen Wechselbeziehungen zum Genitalapparat und ihrem Einfluß auf die Entwicklung des Gesamtorganismus hervor (s. später). Über den Sekretionsmodus ist allerdings nichts bekannt. — Der reichliche Cholesterin- und Lipoidgehalt konnte bisher nicht in sichere Beziehung zur Funktion der Nebennierenrinde gebracht werden, ebensowenig ihr Cholin- und Pigmentgehalt.

Die Bauchspeicheldrüse (Pankreas).

Das Pankreas unterscheidet sich von den bisher besprochenen endokrinen Organen dadurch, daß es nicht als Ganzes einen innersekretorischen Apparat darstellt, sondern *aus zwei verschiedenen Gewebselementen* zusammengesetzt ist, deren eines einer echten Drüse mit äußerer Sekretion und Ausführungsgang entspricht, während ihm das andere, innersekretorische, in Form verstreuter Zellinseln ohne Ausführungsgang eingelagert ist. — Aus einer dorsalen entodermalen und einer ventralen, dem Leberdarm angehörigen Anlage entstehend liegt das Pankreas als langgestrecktes, gelblichbraun gefärbtes Gebilde mit lappiger Oberfläche beckenwärts von Leber und Magen und dorsal vom Duodenum vor der Wirbelsäule. Man unterscheidet bei Pferd und Schwein ähnlich wie beim Menschen einen breiteren Kopf- und schmäleren Schwanzteil, bei den Carnivoren und Wiederkäuern bildet das Pankreas eine Schleife mit zwei beckenwärts gerichteten Lappen. Ein oder zwei Ausführungsgänge münden teils gemeinsam mit dem Gallengang, teils selbständig ins Duodenum.

Die uns vor allem interessierenden sog. Langerhansschen *Inseln* bestehen aus netzartig angeordneten Strängen polygonaler rundkerniger Zellen ohne jede Verbindung mit den Ausführungsgängen. Sie sind so schwach färbbar, daß sie auf Schnittpräparaten sofort durch ihre Blässe auffallen. Ihre Anzahl ist nach

Tierspezies und auch individuell stark verschieden, die Mehrzahl ist meist im Schwanzteil des Pankreas angesammelt. Im Durchschnitt fällt auf 1 bis 3 mm² Schnittfläche eine Insel.

Viel umstritten und noch nicht endgültig gelöst ist die Frage der histiogenetischen *Beziehungen zwischen den* LANGERHANS-*Zellen und dem exkretorischen Apparat.* LAGUESSE[524] war der erste, der Belege für die von der französischen Schule auch weiterhin mehrfach verfochtene Theorie des „Balancements'', des ständigen Überganges beider Zelltypen ineinander, beibrachte. Soviel steht fest, daß die Inselzellen erst sekundär aus dem Epithel der kleinen Gänge entstehen. — Mag die gegenseitige Beziehung der beiden Gewebselemente zueinander bei den höheren Wirbeltieren eine noch so innige sein, so bleibt anderseits die Tatsache von prinzipieller Wichtigkeit, daß bei den Knochenfischen eine räumliche Trennung des Drüsen- und des Inselapparates (die allerdings von einer gemeinsamen Anlage abstammen) besteht, was immerhin für die Möglichkeit einer gewissen Selbständigkeit und gegenseitigen Unabhängigkeit zu sprechen scheint.

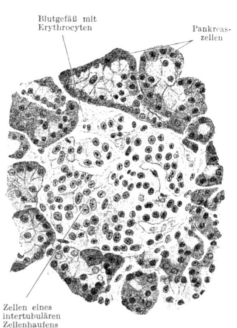

Blutgefäß mit Erythrocyten

Pankreaszellen

Der Charakter des Pankreas als eines Organs mit innersekretorischen Eigenschaften wurde von MINKOWSKI und MEHRING[630] im Jahre 1889 zuerst erkannt. — BIEDL[108] konnte den Nachweis erbringen, daß zumindest ein Teil des Pankreashormones auf dem Lymphwege das Pankreas verläßt, während GLEY[351] durch Unterbindung der Pankreasvenen den Blutweg feststellte, der sich u. a. auch aus den schönen Parabioseversuchen FORSCHBACHS[314] ergibt.

LAGUESSE erkannte 1893 in den LANGERHANSschen *Inseln die eigentlichen Hormonproduzenten.* — Nach SCHULZE[778] und SSOBOLEW[804] führt

Zellen eines intertubulären Zellenhaufens

Abb. 51. Aus einem Schnitt durch das Pankreas eines Hingerichteten. (Aus STÖHR: Histologie.)

Unterbindung der Ausführungsgänge zu einer Atrophie des exkretorischen Drüsengewebes, während die Inseln intakt bleiben. Von dieser Tatsache ausgehend gelangten 1922 BANTING und BEST[77] zur Herstellung eines hochwirksamen Hormonpräparates, des *Insulins*, aus Bauchspeicheldrüsen, deren Ausführungsgang wochenlang vorher unterbunden worden war, nachdem vor ihnen schon GLEY[352], ZUELZER[914], VAHLEN[860], PAULESCO[686] u. a. den Nachweis der Hormonwirkung mit weniger intensiv wirksamen und weniger reinen Extrakten erbracht hatten.

Von den verschiedenen Faktoren, welche die Insulinwirkung beeinflussen, soll hier nur die Frage der *nervösen Sekretionsregulation* gestreift werden. Endgültig gesicherte Tatsachen liegen diesbezüglich einstweilen noch nicht vor, doch spricht immerhin eine Reihe von Untersuchungsergebnissen für eine die Insulinabgabe fördernde Funktion des Vagus (CORRAL[204], MACLEOD[585], BRITTON[146]). — Zentralnervöse Einflüsse werden von BURN und DALE[155], OLMSTED und LOGAN[666] und AMBARD[35] angenommen. — Daß jedoch das Bestehen nervöser Verbindungen keine conditio sine qua non für die normale Insulinsekretion darstellt, geht nicht nur aus dem Umstand hervor, daß weder Atropinisierung noch Entnervung des Pankreas wesentliche Ausfallserscheinungen hervorruft (Mauriac und Aubertin[618]), sondern auch aus der kurativen Wirkung nervenloser Pankreasimplantate bei pankreaslosen Versuchstieren (Gayet[343] u. a.).

Der Hirnanhang (Hypophyse, Glandula pituitaria).

Ebenso wie die Nebennieren und das Pankreas ist die Hypophyse kein einheitlich aufgebautes Organ. Wir haben zu unterscheiden: 1. den *Vorderlappen* (die eigentliche Glandula pituitaria, „Praehypophyse"), 2. den *Hinterlappen* (Pars posterior, „Neurohypophyse"), 3. den Zwischenlappen (Pars intermedia) und 4. die sog. Pars tuberalis. Nach der Abstammungsart der einzelnen Partien unterscheidet man auch einen „Darmteil", der dem Vorder- oder Drüsenlappen sowie dem Zwischenlappen entspricht und einen „Hirnteil", der mit dem Hinterlappen identisch ist.

Der drüsige Vorderlappen entsteht nach neueren Untersuchungen von Woerdemann[897] und von Bruni[150] aus vier Ausbuchtungen der Rachenwand

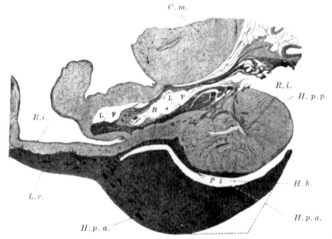

Abb. 52. Übersichtsbild eines Sagittalschnittes durch die Hypophyse der Katze nach Pende.
C. m. = Corpus mamillare; *H. p. a.* = Hypophysenvorderlappen; *H. p. p.* = Hypophysenhinterlappen; *H. s.* = Hypophysenstiel; *H. h.* = Hypophysenhöhle; *R. i.* = Recessus infundibularis; *P. i.* = Pars intermedia; *L. c.* = Lobulus chiasmaticus; *L. p.* = Lobulus praemamillaris. (Aus Biedl: Hypophyse.)

und des Kopfdarmes. Aus Anteilen dieser vier Divertikel bildet sich ferner der später obliterierende Canalis craniopharyngeus und die sog. Rachendachhypophyse, ebenso die Pars tuberalis und die Pars intermedia.

Das die Grundlage der bisher angeführten Hypophysenbestandteile bildende *Hypophysensäckchen* schnürt sich später mit Ausbildung der knorpeligen Schädelbasis von der primitiven Mundhöhle ab. — Zu gleicher Zeit hat sich aus der Zwischenhirnbasis ein trichterförmiger Fortsatz vorgestülpt, welcher sich von oben und rückwärts an die Praehypophyse anlagert und zur Pars posterior der Gesamthypophyse wird. Dieser Teil führt wegen seiner nervösen Genese auch den Namen Neurohypophyse. Er setzt sich gegen die Zwischenhirnbasis als Infundibularteil bzw. -trichter fort und tritt in besonders enge Beziehungen zur Pars intermedia.

Der *drüsige „Darmteil"* (*Vorderlappen*) zeigt eine graurötliche Farbe, der *nervöse „Hirnteil"* (*Hinterlappen*) erscheint stets bedeutend heller, grauweiß, der Zwischenlappen gelblich. Die gegenseitige Lage der einzelnen Hypophysenanteile ist beim Pferd und den Fleischfressern dadurch charakterisiert, daß der Vorderlappen den Hirnteil konzentrisch schalenförmig umgibt, beim Esel und

Schwein überzieht er sogar einen Teil des Infundibulums, während er bei den Wiederkäuern ähnlich wie beim Menschen vor den Hirnteil zu liegen kommt. — Zwischen beide schiebt sich immer eine relativ dünne Gewebsschicht, die Pars intermedia ein, welche je nach der Form der beiden anderen eine mehr schalen- oder mehr lamellenartige Gestalt annimmt und außer beim Pferd einen einheit- lichen oder unterteilten Hohlraum, die Hypophysenhöhle abgrenzt. Die Pars tuberalis umkleidet gewöhnlich das Infundibulum und kann sich bis an die Zwischenhirnbasis auf das Tuber cinereum fortsetzen.

Was die *histologische Struktur der Hypophyse* betrifft, so lassen sich im *Darm- teil (Vorderlappen)* zwei Hauptgruppen von Zellen deutlich unterscheiden: die chromophilen und die chromophoben. Letztere werden auch Hauptzellen genannt. Die Chromophilen unterteilen sich wiederum in die mit Eosin stark färbbaren polyedrischen Eosinophilen und die etwas größeren gröber granulierten Baso- philen. Die chromophoben „Hauptzellen" erscheinen wegen ihrer minimalen

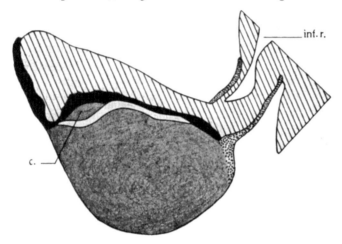

Abb. 53. Schema eines medianen Sagittalschnittes der Rinderhypophyse nach ATWELL und MARINUS. Neurohypophyse, Stiel und Hirnsubstanz schraffiert. Pars intermedia schwarz. Vorderlappen grau fein punktiert. *c* = durch die Hypophysenhöhle abgetrennter Anteil des Vorderlappens. Pars tuberalis: grob punk- tiert; *inf. r.* = Recessus infundibularis. (Aus BIEDL: Hypophyse.)

Färbbarkeit blaß und verschwommen. — Die Verteilung dieser drei Zellarten ist ziemlich variabel. Normalerweise befinden sich die Hauptzellen stark in der Minderzahl, dagegen vermehren sie sich während der Gravidität bedeutend und wandeln sich zu den großen blassen Schwangerschaftszellen (ERDHEIM und STUMME[279], KOLDE[498] u. a.) um, die sich zwar nach Ablauf der Schwangerschaft zum größten Teil zurückbilden, aber dennoch dem histologischen Bild ein charakte- ristisches Gepräge hinterlassen, das sich nach wiederholten Graviditäten immer deutlicher gestaltet. Auch nach Kastration (FISCHERA[302] u. a.) und nach Schild- drüsenentfernung (ROGOWITSCH[739] u. a.) treten charakteristische Zellformen und allgemeine Volumszunahme des Vorderlappens auf. — POOS[703] äußert sich in jüngerer Zeit allerdings skeptischer bezüglich der Spezifität der „Reaktions- formen" des Hypophysenvorderlappens. — Reichliche Gefäße dienen dem Ab- transport des Hormons des Vorderlappens.

Die Hypophysenhöhle wird als Reservoir für das in Form eines Kolloids gespeicherte überschüssige Sekret angesehen (BIEDL[109]).

Die *Pars intermedia* ist sehr verschieden geformt und bei manchen Tierarten nur recht spärlich ausgebildet. Sie besteht meist aus mehreren Lagen geschichteter Epithelzellen. Die Sekretabgabe der Pars intermedia erfolgt jedoch nicht wie die

des Vorderlappens ins Blut, sondern auf einem eigentümlichen Wege durch
Gewebsspalten der ihr eng anliegenden Neurohypophyse ins Infundibulum und
von dort in die anschließenden Zwischenhirnpartien und in die Höhle des dritten
Hirnventrikels.

Die Pars nervosa (*Neurohypophyse, Hinterlappen*) besteht aus einem lockeren
Bindegewebsgerüst und Neuroglia und ist nur ganz minimal vascularisiert.
Kranialwärts setzt sie sich in den vielfach von der dünnschichtigen Pars tuberalis
umhüllten Infundibularstiel fort, der seinerseits an das Tuber cinereum der
Zwischenhirnbasis anschließt und bei manchen Tierarten als eine schlauchartige
hohle Fortsetzung des dritten Ventrikels erscheint (Hund, Katze, Schwein).

Herring[418], Cow[206], Cushing und Goetsch[218], Biedl[110], Collin[191] u. a.
konnten den seither vielfach bestätigten Nachweis erbringen, daß Hyalintröpf-
chen, die aus der Pars intermedia stammen, in Gewebsspalten der Neurohypophyse eindringen, dort konfluieren und schließlich teils in das Tuber cinereum
selbst, teils in den Ventrikelliquor gelangen, woselbst das *wirksame Hormon, das
Pituitrin*, eindeutig nachweisbar ist (Dixon und Cow[232], Trendlenburg[846] u. a.).
Ob das gesamte aus Zwischen- und Hinterlappen im Extraktionsweg darstellbare
Pituitrin ausschließlich dem Zwischenlappen entstammt, ob es etwa bei seiner
Wanderung durch die Neurohypophyse irgendwie aktiviert wird, ob schließlich
diese selbst nicht doch auch einen Teil des in ihr vorgefundenen Pituitrins selbst
produziert, ist noch unentschieden. — Nach neusten Forschungen von Sato[762]
liefert auch die Pars tuberalis ein analoges Hormon. Sie zeigt nach Hypophysenexstirpation eine bedeutende kompensatorische Hypertrophie (Koster[506]).

Nicht nur wegen der topisch engen Beziehungen sondern auch wegen des
außerordentlich innigen *funktionellen Zusammenhanges der Hypophyse mit der
Zwischenhirnbasis* ist eine kurze Beschreibung auch dieser letzteren hier angebracht. Abgesehen von der Hormoneinwanderung ins Zwischenhirngewebe
existieren allem Anschein nach auch nervöse Verbindungen und die subthala-
mische Region enthält eine Reihe von eminent wichtigen nervösen Zentren, die
unter dem tonisierenden Einfluß des Hypophysenhormons stehen. Man spricht
daher mit Recht von einem zusammenhängenden kooperativen Hypophysen-
Zwischenhirnsystem, wobei weniger der blutwärts secernierende Vorderlappen,
als die diesem funktionellen System im engeren Sinne angehörige Pars intermedia
und nervosa gemeint ist.

Aus dem Nucleus supraopticus im Zwischenhirn ziehen Fasern in den Hypophysenstiel und in die Neurohypophyse (Ramon y Cajal[718], Greving[373],
Stengel[812] u. a.). Diese letzteren werden als Sekretionsnerven der Hypophyse
angesehen, wofür allerdings noch keine strikten Beweise erbracht werden konnten.
Immerhin darf man vielleicht annehmen, daß die Beeinflussung von Hypophyse
und Hypothalamus eine gegenseitige — in der einen Richtung hormonale, in der
anderen nervöse — ist.

Als nicht allzu seltene Varietät sei noch das Vorkommen einer Persistenz
von Teilen des embryonalen Canalis craniopharyngeus in Gestalt der aus spezifi-
schem Vorderlappengewebe bestehenden sog. *Rachendachhypophyse* erwähnt.
Hypophysengeschwülste gehen zuweilen vom Vorderlappen oder von versprengten
Hypophysengangszellen am Infundibulum aus (Wolff[898], Mollereau[637],
Stietz[816], Trautmann[845], Vermeulen[869], Luksch[580], Valenta[861] bei Pferd,
Ziege, Hund und Kuh).

Tumoren des Zwischenhirns können natürlich dieses selbst in seiner Funktion
schwer schädigen aber auch die Hypophyse durch Infiltration oder Druck in
Mitleidenschaft ziehen.

Die Zirbeldrüse (Glandula pinealis, Epiphyse).

An der Grenze von Mittel- und Zwischenhirn bilden sich im Foetalleben zwei Ausstülpungen: das Parietalbläschen und die *Epiphyse*. Das erstere wird bei den niederen Wirbeltieren zum „*Parietalorgan*" (Parietalauge der Saurier), bei den Vögeln und Säugern verschwindet es so gut wie vollständig, dagegen entwickelt sich die epiphysäre Ausstülpung zu einem kompakten drüsenartigen, jedoch eines Ausführungsganges ermangelnden Gebilde, das an das Gehirn angeschlossen ist und der Regio quadrigemina aufliegt (Literatur über vergleichende Anatomie der Zirbel bei KIDD[477], FUNKQUIST[334], PASTORI[683]). Bei einzelnen Säugern fehlt die Epiphyse gänzlich (CREUTZFELD[213]).

Beim jugendlichen Individuum wird die Hauptmasse des Organs aus acidophilen und basophilen Drüsenzellen gebildet, ferner finden sich kleinere lymphocytenähnliche und Gliazellen, Pigmenteinlagerungen und Nervenfasern, dagegen keine Ganglienzellen. — Die Rinderepiphyse weist überdies glatte und quergestreifte Muskelfasern auf. — Bei älteren Tieren treten zuweilen Konkremente, sog. „Hirnsand", auf. Während die Zirbeldrüse in der ersten Lebenszeit an Größe noch zunimmt, verfällt sie vom Beginn der Geschlechtsreifung an einer *allmählichen Rückbildung* auf Kosten des Drüsenparenchyms, ohne daß dieses aber je vollständig verschwinden würde. Gleichzeitig stellen sich mitunter Cystenbildungen ein.

Die Frage, ob man in der Epiphyse ein echtes secernierendes Hormonorgan zu erblicken hat, harrt noch der endgültigen Lösung.

Hoden (Testis).

Bei den männlichen Keimdrüsen begegnet uns wieder der eigentümliche Zustand einer Symbiose *nach außen und nach innen secernierender verschiedener Zellsysteme* in Gestalt eines gemeinsamen Gesamtorganes. — Dieses Organ, der Hoden, entsteht aus der Urniere oder dem WOLFFschen Körper, welcher beiderseits der Wirbelsäule gelegen, von einer Coelomepithelschicht überzogen ist und in eine wuchernde Partie dieser Epithelschicht (Keimleiste) mesenchymale Fortsätze entsendet. Sie bilden das exkretorische Element des Hodens. Der ursprünglich neben der Niere liegende Hoden wandert während des Foetallebens entlang dem Leitband nach abwärts bis zum Leistenring, weiterhin nach der Geburt aus der Bauchhöhle in den Hodensack.

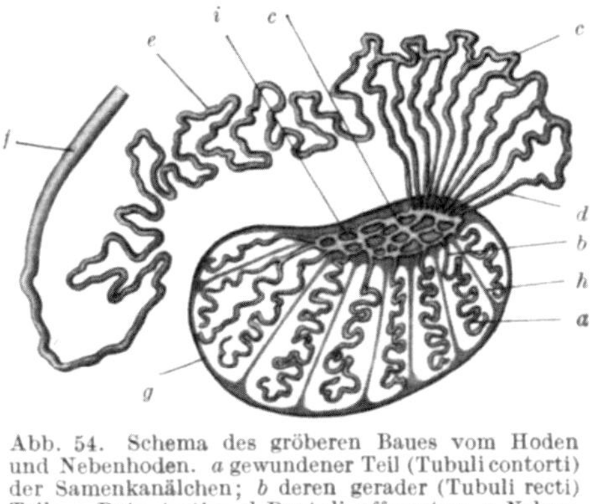

Abb. 54. Schema des gröberen Baues vom Hoden und Nebenhoden. *a* gewundener Teil (Tubuli contorti) der Samenkanälchen; *b* deren gerader (Tubuli recti) Teil; *c* Rete testis; *d* Ductuli efferentes; *e* Nebenhodenkanälchen; *f* Ductus deferens; *g* Tunica albuginea testis; *h* Septula testis; *i* Mediastinum testis. (Aus ELLENBERGER-TRAUTMANN.)

Die wahrscheinlich eigentlichen inkretorischen Elemente des Hodens, die sog. Zwischenzellen (s. unten) werden schon in der ersten Hälfte des Foetallebens ins Hodengewebe eingelagert angetroffen. Ihre vermutlich mesodermale Herkunft ist in Einzelheiten noch nicht bekannt.

Die Hoden sind im allgemeinen eiförmig gestaltet, bei den Carnivoren mehr kugelig. Sie haben eine glatte Oberfläche und sind von einer derben Bindegewebskapsel umgeben. Von einer median gelegenen strangartigen Verdichtung aus ziehen platte Bindegewebsscheidewände radiär ausstrahlend ins Parenchym hinein

und bilden derart eine große Zahl von Läppchen. Diese enthalten die Samen-
kanälchen, die sich zu dem sog. Rete testis vereinigen. Einige weiterführende
Kanälchen bilden gemeinsam den Nebenhoden und münden endlich in den zur
Harnröhre verlaufenden Ductus deferens.

Die vielfach gewundenen Samenkanälchen sind mit einer Schicht von
Epithelzellen ausgekleidet, welche aus zwei verschiedenen Zelltypen, den Sertoli-
schen oder Fußzellen und den eigentlichen Samenzellen zusammengesetzt ist.

Aus den neben und zentralwärts von den Fußzellen aufgeschichteten Samenzellen bilden sich die Spermatozoen, welche in das 100—200 μ weite Lumen der
Kanälchen eintreten, um von dort aus nach außen befördert zu werden. Den
Fußzellen scheint im Hodengewebe eine gewisse funktionelle Sonderstellung zuzukommen, da sie bei Schädigung und Atrophie des übrigen samenbildenden

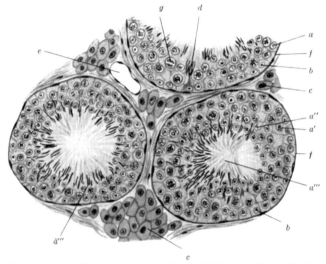

Abb. 55. Querschnitt durch Samenkanälchen (Tubuli contorti) des Pferdes.
a Spermiogonien; *a′* Spermiozyt; *a″* Präspermide; *a‴* Spermide in Umwandlung zu Spermien; *b* Kern einer
Fußzelle; *c* Zwischenzellen; *d* Protoplasmafortsatz einer Fußzelle, in die sich in Umwandlung zu Spermien
begriffene Spermiden eingesenkt haben (Samenähre); *e* Blutgefäß; *f* Membrana propria; *g* Spermiozyte in
Teilung. (Aus Ellenberger-Trautmann.)

Apparats unversehrt bestehen bleiben können. Stieve[817] erblickt ihre Aufgabe
in einer trophischen Förderung der Spermiogenese. Die Frage ihrer Beteiligung
an der innersekretorischen Funktion des Hodens ist noch nicht definitiv entschieden. Biedl[110] und viele andere Autoren lehnen eine solche ab, doch wird sie
von Jaffé und Berberich[454] neuerlich zur Diskussion gestellt.

Die für unser Thema interessantesten Leydig schen *oder Zwischenzellen*
gehören dem außerhalb der Samenkanälchen und um diese herum liegenden
Gewebe an, welches außer ihnen noch Bindegewebe und reichlich Blutgefäße und
Nerven enthält. In dieses Gerüst eingelagert finden sich die Leydig schen Zellen
einzeln oder in größeren Konglomeraten, spindelförmig oder rundlich, mit stark
granuliertem Zelleib, großem, rundem Kern und vielen Lipoideinschlüssen, mitunter auch Krystallen. — Bei den Vögeln spielen sich während der Brunstzeit
ganz enorme Mengenverschiebungen der einzelnen Zellgattungen ab, die zu einer
Vergrößerung des Hodens bis auf mehr als das Tausendfache führen (Leukart[551],
Etzold[281]) und fast ausschließlich auf einer Proliferation des generativen Apparates beruhen (Stieve[817]). Jaffé[453] deutet dieses Verhalten als Gegenbeweis
gegen die Annahme von Stieve[817], Kyrle[520] u. a., daß die Zwischenzellen

trophische Hilfsorgane für die Samenzellen darstellen. — Tandler und Grosz[830] u. a. fanden beim Maulwurf während der Brunstzeit ein hochgradiges Überwiegen der Samenzellen, Stieve[817] bei der Maus. Letzterer kommt zu dem Ergebnis, daß die absolute Menge der Zwischenzellen hierbei ziemlich unverändert bleibend nur zeitweise gegenüber dem wuchernden, samenbildenden Gewebe in den Hintergrund tritt, und zwar gerade in jenen Zeiten, in denen sich die inkretorische Tätigkeit des Hodens an den sekundären Geschlechtsmerkmalen am deutlichsten manifestiert. Seinem daraus gezogenen Schluß, daß nicht die Zwischenzellen sondern die Keimzellen der Tubuli der hormonproduzierende Anteil des Hodens seien, stimmt Jaffé[453] zu.

Die Möglichkeit, eine intravitale *Isolierung der Zwischenzellen* durchzuführen, ist dadurch gegeben, daß sowohl *durch Unterbindung des Samenstranges* als durch Röntgenbestrahlung das Keimepithel zur Verödung gebracht werden kann, während die Zwischenzellen bestehen bleiben oder sich vielleicht sogar vermehren. Bouin und Ancel[140] u. a. bedienten sich des erstgenannten Verfahrens und schließen aus dem Ausbleiben irgendwelcher Veränderungen der sekundären Geschlechtsmerkmale, daß deren Erhaltenbleiben der ungestörten Hormonproduktion des Zwischenzellenapparates zu verdanken sei. Auf dieser Vorstellung beruhen auch die bekannten Experimente Steinachs[809] und sein sog. Verjüngungsverfahren, das sich auf die Tatsache einer nach Samenstrangunterbindung häufig sogar gesteigerten sexuellen Aktivität stützt. Demgegenüber behaupten die Anhänger der Keimepithel-Hormon-Theorie (Tiedje[839], Jaffé[453] u. a.), daß ein komplettes Verschwinden der Samenzellen gar nicht zu erreichen sei und daß die Zwischenzellen in den genannten Versuchen nicht absolut, sondern nur relativ vermehrt seien (Simmonds[795], Romeis[740] u. a.). Ähnlich waren die *Ergebnisse nach Röntgenbestrahlungen* (Albers-Schönberg[25], Buschke und Schmidt[159], Tandler und Grosz[831] u. a.), sowie die daraus gezogenen Schlußfolgerungen.

Das Fehlen genauer Kenntnisse der inneren Hodensekretion sowie das *Fehlen spezifisch wirksamer Organpräparate* haben bisher auch ein näheres Studium etwaiger nervöser Einflüsse auf die Hodeninkretion verhindert. Immerhin ist bei gewissen cerebralen Störungen, insbesondere solchen des Zwischenhirns, nicht selten eine Schädigung der inkretorischen Hodenfunktion und Atrophie des Hodens beobachtet worden (Camus und Roussy[161], Bailey und Bremer[75] u. a.).

Korrelative Beziehungen bestehen zwischen dem Hoden und folgenden Hormondrüsen: Nebennieren (Leupold[552] u. a.), Hypophyse, deren Läsionen der verschiedensten Art zu Hodenhypoplasie bzw. -atrophie führen (Erdheim[275], Kraus[509], Simmonds[796], Berblinger[99] u. a.), Zirbeldrüse, deren Tumoren vorzeitige Geschlechtsreife verursachen (Goldzieher[356], Huebschmann[447], Berblinger[99] u. a.), wahrscheinlich auch Thymus und Schilddrüse.

Der Eierstock (Ovarium).

In den ersten Stadien der foetalen *Entwicklung* besteht eine geschlechtlich indifferente Keimdrüsenanlage, die bei der Entwicklungsgeschichte der Hoden bereits erwähnt worden ist: die Urniere mit den Keimstockanlagen. Bei weiblichen Foeten nun durchwachsen einander das Keimepithel und das daruntergelegene Bindegewebe, wobei Eifäden, Eiballen und Eistränge entstehen, die sich wiederum in die sog. Primärfollikel des Eierstockes unterteilen. Das Keimepithel bildet sich zur Keimplatte aus, die sich über das Coelomepithel erhebt und von diesem scharf abgegrenzt ist. — Ebenso wie die Hoden machen auch die Ovarien eine embryonale Abwärtswanderung durch, ohne aber die Bauchhöhle zu verlassen.

Sie sind im postfoetalen Zustande rundlich, oval, von derber Konsistenz, mit teils glatter, teils höckeriger Oberfläche, meist lichter Farbe und liegen caudalwärts von den Nieren, durch das doppelblätterige sog. Mesovarium resp. Ligamentum latum uteri am Uterus angeheftet. Unmittelbar neben dem Ovarium vorbei verläuft der Eileiter.

Im Aufbau des Eierstockes unterscheidet man eine äußere *Rindenschicht* (Parenchymschicht) und eine zentrale Gefäß- (Mark-) Schicht, welche an der Eintrittsstelle der Gefäße (Hilus) bis an die Oberfläche reicht. — Die Rindenschicht setzt sich aus einer außerordentlich großen Anzahl von *Follikeln* (beim Schwein etwa 60000) zusammen. Mehr der Oberfläche zu liegen die kleinen *Primärfollikel*, von einer einfachen Zellage und einer zarten Membran umgebene einzelne Eizellen. Im weiteren Verlauf entwickeln sich einzelne Follikel zu Bläschen mit einem Durchmesser bis zu 1 cm und mehr. Diese von einer Flüssigkeit

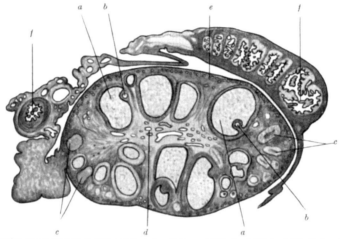

Abb. 56. Schnitt durch Eierstock und Eileiter der Katze. *a* Bläschenfollikel; *b* Eizelle in dessen Cumulus oophorus; *c* Corpora lutea; *d* Marksubstanz, Zona vasculosa; *e* Primärfollikel bzw. Oozyten in der Rindensubstanz; *f* Tuba uterina mit Fimbrien im Querschnitt. Links Ansatzstelle des Mesovariums.
(Aus Ellenberger-Trautmann.)

erfüllten Graafschen *Follikel* besitzen eine mehrschichtige Außenwand, deren Innenfläche vom Follikelepithel ausgekleidet ist. Eine gegen das Follikelinnere vorspringende Verdickung des Follikelepithels birgt die eigentliche *Eizelle*. Die meisten Follikel enthalten nur *eine* solche, doch kommen bei Fleischfressern, ferner beim Schwein und Schaf auch mehreiige vor. — Manche größere Bläschenfollikel erreichen und überragen die Oberfläche des Ovars und erscheinen da als mehr oder weniger glashelle Cysten. Ihre Zahl und Größe variiert beträchtlich. Bei den Wiederkäuern und beim Schwein kann man 40 und mehr feststellen.

Während der Brunst platzen die reifen Follikel, und mit dem Follikelliquor wird das inzwischen zu einer Größe von 200 bis 300 μ im Durchmesser herangereifte Ei ausgeschwemmt und von der Tube zur Weiterleitung in den Uterus aufgenommen. Das *Bersten des Follikels* verursacht eine Blutung in die Follikelhöhle und die anschließende Bildung des sog. *gelben Körpers* (Corpus luteum), eines Zellkomplexes mit bindegewebiger Kapsel und massenhaft vom Follikelepithel her einwuchernden großen „Luteinzellen", die mit gelben Körnchen erfüllt sind und dem Gebilde seinen Namen geben. Die — im Falle der Gravidität bedeutend verzögerte — Verfettung und Rückbildung der Corpora lutea hinterläßt eine Follikelnarbe, die an der Ovarialoberfläche als geschrumpfte Einziehung imponiert. — Einer besonderen Besprechung bedürfen noch die sog. atretischen Follikel, das sind solche, die nicht zur vollen Reife und Entleerung gelangt sondern mitsamt ihrem Epithel innerhalb des Ovarialstromas zugrunde gegangen sind. Mit dem Moment des innerhalb des Follikels eintretenden Eitodes — was oft bei der Mehrzahl der Follikel der Fall ist — beginnt eine Degeneration der Follikelepithelschicht und dafür mächtige Wucherung der Theca interna folliculi bis zur Bildung von dem Corpus luteum ähnlichen, kleinzelligen Formationen, die nur ausnahmsweise ein Lumen beibehalten. Da jedes bestehende echte Corpus luteum die vollständige Reifung anderer Follikel hindert, kommt es zur Bildung

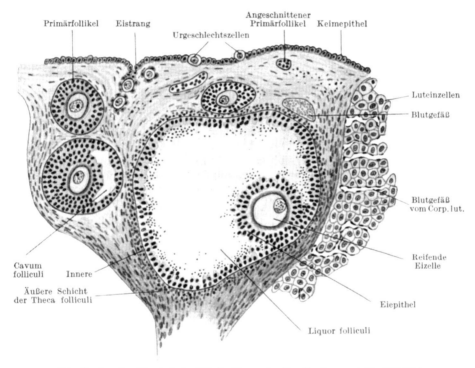

Abb. 57. Aus dem Eierstock der Hündin (Bonnet). (Aus Ellenberger-Trautmann.)

atretischer Follikel besonders häufig während der stets mit Corpus-luteum-Persistenz verbundenen Gravidität und in den selteneren Fällen von auch ohne Schwangerschaft verzögerter Rückbildung von Corpora lutea. Die Gesamtheit der atretischen Follikel wird als „interstitielle Drüse" bezeichnet, da man dieser Zellart inkretorische Funktionen zuschreibt.

Einen besonderen, von dem der anderen Tiere abweichenden Aufbau zeigt das *Ovarium des Pferdes*. Es ist fast ganz von Peritoneum bedeckt und besitzt keine deutliche Trennung in Rinden- und Markzone. Die reifen Follikel entleeren sich nicht an der Oberfläche, sondern in die am konkaven Rand befindliche „Ovulationsgrube" hinein.

Was nun die *innere Sekretion des Ovariums* anlangt, so liegen hier die Dinge womöglich noch unübersichtlicher als im Hoden, wenn es auch in neuester Zeit gelungen ist, ein spezifisch wirksames Hormon zu isolieren. — Nicht nur die Mannigfaltigkeit in Betracht kommender Zellelemente, sondern auch ihre periodischen Veränderungen komplizieren die Verhältnisse so sehr, daß wir heute nach unendlich mühevollen Forschungsarbeiten weder mit Sicherheit darüber orientiert sind, ob das Ovar ein einheitliches Hormon oder eine ganze Reihe von Hormonen produziert, noch welchem seiner Zellsysteme die Hormonproduktion zuzuschreiben ist. — Während eine Reihe von Autoren: Limon[562], Ancel und Bouin[38], Seitz[783], Kohn[495] u. a., neuerdings wieder Lahm[525], Steinach[809], in einer gewissen Analogie zur Bewertung der Zwischenzellen des Hodens großes Gewicht auf die „interstitielle Drüse" legen, war Fraenkel[315] einer der ersten, der die inkretorische Ovarialfunktion im Corpus luteum vermutete. Adler[18] und Papanicolaou[676] nehmen eine in gewissen antagonistischen Wechselbeziehungen stehende hormonale Funktion sowohl des Corpus luteum als auch des übrigen Ovars, besonders des Follikelapparates an. Eine neue Epoche der Ovarialforschung wurde durch die Anwendung der Stockardschen Methode der biologischen Ovarialhormonprüfung durch Allen und Doisy[30] (1923) eingeleitet. Diese Autoren wiesen das Vorhandensein von „*Brunsthormon*" im *Follikelsaft* nach, ebenso Zondek und Aschheim[908], Laqueur und Mitarbeiter[533], Biedl[111] u. a. Erstere gelangten zu dem Ergebnis, daß die Hormonproduktion von den Follikeln ausgehe, daß sie im Postmenstruum am geringsten, in der prägraviden Phase am intensivsten sei. Während aber Zondek[905 906 907] nur der Theca eine Hormonlieferung zuschreibt, lehnt dies Biedl[110 111], der im Corpus luteum einen brunsthemmenden Stoff fand, ab. Es muß hier noch einmal ausdrücklich betont werden, daß es sich in all den hier zuletzt genannten Arbeiten vorwiegend nur um die Kontrolle einer Partialfunktion des Ovars, nämlich seiner Einwirkung auf die Brunsterscheinungen

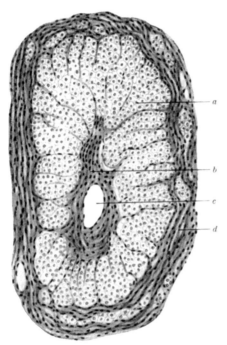

Abb. 58. Schnitt durch ein Corpus luteum aus dem Ovarium der Katze. *a* Luteinzellen; *b* Stützgerüst; *c* Bindegewebskern mit Hohlraum; *d* Kapsel. (Aus Ellenberger-Trautmann.)

handelt. Allerdings konnte Laqueur[532] feststellen, daß dem von ihm hergestellten Follikelhormon auch noch andere biologische Wirkungen zukommen, „die mit weiblichen Eigenschaften zu tun haben", doch betont er gleichzeitig, daß es voreilig wäre, von einer Unität des weiblichen Hormons zu sprechen.

Zwar enthält das Corpus luteum Fette und Lipoide in beträchtlicher Menge, was mit seiner supponierten inkretorischen Tätigkeit in Zusammenhang gebracht wurde, doch sprechen die neueren Untersuchungen von Zondek[905], Laqueur[532] u. a. mit ihrem *wasserlöslichen Hormon* dagegen, daß diesen Lipoiden eine wesentliche Bedeutung in der Hormonbildung zukommt.

Beziehungen zum Zentralnervensystem ergeben sich ebenso wie beim Hoden aus der Tatsache, daß bei den verschiedensten cerebralen Läsionen — vielleicht auch unter Umständen durch Schädigung eines noch fraglichen Genitalzentrums im Zwischenhirn — Störungen der Ovarialtätigkeit bzw. Ovarialatrophie eintreten können (Camus und Roussy[161], Bailey und Bremer[75] u. a.).

Von den verschiedentlichen *korrelativen Beziehungen zu anderen Hormondrüsen* seien hier nur die neueren wichtigen Untersuchungen von Evans und Smith[282], Zondek und Aschheim[909] bezüglich Hypophysenvorderlappen und Ovarialfunktion, ferner die Beziehungen zu Nebennierenrinde, Schilddrüse und Thymus erwähnt (s. physiologisches Kapitel).

II. Chemie, Standardisierung und Nachweisbarkeit der Hormone.

Die Erforschung der chemischen Konstitution von Hormonen hat deren Isolierung aus den sie liefernden Organen zur unbedingten Voraussetzung. Spezifisch einwandfrei wirksame *Hormonpräparate* besitzen wir bisher von den folgenden Drüsen mit innerer Sekretion: Schilddrüse, Epithelkörperchen, Nebennierenmark, Nebennierenrinde, Inselapparat des Pankreas, Hypophysenvorderlappen, Hypophysenzwischen- und Hinterlappen, Ovarium. — Die *chemische Zusammensetzung* ist uns bloß vom Hormon des Nebennierenmarkes (Adrenalin) und der Schilddrüse (Thyroxin) genau bekannt.

Schilddrüsenhormon.

Bezüglich des Schilddrüsenhormons besteht der Ausnahmefall, daß wir einen exogenen, dem Organismus von außen her zugeführten Stoff kennen, der für die vitale Produktion dieses Hormons von allergrößter Bedeutung ist und selbst einen obligaten Bestandteil des Hormons darstellt: *das Jod.* — Da der Jodhaushalt des Organismus nicht nur zum großen Teil von der Schilddrüse beherrscht wird, sondern auch seinerseits Grundlage ihrer Tätigkeit ist, sollen die Beziehungen zwischen Schilddrüse und Jodstoffwechsel hier kurz vorweggenommen werden: Kein anderes Organ enthält Jod in ähnlich großen Mengen wie die Schilddrüse. Da ein Teil des vorhandenen Jods stets zur Ausscheidung gelangt, ist ständige Nachlieferung von außen, wenn auch nur in geringen Quantitäten, zur Aufrechterhaltung der normalen Jodbilanz erforderlich.

Da es sich beim Jodgehalt der Schilddrüse um solches Jod handelt, das mit der Nahrung aufgenommen worden ist, so ergibt sich naturgemäß die große *Bedeutung des Jodgehalts* des Futters. Er ist von geographischen und geologischen Verhältnissen weitgehend abhängig und im allgemeinen besonders gering in den Gebirgsgegenden des Binnenlandes, dafür desto reicher in marinen Küstengebieten. Aus diesem Umstande erklären sich die hochgradigen Unterschiede im Jodgehalt der Schilddrüsen von Haustieren in verschiedenen Ländern. — Wie groß die Bedeutung der Jodzufuhr auch für den morphologischen Zustand der Schilddrüse ist, geht aus den Versuchen von Hayden, Wenner und Rucker[408] hervor, die bei jodfrei gefütterten Ratten eine doppelt so große Thyreoidea fanden, als bei jodgefütterten Tieren gleichen Wurfes. Diese Schilddrüsenhyperplasie wird als eine Art Kompensationsvorgang mit allerdings unzulänglichem Erfolg aufgefaßt, da die Hormonproduktion trotzdem beeinträchtigt bleibt. Fellenberg[296] gibt eine Übersicht über den Schilddrüsenjodgehalt verschiedener Rinderrassen und kommt zu dem Ergebnis, daß der relative Jodgehalt vom Gewicht der Drüse unabhängig sei (0,1—0,2 mg pro 1 g frische Drüse). Ein gewisser Einfluß auf das Schilddrüsenjod wird auch dem Wechsel der Jahreszeiten zugeschrieben (Seidell und Fenger[782]).

Zweifellos ist die Schilddrüse dasjenige Organ, welches am stärksten zur *Jodstapelung* disponiert ist, wie aus Durchströmungsversuchen von Marine[607] und aus Untersuchungen nach intravenöser Zufuhr von Jodsalzen hervorgeht (Marine und Rogoff[610], van Dyke[250]). Hierbei ist als wesentlich zu vermerken, daß der Grad der Jodabsorption von der Struktur und dem Funktionszustand der Drüsen abhängt: er ist am stärksten bei hyperplastischen Strumen, am geringsten bei Kolloidkröpfen. Veil[864] vertritt auf Grund seiner Untersuchungen am Menschen die Auffassung, daß der Blutjodspiegel geradezu als Indikator für die Schilddrüsenfunktion zu betrachten sei, da er bei Fällen pathologisch gesteigerter Schilddrüsenaktivität einen erhöhten, bei Schilddrüseninsuffizienz einen erniedrigten Jodgehalt des Blutes feststellen konnte, der übrigens auch schon de norma nur sehr gering zu sein pflegt.

Für die Frage nach dem *Chemismus des Schilddrüsenhormons* ist es vor allem von Interesse, die Schicksale des von der Schilddrüse aus der Nahrung aufgenommenen Jodes weiter zu verfolgen. Was zunächst die Verteilung auf Follikelepithel und Follikelinhalt, also auf secernierendes Gewebe und auf die mutmaßliche Depotsubstanz betrifft, so hält sie sich an ein ziemlich konstantes Verhältnis von etwa 1 : 2—3 (Kendall[474], van Dyke[250]). Dies trifft allerdings nur für normale Schilddrüsen zu, während sich in pathologisch veränderten Kröpfen die extremsten Variationen des Jodgehalts vorfinden (Kocher[492]), immerhin mit der einen erkennbaren Gesetzmäßigkeit, daß hoher Jodgehalt nur in kolloidreichen Strumen angetroffen wird.

Den entscheidendsten Schritt in der Erforschung des Schilddrüsenhormons tat Kendall[474], dem es 1916 gelang, ein kristallinisches Abbauprodukt zu gewinnen, welches die bekannten biologischen Wirkungen des aktiven Schilddrüsenprinzips in besonders intensiver Weise entfaltet. Kendall[475] gab ihm den heute allgemein gebräuchlichen Namen *Thyroxin* (Thyro-oxy-indol). Die Herstellung erfolgte durch Isolierung des jodhaltigen Wirkstoffes mittels alkalischer Hydrolyse, ergab jedoch nur eine minimale Ausbeute (aus 3000 kg frischer Schilddrüse 33 g, also 0,0011 %). — Wenn auch Kendalls Arbeiten durch die Tatsache der reinen Isolierung des wirksamen Hormons einen Fortschritt von größter Tragweite bedeuteten, so sind seine Mitteilungen über chemische Konstitution und Syntheseversuche doch schon durch Harington[395], der 1926 die richtige Formel des Thyroxins ermitteln konnte, überholt. Nach ihm ist das *Thyroxin* der p-Oxydijodphenyläther des Dijodtyrosins und hat die Formel:

$$\text{HO}\underset{\text{J}}{\overset{\text{J}}{\diamondsuit}}\cdot \text{O} \cdot \underset{\text{J}}{\overset{\text{J}}{\diamondsuit}}\text{CH}_2\cdot\text{CH(NH}_2)\text{COOH}$$

Es krystallisiert in Rosetten und Nadelbüscheln, löst sich in verdünnten Alkalien, nicht aber in Wasser und den organischen Lösungsmitteln. Es ist hitzebeständig bis 231—233°. Bei diesen Temperaturen wird Jod frei. — Harington[395] hat ein jodfreies Desjodothyroxin ($C_{15}H_{15}O_4N$) auf zwei verschiedene Arten synthetisch herzustellen vermocht.

Es liegt bereits eine größere Anzahl von tierexperimentellen und klinischen Untersuchungen vor, welche die *schilddrüsenhormonartigen Eigenschaften des Thyroxins* in biologischer Hinsicht einwandfrei bestätigen (Romeis[741], Hildebrandt[426], Boothby und Mitarbeiter[136], Abderhalden und Wertheimer[4], Arnoldi[42], Sierens und Noyons[792] u. a.). Nichtsdestoweniger ist die Diskussion über die Frage, ob das Thyroxin alle Schilddrüsenwirkungen in sich vereinigt, bzw. ob es das einzige Hormon der Thyreoidea darstellt, noch nicht abgeschlossen. Abelin[10] erinnert neuerdings an die Feststellung Kendalls[475], daß das Jod der Schilddrüse in zwei Fraktionen vorhanden sei, von denen nur die eine mit dem Thyroxin identisch ist, und weist selbst darauf hin, daß sich neben dem krystallinischen Thyroxin, das nur parenteral ausgesprochen wirksam zu sein scheint, noch eine zweite Fraktion findet, die ebenso wie das native Schilddrüseneiweiß auch peroral seine volle Wirkung entfaltet. Diese letztere Fraktion entspricht dem von ZONDEK und REITER[913] hergestellten *Thyropurin*, welches sehr jodreich und nach der Meinung dieser Autoren als eine Vorstufe des von ihnen bloß als Kunstprodukt angesehenen Thyroxins zu betrachten ist. Sie sehen im Thyropurin das einzige existierende Schilddrüsenhormon in seinem natürlichen Zustande. OSWALD[670] endlich schließt aus gewissen Unterschieden in der Einwirkung auf das vegetative Nervensystem, daß das seinerzeit von ihm dargestellte Thyreoglobulin dem Thyroxin „dynamisch übergeordnet" sei.

Was die Nachweisbarkeit des Vorhandenseins von wirksamem Schilddrüsenstoff im Organismus betrifft, so kommt der chemische Weg aus technischen Gründen kaum in Betracht. ASHER und FLACK[57] benutzten die Steigerung der Adrenalin-Blutdruckwirkung durch Schilddrüsenstoffe als Indikator. Als besonders empfindlich gilt die sog. Kaulquappenmethode nach GUDERNATSCH[376]. Es handelt sich dabei darum, daß die Zufuhr von Schilddrüsensubstanz schon in einer Extraktverdünnung von 1 : 2500 Gesamtwachstum und Metamorphose von Froschlarven intensiv beeinflußt: ersteres wird gehemmt, letzteres beschleunigt. ABELIN und SCHEINFINKEL[13] konnten allerdings mit dieser Methode weder im Blut, noch im Harn, noch in den Organen, selbst von Tieren, die mit Schilddrüse gefüttert worden waren, auch nur Spuren des Hormons feststellen und schließen daraus, daß die Schilddrüsenstoffe durch den Organismus rasch bis zur biologischen Unwirksamkeit abgebaut werden. Demgegenüber gelang es ZAWADOWSKI und ASIMOFF[903] in Blut und Organen schilddrüsengefütterter Tiere spezifisch wirksame Substanz dadurch nachzuweisen, daß sie Gewebsstückchen der Versuchstiere Axolotln implantierten und die Einwirkung auf deren Metamorphose beobachteten. Bei Vögeln verschwinden die Schilddrüsenstoffe später, bei Hunden und Meerschweinchen schon nach wenigen Stunden aus dem Blut und den Geweben. Vielleicht gibt die jüngst von WEIL[884] und LANDSBERG[886] beobachtete Tatsache, daß Thyroxin noch in sehr hohen Verdünnungen (1 : 400000) in vitro eine Steigerung der Autolyse von Meerschweinchenleber bewirkt, eine Möglichkeit zur quantitativen Weiterverfolgung des Schilddrüsenhormons im Organismus. In einem gewissen Widerspruch zu den oben angeführten Angaben über ein rasches Verschwinden zugeführter Schilddrüsenstoffe stehen die auf Grund von Stoffwechseluntersuchungen aufgestellten Berechnungen von BOOTHBY und Mitarbeitern[135 136], die einen täglichen Verlust einmalig zugeführten Tyroxins um nur 6,5% ergeben (in ähnlicher Weise hatte schon früher MAGNUS LEVY[593] einen Tagesverlust von 4,4% berechnet). — Eine verhältnismäßig lang anhaltende Wirkung schon nach einmaliger Thyroxinzufuhr ist jedenfalls gesicherte Tatsache.

Epithelkörperchenhormon.

Die Hormondrüsennatur der Epithelkörperchen blieb lange Zeit hindurch umstritten und angezweifelt. Gelungene Transplantationsversuche mit kurativem Erfolg bei Epithelkörperchenverlust und dessen Folgeerscheinungen (BIEDL[110], v. EISELSBERG[25] u. a.) erwiesen indes ihren inkretorischen Charakter so gut wie sicher.

Dem Canadier COLLIP[192] und seinen Mitarbeitern blieb es vorbehalten, ein aus Rinderepithelkörperchen gewonnenes *Präparat von hoher Reinheit* darzustellen, exakt zu standardisieren und es als wertvolles Therapeutikum auch in die Klinik einzuführen. Es läßt sich nur aus frischen Organen mittels salzsaurer Extraktion herstellen (Verfahren von COLLIP und CLARK[196]). In ähnlicher Weise gingen HJORT, ROBINSON und TENDICK[430] vor.

Die chemische Konstitution des „*Parathormon*" genannten wirksamen Prinzips ist noch unbekannt. Es enthält 15,5% Stickstoff, außerdem Eisen und Schwefel, nach Untersuchungen von HJORT, GRUHZIT und FLIEGER[429] möglicherweise auch Jod. Es stammt nicht von Lipoiden ab, da es auch in total entfetteten Drüsen vorhanden ist, dagegen scheint es selbst eine Albumose oder an Albumosen gebunden zu sein.

Als Standardisierungstest dient die charakteristische Steigerung des Blut-Ca-Spiegels bei parenteraler Einverleibung des Präparates (s. physiologisches Kapitel). Als eine Einheit haben Collip und Clark[197] $1/100$ jener Dosis festgesetzt, die bei einem 20 kg schweren Hund innerhalb 15 Stunden das Blut-Ca um 5 mg % erhöht.

Thymushormon.

Bezüglich des Thymus sind wir heute noch in jeder Beziehung recht mangelhaft orientiert. Bisher ist es nicht gelungen, aus Thymusgewebe ein Extraktpräparat herzustellen, dem zweifellos spezifische Eigenschaften der Thymusfunktion eigen wären. Da wir uns auch über diese selbst noch keineswegs im klaren sind, ist wohl auch nicht so bald mit der Möglichkeit einer exakten Beurteilung des Effektes von Thymuspräparaten zu rechnen.

Als erster hat Švehla[825] 1896 den Versuch unternommen, charakteristische Wirkungen eines intravenös injizierten wässerigen Thymusextraktes am Kreislaufapparat festzustellen. Seine Bedunde wurden zwar mehrfach bestätigt (Basch[83], Livon[565] u. a.), aber weiterhin als unspezifisch und von Schwarz und Lederer[780] als durch das auch in vielen anderen Organen vorhandene Cholin hervorgerufen erkannt. Mehrfach beobachtete schwer toxische Allgemeinerscheinungen, insbesondere nach intravensöser Zufuhr von Thymusextrakten (Cesa-Bianchi[176] u. a.) wurden von R. Fischl[306] als Folgen multipler intravasaler Blutgerinnungen erklärt. Sie bleiben nach Ungerinnbarmachung des Blutes mittels Hirudin aus und gestatten ebensowenig Rückschlüsse auf die Qualität und physiologische Wirkungsweise des Thymushormons wie noch eine ganze Reihe weiterer diesbezüglicher Beobachtungen.

Hormon der Nebennierenrinde.

Die Nebennierenrinde enthält zwar eine Anzahl chemisch definierter Substanzen, denen man eine Hormonwirkung zuzuschreiben versucht hat, doch fehlen hier — auch in Anbetracht unserer geringen Kenntnisse der Nebennierenrindenfunktion als solcher — gesicherte Anhaltspunkte für die Berechtigung jener Spekulationen. Vor allem den reichlich in der Nebennierenrinde vorhandenen *Lipoiden* wurde lebhafte Aufmerksamkeit geschenkt. Sie machen mehr als ein Drittel der gesamten Trockensubstanz aus. — Das Cholesterin ist vorwiegend in Form von Estern vorhanden (Biedl[110], Aschoff[51]). Während doppelbrechende Substanz in den Nebennierenrinden von Fleischfressern, Vögeln und beim Schwein in großen Mengen auftritt, zeigt sie sich bei den Nagetieren, Wiederkäuern und niedrigen Wirbeltieren bedeutend spärlicher.

Die Menge des freien Cholesterins hält sich bei ein- und derselben Tierart ziemlich konstant, dagegen zeigen die Ester weitgehende Variationen, in denen man gewisse Gesetzmäßigkeiten im Zusammenhang mit verschiedenen pathologischen, aber auch physiologischen Zuständen beobachten konnte (z. B. Anstieg um ein Vielfaches während der Schwangerschaft).

Cholin wird zwar in der Nebennierenrinde in beträchtlicher Menge angetroffen (Marino Zuco[612], R. Hunt[448], Lohmann[569]), kann aber wohl kaum als spezifische Wirksubstanz betrachtet werden, da es in einer ganzen Reihe anderer Organe in gleicher oder sogar in noch größerer Menge vorkommt. Es dürfte in der Nebennierenrinde z. T. vom Lecithin abstammen.

Auffallend ist der hohe Arsen- und Schwefelgehalt (BILLETER[119], AUFRECHT und DIESING[69]).

In neuerer Zeit hat GOLDZIEHER[357] aus frischen Rindernebennieren eiweißfreie Extrakte hergestellt, welche einen spezifischen, dem Adrenalin (Nebennierenmarkhormon, s. unten) antagonistisch entgegenwirkenden Stoff enthalten sollen, den er Interrenin nennt und als das Hormon der Nebennierenrinde betrachtet. Eine Bestätigung der GOLDZIEHERschen Behauptungen steht noch aus (s. Anm.).

Hormon des Nebennierenmarkes (Adrenalin).

Unvergleichlich vollständiger als über die Funktion und Hormonbildung der Nebennierenrinde sind wir über die des Markes (des Adrenalsystems) unterrichtet. TAKAMINE[829] und ALDRICH[26] gelang es unabhängig voneinander, das wirksame Prinzip in krystallinischer Form zu isolieren (1901). Man gab ihm die Bezeichnungen *Suprarenin, Epinephrin, Adrenalin* (letztere ist die im deutschen Sprachgebrauch fast allgemein übliche) und ermittelte auf Grund der Untersuchungen von v. FÜRTH[335] und PAULY[687] die Strukturformel als

$$OH \diagup \diagdown — CH \cdot OH \cdot CH_2 \cdot NH \cdot CH_3$$
$$OH \diagdown \diagup$$

(Methylamino-Aethanolbrenzkatechin).

STOLZ[823] und DAKIN[221] führten unabhängig voneinander die ersten erfolgreichen *Syntheseversuche* durch.

Die Muttersubstanzen, aus denen Adrenalin im lebenden Organismus gebildet wird, sind noch nicht mit Sicherheit festgestellt. Für die Annahme der Entstehung aus Tyrosin und Dioxyphenylalanin sprechen allerdings gewisse *Zusammenhänge mit der Pigmentbildung* in der Haut (KÖNIGSTEIN[501], BIEDL und HOFSTÄTTER[114], MEIROWSKI[624], BLOCH[126] u. a.).

Der Adrenalingehalt der Nebennieren variiert innerhalb ziemlich weiter Grenzen (0,2—4,0 mg pro Gramm frischer Nebenniere) und läßt sich sowohl durch die Kaliumbichromatreaktion (Braunfärbung, HENLE[413]) als chemisch quantitativ bestimmen. Der Nachweis gelingt auch in den akzessorischen Adrenalorganen.

Die aus beiden Nebennieren pro Minute secernierte *Adrenalinmenge* beträgt bei narkotisierten Tieren nach TRENDELENBURG[846] und STEWART und ROGOFF[815] ca. 0,00025 mg pro Kilogramm Tier und kann bei Splanchnicusreizung bis auf 0,02 mg hinaufgetrieben werden. — Die 24stündige Gesamt-Adrenalinproduktion einer Katze beträgt nach TRENDELENBURG[847] ca. 5 mg, nach O'CONNOR[661] 2—3,5 mg.

Eine wirksame *Adrenalinzufuhr* von außen ist nur auf parenteralem Wege möglich, da das Adrenalin im Intestinaltrakt chemischen Bindungs- und Zerstörungsprozessen verfällt (FALTA und IVCOVIĊ[290], LESNÉ und DREYFUS[548]). — Bei subkutaner Zufuhr wird durch lokale Vasokonstriktion, aber wohl auch durch teilweise Zerstörung in den Geweben selbst (ELLIOT[265]) der Effekt verzögert und abgeschwächt. Die intensivsten akuten, allerdings rasch abklingenden Wirkungen zeigen sich bei intravenöser Zufuhr. Injektion in die Arterien ist nach HESS[420, 421] deshalb weniger wirksam, weil schon bei der Passage durch die Kapillaren eine Abschwächung eintritt. Eine besonders intensive Zerstörung

---

Anm. Nachtrag bei der Korrektur: SWINGLE berichtete 1930 auf der 14. Tagung der Association for the Study of Internal Secretions in Detroit (U. S. A.) über die Isolierung eines bei nebennierenlosen Tieren lebenerhaltenden Rindenpräparates.

von Adrenalin scheint in der Leber vor sich zu gehen (Battelli[84], Falta und Priestley[291], Trendelenburg[848] u. a.).

Die *technische Herstellung* des aktiven linksdrehenden Adrenalins erfolgt heute industriell vielfach auf synthetischem Wege vom Brenzkatechin ausgehend nach den Methoden von Stolz[823] und Dakin[221] in ihrer Modifikation durch die Höchster Farbwerke. Aus tierischen Nebennieren wird es mittels essigsaurer Extraktion gewonnen.

l-Adrenalin ist ein weißes krystallinisches basisches Pulver. Es ist in Wasser und in Alkohol kaum löslich, unlöslich in Äther und einigen anderen organischen Lösungsmitteln, dagegen leicht löslich in verdünnten Säuren. Seine optische Drehung beträgt nach Abderhalden und Guggenheim[3] $[\alpha]_D = -50,72^0$. Im Handel erscheint es gewöhnlich als salzsaures Salz. Es ist überaus empfindlich gegenüber den verschiedensten Oxydationsmitteln, durch welche es besonders bei alkalischer Reaktion sehr bald zerstört wird. Dies ist auch die Ursache seiner geringen Haltbarkeit im lebenden Organismus.

Zum quantitativen *Nachweis des Adrenalins* in Körperflüssigkeiten ist eine Reihe teils chemisch-colorimetrischer, teils biologisch-pharmakodynamischer Methoden ausgearbeitet worden. Besonders bekannt ist die Eisenchloridreaktion, welche eine Grünfärbung ergibt und bei Alkalisierung in Violett und Rot übergeht (Battelli[84]). Die colorimetrischen Methoden sind in ihrer quantitativen Verwertbarkeit durch die biologischen in den Hintergrund gedrängt worden, deren Prinzip auf der hochgradigen, allgemein gefäßverengernden und blutdrucksteigernden Wirkung des Adrenalins beruht. Hier sei die von Laewen und von Trendelenburg[848] angeführt, bei welcher die Verengerung des Gesamtkalibers durchströmter Froschextremitätengefäße mittels Zählung der in der Zeiteinheit ausfließenden Tropfen der auf Adrenalingehalt zu prüfenden Flüssigkeit kontrolliert wird. Eine kritische Nachprüfung der Methode durch O'Connor[661] ergab ihre sehr gute Verwendbarkeit bei Einhaltung gewisser Kautelen. Im normalen Blut der peripheren Gefäße ist Adrenalin mit ihr nicht feststellbar, dagegen wohl im Nebennierenvenenblut; beim Kaninchen z. B. dort in einer Verdünnung von $1 : 1^1/_2$ Millionen. Neuerdings wird als Perfusionstestobjekt nach Krawkow vielfach das isolierte Kaninchenohr verwendet, das gleichmäßigere Resultate ergibt. Weiter muß die virtuose Technik von Tournade und Chabrol[843] erwähnt werden, die mit Gefäßanastomosen arbeiten, welche z. B. die Nebennierenvene eines Spenderhundes mit der Vena jugularis des Empfängerhundes verbinden, ferner die „Cavataschenmethode" von Stewart und Rogoff[815] und die Prüfung am entnervten Herzen (Cannon).

Hormon der Pankreasinseln (Insulin).

Das glänzende Endresultat einer jahrzehntelangen, teils gänzlich verfehlten, teils wohl richtig begonnenen, aber nicht bis in die letzten Konsequenzen durchgeführten Suche vieler Forscher nach dem wirksamen Prinzip des Pankreasinselorgans bildete endlich 1922 die Darstellung des von seinen Entdeckern Banting und Best[77] *Insulin* genannten Inselhormons, nachdem es gelungen war, das Haupthindernis der bis dahin unternommenen Versuche zu vermeiden, nämlich die rasche postmortale Zerstörung des wirksamen Stoffes durch die tryptischen Fermente des die Inseln umgebenden exkretorischen Pankreasapparates. — Eine nähere Erörterung der früheren Herstellungsverfahren, von denen das Zuelzersche[915] dem heute so erfolgreich verwendeten von Banting und Best[77] resp. Collip[193, 194] wohl am nächsten kommt, erübrigt sich, da sie alle überholt sind. — Der wesentliche Fortschritt der modernen Verfahren gegenüber den früheren ist die rasche Inaktivierung der insulinzerstörenden

Pankreasfermente und die gleichzeitige Extraktion des wirksamen Prinzips mit angesäuertem Alkohol. — Neben einem Pikratverfahren zur weiteren Reinigung nach DUDLEY[245] sind noch andere Reinigungsmethoden von FENGER und WILSON[300], LANGECKER und WIECHOWSKI[529], ABEL und GEILING[7], MALONEY und FINDLAY[598] angegeben worden.

Das Insulin ist ein amorphes oder nach ABEL[5] krystallinisches weißes Pulver, bei schwach saurer oder alkalischer Reaktion in Wasser löslich, bei höheren Säuregraden ausfallend. — Fast alle Insulinpräparate geben Albuminreaktionen und positive Biuretprobe. — Mit Rücksicht auf die noch nicht erreichte absolute Reinheit des spezifischen Insulinprinzips sind die bisherigen Elementaranalysen mit Vorsicht zu bewerten. C, H und N ergaben entsprechend dem Reinheitsgrade recht verschiedene Werte, P fehlt, dagegen scheint S eine wesentliche Bedeutung im Aufbau des Insulins zu besitzen (ABEL und GEILING[7], LANGECKER und WIECHOWSKI[529]). — Bei Hydrolyse ergeben sich 70—75% Aminosäure-N (SHOULE und WALDO[790]). — In schwach saurer Lösung ist Insulin kochbeständig. Inaktivierung durch Alkali ist *nicht* mittels Säuren reversibel. Auch durch ultraviolettes Licht tritt Inaktivierung ein. — Die *Inaktivierung durch Verdauungsfermente* (Pepsin, Trypsin usw.) ist unter gewissen Umständen reversibel, also offenbar nicht proteolytischer Natur (EPSTEIN und Mitarbeiter[271, 272]). Bezüglich der *chemischen Struktur des Insulins* ist vorläufig noch so gut wie nichts Sicheres bekannt. — Ob die albumoseartigen Eigenschaften dem wirksamen Prinzip selbst oder ihm anhaftenden inaktiven Begleitstoffen zuzuschreiben sind, wissen wir nicht. — Als verhältnismäßig wichtig dürfte der schon erwähnte Schwefelgehalt zu betrachten sein.

Die *Standardisierung der Insulinpräparate* erfolgt im allgemeinen nach ihrem blutzuckersenkenden Effekt. Ursprünglich legten die Entdecker des Insulins als „Toronto-Einheit" jene Menge von Insulin fest, welche den Blutzucker eines seit 24 Stunden hungernden, 2 kg schweren Kaninchens auf den Wert 0,045% senkt. Nach internationaler Vereinbarung wurde $1/_8$ mg des Torontoer Standardpräparates als „klinische" Einheit fixiert. 2,14 dieser neuen klinischen Einheiten entsprechen einer Toronto-Einheit.

Im Handel erscheint das Insulin meist in Lösungen von 20 oder 40 Einheiten im Kubikzentimeter. — Perorale Applikation ist wegen der Inaktivierung im Intestinaltrakt zwecklos, intravenöse Zufuhr führt zu einer rasch ablaufenden intensiven, subcutane zu einer mehr verschleppten, aber gerade deshalb im ganzen ausgiebigeren Wirkung.

Außer dem Pankreas enthalten auch fast alle anderen Organe nicht unbeträchtliche Insulinmengen (NOTHMANN[657], BEST und SCOTT[104], ASHBY[54] u. a.), welche jedoch nach Pankreasexstirpation bald verschwinden (NOTHMANN[657]), also wohl aus dem Pankreas geliefert worden waren, während bloß die Leber auch über eine gewisse eigene Insulinproduktionsfähigkeit zu verfügen scheint (MACLEOD[586], McCORMICK und NOBLE[622], McCORMICK, NOBLE und O'BRIEN[623]). LANGECKER und WIECHOWSKI[529] allerdings halten alle Insulinfunde außerhalb des Pankreas für unmaßgebliche Kunstprodukte.

Hormon des Hypophysenvorderlappens.

Die wichtigsten Wirkungsdomänen des Hypophysenvorderlappens sind *Wachstum und Keimdrüsenfunktion.* Ersteres hatte sich schon aus zahlreichen Exstirpationsversuchen, klinischen Beobachtungen usw. ergeben, doch fehlte es bis vor kurzem an einem brauchbaren, spezifisch wirksamen und standardisierbaren Hormonpräparat. Wohl hatte schon ROBERTSON[732] aus Vorderlappen ein von ihm *Tethelin* genanntes Lipoid mit wachstumsfördernden Eigenschaften isoliert, auch BIEDL[109] beobachtete therapeutische Wachstumswirkungen von Vorderlappenpräparaten bei hypophysären Wachstumsstörungen, doch erst von EVANS und LONG[284], SMITH und ENGLE[801] wurde die Vorderlappenhormonforschung durch erfolgreiche Transplantationsversuche und künstliche Erzeugung von „Riesenratten" in systematische Bahnen gelenkt. — Den bedeutendsten Fortschritt brachten indessen die glänzenden Untersuchungen von ZONDEK und ASCHHEIM[909]. Diese konstatierten eine enorme Vermehrung von *Vorderlappenhormon* nicht nur im Serum und in der Placenta von schwangeren Frauen, sondern auch in deren Harn, aus welchem es in verhältnismäßig einfacher Weise durch Dialyse reichlich gewonnen werden kann.

Das Hormon ist im Rohzustand ein feines weißgelbliches, amorphes Pulver, das in Wasser eine klare Lösung gibt. Es ist eiweißfrei und wird durch starke Säuren und Alkalien sowie durch Kochen zerstört. — Das Handelspräparat trägt die Bezeichnung „*Prolan*".

Die Auswertung erfolgt an Mäusen (6—8 Parallelkontrollen), und zwar wird als eine Mäuseeinheit diejenige Menge von Hormon betrachtet, die imstande ist, bei der infantilen, 6—8 g schweren weißen Maus, auf 6 Portionen verteilt, 100 Stunden nach Beginn der Hormonzufuhr auszulösen: 1. eine Vergrößerung und Reifung der Ovarialfollikel sowie Mobilisierung des Ovarialhormones (s. dort) und dadurch sekundäre Brunstauslösung (Kontrolle des Scheidenepithelausstriches nach ALLEN[29]), 2. Erzeugung von „Blutpunkten" im Ovarium durch Blutung in einzelne Follikelhöhlen, sowie Bildung von Corpora lutea atretica.

Ähnliche Verfahren wie die von ZONDEK und ASCHHEIM[909] werden von BIEDL[112] und REISS in BIEDLs Institut angewendet, wo gegenwärtig auch an der Erforschung der chemischen Konstitution des Hormons gearbeitet wird.

Hormon des Hypophysenzwischen- und Hinterlappens (Pituitrin).

OLIVER und SCHAEFER[665] stellten 1894 als erste einen pharmakodynamisch wirksamen Extrakt aus Gesamthypophysen her, dessen spezifische Wirksamkeit durch HOWELL[445] als der Hinterlappensubstanz eigentümlich erkannt wurde. Von den zahlreichen nachfolgenden Untersuchungen seien hier bloß die von FÜHNER[330] erwähnt, der mehrere wirksame Fraktionen trennen zu können glaubte. — Daß nicht Histamin die wirksame Komponente ist, wie z. B. ABEL und KUBOTA[8] früher vermutet hatten, wurde von GUGGENHEIM[377] nachgewiesen. — Das bisher reinste Präparat wurde von ABEL, ROUILLER und GEILING[9] in Form eines krystallinischen Tartrates hergestellt, welches alle anderen Präparate an Wirkungsintensität bei weitem übertrifft. — Über die *chemische Konstitution* des Hypophysenhinterlappenhormons ist nichts bekannt. Es ist jedenfalls komplex aufgebaut, nach GUGGENHEIM[378] vielleicht das Acylderivat eines Alkanolamins oder ein Polypeptid.

Viel diskutiert wurde die Frage der Einheitlichkeit oder Vielfältigkeit des Hormons entsprechend den *verschiedenen Wirkungseffekten*. Diese betreffen in pharmakodynamischer Hinsicht hauptsächlich Blutdruck, Uterustonus, Diurese. Dazu kommen Beeinflussungen der Melanophoren bei Amphibien, ferner des Blutzuckers, Blutfettes usw. — Zur quantitativen Auswertung der Präparate eignet sich praktisch am besten die tonussteigernde Wirkung auf den in Ringerlösung suspendierten virginellen Meerschweinchenuterus (DALE und LAIDLAW[224]). — Während ABEL[6] sowie TRENDELENBURG[846] ein einheitliches Hormon annahmen, halten DUDLEY[246], HOGBEN und DE BEER[434], DRAPER[240] u. a. eine uteruswirksame und eine blutdrucksteigernde Substanz auseinander; nach DREYER und CLARK[243] und FENN[301] ist von diesen beiden überdies die melanophorenausbreitende Substanz abzutrennen. — Eine weitgehende Klärung der

Frage scheint in neuerer Zeit durch KAMM und Mitarbeiter[466] gebracht worden zu sein, die an großen Mengen verarbeiteten Materials eine strenge Scheidung von zwei Hormonen vornehmen konnten. Sie fanden 1. ein uteruswirksames, als Hypophamin α, und 2. ein blutdrucksteigerndes, als Hypophamin β bezeichnetes. Letzterem kommt auch die antidiuretische Wirkung zu, welche dem ersteren fehlt.

Als Einheit des gesamten Hinterlappenhormons (welches beide Fraktionen zu ungefähr gleichen Teilen enthält) wird vielfach diejenige Menge des jeweiligen Präparats gerechnet, welche 0,5 g des am Meerschweinchenuterus standardisierten Trockenpulvers von VOEGTLIN[874] entspricht. 1 g des VOEGTLIN-Pulvers wird aus 6,4 g frischen Hinterlappengewebes gewonnen.

Das Zwischen-Hinterlappenhormon findet sich außer in der Hypophyse selbst auch im Gewebe des Tuber cinereum (TRENDELENBURG und SATO[851]) und im Liquor cerebrospinalis (DIXON[231], TRENDELENBURG[846—850]), dortselbst mit zunehmender Entfernung von der Hypophyse in abnehmender Menge (MESTREZAT und VAN CAULAERT[626]). — Ein Nachweis im Blut gelingt nicht mit Sicherheit (KROGH[513]). — Einen besonders eleganten Nachweis der *Pituitrinsekretionstätigkeit* der Hypophyse erbrachte VERNEY[870] durch Gefäßanastomosen zwischen dem Kopf eines Hundes und der Niere eines zweiten, wobei im Gegensatz zur Anastomose mit anderen Organen die typische Nierenwirkung (Diuresehemmung) eintritt. — HOFF und WERMER[431] beobachteten Sekretionsschwankungen mittels der Melanophorenwirkung des Liquors.

Perorale und enterale Verabreichung des Pituitrins ist wirkungslos. Es wird gewöhnlich subcutan gegeben, neuerdings wurde auch eine ausgepsrochene Wirkung auf die Diurese bei Applikation von Trockenpulver auf die Nasenschleimhaut durch ADLERSBERG und PORGES[22] u. a. festgestellt.

Zirbeldrüse.

Da das Vorhandensein eines echten Hormons der Zirbeldrüse noch recht fraglich ist, können auch die vorliegenden spärlichen Extraktversuche nur wenig Interesse beanspruchen. Sie wurden meist bloß mit Berücksichtigung der Wirkung auf das Zirkulationssystem vorgenommen und ergaben keine eindeutigen Resultate (CYON[219], HOWELL[446], DIXON und HALIBURTON[233] u. a.). Die bemerkenswertesten Befunde sind die von OTT und SCOTT[672] über eine milchsekretionsfördernde Wirkung von Zirbeldrüsenextrakten bei laktierenden Ziegen. Ähnliches fand später MACKENZIE[590] bei Katzen. — Näheres über die hierbei wirksame Substanz ist nicht bekannt.

Hormon der männlichen Keimdrüse.

Obwohl der Anstoß zur gesamten bisherigen Entwicklung der Lehre von der inneren Sekretion von der Entdeckung der innersekretorischen Tätigkeit des Hodens durch BROWN-SÉQUARD[149] (1889) ausgegangen ist, haben unsere Kenntnisse gerade des Hodenhormons seit damals kaum nennenswerte Fortschritte gemacht. — Gewisse Krystalle, die schon LEEUWENHOEK[541] 1678 im Hodengewebe gefunden hatte, wurden lange Zeit hindurch für das spezifische inkretorische Produkt gehalten und von POEHL[701] in Form des sog. *Spermins* in Therapie und Handel eingeführt. — Daß es sich nicht um einen spezifischen hormonalen Stoff, sondern um eine auch in anderen Organen (auch weiblicher Tiere) vorkommende Base handelt, wurde von WREDE und BANIK[900], ROSENHEIM[748] u. a. nachgewiesen.

Der Hoden enthält eine Reihe von Aminosäuren, beträchtliche Mengen von Kreatin, verschiedene Fermente, reichlich Phosphatide, Fett und Cholesterin

(Sano[760] u. a.), Cholin usw., doch konnte in keinem dieser Stoffe das wirksame Prinzip festgestellt werden, für dessen Auswertung wir übrigens auch vorläufig nicht einmal ein brauchbares biologisches Testverfahren zur Verfügung haben. — Immerhin gibt es eine ganze Reihe aus Stierhoden hergestellter Handelspräparate, die, bei sexueller Insuffizienz sowohl peroral als parenteral verabreicht, eine gewisse substitutive Wirkung zu entfalten scheinen.

Hormon der weiblichen Keimdrüse.

Das Ovarium produziert, wie schon im morphologischen Teil erwähnt, möglicherweise nicht nur ein einziges Hormon, sondern deren mehrere, die seinen verschiedenen Bestandteilen entstammen. Da bis vor wenigen Jahren, ebenso wie es bezüglich des Hodenhormons noch jetzt der Fall ist, keine exakte Auswertungsmöglichkeit bestand, ist der Wert der älteren Untersuchungen zum großen Teil recht gering. — Erst die Einführung des Stockard-Tests (s. unten) machte eine genaue Wirkungskontrolle möglich, mittels welcher Allen, Doisy und Mitarbeiter[30] 1924 einen aus dem *Follikelsaft* von Schweineovarien gewonnenen cholesterinfreien Stoff als hochwirksame spezifische hormonartige Substanz identifizieren konnten. — Ihr Extraktionsverfahren wurde von Laqueur und Mitarbeitern[534], Biedl[109] und Reiss[721], Zondek und Aschheim[910] u. a. modifiziert und verbessert und auf Ausbeuten bis 1600 Mäuseeinheiten (s. unten) pro Liter Follikelsaft gebracht. — Das Laqueursche, *„Menformon"* genannte Präparat ist sowohl in Wasser als in organischen Lösungsmitteln löslich. Es gibt keine Eiweißreaktion und enthält weder Phosphor noch Cholesterin. Es wirkt in exquisiter Weise *brunstauslösend*, worauf eben seine *Standardisierung* beruht: nach Stockard und Papanicolaou[819] zeigt das Scheidenepithel von Ratten und Mäusen während der Brunstperioden (östrische Zyklen) eine charakteristische Veränderung (Abschilferung verhornender Epithelzellen). — Als Mäuseeinheit bezeichnet nun Laqueur[532] die kleinste Menge Follikelhormon, die bei mindestens zwei von drei gleichzeitig damit behandelten kastrierten weiblichen Mäusen die Stockardsche Brunstreaktion wieder hervorruft. — Eine Ratteneinheit entspricht ungefähr 4—8 Mäuseeinheiten.

Was die Verteilung des Hormons im Ovar selbst anbelangt, so wird es am konzentriertesten im Follikelliquor vorgefunden; im Corpus luteum soll es nach Doisy und Mitarbeitern[237, 238] fehlen. Frank[319] fand demgegenüber auch dort ein spezifisch wirksames Lipoid der gleichen Art, doch schwankt seine Menge je nach dem Funktionszustand des Corpus luteum. Nach der Menstruation ist dieses letztere tatsächlich frei vom östrusauslösenden Hormon (Zondek und Aschheim[910]). — Außer im Ovarium ist das Hormon in größerer Menge auch noch in der Placenta enthalten, ferner im weiblichen Blut (ca. 1 Mäuseeinheit pro 50 cm³ Kaninchen- und 80—200 cm³ Kuhblut; nach Loewe[567], Frank und Goldberger[321] sowie Zondek[905, 906] 1 Mäuseeinheit im Blut pro Kilogramm Tier).

Papanicolaou[677] gibt an, im Corpus luteum neben dem brunstauslösenden noch ein brunsthemmendes Hormon gefunden zu haben, welches die Wirkung des ersteren vollständig paralysieren soll. — Wenn wir von diesen letzteren, noch unbestätigten Versuchen absehen, haben wir derzeit bloß eine einzige wirksame Substanz aus dem Ovarium in der Hand. Aus welcher Zellkategorie sie letzten Endes stammt, ob es neben ihr noch andere gibt und ob die zyklischen inkretorischen Funktionen des Ovariums nur durch quantitative Schwankungen in der Produktion und Wirksamkeit des einen Hormons (wie dies z. B. Siegmund[791] und Mahnert[596] annehmen) oder durch das Zusammenarbeiten mehrerer bedingt wird, bleibt vorläufig unentschieden.

III. Physiologie und Stoffwechselwirkungen der endokrinen Drüsen.

Schilddrüse.

Morphogenetische Bedeutung. Der Einfluß des Schilddrüsenhormons auf Wachstum und Metamorphose der Amphibien ist bereits in dem vorhergehenden Kapitel erwähnt worden. Auch bei den höheren Wirbeltieren spielt die Schilddrüse in der *Körperentwicklung* eine hervorragende Rolle. Dies zeigt sich am eindringlichsten bei experimenteller Entfernung der Schilddrüse jugendlicher Tiere (*Thyreoprivie*) und bei ihrer spontanen Unterentwicklung (*Thyreoaplasie*). Die Folgen sind eine bedeutende Hemmung des Wachstums, Störung der enchondralen und periostalen Ossifikation, Unterentwicklung des Gehirns (infolgedessen stark beeinträchtigte Intelligenz, *Kretinismus*) und der Geschlechtsorgane, Verkümmerung der Hörner bei Schaf, Ziege usw., mangelhafte, struppige Behaarung usw. (Befunde an kretinistischen Hunden wurden von SCHLAGEN-

Abb. 59. Hundgeschwisterpaar im Alter von einem Jahre. — Dem Tiere rechts wurde im Alter von 3 Wochen die Schilddrüse entfernt. (Aus BIEDL: Innere Sekretion I.)

HAUFER und v. WAGNER[770], an thyrektomierten Schafen, Ziegen und Schweinen von v. EISELSBERG[256] und Hühnern von LANZ[531] erhoben). — Alle diese Erscheinungen können durch Zufuhr von Schilddrüsensubstanz, *Schilddrüsenfütterung* oder -implantation mehr oder weniger vollständig verhindert bzw. beseitigt werden. — Eigentümliche Einflüsse auf das Gefieder der Vögel ergibt nach ZAWADOWSKI[902] die Fütterung mit Schilddrüsensubstanz (Mauserung mit atypischer Regeneration).

Gaswechsel. Der verläßlichste Indikator für den Funktionszustand der Schilddrüse ist das *Verhalten des Grundumsatzes*, des Gesamt-O_2-Verbrauches der atmenden Protoplasmamasse des ruhenden Organismus, der unter dem regulatorischen Einfluß des Schilddrüsenhormons steht. — Am eindrucksvollsten zeigt sich dieser Einfluß auch hier in den Folgeerscheinungen der experimentellen Schilddrüsenentfernung. — Wichtig ist, daß hierbei die Epithelkörperchen geschont und an Ort und Stelle belassen oder wenigstens reimplantiert werden müssen, da ihr Verlust spezifische Folgen nach sich zieht, die das Bild verwischen. — Allgemein wird nach Thyrektomie schon in den ersten Wochen eine Abnahme des Grundumsatzes um ca. 20—50 %, eventuell noch mehr, beobachtet (ECKSTEIN und GRAFE[251], CRAMER und CALL[209] u. v. a.). — Der Tiefpunkt wird meist nach 2—3 Wochen erreicht, später kann sich allmählich innerhalb 3—6 Monaten der Normalwert wieder einstellen (CRAMER und CALL[210], ABDER-

Halden[1]), was vielleicht auf das kompensatorische Eintreten anderer stoffwechselaktiver Hormondrüsen zurückgeführt werden darf. — Die thyreoprive Herabsetzung des Grundumsatzes läßt sich durch Schilddrüsenmedikation relativ leicht ausgleichen, sei es durch Implantation, sei es durch perorale oder parenterale Zufuhr von Schilddrüsenstoffen. Die Wirkung von Schilddrüsenzufuhr auf den Grundumsatz tritt desto deutlicher in Erscheinung, je geringer die eigene Hormonproduktion des Organismus von vornherein ist, also vor allem bei Insuffizienz oder Fehlen der Schilddrüse (Grafe[363]). — Immerhin gelingt es auch beim gesunden Tier, den Grundumsatz durch Schilddrüsenstoffe über sein normales Ausmaß emporzutreiben. Bei Fütterung mit Schilddrüsensubstanz stellt sich der Effekt eventuell erst nach Wochen ein (Magnus Levy[594], Voit[875], Kojima[497], Aub, Bright und Uridil[66] u. a.), während reines Thyroxin bedeutend rascher wirkt (Boothby und Mitarbeiter[135, 136], Hildebrandt[426], Arnoldi[42] u. a.). Die erreichten Stoffwechselsteigerungen betragen etwa 15—20 %.

Sehr wirksam erweist sich die Zufuhr von Schilddrüsenhormon auch gegenüber den hochgradigen Stoffwechselverminderungen im Winterschlaf, den L. Adler[18] durch Schilddrüsenhormoninjektionen vollständig aufzuheben vermochte, wobei der Stoffwechsel wieder ansteigt (Schenk[767]).

Außer auf den Grundumsatz wirkt das Schilddrüsenhormon anscheinend auch auf die sog. spezifisch-dynamische Wirkung (die nach Nahrungsaufnahme eintretende Vermehrung des Sauerstoffverbrauches) bis zu einem gewissen Grade ein. Sie erscheint bei thyreopriven Tieren weniger deutlich als normalerweise (Eckstein und Grafe[251], Baumann und Hunt[90]) und wird andererseits durch Schilddrüsenzufuhr erhöht (Myiazaki und Abelin[648]).

Der *Arbeitsumsatz*, der durch Muskelarbeit gesteigerte Gesamtverbrauch an Sauerstoff, wird durch Schilddrüsenfütterung nach Asher und Curtis[56] über seine normale Größe hinaus erhöht, das heißt, das thyreoidisierte Tier arbeitet relativ unökonomisch (Kontrolle des O_2-Verbrauches in einer Tretmühle laufender Ratten).

Angesichts der weitgehenden Bedeutung der Schilddrüse für die Calorienproduktion ist es leicht begreiflich, daß auch die *chemische Wärmeregulation* gewisse Beziehungen zur Schilddrüsenfunktion aufweist. Bei schilddrüsenlosen Tieren besteht eine abnorme Temperaturlabilität bzw. Abkühlbarkeit (Horsley[437], Liddell und Simpson[557], Pfeiffer[694], Abderhalden[1] u. a.), die durch Schilddrüsenzufuhr wieder normalisiert werden kann (J. Bauer[85], G. Cori[203]). — Mansfeld und Ernst[602] halten auch die Fieberfähigkeit für z. T. von der Anwesenheit und Funktion der Schilddrüse abhängig und Adler[19, 20] sowie Schenk[767] konnten an winterschlafenden Tieren durch Schilddrüsenextrakte eine normale Wärmeregulation wieder herstellen.

Diese *allgemein oxydationsfördernden Effekte des Schilddrüsenhormons* finden ihre Analogie auch in mit isolierten Geweben angestellten Zellatmungsversuchen: Der O_2-Verbrauch der Muskeln und anderer Organe schilddrüsengefütterter Tiere ist gesteigert (Asher und Rohrer[62], Maeda[591] u. a.), nach Thyrektomie herabgesetzt (Maeda[591]), bei thyrektomierten Tieren durch Thyroxin wieder restituierbar (Ahlgren[24]), die gleichen Verhältnisse zeigen sich in der O_2-Zehrung des Blutes (Tsukamoto[855]). Auch durch Schilddrüsenzusatz in vitro kann die Gewebsatmung angeregt werden (Adler und Lipschitz[20], Lipschütz[564], Verzár und Vásárhélyi[871], Vollmer[876]).

Nach den angeführten Untersuchungen an isolierten Organen und Zellen wäre man versucht, anzunehmen, daß die Allgemeinwirkungen, die die Schilddrüse im Organismus entfaltet, auf rein humoralem Wege ohne Beteiligung zwischengeschalteter nervöser Faktoren zustandekommen. Dem scheint aber doch nicht ganz so zu sein, denn eine *Einwirkung des Schilddrüsenhormons auf das vegetative Nervensystem* steht außer Frage (ASHER und FLACK[57] u. a.). ABDER-HALDEN und WERTHEIMER[4] konnten in neuerer Zeit durch das sympathicus-lähmende Ergotamin die besonders bei eiweißgefütterten Tieren vom Thyroxin hervorgerufene ausgesprochene Stoffwechselsteigerung abschwächen und bringen deshalb die Schilddrüseneffekte in Zusammenhang mit dem Sympathicus. — Die ASHERsche Schule erblickt auf Grund von Untersuchungen am Kreislaufsystem die Wirkung des Schilddrüsenhormons auf das vegetative Nervensystem vor-wiegend in einer *Erregbarkeitssteigerung.* OSWALD[671] bezeichnet die Schilddrüse als einen „Reizmultiplikator". Eine kolloidchemische Hypothese der Schild-drüsenwirkung haben WEIL und LANDSBERG[886] aufgestellt.

Wie dem auch sei, das Schilddrüsenhormon entfaltet eine so allgemein *stoff-wechselanregende Tätigkeit,* Erhöhung der Calorienproduktion in Ruhe, nach Nahrungsaufnahme, bei der Muskelarbeit usw., daß sich diese Wirkung bei abnormer Mehr- oder Minderleistung der Schilddrüse auch oft nach außen hin sichtbar in einer Verminderung oder Vermehrung kalorigener Körpersubstanz, in Gewichtsabnahme oder Gewichtsansatz äußert. So ist es möglich, durch Schild-drüsenzufuhr Gewichtsabnahmen zu erzielen (bei Säugetieren und Vögeln nach CARLSON, ROOKS und MACKIE[170], ROMEIS[740, 741] u. a.); Thyrektomie dagegen verursacht im Tierversuch meist nicht die vom myxödematösen Menschen be-kannte Gewichtsvermehrung, da bei jungen Tieren das Wachstum zurückbleibt und bei älteren häufig das Bild der sog. Kachexia thyreopriva (BIEDL[110]) auf-tritt, die vielleicht nicht als reine Hormonmangelerscheinung gedeutet werden muß, sondern noch andere bisher unbekannte Nebenursachen haben dürfte.

Intermediärer Stoffwechsel. In den Untersuchungen, die der Bedeutung der Schilddrüse für den intermediären Stoffwechsel gewidmet sind, hat seit jeher die Kontrolle von *Stickstoffbilanzen* als Maßstab für Eiweißumsatzvorgänge eine besondere Rolle gespielt.

EPPINGER, FALTA und RUDINGER[269, 270], KORENTSCHEWSKI[503] und viele andere haben bei schilddrüsenlosen Versuchstieren und am hypothyreotischen Menschen den *Eiweißgesamtumsatz,* beurteilt nach der N-Ausscheidung, wesent-lich vermindert gefunden (ABDERHALDEN[1] allerdings nicht regelmäßig); er betrug bei den Hunden der erstgenannten Autoren ein Drittel, ja sogar bloß die Hälfte des Normalwertes. GRAFE[363] vermutet, daß auch die von ihm und ECKSTEIN[251] so genannte „Luxuskonsumption", der Abbau überschüssig zugeführter Eiweiß-mengen, bei Schilddrüseninsuffizienz eingeschränkt sein dürfte, was im Falle reichlicher Ernährung zu ungewöhnlich starken Eiweißansätzen führen müßte, wenn die Schilddrüsenfunktion unzulänglich ist. v. BERGMANN[100] fand dem-entsprechend sogar bei mäßiger Unterernährung Stickstoffretentionen.

Während also ein Mangel an Schilddrüsenhormon zu Stagnationen im Eiweißumsatz führt, bewirkt die Zufuhr von Schilddrüsensubstanz eine ge-steigerte N-Ausfuhr. Hier liegen aber die Dinge insofern nicht ganz klar, als es sich weniger um einen echten Eiweißzerfall als um eine Ausschwemmung von sog. Reserveeiweiß resp. von inaktiven N-haltigen Abbauprodukten zu handeln scheint. Dies wird von BOOTHBY und Mitarbeitern[135, 136], DEUEL und Mit-arbeitern[229], LICHTWITZ und CONITZER[556] daraus geschlossen, daß erstens die Vermehrung des Harn-N nur verhältnismäßig kurze Zeit hindurch andauert, um später trotz weiterhin erhöhtem Grundumsatz ins alte Gleichgewicht zurück-zukehren, zweitens erscheint während der Harn-N-Steigerung die Ausscheidung präformierten Kreatinins, welche von FOLIN[312] als Maß der Zerstörung von *lebendem* Zelleiweiß zu bewerten ist, nicht gesteigert. PFEIFFER und SCHOLZ[695],

Schenk[768] und Takahashi[828] fanden allerdings doch erhöhte Kreatin-Kreatininausscheidung während Schilddrüsenfütterung. Vielfach sind übrigens die Verminderungen der N-Bilanz bei gesunden Tieren nach Schilddrüsenzufuhr nur unbedeutend (Voit[875], Schöndorff[777], Georgiewski[347]); ganz wechselnde Befunde erhob Hewitt[424] bei Ratten.

Lichtwitz[556] u. a. erblicken in den Erscheinungen des *Myxödems*, einer sulzigen Schwellung des subkutanen Zellgewebes, die außer beim hypothyreotischen Menschen auch beim thyreopriven Affen (Horsley[438]), bei Schwein, Schaf, Ziege (Moussu[644], Schlagenhaufer und v. Wagner[770]) und bei der Katze (v. Wagner[879]) beobachtet worden ist, eine excessive Anhäufung von gequollenem Vorratseiweiß. Damit stimmt vielleicht auch die Beobachtung überein, daß der oft abnorm erhöhte Serumeiweißgehalt myxödematöser Individuen unter Schilddrüsenbehandlung abnimmt (Lichtwitz und Conitzer[556]).

Nach Abderhalden und Wertheimer[4] scheinen Abbauprodukte alimentären Eiweißes die Thyroxinwirkung auf den Gesamtumsatz anzuregen, da diese bei fleischreicher Kost besonders stark ausgesprochen ist.

Eine besondere Beziehung zwischen Schilddrüse und Purinstoffwechsel ist nicht nachweisbar (Krause und Cramer[510], P. F. Richter[730], Boothby und Mitarbeiter[135] [136]). Die Hauptmenge des unter Schilddrüsenwirkung ausgeschiedenen Stickstoffes findet sich vorwiegend in Form von Harnstoff im Harn vor.

Ob die Schilddrüse den Eiweißhaushalt nur in quantitativer Hinsicht beeinflußt oder auch qualitativ in seine einzelnen intermediären Phasen eingreift, läßt sich vorläufig nicht entscheiden. Immerhin spricht die Tatsache, daß weder abnorme Abbauprodukte zum Vorschein kommen, noch die Verteilung des ausgeschiedenen Stickstoffes auf die verschiedenen N-haltigen Fraktionen des Harns sehr wesentlich verschoben ist, gegen qualitative Besonderheiten. Wir brauchen die Rolle, welche die normale *Schilddrüse* im tierischen Eiweißhaushalt spielt, wohl nicht anders aufzufassen als die eines *Regulationsorgans zur Beseitigung überschüssiger Eiweißmengen*, etwa im Sinne der Luxuskonsumption nach Eckstein und Grafe[251].

Die Bedeutung der Schilddrüse für den *Kohlenhydratstoffwechsel* soll hier nicht eingehender erörtert werden, da alles diesbezügliche in dem speziellen Abschnitt über die Regulation des Kohlenhydratstoffwechsels von Prof. Seuffert zu finden ist (s. ferner auch Raab[710]). Nur, um den Zusammenhang mit den übrigen Stoffwechselwirkungen der Schilddrüse verständlich zu machen, sei kurz folgendes erwähnt: bei hypothyreotischen Zuständen ist die Kohlenhydrattoleranz erhöht, der Blutzucker ist unverändert oder ein wenig herabgesetzt (beides neuerdings wieder von Takahashi[828] bestätigt); der respiratorische Quotient (RQ) zeigt keine wesentliche Veränderung. Schilddrüsenzufuhr erhöht den Blutzucker (neuere diesbezügliche Untersuchungen von Hancher und Mitarbeitern[393]), die Zuckertoleranz nimmt ab, das Leberglykogen schwindet mehr oder weniger vollständig, der oxydative Kohlenhydratabbau über Acetaldehyd scheint gesteigert zu werden (Simon[797]), der RQ. bleibt im großen ganzen unverändert. — Der anscheinend *erhöhte Zuckerverbrauch* fällt in den Rahmen der durch das Schilddrüsenhormon bewirkten allgemeinen Stoffwechselsteigerung. Daß sich hierbei der RQ. uncharakteristisch verhält, ist wohl dadurch zu erklären, daß Eiweiß, Kohlenhydrate und Fette in ungefähr normalem gegenseitigem Mengenverhältnis, wenn auch in absolut größerem Umfange verbrannt werden.

Was nun den *Fettstoffwechsel* betrifft, so sind auf diesen als solchen gerichtete Untersuchungen meist durch technische Schwierigkeiten gehemmt und in ihren Ergebnissen nur selten eindeutig. — Wie schon oben erwähnt worden ist, pflegt Schilddrüsenzufuhr bzw. Schilddrüsenüberfunktion zu beträchtlichen Gewichtsabnahmen, dagegen Mangel an Schilddrüsenhormon (abgesehen von den Fällen von Kachexia thyreopriva nach totaler Thyrektomie) zu Gewichtszunahmen zu führen. Beide Typen der Gewichtsverschiebung beruhen zum großen Teil auf Schwund bzw. Ansatz der als Reservematerial so wichtigen Fettlager der subkutanen und wohl auch der inneren Gewebe (Omentum usw.).

Auch in den Fettstoffwechsel scheint das Schilddrüsenhormon nicht — wie dies MAYERLE[619] u. a. angenommen hatten — in irgendeiner elektiven Weise einzugreifen, wenn auch die Beteiligung der Fette an den gesteigerten Gesamtverbrennungen dann eine besonders lebhafte sein mag, wenn die präformierten und die aus Eiweiß und Fett gebildeten Kohlenhydratvorräte sich der Erschöpfung nähern. Hierauf mögen die von manchen Autoren bei Schilddrüsenzufuhr doch manchmal gefundenen leichten Erniedrigungen des R Q. zurückzuführen sein (GRAFE[363], CRAMER und MACCALL[211]).

ABELIN[11], der sich besonders eingehend mit den Beziehungen zwischen *Schilddrüse und Fettstoffwechsel* beschäftigt hat, gelangt zu den folgenden Ergebnissen: bei reichlich mit Fett gefütterten Tieren zeigen einige der typischen Wirkungen der Schilddrüsenzufuhr eine beträchtliche Abschwächung, vor allem die Steigerung der Calorienproduktion und spezifisch-dynamischen Wirkung. Ferner kommt es bei diesen Tieren trotz Hyperthyreoidisierung zum Glykogenansatz in der Leber, den ABELIN und Mitarbeiter[12] [13] nicht durch Fett-Kohlenhydrat-Umwandlung, sondern als aus dem alimentären Kohlenhydrat stammend auffassen. ABELIN kommt zu dem Schluß, „daß wir in dem Nahrungsfett in gewissem Sinne einen Antagonisten der Schilddrüsenwirkung haben", daß diese also durch Fett gehemmt würde. Demgegenüber findet aber ABDERHALDEN und WERTHEIMER[4] sogar umgekehrt eine Steigerung der nach dem Grundumsatz beurteilten Schilddrüsenwirkungsintensität durch Fettkost, wenn auch nicht so ausgesprochen wie durch Fleischkost.

Während RAAB[711] bei Hunden im akuten Versuch keine Beeinflussung des Blutfettspiegels durch Thyreoidininjektionen feststellen konnte, fand HECKSCHER[409] das Blutfett thyrektomierter Pferde regelmäßig erhöht.

Das Verhalten der Ketonkörper, die als Fettabbauzwischenprodukte vor allem dann gehäuft auftreten, wenn Kohlenhydratmangel im Organismus, speziell in der Leber herrscht — wie dies ja bei Schilddrüsenzufuhr der Fall ist — wurde von NAKANO[649] studiert, der bei hungernden Hunden eine Steigerung der Acetonmenge um das Zwei- bis Vierfache, der β-Oxybuttersäure um 90 % findet, wenn die Tiere mit Schilddrüse gefüttert sind.

Die Angaben über die Einwirkung der Schilddrüse auf den *Cholesterinstoffwechsel* sind äußerst widerspruchsvoll: bei Zufuhr von Schilddrüsenstoffen Steigerung des Blutcholesterins (PIGHINI und PAOLI[697], LEUPOLD[553]), bei Schilddrüsenunterfunktion ebenfalls Cholesterinzunahme (EPSTEIN und LANDE[271], RÉMOND und Mitarbeiter[727]) oder auch gar keine erkennbaren Beziehungen (CASTEX und SCHTEINGART[173]).

Wasserhaushalt und Mineralstoffwechsel. Ein wichtiges Wirkungsgebiet der Schilddrüse ist auch der *Wasserhaushalt*. Die bedeutsamsten Untersuchungen auf diesem Gebiet stammen von EPPINGER[268]. Nach ihm wird die renale Abgabe peroral zugeführten Wassers durch Schilddrüsenstoffe wesentlich beschleunigt, durch Thyrektomie (Hund) ebensosehr verzögert. In gleichem Sinne reagiert die *NaCl-Ausscheidung*. Bei schilddrüsengefütterten Tieren ist die Resorption aus dem Gewebe und die Ausscheidung beschleunigt. EPPINGER[268] vermutet eine den Stoffaustausch, also auch den Wasserwechsel zwischen Gewebsflüssigkeit und Blutplasma fördernde Tätigkeit der Schilddrüse, bei deren Ausfall demnach auch die für das Myxödem charakteristischen Wasserretentionen im

Gewebe erklärlich wären. — Fujimaki und Hildebrandt[331] konnten den wahrscheinlich humoral bedingten, nicht über das Zentralnervensystem gehenden Mechanismus dieser Schilddrüsenfunktion dadurch demonstrieren, daß sie ihr Vorhandensein auch nach Durchschneidung des Halsmarkes nachzuweisen vermochten. Auch bei verschiedenen Ödemen, sofern sie nicht mechanisch bedingt sind, läßt sich durch Schilddrüsensubstanz Entwässerung erzielen, wohl auf Grund der von Ellinger[263] in vitro beobachteten entquellenden Wirkung, welche von Schilddrüsenstoffen auf Eiweißkörper ausgeübt wird. Parhon und Mitarbeiter[678] fanden bei schilddrüsengefütterten Meerschweinchen eine Abnahme des Wassergehaltes der Muskeln.

Die Cl-*Ausscheidung* wird durch Schilddrüsenfütterung gesteigert (Eppinger[268], Roos[744], Scholz[776]), ebenso die P-Ausscheidung in Harn und Kot (Andersson und Bergmann[40], Senator[786], Aub und Mitarbeiter[67a] u. a.) sowie die Ausscheidung von Schwefelsäure, welche letztere mit der N-Ausscheidung ungefähr parallel geht (Bürger[153], Pfeiffer und Scholz[695]).

Das Verhalten des *Blutkalkspiegels* scheint so wenig charakteristisch zu sein, daß es nicht lohnt, Einzelheiten der widerspruchsvollen Untersuchungen hier anzuführen (Literatur bei Biedl[110], Raab[710]; neuere Arbeiten von Castex und Schteingart[174], Greenwald und Gross[367]), dagegen wurde jüngst von Aub und Mitarbeitern[67a] eine die Ca-*Ausscheidung* durch Harn und Kot hochgradig befördernde Wirkung des Schilddrüsenhormons und Kalkverarmung der Knochen bei Schilddrüsenüberfunktion entdeckt.

Korrelationen mit anderen Hormondrüsen. Eppinger, Falta und Rudinger[270] haben seinerzeit in einem großangelegten System von Hypothesen die Stellung der einzelnen innersekretorischen Drüsen zueinander mit besonderer Berücksichtigung ihres Einflusses auf den Kohlenhydratstoffwechsel zu präzisieren versucht und sie in zwei Gruppen eingeteilt: 1. stoffwechselfördernd: Schilddrüse, Adrenalsystem, Infundibularteil (= Zwischen- und Hinterlappen) der Hypophyse, 2. stoffwechselhemmend: Pankreas und Epithelkörperchen. Das Schema ist in dieser einfachen Form nicht mehr aufrechtzuerhalten, doch liegt immerhin eine Reihe von objektiven Anhaltspunkten für Wechselwirkungen speziell mit den Nebennieren und dem Pankreas vor: So findet sich meist eine Abschwächung der Adrenalinhyperglykämie und -glykosurie bei schilddrüsenlosen Tieren (Grey und Santelle[374], Holm und Bornstein[435] u. a.), während die Adrenalinsekretion als solche durch Thyrektomie nicht beeinflußt zu werden scheint (Czarnecki und Sarabia[220]). Aus diesen Versuchen, ebenso wie aus Beobachtungen der Asherschen Schule geht anscheinend hervor, daß tatsächlich eine gewisse Kooperation und gegenseitige Wirkungssteigerung zwischen dem Hormon der Schilddrüse und dem der Nebennieren besteht. Andererseits wirkt das dem Adrenalin direkt antagonistisch gegenüberstehende Pankreashormon, das Insulin, auch der Schilddrüsenwirkung entgegen. So fanden Asher und Okumura[60] den stoffwechselsteigernden Effekt des Thyroxins, Ahlgren[24] die gewebsatmungsanregende Wirkung von Schilddrüsenstoffen durch Insulin abgeschwächt und nach Houssay und Mitarbeitern[439—444], Bodansky[130], Burn und Marks[157] ist die Insulinempfindlichkeit schilddrüsenloser Tiere erhöht.

Während der Gravidität stellt sich häufig eine Vergrößerung der Schilddrüse ein, von der sich indes nicht mit Sicherheit sagen läßt, ob sie an den in der Gravidität auftretenden Stoffwechselerscheinungen ursächlich beteiligt ist.

Gewisse Beziehungen bestehen endlich zwischen *Schilddrüse und Vitaminen*, insbesondere dem Vitamin B (Verzár und Vásárhélyi[871]). Nach Zih[904] sinkt bei B-avitaminotischen Ratten der Grundumsatz allmählich ab, dagegen wirkt bei ihnen Schilddrüsenzufuhr stärker stoffwechselsteigernd als bei normalen, also Verhältnisse, wie sie beim thyrektomierten Tier im Gegensatz zum gesunden bestehen.

Alles in allem dürfen wir in der Schilddrüse einen mächtigen Stoffwechselmotor erblicken, der, wenn nicht alle Stoffwechselvorgänge, so doch die wichtigsten unter ihnen anregt und fördert, allem Anschein nach in ziemlich proportional gleichmäßiger Weise ohne besondere Modifikation ihrer qualitativen Abläufe.

Epithelkörperchen.

Die funktionelle Bedeutung der Epithelkörperchen ist auf ein enges, allerdings sehr wichtiges Gebiet sozusagen spezialisiert, nämlich auf das des Kalk- und Phosphorhaushaltes und in gewissem Sinne auch auf die Erhaltung des normalen Säure-Basen-Gleichgewichts. Eigentliche morphogenetische Funktionen, die von den eben erwähnten Stoffwechselfaktoren losgelöst zu betrachten wären, sind nicht vorhanden, weshalb die Erörterung gewisser morphologischer Erscheinungen, die vor allem mit dem Kalkstoffwechsel in Verbindung stehen, bei Besprechung dieses letzteren eingeflochten werden sollen.

Der typische Symptomenkomplex des teilweisen oder gänzlichen Epithelkörperchenmangels ist der der sog. parathyreopriven *Tetanie*, eines Zustandes, der schon einige Stunden nach der Operation in Form von schweren Krämpfen und Zuckungen erkennbar werden und in vollentwickelten Fällen zum Tode führen kann. — Bei nur partieller Epithelkörperchen-Entfernung kommt es evtl. bloß zu einer sog. latenten Tetanie, deren Symptome erst bei irgendwelchen Anlässen, so z. B. während der Gravidität, manifest werden. Eine elektrische Übererregbarkeit der Muskeln besteht jedoch auch hier so wie bei der vollentwickelten Tetanie.

Calcium- und Phosphorstoffwechsel. MacCallum und Voegtlin[584] machten 1908 als erste die Beobachtung, daß bei tetaniekranken Menschen und Tieren die Ca-Ausscheidung in Harn und Kot und vor allem der Ca-Gehalt des Blutes vermindert ist, was seither von einer großen Zahl von anderen Autoren bestätigt wurde. Andererseits sahen Marine[616] und Luce[573] bei Ca-arm ernährten Tieren eine auffallende Bereitschaft zu tetanieartigen Krämpfen und gleichzeitig eine Vergrößerung der Epithelkörperchen auf das Zwei- bis Vierfache, was als kompensatorische Hypertrophie gedeutet wird. — Collip[194] hat als charakteristischsten Effekt seines Epithelkörperchen-Hormons (,,Parathormon") eine Erhöhung sowohl des pathologisch niedrigen als auch des normalen Ca-Spiegels im Blut beschrieben, die bei Überdosierung sogar zu einem bedrohlichen ,,hypercalcämischen" Symptomenkomplex führen kann. Die Wirkung jeder einzelnen Injektion hält ziemlich lange an (ca. 12 Stunden mit dem Höhepunkt der Ca-Kurve zwischen 5. und 9. Stunde). Die ,,hypercalcämischen" Erscheinungen, bestehend in Adynamie, Durchfällen, Erbrechen, evtl. Tod treten von 15 mg % Ca im Blut aufwärts ein. Bei Pflanzenfressern kommen sie seltener vor (Taylor[835]).

Wie kommt es nun zu der Blut-Ca-Steigerung durch das Parathormon und zur Blut-Ca-Abnahme bei seinem Fehlen? Greenwald und Gross[368] vermuten eine durch das Hormon angeregte Ca-Mobilisierung aus den Knochen, welche nach Lehmann und Cole[543] bei langdauernder Parathormonbehandlung abnorm leicht zerbrechlich werden sollen; Aub und Mitarbeiter[67b] stellten besonders deutliche Ca-Verluste in den Knochenbälkchen fest; Stewart und Percival[814] fanden die Blut-Ca-Steigerung auch nach Entfernung verschiedener parenchymatöser Organe unvermindert. Umgekehrt nimmt Greenwald[365] an, daß bei der Tetanie Ca im Organismus retiniert wird, und zwar soll es als anorganisches Phosphat in den Knochen ausfallen. Reiss[722] bezieht die Parathormon-Ca-Steigerung im Blut auf eine Mobilisierung aus den Geweben, da sie durch vorhergegangene Ca-

Zufuhr sehr verstärkt werden kann, wobei es sich vorwiegend um diffusibles Ca handelt.

In evidentem Zusammenhang mit den Störungen des Ca-Stoffwechsels stehen gewisse, für das Symptomenbild der Epithelkörperchen-Insuffizienz charakteristische *Veränderungen auf morphologischem Gebiet*: Neben weniger wichtigen Erscheinungen an der Körperoberfläche (struppiges Fell, Haarausfall, Ekzeme) handelt es sich um trophische Störungen vor allem der Zähne, der Knochen und der Augenlinse, welche nicht nur bei der mit akuten Anfällen verbundenen, sondern auch besonders bei der chronischen latenten Tetanie auftreten. An den Schneidezähnen (besonders deutlich an den Nagezähnen der Ratte) treten Schmelzdefekte und Störungen der Dentinverkalkung auf, die zu abnormer Brüchigkeit und oft zu Frakturen der Zähne führen, ferner zeigt sich eine abnorme Verzögerung der Callusbildung bei Knochenfrakturen und insbesondere bei jungen Tieren eine schwere Schädigung der Knochenverkalkung (Erdheim[276], Canal[162], Morel[640] u. a.), die eine gewisse Ähnlichkeit mit der Rachitis und Osteomalazie besitzt, endlich Cataracta perinuclearis der Augenlinse (Erdheim[277], Iversen[451], Schiötz[769] u. a.). — Der feinere Mechanismus des Zustandekommens dieser Erscheinungen ist allerdings noch unklar, umsomehr, als auch die übermäßige Zufuhr von Epithelkörperchen-Hormon ähnliche Veränderungen an den Knochen zu verursachen scheint (s. oben). Auf chemischem Wege wurde bei tetanischen Tieren vielfach eine Ca-Verarmung der Gewebe und Knochen festgestellt (Quest[709], Mac Callum und Voegtlin[584], Cooke[199], Kojima[497] u. a., vgl. dazu Reiss[722], s. oben).

Neben dem Ca werden auch die *anorganischen Phosphate* durch die Funktion der Epithelkörperchen wesentlich beeinflußt. Sie steigen im Gegensatz zum Blut-Ca sowohl bei manifester als auch bei latenter Tetanie im Blut weit über die Norm an (Greenwald[366], Hastings und Murray[402], Elias und Spiegel[260], Freudenberg und György[325] u. a.), ohne daß die P-Ausscheidung hierbei wesentlich vermindert wäre (Greenwald und Gross[368]). Umgekehrt werden die anorganischen Phosphate bei Zufuhr von Epithelkörperchen-Hormon im Blut vermindert, ihre Ausscheidung im Harn erhöht (Robinson und Mitarbeiter[733], Greenwald und Gross[369]).

Für das Zustandekommen der bis zu Krämpfen führenden neuromuskulären Übererregbarkeit scheint die bei der Tetanie bestehende Störung des Ca-Stoffwechsels insofern maßgebend zu sein, als eine Verminderung *ionisierten* Calciums (Trendelenburg[850], Pinkus und Mitarbeiter[698]) besteht, die durch eine Verschiebung des Säure-Basen-Gleichgewichts nach der alkalischen Seite hin im tetanischen Organismus bedingt sein soll (Wilson und Mitarbeiter[895], Freudenberg und György[325]). — Neuere Untersuchungen von Klinke[482] stimmen mit dieser Auffassung allerdings nicht überein, auch Elias und Kornfeld[259], de Gens[346] u. a. messen der Alkalose keine primäre Bedeutung für das Zustandekommen des tetanischen Symptomenkomplexes bei.

Außer dem Ca scheint der Phosphatstoffwechsel und seine Störung bei Epithelkörperchen-Insuffizienz für den Grad der neuromuskulären Erregbarkeit wichtig zu sein (Elias und Spiegel[260]). Freudenberg und György[325] betrachten hierbei eine „Stauung alkalischer Phosphationen" als das wesentlichste Moment.

Guanidinstoffwechsel. Seit W. F. Koch[490] im Harn parathyreopriver Hunde abnorm große Mengen von Methylguanidin gefunden hat und auch im Blut eine Guanidinvermehrung beobachtet worden ist (Burns und Sharpe[158], Paton und Sharpe[685] u. a.), wurde die Tetanie wegen der Ähnlichkeit ihrer Erscheinungen mit denen der experimentellen Dimethylguanidinvergiftung, deren

Symptome sich nach NOTHMANN und KÜHNAU[658] durch Epithelkörperchen-Hormon unterdrücken lassen, vielfach als eine durch die Epithelkörperchen-Insuffizienz bedingte Guanidintoxikose betrachtet (BIEDL[110] u. a.). Ein wesentlicher Unterschied ist allerdings die geringe Beteiligung des Ca-Stoffwechsels bei der Guanidinvergiftung (WATANABE[882], NELKEN[651], SALVESEN[756]). In neuerer Zeit wird der Zusammenhang zwischen Tetanie und Guanidinstoffwechsel überhaupt geleugnet (GREENWALD und GROSS[370], MAJOR, ORR und WEBER[597]). — KUEN[516] fand mit einer neuen Methode keine Vermehrung des Guanidingehaltes im Harn.

Das Guanidin, welches in engen Beziehungen zum Kreatinstoffwechsel steht, scheint neben seiner Bildung im endogenen intermediären Stoffwechsel auch eine exogene Entstehungsquelle zu besitzen, nämlich die im Darm gebildeten Abbauprodukte von alimentär aufgenommenem Fleisch. Mit Rücksicht auf die Möglichkeit einer derart vom Darm ausgehenden Guanidinintoxikation resp. ihre tetanigene Kombination mit Epithelkörperchen-Insuffizienz versuchten LUCKHARDT und Mitarbeiter[577—579], DRAGSTEDT[239], SALVESEN[756] u. a. mit Erfolg, die Schäden der Epithelkörperchen-Exstirpation durch eine fleischfreie lacto-vegetabilische Kost hintanzuhalten, während Fleischzufuhr die Tetaniesymptome prompt wieder zum Ausbruch bringt (OGAWA[664] u. a.).

Eine auf ganz anderen Vorstellungen begründete, ebenfalls wirksame antitetanische Diät verabfolgte BLUM[128] seinen Versuchstieren. Sie besteht aus Milch und täglich 200—300 cm³ Blut. Das Blut soll seiner Meinung nach „Schutzstoffe" enthalten, welche dem im Blut kreisenden und auch in die Milch übertretenden Epithelkörperchen-Hormon entsprechen und aus einem in den Epithelkörperchen selbst gebildeten „Hormogen" erst im Kreislauf zum wirksamen Hormon aktiviert werden sollen.

Soweit sich der *gegenwärtige Stand der Tetaniefrage* überblicken läßt, gelangen wir unter vorläufiger Anerkennung einiger allerdings noch recht fraglicher Hypothesen zu dem Ergebnis: Ausfall der Epithelkörperchen begünstigt die toxische Wirkung enteral gebildeter Fleischeiweißabbauprodukte (Guanidin). Diese führt zu einer Alkalisierung des Blutes, welche wieder ihrerseits den Zustand von Blut-Ca und Blut-Phosphaten in einem das Zustandekommen von Krämpfen fördernden Sinn beeinflußt.

Sonstige Stoffwechselwirkungen. Ob das Epithelkörperchen-Hormon eine prinzipielle Wirkung im Gesamtumsatz und im Eiweißstoffwechsel entfaltet, ist nicht sicher bekannt, aber wenig wahrscheinlich. — Über NH_3-Gehalt des Blutes und NH_3-Ausscheidung mit dem Harn liegen ganz widersprechende Angaben vor (Literatur bei BIEDL[110], RAAB[710], neuere Untersuchungen von TAYLOR[835]). Die alte Ammoniakvergiftungstheorie der Tetanie ist als unhaltbar verlassen.

Einen gewissen Einfluß scheinen die Epithelkörperchen dagegen auf den *Kohlenhydratstoffwechsel* zu besitzen: Parathyrektomie führt meist zu einer Verminderung der Kohlenhydrat-Toleranz (EPPINGER, FALTA und RUDINGER[270], EDMUNDS[253], TAKAHASHI[828]), dagegen läßt das COLLIPsche Parathormon den Blutzucker ziemlich unbeeinflußt[194]. Guanidinvergiftung führt eher zur Hypoglykämie (WATANABE[882], COLLIP[194] u. a.).

Für ein Eingreifen der Epithelkörperchen in den Fett- und Lipoidhaushalt liegen keine sicheren Anhaltspunkte vor.

Anhangsweise sei noch kurz auf die Beteiligung der *Epithelkörperchen bei Avitaminosen* hingewiesen. Bei Rachitis fand ERDHEIM[278] charakteristische Veränderungen der Epithelkörperchen, welche indes von BIEDL[113], HAMMET[392] u. a. als durch die primär rachitischen Stoffwechselstörungen, besonders die des Ca-Haushaltes, sekundär bedingt aufgefaßt werden, während FREUDENBERG und GYÖRGY[326], SHIPLEY[789], HESS und Mitarbeiter[422] innigere pathogenetische Beziehungen zwischen Epithelkörperchen und Rachitis vermuten. In jüngerer Zeit konstatierte DI GIORGIO[349] klinische Ähnlichkeiten zwischen thyreopriver und avitaminotischer „Tetanie", doch bestehen wesentliche Unterschiede im Verhalten von Ca und P.

Thymus.

Hat schon die anatomische Struktur der Thymusdrüse Anlaß zu Zweifeln an ihrer inkretorischen Natur gegeben, so sind wir auch über ihre funktionelle Bedeutung noch recht wenig informiert, obwohl ihr Hormondrüsencharakter heute als sichergestellt zu betrachten ist. Zu den absolut lebenswichtigen Organen gehört sie jedenfalls nicht (Literatur bei BIEDL[110]), doch führt ihre Exstirpation im jugendlichen Alter zu einer Reihe von mitunter schweren Erscheinungen vorwiegend trophischer Art, die unter dem Namen „Kachexia thymipriva" zusammengefaßt werden (KLOSE und VOGT[485]): Wachstumshemmung, schwere Verkalkungsstörungen des osteoiden Gewebes und daraus folgende Brüchigkeit der Knochen, verminderte Heilungstendenz bei Frakturen, Idiotie, Behaarungsdefekte, Ekzeme. Bei Hühnern dokumentiert sich der Kalkmangel auch in einer hochgradigen Kalkarmut der Eierschalen (SOLI[802]), dagegen besteht bei ihnen nach Thymektomie ein beschleunigtes Wachstum (KATSURA[468]). Merkwürdigerweise steht diesen positiven Ergebnissen eine ebenfalls stattliche Reihe von Untersuchungen gegenüber, die teils überhaupt keine, teils bloß ganz unbedeutende Folgeerscheinungen nach Thymektomie ergaben (PARK und Mitarbeiter[681], VAN ALLEN[31] u. a.).

LUCIEN und PARISOT[575] sowie KLOSE und VOGT[485] führen die ungenügende Verknöcherung und Osteoporose thymusloser Tiere auf einen Mangel an ungelöstem Kalk im Knochensystem zurück. Die Ähnlichkeit dieser Knochenveränderungen mit denen bei der Rachitis ist zwar in die Augen springend, berechtigt aber nach MATTI[617] noch nicht zu der Annahme einer Identität beider Zustände. SOLI[802] vermutet eine nach Thymektomie verminderte Kalkaufnahme aus dem Darm, und LIESEGANG[560] hat die Hypothese aufgestellt, daß der Thymus auf dem Wege des Nuclein- und Phosphatstoffwechsels indirekt auf den Ca-Haushalt Einfluß nehmen könnte.

Alle bisher angeführten Erscheinungen sind, was ihre Spezifität als Thymussymptome betrifft, mit Rücksicht auf die zahlreichen, vollkommen folgenlos verlaufenen exakten Thymektomien nur äußerst vorsichtig zu bewerten, da auch der Einwand, die negativen Versuche seien auf zurückgelassenes Thymusgewebe zurückzuführen, durch PARK und ROY MAC CLURE[681] nicht anerkannt wird. Diese Autoren führen vielmehr die Mehrzahl der sog. Thymussymptome auf interkurrente Infektionen, Änderung der äußeren Lebensbedingungen und Ernährung usw. zurück. Auffallend ist es auch, daß es noch nicht gelungen ist, die dem Thymusverlust zugeschriebenen Erscheinungen organotherapeutisch zu beeinflussen (KLOSE und VOGT[485] u. a.).

Verschiedentliche Versuche, durch Organpräparate oder Organtransplantation ein typisches Zustandsbild von Hyperthymisation zu erzeugen, schlugen fehl. Es ergaben sich allerlei wenig charakteristische Störungen des Allgemeinbefindens oder auch gar keine merklichen Effekte (HAMMAR[390], RANZI und TANDLER[719], BASCH[82], HART und NORDMANN[396] u. a.). Von ausgesprochenen definierbaren Stoffwechselwirkungen des Thymus in irgendeiner bestimmten Hinsicht ist kaum etwas bekannt (s. RUCHTI[754], HIRSCH und BLUMENFELDT[428], ARNOLDI und LESCHKE[44], HERTZ[419]).

Zu anderen Hormondrüsen steht der Thymus in *mannigfachen Beziehungen*, deren funktionelle Bedeutung allerdings ebenfalls noch wenig aufgeklärt ist:

Vergrößerung oder auch Atrophie des Thymus nach Entfernung der Schilddrüse (GLEY[353], BIEDL[110], LUCIEN und PARISOT[576], BASCH[82] u. a.) bzw. nach Zufuhr von Schilddrüsensubstanz (BASCH[82] u. a.). Die bedeutungsvollsten Korrelationen sind wohl die *zu den Keimdrüsen*. Nach Kastration tritt fast immer eine Gewichtszunahme oder zumindest abnorme Verzögerung der physiologischen Rückbildung des Thymus ein (CALZOLARI[160], HENDERSON[412], TANDLER und GROSZ[832], BASCH[82] u. a.). Nach Exstirpation des Thymus soll andererseits Vergrößerung des Pankreas, der Schilddrüse und des Nebennierenmarkes vorkommen (KLOSE und VOGT[485], MATTI[617]), ferner rapides Wachstum oder auch Verkleinerung der Hoden (PATON[684], KLOSE und VOGT[485], SOLI[802], BASCH[82]).

Ein Gesamtüberblick über die vorliegenden sehr zahlreichen Thymusforschungen, die sich in HAMMARS[390] Monumentalwerk vollzählig zusammengestellt finden, ergibt ein kaum entwirrbares Chaos, in dem die Beobachtungen über das Fehlen irgendwelcher Folgeerscheinungen nach Thymektomie noch fast als die solidesten Anhaltspunkte erscheinen.

Nebennieren.

Bevor auf die Bedeutung der voneinander funktionell ebenso wie morphologisch streng trennbaren Nebennierenbestandteile (Rinde und Mark) eingegangen wird, sollen einige Bemerkungen über die allgemeinen *Folgen der Nebennierenexstirpation* vorausgeschickt werden, da bei diesem Eingriff eine exakte Isolierung des einen oder anderen Anteiles technisch nur schwer durchführbar und deshalb auch in der Mehrzahl der Untersuchungen unterblieben ist. Das regelmäßige Vorhandensein reichlicher Mengen akzessorischen Gewebes beider Typen erschwert natürlich die Deutbarkeit der Versuchsergebnisse. Immerhin konnte mit Sicherheit festgestellt werden, daß die Nebennieren lebenswichtige Organe sind, wenn auch der Tod nach ihrer Entfernung je nach der Art der angewandten Technik früher oder später eintritt. BANTING und GAIRNS[79] z. B. konnten ihre nebennierenlosen Hunde 100—200 Tage lang am Leben erhalten. — Die typischen Folgen der Epinephrektomie sind vor allem eine auffallende Muskelschwäche und Mattigkeit, ferner verminderte Freßlust, Haarausfall, Temperaturabnahme, Abmagerung, Erbrechen, Durchfälle, Schleimhautblutungen besonders im Gastrointestinaltrakt, endlich Somnolenz und totale Asthenie bis zum Tod (ROGOFF und STEWART[738] u. a.).

Bei Beurteilung von *Veränderungen des Stoffwechsels* nebennierenberaubter Tiere bestehen dreierlei Schwierigkeiten: Erstens ist es oft nicht möglich, auseinanderzuhalten, was auf den reinen Ausfall der Nebennierentätigkeit an sich zurückzuführen und was bloße Folge des schweren operativen Eingriffes ist. Hier sind möglichst spät nach der Operation, aber bei noch relativ gutem Allgemeinbefinden durchgeführte Untersuchungen die maßgeblichsten. Zweitens spielen Rinden- und Markausfallssymptome ineinander. Drittens ist die Menge zurückgebliebenen akzessorischen Gewebes nur schwer zu kontrollieren.

Die Angaben über das Verhalten des *Gaswechsels* lauten dementsprechend sehr widerspruchsvoll und umfassen alle Möglichkeiten: Steigerung, Gleichbleiben, Verminderung (GOLYAKOWSKI[359], ATHANASIU und GRADINESCU[65], MARINE und BAUMANN[608], ASHER und NAKAYAMA[58], AUB und Mitarbeiter[67], ARTUNDO[47] u. a.). Die Mehrzahl der Untersuchungen ergibt allerdings eine Senkung des Grundumsatzes und AUB vermutet, daß den Nebennieren eine ähnliche stoffwechselanregende Wirkung zukomme wie der Schilddrüse, jedoch mit rascherem Wirkungsablauf.

Die *Wärmeregulation* scheint unter dem Verlust der Nebennieren schwer zu leiden (GAUTRELET und THOMAS[342], FREUND und MARCHAND[327], HAYAMA[407]),

die Wirkung des cerebralen Wärmestiches bleibt aus (LILIESTRAND und FRU-
MERIE[561]), doch kann die Fieberfähigkeit durch Implantation von Nebennierengewebe wieder hergestellt werden (DÖBLIN und FLEISCHMANN[235]).

Erstaunlich geringfügig sind die Folgen der Nebennierenexstirpation im
Gebiet des *Kohlenhydratstoffwechsels*, in dem das Adrenalin doch sonst eine so
große Rolle spielt, so daß die Nebennierenhormonproduktion im Sinne CANNONS[163]
keine für den Kohlenhydratstoffwechsel dauernd unerläßliche, sondern nur für
gewisse „Notfälle" reservierte zu sein scheint.

Die N-*Ausscheidung* durch den Harn ist nach Epinephrektomie zuweilen vermindert (MARIANI[605], GRADINESCU[362]), dafür der Gehalt des Blutes an Harnstoff-N und Rest-N erhöht (DUBOIS und POLONOWSKI[244], BANTING und GAIRNS[79],
ROGOFF und STEWART[738], SWINGLE[826]); zumeist erfolgt eine beträchtliche Ein-
dickung des Blutes und Erhöhung der H-*Ionenkonzentration* (VIALE[872], SWINGLE[826]
u. a.), welche SWINGLE und WENNER[827] auf Verminderung des Bicarbonatgehaltes
und hochgradige Retention von Sulfaten zurückführen.

Nebennierenrinde.

Von den beiden die Nebennieren zusammensetzenden Bestandteilen scheint die
Rinde der lebenswichtigere zu sein (BIEDL[110]) (s. Anm.). Nichtsdestoweniger können
wir die *funktionelle Bedeutung der Nebennierenrinde* vorläufig nicht klar definieren.
Nach ABELOUS und LANGLOIS[14] soll sie toxische, bei der Muskeltätigkeit gebildete Stoffe entgiften; die nach Nebennierenexstirpation eintretenden Muskel-
schwäche- und Ermüdungszustände seien auf den Ausfall eben dieser Funktion
zurückzuführen. Auch andere hypothetische Entgiftungsfunktionen gegenüber
verschiedenen toxischen Substanzen wurden vermutet (LEWIS[555], H. MEYER[627]
u. a.) und mit der eigentümlichen Stellung, welche das Interrenalsystem im Lipoidstoffwechsel einnimmt, in Zusammenhang gebracht (ASCHOFF[51], BAGINSKI[74]).

Der außerordentliche *Cholesterinreichtum* der Nebennierenrinde hat französische Autoren, insbesondere CHAUFFARD[181], LAROCHE und GRIGAUT[536] zu der
Annahme geführt, die Nebennierenrinde sei ein Cholesterin produzierendes und
secernierendes Organ. Gegen diese Annahme spricht die Tatsache, daß der
Lipoidgehalt der Nebennierenrinde weitgehend von der exogenen Zufuhr dieser
Stoffe abhängig ist (LEUPOLD[552], MARINO[611], JOËLSON und SHORR[456], WACKER
und HUECK[878], KRYLOW[515] u. a.). Auch bei endogen provozierten Hyper-
cholesterinämien (nach Choledochusunterbindung, im Hunger) reichern sich die
Nebennieren mit Cholesterin an, ferner führt schon einseitige Nebennierenexstirpation zu einer Vermehrung des Blutcholesterins (GRIGAUT[375], ROTH-
SCHILD[750]). All dies entspricht der von ASCHOFF[51], ROTHSCHILD[750] u. a. vertretenen Ansicht, daß die Nebennierenrinde nicht Lipoide secerniert, sondern
vielmehr aus dem Kreislauf aufnehme und speichere. GOLDZIEHER[357] erzielte
mit einem von ihm hergestellten Nebennierenrindenextrakt „Interrenin", einen
Abfall der Blutlipoide, ebenso KOHNO[496] mit einem Rindenextrakt. SCHMITZ
und REISS[773] konnten mit adrenalinfreien Nebennierenextrakten die Hypercholesterinämie bei Beriberi-Tauben verhindern.

Merkwürdige Beziehungen zwischen *Nebennieren und Zentralnervensystem*
ergeben sich daraus, daß bei gewissen Gehirnmißbildungen (Anencephalie,
Hydrocephalus usw.) sehr oft eine hochgradige Hypoplasie der Nebennieren ge-

---

Anm. Nachtrag bei der Korrektur: SWINGLE und HARTMANN konnten mit unabhängig
von einander hergestellten Rindenpräparaten epinephrektomierte Versuchstiere monatelang
bei normalem Befinden erhalten. Unbehandelte Tiere konnten aus schwerem Verfall heraus
gerettet werden. (XIV. Tagung d. Assoc. f. the Study of Int. Secretions, Detroit, U. S. A.
Juni 1930.)

funden wird (J. BAUER[87], THOMAS[838]). Ferner bestehen anscheinend sehr enge Zusammenhänge zwischen Funktionszuständen und Entwicklung der Nebennierenrinde und der Keimdrüsen (KOLMER[499], STILLING[818], STOERK und v. HABERER[821] u. a.), welche besonders beim Vorhandensein von Nebennierenrindentumoren zu geschlechtlicher Frühreife führen (BULLOCK und SEQUEIRA[152], GLYNN[355] u. a.), hier aber nicht im einzelnen besprochen werden können.

Nebennierenmark.

Das Nebennierenmark steht nicht nur entwicklungsgeschichtlich, sondern auch funktionell in allerengstem *Kontakt mit dem sympathischen Nervensystem*, seine Sekretionstätigkeit wird durch sympathische Nervenbahnen geregelt und umgekehrt wirkt sein Hormon, das *Adrenalin*, in elektiver Weise auf das sympathische Nervensystem ein.

Besondere morphogenetische Wirkungen des Nebennierenmarkes sind nicht bekannt, dafür aber eine Reihe von pharmakodynamischen Effekten, die zu den beststudierten Hormoneffekten überhaupt gehören.

Die unter Umständen äußerst heftigen und stürmischen *Kreislaufwirkungen* (Beschleunigung der Herzaktion, hochgradige Blutdrucksteigerung infolge allgemeiner Gefäßverengerung) ebenso wie Beeinflussungen des Tonus anderer sympathisch innervierter Gruppen glatter Muskulatur (Uterus, Harnblase, Darm, Pupille usw.) fallen aus dem Rahmen dieser Abhandlung und sind hier nicht näher zu besprechen. Es genügt der Hinweis darauf, daß Adrenalin durch seine allgemein sympathicotrope Wirkungsweise in entsprechenden Dosen lebhafte Erregungszustände in den verschiedensten Organgebieten hervorrufen kann, die natürlich auch für den Gesamtstoffwechsel nicht gleichgültig sind.

Die nach Adrenalinzufuhr meist eintretende motorische Unruhe, Herzbeschleunigung usw., sind Momente, welche den O_2-Verbrauch steigern (LA FRANCA[524], LUSK und RICHE[581] u. a.), aber auch darüber hinaus scheint das Adrenalin eine echte primäre *Verbrennungssteigerung* zu bewirken (BELAWENEZ[94], BOOTHBY und SANDIFORD[135], ASHER und NAKAYAMA[58, 59] u. a.), welche von den jeweils vorhandenen Kohlenhydratvorräten abhängig ist (WEISS und REISS[888]). Auch an isolierten Organen und Geweben wurde eine Steigerung des O_2-Verbrauches durch Adrenalin beobachtet (BARCROFT und DIXON[80], RHODE und OGAWA[728], ADLER und LIPSCHITZ[20], LIPSCHÜTZ[564] u. a.).

Die Körpertemperatur wurde von einigen Autoren nach Adrenalinzufuhr beträchtlich erhöht gefunden (EPPINGER, FALTA und RUDINGER[269], BELAWENEZ[94] u. a.).

Intermediärstoffwechsel. Was nun das Eingreifen des Adrenalsystems in den Intermediärstoffwechsel betrifft, so bezieht sich dies in erster Linie auf den *Kohlenhydrathaushalt*, in dem das *Adrenalin* eine hochbedeutsame Rolle spielt. Diesbezüglich sei auf das Kapitel „Regulation des Kohlenhydratstoffwechsels" von Prof. SEUFFERT in diesem Handbuch, Band 3, verwiesen.

Im Gegensatz zu den Kohlenhydratverhältnissen sind die des *Eiweiß- und N-Stoffwechsels* unter Adrenalinwirkung äußerst unübersichtlich und unklar und auch die Exstirpationsversuche lassen sich in dieser Richtung kaum verwerten (Lit. bei BIEDL[110], GRAFE[363]). Die N-Ausscheidung wird nach Adrenalinzufuhr teils unverändert, teils erhöht gefunden, letzteres besonders dann, wenn die Kohlenhydratvorräte des Organismus von vornherein gering oder durch Adrenalinisierung erschöpft sind (LUSK und RICHE[581]).

Auch über die Rolle des Adrenalins im *Fettstoffwechsel* ist wenig bekannt; immerhin sind Kohlenhydrat- und Fetthaushalt miteinander so eng verknüpft, daß von dem einen auch gewisse Rückschlüsse auf Verhältnisse des anderen gezogen werden können, besonders dann, wenn man die Möglichkeit einer Fett-Kohlenhydratumwandlung, die vor allem in der Leber vor sich geht, anerkennt. Diese Möglichkeit wird durch so viele Einzelbeobachtungen und logische Erwägungen erhärtet (s. Geelmuyden[344] [345]), daß es heute kaum mehr gerechtfertigt erscheint, sie zu leugnen. Ein altes Argument in diesem Sinne sind die Versuche von Blum[129] und Roubitschek[751], die bei durch Hunger und Adrenalin glykogen-arm gemachten Hunden eine Adrenalinglykosurie erst durch Ölfütterung, also Neubildung von Zucker aus Fett wieder hervorrufen konnten.

Der bekannte „Glykogen-Fett-Antagonismus" in der Leber (vermehrte Fett-aufnahme bei Glykogenverlusten, Rosenfeld[747], Geelmuyden[344], Junkers-dorff[461] u. a.), der offenbar der intrahepatalen Neubildung von Kohlenhydraten aus Fett dient, wobei Ketonkörper (Aceton usw.) als Zwischenprodukte entstehen, läßt die meisten bezüglich Adrenalin und Fettstoffwechsel vorliegenden Befunde verständlich erscheinen: die Verminderung des Blutfettes nach mäßigen Adrenalin-dosen (Alpern und Collazo[33], Raab[711], Fleisch[308], Agadschanianz[23]), offen-bar durch Absorption seitens der glykogenverarmten Leber, die Vermehrung des Leberfettes (Junkersdorf und Török[462]) aus dem gleichen Grunde, die Ver-mehrung der Acetonkörper in Blut und Harn (Raab[711], Anderson und Ander-son[39]). Chaikoff und Weber[179] beobachteten bei pankreasdiabetischen Hunden unter Adrenalinwirkung eine viel stärkere Steigerung der Zuckerausscheidung, als durch die Kohlenhydrataufnahme und — berechnet nach dem Quotienten D : N — durch die Kohlenhydratneubildung aus Eiweiß zu erklären gewesen wäre. Es mußte also Zucker aus Fett unter Adrenalinwirkung neu gebildet worden sein. Ob allerdings die Fett-Kohlenhydratmetamorphose durch Adrenalin direkt primär angeregt oder nur in dem Ausmaße veranlaßt wird, in dem die primäre Kohlenhydratwirkung die Heranziehung von Fettreserven erforderlich macht, muß noch dahingestellt bleiben. Das Verhalten des RQ. unter Adrenalinwirkung ist zu inkonstant und zu sehr durch die Beeinflussung des Atemtypus verwischt, um zuverlässige Schlußfolgerungen bezüglich einer Fettverbrennung (Bornstein und Müller[139], Alpern und Collazo[33]) zuzulassen, umsomehr, als auch die offenbar lebhafte Kohlenhydratverbrennung den RQ. gegen 1 hinauftreibt (Lusk und Riche[581], Weiss und Reiss[888]).

Welche Rolle das Adrenalsystem im Lipoidhaushalt spielt, ist noch unklar. Jedenfalls besteht eine auffallende Tendenz des Adrenalins, den Cholesterin- und Lipoidgehalt des Blutes (abgesehen vom Neutralfett) zu erhöhen (Jacobsohn und Rothschild[452], Kohno[496], Löw und Pfeiler[571] u. a.).

Wasserhaushalt und Mineralstoffwechsel. Betreffend die Einwirkung von Adrenalin auf den Wasserhaushalt sind zwar zahlreiche Untersuchungen an-gestellt worden, doch läßt sich aus den Ergebnissen kein klares Bild gewinnen. Es wurden sowohl Zu- als Abnahmen der Diurese beobachtet (Literatur bei Claus[187]). Die im Blut nach Adrenalinzufuhr gewöhnlich stattfindende Ein-dickung (Hess[420, 421], Erb[273]) wurde von Schatiloff[766], Billigheimer[120] u. a. auf ein Auspressen von Wasser durch die Capillarwände infolge des erhöhten Blutdruckes zurückgeführt. Dem widerspricht die Tatsache, daß Bluteindickung und Drucksteigerung keineswegs parallel gehen (Bardier und Frenkel[81]). — An den Nierengefäßen wurden vasomotorische Effekte beobachtet (Sollmann[803], Pari[679]), die zur Erklärung des Verhaltens der Diurese herangezogen werden können (z. B.: Vasodilatation : Diurese). Die nach Adrenalininjektion vorkom-mende Verminderung der NaCl-Ausfuhr wird auf Retention in den Geweben zurückgeführt (Frey und Mitarbeiter[328]).

Die Ausscheidung von Ca, P, K wurde von Falta und Mitarbeitern[292] erhöht, von Jacobsohn und Rothschild[452] vermindert gefunden. Den Blut-

Ca-Spiegel untersuchten WORINGER[899], TAYLOR und CAVEN[836], das Gewebs-Ca LEICHER[544]. Bezüglich Korrelationen s. die Kapitel „Schilddrüse", „Pankreas", „Hypophyse".

Pankreas.

Das bis heute vorliegende Endergebnis der ungeheuer umfangreichen Pankreas- und *Insulinforschung* steht in krassem Mißverhältnis zu der Riesensumme geleisteter Arbeit: wir können weder den Mechanismus der Insulinwirkung noch den ihres Spiegelbildes, der diabetischen Stoffwechselstörung einwandfrei definieren. Die auf die Wirkungen des Insulins im Kohlenhydratstoffwechsel bezüglichen Fragen, welche den weitaus wichtigsten Teil des Insulin-Problemkomplexes ausmachen, erörtert Prof. SEUFFERT in dem die Kohlenhydratstoffwechselregulation behandelnden Abschnitt dieses Handbuches (Band 3).

Die primäre Bedeutung, welche das Pankreas für die Regulation des Kohlenhydrathaushaltes besitzt, läßt seine Rolle in anderen Gebieten des Stoffwechsels bloß gewissermaßen als sekundäre Begleiterscheinungen bewerten und verstehen. So haben wir z. B. die Abmagerung beim Pankreasdiabetes mit ihren hochgradigen Eiweiß- und Fettverlusten als notwendige Konsequenz der durch Insulinmangel bedingten Kohlenhydratverluste zu deuten, zu deren Ersatz in zunehmendem Maße körpereigenes Material bis zur Erschöpfung herangezogen wird.

Eiweißhaushalt. Was speziell den Eiweißhaushalt betrifft, so hat schon MINKOWSKI[629] eine *während des Pankreasdiabetes* eintretende mächtige Steigerung des Eiweißumsatzes festgestellt, welche nach anderen Autoren das zwei- bis fünffache des Normalwertes erreichen kann (FALTA[287], GROTE und STÄHELIN[289] u. a., Literatur bei GRAFE[363], v. FALKENHAUSEN[286]). Diese Erscheinung beruht auf einer stark vermehrten Zuckerbildung aus Eiweiß, vielleicht auch auf einer infolge des Pankreasausfalles enthemmten Schilddrüsenaktivität und kann bis zu einem gewissen Grade als Maß der Stoffwechselstörung verwertet werden (MINKOWSKI[629] u. a.). — Im Rahmen der diabetischen Eiweißabbauprozesse kommt es nebenbei zu einer abnorm intensiven Acetonkörperbildung (PETRÉN[692], FALTA[287, 288] u. a.), insbesondere aus den Aminosäuren Leucin, Tyrosin und Phenylalanin (EMBDEN und Mitarbeiter[266], BAER und BLUM[72], THANNHAUSER und MARKOWITZ[837]).

Der *Einfluß des Insulins* auf den N-Umsatz ist weniger übersichtlich. Die N-Fraktionen des Blutes verhalten sich nach Insulinzufuhr anscheinend recht uncharakteristisch (GIGON und BRAUCH[348], STAUB[805], KEICH und LUSK[473] u. a.). Erhöhten Eiweißabbau in der Leber fanden in unveröffentlichten Untersuchungen REISS und SCHWOCH. Die Bestimmung der N-haltigen Bestandteile des Harns unter Insulinwirkung ergab widersprechende Resultate (MACLEOD und ALLAN[589], COLLAZO und HAENDEL[190], NASH[650], LABBÉ[521], BLATHERWICK und Mitarbeiter[122] u. a.).

Fettstoffwechsel. Wie schon bei Besprechung der Adrenalinwirkung ausgeführt, ziehen Veränderungen im Kohlenhydrathaushalt zwangsläufig auch solche des Fetthaushaltes nach sich. Während aber die Verhältnisse beim Adrenalin relativ leicht zu deuten sind, stoßen wir bei der Beurteilung der Fettstoffwechselwirkung des Inselorgans auf größere Schwierigkeiten, da wir eben auch seine Rolle im Kohlenhydrathaushalt noch nicht eindeutig zu analysieren vermögen. Gewisse sehr eindrucksvolle Phänomene des Fettstoffwechsels erscheinen jedoch unter Zuhilfenahme der Fettkohlenhydratumwandlungshypothese immerhin nicht unverständlich: Die diabetische Abmagerung wurde bereits oben als Ausdruck einer gewissermaßen verzweifelten Kohlenhydratersatzbemühung des Organismus erklärt.

Zu den charakteristischsten Symptomen der *diabetischen Stoffwechselstörung* gehört eine abnorme Produktion und teils mit der Atemluft, teils mit dem Harn erfolgende Ausscheidung von Aceton, Acetessigsäure und β-Oxybuttersäure, vorwiegend in der Leber entstehenden Produkten des Fettabbaues, die immer dann auftreten, wenn höhergradiger Mangel an Kohlenhydraten — insbesondere in der Leber — eine gesteigerte Fettkohlenhydratumwandlung erzwingt, mag man sie nun als an sich physiologische, nur pathologisch vermehrte Zwischenstufen auffassen wie GEELMUYDEN[344] u. a. oder aber als abwegige Abfallstoffe, die infolge des Kohlenhydratmangels nicht weiter verbrannt werden können (ROSENBERG[745, 746]). Durch Kohlenhydratzufuhr von außen kann die Ketonkörperbildung unter Umständen eingeschränkt werden, umgekehrt ist sie bei kohlenhydratarmer Ernährung besonders lebhaft (MINKOWSKI[629], ALLARD[28], SANDMEYER[759], ALLEN[29], LANGFELDT[530] u. a.). Die schweren toxischen Erscheinungen bei massenhafter Ansammlung von Ketonkörpern im Blut, welche das sog. Coma diabeticum ausmachen (Bewußtlosigkeit, Hypotonie, Exitus), werden teils als Anzeichen einer spezifischen Giftwirkung der β-Oxybuttersäure, teils als einfache unspezifische Säurevergiftung (Acidose) aufgefaßt.

Durch *Insulinzufuhr* lassen sich nicht nur die bedrohlichen Coma-Zustände, sondern auch die pathologische Ketonkörperbildung selbst mehr oder weniger rasch und vollständig beseitigen (MACLEOD[587], FONSECA[313]): Wiederherstellung der normalen Kohlenhydrat-Bilanzverhältnisse macht auch die gewaltsamen Fettabbauprozesse überflüssig und bringt sie zum Verschwinden. Im nichtdiabetischen Organismus wird die dort ungleich geringere Ketonkörperbildung durch Insulin in weniger charakteristischer Weise teils hemmend, teils fördernd beeinflußt (LAUFBERGER[537], RAPER und SMITH[720], BURN und LING[156], COLLIP[195], RAAB[711]), wobei die Dosierung maßgebend zu sein scheint.

Im diabetischen Organismus stellt sich nicht selten eine enorm hochgradige Ansammlung von Fett im Blutkreislauf ein, die sog. diabetische Lipämie, welche dem Serum ein geradezu rahmartiges Aussehen verleihen kann. Diese vieldiskutierte Erscheinung beruht auf einer Vermehrung in erster Linie des Neutralfettes, in geringerem Ausmaß auch des Cholesterins im Blut (SAVOLIN[764], BLOOR[127], WISHART[896], BLIX[124], RAAB[712]) und tritt in besonders hohem Grade nach alimentärer Fettzufuhr (FEIGL[295], BANG[76], BLIX[124]), aber oft genug auch ohne eine solche auf (FEIGL[295], MARSH und Mitarbeiter[613, 614] u. a.), weshalb sie nicht bloß auf eine Zurückhaltung von Nahrungsfett im Kreislauf bezogen werden kann, wie BLOOR[127] früher angenommen hatte. BLIX[124] und GEELMUYDEN[345] vermuten in der Lipämie die Folge einer abnorm lebhaften Fettmobilisierung aus den Fettdepots der peripheren Gewebe. Dies konnte RAAB[712] durch vergleichende Fettbestimmung im arteriellen und venösen Blut bestätigen. — Die Mobilisierung von Depotfett erfolgt auf Grund eines nervösen Reflexmechanismus (WERTHEIMER[890]), welcher anscheinend bei Glykogenmangel der Leber von dieser her ausgelöst wird, um Reservematerial herbeizuschaffen. Insulin beseitigt auch dieses Diabetessymptom und läßt die Blutfettwerte bald zur Norm zurückkehren (BANTING und Mitarbeiter[78], JOSLIN und Mitarbeiter[460], FONSECA[313], BLIX[124]).

Im nichtdiabetischen Körper verursacht Insulin auch im Blutfettgehalt keine eindeutigen Veränderungen. Dieser wurde teils unverändert gefunden (HARTMANN[397], RAAB[711], ONOHARA[668] u. a.), teils etwas erhöht (WHITE[891]). Die Fettmobilisierung aus den Geweben wird durch Insulin eingeschränkt (RAAB[712]). Dies mag vielleicht mit eine Ursache der unter Insulin oft beobachteten Fett- und Gewichtszunahmen sein (FALTA[287, 288] u. a.).

Außerdem soll nach der Ansicht mancher Autoren (DUDLEY und MARRIAN[248], LUBLIN[572], OMURA und NITTA[667]) unter Insulin auch eine Fettsynthese aus

Kohlenhydraten stattfinden. FALTA hatte schon lange vor der Entdeckung des Insulins die Hypothese aufgestellt, manche Formen von Fettsucht seien durch eine abnorme Hyperaktivität des Inselorganes bedingt, eine Vorstellung, für die DEPISCH und HASENÖHRL[227] jüngst objektive Argumente beibringen konnten.

Endlich seien noch die Untersuchungen LOMBROSOS[570] erwähnt, der eine spezifische, den Fettstoffwechsel beeinflussende Funktion des Pankreas daraus ableitet, daß der postmortale autolytische Fettabbau in der Leber bei pankreatektomierten Tieren gestört ist (vgl. dazu HEPNER und WAGNER[414]), ebenso fanden ROGER und BINET[734] eine Störung der „Lipoidärese" der Lunge nach Entfernung des Pankreas.

Der Cholesterinspiegel des Blutes verhält sich bei Diabetes und gegenüber Insulin in engeren Grenzen dem Neutralfett parallel: er steigt mit der Lipämie (BANG[76], B. FISCHER[305], BLIX[124], RAAB[712] u. a.) und wird durch Insulin wieder zur Norm gesenkt (NITZESCU und Mitarbeiter[655] u. a.).

Zusammenfassend läßt sich sagen, daß die primäre Kohlenhydratwirkung der Pankreasfunktion sekundär den Eiweiß- und Fetthaushalt beeinflußt, was sich vor allem beim Pankreasausfall in einem stark vermehrten Abbau dieser beiden Stoffe äußert, während am gesunden Individuum das Insulin weniger eingreifende Effekte verursacht.

Über das quantitative Verbrauchsverhältnis von Kohlenhydraten, Eiweiß und Fett sollte der RQ. einen gewissen Aufschluß geben. De facto sind aber die Resultate sehr unsicher. Ihre Besprechung gehört in das Kapitel „Regulation des Kohlenhydratstoffwechsels".

Gas- und Kraftwechsel. Der Gesamteffekt von Insulinwirkung bzw. Insulinmangel im O_2-Verbrauch ist ebenfalls noch etwas unklar. Jedenfalls scheint trotz der Kohlenhydrat-Mehroxydation unter Insulin dieses den *Grundumsatz* nicht wesentlich zu beeinflussen (KROGH[514], LESSER[549], REISS und WEISS[725]). Gelegentliche Steigerungen (LYMAN und Mitarbeiter[583], GABBE[337], WEISS und REISS[889], CHAIKOFF und MACLEOD[178], HAWLEY und MURLIN[406]) können evtl. auf Muskelunruhe, ein Absinken dagegen (DUDLEY und Mitarbeiter[247], LESSER[550], CASTEX und SCHTEINGART[175]) auf übermäßige Dosierung zurückgeführt werden. Im Diabetes ist der Grundumsatz fast regelmäßig erhöht (FALTA und Mitarbeiter[289], MURLIN und KRAMER[647], GRAFE und MICHAUD[364], HÉDON[410] u. a.), was sich vielleicht durch Schilddrüsenhyperaktivität und durch die vermehrte Eiweißverbrennung erklären läßt.

Die *Körpertemperatur* wird durch Insulin zumeist gesenkt (COLLAZO und HAENDEL[190], DALE[223], MACLEOD[588] u. a.), auch künstlich hervorgerufenes Fieber kann durch Insulin unterdrückt werden (ROSENTHAL und Mitarbeiter[749], CITRON und ZONDEK[185], CRAMER[208]). Die Ursache dieser Wirkung ist noch unbekannt.

Wasser- und Mineralstoffwechsel. Betreffend das Verhalten des Wasserhaushaltes unter Insulinwirkung lauten die Angaben sehr widersprechend. Es wurde teils Blutverdünnung, teils Bluteindickung beobachtet (Literatur bei GREVENSTUK und LAQUEUR[372], AUBERTIN[68]). Nach O. KLEIN[479] dürfte wohl der für die Verschiebungen im Wasserhaushalt hauptsächlich maßgebende Faktor der Glykogengehalt der Gewebe sein.

Über das Verhalten des Mineralstoffwechsels sind Untersuchungen von MAZZOCCO und MORERA[621], HARROP und BENEDICT[398], HÄUSLER und HEESCH[403] bezüglich K und Mg, ferner von BRIGGS und Mitarbeitern[145], STAUB und Mitarbeitern[806], MENDEL und Mitarbeitern[625], BROUGHER[148], MAZZOCCO und MORERA[621] bezüglich Ca mit wenig charakteristischen Ergebnissen angestellt worden. Die Beziehungen zwischen Pankreashormon und Phosphatstoffwechsel sind vom intermediären Kohlenhydratstoffwechsel nicht zu trennen und müssen dort aufgesucht werden (Abschnitt Prof. SEUFFERT).

Korrelationen. Was bisher über Korrelationen zwischen der Tätigkeit des Pankreas und anderer Hormondrüsen bekanntgeworden ist, bezieht sich in erster Linie auf den Antagonismus zwischen *Insulin und Adrenalin* auf dem Gebiete des Kohlenhydratstoffwechsels und fällt daher aus dem Rahmen dieses Abschnittes. Hier sei nur erwähnt, daß Insulinzufuhr gewöhnlich zu einer reaktiv gesteigerten Adrenalinausschüttung führt (POHL[702], KAHN[464], CANNON, McIVER und BLISS[166b]). Von Beziehungen zur Schilddrüse war bereits in dem dieser letzteren gewidmeten Kapitel die Rede, bezüglich Hypophyse siehe das folgende Kapitel.

Hypophyse.

Schon im morphologischen und chemischen Kapitel ist die Notwendigkeit betont worden, Vorderlappen und Zwischen-Hinterlappen der Hypophyse auch in funktioneller Hinsicht voneinander getrennt zu betrachten. Dieser theoretischen

a   b

Abb. 60. Zwei Hunde von gleichem Wurf im Alter von 8 Monaten. Bei Hund *a* wurde im Alter von 2 Monaten die Hypophyse vollständig exstirpiert. Man sieht die hochgradige Wachstumsstörung gegenüber dem nichtoperierten Kontrolltier *b*. (Aus ASCHNER: Hirschs Handbuch der inn. Sekretion II, 1.)

Forderung konnte und kann in der experimentellen Hypophysenforschung allerdings nicht durchwegs restlos Genüge getan werden, da die beiden in Frage stehenden Zellkomplexe topisch in so enger Verbindung stehen, daß z. B. eine streng isolierte Exstirpation des einen ohne Läsion des anderen bzw. ohne Hinterlassung von eigenen Gewebspartikeln praktisch so gut wie undurchführbar ist, wobei noch die verwirrende Gefahr einer Mitläsion der so nahe gelegenen und so leicht verletzlichen Zwischenhirnbasis hinzutritt.

Die aus den erwähnten Gründen nicht ganz eindeutigen *Exstirpationen der gesamten Hypophyse* erwiesen sich nach BIEDL[110], CUSHING[217, 218] u. a. bei möglichster Entfernung alles spezifischen Gewebes unter Schonung des Zwischenhirnes als unter Erscheinungen schwerster Kachexie zum Tode führend. — Wenn die Hypophysektomie längere Zeit überlebt wird, so ist dies höchstwahrscheinlich auf die Persistenz von nicht entfernbaren Anteilen der Pars tuberalis zurückzuführen, die nach TRENDELENBURG und SATO[851] u. a. in solchen Fällen oft mächtig hypertrophiert. ASCHNERs[48] klassische Exstirpationsversuche führten bei jungen Hunden zu einem hochgradigen Zurückbleiben des Wachstums, zu Fettsucht und Genitalhypoplasie. Unsere heutigen Vorstellungen von der Funktion der Hypophyse hat BIEDL[109] folgendermaßen zusammengefaßt: „Der Vorderlappen der Hypophyse ist eine echte *Wachstumsdrüse*" und „der Zwischenlappen ist eine Hormondrüse des nervösen Stoffwechselzentrums".

Die überragende Bedeutung des *Vorderlappens* für das Wachstum wurde in jüngerer Zeit besonders eindrucksvoll durch EVANS und SMITH[282] dargetan (Riesenratten). Hyperaktivität des Vorderlappens führt während der Wachstumsperiode zu Riesenwuchs, nach deren Abschluß zu appositionellem Wachstum der Knochen und wuchernder Vergrößerung gewisser Weichteilpartien (Akromegalie), Unterfunktion des Vorderlappens in der Jugend verursacht Zurückbleiben des Längenwachstums, Offenbleiben der Epiphysenfugen, Unterentwicklung des Sexualapparates. Läsionen im Bereich des funktionell zusammengehörigen Hypophysenzwischenhirnsystems, an welcher Stelle dieses Systems es auch sei (mit Ausnahme des Vorderlappens), sind von Fettsucht, genitaler Minderfunktion und später -atrophie und unter Umständen auch von schweren Störungen des Wasserhaushaltes gefolgt.

Hypophysenvorderlappen und Stoffwechsel.

In der Reglung der Gesamtoxydationen scheint der Vorderlappen keine wesentliche Rolle zu spielen, das Verhalten des *Grundumsatzes* bei Vorderlappen-

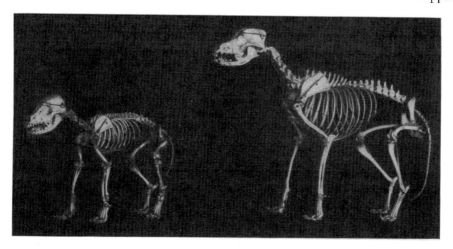

Abb. 61. (Aus ASCHNER: Hirschs Handbuch der inn. Sekretion II, 1.)

tumoren des Menschen zeigt keine charakteristischen Eigenschaften. Vorderlappenpräparate verursachen keinen deutlichen Effekt bezüglich der Höhe des Grundumsatzes (MAGNUS LEVY[595], SCHENK[767], BERNSTEIN und FALTA[102], REISS und WINTER[726] u. a.). Dagegen scheint dem Vorderlappen eine gwisse Bedeutung für die Erhaltung der spezifisch-dynamischen Nahrungswirkung zuzukommen. welche bei hypophysenkranken Menschen und hypophyseopriven Hunden vermindert ist (KESTNER[476], PLAUT[699], KNIPPING[487], SEREJSKI und JISLIN[788] u. a.) und durch Vorderlappenpräparate wieder hergestellt werden kann. Es besteht hierin eine gewisse Analogie zur Schilddrüsenwirkung.

Recht fraglich sind noch die Beziehungen des Vorderlappens zum *Kohlenhydratstoffwechsel.* JOHNS und Mitarbeiter[458] erzeugten bei Hunden durch Injektion reiner Vorderlappenextrakte Glykosurie und Glykogenverarmung der Leber.

Ein direktes Eingreifen des Vorderlappenhormons in den *Fettstoffwechsel* ist sehr unwahrscheinlich. Zwar wurde das Krankheitsbild der hypophysären Fettsucht früher vielfach als Vorderlappen-Ausfallsymptom betrachtet. doch ergaben zahlreiche pathologisch-anatomische Befunde am Menschen (Literatur bei GOTTLIEB[360], RAAB[713]), daß diese Vermutung nicht zutrifft, ferner konnten mit Vorderlappenextrakten im Fettstoffwechsel keine spezifischen Wirkungen hervorgerufen werden, weder im Leber- noch im Blutfettgehalt (COOPE und CHAMBERLAIN[201], RAAB[711]). Indirekte Einwirkungen des Vorderlappenhormons auf den Fettstoffwechsel durch Einflußnahme auf den Funktionszustand der anderen Hypophysenbestandteile einerseits, der Keimdrüsen andererseits wäre immerhin denkbar. So konnten REISS und LANGENDORF[723] zeigen, daß ein durch Vorderlappenhormon hervorgerufener Anstieg des Blutcholesterins auf dem Umwege über das Ovarium zustande kommt, da er nach Ovariektomie fehlt.

Hypophysenzwischen- und Hinterlappen bzw. Hypophysenzwischenhirnsystem und Stoffwechsel.

Da, wie schon erwähnt, allen Hypophysenexstirpationsversuchen — auch solchen, die nur eine Entfernung des Hinterlappens beabsichtigen — eine gewisse Unsicherheit anhaftet, sollen hier vorerst die Wirkungen besprochen werden, welche das Hypophysenzwischen- und Hinterlappenhormon, das *Pituitrin*, im Stoffwechsel entfaltet.

Das Verhalten des Gesamt-O_2-Verbrauches nach Pituitrinzufuhr können wir rasch übergehen, es zeigt nichts charakteristisches, die diesbezüglichen Befunde (Lit. bei RAAB[710]) lauten widersprechend. Ebenso steht es mit dem RQ., der in seiner Unregelmäßigkeit keine verwertbaren Schlüsse zuläßt.

Kohlenhydratstoffwechsel. Bezüglich des Kohlenhydratstoffwechsels liegt eine lange Reihe von Untersuchungen vor, aus deren überwiegender Mehrzahl eine Steigerung des Blutzuckers durch Pituitrin hervorgeht (BORCHARDT[137] u. a., in neuerer Zeit MYHRMANN, TINGLE und IMRIE[841], CLARK[186], LABBÉ und RENAULT[522], PICKAT[696], PARTOS und KATZ-KLEIN[682]), doch fehlt es auch hier nicht an Ausnahmen, ja sogar an gegenteiligen Beobachtungen (DRESEL[241], STENSTRÖM[813], BURN[154], RAAB[711] u. a.). HINES und Mitarbeiter[427] stellten eine verminderte Aufnahmsfähigkeit der Gewebe für infundierten Zucker fest, NITZESCU eine Abnahme des Muskelglykogens, während der Kohlenhydratgehalt der Leber teils vermehrt (NITZESCU[654]), teils unbeeinflußt gefunden wurde (FUKUI[332]). Nach Hypophysenexstirpation soll die Zuckertoleranz lange Zeit hindurch erhöht sein (PICKAT[696]). Über den Mechanismus der Pituitrin-Blutzuckersteigerung läßt sich vorläufig nichts Sicheres sagen (vgl. hierzu HINES und Mitarbeiter[427]).

Fettstoffwechsel und Wärmeregulation. Das schon äußerlich so eindrucksvolle Eintreten einer oft enormen Fettsucht bei Läsionen sowohl des Hypophysenzwischen- und -Hinterlappens als auch bei solchen des Tuber cinereum ließ die genannten Hypophysenanteile schon seit langer Zeit als irgendwie für die Regulation des Fettstoffwechsels maßgebend erscheinen. Das erste objektiv einwandfreie Argument in dieser Richtung brachte die jüngst von OSHIMA[669] (s. Anm. 1) bestätigte Beobachtung von COOPE und CHAMBERLAIN[201], daß unter Pituitrinwirkung eine beträchtliche Fettanreicherung der Leber eintritt, welche einige Stunden hindurch anhält. RAAB[711] fand bei Hunden regelmäßig eine dementsprechende mehrstündige Senkung des Blutfettes nach subkutaner Injektion großer Pituitrindosen (s. Anm. 2). Prinzipiell das gleiche Verhalten zeigen nach BLIX und OHLIN[125] die Blutphosphatide. Daß sich derselbe Effekt mit ungleich kleineren Pituitrinmengen bei Injektion in den dritten Hirnventrikel erzielen läßt (RAAB[711]), stimmt mit den

---

Anm. 1. Nachtrag bei der Korrektur: und von STEPPUHN, TIMOFEJEWA u. LJUBOWZOWA: Wjestnik Endokrinologii **3**, 81 (1929).

Anm. 2. Nachtrag bei der Korrektur: GEORGE konnte dies bei Kaninchen (allerdings mit anderer Technik) nicht bestätigen (Z. e. M. **72**, 303 [1930]) im Gegensatz zu HIMWICH (mündliche Mitteilung) in New Haven (U. S. A.) und zu NITZESCU und BENETATO (Compt. rend. Soc. Biol. **105**, 67 [1930]).

Vorstellungen BIEDLS[109] u. a. überein, daß das Pituitrin im Zwischenhirn (Tuber cinereum) angreift. Nach RAAB[711, 714] geht der Ablauf der *fettstoffwechselregulie-renden Wirkung des Pituitrins* über das Tuber cinereum durch Halsmark und Bauchsympathicus zur Leber, welche unter Pituitrinwirkung Fett aus dem Blut aufzunehmen und zu zerstören scheint. Ein Ausfall dieser Funktion durch Läsion der Hypophyse oder des Zwischenhirns führt infolge Liegenbleibens unzerstörter Fettmassen zur Fettsucht. Aus vergleichenden Fettbestimmungen im Arterien- und Venenblut ergibt sich dagegen kein Anhaltspunkt für eine Depotfettmobili-sierung durch Pituitrin (RAAB[712]). Der Ketonkörperspiegel des Blutes wird nach RAAB[711] durch Pituitrin etwas vermindert, woraus vielleicht der Schluß gezogen werden darf, daß die durch Pituitrin veranlaßte Fettverarbeitung in der Leber nicht dem über die Ketonkörper führenden Umwandlungsprozeß von Fett in Kohlenhydrate entspricht, sondern etwa einer direkten Fettoxydation.

RAAB[711, 715] nimmt an, daß diese Art der Fettverwertung wesentlich an der sog. *chemischen Wärmeregulation* beteiligt sei, da das ,,Fettzentrum" des Tuber cinereum örtlich genau mit dem ,,Wärmezentrum" (KREHL und Mitarbeiter[512], CITRON und LESCHKE[184] u. a.) übereinstimmt und beide in genau der gleichen Weise funktionell ausgeschaltet werden können (RAAB[715]). Ferner fand HASHI-MOTO[400] die chemische Wärmeregulation nach Hypophysektomie stark beein-trächtigt, jedoch durch Pituitrinzufuhr wieder herstellbar, und in der Klinik der hypophysären Fettsucht werden abnorm niedrige Temperaturen nicht selten beobachtet (CUSHING[217], FALTA und BERNSTEIN[102], ASCHNER[51] u. a.). Pituitrin-zufuhr übt allerdings keine eindeutige Wirkung auf die Temperatur aus (J. BAUER[85, 86], DÖBLIN und FLEISCHMANN[235], RAAB[715], ROGERS[735]).

Die bei hypophysär-cerebraler Fettsucht häufige Erhöhung der Kohlen-hydrattoleranz (CUSHING[217], GARDINER und Mitarbeiter[340]) führen HAUSS-LEITER[404], WANG und STROUSE[881] und RAAB[710] auf eine kompensatorische Mehr-verbrennung von Kohlenhydraten an Stelle der liegenbleibenden Fette zurück.

Bei Fettsuchtformen, wie sie als Folge von Schädigungen der Hypophyse (ASCHNER[48 49], ASCOLI und LEGNANI[53], BIEDL[109], CUSHING[217] u. a.) oder des Tuber cinereum (CAMUS und ROUSSY[161], BAILEY und BREMER[75], EVANS und SMITH[282]) eintreten, zeigen sich manchmal, wenn auch nicht ausnahmslos, deutliche Verminderungen des Gesamt-O_2-Verbrauches (BENEDICT und HOMANS[96] u. a.). Der R Q. wird hierbei zuweilen erhöht gefunden (ARNOLDI[43], HAUSSLEITER[404]).

Wasserhaushalt und Mineralstoffwechsel. Die wichtigste Funktion der Pituitrin produzierenden Anteile der Hypophyse ist neben den eben besprochenen Fettstoffwechselwirkungen die Regulation des Wasserhaushaltes. Auch auf diesem Gebiete ist eine enge Zusammenarbeit von Hypophysenhormon und Zwischen-hirnzentren erwiesen worden. Von vielen Autoren wurde gelegentlich bei Hypo-physenexstirpationen oder -läsionen als Nebenbefund eine enorm lebhafte Diurese und Unfähigkeit zur Harnkonzentration konstatiert (CROWE, CUSHING und HOMANS[215], MATTHEWS[616], RÖMER[742] u. a.), ebenso nach Läsionen des Zwischen-hirnbodens (CAMUS und ROUSSY[161], HOUSSAY und Mitarbeiter[439-444], ASCHNER[48], LESCHKE[546] u. a.). Für einen kausalen Zusammenhang dieses Zustandes mit der Hypophyse spricht die geradezu verblüffende therapeutische Wirkung von Pituitrinzufuhr (VAN DEN VELDEN[867] u. a.), welche nur dann ausbleibt, wenn die Zwischenhirnzentren mitgeschädigt und nicht mehr fähig sind, auf das zugeführte Pituitrin zu reagieren (HOFF und WERMER[432]). Es bestehen hier also ganz analoge Verhältnisse wie beim Mechanismus der Fettstoffwechselwirkung des Pituitrins im Zwischenhirn. Für das zentrale Angreifen des Pituitrins spricht ferner die Auf-hebung seiner Wirksamkeit im gesunden Organismus (s. unten) durch funktionelle Ausschaltung des Zwischenhirns (MOLITOR und PICK[635], HOFF und WERMER[431]).

Daß andererseits der Pituitrineffekt (s. unten) auch bei Unterbrechung der Verbindungen zum Gehirn mittels Halsmarkdurchschneidung nicht immer ausbleibt (JANSSEN[455]), scheint darauf hinzuweisen, daß auch die peripheren Endigungen der nervösen Wasserhaushaltsbahnen für den Pituitrinreiz ansprechbar sind.

Worin besteht nun die Wirkung des Pituitrins im Wasserhaushalt des gesunden Organismus? Es verursacht, besonders nach vorhergegangener Wasseraufnahme (FILINSKI und FIEDLER[303], BIJLSMA[116] u. a.), eine hochgradige mehrstündige Hemmung der Wasserausscheidung bei gleichzeitig erhöhter Harnkonzentration (BRUNN[151], MOLITOR und PICK[635] u. a.).

Die Frage, ob sich die diuresehemmende Wirkung des Pituitrins auf die Nieren oder auf die Gewebe oder auf beide erstreckt, ist andauernd der Gegenstand lebhafter Diskussionen. Eine Einschränkung der Wasserabgabetätigkeit der Nieren durch Pituitrin kann nicht mehr bezweifelt werden, sie ist sowohl an isolierten Nieren (MIURA[632], JANSSEN[455], TANGL und HAZAY[834], VERNEY[870], GREMELS[371] u. a.) als auch im intakten Organismus festgestellt worden (OEHME[663], BAUER und ASCHNER[89], FROMHERZ[324], LEBERMANN[539], RAAB[716] u. a.). Hierbei handelt es sich offenbar vorwiegend um eine Beeinflussung der Nierenzelltätigkeit. Ein direkter Beweis für eine durch Pituitrin begünstigte primäre Rentention von Wasser in den Geweben steht noch aus, doch wurden schwerwiegende Argumente in dieser Richtung vorgebracht (VEIL[865], MEYER und MEYER-BISCH[628], MOLITOR und PICK[636] u. a.). Im Blut tritt unter Pituitrinwirkung regelmäßig eine Wasserzunahme ein (MODRAKOWSKI und HALTER[634], PARTOS und KATZ-KLEIN[682], RAAB[711, 716] u. a.), die höchstwahrscheinlich auf die Nierensperre zurückzuführen ist.

Die *NaCl-Ausscheidung* mit dem Harn wird durch Pituitrin bedeutend gesteigert, während sich der NaCl-Gehalt des Blutes weniger charakteristisch verhält (MOTZFELD[643], BRUNN[181], FROMHERZ[324], LESCHKE[547], BIJLSMA[117], STEHLE und BOURNE[808] u. a.). Auch K, Ca, Mg, P_2O_5 werden durch Pituitrin vermehrt ausgeschieden (FALTA und Mitarbeiter[293], FRANCHINI[318], MOCCHI[633], STEHLE[807] u. a.).

Im *Eiweißstoffwechsel* scheint die Hypophyse keine besondere Rolle zu spielen, allerdings sind diesbezüglich nur sehr wenige Untersuchungen angestellt worden (FALTA und Mitarbeiter[289—293], HIRSCH und BLUMENFELD[428], GRABFIELD und PRENTISS[361]).

Korrelationen mit anderen Hormondrüsen. Solche sind in verschiedenen Richtungen festgestellt worden. Die wichtigsten sind wohl die engen Beziehungen zu den Keimdrüsen, die z. T. erst im folgenden Kapitel besprochen werden sollen. Hier sei nur die Beobachtung von DIXON und MARSHALL[234], sowie BLAU und HANCHER[123] erwähnt, daß die Intensität der Pituitrinsekretion weitgehend von der Keimdrüsentätigkeit abhängt, was gewisse Stoffwechselanomalien nach Keimdrüsenausfall (z. B. Kastrationsfettsucht, s. unten) verständlicher macht. Die Blutzuckerreaktionen sowohl auf Adrenalin als auch auf Insulin werden beide durch Pituitrin abgeschwächt bzw. aufgehoben (STENSTRÖM[813], DRESEL[241], BURN[154], LAWRENCE und HEWLETT[538], PARTOS und KATZ-KLEIN[682] u. a.). Umgekehrt wirken sowohl Adrenalin als Insulin ihrerseits der Blutfettwirkung (RAAB[711]) und der Leberfettwirkung des Pituitrins (COOPE[200]) entgegen. RAAB[711] vermutet, daß der Antagonismus der primären Kohlenhydratregulatoren Adrenalin und Insulin einerseits, des Fettregulators Pituitrin andererseits ein zweckmäßiges Balancement der beiden Fettverwertungsmöglichkeiten: 1. Umwandlung in Kohlenhydrate, 2. direkte Oxydation zwecks Wärmeproduktion, gewährleiste.

Die Diuresehemmungswirkung des Pituitrins wird durch Insulin abgeschwächt (SEREBRIJSKI und VOLLMER[787], KLISSIUNIS[483], FILINSKI und FIEDLER[304] u. a.), doch handelt es sich hier wohl kaum um einen echten Antagonismus (KOREF und MAUTNER[502]), sondern um Beeinflussung des Wasserhaushaltes auf Grund der primären Kohlenhydratwirkung des Insulins.

Zirbeldrüse.

Die Unsicherheit unserer Vorstellungen von der innersekretorischen Tätigkeit der Zirbel ist schon im morphologischen Teil angedeutet worden. Das auffallendste Symptom einer Zirbeldrüsenunterfunktion beim Menschen ist das verfrühte Eintreten der Geschlechtsreife und abnorm frühzeitige geistige Entwicklung (MARBURG[604]) bei Fällen mit Tumoren der Glandula pinealis. In Analogie dazu beobachtete FOÀ[309] bei jungen Hähnchen, denen die Zirbeldrüse entfernt worden war, eine beschleunigte Entwicklung der Keimdrüsen und des Kammes. Ähnliches fanden SARTESCHI[761] und IZAWA[451] an Kaninchen, Hunden und Hühnchen, bei welch letzteren der Geschlechtstrieb um 30—50 Tage verfrüht auftrat. All dies scheint für einen hemmenden Einfluß der Zirbeldrüse auf die Keimdrüsenentwicklung zu sprechen. Allerdings liegt auch eine Reihe ohne jede Folgeerscheinungen verlaufener Exstirpationsversuche vor (BIEDL[110], EXNER und BOESE[285], DANDY[225], KOLMER und LÖWY[500], BADERTSCHER[73]).

Die Hypothese einer liquorsekretionsregulierenden Funktion der Zirbel (CYON[219], KOLMER und LÖWY[500]) konnte noch nicht experimentell erhärtet werden.

Die sog. „pineale" Fettsucht des Menschen, die bei Zirbeldrüsentumoren vorkommt (MARBURG[604] u. a.), dürfte wahrscheinlich nicht von dem Funktionszustand dieses Organs abhängen, sondern durch mechanische Druckwirkung auf die mesencephalen Stoffwechselzentren bedingt sein (LUCE[574] u. a.).

Blutfett und Blutketone werden durch Pinealisextrakte nicht beeinflußt (RAAB[711]), dagegen soll bei Kaninchen Diuresesteigerung und Glykosurie hervorgerufen werden (JORDAN und EYSTER[459]).

Keimdrüsen.

Morphogenetische Wirkungen und allgemeine Kastrationsfolgen. Die eindrucksvollsten Anhaltspunkte für die Beurteilung der Funktion der Keimdrüsen ergeben sich aus den Erscheinungen, welche durch ihren Ausfall hervorgerufen werden, besonders wenn dieser vor dem Eintritt der Geschlechtsreife erfolgt.

Was zunächst die morphogenetische Bedeutung der Keimdrüsen betrifft, so steht bekanntlich ihr entscheidender Einfluß auf die Ausbildung der sekundären Geschlechtsmerkmale: Gefieder, Kamm- und Sporenbildung, Horn- und Geweihbildung, Behaarungstypus, Fettverteilung, Skelettentwicklung (besonders Schädel- und Beckenform) usw. im Vordergrund, doch darf nicht vergessen werden, daß die Differenzierung dieser sekundären Geschlechtscharaktere nicht ausschließlich von der hormonalen Tätigkeit der Keimdrüsen abhängig, sondern teilweise schon durch die embryonale Geschlechtsanlage vorherbestimmt ist. z. B. das männliche Gefieder der Hühner (PEZARD[693] u. a.), das Geweih der Hirsche und Rehe (TANDLER und GROSZ[831]) usw. Wird die Kastration im jugendlichen Alter vorgenommen, so führt sie zu einem Stehenbleiben der Geschlechtsorgane auf kindlicher Stufe, die zyklischen Prozesse des weiblichen Geschlechtsapparates (östrische Veränderungen, Brunst, Menstruation) kommen nicht zustande, im Hoden bleibt die Spermatogenese aus. Parallel damit geht ein psychischer Infantilismus bzw. eine mangelhafte Entwicklung des Sexualtriebes und der mit ihm zusammenhängenden psychischen Phänomene. Das Skelett zeigt, abgesehen von einem mehr minder deutlichen Ausbleiben jener Merkmale, welche die Skelettformen der beiden Geschlechter sonst voneinander unterscheiden, eine verzögerte

Epiphysenossifikation, wodurch ein abnormes Längenwachstum der Röhren-knochen herbeigeführt wird (Tandler und Keller[833], Moore[639]). Von der Kastrationsfettsucht wird noch weiter unten die Rede sein.

Seit Berthold[103] 1849 bei kastrierten Hähnen durch Reimplantation von

Abb. 62a. 17jähriger, vollkommen seniler Stier vor der Implantation. (Nach S. Voronoff.)

Hühnerhoden die Kastrationsfolgen verhütet und dadurch den innersekretorischen Charakter der männlichen Keimdrüsen dargetan hat, ist auf dem Gebiet der *Keimdrüsentransplantationen* außerordentlich eifrig weitergearbeitet worden. — Autotransplantationen gelingen im allgemeinen am besten, da sie bei technisch

Abb. 62b. Derselbe Stier wie in Abb. 21a ein Jahr nach der Hodenimplantation. (Nach S. Voronoff.)

guter Durchführung am seltensten zur Resorption des implantierten Organs führen und daher Dauerwirkungen ermöglichen, was bei Heterotransplantationen nur verhältnismäßig selten gelingt.

Eine besondere praktische Bedeutung kommt den Transplantationen von Keimdrüsen auf senile, im Stadium der sexuellen Rückbildung befindliche Tiere zu, wie sie in großem Umfang von VORONOFF[877] betrieben wird. Leider sind mir die spärlichen wissenschaftlichen Publikationen VORONOFFs[877] nicht im Original zugänglich. Die sog. „Verjüngungen", welche VORONOFF[877] bei senilen Menschen und Tieren durch Implantation von vollreifem Hodengewebe zu erzielen behauptet, beziehen sich auf Muskeltonus, Gewebsturgor, Behaarung, psychische Aktivität und insbesondere auch auf ein Wiedererwachen des Sexualtriebes. Nach Mitteilungen der Tagespresse sollen von VORONOFF[877] in Nordafrika an Schafherden Massenexperimente größten Stils durchgeführt worden sein, doch ist mir bisher keine diesbezügliche wissenschaftliche Publikation bekanntgeworden. „Verjüngungs"-Effekte beobachtete auch STEINACH[811] nach Unterbindung des Vas deferens des Hodens und führt sie auf die hierauf folgende Vermehrung der interstitiellen Zellen zurück, die er als die eigentlichen Hormonproduzenten betrachtet (vgl. morphologisches Kapitel).

Da das Wesen der *Implantationseffekte* gewissermaßen in einer dauernden Zufuhr von Keimdrüsenhormon besteht, war zu erwarten, daß mit wirksamen Organextrakten die gleichen Resultate zu erreichen sein würden. Zwar gelang es in einzelnen Fällen, die Kastrationsfolgen beim männlichen Tier auf diese Art zu verhindern (BOUIN und ANCEL[141], Meerschweinchen, PEZARD[693], Hahn), doch fehlt es uns noch immer an sicher wirksamen Hodenpräparaten, während Ovarialhormonpräparate bereits in bedeutender Reinheit hergestellt werden. Etwaige morphogenetische Wirkungen dieser neuen Ovarialpräparate, die vorwiegend der Follikelflüssigkeit entstammen, sind noch nicht genügend studiert. — Bezüglich der „hormonalen Sterilisierung" HABERLANDTs[384] s. unten unter „Gravidität".

Stoffwechselwirkungen der Keimdrüsen. Auch in der Betrachtung der Stoffwechselwirkungen der Keimdrüsen erscheint es angebracht, von den Kastrationsfolgen auszugehen, da diese am besten erforscht und technisch am zuverlässigsten reproduzierbar sind. Von einer größeren Anzahl von Autoren wird übereinstimmend eine allerdings nur mäßige Erniedrigung des *Grundumsatzes* durch Kastration angegeben (LOEWY und RICHTER[568], ZUNTZ[917], KOJIMA[497], ECKSTEIN und GRAFE[251], KLEIN[480], CHACHOVITCH und VICHNJITCH[177] u. a.), was sich auch auf Röntgenkastration bezieht (PLAUT und TIMM[700]), doch ist dieser Effekt weder so ausgesprochen, noch so regelmäßig wie nach Schilddrüsenexstirpation, er kann sogar zuweilen ganz fehlen (LÜTHJE[582], KLEIN[481], BACQ[71a] u. a.). Beim geschlechtsreifen normalen Tier bleiben sowohl männliche als weibliche Keimdrüsenextrakte ohne Einfluß auf den O_2-Verbrauch (LOEWY und RICHTER[568], WEIL[885], KORENTSCHEWSKI[504], BIEDL[111], BACQ[71a]). Nur DE VEER[863] konstatierte eine Grundumsatzsteigerung bei der Ratte. Dagegen führt Hoden- und Ovarialsubstanz bei kastrierten Tieren nach der Regel, daß zugeführte Hormone bei von vornherein bestehendem Defizit besonders stark wirksam sind, zu lebhaften Umsatzsteigerungen (LOEWY und RICHTER[568], ZONDEK und BERNHARD[912], WEIL[885], LAQUEUR[532] u. a.), und zwar auch im andersgeschlechtlichen Organismus.

Die Zellatmung in vitro wird nach VOLLMER[876] durch Ovarialhormon gefördert. LIEBESNY[559] fand bei keimdrüsengeschädigten Personen wohl den Grundumsatz vermindert, dagegen die spezifisch-dynamische Wirkung gesteigert, was er auf eine kompensatorische Mehrfunktion des Hypophysenvorderlappens (s. dort) zurückführt. Überhaupt ist es keineswegs sicher, ob die Wirkungen von Kastration und Keimdrüsenhormonzufuhr auf den O_2-Verbrauch als spezifische Keimdrüseneffekte und nicht etwa bloß als indirekte Wirkungen auf dem Umweg über die Schilddrüsen- oder Hypophysenfunktion aufzufassen sind.

In der *Wärmeregulation* spielen die Keimdrüsen keine bedeutende Rolle, sie kann zwar nach Kastration etwas beeinträchtigt sein (KORENTSCHEWSKI[505]), doch bleibt die Körpertemperatur im allgemeinen normal (BORMANN und Mitarbeiter[138]).

Kohlenhydratstoffwechsel. Als eine ziemlich regelmäßige, wenn auch in ihrem Wesen noch nicht aufgeklärte Kastrationsfolge wird eine Herabsetzung der Kohlenhydrattoleranz angegeben (Stolper[822], Cristofoletti[214], Guggis-berg[380]), obgleich nach Kawashima[471] die Nierenschwelle für Zucker gleichzeitig erhöht sein soll. Da der gleiche Effekt auch nach Samenstrangunterbindung und nach der bloß den generativen Anteil des Hodens betreffenden Röntgenkastration zustande kommen soll, vermutet Tsubura[854] einen Zusammenhang des spermato-genetischen Apparates mit dem Kohlenhydratstoffwechsel. Die Adrenalin-glykosurie ist bei kastrierten Tieren erhöht (Cristofoletti[214], Tsubura[854]). Im Gegensatz zur Wirkung der Kastration führt längerdauernde Einverleibung von Ovarialpräparaten zu einer Erhöhung der Zuckerassimilationsfähigkeit (Stolper[822], Cristofoletti[214]).

Fettstoffwechsel. Von weit größerer praktischer Bedeutung sind die Be-ziehungen der Keimdrüsenfunktion zum Fettstoffwechsel und insbesondere die Folgen der Kastration auf diesem Gebiet. So allgemein bekannt diese *Kastra-tionsfettsucht* auch ist, so sind wir über den Mechanismus ihres Entstehens doch nur recht unzulänglich orientiert. Die oben erwähnten Abnahmen des Gesamt-umsatzes nach Kastration wurden als Ursache der Fettsucht geltend gemacht; sie sind aber doch wohl zu gering, um eine befriedigende Erklärung abgeben zu können. Das von de Veer[863] beobachtete Sinken des RQ. normaler Tiere nach Zufuhr von Ovarialextrakten (vermehrte Fettverbrennung) ebenso wie die bei ovariogener Fettsucht von Biedl[111] durch Ovarialpräparate erzielten Gewichts-abnahmen sind zwar weitere Belege für das Bestehen von Beziehungen zwischen Keimdrüsen und Fettstoffwechsel, doch geht aus ihnen nicht mit Bestimmtheit her-vor, daß es sich um eine direkte Einwirkung handelt; vielmehr bestehen verschiedene Anhaltspunkte dafür, daß die Keimdrüsen erst durch Vermittlung der Hypophyse und anderer Hormondrüsen in den Stoffwechsel eingreifen (s. unter Korrelationen). Blutfett und Blutketonkörper werden durch Keimdrüsenextrakte in keiner Weise beeinflußt (Raab[711]), dagegen fanden Mori und Reiss[641] den Cholesterin-gehalt des Blutes durch Ovarialhormon beträchtlich gesteigert und bringen diese Erscheinung mit der brunstauslösenden Wirkung des von ihnen verwendeten hochwirksamen Präparates in Zusammenhang. Nach Ito[449] steigen die Blut-lipoide beim kastrierten Kaninchen an. Verschiebungen der Lipoidfraktionen in der Leber nach Kastration wurden von Artom und Marziani[46] beobachtet.

Eiweiß-, Wasser-, Mineralhaushalt. Am wenigsten charakteristisch sind die Verhältnisse des Eiweiß- resp. N-Stoffwechsels nach Keimdrüsenverlust oder -zufuhr. Eine gewisse Abnahme des N-Umsatzes nach Kastration ergibt sich aus den Untersuchungen von Pelikan[690], Kostjurin[507], Korentschewski[503], Eck-stein und Grafe[251], wird aber durchaus nicht immer angetroffen (Lüthje[582], Mossé und Oulié[642], Curatulo und Tarulli[216], Schulz und Falk[779]). Zufuhr von Ovarialsubstanz beeinflußt die N-Ausscheidung teils fördernd (Neumann und Vas[653]), teils vermindernd (Mathes[615], Korentschewski[504]).

Zum Wasserhaushalt scheinen keine näheren Beziehungen zu bestehen (s. Mossé und Oulié[642], Dalché[222], Veil und Bohn[866]).

Eine gewisse Bedeutung, insbesondere der weiblichen Keimdrüsen für den *Kalkstoffwechsel* ergibt sich aus dem günstigen Heileffekt, der sich bei der Osteo-malacie, einer schweren Kalkverarmung der Knochen, durch Kastration bei weib-lichen Individuen erzielen läßt (Fehling[294] u. a.). Injektion von Ovarialhormon-präparaten, insbesondere von den aus dem Follikelsaft gewonnenen, führt zu regelmäßigen beträchtlichen Abnahmen des Blut-Ca bei Tier und Mensch (Uhl-mann[856], Mirvish und Bosman[631], Reiss und Marx[724]). Kastration ergibt keine regelmäßigen Veränderungen.

Korrelationen. Bezüglich der funktionellen Korrelationen der Keimdrüsen mit anderen Hormonorganen ist einiges bereits in den vorhergehenden Kapiteln gesagt worden. Die engsten und für beide Teile bedeutungsvollsten Wechselwirkungen bestehen zwischen der Hypophyse und den Keimdrüsen. Die charakteristischen histologischen Kastrations- und Schwangerschaftsveränderungen der Hypophyse, ebenso die schweren trophischen und Entwicklungsstörungen der Geschlechtsdrüsen bei primären Hypophysenerkrankungen und nach Hypophysenexstirpation sind schon lange bekannt. Neue wichtige Forschungsergebnisse, speziell betreffend die Einwirkung des Hypophysenvorderlappens auf die Sexualentwicklung verdanken wir vor allem EVANS, LONG[284] und SMITH[800] sowie ZONDEK und ASCHHEIM[908—911]. Erstere erzeugten durch langdauernde Zufuhr von Hypophysenvorderlappensubstanz verschiedener Tiere bei jugendlichen Ratten sexuelle Frühreife mit Vergrößerung des Ovariums bis auf das zwanzigfache und Ausbildung zahlreicher reifer Follikel und Corpora lutea. ZONDEK und ASCHHEIM[911] fanden bei Behandlung junger Ratten mit ihrem Ovarialhormon „Folliculin" zwar eine Vergrößerung von Uterus und Scheide und Auftreten der Brunstreaktion des Vaginalsekrets, jedoch keine Reifung der Ovarien. Eine solche ließ sich nur durch *eine* Substanz erzielen, und zwar durch das Hypophysenvorderlappenhormon (ob dieses von männlichen oder weiblichen Individuen stammt, ist hierbei gleichgültig). ZONDEK und ASCHHEIM[908—911] sagen wörtlich: „Das Hypophysenvorderlappenhormon ist das übergeordnete, das allgemeine, das geschlechtsunspezifische Sexualhormon. Das Vorderlappenhormon ist das Primäre, das Ovarialhormon das Sekundäre. Beide bilden aber eine Einheit im funktionellen Sinn." Diese überaus wichtigen Ergebnisse wurden von BIEDL[111] bestätigt.

Inwieweit die Beziehungen zwischen Vorderlappenhormon und Ovarialhormon auch für Stoffwechselwirkungen des einen und des anderen maßgebend sind, ist vorläufig kaum zu beurteilen, da wir von der Rolle, die jedes für sich allein im Stoffwechsel spielt, kein genügend klares Bild besitzen.

Anders steht es mit der Korrelation zwischen Keimdrüsen und Hypophysenzwischen- bzw. -hinterlappen. Hier ist nicht die Hypophyse das übergeordnete Organ, sondern umgekehrt: die Pituitrinsekretion wird von der Ovarialtätigkeit beherrscht, wie dies von DIXON und MARSHALL[234] nachgewiesen wurde. Zu gleichen Ergebnissen kamen BLAU und HANCHER[123] mittels Zufuhr von Ovarial- und Hodenextrakten. Diese Tatsache wirft ein neues Licht auf die Frage der Kastrationsfettsucht, welche dadurch in dem Sinne lösbar erscheint, daß durch Wegfall der Keimdrüsen ein wesentlicher Anregungsfaktor für die Pituitrinsekretion verlorengeht. Der so zustande kommende sekundäre „Hypopituitarismus" wäre dann die engere Ursache einer mit der Kastrationsfettsucht identischen eigentlich hypophysären Fettsucht (RAAB[717]).

Gravidität.

Die Umwälzungen, welche im trächtigen Tierkörper während der Gravidität vor sich gehen, erstrecken sich auf die verschiedensten Gebiete und betreffen auch im weitesten Umfange das endokrine System.

Im Mittelpunkt des endokrinen Geschehens während der Gravidität stehen selbstverständlich die Ovarien, an welchen morphologisch vor allem die langdauernde Persistenz der Corpora lutea graviditatis, die Größenzunahme und stärkere Durchblutung sowie die vermehrte Bildung atretischer Follikel auffällt. Dem *Corpus luteum graviditatis* kommt zumindest in der ersten Zeit der Trächtigkeit eine die Ei-Einnistung und -Entwicklung fördernde Aufgabe zu. Es enthält reichlich *Ovarialhormon* (ZONDEK[906], KAUFMANN[469], KAUFMANN und DUNKEL[470]), wie denn überhaupt offenbar von allen inkretorischen Anteilen des Ovars eine enorm gesteigerte Hormonproduktion während der Gravidität geleistet wird. Dies läßt sich an der hochgradigen Zunahme des Hormongehalts im Blute schwangerer Individuen erkennen (Frank[320], Fels[299], Zondek und Aschheim[911]), ja sogar im Harn erscheint massenhaft Ovarialhormon (Zondek und Aschheim[911]). Nach Beendigung der Gravidität versiegt diese Hormonflut in kürzester Zeit.

Die exzessive Vermehrung des Ovarialhormons, besonders im Corpus luteum während der Schwangerschaft führt zu der paradoxen Erscheinung der für die Gravidität charakteristischen *Eireifungshemmung*, was übrigens mit der Beobachtung von Zondek und Aschheim[911] übereinzustimmen scheint, daß es Krankheitsbilder der Ovarialinsuffizienz mit gleichzeitig enorm gesteigerter Hormonbildung gibt. Schon Beard[93] und Prénant[707] hatten dem Corpus luteum eine spezifische, dem ungestörten Verlauf der Schwangerschaft dienende Hemmungswirkung auf den Follikelreifungsprozeß zugeschrieben. In gleichem Sinne sprachen Untersuchungen von L. Loeb[566], Pearl und Surface[689], Hermann und Stein[417]. Mit allmählicher Rückbildung des Corpus luteum setzt im Ovarium eine Wucherung des Zwischenzellgewebes ein, das den während der Corpus luteum-Herrschaft zahlreich atresierten Follikeln entstammt und nun seinerseits die bis dahin vom Corpus luteum überreichlich besorgte Hormonproduktion weiterführt (Wallart[880], Seitz[785], Biedl[110], Aschner[48] u. a.). Nach Fraenkel[316] wird durch die Tätigkeit des Corpus luteum die Ansiedlung des Eies und die Entwicklung der Placenta eingeleitet; für deren weitere Versorgung hat in den späteren Schwangerschaftsstadien das mittlerweile gewucherte Interstitialgewebe durch seine hormonbildende Funktion aufzukommen. Auch in der Placenta findet sich reichlich Ovarialhormon (Fellner[297], Hermann[415] u. a.) sowie Hypophysenvorderlappenhormon (Zondek und Aschheim[911]), was die Placenta wohl als einen Hormonspeicher charakterisiert, ohne daß aber damit sichere Anhaltspunkte für eine selbständige hormonbildende Funktion dieses Organs gegeben wären, wie sie Köhler[493], Guggisberg[381] u. a. annehmen.

Haberlandt[384, 385] hat die ovulationshemmende Wirkung des Graviditätsovariums bzw. der Corpora lutea genauer erforscht und mittels parenteral und peroral zugeführter Extrakte aus Ovarien trächtiger Tiere sowie aus Placenten eine „hormonale Sterilisierung" weiblicher Tiere erzielt, eine sich über Monate erstreckende Verhinderung des Follikelreifungsprozesses.

Die Mehrproduktion von Ovarialhormon ist keine für die Gravidität allein spezifische Erscheinung, sie ereignet sich auch bei verschiedentlichen anderen Störungen der Ovarialfunktion, dagegen findet im graviden Organismus schon unmittelbar nach der Konzeption eine ausschließlich der Schwangerschaft eigentümliche Reaktion des endokrinen Systems statt: die von Zondek und Aschheim[911] entdeckte, plötzlich „explosionsartig" einsetzende ungeheure *Überproduktion an Hypophysenvorderlappenhormon*, welche das Vieltausendfache der Norm erreicht und sich ebenfalls infolge der massenhaften Ausscheidung mit dem Harn verhältnismäßig einfach durch den Mäusetest nachweisen läßt.

In Anbetracht unserer geringen Kenntnisse betreffend die spezifischen Stoffwechselwirkungen von Vorderlappen- und Keimdrüsenhormon ist es kaum möglich, die einzelnen der weiter unten zu besprechenden Stoffwechselreaktionen in der Schwangerschaft mit diesen beiden Hormonen in sicheren direkten Zusammenhang zu bringen. Nach Dixon und Marshall[234] hat die Zufuhr von Extrakten aus Ovarien von Schweinen, die sich in den späteren Stadien der Gravidität befinden, eine stark pituitrinsekretionsfördernde Wirkung, welche dem Ovarium der früheren Schwangerschaftsstadien abgeht, was die Autoren auf eine Hemmungswirkung von seiten des Corpus luteum zurückführen. Weitere Beteiligungen des endokrinen Systems an der Gravidität äußern sich in einer Vergrößerung der Schilddrüse (ENGELHORN[267] u. a.), ferner der Nebennierenrinde (GUIEYSSE[382], CIACCIO[183], SAMBALINO[757], DA COSTA[205], KOLMER[499]), welche gleichzeitig eine hochgradige Vermehrung ihres Lipoidgehaltes aufweist. Auch die Epithelkörperchen zeigen histologische Veränderungen (SEITZ[784]), der Thymus atrophiert (FULCI[333]).

Gaswechsel. Das Verhalten des Gesamtumsatzes, gemessen am O_2-Verbrauch, wurde hauptsächlich an schwangeren Frauen studiert. Die fast in allen Fällen beobachtete Umsatzsteigerung (ZUNTZ[918], HASELHORST und PLAUT[399], SANDIFORD und WHEELER[758] u. a., Literatur bei GRAFE[363]) erklärt sich ungezwungen aus der Zunahme der lebenden Protoplasmamasse, welche durch die wachsende Frucht bedingt ist. MURLIN[646] errechnete ein proportionales Verhältnis zwischen Stoffwechselsteigerung und Gewicht des Wurfes bei Hunden. KNIPPING[487] konstatierte eine Verminderung der spezifisch-dynamischen Eiweißwirkung während der Gravidität und bezieht diese Erscheinung, gemäß den Vorstellungen der KESTNERschen Schule betreffend eine die spezifisch-dynamische Wirkung fördernde Wirkung des Hypophysenvorderlappenhormons, auf eine Änderung der Hypophysenfunktion. Daß eine solche tatsächlich besteht, ist inzwischen von ZONDEK und ASCHHEIM[911] erwiesen worden, jedoch handelt es sich, wie schon besprochen, um eine Mehrfunktion des Vorderlappens, welche nach der KESTNER-PLAUTschen Hypothese gerade das Gegenteil, nämlich eine Steigerung der spezifisch-dynamischen Wirkung verursachen müßte.

Kohlenhydratstoffwechsel. Besonders charakteristische Schwangerschaftsveränderungen zeigt der Kohlenhydratstoffwechsel, jedoch stehen hier weniger die intermediären als die Ausscheidungsverhältnisse im Vordergrund. Die Nierenschwelle für Zuckerausscheidung ist erniedrigt (PORGES und Mitarbeiter[706], FRANK und NOTHMANN[322], MANN[599] u. a.), so daß schon durch mäßige alimentäre Kohlenhydratbelastungen sowie durch kleine Adrenalindosen (ROUBITSCHEK[752] u. a.) und durch Phloridzin (KAMNITZER und JOSEPH[467]) abnorm leicht Glykosurien veranlaßt werden können. Hierbei ist weder der Nüchternblutzuckerspiegel (BENTHIN[98]) noch die Blutzuckerkurve nach Zuckerbelastung über die normalen Verhältnisse erhöht. Die Vermutung einer Hyperadrenalinämie (NEU[652], SCHNEIDER[774]) wurde durch BRÖKING und TRENDELENBURG[147] entkräftet. Insulin hat auf die Schwangerschaftsglykosurie keinen wesentlichen Einfluß, kurz, es handelt sich bestimmt nicht um eine Störung des intermediären Kohlenhydratstoffwechsels (auch der R Q. ist normal, GRAFE[363]), sondern nur um eine Änderung der Zuckerausscheidungsfähigkeit der Niere, welche nicht nur von hormonalen, sondern auch von vegetativ-nervösen Faktoren abhängt (ELIAS und FELL[258] u. a.). Welcher Art die hier maßgebenden sind, entzieht sich noch unserer Beurteilung. Für einen direkten Zusammenhang mit der Ovarialfunktion sprechen jedoch immerhin Untersuchungen von KÜSTENER[519], der bei graviden Kaninchen durch Kastration die alimentäre Glykosurie beseitigen, dagegen bei normalen Tieren durch Implantation von Graviditätsovarien eine solche hervorrufen konnte.

Fett- und Lipoidstoffwechsel. Direkte bilanzmäßige Untersuchungen des Fettstoffwechsels in der Gravidität liegen zwar nicht vor, dagegen wurde der Blutfettgehalt (HERMANN und NEUMANN[416]) und der Leberfettgehalt (COOPE und MOTTRAM[202]) zuweilen vermehrt gefunden. Die Serumlipasen fand CLAUSER[188] während der Schwangerschaft vermindert.

Einigermaßen charakteristisch ist die Schwangerschaftsketonurie (VICARELLI[873], KNAPP[486], ROUSSE[753]) und vor allem die Vermehrung der Acetonkörper im Blut, welche noch viel regelmäßiger angetroffen wird als die im Harn (BOKELMANN und Mitarbeiter[132, 133] beim Menschen, CHRISTALON[182] beim Rind), PORGES und Nowak[705] führen sie auf einen relativen Kohlenhydratmangel resp. auf den erhöhten Kohlenhydratbedarf des graviden Organismus, Rosenberg[745] auf einen vermuteten Insulinmangel zurück, auch toxische Leberschädigungen sind angenommen worden. Wahrscheinlich im Zusammenhang mit der Ketonämie wurde von Hasselbalch und Gammeltoft[401], Bokelmann und Rother[133], Guilleaumine[383] und Williamson[894] ein abnorm hoher Säuregrad des Schwangerenblutes festgestellt. Bei Milchkühen findet sich häufig eine hochgradige Ketonämie und -urie, welche meist ca. 14 Tage nach der Geburt einsetzt und unter dem Bilde einer Allgemeinerkrankung auftritt, in deren Rahmen sie nur ein Teilsymptom darstellt. Es kommen hier wohl eher alimentäre und Umgebungsfaktoren als endokrine Momente in Betracht (Sjollema und van der Zande[799], Jöhnk[457], Veenbaas[862], ten Hoopen[436], Ekelund und Engfeldt[257] u. a.).

Die als charakteristische Veränderung des *Lipoidstoffwechsels* während der Schwangerschaft auftretende Hypercholesterinämie (Hermann und Neumann[416], Lindemann[563] u. a.) halten Bacmeister[71] und Havers[405] für die Folgeerscheinung einer verminderten Cholesterinausscheidung mit der Galle, doch ist dies nicht sicher und es sei hier diesbezüglich an die Befunde von Mori und Reiss[641] betreffend eine starke Erhöhung des Blutcholesterins bei Zufuhr von Ovarialhormon sowie an die Tatsache einer Lipoidanreicherung der Nebennierenrinde in der Gravidität erinnert.

Eiweißstoffwechsel usw. Der wachsende Fetus bedarf bedeutender Quantitäten von Eiweißstoffen zu seinem Aufbau, was sich im N-Haushalt des mütterlichen Organismus in den späteren Stadien der Gravidität begreiflicherweise als anscheinend positive N-Bilanz bemerkbar macht, ohne daß spezielle hormonale Faktoren zur Erklärung dieser Erscheinung herangezogen werden müßten (Nowak[659], Heynemann[425], Gammeltoft[338], Landsberg[527], Murlin[646], weitere Literatur bei Seitz[785]).

Sowohl Thyrektomie als Zufuhr von Schilddrüsenstoffen soll beim graviden Tier weniger Einfluß auf den N-Stoffwechsel haben als beim normalen (Landsberg[527]).

Im *Mineralstoffwechsel* scheint die Gravidität keine besonderen Änderungen zu verursachen: Na, K, Mg, Ca, P, S verhalten sich im Blut normal (Denis und King[226], Krebs und Briggs[511], Underhill und Dimick[858]). Der Blut-Ca-Spiegel wurde gegen Ende der Schwangerschaft etwas erhöht gefunden (Blair Bell[121], Widdows[892]).

Keimdrüsen und Vitamine. Auf die Frage der Bedeutung der Vitamine für die Trophik und Funktion der Keimdrüsen kann hier nicht näher eingegangen werden. Es sei deshalb nur kurz auf einige neuere diesbezügliche Arbeiten hingewiesen, insbesondere auf die ausgedehnten Untersuchungen von Evans und Burr[283] über das von Evans entdeckte, in Weizenkeimen enthaltene fettlösliche Antisterilitätsvitamin E, dessen Mangel irreversible Hodendegeneration beim männlichen Tier hervorruft, dagegen beim weiblichen Tier nicht die Ovarien, sondern die Placenta und die Embryonen schwer schädigt. Das Vitamin E ist sehr stabil und hat gewisse Ähnlichkeiten mit dem ebenfalls für die Fortpflanzungsfähigkeit bedeutungsvollen Vitamin A. B-Avitaminosen sollen nach Amantea[35] die Sexualfunktion nicht direkt, sondern bloß durch die von ihnen verursachte Inanition beeinträchtigen. Zufuhr von Vitamin B bewirkt bei Ratten Hypercholesterinämie und Dauerbrunst (Reiss[721]).

Lactation.

Die Lactation als Teilerscheinung der Graviditäts- bzw. Nachgraviditätsveränderungen des Organismus soll hier in einem eigenen Abschnitt besprochen

werden, da sie trotz ihrer causalen Abhängigkeit von der an sich ovariogenen
Gravidität bezüglich ihrer hormonalen Zusammenhänge noch völlig ungeklärt
ist und nicht ohne weiteres der Tätigkeit irgendeiner bestimmten Hormondrüse
zugeschrieben werden kann. Die Grundlagen ihrer eminenten praktischen Bedeutung werden im folgenden Kapitel dieses Handbuches von berufenerer Seite
dargestellt werden.

Bei Betrachtung des Lactationsproblems sind zwei Hauptpunkte auseinanderzuhalten: die Hypertrophie der Brustdrüse und die ihr folgende eigentliche Milchsekretion. Die erstere stellt sich bis zu einem gewissen Grad als sekundäres
Geschlechtsmerkmal schon zur Zeit der Geschlechtsreifung ein und unterliegt
gewissen mit den östrischen Zyklen zusammenhängenden Intensitätsschwankun-
gen (ROSENBERG[746]). Das maximale Wachstum tritt während der Gravidität ein,
und zwar zweifellos ausgelöst durch hormonale Faktoren, wie sich aus Trans-
plantations- und Parabioseversuchen ergibt (RIBBERT[729], SAUERBRUCH und
HEYDE[763] u. a.). Da das Mammawachstum auch durch eine während der Gravidität vorgenommene Kastration nicht beeinträchtigt wird, kommt das Ovarium
als Quelle des fraglichen Hormons kaum in Betracht, vielmehr kam HALBAN[388]
zu dem Schluß, dieses müsse aus dem Fetus oder aus der Placenta stammen. Das
Eintreten der physiologischen Hypertrophie auch bei Molenschwangerschaft oder
abgestorbener Frucht reduzierte die Möglichkeiten scheinbar auf die Placenta
allein. Andererseits konnten LANE, CLAYPON und STARLING[528], BIEDL und
KÖNIGSTEIN[115] und FOÀ[309] weder durch Ovarial- und Placentaextrakte, noch
durch Placentaimplantationen, wohl aber durch Injektion von Extrakten aus
Embryonen Mammahypertrophie erzielen. BASCH[83] wiederum hatte mit Ein-
pflanzung der Ovarien einer graviden Hündin Erfolg. ASCHNER und GRIGORIU[50]
mit Placentabrei und Fetenbrei. FRANK und UNGER[323] führen die Ungleichmäßigkeit der Ergebnisse auf spontane Schwankungen des Mammavolumens
zurück, wie sie vor allem durch die Brunst ausgelöst werden und erblicken analog
einer älteren Vorstellung von BOUIN und ANCEL[142] im persistierenden Corpus
luteum graviditatis das maßgebende Organ. Ebenso O'DONOGHUE[662]. — FRANK
und UNGER[323] sowie HOFSTÄTTER[433] gelang die Erzeugung einer starken Mammahypertrophie auch mittels Hypophysenextrakten. Da jedoch FELLNER[298] mit
verschiedenen unspezifischen Substanzen ebenfalls eine gewisse Wirkung erreichte,
mahnt BIEDL[110] zur Vorsicht in der Bewertung der Spezifität der verschiedenen
Versuchsresultate. BOUIN und ANCEL[143] konnten zeigen, daß bei Tieren, bei
welchen keine spontane periodische, sondern eine durch sexuelle Anregung ausgelöste Ovulation besteht (Kaninchen, Meerschweinchen, Maus, Katze), ein steriler
Coitus sowohl zur Bildung eines Corpus luteum als zu einer Brustdrüsenhyper-
trophie Anlaß gibt, welche letztere jedoch nicht bis ins Sekretionsstadium fortschreitet, sondern baldiger Rückbildung anheimfällt. Das Eintreten der ersten
Milchsekretionsanzeichen beim wirklich graviden Tier führen sie auf gewisse, von
ihnen als „Glande myometriale endocrine" bezeichnete Zellanhäufungen in der
Wand des graviden Uterus zurück. Eine sichere Bestätigung dieser Hypothese
steht noch aus.

Die eigentliche Sekretion der Brustdrüse setzt bei jeder Art einer Beendigung
der vorgerückten Gravidität ein, sei es nach der normalen Geburt, sei es nach
dem intrauterinen Fruchttod, sei es nach operativer Entfernung der Frucht.
HALBAN[388] erblickt darin eine Bestätigung seiner Theorie von der placentaren
Genese der Milchdrüsentätigkeit, indem durch Verlust der die Hypertrophie
hervorrufenden Placenta der Übergang ins Sekretionsstadium eingeleitet würde.
Nun aber läßt sich gerade durch Placentaextrakt eine beträchtliche Milchsekretion hervorrufen (BASCH[83], LEDERER und PŘIBRAM[540]), die allerdings

nicht spezifisch ist, wie sich aus ebenso wirksamen Versuchen mit Extrakten aus verschiedenen anderen Organen ergibt (Ott und Scott[673], Schaefer und Mackenzie[765]). Umgekehrt fand d'Errico[280] im Serum normaler Tiere einen angeblich die Milchsekretion hemmenden Stoff.

Die Tatsache, daß durch eine während der bereits im Gang befindlichen Lactation vorgenommene Kastration die Milchsekretion auf einen längeren Zeitraum erstreckt werden kann (Landau[526], Altertum[34]), wird vielfach praktisch zur Steigerung der Milchproduktion angewendet (Riesinger[731]). Eine Reihe von Velich[868] zusammengestellter Beobachtungen ergab Milchsekretion auch bei überhaupt nicht graviden Tieren.

Einwirkung der endokrinen Drüsen auf den Digestionstrakt und die Verdauung.

Wenn die endokrinen Drüsen auch ihre imponierendsten Stoffwechselwirkungen auf dem Gebiete des Umsatzes und der Verwertung von bereits aus dem Magendarmtrakt in die Säfte und Gewebe des Organismus übergetretenem Material entfalten, so scheinen sich doch gewisse endokrin bedingte Momente auch im Mechanismus der Nahrungsaufnahme und -resorption geltend zu machen, sowohl im Sinne einer hormonalen Beeinflussung der mechanischen als der chemischen Prozesse im Magendarmtrakt. Wir wollen hier vorerst die diesbezügliche Bedeutung der bisher besprochenen Hormondrüsen betrachten und die Frage im Darmtrakt selbst gebildeter Verdauungshormone dem nächsten Kapitel vorbehalten.

Wenn auch eine ganze Reihe von Untersuchungen — vor allem solcher mit Organpräparaten — deutliche Wirkungen am Digestionstrakt erkennen ließ, so dürfen wir, wie B. Zondek[910] betont, die Frage nach der Spezifität (die keineswegs in all diesen Fällen befriedigend gelöst ist) nicht außer acht lassen. Gewisse pharmakodynamische und toxische Effekte dürfen nicht ohne weiteres auch als physiologisch ablaufende Vorgänge gedeutet werden. Mit dieser Einschränkung ist die Mehrzahl der im folgenden angeführten Befunde zu bewerten.

Die engsten Beziehungen zwischen endokrinem System und Magendarmtrakt scheinen die *Schilddrüse* zu betreffen. Dafür sprechen vor allem die typischen Zustände bei Über- und Unterfunktion der Schilddrüse des Menschen: Beim Morbus Basedow findet sich in der Regel eine vermehrte Magensaft- und Salzsäureproduktion und übermäßige Darmmotilität mit Durchfällen; umgekehrt zeigen myxödematöse Kranke oft eine verminderte Magen- und Darmsekretion und hartnäckige Obstipation, die sich jedoch durch Thyreoidin beseitigen lassen. — Weniger klare Bilder bietet das Tierexperiment: zwar wurde auch hier mehrfach eine Magensekretionsanregung durch Schilddrüsenzufuhr beobachtet (Rogers und Mitarbeiter[737]), doch liegen auch gerade entgegengesetzte Befunde vor (Hardt[394], Chang und Sloan[180], Gasiunas[341], Truesdell[852]). Thyrektomie soll die Magensekretion fördern (Chang und Sloan[180]). Die Peristaltik des Säugetiermagens wird nach Durand[249] durch Schilddrüsensubstanz beschleunigt und vertieft, Darmsekretion (Marbé[603]) und Peristaltik (Eiger[254], Kobe[489], Deusch[230]) werden gefördert. Am isolierten Dünndarm konnten diese Angaben indes von Hammet und Tokuda[392] nicht bestätigt werden. Hier wäre noch das von Lieberfarb[558] näher untersuchte Verhalten des Hühnerkropfes zu erwähnen, welcher unter Schilddrüsenwirkung bedeutend lebhafter und häufiger bewegt wird als normalerweise.

Bezüglich einer etwaigen *Epithelkörperchen*wirkung auf Magen und Darm ist nur wenig bekannt. Rogers und Mitarbeiter[737] schreiben den Epithelkörperchen eine die Magenfunktion fördernde Rolle zu; Peacock und Dragstedt[688],

CARLSON[168], CARLSON und JACOBSON[169] und FRIEDMANN[329] sahen Magendarm-
störungen nach Parathyrektomie, ARTOM[45] und SUNZERI[824] eine Verminderung
der Darmfermente, KRATINOFF und KRATINOFF[508] beobachteten bei parathyreopriver Tetanie eine Tonuserhöhung und Spasmen des Magens, aber auch das
Gegenteil.

Für eine spezifische Wirkung des *Thymus* liegen keine sicheren Anhaltspunkte vor (Literatur bei BOENHEIM[131]). Zufuhr von Thymussubstanz vermindert
nach BOENHEIM[131] den Cl-Spiegel im Blut und vielleicht im Zusammenhang damit
zuweilen auch die HCl-Sekretion des Magens.

Daß das den Tonus des sympathischen Nervensystems so intensiv beeinflussende Hormon des Nebennierenmarkes, das *Adrenalin*, auf dem Nervenwege
in die Tätigkeit der Digestionsorgane eingreift, ist leicht einzusehen. Die durch
Adrenalin hervorgerufenen Effekte sind indessen nicht sehr übersichtlich und
eindeutig. Im allgemeinen bewirkt es eine Abnahme der Magensekretion (ROGERS
und Mitarbeiter[737], TIMME[840] u. a.), welche BOENHEIM[131] auf eine Verminderung
des Cl-Angebotes aus dem Blut zurückführt und die von einer „kompensierenden"
Hypersekretion gefolgt sein kann (ACHULIA[16], ALPERN[32]). Auf die durch Nahrungsaufnahme bereits in Gang gebrachte Sekretion dagegen wirkt Adrenalin fördernd
(SIROTININ[798]).

Die Magenperistaltik wird bei Säugetieren durch Adrenalin gesteigert
(DURAND[249], WATANABE[883] u. a.). Besonders lebhaft reagiert der entnervte
Magen im Sinne einer Kontraktion (KURODA[518]) „nach Ausschaltung der stärkeren sympathischen Hemmungsapparatur"; ebenso verhält sich der Darm.
Andererseits wurde am Dickdarm eine kurzdauernde Tonusabnahme beobachtet
(GANTER und STALLMÜLLER[339]). ROGOFF und STEWART[738] sehen die bei nebennierenlosen Tieren ante exitum auftretenden Hyperämien und Schleimhautblutungen des Intestinaltraktes als toxisch bedingt an. — Die Gallensekretion soll
durch Adrenalin vermindert werden (SAKURAI[755]).

Die bezüglich der *Insulinwirkung* angestellten Versuche sind noch spärlich:
COLLAZO und DOBREFF[189] fanden eine Hemmung, CASCAO DE ANCIAES[172], DETRE
und SIVO[228], SIMICIU und Mitarbeiter[793, 794] eine Steigerung der Magensekretion.
WWEDENSKI[901] keine deutliche Wirkung. Die Darmperistaltik wird nach SIMICIU
und Mitarbeitern[793, 794] kräftig angeregt, die Gallensekretion nach SAKURAI[755]
gehemmt. Über das unregelmäßige Verhalten der Magensekretion beim menschlichen Diabetes s. bei v. NOORDEN[656].

Während der Vorderlappen der Hypophyse für den Gastrointestinaltrakt
keine besondere Bedeutung zu besitzen scheint, entfaltet das *Pituitrin* lebhafte
pharmakodynamische Wirkungen, besonders am Darm. Sein Einfluß auf die
Magensekretion ist offenbar gering (ROGERS und Mitarbeiter[737], HESS und
GUNDELACH[423] u. a.). Eine Sekretionshemmung wurde von PAL[675], ELKELES[261],
GASIUNAS[341], SCHÖNDUBE und KALK[775] u. a. gefunden. Die Magenmotilität wird
durch kleine Pituitrindosen gesteigert (PARISOT und MATTHIEU[680], HOUSSAY und
BERUTI[439] u. a.). Die kontraktionssteigernde Wirkung auf den Darm ist so
intensiv (BELL[95], BOENHEIM[131], FODERÀ[311]), daß sie in der menschlichen Klinik
mit Erfolg zur Beseitigung von Darmlähmungen angewendet wird.

Einer der charakteristischsten Effekte des Pituitrins ist die von KALK und
SCHÖNDUBE[465] entdeckte Entleerung der Gallenblase nach Pituitrinzufuhr, welche
wahrscheinlich durch Kontraktion der Gallenblasenwand zustande kommt,
dagegen wird die Gallensekretion der Leber durch Pituitrin gehemmt (ADLERS-
BERG und NOOTHOVEN VAN GOOR[21]).

Vonseiten der *Keimdrüsen* bestehen wohl — wenn überhaupt — nur sehr
lockere Beziehungen zur Funktion des Gastrointestinaltraktes und die dies-

bezüglich vorliegenden Beobachtungen beziehen sich fast ausschließlich auf menschliche Verhältnisse.

Stoffwechselwirkungen von Organen, deren endokriner Charakter fraglich ist.
Die in der Einleitung gegebene Definition des Begriffes „innere Sekretion" bzw. „Hormonwirkung" gestattet so weite Begriffsdehnungen, daß man mit einer gewissen Berechtigung von einer innersekretorischen Tätigkeit auch mit Bezug auf eine Anzahl von Organen sprechen kann, welche außerhalb der Reihe der bisher besprochenen traditionell als solche anerkannten Hormondrüsen stehen. Es mag dem persönlichen Geschmack und der Kritik des Lesers überlassen bleiben, diese Berechtigung in den einzelnen nun zu besprechenden Fällen anzuerkennen oder abzulehnen.

Leber. Eines der wichtigsten „Hormone" der Leber ist der Traubenzucker, der in ihr durch Hydrolyse des Leberglykogens und indirekt durch Kohlenhydratneubildung aus Eiweiß und Fett entsteht und auf dem Blutwege zu den verschiedensten Organen und Zellkomplexen transportiert wird, die seiner unbedingt bedürfen. Alles Nähere hierüber findet sich in dem Kapitel, das die Regulation des Kohlenhydratstoffwechsels behandelt (Prof. Seuffert); hier sei nur darauf hingewiesen, daß bei Entfernung oder Ausschaltung der Leber aus dem Kreislauf schwere, letzten Endes tötliche Intoxikationserscheinungen unter ähnlichen Symptomen eintreten wie beim „hypoglykämischen" Insulinschock (Mann und Magath[600], Fischler[307]). Infusion von Traubenzucker wirkt in diesen Fällen gewissermaßen als substitutive „Organotherapie" lebensverlängernd (Fischler[307]), wenn auch nicht -rettend, da mit dem Verlust der Leber ja auch andere wichtige Leberfunktionen abgestellt worden sind. Eine solche ist z. B. die Bildung von Harnstoff aus Aminosäuren (Mann und Magath[600], Fischler[307]). Der Harnstoff aber spielt im Organismus nicht bloß die Rolle eines gleichgültigen Abfallstoffes, sondern er ist auch ein die Nierensekretion wirksam anregendes Diuretikum (Munk[645], Schmidt[772], Gremels[371] u. a.).

Als eine weitere inkretorische Funktion der Leber wird die Bildung von Fibrinogen betrachtet, eines Eiweißstoffes, der von größter Bedeutung für die Blutgerinnung ist (Billet[118], Kisch[478] u. a.).

Kunz und Molitor[517] vermuten das Vorhandensein von in der Leber produzierten hormonartigen Stoffen, welche die Wasseraufnahmefähigkeit der Gewebe beeinflussen und sich derart an der Regulation des Wasserhaushaltes beteiligen.

Milz. Auf die komplizierte Frage, ob und inwieweit die Milz Fernwirkungen hormonaler Art auf die Zerstörung der roten Blutkörperchen entfaltet bzw. ob sie die erythropoetische Tätigkeit des Knochenmarkes hemmt, kann hier nicht eingegangen werden. Jedenfalls ist sie kein lebenswichtiges Organ, wie aus zahlreichen anstandslos überlebten Milzexstirpationen an Tier und Mensch hervorgeht, doch scheint sie eine gewisse Bedeutung z. B. für den Eisenstoffwechsel zu besitzen. Ihre eisenretinierende und das aufgenommene Eisen auch chemisch modifizierende Tätigkeit dürfte mit ihrer Rolle in der Blutbildung bzw. -zerstörung in Zusammenhang stehen (Asher und Vogel[63]).

Im Lipoidstoffwechsel soll der Milz die Funktion einer Bildung von Cholesterin (Abelous und Soula[15]) bzw. von Neutralfett aus Cholesterin (Leites[545]) zukommen.

Bei Ratten und Kaninchen fand Asher[55] den Gesamtstoffwechsel durch Entmilzung erhöht (beim Hund nicht) und schließt daraus auf einen gewissen Antagonismus zwischen Milz und Schilddrüse.

Innere Sekretion des Magendarmtraktes. Eine Eigentümlichkeit des Magendarmtraktes ist es, in sich selbst, das heißt, in der Magen- und Darmwand

Stoffe zu produzieren, welche auf dem Blutwege seine eigene Tätigkeit beeinflussen und zwar in zwei Richtungen: 1. Sekretion, 2. Motilität (Tonus und Peristaltik).

Die wichtigste Entdeckung auf dem Gebiete der hormonalen Sekretionsanregung verdanken wir Bayliss und Starling[92], welche in den Epithelzellen der Duodenalschleimhaut ein von ihnen *Sekretin* genanntes Hormon fanden, das unter Einwirkung von Säuren (durch den einfließenden sauren Mageninhalt) aus dem Duodenum secerniert wird und eine lebhafte äußere Sekretion des Pankreas veranlaßt — auch nach vollständiger Entnervung des betreffenden Darmabschnittes, so daß es sich nicht um einen einfachen nervösen Reflex handeln kann.

Einen ähnlichen Stoff fand Edkins[252] in der Pylorusschleimhaut, der — ebenfalls von der Blutbahn aus — die Magensekretion, sobald sie einmal durch Nahrungsaufnahme in Gang gebracht worden ist, steigert und längere Zeit hindurch fördert: „Magensekretin" oder *Gastrin*. Das Gastrin scheint in der Pylorusschleimhaut vorgebildet zu sein und durch die Magensäure erst aktiviert zu werden, um hierauf seinerseits wieder auf die Fundusdrüsen im Sinne einer protrahierten Sekretion einzuwirken. Die Spezifität ist nicht streng auf den Pylorus beschränkt, denn auch mit Extrakten aus der Fundusschleimhaut und Muscularis, aus Leber und Pankreas (Tomaschewski[842]), ja selbst aus Fleisch, Spinat, Weizen, Spargel, Erdbeeren usw. läßt sich der gleiche Effekt erzeugen (Bickel[106], Popielski[704], Uhlmann[857] u. a.). In gewissen chemischen Einzelheiten (Kochbeständigkeit, Resistenz gegen Mineralsäuren usw.) stimmen alle diese „Sekretine" untereinander überein und mehrfach wird angenommen, es handle sich um nichts anderes als um *Cholin* oder *Histamin* oder um eine Kombination verschiedener biogener Amine (Koch[491], Keeton[472], Luckhardt[577], Guggenheim[379], v. Fürth und Schwarz[336]).

Cholin. Das Cholin, eine quaternäre Ammoniumbase, ist in den meisten tierischen Organen enthalten, besonders reichlich aber in der Dünndarmwand (Le Heux[542], Abderhalden[2]). Es ist ein vagotroper Stoff, der auf den Auerbachschen Plexus des Darmes einwirkt und derart rhythmische Darmbewegungen hervorruft (Magnus[592]). Durch das vaguslähmende Atropin wird seine Darmwirkung aufgehoben. Weiland[887] hat aus verschiedenen Darmabschnitten Stoffe isoliert, die ebenfalls mit dem Cholin identisch sein dürften, welches Zuelzer[916] nicht als ein echtes Hormon anerkennt, sondern als ein ubiquitär vorkommendes Autolyseprodukt ansieht.

Zuelzers Hormonal. Zuelzer[916] selbst gewann aus der Magenschleimhaut einen bei intravenöser Zufuhr sofort lebhafte Darmperistaltik vom Duodenum bis zum Rectum auslösenden Stoff, den er Hormonal nennt. Er fand sich im Magen von Kaninchen, Pferd, Schwein, Rind; bei letzterem nur im Labmagen. Gegenüber dem Cholin und den von Weiland[887] gefundenen Substanzen zeichnet sich das Hormonal dadurch aus, daß seine Wirkung durch Atropin nicht abgeschwächt wird (Zuelzer[916], Schlagintweit[771]). Es wird nur aus der verdauenden, nicht aus der ruhenden Magenschleimhaut gewonnen und in besonders großer Menge in der Milz gespeichert vorgefunden. Obzwar es meist geringe Mengen von Cholin enthält, bleibt auch nach deren Entfernung (Berlin[101]) die spezifische Wirkung nach Zuelzer[916] erhalten.

Speicheldrüsen. Sehr eigentümliche, vorwiegend aus der menschlichen Pathologie bekannte Beziehungen bestehen zwischen den Speicheldrüsen und einigen inkretorischen Organen, insbesondere den Keimdrüsen. So gehen infektiöse Parotisschwellungen (Mumps) bei männlichen Individuen häufig mit Orchitis und Epididymitis einher, bei Frauen kommt es zuweilen zu Eierstockentzündungen; umgekehrt kommen bei primären Störungen der Genitaldrüsen

(J. Bauer[88]) und der Schilddrüse (Römer[743]) Parotisschwellungen vor, doch beweisen diese Beobachtungen nicht unmittelbar eine inkretorische Tätigkeit der Speicheldrüsen selbst.

Eine solche wird eher durch das Ergebnis der Exstirpationsversuche von Baccarani und Morano[70] sowie von Hemeter[411] nahegelegt, welche zu hochgradiger Abmagerung, Marasmus, Verminderung der Magensaftsekretion und in der Mehrzahl der Fälle auch zum Tode führten. Diese Erscheinungen ließen sich teils durch Implantation von Speicheldrüsengewebe, teils durch Injektion von Speicheldrüsenextrakten verhindern. Entgegen diesen Beobachtungen berichtet allerdings Bono[134] von Exstirpationen ohne irgendwelche für eine innere Sekretion der Speicheldrüsen sprechende Folgeerscheinungen.

Sehr interessant sind histologische Untersuchungen von Goljanitzki[358], der gewissen interstitiellen Zellen der Speicheldrüsen (Sternzellen und Gianuzzische Halbmonde) eine inkretorische Funktion zuschreibt. Sie hypertrophieren nach Unterbindung des Ausführungsganges in Analogie zu Pankreas und Hoden auf Kosten des exkretorischen Apparates, und zwar bei einseitiger Unterbindung auch in der anderen, nicht operierten Drüse. Auch bei Transplantation der Speicheldrüsen in die Bauchhöhle kommt es zu einer Wucherung der interstitiellen Elemente.

Analogien zum Pankreas bestehen aber nicht nur in morphologischer, sondern vor allem auch in funktioneller Beziehung: Von der mit den Befunden Goljanitzkis[358] übereinstimmenden Vorstellung ausgehend, daß es möglich sein müsse, durch Verschluß des Ausführungsganges die Speicheldrüse in eine Drüse mit innerer Sekretion „umzuwandeln", unterband Mansfeld[601] bei Hunden den Ausführungsgang der Ohrspeicheldrüse mit dem Erfolg eines starken Absinkens der Nüchternblutzuckerwerte und Verstärkung der Hungerhypoglykämie. Diese Erscheinungen verschwinden bei vollständiger Exstirpation der Drüse, woraus Mansfeld[601] auf die Bildung eines insulinartigen Hormons in der Parotis schließt. (Tatsächlich haben Best, Smith und Scott[105] die Speicheldrüsen sehr insulinreich gefunden.) Ähnliche Ergebnisse hatte Seelig[781], der nach Ausführungsgangsunterbindung beim Normaltier ebenfalls eine deutliche dauernde Blutzuckersenkung und ferner die Folgen anschließender Pankreasexstirpation etwas abgeschwächt fand. Utimura[859] beobachtete nach Exstirpation der Parotis Abnahme des Blutzuckers sowie Vermehrung der Langerhans-Inseln und des Leberglykogens. Entfernung der Glandula submaxillaris soll in entgegengesetztem Sinn wirken.

Aus alledem ergibt sich wohl die Berechtigung zu der Annahme, daß die Speicheldrüse ein dem Insulin in seiner Wirksamkeit ähnliches Hormon bildet und zum Pankreas in synergistischen Wechselbeziehungen steht.

Die in jüngerer Zeit viel diskutierten Herzhormone (Haberlandt[386], Zuelzer u. a.) kommen für Fragen des Stoffwechsels, also auch für unser Thema, nicht in Betracht. Übrigens wird ihre Spezifität und Hormonnatur mehrfach energisch bestritten.

Literatur.

A. Zusammenfassende Monographien und Referate.

Bauer, J.: Innere Sekretion. Berlin u. Wien: Julius Springer 1927. — Biedl: Innere Sekretion. Berlin u. Wien: Urban & Schwarzenberg 1916. — Literaturverzeichnis zur 4. Auflage der Inneren Sekretion. Berlin u. Wien: Urban & Schwarzenberg 1922. — Boenheim: Bedeutung der Blutdrüsen für den Verdauungstraktus. Arch. Verdgskrkh. **35**, 186 (1925).

ELLENBERGER u. BAUM: Handbuch der vergleichenden Anatomie der Haustiere, 15. Aufl. Berlin: Hirschwald 1921. — ELLENBERGER u. TRAUTMANN: Grundriß der vergleichenden Histologie der Haussäugetiere, 5. Aufl. Berlin: Paul Parey-Verlag 1921.
GRAFE: Die pathologische Physiologie des Gesamtstoff- und Kraftwechsels bei der Ernährung des Menschen. München: J. F. Bergmann 1923.
HIRSCH: Handbuch der inneren Sekretion 1, 2. Leipzig: Kabitzsch.
ORTHNER: Über die Herstellung, Prüfung und klinische Verwendung organotherapeutischer Präparate. Stuttgart: F. Enke 1928.
RAAB: Hormone und Stoffwechsel. München-Freising: Datterer & Co. 1926.

B. Spezielle Arbeiten.

(1) ABDERHALDEN: Pflügers Arch. 208, 476 (1925). — (2) Zitiert nach ZUELZER: a. a. O. — (3) ABDERHALDEN u. GUGGENHEIM: Z. physiol. Chem. 57, 329 (1908). — (4) ABDERHALDEN u. WERTHEIMER: Pflügers Arch. 213, 328 (1926); 216, 697 (1927). — (5) ABEL: Proc. nat. Acad. Sci. 12, 132 (1926). — (6) Bull. Hopkins Hosp. 35, 305 (1924). — (7) ABEL u. GEILING: J. of Pharmacol. 25, Nr 6 (1925). — (8) ABEL u. KUBOTA: Ebenda 13, 243 (1919). — (9) ABEL, ROUILLER u. GEILING: Ebenda 22, 289 (1924). — (10) ABELIN: Münch. med. Wschr. 1928, Nr 16, 685. — (11) Klin. Wschr. 1926, Nr 9, 367. — (12) ABELIN, GOLDENER u. KOBORI: Biochem. Z. 174, 232 (1926). — (13) ABELIN u. SCHEINFINKEL: Erg. Physiol. 24, 690 (1925). — (14) ABELOUS u. LANGLOIS: C. r. Soc. Biol. Paris 44, 490 (1892). — (15) ABELOUS u. SOULA: Ebenda 1922, 6. — (16) ACHULIA, zitiert bei BOENHEIM: a. a. O. — (17) ADAM: Wschr. Tierzucht 1876. — (18) ADLER in HIRSCH: Handbuch der inneren Sekretion 2. Zbl. Gynäk. 1916, 30. — (19) Arch. f. exper. Path. 86, 159; 87, 406 (1920). — (20) ADLER u. LIPSCHITZ: Ebenda 95, 181 (1922). — (21) ADLERSBERG u. NOOTHOVEN VAN GOOR: Ebenda 134, 88 (1928). — (22) ADLERSBERG u. PORGES: Wien. klin. Wschr. 1928. — (23) AGADSCHANIANZ: Med.-biol. J. (russ.) 2, 38 (1926). — (24) AHLGREN: Skand. Arch. Physiol. 47, 1 (1925). — (25) ALBERS SCHÖNBERG: Münch. med. Wschr. 1903. — (26) ALDRICH: Amer. J. Physiol. 5, 457 (1901). — (27) ALLAN: J. amer. med. Assoc. 81, 10 (1923). Amer. J. Physiol. 69, 3 (1924). — (28) ALLARD: Arch. f. exper. Path. 59, 388 (1908). — (29) ALLEN: Glycosuria a. diabetes. Cambridge, Massachusetts 1913. — (30) ALLEN u. DOISY: J. amer. med. Assoc. 81, 819 (1923). — (31) ALLEN, VAN: J. of exper. Med. 43, 119 (1926). — (32) ALPERN: Biochem. Z. 136, 551 (1921). — (33) ALPERN u. COLLAZO: Z. exper. Med. 35, 288 (1923). — (34) ALTERTUM, zitiert bei LAHM in HIRSCH: Handbuch der inneren Sekretion 2, S. 385. — (35) AMANTEA: Boll. Soc. Biol. sper. 1, 463 (1926). — (36) AMBARD: C. r. Soc. Biol. Paris 90 (1924). — (37) ANCEL u. BOUIN: Ebenda 56 (1904). — (38) Gynéc. et Obstétr. 13, 6 (1926). — (39) ANDERSON u. ANDERSON: Biochemic. J. 21, 1398 (1927). — (40) ANDERSSON u. BERGMANN: Skand. Arch. Physiol. 8, 326 (1898). — (41) ANREP u. DE BURGH DALY: Proc. roy. Soc., Ser. B 97, 450 (1925). — (42) ARNOLDI: Z. exper. Med. 52, 249 (1926). — (43) Z. klin. Med. 94, 268 (1922). — (44) ARNOLDI u. LESCHKE: Ebenda 92, 364 (1921). — (45) ARTOM: Riforma med. 33, 856 (1922). — (46) ARTOM u. MARZIANI: Boll. Soc. chim. Biol. 6, 713 (1924). — (47) ARTUNDO: C. r. Soc. Biol. Paris 97, 408, 409 (1927). — (48) ASCHNER in HIRSCH: Handbuch der inneren Sekretion; ABDERHALDEN: Handbuch der biologischen Arbeitsmethoden, S. 125; Pflügers Arch. 146, 1 (1912); Berl. klin. Wschr. 1916, Nr 28. — (49) Die Blutdrüsenerkrankungen des Weibes. Wiesbaden 1918. — (50) ASCHNER u. GRIGORIU: Arch. Gynäk. 94 (1911). — (51) ASCHOFF: Zieglers Beitr. 46, 1 (1909); Münch. med. Wschr. 7 (1910); Lehrbuch der pathologischen Anatomie. Jena: Fischer. — (52) Vorträge über Pathologie. Jena: Fischer 1925. — (53) ASCOLI u. LEGNANI: Arch. internat. de Biol. 59, 235 (1914); Münch. med. Wschr. 1912, Nr 10. — (54) ASHBY: Amer. J. Physiol. 67, 77 (1923). — (55) ASHER: Z. Biol. 58, 274 (1912). — (56) ASHER u. CURTIS: Biochem. Z. 167, 231 (1926). — (57) ASHER u. FLACK: Z. Biol. 55, 83 (1910). — (58) ASHER u. NAKAYAMA: Biochem. Z. 155, 413 (1925). — (59) Ebenda 155, 387 (1925). — (60) ASHER u. OKUMURA: Ebenda 176, 325 (1926). — (61) ASHER u. v. RODT: Zbl. Physiol. 26, 223 (1912). — (62) ASHER u. ROHRER: Biochem. Z. 145, 154 (1924). — (63) ASHER u. VOGEL, zitiert bei ZUELZER: a. a. O. — (64) ASHER u. Mitarbeiter: Biochem. Z. 82, 97, 128, 137, 151, 156. — (65) ATHANASIU u. GRADINESCU: C. r. Acad. Sci. Paris 149 (1909). — (66) AUB, BRIGHT u. URIDIL: Amer. J. Physiol. 61, 300 (1922). — (67) AUB, FORMAN u. BRIGHT: Ebenda 61, 326 (1922). — (67a) AUB, BAUER, HEATH u. ROPES: J. of Clin. Investig. 7, 97 (1929). — (67b) AUB, BAUER u. ALBRIGHT: J. of exp. Med. 49, 145 (1929). — (68) AUBERTIN: Insuline. Paris: Doin 1926. — (69) AUFRECHT u. DIESING: Zbl. Stoffwechs. 4, 369 (1909).
(70) BACCARINI u. MORANO: Riforma med. 19 (1903). — (71) BACMEISTER: Biochem. Z. 26, 223 (1910). — (71a) BACQ: Ann. de Physiol. 5, 659 (1929). — (72) BAER u. BLUM: Arch. f. exper. Path. 55, 56, 59, 62. — (73) BADERTSCHER: Anat. Rec. 28, 177 (1924). — (74) BAGINSKI, zitiert bei J. BAUER: a. a. O. (Innere Sekretion). — (75) BAILEY u. BREMER: Endocrinology 5, 761 (1921). — (76) BANG: Biochem. Z. 90—94; Die Lipoide. Wies-

baden 1911. — *(77)* Banting u. Best: Communication Acad. Med. Toronto 7. II. 1922;
J. Labor. a. clin. Med. 7, 251, 464 (1922). — *(78)* Banting, Best, Collip u. Macleod:
J. metabol. Res. 2, 135 (1922). — *(79)* Banting u. Gairns: Amer. J. Physiol. 77, 100
(1925). — *(80)* Barcroft u. Dixon: J. of Physiol. 35, 182 (1910). — *(81)* Bardier u.
Frenkel: J. Physiol. et Path. gén. 1899. — *(82)* Basch: Wagner u. Bayers Lehrbuch der
Organotherapie. 1914. — *(83)* Arch. Gynäk. 96, 204 (1912). — *(84)* Battelli: C. r. Soc.
Biol. Paris 54, 571, 1518 (1902). — *(85)* Bauer, J.: Wien. klin. Wschr. 1914. — *(86)* Z. Neur.
u. Psych. 3, 279 (1911). — *(87)* Die konstitutionelle Disposition zu inneren Krankheiten.
Berlin 1921. — *(88)* Innere Sekretion. Berlin u. Wien 1927. — *(89)* Bauer u. Aschner:
Z. exper. Med. 27, 202 (1922); Dtsch. Arch. klin. Med. 138, 270 (1922). — *(90)* Baumann
u. Hunt: J. of biol. Chem. 64, 709 (1925). — *(91)* Bayer, Lubarsch u. Ostertag: Erg.
Path. 14, 2 (1910). — *(92)* Bayliss u. Starling: J. of Physiol. 28, 325 (1902); 29 (1903). —
(93) Beard: Anat. Anz. 14, 101 (1897). — *(94)* Belawenez, zitiert bei Juschtschenko:
Biochem. Z. 15, 365 (1909). — *(95)* Bell, zitiert bei Boenheim: a. a. O. — *(96)* Benedict
u. Homans: J. med. Res. 25, 3, 409 (1912). — *(97)* Bensley: Amer. J. Anat. 19, 1 (1916). —
(98) Benthin: Mschr. Geburtsh. 37 (1913). — *(99)* Berblinger: Virchows Arch. 227, 228
(1920). — *(100)* Bergmann, v.: Z. exper. Path. u. Ther. 5, 43 (1909). — *(101)* Berlin:
Z. Biol. 68, 7/8 (1918). — *(102)* Bernstein u. Falta: Verh. dtsch. Ges. inn. Med. 1912,
1922. — *(103)* Berthold: Arch. Anat. u. Physiol. 1849, 42. — *(104)* Best u. Scott: J.
Amer. med. Assoc. 81, III 382 (1923). — *(105)* Best, Smith u. Scott: Amer. J. Physiol.
68, 161 (1924). — *(106)* Bickel, zitiert bei Zuelzer: a. a. O. — *(107)* Biedl: Pflügers Arch.
67 (1897). — *(108)* Zbl. Physiol. 12 (1898). — *(109)* Physiologie und Pathologie der Hypoph.
34. Kongr. dtsch. Ges. inn. Med. Wiesbaden 1922. — *(110)* Innere Sekretion. Berlin u. Wien:
Urban & Schwarzenberg 1916. — *(111)* Arch. Gynäk. 132, 167 (1927). — Die Keimdrüsenextrakte. In Bethe: Handbuch der normalen und pathologischen Physiologie 14. 1926. —
(112) Endokrinologie 2, 241 (1928). — *(113)* Innere Sekretion 1, 4. Aufl. 1922. — *(114)* Biedl
u. Hofstätter, zitiert bei Biedl (110). — *(115)* Biedl u. Königstein: Z. exper. Path. u.
Ther. 8, 358 (1910). — *(116)* Bijlsma: Arch. néerl. Physiol. 11, 413 (1926). — *(117)* Nederl.
Tijdschr. Geneesk. 21, 2143 (1926). — *(118)* Billet: C. r. Soc. Biol. Paris 1905. —
(119) Billeter: Mitt. Lebensmittelunters. 15, 152 (1924). — *(120)* Billigheimer: Dtsch.
Arch. klin. Med. 136, 1 (1921). — *(121)* Blair Bell, zitiert bei Widdows: a. a. O. —
(122) Blatherwick, Bell u. Hill: J. of biol. Chem. 61. — *(123)* Blau u. Hancher: Amer.
J. Physiol. 77, 8 (1926). — *(124)* Blix: Studies on diabetic lipemia. Lund 1925. — *(125)* Blix
u. Ohlin: Skand. Arch. Physiol. 1927. — *(126)* Bloch: Arch. f. Dermat. 124 (1917); 136
(1921). — *(127)* Bloor: J. of biol. Chem. 24, 447 (1916); 26, 417 (1916); 49, 201 (1921). —
(128) Blum: Studien über die Epithelkörperchen. Jena: Fischer 1925. — *(129)* Pflügers
Arch. 90, 617 (1902). — *(130)* Bodansky: Proc. Soc. exper. Biol. a. Med. 20, 538 (1923);
21, 46 (1923). — *(131)* Boenheim: Arch. Verdgskrkh. 26, 74 (1920). — *(132)* Bokelmann,
Bock u. Rother: Z. Geburtsh. 89, 1 (1925). — *(133)* Bokelman u. Rother: Z. exper. Med.
33 (1923); 40 (1924). — *(134)* Bono: Arch. per le Sci. med. 49, 591 (1927). — *(135)* Boothby
u. Sandiford: Amer. J. Physiol. 51, 200 (1920); 63, 407 (1923). — *(136)* Boothby, Sandiford,
Sandiford u. Slosse: Erg. Physiol. 24, 728 (1925). — *(137)* Borchardt: Dtsch. med. Wschr.
1908, 946. — *(138)* Bormann, Brunnow u. Savary: Skand. Arch. Physiol. 44, 248 (1923). —
(139) Bornstein u. Müller: Biochem. Z. 126, 64 (1921). — *(140)* Bouin u. Ancel: C. r.
Soc. Biol. Paris 55 (1903); 1904; 57 (1905). — *(141)* Ebenda 61 (1906). — *(142)* Ebenda
76, 150 (1914). — *(143)* Ebenda 72, 129. — *(144)* Breitner: Klin. Wschr. 1929, 97. —
(145) Briggs, Koechig, Doisy u. Weber: J. of biol. Chem. 58, 721 (1924). — *(146)* Britton:
Amer. J. Physiol. 74, 291 (1925). — *(147)* Bröking u. Trendelenburg: Dtsch. Arch. klin.
Med. 103, 168 (1911). — *(148)* Brougher: Amer. J. Physiol. 80, 411 (1927). — *(149)* Brown
u. Séquard: C. r. Soc. Biol. Paris 1889. — *(150)* Bruni: Arch. ital. Anat. 15, 139 (1917). —
(151) Brunn: Zbl. inn. Med. 39 (1920). — *(152)* Bullock u. Sequeira: Trans. path. Soc.
London 56 (1905). — *(153)* Bürger, zitiert in Oppenheimer: Handbuch der Biochemie 9,
229 (1925) (R. Hirsch). — *(154)* Burn: J. of Physiol. 57, 318 (1923). — *(155)* Burn u. Dale:
Ebenda 59, 164 (1924). — *(156)* Burn u. Ling: Ebenda 65, 191 (1928). — *(157)* Burn u.
Marks: Ebenda 60, 131 (1925). — *(158)* Burns u. Sharpe: Quart. J. of Physiol. 10, 345
(1917). — *(159)* Buschke u. Schmidt: Dtsch. med. Wschr. 1905.
(160) Calzolari: Arch. ital. Biol. 1, 71 (1898). — *(161)* Camus u. Roussy: C. r. Soc.
Biol. Paris 75, 628 (1913); 76, 877 (1914). — *(162)* Canal: Gazz. Osp. 1909, Nr 93; Arch.
Sci. med. 1910, Nr 1—2. — *(163)* Cannon: Endocrinology and metabolism 2. Herausgegeben
von Lewellis F. Barker. New York u. London: Appleton & Co. 1922. Bodily Changes in
Pain, Hunger, Fear and Rage, II. Aufl. Derselbe Verlag 1929. — *(164)* Cannon, Britton,
Groeneveld u. Levis: Amer. J. Physiol. 79, 433 (1927). — *(165)* Cannon u. Hoskins: Ebenda
29, 274 (1911/12). — *(166)* Cannon u. Rapport: Ebenda 58, 308 (1921/22). — *(166b)*
Cannon, McIver u. Bliss: Ebenda 69, 46 (1924). — *(166c)* Cannon u. de la Paz. Am.
J. of Phys. 28, 64 (1911). — *(167)* Carlson: Ebenda 33, 143 (1914). — *(168)* Ebenda 28,

133 (1911). — *(169)* CARLSON u. JACOBSON: Ebenda 28, 153 (1911). — *(170)* CARLSON, ROOKS u. MCKIE: Ebenda 30, 128 (1912). — *(171)* CARLSON u. SMITH: Ebenda 60, 481 (1922). — *(172)* CASCAO DE ANCIAES: C. r. Soc. Biol. Paris 95, 313 (1926). — *(173)* CASTEX u. SCHTEIN-GART: Arch. argent. Enferm. Apar. digest. 1, 221 (1925); Ref.: Physiol. Ber. 36, 301 (1926). — *(174)* C. r. Soc. Biol. Paris 93, 1636 (1925). — *(175)* Ebenda 93, 1459 (1925). — *(176)* CESA u. BIANCHI: Pathologica 4, 14 (1912); Sperimentale 1914, Nr 1; Rev. Méd. 32, Nr 6 (1912). — *(177)* CHACHOVITCH u. VICHNJITCH: C. r. Soc. Biol. Paris 98, 1153 (1928). — *(178)* CHAIKOFF u. MACLEOD: J. of biol. Chem. 73, 725 (1927). — *(179)* CHAIKOFF u. WEBER: Ebenda 76, 813 (1928). — *(180)* CHANG u. SLOAN: Amer. J. Physiol. 80, 732 (1927). — *(181)* CHAUFFARD: C. r. Soc. Biol. Paris 72, 23 (1912); 76, 529 (1914); Ann. Méd. 8, 60 (1920). — *(182)* CHRISTA-LON: Arch. Tierheilk. 57, 507 (1928). — *(183)* CIACCIO: Anat. Anz. 23 (1903). — *(184)* CITRON u. LESCHKE: Z. exper. Path. u. Ther. 14. — *(185)* CITRON u. ZONDEK: Klin. Wschr. 1924, 1243. — *(186)* CLARK: J. of Physiol. 62, VIII (1926). — *(187)* CLAUS: Erg. Path. I 20, 436 (1922). — *(188)* CLAUSER: Riv. ital. Ginec. 3, 83 (1924). — *(189)* COLLAZO u. DOBREFF: Münch. med. Wschr. 1924, Nr 48, 1678. — *(190)* COLLAZO u. HAENDEL: Dtsch. med. Wschr. 1923, 1546. — *(191)* COLLIN: Rev. franç. Endocrin. 4, 241 (1926). — *(192)* COLLIP: J. of biol. Chem. 55 (1925). — *(193)* Ebenda 55 (1923). — *(194)* Ebenda 63, 439 (1925); Amer. J. Physiol. 72, 182 (1925). — *(195)* J. of biol. Chem. 55, XXXVIII (1923). — *(196)* COLLIP u. CLARK: Ebenda 66, 133 (1925). — *(197)* Ebenda 64, 485 (1925). — *(198)* COLLIP, CLARK u. SCOTT: Ebenda 63, 439 (1925). — *(199)* COOKE: Amer. J. med. Sci. 140, 404 (1910). — *(200)* COOPE: J. of Physiol. 60, 92 (1925). — *(201)* COOPE u. CHAMBERLAIN: Ebenda 60, 69 (1925). — *(202)* COOPE u. MOTTRAM: Ebenda 49, 23 (1914). — *(203)* CORI, G.: Arch. f. exper. Path. 95, 378 (1922). — *(204)* CORRAL: Z. Biol. 1918. — *(205)* COSTA, DA: Glandulas suprarenarias e suas monologas. Lissabon 1905. — *(206)* Cow, zitiert bei BIEDL (110). — *(207)* CRAMER: J. of physiol. Proc. 52, VIII (1918). — *(208)* Brit. J. exper. Path. 5, 128 (1924). — *(209)* CRAMER u. CALL: Quart. J. exper. Physiol. 10, 59 (1916). — *(210)* Ebenda 12, 81 (1918). — *(211)* Ebenda 11, 59 (1917). — *(212)* CRAWFORD u. HARTLEY, zitiert bei J. BAUER: Innere Sekretion, S. 48. — *(213)* CREUTZFELD: Anat. Anz. 42, 517 (1913). — *(214)* CRISTOFOLETTI: Gynäk. Rdsch. 5, 113, 169 (1911). — *(215)* CROWE, CUSHING u. HOMANS: Bull. Hopkins Hosp. 21, 127 (1910). — *(216)* CURATULO u. TARULLI: Zbl. Gynäk. 1895, 555; Ann. Ostetr. 1896. — *(217)* CUSHING: The pituitary body and its disorders. Philadelphia u. London 1912. — *(218)* CUSHING u. GOETSCH: Amer. J. Physiol. 27, 1, 61. — *(219)* CYON: Pflügers Arch. 98, 327 (1903). — *(220)* CZARNECKI u. SARABIA: C. r. Soc. Biol. Paris 97, 455 (1927).

(221) DAKIN: Proc. roy. Soc. Lond., Ser. B 76, 491 (1905). — *(222)* DALCHÉ, zitiert bei BIEDL (110). — *(223)* DALE: Lancet 1923 I, 989. — *(224)* DALE u. LAIDLAW: J. of Pharmacol. 4, 75 (1912). — *(225)* DANDY: J. of exper. Med. 22, 237 (1916). — *(226)* DENIS u. KING: Amer. J. Obstetr. 7, 253 (1924). — *(227)* DEPISCH u. HASENÖHRL: Klin. Wschr. 1928, 1631; 1929, 202. — *(228)* DETRE u. SIVÒ: Z. exper. Med. 46, 594 (1925). — *(229)* DEUEL, SANDI-FORD, SANDIFORD u. BOOTHBY: J. of biol. Chem. 67, 23 (1926). — *(230)* DEUSCH: Münch. med. Wschr. 70, 113. — *(231)* DIXON: J. of Physiol. 57, 129 (1923). — *(232)* DIXON u. COW: Proc. roy. Soc. Med. Lond. 14 (1921). — *(233)* DIXON u. HALLIBURTON: Quart. J. exper. Physiol. 2, 283 (1909); J. of Physiol. 40, Proc. p. XXX (1914). — *(234)* DIXON u. MARSHALL: Ebenda 59, 276 (1924). — *(235)* DÖBLIN u. FLEISCHMANN: Z. klin. Med. 78, 275 (1913). — *(236)* DOGIEL: Anat. Anz. 90 (1894). — *(237)* DOISY, ALLEN u. JOHNSTON: J. of biol. Chem. 61, 711 (1924). — *(238)* DOISY, ALLEN, RALLS u. JOHNSTON: Ebenda 59, 43 (1924). — *(239)* DRAGSTEDT: J. amer. med. Assoc. 79, 1593 (1922). — *(240)* DRAPER: Amer. J. Physiol. 80, 90 (1927). — *(241)* DRESEL: Z. exper. Path. u. Ther. 16, 365 (1914). — *(242)* DREYER: Amer. J. Physiol. 2 (1899). — *(243)* DREYER u. CLARK: J. of Physiol. 58, 18 (1924). — *(244)* DUBOIS u. POLONOVSKI: C. r. Soc. Biol. Paris 91, 293 (1924). — *(245)* DUDLEY: Biochemic. J. 17, 376 (1923); Chem. Zbl. 1, 1345 (1925). — *(246)* J. of Pharmacol. 14, 295 (1919); 21, 103 (1923). — *(247)* DUDLEY, LAIDLAW, TREVAN u. BOOK: J. of Physiol. 57, XLVII (1923). — *(248)* DUDLEY u. MARRIAN: Biochemic. J. 17, 435 (1923). — *(249)* DURAND: Arch. Farmacol. sper. 31 (1921). — *(250)* DYKE, VAN: J. of biol. Chem. 45, 325 (1921).

(251) ECKSTEIN u. GRAFE: Z. physiol. Chem. 107, 73 (1919). — *(252)* EDKINS: J. of Physiol. 34 (1906). — *(253)* EDMUNDS, zitiert bei BIEDL: Innere Sekretion Bd. I/1 4. Aufl. — *(254)* EIGER: Z. Biol. 67, 372 (1917). — *(255)* EISELSBERG, v.: Wien. klin. Wschr. 1892; Arch. klin. Chir. 106 (1915). — *(256)* Arch. klin. Chir. 49 (1895); Dtsch. Chir., 1901 Lief. 38. — *(257)* EKELUND u. ENGFELDT: Svensk Veterinärtidskr. 223 (1918). — *(258)* ELIAS u. FELL: Verh. dtsch. Ges. inn. Med. 1929. — *(259)* ELIAS u. KORNFELD: Wien. Arch. inn. Med. 4, 191 (1922). — *(260)* ELIAS u. SPIEGEL: Ebenda 2, 447 (1921). — *(261)* ELKELES: Z. exper. Med. 51, 147 (1926). — *(262)* ELLENBERGER u. BAUM: Handbuch der vergleichenden Anatomie der Haustiere. Berlin: Hirschwald 1921. — *(263)* ELLINGER, zitiert bei VEIL: Erg. inn. Med. 23, 648 (1923). — *(264)* ELLIOTT: J. of Physiol. 44, 374 (1912). — *(265)* Ebenda 32, 40 (1905). — *(266)* EMBDEN, SALOMON u. SCHMIDT: Hofmeisters Beitr. 8 (1906). —

(267) Engelhorn: Gynäk. Rdsch. 1912, Nr 8. — (268) Eppinger: Pathologie und Therapie des menschlichen Ödems. Berlin 1917. — (269) Eppinger, Falta u. Rudinger: Z. klin. Med. 66, 1 (1908); 67, 380 (1909). — (270) Wien. klin. Wschr. 1908 u. a. a. O. (269). — (271) Epstein u. Laude, zitiert bei Pighini u. Paoli: a. a. O. — (272) Epstein, Rosenthal, Maechling u. de Beck: Amer. J. Physiol. 70, 225 (1924); 71, 316 (1925). — (273) Erb: Dtsch. Arch. klin. Med. 88, 36 (1907). — (274) Erdheim: Anat. Anz. 29 (1906). — (275) Zitiert bei Jaffé u. Berberich: a. a. O. — (276) Frankf. Z. Path. 7, 175 (1911). — (277) Wien. klin. Wschr. 1906; Mitt. Grenzgeb. Med. u. Chir. 16 (1906). — (278) Denkschr. Akad. Wiss. Wien, Math.-naturwiss. Kl. 90 (1914). — (279) Erdheim u. Stumme: Zieglers Beitr. allg. Path. u. path. Anat. 46 (1909). — (280) d'Errico: Pediatria 1910, Nr 4. — (281) Etzold: Entwicklung der Hoden bei Fringilla domestica. Inaug.-Dissert. 1891. Zitiert bei Jaffé u. Berberich: a. a. O. — (282) Evans (u. Smith): Harvey-lectures, Ser. 9, 212 (1924). — (283) Evans u. Burr: The antisterility-vitamine fat soluble. Berkeley-Univ. of California-Press 1927. — (284) Evans u. Long: Proc. nat. Acad. Sci. U. S. A. 8, 38 (1922). — (285) Exner u. Boese: Neur. Zbl. 754 (1910); Z. Chir. 107, 182 (1910).

(286) Falkenhausen, v.: Arch. f. exper. Path. 109, 249 (1925). — (287) Falta: Münch. med. Wschr. 1924, 1716. — (288) Wien. klin. Wschr. 1925, 757. — (289) Falta, Grote u. Staehelin: Hofmeisters Beitr. 10, 199 (1907). — (290) Falta u. Ivcovic: Wien. klin. Wschr. 1909. — (291) Falta u. Priestley: Berl. klin. Wschr. 1911, Nr 47. — (292) Falta, Rudinger, Bertelli, Bolaffio u. Tedesco: Verh. 26. Kongr. inn. Med. 1909. — (293) Falta u. Mitarbeiter, zitiert bei Trendelenburg: Erg. Physiol. 25 (1926). — (294) Fehling Arch. Gynäk. 28 (1890); 29 (1891). — (295) Feigl: Biochem. Z. 90, 173 (1918). — (296) Fellenberg: Ebenda 188, 339 (1927). — (297) Fellner: Arch. Gynäk. 100, 641 (1913); Zbl. Gynäk. 44, 1136 (1920). — (298) Zbl. Path. 23, 673 (1912). — (299) Fels: Klin. Wschr. 1926, Nr 50. — (300) Fenger u. Wilson: J. of biol. Chem. 59, 83 (1924). — (301) Fenn: J. of Physiol. 59, 395 (1924). — (302) Fichera: Arch. ital. Biol. 43, 405 (1905); Boll. Accad. med. Roma 1905. — (303) Filinski u. Fiedler: C. r. Soc. Biol. Paris 96, 1506 (1927). — (304) Ebenda 95, 906 (1926). — (305) Fischer: Virchows Arch. 127, 30, 218 (1903). — (306) Fischl: Mschr. Kinderheilk. 12, 515 (1913); Jb. Kinderheilk. 79, 385, 583 (1914). — (307) Fischler: Pathologie und Physiologie der Leber. Berlin: Julius Springer 1925. — (308) Fleisch: Biochem. Z. 177, 461 (1926). — (309) Foà: Pathologica 4 (1912); Arch. ital. Biol. 57, 233 (1912); 61, 79; Zbl. Physiol. 8, 29 (1914). — (310) Arch. diFisiol. 5 (1909). — (311) Foderà, zitiert bei Franchinini: Berl. klin. Wschr. 1910, 613, 670, 719. — (312) Folin, zitiert bei Boothby u. Mitarbeiter: a. a. O. — (313) Fonseca: Dtsch. med. Wschr. 1924, 362. — (314) Forschbach: Ebenda 1908. — (315) Fraenkel: Physiologie der weiblichen Genitalorgane. Im Handbuch von Halban u. Seitz 1. — (316) Arch. Gynäk. 68 (1903); 91 (1910). — (317) Fraenkel u. Fonda: Biochem. Z. 141, 4 (1923). — (318) Franchini: Berl. klin. Wschr. 1910, Nr 14/16. — (319) Frank: J. amer. med. Assoc. 78, 181 (1922); J. Obstetr. 8, 573 (1924). — (320) Klin. Wschr. 1927, Nr 27. — (321) Frank u. Goldberger: J. amer. med. Assoc. 86, 1686 (1926). — (322) Frank u. Nothmann: Arch. f. exper. Path. 72, 72 (1913). — (323) Frank u. Unger: Arch. int. Med. 7, 812 (1911). — (324) Fromherz: Arch. f. exper. Path. 100, 1 (1923). — (325) Freudenberg u. György: Klin. Wschr. 3, 1539 (1923). — (326) Zitiert bei Hess u. Mitarbeiter: Amer. J. Dis. Childr. 26, 271 (1923). — (327) Freund u. Marchand: Arch. f. exper. Path. 72, 56 (1913). — (328) Frey, Bulcke u. Wels: Dtsch. Arch. klin. Med. 1917, 121. — (329) Friedmann: J. amer. med. Assoc. 71, 69 (1918); J. med. Res. 38, 69 (1918). — (330) Fühner: Berl. klin. Wschr. 1914, Nr 6. — (331) Fujimaki u. Hildebrandt: Arch. f. exper. Path. 102, 226 (1924). — (332) Fukui: Pflügers Arch. 210, 427 (1925). — (333) Fulci: Zbl. Path. 24, 968 (1913). — (334) Funkquist: Anat. Anz. 42, 111 (1912). — (335) Fürth, v.: Z. physiol. Chem. 24, 142 (1897); 26, 160 (1898); 29, 105 (1899). — (336) Fürth, v., u. Schwarz: Arch. ges. Physiol. 124, 427 (1908).

(337) Gabbe: Klin. Wschr. 15, 612 (1924). — (338) Gammeltoft: Skand. Arch. Physiol. 28 (1913). — (339) Ganter u. Stattmüller: Z. exper. Med. 42, 143 (1924). — (340) Gardiner, Hill, Jones u. Smith: Quart. J. Med. 18, 309 (1925). — (341) Gasiunas: Arch. Verdgskrkh. 38, 311 (1926). — (342) Gautrelet u. Thomas: C. r. Soc. Biol. Paris 1909. — (343) Gayet: Paris méd. 18, Nr 20, 459 (1928). — (344) Geelmuyden: Erg. Physiol. 21, 247; 22, 51, 220 (1923). — (345) Ebenda 26 (1928). — (346) Gens, de: Dissert. Leyden 1924. Ref.: Physiol. Ber. 30, 895 (1925). — (347) Georgjewski: Z. klin. Med. 33, 153 (1897). — (348) Gigon u. Brauch: Helvet. chim. Acta 8, 97 (1925). — (349) Giorgio, di: Arch. di Fisiol. 25, 215 (1927). — (350) Gley: Rev. Méd. 40, 193 (1923). — (351) C. r. Soc. Biol. Paris 43 (1891). — (352) Ebenda 87 (1922). — (353) Ebenda 1894, 528; 66, 1017 (1909). — (354) Gley u. Quinquaud: Ebenda 88 (1923); 91 (1924); 92 (1925); J. Physiol. et Path. gén. 17 (1918); 19 (1921); Arch. internat. Physiol. 26, 54 (1926). — (355) Glynn: Quart. J. Med. 5, 157 (1912); zitiert bei Biedl (110). — (356) Goldzieher, zitiert bei Jaffé u. Berberich: a. a. O. — (357) Klin. Wschr. 1928, 1124. — (358) Goljanitzki: Langenbecks Arch. 130, 4 (1924). — (359) Golyakowski, zitiert bei Juschtschenko: Biochem. Z. 15,

365 (1909). — (*360*) GOTTLIEB: LUBARSCH u. OSTERTAG II 19 (1921). — (*361*) GRAB-
FIELD u. PRENTISS: Endocrinology 9, 144 (1925). — (*362*) GRADINESCU: Pflügers Arch.
152, 187 (1913). — (*363*) GRAFE: Die pathologische Physiologie des gesamten Stoff- und
Kraftwechsels bei der Ernährung des Menschen. München: J. F. Bergmann 1923. —
(*364*) GRAFE u. MICHAUD, zitiert bei GRAFE: a. a. O. — (*365*) GREENWALD: J. of biol.
Chem. 67, 1 (1926). — (*366*) Ebenda 14, 369 (1913). — (*367*) GREENWALD u. GROSS:
Ebenda 66, 185 (1925). — (*368*) Ebenda 66, 217 (1925); 68, 325 (1926). — (*369*) Ebenda 66,
217 (1925); 68, 325 (1926). — (*370*) Quart. J. exper. Physiol. 16, 347 (1927). — (*371*) GREMELS:
Arch. f. exper. Path. 130, 61 (1928). — (*372*) GREVENSTUK u. LAQUEUR: Erg. Physiol. II
23 (1925). — (*373*) GREVING: Erg. Anat. 24, 348 (1922); Z. Anat. 75, 597 (1925); 77, 249
(1925); Dtsch. Z. Nervenheilk. 89, 179 (1926). Z. Neur. 99, 232 (1925); 104, 466 (1926). —
(*374*) GREY u. SANTELLE: J. of exper. Med. 11, 659 (1909). — (*375*) GRIGAUT, zitiert bei
BAUMANN u. HOLLY: J. of biol. Chem. 55, 457 (1923). — (*376*) GUDERNATSCH: Zbl. Physiol.
26, 323 (1912). — (*377*) GUGGENHEIM: Biochem. Z. 65, 189 (1914). — (*378*) In HIRSCH:
Handbuch der inneren Sekretion 2. — (*379*) Med. Klin. 1913, Nr 9. — (*380*) GUGGISBERG:
Zbl. Gynäk. 1919, 561. — (*381*) Mschr. Geburtsh. 54 (1921); Med. Klin. 1918, 822. — (*382*)
GUIEYSSE: J. Anat. et Physiol. 37 (1901). — (*383*) GUILLEAUMINE: J. Pharmacie 1 (1923).
— (*384*) HABERLAND: Wien. klin. Wschr. 1928, Nr 16. — (*385*) Über hormonale Sterili-
sierung des weiblichen Tierkörpers. Wien u. Berlin 1924. — (*386*) Erg. Physiol. 25, 86 (1926).
— (*387*) HAEBRANT u. ANTOINE: Ann. Méd. vét. 62, 305 (1913). — (*388*) HALBAN: Arch.
Gynäk. 75 (1905). — (*389*) HAMMAR: Erg. Anat. 19 (1910). — (*390*) Die Menschenthymus.
Leipzig: Akademische Verlagsgesellschaft 1926. — (*391*) HAMMET: Endocrinology 8, 557
(1924). — (*392*) HAMMET u. TOKUDA: Amer. J. Physiol. 56, 380 (1921). — (*393*) HANCHER,
HUPPER, BLAU u. ROGERS: Ebenda 75, 1 (1925). — (*394*) HARDT, zitiert BOENHEIM:
a. a. O. — (*395*) HARINGTON: Biochemic. J. 20, 293, 300 (1926). — (*396*) HART u. NORD-
MANN: Berl. klin. Wschr. 1910. — (*397*) HARTMAN: Biochem. Z. 146, 307 (1924). —
(*398*) HARROP u. BENEDICT: Proc. Soc. exper. Biol. 20, 430 (1923). — (*399*) HASELHORST
u. PLAUT: Klin. Wschr. 38, 1708 (1924). — (*400*) HASHIMOTO: Arch. f. exper. Path. 101, 218
(1924). — (*401*) HASSELBALCH u. GAMMELTOFT: Biochem. Z. 68 (1915). — (*402*) HASTINGS
u. MURRAY: J. of biol. Chem. 46, 233 (1921). — (*403*) HÄUSLER u. HEESCH: Pflügers Arch.
210, 545 (1925). — (*404*) HAUSSLEITER: Z. exper. Path. u. Ther. 17, 413 (1915). —
(*405*) HAVERS: Dtsch. Arch. klin. Med. 115, 267 (1914). — (*406*) HAWLEY u. MURLIN: Proc.
Soc. exper. Biol. a. Med. 23, 130 (1925). — (*407*) HAYAMA: Kyoto Ikadaigaku Zasshi 2,
143 (1928). Ref.: Physiol. Ber. 45, 499 (1928). — (*408*) HAYDEN, WENNER u. RUCKER: Proc.
Soc. exper. Biol. a. Med. 21, 546 (1924). — (*409*) HECKSCHER: Biochem. Z. 158, 417 (1925). —
(*410*) HÉDON u. HÉDON: C. r. Acad. Sci. Paris 178, 1633 (1924). — (*411*) HEMETER: Biochem.
Z. 11 (1908). — (*412*) HENDERSON: J. of Physiol. 31, 222 (1904). — (*413*) HENLE: Z. rat.
Med., III. Reihe 24, 143 (1865). — (*414*) HEPNER u. WAGNER: Biochem. Z. 193, 187 (1928). —
(*415*) HERMANN: Mschr. Geburtsh. 41 (1915); Zbl. Gynäk. 44 (1920). — (*416*) HERMAN
u. NEUMANN: Biochem. Z. 43, 47 (1912). — (*417*) HERMAN u. STEIN: Wien. klin. Wschr.
1916, 778. — (*418*) HERRING: Quart. J. exper. Physiol. 151 (1908). — (*419*) HERTZ: Z.
Tierzüchtg 9, 1 (1927). — (*420*) HESS: Arch. f. exper. Path. 91, 303 (1921). — (*421*) Dtsch.
Arch. klin. Med. 79, 128 (1903). — (*422*) HESS, CALVIN, WANG u. FELCHER: Amer. J. Dis.
Childr. 26, 271 (1923). — (*423*) HESS u. GUNDELACH: Pflügers Arch. 185, 122 (1920). —
(*424*) HEWITT: Quart. J. exper. Physiol. 8, 113, 297 (1914). — (*425*) HEYNEMANN: Z.
Geburtsh. 71 (1912). — (*426*) HILDEBRANDT: Arch. f. exper. Path. 96, 292 (1922); Klin.
Wschr. 3, 279 (1924). — (*427*) HINES, LEESE u. BOYD: Amer. J. Physiol. 81, 27 (1927). —
(*428*) HIRSCH u. BLUMENFELDT: Z. exper. Path. u. Ther. 19, 494 (1918). — (*429*) HJORT,
GRUHZIT u. FLIEGER: J. Labor. a. clin. Med. 10, 979 (1925). — (*430*) HJORT, ROBINSON
u. TENDICK: J. of biol. Chem. 65, 117 (1925). — (*431*) HOFF u. WERMER: Arch. f. exper.
Path. 125, 140 (1927). — (*432*) Ebenda 119, 153 (1926). — (*433*) HOFSTÄTTER: Mschr.
Geburtsh. 1919, 387. — (*434*) HOGBEN u. DE BEER: Quart. J. exper. Physiol. 15, 163 (1925).
— (*435*) HOLM u. BORNSTEIN: Biochem. Z. 135, 532 (1923). — (*436*) HOOPEN, TEN: Tijdschr.
Veeartsenijk. 807 (1914). — (*437*) HORSLEY, zitiert bei TOENIESSEN: Erg. inn. Med. 23,
141 (1923). — (*438*) Festschr. f. Virchow. 1891; zitiert bei BIEDL (110), a. a. O. —
(*439*) HOUSSAY u. BERUTI, zitiert bei BOENHEIM: a. a. O. — (*440*) HOUSSAY u. BUSSO:
Rev. Asoc. méd. argent. 37, 212 (1924). Ref.: Physiol. Ber. 34, 858 (1926). — (*441*) HOUSSAY
u. CARULLA: C. r. Soc. Biol. Paris 83, 1252 (1920). — (*442*) HOUSSAY u. CISNEROS: Ebenda
93, 877 (1925). — (*443*) HOUSSAY u. MOLINELLI: Ebenda 93 (1925); Amer. J. Physiol. 76,
77 (1926). — (*444*) HOUSSAY u. RUBIO: C. r. Soc. Biol. Paris 88, 358 (1923). — (*445*) HOWELL:
J. of exper. Med. 3, 245 (1898). — (*446*) Ebenda 3, 215, 245 (1898). — (*447*) HUEBSCHMANN,
zitiert bei JAFFÉ u. BERBERICH: a. a. O. — (*448*) HUNT, R.: Amer. J. Physiol. 3, 18 (1899);
J. of Pharmacol. 7, 301 (1915).
    (*449*) ITO: Acta dermat. 6, 111 (1925). — (*450*) IVERSEN: Ugeskr. Laeg. (Kopen-
hagen) 1911, 52, 124. — (*451*) IZAWA: Amer. J. med. Sci. 166, 185 (1923).

(452) Jacobsohn u. Rothschild: Z. klin. Med. **105**, 410 (1924). — (453) Jaffé, zitiert bei Jaffé u. Berberich: a. a. O. — (454) Jaffé u. Berberich in Hirsch: Handbuch der inneren Sekretion 1. — (455) Janssen: Arch. f. exper. Path. **135**, 1 (1928). — (456) Joëlson u. Schorr: Arch. int. Med. **34**, 841 (1924). — (457) Jöhnk: Münch. tierärztl. Wschr. **241** (1912). — (458) Johns, O'Mulvenny, Potts u. Loughton: Amer. J. Physiol. **80**, 100 (1927). — (459) Jordan u. Eyster: Ebenda **29** (1911). — (460) Joslin, Gray u. Root: J. metabol. Res. **2**, 651 (1923). — (461) Junkersdorff: Pflügers Arch. **86**, 238, 254 (1921); **87**, 269. — (462) Junkersdorff u. Török: Ebenda **211**, 414 (1926).

(463) Kahn, zitiert bei Bayer in Hirsch: Handbuch der inneren Sekretion 2, S. 518. — (464) Pflügers Arch. **212**, 54 (1926). — (465) Kalk u. Schoendube: Z. exper. Med. **53**, 461 (1926). — (466) Kamm, Aldrich, Grote, Rowe u. Bugbee: J. amer. chem. Soc. **50**, 573 (1928). — (467) Kamnitzer u. Joseph: Ther. Gegenw. **1921**. — (468) Katsura: Mitt. med. Fak. Tokyo **30**, 177 (1922). Ref.: Physiol. Ber. **34**, 40. — (469) Kaufmann: Z. Geburtsh. **91**, 3 (1927). — (470) Kaufmann u. Dunkel: Klin. Wschr. **1927**, Nr 47. — (471) Kawashima: J. of Biochem. **7**, 379 (1927). — (472) Keeton: Amer. J. Physiol. **33** (1914). — (473) Keich u. Lusk: Proc. Soc. exper. Biol. a. Med. **25**, 437 (1928). — (474) Kendall: J. of biol. Chem. **19**, 251 (1914); **43**, 149 (1920); Amer. J. Physiol. **30**, 420 (1916); **31**, 134 (1916); Endocrinology **1**, 153 (1917); J. amer. med. Assoc. **71**, 871 (1918); Proc. amer. Soc. biol. Chem. **1920**. — (476) Kestner: 34. Kongr. dtsch. Ges. inn. Med. **1922**. — (477) Kidd: Rev. Neur. a. Psych. **11**, 1, 55 (1913). — (478) Kisch: Klin. Wschr. **31** (1923). — (479) Klein, O.: Med. Klin. **1925**, Nr 30. — (480) Klein: Berl. tierärztl. Wschr. **39**, 159 (1923). — (481) Biochem. Z. **72**, 169 (1916). — (482) Klinke: Klin. Wschr. **1927**, 791. — (483) Klissiunis: Biochem. Z. **160**, 246 (1925). — (484) Klose, zitiert bei Biedl a. a. O., (110), — (485) Klose u. Vogt: Beitr. klin. Chir. **69**, 1; Klinik und Biologie der Thymusdrüse. Tübingen 1910. — (486) Knapp: Zbl. ges. Gynäk. **21** (1897). — (487) Knipping: Dtsch. med. Wschr. **1923**, 12. — (488) Arch. Gynäk. **116**, 520 (1923). — (489) Kobe, zitiert bei Boenheim: a. a. O. — (490) Koch, W. F.: J. of biol. Chem. **12**, 313 (1922); **15**, 43 (1923). — (491) Koch: Virchows Arch. **211** (1913). — (492) Kocher: Kraus u. Brugsch Spezielle Pathologie und Therapie 1. 1910. — (493) Köhler: Zbl. Gynäk. **276** (1917). — (494) Kohn u. Wagner-Jauregg u. Bayer: Handbuch der Organotherapie. 1914; Med. Klin. **37** (1924). — (495) Zitiert bei Adler in Hirsch: Handbuch der inneren Sekretion 2, S. 976. — (496) Kohno: Fol. endocrin. jap. **3**, 46 (1927). Ref.: Physiol. Ber. **42**, 338 (1927). — (497) Kojima: Quart. J. exper. Physiol. **11**, 255, 337, 351 (1917). — (498) Kolde: Arch. Gynäk. **98**, H. 3. — (499) Kolmer: Pflügers Arch. **144** (1912). — (500) Kolmer u. Löwy: Ebenda **196**, 1 (1922). — (501) Königstein: Wien. klin. Wschr. **1910**, 616. — (502) Koref u. Mautner: Arch. f. exper. Path. **113**, 124 (1926). — (503) Korentschewski: Z. exper. Path. u. Ther. **16**, 68 (1914). — (504) Brit. J. exper. Path. **6**, 158 (1925). — (505) J. of Path. **29**, 461 (1926). — (506) Koster: Neederl. Tijdschr. Geneesk. **71**, 2612 (1927). — (507) Kostjurin: Russk. Wratsch 5 (1890); zitiert bei Grafe: a. a. O. — (508) Kratinoff u. Kratinoff: Z. exper. Med. **57**, 337 (1927). — (509) Kraus, zitiert bei Jaffé u. Berberich: a. a. O. — (510) Krause u. Cramer: J. of Physiol. **44**, XXIII (1912). — (511) Krebs u. Briggs: Amer. J. Obstetr. **5**, 67 (1923). — (512) Krehl u. Isenschmid: Arch. f. exper. Path. **70** (1912). — (513) Krogh: J. of Pharmacol. **29**, 177 (1926). — (514) Dtsch. med. Wschr. **49**, 1321 (1923). — (515) Krylow: Zieglers Beitr. path. Anat. **58**, 434 (1914). — (516) Kuen: Biochem. Z. **187**, 283 (1927). — (517) Kunz u. Molitor: Arch. f. exper. Path. **121**, 342 (1927). — (518) Kuroda: Z. exper. Med. **39**, 341 (1924). — (519) Küstener: Mschr. Geburtsh. **1923**, 362. — (520) Kyrle: Med. Klin. **1921**.

(521) Labbé: Presse méd. **1924**. — (522) Labbé u. Renault: C. r. Soc. Biol. Paris **96**, 823 (1927). — (523) La Franca: Z. exper. Path. u. Ther. **6**, 1 (1909). — (524) Laguesse: C. r. Soc. Biol. Paris **45**, 819 (1893); **1905**, 542; **65**, 139 (1908); C. r. Soc. Anat. Lille 9 (1907); Archives Anat. microsc. **11**, 1 (1908); Presse méd. **1910**, 449; J. Physiol. et Path. gén. **13**, 5 (1911). — (525) Lahm in Hirsch: Handbuch der inneren Sekretion 1, S. 146 ff. — (526) Landau: Dtsch. med. Wschr. **1890**. — (527) Landsberg: Z. Geburtsh. **71** (1912); **76** (1915). — (528) Lane, Claypon u. Starling: Proc. roy. Soc. Lond. **87** (1906). — (529) Langecker u. Wiechowski: Klin. Wschr. **1925**, 1339. — (530) Langfeldt: Acta med. scand. (Stockh.) **53**, I, 1 (1920). — (531) Lanz: Arch. klin. Chir. **74** (1904). — (532) Laqueur: Dtsch. med. Wschr. **1926**, 1331. — (533) Laqueur, Hart, de Jongh u. Wijsenbeck: Ebenda **1925**, Nr 51; **1926**, Nr 1. — (534) Ebenda **1926**, 52. — (535) Laqueur u. de Jongh: Ebenda **1926**, Nr 30, Nr 32; Klin. Wschr. **1927**, Nr 9; Arch. exper. Path. **119**, 51 (1927). — (536) Laroche u. Grigaut, zitiert bei Guggenheim in Hirsch: Handbuch der inneren Sekretion 2, S. 51. — (537) Laufberger: Klin. Wschr. **1924**, 264; Z. exper. Med. **42**, 570 (1924). — (538) Lawrence u. Hewlett: Brit. med. J. **3361**, 998 (1925). — (539) Lebermann: Z. exper. Med. **61**, 228 (1928). — (540) Lederer u. Pribram: Pflügers Arch. **134**, 531 (1910). — (541) Leeuwenhoek: Phil. Trans. roy. Soc. Lond. **12**, 1042, 1678. — (542) Le Heux: J. P. A. **163** (1919); zitiert nach Zuelzer: a. a. O. — (543) Lehman u. Cole:

J. amer. med. Assoc. **89**, 587 (1927). — *(544)* Leicher: 34. Kongr. dtsch. Ges. inn. Med. **1922**. — *(545)* Leites: Biochem. Z. **184**, 273, 300, 310; **186**, 436 (1927). — *(546)* Leschke: Z. klin. Med. **87** (1909); Dtsch. med. Wschr. **1920**, Nr 35/36. — *(547)* Biochem. Z. **96** (1919). — *(548)* Lesné u. Dreyfus: C. r. Soc. Biol. Paris **73**, 407 (1912). — *(549)* Lesser: Biochem. Z. **135**, 39 (1924); **153**, 45 (1924). — *(550)* In Oppenheimer: Handbuch der Biochemie **9**, S. 159. 1925. — *(551)* Leukart in Wagner: Handwörterbuch der Physiologie, Abschnitt Zeugung, 4. 1853. — *(552)* Leupold in Aschoff u. Koch: Veröff. Kriegs- u. Konstit.path., H. 4. Jena: G. Fischer 1920. — *(553)* Zbl. Path. **33**, 8 (1923). — *(554)* Levy: Amer. J. Physiol. **41**, 492 (1916). — *(555)* Lewis: Ebenda **64**, 506 (1923). — *(556)* Lichtwitz u. Conitzer: Z. exper. Med. **56**, 527 (1927). — *(557)* Liddell u. Simpson: Amer. J. Physiol. **72**, 56 (1925). — *(558)* Lieberfarb: Pflügers Arch. **216**, 437 (1927). — *(559)* Liebesny: Klin. Wschr. **1927**, 52. — *(560)* Liesegang: Zbl. Gynäk. **1915**, Nr 15/16. — *(561)* Liljestrand u. Frumerie: Skand. Arch. Physiol. **31**, 321 (1914). — *(562)* Limon: Archives Anat. microsc. **5** (1902); J. Physiol. et Path. gén. **6**, 864 (1904). — *(563)* Lindemann: Z. Geburtsh. **74**, 819 (1913). — *(564)* Lipschütz: Kongr. dtsch. Ges. inn. Med. **1922**. — *(565)* Livon, zitiert bei Biedl a. a. O. (110). — *(566)* Loeb, L.: Zbl. Physiol. **23**, 76; **24**, 206 (1910); Dtsch. med. Wschr. **1911**, 20. — *(567)* Loewe: Klin. Wschr. **1925**, 1407. — *(568)* Loewy u. Richter: Arch. Anat. u. Physiol. **174** (1899). — *(569)* Lohmann: Pflügers Arch. **118**, 215 (1907); Zbl. Physiol. **21**, 139 (1907). — *(570)* Lombroso: Arch. internat. Physiol. **28**, 300 (1927). — *(571)* Löw u. Pfeiler: Biochem. Z. **193**, 278 (1928). — *(572)* Lublin: Verh. dtsch. Ges. inn. Med. **1927**, 200, 223. — *(573)* Luce: J. of Path. **26**, 200 (1923). — *(574)* Dtsch. Z. Nervenheilk. **68/69**, 187 (1921). — *(575)* Lucien u. Parisot: C. r. Assoc. Anat., Suppl. **1909**, 300. — *(576)* Zitiert bei Biedl a. a. O. (110). — *(577)* Luckhardt: Amer. J. Physiol. **51** (1920). — *(578)* Luckhardt u. Goldberg: J. amer. med. Assoc. **80**, 79 (1923). — *(579)* Luckhardt u. Rosenbloom: Proc. Soc. exper. Biol. a. Med. **1921**, 129. — *(580)* Luksch: Tierärztl. Arch. **3**, H. 1 (1923). — *(581)* Lusk u. Riche: Arch. int. Med. **13**, 673 (1914). — *(582)* Lüthje: Arch. f. exper. Path. **48**, 184 (1902); **50**, 268 (1903). — *(583)* Lyman, Nicholls u. McCann: Proc. Soc. exper. Biol. a. Med. **20**, 485 (1923); J. of Pharmacol. **21**, 343 (1923).

(584) MacCallum u. Voegtlin: Bull. Hopkins Hosp. **19**, 91 (1908); Zbl. Grenzgeb. Med. u. Chir. **11** (1908); J. of exper. Med. **11**, 118 (1909); Proc. Soc. exper. Biol. a. Med. **5**. 84 (1909). — *(585)* Macleod: Physiologic. Rev. **4**, 21 (1924). — *(586)* J. metabol. Res. **2**, 149 (1922). — *(587)* Brit. med. J. **1924**, Nr 3289, 45. — *(588)* Physiologic. Rev. **4**, 21 (1924). — *(589)* Macleod u. Allan: Trans. roy. Soc. Canada **17**, 5, 47 (1923). — *(590)* Mackenzie: Quart. J. exper. Physiol. **4**, 305 (1911). — *(591)* Maeda: Fol. endocrin. jap. **3**, 796 (1927). — *(592)* Magnus: Naturwiss. **1920**, Nr 8. — *(593)* Magnus Levy, zitiert bei Boothby u. Mitarbeiter: Erg. Physiol. **24**, 728 (1925). — *(594)* Berl. klin. Wschr. **1895**: Ther. Gegenw. **1907**. — *(595)* Z. klin. Med. **60**, 194 (1906). — *(596)* Mahnert: Wien. klin. Wschr. **1928**, 329. — *(597)* Major, Orr u. Weber: Bull. Hopkins Hosp. **40**, 287 (1927). — *(598)* Maloney u. Findlay: J. of physiol. Chem. **28**, 402 (1924). — *(599)* Mann: Z. klin. Med. **78** (1913). — *(600)* Mann u. Magath: Erg. Physiol. **23** (1924); Arch. int. Med. **30** (1922). — *(601)* Mansfeld: Arch. f. exper. Path. **130**, 28 (1928). — *(602)* Mansfeld u. Ernst: Pflügers Arch. **161**, 399 (1915). — *(603)* Marbé: C. r. Soc. Biol. Paris **70**, 1028 (1911). — *(604)* Marburg: Erg. inn. Med. **10**, 146 (1912); in Bethe: Handbuch der normalen und pathologischen Physiologie. 1925. — *(605)* Mariani: Clin. med. ital. **1916**. — *(606)* Marine: J. of exper. Med. **19**, 89 (1914). — *(607)* Proc. Soc. exper. Biol. a. Med. **12**, 79 (1915); J. of biol. Chem. **22**, 547 (1916). — *(608)* Marine u. Baumann: Amer. J. Physiol. **57**, 135 (1921); J. metabol. Res. **1**, 1, 777 (1922). — *(609)* Marine u. Lenhart: Cushing Labor. exper. Med. Western Res. Univ. **21**, Nr 229, 95. — *(610)* Marine u. Rogoff: J. of Pharmacol. **8**, 439 (1916). — *(611)* Marino: Arch. Farmacol. sper. **36**, 172 (1923). — *(612)* Marino Zuco, zitiert bei Guggenheim in Hirsch: Handbuch der inneren Sekretion **2**. — *(613)* Marsh u. Newburgh: J. amer. med. Assoc. **78**, 1662 (1922). — *(614)* Marsch u. Walter: Arch. int. Med. **31**, 56 (1923). — *(615)* Mathes: Mschr. Geburtsh. **1903**. — *(616)* Matthews: Arch. int. Med. **15**, 451 (1915). — *(617)* Matti: Erg. inn. Med. **10**, 1 (1912). — *(618)* Mauriac u. Aubertin: C. r. Soc. Biol. Paris **91**, 38 (1924). — *(619)* Mayerle: Z. klin. Med. **71**, 10 (1910). — *(620)* Maximow: Arch. mikrosk. Anat. **74**, 525 (1909); **79**, 560 (1912); **80**, 39 (1912). — *(621)* Mazzocco u. Morera: C. r. Soc. Biol. Paris **91**, 30 (1924). — *(622)* Mc Cormick u. Noble: J. of biol. Chem. **59**, 29 (1924). — *(623)* McCormick, Noble u. O'Brien: Amer. J. Physiol. **68**, 114 (1924). — *(624)* Meirowski: Zbl. Path. **21** (1910). — Münch. med. Wschr. **1911**, 19; Virchows Arch. **99** (1919). — *(625)* Mendel, Engel u. Goldscheider: Klin. Wschr. **1925**, 804. — *(626)* Mestrezat u. van Caulaert: C. r. Soc. Biol. Paris **95**, 523 (1926). — *(627)* Meyer, H.: Münch. med. Wschr. **1909**, 1577. — *(628)* Meyer u. Meyer-Bisch: Dtsch. Arch. klin. Med. **1921**, 137, 225. — *(629)* Minkowski: Arch. f. exper. Path. **31**, 85 (1893); **53**, 331 (1905); Suppl. 1908. — *(630)* Minkowski u. Mehring: Ebenda **26**, 371 (1890). — *(631)* Mirvish u. Bosman: Quart. J. exper.

Physiol. 18, 11, 29 (1927). — (632) Miura: Arch. f. exper. Path. 107, 1 (1925). — (633) Mocchi: Atti Accad. Fisiocritici Siena 1909, 218, 835; Riv. Pat. nerv. 15, 457 (1910). — (634) Modrakowski u. Halter: Z. exper. Path. u. Ther. 20, 331 (1919). — (635) Molitor u. Pick: Arch. f. exper. Path. 107, 180, 185 (1925). — (636) Ebenda 101, 169 (1924). — (637) Mollereau, zitiert bei Luksch: a. a. O. — (638) Möller u. Sörensen, zitiert nach Trautmann: a. a. O. — (639) Moore, zitiert bei Adler in Hirsch: Handbuch der inneren Sekretion 2, S. 947. — (640) Morel: C. r. Soc. Biol. Paris 67, 780 (1909). — (641) Mori u. Reiss: Endokrinol. 1, 418 (1928). — (642) Mossé u. Oulié: C. r. Soc. Biol. Paris 51, 447 (1899). — (643) Motzfeld: Ref. Dtsch. med. Wschr. 1915, 1530. — (644) Moussu: C. r. Soc. Biol. Paris 1892, 271. — (645) Munk: Virchows Arch. 1887, 107, 291. — (646) Murlin: Amer. J. Obstetr. 75, 1 (1917); Amer. J. Physiol. 26, 134 (1910). — (647) Murlin u. Kramer: J. of biol. Chem. 27, 480, 499, 517 (1916). — (648) Myiazaki u. Abelin: Biochem. Z. 149, 109 (1924).

(649) Nakano: Sci. Rep. Gov. Inst. inf. Dis. Tokyo 4, 339 (1925). Ref.: Physiol. Ber. 39, 217 (1927). — (650) Nash: J. of biol. Chem. 68. — (651) Nelken: Z. exper. Med. 32, 348 (1923). — (652) Neu: Med. Klin. 1910, Nr 46; Münch. med. Wschr. 1910, Nr 48; 1911, Nr 34. — (653) Neumann u. Vas: Mschr. Geburtsh. 15 (1902). — (654) Nitzescu: C. r. Soc. Biol. Paris 98, 58 (1928). — (655) Nitzescu, Popescu-Inoteşti u. Cadariu: Ebenda 90, 534, 538, 1067 (1924). — (656) Noorden, v.: Klinik der Darmkrankheiten. München u. Wiesbaden 1921. — (657) Nothmann: Arch. f. exper. Path. 108, 1 (1925). — (658) Nothmann u. Kühnau: Verh. dtsch. Ges. inn. Med. 1926, 359. — (659) Novak: Suppl. zu Nothnagels Handbuch 1. Leipzig u. Wien 1912.

(660) O'Connor, zitiert bei Bayer in Hirsch: Handbuch der inneren Sekretion 2. — (661) Münch. med. Wschr. 1911, Nr 27; Arch. f. exper. Path. 67, 195 (1912). — (662) O'Donoghue: J. of Physiol. 43 (1911); 46 (1913). — (663) Oehme: Z. exper. Med. 9, 251 (1919). — (664) Ogawa: Jap. J. med. Sci., Trans. 1, 1 (1926). Ref.: Physiol. Ber. 37, 637 (1926). — (665) Oliver u. Schaefer: J. of Physiol. 18, 277 (1895). — (666) Olmsted u. Logan: Amer. J. Physiol. 66, 437 (1923). — (667) Omura u. Nitta: Fol. endocrin. jap. 2, 103 (1927). Ref.: Physiol. Ber. 40, 383 (1927). — (668) Onohara: Biochem. Z. 163, 51, 67 (1925). — (669) Oshima: Z. exper. Med. 64, 694 (1929). — (670) Oswald: Ebenda 58, 623 (1927). — (671) Klin. Wschr. 1925, 1053. — (672) Ott u. Scott: Monthly Cyclop 1911; Ther. Gaz. 1911 (1912?). — (673) Milk a. intern. secretions. Ther. Gaz. 1912; zitiert bei Biedl a. a. O. (110). — (674) Otto, zitiert bei Berberich u. Fischer-Wasels in Hirsch: Handbuch der inneren Sekretion, S. 374.

(675) Pal: Dtsch. med. Wschr. 1916, 1030. — (676) Papanicolaou: J. amer. med. Assoc. 88 (1926). — (677) Ebenda 86, 1422 (1926). — (678) Parhon, Marza u. Kahane: C. r. Soc. Biol. Paris 94, 713 (1926). — (679) Pari: Arch. Farmacol. sper. 1905; Arch. ital. Biol. 46, 209 (1905). — (680) Parisot u. Matthieu: C. r. Soc. Biol. Paris 77, 225 (1914). — (681) Park u. Roy McClure: Amer. J. Dis. Childr. 18, 317 (1919). — (682) Partos u. Katz-Klein: Z. exper. Med. 24, 98 (1921). — (683) Pastori: Contrib. Lab. Psicol. e Biol. Univ. Cattol. Sacro Cuore, Ser. 1, 1, 19 (1927). — (684) Paton: J. of Physiol. 32, 59 (1904); 42, 268 (1911). — (685) Paton u. Sharpe: Quart. J. exper. Physiol. 16, 351 (1927). — (686) Paulesco: C. r. Soc. Biol. Paris 85 (1921). — (687) Pauly: Chem. Ber. 36, 2944 (1903); 37, 1388 (1904). — (688) Peacock u. Dragstedt: Amer. J. Physiol. 64, 495 (1924). — (689) Pearl u. Surface: J. of biol. Chem. 19, 263. — (690) Pelikan, zitiert bei Grafe: a. a. O. — (691) Pepere: Arch. Méd. exper. et d'anat. Path. 14 (1908); Arch. ital. Anat. 8 (1910). — (692) Petrén: Diabetesstudier Kopenhagen: Gyllendal 1923. — (693) Pézard: Bull. biol. 52, 1 (1913). — (694) Pfeiffer: Arch. f. exper. Path. 98, 253 (1923). — (695) Pfeiffer u. Scholz: Dtsch. Arch. klin. Med. 1899, 63, 369. — (696) Pickat: Med.-biol. J. (russ.) 3, H. 4, 40 (1927). — (697) Pighini u. Paoli: Biochimica e Ter. sper. 12, 49 (1925). Ref.: Physiol. Ber. 31, 607 (1925). — (698) Pinkus, Peterson u. Kramer: J. of biol. Chem. 68, 601 (1926). — (699) Plaut: Dtsch. Arch. klin. Med. 1922, 139, 285. — (700) Plaut u. Timm: Klin. Wschr. 1924, 1664. — (701) Poehl: Chem. Ber. 24, 359 (1891); Dtsch. med. Wschr. 1892, 1125. — (702) Pohl: Anat. Anz. 60, Erg.-H. 229 (1925); Klin. Wschr. 1925, 46, 1713. — (703) Poos: Z. exper. Med. 54, 709 (1927). — (704) Popielski, zitiert bei Zuelzer: a. a. O. — (705) Porges u. Novak: Berl. klin. Wschr. 1911, 1757. — (706) Porges, Novak u. Strisower: Z. klin. Med. 1913, 78. — (707) Prénant: Rev. gén. Sci. 1898. — (708) Prietsch: Basedowsche Krankheit. Ber. Veterinärwes. im Königreich Sachsen 1910.

(709) Quest: Jb. Kinderheilk. 61, 114 (1905); Mschr. Kinderheilk. 9, 7 (1910).

(710) Raab: Hormone und Stoffwechsel. Freising-München: Datterer & Co. 1926. — (711) Z. exper. Med. 49, 179 (1926). — (712) Wien. Arch. inn. Med. 17, 439 (1929). — (713) Ebenda 7, 443 (1924). — (714) Z. exper. Med. 62, 366 (1928). — (715) Ebenda 53, 317 (1926). — (716) Wien. Arch. inn. Med. 1929. — (717) Klin. Wschr. 1928, 1381, 1430. — (718) Ramon y Cajal: Histol. du syst. nerv. Paris 1911. — (719) Ranzi u. Tandler: Wien.

klin. Wschr. **1909**, 980. — *(720)* RAPER u. SMITH: J. of Physiol. **62**, 17 (1926). — *(721)* REISS: Klin. Wschr. **1928**, 849. — *(722)* Endokrinol. **1**, 161 (1928). — *(723)* REISS u. LANGENDORF: Ebenda **3**, 161 (1928). — *(724)* REISS u. MARX: Ebenda **1**, 181 (1928). — *(725)* REISS u. WEISS: Z. exper. Med. **49**, 276 (1926). — *(726)* REISS u. WINTER: Endokrinol. **3**, 174 (1929). — *(727)* RÉMOND, COLMBIÈS u. BERNARDBEIG: C. r. Soc. Biol. Paris **91**, 445 (1924). — *(728)* RHODE u. OGAWA: Arch. f. exper. Path. **69**, 200 (1912). — *(729)* RIBBERT: Arch. Entw.mechan. **7**, 688 (1898). — *(730)* RICHTER: Zbl. inn. Med. **65** (1896). — *(731)* RIESINGER, zitiert bei LAHM in HIRSCH: Handbuch der inneren Sekretion **2**, S. 385. — *(732)* ROBERTSON: J. of biol. Chem. **24**, 397, 409 (1916). — *(733)* ROBINSON, HUFFMANN, BURT u. ADDINGTON: Ebenda **73**, 477 (1927). — *(734)* ROGER u. BINET, zitiert bei HEPNER u. WAGNER: a. a. O. — *(735)* ROGERS: Amer. J. Physiol. **76**, 284 (1926). — *(736)* ROGERS, RAHE u. ABLAHADIAN: Ebenda **48**, 79 (1919). — *(737)* ROGERS, RAHE, FAWCETT u. HACKELL: Ebenda **39**, 345 (1916). — *(738)* ROGOFF u. STEWART: Ebenda **78**, 683, 711 (1926). — *(739)* ROGOWITSCH: Zbl. med. Wiss. **36** (1886). — *(740)* ROMEIS: Verh. dtsch. path. Ges. **1921**. — *(741)* Klin. Wschr. **1922**, 1262; Biochem. Z. **135**, 85; **141**, 121 (1923). — *(742)* RÖMER: Dtsch. med. Wschr. **1914**, H. 3. — *(743)* Mitt. Grenzgeb. Med. u. Chir. **40**, 465 (1927). — *(744)* ROOS: Z. physiol. Chem. **22**, 18 (1896). — *(745)* ROSENBERG: Klin. Wschr. **1924**, 35. — *(746)* Frankf. Z. Path. **1922**, 27; Zbl. Gynäk. **1923**, 111. — *(747)* ROSENFELD: Erg. Physiol. II (Biochem.) **1903**. — *(748)* ROSENHEIM: J. of Physiol. **51**, 6 (1917); Biochemic. J. **18**, 1253 (1924). — *(749)* ROSENTHAL, LICHT u. FREUND: Arch. f. exper. Path. **103**, 17 (1924). — *(750)* ROTHSCHILD: Zieglers Beitr. **60**, 39 (1915). — *(751)* ROUBITSCHEK: Pflügers Arch. **155**, 68 (1914). — *(752)* Klin. Wschr. **1922**, Nr 5. — *(753)* ROUSSE: Ann. Gynäk. et Obster. **1900**, 27, 53. — *(754)* RUCHTI: Biochem. Z. **105**, 1, 1920.

(755) SAKURAI: Proc. imp. Acad. Tokyo **2**, 185 (1926). — *(756)* SALVESEN: Acta med. scand. Suppl. **6**, 5 (1923); J. of biol. Chem. **56**, 443 (1923); Proc. Soc. exper. Biol. a. Med. **20**, 204 (1923). — *(757)* SAMBALLINO: Ann. Ostetr. Milano Jg. **32**, Bd. 5. — *(758)* SANDIFORD u. WHEELER: J. of biol. Chem. **62**, 329 (1924). — *(759)* SANDMEYER: Z. Biol. **31**, 12 (1895). — *(760)* SANO: Biochemic. J. **1**, 1 (1922). — *(761)* SARTESCHI: Pathologica **5**, 707 (1913). — *(762)* SATO: Arch. f. exper. Path. **131**, 45 (1927). — *(763)* SAUERBRUCH u. HEYDE: Münch. med. Wschr. **1908**, 4. — *(764)* SAVOLIN: Akad. avhandl. Helsingfors **1917**. — *(765)* SCHAEFER u. MACKENZIE: Proc. roy. Soc. Lond. **84**, 16 (1911). — *(766)* SCHATILOFF: Arch. Anat. u. Physiol. **213** (1908). — *(767)* SCHENK: Pflügers Arch. **197**, 66 (1922). — *(768)* 34. Kongr. dtsch. Ges. inn. Med. **1922**. — *(769)* SCHIÖTZ: Norsk. Mag. Laegevidensk. **74**, 1201 (1913). — *(770)* SCHLAGENHAUFER u. v. WAGNER: Beiträge zur Ätiologie und zur Pathologie des endemischen Kretinismus. Leipzig u. Wien 1910. — *(771)* SCHLAGINTWEIT: Arch. internat. Pharmacodynamie **23** (1913). — *(772)* SCHMIDT: Arch. f. exper. Path. **95**, 267 (1922). — *(773)* SCHMITZ u. REISS: Biochem. Z. **183**, 328 (1927). — *(774)* SCHNEIDER: Arch. Gynäk. **96**, 171 (1912). — *(775)* SCHOENDUBE u. KALK: Arch. Verdgskrkh. **1925**, 36, 227; **1926**, 333. — *(776)* SCHOLZ: Zbl. inn. Med. **1895**, 1041. — *(777)* SCHÖNDORFF: Pflügers Arch. **67**, 395 (1897). — *(778)* SCHULZE: Arch. mikrosk. Anat. u. Entw.mechan. **56** (1900). — *(779)* SCHULZ u. FALK: Z. physiol. Chem. **27**, 250 (1899). — *(780)* SCHWARZ u. LEDERER: Pflügers Arch. **124** (1908). — *(781)* SEELIG: Klin. Wschr. **1928**, 1228. — *(782)* SEIDELL u. FENGER: J. of biol. Chem. **13**, 517 (1913). — *(783)* SEITZ, zitiert bei ADLER in HIRSCH: Handbuch der inneren Sekretion **2**, S. 976. — *(784)* Arch. Gynäk. **89**, 53 (1909). — *(785)* Innere Sekretion und Schwangerschaft. Leipzig 1913. — *(786)* SENATOR: Berl. klin. Wschr. **1897**, 109. *(787)* SEREBRIJSKI u. VOLLMER: Biochem. Z. **164**, 1 (1925). — *(788)* SEREJSKI u. JISLIN: Z. exper. Med. **59**, 316 (1928). — *(789)* SHIPLEY, zitiert bei HESS u. Mitarbeiter: a. a. O. — *(790)* SHOULE u. WALDO: J. of biol. Chem. **66**, 467 (1925). — *(791)* SIEGMUND: Wien. klin. Wschr. **1928**, 185. — *(792)* SIERENS u. NOYONS: C. r. Soc. Biol. Paris **94**, 789 (1926). — *(793)* SIMICIU, GIUREA u. DIMITRU: Arch. des Mal. Appar. digest. **17**, 17 (1927). — *(794)* SIMICIU, POPESCO u. DICULESCU: Ebenda **17**, 28 (1927). — *(795)* SIMONDS: Fortschr. Röntgenol. **1909/10**, 14. — *(796)* Dtsch. med. Wschr. **1916**, 7; **1918**, 31. — *(797)* SIMON: Biochem. Z. **189**, 265 (1927). — *(798)* SIROTININ: Z. exper. Med. **40**, 91 (1924). — *(799)* SJOLLEMA u. VAN DER ZANDE: Akad. Wetensch. Amsterd., Versl. d. avd. natuurkd. **32**, 736 (1923). — *(800)* SMITH, zitiert bei EVANS: a. a. O. — *(801)* SMITH u. ENGLE: Amer. J. Anat. **40**, 159 (1927). — *(802)* SOLI: Soc. ital. Pat. Modena **1909**; Arch. ital. Biol. **52**, 217 (1909); Patologica **1**, 189, 273 (1909). — *(803)* SOLLMANN: Amer. J. Physiol. **16** (1905). — *(804)* SSOBOLEW: Zbl. Path. **11** (1900); Virchows Arch. **1902**, 168. — *(805)* STAUB: Insulin, 2. Aufl. Berlin: Julius Springer 1925. — *(806)* STAUB, GÜNTHER u. FRÖHLICH: Klin. Wschr. **1923**, 2337. — *(807)* STEHLE: Amer. J. Physiol. **79**, 289 (1927). — *(808)* STEHLE u. BOURNE: J. of Physiol. **60**, 229 (1925). — *(809)* STEINACH: Arch. Entw.mechan. **46** (1920). — *(810)* Ebenda **42** (1916). — *(811)* Verjüngung durch experimentelle Neubelebung der alternden Pubertätsdrüse. Berlin 1920. — *(812)* STENGEL: Arb. neur. Inst. Wien **28**, 25 (1926). — *(813)* STENSTRÖM: Biochem. Z. **58**, 472 (1914). — *(814)* STEWART u. PERCIVAL: Biochemic. J. **21**, 301 (1927). — *(815)* STEWART u. ROGOFF: J. of exper. Med. **23** (1916); **24** (1916); Amer.

J. Physiol. 44, 46, 48, 51, 62, 65 (1917—25); J. of Pharmacol. 8, 9, 10, 13, 14, 17, 19 (1916—22). — (816) Stietz, zitiert bei Joest: Spezielle pathologische Anatomie der Haustiere. Berlin: R. Schoetz 1919. — (817) Stieve: Naturwiss. 1920, 8; Erg. Anat. 23. — (818) Stilling: Arch. mikrosk. Anat. 52, 176 (1898). — (819) Stockard u. Papanicolaou: Amer. J. Anat. 22, 225 (1917). — (820) Stoerk: Wien. klin. Wschr. 1908, 16. — (821) Stoerk u. v. Haberer: Arch. klin. Chir. 87 (1908). — (822) Stolper: Zbl. Stoffwechs. 6, 21 (1911); Gynäk. Rdsch. 6 (1912); 7 (1913). — (823) Stolz: Verh. Ges. dtsch. Naturforsch. 1906; Pharm.-Ztg 1906, Nr 80. — (824) Sunzeri: Boll. Soc. Biol. sper. 1, 189 (1926). — (825) Svehla: Wien. med. Bl. 1896. — (826) Swingle: Amer. J. Physiol. 79, 666, 679 (1927). — (827) Swingle u. Wenner: Proc. Soc. exper. Biol. a. Med. 25, 169 (1927).

(828) Takahashi: Okayama-Igakkai-Zasshi (jap.) 1926, 442, 1171. Ref.: Physiol. Ber. 40, 563 (1927). — (829) Takamine: J. of Physiol. 27, 29 (1901); Amer. J. Physiol. 1901. — (830) Tandler u. Grosz: Arch. Entw.mechan. 33 (1911). — (831) Die biologischen Grundlagen der sekundären Geschlechtscharaktere. Berlin: Julius Springer 1913. — (832) Wien. klin. Wschr. 1907, 1596. — (833) Tandler u. Keller: Zbl. Physiol. 23, 26 (1909); Arch. Entw.mechan. 31, 289 (1910). — (834) Tangl u. Hazay: Biochem. Z. 191, 337 (1927). — (835) Taylor: Amer. J. Physiol. 76, 221 (1926). — (836) Taylor u. Caven: Ebenda 81, 511 (1927). — (837) Thannhauser u. Markowitz: Klin. Wschr. 1925, 44. — (838) Thomas: Mschr. Kinderheilk. 27, 343. — (839) Tiedje: Dtsch. med. Wschr. 1921, 13. — (840) Timme: N. Y. State J. Med. 1920, 226. — (841) Tingle u. Imrie: J. of Physiol. II 62 (1926). — (842) Tomaschewski: C. P. 27 (1913); zitiert nach Zuelzer: a. a. O. — (843) Tournade u. Chabrol: C. r. Soc. Biol. Paris 85 (1921); 86 (1922); 90, 91 (1924); 93 (1925); 94 (1926). — (844) Tournade, Chabrol u. Wagner: Ebenda 93, 160, 933 (1925). — (845) Trautmann, zitiert bei Joest: Spezielle pathologische Anatomie der Haustiere 3. 1923. — (846) Trendelenburg: Pharmakologie und Physiologie des Hypoph.-Hinterlappens. Erg. Physiol. 25, 364 (1926). — (847) Arch. exper. f. Path. 79, 154 (1915). — (848) Ebenda 63 (1910). — (849) Klin. Wschr. 1924, 777. — (850) Physiol. Ber. 2, 163 (1920). — (851) Trendelenburg (u. Sato): Klin. Wschr. 1928, Nr 36. — (852) Truesdell: Amer. J. Physiol. 76, 20 (1926). — (853) Tschuewsky: Pflügers Arch. 97, 210 (1903). — (854) Tsubura: Biochem. Z. 143 (1923). — (855) Tsukamoto: Tohoku J. exper. Med. 6, 286 (1925).

(856) Uhlmann: Z. exper. Med. 55, 487 (1927). — (857) Korresp. Ber. Schweiz. Ärzte 1917. — (858) Underhill u. Dimick: J. of biol. Chem. 58, 133 (1923). — (859) Utimura: Jap. J. med. Sci., Trans. VIII 1, 481 (1927). Ref.: Physiol. Ber. 45, 666 (1928).

(860) Vahlen: Zbl. Physiol. 22 (1908); Z. physiol. Chem. 59 (1909). — (861) Valenta, zitiert bei Luksch: a. a. O. — (862) Veenbaas: Tijdschr. Veeartsenijk. 1914, 453. — (863) Veer, de: Z. exper. Med. 44, 240 (1925). — (864) Veil: Münch. med. Wschr. 1925, 72, 636. — (865) Biochem. Z. 91, 317 (1918). — (866) Veil u. Bohn: Dtsch. Arch. klin. Med. 1922, 139, 212. — (867) Velden, van den: Berl. klin. Wschr. 1913, 2083. — (868) Velich: Le lait. Rev. gén. Questions laitières 1926, Nr 51/52. — (869) Vermeulen: Endocrinology 5, 174 (1921). — (870) Verney: Proc. roy. Soc., Ser. B 99, 487 (1926). — (871) Verzár u. Vásárhélyi: Pflügers Arch. 206, 675 (1924). — (872) Viale: Boll. Soc. Biol. sper. 2, 54 (1927). Ref.: Physiol. Ber. 41, 778 (1927). — (873) Vicarelli: Prag. med. Wschr. 1893, 8, 16. — (874) Voegtlin, zitiert bei Trendelenburg: Erg. Physiol. 25, 364 (1926). — (875) Voit: Z. Biol. 35, 116 (1897). — (876) Vollmer: Arch. f. exper. Path. 96, 352 (1923); Jb. Kinderheilk. 99; 3. F. 49, 133 (1922). — (877) Voronoff: Organüberpflanzungen und ihre praktische Verwertung beim Haustier. Leipzig: Werner Klinkhardt 1925; Verh. 11. u. 12. Internat. Physiol.-Kongr. in Edinburgh bzw. Stockholm, 1923 bzw. 1926.

(878) Wacker u. Hueck: Arch. f. exper. Path. 74, 416, 441 (1913). — (879) Wagner, V.: Wien. med. Bl. 1884, Nr 25, 771. — (880) Wallart: Z. Geburtsh. 53 (1904); 63 (1908); Zbl. Gynäk. 1905, 387; Arch. Gynäk. 81, 271 (1907). — (881) Wang u. Strouse: Arch. int. Med. 36, 397 (1925). — (882) Watanabe: J. of biol. Chem. 33 (1917/18); 34, 36 (1918); Proc. Soc. exper. Biol. a. Med. 15, 143 (1918). — (883) Virchows Arch. 1924, 251, 494. — (884) Weil: Klin. Wschr. 1929, 14, 652. — (885) Pflügers Arch. 185, 33 (1920). — (886) Weil u. Landsberg: Biochem. Z. 1929; Klin. Wschr. 1929, Nr 14, 652. — (887) Weiland: Dtsch. Arch. klin. Med. 1911, 102. — (888) Weiss u. Reiss: Z. exper. Med. 38, 428 (1923). — (889) Ebenda 38, 496 (1923). — (890) Wertheimer: Pflügers Arch. 213, 262, 287 (1926). — (891) White: Biochemic. J. 19, 921 (1925). — (892) Widdows: Ebenda 18, 555 (1924). — (893) Wiesel: Wien. klin. Wschr. 1906. — (894) Williamson: Amer. J. Obstetr. 1923. — (895) Wilson, Stearns u. Thurlow: J. of biol. Chem. 23, 89 (1916). — (896) Wishart: J. metabol. Res. 2, 199 (1922). — (897) Woerdeman: Neederl. Tijdschr. Geneesk. 61, 955 (1917). — (898) Wolff, zitiert bei Luksch: a. a. O. — (899) Woringer: C. r. Soc. Biol. Paris 91, 588 (1924). — (900) Wrede u. Banik: Z. physiol. Chem. 131, 29, 38 (1923). — (901) Wwedenski: Biochem. Z. 174, 276 (1926).

(*902*) Zawadowski: Arch. Entw.mechan. **107**, 329 (1926). — (*903*) Zawadowski u. Asimoff: Pflügers Arch. **216**, 65 (1927). — (*904*) Zih: Ebenda **214**, 449 (1926). — (*905*) Zondek: Klin. Wschr. **1926**, 1218, 1521. — (*906*) Z. Geburtsh. **88** (1924); **90**, 2 (1926). — (*907*) Pflügers Arch. **180**, 68 (1920). — (*908*) Zondek u. Aschheim: Klin. Wschr. **1925**, 29; **1926**, 10, 47; **1927**, 28; Arch. Gynäk. **127** (1926). — (*909*) Klin. Wschr. **1928**, 18, 831. — (*910*) Ebenda **1925**, 1388; **1926**, 400, 979. — (*911*) Ebenda **1928**, 30, 1404. — (*912*) Zondek u. Bernhardt: Ebenda **1925**, 42, 2001. — (*913*) Zondek u. Reiter: Ebenda **1923**, 29; Z. klin. Med. **99**, 139 (1923). — (*914*) Zuelzer: Dtsch. med. Wschr. **1908**. — (*915*) Z. exper. Path. u. Ther. **5** (1908). — (*916*) In Hirsch: Handbuch der inneren Sekretion **2**; Ther. Gegenw. **11** (1917); Med. Klin. **1926**, 22. — (*917*) Zuntz: Z. Chir. **44**, 95 (1908); Arch. Gynäk. **96**, 188 (1912). — (*918*) Ebenda **90**, 452 (1910).

b. Bisherige Erfahrungen über den Einfluß der inneren Sekretion auf Ernährung und Stoffwechsel der landwirtschaftlichen Nutztiere.

Von

Privatdozent Dr. Ing. agr. Jaroslav Kříženecký

Landwirtschaftliche Hochschule und Zootechnisches Landes-Forschungsinstitut in Brünn.

Mit 127 Abbildungen.

Vorbemerkungen.

Nachdem im vorgehenden Abschnitte (s. Anm.) eine Übersicht über die allgemeinen Beziehungen der Drüsen mit innerer Sekretion zu den Stoffwechselvorgängen bei den Wirbeltieren gegeben wurde, sollen nun diese Verhältnisse speziell für die landwirtschaftlichen Tiere besprochen werden.

Diese Aufgabe, ein übersichtliches Bild über die Rolle der endokrinen Drüsen im Stoffwechsel der landwirtschaftlichen Tiere zu geben, bietet insofern ziemlich große Schwierigkeiten, als man dabei auf den direkt bei diesen Tieren festgestellten Zusammenhängen und Beziehungen eingehen soll. Die Forschung auf dem Gebiete der inneren Sekretion ging aber bisher nur nach der Erkenntnis der allgemein gültigen Gesetzlichkeiten, und Untersuchungen an landwirtschaftlichen Tieren wurden nur insoweit ausgeführt, als diese Tiere als Material für diese allgemein interessierte Forschung benutzt wurden. Da die landwirtschaftlichen Tiere im allgemeinen ein ziemlich teures Versuchsmaterial sind, wurden sie verhältnismäßig sehr selten und nur gelegentlich als Versuchstiere verwendet; und auch dann war das Interesse des Forschers mehr der allgemeinen Seite der Versuchsergebnisse als denjenigen Resultaten zugewendet, die vom Standpunkte des landwirtschaftlichen Züchters betrachtet und verwertet werden sollten. So gibt es bisher nur verhältnismäßig wenige Versuche, die unmittelbar vom Standpunkte der landwirtschaftlichen Tierproduktion angestellt wurden.

Dies hat zur Folge, daß die Ergebnisse der Forschung bei den landwirtschaftlichen Tieren ein sehr unvollkommenes, lückenhaftes und nicht einmal einheitliches Bild liefern. Dieser Umstand ist sehr zu bedauern, da — wie allgemein anerkannt wird — die Funktion des *endokrinen Apparates einer der entscheidenden Faktoren der Konstitution ist*, welche wiederum das Fundament aller Produktion bildet. Die Ergebnisse der allgemeinen Forschung in der Endokrinologie liefern uns indessen bereits sehr vieles, was zur Erklärung bekannter Erscheinungen in der Tier-

Anm. Siehe Raab in diesem Bande des Handbuches, S. 264.

haltung und Tierfütterung benutzt werden kann. Will man aber von dieser *explikativen Ausnützung der Endokrinologie* zu ihrer *technischen Anwendung in der Produktion* selbst übergehen, dann bildet doch eine genaue Kenntnis der Verhältnisse bei der einzelnen Tierart die unbedingte Voraussetzung des Erfolges.

Diese Voraussetzung ist nun leider bei den landwirtschaftlichen Tieren noch kaum in ihren Anfängen vorhanden. Die Betrachtung des endokrinen Apparates in der Lehre vom Stoffwechsel und der Ernährung der landwirtschaftlichen Tiere muß daher vorläufig im wesentlichen eine *explikative* bleiben. In Verbindung mit dem vorhergehenden Kapitel lassen sich aber schon Hinweise auf eine mögliche spätere technische Anwendung finden. Mögen die folgenden Ausführungen die dringend erwünschte weitere Forschungsarbeit in dieser Richtung anregen und fördern!

Dem allgemeinen Kapitel entsprechend wird auch in diesem speziellen Abschnitte das Material *nach den einzelnen Drüsen gegliedert* und innerhalb dieser Abteilungen *nach der Tierart geordnet* (Rinder, Pferde, Schweine, Schafe, Ziegen, Geflügel).

A. Die Geschlechtsdrüsen.

Die Geschlechtsdrüsen (Gonaden) sind die einzigen inkretorischen Drüsen, welche schon seit Jahrhunderten Berücksichtigung in der Tierhaltung gefunden haben. Versuche, welche unter den landwirtschaftlichen Nutztieren an Hähnen vor mehr als 80 Jahren von Berthold[89] ausgeführt worden sind und später von Hanau[438] wiederholt wurden, haben nicht nur zur Kenntnis der endokrinen Funktion der Hoden im allgemeinen, sondern auch zur Entdeckung und Analyse der inneren Sekretion überhaupt prinzipiell beigetragen.

Durch *Kastration* konnte man gewisse Änderungen des Stoffwechsels hervorrufen, die zu intensiverem Wachstum und Fettansatz führten; dabei erzielte man auch ein ruhigeres Temperament der Tiere, das ihre leichtere Beherrschung bei der Verwendung zur Arbeit ermöglichte. Die Kastration wird hauptsächlich bei den männlichen Tieren angewendet (Stiere, Hengste, Hähne), teilweise aber auch bei weiblichen Tieren (Milchkühe, Schweine).

Die *Wirkung der Entfernung dieser Drüsen* auf den Stoffwechsel beurteilte man ursprünglich nur aus bloßer Empirie. Erst die jüngere Forschung vermochte diesen Einfluß als Folge der Ausschaltung der inneren Sekretion dieser Drüsen zu erklären.

Bei der inneren Sekretion der Gonaden können zwei Seiten unterschieden werden. Auf der einen wirken die Sexualhormone auf die *sekundären Geschlechtsmerkmale*; hier findet man qualitative Unterschiede zwischen den weiblichen und männlichen Hormonen, die geschlechtsspezifisch sind. Auf der anderen Seite besteht ein *allgemeiner Einfluß auf den Stoffwechsel*, von dem vorläufig noch nicht definitiv entschieden werden kann, ob er sexuell different oder sexuell indifferent ist.

Beide diese Wirkungsweisen kommen bei der Ausschaltung der Geschlechtsdrüsen durch Kastration in Betracht. Der geschlechtsspezifische Einfluß äußert sich besonders in der Veränderung der Geschlechtsmerkmale und des Temperaments, der allgemeine Einfluß in quantitativen Änderungen des Stoffwechsels und in gewissen Wachstumswirkungen.

Um beide diese Wirkungsweisen handelt es sich auch bei der Stimulation mangelhaft funktionierender Drüsen oder bei ihrer Ersetzung, wie dies bei dem sog. „Verjüngungsverfahren" der Fall ist. Eine Verjüngung seniler oder vorzeitig (pathologischerweise) alt gewordener Tiere durch *Stimulation* (Neubelebung) *eigener Gonaden* wurde auf verschiedenen Wegen versucht: I. an

Hoden: 1. Vasoligatur nach STEINACH[1159], 2. Albugineatomie nach STEINACH und LAKATOS (zit. [1041]), 3. Zerreißen und Zerdrücken des Hodengewebes nach LEBEDINSKY[704—706], 4. Testoligatur nach MICHALOWSKY (zit. [1041]), 5. Dekortisation nach ULLMANN (zit. [1041]). II. An Hoden und Eierstöcken: 1. Phenolisierung (Sympathiko-diaphtheres) nach DOPPLER[268—270] 2. Diathermie nach KOLMER und LIEBESNY (zit. [1041]), 3. milde Röntgenbestrahlung nach STEINACH, WETTER, FRÄNKEL u. a. (zit. [1041]), 4. auf dem Wege über Hypophysenreizung durch Diathermie nach SZENES, LIEBESNY, BENJAMIN u. a. (zit. [1041]) oder durch milde Röntgenbestrahlung. Die Methode der Ersetzung *alter oder schwacher Gonaden* durch *neue frische* und *junge* auf dem Wege der Transplantation wurde von HARMS[448] beim männlichen Geschlechte inauguriert und später von STEINACH[1159] auch beim weiblichen Geschlechte verwendet. Die transplantierten Gonaden können auf dreierlei Weise wirken: 1. durch allmählichen Abbau des Transplantates, die frei werdenden Stoffe ersetzen die mangelnden Inkretprodukte der alten Drüsen, 2. dabei werden auch die eigenen alten Drüsen zu neuer Funktion stimuliert, die dann bestehen bleiben kann, 3. die Transplantate heilen ein und ersetzen die alten Drüsen physiologisch dauernd. Zur Transplantation werden arteigene Gonaden verwendet. Nach VORONOFF[1263, 1264, 1267] können auch artfremde Gonaden (vom Affen auf den Menschen) verwendet werden, und diese sollen sogar auch für die Dauer physiologisch einheilen. Dieser letzte Punkt wurde aber auch von VORONOFF selbst noch nicht bewiesen. Eine große Variation des Ersetzungsverfahrens ist die *Anwendung von Injektionen* von Extrakten aus den Geschlechtsdrüsen bzw. von isolierten Hormonen. Dieser Weg wurde durch BROWN-SÉQUARD vgl. 1041 eingeschlagen und neuerdings von HARMS, KORENSCHEWSKY, ROHLEDER, ZONDEK, STEINACH u. a. (zit. [1041]) benutzt. Hierher gehört auch die *Transfusion des Blutes* von jungen Tieren nach der Methode von WILHELM[1315].

Näheres über die einzelnen Methoden findet man in der eben erschienenen, sehr ausführlichen und gründlichen Monographie von ROMEIS[1041], wo auch die nähere Literatur verzeichnet ist. Hier führe ich nur so viel an, als es für das Verständnis der bei den Haustieren ausgeführten Versuche nötig ist. Bei Haustieren wendete man bisher zur Verjüngung nur die Transplantation von arteigenen Gonaden und die Vasoligatur.

Bei der Verjüngung handelte es sich um Einführung von Gonaden bzw. Gonadensubstanzen in Tiere, welche an Gonadenmangel leiden, d. h. sich in einem *hypogenitalischen Zustand* befinden. Von VORONOFF[1265] wurde ein Eingriff eingeführt, bei dem *normale junge Tiere eine weitere Gonade* implantiert erhalten und auf diese Weise in einen *hypergonadalen Zustand* versetzt werden sollen. VORONOFF[1265] glaubt dadurch eine Steigerung des Wachstums und der Produktion zu erzielen. Dieses Verfahren könnte man als *Hypergonadisierung* bezeichnen. Eine gewisse Variation dieses Verfahrens wird durch Injizieren von Geschlechtshormonen in normale geschlechtsreife Tiere erzielt. Auch diesbezüglich liegen einige Versuche an Haustieren vor.

I. Die Entwicklung der Geschlechtsdrüsen und ihrer innersekretorischen Funktionen bei den verschiedenen Haustierarten.

1. Morphologie, Entwicklung und Wachstum der Geschlechtsdrüsen.

Morphologisch kann der Unterschied zwischen Hoden und Ovarien *beim Rinde* schon bei 20 mm langen Föten beobachtet werden (J. G. C. VAN VLOTEN[1259]). Die charakteristische *histologische Organisation der Drüsen* bildet sich aber erst später aus. Die erste Follikelatresie, durch welche das eine inkretorische

Gewebe des Eierstockes, die interstitielle Drüse, zur Bildung kommt, findet nach Mey[812] im achten Embryonalmonat statt. Dabei atretisieren nicht nur die Graafschen Follikel, sondern auch die Primordialfollikel. Atresie der Primordialfollikel erscheint besonders häufig bei 8—14 Tage alten Kälbern. Die atretisierenden Primordialfollikel verschwinden aber im Stroma ovarii spurlos und beteiligen sich nicht an der Ausbildung der *späteren interstitiellen Drüse*. Diese entsteht nur aus den atretischen Graafschen *Follikeln*, aber wiederum nur aus einem Teil derselben. Nach Heitz[471] findet man häufige Atresie auch in Ovarien junger, 5—12 Wochen alter Kälber. Hier sind sehr zahlreich große Follikel vorhanden, die ihrem Aussehen nach als sprungreif angesehen werden können. Diese Follikel springen aber nicht auf, sondern bilden sich zurück und wandeln sich wahrscheinlich in Cysten um. Die frühzeitige und rasche Ausbildung von großen Graafschen Follikel vermehrt mechanisch das Auftreten der Atresie der benachbarten kleinen Follikel. Nach Heitz[471] kann die Zahl der Primärfollikel beim Rind zwischen einigen Hunderten bis zweitausend variieren; beim Kalb ist diese Zahl unverhältnismäßig viel größer als beim erwachsenen Tier, da durch die fortschreitende Atresie ihre Zahl während des Reifwerdens des Tieres mächtig abnimmt. Das linke Ovarium scheint beim Kalbe nach Heitzs[471] Untersuchungen größer als das rechte zu sein:

Linkes Ovarium:		Rechtes Ovarium:	
	Gewicht in g		Gewicht in g
Maximum . . .	6,4	Maximum . . .	4,0
Minimum	0,5	Minimum	0,4
Durchschnitt . .	1,65	Durchschnitt . .	1,62

Beim erwachsenen Rinde soll aber nach Simon (zit. Heitz[471]) das Gegenteil der Fall sein. Dasselbe fand neuerdings auch Lübke[763]. Nach Krupski[656] präivaliert beim Rind bei Tieren, die noch nicht oder nur einmal geboren haben, das Gewicht des rechten Ovariums über das des linken. Dies soll damit zusammenhängen, daß die Ovulation in dem rechten Ovarium häufiger ist als in dem linken. Küpfer[672] hat festgestellt, daß bei unträchtigen, geschlechtsreifen Rindern follikelreichere Ovarien im allgemeinen eher unter den rechts- als unter den linksliegenden anzutreffen sind und daß die rechte Gonade auch häufiger zu ovulieren pflegt; der rechte Eierstock soll funktionstüchtiger sein.

Bei den *Hoden* zeigt sich beim Rinde der erste Anfang zur histologischen *Ausbildung der Struktur* (Samenkanälchen) bei 25 mm langen Embryonen, bei denen sich die Zellen strangartig zu den künftigen Samenkanälchen zu ordnen beginnen (van Vloten[1259]). Die zwischen den Strängen übrigbleibenden Zellen bilden den Ursprung des interstitiellen Gewebes, also auch der *Zwischenzellen*. Diese erscheinen als differenziert bei Embryonen von 28 mm Länge. Während der weiteren Entwicklung nehmen die Zwischenzellen an Zahl zu und ihr Protoplasma wird eosinophil. Zur Zeit der Geburt findet eine relative Verringerung der Zahl der interstitiellen Zellen statt und ihr Protoplasma geht zum Teil verloren. Später findet aber eine Regeneration des Interstitiums in der Zahl der Zellen und ihrer Größe statt.

Für die *anderen landwirtschaftlichen Haussäugetiere* kann auf Grund der bisher vorhandenen Untersuchungen eine ähnlich vollständige Schilderung der Entwicklung noch nicht gegeben werden.

Über die *Ovarien neugeborener Ziegen* wissen wir aus den Untersuchungen von Krediet[611], daß sie bis an den Margo mesovaricus mit Keimepithel bekleidet sind; das Keimepithel ist hier schon in Funktion, wie die darin anwesenden Eizellen bezeugen. Es ist an mehreren Stellen mehrfach geschichtet und von dem darunterliegenden Stroma wenig scharf geschieden. PFLÜGERsche Schläuche oder Stränge kommen nicht vor. Hie und da liegen zwar unter dem Keimepithel Eizellen, von Follikelepithel umgeben, jedoch ein Zusammenhang mit der Oberfläche durch Epithelstränge oder -schläuche fehlt. Es scheint, als ob diese bereits geformten Eizellen von dem an der wachsenden Oberfläche des Ovariums gelegenen Keimepithel während dieser Wachstumsperiode zurückgeblieben wären. — In der darunter gelegenen Zona folliculosa finden sich Primärfollikel in großen Massen vor, meistens in Reihen von 3—5, bisweilen von 6—7 untereinander. Zentralwärts gibt es größere Eizellen entweder in Form von Primärfollikeln oder von wachsenden oder reifenden Follikeln. Noch vor dem Reifwerden des Tieres scheinen sich hier Zona pellucida und Liquor folliculi zu bilden, so daß mitunter eine große Menge von kleinen GRAAFschen Bläschen angetroffen wird. Die Theca ist in der Regel noch mangelhaft ausgebildet. — Neben diesen gewissermaßen normalen Formen kommen mehrere atretische Follikel vor. Die meisten zeigen das Bild von in wachsende und reifende Follikel hineinwachsendem Bindegewebe. Meistens dringt es an einer Stelle unmittelbar nach der Eizelle ein, und verzweigt sich zwischen den Follikelzellen; mitunter bildet es einen Bindegewebsring um die Eizelle. Das Ei kann bisweilen noch ziemlich normal sein, ist aber oft stark vakuolisiert und besitzt einen gleichmäßig tingierten, schwer färbbaren Kern, der in manchen Fällen zerfallen, in anderen aufgelöst ist. Das Follikelepithel zeigt keine Spur von Degeneration und wird wahrscheinlich nach dem Verschwinden der Eizelle in das Stroma aufgenommen. Das Zugrundegehen der Eizelle braucht nicht erst im Stadium des wachsenden oder reifenden Follikels einzutreten. Schon früher degeneriert eine Anzahl Eizellen in der Form von Primärfollikeln in ähnlicher Weise, wie oben erwähnt, und auch hierbei werden die Follikelzellen in das Stroma aufgenommen. Eine andere Weise des Verschwindens von Eizellen ist die mittels *Cystenbildung*, d. h. GRAAFsche Bläschen werden in Cysten, deren Wand von ein- oder zweischichtigem Epithel mit teilweise pyknotischen Kernen ausgekleidet ist, verwandelt. Die degenerierende Eizelle, oft nicht mehr als ein Schatten, schwimmt hier oder dort im Lumen umher oder ist irgendwo der Wand angelagert. Doch kommt aber diese Cystenbildung bei neugeborenen Ziegen nur ausnahmsweise vor. — Die beschriebenen drei Formen von Atresie kommen nach KREDIET[611] dem Alter nach in dieser Reihenfolge vor: Atresie der primären Follikel bei älteren Föten, der wachsenden und reiferen Follikel bei Neugeborenen und die der GRAAFschen Bläschen bei Tieren im Alter von einigen Wochen.

Beim *Geflügel* kann beim *Hahne* resp. bei der *Henne* das Geschlecht der Gonaden am fünften (THOMSEN[1203]) oder siebenten (LILLIE[728]) Tage der Brütung unterschieden werden. JANOŠíK[526] gibt an, daß nicht die Zahl der Bruttage, sondern die Größe der Embryonen entscheidend ist: die Geschlechtsdifferenzierung sei erst bei einer Länge von 2,3 cm möglich. Die linke Gonade wird bei der Henne größer, die rechte bleibt im Wachstum zurück. Histologisch zeigen sich die Differenzen im Verhalten des Keimepithels, der Geschlechtsstränge, des Stromas und teilweise auch der Albuginea; bei der Henne erscheinen dabei auch die primordialen Keimzellen in einer größeren Zahl (SWIFT[1185—1187]; FIRKET[320]; BRODE[122]; KUMMERLÖWE[670]; — s. a. LILLIE[728], S. 394—400). FELIX[302] faßte die *Charakteristika der Geschlechtsdifferenzierung* folgenderweise zusammen: 1. Das Zurückbleiben der rechten Keimdrüse als bezeichnend für das weibliche Geschlecht; 2. die Ausbildung der Genitalstränge zu Hodenkanälchen beim männlichen und ihre Rückbildung beim weiblichen Geschlecht; 3. das stärkere Wachstum des Keimepithels beim Weibchen; 4. das verschiedene spätere Verhältnis des Keimepithels bei beiden Geschlechtern. Am

Ende der Brütung sind die Unterschiede zwischen weiblichen und männlichen Gonaden makroskopisch ohne jeden Zweifel deutlich. Das *Ovarium entwickelt sich normalerweise nur auf der linken Seite des Körpers*; die rechte Gonade bleibt auf dem undifferenzierten Stadium, um später beinahe vollkommen zu verschwinden. Nur ausnahmsweise findet man Weibchen auch mit dem rechten Ovarium; von Chappelier[166] wurden solche Fälle bei Enten, von Riddle[994] bei Tauben und Ringtauben beschrieben. Die Geschlechtsdifferenzierung der Gonaden geht im Allgemeinen beim Geflügel auf die Weise vor sich, daß beim Weibchen die Rindenschicht, in der die Ovogenese stattfindet, zunimmt und die Markstränge verdrängt, die nur noch rudimentär als Stroma ovarii mit Bindegewebe vermengt erhalten bleiben. Beim *Hoden* verschwindet die Organisation der Rindenschicht und die Markstränge wachsen aus, um zu den Tubuli des Hodens zu werden. Die Urgeschlechtszellen können schon im ganz jungen Embryo festgestellt werden. Zur Zeit, in der sich die Gonade zum Wolffschen Körper entwickelt, finden sie sich in der zylinderförmigen Verdickung des Peritonealepithels, die als erste Anlage sichtbar wird. Unter diesem Epithel findet sich ein mesenchymatisches Stroma. Die Keimzellen werden dann zum Teil in die Tiefe geführt, wobei die erste sichtbare sexuelle Differenzierung der Gonaden beginnt. Woher die Geschlechtszellen bei der sexuellen Differenzierung stammen, wurde aber bisher noch nicht einstimmig geklärt (s. Goldschmidt[382]). Das Zurückbleiben bzw. die Reduktion des rechten Ovariums zeichnet sich dadurch aus, daß die auch hier ursprünglich vorhandenen primordialen Keimzellen nach dem Ausbrüten an Zahl abnehmen und ungefähr nach 3 Wochen praktisch verschwinden (Brode[122]).

Werden die *Hennen* im jugendlichen Stadium *kastriert* (Exstirpation des linken Ovariums), so hypertrophiert das rückgebildete rechte Ovarium und entwickelt sich zu einem anatomisch und histologisch hodenähnlichen Organ (Benoit[76—79, 81]; Domm[261—263]; Gray[392]), in dem auch Spermien gebildet werden, die beweglich sind und normal aussehen; Befruchtungsversuche mit diesen Spermien blieben aber bisher noch erfolglos (Domm[266]). Dabei entwickeln sich innerhalb 6 Monaten der Kamm und die Sporen männlich und auch der Geschlechtstrieb wird männlich. Diese Veränderungen verschwinden aber nach Exstirpation des hypertrophierten rechten Ovariums. Nach Domm[263] und Gray[392] scheint diese Umbildung des rechten Ovariums durch das Vorhandenbleiben noch einzelner primordialer Keimzellen bedingt zu sein. Dadurch wäre zu erklären, warum bei geschlechtsreifen Hennen diese Reaktion ausbleibt. Benoit erklärte ursprünglich diese Erscheinung auf die Weise, daß das rechte Ovarium eigentlich ein Hoden sein solle, welcher durch das Ovarium unterdrückt bleibt, nach Ovariektomie sich aber entwickeln kann. Riddle[994] hat diese Auffassung abgewiesen und sieht darin eine echte Geschlechtsumwandlung. Die *rechte Körperseite der Vögel* soll nach ihm eine *spezifisch männliche Tendenz* aufweisen, die *linke* wieder eine mehr *weibliche*. Deshalb *kann* sich das Ovarium auf der rechten Seite zu einem Hoden umwandeln, deshalb soll auch der linke Hoden bei Männchen regelmäßig kleiner als der rechte sein. Demgegenüber stehen aber die älteren Angaben von Semon[1117] und Janošík[526], nach welchen bei der Entwicklung der Hoden eine Ungleichheit zugunsten des linken Hodens feststellbar ist.

Interessant und wichtig ist die Tatsache, daß das hypertrophierte, hodenähnliche rechte Ovarium inkretorisch, d. h. in seiner Wirkung auf das Gefieder, *weiblich* wirkt: Domm[262] und M. M. Zawadowsky[1361] haben gezeigt, daß im Laufe von 6—24 Monaten nach der *Ovariektonomie* die früher männlich befiederten Tiere wieder die Hennenbefiederung annehmen. Der männliche Kamm, die Sporne und der Geschlechtstrieb bleiben dabei erhalten, so daß solche Hennen

Hähnen gleichen, die eine Implantation von Ovarien erhalten (vgl. ZAWA-DOWSKY[1361], und CARIDROIT[141]). Diese kombinierten und komplizierten Umwandlungen werden von typischen Veränderungen der histologischen Struktur des hypertrophierten rechten Ovariums begleitet (s. darüber GRAY[392]).

Beim Rinde wiegen nach LÜBKE[763] die *Ovarien* bei trächtigen Tieren durchschnittlich 11,52 g; bei nichtträchtigen Tieren ist ihr Gewicht viel niedriger. LÜBKE betont, daß das Gewicht der Ovarien überhaupt mehr von der Trächtigkeit als vom Alter abhängig ist. Nach SCHMALZ[1084] mißt das Kuhovarium durchschnittlich $4 \times 2 \times 1$ cm, beim Schaf ist das Ovarium ca. $1^{1}/_{2}$ cm lang und flach. HAMMOND[436] fand bei Kälbern folgende Gewichte der Ovarien im verschiedenen Alter:

Alter in Monaten	Zahl der untersuchten Tiere	Das Ovariengewicht Maximum g	Minimum g
2	2	1,5	1,5
3—4	8	1,4	0,8
4—5	24	2,2	1,2
5	12	2,5	1,2
6	11	2,9	1,4
6	25	3,3	2,9

Nach der Geschlechtsreife und dem Beginn der sexuellen Tätigkeit macht das *Kuhovarium* gewisse regelmäßige Veränderungen des Gewichtes durch, welche aus folgenden Zahlen von HAMMOND[436] deutlich hervorgehen:

Zyklus	3 Tage vor dem Rindern g	14 Stunden vor dem Rindern g	6 Stunden des Rinderns g	24 Stunden nach Beginn d. Rinderns g	Ovulation	48 Stunden nach Beginn des Rinderns g	72 Stunden nach Beginn des Rinderns g	8 Tage nach dem Rindern g
Gewicht beider Ovarien . . .	12,7	8,8	9,3	9,7		7.2	5,8	12,9

Diese Schwankungen des Gewichtes werden hauptsächlich durch das sich entwickelnde bzw. rückbildende Corpus luteum verursacht, das im Maximum

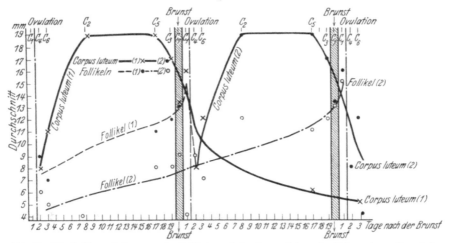

Abb. 63. Die Größenveränderungen der Follikeln und des Corpus luteum im Kuhovarium während des Geschlechtszyklus. (Nach HAMMOND.)

seiner Entwicklung bis doppelt soviel wiegen kann als das restliche Ovarium. (Siehe hierzu auch Abb. 63.)

Beim Pferde ist das *Ovarium* verhältnismäßig von allen Haustieren am größten und beim Fohlen noch größer als im späteren Leben. Auch die *Hoden* zeigen beim Fohlen eine temporäre Hypertrophie, welche später zurückgeht. *Beim Schweine* ist das Ovarium ca. 5 cm lang und walzenförmig. Während des Brunstzyklus findet nach Corner[199] beim Schweine 2—3 Tage vor dem Oestrus eine schnelle Vergrößerung der Follikel statt, welche parallel mit der Reduktion der alten Corpora lutea verläuft, die ihrerseits ca. 5 Tage vor der Brunst beginnt. Genauere vergleichende Untersuchungen über das *Wachstum der Keimdrüsen bei den Haustieren* liegen aber nicht vor.

Beim *Geflügel* untersuchte Riddle[997] das Wachstum der Gonaden bei Tauben. Die Hoden erreichen das maximale Gewicht im Alter von 2 Jahren (1,913 g). Das (linke) Ovarium auch im Alter von 2 Jahren (0,367 g). Da die Geschlechtsreife dieser Tiere durchschnittlich schon im Alter von $6^{1}/_{2}$ Monaten eintritt, wachsen die Gonaden noch etwas während der Periode der reifen Geschlechtstätigkeit (vgl. Abb. 64). Diese Gewichtszunahme der geschlechtstätigen Taubengonaden erscheint für die Hoden deutlich, auch wenn man sie relativ, in Prozent des Körpergewichtes, vergleicht. Beim Haushuhn ver-

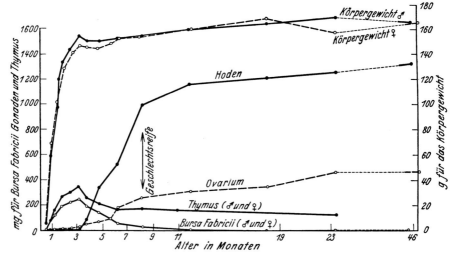

Abb. 64. Wachstum der Geschlechtsdrüsen (Hoden und Ovarium), des Thymus und der Bursa Fabricii bei Tauben im Zusammenhange und Vergleich mit dem Wachstum des Körpergewichtes. (Nach Riddle.)

läuft die Entwicklung der Testikel nach Untersuchungen von Mitchell, Card und Hamilton[825] an weißen Plymouth Rocks wie folgt:

Alter in Tagen.....	29	43—57	71	103	117	169	177	250	324
Körpergewicht in g ..	232	449	673	993	1,361	1,786	2,236	2,583	3,253
Gewicht der Testikel in g	0,1	0,15	0,2	0,3	0,3	1,4	1,4	6,5	33

Nach den neusten Untersuchungen von Urban[1243] zeigen die Hoden des Geflügels in Größe und Gewicht ein starkes Wachstum vom dritten Monate ab. Der Höhepunkt des Gewichtes wird beim Haushuhn und der Gans im sechsten Monat, bei der Taube im ersten Jahre erreicht. Darnach tritt Abnahme des Gewichtes ein. Das relative Gewicht (in Prozenten des Körpergewichtes) der Hoden steigt in dieser Zeit, um später wieder zu sinken. Bei den Tauben finden aber auch jahreszeitliche Schwankungen im Gewichte der Gonaden statt. Im Herbst und im Winter nehmen die Ovarien und die Hoden ab, im Frühjahr und im Sommer nehmen sie an Gewicht zu (Riddle[993]). Bei dem Ovarium soll diese Reduktion bzw. Zunahme größer als bei den Hoden sein. Diese jahreszeitliche Schwankung der Gewichte hängt mit der Geschlechtstätigkeit dieser Tiere zusammen und ist antagonistisch einer ähnlichen Schwankung des Thyreoideagewichtes (s. das folgende Kapitel).

2. Hormonproduktion der Geschlechtsdrüsen.

Die *inkretorische Funktion des Hodens* scheint einfach zu sein. Das, was wir bisher gelernt haben, scheint auf die Produktion eines *einheitlichen Hormons* hinzuweisen, das während des Lebens regelmäßig erzeugt wird. Es liegen für die landwirtschaftlichen Haustiere keine Hinweise auf jahreszeitliche Schwankungen in der Produktion dieses Hormons vor. Die Haustiere zeichnen sich im männlichen Geschlechte durch eine *permanente Persistenz der Geschlechtsfunktion* aus. Neuerdings ist es gelungen, das männliche Geschlechtshormon aus den Stierhoden zu isolieren (Loewe, Voss und Mitarbeiter[748, 750, 751, 753, 754, 756], Gallagher[357], Moore, Koch, Juhn, Mc Gee und Domm[834—839, 780], Dodds, Greenwood und Gallimore[258], Funk, Harrow und Lejwa[351, 352], Funk[350]). Das Hormon wird an dem Kammwachstum kastrierter Hähne oder an der Regeneration in den Vesiculardrüsen und in der Prostata, Cowpers Drüsen, Vas deferens, Spermabeweglichkeit und künstlichen Ejaculation der Nager geprüft (vgl. speziell Moore and Gallagher[834—839] und Gallagher und Koch[358—361]). Gallagher[357] hat festgestellt, daß das Hormon beim Stier außer im Hoden noch im Nebenhoden in genügender Menge vorhanden ist, nicht aber im Gehirn, im Pankreas, in der Prostata oder in anderen Organen. Es scheint also von dem Soma nicht gespeichert zu werden. Mit dem Alter nimmt die Menge des Hormons im Stierhoden ab (Funk[350]).

Dem Hoden gegenüber ist die *endokrine Funktion des Ovariums komplizierter*. Hier kommen drei Elemente als endokrine Zentren in Betracht: 1. das interstitielle Gewebe, das sich aus atretischen Follikeln bildet, 2. die Graafschen Follikel und 3. das Corpus luteum spec. graviditatis. Isolierte und bis zu gewissem Grade gereinigte Hormone wurden bisher aus dem Corpus luteum, aus der follikulären Flüssigkeit und aus dem übrigen Ovariumgewebe hergestellt. Die Hormone des Follikels und des Ovariumstroma scheinen analog zu sein und stehen in gewissem Antagonismus zu dem Hormon des Corpus luteum. Wie die Follikel und das Corpus luteum als Bestandteile des Ovariums in ihrer Entwicklung während des sexuellen Zyklus der Kuh wechseln, zeigt Abb. 63. Lipschütz[733] klassifiziert vorschlagsweise neuerdings die weiblichen Hormone folgendermaßen:

Follikulin ruft die Brunst und periodische Veränderungen der Scheide und des Uterus (spez. bei Nagetieren) hervor; es wird in den Follikeln gebildet.

Luteohormon bedingt die Nidation des befruchteten Eies, ruft Entwicklung und Reifwerden des Uterus, Entwicklung der Milchdrüse hervor und hemmt die Brunst; es wird im Corpus luteum gebildet und besteht wahrscheinlich aus zwei Teilhormonen: a-Luteohormon (Entwicklung des Uterus und der Milchdrüse), b-Luteohormon (Hemmung der Brunst).

Oestrin ruft die Brunst hervor. Wo es gebildet wird, ist noch nicht bekannt; es kann aus dem Harn trächtiger Tiere isoliert werden (kann im Ovarium, aber auch in der Placenta gebildet werden). Vorläufig wird aber zwischen Follikulin und Oestrin nicht unterschieden, und man schreibt alle die Wirkungen einem Hormone zu, das abwechselnd als Follikulin, Oestrin oder auch nur weibliches Sexualhormon bezeichnet wird.

In der Wand eines kirschgroßen Follikels der Kuh fand Zondek[1379] (S. 46) das weibliche Hormon Follikulin. Allen und Doisy[22] fanden dieses Hormon bei der Kuh und beim Schweine im Follikelsaft. Im Corpus luteum ist aber nach Zondek und Aschheim[1381, 1382, 1385] — im Gegensatz zum Menschen — das Follikulin nicht enthalten. Im Follikelsaft der Kuh befinden sich nach Zondek[1379] (S. 49) ca. 4000 Mäuseeinheiten des Follikulins.

Das Oestrin kommt im Harn trächtiger sowie auch nichtträchtiger Kühe vor (van Planck[947]; Lipschütz und Veshnjakov[735, 736]; Nibler und Turner[768]

und kann in einer Menge von 100—200, manchmal aber auch 800 Mäuseeinheiten bzw. ca. 50 Ratteneinheiten aus 1 l Harn isoliert werden. Während
der *Trächtigkeit* findet eine Zunahme des Hormons im Harn der Kuh nach
Lipschütz und Veshnjakov[735, 736] nicht statt, wodurch sich die Kuh von dem
Menschen und den Primaten prinzipiell unterscheiden soll; van der Plank[947]
hat aber doch eine Zunahme gefunden. Ebenfalls auch Turner, Frank, Lomas
und Nibler[1232] haben eine Zunahme während der Trächtigkeit bei der Kuh
festgestellt. Vom hundertsten Trächtigkeitstage an ist die tägliche Zunahme
3,5—4 Ratteneinheiten. Die Zunahme folgt dabei nach diesen Forschern der
Formel $H = Ae^{kt}$, wobei H die tägliche Hormonproduktion zu irgendwelcher Zeit,
A die Anfangsmenge der täglichen Produktion, k den Grad der Zunahme und e die
Basis des natürlichen Logarithmus bedeutet. Milchkühe unterscheiden sich von den
Fleischkühen durch eine intensivere Zunahme der Hormonproduktion. Es scheint
aber, daß die Menge des Hormons im Harne von der Fütterung abhängt und
durch diese regulierbar ist. Lipschütz und Veshnjakov[735] fanden eine außerordentlich hohe Hormonmenge bei einer Kuh, welche den anderen gegenüber
eine Futterzulage erhielt, die aus Salzmischung, Weizenkleie und getrock-
neten Gerstenkeimlingen bestand. Nach den Untersuchungen von Hisaw und
Meyer[497] kann das Oestrushormon aus dem Harn trächtiger Kühe kurz ante
terminum bis zu einer Menge von 6500 Ratteneinheiten in 24 Stunden erbeutet
werden (Ätherextraktion). Nach der Geburt soll aber nach diesen Forschern der
Hormongehalt bis auf Null sinken.

Nach Aschheim und Zondek[40] enthält der Harn trächtiger Kühe
ca. 500—800 Mäuseeinheiten des Follikulins je Liter. Der Wert ist aber sehr
schwankend; in einem Falle fand Zondek[1379] (S. 204) auch 2500 Mäuseeinheiten je Liter. Die Kuh scheidet das Hormon mit dem Harne aus, aber auch
außerhalb der Trächtigkeit; die Steigerung bei der Trächtigkeit ist eine nur sehr
geringe und kann zu einer Trächtigkeitsdiagnose nicht ausgenutzt werden.

Beim Schweine blieb aber jedes Suchen nach dem Follikulin im Harne
auch während der Trächtigkeit erfolglos.

Im Harne trächtiger Stuten erscheint nach B. Zondek[1379]) S. 81) das
Follikulin in enormen Mengen. Der Pferdeharn enthält je Liter Harn durchschnittlich 100000 Mäuseeinheiten; in einem Sammelharn von fünf trächtigen
Stuten des fünften bis sechsten Graviditätsmonats wurden 400000 Mäuseeinheiten des Follikulins je Liter gefunden. Bei einer täglichen Harnmenge von
10 l liefert also eine trächtige Stute je Tag über 1 Mill. Mäuseeinheiten und während der Trächtigkeitszeit (wenn wir nur mit den letzten 250 Tagen rechnen)
insgesamt über eine viertel Milliarde von Mäuseeinheiten.

Das *Sexualhormon im Blut* wurde bei der Kuh von Loewe[746]; Frank und
Goldberger[334], gefunden, und zwar in der Menge von 1 Mäuseeinheit in
80—200 cm^3 Blut. Zondek[1379] (S. 198) konnte bisher im Blute trächtiger
Kühe und Schweine das Follikelhormon nicht nachweisen; im Blute trächtiger
Stuten fand er aber 500—4000 Mäuseeinheiten dieses Hormons; als Durch-
schnittswert ergaben sich 800 Mäuseeinheiten.

Die brünstigen Schweine enthalten nach Frank[331—333] im Blute das weibliche Sexualhormon, das Blut nicht brünstiger Tiere ist aber hormonfrei.

Den Gehalt an Sexualhormon im Blutserum gravider Stuten studierten Cole
und Hart[186] und fanden, daß hier vom 150. Tage der Trächtigkeit an im Blutserum ein Stoff vorkommt, der die Entwicklung der Ovarien infantiler Ratten
hemmt. In der Zeit nach der Geburt und bis zur ersten Brunstperiode (ca. 9 Tage
nach der Geburt) war aber diese Reaktion mit dem Serum der Stuten immer negativ. Sie glauben jedoch nicht, daß dieser Stoff mit dem Oestrushormon identisch

wäre. Dennoch, wenn man die von MEYER, LEONARD, HISAW und MARTIN[817] festgestellte Tatsache berücksichtigt, daß das Oestrushormon die normale Entwicklung des Ovariums hemmt, ist diese Möglichkeit sehr wahrscheinlich. In einer anderen Arbeit stellten COLE und HART[185] fest, daß im Serum trächtiger Stuten noch nach 100 Tagen Schwangerschaft das ovariale Hormon durch die Uterusreaktion kastrierter Ratten unzweifelhaft nachweisbar ist.

Das Follikelhormon kommt auch in der *Placenta* vor. Die Placenta der Kuh und des Schweines enthält nach ZONDEK[1379] (S. 196) ca. 300—900 Mäuseeinheiten Follikulin in 1 kg, und in der Pferdeplacenta befinden sich auch nach ZONDEK[1379] (S. 81) 10000 Mäuseeinheiten Follikulin je 1 kg Zottengewebe.

Das Follikularhormon kommt auch in verschiedenen Körperorganen vor. MORRELL, McHENRY und POWERS[844] haben unter Anwendung des ALLEN-DOISYschen Testes folgende Mengen des Hormons je 1 Pfund des Substrates gefunden:

Schweineovarien	100 Einheiten	Schweineschilddrüse	
Schweineleber	36 ,,		weniger als 1 Einheit
Kuhpankreas	30 ,,	Schweinemilz . weniger als	1 ,,
Kuhcodyledons	17 ,,	Kuhparathyreoideen	
Schweinenieren	13 ,,		weniger als 1 ,,
Schweinemuskel	9 ,,	Kuhthymus . . weniger als	1 ,,
Kuhuterus	17 ,,	Stierpankreas . weniger als	1 ,,
Kuhblut	40 ,,	Stierblut . . . weniger als	1 ,,
Saublut	43 ,,	Eidotter des Henneneies	
Hypophysenhinterlappen des			weniger als 1 ,,
Schweines . . weniger als	1 ,,	Eiweiß des Henneneies	
Hypophysenvorderlappen des			weniger als 1 ,,
Schweines . . weniger als	1 ,,	Getrocknete Ovariensubstanz	
		(Kommerzial) . . . . . . 280 Einheiten	

Das *Corpus luteum* der Kuh enthält — zum Unterschied z. B. vom Menschen — kein weibliches Sexualhormon (Follikulin), oder wenn, so in verschwindenden Spuren (ZONDEK[1379], S. 195). CARTLAND, HEYL und NEUPERT[148] haben aber bei Kühen gefunden, daß das Oestrushormon während der Trächtigkeit in dem Corpus luteum zunimmt, in der anderen Ovariummasse aber abnimmt. Dabei zeigt das Corpus luteum eine Abnahme der Phospholipoiden und Sulpholipoiden und Zunahme von neutralen Fetten. Der Gehalt an Cholesterin und sein Ester in dem Corpus luteum wird nicht verändert. Es produziert aber sein eigenes *Corpus-luteum-Hormon* (nach LIPSCHÜTZ Luteohormon, s. oben), von dem vorläufig bei den Haustieren nur so viel bekannt ist, daß es die Ovulation der nächstfolgenden Follikel hemmt. Bei der Kuh kann — wie HAMMOND[436] exakt zeigte — die nächstfolgende Ovulation durch Entfernung des Corpus luteum beschleunigt werden. Das Corpus-luteum-Hormon wurde von CORNER und ALLEN[201] aus Schweineovarien isoliert und als „Progestin" benannt.

Das Kuhovarium enthält außer den Sexual- und Corpus-luteum-Hormonen noch ein Hormon, das den Stoffwechsel (O_2-Verbrauch und CO_2-Ausscheidung) zu erhöhen imstande ist. Dieses Hormon bleibt bei vorsichtigem Trocknen der Ovarien erhalten, und durch die auf diese Weise erhaltene Substanz konnten ZONDEK und BERNHARDT[1390] und HEYN[487] den herabgesetzten Stoffwechsel kastrierter Frauen um 12—20 % erhöhen. Dasselbe fanden KOCHMANN und WAGNER[589] bei Ratten. Da das Follikulin, wie wir es bisher kennen, den Stoffwechsel nicht beeinflußt, muß es sich um ein anderes Hormon handeln. Das Stoffwechselhormon ist außerdem thermolabil (bei 70° zerstörbar), das Follikulin aber thermostabil (KOCHMANN und WAGNER, a. a. O.).

Beim Geflügel fehlt von diesem endokrinen Apparat des Ovariums *das Corpus luteum*. Eine gewisse Analogie zur Corpus luteum-Bildung kann nach NOVAK und

Duschak[879] zwar auch bei den Hennen nach dem Platzen des Follikels beobachtet werden. Auch hier geht das Granulosaepithel nach dem Follikelsprung nicht verloren, sondern wird sogar mehrschichtig, und ähnlich wie beim Säugerovar kommt es auch hier zur Einwucherung von zartem Bindegewebe in die Granulosa. Sieht man das Wesentliche eines Corpus luteum in dem Erhaltenbleiben der Granulosazellen und in dem Einwuchern von Bindegewebe und Blutgefäßen zwischen die Granulosazellen, so kann etwas Ähnliches auch am Hennenovar beobachtet und also von einem Corpus luteum der Henne gesprochen werden. Doch bleibt aber dieser Prozeß in der ersten Phase stehen und weicht schnell einer Rückbildung. Zur Bildung eines für die Säugetiere typischen Corpus luteum kommt es beim Geflügel nicht.

Das weibliche Hormon, das im Vogelovarium produziert wird, befindet sich auch in ziemlich großer Menge im Eidotter gelegter Eier, wie Kopeć und Greenwood[593] gezeigt haben. Aus dem Eidotter läßt sich auch eine Substanz extrahieren, welche die Entwicklung des Säugetieruterus und der Milchdrüsen stimuliert, ähnlich wie es das Follikulin aus Säugetierovarien, Harn und Placenta tut (Fellner[306]). Nach Gustavson[422] kann das Oestrushormon bei Hennen auch in den Exkrementen gefunden werden, und zwar in Mengen, die denen im weiblichen Schwangerschaftsharn gleichkommen.

3. Wann beginnen die Geschlechtsdrüsen ihre endokrine Funktion?

Auf diese Frage ist es schwer, eine Antwort zu geben. Geht man von dem Standpunkte aus, daß die Geschlechtsdrüsen für die Ausbildung der sekundären Geschlechtsmerkmale determinativ verantwortlich sind, so könnte geschlossen werden, daß sie schon während der ganzen embryonalen Entwicklung vom ersten Moment ihrer Ausbildung inkretorisch tätig sind, da alle Säugetiere schon mit gewissen ausgebildeten sekundären Geschlechtsunterschieden geboren werden. Auch beim Geflügel findet man beim Ausschlüpfen aus dem Ei die inneren Geschlechtsorgane sexuell differenziert. Dagegen muß aber erwogen werden, daß es noch nicht entschieden ist, ob auch für die embryonale Anlage und die Entwicklung, welche die Geschlechtsunterschiede während der embryonalen Entwicklung durchmachen, die Geschlechtshormone nötig sind oder nicht, d. h., ob das embryonale Soma nicht schon an und für sich sexuell determiniert ist. Die meisten Autoren (Sellheim[1214, 1216], Alterthum, Halban[429], Kammerer[552], Herbst, Nussbaum, J. Bauer[61], Tandler und Groß[1193], Meisenheimer[814]) wollen der embryonalen Entwicklung der Geschlechtsunterschiede eine Unabhängigkeit von den Geschlechtshormonen zuschreiben (vgl. hierzu auch Thomas[1199]). Kastrationsversuche während der embryonalen Entwicklung, welche diese Frage entscheiden könnten, liegen noch nicht vor.

Ein anderer Weg wäre die Prüfung von embryonalen Gonaden auf Geschlechtshormone. Auch solche Versuche liegen bei den landwirtschaftlichen Tieren noch nicht vor. Aber auch wenn dies der Fall wäre, so könnten solche Versuche keine verläßliche positive Antwort geben. Die Feststellung von Hormonen in den embryonalen Keimdrüsen beweist noch nicht, daß diese Hormone auch tatsächlich aus der Drüse in den Blut- und Lymphkreislauf abgegeben werden, daß also die Drüse tatsächlich funktioniert.

Einen gewissen Hinweis auf die schon *embryonale Tätigkeit der Keimdrüsen*, besonders der Hoden, geben uns die Fälle der sog. „Freemartins", welche beim Rinde (Lillie[726, 727, 729]; Lillie und Bascom[730]; Keller und Tandler[561]), beim Schwein (Hughes[508]) und beim Schaf (Roberts und Greenwood[1029]) beschrieben wurden. Da hier die Abnormalität der Geschlechtsorgane des weiblichen Partners, die im allgemeinen einen intersexuellen Typus darstellt, von den Anastomosen zwischen den Choriongefäßen abgeleitet wird, die den Austausch von Hormonen zwischen beiden Embryonen ermöglichen, sollten diese Fälle darauf hinweisen, daß die embryonalen Hoden Hormone produzieren, welche die Entwicklung der Geschlechtsunterschiede des weiblichen Partners stören und Intersexualität hervorrufen. Die Ovarien sollten dagegen während des embryonalen Lebens noch inaktiv sein, da die Entwicklung des männlichen Partners normal verläuft. Man hat aber auch versucht, die Freemartins auf anderem Wege zu erklären: es soll sich bei dem weiblichen Partner um keine hormonale Maskulisierung handeln, sondern um „Abnormalitäten, welche in der ganzen Anlage des Keimes begründet sind" (STIEVE[1165]). Nach MAGNUSSON[787] sollen die Keimdrüsen des weiblichen Partners keine mißgebildeten Ovarien, sondern typische Hoden sein. Aber auch abgesehen von dieser zur Erwägung vorgelegten Auffassung kann man die Fälle der Freemartins nicht ohne weiteres als Beweise für eine normale embryonale Tätigkeit der Hoden annehmen. Es handelt sich ja um abnormale Fälle, in denen die endokrine Funktion *ausnahmsweise* schon während der embryonalen Entwicklung einsetzen konnte, die aber keineswegs den Nachweis geben können, daß es so auch normalerweise der Fall ist.

Für eine embryonale endokrine Tätigkeit haben wir also bei den landwirtschaftlichen Tieren keinen Beweis. Normalerweise kann man mit der Funktion der Keimdrüsen erst nach der Geburt bzw. dem Ausschlüpfen aus dem Ei rechnen. Zur Pubertätszeit steigt diese Funktion der Keimdrüse wohl mächtig an.

II. Der Einfluß der Geschlechtsdrüsen auf Ernährung und Stoffwechsel beim Rinde.

Alle bisherigen Erfahrungen und Kenntnisse, die man beim Rinde — ob auf deskriptivem oder experimentell-analytischem Wege — über die Wirkung der Geschlechtsdrüsen auf Entwicklung, Wachstum und den Stoffwechsel gesammelt hat, beziehen sich 1. auf die Unterschiede zwischen Stier und Kuh als solche, 2. auf die Folgen einer Entfernung der Keimdrüsen (Kastration), 3. auf Implantierung von Keimdrüsen in alte (senile) bzw. sexuell heruntergekommene oder sexuell zurückgebliebene Tiere („Verjüngung" oder „sexuelle Regeneration").

1. Die Geschlechtsunterschiede des Wachstums und Stoffwechsels beim Rinde.

Auf die morphologischen Unterschiede der Geschlechter beim Rinde hier einzugehen, halte ich nicht für nötig, da sie praktisch genug bekannt (vgl. hierzu HANSEN[444], S. 140—143, namentlich aber DUERST[279], S. 432—440), wenn auch wissenschaftlich noch nicht genügend behandelt sind. Vom Standpunkte der Stoffwechselforschung ist die größere Körpergröße des Stieres gegenüber der Kuh von prinzipieller Bedeutung.

a) Geburtsgewichte und Wachstumsintensität.

Dieser Unterschied, der auf eine verschiedene Assimilationsintensität des männlichen und des weiblichen Geschlechtes beim Rinde hinweist, zeigt sich schon von der frühesten Jugend. Schon die *Geburtsgewichte* sind bei den Bullenkälbern höher als bei den Kuhkälbern, wie exakt besonders von ECKLES[283] festgestellt wurde, und ebenfalls verschieden sind auch die Maße. Dies weist darauf hin, daß schon das embryonale Wachstum der männlichen und weiblichen Embryonen von verschiedener Intensität sein muß, trotzdem daß ESSKUCHEN[293] neuerdings keine besonderen Differenzen feststellen konnte. Bezüglich des postembryonalen Wachstums liegen aber einige Forschungsergebnisse vor, die deutlich den *Geschlechtsunterschied in der Wachstumsintensität* erkennen lassen.

Den wichtigsten Beitrag brachten die Untersuchungen von Hansen[444] am ostpreußischen schwarzweißen Tieflandrinde. Er fand, daß die männlichen Tiere schon bei der Geburt etwas schwerer sind als die weiblichen; genaue Zahlen für diesen Befund führt Hansen aber nicht an. Im Alter von 1 Monat hat der Bulle ein um 10 % größeres Gewicht als das Kuhkalb, im Alter von $^3/_4$ Jahren wächst dann diese Spanne auf 53 %. Bis zu diesem Alter hat der Bulle eine Zunahme von 490 %, das Kuhkalb dagegen nur von 358 % des Anfangsgewichtes zu verzeichnen.

Das Ergebnis der Messungen zeigt die folgende Tabelle, in der die Zahlen auf Anfangswerte im Alter von 3 Monaten = 100 berechnet worden sind:

Geschlechtsunterschiede im Wachstum des schwarzweißen Tieflandrindes.
(Nach P. Hansen.)

Höhe:	Bullen	Kühe	Länge:	Bullen	Kühe
Widerrist	156,4	140,7	Rumpf	172,0	156,6
Rücken	153,9	141,3	Rücken	166,7	166,1
Kreuz	152,0	144,7	Lende	164,5	158,6
Schwanzwurzel	156,3	137,2	Seitliche Becken . . .	191,8	148,2
			Brustumfang	193,5	153,1
Breite:			Kopflänge	184,4	149,7
Brusttiefe	186,1	162,2	Stirnlänge	182,1	144,9
Vorderbrust	206,8	149,7	Nasenlänge	187,5	160,8
Rippenbrust	194,5	159,4	Stirnenge	170,8	136,6
Lende	216,7	178,5	Stirnbreite	173,0	142,3
Hüfte	195,4	170,7	Wangenbreite	148,8	125,8
Beckenboden	181,6	153,4	Kopftiefe	188,3	160,1
Gesäß	175,8	157,6	Schulterlänge	186,3	153,1
			Umfang der Schiene .	163,3	131,7

Das Wachstum der Bullen zeigt sich also in allen gemessenen Dimensionen intensiver als das der Kühe. Die Bullen überholen sämtliche Maße der Kuhkälber. Am Schlusse des ersten Jahres haben sie in der Rückenlinie Maße erreicht, welche die Kuhkälber erst im Alter von etwa zwei Jahren aufweisen. Die Bullen sind am Schluß des ersten Jahres auch tiefergestellt als die Kuhkälber, wodurch ihr Geschlechtstypus schon zum Ausdruck kommt. Im allgemeinen zeigen die männlichen Tiere eine größere Wüchsigkeit als die weiblichen Tiere. Hansen macht aber ausdrücklich darauf aufmerksam, daß diese größere Wüchsigkeit der Bullen nicht ausschließlich als ein Geschlechtsunterschied aufgefaßt werden kann, sondern daß — wenigstens bei seinem Material — auch die verschiedene Fütterungsweise der Bullen und der Kuhkälber dabei eine Rolle spielt: die Bullen wurden viel intensiver gefüttert als die weiblichen Tiere. Doch spielt hier aber auch der Geschlechtstypus eine wichtige, wenn nicht leitende Rolle. Die Unterschiede in der Wachstumsintensität kommen besonders nach dem ersten halben Jahre zur Erscheinung.

Dieser Geschlechtsunterschied in der Wachstumsintensität unterliegt aber auch gewissen Differenzen in der Rasse.

Aus den an der Missouri Agricult. Exper. Station gesammelten und von Ragsdale, Elting und Brody (in Mumford und Mitarbeiter[857]) publizierten Zahlen geht hervor, daß die Jerseykälber im männlichen Geschlecht bei der Geburt schwerer sind und auch intensiver wachsen. Die Holstein-Kälber werden im männlichen Geschlecht leichter geboren, wachsen aber intensiver, so daß sie die Kuhkälber nach 60 Tagen überholen. Die im Auszuge wiedergegebene Tabelle zeigt folgende Werte:

Geschlechtsunterschiede im Wachstum des Rindes.
(Nach RAGSDALE, ELTING und BRODY.)

Tag nach der Geburt	Jersey				Holstein			
	Männliches Geschlecht		Weibliches Geschlecht		Männliches Geschlecht		Weibliches Geschlecht	
	Zahl der Tiere	Gewicht in lbs.	Zahl der Tiere	Gewicht in lbs.	Zahl der Tiere	Gewicht in lbs.	Zahl der Tiere	Gewicht in lbs.
0 (Geburt) . . .	11	61,0	14	54,1	9	87,3	14	92,4
10	11	68,4	10	63,2	9	98,2	12	102,1
20	11	75,0	8	66,0	9	107,3	13	109,7
30	11	83,6	8	75,1	9	118,7	8	123,6
40	11	90,4	8	83,6	9	130,1	8	137,7
50	11	100,2	8	90,7	9	143,5	8	154,0
60	11	114,6	8	101,8	9	168,5	8	166,7

Vielleicht spielen aber auch andere Faktoren mit. So fand z. B. RAGSDALE mit seinen Mitarbeitern *an einem anderen Material* (s. MUMFORD und Mitarbeiter[857], S. 20) bei Jersey-, Ayrshire-, aber auch bei Holsteinkälbern im männlichen Geschlecht ein höheres Geburtsgewicht und intensiveres Wachstum.

Geschlechtsunterschiede im Wachstum des Rindes.
(Nach RAGSDALE, ELTING und BRODY.)

Alter in Monaten	Holstein		Jersey		Ayrshire	
	Zahl der Tiere	Gewicht in lbs.	Zahl der Tiere	Gewicht in lbs.	Zahl der Tiere	Gewicht in lbs.
			Männliche Kälber			
0 (Geburt)	45	92	32	661	5	77
5	38	359	28	271	3	257
10	22	689	20	525	—	—
15	12	968	8	715	—	—
			Weibliche Kälber			
0 (Geburt)	50	91	31	56	8	69
5	13	311	9	217	2	226
10	10	493	6	372	—	—
15	1	622	3	512	—	—

Die äußeren Lebensverhältnisse können vielleicht bei Ausbildung dieser Geschlechtsunterschiede eine bedeutende Rolle spielen. LUSH JONES, DAMERON und CARPENTER[768] geben an, daß bei dem Range-Weidevieh im Texas die männlichen Tiere nur sehr wenig und unbedeutend die weiblichen übertreffen.

Ein im allgemeinen *intensiveres Wachstum der Bullenkälber* konnte neuerdings auch HANGAI[441] bei der Simmentaler und graubraunen Gebirgsrasse wieder bestätigen. In den Einzelheiten zeigten sich jedoch gewisse Differenzen zwischen beiden Rassen. Berechnet in Prozenten des Zuwachses im Laufe des ersten Jahres zeigen die Bullen der Simmentaler Rasse ein intensiveres Wachstum als die Kuhkälber in der Brustbreite, dem Brustumfange, in der Kopflänge, der Kopfbreite, dem Röhrbeinumfang, Widerristhöhe, Kreuzhöhe, Rumpflänge, Brusttiefe; doch in der Kruppenbreite war das Übergewicht auf der Seite der Kuhkälber. Bei der graubraunen Gebirgsrasse zeigten die Bullen ein intensiveres Wachstum während des ersten Jahres in der Widerristhöhe, Kreuzhöhe, Rumpflänge, Brusttiefe, Brustbreite, Brustumfang, Kopflänge, Kopfbreite und in dem Röhrbeinumfange; nur in der Kruppenbreite war bei dieser Rasse das Übergewicht

23*

auf der Seite der Kuhkälber. Die betreffenden Zahlen sind in der folgenden Tabelle zusammengestellt:

Geschlechtsunterschiede im Wachstum des Gebirgsrindviehs während des ersten Jahres. (Nach Hangai.)

Die gemessenen Körperteile	Geschlecht	Simmentaler Rasse cm	Graubraune Gebirgsrasse cm	Simmentaler Rasse %	Graubraune Gebirgsrasse %
Widerristhöhe	♂	43,31	40,87	52,64	54,49
	♀	43,43	31,87	54,58	40,48
Kreuzhöhe	♂	40,93	40,46	46,39	51,21
	♀	39,93	30,65	46,65	37,18
Rumpflänge	♂	60,28	47,04	80,44	58,80
	♀	59,26	44,09	83,32	57,11
Brusttiefe	♂	28,14	22,62	89,91	72,96
	♀	27,81	20,67	59,63	67,99
Brustbreite	♂	21,83	14,69	122,71	69,95
	♀	19,98	13,05	115,75	65,84
Brustumfang	♂	77,45	56,36	91,17	63,32
	♀	73,91	52,98	90,02	62,47
Kruppenbreite	♂	18,36	12,12	79,11	46,61
	♀	20,11	13,69	90,42	59,01
Kopflänge	♂	19,60	16,00	85,66	69,56
	♀	17,07	14,27	77,06	64,86
Kopfbreite	♂	8,77	6,53	66,94	48,73
	♀	6,99	6,49	58,31	43,92
Röhrbeinumfang (vorn)	♂	7,32	4,56	58,23	33,70
	♀	6,14	3,97	52,16	31,36

Richter und Brauer[982] fanden bei ihrem gemischten Material, daß die Bullenkälber bei der Geburt durchschnittlich 87,1 Pfund, die Kuhkälber durchschnittlich 82,1 Pfund wogen. Interessant ist dabei, daß sich die beiden Geschlechter deutlich bei der *vorübergehenden Gewichtsabnahme nach der Geburt* verschieden verhalten. Die weiblichen Tiere verlieren mehr (durchschnittlich 3,8 Pfund) als die männlichen (3,03 Pfund). Die Dauer der Abnahme betrug bei männlichen Tieren zwischen $6^3/_4$ und 35 Stunden, durchschnittlich 16,7 Stunden, bei weiblichen Tieren zwischen $8^1/_2$ und $59^1/_2$ Stunden, im Mittel 26,8 Stunden. Der Wiederbeginn der Zunahme trat bei männlichen Tieren nach durchschnittlich 32 Stunden und bei weiblichen nach 44,3 Stunden ein, wobei die höchste und niedrigste Grenze bei männlichen Tieren $17^3/_4$ und 67,7 Stunden und bei weiblichen Tieren $19^1/_2$ und $94^1/_2$ Stunden bildeten. Die männlichen Kälber sind also vor den weiblichen in beiden Hinsichten begünstigt. Auch was das Wiedererreichen des Geburtsgewichtes betrifft, gestalten sich die Verhältnisse bei den männlichen Tieren günstiger: die Bullen erreichen ihr ursprüngliches Gewicht frühestens nach $18^3/_4$, spätestens nach 142 Stunden, im Durchschnitt nach 55,8 Stunden; die Kuhkälber frühestens nach 37, spätestens nach $131^1/_2$ Stunden, im Durchschnitt nach 68,4 Stunden. Im allgemeinen zeigt sich also bei den männlichen Tieren eine intensivere Assimilationstendenz als bei den weiblichen.

Das *intensivere Wachstum der Bullenkälber* zeigt sich im Endresultat, indem die Bullenkälber die Vervielfachung der Gewichte früher erreichen als die Kuhkälber. So fand Günzler[421] folgendes: Die Bullen brauchen für die *Gewichtsverdreifachung* 14—15 Wochen, die Kuhkälber aber 16—17 Wochen, für die Gewichtsvervierfachung Bullen 21 bis 22 Wochen, Kuhkälber 26—27 Wochen.

Bezüglich der Differenzen in den Geburtsgewichten macht aber Gärtner[362] darauf aufmerksam, daß es zwar zu den normalen Wachstumserscheinungen beim Rinde gehört, wenn im allgemeinen die männlichen Tiere (die nach einer längeren Tragezeit geboren werden) ein höheres Geburtsgewicht aufweisen, daß aber doch auch in dieser Beziehung häufig die größten Schwankungen vorkommen. In einer Simmentaler Herde stellte er im Jahresdurchschnitt folgende Geburtsgewichte fest:

Geschlechtsunterschiede der Geburtsgewichte beim Simmentaler Rind.
(Nach GÄRTNER.)

Jahr	Männliche Tiere	Weibliche Tiere	Jahr	Männliche Tiere	Weibliche Tiere
1916	39,50	41,50	1918	41,50	38,16
1917	39,00	34,90	1919	39,33	39,22

Mit Rücksicht auf das intensive Wachstum des männlichen Geschlechtes ist auch die Berücksichtigung des Futterverbrauches von Bedeutung. Diesbezüglich verdanken wir gewisse Angaben den Untersuchungen, welche planmäßig schon seit Jahren an der Landwirtschaftlichen Versuchsstation der Universität Missouri, USA., ausgeführt werden.

Hier zeigte sich, daß der *Futterverbrauch* bei einer Fütterung ad libitum bei den männlichen Kälbern sowie auch bei jungen Bullen größer ist als beim weiblichen Geschlecht. Das zeigt sich sowohl an der konsumierten Trockensubstanz als auch an dem Gesamtenergiewerte und am verdaulichen Eiweiß.

RAGSDALE, ELTING und BRODY (in MUMFORD und Mitarbeiter[857]) geben folgende Daten an:

Geschlechtsunterschiede im Futterverbrauch des Rindes während des Wachstums. (Nach RAGSDALE, ELTING und BRODY.)

Alter in Wochen resp. Monaten	Zahl der Tiere ♂	Zahl der Tiere ♀	Trockensubstanz ♂	Trockensubstanz ♀	Energie (Cal) Gesamtwert ♂	Energie (Cal) Gesamtwert ♀	Verdauliche Eiweißsubstanz ♂	Verdauliche Eiweißsubstanz ♀
Holstein								
2 Wochen . . .	18	14	1,22	1,24	2700	2600	0,296	0,298
5 „ . . .	21	16	2,18	2,05	3220	3800	0,476	0,480
8 „ . . .	20	15	2,98	2,94	3410	2980	0,693	0,705
3 Monate . .	18	16	4,6	4,4	4170	3980	0,975	0,950
6 „ . . .	13	15	9,4	8,5	7200	6450	1,62	1,51
10 „ . . .	7	9	11,9	9,6	7240	5850	1,42	1,22
14 „ . .	2	3	15,8	13,3	9590	8000	—	1,69
Jersey								
2 Wochen . . .	13	11	0,95	0,82	2010	1740	0,237	0,197
4 „ . . .	11	11	1,75	1,38	2800	2410	0,356	0,295
8 „ . . .	10	12	2,08	2,02	2920	2640	0,465	0,461
3 Monate . . .	9	12	3,0	2,8	3130	2870	0,625	0,640
6 „ . . .	6	9	7,5	6,4	5970	5240	1,36	1,20
8 „ . .	3	9	7,5	7,2	5130	4500	1,08	0,885

Anders verhält es sich aber mit dem *relativen Futterverbrauch*. Als RAGSDALE, ELTING und BRODY (in MUMFORD und Mitarbeiter[857], S. 36) den Futterverbrauch (Trockensubstanz, Gesamtenergiewert, verdauliche Eiweißsubstanz) auf eine Einheit des Gewichtszuwachses bei männlichen und weiblichen Holsteinkälbern untersuchten, fanden sie keine deutlichen Geschlechtsdifferenzen. In den ersten Wochen scheint der Verbrauch größer zu sein bei den Kuhkälbern, in späteren Monaten aber bei den Bullenkälbern. Doch weisen die Zahlen keine genügenden Unterschiede auf, um einen verläßlichen Schluß ziehen zu können.

b) Grundumsatz.

Ein bestimmtes und klares Bild über *Geschlechtsunterschiede im Grundumsatze* beim Rinde zu gewinnen, ist auf Grund der bisher publizierten Versuche sehr schwer. Die Ursache liegt darin, daß systematische, vergleichende Untersuchungen zu diesem Zwecke noch nicht ausgeführt worden sind (s. Anm.). Die bisher publizierten Versuche beziehen sich entweder nur auf Kühe oder nur auf Stiere und wurden mit verschiedener Methodik an Tieren von verschiedener Rasse, verschiedenen Alters, verschiedener Aufzucht und Haltung durchgeführt und auch unter wechselnden äußeren Bedingungen (Jahreszeit, Temperatur usw.); dies sind alles Umstände, welche eine Feststellung eventueller Geschlechtsdifferenzen höchst erschweren. Auch die Verläßlichkeit einzelner, die Ausführung der Versuche betreffenden Angaben ist sehr verschieden. Aber auch wenn dies nicht der Fall wäre, so ist doch die absolute Zahl der ausgeführten Versuche noch zu gering, um die individuelle Variabilität völlig auszuschließen, wie es diese Frage erfordert.

Gewisse Schlußfolgerungen erlaubt ein Vergleich der Versuchsergebnisse von BENEDICT und RITZMAN[71, 72] an Stieren einerseits und von ARMSBY, FRIES und BRAMAN[25, 26] an *Stieren und Kühen* andererseits. In ihrer ersten Publikation geben BENEDICT und RITZMAN[71] für drei durch eine Erhaltungsfütterung im Körpergleichgewichte gehaltene erwachsene Stiere einen durchschnittlichen Basalmetabolismus von 1,820 Cal Wärmeproduktion in 24 Stunden auf 1 Quadratmeter für 500 kg Körpergewicht an. Dieser Wert ist aber sehr variabel und kann unter veränderten äußeren Umständen bis auf 1,470 Cal sinken (im Februar und März). In weiteren Versuchen[72] kamen diese Forscher an zwei anderen Stieren zu dem Werte von 1,300 Cal, wenn die Versuchstiere liegen, und zu 1,700 Cal, wenn sie stehen. Beim Liegen konnte hier aber die Wärmeproduktion bis zu 1,060 oder 1,190 Cal sinken — wir sehen also wieder große Abweichungsmöglichkeiten. ARMSBY[25, 26] mit seinen Mitarbeitern FRIES und BRAMAN kommt bei stehenden Stieren zum Werte von 1,365 Cal.

Für die stehenden Kühe gibt ARMSBY die gesamte Wärmeproduktion folgendermaßen an: bei einer Kuh von 425,5 kg Körpergewicht im Durchschnitt von zwei 24-Stunden-Perioden 6728 Cal, für die andere Kuh von 419,5 kg Körpergewicht im Durchschnitt von zwei 24-Stunden-Perioden 6632 Cal. Berechnet man diese Daten auf Grund der HOGAN-SKOUBYschen[500] Formel auf 1 m² Körperoberfläche, bekommt man für die erste Kuh die Zahl 1,469 Cal, für die andere die Zahl 1,381 Cal, im Durchschnitt 1,425 Cal.

Der *Grundumsatz* scheint also — insoweit, als man auf Grund von diesen Versuchen schließen kann — bei Kühen etwas niedriger zu sein als bei Stieren, und zwar um ca. 16—26%. Man kann aber diese Differenz in ihrer absoluten Höhe nicht für definitiv und typisch halten. Es scheint, daß hier ein abnormal hoher Unterschied vorliegt, den ein größeres Vergleichsmaterial bestimmt herabsetzen wird. Ein *höherer Basalmetabolismus bei Stieren* kann aber als feststehende Tatsache angenommen werden.

Zu demselben Resultat führen auch die neuesten Untersuchungen von BRODY[123] über den *Grundumsatz bei Kälbern während des Wachstums* und der Entwicklung. Bei Tieren über 150 kg Körpergewicht ist die Wärmeproduktion auf 1 mm² Körperoberfläche und 24 Stunden bei den Stierkälbern höher als bei Kuhkälbern. Unter 150 kg Körpergewicht ist aber der Basalmetabolismus bei Kuhkälbern größer als bei Stierkälbern. Bei neugeborenen Kälbern scheint kein Geschlechtsunterschied vorzuliegen (s. Abb. 65).

Anm. Vgl. M. STEUBER in diesem Bande des Handbuches.

Der Grundumsatz scheint sich also in der ersten Zeit des Wachstums und der Entwicklung bei beiderlei Geschlecht grundsätzlich zu ändern. Über die Ursache läßt sich vorläufig nichts sagen. Auch BRODY[123] will sich — wie er ausdrücklich betont — in eine Diskussion dieser Tatsache noch nicht einlassen.

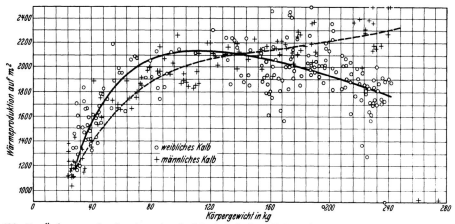

Abb. 65. Änderungen des Grundumsatzes (auf 1 m²) bei einem Bullenkalbe (+ und — — — — —) und ein Kuhkalb (☉ und —————) des Jersey-Rindes von der Geburt bis zum Gewicht von 250 kg verglichen je nach dem Körpergewichte. (Nach BRODY.) Man sieht, daß bis zum Gewichte von 150 kg die Wärmeproduktion bei dem weiblichen, dann bei dem männlichen Geschlechte höher ist.

c) Chemismus des Blutes und der Organe.

Zwischen dem männlichen und weiblichen Geschlecht beim Rinde liegen auch gewisse *Unterschiede im Chemismus der Körpergewebe* vor. Nach den Untersuchungen von TADOKORO, ABE und WATANABE[1192] ist die Acidität der aus *Muskelfibrillen* von Bullen zubereiteten Lösungen höher als jene aus weiblichen Muskelfibrillen. Der Phosphorgehalt der Fibrillen scheint bei Bullen niedriger zu sein, der Schwefelgehalt höher als bei Kühen. Die Bullenfibrillen enthalten überwiegend mehr Stickstoff in Arginin und Lysin, die Kuhfibrillen aber in den Monoaminen und im Histidin. Im Myosin und Myogen ist die Aschensubstanz und der Phosphorgehalt immer höher bei Kühen, wodurch die höhere Retention des Phosphors im weiblichen Körper erklärt werden kann. Der p_H-Wert des weiblichen Myosins und Myogens war niedriger als bei den Bullen, ebenso auch das Drehungsvermögen. Der freie Stickstoff des weiblichen Myosins und Myogens betrug nur 80—90% desjenigen der Bullen. Der Argininstickstoff der weiblichen Proteine machte ca. 85% aus, der Lysinstickstoff ca. 82% der männlichen Proteine, der Monoaminostickstoff war aber bei den männlichen Proteinen niedriger (65%) als bei den weiblichen. Auch im Verhältnis der Acetylgruppe zu dem Stickstoff sind zwischen weiblichen und männlichen Proteinen in der Muskelsubstanz des Rindes Differenzen. Es liegen auch *Geschlechtsunterschiede im Kalkgehalte des Blutes* vor. FREI und EMMERSON[341] fanden, daß sich schon die Kälber je nach dem Geschlecht im Kalkspiegel des Blutserums unterscheiden. Die Bullenkälber haben einen niedrigeren Kalkspiegel (Durchschnitt 11,45 mg%, Minimum 9,96, Maximum 12,76) als die Kuhkälber (Durchschnitt 11,64 mg%, Minimum 10,12, Maximum 13,10). Geschlechtsreife Tiere zeigen einen Kalkspiegel von 10,56 mg% im Durchschnitt (Minimum 9,63, Maximum 11,91). Die Kühe zeigen im Durchschnitt 11,64 (Minimum 10,12, Maximum 13,10), haben also einen niedrigeren Kalkspiegel als die Stiere. Bei Kühen ändert sich aber der Kalkspiegel des Blutserums auch nach der Periode der Geschlechtsfunktion und nach dem Alter wie folgende Tabelle zeigt:

Sexualzustand	Junge Kühe		Mittelalte Kühe		Alte Kühe	
	Durch-schnitt	Min. Max.	Durch-schnitt	Min. Max.	Durch-schnitt	Min. Max.
Kühe im Oestrus	10,27	9,08 11,28	10,20	9,12 10,84	9,99	9,28 11,10
Kühe im Interoestrus . .	10,32	9,35 11,52	10,20	8,43 11,92	9,91	8,20 11,51
Trächtige Kühe	10,25	8,20 12,21	10,07	8,73 11,60	9,65	8,00 10,92

Der Kalkspiegel sinkt also mit dem Alter und der Trächtigkeit. Auch in dem Interoestrus nimmt der Kalkspiegel ab; die Durchschnittswerte von allen Kühen ergaben:

im Oestrus . . . Durchschnitt 10,23 Min. 9,08 Max. 11,28
„ Interoestrus .   „   10,17   „   8,20   „   11,92

Wie regelmäßig der Kalkspiegel mit dem Oestrus zunimmt, zeigt Abb. 66. Wie dieser Vorgang mit den cyklischen Änderungen im Ovarium verbunden ist, zeigt Abb. 67.

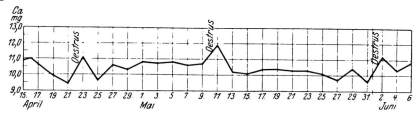

Abb. 66. Serumcalciumkurve einer Kuh über 2¹/₂ Oestralperioden. (Nach Frei und Emmerson.)

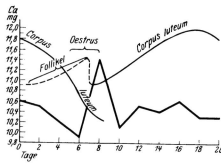

Abb. 67. Serum-Ca und Oestrus bei der Kuh.
(Nach Frei und Emmerson.)

Im Zusammenhang mit den *Geschlechtsunterschieden im Stoffwechsel des Rindes* steht unzweifelhaft die Tatsache, daß zwischen Stieren und Kühen auch gewisse *Unterschiede in der Zusammensetzung des Blutes* vorhanden sind. Durch einige Autoren wurde festgestellt, daß das Stierblut sich vom Kuhblute in der Zahl der roten und weißen Blutkörperchen unterscheidet. Beim Rinde des fränkischen Schlages fand Storch[1173] für die Erythrocytenzahl:

Bullen . . . 10 Tiere 5120000—7610000, Durchschnitt 6500
Kühe 13   „   4490000—6160000,   „   5470

Turowski[1235] gibt als Durchschnittsbild von verschiedenen Rassen folgende Zahlen an:

Bullen . . .   8 Tiere 7320000—8550000, Durchschnitt 7990000
Kühe 20   „   5580000—7580000,   „   6540000

Für die Leukocytenzahl fand Storch[1173] beim Rinde des fränkischen Schlages folgende Zahlen:

Bullen . . . 9 Tiere 5430—9990, Durchschnitt 7840
Kühe 8   „   6210—9870,   „   8240

Turowski[1235] gibt folgende Zahlen an:

Bullen . . . 8 Tiere 9420—12330, Durchschnitt 10430
Kühe . . . . 20 „ 6700— 9200, „ 7650

In Kuhls[666] Untersuchungen fehlt ein Vergleich mit den Stieren; sein Material enthält Zählungen nur für ein Stierkalb. Für die Kühe (7 Tiere) findet er: Erythrocytenzahl 5730000, Hämoglobingehalt des Blutes 11,0, Hämoglobingehalt eines Erythrocyten (in 10^{-12} g) 19, Leukocytenzahl 7930.

Die *Erythrocytenzahl ist*, ganz entsprechend den Verhältnissen beim Menschen, *bei den Stieren größer als bei Kühen*. Die absoluten Werte variieren zwar begreiflicherweise nach der Rasse, aber das Verhältnis der höheren Erythrocytenzahl bei Stieren bleibt erhalten; auch die Kuhlsche niedrige Zahl fällt in den Rahmen der niedrigen Erythrocytenzahl der Kühe. Über die *Leukocytenzahl* besteht Differenz zwischen Storchs und Turowskis Befunden: der erstere findet eine höhere Zahl bei Kühen, der andere bei Bullen. Diesbezüglich sind noch weitere Untersuchungen erforderlich. Ebenfalls muß noch erforscht werden, wie sich diese Differenzen der Blutzusammensetzung während der Entwicklung und des Wachstums verhalten und wie die Periodizität der Geschlechtsfunktionen im weiblichen Geschlechte hier wirkt. Auch der Hämoglobingehalt des Blutes und der Erythrocyten muß beim Rinde erst untersucht werden — Kuhls Untersuchungen geben nur über Kühe Auskunft.

Sustschowa[1182] fand bei einem gemischten Material folgende Erythrocyten- und Hämoglobinwerte:

	Zahl der Tiere	Erythrocyten	Hämoglobin
bei Bullen	9	8101000	80
bei Kühen	9	6890400	60

Der Geschlechtsunterschied zeigte sich schon bei 2—14 Monate alten Kälbern:

	Zahl der Tiere	Erythrocyten	Hämoglobin
Männliche Kälber (2—14 Wochen)	7	8013000	40
Weibliche Kälber (9—12 Wochen)	2	7575000	45

Interessant ist die Tatsache, daß sich bei Kühen, die noch nicht gekalbt haben, eine größere Erythrocytenzahl ergibt (8301000) als bei Tieren, die schon gekalbt haben (6572000); die hohe Erythrocytenzahl ist sogar etwas höher als bei Bullen.

In letzter Zeit unterzog Götze[387] das Blut des Rindes einer neuen gründlichen Untersuchung und fand folgende Werte:

	♂	♀
Erythrocytenzahl in 1 cm³ Blut	6520000	5970000
Oberfläche eines Erythrocyten in μ^2	87,4	81,8
Volumen eines Erythrocyten in μ^2	55,5	50,5
Gesamtoberfläche der Erythrocyten in 100 cm³ Blut, ausgedrückt in m²	56,9	49,0
Gesamtvolumen der Erythrozyten in 100 cm³ Blut, ausgedrückt in cm³	36,2	30,1
Spezifische Oberfläche (Verhältnis von Oberfläche zu Volumen) . .	1,58	1,62
Hämoglobingehalt in 100 cm³ Blut in g	12,26	10,14
Hämoglobingehalt eines Erythrocyten in 10—12 g	18,8	17,0
Hämoglobindichte, das ist der Hämoglobingehalt in der Volumeneinheit	0,336	0,338
Hämoglobinoberfläche (Leistungsmöglichkeit) eines Erythrocyten, ausgedrückt in Hgl-μ^2	297	275
Hämoglobinoberfläche (Leistungsmöglichkeit) der gesamten Menge der Erythrocyten in 100 cm³ Blut, ausgedrückt in Hgl-n² . .	193	166

Im allgemeinen ergibt sich also, daß die Stiere eine höhere Erythrocytenzahl und höheren Hämoglobingehalt des Blutes besitzen. Die Leukocytenzahl ist höher bei den Kühen. Götzes Untersuchungen zeigen ein Übergewicht des männlichen Geschlechtes auch in anderen Werten (s. die Tabelle).

Jacobsen[522] fand, daß sich beim Rinde die Geschlechter auch in der *Viscosität des Blutes und des Serums* unterscheiden. Die durchschnittliche Viscosität des Blutes ist bei Stieren 4,84, bei Kühen 4,26, die Differenz 0,58 zugunsten der Stiere.

Die Viscosität des Serums ist wiederum bei Kühen, aber nur wenig, höher (1,79) als bei Bullen (1,67). Diese höhere Viscosität zeigt sich schon bei Kuhkälbern (1,71).

Ähnlich wie die Geschlechtsdifferenzen im Blute werden die Geschlechtsdifferenzen des Stoffwechsels auch durch die Unterschiede in der *Größe der Muskelzellen* angedeutet, auf deren Bedeutung für den Stoffwechsel Malsburg[790] hingewiesen hat. Bei Untersuchungen an verschiedenen Rassen und Schlägen hat Malsburg gefunden, daß die Muskelzellengröße (Breite) bei Kühen kleiner ist als bei den Stieren. Als Beweis sollen hier folgende Durchschnittszahlen aus seinen Untersuchungen angeführt werden (als Ergänzung führe ich hier auch die für Ochsen (♂̶) festgestellten Zahlen an, welche später — s. Kapitel „Wirkung der Kastration" — besprochen werden):

Ungarisches Steppenvieh	♂	45,40 μ
	♀	43,90 μ
	♂̶	43,75 μ
Ostfriesen und Holländer	♂	48,40 μ
	♀	46,27 μ
Oldenburger (Wesermarsch und Jeverländer)	♂	62,50 μ
	♀	57,50 μ
	♂̶	61,35 μ
Simmentaler	♂	66,90 μ
	♀	58,40 μ
	♂̶	65,10 μ
Galizisches Rotvieh (Majdauer, Karpathenvieh, polnisches Rotvieh)	♂	36,60 μ
	♀	35,95 μ
	♂̶	36,00 μ
Angler Rind	♂	42,45 μ
	♀	37,45 μ
Oberinntaler	♂	43,50 μ
	♀	38,65 μ
Steirisches Braunvieh	♂	44,25 μ
	♀	42,10 μ
	♂̶	43,50 μ
Montafoner	♂	37,45 μ
	♀	47,45 μ
Schnoyzer	♂	58,80 μ
	♀	50,30 μ
	♂̶	54,25 μ
Pinzgauer	♂	57,80 μ
	♀	55,25 μ
Shorthorns	♂	42,15 μ
	♀	38,50 μ
	♂̶	39,20 μ
Durchschnitt	♂	50,28 μ
	♀	45,84 μ
Differenz		— 4,44 = 9,1 %

Es wurden aber auch andere Zellarten auf die Geschlechtsunterschiede in der Größe geprüft.

ROHRBACHER[1040] untersuchte die *Größe der Hornzellen* sowohl bei Bullen und Kühen als auch bei Bullkälbern und Kuhkälbern verschiedener Rinderrassen, und fand, daß, obwohl in den absoluten Werten Differenzen auch zwischen den verschiedenen Rassen vorliegen, die Zellen bei den Kühen doch immer kleiner als die der Bullen sind:

Rasse	Erwachsene				Kälber			
	Bullen		Kühe		Bullenkälber		Kuhkälber	
	Zahl d.Tiere	M in μ^2	Zahl d.Tiere	M in μ^2	Zahl d. Tiere	M in μ^2	Zahl d. Tiere	M in μ^2
Hinterwälder . .	—	—	4	1025	—	—	—	—
	—	—	3	1373	1	965	1	951
Simmentaler . .	2	1681	3	1599	—	—	—	—
	2	1819	3	1717	4	1331	3	1279
Niederungsvieh .	1	1108	5	1014	—	—	—	—
	1	1368	2	1302	2	1143	2	1084
Allgäuer	3	1306	4	1098	—	—	—	—
	2	1473	4	1367	—	—	—	—

Die *höhere Feinzelligkeit des weiblichen Geschlechtes* ist bei den erwachsenen Tieren größer und deutlicher als beim Jungvieh. Dieser Geschlechtsunterschied entwickelt sich also erst mit dem sexuellen Reifwerden der Tiere.

d) Fleischproduktion und Mästung.

Es ist interessant zu verfolgen, wie sich die oben angeführten, exakt festgestellten Geschlechtsunterschiede des Stoffwechsels beim Rind in der praktischen Ausmästung und Fleischproduktion spiegeln. Vergleichende Untersuchungen in dieser Richtung verdanken wir einigen landwirtschaftlichen Versuchsstationen der Vereinigten Staaten.

In den Resultaten liegen aber prinzipielle Differenzen vor: einige Versuche zeigen bessere Produktivität des weiblichen, andere des männlichen Geschlechtes.

So wurde z. B. von BULL, OLSON und LONGWELL[132] festgestellt, daß die Kälbinnen besser und schneller ausgemästet werden können als Stiere von gleichem Alter. Während junge Stiere von einem Anfangsgewicht von 400 Pfund durchschnittlich 200 Tage zur schlachtreifen Ausmästung bedürfen, brauchen Kälbinnen desselben Anfangsgewichtes und bei derselben Fütterung durchschnittlich nur 140 Tage. Eine von der Praxis manchmal vorausgesetzte bessere Qualität des Stierfleisches konnte dabei nicht bestätigt werden. Auch die *Ausschlachtungsergebnisse* waren bei den Kälbinnen dieselben wie bei jungen Stieren. Nur ältere Kühe, wenn sie zum Mästen verwendet wurden, waren im Vergleich mit jungen Stieren etwas minderwertiger. Werden Kälbinnen ebenso lang gemästet, wie Stiere zur Ausmästung brauchen (d. h. 200 Tage), dann geben sie sogar bessere Ausschlachtungsergebnisse als die Stiere; sie sind besonders in der reicheren Menge von Fett (beinahe doppelt soviel) gegenüber den ebenso lange gemästeten Stieren im Vorteil. Im prozentuellen Gewicht von Kopf, Haut, Blut, Eingeweiden usw. gibt es keine Unterschiede zwischen beiden Geschlechtern. Die *Differenz in der Fettmenge* verschwindet erst dann, wenn die Stiere nicht 140 wie die Kälbinnen, sondern volle 200 Tage gemästet werden. Auch das Fleisch von Kälbinnen ist an Fett reicher als das der Stiere. Die Beteiligung der einzelnen Partien am Ausschlachtungsergebnis ist bei beiden Geschlechtern dieselbe. Auch in der Qualität des Fettes, in Farbe und im Geschmack des Fleisches fanden sich keine Geschlechtsunterschiede. Ebenso waren auch die Kochverluste bei Kälbinnen und Stieren nach 140tägiger Fütterung dieselben: nur der Wasserverlust war beim Kochen des Fleisches von Kälbinnen etwas kleiner. Nach 200tägiger Mästung zeigte sich auch das zubereitete (gekochte) Fleisch von Kälbinnen fetter als das der Stiere.

Zu ähnlichen *Geschlechtsdifferenzen in der Fleisch- und Mastproduktion* kamen auch Trowbridge, Hogan, Foster, Ritchie und Cline[1223]. Von 18 Monate alten gemästeten Tieren gaben die Kälbinnen bessere Schlachtergebnisse als die gleich alten und gleich gemästeten Stiere. Die Differenz zeigte sich besonders im Ertrag der Viertel, der Nierenpartien und der Flanken. Die Stiere gaben 56,1% reines Fleisch, 29,92% Fett und 13,98% Knochen; die Kälbinnen 45% reines Fleisch, 32,81% Fett und 12,51% Knochen. Das Fleisch von Stieren enthielt mehr Wasser, Mineralsubstanzen und Stickstoff als das der Kälbinnen.

Andere Versuche sprechen aber wieder zugunsten des männlichen Geschlechtes.

Beim Herefordrind haben Gramlich und Thalman[391] gefunden, daß die Stierkälber besser ausmästen als die Kuhkälber (täglich um 0,15 Pfund). Bei Jährlingen zeigte sich aber ein etwas besseres Resultat bei den Kälbinnen (um 0,26 Pfund täglich mehr). Kastrierte Kälbinnen stehen hinter den Stieren. Die Ausmästung (Fettansatz) geschieht bei den Kälbinnen schneller als bei den Stieren, was durch das mächtige Wachstum des Skelets bei den Stieren zu erklären ist. Der Futterverbrauch für 100 Körpergewichtseinheiten ist bei den 2 Jahre alten Kälbinnen größer als bei gleichaltrigen Stieren. Bei Jährlingen war ein höherer Futterverbrauch in Mais bei den Stieren zu verzeichnen. Bei Kälbern war der höhere Futterverbrauch auf 100 Gewichtseinheiten auf Seite der Kuhkälber. Aus dem Verlauf der Mästung berechneten Gramlich und Thalman, daß die Mästung von 2 Jahre alten Tieren und Jährlingen bei den Kälbinnen um 50—75 Tage, bei den Kuhkälbern um 25—50 Tage kürzer als bei den Stieren bzw. Stierkälbern gewesen sein sollte.

Die Ausschlachtungsergebnisse zeigen bei 1—2 Jahre alten Tieren keine besonderen Differenzen zwischen beiden Geschlechtern (59,85% bzw. 60,17% bei den Stieren, 59,77% bzw. 60,67% bei den Kälbinnen); bei den Stierkälbern zeigten sich aber bessere Resultate bei den Kuhkälbern (60,72% gegenüber von 57,25% bei den Stierkälbern). Der Fettansatz war bei den Stieren viel größer als bei den Kühen, sie produzierten aber Rippenfleischschnitte von höherer Qualität (vgl. Abb. 68 und 70). In den Hinterteilen waren die Stiere leichter als die Kälbinnen. In der Menge von Qualitätsschnitten differierten die Stiere und Kälbinnen nicht. Bei den Kälbern produzierten die Kuhkälber bessere Fleischschnitte (vgl. Abb. 69).

Ähnlich zeigte es sich auch in den Versuchen von Potter, Withycombe und Edwards[961], daß bei dem Herefordrind die Mästung der Kälber und Jährlinge im männlichen Geschlechte besser verläuft als im weiblichen. Im Durchschnitt produzierten Stiere um 10 Pfund je Kopf mehr als Kälbinnen. Der Fettansatz war bei den Kälbinnen intensiver, ähnlich wie in den Versuchen von Gramlich und Thalman[391]. Der tägliche Zuwachs war bei den Stieren 2,03, bei den Kälbinnen 1,90 Pfund.

In der *Qualität des Fleisches* besteht — wie aus empirischen Erfahrungen bekannt ist — insofern ein Unterschied, daß das Bullenfleisch ärmer an Bindegewebe und intramuskuläres Fettgewebe ist und infolgedessen sich zur Erzeugung bestimmter Fleischprodukte (Würsten) besser eignet (vgl. Tillmann[1205]). Dieser Geschlechtsunterschied kann aber infolge gewisser Rasseneigentümlichkeiten, wie es z. B. bei dem Tux-Zillertaler Rind der Fall ist (Adametz und Schulze[17]), verschwinden.

2. Die Wirkungen der Kastration.

Die Entfernung der Keimdrüsen, besonders der Hoden, ist der älteste Eingriff, durch welchen sich der Mensch schon seit Tausenden von Jahren die Wirkungen der inneren Sekretion der Gonaden zu seinen landwirtschaftlichen Nutzzwekken dienstbar machte. Neben Pferden und Schafen war es besonders das Rindvieh, bei dem diese Operation seit ältester Zeit ausgeführt wurde.

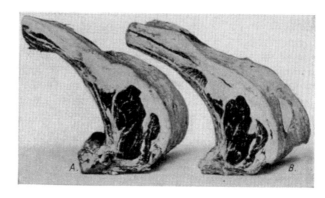

Abb. 68. Rippenfleischschnitte von einem gemästeten 2 jährigen Stier (*A*) und einer gemästeten kastrierten 2 jährigen Kälbin. (Nach GRAMLICH und THALMAN.)

Die Operation wurde überwiegend an männlichen Tieren vorgenommen, um sie einerseits ruhiger, phlegmatischer, folgsamer und dadurch für die Arbeit verläßlicher und geeigneter zu machen, andererseits um für die Mast besser eingestellte Tiere zu gewinnen. Die große *Neigung der Kastraten zum Fettansatz* gehört zu den ältesten praktischen Erfahrungen über die Beziehungen der Keimdrüsen, bzw. der inkretorischen Drüsen überhaupt, zu dem Stoffwechsel. Auch das Fleisch der kastrierten Stiere hat man durch praktische Erfahrungen wegen seiner besseren Qualität (infolge intramuskulärer Fetteinlagerungen und Verschwinden des spezifischen männlichen Geruches) vorzuziehen gelernt.

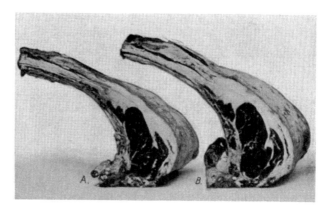

Abb. 69. Rippenfleischschnitte von einem gemästeten Stierkalb (*A*) und einem gemästeten Kuhkalb (*B*). (Nach GRAMLICH und THALMAN.)

a) Auf die Körperproportionen.

Die auffälligste Änderung, die nach der Kastration sowohl bei männlichen als auch bei

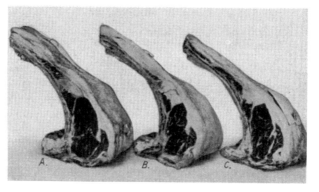

Abb. 70. Rippenfleischschnitte von gemästeten Tieren: *A* 1 jähriger Stier, *B* 1 jährige kastrierte Kälbin und *C* 1 jährige normale Kälbin. (Nach GRAMLICH und THALMAN.)

weiblichen Tieren stattfindet, betrifft die *Körperproportionen*. Bei Tieren, die noch vor Abschluß des Wachstums kastriert werden, wird die Körperhöhe bei derselben Körperlänge größer, bzw. die Körperlänge bei derselben Körperhöhe kürzer als bei Bullen und Kühen. Tandler und Keller[1194] untersuchten Kastraten von Weibchen und Männchen der Murbodener Rasse in Steiermark und fanden, daß das berechnete Durchschnittshöhenmaß der von ihnen gemessenen weiblichen Kastraten 143,5 cm beträgt, während das arithmetische Mittel der Höhe für Kühe bei 131,2 cm liegt; es ergibt sich also ein Höhenunterschied von mehr als 12 cm zugunsten der weiblichen Kastraten. Bei dieser ansehnlichen Höhe erscheint der weibliche Kastrat relativ kürzer als die Kuh. Die durchschnittliche relative, d. h. auf dieselbe Körperhöhe berechnete, Körperlänge bei weiblichen Kastraten wurde mit 114,6 gefunden, die der Kühe mit 120,4. Die Messungen, welche Tandler und Keller[1194] an Stieren und Ochsen vorgenommen haben, zeigen, daß zwischen dem männlichen geschlechtstüchtigen und dem kastrierten Tier ein ähnlicher Unterschied im Verhältnis der Rumpflänge zur Körperhöhe besteht: die Durchschnittsberechnung ergab für den Stier eine relative Länge von 116,3, für den männlichen Kastraten 112,5. Bei diesen Veränderungen der Körperproportionen handelt es sich um Folgen einer verspäteten Verkalkung der Epiphysen der Röhrenknochen. Sellheim[1215] fand schon in seinen älteren Untersuchungen bei Simmentaler Ochsen, daß bei ihnen noch im Alter von $3^3/_4$ Jahren die distale (untere) Epiphysenfuge des Oberschenkels in einer Breite von 2 mm offen, d. h. unverknöchert bleibt, während beim gleichaltrigen Stier an der entsprechenden Stelle die Verknöcherung schon eingetreten ist. Figdor[317] untersuchte makroskopisch und mikroskopisch die Ossifikation nach der Kastration an dem proximalen Endstück der Tibia. Im allgemeinen wird die Ossifikation bei Kühen und Stieren mit dem vierten Lebensjahre beendet. Es können wahrscheinlich aber sowohl individuelle als auch Rassenunterschiede auftreten. Bei dreijährigen Tieren ist die Ossifikation jedoch noch deutlich unvollkommen. Bei unter 3 Jahre alten Ochsen zeigte das Verhalten des untersuchten Knochens den gleichaltrigen Stieren und Kälbinnen gegenüber keine wesentlichen Unterschiede. Bei älteren Ochsen traten aber bedeutende Differenzen auf. Die Epiphysenfugen waren in ihrer ganzen Ausdehnung im knorpeligen Zustande erhalten, ebenso auch bei über 7 Jahre alten Ochsen. Mikroskopisch bot sich hier dasselbe Bild wie bei den nicht kastrierten Tieren im Alter von 2—3 Jahren. Ob es später vielleicht doch zu einer Ossifikation kommt, konnte Figdor[317] wegen Mangel an älterem Material nicht untersuchen. Die histologische Beschaffenheit des Knochens bei 8—9 jährigen Ochsen war jedoch solcher Art, daß er eine weitere Wachstumsmöglichkeit nicht in Abrede stellen will.

Tandler und Keller[1194] stellten Veränderungen auch an anderen Körperproportionen fest. Der Kopf der weiblichen Kastraten ist relativ etwas kürzer und ist im ganzen etwas gröber geschnitten als der der Kuh; die Feinheiten der Modellierung sind an jenem Kopfe nicht so ausgesprochen. Der Hals des weiblichen Kastraten ist in der Regel etwas breiter und kräftiger als bei der Kuh, doch fehlt jede Spur der Ausbildung eines männlichen Kammes. Die Kruppe des weiblichen Kastraten unterscheidet sich von jener der Kuh hauptsächlich in der Lagerung des Beckens und des Kreuzbeines. Im allgemeinen ähneln die Körperproportionen der weiblichen Kastraten jenen der Ochsen (vgl. Abb. 71). Bei früh kastrierten weiblichen Tieren findet nach Shattock und Seligmann[1121] eine bedeutende Verkleinerung des Beckens statt.

Mit der *Veränderung des Schädels bei frühkastrierten* Männchen beschäftigte sich Wertnik[1306] näher. Die Hornbasis ist am Schädelskelet beim Kastraten breiter als bei der Kuh und schmäler als beim Stier. Die größte Stirnbreite über dem Augenbogen ist beim Kastraten den geschlechtlich vollwertigen weiblichen und männlichen Tieren gegenüber in der Regel etwas verschmälert. Die Wangen-, Zwischenkieferbreite und die Breite des harten Gaumens bleiben beim Kastraten hinter den gleichen Werten der Kühe und Stiere deutlich zurück. Das Horn hat eine Neigung zu vermehrtem Längenwachstum; es bleibt aber an seiner Basis schwächer als beim Stier. Die Profillinie des kastrierten Tieres zeigt häufig eine stärkere Vorwölbung (Ramsung). Die Nasenwurzel tritt mehr hervor. Für die Frühkastraten ist also gemeinsam eine Verringerung der meisten Breitenmaße des Schädels mit Ausnahme des als Hornbasis dienenden aboralen Stirnteiles. Ganz eindeutig und scharf ausgeprägt ist die Verschmälerung des Gesichtsendes. Die Längenmaße weichen von denen der Stiere nicht wesentlich ab. Eine bedeutsame Ausnahme zeigt sich in der basalen Länge des Zwischenkiefers, der eine Verkürzung erkennen läßt. Das Gesichtsende des Schädels ist mithin im

Abb. 71. Schnitzkalbin, 7 Jahre alt. Das Tier wurde vor Vollendung des ersten Halbjahres kastriert. Die Abbildung veranschaulicht die Ähnlichkeit dieser kastrierten Kuh mit einem Ochsen. (Nach TANDLER und KELLER.)

ganzen verkleinert. Der Gesamtschädel des Kastraten, von seiner frontalen Fläche aus betrachtet, nähert sich mehr der reinen Pyramidengestalt als der Schädel von Stier und Kuh. Die Gliederung seiner Oberfläche ist weniger ausgebildet. Da auch die Unterkieferhöhe des öfteren eine Verminderung aufweist, so erscheint auch der Kastratenschädel von der Seite betrachtet schmäler und schlanker. Im allgemeinen schließt WERTNIK[1306], daß die *Kastrationsänderungen am Schädel der Ochsen* zum Teil als Reifungshemmung aufgefaßt werden können, da in einem gewissen Sinne infantile Merkmale festgehalten werden. WERTNIK[1306] meint, daß sich hier sogar auch eine phylogenetische Infantilität zeigt, da sich der Schädel des Kastraten der Primigeniusform einigermaßen nähert (typische Verringerung der relativen Breitenmaße in der mittleren und vorderen Partie).

Eine Verlängerung der Hörner als Folge der Kastration fanden auch TANDLER und KELLER[1194] bei ihren Kuhkastraten: die Hörner waren außerdem auch schlanker, dünner und um ca. 8 cm länger und an ihren Spitzen deutlich zurückgebogen. Auch M. M. ZAWADOWSKY[1362, 1364] fand eine Verlängerung der Hörner bei männlichen Kastraten des ukrainischen Rindes. SELLHEIM[1216] gibt in seiner älteren Publikation folgende Zahlen für die Hornlänge der Ochsen an:

Alter der Versuchstiere (Jahre)	1	2	3	4	5
Anzahl der Fälle	17	10	12	22	10
Längendifferenz gegenüber den Stieren	+2,0	+4,5	+6,3	+14	+15 cm

Außerdem verliert der kastrierte Stier auch die auf Muskel-, Binde- und Fettgewebeentwicklung begründeten gewissen Merkmale, besonders den „Stiernacken", und gewinnt dadurch eine der Kuhform ähnliche Körperform.

Bei gewissen Rassen findet auch eine *Veränderung der Färbung* statt. Beim ukrainischen Steppenrind, bei dem der Stier reichlich schwarze Haare besitzt, fand M. M. Zawadowsky[1362, 1364], daß die Ochsen das fast weiße weibliche Haarkleid annehmen.

Auf die Frage, was diese Veränderungen sexualbiologisch bedeuten, wollen wir hier nicht eingehen. Es handelt sich um die Frage, inwieweit diese Veränderungen eine Annäherung des einen Geschlechtes an das andere bedeuten. Es sei nur soviel bemerkt, daß die frühere Ansicht über eine Geschlechts*umänderung nach der Kastration* heute einsinnig in der Weise aufgefaßt wird, daß die Kastration teils eine Nichtentwicklung der dem Geschlechte eigenen Geschlechtsmerkmale zur Folge hat, teils die Hemmung der entgegengesetzten (heterosexuellen) Geschlechtsmerkmale entfernt. Daraus folgt eine gewisse Annäherung der kastrierten verschiedengeschlechtlichen Tiere aneinander bzw. an einen asexuellen Zwischentypus; andererseits wird die Kastratenform auch als juvenile Form bezeichnet.

b) Auf Stoff- und Energiewechsel beim männlichen Rinde.

Bezüglich der *Wirkung der Kastration auf den Stoffwechsel* besitzen wir für das Rind noch keine genügenden und verläßlichen experimentellen Erfahrungen. Die Kastration von männlichen Tieren wird vorgenommen, um die Mastfähigkeit (Fleischansatz und Fettbildung) zu steigern. Die praktischen Erfahrungen lehren aber, daß dieser Effekt nur dann erzielt wird, wenn junge Bullen unmittelbar nach der Geburt oder wenn erst vollentwickelte alte Stiere kastriert werden. Dagegen aber — worauf Klein[575] ausdrücklich aufmerksam macht — führt die Kastration keineswegs direkt und unmittelbar zur Fleisch- und Fettmast, wenn junge wachsende Bullen kastriert werden. In Gegenden, wo dies praktiziert wird, bilden die jungen, kastrierten Ochsen mit ihrem struppigen Haarkleid und ihrem mageren, fleischarmen Aussehen die schlechteste Marktklasse. Solche Kastraten sollen sich schlecht anfüttern.

Die *Wirkung der Kastration auf den Energiewechsel bei den Bullen* ist noch nicht völlig geklärt. Soweit diesbezügliche Versuche vorliegen, wird der Grundumsatz durch die Kastration nicht geändert. In Kleins Versuchen[573] an einem $2\frac{1}{2}$ Jahre alten Ochsen ergab sich, daß seine Wärmeproduktion dieselbe war wie $1\frac{1}{2}$ Jahre vorher, als er noch als Bulle von Dahm[241] untersucht wurde, nämlich ca. 1680 Cal je Quadratmeter und 24 Stunden. Auch der Respirationskoeffizient blieb derselbe (0,848 resp. 0,890).

Der Grundumsatz scheint sich auch bei ganz jungen kastrierten Bullen nicht zu ändern. Wenigstens zeigen die Versuche von Brody[123], in denen der Grundumsatz von jungen Herefordbullen, die im Alter von 3 Monaten kastriert wurden, wochen- und monatelang vor und nach der Kastration kontinuierlich gemessen wurde, daß der Verlauf der Kurven im Vergleich mit denjenigen für Kuhkälber denselben Weg geht wie bei nicht kastrierten Tieren, indem nämlich bis zu einem gewissen Gewichte (150—200) der Basalmetabolismus bei dem weiblichen Geschlechte höher ist (s. oben die Abb. 65).

Im allgemeinen ist aber die Kenntnis von der günstigen Wirkung der Kastration auf die Stoffwechselbilanz der Bullen bisher mehr auf Erfahrungen der Praxis als auf Resultate exakter Versuche gestützt. Es bleiben hier noch viele unklare Fragen offen.

c) Auf die Fleischproduktion und Mastfähigkeit der Tiere.

Zum Unterschied von kastrierten Bullen zeigten die kastrierten Kühe nach Versuchen, die an der Landwirtschaftlichen Versuchsstation im Staate Nebraska ausgeführt wurden, keine erhöhte Mastfähigkeit (GRAMLICH[390]). Im Gegenteil sind die Zunahmen geringer und die Futterverwertung schlechter. Während die nicht kastrierten Vergleichskühe im Durchschnitt 900 g je Tag zunahmen, betrug der Zuwachs bei den kastrierten Kühen nur 815 g. Zur Erzielung von 100 kg Zunahme war bei den kastrierten Tieren ein Mehrbedarf an Futter von 10 % nötig. Dabei war die Entwicklung der Körperformen mangelhaft. Meistens fehlte es an Größe und richtiger Ausbildung der Hinterpartie. Ein ruhigeres Temperament war nach der Kastration nicht zu beobachten.

Zu denselben Resultaten gelangten auch neuere Versuche von GRAMLICH und THALMAN[391] am Herefordrinde. In allen Fällen mästeten die kastrierten Kälbinnen schlechter als Stiere (tägliche Gewichtszunahme bei Kastraten von 1,89 Pfund, bei normalen 2,15 Pfund) oder nichtkastrierte (vgl. Abb. 72). In der Geschwindigkeit des Fettansatzes war zwischen kastrierten und unkastrierten kein Unterschied. Der Futterverbrauch auf 100 Körpergewichtseinheiten war bei kastrierten Kälbinnen größer als bei unkastrierten. Im Ausschlachtungsergebnis standen die kastrierten Käl-

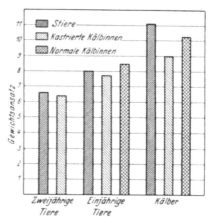

Abb. 72. Geschlechtsunterschiede und Wirkung der Kastration weiblicher Tiere auf den Gewichtsansatz beim jungen Rinde. Gewichtsansatz erzeugt durch Verfütterung eines Büschels Mais. (Nach GRAMLICH und THALMAN.)

binnen etwas hinter den nichtkastrierten (59,78 bzw. 60,67), der Unterschied war jedoch sehr klein. Die Kastraten waren zwar zu fett, gaben aber sehr gute Rippenfleischschnitte. Bei Kälbern waren die kastrierten Tiere im Futterverbrauch wie auch im Ausschlachtungsergebnis (59,03 % gegenüber 60,72 %) gegenüber den unkastrierten im Nachteil. In der Qualität des Fleisches bestand hier kein besonderer Unterschied.

d) Auf die Milchleistung der Kühe.

Die *Kastration von Kühen* hat nach den älteren Angaben (s. HALBAN[430]) einen günstigen Einfluß auf die Milchproduktion. Wenn in Laktation befindliche Kühe kastriert werden, so wird diese grundsätzlich verlängert, und auch die Milchproduktion soll dadurch gesteigert werden. In diesem Sinne wird die Kastration von Kühen schon seit lange in verschiedenen Gebieten (Schweiz, Argentinien, Uruguay, Kanada — s. LERMAT[714]) in der Praxis angewendet. Die *Milchproduktion* soll bis um 2 Jahre verlängert werden (ZSCHOKKE[1392]). Ein umfangreiches Material von praktischen Erfahrungen hat hierüber GRÜTER[407] gesammelt, aus dem hervorgeht, daß bei 100 kastrierten Kühen eine *durchschnittliche Milchvermehrung* von 3,93 oder rund 4 l je Tag eintrat und diese durchschnittlich 7,5 Monate lang anhielt. Die Milchproduktion hielt in den einzelnen Fällen wie folgt an:

in 1 Falle	24 Monate		in 4 Fällen	7 Monate
„ 3 Fällen	18 „		„ 13 „	6 „
„ 6 „	15 „		„ 5 „	5 „
„ 1 Falle	13 „		„ 5 „	4 „
„ 6 Fällen	12 „		„ 9 „	3 „
„ 2 „	11 „		„ 2 „	2 „
„ 8 „	10 „		„ 1 Falle	1 „
„ 7 „	9 „		„ 8 Fällen	0 „
„ 9 „	8 „		„ 9 „	fehlt Angabe

Die *Mehrleistung der kastrierten Kühe* war je Tag:

in 1 Falle	12 l		in 29 Fällen	4 l
„ 4 Fällen	9 l		„ 5 „	3 l
„ 3 „	8 l		„ 14 „	2 l
„ 3 „	7 l		„ 1 Falle	1 l
„ 19 „	6 l		„ 12 Fällen	keine Vermehrung
„ 7 „	5 l		„ 2 „	Verminderung um 2 l

Als Begleiterscheinung kam *auch Fettansatz* vor. In einzelnen Fällen traten vermehrte Laktation und Mast nebeneinander auf, im allgemeinen war aber eine *Wechselbeziehung* zu konstatieren, indem sich bei abnehmender Milchabsonderung rascher Fettansatz einstellte. In 78 Fällen wurden die Kühe fett, in 9 halbfett und nur in 7 gediehen sie nicht.

Um eine Erhöhung der Milchproduktion zu erzielen, darf diese nach Grüter[407] vor der Kastration nicht weniger als 4 l je Melkzeit betragen. Bei einem Rückgang auf 3 l wurde, vereinzelte Fälle ausgenommen, kein wesentlicher Fortschritt mehr im Milchquantum beobachtet, dagegen trat dann eher Fettansatz ein. Das Alter scheint auf den Erfolg keinen wesentlichen Einfluß auszuüben.

Eine Erhöhung der Milchproduktion bei kastrierten Kühen fand in exakt geführten Versuchen neuerdings auch Staffe[1154]. Der Unterschied betrug zwischen 6 Versuchs- und 10 Kontrolltieren 123,7 l.

Von anderen Forschern wurden aber weniger günstige Ergebnisse berichtet. Lermat[714] kommt auf Grund einer Bearbeitung von Mitteilungen aus der Praxis zu dem Schlusse, daß die günstigen Wirkungen der Kastration sich nur auf die schweizerischen Rassen beschränken; bei anderen Rassen, wie holländische und französische, bleibt die Kastration ohne merkbare Wirkungen.

Einen wichtigen Beitrag zur Aufklärung der Frage brachten in der letzten Zeit Alquier und de Sagy[22]. In einem Gruppenversuche (je 2 kastrierte und 2 nichtkastrierte Kühe der Rassen „Flamandes" und „Normandes") konnten sie feststellen, daß die Abnahme der Milchproduktion im Laufe von 7 Monaten bei den nichtkastrierten Kühen 58 %, bei den kastrierten Kühen aber nur 45 % betrug. Die Körpergewichtszunahmen wiesen aber keinen Unterschied zugunsten der Kastraten auf. Es erschienen aber gewisse Änderungen in der Produktion der einzelnen Bestandteile der Milch: die Trockensubstanz und das Fett waren bei den kastrierten Kühen vermindert, Caseingehalt, Laktose und Mineralsubstanzen (besonders Ca) indessen erhöht. Der Nährwert der Milch veränderte sich dabei aber nicht, wenn er nach Alquier[21] nach dem Verhältnis der Mineralsubstanzen und der Laktose beurteilt wird; er blieb konstant (ca. $1/7$).

Staffe[1154] fand bei kastrierten Kühen eine Erhöhung des Fettgehaltes (3,33 % gegenüber 2,99 %) und entsprechende Änderung des spezifischen Gewichtes. Die Laktose, Chlor, Gefrierpunkt, Gesamtstickstoff, Casein, Albumin und Globulin, der Stickstoffrest, der Trockenrückstand und die fettfreie Masse haben sich aber gegenüber der Norm nicht wesentlich verändert, nur der Chlorgehalt nahm etwas zu.

ALQUIER und DE SAGY schließen, daß der Kastration von Milchkühen vom Standpunkte der wirtschaftlichen Milchproduktion kein bedeutsamer Nutzen zukommt.

Zu ähnlichem Resultat kam auch LÖHR[758], der die Frage einer praktisch wirtschaftlichen Ausnutzung der *angeblichen Erhöhung der Milchproduktion durch Kastration bei Kühen* des schwarzweißen Niederungsschlages prüfte. Es wurden 5 Kühe kastriert, als Kontrolle dienten die übrigen Kühe des Stalles. Die Kastration selbst verlief ohne Zwischenfall. Die Milchmenge ging nach dem operativen Eingriff um $7^{1}/_{2}$—10 l zurück, was als unmittelbare Folge der Operation zu betrachten ist. Nach 2 Wochen hatten sich die kastrierten Kühe aber derart erholt, daß sie die Milchergiebigkeit der Kontrolltiere wieder erreichten. Im Verlaufe von weiteren 6 Monaten traten in den Milchleistungen zwischen Kastraten und Kontrolltieren keine Unterschiede auf. Danach machte sich aber bei den Kontrolltieren die Länge der Laktation bemerkbar; die Milchmenge ging allmählich zurück. Die Kastraten hielten sich jedoch auf der vorherigen mittleren Milchleistung, ohne allerdings eine Steigerung der Menge erkennen zu lassen. Eine Erhöhung der Milchproduktion als Folge der Kastration wurde also nicht gefunden. LÖHR schließt daraus, daß die Wirkung der Eierstockentfernung dahin zu gehen scheint, daß sich die Milchleistung auf einer mittleren Stufe von 10—13 l hält und keine Erhöhung in Form einer dauernden hohen Milchleistung erfährt. LÖHR ist der Meinung, daß — in einem Abmelkbetriebe — erst dann eine Rente herausgeholt werden kann, wenn die Milchleistungen genügend lange hochgehalten werden können.

Die *stimulative Wirkung der Kastration auf die Milchproduktion scheint also keine konstante und allgemein gültige Reaktion* zu sein. Sie wird unzweifelhaft von der Rasse abhängen. Die schweizerischen Gebirgskühe reagieren positiv und geben eine Erhöhung und Verlängerung der Laktation, wie es schon lange auch wirtschaftlich ausgenützt wird, während die Rassen der Ebene diese Reaktion nicht zeigen. Vielleicht hängt dieser Unterschied mit den Differenzen der Schilddrüsenfunktion bei Gebirgs- und Niederungsvieh zusammen.

In diesem Zusammenhange darf vielleicht auch die *Wirkung des Oestrus auf die Milchproduktion* hier Erwähnung finden. COPELAND[198] kommt, nachdem er über 2000 Milchkontrollergebnisse bei Jersey-Kühen geprüft hat, zu dem Schlusse, daß in ca. 35% der Kühe die Milchproduktion mit dem Oestrus zunimmt, in 65% aber abnimmt. Im ganzen Durchschnitt ergab sich eine Abnahme von 0,63 l während der Oestrusperiode. Der Fettgehalt in Prozenten nahm im Gegenteil in der Mehrzahl der Fälle (ca. 60%) während des Oestrus zu, in den anderen Fällen (40%) ab. Im Durchschnitt war eine Zunahme von 0,13% zu verzeichnen. Im allgemeinen — so schließt COPELAND — ist die *Wirkung des Oestrus auf die Milchsekretion sehr beschränkt.* Daraus kann gefolgert werden, daß das Wegfallen des periodisch wiederkehrenden Oestrus nach der Kastration für die Veränderungen der Milchproduktion nicht verantwortlich gemacht werden kann.

e) Wirkung der Kastration auf das Blut und die Organe.

Die *Kastration ändert beim Rind auch den Kalkspiegel des Blutserums.* FREI und EMMERSON[341] fanden, daß der Kalkspiegel bei Kühen nach der Kastration zunimmt, bei Stieren aber abnimmt.

Stiere	. . . . .	Durchschnitt	10,56	Min.	9,63	Max. 11,91
Ochsen	. . . . .	,,	10,42	,,	8,65	,, 11,61
Kühe	. . . . .	,,	11,64	,,	10,12	,, 13,10
Kastrierte Kühe	.	,,	10,82	,,	10,20	,, 11,41

Auch eine cystöse Entartung der Eierstöcke ruft eine Erhöhung des Serum-kalkes (Durchschnitt 10,37, Min. 8,80, Max. 12,21) hervor; sie wirkt also ähnlich wie die Kastration.

SCHLESINGER[1079] beobachtete aber nach Kastration bei zwei Kühen eine *Abnahme des Blutserum-Ca* von 12,03 mg% CaO auf 10,44 mg% in einem Falle und von 11,18 mg% auf 10 mg% in dem anderen Falle. Das *Serumphosphor* hat sich dabei in einem Falle um 36,02% erhöht, in dem anderen blieb es auf der normalen Höhe.

Den *Differenzen im Blutbilde* zwischen Kühen und Stieren entsprechend, die im vorhergehenden Abschnitt besprochen wurden, findet eine Veränderung in diesen Geschlechtsunterschieden auch *nach der Kastration* statt.

Nach SUSTSCHOWA[1182] sinkt nach der Kastration bei Ochsen die Ery-throcytenzahl auf durchschnittlich (5 Tiere) 6910000, der Hämoglobingehalt auf 68, also auf das Niveau der Kühe (s. o.).

Bei Ochsen des fränkischen Rinderschlages fand STORCH[1173] eine Ery-throcytenzahl von 5660000—8610000, durchschnittlich 7840000. Im Vergleich mit den oben angeführten Zahlen für Ochsen und Kühe stehen die Ochsen in der Erythrocytenzahl über den Stieren, in der Leukocytenzahl über den Kühen.

TUROWSKI[1135] fand folgende Zahlen bei seinem gemischten Material von Ochsen: Erythrocytenzahl 5820000—7400000, durchschnittlich 6650000, Leukocytenzahl 6920000—11410000, durchschnittlich 9380000. Seine Zahlen zeigen (vgl. die oben angeführten Daten für Stiere und Kühe) in der Erythro-cytenzahl eine Annäherung an die der Kühe und eine Mittelstellung in der Leukocytenzahl.

KUHL[666] fand bei den Ochsen (2 Tiere): Erythrocytenzahl 5670000, Hämoglobingehalt des Blutes 10400, Hämoglobingehalt eines Erythrocyten (in 10^{-12} g) 19, Leukocytenzahl 7230. Diese Werte liegen jenen sehr nahe, die er für Kühe gefunden hat (s. o.). Da aber leider in seinen Zählungen die Werte für Ochsen nicht enthalten sind (s. o.), kann nicht geschlossen werden, inwie-weit hier der Ausfall von Hodenhormonen zur Wirkung gekommen ist.

Bei Ochsen sinkt die *Viscosität des Blutes* nach JACOBSENS Untersuchungen[522] unter die der Kühe (auf 4,07); bei kastrierten Kälbern sinkt sie aber nur ein wenig unter die der Bullen und bleibt höher (4,56) als die niedrige (3,59) Viscosität bei weiblichen Kälbern.

Die Viscosität des Serums ist bei Ochsen 1,79, d. h. der Viscosität des Serums normaler Kühe gleich (s. o.). Bei jungen männlichen Kastraten bleibt sie aber noch auf der Höhe der Viscosität bei den Bullen (1,65).

Wie sich die *Größe der Muskelzellen nach der Kastration* der männlichen Tiere ändert, ist aus den Zahlen von MALSBURG[790] ersichtlich, welche zwecks Raumersparnis schon in der Tabelle im vorhergehenden Abschnitt über die Geschlechtsunterschiede angeführt wurden (S. 362).

3. Verjüngung und Hypergonadisierung.

a) Verjüngungsversuche bei männlichen Tieren.

Mit der STEINACHschen Methode der Vasoligatur (Unterbindung des Samen-strangs) erzielte HEIJBEL[470] *Wiederherstellung der Geschlechts- und Befruch-tungsfähigkeit* bei einem 11 Jahre alten *Stiere.* Vor der Operation war die Geschlechtstätigkeit des Tieres sehr herabgesetzt, und die Untersuchung der Spermatozoen zeigte Abnahme in Zahl und Beweglichkeit. Es wurde einseitige Ligatur und Resektion des Samenleiters ausgeführt. Einige Monate nach der Operation wies der Stier seine frühere Geschlechtstätigkeit auf und die Ejaculationsuntersuchung ergab die normale Zahl von sehr beweglichen Spermatozoen. Ähnliche Folgen der Vasoligatur beschrieb bei einem 12 jährigen Bullen auch JOSHI[538 a]. Über die Dauer der Eingriffswirkung fehlen aber in beiden Fällen weitere Mitteilungen.

PETERSEN[926] kombinierte bei einem senilen und geschlechtsuntätigen Stiere die Ligatur des Nebenhodens mit der Transplantation von jungem Hodengewebe und konnte ebenfalls *Wiederherstellung der Zeugungsfähigkeit* beobachten.

Ein am meisten diskutierter und am längsten beobachteter Fall betrifft den Bullen „Jacky", der von VORONOFF[1265, 1266, 1267, 1269] operiert wurde. Es handelte sich um einen in Algier geborenen *Bullen der Limousinrasse* im Alter von 15 Jahren. Seit 2 Jahren war das Tier zeugungsunfähig. Es wurde ihm dann im Februar 1925 ein Hoden eines jungen Bullen der einheimischen algerischen Rasse implantiert. Nach 4 Monaten beobachtete man, daß das Tier wieder ein glänzendes Fell und glänzende Augen bekommen hatte und viel Feuer zeigte (vgl. die Abb. 62a und 62b in dem vorhergehenden Kapitel von RAAB); der früher begattungsunfähige Bulle besprang einige Male eine stierige Kuh, setzte seitdem das Decken fort und erzeugte folgende Nachkommenschaft: im Jahre 1925 6 Kälber, im Jahre 1926 3 Kälber. Im Jahre 1927 — dies entnehme ich dem Berichte der britischen Delegation (MARSHALL, CREW. WALTON und MILLER[803]), da von VORONOFF diesbezüglich keine Veröffentlichung vorliegt — zeigte der Bulle aber *wieder Abnahme der Geschlechtsfähigkeit.* Im April wurde eine neue Operation unternommen und 3 Monate später trat erneut eine Wiederherstellung der Zeugungsfähigkeit ein; seitdem bis November 1927 machte er vier weitere Kühe trächtig.

Die gemachten Angaben über diesen Fall von VORONOFF[1265-1267] sind — wie aus dem Berichte der britischen Kommission hervorgeht — im allgemeinen verläßlich. Nur in den Details scheint es, daß VORONOFF über seine Versuche nicht ganz genaue Protokolle führt. Zum Beispiel: in der Publikation[1265] schreibt er, daß der junge Stier, von dem zum erstenmal ein Hoden transplantiert wurde, 2 Jahre alt war, in der Publikation[1267] ist aber sein Alter mit 3 Jahren angegeben. Nach den Angaben der ersten Publikation hat der Bulle bei der angeblichen ersten Deckung, welche im Juni stattgefunden haben sollte, die Kuh fünfmal besprungen, nach der Publikation[1267] war der Bulle schon im Mai imstande, seine Fortpflanzungsfähigkeit aufzunehmen, und bei dem Sprung im Mai hatte er die Kuh viermal besprungen. Die größte Differenz besteht aber in den Zeitangaben der Operation: nach der Publikation[1265] sollte sie „im Februar" stattgefunden haben, nach der Publikation[1267] aber am 5. März. Diese Details sind zwar für den Erfolg des Falles nicht von entscheidender Bedeutung, zeigen aber doch, daß man in den Mitteilungen von VORONOFF mit absolut zuverlässigen Angaben nicht rechnen darf.

Außer seinem eigenen Experiment publizierte VORONOFF[1267] noch den Erfolg einer *Operation an einem Stier* in Brasilien auf Grund brieflicher Mitteilung von Dr. BARROS DE GOELHO: Alter, mehr als 13 jähriger Stier, vollständig altersschwach, sehr mager, mit teilweise sehr dünner Behaarung, an Harnfluß leidend.... Seit 4 Jahren nicht mehr als Zuchttier benutzt, hält sich fern von der Herde, schenkt den stierigen Kühen keine Beachtung mehr. *Transplantation* eines 2 cm breiten und 5 cm langen Stückchen *Hodens eines jungen Stieres.* 1 Monat nach der Operation deutliche Anregung des Haarwuchses, das Haar wird dicht und glänzend; Harnfluß verschwindet. Körpergewicht nimmt ganz beträchtlich zu. Der Stier sucht die Gesellschaft der Herde wieder auf, ist kampflustig. 3 Monate nach der Operation hat der Bulle seine

Tätigkeit als Deckbulle wieder aufgenommen. Wie lange die erneuerte Potenz gedauert hat, wurde nicht mitgeteilt.

Ein gutes Resultat bei einem senilen Stier, dem junger Hoden transplantiert wurde, teilte neuerdings auch POLOWZOW[956] mit.

Auf Grund des Angeführten kann geschlossen werden, daß an einer *günstigen positiven Wirkung sowohl der Vasoligatur wie auch der Transplantation* jungen Hodengewebes im Sinne einer Verjüngung nicht zu zweifeln ist. Es kommt zur Regeneration des Geschlechtstriebes, der Körperzustand (Körpergewicht) verbessert sich, die Haarbedeckung wird erneuert, und zugleich stellt sich hier auch die normale Spermatogenese (Spermienmenge!) ein, was die Tiere wieder zeugungsfähig macht. Die letzte Wirkung, durch welche die eigenen Hoden betroffen werden, weist darauf hin, daß die durch Ligatur stimulierte Drüse bzw. das junge transplantierte Hodengewebe auch den anderen, alten Hoden im Sinne einer Reaktivierung beeinflußt. Der Einfluß auf das Soma geht deshalb wahrscheinlich nicht nur von dem Transplantat bzw. der durch Ligatur neubelebten Drüse aus, sondern auch von der dadurch restituierten alten Drüse und ihrer Mitwirkung.

Die *Wirkung ist aber eine ziemlich beschränkte.* Sie dauert — wie der Fall des VORONOFFschen Bullen „Jacky" zeigt — etwa 2 Jahre; hiernach ist eine neue Operation nötig.

Vom Standpunkte des Stoffwechsels besteht die Verjüngung in einer stimulativen Erhöhung des Stoffwechsels. Die Zunahme des Körpergewichtes weist darauf hin, daß auch die assimilatorischen Vorgänge dadurch gesteigert wurden.

Bis zu welchem Grade es sich hierbei um eine wirkliche Verjüngung oder nur um eine teilweise Wiederherstellung eines höheren Stoffwechselumsatzes handelt, auf diese Frage soll hier nicht eingegangen werden. Sie betrifft das gesamte *Problem der Verjüngung*, und ich verweise diesbezüglich auf die Monographie von ROMEIS[1041].

b) Verjüngungsversuche bei weiblichen Tieren.

Die ersten und erfolgreichsten Versuche mit *Implantation von jungen Eierstöcken zwecks Verjüngung seniler Kühe* wurden von STÄHELI[1155] ausgeführt. Es handelte sich um 51 präsenile Kühe, bei denen die vorhergehende medikamentöse und physikalische Behandlung ergebnislos geblieben ist. Den Kühen wurden nun Eierstöcke am Hals unter die Haut implantiert. Von den operierten Tieren wurden 45 wieder brünstig (= 90%). Die kürzeste Zeit zwischen der Operation und dem Auftreten der Brunst betrug 5, die längste 84 Tage. Das Maximum der brünstigen Tiere erschien zwischen dem 5.—21. Tage. Von den rindigen Kühen wurden 43 von Stieren besprungen und 31 nahmen an (= 72%). Von diesen hatten 19 zur Zeit der Veröffentlichung lebende Kälber geboren und 6 befanden sich in früheren Trächtigkeitsstadien; 2 abortierten und 2 mußten geschlachtet werden. Von den 19 Kühen, die geboren hatten, wurden nach der Geburt 16 wieder brünstig (= 84%); 1 wurde geschlachtet, so daß also nur 2 versagten. Diese 2 Kühe blieben aber auch nach wiederholter Operation brunstunfähig. Von den 16 Kühen, die wieder brünstig wurden, mußte eine abgeschafft werden; die anderen 15 hatten zum zweiten Male konzipiert, 7 brachten wieder lebensfähige Junge, 7 andere waren trächtig und 1 wurde verkauft. Von den 7 Kühen, die das zweitemal kalbten, wurden 2 wieder brünstig und konzipierten und 1 von ihnen kalbte schon zum dritten Male.

Einen ähnlichen Erfolg hatte auch GRUNERT[406]: bei 2 senilen Kühen konnte er durch Eierstockimplantation wieder Brunst hervorrufen, und beide Tiere wurden trächtig.

GRÜTER[410] beobachtete einen Fall von Verjüngung bei einer Kuh mit Senium praecox (frühzeitige Alterung). Die Kuh war 5 Jahre alt, hatte einmal im Alter von 3 Jahren gekalbt und war seither zwar regelmäßig brünstig, aber nie trächtig geworden. Die Untersuchung ergab verhärtete Ovarien. Nach 13 Tagen nach der Implantation eines Ovars fühlten sich die Ovarien weich an, und bei dem rechten war ein weicher Körper (frisch gebildetes Corpus luteum) tastbar. Bei der ersten Deckung kam es aber nicht zur Befruchtung, und das Tier wurde geschlachtet.

Über den *Körper- und Ernährungszustand* wurde weder in STÄHELIS noch in GRUNERTS oder GRÜTERS Versuchen berichtet. Die erneute Fruchtbarkeit beweist aber, daß es sich hier, ähnlich wie in den Versuchen an Bullen, nicht nur um direkte Wirkung des Transplantats bzw. seiner Abbaustoffe auf das Soma handelt, sondern auch um Neubelebung der eigenen, schon inaktiven Eierstöcke. Die Verjüngung betrifft hier also deutlich auch den eigenen endokrinen Apparat. Mit Rücksicht auf das dreimalige Brünstigwerden und die dreimalige Geburt bei STÄHELIS Kühen muß aber auch angenommen werden, daß bei den Kühen dieser verjüngende Eingriff von längerer Dauer zu sein scheint als bei den Bullen.

c) Hypergonadisierung und Transplantation bei infantilen Tieren.

Versuche mit Hypergonadisierung beim Rinde führte als erster GRÜTER[408] *an jungen Stieren* aus. Es handelte sich um 3 Bullen im Alter von 15, 16 und 18 Monaten, die trotz dauernder Gelegenheit und trotz Anwendung von Aphrodosiaka unterentwickelt blieben und außerstande waren, die Geschlechtstätigkeit auszuüben (ein normaler Stier seines Materials wird in 8—12, höchstens 14 Monaten, sprungreif). Die Tiere waren im Wachstum zurückgeblieben, zeigten schwache Knochenbildung und Bemuskelung, geringe Entwicklung des Halses und der Hintergliedmaßen und Fehlen des prägnanten Stierkopfes. Als *Transplantat* diente *Hodensubstanz* eines normalen Stieres, welche in die Halshautmuskulatur implantiert wurde. Einer der Stiere wurde schon 14 Tage nach der Operation lebhafter, und als am 21. Tage eine zweite Transplantation vorgenommen wurde, erschien 99 Tage später die Sprungfähigkeit. Bei dem zweiten Stiere trat der Geschlechtstrieb erst nach 120 Tagen ein und die Deckfähigkeit hielt an. Der dritte Stier wurde nach 70 Tagen geschlechtstätig. Die meisten von den 3 Stieren gedeckten Kühe wurden trächtig. Alle 3 Tiere wurden auch in ihrem somatischen Habitus günstig beeinflußt: es entwickelte sich der Halskamm, und an Stelle des Senkrückens trat ein kräftiger, beinahe ebener Rücken auf. Als Kontrolle zu diesen 3 Stieren dienten zwei 18 Monate alte Tiere, welche trotz gleicher Fütterung und Pflege ohne Hodensubstanztransplantation weiter infantil blieben.

Später führte GRÜTER[410] diese Operation bei einer Reihe solcher zurückgebliebenen Stiere der Simmentaler- und Braunviehrasse im Alter von 16—28 Monaten aus. Die Sprungfähigkeit trat bis zur zehnten Woche nach den Transplantationen ein. In einem Falle, in dem nicht völliges Versagen des Geschlechtstriebes festzustellen war, aber doch nur zeitweise eine Erektion auftrat und im ganzen wenig Temperament und verminderte Körperentwicklung bestand, trat die Wirkung in kaum 14 Tagen nach der Operation ein.

Dieselbe Wirkung erreichte in einem Falle GRÜTER (a. a. O.) auch durch *Injektionen von Hodenbrei*; der Geschlechtstrieb erschien in auffallend stürmischer Art schon am 41. Tage nach der ersten Behandlung.

Gleichartige Ergebnisse hatte GRÜTER (a. a. O.) auch bei zwei in der Entwicklung *infantil zurückgebliebenen Kühen*. In einem Falle handelte es sich um eine Simmentaler Kuh mit hohem Wuchs und eunuchoidem (ochsenartigen) Aussehen; die Haut war dick und schwammig, Knochen grob und eckig, Genitalien unterentwickelt. Nach *Transplantation eines Ovariums* (ohne Corpus luteum) wurde das Tier in 3 Wochen lebhafter, die Genitalien und besonders der Uterus etwas vergrößert und die Zitzen wuchsen auf das Doppelte an. Die zweite Implantation rief in 4 Wochen einen viel feineren Habitus und edles Aussehen hervor: die Haut war weicher und beweglicher geworden. Brunst ist erschienen, aber keine Befruchtung. Das Tier wurde geschlachtet. Der zweite Fall betraf eine $1^1/_2$jährige Fleckkuh, im Körperbau zurückgeblieben, ohne Brunsterscheinungen. Nach Implantation von Eierstöcken erschien Brunst und die Entwicklung des Körpers trat ein.

In weiteren Versuchen nahm Grüter[410] eine *Transplantation von Hoden bzw. Eierstöcken bei jungen Bullen bzw. Kälbinnen* vor und beobachtete eine *Beschleunigung in der Entwicklung der Geschlechtsmerkmale.* Die Lebhaftigkeit solcher Tiere nimmt zu, die Behaarung wird feiner, dichter und glänzender und die Haut elastischer. Die Wachstumssteigerungen bzw. -hemmungen entsprachen der beschleunigten Entwicklung des Sexualtypus. Über eine allgemeine Stimulation des Körperwachstums berichtet Grüter nicht.

Bei geschlechtsreifen und laktierenden Kühen, welche wegen Nymphomanie kastriert wurden, führt die Implantation eines weiteren Eierstocks nach Frei und Grüter[343, 343a] zur *Steigerung der Milchsekretion.* In 11 von 16 operierten Fällen fand eine Vermehrung der produzierten Milch um 1—5 l täglich statt, bei 3 Kühen blieb die Operation erfolglos, bei 2 kam es zu einer Abnahme der produzierten Milch. Die Vermehrung dauerte 3 Wochen bis $5^1/_2$ Monate. Diese Steigerung der Milchproduktion findet aber nur dann statt, wenn die implantierten Eierstöcke Corpus luteum enthalten. Eine Implantation von gelbkörperlosen Ovarien auch bei nicht kastrierten Kühen hat keine Änderung der Milchsekretion zur Folge. Daraus schließen Frei und Grüter, daß die galaktogene Wirkung im Eierstock dem Corpus luteum zukommt. Da aber Versuche mit Implantation von Corpus luteum enthaltenden Eierstöcken bei normalen, nicht kastrierten Kühen nicht ausgeführt wurden, kann nicht entschieden werden, ob die beobachtete Erhöhung der Milchproduktion nicht darauf zurückzuführen sei, daß die vorher nymphomanischen Kühe infolge der abnormalen Eierstöcke an einer Hemmung ihrer konstitutionellen Produktionsfähigkeit litten. Als erste *Folge der Kastration* fand Grüter (zit. Frei und Grüter[343]) beinahe in allen Fällen eine Zunahme der Milchmenge um 1—12 l täglich. *Diese Frage müßte zuerst geklärt werden, bevor man die Implantationsmethode als eine milchproduktionsfördernde anerkennen sollte.* In dieser Beziehung mag vielleicht von Bedeutung sein, daß bei der cystösen Entartung der Ovarien der laktierenden Kuh die Tagesmenge der Milch regelmäßig erheblich vermindert ist. Hieronymi[488] schließt daraus, daß durch die Hyperfunktion der inkretorischen Teile des Ovariums zu einer unzweifelhaften Hemmung der Milchdrüsentätigkeit führen kann.

Gavin[366] hat gefunden, daß bei Kühen durch Darreichung von Corpusluteum-Substanz die tägliche Milchmenge nicht zugenommen hat.

Die günstige Wirkung der *Transplantation überzähliger Gonaden auf infantile Tiere* scheint aber nach Grüters Experimenten verläßlich festzustehen. Auf diese Weise scheint es möglich, die Nutzmöglichkeit sowohl bei abnormal infantilen als auch bei normalen Jungtieren zu *beschleunigen* (vgl. Frei[339]).

Nach Injektion vom ätherischen *Extrakt des Corpus luteum* beobachtete Schlesinger[1079] bei einer Kuh eine vorübergehende Zunahme des Blut-CaO um 22 %.

III. Einfluß der Geschlechtsdrüsen auf Ernährung und Stoffwechsel beim Pferde.

Über die Einflüsse der Geschlechtsdrüsen auf die Lebensprozesse bei Pferden liegen verhältnismäßig nur wenig Untersuchungen vor. Es wurden Geschlechtsunterschiede im Wachstum des Körpers und seinen einzelnen Proportionen festgestellt, man kennt Geschlechtsunterschiede in der Ausbildung des Gesamttypus des Pferdes und in der Zusammensetzung des Blutes und der Zellengröße, aber über eine Beeinflussung des Stoffwechsels selbst im engeren Sinne des Wortes wurden noch keine Untersuchungen vorgenommen. Über die Wirkung der Kastration weiß man sehr wenig und über die Wirkung der Transplantation von Keimdrüsen liegen noch weniger sagende Berichte vor.

1. Die Geschlechtsunterschiede des Wachstums und der Körperentwicklung beim Pferde.

a) Geburtsgewicht und Wachstumsintensität.

Ob beim Pferde ausgesprochene Geschlechtsunterschiede im Geburtsgewichte bestehen, läßt sich nicht genau sagen. Alle Untersuchungen, die bisher über das Wachstum des Pferdes unternommen wurden, beschäftigen sich nur mit den Körpermaßen der Tiere und, mit Ausnahme von HERING[475a], hat man mit der Messung am frühesten erst im Laufe des ersten Monats nach der Geburt begonnen. Da nach HERINGS Messungen die Widerristhöhe, Rückenhöhe, Brusttiefe und die Rumpflänge bei den neugeborenen männlichen Fohlen größer sind als bei weiblichen Fohlen (siehe die weiter unten angeführte Tabelle), ist es höchstwahrscheinlich, daß die männlichen Fohlen auch ein größeres Geburtsgewicht besitzen, ähnlich wie es bei den anderen Haustieren der Fall ist. Diese Tatsache wurde aber bisher noch nicht direkt untersucht.

Das Wachstum verläuft im allgemeinen bei den männlichen Fohlen schneller und intensiver als bei den weiblichen, doch bestehen diesbezüglich Differenzen in den einzelnen Proportionen, die gemessen wurden.

BÍLEK[98] studierte das Wachstum des Pferdes durch Vergleich von Messungen an Fohlen verschiedener Altersklassen (4 Monate, 1, 2 und 3 Jahre) in Lipica (Lipizaner und Kreuzung von Lipizanern und Arabern) und Babolna (Araber). Aus seinen Zahlen geht hervor, daß die Hengste wie bei dem Halbso auch beim Vollblut vom ersten Jahre an schneller wachsen in der Widerristhöhe, in Röhrenbeinumfang, der Brusttiefe, Brustbreite, in der Oberschenkellänge und in der Schenkellänge. In der Rumpflänge und in der Beckenbreite ist das Übergewicht auf der Seite des weiblichen Geschlechtes. Bei anderen Maßen wurden keine Geschlechtsdifferenzen gefunden. Aber auch die gefundenen Geschlechtsdifferenzen waren innerhalb der untersuchten Altersklassen nicht bedeutend.

IWERSEN[518] fand ebenso beim *Holsteinschen Marschpferde*, daß das Wachstum bzw. die Zunahme der einzelnen Körperproportionen beim weiblichen und männlichen Geschlechte sowohl während der einzelnen Lebensperioden als auch im gesamten Endeffekt verschieden intensiv ist. Seine Resultate in dieser Beziehung sind in den folgenden zwei Tabellen wiedergegeben.

Im allgemeinen ergeben die Messungen bei den männlichen Tieren eine größere Wüchsigkeit als bei den weiblichen, was besonders die Zahlen des Gesamtzuwachses der einzelnen Körpermaße deutlich zeigen. Doch erscheint diese größere Wüchsigkeit der männlichen Fohlen erst im zweiten

Halbjahr des zweiten Lebensjahres. Während des ersten Lebensjahres besteht eine größere Wüchsigkeit auf Seite der weiblichen Fohlen. Im ersten Halb-

Die Körperentwicklung des Holsteinschen Marschpferdes von der Geburt bis zum Abschluß des Wachstums (nach E. IWERSEN).

I. Weibliche Tiere.

Zunahme der einzelnen Körpermaße in % ihres Gesamtwachstums. Gesamtzuwachs der einzelnen Körpermaße.

Körpermaße	1. Lj 1.	2.	3.	4.	5.	6.	1. Halbjahr	2. Halbjahr	2. Lj 1. Halbjahr	2. Halbjahr	3. Lebensjahr	3.—4½ Jahre	4½—6 Jahre	cm	in % der Anfangsmaße
Widerristhöhe	12,3	11,2	8,7	7,0	5,1	3,9	48,2	13,8	15,7	9,6	5,4	5,2	1,5	58,5	56,8
Rückenhöhe	12,1	10,0	10,7	6,6	5,4	3,9	48,7	15,3	13,9	10,0	5,2	6,4	—	53,0	52,7
Kruppenhöhe	14,1	12,2	8,7	7,5	5,1	3,8	51,4	14,0	15,9	9,0	3,5	4,3	1,1	54,6	52,2
Beinlänge	16,7	8,7	9,1	7,3	6,7	5,3	52,0	23,4	8,7	12,7	0,6	2,6	4,0	14,9	21,4
Brusttiefe	11,8	12,0	8,3	6,6	4,3	3,6	47,6	10,9	17,7	8,6	7,4	5,8	1,8	44,0	133,3
Brustumfang	15,9	11,3	9,3	6,4	2,5	3,2	55,6	10,6	19,2	6,8	10,0	7,5	1,4	112,4	132,5
Brustbreite	20,3	14,1	9,0	7,1	2,6	2,2	42,8	5,6	20,3	4,4	3,1	5,3	5,8	22,6	95,8
Hüftbreite	9,0	12,4	11,9	7,1	2,8	2,5	49,6	12,4	17,1	7,2	8,1	8,7	3,3	35,4	144,5
Umdreherbreite	10,0	13,3	11,4	9,2	1,5	3,7	49,6	2,9	22,9	4,4	9,6	8,5	1,5	26,9	113,9
Kruppenlänge	13,1	11,4	11,4	5,5	3,8	3,1	48,3	11,3	22,0	6,6	9,0	7,3	2,8	29,0	98,3
Rumpflänge	14,6	13,1	10,9	8,4	5,1	2,5	54,6	9,0	15,9	7,5	4,5	4,9	3,0	103,3	137,1
Röhrbeinumfang	11,1	12,2	11,1	6,6	4,4	4,4	49,8	7,7	24,3	3,3	5,5	5,5	3,3	9,0	70,9

II. Männliche Tiere.

Zunahme der einzelnen Körpermaße in % ihres Gesamtwachstums. Gesamtzuwachs der einzelnen Körpermaße.

Körpermaße	1. Lj 1.	2.	3.	4.	5.	6.	1. Halbjahr	2. Halbjahr	2. Lj 1. Halbjahr	2. Halbjahr	3. Lebensjahr	3.—4½ Jahre	4½—6 Jahre	cm	in % der Anfangsmaße
Widerristhöhe	11,1	11,6	8,2	6,9	5,4	3,0	46,2	16,3	14,8	10,5	6,6	3,5	0,1	59,2	57,1
Rückenhöhe	11,8	13,8	8,2	7,1	5,4	4,3	50,6	16,6	13,8	10,2	5,9	—	2,9	53,4	53,1
Kruppenhöhe	12,9	14,3	8,4	7,3	5,3	3,1	51,3	17,3	14,1	10,8	3,3	4,6	8,1	54,2	51,5
Beinlänge	9,6	6,6	8,1	9,6	5,1	5,1	41,1	15,6	14,2	1,0	17,2	4,5	2,3	19,7	28,4
Brusttiefe	14,8	11,9	7,6	5,4	5,2	1,9	46,8	15,7	14,2	15,7	3,5	3,1	3,2	41,9	122,2
Brustumfang	13,8	13,2	7,3	5,3	3,0	1,2	43,8	13,8	17,6	7,4	8,9	4,8	4,9	113,3	126,7
Brustbreite	17,7	16,5	5,3	5,3	3,3	0,4	38,5	9,0	14,8	8,7	8,6	4,9	1,9	24,2	98,8
Hüftbreite	9,2	18,1	7,6	6,1	4,7	1,5	47,2	12,3	16,8	9,0	5,0	0,9		31,4	124,6
Umdreherbreite	11,6	18,8	8,8	6,4	5,2	3,2	54,0	4,8	19,6	9,1	11,2	2,0	4,0	24,9	103,3
Kruppenlänge	11,8	16,6	7,3	6,6	4,8	2,2	49,3	10,3	18,0	12,5	4,7	0,7	2,4	27,7	90,3
Rumpflänge	14,7	15,1	10,2	8,2	4,8	1,8	54,8	15,9	12,0	9,3	7,5	—	3,1	94,9	119,2
Röhrbeinumfang	11,4	15,5	7,3	4,1	4,1	3,1	45,5	12,4	17,7	11,4	11,4	—	3,1	9,6	73,8

jahr des zweiten Lebensjahres beginnt ein Umschlag zugunsten des männlichen Geschlechtes. Die männlichen Fohlen zeichnen sich also durch eine größere, aber zugleich auch später einsetzende Wüchsigkeit gegenüber den weiblichen Fohlen aus.

Beim *rheinisch-deutschen Kaltblutpferde* konnten gewisse Geschlechtsunterschiede in den Körpermaßen nach HERINGS[475a] Untersuchungen — wie gesagt — schon bei der Geburt festgestellt werden, und zwar in der Widerristhöhe, der Rückenhöhe, Brusttiefe und in der Rumpflänge zugunsten der männlichen Tiere, in der Beinlänge, im Brustumfang, der Brustbreite und Kruppenlänge zugunsten des weiblichen Geschlechtes. Die Widerristhöhe, Rückenhöhe und die Brusttiefe bleiben auch während der weiteren Entwicklung bis zum Alter von 3 Jahren bei den weiblichen Tieren niedriger als bei den männlichen. Bei der Kreuzbeinhöhe und dem Röhrenbeinumfang, welche bei der Geburt bei beiden Geschlechtern dieselben sind, entwickelt sich nach 1 bzw. 4 Monaten ein Unterschied zugunsten des männlichen Geschlechtes. Die Beinlänge gleicht sich nach vorübergehender Überlänge bei den Hengstfohlen (1 Monat bis 1½ Jahr) bei beiden Geschlechtern aus. Der größere Brustumfang der weiblichen Tiere schlägt nach 4 Monaten in einen kleineren um; ähnlich auch die Brustbreite nach dem fünften Monate und die Kruppenlänge nach dem vierten Monate. — In der Hüftbreite bleiben begreiflicherweise die weiblichen Tiere über den männlichen. Die ursprünglich kleinere Rumpflänge der weiblichen Tiere ändert sich bei weiterem Wachstum wechselweise, um endlich beim weiblichen Geschlechte größer zu bleiben. Die betreffenden Zahlen gibt folgende Tabelle:

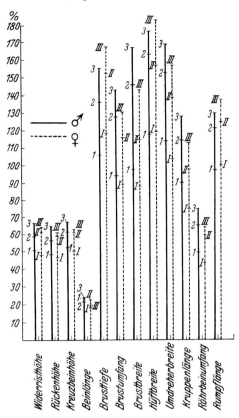

Abb. 73. Geschlechtsunterschiede in dem prozentischen Zuwachse der einzelnen Körpermaße (bezogen auf die Anfangsmaße bei der Geburt) bei dem rheinisch-deutschen Kaltblutpferde. (Nach HERING.)

Die Zahlen 1, 2, 3 bzw. *I, II, III* zeigen in Verbindung mit den Querstrichen den prozentualen Zuwachs nach vollendetem 1., 2., 3. Lebensjahre an.

Die durchschnittlichen Ergebnisse der periodischen Messungen über das Wachstum des rheinisch-deutschen Kaltblutpferdes (nach HERING).

Maße in cm		Geburt	1. Monat	3. Monat	6. Monat	12. Monat	1½ Jahr	2 Jahre	3 Jahre	Gesamtzunahme Geburt bis 3 Jahre in %
Widerristhöhe . .	Hengste	96,3	107,6	121,9	133,1	145,0	148,5	153,4	160,5	66,5
	Stuten	95,4	107,7	119,1	130,0	141,7	147,5	154,4	156,8	64,3
Rückenhöhe . . .	Hengste	95,2	105,1	119,1	130,6	141,8	144,8	149,1	157,7	65,5
	Stuten	94,3	103,4	118,0	128,0	138,7	144,9	151,0	152,8	61,9
Kreuzbeinhöhe . .	Hengste	97,5	116,9	125,3	137,3	149,3	152,5	157,5	163,3	67,4
	Stuten	97,5	110,1	128,7	134,0	146,8	151,8	157,8	159,6	63,5

Maße in cm		Geburt	1. Monat	3. Monat	6. Monat	12. Monat	1½ Jahr	2 Jahre	3 Jahre	Gesamt-zunahme Geburt bis 3 Jahre in %
Beinlänge	Hengste	64,8	70,0	74,6	77,3	79,9	78,5	79,0	80,0	23,5
	Stuten	66,6	69,9	73,2	75,9	78,7	78,3	81,5	79,5	19,3
Brusttiefe	Hengste	31,5	37,6	47,3	55,8	65,1	70,0	74,4	80,5	155,4
	Stuten	28,8	37,8	45,9	54,1	63,0	69,2	72,9	77,3	168,2
Brustumfang . . .	Hengste	87,0	105,7	126,2	148,0	169,2	186,0	198,8	211,7	143,2
	Stuten	88,1	107,6	128,2	145,0	166,7	183,2	190,4	202,9	130,2
Brustbreite	Hengste	19,0	23,9	29,1	34,3	37,7	44,6	46,9	50,8	167,3
	Stuten	20,3	23,8	29,1	32,5	38,3	42,3	43,8	49,4	143,1
Hüftbreite	Hengste	21,9	27,5	34,0	42,0	47,8	52,1	57,8	60,8	177,4
	Stuten	21,6	27,7	34,8	39,6	47,4	52,9	55,6	61,2	183,2
Umdreherbreite . .	Hengste	22,1	29,8	35,4	42,4	47,5	51,7	56,0	59,7	170,0
	Stuten	22,8	29,3	36,8	40,4	46,7	51,7	54,6	58,7	157,3
Kruppenlänge . .	Hengste	26,7	33,9	39,9	45,8	50,8	55,3	57,5	61,1	128,6
	Stuten	28,6	33,9	40,4	44,3	50,3	54,8	56,9	61,1	113,4
Röhrbeinumfang .	Hengste	14,1	15,3	17,1	19,2	21,2	22,8	23,4	24,8	75,8
	Stuten	14,0	15,3	17,1	18,4	20,2	21,9	22,5	23,1	64,9
Rumpflänge . . .	Hengste	71,1	86,1	107,2	125,5	141,2	152,0	158,0	163,9	130,3
	Stuten	69,6	87,5	108,4	123,0	140,0	150,8	157,0	166,1	138,5

Diese Geschlechtsunterschiede ändern sich aber auch etwas je nach den einzelnen Rassen.

Vogel[1260], der das Wachstum von Hengst- und Stutenfohlen bis zum Alter von 2½ Jahren bei dem rheinisch-deutschen Kaltblutpferde in Süd-hannover und Kurhessen und bei dem Holsteinschen Marschpferde studiert und mit vollausgewachsenen Pferden verglichen hatte, kam bei beiden Schlägen

Geschlechtsunterschiede im Wachstum
Absolute Durchschnittsmaße
Kalt -

Alter	1. Widerrist		2. Rückenhöhe		3. Kreuzbeinhöhe		4. Beinlänge		5. Brusttiefe	
	m.	w.	m.	w.	m.	w.	m.	w.	m.	w.
Geburt	96,3	95,4	95,2	94,3	97,5	97,5	64,8	66,6	31,5	28,8
1 Monat	107,6	107,7	105,1	103,4	116,9	110,1	70,0	69,9	37,6	37,8
3 Monate	121,9	119,1	119,1	118,0	125,3	124,2	74,6	73,2	47,3	45,9
6 Monate	133,1	130,0	130,6	128,0	137,3	134,0	77,3	75,9	55,8	54,1
12 Monate . . .	145,0	141,7	141,8	138,7	149,3	146,8	79,9	78,7	65,1	63,0
1½ Jahre	148,5	147,5	144,8	144,9	152,5	151,8	78,5	78,3	70,0	69,2
2 Jahre	153,4	154,4	149,1	151,0	157,5	157,8	79,0	81,5	74,4	72,9
Ausgewachsen . . .	163,0	160,2	157,2	154,1	165,7	160,3	82,5	82,3	80,5	77,9

Warm -

Alter	1. Widerrist		2. Rückenhöhe		3. Kreuzbeinhöhe		4. Beinlänge		5. Brusttiefe	
	m.	w.	m.	w.	m.	w.	m.	w.	m.	w.
Geburt	103,6	103,0	100,4	100,5	105,3	104,5	69,4	69,5	34,3	33,0
1 Monat	110,2	110,2	106,7	106,9	112,3	112,2	71,3	72,0	40,5	38,2
3 Monate	123,0	121,9	118,5	117,9	124,7	123,7	74,2	74,4	48,6	47,5
6 Monate	132,0	131,3	127,5	126,4	133,3	132,7	78,1	77,3	53,9	53,9
12 Monate . . .	141,7	139,4	136,4	134,6	142,7	140,4	81,2	80,8	60,5	58,7
1½ Jahre	150,5	148,6	143,8	142,0	150,4	149,1	84,0	82,1	66,5	66,5
2 Jahre	156,7	154,3	149,3	147,3	156,3	154,1	83,2	84,0	73,1	70,3
Ausgewachsen . . .	162,8	161,5	153,8	153,5	159,5	159,1	89,1	84,4	76,2	77,0

zu denselben grundsätzlich gleichen Ergebnissen wie IWERSEN. In den meisten Maßen (Widerristhöhe, Rückenhöhe, Kreuzbeinhöhe, Beinlänge, Brustbreite bei beiden Schlägen und Brustumfang, Umdrehbreite, Kruppenlänge und Rumpflänge bei dem Kaltblut) zeigt das männliche Geschlecht, auf Prozent des Anfangs- (Geburts-) Maßes umgerechnet, eine größere Wüchsigkeit als das weibliche Geschlecht. Während des ersten Jahres und bei vielen Maßen auch während des zweiten Jahres ist aber das Übergewicht auf der Seite des weiblichen Geschlechtes. Der Umschlag findet erst während des zweiten Jahres statt und hängt wahrscheinlich mit dem sexuellen Reifwerden der Hengstfohlen zusammen. Der Grad dieses Umschlages in der Wüchsigkeit ist auch bei dem Warmblutpferde und dem Kaltblutpferde verschieden. Im allgemeinen *sind die Differenzen beim Kaltblutpferde größer* und *der Umschlag findet früher statt*, was begreiflicherweise mit dem früheren Reifwerden dieses Pferdes zusammenhängt. Das beste Bild dieser *Geschlechtsdifferenzen in der Wüchsigkeit* gibt uns folgende Tabelle.

b) Die Geschlechtsunterschiede in der Körpergestaltung.

Zum Unterschied von anderen Haussäugetieren zeichnet sich das Pferd durch verhältnismäßig nur geringe Geschlechtsunterschiede in der Ausgestaltung des Körpers aus. Diese lassen sich oft nur biometrisch in statistischem Materiale feststellen. Die Rassenunterschiede spielen in dieser Hinsicht oft eine wichtigere Rolle als das Geschlecht selbst.

Für eventuelle Studien des Stoffwechsels sind DUERSTS[276] Befunde über die *Geschlechtsunterschiede im sog. Format des Pferdes* wichtig, worunter das Verhältnis der Widerristhöhe zu der Rumpflänge verstanden wird. Man unterscheidet 1. Hochrechteckformat, 2. Quadratformat, 3. Langrechteckformat.

Unter dem *Hochrechteckformat* versteht man diejenige Form, bei der die Widerristhöhe die Rumpflänge um mehr als 1 cm übertrifft.

des Pferdes. (Nach VOGEL.)
in cm.
blut.

6. Brustbreite		7. Brustumfang		8. Hüftbreite		9. Umdreh-breite		10. Kruppen-länge		11. Röhrbein		12. Rumpflänge	
m.	w.	m.	w.	m.	w.	m.	w.	m.	w.	m.	w.	m.	w.
19,0	20,3	87,0	88,1	21,9	21,6	22,1	22,8	26,7	28,6	14,1	14,0	71,1	69,6
23,9	23,8	105,7	107,6	27,5	27,7	29,8	29,3	33,9	33,9	15,3	15,3	86,1	87,5
29,1	29,1	126,2	128,2	34,0	34,8	35,4	36,8	39,9	40,4	17,1	17,1	107,2	108,4
34,3	32,5	148,0	145,0	42,0	39,6	42,4	40,4	45,8	44,3	19,2	18,4	125,5	123,0
37,7	38,3	169,2	166,7	47,8	47,4	47,5	46,7	50,8	50,3	21,2	20,2	141,2	140,0
44,6	42,3	186,0	183,2	52,1	52,9	51,7	51,7	55,3	54,8	22,8	21,9	152,0	150,8
46,9	43,8	198,8	190,4	57,8	55,6	56,0	54,6	57,5	56,9	23,4	22,5	158,0	157,0
54,4	48,9	213,9	200,6	63,3	64,2	61,8	58,8	62,9	60,6	26,2	22,9	170,7	171.8

blut.

6. Brustbreite		7. Brustumfang		8. Hüftbreite		9. Umdreh-breite		10. Kruppen-länge		11. Röhrbein		12. Rumpflänge	
m.	w.	m.	w.	m.	w.	m.	w.	m.	w.	m.	w.	m.	w.
24,5	23,6	89,4	84,9	25,2	24,5	24,1	23,6	30,0	29,5	13,0	12,7	79,6	75,3
28,8	28,2	105,1	102,8	28,1	27,7	27,0	26,3	33,2	34,3	14,1	13,7	93,6	90,4
34,1	33,5	128,1	124,5	36,2	35,3	33,9	33,1	39,7	39,9	16,3	15,8	117,6	115,3
36,3	36,2	139,0	138,6	40,1	39,7	37,6	37,0	43,4	43,5	17,4	17,2	131,7	131,9
38,5	37,5	154,7	150,6	44,1	44,1	38,7	37,8	46,2	45,1	18,6	17,9	146,9	141,3
42,1	42,1	174,8	172,2	49,3	50,2	43,6	44,0	51,1	51,5	20,3	20,4	158,4	157,8
44,2	43,1	183,3	179,9	54,1	52,8	45,9	45,2	54,5	53,4	21,4	20,4	167,3	165,7
48,7	46,2	202,7	197,3	56,6	59,9	49,0	50,5	57,1	58,5	22,6	21,7	174,5	158,6

Unter *Quadratformat* versteht man diejenige Form, bei der die Widerristhöhe der Rumpflänge genau entspricht.

Unter *Langrechteckformat* versteht man das Überwiegen der Rumpflänge gegenüber der Widerristhöhe.

In der Häufigkeit der Frequenz der einzelnen dieser 3 Typen zeigen sich nun gewisse Geschlechtsunterschiede. Es liegen diesbetreffend aber auch Unterschiede bezüglich der einzelnen Rassen bzw. Typen des Pferdes vor. Duerst[276] teilt dabei die Pferde in folgende Gruppen:

I. Vollblutpferde sämtlicher orientalischer Rassen.

II. Französische und amerikanische Renntraber.

III. Orientalische Halbblutpferde (meist südeuropäische Rassen mit überwiegend orientalischem Blute).

IV. Reitpferde für schweres Gewicht mit ziemlicher Menge orientalischen Blutes.

V. Englische Vollblutpferde.

VI. Leichtere Karossiers resp. Artilleriepferde mit wenig orientalischem und mehr englischem Blute.

VII. Schwerste Karossiers.

VIII. Schrittpferde.

IX. Nordische Ponys.

Innerhalb dieser Typen hat zuerst Duerst für die einzelnen Formate unter Stuten und Hengsten folgende Prozentzahlen gefunden:

Geschlechtsunterschiede in der Verteilung des „Formats" bei verschiedenen Pferderassen. (Nach Duerst.)

	Stuten			Hengste		
	Hochrechteckformat	Quadratformat	Langrechteckformat	Hochrechteckformat	Quadratformat	Langrechteckformat
	%	%	%	%	%	%
I.	40	60	—	65	45	—
II.	43	21	36	40	50	10
III.	28	32	40	30	30	40
IV.	24	20	56	19	21	60
V.	11	45	44	25	34	41
VI.	26	40	34	18	25	57
VII.	18	10	72	4	8	88
VIII.	1,4	6	92,6	1,2	3,3	95,5
IX.	—	5	95	5	15	80

Aus dieser Tabelle ersieht man folgendes: Die Stuten der orientalischen Vollblüter und der Traber sind zu ca. 40% hochrechteckig, die der orientalischen Voll- und Halbblutrassen zu 60% quadratisch, und unter den orientalischen Vollblütern gibt es Stuten mit Langrechteckformat überhaupt nicht. Hengste der orientalischen Vollblutrassen zeigen das Hochrechteckformat in 65%, Traberhengste in 40%, das Quadratformat zeigen die Vollblutrassen zu 45%, die Traberhengste sogar zu 50%. Bei dem Langrechteckformat findet man die Vollblutorientalerhengste gar nicht, die Traberhengste nur in 10%. Bei den anderen Rassen sind die Stuten seltener von einem Hochrechteckformat, ähnlich auch die Hengste. Das Quadratformat findet man dagegen unter den Stuten bei diesen Rassen etwas häufiger vertreten als unter den Hengsten. Bei den leichteren Karossiers und den schwersten Karossiers haben aber die Stuten weniger das Langrechteckformat (34% und 72%) als die Hengste (57% und 88%). Bemerkenswert ist für den letzteren Typus die sehr niedrige Prozentzahl des Hochrechteckformats bei den Hengsten (4%) den Stuten gegenüber (18%). Zusammenfassend ergibt sich, daß die Hengste der arabischen Rassen Hochrechtecke und Quadrate sind, bei Halbblütern jedoch das Langrechteck überwiegt und ebenso auch bei den Schritt-pferden. Die *Stuten* der schweren Rassen und des Halbblutes sind meist langrecht-eckig; das Quadratformat ist bei den Halbblütern ziemlich selten und kommt über-wiegender nur bei den Arabern vor. Ausnahmsweise kommen bei den Halbblütern hochrechteckige Hengste vor, auch bei Orientalen ist dieses Format häufig.

Die *Geschlechtsunterschiede* in den anderen Körperproportionen äußern sich (DUERST[276]) hauptsächlich in der Ausbildung des Kopfes, der bei den Hengsten breiter und relativ kürzer zu sein pflegt.   Große Unterschiede be-stehen nach SKORKOWSKI[1143] bei arabischen Pferden, bei denen der Typusindex $\left(\frac{\text{Kopflänge} \times 100}{\text{Stirnbreite}}\right)$ bei den Hengsten 274, bei den Stuten 264 beträgt.   Diese Unterschiede scheinen aber mit dem Klima und den Aufzuchtbedingungen zu schwanken; bei dem in Polen gezüchteten Araber fand SKORKOWSKI[1143] den Typus-index von 261,4 bei Hengsten und 262,6 bei Stuten. Weitere Geschlechtsunter-schiede beziehen sich auf den Hals, der ebenfalls beim Hengste auffallend stark und schwerer bemuskelt ist, auf die Brustmaße, in denen der Hengst ebenfalls die Stute übertrifft (namentlich bei Schrittpferden, weniger bei Halbblut- und Vollblut-pferden — vgl. auch SKORKOWSKI[1143]), und auf das Becken, das wiederum bei den Stuten breiter und meist auch länger als bei dem Hengste zu sein pflegt. Als ein typisch sekundärer morphologischer Geschlechtscharakter beim Pferde erscheint der *Hakenzahn* (dens caninus) der Hengste (PEREDELSKY[924]). Mit diesem Haken-zahn, der ursprünglich ein Defensivorgan war, hängt auch die stärkere Entwicklung des höher bemuskelten Halses des Hengstes zusammen (DUERST[276], S. 294).

c) Der Grundumsatz.

Vergleichende Untersuchungen über den basalen Metabolismus von Hengsten und Stuten wurden bisher, soviel ich feststellen konnte, nur von BRODY[123] ausgeführt. Seine Resultate an 3 Percheronhengsten und 3 Percheronstuten sind, nach seinen originellen Angaben auf einzelne Altersperioden berechnet, in den folgenden Tabellen wiedergegeben:

Grundumsatz und Geschlecht beim Pferde. (Nach BRODY.)
Hengste.

| Gemessen im Alter | Percheronhengst Nr. 16 | | | Percheronhengst Nr. 17 | | | Percheronhengst Nr. 19 | | | Durchschnitt für Hengste | |
| | Zahl der Mes-sungen | Energie-produktion | | Zahl der Mes-sungen | Energie-produktion | | Zahl der Mes-sungen | Energie-produktion | | Energie-produktion | |
Tage		auf 1 kg	auf 1 m²		auf 1 kg	auf 1 m²		auf 1 kg	auf 1 m²	auf 1 kg	auf 1 m²
0—10	6	44,5	2262	8	54,1	3093	6	54,6	2712	51,0	2689
20—30	8	40,6	2292	6	50,6	3048	5	44,6	2646	45,2	2662
50—100	19	36,3	2467	22	33,0	2338	30	29,6	2061	32,9	2288
150—200	11	28,5	2323	16	28,2	2387	18	22,3	1767	26,3	2159
250—300	23	20,0	1803	11	23,7	2076	15	20,0	1667	21,2	1848

Stuten.

| Gemessen im Alter | Percheronstute Nr. 15 | | | Percheronstute Nr. 18 | | | Percheronstute Nr. 20 | | | Durchschnitt für Stuten | |
| | Zahl der Mes-sungen | Energie-produktion | | Zahl der Mes-sungen | Energie-produktion | | Zahl der Mes-sungen | Energie-produktion | | Energie-produktion | |
Tage		auf 1 kg	auf 1 m²		auf 1 kg	auf 1 m²		auf 1 kg	auf 1 m²	auf 1 kg	auf 1 m²
0—10	8	48,5	2452	8	50,4	2614	4	50,0	2349	49,6	2471
20—30	10	42,7	2505	6	40,0	2353	7	45,4	2372	42,7	2410
50—100	18	37,5	2634	30	33,1	2399	29	35,0	2210	35,2	2414
150—200	13	28,8	2479	22	22,0	1841	12	28,6	2249	26,4	2189
250—300	21	21,2	1883	11	19,6	1695	5	26,4	2186	22,4	1921

Wie aus diesen Zahlen hervorgeht, konnte ein *Geschlechtsunterschied im Grundumsatz nicht festgestellt werden.* Es muß aber wohl bedacht werden, daß es sich eigentlich nur um Fohlen gehandelt hat; die Bestimmungen beziehen sich nur und nicht einmal *ganz auf das erste Lebensjahr.* Es ist deshalb nicht ausgeschlossen, daß eventuelle Unterschiede erst im späteren Alter (nach der Geschlechtsreife) zutage treten werden. Für dieses Alter liegen aber noch keine Versuche vor, die einen Vergleich zwischen Hengst und Stute zulassen.

d) **Chemismus und Zusammensetzung des Blutes und der Organe.**

Das *Blut der Hengste* ist reicher an *roten Blutkörperchen* als das der *Stuten.* Dies wurde zum erstenmal von STORCH[1173] festgestellt und später von anderen Forschern bestätigt.

STORCH[1173] fand bei Pferden für die Erythrocytenzahl folgende Werte:

Hengste 2 Tiere 8000000—8410000, Durchschnitt 8210000
Stuten   6 „   6330000—7560000,   „   7120000

Aus den Angaben von SUSSDORF, WIEDISCH und GASSE berechnete KUHL[666] die Erythrocytenzahl für Hengste mit 8570000, für Stuten mit 6790000.

SCHRÖPFER[1101] berechnete auf Grund anderer älterer Angaben in der Literatur als Durchschnittswerte für die Erythrocytenzahl beim Pferde

für Hengste 8440000
„ Stuten 6790000
„ Wallachen 7690000

Neuerdings kommt aber KUHL[666] betreffs eines Geschlechtsunterschiedes in Erythrocytenzahl, Hämoglobingehalt und Leukocytenzahl bei Pferden — nach seinen Schlüssen — zu negativen Ergebnissen. Er findet im Durchschnitt:

	Hengst	Stute
Erythrocytenzahl	6770000	7140000
Hämoglobingehalt des Blutes	11,4	12,6
Hämoglobingehalt eines Erythrocyten in 10—12 g	18	18
Leukocytenzahl	8,18	10,26

Obzwar seine Untersuchungsmethoden bedeutend genauer waren als die der früheren Autoren, war leider sein Material zu spärlich (1 Hengst, 5 Stuten), um durch Elimination individueller Abweichungen verläßliche, allgemein gültige Schlüsse zu ermöglichen. KUHLS Resultate können deshalb für die Frage des *Geschlechtsdimorphismus des Pferdeblutes* nicht als entscheidend betrachtet werden.

Interessant ist die Mitteilung von RIEGER[1026], der angibt, daß er „merkwürdigerweise" bei Stutfohlen (12 Tieren) immer eine höhere Erythrocytenmenge im Mittel fand als bei den Hengstfohlen (32 Tiere). Die Zahlen führt er nicht an. Diesen auffallenden Befund erklärt er aber dadurch, daß sich die weiblichen Fohlen bei der Blutentnahme viel aufgeregter, lebhafter und empfindlicher zeigten als die männlichen, so daß es sich eher um einen technischen Fehler handelt.

Die *Leukocytenzahl* ist nach STORCHS[1173] Messungen bei Pferden die folgende:

Hengste 2 Tiere 9960—10480, Durchschnitt 10220
Stuten   4 „   8570—12800,   „   9880,

also bei den Hengsten um ein Geringes höher.

GASSE (zit. KUHL[666]) fand eine größere Differenz: Hengste 9000, Stuten 6900.

Ähnlich wie von der Erythrocytenzahl wird auch vom *Hämoglobingehalte des Blutes* angegeben, daß er beim Hengste höher liegt als bei der Stute. BON-

NARD[112a] fand einen Hämoglobinwert von 61 bei Hengsten und von 51 bei Stuten. DUERST[276] teilt mit, daß er bei dem leichten Schrittpferde (Juraschlag) folgende Zahlen gefunden hat: Hengst 78,7, Stute 63,5.

Sehr gründliche Blutuntersuchungen bei Pferden verdanken wir aus neuerer Zeit GÖTZE[387]. Er untersuchte außer Erythrocytenzahl, Hämoglobingehalt und Leukocytenzahl noch eine Reihe anderer Eigenschaften und fand meistens gewisse Geschlechtsunterschiede:

	♂	♀
Erythrocytenzahl in 1 cmm Blut	7,75	7,39
Oberfläche eines Erythrocyten in μ^2	81,6	77,7
Volumen eines Erythrocyten in μ^2	47,8	44,2
Gesamtoberfläche der Erythrocyten in 100 cm³ Blut, ausgedrückt in m²	63,3	57,7
Gesamtvolumen der Erythrocyten in 100 cm³ Blut, ausgedrückt in cm³	37,0	32,8
Spezifische Oberfläche (Verhältnis von Oberfläche zu Volumen) . .	1,72	1,76
Hämoglobingehalt in 100 cm³ Blut in g	13,15	12,16
Hämoglobingehalt eines Erythrocyten in 10^{-12} g	17,4	16,4
Hämoglobindichte, d. i. Hämoglobingehalt in der Volumeneinheit . .	0.363	0,368
Hämoglobinoberfläche (Leistungsmöglichkeit) eines Erythrocyten, ausgedrückt in Hgl-μ^2	298	289
Hämoglobinoberfläche (Leistungsmöglichkeit) der gesamten Menge der Erythrocyten in 100 cm³ Blut, ausgedrückt in Hgl-m² . .	225	214

SCHNEIDER[1092] hat festgestellt, daß sich bei Pferden gewisse Geschlechtsunterschiede auch in der *Senkungsgeschwindigkeit*, der *Blutviscosität* und in der *Serumviscosität* zeigen. Bei 2 Rassen (Achselschwang und Schwaiganger) hat er folgende Zahlen gefunden:

	Achselschwang		Schwaiganger	
	Hengste	Stuten	Hengste	Stuten
Senkgeschwindigkeit	1,853	2,905	2,281	2,891
Blutviscosität	4,825	4,337	4,330	3,798
Serumviscosität	1,606	1,6554	1,652	1,656
Blutkörperchensediment	38,95 %	33,68 %	33,63 %	29.22 %

Für das weibliche Geschlecht ergibt sich also eine geringere Blutstabilität bei geringerem Volumen des Blutkörperchensediments und geringerer Blutviscosität, während die Serumviscosität bei den Stuten höher ist als bei den Hengsten. Das höhere Blutkörperchenvolumen bei den Hengsten stimmt mit der bekannten höheren Erythrocytenzahl gut überein.

Die Hengste und die Stuten unterscheiden sich auch in der *Größe der Muskelzellen*. Die Muskeln der Hengste sind grobzellig, die der Stuten sind feinzelliger. Die Differenzen variieren aber ziemlich je nach den Rassen. MALSBURG[790] gibt folgende Zahlen an:

Orientalisches Vollblut	♂ 36,20 μ	♀ 31,92 μ	
Orientalisches Halbblut	♂ 39,50 μ	♀ 35,71 μ	⚦ 36,58 μ
Englisches Halbblut	♂ 39,77 μ	♀ 42,15 μ	⚦ 40,00 μ
Noriker	♂ 45,19 μ	♀ 45,00 μ	
Belgier	♂ 49,60 μ	♀ 47,60 μ	
Durchschnitt	♂ 43,11	♀ 40,00 Differenz 3,11 = 7,5 %	

⚦ = kastriertes männliches Tier.

e) Geschlechtsunterschiede in der Atem- und Pulsfrequenz.

Als einen Geschlechtsunterschied beim Pferde hebt DUERST[276] hervor, daß die *Hengste eine höhere Atem- und Pulsfrequenz* aufweisen als die Stuten. Er gibt folgende Zahlen an:

	Mittlere Atemfrequenz Züge je Minute		Mittlere Pulsfrequenz je Minute	
	Hengst	Stute	Hengst	Stute
Pferde der Wüste Sahara	11,0	9,0	38—40	35,0
„ der Mittelmeergegenden	10,0	10,0	36	33,0
„ in Deutschland, Nordfrankreich, Holland	13,0	12,0	—	—
„ in der Schweiz im Mittel	14,2	13,6	—	—
Halbblutremonten in der Schweiz	—	—	—	36,0
Schrittpferde in der Schweiz	—	—	—	39,8
Laufpferde in Deutschland nach Noack . . .	—	—	—	33,61
Schrittpferde in Deutschland	—	—	—	40,15

2. Die Wirkungen der Kastration.

Obzwar die Kastration der Hengste zu den ältesten Eingriffen der Pferdezüchter und Pferdehalter gerechnet werden muß, besitzen wir bisher beinahe keine bzw. nur sehr wenige systematische und wissenschaftliche Untersuchungen über die Wirkung der Kastration auf die Körpergestalt oder die Lebensfunktionen des Pferdes.

a) Wirkung auf die Körpergestalt.

Sehr beachtenswert ist der Umstand, daß von den „Formaten" bei den Wallachen bei einigen Rassen mehr das Hochrechteckformat, bei anderen mehr das Langrechteckformat überwiegt. Das Quadratformat bleibt zahlenmäßig unter dem Durchschnitt. Duerst[276] gibt nebenstehende Zahlen an.

Gruppe (s. Anm.)	Hochrechteckformat	Quadratformat	Langrechteckformat
I	80	20	—
II	70	25	5
III	70	25	5
IV	50	20	30
V	15	40	50
VI	25	30	35
VII	12	20	68
VIII	10	15	75
IX	10	15	75

Bei den Vollblutpferden, Renntrabern, orientalischem Vollblute und teilweise auch Reitpferden mit größerem Anteil des orientalischen Blutes konzentrieren sich die Kastraten überwiegend in das Hochrechteckformat, bei den übrigen Typen aber mehr in das Langrechteckformat.

Nach allem wird es sich hier höchstwahrscheinlich um eine verschiedene *Wirkung der Kastration auf das Wachstum der langen Röhrbeinknochen* bei diesen verschiedenen Pferdetypen handeln. Da die Hengste der zweiten Gruppe der Typen (V—IX) eine überwiegende Frequenz des Langrechteckformats aufweisen, liegt die Sache so, daß bei der ersten Gruppe der Typen (I—IV) die Wallache überwiegend in das Hochrechteckformat verschoben werden, bei der anderen Gruppe der Typen (V—IX) dies aber nicht geschieht. Bei dieser Gruppe wird also das Wachstum der Röhrbeinknochen durch die Kastration nicht beeinflußt, d. h. nicht verlängert, wie es sonst infolge der Kastration geschieht, bei der ersten Gruppe der Typen kommt es aber zu einer deutlichen Verlängerung dieses Knochenwachstums. Wahrscheinlich spielt dabei die Zeit (Alter) der Kastration bzw. die Früh- oder Spätreife der Rassen mit.

Auch sonst muß aber bei Pferden zwischen *Früh- und Spätkastraten* gut unterschieden werden (Duerst[276]): „Die Frühkastraten, die vor beginnender Geschlechtsdifferenzierung kastriert werden, zeigen typisch veränderte Formen, die sich zwischen die der Stute und des Hengstes einreihen lassen. Wird ein Hengst aber erst im dritten oder vierten Lebensjahre oder später kastriert, so behält er einige Formen des Hengstes sein Leben lang bei" (a. a. O.).

Anm. Siehe oben.

Die Wallache haben einen etwas veränderten Kopf (CHRISTIANI[179]), der Hals ist relativ länger als der einer Stute und schlank. Die Beine sind höher, der Brustkorb aber hier und da recht schmächtig und namentlich in der Höhe und Breite gering. Das Becken wird bei den Wallachen verlängert (WEISSER[1299]).

Der Hakenzahn entwickelt sich bei den Wallachen ähnlich wie bei den Hengsten und fehlt niemals, während dies bei den Hengsten manchmal der Fall ist (PEREDELSKY[924]). Bei Wallachen wächst der Hakenzahn schneller als beim Hengst, was dadurch zu erklären ist, daß der Hoden einen hemmenden Einfluß auf den Hakenzahn ausübt. (Bei der Stute fehlt meistens der Hakenzahn, da die Ovarien seine Entwicklung in der Regel vollkommen unterdrücken.)

b) Wirkung auf das Blut und die Körperzellen.

Bei Wallachen fand STORCH[1173] im Durchschnitt von 7 Tieren die *Erythrocytenzahl* von 7 600 000, welche im Vergleich mit den oben angeführten Zahlen für Hengste und Stuten (8 210 000 bzw. 7 120 000) denen der letzteren näher liegen. Die Kastration setzt die hohe männliche Erythrocytenzahl herab. Ähnlich berechnet auch KUHL[666] aus Angaben von SUSSDORF, WIEDIECK und GASSE für die Wallachen eine Erythrocytenzahl (7 700 000), welche zwischen denen der Hengste und denen der Stuten (8 570 000 bzw. 6 790 000) liegt. Die *Leukocyten* nehmen bei Wallachen im Vergleich mit den Hengsten nach STORCH[1173] etwas zu (11 020), während GASSE (zit. KUHL[666]) eine gewisse Abnahme der Leukocytenzahl bei Wallachen (8500) fand.

Eine Abnahme der Erythrocytenzahl bei den Wallachen unter die Zahl der Stuten beobachtete MAKOTINE (zit. BLACHER[102]), welcher fand: Stuten 6 769 000, Wallachen 6 555 000. Die Hämoglobinmenge sollte hier aber interessanterweise bei den Wallachen höher (74) als bei den Stuten (65) bleiben.

GÖTZE[387] fand neuerdings bei den *Wallachen* folgende *Zusammensetzung des Blutes*:

Erythrocytenzahl in 1 cm³ Blut 6 990 000
Oberfläche eines Erythrocyten in μ^2 77,8
Volumen eines Erythrocyten in μ^2 44,1
Gesamtoberfläche der Erythrocyten in 100 cm³ Blut, ausgedrückt in m² . . . 54,6
Gesamtvolumen der Erythrocyten in 100 cm³ Blut, ausgedrückt in cm³ . . . 30,4
Spezifische Oberfläche (Verhältnis von Oberfläche zu Volumen) 1,76
Hämoglobingehalt in 100 cm³ Blut in g 11,05
Hämoglobingehalt eines Erythrocyten in 10—12 g 15,6
Hämoglobindichte, d. i. Hämoglobingehalt in der Volumeneinheit 0,356
Hämoglobinoberfläche (Leistungsmöglichkeit) eines Erythrocyten, ausgedrückt in Hgl-μ^2 275
Hämoglobinoberfläche (Leistungsmöglichkeit) der ganzen Menge der Erythrocyten in 100 cm³ Blut, ausgedrückt in Hgl-m² 198

Im Vergleich mit den oben angeführten Zahlen für Hengste und Stuten ergibt sich für die Wallachen eine Abnahme der Erythrocytenzahl unter die der Hengste und Stuten, und ebenso auch für die Gesamtoberfläche, das Gesamtvolumen der Erythrocyten in 100 cm³ Blut, für den Hämoglobingehalt (in 100 cm³) und den Hämoglobingehalt eines Erythrocyten und für die Hämoglobinoberfläche. Das Volumen eines Erythrocyten sinkt auf das der Stute, ebenso auch die Oberfläche eines Erythrocyten.

3. Verjüngung und Korrektion des Geschlechtslebens durch operative Behandlung der Gonaden.

Bei Pferden liegen einige Mitteilungen über Verjüngung von Hengsten durch *Implantation von Hoden junger Tiere* nach HARMS[448] und durch Vasoligatur (Samenstrangunterbindung) nach STEINACH[1159] vor.

KRAPIWNER[606] operierte einen 20jährigen Hengst der russischen Armee, der der Senilität verfallen war: Kopf herunterhängend, trüber Blick, Appetitlosigkeit, Haar teilweise herausgefallen; keine Reaktion auf brunstige Stuten; konnte kaum 100 kg ertragen. Es wurde ihm ein in zwei Teile zerschnittener Hoden eines 6jährigen Hengstes auf einer Seite intratestikulär, auf der anderen in die Tunica vaginalis implantiert. Nach 19 Tagen zeigte sich die erste Wirkung: das Tier lebte auf, die Freßlust erschien wieder, neues Haar begann zu wachsen, der Blick wurde wieder lebhaft. In der sechsten Woche nach der Operation hatte der Hengst schon Stuten gedeckt. Von einem übereinstimmenden Fall berichtete aus Rußland auch NIKIFOROV[870]. GRABENKO[388] beschrieb eine Verjüngung bei einem Hengste, die sich durch Wiederherstellung der Potenz, durch Besserung des Haarkleides und Verschwinden der Corneatrübung äußerte. Aus dem Referate der russischen Arbeit kann leider nicht entnommen werden, ob es sich um Transplantation oder Vasoligatur handelte.

Eine kombinierte Operation von *Vasoligatur und Hodengewebetransplantation* wendete RUNGE[1051] an und erzielte angeblich gute Resultate bei senilen Pferden.

LENGERMANN[712] berichtete in einem vor der Deutschen Landwirtschaftlichen Gesellschaft gehaltenen Vortrage über einen mit vollstem Erfolge operierten, 6 Jahre alten Hengst, der schlecht und meist ohne Erfolg gedeckt hatte, in der Deckperiode nach der Operation aber immer völlig normal und erfolgreich war.

Aus einem amtlichen Bericht der tschechoslowakischen Legation in Rom vom 29. Januar 1924 entnehme ich die Mitteilung über erfolgreiche Operation an einem Hengste der königlichen Stallungen Reggio Emilia. Es handelte sich um ein 19jähriges, in England geborenes und im Jahre 1919 importiertes Vollblutpferd. In der letzten Zeit vor der Operation zeigte das Tier Senilitätsmerkmale: Magerwerden, Körperschwäche, schlechtes Stehen und Impotenz. Es wurde ihm ein Hoden implantiert. Schon 10 Tage nach der Operation trat eine Wiederherstellung der Sprungfähigkeit auf, welche weitere 8 Wochen verfolgt werden konnte. Dabei restaurierte sich auch der Körperzustand, erschien wieder Freßlust, nahm das Gewicht in 2 Monaten um 24 kg zu, und das Haar wurde wieder glatt und glänzend. Soviel mir bekannt, wurde dieser Fall in der Literatur nirgends beschrieben.

Auch VORONOFF[1265] teilt in seiner Publikation aus dem Jahre 1926 mit, daß er Versuche mit Hodentransplantation an senilen Pferden in 2 Fällen ausgeführt hatte, über Erfolge macht er aber keine Angaben.

Die angeführten Berichte über *Verjüngung durch Hodenoperation bei Pferden* stimmen zwar im allgemeinen mit dem überein, was wir von anderen Tieren schon gut kennen (vgl. ROMEIS[141]); an und für sich sind sie aber wissenschaftlich nicht dokumentarisch genug, besonders infolge der Unzulänglichkeit der Literaturreferate über nicht erreichbare Originale. Auch die Beobachtungszeit scheint oft nicht lang genug gewesen zu sein.

Eine interessante Mitteilung machte BENESCH[74]. Es sollte ihm bei einer 23jährigen *Stute* gelungen sein, die Wiederherstellung der *Fruchtbarkeit durch Implantation von Hoden* zu erreichen. Dies würde davon zeugen, daß die regenerative Wirkung junger Keimdrüsen bzw. der Geschlechtshormone im erhöhten Zuflusse auf die senile Keimdrüse nicht geschlechtsspezifisch ist. Soll diese Wirkung — wie es neuerdings sehr wahrscheinlich scheint — nicht direkt sein, sondern auf dem Umwege über die *Hypophyse* gehen (vgl. hierzu ZONDEK[1379]), dann würde diese *geschlechtliche Unspezifizität* völlig begreiflich sein, denn die stimulative Wirkung des Vorderlappenhormons ist geschlechtlich unspezifisch und auch die Aktivation des Hypophysenvorderlappens vom Geschlechte unabhängig.

Von der Vorstellung eines Antagonismus in der Wirkung der männlichen und weiblichen Keimdrüsen ausgehend, versuchte PARDUBSKÝ[910] durch Ovarienimplantation die Bösartigkeit der *kryptorchiden Hengste* ohne Entfernung der Hoden zu heilen und berichtet über 2 Fälle, in denen er eine vollkommene Besserung erreichen konnte. Angeregt durch PARDUBSKÝs Erfolge versuchte SCHOUPPÉ[1099] diese Methode bei *nymphomanischen Stuten* anzuwenden und teilt mit, daß er in 4 Fällen die Nymphomanie der Stuten durch Implantation von Hodenstückchen unter die Haut am Halse zum Verschwinden bringen konnte.

IV. Der Einfluß der Geschlechtsdrüsen auf Ernährung und Stoffwechsel beim Schweine.

Die Ergebnisse der bisherigen Forschung über den Einfluß der Geschlechtsdrüsen auf den Stoffwechsel der Schweine beziehen sich, ähnlich wie beim Rinde, 1. auf die Geschlechtsunterschiede, 2. auf die Wirkung der Kastration, 3. auf die Beeinflussung des Körperzustandes durch Transplantation von Gonaden bei alten bzw. infantilen Tieren.

1. Die Geschlechtsunterschiede im Wachstum und Stoffwechsel beim Schweine.

a) Geburtsgewichte, Wachstumsintensität, Körperzusammensetzung.

Bei den Schweinen kann man ein Übergewicht des männlichen Geschlechtes schon bei den *Embryonen* beobachten. Aus den von WARWICK[1284] für Poland-China, Duroc-Jersey- und Chester-White-Schweine publizierten Einzeldaten berechnete ich (siehe folgende Tabelle), daß die männlichen Embryonen in der Länge um ca. 2—6%, in dem Gewichte um 5—13% vom 40. Tage der Trächtigkeit beginnend, die weiblichen Embryonen überholen.

Körperlänge und Körpergewichte der Schweine-Embryonen (nach WARWICK).

Alter in Tagen	Zahl der untersuchten Uteren	Männliche Feten		Weibliche Feten			Unterschied zwischen männlichen und weiblichen Feten			
		Zahl der Feten	Länge in mm	Gewicht in g	Zahl der Feten	Länge in mm	Gewicht in g	in der Länge		im Gewichte	
								mm	%	g	%
40	4	13	49,2	9,2	19	47,9	8,6	1,3	2,7	0,6	6,9
50	2	12	82,6	29,3	10	78,0	27,8	4,6	5,9	1,5	5,4
60	4	9	118,8	94,6	13	119,4	94,4	—0,6	0,5	0,2	0,2
70	1	17	159,3	216,9	17	154,4	202,7	4,9	3,2	14,2	7,0
71	1	4	157,2	226,5	12	152,5	199,4	4,7	3,1	27,1	13,5
80	6	11	173,1	310,4	17	171,0	276,2	2,1	1,2	34,2	12,3
90	2	4	188,7	391,7	6	197,6	441,0	— 8,9	4,5	49,3	—11,1
100	5	19	205,2	445,5	17	192,3	396,8	12,9	6,3	48,7	12,2
110	4	11	241,7	800,5	12	237,2	762,6	4,5	1,9	37,9	4,9

Die *neugeborenen Ferkel* des männlichen und des weiblichen Geschlechtes unterscheiden sich nicht immer deutlich im Gewichte, es scheint sich aber schon während der ersten Wochen ein gewisser Unterschied zugunsten des männlichen Geschlechtes zu entwickeln. SCHMIDT, VOGEL und ZIMMERMANN[1088] geben auf Grund ihrer Kontrollergebnisse in deutschen Zuchten folgende Zahlen an:

Rasse	Zahl der Würfe	Durchschnittliches Geburtsgewicht in kg		Durchschnittliches Vierwochengewicht in kg	
		♂	♀	♂	♀
Veredeltes Landschwein . . .	36	1,40	1,39	7,22	6,98
Deutsches Edelschwein . . .	34	1,39	1,40	6,74	6,60

Einen Geschlechtsunterschied schon bei der Geburt fand RICHTER[983] bei veredelten Landschweinen und weißen Edelschweinen, der sich während der ersten 10 Wochen noch vergrößerte:

Rasse	Zahl der Würfe	Durchschnittliches			
		Geburtsgewicht in kg		Gewicht nach 10 Wochen in kg	
		♂	♀	♂	♀
Veredeltes Landschwein . . .	48	1,29	1,22	18,10	17,15
Weißes Edelschwein	45	1,21	1,19	17,63	17,16

In einem anderen Materiale und auch bei anderen Rassen fanden Schmidt, Lauprecht und Vogel[1086]:

Rasse	Zahl der Würfe	Durchschnittliches Geburtsgewicht in kg	
		♂	♀
Weißes Edelschwein	45	1,21	1,19
Veredeltes Landschwein	48	1,29	1,29
Veredeltes Landschwein	27	1,36	1,31
Hann.-braunschw. Landschwein.	8	0,79	0,85
Berkshire-Eber × veredeltes Landschwein . .	6	1,33	1,26
Yorkshire-Eber × hann.-braunschw. Landschw.	10	0,88	0,87

Mit Ausnahme des hannover-braunschweigischen Landschweines zeigt sich hier schon bei den neugeborenen Ferkeln eine Tendenz zum höheren Gewichte der männlichen.

Die Unterschiede sind aber nicht beträchtlich, und manchmal treten sie sogar — aber auch in nur geringem Maße — erst bei der Mästung auf. In 16 Kontrollgruppen des veredelten Landschweines fanden Schmidt, Vogel und Zimmermann[1088] z. B. die durchschnittlichen Gewichtszahlen (Anm.) nebenstehender Tabelle.

	Vierwochengewicht kg	Mastanfangsgewicht kg	Gewicht nach 10 Mastwochen kg
männliche Tiere	8,07	28,91	74,44
weibliche Tiere	8,08	29,47	73,13

Mit längerer *Mästung* nehmen die Unterschiede zu. Beim veredelten Landschwein wurde z. B. gefunden (Schmidt, Vogel und Zimmermann[1088] (siehe nebenstehende Tabelle).

Ähnliches hat sich auch bei den deutschen Edelschweinen gezeigt.

Mastwoche	Prüfungsjahrgang 1927-1928		Prüfungsjahrgang 1928-1929	
	♂	♀	♂	♀
0	27,6	27,0	30,0	24,7
5	40,9	44,6	43,6	40,0
10	57,2	56,6	61,6	59,1
15	73,6	73,9	81,0	75,3
20	93,2	91,8	101,2	90,4
22	101,0	98,9	—	95,7

Bei einem anderen Material von veredelten Landschweinen, dem Landschwein und Kreuzungsferkel, fanden Schmidt, Lauprecht und Vogel[1086] folgende Zahlen:

Rasse	Veredeltes Landschwein		Landschwein		Kreuzungsferkel		Kreuzungsferkel	
	♂	♀	♂	♀	♂	♀	♂	♀
Ferkelzahl	46	45	19	23	23	27	25	32
Bei Geburt	1,330	1,200	0,888	0,961	1,323	1,253	0,908	0,911
Nach vollendeter 4. Woche . .	5,349	4,964	3,613	4,020	5,293	5,064	3,601	3,550
Nach vollendeter 8. Woche . .	12,298	11,597	7,700	8,227	12,040	11,756	7,233	6,953
Nach vollendeter 10. Woche . .	17,862	16,816	—	—	17,702	16,986	—	—

Anm. Nach den veröffentlichten Einzelgewichten berechnet.

Interessant ist der Umstand, daß sich bei dem gewöhnlichen Landschwein ein dauerndes Übergewicht beim weiblichen Geschlechte vorfindet.

Bei der Aufzucht der Schweine zur *Geschlechtsreife* erscheint aber das intensivere Wachstum der männlichen Tiere sehr deutlich und zeigt sich sowohl im Gewichte als auch in den Maßen, wie nebenstehender Tabelle von WILKENS[1318, 1319] zu entnehmen ist.

Das männliche Tier zeigt hier in allen Dimensionen ein intensiveres Wachstum. Als Resultat davon hat „das männliche Tier nach allen Seiten hin die absolut größten Dimensionen und auch die größte Knochenstärke zu verzeichnen. Die Differenz zwischen den entsprechenden Maßen der beiden Geschlechter erreicht ihren Höhepunkt in der Länge in einem Ausmaß von 11,14 cm. Im Gewichte wurde eine *Überlegenheit des männlichen Tieres* um 105,87 kg festgestellt. Die Brusttiefe verglichen mit der Widerristhöhe läßt die relativ stärkere Entwicklung der Vorhand beim Eber klar erkennen. Auch hinsichtlich der relativen Beckenbreite schneidet das männliche Tier am besten ab, jedoch erreicht die Differenz zwischen den Dimensionen beider Geschlechter nicht ein derartiges Ausmaß, wie es bei der Brustbreite zu beobachten ist. Zusammenfassend ist eine relativ stärkere Breitenentwicklung des Ebers festzustellen. In der Röhrenbeinstärke erweist sich das männliche Tier nicht nur absolut, sondern auch relativ überlegen" (WILKENS[1318, 1319], S. 22—23).

Mit den Geschlechtsunterschieden in der Erzeugung von Körpersubstanz hängen bei den Schweinen auch gewisse *geschlechtliche Unterschiede in der Körperzusammensetzung bei Mastschweinen* zusammen, deren Kenntnis wir in der letzten Zeit besonders den Arbeiten von SCHMIDTs Schule in Göttingen verdanken.

Im *Schlachtgewinn bzw. Schlachtverlust* (SCHMIDT, VOGEL und ZIMMERMANN[1088]) bestehen keine Unterschiede zwischen männlichen und weiblichen Tieren. Bei beiden bewegen sich die Verluste zwischen 17,60—21,70% und variieren nur nach Art und Jahrgang, nicht aber nach Geschlecht.

Gewisse Geschlechtsunterschiede kommen in den *relativen Gewichten der einzelnen Hauptteile* (a. a. O.) vor:

Geschlechtsunterschiede in den absoluten Körpermaßen und -gewichten von Zuchttieren des veredelten Landschweines in cm bzw. kg. (Nach SCHMIDT, VOGEL und ZIMMERMANN.)

Alter in Monaten	Widerristhöhe in cm		Kreuzbeinhöhe in cm		Körperlänge in cm		Brustbreite in cm		Brusttiefe in cm		Beckenbreite in cm		Röhrbeinumfang in cm		Gewicht in kg	
	♂	♀	♂	♀	♂	♀	♂	♀	♂	♀	♂	♀	♂	♀	♂	♀
3 Monate	47,96	47,60	52,43	51,65	63,43	62,62	17,88	17,48	24,49	24,02	17,99	17,74	12,09	11,53	34,09	32,61
6	65,09	63,55	70,26	68,32	85,82	83,02	23,77	23,40	33,92	33,16	23,68	22,68	15,95	14,73	86,06	78,36
7	68,59	64,18	74,56	70,30	96,76	88,62	26,89	26,43	38,41	36,76	27,66	26,12	17,52	16,01	115,29	89,13
9	75,41	70,68	82,28	76,74	103,72	96,18	30,30	29,06	42,28	40,62	29,99	28,26	18,24	16,96	142,93	119,27
12	85,00	77,52	89,76	83,58	122,10	102,74	33,81	31,51	46,90	44,27	31,74	30,32	19,96	17,76	176,17	136,19
18	92,29	82,40	96,00	87,49	122,57	112,29	38,46	32,59	53,93	47,80	34,96	30,72	21,47	18,30	252,83	183,35
24	94,80	86,77	98,83	91,15	126,61	118,27	41,43	35,96	56,02	50,28	37,56	32,08	22,03	18,95	287,31	205,50
36	100,94	90,53	103,20	93,92	131,40	122,20	44,40	36,84	60,84	55,06	39,30	34,88	23,70	20,12	353,25	254,10
Ausgewachsene Tiere	101,78	92,96	101,75	94,64	133,00	121,86	45,52		60,92	56,00	41,13	35,57	23,90	20,15	364,17	158,30

Rasse	Ge-schlecht	Kopf	Kotelett m. Kamm u. Hüfte	Speck-seite	Bauch mit Blatt	Schinken	Flomen
Nicht-Hoya	♂	8,7	19,1	14,9	32,5	20,2	3,7
	♀	8,5	20,0	13,3	31,6	21,0	3,6
Hoya	♂	8,7	18,8	13,3	33,9	20,9	3,4
	♀	8,4	18,9	12,4	32,9	21,3	3,3
Edelschweine	♂	8,6	18,7	13,9	31,7	21,4	3,1
	♀	8,4	19,6	12,4	32,7	22,0	3,0

Die männlichen Masttiere scheinen mehr an Speckseite, an Flomen und an Bauch mit Blatt (letzteres mit Ausnahme der Edelschweine) zu produzieren, die weiblichen mehr an den Koteletten mit Kamm und Hüfte und an den Schinken. Die Unterschiede sind aber nicht groß.

Im *Fett-Fleischverhältnis* zeigt sich nach Schmidt, Vogel und Zimmermann[1088] ein kleiner, aber konstanter Unterschied zugunsten eines höheren Fleischanteiles der weiblichen Tiere. Die genannten Forscher geben folgende Zahlen an:

	Nicht-Hoya		Hoya		Edelschwein	
	♂	♀	♂	♀	♂	♀
Fettanteil (s. Anm.)	18,6	16,9	16,7	15,7	17,0	15,3
Fleischanteil (s. Anm.)	39,3	41,0	39,7	40,2	40,1	41,6
Fett : Fleischverhältnis	1 : 2,1	1 : 2,4	1 : 2,4	1 : 2,6	1 : 2,4	1 : 2,7

Bei einem anderen Material fanden Schmidt und Vogel[1087] noch größere Unterschiede bei leichten und mittelschweren Tieren:

Klasse der Tiere	Fett-Fleischverhältnis	
	♂	♀
Leicht	2,01	2,27
Mittelschwer	2,33	2,70
Schwer	2,70	2,26

Bei schweren Tieren schlägt das Verhältnis zugunsten der männlichen Tiere um, was bedeutet, daß bei *höherer Mast* die weiblichen Tiere mehr verfetten als die männlichen. Im Gegensatze hierzu kamen aber Mitchell und Hamilton[828] zu negativen Resultaten. Bei Mästung der Tiere bis auf das Gewicht von 225 Pfund konnten sie keinen deutlichen Geschlechtsunterschied in der Zusammensetzung bzw. im Gewichte der einzelnen Teile feststellen.

Vom Interesse mag auch sein, daß die *Variabilität der Gewichte einzelner Organe* (Herz, Leber, Niere, Milz) bei den weiblichen Tieren etwas größer ist als bei den männlichen. Der Variabilitätskoeffizient verhält sich nach Schmidt und Vogel[1087] wie folgt:

	Variationskoeffizienten	
	♂	♀
Herz	13,12	13,84
Leber	17,96	18,64
Niere	14,58	15,05
Milz	20,64	21,83

Anm. In Prozenten des halben warmen Schlachtgewichtes.

In der Beziehung der Gewichte dieser Organe zu der Produktionsfähigkeit, auf Grund der Korrelationskoeffizienten berechnet (Mastdauer, Gersteverbrauch, Fett-Fleischverhältnis, Körpermassen), bestehen keine Geschlechtsunterschiede (a. a. O.).

b) Grundumsatz.

Soweit ich aus der bisher vorliegenden Literatur feststellen konnte, wurden vergleichende Untersuchungen über den basalen Metabolismus bei Sauen und Ebern nur von BRODY[123] ausgeführt. Bei je 3 Ebern und Sauen der Chester-White-Rasse fand er in verschiedenen Altersperioden von 20—300 Tagen folgende Werte, die auf Durchschnittszahlen umgerechnet in den hier wiedergegebenen Tabellen zusammengestellt sind:

Grundumsatz und Geschlecht bei Schweinen. (Nach BRODY.)
Ebern.

Gemessen im Alter Tage	Chester-White-Eber Nr. 33			Chester-White-Eber Nr. 6			Chester-White-Eber Nr. 4			Durchschnitt für Eber	
	Zahl der Messungen	Energieproduktion		Zahl der Messungen	Energieproduktion		Zahl der Messungen	Energieproduktion		Energieproduktion	
		auf 1 kg	auf 1 m²		auf 1 kg	auf 1 m²		auf 1 kg	auf 1 m²	auf 1 kg	auf 1 m²
20—40	4	72,7	1275	7	61,3	1240	5	57,2	1078	63,7	1197
100—150	14	70,0	2213	4	69,7	1686	7	55,0	1286	64,9	1728
150—200	17	56,7	2552	5	53,0	2184	3	56,3	1715	55,3	2150
200—250	18	42,1	2117	13	49,3	2307	20	48,5	1639	46,6	2021
250—300	—			23	46,0	2522	25	49,3	1888	47,6	2205

Sauen.

Gemessen im Alter Tage	Chester-White-Sau Nr. 1			Chester-White-Sau Nr. 3			Chester-White-Sau Nr. 5			Durchschnitt für Sauen	
	Zahl der Messungen	Energieproduktion		Zahl der Messungen	Energieproduktion		Zahl der Messungen	Energieproduktion		Energieproduktion	
		auf 1 kg	auf 1 m²		auf 1 kg	auf 1 m²		auf 1 kg	auf 1 m²	auf 1 kg	auf 1 m²
21—40	9	68,3	1265	9	70,5	1286	6	73,5	1299	70,8	1283
101—150	4	72,0	1925	4	63,2	1468	4	58,2	1628	64,5	1673
151—200	3	56,0	2271	3	73,0	1985	3	52,0	2311	60,3	2289
201—250	15	52,1	2227	13	61,6	1851	12	49,2	2420	54,3	2166
251—300	22	41,9	2153	23	58,9	2104	20	39,3	2230	46,7	2162

Wie aus den Zahlen hervorgeht, konnte ein *Geschlechtsunterschied im Grundumsatz nicht festgestellt* werden, auch bei den voll ausgewachsenen und schon geschlechtsaktiven Tieren (Alter 250—300 Tage) nicht.

Auch Messungen an 1 Eber und 4 Sauen der Duroc-Jersey-Rasse, welche ich ähnlicherweise aus BRODYS Originalzahlen für die einzelnen Tage umgerechnet habe, fielen negativ aus:

Grundumsatz und Geschlecht bei Schweinen. (Nach BRODY.)

Gemessen im Alter Tage	Duroc-Jersey-Sau Nr. 34			Duroc-Jersey-Sau Nr. 37			Duroc-Jersey-Sau Nr. 38		
	Zahl der Messungen	Energieproduktion		Zahl der Messungen	Energieproduktion		Zahl der Messungen	Energieproduktion	
		auf 1 kg	auf 1 m²		auf 1 kg	auf 1 m²		auf 1 kg	auf 1 m²
25—50	4	74,5	1453	5	63,4	1190	10	62,7	1131
100—150	16	68,2	2482	11	70,7	2254	15	71,7	1994
151—200	20	52,9	2637	15	55,6	2550	20	59,3	2363
201—250	16	42,1	2285	17	41,4	2187	18	47,1	2265

Duroc-Jersey-Sau Nr. 39			Durchschnitt für Sauen		Duroc-Jersey-Eber Nr. 34		
Zahl der Messungen	Energie-produktion		Energie-produktion		Zahl der Messungen	Energie-produktion	
	auf 1 kg	auf 1 m²	auf 1 kg	auf 1 m²		auf 1 kg	auf 1 m²
5	71,2	1438	67,9	1303	3	74,0	1273
15	72,9	2291	70,9	2255	19	62,7	1871
22	55,1	2366	55,7	2479	20	55,7	2279
16	47,3	2454	44,5	2298	15	48,8	2317

Vorläufig kann also von einem Geschlechtsunterschiede im Grundumsatze bei Schweinen nicht gesprochen werden. Ob weitere Untersuchungen an älteren Tieren einen solchen Unterschied ergeben, muß weiteren Untersuchungen überlassen bleiben, die höchst wünschenswert wären.

c) Chemismus des Blutes und der Organe.

Die ersten Angaben über Geschlechtsdifferenzen in der *Erythrocytenzahl bei Schweinen* finden wir bei STORCH[1173]. Er untersuchte Ferkel beiden Geschlechtes im Alter von 6—35 Tagen und fand:

männliche Ferkel 4 Tiere 5140000,
weibliche Ferkel 4 Tiere 4710000.

Die Erythrocytenzahl ist also *bei den männlichen Tieren deutlich höher* als bei den weiblichen und bleibt auch nach der Kastration erhalten. Da die Differenz auch schon bei jungen Tieren zutage tritt, scheint sie von den Gonadenhormonen unabhängig und im Soma selbst begründet zu sein.

Für die *Leukocytenzahl* fand STORCH bei je drei männlichen und weiblichen Ferkeln durchschnittlich 12960 resp. 10080.

SENFTLEBEN[1118] fand bei normalen gesunden Schweinen im Alter von 6 Wochen bis 4 Jahren als Durchschnitt 7230575 Erythrocyten. Diese Zahl unterliegt aber großen Schwankungen je nach der Haltung und Fütterung. Hierdurch könnte in seinem Materiale eine eventuelle Geschlechtsdifferenz verwischt worden sein. Eine solche zeigte sich nur bei *Saugferkeln.*

	Zahl der Tiere	Schwankung	Durchschnitt
♂	7	3208000—6608000	5027000
♀	10	2892000—4700000	3634000

Für die *Leukocytenzahl* läßt sich aus SENFTLEBENS Angaben für die Saugferkeln berechnen:

	Zahl der Tiere	Schwankung	Durchschnitt
♂	7	8850—14800	11835
♀	10	6300—40400	15400

Der *Hämoglobingehalt des Blutes* zeigte sich dann für die Saugferkeln wie folgt:

	Zahl der Tiere	Schwankung	Durchschnitt
♂	7	45—64	56
♀	10	38—49	41

Sehr gründliche und umfangreiche Untersuchungen über die Geschlechtsunterschiede in der Zusammensetzung des Schweineblutes hat GÖTZE[387] an einem Material von 37 Tieren unternommen und hat dabei die folgenden Durchschnittszahlen gefunden:

	Eber	Sauen
Erythrocytenzahl in 1 cm³ Blut	7 090 000	6 900 000
Oberfläche eines Erythrocyten in μ^2	93,1	90,4
Volumen eines Erythrocyten in μ^2	60,0	56,5
Gesamtoberfläche der Erythrocyten in 100 cm³ Blut, ausgedrückt in m²	67,3	62,4
Gesamtvolumen der Erythrocyten in 100 cm³ Blut, ausgedrückt in cm³	43,2	38,9
Spezifische Oberfläche (Verhältnis von Oberfläche zu Volumen) .	1,55	1,60
Hämoglobingehalt in 100 cm³ Blut in g	12,98	11,81
Hämoglobingehalt eines Erythrocyten in 10—12 g	18,4	17,1
Hämoglobindichte, d. i. der Hämoglobingehalt in der Volumeneinheit	0,302	0,303
Hämoglobinoberfläche (Leistungsmöglichkeit) eines Erythrocyten, ausgedrückt in Hgl-μ^2	285	274
Hämoglobinoberfläche (Leistungsmöglichkeit) der gesamten Menge der Erythrocyten in 100 cm³ Blut, ausgedrückt in Hgl-m² .	202	189

MAGNUS und SAIM[785] untersuchten neuerdings das Blut von 30 Schweinen vom Typus des veredelten Landschweines auf Erythrocytenzahl, Leukocytenzahl und Hämoglobingehalt. Bei Tieren im Alter von 3 Monaten ergaben sich (berechnet nach den Einzelprotokollen) folgende Werte:

Geschlecht	Zahl der Tiere	Erythrocyten		Leukocyten		Hämoglobin	
		Schwankung	Durchschnitt	Schwankung	Durchschnitt	Schwankung	Durchschnitt
♂	3	6 500 000—7 100 000	6 800 000	15 000—19 100	17 000	71—91	81
♀	5	5 800 000—7 100 000	6 780 000	9 700—16 800	14 000	80—92	85

Bei Tieren im Alter von 7—10 Monaten:

Geschlecht	Zahl der Tiere	Erythrocyten		Leukocyten		Hämoglobin	
		Schwankung	Durchschnitt	Schwankung	Durchschnitt	Schwankung	Durchschnitt
♂	11	7 700 000—8 600 000	8 336 000	11 500—15 600	11 700	79—105	93
♀	11	7 200 000—9 500 000	8 345 000	9 600—18 300	14 420	86—100	85

Im allgemeinen zeigt sich also, daß das männliche Geschlecht eine höhere Erythrocytenzahl, höheren Hämoglobingehalt des Blutes und der Erythrocyten und in der Geschlechtsreife eine niedrigere Leukocytenzahl aufweist. Doch der letztere Punkt ist noch nicht gesichert. Die Leukocytenzahl scheint bei den Schweinen auch je nach der Fütterung und Behandlung der Tiere sehr zu variieren.

Daß v. FALCK[299] bei seinen Studien über den Hämoglobingehalt des Blutes der Schweine keine Unterschiede zwischen Ebern und Sauen gefunden hat, kann dadurch erklärt werden, daß sein Material zu spärlich war.

TADOKORO, ABE und WATANABE[1192] stellten fest, daß zwischen den Ebern und den Sauen auch gewisse *Unterschiede in der chemischen Zusammensetzung der Muskelfibrillen und hinsichtlich des Muskelmyogens und Myosins* vorhanden waren, welche sich auf die Acidität, den Phosphor- und Schwefelgehalt, auf p_H, auf das Drehvermögen der Lösungen, auf Arginin- und Lysin, auf freien Stickstoff und das Verhältnis der Acetylgruppen zu dem Gesamtstickstoff beziehen. Diese Geschlechtsdifferenzen sind hier dieselben wie beim Rinde (siehe Kapitel „Rind").

2. Wirkungen der Kastration.

Obzwar bei den Schweinen die Kastration nicht nur beim männlichen, sondern auch beim weiblichen Geschlechte ein sehr häufiger Eingriff ist — bei dem weiblichen Geschlechte zumindest viel öfter als bei anderen landwirtschaftlichen Nutztieren—, so sind doch die exakt festgestellten Wirkungen der Kastration auf den Schweineorganismus sehr gering. Die landwirtschaftliche Praxis begnügt sich hier mit der durch empirische Erfahrung gewonnenen Kenntnis von der günstigen Wirkung der Kastration auf die Fleisch- und Fettmastfähigkeit der Schweine. Nähere Untersuchungen über die Veränderungen des Stoffwechsels und der Ausnutzung der Futtermittel nach der Kastration wurden nicht durchgeführt.

a) Wirkungen auf Wachstum, Körperproportionen und einige Organe.

Da die sekundären Geschlechtsunterschiede im *Körperbau* beim Schweine sehr gering sind, zeigen sich auch keine deutlichen Wirkungen der Kastration auf den allgemeinen Körperbau. Man macht auch in der Fleischindustrie keinen Unterschied zwischen weiblichen und männlichen Tieren oder zwischen kastrierten oder nichtkastrierten.

Die einzigen Experimente über die *Beeinflussung des Wachstums der Schweine durch die Kastration* besitzen wir von WARWICK und VAN LONE[1285]. Sie kastrierten in drei parallel gehenden Versuchen männliche Ferkel entweder gleich nach der Geburt oder im Alter von 4—5 Wochen. Zum Vergleich wurden weibliche Tiere benutzt und das Wachstum gewichtsmäßig bis zur siebenten Lebenswoche verfolgt. Das Ergebnis ist in folgender Tabelle wiedergegeben (in Pfund):

Wirkung der Kastration auf Wachstum der Schweine. (Nach WARWICK u. VAN LONE.)

		Zahl der Tiere	Alter in Wochen							
			Geburt	1	2	3	4	5	6	7
Gleich nach der Geburt kastrierte Tiere	Versuch 1	13	2,9	4,4	6,6	8,0	9,2	10,5	12,6	14,6 ± 0,775
	„ 2	17	2,8	4,8	7,5	8,7	10,6	12,3	14,5	18,1 ± 0,920
	„ 3	25	2,7	4,9	7,6	10,3	13,2	17,3	20,9	26,9 ± 0,785
	Durchschnitt aller Versuche		2,8	4,8	7,3	9,3	11,5	14,1	17,0	21,3 ± 0,688
Kastriert im Alter von 4 bis 5 Wochen	Versuch 1	18	2,9	4,9	7,0	9,1	10,6	12,4	14,6	17,0 ± 0,660
	„ 2	22	2,8	4,7	7,1	8,3	9,9	11,5	13,8	17,5 ± 0,705
	„ 3	21	2,8	4,9	7,3	9,7	13,0	16,8	20,9	26,2 ± 0,813
	Durchschnitt aller Versuche		2,8	4,8	7,1	9,0	11,2	13,6	16,5	20,4 ± 0,584
Weibliche Tiere zum Vergleich	Versuch 1	43	2,6	4,4	6,3	8,0	9,3	10,9	13,2	16,1 ± 0,582
	„ 2	27	2,6	4,4	6,5	7,8	9,3	10,6	12,4	15,3 ± 0,570
	„ 3	42	2,7	4,9	7,4	10,1	13,4	17,5	21,5	27,1 ± 0,598
	Durchschnitt aller Versuche		2,6	4,6	6,8	8,7	10,8	13,3	16,1	20,0 ± 0,492

Zwischen den bei der Geburt und den 4 Wochen später kastrierten Tieren ergab sich hiernach kein Unterschied. Die ersteren wuchsen etwas besser, aber die erreichten Abweichungen (0,9 Pfund) sind mit Rücksicht auf den wahrscheinlichen Fehler zu gering. Auch der Unterschied zwischen den beiden kastrierten Tiergruppen und der Gruppe der weiblichen Tiere war kaum erkennbar. Ein Vergleich mit nichtkastrierten männlichen Tieren fehlt leider in den Versuchen von WARWICK und VAN LONE.

Die *frühe Kastration* beeinflußt aber sehr ungünstig die *Sterblichkeit der Ferkel,* wie aus den folgenden Zahlen ersichtlich ist:

	Totale Sterblichkeit in den einzelnen Lebenswochen in %						
	1	2	3	4	5	6	7
Bei der Geburt kastrierter Ferkel . .	17,3	23,1	27,9	34,6	42,3	46,2	47,1
Im Alter von 4—5 Wochen kastrierte Ferkel.	12,7	17,6	18,6	23,5	32,4	38,2	40,2
Nichtkastrierte weibliche Tiere . . .	15,6	18,5	23,9	31,7	34,6	42,4	45,3

Die kleinste Sterblichkeit war bei den im Alter von 4—5 Wochen kastrierten Ferkeln, die größte bei den gleich nach der Geburt kastrierten. Die nichtkastrierten weiblichen Tiere stehen in ihrer Sterblichkeit dazwischen.

Andere Versuche mit *Kastration von männlichen Schweinen im verschiedenen Alter* führte BAKER[52] aus, der von 17 Ferkeln des großen englischen weißen Schweines 6 im Alter von 50 Tagen, 7 im Alter von 100 Tagen und 2 im Alter von 200 Tagen kastrierte und alle bis zum Alter von 300 Tagen aufzog; 2 nichtkastrierte dienten als Kontrolle. Ein Einfluß der verschiedenen Kastrationszeit konnte nicht festgestellt werden. Die Ferkel wogen im Alter von 300 Tagen:

	Kastriert am			
	50. Lebenstage	100. Lebenstage	200. Lebenstage	nichtkastriert
	75,5	91,8	71,4	89,5
	80,0	86,3	99,0	88,5
	89,5	62,2	—	—
	[2]127,0	77,0	—	—
	105,5	83,5	—	—
	105,5	92,0	—	—
	—	106,0	—	—
Durchschnitt:	97,2	85,5	85,0	89,0

Die am 50. Lebenstage kastrierten Tiere zeigten zwar ein besseres Wachstum; doch mit Rücksicht auf die große Variabilität und die kleine Individuenzahl müssen wir BAKER zustimmen, wenn er diesen Unterschied für nichtvielsagend halten will.

Die Kastration in verschiedenem Alter beeinflußte auch das Gewicht der Schilddrüse, der Zirbeldrüse (Glandula pinealis) und der Hypophyse nicht. Die Nebennieren waren bei den am 50. bzw. 100. Lebenstage kastrierten Tieren kleiner (4,55 bzw. 5,58%) als bei den am 200. Lebenstage kastrierten (8.25%). Der Unterschied zwischen den am 50. Tage und am 100. Tage kastrierten Tieren (4,55 gegenüber 5,58) soll nicht bedeutend gewesen sein. Ähnliche, aber noch größere Unterschiede zwischen den am 50. bzw. 100. Lebenstage kastrierten Tieren erschienen auch im Gewichte des urogenitalen Apparates.

b) Wirkungen auf das Blut.

STORCH[1173] untersuchte das Blut von 10 männlichen und weiblichen Kastraten und fand folgende Zahlen:

männliche Kastraten 5 Tiere Erythrocytenzahl 8 430 000
weibliche   „   5 „   „   7 660 000.

Der Geschlechtsunterschied scheint also nach diesen Untersuchungen auch nach der Kastration bestehen geblieben zu sein.

SUSTSCHOWA[1182] fand beim Schweine die *Erythrocytenzahl* männlicher Kastrate mit 9 400 000, also niedriger als die der unkastrierten weiblichen Tiere

(9976000). Bei weiblichen Kastraten sinkt die Erythrocytenzahl auf 8307000. Dagegen ist der Hämoglobingehalt der männlichen Kastraten 62, also gleich dem der unkastrierten Weibchen (65). Ein Vergleich mit unkastrierten Männchen fehlt für beide Werte.

Dagegen fand aber neuerlich Götze[387] eine Änderung des *Blutbildes nach der Kastration* der männlichen Tiere. Er gibt folgende Zahlen an:

Erythrocytenzahl in 1 cm³ Blut 6820000
Oberfläche eines Erythrocyten in μ^2 90,2
Volumen eines Erythrocyten in μ^2 56,7
Gesamtoberfläche der Erythrocyten in 100 cm³ Blut, ausgedrückt in m² 61,4
Gesamtvolumen der Erythrocyten in 100 cm³ Blut, ausgedrückt in cm³ . . . 38,6
Spezifische Oberfläche (Verhältnis von Oberfläche zu Volumen) 1,59
Hämoglobingehalt in 100 cm³ Blut in g 11,67
Hämoglobingehalt eines Erythrocyten in 10—12 g 17,1
Hämoglobindichte, d. i. Hämoglobingehalt in der Volumeneinheit 0,302
Hämoglobinoberfläche (Leistungsmöglichkeit) eines Erythrocyten, ausgedrückt
    in Hgl-μ^2 272
Hämoglobinoberfläche (Leistungsmöglichkeit) der gesamten Menge der Erythro-
    cyten in 100 cm³ Blut, ausgedrückt in Hgl-m² 186

Im Vergleich mit den oben angeführten Zahlen für Eber und Sauen sieht man hier eine Abnahme der Erythrocytenzahl auf die der weiblichen Tiere und auch eine ähnliche Abnahme der Oberfläche eines Erythrocyten und der Gesamtoberfläche und des Gesamtvolumens der Erythrocyten, des Hämoglobingehaltes und der Hämoglobinoberfläche. Kurz: *das Blut kastrierter männlicher Tiere gleicht dem Blute der Sauen.*

3. Verjüngung und Beeinflussung des Stoffwechsels durch Operation der Hoden.

Bei den Schweinen besitzen wir bisher nur zwei Mitteilungen über Verjüngung. Die eine ist von Hobday[499]: Bei einem senilen Eber, der Sprungschwäche zeigte, wurde *Implantation eines Hodens* von einem jungen Tiere ausgeführt. Es konnte eine deutliche Verbesserung der Sprungfähigkeit festgestellt werden, aber das Tier blieb unfruchtbar. Die andere ist von Polowzow[956]: Transplantation von jungen Hoden in einen senilen, sexuell impotenten 5jährigen Eber führte zur bedeutenden Verbesserung des allgemeinen körperlichen Zustandes (Freßlust, Beweglichkeit) und Wiedererscheinen der sexuellen Tätigkeit.

Warwick[1283] führte beiderseitige *Vasoligatur* mit Resektion bei drei jungen Ebern (115 Tage, 213 Tage und $^1/_2$ Jahr alt) durch, um die Änderung in der *mikroskopischen Struktur der Hoden* zu studieren. Bei dem dritten Tiere beobachtete er in einer Woche nach der Operation eine vorübergehende Steigerung des Geschlechtstriebes und Unruhe.

Über einen Fall, in dem beim jungen Eber durch Transplantation eines weiteren Hodens ein erhöhtes Wachstum beobachtet wurde, berichtet Voronoff[1265]. Für ein Ferkel, dem er im Alter von 6 Wochen *einen dritten Hoden implantiert* hatte, gibt er an, daß es nach 10 Monaten um 7,5 kg mehr als die anderen Ferkel desselben Wurfes wog „und anscheinend festeres Fleisch hatte und der Körper nicht mit Fett überladen war". 6 Monate nach der Operation wog das operierte Tier 123 kg, ein anderes (ob aus demselben Wurfe, wird nicht angegeben) 115,3 kg. Voronoff glaubt hier einen höheren Fleischansatz auf Kosten des Fettansatzes erreicht zu haben. Körperanalysen wurden aber nicht mitgeteilt und offenbar auch nicht ausgeführt.

Bemerkenswert ist die Mitteilung von Korenchewsky[599] über die Wirkung eines *künstlichen Kryptorchismus* bei Schweinen auf das Wachstum und den Stoffwechsel. 2 Tiere, die als Ferkel operativ kryptorchisiert wurden, erreichten ein um 13,2% höheres Körpergewicht als 2 normale kastrierte Geschwistertiere. Dabei hatten sie mehr retroperitonealen Fettes (2903 g auf 100 kg des Körpergewichtes gegenüber 2608 g bei den Kontrollen) und waren mit dichterem Haar bewachsen. Die Futteraufnahme war dabei bei den Kryptorchiden etwas kleiner (3,05 kg auf 100 kg) als bei den Kontrollen (3,30 kg). Die histologische Untersuchung der Hoden zeigte Verschwinden von Kanälchen und Vergrößerung des Interstitiums.

SCHOUPPÉ[1100] gibt an, daß man bei *Sauen die Brunst* durch orale Verabreichung oder *Injektionen von Hodensubstanz* (auch von Stieren) herabsetzen oder auch vollkommen unterdrücken kann. In den Ovarien kommen zahlreiche Gelbkörper vor und der Uterus atrophiert. Die Tiere nehmen aber an Gewicht bedeutend zu.

V. Der Einfluß der Geschlechtsdrüsen auf Ernährung und Stoffwechsel bei Schafen und Ziegen.

Über die Wirkung der Geschlechtsdrüsen auf den Körper und den Stoffwechsel der Schafe und Ziegen sind wir durch exakte Untersuchungen etwas besser unterrichtet als bei Pferden und Schweinen. Die Ursache mag darin liegen, daß Schafe und Ziegen als Laboratoriumsversuchstiere oft und leicht zur Verwendung gelangen. Es kommen hier Untersuchungen 1. über den Geschlechtsunterschied, 2. über Wirkung der Kastration und 3. über die Wirkung der Überpflanzung von Keimdrüsen bzw. Hypergonadisierung in Betracht.

1. Die Geschlechtsunterschiede im Wachstum und Stoffwechsel.

a) Geburtsgewichte und Wachstumsintensität.

Über Geschlechtsunterschiede im *Gewichte neugeborener Lämmer* belehren uns die Untersuchungen von TEODOREANU[1195] an Merino- und Zigayaschafen. Bei den Merinoschafen übertrifft das Gewicht der Bocklämmer das der Zibbenlämmer um 0,113 kg. Da das Durchschnittsgewicht der Bocklämmer bei Einzelgeburten 3,758 kg, das der Zibbenlämmer 3,645 kg betrug, so war der Einfluß des Geschlechtes, wenn auch deutlich, so doch gering. Das Gewicht der männlichen Zwillinge übertrifft das der weiblichen in gemischten Zwillingsgeburten um 0,073 kg. Zwillingsbocklämmer, von denen ein Zwilling Zibbe war, haben aber bei der Geburt ein um 0,134 kg schwereres Gewicht als Zwillingsbocklämmer, von denen beide Tiere Männchen waren. Bei Zigayaschafen ist das Durchschnittsgewicht neugeborener Bocklämmer 4,24 kg, das der Zibbenlämmer 3,77 kg. Der Unterschied beträgt 0,462 kg zugunsten der Bocklämmer. Die Zigayalämmer sind bei der Geburt größer als die Merinolämmer. Der Unterschied beträgt bei ♂ 0,482, bei ♀ 0,133. Das Verhältnis zwischen dem Gewichte der Bocklämmer und Zibbenlämmer (bei Einzelgeburten) ist bei den Merinoschafen 1,03, bei den Zigayaschafen viel größer, und zwar 1,12. Bei dieser Rasse macht sich also der *Geschlechtsunterschied im intrauterinen Wachstum* viel deutlicher bemerkbar.

RICHTER und BRAUER[982] fanden bei ihrem Materiale von 12 Schaflämmern und 10 Ziegenlämmern keine bedeutenden Unterschiede im Geburtsgewicht: Schaflämmer ♂ 4198 g, ♀ 4370 g, Ziegenlämmer ♂ 2218 kg, ♀ 2128 g; dies kann aber durch die zu geringe Zahl der untersuchten Individuen erklärt werden. Auf der anderen Seite konnten sie aber auch hier ähnliche *Geschlechtsdifferenzen im Verlaufe der vorübergehenden Gewichtsabnahmen nach der Geburt* wie bei den Kälbern (s. oben) feststellen. Die männlichen Tiere (Schaf- und

Ziegenlämmer zusammengerechnet) zeigten im Durchschnitt 194,5 g Abnahme,
die weiblichen dagegen nur 69,3 g im Durchschnitt. Die Dauer der Abnahme
schwankte bei den männlichen Tieren zwischen 3 als kürzester und 28 Stunden
als längster Zeit, bei den weiblichen zwischen $5^1/_2$ als kürzester und $14^3/_4$ Stunden
als längster Zeit und betrug im Mittel bei ersteren 12,7 und bei letzteren
10,5 Stunden. Der *Wiederbeginn der Zunahme* trat bei den Bocklämmern nach
14—39, im Mittel nach 24 Stunden, bei den weiblichen Tieren nach $16^1/_2$—$26^3/_4$,
im Mittel nach 22,7 Stunden ein. Das ursprüngliche Geburtsgewicht erreichten
die Bocklämmer nach durchschnittlich 48,1 Stunden, die weiblichen Tiere aber
schon nach durchschnittlich 30,7 Stunden. Es hat sich also gezeigt, daß die
Bocklämmer eine größere und längere Gewichtsabnahme, die später als bei weiblichen Tieren wieder ausgeglichen wurde, aufwiesen.

Die Geschlechtsunterschiede beim Wachstum der Schafe äußern sich
auch durch im allgemeinen *intensiveres Wachstum der Bocklämmer*. Fritz[349]
fand bei Karakullämmern folgende Gewichtszunahme innerhalb des ersten
Jahres und bis zur Geschlechtsreife:

	♂	♀
Geburt bis 1 Monat .	4,86	5,21
1—2 Monat	6,02	3,90
2—3 „	4,26	5,23
3—4 „	2,47	3,48
4—6 „	2,39	1,07
0—6 „	20,00	18,99
6—8 „	3,36	2,79
8—10 „	4,65	2,58
10—12 „	2,74	2,00
$^1/_2$—1 Jahr	10,75	7,37
Geburt bis 1 Jahr . .	30,75	26,30
Gesamtzunahme . . .	60,11	40,29

In ihren *Körperverhältnissen*
wachsen während des ersten Viertel-
jahres die Zibbenlämmer schneller als
die Bocklämmer im Vergleich mit der
Endgröße, absolut legen aber die letzteren ein größeres Wachstum zurück.
Im zweiten Vierteljahr ist der Unterschied im Wachstum nicht mehr so
groß wie im ersten Vierteljahr, die
Mutterlämmer zeigen einen größeren
Wachstumsrückgang. Im zweiten
Halbjahr nehmen die Böcke mehr
zu als die Mutterschafe. Das Wider-
risthöhenwachstum ist bei den Böcken mit einem Jahre nur zu 71%, das der
Mutterschafe zu 77,5% des Gesamtzuwachses beendet, das der Kreuzhöhe zu 76%
bzw. 85,5%. In den Höhenmaßen sind also die weiblichen Tiere fortgeschrittener
entwickelt als die männlichen. In der Rumpflänge beträgt aber der Zuwachs
bei Böcken 82%, bei den Mutterschafen nur 76,4%. In der letzten Periode
des Wachstums von einem Jahr bis zum Endmaß beträgt der Zuwachs der Widerristhöhe bei den Böcken 29%, bei den Mutterschafen 23%, der Zuwachs der
Kreuzhöhe 24% bei den Böcken und 17% bei den Mutterschafen, der Ellbogen-
höhe 19% bzw. 17,5%, der Kniehöhe 18% bzw. 4%. Das intensivere Wachstum der Böcke tritt also besonders in der zweiten Hälfte der Wachstumszeit
bedeutend in den Vordergrund.

Zwischen Böcken und Mutterschafen besteht auch ein Unterschied in dem
proportionalen Wachstum der einzelnen Körperteile, was auf dem differenten
Geschlechtstypus beruht, wie ihn die Praxis gut kennt. Der Bock zeichnet sich
außer anderem durch starken dicken Hals, durch massiv entwickelten Hinter-
körper und breitere Schultern und auch durch andere Formation des Kopfes
(vgl. Coffey[184], S. 75—76) aus. Genaue Messungen über die Geschlechtsdifferenzen im Wachstum verschiedener Körpermaßen bei Schafen liegen aber, soviel
ich feststellen konnte, nicht vor.

Das *schnellere Wachstum der männlichen Tiere* kommt auch schon bei gemästeten Lämmern zum Vorschein, und die Praxis kennt diesen Unterschied
zugunsten der Bocklämmer (vgl. Coffey[184], S. 273). Jedoch ist dieser Unterschied von keiner großen praktischen Bedeutung.

Über das Wachstum in seinen Geschlechtsdifferenzen bei *Ziegen* besitzen wir Untersuchungen von Helfert[472], welcher feststellen konnte, daß das Wachstum der weiblichen Tiere ein Jahr nach der Geburt in der Hauptsache schon abgeschlossen ist, während die Böcke im zweiten und selbst noch im dritten Jahre in den meisten Maßen noch wesentlich zunehmen; am stärksten in Breite und Tiefe der Brust, weniger, aber immer noch ziemlich bedeutend, in der Körperlänge, in den Höhenmaßen, der Beckenbreite, dem Umfang des Vordermittelfußes und der Stirnlänge und -breite. Im ersten Halbjahre ist das Wachstum beim Bock in Höhe, Länge und Breite noch annähernd gleich, bei der Ziege macht sich aber ein stärkeres Auswachsen in die Breite bemerkbar, und zwar ist es die Beckenbreite, welche eine starke Zunahme aufweist. In der Periode ¹/₂—1 Jahr läßt das Wachstum der Ziegen nach, beim Bock kommt es aber dem der vorhergehenden Periode gleich. Im Alter von einem Jahre ist das Wachstum der Ziege im allgemeinen beendet, beim Bocke erst im Alter von zwei Jahren. Der Bock wächst also bedeutend intensiver bzw. länger als die Ziege.

Nähere Daten gibt folgende Tabelle über den *Wachstumsverlauf der wichtigsten Maße bei der Ziege:*

b) Grundumsatz und Futterwertung.

Ob sich bei den Schafen ähnliche Geschlechtsunterschiede im Grundumsatz, wie wir sie schon beim Rinde kennengelernt haben, zeigen, ist fraglich. Bei geschlechtsreifen Tieren beträgt die basale Energieproduktion nach Versuchen von Ritzman und Benedict[1027, 1028], Benedict und Ritzman[73] bei den Böcken 1,630 Cal, bei den Mutterschafen 1,612 Cal auf 1 m² Oberfläche. Der Unterschied, der hier nur 1,11 % beträgt, erscheint auch bei den Jährlingen (Männchen 1694 Cal, Weibchen 1677 Cal, Differenz = 1,01 %) und bei 6 Monaten alten Tieren (Männchen 1593 Cal, Weibchen 1522, Differenz 4,65 %). Bei jüngeren Lämmern zeigt sich kein Unterschied. Der höhere Grundumsatz beim Bocke ist zwar eine konstante Erscheinung, aber der Unterschied ist zu klein; erst im Alter von 6 Monaten kann er mit den Beobachtungen an anderen Tieren verglichen werden. Ritzman und Benedict[1027, 1028] selbst halten diesen Unterschied für wahrscheinlich nicht bedeutend, besonders wenn man die große Variabilität, welche aus ihren Angaben (vgl. Ritzman und Benedict[1027, 1028], Tab. 5 und 6, und Benedict und Ritzman[73], Tab. 15 auf S. 73) ersichtlich ist, in Betracht zieht. Von einem höheren Grundumsatz bei Schafböcken läßt sich also nicht gut sprechen.

Geschlechtsunterschiede im Wachstum der Ziege. (Nach Helfert.)

	Widerristhöhe ♂	Widerristhöhe ♀	Kruppenhöhe ♂	Kruppenhöhe ♀	Körperlänge ♂	Körperlänge ♀	Vorderbrustbreite ♂	Vorderbrustbreite ♀	Rippenbrustbreite ♂	Rippenbrustbreite ♀	Beckenbreite ♂	Beckenbreite ♀	Brusttiefe ♂	Brusttiefe ♀	Brustumfang ♂	Brustumfang ♀
1 Monat	49,0	47,5	50,4	48,5	48,6	47,0	12,4	11,5	10,4	10,5	11,2	10,5	18,2	17,5	47,8	45,0
¹/₄ Jahr	61,0	57,0	61,0	57,5	60,0	58,0	14,5	13,7	13,0	12,6	13,4	12,6	23,4	22,5	60,0	58,0
¹/₂ Jahr	66,5	63,0	60,0	63,0	66,5	63,5	16,0	15,0	13,5	14,0	14,5	14,5	25,5	24,5	65,5	64,0
1 Jahr	76,5	69,3	75,0	69,0	80,0	72,5	17,5	16,0	17,0	16,0	16,5	16,0	31,5	28,5	79,5	75,0
2 Jahre	79,0	—	76,3	—	84,3	—	20,3	—	18,0	—	17,7	—	35,0	—	87,3	—
3 Jahre	84,7	—	82,0	—	91,3	—	21,0	—	20,7	—	18,7	—	38,7	—	95,0	—

Mit dem Grundumsatz bei Schafen beschäftigte sich neuerdings auch Brody[123] an der Missouri Experimental Station. Die von ihm mitgeteilten Werte, die sich auf 8 Mutterschafe und 1 Bock und 1 kastrierten Bock beziehen, lassen wegen des geringen Materials an Tieren keine endgültigen Schlußfolgerungen zu. Wenn man den normalen Bock (Dorsetrasse) mit drei zu ihm gehörenden Schafen vergleicht, so findet man bis zum Alter von über 2 Monaten folgende Werte des Grundumsatzes:

Grundumsatz und Geschlecht bei Schafen. (Nach Brody.)

Ge-messen im Alter (Tage)	Dorset-Mutterschaf Nr. 1370			Dorset-Mutterschaf Nr. 1378			Dorset-Mutterschaf Nr. 1397			Durchschnitt für Mutter-schafe		Dorset-Bock Nr. 1371		
	Zahl der Mes-sun-gen	Energie-produktion		Zahl der Mes-sun-gen	Energie-produktion		Zahl der Mes-sun-gen	Energie-produktion		Energie-produktion		Zahl der Mes-sun-gen	Energie-produktion	
		auf 1 kg	auf 1 m²		auf 1 kg	auf 1 m²		auf 1 kg	auf 1 m²	auf 1 kg	auf 1 m²		auf 1 kg	auf 1 m²
21—40	16	65,0	1453	12	58,4	1702	15	62,5	1548	61,9	1567	18	65,3	1539
60—80	11	55,3	1596	7	47,7	1702	3	61,0	1866	54,6	1721	11	55,6	1731

Brody findet also keinen ausgesprochenen Unterschied, auch wenn erwogen wird, daß die von ihm untersuchte Zahl der Tiere für die gegebene Frage nicht völlig genügt. Seine Untersuchungen beziehen sich auf jüngere Tiere; diesbezüglich stimmen seine Resultate mit denjenigen von Benedict und Ritzman, nach welchen bei jungen Lämmern kein Geschlechtsunterschied im Grundumsatze besteht, überein.

Eine *Wirkung des Östrus* auf den Grundumsatz bei weiblichen Schafen konnte bisher noch nicht festgestellt werden. Ritzman und Benedict[1028], welche diese Frage an großem Material geprüft haben, kamen zu nichtssagenden Ergebnissen.

Dagegen haben die *Trächtigkeit* und die darauffolgende *Laktation* einen ausgesprochenen Einfluß auf den basalen Metabolismus. Dieser sinkt während der Trächtigkeit, nimmt aber während der Laktation über den normalen Wert hinaus zu, wie aus folgender Tabelle ersichtlich ist:

Wirkung der Laktation auf den Grundumsatz bei Schafen.
(Nach Ritzman und Benedict.)

Monat	Dauer der Trächtigkeit in Wochen	Gewicht	Energieproduktion	
			auf 1 kg	auf 1 m²
September	0	39,0	40,7	1664
Oktober	3	41,2	39,5	1663
November	6	42,8	34,4	1486
Dezember	11	44,3	33,2	1470
Januar	16	45,1	34,9	1539
Februar	20	49,7	37,8	1735
(Laktation)				
März	1—3	43,7	43,2	1885
April	6—7	45,1	46,2	2010
Mai	10—11	39,6	45,5	1850

Im *Futterverbrauch bei Mästung junger Tiere* scheint kein Unterschied zwischen den Geschlechtern zu bestehen. Wenigstens die an der Illinois Agricultural Experiment Station von Coffey[183] ausgeführten Versuche verliefen negativ:

Geschlechtsunterschiede in dem Futterverbrauch bei Schafen. (Nach Coffey.)

		Futterverbrauch		
	Verhältnis Mais zu Heu	Mais pro Kopf in Pfund	Luzerneheu pro Kopf in Pfund	Gewichtsansatz in Pfund
Versuch I.				
20 männliche Tiere	1 : 0,99	111,6	110,4	27,05
20 weibliche Tiere	1 : 1,00	110,4	110,4	27,14
Versuch II.				
20 männliche Tiere	1 : 1,36	94,3	127,7	24,22
20 weibliche Tiere	1 : 1,34	93,5	125,3	22,05

Der Futterverbrauch ist in beiden Versuchen bei männlichen und weiblichen Tieren der gleiche, und auch die Futterverarbeitung resultiert in beiden Versuchen bei beiden Geschlechtern mit praktisch demselben Produktionsergebnis.

c) Zusammensetzung des Blutes und der Organzellen.

Im allgemeinen ergeben die ziemlich zahlreichen und in ihren Resultaten übereinstimmenden Forschungen, daß der Schaf- und Ziegenbock eine höhere *Erythrocytenzahl* und einen größeren *Hämoglobingehalt* besitzt. Bezüglich der *Leukocytenzahl* ist die Sache noch nicht geklärt.

Storch[1173] fand bei *Schafen*:

	Erythrocytenzahl	Leukocytenzahl
Böcke (5 Tiere)	11 180 000	9 720
Mutterschafe (9 Tiere)	10 400 000	8 900
Männliche Lämmer (5 Tiere)	8 780 000	10 100
Weibliche Lämmer (4 Tiere)	11 120 000	10 440

Sustschowa[1182] gibt für Schafe folgende Zahlen an:

	Erothrocytenzahl	Hämoglobin
Böcke (3 Tiere)	13 060 000	57
Schafe (5 Tiere)	9 780 000	52

Ähnlich hat auch Makotine im Jahre 1910 (zit. nach Blacher[102]) bei 3 Schafböcken die durchschnittliche Erythrocytenzahl mit 6 959 000, den Hämoglobingehalt mit 58, bei 2 Mutterschafen die Mittelwerte von 6 480 000 bzw. 51 gefunden.

Götze[387] fand bei seinen Untersuchungen an Schafen und Ziegen folgende Unterschiede in der Zusammensetzung des Blutes:

	Schafe		Ziegen	
	♂	♀	♂	♀
Erythrocytenzahl in 1 cm³ Blut	10 030 000	9 510 000	14 740 000	13 600 000
Oberfläche eines Erythrocyten in μ^2	61,3	60,1	47,4	44,1
Volumen eines Erythrocyten in μ^2	32,2	31,3	21,2	19,2
Gesamtoberfläche der Erythrocyten in 100 cm³ Blut, ausgedrückt in m²	61,4	57,9	69,2	59,9
Gesamtvolumen der Erythrocyten in 100 cm³ Blut, ausgedrückt in cm³	32,3	30,1	31,3	26,1
Spezifische Oberfläche (Verhältnis von Oberfläche zu Volumen)	1,90	1,92	2,24	2,30
Hämoglobingehalt in 100 cm³ Blut in g . . .	10,63	9,91	11,32	9,26
Hämoglobingehalt eines Erythrocyten in 10^{-12} g	10,6	10,3	7.7	6,8
Hämoglobindichte, d. i. der Hämoglobingehalt in der Volumeneinheit	0,332	0,329	0,358	0,351
Hämoglobinoberfläche (Leistungsmöglichkeit) eines Erythrocyten, ausgedrückt in Hgl-μ^2	201	198	172	156
Hämoglobinoberfläche (Leistungsmöglichkeit) der gesamten Menge der Erythrocyten in 100 cm³ Blut, ausgedrückt in Hgl-m² . . .	203	190	282	212

In Übereinstimmung mit Götzes Angaben sind auch die Befunde von Geske[370], der bei Karakulschafen folgende Blutwerte gefunden hat:

	♂	♀
Erythrocytenzahl in 1 cm³ Blut	9,28	8,37
Oberfläche eines Erythrocyten in μ^2	59,16	57,78
Volumen eines Erythrocyten in μ^2	31,33	30,24
Gesamtoberfläche der Erythrocyten in 100 cm³ Blut, ausgedrückt in m²	54,86	48,38
Gesamtvolumen der Erythrocyten in 100 cm³ Blut, ausgedrückt in cm³.	29,98	26,43
Spezifische Oberfläche (Verhältnis von Oberfläche zu Volumen) .	1,893	1,911
Hämoglobingehalt in 100 cm³ Blut in g	11,44	9,94
Hämoglobingehalt eines Erythrocyten in 10^{-12} g	12,38	11,88
Hämoglobindichte, d. i. der Hämoglobingehalt in der Volumeneinheit.	39,17	39,28
Hämoglobinoberfläche (Leistungsmöglichkeit) eines Erythrocyten, ausgedrückt in Hgl-μ^2.	354	2217
Hämoglobinoberfläche (Leistungsmöglichkeit) der gesamten Menge der Erythrocyten in 100 cm³ Blut, ausgedrückt in Hgl-m² . .	2163	1902

Die neuesten Untersuchungen von Welsch[1303] ergaben für *Blutkörpermengen und Hämoglobin des Schafblutes* (beim Vogelsberger Schlage) folgende Zahlen:

Geschlecht	Zahl der Tiere	Erythrocyten		Hämoglobingehalt			Leukocyten	
				des Blutes		eines' Erythrocyten		
		Schwankung	Durchschnitt	Schwankung	Durchschnitt		Schwankung	Durchschnitt
♂	3	10 920 000—12 740 000	11 770 000	12,98—14,40	13,59	$10,10^{-21}$	5360— 8280	6440
♀	5	8 660 000—10 940 000	9 800 000	9,51—12,29	11,25	$11,10^{-12}$	3490—14440	7630

In letzter Zeit untersuchte Magnus[784] die Erythrocytenzahl, Leukocytenzahl und den Hämoglobingehalt des Blutes normaler gesunder Schafe im Alter von 1—4 Jahren der Rassen: Landschaf, englisches Fleischschaf, Merino, Heidschnucke, Württemberglandschaf und Kreuzungsprodukte Württemberg × Mele. Aus seinen Angaben lassen sich folgende Ziffern berechnen:

Geschlecht	Zahl der Tiere	Erythrocytenzahl		Leukocytenzahl		Hämoglobin	
		Schwankung	Durchschnitt	Schwankung	Durchschnitt	Schwankung	Durchschnitt
♂	11	7 700 000—14 070 000	9 880 000	2000— 6860	5720	68—88	76
♀	22	8 180 000—10 960 000	9 590 000	3600—11 600	7230	56—77	65

Bei den *Ziegen* hat Storch[1173] bei der fränkischen Landrasse folgende Zahlen gefunden:

Geschlecht	Zahl der Tiere	Erythrocytenzahl	Leukocytenzahl
♂	5	15 300 000	11 520
♀	8	13 840 000	12 590

Welsch[1303] gibt neuerdings folgende Daten für Ziegen im Alter von 9 Monaten bis $5\frac{1}{2}$ Jahren (Saanenrasse und Kreuzungsprodukte) an:

Geschlecht	Zahl der Tiere	Erythrocyten		Hämoglobin			Leukocyten	
				des Blutes		eines Erythrocyten		
		Schwankung	Durchschnitt	Schwankung	Durchschnitt		Schwankung	Durchschnitt
♂	5	12 030 000—14 130 000	13 390 000	9,21—11,55	10,73	$8,10^{-12}$	5210—14760	9800
♀	5	13 240 000—15 760 000	14 490 000	9,37—12,41	11,00	$8,10^{-12}$	7760—10550	8080

Zum Unterschiede von STORCHS Befunden und von bei anderen Tieren allgemein herrschenden Verhältnissen finden wir hier gerade das Gegenteil: eine höhere Erythrocytenzahl und eine niedrigere Leukocytenzahl beim weiblichen Geschlechte. WELSCH will diesen Widerspruch dadurch erklären, daß seine Blutuntersuchungen in die Brunstzeit fielen.

Nach GRÜTERS Untersuchungen (publiziert bei FREY und EMMERSON[341]) soll der Ziegenbock einen höheren *Kalkspiegel des Blutserums* aufweisen als die Ziege: Bock 11,91 mg%, Ziegen 9,93 und 9,53 mg%.

TRAUTMANN, LUY und SCHMTIT[1221] fanden folgende Geschlechtsunterschiede in den chemischen und physikalischen Eigenschaften des Blutes bei Schafen (zwecks Platzersparnis sind hier auch die Werte bei kastrierten männlichen Tieren eingenommen).

	♂	♀	Männliche Kastraten
Zahl der Tiere	8	46	51
Calciumgehalt	10,23 mg %	10,17 mg %	10,25 mg %
Phosphorgehalt	8,32 mg %	6,84 mg %	7,83 mg %
Spezifisches Gewicht des Serums	1,0251	1,0249	1,0250
Blutdichte	1,0518	1,0490	1,0517
Viscosität des Serums . .	1,72	1,80	1,74
Gefrierpunkterniedrigung .	—0,542 bis —0,591 —0,564° C	—0,539 bis —0,599 —0,571° C	—0,537 bis —0,597 —0,559° C

Die Schafböcke und Mutterschafe unterschieden sich ferner auch in der *Größe der Muskelzellen*. Die Muskeln der Schafböcke sollen nach MALSBURGS[790] Untersuchungen den Mutterschafen gegenüber grobzelliger sein. Die von MALSBURG bei verschiedenen Rassen festgestellten Durchschnittswerte sind folgende:

Galizische Landschafe . . . . ♂ 23,86 μ
           ♀ 17,00 μ
           ⚨ 23,03 μ
Bessarabische „Czuszki" . . . . . . ♂ 29,50 μ
           ♀ 27,50 μ
Negretti . . . . ♂ 22,00 μ
           ♀ 17,00 μ
Rambouillet . . . . ♂ 25,00 μ
           ♀ 23,00 μ
Negretti × Oxfordshiredowns . . . . ♂ 26,30 μ
           ♀ 26,00 μ
Oxfordshiredowns . . . . ♂ 33,30 μ
           ♀ 32,69 μ
           ⚨ 26,57 μ
Durchschnitt: ♂ 26,53 μ ⎫
          ♀ 23,76 μ ⎭ Differenz 2,77 = 11%.

2. Wirkungen der Kastration.

a) Wirkung auf Wachstum und Körperausbildung.

Obzwar die Kastration der männlichen Tiere bei *Schafen* eine in der Praxis sehr oft vorgenommene Operation ist, wurden über ihren Einfluß auf die Körperentwicklung bisher keine exakten Untersuchungen ausgeführt. Versuche an *Ziegenböcken* unternahm FISH[323]. Er kastrierte 2 Bocklämmer und verglich ihr Wachstum mit dem eines Kontrollbockes und einer Mutterziege. Die 2 Kastraten wurden im Alter von 74 und 83 Tagen operiert und das Wachstum wurde über 20 Monate verfolgt. Es zeigte sich, daß die Kastraten während dieser Zeit etwa nur zur halben Größe des nichtkastrierten Bockes herangewachsen sind.

Für die *Schafe* wurde nur von FRANZ[335] festgestellt, daß eine Kastration beim männlichen und weiblichen Tiere zu *Veränderungen des Beckens* führt.

Die männlichen Tiere haben nach der Kastration größere und geräumigere Becken als normale Tiere, bei dem weiblichen Geschlechte wird das Becken nach der Kastration kleiner und weniger geräumig als bei unkastrierten Weibchen. Frühzeitig ausgeführte Kastration verwischt alle Geschlechtsunterschiede in der Ausbildung des Beckens.

FISH[323] fand bei den Versuchen an Ziegenböcken auch eine *Hemmung der Hörnerentwicklung als Folge der Kastration.* Für die Schafe besitzen wir dies-

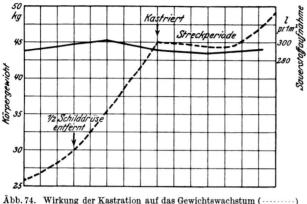

Abb. 74. Wirkung der Kastration auf das Gewichtswachstum (········) und die Sauerstoffaufnahme (——) bei einem wachsenden Schafbock. (Nach KLEIN.)

bezüglich eine Reihe von in ihren Ergebnissen vollkommen übereinstimmenden Versuchen. E. DAVENPORT[246] gibt an, daß die Kastration der Böcke das Wachstum der Hörner hemmt. MARSHALL und HAMMOND[804] haben bei Herdwickschafen gefunden, daß sich, wenn beide Hoden allein oder samt Nebenhoden bei jungen Tieren exstirpiert werden, das Wachstum einstellt. Wird nur einseitige Kastration ausgeführt, so findet nur eine Hemmung der Hörnerentwicklung (Verlangsamung des Wachstums) statt, es erscheint aber keine Asymmetrie. MUMFORD[856] hat gefunden, daß, wenn bei den Merinoschafen die Kastration noch vor Beginn der Hörnerentwicklung ausgeführt wird, die Hörner überhaupt nicht anfangen sich auszubilden. Findet die Kastration erst statt, nachdem das Hornwachstum schon im Gange ist, so stellt sich dieses ein.

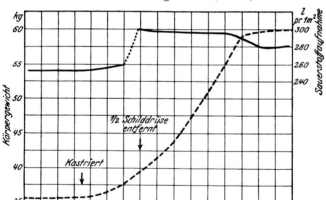

Abb. 75. Wirkung der Kastration auf das Gewichtswachstum (········) und die Sauerstoffaufnahme (——) bei einem im Wachstum zurückgebliebenen jungen Schafbock. (Nach KLEIN.)

Dagegen fand M. ZAWADOWSKY[1360] bei Merinoschafen eine Ausbildung der Hörner auch bei kastrierten Böcken, nur war ihr Wachstum sehr gehemmt. Es wurden 1306 Kastraten, 267 normale Böcke und 897 Mutterschafe gemessen. Bei einjährigen Tieren betrug die durchschnittliche Hornlänge: bei normalen Böcken 58,9 cm, bei kastrierten Böcken 7,3 cm, bei weiblichen Tieren 1,6 cm. Doch war auch hier die Hemmung eine sehr starke. Die Hörner wachsen also auch bei Kastraten, aber mit verminderter Intensität (die Hornlänge der Kastraten schwankte zwischen 0—30 cm). *Für ein normales intensives Wachstum der Hörner ist also das Hormon der Hoden notwendig.*

Neuerdings fand NORDBY[877] bei Rambouilletschafen, daß die Kastration bei Böcken das Wachstum der Hörner im Laufe von 4 Wochen zu etwa einem Drittel der Endgröße heruntergedrückt und zu etwa einem Zehntel im Laufe von 12 Wochen. Es scheint also, daß die Wachstumseinstellung keine plötz-

liche ist, sondern erst nach einer gewissen Bremsung stattfindet.

In dieser hemmenden Wirkung der Kastration auf das Hornwachstum unterscheiden sich die Schafe und Ziegen grundsätzlich vom Rinde.

Versuche über die Wirkung der Kastration auf das *Körperwachstum* führte KLEIN[575] an 2 Schafböcken aus. Das eine Tier, das in der Entwicklung zurückgeblieben war und das Wachstum einstellte,

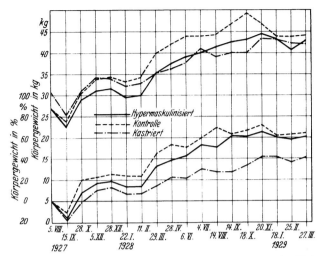

Abb. 76. Wirkung der Kastration und Transplantation überzähliger Hoden auf das Gewichtswachstum der Schafböcke. (Nach WERA POLOWZOW.)

begann kurz nach der Operation an Körpergewicht mächtig zuzunehmen (von 36 auf 58 kg binnen 6 Monaten). Zugleich erhöhte sich nach der Kastration auch die Sauerstoffaufnahme bedeutend (vgl. Abb. 75). In diesem Falle wirkte die Kastration stimulierend auf die Assimilation. In dem zweiten Falle eines im Wachstum begriffenen Tieres folgte nach der Kastration Stagnation der Körpergewichtszunahme und erschien eine Streckperiode der Höhenproportionen von 4 Wochen Dauer, nach welcher das Gewichtswachstum wieder fortsetzte (vgl. Abb. 74). Da die Kastrationen in diesen Versuchen mit partiellen Thyreoidektomie kombiniert wurde, siehe darüber noch weiter auf S. 548.

WERA POLOWZOW[957] beobachtete in neuerdings publizierten Versuchen bei im Alter von 8 Monaten kastrierten Schafböcken eine bedeutende *Hemmung des Wachstums* gegenüber den Kontrolltieren (vgl. Abb. 76).

b) Wirkung auf den Stoff- und Energiewechsel.

Die Kastration setzt den Grundumsatz bei Schafböcken nach Versuchen von RITZMAN und BENEDICT[1028] etwa um 20 % herab. Sie erhielten in einem Versuche folgende Werte:

Wirkung der Kastration auf den Grundumsatz bei Schafen.
(Nach RITZMAN und BENEDICT.)

	Wärmeproduktion			
	für 1 kg Körpergewicht		für 1 m² der Körperoberfläche	
	stehend	liegend	stehend	liegend
Vor der Kastration				
6.— 7. März . . .	40,5	35,0	1550	1350
19.—20. ,, ...	40,2	34,6	1525	1315
Nach der Kastration				
1 Woche	32,4	28,0	1225	1055
4 Wochen	38,3	32,5	1490	1290

c) Wirkung auf das Blut und die Organzellen.

Bei kastrierten Böcken fand Storch[1173] eine *Erythrocytenzahl* (bei 8 Tieren) von 9 840 000, also *deutlich niedriger* als bei Böcken und auch niedriger als bei unkastrierten Schafen. Sustschowa[1182] fand ebenfalls bei Hammeln eine Senkung der Erythrocytenzahl unter diejenige bei normalen Weibchen (9 419 600 bei Hammeln gegenüber 9 780 000 bei Schafen).

Die *Leukocytenzahl* nimmt nach der Kastration nach Storchs Zählungen bei den Männchen nicht ab (9640 gegenüber von 9,72, bei Böcken).

Für den *Hämoglobingehalt* berechnete Welsch[1303] aus den Angaben von Sustschowa eine Zunahme bei den Hammeln ($11,10^{-12}$ gegenüber von $8,10^{-12}$ bei Böcken).

Welsch selbst untersuchte 2 Hammel und fand bei ihnen im Vergleich mit den Böcken eine um etwas wenig niedrigere Erythrocytenzahl (11 360 000 gegenüber von 11 770 000), niedrigeren Hämoglobingehalt (11,38 gegenüber von 13,59), niedrigeren Hämoglobingehalt eines Erythrocyten (10 gegenüber von $11,10^{-12}$) und bedeutend erhöhte Leukocytenzahl (8,470 gegenüber 6,440).

Über die Wirkung der Kastration auf chemische und physikalisch-chemische Eigenschaften des Blutes bei männlichen Schafen s. oben (S. 405).

Wie die Kastration bei Schafböcken die *Zellengröße* beeinflußt, ist aus den oben (S. 405) für die Kastraten der galizischen Landschafe und der Oxfordshiredowns nach Malsburg[790] angeführten Daten ersichtlich. Die Grobzelligkeit der Muskeln bei den Böcken wird hiernach durch die Kastration in Feinzelligkeit umgewandelt, die jener der Mutterschafe gleicht oder noch über diese geht.

3. Verjüngung und Hypergonadisierung.

a) Verjüngungsversuche bei männlichen Tieren.

Versuche mit Verjüngung seniler Schafböcke mittels *Transplantation von Hodengewebe* junger Tiere nach der Methode von Harms[448] unternahm als erster Voronoff [1265, 1263, 1267]. Einen Fall, der sich auf einen 12 Jahre alten Bock bezieht, stellt er in seinen Veröffentlichungen wiederholt in den Vordergrund. Das Tier befand sich vor der Operation in einem sehr herabgekommenen Zustand: seine Beine zitterten, er litt an Harnträufeln infolge seniler Schwäche des Blasenschließmuskels und machte im allgemeinen den Eindruck eines durch Alter erschöpften Tieres. Seine Wolle war dürftig und fehlte an einzelnen Stellen gänzlich. Am 7. Mai 1918 wurden ihm die Hoden eines zweijährigen Widders implantiert. 3 Monate später war das Tier wie verwandelt; es hatte keinen Harnfluß und kein Zittern der Beine mehr, das Fell wurde dichter, die Futteraufnahme besser. Der Widder verlor seinen furchtsamen Eindruck, bekam ein jugendliches Wesen und wurde kampf- und angriffslustig. Diese Veränderungen prägten sich mit der Zeit immer mehr aus. Der seit Jahren geschwundene Geschlechtstrieb lebte wieder auf; ein von dem Widder im September 1918 besprungenes Schaf warf im Februar 1919 ein kräftiges Lamm. Um eine Gegenprobe zu machen, entfernte Voronoff 18 Monate nach der Transplantation die Transplantate und beließ dem Widder nur seine beiden eigenen, alten Hoden. 3 Monate nach dieser Wegnahme der Transplantate alterte der Bock wieder „mit einer verblüffenden Schnelligkeit"; er wurde traurig, furchtsam, freßunlustig, Beinzittern und Harnträufeln waren wiedergekommen. — Daraufhin wurde bei dem Widder am 7. Juli 1920 eine abermalige Transplantation vorgenommen, wonach das Tier „zum zweiten Male seine volle Kraft und Energie erlangte" und dieselbe noch im Oktober 1923 aufwies. Der Widder war noch zeugungsfähig; sein drittes Lamm wurde am 15. Dezember 1923 geboren. — Der Widder lieferte noch im Alter von 19—20 Jahren reichlich Wolle von guter Beschaffenheit. Das Tier sollte um 3—4 Jahre das Alter überschritten haben, welches die Schafböcke als äußerste Lebensgrenze erreichen können; es blieb aber weiter kräftig, lebhaft und freßlustig und bewahrte auch seine Zeugungsfähigkeit.

Diese Versuche — wie Voronoff[1265] nur summarisch mitteilt — „. . . ont été répétées sur plusieurs béliers avec le même résultat" (S. 46). Als Resultat hebt Voronoff besonders Vermehrung des Körpergewichtes und Produktion längerer und reichlicherer Wolle, wodurch die Senilitätsfolgen korrigiert werden, hervor.

Artemičev[33] berichtete über ähnliche Verjüngung bei einem 12—15 Jahre alten *Ziegenbock*. Dem Tiere wurden Stücke des Hodens eines $1^1/_2$ Monate alten Bocklammes auf die Tunica vaginalis genäht. 6 Wochen nach der Operation sollte das Tier das Aussehen eines jungen und starken Bockes erlangt haben.

Die Steinachsche[1159] Operation (Vasoligatur) an einem wilden Ziegenbock (Capra cylindricornis) führte mit positivem Erfolg auch M. M. Zawadowsky[1359] aus. Der Bock zeigte im Alter von 14 Jahren alle Anzeichen von Altersschwäche: er war mager, hustete häufig, neigte den mit langen Hörnern beschwerten Kopf, bewegte sich ungeschickt, wich der Herde aus usw. Es wurde einseitige Ligatur ausgeführt. Kurz nach der Operation erschienen Symptome geschlechtlicher Erregung (Deckbereitschaft), gute Futteraufnahme, guter körperlicher Zustand, Lebhaftigkeit. Die Untersuchung der Hoden ergab keinerlei Unterschiede zwischen dem linken unterbundenen und dem rechten normalen Hoden. In beiden Hoden intensive Spermatogenese; das Interstitium zeigte jedoch keine Wucherung; das gleiche Bild in beiden Hoden.

Neuerdings berichtet über gewissermaßen gute Erfolge einer Verjüngung durch Transplantation auch Richter[981] bei Schafböcken (6—$7^1/_2$ Jahre) und einem Ziegenbock (11 Jahre).

Diese *alten Böcke* zeigten sich in den ersten Wochen durch die Operation mehr oder weniger angegriffen, was sich zum Teil auch in einem gewissen *Gewichtsverlust* bemerkbar machte. Ein Bock ging z. B. von 89 kg innerhalb der ersten 10 Tage auf 84 kg, also um 5 kg zurück; ein anderer verlor von 135 kg 7 kg, und ein dritter wies sogar eine Abnahme von 100 kg auf 90 kg, also um 10% seines Körpergewichtes, innerhalb von 11 Tagen auf. Diese Gewichtseinbußen glichen die Böcke in der Folge aber wieder aus, sie nahmen sogar teilweise noch etwas zu.

Die Gewichtszunahme über das ursprüngliche Gewicht vor der Operation betrug bei einem Bock 3 kg innerhalb eines Monats (von 103 auf 106 kg), bei einem anderen Bock 7 bzw. 10 kg nach 3 bzw. 4 Monaten (von 100 auf 90 und dann auf 107 bzw. 110 kg) und bei ihren dritten 3 kg nach 2 Monaten bzw. 5 kg nach 12 Wochen. An diesen Gewichtszunahmen der älteren Böcke mag die veränderte Ernährungsweise ihren Anteil haben, zum Teil wird man aber auch eine Wirkung der Operation darin miterblicken. Es handelt sich nach Richters Meinung aber *nicht um eine spezifische günstige Folge gerade nur der Keimdrüsenüberpflanzung,* sondern anscheinend um den Ausdruck eines gehobenen Stoffwechsels, wie er erfahrungsgemäß auch sonst nach Operationen anderer Art sich bemerkbar zu machen pflegt.

An sonstigen Veränderungen der operierten älteren Böcke verdient hervorgehoben zu werden, daß das Benehmen und die Körperhaltung der Versuchstiere übereinstimmend eine sehr bemerkenswerte Belebung erfuhren (s. die

Abb. S. 77, 78, 79, 80). Die Müdigkeit, Trägheit und Teilnahmslosigkeit gegen die Umgebung, sowie die schlaffe Körperhaltung und der träge, steife Gang begannen etwa einen Monat nach der Operation sich zu bessern. Ungefähr 2 Monate nach der Keimdrüsenüberpflanzung waren alle 4 Böcke auffallend munterer und lebhafter und waren in ihrer Körperhaltung straffer, in ihrem Gange freier, zum Teil zum beweglichen Herumspringen im Auslauf und zu Kampf-

Abb. 77. Der am 30. Januar 1922 geborene Fleischwollschafbock E I vor der Keimdrüsenüberpflanzung am 18. Januar 1928, also im Alter von 6 Jahren. (Nach Richter.)

lust geneigt. Das subjektive Wohlbefinden aller 4 Böcke schien sehr gehoben, und bei dem 11 Jahre alten Ziegenbock und einem 6jährigen Merinobock wurde wiederholt „bestes Allgemeinbefinden" verzeichnet. Bei dem Ziegenbock waren etwa 5 Monate nach der Operation die haarlosen Stellen an Kopf, Nacken und Rücken verschwunden; sie waren wieder dicht mit Haaren besetzt, und das vorher rauhe Haarkleid sah wieder glatt und glänzend aus.

Eine günstige Wirkung auf die Befruchtungs- bzw. Begattungsfähigkeit hat aber Richter[981] in dem einen hierfür in Betracht kommenden Fall bei einem 11 Jahre alten Ziegenbock vermißt. Diese günstige allgemeine Wirkung der Hodenüberpflanzung war aber bei 3 Böcken, die länger beobachtet werden konnten, innerhalb 7 Wochen bis 1 Jahr 5 Monaten wieder abgeklungen.

Abb. 78. Derselbe Bock E I 36 Tage nach der Operation am 24. Februar 1928. (Nach Richter.)

Über gute Resultate bei Hodentransplantation an senile Tiere berichtet neuerdings auch Polowzow[956] bei 1 Ziegenbock und 4 Widdern. Die Tiere bekamen jugendliches Aussehen und auffällig besseren körperlichen Zustand. Bei einem Widder hielt die Wirkung bis über 2 Jahre an.

Wie das Harmsche Transplantationsverfahren, so scheint also auch die Vaso-ligatur nach Steinach bei den Schaf- und Ziegenböcken die guten Folgen einer Neubelebung des Stoffwechsels und Verjüngung mit Wiederherstellung der Zeugungsfähigkeit zu haben. Inwiefern die letzte Wirkung — soweit es sich um erneute Erzeugung von Spermatozoen handelt — auf die Beeinflussung auch der eigenen alten Hoden zurückzuführen ist, kann nicht gesagt werden, da die alten Hoden vor der Operation nicht untersucht wurden, und sonst weiß man (vgl. ROMEIS[1041]), daß die Senilität männlicher Tiere nicht immer mit der Stagnation der Spermatogenese verbunden sein muß.

b) Verjüngungsversuche an weiblichen Tieren.

Über Verjüngung einer alten Ziege mittels des STEINACHschen Transplantationsverfahrens führte KOLB[591, 591a] Versuche an einem 14 jährigen Tiere durch, das ausgesprochene Alterserscheinungen mit Unfruchtbarkeit zeigte. Es wurde eine intramuskuläre und intraperitoneale *Implantation von Eierstöcken* eines 12 Wochen alten Zickleins unternommen. In einigen Wochen nach der Operation konnte Neubelebung des Temperaments, Erneuerung des Felles und Wachstum der Zitzen konstatiert werden. Im Laufe von 5 Monaten nahm das Tier 5,5 kg an Gewicht zu und darauf erschien auch eine starke Brunst. Das Tier wurde gedeckt und warf ein normales lebendes Zicklein.

Abb. 79. Der am 23. Dezember 1921 geborene Merinobock E II vor der Operation am 24. Januar 1928, also im Alter von 6 Jahren. (Nach RICHTER.)

Ein weiteres Verfolgen des Falles war nicht möglich, da die Ziege kurz nach der Geburt wegen Mastitis geschlachtet werden mußte.

Von RAITSITS[970] besitzen wir einen Bericht über einen ähnlichen Erfolg bei einem senilen Muflonweibchen, dem das Ovar einer jungen Ziege implantiert wurde. Nach 2 Monaten nach der Operation wurde das Tier lebhafter, zeigte neuen Haarwuchs und Gewichtszunahme von 4 kg. Das Tier ging aber kurz darauf infolge einer Verletzung zugrunde und darum liegen keine weiteren Mitteilungen über seine Geschlechtstätigkeit vor.

Neuerdings berichtete über gute Resultate mit Eierstocktransplantation auch POWZOW[956] bei 3 senilen weiblichen Schafen.

Abb. 80. Bock E II ein Vierteljahr nach der Operation am 26. April 1928 im „verjüngten" Zustand. (Nach RICHTER.)

Auch die Resultate beim weiblichen Geschlechte scheinen auf dieselben Wirkungen der Verjüngung wie beim männlichen Geschlechte hinzuweisen: Veränderung des Stoffwechsels, Gewichtszunahme, Erneuerung der Haarbildung und Wiederherstellung der Fortpflanzungsfähigkeit.

c) Hypergonadisierungsversuche beim männlichen Geschlechte.

Die hierher gehörigen Untersuchungen wurden von Voronoff inauguriert. Er[1269] ging dabei von seinen Verjüngungsversuchen an Schafböcken aus: „Die Beobachtung an alten Tieren, die dank der Überpflanzung eines dritten Hodens erhöhte Rüstigkeit erzielten, muskelkräftiger wurden und reichlicheres Wachstum der Haare oder Wolle aufwiesen, brachte mich auf den Gedanken, meine Methode (s. Anm.) umgekehrt auch bei ganz jungen Tieren anzuwenden." Seinen Gedanken prüfte Voronoff[1265, 1266, 1268] zuerst in Versuchen an einigen jungen Ziegenböcken und Widdern im Laboratorium. Von 2 Geschwisterziegenböcken erhielt einer im Alter von 6 Wochen einen dritten Hoden (über den Spender wird nichts berichtet) transplantiert. Der mit dem Transplantat versehene Bock sollte sich derartig entwickelt haben, daß sein Zwillingsbruder ihm gegenüber kümmerlich aussah. Mit $2^1/_2$ Jahren wurde dieses Tier vollständig zottig behaart und hatte Hörner von außerordentlicher Größe. Als Beleg wird eine Photographie im Alter von 6 Monaten reproduziert, auf der der operierte Bock im Vordergrunde, das Kontrolltier aber weiter hinten steht, so daß es tatsächlich kleiner erscheint. Ein anderer im Alter von 3 Monaten operierter Ziegenbock sollte im Alter von 3 Jahren ein 20 cm langes Haar besitzen statt normalerweise ein 4,6 cm langes; kein Kontrolltier dazu. Einem 3 monatlichen und 18 kg wiegenden Schafbock wurde ein Hoden von einem 5 monatlichen Tier transplantiert. Ein 4 monatlicher mit 23 kg Gewicht diente als Kontrolle. 2 Monate später nahm das Kontrolltier 13 kg, das operierte Tier aber 18 kg zu. Beim Scheren 1 Jahr später gab das Versuchstier um 700 g Wolle mehr als das Kontrolltier; die Länge der Wolle war bei dem Kontrolltier 6 cm, bei dem Versuchstier 8 cm. Wie die Messung unternommen wurde, gibt Voronoff nicht an.

Später erweiterte Voronoff[1268] diese Versuche auf Schafherden in Algier, wo er einige Dutzende von Tieren im Alter von 2,4 Monaten teilweise selbst operierte, teilweise von den amtlichen Tierärzten operieren ließ. An je 20 wahllos herausgesuchten Tieren im Alter von 2 Jahren wurden dann folgende durchschnittliche Körpergewichte festgestellt (vgl. Carougeau[146]):

Kontrolltiere	31,825 kg
Versuchstiere	41,700 kg
Unterschied	+9,875 kg

Voronoff[1268] selbst gibt in seiner Mitteilung in der Pariser Akademie der Wissenschaften (1927) das Gewicht der Kontrolltiere mit 61,3 kg, der Versuchstiere mit 68,50 kg an, welche Gewichte sich augenscheinlich auf Tierpaare beziehen (vgl. hierzu auch den Bericht der britischen Kommission, Marshall, Crew, Walton und Miller[803] S. 12). Der Wollertrag sollte dabei folgender sein (Voronoff[1268]): bei Kontrolltieren 3,10 kg, bei den Versuchstieren 3,75 kg.

Die Körpergewichtsunterschiede der als operierte und Kontrolltiere vorgeführten Böcke konnten auch von der britischen Kommission im Jahre bestätigt werden. Es wurde aber zugleich festgestellt, daß es sich um Beispiels-

---

Anm. Wenn Voronoff wiederholt die Senilitätsbehandlung durch Implantation junger Keimdrüsen als *seine* Methode bezeichnet, begeht er einen Irrtum, den nicht einmal die Wiederholung zur Wahrheit machen kann. Diese Methode wurde von Harms[448] beim männlichen Geschlechte inauguriert (s. oben S. 343) und von Steinach[1159] auf das weibliche Geschlecht ausgedehnt. „Voronoffs Methode" ist nur die der Implantation von *überzähligen* arteigenen Hoden normaler junger Tiere zwecks Steigerung des Wachstums und der Woll- und Fleischproduktion und Bekämpfung der Alterserscheinungen beim Menschen durch Implantation von *artfremden* (Affen-) Hoden. Leider findet man die von Voronoff unberechtigterweise eingeführte Bezeichnung („Voronoff"-Operation) auch von sonst gewissenhaften Autoren wiederholt.

tiere handelt. Informationen über die gesamte Zahl der operierten Tiere konnten nicht ermittelt werden; VORONOFF hat auch keine solchen veröffentlicht. Die Kontrollmethode wurde als nicht genügend befunden.

VORONOFF[1268] teilte mit, daß das höhere Gewicht der operierten Böcke sich auch bei ihrer Nachkommenschaft zeige. Nach dem amtlichen Bericht (CAROUGEAU[146]) sollten die Tiere aus der Nachkommenschaft der Kontrollböcke durchschnittlich 32,15 kg wiegen, die aus der Nachkommenschaft der operierten aber 39,85 kg. Entsprechende Differenzen im Körpergewichte dieser Tiere konnte auch die britische Kommission feststellen (s.[803] S. 13—14), diese betont aber ausdrücklich, daß sie nicht imstande war, sich von einer zuverlässigen Ausführung dieser genetischen Versuche zu überzeugen.

Die Unvollständigkeit der veröffentlichten Berichte, die nicht genügende statistische Behandlung des Zahlenmaterials und die Ungewißheit über die Technik der Ausführung und Kontrolle der Versuche in Algier machen ihren wissenschaftlichen Wert sehr problematisch. VORONOFF[1268] selbst weiß auch darüber nicht mehr zu sagen, als was er einem kurzen amtlichen Bericht entnehmen kann. Solange nicht ein genauer, den Forderungen wissenschaftlicher Publikationen (Tiermaterial, Methode, Aufzuchtsbedingungen, Zahlenmaterial) entsprechender Bericht über diese Versuche vorliegt, können die Ergebnisse von VORONOFFs algerischen Versuchen in der Wissenschaft nicht in Betracht gezogen werden; dies bezieht sich besonders auf die Mitteilung über die Übertragung der besseren Körperentwicklung auf die Nachkommenschaft.

VORONOFF geht bei diesen seinen Versuchen von der Voraussetzung aus, daß die transplantierten Hoden im Wirtstier einheilen und erhalten bleiben und endokrin tätig sind. Diese Voraussetzung konnte aber nicht bewiesen werden. BALOZET[53] führte die VORONOFFsche Operation an 40 jungen Widdern aus, kam aber zu *völlig negativen Resultaten*. Die transplantierten Testikelstücke waren im Verlaufe von 2—4 Monaten nicht mehr palpierbar. Zwecks einer näheren histologischen Untersuchung transplantierte BALOZET auf die Tunica vaginalis eines 2 jährigen Bockes ein Hodenstück eines 12—18 Monate alten Schafbockes. Nach 30 Tagen wurde das Transplantat wieder herausgenommen. Histologisch zeigte es sich als eine bindegewebige Wucherung, ausgehend von der Albuginea der Transplantate und der Vaginalis des Empfängers, ferner Durchwachsung des Transplantatparenchyms mit Bindegewebe, Verkleinerung der Tubuli, Nekrose ihrer Zellen, gekennzeichnet durch Kernschwund und Verblassung des Protoplasmas. Ein anderes Hodentransplantat war nach 60 Tagen verschwunden.

Gegenüber diesen negativen Resultaten von BALOZET publizierte VORONOFFs Mitarbeiter, E. RETTERER[980], einen Bericht über mikroskopische Untersuchungen der Hodentransplantate bei Schafböcken, aus denen er schließt, daß die Transplantate auch über 2 Jahre erhalten bleiben. Das samenbildende Epithel verschwindet zwar als solches, geht aber physiologisch nicht verloren, sondern wandelt sich nur in ein „embryonales" Bindegewebe um. Dabei verschwinden die Grenzen zwischen Samenkanälchen und dem interstitiellen Gewebe und alles verfließt in ein Konglomerat von syncytialartigem „tissu conjuctif jeune". Auf diese Weise „le transplantat devient inerte, au point de vue hormonal, quoique formé d'éléments vivants". Die Tatsache, daß das Transplantat sich bindegewebeartig umwandelt, bleibt also in RETTERERS Befunden dieselbe wie in denen von BALOZET und — s. weiter — auch von anderen Forschern. Nur die *Deutung* dieser Tatsache ist eine andere: das bindegewebeartig umgewandelte Transplantat soll nach RETTERER die endokrine Funktion des Hodengewebes beibehalten haben.

Die Voronoffschen Versuche mit Hypergonadisierung wurden von einigen Forschern an Schaf- und Ziegenböcken wiederholt, die Resultate stehen aber weit hinter denjenigen von Voronoff, insofern sie überhaupt nicht negativ sind.

Velu und Balozet[1248] führten die *Hodenverpflanzung bei jungen Schafböcken* durch, die noch nicht geschlechtsreif waren oder sich an der Grenze der Geschlechtsreife befanden. Ein Vierteljahr darauf war eine überstürzte Formveränderung, eine gewisse Verbesserung, bemerkbar, die in einer Erhöhung des Körpergewichtes zum Ausdruck kam. Dieser günstige Einfluß hörte aber nach einem Vierteljahr auf. Die operierten Tiere wuchsen dann langsamer oder nur unbedeutend. Es ergab sich keine oder nur eine unbedeutende Erhöhung des Wollertrages. Velu und Balozet sehen keine Vorteile in der Operation, eher die Gefahr einer Schädigung dadurch, daß die Operation das Wachstum überstürzt, um es aber dann sowohl in der Dauer als auch im Umfange abzukürzen. Die von Voronoff mitgeteilten Ergebnisse sollen nur „große Illusionen" sein.

Kučera[661—663] führte Versuche an teils geschlechtsreifen, teils jungen Schafböcken aus. Im ganzen operierte er 6 Schafböcke und verglich sie mit 6 gleichaltrigen Kontrolltieren und mit 2 Kastraten. Einen günstigen Einfluß fand er nur bei 2—4 jährigen geschlechtsreifen Böcken, bei denen es zur Erhöhung der Wollerzeugung kam; diese erschien nicht in der ersten, sondern erst in der zweiten und dritten Schur:

	Schur in g		
	I	II	III
Bock Nr. 28 4 Jahre alt operiert	1600	3468	2439
„ „ 41 2 „ „ „	1400	2214	1440
„ „ 42 2 „ „ „	1500	1878	1375

Bei den jungen operierten Böcken zeigte sich *keine Erhöhung des Wollertrages*, und das Körpergewicht blieb unbeeinflußt sowohl bei den ausgewachsenen als auch bei den jungen Böcken.

Negative Resultate sowohl bezüglich des Körpergewichtes als auch bezüglich des Wollertrages erhielten auch Porcherel, Thévenot und Perraud[960]. Sie transplantierten Hoden von Merinoschafen auf Bizetschafe und umgekehrt. Die 2 operierten Bizetböcke waren im Alter von 10 Monaten, ein operierter Merinobock im Alter von $1\frac{1}{2}$ Jahr. Das einzige, was in diesen Versuchen die Transplantation herbeigeführt zu haben scheint, war eine schwache Verminderung des Wollfettes (9,7 und 5,6 bzw. 14,3% bei den Versuchstieren gegenüber 10,6 bzw. 18,7% bei den Kontrollen).

Weitere Versuche unternahm neuerdings Richter[981] an jungen Schafböcken im Alter von ca. 10 Monaten. Die Ergebnisse waren negativ. Das Körpergewicht wurde in keinem Falle durch die Operation vergrößert, und bei 2 Böcken konnte sogar in den Körpermaßen ein Zurückbleiben hinter dem nicht operierten Kontrolltier festgestellt werden, was mit den Resultaten von Velu und Balozet[1248] (s. oben) übereinstimmt. Das Schurgewicht war in einem Falle bei dem operierten Tiere um 3% größer, in 2 Fällen aber um 25 bzw. 50% kleiner als bei den betreffenden Kontrolltieren (bei 2 Böcken wurde die Wollproduktion nicht kontrolliert).

Die *histologische Untersuchung der Transplantate* zeigte, daß sie zwar einheilten, später aber resorbiert wurden. Während der ersten Monate ließen sich die Transplantate noch fühlen. Etwa nach 5 Monaten waren sie aber anatomisch und mikroskopisch nur als noch dünne, narbige Bindegewebsstreifen nachweisbar. Die Transplantate verfielen also nach RICHTER einer schnellen Aufsaugung und bindegewebigen Veränderung.

RICHTER[981] prüfte auch die Angaben von VORONOFF, nach welchen die durch Operation hervorgerufene Wachstumssteigerung auch bei der Nach- kommenschaft erscheint (sich „vererbt", wie VORONOFF glaubt), fand aber bei der von operierten Tieren erzeugten Nachkommenschaft keine Differenzen den Kontrolltieren gegenüber, welche aus den Grenzen der gewöhnlichen Schwan- kungen heraustreten würden.

KRONACHER, HENKELS, SCHÄPER und KLIESCH[654] führten Versuche an einem jungen Ziegenbock aus, dem sie im Alter von 6 Monaten einen Hoden eines um 1 Woche älteren Ziegenbockes transplantierten. Der völlig kastrierte Spender und ein normaler gleichaltriger Ziegenbock dienten als Kontrolle bzw. Vergleichstiere. Die Operation rief keine Frohwüchsigkeit und Entwicklungs- freudigkeit hervor, auch war hier *keine Spur von einer stärkeren Muskelentwicklung* bei dem operierten Tiere zu finden. Die Wachstumskurven für Körpergewicht, Brustumfang, Hüftbreite, Körperlänge, Beckenlänge, Beckenbreite, Widerrist- höhe, Brusttiefe, Brustbreite, Kreuzhöhe und Röhrenbeinumfang zeigten bei allen 3 Tieren einen praktisch identischen Verlauf während eines ganzen Jahres nach der Operation. Die nach dieser Zeit ausgeführte histologische Unter- suchung des Transplantates ergab, daß das *Hodenparenchym weitgehend ver- schwunden* und bindegewebig degeneriert war.

Die Frage des Erhaltenbleibens und der Wirkung der Hodentransplan- tate bei Ziegenböcken prüfte auch GUNN[419] durch *Transplantation von Hoden- streifen* erwachsener und junger Böcke in kastrierte und unkastrierte Tiere. Die Transplantate wurden an die Tunica vaginalis befestigt. Das Resultat war negativ: eine Wirkung fehlte oder war nur schwach bemerkbar; im letzten Falle begann die Wirkung schon nach 6 Monaten zu schwinden. Die histologische Untersuchung der Transplantate zeigte ihre Ersetzung durch Bindegewebe.

Zu teilweise positiven Resultaten gelangte bisher nur WERA POLOWZOW[957], indem sie 8 Monate alten Schafen Hoden von geschlechtsreifen Tieren einpflanzte. Die Entwicklung des Körpers (Wachstum) wurde zwar nicht beeinflußt, im Gegen- teil blieben die hypermaskulinierten Tiere im Wachstum etwas hinter den Kontroll- tieren (vgl. Abb. 76), aber die Wollproduktion zeigte sich bei den operierten Tieren um 31,4 % (Frühjahrsschur) bzw. 43,4 % (Herbstschur) größer als bei den Kontrolltieren und die Wolle sollte etwas besser in der Qualität sein. Da POLOWZOWS Versuche an genügender Zahl von gut kontrollierten Tieren aus- geführt wurden, verdienen sie Beachtung. Die früheren negativen Versuchs- resultate erklärt POLOWZOW als Folge des Fehlens von entsprechender bio- chemischer Blutsverwandtschaft zwischen Spender und Empfänger und empfiehlt vor der Operation die Reaktion der Isohämaglution vorzunehmen.

Im ganzen kann folgende *Zusammenfassung über die Untersuchung des* VORONOFFschen Verfahrens gemacht werden: die Versuche von VORONOFF selbst sind wegen methodischer Mängel nicht beweiskräftig. Von den meisten anderen Forschern konnte die angegebene Wirkung (Wachstumssteigerung und Erhöhung des Schurgewichtes) nicht wiedergefunden werden. Die Annahme des Erhaltenbleibens der Transplantate trifft nicht zu, da alle Untersuchungen im Gegenteil eine schnelle Resorption bzw. bindegewebige Degeneration des im- plantierten Gewebes festgestellt haben.

Man hat versucht eine Steigerung der Hodenwirkung auf die Körper- entwicklung auch auf anderen Wegen als durch Transplantation zu bewirken. Mit DOPPLERS[268-270] Methode der *Steigerung bzw. Beschleunigung der endo- krinen Funktion der Hoden* führte JEANNÉE[531-532] Versuche an Ziegen durch.

Es handelte sich um junge Böcke, bei denen die Beschleunigung der Entwicklung bzw. Hebung des Körpergewichtes verfolgt wurde. Das Resultat der Versuche war negativ. Jeannée konnte bei Pinselung der Art. spermatica junger Ziegen mit Phenollösung weder eine auffallende Zunahme der Blutgefäßfüllung noch eine stärkere Pulsation derselben beobachten. Die behandelten Böcke wiesen dem gleichaltrigen Kontrolltier gegenüber keine Beschleunigung der Entwicklung auf. Ein schon vorher in der Entwicklung zurückgebliebener Bock blieb auch nach wiederholter Behandlung unverändert.

Einen etwas günstigeren Erfolg hatten Quinlans Versuche[965] mit *Vasektomie bei jungen Schafböcken*. Es handelte sich um Tiere eines Fleisch- und eines Wolltypus (Merino) im Alter von 2—4 Monaten. Vom Fleischtypus wurden 37 Tiere operiert und 25 Tiere dienten als Kontrolle (außerdem 40 weibliche Tiere), von dem Wolltypus wurden 44 Tiere operiert und 26 dienten als Kontrolle (außerdem 30 weibliche Tiere). Alle Tiere wurden unter gleichen Be-

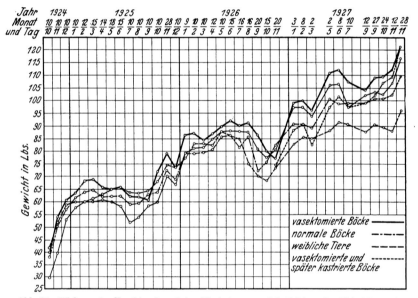

Abb. 81. Wirkung der Vasektomie auf das Wachstum von Schafböcken des Fleischtypus im Vergleich mit den Kontrollböcken und den weiblichen Tieren. (Nach Quinlan.)

dingungen gehalten, monatlich gewogen und am Ende des ersten, zweiten und dritten Lebensjahres geschoren; die Wolle wurde gemessen, gewogen und klassifiziert. Die Vasektomie wurde beiderseits ausgeführt: die operierten Böcke waren steril, entwickelten aber den normalen Geschlechtstypus. Sie erreichten ein höheres Körpergewicht als die Kontrollböcke und Kontrollmutterschafe (vgl. Abb. 81 und 82), waren aber keineswegs resistenter oder lebenskräftiger, und ihre Neigung zu Krankheiten war dieselbe wie bei den nicht operierten Tieren. Das Fleisch vasektomierter Böcke hatte den typischen Bocksgeruch. In der Wollproduktion bestand kein Unterschied zwischen den operierten und den Kontrolltieren, und die Wolle war auch von derselben Qualität. Die Skelete waren bei den vasektomierten Böcken größer, aber das lebhafte Temperament dieser Tiere sollte den dementsprechend größeren Fleischansatz verhindert haben.

Da die Vasektomie nach Steinach die interstitielle Hodendrüse zur höheren Funktion reizen soll, so können diese Befunde von Quinlan als Wirkungen physiologischer Hypergonadisierung aufgefaßt werden. Die Erzielung eines höheren Gewichtes der operierten Tiere würde in diesem Sinne zugunsten der Angaben von Voronoff sprechen. Jedenfalls verdienen und bedürfen diese Versuche von Quinlan noch weitere Überprüfung.

d) Hypergonadisierung bei weiblichen Tieren.

Hier sollen die Versuche von Stuckenberg[1177] erwähnt werden, der mitteilt, daß es ihm gelungen ist, durch Verabreichung von steigenden Mengen (40—50, 120—160 Mäuseeinheiten) des Ovarialhormons Follikulinmenformon bei 4 Ziegen die *Milchproduktion zu steigern*. In 4 Versuchen mit verschiedener Dosierung betrug die Steigerung 16,1, 7, 16,25 und 15,2%. Auch der Zuckergehalt nahm etwas zu (14,5, 3, 18,4, 19,3%). Weniger gut war die Beeinflussung des Fett- und Eiweißgehaltes, die in drei Fällen von vieren eine Herabsetzung erfuhren: Zuckergehalt im Mittel 2,2, 13,1 und 18,8%, Eiweißgehalt 2,5, 7,7 und 5,9%. Die Steigerung der Milchmenge hielt nach der Injek-

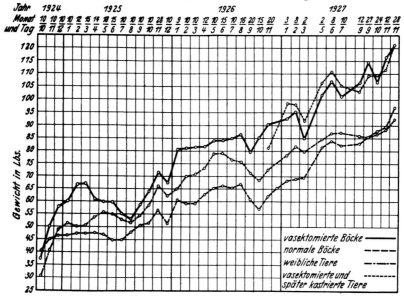

Abb. 82. Wirkung der Vasektomie auf das Wachstum von Schafböcken des Wolltypus (Merino) im Vergleich mit den Kontrollböcken und den weiblichen Tieren. (Nach Quinlan.)

tion von 80 Mäuseeinheiten in einem Falle 15 Tage, in den übrigen Fällen 8 Tage lang an.

Gaines[356] beobachtete bei der Transfusion des Blutes einer *trächtigen* Ziege auf eine milchende eine vorübergehende Hemmung der Milchsekretion. Hier handelte es sich vielleicht um Wirkung des *Hormones* des *Corpus luteum gravid.*

Schlesinger[1079] beobachtete bei Ziegen nach Injektionen von Corpus-luteum-Ätherextrakt abwechselnde Zunahme und Abnahme des CaO des Blutes, woraus er auf eine Erhöhung der Ca-Labilität als Folge der Wirkung des Corpus-luteum-Hormons schließt.

VI. Der Einfluß der Geschlechtsdrüsen auf Ernährung und Stoffwechsel beim Geflügel.

Über die Beeinflussung der Körperausbildung und des Stoffwechsels durch die Geschlechtsdrüsen besitzen wir von allen landwirtschaftlichen Haustieren für das Geflügel die meisten experimentellen Forschungen. Diesen Umstand verdanken wir der öfteren und ausgiebigeren Benutzung des Hausgeflügels als Tiermaterial für Laboratoriumsversuche. Es kann aber auch festgestellt werden, daß beim Geflügel auch schon spezielle Untersuchungen begonnen werden — hier sollen besonders die Arbeiten der Illinois Agricultural Experiment Station in USA. unter Leitung von Mitchell erwähnt werden — welche zielbewußt dahin gehen, die Rolle des Geschlechtes beim Geflügel bei der Futterverwertung und der Stoffumwandlung für Zwecke der praktischen landwirtschaftlichen Produktion festzustellen.

Infolgedessen liefert uns von allen landwirtschaftlichen Nutztieren das Geflügel das belehrendste Bild über diese Fragen. Doch auch hier ist man von jener Vollkommenheit noch weit entfernt, deren wir zu einer vollen praktischen Ausnützung der Leistungsmöglichkeiten bedürfen, die uns die Beeinflussung des Stoffwechsels durch die Hormone der Geschlechtsdrüsen bieten.

1. Die Geschlechtsunterschiede des Wachstums und des Stoffwechsels beim Geflügel.

a) Gewichte der ausgeschlüpften Küken und die Wachstumsintensität.

Ob sich die Geschlechter schon beim Ausschlüpfen im Gewichte unterscheiden, kann nicht bestimmt entschieden werden. Vorläufig liegt für diese Frage auch nur bei den Hühnern einiges Material vor. Buckner, Wilkins und Kastle[128a] haben bei weißen Leghorns als *Brutgewicht* bei einer Hähnchengruppe 42,1 g, bei einer anderen 42,2 g, bei den weiblichen Tieren aber 41,1 g bzw. 40,9 g angegeben. May und Waters (cit. Kempster bei Mumford[857]) fanden bei den „Cornish" das Brutgewicht der Hähnchen mit 34 g, das der Henne mit 33 g, bei Leghorns Hähnchen mit 38 g, bei den Hennen mit 36 g. Andere Forscher konnten aber keine gesetzmäßigen Unterschiede feststellen: so z. B. Jull bei Rhode Islands (cit. Kempster in Mumford[857]), Mitchell, Card und Hamilton bei weißen Plymouth Rocks, Philipp (cit. Kempster bei Mumford[857]) bei derselben Rasse, Mitchell (cit. daselbst) bei weißen Leghorns, May und Waters (cit. Kempster bei Mumford[857]) bei Hamburgern. Oder es wird sogar im Gegenteil ein größeres Brutgewicht für weibliche Küken angegeben: May und Waters (bei Kempster, a. a. O.) für Brahmas (♂ 42 g, ♀ 47 g), Kempster (a. a. O.) für weiße Plymouth Rocks (♂ 33 g, ♀ 34 g). Möglicherweise hängen diese *Geschlechtsunterschiede im Brutgewichte* in hohem Grade von der Rasse oder auch von der speziellen Zuchtlinie ab. Wo aber ein Geschlechtsunterschied im Gewichte bei ausgeschlüpften Küken erscheint, kann er als verläßliche Tatsache gelten, da, wie Ackerson und Mussehl[11] an weißen Leghorns gezeigt haben, dieser Unterschied auch bei biometrischer Bearbeitung des Materials bestehen bleibt.

Die Frage der Geschlechtsunterschiede im Gewichte neugeschlüpfter Küken ist teilweise auch mit der Frage des Zusammenhanges zwischen *Eigewicht und Kükengewicht* eng verknüpft. Nach einigen Autoren (Macalík, Sweers[1183], Kříženecký[616], Lienhart[725]) sollen sich *aus größeren Eiern Hähnchen-, aus kleineren Hennenküken* entwickeln. Da das Gewicht des Kükens im direkten Verhältnis zu dem des Eies steht, sollen die Hähnchenküken beim Ausschlüpfen schwerer, die Hennen leichter sein. Der Zusammenhang zwischen dem Gewichte des Eies und dem Geschlechte bei Hühnern wurde aber von anderen Forschern (Jull[546], Jull und Quinn[548, 549]) sehr fraglich gefunden. Jull und Heywang[547] teilen weiter auf Grund eines großen Materials mit, daß es *zur Zeit der Schlüpfung überhaupt keine Gewichtsdifferenzen* zwischen männlichen und weiblichen Küken gibt. Jull[546] konnte auch feststellen, daß zwischen dem Dottergewichte und dem Geschlecht oder zwischen dem Wassergehalte des Eies und dem Geschlechte keine Korrelation besteht. Nach Jull und Heywang[547] besteht auch zwischen der Dottermenge des geschlüpften Küken (in Prozenten des Gesamtgewichts ausgedrückt) und dem Geschlechte keine Korrelation.

Zum Unterschiede von Hühnern soll nach RIDDLE[988] bei *Tauben* und Ringtauben die Beziehung zwischen der Eiergröße bzw. der Dottergröße und dem Geschlechte eine umgekehrte sein: *aus größeren Eiern bzw. Dottern sollen sich weibliche, aus kleineren aber männliche Tiere entwickeln.* Die kleineren männlichen Eier sollen außerdem noch reicher an Wasser, jedoch ärmer an Energie sein (RIDDLE[989]). Über die Brutgewichte bei Tauben liegen aber keine Angaben vor.

Wenn auch ein *höheres Brutgewicht der männlichen Tiere bei Hühnern vorläufig noch fraglich* bleiben muß, besteht andererseits die Tatsache, daß Hähnchen bedeutend schneller wachsen als weibliche Küken. Diese praktische Erfahrung konnte durch exakte Wachstumsuntersuchungen nur bestätigt werden. Dies führt zu dem Gewichtsunterschied zwischen Hähnen und Hennen, der beim Geflügel ein sekundärer Geschlechtsunterschied ist. Das *schnellere Wachstum männlicher Küken* wird schon in der ersten Woche nach dem Ausschlüpfen oder spätestens in der dritten bis vierten Woche sichtbar. Zum Belege und zum Vergleiche sollen hier einige Zahlenreihen angeführt werden.

Ein intensiveres Wachstum männlicher Küken der weißen Leghorns haben z. B. BUCKNER, WILKINS und KASTLE[128a] feststellen können:

Geschlechtsunterschiede im Wachstum bei weißen Leghorns.
(Nach BUCKNER, WILKINS und KASTLE.)

	I. Gruppe		II. Gruppe	
	♂	♀	♂	♀
Tag des Ausschlüpfens . .	42,1 g	41,1 g	42,2 g	40,9 g
1 Woche	72,2 g	69,2 g	76,8 g	75,2 g
2 ,, ...	109,7 g	95,6 g	108,2 g	101,3 g
3 ,, ...	161,4 g	140,9 g	151,2 g	145,0 g
4 ,, ...	231,6 g	191,7 g	209,5 g	198,3 g
5 ,, ...	292,2 g	248,8 g	283,8 g	262,4 g
6 ,, ...	360,9 g	288,3 g	374,2 g	328,0 g
7 ,, ...	442,8 g	354,4 g	437,8 g	383,6 g
8 ,, ...	496,9 g	395,6 g	580,6 g	490,7 g
9 ,, ...	537,6 g	409,9 g	616,6 g	552,8 g
10 ,, ...	630,9 g	488,7 g	729,2 g	648,9 g
11 ,, ...	674,4 g	506,4 g	758,4 g	655,5 g
12 ,, ...	812,9 g	622,2 g	926,9 g	775,4 g
13 ,, ...	902,3 g	682,4 g	992,7 g	826,8 g
14 ,, ...	953,2 g	695,1 g	1050,0 g	869,7 g
15 ,, ...	980,4 g	717,3 g	1106,8 g	898,0 g
16 ,, ...	1063,2 g	780,9 g	1167,3 g	938,3 g
17 ,, ...	1154,9 g	841,8 g	1235,6 g	987,2 g
18 ,, ...	1252,7 g	889,4 g	1282,7 g	1037,2 g
19 ,, ...	1295,3 g	922,9 g	1323,0 g	1045,3 g
20 ,, ...	1344,8 g	956,2 g	1365,4 g	1110,7 g
21 ,, ...	1396,7 g	992,2 g	1417,5 g	1149,2 g
22 ,, ...	1430,6 g	1038,4 g	1459,4 g	1233,1 g
23 ,, ...	1442,6 g	1047,6 g	1593,2 g	1249,4 g
24 ,, ...	1462,1 g	1066,2 g	1585,6 g	1329,9 g
25 ,, ...	1480,0 g	1082,6 g	1590,1 g	1339,0 g
26 ,, ...	1528,5 g	1075,4 g	1649,1 g	1368,7 g
27 ,, ...	1560,6 g	1090,2 g	1673,4 g	1405,4 g
28 ,, ...	1594,6 g	1120,4 g	1748,1 g	1447,5 g

In der folgenden Tabelle gebe ich eine Übersicht der *Geschlechtsdifferenzen im Gewichtswachstum der Rassen:* weiße Plymouth Rocks, rote Rhode Islands und weiße Leghorns nach den Untersuchungen von MITCHELL und Mitarbeitern,

Geschlechtsunterschiede im Wachstum der Hühner. (Nach KEMPSTERS Zusammenstellung.)

Alter in Wochen	WPR ♂ nach MITCHELL u. Mitarbeiter	WPR ♂ nach KEMPSTER	WPR ♂ nach PHILIPS	WPR ♀ nach MITCHELL u. Mitarbeiter	WPR ♀ nach KEMPSTER	WPR ♀ nach PHILIPS	Kapaune nach MITCHELL u. Mitarbeiter	Kapaune nach PHILIPS	RRI ♂ nach KAUPP	RRI ♂ nach JULL, Gruppe mit nur Wasser	RRI ♂ nach JULL, Gruppe mit Wasser + Milch	RRI ♀ nach JULL, Gruppe mit nur Wasser	RRI ♀ nach JULL, Gruppe mit Wasser + Milch	RRI ♀ nach KAUPP	Kapaune nach JULL, Gruppe mit nur Wasser	Kapaune nach JULL, Gruppe mit Wasser + Milch	Weiße Leghorns ♂ nach MITCHELL	Weiße Leghorns ♀ nach MITCHELL
0	46	33	37	46	34	37	—	—	—	40	40	40	40	—	41	41	35	35
1	—	55	—	—	53	—	—	—	50	64	63	62	63	41	63	66	—	—
2	87	74	98	85	73	98	—	—	82	86	99	81	94	77	83	98	93	90
3	—	105	—	—	104	—	—	—	140	110	163	104	149	117	107	162	—	—
4	178	151	184	163	141	184	—	—	204	132	218	122	194	181	132	220	188	177
5	—	177	—	—	168	—	—	—	272	174	318	158	282	245	174	313	—	—
6	308	246	370	280	213	370	—	—	358	246	450	212	397	320	243	442	334	302
7	—	310	—	—	268	—	—	—	449	317	542	270	471	390	304	530	—	—
8	477	381	581	416	336	581	—	—	557	423	666	352	695	490	401	657	504	443
9	—	468	—	—	392	—	—	—	680	521	815	438	695	590	499	809	—	—
10	605	551	850	535	481	850	—	—	752	560	973	506	818	707	580	981	717	606
11	—	667	—	—	550	—	—	—	955	713	1155	595	942	795	696	1128	—	—
12	716	750	1295	602	619	1030	675	1165	1045	880	1321	725	1049	880	813	1278	882	740
13	—	841	—	—	697	—	—	—	1175	1053	1474	845	1135	1011	979	1456	—	—
14	907	863	1595	752	770	1300	892	1488	1410	1235	1629	967	1262	1200	1104	1607	1052	845
15	—	961	—	—	863	—	—	—	1527	—	—	—	—	1275	—	—	—	—
16	1150	1160	1830	919	963	1460	1095	1720	1630	—	—	—	—	1415	—	—	1239	988
17	—	1371	—	—	1033	—	—	—	1827	—	—	—	—	1550	—	—	—	—
18	1229	1531	2110	1036	1131	1630	1271	2000	1935	1764	2089	1376	1645	1645	1678	2199	1378	1112
19	—	1705	—	—	1242	—	—	—	2020	—	—	—	—	1718	—	—	—	—
20	1347	1784	2390	1140	1314	1770	1379	2325	2145	—	—	—	—	1805	—	—	1481	1218
21	—	1986	—	—	1414	—	—	—	2270	—	—	—	—	1845	—	—	—	—
22	1557	2000	2592	1285	1407	2015	1658	2535	2360	2274	2473	1692	1919	1905	2313	2596	1628	1327
23	—	2091	—	—	1758	—	—	—	2450	—	—	—	—	1970	—	—	—	—
24	1636	2540	2900	1403	2006	2270	1849	2870	2490	—	—	—	—	2017	—	—	1716	1380
26	1756	—	—	1533	—	2450	1899	3055	2540	2707	2800	2010	2137	2040	2660	2828	1883	1693
28	1962	—	—	1647	2102	2550	2206	3400	2540	—	—	—	—	2220	—	—	2334	1694
30	2135	—	—	1734	—	—	2330	3520	2540	3051	3081	2137	—	—	2946	3119	2309	1727
32	2062	—	—	1774	2349	—	2371	3650	—	3223	3437	—	—	—	3457	3556	—	—
34	2515	—	—	2025	—	—	2339	3790	—	—	—	—	—	—	—	—	—	—
36	2536	—	—	2005	—	—	2385	3960	—	—	—	—	—	—	—	—	—	—
38	2623	—	—	—	2869	—	2497	4120	—	—	—	—	—	—	—	—	—	—
40	2798	—	—	—	—	—	2587	4200	—	—	—	—	—	—	—	—	—	—
42	2744	—	—	—	—	—	2516	—	—	—	—	—	—	—	—	—	—	—
44	2804	—	—	—	—	—	2679	—	—	—	—	—	—	—	—	—	—	—
46	2778	—	—	—	—	—	2759	—	—	—	—	—	—	—	—	—	—	—

Anm. Bearbeitung anderer Daten für die roten Rhode-Island-Hühner findet man auch bei HAYS und SANBORN[464].

Kempster, Philips und Jull, wie ich sie einer Zusammenstellung von Kempster (in Mumford[857]) entnehmen konnte. In dieser Tabelle werden zugleich zwecks Raumersparnis auch Daten über Kapaune, die weiter unten besprochen werden, vermerkt. Die Daten von Mitchell, Kempster und Philips wurden veröffentlicht (s. [825], [857], [934]), die Daten von Jull erst von Kempster mitgeteilt (in Mumford[857]). Man sieht überall, daß die männlichen Tiere innerhalb 1—4 Wochen die weiblichen Tiere durch intensiveres Wachstum überholen.

Andere Daten wurden von May und Waters an der Rhode Island Agricultural Experiment Station gesammelt und von Kempster (in Mumford[857]) veröffentlicht.

Geschlechtsunterschiede im Wachstum der Hühner.
(Nach May und Waters.)

Alter in Monaten	Hähne				Hennen			
	Ham-burg g	Cornish g	Brah-mas g	Leg-horns g	Ham-burg g	Cornish g	Brah-mas g	Leg-horns g
0	31	34	42	38	31	33	47	36
1	92	107	194	176	92	98	379	159
2	264	314	565	435	235	267	459	389
3	457	628	1016	802	384	491	845	654
4	680	964	1663	1198	538	720	1434	960
5	880	1396	2132	1486	688	1013	1748	1182
6	1015	1689	2516	1728	812	1210	2031	1364
7	1155	1883	2884	1861	925	1400	2312	1494
8	1325	2130	3288	1955	1025	1550	2587	1572
9	1420	2305	3486	1979	1102	1720	2819	1589
10	1480	2390	3934	2017	1160	1855	2993	1601
11	1480	2431	3728	2053	1185	1820	3030	1628
12	1495	2478	3509	1967	1190	1805	2961	1577
13	1475	2500	3550	2033	1160	1820	2877	1563
14	1505	2529	3550	2003	1150	1815	2792	1553
15	1490	2628	3564	2051	1115	1840	2651	1541
16	1470	2643	3559	2065	1160	1865	2013	1535
17	1460	3647	3577	2257	1205	2035	2477	1580
18	1555	2750	3931	2302	1270	1940	2887	1624
19	1650	—	4205	2341	1325	—	3063	1694
20	—	—	4516	2318	1417	—	3193	1784
21	1745	3178	4321	2395	1607	2360	3500	1846
22	1640	2888	4464	2341	1590	2445	3720	1864
23	2100	2300	4388	2315	1695	—	3763	1827
24	—	—	4256	2240	1428	—	3621	1801
25	—	—	4085	2219	—	—	3361	1703
26	—	—	4077	2106	—	—	3350	1722
27	—	—	4118	2145	—	—	2868	1708
28	—	—	4046	2150	—	—	2882	1714
29	—	—	3966	—	—	—	2942	1745
30	—	—	—	—	—	—	3103	1830
31	—	—	—	—	—	—	3403	1873
32	—	—	—	—	—	—	3525	1956
33	—	—	—	—	—	—	3628	1942
34	—	—	—	—	—	—	4114	1989
35	—	—	—	—	—	—	4228	2076
36	—	—	—	—	—	—	4319	2125
37	—	—	—	—	—	—	4453	2136
38	—	—	—	—	—	—	4094	2118
39	—	—	—	—	—	—	3875	2143
40	—	—	—	—	—	—	3750	2138
41	—	—	—	—	—	—	3528	—
42	—	—	—	—	—	—	3800	—
43	—	—	—	—	—	—	4113	—
44	—	—	—	—	—	—	3950	—

Das schnellere Wachstum der Hähne zeigt sich auch in dem *kürzeren Zeitverbrauch bei den Hähnen für die Einheitszunahme im Gewichte* den Hennen gegenüber. Philips[934] hat bei weißen Leghorns folgende Zahlen gefunden:

Für die Zunahme vom Brutgewicht

bis zu 1 Pfund brauchen Hähne 49 Tage, Hennen 49 Tage
von 1—2 „	„	„	24 „	„	24 „
„ 2—3 „	„	„	15 „	„	32 „
„ 3—4 „	„	„	23 „	„	30 „
„ 4—5 „	„	„	24 „	„	40 „
„ 5—6 „	„	„	29 „	„	85 „

Die weißen Plymouth Rocks zeigen nach Mitchell, Card und Hamilton[825] folgende Unterschiede im Zeitverbrauch für die Einheitszunahme:

Vom Brutgewicht bis zu 1 Pfund brauchen Hähne 54 Tage, Hennen 60 Tage
von 1—2 „	„	„	47 „	„	52 „
„ 2—3 „	„	„	39 „	„	46 „
„ 3—4 „	„	„	37 „	„	65 „
„ 4—5 „	„	„	44 „	
„ 5—6 „	„	„	84 „	

Geschlechtsunterschiede im Wachstum bei Tauben und Ringtauben. (Nach Riddle.)

Genaue Untersuchungen über das intensivere Wachstum der Hähne führten neuerdings bei weißen Leghornen Mitchell, Card und Hamilton[826] aus.

Bei *Tauben* und Ringtauben scheint, wie aus den von Riddle gesammelten und von Kempster (in Mumford[857]) veröffentlichten Daten hervorgeht, kein Geschlechtsunterschied bei der Brütung zu bestehen; er entsteht aber bei den Tauben schon innerhalb einer Woche. Bei den Ringtauben ist ein Geschlechtsunterschied im Gewichte auch bei erwachsenen Tieren fraglich. Riddles Daten sind die in nebenstehender Tabelle.

Daß die Geschlechtsdifferenzen in der Wachstumsintensität der Küken tat-

Männliche Tiere			Weibliche Tiere		
Alter in Monaten (s. Anm.)	Körpergewicht in g	Zahl der Tiere	Alter in Monaten (s. Anm.)	Körpergewicht in g	Zahl der Tiere
Tauben					
0,6	10,6	5	0,6	10,1	7
1,0	161	7	0,9	151	3
1,2	228	8	1,4	273	8
1,95	303	4	1,9	298	3
2,7	330	1	2,3	285	5
3,1	339	7	2,9	304	4
3,7	327	4	3,8	337	5
4,4	348	3	5,4	321	5
5,4	381	4	6,6	309	13
6,3	332	10	8,0	331	9
8,1	342	10	12,1	325	35
12,1	347	54	18,0	343	8
18,0	344	12	24,5	364	9
24,0	378	11	43,0	348	3
42,0	367	8	—	—	—
Ringtauben					
0,5	5,6	34	0,5	5,33	20
0,8	59,0	5	0,85	69,4	5
1,15	97,0	11	1,1	102,0	4
1,3	120,0	6	1,76	129,0	7
1,7	134,2	7	2,5	141,0	5
2,26	144,0	10	3,1	147,0	8
3,1	159,0	8	3,64	146,0	8
3,74	151,0	8	4,54	145,0	13
4,7	151,0	6	5,6	149,0	13
6,1	153,0	20	6,2	153,0	19
8,06	155,0	55	7,94	154,0	39
11,75	160,0	104	12,0	160,0	72
18,0	165,0	32	18,0	169,0	17
23,4	170,0	18	23,2	157,0	12
44,1	166,0	29	46,1	165,0	20

Anm. Vom Zeitpunkte der Eierlegung gerechnet.

sächlich auch im Lichte einer biometrischen Kritik bestehen bleiben, zeigten ACKERSON und MUSSEHL[11]. Sie unterzogen die Gewichte von Hähnen- und Hennenküken in verschiedenen Altersstufen (1—9 Wochen) einer *variations-statistischen Berechnung* und fanden, daß sich die Gewichtsdifferenzen auch unter Berücksichtigung der wahrscheinlichen Fehler behaupten.

Die Geschlechtsunterschiede im Wachstum führen dann bei den geschlechtsreifen Tieren zu gewissen Unterschieden zwischen Hähnen und Hennen im Körperbau. Nach ENGELERS[290] mit biometrischer Methode unternommenen Untersuchungen am Reichshuhn (Schweizerhuhn) prägen sich die Geschlechtsunterschiede deutlicher in der größeren Knochenlänge, insbesondere in der Schädellänge, und der Länge der Extremitäten der männlichen Tiere aus: weiter auch im Bau des Beckens (geringerer Abstand der Schambeinenden voneinander) und im Abstand vom Brustbein zu den Schambeinenden. „Die wichtigsten, durch Maße bestimmbaren Geschlechtsunterschiede finden sich am Kopf (Schädellänge, Kehlbehang, Kammlänge), in der Ständerung und in den Ausmaßen der Beckenpartie."

Der Geschlechtsunterschied bei der untersuchten Rasse findet bei 6 Zuchthähnen und 114 weiblichen Tieren im Alter von 8—10 Monaten in folgenden Zahlen seinen Ausdruck:

	Differenz zwischen Hähnen und Hennen dem Mittelwert der Hennen gegenüber
Rumpflänge	+ 3,55 cm
Brusttiefe	+ 0,55 „
Brustbreite.	+ 0,88 „
Brustbeinlänge	+ 1,60 „
Unterschenkellänge	− 2,26 „
Lauflänge	+ 1,51 „
Abstand vom Schambein	− 3,00 „
Legeknochenabstand	− 2,10 „
Kammlänge	+ 2,83 „
Kehllappenlänge	+ 3,05 „
Zehenlänge.	+ 0,74 „
Schädellänge	+ 2,76 „
Brustumfang über den Flügeln	+ 5,55 „
Brustumfang unter den Flügeln	+ 5,31 „
Gewicht	+ 0,040 kg

Die Geschlechtsunterschiede äußern sich mit 2 Ausnahmen durchwegs durch ein Überwiegen der Körperausmaße bei männlichen Tieren.

Über Geschlechtsunterschiede in der Ausbildung des Skelets findet man genaue Daten bei HUTT[516].

b) Grundumsatz.

Über die Geschlechtsunterschiede im Stoffwechsel liegen beim Geflügel einige Angaben vor, die uns sehr übereinstimmend belehren. Was den *Grundumsatz* anbetrifft, so muß wohl auch mitberücksichtigt werden, daß die Versuche verschiedener Forscher mit sehr verschiedenen Methoden und Apparaturen ausgeführt wurden, und dasselbe gilt besonders auch von den Gasanalysen, was eine direkte Vergleichung der gewonnenen Zahlen unverläßlich macht. Auch die Zahl der Versuchstiere war bisher oft nicht genügend groß, um endgültige Schlüsse ziehen zu können.

Im allgemeinen herrscht Übereinstimmung darüber, daß der Grundumsatz bei männlichen Vögeln größer als bei weiblichen ist. HERZOG[483a] fand im Tagesversuche unter einer Temperatur von 20°C bei einer Henne einen Grund-

umsatz (Durchschnitt aus 5 Versuchen) von 897,4 Cal je Quadratmeter Körper-
oberfläche, bei einer anderen Henne 870,8 Cal unter denselben Bedingungen.
Ein Hahn ergab aber beim Tagesversuche 1312,3 Cal je Quadratmeter Körperoberfläche. Im Nachtversuche betrugen die Werte für die Hennen 732,3 Cal
und für den Hahn 980,5 Cal. Der *Hahn zeigt also einen um 20—30% höheren
Grundumsatz* als die Henne. Dabei reagierte der Hahn auf den Unterschied
Tag-Nacht intensiver als die Henne: während der *Abfall des Tagesumsatzes zum
Nachtumsatz* bei der Henne 16,89% betrug, belief er sich bei dem Hahne auf
25,28%. Einen ähnlich großen Unterschied zwischen dem Nacht- und Tages-
umsatz beim Hahne fand auch Bacq[50]. Bei der *Gans* fand Herzog[483a] beim
Tagesversuche den Grundumsatz von 890,9 Cal, beim Gänserich 906, 9 Cal.
Beim Nachtversuche belief er sich für die Gans auf 849,4 Cal, für den Gänserich
auf 747,2 Cal. Ein Geschlechtsunterschied zugunsten des Männchens ergab
sich hier also nur beim Tagesversuche (+18%). In der Nacht war der Basalmetabolismus bei der Gans höher (um 16%). Der Unterschied im Abfall des
Tagesumsatzes zu dem Nachtumsatze zwischen Weibchen und Männchen bleibt
aber auch hier erhalten: bei der Gans mit 4,60%, beim Gänserich mit 17,63%.
Gerade durch den Unterschied in der Veränderlichkeit des Grundumsatzes
zwischen Tag und Nacht beim Gänserich und bei der Gans wurde der Umschlag
des höheren Stoffwechsels des Gänserichs bei Tage zu einem niedrigeren bei der
Nacht verursacht.

Einen höheren Grundumsatz beim männlichen Geschlechte geben für die
Ringtauben auch Riddle, Christman und Benedict[1007] (vgl. auch Riddle[1001]),
an. Bei 3 Gruppen der Ringtaubenrassen haben sie bei einer Temperatur von
20⁰ C gefunden:

bei Weibchen 3,749 Cal (302 Versuche), 3,756 Cal (94 Versuche), 3,785 Cal (109 Versuche),
bei Männchen 3,861 Cal (287 Versuche), 3,862 Cal (73 Versuche), 3,824 Cal (107 Versuche).

Die Differenz beträgt 2%, 2,8% und 1,6% zugunsten des männlichen
Geschlechtes. Bei einer anderen Reihe von Messungen bei 15⁰ C fanden sie
bei den Männchen 4,329 Cal, bei Weibchen 4,210 Cal. Hier betrug der Unterschied 2,83% zugunsten der Männchen.

Ähnlich wie Herzog[481a] konnten auch Riddle, Christman und Benedict[1007]
bei Ringtauben feststellen, daß die *Veränderlichkeit des Grundumsatzes infolge
Temperaturänderung* beim männlichen Geschlechte größer ist, wie aus den vergleichenden Messungen bei 15⁰, 20⁰ und 30⁰ C hervorgeht.

Geschlechtsunterschiede in Änderung des Grundumsatzes bei Ringtauben.
(Nach Riddle, Christman und Benedict.)

Rassengruppe	Geschlecht	Zahl der Ver-suche	Calorien bei einer Temperatur von			Prozente der Metabolismus-abnahme für 1⁰ Temperatur innerhalb	
			15⁰	20⁰	30⁰	15⁰—20⁰	20⁰—30⁰
16 Rassen	Männchen	287		3,861	2,777		2,81
	Weibchen	302		3,749	2,989		2,03
10 Rassen	Männchen	73		3,862	2,840		2,65
	Weibchen	94		3,756	3,031		1,93
6 Rassen	Männchen	107	4,329	3,824	2,681	2,33	2,99
	Weibchen	109	4,210	3,785	2,932	2,02	2,25

Die *stärkere Reaktion beim männlichen Geschlechte* zeigt sich in dem höheren
Abfall auf je 1⁰ Temperaturdifferenz, der schließlich dazu führt, daß bei 30⁰

die Geschlechtsdifferenz umschlägt und man einen höheren Grundumsatz bei Weibchen findet.

RIDDLE[1001] teilt mit, daß sich die höhere Reaktionsfähigkeit des männlichen Geschlechtes bei Ringtauben und Tauben auch in einer Herabdrückung des Grundumsatzes durch längere Inaktivität während der Vorbereitungsperiode zeige.

Bei geschlechtsreifen Hähnen und Hennen der Rhode-Islands-Hühner fanden MITCHELL und HAINES[827] die folgenden Unterschiede in der Energieproduktion.

Geschlechtsunterschiede in dem Grundumsatze bei Hühnern.
(Nach MITCHELL und HAINES.)

	Zahl der Tiere	Zahl der ausgeführten Bestimmungen	Wärmeproduktion auf	
			1 kg des Körpergewichtes	1 m² der Körperoberfläche
Hähne . .	19	30	55,7	806
Hennen .	28	60	54,9	703

Der Grundumsatz der Hähne war also um 0,8 Cal = 1,45 %, berechnet auf 1 kg des Körpergewichtes, bzw. 103 Cal = 14,64 %, berechnet auf 1 m² der Körperoberfläche, höher als bei den Hennen.

Ausgedehnte Versuche über die Geschlechtsunterschiede im Grundumsatz beim Geflügel in verschiedenem Alter führten MITCHELL, CARD und HAINES[824] aus. Bei weißen Plymouth-Rocks-Hühnern im Alter von 146—166 Tagen fanden sie keinen Unterschied zwischen den Geschlechtern: die Wärmeproduktion auf 1 m² betrug bei Hennen 744 Cal (Durchschnitt von 5 Tieren), bei Hähnen 718 Cal (Durchschnitt von 6 Tieren). Vergleichende Untersuchungen an anderen Tieren in verschiedenem Alter hatten ergeben:

Geschlechtsunterschiede in dem Grundumsatze bei Hühnern in Abhängigkeit von dem Alter. (Nach MITCHELL, CARD und HAINES.)

Hähne				Hennen			
Alter in Tagen	Durchschnitt von Tieren	Calorienproduktion		Alter in Tagen	Durchschnitt von Tieren	Calorienproduktion	
		auf 1 kg	auf 1 m²			auf 1 kg	auf 1 m²
37	4	166	1,441				
76	6	96	832	94	7	88	788
122	5	77	794	128	6	75	760
184	5	71	859	192	6	77	861
242	6	63	864	251	6	62	785
340	6	62	856	355	6	60	796

Ein Geschlechtsunterschied scheint sich erst im Alter von 240 Tagen zu entwickeln und existiert nur auf die Einheit der Körperoberfläche berechnet. Die Wärmeproduktion, berechnet auf die Gewichtseinheit, ist bei beiden Geschlechtern dieselbe. Die Differenz ist also deutlich ein Produkt der Geschlechtsreifung und beträgt nach den Versuchen von MITCHELL, CARD und HAINES[824] im Alter von 240—250 Tagen = 34—35 Wochen + 10 %, im Alter von 775 bis 796 Tagen = 111—113 Wochen + 7,5 % zugunsten des männlichen Geschlechtes.

An und für sich nimmt aber der Grundumsatz sowohl bei Hähnen als auch bei Hennen mit dem Alter ab, wie aus den Zahlen von MITCHELL, CARD und

HAINES[824], wenn auf 1 kg des Körpergewichtes berechnet, deutlich hervorgeht. Dasselbe hat auch AUDE[46] für Hähne festgestellt (CO_2-Produktion). Er hat auch eine Abnahme der CO_2-Produktion auf die Körperoberfläche gefunden, nur ist diese viel schwächer, als wenn sie auf 1 kg berechnet wird (vgl. Abb. 83).

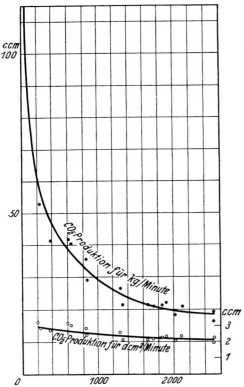

Abb. 83. Abnahme der CO_2-Produktion bei Hähnen mit dem Alter bzw. Körpergewicht. (Nach AUDE.)

Gegen die Schlußfolgerung, daß die Geschlechtsunterschiede im Grundumsatze erst durch die Funktion reifender Geschlechtsdrüsen hervorgerufen werden (*zugunsten* dieser Auffassung sprechen die Ergebnisse über den Einfluß der Kastration — s. im weiteren), sprechen nur die Angaben von RIDDLE[989], der gefunden hat, daß ein höherer Stoffwechsel nicht nur bei Taubenembryonen, sondern schon bei ihren Eiern feststellbar ist. RIDDLE[1001] ist der Meinung, daß dieser Unterschied im Stoffwechsel die Grundlage der Geschlechtsdifferenzen bildet („metabolic rate is the primary sex differential"). Dagegen spricht aber die Tatsache, daß MITCHELL, CARD und HAINES[824] bei jünger als 34 Wochen alten Tieren keinen höheren Grundumsatz bei Männchen gefunden haben. Bei Eiern und Embryonen hat RIDDLE[989] freilich nicht den basalen Umsatz, sondern die gesamte CO_2-Produktion gemessen.

Der *Respirationskoeffizient zeigt beim Geflügel keine Geschlechtsunterschiede.* HERZOG[483a] hat gefunden:

Henne A beim Tagesversuch . . . . . R. Q. 0,710—0,888
Henne B beim Tagesversuch . . . . . R. Q. 0,709—0,862
Hahn beim Tagesversuch . . . . R. Q. 0,728—0,790
Hühner beim Nachtversuch . . . . . . R. Q. 0,620—0,814
Hahn beim Nachtversuch . . . . R. Q. 0,728—0,790
Gans beim Tagesversuch . . . . R. Q. 0,801—0,856
Gänserich beim Tagesversuch . . . . . R. Q. 0,801—0,820
Gans beim Nachtversuch . . . . R. Q. 0,728—0,738
Gänserich beim Nachtversuch . . . . . R. Q. 0,780—0,784

MITCHELL, CARD und HAINES[824] haben bei weißen Plymouth Rocks gefunden:

Hähne				Hennen			
Alter	R. Q.	Alter	R. Q.	Alter	R. Q.	Alter	R. Q.
37 Tage	0,80	184 Tage	0,67	49 Tage	0,70	251 Tage	0.68
76 „	0,69	242 „	0,70	128 „	0,70	355 „	0,73
122 „	0,70	340 „	0,72	192 „	0,70		

Aus diesen Zahlen geht hervor, daß sich der *Respirationskoeffizient auch mit dem Alter nicht ändert.*

Die Gonaden haben also weder durch ihre Geschlechtsspezifizität noch durch ihre Funktion bei der Geschlechtsreife Einfluß auf den Respirationskoeffizienten bei Hühnern (s. Anm.).

c) Stoffwechseländerungen, welche mit der Legetätigkeit der weiblichen Tiere zusammenhängen.

Die Erzeugung des Eies bedeutet für die Henne eine beträchtliche Leistungs-anspannung und tiefgreifende Veränderungen im gesamten Stoffwechsel. In bezug auf 1 kg des Körpergewichtes produziert dabei eine Henne mehr als eine Kuh bei der Milcherzeugung. Durch vergleichende Berechnungen konnte ich zeigen (KŘÍŽENECKÝ[628]), daß, wenn man einer jährlichen Produktion von 1000, 5000 und 9000 kg Milch eine solche von 25, 150 und 250 Eiern gegenüber-stellt, die Henne in den Eiern um 94,23 g, 657,24 g, 791,35 g an Eiweißstoffen, um 67,25 g, 553,27 g, 790,81 g an Fett und um 29,34 Cal, 2322,91 Cal, 2184,19 Cal des Gesamtcalorienwertes der Produkte mehr produziert als die Milchkuh in der Milch.

Diese Mehrleistung der Henne beträgt in der Eiweißstoffproduktion 55,3, 63,3 und 46,4%, in der Fettproduktion 93,4, 172,9 und 91,5%, in der Calorien-produktion 2, 33 und 16,9%.

Dies bedeutet aber einen sehr erhöhten Stoffumsatz und gesteigerte Leistungs-anspannung aller mit dem Stoffwechsel zusammenhängender Organe.

GERHARTZ[368, 369] hat gefunden, daß bei der Henne für den Aufbau von 1 Calorie der Eisubstanz aus dem Körpermaterial die Umsetzung von 2,091 Cal notwendig sind. Bei freier Bewegung der Henne beträgt diese Umsetzungs-arbeit sogar 3,36 Cal. Die Transformationsarbeit beträgt also je 1 Cal der Ei-substanz 2,1—3,3 Cal. Da der Energiewert des ganzen Eies durchschnittlich ca. 85 Cal beträgt, so kostet die Produktion eines Eies an Umwandlungsarbeit 178,5—280,5 Cal. Bei der Annahme, daß die Henne durchschnittlich in der Legezeit 2 Eier in 3 Tagen legt, erhöht sich ihr Stoffwechsel täglich durch diese Funktion des Eierstockes um 119—187 Cal. Nach den oben angeführten Ver-suchen von MITCHELL und HAINES[827] beträgt der Grundumsatz der Henne für 1 kg ihres Körpergewichtes durchschnittlich 54,9 Cal. Bei einer 1,5 bzw. 2 kg schweren Henne entfallen auf den Grundumsatz 82,4 bzw. 109,8 Cal. Die calo-rische Erzeugungskost eines Eies erhöht also den Stoffwechsel der Henne um 144—227% bzw. um 108—169% des Grundumsatzes.

Ob und wie sich der Grundumsatz selbst bei der Henne durch die Eier-produktion ändert bzw. steigert, wurde noch nicht untersucht. MITCHELL, CARD und HAINES[824] beobachteten bei einer Henne, welche sich in der Periode der Eiererzeugung befand, einen Grundumsatz von 72,8 Cal auf 1 kg bzw. von 778 Cal auf 1 m², was gegenüber den Durchschnittswerten (von 54,9 Cal auf 1 kg bzw. 703 Cal auf 1 m²) eine Erhöhung von 32,6 bzw. 10,6% bedeutet. Diese Henne rückte aber doch nicht aus der Variationsbreite dieser Werte bei den übrigen Tieren (43,1—70,2 Cal für 1 kg bzw. 520—881 für 1 m²) heraus, und außerdem liegt nur diese einzige Messung vor, so daß ein verläßlicher Schluß nicht möglich ist.

Die Feststellung anderer Stoffwechseländerungen im weiblichen Körper im Zusammenhange mit der Eiererzeugung verdanken wir den Forschungen von RIDDLE und seinen Mitarbeitern an Tauben und Ringtauben (s. RIDDLE[995]:

Anm. Wertvolle Untersuchungen über Geschlechtsunterschiede im Nährstoff- und Energieverbrauch bei wachsenden weißen Leghornen publizierten neuerdings MITCHELL, CARD und HAMILTON[826]. Die betreffenden Zahlen konnten hier bei der Korrektur schon nicht mehr aufgenommen werden.

RIDDLE und REINHART[1022]; RIDDLE und HONEYWELL[1012, 1014, 1015]; RIDDLE und BURNS[1005, 1006]). Bei Tauben und Ringtauben folgen normalerweise 2 Ovulationen in einem Intervall von 44 Stunden nacheinander, worauf der Ruhestand der Brütungsperiode (Nestsitzung) im Leben der Weibchen beginnt. Während dieser Zeit vergrößert sich periodisch der Ovidukt auf mehr als das Neunfache seines Ruhezustandsgewichtes, wobei der Anfang dieser Eileitervergrößerung etwa in die 108. Stunde vor der ersten Ovulation fällt. Nach der zweiten Ovulation reduziert sich wieder die Größe des Ovidukts, und in 108 Stunden erreicht er wieder das frühere Ruhezustandsgewicht. Parallel mit dem Ovidukt verläuft auch eine Vergrößerung der Nebennieren. RIDDLE[995] folgert daraus, daß auch eine erhöhte Sekretion des Adrenalins stattfindet, die vielleicht den Stoffwechsel erhöht. Parallel mit dem Gewichte der Nebennieren steigt auch der *Blutzucker* (um 20%) und das *Blutcalcium* (um mehr als 100%). Das Maximum der *Erhöhung des Blutcalciums* wird aber schon bei der ersten Ovulation oder zugleich mit dieser erreicht, wonach das Blutcalcium noch vor der zweiten Ovulation zu sinken beginnt. Auch der Blutphosphorspiegel und der Blutfettspiegel (Lipoide) erfahren im Zusammenhange mit der Eibildung eine Erhöhung (Blutfett um 35%, Blutphosphor um 50%). Damit stimmt der Umstand vollkommen überein, daß sich bei Hennen—wie LAWRENCE und RIDDLE[703] festgestellt haben — in der Legeperiode der *Phosphadidgehalt des Blutes* um beinahe 100% erhöht. Befunde an Tauben zeigen, wie diese

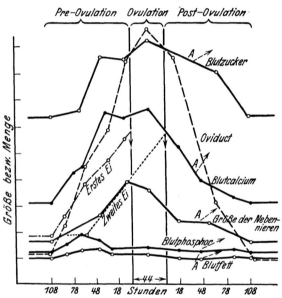

Abb. 84. Veränderungen des Stoffwechsels während der Ovulation bei Tauben. (Nach RIDDLE.)

Änderungen innig mit der Bildung der einzelnen Eier zusammenhängen. Die Erhöhung des *Blutphosphorspiegels und des Blutfettspiegels bei der Eibildung* beginnt bei den Tauben in der 108. Stunde vor der Ovulation, beide sinken aber schon ca. 20 Stunden vor dieser Ovulation wieder zur Norm des Ruhestandes zurück. Eine graphische Übersicht dieser Änderungen gibt Abb. 84. Die Zunahme des Blutcalciums im Zusammenhange mit der Ovulation konnten HUGHES, TITUS und SMITS[509] auch für Hennen bestätigen, bei denen der Calciumspiegel in der Legeperiode um ca. 75—100% zunimmt. Ähnlich fanden auch BUCKNER, MARTIN und HULL[127] den Calciumgehalt des Blutes bei nichtlegenden Hennen 16,1 mg%, bei legenden Hennen aber 21,9, 25,3 bzw. 23,6 mg%, also um ca. 50% mehr bei den letzteren.

Das Blutcalcium unterliegt aber auch zu dieser Zeit dem Calciumgehalt in der Nahrung, wie BUCKNER, MARTIN und INSKO[128] gezeigt haben.

Mit der Eierproduktion tritt bei den Hennen auch eine Hypertrophie der Leber auf, worauf PÉZARD[929] hinwies. „Wenn man eine legende Henne seziert, bemerkt man meist eine riesige Leber; wir haben einige erhalten, die über 90 g anstatt 35—40 g wogen, ein Gewicht, das bei Hähnen das gewöhnliche ist. Außerdem haben die hypertrophierten Lebern eine blaßgelbe Farbe, die mit der gewöhnlichen Blutfarbe kontrastiert. Aus diesem Bilde sowie aus der chemischen Untersuchung der „Fett"-Leber schließen wir, daß die Hypertrophie von einer fettigen Überlastung und insbesondere von der Anhäufung von Phosphorlipoiden herrührt, sehr verschieden von dem gewöhnlichen Fett des Kapauns. Überdies reichert sich das Blut gleichzeitig mit Fett an, wie die Untersuchungen von G. SMITH gezeigt haben. Diese Hypertrophie entsteht nicht bei den ovariektomierten Hühnern, doch sammelt sich das Fett bei diesen wie bei den Kapaunen. Ebenso schwillt die Leber von brütenden Hühnern nicht an und wird nicht blaß. . . ." Daraus schließt PÉZARD, „daß die Bildung von Phosphorlipoiden durch die Leber vom Ovarium abhängt; wahrscheinlich sind diese Lipoide zur intensiven Eidotterbildung des Huhnes bestimmt. So würde sich die Anhäufung von gewöhnlichem Fett bei dem Huhn ohne Ovarium erklären. Die gewöhnlichen Fette würden sich weiter in den gewöhnlichen Depots ansammeln, aber das Fehlen des Ovariums würde sowohl ihre Mobilisation zur Legezeit wie die Synthese von Phosphorlipoiden verhindern".

In diesem Zusammenhange ist vielleicht auch hier schon zu erwähnen, daß nach LAWRENCE und RIDDLE[703] das Blutplasma der weiblichen Tiere mehr alkohollösliche Substanzen und Phosphor enthält als die männlichen Tiere (s. noch Näheres unten).

d) Chemismus des Blutes und der Organe.

Für die Beurteilung der Geschlechtsdifferenzen im Stoffwechsel des Geflügels ist auch die Tatsache wichtig, daß zwischen Weibchen und Männchen gewisse Unterschiede im *Blutbilde und im Hämoglobingehalte* des Blutes vorhanden sind.

ELLERMANN[286] der als erster die Geschlechtsunterschiede des Blutes beim Geflügel untersucht hatte, kam zu dem Schlusse, daß sich die Hähne von den Hennen eher im Hämoglobingehalte als in der Erythrocytenzahl unterscheiden. Sein Material war aber nicht genügend. ELLERMANN und BANG[287] geben an, daß der Hämoglobingehalt bei Hähnen höher ist als bei Hennen. Sie geben nebenstehende Zahlen an:

	Zahl der Tiere	Hämoglobin	
		Grenzen	Durchschnitt
Hähne . . .	11	55—85	72
Hennen . . .	45	45—70	56

LANGE[688] gibt für das Haushuhn folgende Zahlen an:

Geschlecht	Zahl der Tiere	Zahl der Erythrocyten	Hämoglobin	Erythrocyten (in u)			Oberfläche	Oberfläche der Erythrocyten eines mm³ in mm²
				Länge	Breite	Dicke		
♂	1	3 260 000	99,0	11,46	6,60	3,40	216,49	706,63
♀	6	2 720 000	65,7	11,92	6,48	3,45	231,88	630,67

Später untersuchte FRITSCH[348] das Blut von 5 Hähnen und 5 Hennen im Alter von 1—4 Jahren und fand folgende Durchschnittswerte:

	Erythrocytenzahl	Hämoglobingehalt des Blutes	Hämoglobingehalt eines Erythrocyten in 10^{-12} g
Hahn	3 240 000	12,3	38
Henne	3 770 000	9,6	35

Die Leukocytenzahl konnte an seinem Materiale nicht genau ermittelt werden.

Bei 5 männlichen und 5 weiblichen Brieftauben fand FRITSCH folgende Zahlen:

	Erythrocyten-zahl	Hämoglobin-gehalt des Blutes	Hämoglobin-gehalt eines Erythrocyten in 10^{-12} g
♂	3180000	14,0	44
♀	3170000	13,4	42

KUKLOVÁ[669] kam im Jahre 1921 zu folgenden Resultaten in der Erythrocytenzahl und der Leukocytenzahl:

Rasse	Geschlecht	Zahl der Tiere	Erythrocyten	Leukocyten
Fawerolles	♂	12	3405000	34000
	♀	17	3108000	45000
La Bresse noir	♂	13	3537000	38000
	♀	14	3350000	43000
Wyandottes	♂	8	2985000	36000
	♀	12	2790000	45000
Rebhuhnfarb. Italiener . . .	♂	3	3463000	22000
	♀	6	2979000	46000
Kreuzungsprodukte	♂	1	2996000	25000
	♀	11	2817000	46000
Durchschnitt:	♂	37	3273000	31000
	♀	61	3009000	45000

Die Erythrocytenzahl liegt bei den Hähnen etwas höher, die Leukocytenzahl aber deutlich niedriger als bei Hennen. Die absoluten Werte zeigen Unterschiede je nach der Rasse. Das Alter scheint dabei keinen großen Einfluß zu haben. Die oben angeführten Daten beziehen sich auf das gesamte Material von Junggeflügel und geschlechtsreifen Tieren. Nur bei geschlechtsreifen Hähnen und Hennen liegen die Zahlen im Durchschnitt aller Rassen wie folgt:

	Zahl der Tiere	Erythrocyten	Leukocyten
Hähne . . .	20	3443000	28000
Hennen . . .	33	3022000	47000

Beim Junggeflügel im Durchschnitt aller Rassen:

	Zahl der Tiere	Erythrocyten	Leukocyten
Hähnchen . .	17	3201000	35000
Pullets . . .	17	2994000	46000

Betreffs des Hämoglobingehaltes kam KUKLOVÁ zu denselben Resultaten wie ELLERMANN und BANG[287], wenn auch die absoluten Werte etwas niedriger gelegen waren (s. nebenstehende Tabelle).

	Zahl der Tiere	Hämoglobingehalt	
		Grenzen	Durchschnitt
Hähne . . .	19	48—78	61
Hennen . . .	31	30—76	49

BLACHER[101, 102] hat ähnlich gefunden, daß die Erythrocytenzahl bei Hennen kleiner ist als bei Hähnen:

bei Hähnen (20 Tiere) in Ascania Nova . . . { min. 3320000 max. 4440000 }   Durchschnitt 3884000

bei Hennen (26 Tiere) in Ascania Nova . . . { min. 2116000 max. 3680000 }   „   2907000

bei Hähnen (6 Tiere) in Moscou . . . . . . { min. 3060000 max. 4026000 }   „   3371000

bei Hennen (8 Tiere) in Moscou . . . . . . { min. 2125000 max. 3300000 }   „   2737000

Auf die absoluten Werte scheint die geographische Lage einigen Einfluß zu haben; das Verhältnis bleibt aber erhalten. Die Unterschiede zeigen sich schon bei jungen Tieren.

Dasselbe hat BLACHER auch für den *Hämoglobingehalt* des Blutes gefunden. Die betreffenden Werte für dieselben Tiere waren:

Hähne in Ascania Nova	min. 80 max. 101	Durchschnitt	90,2
Hennen in Ascania Nova	min. 50 max. 79	,,	66,8
Hähne in Moscou	min. 75 max. 86	,,	80,3
Hennen in Moscou	min. 51 max. 69	,,	59,1

Auch für den Hämoglobingehalt ist — was die absoluten Werte anbelangt — die geographische Lage von Bedeutung, ohne aber das Verhältnis zu ändern.

Ähnliche Differenzen, wenn auch etwas geringere, ergaben sich auch für junge Tiere.

Bei anderen Untersuchungen fand BLACHER[101, 102] folgende Zahlen für die Erythrocytenmenge und den Hämoglobingehalt:

	Ge-schlecht	Zahl der Tiere	Erythrozytenzahl			Hämoglobingehalt		
			min.	max.	Durch-schnitt	min.	max.	Durch-schnitt
Rebhuhnfarb. Italiener	♂	11	3 200 000	4 240 000	3 954 000	86	93	90,2
	♀	10	2 460 000	3 302 000	2 869 000	50	70	60,2
Minorkas	♂	6	3 320 000	4 040 000	3 680 000	82	89	85,6
	♀	6	2 324 000	2 808 000	2 594 000	50	70	65,6
Bantams	♂	3	3 120 000	3 860 000	3 487 000	82	85	82,0
	♀	3	2 920 000	3 300 000	3 073 000	65	72	68,6
Plymouths	♂	3	3 060 000	3 420 000	3 220 000	75	82	77,3
	♀	2	2 610 000	2 950 000	2 780 000	55	66	58,0
Negretti Maligue. . .	♂	1	—	—	4 440 000	—	—	101,0
	♀	4	2 116 000	3 680 000	2 844 000	65	69	67,3
Coucou de Maligue. .	♂	3	2 588 000	3 204 000	2 837 000	45	70	60,3
	♀	1	—	—	4 124 000	—	—	92,0

Auch BLACHER findet also Unterschiede in den absoluten Werten je nach der Rasse. Das Verhältnis der Geschlechter bleibt aber dasselbe. Der Durchschnitt *aller* untersuchten Tiere ergab:

> für Hähne die Erythrocytenzahl 3 772 000, den Hämaglobingehalt 83,3
> ,, Hennen ,, ,, 2 872 000, ,, ,, 61,5

Der Unterschied beträgt für die Erythrocytenzahl 23,8, für den Hämoglobingehalt 26,1 %.

CHAUDHURI[168], der zu derselben Zeit diese Frage bei erwachsenen Hähnen und Hennen und geschlechtsreifen Hühnern studierte, fand:

> Erwachsene Hähne 4 560 000
> Erwachsene Hennen 3 127 000
> Geschlechtsreife ♂ 3 603 000
> Geschlechtsreife ♀ 3 656 000

Bei geschlechtsreifen Tieren ist die Zahl der Erythrocyten bei den Hähnen deutlich höher. Bei unreifen Tieren findet man keine Differenz, und die absolute Zahl scheint etwa in der Mitte zwischen jenen für die erwachsenen Hähne und Hennen zu liegen.

JUHN und DOMM[542] studierten die Erythrocytenzahl bei 40 Hähnen und 40 Hennen der rebhuhnfarbigen Italienerrasse vom Tage der Ausbrütung bis zum Alter von 16 Monaten und fanden (s. Abb. 85), daß die Erythrocytenzahl bis zum Alter von ca. 180 Tagen bei den Hennen höher ist als bei den Hähnen. Von diesem Alter an erhöht sich die Erythrocytenzahl der Hähne über die der Hennen und erreicht im Alter von ca. 380 Tagen eine Abweichung von mehr als 30%. Später nähert sich die männliche Erythrocytenzahl der weiblichen, was aber wahrscheinlich eher eine Funktion der Jahreszeit zu sein scheint.

Über eine *höhere Erythrocytenzahl und höheren Hämoglobingehalt des Blutes bei den Männchen* berichtet neuerdings auch RIDDLE[1001] für Ringtauben. Die betreffenden Zahlen sind aber in dem Vortragsauszug nicht angeführt.

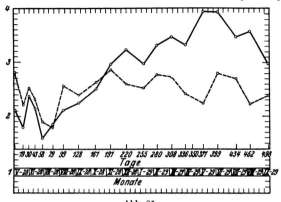

Abb. 85.
Kurven der Erythrozytenzahl per mill³ bei Hühnern im Laufe des Jahres. —— Hähne, ----- Hennen. (Nach JUHN und DOMM.)

Nach früheren Angaben von FRITSCH[348] ist bei Tauben die Erythrocytenzahl der Männchen 3180000, der Weibchen 3170000 (Durchschnitt von je 5 Tieren); hier war also keine Geschlechtsdifferenz vorhanden. KENNEDY und CLIMENKO[567] fanden neuerdings bei Tauben:

$$\text{Männchen} \begin{cases} \text{min. } 4043000 \\ \text{max. } 4653000 \end{cases} \text{Durchschnitt (5 Tiere) } 4296000$$

$$\text{Weibchen} \begin{cases} \text{min. } 3326000 \\ \text{max. } 3916000 \end{cases} \text{Durchschnitt (5 Tiere) } 3609000$$

LANGE[688] gibt dagegen folgende Zahlen an, aus welchen auf einen Geschlechtsdimorphismus des Blutes bei Tauben zu schließen nicht möglich ist. Er hat gefunden:

Geschlecht	Zahl der Tiere	Zahl der Erythrocyten	Hämoglobin	Erythrocyten				Oberfäche der Erythrocyten eines mm³ in mm²
				Länge	Breite	Dicke	Oberfläche	
Haustaube.								
♂	4	3820000	102,8	12,89	6,78	3,46	260.25	956,20
♀	5	3880000	108,4	12,31	6,68	3,38	236,36	913,26
Brieftaube.								
♂	7	3530000	113,3	12,17	6,98	3,12	231,65	919,30
♀	5	3620000	117,6	12,39	7,02	3,14	235,47	849,12

Die Tatsache einer höheren Erythrocytenzahl der Männchen beim Geflügel wird neuerdings wieder von HAŇKA[462] bestätigt. Er findet auch in Übereinstimmung mit KUKLOVÁ[669], daß für die absoluten Zahlen auch die Rasse von Bedeutung ist.

Hühner:	♂	♀
Rebhuhnfarbige Italiener	3172000	3030000
Plymouth Rocks	3370000	3266000
Goldene Wyandottes	3261000	3003000
Orpingtons	3160000	2952000
Kreuzungsprodukte	2856000	2603000
Enten	3622000	3519000
Gänse	3503000	3415000

Für die Leukocytenzahl hat HAŇKA keine deutlichen Geschlechtsunterschiede gefunden.

Der Hämoglobingehalt zeigte sich bei den Männchen höher als bei den Weibchen:

Hahn . . . . 76—82   Henne . . . . 57—73
Enterich 96   Ente 82
Gänserich 90   Gans 81

WALTHER[1281] untersuchte die *Größe der Erythrocyten* bei frisch ausgeschlüpften Küken und halb- und vollerwachsenen Hühnern verschiedener Rassen (Orpington, Brahma, Fawerolles, Plymouth Rocks, Italiener, Minorka, holländische Weißhauben und verschiedene Zwerghühner), fand aber *keine Geschlechtsunterschiede*. Sein Material, das sich auf erwachsene Tiere bezieht, scheint aber nicht genügend groß zu sein, so daß sein negatives Resultat bloß auf die frischgeschlüpften Küken zu beschränken ist.

FRITSCH[348] untersuchte das Blut des Geflügels auch auf das *Brechungsvermögen des Plasmas* und dadurch auf den *Eiweißgehalt*, fand aber bei Hühnern und Brieftauben keine Geschlechtsunterschiede.

Beim *Haushuhn* besteht dagegen ein *Geschlechtsunterschied in der Viscosität des Blutes*, die bei Hähnen höher ist als bei der Henne (SPAL[1151]). Bei dreimonatigen Hühnern erscheint noch kein Unterschied. Nach Erscheinen des Geschlechtstriebes erhöht sich die Viscosität des Hahnenblutes gegenüber dem der Hennen bis um 22%. SPAL fand z. B. folgende Zahlen:

	Viscosität	
4 monatige Hähne (rebhuhnfarbige Italiener)	3,9	4,0
4 monatige Hennen (rebhuhnfarbige Italiener)	3,2	3,5
3 Jahre alter Hahn (Leghorn)	4,4	—
4 Jahre alte Henne (Leghorn)	3,5	—
6 Monate alte Hähne (Wyandottes)	3,2	3,3
$^3/_4$ Jahr alte Hähne (Wyandottes)	3,7	3,8
6 Monate alte Hennen (Wyandottes)	3,1	3,2
$^3/_4$ Jahr alte Hähne (Plymouth)	4,3	4,6
$^3/_4$ Jahr alte Hennen (Plymouth)	3,3	3,5

Die höhere Viscosität des Hahnenblutes hängt höchstwahrscheinlich direkt mit der höheren Erythrocytenzahl der Hähne zusammen.

Interessant ist, daß die Viscosität des Blutes der Hennen, wenn sie brütig werden, auf den Wert der Blutviscosität der Hähne ansteigt. SPAL[1151] fand bei solchen Hennen die Werte 4,5 und 4,2.

Ein beachtenswerter Unterschied besteht im *Blutzuckerspiegel* der schon geschlechtsreifen, erwachsenen oder noch in der Pubertät sich befindenden Hähne und geschlechtsreifen Hennen. Bei älteren Hähnen fand ROGEMOUT[1033] einen Blutzuckerspiegel im Durchschnitt von 1,59 g für 1 l Blut; bei in der Pubertät befindlichen Hähnen beträgt der Blutzuckerspiegel durchschnittlich 1,80 g. Er erfährt also nach abgelaufener Pubertät eine Abnahme von 20%. Bei geschlechtsreifen Hennen ist der Blutzuckerspiegel bedeutend höher (ROGEMOUT[1035]), und trotz seiner größeren Variabilität (in Grenzen von 1,75—2,25) ist sein Durchschnittswert (1,97 g) deutlich höher als der des Blutzuckerspiegels bei geschlechtsreifen älteren Hähnen (+ 0,38 = ca. 30%) und auch höher als der der Hähne in der Pubertät (+0,17 = ca. 10%).

Das Blut der männlichen und weiblichen Tiere differiert auch im *Lipoidgehalte des Blutplasmas*. LAWRENCE und RIDDLE[703] haben gefunden, daß das weibliche Blutplasma eine größere Menge alkohollöslicher Substanz und Phosphor enthält als das Blutplasma der männlichen Tiere, und dabei ist die Menge dieser Stoffe bei legenden Hennen noch höher als bei nichtlegenden. Berechnet auf P-Gehalt der Hähne = 100, enthalten die nichtlegenden Hennen 115, die legenden aber sogar 205.

Diese Unterschiede im Lipoidgehalt des Blutplasmas hängen nach der Ansicht von Pézard[929] zweifellos mit der oben erwähnten geschlechtsverschiedenen Fähigkeit des Hahn- und Hennenorganismus zum *Lipoid- und Fettumsatz* zusammen. In diesem Zusammenhange mag auch die Tatsache von Bedeutung sein, daß Hennen fähig sind, den *intraperitoneal injizierten Eidotter zu resorbieren*, Hähne aber nicht. Kopeć und Greenwood[593] beschrieben eine glatte Resorption des injizierten Eidotters bei einer kastrierten Henne. Ich selbst (Křiženecký[620]) hatte Gelegenheit gehabt, eine solche Resorption von in die Bauchhöhle, platzenden Dotterkugeln bei einer Henne zu beobachten, wobei dann das Dotterfett in Form von sattgelbem Gewebefett abgelagert wurde. Bei Injektionen, die ich später bei normalen oder kastrierten Hähnen vorgenommen habe (nicht veröffentlicht), wurde aber der injizierte Eidotter in der Bauchhöhle nicht resorbiert, sondern als ein Fremdkörper mit Bindegewebshüllen umgeben. Mündlich hat mir Greenwood bestätigt, daß auch nach seinen Erfahrungen der den Hähnen intraabdominal injizierte Eidotter nicht resorbiert wird. Die Geschlechter unterscheiden sich also auch in der Fähigkeit, Eidotterfette zu resorbieren. Interessant ist, daß diese Fähigkeit — wie aus Kopećs und Greenwoods[593] Beobachtungen hervorgeht, bei der Henne auch nach der Kastration erhalten bleibt.

Nach Charles[167] besitzen die Weibchen beim Hausgeflügel einen wesentlich höheren Gehalt an Calcium und Magnesium im Serum als die männlichen Tiere.

Von den *Fermenten* wurde für die *Arginase* von Chaudburi[169] beim Geflügel festgestellt, daß ihr Gehalt im Hennenblute um 30,1 % (0,107) niedriger ist als in dem Hahnenblute (0,153).

Andere festgestellte Geschlechtsunterschiede beziehen sich auf den Chemismus der Gewebe.

Tadokoro, Abe und Watanabe[1192] fanden zwischen Hähnen und Hennen gewisse Unterschiede auch in der *chemischen Zusammensetzung der Muskelfibrillen, besonders im Muskelmyogen und Myosin*, welche sich auf die Acidität, den Phosphor- und Schwefelgehalt, auf p_H, auf das Drehvermögen der Lösungen, auf Arginin- und Lysin, auf freien Stickstoff und das Verhältnis der Acetylgruppen zum gesamten Stickstoff beziehen. Diese Unterschiede sind bei Hennen und Hähnen dieselben wie beim Rinde und Schweine (s. S. 359).

e) Geschlechtsunterschiede im Schlachtungsergebnisse und der chemischen Zusammensetzung des Körpers.

Das Wachstum ist beim Geflügel zwischen den männlichen und weiblichen Tieren nicht nur quantitativ verschieden, sondern auch qualitativ, d. h. der Substanzansatz in den verschiedenen Organen und Körperpartien ist bei beiden Geschlechtern verschieden. Dies zeigt sich deutlich, wenn man verschiedengeschlechtliche Tiere von demselben Gewichte nach dem Verhältnis der einzelnen Körperteile vergleicht. Mitchell, Card und Hamilton[825] fanden bei 2 und 5 Pfund schweren Hähnen und Hennen der weißen Plymouth Rocks Gewichtsverhältnisse, wie aus Tabelle auf S. 435 ersichtlich ist.

Man findet hier Geschlechtsunterschiede in den Gesamtabfällen, bei den Lungen und dem Verdauungssystem, im Halsgewichte und im Gewichte der Beine bei den 5 Pfd. schweren Tieren, und im Gewichte des Körperrestes, im reinen Schlachtgewichte, im Gewichte von Knochen, Fleisch, Fett und Eingeweiden bei den 2 wie auch 5 Pfd. schweren Tieren. Die Differenzen sind in der Tabelle mit Richtungszeichen (< bzw. >) bezeichnet. Am beachtenswertesten ist der Unterschied in den Gesamtabfällen, die bei der Henne ge-

Zusammensetzung des Körpers bei 2 und 5 Pfund wiegenden Hähnen und Hennen der weißen Plymouth Rocks in Prozenten des leeren Gewichtes (nach MITCHELL, CARD und HAMILTON).

	2 Pfund-Tiere		5 Pfund-Tiere	
	♂	♀	♂	♀
Gewicht leer	967 g	915 g	2156 g	2245 g
Abfälle:	%	%	%	%
Gefieder	4,8	7,2	5,1	7,5
Blut	4,8	3,7	4,4	3,5
Kopf	3,4	3,1	2,9	2,4
Beine	5,8	5,0	5,2	3,6
Gesamtabfälle	18,7	19,0	20,6 >	16,9
Eingeweide:				
Herz	0,48	0,49	0,43	0,45
Leber	2,3	2,5	2,0	1,9
Niere	0,64	0,68	0,53	0,62
Pankreas	0,30	0,31	0,23	0,22
Milz	0,20	0,26	0,19	0,21
Lunge	0,43	0,46	0,55 <	0,40
Darm und Magen	11,9	11,4	7,2 >	8,6
Gesamteingeweide	16,2	16,1	12,9	12,4
Körper leer:				
Haut	7,3	8,0	8,1	10,0
Hals	3,9	3,8	3,4 >	2,7
Beine	20,2	18,3	22,1 >	19,0
Flügel	6,4	6,2	5,9	5,4
Körperrest	22,0 <	24,0	25,0 <	30,2
Gesamtkörper leer	59,9 <	60,3	64,5 <	67,0
Gesamtknochen im Gesamtkörper leer	19,1 >	17,6	18,7 >	14,7
Gesamtfleisch und -fett	33,4 <	34,0	36,9 <	41,8
Gesamtfleisch, -fett und eßbare Eingeweide	40,7 <	41,9	43,3 <	47,6

ringer sind, ferner in den Gewichten der Beine und des Halses, die ebenfalls bei den Hennen kleiner sind, und in dem Gesamtknochengewichte, das ähnlich bei der Henne niedriger ist; das Gewicht von Fleisch, Fett und Eingeweiden (d. h. des Eßbaren) ist aber umgekehrt bei der Henne höher.

Die genannten Forscher fanden bei ihren Studien auch gewisse Geschlechtsunterschiede in der chemischen Zusammensetzung des gesamten Körpers, wie sie aus der folgenden Tabelle ersichtlich sind.

Die *Geschlechtsunterschiede in der chemischen Zusammensetzung des Gesamtkörpers* bei weißen Plymouth-Rocks-Hühnern (nach MITCHELL, CARD und HAMILTON[825]) ergeben folgende Zahlen:

	Trockensubstanz	Rohprotein (N · 6,0)	Rohfett	Asche	Unberechneter Rest	Energie Cal pro 1 g
		Hähne				
im Gewichte von 2 Pfd.	31,50	17,97	8,60	3,18	1,75	1775
„ „ „ 3 „	32,41	19,86	7,18	3,24	2,13	1470
„ „ „ 4 „	32,77	20,35	6,83	3,41	2,18	1775
„ „ „ 5 „	34,88	20,46	8,53	3,84	2,05	1838
		Hennen				
im Gewichte von 2 Pfd.	31,89	18,82	8,82	3,19	1,06	1676
„ „ „ 3 „	34,92	19,37	9,97	3,08	2,50	1967
„ „ „ 4 „	38,58	19,81	14,29	2,95	1,53	2329
„ „ „ 5 „	40,19	20,99	16,19	3,24	—0,23	2650

Man ersieht aus den Zahlen dieser Tabelle, daß die Trockensubstanz bei den Hennen größer ist; dieser Unterschied nimmt mit steigendem Gewichte zu. Im Rohfett stehen die Hennen besonders in den höheren Gewichtsklassen über den Hähnen. An Asche scheinen die Hähne reicher zu sein. Der Calorienwert des Gesamtkörpers ist aber bei den Hennen (mit Ausnahme der 2-Pfd.-Tiere) deutlich höher als bei den Hähnen, was höchstwahrscheinlich mit dem größeren Fettgehalte des Hennenkörpers im Zusammenhange steht (s. Anm.).

2. Wirkungen der Kastration.

Im äußeren beeinflußt die Kastration beim Geflügel erstens das Wachstum und die Körperproportionen, zweitens die *sekundären Geschlechtsmerkmale* in der Befiederung und im Kopfschmucke (Kamm, Bartlappen und Sporen). Auf diesen zweiten Einfluß will ich hier nicht näher eingehen und weise diesbezüglich auf die monographische Bearbeitung dieses Themas von Pézard[929]. Nur zur Orientierung sei hier folgendes gesagt. Wo Geschlechtsunterschiede in der Befiederung vorkommen (Hühner, Fasanen, Enten), bleibt der männliche Typus der *Befiederung* durch die Kastration unbeeinflußt. Im weiblichen Geschlechte entsteht nach der Kastration die Hahnenbefiederung. Der männliche Typus repräsentiert also die asexuelle Form der Befiederung, und der *Geschlechtsdimorphismus* entsteht dadurch, daß die reiche geschlechtsindifferente männliche Befiederung durch das Ovarienhormon in eine einfache Form umgewandelt wird. Bei Geflügelarten, bei denen sich die Männchen und Weibchen in der Befiederung nicht unterscheiden (Tauben, Truthahn, Perlhühner), bleibt die Kastration ohne jede Wirkung auf die Befiederung, wie es Lipschütz und Wilhelm[737] und van Oordt und Bol[892] für Taubenmännchen, van Oordt und van der Maas[894] und Athias[44, 45] für die Truthähne, Finlay[319] für männliche und Kříženeck ý und Kameníček[641, 642] für männliche und weibliche Perlhühner gezeigt haben, als auch die Behandlung mit Folliculin, wie Lipschütz[734] an Tauben festgestellt hat. Der hier vorkommende *geschlechtliche Uniformismus* ist also von den Keimdrüsen unabhängig und nur genotypisch begründet. Bei einigen Hühnerrassen, wie z. B. den Sebright Bantams oder Campines-Hühnern, erscheint auch ein geschlechtlicher Uniformismus, indem sowohl die Hennen als auch die Hähne Hennenbefiederung besitzen. Die Kastration hat hier aber Entwicklung einer Befiederung von ausgesprochen hahnenartigem Typus zur Folge, wie Morgan[841, 842] zeigte: Hier entsteht also der geschlechtliche Uniformismus dadurch, daß die genotypisch bestimmte, reiche Hahnenbefiederung sowohl bei Weibchen als auch bei Männchen ontogenetisch (d. h. sekundär) durch die Keimdrüsen (Ovarien und auch Hoden) in die einfache Hennenform umgewandelt wird. Wir können also (vgl. Kříženecký[640]) *beim Geflügel 3 Stufen der geschlechtlichen Differenzierung* unterscheiden: 1. den *primären sexuellen Uniformismus* (Tauben, Perlhühner, Truthühner), 2. den *sexuellen Dimorphismus* (Hühner, Enten, Fasanen), 3. den *sekundären sexuellen Uniformismus* (Sebrights Bantams und Campine-Hühner). Vielleicht stellen diese 3 Stufen auch phylogenetische Entwicklungsstufen der sexuellen Differenzierung der Befiederung dar.

Der Kopfschmuck (Kamm und Bartlappen) hängt von den Keimdrüsen bei den Hühnern und Truthühnern insofern ab, als sowohl männliche als auch weibliche Gonaden seine Entwicklung fördern. Die Hoden stimulieren aber ein größeres Wachstum des Kammes und der Bartlappen als die Ovarien. Infolgedessen sind diese Körperteile bei den Hähnen größer als bei den Hennen.

Anm. Parallele Untersuchungen mit analogen Resultaten führten neuerdings Mitchell, Card und Hamilton auch an weißen Leghornen aus[826]. Die betreffenden Daten konnten aber hier bei der Korrektur schon nicht mehr aufgenommen werden.

Die Sporen werden von den Ovarien in der Entwicklung gehemmt; die Hoden haben hier aber keinen stimulativen Einfluß.

Diese Geschlechtsunterschiede haben aber mit dem *Stoffwechsel* nur insoweit zu tun, als die größeren Bartlappen und der Kamm der Hühner zur *Wärmeausgabe* beitragen und auf diese Weise vielleicht auch am *höheren Grundumsatz der Hähne* mitbeteiligt sind (s. oben S. 423—427, ferner AUDE[46]); bei der Kastration, bei der sich der Kopfschmuck sehr reduziert, entfällt dieser Verlustort für die Wärmeenergie bei den Tieren.

Weiter interessieren uns hier nur die Wirkungen der Kastration auf die Körpergröße und die Körperproportionen — neben anderen Wirkungen.

a) Wirkungen auf Wachstum und Körperproportionen.

Die *Kastration der Hähne* ist eine seit Jahrhunderten in der landwirtschaftlichen Praxis ausgeführte Operation. Durch sie soll ein besserer und höherer Fleischansatz erzielt werden, da — wie die Praxis sich vorstellt — ,,durch den unruhigen Charakter und den dauernden Spermaverlust der Hahn nicht fett werden kann. Um dies zu verhindern, wird der Hahn kapaunt, damit sein Fleisch zart, weißfarben, wohlschmeckend wird. Der Kapaun wächst schnell und erreicht in wenigen Monaten ein beträchtliches Gewicht von 2,3 kg" (MITTAG[829] S. 7—8). ,,Ein Kapaun wird mit Leichtigkeit $1\frac{1}{2}$mal so schwer als ein Hahn gleicher Rasse, ein älterer Kapaun wiegt oft das Doppelte. Der Hahn wächst bis zu einer bestimmten Größe, darüber hinaus geht alle Kraft in die Erzeugung von Samen. Kapaunen haben keine derartigen Triebe, sie können daher schneller und länger wachsen, dabei setzen sie stetig Fett an" (COLIGNON[191] S. 4).

,,Während derselben Wachstumsperiode ist es möglich, Kapaune zu produzieren, welche $1\frac{1}{2}$mal soviel wiegen als sie normalerweise wiegen würden. Ein Hahn von amerikanischen Rassen wiegt in 8 Monaten 4—5 Pfd. Dasselbe Tier, wenn es im Alter von etwa 12 Wochen kapaunt wird, kann leicht im Alter von 8 Monaten zu einem Gewicht von 6—8 Pfd. ausgemästet werden" (LEWIS[718] S. 391).

Aus der Praxis wird auch von anderen Seiten über extreme *Körpergewichte der Kapaune* berichtet. JANAK (zit. HANSLIAN[445]) gibt an, daß Kreuzungsprodukte von Brahma- und Plymouthhühnerkapaunen ein Gewicht von 12 bis 15 Pfd. haben können. Nach BURDIN (zit. HANSLIAN, a. a. O.) sollen Kapaune ein Gewicht von 9 kg erreichen, und WRIGHT (zit. HANSLIAN, a. a. O.) teilt mit, daß er in England Brahmakapaune von 18 Pfd. gesehen hatte.

VOITELLIER[1261] gibt an, daß ein Kapaun nicht intensiver (schneller) wächst, sondern daß sein Wachstum länger dauert; die *Qualität seines Fleisches* soll durch Fettinfiltration des Muskelgewebes zustande kommen. Er sagt (S. 167): ,,Le corps prend une ampleur qu'il n'aurait jamais atteinte, non parce que la croissance est plus rapide, mais parce qu'elle est prolongée. Le moment à partir duquel les substances nutritives commencent à être moins bien utilisées est retardé. Le chapon trop jeune, n'ayant pas pris tout son développement, et non engraissé, donne une chair relativement fade. Il n'acquiert toute sa valeur que s'il a pris toute son ampleur, et que si sa chair se trouve infiltrée de graisse, sans avoir subi cependant un commencement de ce qu'on appelle la dégénérescence graisseuse qui est le contraire de l'engraissement proprement dit, puisque c'est la transformation du tissu musculaire en graisse, et non son infiltration."

Den Angaben der Praktiker stehen andere, ebenfalls auf Grund empirischer Ansicht gewonnene, gegenüber, die das intensivere bzw. längere Wachstum der kastrierten Hähne fraglich machen.

Gegen die in der Praxis verbreitete Ansicht über das außerordentlich gesteigerte *Wachstum der Kapaune* stellen sich übrigens auch erfahrene Praktiker, wie z. B. Purvis[964]. Kapaune sollen nach ihm zwar mehr Fett ansetzen, aber sie brauchen nicht in allen Fällen über die Größe des Hahnes zu wachsen. Man kann die Hähne ebensogut zu einem hohen Gewichte ausmästen wie die Kapaune. Ein Vorteil der Kapaune soll nur in der Qualität des Fleisches liegen. ,,There is much ignorance concerning the whole subject" (S. 97).

Brown[124] sagt auch als Praktiker, daß die Kapaune nicht schneller wachsen, aber durch ,,Entfernung des geschlechtlichen Einflusses kommt bei ihnen nicht das Hartwerden des Fleisches vor, wie es sonst bei den männlichen Tieren statt-findet". Die Kapaunisierung soll aber auch nach Brown[124] eine ,,considerable increase in the quantity of meat" zur Folge haben.

Dürigen[281] bestreitet nicht nur die höhere Mastfähigkeit der Kapaune den Hähnen gegenüber, sondern auch die Annahme, daß das bessere Fleisch ausschließlich Produkt der Kapaunisierung sein soll. Man hat die Erfahrung gemacht, ,,daß junge Hähne von Fleischhühnern, die vor Eintritt der Mannbar-keit im Alter von 2—3 Monaten oder eher von den Hennen abgesondert wurden (sog. Jungfernhähne, Coqs vierges), sich ebensogut mästen und ebensolch feines Fleisch wie Kapaune oder ,Kapphähne' liefern" (S. 380).

Ich habe hier diese auf Grund empirischer Ansicht gewonnenen Auffassungen der Praxis mit Absicht genau und wo möglich in den eigenen Worten der Autoren wiedergegeben, um zu zeigen, daß diesbezüglich die praktischen Erfahrungen und Ansichten sehr auseinandergehen und daß man sich auf diese Quelle kaum ohne weiteres verlassen kann. Vom Standpunkte der Praxis scheint *das höhere und schnellere Wachstum der Kapaune noch eine offene Frage* zu sein.

Was können wir diesbezüglich aus exakten wissenschaftlichen Versuchen lernen?

Kurz gesagt auch wieder, daß die Angaben von einigen Seiten der Praxis über die enorme Wachstumsteigerung bei Kapaunen höchst fraglich erscheinen. Sellheim[1115], der Skelete von Kapaunen genau gemessen und mit denen der Hähne verglichen hatte, fand keinen Unterschied zugunsten der Kapaune. Anderorts (1114) gibt er nur an: ,,die Körpergestalt der Kapaune erscheint gegen den gedrungenen Wuchs des Hahnes etwas schlanker." Die Tiere wurden im Alter von 2—2$\frac{1}{2}$ Monaten kastriert.

Die Angaben der Praxis über enorme Steigerung des Wachstums bei Ka-paunen den Hähnen gegenüber wurden von Waite[1279] auf Grund kritischer Bearbeitung der Berichte und eigener Experimente im Rahmen praktischer Kapaunisierung korrigiert. Seine eigenen Experimente zeigten ihm dann, daß das intensivere Wachstum der Kapaune eigentlich fraglich ist. Ein Vergleich der Wachstumskurven von 21 Kapaunen (kastriert im Alter von 66 Tagen) und 21 Hähnen zeigte, ,,daß hier praktisch so lange kein Unterschied besteht, bis die Hähne anfangen die Geschlechtsreife zu erreichen, zu welcher Zeit die Kapaune einen etwas besseren Gewichtsansatz zeigen". Auch der Futterver-brauch war in Waites Versuchen bei den Hähnen und Kapaunen praktisch derselbe; ein gewisser Unterschied zugunsten der Kapaune war nur sehr klein.

Wie aus den oben angeführten Daten über Wachstum (s. Tabelle auf S. 420) hervorgeht, haben Philips bei den weißen Plymouth Rocks und Jull bei roten Rhode Islands keine Wachstumssteigerung oder Beschleunigung bei den Kapaunen gefunden. Eine solche Wirkung beobachtete in exakt durchgeführten Versuchen nur Mitchell, Card und Hamilton[825] in einer Altersperiode von der 18. bis zur 34. Woche. Unter und über dieser Periode war das Wachstum der Kapaune gleich dem der Hähne, bzw. die Hähne hatten das größere Gewicht der Kapaune, von der 34. Alterswoche beginnend, nachgeholt.

Negative Resultate erhielt bei den roten Rhode-Island-Kapaunen auch Kučera[660] was das Lebend- als auch das Totgewicht anbelangt.

Die stimulative Wirkung der Kastration auf das Wachstum und den Gewichtsansatz der Hähne-Kapaune scheint also ein etwas komplizierter Vorgang zu sein, der in seinen Einzelheiten noch auf eine exakte Analyse wartet. Höchstwahrscheinlich wird dabei in erster Linie die Rasse mitspielen, dann das Alter bzw. der Entwicklungsgrad der Tiere zur Zeit der Operation und drittens auch die Fütterung vor und nach der Operation. Solche vergleichende Versuche liegen noch nicht vor.

Prinzipiell ist aber eine *Möglichkeit der Wachstumssteigerung bzw. -beschleunigung* vorhanden und wird oft auch praktisch verwirklicht, wenn auch die Stimulation des Wachstums nicht immer hervortritt.

Bei der ganzen Frage wird es nötig sein, gut zwischen verschiedenen Einzelwirkungen zu unterscheiden und darnach auch die Versuchsführung zu leiten. Erstens ist erforderlich, zwischen dem wirklichen Wachstum, d. h. der Vermehrung der lebenden Substanz des Körpers (hauptsächlich Fleisch und Skelet) und der Zunahme des Körpergewichtes durch erhöhten Fettansatz scharf zu unterscheiden. Beim wirklichen Wachstum liegen dann 3 Möglichkeiten vor: 1. das Wachstum wird schneller bzw. intensiver, d. h. die Zunahme in der Zeiteinheit wird größer, aber sistiert nach derselben Zeit (in demselben Alter) wie beim normalen Hahne; man könnte sie als *Wachstumsbeschleunigung* bezeichnen; oder 2. das Wachstum ist dem des normalen Hahnes gleich (dieselben Zunahmen je Zeiteinheit), aber es wird noch fortgesetzt, wenn das Wachstum nichtkastrierter Tiere aufhört; dies könnte als *Wachstumsverlängerung* bezeichnet werden; oder endlich 3. das Wachstum wird schneller und dauert auch länger, also eine Kombination von Wachstumsbeschleunigung und Wachstumsverlängerung; ich möchte für diese Änderung des Wachstums die Bezeichnung *Wachstumsstimulation* in Vorschlag bringen.

Die bisher vorliegenden Untersuchungen lassen keine Entscheidung darüber zu, welche von diesen 3 Möglichkeiten bei den Kapaunen verwirklicht wird. Hier liegt eine Aufgabe für künftige Forschungsarbeit. Es handelt sich besonders darum, die Bedingungen (Rasse, Alter, Fütterung, Haltungsbedingungen) festzustellen, unter denen es zu einer günstigen Beeinflussung des Wachstums bzw. des Fleisch- oder Fettansatzes bei den Kapaunen kommt.

Grundsätzlich scheint diese Möglichkeit festzustehen und stimmt — z. B. bezüglich des länger dauernden Wachstums — mit dem, was wir von anderen Tieren wissen, überein.

Über die Unterschiede im Wachstum der Hähne und Kapaune — wo diese erscheinen — unterrichten uns auch die Ergebnisse von MITCHELL, CARD und HAMILTON[825] an weißen Plymouth Rocks, welche das Alter, in dem die einzelnen Gewichte erreicht werden, betreffen:

Gewicht in Pfund	0,5	1	1,5	2	3	4	5	6	7
Erreicht von Hähnen in Tagen .	29	43—57	71	103	117	169	177	250	324
Erreicht von Kapaunen in Tagen	—	—	—	88	170	180	215	240	

Bis zum Gewicht von 5 Pfd. scheinen die Kapaune – wenn im Alter von 2–3 Monaten kastriert — gleichmäßig mit den Hähnen zu wachsen. Die höheren Gewichte erreichen die Kapaune aber schon deutlich schneller als die Hähne. Im Alter von 241—250 Tagen wogen die Kapaune um 1 Pfd. = 16,6 % mehr als die Hähne.

Das *schnellere Wachstum der Kapaune* gegenüber den Hähnen zeigt sich auch darin, daß die Kapaune für die Einheitszunahme im Gewichte kürzere Zeit als die Hähne brauchen. Bei weißen Leghorns fand PHILIPS[933], daß die Hähne für die Zunahme von 3 auf 4 Pfd. durchschnittlich 23 Tage brauchen, die Kapaune 22 Tage; für die Zunahme von 4 auf 5 Pfd. brauchen die Hähne

24 Tage, die Kapaune 21 Tage; für die Zunahme von 5 auf 6 Pfd. die Hähne 29 Tage, die Kapaune 23 Tage. Bei weißen Plymouth Rocks fanden Mitchell, Card und Hamilton[825] aber nichts Ähnliches: Zunahme von 2 auf 3 Pfd.: Hähne 39 Tage, Kapaune 38 Tage; Zunahme von 3 auf 4 Pfd.: Hähne 37 Tage, Kapaune 37 Tage; Zunahme von 4 auf 5 Pfd.: Hähne 44 Tage, Kapaune 44 Tage; Zunahme von 5 auf 6 Pfd.: Hähne 84 Tage, Kapaune 83 Tage. Die Ursache dieser Unterschiede liegt höchstwahrscheinlich in den Rassen.

Über die Wirkung der *Kastration der Hennen* auf das Wachstum besitzen wir, obzwar heute schon ziemlich zahlreiche Versuche mit Ovariotomie bei Hennen veröffentlicht wurden, nur eine Mitteilung von Greenwood und Blyth[398]. Hennenküken, welche im Alter von 32—80 Tagen kastriert wurden, zeigten (vgl. Abb. 136 auf S. 554) ein mit den Kontrolltieren praktisch identisches Wachstum. Bei den anderen zahlreichen Versuchen mit Ovariotomie handelt es sich aber meistens um schon ausgewachsene Tiere oder um solche, bei denen das Wachstum nicht verfolgt wurde. In der Praxis pflegt man die Kastration der weiblichen Tiere nicht auszuführen. Man stellt zwar oft die sog. Poulards als weibliche Kastrate den Kapaunen zur Seite, aber es handelt sich dabei um keine wirklichen Kastraten. „Im strengen Wortsinne sind die Poularden junge Hühner, denen man den Eierstock ausgeschnitten hat, eine Operation, die gefährlicher ist als das Verschneiden der Hähne und viele Opfer fordert, weshalb sie heute kaum mehr vorgenommen wird. Man versteht daher jetzt unter Poularden über 3 Monate alte gemästete Junghennen, die noch nicht gelegt haben, sondern gemästet und geschlachtet werden, bevor die Geschlechtsreife eintritt" (Blancke und Kleffner[103] S. 315).

Seinerzeit glaubte man, die Kastration bei den Hennen durch *Resektion des Eileiters* ausgeführt zu haben, und in der älteren Literatur befinden sich einige Angaben, nach denen eine solche Operation bei den Vögeln zur Rückentwicklung bzw. zum Verschwinden des Hennentypus und zum Erscheinen des Kapaunentypus führen sollte (Yarell[1336]; Bland Sutton[104]; Brand[121] und Willey — s. die Widerlegung dieser Ansichten bei Sellheim[1114]). Dies sollte auf dem Wege einer Rückwirkung Eileiter→Eierstock geschehen. Sellheim[1114] hat aber gezeigt, daß die Annahme dieser Rückwirkung nicht stimmt. Hennen sistieren zwar nach Ligatur und Resektion des Ovidukts unmittelbar das Eierlegen, und ihr Eierstock bildet sich auf einen inaktiven Zustand zurück. Bei der nächsten Legeperiode erscheint aber die normale Dotterbildung wieder; die Dotterkugeln bleiben jedoch infolge der Ligatur des Eileiters in der Bauchhöhle, wo sie resorbiert werden. Die Rückbildung des Eierstockes ist also nur eine vorübergehende Folge der Operation. Die operierten Hennen ändern auch keineswegs ihren Hennentypus, d. h. sie nehmen keinen Kapaunentypus weder im Gefieder noch in der Größe des Kammes und der Bartlappen an.

Diese Operation (Resektion des Oviducts) kann aber doch eine gewisse Bedeutung für den Stoffwechsel bzw. für die Körpersubstanzproduktion haben. Dadurch, daß die in die Bauchhöhle gelegten Eidotterkugeln sich verflüssigen und resorbiert werden, reichert sich der Organismus der Henne mit Fett an, da die Produktion von Eidotterkugeln in der Legeperiode, d. h. die Heranziehung von dotterbildenden Substanzen aus dem Kreislaufe durch die Eierstöcke dauernd vor sich geht. Daß sich der resorbierte Eidotter ins Fettgewebe lagert, wodurch das Tier stark ausgefettet wird, zeigte ein Fall, den ich beobachten konnte (Křížeňecký[620]). Es handelte sich um eine La-Bresse-Henne, welche seit Beginn der Legetätigkeit nur einige kleine, dotterlose Eier legte. Als die Henne geschlachtet wurde, zeigte sich, daß sie einen vollkommen normalen Eileiter besaß, in dem die Dotterkugeln (Follikel) in verschiedenen Wachstums-

stadien waren und daß er sich in voller Tätigkeit befand. Dabei war die Bauchhöhle mit einer dickflüssigen, dunkel orangefarbenen, klebrigen Masse erfüllt,
in der leicht zerronnener, stark gefärbter Dotter zu erkennen war. Beim Öffnen
der Bauchhöhle war aber eine Fettigkeit der Henne auffällig, wie sie normalerweise bei jungen Hennen im freien Auslauf nie vorkommt. In der Bauchhöhle
hatte die Henne eine über 3 Finger hohe Fettschicht. Gleichfalls auch längs
des Darmes war am Mesenterium mehr Fett abgelagert, als es normal auch bei
stark aufgemästeten Hennen der Fall ist. Auffallend gestaltet war das Mesenterium: es zeigte verdickte, braune, undurchsichtige, granulös zerstreute Pigmentflecke. Auch an den Außenwänden des Darmes waren kleine Pigmentflecke
vorhanden. Der Fall war klar: Es handelte sich um eine Henne, bei der eine
normale Bildung des Dotters stattgefunden hat (normale Eierstocksfunktion);
aber die aus den Eierstöcken losgelösten Dotter drangen in den Eileiter nicht
hinein, sondern zerrannen in der Bauchhöhle (nur zeitweise gelangten Körner
der Dottersubstanz in den Eileiter). Dadurch wurde eine Überfettung und
intensive Gelbfärbung des Fettes dieses Tieres verursacht. Die Übersättigung
des Mesenteriums mit Fett und Pigment rührt ebenfalls von diesem zerflossenen
Eidotter her, der vielleicht direkt resorbiert wurde.

Der Grund, warum die Dotter nicht in den Eileiter gelangten, lag nach allem
in einer Abnormität des Eileiters bzw. seiner Mündung, welche die Situation
der einer Ligatur des Eileiters gleich machte.

Auf diese Weise wurde hier eine Fettmast durch natürliche Funktion des
Eierstockes ausgeführt.

b) Grundumsatz und Gesamtstoffwechsel.

Der Gesamtstoffwechsel nimmt bei Hähnen nach der Kastration deutlich
ab. MITCHELL, CARD und HAINES[824] haben bei Kapaunen, die im frühen Alter
kastriert wurden, folgende Zahlen gefunden:

Alter in Tagen	Zahl der Tiere	Respirations-koeffizient	Ca-Produktion auf 1 kg	Ca-Produktion auf 1 m² Körper-oberfläche
102	4	0,69	85	815
135	6	0,70	74	800
199	4	0,72	66	748
262	6	0,70	59	737
266	6	0,71	52	775

Vergleicht man diese Zahlen mit den oben für Hähne und Hennen mitgeteilten, so findet man eine deutliche Annäherung an den niedrigeren Grundumsatz der Hennen; vielleicht könnte noch auf ein Sinken unter das Hennen-
niveau geschlossen werden.

Wirkung der Kastration auf den Grundumsatz bei Hühnern.
(Nach MITCHELL, CARD und HAINES.)

Hähne			Kapaune			Hennen		
Alter in Tagen	R. Q.	Ca-Produktion auf 1 kg — auf 1 m²	Alter in Tagen	R. Q.	Ca-Produktion auf 1 kg — auf 1 m²	Alter in Tagen	R. Q.	Ca-Produktion auf 1 kg — auf 1 m²
37	0,80	166 — 1,441	—	—	— — —	—	—	— — —
76	0,69	96 — 832	102	0,69	85 — 815	94	0,70	88 — 788
122	0,70	77 — 794	135	0,70	74 — 800	128	0,70	75 — 760
184	0,67	71 — 859	199	0,72	66 — 748	192	0,70	77 — 861
242	0,70	63 — 864	262	0,70	59 — 737	251	0,68	62 — 785
340	0,72	62 — 856	366	0,71	52 — 775	355	0,73	60 — 796

Der Respirationskoeffizient ändert sich aber auch nach der Kastration nicht.

Die große Abnahme des Grundumsatzes bei Kastraten betrug in den Versuchen von Mitchell, Card und Haines[824] 13,5%.

Eine Abnahme des Basalmetabolismus bei kastrierten Hähnen hat auch schon Heymans[486] gefunden. Nach seinen Versuchen sollte diese Abnahme 20—30% betragen. In Fällen, in denen in den Hähnen kleine Fragmente von Hoden verblieben waren, betrug diese Abnahme nur 10—20%. Mit dem Grundumsatz nahm auch die Körpertemperatur ab (um 4° C). Bei gleicher Fütterung nehmen die Kapaune infolgedessen mehr an Körpergewicht zu, dabei ist ihr Futterverbrauch kleiner — nach Heymans Versuchen über 20%.

Bei vergleichenden Versuchen an verschiedenen Rassen (rebhuhnfarbige Italiener, Houdan, Ardennais, Coucou de Malines) hat Aude[46] ebenfalls gefunden,

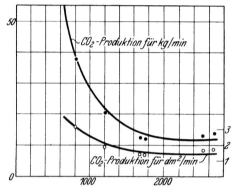

Abb. 86. Abnahme der CO_2-Produktion bei Kapaunen mit dem Alter. (Nach Aude.)

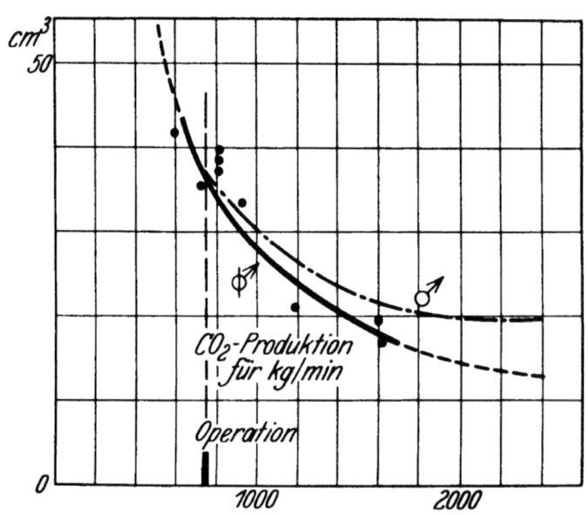

Abb. 87. Unterschiede in der Abnahme der CO_2-Produktion mit dem Alter bei Hähnen ($\male$) und bei Kapaunen ($\female$). (Nach Aude.)

daß der Grundumsatz, nach CO_2 auf 1 kg oder 1 m² beurteilt, nach der Kastration um ca. 30% abnimmt.

Abnahme der CO_2-Produktion bei Hähnen nach der Kastration. (Nach Aude.)

	Vor der Kastration	Nach der Kastration (1—3 Monate später)
Hahn Nr. 1	CO_2-kg-Minute 41,84—35,23 CO_2-dm²-Minute 3,14— 2,83	33,5—17,00 2,9— 1,77
Hahn Nr. 2	CO_2-kg-Minute 20,53—20,39 CO_2-dm²-Minute 2,52— 2,41	19,04—13,34 20,20— 1,64
Hahn Nr. 3	CO_2-kg-Minute 17,22—18,83 CO_2-dm²-Minute 2,13— 1,91	14,83—12,72 1,52— 1,36
Hahn Nr. 4	CO_2-kg-Minute 22,22—20,77 CO_2-dm²-Minute 2,38— 2,30	16,31—14,67 1,93— 1,81

Die Abnahme der CO_2-Produktion für 1 kg und die Körperoberfläche, welche bei den Hähnen mit dem Wachstum und der Körpergewichtszunahme stattfindet (s. oben), ist bei den Kapaunen im Verhältnis zu der Körperoberfläche intensiver als bei den Hähnen (s. Abb. 86 im Vergleich mit Abb. 83).

Injektionen von Extrakten aus Hähnenhoden und Stierhoden erhöhen bei den Kapaunen den abgesunkenen Grundumsatz.

Heymans[486] hat den Gedanken ausgesprochen, daß die steigernde Wirkung der Hoden auf den Stoffwechsel bei Hähnen keine unmittelbare sei, sondern dadurch hervorgerufen wird, daß der Energie- (Wärme-) Verbrauch an der größeren Körperoberfläche des Hahnes (großer, stark durchgebluteter Kamm und Lappen) größer ist. AUDE[46] kommt auf Grund seiner Versuche, in denen er den niedrigen Stoffwechsel der Kapaune auf die Abnahme des Kammes und der Lappen bezieht, zu dem Ergebnis, daß dieses Moment hier auch im Spiele sein mag, daß aber die Hormone der Hoden *auch direkt* auf den Stoffwechsel der Zellen einwirken.

SZUMAN[1191] untersuchte den Einfluß der Kastration bei Hähnen auf den *gesamten Stoffwechsel*. Ein Kapaun produziert weniger Exkremente (21,8 g je Tag) als ein Hahn (37,6 g je Tag), auf 1 kg Körpergewicht berechnet. Bei Fütterung ad libitum nimmt ein Hahn 35,8 g Futter je Tag zu sich, ein Kapaun 16,1 g. Nach der Implantation von kleinen Hodenstückchen ($1^1/_2$ g) nimmt die Futteraufnahme wieder bis auf die Norm zu. Daraus schließt SZUMAN, daß der Stoffwechsel ebenso wie die Entwicklung des Kammes von der Masse des Hodengewebes nicht abhängt, insofern diese die basale Funktionsschwelle übertritt (PÉZARDS „tout ou rien"-Gesetz).

Bei *Hennen* liegen noch keine Untersuchungen über die Wirkung der Kastration auf den Stoffwechsel vor.

c) Wirkungen auf das Blut.

Die Kastration wirkt auch auf die obenerwähnten Geschlechtsdifferenzen in der *Erythrocytenzahl* und im *Hämoglobingehalte* des Blutes.

BLACHER[101, 102] hat gefunden, daß die Erythrocytenzahl und der Hämoglobingehalt bei kastrierten Hähnen abnimmt, wodurch es zu einer Annäherung an das Verhältnis bei der Henne kommt. Bei kastrierten jungen Hennen scheinen sich diese Werte nicht zu ändern. Nach Autoimplantation der Hoden nimmt die Zahl der Erythrocyten und der Hämoglobingehalt wieder zu bis zu dem Hahnenwerte, ja sogar über diesen hinaus; eine Implantation von Ovarien in junge Kapaune beeinflußt die niedrige Erythrocytenzahl nicht.

Bei Hennen, bei denen nach Exstirpation des (linken) Ovariums eine Hypertrophie des rechten Ovariums stattgefunden hat, nimmt die Zahl der Erythrocyten bis zur Höhe jener beim Hahne zu (JUHN und DOMM[542]). Die maskulinisierende Wirkung des hypertrophierten rechten Ovariums (s. oben) bezieht sich also auch auf die Erythrocytenzahl. Andere Resultate von BLACHER (s. oben) können dadurch erklärt werden, daß es in diesen Fällen zu keiner Hypertrophie des rechten Ovariums gekommen ist. Bei Kapaunen und bei Hennen, denen neben dem linken auch das rechte Ovarium entfernt wurde, fanden JUHN und DOMM eine Hennenzahl der Erythrocyten (2580000). Implantation von Hoden führte bei einer beiderseits kastrierten Henne zur hahnenähnlichen Zunahme der Erythrocytenzahl (3780000).

Die höhere *Blutviscosität* der Hähne (s. oben) nimmt nach der Kastration ab und sinkt auf den Wert der Hennen oder noch ein wenig darunter. SPAL[1151] hat gefunden:

Plymouthhähne	Blutviskosität	
vor der Kastration	3,0	(Durchschnitt von 8 Tieren)
23 Tage nach der Kastration	2,9	„ „ 8 „
5 Wochen nach der Kastration	2,8	
6 „ „ „ „	2,7	
8 „ „ „ „	2,7	
Rebhuhnfarbige Italiener		
3 nichtkastrierte Hähne	3,9	3,9
3 kastrierte Hähne	3,3	3,0 .

Diese Abnahme der Blutviscosität nach der Kastration hängt höchstwahrscheinlich mit der Abnahme der Erythrocytenzahl nach der Kastration zusammen.

Der niedrigere *Blutzuckerspiegel* der Hähne (s. oben) nimmt nach Rogemout[1034] durch die Kastration zu, und zwar um 25 %. Bei jungen Hähnen, die erst geschlechtsreif zu werden beginnen, ruft die Kastration eine unmittelbare oder vorübergehende Senkung des Blutzuckerspiegels um ca. 11,8 % hervor. Wird hier aber eine nur einseitige Kastration ausgeführt, so erfolgt eine Erhöhung des Blutzuckerspiegels.

d) Zusammensetzung des Körpers und Qualität des Fleisches kastrierter Hähne.

Auf die Zusammensetzung des Körpers, d. h. auf das Gewichtsverhältnis einzelner Körperteile, scheint die Kastration bei Hähnen nicht zu wirken. Mitchell, Card und Hamilton[825] wenigstens fanden diesbezüglich keine Unterschiede zwischen Hähnen und Kapaunen, wie aus der folgenden Tabelle hervorgeht:

Vergleich der Zusammensetzung der 4 und 7 Pfund wiegenden Hähne und Kapaune der weißen Plymouth Rocks in Prozenten des leeren Gewichtes. (Nach Mitchell, Card und Hamilton.)

	4 Pfund-Tiere		7 Pfund-Tiere	
	Hähne	Kapaune	Hähne	Kapaune
Erreicht im Alter	169	170	324	240
Gewicht (leer)	1,725 g	1,656 g	3,182 g	3,093 g
Abfälle:	%	%	%	%
Gefieder	7,8	8,5	5,8	7,2
Blut	4,2	4,0	4,7	3,7
Kopf	3,1	3,1	3,2	2,3
Beine	5,5	5,4	4,1	4,0
Gesamtabfälle	20,6	21,0	17,8	17,1
Eingeweide:				
Herz	0,42	0,42	0,66	0,44
Leber	2,1	2,2	1,3	2,3
Niere	0,50	0,62	0,39	0,52
Pankreas	0,21	0,22	0,17	0,17
Milz	0,17	0,25	0,11	0,21
Lunge	0,53	0,59	0,43	0,42
Darm und Magen	8,6	9,1	5,8	7,5
Gesamteingeweide	12,6	13,3	9,9	11,5
Küchenfertiger Körper (leer):				
Haut	7,4	8,2	8,5	8,8
Hals	3,7	3,5	3,4	2,9
Beine	22,1	20,9	24,9	19,7
Flügel	6,6	6,3	5,7	5,9
Körperrest	24,6	24,5	26,9	31,3
Küchenfertiger Gesamtkörper (leer):	64,3	64,6	69,4	68,6
Gesamtknochen in dem küchenfertigen Körper (leer)	19,1	19,3	16,0	16,1
Gesamtfleisch und -fett	36,0	33,8	46,0	44,0
Gesamtfleisch, -fett und eßbare Eingeweide .	42,2	40,4	50,4	49,7

Es muß aber hierzu wohl bemerkt werden, daß diese Analysen sich auf Tiere beziehen, welche — d. h. Hähne und Kapaune — in ihren Körpergewichten nicht differierten.

Zwischen Hähnen und Kapaunen bestehen aber gewisse Unterschiede in der *chemischen Zusammensetzung des Gesamtkörpers*. MITCHELL, CARD und HAMILTON[825] geben folgende Analysenresultate für Hähne und Kapaune im Gewichte von 3—7 Pfd. an:

	Trocken-substanz	Rohproteïn (N × 6,0)	Rohfett	Asche	Unberech-neter Rest	Energie Cal. pro 1 g
		Hähne				
im Gewicht von 3 Pfd.	32,41	19,86	7,18	3,24	2,13	1,470
,, ,, ,, 4 ,,	32,77	20,35	6,83	3,41	2,18	1,775
,, ,, ,, 5 ,,	34,88	20,46	8,53	3,84	2,05	1,838
,, ,, ,, 6 ,,	38,83	23,41	9,14	4,82	1,46	2,094
,, ,, ,, 7 ,,	37,73	21,58	10,44	3,97	1,74	2,235
		Kapaune				
im Gewicht von 3 Pfd.	32,21	19,35	8,51	3,27	1,08	1,833
,, ,, ,, 4 ,,	34,99	19,74	9,74	3,37	2,14	2,156
,, ,, ,, 5 ,,	37,10	19,16	11,68	3,22	3,04	2,236
,, ,, ,, 6 ,,	40,30	21,22	13,41	3,62	2,05	2,370
,, ,, ,, 7 ,,	41,62	19,23	17,78	2,95	1,66	2,707

Die Kapaune stehen durchschnittlich niedriger im Rohproteïn und etwas höher im Rohfettgehalt und im Calorienwert, welch letzterer mit dem höheren Fettgehalt zusammenhängt. In den Mineralsubstanzen findet man keinen Unterschied.

Wie schon oben (s. S. 437 u. f.) näher ausgeführt wurde, gibt die Praxis an, daß das Kapaunenfleisch besser in Qualität, d. h. zarter, weicher und schmackhafter ist. Nach VOITELLIER[1261] wird dieser eigentümliche Charakter des Kapaunenfleisches durch fettige Infiltration der Muskelfasern verursacht. Beweise für diese Erklärung wurden aber nicht gebracht.

Um diese Frage etwas zu klären, führten SZUMAN und CARIDROIT[1191a] Untersuchungen aus, die zeigen sollten, ob sich dieser Geschmack des Fleisches von Hahn und Kapaun histologisch erklären läßt. Fleischproben von einer Anzahl Kapaune, zu denen Vollbrüder als Kontrolle dienten, wurden eigens auf Ablagerung von Fett zwischen den Muskelfasern geprüft. Es zeigten sich aber weder beim Hahne noch beim Kapaun Spuren von Fett zwischen den Muskelfasern. Der *Geschmack des Kapaunfleisches wird also nicht durch Fettablagerung verursacht.* Es zeigte sich aber eine Abweichung in der Struktur des Muskelfleisches: Beim Kapaun sind die Fasern weiter auseinandergelagert, und zwar sowohl im „weißen" als auch im „dunklen" Fleisch; an den Schnittflächen zeigt sich mehr Verbindungsgewebe. Infolgedessen finden sich beim Kastraten auf derselben Flächeneinheit weniger Muskelfasern. Durch Kochen und Braten kommt diese größere Weichheit („Lockerung") des *Kapaunenfleisches* noch mehr zum Ausdrucke.

3. Verjüngung und Hypergonadisierung.

a) Verjüngungsversuche durch Vasoligatur und Transplantation junger Gonaden.

Über *Verjüngung* bei Hähnen durch Vasoligatur besitzen wir für das Geflügel nur einen Bericht über einen mißlungenen Versuch von CREW[227] an drei senilen Hähnen. Die Tiere waren 6, 6 und 8 Jahre alt und zeigten alle Anzeichen von ausgesprochener Senilität: dürftiges Federnkleid, welke und verkleinerte Kämme und Bartlappen, starke Abmagerung und Verlust des Geschlechtstriebes. Es wurde bei ihnen einseitige Vasoligatur ausgeführt, die aber keine Besserung des Körperzustandes brachte. Im Gegenteil nahmen die

Senilitätssymptome während weiterer 6 Wochen nach der Operation noch fortschreitend zu. Die histologische Untersuchung zeigte, daß es auch zu keiner Regeneration der operierten Hoden kam.

In diesem Zusammenhange sei erwähnt, daß nach Caridroits[142] Versuchen an geschlechtsreifen Hähnen eine Ligatur des Hodenstieles Kastrationsfolgen hervorruft (Involution des Kammes). In diesen Versuchen wurden allerdings nicht nur die Samenleiter, sondern auch die Blutgefäße unterbunden, was die Blutzufuhr zu den Hoden verhinderte und demzufolge eine Degeneration der Hoden verursachte.

Implantation von jungem Hodengewebe kann aber auch beim Geflügel Verjüngung hervorrufen. Lahaye[678] operierte auf diese Weise 2 männliche Posttauben. Eine war 12, die andere 15 Jahre alt. Beide zeigten ausgesprochene Senilitätssymptome: Magerkeit, Flugunfähigkeit, struppiges Gefieder und sexuelle Apathie. Das transplantierte Hodengewebe stammte von einem 2jährigen Taubenmännchen. 3 Wochen nach der Operation fingen die Tauben wieder zu fliegen an, wurden lebhaft und kampflustig, das Gefieder wurde glänzend, und allmählich nahmen die Tiere auch an Gewicht zu. Nach 5 Wochen paarte sich eines von ihnen und befruchtete ein Taubenweibchen, welches Eier legte und aus diesen normale Junge ausbrütete.

Versuche über *Verjüngung der Weibchen* unternahm Kohan[590]. Bei 49 Hennen, bei denen infolge Alters oder auch Krankheit die Legetätigkeit erloschen oder abgeschwächt war, transplantierte er Stücke von jungen Ovarien und beobachtete ein erneutes Legen. Über 3 Fälle gibt Kohan Zahlen an:

Fall I.	Fall II.	Fall III.
Jahr 1919	Jahr 1919	Jahr 1921
(2jährig) 21 Eier	(2jährig) 21 Eier	1 Lebensjahr 7 Eier
1920 18 Eier	1920 14 Eier	1922 2 Eier
1921 7 Eier	1921 1 Ei	1923 0 Eier
Januar 1922	März 1922	Juli 1923
Transplantation	Transplantation	Transplantation
1922 19 Eier	1922 14 Eier	1924 21 Eier
Oktober 1922		
2. Transplantation		
1923 36 Eier		

In allen drei mitgeteilten Fällen handelte es sich augenscheinlich nicht um senile Tiere, sondern nur um Tiere mit unterentwickelten oder subnormal tätigen Eierstöcken; man könnte vielleicht auch von einem Senium praecox (vorzeitiges Altern) sprechen. Eine gewisse reaktivierende Wirkung der Transplantation ist deutlich. Doch wäre es wünschenswert, erstens das ganze Material zahlenmäßig zu publizieren und zweitens die Versuche zu wiederholen, bevor ein verläßliches Urteil abgegeben werden sollte.

b) Hypergonadisierung.

In den Versuchen von Riddle und Tange[1023, 1025] hatten Injektionen von Folliculin bzw. Placentahormon bei geschlechtsunreifen Weibchen und Männchen der Tauben und Ringtauben keine Wirkung auf die Geschlechtsreife gehabt. Nur in einigen Fällen zeigte sich unregelmäßig eine schwache Hyperhämie und Hyperplasie der Eileiter. Das Wachstum der Hoden und Eierstöcke war gehemmt. Die Forscher schlossen daraus auf die Nichtwirkung der Säugetierhormone des Ovariums bei den Vögeln. Dagegen fanden aber später Juhn und Gustavson[545] einen sehr deutlich positiven Einfluß (Beschleunigung der Eileiterentwicklung) bei infantilen Hennen unter Anwendung eines Folliculinpräparates aus menschlicher Placenta. Die Schlußfolgerung von RIDDLE und TANGE kann demnach nicht zutreffen.

In diesem Zusammenhange soll über *Veränderungen der Zahl der roten Blut-körperchen* berichtet werden, welche VACEK und seine Mitarbeiter (s. Anm.) nach *Injektionen von Ovarialhormon* bei Hennen und Hähnen gefunden hat. Die Versuche wurden an gleichaltrigen Hähnen und Hennen derselben Rasse durchgeführt.

I. Versuchsgruppe:
 1 Henne erhielt 2 cm³ Ovarialhormon (Östrophan)
 1 ,, ,, 2 ,, Extrakt aus Kuhovarien,
 1 ,, ,, 2 ,, NaCl 0,9%,
 1 Hahn ,, 2 ,, Extrakt aus Stierhoden
 1 ,, ,, 1 ,, ,, ,, ,,
 1 ,, ,, 2 ,, NaCl 0,9%.
II. Versuchsgruppe:
 1 Henne erhielt 2 cm³ Extrakt aus Stierhoden,
 1 ,, ,, 1 ,, ,, ,, ,,
 1 ,, ,, 2 cm³ NaCl 0,9%,
 1 Hahn ,, 2 ,, Ovarialhormon (Östrophan),
 1 ,, ,, 2 ,, Extrakt aus Kuhovarien,
 1 ,, ,, 2 ,, NaCl 0,9%.

Ergebnisse: I. Versuchsgruppe: Bei den *Hennen* steigt die Zahl der roten Blutkörperchen rapid, und zwar schon in den ersten 24 Stunden. Die Zahl vergrößert sich von 2,9 Mill. auf 3,3—3,9 Mill. Mehr bei der Henne mit Östrophan, weniger bei der mit dem selbsthergestellten Extrakt. Das im Handel befindliche Ovarialhormon ist reiner und stärker. Die angeführte Dosierung erfolgte täglich. Sobald mit den Injektionen aufgehört wurde, fiel die Erythrocytenzahl rasch ab, um ca. in 10 Tagen zur Norm zurückzukehren. Bei den *Hähnen* stieg die Erythrocytenzahl ebenfalls, jedoch nicht so schnell wie bei den Hennen, sie stieg allmählicher von 3,4 Mill. auf 4,1—4,4 Mill.; bei den Hähnen mit 2 cm³ Extrakt mehr als bei denen mit 1 cm³. Nach Beendigung der Injektionen kehrt sie schnell zur Norm zurück, die der Hahn mit 1 cm³ des Extraktes früher (in 6 Tagen) erreicht, als jener mit 2 cm³ Extrakt (in 11 Tagen).

II. Versuchsgruppe: Bei den *Hennen* sinkt die Erythrocytenzahl ziemlich bedeutend von 300000 auf 500000, mehr bei der Henne, der die größere Gabe des Extraktes verabreicht wurde. Nach einem anfänglichen, einige Tage dauernden Sinken steigt die Erythrocytenzahl, erreicht jedoch die Normalhöhe nicht und erhält sich auf dem gesunkenen Niveau. Die Injektionen wurden täglich durchgeführt. Nach beendetem Injizieren kehrt die Zahl in einigen Tagen zur Norm zurück. Bei den *Hähnen* steigt die Erythrocytenzahl rapid schon in den ersten 24 Stunden um 700000, in 2 Tagen um 1 Mill. Danach fällt sie unter fortdauerndem Injizieren allmählich herab, um 10 Tage lang unverändert, aber beständig um 550000 über der Norm zu bleiben. Nach dem Abschlusse der Injektionen behauptet sich die erhöhte Erythrocytenzahl noch lange.

Andere Versuche mit Injektionen von Geschlechtshormonen führten JUHN, D'ARMOUR und WOMACK[541] an Kapaunen aus. Sie kombinierten dabei die rein präparierten *männlichen und weiblichen Hormone* und studierten ihre Wirkung auf die Entwicklung des Kammes und der Bartlappen und auf den Typus der Befiederung. Es zeigte sich kein Antagonismus zwischen den verschiedengeschlechtlichen Hormonen, aber auch keine gegenseitige Steigerung der Wirkung. Die Hormonpräparate stammten von Säugetieren.

Anm. Zitiert nach noch nicht publizierten Versuchsresultaten, die mir Prof. VACEK für diese Übersicht gütigerweise zur Verfügung gestellt hat, wofür ich ihm an dieser Stelle meinen herzlichen Dank ausspreche.

Mit einem Säugetierpräparate des *Corpus luteum* arbeitete bei Hühnern auch Pearl[920, 921]. Junge Hennen (Poulets), welche täglich 0,082 g einer Trockensubstanz des Corpus luteum per os erhielten, zeigten ein schwächeres Wachstum als die Kontrollhennen. Im Laufe von 42 Tagen betrug die Differenz: Kontrolle (Durchschnitt von 15 Tieren) 1,883,9 g, Corpus-luteum-Tiere, (15 Stück) 1,708,5 g, Unterschied 175,4 g = 9,3%. Auf das Eierlegen wirkte die Darreichung des Corpus luteum nicht. Bei diesen Versuchen von Pearl muß aber die Frage offen gelassen werden, ob die Wirkung der Corpus-luteum-Substanz auf das Hormon dieser Drüse oder auf den hohen Cholingehalt des Corpus luteum zurückgeführt werden soll.

Injektionen einer Wasserlösung von Follicularhormon im Werte von ca. 30 Ratteneinheiten beeinflußten in Asmundsons Versuchen[43] das *Gewicht der Eier* bei Leghornhennen nicht. Auch bezüglich der *Zahl* der Eier zeigten sich keine Wirkungen, wenn auch das Bild nicht klar genug war, da eine von den Versuchshennen die Eierlegung einstellte und eine von den Kontrollen brütig geworden ist.

Injektionen von Extrakten aus *Corpus luteum* blieben in Hogbens[501] Experimenten an Hühnchen und Hähnchen aus Kreuzung von roten Rhode Island × hellen Sussex sowohl auf das Körperwachstum als auch auf die Entwicklung der Geschlechtsorgane ohne jede Wirkung.

Werden Hennen *Hodenstücke implantiert*, welche einheilen und *masculines Hormon* produzieren, was sich an der Beeinflussung der Kammgröße zeigt, wird die Eierlegung, wie Greenwood und Blyth[399] gefunden haben, gehemmt, bzw. die Eier nehmen eine abnorm verlängerte Form an: wogegen der Länge-Breite-Index bei Kontrollhennen zwischen 1,2—1,55, mit maximaler Frequenz bei 1,3 variierte, betrug er bei den Hennen mit Hodentransplantaten zwischen 1,35—1,7 maximaler Frequenz bei 1,45.

Eine interessante Mitteilung machte neuerdings Schouppé[1100]: von 3 mit Ovarialtabletten behandelten Hennen erhielt er unter 30 ausgebrüteten Küken nur Weibchen und keinen einzigen Hahn. Diese Versuchsergebnisse müssen noch an einem größeren Materiale überprüft werden, um alle wahrscheinlichen Fehler auszuschließen.

B. Die Schilddrüsen (Glandula thyreoidea).

Berücksichtigt man die Gesamtheit unserer Kenntnisse von der Bedeutung der einzelnen inkretorischen Drüsen für die Entwicklung und den Stoffwechsel der landwirtschaftlichen Nutztiere, so muß die Schilddrüse an zweiter Stelle gleich hinter die Geschlechtsdrüsen eingereiht werden. Hierzu führt uns nicht nur die große Anzahl von experimentell gewonnenen Erfahrungen und die Tatsache, daß man die Thyreoidea in der *Konstitutionsforschung* bei den landwirtschaftlichen Tieren an die bedeutendste Stelle rückt, sondern auch der Umstand, daß man bereits Eingriffe an dieser Drüse in der Tierproduktion technisch auszunutzen versucht hat (Scheunert[1075] und Klein[574, 575]). Die bisherigen Erfahrungen über die Bedeutung der Schilddrüse im Stoffwechsel der Nutztiere beziehen sich teils auf die Folgen der vollkommenen oder stückweisen Entfernung dieser Drüse, teils auf die Beziehungen zwischen den Änderungen der Funktion der Drüse und der Entwicklung und Produktivität der Tiere, wobei meistens diejenigen Funktionsänderungen in den Vordergrund gelangen, die durch äußere Faktoren, wie geographische Lage, Jahreszeit, Klima und namentlich Ernährung, hervorgerufen werden. Die spezifische Bedeutung des Jods für die Funktion der Schilddrüse und deren Beeinflußbarkeit durch den Jodgehalt der Nahrung eröffnete dann einen besonders breiten Weg für die Möglichkeit einer technischen Beeinflussung der Thyreoideafunktion im Dienste der landwirtschaftlichen Tierproduktion.

I. Morphologisches und Entwicklung der Schilddrüse.

1. Anatomisches.

Bei allen landwirtschaftlichen Nutztieren ist die Schilddrüse als ein paariges, zweilappiges Organ entwickelt, das bei den Säugetieren nahe dem Kehlkopfe an der Luftröhre gelegen ist. Die zwei Seitenteile, der rechte und linke Lappen (Lobus dexter und sinister), sind bei allen Säugetieren durch einen mittleren Teil, den Isthmus, verbunden. Beim *Geflügel* ist zwischen den beiden Thyreoideateilen keine Verbindung vorhanden, und sie liegen verhältnismäßig weit voneinander entfernt; der rechte Lappen liegt dabei an der Abzweigung der Carotis communis dext. von der Aorta axillaris dextra, der linke Lappen etwas höher an der Verzweigung der Aorta carotis communis sinistra. Die Schilddrüse hat (vgl. TRAUTMANN[1217]) eine derbe Konsistenz und eine glatte Oberfläche, die nur beim Rinde

Abb. 88. Schilddrüse der Haustiere (Rind, Pferd, Schwein, Schaf, Ziege). *a*) Lobus dexter; *b*) Lobus sinister; *c*) Isthmus. (Nach ELLENBERGER und BAUM.)

und Schweine den lappigen Bau des Parenchyms deutlicher erkennen läßt und dadurch schwach höckerig erscheint. Das Drüsenparenchym zeigt am Durchschnitte fleischrote (Rind, Schwein) oder rotbraune (Pferd, Kalb, Schaf, Ziege) Färbung.

Bei dem Rinde liegt die Schilddrüse unmittelbar hinter dem Kehlkopfe und ist an die Luftröhre durch lockeres Bindegewebe befestigt. Der Lobus dexter bedeckt das caudale Drittel des Kehlkopfes und reicht bis zum 4. oder 5., selbst bis zum 7. oder 8. Ring der Luftröhre; der Lobus sinister liegt mehr oral als bei den anderen Tieren, indem er die hinteren zwei Drittel der Seitenfläche des Kehl- und Schlundkopfes bedeckt und sich bis zum 3., 4., 6. oder ganz selten bis zum 7. Luftröhrenring erstreckt (SCHWEINHUBER[1111]). Die beiden Lappen sind mit einem 1—1$\frac{1}{2}$ cm breiten Isthmus verbunden, der parenchymatös ist. Beide Lappen samt dem Isthmus lassen an der höckerigen Oberfläche (vgl. Abb. 88a) sehr deutlich den lappenartigen Bau des Parenchyms erkennen. Die beiden Thyreoideateile haben eine langgestreckte, länglichovale Form. Der Isthmus ist namentlich beim Kalbe sehr gut entwickelt. Bei älteren Tieren bildet er oft nur noch einen dünnen Strang und fehlt bisweilen, namentlich bei fetten Ochsen (KÜNG[671]). Die Drüse ist bei älteren Tieren von hellbrauner Farbe; beim Kalbe ist die Drüsenmasse von dunkler Farbe, erscheint hyperämisch und ist besonders bei Feten ödematös gequollen (KÜNG[671]).

Beim *Rinde* kommen auch *akzessorische Schilddrüsenteile* vor, die sich vorzugsweise am kranialen Ende der Schilddrüse befinden und wegen ihrer Kleinheit leicht der Aufmerksamkeit entgehen können (ELLENBERGER und BAUM[285]).

Beim *Pferde* reicht der rechte Lappen vom kaudalen Ende des Kehl- bzw. Schlundkopfes bis zum 3. oder 4. Luftröhrenring, seltener bis zum 5.; der Lobus sinister erstreckt sich vom 1. bis 3., 4., 5. oder seltener bis zum 6. Ring der Luftröhre. Die beiden Lob sind von einer pflaumenähnlichen Form, und ihre Oberfläche ist glatt (SCHWEINHUBER[1111]). Der linke ist nach LITTY[738] gewöhnlich länger oder schmäler und leichter als der rechte; sein caudales Ende verjüngt sich ziemlich stark und läuft in eine stumpfe Spitze aus, während bei dem rechten Lappen beide Enden gleichmäßig halbkreisförmig gerundet sind. Der Isthmus besteht aus Bindegewebe. Bei neugeborenen Fohlen enthält er zwar noch Parenchym; dieses unterliegt aber in der Regel im postfötalen Leben einer vollständigen Rückbildung, und der Isthmus behält bei erwachsenen Tieren nur in Ausnahmefällen in seiner ganzen Länge eine drüsige Beschaffenheit. Ähnlich wie beim Rinde kommen auch beim Pferde nach Ellenberger und Baum[285] akzessorische Schilddrüsen vor, gewöhnlich auf dem Ende der Drüse.

Beim *Schweine* ist die Schilddrüse etwas abweichend geformt. Die beiden Hälften liegen hier so nahe aneinander, daß sie ein zusammenhängendes, nicht gelapptes, plattes Organ bilden (vgl. Abb. 88c), das sich seitlich etwas verschmälert, ventral an der Luftröhre liegt und vom Musculus sternohyoideus und — thyreoideus bedeckt wird. Kranialwärts stößt die Drüse an den Ringknorpel, und von der Speiseröhre bleibt sie jederseits 1—1,5 cm entfernt. Von einem Isthmus läßt sich infolgedessen beim Schweine nicht gut sprechen bzw. die größte Masse der Schilddrüse ist beim Schweine im Isthmus ausgebildet. Akzessorische Schilddrüsenteile wurden beim Schweine bisher noch nicht beschrieben.

Die Schilddrüsen der *Schafe* und *Ziegen* sind in ihrer Ausbildung sehr ähnlich. Die Lappen sind spindel- bzw. walzenförmig, selten oval. Der Lobus dexter reicht vom 1. bis zum 3., 4. oder 5. Luftröhrenring, der Lobus sinister beim Schafe, in geringem Maße das Ende des Kehlkopfes bedeckend, von hier bis zum 3., 4. oder 5. Luftröhrenring, bei der Ziege bedeckt er das caudale Drittel des Kehlkopfes und reicht bis zum 1., 2. oder auch 3. Trachealringe. Der Isthmus besteht aus Bindegewebe und ist bei älteren Tieren manchmal schwer zu finden bzw. fehlt vollkommen (Schweinhuber[1111] und Ellenberger-Baum[285]). Die Schafschilddrüse unterscheidet sich in ihrem anatomischen Bau von der der übrigen Haussäugetiere insofern, als sowohl die äußere Bindegewebskapsel als auch das übrige Bindegewebe innerhalb der Drüse sehr schwach entwickelt ist (Spöttel[1153]). Ein vollkommenes Fehlen der Kapsel, wie es Gschwend[417] angibt, konnte aber Spöttel nicht bestätigen. Die Farbe der Schaf- und Ziegenschilddrüsen wird als rotbraun und fast mit der Farbe der quergestreiften Muskulatur übereinstimmend angegeben (Schweinhuber[1111], Ellenberger-Baum[285]). Bei den *Ziegen* kommen oft akzessorische Schilddrüsen vor, die unter normalen Verhältnissen verkümmern und schwer auffindbar bleiben, nach der Thyreoidektomie aber hypertrophieren und die entfernten Drüsen ersetzen (Zietschmann[1367]), was die Ergebnisse der Versuche mit Thyreoidektomie unerwünscht komplizieren kann. Über akzessorische Schilddrüsen beim Schafe liegen noch keine Beobachtungen vor.

Über die anatomische Lage der Schilddrüse beim *Geflügel* ist nur das bekannt, was schon oben angeführt wurde.

2. Das Schilddrüsengewicht und seine Abhängigkeit von Rasse und Alter.

Über die Größe der Schilddrüse werden (vgl. Trautmann[1217]) folgende Zahlen angegeben:

	Länge cm	Breite cm	Dicke cm	Gewicht g
Rind	6,0—7,0	4,0 —5,0	0,75—1,5	21—36
Pferd	3,5—4,0	2,5	1,5	20—35
Schwein . .	4,0—4,5	2,0 —2,5	1,0 —1,5	12—30
Schaf	3,0—4,0	1,25—1,5	0,5 —0,75	4— 7
Ziege	2,5—5,0	1,0 —1,5	0,5 —0,8	8—11

Diese Zahlen haben aber nur einen allgemein orientierenden Wert. Es kann vielleicht von keinem anderen Organ der Haustiere gesagt werden, daß es in der Größe und im Gewichte mehr schwankt als die Schilddrüse. Die Größe der Thyreoidea ist verschieden je nach der Rasse, dem Gesundheitszustand des Tieres, dem Alter, der geographischen Lage, der Ernährung, den Umweltfaktoren (Licht) usw. Wichtig ist, vor Augen zu halten, daß zwischen dem normalen und dem pathologischen (Kropf) Gewichte der Thyreoidea ein allmählicher, die Grenzen verwischender Übergang besteht, so daß es oft unmöglich ist zu entscheiden, ob es sich um normale Plusvariante oder um eine schon kropfartig hypertrophierte Drüse handelt.

Auf Grund eines größeren Materials gibt LITTY[738] folgende Zahlen über die Größe der *Pferdeschilddrüse* im Alter von 6—17 Jahren an:

Zahl der Tiere	Alter in Jahren	Geschlecht		Linker Lappen				Rechter Lappen			
		Wallach	Stute	Länge	Breite	Dicke	Gewicht	Länge	Breite	Dicke	Gewicht
41	6—11	21	20	4,49	2,69	1,50	10,12	4,11	2,89	1,66	10,26
62	12—17	31	31	4,46	3,06	1,56	10,91	4.33	3,15	1,62	10,93

Dabei handelte es sich um ein gemischtes Material von Schlachttieren. In bezug auf die Rasse kommt LÜBKE[763] zu einem Ergebnis, das den Anschein erweckt, als ob die Kaltblüter die niedrigsten Größenwerte der Thyreoidea aufweisen würden, die russischen Steppenpferde aber die höchsten. Das absolute Gewicht ist jedoch beim Kaltblute größer (23,20 g) als bei dem Warmblute 21,81 g). Dasselbe fand auch COURTH[208]: Kaltblut (23 Tiere) 21,62 g, Warmblut (35 Tiere) 19,11 g.

Das absolute Gewicht der Pferdeschilddrüsen schwankt nach den Untersuchungen von COURTH[208] an 86 Pferdeschilddrüsen zwischen 9,58 und 194 g; das mittlere Gewicht liegt bei 26,98 g. Mit dem Alter nimmt die Thyreoidea an Größe ab. Bei über 18 Jahre alten Pferden (39 Wallachen und 33 Stuten fand LITTY[738] die Werte nebenstehender Tabelle.

	Linker Lappen	Rechter Lappen
Länge	4.27	4.11
Breite	2,88	3,00
Gewicht . . .	1,33	1,50
Dicke	8,27	8.45

Vergleicht man diese Zahlen mit den oben für 6—17 Jahre alte Pferde angeführten, so sieht man klar die Größenabnahme. Zu einem ähnlichen Ergebnis kam auch LÜBKE[763].

Beim *Rinde* schwankt die Schilddrüse nach dem von FELLENBERG und PACHER[305] bearbeiteten Materiale von 80 Schilddrüsen aller möglichen Rassen zwischen 8,7—130,4 g. Als normal soll aber nur die Variationsbreite bis zu 30 g betrachtet werden, da bei allen schwereren Drüsen FELLENBERG und PACHER kropfige Veränderungen gefunden haben. DUERST[279] hält aber diese Begrenzung für „durchaus willkürlich und illusorisch", da zystöse Änderungen auch bei viel kleineren Drüsen vorkommen. Er selbst gibt auf Grund eines Materials von 641 Schilddrüsen vom schweizerischen Rind das Mittelgewicht der Thyreoidea bei Färsen mit 30,05 g, bei Kühen mit 39,66 g an. Die schwerste Drüse wog 140 g, die leichteste 16,8 g.

WOUDENBERG[1329] fand in einem Kropfgebiete beim Rinde 13 Schilddrüsen, die über 100 g schwer waren, 7 über 150 g, wovon eine 200 g, eine 300 g und eine 350 g wog. Andere Autoren (DUERST, DOLDER und KRUMEN, zit. DUERST[279]) trafen aber derart schwere Thyreoideen beim Rinde nie an.

KRUPSKI[656] fand in Durchschnittswerten für die einzelnen Tiergruppen (Rinder, Kühe, Stiere, Ochsen u. a.) eine Schwankung von 12,00—68,00 g bei schweizerischen Tieren (vgl. Tabelle auf S. 464).

Die Thyreoideagröße beim *Rinde* hängt sehr deutlich von der Rasse und dadurch auch von der geographischen Lage ab. Fellenberg und Pacher[305] fanden, daß die niedrigeren Thyreoideagewichte vorwiegend den englischen Drüsen der Shorthornrasse aus den Schlachthäusern von Cambridge und Liverpool angehörten, die schwersten den schweizerischen und österreichischen Drüsen der Simmentaler, Braunvieh- und Pinzgauer Rasse aus den Schlachthäusern Bern, Thun und Innsbruck.

Vergleich der Schilddrüsengewichte beim Rinde nach Rassen und Ländern geordnet. (Nach Fellenberg und Pacher.)

	Nach Rassen geordnet						Nach Ländern geordnet		
	Short-horn	Pinz-gauer	Sim-men-taler	Braun-vieh	Norweg. Land-vieh	Eringer und Duxer	Eng-land	Schweiz	Öster-reich
Zahl der Drüsen	14	23	15	12	4	5	18	20	36
Drüsengewichte:									
Minimum	8,7	15,1	18,4	28,0	20,0	15,4	8,7	15,4	15,1
Maximum	83,0	90,9	55,2	130,4	93,5	125,9	83,0	125,9	130,4
Mittel	22,4	41,3	37,9	54,1	55,6	60,5	24,4	44,0	45,0

Studer[1178] fand, daß die Schilddrüsen der Kühe bei dem Braunvieh und dem Fleckvieh aus dem Gebirge schwerer sind (15,57 bzw. 13,56 g auf 100 kg des Körpergewichtes) als die des holländischen Niederungsviehes (5,73 g) oder der Charollais- und Normännerrasse (5,10 bzw. 6 g); er schließt daraus auf eine erhöhte Thyreoideafunktion bei dem Gebirgsvieh, was aber Duerst[278] nicht für richtig hält.

Auch Kučera[658, 659] hat gefunden, daß die Schilddrüse der Charolaisrasse ziemlich klein ist; ihr Gewicht schwankt zwischen 13—52 g, das Durchschnittsgewicht beträgt 33 g bei den Kühen und Ochsen und 22 g bei den Stieren. Bei der Simmentaler Rasse schwankt das Gewicht der Drüse aber zwischen 20—140 g.

Über die Variation des Schilddrüsengewichtes beim *Schwein* besitzen wir bisher keine näheren Angaben. Courth[207] fand, daß bei den deutschen Edelschweinen und den veredelten Landschweinen (insgesamt 9 Tieren) das Drüsengewicht zwischen 7,6 und 14,3 schwankte. Eine kropfig entartete Drüse wog 61,84 g.

Krupski[656] gibt für die Schweizer veredelten Landschweine eine Schwankung der Durchschnittswerte in den einzelnen Tiergruppen (♂, ♀, Kastraten) mit 18,26—25,26 g an; der Gesamtdurchschnitt kann aus seinen Zahlen nicht ermittelt werden.

Das Gewicht der *Schafschilddrüse* schwankt sehr erheblich. Schweinhuber[1111] führt ein Gewicht von 2,56 g für die linke und von 3,08 g für die rechte Schilddrüse an. Nach Trautmann[1217] beträgt das Gewicht der Schafschilddrüse 4—7 g, nach Krupski[656] 5,72—7,2 g (wohl aber nur als Durchschnittswerte einzelner Tiergruppen). Die Schafschilddrüsen in Kropfgegenden sollen nach Gschwend[417] 30 g oder auch mehr erreichen, das Gewicht der normalen Drüse beträgt nach diesem Autor aber 2,5—4 g.

Diesen Angaben macht Spöttel[1153] mit Recht den Vorwurf, daß sie die Rassenunterschiede nicht berücksichtigen. Nach seinen Untersuchungen sind bei den Schafen die Schilddrüsengewichte der erwachsenen Tiere je nach der Rasse außerordentlich verschieden. Im Durchschnitte wiegen die Thyreoideen von 4jährigen Tieren 2,63 g bei Wollmerinos, bei Fleischmerinos aber 3,39 g, also um ein Drittel mehr. Die schwersten Schilddrüsen besitzen die Leine- und ostfriesischen Milchschafe, wobei die ersteren das Zweieinhalbfache (6,5 g) und die letzteren fast das Dreifache (7,5 g) des Drüsengewichtes der Wollmerinos haben.

Vergleicht man das *Schilddrüsengewicht mit dem Körpergewicht*, so findet man nach SPÖTTEL[1153] folgende Verhältnisse:

Alter und Geschlecht	Auf 1 g Schilddrüse entfallen Kilogramm Lebendgewichte				
	Vollmerino	Fleischmerino	Leineschaf	Milchschaf	Karakulschaf
Böcke:					
1 Jahr	—	—			
2 Jahre	33,3	26,7	—		
Mutterschafe:					
2—3 Tage . . .	—	—	—	—	2,4
1 Jahr	32,4	31,6	12,1	13,6	14,6
2 Jahre	34,2	25,0	14,3	12,4	19,9
3 Jahre	—	—	—	11,9	
4 Jahre		—		11,1	

Auf 1 g Schilddrüse berechnet, entfällt die geringste Menge lebender Substanz unter den zweijährigen Tieren auf die Leine- und Milchschafe (14,3 bzw. 12,4 kg), die größte Menge auf die Merinos (25,0 kg bzw. 34,2 kg). In bezug auf das Lebendgewicht sind die Schilddrüsen der Merinos fast nur halb so schwer als jene der übrigen Rassen. Bei jungen, einjährigen Tieren kommt, auf 1 g Schilddrüse berechnet, das geringste Gewicht an lebender Substanz den Leineschafen, Milchschafen und Karakuls zu, das höchste den Merinos mit englischem Blut und den Wollmerinos.

Beim *Geflügel* besitzen wir über das Gewicht der Schilddrüse verhältnismäßig nur spärliche Angaben. Bei Hühnern der Rasse rebhuhnfarbiger Italiener, die in Chicago aufgezüchtet wurden, schwankt nach JUHN und MITCHELL jun.[545a] das Thyreoideagewicht bei den Hähnen zwischen 0,0708 und 0,6250 g, bei den Hennen zwischen 0,0832 und 0,3056 g. Das Durchschnittsgewicht beträgt bei den Hähnen 0,3036, bei den Hennen 0,1574 g. Auf 100 des Körpergewichtes berechnet, beträgt das Gewicht bei den Hähnen 0,0265 g, bei den Hennen 0,0203 g. Bei geschlechtsreifen Hennen der weißen Leghorns im Alter von 10—18 Monaten gibt CRUICKSHANK[236] ein Schilddrüsengewicht von 0,0811—0,1322 g an. Auf 1 kg des Körpergewichtes kommt dabei ein Gewicht von 0,052—0,090 g. Bei den Tauben wiegen nach RIDDLES[993, 999, 1000] Angaben die Thyreoideen im Durchschnitte 37,1—66,9 mg, bei den Ringtauben 13,7—15,6 mg. Die tatsächliche Variationsbreite läßt sich aus den von RIDDLE veröffentlichten Daten nicht ermitteln, da er sich bei der Veröffentlichung seines umfangreichen Materials immer nur auf Durchschnittswerte von Gruppen beschränkt. Soweit ich aber aus der zu anderem Zwecke vorgenommenen Verarbeitung eines Teiles des RIDDLEschen Materials selbst urteilen kann, sind die Grenzen hier bei den Tauben 15,3—154,7 mg, bei den Ringtauben 8,0—73,2 mg.

Über *Rassenunterschiede* im Thyreoideagewichte besitzen wir für das Geflügel noch keine genügenden Angaben. Für die Ringtauben ist es aber RIDDLE[999] gelungen nachzuweisen, daß hier Linien bestehen, die sich hereditär durch verschieden große Schilddrüsen auszeichnen. RIDDLE selbst bezeichnet diese Linien als Rassen bzw. Thyreoidearassen. Er konnte zwei Rassen mit großer Thyreoidea und zwei Rassen mit kleiner Thyreoidea isolieren. Bei der einen Rasse mit großer Schilddrüse (bezeichnet als „Nr. 62") schwankten die durchschnittlichen Thyreoideagewichte in 5 Generationen zwischen 18,4—27,4 mg, bei der anderen (als „Nr. 11" bezeichnet) in 3 Generationen zwischen 15,7 bis 38,3 mg. Bei der einen Rasse mit kleinen Schilddrüsen („Nr. 36") betrug diese Schwankung 11,1—15,0 mg, bei der anderen („Nr. 61") 11,0—15,0 mg. Ähnliche „Thyreoidearassen" sollen sich auch bei den Tauben isolieren lassen.

Mit der *pathologischen Vergrößerung der Schilddrüse* will ich mich hier nicht befassen und weise diesbezüglich auf die zusammenfassenden Übersichten von DEXLER[252, 253] und von TRAUTMANN[1217] hin. Die kropfartige Veränderung der Schilddrüse kann bei allen Haustieren in gewissen Gebieten und unter gewissen Bedingungen gefunden werden (vgl. auch EVVARD[296], KALKUS[550], WELCH[1300—1302], McCARRISON[773] und HART und STEENBOCK[453, 454]. Besonders häufig kommt der Kropf bei Rindern, Schafen, Ziegen und Schweinen (vgl. CLERC[182a]) vor. Es zeigt sich dabei auch eine wahrscheinliche Wirkung der Vererbung.

SCHMALTZ[1083] gibt zwar an, daß beim Pferde die Kropfbildung eine Seltenheit ist, VON ARX[35] hat jedoch feststellen können, daß in der Umgebung von Bern Kropfveränderungen an Pferdeschilddrüsen sehr häufig vorkommen. Auch KALKUS[550] beobachtete in den Vereinigten Staaten häufig Kropf sowohl bei erwachsenen Pferden als auch bei Fohlen. Verschiedene Typen der Struma bei Schafen aus der Umgebung von Bern hat GYGER[424] beschrieben. Es handelte sich meistens um den kolloidalen und desquamativ-epithelialen Typus; ein parenchymatöser Typus kommt nicht vor. Eine Reihe von Kropfschilddrüsen beschrieb neuerdings beim Pferde SCHLOTTHAUER[1081]; Drüsen, welche mehr als 0,66 mg auf 1 kg des Körpergewichtes wiegen, hält er für abnormal. Von den 100 untersuchten Pferden konnte SCHLOTTHAUER nur bei 34 normale Thyreoideen diagnostizieren. Von den übrigen waren 20 hyperplastisch, 9 kolloidartig und 37 adenomatös hypertrophiert.

Wie schon oben bemerkt, lassen sich zwischen der normalen vergrößerten Schilddrüse und dem pathologischen Kropf keine genauen Grenzen ziehen. Beides geht allmählich ineinander über. Bei bloß hyperplastisch vergrößerten Schilddrüsen spricht man von einem physiologischen Kropf. Dieser (siehe noch weiter) kommt oft bei den Gebirgszuchten vor und bildet eine Prädisposition für den pathologisch-anatomischen Kropf.

Eine der häufigsten Ursachen des physiologischen Kropfes beim Rinde im Gebirge soll nach DUERST[279] der relative Sauerstoffmangel in diesen Gegenden sein (S. 207 und 215 seines Buches).

3. Histologisches.

Über die Histologie der Schilddrüse läßt sich bei den landwirtschaftlichen Nutztieren nichts Besonderes sagen. Sowohl in der allgemein-typischen Struktur als auch in allen normalen und auch pathologischen Abweichungen zeigt die Thyreoidea bei diesen Tieren dieselben Verhältnisse wie bei allen übrigen und auch bei dem Menschen.

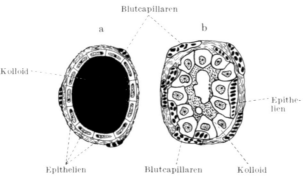

Abb. 89. Schematische Darstellung des histologischen Aussehens einer ruhenden (a) und einer intensiv tätigen (b) Schilddrüse. (Nach W. CRAMER: Feaver heat regulation climate and the thyroid-adrenal apparatus aus ABELIN.)

Man ist oft dazu geneigt, aus dem histologischen Bilde auf den Funktionsgrad der Schilddrüse zu schließen. Die Anhaltspunkte dabei bilden die Größe der Follikel, der Zustand des Kolloides, besonders aber die Größe, d. h. Höhe der Epithelzellen. Im allgemeinen kann gesagt werden, daß die mit Kolloid angefüllten großen Follikel mit flach abgeplatteten Zellen als Hinweis auf einen Ruhezustand der Thyreoidea aufgefaßt werden können. Hohe Epithelzellen mit vakuolisiertem Kolloid können im Gegenteil eine intensiv aktive Drüse bedeuten (s. Abb. 89). Ähnlich sind größere Follikel eher Anzeichen einer niedrigeren, kleine Follikel einer höheren Funktion (vgl. auch KLEIN, PFEIFFER und HERMANN[577a]).

Früher wurde auch die Desquamation des Epithels für ein Anzeichen erhöhter Funktion der Thyreoidea gehalten (vgl. TRAUTMANN[1217] S. 10). Es zeigte sich aber — s. SPÖTTEL[1153] (S. 623) und DUERST[279] (S. 205), daß diese Desquamatation eine postmortale Erscheinung ist und zu dem Grade der Schilddrüsenfunktion in keiner Beziehung steht. Kleine Follikel mit hohem Epithel können aber ebensogut auch eine Inaktivität bedeuten, bei der es noch zu keiner Sekretbildung gekommen ist, wie es besonders bei den embryonalen Drüsen vorkommt. Ein vakuolisiertes Kolloid kann aber auch auf mangelhafte Kolloidbildung zurückgeführt werden. Es ist immer besondere Vorsicht am Platze, wenn man aus dem histologischen Aussehen Rückschlüsse auf die physiologische Funktion der Thyreoidea ziehen will (ABELIN[4]). Da bei der Schilddrüse zwischen dem Funktionsgrade des Epithels und der Hormonausgabe aus der Drüse das Reservoir des Hormons in den Follikeln als eine regulierende Übergangsstation liegt, läßt sich

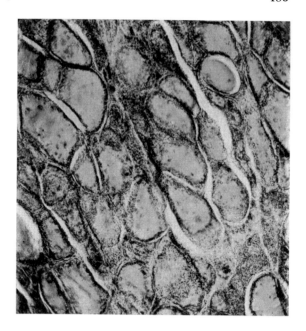

Abb. 90. Schilddrüse einer holländischen Rekordkuh. Geschenk von Dr. van der Plank, Utrecht. Leider etwas kadaverös verändert, großfollikulärer Typ: aber durch die Mästung gestautes Kolloid. (Ursprünglicher Euthyreoidismus, durch Mästung zur Hypofunktion geführt.) 22 Follikel im Zählquadrat von 2,56 cm² Grundfläche. Vergr. 38fach. (Nach DUERST.)

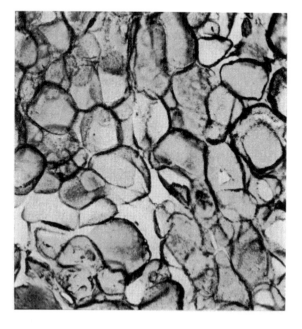

Abb. 91. Abbildung einer mittleren schweizerischen Simmentaler Milchkuh. Prodomaltyp der Lactation, großfollikulär, hier und da durch die Mast blasig gestautes, aber meist dünnflüssiges Kolloid. (Euthyreoidismus, durch Mästung bedingte leichte Hypofunktion.) 52 Follikel pro Zählquadrat. Vergr. 38fach. (Nach DUERST.)

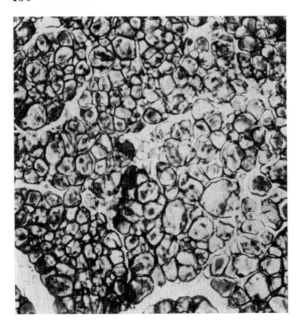

Abb. 92. Schilddrüse eines Simmentaler Kalbes. (Hyperthyreoidismus, gesteigerte Funktion.) Mikrofollikulärer Typ. 170 Follikel pro Zählquadrat. Mastkalb mit schlechter Schlachtausbeute. 50,0%. Vergr. 38fach. (Nach DUERST.)

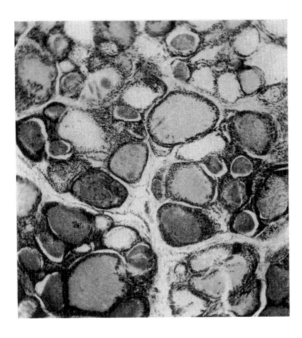

Abb. 93. Schilddrüse einer Dairy-Shorthorn-Färse, 2 Jahre 6 Monate, mit 70% Schlachtausbeute, Frühmasttyp. Anisofollikulär (große und kleine Follikel gleichzeitig), starke Kolloidstauung (Unter- und Hypofunktion), etwas kadaveröse Desquamationen. 40 Follikel pro Zählquadrat. Vergr. 38fach. (Nach DUERST.)

immer schwer entscheiden, ob z. B. ein Anhäufen des Kolloids in den Follikeln das Ergebnis einer verminderten bzw. eingestellten Ausgabe bei normaler Produktion oder das einer normalen Ausgabe bei übernormal erhöhter Produktion darstellt; oder ob das Fehlen des Kolloids das Ergebnis einer verminderten Produktion bei normaler Ausgabe oder einer erhöhten Ausgabe bei normaler Produktion ist, oder aber ob es nur ein zeitlich erschöpftes Reservoir bedeutet, wobei aber die normale Produktion die normale Ausgabe entsprechend deckt. Vom physiologischen Standpunkte aus entscheidet letzten Endes nicht, wieviel Hormon in der Drüse produziert wird, sondern wieviel Hormon aus der Drüse in den Blutkreislauf abgegeben wird. Und dieser Umstand ist eben mittels der histologischen Untersuchung sehr schwer feststellbar.

Der Größe nach lassen sich nach DUERST[279] zunächst *drei Gruppen der Schilddrüse* unterscheiden: kleine (mikrofollikuläre), große (makrofollikuläre) und gemischtfollikuläre Drüsen. Das Tieflandrind soll sich dabei durch die Tendenz zur Makrofollikulärie auszeichnen. Bei jedem dieser Rinder läßt sich dann noch eine Reihe von Gruppen von verschiedenem histologischem Typus unterscheiden. Eine zusammenfassende Übersicht gibt folgende Tabelle der verschiedenen — wie DUERST sagt — „*Funktionsvarianten*" *der Rinderschilddrüse*, wozu auch die Abb. 90, 91, 92,

93 und 94 zu vergleichen sind. Normale Thyreoideastruktur wird im allgemeinen von sowohl nach außen als auch nach innen runden Follikeln gebildet. Vielgestaltigkeit und Ausbuchtungen der Follikel bedeutet immer eine abnorme Struktur und weist meistens auf eine Proliferation (Hyperplasie) des Epithels hin. Eine Thyreoidea mit vielgestaltig und lappenartig geformten Follikeln fand HEIDENHAIN[469] auch beim Kalbe. Diese Follikelform soll eine nur vorübergehende sein und sich später durch Ansammlung einer größeren Menge Kolloids zu einer regelmäßigen gestalten.

Die *Pferdeschilddrüse* ist nach LITTY[738] verhältnismäßig arm an Bindegewebe. Die Follikel zeigen sich im Schnitte als länglich runde, mit einer einreihigen Epithelschicht ausgekleidete Hohlräume. Die Follikel besitzen bei durchschnittlich 10 Jahre alten Pferden eine durchschnittliche Länge von 183 μ (80—290) und eine Breite von 143 (50—240) μ. PFLUG[932] gibt eine Länge von 230 μ an. LITTY hat etwa dieselbe durchschnittliche Länge (228 μ) bei Pferden im Alter von 12—17 Jahren gefunden. In bezug auf ihre Größe scheinen die Follikel auf die ganze Drüse gleichmäßig verteilt zu sein. Die größten und kleinsten Querschnitte treten sowohl im Zentrum als auch an der Peripherie des Organes auf. Die Epithelzellen haben eine prismatische Gestalt und erscheinen an den Querschnitten der Drüsenbläschen als mehr oder weniger hohe, ausgesprochen rechteckige Zellen mit großen rundlichen oder ovalen Kernen und haben eine Höhe von 10 und eine Breite von 7 μ.

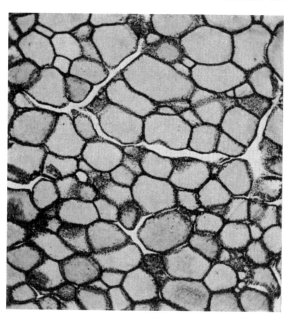

Abb. 94. Schilddrüse des typischen englischen Fleischrindes. (Euthyreoidismus, Normalfunktion.) Red-Polled-Ochse, 4 Jahre 6 Monate. 72% Schlachtausbeute. Mittelgroßfollikulär, 73 Follikel pro Zählquadrat, durch Mast gestautes Kolloid mit Blasen. Vergr. 38 fach. (Nach DUERST.)

Das Kolloid zeigt homogene Beschaffenheit und gleichmäßige Färbung, zuweilen auch eine körnige oder schollige Zusammensetzung.

Über eventuelle *Rassenunterschiede* in der Thyreoideastruktur beim *Pferde* wurde nach der bisherigen Literatur noch von keiner Seite berichtet.

Beim *Schweine* zeichnen sich normale Schilddrüsen nach STENDER[1156] bei erwachsenen alten Tieren durch große, unter Umständen größte Follikel aus. Alle Follikel sind mit dichtem Kolloid prall angefüllt. Das Epithel der Follikel ist plattenähnlich niedrig, das interfollikuläre Zellgewebe ist geringfügig. Eine Follikelneubildung ist kaum feststellbar. Im interfollikulären Zellgewebe werden nur sehr wenig Kapillaren angetroffen. Bei jungen Tieren treten aber gewisse Unterschiede in der mikroskopischen Struktur auf; relativ kleine, ziemlich gleich große Follikel mit noch auffallend starker Entfaltung des interfollikulären Zellgewebes, das von vielen Kapillaren durchzogen ist. Sehr häufig kommt es zur Neubildung der Follikel. Das Follikelepithel ist gleichmäßig von Gestalt und

Tabelle über die Funktionsvariationen der Rinderschilddrüse. (Nach Duerst.)

	Typen des pathologisch-histologischen Baues	Symptome der Kolloidbeschaffenheit	Mittlere Gewichte der Drüsen pro 100 kg Lebendgewicht	Mittlere Follikelzahl pro 1 mm² Schnitte	Absolute Follikelgröße in	Wirtschaftliche Eignung für
1. *Tieflandrinder:* Hyperthyreoidismus (Überfunktion, gesteigerte Funktion)	Überwiegend makrofollikulärer Typ	Dünnflüssig bis flüssig		Makrofollikulärer Typ: 16,1		Milchmenge
Euthyreoidismus (Mittelfunktion)	a) Mitteltyp, mediofollikulär, gleichartig	Gleichmäßig, flüssig bis leicht gestaut		Mediofollikulärer Typ: 24,3		Mittlere Qualitätsmilch
	b) Gemischter Typ, aus beiden Extremformen gebildet, anisofollikulär	Alle Grade gemischt, die einen dünnflüssig, andere Follikel mit hartem Kolloid, also unregelmäßige Quellung und Ausschwemmung				
	c) Mikrofollikulär mit Vermehrung des Bindegewebes					
Hypothyreoidismus (Unterfunktion, Funktionsbeschränkung)	a) Makrofollikulär bei absolut kleinerer Drüse ohne Veränderung des sezernierten Parenchyms	Gestaut und blasig, hart, selbst gespalten, löcherig		Mikrofollikulärer Typ: 80,1		Butterkühe und Fettansatz in Spät- oder Frühmast
	b) Durch Bindegewebsvermehrung verminderte funktionsfähige Follikeloberfläche bis zur extremen Sklerose	Verhärtet				
	c) Dasselbe durch Gewebswucherung unter Bildung von Basedowschläuchen unter Giftwirkung (Thyreotoxis)	Dünnflüssig				
2. *Gebirgsrinder:* Hyperthyreoidismus	Überwiegend mediofollikulär, aber öfters sehr großfollikuläre Struktur vorkommend. Meist etwas mehr Bindegewebe, eventuell nur als vermehrte mechanische Stütze bei den großen Drüsen	Dünnflüssig bis flüssig		Reinmakrofollikulärer Typ: 18,9		Milchmenge

Absolute Follikelgröße in:

Mittel aller Tieflandsrinder . 0,0553 mm²   Mittel aller

„   „   Tieflandskühe . . 0,0500 „   „   „

„   „   Tieflandsbullen . 0,0553 „   „   „

Mittlere Follikelzahl pro 1 mm² Schnitte:

Follikelzahlmittelwert der Drüsen von Tieflandrindern: Follikelzahl-
16,8 Stück

Mittlere Gewichte der Drüsen pro 100 kg Lebendgewicht:

Mittelwerte des Gewichtes aller von mir untersuchten Drüsen der Altersstufen und im Mittel der Jahres-Gebirgsrinder: 14,32 g

Im Gewichte ist kein Zusammenhang mit der

So hatte z. B. eine Dairy-Shorthorn-Färse von $2\frac{1}{2}$ Jahren 754 kg Gewicht und eine $2\frac{1}{4}$jährige mit 676 kg Lebendgewicht eine

Bei 112 Stück Charollaisochsen waren ca. 25 % der Drüsen schwerer

	Mittlere Qualitätsmilch u. Arbeitsleistung	Fettreiche Milch und Fettansatz bei der Mästung
Gebirgskälber . . .	0,0313 mm²	
Gebirgskühe . . .	0,0449 „	
Gebirgsbullen . . .	0,0408 „	
Gebirgsrinder . . .	0,0491 „	

mittelwert der Drüsen von Gebirgsrindern: 30,99 Stück

Mediofollikulärer Typ: 49,2

Mikrofollikulärer Typ: 112,5

verschiedenen Rassen, Geschlechter, schwankung:
Tieflandrinder: 4,039 g
Funktion allgemeingültig festzustellen.
eine 91,5 g schwere Drüse (19,43 g je 100 kg)
nur 31 g schwere (4,45 g je 100 kg).
als 4,5 g (Mittelwert 4,25 g je 100 kg)

Euthyreoidismus

a) Mitteltyp, mediofollikulär — Gleichmäßig, flüssig bis leicht gestaut

b) Gemischter Typ — Alle Grade gemischt, teils flüssig, teils gestaut

c) Meist mit Zunahme des Bindegewebes — Gestaut und blasig

d) Ganz mikrofollikulärer Typ, wodurch die Bindegewebsmenge der Wandung vermehrt ist

Hypothyreoidismus

a) Meistens bei makro- oder mediofollikulärem Typ bloße Kolloidstauung und Abplattung der Zellen des sezernierten Parenchyms — Hart, fest, blasig und löcherig

b) Mikrofollikulär und parenchymatöse Gewebswucherungen (Struma diffusa parenchymatosa)

c) Bindegewebig sklerotisierend mit großen Kolloidcysten (Struma nodosa) — Harter Kolloidklotz als Einschluß der Cysten

im allgemeinen hoch kubisch geformt. STENDER[1156] bemerkt aber zu diesen Altersunterschieden ausdrücklich, daß „zwischen jugendlichen und alten Schilddrüsen Übergänge vorkommen können, die imstande sind, das prägnante Bild der einzelnen Schilddrüsen etwa zu verwischen". Neuerdings wurde die histologische Struktur der Schweineschilddrüse an einigen Tieren von COURTH[207] studiert. Eine normale Struktur fand er nur bei Drüsen unter 30 g Gewicht. Schwerere Drüsen wiesen Zeichen von Hyperplasie auf (Cystenbildung, Parenchymwucherung). COURTH stellt die Frage, „ob die Schilddrüsen unserer Schweine in der heutigen Züchtungskondition noch als normal angesprochen werden können" und empfiehlt, die Struktur der Schweineschilddrüse bei Wildschweinen zu studieren.

Beim *Schafe* sind die Follikel der Schilddrüse rundlich, oval oder auch zylindrisch; nach ZEISS[1365] gibt es aber auch lange Schläuche mit engem, weitem oder unregelmäßigem Lumen, die sich teilen und verästen, zum Teil Ausbuchtungen und Einschnürungen zeigen. Die Größe der Follikel schwankt beträchtlich bei ein und demselben Individuum und ein und derselben Drüse, besonders bei älteren Tieren (von 27,3 bis 221 μ — vgl. ELLENBERGER-BAUM[285]). Ähnlich schwankt auch die Höhe der Epithelzellen (kubisch, abgeplattet, zylindrisch) und die Kerngröße (GSCHWEND[417], ERDHEIM[291], ZEISS[1365]).

SPÖTTEL[1153] gibt für die Schafthyreoidea an, daß hier charakteristische Rassenunterschiede vorhanden sind. Die von ihm untersuchten Rassen charakterisiert er wie folgt:

Karakul: Die Follikel sind mittelgroß mit geringen Größenunterschieden, klarem und gleichmäßigem Epithel, vorherrschend kubischne Formen und ziemlich großen Kernen mit deutlicher Chromatin-struktur. Das Kolloid ist dünnflüssig. (Das Gewicht der Schilddrüse im Verhältnis zum Körpergewicht ist groß.)

Leineschaf: Es finden sich größere Unterschiede in der Follikelgestalt und Follikelgröße. Zum Teil besteht schon die Neigung, Follikel mit größerem Hohlraum zu bilden. Vielfach herrscht noch kubisches Epithel vor mit mittel-großen, deutliche Chromatinstruktur zeigenden Kernen; zum Teil ist jedoch schon eine stärkere Abplattung und Verkleinerung der Kerne zu erkennen.

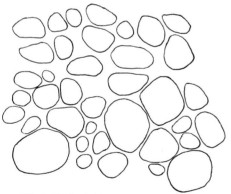

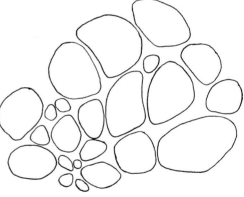

Abb. 95. Milchschaf ♀, 1—2 Monate (März). (Nach Spöttel.)

Abb. 96. Milchschaf ♀, 4 Monate (März). (Nach Spöttel.)

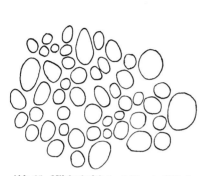

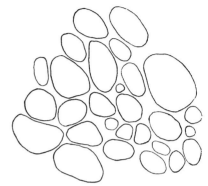

Abb. 97. Milchschaf ♀, 1 Jahr (März). (Nach Spöttel.)

Abb. 98. Milchschaf ♀, 2 Jahre (März). (Nach Spöttel.)

Auch die Konsistenz des Kolloids ist wesentlich zäher als beim Karakul. (Im Verhältnis zum Körpergewicht ist das Schilddrüsengewicht hoch.)

Merinofleischschaf. Die Follikelunterschiede sind beträchtlich, einerseits besteht die Neigung zur parenchymatösen Ausbildung und andererseits zur Bil-dung großer Follikel mit eingedicktem Kolloid, teils ist kubisches, teils abgeflach-tes Epithel mit dunklen kleinen Kernen vorhanden. (Das Gewicht der Schilddrüse ist nur mäßig.)

Wollmerino. Die histologische Ausbildung der Schilddrüse ist sehr ver-schiedenartig. Teils findet man Vermehrung des Bindegewebes, teils nur kleine Degenerationsherde oder parenchymatöse Ausbildung. Die Follikel sind sehr variabel, zum Teil sind die Follikel auch ganz unvollkommen ausge-bildet. (Charakteristisch ist das niedrige absolute und relative Schilddrüsen-gewicht.)

Milchschaf. Die Follikel sind sehr groß, ihr Epithel ist stärker abgeflacht und hat mehr kleine dunkle Kerne. Die Schilddrüse zeigt das ausgesprochene Bild der Struma colloides macrofollicularis und ein ziemlich zähes, dickflüssiges Kolloid. (Das absolute wie das relative Gewicht sind hoch.)

Die histologische Struktur der Schafschilddrüse ändert sich bedeutend mit dem Alter. Bei ostfriesischen Milchschafen fand SPÖTTEL[1153] eine progressive Vergrößerung der Follikel mit zunehmendem Alter von 1—2 Monaten bis zu 4 Jahren (vgl. Abb. 95—100) von 40—70 μ im Durchmesser bis zu 300 bis 400 bis 500 μ im Durchmesser. Ähnlich verhält es sich auch bei

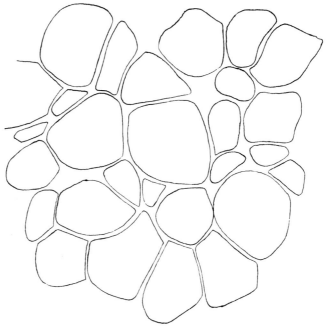

Abb. 99. Milchschaf ♀, 3 Jahre (März). (Nach SPÖTTEL.)

den Merinofleischschafen, bei denen gleichzeitig die Follikel auch vielgestaltiger werden. Zugleich wird auch die Konsistenz des Kolloids zäher. Die Zell- und Kerngröße des Epithels wird dabei geringer, die Chromatinstruktur unklarer, und die Kerne nehmen gleichmäßig dunkle Färbungen an.

SPÖTTEL[1153] fand bei einem 6—8 Wochen alten Embryo der ostfriesischen Schafrasse in der Thyreoidea ganz unregelmäßig gestaltete Follikel, die in die Leisten und Knospen des Epithels in ganz unregelmäßiger Form hineinspringen, zum Teil sind diese Epithelknospen nur mit einem dünnen Stiel mit dem

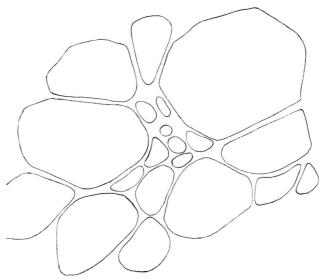

Abb. 100. Milchschaf ♀, 4 Jahre (März). (Nach SPÖTTEL.)

Epithel verbunden (Abb. 101). Durch diese Sprossung des Follikelepithels wird der Hohlraum in den Follikeln sehr verschiedenartig gestaltet. Das Kolloid war schon überall vorhanden, aber ziemlich zähflüssig. Im allge-

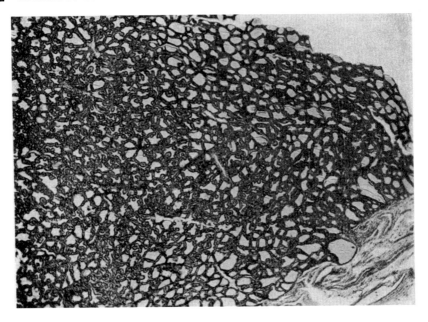

Abb. 101. Milchschaffetus ♂, 6—7 Wochen alt. (Nach Spöttel.)

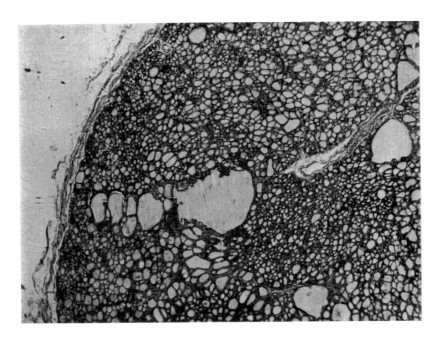

Abb. 102. Milchschaffetus ♂, etwa 10 Wochen alt. (Nach Spöttel.)

meinen zeigt eine solche junge Schilddrüse ein Bild der extremen Follikelvermehrung durch Knospung. Bei einem Milchschaffetus von etwa 10 Wochen
(Abb. 102) war aber von einer ausgeprägten Follikelvermehrung kaum noch
etwas zu sehen. Die Drüse war ausgesprochen mikrofollikulär mit verein-

zelten Übergängen zu mittelgroßen Follikeln. Es sind hier Partien von ganz kleinfollikulärem Gewebe vorhanden, die man nach SPÖTTEL als Keimzentren ansprechen muß. Bei Milchschaffeten von 20 Wochen findet eine wesentliche Zunahme der Follikelgröße statt, so daß jetzt das Bild (Abb. 103) nicht mehr von den kleinen, sondern von den mittelgroßen und großen Follikeln beherrscht wird.

Über die histologische Struktur der Thyreoidea *beim Geflügel* liegen bisher noch keine Untersuchungen vor, welche über irgendwelche Besonderheiten gegenüber der allgemeinen Thyreoideastruktur berichten würden. Bei meinen Untersuchungen an einer Anzahl Tauben- und Ringtaubenthyreoideen, die RIDDLE in seiner Kolonie gesammelt hatte, konnte ich feststellen (noch

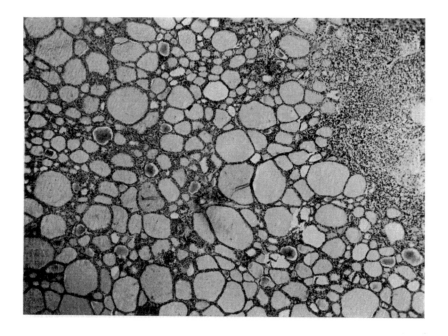

Abb. 103. Milchschaffetus ♂, 20 Wochen alt. (Nach SPÖTTEL.)

nicht veröffentlicht), daß die histologische Struktur auch bei vollkommen normalen Tieren sehr schwankt. Neben typischen Drüsen mit flachem Epithel und von Kolloid angefüllten Follikeln konnte ich Drüsen mit hoher Hyperplasie (Epithelwucherungen) oder auch mit beinahe obliterierten kolloidlosen Follikeln finden.

4. Wachstum der Schilddrüse.

Beim Verfolgen des *Wachstums der Schilddrüse* während des postembryonalen Lebens, d. h. nach der Geburt bis zur Geschlechtsreife, kommen zwei Momente in Betracht: das absolute Wachstum und das relative Wachstum, wobei die Veränderung des Thyreoideagewichtes im Verhältnis zum Körpergewicht beurteilt werden muß.

Beim *Rinde* nimmt das relative Gewicht nach LÜBKES[763] Untersuchungen mit dem Alter zu: 2—3 jährige Rinder = 8,72 g, bei älteren 9,31 g.

Krupski[656] führt für die einzelnen Tiergruppen folgende Zahlen über die Größenzunahme der Schilddrüsen mit dem Alter an:

Schilddrüsengewichte beim Rind. (Nach Krupski.)

Art der Tiere	Zahl der Tiere	Alter in Jahren	Schilddrüsengewicht		
			absolut	relativ	
				zum Lebendgewicht	zum Totgewicht
Rinder	40	1—2	19,15	0,0503	0,1122
		2—3	21,42	0,0671	0,1522
		3—4	24,58	0,0658	0,1388
		4—5	21,00	0,0470	0,1050
		Durchschnitt:	21,49	—	0,1441
Trächtige Rinder	21	1—2—3	22,23	0,0542	0,1405
		3—4	18,50	0,0631	0,1267
		Durchschnitt:	21,76	0,0621	0,1388
Stiere	67	1/2—1—2	23,23	0,0601	0,1355
		2—3	41,15	0,0708	0,1406
		3—4	57,78	0,0750	0,1485
		4—5	68,00	0,0694	0,1259
		Durchschnitt:	42,08	0,0692	0,1406
Kühe	171	2—3—4	25,55	0,0580	0,1309
		4—5	32,40	0,0657	0,1547
		5—6	31,63	0,0602	0,1394
		6—7	33,15	0,0660	0,1542
		7—8	35,07	0,0655	0,1574
		8—9	32,18	0,0592	0,1378
		9—10	32,86	0,0604	0,1670
		10—11	37,95	0,0624	0,1439
		11—12	28,78	0,0629	0,1531
		12—13	28,55	0,0806	0,1900
		13	32,40	0,0634	0,1528
		Durchschnitt:	32,59	0,0633	0,1508
Trächtige Kühe	69	3—4	30,78	0,0665	0,1629
		4—5	23,20	0,0473	0,1226
		5—6	31,82	0,0646	0,1440
		6—7	36,53	0,0760	0,1829
		7—8	29,18	0,0549	0,1317
		8—9	29,60	0,0571	0,1353
		9—10	54,40 (?)	0,0865	0,1850
		10—11	29,16	0,0634	0,1424
		Durchschnitt:	31,80	0,0643	0,1526

Daraus ergibt sich, daß die Schilddrüse in allen diesen Tiergruppen hinsichtlich des absoluten Gewichtes bis zum 4.—5. Lebensjahre zunimmt (vgl. die Gruppe: Stiere und Kühe), darnach aber im großen ganzen konstant bleibt. In den relativen Gewichten bemerkt man aber keine bedeutenden Zunahmen zwischen den jüngsten (1—2 Jahre) und den ältesten (10—13 Jahre) Tieren; die Drüse scheint also beim Rinde im allgemeinen mit der Körpergewichtszunahme gleichlaufend zu wachsen.

Beim *Pferde* nimmt die Thyreoidea absolut sowohl im Gewichte als auch in den Maßen bis zum Alter von 17 Jahren zu. Litty[738] gibt folgende Zahlen an:

Schilddrüsengröße beim Pferd. (Nach LITTY.)

Alter	Zahl der Pferde	Linker Lappen				Rechter Lappen			
		Länge	Breite	Dicke	Gewicht	Länge	Breite	Dicke	Gewicht
$^1/_2$—5 Jahre	38	4,20	2,43	1,30	8,23	3,96	2,71	1,45	8,40
6—11 Jahre	41	4,49	2,69	1,50	10,12	4,11	2,89	1,66	10,26
12—17 Jahre	62	4,46	3,06	1,56	10,91	4,33	3,15	1,62	10,93
über 18 Jahre	72	4,27	2,88	1,33	8,27	4,11	3,00	1,50	8,45

Ein ähnliches Bild geben auch die neuerdings von ARX[35] veröffentlichten
Zahlen. Das Verhalten der relativen Größe beim Pferde kann aus diesen
Angaben nicht ermittelt werden, da die Gewichte der Tiere nicht mitgeteilt
wurden.

Beim *Schweine* konnte ich aus den von STENDER[1156] veröffentlichten Zahlen
berechnen, daß die Schilddrüse im Alter von 6 Wochen bis 4 Jahren ihr
absolutes Gewicht von 2,258 auf 17,098 g vergrößert, ihr relatives Gewicht
aber — auf 1 kg des Körpergewichtes berechnet — von 0,150 auf 0,087 g
vermindert.

Wachstum der Schilddrüse beim Schweine (aus STENDERs Zahlen berechnet).

Alter	Zahl der Tiere	Durchschnitt- liches Körpergewicht	Schilddrüsengewicht		
			absolut		relativ auf 1 kg des Körpergewichtes
			Variation	Durchschnitt	
		kg	g	g	g
6 Wochen .	9	15	1,420—3,220	2,258	0,150
8 Monate .	7	80	7,580—13,200	10,053	0,125
3 Jahre . .	1	225	—	9,800	0,043
4 Jahre . .	6	196	11,500—23,550	17,098	0,087

KRUPSKI[656] gibt für das veredelte Landschwein aus der Schweiz die
Gewichtszunahme bei ♀ Ferkeln im Alter von 3—4 Monaten bis zur Geschlechtsreife (1—2 Jahre) wie folgt an:

	Absolutes Gewicht in g	Relatives Gewicht in g
Ferkel	12,61	0,28305
Geschlechtsreife Tiere (unträchtig)	23,38	0,225551

Das absolute Gewicht vergrößert sich beinahe um das Doppelte, das relative
Gewicht zeigt aber eine Abnahme, ähnlich wie in STENDERs Material. Auch hier
wächst also die Schilddrüse parallel zur Gewichtszunahme bzw. nimmt relativ
mit *Alter* (und Größe) etwas ab. Bei jungen Tieren scheint also oft eine vorübergehende Vergrößerung der Schilddrüse vorzukommen. Bei den Kälbern soll
nach KRUPSKI[656] oft eine Hypertrophie der Thyreoidea erscheinen. Auch bei
Schweinen kann dieser Befund gelegentlich festgestellt werden. Eine vielfach
enorme Thyreoideahypertrophie wird dann besonders bei Mastkälbern angetroffen und hängt nach KRUPSKI mit der Milchfütterung, d. h. einer reinen
Eiweißnahrung, zusammen.

Das Wachstum der Schilddrüse beim Schwein scheint auch von der Rasse
abhängig zu sein. Nach den Angaben von BORMANN[114] nehmen Gewicht und
Volumen der Drüse bei den Yorkshires von Geburt bis zum Läuferschwein
um 100 % intensiver zu als beim gewöhnlichen Landschwein. Das intensivere
Wachstum ist wahrscheinlich eine Reaktion auf die höhere Inanspruchnahme
der Thyreoidea bei der intensiv mästenden Yorkshirerasse.

Über das Wachstum der Schilddrüse beim Karakul-, Merino-, Leineschaf und ostfriesischem Milchschaf gelangte Spöttel[1153] zu Zahlen, die in den Abb. 104 und 105 graphisch dargestellt sind.

Man sieht, daß die am intensivsten wachsende Thyreoidea bei den Leineschafen vorkommt. Bei Merino mit englischem Blut wächst die Thyreoidea am intensivsten während des zweiten Jahres, wonach das Wachstum bedeutend abnimmt. Die Schilddrüse von ostfriesischen Milchschafen zeigt während der ersten 9 Monate ein sehr regelmäßiges Wachstum. Beim Karakulschafe vergrößert sich die Thyreoidea vom 2.—3. Tage nach der Geburt (0,8 g) an, während des ersten Jahres auf das $2^1/_2$fache (2,06 g).

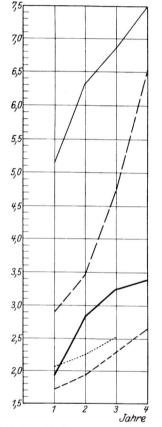

Während des Wachstums ändert sich beim Schafe das *Verhältnis des Schilddrüsengewichtes zum Körpergewichte* derart, daß bei den Fleischmerinos und dem Milchschafe die Schilddrüse des einjährigen Tieres ein kleineres Gewicht ergibt als die der zweijährigen, d. h. auf 1 kg Schilddrüse entfällt beim zweijährigen Tier ein geringeres Gewicht lebender Substanz als bei dem einjährigen. Bei den ostfriesischen Milchschafen findet eine Abnahme von 32,4 auf 14,5 kg vom 3. bis zum

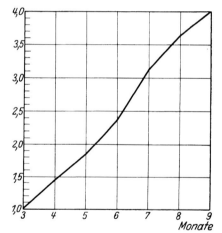

Abb. 104. Wachstum der Schilddrüsengewichte bei verschiedenen Schafrassen.
―――― Milchschaf.   – – – Leineschaf.
▬▬▬ Merino mit engl. Blut.
– – – – Wollmerino. .... Karakul.
(Nach Spöttel.)

Abb. 105. Wachstum der Schilddrüsengewichte von ostfriesischen Milchschafen innerhalb der ersten Monate. (Nach Spöttel.)

9. Monat statt; das relative Gewicht der Schilddrüse nimmt im Laufe der Entwicklung um mehr als das Doppelte zu.

Beim *Geflügel* untersuchte Urban[1243] das Wachstum der Schilddrüse von Hühnern, Tauben, Enten und Gänsen. Ich gebe hier die zusammenfassenden Tabellen wieder, aus denen hervorgeht, daß das absolute Gewicht und die Größe der Drüse dauernd zunehmen. Bei einer im 4. Lebensjahre stehenden Taube und bei einer Gans im Alter von 22 Jahren konnte aber eine Gewichtsabnahme konstatiert werden. Demgegenüber nimmt das relative Gewicht vom Moment des Ausschlüpfens an ab. Eine vorübergehende Zunahme auch des relativen Gewichtes erscheint nur zur Zeit der Pubertät beim Huhne. Bei der Taube

Wachstum der Schilddrüse beim Haushuhn. (Nach URBAN.)

Nr.	Alter	Gewicht des Tieres in g — mit Federn	ohne Federn	ohne Verdauungstrakt	Schilddrüsengewicht in g — ♂	♀	Im ganzen	Relatives Gewicht I. — ♂	♀	Relatives Gewicht II. — ♂	♀	Maße in mm — Länge	Breite	Höhe	Substanz in mm³ — einzeln	im ganzen
1	1 Tag	25	20	10	L. / R.	L.0,008 / R.0,008	0,016	—	0,064	—	0,16	3 / 3	3 / 3	1,5 / 1,5	10 / 10	20
2	2 Tage	25	20	12	—	0,01 / 0,01	0,02	—	0,08	—	0,16	3 / 3	2 / 2	2 / 2	12 / 12	24
3	7 „	42	35	25	—	0,01 / 0,015	0,025	—	0,059	—	0,1	3 / 3	2 / 2	2 / 2	12 / 12	24
4	30 „	145	85	80	0,02 / 0,02	—	0,04	0,027	—	0,05	—	4 / 4	3 / 3	3 / 3	36 / 36	72
5	3 Monate	600	500	450	0,03 / 0,03	—	0,06	0,01	—	0,013	—	6 / 6	5 / 5	3 / 3	90 / 90	180
6	4 „	1000	950	810	0,04 / 0,04	—	0,08	0,008	—	0,0098	—	5 / 5	4 / 4	4 / 4	90 / 90	180
7	4 „	1050	1000	850	0,05 / 0,05	—	0,10	0,0095	—	0,0011	—	6 / 6	5 / 5	4 / 4	120 / 120	240
8	5 „	1250	1150	850	0,05	0,059 / 0,050	0,19	—	0,0083	—	0,0011	6 / 6	5 / 5	4 / 4	120 / 120	240
9	5 „	1150	1100	900	0,05 / 0,052	—	0,102	0,0083	—	0,014	—	6,5 / 6,5	5 / 5	4 / 4	130 / 130	260
10	6 „	1580	1500	800	0,056 / 0,056	—	0,112	0,0083	—	0,021	—	6,5 / 6,5	5 / 5	4 / 4	130 / 130	270
11	9 „	1800	1780	1280	—	0,14 / 0,14	0,28	—	0,0070	—	0,029	8 / 8	6 / 6	4 / 4	172 / 172	344
12	11 „	1500	1400	1000	—	0,11 / 0,11	0,22	—	0,015	—	0,021	12 / 12	5 / 5	3 / 3	180 / 180	360
13	1 Jahr	1600	1500	1500	—	0,13 / 0,13	0,26	—	0,014	—	0,017	12 / 12	6 / 6	5 / 5	180 / 180	360
14	3 Jahre	1500	1400	900	—	0,06 / 0,06	0,120	—	0,016	—	0,013	6 / 6	4 / 4	4 / 4	96 / 96	192
15	3 „	1880	1800	1200	—	0,2 / 0,2	0,4	—	0,008	—	0,033	10 / 10	8 / 8	5 / 5	400 / 400	800

Wachstum der Schilddrüse bei der Taube. (Nach URBAN.)

Nr.	Alter	Gewicht des Tieres in g			Schilddrüsengewicht in g			Relatives Gewicht I.		Relatives Gewicht II.		Maße in mm			Substanz in mm³	
		mit Federn	ohne Federn	ohne Verdauungstrakt	♂	♀	Im ganzen	♂	♀	♂	♀	Länge	Breite	Höhe	einzeln	im ganzen
1	21 Tage	330	300	250	L. R.	L. 0,02 R. 0,02	0,04	—	0,012	—	0,026	5 5	3 3	3 3	45 45	90
2	21 „	380	310	240	—	0,02 0,02	0,04	—	0,010	—	0,027	6 6	3 3	2 2	36 36	72
3	28 „	390	375	225	0,026 0,026	—	0,052	0,013	—	0,023	—	7 7	4 4	3 3	84 84	168
4	28 „	390	380	230	0,026 0,026	—	0,052	0,013	—	0,022	—	7 7	4 4	3 3	84 84	168
5	6 Monate	300	280	210	0,025 0,025	—	0,050	0,016	—	0,023	—	6 6	4 4	3 3	72 72	114
6	1 Jahr	320	300	260	—	0,03 0,03	0,060	—	0,018	—	0,023	7 10	3 4	3 1,5	63 75	138
7	1 „	320	310	280	0,025 0,025	—	0,050	0,015	—	0,017	—	9 9	3 3	3 3	81 81	162
8	1½ Jahre	330	300	260	0,025 0,025	—	0,050	0,015	—	0,019	—	8 8	4 4	3 3	96 96	192
9	2 Jahre	330	310	250	—	0,03 0,03	0,060	0,0088	0,018	—	0,020	7 7	5 5	3 3	105 105	210
10	4 „	340	320	260	0,015 0,015	—	0,030	—	—	0,011	—	7 7	4 4	3 3	84 84	168
11	4 „	350	330	300	—	0,02 0,62	0,040	—	0,011	—	0,013	9 9	3 3	3 3	81 81	162

Wachstum der Schilddrüse bei der Ente. (Nach URBAN.)

Nr.	Alter	Gewicht des Tieres in g			Schilddrüsengewicht in g			Relatives Gewicht I.		Relatives Gewicht II.		Maße in mm			Substanz in mm³	
		mit Federn	ohne Federn	ohne Verdauungstrakt	♂	♀	Im ganzen	♂	♀	♂	♀	Länge	Breite	Höhe	einzeln	im ganzen
1	1 Tag	60	30	20	—	L. 0,01	0,02	—	0,033	—	0,1	3	2	2	12	24
					—	R. 0,01						3	2	2	12	
2	3 Tage	60	30	20	—	0,015	0,03	—	0,05	—	0,15	3	2	2	27	54
					—	0,015						3	2	2	27	
3	15 „	265	250	230	—	0,025	0,05	—	0,019	—	0,16	5	3	3	120	240
					—	0,025						5	3	3	120	
4	120 „	2100	1500	1500	—	0,07	0,14	—	0,0066	—	0,093	7	4	3	175	350
					—	0,07						7	4	3	175	
5	5 Monate	1800	1200	1200	0,08	—	0,16	0,0088	—	0,013	—	8	5	5	160	320
					0,08	—						8	5	5	160	
6	6 „	2400	1500	1500	—	0,08	0,16	—	0,0066	—	0,01	8	5	4	160	320
					—	0,08						8	5	4	160	
7	1 Jahr	4000	2800	2800	—	0,2	0,4	—	0,01	—	0,014	12	6	4	280	560
					—	0,2						12	6	4	280	

Wachstum der Schilddrüse bei der Gans. (Nach URBAN.)

Nr.	Alter	Gewicht des Tieres in g			Schilddrüsengewicht in g			Relatives Gewicht I.		Relatives Gewicht II.		Maße in mm			Substanz in mm³	
		mit Federn	ohne Federn	ohne Verdauungstrakt	♂	♀	Im ganzen	♂	♀	♂	♀	Länge	Breite	Höhe	einzeln	im ganzen
1	1 Tag	115	80	60	0,02	—	0,04	0,034	—	0,06	—	6	3	3	90	180
					0,02	—						6	3	3	90	
2	2 Tage	95	75	60	—	0,02	0,04	—	0,042	—	0,06	6	3	3	45	90
					—	0,02						6	3	3	45	
3	3 „	120	80	65	0,025	—	0,050	0,041	—	0,076	—	5	3	3	60	120
					0,025	—						5	3	3	60	
4	14 „	150	100	70	—	0,05	0,100	—	0,066	—	0,14	5	4	4	80	160
					—	0,05						5	4	4	80	
5	90 Tage	2500	2300	2000	—	0,2	0,4	—	0,016	—	0,02	12	8	5	480	960
					—	0,2						12	8	5	480	
6	1 Jahr	7500	7100	5600	0,46	—	0,92	0,033	—	0,016	—	12	8	6	576	1152
					0,46	—						12	8	6	576	
7	22 Jahre	4000	3500	3000	—	0,2	0,4	—	0,01	—	0,013	12	8	5	480	960
					—	0,2						12	8	5	480	

ändert sich das relative Gewicht der Schilddrüse im Verhältnis zu dem Gesamtgewichte des Körpergewichtes nicht, und die Abnahme des relativen Gewichtes
im Verhältnis zum leeren Gewichte beträgt nur 50%. Aus den Angaben von
Riddle[993] ergibt sich für Tauben sogar noch eine Zunahme des relativen Gewichtes der Thyreoidea im Verhältnis zum Gesamtgewichte des Körpers im Alter
von 7—30 Monaten.

Alter in Monaten (nach der Eier-legung)	Zahl der Tiere	Körpergewicht in g	Gewicht der Schilddrüse in mg	Relatives Gewicht der Schilddrüse in mg auf 1 g des Körpergewichtes
7— 8,9	12	355	340,0	0,958
9—16,9	59	345	342,0	1,000
17—19,9	12	344	478,7	1,400
30—30,0	11	277	591,2	1,567

Die Tauben scheinen sich also hinsichtlich des Schilddrüsenwachstums etwas
abweichend von dem anderen Geflügel zu verhalten.

5. Wirkung der Senilität.

Die Schilddrüse ändert ihre Größe und auch ihre histologische Struktur
bedeutend auch noch mit dem *Altwerden der Tiere.* Daß die Schilddrüse bei
über 18 Jahre alten Pferden an Größe abnimmt, haben wir schon in der oben
angeführten Tabelle nach Litty gesehen. Ähnliches ergibt sich auch für die
4jährigen Tauben und die 22jährige Gans aus den eben wiedergegebenen
Daten von Urban. Spöttel[1153] fand bei 10jährigen Karakulschafen die Thyreoideen ebenso schwer wie die von einjährigen, manchmal aber noch ein wenig
leichter. Bei 2 Schilddrüsen von 8jährigen Merinofleischschafen konnte er eine
starke Atrophie im Laufe des Alters feststellen, denn auch diese Drüsen wogen
nicht mehr als die der einjährigen Tiere. Zugleich erscheinen hier auch gewisse
Änderungen der mikroskopischen Struktur. In Drüsen von 10jährigen Karakuls
fand Spöttel im allgemeinen eine Zunahme der Hauptsepten und der kleinen
Bindegewebssepten zwischen den Follikeln. In den Epithelzellen wird sehr viel
Pigment abgelagert, das bräunliche Färbung und körnige Struktur aufweist
(*Abnutzungspigment*). Es erscheint auch eine Vergrößerung der Follikel bzw.
eine Tendenz zur Bildung großer Follikel. Man findet auch kleine, unregelmäßige
Follikel; die Epithelzellen sind teils noch zu diesen Follikeln angeordnet, zum
Teile sind sie zu regellosen Haufen und Strängen vereinigt, in denen die Kerne
teils verklumpt, teils zu Riesenkernen mit schwacher Chromatinstruktur umgewandelt sind. Man gewinnt nach Spöttel den Eindruck, „daß der Organismus
in diesem Alter nicht mehr die Fähigkeit hat, normale Follikel zu bilden". Eine
Vermehrung des Bindegewebes erscheint auch bei 8- und 9jährigen Merinofleischschafen und ebenso auch die Bildung von unvollkommenen Follikeln,
Zellhaufen und Zellsträngen, was als degenerative Erscheinung angesprochen
werden muß.

Diese degenerativen Veränderungen der Schilddrüsen beim Altern erscheinen,
wie Spöttel beobachten konnte, bei verschiedenen Schafrassen in verschiedenem
Umfange; bei Karakuls z. B. in höherem Alter, bei den ostfriesischen Milchschafen und den Merinos und besonders bei Wollmerinos früher; es spielen
zweifellos konstitutionelle Faktoren dabei mit.

Das Erscheinen des Abnutzungspigments wurde in alten Schilddrüsen auch
bei *Pferden* von Litty[738] und von Erdheim[291] beschrieben. Ebenso auch eine
Vermehrung des Bindegewebes. Für das *Rind* gibt Arnold[28] eine Abnahme

des Bindegewebes im Alter an. ROMEIS[1041] (S. 1754) hält jedoch diese Angabe nicht für zutreffend.

Die Pferdeschilddrüse scheint im Laufe des Altwerdens der Tiere sehr regelmäßige, typische Veränderungen der mikroskopischen Struktur durchzumachen. Nach den Untersuchungen von VON ARX[35] unterliegen in erster Reihe die Follikel mit dem Alter gewissen Abweichungen von der typischen runden Form. Während bei der Drüse junger Pferde eine gewisse Ausgeglichenheit erscheint, treten mit zunehmendem Alter die Unregelmäßigkeiten der Form in den Vordergrund. Die Größe der Follikel zeigt ebenfalls Unterschiede. Es treten größere Kontraste der Follikelgröße in Erscheinung (sehr große inmitten kleinerer Follikel), wobei die Zahl der großen Follikel zunimmt. Nach LITTY[738] kommt es bei alten Pferden zu einer Verkleinerung der Follikel, nach dem 18. Lebensjahre beträgt der mittlere Follikeldurchmesser nur $65 \times 98\ \mu$, gegenüber $179 \times 228\ \mu$ bei 12—17 jährigen Tieren. Eine ähnliche Verkleinerung fand bei Pferden auch ERDHEIM[291].

Wie VON ARX[35] berichtet, werden die kubischen bis kurzzylindrischen Zellen des Follikelepithels mit dem Alter mehr und mehr zylindrisch und daneben treten auch ganz niedrige Epithelien auf. In alten Drüsen treten weiter große Kerne (bis $8\ \mu$ im Durchmesser) vereinzelt auf, die rund oder oval und bläschenförmig sind. Mit steigendem Alter sammeln sich interfollikulär mehrzellige Elemente an (Zellen, Zellnester), zum Teil kleine Follikel enthaltend, so daß die Drüse einen massiveren Bau erhält: dies erinnert an die Bildung von Haufen bzw. Strängen aus Epithelzellen und von unvollkommenen Follikeln, die SPÖTTEL bei alten Schafthyreoideen beschrieben hat. Das Kolloid wird mit hohem Alter dünn und zähflüssig.

Bei alten Pferden (LEHT, zitiert ROMEIS[1041]), Rindern und Ziegen (HAMMER[434], HÉDIN[468]) erscheinen auch Adenome der Schilddrüse von verschiedener Größe. ROMEIS[1041] (S. 1755) deutet diese Erscheinung als eine „Regeneration von Drüsengewebe zum Ausgleich der Atrophie des Organs".

6. Entwicklung der Schilddrüse und ihrer Funktion.

Wann die Schilddrüse bei den landwirtschaftlichen Nutztieren als *endokrines Organ* zu fungieren beginnt, läßt sich mit Sicherheit nicht sagen. Man findet zwar in der letzten Zeit der Trächtigkeit die Drüse morphologisch schon entwickelt und auch die physiologische Prüfung der Substanz zeugt davon, daß solche Drüsen Hormon enthalten; dies alles gibt aber noch keinen Beweis dafür, daß die Drüse das Hormon auch in den Blutkreislauf abgibt und also tatsächlich physiologisch tätig ist.

Die Pferdeschilddrüse ist nach VON ARZ[35] bei der Geburt ein schon vollständig entwickeltes Organ, das viel Kolloid enthält.

Die frisch geborenen *Kälber*, sowie beinahe ausgetragene Feten besitzen nach KÜNGS[671] Untersuchungen eine gut entwickelte Schilddrüse. Die Durchschnittsgewichte fand er bei 35—40 wöchigen Feten auf 7—8 g stehend. Nach der Geburt, wenn die einseitige Milchnahrung einsetzt, nehmen die Schilddrüsengewichte gewaltig zu, zeigen aber allerdings sehr starke individuelle Schwankungen von 15—50 g, übertreffen also teilweise selbst die Schilddrüsengewichte erwachsener Tiere. Es handelt sich augenscheinlich um eine Reaktion der Drüse auf die erhöhten Ansprüche des intensiv wachsenden Organismus und seines regen Stoffwechsels. Nach Einsetzung der gemischten Fütterung nehmen dann sowohl die absoluten, zum mindesten aber die relativen Gewichte bedeutend ab. KÜNG ist der Meinung, daß diese Abnahme des Thyreoideagewichtes nach dem Absetzen eine Folge des mit der gemischten Nahrung zugeführten Jods ist.

Nach Hogben und Crews[502] Untersuchungen beginnt bei den Rinderembryonen die follikuläre Struktur der Schilddrüse im Alter von 3 Monaten zu erscheinen, wobei auch kleine Kolloidmassen stellenweise bemerkt werden können. Vollkommen entwickelte Follikel mit angesammeltem Kolloid können jedoch erst bei 4 monatigen Embryonen gefunden werden. Die histologische Struktur der Thyreoidea kann aber erst bei 6 monatigen Föten als beendet betrachtet werden.

Dieser *fetalen Entwicklung der Rinderthyreoidea* entspricht auch das Erscheinen des Hormons schon in fetalen Thyreoideen des Rindes, wenn mittels der Kaulquappenmethode bestimmt (Abelin[2]). Nach den Versuchen von Hogben und Crew[502] kann die Axolotlmetamorphose schon mit den Thyreoideen eines 4 monatigen Rinderembryo hervorgerufen werden. Die Thyreoidea eines Kalbembryos enthält nach Fenger[307, 308] auch Jod, welches sich im Laufe des 4. Monats in größeren Mengen zu sammeln beginnt.

Die *Rinderschilddrüse beginnt demnach mit der Hormonerzeugung im 4. Fetalmonat.*

Beim *Schweine* findet man in der Thyreoidea kleine Follikel schon bei etwa 3 Monate alten Embryonen (Stender[1156]). Diese Follikel sind aber zum größten Teile leer, nur vereinzelte, meist größere Follikel enthalten etwas Kolloid, das sehr zart und fein vakuolisiert ist. Noch bei 4 monatigen Embryonen findet aber Neubildung von Follikeln aus interfollikulären Zellhaufen statt. Die Differenzierung der Thyreoidea kann demnach noch nicht als beendet betrachtet werden. Jod kann nach Courth[207] in der Drüse erst gegen Ende der Trächtigkeit und dabei noch in sehr geringen Mengen gefunden werden; daraus schließt Courth, daß eine embryonale Tätigkeit der Schweineschilddrüse problematisch ist. Rumpf und Smith[1050] haben aber gefunden, daß die Drüse von 9 und mehr Zentimeter langen Embryonen im Kaulquappenversuche (wenn bei hypophysektomierten Kaulquappen per injektionem appliziert) wirksamer war; das Extrakt aus Schilddrüsen von 7 cm langen Embryonen blieb aber wirkungslos. Die Follikelbildung und Kolloidsekretion konnte im Rumph-Smithschen Materiale auch erst bei 9 cm langen Feten festgestellt werden. Nach der Tabelle von Warwick[1284] entspricht die Länge von 9 cm einem Alter von 55—60 Tagen. In diesem Alter scheint also die Hormonbildung einzusetzen. Hier erscheint dieselbe Koinzidenz zwischen Hormonbildung und Differenzierung der follikulären Struktur wie beim Rinde. Die von Stender beschriebene Follikelbildung bei 3 monatigen Embryonen kann demnach nicht als Beginn dieser Differenzierung beim Schweine betrachtet werden.

Bei den Schafen erscheinen die Follikel nach Stieda[1163] bei Embryonen von 50 cm Länge. Bei einem 116 mm langen Schafembryo fand Simon[1128] schon eine große Anzahl von gut ausgebildeten Follikeln, die aber nur sehr spärlich Kolloid enthielten. Nach Peremeschko[925] sind die Größen der Follikel bei verschieden großen Schafembryonen die nebenstehender Tabelle.

Länge der Embryonen	Durchschnitt der Blasen
3″	0,01 ‴
7″	0,0225‴
12″	0,062 ‴
Erwachsene Schafe	0,037 ‴

Der Follikelinhalt besteht nach Peremeschko[925], Boéchat (zit. Spöttel[1153]) und Andersson (zit. l. c.) bei jungen Embryonen aus einer körnig erscheinenden Masse, die Zellen und Kerne einschließt. Bei größeren Embryonen treten einzelne, mit durchsichtigem Kolloid gefüllte Blasen auf, und bei erwachsenen Tieren trifft man sehr selten Blasen ohne Kolloid, sondern meist mit normalem bzw. mit körnigem oder schwach färbbarem hyalinem Inhalt.

SPÖTTEL fand erst bei 20 Wochen alten Föten der Milchschafe die Thyreoidea von typischer vollentwickelter makrofollikulärer Struktur. Der Kolloidgehalt ist hier dementsprechend ein starker und füllt die Follikel voll an (vgl. Abb. 103).

Die Thyreoideen von Schaffeten zeigen eine Aktivität (Beeinflussung der Axolotlmetamorphose) erst nach dem 4. Monat (HOGBEN und CREW[502]).

Bei der *Ziege* scheint die Differenzierung der Thyreoidea erst nach der Geburt vor sich zu gehen. Wenigstens teilt LEIDENINS (zit. THOMAS[199]) mit, daß ein neugeborenes Tier an Stelle der Thyreoidea nur Zellhaufen aufwies. Es ist aber nicht ausgeschlossen, daß es sich um einen abnormalen Fall gehandelt hat.

Beim *Huhn* erscheint nach BRADWAY[119] die Differenzierung der Follikel am 11. Brütungstage. Zugleich kann auch eine beginnende Kolloidsekretion beobachtet werden. Am 13. Tage sind die Follikel schon sehr deutlich ausgebildet. Das Epithel besitzt KUHNsche Zellen. Das Kolloid ist zuerst nicht chromophil, vom 15. Tage an ändert es sich in ein chromophiles um. Versuche über die *physiologische Aktivität der embryonalen Hühnerschilddrüse* wurden bisher noch nicht ausgeführt. Wenn man aber per analogiam aus der beim Rind, Schwein und Schaf beobachteten Koinzidenz zwischen der Follikelbildung und der Hormongegenwart urteilen will, kann man beim Huhn auf *Hormonbildung vom Anfang der zweiten Hälfte der Brütezeit* (vom 11. Tage) an schließen.

7. Wirkung der geographischen Lage.

Die Ausbildung der Schilddrüse hängt außer von der Rasse, deren Rolle schon oben erwähnt wurde, noch von einer Reihe anderer Faktoren ab, unter denen in erster Reihe die geographische Lage in Betracht zu ziehen ist. Es wurde schon angeführt, daß die Gebirgsrassen des Rindes eine größere Thyreoidea aufweisen als die Niederungsrassen. In diesem Rassenunterschiede ist schon zum großen Teile auch die Wirkung der geographischen Lage enthalten. Aber auch wenn man gemischtes Rassenmaterial prüft, wird man diese Differenz finden.

POLIMANTI[954] fand gewisse Unterschiede in der Schilddrüsengröße zwischen dem Rinde aus dem Aostatal und jenem aus Umbrien, bei welch letzterem die Drüsen kleiner sind (siehe nebenstehende Tabelle).

	Umbrien	Aostatal
Kuh	25,00 g	21,25 g
Ochse	23,00 g	10,70 g
Kalb	10,30 g	
Durchschnitt . . .	19,44 g	15,97 g
Unterschied	+ 3,47 g	

BÜDEL[130] konnte einen regelmäßigen Gewichtsunterschied zwischen den Schilddrüsen der landwirtschaftlichen Tiere (Pferde, Rinder, Schafe, Schweine) aus der Tieflandebene (norddeutsche Ebene) und aus dem Gebirgslande (Baden, Umgebung von Freiburg) feststellen. Die Drüsen der Tieflandtiere waren kleiner, wie aus der folgenden Aufstellung, in Prozenten des Körpergewichtes berechnet, hervorgeht:

Pferde	Tiefland 0,007 %,	Gebirgsland 0,01 %
Rinder	,, 0,009 %,	,, 0,01 %
Kälber	,, 0,008 %,	,, 0,04 %
Schafe	,, 0,015 %,	,, 0,04 %
Schweine	,, 0,015 %,	,, 0,02 %

Nur die Ziegen zeigten sowohl im Tieflande als auch in Baden das gleiche relative Gewicht von 0,04 %.

Beim Vergleich der histologischen Struktur der Schilddrüsen der Tiefland- und Gebirgslandtiere konnte BÜDEL keine gesetzmäßigen Unterschiede finden,

„wohl aber gewinnt man aus der histologischen Beschreibung den Eindruck, daß im ganzen genommen die Freiburger Schilddrüsen mehr den Charakter proliferierenden Schilddrüsengewebes aufwiesen, mit Follikelsprossungen, unfertigen Follikeln, dünnflüssigem Kolloid, während bei den norddeutschen Tieren die Schilddrüsen durchschnittlich den Eindruck der Ruhe machen, mit fertigen Follikeln, dichtem Kolloid" (S. 30), was alles Anzeichen *erhöhter Tätigkeit bei den Gebirgstierdrüsen* sind.

Bedeutende Größenunterschiede je nach den Ländern fanden auch Fellenberg und Pacher[305] bei den Rinderschilddrüsen. Die Schilddrüsen aus England (vgl. Tabelle auf S. 452) waren bedeutend kleiner (Minimum 8,7 g, Maximum 83,0 g, Durchschnitt von 18 Tieren 24,4 g) als die aus der Schweiz (Minimum 15,4 g, Maximum 125,9 g, Durchschnitt von 20 Tieren 44,0 g) oder jener aus Österreich (Minimum 15,1 g, Maximum 130,4 g, Durchschnitt von 36 Tieren 45,0 g). An diesen Unterschieden hat zweifellos auch die Rasse ihren Anteil, obzwar umgekehrt zu fragen wäre, inwiefern diese Rassenunterschiede nicht Anpassung an die abweichenden geographischen Bedingungen sind. Daß die klimatische Lage auch bei ein und derselben Rasse Unterschiede in der Schilddrüsengröße hervorrufen kann, beweisen Fellenbergs und Pachers Befunde an der Simmentaler und der Braunviehrasse, aufgezogen einerseits in der Schweiz und anderseits in Tirol (s. nebenstehende Tab.).

	Simmentaler		Braunvieh	
	Schweiz	Tirol	Schweiz	Tirol
Zahl der Drüsen . .	12	3	4	8
Gewicht in g . . .	38,5	33,5	49,0	56,5

Bei den Simmentalern hypertrophierte die Schilddrüse in der Schweiz, beim Braunvieh in Tirol.

Duerst[279] ist — wie schon erwähnt — der Meinung, daß als Ursache der Vergrößerung der Thyreoidea im Gebirge der Sauerstoffmangel in den hohen Lagen anzusehen ist.

8. Wirkung der Jahreszeit.

Einen weiteren wichtigen Faktor der Schilddrüsenausbildung bildet die Jahreszeit.

An einem größeren Materiale von Schilddrüsen der Merinofleischschafe hat Spöttel[1153] festgestellt, daß das Gewicht der Drüsen sehr erheblichen

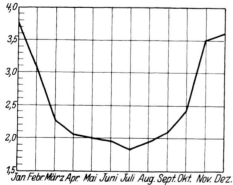

Abb. 106.
Der Einfluß der Jahreszeit auf das Schilddrüsengewicht von Merinofleischschafen. (Nach Spöttel.)

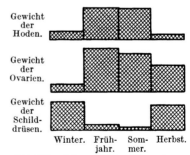

Abb. 107. Jahreszeitliche Schwankungen des Schilddrüsen- und Gonadengewichts bei Tauben. (Nach Riddle.)

Schwankungen mit der Jahreszeit unterliegt. Das minimale Gewicht wird in den Sommermonaten Juni-August erreicht, von September bis Dezember steigt das Schilddrüsengewicht um mehr als das Doppelte, um dann wieder von

Januar bis Juli zu sinken (vgl. Abb. 106). Sehr bedeutende Variationen der Schilddrüsengröße nach der Jahreszeit stellte auch RIDDLE (siehe RIDDLE[993] und RIDDLE und FISCHER[1008]) bei Tauben und Ringtauben fest. Im Herbste und in den Wintermonaten nimmt das Thyreoideagewicht zu, im Frühjahr und in den Sommermonaten ab.

Wirkung der Jahreszeit auf die Schilddrüsengröße bei Tauben und Ringtauben.
(Nach RIDDLE.)

Monat	Gewicht der Schilddrüsen in mg		Monat	Gewicht der Schilddrüsen in mg	
	Tauben	Ringtauben		Tauben	Ringtauben
Oktober November Dezember	42,06	15.33	April Mai Juni	26,60	11.68
Januar Februar März	44,53	13.84	Juli August September	34,42	13,43

RIDDLE[993] bringt diese Änderungen mit der Aktivität der Gonaden in Zusammenhang. Es zeigt sich hier (vgl. Abb. 107) ein Antagonismus zwischen der Thyreoidea und ihrem Gewichte einerseits und dem Hoden- und Ovariengewichte anderseits.

Die Jahreszeit wirkt auch auf die histologische Struktur. Bei den Schafen wirkt sie nach SPÖTTELS Untersuchungen derart, daß im Juli mehr größere Follikel, im Dezember aber mehr kleinere Follikel vorhanden sind, und daß während der Wintermonate das Epithel höher als in den Sommermonaten ist, wenn gleichaltrige Tiere verglichen werden (vgl. Abb. 108 und 109a, b).

9. Wirkung des Lichtes.

Die jahreszeitlichen Änderungen der histologischen Struktur der Schilddrüse erklärt SPÖTTEL sowohl durch den Einfluß der *Temperatur* als auch

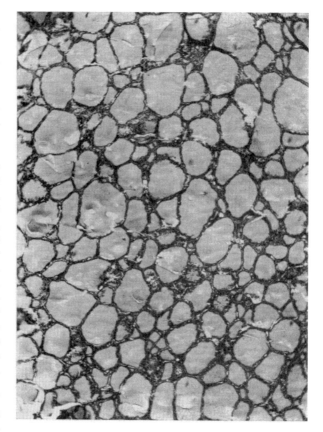

Abb. 108. Struktur der Schafschilddrüse (Merinofleischschaf mit Einkreuzung englischer Fleischschafe, 3 Jahre) während der Sommermonate (August). (Nach SPÖTTEL.)

durch die *Lichtwirkung*. Die Wirkung beider Faktoren soll äquivalent sein. Von der Temperatur ist bekannt (vgl. ABELIN[4], S. 207 u. w.), daß die Wärme die

Aktivität der Drüse herabsetzt, die Kälte stimuliert. Das hohe Epithel der Winterschilddrüsen und das flache Epithel der Sommerschilddrüsen entsprechen vollkommen der bekannten Stimulierung durch Kälte und Hemmung durch Wärme.

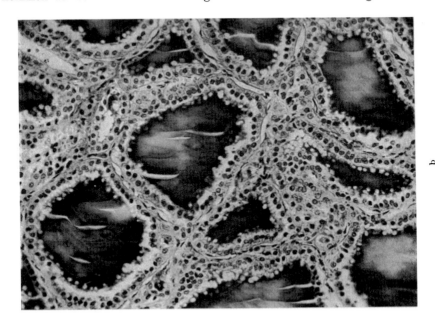

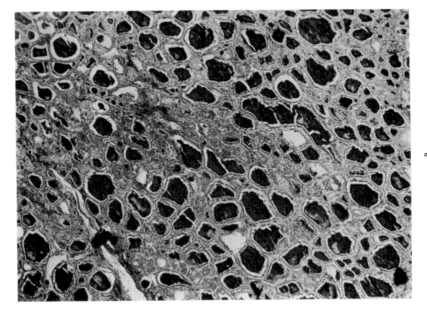

Abb. 109. Struktur der Schafschilddrüsen (Merinofleischschaf, 2 Jahre) während der Wintermonate (Anfang März). (Nach SPÖTTEL.)

a
b

Daß aber auch das Licht eine wichtige Rolle mitspielt, beweisen die neuerdings veröffentlichten Untersuchungen von ROSENKRANZ[1046], der beim Rind (Stieren, Kälbern, kastrierten Kühen) gefunden hat, daß bei Stallhaltung eine hochgradige Vermehrung des Parenchyms der Schilddrüse erscheint, welche fallweise auch in papillomatöse Wucherung übergeht. Diese Erscheinung ist am auffallendsten und stärksten bei ganz jungen Tieren. Demgegenüber zeigen auf der Weide gehaltene Tiere Thyreoideen mit auffallend großen, gleichmäßigen, mit Kolloid strotzend gefüllten Follikeln, die mit flachen, einschichtigen Epitheln ausgekleidet sind (siehe Abb. 110 u. 111). Als Ursache dieser Veränderungen nimmt ROSENKRANZ den Mangel an ultravioletten Strahlen bei den Stalltieren an, da alle anderen Lebensfaktoren (auch Rasse: Braunvieh) dieselben waren. (Dasselbe wurde von ROSENKRANZ l. c., auch bei Kaninchen und von BERGFELD[86] bei Ratten experimentell festgestellt.)

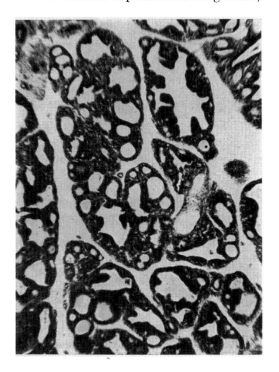

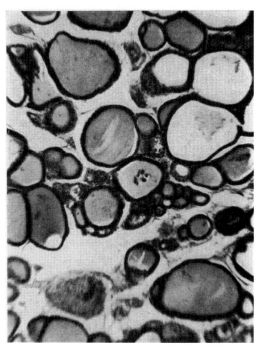

Abb. 110. Stalltier, Stier, 1¹/₂ Jahre, mäßige Durchblutung, Follikel aller Größen mit zahlreichen eingestülpten Epithelschläuchen (papillomartig), starke Parenchymvermehrung, ganz geringer Kolloidgehalt. (Nach ROSENKRANZ.)

Abb. 111. Weidetier, Kalb, weiblich, 1¹/₂ Jahre, geschlachtet November 1930, mäßige Durchblutung, auffällig große, gleichmäßige Follikel, strotzend mit Kolloid gefüllt, ganz flaches einschichtiges Epithel. Ganz vereinzelte Parenchyminseln zwischen den Follikeln. (Nach ROSENKRANZ.)

Ähnliche Resultate erreichte auch K. B. TURNER[1229] in Versuchen mit künstlichem Lichte an *Hähnen*. Bei Tieren, bei denen die Belichtung mit ultravioletten Strahlen ausgeschlossen wurde (erzielt durch besonderes Glas „Nr. 48 Pittsburgh amber glass", das diese Strahlen nicht durchläßt), kam es zu einer (mehr als doppelten) Vergrößerung der Thyreoideen, die histologisch eine deutliche Hyperplasie des Epithels und ein Verschwinden des Kolloids zeigten.

Es sind also die *ultravioletten Strahlen*, welche die Thyreoidea beeinflussen. Der Mangel an diesen Strahlen hat eine Vergrößerung der Drüse und eine Steigerung ihrer Funktion zur Folge. Es handelt sich wahrscheinlich um die Wirkung eines erhöhten Anspruches des vor dem ultravioletten Lichte geschützten Körpers auf das Thyreoideahormon.

10. Die Thyreoidea und das Geschlecht.

Einen weiteren wichtigen Faktor für die Ausbildung der Thyreoidea bei den Haustieren bildet auch die Geschlechtsfunktion des Tieres selbst.

Ein gewisser *Antagonismus in den Größenschwankungen der Thyreoidea und der Gonaden im Wechsel der Jahreszeiten*, den RIDDLE bei Tauben festgestellt hat, wurde schon erwähnt. Anderseits ist aber die Geschlechtsdrüse für die volle Entwicklung der Schilddrüse nötig. Die *Kastration* führt beim Rinde zur Verkleinerung der Thyreoidea. KORENCHEVSKY[598] hat beim russischen Rinde folgendes gefunden:

	Ochsen	Stiere und Kühe
Durchschnittliches Alter	5,8 Jahre	5,6 Jahre
Zahl der Tiere.	12	10 (5+5)
Durchschnittsgewicht der Tiere in Pfund	1025	966
Durchschnittliches Gewicht der Schilddrüse in g . .	24,04	30,32
Relatives Gewicht der Drüse auf 1000 Pfund des Körpergewichtes	23,46	31,39

Ähnlich läßt sich auch aus dem gemischten Material von FELLENBERG und PACHER[305] berechnen, daß die Schilddrüse bei Ochsen leichter ist (41,21 g — Durchschnitt von 9 Fällen) als bei Stieren (58,58 g — Durchschnitt von 7 Fällen).

Die *Kastration* führt also beim Rinde zu einer sowohl absoluten als auch relativen *Gewichtsverminderung der Thyreoidea*. Ähnliches soll nach TRENDELENBURG[1222], S. 81, auch für Pferde zutreffen.

Ein kleineres Gewicht der Thyreoidea bei Ochsen — absolut wie auch relativ — fand auch KÜNG[671]. Die von ihm festgestellten Werte sind die folgenden:

Ochs				Stier			
Alter in Jahren	Totgewicht in g	Thyreoidea		Alter in Jahren	Totgewicht in g	Thyreoidea	
		absol. g	relat. g			absol. g	relat. g
1	273	13,0	4,76		248	35,5	14,30
1	288	22,1	7,66	1	275	27,9	10,14
2	310	22,9	7,40	1	397	29,2	9,83
2	320	23,0	7,19	2	363	34,5	9,52
3	334	22,8	6,82	2	383	36,0	9,38
3	340	25,5	7,51	3	441	40,9	9,29
4	369	27,9	7,56	3	458	38,2	8,33
4—5	371	22,0	5,94	4—5	480	37,3	7,77

KÜNG gibt an, daß er im allgemeinen bei 100 von ihm untersuchten 1 bis 5jährigen Ochsen ein Durchschnittsgewicht der Schilddrüse von 22,40 g, je nach dem Alter und dem Körpergewicht von 15—28 g schwankend, bei Bullen ein solches von 35 g, von 28—41 g schwankend, gefunden hat.

Zum Unterschiede von diesen Befunden gibt SCHILDMEYER[1076] an, daß das Durchschnittsgewicht der Schilddrüse bei Ochsen 22,18 g ausmacht, bei Bullen aber nur 18,07 g. Ähnliches gibt auch FENGER[310] an.

Ähnlich fand auch STUDER[1178] das *relative* Gewicht der Thyreoidea bei den Ochsen der Charollais- und Normännerrasse schwerer (4,24 bzw. 5,25 g auf 100 kg) als bei den Bullen (3 bzw. 4,30 auf 100 kg).

In Übereinstimmung mit den Angaben über kleine Thyreoideen bei kastrierten Rindern fanden aber JUHN und MITCHELL jun.[545a], daß *Kapaune* ausgesprochen kleinere Thyreoideen haben als Hennen und Hähne. Während bei den Hähnen die Thyreoideen im Durchschnitte 0,2411 g, bei den Hennen 0,1643 g wiegen (vgl. auch oben), beträgt das Gewicht der Kapaunenschilddrüse 0,0890 g. Auf 100 des Körpergewichtes berechnet, beträgt das Schilddrüsengewicht bei Hähnen 0,0265 g, bei Kapaunen aber nur 0,0086 g, also weniger als bei den Hennen (0,0203 g).

Ähnlich findet auch KRUPSKI[656] bei kastrierten *Sauen* eine leichtere Thyreoidea sowohl in den absoluten als auch in den relativen Gewichten.

	Absolutes Gewicht g	Relatives Gewicht (Totgewicht) g
Nichtträchtige Sauen	23,38	0.225 551
Tiere, die in frühester Jugend kastriert wurden . .	18.26	0.185 439

Die Kastration bewirkt aber auch Änderungen der mikroskopischen Struktur. OKUNEFF[886] fand bei Ochsen eine kolloide Anreicherung und Vermehrung des Fettes in den Epithelien und späterhin eine Verdickung des Bindegewebes.

Bei *kastrierten Schafböcken* fand SPÖTTEL[1153] im Vergleich zu den geschlechtstüchtigen Tieren in den meisten Fällen eine stärkere Epithelabflachung und Verkleinerung der Kerne. Es erscheinen aber große individuelle Unterschiede, zum Teil auch eine unregelmäßige parenchymatöse Ausbildung der Drüsen. Im großen und ganzen soll das histologische Bild für eine *herabgesetzte Schilddrüsenfunktion* sprechen.

Andererseits sei auf die oben angeführten Angaben über die Änderungen der Größe und Struktur der Thyreoidea mit dem Reifwerden der Tiere erinnert. Es ist klar, daß dabei auch der *Pubertät* eine Wirkung zukommt. CAYLOR und SCHLOTTHAUER[152] haben beim Schweine direkt feststellen können, wie sich die Schilddrüse mit der Pubertät ändert: vor der Pubertät findet man in der Thyreoidea ein stärkeres Überwiegen der Drüsenzellen auf Rechnung des Kolloids, nach Eintritt der Pubertät herrscht das Kolloid vor, während die Drüsenzellen stark zurücktreten.

Die *Trächtigkeit* hat nach FENGER,[310] Befunden an Schafen keinen Einfluß auf die Menge des Thyreoideagewebes. Dasselbe fand für das Rind auch KRUPSKI[656] (vgl. Tabelle auf S. 464); ebenso auch bei Schafen.

Auch nach SPÖTTEL[1153] hat die Trächtigkeit bei Schafen auf das Schilddrüsengewicht keinen Einfluß, das histologische Bild zeigt aber wesentliche Veränderungen, die am markantesten bei den Milchschafen zutage treten. Es findet eine Größenreduktion der Follikel statt. und bei 3—4jährigen Schafen, die in den Sommermonaten Riesenfollikel besitzen, findet man bei Trächtigkeit Follikel. die an Größe denen der einjährigen Tiere gleichkommen. Das Kolloid wird weniger zähflüssig, und das Epithel erfährt eine wesentliche Erhöhung. Allgemein findet eine Zunahme der zelligen Elemente statt.

Das Bild einer *Schafschilddrüse während der Trächtigkeit* weist nach SPÖTTEL auf eine *lebhafte Sekretion*: es ist also auf eine Hypersekretion der Thyreoidea zu schließen.

Bei *Hühnern* hat CRUICKSHANK[236] an weißen Leghornhennen gefunden, daß das Thyreoideagewicht während der *Legeperiode* sowohl absolut als auch relativ an Gewicht zunimmt, nach Beginn der Ruheperiode aber abnimmt.

Schilddrüsengewicht bei Hennen während der Lege- und Ruheperiode.
(Nach Cruickshank.)

Datum	Alter in Wochen	Absolutes Gewicht der Thyreoidea in g	Relatives Gewicht der Thyreoidea auf 1 kg des Körpergewichtes in g	Zustand	Zahl der untersuchten Tiere
Januar-Februar	36—40	0,1330	0,090	niedrige Eierproduktion	4
Februar—März .	41—45	0,1322	0,090		3
März—April . .	46—50	0,0849	0,070		3
Mai	51—55	0,0865	0,069	hohe Eierproduktion	3
Juni—Juli . . .	56—58	0,0825	0,052		4
Juli	59—60	0,1309	0,082	Mauser	4
Juli	61—65	0,0946	0,062		2
August	66—70	0,0811	0,072	Ruheperiode	1
September . . .	71—72	0,0843	0,071		2

Eine besondere Erwähnung verlangen auch die *Geschlechtsunterschiede* in der Ausbildung der Thyreoidea.

Beim *Rinde* sind die Schilddrüsen der Kühe nach Duerst[279] hypertrophischer und funktionell reger als die der Bullen (S. 210), was mit dem höheren funktionellen Zustand auch des Herzens und der Lunge bei weiblichen Rindern im Zusammenhang stehen soll.

Auch Krupski[656] gibt an, daß er bei seinem das Rind betreffenden Materiale größere Thyreoideen bei Kühen angetroffen hat (vgl. Tabelle auf S. 464), wenn auf relatives Totgewicht berechnet. In den absoluten Thyreoideagewichten sind aber die Stierthyreoideen schwerer. Aus dem von v. Fellenberg und Pacher[305] veröffentlichten gemischten Materiale läßt sich berechnen, daß die Stierthyreoideen gleichfalls *absolut* schwerer sind (58,58 g — Durchschnitt von 7 Fällen) als die Kuhschilddrüsen (36,52 g — Durchschnitt von 60 Fällen). Das relative Gewicht kann aus den Angaben von Fellenberg und Pacher nicht ermittelt werden.

Bei *Schafen* konnte aber im Gegenteil Spöttel[1153] im allgemeinen feststellen, daß im Durchschnitte das Thyreoideagewicht bei den Böcken größer ist als bei den Mutterschafen. Bei zweijährigen Merinos ist im Mittelwert das Schilddrüsengewicht der Böcke höher als das der Muttertiere. Dieser Unterschied im Schilddrüsengewichte zwischen Böcken und Schafen ist bei den Fleischmerinos etwas größer als bei den Wollmerinos (1,64 gegenüber 1,4 g). Die Schilddrüsen 3jähriger Wollmerinos zeigen einen solchen Unterschied von 1,0 g, also einen kleineren als die der 2jährigen Tiere. Bei Merinos sind diese Geschlechtsdifferenzen bei jüngeren und 2jährigen Tieren dieselben (1,6 g). Das Verhältnis der relativen Gewichte gibt Spöttel aber nicht an.

Fenger[310] teilt mit, daß weibliche Schafe mehr Schilddrüsengewebe im Verhältnis zum gesamten Körpergewichte besitzen als männliche Tiere.

Bei *Hühnern* (rebhuhnfarbigen Italienern) ist die Schilddrüse, wie aus den oben angeführten Zahlen von Juhn und Mitchell jun.[545a] hervorgeht, bei den Hähnen (0,2411 g) schwerer als bei den Hennen (0,1643 g). Dieser Unterschied bleibt erhalten, auch wenn man die Drüsengewichte auf Körpergewicht = 100 umrechnet (♂ : 0,0265, ♀ : 0,0203). Aus meinem eigenen Materiale (noch nicht veröffentlicht), welches rebhuhnfarbige Italiener, Plymouth-Rocks, weiße Wyandotten und La Bresse betrifft, resultiert aber eine schwerere Thyreoidea — wenn auf 100 des Körpergewichtes berechnet — im weiblichen Geschlechte (durchschnittlich um 40%).

Riddle[999] untersuchte die Frage des Geschlechtsdimorphismus der Thyreoidea an einem großen Materiale von beinahe 2000 Ringtauben und von über 600 Tauben im Alter von 4—36 Monaten. Er konnte keine beständige Geschlechtsdifferenz der Schilddrüsengewichte feststellen. Es ergab sich zwar ein Übergewicht zugunsten der Weibchen: *Ringeltauben*: relatives Gewicht der Thyreoidea bei Männchen 9,06 mg, bei Weibchen 9,47 mg; *Tauben*: bei Männchen 12,03 mg, bei Weibchen 12,88 mg. RIDDLE will darin aber keinen konstitutionellen Geschlechtsunterschied sehen. Es soll sich eher um eine vorübergehende Hypertrophie der Thyreoidea infolge der erhöhten Aktivität während der Fortpflanzungsperiode handeln, die im Durchschnitte des Materials zum Ausdrucke kommt. Außerdem hat RIDDLE finden können, daß bei denjenigen Rassen, die hereditär eine schwerere Schilddrüse besitzen (siehe oben), das Übergewicht der weiblichen Thyreoideen ein größeres war als bei Rassen mit kleinen Schilddrüsen:

	Mittelwert des prozentischen Übergewichtes der weiblichen Thyreoideen	
	Ringtauben	Haustauben
7 Rassen mit großen Schilddrüsen	5,18	7,81
7 Rassen mit kleinen Schilddrüsen	2,54	1,66

Er faßt diese Tatsache als Hinweis auf, daß viele Individuen der Rassen mit großen Schilddrüsen eine der endemischen Struma ähnliche Vergrößerung besitzen, die dann bei den Weibchen (ähnlich wie z. B. beim Menschen) öfters vorkommt als bei den Männchen. Eine normalerweise konstitutionell größere Schilddrüse bei Weibchen soll es aber bei den Tauben (und Ringtauben) nicht geben.

LARIONOV[694] fand, daß das Volumen der Taubenthyreoidea bei Weibchen etwas größer ist, die Größe der Follikel im Durchmesser und die Höhe des Epithels aber kleiner erscheinen als bei den Männchen; allerdings seien die Differenzen ziemlich gering. Er selbst will daraus auf Geschlechtsunterschiede nicht schließen. Die physiologische Wirkung (im Kaulquappenversuch geprüft) war bei beiden Geschlechtern dieselbe. LARIONOV schließt auf identische Aktivität der Männchen- und Weibchenschilddrüse.

Zusammenfassend muß gesagt werden, daß die Frage eines *Geschlechtsdimorphismus der Schilddrüse bei den landwirtschaftlichen Tieren* durch die bisherigen Erfahrungen noch nicht geklärt ist. RIDDLES Auffassung scheint vorläufig die richtigste zu sein. Der Geschlechtsdimorphismus scheint demnach ein Korrelat der Größe der Schilddrüse zu sein und kann in diesem Sinne als ein Kriterium der normalen Schilddrüsengröße bzw. ihrer Hyperplasie aufgefaßt werden. Unter den optimalen Bedingungen scheint eher die männliche Thyreoidea die schwerere zu sein.

11. Wirkung anderer endokriner Drüsen.

Nach Hypophysektomie kommt es nach MITCHELL JUN.[821a] bei Hühnern zu einer Größenabnahme der *Thyreoidea*, zur Ansammlung von Kolloid in den Follikeln und zur Abflachung des Epithels, was alles auf Hemmung der sekretorischen Funktion hinweist.

Bei infantilen Enten beobachtete SCHOKAERT[1094, 1097] nach Injektionen der Hypophysenvorderlappen eine bedeutende Gewichtszunahme der *Thyreoideen* (um ca. 40 % und mehr); zugleich hypertrophieren auch die Hoden, und eine vorzeitige Regression des Thymus findet statt.

Bei Tauben und Ringtauben ist die Schilddrüsengröße nach RIDDLE, HONEYWELL und SPANNUTH[1017] in positiver Korrelation mit der Größe der Nebennieren und in vegetativer Korrelation mit dem Blutzuckerspiegel (Pankreasfunktion?).

12. Wirkung der Ernährung und Haltung.

Die Ausbildung der Thyreoidea unterliegt in hohem Maße auch der Beeinflussung seitens der Nahrung. Es wirkt hier nicht nur die Menge des Jods
in der Nahrung — darüber siehe im weiteren —, sondern auch das Verhältnis
der einzelnen Nahrungsstoffe. Bei Überschuß an Fett (Butter, Lebertran) oder
Ölsäure entsteht bei Tauben Hyperplasie der Schilddrüse (Abb. 112) mit lym-
phadenomatöser Änderung der mikroskopischen Struktur, wie McCarrison[773]
gezeigt hat. Dies erklärt nach McCarrison, warum bei Sauen, welche früher —
wie von McLeod (zit. McCarrison[773]) beobachtet — totgeborene und haarlose
Ferkel geworfen haben, nach Ersatz der Vollmilch durch Magermilch diese krank-

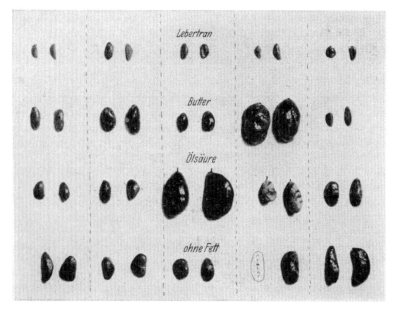

Abb. 112. Hyperplasie von Taubenschilddrüsen durch Verfütterung von Butter, Lebertran oder Ölsäure. (Nach McCarrison.)

hafte Erscheinung verschwunden ist. Obzwar die Vollmilch mehr Jod enthielt als
die Magermilch, war doch die Fettreduzierung der Futtergabe derart günstig für
die Thyreoidea der Sauen, daß normale Ferkel produziert wurden.

Auch schmutziges Futter wirkt nach McCarrison bei den Tauben ähnlicherweise. Wird dieser Faktor mit dem Überschuß an Fett kombiniert, so erscheint
diese Wirkung noch mächtiger. Jodzugaben in der Nahrung wirken dabei hemmend — ein Beweis, daß die ganze Erscheinung eine Reaktion des erhöhten Anspruches, der unter den genannten Fütterungsverhältnissen an die Schilddrüse
gestellt wird, bedeutet.

McCarrison hat gefunden, daß bei Tauben und Ziegen auch die Haltung in
engen und schmutzigen Räumen eine Hyperplasie der Schilddrüse hervorruft.
Auch hier wirken Jodzugaben in der Nahrung hemmend auf diese Änderungen
der Schilddrüse. Wird den Ziegen eine Kultur von anaeroben Bakterien aus
Fäkalien kropfleidender Personen verfüttert, so wird die Thyreoidea der Tiere
kropfartig hypertrophisch. Die Jungen besitzen eine kongenitale Struma oft
von enormer Größe, sind haarlos (vgl. Abb. 113) und werden tot geboren.

Infektion mit Darmwürmer (Ascaridia lineata) verändert aber nach ACKERT und OTTO[13] weder die Größe noch die Struktur der Thyreoidea bei jungen Hühnerküken.

Einige Autoren (KELLNER, ARMSBY, HANSON) erwähnen, daß man zu Beginn der Mästung bei den Masttieren einen Wasserreichtum in den Geweben findet. Dies hängt nach DUERSTA[279], S. 219, mit einer verminderten Tätigkeit der Schilddrüse solcher Tiere zusammen. Andererseits kann es sich aber um Änderungen des Jodbedarfes bei gemästeten Tieren handeln, auf welche die Schilddrüse durch morphologische Änderungen reagiert.

Der *Jodbedarf für die normale Funktion der Schilddrüse* hängt in seiner Höhe von der Ernährungsart ab. Schafen, solange sie — wie es in Montana (U.S.A.) geschieht — während der Sommermonate im Gebirge auf der Weide gehalten werden, genügt weniger als 1 mg Jod für 1 g Trockensubstanz der Schilddrüse. Kommen die Tiere aber im Winter auf eine Mastration ohne frische Weide, so brauchen sie für die normale Funktion und die Erhaltung der normalen Struktur der Thyreoidea mehr als 1 mg (KENDALL[564], S. 185 bis 186). Wird dieser erhöhte Jodbedarf bei der Mästung nicht gedeckt, kann die Thyreoidea pathologischen Änderungen in Größe und Struktur unterliegen. KRUPSKI[656] macht darauf aufmerksam, daß in der Schweiz besonders

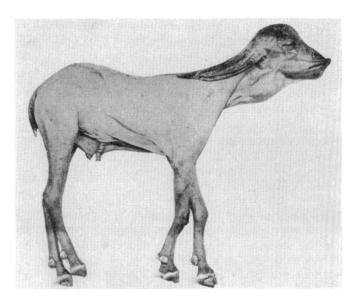

Abb. 113. Kongenitale Schilddrüsenhyperplasie bei einem Ziegenlamm, hervorgerufen durch Verfütterung von anaeroben Fekalbakterien der Mutterziege während der Trächtigkeit. (Nach MCCARRISON.)

bei Mastkälbern mit Milchfütterung (reinerEiweißnahrung) oft enorme Thyreoideahypertrophien zu beobachten sind. KLEINHEINZ[578] hält auf Grund praktischer Erfahrungen für möglich, daß zu intensive Fütterung trächtiger Mutterschafe, besonders mit konzentrierten Futtermitteln, wie Mais, Baumwollsamenkuchenmehl, Gerste, zu einer kropfartigen Vergrößerung der Thyreoidea führen kann. Daß es bei jungen Tieren zu einer vorübergehenden Vergrößerung der Schilddrüse kommt, wurde schon oben (s. S. 465) erwähnt und auch angeführt, daß diese Erscheinung nach allem mit einer intensiven Fütterung, besonders mit Eiweiß, zusammenhängt. WATSONs[1289] Versuche an Ratten unterstützen diese Ansicht. Manche Futtermittel können auch eine spezifische schilddrüsenvergrößernde Wirkung haben, wie z. B. Kohl, der bei Kaninchen Kropf hervorrufen kann (WEBSTER, MARINE und CIPRA[1290] und BAUMANN, CIPRA und MARINE[63]). Daß *Jodzugaben in der Nahrung die Größe der kropfartig hypertrophierten Schilddrüsen herabsetzen,* ist eine allgemein bekannte Tatsache besonders in der humanen Medizin. Dieselbe Erfahrung machte man auch bei landwirtschaftlichen Nutztieren. Nach KALKUS[550] traten bei Rind, Schweinen und Schafen, welche

Jod erhielten, keine kropfartigen Wucherungen der Schilddrüse mehr auf, obzwar früher die Tiere der in Frage stehenden Rauchregionen durch Verbreitung des Kropfes sehr litten. Dasselbe beobachtete TINLINE[1206] bei Schafen in Kanada, und ähnlich berichten auch Praktiker auf Grund empirischer Erfahrung (vgl. KLEINHEINZ).

In solchen Fällen handelt es sich um kurative Behandlung einer pathologisch hypertrophierten Thyreoidea. Ob die Größe der Schilddrüse der landwirtschaftlichen Nutztiere in normalen Grenzen durch Jod beeinflußt werden kann, wurde bisher noch nicht geprüft.

Auf die Schilddrüse wirkt auch der *Vitaminmangel*.

Nach KORENCHEVSKI[602] finden beim Geflügel bei Beriberi gewisse morphologische Veränderungen der Schilddrüse statt. VERZÁR und VÁSÁRHELYI[1255] fanden, daß Thyreoideen von avitaminösen Tauben auch physiologisch weniger wirksam sind (Einfluß auf den O_2-Verbrauch der Muskel). LOPEZ-LOMBA[760] beobachtete bei den Tauben in der Bavitaminose nach 9—14 Tagen eine Abnahme des Schilddrüsengewichtes, welcher in der dritten Woche eine Vergrößerung der Drüse folgte.

II. Das Jod und die Schilddrüsenfunktion.

1. Allgemeines.

Das Jod hat eine spezifische Beziehung zu der Schilddrüse als integrierender Bestandteil ihres Hormons Thyroxin. Heute kann zwar noch nicht gesagt werden, ob das jodenthaltende Thyroxin das einzige Hormon der Schilddrüse sei und ob also die ganze inkretorische Tätigkeit der Thyreoide auf diese Weise an das Jod gebunden ist.

Nach OSWALD[897] besteht eine Parallelität zwischen dem Jodgehalte der Schilddrüse und der Kolloidmenge. In Einzelfällen kann es aber wohl Abweichungen geben. CLAUDE und BLANCHETIÈRE[182] haben auch in kolloidarmen Thyreoideen reiche Jodmengen feststellen können. Es ist wohl nicht allein daran gelegen, wieviel Kolloid vorhanden ist, sondern auch daran, von welcher qualitativen Beschaffenheit es ist, worauf KOCHER[588] hingewiesen hat.

Nach HERZFELD und KLINGER[480—483] ist Jod ein sehr inniger Bestandteil auch des Schilddrüsengewebes selbst. Es ist nicht nur an die Abbauprodukte der Eiweißoberfläche gebunden, sondern zum größten Teile im Innern des Zelleiweißes „eingebaut“. Daraus folgern HERZFELD und KLINGER, daß schon die zur Synthese des Eiweißes des Thyreoideagewebes verwendeten Bausteine vorher jodiert werden müssen. Andererseits sind die genannten Forscher aber der Ansicht, daß das Jod kein wesentlicher Bestandteil des Schilddrüsensekretes ist. Seine Rolle bei der Funktion der Drüse soll (HERZFELD und KLINGER[481]) vielmehr darin bestehen, daß es die Bildung und Abgabe des Sekrets fördert.

Aber auch bei dieser Auffassung muß das Jod als innerer Bestandteil der Eiweißmoleküle des Thyreoideagewebes ein wesentlicher Faktor der Schilddrüsenfunktion sein.

Daß der Schilddrüse auch unabhängig von dem jodenthaltenden Sekret eine inkretorische Tätigkeit zukommt, scheint neben anderen auch aus den Versuchen von FRIEDMANN[347] hervorzugehen. Diesem Forscher gelang es festzustellen, daß die Glykosurie, die nach Gebrauch von Thyreoideatabletten aus jodreicher Ochsenschilddrüse auftritt, auch nach Anwendung von jodfreier Schilddrüsensubstanz von neugeborenen Kälbern erscheint.

Andererseits aber konzentrieren sich die meisten Thyreoideawirkungen auf das Thyroxin bzw. auf die jodenthaltenden Derivate der Schilddrüsensubstanz, und die meisten Jodwirkungen im tierischen Organismus scheinen auf dem Wege über die Thyreoidea zu gehen, wenn auch nicht alle (wie z. B. ein Teil der Jodwirkung auf das Blutbild—Lymphocytensturz — wie WADI und LOEWE[1277] gezeigt haben). Die jodreichere Thyreoideasubstanz der Schafe und anderer Tiere ist, wie HUNT und SEIDELL[510] unter Anwendung der Azetonitrilreaktion gezeigt haben, auch die wirksamere, und bei Jodfütterung wird auch die Wirksamkeit unter paralleler Erhöhung des Jodgehaltes der Thyreoidea erhöht.

Ähnlich fanden auch MARINO und WILLIAMS[799], daß die Wirkung der Schafschilddrüsensubstanz auf die Gewichtsabnahme des Hundes von ihrem Jodgehalte proportional abhängt. Wenn neuerdings KREITMAIR[612] findet, daß bei verschiedenen Thyreoideapräparaten die Wirkung (Gewichtsabnahme bei Meerschweinchen und Metamorphose des Axolotels) mit dem Jodgehalte quantitativ nicht parallel geht, so kann dies dadurch erklärt werden, daß es sich nicht um native Schilddrüsensubstanz, sondern eben um Präparate handelt.

Auch zwischen dem Aufbau der Schilddrüse und deren Funktionsbildern und dem Jodgehalt bestehen direkte Beziehungen, wie neuerdings wiederum KLEIN[576] an Wildschweinen gezeigt hat.

Die *Schilddrüse* erscheint also als der zum mindesten *wichtigste Vermittler der Jodwirkung im tierischen Organismus.* Ob das Jod dabei nur als Baubestandteil des Thyroxins zur Wirkung kommt oder auch als Stimulans für die Bildung anderer Hormone oder auch des Thyroxins (wobei dieses das sonst im Körper zur Verfügung stehende Jod verbrauchen würde, ohne das angeführte Plus an Jod zu benutzen, so daß dieses nur als Stimulans wirken würde) ins Spiel tritt, läßt sich heute nicht entscheiden.

Das Jod ist in der Schilddrüse zum größten Teile an eiweißartige Substanzen gebunden.

LUNDE und WÜRFERT[764] haben z. B. bei den Ochsenschilddrüsen gefunden, daß sich die Hauptmenge des Jods durch Ausziehen mit Wasser in Lösung bringen läßt, wobei diese wasserlösliche Jodmenge bis auf einen kleinen Rest mit eiweißfällenden Reagenzien fällbar ist. Nach OSWALD[899] besteht in den Schaf- und Schweinethyreoideen das Kolloid hauptsächlich aus dem Jodothyreoglobulin. Ein Teil des Schilddrüsenjods ist auch als anorganisches Jod bestimmt. Wenn man aber bedenkt, daß z. B. ultraviolettes Licht aus dem Schilddrüsenbrei mineralisches Jod abzuspalten vermag, wie LIEBEN und KRAUS[721] gezeigt haben, muß die Frage offengelassen werden, ob das anorganische Jod der Schilddrüsensubstanz nicht vollkommen oder zum großen Teile ein postmortales Produkt ist, das von den Behandlungsmethoden und den äußeren Einflüssen (Licht, Wärme) abhängt.

Der *Jodgehalt der Schilddrüse* bei den landwirtschaftlichen Nutztieren ist nach den vergleichenden Untersuchungen von NOSAKA[878] *am höchsten beim Huhn,* am geringsten beim Pferde und Rinde. Auf das Körpergewicht berechnet, bleibt ebenfalls der Jodgehalt beim Huhn der höchste, beim Pferde und Rinde der geringste.

Für uns ist hier die Berücksichtigung folgender Punkte in der Beziehung des Jodes zur Schilddrüse von Bedeutung: erstens der Jodgehalt bzw. Thyroxingehalt der Schilddrüse bei den einzelnen Tierarten und den einzelnen Rassen, zweitens das Erscheinen des Jods in der Thyreoidea bei der Embryogenese, drittens die Wirkung verschiedener Faktoren, die den Jodgehalt der Thyreoidea ändern, viertens der Jodgehalt in anderen Körperorganen und in den Produkten (Milch) und letzten Endes die Wirkung einer Joddarreichung auf die Funktion der Schilddrüse im allgemeinen, um eine *Grundlage für die Beurteilung der Wirkung der Jodbehandlung der Tiere auf den Stoffwechsel und die Produktion zu gewinnen.*

2. Jodgehalt (und Thyroxingehalt) der Schilddrüse bei den einzelnen Tierarten und Rassen.

Für den Jodgehalt der Schilddrüse (Anm.) beim *Rinde* könnten als Grenzen die Werte 0 und 0,511 % der Trockensubstanz bezeichnet werden. Den letzteren Wert fanden von FELLENBERG und PACHER[305] bei einer Kuh einer Shorthornkreuzung. Über Schilddrüsen ohne nachweisbaren Jodgehalt berichtete für das Rind vor Jahren TÖPFER[1209]. Es ist aber nicht ausgeschlossen, daß die damals benutzte Methodik nicht empfindlich genug war. Der niedrigste Jodgehalt, den neuerdings FELLENBERG und PACHER[305] mittels besserer Methodik gefunden haben, betrug 0,12 mg in 1 g (fettfreier) Trockensubstanz (= 0,012 %) bei einem Bullen des norwegischen Landviehs aus Tröndelag. Als Durchschnittswert geben MARINE und LENHART[795] 0,346 % für die Trockensubstanz an, CAMERON[139] aber 0,215—0,247 % (vgl. Tabelle auf S. 486), allerdings für fettenthaltende Substanz. FELLENBERG, S. 268[304] gibt für zwei dänische Stiere einen Jodgehalt von je 228 resp. 67,2 γ und für ein schweizerisches Rind 143 γ Jod in 1 g frischer Schilddrüse an. GOSLINO und FERRERO[385] geben für das Rind in Uruguay die Schwankungen des Jodgehaltes mit 0,35—0,52 % der lipoidfreien Trockensubstanz und 0,40 % als Durchschnittswert an.

Auf Grund einer Untersuchung von 80 Schilddrüsen verschiedenster Rassen und aus verschiedenen Gegenden fanden von FELLENBERG und PACHER[305], daß das Gesamtjod der Drüse zwischen 1,09 und 34,5 mg schwanken kann. Diese Schwankung hängt wohl von der Größe der Schilddrüse ab. Auf fettfreie Trockensubstanz berechnet, zeigt sich hier eine Variation von 0,012—0,511 %. Sie erscheint aber unabhängig von der Größe der Drüse (vgl. Abb. 114), auch wenn die strumös vergrößerten Drüsen (d. h. jene über 130 g) in Betracht gezogen werden. Wie aber schon angeführt, hält DUERST[279] die von FELLENBERG und PACHER gemachte Klassifikation (leichter als 130 g = normale Drüse, schwerer strumös vergrößerte Drüse) für unzutreffend und unzulässig. Es äußerte sich auch keine Abhängigkeit von der Kolloidmenge und der Follikelgröße. FELLENBERG und PACHER schließen zwar, daß sich unter den jodärmeren Schilddrüsen mehr kolloidarme und kleinfollikuläre Drüsen befanden, doch scheinen mir die Zahlen der als Beleg angeführten Tabelle (siehe weiter) nicht genug beweiskräftig, wenn man die doch geringe Zahl der untersuchten Drüsen berücksichtigt.

Beziehung zwischen Jodgehalt, Kolloidgehalt und Follikelgröße in Rinderschilddrüsen. (Nach von FELLENBERG und PACHER.)

Stufe der Kolloidmenge und der Follikelgröße	Kolloid		Follikel	
	jodärmer	jodreicher	jodärmer	jodreicher
6	1 (1)	4 (4)	0 (0)	1 (1)
5	21 (21)	23 (23)	11 (11)	17 (17)
4	4 (4)	1 (1)	10 (10)	7 (7)
3	5 (4)	2 (1)	5 (5)	3 (3)
2	1 (1)	0 (0)	4 (4)	2 (1)
1	1 (0)	2 (0)	2 (0)	2 (0)

Zahlen in Klammern nach Ausschaltung der Jerseyschilddrüsen.

Meiner Ansicht nach ist die Frequenz der einzelnen Stufen der Kolloidmenge und der Kolloidgröße in der jodärmeren und der jodreicheren Gruppe dieselbe, bzw. sie läßt keine anderen Schlüsse zu.

Anm. Vgl. auch LINTZEL, im 3. Band dieses Handbuches S. 324.

Zusammensetzung der Schilddrüsen landwirtschaftlicher Nutztiere. (Nach CAMERON.)

Tierart	Geschlecht	Zahl der untersuchten Drüsen	Durchschnittsgewicht der Drüsen frisch g	Durchschnittsgewicht der Drüsen trocken g	Wassergehalt in %	Durchschnittlicher Jodgehalt in mg	Jodgehalt in der fettenthaltenden Trockensubstanz	mg des Drüsengewebes auf 1 kg des Körpergewichtes	mg des Jodes auf 1 kg des Körpergewichtes
Tauben	♂ und ♀	24	0,040	0,0058	76	0,027	0,477	21	0,099
Schweine	♂ und ♀	206	8,8	2,90	67	0,24	0,24	—	—
Schafe:									
amerikanische . . .	♂ und ♀	200	8,9	1,96	78	0,06	0,06	—	—
englische 1912 . . .	♂ und ♀	3280	2,83	0,83	71	03,43	0,343	—	—
englische 1913 . . .	♂ und ♀	6964	2,60	0,62	76	0,407	0,407	—	—
Rinder:									
Ochsen		470	30,0	9,0	70	0,215	0,215	15	0,042
Stiere		1068	23,0	8,1	65	0,244	0,244	17	0,060
Trächtige Kühe		1123	24,4	7,5	69	0,247	0,247	17	0,060
Nichtträchtige Kühe und Kälbinnen		1021	22,6	7,0	69	0,243	0,243	17	0,059

VON FELLENBERG und PACHERS Untersuchung ist besonders bezüglich der Wirkung der Rasse auf den Jodgehalt wertvoll. Sie hat gezeigt, daß der prozen-

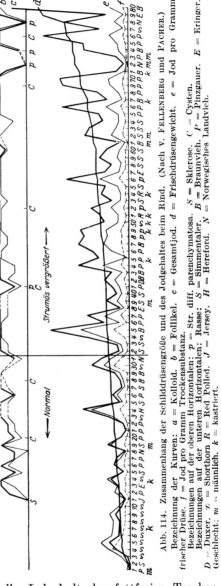

Abb. 114. Zusammenhang der Schilddrüsengröße und des Jodgehaltes beim Rind. (Nach v. FELLENBERG und PACHER.) Bezeichnung der Kurven: a = Kolloid. b = Follikel. c = Gesamtjod. d = Frischdrüsengewicht. e = Jod pro Gramm frischer Drüse. f = Jod pro Gramm Trockensubstanz. Bezeichnungen auf der oberen Horizontalen: p = Str. diff. parenchymatosa. S = Sklerose. C = Cysten. Bezeichnungen auf der unteren Horizontalen: Rasse: S = Simmentaler. B = Braunvieh. P = Pinzgauer. E = Eringer. D = Duxer. R = Shorthorn R = Red Polled. J = Jersey. H = Hereford. N = Norwegisches Landvieh. Geschlecht: m = männlich. k = kastriert.

tuelle Jodgehalt der fettfreien Trockensubstanz bei der Shorthornrasse der höchste ist, darnach folgen Pinzgauer, Braunvieh, norwegisches Landvieh; die Simmentaler und Eringer mit den Duxern besitzen den niedrigsten Jodgehalt. Dieselbe Reihenfolge nimmt auch das Gesamtjod der Drüsen ein.

Jodgehalt der Rinderschilddrüsen nach Rassen verglichen.
(Nach von Fellenberg und Pacher.)

	Shorthorn	Pinzgauer	Simmen-taler	Braunvieh	Norweg. Landvieh	Eringer und Duxer
Zahl der Drüsen	14	23	15	12	4	5
Jodgehalt der ganzen Drüsen in mg:						
Minimum	1,13	1,09	2,02	2,31	1,22	2,69
Maximum	12,60	25,10	13,20	34,50	18,80	6,55
Mittel	5,65	10,70	5,57	10,90	7,50	4,67
Jodgehalt je g fettfreier Drüse in mg:						
Minimum	0,63	0,31	0,37	1,48	0,12	0,23
Maximum	5,11	2,46	1,61	4,58	2,24	1,09
Mittel	2,01	1,47	0,77	1,16	1,05	0,61

Fellenberg und Pacher wollen aber in diesen Unterschieden nicht nur einen Ausdruck der Rasse, sondern auch einen Einfluß der Gegend sehen. Sie konnten z. B. feststellen (siehe weiter), daß die in Tirol aufgezüchteten Tiere der Simmentaler und der Braunviehrasse im Durchschnitte in den Schilddrüsen mehr Jod enthalten als die Schweizer Tiere derselben Rasse. Ähnlich waren auch die Schilddrüsen von österreichischen Tieren jodreicher als die von schweizerischen Tieren, obwohl es sich um Mischlinge von nahezu denselben Rassen handelte.

Polimanti[954], der ein gutes Material für den Schilddrüsenjodgehalt des italienischen Rindes gesammelt hat, gibt eine Schwankung im Prozentsatze des Jods in der Trockensubstanz von 0,018—0,084 bei erwachsenen Tieren (Kühen und Ochsen) und eine solche des Gesamtjodes von 1,10 mg bis 9,80 mg in der Drüse an.

Beim *Pferde* enthält die Schilddrüse nach früheren Analysen von Baumann[62] eine zwischen 0,06 und 0,17% der Trockensubstanz schwankende Jodmenge.

Eine neuere Untersuchung führte Courth[208] an Kaltblut-, Vollblut-, Warmblut-, Esel- und Maultier- und Ponyschilddrüsen aus. Das Gesamtjod schwankte hier zwischen 0,583 mg und 83,736 mg (= 583 und 83 736 γ), Durchschnitt 9,549 mg, für das relative Jod in Prozenten der *frischen* Drüsensubstanz 0,460% (Zahlen für die Trockensubstanz gibt Courth nicht an). Zwischen dem absoluten Schilddrüsengewichte, das zwischen 9,58 und 194,0 g schwankte, und dem relativen Jodgehalte zeigte sich keine Beziehung. Wie sich der *Jodgehalt der Rasse nach* ändert, zeigt folgende Tabelle:

Jodgehalt der Schilddrüsen einzelner Pferderassen. (Nach Courth.)

Rasse	Zahl der Tiere	Mittlerer Gesamtjodgehalt in γ (= 0,000001 g)	Mittlerer relativer Jodgehalt in γ in 1 g der frischen Substanz
Kaltblut	22 (23)	9,686 (11,199)	494 (549)
Warmblut	35	8,738	460
Vollblut	3	5,680	248
Pony	2	8,163	388
Esel	2	4,406	234
Maultier	1	7,007	277

Sowohl der absolut als auch der relativ höchste Jodgehalt zeigt sich bei den Kaltblutschilddrüsen, der niedrigste — abgesehen von dem Esel — bei den Vollblutschilddrüsen. Das Warmblut steht in beiden Werten dazwischen, näher aber dem Kaltblute.

Für das *Schwein* gibt CAMERON[139] (siehe oben angeführte Tabelle) für den absoluten Jodgehalt der Schilddrüse die Durchschnittszahl von 7,83 mg, für den relativen (gegenüber der fettenthaltenden Substanz) mit 0,24 % an. Der maximale relative Jodgehalt soll nach demselben Forscher (1913) 0,531 % betragen. SEIDEL und FENGER[1112] führen ebenfalls 0,53 % als oberste Grenze an.

Nach den älteren Analysen von NAGEL und ROOS[861] schwankt der Jodgehalt der *Schweineschilddrüsen* zwischen 0,000 und 0,075 % der trockenen Drüse. Dabei darf aber das Bedenken hinsichtlich der Empfindlichkeit der damals benutzten Bestimmungsmethode nicht aus dem Auge gelassen werden. Andere ältere Angaben von OSWALD[897] bestimmen die Grenzen des absoluten Jodgehaltes mit 0,629 und 8,89 mg. BAUMANN[62] führt als Mittelwerte für das Gesamtjod 0,96 mg und 0,025 % der Trockensubstanz an, was aber nach COURTH[207] unverläßlich (zu niedrig) ist. Nach den neueren Untersuchungen von COURTH[207] variiert der Gesamtjodgehalt der Schweineschilddrüse zwischen 4700 und 7550 γ und 0,050 und 0,0619 % der frischen Substanz. Bei kropfartig entarteten Drüsen fand aber COURTH nur 1300 γ bzw. 964 γ oder 5183 γ des Gesamtjodes, resp. 0,02101 bzw. 0,014400 oder 0,017200 % des relativen Jodgehaltes, was ziemlich tief unter der normalen Grenze liegt (vgl. folgende Tabelle).

Jodgehalt von Schweineschilddrüsen verschiedener Rassen. (Nach H. COURTH.)

	Rasse	Geschlecht	Gewicht der Drüse in g	Jod γ % bezogen auf 100 g frischer Substanz	Gesamtjodgehalt der Drüse in γ
1	Veredeltes Landschwein . .	weiblich	13,3	50 000	6650
2	,, ,, . .	,,	7,6	61 850	4700
3	,, ,, . .	,,	10,2	61 900	6315
4	,, ,, . .	männlich	14,3	51 800	7400
5	,, ,, . .	,,	12,3	58 800	6863
6	Deutsches Edelschwein . . .	weiblich	10,2	56 900	5804
7	,, ,, . .	,,	12,8	58 300	7462
8	,, ,, . .	männlich	14,3	52 700	7550
9	,, ,, . .	,,	10,65	54 350	5778
10	Spitzeber	,,	13,5	19 250	2600
11	,, ...	,,	5,1	31 370	1610
12	Kropfig entartete Drüse . .	Rasse und Geschlecht unbekannt	61,84	2 101	1300
13	,, ,, ,, . .		6,67	14 400	964
14	,, ,, ,, . .		30,00	17 200	5183

Ein Rassenunterschied zwischen dem veredelten Landschwein und dem deutschen Edelschweine soll sich nach COURTH aus diesen Zahlen nicht ergeben haben.

Über den Jodgehalt in *Schaf-* und *Ziegenschilddrüsen* besitzen wir folgende Angaben:

ARNOLD und GLEY[29] fanden bei der Ziege 0,86 % Jod in der Trockensubstanz. Nach BENNETT[75] schwankte der Jodgehalt von 15 verschiedenen Schafschilddrüsen zwischen 0,094 und 0,21 %, nach HUNT und SEIDELL[510–511] zwischen 0,320—0,084 %, der Mittelwert betrug 0,1576 %.

SCHARRER und SCHWAIBOLD[1070] fanden bei 3 Ziegen folgende Werte des γ % Jodes der frischen Substanz: 16930, 31720 und 44190 (= 0,016, 0,0317 und 0,0441 %). Als maximalen Jodgehalt gibt CAMERON[137] für das Schaf 0,53 % und für die Ziege 0,28 % der Trockensubstanz an, später[139] führt er aber für das Schaf 1,05 %, also einen doppelten Wert an. Der durchschnittliche relative Jodgehalt soll nach CAMERON[139] beim Schafe je nach der Gegend (vgl. Tabelle auf S. 487) 0,06—0,407 % der fettenthaltenden Trockensubstanz betragen. Nach DAWBARN[247] variiert der Jodgehalt der Schilddrüsen von australischen

Schafen zwischen 0,1085 und 0,8235 % der fettfreien Trockensubstanz; der Durchschnittswert beträgt 0,5128 %, man findet ihn hier also deutlich hoch.

Für den *Jodgehalt der Schilddrüse beim Geflügel* besitzen wir verhältnismäßig nur wenige spärliche Angaben. Die Hühner sollen nach Nosaka[878] von allen Haustieren die jodreichsten Schilddrüsen besitzen. Aus dem zugänglichen Referate über Nosakas Arbeiten konnten aber die betreffenden Zahlen nicht ermittelt werden. Nach Chaudhuri[170] und Orr und Leitch[896] ist der Jodgehalt der Schilddrüse bei Vögeln dreimal so hoch als bei den Säugetieren. Orr und Leitch geben als Durchschnittswert 0,2 % des frischen Gewichtes an. Cruickshank[236] fand bei weißen Leghornhennen im Alter von 50—72 Wochen einen relativen Jodgehalt der Drüse von 0,2014—0,2421 % des frischen Gewichtes; der absolute Jodgehalt betrug dabei 164—295 γ. Nach älteren Analysen von Cameron[137] betrug der absolute Jodgehalt von 2 Hähnen 0,000011 bzw. 0,000014 g, was einem relativen Jodgehalt von 0,058 bzw. 0,054 % des frischen Gewebes entspricht. Nach Chaudhuri[170] beträgt der Jodgehalt der Schilddrüsen von 15 Wochen alten Hähnen der weißen Wyandotten durchschnittlich 0,0672 mg, was einem relativen Jodgehalt von 0,48 % der Trockensubstanz gleichkommt. Bei der Bantamrasse (Old English Game) fand er bei Hähnen 0,47 %, bei Hennen 0,56 % Jod in der Trockensubstanz.

Bei *Tauben* fand Cameron[137] in Analysen von 3 Gruppen der Schilddrüsen (23, 47 und 36 Tiere) einen absoluten Jodgehalt von 0,000412 bzw. 0,000644 und 0,000530 g, einen relativen Jodgehalt von 0,550 bzw. 0,477 und 0,543 % der Trockensubstanz.

Die schwarze Wildente („scoter") enthält nach Cameron[137] 1,14 % Jod in der Trockensubstanz der Schilddrüse.

3. Jodgehalt der Schilddrüse bei der embryonalen und postembryonalen Entwicklung.

Die Schilddrüse enthält bei allen landwirtschaftlichen Nutztieren das Jod schon bei der Geburt bzw. beim Ausschlüpfen, sofern es sich um Geflügel handelt.

Bei neugeborenen *Ferkeln* enthält z. B. die Schilddrüse nach Courth[207] 13,5 γ Gesamtjod resp. 6600 γ % Jod. In einem anderen Versuche fand Courth bei neugeborenen Ferkeln 14 γ Gesamtjod bzw. 7000 γ %. Bei neugeborenen Lämmern hat die Thyreoidea nach Evvard[296] im Durchschnitte 0,70 mg absoluten und 0,0594 % relativen Jodgehalt in der frischen bzw. 0,252 % in der Trockensubstanz.

Das Jod ist aber schon in embryonalen Thyreoideen enthalten. Bei 3 bzw. 7 Monate alten *Rinderfeten* enthält die Thyreoidea 0,08 bzw. 0,19 % Jod in der Trockensubstanz nach Fenger[307-309]. 3—4 Monate alte *Schafembryonen* enthalten in der Trockensubstanz der Schilddrüse 0,10 % Jod und 70 Tage alte *Schweineembryonen* besitzen in der Trockensubstanz der Drüsen 0,09 % Jod. Bei sechsmonatigen und älteren *Rinderfeten* schwankt der Jodgehalt der Thyreoideen nach Fenger[307-309] je nach der Größe der Drüsen sehr: bei normalen, im Durchschnitt 9,6 g wiegenden Drüsen findet man 0,159—0,327 % Jod (in der fettfreien Trockensubstanz), bei abnormal vergrößerten Drüsen (von 40 g Durchschnittsgewicht) aber nur 0,011 bis 0,120 % Jod. Courth[207] fand bei dreimonatigen, $3\frac{1}{2}$ Jahre alten und bei fast ausgetragenen Schweinefeten nebenstehende Jodwerte.

	Gesamtjod in γ	Relatives Jod in γ %
3 Monate	—	—
$3\frac{1}{2}$ Monate	0,5	280
Fast ausgetragene . . .	1,0	460

Nach diesen Zahlen würde beim *Schweine* der Beginn der Jodspeicherung in der Schilddrüse in der Mitte des vierten Monats der Trächtigkeit liegen. Fenger fand aber Jod schon in Drüsen von 70 Tage alten Embryonen. Der Anfang der Jodspeicherung der embryonalen Schweineschilddrüse ist also noch nicht bestimmt. Es spielt dabei vielleicht die Rasse oder die Umgebung eine Rolle, was noch zu untersuchen ist. Wo diese Grenze bei anderen Nutztieren liegt, läßt sich auf Grund der bisherigen Untersuchungen auch nicht sagen; es wurde noch nicht festgestellt, ob das Alter von 3—4 Monaten beim Schafe bzw. von 3 Monaten beim *Rinde* die unterste Grenze vorstellt.

Bei 2 Feten der Pinzgauer und Simmentaler Rasse von unbestimmtem Alter fanden v. Fellenberg und Pacher[305] 0,011 bzw. 0,056 g% des Gesamtjodes, resp. 0,071 bzw. 0,75 mg in 1 g der fettfreien Trockensubstanz. Da in den Rinderschilddrüsen erwachsener Tiere der Jodgehalt nicht nur absolut, sondern auch relativ viel höher ist (doppelt und mehr), muß er nach der Geburt stark zunehmen (s. Anm.).

Beim Rinde aus Umbrien befindet sich nach Polimantis[954] Untersuchungen bei 7—18 Monate alten Kälbern 0,50 mg Jod in der Trockensubstanz und 0,16 mg in der frischen Drüsensubstanz. Bei 4—8 Monate alten Kälbern aus dem Aostatale in Italien betragen diese Werte 0,46 bzw. 0,13 mg. Wenn man diese Werte mit denen für Kälber aus Umbrien (0,79 bzw. 0,25 mg) und dem Aostatale (0,58 und 0,18 mg) vergleicht, so sieht man, daß die Jodzunahme in der Schilddrüse beim Rinde mindestens noch einige Monate nach der Geburt vor sich gehen muß.

Beim *Pferde* muß die Jodzunahme in der Schilddrüse nach Courth[208] kurz nach der Geburt stattfinden. Ein bei der Geburt getötetes Kaltblutfohlen enthielt in der Schilddrüse 10814 γ Gesamtjod und 286 γ Jod in 1 g frischer Substanz, ein $1/2$ Jahr altes Kaltblutfohlen aber schon 18804 γ Gesamtjod und 1122 γ Jod in 1 g frischer Substanz. Damit soll nach Courth das Maximum des relativen Jodgehaltes erreicht sein. Während des weiteren Lebens erfährt dann der relative Jodgehalt der Pferdeschilddrüse keine bedeutende Änderung mehr, wie aus der folgenden Übersicht hervorgeht.

Mittelwerte des Jods in Pferdeschilddrüsen der einzelnen Altersgruppen. (Nach Courth.)

Altersgruppe in Jahren	Zahl der Tiere	Mittlerer Gesamtjodgehalt in γ	Mittlerer relativer Jodgehalt (auf 1 g frischer Drüse) in γ
0—2	15	9127	484
3—5	15	8637	369
6—11	16	8734	406
über 12	17	10095	565

Ähnliches findet auch beim *Schweine* statt.

Die Thyreoidea eines Schweinefetus enthält nach Fenger[307—308] um $1/3$ oder $1/4$ weniger Jod als die Drüse des erwachsenen Tieres resp. einer trächtigen Sau. Bei einem 70tägigen Fetus fand er 0,09% Jod in der fettfreien Drüse, bei erwachsenen Tieren aber 0,27%. Die Jodzunahme geschieht nach Courths[207] Befunden in den ersten Tagen nach der Geburt. Es nimmt sowohl der absolute als auch der relative Jodgehalt sehr schnell und mächtig zu. In 2 Versuchsreihen fand Courth hierfür folgende Zahlen:

Anm. Auf das Körpergewicht berechnet, enthalten nach Fenger[309] die relativ großen Schilddrüsen 3—8 Monate alter Rinderfeten mehr Jod als Drüsen erwachsener Tiere. Der absolute Jodgehalt soll in den fetalen und den ersten postfetalen Perioden zunehmen und bei den jungen wachsenden Tieren das Maximum erreichen.

Zunahme des Schilddrüsenjodgehaltes beim Schweine während der
postembryonalen Entwicklung. (Nach Courth.)

Alter	Gewicht der Ferkel	Gesamtjod der Drüse in γ	Relativer Jodgehalt in γ % der frischen Drüse
Versuch I.			
Geburt	970	13,5	6 600
16 Tage	3600	164	34 240
22 ,, ...	5790	238	45 760
Versuch II.			
Geburt	890	14	7 000
1½ Tage . . .	1150	67	22 600
4 ,, . . .	1375	164	40 700
7 ,, . . .	1250	112	37 340
16 ,, . . .	4215	189	36 770
22 ,, . . .	6118	274	46 210

Die intensive Zunahme des relativen Schilddrüsenjodes stellt besonders
deutlich die Abb. 115 dar. Die Jodvermehrung findet aber nach Courth auch

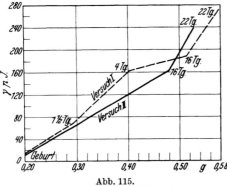

Abb. 115.
Zunahme des relativen Jodgehalts in den Schweineschilddrüsen während des Wachstums. (Nach Courth.)

schon in den letzten Tagen des intrauterinen Lebens statt. Während bei
einem 28 cm langen Fetus der Schilddrüsenjodgehalt 1 γ einer 0,217 g
schweren Drüse beträgt, findet man bei
den neugeborenen Ferkeln in 0,1975
bzw. 0,200 g schweren Drüsen 13,5 γ
bzw. 14 γ Jod, was eine mehr als 13 fache
Vermehrung sowohl des absoluten als
auch des relativen Jodgehaltes bedeutet. Die Herkunft dieses Jods ist
im hohen Jodgehalte des Colostrums
und der Milch zu suchen. Während der
weiteren Entwicklung vermehrt sich
zwar der absolute Jodgehalt der Drüse,

der relative Jodgehalt scheint sich aber nicht zu ändern, wie aus dem Vergleiche
der eben angeführten Zahlen mit denen auf S. 489 für erwachsene Tiere hervorgeht. Es scheint, daß das Schwein im Laufe der ersten 5 Tage des extrauterinen
Lebens seinen relativen Schilddrüsenjodgehalt auf das Maximum bringt.

Von den *Schafen und Ziegen* besitzen wir keine derartigen Untersuchungen,
die uns über die Entwicklung des Jodgehaltes der Thyreoidea belehren könnten.
Nur Fenger[307—308] teilt mit, daß er bei 3—4monatigen Feten 0,10 % Jod in
fettfreier Drüsensubstanz gefunden hat, bei erwachsenen Tieren aber 0,06 %.
Da nach Evvard[296] die Thyreoidea neugeborener Lämmer 0,2527 % Jod in
der Trockensubstanz enthält, würde dies auf eine Zunahme des relativen Jods
in der Zeit von 3—4 Monaten des embryonalen Alters bis zur Geburt und auf
eine spätere Abnahme hinweisen. Dieser Schluß kann aber nur mit Vorbehalt
gemacht werden, da es sich um einen Vergleich von ziemlich heterogenem Materiale handelt.

Vom *Geflügel* liegen Zahlen nur für die postembryonale Periode des Lebens
vor. Bei den Hähnen von weißen Wyandotten fand Chaudhuri[170] innerhalb
der Altersperiode von 7—15 Wochen eine Zunahme des absoluten Jods
von 0,0140 mg auf 0,0672 mg und des relativen Jods der Trockensubstanz
von 0,200 auf 0,480 %. Cruickshank[236] gibt bei weißen Leghornhühnern
des weiblichen Geschlechtes für die Altersperiode von 8½—72 Wochen folgende
Zahlen an:

Änderungen des Jodgehaltes der Hühnerschilddrüsen mit dem Alter.
(Nach CRUICKSHANK.)

Alter in Wochen	Zahl der Tiere	Gesamtjod in γ	Jod in % des frischen Gewichtes der Drüse	
8¹/₂	1	13,5	0,1075	Juli, Wachstumsperiode
9¹/₂	1	22,3	0,1115	
13	2	51,5	0,0895	
18	1	173,0	0,2387	
31—35	5	402,0	0,3129	⎱ Januar—Februar
36—40	4	359,0	0,2849	⎰ Niedrige Eierproduktion
41—45	3	354,0	0,2609	
46—50	3	295,0	0,3477	⎱ März—Juli
51—55	3	174,0	0,2014	⎰ Hohe Eierproduktion
56—58	4	189,0	0,2269	
59—60	4	295,0	0,2347	Juli, Mauser
61—65	2	221,0	0,2286	
66—70	1	164,0	0,2124	
71—72	2	201,0	0,2421	September

Das absolute (Gesamt-) Jod nimmt während des Wachstums bis zum Alter von 31—35 Wochen, indem das Maximum erreicht wird, sehr intensiv zu. Darnach findet wieder eine Abnahme statt, und im Alter von 51—55 Wochen wird eine Höhe erreicht, die dann konstant bleibt und etwa 200 γ beträgt. Da dieselbe Höhe auch im Alter von etwa 20 Wochen erreicht wird, kann sie als die für die ausgewachsenen Hennen normale betrachtet werden. Die dazwischenliegende Steigerung auf das 1¹/₂—2fache scheint eine temporäre, *mit dem Eierlegen zusammenhängende Änderung* zu sein. Eine ähnliche Steigerung scheint auch in der Zeit der *Mauser* stattzufinden. Darüber wird noch später die Rede sein (siehe Abschnitt über das Geflügel). Hier will ich nur feststellen, daß bei Hühnern das absolute Jod bei den Kücken bis zum Alter von etwa 20 Wochen auf etwa 200 γ zunimmt. Der von CRUICKSHANK[236] für das Alter von 13 Wochen festgestellte Wert von 51,5 γ stimmt gut mit der von CHAUDHURI angegebenen Zahl von 67 γ für das Alter von 15 Wochen überein.

Das relative Jod nimmt auch bis zum Alter von 31—35 Wochen zu und erreicht das Maximum von 0,30 %; nach der 50. Alterswoche findet wieder eine Abnahme auf das Niveau von 0,22 % statt. Diese Höhe kann als die Norm betrachtet werden und wird im Alter von 18 Wochen erreicht. Die vorübergehende Zunahme im Alter von 18—50 Wochen scheint demnach — ähnlich wie beim absoluten Jod — mit der *Eierproduktion* zusammenzuhängen.

Das absolute und relative Schilddrüsenjod nimmt also bei Hühnern bis zum Alter von 18—20 Wochen parallel zu. In diesem Alter wird das normale Maximum des Ruhestandes erreicht.

4. Jodgehalt der Schilddrüse und das Geschlecht.

Ob sich *Geschlechtsdifferenzen* im Jodgehalte, d. h. im relativen Jodgehalte, da er sich im allgemeinen mit der Größe der Drüse parallel ändern wird — bei den landwirtschaftlichen Nutztieren ergeben, kann vorläufig nicht endgültig entschieden werden. Einerseits wird von solchen Unterschieden berichtet, andererseits konnten aber solche nicht festgestellt werden. Große individuelle und Rassenschwankungen, die durch Gesundheitszustand, äußere Einflüsse und Fütterungsart noch erhöht werden, konnten begreiflicherweise infolge der gewöhnlich geringen Anzahl von analysierten Drüsen bei statistischer Bearbeitung nicht derart überwunden werden, um eventuelle Geschlechtsunterschiede deutlich zutage treten zu lassen.

Für das *Rind* in Uruguay geben Goslino und Ferrero[385] an, daß die männliche Schilddrüse (s. Anm.) im Herbste (46 Drüsen analysiert) 0,381 % Jod in der Trockensubstanz und 0,099 % in der frischen Substanz enthält; die weibliche Drüse (70 Drüsen analysiert) enthielt in derselben Jahreszeit 0,420 % Jod in der Trockensubstanz und 0,105 % im frischen Zustande. Die weibliche Schilddrüse scheint also jodreicher zu sein. Dies stimmt mit älteren Analysen von Fenger[309] überein, der angibt, daß die weibliche Schilddrüse 0,35 % Jod enthält, die männliche aber nur 0,28 %; nur in der absoluten Höhe des Jodgehaltes besteht ein Unterschied zwischen diesen 2 Untersuchungen. Fellenberg und Pacher[305] machen auf Grund ihrer Analysen an 80 Rinderschilddrüsen verschiedener Rassen keinen Schluß bezüglich der Geschlechtsunterschiede.

Aus ihrem Materiale habe ich aber berechnet, daß die *Kuhschilddrüsen auf 1 g frischer Drüsensubstanz beinahe doppelt so jodreich waren* (0,220 mg — Durchschnitt aus 60 Fällen) als die Stiere (0,149 mg — Durchschnitt von 7 Fällen).

Es muß aber aufmerksam gemacht werden, daß nach der oben angeführten Zusammenstellung von Cameron[139] (vgl. Tabelle auf S. 487) kein Unterschied im Jodgehalte der Stiere und der weiblichen Tiere bestehen soll. Cameron faßt aber die nichtträchtigen Kühe mit den Kälbinnen zusammen.

Beim *Pferde* fand Courth[208] ebenfalls die *weibliche Schilddrüse jodreicher* als die männliche. Bei der Stute betrug im Durchschnitt von Kalt-, Warm- und Vollblutpferden der relative Jodgehalt 408 γ in 1 g der frischen Substanz, bei dem Hengste 331 γ. Auch der absolute Jodgehalt war bei der Stute — trotz des größeren Gewichtes der männlichen Drüse (s. oben) — höher (8054 γ) als bei dem Hengste (6935 γ).

Beim *Schweine* konnte aber Courth[207] keine Geschlechtsdifferenzen im Jodgehalte feststellen. Er hatte allerdings Analysen nur von 9 Schilddrüsen und dabei noch von 2 Rassen zur Verfügung.

Für *Schafe und Ziegen* liegen meines Wissens keine Untersuchungen über die Geschlechtsunterschiede hinsichtlich des Jodgehaltes vor.

Beim *Geflügel* fand Chaudhuri[170] bei der Rasse „Old English Game" den relativen Jodgehalt in der Trockensubstanz bei Hähnen von 0,647 $\pm$ 0,049 %, bei Hennen einen solchen von 0,563 $\pm$ 0,033 %. Hier tritt also ein höherer Jodgehalt im männlichen Geschlechte auf. Chaudhuri hält aber die gefundene Differenz für statistisch nicht haltbar.

Der Jodgehalt scheint aber auch in anderer Weise vom Geschlechte der Tiere abzuhängen. Die *Kastration* erhöht beim Pferde sowohl den absoluten als auch den relativen Jodgehalt der Thyreoidea. Courth[208] fand bei Wallachen einen absoluten Jodgehalt von 10 337 γ, einen relativen von 513 γ, Werte, die höher als auch die höheren Werte der Stuten (s. oben) liegen. Wenn im Lichte dieser Tatsache die obenerwähnten Unterschiede des Jodgehaltes bei Ochsen- und Kuhschilddrüsen nach Goslino und Ferrero[385] beurteilt und per analogiam die Schlußfolgerung gezogen werden soll, dann muß hier für die *Stiere* ein noch niedrigerer Jodgehalt vorausgesetzt werden, und der wirkliche Geschlechtsunterschied würde sich noch stärker äußern, als die genannten Forscher für Ochsen und Kühe gefunden haben. Nach Fenger[310] steht aber der Jodgehalt der Schilddrüse bei den Kastraten etwa in der Mitte zwischen den männlichen und den weiblichen Tieren.

Polimanti[954] fand beim Rinde aus Umbrien, daß das relative Jod in der Trockensubstanz der Schilddrüse beim Ochsen etwas höher ist (0,82 mg in

---

Anm. Es handelte sich um *Ochsen*schilddrüsen.

1 g) als bei der Kuh (0,79 mg in 1 g), in der frischen Drüsensubstanz aber etwas niedriger (0,24 mg gegenüber 0,25 mg). Sollte auch hier die Kastration den Jodgehalt erhöht haben, dann stünden umgekehrt diese Befunde von POLIMANTI in Übereinstimmung mit denjenigen von GOSLINO und FERRERO bezüglich des Geschlechtsunterschiedes im Jodgehalte.

Wie mit der intensiven Tätigkeit der Geschlechtsdrüsen bei *Hennen während der Legetätigkeit* das Schilddrüsenjod zunimmt, wurde oben (s. S. 493) auf Grund der Untersuchungen von CRUICKSHANK angeführt. Berechnet man den normalen prozentuellen Jodgehalt der Schilddrüse in der Ruheperiode bei ausgewachsenen Hennen auf etwa 0,2200%, so bedeutet die Erhöhung auf etwa 0,3000% *während der Legeperiode eine Vermehrung um beinahe 40%.*

5. Schilddrüsenjod und Jahreszeit.

Ob die Erhöhung des Jodgehaltes in der Hennenschilddrüse während der Legeperiode ausschließlich nur mit der erhöhten Tätigkeit der Eierstöcke zusammenhängt oder ob nicht noch andere Faktoren dabei mitwirken, kann nicht entschieden werden. Ein Einfluß
der Jahreszeit ist
dabei vollkommen
annehmbar, denn
eine Zunahme des
Jodgehaltes im
oder vom Früh-
jahre an bzw. im
oder vom Sommer
an, ist auch bei
anderen Nutztie-
ren bekannt.

SEIDELL und
FENGER[1112] fan-
den, daß in den
Schweine-, Schaf-

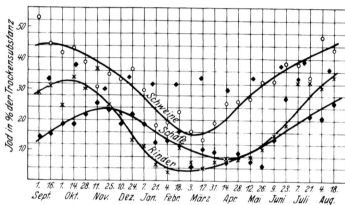

Abb. 116. Jahreszeitliche Schwankungen des Jodgehaltes der Schilddrüsen beim Rind, Schwein und Schaf. (Nach SEIDELL und FENGER.)

und Rindthyreoideen der Jodgehalt am niedrigsten im Februar und März (bei Schweine- und Rindthyreoideen) bzw. im April (bei den Schafthyreoideen) steht. Der Unterschied beträgt — in Prozenten des Jodgehaltes der Trockensubstanz — das 4—7fache des niedrigsten Wertes (s. Abb. 116). Dasselbe wurde neuerdings von FENGER[311] wiederholt bestätigt.

Jodgehalt der Schilddrüsen vom Rind, Schaf und Schwein zu verschiedenen Jahreszeiten. (Nach SEIDELL und FENGER.)

		1911—1913 %	1914—1917 %	Durchschnitt %
Rind:	Juni—November, Maximum . . .	0,43	0,43	
	Dezember—Mai, Minimum	0,04	0,04	0,205
Schaf:	Juni—November	0,28	0,26	
	Dezember—Mai	0,06	0,04	0,150
Schwein:	Juni—November	0,47	0,38	
	Dezember—Mai	0,17	0,15	0,300

Demgegenüber fanden GOSLINO und FERRERO[385] beim Rinde in Uruguay praktisch keine jahreszeitlichen Schwankungen des Schilddrüsenjodes:

Jahreszeitliche Schwankungen des Schilddrüsenjodgehaltes beim uruguayschen Rind. (Nach Goslino und Ferrero.)

Monat	Jodgehalt der frischen Drüse in %	Jodgehalt der fett- freien Drüsen- trockensubstanz in %	Zahl der analysier- ten Drüsen
1925			
März	0,119	0,476	362
Mai	0,114	0,452	245
Juli	0,113	0,472	192
August	0,112	0,467	227
September ...	0,113	0,455	160
Oktober	0,102	0,410	85
Dezember	0,115	0,445	220
1926			
April	0,105	0,414	197
Mai	0,127	0,529	167
August	0,094	0,391	228
November	0,108	0,442	160
1927			
März	0,096	0,403	183
Mai	0,117	0,502	104
Juni.......	0,118	0,473	144
Juli	0,119	0,477	245
Juli	0,113	0,434	157

Ähnlich negativ waren auch die neueren Untersuchungen von Nitzescu und Binder[873] am Rindvieh aus Transylvanien.

Gewisse, aber nicht große jahreszeitliche Änderungen des Jodgehaltes der Schilddrüsen fand Martin[806] bei den englischen Schafen (vgl. auch Abb. 116):

Monat	Jodgehalt in % des Trocken- gewichtes	Monat	Jodgehalt in % des Trocken- gewichtes	Monat	Jodgehalt in % des Trocken- gewichtes
Juli	0,40	November .	0,30	März ...	0,34
August ..	0,36	Dezember .	0,34	April ...	0,30
September .	0,34	Januar ..	0,32	Mai	0,34
Oktober ..	0,38	Februar ..	0,32	Juni....	0,38

Der Jodgehalt der Schilddrüsen scheint ähnlich auch bei den schottländischen Schafen nach Guyer[423] nur wenig zu schwanken.

Monat	Jodgehalt in % des Trockengewichtes	Monat	Jodgehalt in % des Trockengewichtes
Dezember	0,258	April	0,229
Januar	—	Mai	0,251
Februar	0,222	Juni.......	0,279
März	0,266		

Beim Schweine erreicht der Jodgehalt nach Kendall und Simonsen[566] das Maximum im Juli und August, das Minimum im Januar und Februar (vgl. Abb. 117). Fenger, Andrews und Vollertsen[312] fanden neuerdings bei Schweinen das Jodmaximum im Juli bis September, das Minimum im Januar bis April.

Monat	Gesamtjod γ	Relatives Jod
Januar—März	6476	422
April—Juni	9886	475
Juli—September	9644	410
Oktober—Dezember	9166	489

Beim Pferde sollen dagegen nach Courth[208] keine jahreszeitlichen Schwankungen des Jodgehaltes der Thyreoideen vorhanden sein. Er hat vorstehende Mittelwerte gefunden.

Der Verlauf der Jodgehaltskurve ist beim Rinde und beim Schweine nach SEIDELL und FENGERS Zahlen beinahe genau parallel (vgl. Abb. 116). Bei den Schafen (MARTINS Daten) fällt die Kurve, obzwar derselben Form, etwas verschoben aus, da das Maximum im November, das Minimum im April erreicht wird, also umgekehrt als bei Hühnern. Bei den Schafen in Australien fand DAWBARN[247] in den Monaten März und August eine jodreichere (0,5812%), in den Monaten September und November eine jodärmere Thyreoidea (0,4331%).

DAWBARN stellt nicht den Verlauf des Jodgehaltes dar, sondern die Frequenz der einzelnen Grade des Jodgehaltes in diesen 2 Jahresepochen.

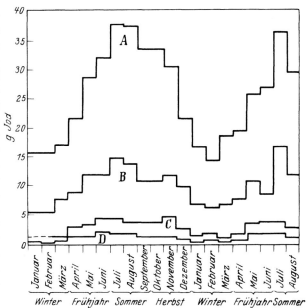

Abb. 117.
Kurven der Jodmengen, welche in der Gesamtschilddrüse von Schweinen und in den einzelnen Schilddrüsenfraktionen zu verschiedenen Jahreszeiten gefunden werden. A = Gesamtjodgehalt; B = Jodgehalt der in Säuren unlöslichen Hydrolysenprodukte; C = Jodgehalt der in Bariumhydroxyd unlöslichen Hydrolysenprodukte; D = Jodgehalt der Thyroxinfraktion. (Nach KENDALL und SIMONSEN.)

	Jodgehaltsgrade									
	0,1085 bis 0,180	0,1805 bis 0,2515	0,252 bis 0,323	0,3235 bis 0,3945	0,395 bis 0,466	0,4665 bis 0,5375	0,538 bis 0,609	0,6035 bis 0,6805	0,681 bis 0,752	0,7525 bis 0,8235
Frequenz in den Monaten März—August	0	1	1	4	5	6	16	11	8	5
Frequenz in den Monaten September—November	2	4	4	8	11	9	7	2	2	0

Bedenkt man, daß Australien auf der anderen Hemisphäre liegt, besteht hier eine Übereinstimmung mit den Befunden von MARTIN[806]. Es entscheidet dabei nicht die Periodizität der Jahreszeiten als solche, sondern die Lebensbedingungen, welche Änderungen der Temperatur, der Fütterung und auch der Haltungsbedingungen mit sich bringen, so daß der Jodgehalt der Schilddrüsen in diesem Sinne ein Ausdruck der Lebenslage ist.

SEIDELL und FENGER[1112] halten es jedoch nicht für möglich, die jahreszeitlichen Schwankungen des Jodgehaltes der Thyreoidea mit der verschiedenen Ernährungsweise zu erklären. Sie soll vielmehr eine Folge der *Temperatur* sein: „during the colder months of the year the increased physical activity of animals, together with the necessity for maintenance of the normal body temperature in a colder surrounding medium requires an increased metabolism which in turn would no doubt call for an increased output of the active thyroid material. Conversely, in the summer months, the demands upon the thyroid being less than the normal rate of production of active principle, would lead to a storing up of iodin compound."

Mit dieser Ansicht stimmt die praktisch kleine jahreszeitliche Schwankung des Schilddrüsenjodgehaltes beim Rinde in Uruguay gut überein, wenn man sie mit den von SEIDELL und FENGER mitgeteilten großen Schwankungen beim (nordamerikanischen) Rinde vergleicht. Die jahreszeitlichen Schwankungen in Uruguay (vgl. Knoch[586]) sind sehr klein, indem sie maximal auch im Inlande 12,8⁰ erreichen, an der Küste nur 12,0⁰. Die Schwankungen im Inlande Nordamerikas betragen dagegen minimal 19—20⁰ oder auch mehr.

Dem Jodgehalte entsprechend ändert sich mit der Jahreszeit auch der *Thyroxingehalt der Schilddrüsen*. Nach Kendalls Untersuchungen[564] (S. 38) ist in den Monaten Juni, Juli und August der Thyroxingehalt in den Schweineschilddrüsen beinahe fünfmal so hoch als im Januar und Februar. Auch der biochemische Charakter des Thyroxins scheint sich mit der Jahreszeit zu ändern. So stellte Kendall[564] (S. 38—39) fest, daß die Schilddrüsen von Schweinen aus dem mittleren Westen der Vereinigten Staaten während der Sommermonate eine viel kleinere Fraktion des in Bariumhydroxyd unlöslichen Thyroxins zeigen als im Winter. Der Unterschied ist so groß, daß das Thyroxin aus diesen Sommerthyreoideen um etwa 80 % billiger hergestellt werden kann. Mit den Änderungen des Jodgehaltes verlaufen im allgemeinen die Änderungen der verschiedenen Fraktionen parallel, in denen das Jod bzw. die jodhaltigen Bestandteile aus der Thyreoideasubstanz bei der Thyroxinherstellung gewonnen werden können. Auch dies weist sehr deutlich auf allgemein biochemische bzw. physikalisch-chemische Änderungen der Thyreoidea im Laufe der Jahreszeiten hin. Wie sich sowohl der Jodgehalt und Thyroxingehalt der Schweinethyreoideen als auch die verschiedenen Fraktionen des Jods während des Jahres ändern, untersuchten Kendall und Simonsen[566] an einem Materiale jedesmal von etwa 5000 Drüsen. Die Resultate sind in Abb. 117 wiedergegeben.

Inwiefern diese jahreszeitlichen Änderungen des Jods bzw. des Thyroxingehaltes der Thyreoidea als Symptome ihrer Funktionsaktivität betrachtet werden können, kann nicht gut entschieden werden. Die Schilddrüse hat die Möglichkeit einer Speicherung des Sekretes. Erhöhter Jod- bzw. Thyroxingehalt kann deshalb ebensogut eine Hemmung der Abgabe bei normaler Produktion als auch eine erhöhte Produktion bei normaler Abgabe bedeuten. Vice versa kann auch ein herabgesetzter Jodbzw. Thyroxingehalt sowohl eine erhöhte Abgabe bei normaler Produktion als auch eine verminderte Produktion bei normaler Abgabe vorstellen. Solange es nicht gelingt, den Jod- bzw. Thyroxinausfluß aus der Drüse direkt in dem Blute festzustellen, dürfen alle Schlußfolgerungen aus dem Jod- bzw. Thyroxingehalte der Drüse auf ihre Funktionsaktivität nur mit großer Vorsicht gemacht werden.

6. Jodgehalt und geographische Lage.

Die geographische Lage ist einer der wichtigsten Faktoren, die den Jodgehalt der Schilddrüse bei den landwirtschaftlichen Nutztieren verändern. In den Thyreoideen der holländischen Haustiere haben Herzfeld und Klinger[483] einen höheren Jodvorrat als bei den Tieren in der Schweiz gefunden. Fellenberg und Pacher[305] haben bei den Rinderschilddrüsen aus England, der Schweiz und Österreich nebenstehende Unterschiede festgestellt.

Geographische Unterschiede im Jodgehalt der Schilddrüse beim Rind. (Nach v. Fellenberg und Pacher.)

	England	Schweiz	Österreich
mg Jod pro 1 g frischer Drüse:			
Minimum	0,09	0,05	0,023
Maximum	0,58	0,19	0,71
Mittel	0,27	0,12	0,24
mg Jod pro 1 g fettfreier Drüse:			
Minimum	0,42	0,33	0,28
Maximum	5,11	1,42	4,58
Mittel	1,85	0,68	1,44
Zahl der analysierten Drüsen . .	18	20	36

Das Rind aus der Schweiz hat die jodärmste Schilddrüse, jenes aus Österreich und England stehen sich ziemlich nahe (das englische etwas höher) und beide besitzen mehr als den doppelten Jodgehalt des schweizerischen Viehes.

Andere Zahlen führt POLIMANTI[954] an, der die Schilddrüsen des italienischen Rindviehs aus Umbrien und aus dem Aostatal verglich. Dabei zeigte sich, daß die Schilddrüsen aus Umbrien viel jodreicher sind als diejenigen aus dem Aostatale.

Differenzen im Jodgehalt der Schilddrüsen des Rindviehes aus Umbrien und aus dem Aostatal. (Nach POLIMANTI.)

	Jod pro 1 g frischer Substanz in mg		Jod pro 1 g trockener Substanz in mg	
	Umbrien	Aostatal	Umbrien	Aostatal
Kuh	0,25	0,18	0,79	0,58
Kalb	0,16	0,13	0,50	0,46
Durchschnitt :	0,21	0,15	0,70	0,52

Hierzu sei bemerkt, daß im Aostatale das Myxödem beim Menschen und schwere Formen von Kretinismus häufig vorkommen; in Umbrien erscheinen diese Störungen der Schilddrüsenfunktion nicht.

Der geographische Faktor ist zum großen Teile auch im Rassenfaktor (siehe oben) enthalten. Trotzdem äußert er sich auch, wenn es sich um Tiere derselben Rasse, aber in verschiedenen Gegenden aufgezogen, handelt. FELLEN-BERG und PACHER[305] haben z. B. gefunden, daß die Schilddrüsen der Simmentaler und des Braunviehs in der Schweiz jodärmer, in Tirol aber jodreicher sind.

	Simmentaler		Braunvieh	
	Schweiz	Tirol	Schweiz	Tirol
mg Jod pro 1 g frischer Drüse im Mittel . .	0,18	0,25	0,15	0,25
mg Jod pro 1 g fettfreier Drüse im Mittel .	0,62	1,38	0,80	1,34
Zahl der analysierten Drüsen	12	3	4	8

Bei *Schweinen* fanden neuerdings FENGER, ANDREWS und VOLLERTSEN[312] in North Dakota durchschnittlich 0,32%, in Texas 0,62% des Jodes in fettfreier Schilddrüsentrockensubstanz.

Die geographische Lage kann manchmal auch in engen Grenzen mächtig wirken. So teilte z. B. schon vor Jahren SUIFFET[1181] mit, daß Schafe, die nahe dem Meeresufer geweidet haben, einen doppelten Jodgehalt der Schilddrüsen aufweisen als Schafe aus den Inlandgebieten.

Über Änderungen des *Thyroxingehaltes* hinsichtlich der geographischen Lage besitzen wir noch keine Untersuchungen.

Die geographische Lage allein kann begreiflicherweise als einfacher oder einheitlicher Faktor nicht aufgefaßt werden. Sie ist nur ein Konglomerat von anderen Faktoren: Seehöhe, Temperatur, Licht, Ernährung usw. Über die Wirkung dieser Einzelfaktoren auf den Jodgehalt der Thyreoidea besitzen wir für die landwirtschaftlichen Nutztiere keine Daten. Hinsichtlich der Seehöhe weise ich auf die obenerwähnte Ansicht von DUERST[279], welche sagt, daß in größeren Höhen (Bergvieh) die Thyreoidea infolge des relativen Sauerstoffmangels mehr in Anspruch genommen wird; auf diese Weise kann sie auch auf Jod verarmt werden (Zwang zur größeren Exkretion bei normaler Produktion, welche durch den Jodgehalt der Nahrung limitiert wird).

Nähere Daten besitzen wir aber für die Wirkung der Nahrung, besonders inwieweit es sich um den Einfluß des Futterjodgehaltes auf den Jodgehalt der Schilddrüse handelt, nicht.

7. Jodgehalt der Schilddrüse und Nahrung.

Die Schilddrüse reagiert hinsichtlich ihres Jodgehaltes sehr empfindlich auf den Jodgehalt der Nahrung. Schon vor Jahren machte Ross[1042] darauf aufmerksam, daß die Schilddrüsen der Pflanzenfresser, deren Futter gewöhnlich gewisse Jodmengen enthält, meistens jodreicher sind als die der Fleischfresser, deren Futter gewöhnlich jodarm ist. Die Thyreoidea zeigt auch eine spezifische Anziehungskraft für das im Futter enthaltende Jod. Obzwar bei einer Erhöhung des Futterjodes alle Körperteile der Tiere an Jod reicher werden, ist die Jodanreicherung der Schilddrüse viel höher als die anderer Organe, wie Fellenberg[304], S. 324 u. f.) in Versuchen an Kaninchen gezeigt hat.

Wie mächtig eine größere Jodaufnahme in der Nahrung den Jodgehalt der Thyreoidea beeinflußte, konnten Hunter und Simpson[514] sehr deutlich an Schafen zeigen. Bei 10 Orkneyschafen, die freien Auslauf genossen und an der Meeresküste reichlich Algen fraßen, stellten diese Forscher einen Jodgehalt der trockenen Schilddrüsensubstanz von 0,42—1,05 %, durchschnittlich 0,71 fest, während normalerweise diese Schafe den Wert von 0,53 % aufweisen. Tiere, die eine Zugabe von Natriumjodat in der Nahrung erhielten, erhöhten den Jodgehalt der Schilddrüsen auf 1,15 %. (Simpson und Hunter[1141]). Dadurch wird die obenerwähnte Angabe von Suiffet über den höheren Jodgehalt der Schilddrüsen von Schafen, die am Meeresufer weiden, erklärt.

Wie die Thyreoidea durch ihren Jodgehalt auf andere Nahrungsfaktoren reagiert, ist noch nicht bekannt, obzwar eine solche Reaktion kaum bezweifelt werden kann, wenn man bedenkt, daß z. B. *Vitaminarmut* die Funktion der Schilddrüse herabsetzt (Verzár und Vásárhelyi[1255], Versuche an Tauben und Kaninchen), oder höherer Eiweißgehalt des Futters die Thyreoidea vergrößert (Watson[1289], Versuche an Ratten), wenn auch diese Reaktion auch von äußeren Bedingungen abhängt (McCarrison und Madhava[774]), oder daß Kohlfütterung zur strumösen Veränderung der Schilddrüse führt (Webster, Marine und Cipra[1290] und Baumann, Cipra und Marine[63]). Alle solche Einflüsse werden sicher auch den Jodgehalt und dadurch auch die Funktion der Thyreoidea beeinflussen, was genau zu erforschen im hohen Interesse gerade für die Fütterungslehre der landwirtschaftlichen Nutztiere wäre.

8. Jodgehalt anderer Körperorgane und Produkte (s. Anm.).

Wenn auch die Schilddrüse einen unter allen Organen spezifisch hohen Jodgehalt aufweist und für das dargereichte Jod eine spezifische Anziehungskraft zeigt (siehe oben), so befindet sich Jod in gewissen Mengen auch in anderen Organen und Produkten des Tierkörpers, und auch das in der Thyreoidea vorgefundene Jod ist nicht immer endgültig an diese Drüse gebunden, sondern wird hier nur vorübergehend lokalisiert. Fellenberg[304] (S. 325 u. w.) hat z. B. festgestellt, daß bei Meerschweinchen, die täglich 600 γ Jod per os erhielten, der Jodgehalt der Schilddrüse erhöht wird. Bei bald (3 Stunden) nach der letzten Jodaufnahme geschlachteten Tieren ist der Jodgehalt der Schilddrüsen relativ zu dem Gesamtjode des Körpers höher als der bei später (51 Stunden) geschlachteten Tieren:

	γ J in der Drüse	% des Gesamtjodes
Kontrolltier	0,05	0,26
Bald getötetes Tier	1,50	2,60
Später getötetes Tier	0,76	1,52

Anm. Vgl. auch Lintzel im Bd. 3 dieses Handbuches, S. 325.

Das in der Schilddrüse aufgenommene Jod geht also allmählich in die anderen Körperorgane über. Die *Schilddrüse* erscheint demnach gewissermaßen als eine *Übergangsstation für das aufgenommene Jod.* Die Körperorgane können das Jod aber auch direkt dem Blute entnehmen und binden, da eine Vermehrung des Organjodes auch dann stattfindet, wenn die Thyreoidea entfernt wird, wie MAURER und DUCRUE[811] an Schafen gezeigt haben (vgl. Tabelle auf S. 543). Ob diese direkte Jodaufnahme seitens der Organe auch beim Vorhandensein der Schilddrüse vor sich geht, kann auf Grund der bisher vorliegenden Versuche nicht entschieden werden.

Das *Jod* ist bei den landwirtschaftlichen Nutztieren *in Fleisch, Fett, Haut* und vielen inneren Organen vorhanden. FELLENBERG[304] gibt z. B. folgendes an:

Jodgehalt in verschiedenen Teilen des Rinderkörpers. (Nach v. FELLENBERG.)

	$\gamma = {}^1/_{1\,000\,000}$ g in 1 kg		$\gamma = {}^1/_{1\,000\,000}$ g in 1 kg
Kalbfleisch	22	Rinderherz	73
Rindfleisch	53, 89, 71	Rinderleber	19, 46, 57, 87

Bei anderen Analysen fand FELLENBERG[304] beim Rinde folgende Zahlen:

Jodverteilung beim Rind. (Nach v. FELLENBERG.)

	Dänischer Stier			Dänischer Stier, 350 kg			Schweizerisches Rind		
				geschlachtet am					
	20. Dezember			24. März			24. März		
	Gewicht g	γ J im Organ	γ J im kg	Gewicht g	γ J im Organ	γ J im kg	Gewicht g	γ J im Organ	γ J im kg
Schilddrüse . . .	20,08	47000	228000	37,9	2670	67200	55	7900	143500
Muskelfleisch . .	—	—	—	—	—	89	—	—	53
Herzmuskel . . .	ca. 2000	146	73	—	—	—	—	—	—
Blut	—	—	—	15100	960	63	12900	830	64
Leber	ca. 5000	285	57	—	—	87	—	—	46
Lunge	ca. 4000	0	0	—	—	—	—	—	—
Milz	ca. 1000	140	140	—	—	—	—	—	—
Nebennieren . .	5,8	0	0	—	—	—	—	—	—
Fett	—	—	—	—	—	65	—	—	59
Hoden, ein Stück	42,3	2,4	55	—	—	—	—	—	—

COURTHS[207] Analysen des Schweinekörpers ergaben:

Jodgehalt von Organen normaler Schweine.
(Nach H. COURTH.)

	Durchschnittliches Gewicht in g	Jod γ %	Jod im Organ γ
Leber	1599,2	1,6	25,5
Milz	126,8	9,0	13,0
Herz	443,0	8,0	36,0
Niere	119,0	6,0	7,0
Nebenniere	5,4	—	—
Hoden	549,0	12,0	66,0
Nebenhoden	204,5	11,0	22,0
Eierstöcke	10,8	—	—
Haut	[in 18050,0]	4,0	—
Galle	[in 700 cm³]	4,0	—
Hypophyse	0,307	—	—
Gehirn	99,0	9,0	9,0

SCHARRER und SCHWAIBOLD[1071] fanden bedeutend höhere Zahlen beim Schweine:

Jodgehalt von Organen beim Schweine. (Nach SCHARRER
und SCHWAIBOLD.)

	Jod in % frischer Organe		Jod in % frischer Organe
Muskel	7,6	Lunge	15,5
Herz	20,0	Niere	6,7
Leber	13,5	Milz	13,0

Bei einer *Ziege* fanden SCHARRER und SCHWAIBOLD[1070] im Fettgewebe 1,3,
im Muskelgewebe 3, $2 \gamma \%$ Jod.

Über den Jodgehalt einzelner Organe beim Schafe belehrt uns die Tabelle
auf S. 543 nach den Untersuchungen von MAURER und DUCRUE[811].

Im Ziegenblute befinden sich nach KENDALL und RICHARDSON[565] 12γ
Jod in 100 cm³. SCHARRER[1066] (S. 126) gibt hierfür die Zahlen 8,2, 11,4 und
$14,2 \gamma \%$ an. Das Schweineblut enthält nach SCHARRER[1066] (S. 126) $7,5 \gamma \%$ Jod.

Der *Jodgehalt der Körperorgane schwankt je nach der Höhe der Jodzufuhr* durch
die Nahrung bedeutend. SCHARRER und SCHWAIBOLD[1071] fanden bei Schweinen
(deutsches Edelschwein), die Zugaben eines jodierten Salzes (0,005 % J als KJ)
erhielten, folgende Vermehrung des Jodgehaltes verschiedener Organe:

Jodgehalt von Organen beim Schweine nach Jodfütterung.
(Nach SCHARRER und SCHWAIBOLD.)

Jod in $\gamma \%$ frischer Substanz	I Nur Grundfutter	II Grundfutter + Salz ohne Jod	III Grundfutter + jodierte Salzmischung	III Grundfutter + jodierte Salzmischung + Molkeiweiß
Muskel	7,6	5,5	9,0	11,0
Fett	—	17,0	14,0	—
Herz	20,0	10,0	27,0	23,5
Leber	13,5	10,5	48,0	19,0
Lunge	15,5	40,0	43,5	33,0
Niere	6,7	6,6	66,0	14,0
Milz	13,0	6,5	65,0	38,0

Der Jodgehalt des Blutes bei *Ziegen* wird bei Jodfütterung nach NIKLAS,
STROBEL und SCHARRER[872] von $8,2—14,2 \gamma$ in 100 cm³ auf $224—385 \gamma$ erhöht.
Dieses Blutjod wird aber nach Sistierung der Jodgaben rasch, d. h. im Laufe
von 14 Tagen wieder auf die normale Höhe zurückgebracht. Eine Abnahme
zeigt sich schon am 4. Tage nach der letzten Jodgabe (129γ), und am 10. Tage
sinkt das Blutjod schon auf 94γ herab. Ähnlich verhält sich das Blutjod nach
Jodgaben nach SCHARRER[1066] (S. 126) bei Schweinen, bei denen es von $7,5 \gamma \%$
auf $327 \gamma \%$ steigt, um aber im Laufe von 20 Tagen nach der letzten Jodgabe
wieder zur Norm herabzusinken.

Von den Produkten sind die Milch und die (Hühner-) Eier stets jodhaltig.
Die *Eier* enthalten nach FELLENBERGs Analysen[304] (S. 261) 12—22—27 bis
63—75—80 γ Jod in 1 kg der frischen Substanz.

Für die *Milch* führt FELLENBERG (l. c.) meist $40,70 \gamma$ Jod in 1 kg an.
KIEFERLE, KETTNER, ZEILER und HANUSCH[570] fanden in größeren Sammel-
milchproben (Kuhmilch) einen Jodgehalt von 20—36 γ pro Liter. Bei Einzel-
analysen der Milch von individuellen Kühen zeigte sich eine Schwankung von
16—36 bzw. (1 Fall) 144γ pro Liter. SCHWAIBOLD und SCHARRER[1106] bestätigen
ebenfalls, daß *Jod einen normalen und ständigen Bestandteil der Kuhmilch* bildet;
die Milch ist nie jodlos, und die Jodmenge der Milch bewegt sich zwischen
30—100 γ in 1 l (= 3,0—10,0 $\gamma \%$). Nach weiteren Untersuchungen von

SCHARRER und SCHWAIBOLD[1073] beträgt die Jodmenge der Vollmilch durchschnittlich 5,0 γ % und die der Magermilch 4,5 γ %. In die Buttermilch kommt 8,0 γ %, in die Butter 5,0 γ %, in die Molke 5,5 γ % und in die Käse 9,0 γ %.

Auch bei *Ziegen* bildet Jod einen normalen Bestandteil der Milch, wie wiederum von SCHARRER und SCHWAIBOLD gezeigt wurde. Der Jodgehalt schwankt in der Ziegenmilch zwischen 8 und 13 γ in 1 l.

Das *Jod ist in der Milch* nach den Untersuchungen von SCHARRER und SCHWAIBOLD[1072] in der Regel und *zum größten Teile an die organischen Substanzen des Serums gebunden*, die aber weder Eiweiß noch Fett, noch Milchzucker sind. Nur zum kleineren Teile ist Jod in anorganischer Bindung vorhanden. Geringe und wechselnde Menge enthalten die Proteine. Milchfett enthält meist kein Jod oder nur eine bedeutungslos geringe Menge.

Das *Milchjod* nimmt auch unter gleichbleibender Fütterung gegen Ende des Jahres ab, wie SCHARRER und SCHWAIBOLD[1070] an Ziegen gezeigt haben. Während des Rinderns tritt bei den Kühen eine Erhöhung des Jodgehaltes der Milch auf (KIEFERLE, KETTNER, ZEILER und HANUSCH[570]). Die *Kolostralmilch* besitzt anfänglich gleich nach der Geburt den normalen Jodgehalt. Nach 18 Stunden findet ein plötzliches Emporschnellen des Jodgehaltes (von 32 γ auf 272 γ pro 1 l) statt, dem aber wiederum ein rascher Absturz in verhältnismäßig kurzer Zeit folgt, so daß 30 Stunden nach der Geburt der Milchjodspiegel abermals nahezu normal ist (KIEFERLE, KETTNER, ZEILER und HANUSCH[570]).

Den mächtigsten Einfluß auf den Wechsel des Milchjodspiegels übt die Jodmenge der Nahrung aus. Eine Erhöhung der Jodzufuhr mit der Nahrung erhöht auch stets den Jodgehalt der Milch. Diese Tatsache beobachteten schon vor Jahren WINTERNITZ[1322] an einer Ziege, der Jodschweinfett und Jodsesamöl verabreicht wurde, und PARASCHTSCHUK[909] an einer Ziege nach Verabreichung von Jodeiweiß (Jodstärke oder Jodipin wirkten nicht). WESENBERG[1307], beobachtete eine Vermehrung des Milchjodes bei einer Ziege auch nach der Einreibung von Dijodhydroxypropan. Über eine Reihe anderer Untersuchungen vgl. SCHARRER[1066] (S. 145—149) (s. Anm.).

Versuche neuerer Autoren konnten diese älteren Angaben nur bestätigen. SCHARRER hat mit seinen Mitarbeitern gefunden (SCHARRER und SCHROPP[1069], SCHARRER und SCHWAIBOLD[1072, 1073] und SCHARRER[1066]), daß sich das Milchjod sowohl bei Milchkühen als auch bei Ziegen nach Jodfütterung rasch um ein Vielfaches erhöht. Dabei spielt keine Rolle, ob Jod in anorganischer Form (JK) oder in organischen Bindungen verabreicht wird. Bei Verabreichung von 200 mg Jod steigt das Milchjod z. B. von 4,5 γ % auf 24, bei größeren Gaben noch höher. Schon bei Gaben von 1 mg konnte eine Vermehrung um 40—100 % beobachtet werden. Der erhöhte Jodspiegel tritt schon bei der Melkung am nächsten Tage nach der Jodfütterung auf. Bei Kühen der Jersey- und Holstein-Rasse auf der Agricultural Experiment Station im Staate Ohio in U.S.A. fand MONROE[848, 849] in der Milch kein Jod. Dieses erschien aber in variierender Menge von 1—10 γ in 1 Liter, wenn den Kühen 0,1 g von Jodkali täglich verfüttert wurde. In anderen Versuchen (MONROE[850]) variierte die Milchjodmenge bei denselben Jodzugaben zwischen 1,2—2,8 γ in 1 Liter, was 4—8 % des verfütterten Jods entsprach. Das Jod erschien in der Milch schon am nächsten Tage nach dem Anfang der Joddosierung, doch das Maximum des Milchjodes wurde erst nach 10 Tagen erreicht. KIEFERLE, KETTNER, ZEILER und HANUSCH[570] haben beobachtet, daß bereits in dem nach der Jodbeifütterung fallenden Gemelk der Milchjodgehalt eine Vermehrung erfährt.

Anm. Vgl. auch LINTZEL im Bd. 3 dieses Handbuchs, S. 325, wo auch Literaturangaben angeführt sind.

Die Erhöhung des Jodgehaltes der Milch findet auch bei Resorption des Jodes durch die Haut statt. Fellenberg und Noyer (Fellenberg[304], S. 344) fanden bei einer thyreoidektomierten Ziege, welche kräftig mit Jodtinktur bepinselt wurde, eine mehr als 100fache Steigerung des Milchjodes; noch nach 5 Tagen betrug der Jodgehalt ungefähr ein Zehntel der anfänglichen Menge.

Einen erhöhten Jodgehalt der Milch fanden auch Scharrer und Schwaibold[1071] bei Kühen und Schafen, welche auf den Marschweiden der Nordseeküste weideten. Die Milch der Kühe wies einen Mehrgehalt an Jod von 54—56 % (in 2 Fällen von 325 %) der normalen Milch gegenüber auf, die der Schafe von etwa 790 %. Die Schafe und Kühe (in den letzten 2 Fällen) weideten auf direkten Überflutungsweiden, wo also die Anreicherung des Bodens mit Jod eine hohe war.

Die *Vermehrung des Jodgehaltes der Milch nach Jodfütterung* steht in gewissem quantitativen Verhältnis zu der Höhe der Jodgaben. Bei einer täglichen Aufnahme von 200 mg Jod kann man nach Scharrer und Schwaibold[1073] einen Milchjodspiegel von 30—40 γ%/o erwarten. Bei Jodgaben von 400 mg steigt das Milchjod auf 50—60 γ%/o, bei Jodgaben von 600 mg auf 200—220 γ%/o.

Aus den Versuchen von Scharrer und Schwaibold[1073] geht hervor, daß die Joderhöhung der Milch nach Jodfütterung (100, 200, 400 und 600 mg) auf Rechnung einer *Jodvermehrung im Milchplasma* vor sich geht. Das aus solcher Milch gewonnene Fett ist jodfrei, und der etwas erhöhte Jodgehalt der Butter ist auf den Jodgehalt des Milchserums zurückzuführen. Der Käse enthält etwa ein Drittel des gesamten Milchjods. Die p_H-Werte der Milch von mit Jod gefütterten Kühen weisen gegenüber der Normalmilch keine wesentlichen Änderungen auf. Die Erhöhung des Jodgehaltes in der Milch und den Milchprodukten nach einer Zugabe von 100 mg Jod ist aus der folgenden Tabelle ersichtlich:

	Vollmilch γ %	Magermilch γ %	Buttermilch γ %	Butter γ %	Molke γ %	Käse γ %
Kontrolle	5,0	4,5	8,0	5,0	5,5	9,0
Versuch	30,0	30,0	25,0	8,5	23,0	34,0

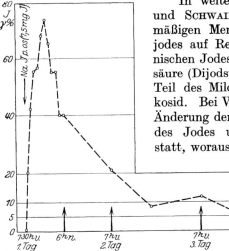

In weiteren Untersuchungen fanden Scharrer und Schwaibold[1072], daß bei Verabreichung von mäßigen Mengen Jodkali die Erhöhung des Milchjodes auf Rechnung einer Vermehrung des anorganischen Jodes erfolgt. Bei Verfütterung von Jodfettsäure (Dijodstearolsäure) erscheint der überwiegende Teil des Milchjodes als Jodfettsäure bzw. als Glykosid. Bei Verfütterung von Jodeiweiß findet keine Änderung der oben angeführten normalen Verteilung des Jodes unter die einzelnen Milchkomponenten statt, woraus Scharrer und Schwaibold schließen, daß jodierte Bausteine des Jodeiweißes in die Milch übergehen können.

Dies alles weist darauf hin, daß die *Vermehrung des Milchjodes nach Jodfütterung eigentlich nur*

Abb. 118.
Die Jodierung der Milch einer Ziege als Folge einer einmaligen peroralen anorganischen Jodgabe von 7,5 mg J. (Nach Scharrer und Schwaibold.)

eine Ausscheidung des überschüssigen Jodes aus dem Körper bedeutet. Parallel zum Milchjod verhält sich auch das Harnjod, wie aus folgender Tabelle nach SCHARRER und SCHWAIBOLD[1074] hervorgeht.

Milch und Harnjodspiegel bei Verfütterung von anorganischem Jod bei Milchkühen. (Nach SCHARRER und SCHWAIBOLD.)

Datum 1928	Jodgaben mg J als KJ	Versuchsgruppe		Kontrollgruppe	
		Milchjod γ in 100 cm³	Harnjod γ in 100 cm³	Milchjod γ in 100 cm³	Harnjod γ in 100 cm³
12. Januar	—	4,0	—	3	—
14. ,, ...	—	4,0	7	—	11
16. ,, ...	—	4,5	—	—	—
17. ,, ...	200	—	—	—	—
18. ,, ...	200	44⎫	350⎫	—	—
21. ,, ...	200	40⎪	—⎪273	2,5	—
24. ,, ...	200	40⎬36,5	210⎬	2,5	18
28. ,, ...	200	33⎪	260⎭	2,5	11
31. ,, ...	200	30⎪	—	—	—
1. Februar	400	32⎭	—	—	—
2. ,, ...	400	55⎫	380⎫	3	11
3. ,, ...	400	50⎪	—	—	—
5. ,, ...	400	50⎪	490⎪488	—	—
8. ,, ...	400	45⎬64,4	—⎬	3	8
11. ,, ...	400	52⎪	670⎪	—	—
15. ,, ...	400	63⎪	410⎭	3	5
18. ,, ...	400	95⎪	—	—	—
19. ,, ...	600	105⎭	—	—	—
20. ,, ...	600	155⎫	905⎫	3	10
21. ,, ...	600	146⎪	—	—	—
23. ,, ...	600	252⎪	975⎪1008	—	—
26. ,, ...	600	215⎬212	—⎬	4,5	18
29. ,, ...	600	190⎪	1070⎪	—	—
4.—5. März . . .	600	162⎪	1080⎭	5,5	9
7.—8. ,, . . .	600	264⎭	—	—	—
8. März	—	—	—	—	—
9. ,, ...	—	260	710	—	9
11. ,, ...	—	88	315	—	—
13. ,, ...	—	30	110	6	12
15. ,, ...	—	15	—	—	—
20. ,, ...	—	4	12	5	9

Die Zahlen hinter den Klammern bedeuten die Mittelwerte in den einzelnen Perioden.

Nach Einstellung der Jodgaben findet schnell eine Rückkehr zum normalen Jodspiegel sowohl in der Milch als auch im Harne statt. Dasselbe beobachteten SCHARRER und SCHWAIBOLD[1070] auch bei einer Ziege (vgl. Abb. 118).

Nach RASCHES[973] Versuchen an einer Kuh und zwei Ziegen dauert die Ausscheidung von per os in Form von Jodkalium verabreichtem Jod in der Milch bis 5 Tage. Bei 3—4maliger Verabreichung von 0,5—1 g Jodkalium täglich befanden sich in Abständen von 48 Stunden im Mittel 11 % des verabreichten Jodes in der Milch. Bei einmaliger Verabreichung von 320 mg Jod (als JK) wurde 7,5 % desselben in der Milch ausgeschieden. Das Jod ist in der Milch schon nach 1 Stunde nachweisbar, hält sich 12 Stunden nach der Zufuhr auf konstanter Höhe und fällt später ab.

Die *Erhöhung des Jodgehaltes der Milch* nach erhöhter Jodzufuhr hat also dieselbe Bedeutung wie die Erhöhung des Jodgehaltes im Harne: *Ausscheidung des für den Körper überschüssigen Jodes* auf dem kürzesten, einfachsten und schnellsten Wege. Eine Mitbeteiligung der Thyreoidea scheint dabei nicht wahr-

scheinlich schon aus dem Grunde, weil der Joddarreichung sehr schnell die Milch-
jodvermehrung in der Milch folgt (Kieferle, Kettner, Zeiler und Hanusch[570]
und Rasche[973]). Außerdem beobachteten Fellenberg und Noyer (zit. Fellenberg [304]) eine Erhöhung des Milchjodes nach Jodbehandlung auch bei einer
thyreoidektomierten Ziege.

Zur Ausscheidung des überschüssigen Jodes aus dem Körper dient aber auch
die Galle. Pfeiffer[930] kam auf Grund der Gallenjoduntersuchungen bei Rindern
zu dem Resultat, daß das Jod in dem Kote bei Jodfütterungsversuchen nicht
ein unresorbierbares Jod ist, wie Fellenberg[304] annimmt, sondern dem intermediären Stoffwechsel, insbesondere dem Gallenstoffwechsel entstammt. Auch
dieses Jod stellt uns also eine Form von Jodausscheidung vor.

Auch die *Henneneier* enthalten Jod, wie folgende Analysen (zit. Jaschik
und Kieselbach[528]) angeben:

Jodgehalt der Eier.

Herkunft der Eier	Jod je Stück in γ	Jod je kg in γ	Untersucht von
Wengi, Seeland . . .	1,04	22	
Italien	1,70	12	
Steiermark	2,52	63	v. Fellenberg
Bulgarien	1,3	27	
Ungarn	0,5	10	Zaboránszky

Das Jod ist zum größten Teile in dem Eidotter enthalten. Von Jaschik
und Kieselbach[528] analysierte Leghorneier enthalten 0,0014 mg Jod, woraus
auf das Eiweiß nur Spuren entfallen.

Erhöhung des Jodgehaltes in dem Futter führt zur Zunahme des Jodgehaltes
der Eier; solche jodreichere Eier werden als „Jodeier" bezeichnet.

Zur Erzeugung von Jodeiern wurden in Amerika und in England gewisse
zubereitete Meeresalgen an Hennen verfüttert, in Deutschland ein jodhaltiges
Hühnerbeifutter „Rukota". Die in Amerika und England erzeugten Jodeier
sollen 0,0007 bis 0,00085 mg Jod enthalten, die in Deutschland erzeugten ca.
0,048 mg Jod (Jaschik und Kieselbach[528]).

Die Jodeier, welche in Ungarn durch Beifütterung eines jodhaltigen Futters
erzeugt werden, enthalten beim Gewicht eines Eies von 56,5 g im Eiweiß 0,0156 mg,
im Eigelb 0,1528 mg Jod.

Über die Art der Fütterung werden keine Mitteilungen gemacht.

9. Erhöhung der Schilddrüsenfunktion durch Joddarreichung?

Wenn Jod ein integrierender Bestandteil der Schilddrüse ist und durch Joddarreichung der Jodgehalt der Drüse erhöht werden kann, dann scheint die Frage
berechtigt, ob auf diesem Wege nicht auch die Funktion der Thyreoidea stimuliert werden könnte. Diese Frage muß in diesem Abschnitte besonders behandelt
werden, da bei den landwirtschaftlichen Nutztieren aus der letzten Zeit viele
Versuche über Jodfütterung vorliegen, die auch zu gewissen Wirkungen auf die
Produktion führten (Erhöhung der Milchproduktion, Steigerung des Wachstums — s. weiter). Können diese Effekte auf dem Wege über eine Beeinflussung
der Thyreoidea erklärt werden, oder handelt es sich um direkte Jodwirkungen?
Und weiter: Liegt mit der Jodverfütterung ein Mittel in unseren Händen, mit
dem wir die Funktion der Schilddrüse bei unseren landwirtschaftlichen Nutztieren beeinflussen könnten und in welchem Maße?

Um diese Fragen zu erhellen, können wir uns nicht auf die landwirtschaftlichen Nutztiere allein beschränken, sondern müssen zumeist Ergebnisse an anderen Tieren durchgeführter Versuche zu Hilfe nehmen.

Seinerzeit teilten MARINE und LENHART[797] mit, daß Darreichung von Jodkalium bei *Hunden* die kompensatorische Hypertrophie der nach partieller Thyreoidektomie zurückgebliebenen Schilddrüse verhindert, und schlossen hieraus auf eine hemmende Wirkung des Jodes auf die Thyreoidea bzw. auf ihre sekretorische Tätigkeit, da das Kolloid dabei eine Vermehrung erfahren hatte. Dagegen fanden aber LOEB[739-742], LOEB und HASSELBERG[744] und LOEB und KAPLAN[745] bei Meerschweinchen eine Zunahme im Grade und der Intensität dieser kompensatorischen Hypertrophie, was auf eine Stimulation der Thyreoideafunktion durch Jodbehandlung hinwies. Diese Schlußfolgerung wurde später durch die Versuche von GRAY, HAVEN und LOEB[393] und GRAY und LOEB[391] bestätigt, die auch bei normalen Meerschweinchen nach Jodkalidarreichung eine deutliche Zunahme der Funktionsaktivität der Thyreoidea fanden, welche durch Vermehrung der Mitosen zur Geltung gelangte.

Dadurch wurden auch andere ältere Versuche von MARINE und LENHART[795, 797] bestätigt, die ergaben, daß bei Hunden und Schafen infolge fortgesetzter Zufuhr größerer Jodgaben das histologische Bild einer aktiven Hyperplasie mit den klinischen Zeichen der Überfunktion hervorgerufen wird. Dasselbe fanden neuerdings auch KLEIN, PFEIFFER und HERMANN[577a] bei einem ihrer Versuchshunde.

Auch in den Versuchen von GRAY und RABINOWITSCH[395] zeigte sich die Verfütterung von Jodkali an normale Meerschweinchen (0,19 täglich) von anregender Wirkung auf die Schilddrüse (Zunahme der Epithelhöhe). Diese Befunde wurden durch die exakte Zählung der Mitosen von RABINOWITSCH[966] bestätigt. Die Mitosen vermehren sich

Wirkung der KJ-Fütterung auf die Zahl der Mitosen in der Thyreoidea von Meerschweinchen. (Nach RABINOWITSCH).

	Kontrolltiere	Versuchstiere		
		0,01 g	0,05 g	0,1 g
10 Tage	127	280	370	420
15 ,, ...	160	1720	3500	5164
16 ,, ...	—	1680	—	4320
18 ,, ...	212	2939	3480	5320
20 ,, ...	80	2212	4208	8000
30 ,, ...	245	40	120	600

um mehr als 1000 % im Laufe von 14 Tagen, und ihre Vermehrung ist der Joddosierung proportionell.

Das Kolloid wird dabei weicher, die phagocytische Aktivität nimmt zu und die Höhe der Epithelzellen wird größer. Diese Wirkung dauert etwa 20 Tage. Unter weiterer Joddarreichung verschwinden am 30. Tage diese Symptome der erhöhten Aktivität, die Zahl der Mitosen kehrt zur Norm zurück, das Epithel flacht ab, das Kolloid wird wäßrig, und die Phagocyten verschwinden vollkommen.

Intraperitoneale Injektion von Jodkalium ruft dieselben Änderungen der Thyreoideastruktur hervor, nur gehen diese viel schneller vor sich, und die Intensität des injizierten Jodes ist größer als die des per os dargereichten Jodes (RABINOWITSCH[967]).

Zu ähnlichen Resultaten gelangten auch MOSSER[816] und FRAZIER und MOSSER[337] bei Hunden, bei denen die Darreichung von kleinen Joddosen die Thyreoidea zur erhöhten Tätigkeit stimulierte, was durch eine Steigerung der Kolloidproduktion zur Geltung kam. Dauernde Jodbehandlung führte aber zu einer Erschöpfung der Drüse.

Bei den Ratten fand dagegen CHOUKE[171] keine erhöhte Proliferation des Thyreoideaepithels nach 10-, 15-, 20- und 30 tägigen Injektionen von Jodkali. Auch die Struktur und der Charakter der Drüse blieben unbeeinflußt. MINOWADA[821] fand bei kastrierten Rattenmännchen nach Injektionen von 1 % Jodkalilösung (2 cm³ täglich auf 100 g) sogar einen hypofunktionellen Zustand der Thyreoidea (Größeabnahme der Zellen, Verschwinden des Kolloids).

Die Rattenschilddrüse scheint also weniger reaktionsfähig zu sein als die Meerschweinchenschilddrüse, was sich übrigens auch in LOEB und BASSETTS[743] Versuchen mit Extrakten des Hypophysenvorderlappens gezeigt hat (die Reaktion der Rattenschilddrüsen war viel schwächer als die der Meerschweinchendrüsen). Die negativen Resultate bei Ratten können deshalb für diese Frage von prinzipieller Bedeutung sein. Die von MINOWADA[821] beobachtete hemmende Wirkung kann dann eher damit in Zusammenhang gebracht werden, daß es sich um *kastrierte* Tiere gehandelt hat.

Im allgemeinen ergibt sich also, daß eine *Jodbehandlung der Tiere* — gleichviel ob per os oder per injektionem — *zu einer Stimulation der Thyreoideafunktion führen kann.* Daß dabei auch die physiologische Wirkung der Thyreoidea erhöht wird, beweisen die Versuche von MARINE und WILLIAMS[799]. Die Schafthyreoidea, welche 0,0292 % Jod enthielt, verursachte (bei täglicher Dosierung von 11 g) bei Hunden keine Gewichtsabnahme, die Drüse mit 0,1092 % Jod rief aber eine tägliche Gewichtsabnahme von 454 g hervor. Daß Jodfütterung eine Vermehrung des Schilddrüsenjodes verursacht, haben wir oben gesehen. HUNT und SEIDEL[510] haben direkt gezeigt, daß Jodfütterung, die höheren Jodgehalt der Schilddrüse bei Hunden und Schafen hervorrief, auch die Erhöhung der physiologischen Wirkung der Drüsen bei der Acetonitrolreaktion zur Folge hatte.

Wichtig ist aber die Frage, ob diese Wirkung eine dauernde bzw. welcher Art die *Wirkung einer chronischen Jodbehandlung* ist. RABINOWITSCH[395] fand, daß nach 30 tägiger Behandlung die Thyreoidea wieder zur Norm zurückkehrt (Zahl der Mitosen), bzw. daß das Kolloid schnell verflüssigt und exkretiert wird. FRAZIER und MOSSER[337] und MOSSER[846] beobachteten eine Anhäufung des Kolloids, welche die Epithelzellen abflachte und auf diese Weise deaktivierte (Erschöpfung). Dies würde eine *dauernde Stimulation der Thyreoidea fraglich* machen. Es müßte aber noch erst geprüft werden, ob diese Erscheinungen nicht Folgen einer zu hohen Dosierung waren, welche die Drüse sozusagen zu plötzlich aufpeitschte und infolgedessen in abnormale Verhältnisse brachte.

Für die Beurteilung der Beeinflussung der Thyreoideafunktion durch die *Jodbehandlung* ist wichtig zu wissen, wie diese den *Stoffwechsel* beeinflußt. Auch diesbezüglich müssen wir uns — infolge des Mangels an landwirtschaftlichen Tieren ausgeführter Versuche — auf Versuche an niederen Tieren und am Menschen stützen. Die experimentellen Ergebnisse über die Beeinflussung des Grundumsatzes sind noch nicht eindeutig. MAGNUS LEVY kam beim Menschen zu negativen Resultaten. LOEWY und H. ZONDEK[757] und NEISSER[862] fanden eine Abnahme des Grundumsatzes beim Menschen. Auch die Ergebnisse von HENRIJEAN und CORIN[475] und SGALITZER[1120] waren unklar. LIEBESNY[723] fand nur bei einigen Menschen eine Erhöhung des basalen Metabolismus, bei anderen aber eine Abnahme. HESSE[485] fand beim Hunde nach hohen Jodgaben eine Abnahme des Grundumsatzes, sonst aber bei Katzen, Kaninchen und Hunden eine Zunahme. FREUD[344] fand beim Hunde auch nach intravenösen Injektionen eine Zunahme. Eine Abnahme des Grundumsatzes wurde von HILDEBRANDT[491] bei Ratten beobachtet. Eine Zunahme des Basalmetabolismus beobachtete aber bei seinen Versuchen auch GRABFIELD[389]. WADI[1276] fand bei Kaninchen eine

Zunahme, BEDRNA[67] kam aber bei Kaninchen zu negativen Resultaten. Die bisherigen Ergebnisse sind also mehr als uneinheitlich (vgl. diesbezüglich auch die zusammenfassende Behandlung dieser Frage von BÜRGI[134]. Insofern sich der Widerspruch in den Resultaten nicht auf die verschiedene Höhe der Dosierung zurückführen läßt, werden dabei zweifellos die individuellen Differenzen der Konstitution, Fütterung und vielleicht auch der Belichtung mitgespielt haben. Die hemmende Wirkung des Jodes auf den Grundumsatz in den Versuchen von ZONDEK am Menschen wurde bei Basedowikern beobachtet. Daß man auch bei den Laboratoriumstieren einen normalen Zustand der Thyreoidea nicht bei allen Individuen ohne weiteres voraussetzen kann, steht sicher außer jeder Diskussion.

Für uns ist hier wichtig festzustellen, daß *prinzipiell eine Steigerung des Grundumsatzes durch Jodbehandlung möglich* ist. Nach GRABFIELD[389] geht diese Wirkung auf dem Wege über die Schilddrüse. Es muß aber zugelassen werden, daß bis zu einem gewissen Grade das Jod auch direkt wirken kann. Nach WADIS[1276] Versuchen an Kaninchen erhöht Jod den Grundumsatz auch bei thyreoidektomierten Tieren, aber doch weniger als bei den normalen. Die hemmende Wirkung des Jodes scheint aber nach HILDEBRANDTS[491] Versuchen an Ratten ohne Vermittlung der Schilddrüse vor sich zu gehen.

Mit der Wirkung auf den Grundumsatz hängt die Beeinflussung des Wachstums bzw. der Gewichtszunahme eng zusammen. Nach den Versuchen von MAČELA[779] und von HANZLIK, TALBOT und GIBSON[446] kann das Wachstum der Ratten durch Jodbehandlung (NaJ per os) stimuliert werden. Nach JANUSCHKE[527] hängt diese Wirkung von der Dosierung ab: hohe Jodgaben können eine Hemmung des Wachstums hervorrufen.

Die *prinzipiell mögliche Wachstumssteigerung durch Jodbehandlung* kann gut mit der gefundenen Stimulation der Thyreoidea und der Steigerung des Grundumsatzes in Einklang gebracht werden, wenn man in Anlehnung an die Untersuchungen von HILL-MEYERHOF bedenkt, daß die Oxydation ein wichtiges Bindeglied zwischen Abbau und Aufbau bei der Vermehrung der lebendigen Substanz ist (vgl. LEHMANN[710], JOHANSSON[533] und OPPENHEIMER[895]). Eine Steigerung der Oxydation durch erhöhte Funktion der Thyreoidea infolge einer Jodbehandlung kann auf diesem Wege — wenn gewisse Grenzen nicht überschritten werden — zu einer Wachstumssteigerung führen.

Im allgemeinen ergibt sich also, daß durch Joddarreichung die Thyreoidea betroffen wird und zur Steigerung ihrer Funktion gebracht werden kann. Bei Jodbehandlung der Tiere muß also an eine Beeinflussung der Thyreoidea gedacht werden, die grundsätzlich in einer Stimulation bestehen mag.

III. Der Einfluß der Schilddrüse auf Ernährung und Stoffwechsel beim Rind.

Experimentelle Erfahrungen über die unmittelbare Wirkung der Schilddrüse auf den Stoffwechsel liegen beim Rinde nicht vor. Was wir kennen, sind einerseits Folgen einer Insuffizienz dieser Drüse für die Entwicklung und die Produktionsfähigkeit, die entweder angeboren und erblich ist oder durch Ernährungsmangel (Jodmangel) hervorgerufen wird, andererseits deduzierte Beziehungen eines bestimmten Funktionszustandes der Thyreoidea zu dem Typus und der Produktivität im Rahmen der konstitutionellen Differenzierung. Experimentelle Erfahrungen liegen nur bezüglich der Beseitigung des Jodmangels durch Jodfütterung und bezüglich der Wirkung einer Jodfütterung auf die Milchproduktion bei normalen Tieren vor, welche möglicherweise über eine Stimulation der Thyreoideafunktion gehen mag.

1. Insuffizienz der Schilddrüse.

Über die Folgen einer Schilddrüsenentfernung besitzen wir beim Rinde keine Erfahrungen. Zu einem Schilddrüsenmangel führen aber auch Störungen, die deren Funktion herabsetzen und auf diese Weise einen hypothyreoidischen Zustand herbeiführen. Unter solche Einflüsse gehört in erster Linie der *Jod-mangel*. Das Jod als wirksamer Bestandteil der Schilddrüse bzw. des Thyreoidea-hormons *Thyroxin* muß im Futter immer in ausreichender Menge verabreicht werden, um eine dem Bedarf entsprechende Hormonproduktion zu ermöglichen. Mangel an Jod führt zum hypothyreoidischen Zustande des Tieres. Da es sich um die Deckung eines Hormonbedarfes des Körpers handelt, wird das Auftreten des *Hypothyreoidismus* immer von dem jeweiligen Zustande des Tieres abhängen.

Oben (S. 465) wurde erwähnt, daß es bei Kälbern, besonders bei Mastkälbern, oft zu einer Hyperplasie der Schilddrüse kommt. Nach Krupski[656] ist sie eine Folge der intensiven Milchfütterung, d. h. einer reinen Eiweißernährung. Die Schilddrüsenhypertrophie ist auch unter Umständen eine Folge des Jod-mangels; die mit dem Futter dargereichte Jodmenge reicht dann nicht aus, um den erhöhten Bedarf des jungen, wachsenden Körpers an Hormon zu decken.

Dieser Hypothyreoidismus hat, soweit praktische Erfahrungen reichen — Experimente liegen diesbezüglich nicht vor —, keinen augenfällig störenden Einfluß auf die Tiere. Es könnte aber der Gedanke aufkommen, ob durch Jod-zufütterung in solchen Fällen der Masteffekt nicht erhöht werden könnte, d. h. ob die normale Mastleistung die optimale ist. Bei jungen Tieren handelt es sich um Bildung von neuem Protoplasma. Für diesen Vorgang ist das Thyreoideahormon unentbehrlich, da es die Oxydation reguliert, die wieder einen grundlegenden Prozeß im Aufbau von neuem Zellmateriale bildet (vgl. Abelin[4], S. 101—102; s. auch Klein[575]). Für intensiv gemästete Kälber ist des-halb eine intensiv funktionierende Schilddrüse von grundwichtiger Bedeutung, und jedes Anzeichen eines hypothyreoidischen Zustandes muß zugleich das Anzeichen einer suboptimalen Leistungsbedingung sein. Damit steht in keinem Widerspruche, daß man bei besonders erstklassigen Mastochsen eine Schild-drüsendegeneration findet, wie Duerst[278] auf Grund Kučeras Untersuchungen an der Charollaisrasse mitteilt. Denn bei der Mast erwachsener Tiere handelt es sich nicht um Zellenbildung, wie dies bei jungen wachsenden Tieren der Fall ist, son-dern um Fettbildung, bei der umgekehrt eine Oxydationsabnahme günstig wirkt.

Bei Kälbern kann es also infolge dieser Umstände leicht zu einem hypothyreoidi-schen Zustande kommen, auch wenn der Jodgehalt der Futtermittel für die erwach-senen Tiere nicht unter die untere Grenze des „entsprechenden" Jodgehaltes sinkt.

Ob das größere Gewicht der *Schilddrüsen des Gebirgsrindes* (Duerst[279] — vgl. Tabelle auf S. 458 — gibt als mittleres Gewicht der Thyreoidea auf 100 kg des Körpergewichtes beim Gebirgsrind 14,32 g, beim Tieflandrind 4,039 g an) als Anzeichen eines Hypothyreoidismus aufzufassen ist, läßt sich nicht ent-scheiden. Duerst selbst hält diese Vergrößerung für einen physiologischen Kropf infolge des relativen Sauerstoffmangels in größeren Höhen. Dieser Sauer-stoffmangel erschwert die Sauerstoffaufnahme und daher auch die Oxydation. Die Anziehungskraft des Gewebes für Sauerstoff muß deshalb im Gebirge ver-stärkt werden, was durch größeren Zufluß des Thyreoideahormons geschehen kann. Andererseits wird aber der Bedarf des Gebirgsrindes speziell der Kühe durch die gute Milchleistung noch erhöht, da die Milchproduktion, indem sie auf Zellneubildung, d. h. auf assimilatorischen Vorgängen, basiert, eine inten-sivere Oxydation verlangt. (*Schilddrüsenexstirpation* setzt die Milchleistung herab, wie bei Ziegen gezeigt wurde — s. weiter.) Die Schilddrüse wird deshalb beim Gebirgsrinde hinsichtlich ihrer Leistung doppelt in Anspruch genommen. Der relative Jodmangel des Futters im Gebirge (vgl. FELLENBERG[304] und SCHARRER[1066] erschwert die Funktion der Schilddrüse noch mehr. Es ist deshalb nicht ausgeschlossen, daß die Vergrößerung der Schilddrüse beim Gebirgsrinde ein ähnliches Zeichen des relativen Hypothyreoidismus ist, wie bei den Jungtieren. Andererseits ist es aber auch möglich, daß die vergrößerte Schilddrüse hier eine normale Anpassung an die tatsächlich höhere Hormonproduktion bildet und also eher einen basedowiden, hyperthyreoidischen Charakter besitzt. Für den hypothyreoidischen Zustand beim Gebirgsmilchrinde würde auch seine größere Knochenstärke dem Tieflandmilchrinde gegenüber sprechen (vgl. DUERST[279], S. 220); andererseits braucht diese aber auch nur die Anpassung an die erschwerte Bewegung im Gebirge als Ursache zu haben.

Diese Frage läßt sich auf Grund von Betrachtungen und Spekulationen nicht entscheiden. Auch die bloße histologische oder chemische Untersuchung von Schilddrüsen hilft hier nicht viel. Die entscheidende Antwort könnten nur die an einem großen Materiale und unter Einhaltung aller nötigen Bedingungen ausgeführten vergleichenden Messungen des Grundumsatzes bringen.

Der eventuelle Hypothyreoidismus des Gebirgsmilchrindes würde sich aber jedenfalls nur in sehr engen, physiologisch normalen Grenzen bewegen, da sich morphologisch keine Anzeichen von pathologischen Zuständen feststellen lassen.

Einen ausgesprochen pathologischen hypothyreoidischen Zustand finden wir aber beim *Rinde unter Jodmangel*. Dieser Zustand ist regelmäßig mit einem *Kropf* verbunden. In Europa scheint dieser pathologische Hypothyreoidismus beim Rinde eine Seltenheit zu sein. DEXLER[252-253] betont, daß nur sehr wenige Fälle von Struma beobachtet wurden. Ähnlich berichtet auch TRAUTMANN[1217], S. 14—15, 35. In Amerika scheint aber in einigen Gegenden dieser Zustand eine schwere Plage zu sein. Nach HART, STEENBOCK und MORRISON[454a], EVVARD[296], KALKUS[550] und WELCH[1300, 1301] sind es namentlich die Staaten um die Great Lakes, dann Washington, Montana, South und North Dakota, Idaho und Nordwestkanada, wo dieser Zustand endemisch vorkommt. Er zeigt sich beim Rinde aber nur in der Jugend bei neugeborenen Kälbern (im Staate Washington bei 70—80 % der neugeborenen — nach KALKUS[550]. Die Tiere besitzen eine schon von außen deutlich sichtbare hypertrophierte Schilddrüse („dicken Hals"), sind schwach, apathisch und oft in großem Maße haarlos, bleiben im Wachstum zurück und weisen große Sterblichkeit auf. Zum Unterschiede von anderen Haustieren, besonders Schweinen und Schafen, sind die Kälber imstande, sich von selbst aus diesem Zustande zu erholen (HART, STEENBOCK und MORRISON[454a]).

Dieser Hypothyreoidismus ist demnach eine Folge des Jodmangels. Durch Joddarreichung kann der pathologische Zustand beseitigt werden. HADLEY (zit. HART, STEENBOCK und MORRISON[454a]) empfiehlt bei Kälbern eine Zugabe von 2 Gran (= ca. 120 mg) Jodkali täglich auf die Dauer von 4 Wochen. Auch Joddarreichung an Kühe hilft präventiv gegen diesen Hypothyreoidismus der Kälber. KALKUS[550] berichtet, daß im Staate Washington nach Jodbehandlung der Kühe keine kranken Kälber mehr in solchen Herden geboren wurden.

Unter Umständen kann es auch bei den sich fortpflanzenden Tieren zu einem hypothyreoidischen Zustand kommen, der eine Verminderung der Fortpflanzungsfähigkeit nach sich zieht und ebenfalls vom relativen Jodmangel den Ursprung hat. STINER[1166] teilte mit, daß bei einem Versuche in der Schweiz die mit Jod gefütterten Tiere fast regelmäßig bei der ersten Deckung trächtig wurden, während dies bei den Kontrolltieren meist nicht der Fall war. Gegen diesen Versuch wurden zwar von KÄPPELI (zit. FREY[340]) Einwände erhoben, von WENDT[1304, 1305] berichtet aber neuerdings aus Finnland über einen neuen Versuch mit ähnlichem Resultat. In einem Bestande von Milchkühen, in dem viel Kraftfutter verabreicht wurde, sollten monatlich unter normalen Umständen 12 Kühe tragend werden. Durch Umrindern ging aber die Zahl auf 4 zurück. Es wurde eine jodhaltige Mineralsalzmischung eingeführt, worauf in den folgenden Monaten die Zahl der trächtigen Kühe auf 11,7 je Monat stieg. WENDT[1304, 1305] macht darauf aufmerksam, daß „eben die besten Milchkühe oft nicht nach dem ersten Belegen tragend werden". Hohe Milchleistung bedeutet (vgl. oben) intensive Oxydation, welche wieder erhöhte Thyreoideafunktion beansprucht. Es ist möglich, sich vorzustellen, daß unter solchen Umständen das Thyreoideahormon bei begrenzter Jodmenge im Futter (Finnland ist ein Land mit endemischer Struma beim Menschen!) nicht für die Gonaden ausreicht; diese, wie bekannt, erfahren bei Thyreoideamangel eine Hemmung. Es darf nicht vergessen werden, daß v. WENDT seine guten Resultate bei intensiv mit Kraftfutter gefütterten Kühen erzielte. Unter solchen Umständen entsteht ein relativer hypothyreoidischer Zustand, der jenem bei jungen Tieren ähnlich ist, der aber durch Jodzugaben beseitigt werden kann.

Ich fasse zusammen: beim Jungvieh infolge intensiven Aufbaues von neuer lebender Substanz, besonders unter starker Fütterung, bei hochproduktiven Milchkühen infolge intensiver Verarbeitung des Futters zu Milchbestandteilen, und vielleicht auch beim Gebirgs- (Milch-) Vieh infolge des niedrigen partiellen Sauerstoffdruckes, kann es zu einem leichteren hypothyreoidischen Zustande kommen, der sich durch kleine Jodgaben beseitigen läßt. Ein schwerer hypothyreoidischer Zustand entsteht beim Rinde in jodarmen Gegenden, der jedoch ebenfalls durch Jodfütterung abgestellt werden kann.

Als *konstitutioneller Hypothyreoidismus* wurden beim Rinde die sog. „*Bull-Dog*"-*Kälber* der englischen Dexterrasse aufgefaßt. Diese Rasse stammt von der irischen Kerryrasse ab und unterscheidet sich von dieser durch die Kurzbeinigkeit. Seit 1890 wird sie als selbständige Rasse auf Grund eines eigenen Herdbuches gezüchtet. Schon vorher war bekannt, daß die Dextertiere gelegentlich totgeborene, sog. Bull-Dog-Kälber, zur Welt bringen. Nach Inaugurierung der selbständigen reinen Zucht wurde diese Erscheinung zu einem regelmäßigen Merkmal dieser Rasse, das bei einem Viertel der neugeborenen Kälber erscheint (SELIGMANN[1113], CREW[224, 225, 226]).

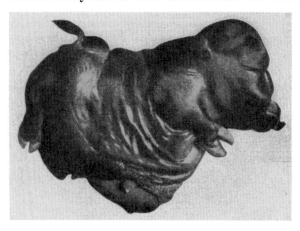

Abb.119. Achondroplastische Aborte bei Reinzucht von Dexter-Rindern. Dominanter Faktor mit recessiver Letalwirkung. (Nach CREW.)

Ein Bull-Dog-Kalb zeichnet sich durch ein stark gewölbtes Cranium aus, die Nase ist stark zusammengedrückt, der Unterkiefer ragt hervor, eine geschwollene Zunge reicht weit heraus und ist gegen die Nase zu gebogen; die Beine sind stark krüppelartig verkürzt, die Haut hängt in losen Falten herab und unter ihr befindet sich reichliche Fettablagerung. Viele von diesen Monstren werden frühzeitig abortiert (s. Abb. 119). Es handelt sich nach CREWS[225, 226] genauen Untersuchungen um Achondroplasie, die schon im frühen Embryonalalter einsetzt.

Der ausgesprochen genetische und konstitutionelle Charakter dieser Abnormitäten wurde von WILSON[1321] analysiert, der fand, daß es sich um einen dominanten Faktor handelt, der im heterozygotischen Zustande den Dexter-Charakter der Kurzbeinigkeit hervorruft, im homozygotischen Zustande aber die Bull-Dog-Kälber produziert. Wir haben es hier also mit einem Faktor zu tun, der (vgl. MOHR[830, 831] und WRIEDT[1330]) morphologisch dominant ist, in seiner letalen Wirkung aber recessiv. Die Dexter Rasse wird dann auf einem pathologischen Genfaktor für Achondroplasie begründet, der im heterozygotischen Zustande aber zur pathologisch vollkommenen Achondroplasie führt. Es sollte demnach also besser von einer *intermediären Vererbung* gesprochen werden: der intermediäre Charakter ist die dextertypische Kurzbeinigkeit, der reine (homozygotische) Charakter die Achondroplasie und die letale Bull-Dog-Entwicklung.

Als SELIGMANN[1113] seinerzeit die Schilddrüse der Bull-Dog-Kälber untersuchte, fand er sie in 7 Fällen ödematös und violettrot. Der Isthmus war nicht vorhanden bzw. von abnormaler Form. Histologisch zeigte sich die Drüse als aus einer Masse von mehr oder weniger kubischen oder sphärischen Zellen bestehend, unter welchen das Capillarsystem sehr dicht ausgebildet war. Es konnten nur Spuren von einer follikulären Struktur gefunden werden, kein oder beinahe kein Kolloid war vorhanden, und die Lumina der angedeuteten Follikel waren mit Zellen angefüllt. Daraus zog SELIGMAN den Schluß, daß die Bull-Dog-Kälber als Produkt einer Schilddrüsendegeneration, die zur Hypofunktion führt, entstehen.

Demgegenüber beschrieb aber SHEATHER[1124] Schilddrüsen von *Bull-Dog-Kälbern*, die sowohl in Form und Größe als auch in der histologischen Struktur normal waren; nur das interfollikuläre Bindegewebe war etwas vermehrt. Diese Frage erklärte die Untersuchung von CREW und GLASS[233], die an einer Reihe von verschieden alten Embryonen zeigten, daß hier eine sukzessive Entwicklung der Thyreoidea von einem normalen Zustand über einen hyperthyreoidischen zu einem atrophischen vorliegt. Bei einigen, meistens jungen Fällen läßt sich daher an der Thyreoidea nichts Besonderes feststellen. Weitere Fälle zeigen eine Struktur, welche auf eine Hyperfunktion deutet. Die älteren lassen dann eine deutliche Involution wahrnehmen. Damit steht in Übereinstimmung der Befund, daß mit dem Bull-Dog-Kalb-Thyreoideen, wie HOGBEN und CREW[502] gezeigt haben, eine positive Reaktion bei der Axolotelmetamorphoseprüfung erhalten werden kann. Auch DOWNS JUN.[274] findet die Schilddrüse der Dexter-Bull-Dog-Kälber als funktionierend.

Auf Grund dieser Tatsachen zieht CREW[525, 526] den Schluß, daß bei den Dexter-Bull-Dog-Kälbern zwar eine abnormale Hypofunktion der Schilddrüse besteht, daß diese aber eine sekundäre Erscheinung ist. Das Primäre soll eine *Unterentwicklung* und *Hypofunktion der Hypophyse* sein, die bei den Bull-Dog-Kälbern bedeutend kleiner und zusammengedrückt ist. Ihre histologische Struktur ist jedoch normal mit Ausnahme des Vorkommens von Klumpen oxyphiler Zellen in der Pars intermedia. Im dritten Fetalmonat scheint hier die Hypophyse noch normal tätig zu sein, sie gibt wenigstens eine normale Reaktion bei der Prüfung an den Froschpigmentzellen (HOGBEN und CREW[502]), jedoch vom vierten Monat an nimmt diese Reaktion ab. Hierin soll der Ursprung der Monstrosität und auch der Involution der Schilddrüse gesucht werden. Inwiefern aber die einzelnen Merkmale der Bull-Dog-Kälber unmittelbar durch diese Hypophysenunterfunktion verursacht werden und inwiefern auf dem Wege über die sekundär involvierte Thyreoidea, läßt sich heute noch nicht entscheiden.

Damit sind im Einklang die neueren Befunde von Craft und Orr[220], die ein kretinisches Herefordkalb von normalen, rein gezüchteten Eltern beschrieben. Das Tier war lebensfähig, nur in Entwicklung und Wachstum gehemmt (trotz bester Fütterung wog es im Alter von 11 Monaten nur 330 engl. Pfund). Die Kurzschnauzigkeit des Kopfes (Bull-Dog-Kopf) ließ deutlich und verläßlich auf chondrodystrophische Störungen schließen. Die Schilddrüse des Tieres betrug nur $1/_5$ der normalen Größe und auch die Hypophyse erschien zu etwa 50 % reduziert; eine Größenabnahme war auch bei den Nebenschilddrüsen konstatierbar.

In einer anderen Herde fanden Craft und Orr bei 25 % aller Kälber solche Bull-Dog-Kälber, und diese zeigten durchwegs Unterentwicklung der Schilddrüsen. Diese Abnormität wurde hier in mendelnder Form als rezessiv vererbt.

Im leichteren Grade kann die Achondroplasie zur Grundlage eines Rassentypus werden, wie es dem nach Adametz[14] (vgl. auch Adametz und Schulze[17]) bei brachycephalen Tux-Zillertaler Rindvieh in Tirol der Fall ist. Die Brachycephalie, die hier mit Kurzbeinigkeit verbunden ist, ist bei dieser Rasse auf Verkürzung des Nasenteiles des Kopfes begründet, welche Folge der leichten Achondroplasie ist. Adametz faßt aber diese Achondroplasie als ausschließlich durch Hypofunktion der Hypophyse verursacht auf (vgl. noch S. 599). Eine Hypofunktion der Thyreoidea soll hier überhaupt nicht in Frage kommen; dagegen

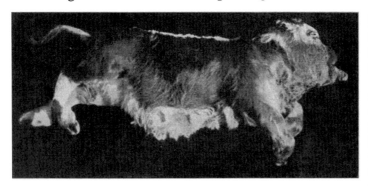

Abb. 120. Bull-Dog-ähnliches Kalb des Telemarkrindes. (Nach Wriedt.)

„spricht das vollkommen normale Verhalten der betreffenden Tiere" (vgl. auch Adametz und Schulze[17]). Untersuchungen der Schilddrüsen bei dem Tux-Zillertaler Vieh wurden aber bisher nicht ausgeführt.

Interessant sind die Befunde von Landauer und Thigpen[686], welche zeigen, daß das Dexter-Rind (sowohl in England als auch in Amerika) im Blute eine erhöhte Zahl von Eosinophilen aufweist, ähnlich wie bei chondrodystrophischen Hühnerembryonen (s. weiter S. 555—556), obzwar bei den letzteren diese Abnormität nicht erblich ist (Dunn[280]). Die englischen Bullen aber, welche keine Bull-Dog-Kälber produzierten, hatten normales Blutbild. Adametz und Schulze[17] konnten neuerdings diese Vermehrung der Eosinophilen bei dem leicht achondroplastischen Tux-Zillertaler Rind nicht bestätigen.

Eine den Dexter-Bull-Dog-Kälbern ähnliche, jedoch etwas weniger ausgesprochene Mißbildung haben Wriedt und Mohr (s. Wriedt[1330]) beim norwegischen Telemarkvieh gefunden. Die Kälber haben bei diesem einen sehr verkürzten Kopf und einen kurzen Oberkiefer; die Beine sind auch stark verkürzt und zugleich so krumm, daß sie das Tier nicht tragen können (vgl. Abb. 120). Alle die der Untersuchung unterliegenden Kälber stammten sowohl vaterseits als auch mutterseits von einem bestimmten Bullen, der darum diese Anlage in die Zucht eingeführt haben mußte. Ein Unterschied bestand darin, daß die Kälber normal geboren wurden, die meisten von ihnen bei der Geburt lebten und eines sogar 14 Tage alt wurde. Genetisch unterscheiden sich die *Telemark-Bull-Dog-Kälber* von den Dexter-Bull-Dog-Kälbern dadurch, daß — wie MOHR[830] mitteilt — der Faktor „strike" recessiv ist. Auch hier sollen die anatomischen Befunde auf eine primäre Hypophysenveränderung hindeuten. Über die Untersuchung der Schilddrüse liegt keine Mitteilung vor. Man kann aber auch hier gewiß dieselben Verhältnisse wie bei den Dexter-Bull-Dog-Kälbern voraussetzen.

Einen Fall von *Zwergwuchs beim Rinde* haben auch LESBRE und TAGAUD[715] beschrieben, der an die Dexter- und Telemark-Bull-Dog-Kälber erinnert. Eine neunjährige Kuh warf ein Kalb von normalen Körperverhältnissen, aber der Größe eines Zickleins (3,7 kg); es starb kurz nach der Geburt. Die Zahl der Kotyledonen war auffallend klein (8—10 anstatt 10—13), aber von normaler Größe. Die Sektion ergab vollkommene Atrophie der Muskulatur, starke Unterentwicklung des Herzens und des Zirkulationsapparates, Hydrops der Gehirnhöhlen und Achondroplasie des Schädels in den frontalen und basalen Partien.

Es sollte sich um eine Unterernährung des Fetus handeln (infolge der kleinen Zahl von Kotyledonen), die zur funktionellen Unterentwicklung des Zirkulationssystems führte. Der endokrine Apparat wurde aber nicht untersucht. Es war unmöglich zu entscheiden, ob die Ursache auf der Seite der Mutter oder des Embryos zu suchen war.

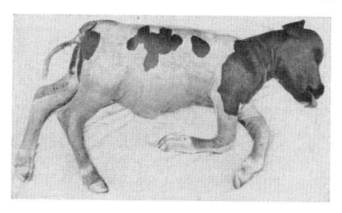

Abb. 121. Congenitale Haarlosigkeit beim schwarzbunten Niederungsvieh Südschwedens. Recessiver subletaler Faktor. (Nach MOHR und WRIEDT.)

Auf eine Dysfunktion der Schilddrüse weisen sehr deutlich die Fälle der *erblichen und konstitutionellen Haarlosigkeit*, welche HADLEY[427] und HADLEY und WARWICK[428] beim Niederungsvieh gefunden haben. Es soll sich hier um ein subletales Gen handeln, das im homozygotischen Zustand diese Hautmißbildung hervorruft. Der Hautdefekt wird von Schleimhautdefekt in der Mundhöhle sowie auch von Mißbildungen der Ohren und Klauen begleitet. Die Tiere sterben ausnahmslos nach ein paar Wochen. MOHR[831] hat mehrere solcher Kälber auch in Wisconsin beobachtet, alle gingen in ihrer Abstammung auf einen im Jahre 1871 aus Holland importierten Tierbestand zurück. Solche Tiere sollen auch jetzt in Holland innerhalb derselben Linie ausgespalten werden. MOHR und WRIEDT[832] haben ein recessives Gen, das beinahe totale Haarlosigkeit bewirkt, beim schwarzbunten Niederungsvieh in Südschweden beschrieben (s. Abb. 121). Die homozygoten Kälber sterben sämtlich innerhalb weniger Minuten. Obzwar in diesen Fällen eine Untersuchung der Thyreoidea nicht vorliegt, macht die Haarlosigkeit, die sonst bei Thyreoideahypofunktion unter dem Jodmangel bei Haustieren, besonders Schweinen und Schafen, gut bekannt ist (s. weiter), die Annahme einer konstitutionellen Schilddrüsenhypofunktion in diesen Fällen mehr als wahrscheinlich. Auch die Sterblichkeit der Kälber weist darauf hin, da auch die infolge Jodmangels hypothyreoidischen Kälber und andere Tiere wenig oder gar nicht lebensfähig sind.

2. Jodfütterung und Milchleistung beim Rinde (Beeinflussung der Schilddrüse?).

Oben wurde bereits dargelegt, in welcher Hinsicht uns hier im Zusammenhange mit der Schilddrüse die Versuche mit Verabreichung von Jod über seine normale Aufnahme aus dem Futter interessieren müssen. Es handelt sich um die *Frage einer Stimulation der Thyreoideafunktion.*

Das per os aufgenommene Jod wird großenteils und rasch, teilweise durch den Kot als nicht resorbiertes Jod, teilweise durch den Harn und die Milch, ausgeschieden. Es wurde schon oben angedeutet, daß die *Erhöhung des Milch-jodspiegels nach der Joddarreichung* eigentlich nur als ein Weg *zur Ausscheidung des überschüssigen Jodes* aufzufassen ist. Bei 2 Kühen, die täglich 1,53 mg bzw. 3,82 mg Jod erhielten, fanden Schwaibold und Scharrer[1106] im Vergleiche zu einer Kuh ohne Jod folgende Jodausscheidung durch den Harn.

Ausscheidung von per os aufgenommenem Jod durch den Harn bei Kühen.
(Nach Schwaibold und Scharrer.)

Datum		Kuh 446 ohne Jod	Kuh 479 täglich 1,53 mg Jod ab 31. Dezember	Kuh 478 täglich 3,8 mg Jod ab 31. Dezember
29. Dezember 1925	Harnjod in γ-%	6,0	1,2	1,5
4. Januar 1926 .		5,0	—	10,5
8. „ 1926 .		4,5	—	—
18. „ 1926 .		6,0	17,0	17,0
18. „ 1926 .	Harnmenge von 6 Uhr vormittags bis 6 Uhr nachmittags in kg am 18. Januar 1926	9,4	6,9	7,4
18. „ 1926 .	Jodmenge in γ-%, ausgeschieden von 6 Uhr vormittags bis 6 Uhr nachmittags am 18. Januar 1926	564	1173	1258

Die Menge des ausgeschiedenen Jodes nimmt hiernach mit der des aufgenommenen Jodes zu. Dabei wurde die Menge des durch die Milch ausgeschiedenen Jodes nicht erhöht. Die γ-Prozente des Milchjodes waren in diesem Versuche bei der Kontrollkuh und bei den Versuchskühen praktisch dieselben, und die Milchmenge (Strobel, Scharrer und Schropp[1176] hat sich bei den niedrigen Joddosen von 1,53 mg bzw. 3,82 mg nicht vergrößert.

Das überschüssige Jod wird also in erster Reihe durch den Harn ausgeschieden.

Von Fellenberg[304] (S. 337ff.) fütterte eine Kuh (Adler) mit Rübenkraut ohne Joddüngung, eine andere (Netti) mit Rübenkraut nach Joddüngung, welches auch jodreicher war. Die täglich aufgenommene Jodmenge war bei diesen Kühen wie folgt:

Tägliche Jodaufnahme der Versuchstiere. (Nach v. Fellenberg.)

	Jodgehalt der Futtermittel γ Jod pro kg	γ aufgenommenes Jod pro Tag	
		Adler	Netti
30 kg Rübenblätter ohne Joddüngung	11	330	—
Ebenso, jodgedüngt	89	—	2670
0,5 kg Kleie	66	33	33
50 kg Gras	46	2300	2300
Summe des täglich aufgenommenen Jods:		2663	5003

Im Harn, Kot und der Milch schieden dann die Tiere Jod folgenderweise aus:

Fütterungsversuch mit Runkelrübenblättern: ausgeschiedene Jodmengen γ Jod je Kilogramm. (Nach v. Fellenberg.)

Datum	Adler Rübenkraut ohne Joddüngung			Netti Rübenkraut mit Joddüngung		
	Harn	Kot	Milch	Harn	Kot	Milch
6./7. Oktober	—	—	20	—	—	22
8./9. ,, ...	8	36	15	23	62	20
10./11. ,, ...	10	40	12	20	40	41
12./13. ,, ...	14	54	18	23	164	17

Hier fand also auch v. Fellenberg, daß die Erhöhung des Milchjodes relativ schwächer ist als die des Harnes. In der Gesamtbilanz zeigte sich die Jodausscheidung bei diesen Tieren wie folgt:

Tägliche Jodausscheidung der Versuchstiere. (Nach v. Fellenberg.)

	Jodgehalt der Ausscheidungen γ Jod pro Tag		γ ausgeschiedenes Jod pro Tag	
	Adler	Netti	Adler	Netti
20 kg Harn	10,7	22,0	214	440
30 kg Kot	43,3	88,7	1300	2660
9,4 und 10,5 kg Milch	16,3	25,0	153	273
Summe des ausgeschiedenen Jods:			1667	3373

Im Vergleich zu dem mit dem Futter aufgenommenen Jod ergeben sich hier als Differenz bei der Kuh ohne Jod 996 γ, bei der Kuh mit Jod 1630 γ. Dieses Jod soll nach v. Fellenberg durch die Haut ausgeschieden worden sein, welche Menge ebenfalls durch Jodfütterung erhöht wird.

Ähnlich zeigte sich auch in einem anderen Versuche mit jodiertem Erdnußöl (v. Fellenberg[304], S. 345) bei einer Kuh im Periodensystem, daß das aufgenommene Jod in erster Reihe durch den Harn ausgeschieden wird (abgesehen von dem nicht aufgenommenen Jod, das mit dem Kot entfernt wird), ohne den Milchjodspiegel zu beeinflussen.

Jodausscheidung bei der Kuh nach Verabreichung von jodiertem Erdnußöl. (Nach v. Fellenberg.)

Perioden	Datum	γ Jod im Liter bezw. kg		
		Harn	Kot	Milch
11.—17. Mai 1925 Erdnußöl	15. Mai	16	56	48
18.—20. Mai jodiertes Erdnußöl	18. ,,	22	—	—
	19. ,,	32	62; 55	38
	20. ,,	82	85; 108	20
	21. ,,	38	—	35

Die *Jodausscheidung durch die Milch kommt demnach erst an zweiter Stelle.* Nach Monroes Versuchen[848, 849] werden durch die Milch nur 4—8% des verfütterten Jodes ausgeschieden.

Das Jod wird also von den Kühen bei erhöhter Aufnahme in starkem Maße als überschüssiger Bestandteil aus dem Körper ausgeschieden, und zwar auch dann, wenn sehr niedrig dosierte Mehrzugaben aufgenommen wurden, wie der

Versuch von Schwaibold und Scharrer[1106] zeigt (nur 1,53 bzw. 3,82 mg Jod täglich!). Es ist wichtig, diesen Umstand nicht aus dem Auge zu lassen, wenn wir die *Rolle der Schilddrüse bei der Beeinflussung der Milchleistung durch Jod-fütterung* beurteilen wollen.

Darreichung von Jod per os führt bei Kühen zur Steigerung der Milchpro-duktion. Dabei wird auch die Fettproduktion günstig beeinflußt, da sich das prozentische Fett nicht viel ändert.

Strobel, Scharrer und Schropp[1176] haben gefunden, daß Jodgaben von 1,53 und 3,82 mg Jod je Tag bei Kühen keine Steigerung der Milch-produktion hervorrufen. Eine solche trat erst bei Jodgaben von 76,45 mg auf und war dann während der ganzen Versuchsdauer nachweisbar. Der prozen-tische Fettgehalt wurde durch die niedrigen Jodgaben (1,53 und 3,82 mg) etwas vermindert. Bei der Jodgabe von 76,45 mg war die prozentische Fettmenge herabgesetzt, die absolute Fettmenge erfuhr jedoch infolge der besseren Milch-leistung eine beachtenswerte Zunahme. Es handelte sich um einen Gruppen-

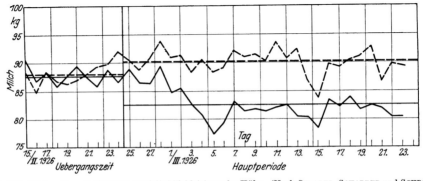

Abb. 122. Wirkung von Jodfütterung auf die Milchleistung der Kühe. (Nach Strobel, Scharrer und Schropp.) Gruppenversuch. Gesamtmilchertrag in Kilogramm je Gruppe und Tag in den einzelnen Versuchsabschnitten, sowie deren Durchschnitte. —— Gruppe A ohne Jod   - - - - Gruppe B mit 76,45 mg Jod.

versuch, der insgesamt 40 Tage dauerte; die Dauer der Hauptperiode betrug 30 Tage. Das Ergebnis bei Tagesmengen von 76,45 mg Jod ist in folgender Tabelle wiedergegeben und in Abb. 122 dargestellt.

Steigerung der Milchproduktion bei Milchkühen durch tägliche Jodgaben von 76,45 mg. (Nach Strobel, Scharrer u. Schropp.)

Fütterung	Gruppe	Ertrag	Unterschied des Ertrages der Gruppe B gegenüber Gruppe A	
			kg	%
Übergangszeit	A	87,66	+0,34	+0,38
	B	88,00		
Hauptperiode:				
1. Teil	A	84,08	+6,08	+6,74
	B	90,16		
2. Teil	A	81,37	+8,77	+9,72
	B	90,14		
3. Teil	A	81,67	+8,23	+9,15
	B	89,90		
Hauptperiode	A	82,46	+7,60	+8,43
Gesamtdurchschnitt .	B	90,06		

Aus der Abb. 122 sieht man besonders, daß die Joddarreichung nicht nur durch bloße Steigerung der Milchproduktion wirkte, sondern auch durch Hemmung der normalen, mit fortschreitender Laktation stattfindenden Milchabnahme.

In weiteren Versuchen prüften SCHARRER und SCHROPP die Wirkung größerer Jodgaben. Gegen die Verabreichung von Jodsalzen beim Rindvieh erhob nämlich BIRCHER[99] Einwände, indem er die Ansicht vertrat, daß bei Milchkühen Schädigungen im Milchertrage auftreten würden.

SCHROPP[1102] stellte fest, daß eine tägliche Dosierung von 100 mg in Form von Jodkali die Milchproduktion durchschnittlich um 4,53 % steigere. Es handelte sich hierbei um langdauernde Versuche (beinahe 4 Monate), während welcher sich keinerlei nachteilige Unterschiede gegenüber den Tieren ohne Jod-

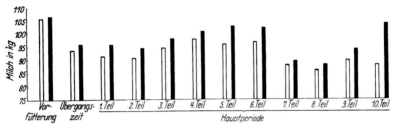

Abb. 123. Wirkung der Jodfütterung auf die Milchleistung der Kühe. (Nach SCHROPP.) Durchschnittlicher Gesamtmilchertrag in Kilogramm je Gruppe in den einzelnen Versuchsabschnitten. ▢ Gruppe A ohne Jod. ■ Gruppe B mit 100 mg Jod.

gabe erkennen ließen. Die graphische Darstellung des Versuchsverlaufes gibt die Abb. 123. Von besonderer Bedeutung scheint SCHROPP der Umstand, daß am Ausgange des Versuches, bei dem sich zweifellos die natürliche Abnahme der Laktation stark geltend machte, der Unterschied im Milchertrage zwischen den Tieren ohne und mit Jod zugunsten der Jodtiere 14,37 % betrug. Daraus

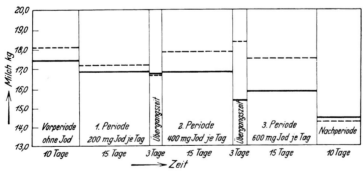

Abb. 124. Wirkung hoher Jodgaben auf die Milchleistung der Kühe. (Nach SCHARRER und SCHROPP.) Durchschnitte in den einzelnen Versuchsabschnitten. ——— ohne Jod. - - - - - mit Jod.

kann wiederum mit Recht auf eine hemmende Wirkung der Jodfütterung auf den Abfall der Laktationskurve geschlossen werden.

Noch höhere Jodgaben (200, 400 und 600 mg Jod in Form von KJ) scheinen — wie aus den Versuchen von SCHARRER und SCHROPP[1069] hervorgeht — auch keine besonders günstige Wirkung auf die Milchleistung der Kühe auszuüben. Sie wirkten aber günstig auf die Dauer der Laktation, d. h. sie hemmten die natürliche Abnahme der Milchproduktion (vgl. Abb. 124). Der prozentische Fettgehalt erfuhr durch diese hohen Gaben keine Veränderung, der gesamte Fettgehalt wurde aber wohl infolge der besseren Milchleistung erhöht.

Von einer schädigenden Wirkung auch der hohen Joddosen läßt sich also — gegenüber der Ansicht von Bircher — nach diesen Versuchen nicht sprechen. Dasselbe betont auch Monroe[848, 849, 850], der Milchkühen (Jersey) 100 mg Jodkali lange Zeit hindurch darreichte, und auch Orr und Leitch[896] auf Grund der Versuche im Rowett-Research-Institute in England.

Weiser und Zaitschek[1293] fanden bei Verfütterung von mit Jodkali jodiertem Futterkalk keine Steigerung des Milchertrages während der Versuchsperiode, aber eine Begünstigung der Milchproduktion in der folgenden Periode konnten sie, wie die folgende Tabelle zeigt, feststellen.

Wirkung des jodierten Futterkalkes auf die Milchproduktion bei Kühen. (Nach Weiser und Zaitschek.)

Gruppe mit Jodkali			Gruppe ohne Jodkali		
Periode I.	Periode II.	Periode III.	Periode I.	Periode II.	Periode III.
36 Tage gewöhnlicher Futterkalk	52 Tage *jodierter Futterkalk*	15 Tage gewöhnlicher Futterkalk	36 Tage	52 Tage	15 Tage
			nur gewöhnlicher Futterkalk		
13,31 Liter Milch täglich	12,09 Liter Milch täglich	12,47 Liter Milch täglich	13,41 Liter Milch täglich	12,14 Liter Milch täglich	11,65 Liter Milch täglich

Hier zeigte sich also eine Nachwirkung des Jodkalis dadurch, daß die natürliche Milchabnahme gehemmt wurde.

Es liegen aber *auch negative Versuchsergebnisse* vor. Liebscher[724] konnte durch Zufütterung einer jodierten Salzmischung „Ancora F" weder die Milchmenge noch den Fettgehalt der Milch beeinflussen. Ähnlich negative Resultate erhielten auch Kučera und Münzberger[665], die das Jod in Form von Jodkali subcutan per injectionem applizierten. Obzwar sie in 2 Gruppen von je 7 Kühen (periodisches System der Versuchsführung) die einzelnen Tiere mit 100, 200, 300, 400, 500, 600 und 700 mg Jod täglich behandelten, erhielten sie weder eine Erhöhung der Milchproduktion noch der Fettproduktion. Es zeigte sich auch keine Verlangsamung der Milchabnahme mit der fortschreitenden Laktation. Die Ergebnisse von Kučera und Münzberger waren die folgenden:

Gruppe	Subcutan appliziertes Jod in mg	Milchproduktion in kg Periode			Fettproduktion in g Periode		
		1	2	3	1	2	3
I . . . {	100—700	9,10	—	6,49	348	—	262
	—	—	8,58	—	—	330	—
II . . . {	—	8,30	—	5,46	319	—	218
	100—700	—	7,65	—	—	291	—

Negativ verliefen auch Kučeras und Münzbergers Versuche mit dem jodierten Salze „Osteosan", das in Gaben von 25—75 bzw. von 50—100 g bei 2 Gruppen zu je 3 Kühen per os dargereicht wurde. Auch hier blieb sowohl die Milch als auch die Fettmenge unbeeinflußt. Da der Jodgehalt dieses Präparates nicht angegeben wird, kann nicht entschieden werden, ob die Nichtwirkung durch zu hohe oder zu niedrige Joddosierung oder durch andere Bedingungen (Gehalt an anderen Salzen) verursacht wurde.

Hansen[443] kam hinsichtlich der Beeinflussung des Milchertrages auch bei praktischen Versuchen zu negativen Ergebnissen. Die Erträge werden nicht nennenswert beeinflußt. Bei Erwägung dieser Versuche muß wohl berücksichtigt

werden, daß, wie HANSEN selbst ausdrücklich bemerkt, Kühe mit höheren Milch-
erträgen in den Versuch eingestellt wurden. Es ist deshalb nicht ausgeschlossen,
daß es sich um Tiere handelte, bei denen schon an und für sich das Optimum
der Produktivität erreicht wurde. Außerdem ist aus dem Berichte von HANSEN
nicht ersichtlich, wie hoch die Jodgaben waren. Er gibt nur an, daß die Kühe
eine tägliche Beigabe von 80 g des Jodmineralsalzes „Ancora" erhielten. Der
Jodgehalt dieses Präparates wird aber nicht mitgeteilt. Wie wir aus den Versuchen von STROBEL, SCHARRER und SCHROPP[1176] wissen, reagieren die Kühe
durch Milcherhöhung erst bei einer täglichen Gabe von 76,45 mg Jod aufwärts,
während 1,53 bzw. 3,82 mg wirkungslos blieben, so da es nicht ausgeschlossen
ist, daß die Joddosierung im HANSENschen Versuche unterhalb dieser Wirkungsschwelle gelegen war. Der ganze Versuch wurde zu sehr rein praktisch
durchgeführt, so daß gewisse methodische Mängel die Verwertung seines Er-
gebnisses für das gesamte Jodproblem der Haustiere in Frage stellen. Dasselbe
gilt auch von den negativ ausgefallenen Versuchen von LIEBSCHER und von
KUČERA und MÜNZBERGER.

Deshalb können wir den bisherigen negativen Resultaten keine Gegen-
beweiskraft zusprechen.

Eine andere Frage ist aber die nach der *Natur der stimulierenden Wirkung
der höheren Jodgaben* in den Versuchen von SCHARRER, STROBEL, SCHROPP,
WEISER und ZAITSCHEK. MANGOLD und LINTZEL[791] weisen darauf hin, daß
die Grundfütterung in den Weihenstephaner Versuchen von SCHARRER und
Mitarbeitern jodarm war und fragen sich, „ob nicht schon physiologische Jodmengen dieselbe Wirkung ausgeübt hätten wie jene starken Gaben"; oder
mit anderen Worten: „hat das zugeführte Jod als ergänzender Nährstoff oder als
leistungssteigerndes Reizmittel gewirkt?". Die negativen Resultate von HANSEN
sollen dadurch erklärt werden, daß die Versuche in der Mark Brandenburg
ausgeführt wurden, wo der Futterjodgehalt ein genügender ist und weitere Jodzufuhr deshalb ohne Wirkung bleiben muß. Ich zweifle an dem Zutreffen dieser
Erklärung. MANGOLD und LINTZEL berechnen selbst, daß der Jodbedarf des
Rindes kaum 1—2 mg je Tag überschreiten dürfte. STROBEL, SCHARRER und
SCHROPP[1176] haben aber auch mit Gaben von 3,82 mg täglich (zu dem
übrigen Futter) keine Milchzunahme erzielt. Es dürfte sich um einen Jodmangel auch aus dem Grunde nicht handeln, weil in diesen Versuchen (s. oben)
auch schon bei Gaben von 1,53 mg eine erhöhte Ausscheidung des Jodes durch
den Harn stattgefunden hat — schon diese kleine Gabe bedeutete also einen Überschuß an Jod. Ich halte deshalb für viel wahrscheinlicher, daß das Jod in diesen
Versuchen durch sein überschüssiges Vorhandensein stimulativ gewirkt hatte.

Andererseits halte ich es aber für fraglich, ob diese Wirkung auf dem Wege
über die Schilddrüse gegangen ist. Es muß erwogen werden, daß eben die niedrigsten Jodgaben, die noch nicht zu einer Milcherhöhung führen, schon eine erhöhte
Jodausscheidung durch den Harn zur Folge hatten. Es handelte sich eben
um kein organisch verwendbares Jod. Die Erhöhung der Ausscheidung erfolgte
außerdem derart (s. oben) unmittelbar nach Beginn der Joddosierung, daß ein
Umweg über die Schilddrüse kaum denkbar wäre. Dies kann aber selbstverständlich keinen Beweis bilden, denn man weiß nicht, ob die Ausscheidung quantitativ
war, ob also vielleicht nicht doch eine erhöhte Schilddrüsenfunktion zurück-
behalten wurde. Auch kennt man den Weg nicht, auf dem das Thyreoidea-
(Thyroxin-) Jod verbraucht und ausgeschieden wird. Doch ist der Umweg über
die Thyreoidea unwahrscheinlich.

Endlich ist nur noch die Tatsache festzuhalten, daß die Körpertemperatur
der Kühe, wie SCHARRER und SCHROPP[1069] gefunden haben, durch tägliche Jod-

gaben von 200 und 400 mg Jod erhöht wird. Die Gabe von 600 mg bewirkte ein Sinken der Temperatur; nach dem Aussetzen der Dosierung nahm aber die Temperatur der früheren Jodtiere bedeutend zu (vgl. Abb. 125).

Vom Gesichtspunkte der praktischen Produktion muß aber die *Anwendung von Jod zur Steigerung der Milchleistung* deshalb *Bedenken* erwecken, weil dadurch der Jodgehalt der Milch besonders bei höheren Gaben erhöht wird. Eine solche Milch kann leicht zur Hyperjodisierung des menschlichen Organismus führen und auf diesem Wege Thyreotoxikosen hervorrufen (vgl. näher Mangold und Lintzel[791] und Zimmermann[1369].

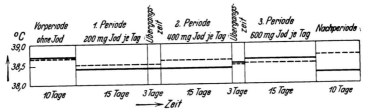

Abb. 125. Wirkung der Jodfütterung auf die Körpertemperatur bei Milchkühen. (Nach Scharrer und Schropp.) ——— ohne Jod, – – – – mit Jod.

3. Wirkung der Jodfütterung auf das Wachstum der Kälber.

Krauss und Monroe[610] verfütterten an Kälber der schwarzbunten Holsteinrasse Milch von Kühen, die täglich 0,1 g Jodkali erhielten. Solche Milch enthält (s. oben) 1—10 γ Jod in 1 l. Die Milch wurde als Ergänzung zu einer Ration verfüttert, die aus Luzerne, Kleie und Leinkuchen bestand. Als Kontrolle dienten Kälber, welche nichjodierte Milch bei der gleichen Fütterung erhielten. Es zeigte sich keine Steigerung oder Beschleunigung des Wachstums, aber die Kälber mit jodierter Milch hatten eine etwas erhöhte Gewichtsproduktion, wenn diese auf 100 Pfund der verfütterten Milch bzw. auf Pfund der Trockensubstanz der anderen Futtermittel berechnet wird.

Wirkung von jodierter Milch auf das Wachstum der Kälber.
(Nach Krauss und Monroe.)

	Tägliche Durchschnittszunahme in lbs	Gewichtszunahme auf 100 lbs der verfütterten Milch in lbs	Gewichtszunahme auf 1 lb der verfütterten Trockensubstanz in lbs
Jerseykälber:			
Kontrolle . . . . 2 ♂	1,50	12,47	0,37
4 ♀	1,23	10,67	0,35
Versuch . . . . . 2 ♂	1,47	13,26	0,42
4 ♀	1,40	13,38	0,37
Holsteinkälber:			
Kontrolle . . . . 2 ♂	2,10	16,30	0,42
5 ♀	1,77	14,09	0,38
Versuch . . . . . 2 ♂	2,05	15,45	0,45
4 ♀	1,75	14,38	0,37
Durchschnitt:			
Kontrollkälber	1,61	13,13	0,376
Versuchskälber	1,64	14,04	0,392

Dieses Ergebnis würde auf eine intensivere Futterausnützung unter dem Einflusse der jodierten Milch hinweisen. Ob diese auf dem Wege über eine Beeinflussung der Thyreoidea vor sich geht, kann nicht entschieden werden.

4. Die Schilddrüse als konstitutioneller Faktor beim Rinde.

Nach Duerst[278]) kann man beim Rinde 2 Konstitutionstypen, nämlich den *Atmungstypus* (Typus respiratorius) und den *Verdauungstypus* (Typus digestivus) im Sinne Sigauds[1127] und seiner Schüler Chaillou und MacAuliffe[161] unterscheiden und mit diesen vollkommen auskommen. Der Atmungstypus entspricht dem des Milchrindes, der Verdauungstypus dem des Mastrindes (vgl. Abb. 126—129). Als die typischen Vertreter des reinen Atmungstypus können die Milchrassen Jersey, Holländer und Jeverländer angeführt werden, als die des reinen Verdauungstypus die Mastrassen Shorthorns, Aberdeen-

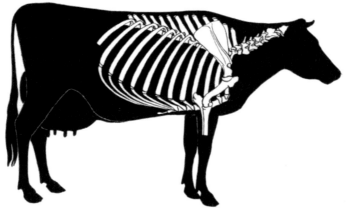

Abb. 126. Atmungstyp des Rindes, schematisch von der Seite gesehen. Gerader Brustbeinverlauf, keilförmiger Thoraxumriß. (Nach Duerst.)

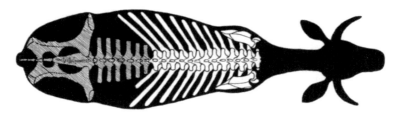

Abb. 127. Schema des Atmungstypes beim Rinde. Langer, schlanker Hals, weit gegen die Hüften zu reichende, schräg gestellte Rippen, rechts Stumpfrippe 12/13 angedeutet. Vom Rücken gesehen. (Nach Duerst.)

Angus, Herefords und Charollais. Gemischte Formen des Atmungstypus bieten die Ostfriesen, Holsteiner, ostpreußische Holländer, Simmentaler, Schweizer Braunvieh, Haslischlag und Eringer, des Verdauungstypus die Normänner.

Im Sinne von Weidenreichs[1291] Klassifikation würden diese 2 Typen dem *leprosomen* Typus (= Atmungstypus) und dem *eurysomen* Typus (= Verdauungstypus) entsprechen.

Nach dem Erachten von Duerst ist die Schilddrüse für die Leistungen des Rindes von größter Bedeutung.

Die Milchrassen des Atmungstypus sollen sich durch eine normale bzw. Hyperfunktion der Thyreoidea auszeichnen, die Mastrassen des Verdauungstypus durch eine Hypofunktion der Thyreoidea. Duerst[278] teilt mit, daß Kučera bei vielen erstklassigen Mastochsen der Charollais aus den Pariser

Schlachthöfen eine typische Schilddrüsendegeneration und Verminderung der Funktion histologisch und chemisch nachweisen konnte. Die besten Milchkühe sollen sich aber durch makrofollikulären Thyreoideatypus mit dünnflüssigem Kolloid auszeichnen, der auf Hyperfunktion hinweisen soll (vgl. auch Tabelle auf S. 458).

Der Atmungstypus zeigt nach Duerst[278] eine niedrigere Erythrocyten- und Leukocytenzahl.

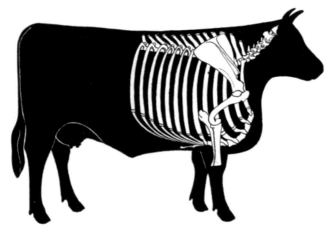

Abb. 128. Verdauungstyp des Rindes, schematisch von der Seite gesehen. Steilstellung der Rippen, Verkürzung des Brustkorbes und Krümmung des Sternums, daher mehr zylindrischer Thorax. (Nach Duerst.)

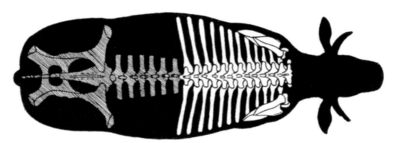

Abb. 129. Schema des Verdauungstypes beim Rindvieh. Kurzer Hals, enge und fast vertikal zur Wirbelsäule stehende Rippen. Großer Bauchraum und relativ breiterer, gewölbter Thorax. (Nach Duerst.)

Blutkörperchenzählung nach den Konstitutionstypen beim Rinde.
(Nach Duerst.)

Atmungstypus	Erythrocyten in Millionen	Leukocyten	Verdauungstypus	Erythrocyten in Millionen	Leukocyten
Jerseys	5,65	5,135	Normänner Kühe .	8,80	5,200
Holländer	5,84	—	Normänner Stiere .	10,92	4,653
Simmentaler Kühe .	8,20	7,823	Charollaiskühe. . .	8,78	5,620
Simmentaler Stiere .	9,11	9,900	Charollaisochsen . .	9,26	7,991
Normänner (Milch) .	6,20	8,114	Herefords	9,18	5,400
Braunvieh	8,56	7,526			

Auch der Hämoglobingehalt soll bei dem Atmungstypus niedriger als beim Verdauungstypus sein.

Hämoglobinmittelzahlen (Hgl) beim Rinde, konstitutionell nach Rassen geordnet. (Nach DUERST.)

Atmungstyp (Milch).   Hgl

Jerseys	9,84 %
Holländer	10,54 %
Simmentaler Milchkühe, trächtig mit über 4000 l Jahresertrag, Winter	7,77 %
Simmentaler Mastochsen vom Atmungstyp mit Fettspeicherung	8,75 %
Simmentaler Stiere	9,75 %
Braunvieh, Milchkühe	8,17 %

Gemischter Typ.

Normänner (Milch) (s. Anm.)	12,28 %

Verdauungstyp (Mast).

Normänner (Mast) (s. Anm.)	17,65 %
Charollais, magere Kühe vor der Mast (s. Anm.)	17,39 %
Charollaiskühe, ausgemästet (s. Anm.)	20,76 %
Charollaisochsen, erstklassig gemästet (s. Anm.)	21,45 %

Die typischen Milchrassen zeigen geringere Bluttrockensubstanzgehalte als die Mastrassen:

Mittelwerte der Bluttrockensubstanz (Tr.) einiger Rinderrassen (an 1821 Tieren studiert). (Nach DUERST.)

Ans Tiefland angepaßte Rinder.

I. Reiner Atmungstyp.
   1. Milchrinder: Tr.

Jerseys (18)	10,26 %
Holländer F. H. (22)	11,53 %
Jeverländer (20)	11,14 %

   2. Gemischte Form mit Überwiegen des Atmungstyps:

Ostfriesen (12)	14,81 %
Holsteiner (6)	15,12 %
Ostpreußische Holländer (4)	14,32 %

II. Reiner Verdauungstyp.
   1. Mastrinder:

Shorthorns (61) (aus England und Argentinien)	22,47 %
Aberdeen-Angus (7)	22,82 %
Herefords (9)	23,19 %

   2. Gemischte Form mit Überwiegen des Verdauungstypus:

Normänner (Milchtypen) (16)	18,48 %
Normänner (Masttypen) (120)	20,62 %

Ans Gebirgsland angepaßte Rinder.

I. Atmungstyp vorherrschend, etwas gemischt.
   1. Milchrassen mit Fettspeicherungseigenschaft:

Simmentaler (842)	18,65 %
Schweizer Braunvieh (320)	18,56 %
Haslischlag (100)	18,04 %
Eringer (24)	18,89 %

   2. Reiner Verdauungstypus.
   3. Reine Mastrasse:

Charollais (240)	22,13 %

Der Blutdruck soll beim Atmungstypus niedriger (im Durchschnitt 92,8 mm) als beim Verdauungstypus (140 mm Hg) sein.

Im allgemeinen meint DUERST, „daß der Stoffwechsel beim Verdauungstypus des Masttieres weit erschwerter ist als beim Milchtiere". Dadurch soll

Anm. Der größte Teil dieser Beobachtungen wurde mit dem in Frankreich noch überwiegend benutzten SAHLI-GOWERschen Instrument gemacht, das um rund ein Viertel höher anzeigt als das SAHLI-BÜRKERsche.

erklärt werden, daß — wie Wiegner berechnete — ein Milchtier bei gleichem Gesamtfutter und Lebenderhaltungsbedarf 25 % des Produktionsfutters für die Atmung verbraucht, ein Masttier aber 40 %, obzwar dies auf den ersten Blick mit der Annahme einer höheren Funktion der Thyreoidea bei dem ersteren Typus im Widerspruch stehen würde.

Für eine Korrelation der beiden Typen mit der Schilddrüsenfunktion soll auch die verschiedene Ausbildung des Haarkleides sprechen. Beim Atmungstypus mit einer normalen oder Hyperfunktion der Schilddrüse findet Duerst beim Haare ein sehr breites Mark bei ganz dünner Haarrinde, während umgekehrt beim Verdauungstypus das dünne Mark mit einer verhältnismäßig dicken, absolut aber doch meist dünnen Haarrinde besteht. Diese Korrelation soll darauf begründet sein, daß Unterfunktion der Thyreoidea, wie auch experimentell nachgewiesen wurde (Furuya[354]), die Haarbildung hemmt.

Der rege Stoffwechsel beim Milchrinde, der auf einer hyperthyreoidischen Konstitution begründet ist, muß aber eine gewisse Hemmung erfahren, wenn es sich um Erhöhung des Fettgehaltes handelt. Wenn dies, wie z. B. in den Tropen, durch höhere Außentemperatur geschieht, erhält man beim Rinde und bei Büffeln bis zu 14 % Fettgehalt der Milch (Duerst[279], S. 498). Die gehemmte Oxydation läßt in erster Reihe jene Stoffe unberührt, die als Speicherungsstoffe angelagert werden können; also Fett, jedoch nicht Proteine. Die letzteren gelangen zur Ausscheidung auf dem gewöhnlichen Wege, d. h. durch die Milchbildung, und das nichtoxydierte Fett wird dabei in Form von Butterfett mitgerissen. Eine solche Fettbildung und -ablagerung kann aber beim Milchrinde auch durch andere Umstände hervorgerufen werden, wie z. B. durch Zugarbeit. Koláček[590a] hat unlängst gezeigt, daß leichtere Zugarbeit bei den Kühen den Fettgehalt der Milch stzigert. Eine physiologische Erklärung dafür bietet uns das von Klein[575] entdeckte „Gesetz der konstanten Sauerstoffaufnahmefähigkeit", nach welchem jedes Tier durch eine festgesetzte Kapazität für Sauerstoffaufnahme ausgezeichnet ist. Wird die derart limitierte Sauerstoffmenge auf der einen Seite mehr verbraucht, muß die Oxydation auf der anderen Seite abnehmen. Bei der Zugarbeit wird der Sauerstoff mehr zur Kraftproduktion aus leicht oxydierbaren Substanzen bzw. zur Zersetzung der verbrauchten, eiweißenthaltenden Zellenbestandteile verwendet. Infolgedessen wird die Oxydation des Fettes gehemmt bzw. wird infolge Sauerstoffverbrauchs noch weiteres Fett gebildet, und auf diese Weise kann die Milch mit Fett angereichert werden (durch Fütterung solcher Tiere mit eiweißhaltigem und zuckerhaltigem Futter könnte dies in einem noch größeren Ausmaße geschehen). Aus demselben Grunde nimmt der Fettgehalt der Milch auch mit der fortschreitenden Trächtigkeit zu (s. Turner[1228]). Die sich entwickelnde Frucht verbraucht immer mehr und mehr den zur Verfügung stehenden Sauerstoff und das Fett wird in größerer Menge in der Milchdrüse abgelagert und in Form von Milchfett ausgeschieden.

Im Lichte dieser Gegenbeziehungen — und dadurch will ich hier Duersts Auffassung des hyperthyreoidischen Milchtypus ergänzen — kommen wir zu dem Schlusse, daß der *rege Stoffwechsel des Milchtypus* (der auf einer intensiven Thyreoideafunktion basiert sein soll und in Kleins Sinne eine hohe Sauerstoffkapazität haben muß), wenn er einen höheren Fettgehalt ausweisen soll, sekundär eine Hemmung der Oxydation erfahren muß. Dadurch kann erklärt werden, warum das *Gebirgsmilchvieh im allgemeinen einen höheren Fettgehalt der Milch* zeigt als das Niederungsvieh. Durch systematische Untersuchungen auf dem Altaierrinde konnte neuerdings Amschler[24, 24a] direkt zeigen, daß der Fettgehalt der Milch in positiver Korrelation mit der Seehöhe ist (insofern nicht Störung durch Unterernährung vorkommt). Der relative Sauerstoffmangel im Gebirge (s. oben) hemmt hier eben die Sauerstoffaufnahme. Eine nicht hiermit übereinstimmende Ausnahme würde hier die Jerseyrasse darstellen, bei der bei verhältnismäßig niedriger Milchmenge der Fettgehalt hoch ist; außerdem ist die Jerseyrasse eine Meeresküstenrasse, bei der die Schilddrüsentätigkeit durch reicheren Jodgehalt des Futters stimuliert werden könnte. Diese Rasse repräsentiert auch das Extrem des Atmungstypus (vgl. oben z. B. den Bluttrockensubstanzgehalt). Dies beweist aber nur, daß die *Leistungstypen des Rindes* durch die endokrine Konstitution und besonders *durch die Thyreoideafunktion nicht ausschließlich* und einfach erfaßt werden können, sondern daß hier auch andere Faktoren mitspielen müssen.

Auf eine Hemmung der Oxydation bzw. der Thyreoideafunktion bei erhöhter Fettproduktion weist übrigens auch schon DUERST[279] (S. 499) selbst hin. Es bleibt aber die Frage offen, warum sich unter solchen Umständen ein Milchtypus nicht in einen Masttypus umwandelt. Das Grundmoment liegt darin, daß die intensiv tätige Milchdrüse weiter arbeitet und die Futterbestandteile weiter in Milch umsetzt, anstatt sie in Form von Körpersubstanz speichern zu lassen. Das letztere wäre dann möglich, wenn sich die Wachstumspotenz der Milchdrüse, auf der die Milchproduktion beruht, in Wachstumspotenz des Körpers verwandeln würde. Und dies geschieht eben nicht, da das Verhältnis der Milchdrüse zu dem Körper wahrscheinlich schon von dem endokrinen System unabhängig gemacht wurde und genotypisch in anderen entwicklungsmechanischen Beziehungen festgelegt ist.

Den *Masttypus* faßt DUERST als einen hypothyreoidischen Typus auf. Der Hypothyreoidismus, besonders wenn es sich um tiefe Herabsetzung der Schilddrüsenfunktion handeln soll, kann aber nur nach beendetem Wachstum zur Geltung kommen. Das intensive Jugendwachstum und die Frühreife dieses Types würde eher eine intensiv funktionierende Schilddrüse voraussetzen. Nur dadurch kann die volle Körperausbildung und der gute Fleischansatz erreicht werden. Die Synthese neuer Körpersubstanz verlangt intensive Oxydation (vgl. oben) und dazu eine hohe Sauerstoffpotenz im Sinne KLEINS, welche intensiv funktionierende Thyreoideen voraussetzt. Kastration in frühem Alter, die zur Hemmung der Schilddrüsenfunktion führt (s. oben), hat bei Bullen — worauf KLEIN aufmerksam macht — eine ungünstige Wirkung auf die Körperentwicklung und den Fleischansatz zur Folge. Die Hypofunktion kann erst dann zur Wirkung kommen, wenn es sich um den Fettansatz handelt. Der intensive Körpersubstanzansatz beim Masttypus in der Jugend erfordert vielleicht eine noch höher funktionierende Schilddrüse als der Milchtypus. Da er sich aber nicht zum Milchtypus entwickelt, wird eben die Folge davon sein, daß hier noch andere, tieferliegende Beziehungen vorhanden sein werden als die zu der Schilddrüse.

Darnach würde der *Unterschied zwischen dem Mast- (Verdauungs-) Typus und dem Milch- (Atmungs-) Typus beim Rinde*, insofern es sich um die Schilddrüse handelt, nicht darin liegen, daß sich der erstere an sich durch einen Hypo-, der andere durch einen Hyperthyreoidismus auszeichnet, sondern darin, daß sich später die ursprünglich identische oder bei dem Masttypus noch höhere Schilddrüsenfunktion anders bei dem Masttypus und anders bei dem Milchtypus ausgestaltet. Die bei dem Masttypus in der Jugend hoch funktionierende Schilddrüse setzt später ihre Tätigkeit mit der erreichten Körpergröße rasch herab und ermöglicht den intensiven Fettansatz. Bei dem Milchtypus entwickelt sich die Schilddrüsenfunktion langsamer (das Milchvieh wird auch später reif), wird aber auch nach erreichter Geschlechtsreife aufrechterhalten, um die Wachstumsprozesse in der Milchdrüse dauernd auf der Höhe zu halten. Die Abb. 130 gibt eine graphische schematische Darstellung dieser Beziehungen.

Inwiefern diese Auffassung, welche jene von DUERST nur ergänzen bzw. auf den ganzen Lebens- und Entwicklungszyklus des Rindes erweitern soll, richtig ist oder nicht, könnte nur durch systematische vergleichende Untersuchungen von Schilddrüsen junger Tiere in den verschiedenen Altersstufen bei beiden Typen geprüft werden. Die bisherigen Untersuchungen von Schilddrüsen der beiden Typen, auf denen DUERST basiert, beziehen sich auf ein Material von geschlechtsreifen, ausgewachsenen und — sofern es sich um den Verdauungstypus handelt — auch von gemästeten Tieren. Sie klären uns demzufolge nur über den Endzustand des gegenseitigen Verhältnisses der Schilddrüsenfunktion bei diesen Typen auf.

Von einem anderen Gesichtspunkte aus könnte man den Verdauungstypus (eurysomer Typus nach WEIDENREICH[1291]) als einen infantilen Typus gegenüber dem Atmungstypus (leptosomer Typus nach WEIDENREICH) auffassen. Das Material ist immer frühreif gegenüber dem spätreifenden Milchrinde, d. h. „die Milchrinder . . . behalten ein länger andauerndes Körperwachstum bei, weil eben ihre Leistung im Grunde an sich schon ein ständiges Wachstum durch Vermittlung der Milchdrüse darstellt und keinen Speicherungsvorgang, wie es die Ausmästung eines Tieres mit prämaturen Wachstumsabschluß ist" (DUERST[279], S. 499). Das länger dauernde Wachstum des Milchrindes bedeutet für die morphologische Differenzierung eine länger dauernde Tätigkeitsmöglichkeit. Der frühere Wachstumsabschluß beim Mastrinde bedeutet ein vorzeitiges Stehenbleiben auf einer niedrigeren Stufe. In der Tat findet man auch, daß das Mast-

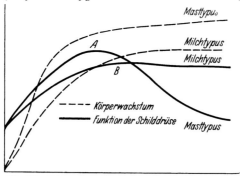

Abb. 130. Schematische Darstellung der Beziehung zwischen Thyreoideafunktion bei dem Mast- (Verdauungs-) Typus und dem Milch- (Atmungs-) Typus beim Rinde (Original).
A. Geschlechtsreife bei dem Masttypus. Die bisher intensiver funktionierende Schilddrüse (intensiveres Wachstum) verfällt einer Hemmung, welche den Fettansatz (s. weiter fortschreitende Gewichtskurve) günstig beeinflußt.
B. Geschlechtsreife bei dem Milchtypus; wird später erreicht. Die bisher in der Funktion schwächer aufsteigende Thyreoidea behält ihren Funktionszustand und ermöglicht auf diese Weise die weitere hohe Milchleistung.

rind in der Körperausbildung, besonders aber in der Kopfform, dem Jungvieh näher steht als das Milchrind. Auch hiervon kann sein differenter Körpertypus abgeleitet werden. WEIDENREICH hat beim Menschen gezeigt, daß die postembryonale Entwicklung im allgemeinen eine Verschiebung vom eurysomen Typus zum leptosomen Typus bedeutet. Auch das Kalb des Milchtypus ist mehr eurysomen Charakters als das leptosome ausgewachsene Tier. Daß die intensiver funktionierende Schilddrüse beim jungen Tiere des Masttypus zum vermehrten Aufbau der Körpersubstanz und nicht zur entwicklungsgeschichtlichen Differenzierung verwendet wird, hängt mit der jugendlichen Tendenz zur Protoplasmasynthese zusammen, welche durch andere Faktoren bestimmt wird. Die weitere Differenzierung wird aber später bei dem Mastrinde durch Herabsetzen der Schilddrüsentätigkeit unmöglich gemacht. Beim Milchrinde findet man dagegen eine langsamere Vermehrung der Körpersubstanz, was auf eine herabgesetzte Schilddrüsentätigkeit hinweist; sie dauert aber länger, und die persistierende Schilddrüsentätigkeit ermöglicht eine weiter dauernde Differenzierung zum leptosomen Typus. In diesem Sinne stammt also der Masttypus vom Beibehalten der jugendlichen eurysomen Form infolge vorzeitigen Abschlusses der Differenzierung als Folge einer Abnahme der Thyreoideafunktion (falls diese

Auffassung richtig ist, wäre es vielleicht möglich, durch künstliche Thyreoidisierung junger Mastrinder eine gewisse Verschiebung ihrer Körperausbildung in der Richtung zum Atmungstypus zu erzielen).

Auch von diesem Gesichtspunkte gelangt man also zu der oben angedeuteten Ergänzung der DUERSTschen Auffassung der *Unterschiede in der Thyreoideafunktion zwischen dem Milch- und dem Mastrinde.*

IV. Der Einfluß der Schilddrüse auf Ernährung und Stoffwechsel beim Pferde.

Von dem Pferde besitzen wir über die Beziehungen der Schilddrüse zum Stoffwechsel praktisch keine Erfahrungen.

Im Jahre 1892 berichtete MOUSSU[851, 852] als erster über einen Versuch mit *Thyreoidektomie* an einigen Pferden und einem Esel, der aber negativ ausfiel; es konnten keine Folgen der Operation festgestellt werden.

Nach neueren Untersuchungen von HECKSCHER[467] führt *Thyreoidektomie beim Pferde* zur Erhöhung des Fett - Cholesterinspiegels des Blutes. Es zeigten sich nebenstehende Zahlen.

An diesem Unterschied ändert sich nichts, auch wenn die Pferde einer erhöhten Fütterung mit fetthaltendem Futter (Mais) unterzogen werden. Es kommt dabei zu einer gewissen Erhöhung des Blutfettes bei normalen Tieren; bei den operierten ist jedoch diese Erhöhung eine noch größere.

Wirkung der Thyreoidektomie beim Pferde auf die Fett-Cholesterinmenge des Blutes. (Nach HECKSCHER.)

	Citratblut %	Serum %
Normale Pferde:		
Nr. 469	0,03	0,01
Nr. 472	0,03	0,00
Thyreoidektomierte Pferde .		
Nr. 315 . . . . :	0,05	0,02
Nr. 338	0,05	0,03
Nr. 417	0,07	0,05
Nr. 442	0,06	0,03
Nr. 467	0,05	0,04
Nr. 470	0,08	0,05

DUERST[276] (vgl. auch [278]) unterscheidet *auch beim Pferde die zwei Grundtypen*, den Atmungstypus und den Verdauungstypus, die ähnlich wie beim Rinde mit verschieden hoher Schilddrüsentätigkeit vereint sein sollen. Den Atmungstypus sollen die meisten Renn- und Schnellpferde repräsentieren (Militärreitpferde), den Verdauungstypus die Schrittpferde (Belgier, Boulogner).

KLEIN[575] ist derselben Meinung; die Vollblutpferde sollen eine Basedowikerkonstitution haben (zeigen auch Exophthalmus), die schweren Pferde aber eine myxödematische Konstitution. Er macht darauf aufmerksam, daß die schweren Pferde im zweiten Lebensjahre besser wachsen als im dritten und vierten. Bei den Kaltblutpferden finden wir auch eine hohe Frühreife — also dieselben Unterschiede wie zwischen dem Milch- und Masttypus des Rindes. Wenn nun bei den schweren Pferden schon im dritten Lebensjahre eine Neigung zum Fettwerden auftritt, kann dies als Zeichen derselben sukzessiven Änderung der Schilddrüsenfunktion auch bei Pferden dienen, wie wir sie oben bei den Konstitutionstypen des Rindes besprochen haben: beim schweren Pferde (Verdauungstypus) zuerst eine intensive Schilddrüsentätigkeit (rasches Wachstum), dann aber ein Umschlag in einen hypothyroidischen Zustand (Fettwerden); beim leichten (Vollblut-) Pferde in der Jugend eine schwächer zunehmende Thyreoideatätigkeit, die aber anhält und dieses Pferd gegenüber dem schwereren Pferde in einen hyperthyroidischen Zustand bringt.

Nähere Nachweise für diesen Zusammenhang der erwähnten Typen mit der Schilddrüsenfunktion wurden aber vorläufig noch nicht erbracht.

Für das Pferd als ein spezifisches *Arbeitstier* ist die Tatsache von Bedeutung, daß unter dem hyperthyroidischen Zustande die Arbeitsleistung unökonomisch ist, wie Asher und Curtis in Versuchen an Ratten gezeigt haben und später von Kisch, Glose, Bernhardt und Schlesener, Thaddea, Lauter u. a. (vgl. Abelin[1]) bestätigt wurde. Im basedowisch-hyperthyreoidischen Zustande ist auch die Ermüdbarkeit größer, und die Basedowiker beim Menschen verbrauchen für die Ausführung einer bestimmten Körperleistung auch bedeutend mehr Sauerstoff als Normalpersonen (Boothy und Sandifor zit. l. c. und Boothy zit. l. c.). Besäßen die Reitpferde des Atmungstypus einen hyperthyreoidischen Charakter, so würde ihre Arbeit hinsichtlich des Stoffwechsels unökonomischer sein als die der Schrittpferde des Verdauungstypus, und sie würden auch früher der Ermüdung verfallen als die letzteren. Für die Prüfung der Ökonomie des Stoffwechsels bei der Arbeit besitzen wir vorläufig noch keine Anhaltspunkte aus respiratorischen Versuchen. Die erhöhte Ermüdbarkeit beim hyperthyreoidischen Zustande würde aber hinsichtlich der bekannten höheren Ausdauer eben der Warmblutpferde gegenüber den schweren Kaltblutpferden mit dem angeblich hyperthyreoidischen Charakter der ersteren nicht stimmen. Jedenfalls verlangt diese Frage eine nähere Untersuchung, worauf ich hier aufmerksam machen möchte.

Ähnlich wie beim Rinde erscheint auch beim Pferde ein *Hypothyreoidismus* mit seinen pathologischen Folgen *infolge Jodmangels in der Nahrung.* Dieser Hypothyreoidismus ist aus den Nordweststaaten der USA. bekannt. Kalkus[550] hat diesen Zustand aus dem Staate Washington besonders eingehend beschrieben. Es werden dort Fohlen geworfen, die Körper- und Lebensschwäche aufweisen, und oft, aber nicht immer (Evvard[296]) schon eine äußerlich sichtbare *Hypertrophie der Schilddrüse* zeigen. Haarlosigkeit kommt dabei nicht besonders vor. Die Tiere gehen leicht und schnell zugrunde, falls sie nicht schon tot geboren werden. Die auf diese Weise entstehenden Verluste sind groß; bis 75—90% der geborenen Fohlen können erkrankt sein, von denen wieder 95% tot geboren werden oder kurz nach der Geburt zugrunde gehen. Eine Thyreoideahyperplasie erscheint auch bei erwachsenen Tieren. In manchen Weidewirtschaften (Ranches) in Washington findet man 30—50% der Pferde mit solcher infolge Jodmangels entstandenen Struma. Welch[1300—1302] beobachtete diesen Hypothyreoidismus bei Pferden auch im Staate Montana, und Evvard[296] auch in Iowa.

V. Der Einfluß der Schilddrüse auf Ernährung und Stoffwechsel beim Schweine.

1. Folgen der Schilddrüsenexstirpation.

Die Folgen der Schilddrüsenexstirpation studierten an Schweinen als erste Munk[858, 859] und Horsby[504], sie konnten aber keine deutliche Wirkung feststellen. Dieses negative Resultat erklärt Horsby selbst dadurch, daß die zu kurze Zeit zwischen der Operation und dem Schlachten der Tiere keine Folgen entstehen lassen konnte.

Moussu[851, 852] berichtete später über Versuche an jungen Schweinen. Bei einem im Alter von 14 Tagen operierten Tiere konnte er schon nach wenigen Wochen eine myxödematische Veränderung des Tieres beobachten. Es bekam ein aufgetriebenes Abdomen, zeigte Bildung von infiltrierten Hautfalten, kahle Hautstellen und eine Hemmung des Wachstums. Bei anderen, ebenfalls im Alter von einigen Wochen operierten Tieren zeigte sich ähnlich *Wachstumshemmung* und myxödematisches Aussehen, anstatt Haarausfall aber ein Wachstum von auffallend langen und dicken Borsten.

Von Eiselsberg[284a] operierte ein Schwein im Alter von 4 Wochen und fand, daß schon 1 Monat nach der Exstirpation ein Zurückbleiben im Wachstum zu erkennen war. 9 Monate nach der Exstirpation wog das Tier nur 36 kg, gegenüber einem 50 kg wiegenden Kontrolltiere. Die Hemmung betraf mehr das Längen- und weniger das Höhenwachstum. Auffallend war hier eine starke Entwicklung der Borsten am Rücken. Eine apathische Idiotie fehlte aber vollkommen, und das Tier war ebenso lebhaft wie das Kontrolltier und nahm ebenso reichlich Nahrung zu sich. Ein Jahr nach der Operation erreichte das operierte Tier nahezu dieselbe Höhe wie das Kontrolltier.

Die Thyreoidektomie hemmt also beim Schweine in erster Reihe das Wachstum, und zwar besonders das in die Länge. Weiter tritt Myxödem und Haarausfall auf. Wenn aber v. EISELSBERG und auch MOUSSU andererseits von verstärktem Borstenwachstum sprechen und v. EISELSBERG dazu auch von einer normalen Lebhaftigkeit, so kann dies die Folge einer unvollkommenen Thyreoidektomie sein, bei der akzessorische Schilddrüsen hypertrophierten. Eine Überprüfung des Versuchsmaterials in dieser Richtung wurde aber nicht ausgeführt.

Eine *Wachstumshemmung* fanden neuerdings auch CAYLOR und SCHLOTTHAUER[153], jedoch nur dann, wenn die Tiere eine weniger Eiweißstoffe, aber viel Kohlehydrate enthaltende Kost erhielten. War die Kost reich an Eiweißstoffen und ärmer an Kohlehydraten, so glich das Wachstum der schilddrüsenlosen Tiere dem der Kontrollen, teilweise war es noch intensiver. Die verschiedene Kostzusammensetzung entschied auch das Auftreten des Myxödems. Dieses erschien nur bei den normal wachsenden, mit Eiweißstoffen reichlich gefütterten Tieren, nicht aber bei denjenigen, die weniger Eiweiß-, aber mehr Kohlehydratnahrung erhielten. Dasselbe beobachteten SCHLOTTHAUER und CAYLOR[1082] auch bei thyreoidektomierten, erwachsenen und trächtigen Sauen.

Interessant sind die Resultate, die beim Schweine mit *partieller Thyreoidektomie* erzielt wurden. Den Anlaß dazu gab die Erwägung, ob man die Mastfähigkeit der landwirtschaftlichen Nutztiere außer durch Kastration auch durch teilweise Exstirpation der Schilddrüse steigern könnte. SCHEUNERT[1075] — vgl. auch KLEIN[571, 575] — exstirpierte einem kastrierten Ferkel (veredeltes Landschwein) ein Drittel der Schilddrüse und implantierte ihm zugleich einen Teil der Thymus eines anderen Tieres. 3 Wochen nach der Operation zeigten sich Unterschiede in der Gewichtszunahme, die bei dem operierten Tiere größer war. Gleichzeitig änderte sich auch der Habitus: das Tier wurde länger als das Kontrolltier, die Extremitäten blieben aber sehr kurz: Becken und Brustgürtel verbreiteten sich in auffallender Weise, so daß das Tier ein ganz deformiertes Aussehen annahm. Es wuchsen lange glänzende Borsten und entwickelte sich ein starker Bart. Das Tier bekam trotz der früheren Kastration einen eberartigen Typ, die Haut war zart und glatt, das Tier aber sehr faul geworden und machte hinsichtlich seines Mastzustandes einen vorzüglichen Eindruck. Die gesteigerte Gewichtszunahme brachte das Tier in der Mitte des Versuches um 14 kg vor das Kontrolltier: dieser Unterschied hatte sich aber am Ende des Versuches wieder ausgeglichen. Es handelte sich also nur um eine Wachstums*beschleunigung*, nicht aber um eine Wachstumssteigerung. Diese Wirkung soll nach SCHEUNERT nur von der partiellen Thyreoidektomie abgeleitet werden, nicht aber von der gleichzeitigen Thymusimplantation, denn andere Versuche zeigen, daß die Thymusimplantation allein die Gewichtszunahme nicht beeinflußt.

Zu ähnlichem Resultat kam später auch AGNOLETTI[19], der fand, daß kastrierte und gleichzeitig einseitig thyreoidektomierte Schweine ein größeres Fettpolster bekommen als nur kastrierte Tiere. Wenn die Thyreoidektomie nicht gleichzeitig mit der Kastration, sondern erst nach Anschluß des Knochenwachstums vorgenommen wurde, erzielte er eine noch größere Wirkung.

Die partielle Thyreoidektomie, d. h. ein hypothyreoidischer Zustand, scheint also beim Schweine das Gewichtswachstum zu beschleunigen, das Längenwachstum zu begünstigen, das Höhenwachstum zu hemmen und den Fettansatz zu fördern. Bezüglich der Beeinflussung des Längen- bzw. des Höhenwachstums liegt ein Unterschied gegenüber der Wirkung der totalen Thyreoideaexstirpation vor. Die letztere soll (v. Eiselsberg[284a]) das Höhenwachstum unbeeinflußt lassen, das Längenwachstum aber hemmen. Woher dieser Unterschied rührt, kann vorläufig nicht gesagt werden.

2. Pathologischer Hypothyreoidismus beim Schweine.

Der hypothyreoidische Zustand, der aus Jodmangel in manchen Staaten von USA., wie Montana, Washington, Utah, Missouri und Iowa, vorkommt, ist besonders bei den Schweinen verbreitet. In Montana sollen (Welch[1302]) etwa 100000 Ferkel infolge dieses Zustandes jährlich verlorengehen. Die Ferkel werden (Kalkus[550], Welch[1300,1301] — vgl. auch Evvard[296]) haarlos geboren, sind schwach, liegen apathisch da oder stehen nur sehr unsicher auf und gehen, soweit sie nicht schon tot geboren werden, gleich nach der Geburt oder meistens in einigen Stunden zugrunde. Interessant ist der Umstand, daß nur sehr selten der ganze Wurf befallen wird (s. Abb. 131). Auch bei den erkrankten Tieren ist der pathologische Zustand verschieden abgestuft. Große Variabilität zeigt sich auch darin, daß von Sauen aus demselben Wurf einige unter denselben Bedingungen kranke Ferkel werfen, andere aber normale (Kalkus, Welch). Das

Abb. 131. Ein Wurf von 7 Ferkeln mit 4 haarlosen Ferkeln als Folge eines Hypothyreoidismus aus Jodmangel. (Nach Welch).

Bild wechselt auch je nach den Jahren. Nach Welch sind die im März und April geworfenen Ferkel viel öfter befallen als die im Mai und Juni geborenen (dasselbe teilt auch Smith[1144,1145] mit); im Herbste sind die Würfe gewöhnlich normal. Welch betont, daß erkrankte Ferkel geworfen werden, gleich, ob nun die trächtigen Sauen weiden oder im Stall mit Korn, Heu, Weizen, Luzerne usw. gefüttert werden. Es kommen auch Fälle vor, wo die Ferkel im normalen Zustande geworfen werden, später aber erkranken, wobei oft Diarrhoea und Appetitlosigkeit auftreten, und die Tiere sehr langsam wachsen. Die *Haarlosigkeit* kann entweder eine vollkommene sein, wobei die Haut sehr dünn und gespannt ist (Ödem) oder die Tiere sind mit einem dichten, aber sehr kurzen und feinen Haar bedeckt, das dem Angorahaar ähnlich ist. Es gibt aber auch allerorts Übergänge zwischen diesen zwei Typen und der normalen Behaarung. „No two hairless pigs, even in the same litter, present exactly the same amount of development of coat" (Welch[1300]). Die Ferkel zeigen oft Zeichen von Kretinismus.

Die Haarlosigkeit ist keine Folge einer etwa verfrühten Geburt. Im Gegenteil sollen nach Erfahrungen der Züchter (Welch) die haarlose Ferkel gebenden Sauen manchmal um 4—7 Tage später als normal werfen.

Die *Schilddrüsen der erkrankten Ferkel* sind gewöhnlich vergrößert. Welch fand bei 24 Stunden alten normalen Ferkeln die Schilddrüsen 1 cm lang, 0,7 cm im Durchmesser und 0,2 g im Gewicht, bei haarlosen Tieren aber durchschnittlich 2,5 cm lang, 1,5 cm im Durchmesser und 2 g oder höher im Gewicht. Die am stärksten erkrankten Tiere zeigten die am stärksten vergrößerten Schilddrüsen. In Einzelfällen erscheinen aber bedeutende Abweichungen. KALKUS[550] teilt mit, daß man bei normalen Ferkeln auch 646,6 mg schwere Schilddrüsen finden kann, bei haarlosen Kranken aber solche von nur 200 mg, die also nicht einmal das Durchschnittsgewicht der normalen Drüse (380 mg) erreichen. *Histologisch* zeigt sich in den Schilddrüsen der erkrankten Ferkeln eine Vermehrung des Bindegewebes und der Blutgefäße. Die Follikel enthalten manchmal Kolloid, gewöhnlich sind sie aber kolloidlos, immer von unregelmäßiger Form und zeigen eine Vermehrung und Hyperplasie des Epithels. Manchmal erscheinen auch große kolloidale Cysten. Dies alles weist deutlich auf eine Hypofunktion der Drüse. Eine Vergrößerung der Schilddrüse findet man auch bei Sauen, die haarlose Ferkel werfen. HART und STEENBOCK[453, 454] teilen mit, daß bei etwa 300 Pfund schweren Sauen die Thyreoidea die Größe einer Mannesfaust erreichen kann.

Dabei steht der *Jodgehalt* von solchen erkrankten Drüsen immer tief unter der Norm. WELCH[1300] fand bei neugeborenen Ferkeln einen Jodgehalt von 0,104, 0,170 und 0,171% der frischen Drüsensubstanz.

Daß dieser hypothyreoidische Zustand mit einem *Jodmangel* kausal zusammenhängt, beweisen Versuche, die zeigten (vgl. besonders WELCH und KALKUS), daß an trächtige Sauen verabreichte Jodzugaben auch in den am schwersten befallenen Zuchten diese Plage völlig beseitigen konnten. Es genügt eine tägliche Zugabe von 2 Gran (= ca. 120 mg) Jodkali. In einem Versuche fand WELCH[1300] in 23 Zuchten folgende Ergebnisse:

Präventive Wirkung der Joddarreichung auf die Haarlosigkeit beim Schweine. (Nach WELCH).

Nummer der Zucht	Ergebnis im Jahre 1916 (ohne Jodfütterung)		Ergebnis im Jahre 1917 mit Jodfütterung			
	Normale Würfe	Würfe mit Haarlosigkeit	Jodzugaben in Gran des JK	Zahl der Tage, in denen gefüttert wurde	Normale Würfe	Würfe mit Haarlosigkeit
1	—	6	2	70	6	—
2	—	8	3	75	7	—
3	4	2	3	100	4	—
4	30	10	2	100	14	—
5	4	2	2	100	2	—
6	20	30	2	100	10	—
7	4	6	2	90	4	— (s. Anm.)
8	12	18	2	100	22	—
9	12	12	2	100	12	—
10	2	6	3	100	8	—
11	4	5	2	100	10	—
12	—	13	2	100	15	—
13	4	26	3	70	30	—
14	5	5	4	100	6	—
15	10	6	3	90	17	—
16	10	2	2	100	14	—
17	2	2	2	90	4	—
18	2	4	2	100	1	—
19	—	4	2	80	2	—
20	—	2	2	85	4	—
21	2	2	3	100	4	—
22	—	7	2	90	5	—
23	2	8	2	100	10	—

Anm. Eine Sau, die kein Jod erhielt, warf haarlose Ferkel.

Durch *Jodfütterung der trächtigen Sauen* wird auch der Jodgehalt in den Schilddrüsen der Ferkel erhöht (auf 0,381—0,496% der frischen Drüsensubstanz), also mehr als um das Drei- bis Vierfache. Ähnlich gute Resultate erreichte bei Schweinen auch Kalkus[550].

An den Ursprung dieses *kongenitalen Hypothyreoidismus* beim Schweine aus dem Jodmangel kann nicht gezweifelt werden. Doch scheinen auch andere Momente mitzuspielen. Unter denselben Bedingungen gibt eine Sau normale Würfe, eine andere haarlose Ferkel. Auch in ein und demselben Wurfe sind einige Ferkel normal, andere krank, und auch unter diesen ist der Zustand verschiedengradig entwickelt. Auch wenn die Annahme des *Jodmangels als primäre Ursache* keinem Zweifel unterliegt, muß eine variable Assimilations- (Anziehungs-) Fähigkeit bei den verschiedenen Sauen bzw. Ferkeln für das limitierte Jod der Nahrung oder eine verschiedene Reaktionsfähigkeit auf Jodmangel vorausgesetzt werden. Diese Unterschiede können dann nur infolge individuell verschiedener primärer Konstitutionsbedingungen der Schilddrüse oder anderer endokriner Drüsen erklärt werden.

Interessant endlich ist noch die Tatsache, daß ein ähnlicher Zustand auch durch eine etwas einseitige Fütterung hervorgerufen werden kann. Hart, McCollum, Steenbock und Humphrey[452] fanden, daß Weizen, besonders aber Weizenkeime, in größerer Menge den Sauen verfüttert, eine Hemmung des Wachstums bei Ferkeln hervorrufen; bei Sauen findet *Wachstumsstillstand* der Frucht statt, und viele haarlose Ferkel werden geboren. Worauf diese eigentümliche Wirkung des Weizens und der Weizenkeime beruhen mag, läßt sich schwer vermuten.

Hart, Steenbock und Morrison[454a] machen weiter darauf aufmerksam, daß ein ähnlicher hypothyreoidischer Zustand auch dann erscheinen kann, wenn die Sauen während des Winters zu intensiv mit proteinreichem Futter gefüttert werden; sie empfehlen daher, das Futtereiweiß im Winter zu verringern. Daß zu intensive Fütterung die Schilddrüse schädigen kann, geht auch daraus hervor, daß, wie Vermeulen[1250] mitteilt, bei stark gemästeten Schweinen oft atrophische Schilddrüsen gefunden werden können. Es handelt sich dabei wahrscheinlich um eine zu große Inanspruchnahme der Thyreoideafunktion durch den stark gefütterten Organismus (vgl. oben den Abschnitt über die Thyreoideagröße). Die atrophische Drüse bei stark gemästeten Tieren kann aber auch auf die Weise erklärt werden, daß die Tiere eben deshalb hochgradig gemästet werden konnten, weil ihre Schilddrüse sich rückgebildet hat, was bei ihnen eine gute Bedingung für den Fettansatz bildete. Ob das von Bormann[114] gefundene stärkere Wachstum der Thyreoidea bei Yorkshires bis zum Alter des Läuferschweines gegenüber dem der gewöhnlichen Schweine (um 100% und mehr) als Zeichen eines Hypothyreoidismus aufgefaßt werden darf, ist fraglich. In dieser Wachstumsperiode handelt es sich um Fleischansatz, d. h. um Vermehrung der lebenden Körpersubstanz, und hiezu ist im Gegenteil eine intensiv funktionierende Schilddrüse nötig. Eher bedeutet es einen zeitweisen Hyperthyreoidismus, den man (vgl. das oben bei Besprechung der Konstitutionstypen beim Rinde Gesagte) bei einem Masttypus in der Jugend voraussetzen muß.

3. Hyperthyreoidisierung und Wirkung der Jodfütterung.

Über Hyperthyreoidisierung durch Zufuhr von Schilddrüsensubstanz besitzen wir beim Schweine nur einen Versuch von Gross und Steenbock[405], die gefunden haben, daß eine Ausscheidung des Kreatinins im Harne (thyreogene Kreatinurie) nach derartiger Hyperthyreoidisierung auftritt. Dosen

von 1 g getrockneter Schilddrüse sind noch wirkungslos, bei 4 g war aber die
Kreatinausfuhr bedeutend erhöht. Die Gesamtmenge des ausgeschiedenen
Stickstoffes hat sich dabei nicht geändert. Diese Kreatinausscheidung findet
auch bei stickstofffreier Fütterung statt, Zufuhr von Eiweiß erhöht jedoch diese
Erscheinung. Die Ursache soll in der stimulierenden Wirkung der Schilddrüsensubstanz auf die Oxydationsvorgänge liegen; es handelt sich um erhöhten Abbau
der Eiweißsubstanzen. Daß dieser Zusammenhang vorliegt, beweisen andere
Versuche derselben Forscher (GROSS und STEENBOCK[404]), in denen es gelang,
schon durch ausreichende Eiweißfütterung bei Schweinen die Kreatinurie
hervorzurufen.

Eine erhöhte Thyreoideafunktion konnte man im Sinne des oben (s. S. 506—509)
Gesagten in Versuchen voraussetzen, in denen es sich um *erhöhte Jodzufuhr*
per os handelte. Doch muß man die Ergebnisse dieser Versuche mit Vorsicht
aufnehmen. Erstens sind die Resultate vorläufig noch nicht einstimmig; zweitens
ist es fraglich, ob die positiven Ergebnisse nicht dadurch bedingt waren, daß
die frühere Futterration jodarm war, so daß es sich nur um die Besserung eines
auf Jodmangel eingestellten hypothyreoidischen Zustandes handelte. Die Jodzugaben wirken nämlich im allgemeinen günstig auf einige Produktionsprozesse.
Andererseits kann aber nicht geleugnet werden, daß die Grenzen zwischen einem
hypofunktionellen, einem normalen und einem hyperfunktionellen Zustand der
Schilddrüse nicht deutlich sind, wenn es sich um Schwankungen nahe dem
normalen Durchschnitte handelt, die z. B. morphologisch nicht zutage treten.
Das im allgemeinen Normale muß nicht mit dem Optimalen bzw. Maximalen
übereinstimmen.

Die ersten Versuche wurden von EVVARD und CULBERTSON[297] ausgeführt. Es handelte sich um junge wachsende Schweine aus einer Zucht,
in der die Haarlosigkeit nie erschienen war. Darin sehen die Autoren
den Nachweis, daß die Jodwirkung keine reparative, sondern eine stimulative war.

Die *Jodfütterung* soll nach diesen Versuchen die Wachstumsgeschwindigkeit
steigern, den Futterverbrauch herabsetzen, also im allgemeinen die Futterverwertung vergrößern.

Ein ähnliches Resultat erhielten auch BOHSTEDT, ROBINSON, BETHKE und
EDGINGTON[112]; unter Jodkalizugaben erhöhte sich die tägliche durchschnittliche Gewichtszunahme. Eine Ersparung des verbrauchten Futters zeigte sich
aber nicht.

WEISER und ZAITSCHEK[1293-1295] fanden einen günstigen Einfluß der Jodzugaben bei den trächtigen und stillenden Sauen auf die Entwicklung der Ferkel
bis zur Zeit des Absetzens. In einem Versuche[1293] an 40 Sauen verfütterten sie
einer Gruppe von 23 Sauen täglich 125 mg Jod in Form von jodiertem
Futterkalk während der 3 letzten Wochen ihrer Trächtigkeit und während
der Säugezeit. Die Kontrollsauen erhielten reinen Futterkalk. In der Wurfgröße und in dem Wurfgewichte zeigte sich kein Unterschied zwischen
diesen zwei Gruppen. Während aber die Ferkel der Jodgruppe Krankheiten gegenüber eine fast tadellose Widerstandskraft zeigten (nur 2,85%
Verluste), betrug der Verlust bei der Gruppe ohne Jod 54,61%. Im ganzen
konnten in der Gruppe ohne Jod nur von 10 Sauen Ferkel aufgezogen
werden, während in der Jodgruppe von sämtlichen 23 Sauen Ferkel aufgezogen werden konnten. Besonders auffällig war das intensivere Wachstum der Ferkel der Jodgruppe bis zum Absetzen, wie aus folgenden Zahlen
ersichtlich war:

	Gewicht der Ferkel			
	Gruppe ohne Jod		Gruppe mit Jod	
	Schwankung	Durch-schnitt	Schwankung	Durch-schnitt
nach der Geburt	—	1,28	—	1,16
nach etwa 4 Wochen	—	5,29	—	5,85
nach etwa 6—7 Wochen	5,50—9,43	6,92	8,63—13,25	10,50
nach dem Absetzen	9,00—15,71	13,17	12,00—25,17	18,54

In einem anderen Versuche fanden Weiser und Zaitschek[1294] an 56 trächtigen Sauen, daß die Jodkalifütterung auch das Wurfgewicht beeinflussen kann. Bei Yorkshires haben Weiser und Zaitschek in diesem Versuche das *Absatzgewicht durch Jodfütterung bis zu 40%/o erhöhen* können. Der Vergleich der einzelnen Versuchsgruppen zeigte, *daß die Jodwirkung um so günstiger war, je ungünstiger die Aufzuchts- und Haltungsbedingungen in den einzelnen Zuchten waren.* Das Jod erwies sich als Stimulans der Widerstandsfähigkeit gegenüber ungünstigen Lebensbedingungen. Doch soll man die günstige Jodwirkung nicht als eine bloß paralysierende gegenüber den Folgen solcher Verhältnisse ansehen. Andere Versuche von Weiser und Zaitschek[1295] haben gezeigt, daß die günstigen Einflüsse der Jodgaben auch dann auftreten, wenn die Aufzuchtverhältnisse durchaus günstig sind (s. Anm.).

Andere Forscher kamen aber zu *negativen Resultaten.* Rothwell[1049] untersuchte die Wirkung von Jodkalizugaben bei wachsenden Schweinen in Kanada und fand, daß Tiere, die täglich 50—100 mg Jodkali erhielten, sogar etwas kleinere Gewichtszunahmen als Tiere ohne Jod zeigten. Carroll, Mitchell und Hunt[147] führten Versuche an 13 Paaren Poland-Chinaschweinen aus. Die Dosierung war 1 Gran Jod täglich. Die Wachstumsperiode umfaßte das Wachstum von 57 resp. 76—175 Pfund. 6 von den Versuchspaaren ergaben ein intensiveres Wachstum auf Seite der Jodtiere, in 7 Versuchspaaren war es aber auf der Seite der Kontrolltiere. Die genannten Forscher halten außerdem auch die Versuchsergebnisse von Evvard und Culbertson[297] wegen Mangels an statistisch feststehenden Unterschieden im Vergleiche zu den wahrscheinlichen Fehlern nicht für beweiskräftig und machen methodische Einwände auch gegenüber den Versuchen von Weiser und Zaitschek.

Negative Resultate ergaben im allgemeinen die Versuche, die in dem Rowett-Institut in Aberdeen in Schottland ausgeführt wurden, wie dem zusammen-fassenden Referat von Orr und Leitch[896] entnommen werden kann. Eine ausführliche Publikation dieser Versuche erfolgte noch nicht.

In Deutschland kam zu negativen Ergebnissen Richter[984] bei der Mast, in der er das jodhaltige Futtermineralsalz „Ancora (F)" prüfte. Es zeigte sich keine Begünstigung der Versuchstiere, weder im Gewichtsansatz noch in der Futteraufnahme oder im absoluten oder relativen Futterverbrauch.

Auch Hansen[443] gelangte bei einem praktischen Versuche an Mast-schweinen zu negativen Resultaten. Zugabe von 10 g des Jodmineralsalzes „Ancora" pro Kopf und Tag bei 5 Monate alten und etwa 50 kg wiegenden Schweinen (Edelschweinen) blieb ohne merkliche Wirkung auf den Ertrag und die Futterverwertung.

Anm. Auch Smith[1144, 1145] beobachtete bei trächtigen Schweinen, daß Jodzugaben zu dem Futter eine bessere Entwicklung der Ferkel zur Folge haben. Es handelte sich jedoch um eine Zucht, bei der oft bei den neugeborenen Ferkeln Haarlosigkeit erschien; also um Verhältnisse, wo die Thyreoidea sich im Zustande einer Unterfunktion befand, wahrscheinlich infolge Jodmangels.

Es wurde auch versucht, die Wirkung der Jodfütterung auf Assimilation einzelner Futtermittelbestandteile zu analysieren. KELLY[562] teilte auf Grund von Versuchen an 4 wachsenden Schweinen mit, daß Jodkalizugaben (0,38—0,003 g Jod in Form von JK) die Retention von Stickstoff und Phosphor erhöhen, nicht aber die des Calciums. McCLURE und MITCHELL[775], die diesen Versuch an 5 Schweinen wiederholten, kamen aber zu negativen Resultaten. Sie konnten keine erhöhte Retention für den Stickstoff oder für Phosphor oder Calcium feststellen. Die verwendete Jodgabe in diesem Versuche betrug 0,248 g Jodkali.

Im allgemeinen ergibt sich also, daß eine Stimulation der Lebensfunktionen und dadurch eine *Steigerung der Produktion beim Schweine durch Jodfütterung grundsätzlich vielleicht möglich* ist, daß dabei aber noch unbekannte Faktoren mitspielen, die den ganzen Vorgang komplizieren. Schädigend wirken aber auch hohe Joddosen (100 mg und mehr) nicht, wie besonders WEISER und ZAITSCHEK[1295] betonen und auch ORR und LEITCH[896] berichten.

Vom Standpunkte der landwirtschaftlichen Produktion ist wichtig, daß *Jodfütterung bei Schweinen zur Erhöhung des Jodgehaltes in den einzelnen Körperteilen* führt.

Die *Anreicherung der Körperorgane mit Jod* durch Jodfütterung studierten SCHARRER und SCHWAIBOLD[1071] an deutschen Edelschweinen. In 4 Gruppen zu je 5 Tieren wurde die Wirkung des reinen Grundfutters (gedämpfte Kartoffel, Gersten-, Mais- und Bohnenschrot und Trockenhefe) mit und ohne Salzmischung mit Jodzugaben verglichen. Die Ergebnisse gibt folgende Tabelle wieder:

Jod in γ % frischer Substanz von	Gruppe I Grundfutter	Gruppe II Grundfutter, Salzmischung ohne Jod	Gruppe III Grundfutter, Salzmischung mit Jod	Gruppe IV Grundfutter, Salzmischung mit Jod und Molkeneiweiß
Muskel	7,6	5,5	9,0	11,0
Fett	—	17,0	14,0	—
Herz	20,0	10,0	27,0	23,5
Leber.	13,5	10,5	48,0	19,0
Lunge	15,5	40,0	43,5	33,0
Niere.	6,7	6,6	66,0	14,0
Milz	13,0	6,5	65,0	38,0

Durch das Grundfutter erhielten die Tiere etwa 250 g Jod; die Zugabe betrug 1700 g. Die Zunahme (vgl. Gruppe III) in beinahe allen Organen ist deutlich. Es scheint aber, daß die Zugabe von Molkeneiweiß die Erhöhung des Jods in allen Organen mehr oder weniger herabdrückt.

VI. Der Einfluß der Schilddrüse auf Ernährung und Stoffwechsel bei Schafen und Ziegen.

Unter allen landwirtschaftlichen Nutztieren besitzen wir von Schafen und Ziegen die meisten experimentellen Erfahrungen über die Beziehung der Schilddrüse zum Stoffwechsel, da diese Tiere oft als Laboratoriumsversuchstiere benutzt werden.

1. Wirkungen der Schilddrüsenexstirpation.

Die ersten Versuche mit Schilddrüsenexstirpation an einer *Ziege* führte RAPP[972] aus, ohne aber Folgen beobachtet zu haben. Später operierte MOUSSU[851, 852] eine Ziege, aber auch mit negativem Erfolge. Von MOUSSU besitzen wir einen Bericht über eine an einer Ziege durchgeführten Schilddrüsenexstirpation ohne Symptome.

Bei *Schafen* führten SANQUIRICO und ORECCHIA[1061a] an 3 Tieren die ersten Versuche mit Thyreoidektomie aus, die aber erfolglos blieb. Dasselbe Ergebnis hatte auch Moussu[851, 852] bei einem operierten Schafe zu verzeichnen. Diesen Versuchen kann heute aber kein Wert beigemessen werden, da — wie Horsby[504], Gley[377] und Zietschmann[1367] mit Recht bemerken — zwischen der Operation und der Tötung eine zu geringe Zeit verflossen ist.

Horsby thyreoidektomierte im Jahre 1891 2 Schafe. Das eine zeigte im Anfange das Initialsymptom einer trophischen Störung und Kachexie, lebte aber 569 Tage ungestört weiter. Das andere starb 3 Jahre nach der Operation.

Diese undeutlichen Resultate der von Horsby an Schafen ausgeführten Thyreoidektomie lassen sich mit großer Wahrscheinlichkeit auf das öftere *Vorkommen von akzessorischen Schilddrüsen* bei diesen Tieren zurückführen, die — wie es Zietzschmann[1367] an Ziegen gezeigt hat — nach der Schilddrüsenentfernung hypertrophieren, die exstirpierte Drüse ersetzen und auf diese Weise die Folgen später hemmen und beseitigen.

a) Wachstum und Körperausbildung.

Die ersten deutlichen Versuchsergebnisse teilte im Jahre 1895 von Eiselsberg[284a] mit. Seine Befunde sind deshalb von besonderem Werte, weil durch Sektion festgestellt wurde, daß es zu keiner Hypertrophie der akzessorischen Schilddrüsen gekommen war. An 2 im Alter von 7 und 8 Tagen operierten Lämmern zeigte sich schon im Laufe eines Monats ein starkes Zurückbleiben im Wachstum, das sich immer stärker geltend machte. Während ein Kontrolltier 36 kg wog, betrug das Gewicht des einen Versuchstieres zu derselben Zeit 10 kg, das des anderen 14 kg. Das Verhalten der Tiere erinnerte entschieden an die apathische Idiotie eines Kretins: den Kopf stets stark zur Erde gesenkt, machten die Tiere nur kleine Schritte und standen meistens. Die Freßlust war nicht vermindert. Der Bauch war trommelartig aufgetrieben. Die *Wachstumshemmung* bezog sich auf das ganze Skelet, besonders aber auf die langen Röhrenknochen.

Wachstumshemmung nach vollkommener Thyreoidektomie bei jungen Schafen. (Nach v. Eiselsberg.)

	Kontrolltier	Versuchstier I	Versuchstier II
Körpergewicht	36 bzw. 40 kg	10 kg	14 kg
Gesamte Kopflänge	23,0 cm	17,0 cm	13,5 cm
Gesichtslänge	16,5 ,,	11,0 ,,	13,5 ,,
Sphero-occipital, Durchmesser des Schädels .	6,5 ,,	6,0 ,,	6,0 ,,
Länge des Humerus	17,0 ,,	8,5 ,,	10,0 ,,
,, des Radius	17,5 ,,	10,5 ,,	11,0 ,,
,, des Metacarpus	13,5 ,,	10,0 ,,	11,0 ,,
,, der Femur	17,5 ,,	10,5 ,,	11,5 ,,
,, der Tibia	24,0 ,,	15,5 ,,	17,0 ,,
,, des Metatarsus	19,0 ,,	10,0 ,,	10,5 ,,

Von Eiselsberg spricht von einer dem *Zwergwachstum* ähnlichen Wachstumsstörung. Dabei waren bei dem ersten Tiere die Epiphysenlinien erhalten (also Verspätung der Ossifikation). Besonders bemerkenswert waren die abnormen Verhältnisse am Schädel, der im Längenwachstum beträchtlich zurückgeblieben war, wodurch er kürzer und breiter erschien. Den allgemeinen Körperzustand bezeichnet v. Eiselsberg als schweren, frühzeitigen, dem senilen ähnlichen Marasmus. Bei beiden Tieren zeigte sich auch eine *Verkrümmung der Hörner*.

Ähnliche Folgen der Thyreoidektomie fand v. Eiselsberg auch bei 3 im Alter von 9 Tagen bzw. 3 Wochen operierten Zicklein: Wachstum im Gewichte, besonders aber in der Länge, zurückgeblieben, Apathie, Schwerfälligkeit, großer Bauch, Hängen des Kopfes, waren die äußeren Symptome. Es zeigte sich auffallendes Längenwachstum der Haare, die sich aber leicht büschelweise ausziehen ließen. Die Tiere waren auch besonders unrein und verlaust. Die Hemmung im Wachstum geht aus den Gewichten hervor; das eine im Alter von 3 Wochen operierte Tier wog nach 4 Monaten 10 kg, das andere im selben Alter operierte 9,5 kg, das Kontrolltier dagegen 20 kg. Im vergrößerten Längenwachstum des Haares bei den Zicklein bestand ein Unterschied den Schafen gegenüber, bei denen das Vlies normal war. Ein Bock, bei dem später eine hypertrophierte *akzessorische Thyreoidea* gefunden wurde, entwickelte sich aber völlig normal.

Bei einem der Schafe und einer der Ziegen fand v. EISELSBERG auch reichliche *Kalkablagerungen in der Aorta* und den Coronararterien. Bei den Böcken waren die Hoden atrophiert. Der Geschlechtstrieb zeigte sich weder bei männlichen noch bei weiblichen Tieren. Eine der Ziegen ging unter Kachexie zugrunde.

LANZ[692] fand bei Ziegen, daß junge, unter $^1/_2$ Jahre alte Zicklein nach der Thyreoidektomie an Tetanie oder Kachexie meist innerhalb der ersten Monate zugrunde gehen. ,,Bedeutendes Zurückbleiben des Wachstums, plumper Körper mit dickem Bauch, auffällige Schwäche und rasche Ermüdung, träges, schläfriges Benehmen mit absoluter Interesselosigkeit für die Umgebung sind die Symptome, die am meisten in die Augen springen. Das lebhafte Spiel der Augen ist erloschen, die raschen, gemsenartigen Bewegungen haben einem dumpfen Vorsichhinbrüten Platz gemacht — aus dem munteren, schlanken. eleganten Tier ist ein plumper Kretin geworden."

Abb. 132.
Wirkung der Thyreoidektomie bei der Ziege. Das Tier befindet sich im Zustande der Cachexia thyreopriva. (Nach TRAUTMANN.)

Bei 1—4jährigen Ziegen hat LANZ gefunden, daß sie auf die Schilddrüsenexstirpation weniger akut als die *jungen Tiere* reagieren. Auch hier, wenn das Tier noch wächst, entwickelt sich eine Wachstumshemmung, der Nährzustand verschlechtert sich, der Bauch wird plump, das Haarkleid struppig, die Haut am Schopfe runzlich. Bei der gehörnten Rasse entwickeln sich die Hörner schlecht. Die sichtbaren Schleimhäute sind auffällig blaß. Immer fressen die Tiere außerordentlich langsam und träge, im Freien öfters gar nicht. Noch auffälliger ist die Verminderung des Durstgefühles; oft trinkt das operierte Tier eine ganze Woche lang überhaupt nicht; Störungen von seiten der Zirkulations- und Respirationsorgane fehlen, abgesehen vom Sinken des Blutdruckes und ausnahmsweise zu beobachtenden ,,asthmatischen`` Beschwerden.

Bei älteren Tieren sind die Folgen der Schilddrüsenexstirpation nach LANZ[692] bei Ziegen weniger deutlich. Es treten aber Erscheinungen raschen Alterns auf.

Die weiteren Versuche, die ZIETZSCHMANN[1367] an Ziegen ausführte, führten zu beinahe gleichen Befunden. Bei jungen Ziegen beobachtete er nach Thyreoidektomie sofort eintretende Wachstumshemmung und Atrophie, in einigen Fällen *atrophischen myxödematösen Kretinismus*. Das Gewicht der Tiere betrug im 1. Lebensmonate, also $^1/_4$ Jahr nach der Operation, nur 15 bzw. 17 (männliches Tier) bzw. 18 kg, während die Kontrolltiere ein Gewicht von $22^1/_2$ ($\female$) bzw. $24^1/_2$ ($\male$) kg besaßen. Das Haar war lang, aber struppig, zeigte Neigung zum

Herausfallen, und die Haut war verdickt. Es erschienen auch Störungen der Bewegungsfähigkeit infolge *Atrophie der Muskeln*. Bei den erwachsenen Ziegen traten nach der Thyreoidektomie Störungen des Nervensystems (fibrilläre Zuckungen, seltener auch Krämpfe), Stupidität und selbst Gleichgewichtsstörungen auf; weiter auch Störungen des Stoffwechsels, Abmagerung, myxödematöse Veränderungen des Bindegewebes, und in schwereren Fällen Anämie.

Der Hauptwert der Zietzschmannschen Arbeit besteht in der Feststellung, daß bei den Ziegen das Auftreten der Folgen einer Thyreoidektomie davon abhängt, ob die *akzessorischen Schilddrüsen* hypertrophieren oder nicht. Wenn die Folgen schwach waren oder überhaupt nicht auftraten, konnte er immer hypertrophische akzessorische Drüsen finden.

Weitere Versuche, die an Schafen und Ziegen in der letzten Zeit Goldberg und Simpson[381], S. Simpson[1134, 1137, 1137a, 1138], E. D. Simpson[1130, 1131, 1132], Liddell[719], Liddell und Simpson[720], Pick und Pineles[935, 936], Goldberg[380a], Hunter[512, 513] ausführten, haben diese früheren Befunde nur bestätigen und vertiefen können.

S. Simpson[1134] stellte namentlich fest, daß bei Schafen das *Alter zur Zeit der Operation* von entscheidender Bedeutung für die Folgen der Thyreoidektomie ist. Werden neugeborene Lämmer operiert, so bleiben sie hinsichtlich des Gewichtes bis bloß auf $1/3$ des Gewichtes der Kontrolltiere zurück. Die im

Abb. 133. Wachstumshemmung als Folge der Schilddrüsenexstirpation bei Schafen. (Nach S. Simpson.)

Alter von 3—4 Monaten ausgeführte Operation hat eine schwächere oder keine Wachstumshemmung zur Folge. Es existiert aber ein *kritisches Alter für diese Operation*. Immer zeigt sich eine *Hemmung in der Hornentwicklung* und *Myxödem*.

Das Skelet der thyreoidektomierten Schafe und Ziegen ist nach den Untersuchungen von Goldberg und Simpson[381] erheblich kleiner als das der Kontrolltiere. Die Ossifikation ist beträchtlich verspätet.

E. D. Simpson[1130] ist der Meinung, daß die hemmende Wirkung der Thyreoidektomie bei Schafen auf die Muskelentwicklung und den Fleischansatz keine direkte spezifische Wirkung des Thyreoideaausfalles auf das Wachstum darstellt, sondern daß sie eher aus der Lethargie resultiert.

Die bei Schafen nach der Schilddrüsenentfernung auftretenden Änderungen in der *Ausbildung des Kopfes* analysierte näher Liddell[719]. Bei Tieren, die im Alter von 40 bzw. 105 Tagen operiert wurden und das zweite Lebensjahr überlebten, kam es zu starkem Vorstehen des Unterkiefers. Der Schädel wurde verkürzt und unverhältnismäßig breit. Weiter zeigte sich bei den schilddrüsenlosen Tieren eine *Verzögerung im Durchbruche der Zähne*.

Nach der Thyreoidektomie erscheint — wie schon v. Eiselsberg beschrieb — bei den im frühen Alter operierten Ziegen und Schafen ein voluminöser, dicker Bauch. Diese Erscheinung setzt nach den Versuchen von Liddell und Simpson[720] (1926) gleichzeitig mit der Verzögerung des Längenwachstums ein.

Interessant ist, daß — wie Simpson[1138] feststellte — die *Thyreoidektomie bei trächtigen Schafen* keine störenden Folgen hat, auch wenn die Nebenschilddrüsen mit entfernt werden (s. noch weiter).

b) Haarausbildung.

Eine Unklarheit bestand bezüglich der Wirkung der Thyreoidektomie auf das Wachstum der Wolle. Von Eiselsberg hat seinerzeit keine besondere Wirkung gefunden; das Vlies der operierten Tiere schien ihm nur etwas schwächer zu sein. Simpson[1137a] beobachtete aber, daß es bei Schafen nach der Entfernung der Schilddrüse zu einem starken *Wollausfall* kommt. Auch das Gewicht der Wollschur nimmt erheblich ab. Diese Veränderung erscheint aber nicht bei allen operierten Tieren. Die Ausnahmen können vielleicht durch das öftere Vorkommen von akzessorischen Schilddrüsen erklärt werden, das eine vollkommene Thyreoidektomie verhindert. Simpson beobachtete weiter nach der Schilddrüsenentfernung auch eine beträchtliche Hemmung des Hornwachstums. Diese soll nach seiner Ansicht nicht über die Keimdrüsen, sondern direkt durch den Mangel an Schilddrüseninkret verursacht werden und im Zusammenhang mit dem Haarausfall stehen.

Daß bei thyreoidektomierten *Ziegen eine Verstärkung des Haarwachstums* beobachtet wurde (v. Eiselsberg u. a.), wurde schon oben angeführt. Es handelt sich um Verlängerung des Haares, das dabei aber an Qualität und an Wurzelfestigkeit einbüßt. Diese Erscheinung wurde bisher nicht näher analysiert, namentlich aber nicht der Umstand, warum *bei Schafen das Haarwachstum quantitativ abnimmt, bei Ziegen aber zunimmt.*

c) Veränderungen innerer Organe und des Blutes.

Interessant sind die Veränderungen einiger Organe, über die nach der Thyreoidektomie berichtet wird. Über schwere sklerotische Veränderungen in der Aorta berichteten, wie v. Eiselsberg, auch Pick und Pineles[936] bei 2 Ziegen. Goldberg[380a] fand bei thyreoidektomierten Schafen und Ziegen in der Aorta eine aneurysmatische Herde mit Verkalkung der Media. Auch Verfettung trat ein. Manchmal war auch die Pulmonalis von dem Verkalkungsprozesse befallen. Ferner fand Goldberg eine Degeneration der Tubulusepithelien in den Nieren, Dilatation des Herzens und relative Vergrößerung der Nebennieren; Mark und Rinde waren gleichmäßig vergrößert. Das letztere stimmt mit den älteren Angaben von Pick und Pineles[936] überein.

Mit Rücksicht auf die *Atrophie der Muskeln* nach der Thyreoidektomie untersuchten Goldberg und Simpson[381] die histologische Struktur der Muskulatur und fanden bei Schafen und Ziegen, daß die Muskel blaß und schlaff werden. Histologisch konnte ein fast völliges Fehlen der Querstreifung festgestellt werden. Die Kerne der Muskelfasern zeigten eine Abnahme, die glatte Muskulatur der Aorta stark atrophierte Bezirke mit Vakuolisierung der erhaltenen Fasern. Die Autoren sehen in dieser Erscheinung eine Disposition zu der vorzeitigen Verkalkung der Blutgefäßwände.

Demgegenüber fand aber E. D. Simpson[1132] bei Zwillingsschafen, welche die Operation $4^1/_2$ Jahre überlebten, daß nur das normale Wachstum des Sarcoplasmas gestört, das Verhältnis der Zellenzahl zum Cytoplasma aber unverändert geblieben war. Es zeigte sich jedoch keine Strukturänderung des Muskelgewebes.

Die Arnethsche Zahl beim Blute verschiebt sich bei thyreoidektomierten Schafen nach E. D. Simpson[1133] in 2—3 Wochen nach der Operation ins Recht, was ca. 3—4 Wochen dauert.

d) Der Mineralstoffwechsel.

Wichtig sind die Störungen im Mineral- speziell im *Kalkstoffwechsel nach der Schilddrüsenentfernung.* Schon v. Eiselsberg und nach ihm andere Forscher teilten mit, daß die Verknöcherung bei thyreoidektomierten Ziegen und Schafen sich verspätet und daß die Knochen verkrümmt sind. Goldberg[380a] fand bei solchen Tieren eine leichte Zerbrechlichkeit der Knochen und auch bei älteren Tieren erhalten gebliebene Epiphysenknorpeln mit Anzeichen einer Degeneration. Das Knochenmark zeigt das Bild erhöhter Hämatopoiese. In anderen Untersuchungen fanden Goldberg und Simpson[381], daß der Gehalt an Knochentrockensubstanz deutlich vermindert ist (32,564 % gegenüber von 37,065 % bei normalen). Das Knochenmark der Oberschenkelknochen war bei den operierten Tieren rot und zeigte eine Steigerung der blutbildenden Tätigkeit.

Nach M. Parhon[917] erscheint bei Schafen nach der Thyreoidektomie eine bedeutende Verminderung des Calciumspiegels des Blutes. Die Thyreoidektomie ruft auf diese Weise *schwere Störungen der Calciumassimilation im Knochensystem der wachsenden Tiere* hervor.

Nach der Schilddrüsenexstirpation bei Schafen nimmt der *Blutzuckerspiegel* auch nach Bodanskys[108] Untersuchungen ab; er kann durch Thyroxininjektionen auf der normalen Höhe erhalten werden, aber nur für die ersten Wochen nach der Operation. Bei einem kretinischen Schafe fand Bodansky einen sehr niedrigen Blutzuckerspiegel.

Zu negativen Ergebnissen der *Beeinflussung des Blutcalciums durch die Thyreoidektomie* bei Hammeln kamen dagegen Botchkareff und Danilova[117]. Der mittlere Calciumgehalt des Blutes betrug bei 20 operierten Tieren 9,9 mg auf 100 cm³ Blut und unterschied sich somit keineswegs von dem der normalen Kontrolltiere. Da bei der Exstirpation der Schilddrüsen stets auch die Epithelkörperchen mit entfernt werden, schließen die Forscher zugleich, daß bei den Hammeln auch die *Parathyreoidea* keinen Einfluß auf das Blutkalk haben.

Nach Grüters Experimenten (veröffentlicht bei Frei und Emmerson[341]) bedingt die Schilddrüsenentfernung eine Erhöhung des Blutserumkalkspiegels; es ergaben sich nebenstehende Werte.

Normale Ziegen (♀)	Operierte Ziegen (♂)
9,93	10,92
9,53	10,21

Eine *Abnahme des Eisengehaltes des Blutes* fand Parhon[915, 916] bei 6 Hammeln, die im Alter von 6 Wochen thyreoidektomiert wurden. Nach derselben Forscherin (Parhon[916]) findet bei Schafen hiernach auch eine Erhöhung des Wassergehaltes der Organe statt.

Maurer und Ducrue[811] untersuchten den Einfluß der Thyreoidektomie unter gleichzeitiger Jodverabreichung auf den *Jodgehalt einzelner Organe.* Sie experimentierten mit 6 Tieren: 2 Kontrolltieren, 1 ohne Thyroidektomie, dem sie 24 Stunden vor der Schlachtung 3 γ Jod per os verabreichten, und 3 Tiere mit vollkommener oder beinahe vollkommener Thyreoidektomie erhielten 24 Stunden vor der Schlachtung 3 γ Jod per os.

Es ergab sich, daß die *Erhöhung des Jodgehaltes einzelner Organe infolge Jodverabreichung durch die Thyreoidektomie im großen ganzen unbeeinflußt* bleibt. Das Ergebnis dieser Versuche ist in der Tabelle auf folgender Seite verzeichnet.

Von besonderer Bedeutung ist die Wirkung der Schilddrüsenentfernung auf den *Jodstoffwechsel.* Courth[209] untersuchte diese Wirkung auf die Ausscheidung des per oral dargereichten Jods (in Form von Jodkali oder Pflanzenjodid) mit dem Ergebnis, daß die Jodausscheidung ohne Jodzugabe bei der thyreoidektomierten Ziege geringer war, als bei der normalen. Während der Joddarreichung konnten aber wieder um 10,5 bzw. 8,8% mehr Jod bei den operierten Tieren gefunden werden. Die Erklärung hierfür sieht COURTH darin, daß der Körper durch die Schilddrüsenexstirpation seines bedeutendsten Hauptjodspeicherungsorganes beraubt wurde. Besonders groß war die *Jodausscheidung durch die Milch*; bei Anwendung von Pflanzenjodid erschienen in der Milch 47,20% des dargereichten Jods, bei Anwendung von Jodkali 63,33%, während bei der normalen Ziege die Milchjodausscheidung beim Pflanzenjodid 39,00%, beim Jodkali 53,16% ausmachte. Die Jodausscheidung durch die Milch erfolgt nach der Thyreoidektomie auch schneller. Innerhalb der Jodfütterungsperiode wurde von dem dargereichten Jod in der Milch ausgeschieden: bei der thyreoidektomierten Ziege von Jodkali 56,45%, von Pflanzenjod 37,30%, bei der normalen Ziege von Jodkali 39,07%, von Pflanzenjod 32,26. Die *Jodausscheidung*

Jodverteilung in einzelne Organe unter Thyreoidektomie und gleichzeitiger Jodzufuhr beim Schafe. (Nach MAURER und DUCRUE.)

Organ	Kontrolltiere		Versuchstiere			
	Nr. 1	Nr. 2	Nr. 3 Thyreoidea normal	Nr. 4. Thyreoidea bis auf kleinen Rest entfernt	Nr. 5 Thyreoidea bis auf kleinen Rest entfernt	Nr. 6 Totale Thyreoidektomie
			24 Stunden vor der Schlachtung. 3 γ J per os			
Haut	4,6	2,6	2,4	170	324	435
Haare	0	165	13	27	220	28
Klauen	67	3,1	4,5	168	310	490
Fett	0	5,0	53	46	4,0	—
Submaxilaris . .	0	3,0	590	652	2150	5,1
Herz	4,4	1,2	126	17	2,1	5,0
Leber	172	2,0	43	40	3,4	4,6
Milz	—	1,2	51	83	3,7	2,6
Niere	5,4	4,3	265	74	120	2,6
Lunge	34	0,7	170	215	67	270
Gehirn	10,8	9,0	27	13	2,8	1,2
Kleinhirn . . .	95	3,0	29	106	4,8	9,0
Thyreoidea . . .	190,000	70,000	34,400	30,000	60,000	—
Nebennieren . .	51	7,2	85	—	83	38
Pankreas	7,0	0,7	375	30	40	3,7
Ovarium	116	5,4	2950	22	68,0	142
Tube	—	2,4	48	97	215,0	52
Uterus	10,8	1,3	160	560	65	210
Blut	3,7	1,1	116	174	128	210

durch den Harn wurde nach der Thyreoidektomie nur bei Anwendung von Jodkali etwas erhöht, aber ihre Geschwindigkeit ähnlich wie bei der Milch bedeutend beschleunigt; während der Jodfütterungsperiode wurden ausgeschieden: von der normalen Ziege bei Jodkali 9,7%, beim Pflanzenjodid 32,16%; von der thyreoidektomierten Ziege bei Jodkali 20,26%, bei Pflanzenjodid 37,28%.

MAURER und DUCRUE[811] ziehen aus ihren Zahlen den Schluß, daß nach der Schilddrüsenentfernung Herz, Leber, Milz und Gehirn die Tätigkeit zur Jodspeicherung verlieren, während das Blut eine solche Aktivierung zur Jodaufnahme durch die Thyreoidea nicht benötigt; demnach soll der Blutkreislauf von der Tätigkeit dieser Drüse unabhängig bleiben.

e) Blutbeschaffenheit, Stickstoff- und Kohlehydratstoffwechsel.

Die Entfernung der Schilddrüse ruft bei Schafen (Böcken) nach Versuchen von TSCHERNOSATONSKAYA[1226] eine ziemlich große Abnahme der *Senkungsgeschwindigkeit der roten Blutkörperchen* hervor.

Wirkung der Thyreoidektomie auf die Senkungsgeschwindigkeit der
Erythrocyten bei Schafen. (Nach Tschernosatonskaya.)

	Gruppe I	Gruppe II	Gruppe III
Zahl der thyreoidektomierten Tiere	58	50	18
Durchschnittliche Senkungsgeschwindigkeit je Stunde *vor* der Thyreoidektomie	1 mm	5 mm	3 mm
Durchschnittliche Senkungsgeschwindigkeit je Stunde *nach* der Thyreoidektomie	1,8 mm (nach 6 Wochen)	1,5 mm (nach 3 Wochen)	2,4 mm (nach 1 Woche)
	—	1 mm (nach 6 Wochen)	0,7 mm (nach 2 Wochen)
	—	—	0,6 mm (nach 3 Wochen)
	—	—	0,5 mm (nach 6 Wochen)
	—	—	

Das Maximum der Reaktion wird in 4—6 Wochen nach der Operation
erreicht.

Nach den Versuchen von Pick und Pineles[935] erscheint bei den thyreoidektomierten jungen Ziegen keine *Adrenalinglykosurie*. Wie diese Änderung
der Reaktion auf Adrenalin mit der obenerwähnten relativen Vergrößerung
der Nebennieren thyreoidektomierter Tiere zusammenhängen könnte, läßt sich
vorderhand nicht sagen; vielleicht dadurch, daß die Zuckertoleranz bei thyreoidektomierten Schafen erhöht ist, wie Hunter[512, 513] feststellte.

Hunter stellte bei diesen Versuchen fest, daß Thyreoidektomie auch den
N-Stoffwechsel bei den Schafen ändert. Er untersuchte 3 junge Schafe, die nach
Thyreoidektomie kretinisch wurden und denen später auch die Epithelkörperchen
entfernt wurden. Mehrere Monate nach der Operation stellte er Stoffwechseluntersuchungen im Hungerzustande an und fand, daß die Tiere im Verhältnis
zu ihrem Körpergewichte mehr Stickstoff und Purinkörper ausschieden als
normale. Auf Futterentziehung antworteten sie mit einer übermäßigen Kreatinausscheidung bei fallenden Kreatinwerten. Oxydationsstörungen, gemessen an
den Endprodukten des Purinstoffwechsels, fehlten. Die Zuckertoleranz war
gesteigert.

f) Bedingte Reflexe.

Endlich sei noch erwähnt, daß bei Schafen und Ziegen — zum Unterschied
von den Hühnern (s. weiter) — eine Thyreoidektomie nach den Versuchen von
Liddel und Simpson[720] und von Liddel und Bayne[719a] keinen Einfluß auf
die bedingten Reflexe hat.

g) Wirkung der Thyreoidektomie auf die Milchsekretion.

Schon Lanz[692] hat gefunden, daß die Milchsekretion bei thyreoidektomierten
Ziegen im Anschlusse an die Operation sehr rasch auf die Hälfte oder auf ein
Drittel herabsinkt und im Verlaufe einiger Wochen oder Monate fast ganz oder
vollkommen versiegt. Das Euter wird dabei atrophisch. Wirft die thyreoidektomierte Mutter später nochmals, so ist die Milchsekretion öfters so spärlich,
daß das Junge künstlich aufgezogen werden muß.

Die *Milch von thyreoidektomierten Ziegen* zeigte dabei einen verminderten
Gehalt an Gesamteiweiß.

ZELLER[1366] fand bei einer trächtigen Ziege nach der Thyreoidektomie, daß die Vergrößerung des Euters weder während der Trächtigkeit, noch am Ende der Gravidität, noch nach der Geburt erschien. Das Tier produzierte nach dem Wurf während nachfolgender 20 Tage nur 10—20 cm³ Milch pro Tag. Histologische Untersuchung der Milchdrüse zeigte Hypertrophie des inter- als auch intra-lobulären Bindegewebes und Sekretionsruhe der Alveolen. Nur sehr wenige Alveolen mit aktivem Epithel waren vorhanden. Die Thyreoidektomie hat hier also zur Dysfunktion der Milchdrüse geführt.

Eine schnelle und bedeutende *Milchabnahme nach der Thyreoidektomie* fand auch GRIMMER[402]. Die Qualität der Milch änderte sich. Das spezifische Gewicht erfuhr zunächst eine geringgradige Abnahme und später erst eine allmähliche Zunahme. Im *Fettgehalt* konnten keine typischen Veränderungen gefunden werden, ebensowenig in der Menge des Gesamtstickstoffes und seiner einzelnen Fraktionen. Der Milchzuckergehalt erfuhr geringgradige Abnahme, der Aschengehalt dagegen ausgesprochene Zunahme. Innerhalb der Asche verschob sich das Verhältnis von Kalk zu Phosphorsäure plötzlich zugunsten der Phosphorsäure. Als Folge dieser Verschiebung muß der wesentlich erhöhte *Säuregrad der Milch* betrachtet werden. Der Gehalt der Milch an *Peroxydase* wurde verringert.

Neuerdings hat GRIMMER diese Untersuchungen in Gemeinschaft mit PAUL[403] erweitert. In Übereinstimmung mit der früheren ergab sich, daß nach der Schilddrüsenentfernung die Milchproduktion sofort stark abnimmt. Später konnte wieder eine allmähliche Zunahme beobachtet werden, ohne jedoch die ursprüngliche Höhe auch nur annähernd zu erreichen. Der Säuregrad der Milch wurde allmählich erhöht und stieg schließlich auf das Doppelte der Werte vor der Operation. Das spezifische Gewicht wurde kurz nach der Operation erhöht, ging darauf auf den normalen Wert herab, um dann eine stetige Zunahme zu erfahren; nur in den letzten Tagen der Laktation fand eine Depression statt. Die Trockensubstanz wies allgemein eine zunächst deutliche Parallelität mit dem spezifischen Gewichte auf. In den letzten Wochen der Laktation jedoch war die Menge der Trockensubstanz im Verhältnis zum spezifischen Gewichte niedrig. Nach der Operation sank der Fettgehalt ab, um später wieder unregelmäßig zu steigen. Die Menge des Gesamtstickstoffes nahm zunächst bis um 20% gegenüber der Voroperationszeit ab, stieg dann aber bis zum Schlusse der Laktation sehr erheblich. Der Verlauf der *Caseinkurve* war der gleiche, während die Menge an Albumin-Globulinstickstoff zunächst unverändert blieb und später ebenfalls stark anstieg. Die *Milchzuckermenge* zeigte eine Erniedrigung. Unbeeinflußt blieb zunächst der *Aschengehalt*, erfuhr aber gegen Ende der Laktation eine Zunahme. Der Chlorgehalt sowohl der Milch wie auch der Asche erfuhr zunächst eine Erhöhung. Erst in der zweiten Laktationshälfte nach der Operation sank er in der Milch auf den ursprünglichen Wert, aber in der Asche unter die Vor-operationswerte. Der *Kalkgehalt der Milch* und der Asche fiel in den ersten 3 Monaten nach der Operation stark ab, um erst dann wieder eine deutliche Steigerung zu erfahren. Der Gehalt der Milch und der Asche an *Phosphorsäure* zeigte zunächst einen deutlichen Abfall, später aber stieg die Phosphorsäure sowohl in der Milch als auch in der Asche bis zum Schlusse der Laktation wieder erheblich. Das *Verhältnis von Kalk zu Phosphorsäure* verschob sich nach der Operation immer mehr zugunsten der Phosphorsäure. Negativ fiel die *Peroxy-dasereaktion* gegenüber Guajaktinktur während einer kurzen Periode in der zweiten Laktationshälfte aus, um aber späterhin wieder positiv zu werden. Die Reaktion gegenüber den anderen Peroxydasereagentien wurde nicht beeinflußt. Die *Exstirpation der Schilddrüse hat somit eine schwere Störung des Mineralstoff-*

wechsels zur Folge, während die organischen Substanzen der Milch in wesentlich geringerem Maße beeinflußt werden.

GRÜTER[413, 414] bestätigte neuerdings bei Ziegen die Milchabnahme (um 70%) nach der Thyreoidektomie; weiter fand er Abnahme des Fettgehaltes (2,81 und 2,94% gegenüber 3,26—4,13% bei den Kontrolltieren), Abnahme der gesamten Trockensubstanz (10,30 und 10,86% gegenüber 11,56—12,81%) als auch den fettfreier Trockensubstanz (7,49 und 7,92% gegenüber 8,34—8,68%). Die Farbe der Milch geht von Weiß in Gelb über.

h) Beeinflussung der Sexualfunktionen.

Es dürfte von Bedeutung sein, auch die Wirkung der Thyreoidektomie auf die Sexualfunktionen der Schafe und Ziegen zu erwähnen.

Daß bei den Böcken die Hoden nach der Operation atrophisch werden, erwähnte schon v. EISELSBERG.

Geschlechtsreife Ziegen und Ziegenböcke verlieren nach LANZ[692] nach der Thyreoidektomie die Fortpflanzungsfähigkeit meist völlig, aber nicht immer. Von thyreoidektomierten Böcken entwickeln sich die Jungen normal. Von thyreoidektomierten Ziegenmüttern hat LANZ ebenfalls Junge erhalten, aber nur männlichen Geschlechtes. Es erschienen aber Beschwerden bei der Geburt. Auch von beiderseits thyreoidektomierten Eltern hat LANZ Junge erhalten. Zeigt aber die Mutter Kachexieerscheinungen, so sind die Jungen von kretinischem Typ.

Thyreoidektomierte Ziegenböcke, wenn in der Jugend operiert, sind nach LANZ absolut impotent und zeigen auch keine sexuelle Tätigkeit, Scrotum und Testikel sind klein und schlaff.

2. Natürlicher pathologischer Hypothyreoidismus bei Schafen und Ziegen.

Ähnlich wie bei Rind, Pferd und Schwein kennt man auch bei Schafen und Ziegen aus den Nord- und Weststaaten von U.S.A. und aus Kanada Fälle von pathologischem Hypothyreoidismus, der auf natürlichem Wege als *Folge des Jodmangels* entsteht. Es werden Tiere geboren, die bald eingehen, wenn sie nicht schon tot zur Welt kommen; sie können sich aber auch erholen. Dieser Erscheinung hat man besonders bei den Schafen Aufmerksamkeit entgegengebracht, da die Schafzucht in diesen Gegenden von höchster ökonomischer Wichtigkeit ist. Die Lämmer solcher Fälle sind meist von einer sehr feinen Wolle bedeckt; gänzlich haarlose Lämmer sollen nur selten vorkommen (WELCH[1300, 1301, 1302,]

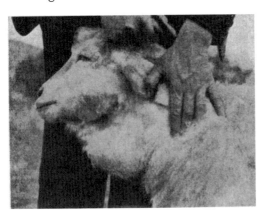

Abb. 134.
Ein Angora-Zicklein mit Kropf aus Jodmangel (nach KALKUS).

KALKUS[550]). Die haarlosen Tiere gehen immer schnell zugrunde (EVVARD[296]). Oft gehen kurz nach der Geburt Tiere zugrunde, die äußerlich in der Wolle normal ausgebildet sind. Eine von außen sichtbare Hyperplasie der Schilddrüse wird bei Schafen weniger beobachtet (KALKUS[550]). EVVARD teilt aber mit, daß er in Iowa bei solchen Lämmern Schilddrüsen gefunden hat, die ei- bzw. orangengroß waren.

Möglicherweise wirkt die Rasse dabei mit (EVVARD) oder auch der Umstand, daß die reichere Wolle und gefaltete Haut bei den Wollschafrassen die vergrößerte Schilddrüse maskiert. EVVARD beobachtete vergrößerte Schilddrüse bei den Hampshirelämmern, die keine am Halse gefaltete Haut haben. Beim weiblichen Geschlechte tritt die Schilddrüsenvergrößerung öfters auf als beim männlichen (EVVARD[296]).

Histologisch zeigen die Schilddrüsen von solchen Lämmern Kolloidarmut, Epithelwucherungen, Abnahme der Follikelgröße oder auch cystenartig vergrößerte Follikel.

Die Ziegen wurden in dieser Beziehung weniger untersucht; sie sollen aber ähnlich wie die Schafe betroffen werden (WELCH[1300—1302]).

Daß es sich um *Folgen des Jodmangels*

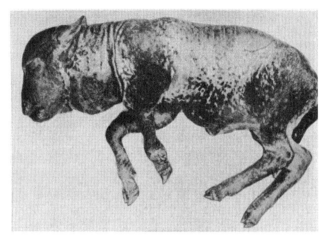

Abb. 135. Ein neugeborenes Lamm mit Kropf und sehr feinerWolle als Folgen eines Hypothyreoidismus aus Jodmangel (nach WELCH).

handelt, ergibt sich aus der Tatsache, daß man durch Jodzugaben alle diese Störungen beseitigen kann. KALKUS[550] führte einen Versuch bei Ziegen aus, dessen Ergebnis in folgender Tabelle wiedergegeben ist. Das Jod wurde den Ziegenmüttern während der Trächtigkeit verabreicht.

Wirkung der Jodfütterung auf den Hypothyreoidismus bei neugeborenen Ziegen. (Nach KALKUS.)

Gruppe	Form der Jod-verabreichung	Dosierung	Dosierungsweise	Zahl der Jungen	Zustand der neugeborenen Tiere
I.	ohne Jod	—	—	10	alle haarlos, 8 totgeboren, 2 starben kurz darauf
II.	KJ	2 Gran in $1/_2$ Unze Wasser	täglich per os	5	alle normal
III.	Jodtinktur	5 mill einer 10 proz. Lösung	wöchentlich subcutan injiziert	7	alle normal
IV.	Jodtinktur	1 mill einer 10 proz. Lösung	wöchentlich subcutan injiziert	8	7 normal, 1 mit leicht vergrößerter Thyreoidea, aber normal behaart

Parallele Resultate ergaben auch KALKUS'[550] Versuche an Schafen.

Ähnlich beobachtete WELCH[1300] in einem auf breiter praktischer Grundlage ausgeführten Versuche, daß nach Jodzugaben in einer Zucht, in der 1 Jahr vorher $1/_7$ der neugeborenen Lämmer verlorenging, im nächsten Jahre überhaupt kein Fall von Hypothyreoidismus beobachtet wurde.

Gute Resultate bei Schafen mit Jodfütterung erreichte auch BOWSTEAD[118] in Kanada. Jodierter Futterkalk beseitigte aus einer Zucht, die in 83% der

neugeborenen Lämmer den kropfartigen Hypothyreoidismus zeigte, diesen pathologischen Zustand vollkommen; nichtjodierter Futterkalk wirkte nicht. Die
gleichen Ergebnisse hatte auch TINLINE[1206] in Kanada. Er verglich die Wirkung
von Jod mit der einer reichlichen Bewegung der Mutterschafe oder einer besonders ausreichenden Fütterung. Das Ergebnis war folgendes:

	Kontrolle	Bewegung	Joddarreichung	Speziell aus-reichende Fütterung
Zahl der Mutterschafe. . . .	23	22	22	22
Prozente der kranken Lämmer	38	45	0	38

Dieser Versuch beweist deutlich, daß es sich spezifisch um die Folge eines
Jodmangels handelt. Ähnlich gute prophylaktische Wirkungen in kröpfigen
Schafzuchten erreichte neuerdings auch BELL[68] in Ohio.

Für die Prophylaxe oder Therapie dieser Zustände der Thyreoidea kann
nur ausgiebige Joddarreichung verwendet werden. Ungenügend Jod enthaltende
Thyreoideapräparate helfen nicht. Jodarmes oder jodfreies Thyreoglobulin z. B.
kann den Bedarf des Körpers nicht decken — wie MARINE[793] zeigte. Die Anwendung solcher Präparate bei kretinischen Lämmern blieb erfolglos, und erst
die Applikation von jodiertem Salz schaffte hier Abhilfe.

Es scheint, daß bei Schafen auch ein *konstitutioneller Hypothyreoidismus*
vorkommen kann, der den „Dexter-Bulldog‟-Kälbern beim Rinde ähnlich ist.
CREW[230] beschrieb einen solchen Fall bei einem der Zwillingslämmer von einem
Shropshire-Mutterschafe; das andere Tier war normal, ein Beweis, daß es sich
hier um die Folge eines Jodmangels nicht handeln konnte, sondern nur um eine
kongenitale konstitutionelle Anomalie. Das Tier zeigte am Kopfe ähnliche
Merkmale wie die Dexter-Bulldog-Kälber. Es handelte sich um Achondroplasie.
Von den endokrinen Drüsen waren die Nebennieren und Eierstöcke normal,
die Hypophyse war kleiner als normal, gab aber im Froschversuche normalen
Test. Die Thyreoidea wies Zeichen einer progressiven Involution auf: die Follikel
waren vergrößert, unregelmäßig mit Kolloid angefüllt, das Epithel abgeflacht
und die ganze Drüse mit Bindegewebe durchwachsen. CREW hält diesen Fall
für analog dem der Dexter-Bulldog-Kälber.

3. Wirkung einer partiellen Thyreoidektomie.

KLEIN[575] untersuchte die Wirkung einer partiellen Thyreoidektomie (in
Kombination mit der Kastration) an jungen Schafböcken. Das eine Tier
war 4 Monate alt, etwas kümmerlich und wies Gewichtswachstumsstillstand auf.
Das Tier wurde zunächst kastriert. Kurz nach dieser Operation erschien ein
bedeutendes Gewichtswachstum (vgl. Abb. 75), und zugleich stieg dabei die Sauerstoffaufnahme um mehr als 20%. Die partielle Thyreoidektomie, die 5 Wochen
nach der Kastration erfolgte, änderte in keiner Weise das intensive Gewichtswachstum, hatte aber eine allmähliche Abnahme der Sauerstoffaufnahme zur
Folge, die bedeutend gesunken war, nachdem das Gewichtswachstum auf einem
Niveau von 60 kg stehengeblieben ist. Nach KLEIN handelt es sich bei der
Gewichtszunahme nach der Kastration nicht um Fettansatz, sondern um Fleischansatz. Das früher etwas kümmerlich aussehende Tier ist dabei „zu einem erstklassigen Masttier geworden‟. Die erhöhte Sauerstoffaufnahme war das Ergebnis
erhöhter assimilatorischer Arbeit (was beim Fettansatz nicht der Fall wäre).
Zu dieser Erhöhung der Assimilation gab dem Tiere die Kastration den Anreiz.
Das früher im Stillstand befindliche Tier erneuerte sein Wachstum. Die Wirkung
der Kastration war hier aber nicht spezifisch; diese bedeutete nur einen Reiz,

der alle Stoffwechselvorgänge und dadurch auch das Wachstum und den Sauerstoffverbrauch in rasches Tempo brachte.

Die *partielle Thyreoidektomie* hatte auf dieses reaktivierte Wachstum keinen
Einfluß. Man konnte zwar eine allmähliche Abnahme der Sauerstoffaufnahme
nach der Thyreoidektomie feststellen, sie kann aber ebensogut eine Folge der
Annäherung des Bockes an seine natürliche Wachstumsgrenze sein.

Das gleiche zeigte sich auch in dem anderen Versuche, in dem ein gut wachsender Bock zunächst partiell thyreoidektomiert und 5 Wochen darauf kastriert
wurde. Das Gewichtswachstum wurde auch nach der partiellen Thyreoidektomie
ungestört fortgesetzt (Abb. 74), und auch der Sauerstoffverbrauch zeigte eine
weitere Steigerung. Nach der Kastration kam es aber zum Stillstand im Gewichtswachstum; dieser war die Folge einer Streckperiode, die als spezifische Wirkung
der Kastration einsetzte. Dabei erfuhr der Sauerstoffverbrauch eine schwache
Abnahme. Nach Beendigung der Streckperiode setzte abermals ein Gewichtswachstum ein.

Eben dieser zweite Versuch beweist, daß die *partielle Thyreoidektomie keinen
Einfluß* auf das Gewichtswachstum hatte. Auch auf eine Beeinflussung der
Sauerstoffaufnahme durch teilweise Schilddrüsenentfernung kann auf Grund
dieser Versuche von KLEIN nicht geschlossen werden.

AGNOLETTI[19] teilte mit, daß bei kastrierten und zugleich einseitig thyreoidektomierten Schaflämmern die Produktion der Wolle besser sei als bei
nur kastrierten Tieren. Die größere Wollproduktion konnte während zwei
Schuren nach der Operation beobachtet werden. Die bessere Qualität der Wolle
ergab sich bei der Prüfung der Zugfestigkeit, Dehnungsfähigkeit und Elastizität
und aus dem Durchmesser der Haare, durchschnittlicher Haarlänge und der
Fähigkeit, sich zu kräuseln. Von anderen Seiten besitzen wir aber vorläufig
keine Überprüfung dieser Befunde.

4. Wirkung der Hyperthyreoidisierung bei Schafen und Ziegen.

Eine Hyperthyreoidisierung des tierischen Organismus, ob nun durch Darreichung von Thyreoideasubstanz oder durch Applikation von Thyreoideapräparaten per os oder per injektionem, zeigt sich in erster Reihe durch eine
Zunahme des Grundumsatzes (s. Anm.). Eine solche Zunahme des Grundumsatzes nach Thyroxin beobachtete bei Ziegen KENDALL[561]. Wurden 150 mg
Thyroxin injiziert, so zeigte sich zwar eine deutliche Wirkung, die aber im Laufe
von 2—3 Tagen wieder verschwand. Wurde aber diese Dose auf 15 Gaben
von 10 mg verteilt und jede von diesen in 15 folgenden Tagen appliziert, so ging
die Ziege regelmäßig schon vor der letzten Injektion unter den Symptomen eines
starken Hyperthyreoidismus zugrunde. Kleinere, aber chronische Dosierung wirkte
also stärker als eine einmalige große Injektion.

Eine Zunahme des Blutzuckerspiegels nach Thyroxininjektion bei Schafen
hat BODANSKY[108] beobachtet. Diese Wirkung war aber nur eine vorübergehende.
Wurde das Thyroxin längere Zeit hindurch täglich appliziert, so erreichte die
Zunahme des Blutzuckerspiegels einen höheren Wert.

PETR[927] fand bei zwei Ziegen nach einmaligen Thyreoidininjektionen eine
Abnahme des Serumphosphors um 26,10 bzw. 32,1 %, welche in einigen Stunden
nach der Injektion erschien und 1—2 Tage dauerte.

Die Schilddrüsensubstanzfütterung ruft nach ABELIN und SATO (zit. ABELIN[4])
(1925) bei Hammeln gewisse Schwankungen der Viscosität, der Serumeiweißkon-
zentration und der Senkungsgeschwindigkeit der Erythrocyten, hervor. Je nach

Anm. Vgl. M. STEUBER in diesem Bande des Handbuches.

der Dauer der Behandlung waren die einzelnen Werte bald erhöht, bald erniedrigt. Es handelte sich dabei nach ABELIN[4] (S. 183), um einen typischen Phasenverlauf, wie man ihn oft bei Schilddrüsenwirkungen findet.

Regelmäßige Veränderungen der *Senkungsgeschwindigkeit roter Blutkörperchen* bei mit Thyreoidea behandelten Schafen (per os täglich 0,01—0,06 getrockneter Schilddrüse je Kilo des Körpergewichtes) erhielten TSCHERNOSATONSKAYA[1226] sowohl bei normalen als auch thyreoidektomierten Tieren. Es zeigte sich folgende Erhöhung der Senkungsgeschwindigkeit:

	Durchschnittliche Senkungsgeschwindigkeit je Stunde in mm	
	Normale Tiere	Thyreoidektomierte Tiere
Vor der Behandlung	5,6	1,6
Nach der Schilddrüsenzufuhr:		
1. Tag	7,8	2,3
2. Tag	8,0	2,5
3. Tag	8,3	3,0
4. Tag	8,3	3,0
5. Tag	12,0	7,5
6. Tag	12,0	—

Hört man mit der Hyperthyreoidisierung auf, so steigt die Senkungsgeschwindigkeit wieder rasch zu ihrer ursprünglichen Höhe. Dieselbe Reaktion läßt sich auch durch kleine Gaben der LUGOLschen Lösung hervorrufen. Dies scheint aber nicht auf dem Wege einer Stimulation der eigenen Schilddrüse durch die Joddarreichung vor sich zu gehen, da diese Reaktion sich auch bei thyreoidektomierten Tieren zeigte; es handelt sich wahrscheinlich um eine teilweise direkte Wirkung des Jods.

TSCHERNOSATONSKAYA beobachtete bei hyperthyreoidisierten Schafböcken, aber auch bei mit LUGOLscher Lösung behandelten Tieren, Beschleunigung des Pulses und Vergrößerung der Lymphocytosis.

5. Wirkung der Jodverabreichung.

Die *Beeinflussung der Schilddrüse durch erhöhte Joddarreichung* gestaltet sich bei Schafen und Ziegen wie bei den Kühen. Das verabreichte Jod beeinflußt zunächst den *Jodgehalt der Schilddrüse*. Es wurde schon angeführt, daß die Thyreoideen von Schafen nach HUNTER und SIMPSON[514], die auf Orkney Islands aufgewachsen waren und mit dem Futter viel Meeresalgen zu sich nahmen, hohen Jodgehalt (1,05%) aufweisen. Frühere Versuche von MARINE und LENHARDT[795] haben gezeigt, daß bei Schafen die Schilddrüse durch Verabreichung kleinster Jodmengen in einen Ruhezustand gebracht wird; fortgesetzte Zuführung größerer Joddosen ruft aber das histologische Bild einer aktiven Hyperplasie mit den klinischen Zeichen der Überfunktion hervor.

Trotz dieser Affinität zu den Schilddrüsen verhält sich aber das im Überschuß dargereichte Jod als eine Substanz, die schnell ausgeschieden wird. Dies geschieht teilweise durch den Harn, teilweise durch die Milch, teilweise aber auch durch den Kot. COURTH[209] hat gefunden, daß eine Ziege, die Jod entweder in Form von Jodkali oder in Form von Pflanzenjodid in einer Menge von 40,000 γ bzw. 39,732 γ erhielt, dieses im Harn, in der Milch und im Kote zu 79,99 bzw. 82,60% wieder ausschied. Diese Ausscheidung geschieht prompt nach der Verabreichung. Während einer 4 tägigen Jodperiode schied die Ziege schon 49,54 bzw. 65,00 % des dargereichten Jodes aus. Diese Ausscheidung war auf Harn, Milch und Kot folgendermaßen verteilt:

	% des dargereichten Jodes ausgeschieden		
	im Harn	in der Milch	im Kot
	Innerhalb des Gesamtversuches		
bei Jodkalifütterung	24,09	53,16	2,74
bei Pflanzenjodidfütterung . .	42,60	39,00	1,00
	Innerhalb der viertägigen Jodperiode		
bei Jodkalifütterung	9,7	39,07	0,77
bei Pflanzenjodidfütterung . .	32,16	32,26	0,58

WEISER und ZAITSCHEK[1296] fanden, daß bei 22 Ziegen von dem per os verabreichten Jod 31,04 und 41,81 % im Körper retiniert wurden. Im Kot wurden 3,41 und 6,30 %, im Harn 33,87 und 35,52 % und in der Milch 18,02 und 30,03 % der Gesamtmenge des aufgenommenen Jods ausgeschieden.

Diese *Ausscheidung von Jod in der Milch* und im Harn haben bei Ziegen auch NIKLAS, SCHWAIBOLD und SCHARRER[871] und SCHARRER und SCHWAI-BOLD[1070] gefunden. Vom Standpunkte der Milchproduktion bedeutet dies eine Anreicherung der Milch an Jod. Eine solche findet (SCHARRER und SCHWAIBOLD[1070]) schon nach täglicher Verabfolgung von 7,5 mg Jod in Form von NaI statt. Das Milchjod nimmt dabei auf mehr als 70 γ % zu (normaler-weise nur 1,0 γ %). Schon diese niedrigen Jodgaben, die bei Ziegen keine physiologischen Wirkungen ausüben, werden also als ein dem Körper über-schüssiges Jod empfunden, das entfernt werden muß. Die *Anreicherung der Milch an Jod erscheint dabei als ein regulativer Ausscheidungsprozeß.* Je höher die Jodgaben, desto mehr Jod (bis 1,525 γ %) wird infolgedessen durch die Milch ausgeschieden (NIKLAS, SCHWAIBOLD und SCHARRER[871].

Über die Joddarreichung wurde festgestellt, daß es die Milchproduktion bei den Ziegen erhöht. Auch die Fettproduktion wird dabei erhöht.

Nach den Versuchen von NIKLAS, STROBEL und SCHARRER[872] wird die Milchproduktion aber erst durch Jodgaben von 180 mg täglich aufwärts beeinflußt. Bei Steigerung der Milchproduktion (ca. um 10 %) mittels Jodgaben von 180 mg je Tier und Tag wurde der prozentische *Fettgehalt* infolge der erhöhten Milchsekretion herabgesetzt. Die absolute Fettmenge wurde nicht erhöht. Eine gewisse *Erhöhung des Milchertrages* erscheint zwar auch bei den niedrigeren Jodgaben (nach STROBEL und SCHARRER[1175] auch bei 15 oder 7,5 mg Jod täglich), aber die Schwankungen liegen innerhalb der Fehlergrenzen.

Von GOLF und BIRNBACH[384] besitzen wir die Mitteilung, daß Jodver-abreichung bei Schaflämmern das Wachstum beeinflussen kann. 2—3 Monate alten Zibben- und Hammmellämern wurde täglich 120 mg Jodkali gegeben. Nach 6 Wochen zeigten die Zibbenlämmer mit Jod gegenüber denen ohne Jod eine um 11,7 % höhere, die Jod-Hammellämmer aber eine um 11,9 % niedrigere Gewichtszunahme. Eine Erhöhung der Jodkaligaben auf 180 mg rief innerhalb der folgenden 2 Wochen eine Depression der Gewichtszunahme hervor, wobei die Hammellämmer besonders ungünstig beeinflußt wurden. Es sollte sich um Folgen einer zu hohen Joddosierung handeln. Wurde nun die Jodgabe auf 40 mg Jodkali herabgesetzt, so zeigten die jodierten Tiere, sowohl die Zibben- als auch die Hammellämmer, innerhalb der folgenden 6 Wochen eine größere Gewichts-abnahme als die Tiere ohne Jod. Im Durchschnitt aller Tiere war diese um 21,9 % größer, bei den Zibbenlämmern um 30,2 %, bei den Hammellämmern um 11,4 %.

Das *Jodkali* kann nach diesen Versuchen das Wachstum der Schaflämmer steigern, aber nur in Gaben, die 40 mg nicht übersteigen. *Stärkere Gaben wirken schädigend*. Dabei sind die Hammellämmer sowohl gegenüber den günstigen als auch ungünstigen Wirkungen der Jodierung bedeutend empfindlicher als die Zibbenlämmer.

Eine Überprüfung dieser Versuche liegt noch nicht vor.

6. Schilddrüse und Konstitution bei den Schafen.

Produktionstypen, die wie beim Rinde als *Konstitutionstypen* aufgefaßt werden könnten, besitzen wir beim Schafe nicht. Es bestehen hier aber scharf ausgeprägte Unterschiede in der *Frühreife verschiedener Rassen*. Es ist möglich, in diesen Unterschieden gewisse Beziehungen zu der Thyreoideafunktion zu suchen.

Im oben besprochenen verschiedenen Gewichte der Schilddrüsen und ihrer verschiedenen Wachstumsintensität sieht Spöttel[1153] einen Ausdruck der Früh- bzw. Spätreife. „Bei den frühreifen Rassen, insbesondere dem ostfriesischen Milchschafe, hat das Gewicht der Schilddrüse schon im ersten Jahre einen hohen Wert, der auch im 2. Jahre noch ansteigt, dann aber läßt das Wachstum nach. Bei den spätreifen Rassen, wie z. B. den Karakuls und den Wollmerinos, ist die anfängliche Entwicklung der Schilddrüse der langsameren Körperentwicklung entsprechend eine geringere und steigt erst im 2. und 3. Jahre stärker an."

Spöttel ist der Meinung, daß diese Unterschiede der Thyreoidea eine Anpassung an verschiedene Lebens- (Klima-) und Fütterungsbedingungen bedeuten. Die Thyreoidea reagiert auf bessere Assimilationsbedingungen durch erhöhte Funktion, was im Laufe der Generation zu einer erblichen, konstitutionellen Eigenschaft der Schilddrüse der betreffenden Rassen geworden ist.

Es ist von Bedeutung, daß Spöttel die größere Schilddrüse bei frühreifen Mastrassen als einen hyperfunktionellen Zustand der Thyreoidea auffaßt. Dies steht im Einklang mit der oben gegebenen Ergänzung der Dürstschen Auffassung des *Masttypus*: daß sich nämlich bei diesem Typus die Thyreoidea in der Jugend nicht in einem hypo-, sondern einem *hyper*funktionellen Zustande befindet, um die intensive assimilatorische Leistung (Bildung neuen Plasmas) durch Erhöhung der Sauerstoffaufnahme zu ermöglichen. Die später reifenden und langsamer wachsenden Rassen sollen dann eine in der Jugend auf einem niedrigeren Funktionsniveau befindliche Schilddrüse besitzen.

Mit dem *Jahreszyklus der Thyreoidea* steht nach Spöttel (1929) möglicherweise die Erscheinung des *Haarwechsels* im Laufe des Jahres im Zusammenhange. „Bei den primitiven mischwolligen Landschafen tritt der Haarwechsel am schärfsten in Erscheinung. Im Frühjahr erfolgt ein Ausfall eines Teiles der feinen Flaumhaare und zum Teil eine Verfeinerung des Haarkleides, im Herbst findet ein Nachwachsen der Flaumhaare und eine Vergröberung der übrigen Haare statt. Während also im Winter das Haarwachstum angeregt ist, wird es im Sommer herabgesetzt" (S. 654, [1153]).

Der primäre Impuls zu der Haarausbildung geht unzweifelhaft von der äußeren Temperatur aus. Die Thyreoidea wird nur die Vermittlerrolle dieser Wirkungen spielen können, indem sie ihre Funktion je nach der Temperatur (Regulation der Wärmebildung) ändert. Was aber wichtig ist, ist der Umstand, daß hiernach die Thyreoidea erstens bei den primitiven Schafrassen reaktibler zu sein scheint und zweitens, daß man in der *Thyreoideakonstitution* den Faktor sehen kann, der die *Qualität der Wolle* mitzubestimmen hilft, also einen Charakter, der unter die konstitutionellen Charaktere der einzelnen Rassen zu rechnen ist.

Was wir von den Änderungen der Haarbekleidung nicht nur bei Schafen, sondern auch bei anderen Tieren wissen (vgl. oben die Veränderungen des Haares nach Thyreoidektomie oder beim Hypothyreoidismus infolge des Jodmangels), berechtigt vollkommen zu dieser Auffassung.

Es wäre nur wünschenswert, wenn die hier wiedergegebenen Deutungen von SPÖTTEL zur Grundlage weiterer Forschungen über die Rolle der Thyreoidea bei der Ausbildung der Produktions- und Konstitutionstypen beim Schafe werden würden.

VII. Der Einfluß der Schilddrüse auf Ernährung und Stoffwechsel beim Geflügel.

Über die Bedeutung der Schilddrüse beim Geflügel besitzen wir dank der Forschungsarbeit namentlich im letzten Jahrzehnt sehr zahlreiche Versuche. Die Beeinflussung des Stoffwechsels betreffen aber nur wenige. Die meisten beziehen sich auf die Beeinflussung der Körperentwicklung und besonders des Gefieders. Aber auch diese Arbeiten sind von gewisser Bedeutung für unseren Standpunkt, da sie uns gewisse Ausblicke auf die Frage der Rolle der Thyreoidea in der Konstitution bieten.

1. Wirkung der Thyreoidektomie.

CREW[231] beobachtete bei einem geschlechtsreifen *Hahne* der Campinrasse als einzige Folge der Schilddrüsenentfernung, daß das Tier nicht mehr mauserte. Später (CREW[232]) thyreoidektomierte er 12 junge, reinrassige Campinhähne und beobachtete schon sehr bald nach der Operation, „daß die Erneuerung der Federn außergewöhnlich spät vor sich ging und die Mauserung unregelmäßig und langsam verlief". Auch EWALD und ROCKWELL[298] beobachteten bei ausgewachsenen *Tauben* keine Wirkung der Thyreoidektomie. Der Mauser widmeten sie keine Aufmerksamkeit. Eine Hemmung in der Ersetzung des Daunengefieders durch das Umrißgefieder beobachteten nach der Thyreoidektomie PARHON und PARHON-fils[914] bei jungen Gänsen. Gleichzeitig zeigte sich auch ein Zurückbleiben im Wachstum.

	Kontrolle	Thyreoidektomierte Tiere			
	Erste Gruppe				
4. Juni	1,275—1,440	770	780	785	1230
13. „	1,635—1,865	1615	1010	1170	830
25. „	2,590—2,690	1057	1695	2175	2430
	Zweite Gruppe				
4. Juni	495	526	610	380	
13. „	1000	875	815	405	
25. „	1540	1685	1810	542	

Ähnlich gibt auch SCHWARZ[1107] an, daß thyreoidektomierte Hühner im Wachstum zurückbleiben.

LANZ[692] exstirpierte bei einer geschlechtsreifen und schon eierlegenden Henne die Schilddrüse und beobachtete, daß das Tier nachher bloß ein einziges 5 g wiegendes Ei legte, während die Eier ihrer Schwester 50—60 g wogen. Ob das „Ei" Dotter enthielt oder nur aus Eiweiß bestand, ist nicht angegeben.

Wird die Thyreoidektomie in früher Jugend ausgeführt, wie es GREENWOOD und BLYTH[398] taten, indem sie 32—80 Tage alte Kücken der rebhuhnfarbigen Italiener operierten, so erscheint deutliche Hemmung des Wachstums.

Sie ist bei den Hähnen größer, bei den Hennen schwächer (s. Abb. 136). In der ersten Zeit nach der Operation trat Wachstumshemmung auch bei partiell thyreoidektomierten weiblichen Tieren auf, die aber später verschwand (infolge kompensatorischer Hypertrophie des zurückgebliebenen Gewebes?). Die operierten Hennen legten Eier, die in der Größe (50,7 g) denen der Kontrollhennen glichen (49,3 g). Das Stadium der Geschlechtsreife war bei den thyreoidektomierten Hennen in Grenzen der wahrscheinlichen Fehler dasselbe wie bei den Kontrolltieren: es war hier eine Differenz von 17,4 Tagen zuungunsten der operierten Tiere, der wahrscheinliche Fehler betrug aber 7,385; die Differenz betrug also nur das 2,36fache des wahrscheinlichen Fehlers. Die Befruchtung und Entwicklungsfähigkeit der Eier von operierten Hennen waren dieselben wie die der Kontrollhennen. Bei den Hähnen wurde die geschlechtliche Entwicklung nicht verfolgt.

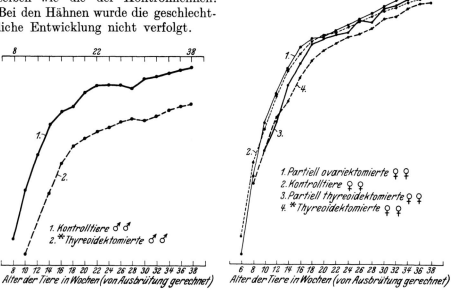

Abb. 136. Wirkung der Thyreoidektomie im frühen Alter auf das Wachstum der Hühner. Die Wachstumerkennung ist bei den Hähnenkücken größer als bei den Hennenkücken. (Nach Greenwood und Blyth.)

In bezug auf die *Eierproduktion* unterscheiden sich diese Versuchsresultate von denjenigen von Lanz[692]. Es muß jedoch betont werden, daß bei allen eierlegenden Hennen von Greenwood und Blyth die Thyreoidektomie unvollkommen war. Die Untersuchung post mortem zeigte, daß bei allen, auch den beiderseits thyreoidektomierten Tieren die Thyreoideen einseitig oder auch beiderseitig regenerierten. (Eine einzige vollkommen thyreoidektomierte Henne ging vorzeitig ein.)

Die Schilddrüsenexstirpation beeinflußt bei Hühnern auch den Geschlechtscharakter des Gefieders. Crew[232] beobachtete bei 12 thyreoidektomierten Campiner Hähnen, die normalerweise hennenfedrig sind, nach der Mauser das Auftreten einer typisch hahnenartigen Befiederung (Halsbehang, Sattelbehang und große Sichelfedern). Die Thyreoidektomie hatte hier einen Effekt, den sonst nur die Kastration hervorruft (Morgan[841]). Ähnlich fanden auch Greenwood und Blyth[398], daß die thyreoidektomierten Hennen ein Gefieder entwickelten, welches dem Hahnengefieder sehr ähnlich war. Dasselbe fand auch Schwarz[1107], der bei thyreoidektomierten Hennen eine Ausbildung von „beinahe" männlichem Gefieder beobachtete, bei thyreoidektomierten Hähnen die Ausbildung eines „Überhahngefieders“ — also eine Hypermaskulinierung feststellen konnte (vgl. Abb. 137). Über diese Beziehung der Thyreoidea zu dem Geschlechtstypus siehe näher noch weiter (s. S. 580 u. f.).

2. Athyreoidismus und Hypothyreoidismus.

Eine Henne, bei der post mortem ein vollkommenes Fehlen beider Thyreoideen festgestellt wurde (Křiženecký[621]), entwickelte sich vollkommen normal und zeigte keine auffälligen Abweichungen gegenüber anderen Tieren. Das Tier erhielt aber von der sechsten Alterswoche an täglich 0,1 g getrocknete Thyreoideasubstanz per os, so daß die spätere Entwicklung unter künstlicher Thyreoideahormonzufuhr stand. Bis zum Alter von 6 Wochen übte aber der Thyreoideamangel keinen Einfluß aus.

Landauer[682] beschrieb ein Zwerghuhn der roten Rhode Island, bei dem die Wachstumsverkümmerung als Folge einer Thyreoideaunterfunktion erschien. Das Tier zeigte allgemeine Hemmung des Wachstums, auffallende Brachycephalie und myxoedematöse Schwellungen im Gesicht. Im perichondralen Knochengewebe war die Zahl der Haversschen Kanälchen vermindert, das Gewebe erschien infolgedessen sehr kompakt. Das endochondrale Knochengewebe fehlte in den Röhrenknochen fast vollkommen. Bei der Untersuchung der endokrinen Drüsen zeigte sich, daß der Thymus involviert war und die Parathyreoideen nicht gefunden werden konnten. Die Thyreoidea war vergrößert, bestand aber fast ausschließlich aus aplastischem Gewebe ohne

Abb. 137.
Ausbildung von auffällig langen und spitzigen Federn bei einem thyreoidektomierten Hahn. (Nach Schwarz.)

Kolloid. Das Zwergwachstum scheint demnach thyreogenen Ursprunges zu sein. Nachträglich untersuchte Landauer weitere derartig verkümmerte Hühner dieser Rasse. Die Tiere stammten aus einer normalen Zucht von demselben Vater und 2 Müttern. Sie wiesen große Lebensschwäche (frühe Sterblichkeit) auf und keines erreichte die Geschlechtsreife. Die Abnormität des Wachstums machte sich von der zweiten Lebenswoche an bemerkbar.

Bei Hühnern erscheint eine Abnormität erblich, die in gewisser Hinsicht auf die Dexter-Bulldog-Kälber erinnert. Es sind dies die sog. Krüppelhühner („the creeper fowl"), die sich durch Kurzbeinigkeit auszeichnen; auch die Flügel sind verkürzt. Diese Eigenschaft ist durch ein einfaches dominantes Gen begründet, das aber in Homozygotie lethal wirkt (Landauer und Dunn[685]). Auch darin liegt eine Analogie mit den Dexter-Bulldog-Kälbern. Es handelt sich ähnlich wie dort auch hier um *Chondrodystrophie*, die besonders bei sterbenden homozygotischen Embryonen hervortritt (Landauer[680]).

Die chondrodystrophischen Hühnerembryonen unterscheiden sich von den normalen auch in der Zusammensetzung des Blutes. Landauer und Thigpen[686] haben gefunden:

	Pseudoeosino-philen	Wahre Eosino-philen	Basophilen	Mononuklearen	Kleine Lymphocyten	Atypische Megaloblasten	Typische Megaloblasten	Mitosen	Bruchstücke	Erythroblasten II.
Durchschnitt von 13 normalen Embryonen . .	95,61	1,17	0,37	1,12	1,73	0,43	1,23	0,02	0,03	0,02
Durchschnitt von 8 chondrodystrophischen Embryonen	87,72	4,88	6,56	0,65	0,19	211,26	109,00	4,72	1,09	0,78

Bei Untersuchung der endokrinen Drüsen zeigte sich jedoch (LANDAUER[683]), daß sich die Thyreoidea im allgemeinen normal entwickelt und nur eine Verspätung der Differenzierung zeigt. Derselbe Befund wurde auch bei Thymus, Epithelkörperchen und Hypophyse gemacht; letztere war im Vorderlappen kleiner als normal. Zum Unterschiede von der CREWschen Schlußfolgerung über die Beziehung der Thyreoidea von Dexter- Bulldog-Kälbern zu der Abnormität faßt LANDAUER die Chondrosystrophie bei Hühnern als durch die Differenzierungshemmungen der endokrinen Drüsen überhaupt nicht erklärbar auf; diese sollen sekundärer Natur sein, besonders die Verkümmerung der Hypophysenvorderlappen.

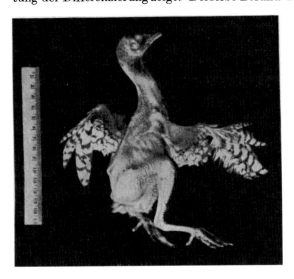

Abb. 138. Ein pathologisch mangelhaft befiedertes Hühnchen als Folge einer Schilddrüsenatrophie. (Nach SCHWARZ.)

Bei Hühnern scheint auch oft ein *Hypothyreoidismus aus Jodmangel* aufzutreten, ähnlich wie bei den früher besprochenen Tieren in gewissen Gegenden von Nordamerika. Die Federnlosigkeit erscheint dabei nicht, die Schilddrüse zeigt eine Vergrößerung (WELCH[1302]) der Follikel mit angesammeltem Kolloid. Solche Tiere werden (KERNKAMPF[568]) erst bei der Schlachtung als hypothyreoidisch erkannt. Nach WELCH[1302] zeigen solche Tiere normale Entwicklung und Produktion (Eier). Es sollte auch keine Sterblichkeit beobachtet werden. Das Auftreten von Kropf bei ausgeschlüpften Kücken konnte noch nicht untersucht werden. SCHWARZ[1107,1108] beschrieb einige Hühnchen, welche äußerlich durch sehr mangelhafte Befiederung (vgl. Abb. 138) auffielen. Alle zeigten atrophische Schilddrüsen, die histologisch von einer Hypofunktion zeugten. SCHWARZ sieht darin den Nachweis, daß die Befiederung von der Schilddrüse abhängig ist, was vollkommen mit den im weiteren besprochenen Versuchen über Hyperthyreoidisation und mit den schon erwähnten Resultaten der Thyreoidektomie übereinstimmt. Wenn aus der Hypofunktion aus Jodmangel keine Beeinflussung der Befiederung resultiert, liefert dies nur den Beweis, daß dazu wahrscheinlich eine schwerere Schädigung der Thyreoidea nötig ist, als Jodmangel in amerikanischen Geflügelzuchten hervorzurufen imstande war. Die Hühner von SCHWARZ erschienen spontan in normalen Zuchten.

Watson[1289] beobachtete bei Hühnern nach einer längeren Fütterung mit rohem Fleisch *Hyperplasie der Schilddrüse*. Diese Erscheinung kann als Symptom eines relativen Hypothyreoidismus aufgefaßt werden, der auch bei anderen landwirtschaftlichen Nutztieren bei intensiverer Fütterung besonders mit Kraftfutter erscheint (s. S. 465). Es handelt sich um eine stärkere Inanspruchnahme der Thyreoidea infolge des hohen N-Stoffwechsels.

Da Hyperplasie der Thyreoidea als Symptom ihrer Hypofunktion oft angenommen werden kann, mag hier von Interesse sein, daß Riddle, Honeywell und Spannuth[1017] bei Tauben gefunden haben, daß ein abnormal niedriger Blutzuckerspiegel regelmäßig bei großer Thyreoidea (und großen Nebennieren) vorkommt; ein hoher Blutzuckerspiegel trifft dagegen mit kleinen Thyreoideen (und kleinen Nebennieren) zusammen.

Ein gewisser Hypothyreoidismus erscheint bei Tauben bei der B-Avitaminose infolge reiner Reisfütterung. Verzár und Vásarhelyi[1255] haben gezeigt, daß dabei auch die atmungssteigernde Wirkung der Taubenthyreoidea, also ihr Gehalt an Hormon, bei B-Avitaminose vermindert wird. Während eine normale Thyreoidea den O_2-Verbrauch der normalen Muskel um 39,4% steigert, beträgt die steigernde Wirkung der Thyreoidea von beriberikranken Tauben nur 7%. Die Fähigkeit, den Zuckerverbrauch des Herzens zu steigern, fehlt der Thyreoidea von avitaminösen Tauben vollkommen. Die Thyreoideen von beriberikranken Tauben geben auch die Kaulquappenmetamorphosereaktion nicht (Pighini[1255]).

Buchanan[126] fand bei einem silbernen Dorkinghahn, der spontan hennenfedrig wurde, neben einer großen Anzahl von Luteinzellen in den Hoden auch eine myxoedematöse und cystische Struktur der Thyreoidea mit Anzeichen einer Tendenz zur Hyperplasie der noch funktionierenden Follikel; alles sollte auf eine subnormale Funktion der Drüse hinweisen. Dieser hypofunktionelle Zustand der Schilddrüse soll nach Buchanan mit der spontanen Umänderung der Geschlechtscharaktere der Befiederung zusammenhängen. Bei den normal hennenfedrigen Hähnen der Sebright Bantams soll sich nach ihm die Schilddrüse normal, rassenkonstitionell, in einem hypofunktionellen Zustande befinden, und dieser konstitutionelle Hypothyreoidismus soll die Ursache der Hennenfedrigkeit der Hähne dieser Rasse sein. Dieser Schluß stimmt nicht mit alledem überein, was wir bei anderen Versuchen über die Beziehung der Schilddrüse zu dem Geschlechtstypus des Gefieders bei Hühnern wissen und wird noch näher an anderer Stelle besprochen werden (s. S. 580 u. f.).

3. Wirkung der Hyperthyreoidisierung beim Geflügel.

a) Auf das Körpergewicht und den Grundumsatz.

Werden ausgewachsene, geschlechtsreife Tiere hyperthyreoidisiert (per os oder per injektionem), so ist eines der ersten Symptome die *Abnahme des Körpergewichtes*. Nicht aber immer hängt diese Wirkung von der Dosierung ab. Schon Carlson, Rooks und McKie[145] teilten mit, daß bei Tauben durch Verabreichung von 0,33 und 2 g getrockneter Schilddrüsensubstanz (Armour, 0,8—1,3 mg Jods in 1 g) per os, der Gewichtsverlust proportional der Dosierung war. Bei *Hähnen* verursachte eine Dosierung von 0,5—6,5 g täglich kleine Gewichtsverluste, bei *Enten* blieben tägliche Gaben von 0,5—10 g wirkungslos. Podhradský[950] fand Gewichtsverluste bei per os hyperthyreoidisierten Hennen und Hähnen der La-Bresse-Rasse unter täglicher Dosierung von 1 g getrockneter Drüsensubstanz. Ähnlich berichtet auch Sainton[1053]. Cole und Hutt[187] fanden bei weißen Leghorns bei einer Dosierung von 196 mg täglich (= 59 mg auf 1 Pfund des Körpergewichtes) keine Gewichtsabnahme. Nach

Hutt[517] rufen Dosen, die 4 mg Jod enthalten, eine Gewichtsabnahme hervor, wenn auf 3—5 kg des Körpergewichtes appliziert. Eine halbe Dosis ruft Gewichtsabnahme bei den Hähnen, nicht aber bei den Hennen hervor. Kleinere Gaben bleiben auf das Körpergewicht wirkungslos.

Bei Tauben (Křĺženecký[626, 631, 632]) ruft eine tägliche Dosierung von $1/8$—$1/6$—$1/4$ bzw. $1/2$ g innerhalb 21—23 Tagen eine Gewichtsabnahme von 36% hervor, später, nach 35 Tagen, kann diese bis 49% erreichen (vgl. hierzu Abb. 178—181 auf S. 616). Dasselbe wurde auch bei Ringtauben gefunden, bei denen 0,1—0,2 g Thyreoideasubstanz innerhalb 34 Tagen eine Gewichtsabnahme um etwa 20% verursachte (Křĺženecký[635, 638, 639]).

Bei Kapaunen soll nach B. Zawadowsky[1341, 1342] diese Gewichtsabnahme größer sein und schneller vor sich gehen als bei den Hähnen. Zawadowsky erklärt dies dadurch, daß die Hoden der Wirkung des Schilddrüsenhormons einen Widerstand leisten.

Es kann kein Zweifel darüber vorliegen, daß diese das Körpergewicht vermindernde Wirkung der Hyperthyreoidisation von der Erhöhung des Metabolismus abzuleiten ist. Sierens und Noyons[1126] haben an Tauben direkt gezeigt, daß Thyroxininjektionen (1 mg bzw. 3 mg) den Grundumsatz erhöhen:

Wirkung des Thyroxins auf den Grundumsatz bei Tauben
(nach Sierens und Noyons).

	Taube D-Kontrolle			Taube E-Versuch: 1 mg Thyroxin			Taube T-Versuch: 3 mg Thyroxin		
	Gewicht	Ca je Minute und kg	Normalwert = 100	Gewicht	Ca je Minute und kg	Normalwert = 100	Gewicht	Ca je Minute und kg	Normalwert = 100
14. Dezember	460	0,10074	} 100,0	485	0,09865	} 100,0	480	0,09910	} 100,0
15. „	455	0,10070		497	0,09984		485	0,09808	
		Thyroxininjektion			Thyroxininjektion			Thyroxininjektion	
16. „	455	0,10187	101,1	492	0,10180	102,5	499	0,12004	121,8
17. „	452	0,10122	100,5	488	0,10180	102,5	476	0,10769	109,2
18. „	452	0,10199	101,2	482	0,12976	130,7	465	0,11677	118,4
19. „	450	0,10135	100,6	480	0,11737	118,2	480	0,11021	111,8
20. „	450	0,10187	101,1	480	0,12812	129,1	480	0,13542	137,4
21. „	452	0,10232	101,6	478	0,12299	123,9	477	0,10237	103,8
22. „	454	0,10209	101,3	477	0,10499	105,8	478	0,09696	98,4
23. „	454	0,10216	101,4	477	0,10767	108,5	480	0,10173	103,2
24. „	450	0,10187	101,1	476	0,10521	106,0	480	0,09908	100,5
15. Januar .	450	0,10300	102,2	495	0,10281	103,6	485	0,10068	102,1
10. Februar .	450	0,10389	103,1	480	0,10433	105,0	490	0,09965	101,1

Aus diesen Zahlen geht hervor, daß das Thyroxin einerseits den Grundumsatz steigert, andererseits das Körpergewicht herabsetzt. Nach Aufhören der Thyroxinwirkung erfolgt mit dem Sinken des Grundumsatzes gleichlaufend die Wiederherstellung des Körpergewichtes.

Werden *wachsende Tiere hyperthyreoidisiert*, so tritt eine gewisse *Wachstumshemmung* auf. Dies kann schon bei Kückenembryonen beobachtet werden, wenn sie durch Implantation des Thyreoideagewebes oder durch Thyroxininjektionen hyperthyreoidisiert werden. Willier[1320] teilt mit, daß die auf die erste Art hyperthyreoidisierten Embryonen kleiner und mager sind. Okada[884] hat bei Hühnerembryonen, die durch das Schilddrüsenpräparat „Tyradin" behandelt wurden, gezeigt, daß deren Gewicht und Länge etwas kleiner als normal ausfielen.

Dasselbe fanden auch Greenwood und Chaudhuri[401] nach in den Luftsack brütender Hühnereier durchgeführten Thyroxininjektionen. Hanau[440] zeigte, daß die Thyroxininjektionen die Atmung der Embryonen (CO_2-Produktion) steigert. Eine Gabe von $^1/_{40\,000}$ mg ist schon wirksam, eine solche von $^1/_{200\,000}$ mg aber wirkungslos. Höhere Dosierungen ($^1/_{300}$—$^1/_{600}$) wirken tödlich.

Bei wachsenden jungen *Enten* fanden eine Hemmung der Gewichtszunahme infolge Hyperthyreoidisierung C. I. Parhon und C. Parhon[913]. Bei Kücken der Rassen Plymouth Rocks, rebhuhnfarbige Italiener, weiße Wyandotts und La Bresse fand Nevalonnyj[864, 867] gleichfalls, daß die Hyperthyreoidisierung deren Wachstum bedeutend hemmt. Diese Hemmung ist verschiedenartig je nach dem Geschlechte: größer bei Hähnchen, kleiner bei Hennenkücken (vgl. Abb. 139).

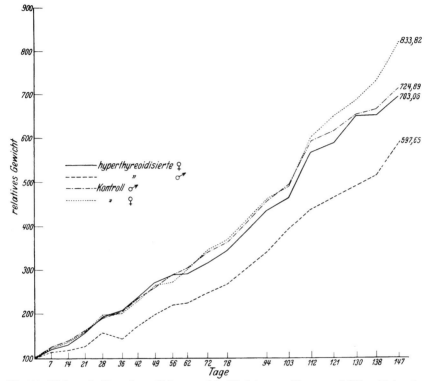

Abb. 139. Wirkung der Hyperthyreoidisierung auf das Wachstum von Hennen- und Hähnenkücken der Plymouth-Rocks-Rasse. (Nach Nevalonnyj.)

Grundumsatzmessungen bei hyperthyreoidisierten wachsenden Hühnern liegen nicht vor.

Eine starke Wachstumshemmung konnte ich auch bei jungen *Tauben-kücken* beobachten, die per os mit 0,5—0,1 g Thyreoideatrockensubstanz täglich behandelt wurden (Kříženecký[634]). Eine Hemmung erschien auch bei Gaben von 0,05 und 0,02 g, aber schon schwächer. Bei Dosen von 0,01 beobachtete ich keine Beeinflussung des Wachstums.

Bei Hühnern, die Schwarz[1107] durch Transplantation überzähliger Thyreoideen hyperthyreoidisierte, erschien keine Hemmung des Wachstums, allem Anschein nach war die Hyperthyreoidisierung nicht stark genug, um diese Wirkung hervorzurufen. Schwarz fand bei diesen Tieren aber eine Erhöhung der Körpertemperatur.

b) Toxische Wirkung chronischer Hyperthyreoidisierung.

In allen Berichten über künstliche Thyreoidisierung von Geflügel (vgl. Carlson, Rooks und McKie, B. Zawadowsky, Podhradský, Kříženecký, Nevalonnyj, Parhon, Blasi, Sainton usw.) finden wir übereinstimmende

Mitteilungen, daß viele Tiere bei höheren Thyreoideagaben zugrunde gehen. Carlson, Rooks und McKie[145] geben an, daß Tauben bei Dosen von 0,33 g nach 15—35—60 Tagen eingehen, bei Dosen von 1 g nach 8—28 Tagen, bei Dosen von 2 g nach 4—9 Tagen. Die Taubenkücken gingen bei Dosen von 0,1—0,5 g in meinen Versuchen (Kříženecký[634]) innerhalb einiger Tage zugrunde, und erst die Dosis von 0,05 g und weniger wurde vertragen. Auch einige der erwachsenen Tauben vertrugen die Dosierungen von $^1/_8$—$^1/_2$ g nicht (Kříženecký[626, 631, 632]), ebenso auch Ringtauben die Dosen von 0,2—0,1 g (Kříženecký[635, 638, 639]). Podhradský[950] fand tödliche Wirkung bei 1 g Trockensubstanz an einigen Hennen und Hähnen der schwarzen La-Bresse-Rasse. Nach Hutt[517] wirkt eine Dose von 4 mg Thyreoideajod, wenn auf 1 oder 2 kg des Körpergewichtes appliziert, sowohl bei Hennen als auch bei Hähnen tödlich.

Interessant ist die Tatsache, daß diese toxische Wirkung der Thyreoidea nur dann auftritt, wenn die Hyperthyreoidisierung *chronisch* ist. Wird die Thyreoideagabe auf einmal gegeben, so vertragen die Tiere harmlos eine Menge, die in chronischer Verabreichung zum Tode geführt hätte. So stellte z. B. B. Zawadowsky[1339, 1340] fest, daß Hühner 30—50 g getrockneter Schilddrüse ziemlich leicht vertragen, wenn aber einem Huhn 6 Tage hindurch 4 g täglich gegeben werden (zusammen also 24 g), geht es ein. Diese Befunde hat Martin[807] für Gaben von 10—35 g an Hähnen bestätigt. Kapaune vertragen solche hohen Einzelgaben aber nicht.

Wirkung der Hyperthyreoidisierung (und Hyperthymisierung — s. Anm.) auf
Längenverhältnisse der Knochen

Serie		Os ilium		Humerus		Radius		Ulna	
		in cm abs.	rel.	in cm abs.	rel.	in cm abs.	rel.	in cm abs.	rel.
Thryeoidisierte . .	♂	6,35	100,00	8,00	125,98	7,50	118,11	7,95	125,19
	♀	5,80	100,00	7,85	135,34	6,52	112,51	6,75	116,37
	♂+♀	6,07	100,00	7,92	130,66	7,01	115,31	7,35	120,78
Kontrollserie . . .	♂	6,250	100,00	8,485	135,78	7,760	123,65	8,35	128,55
	♀	5,525	100,00	6,45	116,72	6,245	113,01	6,46	117,18
	♂+♀	5,887	100,00	7,467	126,25	7,002	118,33	7,274	122,86
Thymisierte Serie .	♂	6,233	100,—	8,03	127,21	7,560	119,76	7,84	124,06
	♀	5,936	100,—	6,70	115,28	6,51	113,24	6,83	117,49
	♂+♀	6,098	100,—	7,365	121,74	7,035	116,00	7,335	120,77

Dickenverhältnisse der Knochen

Serie		Humerus				Radius				Ulna	
		abs. in mm	rel.	abs. in mm	rel.	abs. in mm	rel.	abs. in mm	rel.	abs. in mm	rel.
Thyreoidisierte .	♂	6,090	10,357	7,750	13,634	2,355	4,004	2,860	4,863	4,075	6,929
	♀	4,875	8,290	5,415	9,197	1,855	3,154	2,530	4,301	3,180	5,407
	♂+♀	5,482	9,323	6,582	11,416	2,105	3,579	2,695	4,582	3,627	6,168
Kontrollserie .	♂	5,907	10,047	7,680	13,062	2,550	4,336	3,227	5,488	4,150	7,057
	♀	4,872	82,860	6,222	10,640	1,937	3,294	2,482	4,220	3,165	5,382
	♂+♀	5,390	9,166	6,591	11,851	2,243	3,815	2,854	4,854	3,657	6,219
ThymisierteSerie	♂	5,933	10,096	7,893	13,428	2,441	4,120	3,053	5,208	4,616	7,848
	♀	5,115	8,698	6,675	11,353	1,945	3,573	2,325	4,092	4,231	7,196
	♂+♀	5,524	9,397	7,264	12,388	2,195	3,846	2,689	4,650	4,423	7,522

Anm. Zwecks Platzersparnis befinden sich hier auch die Zahlen für hyperthymisierte

Inwiefern diese letale Wirkung mit dem Körpergewichtsverluste zusammenhängt oder nicht, läßt sich nicht entscheiden. Es scheint aber, daß hier ein Zusammenhang nicht besteht. Schon CARLSON, ROOKS und MCKIE[145] teilten mit, daß ihre Hähne unter sehr geringen Gewichtsverlusten eingingen, und andererseits findet man bei Tauben (KŘÍŽENECKÝ[626, 631, 632]) sehr hohe Verluste (45 % und mehr) ohne tödliche Wirkung.

c) Wirkung der Hyperthyreoidisierung auf die Knochenausbildung.

NEVALONNYJ und PODHRADSKÝ[867a] untersuchten eine Reihe von Skeleten der rebhuhnfarbigen Italiener, die während ihrer Entwicklung per os hyperthyreoidisiert wurden, und fanden, daß die Hyperthyreoidisierung einige Röhrenknochen verkürzt und teilweise auch verdickt, während sie bei anderen entgegengesetzt wirkt. Die Messungen wurden mit dem ZEISSschen Mikrometer durchgeführt. Zum Vergleiche diente das Verhältnis der einzelnen Werte zur Länge des Kreuzbeines (Os ilium). Dieser Knochen wurde als Grundlage deshalb gewählt, weil er im ganzen Skelete den stabilsten Bestandteil bildet. Die relativen Zahlen wurden derart berechnet, daß die Länge des Kreuzbeines gleich 100 gesetzt wurde, und auf diese wurden dann die anderen umgerechnet.

Was die Knochenlängen bei den ♂ anbetrifft, sind bei den thyreoidisierten Tieren (mit Ausnahme des Coracoid) Humerus, Radius und Ulna relativ be-

die Knochenausbildung bei Hühnern. (Nach NEVALONNYJ und PODHRADSKÝ.)
bei rebhuhnfarbigen Italienerhühnern.

Metacarpale		Scapula		Coracoid		Os femoris		Tibia		Metarsale	
in cm abs.	rel.	in cm abs.	rel.	in cm abs.	rel.	in cm abs.	rel.	in cm abs.	rel.	in cm abs.	rel.
4,00	62,99	7,85	123,62	5,85	92,12	9,00	141,73	12.3	193,87	8,35	131,51
3,25	56,03	6,57	113,27	5,00	86,20	7,45	128,44	10.3	177,58	6,90	118,96
3,63	59,51	7,21	118,44	5,45	89,16	8,23	135,09	11.3	185,72	7,63	125,23
3,985	63,77	7,31	116,94	5,600	89,58	8,670	138,72	12,30	196,79	8,525	136,39
3,585	64,85	6,035	109,19	4,695	85,04	7,125	129,98	9,885	178,81	6,960	125,91
3,785	64,31	6,672	113,06	5,147	87,31	7,897	134,30	11,092	187,80	7,742	131,15
4,09	66,98	7,39	117,04	5,75	92,24	8,516	136,58	12,456	197,72	8,533	137,20
3,35	56,76	6,816	114,74	4,50	74,96	7,263	122,23	10,036	170,91	6,890	116,33
3,72	61,87	7,103	115,89	5,075	83,60	7,939	129,40	11,246	184,31	7,721	126,76

bei rebhuhnfarbigen Italienerhühnern.

Ulna		Os femoris		Tibia		Metatarsale	
abs. in mm	rel.	abs. in mm	rel.	abs. in mm	rel.	abs. in mm	rel.
6,175	8,060	6,820	12,415	7,380	12,550	6,005	10,289	6,550	11,138	4,780	8,129	6,880	11,700
4,740	10,500	5,265	8,917	5,740	9,760	5,390	9,165	5,230	8,893	4,175	7,100	5,695	9,685
5,457	9,280	6,042	10,693	6,560	11,155	5,697	9,727	5,890	10,016	4,477	7,614	6,287	10,692
5,045	8,576	6,397	11,228	6,892	11,722	5,870	9,980	6,722	11,433	4,495	7,645	6,897	11,730
5,155	8,756	5,282	8,982	5,572	9,140	5,030	8,727	5,180	7,673	4,137	7,045	5,587	9,502
5,100	8,666	5,839	10,105	6,232	10,431	5,450	9,353	5,951	9,553	4,136	7,345	6,242	10,616
6,335	10,775	6,706	11,405	7,041	11,975	6,081	10,344	6,595	11,222	5,058	8,602	7,451	12,672
4,990	8,548	5,643	9,596	5,818	10,063	4,735	8,108	5,206	8,470	4,130	7,024	6,000	10,204
5,662	9,661	6,174	10,500	6,429	11,018	5,408	9,226	5,900	9,846	4,594	7,813	6,725	11,438

Tiere, auf die später (auf S. 617) eingegangen wird.

deutend kleiner als bei den Kontrollen; dasselbe ist der Fall bei der hinteren Extremität (abgesehen von dem Femur, der bedeutend größer ist). Bei den ♀ sind die Flügelknochen der thyreoidisierten Tiere nur etwas kürzer, nur der Metacarpus ist ziemlich kürzer, der Humerus und die Scapula wiederum länger. Kürzer sind auch die Knochen der Hinterextremitäten bei den thyreoidisierten Tieren.

Aus den Durchschnittsmaßen besonders der Hinterextremitäten, aber auch der Flügel, ist bei den hyperthyreoidisierten Tieren eine Tendenz zu einer Verkürzung der Knochen mit Ausnahme von Humerus, Scapula, Coracoid und Femur ersichtlich. Was die Dicke der Röhrenknochen anbelangt, stellten die Genannten fest, daß die Knochen bei den thyreoidisierten ♂ bis auf den Radius dicker sind, bei den thyreoidisierten ♀ ist Femur und Tibia den Kontrollen gegenüber sichtlich dicker, während Humerus, Radius und Ulna schwächer sind.

Durchschnittlich, ohne Rücksicht auf das Geschlecht, haben die thyreoidisierten Tiere den Kontrollen gegenüber dickere Knochen, und zwar ausgesprochen dickere bei Ulna, Femur und Tibia, weniger bei dem Metatarsus, schwächer jedoch bei Radius und Humerus.

Aus den Messungen der Längen und Breiten einiger Knochen des Skeletes von ♂ und ♀ rebhuhnfarbiger Italiener, die sich unter dem Einfluß der Thyreoidisierung entwickelten, geht hervor, daß nur einige Röhrenknochen kürzer und teilweise auch breiter werden, während andere (besonders die stärksten) gerade die entgegengesetzte Tendenz aufweisen.

d) Beeinflussung des Wasser- und Aschengehaltes des Fleisches.

Diese Wirkung des *Hyperthyreoidismus bei Hühnern* untersuchte Neva-lonnyj[861,867], indem er das Beinfleisch, Flügelfleisch und das Brustfleisch von während der Entwicklung hyperthyreoidisierten Hühnern der Plymouth-Rocks- und rebhuhnfarbigen Italiener-Rassen analysierte; auch einige Tiere der La-Bresse-Rasse und weißen Wyandotts wurden mitanalysiert. Von den Resultaten, die noch genauer veröffentlicht werden, teile ich hier mit, daß die Thyreoidisierung im allgemeinen die Trockensubstanz etwas erhöht, der Aschengehalt sich aber nicht viel verändert hat bzw. nur etwas abnahm. Zwecks Platzersparnis führe ich hier auch die Resultate der *Thymisierung* an, die erst im weiteren zur Besprechung gelangen. Im Durchschnitt aller untersuchten Tiere ergab sich:

Wirkung der Thyreoidisierung (und Thymisierung) auf die Zusammensetzung der Muskel bei Hühnern. (Nach Nevalonnyj.)

	Oberschenkelmuskel			Brustmuskel			Muskel vom rechten Flügel		
	Trocken-substanz	Asche im Verhältnis zur		Trocken-substanz	Asche im Verhältnis zur		Trocken-substanz	Asche im Verhältnis zur	
		frischen Substanz	Trocken-substanz		frischen Substanz	Trocken-substanz		frischen Substanz	Trocken-substanz
	in Prozenten								
Hyperthyreoi-disierte Serie	25,758	1,333	4,412	27,068	1,097	4,069	27,273	1,048	3,803
Kontrollserie .	25,638	1,175	4,604	26,667	1,093	4,116	26,939	1,02	3,790
Hyperthymi-sierte Serie .	25,102	1,141	4,453	24,880	1,079	4,331	25,502	1,001	3,932

Die Thyreoidisierung wirkte also dehydrierend auf die Muskelsubstanz (die Thymisierung erhöhte im Gegenteil den Wassergehalt). Diese Wirkung prägte sich am meisten an der Brust- und Flügelmuskulatur aus; bei der Beinmuskulatur war sie schon schwächer bzw. überhaupt nicht vorhanden.

e) Wirkung auf das Gefieder.

Werden ausgewachsene, geschlechtsreife Tiere (Hühner, Tauben, Gänse) hyperthyreoidisiert, gleichviel ob durch Verabreichung von Thyreoideasubstanz per os oder durch Thyroxininjektionen, so erscheint in einigen Tagen eine *intensive Mauser*. Dies beobachteten bei Tauben schon CARLSON, ROOKS und McKIE[145] in einer im Frühjahr verwendeten Tiergruppe; die Mauser erschien in 8—10 Tagen. Bei zwei anderen Gruppen erwähnen sie aber von einer Mauser nichts, erwähnen aber auch nicht, zu welcher Jahreszeit diese Gruppen in Versuch genommen wurden. Später beobachteten diese Erscheinung wieder C. I. und C. PARHON[913], GIACOMINI[372] und B. ZAWADOWSKY[1337, 1338] an Hühnern, ohne von den früheren Befunden der erwähnten Autoren zu wissen. Nach PARHON, GIACOMINI und ZAWADOWSKY wurde über ähnliche Beobachtungen von einer Reihe anderer Forscher berichtet (PODHRADSKÝ[950], COLE und HUTT[187], MARTIN[807], KŘÍŽENECKÝ und PODHRADSKÝ[649, 650], KŘÍŽENECKÝ[627, 633], HUTT[517], KŘÍŽENECKÝ, NEVALONNYJ und PETROV[645, 646], LARIONOV und DIMITRIEWA[695], HUTT[515], ZAWADOWSKY und ROCHLIN[1351, 1352], B. ZAWADOWSKY[1341, 1342], TORREY und HORNING[1212], SAINTON[1053], KUHN[668], JANDA[525], BLASI[105], RASPOPOVA[971], LARIONOV und LEKTORSKY[697]. Diese Mauserreaktion erzeugt neben dem eigenen Thyroxin auch seine Tautomerform und auch ihr Acetylderivat. Das Acetylderivat der Ausgangsform (Ketoform) besitzt aber eine bedeutend geringere Aktivität. Das Dijodtyrosin bleibt jedoch — selbst hoch dosiert — wirkungslos (ZAWADOWSKY, B. TITAJEFF und FAIERMARK[1357]). Wie groß diese Wirkung der Hyperthyreoidisierung ist, zeigen uns am besten die Gewichte der verlorenen Federn.) In einem Versuche an erwachsenen Tauben konnte ich (KŘÍŽENECKÝ[633]) feststellen, daß im Laufe des achten Versuchstages die 4 behandelten Tiere insgesamt 16,99 g Federn verloren hatten, 4 Kontrolltiere aber nur 0,53 g. Die Mauser verläuft nicht an allen Körperpartien gleichmäßig. KUHN[668] hat in Versuchen an Tauben gezeigt, daß die Reizschwellen für die einzelnen Körperbezirke verschieden sind: während Brust, Rücken, Bauch, Flanke sowie Schulter und Arm sehr rasch reagieren, behalten Kopf, Hals, Hand und Schwanz die alten Federn noch. Über die große Resistenz des Halsgefieders berichtet schon ZAWADOWSKY[1339, 1340], und dasselbe haben auch KŘÍŽENECKÝ und PODHRADSKÝ[650] beobachtet. Diese Reaktion ist auch je nach dem Geschlechte verschieden; B. ZAWADOWSKY[1341, 1342], weiter LARIONOV und DIMITRIEWA[695] stellten an Hühnern fest, daß sich bei Hennen die Mauser leichter bzw. zu einem höheren Grade hervorrufen läßt als bei Hähnen. Bei Kapaunen ist nach B. ZAWADOWSKY[1341, 1342] die Mauser auch stärker als bei Hähnen. ZAWADOWSKY erklärt diese Erscheinung dadurch, daß die Hoden dem Thyreoideahormone Widerstand leisten und auf diese Weise dessen Wirkung auf die Mauser (so wie auch auf den Körpergewichtsverlust — s. oben) hemmen. Außerdem spielt aber auch die Individualität der Tiere eine sehr bedeutende Rolle, was leicht aus den Protokollen verschiedener Berichte beim genauen Studium der Einzelfälle erkannt werden kann. Diese Erscheinung versuchten B. ZAWADOWSKY und LIPTSCHINA[1347] näher zu analysieren. LARIONOV und LEKTORSKY[697] zeigten, daß auch die Federn verschiedener Körperregionen auch verschieden empfindlich auf diese Thyreoideawirkung sind.

Die Jahreszeit, d. h. der natürliche Reifegrad der Federn, scheint keine Rolle zu spielen. Nur B. ZAWADOWSKY und TITAJEV[1355, 1356] erwähnen, daß zur Erzeugung der Mauser im Frühjahre größere Zugaben von Thyroxin nötig sind als im Herbste. Die Hyperthyreoidisierung stimuliert nämlich auch die frisch ausgewachsenen Federn zum Reifwerden und ermöglicht auf diese Weise deren wiederholten vorzeitigen Ausfall, wie besonders PODHRADSKÝ[950] beobachtete. Der Überschuß an Hormon bewirkt zwar nicht direkt den Federnausfall — darin hat Kuhn[668] recht —, sondern stimuliert die Papille zur neuen Federbildung. Diese kann aber nicht erfolgen, ohne daß die alte Feder entfernt wird. Und dies ist nur dann möglich, wenn der Schaft „reif" wird (verhornt) und sein Festhalten im Follikel nachläßt. Erst dann kann die sich neu bildende Feder die alte Feder herausstoßen. Auf diese Weise bewirkt kontinuierliche Hyperthyreoidisierung eine wiederholte Mauser 2—3mal, wie es Podhradský[950] beschrieb.

Das *Thyreoideahormon ist also als eine Stimulans der federnbildenden Prozesse der Haut* anzusehen. Es beschleunigt auch die Neubildung der Federn nach der Ausrupfung. Larionov und Kosmina[696] stellten bei Tauben fest, daß die Bildung von neuen Federn nach den ausgerupften bei Hyperthyreoidisierung früher einsetzt (im Durchschnitt um 1 Tag). Das Tempo des Federnwachstums soll aber dasselbe bleiben wie bei normalen Tauben (vgl. Abb. 140). Dasselbe schließt aus seinen Versuchen an Hühnern auch Schwarz[1107], der Thyreoideatransplantationen ausführte. Křiženecký, Nevalonnyj und Petrov[646] teilten zwar früher mit, daß sie bei Hyperthyreoidisierung keine Beeinflussung der Federnneubildung bei Tauben beobachten konnten, die

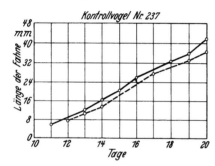

Methodik dieser Versuche (Federnnester ohne Messung) war aber nicht empfindlich genug, um die kleinen Differenzen erfassen zu können. Auf Grund neuer (noch nicht veröffentlichter) Versuche an Ringtauben kann ich aber den Befund von Larionov und Kosmina bestätigen. Zugleich ergänze ich ihre Mitteilung dahin, daß die neuwachsende Feder unter Hyperthyreoidisierung das Wachstum frü-

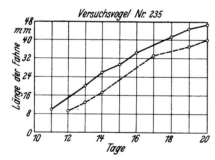

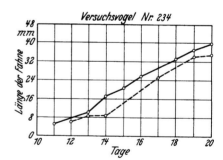

Abb. 140. Wirkung der Hyperthyreoidisierung auf das Wachstum der Federn bei Tauben. (Nach Larionov und Kosmina.) Verlauf der Regeneration der großen Oberflügeldecken. Die punktierten Linien: vor dem Versuch; die ununterbrochenen Linien: während des Versuchs.

her einstellt und infolgedessen etwas *kürzer wird.* Diesen Umstand konnten weder Larionov und Kosmina noch Schwarz beobachten, da sie die Verfolgung des Federnwachstums vor dem Wachstumsabschlusse unterbrochen hatten. Über das Kürzerwerden von Federn, welche sich unter dem hyperthyreoidischen Zustande entwickeln, berichtet zwar auch Gliozzi[378—380] bei Tauben; er teilt aber mit, daß diese Federn langsamer wüchsen, was die Frage erweckt, ob es sich in diesen Versuchen nicht um Überdosierung handelte, die die Tiere schädigend beeinflußte (die Tiere erhielten täglich 0,45—0,60 g frischer Thyreoideasubstanz).

Die stimulierende Wirkung des Hyperthyreoidismus auf die federnbildende Tätigkeit der Haut zeigt sich auch durch die *Beschleunigung der Ersetzung des em-*

bryonalen Daunengefieders durch das juvenale Umrißgefieder. Diese Reaktion habe ich im Jahre 1926 (Křiženecký[617, 623]) zum ersten Male bei Hühnerküken der Plymouth-Rocks-Rasse beschrieben (vgl. Abb. 142) und später (Křiženecký und Nevalonnyj[643], Křiženecký[634]) bei Küken auch anderer Rassen und auch bei Taubenküken wieder gefunden. Meine Befunde bei Küken wurden später von Champy und Morita[163] bestätigt. Diese Wirkung hängt von dem natürlichen Tempo der „Befiederung" bei verschiedenen Rassen ab. Bei früh sich befiedernden Rassen, wie z.B. rebhuhnfarbigen Italienern, muß mit der Hyperthyreoidisierung bald nach dem Ausschlüpfen begonnen werden, wenn man eine solche Reaktion erhalten will (Křiženecký und Nevalonnyj[644]). Bei spät sich befiedernden Rassen (weiße Wyandotts, Plymouth Rocks) wirkt Hyperthyreoidisierung auch noch nach einigen Wochen (Křiženecký und Nevalonnyj[643], Nevalonnyj[866, 867]). Es besteht hier augenscheinlich eine kritische Periode, in der nur das Befiederungstempo durch das Thyreoideahormon beeinflußt werden kann.

Eine *Beschleunigung der Ersetzung des juvenalen Umrißgefieders durch das geschlechtsreife Umrißgefieder* haben Torrey und Horning[1213] beschrieben.

Durch den hyperthyreoidischen Zustand wird aber die Gefiederbildung auch *schon bei Hühnerembryonen* beschleunigt, wie aus den Abbildungen hervorgeht, die Willier[1320] veröffentlichte.

Abb. 141.
Durch Schilddrüsenfütterung partiell albinisierte Henne (nach 47 Versuchstagen) mit Weißsprenkelung des Kopfes mit Nacken, Rücken, deutlicher Weißfärbung der Daunen unter den Flügeln, einiger Schwungfedern erster und zweiter Ordnung und einiger Steuerfedern. (Nach Podhradský.)

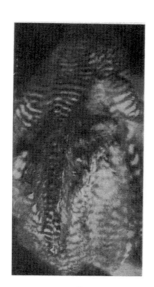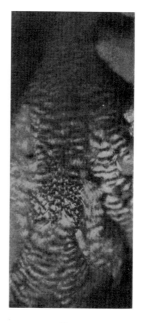

A   B
Abb. 142. Beschleunigung der Befiederung bei Plymouth-Rocks-Küken durch Hyperthyreoidisierung. (Nach Křiženecký.)
A. Kontrolltier, B. Hyperthyreoidisiertes Tier.

Eine einzige damit nicht übereinstimmende Mitteilung machten nur C. I. Parhon und C. Parhon[913], die bei hyperthyreoidisierten jungen *Enten*

eine Hemmung in der Ersetzung des Daunengefieders durch das Umrißgefieder beobachtet haben. Auf Grund eigener, nicht veröffentlicher Beobachtung kann ich diesen Befund bestätigen. Doch glaube ich, daß dieses
scheinbar abweichende Verhalten der Enten noch näher untersucht werden müßte.

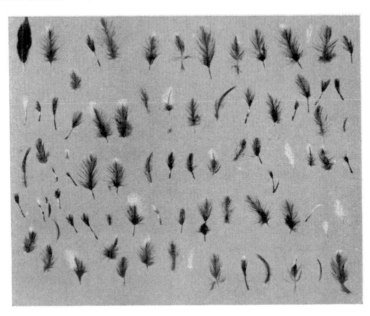

Abb. 143. Depigmentierung von ursprünglich ganz schwarzen Federn bei Labresse-
Hühnern durch Hyperthyreoidisation. (Nach PODHRADSKÝ.)

Das unter dem Einfluß des Hyperthyreoidismus sich entwickelnde Gefieder unterscheidet sich von dem normalen in *Struktur* und *Pigmentation*.

Abb. 144. Durch Hyperthyreoidisierung partiell albinisierte Henne, die ursprünglich rein schwarz war.
(Nach B. ZAWADOWSKY.)

Zugleich mit der Mitteilung über beschleunigte Mauser berichteten C. I. und
C. PARHON und GIACOMINI[372] und dann
B. ZAWADOWSKY[1337, 1338], daß das sich neu
bildende Gefieder eine *Depigmentierung*
zeigt. Es bilden sich Federn aus, die
entweder stellenweise oder auch ganz
weiß sind (vgl. Abb. 143), und das früher
auch ganz schwarze Tier wird weiß-
schwarz (vgl. Abb. 141 und 144). Andere
Forscher haben diese Befunde bestätigt
(BRAMBELL[120], PODHRADSKÝ[950], KŘÍŽE-
NECKÝ und PODHRADSKÝ[649, 650], MAR-
TIN[807], B. ZAWADOWSKY und ROCH-
LIN[1351, 1352, 1353], SAINTON[1053, 1055]). Bei
rebhuhnfarbigen Italienern oder Fasanen, bei denen neben dem schwarzen
Pigment auch ein rotes vorkommt, führt Hyperthyreoidisierung zuerst neben
der Abnahme des roten Pigmentes auch zu einer Zunahme des Melanins (COLE
und REID[188], B. ZAWADOWSKY und ROCHLIN[1353], M. ZAWADOWSKY[1363], GREEN-
WOOD und BLYTH[398], VERMEULEN[1251]), und erst später nimmt auch das Melanin
unter Depigmentierung ab (DOMM[264]). Nach Aufhören der Hyperthyreoidisierung

werden nach der nächsten Mauser wieder Federn mit normaler Pigmentation ausgebildet (Kříženecký und Podhradský[649, 650]). Es handelt sich demnach nur um eine vorübergehende Störung der Pigmentbildung.

Dort, wo es sich um feine Zeichnung und Abstufung von Melanin gegenüber weißen Teilen der Federnfahne handelt, wie z. B. bei den gesperberten Plymouth-Rocks-Hühnern oder silbernen Wyandotts, wird durch die Hyperthyreoidisierung auch diese Zeichnung zerstört (Kříženecký[617], Kříženecký und Nevalonnyj[643], Torrey[1210], Horning und Torrey[503] und Hutt[515]). Diese Albinisierung kann sowohl durch die Tautomerform des Thyroxins hervorgerufen werden als auch durch ihr Acetylderivat. Das Acetylderivat der Ausgangsform (Ketoform) soll aber nach B. Zawadowsky, Titajeff und Faiermark[1357] viel weniger wirksam sein, und das Dijodtyrosin ist überhaupt wirkungslos.

Nach Vermeulen[1251] soll eine simultane Verfütterung von Nebennieren auf diese depigmentierende Wirkung der Hyperthyreoidisierung hemmend bzw. verhütend wirken.

Interessant ist, daß nach Sainton und Simonnet[1056] auch Kücken, die aus Eiern von hyperthyreoidisierten Hennen gebrütet sind, einen Albinismus wie bei direkter Thyreoidisierung entwickeln. Es handelt sich wahrscheinlich um die Wirkung des Thyroxins, das — wie Asimoff[42a], Zawadowsky und Perelmutter[1350] gefunden haben — auch im Eidotter gespeichert wird.

Ob aber diese *Wirkung der Thyreoideasubstanz und des Thyroxins auf das Gefieder* eine spezifische Thyroxinreaktion bildet, muß in Frage gestellt werden. Hierzu führt das Resultat eines Versuches von E. Giacomini[374], der bei einem kastrierten Hahn durch längere Verabreichung mittlerer Gaben von jodiertem Eiweiß auch eine starke Mauserung und eine Depigmentierung der neuen Federn erzielen konnte. Diese Frage verdient weitere Überprüfung. Mit Rücksicht darauf, daß die Kaulquappenmetamorphosereaktion auch durch jodiertes Eiweiß hervorgerufen werden kann, scheint es nicht ausgeschlossen, daß auch die Wirkung auf das Gefieder nicht unbedingt auf die Thyroxinstruktur, sondern mehr auf das Jod gebunden sein wird.

B. Zawadowsky und Titajev[1355, 1356] haben gefunden, daß die Entpigmentierung sich bei Hühnern auch durch unter die Haut gebrachte Jodkrystalle bewirken läßt, doch ist diese Wirkung des krystallinischen Jods viel schwächer als das des Thyroxinjods (im Verhältnis 100—200 : 1). Auch fanden sie, daß die depigmentierende Wirkung getrennt von dem Mausereinfluß und auch leichter als dieser sich hervorrufen läßt und schließen, daß diese 2 Reaktionen unabhängig voneinander sind. Einige organische Verbindungen (Tryptophan, Tyrosin) wirken noch schwächer als das krystallinische Jod. Daraus ziehen Zawadowsky und Titajev den Schluß, daß diese Reaktion doch einen Aufbau von Thyroxinmolekül erfordert und letzten Endes als Thyroxinreaktion doch im gewissen Sinne als spezifisch zu betrachten ist, dessen Molekül aufgebaut werden muß.

Horning und Torrey[503] halten diese Thyreoideawirkung nicht für spezifisch. Die Albinisierung soll nur eine Folge von zu hoher Dosierung sein, die zu toxischen Störungen führt. Bei niedrigeren Gaben, die den Körperzustand der Tiere nicht schädigen, soll es im Gegenteil zu einer Vermehrung des Melanins kommen. Einige Autoren haben auch tatsächlich bei Hyperthyreoidisierung keine Entfärbung, sondern eine Zunahme des Melanins gefunden (Crew und Huxley[234], Cole und Reid[188], Kříženecký und Nevalonnyj[643], Schwarz[1107], Zawadowsky und Rochlin[1353]. Die letzteren betonen, daß sie zu diesem Resultate unter Anwendung kleiner Dosen gekommen sind. Unter gewissen Bedingungen kann also die Hyperthyreoidisierung auch eine Vermehrung des Melanins hervorrufen. (Auch dadurch kann die Zeichnung durch Zusammenfließen

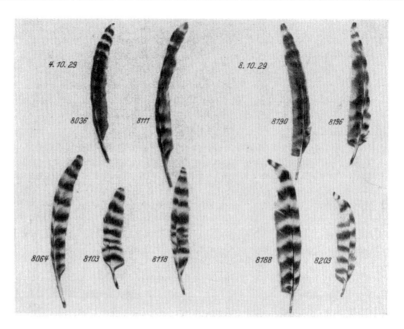

Abb. 145. Zusammenfließen der Streifen durch Vermehrung des schwarzen Pigments in Federn von Hühnern bei Hyperthyreoidisierung durch Transplantation überzähliger Schilddrüsen. (Nach Schwarz.)
Obere Reihe = Versuchstiere.   Untere Reihe = Kontrolltiere.

a   b   c

Abb. 146. Veränderung der Form und Färbung (Vermehrung des schwarzen Pigmentes) bei Sattelbehang-federn bei kastrierten Hähnen der rebhuhnfarbigen Italienerrasse. (Nach Podhradský.)

a) Normaler Hahn.   b) Hyperthyreoidisierter, vollkommener Kastrat.   c) Hyperthyreoidisierter, unvoll-kommener Kastrat.

von schwarzen Streifen bei fein gezeichneten Federn, wie z. B. von Plymouth-
hühnern, gestört werden, wie es Křiženecký und Nevalonnyj[643] und Schwarz[1107]
beobachtet haben [vgl. Abb. 145]).

Was diese gewissen Bedingungen anbetrifft, ist an der Ansicht von Horning

und Torrey viel Richtiges. Die ge-
flügelzüchterische Praxis weiß, daß sich
beim Junggeflügel oft partieller Albinismus entwickelt, wenn die Fütterung
mit tierischem Eiweiß mangelhaft ist
(vgl. Raatz[965a] und sub[330a]). Hyperthyreoidismus kann zu einem erhöhten Eiweiß-
zersatz führen, auf diese Weise Eiweiß-
mangel und hierdurch auch die Depigmentierung hervorrufen. Albinisierung erscheint beim Geflügel auch als die Folge
eines lokalen Traumas (Křiženecký[636]).

Ob sich aber die Ansicht von Horning und Torrey in allen ihren Konsequenzen halten läßt, ist fraglich. Man
findet nämlich oft keine Albinisierung
trotz schwerer Gewichtsverluste (nicht
besonders publizierte Erfahrung aus
eigenen Versuchen) oder auch umgekehrt.

Abb. 147. Verschwinden des schwarzen Pigments
aus den Brustfedern eines vollkommenen ♂-Ka-
strates der rebhuhnfarbigen Italiener. Hierdurch
nahm das Gefieder in dem betreffenden Abschnitt
die Hennenfärbung (braun) an. Vgl. mit Abb. 146
unter b), wo Hyperthyreoidisierung bei demselben
Tiere zur *Vermehrung* des schwarzen Pigments
führte. (Nach Podhradský.)

Außerdem fand Podhradský[953], daß bei Hähnen der rebhuhnfarbigen Italiener-
hühner bei einer Art des Gefieders (Brustfedern) Abnahme des Melanins erscheint,
bei einer anderen (Halsbehangfeder) aber wieder dessen Zunahme auftritt. Bei ein

a   b

Abb. 148. Abnahme der Fahnenbreite bei Schwungfedern der Hühner infolge der Hyperthyreoidisierung.
(Nach Křiženecký.)
a) Schwungfedern von Kontrolltieren.   b) Schwungfedern von hyperthyreoidisierten Tieren.

und demselben Tiere wirkt also die Hyperthyreoidisierung an einer Stelle depig-
mentierend, an der anderen pigmentvermehrend (vgl. Abb. 146 und 147). Diese
Unterschiede hängen dann mehr mit der Wirkung der Thyreoidisierung auf den
Geschlechtscharakter des Gefieders als mit einer allgemeinen Beeinflussung der
Melaninbildung bzw. Melaninzersetzung (vgl. noch weiter) zusammen.

Die *Veränderung der Struktur der Federn* unter dem Einflusse des Hyperthyreoidismus zeigt sich darin, daß die Federn teilweise schmäler werden (wie z. B. die Schwungfedern — vgl. Abb. 148; Kříženecký[617] — und Kříženecký und Nevalonnyj[643], Schwarz[1107]) und die daunenartige Basalpartie der Federn werden teilweise, und zwar auf Rechnung der kompakten Partie der Fahne, viel größer; während sie, wie Kříženecký und Nevalonnyj gefunden haben, bei den Kontrolltieren höchstens $^1/_3$ der gesamten Fahne einnimmt, nimmt sie

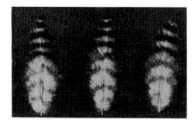

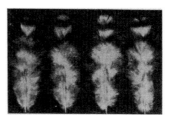

Abb. 149. Federn der Kontroll- und Versuchshähne der Rasse Plymouth-Rocks: Rückenfedern eines normalen Hahnes.

Abb. 150. Rückenfedern des hyperthyreoidisierten Hahnes Nr. 10.

(Nach Kříženecký und Nevalonnyj.)

bei den thyreoidisierten Tieren $^1/_2$—$^2/_3$ der Fahne ein (vgl. Abb. 149 und 150). Außerdem sind auch die Äste der kompakten Fahnenpartie dünner und zarter, was die ganze Feder im ganzen weicher und weniger kompakt macht (vgl. Kříženecký[617]). Neuerdings beschrieb dasselbe Raspopova[974] bei hyperthyreoidi-

Abb. 151. Dunenartige Umbildung der Deckfedern bei Hühnern durch hohe Thyreoideadosen. (Nach Martin.)

sierten Gänsen. Denselben Befund machte auch B. Zawadowsky[1339, 1340], er beschränkte sich aber nur auf die kurze Bemerkung, daß das Gefieder bei hyperthyreoidisierten Tieren „zarter und weicher ist". Auch Brambell[120] spricht von „loose plumage". Die Weichheit der Federn von hyperthyreoidisierten Tieren ist teilweise auch darin begründet, daß die Häckchen solcher Federn mangelhaft entwickelt sind. Die Bogenstrahlen hängen dann oft lose. Dies bedeutet einen Rückschlag zu der Struktur der Daunenfedern; darum auch die Verbreitung der daunenartigen Partie der Fahne. Eine extreme Veränderung in dieser Richtung zu erreichen, gelang Martin[807], der unter hohen Thyreoideadosen (20—30 g) bei ausgewachsenen Hühnern beinahe typische Daunenfedern erhielt (s. Abb. 151).

Eine Erklärung hierfür bieten uns die Befunde von Riddle[985, 986], wonach das Verlorengehen der Häckchen und die daunenartige Struktur der Federn

ein Produkt mangelhafter Ernährung ist. Der Hyperthyreoidismus ruft eine
Unterernährung der sich entwickelnden Federn dadurch hervor, daß er überstürztes Wachstum stimuliert und ferner durch die allgemeine Herabsetzung
des Ernährungszustandes des Körpers infolge der Steigerung der Dissimilation,
aus der andererseits die Gewichtsabnahme resultiert; hiervon rührt auch die
Schmalheit der Schwungfedern von thyreoidisierten Hühnern her.

Die Grundstruktur des Federnaufbaues ändert sich aber unter dem Einflusse
des Hyperthyreoidismus nicht. Diese Frage untersuchte JANDA[525]. Er verglich
die Werte von normalen und thyreoidisierten Tauben
und Küken und fand bei beiden Tiergruppen die
gleichen Werte.

Eine bedeutende Änderung, die in der Form,
Struktur und Färbung des Gefieders bei hyperthyreoidisierten Hühnern hervortritt, bezieht sich
auf die *Geschlechtsmerkmale des Gefieders* bei Hühnern. Es wurde festgestellt, daß das Gefieder hyperthyreoidisierter Hähne Hennencharakter annimmt.
Die erste Mitteilung darüber veröffentlichten TOR-
REY und HORNING[1211a] im Jahre 1922. Es scheint
aber, daß dasselbe etwas später auch MYSLAVSKY
(zit. MICHALOWSKY[818]) beobachtet hat. Er teilt
nämlich mit, daß Hyperthyreoidisierung bei Hähnen

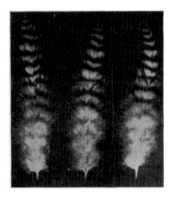

Abb. 152.

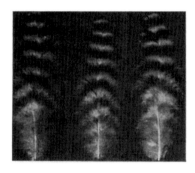

Abb. 153.

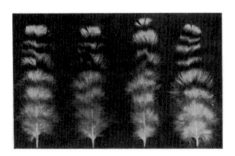

Abb. 154.

Abb. 152—164. Ausbildung einer Intersexualität im Gefieder des Hahnes nach Schilddrüsenzufuhr. Die
Federform des Hahnes nähert sich dem Hennentypus. Federn des Schwarzbehanges von Kontroll- und Ver-
suchstieren der Rasse Plymouth Rocks. Abb. 152 = eines normalen Hahnes. Abb. 153 = einer normalen
Henne, Abb. 154 = des hyperthyreoidisierten Hahnes Nr. 10. (Nach KŘÍŽENECKÝ und NEVALONNYJ.)

die Umfiederung von juvenalem Umrißgefieder hemmt. Dies kann nicht stimmen,
da eher das Gegenteil vorkommt (vgl. oben). Die scheinbare Verspätung in
der Umfiederung bedeutet nur, daß sich ein hennenähnliches Gefieder entwickelt
hat, mit dem das juvenale Umrißgefieder praktisch identisch ist.

Diese Erscheinung wurde bestätigt von COLE und REID[188], CREW[228], KŘÍ-
ŽENECKÝ[617, 622, 623, 618], NEVALONNYJ[865, 867], PODHRADSKÝ[953], M. ZAWADOWSKY[1363],
KŘÍŽENECKÝ und NEVALONNYJ[643], COLE und HUTT[187], B. ZAWADOWSKY und
ROCHLIN[1353], HUTT[517], GREENWOOD und BLYTH[398], DOMM[264], wenn auch einige
Autoren (M. ZAWADOWSKY und B. ZAWADOWSKY und ROCHLIN) es anders deuteten.

Die Annäherung an den weiblichen Typus der Befiederung bezieht sich auf
die Form des Gefieders und auf die Pigmentation bzw. Zeichnung.

Den langen und zugespitzten Federn des Hals-, Schwanz- und Sattelbehanges
gegenüber nehmen die entsprechenden *Federn der hyperthyreoidisierten Hähne* eine
kürzere und am Ende runde Form an (vgl. Abb. 152—154 und 155—157). Wo eine

Geschlechtsdifferenz auch in der Zeichnung besteht, wie bei den rebhuhn-farbigen Italienern, ändert sich auch diese. Dies haben zum ersten Male Cole und Reid[188] beschrieben. Auch wir (Křiženecký und Nevalonnyj[643] und Nevalonnyj[865, 867]) haben gefunden, daß die normalerweise rotgelben Hals-behang- und Schwanzbehangfedern der Hähne, die nur einen schmalen, schwarzen Streifen in der Mitte besitzen, bei hyperthyreoidisierten Hähnen in ihrer ganzen Fahnenfläche kontinuierlich oder fleckenweise dunkelpigmentiert werden (vgl. Abb. 157). Ähnliches fanden auch Greenwood und Blyth[398] und

auch B. Zawadowsky und Rochlin[1353]. M. Zawadow-sky[1363] fand prinzipiell Identisches bei *Fasanen*. Die letzteren Forscher deuten jedoch diese Änderung nicht als Umänderung des *Geschlechts*typus des Gefieders, sondern nur als eine *äußerliche* Ähnlichkeit, die dadurch entsteht, daß die Hyperthyreoidisierung hier zu einer allgemeinen Vermehrung des Melanins geführt hat.

Diese Erklärung kann aber nicht zutreffen. Er-stens muß bemerkt werden, daß wir eine solche sexuell-umschlagende Vermehrung des Melanins auch dort finden, wo an anderer Stelle (Schwungfedern) eine Albinisierung vorkommt. Diese sexuellumändernde Vermehrung des Melanins hat sich dann doch ent-

Abb. 155.

Abb. 156.   Abb. 157.

Abb. 155—157. Ausbildung einer Intersexualität in Form und Färbung des Gefieders bei Hühnern nach Schild-drüsenzufuhr (Rebhuhnfarbige Italiener).   (Nach Křiženecký und Nevalonnyj.)
Abb. 155. Halsbehangfedern eines Kontrollhahnes.   Abb. 156. Halsbehangfedern einer Kontrollhenne.
Abb. 157. Halsbehangfedern eines hyperthyreoidisierten Hahnes.

wickelt, trotzdem sonst die Verhältnisse des Stoffwechsels der Melanin-bildung ungünstig waren (Křiženecký und Nevalonnyj[643]). Andererseits hat Podhradský[953] gefunden, daß sich im Brustgefieder unter Hyper-thyreoidismus braune Federn entwickeln, welche für die Henne charakteristisch sind (vgl. oben S. 569 und Abb. 147), parallel mit einer Schwarzpigmentver-mehrung in dem Halsbehang. Man findet also bei demselben Tiere in einer Federnsorte Melaninvermehrung, in einer anderen Melaninabnahme, und beides bedeutet einen Umschlag in den Hennentypus hinsichtlich der Federnzeichnung. Dies kann doch nicht als eine bloße Folge einer *allgemeinen* Tendenz zur Melanin-vermehrung (oder Abnahme) gedeutet werden, sondern nur als ein Vorgang, der zur Umänderung des Geschlechtstypus der Federnzeichnung führt.

Ich habe versucht (Křiženecký[618]), diese Erscheinung auf die Weise zu deuten, daß der Hennentypus der Befiederung durch die Ovarien unter Ver-mittlung der Thyreoidea entsteht. Das Ovar reizt die Schilddrüse zu einer erhöhten Funktion, und die Folge eines derart hervorgerufenen Hyperthyreoidismus der Henne ist die Hennenbefiederung in Form und Zeichnung der Federn. Eine ähnliche Erklärung sprach auch CREW[228, 232] aus.

Diese Auffassung kann selbstverständlich nicht derart verstanden werden, daß der ganze Hennentypus nur unter Vermittlung der Thyreoidea entsteht. GREENWOOD und BLYTH[398] haben vollkommen recht, wenn sie darauf hinweisen, daß noch andere Faktoren (vielleicht das Ovar selbst und direkt) mitwirken müssen, da in den geschwärzten Federn der hyperthyreoidisierten Hähne die feine punktartige Verteilung des Melanins, also die typische Hennenzeichnung, nicht erreicht wird. Ich selbst habe auch nie die feminierende Wirkung der Ovarien voll auf die Thyreoidea bezogen und die hennenähnliche Befiederung hy-

perthyreoidisierter Hähne nie der der Hennen identisch zur Seite gestellt, sondern ich sprach eben nur von einem *intersexuellen Typus*, von einer *Hennenähnlichkeit* (vgl. KŘÍŽENECKÝ[617, 618], KŘÍŽENECKÝ und NEVALONNYJ[643]). Doch halte ich an der Ansicht fest, daß die feminierende Wirkung des Ovariums zum großen Teile durch Vermittlung der Thyreoidea vor sich geht. Die oben besprochenen Befunde von CREW[232] wonach bei normalerweise hennenbefiederten Hähnen der Campriner die Thyreoidektomie das Erscheinen einer Hahnenbefiederung zur Folge hat und nach GREENWOOD und BLYTH[398] auch bei thyreoidektomierten Hennen der rebhuhnfarbigen Italiener die hahnen-

a   b   c

Abb. 158. Feminierung der Halsbehangfedern bei Kapaunen der Rebhuhnfarbigen Italiener durch Hyperthyreoidisation. (Nach PODHRADSKÝ.) a) Normaler Hahn; b) hypothyreoidisierter vollkommener Kastrat; c) hyperthyreoidisierter unvollkommener Kastrat.

ähnliche Befiederung erscheint, beweisen diese Mitwirkung der Schilddrüse bei Entwicklung des Hennentypus des Gefieders sehr deutlich. Die Resultate der künstlichen Hyperthyreoidisierung beweisen dann ebenfalls klar, daß es sich bei den Hennen um eine erhöhte Schilddrüsenfunktion handeln muß, wie CREW[228, 232] und ich (KŘÍŽENECKÝ[617, 618]) angedeutet haben.

Falls dies alles zutrifft, würde es uns zu dem Schlusse führen, daß *die Henne gegenüber dem Hahne einen hyperthyreoidischen Charakter hat.* Über diesen Punkt soll noch im speziellen Abschnitt diskutiert werden (s. S. 580 f.).

Daß hier nur der Wirkungsweg: Gonaden —→ Thyreoidea —→ Gefieder denkbar ist und nicht vielleicht: Thyreoidea —→ Gonaden ‑→ Gefieder, geht daraus hervor, daß die Hyperthyreoidisierung dieselbe feminierende Wirkung auch bei Kastraten hat. Die seinerzeit negativen Angaben von TORREY und HORNING[1211a] erklärten sich später (vgl. TORREY und HORNING[1213]) als methodisches Mißverständnis. Neuerdings haben diese Unabhängigkeit der Thyreoideawirkung von den Gonaden, d. h. die direkte Wirkungsverbindung zwischen Hyperthyreoidismus und dem Gefieder, PODHRADSKÝ[951, 953] und DOMM[264] in Versuchen an Kapaunen bewiesen (s. Abb. 158). Wenn in Versuchen von GREENWOOD und BLYTH[398] die feminierende Wirkung bei einem Kapaun eine sehr schwache bzw. keine war, so kann dies vielleicht dadurch erklärt werden, wie es genannte Autoren auch selbst tun, daß der Kastrationshypothyreoidismus der Kapaune die Gesamtmenge des im Körper wirkenden Thyreoideahormons unter die Wirkungsschwelle herabdrückt, so daß Gaben, die bei Hähnen unter Mitrechnung des eigenen Thyreoideahormons wirken, bei den Kapaunen wirkungslos bleiben. Über eine andere Erklärungsmöglichkeit s. weiter unten (S. 582).

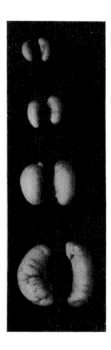

Abb. 159. Vergleichsmäßige Dimensionen der Hoden bei Hähnen nach Hyperthyreoidisierung. Links Hoden der stärker gemauserten Hähne.
Hahn Nr. 7, Hodengewicht 1,8 g, Körpergewicht 1375 g (1670)
„ Nr. 29, „ 2,0 g, „ 1220 g (1050)
„ Nr. 15, „ 9,0 g, „ 1410 g (1622)
„ Nr. 50, „ 17,0 g, „ 1580 g (1830)
Rechts — von oben nach unten — die Hoden der nicht gemauserten Hähne, mit Ausnahme von Nr. 49, der etwas mauserte.
Hahn Nr. 49, Hodengewicht 5,5 g, Körpergewicht 1535 g (1965)
„ Nr. 3, „ 15,0 g, „ 1755 g (1835)
„ Nr. 14, „ 27,0 g, „ 1722 g (1830)
„ Nr. 13, „ 30,0 g, „ 2217 g (2300)
(Nach B. ZAWADOWSKY.)

f) Wirkung auf die Gonaden.

Bei hyperthyreoidisierten Hühnern fand B. ZAWADOWSKY[1341, 1342] eine Hemmung bzw. Rückbildung der Gonaden sowohl bei Hähnen als auch bei Hennen. Bei Hähnen äußerte sie sich in einer bedeutenden Verkleinerung der Hoden, welche die nach einer einmaligen Schilddrüsengabe auftretende geringe Abnahme des Körpergewichtes bei weitem übertrifft. So betrug z. B. unter 8 Kontrollhähnen das Verhältnis $\frac{\text{Gewicht des Hodens}}{\text{Gewicht des Körpers}}$ in Promillen 18, bei 14 hyperthyreoidisierten Hähnen betrug es 12,5. Diese *hemmende Wirkung des Thyreoideahormons auf die Hoden* scheint mit dem Grade der induzierten Mauser und des auftretenden Gewichtsverlustes zusammenzuhängen. Bei schwach mausernden Hähnen war das erwähnte Verhältnis 15,5 %, bei stark mausernden aber 6,6 % (vgl. auch Abb. 159). Im anderen Versuche zeigten sich nebenstehende Beziehungen.

Eine Atrophie der Hoden hyperthyreoidisierter Hähne hat auch VERMEULEN[1251] gefunden. Dadurch wird begreif-

Wirkung der Thyreoidisierung auf das Gewicht der Hoden beim Huhn. [Nach B. ZAWADOWSKY.]

Nr. des Hahnes	Körpergewicht zu Versuchsbeginn	Schilddrüsendosis in g	Körpergewicht beim Abschluß des Versuches		Gewicht der Hoden in g
			g	%	
7	1670	15	1375	82,3	1,8
29	1950	15	1220	62,6	2,0
15	1622	15	1410	86,3	9,0
50	1830	15	1580	86,2	17,0
49	1965	15	1535	78,1	5,5
3	1835	15	1755	95,6	15,0
14	1830	15	1722	94,0	27,0
13	2300	15	2217	96,4	30,0

lich gemacht, warum die jungen hyperthyreoidisierten Hähne, wie ZAWADOW-SKY[1341, 1342] mitteilt, in der Entwicklung des Kammes und der Bartlappen zurückbleiben.

Bei Hennen kommt es zu einer Entartung und Deformierung der zu Versuchsbeginn gereiften Follikel, welche als formlose Masse (degenerierende Follikel) erscheinen (vgl. Abb. 160) und zu sofortigem, 1—12 Monate oder auch länger dauerndem Stillstand der Eierproduktion führen. Eine frühere Angabe über die Abnahme der Legetätigkeit bei Hennen nach Hyperthyreoidisierung stammt von PARHON und GOLDSTEIN[918] (S. 439), was auch ZAWADOWSKY, LIPT-SCHINA und RADSIWON[1349] wiederum bestätigt haben. In den Versuchen von

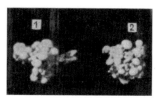
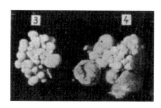

Abb. 160. Art der Deformierung im Eierstock bei Hühnern nach experimenteller Hyperthyreose. Nr. 1. Eierstock einer Henne, die am 7. Tage nach Hyperthyreoidisation getötet wurde. Nr. 2. Daselbst sind kleinere deformierte Dotter zu sehen — klein, größer. Nr. 3. Eierstock der „Pribludnaja" nach einer monatlichen Depression sich aufrichtend. Nr. 4. Eierstock der „Plimutrokowaja": am 4. Tage nach der Hyperthyreoidisation. In der Mitte Nr. 5. Eierstock der „Belaja" dasselbe. Ausgeprägtes Bild einer Deformation des Dotters. Nr. 6. Eierstock der „Tschernaja", die am 7. Tage bei außerordentlich schwach ausgeprägten Symptomen der Mauser und einem fast normalen Bau des Eierstockes getötet wurde. Rechts die Eierstöcke von zwei Hühnern, die im Mai 1926 getötet waren, 6 Monate, nachdem sie je eine einmalige Dosis von 20 g bekommen haben. Oben der Eierstock von Minorka, unten Eierstock der „Tscherkaja". (Nach B. ZAWADOWSKY.)

ZAWADOWSKY handelte es sich freilich um große Dosen der Thyreoideasubstanz. Eine Ovariumbeschädigung erschien aber auch nach einmaliger Dose von 1—3 g Trockensubstanz. COLE und HUTT[187] fanden bei täglicher Dosierung von 0,196 g getrockneter Schilddrüsensubstanz bei weißen Leghornhennen keine Beeinflussung der *Legetätigkeit*. Die Tiere legten wie folgt:

	November	Dezember	Januar	Februar	Summe
Kontrollhennen (20) Zahl der Eier	27	19	35	46	127
Thyreoidisierte Hennen (20) Zahl der Eier . . .	26	23	36	44	129

Dasselbe fanden in früheren Versuchen auch CREW und HUXLEY[234].

ASMUNDSON[43] beobachtete bei Hennen nach Darreichung von 1 mg Thyreoideasubstanz (trocken) auf 1750 g des Körpergewichts (per) eine Abnahme des Eigewichts bzw. die Zunahme des Eigewichts fand nicht statt. Das Eidotter hat im Gewichte immer abgenommen. Zwei von den vier Versuchshennen haben bald nach der Thyreoideafütterung die Eierlegung eingestellt.

Mit der abnehmenden Größe der Dosis nimmt auch die störende Wirkung auf die Eierlegung ab. Als äußerste Gaben, die noch eine *Wirkung auf das Lege-vermögen* hervorrufen können, haben B. ZAWADOWSKY, LIPTSCHINA und RAD-SIWON[1349] 1—2 g für einmalige und 0,01—0,02—0,05 g für chronische Dosen festgestellt.

Es ist deshalb zweifellos, daß die von Zawadowsky zuerst beschriebene störende Wirkung auf die Eierstöcke mit der Höhe der Dosis zusammenhängt. Wenn er aber eine solche Störung auch bei kleinen Dosen (0,1 und 0,02) gefunden hat, die sich in den Versuchen von Cole und Hutt harmlos erwiesen, so erweckt dies den Gedanken, ob seine Tiere nicht unter der mechanischen Beeinflussung des täglichen Einfangens und Dosierens gelitten haben. Aus Stieves[1161] Versuchen wissen wir, daß die Hennen diesbezüglich sehr empfindlich sind.

Bei alten Hennen, die ihre Eierlegung schon sistieren, können aber die *senilen Eierstöcke durch Thyreoidisation zu erneuter Eierbildung* stimuliert werden, wie Crew[228] gezeigt hat. 6—8 Jahre alte Hennen verschiedener Rassen legten während der letzten 6 Monate nur 2, 4, 5, 6, 8 und 13 Eier. Nach täglicher Verabreichung von 0,2, 0,4 und 0,8 mg Jod äquivalenter Thyreoideasubstanz erschien im Laufe der nächsten 6 Monate eine Eierproduktion von 17, 36, 19, 22, 41 und 69 Eiern. Nach Einstellung der Thyreoidisation ergab die Eierproduktion während der Monate November—April wieder nur 6, 10, 19, 24 und 60 Eier. Eine ähnliche Neubelebung erschien auch bei den vorher sexuell apathischen, gleichalten Hähnen, welche wieder zu kopulieren begannen. Dabei erscheint auch Wiederherstellung des herabgekommenen Gefieders (Wachstum von neuen glänzenden und satt pigmentierten Federn) sowohl bei Hennen als auch bei Hähnen.

Eine stimulierende Wirkung von äußerst kleinen Dosen der Thyreoideasubstanz auf die Eierlegung haben auch B. Zawadowsky, Liptschina und Radsiwon[1349] festgestellt. Dies erscheint besonders auffallend bei Hennen, welche schlechte Legerinnen sind.

Seinerzeit hat Riddle[988] gefunden, daß sich bei *Tauben und Ringtauben* aus kleineren Eiern Männchen, aus größeren Weibchen entwickeln, und die Idee ausgesprochen, daß dies infolge eines höheren Stoffwechsels der männlich determinierten Eier geschieht. Greenwood und Chaudhuri[401] versuchten, diese Idee durch Thyroxininjektionen in Hühnereiern zu prüfen, kamen aber zu negativem Ergebnis: die geschlechtliche Differenzierung in mit Thyroxin injizierten Eiern wurde nicht beeinflußt. Nach Riddle soll aber wohl die Verknüpfung des größeren Stoffwechsels mit der männlichen Determinierung der Eier nicht erst in dem fertigen Ei, sondern schon bei der Entwicklung des Dotters bzw. des Keimes im Eierstock entstehen. Es wäre deshalb richtiger, die Riddlesche Idee durch Hyperthyreoidisierung der eierlegenden Hennen selbst zu überprüfen.

g) Was geschieht mit dem Thyreoideahormon im Körper der Hühner?

Werden Stücke von Organen hyperthyreoidisierter Hennen und Hähne in die Bauchhöhle junger Axolotl implantiert, so erfolgt in kurzer Zeit die Metamorphose dieser Tiere. Daraus geht hervor, daß das implantierte Gewebe Thyreoideahormon enthält. B. Zawadowsky[1316, 1350, 42a] benutzte mit seinen Mitarbeitern: Asimoff, Perelmutter und Bessmertnaja zur Verfolgung der weiteren Bestimmung des Thyreoideahormons bzw. des Thyroxins im Körper der thyreoidisierten Hühner die Reaktion mittels der Axolotlmetamorphose. Das Blut hyperthyreoidisierter Tiere ruft schon nach einmaliger Gabe eine auffallende Reaktion hervor, wenn es am zweiten bis dritten Tage nach der Thyreoideagabe den Hühnern in die Bauchhöhle der Axolotl injiziert wird. Leber und Niere geben ein Bild gleicher bzw. noch intensiverer Thyroxinspeicherung in ihren Geweben. Eine geringere Thyroxinspeicherung zeigt sich im Pankreas, der Milz, im Gehirne und im Ovarium bzw. in der degenerierenden Dottermasse. Eine Thyroxinspeicherung läßt sich auch im Muskel- und Fettgewebe und in dem Thymus nachweisen. Diese Speicherung dauert im Blute, der Leber und im Ova-

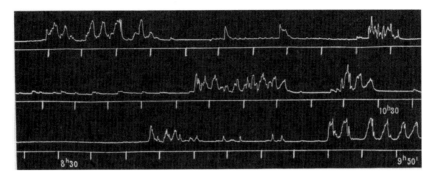

Abb. 161. Normale Kropfbewegungen des Huhnes „Prima" nach 10 Hungerstunden. (Nach LIEBERFARB.)

rium bis zum zehnten Tage nach der Thyreoideadarreichung. Am zwölften Tage fiel der Befund schon negativ bei Blut und Leber aus.

In diesen Versuchen (ZAWADOWSKY und PERELMUTTER[1350]) handelte es sich um starke Thyreoidisierung (30 g Schilddrüsentrokkensubstanz). Es konnte aber Thyroxin sowohl im Blute als auch in der Leber schon bei Dosen von 1—2 g getrockneter Schilddrüse (bei 1—1,5 kg wiegenden Hühnern) nachgewiesen werden (ZAWADOWSKY und BESSMERTNAJA[1346]). Das Verhältnis der Thyroxinfixierung in den Eierstöcken bzw. im Eidotter,

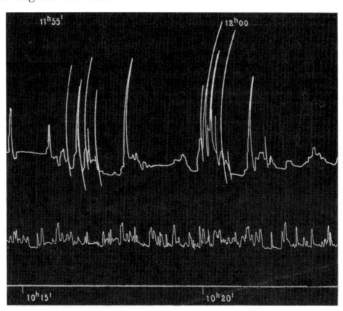

Abb. 162. Bild der Hyperthyreose bei den Hühnern „Prima" (darunter) und „Bunte" (oben). Zu beachten sind die vertikalen Linien, welche die Kurve der Kontraktion schneiden; diese vertikalen Linien entsprechen den für den Hyperthyreosezustand äußerst charakteristischen krampfartigen Zuckungen des Kropfes.
(Nach LIEBERFARB.)

Blute, Leber und Nieren studierte quantitativ ASIMOFF[42a] und fand, daß in den Keimdrüsen die Thyroxinanhäufung bedeutend schwächer ist als in den anderen erwähnten Organen.

h) Wirkung auf die Nervenfunktion.

Die Hyperthyreoidisierung beeinflußt bei Hühnern interessanterweise die *Bewegungen des Kropfes*. LIEBERFARB[722] hat gefunden, daß bei Hennen und

Hähnen, die eine einmalige Gabe von 15—20 g Thyreoideasubstanz erhielten, der Rhythmus der Kropfbewegung beschleunigt wird, daß sich die Amplituden vergrößern und auch unregelmäßig werden. Auch während der Ruheperiode

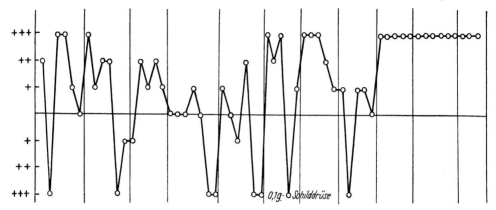

Abb. 163. Einwirkung der chronischen Fütterung mit kleinen Mengen Schilddrüsensubstanz auf die Befestigung des bedingten Reflexes beim Hühnchen. Aufwärts von der Abszissenachse wird die adäquate Reaktion des Vogels auf das rechte Fenster nach dem Dreinotensystem, der Stärke und Deutlichkeit der Reaktion entsprechend, aufgetragen. Abwärts — die falsche, unadäquate Reaktion auf das linke Fenster. Man sieht, wie sich bei der Henne nach einigen Fütterungstagen mit 0,1 g getrockneter Schilddrüse eine exakte und beständige Reaktion auf das adäquate Fenster einstellt. (Nach Zawadowsky und Rochlina.)

treten mehrfach einzelne Kontraktionen auf, so daß es schwierig ist, die Ruhe- von der Tätigkeitsperiode zu unterscheiden. Während sich normalerweise die Dauer der Tätigkeitsperioden zu derjenigen der Ruheperioden etwa wie 1:1 bis

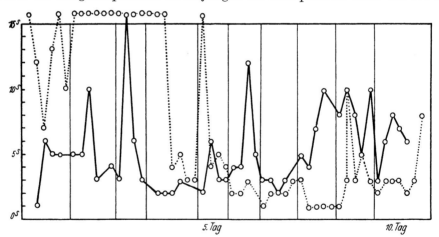

Abb. 164. Dauer der latenten Periode für den positiven Reflex beim Hahn. Bezeichnungen: Ausgezogene Linie = latente Periode des positiven Reflexes 10 Tage vor der Schilddrüsenfütterung; punktierte Linie = 10 Tage nach der Fütterung mit 15 g getrockneter Schilddrüsensubstanz. Zum anschaulichen Vergleich sind beide Kurven übereinander aufgezeichnet. Die Verlegung der Punkte über die Grenze von 15 Sekunden hinaus bedeutet ein faktisches Ausbleiben der bedingten Reflexe. Man sieht deutlich das Versagen der bedingten Reflexe am 2., 3. und teilweise am 4. Fütterungstage und eine starke Abkürzung der latenten Periode in den darauffolgenden Tagen (besonders am 7. und 8. Fütterungstage). (Nach Zawadowsky und Rochlina.)

1:2 verhält, beträgt dieses Verhältnis während des hyperthyreoidischen Zustandes 2:1, 3:1 und manchmal sogar 4:1. Zuweilen läßt sich sogar eine bis 2 Stunden dauernde, ununterbrochene Tätigkeit beobachten. Die Abb. 161 zeigt die Kropfbewegungen in einem normalen Zustande und die Abb. 162 diese Bewegungen im hyperthyreoidischen Zustande. Durch diese erhöhte Tätigkeit des Kropfes bei hyperthyreoidisierten Tieren kann erklärt werden, warum — wie ich bei

Taubenkücken beobachtete (noch nicht veröffentlicht) — deren Kropf regelmäßig weniger angefüllt ist als der der Geschwisterkontrolliere (im selben Nest und von denselben Eltern gefüttert); der Kropf — wie es scheint — wird infolgedessen im hyperthyreoidischen Zustande schneller entleert. Wird etwa auch die Tätigkeit des Magens oder auch des Darmes dabei beschleunigt?

Unter der Hyperthyreodisierung ändern sich auch die *bedingten Reflexe* der Hühner, wie B. ZAWADOWSKY und ROCHLIN[1351] gefunden haben. Bei chronischer Thyreoidisierung wird die Arbeit des Nervensystems sehr exakt und vollkommen, und die bedingten Reflexe werden dann sicherer als sonst ausgeführt. Im allgemeinen ist die Differenzierungstätigkeit des Nervensystems verbessert, und auch die hemmenden Reaktionen werden vollkommener (vgl. Abb. 163). Bei einmaliger Dosierung zeigten sich zwei Phasen. In der ersten erscheint ein Versagen der Reflexe, in der zweiten kommt es aber zu einer erhöhten Nerventätigkeit. Die positive Bewegungsreaktion wird viel schneller ausgeführt und ihre Latenzzeit ist abgekürzt. Zum Unterschiede von der chronischen Thyreoidisierung zeigt sich bei den einmaligen Gaben ein vollständiges Versagen bei den negativen (= hemmenden Reaktionen; das hyperthyreoidisierte Tier reagiert auf hemmende, negative Signale positiv (vgl. Abb. 164).

4. Wirkung der Joddarreichung.

Versuche, die HAMILTON und KICK[431] über die Wirkung von Jodfütterung *auf das Wachstum* der Hühner unternommen haben, hatten ein negatives Resultat. Von drei Versuchsreihen zeigten zwei mit Jod gefütterte Versuchsserien (0,5 mg KJ respektive 1 mg KJ täglich) zwar in zwei Versuchsreihen ein schwaches Übergewicht auf seiten der jodierten Tiere, in einer auf seiten der Kontrolltiere, immer aber waren die Unterschiede viel zu klein, um einen Schluß über wachstumssteigernde Wirkung des Jods zuzulassen.

Auf die *Eierproduktion* scheint Jod eine günstige Wirkung auszuüben. Versuche, die im Rowettinstitut in Aberdeen ausgeführt wurden (zitiert nach CORRIE[203]), ergaben, daß eine Zugabe von jodierter Salzmischung (1 KJ auf 200) bei Hennen die durchschnittliche Eierlegung und teilweise auch das Gewicht der Eier erhöhte. Es zeigten sich folgende Resultate:

Versuch		Kontroll-gruppe	Versuchs-gruppe
I	Eierzahl	107	178
	Eiergewicht	60 g	57,6 g
II	(Im Laufe von 5 Monaten		
	Eierzahl	61,1	71,4
	Eiergewicht	51,1 g	59,9 g
III	(Vom 1. September bis 6. Dezember)		
	Eierzahl	139	263
	Eiergewicht	46,6 g	46,5 g

In einem anderen Versuche von SCOTT ROBERTSON (zitiert bei CORRIE[203]) sollte sich folgendes Ergebnis gezeigt haben:

Ver-suchs-gruppe		Versuch 1		Versuch 2	
		Zahl der Eier	Gewicht der Eier	Zahl der Eier	Gewicht der Eier
I	Nur Grundfutter (Getreide)	131,6	24,3	147,0	23,9
II	Grundfutter + jodierte Salzmischung	162,0	26,5	173,8	25,5
III	Grundfutter + Sojamehl + jodierte Salzmischung	198,3	26,4	174,7	24,7

Andererseits fand BERTHOLD[809a], daß *höhere Jodgaben in Form von Jodkali die Eierproduktion ungünstig beeinflussen*. Bei mittleren Jodgaben (0,3—0,5 g) tritt ein Rückgang in Größe und Gewicht der Eier ein, ohne daß die Zahl derselben nennenswert zurückgeht. Nach größeren Gaben von Calcium jodatum (0,5—1,5 g) tritt aber sofort oder nach einigen Gaben eine Unterbrechung der Legetätigkeit ein. Diese Legepause, die eine Hemmung der Ovulation bedeutet, ist von verschieden langer Dauer je nach der Menge des gegebenen Jods und dem Alter der betreffenden Tiere. Durch die willkürliche Unterbrechung der Ovulation wird das Ovarium des Huhnes pathologisch nicht verändert. Die normale Funktion setzt kurze Zeit nach den Versuchen wieder ein. Eine dauernde Schädigung des Eierstockes durch das Jod tritt nicht ein.

CORRIE[203] teilt mit, daß die Jodzugaben auch die *Mauser* günstig beeinflussen; diese geht schneller vor sich und die Tiere erhalten sich in besserer Kondition. CORRIE erklärt diese Wirkung dadurch, daß die Schilddrüse während der Mauser an Jod abnimmt — das Thyreoideahormon wird in größerer Menge verbraucht, was mit den Erfahrungen über die Beziehung zwischen Thyreoidea und Mauser bzw. Federnneubildung (s. oben) gut übereinstimmt. Jodzugaben sollen diese Funktion der Thyreoidea erleichtern.

Jodfütterung von JK blieb aber in den Versuchen von COLE und REID[188] ohne jede Wirkung auf das Gefieder.

Eine *Steigerung der Infektionsresistenz der Hühner durch Joddarreichung* ist — obzwar oft erwähnt — wissenschaftlich nicht nachgewiesen.

KERR[569] empfahl auf Grund praktischer Versuche jodierte Milch gegen Kückencoccidiose. GRZIMEK[416], der seine Methode überprüfte, kam aber zu negativen Resultaten. Die bisher in der Praxis ohne Kontrolltiere beobachteten günstigen Erfolge dürften auf andere Umstände oder auf die hygienischen Maßnahmen zurückzuführen sein, welche KERR gleichzeitig anzuwenden empfiehlt.

BERTHOLD[809a] untersuchte auch, inwiefern sich durch Jodfütterung der *Jodgehalt der Eier* erhöhen läßt, kam aber zu negativen Resultaten. Bei kleineren Gaben wird der Jodgehalt der einzelnen Eier kaum erheblich vergrößert, bei höheren Gaben hört aber die Legetätigkeit auf.

Interessant ist, daß nach BERTHOLDs Versuchen die *männlichen Drüsen* in ihrer Tätigkeit durch das Jod nicht getroffen werden. Selbst bei großen Dosen von 1,0—1,5 g bleibt die Geschlechtstätigkeit der Hähne normal. Die hemmende Wirkung scheint demnach nur für die Ovarien spezifisch zu sein. Dies macht es fraglich, ob die Jodwirkung auf dem Wege über die Schilddrüse geht. Sollte es dabei zu einer Stimulation der Schilddrüse gekommen sein, dann müßte auch die männliche Drüse betroffen werden, da Hyperthyreoidismus sowohl auf die weiblichen als auch auf die männlichen Geschlechtsdrüsen schädigend wirkt (vgl. oben ZAWADOWSKY und Mitarbeiter).

Für die *steigende Wirkung des Jods auf die Eierproduktion* ist es aber möglich, den Weg über die Schilddrüsenstimulation anzunehmen; denn schwache Hyperthyreoidisierung beeinflußt die Eierproduktion (vgl. oben ZAWADOWSKY, CREW) günstig.

5. Besitzt die Henne eine hyperthyreoidische Konstitution?

Zu dieser Frage führt uns die Tatsache, daß sich der Hennentypus des Gefieders zum großen Teil unter dem Einfluß der Schilddrüse entwickelt. Hyperthyreoidisierung der Hähne führt bei Hähnen zur Umänderung der Befiederung in der Richtung zum Hennentypus, Thyreoidektomie ruft bei Hennen eine Entwicklung des Hahnengefieders hervor. Das Hennengefieder soll demnach ein Produkt eines Hyperthyreoidismus sein, das Hahnengefieder entwickelt sich dann, wenn sich der Organismus in einem hypothyreoidischen Zustande befindet.

Der *Geschlechtsdimorphismus bei Hühnern* soll demnach auf den verschiedenen Graden der Thyreoideafunktion beruhen, wobei sich die Henne gegenüber dem Hahne in einem hyperthyreoidischen Zustande befinden soll.

CREW[228] erklärt diesen angenommenen *Hyperthyreoidismus der Hennen* durch den hohen Anspruch, den die Eierstöcke auf die Intensität des Stoffwechsels machen: „The ovary in its functioning exerts a very considerable physiological demand upon the general economy of the individual and the demand of the testis is comparatively less. ... The response to the demand of the gonad is regulated by components of the endocrine system; by the thyroid among other (S. 257)."

Später erklärte ich (KŘÍŽENECKÝ[618]) ähnlich — ohne jedoch damals von der betreffenden Publikation von CREW etwas gewußt zu haben — den Hennenhyperthyreoidismus als Folge einer Reizwirkung der Thyreoidea seitens des Ovariums, und erklärte die Beziehung (KŘÍŽENECKÝ[622]) durch den hohen Eiweißstoffumsatz, der im Hennenorganismus als Folge der Eierproduktion vor sich geht (vgl. oben S. 427).

Gegen diese Schlußfolgerungen sprach aber ein Fall von spontaner Hennenbefiederung bei einem Dorkinghahne, den BUCHANAN[126] beschrieben hatte. Bei der histologischen Untersuchung der Schilddrüse fand er Veränderungen der Struktur, die er als Anzeichen einer Hypofunktion bezeichnet, und er schließt eher im Gegenteil, daß Hennenfedrigkeit durch einen subnormalen Funktionszustand der Schilddrüse bedingt ist. SCHWARZ[1107] weist aber darauf hin, daß die von BUCHANAN gefundenen Veränderungen eher als toxisches Adenom, das von Hyperthyreose begleitet wird, aufzufassen sind, so daß in Wirklichkeit sein Fall das Umgekehrte seiner Schlußfolgerungen beweisen mag.

Befindet sich aber die Hennenthyreoidea tatsächlich in einem hyperfunktionellen Zustande? Aus der Schilddrüsengröße läßt sich nicht viel urteilen (s. oben). Für den Jodgehalt hat CHAUDHURI[170] gefunden, daß er bei Hennen höher ist (0,56 %) als bei Hähnen (0,47 %), und das noch bei einer Rasse (Bantams), die im männlichen Geschlechte hennenfedrig ist.

LARIONOV[691] versuchte, den funktionellen Zustand der Schilddrüsen mit Rücksicht auf die Geschlechtsunterschiede bei Tauben durch Anwendung der „Kaulquappenmethode" zu bestimmen. Er verwendete dazu $2^1/_2$—$3^1/_2$ Monate alte Tauben, die sich in der Periode der ersten (juvenalen) Mauser befanden. Das Resultat war negativ. Denselben Schluß zieht LARIONOV auch aus der Tatsache, daß das Wachstum der Federn (s. oben) unter der Kontrolle der Thyreoidea steht, die bei Weibchen und Männchen von derselben Intensität ist. Bei den Tauben findet man aber auch keinen sexuellen Dimorphismus der Befiederung.

Für einen konstitutionell gegebenen hyperthyreoidischen Zustand des Hennenorganismus würde auch die Tatsache sprechen, daß sich — wie oben angeführt — die Mauser durch Thyreoideadarreichung bei Hennen leichter induzieren läßt als bei Hähnen; es könnte gesagt werden, daß die Henne schon von Hause aus für den hyperthyreoidischen Zustand höher disponiert ist als der Hahn.

Gegen einen hyperthyreoidischen Zustand der Henne spricht aber sehr entscheidend die Tatsache, daß der Grundumsatz nicht bei der Henne, sondern gerade im Gegenteil bei dem Hahne höher ist (vgl. oben S. 423 u. f.). Falls wir doch den Hennentypus der Befiederung durch eine erhöhte Thyreoideafunktion erklären wollten, dann müßten wir annehmen, daß es durch eine andere Kom-

ponente des Thyreoideahormons geschieht als durch die, welche den Stoffwechsel
beeinflußt. Die feminisierende Wirkung der Thyreoidea müßte dann unabhängig
von ihrer Wirkung auf den Stoffwechsel sein. Damit steht gut in Übereinstimmung der Befund, daß bei Kapaunen die Mauser und die Gewichtsverluste unter
einer Hyperthyreodisierung größer sind (Zawadowsky[1341, 1342]), die Feminisierung
sich aber schwächer als bei den Hähnen zeigt (Greenwood und Blyth[398]).

Mit dieser Beschränkung würde aber der von Crew und von Křiženecký
angenommene Zusammenhang zwischen der höheren Thyreoideafunktion und
dem hohen Stoffumsatz im Hennenorganismus (Eierproduktion) nicht übereinstimmen. Die stimulative Wirkung der Thyreoidea auf den Stoff- resp. Stickstoffumsatz kann nur mit ihrer stimulativen Wirkung auf die Oxydationsprozesse
zusammenhängen (s. oben S. 509).

Die Frage des (supponierten) hyperthyreoidischen Zustandes des Hennenorganismus läßt sich also keineswegs leicht beantworten. Der große Stoffumsatz
im Hennenorganismus verlangt die Annahme einer hohen Thyreoideafunktion
bei den Hühnern. Ob diese aber bei der Henne größer als bei dem Hahne sei,
worauf die Entwicklung des Gefieders hinweisen würde, ist fraglich; Tatsachen
über den Grundumsatz sprechen dagegen.

Die feminierende Wirkung der Hyperthyreoidisation auf das Gefieder
verlangt deshalb einer anderen Erklärung. Eine sehr plausible Arbeitshypothese
gibt hierfür Schwarz[1107], insofern es sich um die Form der Federn handelt.
Er geht von der Tatsache aus, daß nach Kastration der Hähne die Federn eine
„überhähnliche" Form annehmen (s. oben S. 555), und sagt: „Bei Anwesenheit
von Ovar und Thyreoidea kommt es zur Ausbildung von Hennengefieder, bei
Anwesenheit von Hoden und Thyreoidea zu Hahnengefieder, bei Anwesenheit
von Thyreoidea allein zu etwas übersteigertem Hahnengefieder, von Ovar allein
zu leicht verweiblichtem Hahnengefieder. Am klarsten wird man sich über
die jeweils hervorgerufene Form, ersetzt man die Bezeichnung männlich durch
spitz und schmal, weiblich durch breit und abgerundet. Bei der Anwendung
dieser neuen Bezeichnung kommt man zu der Auffassung von einer additiven
Wirkung der Inkrete der drei Drüsen, wobei der Hoden den geringsten Einfluß
auf die Entwicklung zum Breiten und Runden, die Thyreoidea einen stärkeren,
den stärksten das Ovar hat", also Ovar = 5, Thyreoidea = 3, Testis = 1. Dann
kann sich ergeben:

$$♀ = 5 + 3 = 8, \quad \text{breit und rund}$$
$$♂ = 1 + 3 = 4, \quad \text{schmal und spitz}$$

Kastriertes ♂ oder kastriertes ♀ = 3 + 0 = 3,	schmäler und spitzer als ♂
Thyreoidektomierte Henne . . . = 5 + 0 = 5,	nicht so schmal und spitz wie ♂
Thyreoidektomierter Hahn . . . = 1 + 0 = 1,	sehr schmal und sehr spitz
Thyreoidektomierter Kapaun . . = 0 + 0 = 0,	übertrieben schmal und spitz („über- hähnlich").

Zur Unterstützung dieser Auffassung kann der Tatbestand dienen, daß
Hyperthyreoidisierung auch bei sexuell neutralen Federn verkürzend wirkt, wie
ich bei Ringtauben feststellen konnte (s. oben S. 564, noch nicht veröffentlichter
Versuch). Der Hennentypus des Gefieders bedeutet diesbezüglich also eine
Entwicklungs- bzw. Wachstumshemmung. Es ist denkbar, daß die Schwarzsche
Auffassung sich auch auf die Pigmentierung und Zeichnung anwenden läßt.
Daß für die vollkommene Feminierung neben der Hyperthyreoidisierung auch
noch ein anderer mitwirkender Faktor gedacht werden muß, wurde schon oben
gesagt (s. S. 573) und auch bemerkt, daß dieser weitere Faktor höchstwahrscheinlich das Ovar selbst sein dürfte. Greenwood und Blyth[398] haben weiter gefunden, daß bei einem Kapaun der rebhuhnfarbigen Italiener die Feminisierung

durch Hyperthyreoidisation schwächer war als bei Hähnen — eine Tatsache,
die sich mit der Auffassung von SCHWARZ gut vereinbaren läßt.

Auf Grund des Gesagten läßt sich der normale oder künstlich durch Hyperthyreoidisierung hervorgerufene *feminine Charakter des Hennengefieders auch ohne
Annahme einer hyperthyreoidischen Konstitution des Hennenorganismus erklären.*
Es handelt sich nur um eine hemmende Wirkung des Thyreoideahormons auf
das Federwachstum, die ebenso auch dem Ovariumhormon, aber auch dem
Hodenhormon zukommt und infolgedessen nicht als für die Thyreoidea spezifisch
bezeichnet werden kann.

Es liegt kein Grund vor, für die Henne einen — im Vergleich mit dem
Hahne — konstitutionell hyperthyreoidischen Charakter anzunehmen.

6. Thyreoidea und Stoffwechsel während der Mauser und Eibildung.

Die spezifische Rolle, welche die Thyreoidea bei dem Federnausfall und bei
der Neubildung des Gefieders spielt, läßt vermuten, daß sie auch eine intime
Beziehung zu den Stoffwechseländerungen besitzt, die während der Mauser
stattfindet. Der Schilddrüse scheint hier eine determinative Rolle zuzukommen.

Während der Mauser findet eine innere Störung des Stoffwechsels statt,
welche sich hauptsächlich auf den Stickstoffwechsel bezieht. Schon ACKERSON,
BLISH und MUSSEHL[9] haben gefunden, daß in der Mauserperiode mehr Stickstoff ausgeschieden wird als normal. THOMPSON und CARR[1201] haben festgestellt, daß die Hühner während der Mauserzeit viel schneller polyneuritisch
werden als sonst. Da bei der Polyneuritis eine merkliche Zunahme des Gehaltes
an Harnsäure und Kreatinin im Blute stattfindet, ließ sich dasselbe auch während
der Mauser erwarten. Versuche an Rhode-Island-Hennen haben dann gezeigt
(THOMPSON und POWERS[1202]), daß tatsächlich während der Mauser der Gehalt des Blutes an Harnsäure, Kreatinin und Nichteiweiß stark wechselt;
im allgemeinen ist der Gehalt an Nichteiweiß und Kreatinin höher. Nach den
Versuchen von ACKERSON, BLISH und MUSSEHL[9a] steigt der Verlust an
endogenem Stickstoff während der Mauser von 144 mg auf 219 mg pro Kilogramm des Körpergewichtes.

Unter diesen Verhältnissen ist es begreiflich, warum reichliche Bewegung
an frischer Luft, die gute Versorgung des Körpers mit Sauerstoff sichert, die
Mauser erleichtert, wie KOBERT[587] auf Grund praktischer Erfahrungen mitteilt.
Eine intensive Zersetzung von Stickstoffsubstanzen verlangt gute Sauerstoffaufnahme.

Die nahe Verbindung der Thyreoideafunktion mit der Mauser wird dadurch
klar. Die intensive Zersetzung von Stickstoffsubstanzen wird eben durch die
gesteigerte Funktion der Thyreoidea zu dieser Zeit ermöglicht. Von der Thyreoidea
wissen wir, daß sie ein „Regulationsorgan zur Beseitigung überschüssiger Eiweiß-
mengen" ist (s. oben RAAB, S. 264).

Ob dieser hohe Stickstoffwechsel unbedingt als solcher während der Mauser
nötig ist oder ob es sich nur um Ausscheidung von unbrauchbaren Stickstoffverbindungen handelt, die beim Aufbau neuer Federnsubstanz als Abfallstoffe
entfernt werden, läßt sich nicht entscheiden. Eines scheint aber zugunsten der
zweiten Möglichkeit zu sprechen. Durch Cystinzugaben ist es möglich, wie
ACKERSON und BLISH[9b] gefunden haben, den Stickstoffverlust von 239 mg
per Tag und Kilogramm auf 137 mg herabzusetzen. Dabei war diese
stickstoffsparende Wirkung von Cystin stärker, als es seinem Stickstoffgehalte
entsprechen würde. Es ist möglich, daß Cystin durch eine Ergänzung der

Abfallstickstoffe diese zum Aufbau und zur Assimilation wieder verwend-
bar macht.

ACKERSON, BLISH und MUSSEHL[10] versuchten durch Cystinzugaben die
Mauser zu beschleunigen und die Hennen früher zur Erneuerung der Eier-
produktion zu bringen. Die Versuchsresultate verliefen aber negativ. Auf den
Verlauf der Mauser selbst scheint deshalb Cystin keine Wirkung auszuüben.
Sie wird deshalb eher durch die Thyreoideafunktion selbst direkt bestimmt
und scheint nicht ein Produkt der Änderungen des Stickstoffwechsels zu dieser
Zeit zu sein.

Die Mauser setzt im Lichte dessen, was wir von der Wirkung der Thyreoidektomie und Hyperthyreoidisation wissen, eine erhöhte Funktion der Schilddrüse voraus. Kann diese irgendwie bewiesen werden? CRUICKSHANK[236]
fand in der Thyreoideastruktur zur Mauserzeit und zur Legezeit keinen Unterschied und deutet ihre Struktur zu dieser Zeit als relativ inaktiv. Die Schilddrüsengröße nimmt dabei eher nach einer gewissen Abnahme während der
maximalen Eierproduktion etwas zu. Der Jodgehalt (%) zeigt ebenfalls eine
gewisse Zunahme (vgl. oben S. 480). Dies alles gibt keine klare Antwort.

Über die *Beziehung der Thyreoidea zu der Eibildung* ist ebenfalls nicht möglich,
ein klares Bild zu geben. Die intensiven Aufbauprozesse (Stickstoffumsatz)
lassen zwar im Lichte unserer früheren Auseinandersetzungen (vgl. S. 427 u. 509)
vermuten, daß die Thyreoidea dabei viel in Anspruch genommen wird. Die
Resultate von CRUICKSHANK lassen ebenfalls keine deutliche Schlußfolgerungen
zu. Die Beobachtung von MITCHELL, CARD und HAINES[824] (vgl. S. 427), daß die
Eierzeugung den Grundumsatz um 10,6 bzw. 32,6% erhöht, läßt eine erhöhte
Thyreoideafunktion vermuten. Es handelt sich aber nur um eine einzige Beobachtung. In derselben Richtung würden aber auch die Versuche hinweisen, in
denen schwache Hyperthyreoidisierung (CREW, ZAWADOWSKY, s. S. 576) die
Eierproduktion erhöhte; ebenso auch die Versuche über Stimulation der Eierproduktion durch Joddarreichung (s. S. 579), falls sie sich als richtig erweisen
und falls sich zeigen sollte, daß die Jodwirkung dabei auf dem Wege über die
Thyreoidea gegangen war.

C. Die Hypophyse (Glandula pituitaria).

Über die Bedeutung der Hypophyse für den Stoffwechsel und die Nutzleistung landwirtschaftlicher Tiere besitzen wir sehr wenige experimentelle
Erfahrungen. Doch deuten einige Erfahrungen schon heute sehr klar darauf
hin, daß dieser Drüse, abgesehen von dem Wachstum und der Geschlechtsentwicklung, eine wichtige Rolle bei einigen Nutzleistungen, wie Milch- und
Eierproduktion, zukommt, die sich möglicherweise bald auch praktisch verwerten läßt.

I. Morphologie und Hormonproduktion der Hypophyse bei landwirtschaftlichen Nutztieren.

1. Anatomie, Größe und Histologie (s. Anm.).

Die Hypophyse ist anatomisch von allen endokrinen Drüsen die kompli-
zierteste, indem sie aus drei voneinander morphologisch unterschiedenen Teilen
besteht, nämlich dem *Vorderlappen* (Pars anterior, Drüsenlappen), dem *Hinterlappen* (Pars posterior, Neurohypophyse) und dem *Zwischenteil* (Pars intermedia,

---

Anm. Siehe auch RAAB in diesem Bande des Handbuches.

Zwischenlappen). Diese drei Teile, besonders aber der Vorderlappen und der Hinterlappen, sind auch funktionell sehr verschieden, so daß es unbedingt nötig ist, sie bei Betrachtung der Hypophysenwirkung gut auseinanderzuhalten. Ihre Ausbildung und gegenseitige Lage ist bei den einzelnen Tieren ziemlich verschieden (vgl. Abb. 165).

Für die Gesamtgröße der Hypophyse gibt TRAUTMANN[1217] zusammenfassend folgende Zahlen an:

	Länge mm	Breite mm	Höhe mm	Gewicht g
Rind	20—26	16—19	15—16	1,90—4,0
Pferd	21—24	6—8	—	1,85—2,8
Schaf	10—14	5—6	6—8	0,45—0,6
Ziege	7—13	6—7	6—10	0,50—1,2
Schwein	8—10	7—8	6—7	0,30—0,5

WITTEK[1323] fand beim *Rinde* eine Schwankung des Hypophysengewichtes zwischen 1,15—5,78 g. Im allgemeinen nimmt hier das Gewicht der Drüse mit dem Körpergewichte und dem Alter zu, doch zeigen sich nicht selten starke individuelle Abweichungen von dieser Regel, indem bei einzelnen Tieren entweder auffallend große oder kleine Hypophysen gefunden werden. KRUPSKI[656] fand beim Rinde eine Schwankung zwischen 1,90—5,18. Auch in seinem Material nahm das Hypophysengewicht im allgemeinen mit dem Alter zu. SAITO[1058] nennt als Durchschnittsgewicht der Hypophyse vom japanischen Rinde 1,60 g. Dabei soll durchschnittlich auf den Vorderlappen 1 g, auf den Hinterlappen 0,60 g entfallen.

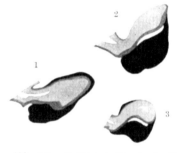

Abb. 165. Sagittalschnitte durch die Hypophysen des Pferdes (1), des Rindes (2) und des Schweines (3) in der Gegend der Medianebene. Schwarz = Drüsenlappen, dunkelgrau = Zwischenlappen, hellgrau = Hirnteil. (Nach TRAUTMANN.)

Für das *Pferd* gibt KÜHN[667] als Durchschnittsgewicht der Hypophyse beim Hengste 2,701, bei der Stute 2,645 g und beim Wallach 2,432 g an. Nach SAITO[1058] ist das Durchschnittsgewicht bei Stuten 1,84 g und bei Wallachen 1,76 g. Auf den Vorderlappen entfallen dabei 1,20 bzw. 1,06, auf den Hinterlappen 0,64 bzw. 0,70 g.

An einem Material von 145 Schlachttieren fand ich (noch nicht publiziert) für das *Schwein* das Durchschnittsgewicht der Hypophyse 0,2279 g. Dabei wog der Drüsenteil durchschnittlich 0,1852 g, der Hirnteil 0,0427 g (das Gewicht der Pars intermedia konnte nicht festgestellt werden; es ist in dem Gewicht des Hinterlappens inbegriffen). Das Verhältnis der Pars anterior zur Pars posterior ist bei der Schweinehypophyse nach meinen eben erwähnten Untersuchungen an Schlachtschweinen 4,35 : 1. Die Pars anterior enthält 81,76% Wasser, die Pars posterior 80,89%, die ganze Hypophyse 81,42%. Die Trockensubstanz ist dementsprechend: Pars anterior 18,24%, Pars posterior 19,10%, gesamte Drüse 18,60%.

Bei *Hühnern* — rebhuhnfarbige Italiener — variiert das Hypophysengewicht nach JUHN und MITCHELL jun.[545a] bei Hennen und Hähnen zwischen 0,0102—0,0368 g.

Das Gewicht der Hypophyse ändert sich bedeutend je nach dem *Geschlechte* und dem *Geschlechtszustande* des Tieres.

Die Hypophysen der weiblichen Tiere sind beim *Rind* nach Wittek[1323] relativ (auf Körpergewicht berechnet) schwerer als bei männlichen. Wittek fand folgende Werte in den einzelnen Altersklassen:

Alter in Jahren	Relatives Hypophysengewicht der Stiere in g	Relatives Hypophysengewicht der Kalbinnen in g
1 und $1^1/_2$	0,0095	0,0100
2 „ $2^1/_2$	0,0081	0,0100
3 „ $3^1/_2$	0,0082	0,0099
4 „ $4^1/_2$	0,0084	0,0100
5	0,0080	0,0100

Dieselbe Differenz erhielt Wittek, auch wenn er das Hypophysengewicht der einzelnen Altersklassen zwischen Stieren auf einer Seite und nichtträchtigen (multiparen) oder trächtigen Kühen auf der anderen Seite verglich.

Ähnlich sind auch die Befunde, welche Schönberg und Sakaguchi[1098] mitteilten:

	Größe	Gewicht
Stier	2,2 : 1,8 : 1,5 cm	3,34 g (Max. 5,4 g, Min. 2,8 g)
Kuh	2,5 : 1,9 : 1,6 cm	4,14 g (Max. 4,9 g, Min. 3,5 g)

Krupski[656] fand ebenfalls, daß die Hypophyse der weiblichen Tiere beim Rinde schwerer ist als die der männlichen. Seine Durchschnittswerte sind die folgenden:

	Absolutes Gewicht g	Relatives Gewicht zum	
		Lebendgewicht	Totgewicht
Stiere (Alter $^1/_2$—5 Jahre)	3,13	0,0053	0,0109
Kälbinnen (Rinder, Alter 1—4 Jahre)	2,27	0,0070	0,0158
Kühe (Alter 2—13 Jahre)	3,90	0,0075	0,0176
Trächtige Kühe (Alter 3—11 Jahre)	3,75	0,0073	0,0073

Außerdem stellte Wittek fest, daß dieser Unterschied am größten war bei Tieren, die cystöse Ovarien besaßen oder mehrfach geboren haben oder sich in Laktation befanden. Er schließt daraus, daß es in allen Fällen von erhöhter Funktion der Ovarien zur Hypertrophie der Hypophyse kommt. Die von ihm gefundenen Werte sind folgende:

	Absolutes Gewicht g	Relatives Gewicht zum	
		Lebendgewicht	Totgewicht
Kühe mit Ovarialcysten . . .	4,21	0,0078	0,0179

Über die *chemische Zusammensetzung* der Hypophyse gibt Malcolm[789] auf Grund von Analysen der Rinderdrüsen folgendes an:

	Vorderlappen	Hinterlappen
Stickstoff	13,3	12,3
Phosphor	0,72	0,8
Calcium	0,123 in der ganzen Drüse	

Eine Detailanalyse der Rinderhypophyse an Proteinstoffen, Lipoiden und Extraktionsstoffen führte Mac Arthur[769] aus und fand:

	Vorderlappen		Hinterlappen	
	% der frischen Substanz	% der Gesamt-trockensubstanz	% der frischen Substanz	% der Gesamt-trockensubstanz
Trockensubstanz	22,77	—	20,32	—
Proteine.	17,66	77,53	13,46	66.22
Lipoide	3,16	13,87	4,00	19,68
Extraktivstoffe	1,95	8,56	2,87	14,12

Beim Pferde fand KUHN (s. oben) keine Geschlechtsunterschiede im Hypophysengewichte.

Bei Hühnern fanden JUHN und MITCHELL jun.[545a] das absolute Gewicht der Hypophyse zwar bei Hähnen schwerer (0,0172 g) als bei Hennen (0,0134 g), das relative Gewicht der Drüse aber bei den Hennen etwas größer (0,00158) als bei Hähnen (0,00150).

Ähnlich fand McCARRISON[771] auch bei Tauben, daß die Hypophyse bei den Weibchen nicht nur relativ, sondern auch absolut schwerer ist (absolut 5,9 mg, relativ 22,1 mg auf 1 kg des Körpergewichtes) als bei Männchen (absolut 5,3 mg, relativ 19,3 mg). Denselben Befund machten später auch RIDDLE und FLEMION[1009] bei Tauben:

> Männchen: absolut 7,06 mg, relativ 19,6 (auf 1 kg des Körpergewichts)
> Weibchen: „ 7,13 „ „ 22,6 „ 1 „ „ „

Demgegenüber teilt aber LATIMER[700] mit, daß er bei weißen Leghorns bis zur Geschlechtsreife keine Geschlechtsdifferenzen im Gewichte der Hypophyse feststellen konnte. RIDDLE und FLEMION erklären aber diesen negativen Befund dadurch, daß das meiste Material von LATIMER noch geschlechtsunreif war.

Die *Kastration* hat eine Vergrößerung der Hypophyse zur Folge. Die bisher gesammelten Daten beziehen sich meistens auf das männliche Geschlecht. FICHERA[315, 316] gibt für Stiere ein Durchschnittsgewicht von 3,35 g (Max. 4,10 g, Min. 3,00 g), für Ochsen 4,46 g (Max. 512 g, Min. 4,15 g) an; bei kastrierten Büffeln fand er als Durchschnittsgewicht 3,45 g (Max. 3,90 g, Min. 3,10 g), bei nicht-kastrierten 1,80 g (Max. 1,96, Min. 1,70).

KÜHN[667] fand bei Stieren als Durchschnittsgewicht 2,409 g, bei Ochsen 2,622 g. Undeutliche Ergebnisse erhielten MARRASSINI und LUCIANI[802] und MARRASSINI[801] beim Vergleich von 19 Ochsen und Kühen und 3 Stieren. SCHÖNBERG und SAKAGUCNI[1098] fanden folgende Durchschnittswerte:

	Größe	Gewicht
Stier	2,2 : 1,8 : 1,5 cm	3,34 g (Max. 5,4 g, Min. 2,8 g)
Ochs	2,5 : 1,8 : 1,6 cm	4,35 g (Max. 7,0 g, Min. 2,5 g)

Doch halten diese Autoren das größere Gewicht der Ochsenhypophyse für keine konstante Erscheinung.

Eine deutliche *Hypertrophie der Hypophyse* findet beim Rinde auch WITTEK[1323] *nach der Kastration* bei männlichen Tieren:

Alter in Jahren	Relatives Hypophysengewicht in g		Alter in Jahren	Relatives Hypophysengewicht in g	
	Bei Stieren	Bei Ochsen		Bei Stieren	Bei Ochsen
1—1½	0,0095	0,0100	6	0,0086	0,0096
2—2½	0,0081	0,0100	7	0,0085	0,0098
3—3½	0,0082	0,0098	8	0,0088	0,0110
4—4½	0,0086	0,0096	9	0,0082	0,0100
5	0,0080	0,0091			

Auch Krupski[656] findet bei den Ochsen eine Vergrößerung der Hypophyse gegenüber Stieren. Bei kastrierten Kühen konnte er aber diese Vergrößerung bei keinem Tiere feststellen:

Altersklassen in Jahren	Absolutes Gewicht		Relatives Gewicht zum			
			Lebendgewicht		Totgewicht	
	Stiere	Ochsen	Stiere	Ochsen	Stiere	Ochsen
$^1/_2$—1—2 . . .	2,18	—	0,0056	—	0,0126	—
2—3	3,12	3,95	0,0054	—	0,0110	0,0124
3—4	3,78	4,03	0,0050	—	0,0099	0,0103
4—5	3,88	4,49	0,0041	0,0058	0,0094	0,0105
Durchschnitt:	3,13	4,34	0,0053	0,0058	0,0109	0,0105

Beim Pferde soll nach Kühn[667] diese Kastrationshypertrophie nicht erscheinen. Er findet ein etwas höheres Hypophysengewicht bei Hengsten (2,701 g) als bei Wallachen (2,432 g).

Auch bei Schafen fanden Marrassini[801] und Marrassini und Luciani[802] keinen Einfluß der Kastration.

Beim Geflügel gibt eine Vergrößerung der Hypophyse bei Kapaunen schon Fichera[315, 316] an; er findet bei Hähnen das Gewicht 0,133 g (Min. 0,129, Max. 0,145 g), bei Kapaunen 0,267 g (Min. 0,248, Max. 0,275 g).

Ähnlich fand auch Massaglia[809], daß die Hypophyse bei Hähnen nach der Kastration bedeutend zunimmt. Bei 6 Monate alten Hähnen fand er ein Gewicht von 0,11 g, welches bis zum Alter von 3 Jahren höchstens auf 0,18 g zunimmt. Bei 6 Monate alten Kapaunen variierte das Hypophysengewicht zwischen 0,225—0,262 g. Dasselbe fanden neuerdings auch Juhn

	Absolutes Gewicht g	Relatives Gewicht g
Hähne	0,0172	0,00150
Kapaune	0,0217	0,00211

und Mitchell jun.[545a] an rebhuhnfarbigen Italienern (s. obenstehende Tabelle).

Saito[1058] fand beim Pferde, daß die Trächtigkeit das Gewicht der Hypophyse deutlich vergrößert. Bei nichtträchtigen Stuten war das Durchschnittsgewicht 1,84, bei trächtigen Stuten aber 2,06 g. Diese Vergrößerung ist begründet in einer Vergrößerung des Vorderlappens, der bei den nichtträchtigen Stuten 1,20 g, bei den trächtigen aber 1,50 g wog. Ähnlich gibt Schlee[1078] für Kühe an, daß es in der Trächtigkeit zu einer Zunahme des Hypophysengewichtes kommt, wobei sich der Vorderlappen vergrößert. Diese Veränderung bleibt nach mehrmaliger Trächtigkeit bestehen. Ebenso stellte auch Schildmeyer fest, daß bei Rindern die Trächtigkeit auf das Wachstum der Hypophyse einen fördernden Einfluß ausübt.

Wittek[1323] kommt aber demgegenüber zu dem Ergebnis, daß in der Trächtigkeit beim Rinde keine Gewichtszunahme bei der Hypophyse stattfindet. Ebenso konnte auch Krupski[656] bei trächtigen primiparen Kühen und bei solchen, die schon zwei- oder mehrmals geboren hatten, eine nachweisbare Vergrößerung der Hypophyse im Vergleich zu gleichaltrigen unträchtigen Tieren nie ermitteln.

Gebhardt[367], der neuerdings die Hypophyse während der Trächtigkeit beim Rinde untersuchte, geht auf die Größenverhältnisse nicht ein.

Zondek[1380] bestätigt (vgl. Tabelle auf S. 593) die Angabe über Nichtzunahme des Hypophysengewichtes bei trächtigen Kühen. Bei der trächtigen Sau findet er hingegen eine deutliche Vermehrung des Vorderlappengewebes (s. dieselbe Tabelle).

Über die *histologische Struktur der Hypophyse* läßt sich für die landwirtschaftlichen Nutztiere nicht viel Besonderes sagen. Eine grundlegende Untersuchung der Histologie der Hypophyse bei landwirtschaftlichen Tieren verdanken wir TRAUTMANN[1215] für Pferd, Esel, Rind, Schaf, Ziege und Schwein, und zwar für geschlechtsreife und junge Tiere (Fohlen, Kälber, Lämmer und Zickeln). In dem Drüsenteil unterscheidet er in Übereinstimmung mit älteren Befunden von LOTHRINGEN[761], DOSTOJEWSKY[271] und FLESCH (zit. daselbst) neben den chromophilen Zellen und den *chromophoben* Zellen (Hauptzellen) noch schwach *chromophile* Zellen. Die beiden Gruppen von chromophilen Zellen sollen sich nach TRAUTMANN noch in *acidophile* und *basophile* differenzieren. Der Kern der stärker acidophilen Zellen ist stets kleiner als der der anderen und besitzt eine abweichende Struktur, und auch die Zellen selbst sind in der Regel kleiner als die schwächer acidophilen. Die *basophilen Zellen* sind nach TRAUTMANN bei allen Tieren, wenn auch mitunter weniger deutlich, zu finden. Am klarsten treten sie bei Ziege und Schwein hervor. Nach WITTEK (l. c.) kommen diese Zellen beim Rinde nur ganz ausnahmsweise vor. Die basophilen Zellen sind in der Regel größer als die acidophilen. Sie enthalten reichlich Granula, welche an die Sekretgranula anderer Drüsenzellen erinnern. Die *chromophoben Zellen* (Hauptzellen) erscheinen bei allen genannten Tieren deutlich.

Sie sind in der Regel kleiner als die chromophilen, nehmen öfter auch große Dimensionen an und zeichnen sich durch ihr nicht differenziertes Protoplasma aus. Im Protoplasma der chromophoben Zellen treten nicht selten Valsuolen von meist rundlichen Formen auf. *Trautmann* findet in diesen Zellen auch Fettgranula (4—10 in einer Zelle bei Rind und Pferd). Bei jungen Tieren fehlen aber diese Fettgranula.

Im Grunde denselben Bau finden SATWORNITZKAJA und SIMNITZKY[1063] für die Taubenhypophyse. Sie unterscheiden auch chromophile, acidophile und basophile Zellen und chromophobe Hauptzellen (vgl. Abb. 168); sie bemerken aber, daß es zwischen den beiden Arten der chromophilen und der Hauptzellen Übergangszellen gibt.

Entwicklungsgeschichtlich und *funktionell* sind aber sämtliche Zellen des Drüsenlappens nach TRAUTMANN[1217] als Vertreter einer Art anzusehen. Ihr verschiedenes Aussehen entspricht nur dem jeweiligen Funktionsstadium. Die chromophilen Zellen, die als im Erschöpfungs- oder Ruhezustande befindlich angesehen werden, wandeln sich in die gröberen basophilen Zellen um. In den acidophilen Zellen sind solche mit reifen Granula zu erblicken, nach deren Ausstoßung wieder Hauptzellen entstehen. Vermehrung der acidophilen Zellen soll eine Stauung des Sekretes in der Drüse bedeuten, Vermehrung von Hauptzellen (chromophoben Zellen) eine erhöhte Abgabe des Sekretes: der erste Fall kann als Hypofunktion der Hypophyse gedeutet werden, der andere als Hyperfunktion (vgl. Abb. 166 u. 167).

Zwischen dem Drüsenteil und der Pars intermedia kommt bei allen Tieren eine Höhle vor (*Hypophysenhöhle*), die sich bei verschiedenen Tieren verschieden weit erstreckt (vgl. Abb. 165). Ihre größte Breite beträgt beim Rinde 450 μ, beim Kalbe 250 μ, beim Schafe etwa 200 μ, bei der Ziege 225 μ, beim Schweine 390 μ. Sie ist regelmäßig mehr oder weniger mit *Kolloidmasse* angefüllt.

Die *Pars intermedia* zeichnet sich schon durch ausgeprägte dunklere Tinktion gegenüber dem Vorder- als auch dem Hinterlappen aus. Sie erscheint als ein mehrschichtiges Epithel.

Der *Hirnteil der Hypophyse* — Pars posterior — besteht aus lockerem Stroma, in dem Bindegewebselemente und Neuroglia gemengt sind. Direkt unter der Pars intermedia befinden sich bei allen landwirtschaftlichen Nutz-

tieren Neurogliazellen, die sich durch ihre geringe Ausdehnung und mannigfaltigen Verlauf der Fortsätze auszeichnen. Bei Wiederkäuern soll nach TRAUT-
MANN der Gehalt an Neurogliaelementen am größten sein. Näheres für Rind
s. auch bei BUCY[129].

Näheres über den Bau der Hypophyse bei den Hühnern s. HERRING[477].

Von diesen Bestandteilen der Hypophyse ist der *Vorderlappen* von morpho-
logisch-physiologischer Seite der merkwürdigste, da er sich in seinen Elementen
bei verschiedenen Funktionszuständen abweichend gestaltet. Nach FICHERA[315, 316]
kommt es bei Kapaunen und bei Ochsen zu einer Vermehrung der eosinophilen
Zellen. Dasselbe gibt auch TRAUTMANN[1215, 1214] für kastrierte Esel, Pferde und
Schweine an. Diese Vermehrung der eosinophilen Zellen soll eine Stauung der
Hypophysenfunktion bzw. ihres Vorderlappens bedeuten (DÜRST[279] und vgl.
Abb. 166). WITTEK[1323] gibt dagegen an, daß er beim Rinde keine Unterschiede

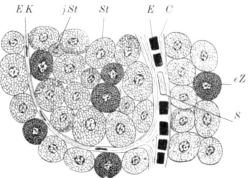

Abb. 166. Schematisches Bild eines Rinderhypo-
physenschnittes im Zustande der Hypofunktion.
Größenabnahme der sezernierenden Zellen, Stauung
des Sekretes, also granulierte, basophile Hauptzellen; Zunahme an Zahl der eosinophilen Zellen;
kleinere (junge) Stromavermehrung. Von einer
Arbeitsochsendrüse. Vergr. ca. 900fach. (Nach
DUERST.)

Abb. 167. Schematisches Bild eines Hypophysen-
schnittes vom Rind im Zustande der Hyperfunktion.
E K Endothelkern; *St* basophile Hauptzelle (Strumazelle nach ROMEIS) ohne Körnung nur Gerüststruktur
sichtbar, sezernierend; *jSt* junge Strumazelle; *S* Se-
kretpfropf in dem Capillargefäße *C*, neben Erythrocyten *E*; *eZ* eosinophile Zelle, die hier in geringer
Zahl aber groß (erwachsen) vorkommen. Von einer
Mastfärsendrüse. Vergr. ca. 900fach. (Nach DUERST.)

im Magenverhältnis der einzelnen Zellarten bei Stier und Ochs gefunden hat.
SCHÖNBERG und SAKAGUCHI[1098] sind der Meinung, daß diese Frage schwer zu
beantworten ist, da die Angaben über die Zahl einzelner Zellarten von einer
subjektiven Schätzung abhängt und nicht zahlenmäßig festgestellt werden kann.
Sie konstatieren, daß sich schon die Hypophyse der Kühe und der Stiere voneinander unterscheiden.

SCHÖNBERG und SAKAGUCHI fassen die *Wirkung der Kastration* auf die
Struktur des Hypophysenvorderlappens in der Weise auf, daß nach der Kastration
beim Rinde eine Veränderung keineswegs konstant ist, aber dort, wo sie auftritt,
als spezifisch angesehen werden kann. Sie besteht in der Bildung von Zell-
gruppen aus stark eosinophilen Zellen mit sehr dunklem pyknotischem Kern.
Diese Erscheinung soll wahrscheinlich einen regressiven Vorgang darstellen.

Eine Vermehrung der eosinophilen Zellen fand MASSAGLIA[809] auch beim
Geflügel nach der Kastration (bei Kapaunen).

Mit Rücksicht auf das von ERDHEIM und STUMME[292] beim Menschen beschriebene Auftreten von besonderen Zellen in dem Vorderlappen während der
Schwangerschaft (sog. Schwangerschaftszellen) untersuchten WITTEK[1323] und
GEBHARDT[367] die Rinderhypophyse, aber mit negativem Ergebnis. WITTEK
teilt mit, daß sich auch keine auffallenden Unterschiede in der relativen Menge
der an dem Aufbau beteiligten Zellarten während der Schwangerschaft nach-

weisen lassen. Ähnlich berichtet auch GEBHARDT: Schwangerschaftszellen im Sinne von ERDHEIM und STUMME konnte er in keinem Falle beobachten. Es lassen sich aber im Zentrum von Alveolen und Balken Gruppen von satt gefärbten eosinophilen Zellen beobachten, die stark aufgelockertes Protoplasma besitzen, das häufig nur aus einigen wenigen acidophilen Granulis bestand. Diese Zellen zeigen eine Ähnlichkeit mit den ERDHEIM- und STUMMEschen Schwangerschafts-

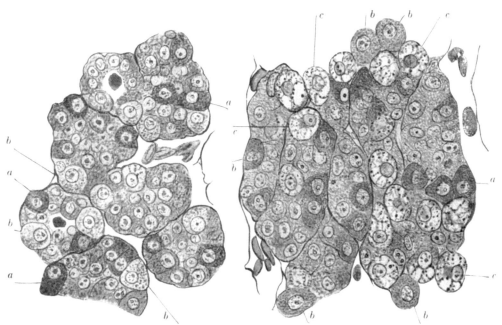

Abb. 168. Hypophyse einer normalen Taube. Fixierung: ZFE. Azanfärbung. a = normale Eosinophile; b = normale Basophile. REICHERT: Ok. 4, Homog. Imm. $^1/_{12}$. Tubus 170 mm. (Nach SATWORNITZKAJA und SIMNITZKY.)

Abb. 169. Hypophyse einer Avitaminosetaube am 15. Tage. Versuch Nr. 16 Fixierung: ZFE. Azanfärbung. a = Eosinophile; b = Basophile; c = feinvakuolisierte Basophile. REICHERT: Ok. 4, Homog. Imm. $^1/_{12}$. Tubus 170 mm. (Nach SATWORNITZKAJA und SIMNITZKY.)

Abb. 170. Verschiedene Stadien der Vakuolenbildung in den Basophilen bei Avitaminose B der Tauben. Fixierung: ZFE. Azanfärbung nach M. HEIDENHAIN. REICHERT, Comp. Ok. 18, Homog. Imm. 1,8 mm. Tubus 160 mm. (Nach SATWORNITZKAJA und SIMNITZKY.)

zellen; doch erweisen sie sich als echte eosinophile Zellen. Dieser Befund spricht zugunsten der KRAUSSchen Meinung, daß die Schwangerschaftszellen nur eine besondere Variante der Eosinophilen vorstellen. Beim Rinde — zum Unterschied vom Menschen — scheint diese Metamorphose nur nicht denselben hohen Grad zu erreichen.

WITTEK war der Meinung, daß das Nichtvorkommen von Schwangerschaftszellen in der Rinderhypophyse im Einklang mit der Nichtvergrößerung der Drüse bei der Trächtigkeit steht. Wie wir gesehen haben, ist der letztere Punkt noch nicht endgültig geklärt. Im Lichte der GEBHARDTschen Befunde scheint auch bezüglich der Schwangerschaftszellen kein grundsätzlicher Unterschied zwischen Menschen und Rind zu bestehen.

Bei anderen landwirtschaftlichen Nutztieren wurde die Wirkung der Trächtigkeit auf die mikroskopische Struktur des Vorderlappens noch nicht studiert.

Zu einer Hypertrophie der Hypophyse kommt es bei erwachsenen Hühnern auch nach Exstirpation der Epiphyse, wie Urechia und Grigoriu[1244] gefunden haben. Es vergrößert sich sowohl der Vorder- als auch der Hinterlappen und die acidophilen Zellen des Vorderlappens zeigen eine Vermehrung.

Die Hypophyse ändert ihren Bau deutlich mit dem *Alter*. Bei allen Haustieren findet nach Trautmann[1215] mit zunehmenden Jahren eine Vermehrung des Rindengewebes und Abnahme der Zahl von chromophilen Zellen statt, die auch undeutlicher werden. Die Kolloidsubstanz wird mit dem Alter reichlicher. Bei alten Pferden kommt nach Trautmann oft eine Atrophie der Hypophyse vor. In dem Vorderlappen soll dabei eine Abnahme der oxyphilen und eine Zunahme der basophilen Zellen stattfinden. Für die Pferde und Ziegen gibt Trautmann eine Vermehrung des Rindengewebes an. Über Veränderungen in der mikroskopischen Struktur der Zwischen- und Hinterlappen bei den Haustieren liegen keine Angaben vor.

Die Hypophyse scheint auch auf *Einflüsse der Nahrung* zu reagieren. McCarrison[771] fand bei B-avitaminösen Tauben eine leichte Gewichtszunahme der Drüse, die er aber als Folge einer Blutstauung erklärt. Sonst findet McCarrison nur eine Zunahme der Kernzahl. Ähnliche Zunahme des Hypophysengewichtes bei B-Avitaminose fanden auch Ogata, Kawakita, Oka und Kagoskima[881] bei Tauben und Hühnern, erklären sie aber durch Auftreten einer Kolloidsubstanz in dem Vorderlappen. Satwornitzkaja und Simnitzky[1063] stellten bei Tauben fest, daß diese Vakuolisierung durch Auflagerung von Kolloidsubstanz in den basophilen Zellen erscheint (vgl. Abb. 168—170).

Am 25. Tage der Erkrankung erreicht diese Änderung den Höhepunkt.

Vom 25. Tage an geht die Vakuolenbildung gewöhnlich zurück, und in den Drüsen erscheinen helle Zellformen, die sämtliche Übergänge von dem vakuolisierten bis zum normalen Zelltypus darstellen. Parallel damit erscheint eine Veränderung der Eosinophilen. Das Intralobularkolloid der Taubenhypophyse nimmt aber bis zu völligem Schwund ab. Satwornitzkaja und Simnitzky fassen diese Vakuolisierung der basophilen Zellen als Zeichen einer Erhöhung der Funktion auf, welche mit der Störung des Kohlehydratstoffwechsels bei der B-Avitaminose zusammenhängen soll. Interessant ist noch, daß diese Änderungen bei den männlichen Tauben schärfer ausgeprägt sind und in der Frühjahrs- und Sommerzeit in stärkerem Grade als im Winter vorkommen.

2. Hormonproduktion der Hypophyse.

s) Vorderlappenhormone.

Das Vorkommen des Wachstumshormons in dem Vorderlappen der Rinderhypophyse hat Uhlenhuth[1236] durch Versuche an Axoloteln bewiesen, indem er durch die Drüsenverfütterung ein Riesenwachstum erhielt. Die Geschlechtshormone (Prolan A und B) des Vorderlappens wurden durch den Versuch von Zondek[1379] (S. 107) nachgewiesen, indem es gelang, durch Transplantation von Stücken des Hypophysenvorderlappens einer Kuh infantile weibliche Mäuse brünstig zu machen. Außerdem enthält der Vorderlappen der Rinderhypophyse ein Hormon, das die Schilddrüse aktiviert (Aron[32]) und auf diese Weise bei den Amphibien die Metamorphose induziert (Uhlenhuth und Schwartzbach[1238—1241]). Dieses Hormon scheint eng mit dem Wachstumharmon verknüpft zu sein und hauptsächlich von den oxyphilen Zellen produziert zu werden

(Spaul und Howes[1152]). Das Vorderlappenhormon, welches die Schilddrüse stimuliert, kommt in dem Blute vor. Benoit und Aron[83] haben ihn neuerdings im Hahn- und Enterichblute feststellen können. Bei normalen Tieren ändert sich seine Menge während der Jahreszeiten nicht. Bei im Frühjahr kastrierten Tieren nimmt seine Menge im Blute zu, sinkt aber gegen das Ende des Sommers bzw. im Herbst zum Minimum.

Nach Zondek[1379] (S. 116) befinden sich in einer großen Hypophyse der Kuh, wo der Vorderlappen 2,18 g wiegt, durchschnittlich 155 Mäuseeinheiten des Hormons A (Follikelreifungshormon) und ca. 74 Mäuseeinheiten des Hormons B (Luteinisierungshormon). In einer Schweinehypophyse (Vorderlappengewicht 0,06 g) sind je 12 Mäuseeinheiten des Hormons A und B enthalten.

Nach Hauptstein[463] ist die geringste wirksame Dosis des Hypophysenvorderlappens der Kuh 0,01 g, des Kalbes 0,025 g.

In der *Gravidität* ist die Menge der *Hypophysenvorderlappen-Geschlechtshormone* (HVH) in den Hypophysen der Kühe und Schweine nicht verändert (Zondek[1379] S. 215). Für die Kühe hat dies auch schon Bacon[48, 49] festgestellt. Man kann nach Zondek durch 10—30 mg Vorderlappengewebe der Kuh inner- und außerhalb der Gravidität in gleicher Weise alle HVH-Reaktionen auslösen. Dasselbe gilt vom Schwein. Dadurch unterscheiden sich diese Tiere von den Menschen bzw. den Primaten; außerdem noch dadurch, daß beim Menschen außerhalb der Schwangerschaft das Hormon nur in sehr geringen Quanten nachweisbar ist, wogegen wir bei der Kuh als Durchschnitt (Zondek[1380]) in der Hypophyse des nichtträchtigen Tieres 155 Mäuseeinheiten Hormon A und 74 Mäuseeinheiten Hormon B finden; bei trächtigen Tieren 112 Mäuseeinheiten des Hormons A und 60 Mäuseeinheiten des Hormons B. In Details hat Zondek[1380] folgendes gefunden:

Hormongehalt des Hypophysenvorderlappens beim Rind und Schwein (nach B. Zondek).

Gesamt-gewicht in g	Vorder-lappen in g	Hinter-lappen in g	HVR I in mg	HVR III in mg	Gesamthormongehalt in ME		Bemerkungen
					A	B	
Hormongehalt des Vorderlappens der Tierhypophyse (Kuh und Schwein)							
			I. Kuh (geschlechtsreif)				
3,19	2,77	0,42	10	30	27,7	92	—
2,0	1,85	0,15	20	20	92,5	92,5	—
2,23	1,92	0,31	30	50	96	38	—
			II. Schwein (geschlechtsreif)				
0,009	0,0006	0,0003	5	5	12	12	
Hormongehalt des Hypophysenvorderlappens trächtiger Tiere							
			I. Kuh				
2,49	2,07	0,42	30	30	69,3	69,3	Gravidität des 3. und 4. Monats
1,85	1,55	0,31	10	30	155	51	Gravidität des 2. Monats
			II. Schwein				
0,16	0,12	0,04	10	20	12	6	im Beginn der zweiten Hälfte

Der Gehalt des Vorderlappens an Geschlechtshormonen scheint sich aber beim Schweine mit verschiedenen Stadien des oestralen Zyklus zu ändern. Unter Anwendung der Methode der Ovulationsauslösung beim Kaninchen hat

Wolf[1325] gefunden: bei Tieren, deren Ovarien inaktive corpora lutea und Follikel in der Größe von 6—8 mm enthalten, genügt 1 mg des Drüsengewebes zur Auslösung der Ovulation; bei Tieren mit inaktiven corpora lutea und Follikeln in der Größe 10 mm sind dazu 20 mg des Drüsengewebes nötig, und bei Tieren mit großen Gelbkörpern und kleinen Follikeln (im Ruhezustand) sind sogar 40 mg des Drüsengewebes zur Ovulationsauslösung nötig.

In der Kuh- und Schweine*placenta* ist — zum weiteren Unterschied vom Menschen — kein Hypophysenvorderlappenhormon enthalten (Zondek[1379], S. 196). Die Pferdeplacenta wurde diesbezüglich noch nicht genügend untersucht.

Im *Blut* trächtiger Kühe und Schweine konnte Zondek das Hypophysenvorderlappenhormon in erhöhter Konzentration nicht nachweisen. Zu demselben Ergebnis kam auch Bacon[48,49]. Demgegenüber — zum Unterschied von diesen Haussäugetieren bzw. dem Rinde — konnten Cole und Hart[186] im Serum trächtiger Stuten das Hypophysenvorderlappenhormon stets in der Periode vom 37. bis zum 50. bzw. 100. Tage der Gravidität nachweisen. Das Hormon erscheint in dem Serum zwischen dem 37.—42. Tage der Trächtigkeit. Die höchste Wirksamkeit (geprüft an infantilen Ratten) wird zwischen dem 43.—80. Tage erreicht (Vergrößerung der Ovarien, Reifung und Luteinisierung der Follikel und Vergrößerung der Hoden). Zwischen dem 100.—222. Tage verschwindet aber diese Wirkung völlig. Vom 150. Tage läßt sich sogar ein hemmender Stoff in dem Serum nachweisen (Cole und Hart[185,186]), der das Ovarialhormon sein soll (vgl. oben S. 350). Außer der Schwangerschaft ist die Relation des Serums stets negativ. Dieselben Befunde erhielt beim Pferde auch Zondek[1379]; das HVH wurde von ihm in dem ersten Drittel der Trächtigkeit gefunden.

Zum weiteren Unterschied vom Menschen erscheint das HVH im *Harn* trächtiger Kühe und Schweine nicht (Zondek[1380], Bacon[48,49]), ebenso auch nicht in der Plazenta (Zondek[1379]). Eine Ausnahme macht hier wiederum nur das Pferd, bei dem in der Trächtigkeit HVH im Harn erscheint (Zondek[1380]). Im Harn der trächtigen Stute kommt aber nur das Hypophysenvorderlappenhormon A vor, und dies nur in geringen Mengen und nur in den ersten Graviditätsmonaten (Zondek[1379] S. 205); sein Wert kann auf 800 RE. geschätzt werden (S. 223). Das Luteinisierungshormon B erscheint im Harn überhaupt nicht.

Nach B. Zondek[1379] S. 229 scheidet auch der Wallach eine erhöhte Menge des Hypophysenvorderlappenhormons im Harne aus, nicht aber regelmäßig (dreimal unter 8 Tieren); 1 Einheit war in 3—18 cm³ Harn enthalten. Versuche beim Ochsen verliefen negativ (S. 257).

Papanicolaou[908] hat die negativen Resultate für Kühe insofern bestätigt, als auch bei infantilen Meerschweinchen nach Injektion des Harnes von trächtigen Kühen keine Bildung von corpora lutea oder von großen typischen Blutpunkten erfolgte. Andererseits konnte er aber nach 6 Injektionen von 1—2 cm³ Harn im Laufe von 2 Tagen eine ausgesprochene Zunahme in der Vascularisation der Follikel und ihre atretische Degeneration feststellen. Eine Anzahl von Follikeln zeigte beginnendes Wachstum; bevor sie aber den Reifezustand erreichten, kam es zu intensiver Vascularisation der Theca interna, die zur Desintegration der Follikel führte.

Es ergab sich also eine gewisse *Stimulation der Ovarien*, die ähnlich der jenigen nach der Injektion des Frauenharnes war und auf das Vorhandensein des NVH auch im Kuhharn hinweisen würde. Papanicolaou erklärt die negativen Resultate bei Anwendung von Ratten und die positiven bei Anwendung von Meerschweinchen durch gewisse Differenzen im Sexualzyklus dieser 2 Nagetierarten.

b) Hinterlappenhormone.

In dem Hinterlappen der Hypophyse kommt bei allen landwirtschaftlichen Nutztieren das Hormon *Pituitrin* vor, das neben anderen Reaktionen (Blutdruck, Harnabsonderung u. a.) spezifisch auf die glatte Muskulatur des Uterus einwirkt. Der Hinterlappen der Nutztiere dient schon lange als Material zur Erzeugung dieses Hormons. Neuerdings zeigten aber KAMM, ALDRICH, GROTTE, ROWE und BUGHEE[551] bei Bearbeitung großer Mengen von Rinderhypophysen, daß sich in dem Hinterlappen 2 Hormone differenzieren lassen, von denen das eine nur auf die Uterusmuskulatur einwirkt, das andere nur auf den Blutdruck. Außerdem kommt im Hinterlappen noch ein Hormon vor, das eine Ausbreitung von Melanophoren bei Amphibien erzeugt. Dieses soll mit keinem der von KAMM und Mitarbeiter isolierten Stoffe identisch sein (TRENDELENBURG[1222] S. 130) Auch diese Substanz wurde aus dem Hinterlappen der landwirtschaftlichen Nutztiere in Extrakten hergestellt.

SAITO[1058] hat gefunden, daß die Hinterlappen von Wallachen etwas weniger, die Uterusmuskulatur beeinflussenden Hormones enthalten als die von den Hengsten. Die Extrakte von trächtigen Stuten waren wiederum wirksamer. Die letztere Feststellung steht im vollen Einklang mit dem Befunde von DIXON und MARSHALL[257], daß Extrakte aus Ovarien von Schweinen, die sich in fortgeschrittener Trächtigkeit befinden, auf die Pituitrinsekretion fördernd wirken.

3. Entwicklung der Hypophyse und ihrer Funktion.

Über die entwicklungsgeschichtliche Differenzierung der Hypophyse bei den landwirtschaftlichen Tieren in Beziehung zu ihrer Funktion besitzen wir nur wenige Berichte. Über die embryologische Entwicklung vgl. die Literatur bei BIEDL[92], II, S. 89 u. f.; an neueren Arbeiten beim Geflügel LUPS[766] und STEIN[1158].

Nach ARON[31] erscheinen bei *Schafen* unter den chromophoben Hauptzellen die eosinophilen Zellen im Vorderlappen zum erstenmal bei ca. 115 mm langen Embryonen. Bei 140—150 mm langen Feten nimmt die Zahl dieser Zellen bedeutend zu, bis zu 29 cm langen Embryonen. Später beginnen auch die hypereosinophilen Zellen zu erscheinen (TRAUTMANNS „stark chromophile" Zellen). Ähnlich verläuft die Differenzierung bei *Rind*hypophysen. Die eosinophilen Zellen können zum erstenmal bei 100—125 cm langen Embryen gesehen werden. Bei 150—300 mm langen Embryonen sind die acidophilen schon zahlreicher, und bei 350 mm langen Feten beginnen auch die hypereosinophilen Zellen zu erscheinen. Bei 340 mm langen Embryonen findet ARON die funktionelle Struktur der Hypophyse schon voll entwickelt. Bei *Schweinen* findet man die eosinophilen Zellen schon bei 100—110 mm langen Embryonen, und ihre Zahl nimmt bis 170 mm zu. Die typische funktionelle Struktur soll aber erst bei geburtsreifen Embryonen erreicht werden (220—270 mm). Zu ähnlichem Ergebnis betreffend die Schweinehypophyse kam auch NELSON[863]. Bei 20 cm langen Embryonen waren die Eosinophilen schon derart vermehrt, daß sie das dominierende Element der Drüse vorstellten. RUMPH und SMITH[1050] fanden aber das Auftreten von eosinophilen Zellen in dem Vorderlappen erst bei 16 cm langen Schweineembryonen, und die bei erwachsenen Tieren vorkommende Zahl konnten sie erst bei 26—28 cm langen Embryonen feststellen. Vielleicht spielt die Rasse hier mit, indem die rassenkonstitutionelle Früh- bzw. Spätreife bestimmend ist.

Von der weiteren postembryonalen Differenzierung der Hypophyse wissen wir nur für das Rind, daß nach SCHÖNBERG und SAKAGUCHIS[1098] Angaben die

Kälberhypophysen in dem Verhältnis der chromophilen und chromophoben Zellen am nächsten denjenigen der Stiere stehen, sie unterscheiden sich aber von ihnen durch den mangelhaft ausgebildeten lappigen Bau.

Das *Größenwachstum der Hypophyse* wurde unter den landwirtschaftlichen Tieren nur beim Geflügel von Latimer[700] und von Urban[1243] näher untersucht. Für das Rind fanden Wittek[1323] und Krupski[656], daß bei über 1 Jahr alten Tieren das Hypophysengewicht mit dem Körpergewichte und daher auch mit dem Alter zunimmt. Bei jüngeren Tieren wurde das Wachstum der Hypophysen nicht untersucht. Bei Hühnern und Enten fand Urban, daß im Laufe der ersten Tage nach dem Ausschlüpfen das relative Hypophysengewicht bedeutend abnimmt (vgl. Tabelle auf S. 596—597). Bei der Taube scheint nach vorübergehender Zunahme im Alter von 1 Monat bis 1 Jahr das relative Hypophysengewicht wieder bedeutend abzunehmen (vgl. Tabelle auf S. 596), was wahrscheinlich eine Folge der Senilität ist.

Gewichtswachstum der Hypophyse beim Haushuhn (nach Urban).

P. Nr.	Alter	Gewicht des Tieres in g			Gewicht der Lymphe in g		Ausmaß in mm			Substanz in mm³	Relatives Gewicht I		Relatives Gewicht II	
		gefiedert	ohne Gefieder	ohne Speiseröhre	♂	♀	Länge	Breite	Höhe		♂	♀	♂	♀
1	1 Tag	40	20	10	—	0,001	1	1	1	1	—	0,0025	—	0,01
2	2 Tage	40	20	10	—	0,001	1	1	1	1	—	0,0025	—	0,01
3	7 ,,	60	35	25	—	0,001	1	1	1	1	—	0,002	—	0,004
4	30 ,,	300	185	80	0,002	—	2	2	1	4	0,00133	—	0,0025	—
5	90 ,,	620	500	350	0,005	—	2,5	2	2	10	0,00227	—	0,0023	—
6	120 ,,	1500	950	700	0,006	—	3	2	2	12	0,00040	—	0,00085	—
7	120 ,,	1100	1000	800	0,008	—	3	2	2	12	0,00072	—	0,001	—
8	5 Mon.	1200	1000	850	—	0,02	3	2,5	2	13	—	0,00166	—	0,0023
9	5 ,,	1250	1100	900	0,025	—	3	2,5	2	13	0,0020	—	0,0023	—
10	6 ,,	1700	1500	1100	0,025	—	3,5	2	2	14	0,00147	—	—	0,0027
11	9 ,,	1850	1780	1280	—	0,030	5	2	1,5	15	—	0,0097	—	0,0021
12	11 ,,	1500	1400	1000	—	0,020	4	2	1,5	12	—	0,0066	—	0,0023
13	1 Jahr	1700	1500	1400	—	—	—	—	—	—	—	—	—	—
14	3 ,,	1500	1400	1000	—	—	—	—	—	—	—	—	—	—
15	3 ,,	1950	1800	1250	—	0,022	3	2	2	12	—	0,0061	—	0,002

Gewichtswachstum der Hypophyse bei der Taube (nach Urban).

P. Nr.	Alter	Gewicht des Tieres in g			Gewicht der Lymphe in g		Relatives Gewicht I		Relatives Gewicht II		Ausmaß in mm			Substanz in mm³
		gefiedert	ohne Gefieder	ohne Speiseröhre	♂	♀	♂	♀	♂	♀	Länge	Breite	Höhe	
1	21 Tage	330	300	250	—	0,001	—	0,0003	—	0,00040	3	2	2	12
2	21 ,,	330	310	250	—	0,001	—	0,0003	—	0,0004	3	2	2	12
3	28 ,,	380	370	235	0,001	—	0,00026	—	0,00042	—	3	2	2	12
4	28 ,,	385	375	230	0,002	—	0,00051	—	0,00088	—	3	2	2	12
5	6 Mon.	300	280	200	0,008	—	0,00266	—	0,004	—	3	3	2	18
6	1 Jahr	330	300	190	—	0,008	—	0,00242	—	0,0042	3	3	2	18
7	1 ,,	320	310	280	0,006	—	0,00187	—	0,0021	—	3	2,5	2	15
8	1¹/₂ ,,	320	300	180	0,005	—	0,00156	—	0,0027	—	3	2,5	2	14
9	2 ,,	330	310	250	—	0,006	—	0,00181	—	0,0024	3	3	2	18
10	4 ,,	340	320	260	0,005	—	0,00147	—	0,0019	—	3	2,5	2	13
11	4 ,,	350	330	250	—	0,007	—	0,00205	—	0,018	3	2,5	2	13

Gewichtswachstum der Hypophyse bei der Ente (nach URBAN).

P. Nr.	Alter	Gewicht des Tieres in g			Gewicht der Lymphe in g		Relatives Gewicht I		Relatives Gewicht II		Ausmaß in mm			Substanz in mm³
		gefiedert	ohne Gefieder	ohne Speiseröhre	♂	♀	♂	♀	♂	♀	Länge	Breite	Höhe	
1	1 Tag	60	30	20	—	0,001	—	0,00166	—	0,005	1	1	1	1
2	3 „	60	40	20	—	0,001	—	0,00166	—	0,005	2	1	1	2
3	15 „	265	250	130	—	0,003	—	0,00193	—	0,0023	2	1,5	1	4
4	4 Mon.	2100	2000	1500	—	0,006	—	0,00028	—	0,0004	3	2	2	12
5	5 „	1800	1600	1200	0,008	—	0,00044	—	0,00066	—	3,5	2	2	14
6	6 „	2400	2100	1500	—	0,006	—	0,00025	—	0,0004	3,3	3	2	18
7	1 Jahr	4000	3600	2800	—	0,01	—	0,00025	—	0,00055	3	3	2	18

Zur Zeit der *Geschlechtsreife* nimmt das *Hypophysengewicht* besonders bei Hühnern und Tauben bedeutend zu. Das absolute Gewicht nimmt mit dem Wachstum bis zum Alter eines Jahres zu, später kann man aber auch eine absolute Gewichtsabnahme beobachten.

Bezüglich des *Funktionsbeginnes* (Hormonproduktion) der Hypophyse haben SCHULZE-RONHOF und NIEDERTHALL[1104], SIEGMUND und MAHNERT[1125] und HAUPTSTEIN[463] für das *Rind* festgestellt, daß die beiden *Vorderlappengeschlechtshormone* A und B auch schon in Hypophysen der Feten enthalten sind. Die nähere Zeit ihres ersten Auftretens wurde aber noch nicht genau bestimmt.

Von den *Hinterlappen*hormonen wurde von SCHLIMPERT[1080] das *Hypophysin bei Rinderfeten* von der zehnten Woche an pharmakologisch nachgewiesen (Wirkung auf die glatten Muskeln), und von der 25. Woche an soll sich hier auch das die Atmung bewirkende Hormon zeigen. McCORD[777] hat das Hypophysenhinterlappenhormon bei Rinderembryonen 6 Wochen ante partum festgestellt. HOGBEN und CREW[502] untersuchten den Rinderhinterlappen mittels der Methode der Beeinflussung der Amphibienmelanophoren und fanden eine Wirkung erst bei viermonatigen Embryonen. 3 Monate alte Feten gaben keine Wirkung. Dieselbe Methode verwendeten sie auch bei *Schafen* und fanden hier eine Wirkung vom dritten Fetalmonat an.

Bei *Schweinen* erscheint nach SMITH und DORTZBACH[1146] von den Vorderlappenhormonen das *Wachstums*hormon einige Zeit vor dem Geschlechtshormon. Das Wachstumshormon konnte schon bei 9—11 cm langen Embryonen nachgewiesen werden, die anderen Hormone ließen sich erst bei 14—18 cm langen Feten feststellen. NELSON[863] bringt diese Entwicklung der Funktion in Zusammenhang mit dem reichlichen Auftreten der eosinophilen Zellen bei 20 cm langen Embryonen (s. oben). RUMPH und SMITH[1050] untersuchten den embryonalen Vorderlappen des Schweines mittels der Methode stimulativer Beeinflussung der Kaulquappenthyreoidea und fanden, daß die Drüse von 14—16 cm langen Embryonen noch unwirksam ist und erst bei 26—28 cm langen Feten eine Wirkung zeigt, also zur Zeit, in der die Zahl der eosinophilen Zellen die reife Norm (s. oben) erreicht.

Indem ich auf das schon oben bei Besprechung der Geschlechtsdrüsen Gesagte hinweise, will ich hier nur betonen, daß diese Befunde nur die Zeit der *Hormonproduktion in der Drüse* angeben, nichts aber darüber aussagen, ob die Drüse das Hormon auch schon *in den Körper* abgibt: daß sie also nichts darüber sagen, wann der Körper tatsächlich während der embryonalen Entwicklung unter den Einfluß der Hypophyse kommt. Es muß zwischen der *Funktion der Drüse* selbst und ihrer *Wirkung im Körper unterschieden werden*.

II. Der Einfluß der Hypophyse auf Ernährung und Stoffwechsel beim Rind.

1. Wirkung des Hypophysenvorderlappens.

Dank den Versuchen von Grüter und von Stricker[415, 414] wissen wir, daß das *Hypophysenvorderlappenhormon sich als ein milchtreibendes Mittel bei Kühen* erweist. Bei Kühen in normaler Laktation konnte durch einmalige Injektion von Hypophysenvorderlappenextrakt bei täglich zweimaligem Melken die Milchmenge je um $^1/_2$—1 l gesteigert werden; in einzelnen Fällen um $1^1/_2$—2 l je Melkzeit; in anderen Fällen langsam steigernd bis um 4—5 l. Bei Kühen, die zeitweise oder während der ganzen Laktationsperiode bei einem Melken die erwartete Milchmenge liefern, bei der anderen Melkzeit dagegen nur einen Teil der vorherigen Menge, um dann plötzlich in der Sekretion zu versagen (das sog. „Aufziehen der Milch"), konnte dieser Fehler durch einmalige Injektion von 5—7 g Vorderlappenextrakt behoben werden. Bei den behandelten Kühen zeigte sich auch Ausbleiben der Brunst, bei Unträchtigkeit auf eine Einspritzung von 2—3 g hin ein Wiedereinsetzen der Brunst. Ähnliche Ergebnisse hatten auch Versuche an *kastrierten Kühen*, was beweist, daß die Wirkung des Hypophysenvorderlappenhormons direkt auf die Milchdrüse erfolgt und nicht auf dem Umwege über die Ovarien. Grüter[411] hat gefunden, daß ähnlich milchtreibend auch Placentaextrakt wirkt; auch diese Wirkung zeigt sich ebenfalls bei kastrierten Kühen. Grüter gibt nicht an, ob es sich um Extrakte aus menschlicher oder Rinderplacenta handelte. Im ersteren Falle wäre es möglich, diese Wirkung dem Vorderlappenhormon zuzuschreiben, das in der menschlichen Placenta enthalten ist. Sollten aber andere Tierplacenten verwendet worden sein, so müßte es sich um ein anderes Hormon gehandelt haben, da die Vorderlappenhormone nur in der Placenta vom Menschen bzw. von Primaten enthalten sind (vgl. oben 3. und B. Zondek[1379, 1380]).

Eine *Erhöhung der Milchproduktion* nach Verabreichung von *Placenta* beobachteten bei Kühen auch Turner, Elting und Gifford[1230]; die Milchmenge nahm von 0,3 lb auf 2,1 lbs täglich zu, bei hohen Placentagaben auch auf 4 lbs.

Frei und Emmerson[341] fanden bei einer Kuh nach Injektion von Hypophysenvorderlappenextrakt eine vorübergehende Erhöhung des Blutserumkalkspiegels von 9,66 auf 10,48 mg%.

2. Wirkung des Hypophysenhinterlappenhormons.

Gawin[366] hat bei Kühen gefunden, daß die Injektion von Extrakten der Pars posterior der Hypophyse die *Milchsekretion* momentan, aber nur vorübergehend, mächtig steigert. Die tägliche Milchproduktion wurde dadurch nicht beeinflußt.

Ähnlich fanden auch Hill und Simpson[495] bei der Kuh nach Injektion von Pituitrin eine deutliche Erhöhung der Milchmenge; diese Zunahme der Milchsekretion war aber nur vorübergehend.

Diese Befunde wurden neuerdings von C. W. Turner und Slaughter[1234] bestätigt und bedeutend erweitert. Bei einer Kuh, bei der 30 Minuten nach der regelmäßigen Ausmelkung weitere 85—123 cm³ Milch gewonnen werden konnten, sezernierte die Milchdrüse nach Injektion von Pituitrin 233—916 cm³ Milch, also um 200—900% mehr. Die Menge änderte sich mit der Menge des injizierten Pituitrins; dabei nahm auch der Fettgehalt zu (von 5·4 auf 7·9%).

Die zunehmenden Pituitrininjektionen hatten aber zugleich eine herabsetzende Wirkung auf diejenige Milchmenge, die 12 Stunden nach der Injektion gewonnen werden konnte und die mit höheren Pituitringaben sank. Dabei sank auch der Fettgehalt auf 3,0—1,4% gegenüber dem normalen Fettgehalte

von 5—7 %. Die Wirkung des Pituitrins dauert etwa 10 Stunden. Die milch-
anregende Wirkung erreicht das Maximum bei Injektion von 0,5 cm³ Pituitrin
auf 100 Pfund Lebendgewicht.

Es handelt sich augenscheinlich um eine momentane Erregung der Absonderung bzw. Freimachung der Milch, die sonst in der Milchdrüse bleibt. Von
einer wirklich *galaktogonen* Wirkung des Hinterlappenhormons zeugen diese
Ergebnisse noch nicht. Bei zwei osteomalacischen Kühen beobachtete
KRAML[605] nach Pituitrininjektionen innerhalb einiger Stunden eine Abnahme
des Blutserumkalkes um 7,95--14,32 %, die nach 24 Stunden wieder verschwand.

Bei normalen wie auch osteomalacischen Kühen fand ŠNAJBERK[1147] nach
Pituitrininjektionen oft Zunahme der Eythrocytenzahl, selten Abnahme; Abnahme des Hämoglobingehaltes unabhängig von der Erythrocytenzahl, oft Abnahme der Lymphocyten- und Zunahme der Leukocytenzahl, und Poikilocytose
und Polychromasie der Erythrocyten nimmt zu. Diese Änderungen dauern aber
nur einige Stunden.

3. Die Hypophyse als rassenkonstitutioneller Faktor beim Rinde.

ADAMETZ[14] ist der Meinung (vgl. auch ADAMETZ und SCHULZE[17]), daß die
Hypophyse, nämlich ihre *Unterfunktion*, das Leitmoment bei Bestimmung und
Entwicklung der Rasseneigentümlichkeiten bei dem Tux-Zillertaler brachy-
cephalischen Rind ist. Diese Rasse zeichnet sich durch Kurzköpfigkeit, Kurzbeinigkeit und gute Fleischmastfähigkeit aus (neben Neigung zu schweren Geburten und zu vermehrter Fruchtwasserbildung). Die Skeletveränderungen
sind sehr charakteristisch und äußern sich am Schädel als Brachycephalie, an
den Extremitäten als Kurzbeinigkeit, die bis zu echter Mikromelie heranreicht,
an der Wirbelsäule, speziell z. B. an den Rückenwirbeln, durch starke Unterentwicklung ihrer Dornfortsätze und am Gesamtskelet durch das geringe relative
Knochengewicht der Tiere. Die gute Fleischmastfähigkeit kommt durch höheres
reines Fleischgewicht/Lebendgewicht-Verhältnis zum Ausdruck und die Fleisch-
beschaffenheit ist durch eine gewisse Armut an intramuskulärem Bindegewebe
und Fettzellen (selbst bei gemästeten und weiblichen Tieren) charakterisiert.
Die Skeleteigentümlichkeiten faßt ADAMETZ als Symptom einer schwachen
Chondrodystrophie und die Brachycephalie (Verlängerung in der Nasenpartie
des Kopfes) als Anlauf zu einer Bulldoggköpfigkeit auf.

Die bestimmende Ursache soll in einer Unterfunktion der Drüse liegen. Es zeigt
sich eine Neigung zum Kleinbleiben und zur Bildung von flachen, gegenüber
anderen Rassen ungewöhnlichen Formen der Hypophyse. Die Sella turcica ist
verbildet, flach, namentlich im Vorderteile erhaben (konvex) und besitzt in
allen Dimensionen kleinere Maße als normal (ADAMETZ[14]). Diesem Ferment
der Sella turcica entsprechen auch die Gestaltungen der Drüsen selbst, welche
CERMAK[158] im Anschluß an ADAMETZ und SCHULZES[17] neuere Untersuchungen
analysierte. Mikroskopisch findet man bei den Hypophysen der Zillertaler im
Vorderlappen zahlreiche chromophile oxyphile Zellen, an vielen Stellen chromophobe Zellen, aber auffallend wenig basophile Zellen; Stränge des Vorderlappens
dringen auch ein wenig in den Hinterlappen ein.

Auf eine Unterfunktion der Hypophyse als primäre Ursache der Chondrodystrophie bei den Dexter-Bulldog-Kälbern wies schon CREW hin (vgl. oben
S. 513). Diese soll hier aber die Hypofunktion der Schilddrüse hervorrufen,
welche dann in die Kette der Entwicklungsfaktoren dieser Abnormität hinein-
tritt. Demgegenüber meint ADAMETZ, daß bei dem Tux-Zillertaler Rind die
Schilddrüse völlig normal ist (vgl. oben S. 514) und zieht den Schluß, daß die
Hypofunktion der Schilddrüse überhaupt nicht als Ursache der Brachycephalie

oder Mopsschnauzigkeit der Rinder in Betracht kommt. Diese sollen nur von der Hyperfunktion der Hypophyse abgeleitet werden. Adametz und Schulze[17] berufen sich dabei auf die Mitteilung von Lush[767] über auffällig und „ungewöhnlich" kleine Hypophysen bei kongenitaler und erblicher Kurzbeinigkeit („duckleggs") bei Herefords-Rindern in Texas, bei welchen aber die anderen endokrinen Drüsen, namentlich die Schilddrüse, normal waren. Da aber Adametz die Schilddrüsen der Tux-Zillertaler Rinder nicht untersuchte und auf ihren normalen Zustand nur aus dem „normalen psychischen Verhalten" der Tiere geschlossen hat, kann vorläufig über seine Ansicht von der unmittelbaren und ausschließlichen Wirkung der Hypophyse bei dieser Rasse nicht entschlossen werden — besonders nicht, wenn man die heute bekanntgewordenen Zusammenhänge und funktionelle Abhängigkeit zwischen Schilddrüsen und Hypophyse (Uhlenhuth und Schwarzbach[1238—1241], Aron[32]) in Betracht zieht.

III. Der Einfluß der Hypophyse auf Ernährung und Stoffwechsel beim Schweine.

Über die Hypophyse der Schweine besitzen wir bisher nur die einzige nebenbei mitgeteilte Angabe von Grüter und Stricker[415] und von Grüter[414] daß es ihnen bei Mutterschweinen, die nach der Geburt wenig oder keine Milch absonderten, gelungen ist, durch Injektion von Vorderlappenextrakt eine Milchsekretion hervorzurufen, die genügte, um die vorher hungernden jungen Schweinchen vollständig zu ernähren.

Ähnlich wie beim Rinde (vgl. S. 599) hält Adametz[14] auch beim Schweine eine Hypofunktion der Hypophyse für die primäre Ursache der Kurzköpfigkeit bzw. Bulldoggköpfigkeit beim Schwein, wie wir sie als Rassemerkmal z. B. bei den Yorkshirs finden. Im Vergleich mit dem Wildschweine fand Adametz beim Yorkshir eine Größenabnahme und Abflachung der Sella turcica — analog den Verhältnissen beim Tux-Zillertaler Rind (vgl. S. 599). Die Bulldoggköpfigkeit ist hier demnach auch ein Produkt einer schwachen Achondroplasie, die rassenkonstitutionell fixiert und genetisch begründet wurde. Auch hier soll die Hypofunktion der Hypophyse direkt gewirkt haben und nicht auf dem Wege über die Schilddrüse. Adametz beruft sich dabei auf die Befunde von Bormann[114], der bei stülpschnauzigen Yorkshires vollkommen normale Schilddrüsen feststellen konnte.

IV. Der Einfluß der Hypophyse auf Ernährung und Stoffwechsel bei Schafen und Ziegen.

1. Wirkung des Hypophysenvorderlappens.

Ähnlich wie bei Kühen sprechen auch die Versuche an Ziegen dafür, daß der Vorderlappen ein Hormon enthält, das die Milchsekretion stimulieren kann.

Mayer (zit. Jaschke[529]) teilte mit, daß er bei einer 6 Wochen alten Ziege durch Injektion von Plazentasaft eine Laktation erzielen konnte.

Stuckenberg[1177] konnte bei Ziegen durch das Präparat Fontanon, das außer dem Ovarialhormon auch das Hypophysenvorderlappenhormon enthält, eine mehrere Tage dauernde Erhöhung der Milchproduktion erzielen. Bei Injektionen von 50—200 M E. Fontanon erhöhte sich die Milchmenge um 11 bzw. 23,5 %; dies hielt 8—15 Tage an. Dabei war auch der Fettgehalt und in einigen Fällen auch der Zucker- und Eiweißgehalt der Milch vergrößert.

Grüter[414] erhielt bei Ziegen nach wiederholten Injektionen des Vorderlappenextraktes eine Steigerung der Milchproduktion um $1/6$—$1/5$; der Fettgehalt wurde dabei nicht beeinflußt. LEDERER und PRZIBRAM[708] erreichten eine sofortige Steigerung der Milchsekretion bei laktierenden Ziegen durch intravenöse Einspritzung von *Placentaextrakt*. Es handelte sich aber nur um eine schnell vorübergehende Beeinflussung. Das hierbei wirksame Agens soll sehr labil sein und längeres Stehenbleiben und Temperaturen über 60° C nicht vertragen. Letzteres weist darauf hin, daß es sich auch hier um Hypophysenvorderlappenhormone handelte, vorausgesetzt, daß menschliche Placenta verwendet wurde. Hiermit steht allerdings nicht im Einklang, daß die Wirkung nur eine momentane war. Diese Wirkungsweise würde aber mit der des Hypophysenhinterlappenhormons übereinstimmen.

Injektionen von Hypophysenvorderlappenextrakt rufen nach GRÜTER (s. FREI und EMMERSON[341]) bei weiblichen Ziegen auch eine *Erhöhung des Blutserumkalkspiegels* hervor (durchschnittlich von 9,73 auf 11,51).

2. Wirkung des Hypophysenhinterlappens.

OTT und SCOTT[901, 902] stellten bei Ziegen einen sehr auffälligen Einfluß des Hypophysenhinterlappens auf die Milchsekretion fest. Diese stieg nach der Injektion in 1 Minute, erreichte das Maximum in 4 Minuten, um dann aber sehr schnell herabzufallen. Dasselbe fanden bei Ziegen auch SCHAEFER und MACKENZIE[1064]. Nach intravenöser Injektion war die aus den Milchdrüsen abtropfende Milchmenge z. B. bei einer Ziege mit 4—5 Tropfen in 5 Minuten, auf 405 Tropfen in den nächsten 5 Minuten vermehrt. Dabei war die Milch fettreicher.

Dasselbe fand auch HAMMOND[435] bei Ziegen unter Anwendung von Hinterlappenpräparaten. Die tägliche Gesamtproduktion der Milch wurde aber durch diese Injektionen nur kaum merkbar erhöht. Daraus schließt HAMMOND, daß die Wirkung nur die Milch aus der Drüse frei setzt, nicht aber ihre Produktion und Bildung erhöht. Das Hinterlappenextrakt soll dabei direkt auf die physiologische Tätigkeit der Drüsenzellen des milchbildenden Epithels einwirken.

Die Befunde von HAMMOND betreffs der Erhöhung des Fettgehaltes der Milch nach Injektion von Hinterlappenextrakt wurden von SIMPSON und HILL[1139, 1140] bestätigt.

Bei der Ziege kann auch nach Versuchen von HILL und SIMPSON[495] nach einer Pituitrininjektion eine erhöhte Milchsekretion beobachtet werden, die aber nur vorübergehend ist.

MAXWELL und ROTHERA[812] beobachteten bei Ziegen, daß eine Sekretion durch Extraktinjektion auch bei eben ausgemolkenen Tieren hervorgerufen werden kann. Wiederholte Injektion bleibt aber ohne Wirkung. Auch dies scheint deutlich zu beweisen, daß das Hinterlappenhormon (vgl. die Versuche bei Kühen) nicht die eigentliche Milchbildung beeinflußt, sondern nur die vorbereitete Milch aus den Drüsenzellen zur Absonderung bringt.

Zu dieser Schlußfolgerung stimmt auch ein Versuch von ROTHLIN, PLIMMER und HUSBAND[1048]. Diese Autoren beobachteten bei zwei *Ziegen*, daß *Hypophysin* in der frühen Laktationsperiode eine Beschleunigung der Sekretion, aber keine Vermehrung der 24stündigen Gesamtmenge der Milch hervorrief: in der späteren Laktationsperiode ergab sich keine deutliche Wirkung. Sie schließen hieraus, daß diese Wirkung des Hypophysins weder glatte Muskulatur noch Drüsenepithel direkt angreift, und daß es sich wahrscheinlicher um eine indirekte Wirkung über die Geschlechtsorgane, Ovarien oder Placenta handelt.

Bei einer osteomalacischen Ziege fand KRAML[605] ähnlich wie bei Kühen nach Pituitrininjektion eine Abnahme des Blutserumkalkes. Auch das Blutbild ändert sich nach ŠNAJBERK[1147] bei osteomalacischen Ziegen nach Pituitrininjektionen ähnlich wie bei Kühen (s. oben).

V. Der Einfluß der Hypophyse auf Ernährung und Stoffwechsel beim Geflügel.

1. Wirkung der Hypophysektomie.

In den älteren Versuchen von Fichera[316] führte bei Hennen und Hähnen, wenn als Jungtiere operiert, die Hypophysenexstirpation zu einer Hemmung des Wachstums. Neuerdings fand Mitchell jun.[821a], daß die *vollkommene* Entfernung des Vorderlappens bei Hühnern im Laufe von 2 Wochen zum Tode führt. Er hält diesen Tod für eine spezifische Reaktion auf das Fehlen der Pars anterior. Bleibt auch nur wenig Drüsengewebe zurück, so werden die Tiere am Leben erhalten; es folgt dann eine Hemmung des Wachstums, nicht aber stets auch der Entwicklung oder des sexuellen Reifwerdens. Die Hähne wenigstens enthalten zwar kleinere, aber histologisch normale Hoden. Bei Hennen zeigte sich eine Entwicklungshemmung und Einstellung der Eierlegung; ihre Ovarien enthielten nur kleine Follikel. Die Thyreoidea zeigte Größenabnahme, Ansammlung von Kolloid in den Follikeln und Abflachung des Epithels, was alles Symptome einer Funktionsabnahme sind.

2. Wirkung des Vorderlappenhormons.

Von dem Vorderlappen ist aus Versuchen an anderen Tieren (vgl. Zondek[1379]) bekannt, daß seine Hormone die geschlechtliche Entwicklung stimulieren. Bei dem Geflügel wurden diese Verhältnisse aber noch nicht genügend geklärt.

Pearls Versuche[920, 921] mit Darreichung von Vorderlappensubstanz hatten negatives Ergebnis; es zeigte sich bei den Hennen nur eine geringe Hemmung des Wachstums. Eine solche hat bei Hühnern schon früher Wulzen[1332] nach Darreichung frischer Rinder-Vorderlappensubstanz während einiger Wochen gefunden. Parallel konnte auch eine Größenabnahme des Thymus festgestellt werden.

Hogben[501] injizierte jungen Hühnchen und Hähnchen Extrakte aus dem Hypophysenvorderlappen, fand aber weder Stimulation der Geschlechtsorgane noch Beeinflussung des Wachstums.

Ähnlich fanden Riddle und Tange[1025], daß bei Ringtauben die Injektionen von Extrakten aus menschlicher Placenta weder bei Männchen noch Weibchen eine Beschleunigung der geschlechtlichen Entwicklung erzeugen. Bei Anwendung von Glycerinextrakten aus Rinderhypophysen fanden Riddle und Flemion[1010] bei den Männchen der Ringtauben eine bedeutende Vergrößerung der Hoden, bei Weibchen aber nur eine sehr leichte Vergrößerung der Ovarien. Durch wiederholte Implantation von Vorderlappen erwachsener Ringtauben konnte in ähnlicher Weise eine deutliche Vergrößerung der Hoden und eine schwächere der Ovarien hervorgerufen werden.

Zondeks[1379] (S. 169) Versuche mit Prolan bei Tauben und Hühnern verliefen trotz Anwendung von hohen Dosen (bis 2500 RE) negativ; Zondek schließt hieraus, daß die HVH. der Säugetiere mit den entsprechenden Hormonen der Vögel nicht identisch sind. Dieser Schluß scheint aber doch nicht zutreffend zu sein; denn neuerdings gelang es wiederum Riddle und Polhemus[1021] zu zeigen, daß auch Rinderhypophysensubstanz bei Tauben und Ringtauben stimulierend auf die Gonaden wirkt. Die Hoden reagieren aber 3—5mal intensiver als die Ovarien (vgl. auch Riddle[1002]).

Ähnlich fand auch Schockaert[1095, 1096, 1097], daß bei 50 Tage alten Enten nach Injektionen der Vorderlappenextrakte aus Rindhypophysen eine vollkommene Spermatogenesis erscheint, verbunden mit Vergrößerung der Hoden. Hört man mit den Injektionen auf, so gehen die Hoden sowohl im Gewichte wie auch in der Struktur innerhalb eines Monats auf den ursprünglichen Zustand zurück.

Die Säugetiere-VLH. haben also auch bei Vögeln beim Geflügel die stimulativen Wirkungen auf die Gonaden wie bei den Säugetieren. Ein Unterschied scheint nur darin zu bestehen, daß bei den Vögeln die Hoden viel empfindlicher reagieren als die Ovarien. Dabei scheint sich diese Wirkung nur auf den generativen Teil der Gonaden zu erstrecken. Wenigstens in SCHOCKAERTs Versuchen an Enten blieben bei den injizierten Tieren die sekundären Geschlechtsmerkmale, d. h. der Penis, der sonst unter der Hormonkontrolle der Hoden steht (vgl. BULLIARD und CHAMPY[133] und CHAMPY[161a]), trotz Hypertrophie der Hoden unbeeinflußt.

Undeutlich ist aber die *Wirkung der Vorderlappenhormone auf die Eierproduktion.* CLARK[180] teilte im Jahre 1915 mit, daß es ihm gelungen sei, durch pulverisierte Vorderlappensubstanz die Zahl der Eier bei Hennen zu vergrößern; SIMPSONs[1135] Wiederholung dieser Versuche verlief aber negativ. Ähnlich fanden auch PEARL und SURFACE[922], daß es nicht möglich ist bei Hennen, die sich in Ruheperiode befinden, durch Injektion des Vorderlappenhormons die Eierproduktion zu induzieren. Später beobachtete CLARCK[180a] bei Hennen, welchen er täglich eine 20 mg von frischer Hypophyse vom Kalbe entsprechende Trockensubstanzmenge pro Kopf verfüttert hat, aber wieder eine Zunahme der Eierproduktion. Die negativen Resultate von PEARL und SURFACE erklärt er dadurch, daß sie Hypophysen von erwachsenen Tieren verabreicht haben. Neuerdings fand aber WALKER[1280], daß intraperitoneale Injektionen von Vorderlappensubstanz die Eierbildung bei Hennen spezifisch hemmt. Unmittelbar nach den ersten Injektionen werden noch einige Eier gelegt, worauf dann die Ovulation eingestellt wird. Bei manchen Tieren erfolgt aber die Einstellung erst nach Erhöhung der injizierten Dosen. Zu demselben Resultate gelangte neuerdings auch NOETHER[875, 876]. Durch Injektionen von $1/2$ cm³ des EVANschen Extraktes, das 0,2 g des frischen Vorderlappengewebes entsprach, konnte er die Eierlegung für etwa 20 Tage unterbrechen. Die Sektion der Hühner zeigte, daß der Eileiter der behandelten Tiere wesentlich verengt war und daß nur 2 bis 3 cm große Eier im Eierstock vorhanden waren. Es handelte sich also um wirkliche Hemmung der Eierentwicklung im Eierstock. Demgegenüber konnte neuerdings DUBOWIK[275] bei einer alten Henne die Eierlegung durch Transplantation von zwei Hennenvorderlappen wieder erneuern. Transplantation von *ganzer Hypophyse* normaler Hennen konnte in DUBOWIKs Versuchen die Dotterbildung nicht erneuern, jedoch kam es zu einer Kontraktion des Eileiters, speziell des Uterus, welche die Eierbildung und -legung unmöglich machte.

Behandlung der Tiere mit Vorderlappenhormonen führt auch zu bedeutenden *Änderungen anderer inkretorischer Drüsen.* RIDDLE[1002] fand bei Ringtauben und Tauben, die jung mit alkalischem Vorderlappenextrakt behandelt wurden, eine Vergrößerung der Schilddrüse und Leber. Bezüglich der Thyreoidea fanden dasselbe auch LARIONOV, WOITKEWITSCH und NOWIKOW[698], histologisch dabei Symptome einer Schilddrüsenhyperfunktion.

SCHOCKAERT[1093] fand bei jungen Enten, die mit Extrakt des Vorderlappens vom Rind behandelt waren, eine Abnahme des Thymusgewichtes. Die oben erwähnte Wachstumsbeschleunigung und Hypertrophie der Hoden bei mit Vorderlappeninjektionen behandelten Tieren ist nach SCHOCKAERTs Ansicht direkt mit dieser Thymusrückbildung verknüpft.

RIDDLE und BRAUCHER[1004] fanden weiter, daß bei Tauben die *Kropfschleimhaut,* die während der Jungpflege die sog. Kropfmilch sezerniert, unter regulativer Wirkung der Vorderlappenhormone steht. Ob ihre Funktion durch das Wachstumshormon oder (auch?) durch die Hypophysengeschlechtshormone aktiviert wird, wollen RIDDLE und BRAUCHER vorläufig nicht entscheiden.

3. Wirkung des Hypophysenhinterlappens.

Das von Kamm und Mitarbeitern[551] (vgl. oben) isolierte Hormon des Hinterlappens, das bei Säugetieren *blutdrucksteigernd* wirkt (Vasopressin), führt bei
Hühnern nach Gaddums[355] Versuchen zu einer Blutdrucksenkung. Ähnlich
wirkt auch das andere von Kamm isolierte Hinterlappenhormon, das sonst bei
Säugetieren die Oxydation steigert (Oxytocin), und zwar noch stärker als das
erstere Präparat. Morash und Gibbs[840] haben diese Befunde im allgemeinen bestätigt. Weiter fanden sie, daß ein Hinterlappenextrakt aus Standardpulver, das bei
Säugetieren keine blutdrucksenkende Wirkung besitzt, bei Hühnern den Blutdruck
in 50% dauernd herabsetzt, bei 37% zuerst herabsetzt und später·steigert, bei
13% rein steigernd wirkt. Es muß hier also noch eine auch für Hühner blutdrucksteigernde Substanz vorhanden sein, die aber durch eine blutdruckherab-
setzende Wirkung verdeckt wird. Da reines Oxytocin in Morash und Gibbs
Versuchen nur blutdrucksteigernd gewirkt hat, reines Vasopressin aber erst nach
anfänglicher Senkung des Blutdruckes, wird auf eine weitere, den Blutdruck bei
den Hühnern senkende Substanz geschlossen, die die beiden Präparate ver-
unreinigen kann und ihre Wirkung kompliziert.

D. Die Zirbeldrüse. (Glandula pinealis, Epiphysis, Conarium.)

Die Epiphyse ist diejenige der endokrinen Drüsen, über deren physiologische
Funktion am wenigstens bekannt ist. Die Kleinheit dieser Drüse, welche sie
experimentellen Eingriffen schwer zugänglich macht, trägt unzweifelhaft die
Hauptschuld an diesem Mangel.

Dementsprechend sind auch die Erfahrungen bei den landwirtschaftlichen
Nutztieren noch höchst lückenhaft. Nur bei Schafen, Ziegen und Geflügel kam
man zu gewissen Kenntnissen.

I. Morphologie und Funktion.

Die Zirbeldrüse sitzt an der Grenze zwischen Mittel- und Zwischenhirn als
ein kleines bläschenförmiges Organ, das mit dem Gehirn verbunden ist. Sie
wurde bei allen landwirtschaftlichen Tieren vorgefunden (bei einigen anderen
Tieren fehlt sie; vgl. Creutzfeldt[222]).

Die *Form der Epiphyse* ist bei verschiedenen Tieren sehr variabel. Bei
Schaf und Ziege ist sie kugelförmig, beim Schwein kornartig, beim Pferde eiförmig,
bei der Kuh zylindrisch. Nach v. Cyon (zit. Aschner[42]) ist die Epiphyse eigener
Bewegung und Formänderung fähig, indem sie mit Muskelfasern ausgerüstet ist.

Über die *Größe der Epiphyse* geben Cutore[239] und McCord[778] folgende
Zahlen an:

	Nach Cutore		Nach McCord		
	Gewicht in g	Verhältnis des 100 fachen Zirbelgewichtes zum Hirngewichte	Maximal-	Minimal-	Durchschnitts-
				gewicht in g	
Rind	0,350	0,07	0,60	0,10	0,21
			0,35	0,09	0,18
Schwein	0,040	0,02	—	—	—
Ziege	0,075	0,06	—	—	—
Schaf	—	—	0,25	0,05	0,12
Lamm	—	—	0,48	0,04	0,08
Pferd	0,440	0,08	—	—	—
Esel	0,520	0,10	—	—	—
Maultier	0,860	0,20	—	—	—

Über den *histologischen Bau der Zirbeldrüse* kann nur gesagt werden, daß sie aus einem bindegewebigen Stützgerüst besteht, in dem sich sog. Pinealzellen befinden. Diese Zellen besitzen eine variierende Granulation, was nach BIEDL[93] (II, S. 191) auf sekretorische Fähigkeit hinweist. Beim Rinde befinden sich in der Zirbeldrüse außerdem noch glatte und quergestreifte Muskelfasern (NICOLAS[869] und DIMITROWA[255]). Einzelheiten über Entwicklung und vergleichende Anatomie der Epiphyse findet man in STUDNIČKAS monographischer Bearbeitung der Parietalorgane[1179] und für die landwirtschaftlichen Nutztiere besonders bei FUNKQUIST[353].

Mit der *Geschlechtsreife* und zunehmendem *Alter* findet in der Epiphyse eine Zunahme des Bindegewebes und Involution des Parenchyms statt, was nach UEMURA[1235a] mit Abnahme ihrer Funktion während der Pubertät und Geschlechtsentwicklung zusammenhängen soll (s. später).

Die *Kastration* bewirkt nach SARTESCHI[1062] bei Ziegen, Rindern, Schweinen und Hähnen keine Änderung in der Struktur der Epiphyse.

Bei Kühen ändert die Epiphyse in der *Trächtigkeit* ihre mehr spitzige Form in eine rundliche (DOHRN[259]). DEZIO (zit. DOHRN[259]) konnte bei trächtigen Schafen eine gesteigerte Tätigkeit der Epiphyse histologisch nachweisen.

Für die Beurteilung des entwicklungsgeschichtlichen *Funktionsbeginnes der Epiphyse* besitzen wir bisher weder von den landwirtschaftlichen, noch anderen Tieren irgendwelche Kenntnisse.

Neben der Epiphyse beschrieb CUTORE[238] (zit. BIEDL[93] II, S. 190) beim Rinde ein kleines Körperchen, das der Zirbeldrüse anliegt. CUTORE bezeichnet dieses als *Corpus praepineale*. Es steht mit einem scharfumschriebenen Nervenbündel in Verbindung und könnte vielleicht mit der Epiphyse in Homologie gebracht werden. Von einer physiologischen Bedeutung dieses Corpus praepineale ist nichts bekannt.

II. Der Einfluß der Epiphyse auf den Stoffwechsel bei Schafen und Ziegen.

Über die Folgen der *Epiphysenexstirpation* führte DEMEL[250, 251] wichtige Versuche aus. Bei Schafböcken beobachtete er hiernach ein vorzeitig seniles Aussehen und ein Zurückbleiben im Gewichte gegenüber normalen Kontrolltieren. Die Körpertemperatur war höher, was vielleicht durch Beschädigung des thermoregulativen Zentrums bei der Operation verursacht wurde. Die Genitalien zeigten eine vorzeitige Entwicklung und Hyperfunktion; ein Teil der Tiere hatte etwas hypertrophierte Hoden, ihre Hörner blieben aber in der Entwicklung zurück und wurden abgeworfen. Bedeutende Unterschiede erschienen auch bei der Wolle; diese war bei den operierten

Abb. 171. Wirkung der Epiphysenexstirpation bei Schafböcken. (Nach DEMEL.) Ein Kontrolltier.

Tieren länger, feiner und ohne Mark. Die Knochen waren schwächer, doch ohne mikroskopisch nachweisbare Abweichungen. Interessant war es, daß vor dem Abwerfen der Hörner gerade jene operierten Tiere betroffen wurden, die die größten Hoden besaßen und besonders lebhafte Libido zeigten; und weiter, daß das Schädelprofil der operierten Tiere deutlich einen weichen, an das weibliche Tier erinnernden Ausdruck aufwies (vgl. Abb. 171 bis 173).

Abb. 172. Wirkung der Epiphysenexstirpation bei Schafböcken. (Nach Demel.) Ein operiertes Tier, das ein weibliches Aussehen und verkümmerte Hörner zeigt.

Mit der Anwendung von Epiphysensubstanzen arbeiteten Ott und Scott[905, 906] und stellten eine *galaktogene* Wirkung der Pinealdrüse fest. Bei Ziegen, denen ca. $^1/_3$ g der frischen Drüse injiziert wurde, zeigte sich eine Erhöhung der Milchsekretion, die aber kleiner war als nach Hypophyseninjektionen. Mackenzie[781] ist aber der Meinung, daß diese galaktogene Wirkung des Epiphysenextraktes auf dem Hypophysenhormon beruht, das aus der Cerebrospinalflüssigkeit in das Epiphysengewebe eingedrungen ist.

Weiter erzielten Jordan und Eyster[538] mit intravenöser Injektion konzentrierter wäßriger Extrakte der Schafhypophyse beim Schafe eine *Blutdrucksenkung*.

III. Der Einfluß der Epiphyse auf den Stoffwechsel beim Geflügel.

Nach totaler *Exstirpation der Epiphyse* bei jungen Hähnchen beobachtete Foā[325, 326] als erster eine Beschleunigung der geschlechtlichen Entwicklung. Die Operation hatte große Sterblichkeit zur Folge. Die überlebenden Tiere zeigten in den ersten 2 bis 3 Monaten nach der Operation eine schwache Entwicklungshemmung, nachher erfolgte aber eine rasche Entwicklung der Kämme und der Bartlappen, die Tiere krähten und zeigten vorzeitig

Abb. 173. Wirkung der Epiphysenexstirpaton bei Schafböcken. (Nach Demel.) Ein operiertes Tier mit weiblichem Kopfe und verkümmerten Hörnern.

Sexualinstinkt. Bei im Alter von 8—10 Monaten getöteten Tieren fand man stark hypertrophische Hoden und Kämme (vgl. auch Abb. 174). Das gleiche ergaben auch neuere Versuche von Foā[328]. Diese Befunde wurden schon im Jahre 1914 von Zoja[1371] und später von Izawa[519, 520, 521] völlig bestätigt. Nach Epiphysektomie bei *erwachsenen* Hähnen fanden Urechia und Grigoriu[1244] im Laufe der ersten 2 Monate eine Involution der Kämme und Bartläppchen, worauf aber wieder eine schnelle Entwicklung erfolgte. 8 Monate nach der Operation waren die Kämme und Bartläppchen der operierten Tiere etwas größer als jene der Kontrolltiere. Im Gewichte der Hoden war kein Unterschied, das interstitielle Gewebe war aber bei den operierten Hähnen viel mächtiger entwickelt. Außerdem zeigte sich eine Hypertrophie der Hypophyse, die mindestens dreimal so groß war als normal.

Zum Unterschiede von FOÁ und den anderen konnte BADERTSCHER[51] keine Beschleunigung der sexuellen Reife nach Epiphysektomie bei Hähnen finden, und CRISTEA[235] berichtete sogar von einer Atrophie bei operierten Hähnen; sonst war die Entwicklung dieser Tiere aber normal. Obzwar CRISTEA den Schluß macht, daß diese Hodenatrophie eine Folge der Epiphysenentfernung ist, kann nicht die Gewähr geleistet werden, daß sie nicht eine sekundäre Folge der Operation als solcher war. Von CENI[154—156] wissen wir, daß besonders bei Hähnen ein Gehirntrauma zur Hemmung der Hodenfunktion und ihrer Atrophie führt.

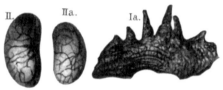

Abb. 174. Einfluß der Epiphysenexstirpation auf die Entwicklung der Hoden und des Kammes beim Hahne. I. Kamm des Versuchstieres, Ia Kamm des Kontrolltieres, II. Hoden des Versuchstieres, IIa Hoden des Kontrolltieres. (Nach FOÁ.)

Die *Epiphysektomie bei den Hennen* wirkt zum Unterschied von den Hähnen keineswegs auf das Tempo der geschlechtlichen Entwicklung. Weder das Äußere noch die Geschlechtsorgane wurden in FOÁs[325, 326, 328] Versuchen irgendwie beeinflußt.

E. Die Thymus (Glandula thymus).

I. Morphologie und Entwicklungsgeschichte der Thymus und ihrer Funktion.

1. Anatomie und Gewichtsverhältnisse.

Die Thymusdrüse ist bei allen landwirtschaftlichen Nutztieren immer deutlich in zwei Teile differenziert: den Brustteil und den Halsteil. Der letztere besteht aus zwei Lappen: dem rechten und dem linken. Der Halsteil erstreckt sich längs der Luftröhre und erreicht bei verschiedenen Tierarten verschiedene Länge: beim Pferde reicht er nur in die Halsmitte, bei Wiederkäuern und Schweinen bis zum Kehlkopfe (TRAUTMANN[1218]). Die Lappen des Brustteiles fließen oft teilweise oder auch vollkommen in ein Stück zusammen: bei Pferd und Schwein ist der Brustteil nach ROSSI[1047a] oft nur unvollkommen entwickelt. Zwischen dem Halsteil und Brustteil sind die beiden Lappen durch ein Mittelstück verbunden. Beim Geflügel findet man diesen Teil nicht und die Thymus ist hier in Form von zwei Lappen entwickelt, die vom Boden des Kropfes bis zum Kopfansatz längs der Trachea verlaufen. Die Thymus zerfällt in Läppchen, die durch Bindegewebe verbunden dicht aneinanderliegen.

Histologisch besteht das Thymusgewebe bei allen Tierarten aus einer Rinden- und Marksubstanz. Die landwirtschaftlichen Nutztiere weisen in der mikroskopischen Struktur der Thymus keine Besonderheiten gegenüber anderen Tieren auf. Diesbezüglich sei auf die Monographien von Biedl[93] und besonders von Hammar[432, 433] hingewiesen.

Die Thymus zeigt allgemein morphologisch und funktionell bestimmte Beziehungen und Analogien zu dem lymphatischen System und wird auch als kombinierte lymphatische und endokrine Drüse aufgefaßt. Biochemisch zeichnet sie sich durch relativ hohen Nucleingehalt aus, worin auch ein Unterschied gegenüber den Lymphdrüsen besteht (Bang[54]).

Beim *Rinde* wurde die Thymus noch keiner genaueren morphologischen Analyse unterzogen. Beim *Pferde* besteht sie nach Rosendorf[1043] zur Zeit der Geburt aus einem Brustteil, der mehr oder weniger über die Brustapertur hinausreicht. Einen Halsteil hat Rosendorf in seinem Materiale nicht gefunden. Bei alten Pferden fand er nur einen retrosternalen Thymusfettkörper.

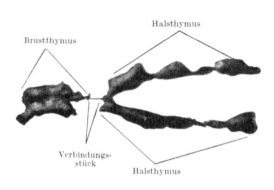

Abb. 175.
Thymus eines 5 Monate alten Schweines. (Nach Hessdörfer.)

Beim *Schweine* ist die Thymus nach Hessdörfer[484] ein großes, langgestrecktes Gebilde, dessen linke und rechte Lappen (Schenkel) des Halsteiles etwas differieren. Der Verbindungsteil verläuft zwischen den unteren Halslymphdrüsen und bildet zwischen dem linken und rechten Schenkel einen bindfadendünnen Strang. Der Brustteil ist ein platter drüsiger Körper, scharf begrenzt in Form eines Rechteckes ausgebildet. Sehr oft ist er aber in Form von zwei mäßig dicken Strängen gestaltet, die sich leicht voneinander abpräparieren lassen (vgl. Abb. 175—176). Nach Waschinsky[1286] besteht der Halsteil der Schweinethymus aus Schenkeln, die ungleich

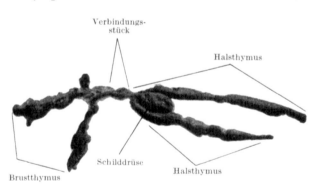

Abb. 176. Thymus (und Schilddrüse) eines 9 Monate alten Schweines. Verbindungsstück ausnahmsweise stark ausgeprägt, den Brustteil in zwei Teile auspräpariert. (Nach Hessdörfer.)

entwickelt sind. Die Farbe des Organs ist rötlich grauweiß bis rötlich, im Halsteil blasser. Die Konsistenz ist gehirnartig.

Die Thymus bei *Ziegen* besteht aus zwei Teilen (Fischl[322]); einem äußeren, der einen der Luftröhre anliegenden langen schmalen Streifen darstellt, und einen inneren, der kinderfaustgroß im Inneren der Brusthöhle liegt.

In der Größe bzw. dem Gewichte ist die Thymus eines der variabelsten Organe des Körpers. Das Gewicht ändert sich nach dem Alter, dem Geschlechte, dem Gesundheits- und Ernährungszustande sehr bedeutend. Für *Kälber* gibt Trautmann[1218] an, daß in den ersten Lebenswochen die Thymus 100—200 g, nach 4—6 Wochen 400—600 g wiegt. Nach Bergfeld[85] ist bei Kälbern und Jungrindern weiblichen Geschlechtes die Thymus fast immer relativ (im Verhältnis zu dem Körpergewichte) schwerer als bei den männlichen Tieren. Bei 3—4 Jahre alten Färsen soll sie besonders kräftig entwickelt sein. Das geringste relative Gewicht hat BERGFELD bei auf der Höhe ihrer Geschlechtstätigkeit sich befindenden Stieren gefunden.

Die Thymus der *Schweine* erreicht nach WASCHINSKY[1286] bei weiblichen Tieren im Alter von 6 Monaten den Höhepunkt der Entwicklung und wiegt durchschnittlich 0,1025 % des Körpergewichtes. Bei männlichen Tieren wird der Höhepunkt der Entwicklung im Alter von 8 Monaten mit 0,0803 % des Körpergewichtes erreicht. Sowohl bei weiblichen als auch männlichen Tieren entfallen 31 % auf den im vorderen mediastinal gelegenen Brustteil und 69 % auf dem im Bereiche der Trachea gelegenen Halsteil. Weibliche Tiere haben bis zum Alter von 6 Wochen ein relativ höheres Drüsengewicht als männliche Tiere. Von dem 8. Monate an liegt die Kurve für die Thymusgewichte der Börge höher als bei weiblichen Tieren, erreicht jedoch im höheren Alter die der weiblichen. Genaue Gewichtsangaben finden sich bei HESSDÖRFER[484].

Jungkastraten und nicht gravid gewesene weibliche Tiere besitzen hiernach eine deutlich größere Thymus als die Muttersauen oder männliche Spätkastraten. Das Verhältnis des Brust- und Halsteiles bleibt dabei aber dasselbe (ca. 1:2). Das absolute Thymusgewicht nimmt bis zum Körpergewicht von 101—125 kg zu (87,5 g). Schwerere Tiere weisen dann eine leichtere Thymus auf, deren Gewicht bis zum Gewicht 28,5 g. (bei 326—350 kg schweren Tieren) stetig abnimmt. Unter Berücksichtigung des Alters fand HESSDÖRFER eine ständige Abnahme des relativen Thymusgewichtes vom 4. Monate beginnend (0,118 %) bis zu 0,019 % im Alter über 24 Monate. Bis zum Alter von 9 Monaten ist die weibliche Thymus schwerer als die männliche, im 10.—17. Monat ist das Übergewicht auf Seite der männlichen Drüse; später verschwinden diese Geschlechtsunterschiede vollkommen.

Beim *Geflügel* ist die Thymus der Hähne nach GREENWOOD[396] in der Geschlechtsreife größer als bei den Hennen, auch wenn man Tiere gleichen Alters vergleicht: bei Hähnen im Alter von 54—76 Wochen war das Thymusgewicht im Durchschnitt 2,258 g, bei Hennen aber nur 0,592 g. Bei 23—34 Wochen alten Tieren scheint ein leichtes Übergewicht auf Seite der Hennen zu sein.

McCARRISON[772] gibt an, daß bei den Taubenmännchen die Thymus zweimal so groß ist als bei bei den Weibchen. Dies gilt aber nur für geschlechtsreife Tiere, wie RIDDLE und FREY[1011] gezeigt haben.

Beim Geflügel gehört zu der Thymus noch die *Bursa Fabricii*, ein lymphgewebeartiges Organ, das der Kloake ansitzt. Nach JOLLES[534, 535] Untersuchungen besteht histologisch eine vollkommene Identität mit dem eigentlichen Thymusgewebe. Auch das physiologische Verhalten dieses Organs weist auf Analogien mit der Thymus. RIDDLE[997] bezeichnet die Bursa Fabricii als eine kloakale Thymus. Bei jungen Tieren ist die Bursa größer, bei alten kleiner.

Neben dem im Zusammenhange der kompakten Drüse vorhandenen Thymusgewebe kommen noch *akzessorische Thymusdrüsen* vor, die aus Teilen der Drüse entstanden sind, die bei der Entwicklung den Zusammenhang mit dem Muttergewebe verloren haben (TRAUTMANN[1218]). Oft findet man solches akzessorische Thymusgewebe in der Nachbarschaft von Schilddrüse und Epithelkörperchen besonders beim Schwein. Beim Geflügel (Hühner) haben solche akzessorische Thymusdrüsen TERNI[1196, 1197], GREENWOOD[396] und PIGHINI[938] beschrieben: der letzte fand Thymusgewebe bei Hennen auch innerhalb der Schilddrüse und den Parathyreoideen (umgekehrt können aber auch akzessorische Parathyreoideen innerhalb der Thymusdrüse vorkommen, wie es VERMEULEN[1250] bei einer Ziege gefunden hat, oder auch akzessorische Schilddrüsen [TRAUTMANN[1218]]).

2. Altersrückbildung der Thymus.

Eine besondere Betrachtung müssen wir der sog. *Altersinvolution der Thymus-drüse* widmen. Die Thymus zeichnet sich dadurch aus, daß sie mit Alter und Entwicklung der Tiere einer Involution unterliegt. Nur in der ersten Jugendzeit findet man ein Wachstum dieser Drüse, die sich aber nach Erreichung eines Höhenpunktes wieder zurückbildet. Diese Rückbildung fällt im allgemeinen mit der Geschlechtsreife zusammen. Roecke[1032] fand bei den Haustieren eine das Thymusgewebe abbauende Potenz des Blutserums schon bei der Geburt und schließt daraus, daß die Thymusinvolution bereits mit der Geburt einsetzt.

Beim Rinde erreicht die Thymus nach Krupski[657] das höchste relative Gewicht in der 5.—6. Lebenswoche. Weiter bleibt dieses dann konstant (vgl. Abb. 177). Ein Zurückbleiben des Thymusgewichtes kann gefunden werden,

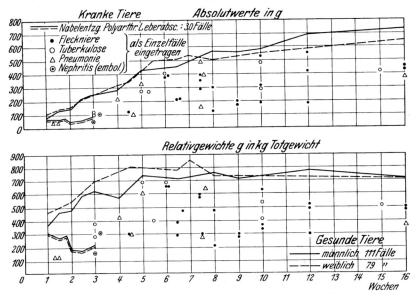

Abb. 177. Thymusgewichte bei gesunden und kranken Kälbern in verschiedenem Alter. (Nach Krupski.)

wenn die Tiere von der reinen Milchnahrung zur Fütterung mit Heu oder Gras übergehen. Über die Altersinvolution der Thymus bei Schweinen brachten die schon erwähnten Untersuchungen von Hessdörfer sehr genaue Daten. In der Altersspanne von 4—24 Monaten reduziert sich das relative Thymusgewebe auf ein Zehntel.

Bei Tauben und Ringtauben erreicht die Thymus nach Riddle und Frey[1011] und Riddle[997] (vgl. Abb. 64 auf S. 348) den Höhenpunkt nach dem 3. Monat, also etwa 2,5 Monate nach der Ausbrütung, von hier an findet eine fortschreitende Gewichtsabnahme statt. Dasselbe fand für Tauben auch Urban[1243]; bei den Weibchen bildet sich die Thymus nach Riddle und Frey[1011] schneller zurück als bei Männchen, so daß nach Beginn der Involution besonders aber bei geschlechtsreifen Tauben, immer eine bedeutend größere Thymus bei Männchen als bei Weibchen gefunden werden kann (McCarisson[772]). Das ist auch die Ursache der größeren Thymus bei Hähnen, wie Greenwood[396] festgestellt hat. Die Abnahme fällt nach Riddle[997] genau mit dem Beginn des Hoden- und Ovarien-wachstums zusammen. Ebenso verhält sich auch die *Bursa Fabricii*, die nach 12 Monaten praktisch verschwindet. Bei der Gans beginnt die Involution nach Urban[1243] relativ nach 3 Monaten, absolut nach 1 Jahre. Bei Hühnern vollzieh sich diese Involution der Thymus nach JOLLY[534, 535] und LEVIN[716] bis in einem Jahre, bei der Ente bis in 16 Monaten. Die Angabe, daß bei der Taube die Thymus bis 6 Monate nahezu normal ist, wurde durch die neueren Untersuchungen von RIDDLE korrigiert. Beim *Rinde* dauert die Rückbildung der Thymus 2—6 Jahre, bei Schaf, Ziege und Schwein 1—2 Jahre (TRAUTMANN[1218]). Nach VERMEULEN[1249] soll sie bei Ziegen und Schafen vor 2 Jahren nicht beendet sein. Für das Pferd gibt TRAUTMANN für die Involutionszeit 2—2$^1/_2$ Jahre an. Es gibt aber auch bedeutende individuelle Abweichungen. Besonders beim Rinde kann die Thymus bis zum hohen Alter erhalten bleiben (TRAUTMANN[1218]). HAMMAR[432], sowie auch SOLI[1148—1150] fand bei Hühnern auch noch im Alter von 9—12 Jahren große Thymusdrüsen. LEVIN[716] hat die Ansicht ausgesprochen, daß bei Vögeln die Thymusinvolution durch die Involution der Bursa Fabricii ersetzt wird; diese Ansicht wird aber durch die eben erwähnten Befunde von RIDDLE[997] über die vollkommene Parallelität in der Involution der Thymus und der Bursa bei Tauben widerlegt.

Es sind auch Fälle bekannt, in welchen unter sonst normalen Verhältnissen die Thymus bis zum bedeutenden Alter erhalten bleibt. ZIMMERMANN[1368] beschrieb solche Thymuspersistenz bei 3 Pferden im Alter von 8—15 Jahren und bei einem Rindkadaver von einem ausgewachsenen Tiere. Besonders interessant war dabei, daß in allen Fällen nur der Brustteil der Thymusdrüse erhalten blieb, während man von den Halslappen nichts vorfinden konnte.

Der Verlauf der Involution kann durch abweichende Verhältnisse, die das Thymusgewicht beeinflussen, kompliziert werden. Ähnlich wie beim Menschen und anderen Tieren kommt auch bei den Nutztieren oft eine angeborene Hyperplasie der Thymus vor. Es wurden viele solcher Fälle beim Rinde beschrieben (vgl. hierzu TRAUTMANN[1218]).

Die Kastration hemmt die Involution der Thymus und führt zu ihrer Verspätung. HENDERSON[474] fand dies beim Rinde, wo sogar auch eine gewisse Hypertrophie der Thymus zu sehen war, und GREENWOOD[396] bei kastrierten Hennen und Hähnen. Auch SOLI[1148—1150] fand schon bei Kapaunen das Thymusgewicht größer als bei Hähnen. Von einer Vergrößerung der Thymus bei Kapaunen berichtet MARRASSINI[801]. Ähnlich verspätet sich auch die Involution der Bursa Fabricii bei Hühnern nach der Kastration, wie JOLLY[534, 535] und PÉZARD[929] gezeigt haben.

Bei vor der Geschlechtsreife ausgeführter partieller *Ovariotomie* sah GREENWOOD[396] die Thymus bei Hennen ebenso stark sich reduzieren (im Vergleich zu den Hähnen) wie bei normalen Hennen. Ähnlich bleibt partielle Kastration auch bei Hähnen ohne Wirkung auf die Thymusinvolution, gleichfalls aber auch eine Implantation von weiteren Hoden.

3. Andere Faktoren der Thymusausbildung.

Ein Zusammenhang zwischen den Geschlechtsdrüsen und der Thymusinvolution zeigt sich beim Geflügel auch noch anderweitig. URBAN[1243] hat bei Hühnern gefunden, daß die Bruthennen eine kleinere Thymus aufweisen als die gleichaltrigen Legehennen.

LOPEZ-LOMBA[760] fand bei Tauben, daß bei der *Reisavitaminose* in der ersten Periode keine Änderung der Thymus erscheint, in der zweiten Periode (9 bis 14 Tage) nimmt das Thymusgewicht dann zu, in der dritten Woche folgt aber wiederum eine Abnahme.

Nach Analogie mit anderen Tieren muß man auch bei den Nutztieren damit rechnen, daß das Thymusgewicht sich auch nach dem allgemeinen Zustande der

Tiere ändert. Mit ungünstigen physiologischen Bedingungen (Infektion, Unterernährung, Krankheit) nimmt es stark ab. Daten, welche Krupski[657] über Thymusgewichte bei gesunden und kranken Kälbern gesammelt hat, zeigen, daß bei den letzteren die Thymus immer kleiner ist (vgl. Abb. 177). Für die Tauben haben dasselbe besonders McCarrison[772], Riddle und Frey[1011] und Riddle[997] beobachtet.

Popow, Iwanow und Kudrjawcew[958, 959] haben bei Hühnern gefunden, daß Exstirpation des Großhirns im Kückenalter eine schnelle Atrophie der Thymus zur Folge hat.

Die oft für andere Tiere und für den Menschen diskutierte negative Korrelation zwischen dem Thymus- und Schilddrüsengewichte hat sich bei den landwirtschaftlichen Nutztieren noch nicht gezeigt. Hierfür spricht nur ein Fall von Dexter „Buldog-Kalb", in dem Downs[273] neben einer sehr kleinen Schilddrüse eine auffällig große Thymus (130 g) gefunden hat. Krupski[656] stellte aber an seinem reichen Materiale fest, daß bei Kälbern einer deutlich unterentwickelten Thymus keineswegs ein großes Schilddrüsengewicht gegenüberstehen muß, während bei Thyreoideahypertrophie sehr oft auch große Thymusdrüsen getroffen werden können.

Unter dem Einfluß des Hypophysenvorderlappenhormons scheint sich die Thymus zu reduzieren. Schockaert[1093] fand bei jungen Enten, die Extrakt aus den Vorderlappen injiziert bekamen, eine Gewichtsabnahme der Thymus um mehr als 50 %. Injektionen von verschiedenen Eiweißstoffen (Milzextrakt u. a.) rufen aber eine Hypertrophie der Thymus hervor. Schockaert erklärt die Thymusgewichtsabnahme nach HVH-Injektionen als Folge einer Stimulation der Thyreoideafunktion, welche dabei stattfindet und infolge des Thymus-Thyreoideaantagonismus zur Thymusdepression führt.

Nach Unzeitig[1242] läßt sich die Thymusinvolution bei Hühnern sehr mächtig auch durch die *Röntgenstrahlen* beschleunigen.

4. Beginn der Thymusfunktion.

Für die Beurteilung, *wann die Thymus ihre Funktion beginnt*, besitzen wir bisher noch keine Anhaltspunkte (Thomas[1199, 1200]). Diese Frage wurde weder kasuistisch noch experimentell untersucht. Der Grund liegt darin, daß wir für den Nachweis von Thymushormon bisher noch keine Reaktion besitzen und auch die ganze endokrine Funktion der Thymus noch ziemlich unklar ist.

II. Einflüsse der Thymusdrüse auf den Stoffwechsel beim Rinde.

Über die Bedeutung der Thymus für die Nutzleistung des Rindes besitzen wir praktisch keine Erfahrungen. Nur Krupski[656] teilte mit, daß man bei sog. „weißen" Kälbern oft schon mit bloßem Auge eine Unterentwicklung der Thymusdrüse verfolgen kann. Es handelt sich um Tiere, deren Fleisch schön weiß ist und als Qualität den Vorzug hat. Man erkennt solche Tiere an der auffallend weißen, blutlosen Bindehaut der Augen. Es sind anämische Tiere, die nach praktischen Erfahrungen auch leicht Infektionen und Parasiten unterliegen. Ihnen gegenüber stehen die sog. „roten Kälber", die sich durch ihr rotes Fleisch und eine oft auffallende Blutfülle, Lebhaftigkeit und Gesundheit auszeichnen. Bei diesen letzteren fand Krupski regelmäßig eine stark entwickelte Thymusdrüse.

Weiter besitzen wir von Kurnvilla[672a] einen Bericht über einen Fall, wo *Hyperthymisation beim Stiere* zum Verlorengehen des *Geschlechtstriebes* führte. Einem einseitig kastrierten Stier (der andere Hoden blieb kryptorch im Leistenkanal) wurde getrocknetes Thymusdrüsenpulver (Parke, Davie a. Comp.) abwechselnd subcutan und peroral verabreicht. Der Stier, der bis zur Behandlung normalerweise die Kühe gedeckt hatte, hat seinen Sexualinstinkt vollkommen verloren.

III. Einflüsse der Thymusdrüse auf den Stoffwechsel beim Schweine.

Bei den Schweinen besitzen wir gewisse Erfahrungen über die Folgen einer Thymusentfernung und Thymusimplantation.

KLOSE[583, 584] fand bei Schweinen nach der *Thymektomie* eine ungenügende Verkalkung des Skelets. Die Knochen wurden weich und brüchig, und Frakturen heilten schlecht infolge mangelhafter Kallusbildung. Die Tiere wurden als 4—6 Wochen alte Laufferkel operiert, und nach 2—3 Monaten traten Änderungen des Skelets auf, die als *rachitische* bezeichnet werden konnten: hochgradiger Rosenkranz, Verkrümmungen der Extremitäten, Spontanfrakturen und Gehunfähigkeit. Kam es zur Regeneration der Thymus, so verschwanden auch diese Schädigungen des Skeletes.

Nach KLOSE und VOGT[585] und KLOSE[584] entsteht diese Schädigung der Calcification des Knochensystems nach der Thymektomie dadurch, daß es zu einer Säureüberladung des Organismus kommt. Infolge der in der Thymus in hohem Grade stattfindenden Synthese der Nucleinsäure wirkt Thymus in dem Organismus entsäuernd, welche Funktion nach seiner Ausschaltung wegfällt.

In SCHEUNERTs[1075] (vgl. auch KLEIN[574, 575]) Versuchen hatte partielle Thymektomie einen ähnlichen Einfluß, kombiniert mit Wachstumshemmung. Das Tier machte den Eindruck eines Kümmerers; es trat starke Rachitis auf, die Beine wurden kurz und dick, Lippen und Ohren waren ödematös aufgetrieben.

Weiter erschien eine auffällig starke Behaarung. Die Haut wurde dabei faltig und borkig. Das Tier nahm außerdem kein Futter auf. Fütterung mit Schweinethymus führte zur Erholung; das Tier, wenn auch kleiner geblieben, wurde in guten Mastzustand gebracht. Die starke lockige Behaarung blieb und das Tier (veredeltes Landschwein) sah in der walzenförmigen Mastform wie ein Bakonierschwein aus.

Demgegenüber gibt LINDEBERG[730a] an, daß er nach partieller Thymektomie beim Ferkel in den ersten Monaten ein überstürztes Wachstum mit reichlichem Fettansatz beobachten konnte.

Worin der Grund der Unterschiede in SCHEUNERTs und LINDEBERGs Ergebnissen liegen mag, läßt sich nicht ermitteln.

Thymusinplantation bei jungen Ferkeln scheint nach KLEIN[575] keinen Einfluß zu haben.

IV. Einflüsse der Thymusdrüse auf den Stoffwechsel bei Schafen und Ziegen.

Ähnlich wie bei Schweinen, beobachtete KLOSE[583, 584] auch bei Ziegen, daß deren Knochen nach der *Thymusexstirpation* weich und brüchig werden. Dagegen konnte aber FISCHEL[322], der die Thymus bei jungen Ziegen exstirpierte, keine Folgen dieses Eingriffes beobachten; BASCH[59] erklärt dies dadurch, daß die Thymektomie nicht vollständig war, sondern meistens nur der Halsteil der Thymus entfernt wurde. Wenn FISCHEL bei zwei seiner Ziegen 6 Monate nach der Operation bei der Sektion keinen Thymusrest mehr feststellen konnte, so kann dies durch ihre unterdessen erfolgte Rückbildung erklärt werden.

Über die Wirkung der *Hyperthymisation durch Thymusextrakte* beobachteten RANZI und TANDLER[971] bei einem jungen Schafe, das von der 6. Lebenswoche ab ein Schafthymusextrakt injiziert bekam, eine Hemmung des Wachstums und der Gewichtszunahme. Ob diese Wirkung spezifisch für ein Thymushormon oder nur die Folge einer allgemeinen Schädigung durch das parenteral eingeführte Eiweiß war, läßt sich nicht gut entscheiden.

Ähnlich problematisch erscheinen auch die Ergebnisse von Ott und Scott[903], die bei Ziegen eine auffällige *galaktogene Wirkung* des Thymusextraktes beobachteten: schon 5 Minuten nach der Injektion steigerten die Tiere die Milchsekretion auf das Vierfache.

V. Einflüsse der Thymusdrüse auf den Stoffwechsel beim Geflügel.

1. Wirkung der Exstirpation und Unterfunktion der Thymus.

In den ersten Versuchen über Thymektomie beobachtete Fischel[322] bei den in den ersten Lebenstagen operierten Hühnern keine Beeinflussung des Wachstums und der Entwicklung. Auch Contière[210] beobachtete bei Hühnerküken, die mit 4—5 Tagen thymektomiert wurden, keine Störungen des Wachstums und der Skeletausbildung, sondern nur Zeichen trophischer Störungen der Haut und herabgesetzte Resistenz gegen Infektionen.

Den Versuchen von Fischel wirft Basch[60] vor, daß die Thymusexstirpation keine vollständige war. Dagegen erhielt Pighini[940] bei Hühnern nach früher Thymusexstirpation schwere Entwicklungsstörungen, und zwar Veränderungen an Knochen, Muskeln, Blut, lymphatischem Apparate, Gehirn, Nerven, Pankreas, Leber, Schilddrüse und Hypophyse. Ähnliches fand Pighini[939] auch bei zwei jungen, nur partiell thymektomierten Hühnern. Der Hypothese von Klose[583] folgend meint auch Pighini, daß die Ursache hier in Störungen des Nucleinsäurestoffwechsels liegt. Außerdem soll die Thymus auch den Lipoidstoffwechsel regulieren.

Katsura[554] konnte bei Hühnern nach Thymusexstirpation keine Beeinflussung der Gewichtszunahme gegenüber den Kontrolltieren feststellen. Nur der Aschengehalt der thymektomierten Tiere war stets niedriger als bei den Kontrolltieren. Die Unterschiede waren aber für eine endgültige Entscheidung zu gering.

Popov, Iwanow und Kudrjawcew[958, 959] beobachteten bei Hühnern nach Großhirnexstirpation eine starke Wachstumshemmung, die mit Thymusatrophie einherging. In dieser sehen sie die Ursache der Wachstumshemmung. Wie wir oben sahen, hat aber jede trophische Störung eine Thymusreduktion zur Folge. Daher kann die Wachstumshemmung auch direkt durch die trophischen Störungen, die der Gehirnexstirpation folgten, verursacht gewesen sein und ebenso auch die Thymusatrophie.

Neuere Versuche von Ackert und Morris[12] und Morgan und Grierson[843] an Hühnern hatten wiederum negative Ergebnisse.

Auch die *Exstirpation der Bursa Fabricii* bleibt bei jung operierten Tauben ohne jede Folge für deren Entwicklung, wie Riddle und Tange[1024] an Ringtauben gezeigt haben.

Dieselben Ergebnisse erhielten neuerdings auch Riddle und Křiženecký[1018, 1019] bei Tauben, denen im Alter von ca. 42 Tagen nach der Ausbrütung sowohl die Thymus als auch die Bursa Fabricii exstirpiert wurden. Weder das Wachstum noch die Körper- und Skeletausbildung oder Entwicklung der inneren Organe (Thyreoidea, Leber, Milz, Darm, Nebennieren) zeigten irgendwelche Abweichung von der Norm. Der Grundumsatz der operierten Tiere lag zwar um 3,5 % unter dem normalen Durchschnitt, aber diese Abweichung liegt in den Grenzen der wahrscheinlichen Fehler. Riddle und Křiženecký sind der Ansicht, daß diese und die anderen negativen Ergebnisse ihre Ursache darin haben, daß die Thymektomie (bzw. Bursothymektomie) nicht die vollkommene Ausschaltung der Thymusfunktion bedeuten muß. Teilweise sind es die akzessorischen Thymusdrüsen, teilweise auch das andere lymphatische Gewebe, die zum Ersatz der entfernten eigentlichen Thymus aktiviert werden können. Sie halten deshalb die Thymektomie nicht für eine geeignete Methode zur Prüfung der Thymusfunktion — sowohl beim Geflügel als auch bei anderen Tieren. Die negativ ausgefallenen Versuche könnten auch beweisen, daß der Thymus keine endokrine Funktion zukommt.

GREENWOOD und BLYTH[400] fanden bei geschlechtsreifen Hennen nach der Thymektomie nur eine Zunahme des Blutcalciums. Bezüglich der Erklärung der sonst negativen Versuchsergebnisse schließen sie sich der Ansicht von RIDDLE und KŘÍŽENECKÝ an.

Ähnlich differieren die Angaben beim Geflügel bezüglich einer *Wirkung der Thymektomie auf die Geschlechtsfunktion, besonders die Eierproduktion.* SOLI[1148, 1149] fand die Hoden der thymektomierten Hähne leichter als die der Kontrolltiere; sie zeigten keine Spermatogenese, das interstitielle Gewebe war aber mächtig entwickelt. Über auffallend kleine Hoden bei einem thymektomierten Hahn berichtet auch CONTIÈRE[210]. Bei Hennen konnte SOLI l. c. eine gewisse Hemmung der Eierstöcke feststellen. Schwere Störungen der Hoden und Ovarien fand auch PIGHINI[939, 940]. Dagegen beobachteten ACKERT und MORRIS[12] und MORGAN und GRIERSON[843] bei jung thymektomierten Hennen normale Eierlegung. Nach GREENWOOD und BLYTH[843] setzten drei geschlechtsreife Hennen ihre bereits eingestellte Eierproduktion in 10—15 Tagen nach der Thymektomie wieder fort. Die in der Jugend ausgeführte Thymobursektomie bleibt bei den Tauben (Weibchen) auch ohne Wirkung auf die Zeit der Geschlechtsreife (RIDDLE und KŘÍŽENECKÝ[1018, 1019]).

SOLI[1150] beobachtete, daß thymektomierte Hennen weichschalige Eier legten; diese Störung im Calciumstoffwechsel dauerte aber nur etwa 40 Tage. Hierzu stimmt gut die von RIDDLE[992] beschriebene Erfahrung: bei einer Ringtaube, die weichschalige Eier legte, konnte er durch perorale Verabreichung getrockneter Thymussubstanz wiederholt diese Störung beseitigen. Er schließt daraus, daß die Thymus ein die Eierschalenbildung regulierendes Hormon produziert, das er als „*Thymovidin*" bezeichnet.

In den Versuchen von ACKERT und MORRIS[12], MORGAN und GRIERSON[843] und GREENWOOD und BLYTH[400] legten die thymektomierten Hennen aber Eier mit normaler Schale; ebenso auch die Taubenweibchen in den Versuchen von RIDDLE und KŘÍŽENECKÝ[1018, 1019]. Auch diese Divergenz in den Befunden kann dadurch erklärt werden, daß in letzteren Versuchen eine vollkommene Thymektomie nicht gelang.

Endlich sei noch erwähnt, daß GIOIA (zit. THOMAS[1200]) in Versuchen an jungen Kapaunen und jungen Hähnchen keinen Einfluß der Thymusexstirpation auf den Verlauf der Reisavitaminose feststellen konnte.

2. Wirkung der Hyperthymisation.

Hyperthymisierung junger, wachsender Hühnerküken durch Verabreichung getrockneter Thymussubstanz hat nach NEVALONNYJ[867] Hemmung der Gewichtszunahme zur Folge. Nur bei sehr jungen Küken führte sie zu schwacher Anregung des Wachstums, die aber später durch Wachstumshemmung abgelöst wurde.

Auch bei geschlechtsreifen Tieren setzt Hyperthymisierung das Körpergewicht herab (vgl. Abb. 178) bzw. hemmt die schwache Gewichtszunahme, die als Folge einer Mast erscheint (vgl. Abb. 179—181), wie ich an Tauben und Ring-tauben wiederholt feststellen konnte (KŘÍŽENECKÝ[626, 631, 632, 635, 639]).   Auch diese

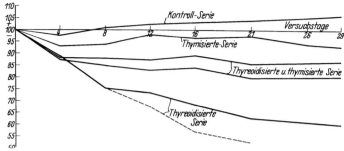

Abb. 178. Kurven der durchschnittlichen Gewichte der einzelnen Serien der ersten Versuchsreihe (Winter-
taubenversuch) aus dem Jahre 1926. (Nach KŘÍŽENECKÝ.)

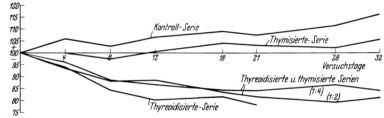

Abb. 179. Kurven der durchschnittlichen Gewichte der einzelnen Serien der zweiten Versuchsreihe
(Frühjahrstaubenversuch) aus dem Jahre 1926. (Nach KŘÍŽENECKÝ.)

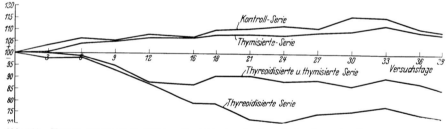

Abb. 180. Kurven der durchschnittlichen Gewichte der einzelnen Serien der ersten Versuchsreihe der
neuen Versuche (Sommertauben unter höherer Thyreoidisation). (Nach KŘÍŽENECKÝ.)

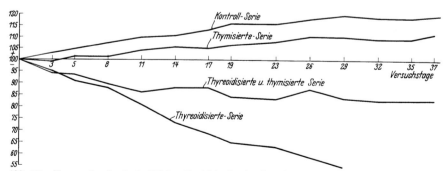

Abb. 181. Kurven der durchschnittlichen Gewichte der einzelnen Serien der zweiten Versuchsreihe der
neuen Versuche (Sommertauben unter höherer Thyreoidisation). (Nach KŘÍŽENECKÝ.)

Wirkung ist aber viel schwächer als eine solche der Hyperthyreoidisierung. Wird
aber die Hyperthymisierung mit Hyperthyreoidisierung kombiniert, so erfolgt bei
Tauben und Ringtauben eine Hemmung der durch die Thyreoidisierung hervorgerufenen Gewichtsabnahme (KŘÍŽENECKÝ a. a. O. — s. Abb. 178—181). Diese an-

tagonistische Wirkung der Thymussubstanz, die den Thyreoideaeinfluß um 30 bis 50 % reduzieren kann, zeigt sich sowohl bei gefütterten als auch bei hungernden Tieren (Křiženecký[639]). Bedenkt man, daß die Thymisierung allein gewichts-herabsetzend bzw. wachstumshemmend wirkt, so kann der hier erschienene Antagonismus der Thymus- gegenüber der Thyreoideawirkung so aufgefaßt werden, „daß die Thymus diesbezüglich ein *Regulationsorgan für die Thyreoidea* ist und dementsprechend ihre Funktion nur im Anschluß an bestimmte Wirkungen dieser Drüse entfalten kann" (Křiženecký[631], S. 35).

Bei Hühnern, die von früher Jugend an per os thymisiert wurden, fanden Nevalonnyj und Podhradský[867a], daß Hyperthymismus im allgemeinen eine gewisse Wachstumshemmung aller Röhrenknochen hervorruft (s. Tabelle auf S. 560—561). Bei den Hähnen ist Humerus, Radius und Ulna kleiner, während die Knochen der hinteren Extremität den Kontrollen gegenüber beinahe keine Unterschiede aufweisen. Bei den Hennen sind die Knochen der vorderen Extremität fast gleich lang, die der hinteren jedoch auffallend kürzer.

Die Trockensubstanz des Muskelgewebes wird bei Hühnern durch die Thymisierung etwas herabgesetzt, wie Nevalonnyj[864, 867] gefunden hat (s. Tabelle auf S. 562); die Asche im Vergleich mit der Trockensubstanz ändert sich aber nicht.

Die *Thymus* scheint auch eine *Bedeutung für das Gefieder* zu haben. Ich konnte feststellen (Křiženecký[617]), daß sie die Befiederung junger Küken (Ersetzung des Daunengefieders durch das juvenale, erste Umrißgefieder) hemmt. Hier entfaltet also die Thymus eine der Thyreoideawirkung entgegengesetzte Wirkung. Weitere Versuche (Křiženecký und Nevalonnyj[643]) haben diese Befunde bestätigt und insofern erweitert (Křiženecký und Nevalonnyj[644]), als gefunden wurde, daß ähnlich wie die stimulierende Wirkung der Thyreoidisierung auch diese hemmende der Thymisierung nur in einer frühen Periode der Federnanlegung sich entfalten kann.

Eine Wirkung auf das *Federnwachstum* bei Gefiedererneuerung konnte in unseren Versuchen (Křiženecký, Nevalonnyj und Petrov[645, 646]) nicht festgestellt werden. Es muß aber in Betracht gezogen werden, daß die bei diesen Versuchen verwendete Methode sich nicht als genug empfindlich gezeigt hat (vgl. das oben auf S. 564 Gesagte).

Die *Form und Pigmentierung des Gefieders* wird durch die Hyperthymisation nicht viel beeinflußt. Bei von jung an thymisierten Hühnern haben wir (Křiženecký und Nevalonnyj[643]) nur gefunden, daß der Hyperthymismus die Intensität der Färbung steigert: die schwarze Farbe z. B. der Labressehühner oder der Streifen bei den Plymouth-Rocks wird intensiver und tiefer; die gelbe oder braungelbe Farbe bei den rebhuhnfarbigen Italienern wird hellbraun oder rotbraun. Diese *Verstärkung der Pigmentation* bleibt aber ohne jede Veränderung der Zeichnung. Weiße Färbung bleibt unverändert. Auf die entfärbende (albinisierende) Wirkung der Thyreoidisierung wirkt eine gleichzeitige Thymisierung nicht ein: Křiženecký und Podhradský[650] fanden diese Depigmentierung bei thyreoidisierten und zugleich thymisierten Labressehühnern in demselben Grade wie bei nur thyreoidisierten Tieren. Hier besteht kein Antagonismus zwischen Thymus und Thyreoideawirkung, obzwar sonst ihre Wirkung auf die Pigmentation von entgegengesetzter Natur ist.

Die *Mauser* wird unter dem Einflusse der *Thymisierung* etwas *gesteigert*, d. h. durch die Thymisierung kann eine schwache Mauser induziert werden (Křiženecký[633]). Diese ist aber weit schwächer als jene, die unter der Wirkung der Hyperthyreoidisierung entsteht. Werden aber, wie ich an Tauben beobachten konnte, die Hyperthyreoidisierung und Hyperthymisierung kombiniert, so kommt es zu einer direkt überstürzten Mauser. In zwei Versuchen betrug die Menge der ausgefallenen Federn am 8. bzw. 9. Versuchstage im Durchschnitt für ein Tier wie folgt:

	Versuch I (am 8. Versuchstage) in g	Versuch II (am 9. Versuchstage) in g
Kontrollserie	0,13	0,10
Thyreoideaserie	4,25	4,57
Thymusserie	0,23	0,17
Thyr. u. Thymusserie	8,31	8,99

Der große Federnausfall unter der kombinierten Thymisierung und Thyreoidisierung ist höher, als bloße Summierung des Thyreoidea- und Thymusfaktoren. Die Thyreoideawirkung auf die Mauser wird also durch die Thymuswirkung *potenziert*. Die Thymus scheint hier in einem spezifischen Synergismus mit der Schilddrüse zu wirken.

F. Die Nebennieren (Glandulae suprarenales).

I. Morphologie und Hormonproduktion der Nebennieren der landwirtschaftlichen Nutztiere.

1. Anatomie, Größe und mikroskopische Struktur.

Die Nebennieren sind eine paarige endokrine Drüse, die aus zwei selbständigen, nicht untereinander verbundenen Teilen besteht. Sie sitzen dem vorderen Nierenpol etwas retroperitoneal an und sind durch ihre braunrotgelbe Farbe sehr deutlich sichtbar. Ihre Konsistenz ist festweich, die Oberfläche beim Schweine stets, beim Pferde zuweilen gefurcht. Bei Pferd und Schwein besitzen sie eine länglich-rundliche oder -platte Form, bei Schaf und Ziege sind sie bohnenförmig, beim Rind rechts herzförmig, links halbmondförmig (Traut-mann[1217]). Glatt ist die Nebennierenoberfläche auch bei den Vögeln.

Wie Volkmann[1262] beim Rinde gezeigt hat, ist für die Lage der Nebennieren die Vena cava caudalis, die Aorta, die vordere Gekröswurzel und die Stelle bestimmend, wo die Hohlvene auf die Leber übertritt, außerdem auch die Nieren. Da die linke Niere, deren Lage sich nach dem Füllungsgrad des Pansens richtet, mehr caudal liegt, ist auch die Lage der linken Nebenniere etwas caudal verschoben. Beim Haushuhn liegen die Nebennieren nach Müller[854] zu beiden Seiten der Aorta abdominalis an der ventralen Fläche der Niere (vgl. Abb. 182). Oft liegen die Nebennieren nicht symmetrisch.

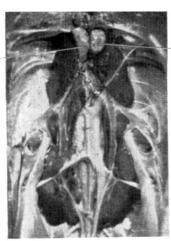

Abb. 182. Nebennieren bei einem 6 Monate alten weiblichen Huhn. (Nach Müller.) *l* = linke Nebenniere, *r* = rechte Nebenniere.

Die *Form* der Nebennieren scheint sehr variabel zu sein. Beim *Rinde* z. B. ist nach Martin[805] die rechte Nebenniere herzförmig, die linke biskuitförmig. Auch nach Ellenberger-Baum[285] und Schubert[1103] ist die rechte Nebenniere herzförmig. Leisering-Müller und Ellenberger[711] beschreiben aber die Nebennieren der Wiederkäuer nur als länglich-rund. Stilling[1168] sagt, daß die rechte einen prismatischen Körper darstellt, die linke hingegen ein dreieckiges Organ. Nach Volkmann[1262] läßt sich die Form der linken Nebenniere beim Rinde mit der arabischen Ziffer 9 vergleichen. Die Form der rechten ist nicht so konstant wie die der linken. Bei *Vögeln* wird die Form der Nebennieren als bohnen- oder pyramidenförmig (Bittner[100]) oder oval (Martin-Schauder[808]), eiförmig, länglich oder birnenförmig (Minervini[819]) oder — für die Taube — als unregelmäßig oval (Krause[609]) beschrieben.

Näheres über die Anatomie der Nebenniere bei den landwirtschaftlichen Nutztieren s. bei Schubert[1103], Rahl[969] und Günther[420], über ihre Entwicklung bei Poll[955], für das Schwein bei Wiesel[1312].

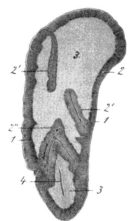

Die *Farbe* der Nebennieren ist bei den meisten landwirtschaftlichen Nutztieren braun- oder rotgelb. Für die *Vögel* findet man verschiedene Farbenangaben: nach Bittner[100] sollen sie gelbbräunlich sein, nach Ellenberger-Baum[285] bräunlich oder graugelb, nach Martin-Schauder[808] gelbweiß, nach Krause[609] bei der Taube dunkelrotbraun, nach Müller[854] bei Huhn und Taube graugelblich bis rötlichgelb. Diese Unterschiede hängen wahrscheinlich damit zusammen, daß die Nebennieren im allgemeinen bei den Pflanzenfressern dunkler braungelb sind, bei den Fleischfressern aber hellgelb. Wenn diese Farbenunterschiede durch die Art der Nahrung bestimmt werden, ist es denkbar, daß die Farbe der Nebennieren bei den Vögeln

Abb. 183. Nebenniere des Pferdes (Längsschnitt). *1* Fibrosa; *2* Rindensubstanz, die sich bei *1'*, *2''* ins Innere fortsetzt; *3* Marksubstanz; *4* längsgetroffenes Gefäß. (Nach Ellenberger und Baum.)

als Omnivoren durch Veränderung des Verhältnisses der vegetabilen und animalen Futterbestandteile beeinflußt werden kann.

Die Nebenniere besteht aus zwei verschiedenen Gewebsschichten: *Rinde* und *Mark*. Die Rinde unterscheidet sich deutlich durch ihre gelbliche bis orange- oder braungelbliche Farbe von dem Mark (vgl. Abb. 183). Das geformte Pigment der Nebennierenrinde ist bei den meisten Tieren nur in einer der zwei Schichten enthalten; beim *Pferde* kommt es nach Bonnamour aber auch in der mittleren Schichte vor (Bayer[64], S. 799).

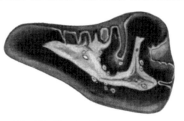

Die bei Säugetieren scharfen Grenzen zwischen Rinde und Mark (vgl. Abb. 183 und 184) sind bei den Vögeln verwischt; das Rindengewebe ist hier im Markgewebe auf schlauchartige Inseln verteilt (Abb. 185), und das Bindegewebe bildet hier die Hauptstränge, das Markgewebe die Zwischenstrangzellen (Rabl[969] und Günther[420]).

Abb. 184. Durchschnitt durch die Nebenniere des Pferdes mit etwas gefalteter Rindensubstanz. (Nach Trautmann.)

Über den Bau der Nebennieren bei den landwirtschaftlichen Nutztieren läßt sich nichts Besonderes sagen. Einiges hierüber findet sich bei Günther[420], Dostojewsky[272], Volkmann[1262]. Die Menge der Rindensubstanz beträgt beim Rinde nach Castaldi[149] etwa das 8—9fache der Marksubstanz.

Das *chromaffine Gewebe*, das dem Nebennierenmark entspricht, kommt im Körper auch außerhalb der Nebennieren vor, in Ganglien und Nerven des Sympathicus. Aus chromaffinem Gewebe besteht auch das Zuckerkandlsche Organ und vielleicht auch die Carotis- und Steißdrüse. Alle diese Elemente samt dem Nebennierenmark bilden das sog. *chromaffine System*.

Akzessorische Nebennieren, die aus Rinde und Mark bestehen, kommen selten vor. Von den landwirtschaftlichen Nutztieren wurden sie bisher nur beim Schaf gefunden (Trautmann[1217]). Akzessorisches Rindengewebe ist dagegen öfters zu sehen; diese Rindenknötchen kommen in der Umgebung der Nebennieren vor; sie erreichen die Größe einer Linse oder auch mehr.

Über die *Größe der Nebennieren* im allgemeinen gibt Trautmann[1217] folgendes an:

	Länge in cm	Breite in cm	Dicke in cm	Gewicht in g
Pferd	9	5	1,5	20—22
Rind	5	3,5	2	16—17
Schaf	2,8	1,6	0,9	2
Ziege	2,5	1,4	0,9	2
Schwein	6,5	1,7	0,6	4

Auch bei Günther[420], Césari[159], Schubert[1103], Krupski[656], Küng[671] finden sich Angaben über die absolute und relative Größe der rechten und linken Nebenniere bei Rind, Pferd, Schaf und Schwein.

Aus dem wertvollsten Materiale von Krupski[656] ergeben sich folgende Nebennierengewichte:

Nebennierengewichte beim Rind (nach Krupski).

	Zahl der Tiere	Alter	Absolutes Gewicht in g	Relatives Gewicht im Verhältnis zum	
				Lebendgewichte	Totgewichte
Rinder	40	1—4	16,88	0,0459	0,0987
Trächtige Rinder	21	1—4	18,45	0,0423	0,0821
Stiere	67	$^1/_2$—5	21,43	0,0340	0,0683
Ochsen	84	1—7	27,97	0,0357	0,0731
Kühe	171	2—13	30,95	0,0592	0,1378
Trächtige Kühe	69	3—17	28,46	0,0549	0,1271
Kastrierte Kühe	10	5—10	29,22	0,0528	0,1194
♂ Kälber	54	—	6,62	0,094155	—
♀ Kälber	59	—	5,97	0,095811	—

Nebennierengewichte bei Schweinen und Schafen (nach Krupski).

	Zahl der Tiere	Absolutes Gewicht in g	Relatives Gewicht gegenüber dem Totgewichte
Schweine			
♀ Ferkel (Läufer)	7	3,82	0,085513
♂ Ferkel (Läufer)	1	2,70	0,090000
♀ ältere Sauen; unträchtig	63	5,59	0,052082
♂ ältere Tiere; zum Teil hochträchtig und saugende Muttersauen	5	13,04	0,103677
♀ ältere Tiere in frühester Jugend kastriert	58	5,01	0,050688
♀ ältere Tiere in frühester Jugend unvollkommen kastriert	10	5,40	0,047932
♂ ältere Tiere in frühester Jugend kastriert	33	5,10	0,047698
Schafe			
♀ jüngere Tiere; noch nicht geboren habend	12	2,87	0,144762
♂ Schafbock, ältere Tiere	23	2,69	0,123447
♂ ältere Tiere, im jugendlichen Alter kastriert	46	3,97	0,146670
♀ ältere Tiere; geboren habend; zum Teil mit Milchsekretion	33	4,33	0,196969
♀ ältere, trächtige Tiere	13	3,57	0,169247

Beim Rind ist das absolute Nebennierengewicht bei männlichen Tieren höher als bei weiblichen, das relative Gewicht ist aber umgekehrt beim weiblichen Geschlechte höher. KRUPSKI[656] hält diesen Unterschied für ein ausgeprägtes sekundäres Geschlechtsmerkmal. Einen Einfluß der *Trächtigkeit* auf die Größe der Nebennieren konnte er beim Rinde nicht feststellen

Die *Kastration* männlicher Tiere hat eine Vergrößerung der Nebenniere zur Folge. KRUPSKI stellte dies an kastrierten männlichen Rindern und Schafen fest. Werden aber die *relativen* Nebennierengewichte von kastrierten männlichen Tieren mit denjenigen der weiblichen Tiere verglichen, so bleiben die ersteren doch hinter diesen letzteren.

Aus der Vergrößerung der Nebennieren nach der Kastration konnte man auf einen entwicklungsgeschichtlichen Antagonismus schließen. Doch wäre dies nicht richtig, da sich andererseits bei der normalen Entwicklung, wie KRUPSKI betont, ein Parallelismus im Sinne einer Förderung der Nebennieren durch die sich entwickelnden Gonaden feststellen läßt.

Die Nebennieren hypertrophieren beim Rinde nach KRUPSKI[656] auch unter dem anhaltenden *Einfluß von Eierstockcysten.*

Im allgemeinen soll man aber auch sonst bei hohen durchschnittlichen Relativgewichten der Ovarien auch höhere Werte der Nebennieren finden. Diese Hypertrophie beruht nach KRUPSKIS Messungen auf einer Massenzunahme der Rindensubstanz.

Die Nebennieren des erwachsenen *Haushuhns* zeigen nach MÜLLER[854] ungefähr folgende *Maße:* Länge 13 mm, Breite 8 mm und Dicke 4—5 mm. Das *Gewicht* schwankt zwischen 0,08—0,46 g, was 0,01—0,04 % des Körpergewichtes gleichkommt. Das Gewicht der rechten Nebenniere beträgt 0,09—0,46 g, das der linken 0,08—0,42 g, was einen Unterschied von 8—10 % bedeutet. Nähere Gewichtsangaben machen JUHN und MITCHELL jun[545a] für rebhuhnfarbige Italiener: Hähne absol. 0,2037 g, relat. 0,0177, Hennen absol. 0,1537 g, relat. 0,0182, Kapaune absol. 0,1584 g, relat. 0,0154. Hiernach setzt die *Kastration* bei den männlichen Hühnern zum Unterschiede von den Haussäugetieren das Nebennierengewicht sowohl absolut als auch relativ herab.

Für die *Tauben* gibt MÜLLER[854] an: Länge der Nebenniere ungefähr 8 mm, Breite 4 mm, Dicke 2,5 mm: die linke Drüse ist meist etwas kleiner. Das Gesamtgewicht beider Nebennieren beträgt 0,02—0,03 % des Körpergewichtes. Das absolute Gewicht der rechten Nebenniere bei erwachsenen Tauben beträgt 0,025—0,033 g, das der linken 0,02—0,024 g, der Unterschied beläuft sich also auf 20—25 %. Schon vor MÜLLER hat aber ein wertvolles Material über Gewichte der Taubennebennieren RIDDLE[991] gesammelt und dabei gezeigt, daß es sehr bedeutend unter dem Einflusse der ovariellen Funktion schwankt, indem es während der *Ovulationsperiode* zunimmt. In der Ruhezeit erreicht das Nebennierengewicht beim Weibchen durchschnittlich nicht einmal den Wert von 20 mg. Während der Ovulationsperiode vergrößert sich das Gewicht um mehr als 40 % (vgl. Abb. 84 auf S. 428). An dieser Hypertrophie sind Mark und Rinde gleichmäßig beteiligt. Die verhältnismäßig große Variation, die MÜLLER angibt, wurde wahrscheinlich auch dadurch verursacht, daß es sich um Tiere handelte, die sich in verschiedenen Phasen des sexuellen Zyklus befanden. Die männlichen Nebennieren hält RIDDLE für etwas größer als die weiblichen.

Die Nebennieren reagieren ziemlich empfindlich durch *Veränderung ihrer Größe auf verschiedene Einflüsse.* In erster Reihe ist hier der *Vitamingehalt* der Nahrung zu nennen.

Bei *B-Vitaminmangel* (Beri-beri) findet bei den Tauben und Hühnern eine Hypertrophie der Nebennieren statt. Dies wurde zum ersten Male von McCar-

RISON[771] gefunden, nachher von VERZÁR und BEZNÁK[1252] und PETER[927] und von VERZÁR und PETER[1254] an Tauben und von SUDO KENJI und TSUIN KOMATSU[1180] an Hühnern genauer studiert.

Das Nebennierengewicht der Tauben beträgt dabei (nach VERZÁR und BEZNÁK[1252])

	in g
Normale Tauben	0,038
Hunger- und Hefe-Tauben	0,037
Tauben mit latenter Avitaminose	0,063
Tauben mit schwerer Avitaminose	0,113

Die Hypertrophie bezieht sich nur auf die Rinde und nicht auf das Mark, wie KELLAWAY[559] gezeigt hat und später VERZÁR und PETER[1254] an Tauben bestätigt haben (vgl. Abb. 185 und 186). Ähnliche Resultate hatte auch LOPEZ-

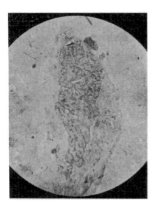
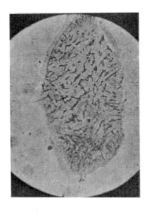

Abb. 185. Schnitt durch die Nebenniere einer normalen Taube. Mikrophotographie mit Zeiß-Phoku. Die dunkel gefärbten Teile entsprechen dem chromierten Mark. Die Rindenzellen sind hell. (Links daneben der Nebenhoden.) (Nach VERZÁR und PETER.)

Abb. 186.   Dasselbe von dem nach 4 wöchiger Fütterung an Beriberi gestorbenen Geschwistertier. (Nach VERZÁR und PETER.)

LOMBA[760] und FINDLAY[318] zu verzeichnen. Nach LOPEZ-LOMBA[760] erscheint diese Nebennierenhypertrophie bei Tauben erst nach 14tägiger vitaminfreier Fütterung. VERZÁR, KOKAS und ARVAY[1253] fassen diese Hypertrophie als Ausdruck einer Hypofunktion der Nebennieren auf.

PICK und PINELES[935, 936] haben gefunden, daß bei *Ziegen* nach *Thyreoidektomie* eine Zunahme der chromaffinen Zellen im Nebennierenmarke erscheint. BORBERG[113] konnte aber diese Veränderung der Chromaffinität des Nebennierenmarkes bei Ziegen nicht feststellen.

Bei Tauben beobachtete CENI[154], daß nach *Entfernung des Vorderhirns* eine Hypertrophie der Nebenniere und parallel damit auch eine Atrophie der Generationsdrüsen eintritt.

Hypertrophie der Nebennieren bei Tauben findet auch nach starken *Insulininjektionen* statt, wie RIDDLE, HONNEYWELL und FISHER[1016] festgestellt haben. Während bei den Kontrolltieren das Nebennierengewicht zwischen 7,6—10,1 mg schwankte und im Durchschnitt 8,8 mg betrug, war es bei mit Insulin behandelten Tieren 7,2—13,5 mg, im Durchschnitt 11,4 mg.

Über Größenveränderungen der Nebennieren im *späteren Alter* ist bei den Haustieren nichts bekannt (vgl. ROMEIS[1041], S. 1776). Es finden aber gewisse Strukturänderungen statt. Nach TRAUTMANN[1217] zeigen sich bei alten Pferden in der Rinde häufig kleine Partien, die durch dunklere Farbe hervortreten. Die hier gelegenen Zellen sind mit gelbbraunem Pigment angefüllt. TRAUTMANN faßt diese Herde im Sinne der Disposition zur Geschwulstbildung auf. Bei älteren Pferden und Rindern findet man auch oft Nebennierentumoren (ROMEIS[1041], S. 1780), nach TRAUTMANN auch häufig capillare Teleangiektasien vor und regressive Veränderungen der zwischen ihnen liegenden Zellstränge.

Zum Schlusse ist nach LANGLOIS und REHNS[691] noch zu erwähnen, daß die Nebennieren der Föten von schwarzen Schafen gegenüber den weißen etwas größer sind und mehr Pigment in der Rinde enthalten. Systematische Untersuchungen von TUCZEK[1227] an schwarzen und weißen Hammeln und Pferden konnten dies aber nicht bestätigen.

Über das *Wachstum der Nebennieren* bei landwirtschaftlichen Nutztieren wissen wir sehr wenig. Abgesehen von den oben angeführten Gewichtsangaben von KRUPSKI[656] für Kälber und erwachsene Tiere besitzen wir für das *Rind* nur von SCHUBERT[1103] mitgeteilte Zahlen.

Bei jungen Schweinen, Schafen und Kälbern erscheinen oft, wie KRUPSKI[656] festgestellt hat, sehr beträchtliche Relativgewichte der Nebennieren bei neugeborenen Tieren.

Beim *Geflügel* hat URBAN[1243] genauere Daten über das Wachstum der Nebennieren für Huhn, Taube, Ente und Gans gesammelt und kommt hiernach zu dem Schlusse, daß die Größe und das Gewicht der Nebennieren bei diesen Tieren nur bis zum ersten Jahre zunimmt. Nach dieser Zeit tritt eine mäßige Abnahme ein. Das relative Gewicht sinkt auffallend in den ersten vier Monaten, und erhöht sich dann etwas zur Zeit der Geschlechtsreife (beim Haushuhn).

2. Hormonproduktion in den Nebennieren bei landwirtschaftlichen Nutztieren.

Die Nebennieren zeichnen sich durch einen hohen Cholesteringehalt aus. Dieser ist im allgemeinen nach MARINO[800] 25—27 mal größer als der einer Gewichtsmenge Blutes. Beim Pferde beträgt er nach HESS-THAYSEN (zit. BAYER[64], S. 791) 2,19—16,00 %, beim Ochsen 2,14—2,65 %, beim Schafe nach BEUMER[90] 1,396 %, bei der Gans und Ente nach PARHON und MARZA[912] 1,2—1,4 %.

Wie dieser Cholesteringehalt mit der endokrinen Funktion der Nebennieren im Zusammenhange steht, wurde bisher noch nicht geklärt. Aus den neuesten Arbeiten von ŠTEFL[1157] geht aber hervor, daß das Nebennierencholesterin eine bedeutende Funktion bei der Bildung jenes Nebennierenhormons besitzt, das am längsten und am besten bekannt ist: des *Adrenalins*. ŠTEFL kommt zu dem Schlusse, daß sich die Bildung des Adrenalins aus dessen Muttersubstanzen bzw. seine Regeneration aus seinen Oxydationsprodukten unter Mitwirkung des Cholesterins abspielt.

Das *Adrenalin*, das heute auch schon synthetisch erzeugt werden kann — was wir den Arbeiten von STOLZ[1172] und DAKIN[242] verdanken —, kommt in der Nebenniere nur in dem Mark vor. Es kann aber in sehr kleinen Mengen auch in der Nebennierenrinde gefunden werden (ABELOUS, SOULIÉ und TOUJAN[5, 6, 7, 8] und KAWASHINA[558]).

Die Menge des Adrenalins im Nebennierenmark beträgt durchschnittlich 0,1 % (ELLIOT[288, 289]), variiert aber um diesen Durchschnittswert sehr beträchtlich.

Nach GUGGENHEIMS[418] Zusammenstellung aller bisherigen Analysen kommen in den Nebennieren (ganzen Drüse) der einzelnen landwirtschaftlichen Nutztiere nebenstehende Adrenalinmengen vor.

Tierart	Milligramm Adrenalin in 1 g frischer Nebenniere
Pferd	1,06
Rind	2,5—3,5; 2,35—3,82; 0,35—0,89
Schwein . .	2,0
Schaf	1,45; 1,47; 2,4—3,08

Trendelenburg[1222] berechnet die Gesamtmenge des Adrenalins in den Nebennieren der einzelnen Tierarten folgenderweise:

	mg		mg
Pferd	28—32	Schwein	8,4—9,4
Kuh	84	Schaf	4,4—12,4
Rind	44—70		

Wo das Adrenalin gebildet wird, ist heute noch nicht bekannt. Von vielen Seiten wird mit Abelous[7] angenommen (vgl. auch Bayer[64]), daß es in der Rinde gebildet und im Mark nur gespeichert wird. Diese Ansicht findet eine bedeutende Stütze in einem Befunde von Abelous und Argaud[4a]: bei einem Schafbock, dessen Nebennierenmark durch Staphylokokken vernichtet war, gab die Rinde alle Reaktionen auf Adrenalin.

Der *Adrenalingehalt der Nebennieren* unterliegt gewissen *äußeren Faktoren*, besonders dem *Vitamingehalte* der Nahrung. McCarrison[771] gab an, daß die hypertrophierten Nebennieren bei an B-Avitaminose erkrankten *Tauben* einen erhöhten Adrenalingehalt haben. Verzár und Beznák[1252] fanden im Gegenteil bei beriberikranken Tauben einen niedrigeren Adrenalingehalt.

Sudo und Komatsu[1180] untersuchten diese Frage bei *Hühnern* und fanden, daß sich der Adrenalingehalt bei B-Avitaminose absolut nicht ändert, aber im Verhältnis zu dem verminderten Körpergewichte etwas zunimmt.

Aus einem Vergleich mit Hungertieren ist aber ersichtlich, daß dies nur die Folge des verminderten Körpergewichtes war.

Beznák[91] bestätigte die früheren Angaben über Hypertrophie der Nebennieren bei beriberikranken Tauben, fand aber auch keine Vermehrung des Adrenalingehaltes. Die Hypertrophie beruht hier ja auch auf einer Vermehrung des Rinden-, nicht aber des Markgewebes.

Neben dem Adrenalin kennen wir aus der letzten Zeit aus den Nebennieren noch ein weiteres Hormon. Nach Versuchen, die wirksame Substanz der Nebennierenrinde zu gewinnen (Hartmann, Griffith und Hartmann[460], Goldzieher[383], Rogoff und Stewart[1037—1039], Szent-György und andere — vgl. Štefl[1157]), gelang es neuerdings Swingle und Pfiffner[1188, 1189] und Hartmann und Brownell[457—459] (vgl. auch Hartmann[456]), aus Rindernebennieren eine als „Cortin" bezeichnete Substanz zu isolieren, deren Wirkung sich hauptsächlich in der lebenerhaltenden Potenz bei nebennierenlosen Tieren (Katzen) zeigte, die sonst nach Exstirpation der Nebennieren zugrunde gehen. In der allerneuesten Zeit isolierte Štefl[1157] eine ebenso wirkende Substanz auf einfachere Weise aus den Rindernebennieren. Andere Versuche mit Isolierung dieser Substanz haben auch Kutz[673], Zwemer[1393] und Zwemer, Agate und Schroeder[1394] ausgeführt. Bei allen diesen Arbeiten dienten die Nebennieren der landwirtschaftlichen Nutztiere (Rind) als Ausgangsmaterial.

3. Wann beginnt die Funktion der Nebennieren?

Das *Adrenalin* kann bei allen bisher untersuchten Tieren (Rind, Pferd, Schaf, Schwein, Haushuhn) schon in den embryonalen Drüsen festgestellt werden. Švehla[1184] fand als erster Adrenalin in den Nebennieren schon bei einem 45 cm langen Rindfetus. Ähnlich auch Fenger[308] bei Rind, Schaf und Schwein, Carey, Pratt und McCord cit. [1199] bei Rind, Langlois und Rehns[691] bei Schafen in der zweiten Hälfte der Trächtigkeit und Cevidalli und Leoncini[160] bei Rind und Pferd. Nach Saito[1057] kann das Adrenalin beim *Rinde* bis zu den 13—16 cm langen Föten herunter in den Nebennieren nachgewiesen werden. Bei Berechnung auf das Körpergewicht fand SAITO die embryonalen Nebennieren an Adrenalin reicher als die der erwachsenen Tiere.

Nach neueren Untersuchungen von WEYMANN[1308] beginnt die Adrenalinproduktion bei *Schweinenembryonen* von 40 mm Länge, und bei 45 mm langen Feten (14—15 Tage alt) ist die Adrenalinerzeugung schon im vollen Gange. Beim *Hühnerembryo* konnten HOGBEN und CREW[502] eine Adrenalinreaktion in Extrakten am 16. Tage der Brütung schon deutlich erkennen. Am 14. Tage war die Reaktion noch undeutlich. Die Adrenalinproduktion beginnt demnach zwischen dem 14.—16. Brütungstage. OKUDA[885] konnte aber Spuren von Adrenalin schon am 8. Brütungstage feststellen, wonach der Adrenalingehalt progressiv bis zu 0,030—0,042 mg am Bruttage sich vermehrt.

Allein durch diese Feststellung des Adrenalins in den embryonalen Nebennieren kann freilich die Frage nach ihrer funktionellen Wirkung in dem Körper noch nicht beantwortet werden. Die *Produktion* bedeutet noch nicht die Ausscheidung. In den Geweben des Körpers oder im Blutkreislaufe wurde bei den Embryonen das Adrenalin noch nicht festgestellt bzw. nicht geprüft.

II. Einflüsse der Nebennieren auf den Stoffwechsel beim Rind.

Beim Rind sind die sehr gut heilenden *Wirkungen des Adrenalins auf die Osteomalacie* wohl bekannt. Diese Wirkung wurde zum ersten Male von BOSSI[116] beim Menschen (gravide Frauen) beschrieben und nachher von vielen bestätigt; die bis 1909 mitgeteilten Erfahrungen hat STOCKER[1169] zusammengefaßt. Bei menschlicher Rachitis hat die Adrenalinbehandlung mit ähnlichen Resultaten STÖLZNER[1170, 1171] angewendet. Angeregt durch diese Erfahrungen nahm ŽIVOTSKÝ[1370] in Mähren praktisch angelegte Versuche vor, die höchst günstige Ergebnisse hatten. Von 327 Stück Rindvieh in 7 Ortschaften wurden 227, also 69,5 %, geheilt; 63 wurden mit fraglichem Ergebnis vorzeitig geschlachtet. Nicht ausgeheilt blieben 37 Stück, also nur 11,3%. Diese Adrenalinwirkung bewährte sich besonders in der ersten Phase der Osteomalacienerkrankung. Bei hochträchtigen Kühen in fortgeschrittenen Fällen blieb die Adrenalinbehandlung erfolglos. Besonders günstig wirkte es bei jungen und gut ernährten Tieren. Als Dosis wurden 2—4 und selbst 20 g einer $^1/_{1000}$ Lösung angewendet. Ähnlich berichtete auch HŘEBAČKA[507] über gute Erfolge der Adrenalintherapie beim Rinde; von 108 osteomalacischen Tieren konnte er mit wiederholten Injektionen von 4,0 bis 8,0 cm³ einer $^1/_{1000}$ Adrenalinlösung 67 ausheilen, also ca. 70%. Schlechte Erfolge hatte er bei trächtigen und bei melkenden Kühen und in Fällen, in denen das Vieh in der Pflege vernachlässigt war.

Diese Adrenalinwirkung muß auf gewissen Umänderungen des *Ca- und P-Stoffwechsels* beruhen. KRAML[605] stellte fest, daß das *Serum-CaO* beim Rinde in der Norm nur in den engen Grenzen von 10,24—12,79 mg% schwankt, also praktisch konstant ist. Bei osteomalacisch erkrankten Kühen zeigt es dagegen eine große Labilität: so fand KRAML hier unter 25 Tieren Erhöhungen des CaO bis um 35,76%, und Abnahmen bis um 16,69%, bei 11 Kühen war es auf normaler Höhe. Nach Adrenalininjektionen (2,5—6 cm³ $^1/_{1000}$) fand er sowohl bei normalen als auch osteomalacischen Kühen stets eine, freilich nach höchstens 24 Stunden vorübergehende Senkung des Serumkalkspiegels, bei normalen um 7,1—21,9% und bei osteomalacischen um 8,6—24,9%. Zu ähnlichem Ergebnis gelangte auch SCHLESINGER[1079] bei einer normalen Kuh. Der *Phosphor*, der sich zu 4,24—5,98 mg% beim normalen Rinde im Blutserum findet, erfährt nach PETR[927] nach Adrenalininjektion (5 cm³ $^1/_{1000}$) in 5—15 Minuten eine Abnahme, die aber bald durch eine vorübergehende Zunahme ersetzt wird, der dann die

Rückkehr zur Norm folgt. Der Versuch von Petr an einer Kuh bedarf aber noch der Prüfung an einem größeren Material.

Auch gewisse *Änderungen des Blutbildes nach Adrenalininjektionen* zeigen sich beim Rinde. Šnajberg[1147] fand bei 3 osteomalacischen Kühen und einer rachitischen Kälbin nach 1—9 cm³ ($^1/_{1000}$) meistens eine Zunahme der roten und weißen Blutkörperchen, selten Abnahme und nur in einzelnen Fällen keine Wirkung. Der *Hämoglobingehalt* ändert sich parallel der Erythrocytenzahl. Die Lymphocytenzahl zeigt meist Anstieg, seltener eine Abnahme; ihre Zu- und Abnahme wurde von Ab- und Zunahme der neutrophilen Leukocyten begleitet. Dabei zeigte sich starke Poikylocytose und Polychromasie der roten Blutkörperchen. Alle diese Veränderungen des Blutes erscheinen in 1—6 Stunden nach der Injektion und dauern 2—24 Stunden. Šnajberg ist der Meinung, daß das Adrenalin direkt auf die hämatopoetischen Organe einwirkt.

Inwiefern diese Wirkungen des Adrenalins mit seiner heilenden Wirkung auf die Osteomalacie im Zusammenhange stehen, läßt sich nicht sagen. Bezüglich des Einflusses auf das Ca und P des Blutserums meint Klobouk[582], daß dieser zu kurzdauernd ist, um für die Behandlung der Osteomalacie entscheidende Bedeutung haben zu können. Man darf aber nicht vergessen, daß diese Therapie auf *wiederholten* Injektionen begründet ist.

Zu erwähnen ist noch, daß die in allen oben angeführten Versuchen verwendeten hohen Adrenalingaben von 1—20 mg, die harmlos vertragen wurden bzw. therapeutisch wirkten, mit den bei Bayer[64] (S. 688) zitierten Angaben von Muto, nach denen die letale Adrenalingabe beim Rinde 0,4 mg beträgt, nicht übereinstimmen. Diese Angabe von Muto muß demnach korrigiert werden.

III. Einflüsse der Nebennieren auf den Stoffwechsel beim Pferd.

Für das Pferd besitzen wir nur die Angabe von Habersang[426], daß es nach einer subcutanen Injektion von *Adrenalin* (10 cm³) meist zu deutlichem *Temperaturanstieg* kommt; dieser ist eine Folge der allgemein bekannten anregenden Wirkung des Adrenalins auf den Stoffwechsel. Weiter erschien im *Blutbilde* eine vorübergehende schwache Lymphocytose, die sich nach einer weiteren Injektion mächtig erhöhte und zwei Tage dauerte. Diese Lymphocytose beruht nach Habersang nicht auf Erhöhung der Produktion, sondern auf Ausschwemmung der Lymphocyten aus der Milz infolge Kontraktionen.

IV. Einflüsse der Nebennieren auf den Stoffwechsel beim Schweine.

Ähnlich wie für das Rind berichtet Životský[1370] auch für das Schwein über eine therapeutische *Wirkung des Adrenalins bei Rachitis.* Durch Injektionen einer $^1/_{1000}$ Adrenalinlösung in der Gabe von 1 cm³ auf 10 kg des Lebendgewichtes wurden von 85 Schweinen 79, also 93%, geheilt.

Wie sich der Blutserumkalk und -Phosphor beim Schweine nach Adrenalininjektionen verhält, wurde bisher nicht untersucht. Rachitische Tiere zeigen nach Petr nur einen hohen Phosphorwert: 8,72—13,38 mg% P, gegenüber 4,64—7,49 mg% bei normalen Tieren.

V. Einflüsse der Nebennieren auf den Stoffwechsel bei Schafen und Ziegen.

Bei einem Mutterschafe in der Mitte der Trächtigkeit beobachtete Bossi[116] nach *Exstirpation einer Nebenniere* osteomalacische Erkrankung. Schon am 7. Tage nach der Operation konnte man diese bemerken und am 8. Tage trat Verbiegung der Gelenke am ganzen Körper auf; aufzustehen schien dem Tiere unmöglich zu sein.

Sowohl bei osteomalacischen als auch normalen Ziegen beeinflussen Adrenalininjektionen den Blutserumkalkspiegel und -Phosphorspiegel ähnlich wie beim Rinde. KRAML[605] fand bei den osteomalacischen bzw. an Rachitis oder Ostitis fibrosa erkrankten Tieren einen niedrigeren bzw. schwankenderen Kalkspiegel als bei normalen Tieren (12,23—14,50 mg %). Bei osteomalacischen beobachtete er nach 25 Minuten eine kurzdauernde Abnahme des Serumkalkspiegels, die nach 8—9 Stunden wieder verschwand. SCHLESINGER[1079] fand bei einer Ziege zuerst Zunahme und nach 102 Minuten eine Abnahme, bei einer anderen aber schon in 15 Minuten eine 10proz. Abnahme des Serumkalkes.

Der Gehalt an Blutserumphosphor, der sich nach PETR[927] bei normalen Ziegen auf 5,16—6,97 mg % beläuft, erfährt unmittelbar nach der Injektion (1 cm³ $^1/_{1000}$) eine Abnahme, der eine Erhöhung und nachher Rückkehr zur Norm folgt; dies alles geschieht innerhalb 6—24 Stunden.

Das *Blutbild* erfährt nach ŠNAJBERG[1147] bei normalen und osteomalacischen Ziegen nach Adrenalininjektionen dieselben Veränderungen wie beim Rinde.

Über die *Wirkung von Adrenalininjektionen auf die Milchsekretion* fanden bei Ziegen HAMMOND und HAWK[437], daß diese unmittelbar nach der Injektion nicht verändert wird, daß sich die Milchmenge aber innerhalb 24 Stunden erhöht. ROTHLIN, PLIMMER und HUSBAND[1048] kamen aber zu negativem Ergebnis.

VI. Einflüsse der Nebennieren auf den Stoffwechsel beim Geflügel.

Beim Huhn ruft *Adrenalin*, intravenös oder lokal appliziert, nach ELLIOT (zit. BAYER[64], S. 608) Kontraktion des Duodenum, Kontraktion oder Hemmung des Dünndarmes und Hemmung des Colons, des Sphincter coecocolicus, des

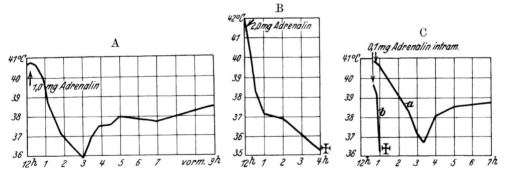

Abb. 187. Wirkung des Adrenalins auf die Körpertemperatur bei normalen und bei auf Avitaminose erkrankten Tauben. (Nach ABDERHALDEN und WERTHEIMER.) A. Verlauf der Temperaturkurve bei einer normalen Kurve und niedriger Dosierung. B. Verlauf der Temperaturkurve bei Überdosierung des Adrenalins bei einer normalen Taube. C. Verlauf der Temperaturkurve bei einer normalen (a) und einer Beriberikranken (b) Taube.

Caecums und des Sphincter ani internus hervor. Nach den Untersuchungen von O'CONNOR und STROSS (zit. BAYER[64], S. 608) kommt es bei den Tauben zu einer Hemmung der Darmtätigkeit.

Bei Tauben fanden ABDERHALDEN und WERTHEIMER[1] bei Adrenalinzufuhr eine enorme Temperatur- und Gaswechselsenkung. Die Temperatur sinkt zunächst (vgl. Abb. 187 A) je nach der Dosis verhältnismäßig rasch, dann erfolgt ein Ansteigen der Kurve auf ein Niveau, auf dem sie mehrere Tage verharren kann, um ganz allmählich zur ursprünglichen Höhe zurückzukehren. Bei Überdosierung stürzt die Temperatur allmählich weiter bis zum Tode des Tieres (Abb. 187 B). Bei beriberikranken Tieren ist die Adrenalinwirkung viel intensiver und auch bei niedrigen Dosen tötend. Es erfolgt (vgl. Abb. 187 C) ein jähes Absinken der Temperatur.

Wiederholte Injektionen von 0,25 mg Suprarenin rufen nach Schmitz und Pollack[1089] an Tauben neben Erweiterung der Pupille und feinschlägigem Zittern *große Freßlust* hervor, der Cholesteringehalt des Blutes steigt um mehr als $100^0/_0$, die Blutphosphatide ändern sich aber nicht bzw. nur sehr wenig.

Die gesteigerte Freßlust erscheint nach Adrenalininjektionen auch bei mit Reis gefütterten und beriberikranken Tauben, bei denen sonst nach gewisser Zeit der Reisfütterung die Freßlust völlig verschwindet.

Bei Hühnern, die vom 12. Tage an mit getrocknetem Nebennierenmark zugefüttert wurden (30 mg täglich), beobachteten Eaton, Insko, Thompson und Chidester[282] in den ersten drei Wochen normales Wachstum, dann aber Verlangsamung des Wachstums; die Hoden der Hähnchen zeigten ein Zurückbleiben in ihrer Entwicklung.

Pighini[938] beobachtete bei Hennen nach Adrenalininjektionen˙ eine neutrophile Leukocytose.

Die Albinisierung, die bei Hühnern nach Hyperthyreoidisierung erscheint (s. oben S. 567), kann nach Vermeulen[1251] durch gleichzeitige Adrenalininjektionen unterdrückt werden. Das Adrenalin hemmt also demnach die depressive Wirkung des Thyreoideahormons auf die Pigmentbildung bzw. fördert die letztere. In diesem Zusammenhange mag der Befund von Crew[223] an einer schwarzen Leghornhenne von Bedeutung sein, die spontan weißes Gefieder bekam. Bei der Sektion wurde ein Tumor vorgefunden, der neben dem Ovarium auch das Nebennierengewebe völlig vernichtet hatte. Die Dysfunktion der Nebennieren sollte hier zu der Depigmentierung führen. Diese Beziehungen erhellen gut die neueren Versuche von Štefl[1157], wonach Adrenalin bzw. seine Oxydationsprodukte zur Bildung von Hauptpigmenten verwendet werden können und wahrscheinlich auch verwendet werden. Fehlen diese Substanzen infolge Destruktion der Nebennieren, so wird die Pigmentbildung gehemmt; sind diese Substanzen im Überschuß vorhanden, so begünstigen sie die Pigmentneubildung auch unter Verhältnissen, die der Pigmentbildung und -erhalt ungünstig sind (Vermeulens Adrenalininjektionen bei hyperthyreoidisierten Hühnern). Eine spontane Albinisierung erscheint bei Hühnern aber auch ohne anatomisch sichtbare Veränderung der Nebennieren: ich habe einen solchen Fall bei einer Labresse Henne mit anatomisch normalen Nebennieren beobachten können (Kříženecký[630]), und einen ähnlichen Fall scheint auch Mürsier[860] gefunden zu haben. Hier beruhte die Depigmentierung entweder auf einer rein physiologischen Hemmung der Adrenalinbildung oder auf anderen, mit den Nebennieren nicht direkt zusammenhängenden Faktoren.

Gewisse Erfahrungen liegen auch für die Wirkung der *Nebennierenrindenhormone* vor.

Hogben[501] fand bei jungen Hühnchen die Extrakte der Nebennierenrinde auf die Geschlechtsorgane unwirksam; es erschien nur eine schwache Hemmung des Wachstums. Dagegen fand neuerdings Ohnishi[883], daß Injektionen von Rindenextrakt aus Ochsennebennieren in bebrütete Hühnereier und Verfütterung desselben Extraktes an junge Küken eine Beschleunigung der Entwicklung, raschere Gewichtszunahme der Hoden und Vergrößerung der Schilddrüse bis zur Kolloidstruma verursachen. In den Versuchen von Riddle und Minoura[1020] hatten die Injektionen von Nebennierenrinde bei jungen Ringtauben keine Wirkung auf das Wachstum, und bei den Weibchen zeigte sich die Geschlechtsreife eher später als normal.

Perorale Darreichung von getrockneter Nebennierenrinde rief in den Versuchen von Eaton, Insko, Thompson und Chidester[282] in den ersten acht

Wochen bei 30 mg täglich eine Hemmung des Wachstums hervor. Später erfuhr dieses eine Beschleunigung, so daß das Gewicht der Kontrolltiere beinahe eingeholt wurde. Die Hoden der Hähnchen waren unnormal groß und schwer. Die Forscher schließen auf eine Beschleunigung der Geschlechtsreife.

Um Rindenhormone handelte es sich wahrscheinlich auch in den Versuchen von SCHMITZ und REISS[1090], nach denen die Beri-Beri-Erkrankung der Tauben durch Injektionen eines adrenalinfreien Nebennierenextraktes gehemmt werden kann. Während bei unbehandelten Kontrolltieren die Symptome Hypercholesterinämie, Hypophosphatidämie und Massenzunahme der Nebennieren sowie die bekannten polyneuritischen Symptome hervortraten, zeigte sich keines dieser Symptome bei mit Nebennierenextrakt behandelten Tauben.

Weitere Versuche von SCHMITZ und POLLACK[1089] ergaben, daß Adrenalininjektionen diese Wirkung auf die Tauben-Beri-Beri nicht haben. Da auch das Cholin, das sich sonst ebenfalls im Nebennierenextrakte befindet, diese Wirkung nicht ausübt, so muß der Träger der Schutzwirkung der Nebennierenextrakte gegen die B-Avitaminose eine andere, noch unbekannte Substanz der Nebennieren sein. Ob es das neuerdings isolierte *Cortin* (Hormon der Rinde) ist, wurde noch nicht geprüft.

CONNOR[196] hat gefunden, daß *wäßriges Extrakt* der Nebennierenrinde neun Hennen injiziert, die Eierlegung sistiert und zur Degeneration der Follikeln führt. SWINGLES *Lipoidextrakt* der Nebennierenrinde ließ aber nach CONNORS[197] Versuchen an fünf Hennen die Eierproduktion unbeeinflußt.

Wiederholte Implantationen von *ganzen Nebennieren* aus erwachsenen jungen Tauben und Ringtauben auf Tauben- und Ringtaubenküken hatten in den Versuchen von RIDDLE und MINOURA[1020] bei den Ringtauben keinen Einfluß auf die Größe der eigenen Nebennieren. Das Wachstum verlief etwas weniger intensiv. Die Geschlechtsreife machte bei den Weibchen den Eindruck einer Beschleunigung. Die Ovarien waren gegenüber den Kontrolltieren verkleinert (169 mg gegenüber 237 mg), die Hoden aber vergrößert (1070 mg gegenüber 706 mg). Die Fortpflanzungsfähigkeit der Tiere war normal, und auch in der Nachkommenschaft ließen sich weder in der Lebensfähigkeit noch der Geschlechtsreife und der Zahl der gelegten Eier Abweichungen von der Norm feststellen.

In diesen Zusammenhang gehören auch die Befunde von RIDDLE, HONEYWELL und SPANNUTH[1017], nach denen bei den Tauben und Ringtauben zwischen der Größe der Nebennieren und dem *Blutzuckerspiegel* eine entgegengesetzte Korrelation besteht: hoher Blutzuckerspiegel kommt bei Tieren mit kleinen Nebennieren vor und umgekehrt. Tiere mit großen bzw. kleinen Nebennieren zeigten auch regelmäßig große bzw. kleine Schilddrüsen.

MACOWAN[782] teilte neuerdings mit, daß zwischen der Eigröße *bei der Eibildung* und dem Gewicht der Nebennieren bei den Hennen ein gewisser Zusammenhang besteht. Das Gewicht der Nebennieren scheint bei einem Eigewicht zwischen 10—20 g mit zunehmendem Eigewicht abzunehmen, über dieser Grenze aber mit dem Eigewicht zuzunehmen.

Endlich sei angeführt, daß BERNNER[87] bei einer Leghornhenne mit Tumor der Nebennieren das Ovarium hypoplastisch fand. Das Tier zeigte ein männliches Aussehen, was wohl mit der Ovariumhypoplasie zusammenhängen mag (physiologischer Kastrat). Vom Kastraten unterschied es sich aber durch gut ausgebildeten Kamm und Ohrläppchen.

G. Die Nebenschilddrüsen.   (Glandulae parathyreoideae. Epithelkörperchen.)

Mit einem Anhang über die endokrine Funktion der *Bürzeldrüse* (Glandula uropygii).

Über die Bedeutung der Parathyreoideen für den Stoffwechsel der landwirtschaftlichen Nutztiere ist nächst der Zirbeldrüse am wenigsten bekannt. Nur bei Schafen und Ziegen liegen gewisse Erfahrungen vor, die wir der leichten operativen Zugänglichkeit der Drüse bei diesen Tieren verdanken.

Entdeckt und beschrieben wurden die Nebenschilddrüsen bei landwirtschaftlichen Nutztieren von Wölfler[1326] an Rinderembryonen, von Stieda[1163] an Schaf- und Schweineembryonen und von Baber[47] bei Schaf und Taube. Sie wurden aber zuerst nicht als endokrine Drüsen gedeutet.

I. Morphologie und Funktion der Nebenschilddrüsen bei den landwirtschaftlichen Nutztieren.

Die Parathyreoidea ist ein doppelpaariges Organ. Sie kommt als ein oberes (äußeres) und ein unteres (inneres) Paar von selbständigen Drüsen vor. Das untere Paar ist sehr eng mit der Schilddrüse verbunden, indem es an der Hinterfläche des Schilddrüsenseitenlappens gelegen ist; es kann auch leicht mit diesem mitentfernt werden. Das obere Paar ist von der Thyreoidea durch eine Bindegewebsschicht getrennt. Die Epithelkörperchen stellen im allgemeinen kleine, 0,5—10 mm große, blaßrote Blutlymphknoten dar, von meist rundlicher oder ovaler, etwas abgeplatteter Form (Ellenberger und Baum[285]).

Eine Ausnahme von diesem Schema der Lage der Nebenschilddrüsen macht nur das *Pferd*, bei dem stets oder in der Mehrzahl der Fälle alle Epithelkörperchen außen liegen (Vermeulen[1250]).

Beim *Rinde* reichen die beiden lateralen Epithelkörperchen nicht bis zur Schilddrüse, sondern bleiben dauernd mit dem kranialen Ende der Thymus in Verbindung. Die medialen Nebenschilddrüsen sitzen jederseits an der medialen, der Trachea zugekehrten Fläche des entsprechenden Seitenlappens der Thyreoidea und sind nicht immer leicht aufzufinden (Krupski[656]).

Am weitesten entfernt von der Schilddrüse sind die äußeren Epithelkörperchen beim *Schweine* (Vermeulen[1250]). Hier fehlen nach Ellenberger und Baum[285] in der Regel die inneren Parathyreoideen. Auch Vermeulen[1250] hat keine gefunden.

Bei *Schafen* und Ziegen besitzen die inneren Körperchen keine eigene Kapsel und gehen in das Schilddrüsengewebe über (Vermeulen[1250]). Die inneren Epithelkörperchen kommen hier immer mitten im Schilddrüsengewebe (Vermeulen[1250]) vor.

Beim *Geflügel* liegen die Epithelkörperchen im Thorax unterhalb der Schilddrüsenlappen, wo sie oberhalb des Herzens auf den großen Gefäßen sitzen (Vermeulen[1250]). Näheres über die Anatomie der Nebenschilddrüsen beim Geflügel (Hühnern) gibt Yamaoka[1333] an.

In der *mikroskopischen Struktur* unterscheidet man die sog. *Hauptzellen*, die ziemlich groß sind, polygonal mit schlecht färbbarem Protoplasma und ziemlich gefärbtem Kern, und sog. *chromophile* oder *oxyphile Zellen* mit fein granulierten, mit sauren Farbstoffen gut färbbarem Protoplasma und kleinen Kernen. Unter den Hauptzellen versteht man die von Getzowa[371] differenzierten wasserhellen Zellen, rosaroten Zellen und syncytiumähnlichen Zellen (vgl. Fischer-Wasels und Berberich[321]).

VERMEULEN[1250] ist der Ansicht, daß die Unterschiede in der Färbbarkeit der Hauptzellen und der chromophilen Zellen auf Verschiedenheiten im Funktionsgrade beruhen. Nach PEPERE[923] sollen die oxyphilen Zellen die eigentlichen hormonproduzierenden Elemente der Parathyreoideen sein.

In den Pferdenebenschilddrüsen fand BOBEAU[107] Fett und Lipoide. Diese Substanzen sollen hier nicht als Degenerationsprodukte gedeutet werden, sondern physiologische Stoffwechselprodukte sein.

Öfters findet man in den Epithelkörperchen kleine Vakuolen oder mit kolloidartigen Stoffen ausgefüllte Räume (VERMEULEN[1250]), was die Struktur der Nebenschilddrüsen jener der Thyreoidea ähnlich macht.

Akzessorische Nebenschilddrüsen kommen sehr oft bei *Schafen* vor. SCHAPER[1065] beschreibt solche nahe der Verzweigung und entlang der Arteria com. JEANDELIZE[530] hat seine Befunde bestätigt.

Die *Größe der Parathyreoideen* ist auch unter den verschiedenen Arten der landwirtschaftlichen Nutztiere wenig variabel. In der Länge sind die äußeren Epithelkörperchen des Pferdes, des erwachsenen Schafes und der Ziege gleichgroß (5—6 mm), im Gewichte sind sie beim Pferde bis 45 mg, bei Schaf und Ziege bis 55 mg schwer (VERMEULEN[1250]). Beim *Rinde* schwankt die Größe der Epithelkörperchen nach KRUPSKI[656] zwischen 0,25 und 1,45 g. Das Durchschnittsgewicht im gemischten Material von Kühen, Ochsen und Stieren betrug 0,66 g. Das relative Gewicht schwankt zwischen 0,00095 und 0,00622, Durchschnitt 0,002437. Auffallend ist das hohe Gewicht der Epithelkörperchen bei Kühen (0,00113—0,00622 g, Durchschnitt 0,00325 g). KRUPSKI meint, daß dies damit zusammenhängt, daß der *Kalkstoffwechsel*, der zum großen Teile von den Parathyreoideen beherrscht wird, bei der *Milchsekretion* eine bedeutende Rolle spielt.

Bei *Hühnern* (rebhuhnfarbigen Italienern) variiert das Gewicht der Parathyreoideen nach den Untersuchungen von JUHN und MITCHELL jun.[545a] bei Hähnen zwischen 0,0092 und 0,0282 g, Durchschnitt 0,0165 g, bei Hennen zwischen 0,0134 und 0,0384 g, Durchschnitt 0,0192 g, bei Kapaunen 0,0138 und 0,0418 g, Durchschnitt 0,0234 g. Das relative Gewicht beträgt bei Hähnen 0,00143, bei Hennen 0,00228, bei Kapaunen 0,00228. Die Parathyreoideen bei Hennen sind also sowohl absolut als auch relativ schwerer als bei den Hähnen. Dies hängt — in Analogie zu den Verhältnissen beim Rinde — wahrscheinlich damit zusammen, daß die *Eibildung* (Schale) bei der Henne einen hohen Anspruch auf den *Kalkstoffwechsel* macht. Von diesem Standpunkte überrascht aber das hohe Gewicht der Parathyreoideen bei den Kapaunen, die relativ denen der Hennen gleich, absolut aber noch schwerer sind. Die Hoden üben deutlich einen hemmenden Einfluß auf die Parathyreoideen aus, und die Größe der wahrscheinlich intensiv funktionierenden Parathyreoideen bei den Hennen wird also durch das Fehlen dieser hemmenden Hodenwirkung ermöglicht.

Im *Alter* erscheint in den Epithelkörperchen das Auftreten von interstitiellem Fettgewebe, wie es VERMEULEN[1250] bei Pferden beschrieben hat. TRAUTMANN[1217], VERMEULEN[1250]. BOBEAU und KAPP (ROMEIS[1041], S. 1760) beschrieben bei alten Haustieren auch oxyphile Zellen in den Epithelkörperchen, und nach LITTY[738] kommen darin beim Pferde auch Abnutzungspigmente vor. LETH (ROMEIS[1041], S. 1760) fand bei alten Pferden adenomatöse Wucherungen.

Das *aktive Prinzip* der Nebenschilddrüsen wurde neuerdings von COLLIP und seinen Mitarbeitern (COLLIP[192], COLLIP, CLARK und SCOTT[193 195]) in Form eines wäßrigen Extraktes aus Parathyreoideen des Rindes isoliert. Es zeichnet sich dadurch aus, daß es den Gehalt an Blutcalcium, Blutphosphor und Reststickstoff steigert (vgl. auch FISCHER und LARSON[324]) und die Tetanie nach Parathyreoidektomie hemmt. Von Collip, Clark und Scott[195] wird die steigernde Wirkung auf das Blutcalcium zur Titrierung des Präparates benutzt (vgl. näher Guggenheim[418]).

Der innige Zusammenhang der Parathyreoideen mit der Schilddrüse ließ seinerzeit die Frage aufkommen, ob die Parathyreoideen nicht auch *Jod* enthalten. Bei Kuh, Pferd und Schaf fanden Estes und Cecil[294] jedesmal überhaupt kein Jod vor. Nur bei einem Pferde fanden sie 0,06 mg in 3,78 g getrockneter Nebenschilddrüsensubstanz. Blum[106] hat aber durch wiederholte Analysen nachgewiesen, daß die Pferdeparathyreoideen kein Jod enthalten, Chenu und Morel[171] stellten fest, daß die Hühnerparathyreoideen viel weniger Jod enthalten als die Thyreoidea.

Ob das von Collip aus Rinderdrüsen isolierte, aktive Hormon auch Jod enthält, ist noch nicht sichergestellt. Nur nach den Untersuchungen von Hjort, Gruhzit und Flieger[498] ist dies wahrscheinlich. Es ist deshalb möglich, daß das Jod nur ein akzessorischer Bestandteil der Parathyreoideen ist, der zu deren hormonalen Funktion in keiner Beziehung steht.

Für die Feststellung der *Zeit, wann* die Parathyreoideen bei der embryonalen Entwicklung *ihre Hormonproduktion und Funktion beginnen*, besitzen wir weder für die landwirtschaftlichen Nutztiere noch auch sonst Anhaltspunkte. Die Frage wurde experimentell noch nicht in Angriff genommen. Nach Thomas' Ansicht[1199] beginnt die Aufgabe der Epithelkörperchen erst einige Zeit nach der Geburt.

Bedeutungsvoll ist der Umstand, daß die Parathyreoideen zu ihrer normalen Entwicklung und Funktion *unbedingt volles Tages- bzw. Sonnenlicht brauchen*. Higgins und Sheard[490] fanden, daß wachsende Hühner, die im Tageslicht unter Blauglas- und Bernsteinglasfiltern gehalten wurden, schon in den ersten Wochen eine zunehmende Vergrößerung der Nebenschilddrüsen zeigten. Da kein Mangel an ultravioletten Strahlen bestand (spektrophotometrische Messungen), läßt sich diese Wirkung, die sich durch Lebertran kompensieren ließ und unter Fensterglasfiltern nicht erschien, auf einen Mangel an ultravioletten Strahlen nicht zurückführen, es soll sich vielmehr um Folgen eines allgemeinen Lichtmangels gehandelt haben. Später erschienen in den Parathyreoideen auch Cysten. Dasselbe fanden Sheard und Higgins[1122] auch bei Küken, die vom Alter 1 Woche an unter Blauglas und Ambraglas gehalten wurden, von welchen Filtern das Blauglas alle Strahlen von 680—520 $\mu\mu$ absorbiert und das Amberglas nur diejenigen von 500—700 $\mu\mu$ durchläßt. In diesen Versuchen zeigten die Hühner mit hyperplastischen Parathyreoideen weniger gute Entwicklung. Lebertran konnte auch hier diese Folgen kompensieren. In weiteren Versuchen zeigten Sheard, Higgins und Foster[1123], daß sich bei Hühnern, die durch Filter mit Wellenlängen von nur 400—290 $\mu\mu$ und nur 20 % von 330 $\mu\mu$ Wellen bestrahlt wurden, die Parathyreoideen abnormal entwickelt haben. Nachträgliche Beleuchtung mit vollem Sonnenlicht entfernte diese Entwicklungsstörungen. Parallel mit der Ausbildung der Parathyreoideen ging auch die körperliche Entwicklung und das Wachstum der Hühner. Die Notwendigkeit sowohl der kurz- als auch der langwelligen Strahlen für die normale Entwicklung der Hühnerparathyreoideen bestätigten ferner Higgins, Foster und Sheard[489] in Versuchen, in denen die Hühner mit D-vitaminfreier Nahrung gefüttert wurden. Interessant ist, daß nach Sheard, Higgins und Foster[1123] die ergänzende Bestrahlung mit ultraviolettem Lichte schon dann genügt, wenn nur der Kopf bestrahlt wird. Die Wirkung des Lichtes auf die Körperentwicklung geht also deutlich auf dem Wege über die Beeinflussung der Parathyreoideen.

Von anderen Faktoren ist bekannt, daß die *Hypophysektomie* bei Hühnern die Struktur der Nebenschilddrüsen nicht ändert (Mitchell jun.[821a]).

II. Einflüsse der Nebenschilddrüsen auf den Stoffwechsel beim Rind.

Das oben erwähnte große Gewicht der Nebenschilddrüsen bei Kühen kann nach KRUPSKI[656] mit der Milchsekretion in Zusammenhang gebracht werden, da bei dieser infolge des hohen Kalkgehaltes der Milch der Kalkstoffwechsel eine bedeutende Rolle spielt. Es wäre von großer Bedeutung, von diesem Gesichtspunkte aus folgendes näher zu untersuchen: 1. die Wirkung der Parathyreoideapräparate auf die Milchsekretion der Milchkühe und den Kalkgehalt der Milch, und 2. die Größe der Epithelkörperchen bei hochproduzierenden und bei wenig milchgebenden Rassen und Schlägen. Vielleicht besteht auch ein Zusammenhang zwischen der günstigen Wirkung der Kastration auf die Milchsekretion, wie sie sich bei einigen Viehrassen zeigt (vgl. oben S. 369 u. f.), und der heilenden Wirkung der Kastration bei Osteomalacie, die wir aus der humanen Medizin kennen und die über die Nebenschilddrüsen gehen mag.

Mit den trophischen Störungen (Kachexie), die nach der *Parathyreoidektomie*, wie in Versuchen an anderen Tieren festgestellt wurde (vgl. BIEDL I, S. 99[93]), eintreten, hängt wahrscheinlich auch der Befund zusammen, den SCHIÖTZ[1077] gemacht hat, daß bei starblinden Kälbern Läsionen der Epithelkörperchen festgestellt werden können.

III. Einflüsse der Nebenschilddrüsen auf den Stoffwechsel bei Schafen und Ziegen.

Bei Schaf und Ziege besitzen wir gewisse experimentelle Erfahrungen über die Bedeutung der Nebenschilddrüsen für Stoffwechsel und Entwicklung. Alle diese beziehen sich auf die *Folgen der Parathyreoidektomie*.

Über die Wirkung der Exstirpation der Epithelkörperchen bei Schafen und Ziegen führten die ersten Versuche MACCOLLUM, THOMPSON und MURPHY[776] aus. Bei Schafen beobachteten sie nur leichte Muskelzuckungen, auch ausgesprochene Kachexie, doch keine typische Tetanie. Bei den Ziegen beobachteten sie in zwei Fällen auch eine äußerst heftige Tetanie. Später führte ROSSI[1047] ähnliche Versuche aus und fand, daß die Tiere selbst die Exstirpation aller Epithelkörperchen ziemlich gut vertragen. Die Operation war aber nach seinen eigenen Angaben offenbar keine vollkommene gewesen. Es scheint, daß die Folgen der Parathyreoidektomie (wenn mit Thyreoidektomie verbunden) bei Schafen vom Alter abhängen. S. SIMPSON[1134] konnte feststellen, daß die Operation bei erwachsenen Schafen ohne Folgen bleibt, bei 5—7 Wochen alten aber zur akuten tödlichen Tetanie führt. In weiteren Versuchen hat SIMPSON[1138] bestätigt, daß es bei den Schafen nach der Entfernung der Epithelkörperchen (samt der Schilddrüse) nur selten zu tetanischen Erscheinungen kommt; solche traten nur bei einem einzigen der Versuchstiere 6 Monate nach der Operation (nach der Geburt eines toten Fetus) auf, obgleich, wie die Sektionen gezeigt hatten, die Parathyreoidektomie bei den meisten Tieren eine vollkommene war. SIMPSON erklärt dieses abweichende Verhalten der Schafe dadurch, daß sie als Pflanzenfresser eine andere Darmflora besitzen als die fleischfressenden Tiere, und daß bei ihnen infolgedessen keine toxisch wirkenden Stoffe im Darme entstehen, die durch die Epithelkörperchen unschädlich gemacht werden müßten.

Bei *Ziegen* aber folgt nach CHRISTEN[176] der totalen Parathyreoidektomie eine stürmisch verlaufende Tetanie. BIEDL[94] bestätigte diese Angabe.

S. SIMPSON[1138] beobachtete nach der Parathyreoidektomie bei den Lämmern eine Erhöhung der Temperatur (auf 111° F), was seiner Ansicht nach auch Folge der erhöhten Muskeltätigkeit sein kann.

HUNTER[512, 513] beobachtete bei Schafen, daß nach der Parathyreoidektomie die Ausscheidung von Purinstickstoff und anderem Stickstoff im Harne vermehrt wird.

Zum Unterschiede von anderen Tieren haben Botschkareff und Dani-lova[117] bei Hammeln, denen mit den Schilddrüsen auch die Nebenschilddrüsen entfernt worden sein sollten, keine Änderung des Calciumgehaltes des Blutes (vgl. oben S. 542) gefunden. Mit Rücksicht auf das Vorkommen akzessorischer Nebenschilddrüsen bleibt aber fraglich, ob das Nebenschilddrüsengewebe hier tatsächlich restlos entfernt wurde.

IV. Einflüsse der Nebenschilddrüse auf den Stoffwechsel beim Geflügel.

Die Entfernung der Nebenschilddrüsen wirkt bei den Hühnern tödlich. Doyon und Jouty[274a] sahen bei ihnen nach Kauterisation der Parathyreoideen eine typische mit Übererregbarkeit und Muskelzuckungen einhergehende Tetanie, die schon 6—10 Stunden nach der Operation begann und innerhalb 24—36 Stunden zum Tode führte. Ähnlich war es auch in den L. Hermannschen Versuchen (zit. Biedl[93] I, S. 103) an Hühnern.

Dagegen teilt Yamaoka[1333] mit, daß die totale Parathyreoidektomie bei seinen Hühnern in der Mehrzahl der Fälle keine schweren Folgeerscheinungen nach sich zog; von über 100 Hühnern verschiedenen Alters zeigten nur 9 schwere Ausfallserscheinungen wie Krämpfe, Durchfälle und Tod. Daraus schloß Yamaoka, daß bei Hühnern die Nebenschilddrüsen für das Leben entbehrlich sind bzw. keine endokrine Tätigkeit haben. In weiteren Versuchen stellte Yamaoka[1333, 1334] fest, daß die Muskeln und Nerven von parathyreoidektomierten Hühnern eine erhöhte Erregbarkeit auf elektrischen Strom zeigten. Dabei war der Ca-Gehalt des Blutes vermindert. Nach Injektionen von Calciumchloridlösung ging die gesteigerte Muskel- und Nervenerregbarkeit zurück.

In den Versuchen von Higgins und Sheard[490] (s. oben S. 632), in denen die Parathyreoideen junger wachsender Hühner infolge Lichtmangels hyperpla-stischen Veränderungen unterlagen, erschienen auch Störungen des Wachstums und der Entwicklung. Higgins und Sheard beobachteten diese Störungen nur bei Hühnern, die vom Alter von 1 Woche an unter Blauglas oder Amberglas ge-halten wurden (Sheard und Higgins[1122]). Die im späteren Alter verwendeten Hühner zeigten auch bei hyperplastischen Nebenschilddrüsen normalen Körper-zustand, und auch der Serum-Ca und P-Gehalt war normal (Higgins und Sheard[490]). Ähnlich fanden in weiteren Versuchen auch Sheard, Higgins und Foster[1123], daß bei Hühnern, die vom frühen Kükenalter an unter Strahlen von 400—290$\mu\mu$ Wellenlänge gehalten wurden, neben abnormal hyperplastischen Parathyreoideen auch eine Hemmung im Wachstum und in der Entwicklung er-schien; in einer Versuchsgruppe fanden sie aber hyperplastische Drüsen, jedoch nor-males Wachstum. Die Hyperplasie der Nebenschilddrüsen beeinflußt das Wachstum und die Entwicklung wahrscheinlich erst bei einem höheren Grade der Veränderung.

Daß bei den Tauben- und Ringtaubenweibchen der Blutcalciumspiegel mit der Ovulation zunimmt, wurde schon oben (s. S. 428) ausgeführt (vgl. Abb. 84). Riddle und Reinhart[1022], die diese Erscheinung untersuchten, schließen daraus, daß die Parathyreoideen bei diesen Vögeln parallel mit der Ovulation eine Funk-tionssteigerung erfahren, die unzweifelhaft mit der Vorbereitung des Körpers zur erhöhten Ca-Assimilation während der Schalenbildung des Eies zusammenhängt. Bei den Männchen bleibt das Blutcalcium nach Riddle und Reinhart[1022] während aller Phasen des sexuellen Zyklus (Paarung, Eierbrütung, Fütterung der Jungen) unverändert.

MacOwan[782] berichtete neuerdings, daß bei Hennen bei der Eibildung das zunehmende Eigewicht mit einem hohen Blutcalciumspiegel und mit gewissen Änderungen in der Struktur der Nebenschilddrüsen (Störung der Zellenanordnung und Vermehrung des Bindegewebes) verbunden ist.

Bei Hühnern, bei denen sich in der Gefangenschaft die sog. „Beinschwäche" (auch als Osteoporose, Osteomalacie, Rachitis bezeichnet) mit Knochenmißbildungen entwickelt hat, fanden OBERLING und GUÉRIN[880] regelmäßig eine Hypertrophie der Parathyreoideen, welche anstatt der normalen Stecknadelkopfgröße eine solche des Reiskorn oder auch mehr erreichen und auch gewisse Ände rungen der histologischen Struktur aufwiesen.

Anhang.

Inkretorische (?) Bedeutung der Bürzeldrüse (Glandula uropygii) beim Geflügel.

Bei der endokrinen Funktion der Nebenschilddrüsen soll deren regulierende Wirkung auf den Ca- und P-Stoffwechsel die bedeutendste sein, und ihre Entfernung führt im allgemeinen zu rachitis- und osteomalacieähnlichen Störungen des Skeletsystems. Daher kann in diesem Zusammenhange auch die interessante Feststellung von HOU[506], daß Exstirpation der *Bürzeldrüse bei Hühnern* zur rachitischen Erkrankung führt, Erwähnung finden.

Die Bürzeldrüse ist eine runde oder ovale, bei Hühnern erbsen-, bei Gänsen haselnußgroße Drüse, die über dem letzten Kreuzwirbel dort liegt, wo sich die Spulen der großen Steuerfedern des Schwanzes in die Haut einpflanzen (ELLENBERGER und BAUM[285]). Näheres über Anatomie und Histologie der Bürzeldrüse s. bei PARIS[919] und bei SCHUMACHER[1105].

Sie besitzt eine dorsal gerichtete Mündung und ihre allgemein angenommene Funktion besteht in der Produktion einer fettigen Substanz, mit der besonders die Wasservögel ihre Federn bestreichen (einölen), um sie vor dem Durchnässen zu bewahren. Diese Funktion wurde aber bisher noch nicht exakt bewiesen und wird im Gegenteil angezweifelt (PARIS[919]).

HOU[506] teilte nun mit, daß er nach Entfernung der Bürzeldrüse bei erwachsenen *Hühnern und Enten* Störungen im Aussehen des Gefieders und im allgemeinen Gesundheitszustande beobachten konnte. Bei *jungen Hühnern* führte diese Operation zu einem dauernden rachitischen Zustande, der auch durch sonst normale Bedingungen (Futter, Sonne) nicht behoben werden konnte. Auch künstlicher Verschluß der Drüsenöffnung bei *Enten* verursachte Störungen im Gefieder und Gewichtsverlust ohne eigentlich rachitische Veränderungen. Bei *Tauben* führte die Exstirpation nur zu leichten Störungen des Gefieders.

Diese Versuchsergebnisse sind sehr überraschend, da alle die bisherigen Exstirpationsversuche negativ waren: KOSSMAN[603] beobachtete bei Tauben überhaupt keine Folgen der Entfernung dieser Drüse, PHILIPPEAUX (in BERT. GONBAUX und PHILIPPEAUX[88]) ebenfalls bei Enten und BERT und GONBAUX (l. c.) teilen mir mit, daß das Gefieder bei Enten nach der Operation „terne, souillé et restant longtemps mouillé" wird: LUNGHETTIS[765] Versuche an jungen Hühnern und PARIS[1119] an Tauben, Hühnern und Enten (neben anderen wilden Vögeln) waren ebenfalls negativ, obzwar der letztere seine Versuchstiere mehr als ein Jahr lang nach der Operation beobachtete.

HOU erklärt seine Ergebnisse damit, daß die Bürzeldrüse in ihrem Fett das antirachitische Vitamin enthält, das die Tiere bei der Ölung des Gefieders peroral einnehmen. Kann das Vitamin in der Drüse nachgewiesen werden? Wird das Vitamin in der Drüse gespeichert oder gebildet (durch Lichtbestrahlung)? Wirkt die Drüse gegen Rachitis direkt oder unter Vermittlung der Parathyreoideen oder anderer endokrinen Drüsen? Oder wirkt sie neben der Fettproduktion auch selbst inkretorisch? Die Versuche mit Verschließung der Drüsenöffnung ohne Auftreten der rachitischen Störungen bei Enten lassen die endokrine Funktion vermuten. Alle diese und ähnliche weiteren Fragen bedürfen noch näherer experimenteller Erforschung und lassen die Nachprüfung der HOUschen Versuche sehr wünschenswert erscheinen.

H. Die Bauchspeicheldrüse. (Pankreas.)

Das Pankreas als Ganzes ist eine Drüse mit doppelter Funktion. Der aus Acini und Tubuli bestehende *außensekretorische* Apparat dient zur Produktion des Pankreassaftes mit seinen Verdauungsfermenten (Trypsinogen, Lipase, Diastase). Als *inkretorische Drüse* dienen nur die von LANGERHANS im Jahre 1869 entdeckten Zellinseln, die aus sog. LANGERHANSschen Zellen gebildet in das außensekretorische Gewebe eingestreut sind.

Über die Bedeutung der *endokrinen Funktion* des Pankreas im Stoffwechsel der landwirtschaftlichen Tiere ist systematisch sehr wenig bekannt. Sie kann vielmehr nur aus den allgemein gültigen Erfahrungen an anderen Laboratoriumstieren und am Menschen (vgl. SEUFFERT und RAAB in diesem Handbuche) erschlossen und mit WARTHIN[1282] in diesen Worten ausgedrückt werden: ,,Die LANGERHANSschen Inseln bilden ein endokrines Organ, durch welches sie den Körperverbrauch des Zuckers, der aus der Nahrung gebildet wird, regulieren, und eine Störung dieser Funktion führt zum Diabetes."

Doch liegen auch gewisse experimentelle und kasuistische Erfahrungen an landwirtschaftlichen Tieren vor, die eine besondere Besprechung hier erforderlich machen.

I. Morphologie und endokrine Funktion des Pankreas bei landwirtschaftlichen Nutztieren.

Das Pankreas besteht bei allen landwirtschaftlichen Nutztieren aus mehreren Lappen; beim *Pferde* aus einem langen und schmalen linken, einem kurzen und dicken rechten und einem mittleren Lappen. Ersterer liegt dorsal in der Regio epigastrica nahe der Wirbelsäule und erstreckt sich über die Eingeweidefläche des Magens; der Lobus dexter reicht bis zur rechten Niere, und der mittlere Lappen an der Eingeweidefläche der Leber bis zum 2. Schenkel der Krümmung des Duodenums. Ähnlich liegt das Pankreas auch beim *Schweine*. Beim *Rinde* und bei anderen Wiederkäuern besteht es aus einem an die Milz grenzenden, zwischen Pansen und Zwerchfellspfeiler liegenden linken, einem an die rechte Niere, Duodenum und Colon grenzenden, dickeren und längeren rechten Lappen, und aus dem an die Leber stoßenden Scheitelstück. Beim *Geflügel* (vgl. Abb. 188) ist die Bauchspeicheldrüse schmal und lang und liegt in der Schleife des Zwölffingerdarmes, sie besteht aus (bei der Gans) zwei oder (bei der Taube) drei gesonderten Lappen (ELLENBERGER und BAUM[285]). Jeder Lappen hat hier seinen selbständigen Ausführungsgang für die Zuleitung des Bauchspeichels in den Darm, während beim Rinde nur ein Ausführungsgang besteht.

Die *Farbe des Pankreas* ist beim Pferde rötlichgelb oder rötlichgrau, beim Rinde hellgelbbraun bis rötlichgelbbraun (bei gemästeten Tieren etwas heller), beim Schweine graugelb, beim Geflügel blaßgelb oder rötlich. Über die *Größe* bzw. *Gewichte* des Pankreas liegen für die landwirtschaftlichen Tiere keine systematischen Untersuchungen vor. Über die *Entwicklung* des Pankreas beim Schweine und bei der Ente siehe die ausführlichen Arbeiten von WEISBERG [1297, 1298].

Die LANGERHANSschen *Inseln*, die die *endokrine Drüse* des Pankreas bilden, bestehen aus polygonalen rundkernigen Zellen, die sich in verschieden großen

Gruppen zwischen den Acini und Tubuli des sekretorischen Grundgewebes befinden und sich bei allen Tieren durch schwache Färbbarkeit auszeichnen, was sie gut erkennbar macht. Ferner läßt sie ihr Reichtum an Lipoidkörnchen bei der Fettfärbung deutlich hervortreten (HERXHEIMER[479]).

Die LANGERHANSschen Inseln kommen bei allen landwirtschaftlichen Nutztieren vor. Bei Schweinen konnte sie PISCHINGER[946] noch nicht finden und sie wurden erst von GENTÈS[367a] festgestellt. Bei anderen Tierarten wurden sie teils durch LANGERHANS[690] selbst, teils durch HARRIS und GOW[450, 451], LAGUESSE[675, 677], PUGNAT[963], DIAMARE[254], RENNIE[978, 979], MOURET[847] gefunden und näher untersucht. Heute steht ihr Vorkommen bei allen Arten der Nutztiere fest. Über ihre Größe wurde von POCHON[949] festgestellt, daß sie beim Pferde am größten sind und der Reihe nach beim Rind, Schaf, Schwein, Ziege an Größe abnehmen. Am kleinsten sind die Inseln beim Huhn, wo sie von BÖHM[111] noch in Frage gestellt und erst von HERXHEIMER mit MOLDENHAUER (zit. HERXHEIMER[479]) sicher nachgewiesen wurden. Bei der Taube sind sie größer als beim Huhne (HERXHEIMER und MOLDENHAUER [zit. HERXHEIMER[479]] und LOMBROSO[759]).

Die LANGERHANSschen Inselzellen entwickeln sich bei der Embryogenese früher (und beginnen auch früher zu funktionieren) als das außensekretorische Pankreasgewebe. Bei 5 Monate und weniger alten Rinderföten sind sie schon vollentwickelt.

Diese *Unterbindung der Ausführungsgänge des Pankreas* hat unter Rückbildung des außensekretorischen Apparates eine Vermehrung der LANGERHANSschen Zellen zur Folge. Bei Hühnern hat HERXHEIMER[479] nach 7—60 Tagen an den Partien, deren Gänge ausgeschaltet waren, starke Atrophie des Parenchyms und Bindegewebsvermehrung festgestellt. Oft ging

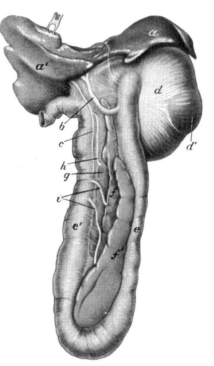

Abb. 188.
Schleife des Zwölffingerdarms (Duodenum) der Taube, *e* absteigender Schenkel, *e'* aufsteigender Schenkel, *d* Muskelmagen, *a* und *a'* linker und rechter Leberlappen: die beiden Lappen der Bauchspeicheldrüse, *b* und *c* Lebergänge, *h* und *i* Ausführungsgänge der Bauchspeicheldrüse. (Nach ELLENBERGER und BAUM.)

dabei das Parenchym ganz in Inselgewebe über und vermehrten sich auch die einzelnen Inseln an Zahl, so daß sie nunmehr die gewöhnlichen des Huhnes an Größe um ein Vielfaches übertrafen. Die Hypertrophie von Zellinseln und Umwandlung von Acinusgewebe in Inseln wurde von HERXHEIMER und MOLDENHAUER (vgl. HERXHEIMER[479]) bei Hühnern auch nach Entfernung von $3/4$ des Pankreas beobachtet. Sie betrachten dies als eine regeneratorische Erscheinung.

Daß das Inselgewebe den inkretorischen Apparat des Pankreas darstellt, der mit dem Diabetes im Zusammenhange steht, hat zum ersten Male LAGUESSE[675, 677] vermutet. Diese Idee wurde dann von v. MERING und MINKOWSKI[815] im Jahre 1890 experimentell bewiesen, indem sie durch Pankreasexstirpation bei Tieren Diabetes erzielten.

Als *Hormon des Pankreas*, das die gesamte endokrine Wirkung dieser Drüse ausübt, wird heute allgemein das *Insulin* anerkannt. Es wurde zum ersten Male im Jahre 1921 von Banting und Best[57, 58] durch Isolierung aus Bauchspeichel-drüsen hergestellt.

Collip[191a] gelang es zuerst, das Insulin aus Bauchspeicheldrüsen von Schlacht-tieren zu gewinnen, und diese Drüsen besonders des Rindes und Schafes dienen heute als einziger Rohstoff zur Erzeugung des Insulins. Aus 1 kg Pankreas lassen sich etwa 0,2 g Reininsulin gewinnen. Mit der ursprünglichen Torontomethode ließen sich aus 1 kg etwa 1000 Einheiten isolieren; mit den neuesten Methoden (s. Guggenheim[418]) kann man daraus 4000 bis auch 10000 Kaninchenein-heiten Insulin gewinnen (vgl. auch Bečka[66]). Nach Langecker und Wie-chowski[689] sollen aber im frischen Pankreas nicht mehr als etwa 2000 Einheiten pro Kilogramm an spezifischem Hormon nachweisbar sein, wenn die unspezifischen Glykokinine ausgeschaltet werden. Abel ist es gelungen, das Insulinpräparat soweit zu reinigen, daß $1/_{100}$ mg einer Einheit entspricht (zit. Guggenheim[418]).

Über den Insulingehalt im Pankreas entscheidet auch der Ernährungszu-stand des Tieres (nach mündlich mitgeteilten Erfahrungen von Prof. Bečka) und namentlich die Art der Verarbeitung der Drüse. Da das Trypsin das Insulin zerstört, vermindert sich der Insulingehalt sehr schnell beim Liegenlassen nichtkonservierter Drüsen; auf 1 Stunde rechnet man 5000 Einheiten Verlust.

Die Unterbindung der Ausführungsgänge des Pankreas, die zur Hyper-trophie der Zellinseln führt, vermehrt zugleich auch den Insulingehalt der Drüsen (Herxheimer[479]) bis auf das fünffache.

Das Insulin wurde außer im Pankreas noch in der Thymus, Submaxillaris und Leber gefunden; auch im Blute und im Harne ist es nachweisbar (Best und Banting).

Daß das Pankreas schon in frühen embryonalen Stadien mit der Insulin-produktion beginnt, geht aus der erwähnten Tatsache hervor, daß schon bei 5 Monate und weniger alten Rinderfeten reichlich Insulin gefunden werden kann. Systematische Untersuchungen über den *Funktionsbeginn des Pankreas* wurden aber bei den landwirtschaftlichen Nutztieren noch nicht ausgeführt.

II. Wirkung der Pankreasinkretion beim Rind.

Die experimentell hervorgerufene *Insuffizienz der Pankreasfunktion* wurde beim Rinde nicht untersucht. Fälle von Diabetes beim Rinde haben Hiller-brand[496] und Bru[125] beschrieben. Während der Trächtigkeit erscheint auch bei Kühen (Christalon[175]) die beim Menschen gut bekannte „Schwangerschafts-ketonurie", die mit Vermehrung auch der Acetonkörper verbunden ist und deut-lich auf Störungen der Regulation des Kohlehydratstoffwechsels nach Rosen-berg[1044] auf Insulinmangel hinweist. Bei hochmelkenden Kühen dagegen er-scheint oft eine Hypoglykämie mit Geburtsparesen.

Die *Geburtsparese* (Paralysis puerperalis) soll nach Widmark und Carlens[1310] mit der Hypoglykämie zusammenhängen. Die Lähmungen gleichen den Sym-ptomen der Hypoglykämie nach Insulinbehandlung; auch liegen die Blutzucker-werte bei der Geburtsparese ziemlich niedrig. Die therapeutische Wirkung des Lufteinblasens in das Euter besteht in dem blutzuckersteigernden Einflusse dieses Eingriffes. Inwiefern die Hypoglykämie bei Paralysis puerperalis mit einer vielleicht erhöhten Funktion des Pankreas zusammenhängt oder unabhängig von der Insulinproduktion entsteht, wurde bisher nicht geprüft.

Widmark und Carlens[1311] haben beim Rinde den *hypoglykämischen Zu-stand nach hohen Insulingaben* näher beschrieben. Bei den Kühen erscheint die Abnahme der Blutzuckerkonzentration ungefähr 1 Stunde nach der Injektion, wenn 400—600 „Leo"-Einheiten des Insulins appliziert werden. Im Laufe von weiteren 4 Stunden sinkt der Blutzuckerspiegel von 0,076 bzw. 0,084 % auf das Minimum von 0,044 bzw. 0,030 %, wonach wieder eine Erhöhung des Blutzuckers beginnt. Bei den Blutzuckerwerten zwischen 0,04 und 0,03 % treten die hypoglykämischen Symptome auf, die WIDMARK und CARLENS bei 2 Kühen beschreiben: 3 Stunden nach der subcutanen Injektion von 500 Insulineinheiten beobachtete man bei der einen Kuh eine nach vorn strebende Bewegung. Nach 3 Stunden 25 Minuten begann sie langsam zu wackeln, fiel 15 Minuten später nieder und lag anfangs mit erhobenem Kopfe. Nachher wendete sie den Kopf wiederholt seitwärts und rückwärts gegen den Bug und diese Stellung behielt sie längere Zeit hindurch bei (Abb. 189). Nach einiger Zeit legte sie sich ganz auf

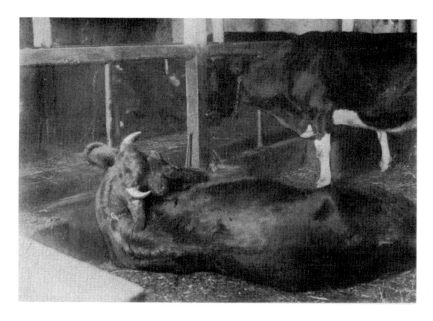

Abb. 189. Hypoglykämischer Zustand bei der Kuh nach einer subcutanen Injektion von 500 Leo-Einheiten Insulin. Niedrigste Blutzuckerkonzentration 0,030 %. Man beachte die bei Geburtsparese typische Kopfstellung. Stehend dahinter: Lina nach einer Gabe von 400 Einheiten Insulin. Niedrigste Blutzuckerkonzentration 0,044 %. (Nach WIDMARK und CARLENS.)

die Seite, streckte Kopf und Hals gegen den Boden und konnte den Kopf nicht mehr erheben. Krämpfe konnten nicht beobachtet werden. Dieser Zustand dauerte bis zur Schlachtung, etwa 19 Stunden nach der Injektion. Die andere Kuh, die nur 200 Einheiten erhalten hatte, verhielt sich ungefähr ebenso. Zuerst fiel sie in die Knie, streckte die hinteren Extremitäten rückwärts und legte sich nach 3 Stunden, um nicht mehr zum Stehen gebracht werden zu können. Der Blutzuckerspiegel betrug hierbei 0,037 %. Allmählich entwickelte sich auch bei diesem Tiere ein vollständiges Koma, das bis zur Schlachtung, etwa 14 Stunden nach der Injektion, andauerte. Während der ganzen Zeit konnten keinerlei Krampfsymptome beobachtet werden.

WIDMARK und CARLENS machen darauf aufmerksam, daß nach ihren an normalen Kühen ausgeführten Blutzuckerbestimmungen oft sehr niedrige Werte vorkommen (0,05—0,04 %), ohne das hypoglykämische Symptome auftreten. Bei einem Viehbestand, der nur mit Zuckerrübenblättern gefüttert wurde, lagen ungefähr 30 % aller Bestimmungen innerhalb dieser Werte. Die *Kuh befindet sich also konstitutionell sehr nahe der Grenze des hypoglykämischen Zustandes.*

III. Einflüsse der Pankreasinkretion beim Pferde.

Über fünf früher beschriebene Fälle von Diabetes mellitus beim Pferde berichtete Preller[962] und beschrieb selbst Diabetes bei einem Pferde, bei dem Pankreatitis mit starker Degeneration der Inseln vorhanden war. Weitere Fälle beschrieb Bang[55] bei einer Stute und Ferrari[313] bei einem Maultier. Aus der Praxis ist bekannt, daß die alimentäre Glykosurie nach reichlicher Zuckerverfütterung bei Pferden nur bei einzelnen Individuen auftritt (sog. „Zuckertiere" — vgl. Ellenberger und Waenting[285a]), was auf eine große Variabilität der Pankreasfunktion bei dieser Tierart schließen läßt.

Die Senkungsgeschwindigkeit der Erythrocyten bleibt nach den Untersuchungen von Pico, Franceschi und Negreti[937] bei den Pferden durch Insulininjektionen unbeeinflußt.

IV. Einflüsse der Pankreasinkretion beim Schwein.

Über experimentellen Diabetes mellitus infolge Pankreasexstirpation hat beim Schweine schon Minkowski[820] bei seinen grundlegenden Versuchen zur Pankreasphysiologie berichtet. Klinische Fälle wurden bei Schweinen noch nicht beobachtet.

Schweine scheinen aber gegenüber Insulin sehr empfindlich zu sein. Nach den Versuchen von Magee und Harvey[783] treten schwere Krämpfe schon bei einem Blutzuckergehalt von 75 mg % auf, der beim Menschen nur erste Anzeichen von Hypoglykämie hervorruft. Außerdem scheinen sie auch sehr anfällig in bezug auf alimentäre Glykosurie zu sein, wie aus Versuchen von Carlson und Drennan[144] hervorgeht (vgl. Seuffert[1119]).

V. Einflüsse der Pankreasinkretion bei Schafen und Ziegen.

Über klinischen Diabetes besitzen wir bei diesen Tieren noch keine Berichte, ebenso auch nicht über experimentelle Insuffizienz des Pankreas.

Gegenüber dem Insulin zeigen die Schafe eine hohe Resistenz. Bodanski[109, 110] fand beim Schafe nach intravenöser Injektion von 5 Insulineinheiten pro 50 kg die Maximalhypoglykämie nur wenige Minuten anhalten, bei 10 Einheiten 1 Stunde und erst bei 15 Einheiten 2—3 Stunden dauern. Hypoglykämische Reaktionen zu erzeugen, gelang bei Schafen selbst dann nicht, wenn der Blutzucker unter 30 mg % sank.

Auf die *Milchproduktion der Ziegen*, soweit es sich um die Milchmenge handelt, wirkte das Insulin in den Versuchen von Nitzescu und Nicolau[874] nicht, wohl aber auf die Zusammensetzung der Milch. Der Fettgehalt vergrößerte sich nach den Injektionen etwas, der Milchzucker war herabgesetzt, und zwar dauernd auch für den nächsten Tag ohne Insulinbehandlung, aber viel weniger als es der Blutzuckerabnahme entsprach. Caseinstickstoff und Gesamtstickstoff zeigten keine regelmäßige Veränderung. Die anorganischen Phosphate zeigten eine gewisse Zunahme. Ähnlich waren auch die Resultate von Giusti und Rietti[375] an Schafen. Nach Injektionen von 6—10 Kanincheneinheiten folgte am nächsten Tage eine Abnahme der Milchmenge.

Auch bei Schafen ist die *Schwangerschaftsketonurie* bekannt, die beim Rinde erwähnt wurde. Neben Acetonkörpern enthält der Harn dabei nach Dimock, Healy und Hull[256] auch Eiweiß und eine erhöhte Menge Ammoniak. Die erwähnten Forscher halten aber diesen Zustand für eine Ernährungskrankheit, die auf Calciummangel zurückzuführen ist, da sie sie durch kalkreiche Futtermittel gut verhindern konnten. Bei kranken Mutterschafen fanden sie auch das Blut-Ca vermindert (im Durchschnitt 6,6 mg % gegenüber 9,1 bei normalen trächtigen und 9,7 bei nichtträchtigen Tieren). Interessant ist dabei der Umstand, daß der K-Gehalt des Blutes bei normalen trächtigen Tieren gegenüber nichtträchtigen vermindert war.

VI. Einflüsse der Pankreasinkretion beim Geflügel.

Diabetes mellitus beim Geflügel (Tauben und Enten) durch Pankreas-exstirpation hervorzurufen, versuchte schon MINKOWSKI[820], aber ohne Erfolg. Negativ waren auch die Versuche von LANGENDORFF (zit. MINKOWSKI[820]) an Tauben; er erhielt nur eine starke Glykosurie. Auch die Versuche von WEIN-TRAUD[1292] an Enten und Tauben ergaben keinen deutlichen Diabetes, doch die Zuckerausscheidung durch den Harn und die Erhöhung des Blutzuckers trat ein. Ein dem Diabetes ähnliches Bild gelang KAUSCH[557] an Enten und Gänsen durch Pankreasexstirpation hervorzurufen. Die Ursache der Undeutlichkeit in den früheren Versuchen war wahrscheinlich eine unvollkommene Exstirpation.

Über klinische (spontane) Diabetesfälle beim Geflügel besitzen wir keine Berichte.

Neuerdings untersuchte LASER[699] den *Stoffwechsel* bei durch Pankreas-exstirpation *diabetischen Hühnern* bzw. ihren Organgeweben und fand, daß die diabetischen Muskeln eine gewisse Herabsetzung der Atmungsgröße und Ver-mehrung der aeroben Milchsäurebildung zeigten, was durch Insulin beseitigt werden konnte. In der Niere zeigte sich eine Verringerung des Milchsäure-schwundes und in allen Geweben eine Herabsetzung des respiratorischen Quo-tienten. Die im Muskel um 30—40 % verminderte Atmungsgröße konnte durch In-sulin zur Norm erhöht werden; in der anaeroben Glykolyse zeigte sich kein Unter-schied gegenüber der Norm. Beim Nierengewebe war die Atmung bei diabetischen und normalen Tieren die gleiche.

Zum Unterschiede von den Säugetieren scheinen die Hausvögel gegenüber der *Insulinwirkung* viel resistenter zu sein. RIDDLE[990] fand bei Tauben, daß sie eine dreißigmal größere Gabe von Insulin vertragen (bis 5 Einheiten), als sie — dem Körpergewichte entsprechend — bei den Kaninchen letal wirkt. Dabei kann der Blutzucker bis auf 0,020—0,040 % sinken, ohne hypoglykämische Symptome. Der Tod trat erst bei einem Zuckergehalt von 0,010 % ein.

Enten und Hühner sollen aber (nach ROSENBERG[1045]) gegenüber Insulin sehr empfindlich sein.

Bei *avitaminotischen Tauben* kommt es nach Insulinbehandlung zu beträcht-licher Glykogenanreicherung, wie BICKEL und COLLAZO[92] gezeigt haben. Der Aminosäurengehalt des Blutes bleibt bei normalen Tieren nach Insulinbehand-lung ziemlich unverändert, die erhöhte Aminoacidämie avitaminotischer Tauben wird aber durch Insulin zur Norm herabgedrückt. Nach den Versuchen von COLLAZO und HAENDEL[189] nimmt aber die N-Ausscheidung im Harne bei Tauben nach Insulin beträchtlich zu. Heilend wirkt aber Insulin auf die Tauben-Beri-Beri nicht, wenn es auch hier den gestörten Kohlehydratstoffwechsel teilweise regu-liert, ähnlich wie ein Hefeautolysat dies tut (COLLAZO und PI-SUNER BAYO[190]). Daraus kann geschlossen werden, daß Insulin mit dem B-Vitamin nicht identisch ist bzw. daß die Beri-Beri-Störungen des Kohlehydratstoffwechsels bei Tauben nur teilweise eines pankreatogenen Ursprunges sind.

Auf die *Eierstockfunktion* erwies sich die Insulinwirkung hemmend. RIDDLE[990] beobachtete an Tauben bei dauernder Insulinbehandlung, die den Blutzucker chronisch herabsetzte, eine verminderte Zahl von Ovulationen. Die Nebennieren erfahren bei Tauben unter hohen Insulingaben eine Vergrößerung (RIDDLE, HONEYWELL und FISHER[1016]), und der Blutzuckergehalt (der durch Insulin herabgesetzt wird) und die Nebennierengröße stehen bei Tauben in einem ent-gegengesetzten Verhältnis.

Die hohe Resistenz des Vogelorganismus gegenüber Insulin zeigt sich schon bei *Embryonen*. HANAU[439] fand bei 14—16 Tage alten Hühnerembryonen, daß sie Gaben von 5—10 Einheiten vertragen. Ihr Blutzuckergehalt sinkt dabei von 209—296 mg% bis auf 150 mg%, also beinahe um 50%. Hanau meint, daß diese Widerstandsfähigkeit der Hühnerembryonen darauf beruht, daß nach der Blutentnahme vor der Insulininjektion — wie er festgestellt hat — eine Hyperglykämie eintritt, die den Organismus gegen jene Wirkung schützt.

Der Blutzuckerspiegel reagiert beim Geflügel auch auf eine durch Stimulation der Pankreasfunktion erhöhte Insulinproduktion.

Bei Hühnern, denen Herxheimer[479] die Ausführungsgänge unterbunden hatte, was eine Wucherung der Langerhansschen Inseln zur Folge hatte, zeigte sich eine Herabsetzung des Blutzuckers, und die Bauchspeicheldrüsen wiesen mehr Insulin auf als die der normalen Tiere. Die Blutzuckerabnahme führte bis zu offenbar hypoglykämischen Zuständen.

Literatur.

(1) Abderhalden, E., u. E. Wertheimer: Pflügers Arch. 195, 460—479 (1922). — (2) Abelin, I.: Arch. f. exper. Path. 124, 1—40 (1927). — (3) Abelin, I.: Klin. Wschr. 8, 1009—1012 (1929). — (4) Die Physiologie der Schilddrüse. Handbuch der normalen und pathologischen Physiologie 16 I, 94—237. Berlin: Julius Springer 1930. — (4a) Abelous, J. E., u. R. Argaud: C. r. Soc. Biol. 103, 129 (1930). — (5) Abelous, J. E., A. Soulié u. G. Toujan: Ebenda 57 I, 301 (1905). — (6) Ebenda 57 I, 533 (1905). — (7) Ebenda 58, 574 (1905). — (8) Ebenda 57, 589 (1905). — (9) Ackerson, C. W., M. J. Blish u. F. E. Mussehl: Poultry Sci. 2, 189 (1923). — (9a) Ebenda 5, 153—161 (1926). — (9b) Ackerson, C. W., u. M. J. Blish: Ebenda 5, 162—165 (1926). — (10) Ackerson, C. W., M. J. Blish u. F. E. Mussehl: Ebenda 7, 170—176 (1928). — (11) Ackerson, C. W., u. F. E. Mussehl: J. agricult. Res. 40, 863—866 (1930). — (12) Ackert, J. E., u. M. H. Morris: Anat. Rec. 44, 209 (1929). — (13) Ackert, J. E., u. G. F. Otto: Amer. J. trop. Med. 7, 339—347 (1927). — (14) Adametz, L.: Arb. Lehrkanzel f. Tierzucht Hochschule Bodenkultur Wien 2, 1—72. Wien: C. Gerolds Sohn 1923. — (15) Z. Tierzüchtg 1, 111—118 (1924). — (16) Ebenda 2, 49—59 (1925). — (17) Adametz, L., u. R. Schulze: Ebenda 23, 123—182 (1931). — (18) Adler, L.: Physiologie des Ovariums. Hirschs Handbuch der inneren Sekretion 2 I, 927—1014. Leipzig: C. Kabitzsch 1929. — (19) Agnoletti, G.: Arch. di Sci. biol. 11, 360—380 (1928). — (20) Allen u. Doisy: J. amer. med. Assoc. 81, 819 (1923). — (21) Alquier, J.: Bull. Soc. sci. Hyg. aliment. Paris 15, 294 (1927). — (22) Alquier, J., u. G. Silverstre de Sagy: Ebenda 18, 436—463 (1930). — (23) Amendt, K.: Pflügers Arch. 197, 556—567 (1922). — (24) Amschler, W.: Molkerei-Ztg 1931, Nr 78. — (24a) Arch. Tierernährg u. Tierzucht 5, 206—236 (1931). — (25) Armsby, H. P., J. A. Fries u. W. W. Braman: J. agricult. Res. 43, 13 (1918). — (26) Proc. nat. Acad. Sci. 1918, 1 (1918). — (27) Armsby, H. P., u. C. R. Moulton: The animal as a converter of matter and energy. New York: The Chemical Catalog Comp. 1925. — (28) Arnold: Arch. Tierheilk. 42, 369—381 (1916). — (29) Arnold, R., u. E. Gley: J. Physiol. et Path. gén. 21, 498 (1923). — (30) Aron, M.: C. r. Soc. Biol. 94, 275 (1926). — (31) C. r. Assoc. Anat. Bordeaux 1929, 25.—27. mars. — (32) Rev. franç. Endocrin. 8, 472—520 (1930). — (33) Artemičev, M.: Vet. Trujenik. (russ.) 3, 15 (1925). — (34) Árvay, A. v.: Biochem. Z. 205, 433—440 (1929). — (35) Arx, J.: Die Schilddrüse des Pferdes in verschiedenen Altersstadien. Inaug.-Dissert., Univ. Bern 1928. — (36) Ascher, L.: Physiologie der Schilddrüse. Hirschs Handbuch der inneren Sekretion 2 I, 168—253. Leipzig: Kabitzsch 1929. — (37) Physiologie der Nebenschilddrüse. Ebenda 2 I, 254—276. — (38) Aschheim, S., u. B. Zondek: Klin. Wschr. 6, 1321 (1927). — (39) Ebenda 7, 1404—1411 (1928). — (40) Ebenda 7, 1453—1457 (1928). — (41) Aschner, B.: Physiologie der Hypophyse. Hirschs Handbuch der inneren Sekretion 2, 277—374. Leipzig: C. Kabitzsch 1929. — (42) Physiologie der Zirbeldrüse. Ebenda 2 I, 375—384. — (42a) Asimoff, Ž. ekspers. Biol. i Med. (russ.) 16, 125—143 (1927). — (43) Asmundson, V. S.: Poultry Sci. 10, 157—165 (1931). — (44) Athias, M.: C. r. Biol. Soc. 100, 513—514 (1928). — (45) Proc. Second. internat. Congr. Sex Res. London 1930, 145—149. Edinburgh and London: Oliver & Boyd 1931. — (46) Aude, D.: Rev. franç. Endocrin. 5, 81—115 (1927).

(47) Baber, E. C.: Phil. Trans. roy. Soc. London 31, 279—282 (1880—81). — (48) Bacon, A. R.: Amer. J. Obstetr. 19, 352 (1930). — (49) Amer. J. med. Sci. 1930, März. — (50) Bacq: Ann. de Physiol. 5, 477 (1927). — (51) Badertscher: Anat. Rec. 28, 177 (1924). — (52) Baker, J. R.: Brit. J. exper. Biol. 5, 187—195 (1928). — (53) Balozet, L.: C. r. Soc.

Biol. **96**, 104 (1927). — (*54*) BANG, I.: Hofmeisters Beitr. z. chem. Physiol. **4, 5** (1904). — (*55*) BANG: Maanedskr. f. Dyrl. **25**, 446 (1915). — (*56*) BANTING, F. G.: Amer. J. Physiol. **59** (1922). — (*57*) BANTING, F. G., u. C. H. BEST: J. Labor. a. clin. Med. **7**, 251—266 (1922). — (*58*) Ebenda **7**, 464—472 (1922). — (*59*) BASCH, K.: Jb. Kinderheilk. **64**, 285—335 (1906). — (*60*) Mschr. Kinderheilk. **7**, 541—545 (1909). — (*61*) BAUER, J.: Innere Sekretion, ihre Physiologie, Pathologie und Klinik. Berlin und Wien: Julius Springer 1927. — (*62*) BAUMANN: Z. physiol. Chem. **22**, 17 (1896). — (*63*) BAUMANN, E. J., A. CIPRA u. D. MARINE: Proc. Soc. exper. Biol. a. Med. **28**, 1017—1018 (1931). — (*64*) BAYER, G.: Nebennieren. HIRSCHS Handbuch der inneren Sekretion **2 I**, 367—856. Leipzig: C. Kabitzsch 1929. — (*65*) BEČKA, J.: Publ. biol. de l'école hautes études vét. Brno, Tchécoslovaquie **5**, 15, Sign. B. 75 (1926). — (*66*) Ebenda **6**, 1, Sign. B. 76 (1927). — (*67*) BEDRNA J.: Publ. de la Fac. méd., Brno **10, 6**, Sig. A, 104 (1931). — (*68*) BELL, D. S.: Ohio Agricult. Exper. Stat., Forty-ninth ann. rep. Bull. **470**, 164—165 (1931). — (*69*) BENAZZI, M.: Riv. Biol. **9**, H. 4/5. 1928. — (*70*) BENEDICT, F. G., u. O. RIDDLE: J. of Nutrition **1**, 475 (1929). — (*71*) BENEDICT, F. G., u. E. G. RITZMAN: Undernutrition in steers, its relation to metabolism, digestion and subsequent realimentation. Carnegie Inst. Washington Publ. **324** (1923). — (*72*) The metabolism of the fasting steers. Ebenda **377** (1927). — (*73*) Arch. Tierernährg u. Tierzucht **5**, 1—88 (1931). — (*74*) BENESCH: Wien. tierärztl. Mschr. **15**, 831—832 (1928). — (*75*) BENNET, R. R.: Pharmac. J. **33**, 163 (1911). — (*76*) BENOIT, J.: C. r. Acad. Sci. **177**, 1094 (1923). — (*77*) Ebenda **177**, 1243—1246 (1923). — (*78*) C. r. Soc. Biol. **89**, 1326 (1923). — (*79*) C. r. Acad. Sci. **178**, 341 (1924). — (*80*) Ebenda **178**, 1640 (1924). — (*81*) Arch. d'Anat. microsc. **25**, 173—188 (1929). — (*82*) Arch. de Zool. **69** (1929—30). — (*83*) BENOIT, J., u. M. ARON: C. r. Soc. Biol. **108**, 786—788 (1931). — (*84*) BERBERICH, J., u. BERNH. FISCHER-WASELS: Schilddrüse und innere Sekretion. HIRSCHS Handbuch der inneren Sekretion **1**, 337—431. Leipzig: C. Kabitzsch 1930. — (*85*) BERGFELD, F.: Ein Beitrag zur Anatomie des Thymus der Rinder und zu seiner Rückbildung. Inaug.-Dissert., Berlin 1922. — (*86*) BERGFELD, W.: Strahlenther. **39**, 245—277 (1931). — (*87*) BERNER, O.: Rev. franç. Endocrin. **1**, 474—492 (1923). — (*88*) BERT, P., GOBAUX u. PHILIPPEAUX: C. r. Soc. Biol. **1872**, 49. — (*89*) BERTHOLD: Arch. f. Anat., Physiol. u. wiss. Med., Physiol. Abt. **1849**, 47. — (*89a*) BERTHOLD, M.: In welcher Weise wirken die Jodsalze (Jodkalium und Jodnatrium) auf den gesunden Organismus des Huhnes ein? Inaug.-Dissert., Leipzig 1921. Ref. Tierärztl. Wschr. **34**, 633—634. (1926). — (*90*) BEUMER, H.: Arch. f. exper. Path. **77**, 304 (1914). — (*91*) BEZNÁK, A. v.: Biochem. Z. **141**, 1—12 (1923). — (*92*) BICKEL u. COLLAZO: Dtsch. med. Wschr. **49**, 1408 (1923). — (*93*) BIEDL, A.: Innere Sekretion, 3. Aufl., Teil 1 u. 2. Berlin und Wien: Urban & Schwarzenberg 1916. — (*94*) Innere Sekretion, 4. Aufl., **1**, Teil 1. Berlin und Wien: Urban & Schwarzenberg 1922. — (*95*) Innere Sekretion, 4. Aufl., **3**. Berlin und Wien: Urban & Schwarzenberg 1922. — (*96*) Physiologie und Pathologie der Hypophyse. München und Wiesbaden 1922. — (*97*) Endokrinol. **2**, 241—248 (1928). — (*98*) BÍLEK, FR.: Zeměděl. Arch. **5**, 36—45 (1914). — (*99*) BIRCHER, E.: Würzburg. Abh. **2**, 101 (1925). — (*100*) BITTNER: Berl. tierärztl. Wschr. **40**, Nr 9—11 (1924). — (*101*) BLACHER, L. J.: Trans. Labor. exper. Biol. Moskau **1**, 9—17 (1926). — (*102*) Biol. generalis **2**, 435—441 (1926). — (*103*) BLANCKE, B., u. W. KLEFFNER: Das Großgeflügel **2**, 4. Aufl. Berlin: Pfenningsdorff 1922. — (*104*) BLAND-SUTTON: J. Anat. a. Physiol. **19**, 137 (1885). Zit. SELLHEIM[1114]. — (*105*) BLASI, D.: Riv. Biol. **7**, 613—618 (1925). — (*106*) BLUM, F.: Studien über die Epithelkörperchen. Ihr Sekret, ihre Bedeutung für den Organismus, die Möglichkeit ihres Ersatzes. Jena: G. Fischer 1925. — (*107*) BOBEAU, G.: J. Anat. et Physiol. **47**. 371 (1911). — (*108*) BODANSKY, A.: Amer. J. Physiol. **69**, 498—509 (1924). — (*109*) BODANSKY u. SIMPSON: Proc. Soc. exper. Biol. a. Med. **20** (1923). — (*110*) Ebenda **21**, 280 (1924). — (*111*) BÖHM: Beitrag zur vergleichenden Histologie des Pankreas. Inaug.-Dissert., Berlin 1903. — (*112*) BOHSTEDT, G., W. L. ROBINSON, R. M. BETHKE u. B. H. EDGINGTON: Ohio Agricult. Exper. Stat. Bull. **1926**, Nr 395, 61—229. — (*112a*) BONNARD, H.: Le sang normal du cheval, sa densité et sa teneur en hémoglobin, mesurée avec l'hémomètre Sahli. Inaug.-Dissert., Zürich 1919. — (*113*) BORBERG, N.: Skand. Arch. Physiol. **28**, 91 (1912). — (*114*) BORMANN, W.: Jb. wiss. u. prakt. Tierzucht **6**, 1—29 (1911). — (*115*) BORST, M.: Über die Beziehungen zwischen Hypophysenvorderlappenhormon (Prolan) und der männlichen Keimdrüse. Münch. med. Wschr. **77** (1930). — (*116*) BOSSI, L. M.: Zbl. Gynäk. **31**, 69—70, 172—173 (1907). — (*117*) BOTCHKAREFF, P. V., u. M. P. DANILOVA: C. r. Acad. Sci. Paris **189**, 304—305 (1929). — (*118*) BOWSTEAD, J. E.: Roughages for pregnant ewes. Univ. of Alberta (mineogr. rept. exper. 51) 1925. Zit. nach EVVARD[296]. — (*119*) BRADWAY, W.: Anat. Rec. **42**, 157—167 (1929). — (*120*) BRAMBELL, F. W.: Proc. roy. Irish Acad., Sect. B **37**, Nr 14 (1926). — (*121*) BRANDT: Z. Zool. **1889**, 48. Zit. SELLHEIM[1114]. — (*122*) BRODE, M. D.: J. Morph. a. Physiol. **1928**, 46. — (*123*) BRODY, S., A. C. RAGSDALE, E. A. TRAWBRIDGE, J. COMFORT, D. W. CHITTENDEN, F. F. MCKENZIE, A. G. HOGAN, R. PILCHER u. H. L. KEMPSTER: Missouri Agricult. Exper. Stat. Res. Bull. **143**. Columbia, Missouri 1930. — (*124*) BROWN, E.: Poultry breeding and production **3**. London: E. Benn & Linn 1929. —

(*125*) Bru: Rev. vét. **1908**, 619. — (*126*) Buchanan, G.: Brit. J. exper. Biol. **4**, 73—80 (1926). — (*127*) Buckner, G. D., J. H. Martin u. F. E. Hull: Amer. J. Physiol. **93**, 86—89 (1930). — (*128*) Buckner, G. D., J. H. Martin u. W. M. Insko jun.: Ebenda **94**, 692—695 (1930). — (*128a*) Buckner, G. D., R. H. Wilkins u. J. H. Kastle: Ebenda **47**, 393—398 (1918). — (*129*) Bucy, P. C.: J. comp. Neur. **50**, 505—519 (1930). — (*130*) Büdel, O.: Vergleichende histologische Untersuchungen über Gebirgsland- und Tieflandschilddrüsen an Schlachttieren und Haustieren. Inaug.-Dissert., Freiburg i. B. 1923 (Mehlhase). — (*131*) Bull, S., u. W. E. Carroll: Illinois Agricult. Exper. Stat. Circ. Nr **345** (1929). — (*132*) Bull, S., F. C. Olson u. J. H. Longwell: Agricult. Exper. Stat. Univ. Illinois Bull. Nr **355** (1930). — (*133*) Bulliard, H., u. Ch. Champy: C. r. Soc. Biol. **104**, 1118—1120 (1930). — (*134*) Bürgi: Heffter-Heubners Handbuch für experimentelle Pharmakologie **3**, 366 (1927). — (*135*) Bürker, K.: Arch. Tierheilk. **63**, 12—22 (1931).

(*136*) Camenisch: Landw. Jb. Schweiz **2** (1888). — (*137*) Cameron, A. T.: J. of biol. Chem. **16**, 465—473 (1913). — (*138*) Biochemic. J. **7**, 466 (1913). — (*139*) In Barker-Hoskin-Mosenthals Endocrinology and Metabolism **1**, 243—268. New York and London: Appleton & Co. 1922. — (*140*) Canad. med. Assoc. J. **22**, 240—246 (1930). — (*141*) Caridroit, F.: Bull. biol. France et Belg. **47**, 135 (1926). — (*142*) C. r. Soc. Biol. **99**, 1311—1312 (1928). — (*143*) Caridroit, F., u. V. Réqnier: Ebenda **107**, 1250—1252 (1931). — (*144*) Carlson, A. J., u. Drennan: J. of biol. Chem. **13**, 465 (1912). — (*145*) Carlson, A. J., J. R. Rooks u. J. F. McKie: Amer. J. Physiol. **30**, 129—159 (1912). — (*146*) Carougeau: Voronoff Congress at Algiers. Rep. Colonial Minister. Paris **1927**, November. — (*147*) Carroll, W. E., H. H. Mitchell u. G. E. Hunt: J. agricult. Res. **41**, 65—77 (1930). — (*148*) Cartland, G. F., F. W. Heyl u. E. F. Neupert: J. of biol. Chem. **85**, 539—547 (1930). — (*149*) Castaldi, L.: Arch. ital. Anat. **22**, 297—368 (1925). — (*150*) Riforma Med. **43**, Nr 40 (1927). — (*151*) Rass. internaz. Clin. **9**, Nr 1 (1928). — (*152*) Caylor, H. D., u. C. F. Schlotthauer: Anat. Rec. **34**, 331—339 (1927). — (*153*) Amer. J. Physiol. **89**, 596—600 (1929). — (*154*) Ceni, C.: Arch. ital. de Biol. **49**, 368 (1908). — (*155*) Pathologica **6**, 95 (1914). — (*156*) Arch. Entw.mechan. **49**, 491 (1921). — (*157*) Med. Welt **4**, 1360 (1930). — (*158*) Cermak, H.: Z. Tierzüchtg **23**, 181—182 (1931). — (*159*) Césari, L.: Rev. gén. Méd. vét. **7** (1906). — (*160*) Cevidalli, A., u. F. Leoncini: Biochimica e Ter. sper. **1**, 175—178 (1909). — (*161*) Chaillon, A., u. L. MacAuliffe: Morphologie médicale. Étude des quatres types humains. Paris 1912. — (*161a*) Champy, Ch.: C. r. Soc. Biol. **107**, 605—606 (1931). — (*162*) Champy, Ch., u. M. Demay: Ebenda **106**, 629—631 (1931). — (*163*) Champy, Ch., u. J. Morita: Ebenda **99**, 1116—1118 (1928). — (*164*) Chandler, W. L.: Poultry Sci. **6**, 31—35 (1926). — (*165*) Ebenda **9**, 40—44 (1929). — (*166*) Chappelier, A.: Bull. Sci. France et Belg. **47** (1914). — (*167*) Charles, E.: Quart. J. exper. Physiol. **21**, 81—91 (1931). — (*168*) Chaudhuri, A. C.: Proc. roy. Phys. Soc. **21**, 109 (1926). — (*169*) Brit. J. exper. Biol. **5**, 97—101 (1927). — (*170*) Ebenda **5**, 366—370 (1928). — (*171*) Chenu, J., u. A. Morel: C. r. Soc. Biol. **56**, 680—686 (1904). — (*172*) Chlumský, J.: Čas. lék. česk. **61**, Nr 17 (1928). — (*173*) Chouke, K. S.: Endocrinology **14**, 12—16 (1930). — (*174*) Ebenda **14**, 169—173 (1930). — (*175*) Christalon: Arch. Tierheik. **57**, 507 (1928). — (*176*) Christens: C. r. Soc. Biol. **57**, 337 (1905). — (*177*) Christiani, H.: Ebenda **4**, 798 (1892). — (*178*) Arch. de Physiol. norm. et path. **5**, 39—46 (1893). — (*179*) Die Ätiologie der sporadischen und epidemischen Cerebrospinalmeningitis des Pferdes. Inaug.-Dissert., Bern 1909. — (*180*) Clark, L. N.: J. of biol. Chem. **22**, 485 (1915). — (*180a*) J. Hered. **7**, 102—105 (1916). — (*181*) Clark, T., u. C. C. Pierce: Endemic gioter. Its possible relationship to water supply. U. S. Publ. Health Rep. Washington **1921**, Reprint Nr 184. — (*182*) Claude, H., u. Blanchetière: J. Physiol. et Path. gén. **12**, 562—579 (1910). — (*182a*) Clerc, E.: Zieglers Beitr. path. Anat. **76**, 444 (1927). — (*183*) Coffey, W. C.: Illinois Agricult. Exper. Stat. Bull. Nr **167** (1914). — (*184*) Productive sheep husbandry. Second Edition. Philadelphia and London: J. B. Lippincott & Co. 1929. — (*185*) Cole, H. H., u. G. H. Hart: Amer. J. Physiol. **93**, 57—68 (1930). — (*186*) Ebenda **94**, 597—603 (1930). — (*187*) Cole, L. J., u. F. B. Hutt: Poultry Sci. **7**, 60—66 (1928). — (*188*) Cole, L. J., u. D. H. Reid: The effect of feeding thyroid on the plumage of the fowl. J. agricult. Res. **29**, 285—287 (1924). — (*189*) Collazo u. Haendel: Dtsch. med. Wschr. **49**, 1546 (1923). — (*190*) Collazo, J. A., u. C. Pi-Suner Bayo: Biochem. Z. **238**, 335—350 (1931). — (*191*) Collignon, P.: Das Kapaunisieren, 2. Aufl. Berlin: Pfenningsdorff 1924. — (*191a*) Collip, J. B.: J. of biol. Chem. **55**, 40 (1923). — (*192*) Ebenda **63**, 395 (1925). — (*193*) Collip, J. B., E. P. Clark u. J. W. Scott: Ebenda **63**, 439 (1925). — (*194*) Ebenda **64**, 485 (1925). — (*195*) Ebenda **66**, 133 (1925). — (*196*) Connor, C. L.: Arch. f. exper. Path. **9**, 1296 (1930). — (*197*) Proc. Soc. exper. Biol. a. Med. **29**, 131—134 (1931). — (*198*) Copeland, L.: J. Dairy Sci. **12**, 464—468 (1929). — (*199*) Corner: Contrib. to Embryol. **13**, Nr 64 (1921); Carnegie Inst. Washington, Publ. **276**. — (*200*) Corner, G. W.: Amer. J. Physiol. **95**, 43—55 (1930). — (*201*) Corner, G. W., u. W. N. Allen: Ebenda **88**, 326 (1929). — (*202*) Cornevin: Ann. Soc. agricult. Lyon **1891**, 343. — (*203*) Corrie, F. E.: Iodine and Animal Diseases. London:

De Gruchy & Co. 1930. — (204) Iodine in the feeding of poultry. London: De Gruchy & Co. 1930. — (205) COURRIER, R.: Rev. franç. Endocrin. 6, 10—48 (1928). — (206) C. r. Soc. Biol. 107, 1367—1412 (1931). — (207) COURTH, H.: Landw. Jb. 69, 565—598 (1929). — (208) Biochem. Z. 232, 310—322 (1931). — (209) Ebenda 238, 162—173 (1931). — (210) COUTIÈRE: Bull. Acad. Méd. 70. 321 (1913). — (211) COWDRY, E. V.: Anatomy, Embryology, comparative anatomy and histology of the thyroid gland. BARKER-HOSKINS-MOSENTHALS Endocrinology and Metabolism 1, 205—221. New York and London: Appleton & Co. 1922. — (212) Anatomy, Embryology, comparative anatomy and histology of the parathyroids. Ebenda 1, 501—508. — (213) Anatomy, embryology, comparative anatomy and histology of the hypophysis cerebri. Ebenda 1, 705—720. — (214) The anatomy, embryology, comparative anatomy and histology of the pineal. Ebenda 2, 3—6. — (215) Anatomy, embryology, comparative anatomy and histology of the suprarenals. Ebenda 2, 59—75. — (216) Anatomy, embryology, comparative anatomy and histology of the thymus. Ebenda 2, 361—370. — (217) Anatomy, embryology, comparative anatomy and histology of the endocrin components of the testis. Ebenda 2, 423—430. — (218) Anatomy, embryology, comparative anatomy and histology of the endocrin components of the ovaries. Ebenda 2, 537—550. — (219) Anatomy, embryology, comparative anatomy and histology of the island of Langerhans. Ebenda 2, 689—696. — (220) CRAFT, W. A.. u. H. W. ORR: J. Hered. 15, 255—256 (1924). — (221) CRAWFORD, A. C.: Chemistry of the suprarenal glands. BARKER-HOSKINS-MOSENTHALS Endocrinology and Metabolism 2, 77—100. New York and London: Appleton & Co. 1922. — (222) CRUTZFELDT, H. G.: Anat. Anz. 42, 517—521 (1912). — (223) CREW, F. A. E.: J. Hered. 13, 299 (1922). — (224) Proc. roy. Soc.. Ser. B 95, 228—255 (1923). — (225) Vet. J. 79, Nr 8 (1923). — (226) Proc. roy. Soc. Med. 17. 39—58 (1924). — (227) Proc. roy. Soc. Edinburgh 45, 249—251 (1924—25). — (228) Ebenda 45, P. III, Nr 21, 252—260 (1925). — (229) Animal genetics. Edinburgh: Oliver & Boyd 1925. — (230) Vet. J. 82, 598—601 (1926). — (231) Ebenda 82, Nr 9 (1926). — (232) Arch. Geflügelkde 1, 234 (1927). — (233) CREW, F. A. E., u. E. J. G. GLASS: J. comp. Path. 35, 117—121 (1922). — (234) CREW, F. A. E., u. J. S. HUXLEY: Vet. J. 79, 343—348 (1923). — (235) CRISTEA, G. M.: Rev. stiinz. med. 1912, 8. Oktober. — (236) CRUICKSHANK, E. M.: Biochemic. J. 23, 1044—1049 (1929). — (237) Rep. Proc. 4. Words Poultry Congr. London 1930, 237—241. London 1931. — (238) CUTORE, G.: Arch. ital. Anat. 8, 28—37 (1910). — (239) Ebenda 9, 402, 599 (1910). — (240) CYON, E. v.: Pflügers Arch. 98, 327—346 (1903).

(241) DAHM, C.: Biochem. Z. 28, 456—504 (1910). — (242) DAKIN, H. D.: Proc. roy. Soc. London, Ser. B 76, 491—497 (1905). — (243) DALCHAU: Untersuchungen über die Jugendentwicklung der im Haustiergarten der Universität Halle aufgezogenen Rinder. Dissert., Halle 1926. — (244) D'AMOUR, F. E., u. R. G. GUSTAVSON: J. of Pharmacol. 40, 473—484 (1930). — (245) Ebenda 40, 485—488 (1930). — (246) DAVENPORT, E.: Principle of breeding. New York: Ginn & Co. 1907. — (247) DAWBARN M. C.: Austral. J. exper. Biol. a. med. Sci. 6, 65—77 (1929). — (248) DEIGHTON, TH.: J. agricult. Sci. 19, 140—184 (1929). — (249) DELCOURT-BERNARD, E.: C. r. Soc. Biol. 108, 815—817 (1931). — (250) DEMEL, R.: Arb. neurol. Inst. Wien 30, 13 (1927). — (251) Mitt. Grenzgeb. Med. u. Chir. 40, 302—312 (1927—28). — (252) DEXLER, H.: Basedowsche Krankheit. STANG-WIRTHS Tierheilkunde und Tierzucht 2, 110—115 (1926). — (253) Endokrines System und seine Erkrankungen. Ebenda 3, 219—248 (1927). — (254) DIAMARE, V.: Zbl. Physiol. 21 (1908). — (255) DIMITROWA, J.: Le Névrax 2, 257 (1901). — (256) DIMOCK, W. W., D. J. HEALY u. F. E. HULL: Univ. Kentucky Agricult. Exper. Stat. Circul. Nr 39 (1928). — (257) DIXON u. MARSHALL: J. of Physiol. 59, 276 (1924). — (258) DODDS, E. C., A. W. GREENWOOD u. E. J. GALLIMORE: Lancet 1930, 683, March 29. — (259) DOHRN, M.: Die Zirbeldrüse. OPPENHEIMERS Handbuch der Biochemie, 2. Aufl., Erg.-Bd., 403—409. Jena: Fischer 1930. — (260) DOLDER: Inaug.-Dissert. veter., Bern 1926—27. Zit. DÜREST[279]. — (261) DOMM, L. V.: Proc. Soc. exper. Biol. a. Med. 22, 28—35 (1924). — (262) J. of exper. Zool. 48, 31 (1927). — (263) Proc. Soc. exper. Biol. a. Med. 26, 338—341 (1929); Roux' Arch. 119 IV, 171—187 (1929). — (264) Anat. Rec. 44, 227—228 (1929). — (265) Proc. Soc. exper. Biol. a. Med. 28, 314—316 (1930). — (266) Ebenda 28, 316—318 (1930). — (267) DOOLEY u. KOPPANYI: J. of Pharmacol. 36, 507 (1929). — (268) DOPPLER, K.: Med. Klin. 1925, 547—549. — (269) Wien. klin. Wschr. 50 (1925). — (270) Über Technik und Effekte der Sympathiko-diapthherese an den Keimdrüsenarterien. Berlin und Wien 1928. — (271) DOSTOJEWSKY, A.: Arch. mikrosk. Anat. 26, 592 (1886). — (272) Ebenda 27, 272 (1886). — (273) Downs jun., W. M.: Anat. Rec. 37, 365—372 (1927). — (274) DOYON, M., u. A. JOUTY: C. r. Soc. Biol. 64. 866 (1908). — (275) DUBOWIK, J. A.: Naunyn-Schmiedebergs Arch. 158, 154—162 (1930). — (276) DUERST, U.: Die Beurteilung des Pferdes. Stuttgart: F. Enke 1922. — (277) DUERST. J. U.: Mitt. Ges. schweiz. Landw. 1923, Nr 3. — (278) Züchtungskde 2, 1—50 (1927). — (279) Grundlagen der Rinderzucht. Berlin: Julius Springer 1931. — (280) DUNN, L. C.: Arch. Entw.mechan. 110, 341 (1927). — (281) DÜRIGEN, B.: Die Geflügelzucht, 4. u. 5. Aufl., 1. Berlin: Parey 1923.

(282) Eaton, A. G., W. M. Insko, G. P. Thompson u. F. E. Chidester: Amer. J. Physiol. 88, 187—190 (1929). — (283) Eckles, C. H.: Univ. Missouri Agricult. Exper. Stat. Res. Bull. Nr 35 (1919). — (284) Eisbrich, F.: Pflügers Arch. 203, 285—299 (1924). — (284a) Eiselsberg, A. v.: Arch. klin. Chir. 49, 207—234 (1895). — (285) Ellenberger, W., u. H. Baum: Handbuch der vergleichenden Anatomie der Haustiere, 15. Aufl. Berlin: Hirschwald 1921. — (285a) Ellenberger u. Waenting: Berl. tierärztl. Wschr. 32, 265 (1916). — (286) Ellermann: Die übertragbare Hühnerleukose. Berlin: Julius Springer 1918. — (287) Ellermann u. Bang: Z. Hyg. 1909, 231. — (288) Elliot, T. R.: J. of Physiol. 32, 401 (1905). — (289) Ebenda 46, Proc. XV (1913). — (290) Engeler, W.: Arch. Geflügelkde 2, 165—179 (1928). — (291) Erdheim: Zieglers Beitr. 33, 158—236 (1903). — (292) Erdheim, J., u. Stumme: Ebenda 46, 1 (1909). — (293) Esskuchen, E.: Arch. Tierernährg u. Tierzucht 5, 598—665 (1931). — (294) Estes, W. L., u. A. B. Cecil: Hopkins Hosp. Bull. 18, 331—332 (1907). — (295) Eumiura: Frankf. Z. Path. 20, 381 (1917). — (296) Evvard, J. M.: Endocrinology 12, 539—590 (1928). — (297) Evvard, J. M., u. C. C. Culbertson: Iowa Agricult. Stat. Bull. Exper. Nr 86 (1925). — (298) Ewald u. Rockwell: Biol. Zbl. 9, 568 (1890).

(299) Falck, H. v.: Z. Tierzüchtg 20, 97—102 (1931). — (300) Falkenheim, C., u. W. Kirsch: Ebenda 13, 129—131 (1929). — (301) Feige, E.: Züchtungskde 3, 343 (1928). — (302) Felix, W.: Die Entwicklung der Keimdrüsen und ihrer Ausführungsgänge. O. Hertwigs Handbuch 3, 1. Jena: Fischer 1906. — (303) Fellenberg, Th. v.: Biochem. Z. 139, 444 (1923). — (304) Das Vorkommen, der Kreislauf und der Stoffwechsel des Jods. München: J. F. Bergmann 1926. — (305) Fellenberg, Th. v., u. H. Pacher: Biochem. Z. 188, 339—364, H. 4/6 (1927). — (306) Fellner, O.: Klin. Wschr. 4, 1651—1652 (1925). — (307) Fenger, F.: J. of biol. Chem. 11, 489—492 (1912). — (308) Ebenda 12, 55—59 (1912—13). — (309) Ebenda 14, 397—405 (1913). — (310) Ebenda 17, 23—28 (1914). — (311) Endocrinology 2, 98—101 (1918). — (312) Fenger, F., R. H. Andrew u. J. J. Vollertsen: J. amer. chem. Soc. 53, 237—239 (1931). — (313) Ferrari: Moderno Zooiatro 1926, 127. — (314) Feuersänger: Das Wachstum des Kalbes von der Geburt bis zum Alter von einem halben Jahre. Dissert., Breslau 1923. — (315) Fichera, G.: Arch. ital. de Biol. 43 (1904). — (316) Il Policlinico 12 (1905). — (317) Figdor, Hans: Z. Tierzüchtg 9, 101—112 (1927). — (318) Findlay, M.: J. of Path. 24, 175 (1921). — (319) Finlay, G. F.: Brit. J. exper. Biol. 2, 439 (1925). — (320) Firket, J.: Arch. de Biol. 29, 201—351 (1914). — (321) Fischer-Wasels, B., u. J. Berberich: Epithelkörperchen und innere Sekretion. Hirschs Handbuch der inneren Sekretion 1, 432—472. Leipzig: C. Kabitzsch 1931. — (322) Fischl: Z. exper. Path. 1, 388 (1905). — (323) Fish, P.: Amer. Vet. 6, 21—43 (1925). — (324) Fisher, N. F., u. E. Larson: Proc. Soc. exper. Biol. a. Med. 22, 447 (1925). — (325) Foà, C.: Pathologica 4, 90 (1912). — (326) Arch. ital. de Biol. 57, 233 (1912). — (327) Ebenda 61, 79—92 (1914). — (328) Arch. di Sci. biol. 12, 306—321 (1928). — (329) Forbes, E. B., W. W. Braman, M. Kriss u. Colab: J. agricult. Res. 40, 37—78 (1930). — (330) Foss, N.: Vestn. Sovr. Vet. 24, 726 (1928). Russisch, ref. Jb. vet. Med. 1, 48, 182. — (330a) Fragen, Antworten und Diskussionen in der Dtsch. landw. Gefügelztg 28, 889 (1924); 29, 9, 123, 179, 194, 242, 243 (1925). — (331) Frank, R. T.: J. amer. med. Assoc. 85, 510 (1925). — (332) Ebenda 86, 686 (1926). — (333) Ebenda 87, 1719 (1926). — (334) Frank u. Goldberger: Ebenda 86, 1686 (1926). — (335) Franz, K.: Hegers Beitr. z. Geburtshilfe u. Gynäk. 13, 12 (1909). — (336) Fraser, R. H., u. A. T. Cameron: Canad. med. Assoc. J. 21, 153—155 (1929). — (337) Frazier, Ch. H., u. W. B. Mosser: Ann. Surg. 1929, June, 849—856. — (338) Frazzetto, S.: Morgani 1930, Nr 35. — (339) Frei, W.: Verh. internat. Kongr. Sex.forschg Berlin 1926 I, 92—97 (1927). — (340) Schweiz. Arch. Tierheilk. 71, 557—578 (1929). — (341) Frei, W., u. M. A. Emmerson: Biochem. Z. 226, 354—380 (1930). — (342) Berl. tierärztl. Wschr. 47, 161 (1931). — (343) Frei, W., u. F. Grüter: Münch. tierärztl. Wschr. 1929 II, 713—717. — (343a) Virchows Arch. 275, 638—644 (1930). — (343b) Schweiz. Arch. Tierheilk. 73, 136—343 (1931). — (344) Freud, J.: J. of Physiol. 65, 33 (1928). — (345) Proc. Second internat. Congr. Sex Res. London 1930, 384—387. Edinburgh and London: Oliver & Boyd 1931. — (346) Freud, J., S. E. de Jongh u. E. Laquer: Pflügers Arch. 225, 742—768 (1930). — (347) Friedmann, G. A.: Proc. Soc. exper. Biol. a. Med. 20, 516—518 (1923). — (348) Fritsch, G.: Pflügers Arch. 181, 78—105 (1920). — (349) Fritz, O.: Kühn-Arch. 18, 1—8 (1928). — (350) Funk, C.: Amer. J. Physiol. 92, 440—449 (1930). — (351) Funk, C., u. B. Harrow: Proc. Second internat. Congr. Sex Res. London 1930, 308—311. Edinburgh and London: Oliver & Boyd 1931. — (352) Funk, C., B. Harrow u. A. Lejwa: Proc. Soc. exper. Biol. a. Med. 26, 325, 569 (1929). — (353) Funquist, H.: Anat. Anz. 42, 111 (1912). — (354) Furuya: Biochem. Z. 147 (1924).

(355) Gaddum, J. H.: J. of Physiol. 65, 434—440 (1928). — (356) Gaines, W. L.: Amer. J. Physiol. 28, 285 (1927). — (357) Gallagher, T. F.: Distribution of testicular comb growth stimulating principle in tissues. Ebenda 87, 447—449 (1928). — (358)

GALLAGHER, T. F., u. F. C. KOCH: J. of biol. Chem. **84**, 495—500 (1929). — (*359*) Proc. Second internat. Congr. Sex Res. **1930**, 54—55. Edinburgh and London 1931. — (*360*) J. of Pharmacol. **40**, 327—339 (1930). — (*361*) Proc. Second internat. Congr. Sex Res. London **1930**, 312—321. Edinburgh and London: Oliver & Boyd 1931. — (*362*) GÄRTNER, R.: Landw. Jb. **57**, 707 bis 763 (1922). — (*363*) Züchtungskde **4**, 225—251 (1929). — (*364*) Landw. Jb. **72**, 65—77 (1930). — (*365*) GÄRTNER, R., C. H. HEIDENREICH u. G. SPRENGER: Züchtungskde **5**, 119—129 (1930). — (*366*) GAVIN, W.: Quart. J. exper. Physiol. **6**, 13—16 (1913). — (*367*) GEBHARDT, E.: Ein Beitrag zu den histologischen Untersuchungen der Hypophyse trächtiger Rinder. Inaug.-Dissert., Tierärztl. Hochschule Hannover 1926. — (*367a*) GENTÈS, L.: Morphologie et structure des îlots de Langerhans chez quelques mammifères; évolution et signification des îlots en général. Thèse, Bordeaux 1903. — (*368*) GERHARTZ, H.: Pflügers Arch. **156**, 1—224 (1914). — (*369*) Untersuchungen über die Energieumsetzungen des Haushuhnes. Inaug.-Dissert., Bonn 1914. — (*370*) GESKE, E.: Kühn-Arch. **18**, 9—70 (1928). — (*371*) GETZOWA, S.: Virchows Arch. **205**, 208 (1911). — (*372*) GIACOMINI, E.: Rep. Second Worlds Poultry Congr. **1924**, 45—47. — (*373*) GIACOMINI, E.: Boll. Soc. Biol. sper. **1**, 449—456 (1926). — (*374*) GIACOMINI, E.: Ebenda **3**, 326 (1928). — (*375*) GIUSTI, L., u. C.T. RIETTI: C. r. Soc. Biol. **90**, 252—253 (1924). — (*376*) GLÄTTLI: Landw. Jb. Schweiz **8**, 144 (1894). — (*377*) GLEY: C. r. Soc. Biol. **1892**, 1000. — (*378*) GLIOZZI, S.: Boll. Soc. Biol. sper. **1**, 1—3 (1926). — (*379*) Ebenda **2**, 548—550 (1927). — (*380*) Ebenda **2**, 788—790 (1927). — (*380a*) GOLDBERG, S. A.: Quart. J. exper. Physiol. **17**, 15—30 (1927). — (*381*) GOLDBERG, S. A., u. S. SIMPSON: Proc. Soc. exper. Biol. a. Med. **23**, 132—133 (1925). — (*382*) GOLDSCHMIDT, R.: Die sexuellen Zwischenstufen. Berlin: Julius Springer 1931. — (*383*) GOLDZIEHER: The Adrenals. London 1929. — (*384*) GOLF, A., u. G. BIRBACH: Dtsch. landw. Tierzucht **31**, 209—210 (1927). — (*385*) GOSLINO, A. E., u. M. J. FERRERO: C. r. Soc. Biol. **99**, 1446—1448 (1928). — (*386*) GOSS, H., u. H. H. COLE: Endocrinology **15**, 214—224 (1931). — (*387*) GÖTZE, R.: Z. Konstit.lehre **9**, 217—311 (1923). — (*388*) GRABENKO: Vestn. Sovrem. Vet. **9**, 20 (1926). — (*389*) GRABFIELD: Boston med. J. **197**, 1121 (1927). — (*390*) GRAMLICH, H. J.: The American Society of Animal Production. Rec. Proc. in Ann. meetings **1927**, July, 213 (1927). — (*391*) GRAMLICH, H. J., u. R. R. THALMAN: Univ. Nebraska, Coll. Agricult., Exper. Stat. Bull. Nr 252 (1930). — (*392*) GRAY, J. C.: Amer. J. Anat. **46**, 217—250 (1930). — (*393*) GRAY, S. H., F. L. HAVEN u. L. LOEB: Proc. Soc. exper. Biol. a. Med. **24**, 503 (1927). — (*394*) GRAY, S. H., u. L. LOEB: Amer. J. Path. **4**, 257 (1928). — (*395*) GRAY, S. H., u. J. RABINOWITCH: Ebenda **5**, 485—490 (1929). — (*396*) GREENWOOD, A. W.: Proc. roy. Soc. Edinburgh **50**, P. I, 26—37 (1930). — (*397*) GREENWOOD, A. W., u. J. S. S. BLYTH: Nature **120**, 476 (1927). — (*398*) Proc. roy. Soc. Edinburgh **49**, P. IV, Nr 25, 313—355 (1929). — (*399*) Proc. roy. Soc. B **106**, 189—202 (1930). — (*400*) Proc. Soc. exper. Biol. a. Med. **29**, 38—40 (1931). — (*401*) GREENWOOD, A. W., u. A. C. CHAUDHURI: Brit. J. exper. Biol. **5**, 378—384 (1928). — (*402*) GRIMMER, W.: Biochem. Z. **88**, 43—52 (1918). — (*403*) GRIMMER, W., u. O. PAUL: Milchw. Forschgn **10**, 336—349 (1930). — (*404*) GROSS, E. G. u. H. STEENBOCK: J. of biol. Chem. **47**, 33—43 (1921). — (*405*) Ebenda **47**, 45—52 (1921). — (*406*) GRUNERT: Vet. Med. **1927**. Ref. Tierärztl. Rdsch. **1927**, 504. Zit. ROMEIS 1931. — (*407*) GRÜTER, F.: Schweiz. Arch. Tierheilk. **1924**, H. 2. — (*408*) Ebenda **67**, 458—464 (1925). — (*409*) Dtsch. tierärztl. Wschr. **34**, 414 (1926). — (*410*) Ebenda **34**, 421—423 (1926). — (*411*) Schweiz. Arch. Tierheilk. **68**, H. 7 (1926). — (*412*) Verh. internat. Kongr. Sex.forschg Berlin 1926 **1**, 105—112 (1927). — (*413*) Second internat. Congr. Sex Res. London **1930**. — (*414*) Proc. Second internat. Congr. Sex Res. London **1930**, 443—450. Edinburgh and London: Oliver & Boyd 1931. — (*415*) GRÜTER, F., u. P. STRICKER: Klin. Wschr. **8**, 2322—2313 (1929). — (*416*) GRZIMEK, B.: Arch. Geflügelkde **5**, 287—291 (1931). — (*417*) GSCHWEND, J.: Kropfstudien beim Schaf. Inaug.-Dissert., Sursee: J. R. Erben 1928. — (*418*) GUGGENHEIM, M.: Die Chemie der Inkrete. HIRSCHS Handbuch der inneren Sekretion **2 I**, 36—167. Leipzig: C. Kabitzsch 1929. — (*419*) GUNN, R. M. C.: Austral. vet. J. **6**, 56—65 (1930). — (*420*) GÜNTHER: Die Nebennieren. Die Nebennieren der Vögel. ELLENBERGERS Vergleich mikroskopischer Anatomie der Haustiere. 1906. — (*421*) GÜNZLER, O.: Z. Tierzüchtg **5**, 153—226 (1926). — (*422*) GUSTAVSON, R. G.: J. of biol. Chem. **92**, 71 (1931). — (*423*) GUYER, R. G.: Pharmac. J. **37**, 123—126 (1913). — (*424*) GYGER, E.: La thyroide de la chèvre à Berne et dans les environs. Thèse inaugurale de la Faculté de médécine vétérinaire de l'Université de Berne 1925. — (*425*) GYÖRGY, P.: Die Behandlung und Verhütung der Rachitis und Tetanie. Berlin: Julius Springer 1929.

    (*426*) HABERSANG: Mschr. Tierheilk. **32**, 128 (1921). — (*427*) HADLEY, F. B.: J. Hered. **18**, 487—495 (1927). — (*428*) HADLEY, F. B., u. B. L. WARWICK: J. amer. vet. med. Assoc., N. S. **70**, 492—504 (1927). — (*429*) HALBAN, J.: Arch. Gynäk. **70**, 205—308 (1903). — (*430*) Ebenda **1905**, 75—353. — u. C. H. KICK: J. agricult. Res. **41**, 135—137 (1930). — (*432*) HAMMAR, J. A.: Erg. Anat. **19** (1910). — (*433*) Die Menschenthymus in Gesundheit und Krankheit. Teil I. Das normale Organ. Erg.-Bd. z. 6. Bd. d. Z. mikrosk.-anat. Forschg. Leipzig: Akademische Verlagsgesellschaft 1926. — (*434*)

Hammer, K.: Beiträge zur Kenntnis der pathologischen Anatomie der Glandula thyreoidea bei Haussäugetieren. Dissert., Gießen 1912. — (*435*) Hammond, J.: Quart. J. exper. Physiol. **6**, 311—318 (1913). — (*436*) The Physiology of reproduction in the cow. Cambridge Univ. Press 1927. — (*437*) Hammond, J., u. J. C. Hawk: J. agricult. Sci. **8**, P. 2, (1917, March). Ref. End. **2**, 168 (1918). — (*438*) Hanau, A.: Pflügers Arch. **65**, 516 (1896). — (*439*) Hanau, E. B.: Proc. Soc. exper. Biol. a. Med. **22**, 501—504 (1925). — (*440*) Ebenda **25**, 422—425 (1928). — (*441*) Hangai, B. S. v.: Züchtungskde **4**, 429—437 (1929). — (*442*) Hansen, J.: Lehrbuch der Rinderzucht, 2. u. 3. Aufl. Berlin: Parey 1922. — (*443*) Tierernährg **1**, 119—124 (1929). — (*444*) Hansen, P.: Entwicklung des ostpreußischen schwarzweißen Tieflandrindes. Hannover: Schaper 1925. Arb. dtsch. Ges. Züchtungskde **26**. — (*445*) Hanslian, A.: Mitt. tschechosl. Akad. Landw. **3**, 594—596 (1927). — (*446*) Hanzlik, P. J., E. P. Talbot u. E. E. Gibson: Arch. int. Med. **42**, 579—589 (1928). — (*447*) Hári u. Kriwuscha: Biochem. Z. **88**, 345 (1918). — (*448*) Harms, W.: Experimentelle Untersuchungen über die innere Sekretion der Keimdrüsen und deren Beziehung zum Gesamtorganismus. Jena: Fischer 1914. — (*449*) Harms, J. W.: Körper und Keimzellen. Berlin: Julius Springer 1926. — (*450*) Harris, V., u. Gow: J. of Physiol. **15**, 349 (1894). — (*451*) Ebenda **15**, 349 (1894). — (*452*) Hart, E. B., E. V. McCollum, H. Steenbock u. G. C. Humphrey: Wisconsin Agricult. Exper. Stat. Res. Bull. Nr 17 (1911). — (*453*) Hart, E. B. u. H. Steenbock: J. of biol. Chem. **33**, 313—323 (1918). — (*454*) Wisconsin Agricult. Exper. Stat. Bull. **297** (1918). — (*454a*) Hart, E. B., H. Steenbock u. F. B. Morrison: Ebenda **350** (1923). — (*455*) Hartman, F. A.: The general physiology and experimental pathology of the suprarenal glands. Barker-Hoskins-Mosenthals Endocrinology and Metabolism **2**, 101—126. New York and London: Appleton & Co. 1922. — (*456*) Hartmann: Proc. Soc. exper. Biol. a. Med. **28**, 94 (1930). — (*457*) Hartmann u. Brownell: Science **73 II**, 96 (1930) — (*458*) Amer. J. Physiol. **93**, 655 (1930). — (*459*) Science **74 I**, 620 (1931). — (*460*) Hartmann, Griffith u. Hartmann: Amer. J. Physiol. **86**, 360 (1928). — (*461*) Haugg, R.: Züchtungskde **1**, 113—134 (1926). — (*462*) Haňka, J.: Zvěrolékařské rozpravy **4**, 186—192, 196—204 (1930). — (*463*) Hauptstein: Endokrinol. **4**, 248—260 (1929). — (*464*) Hays, F. A., u. R. Sanborn: Massachusetts Agricult. Exper. Stat. Bull. **259** (1929). — (*465*) Ebenda **264** (1930). — (*466*) Hays, V. J.: Anat. Rec. **8** (1914). — (*467*) Heckscher, H.: Biochem. Z. **158**, 417—421 (1925). — (*468*) Hédin: Hygiène de la viande. 1911. — (*469*) Heidenhein, M.: Anat. Anz. **54**, Erg.-H. 141 (1921). — (*470*) Heijbel, H.: Norsk vet. Tidsskr. **1924**, 275. Ref. Rev. gén. Méd. vét. **35**, 101 (1926). — (*471*) Heitz, Fr.: Über den Bau der Kalbsovarien. Inaug.-Dissert., Univ. Bern. Berlin: Schumacher 1906. — (*472*) Helfert, P.: Landw. Jb. **56**, 605—646 (1921). — (*473*) Hempel, K.: Über die Milchleistung der Sauen des veredelten Landschweines und die Gewichtsentwicklung der Ferkel während der Säugezeit. Hannover: Schaper (Arb. dtsch. Ges. Züchtgskde H. 37 (1928). — (*474*) Henderson, J.: J. of Physiol. **31**, 222 (1904). — (*475*) Henrijeau u. Corin: Arch. internat. Pharmaco-Dynamie **2**, 389 (1896). — (*475a*) Hering: Ein Beitrag zur Kenntnis der Jugendentwicklung des rheinischdeutschen Kaltblutpferdes. Hannover: Schaper 1925. (Arb. dtsch. Ges. Züchtgskde H. 27.) — (*476*) Herrel, H.: Pflügers Arch. **196**, 560 (1922). — (*477*) Herring, P. T.: Quart. J. exper. Physiol. **6**, 73 (1913). — (*478*) Herxheimer, G.: Klin. Wschr. **5**, 2299 (1926). — (*479*) Pankreas. Hirschs Handbuch der inneren Sekretion **1**, 25—122. Leipzig: C. Kabitzsch 1930. — (*480*) Herzfeld, E., u. R. Klinger: Münch. med. Wschr. **65**, 647—651 (1918). — (*481*) Biochem. Z. **96**, 260—268 (1919). — (*482*) Herzfeld, E., u. R. Klinger: Schweiz. med. Wschr. **27** (1920). — (*483*) Ebenda **50**, 567 (1920). — (*483a*) Herzog, D.: Wiss. Arch. Landw., B. Tierernährg u. Tierzucht **3**, 601—626 (1930). — (*484*) Hessdörfer, E.: Ein Beitrag zur Anatomie und Rückbildung des Thymus beim Schweine. Inaug.-Dissert., Tierärztl. Hochschule Berlin 1925. — (*485*) Hesse, E.: Arch. f. exper. Path. **102**, 63 (1924). — (*486*) Heymans, C.: J. Physiol. et Path. gén. **19**, 323—331 (1931). — (*487*) Heyn: Dtsch. med. Wschr. **52**, 1331 (1926). — (*488*) Hieronymi, E.: Die Milchdrüse und die Milchbildung. Winklers Handbuch der Milchwirtschaft **1**, 2. Teil. Wien: Julius Springer 1930. — (*489*) Higgins, G. M., W. I. Foster u. C. Sheard: Amer. J. Physiol. **94**, 91—100 (1930). — (*490*) Higgins, G. M., u. Ch. Sheard: Ebenda **85**, 299—310 (1928). — (*491*) Hildebrandt, F.: Arch. f. exper. Path. **96**, 292 (1923). — (*492*) Hill, M., u. A. S. Parkes: Proc. roy. Soc. London B **107**, 30—38 (1930). — (*493*) Ebenda B **107**, 455—463 (1931). — (*494*) Hill, R. E., u. S. Simpson: Proc. Soc. exper. Biol. a. Med. **11**, 82 (1914). — (*495*) Quart. J. exper. Physiol. **8**, 103 (1914). — (*496*) Hillerbrand: Berl. tierärztl. Wschr. **26**, 389 (1910). — (*497*) Hisaw, Fr. L., u. R. K. Meyer: Proc. Soc. exper. Biol. a. Med. **26**, 586—588 (1929). — (*498*) Hjort, A. M., J. Gruhzit u. Flüeger: J. Labor. a. clin. Med. **10**, 979 (1925). — (*499*) Hobday, F.: Vet. J. **82**, 37 (1925). — (*500*) Hogan, A. G., u. Skouby: J. agricult. Res. **25**, 419 (1923). — (*501*) Hogben, L. T.: Vet. J. **80**, 24. — (*502*) Hogben, L. T., u. F. A. E. Crew: Brit. J. exper. Biol. **1**, 1—13 (1923). — (*503*) Horning, B., u. H. B. Torrey: Biol. Bul. **53**, 221—232 (1927). — (*504*) Horsley, V.: Internat. Beitr. wiss. Med., Festschr. f. R. Virchow **1**, 367—409 (1891). — (*505*) Hoskins, R. G.: Physiology and experimental pathology of the thymus. BARKER-HOSKINS-MOSENTHALS Endocrinology and Metabolism 2, 371—380. New York and London: Appleton & Co. 1922. — (506) Hou, H. C.: Chinese J. Physiol. 3, 171—181 (1929). — (507) HŘEBAČKA, J.: Zvěrolékařský Obzor 16, 241—244 (1923). — (508) HUGHES, W.: Anat. Rec. 41, 213—245 (1929). — (509) HUGHES, W., TITUS u. SMITS: Science 65 (1927). — (510) HUNT, R., u. A. SEIDELL: Studies an Thyroid. I. The relation of iodine to the physiological activity of thyroid preparations. Hyg. Labor., Publ. Health a. Marine Hosp. Service U. S. Bull. 1909, Nr 47 (Washington). — (511) Amer. J. Pharmacy 83, 407—411 (1911). — (512) HUNTER, A.: Proc. Soc. exper. Biol. a. Med. 10, 98 (1913). — (513) Quart. J. exper. Physiol. 8, 23 (1914). — (514) HUNTER, A., u. S. SIMPSON: J. of biol. Chem. 20, 119—122 (1914). — (515) HUTT, F. B.: Scientific Agricult. 7, 257—260 (1927). — (516) Poultry Sci. 8, 202—218 (1929). — (517) J. of exper. Biol. 7, 1—6 (1930).

(518) IWERSEN, E.: Züchtungskde 1, 134—143 (1926). — (519) IZAWA, G.: On removal of the pineal body. Amer. J. med. Sci. 166, 185 (1923). — (520) J. comp. Neur. 39, 1 (1925). — (521) Amer. J. Physiol. 77, 126 (1926).

(522) JACOBSEN, R.: Z. Tierzüchtg 6, 497—511 (1926). — (523) JAFFÉ, R., u. F. BERBERICH: Hoden. HIRSCHS Handbuch der inneren Sekretion 1, 197—280. Leipzig: C. Kabitzsch 1929. — (524) JAFFÉ, R., u. I. TANNENBERG: Nebennieren. Ebenda 1, 473—661. Leipzig: C. Kabitzsch 1930. — (525) JANDA, V.: Zool. Jb. 46, 214—296 (1929). — (526) JANOŠÍK, J.: Sitzgsber. Akad. Wiss. Wien III 99 (1891). — (527) JANUSCHKE: Wien. med. Wschr. 76. 1498 (1926). — (528) JASCHIK, A., u. J. KIESELBACH: Z. Unters. Lebensmitt. 62, 572—575 (1931). — (529) JASCHKE, V.: Die weibliche Brust. HALBAN-SEITZ' Handbuch 5 II, 1265. Berlin und Wien: Urban & Schwarzenberg 1926. — (530) JEANDELIZE, P. M. P.: Insuffisance thyroidienne et parathyroidienne (à début dans le jeune âge); étude experimentale et clinique. Nancy 1902. — (531) JEAUNÉS, H.: Wien. klin. Wschr. 40, 1499 (1928). — (532) Ebenda 41, 268—271 (1929). — (533) JOHANSON, J. E.: HAMMARSTENS Lehrbuch der physiologischen Chemie, 11. Aufl., S. 714. 1926. — (534) JOLLY, J.: C. r. Assoc. Anat. Paris 1911. — (535) Arch. d'Anat. microsc. 16, 363—547 (1915). — (536) JOLLY, J., u. A. PÉZARD: C. r. Soc. Biol. 98, 379—380 (1928). — (537) JONES, J. M., J. L. LUSH u. J. H. JONES: Texas Agricult. Exper. Sta. Bul. Nr 309 (1923). — (538) JORDAN, H. E., u. J. A. E. EYSTER: Amer. J. Physiol. 29, 115—123 (1912). — (538a) JOSHI, B. B.: Ind. vet. J. 5, 14 (1928). — (539) JUHN, M., F. E. D'AMOUR, G. H. FAULKNER u. R. C. GUSTAVSON: Proc. second internat. Congr. Sex Res. London 1930, 388—395. Edinburgh and London: Oliver & Boyd 1931. — (540) JUHN, M., F. E. D'AMOUR u. R. G. GUSTAVSON: Endocrinology 14, 349—354 (1930). — (541) JUHN, M., F. E. D'AMOUR u. E. B. WOMACK: Amer. J. Physiol. 95. 641—649 (1930). — (542) JUHN, M., u. L. V. DOMM: Ebenda 94, 656—661 (1930). — (543) JUHN, M., G. H. FAULKNER u. R. G. GUSTAVSON: J. of exper. Zool. 58, 69—106 (1931). — (544) JUHN, M., u. R. G. GUSTAVSON: Proc. Soc. exper. Biol. a. Med. 27, 747—748 (1930). — (545) J. of exper. Zool. 56, 31—50 (1930). — (545a) JUHN, M., u. J. B. MITCHELL jun.: Amer. J. Physiol. 88, 177—182 (1929). — (546) JULL, M. A.: J. agricult. Res. 28, 199 (1924). — (547) JULL, M. A., u. B. W. HEYWANG: Poultry Sci. 9, 393 (1930). — (548) JULL, M. A., u. J. P. QUINN: J. agricult. Res. 29, 195 (1924). — (549) Ebenda 31, 223 (1925).

(550) KALKUS, J. W.: State Coll. Washington, Agricult. Exper. Stat., Bull. 156 (1920). — (551) KAMM, O., T. B. ALDRICH, I. W. GROTE, L. W. ROWE u. E. P. BUGBEE: J. amer. chem. Soc. 50, 573 (1928). — (552) KAMMERER, P.: Ursprung der Geschlechtsunterschiede. ABDERHALDENS Fortschritte der naturwissenschaftlichen Forschung 5. Berlin und Wien: Urban & Schwarzenberg 1912. — (553) Erg. inn. Med. 17, 295 (1919). — (554) KATSURA, H.: Mitt. med. Fak. Tokyo 30, 177—206 (1922). — (555) KAUPP, B. F.: J. amer. Assoc. Instr. a. Invest. Poultry Husbandry 60 (1919). — (556) Poultry Sci. 1, 39 (1921—22). — (557) KAUSCH, W.: Arch. f. exper. Path. 37, 274—324 (1896). — (558) KAWASHIMA, K.: Biochem. Z. 28, 332 (1910). — (559) KELLAWAY, C. H.: Proc. roy. Soc., Ser. B 92, 6—27 (1921). — (560) KELLER, K.: Wien. tierärztl. Mschr. 7, 146 (1920). — (561) KELLER, K., u. J. TANDLER: Ebenda 3 (1916). — (562) KELLY, F. C.: Biochemic. J. 19, 559—568 (1925). — (563) KENDALL, E. C.: The thyroid hormone. In Collected Papers of the Mayo Clinic 9, 309—336. Philadelphia: W. B. Saunders 1917. — (564) Thyroxine. New York: The Chemical Catalog Co. 1929. — (565) KENDALL, E. C., u. F. S. RICHARDSON: J. of biol. Chem. 43, 161 (1920). — (566) KENDALL, E. C., u. D. G. SIMONSEN: Ebenda 80, 357—377 (1928). — (567) KENNEDY, W. P., u. D. R. CLIMENKO: Quart. J. exper. Physiol. 19, 43—49 (1928). — (568) KERNKAMP, H. C. H.: J. amer. vet. med. Assoc. 67, 3—8 (1925). — (569) KERR, W. R.: Feathered World 19, 10 (1930). — (570) KIEFERLE, F., J. KETTNER, K. ZEILER u. H. HANUSCH: Milchw. Forschgn 4, 1 (1926). — (571) KIMBALL, O. P.: U. S. Publ. Health Rec. Reprint 1923, Nr 832, 877—885. — (572) KLATT, B.: Züchtungskde 5, 49—59 (1930). — (573) KLEIN, W.: Biochem. Z. 72, 169—252 (1916). — (574) Berl. tierärztl. Wschr. 39, 159—162 (1923). — (575) Z. Tierzüchtg 6, 1—54 (1926). — (576) Dtsch. tierärztl. Wschr. 37, 545—547

(1929). — (*577*) Ebenda **39**, 133—135 (1931). — (*577a*) Klein, W., G. Pfeiffer u. G. Hermann: Biochem. Z. **225**, 344 (1930). — (*578*) Kleinheinz, F.: Sheep management, breeds and judging. Madison, Published by the author 1927. — (*579*) Klobouk, A.: Zvěrolékařský Obzor **16**, 65—70 (1923). — (*580*) Zvěrolékařský Rozperavy **3**, 5—9 (1929). — (*581*) Ebenda **3**, 9—10 (1929). — (*582*) Ebenda **5**, 4—7 (1931). — (*583*) Klose, H.: Arch. klin. Chir. **92**, 1125 (1910). — (*584*) Zbl. Path. **25**, 1 (1914). — (*585*) Klose, H., u. H. Vogt: Beitr. klin. Chir. **69**, 1 (1910). — (*586*) Knoch, K.: Klimakunde von Südamerika. Köppen-Geigers Handbuch der Klimatologie **3**, Teil G. Berlin: Bornträger 1930. — (*587*) Kobert, G.: Arch. Geflügelkde **1**, 411—412 (1926). — (*588*) Kocher, Th.: Arch. klin. Chir. **92**, 1166—1193 (1910). — (*589*) Kochmann u. Wagner: Z. exper. Med. **53**, 705 (1927). — (*590*) Kohan, J.: Arch. Geflügelkde **2**, 21—22 (1928). — (*590a*) Koláček, St.: Vliv potažních prací na užitkovost dojnic. Sborn. vysoké skoly semědělské v Brně, Sign. C **21**, 1—41 (1931). — (*591*) Kolb, K.: Verh. schweiz. naturforsch. Ges. **10**, 311 (1922). — (*591a*) Wien. klin. Wschr. **45** (1923). — (*592*) Kolde, W.: Arch. Gynäk. **98** (1912). — (*593*) Kopeć, S., u. A. W. Greenwood: Roux' Arch. **121**, 87—95 (1929). — (*594*) Korenchewsky, V. G.: Z. exper. Path. u. Ther. **16**, 68 (1914). — (*595*) Korenchevsky, V.: J. of Path. **29**, 461 (1926). — (*596*) Biochemic. J. **22**, Nr 2 (1928). — (*597*) Ebenda **24**, Nr 2 (1930). — (*598*) J. of Path. **33** (1930). — (*599*) Ebenda **33**, 683—687 (1930). — (*600*) Korenchevsky, V., u. M. H. Dennison: Biochemic. J. **23**, 868—875 (1929). — (*601*) Korenchevsky, V., u. M. Schultess-Young: Ebenda **22**, Nr 2 (1928). — (*602*) Korenchevsky, V.: J. of Path. **26**, 382 (1923). — (*603*) Kossmann, R.: Z. Zool. **21**, 568—599 (1871). — (*604*) Krallinger, H.: Züchtungskde **5**, 490—502 (1930). — (*605*) Kraml, F.: Publ. clin. l'école des hautes études vét., Brno, Tchecoslov. I, 8, Sign. E, 8 (1924). — (*606*) Krapiwner: Prakt. wet. i konewodstwo **5**, 28 (1924). Ref. Rev. gén. Méd. vét. **35**, 101 (1926). — (*607*) Kraus, E. J.: Frankf. Z. Path. **10**, 161 (1912). — (*608*) Zieglers Beitr. **58**, 159 (1914). — (*609*) Krause, R.: Mikroskopische Anatomie der Wirbeltiere. I. Säugetiere. II. Vögel und Reptilien. Berlin und Leipzig: Walter de Gruyter 1921 u. 1922. — (*610*) Krauss u. C. F. Monroe: Forty-ninth Ann. rep. Ohio Agricult. Exper. Stat. **1929—30**, 147—149 (1931). — (*611*) Krediet, G.: Anat. Anz. **55**, 502—510 (1922). — (*612*) Kreitmair, H.: Z. exper. Med. **61**, 202—210 (1928). — (*613*) Endokrinol. **4**, 333—340 (1929). — (*614*) Kretschmer, E.: Körperbau und Charakter, 2. Aufl. Berlin: Julius Springer 1922. — (*615*) Kriss, M.: J. agricult. Res. **40**, 271—281 (1930). — (*616*) Křížkenecký, J.: Českoslov. Zemědělec **4** (Drůbežnicky Obzor III), 29, 43 (1923). — (*617*) Roux' Arch. **107**, 583—604 (1926). — (*618*) Věstn. Českoslov. Akad. zeměd. **2**, 360—364 (1926). — (*619*) Rev. Neur. (tschech.) **23**, 225—240 (1926). — (*620*) Bull. czechoslov. Acad. Agricult. **2**, 89—91 (1926). — (*621*) C. r. Soc. Biol. **97**, 1749—1751 (1927). — (*622*) Věstn. Českoslov. Akad. zeměd. **3**, 261—266 (1927). — (*623*) Arch. Geflügelkde **1**, 246—273 (1927). — (*624*) Roux' Arch. **109**, 54—69 (1927). — (*625*) C. r. Soc. Biol. **96**, 1427—1429 (1927). — (*626*) Ebenda **98**, 1031—1032 (1928). — (*627*) Věstn. VI. sjezdu českoslov. přírodozpytců, lékařů a inženýrů III/1, 124 (1928). — (*628*) Dtsch. landw. Geflügelztg **32**, Nr 6 (1928). — (*629*) Věstn. VI. sjezdu českoslov. přírodozpytců, lékařů a inženýrů v Praze **III/1** (1928). — (*630*) Arch. Geflügelkde **2**, 266—279 (1928). — (*631*) Z. vergl. Physiol. **8**, 16—36 (1928). — (*632*) Ebenda **8**, 461—476 (1928). — (*633*) Ebenda **8**, 477—487 (1928). — (*634*) Věstn. českoslov. Akad. zeměd. **5**, 553—556 (1929). — (*635*) Amer. J. Physiol. **90**, Nr 2 (1929). — (*636*) Arch. Geflügelkde **4**, 169—177 (1930). — (*637*) Proc. Second internat. Congr. Sex Res. London **1930**, 173—175. Edinburgh and London: Oliver & Boyd 1931. — (*638*) C. r. Soc. Biol. **105**, 325—327 (1931). — (*639*) Nèstn. Král. čes. szol. nauk. Kl. II. Praha **1931**, 99—125. — (*640*) Arch. Tierernährg u. Tierzucht. Im Druck — erscheint 1932. — (*641*) Křížkenecký, J., u. L. F. Kameníček: Bull. czechoslov. Acad. Agricult. **7**, 928—932 (1931). — (*642*) Arch. Tierernährg u. Tierzucht. Im Druck — erscheint 1932. — (*643*) Křížkenecký, J., u. M. Nevalonnyj: Roux' Arch. **112**, Festschr. f. H. Driesch **2**, 594—639 (1927). — (*644*) Roux' Arch. **115**, 876—888 (1929). — (*645*) Křížkenecký, J., M. Nevalonnyj u. I. Petrov: Věstn. českoslov. Akad. zeměd. **2**, 1026—1030 (1926). — (*646*) Roux' Arch. **112**, Festschr. f. H. Driesch **2**, 640—659 (1927). — (*647*) Křížkenecký, J., u. J. Podhradský: Roux' Arch. **108**, 68—86 (1926). — (*648*) Ebenda **107**, 280—298 (1926). — (*649*) Věstn. českoslov. Akad. zeměd. **2**, 16—20 (1926). — (*650*) Roux' Arch. **112**, Festschr. f. H. Driesch **2**, 577—593 (1927). — (*651*) Křížkenecký, J. Podhradský u. M. Nevalonnyj: Zákonitosti života. Sborn. prací na oslavu 60. narozenin prof. dra V. Růžičky. Praha: Aventinum 1930. — (*652*) Kronacher, C.: Allgemeine Tierzucht **4**, 3. Aufl. Berlin: Parey 1927. — (*653*) Kronacher, C., Th. Böttger u. W. Schäper: Z. Tierzüchtg **11**, 319—344 (1928). — (*654*) Kronacher, C., P. Henkels, W. Schäper u. I. Kliesch: Ebenda **16**, 209—231 (1929). — (*655*) Krummen: Inaug.-Dissert. vet., Bern 1930. Zit. Dürest[279]. — (*656*) Krupski, A.: Schweiz. Arch. Tierheilk. **63**, 365—376, 419—436 (1921). — (*657*) Ebenda **66**, 14—21 (1924). — (*658*) Kučera, C.: C. r. Soc. Biol. **98**, 255—257 (1927). — (*659*) Zemědělský Arch. **18**, Nr 9/10 (1927). — (*660*) Věstn. I. sjezdu českoslov. zvěrolékařů **1928**. — (*661*) C. r. Soc. Biol. **102**, 394 (1929). —

(*662*) 14. Congr. internat. Agricult. Bucarest **1929**. — (*663*) Zemědělský Arch. **20**, Nr 5—6 (1929). — (*664*) Zvěrolékařské Rozpravy **3**, Nr 17—20 (1929). — (*665*) KUČERA, C., u. E. MÜNZBERGER: Zemědělský Arch. **21**, Nr 7—8 (1930). — (*666*) KUHL, P.: Pflügers Arch. **176**, 263—284 (1919). — (*667*) KÜHN, H.: Arch. Tierheilk. **36**, Suppl. (1910). — (*668*) KUHN, O.: Z. Züchtungskde **4**, 521—528 (1929). — (*669*) KUKLOVÁ, M.: Zemědělský Arch. **11**, 259—283 (1920). — (*670*) KUMMERLÖWE, H.: Z. mikrosk.-anat. Forschg **21**, 1, **22**, 259 (1930). — (*671*) KÜNG, E.: Weitere Untersuchungen über die Wechselbeziehungen zwischen Hoden und Nebenniere, Schilddrüse, Milz. Inaug.-Dissert., Vet.-med. Fak. Univ. Zürich 1926. — (*672*) KÜPFER, M.: Denkschr. schweiz. naturforsch. Ges. **1920**, Februar. — (*672a*) KURNVILLA, P. M.: Ind. vet. J. **6**, 206 (1930). — (*673*) KUTZ, R. L.: Proc. Soc. exper. Biol. a. Med. **29**, 91—93 (1931).

(*674*) LAGUESSE, E. G.: J. Anat. et Physiol. **30**, 591 u. 731 (1894). — (*675*) Ebenda **31**, 475 (1895); **32**, 171, 209 (1896). — (*676*) C. r. Soc. Biol. **1899**, 900. — (*677*) Ebenda **68**, 367 (1910). — (*678*) LAHAYE, J.: Ann. Méd. vét. **71**, 302 (1926). — (*679*) LAHM, W.: Ovarium, Uterus, Scheide, Klitoris, Plazenta und Brustdrüse als innersekretorische Drüsen vom Standpunkte der Embryologie und Morphologie. HIRSCHS Handbuch der inneren Sekretion **1**, 123—196. Leipzig: C. Kabitzsch 1929. — (*680*) LANDAUER, W.: Arch. Entw.mechan. **110**, 195 (1927). — (*681*) Klin. Wschr. **7**, 2047—2050 (1928). — (*682*) Amer. J. Anat. **43**, 1—20 (1929). — (*683*) Virchows Arch. **271**, 534—545 (1929). — (*684*) Arch. Gewerbepath. u. -hyg. **1**, 791—792 (1930). — (*685*) LANDAUER, W., u. L. C. DUNN: J. Genet. **23**, 397—413 (1930). — (*686*) LANDAUER, W., u. L. W. THIGPEN: Fol. haemat. **38**, 1—13 (1929). — (*687*) LANGE, F.: Dtsch. med. Wschr. **54**, Nr 25 (1928). — (*688*) LANGE, W.: Zool. Jb., Abt. Allg. Zool. **36**, 657—698 (1919). — (*689*) LANGECKER, H., u. W. WIECHOWSKI: Klin. Wschr. **4**, 1339 (1925). — (*690*) LANGERHANS: Beiträge zur mikroskopischen Anatomie der Bauchspeicheldrüse. Inaug.-Dissert., Berlin 1869. — (*691*) LANGLOIS, P., u. J. REHNS: C. r. Soc. Biol. **51**, 146 (1899). — (*692*) LANZ: Arch. klin. Chir. **74**, 882—889 (1904). — (*693*) LAPIQUE: C. r. Soc. Biol. **66**, 289 (1909). — (*694*) LARIONOV, W. TH.: Endokrinol. **7**, 23—30 (1930). — (*695*) LARIONOV, W. TH., u. E. W. DMITRIEWA: Arch. Geflügelkde **5**, 102—105 (1931). — (*696*) LARIONOV, W. TH., u. N. KUSMINA: Biol. Zbl. **51**, 81—104 (1931). — (*697*) LARIONOV, W. TH., u. I. N. LEKTORSKY: Arch. Geflügelkde **5**, 388—393 (1931). — (*698*) LARIONOV, W. TH., A. WOITKEWITSCH u. B. NOWIKOW: Z. vergl. Physiol. **14**, 546—556 (1931). — (*699*) LASER, I.: Biochem. Z. **241**, 36—49 (1931). — (*700*) LATIMER, H. B.: J. agricult. Res. **29**, 363—397 (1924). — (*701*) Anat. Rec. **35**, Nr 4 (1927). — (*702*) LATIMER, H. B., u. M. F. LANDWER: Ebenda **29**, 389 (1926). — (*703*) LAWRENCE, J. V., u. O. RIDDLE: Amer. J. Physiol. **41**, 430—437 (1916). — (*704*) LEBEDINSKY, N. G.: Dtsch. tierärztl. Wschr. **38**, 586—587 (1930). — (*705*) Biol. Zbl. **50**, 392—422 (1930). — (*706*) C. r. Soc. Biol. **108**, 741 (1931). — (*707*) LECLAINCHE: Rec. Méd. vét. Paris **63**, 368 (1886). — (*708*) LEDERER, R., u. E. PRZIBRAM: Pflügers Arch. **134**, 531—544 (1910). — (*709*) LEFOUR: Race flamande. Paris 1857. — (*710*) LEHMANN, G.: Energetik des Organismus. OPPENHEIMERS Handbuch der Biochemie **6**, 2. Aufl., 564—608. Jena: Fischer 1926. — (*711*) LEISERING, MÜLLER u. ELLENBERGER: Handbuch der vergleichenden Anatomie der Haussäugetiere. Berlin 1890. — (*712*) LENGERMANN: Mitt. dtsch. landw. Ges. Stück **42**, 627 (1922). — (*713*) LENZ, J.: Sborn. lék. (tschech.) **13**, Nr 2 (1912). — (*714*) LERMAT, H.: L'ovariotomie des vaches laitières, ses résultats. Thèse, Gembloux, Edition médicales 1924. — (*715*) LESBRE, R., u. R. TAGAUD: Rev. vét. **76** (1924). — (*716*) LEVIN, S.: Recherches expérimentales sur l'involution du thymus. Thèse, Paris 1912. — (*717*) LEWIS, D.: Physiology and experimental pathology of the hypophysis. BARKER-HOSKINS-MOSENTHALS Endocrinology and Metabolism **1**, 721 bis 736. New York and London: Appleton & Co. 1922. — (*718*) LEWIS, H. R.: Productive poultry husbandry, 7. Edition. Philadelphia and London: Lippincott & Co. 1928. — (*719*) LIDDELL, H. S.: Anat. Rec. **30**, 327—332 (1925). — (*719a*) LIDDELL, H. S., u. T. L. BAYNE: Proc. Soc. exper. Biol. a. Med. **24**, 289 (1927). — (*720*) LIDDELL, H. S., u. E. D. SIMPSON: Amer. J. Physiol. **76**, 195—196 (1926). — (*721*) LIEBEN, FR., u. H. KRAUS: Biochem. Z. **236**, 182—186 (1931). — (*722*) LIEBERFARB, A. S.: Pflügers Arch. **216**, 437—447 (1927). — (*723*) LIEBESNY, P.: Wien. klin. Wschr. **36**, 154 (1923). — (*724*) LIEBSCHER, W.: Landw. Versuchsstat. **109**, 347—362 (1929). — (*725*) LIENHART, M.: C. r. Acad. Sci. Paris **169**, 102 (1919). — (*726*) LILLIE, R.: Science **43**, 611 (1916). — (*727*) J. of exper. Zool. **23**, 371 (1917). — (*728*) The development of the chick. Second Edition. New York: H. Holt & Co. 1919. — (*729*) Biol. Bull. **44**, 47 (1923). — (*730*) LILLIE, R., u. BASCOM: Science **55**, 1432 (1922). — (*730a*) LINDEBERG, W.: Fol. neuropath. eston. **2**, 42—108 (1924). — (*731*) LIPSCHÜTZ, A.: Die Pubertätsdrüse und ihre Wirkungen. Bern: E. Bircher 1919. — (*732*) The internal secretions of the sex glands. Cambridge and Baltimore: W. Heffer & Sons and Williams & Wilkins Co. 1924. — (*733*) Biochem. Z. **220**, 453—455 (1930). — (*734*) C. r. Biol. Soc. **108**, 690—692 (1931). — (*735*) LIPSCHÜTZ, A., u. S. VESHNJAKOV: Biochem. Z. **220**, 456—460 (1930). — (*736*) LIPSCHÜTZ, A., S. VESHNJAKOV u. E. A. WILCKENS: C. r. Soc. Biol. **102**, 625 (1929). — (*737*) LIPSCHÜTZ, A., u. O. WILHELM: J. Physiol. et Path. gén. **27**, 1—8

(1929). — (738) Litty, A.: Beiträge zur Kenntnis der normalen und pathologischen Anatomie der Glandula thyreoidea und parathyreoidea des Pferdes. Inaug.-Dissert., Philos. Fak. Univ. Leipzig 1907. — (739) Loeb, L.: J. med. Res. 40, 199—239 (1919). — (740) Ebenda 41, 481 (1920). — (741) Ebenda 43, 77 (1920). — (742) Amer. J. Path. 2, 19 (1926). — (743) Loeb, L., u. R. B. Bassett: Proc. Soc. exper. Biol. a. Med. 27, 490 (1930). — (744) Loeb, L., u. C. Hasselberg: J. med. Res. 40, 265 (1919). — (745) Loeb, L., u. E. E. Kaplan: Ebenda 44, 557 (1924). — (746) Loewe, S.: Klin. Wschr. 4, 1407 (1925). — (747) Verh. 1. internat. Kongr. Sex.forschg 1926, 10.—16. Oktober. Berlin 1927. — (748) Med. Welt 1930, 38. — (749) Loewe, S., F. Lange u. E. Käer: Endokrinol. 5, 177 (1929). — (750) Loewe, S., F. Rothschild, W. Rautenbusch u. H. E. Voss: Klin. Wschr. 9, 1407—1408 (1925). — (751) Loewe, S., u. H. E. Voss: Akad. Anz. d. Akad. Wiss. Wien 1929, 20. — (752) Endokrinol. 3 (1929). — (753) Klin. Wschr. 9, 481—487 (1930). — (754) Loewe, S., H. E. Voss, F. Lange u. A. Wähner: Ebenda 7, 1376—1377 (1928). — (755) Loewe, S., H. E. Voss u. E. Paas: Endokrinol. 1, 323—337 (1928). — (756) Loewe, S., H. E. Voss, F. Rothschild u. E. Borchardt: Biochem. Z. 221, 461—466 (1930). — (757) Loewy u. H. Zondek: Dtsch. med. Wschr. 47, 349 (1921). — (758) Löhr: Fortschr. Landw. H. 18 (1928). — (759) Lombroso, U.: C. r. Soc. Biol. 57, 610 (1905). — (760) Lopez-Lomba: C. r. Acad. Sci. Paris 176, 1417 (1923). — (761) Lothringen: Arch. mikrosk. Anat. 28, 257 (1886). — (762) Löwenthal, K.: Thymus. Hirschs Handbuch der inneren Sekretion 1, 709—866. Leipzig: C. Kabitzsch 1930. — (763) Lübke, H.: Untersuchungen über die Gewichtsverhältnisse innersekretorischer Drüsen bei geschlechteten Pferden und Rindern. Inaug.-Dissert., Tierärztl. Hochschule Hannover 1926. — (764) Lunde, G., u. K. Wülfert: Endokrinol. 4, 321 (1929). — (765) Lunghetti, B.: Arch. mikrosk. Anat. 69, 264 (1907). — (766) Lups, T.: Anat. Anz. 67, 161—180 (1929). — (767) Lush, J. L.: „Duck-legged" cattle on texas ranches. J. Hered. 21, 84—90 (1930). — (768) Lush, J. L., J. M. Jones, W. H. Fameron u. O. L. Carpenter: Texas Agricult. Exper. Stat. Bull. 409 (1930).

(769) MacArthur, C. G.: J. amer. chem. Soc. 41, 1225—1240 (1919). — (770) McCarrison, R.: The thyroid gland in health and diseases. London: Baillière 1917. — (771) Ind. J. med. Res. 6, 550—556 (1919). — (772) Ebenda 6, 557—559 (1919). — (773) The simple goitres. London: Baillière, Tindall & Cox 1928. — (774) McCarrison, R., u. K. B. Madhava: Ind. J. med. Res. 18, 1—36 (1930). — (775) McClure, C. J., u. H. H. Mitchell: J. agricult. Res. 41, 79—87 (1930). — (776) MacCollum, W. G., H. J. Thomson u. J. B. Murphy: Bull. Hopkins Hosp. 18, 333—335 (1907). — (777) McCord, C. P.: J. of biol. Chem. 23, 435—437 (1915). — (778) Physiology, physiological chemistry and experimental pathology of the pineal gland. Barker-Hoskins-Mosenthals Endocrinology and metabolism 2, 7—32. New York and London: Appleton & Co. 1922. — (779) Mačela: Čas. lék. česk. 64, 1551 (1925). — (780) MacGee, L. C., M. Juhn u. L. V. Domm: Amer. J. Physiol. 87, 406—435 (1928). — (781) Mackenzie, K.: Quart. J. exper. Physiol. 4, 305 (1911). — (782) MacOwan, M. M.: J. of Physiol. 70; Proc. Physiol. Soc. 1930, 7. June. — (783) Magee u. Harvey: J. of Physiol. 64, 31 (1922). — (784) Magnus, H.: Arch. Tierheilk. 54, 341—347 (1926). — (785) Magnus, H., u. J. Saim: Ebenda 54, 531—537 (1926). — (786) Magnus Lévy u. H. Zondek: Dtsch. med. Wschr. 33, 382 (1907). — (787) Magnusson, H.: Arch. Anat. u. Physiol. 29 (1919). — (788) Makotine: Russ. Z. wiss. u. prakt. Vet. med. 4, 42 (1910). Zit. Blacher[102]. — (789) Malcolm, J.: J. of Physiol. 30, 270—280 (1904). — (790) Malsburg, K. v.: Die Zellengröße als Form- und Leistungsfaktor der landwirtschaftlichen Nutztiere. Hannover: Schaper 1911. (Arb. dtsch. Ges. Züchtungskde H. 10.) — (791) Mangold, E., u. W. Lintzel: Mitt. dtsch. Landw.-Ges. Stück 28 (1930). — (792) Marble, R.: Cornell Univ. Agricult. Exper. Stat. Ithaca Bull. Nr 503 (1930). — (793) Marine, D.: Hopkins Hosp. Bull. 18, 359 (1907). — (794) In Barker-Hoskins-Mosenthals Endocrinology and metabolism 1, 269—298. New York and London: Appleton & Co. 1922. — (795) Marine, D., u. C. H. Lenhart: Arch. int. Med. 3, 66—77 (1909). — (796) Ebenda 4, 440—493 (1909). — (797) Ebenda 4, 253 (1909). — (798) Ebenda 8, 265—316 (1911). — (799) Marine, D., u. W. W. Williams: Ebenda 1, 378—384 (1908). — (800) Marino, S.: Arch. di Farmacol. 36, 172 (1923); zit. Ber. Physiol. 24, 378. — (801) Marrassini, A.: Arch. ital. de Biol. 53, 419 (1910). — (802) Marrassini, A., u. L. Luciani: Ebenda 56, 395 (1912). — (803) Marshall, F. H. A., F. A. E. Crew, A. Walton u. W. C. Miller: Report on Dr. Serge Voronoffs experiments on the improvement of livestock. Ministry Agricult. a. Fish., Board Agricult. Scotland. London: His Majesty's Stat. Office 1928. — (804) Marshall, F. H., u. J. Hammond: J. of Physiol. 48, 171 (1914). — (805) Martin: Lehrbuch der Anatomie der Haustiere. Stuttgart 1902. — (806) Martin, N. H.: Pharmacol. J. 89, 144—145, 169—170 (1912). — (807) Martin, J. H.: Biol. Bull. 56, 357—370 (1929). — (808) Martin u. Schauder: Anatomie der Haustiere 4. Stuttgart 1923. — (809) Massaglia, A. C.: Endocrinology 4, 547—566 (1920). — (810) Maurer, E.: Schilddrüse, endemischer Kropf und Kretinismus. Oppenheimers Handbuch der Biochemie, 2. Aufl., Erg.-Bd., S. 309—351. Jena: Fischer 1930. — (811) Maurer, E., u. H. Ducrue:

Biochem. Z. **193**, 364 (1928). — (*812*) MAXWELL, A. L. I., u. A. C. H. ROTHERA: J. of Physiol. **49**,483—491(1915). —(*813*) MAY,H. G.: Rhode IslandAgricult. Exper. Stat. Bull. Nr20(1925). — (*814*) MEISENHEIMER, J.: Geschlecht und Geschlechter im Tierreiche **1**. Jena: Fischer 1921. — (*815*) MERING, v., u. O. MINKOWSKI: Arch. f. exper. Path. **26**, 371 (1890). — (*816*) MEY, R.: Arch. Gynäk. **128**, 177—209 (1926). — (*817*) MEYER, R. K., S. L. LEONARD, F. L. HISAW u. S. J. MARTIN: Proc. Soc. exper. Biol. a. Med. **27**, 702—704 (1930). — (*818*) MICHA-LOWSKY, I.: Anat. Anz. **64**, 144—163 (1927). — (*819*) MINERVINI, R.: J. Anat. et Physiol. norm. et path. **40**, 449, 634 (1904). — (*820*) MINKOWSKI, O.: Arch. f. exper. Path. **31**, 85 (1893). — (*821*) MINOWADA, M.: Acta dermat. (Kioto) **12**, 668 (1928). — (*821a*) MITCHELL, J. B. jun.: Physiol. Zool. **2**, 411—437 (1929). — (*822*) MITCHELL, H. H.: The determination of the protein requirements of animals and of the protein value of farm feeds and rations. Bull. nat. Res. Council, **11**. Part 1, Nr 55, March (1926). — (*823*) The minimum protein requirements of cattle. Ebenda **1929**, Nr 67, February. — (*824*) MITCHELL, H. H., L. E. CARD u. W. T. HAINES: J. agricult. Res. **34**, 945—960 (1927). — (*825*) MITCHELL, H. H., L. E. CARD u. T. S. HAMILTON: Illinois Agricult. Exper. Stat. Bull. Nr 278 (1926). —(*826*) Univ. Illinois, Agricult. Exper. Stat. Bull. **367** (1931). — (*827*) MITCHELL, H. H., u. W. T. HAINES: J. agricult. Res. **34**, 927—943 (1927). — (*828*) MITCHELL, H. H., u. T. S. HAMILTON: Univ. Illinois, Agricult. Exper. Stat. Bull. **323** (1929) May. — (*829*) MITTAG, O.: Die Kastration der Hähne und des anderen männlichen Hausgeflügels. Berlin: Schoetz 1920. — (*830*) MOHR, O. L.: Z. indukt. Abstammgslehre **41**, 59—109 (1926). — (*831*) Züchtungskde **4**, 105—125 (1929). — (*832*) MOHR, O. L., u. C. WRIEDT: J. Genet. **19**, 315—336 (1928). — (*833*) MONTANDON, L.: Recherches sur le volume total des érythrocythes dans le sang du cheval à l'aide de l'hémo-crite. Thèse, Bern 1907. — (*834*) MOORE, C. R., u. T. F. GALLAGHER: Amer. J. Physiol. **89**, 388—394 (1929). — (*835*) Amer. J. Anat. **45**, 39—69 (1930). — (*836*) J. of Pharmacol. **40**, 341—350 (1930). — (*837*) MOORE, C. R., u. F. C. KOCH: Endocrinology **13**, 367—374 (1929). — (*838*) MOORE, C. R., W. HUGHES u. T. F. GALLAGHER: Amer. J. Anat. **45**, 109—136 (1930). — (*839*) MOORE, C. R., D. PRICE u. T. F. GALLAGHER: Ebenda **45**, 71—107 (1930). — (*840*) MORASH, R., u. O. S. GIBBS: J. of Pharmacol. **37**, 475—480 (1929). — (*841*) MORGAN, T. H.: The genetic and operative evidence relating secondary sexual characters. Carnegie Inst. Washington Publ. **1919**, Nr 285. — (*842*) Biol. Bull. **39** (1920). — (*843*) MORGAN, A., u. M. GRIERSON: Anat. Rec. **44**, 221 (1929). — (*844*) MORRELL, J. A., E. W. McHENRY u. H. H. POWERS: Endocrinology **14**, 25—27 (1930). — (*845*) MOSCHINI, G.: Endokrinol. **3**, 29—32 (1929). — (*846*) MOSSER, W. B.: Surg. etc. **1928**, August, 168—173. — (*847*) MOURET, J.: J. Anat. et Physiol. **31**, 221 (1895). — (*848*) MONROE, C. F.: J. Dairy Sci. **11**, 106 (1928). — (*849*) Forty-seventh Ann. Rep. Ohio Agricult. Exper. Stat. **1927—28**, 103—105 (1929). — (*850*) Forty-eighth Ann. Rep. Ohio Agricult. Exper. Stat. **1928—29**, 123—124 (1930). — (*851*) MOUSSU: C. r. Soc. Biol. **44**, 972 (1892). — (*852*) Ebenda **44**, 271 (1892). — (*853*) Voronoff Experiments in Algeria. Rep. Minister Agricult. Paris **1927**, November. — (*854*) MÜLLER, J.: Z. mikrosk.-anat. Forschg **17**, 303—352 (1929). — (*855*) MÜLLER u. ROSCHER: Jb. wiss. u. prakt. Tierzucht **7** (1912). — (*856*) MUMFORD, F. B.: The breeding of animals. London and New York: MacMillan & Co. 1917. — (*857*) MUMFORD, F. B., A. C. RAGSDALE, E. C. ELTING, S. BRODY, J. B. FITCH, H. W. CAVE, R. H. LUSH, G. W. HERVEY, R. R. GRAVES, A. G. HOGAN, H. D. FOX, J. L. NIERMAN, E. A. TROWBRIDGE, D. W. CHITTENDEN, L. L. KEMPSTER, H. H. MITCHELL, L. E. CARD, W. T. HAINES, M. T. FOSTER, F. F. McKENZIE u. J. E. HUNTER: Res. Agricult. Exper. Stat. Univ. Missouri Bull. Nr 96 (1926). (Zit. als MUMFORD u. Mitarbeiter) (1926). — (*858*) MUNK, H.: Sitzgsber. preuß. Akad. Wiss. Berlin **40**, 823 (1887). — (*859*) Ebenda **41**, 1059 (1888). — (*860*) MÜRSUER: Zit. nach im Arch. Geflügelkde **1**, 65 (1928) veröffent-lichten Auszug aus der Petite Rev. **1925**.

(*861*) NAGEL, W., u. E. ROOS: Arch. Anat. u. Physiol., Suppl.-Bd. **1902** z. Physiol. Abt., 267—277 (1902). — (*862*) NEISSER: Berl. klin. Wschr. **57**, 461 (1920). —(*863*) NELSON, W. O.: Proc. Soc. exper. Biol. a. Med. **27**, 596—597 (1930). — (*864*) NEVALONNYJ, M.: Věstn. českoslov. Akad. zeměd. **3**, 596—602 (1927). — (*865*) C. r. Soc. Biol. **97**, 1745—1749 (1927). — (*866*) Věstn. českoslov. Akad. zeměd. **3**, 255—261 (1927). — (*867*) Sborn. vysoké školy zeměd. v Brně, Sign. C **14** (1928). — (*867a*) Věstn. českoslov. Akad. zeměd. **6**, 15—19 (1930). — (*868*) NIBLER, C. W., u. W. TURNER: J. Dairy Sci. **12**, 491—506 (1929). — (*869*) NICO-LAS, M.: C. r. Soc. Biol. **52**, 876 (1900). — (*870*) NIKIFOROF: Vet. Trujenik (russ.) **10/11**, 29 (1926). — (*871*) NIKLAS, H., J. SCHWAIBOLD u. K. SCHARRER: Biochem. Z. **170**, 300—310 (1926). — (*872*) NIKLAS, H., A. STROBEL u. K. SCHARRER: Ebenda **170**, 277—299 (1926). — (*873*) NITZESCU, I. I., u. E. BINDER: C. r. Soc. Biol. **108**, 281—282 (1931). — (*874*) NITZESCU, I. I., u. G. NICOLAU: Ebenda **91**, 1462—1463 (1924). —(*875*) NOETHER, P.: Naunyn-Schmiede-bergs Arch. **138**, 164—165 (1928). — (*876*) Ebenda **160**, 369—374 (1931). — (*877*) NORDBY, J. E.: J. Hered. **19**, 119—122 (1928). — (*878*) NOSAKA, T.: Fol. endocrin. jap. **2**, 878—933 (1926). Japanisch, zit. nach Ber. Physiol. **40**, 562. — (*879*) NOWAK, J., u. F. DUSCHAK: Z. Anat., Abt. 1; Z. Anat. u. Entwgesch. **69**, 483—492 (1923).

(*880*) Oberling, Ch., u. M. Guérin: C. r. Soc. Biol. 108, 1134—1136 (1931). — (*881*) Ogata, Kawakita, Oka u. Kagoshima: Mitt. med. Fak. Tokyo 27, H. 3 (1921). — (*882*) Ohligmacher, K.: Arb. dtsch. Ges. Züchtgskde H. 37. Hannover: Schaper 1928. — (*883*) Ohnishi, Y.: Fol. endocrin. jap. 6, 33—34 (1930). Ref. Ber. Physiol. 59, 450 (1931). — (*884*) Okada, S.: Fol. endocrin. jap. 3, 1—45 (1927). Japanisch, Autorref. Ber. Physiol. 42, 244. — (*885*) Okuda, M.: Endocrinology 12, 342—348 (1928). — (*886*) Okuneff, N.: Zbl. Path. 32, 531 (1922). — (*887*) Olesen, R.: U. S. Publ. Health Rep. Reprint 1924, Nr 893, 45—55. — (*888*) Ebenda 1925, Nr 983, 1—22. — (*889*) Ebenda 1927, Nr 1158, 1355—1367. — (*890*) Ebenda 1927, Nr 1189, 2831—2849. — (*891*) Oordt, G. J. van: Ibis for January 1931, 1—11. — (*892*) Oordt, G. J. van, u. C. J. A. C. Bol: Biol. Zbl. 49, 173—186 (1929). — (*893*) Oordt, G. J., u. G. C. A. Junge: Zool. Anz. 91, 1—7 (1930). — (*894*) Oordt, G. J., u. C. J. J. van der Maas: Roux' Arch. 115, 651—667 (1929). — (*895*) Oppenheimer, C.: Energetik der lebenden Substanz. Oppenheimers Handbuch der Biochemie, 2. Aufl., 2, 222—251. Jena: Fischer 1925. — (*896*) Orr, J. B., u. J. Leitch: Jodine in nutrition. Med. Res. Council, Spec. Rep., Ser. 123, 1—108 (1929). — (*897*) Oswald, A.: Z. physiol. Chem. 23, 265—310 (1897). — (*898*) Ebenda 27, 14—49 (1899). — (*899*) Ebenda 32, 121—144 (1901). — (*900*) Virchows Arch. 169, 444—479 (1902). — (*901*) Ott, I., u. J. C. Scott: Proc. Soc. exper. Biol. a. Med. 7, 48 (1910). — (*902*) Monthly Cycl. a. M. Bull. 3, 663 (1910). — (*903*) Proc. Soc. exper. Biol. a. Med. 7, 49 (1910). — (*904*) Ebenda 8, 48 (1911). — (*905*) Monthly Cycl. 1911, 25. Februar. — (*906*) Ther. Gaz. 1911, Oktober. — (*907*) Proc. Soc. exper.Biol. a. Med. 9, 63 (1912).

(*908*) Papanicolaou, G. N.: Proc. Soc. exper. Biol. a. Med. 28, 807—810 (1931). — (*909*) Paraschtschnik: Chem. Zbl. 1903 I, 731. — (*910*) Pardubský, K.: Prag. Arch. f. Tiermed. 8 A, 7 (1928).—(*911*) Wien. tierärztl. Mschr. 15, 761—767 (1928).—(*912*) Parhon, C. J., u. V. Marza: C. r. Soc. Biol. 92, 727 (1925). — (*913*) Parhon, C. I., u. C. Parhon: Ebenda 89, 683—686 (1923). — (*914*) Parhon, C. I., u. C. Parhon fils: Ebenda 91, 765—766 (1924). — (*915*) Parhon, M.: Endocrinologia 1, 39 (1922). Ref. Ber. Physiol. 16, 247. — (*916*) Bull. Assoc. psychol. roum. 4, 1 (1922). — (*917*) Endocrinology 7, 311—312 (1923). — (*918*) Parhon, M., u. Goldstein: Traité d'endocrinologie. Jassy 1923. — (*919*) Paris, P.: Arch. Zool. expér. et gén. 53, 139—276 (1913). — (*920*) Pearl, R.: J. of biol. Chem. 24, 2 (1916). — (*921*) Proc. nat. Acad. Sci. Wash. 2, 1 (1916). — (*922*) Pearl, R., u. F. M. Surface: J. of biol. Chem. 21, 95—101 (1915). — (*923*) Pepere, A.: Arch. Méd. exper. et anat. Path. 20, 21 (1908). — (*924*) Peredelsky, A. A.: Trans. Labor. exper. Biol. Zoopark Moscow 3, 201—236 (1927). — (*925*) Peremeschko: Z. Zool. 17, 279 (1867). — (*926*) Petersen, G.: Maanedsskr. f. dyrläger 35 (1923). Zit. Romeis[1041]. — (*927*) Peter, F.: Zrěrolékařské Rozpravy 2, 19, 20, 22 (1928). — (*928*) Pézard, A.: Bull. biologique 52, 1—76 (1918). — (*929*) Erg. Physiol. 37, 552—656 (1928). — (*930*) Pfeiffer, C. J.: Biochem. Z. 230, 290—298 (1931). — (*931*) Pfiffner, J. J., u. W. W. Swingle: Endocrinology 15, 335—340 (1931). — (*932*) Pflug: Dtsch. Z. Tiermed. 1875. Zit. nach Litty[738]. — (*933*) Philips, A. G.: Purdue Agricult. Exper. Stat. Indiana Bull. Nr 196 (1916). — (*934*) Ebenda Nr 214 (1918.) — (*935*) Pick, E. P., u. F. Pineles: Biochem. Z. 12, 473 (1908). — (*936*) Z. exper. Path. u. Ther. 7, 518 (1909). — (*937*) Pico, C. E., C. Franceschi u. J. Negrete: C. r. Soc. Biol. 92, 907 bis 908 (1925). — (*938*) Pighini, G.: Riv. sper. Freniatr., Arch. ital. malatt. nerv. e ment. 45, 1—40 (1921). — (*939*) Pighini: Studi sui timo. Pathologica 14, 319—328 (1922). — (*940*) Riv. sper. Freniatr., Arch. ital. malatt. nerv. e ment. 46, 1—86 (1922). — (*941*) Riv. Biol. 7, H. 3 (1925). — (*942*) Motts Memorial Volume 1929, 303—312. — (*943*) Riv. sper. Freniatr. 53, H. 1 (1929). — (*944*) Pighini, G., u. M. De-Paoli: Biochimica e Ter. sper. 12, Fasc. 2 (1925). — (*945*) Ebenda 14, 249 (1927). — (*946*) Pischinger: Beitrag zur Kenntnis des Pankreas. Inaug.-Dissert., München 1895. — (*947*) Plank, G. M. van der: Züchtungskde 3, 398—417 (1928). — (*948*) Plaut, R.: Z. Biol. 73, 141 (1921). — (*949*) Pochon: Arch. Tierheilk. 34, 581 (1908). — (*950*) Podhradský, J.: Roux' Arch. 107, 407—422 (1926). — (*951*) Věstn. českoslov. Akad. zeměd. 5, 561—565 (1929). — (*952*) Ebenda 6, 15—19 (1930). — (*953*) Endokrinol. 7, 241—256 (1930). — (*954*) Polimanti, O.: Ebenda 1, 401—411 (1928). — (*955*) Poll, H.: Die vergleichende Entwicklungsgeschichte der Nebennierensysteme der Wirbeltiere. O. Hertwigs' Handbuch der vergleichenden und experimentellen Entwicklungsgeschichte 3 I, 442. Jena: G. Fischer 1906. — (*956*) Polowzow, W.: Z. Tierzüchtg 20, 281 (1931). — (*957*) Ebenda 20, 264 (1931). — (*958/959*) Popoow, N. A., B. G. Iwanow u. A. A. Kudrjawcew: Pflügers Arch. 225, 643—647 (1930). — (*960*) Porcherel, A., J. Thévenot u. Perraud: C. r. Soc. Biol. 99, 1752—1754 (1928). — (*961*) Potter, E. L., R. Withycombe u. F. M. Edwards: Agricult. Exper. Stat. Oregon State Agricult. Coll. Stat. Bull. Nr 276 (1931). — (*962*) Preller: Über Diabetes beim Pferd. Inaug.-Dissert., Bern 1908. — (*963*) Pugnat, Ch. A.: J. Anat. et Physiol. 33, 267 (1897). — (*964*) Purvis, M.: Poultry breeding. Chicago: Sanders Publishing Co. 1912.

(*965*) Quinlan, J.: J. agricult. Sci. 18, 446—459 (1928).

(965a) RAATZ, A.: 25 Jahre Lehr- und Versuchsanstalt für Geflügelzucht Halle-Cröllwitz. Arb. Landw.kammer Prov. Sachsen **1926**, 185—199, Nachtrag 380—381. — *(966)* RABINOVITCH, J.: Amer. J. Path. **4**, 601—611 (1928). — *(967)* Ebenda **5**, 91—97 (1929). — *(968)* Ebenda **5**, 1 (1929). — *(969)* RABL, H.: Arch. mikrosk. Anat. **38**, 492 (1891). — *(970)* RAITSITS, E.: Med. Klin. **1928**, 1807. — *(971)* RANZI u. TANDLER: Über Thymusexstirpation. Demonstration. Wien. klin. Wschr. **22**, 980 (1909). — *(972)* RAPP, v.: Über die Schilddrüse. Inaug.-Dissert., Tübingen 1840. Zit. nach ZIETSCHMANN[1367]. — *(973)* RASCHE, W.: Z. Kinderheilk. **42**, 124—132 (1926). — *(974)* RASPOPOVA, N.: J. Méd.-biol. **7**, 52 (1930). — *(975)* REICHEL: Biometrische Studien über das Wachstum des Rindes im ersten Lebensjahr. Dissert., Breslau 1924. — *(976)* REID, H. A.: The use of iodine and its compounds in veterinary practice. London: De Gruchy & Co. Ltd. 1930. — *(977)* REISS, M.: Nebennieren. OPPENHEIMERS Handbuch der Biochemie, 2. Aufl., Erg.-Bd., S. 352—402. Jena: Fischer 1930. — *(978)* RENNIER: Quart. J. microsc. Sci. **48**, 379 (1905). — *(979)* Internat. Mschr. Anat. u. Physiol. **26** (1909). — *(980)* RETTERER, E.: C. r. Soc. Biol. **100**, 168—170 (1929). — *(981)* RICHTER, J.: Arch. wiss. Landw. B. **5**, 385—460 (1931). — *(982)* RICHTER, J., u. A. BRAUER: Jb. Tierzucht **9**, 91—131 (1914). — *(983)* RICHTER, K.: Arb. dtsch. Ges. Züchtgskde H. 37. Hannover: Schaper 1928. — *(984)* Züchtungskde **5**, 152—156 (1930). — *(985)* RIDDLE, O.: Biol. Bull. **14**, 163—176 (1908). — *(986)* Ebenda **14**, 328—370 (1908). — *(987)* Science **35**, 462—463 (1912). — *(988)* Amer. Naturalist. **50**, 385—410 (1916). — *(989)* Amer. J. Physiol. **41**, 409—418 (1916). — *(990)* Proc. Soc. exper. Biol. a. Med. **20**, 244—247 (1923). — *(991)* Amer. J. Physiol. **66**, 322—339 (1923). — *(992)* Ebenda **68**, 557—580 (1924). — *(993)* Ebenda **73**, 5—16 (1925). — *(994)* Anat. Rec. **30**, 365—382 (1925). — *(995)* Amer. Philos. Soc. Proc. **66**, 497—509 (1927). — *(996)* Endocrinology **11**, 161—172 (1927). — *(997)* Amer. J. Physiol. **86**, 248—265 (1928). — *(998)* Sci. Monthly **26**, 202—216 (1928). — *(999)* Amer. Naturalist **63**, 385—409 (1929). — *(1000)* Endokrinol. **5**, 241—256 (1929). — *(1001)* Proc. Second internat. Congr. Sex Res. London **1930**, 180—189. Edinburgh and London: Oliver & Boyd 1931. — *(1002)* Endocrinology **15**, 309—314 (1931). — *(1003)* Physiologic. Rev. **11**, 63—106 (1931). — *(1004)* RIDDLE, O., u. P. F. BRAUCHER: Amer. J. Physiol. **97**, 617 (1931). — *(1005/1006)* RIDDLE, O., u. F. H. BURNS: Ebenda **81**, 711—724 (1927). — *(1007)* RIDDLE, O., G. CHRISTMAN u. F. G. BENEDICT: Ebenda **95**, 111—120 (1930). — *(1008)* RIDDLE, O., u. W. S. FISHER: Ebenda **72**, 464—487 (1925). — *(1009)* RIDDLE, O., u. F. FLEMION: Endocrinology **12**, 203—208 (1928). — *(1010)* Amer. J. Physiol. **87**, 110 bis 123 (1928). — *(1011)* RIDDLE, O., u. P. FREY: Ebenda **71**, 413—429 (1925). — *(1012)* RIDDLE, O., u. H. E. HONEYWELL: Ebenda **66**, 340—348 (1923). — *(1013)* Ebenda **67**, 317—332 (1924). — *(1014)* Ebenda **67**, 333—336 (1924). — *(1015)* Proc. Soc. exper. Biol. a. Med. **22**, 222—225 (1925). — *(1016)* RIDDLE, O., H. E. HONEYWELL u. W. S. FISHER: Amer. J. Physiol. **68**, 461—476 (1924). — *(1017)* RIDDLE, O., H. E. HONEYWELL u. J. R. SPANNUTH: Ebenda **67**, 539—546 (1924). — *(1018)* RIDDLE, O., u. J. KŘÍŽENECKÝ: Biol. Listy (tschech.) **16**, 131—139 (1931). — *(1019)* Amer. J. Physiol. **97**, 343—352 (1931). — *(1020)* RIDDLE, O., u. T. MINOURA: Proc. Soc. exper. Biol. a. Med. **20**, 456—461 (1923). — *(1021)* RIDDLE, O., u. I. POLHEMUS: Amer. J. Physiol. **98**, 121 (1931). — *(1022)* RIDDLE, O., u. W. H. REINHART: Ebenda **76**, 660—676 (1926). — *(1023)* RIDDLE, O., u. M. TANGE: Proc. Soc. exper. Biol. a. Med. **23**, 648—652 (1926). — *(1024)* Amer. J. Physiol. **86**, 266 bis 273 (1928). — *(1025)* Ebenda **87**, 97—109 (1928). — *(1026)* RIEGER, H.: Flugschr. 4, Club bayer. Landw., Abt. Tierzucht. Sonderabdrucke a. d. Landw. Jb. f. Bayern **1928**, H. 7—8 (1928). — *(1027)* RITZMAN, E. G., u. F. G. BENEDICT: New Hampshire Agricult. Exper. Stat. Techn. Bull. Nr 43 (1930). — *(1028)* Ebenda Nr 45 (1931). — *(1029)* ROBERTS, J. A. F., u. A. W. GREENWOOD: J. of Anat. **63**, 87 (1928). — *(1030)* ROBERTSON, T. B.: Austral. J. exper. Biol. a. med. Sci. **5**, 69—88 (1928). — *(1031)* RODEWALD, J.: Arb. dtsch. Ges. Züchtgskde H. 37. Hannover: Schaper 1928. — *(1032)* ROECKE, A.: Experimentelle Untersuchungen über den Abbau von Thymusgewebe durch Serum gesunder Haustiere mittels des ABDERHALDENschen Dialysierverfahrens. Inaug.-Dissert., Hannover 1914. — *(1033)* ROGEMONT, L.: C. r. Soc. Biol. **104**, 154 (1930). — *(1034)* Ebenda **104**, 256 (1930). — *(1035)* Ebenda **104**, 372 (1930). — *(1036)* ROGERS, C. A.: Cornell Univ. Agricult. Exper. Stat. Bull. Nr 345 (1914). — *(1037)* ROGOFF u. STEWART: Amer. J. Physiol. **84**, 660 (1928). — *(1038)* Ebenda **85**, 404 (1928). — *(1039)* Ebenda **90**, 417 (1929). — *(1040)* ROHRBACHER, H.: Z. Tierzüchtg **9**, 163—206 (1927). — *(1041)* ROMEIS, B.: Altern und Verjüngung. HIRSCHS Handbuch der inneren Sekretion **2**, 1745—1984. Leipzig: C. Kabitzsch 1931. — *(1042)* ROOS, E.: Z. physiol. Chem. **28**, 40—59 (1899). — *(1043)* ROSENDORF, A.: Ein Beitrag zur Anatomie und Histologie des Pferdethymus. Inaug.-Dissert., Univ. Graz 1928. Ref. Wien. tierärztl. Mschr. **16**, 731—732 (1929). — *(1044)* ROSENBERG, M.: Klin. Wschr. **3**, 35 (1924). — *(1045)* Normale und pathologische Physiologie der inneren Pankreassekretion. HIRSCHS Handbuch der inneren Sekretion **2 I**, 1015—1142. Leipzig: C. Kabitzsch 1929. — *(1046)* ROSENKRANZ, G.: Klin. Wschr. **10**, 1022—1024 (1931). — *(1047)* ROSSI, R. P.: Arch. ital. de Biol. **54**, 91—97 (1911). — *(1047a)* Ebenda **59**, 446 (1913). — *(1048)* ROTHLIN, E., R. H. A. PLIM-

MER u. A. D. Husband: Biochemic. J. **16**, 3—10 (1922). — (*1049*) Rothwell, G. B.: Experiments with swine at the Central experiment farm. Canada Exper. Farms, Animal Husbandry Divis. Rep. **1926**, 39—42 (1926). — (*1050*) Rumph, P., u. P. E. Smith: Anat. Rec. **33**, 289—298 (1926). — (*1051*) Runge, St.: Wiadomosci Weterynaryjne **1926**, 66. Ref. Schweiz. Arch. Tierheilkde **1926**, 582. Zit. Romeis[1041]. — (*1052*) Russell, H. L., u. F. B. Morrison: Service to Wiscousin: Ann. rep. Director Exper. Stat. for 1916—17 a. 1917—18. Wisconsin Agricult. Exper. Stat. Bull. Nr **302** (1919).

(*1053*) Sainton, P.: Ann. de Dermat. **10**, 1—17 (1929). — (*1054*) Sainton, P., u. H. Simonnet: C. r. Soc. Biol. **100**, 550—552 (1929). — (*1055*) Ebenda **106**, 344—346 (1931). — (*1056*) Ann. de Dermat. **2**, 211—213 (1931). — (*1057*) Saito, S.: Tohoku J. exper. Med. **12**, 254—262 (1929). — (*1058*) Saito, Yutaka: Biochem. Z. **142**, 308—311 (1923). — (*1059*) Sand, K.: Die Kastration bei Wirbeltieren und die Frage von den Sexualhormonen. Handbuch der normalen und pathologischen Physiologie **14 I**, 215. Berlin: Julius Springer 1926. — (*1060*) Transplantation der Keimdrüsen bei Wirbeltieren. Ebenda **14 I**, 251—292. Berlin: Julius Springer 1926. — (*1061*) Die Keimdrüsen und das experimentelle Restitutionsproblem bei Wirbeltieren. Ebenda **14 I**, 344—356. Berlin: Julius Springer 1926. — (*1061a*) Sanquirico u. Orecchia: Accad. Fisiocr. Siena **6** (1887). — (*1062*) Sarteschi, U.: Fol. neurobiol. **4**, 675—685 (1911). — (*1063*) Satwornitzkaja, S. A., u. W. S. Simnitzky: Virchows Arch. **269**, 54—69 (1928). — (*1064*) Schäfer, E. A., u. MacKenzie: Proc. roy. Soc., Ser. B **76**, 16—22 (1911). — (*1065*) Schaper, A.: Arch. mikrosk. Anat. **46**, 239—279 (1895). — (*1066*) Scharrer, K.: Chemie und Biochemie des Jods. Stuttgart: F. Enke 1928. — (*1067*) Biochemie des Jods. Oppenheimers Handbuch der Biochemie, 2. Aufl., Erg.-Bd., S. 282 bis 308. Jena: Fischer 1930. — (*1068*) Tierernährg **1**, 563—577 (1930). — (*1069*) Scharrer, K., u. W. Schropp: Biochem. Z. **213**, 18—31 (1929). — (*1070*) Scharrer, K., u. J. Schwaibold: Ebenda **180**, 307—312 (1927). — (*1071*) Ebenda **195**, 228—232 (1928). — (*1072*) Ebenda **207**, 332—340 (1929). — (*1073*) Ebenda **213**, 32—39 (1929). — (*1074*) Tierernährg **1**, 37—43 (1929). — (*1075*) Scheunert, A.: Klin. Wschr. **1**, 1625 (1922). — (*1076*) Schildmeyer: Untersuchungen über die Gewichtsverhältnisse innersekretorischer Drüsen bei Schlachttieren. Inaug.-Dissert., Hannover 1925. Ref. Dtsch. tierärztl. Wschr. **33**, 651. — (*1077*) Schiötz, C.: Norsk Mag. Laegevidensk. **74**, 1201 (1913). — (*1078*) Schlee, H.: Weitere systematische Untersuchungen der Hypophyse des Rindes. Unter spezieller Berücksichtigung der Kastrations- und Trächtigkeitsveränderungen des Vorderlappens. Inaug.-Dissert., Gießen 1919. — (*1079*) Schlesinger, M.: Zvěrolékařské Rozpravy **4**, 9, 10, 12, 13 (1930). — (*1080*) Schlimpert, H.: Mschr. Geburtsh. **38**, 8 (1913). — (*1081*) Schlotthauer, C. F.: J. amer. vet. med. Assoc. **78**, 211—218 (1931). — (*1082*) Schlotthauer, C. F., u. H. D. Caylor: Amer. J. Physiol. **89**, 601—609 (1929). — (*1083*) Schmaltz, R.: Anatomie des Pferdes. Berlin 1919. — (*1084*) Das Geschlechtsleben der Haussäugetiere, 3. neubearb. Aufl. Berlin: R. Schoetz 1921. — (*1085*) Schmid, A.: Landw. Jb. Schweiz **1922**. — (*1086*) Schmidt, J., E. Lauprecht u. H. Vogel: Züchtungskde **1**, 242—256 (1926). — (*1087*) Schmidt, J., u. H. Vogel: Ebenda **6**, 224—232 (1931). — (*1088*) Schmidt, J., H. Vogel u. C. Zimmermann: Leistungsprüfungen an deutschen veredelten Landschweinen und deutschen weißen Edelschweinen. Arb. dtsch. Ges. Züchtgskde H. **47**. Hannover: Schaper 1929. — (*1089*) Schmitz, E., u. H. J. Pollack: Biochem. Z. **195**, 428—441 (1928). — (*1090*) Schmitz, E., u. M. Reiss: Ebenda **183**, 328—340 (1927). — (*1091*) Schneider, K. H.: Über die Milchleistung der Sauen des deutschen Edelschweines und die Gewichtsentwicklung der Ferkel während einer achtwöchigen Säugezeit. Inaug.-Dissert., Göttingen 1929. — (*1092*) Schneider, M.: Züchtungskde **2**, 186—204 (1927). — (*1093*) Schockaert, J.: C. r. Soc. Biol. **105**, 226—227 (1930). — (*1094*) Ebenda **105**, 223—225 (1930). — (*1095*) Anat. Rec. **50**, 381—397 (1931). — (*1096*) C. r. Soc. Biol. **108**, 429—431 (1931). — (*1097*) Arch. internat. Pharmacodynamie **41**, 23—51 (1931). — (*1098*) Schönberg, S., u. Y. Sakaguchi: Frankf. Z. Path. **20**, 331—346 (1917). — (*1099*) Schouppé, K.: Wien. tierärztl. Mschr. **15**, 776—780 (1928). — (*1100*) Arch. Tierheilk. **62**, 267—270 (1930). — (*1101*) Schröpfer, P.: Der jetzige Stand der Hämatologie der Haustiere sowie einige Untersuchungen bei nervösen Erkrankungen des Pferdes. Inaug.-Dissert., Dresden und Leipzig 1912. — (*1102*) Schropp, W.: Biochem. Z. **213**, 1—17 (1929). — (*1103*) Schubert: Vergleichende Anatomie der Nebennieren bei den Haussäugetieren. Inaug.-Dissert., Berlin 1921. — (*1104*) Schulze-Rhonhof u. Niedenthall: Zbl. Gynäk. **52**, 1892 (1928). — (*1105*) Schumacher, S.: Anat. Anz. **52**, 291—301 (1919—20). — (*1106*) Schwaibold, J., u. K. Scharrer: Biochem. Z. **180**, 334—340 (1927). — (*1107*) Schwarz, E.: Roux' Arch. **123**, 1—38 (1930). — (*1108*) Züchter **3** (1931). — (*1109*) Schwarz, N.: Anatomische Grundlage der erworbenen Azoospermie eines zweijährigen Zuchttieres und Bau der Hoden desselben. Inaug.-Dissert., Aschaffenburg: Gottingersche Buchdruckerei 1909. — (*1110*) Schwarzbach, S., u. E. Uhlenhuth: Proc. Soc. exper. Biol. a. Med. **26**, 151—152 (1928). — (*1111*) Schweinhuber, E.: Luftröhre, Bronchien, Lunge und Schilddrüse der Haussäugetiere. Inaug.-Dissert., Univ. Leipzig 1910. — (*1112*) Seidell, A., u. F. Fenger: J. of biol. Chem. **13**, 517—526 (1913). — (*1113*) Seligmann, C.:

J. of Path. **9**, 311—322 (1904). — (*1114*) SELLHEIM, H.: HEGARS Beitr. Geburtsh. u. Gynäk.
1, 229—255 (1898). — (*1115*) Ebenda **2**, 236—259 (1899). — (*1116*) Ebenda **5**, 409 (1901). —
(*1117*) SEMON, R.: Jena. Z. Naturwiss. **21** (N. F. 14) (1887). — (*1118*) SENFTLEBEN, O.:
Mh. prakt. Tierheilk. **30**, 289—314 (1920). — (*1119*) SEUFFERT, R.: Der Kohlehydratstoffwechsel der landwirtschaftlichen Nutztiere. a) Die Kohlehydrate im Stoffwechsel. b) Die
Kohlehydrate in der Ernährung der landwirtschaftlichen Nutztiere. MANGOLDS Handbuch
der Ernährung und des Stoffwechsels der landwirtschaftlichen Nutztiere **3**, 75—144. Berlin:
Julius Springer 1930. — (*1120*) SGALITZER: Arch. internat. Pharmacodynamie **18**, 285 (1908).
— (*1121*) SHATTOCK, C. G., u. C. G. SELIGMANN: Roy. Soc. of Med. Lancet **1910**, Nr 1822. —
(*1122*) SHEARD, CH., u. G. M. HIGGINS: Amer. J. Physiol. **85**, 290—298 (1928). — (*1123*).
SHEARD, C., M. HIGGINS u. W. I. FOSTER: Ebenda **94**, 84—90 (1930). — (*1124*) SHEATHER,
A. L.: J. comp. Path. **24** (1911). — (*1125*) SIEGMUND u. MAHNERT: Münch. med. Wschr.
75, Nr 43 (1928). — (*1126*) SIERENS, A., u. A. K. NOYONS: C. r. Soc. Biol. **94**, 789—792
(1926). — (*1127*) SIGAUD, C.: La forme humaine. I. Sa signification. Paris et Lyon 1914. —
(*1128/1129*) SIMON, CH.: Thyroïde latérale et glandule thyroïde chez les mammifères.
Thése de Nancy 1896. — (*1130*) SIMPSON, E. D.: Amer. J. Physiol. **80**, 735—738 (1927). —
(*1131*) Proc. Soc. exper. Biol. a. Med. **24**, 289 (1927). — (*1132*) Quart. J. exper. Physiol.
17, 31—40 (1927). — (*1133*) J. of exper. Physiol. **19**, 309 (1929). — (*1134*) SIMPSON, S.:
Quart. J. exper. Physiol. **6**, 119—145 (1913). — (*1135*) Proc. Soc. exper. Biol. a. Med. **17**,
87—88 (1920). — (*1136*) Physiology, physiological chemistry and experimental pathology of the parathyroid glands. BARKER-HOSKINS-MOSENTHALS Endocrinology and Metabolism. **1**, 509—555. New York and London: Appleton & Co. 1922. — (*1137*) Quart. J.
exper. Physiol. **14**, 161—183 (1924). — (*1137a*) Ebenda **14**, 185—197 (1924). — (*1138*)
Ebenda **14**, 199—207 (1924). — (*1139*) SIMPSON, S., u. R. L. HILL: Amer. J. Physiol. **36**,
347—351 (1914—15). — (*1140*) Quart. J. exper. Physiol. **8**, 103 (1914). — (*1141*) SIMPSON, S.,
u. A. HUNTER: Ebenda **4**, 257—272 (1911). — (*1142*) SITTIG: Vergleichende Messungen
und Wägungen zur Feststellung der Körperentwicklung des jungen Rindes. Dissert., Phil.
Gießen. Arb. Landw.kammer Hessen H. **29** (Darmstadt 1922). — (*1143*) SKORKOWSKI, E.:
Bull. Acad. Polon. Sci. et Lettres, Cl. Sci. math. et natur., Série B, Sci. Natur. **1926**,
1009—1052. — (*1144*) SMITH, G. E.: J. of biol. Chem. **29**, 215 (1917). — (*1145*) Endocrinology **3**, 262 (1919). — (*1146*) SMITH, P. E., u. C. DORTZBACH: Anat. Rec. **43**, 277—297 (1929).
— (*1147*) ŠNAJBEGK, J.: Publ. Clin. l'école hautes études vét., Brno, Tchécoslov. **1**, 3, Sign. E 3
(1924). — (*1148*) SOLI, U.: Presse méd. **1907**. — (*1149*) Arch. ital. de Biol. **47**, 115 (1907). —
(*1150*) Pathologica **3**, 118 (1911). — (*1151*) SPAL, L.: Zvérolékaŕské Rozpravy **5**, 138—148,
153—156 (1931). — (*1152*) SPAUL, E. A., u. N. H. HOWES: J. of exper. Biol. **7**, 154—164
(1930). — (*1153*) SPÖTTEL, W.: Z. Anat. **89**, 606—671 (1929). — (*1154*) STAFFE, A.: Lait
10, 1087 (1930). — (*1155*) STÄHELI: Schweiz. Arch. Tierheilk. **67**, 451—458 (1925). —
(*1156*) STENDER, M.: Untersuchungen über die Schilddrüse des Schweines in verschiedenen
Lebensstadien und unter verschiedenen Lebensbedingungen. Inaug.-Dissert., Tierärztl. Hochschule Berlin 1924. — (*1157*) ŠTEFL, J.: Publ. de la Fac. Méd., Brno, Tchécoslov. **11**, 5, Sign. A
113 (1931). — (*1158*) STEIN, K. F.: Anat. Rec. **43**, 221—237 (1929). — (*1159*) STEINACH, E.:
Verjüngung durch experimentelle Neubelebung der alternden Pubertätsdrüse. Berlin:
Julius Springer 1920. — (*1160*) Med. J. a. Rec. **1927**. — (*1161*) STEINACH, E., M. DOHRN.
W. SCHOELLER, W. HOHLWEG u. W. FAURE: Pflügers Arch. **219**, 306—324 (1928). —
(*1162*) STEINACH, E., H. KUN u. W. HOHLWEG: Ebenda **219**, 325 (1928). — (*1163*)
STIEDA, H.: Untersuchungen über die Entwicklung der Glandula thymus, Thyreoidea
und Carotica. Thesis, Leipzig: Engelmann 1881. — (*1164*) STIEVE, H.: Arch. Entw.mechan.
1918, 44. — (*1165*) Entwicklung, Bau und Bedeutung der Keimdrüsenzwischenzellen.
München und Wiesbaden: J. F. Bergmann 1921. Sonderabdruck aus Erg. Anat. **23**. —
(*1166*) STINER, O.: Bull. Eidg. Gesdh.amtes **1924**, 6. — (*1167*) Protokoll d. Sitzung d. schweiz.
Kropfkomm. v. 18. Februar 1925. Zit. FELLENBERG[304]. — (*1168*) STILLING, H.: Virchows
Arch. **109**, 324 (1887). — (*1169*) STOCKER, S.: Korresp.bl. Schweiz. Ärzte **39**, Nr 13 (1909). —
(*1170*) STÖLTZNER, W.: Med. Klin. **1908**. — (*1171*) Verh. dtsch. path. Ges. **13**, 20 (1909). —
(*1172*) STOLZ, F.: Verh. Ges. dtsch. Naturforsch. Stuttgart **1906**. — (*1173*) STORCH, A.:
Untersuchungen über den Blutkörperchengehalt des Blutes landwirtschaftlicher Haussäugetiere. Vet.-med. Inaug.-Dissert., Bern 1901. — (*1174*) STRICKER, P., u. F. GRUETER:
Presse méd. **1929**, Nr 78. — (*1175*) STROBEL, A., u. K. SCHARRER: Biochem. Z. **180**,
300—306 (1927). — (*1176*) STROBEL, A., K. SCHARRER u. W. SCHROPP: Ebenda **180**, 313—333
(1927). — (*1177*) STUCKENBERG, J.: Dtsch. tierärztl. Wschr. **38** II, 294—295 (1930). —
(*1178*) STUDER: Zur Kenntnis endokriner Organe bei Haustieren. Inaug.-Dissert., Zürich
1925. — (*1179*) STUDNIČKA, F. K.: Die Parietalorgane. OPPELS Lehrbuch der vergleichenden
mikroskopischen Anatomie der Wirbeltiere. Jena: Fischer 1915. — (*1180*) SUDO, KENJI
u. TSUIN KOMATSU: Trans. jap. path. Soc. **11**, 27—28 (1921). Ref. Ber. Physiol. **19**, 80
(1923). — (*1181*) SUIFFET, TH.: J. Pharmac. **12**, 50 (1900). — (*1182*) SUSTSCHOWA, N.:
Arch. f. Physiol. **1910**, Physiol. Abt. 97—112. — (*1183*) SWEERS, P.: Dtsch. landw. Geflügel-

ztg **25**, 498 (1922). — (*1184*) Švehla, K.: Arch. f. exper. Path. **43** (1900). — (*1185*) Swift, Ch. H.: Amer. J. Anat. **15**, 433—516 (1914). — (*1186*) Ebenda **18**, 441—470 (1915). — (*1187*) Ebenda **20**, 375—410 (1916). — (*1188*) Swingle u. Pfiffner: Science **73** II, 321, 489, 472 (1930). — (*1189*) Proc. Soc. exper. Biol. a. Med. **28**, 510 (1931). — (*1190*) Syring, B.: Untersuchungen über den Jodgehalt der Schilddrüse. Dissert., Gießen 1928. — (*1191*) Szuman, J. G.: C. r. Acad. Sci. **183**, 2053 (1926). — (*1191a*) Szuman, J. G., u. F. Caridroit: Arch. Geflügelkde **3**, 48 (1929).

(*1192*) Tadokoro, T., M. Abe u. S. Watanabe: J. Fac. Agricult. Hokkaido Imper. Univ. **23**, Nr 1 (1928). — (*1193*) Tandler, J., u. S. Gross: Die biologischen Grundlagen der sekundären Geschlechtscharaktere. Berlin: Julius Springer 1913. — (*1194*) Tandler, J., u. K. Keller: Arch. Entw.mechan. **31**, 289—306 (1911). — (*1195*) Teodoreanu, N.: Z. Tierzüchtg **6**, 521—528 (1926). — (*1196*) Terni, T.: Arch. ital. Anat. **24** (1927). — (*1197*) Atti Reale Ven. di Sci., let. ed arti **87**, 197 (1928). — (*1198*) Terroine, E. F.: Le métabolisme de base. Paris: Soc. Biol., Masson & Co. 1924. — (*1199*) Thomas, E.: Innere Sekretion in der ersten Lebenszeit (vor und nach der Geburt). Jena: Fischer 1926. — (*1200*) Physiologie des Thymus. Hirschs Handbuch der inneren Sekretion **2**, 423—466. Leipzig: C. Kabitzsch 1929. — (*1201*) Thompson, T. J., u. J. L. Carr: Biochemic. J. **17**, 373—375 (1923). — (*1202*) Thompson, T. J., u. H. K. Powers: Poultry Sci. **4**, Nr 5 (1925). — (*1203*) Thomsen, E.: Arch. Entw.mechan. **31**, 512—530 (1911). — (*1204*) Thorek, M.: The human testis. Philadelphia and London: J. B. Lippincott & Co. 1924. — (*1205*) Tillmann, J.: Die Bedeutung des Bindegewebes für die Zähigkeit des Schlachtfleisches. Inaug.-Dissert., Würzburg 1896. — (*1206*) Tinline, M. J.: Prevention of goitre in lambs. Canada Dominion Exper. Farm Bull., Prairie Ed. **1922**, Nr 24. — (*1207*) Todorovič: Biometrische Studien über das Wachstum weiblicher Pinzgauer und Mürbodener Rinder. Dissert. Vet., Bern 1913. — (*1208*) Tomhave, W. H.: Meats and meat products. Philadelphia, London and Chicago: Lippincott & Co. 1925. — (*1209*) Töpfer: Wien. klin. Wschr. **9**, 141 (1896). — (*1210*) Torrey, H. B.: Proc. Soc. exper. Biol. a. Med. **23**, 536—537 (1926). — (*1211*) Science **66**, 380—381 (1927). — (*1211a*) Torrey, H. B., u. B. Horning: Proc. Soc. exper. Biol. a. Med. **19**, 275 (1922). — (*1212*) Biol. Bull. **49**, 275—288 (1925). — (*1213*) Ebenda **49**, 363—374 (1925). — (*1214*) Trautmann, A.: Arch. Tierheilk. **35** (1909). — (*1215*) Arch. mikrosk. Anat. **74**, 311—367 (1909). — (*1216*) Hypophysis cerebri. Ellenbergers Handbuch der vergleichenden mikroskopischen Anatomie der Haustiere **2**, 148. 1911. — (*1217*) Drüsen mit innerer Sekretion (Inkretion). Endokrine Drüsen. Blutdrüsen. Joests Spezielle pathologische Anatomie der Haustiere **3**, 1—114. Berlin: Schoetz 1924. — (*1218*) Der Thymus, Glandula thymus. Ebenda **3**, 114—129. — (*1219*) Dtsch. tierärztl. Wschr. **36**, 26—31, Jubil.-Nr (1928). — (*1220*) Trautmann, A., u. P. Luy: Ebenda **37**, 305—307 (1929). — (*1221*) Trautmann, A., P. Luy u. J. Schmitt: Biochem. Z. **241**, 260—270 (1931). — (*1222*) Trendelenburg, P.: Die Hormone, ihre Physiologie und Pharmakologie. 1. Bd. Keimdrüsen — Hypophyse — Nebennieren. Berlin: Julius Springer 1929. — (*1223/1224*) Trowbridge, E. A., A. G. Hogan, M. F. Foster, W. S. Ritchie u. J. A. Cline: Missouri Agricult. Exper. Stat. Bull. Nr 272 (1929). — (*1225*) Tschernosatonskaya, E. P.: Klin. Wschr. **8**, 791 (1929). — (*1226*) Z. exper. Med. **66**, 67—72 (1929). — (*1227*) Tuczek, K.: Zieglers Beitr. allg. Path. u. path. Anat. **58**, 250 (1914). — (*1228*) Turner, C. W.: Univ. Missouri, Coll. Agricult., Agricult. Exper. Stat. Bull. **1928**, Nr 222. — (*1229*) Turner, Kenneth B.: Proc. Soc. exper. Biol. a. Med. **28**, 204 (1930). — (*1230*) Turner, C. W., E. C. Elting u. W. Gifford: Missouri Agricult. Exper. Stat. Bull. Nr 272 (1929). — (*1231*) Turner, C. W., u. A. H. Frank: Rec. Proc. amer. Soc. animal Prod., Annual Meeting **1930**. — (*1232*) Univ. Missouri, Agricult. Exper. Stat. Res. Bull. Nr 145 (1930). — (*1233*) Turner, C. W., A. H. Frank, C. H. Lomas u. C. W. Nibler: Ebenda Nr 150 (1930). — (*1234*) Turner, C. W., u. J. S. Slaughter: J. Dairy Sci. **13**, 8—24 (1930). — (*1235*) Turowski, H.: Über das Verhalten der körperlichen Elemente zueinander im normalen Rinderblut. Vet.-med. Dissert., Berlin 1908.

(*1235a*) Uemura, S.: Frankf. Z. Path. **20**, 381 (1917). — (*1236*) Uhlenhuth: J. gen. Physiol. **3**, 347 (1921), **4**, 321 (1922). — (*1237*) Amer. naturalist **55**, 192 (1921). — (*1238*) Uhlenhuth, E., u. S. Schwartzbach: Anat. Rec. **34**, 119 (1926). — (*1239*) Brit. J. exper. Biol. **5**, 1 (1927). — (*1240*) Proc. Soc. exper. Biol. a. Med. **26**, 149—151 (1928). — (*1241*) Ebenda **26**, 152—153 (1928). — (*1242*) Unzeitig, H.: Arch. mikrosk. Anat. **82** I, 380 (1913). — (*1243*) Urban, B.: Zvěrolékařské Rozpravy **5**, 161—183 (1931). — (*1244*) Urechia, C. I., u. Ch. Grigoriu: C. r. Soc. Biol. **87**, 815—816 (1922).

(*1245*) Velich, A.: Zemědělský Arch. **15**, 1—12 (1924). — (*1246*) Velich, A., u. St. Knor: Ebenda **17**, 1—21 (1926). — (*1247*) Velu, H., u. L. Balozet: Bull. Acad. vét. Frençe **1**, 342 (1928). — (*1248*) Ebenda **2**, 193—204 (1929). — (*1249*) Vermeulen: Kehlkopfpfeifen beim Pferd. Utrecht 1914. — (*1250*) Vermeulen, H. A.: Berl. tierärztl. Wschr. **33**, 1—4, 13—17 (1917). — (*1251*) Arch. néerl. Physiol. **13**, 603—605 (1928). — (*1252*)

VERZÁR, F., u. A. v. BEZNÁK: Arb. II. Abt. wiss. St. Tisza-Ges. Debreczen 1, 75—76 (1923). — (1253) VERZÁR, F., E. KOKAS u. A. ARVAY: Pflügers Arch. 206, 666—674 (1924). — (1254) VERZÁR, F., u. F. PÉTER: Ebenda 206, 659—665 (1924). — (1255) VERZÁR, F., u. B. VÁZÁRHELYI: Ebenda 206, 675—687 (1924). — (1256) VILLEY: Ber. naturforsch. Ges. Freiburg 6, H. 2. Zit. SELLHEIM[1114]. — (1257) VINCENT, S.: The physiology and experimental pathology of the thyroid gland. BARKER-HOSKINS-MOSENTHALS Endocrinology and Metabolism 1, 223—241. New York and London: Appleton & Co. 1922. — (1258) Physiology, physiological chemistry and experimental pathology of the female gonads (exclusive of the mammae and placenta). Ebenda 2, 551—572. — (1259) VLOTEN, J. G. C. VAN: Die Entwicklung des Hodens und der Urogenitalverbindung des Rindes. Dissert., Utrecht 1927. Ref. Ber. Biol. 6, 503. — (1260) VOGEL, H.: Züchtungskde 1, 560—587 (1926). — (1261) VOITELLIER, CH.: Aviculture, 6. Ed. Paris: J. B. Baillière et fils 1925. — (1262) VOLKMANN, K. L.: Beiträge zur Anatomie der Nebennieren des Rindes unter besonderer Berücksichtigung ihres histologischen Baues. Inaug.-Dissert., Tierärztl. Hochschule Hannover 1924. — (1263) VORONOFF, S.: Vivre. Etude des moyens de rélever l'énergie vitale et de prolonger la vie. Paris: B. Granet 1920. — (1264) Greffes testiculaires. Paris: Librarie Octave Doin 1923. — (1265) Greffe animal. Application utilitaires au cheptel, 2. Ed. Paris: G. Doin 1925. — (1266) Organüberpflanzung und ihre praktische Verwertung beim Haustier. Deutsche Übersetzung von G. GOLM. Leipzig: Dr. Werner Klinkhardt 1925. — (1267) Etude sur la vieillesse et le rajeunissement par la greffe. Paris: Gaston Doin 1926. — (1268) C. r. Acad. Sci. 185, 480—482 (1927). — (1269) La conquête de la vie. Paris: Fasquelle 1928. — (1270) VORONOFF, S., u. C. ALEXANDRESCU: La greffe testiculaire du sing à l'homme. Technique opératoire manifestation physiologiques, évolution histologique, statistique. Paris: G. Doin & Co. 1930. — (1271) Voss, H. E.: Pflügers Arch. 216, 156 (1927). — (1272) Umsch. 1927, H. 40. — (1273) Z. Zellforschg 11, 775—813 (1930). — (1274) Voss, H. E., u. S. LOEWE: Geschlechtsprägende Wirkungen des Hypophysenvorderlappens am Männchen. Pflügers Arch. 218, 604—609 (1928). — (1275) Dtsch. med. Wschr. 1930, Nr 30.

(1276) WADI, W.: Arch. f. exper. Path. 129, 1 (1928). — (1277) WADI, W., u. S. LOEWE: Klin. Wschr. 3, 1583 (1924). — (1278) WAGNER: Die Entwicklung des Rinderkörpers. Arb. dtsch. Ges. Züchtungskde H. 8. Hannover: Schaper 1910. — (1279) WAITE, R. H.: Capons versus cockerels. Maryland Agricult. Exper. Stat. Bull. Nr 235 (1920). — (1280) WALKER, A. T.: Amer. J. Physiol. 74, 249—256 (1925). — (1281) WALTHER, AD. R.: Z. Tierzüchtg 1, 225—230 (1924). — (1282) WARTHIN, A. S.: The pancreas as an endocrin gland. BARKER-HOSKINS-MOSENTHALS Endocrinology and Metabolism 2, 697—734. New York and London: Appleton & Co. 1922. — (1283) WARWICK, B. L.: Anat. Rec. 31 (1925). — (1284) J. Morph. a. Physiol. 46, 59—84 (1928). — (1285) WARWICK, B. L., u. E. E. VAN LONE: J. amer. vet. med. Assoc. 69, 22—31 (1926). — (1286) WASCHINSKY, G.: Über den Thymus des Schweines. Inaug.-Dissert., Berlin 1925. Ref. Dtsch. tierärztl. Wschr. 38, 138 (1930). — (1287) WATERS, H. J.: Proc. Soc. promotion Agricult. Sci. 29. Meeting 1908, 71. — (1288) Ebenda 30. Meeting 1909, 70. — (1289) WATSON, CH.: J. of Physiol. 32 (1905). — (1290) WEBSTER, B., D. MARINE u. A. CIPRA: J. of exper. Med. 53, 81—91 (1931). — (1291) WEIDENREICH, F.: Rasse und Körperbau. Berlin: Julius Springer 1927. — (1292) WEINTRAUD, W.: Arch. f. exper. Path. 34, 303—312 (1894). — (1293) WEIZER, ST., u. A. ZAITSCHEK: Biochem. Z. 187, 377—384 (1927). — (1294) Fortschr. Landw. 3, 783—785 (1928). — (1295) Ebenda 4, 229—230 (1929). — (1296) Biochem. Z. 217, 359—364 (1930). — (1297) WEISSBERG, H.: Z. mikrosk.-anat. Forschg 11, 493 (1927). — (1298) Morphol. Jb. 66 (GÖPPERT-Festschr. I), 389—484 (1931). — (1299) WEISSER, E.: Kritische Studien über den Sexualtrimorphismus. Inaug.-Dissert., Bern und Hannover 1910. — (1300) WELCH, H.: Agricult. Exper. Stat., Bozeman, Montana, Bull. Nr 119 (1917). — (1301) Montana Agricult. Coll., Exper. Stat., Bozeman, Montana, Circ. Nr 71 (1917). — (1302) Univ. Montana, Agricult. Exper. Stat., Bull. 214 (1928). — (1303) WELSCH, W.: Pflügers Arch. 198, 37—55 (1923). — (1304) WENDT, G. v.: Z. Inf.krkh. Haustiere 33, 129—132 (1928). — (1305) Endokrinologie 1, 81—83 (1928). — (1306) WERTNIK, R.: Z. Tierzüchtg 5, 357—372 (1926). — (1307) WESENBERG, G.: Z. angew. Chem. 23, 1347 (1910). — (1308) WEYMANN, M. F.: Anat. Rec. 24, 299—313 (1922). — (1309) WHEELON, H.: Physiology, physiological chemistry and experimental pathology of the testis. BARKER-HOSKINS-MOSENTHALS Endocrinology and Metabolism 2, 431—472. New York and London: Appleton & Co. 1922. — (1310) WIDMARK, E. M. P., u. OLOF CARLENS: Biochem. Z. 158, 1—10 (1925). — (1311) Ebenda 158, 81—86 (1925). — (1312) WIESEL, J.: Anat. H. 16, 117 (1900). — (1313) WILHELM, O.: An. Univ. Chile 1924. — (1314) Rev. méd. Chile 54 (1926). — (1315) C. r. Soc. Biol. 99, 1199 (1928). — (1316) Ebenda 99, 1202 (1928). — (1317) Bol. Soc. Biol. Concepcion (Chile) 2, Nr 2 (1928). — (1318) WILKENS, CH.: Die Körperentwicklung des hannoverschen veredelten Landschweines bis zum Abschluß des Wachstums. Dissert., Göttingen 1929. — (1319) Wiss. Arch. Landw. B Arch. Tierernährg u. Tierzucht 3, 1—55 (1930). — (1320) WILLIER, B. H.: Amer. J. Anat.

33, 37—103 (1924). — (1321) Wilson, J.: Sci. Proc. roy. Dublin Soc., N. S. 12, 1—17 (1909). — (1322) Winternitz, H.: Z. physiol. Chem. 24, 442 (1898). — (1323) Wittek, J.: Arch. f. Anat. Suppl.-Bd. 1913, 127—152. — (1324) Woerdeman: Arch. mikrosk. Anat. 86 I, 198—291 (1914). — (1325) Wolf, J. M.: Proc. Soc. exper. Biol. a. Med. 28, 318—319 (1930). — (1326) Wölfler, A.: Über die Entwicklung und den Bau der Schilddrüse mit Rücksicht auf die Entwicklung der Kröpfe. Berlin 1880. — (1327) Womack, E. B., u. F. C. Koch: Proc. Second internat. Congr. Sex Res. London 1930, 329—338. Edinburgh and London: Oliver & Boyd 1931. — (1328) Womack, E. B., F. C. Koch, L. V. Domm u. M. Juhn: J. of Pharmacol. 41, 173—178 (1931). — (1329) Woudenberg, N. P.: Virchows Arch. 196, 107 (1909). —(1330)Wriedt, C.: Z. Tierzüchtg 4, 223—242 (1925). — (1331) Wriedt,C., u. O. L. Mohr: J. Genet. 20, 187—215 (1928). — (1332) Wulzen, R.: Amer. J. Physiol. 34, 127 (1914).

(1333) Yamaoka, H.: Acta Scholae med. Kioto 7, 583—596 (1925). — (1334) Ebenda 8, 209—240 (1925). — (1335) Ebenda 8, 241—263 (1925). — (1336) Yarell: Philos. Trans. roy. Soc. London 1, 272 (1927). Zit. Sellheim[1114].

(1337) Zawadowsky, B. M.: Endocrinology 9, 125 (1925). — (1338) Ebenda 9, 232 bis 241 (1925). — (1339) Roux' Arch. 107, 329—354 (1926). — (1340) Věstn. Endokrinol. 1, 91—113. — (1341) Ž. eksper. Med. 1927, Nr 15. — (1342) Roux' Arch. 110, 149—354 (1927). — (1343) Amer. J. Physiol. 90, 567—568 (1929). — (1344) Ebenda 90, 565—567 (1929). — (1345) Ebenda 90, 567 (1929). — (1346) Zawadowsky, B. M., u. S. I. Bessmertnaja: Roux' Arch. 109, 238—240 (1927). — (1347) Zawadowsky, B. M., u. L. Liptschina: Ebenda 113, 432—446 (1928). — (1348) Zawadowsky, B. M., u. L. Lipčina: J. exper. Biol. u. Med. 13, 58—62 (1930). — (1349) Zawadowsky, B. M., L. P. Liptschina u. E. N. Radsiwon: Roux' Arch. 113, 419—431 (1928). — (1350) Zawadowsky, B. M., u. Z. M. Perelmutter: Ebenda 109, 210—237 (1927). — (1351) Zawadowsky, B. M., u. M. Rochlin: Ž. eksper. Biol. i Med. 1926—27, Nr 12. —(1352) Roux' Arch. 109, 188—209 (1927). — (1353) Ebenda 113, 323—345 (1928). — (1354) Zawadowsky, B. M., u. M. L. Rochlina: Z. vergl. Physiol. 9, 114 (1929). — (1355) Zawadowsky, B. M., u. A. Titajev: Med.-biol. Z. 4, 34—49 (1928). — (1356) Roux' Arch. 113, 582—600 (1928). — (1357) Zawadowsky, B. M., A. Titajeff u. S. Faiermark: Endocrinology 5, 416—425 (1929). — (1358) Zawadowsky, B. M., u. E. V. Zavadowsky: Endocrinology 10, 550—559 (1926). — (1359) Zawadowsky, M. M.: Trans. Labor. exper. Biol. Zoopark Moscow 1, 235—238 (1926). — (1360) Ebenda 1, 49—66 (1926). — (1361) Ebenda 2, 121—179 (1926). — (1362) Ebenda 4, 9—68 (1927). — (1363) Endokrinol. 5, 353—362 (1929). — (1364) Ebenda 5, 363—416 (1929). — (1365) Zeiss: Mikroskopische Untersuchungen über den Bau der Schilddrüse. Inaug.-Dissert., Straßburg 1877. — (1366) Zeller, R.: Beitrag zur Frage der strukturellen Veränderungen der Milchdrüse nach der Thyreoidektomie. Inaug.-Dissert., Leipzig 1919. — (1367) Zietschmann, O.: Arch. Tierheilk. 23, 461—484 (1907). — (1368) Zimmermann, A.: Berl. tierärztl. Wschr. 39, 103—105 (1923). — (1369) Zimmermann, H.: Zur Häufigkeit von Jodthyreotoxikosen und Vollsalzschädigungen. Münch. med. Wschr. 78, 52—54 (1931). — (1370) Životský, J.: Zvérolékařský Obzor 18, 25—27 (1925). — (1371) Zoja: Zbl. Path. 1914, 25. — (1372) Zondek, B.: Pflügers Arch. 180, 68 (1920). — (1373) Z. Geburtsh. 88, 474 (1924). — (1374) Ebenda 90, 372 (1926). — (1375) Klin. Wschr. 6, 1218, 1518 (1926). — (1376) Ebenda 7, 485—486 (1928). — (1377) Ebenda 9, 245 (1930). — (1378) Ebenda 9, 2285—2289 (1930). — (1379) Die Hormone des Ovariums und des Hypophysenvorderlappens. Berlin: Julius Springer 1931. — (1380) Zbl. Gynäk. 55, 1—12 (1931). — (1381) Zondek, B., u. S. Aschheim: Arch. Gynäk. 127, 38 (1925). — (1382) Klin. Wschr. 5, 979 (1926). — (1383) Ebenda 4, 1388—1390 (1925). — (1384) Ebenda 4, 2445—2446 (1925). — (1385) Ebenda 5, 400—404 (1926). — (1386) Ebenda 6, 248—252 (1927). — (1387) Ebenda 7, 831—835 (1928). — (1388) Ebenda 9, 2285—2289 (1930). — (1389) Zondek, S. G., u. M. Bandmann: Hormone und Vitamine in ihren Beziehungen zum Mineralstoffwechsel. Oppenheimers Handbuch der Biochemie, 2. Aufl., Erg.-Bd. S. 453—522. Jena: Fischer 1930. — (1390) Zondek, B., u. Bernhardt: Klin. Wschr. 4, 2001 (1925). — (1391) Zorn, W., R. Gärtner, F. Duschek, C. H. Heidenreich, L. Leuchtenberger u. U. Tietze: Z. Tierzüchtg 11, 345—376 (1928). — (1392) Zschokke: Die Unfruchtbarkeit des Rindes. Zürich 1900. — (1393) Zwemer, R. L.: Endocrinology 15, 382—387 (1931). — (1394) Zwemer, R. L., F. J. Agate jun. u. H. A. Schroeder: Proc. Soc. exper. Biol. a. Med. 28, 721 (1931).

3. Der Einfluß des Wachstums auf die Ernährung.

Von

Privatdozent Dr. scient. nat. et phil. Werner Wöhlbier-Rostock.

A. Allgemeines über Wachstum und Wachstumsmechanismus (s. Anm.).

Das Wachstum ist eine der interessantesten Erscheinungen im Leben und ist oft zum Gegenstand eingehender Untersuchungen gemacht worden. So scharfsinnig und geistreich diese oftmals sind, haben sie uns über das Wie und Warum bisher noch völlig im Unklaren gelassen. Wir kennen die äußeren Erscheinungsformen, also die Zunahme an Gewicht und an Gestalt sehr gut. Wir wissen verhältnismäßig sehr viel über den Aufbau des Organismus und dessen chemische Zusammensetzung. Auch über die Bedeutung der Änderung der relativen Organgröße beim wachsenden Tiere haben wir ziemlich sichere Kenntnisse. Ferner sind uns Vorkommen und Wirkungen der verschiedensten Wachstumsregulatoren (Hormone, Vitamine) bekannt. Aber nichts wissen wir von den Kräften, die das Wachstum in den genau vorgeschriebenen, von den Ahnen ererbten Bahnen vor sich gehen lassen. Diese Kräfte, die mit der Befruchtung der Eizelle den Impuls zur Zellteilung und zum Ansatz lebender Substanz geben, die mit geradezu rücksichtsloser Zwangsläufigkeit das Werden und Wachsen bestimmen, sind für uns heute noch in vollkommenes Dunkel gehüllt.

Wenn man auch bisher noch nicht die Kräfte kennt, welche das Wachstum auslösen und bestimmen, so hat man doch schon recht gut die *Erscheinungsformen und Vorbedingungen* für dasselbe erkannt. Erstere kommen für unsere Betrachtungen hauptsächlich in Frage. Dagegen soll von den Vorbedingungen weniger die Rede sein, zu denen ich vor allem die Vitamine und Hormone rechne, die an anderer Stelle eingehend behandelt werden (siehe die Arbeiten von Krzywanek, Raab, Klein in diesem Bande des Handbuches), so daß hier nicht weiter darauf eingegangen zu werden braucht. Es soll nur zusammenfassend von diesen Stoffen hier gesagt werden, daß ihr Vorhandensein in angemessener Menge erforderlich ist, um ein normales Wachstum zu erzielen. Außer diesen muß man selbstverständlich als Vorbedingung für das normale Wachstum eine nach Art und Menge ausreichende *Zufuhr von Nährstoffen* betrachten, welche in der Lage ist, einmal den *Erhaltungsbedarf* des Tieres zu decken, zum anderen nach den durch die Wachstumsgesetze gegebenen Bedingungen einen *Ansatz* zu ermöglichen, der sich durch äußere Volum- und Gewichtsvermehrung als Wachstum kenntlich macht. Wie wir aber noch sehen werden, ist *Gewichtsvermehrung und Wachstum* im Sinne der Ernährungslehre nicht immer miteinander verbunden.

Bei den hier vorliegenden Betrachtungen haben wir die Kräfte, die das Wachstum einleiten und seinen späteren Verlauf regeln, als gegeben anzunehmen und wollen nur die analytisch erfaßbaren Tatsachen in Betracht ziehen. Wir wollen verfolgen, wie sich bei den Tieren die Körpersubstanz beim Wachstum vermehrt und wie die Nährstoffe unter normalen Verhältnissen für den Aufbau verwendet werden. Andererseits wird es des öfteren zweckmäßig sein, auf die Abweichungen einzugehen, die sich bei anormaler Nahrungszufuhr ergeben. Beide Betrachtungen sind nötig, damit wir uns ein gutes Bild von den *Wachstumsvorgängen* machen können, um dann die *Folgerungen* zu ziehen, die sich *für die Ernährung* ergeben.

Das Wachstum ist eine so bekannte Erscheinung, daß man annehmen müßte, es wäre leicht, hierfür eine einfache *Definition* zu finden. Dem ist aber

---

Anm. Siehe auch Nachtrag am Schlusse dieser Arbeit.

nicht so. Je nach dem Standpunkt, von dem aus man es betrachtet, wird man
eine verschiedene Definition aufstellen. So verlangt der Züchter z. B. eine Zunahme an Gewicht und räumlicher Ausdehnung und spricht beim Fehlen dieser
beiden Kriterien von *Wachstumsstockung*. Vom Standpunkt der Physiologie
dagegen kann selbst bei Gewichtsabnahme noch teilweises Wachstum stattfinden, denn Wachstum ist nicht lediglich an eine *Vermehrung der Substanz* gebunden, sondern vor allem an eine *Vermehrung der Zelleinheiten*, die entweder
gleiche oder verschiedene Funktionen besitzen können.

Im landläufigen Sinne gebrauchen wir das Wort Wachstum als einen über-
geordneten Begriff von zwei an sich verschiedenen Vorgängen, nämlich der
Entwicklung und dem *eigentlichen Wachstum*. Diese beiden Vorgänge sind gewöhnlich eng miteinander verknüpft, aber an sich ganz verschieden, was besonders
klar aus folgenden beiden Tatsachen hervorgeht: 1. Es gibt eine Entwicklung
auch ohne eigentliches Wachstum, z. B. bei den Furchungen, die das befruchtete
Ei durchmacht. Dieselben finden statt, ohne daß eine Substanzvermehrung
eintritt. 2. Man kann andererseits bei verschiedenen Gewebsteilen (z. B. Knorpel)
eine Zunahme an Substanz während langer Zeit im Reagensglas erzielen, wenn
man abgetrennte Teile unter geeigneten Verhältnissen in Nährlösungen hält.
Dabei wird nur gleichartige Substanz gebildet. Wir müssen demnach von der
Entwicklung, also der Differenzierung in ungleichartige Gewebe oder Zellen mit
verschiedenen Funktionen, *das eigentliche Wachstum* trennen, d. h. die Vermehrung gleichartiger Substanz. Bei unseren Betrachtungen wird es aber genügen,
wenn wir uns dieses Unterschiedes wohl bewußt sind, im übrigen aber beide
Vorgänge unter dem Namen Wachstum zusammenfassen.

Das Wachstum wird beim Tier durch zwei verschiedene Vorgänge bewirkt.
Einmal wird die Massenzunahme des Organismus durch die *Vermehrung der Zellen*,
zum anderen durch die *Vergrößerung der einzelnen Zellen* erreicht. Beide Vorgänge spielen sich an den verschiedenen Organen zu verschiedenen Zeiten ab,
so daß eine allgemeine Tendenz für den Gesamtorganismus während einer bestimmten Entwicklungsstufe kaum angegeben werden kann. Es läßt sich denken,
daß, je nachdem der eine oder andere Wachstumsvorgang vorherrscht, Unterschiede im Längen- oder Massenzuwachs auftreten können, die ein Schwanken
in der Ansatzgröße bedingen. Ferner ist noch zu berücksichtigen, daß für die
Zellgröße ein bestimmtes physiologisches Maß gegeben ist, das bei den einzelnen
Organen natürlich verschieden groß sein kann. Die *Zellvermehrung* wird an den
meisten Körperstellen während des ganzen Lebens nicht beendet. Besonders
starke Zellteilungsvorgänge finden wir an der Haut, den Schleimhäuten, im Blut
usw., ebenso aber auch an allen Stellen des Organismus, wo ein Zellverschleiß
stattfindet. Nur wenige Gewebe besitzen diese Zellmauserung nicht (Herz- und
übrige quergestreifte Muskulatur, Ganglienzellen). Für viele Teile des Körpers
erlöschen die Zellteilungsvorgänge erst mit dem Tode des Tieres. Es ist also in
diesem Sinne nicht möglich, von einem Abschluß des Wachstums beim lebenden
Organismus zu sprechen.

Wenn man trotzdem versucht, den *Begriff des „ausgewachsenen" Tieres* zu
benutzen, so ist das für viele praktische Zwecke sehr nützlich. Es ist nur nötig,
eine genaue Definition des Begriffes zu treffen, um von vornherein Unklarheiten
auszuschalten. *„Ausgewachsen" oder „erwachsen" ist ein Tier dann, wenn die
für dasselbe kennzeichnende Zellenzahl erreicht ist und die Zellen die normale Größe
erreicht haben.* Daß die Zellenzahl der einzelnen Organe nicht ungeregelt ist,
sondern sich in bestimmten engen Grenzen hält, darf man heute annehmen. Bei
verschiedenen niederen Tieren ist jedenfalls einwandfrei festgestellt worden, daß
für eine ganze Anzahl Organe die *Zellenzahl* konstant ist. Jedenfalls ist die

Annahme, daß die Anzahl der vorhandenen Zellen in einem Organ bei einer bestimmten Tierspezies konstant ist, nach den obengenannten Erfahrungen sehr einleuchtend. Wenn dies in größerem Maße bisher noch nicht bewiesen werden konnte, so liegt das hauptsächlich an der Schwierigkeit der Methode, die Zellen auszuzählen. Was nun die endgültige *Größe der Zellen* angeht, so weiß man, daß im allgemeinen die jüngeren Tiere auch die kleineren Zellen besitzen. Erst wenn die Zeit der schnellen Zellteilungen vorüber ist, also mehr gegen Ende der Periode der Zellvermehrung, wachsen die Zellen zu der ihnen eigenen Größe heran. Es ist leicht verständlich, daß der Organismus erst dann beginnt, größere Mengen von Nährstoffen zur Zellvergrößerung zu verwenden, wenn der Bedarf für den Zellneubau nachläßt. Damit ist auch die Frage beantwortet, ob ein ausgewachsenes Tier noch in der Lage ist, Fleisch anzusetzen. Dieses ist normalerweise nicht möglich. Es kann höchstens ein nach Hunger oder Krankheit zurückgegangener Bestand wieder aufgefüllt werden. Jedenfalls steht einwandfrei fest, daß die Abnahme eines Tieres an Gewicht bei Hunger lediglich auf Verringerung der Zellgröße zurückzuführen ist und nicht auf eine Verringerung der Zellenzahl.

Über die Gründe, die zu einer allmählichen Abnahme und zu schließlichem *Stillstand in der Zellvermehrung* führen, hat man verschiedene Ansichten aufgestellt. Am einleuchtendsten scheint die zu sein, nach der man mit einer allmählichen Zunahme von Kräften zu rechnen hat, die auf den Wachstumstrieb hemmend wirken. Beim „ausgewachsenen" Tier sind diese so groß, daß nur noch so viel Zellen neu gebildet werden wie zerfallen. Daß aber die Fähigkeit zur Zellvermehrung nicht verlorengegangen ist, geht aus den Erscheinungen der Wundregeneration und den Versuchen der Gewebszüchtung hervor.

B. Die Änderung in der Zusammensetzung des wachsenden Tieres.

Wenn man den wachsenden Organismus an Größe zunehmen sieht, so könnte man zunächst glauben, daß die Massenvermehrung für alle Bestandteile des Körpers in gleichem Maße stattfindet. Dem ist aber keineswegs so, sondern wir finden eine ganz verschieden große Zunahme der Körperstoffe in den einzelnen Entwicklungsstadien, ja man kann mitunter sogar von einem rhythmischen Wachstum sprechen. Am deutlichsten erkennt man diese Verhältnisse an Gesamtanalysen. Solche sind für die hauptsächlichen Körperstoffe an Tieren in den verschiedenen Entwicklungsstufen durchgeführt wurden. Wir besitzen hierüber einige Daten, so daß wir einen Überblick über die grobchemische Zusammensetzung (Wasser, Fett, Eiweiß, Asche) der wachsenden Tiere bekommen können. Dabei unterscheiden sich die uterine und postuterine Zeit grundsätzlich in ihrem Verhalten nicht. Jedoch spielt der Umstand, daß das Junge durch die Geburt in ein anderes „Milieu" verpflanzt wird, eine nicht zu unterschätzende Rolle. Hierdurch werden für das Tier verschiedene Besonderheiten bedingt. So scheint es angebracht, bei der Betrachtung der grobchemischen Zusammensetzung des wachsenden Tieres zunächst die Fetalzeit zu betrachten und im Anschluß daran die postuterine Entwicklung.

I. Die chemische Zusammensetzung während der Fetalzeit.

Wir wissen, daß die Entwicklung des befruchteten Eies mit den Furchungen desselben beginnt, welche zum Keimblasenstadium führen. In dieser Zeit setzt eine auffallende Massenzunahme ein, die aber nicht als echtes Wachstum angesprochen werden kann (G. Hertwig[77]), sondern auf einer Einlagerung von Wasser beruht. Diese Wasseraufnahme, die als Quellungsvorgang zu betrachten ist, erhöht den *Wassergehalt* des Eies auf ungefähr 97—98%. Hierauf setzt nun eine außerordentliche Zellteilungsintensität ein, so daß die Vermutung sehr nahe liegt, daß die schnelle Aufeinanderfolge der Zellteilungen mit dem hohen Wassergehalt ursächlich zusammenhängt. Das geht auch aus dem Umstand hervor, daß die *Verdoppelungszeit* (das ist die Zeit, die benötigt wird, um das Lebendgewicht zu verdoppeln) beim *Hühnerembryo* z. B. im Alter von 4—6 Tagen nur 13—14 Stunden beträgt. Dagegen ist beim 10 Tage alten über doppelt so viel Zeit erforderlich, nämlich 29—30 Stunden (G. Hertwig[77]). Dementsprechend ist auch der Wassergehalt des Embryo verschieden, wie aus folgender Übersicht hervorgeht (F. Tangl[213]):

Hühnerembryonen.

Alter	Gewicht g	Wasser %	Asche %	Ätherextrakt %
7 Tage ..	0,64	92,80	0,98	Spur
14 Tage ..	9,36	87,31	1,21	0,31
21 Tage ..	26,20	80,35	2,32	2,16

Wir sehen aus dieser Tabelle sehr deutlich, daß der hohe Wassergehalt der ersten Entwicklungsstufen, der oben mit etwa 98 % angegeben wird, im Laufe der ersten Woche schon wieder beträchtlich zurückgeht und von Woche zu Woche weiter sinkt. Vergleichen wir diese Abnahme des Wassergehaltes mit der Verdoppelungszeit, die uns ein recht gutes Bild von der Geschwindigkeit der Zellteilungen gibt, so sieht man leicht, daß hier mehr als eine Zufälligkeit vorliegt.

Die angeführte Tabelle zeigt noch weitere Änderungen in der Zusammensetzung des wachsenden Hühnerembryo, die entsprechend dem abnehmenden Wassergehalt eintreten. Die durch letzteren bedingte *Zunahme der Trockensubstanz* kommt so zustande, daß die einzelnen Bestandteile derselben, wie Asche und Ätherextrakt, einen immer höheren Anteil am Gesamtorganismus bekommen. Vergleicht man aber die Zunahme von Asche bzw. Ätherextrakt untereinander (siehe die Tabelle: Hühnerembryonen), so fällt sofort auf, daß das Fett besonders in der dritten Lebenswoche zunimmt, und zwar in viel stärkerem Maße als die Asche, was sich daran zeigt, daß der Prozentgehalt in der dritten Woche gegenüber der zweiten um das Siebenfache ansteigt, während für Asche kaum der doppelte Wert erreicht wird (vgl. auch R. Pott[161]).

Mit mehr oder weniger kleinen Änderungen gilt dies auch für das Wachstum des *Säugetierfetus.* Leider besitzen wir über die größeren landwirtschaftlichen Nutztiere kaum Analysen von Embryonen, so daß wir mehr auf Rückschlüsse vom Menschen (Literaturzusammenstellung bei H. Aron[9]) und den kleineren Säugern angewiesen sind. Es sei hier nur noch eine Übersicht über Analysen von Kaninchenfeten gegeben, aus der wir ebenfalls die Änderungen in der Zusammensetzung des wachsenden Embryo recht schön ersehen können (H. Fehling[47]).

Kaninchenfeten.

Alter	Gewicht g	Wasser %	Eiweiß %	Fett %	Asche %
15 Tage	0,64	91,5	—	—	1,56
21 ,, ...	11,73	86,3	8,5	2,12	1,4
24 ,, ...	18,96	85,0	8,7	2,77	1,75
27 ,, ...	ca. 43,0	82,1	10,2	4,37	2,3
30 ,, ...	33,67	79,4	11,5	4,9	2,5
Neugeboren . .	38,4	77,8	12,6	6,5	2,8

Der Wassergehalt nimmt auch hier mit zunehmendem Alter ab. Während er beim 15 Tage alten Fetus noch 91,5 % beträgt, zeigt das Neugeborene nur

noch 77,8 % Wassergehalt. Das bedeutet also, daß der Organismus verhältnismäßig mehr Trockensubstanz ansetzt als Wasser, mithin an ersterer sich anreichert.
Dieser Vorgang, der von weittragender Bedeutung für die ganzen Wachstumsvorgänge ist, wird als „*physiologische Austrocknung*" bezeichnet. Die einzelnen
Hauptnährstoffe zeigen aber untereinander (ebenso wie beim Hühnerembryo)
einen verschieden großen Ansatz, was besonders dann hervortritt, wenn man dieselben auf die jeweils vorhandene Trockensubstanz bezieht. In diesem Falle geht
der Eiweißgehalt sogar etwas zurück, was aber nur als rechnerischer Effekt zu betrachten ist, bewirkt durch den außerordentlich starken Anstieg des Fettgehaltes.

Man erkennt jedenfalls deutlich, daß ganz bestimmte *Beziehungen im Ansatz
während des Wachstums* des Fetus bestehen. Der Wassergehalt nimmt dauernd
ab. Besonders stark ist der Anstieg im Fettgehalt, wogegen das Eiweiß eine relativ
langsamere und gleichmäßige Zunahme zeigt. Auch der Aschegehalt steigt an,
so daß man beim Neugeborenen auch für Asche den größten Wert findet. Diese
Beziehungen, die besonders noch durch die große Zahl von Untersuchungen an
menschlichen Feten erhärtet werden, sind durch das Wachstum bedingt und
haben allgemeinere Bedeutung.

Ganz besondere Aufmerksamkeit verdienen in diesem Zusammenhange
Analysen einzelner Körperteile von Feten in verschiedenen Altersstufen. Aus ihnen
müßte man ersehen können, ob die bei den Gesamtanalysen gefundenen Beziehungen dadurch bedingt werden, daß eine Verschiebung des Verhältnisses der
Körperteile untereinander eintritt (also z. B. das Verhältnis zwischen den wasser-
ärmeren Knochen und dem wasserreicheren Fleisch sich ändert), oder ob die gefundenen Änderungen beim Wachstum auch für einzelne Körperteile zutreffen. Dazu
seien die Analysen von Muskeln bei Kälberfeten angeführt (W. JAKUBOWITSCH[82]):

Hieraus geht einwandfrei hervor,
daß der physiologische Austrocknungsprozeß nicht eine sekundäre Erscheinung
ist, sondern auch für einzelne Organe
gilt. Das Fleisch der Muskeln wird allmählich wasserärmer und fett- und asche-
reicher, so daß man nicht umhin kann,
hier ein wachstumsbedingtes physiologisches Geschehen zu erkennen.

Muskeln von Kälberfeten.

Länge des Fetus	Wasser %	Fett %	Asche %
10 cm	90,4	0,79	0,34
20 „	90,5	0,82	0,40
30 „	90,0	1,17	0,64
40 „	87,6	1,68	0,78
50 „	84,0	1,72	0,76
Ausgetragen	80,15	1,94	0,86

Der wachsende Fetus entwickelt sich nach einem ganz bestimmten Bauplan.
Wie stark die Kräfte sind, die den Ansatz regulieren, wissen wir von Versuchen,
bei denen durch die *Ernährung der Mutter* die Zusammensetzung des Embryo
beeinflußt werden sollte. Man darf heute wohl als sicher annehmen, daß es nur
bei sehr deutlicher Unterernährung der Mutter gelingt, einen gewissen Einfluß
auf das Junge zu erzielen. Die einzelnen Autoren sind teilweise noch verschiedener Ansicht, doch glaube ich die Frage, ob das Wachstum des Fetus so stark
ist, daß es sich „rücksichtslos auf Kosten der Mutter" (W. DIBBELT[38, 39] und
H. STILLING und I. v. MEHRING[201]) durchsetzt, etwa in folgendem Sinne beantworten zu können: Der Embryo hat zunächst das Bestreben, entsprechend
seinem „Bauplan" seinen Körper aufzubauen. Solange ihm die dazu erforderlichen Stoffe in genügender Menge vom mütterlichen Organismus zur Verfügung
gestellt werden können, wird die Entwicklung normal sein. Wenn aber dieses
nicht mehr der Fall ist, wird ein Wechselspiel des Wachstumstriebes (vom Embryo
aus) und des Erhaltungstriebes (vom Muttertier aus) einsetzen. Der erstere ist
der Stärkere, wie man vielfach in der Natur zu beobachten Gelegenheit hat.
Aber doch ist er nicht so stark, daß er sich „rücksichtslos" durchsetzen kann;
d. h. wieder in der früheren Ausdrucksweise: Die Nährstoffe können nicht mehr

so reibungslos in den normalen, durch die Wachstumsgesetze vorgeschriebenen
Bahnen zum Ansatz gelangen; es wird je nach dem Grade der *Unterernährung*
eine gewisse Änderung eintreten können, die sich im Geburtsgewicht oder in der
grobchemischen Zusammensetzung noch keineswegs auszudrücken braucht, die
aber für die feineren physiologischen Vorgänge schon von beachtlicher Bedeutung sein kann.   In welcher Richtung diese *Schädigungen* liegen können,
geht aus Versuchen mit jungen Hunden hervor (P. Ionen[85]), die einmal von
einem gut ernährten Muttertiere, zum anderen von einer stark abgemagerten
Hündin stammten.   Die Unterschiede in der Gesamtzusammensetzung der
jungen Tiere sind nicht unbedingt überzeugend, weil ja eine gewisse Variationsbreite berücksichtigt werden muß.   Dagegen sprechen für die Wirkung einer
intrauterinen Unterernährung die Organbefunde.   So ist die Leber im Verhältnis zum Gesamtorganismus bei den Jungen der abgemagerten Hündin wesentlich kleiner als bei der anderen Gruppe, und ferner besitzt dieselbe einen geringeren Gehalt an Reservestoffen.   Das sind Unterschiede, die sich im äußeren
Befund des Neugeborenen nicht ohne weiteres zu erkennen geben.   Deshalb ist
auch das *Geburtsgewicht* nicht maßgebend für die Beurteilung, ob das Junge
normal ernährt worden ist oder nicht.   Wenn also vielfach von den Pädiatern
darauf hingewiesen wird, daß besonders in der Nachkriegszeit die Geburtsgewichte menschlicher Neugeborener von unterernährten Müttern keine großen
Abweichungen von der Norm zeigten (S. Peller[158]), so sagt das nicht, daß das
Wachstum im Mutterleibe nicht doch schon gehindert oder geschädigt sein kann.
Bei größerer Unterernährung wird selbst das Geburtsgewicht unter die Norm
herabgedrückt.   Zwischen diesem Fall stärkster Schädigung und der normalen
Ernährung des Fetus gibt es die verschiedensten Abstufungen.

Wenn man also annehmen muß, daß der Fetus unter normalen Verhältnissen seinen Körper nach ganz bestimmten Verhältnissen aufbaut und Änderungen sich nur in sehr geringem Maße erzielen lassen, so darf man folgern, daß
bei mehrgebärenden Tieren die Wurfgeschwister untereinander recht ähnlich
zusammengesetzt sein werden.   Für diese Ansicht sprechen Untersuchungen an
jungen Hunden (P. Falk und Th. Scheffer[46]), bei denen in der grobchemischen
Zusammensetzung keine Unterschiede gefunden wurden.   Jedoch sagt dieser
alleinstehende Versuch nur, daß Wurfgeschwister gleich sein können, aber es
ist nicht damit gesagt, daß sie immer gleich sein müssen.   Es sind auch Fälle
bekannt (A. Orgler[146]), wo die Übereinstimmung weniger gut zu sein scheint.
Außerdem muß noch berücksichtigt werden, daß man oft unter den zugleich
geborenen Tieren erhebliche Gewichtsunterschiede finden kann, z. B. bei Ferkeln
822 g und 1472 g (W. Wöhlbier[233]).   Das sind immerhin Unterschiede, die nicht
ohne Bedeutung sein können, und die selbst unter der Voraussetzung der gleichen
Zusammensetzung für die physiologischen Vorgänge große Verschiedenheiten
bedingen.   Ich erinnere nur an die verschieden große Körperoberfläche.   Die
Geburt trifft diese Tiere zum mindesten in einem voneinander abweichenden
Entwicklungsstadium, wobei noch die Möglichkeit besteht, daß auch die sonstige
Zusammensetzung der Geschwistertiere voneinander abweicht.   Diese Frage ist von
großer Bedeutung für die Ernährungsbedingungen unmittelbar nach der Geburt,
und es wäre sehr wünschenswert, dieselbe einmal eingehender zu bearbeiten.

Es sei an dieser Stelle kurz auf den *embryonalen Gesamtstoffwechsel* eingegangen.   Sehr wichtig ist, daß der junge Embryo mit einem Minimum von
Nährstoffen auskommt, um neben der Erhaltung der Lebensfunktionen Körpersubstanz aufzubauen.   Wenn auch der wachsende Embryo beim Säugetiere keine
Wärmeverluste nach außen hat und ebenfalls beim bebrüteten Ei dieselben
relativ gering sind, so wird doch immer ein beträchtlicher Anteil für die „Ent-

wicklungsarbeit" verbraucht. F. TANGL[207-213] versteht hierunter „die Menge der während der Entwicklung des Embryo umgewandelten chemischen Energie" und bestimmte diesen Anteil beim Huhn auf etwa 50 %. Dieser Wert ist recht hoch, wenn man berücksichtigt, daß M. RUBNER[176, 177] für verschiedene Säugetiere den „ökonomischen Wachstumskoeffizienten" auf 34 % berechnet. Daß zur Bestreitung der „Entwicklungsarbeit" vor allem die Fette und Kohlehydrate verwandt werden, ist wohl ohne weiteres verständlich; das Eiweiß dagegen dient in allererster Linie dem Aufbau.

II. Die chemische Zusammensetzung während der postuterinen Entwicklung.

Die Zusammensetzung von Tieren in verschiedenen Altersstufen.

	Alter		Lebendgewicht g	Wasser %	Fett %	Eiweiß %	Asche %	Autor
Kaninchen:		Neugeboren	35	78,9	—	—	—	A.N.SCHKARIN[184]
		1. Woche	78	76,7	—	—	—	
		2. „	126	72,3	—	—	—	
		3. „	152	70,8	—	—	—	
		4. „	281	71,2	—	—	—	
	gut genährt	1. Tag	71,8	77,0	6,7	—	—	F. STEINITZ[200]
		10. „	204,9	70,5	10,4	—	—	
		20. „	435,9	67,9	10,0	—	—	
	mäßig genährt	1. „	50,3	80,9	3,9	—	—	
		10. „	104,6	76,6	3,4	—	—	
		20. „	184,9	73,3	4,4	—	—	
Hunde:		Neugeboren	194	80,6	1,3	14,1	2,21	K. THOMAS[216]
		9. Tag	472	74,3	8,9	13,1	2,07	
		20. „	970	68,6	13,3	13,8	2,31	
		59. „	2025	71,2	10,1	14,4	2,51	
		100. „	3708	68,9	8,1	17,3	3,51	
		28. „	1239	65,4	20,6	12,9	2,61	A. ORGLER[147]
		28. „	1768	62,3	23,2	12,4	2,76	
		42. „	2197	62,6	22,3	14,6	3,07	
		28. „	886	72,4	12,5	14,6	2,91	
		28. „	894	74,7	10,5	14,0	2,81	
		42. „	1444	70,5	14,0	12,9	3,25	
		0. „	273	80,7	1,4	13,1	2,41	H. ECKERT[42]
		13. „	881	70,9	14,1	10,6	2,07	
		29. „	971	67,1	18,0	10,6	2,15	
		69. „	2081	61,5	20,9	12,5	2,56	
Katzen:		Neugeboren	87,0	80,39	1,69	14,06	2,57	K. THOMAS[216]
		9. Tag	218,7	79,67	3,78	13,06	2,17	
		14. „	515,0	73,81	7,10	15,00	2,46	
		83. „	1389,0	66,65	7,94	20,06	3,25	
Schweine:			1082	80,02	1,49	12,20	1,88	M. B. WILSON[231]
			2370	79,94	1,35	14,50	1,63	
			4500,7	69,34	11,16	16,43	3,11	O. WELLMANN[228]
			4645,1	69,91	11,35	15,12	3,56	
			5562,1	66,64	14,31	15,75	3,26	
			6799,0	66,27	14,24	16,43	3,39	
		Erwachsen	—	52,00	—	12,5	2,16	A. STUTZER[204]
Rinder:		Kalb	—	66,2	—	15,6	3,67	A. STUTZER[204]
		Ochse	—	59,7	—	16,6	4,60	
Schafe:		Neugeboren	—	75,85	1,51	16,82	5,18	J. B. WOOD u. W. S. MANSFIELD[232]
		Erwachsen	—	59,1	—	14,00	3,12	A. STUTZER[204]

Aus der vorstehenden Tabelle, in der eine Reihe von Gesamtanalysen von Tieren verschiedener Entwicklungsstufen angeführt sind, kann man deutlich erkennen, daß die in der Embryonalzeit vorhandenen Wachstumstendenzen nach der Geburt weiter wirken. Der *Wassergehalt* nimmt weiter ab, so daß also die physiologische Austrocknung mit der Geburt noch nicht vollendet ist. Ich möchte auch hier wieder auf die Beziehung mit der Zellteilungsintensität verweisen. Die *Zunahme des Trockensubstanzgehaltes* wird aber allmählich immer langsamer und nähert sich so dem des ausgewachsenen Tieres. Gewisse Schwankungen, die in der späteren Lebenszeit auftreten, werden durch größeren einseitigen Ansatz eines Nährstoffes (Fett oder Asche) bedingt. Daß tatsächlich die Austrocknung gleichmäßig weitergeht, erkennt man, wenn man nach dem Vorschlag M. Rubners[179] den Wassergehalt der fett- und aschefreien Substanz berechnet.

Aus den angeführten Zahlen der Tabelle geht weiter hervor, daß der Fettansatz bei den einzelnen Tierarten in verschiedenen Perioden besonders stark ist. Und zwar ist maßgebend der *Fettgehalt bei der Geburt*. Die Fettablagerung, die durch das Wachstum bedingt ist, muß dabei von der durch reichliche Nahrung hervorgerufenen getrennt werden. Letztere ist ein variabler Faktor und unterliegt beim erwachsenen wie beim wachsenden Tiere den gleichen Bedingungen. Dagegen finden wir auch einen Fettansatz, der lediglich durch die Wachstumsbedingungen gefordert wird. Das erkennt man daran, daß bei manchen Tierarten schon das Neugeborene ein beachtliches Fettdepot besitzt, während dieses bei anderen dagegen geringer ist. Die Tiere, die bei der Geburt einen relativ geringen Prozentgehalt an Fett haben, zeigen das Bestreben, diesen sobald als möglich zu erhöhen. Teleologisch betrachtet leuchtet es ein, daß die Ansammlung größerer Fettmengen zum Zweck des Wärmeschutzes durchgeführt wird. Besonders bei den Analysen von F. Steinitz[200] läßt sich erkennen, daß selbst mäßig ernährte Kaninchen bestrebt sind, ihren relativ hohen Fettgehalt möglichst zu halten. Man muß dieses Verhalten als durch das Wachstum bedingt ansehen. Daß die reichlich ernährten Tiere einen höheren Gehalt an Fett besitzen, ist selbstverständlich; hier spielen dann die reinen Ernährungsbedingungen unabhängig vom Wachstum hinein. K. Thomas[216] weist auch darauf hin, daß die Tiere, die bereits bei der Geburt ihre Eigentemperatur beibehalten, fettreich sind.

Der *Aschegehalt* steigt nicht gleichmäßig an, sondern zeigt nach der Geburt, also in der reinen Säugeperiode, zunächst einen Abfall (vgl. die Zahlen von K. Thomas[216] und H. Eckert[42]), um dann wieder anzusteigen. Dieser *Rückgang im Aschegehalt* während der Säugezeit ist besonders am Menschen einwandfrei bewiesen, und da es bisher nicht geglückt ist, diesen Abfall durch reichlichere Ernährung mit Milch auszugleichen, muß man diesen Vorgang als physiologisch betrachten (A. N. Schkarin[184]). Neuere Versuche mit Kaninchen, Hunden, Ziegen und Schweinen bestätigen für Ca und P den Rückgang während des Wachstums (T. Radeff[163a]). Es kommt diese Erscheinung vor allem dadurch zustande, daß die Mineralisierung der Knochen langsamer vor sich geht als der Ansatz organischer Substanz. Warum beim wachsenden Säugling dieser Abfall angestrebt wird, ist natürlich schwer zu sagen. Jedenfalls ist die frühere Erklärung, daß es die Folge der Aschearmut der Milch sei, nicht zutreffend, sondern umgekehrt hat die Annahme mehr Wahrscheinlichkeit, daß zur Erreichung des physiologischen Ascheminimums am Ende der Säugezeit eine aschearme Milch erzeugt wird (vgl. auch J. Loeb[110]).

Nach der Säugezeit nimmt der Aschegehalt wieder zu und paßt sich im Laufe der weiteren Entwicklung immer mehr dem des erwachsenen Tieres an. Die *Zunahme an mineralischen Bestandteilen* des Gesamtorganismus kommt dadurch

zustande, daß der wasserreiche und aschearme Knorpel allmählich sich in asche-
reiche Knochen umwandelt. Diese im Verlauf des Wachstums stattfindende
Verknöcherung des Stützgewebes kommt in den angeführten Aschezahlen deutlich
zum Ausdruck.

Ebenso wie Asche und Fett zunehmen, so nimmt auch das *Eiweiß*, der Träger
der Lebensfunktionen, zu. Wenn nach den Zahlen scheinbar ein Rückgang im
Gehalt an Eiweiß bisweilen eintritt, so ist dies nur ein rechnerischer Effekt, der
dadurch zustande kommt, daß ein anderer Bestandteil (in diesem Falle das Fett)
plötzlich sehr stark ansteigt und einen verhältnismäßig sehr großen Anteil einnimmt. Man darf eher annehmen, daß gerade das *Eiweiß einen recht gleichmäßigen
Ansatz* zeigt und nicht so starken periodischen Schwankungen in der Ansatzgröße
unterworfen ist, wie wir dies von der Asche und besonders vom Fett gesehen
haben. Wie groß die Verschiedenheiten sind, geht aus Versuchen an Hunden und
Katzen hervor, bei denen in den ersten 2—3 Verdoppelungsperioden der Fettbestand des neugeborenen Tieres sich zweieinhalbmal so rasch vermehrt wie
der N-Bestand (K. Thomas[216]).

Aus dem verschiedenen Auf und Ab in der Ansatzgröße zeigt sich, daß man
es beim Wachstum nicht mit *einem* einheitlichen Wachstumstrieb zu tun hat,
sondern daß eine ganze Reihe von Faktoren und wechselnden Zuständen für
den normalen *Verlauf des Wachstums* verantwortlich zu machen sind. Es hat
deshalb oft gereizt, zu untersuchen, ob man diesen Fragen nicht näherkommen
kann. Dabei hat man eine recht einfache Methodik eingeschlagen. Man sagte
sich, daß bei normaler, genügender Nahrung alle Erfordernisse des Wachstums
erfüllt werden und selbst die weniger wichtigen Funktionen zur Geltung kommen.
Wie gestaltet sich aber das *Wachstum bei nicht ausreichender Ernährung?* Da
werden natürlich die stärksten Kräfte am längsten wirksam bleiben und die
weniger starken am ehesten zurücktreten. Und da man wohl annehmen darf,
daß die stärksten Kräfte auch für die Erfüllung der wichtigsten Funktionen
angewendet werden, kann man mit Hilfe dieser relativ einfachen Versuchsanstellung einen recht guten Einblick in die Wachstumsfaktoren bekommen.

Sehr interessante Beiträge hat hierzu H. Aron[9—14] geliefert. Er fütterte
Tiere mit einer qualitativ genügenden Nahrung, aber in unzureichender Menge.
Wurde die Nahrungsmenge so gering gewählt, daß eine Gewichtszunahme nicht
mehr eintrat, so konnte doch noch ein gewisses Längenwachstum festgestellt
werden. Es trat also kein allgemeiner Wachstumsstillstand ein, sondern der
Wachstumsprozeß beschränkte sich nur auf einzelne Körperteile. Hauptsächlich
kam es zu einer Vermehrung der Skeletmasse, während das Fettdepot ein-
geschmolzen wurde. Selbst von der Muskulatur wurde ein Teil abgebaut, um
dem Wachstum des Stützgewebes möglichst Vorschub zu leisten. Ähnliches fand
H. von Hoesslin[79, 80], der an Hunden, bei unzureichender Nahrung die Beobachtung machte, daß „die Entwicklung der Zähne nur wenig vom Ernährungszustand und dem erreichten Körpergewicht, dagegen in weit höherem Maße
von der Zeit, d. h. vom Entwicklungsalter abhängt". Dauert die Unterernährung
längere Zeit, dann hört auch schließlich das Längenwachstum auf.

Diese Tatsachen kann man so erklären, daß das Stützgewebe für den wachsenden Organismus von größerer Bedeutung ist als das Fett, ja sogar als die
Muskelsubstanz. Es scheint auch Fett und Eiweiß bei etwaigem Verlust schneller
wieder ersetzbar zu sein als Knochensubstanz. Andererseits muß man bedenken,
daß die Knochen relativ energiearm sind, so daß zum Aufbau derselben verhältnismäßig wenig energiespendendes Material benötigt wird.

Von ganz besonderem Interesse ist es aber, daß die *Unterernährungserschei-
nungen* völlig behoben werden können, wenn wieder ausreichende Mengen Nahrung

gegeben werden. Dieses weist auch darauf hin, daß es dem wachsenden Tier sicher leichter möglich ist, Muskelsubstanz und Fettdepot wieder zu bilden, als zurückgebliebenes Knochenwachstum auszugleichen. Tiere, die eine solche Hungerperiode von nicht allzu langer Dauer durchgemacht haben, unterscheiden sich in Größe und Gewicht später kaum von den normal genährten. Anders wird es dagegen, wenn die Periode der Unterernährung zu lange ausgedehnt wird (bei Ratten 280 Tage). Dann läßt sich mit darauf folgender genügender Nahrung nur noch ein Wachstum erzielen, das geringer ist und nicht mehr zur normalen Größe führt (V. Zagami[234]).

Ich habe nun noch auf eine Erscheinung hinzuweisen, die man zuerst an menschlichen Neugeborenen beobachtete und die man dort besonders gut untersucht hat. Das ist die Gewichtsabnahme, die unmittelbar im Anschluß an die Geburt einsetzt. Dieselbe findet auch bei den Tieren statt und wird ihrer allgemeinen Bedeutung wegen die *physiologische Gewichtsabnahme des Neugeborenen* genannt. Die Beobachtung derselben ist nicht immer möglich, namentlich dann, wenn die Tiere bald nach der Geburt, wie z. B. bei Ferkeln, größere Mengen Milch aufnehmen. Der Gewichtsschwund wird dann durch die größere Menge Milch ausgeglichen. Bei Ferkeln fand ich folgende Zahlen:

Lebendgewichte von Ferkeln.

Alter	I g	II g	III g	IV g	V g	VI g	VII g
Geburt . . .	1432	1396	1540	1396	1722	1364	1652
1. Tag . . .	1440	1410	1520	1370	1650	1302	1510
2. „ . . .	1772	1662	1854	1662	1600	1288	1488
3. „ . . .	1806	1741	1850	1694	1472	1412	1482
4. „ . . .	2007	1895	2091	1878	1730	1404	1764

Ferkel I—IV sind Wurfgeschwister, von denen die beiden ersten nach 24 Stunden das Geburtsgewicht um etwa 10 g überschritten haben, während bei den anderen eine Abnahme von etwa 20 g zu verzeichnen ist. Wesentlich unterscheiden sich diese Gewichte vom Geburtsgewicht bei allen vier Tieren nicht, so daß man hier sagen kann, daß der Gewichtsverlust gerade eben durch die aufgenommene Nahrungsmenge ausgeglichen ist. In diesem Falle setzt in den nächsten Tagen eine rasche und beachtliche Gewichtszunahme ein. Anders bei den Ferkeln V—VII, die ebenfalls Geschwistertiere sind. Hier findet eine größere Gewichtsabnahme statt, die erst nach vier Tagen wieder ausgeglichen ist. Ich möchte hierauf ganz besonders hinweisen, weil gerade in der ersten Lebenswoche die Ausnutzung der zugeführten Nahrung sehr hoch ist, wie später noch ausgeführt wird.

Der *Grund dieser Gewichtsabnahme* wird von den Pädiatern in verschiedenen Ursachen gesucht. Einmal spielt natürlich die *Abgabe von Harn und Meconium* eine Rolle. Diese werden gleich nach der Geburt, mitunter sogar schon während des Geburtsaktes, entleert (R. Th. v. Jaschke[83], W. Wöhlbier[233]). Jedoch spielt dies nur eine untergeordnete Rolle. E. H. Riesenfeld[166] weist dagegen darauf hin, daß die Wärmeabgabe, die vor der Geburt keine Rolle spielte, plötzlich nach derselben in sehr großem Maße stattfindet (vgl. die relativ große Oberfläche), und führt darauf hauptsächlich den Gewichtsverlust zurück. Besonders unterstützt wird dieser Vorgang noch dadurch, daß das Temperaturregulationsvermögen des Neugeborenen noch recht schlecht entwickelt ist.

Die Hauptrolle spielt aber entschieden der *Wasserverlust* (R. Th. v. Jaschke[83]), der vielleicht durch das Geburtstrauma hervorgerufen wird. Danach müßten besonders die bei der Geburt größeren Tiere den größten Gewichtsrückgang verzeichnen, was ja auch aus den angeführten Ferkelgewichten hervorzugehen scheint. Daß der Wasserverlust den Hauptanteil der Gewichtsabnahme ausmacht, geht auch aus Stoffwechselversuchen an Neugeborenen hervor (W. BIRK und F. EDELSTEIN[20]), wo sich zeigte, daß die Gewichtsabnahme so lange dauerte, wie die Wasserbilanz negativ war. Wurde die Bilanz positiv, fand sofort ein Ansteigen des Gewichtes statt. Das Wasser, das während des Gewichtsabstieges dem Blut und auch vielleicht den Muskeln entzogen worden war, wurde verhältnismäßig schnell wieder eingelagert.

Unsere Kenntnisse bei den landwirtschaftlichen Nutztieren sind leider in diesem Punkte noch außerordentlich dürftig, obgleich die Neugeborenenzeit und Säuglingszeit für die spätere Entwicklung von weittragender Bedeutung sind.

C. Der Ansatz der Nährstoffe beim wachsenden Tiere.

I. Das Wasser.

Das vorige Kapitel zeigte, daß im Laufe des Wachstums für jeden Nährstoff Besonderheiten bestehen, die nun im einzelnen eine Würdigung erfahren sollen (vgl. W. WÖHLBIER[233b]).

Der Hauptanteil an der Gewichtszunahme wird vom Wasser gestellt. Wenn auch im Laufe der Entwicklung die prozentuale Beteiligung desselben am Gesamtorganismus geringer wird, so nimmt es doch von allen Nährstoffen die größte Gewichtsmenge ein. Darum ist auch in der Zeit der relativ größten Wachstumsintensität die natürliche Nahrung sehr wasserhaltig. Das gilt für die Fetal- und Säugezeit, wo die Verdoppelung des Lebendgewichtes in den kürzesten Zeitabschnitten stattfindet und wo die Nahrung, sei es in Form des mütterlichen Blutes oder der Milch, einen sehr hohen Wassergehalt besitzt. Dieser große Wassergehalt der Nahrung ist nicht nur für den *Wasseransatz* selbst nötig, sondern er liefert auch die Vorbedingung für die außerordentlich hohe *Stoffwechselintensität*, die wir beim jungen Tier finden (A. SPIEGLER[197], L. F. MEYER[133, 134]). Letztere bildet einen der Hauptgründe für den *hohen Wasserumsatz*, dessen Größe folgende Zahlen angeben:

Wasserumsatz je Kilogramm Lebendgewicht täglich.

	Säugling g	Erwachsen g
Mensch . . .	150—250	40 (M. RUBNER u. O. HEUBNER[183])
„ . . .	135—140	35 (L. LANGSTEIN u. L. F. MEYER[98])
Rind	140—160	55—130
Schwein . .	165—250	35—120
Schaf	130—170	40—60
Ziege	135—160	40—120

Wir finden also im Säuglingsalter einen besonders intensiven Wasserumsatz, den man auch bei der Ernährung keineswegs vernachlässigen darf. Es kann nämlich der Fall eintreten, daß die zugeführte Wassermenge nicht mehr genügt, z. B. wenn durch erhöhte Außentemperatur die Wasserabgabe durch Lunge und Haut ein größeres Ausmaß erreicht oder durch Fixation in der Zelle größere Mengen beansprucht werden. So kann man mitunter bei Ferkeln im Sommer beobachten, daß sie selbst bei reiner Milchnahrung Durst haben und diesen durch Aufnahme von Wasser, Jauche usw. zu stillen suchen, ein Zeichen, daß selbst bei der viel Wasser enthaltenden Milchnahrung noch Wassermangel eintreten kann. Ähnliche Fälle sind auch vom menschlichen Säugling bekannt (L. F.

Meyer[133]), wo unbefriedigende Gewichtszunahme durch einfache Zulage von Wasser zur Tagesration in eine normale umgewandelt werden konnte.

Der Ansatz des Wassers ist bei normaler Entwicklung durch das Wachstum bestimmt. Wir haben gesehen, daß der Wassergehalt allmählich zurückgeht sowohl beim Gesamtorganismus als auch in den Organen und im Fleisch. Dabei muß aber betont werden, daß hierbei die Verhältnisse normal sind. Es gibt nämlich verschiedene Faktoren, die auf den Wasseransatz von weitgehendem Einfluß sind. Über einige wissen wir etwas Genaueres, und zwar sind das die Kohlehydrate (R. Weigert[224]) und ferner die Salze, besonders Kochsalz (L. Langstein und L. F. Meyer[93]). Man nennt die Stoffe, die eine Wasseraufspeicherung bewirken, hydropigen, ohne daß man heute etwas Näheres über die Art der Wirkungsweise sagen kann. Für die wasserspeichernde Kraft der Salze sind wohl osmotische Gesetze maßgebend. Dagegen wissen wir von der Umbildung der zugeführten Kohlehydrate, daß auf je ein Molekül Glykogen vier Moleküle Wasser angesetzt werden, die wahrscheinlich kolloidal gebunden sind (N. Zuntz[235]). Vielleicht spielen aber auch bei der Verbrennung der Kohlehydrate oder bei der Umbildung zu Fett entstehende Stoffe eine Rolle (L. F. Meyer[134]). Daß aber die hydropigenen Stoffe eine Wasserablagerung hervorrufen, geht einwandfrei aus einer ganzen Reihe von Versuchen hervor. Schon ältere Untersuchungen von E. Voit[220] beweisen, daß kleine Salzdosen wasserspeichernd wirken. Allerdings ist die Wirkung davon abhängig, wie hoch der Salzgehalt der vorhergehenden Nahrung war. War derselbe gering, so ist die Wirkung geringerer Salzgaben groß, wenn nicht, so kann man keinen Einfluß feststellen. Die ungewöhnliche Zunahme an Lebendgewicht, die auf den erhöhten Wasseransatz zurückzuführen ist, hört nach verhältnismäßig kurzer Zeit auf, um dann normalen Zunahmen Platz zu machen. Umgekehrt wirkt natürlich eine Entziehung von Salzen auf das Gewicht. Es treten dann plötzlich große Gewichtsstürze ein, die lediglich durch Wasserabgabe bedingt sind.

Ganz die gleichen Verhältnisse finden wir, wenn diese Versuche anstatt mit Salz mit Kohlehydraten durchgeführt werden (L. F. Meyer[134]).

Die Wirkung der hydropigenen Stoffe ist also abhängig vom Nahrungszustand, ferner aber auch von der Konzentration der zugeführten Nahrung. Zu große Salzgaben wirken diuretisch und lassen das Gegenteil ihrer sonstigen Wirkung eintreten. Ebenso kann keine Wirkung mehr erwartet werden, wenn der Wassergehalt zu gering ist. Dieses hat L. F. Meyer[133, 134] an exakten Versuchen bewiesen. Er zeigte, daß bei einer calorisch und sonst völlig ausreichenden Nahrungsmenge, aber geringer Wasserzufuhr die Körpergewichtszunahme vollständig aufhört. Zu gleicher Zeit tritt eine starke Behinderung des Gesamtstoffwechsels ein, die sogar zu pathologischen Erscheinungen führen kann. Zu demselben Schlusse kam Erich Müller (zitiert nach L. Langstein und L. F. Meyer[98]), der feststellen konnte, daß die Temperaturerhöhung, die bei Inanition auftritt, durch das Fehlen des Wassers bedingt ist und deshalb als Durstfieber bezeichnet werden muß.

Aus all diesen Versuchen geht deutlich hervor, daß der große Wasserumsatz des Säuglings physiologisch und eng mit dem Wachstum verknüpft ist. Schon geringe Fehler der Ernährung, die den Wasserumsatz in anormale Bahnen leiten, bedingen wesentliche Änderungen in der Zusammensetzung des wachsenden Organismus, der gerade betreffs des Wasseransatzes ein relativ geringes Regulationsvermögen besitzt und eben deshalb gegen größere Änderungen in der Ernährung sehr empfindlich ist.

Im Anschluß an diese Überlegungen und Versuche hat man den Säugling auf seine Fähigkeit, das angesetzte Wasser festzuhalten, geprüft und dabei die

Beobachtung gemacht, daß es zwei deutlich zu unterscheidende Gruppen von Säuglingen gibt. Die einen halten das Wasser relativ fest gebunden, bei den anderen dagegen ist die Bindung lockerer. Dieser Unterschied tritt dann deutlich hervor, wenn man dem Säugling eine gewisse Zeit das Salz in der Nahrung entzieht. Diese Versuchsanstellung bedingt zunächst einen Gewichtssturz, der auf einer bestimmten Stufe stehen bleibt, bei denjenigen, die eine feste Wasserbindung zeigen. Man nennt dieses *Hydrostabilität* und bezeichnet im Gegensatz dazu mit *Hydrolabilität* die Eigenschaft der schlechten Wasserbindung. In letzterem Falle hört der Gewichtssturz des Säuglings beim Entzug des Salzes nicht eher wieder auf, als bis dasselbe der Nahrung wieder zugelegt wird.

Die Hydrolabilität des Säuglings wird vielfach als ein pathologischer Zustand angesehen (H. Finkelstein[52]), während man sie im fetalen Leben als normal bezeichnen kann. Diese Ansicht hat manches für sich, besonders wenn man berücksichtigt, daß die Wasserbindung teilweise von dem Verhältnis von Alkali zu Calcium abhängig ist. Wir finden im fetalen Leben einen geringen Calciumbestand gegenüber vermehrtem Alkali, ein Zustand, der die Hydrolabilität begünstigt, so daß diese einen Rückschlag in das fetale Leben bedeuten würde. Nach Finkelstein würde man sich also vorzustellen haben, daß der wachsende Organismus mit zunehmendem Alter wasserärmer wird. In demselben Maße nimmt aber auch die Festigkeit der Wasserbindung zu. Und dies wird bewirkt durch die Verschiebung des Alkali-Calcium-Verhältnisses, ferner noch durch den Gehalt an Lipoiden und Kohlehydraten. Letztere sind ja im Fetus und jungen Säugling nur sehr gering vertreten.

Es ist wichtig, die Verhältnisse der Hydrolabilität und Hydrostabilität zu kennen, um oftmals unvermittelt auftretende Gewichtsstürze bzw. Gewichtszunahmen erklären zu können.

Über die Bedeutung des reichlichen Wasserumsatzes für den Gesamtstoffwechsel geben uns Versuche von F. Heilner[73] Auskunft. Er fand, daß das Wasser, „wenn es in abundanter Menge zugeführt wird, eine spezifisch-dynamische Wirkung in steigerndem Sinne auf den Stoffumsatz im Körper ausübt". Diese Eigenschaft zeigt es nicht, wenn es (beim hungernden Tier) nicht abundant gegeben wird. Es ist vielleicht berechtigt, aus diesen Ergebnissen umgekehrt zu schließen, daß für den Säugling mit seiner hohen Wachstumsintensität das „abundante" Wasser die Grundbedingung für den gesteigerten Stoffwechsel desselben bildet. Das geht auch daraus hervor, daß man in den Geweben, in denen der lebhafteste Stoffwechsel vor sich geht, nämlich in den Muskeln, den höchsten Wassergehalt findet. Dagegen sind die Knochen und das Fettdepot sehr wasserarm. Letzteres enthält nur etwa 10 % (L. F. Meyer[134]).

Das *Regulationsvermögen für den Wasserhaushalt* ist für den jungen Säugling sehr gering. Dies geht aus Versuchen von Lederer[99] hervor, dem es bei Hunden, die er mit Kuhmilch oder mit reichlich Wasser fütterte, glückte, die physiologische Austrocknung nicht nur hintanzuhalten, sondern sogar noch eine Zunahme des Blutes an Wasser zu erzielen. Diese Aufnahme des Wassers war vorwiegend auf Quellungsvorgänge zurückzuführen. Erst vom dritten Lebensmonat an begann die Zunahme an Trockensubstanz. Im allgemeinen dürfte aber die Austrocknung unmittelbar im Anschluß an die Geburt stattfinden.

Man hat geglaubt, daß der „Austrocknungsprozeß" im wesentlichen eine Folge der Umwandlung wasserreicher Knorpel in wasserärmere Knochen sei (K. Landsteiner[97]). Dies ist aber ein Irrtum. Wenn man nämlich den Wassergehalt auf fett- und aschefreie Substanz berechnet, dann ist der Rückgang derartig groß, daß er nicht allein mit der Wasserverarmung der Knorpel erklärt werden kann. Andererseits geht aus den Analysen einzelner Körperteile, z. B. den Muskeln, hervor, daß an dem Austrocknungsprozeß vor allem das Fleisch beteiligt ist. Hierzu hat W, JAKUBOWITSCH[82] bei Kälbern Analysen angegeben und desgleichen E. VOIT[220] bei Hunden.

Über die Bedeutung und den *Mechanismus der physiologischen Austrocknung* verdanken wir M. RUBNER[175-183] eingehende Untersuchungen, die uns in der Erkenntnis einen wesentlichen Schritt weitergebracht haben. Zunächst hat er nachgewiesen, daß die Wasserabnahme auf die Verminderung des Quellungszustandes des Eiweißes zurückzuführen ist. Man kann das an verschiedenen Versuchen leicht nachweisen, wenn man den Wassergehalt der fett- und aschefreien Substanz berechnet. RUBNER ging dabei von folgenden Überlegungen aus: Das Fett, das zum größten Teil im Fettdepot angehäuft ist, beansprucht nur einen geringen Teil des Gesamtwassergehaltes, desgleichen die aschehaltige Substanz, die in den Knochen ihre Hauptablagerungsstätte besitzt. Es bleiben als Hauptträger des Wassers die Körpersäfte und vor allem das Fleisch übrig. Man macht also keinen allzu großen Fehler, wenn man den Wassergehalt auf fett- und aschefreie Substanz berechnet.

Die Abnahme des Wassergehaltes ist nach diesen Überlegungen vorwiegend eine Erscheinung des zurückgehenden Quellungsgrades des Eiweißes. Dieser ist wiederum der Grund für die Abnahme der Wachstumsintensität, wie M. RUBNER[182] an Hefezellen nachweisen konnte. Diese Versuche, die zwar mit einzelligen Lebewesen durchgeführt wurden, eröffnen außerordentlich beachtenswerte Gesichtspunkte. Die Lebenstätigkeit der Zellen wird nämlich erst bei sehr hohem Wassermangel (bewirkt durch steigende Salzkonzentrationen der Nährlösungen) in ihnen eingestellt. Dagegen hört das Wachstum schon viel früher auf bei Konzentrationen, wo die Lebenstätigkeit (gemessen an der Kohlensäureproduktion) an sich noch vollständig normal ist. Es geht aus diesen Versuchen hervor, daß die *Wachstumsfähigkeit der Zellen weitgehend von ihrem Wassergehalt abhängig* ist und schon bei geringem Rückgang desselben außerordentlich gehemmt werden kann. Nach M. RUBNER[180] besteht in dem Quellungsgrad der asche- und fettfreien Substanz bei den einzelnen Tierarten im erwachsenen Zustande kein großer Unterschied. Der Wassergehalt ist beim wachsenden Tier je nach dem Grade der Wachstumsgeschwindigkeit höher als beim erwachsenen.

RUBNER leitet aus seinen Arbeiten eine Anschauung ab, wie der wachstumsbedingte Kolloidalzustand der Gewebe für den Ansatz der Nährstoffe zu denken ist. Er glaubt, daß durch Aneinanderlagerung von kolloidalen Begrenzungsflächen infolge Zurückgehens des Wassergehaltes die Zahl der Angriffsflächen für den Ansatz geringer wird. Er konnte ferner noch nachweisen, daß der Energieumsatz durch den Kolloidalzustand nicht verändert wird. So kommt er zu folgender Ansicht (M. RUBNER S. 219[182]):

„Weil aber der Energieverbrauch nicht herabgesetzt wird (bei Änderung des Quellungsgrades), müssen die Stellen des Ansatzes beim Wachstum und die Berührungsstellen mit der Nahrung beim Energieverbrauch räumlich getrennt sein, obschon sie in einem gewissen Zusammenhang gedacht werden müssen, weil ja die Größe des Wachstums (Ansatz) nach meinen Untersuchungen stets mit der Größe des Umsatzes unter vergleichbaren Verhältnissen zusammenhängt."

II. Das Eiweiß (bzw. die N-haltige Substanz) (s. Anm.).

Den lebenswichtigsten Bestandteil des tierischen Organismus bildet die stickstoffhaltige Substanz, die als Eiweiß vorhanden ist. Die übrigen N-haltigen Stoffe, wie Kreatinin, Lecithin usw., sind natürlich auch von weitgehender Be-

---

Anm.: Siehe auch Nachtrag am Schlusse dieses Beitrages.

deutung und sollen deshalb in diesem Kapitel mit besprochen werden. Sie sind
ja bei vielen Versuchen mit einbegriffen, wenn, wie üblich, der Stickstoffgehalt
durch Analyse ermittelt wurde und daraus das Eiweiß durch Vervielfältigung
mit dem Faktor 6,25 erhalten wurde. Jedoch gibt es verschiedene Untersuchungen,
die sich den nichteiweißartigen Stoffen widmen, so daß eine Sonderbehandlung
neben dem Eiweiß möglich ist.

Der wachsende Organismus zeigt während seiner Entwicklung eine dauernde
Zunahme an Eiweiß, und zwar nicht nur absolut, wie man es aus der Stickstoffretention und dem Gewichtszuwachs erkennt, sondern auch relativ, indem nämlich der prozentische Anteil des Eiweißes am Gesamtorganismus sich erhöht.
Dieses Verhalten ist schon an anderen Versuchen gezeigt worden. Es läßt sich
aber an weiteren bemerkenswerten Tatsachen noch feststellen, daß der Prozentgehalt des Eiweißes an der Lebendgewichtszunahme in den einzelnen Altersstufen
nicht immer gleich bleibt.

Bei 100 g Lebendgewichtszunahme werden z. B. bei Ferkeln an Eiweiß zum
Ansatz gebracht (W. Wöhlbier[233]):

1. Lebenswoche	. . . . . . 34,9 g	5. Lebenswoche	. . . . . . 23,4 g
2. „	. . . . . . 30,7 g	6. „	. . . . . . 17,4 g
3. „	. . . . . . 19,1 g	7. „	. . . . . . 15,7 g
4. „	. . . . . . 18,8 g	8. „	. . . . . . 22,7 g

Dabei fällt der außerordentlich hohe Eiweißansatz der ersten beiden Lebenswochen auf. Wir dürfen für das neugeborene Ferkel etwa 20 % Trockensubstanz
annehmen (M. B. Wilson[231]), die zwar bald auf 30 % ansteigt (O. Wellmann[229],
W. Wöhlbier[233]). Dabei bleibt immer ein beträchtlicher Unterschied zwischen
dem Eiweißgehalt des Zuwachses und dem des Gesamtorganismus. Das muß
natürlich eine Änderung in der Gesamtzusammensetzung des Tieres ergeben, und
zwar in dem Sinne, daß es zunächst reicher an Trockensubstanz wird, vor allem
aber reicher an Eiweiß. Damit stehen die Zahlen von M. B. Wilson in guter
Übereinstimmung, die beim 1082 g schweren Ferkel nur 12,2 % Eiweiß fand,
beim 2370 g schweren dagegen schon 14,5 %. Vergleichen wir damit noch die
angegebenen Zahlen bis zur 8. Lebenswoche, wo ein Lebendgewicht von etwa
15 kg erreicht wird, so sehen wir, daß der prozentische Eiweißgehalt des Ansatzes
immer noch größer ist als der des ganzen Tieres selbst, so daß auch in den späteren
Wochen eine Zunahme des Gesamteiweißgehaltes des Tieres stattfindet. Über
den Nährstoffansatz beim wachsenden Schaf wurden ähnliche Verhältnisse gefunden. Auch hier findet in den ersten Saugperioden die größte Ausnutzung
der gebotenen Nahrung statt (H. Jantzon[82a]).

Wir müssen uns aber weiterhin vor Augen halten, daß die *Ansatzgröße des
Eiweißes beim wachsenden Tiere* einmal abhängig ist von der Intensität der Zellteilungsvorgänge, zum anderen von dem Heranreifen der Zellen zu ihrer eigentlichen Größe. Beide Vorgänge beeinflussen den Ansatz in weitgehendem Maße.
Da sie mit zunehmendem Alter zurückgehen, wird der Eiweißansatz sowohl
absolut als relativ geringer. Die Abnahme geht so lange vor sich, bis die Zellteilungen gerade eben noch so zahlreich sind, daß sie den „Zellverschleiß" decken.
In diesem Augenblick ist das Tier „ausgewachsen". Es findet keine Vermehrung
der Eiweißmenge mehr statt, das Tier befindet sich im *Eiweiß-* (bzw. Stickstoff-)
Gleichgewicht. Wir haben also für das Nahrungseiweiß beim wachsenden Tier
drei Funktionen festzuhalten: Einmal den *Eiweißbedarf der Zellen* zu decken,
den dieselben für ihre Lebenstätigkeit benötigen, und zweitens den *Aufbau neuer
Zellen* für die untergegangenen zu ermöglichen. Diese beiden Funktionen finden wir
auch bei der Ernährung des erwachsenen Tieres. Als dritte grundsätzlich andere
Fähigkeit, die dem Wachstum eigentümlich ist, müssen wir die Erzeugung neuer,
teilweise sogar mit neuen Funktionen versehener Zellen neben den alten feststellen.

Wir können also für den Eiweißansatz zusammenfassend sagen: das ganz junge Tier hat einen hohen Eiweißansatz, das erwachsene, normal genährte dagegen keinen mehr. Dazwischen liegen während der Wachstumszeit abklingende Werte. Ob bei den Tieren auch hier eine gewisse Periodizität vorhanden ist, so daß Zeiten eines relativ größeren sich mit solchen kleineren Ansatzes abwechseln, ist nicht bekannt, nach den Erfahrungen am Menschen aber nicht unwahrscheinlich.

Bisher wurde vorausgesetzt, daß die *Beschaffenheit des Nahrungseiweißes* derart ist, daß sie den drei genannten Funktionen beim Wachstum vollständig nachzukommen in der Lage ist. Das ist aber für die meisten Eiweißarten keineswegs der Fall. Wir wissen, daß zwischen ihnen recht beträchtliche Unterschiede bestehen sowohl in rein chemischer Beziehung (Gehalt an Aminosäuren), als auch in physikalisch-chemischer Hinsicht (Fällungsreaktion). Wir kennen nur wenige Eiweißarten, die den Wachstumsbedürfnissen in vollkommenster Weise entsprechen. Dazu ist vor allem das Eiweiß der Milch zu rechnen. Man kann dieses Verhalten des Milcheiweißes aber nicht mit der „Arteigenheit" desselben erklären. Beträchtliche Unterschiede bestehen zwischen den verschiedenen Tierarten und können selbst unter den einzelnen Individuen derselben Spezies vorhanden sein, was bei der Ammenauswahl eine Rolle spielen kann. Ferner geht auch aus Versuchen von Babák[15] an Fröschen hervor, daß nicht immer das arteigene Eiweiß den größten Ansatz während des Wachstums erzielt.

Nach Verfütterung von 100 g   bilden sich
        Muschelfleischprotein . . 154 g Froschkörpersubstanz
        Froschfleischprotein   . . 142 g   ,,
        Rindfleischprotein   . . . 101 g   ,,
        Krebsfleischprotein   . . . 98 g   ,,

Wenn dieser Versuch auch nicht überzeugend ist, weil nur die Zunahme der Körpersubstanz, nicht die der Eiweißmasse angegeben ist, so ist doch die Möglichkeit nicht von der Hand zu weisen, daß die Zusammensetzung des Muschelfleischproteins für das Wachstum noch günstiger war als die des arteigenen.

Hiermit wären wir zu der Frage gelangt, welche Anforderungen an das Eiweiß gestellt werden müssen, um zunächst Wachstum überhaupt zu ermöglichen, ferner aber, bei welcher Eiweißzusammensetzung unter Verfütterung möglichst geringer Mengen ein größtmöglicher Ansatz zu erzielen ist. Zunächst sind eine Reihe von Arbeiten zu nennen, die sich mit der Frage beschäftigen, ob das Eiweißmolekül als solches eine Rolle für das Wachstum spielt, oder ob die einzelnen Bausteine desselben den gleichen Erfolg erzielen. Es konnte dabei nachgewiesen werden (E. Abderhalden und P. Rona[2, 6]), daß es ganz gleich ist, ob man genuines Eiweiß verfüttert oder ob man dasselbe durch Fermente erst zerlegt und dann die Spaltprodukte verfüttert. G. Buglia[25] betont dabei, daß das daneben gereichte Energiematerial leicht resorbierbar sein muß, andernfalls Darmstörungen auftreten. Das wichtigste Moment bei der Eiweißnahrung ist im allgemeinen der *Gehalt an Aminosäuren*, während die physikalische Eigenschaft nicht so von Bedeutung ist (L. B. Mendel[121—123]). Man ist sogar genötigt anzunehmen, daß jede der einzelnen Aminosäuren eine bestimmte Funktion im Tierkörper zu erfüllen hat, und daß der Nutzeffekt um so größer ist, je mehr sich das Verhältnis den Ansprüchen des Organismus anpaßt. Das würde also für das Wachstum bedeuten, daß, je nachdem sich der Bestand an den 18 Aminosäuren des Eiweißes den Wachstumsansprüchen nähert oder von denselben entfernt, ein größerer oder kleinerer Anteil des verfütterten Eiweißes zum Ansatz gelangt.

Es kommen nun aber auch *Eiweißarten* vor, die nicht nur ein ungünstigeres Mischungsverhältnis zeigen, sondern denen eine oder mehrere Aminosäuren fehlen.

Diesem Umstande haben wir es zu verdanken, daß wir uns heute über die Bedeutung verschiedener Aminosäuren schon gewisse Vorstellungen machen können. Es gibt nämlich Eiweißarten, mit denen es nicht möglich ist, das Stickstoffgleichgewicht zu erhalten. Andere, und die kommen für unsere Besprechungen in Betracht, sind wohl in der Lage, die Lebensvorgänge zu unterhalten, können aber kein Wachstum erzeugen. Und die dritten können sowohl das eine wie das andere. Unter letzteren gibt es auch wieder die verschiedensten Variationen, die auf das Mischungsverhältnis zurückzuführen sind. Die zuerst und zuzweit angeführten Gruppen zeichnen sich aber durch den tatsächlichen Mangel eines oder mehrerer Bausteine aus.

Grundlegende Arbeiten zu dieser Frage sind von L. B. MENDEL und TH. OSBORNE[124—132, 149—156] geliefert worden. Sie prüften die verschiedensten Eiweißarten an jungen Ratten auf ihr Vermögen, das Wachstum zu unterhalten. Dabei fanden sie, daß Gliadin, Hordein wohl in der Lage sind, N-Gleichgewicht, aber nicht mehr einen Ansatz zu erzielen. Dagegen ist selbst dieses bei anderen schon nicht mehr möglich. Man kann diese *biologisch nicht vollwertigen Eiweiße* erst dann mit Nutzen zur Ernährung wachsender Tiere verwenden, wenn man die fehlenden Bausteine ergänzt. So kann z. B. das Zeïn, Eiweiß des Maises, das Wachstum nicht unterhalten. Es treten vielmehr bei alleiniger Verfütterung von Zeïn bei Ratten Gewichtsstürze ein (TH. OSBORNE und L. B. MENDEL[151]), die sofort aufhören, wenn Tryptophan zugefüttert wird oder andere Eiweißarten (Casein, Lactalbumin, Edestin oder Maisglutelin), die Tryptophan enthalten, in genügender Menge zugegeben werden. Man kann auch die Gewichtsabnahme durch Beigabe von Lysin und Gliadin verhindern, aber damit kein Wachstum erzielen. Die Minderwertigkeit des Maiseiweißes für das Wachstum ist also auf den Mangel an Tryptophan zurückzuführen (McCOLLUM und H. STEENBOCK[119]).

Durch solche und ähnliche Versuche hat man den Wert der einzelnen Aminosäuren für die Aufrechterhaltung des Wachstums geprüft und dabei folgende Ergebnisse gefunden:

Aminosäuren	für Wachstum erforderlich?	Autoren
Tryptophan . .	+	E. ABDERHALDEN[2], TH. OSBORN und L. B. MENDEL[151]
Cystin	+	B. SURE[205]
Tyrosin	+	B. SURE[205]
Lysin	+	TH. OSBORN und L. B. MENDEL[152]
Prolin	—	B. SURE[205], E. ABDERHALDEN und P. RONA[6]
Arginin	—	E. ABDERHALDEN und P. RONA[6]
Glykokol	—	P. GROSZER[66], E. ABDERHALDEN u. P. RONA[6]
Phenylalanin . .	+	H. ARON[9]
Histidin	+	E. ABDERHALDEN[2], C. W. ROSE und G. I. COX[170]

Zwischen Arginin und Histidin scheint eine Wechselbeziehung zu bestehen insofern, als nicht beide zugleich fehlen dürfen, aber eines von beiden bei Gegenwart des anderen entbehrlich zu sein scheint (E. ABDERHALDEN[2] und C. W. ROSE und G. I. COX[170]).

Prolin, Arginin und Glykokoll sind allerdings für den Aufbau des tierischen Eiweißes an sich unentbehrlich, nur brauchen sie nicht in der Nahrung zu sein, da anscheinend der tierische Organismus die Fähigkeit besitzt, diese aus anderen Aminosäuren zu synthetisieren.

Da man noch nicht genau weiß, in welchen Mengenverhältnissen die einzelnen Aminosäuren verfüttert werden müssen, um ein optimales Wachstum zu erzielen, wird man gewöhnlich viel mehr Eiweiß füttern als wirklich für die Eiweißsynthese verwandt werden kann. Hierdurch wird z. T. der Gehalt des Harnes an Aminosäuren erhöht; die Hauptmenge des Überschusses wird bis zum Harnstoff abgebaut. Dasselbe tritt ein, wenn überhaupt mehr Eiweiß gefüttert wird, als der Organismus zum Ansatz bringen kann, selbst wenn das Mischungsverhältnis der Aminosäuren ein günstiges ist. Andererseits muß bei einem besonders günstigen Gemisch und ausreichender Menge ein möglichst hoher Anteil zum Ansatz gelangen.

Es sei hier gleich noch die Erscheinung erwähnt, daß man beim Säugling durch Verfütterung höherer Eiweißgaben, als er zum Ansatz bringen kann, zunächst auch die *Retention von Stickstoff* vergrößern kann. Diese Erscheinung ist aber nur vorübergehend und geht nach kurzer Zeit wieder zurück auf die ursprüngliche Höhe. Diese Retention von Stickstoff kann man nicht für echten Ansatz ansprechen (L. Langstein und L. F. Meyer[98]).

Über den Einfluß des *Ersatzes von Eiweiß durch calorisch gleichwertige Mengen von Kohlehydraten und Fett* liegen eine Reihe von Untersuchungen vor. Der Gedanke, der denselben zugrunde liegt, ist bei allen ziemlich der gleiche. Man möchte eine höhere Ausnutzung des Eiweißes erzielen; dabei nimmt man zunächst an, daß die energiespendenden Stoffe, also Fett und Kohlehydrate, in zu geringer Menge vorhanden sind und das Eiweiß deshalb zur Wärmeproduktion mit herangezogen wird. Dieser Fall kann natürlich unter gewissen Fütterungsbedingungen eintreten, und man findet dann eine relativ niedrige Ansatzgröße für Eiweiß. Man darf aber die Eiweißverminderung im Futter nicht über ein gewisses Maß (das Eiweißminimum) hinaus treiben. Denn grundsätzlich muß daran festgehalten werden, daß niemals die gesamte Eiweißmenge im Futter zum Ansatz gelangen kann, selbst unter den günstigsten Bedingungen, sondern immer nur ein Teil für den Ansatz in Frage kommt. Ein gewisser Anteil wird immer zerstört werden, was durch die drei oben angeführten Eiweißfunktionen bedingt ist. Das hat H. Aron[12] einwandfrei festgestellt, der junge, wachsende Ratten zunächst mit einem Futter aufzog, das normalen Ansatz bedingte. Ersetzte er dann das Nahrungscasein durch äquicalorische Stärkemengen, so traten Störungen ein, die erst wieder behoben werden konnten, wenn die ursprüngliche Nahrungszusammensetzung verabreicht wurde. Eine „eiweißsparende" Wirkung durch Kohlehydrate konnte nicht festgestellt werden; wenn die Menge Eiweiß, die normales Wachstum noch gestattete, unterschritten wurde, setzte Wachstumsschädigung ein.

Zu ähnlichen Ergebnissen kam G. Fingerling[48—50] bei jungen Kälbern, wo er den Ansatz des Milcheiweißes untersuchte. Er fand vor allem, daß die Eiweißmenge, die bei sonst calorisch ausreichender Nahrung noch normales Wachstum gestattet, außerordentlich niedrig liegt (wahrscheinlich noch unter 1,5 kg Milcheiweiß auf 1000 kg Lebendgewicht, Stärkewert aber 12—13 kg auf 1000 kg). Er schließt aus seinen Versuchen, daß ein Mehr von Eiweiß in der Futtermenge für den Eiweißansatz belanglos ist. Es wird dadurch nur der Stickstoffumsatz erhöht. Dies geht besonders noch aus dem Umstand hervor, daß bei der eiweißreichen Magermilch im Gegensatz zur Vollmilch keine größere Lebendgewichtszunahme zu erzielen war.

Durch die höhere Eiweißkonzentration in der Milch konnte keine größere Menge Eiweiß zum Ansatz gebracht werden. Es gilt also auch hier der schon früher hervorgehobene Satz, der für das Wachstum allgemeinere Geltung besitzt, daß der Eiweißansatz ebenfalls eine optimale Größe besitzt, die durch die Wachstumsgesetze bedingt ist und nicht überschritten werden kann. Da also der *Eiweiß-*

ansatz in seiner Größe durch das Wachstum begrenzt wird, kann er durch die Ernährung nicht gefördert werden; er kann nur durch mangelhafte Ernährung gehindert werden.

Eine andere *Frage* ist die, *ob nicht die hohe Eiweißkonzentration dem Wachstum schädlich sein kann.* Die Ansichten hierüber gehen noch etwas auseinander. 70—76% Eiweiß in der Nahrung scheinen auf Wachstum und Gesundheitszustand weißer Ratten ohne Einfluß. Dagegen wurde bei mehr als 90% Eiweiß im Futter bei einigen Versuchen die Gewichtszunahme und Fortpflanzungsfähigkeit gestört, bei anderen wieder nicht (O. HAMMERSTEN[68], TH. OSBORNE und L. B. MENDEL[155]).

Zu erwähnen sind noch Versuche an jungen Schweinen (E. F. TERROINE und H. M. MAHLER-MENDLER[214]), wo ein höherer Anteil von Milcheiweiß in der Futterration denselben Ansatz an Stickstoff erzielte wie ein geringerer. Die untere Eiweißgrenze liegt auch hier ziemlich tief. Die größte Ansatzquote wurde erzielt, wenn in der Nahrung das Verhältnis von Eiweiß zu Kohlehydraten 1:8,7 betrug.

Wenn wir nun zu einigen *Fragen des N-Stoffwechsels* übergehen, wenigstens soweit er hier von Bedeutung ist, so sind wir genötigt, uns weitgehend an die Erfahrungen beim Menschen zu halten. Für die landwirtschaftlichen Nutztiere sind unsere Kenntnisse auf diesem Gebiete noch sehr gering.

Wir haben im *Harn* bei den N-haltigen Substanzen hauptsächlich Harnstoff, Harnsäure, Aminosäuren, Ammoniak und Kreatinin zu berücksichtigen. Über die Verteilung derselben und ihre Beziehungen zum Lebendgewicht haben wir bei Menschen einige Untersuchungen, die zwar auch noch nicht endgültig Spruchreifes ergeben, aber doch schon recht interessante Hinweise erkennen lassen.

Die Ammoniakbestimmungen im *Harn des Neugeborenen* wie des Säuglings ergeben sehr schwankende Werte, so daß man ein allgemeines Gesetz noch nicht hat finden können. Die aus derartigen Versuchen (I. ELLINGHAUS, E. MÜLLER und H. STEUDEL[44]) abgeleiteten Gesetzmäßigkeiten erscheinen mir noch nicht überzeugend genug. Es fragt sich überhaupt, ob für die Ammoniakausscheidung konstante, durch das Wachstum bedingte Beziehungen bestehen, da der Körper das Ammoniak selbsttätig bildet, wodurch einer Versäuerung der Körpersäfte begegnet wird. Das Auftreten von Säuren im Stoffwechsel ist aber weitgehend von der Ernährung abhängig.

Anders ist es mit der *Harnsäure- und Kreatininausscheidung.* Beiden ist zunächst gemeinsam, daß sie einmal abhängig sind von den im Futter enthaltenen, zum anderen von den im Tier gebildeten Mengen an Purinstoffen bzw. Kreatinin. Da bei reiner Milchnahrung weder der eine noch der andere Bestandteil im Futter enthalten ist, so bekommen wir beim Säugling durch die Bestimmung derselben eine Vorstellung von dem sog. endogenen Wert, d. h. der Menge, die im Tier gebildet wird (im Gegensatz zum exogenen Wert, womit die aus dem Futter stammenden Mengen gemeint sind).

Von verschiedenen Autoren konnte nachgewiesen werden, daß die *Harnsäureausscheidung* ziemlich eng mit dem Lebendgewicht verknüpft ist und von der Ernährung weitgehend unabhängig ist. W. BIRK (zitiert nach H. ARON[9]) fand bei Ernährung mit:

Frauenmilch: tägliche Ausscheidung von 17 mg Harnsäure
Kuhmilch: ,,   ,,   ,, 13 ,,   ,,
Kolostrum: ,,   ,,   ,, 19 ,,   ,,

Zu ganz denselben Resultaten kamen I. ELLINGHAUS, E. MÜLLER und H. STEUDEL[44], die die Harnsäureausscheidung auf 25 mg bestimmten. Außerordentlich interessant ist ihre Berechnung über die Herkunft der Harnsäure aus den Verdauungssäften. Sie konnten nahelegen, daß im wesentlichen das Auf-

treten der Harnsäure im Kinderharn auf die Tätigkeit der großen Verdauungsdrüsen zurückzuführen ist. Daneben aber spielen die durch den Leukozytenzerfall frei werdenden Nucleoproteide (Th. v. Jaschke[83]) eine wichtige Rolle, was
besonders aus dem Umstand hervorgeht, daß am dritten Lebenstage, wo beim
menschlichen Neugeborenen ein recht hoher Leukozytenzerfall eintritt, die Harnsäureausscheidung außerordentlich ansteigt, um aber schnell wieder auf die alte
Höhe abzugleiten. Dabei liegt diese, je Kilogramm Lebendgewicht betrachtet,
wesentlich höher als beim Erwachsenen, was auch mit der lebhafteren „Kern-
mauserung" des wachsenden Organismus erklärt wird (I. Ellinghaus, E. Müller
und H. Steudel[44]). Dieser höhere Wert hält sich während langer Zeit, und die
Gesamtausscheidung steigt mit zunehmendem Gewicht, so daß je Kilogramm
Lebendgewicht immer die gleiche Ausscheidung erzielt wird (W. Birk, zit.
nach H. Aron[9], Th. v. Jaschke[83]).

Ganz ähnlich verhält es sich mit der *Kreatininausscheidung* (s. Anm.). Auch
hier finden wir nur den endogenen Wert, also die durch den Zerfall bestimmter
Körpergewebe (Muskelsubstanz) bedingte Kreatininausscheidung. Auch diese ist
verhältnismäßig gering (E. Ssawron[198]), aber je Kilogramm Lebendgewicht konstant. Die Gesamtausscheidung beträgt beim Säugling etwa 30—60 mg Kreatinin
(H. Aron[9]) oder je Kilogramm Lebendgewicht 3,25 mg Kreatinin-N (I. Ellinghaus, E. Müller und H. Steudel[44]). Sehr wichtig sind die Berechnungen, die
diese Autoren über die Kreatininausscheidung des Säuglings im Vergleich zu
der des Erwachsenen anstellten. Bei letzterem ist die Kreatininausscheidung etwa
doppelt so hoch, nämlich 7,11 mg/kg Kreatininstickstoff, so daß man hierin
eine Besonderheit des wachsenden Organismus sehen könnte. Das scheint aber
keineswegs berechtigt zu sein, denn wenn man die Werte auf vorhandene Muskelsubstanz bezieht, die ja die Kreatininlieferung bedingt, so kommt man fast zu
derselben Zahl:

Erwachsener 17,01 mg/kg
Säugling   13,83 mg/kg

Die Kreatininausscheidung ist also nur indirekt durch das Wachstum bedingt
insofern, als der Anteil der Muskelsubstanz am Organismus beim Säugling wesentlich geringer ist als beim Erwachsenen.

Ebenfalls unabhängig vom Wachstum ist die *Aminosäurenausscheidung*, wie
folgende Zahlen zeigen (I. Ellinghaus, E. Müller und H. Steudel[44]).

Je Kilogramm Lebendgewicht wurden ausgeschieden an Aminosäuren-
stickstoff

vom Säugling bei Frauenmilchnahrung 4,50—5,92 mg
„   „   „   Kuhmilchnahrung   6,53—8,30 mg
„   Erwachsenen   4,80 mg

Bei Frauenmilchnahrung ist der Wert für den Säugling derselbe wie beim
Erwachsenen. Bei Kuhmilch steigt er an, weil dabei ein Überschuß an Eiweiß
gefüttert wird (F. Goebel[62]). Wir sehen, daß die Aminosäurenausscheidung
wesentlich mit abhängig ist von der Ernährung. Dies geht besonders schon aus
einem Versuch von G. Buglia[25] hervor, der zwei Versuchsreihen mit jungen
Hunden durchführte, die sich einmal im Stadium der Unterernährung befanden,
das andere Mal reichlich gefüttert wurden. Bei den unterernährten Tieren war
die Ausscheidung von Aminosäuren im Harn nur gering und vollständig gleich
hoch, unabhängig davon, ob genuines Eiweiß oder durch Pankreasverdauung
hydrolysierte Abbauprodukte gefüttert wurden. Bei reichlicherer Ernährung
nahm dieser Wert bedeutend zu, so daß fast der ganze Überschuß über den Bedarf
in Form von Aminosäuren ausgeschieden wurde. Bei der Verfütterung der Hydro-

---

Anm. Siehe auch Nachtrag am Schlusse dieses Beitrages.

lysenprodukte war in diesem Falle der Aminosäurenanteil noch höher. Wir sehen, daß beim Wachstum für die zum Ansatz gelangende Eiweißmenge eine Höchstgrenze gesetzt ist, während der Überschuß als Aminosäuren ausgeschieden wird. Nach den vorliegenden Versuchen ist dieser Überschuß bei sonst calorisch ausreichender Ernährung für den Organismus völlig bedeutungslos und nur als Ballast zu bewerten.

Das eigentliche Endprodukt des Eiweißstoffwechsels ist der *Harnstoff*, der bei normaler Ernährung den Hauptanteil der stickstoffhaltigen Verbindungen im Harn ausmacht. Er liegt beim Neugeborenen etwa bei 73 % der Gesamtstickstoffausscheidung und steigt allmählich auf 81 % (R. Th. v. Jaschke[83]).

Für die landwirtschaftlichen Nutztiere sind Zahlen über die *Stickstoffausscheidung bei Saugferkeln* bekannt (W. Wöhlbier[233]). Es hat sich bei diesen Versuchen herausgestellt, daß in den ersten 7 Lebenswochen, wo die Milchnahrung vorwiegt, die Stickstoffausscheidung je Kilogramm Lebendgewicht in engen Grenzen gleichbleibt. Sie schwankt zwischen 0,34 und 0,40 g N je Kilogramm täglich. Nach dem vorher Besprochenen braucht auf eine weitere Erklärung nicht eingegangen werden.

Es ist somit manches über die Beziehungen zwischen Eiweiß und Wachstum bekannt. Mancher interessante Ausblick hat sich schon gezeigt, aber wir sind noch weit davon entfernt, in die feineren Zusammenhänge hineinzusehen. Eine Fülle ungelöster Fragen liegt vor, die wir heute noch keineswegs beantworten können, und die noch der Bearbeitung harren. Wichtig wird dabei vor allem sein, auch auf die feineren Vorgänge einzugehen und besonders die Stickstoffverteilung im Harn zu berücksichtigen.

III. Das Fett.

Beim Körperfett hat man zwei Arten zu unterscheiden, nämlich *Zellfett und Depotfett*. Letzteres ist als Reservestoff aufzufassen, dessen Ablagerung wesentlich von den Ernährungsbedingungen beeinflußt wird und mit den durch das Wachstum gegebenen Bedingungen nur bis zu einem gewissen Grade in Abhängigkeit steht. Außerdem sei noch darauf hingewiesen, daß für die Ablagerung desselben individuelle Unterschiede, wie Temperament, Mästungsfähigkeit usw. in Frage kommen. Es unterscheidet sich von dem Zellfett dadurch, daß es an bestimmten, für die Fettablagerung geeigneten Stellen zum Ansatz gelangt, während das Zellfett als integrierender Bestandteil der Zelle zu betrachten ist. Andererseits besteht der Unterschied, daß die Zusammensetzung des Depotfettes weitgehend durch das Nahrungsfett beeinflußt werden kann, während dies bei dem Zellfett nicht möglich ist. E. Abderhalden und C. Brahm[4] konnten zeigen, daß die Beschaffenheit des am Aufbau der Zellen beteiligten Fettes von der Nahrung nicht beeinflußt werden kann. Es wird sowohl seiner Beschaffenheit sowie seiner Menge nach gemäß dem „Bauplan" angesetzt. Fehlt das Fett in der Nahrung oder wird es in unzureichender Menge gefüttert, dann ist das Tier in der Lage, das Fett selbst zu synthetisieren.

Das Zellfett spielt bei dem Aufbau und der Synthese der fettfreien organischen Substanz und Asche eine sehr wichtige Rolle (A. Czerny und A. Keller[34]). Daher ist es verständlich, daß die Konstitution desselben eine genau bestimmte sein muß. Hierfür haben wir eine Reihe analytischer Belege beim Menschen, die bei H. Aron[9] zusammengestellt sind. Daraus ergibt sich, daß *das Fett des Neugeborenen, verglichen mit dem des Erwachsenen*, erheblich ärmer an Ölsäure, dagegen reicher an Palmitin- und Stearinsäure ist, was bedeutet, daß das Fett im Laufe des Wachstums eine weichere Beschaffenheit annimmt. Untersuchungen über die Veränderung der Zusammensetzung des Fettes bei wachsenden Schweinen ergaben, daß bei Saugferkeln relativ viel Linolsäure vorhanden ist. Mit zunehmendem Alter trat aber eine dauernde Abnahme ein (N. R. Ellis und J. H. Zeller[44a]). Nach diesen Versuchen scheint beim Schwein im Laufe des Wachstums der Gehalt an ungesättigten Säuren abzunehmen, also umgekehrt wie beim Menschen.

Über die *Ansatzgröße des Depotfettes* läßt sich allgemein sagen, daß sie vor allem von der Ernährung abhängig ist. Durch die Wachstumsgesetze wird anscheinend nur die Zeit für die Anlage eines gewissen Fettdepots bestimmt. Und zwar findet man, daß entweder vor der Geburt oder bald nach derselben eine größere Menge von Fett bei allen Tieren zum Ansatz gelangt. Offensichtlich liegt hier das Bestreben vor, für das junge Tier einen größeren Wärmeschutz zu erreichen, dessen es bei seiner relativ großen Körperoberfläche bedarf. Aus folgender Zusammenstellung sehen wir, wie die Tiere, die einen niedrigen Fettgehalt bei der Geburt zeigen, in verhältnismäßig kurzer Zeit denselben wesentlich erhöhen:

Die Fettdepotbildung ist hier eine Wachstumsäußerung und erscheint als ein notwendiger und begründeter Vorgang. Ist einmal der nötige Fettgehalt erreicht, so bleibt er ziemlich konstant. Spätere Änderungen sind Ernährungserscheinungen. Zu ähnlichen Ergebnissen kam D. Hax[71], die bei Hunden folgenden Fettgehalt des Gesamttieres fand:

Fettgehalt der Trockensubstanz
(nach K. Thomas[216]).

	Neugeboren %	Im Alter von	%
Hund	7	9 Tagen	34
Katze	8	6 ,,	30
Maus	9	14 ,,	27
Meerschweinchen . .	32,6		
Mensch	43,8		

Geburt 1,4%
Ende der 2. Woche . . .   9,03%
,,   ,, 13.   ,,   . . .   17,6%

Das Bestreben des wachsenden Tieres, Fett anzusetzen, ist sehr stark. Selbst im Hunger zerstört das Tier nicht alles Fett, was daraus hervorgeht, daß längere Zeit während des Wachstums mangelhaft ernährte Hunde immer noch etwas Fett besaßen (H. v. Hoesslin[80]). Es bestehen aber gewisse Unterschiede, die durch die Tierrassen und Arten bedingt sind, denn Hunde, Schweine und Rinder neigen während des Wachstums schon zu größerem Fettansatz, Katze und Pferd dagegen nicht. Es muß also mit der Tatsache gerechnet werden, daß auch *für den Ansatz des Depotfettes Besonderheiten bestehen, die durch das Wachstum bedingt sind.*

Außerdem geht aus den Hungerversuchen an Tieren hervor, daß Fett synthetisiert wird, wenn es nicht in ausreichender Menge im Futter vorhanden ist. Ob man bei wachsenden Tieren die Ernährung vollständig fettfrei gestalten darf, ohne die normale Entwicklung zu schädigen, scheint fraglich. Versuche von Drummond und Coward[41] zeigen zwar, daß bei fast völlig fettfreier Nahrung normale Entwicklung erzielt werden kann, sofern die Nahrung sonst — auch in bezug auf die akzessorischen Bestandteile — genügend ist. Jedoch sind die Tiere nicht so widerstandsfähig, und es treten mehr Todesfälle ein. Die Autoren kommen zu dem Schluß, daß Neutralfette entbehrliche Nahrungsbestandteile sind, doch scheint mir diese Frage, wenigstens für die Wachstumszeit, noch nicht genügend sicher beantwortet zu sein. Daß der Fall hier doch etwas verwickelter liegt, erkennt man daran, daß die Störungen, die bei einer kohlehydratreichen und fettarmen Nahrung eintreten, von verschiedenen Umständen beeinflußt werden. P. Junkersdorf und P. Ionen[85, 87] fanden, daß solche bald stärker bald schwächer hervortreten. Vor allem spielen das Alter (Altersdisposition) und der Ernährungszustand eine Rolle. Von wesentlichem Einfluß auf die Widerstandsfähigkeit gegenüber einseitiger Ernährung zeigte sich intrauterine Unterernährung. Es treten je nachdem Störungen von verschiedener Stärke auf, die sich sowohl im Verhalten wie im Habitus der Tiere äußern und auch bei der Analyse derselben abweichende Ergebnisse zeigen. Es scheint somit dem Fett eine wichtige Rolle für die Wachstumsvorgänge zuzukommen, vor allem soweit es für die Lebensfunktionen der Zellen notwendig ist, aber andererseits sind auch für das Depotfett gewisse Abhängigkeiten zu erkennen.

Zum Schluß sei noch darauf verwiesen, daß das *Fett eine Rolle als Träger der so überaus wichtigen Vitamine* spielt. Diese Regulatoren, die in ihrer Tätigkeit durch die Produkte der inneren Sekretion unterstützt werden, sind in besonderen Kapiteln behandelt, so daß hier darauf nicht weiter einzugehen ist.

IV. Die Kohlehydrate.

Über die Ernährung mit Kohlehydraten während des Wachstums ist an Besonderheiten nicht viel zu erwähnen. Ein Ansatz bzw. eine Aufspeicherung derselben findet nur in geringem Maße statt. Bei intrauterin unterernährten Tieren finden wir eine relativ kleine Leber, die das Hauptorgan der Kohlehydratspeicherung darstellt. Außerdem ist der Gehalt der Leber an Glykogen in diesem Falle sehr niedrig. Über die *Bedeutung des Glykogens für das embryonale Gewebe* besitzen wir verschiedene Untersuchungen (W. ADAMOFF[7], L. B. MENDEL und T. SAIKI[131], L. B. MENDEL und CH. S. LEAVENWORTH[124], I. LOCHHEAD und W. CRAMER[109]). Es hat sich gezeigt, daß die embryonalen Gewebe keineswegs reich an Glykogen sind. Die Rolle, die dasselbe im embryonalen Stoffwechsel spielt, ist die eines Reservestoffes, also die gleiche wie beim Erwachsenen. Darum nimmt es auch nicht Wunder, daß das Neugeborene bei Unterernährung nur einen geringen Glykogenvorrat besitzt. Dies ist für die Ernährung des jungen Organismus von großer Bedeutung. Wir wissen, daß die Kohlehydrate notwendig sind, um eine befriedigende Verbrennung der Fette zu erzielen. Fehlen dieselben, so bleibt die Verbrennung der Fette auf der Stufe des Ketons und der Säuren stehen. Das Auftreten von Aceton, Acetessigsäure und Oxybuttersäure ist ein sicheres Zeichen des Kohlehydratmangels. Dieser Zustand tritt bei jungen Tieren, besonders bei den noch saugenden, außerordentlich schnell ein, sobald die Kohlehydratzufuhr zu gering ist. Es macht sich hierbei der geringe Glykogenspeicher des Säuglings bemerkbar. Beim Menschen hat man festgestellt, daß ein *Verhältnis von Fett zu Kohlehydraten* dann Ketonurie erzeugt, wenn es geringer als 4 : 1 ist. Bei Ratten dagegen konnte selbst ein Verhältnis von 7 : 1 diese Erscheinung noch nicht hervorrufen (TH. OSBORNE und L. B. MENDEL[156]). Allerdings konnte in diesem Falle öfter Diurese und eine Hypertrophie der Nieren festgestellt werden, die eine Gewichtszunahme bis auf das Doppelte gegenüber den Nieren der Kontrolltiere zeigten.

Eine Rolle kann unter Umständen die *Konstitution der Kohlehydrate* spielen. Es ist aus der Kinderheilkunde bekannt, daß oftmals Darmstörungen, die durch Zuckerarten hervorgerufen werden, durch Mehlfütterung beseitigt werden können.

Wichtig erscheint mir noch die Tatsache, daß die *Assimilationsgrenze der einzelnen Zuckerarten* verschieden hoch liegt. Man bezeichnet damit den Wert, bis zu welchem die Zuckerzufuhr gesteigert werden kann, ohne daß ein Übertritt in den Harn erfolgt (Glykosuria ex alimentatione). Bei Menschen sind folgende Werte festgestellt worden (L. LANGSTEIN und L. F. MEYER[98]):

Assimilationsgrenze der Zuckerarten beim Menschen.

Milchzucker. . . 3,1—3,6 g je kg Lebendgewicht
Traubenzucker .   5 g „   „   „
Maltose . . . .   7,7 g „   „   „

Diese Werte ändern sich mit zunehmendem Lebensalter. Beim Erwachsenen erzeugt z. B. eine Menge von 1 g Milchzucker auf 1 kg Lebendgewicht bereits Glykosurie. Auffällig ist, daß die Grenze für Milchzucker am niedrigsten liegt, d. h. also, daß derselbe im Säuglingsharn schon bei Dosen auftritt, bei denen andere Zuckerarten noch glatt assimiliert werden.

M. STEUBER und A. SEIFERT[200a] untersuchten die Frage, inwieweit Milchzucker in der Lage ist, beim Säugling Fett zu bilden. Sie kamen zu dem Ergebnis, daß dieser weder in der Lage ist, Fett zu ersetzen, noch kann der Säugling aus ihm Fett synthetisieren.

Bei vollständigem Mangel an Kohlehydraten im Futter konnte B. TOTIS[217] noch normales Wachstum erzielen, doch machen Versuche von TH. OSBORNE und L. B. MENDEL[154, 156] es sehr wahrscheinlich, daß die Kohlehydrate für den normalen Ablauf der Stoffwechselvorgänge beim Wachstum nötig sind.

Über die wasserspeichernde Wirkung der Kohlehydrate ist an anderer Stelle schon berichtet worden.

V. Die Asche.

Neben Eiweiß und Wasser spielt beim Wachstum der Aschegehalt der Tiere eine sehr wichtige Rolle. Die anorganischen Bestandteile haben verschiedene Funktionen zu erfüllen. Einmal sind sie in den Muskel- und Organgeweben, sowie in den Körperflüssigkeiten enthalten, wo sie zur *Aufrechterhaltung des Stoffwechsels* benötigt werden, zum anderen dienen sie in den Knochen zur *Festigung des Stützgewebes*. Aus diesen beiden Verwendungszwecken kann man schon leicht gewisse Gesetzmäßigkeiten beim Ansatz erklären. Während der Fetalzeit spielt das Stützgewebe eine verhältnismäßig geringe Rolle, desgleichen auch kurz nach der Geburt, in der Säugezeit, wo Bewegungen nur in geringem Maße ausgeführt werden, im übrigen aber noch ein großes Ruhebedürfnis vorherrscht. Deshalb ist es leicht verständlich, daß in dieser Zeit in den Knochen sehr wenig „Asche" abgelagert wird. Außerdem hat das Stützgewebe, das beim Embryo und jungen Tieren hauptsächlich aus Knorpel besteht, noch ziemlich intensiv zu wachsen. Darum wird eine Ablagerung anorganischer Bestandteile im Knorpel erst dann in größerem Umfange eintreten, wenn einmal größere Festigkeit vom Stützgewebe verlangt wird und zum anderen die Wachstumsintensität der Knochen sich verlangsamt.

Aber nicht nur in den Knochen finden wir eine Änderung des Aschegehaltes während des Wachstums, sondern auch in anderen Organen. Dazu möchte ich einige Zahlen angeben, die die Zusammensetzung von Muskeln zeigen, und zwar seien die Analysen der Muskeln von Kälberfeten und von Muskeln junger bzw. ausgewachsener Hunde aufgeführt.

Aschengehalt der Muskeln von Kälberfeten (W. JAKUBOWITSCH[82]).

Länge des Fetus	Wasser %	Fett %	Asche %
10 cm	90,4	0,79	0,34
20 cm	90,5	0,82	0,40
30 cm	90,0	1,17	0,64
40 cm	87,6	1,68	0,78
50 cm	84,0	1,72	0,76
Ausgetragen	80,15	1,94	0,86
Erwachsenes Rind .	77,5	ca. 2,5	

Aschengehalt von Hundemuskeln (E. VOIT[220]).

Alter	Wasser %	Asche %	FeO %	CaO %	MgO %
1 Monat	78,50	1,11	0,01	0,010	0,036
2 „	79,57	0,99	0,01	0,016	0,031
Ausgewachsen	73,90	1,13	0,02	0,019	

Betrachten wir die *Änderung der Gesamtasche* auf Grund dieser Tabellen, so sieht man deutlich, daß der Prozentgehalt bis zur Geburt ansteigt. Nach dieser fällt er während der Säugezeit wieder ab, um sich dann allmählich dem Gehalt des ausgewachsenen Tieres zu nähern. Dieser ist bei allen Säugetieren wie beim Menschen als höchster Aschegehalt zu verzeichnen. Man könnte geneigt sein, das *Absinken des Aschegehaltes während der Säugezeit* auf Ernährungsursachen zurückzuführen, indem man die Aschearmut der Milch dafür verantwortlich macht. Ich neige mehr zu der Ansicht, daß dieses Ascheminimum des wachsenden Tieres eine physiologische Erscheinung ist. Es ist nicht ausgeschlossen, daß zwischen der Aufnahme von artfremder Nahrung und Ascheminimum insofern gewisse Beziehungen bestehen, als das eintretende Aschebedürfnis einen Anreiz zur Aufnahme fester Nahrung gibt.

Über *die Rolle des Eisens während des Wachstums* gibt es verschiedene Untersuchungen. R. v. BUNGE[26, 27] und E. ABDERHALDEN[1, 3] fanden, daß gegen Ende der Fötalzeit der Gehalt an Eisen sehr stark ansteigt und bei der Geburt den höchsten Wert erreicht. Kaninchen haben z. B. einen Gehalt von 0,018 % bei der Geburt, der während der Säugezeit auf 0,003 % zurückgeht. Erst mit Aufnahme von artfremder Nahrung steigt der Eisengehalt des Tieres wieder. Die Hauptablagerungsstätte des Eisens ist die Leber, die man geradezu als *Eisendepot des Säuglings* betrachten kann. Aus diesem bestreitet der Säugling einen Teil seines Bedarfs, der bei der Eisenarmut der Milch durch die Nahrungszufuhr nicht gedeckt wird. Darauf ist es zurückzuführen, daß der bei der Geburt außerordentlich hohe Eisengehalt der Leber schnell zurückgeht. Wir finden hier bei einem Teil der Asche ein ähnliches Verhalten, wie wir es bei der Gesamtasche schon gesehen haben, wenn auch nicht in so ausgesprochenem Maße.

Eine interessante Ergänzung dieser Tatsache bildet der Eisenansatz beim Meerschweinchen. Dieses unterscheidet sich dadurch von den anderen Tieren, daß es in der Lage ist, sofort nach der Geburt artfremde Nahrung aufzunehmen. Wir finden infolgedessen sowohl während der Fetalzeit als auch in der Zeit nach der Geburt einen Eisengehalt von 0,0045—0,0060 % und nicht ein ausgesprochenes Eisendepot des Neugeborenen. Die Schwankungen sind bei ihm nur unwesentlich und decken sich, soweit überhaupt vorhanden, ungefähr mit dem oben Gesagten.

In neuerer Zeit ist die Frage der Eisenversorgung des Säuglings von W. LINTZEL[105 b] wieder bearbeitet worden. Er unterscheidet neben dem Eisendepot der Leber noch ein solches im Hämoglobin. Ein von ihm aufgestelltes Schema erläutert die Eisenversorgung verschiedener Tiere:

Schema der Eisenversorgung junger Säugetiere.

	Eisenreserve in der Leber	Hoher Hämoglobingehalt bei der Geburt (Hb-Reserve)	Eisenaufnahme aus der Muttermilch	Frühzeitige Aufnahme fremder Nahrung
Ratte	+	+	+ +	—
Hund	wenig	+ +	+ +	—
Schwein	+	+	+ +	—
Meerschweinchen .	—	+	wenig	+
Ziege	—	—	wenig	+
Kaninchen	+ +	+	wenig	—
Rind	+ +	?	wenig?	—
Katze	—	+ +	wenig	—
Mensch	+	+	—	—

Wird eine eisenarme Nahrung über die Zeit hinaus verabreicht, wo das Eisendepot des Säuglings ausreicht, so setzt natürlich eine Verarmung unter das

notwendige Maß ein (Fr. Müller[140]). Dadurch werden anormale Zustände
hervorgerufen, die sich in einem Sinken des Eisen- und Hämoglobingehaltes
im Blut äußern. Wir haben also beim Eisen folgende zwei Stufen im Ansatz
während der Zeit nach der Geburt zu unterscheiden: 1. Abnahme des Prozent-
gehaltes im Gesamtorganismus, aber Gleichbleiben desselben im Blute. Deckung
des Bedarfs aus dem Eisendepot und der Milch. 2. Danach ist Zufuhr größerer
Mengen Eisen nötig. Wenn diese nicht eintritt, weiteres Zurückgehen des Prozent-
gehaltes, auch im Blute. Diese Erscheinung ist als pathologisch zu betrachten
und beleuchtet die Notwendigkeit der Eisenzufuhr.

Es ist vielfach erörtert worden, ob die Form der Bindung, in welcher das
Eisen in der Nahrung vorliegt, für seine Wirkung von Bedeutung ist. So wurde
in Mineralwässern eine Eisenverbindung aufgefunden, die Benzidinreaktion zeigte
und darum als *aktives Eisen* bezeichnet wurde. In Rattenversuchen stellte
A. Bickel[19] fest, daß dem benzidinaktiven Eisen auch eine besondere biologische
Aktivität zukommt, die sich in einem wachstumfördernden Einfluß äußern soll.
In der Tat wurde von M. Kochmann und H. Seel[91] eine günstige Wirkung eines
eisenhaltigen, benzidinaktiven Mineralwassers auf die Wachstumsvorgänge festgestellt, die besondere Form eines biologisch aktiven Eisens jedoch abgelehnt.
Die Wirkung war auch nur wenig von der einfacher Eisensalze verschieden und
dürfte nach W. Lintzel[105a] auf der leichten Resorbierbarkeit des Ferroeisens im
Mineralwasser beruhen, während eine spezifische Wirkung benzidinaktiver Eisenverbindungen auf das Wachstum nicht nachweisbar ist. Man ist darum wohl
nicht berechtigt, im Zusammenhang mit der Benzidinaktivität eine biologische
Aktivität des Eisens anzunehmen. Durch Bestrahlung von Eisensulfat konnte
keine nennenswerte Steigerung der Wirkung gegenüber der unbestrahlten Substanz erreicht werden (P. M. Suski[206]).

Über *weitere Bestandteile der Asche* gibt es bei Menschen einige interessante
Untersuchungen (vgl. H. Aron[9]). Aus diesen geht hervor, daß im Laufe der
Entwicklung der Gehalt an Chlor und Kalium zurückgeht. Dies ist eine Folge
der Abnahme an Knorpelmasse, die reich an Chlorkalium ist. Der Calcium- und
Phosphorsäureansatz wird dagegen in dem Maße größer, wie die Verknöcherung
fortschreitet. Über die anderen Aschebestandteile läßt sich kaum etwas Binden-
des sagen, wenigstens soweit es den Ansatz anbelangt. Wir wissen als sicher
heute nur, daß eine ausgesprochene Wechselbeziehung unter den einzelnen Bestandteilen besteht. So kann z. B. ein Überschuß von Kalium einen Natrium-
mangel beim Wachstum weitgehend ersetzen, während das Umgekehrte nicht
der Fall zu sein scheint. Ein Verhältnis von $Na : K = 1 : 14$ zeigte bei Ratten
keine Schädigung (C. Miller[135]). Andererseits ruft ein vollständiges Fehlen
von Kalium in der Nahrung Störungen hervor, die höchstens vorübergehend
durch Kaliumzulage behoben werden können.

Über den Einfluß der Salze auf die Wasserspeicherung ist schon früher
gesprochen.

Wie wir gesehen haben, ist der *Ascheansatz während des Wachstums* zwar
nicht konstant, aber charakteristisch für die einzelnen Entwicklungsstufen. Es
gelingt auch nicht, durch reichliche Ernährung den Ansatz über den normalen
Wert nennenswert zu steigern. Es besteht auch hier genau wie beim Eiweiß ein
durch die Wachstumsvorgänge bedingter „optimaler Ansatzwert", der günstigsten-
falls erreicht werden kann. Eine Änderung läßt sich nur bewirken, wenn die
dazu notwendige Nährstoffzufuhr unterschritten wird. Es ist außerordentlich
lehrreich zu beobachten, wie sich der wachsende Organismus zu behelfen sucht.
Eine Reihe von Autoren haben sich eingehender mit dieser Frage beschäftigt,
so daß man einen recht guten Einblick in diesen Fragenkomplex bekommen hat

(H. Aron und R. Sebauer[14], W. Dibbelt[38, 39], E. Hart, E. V. McCollum, I. Fuller[70], W. Heuber[81], A. Lipschütz[106—108], F. Rohloff[174] und E. Voit[220]). Es wurden zu diesem Zweck wachsende Tiere in zwei Gruppen eingeteilt. Beide Male war die Fütterung vollständig ausreichend sowohl nach calorischen Ansprüchen, wie auch nach denen der Zusammensetzung. Der Unterschied lag nur darin, daß die eine Gruppe der Versuchstiere keinen Kalk und keine Phosphorsäure in ihrer Nahrung bekamen, während die anderen beides in ausreichender Menge erhielten. Dabei zeigte sich die sehr bemerkenswerte Tatsache, daß äußerlich kaum Unterschiede zu bemerken waren. Es konnte weder eine Einbuße an Längenwachstum noch in der Gewichtszunahme festgestellt werden. Dagegen änderte sich die Zusammensetzung der Knochen ganz bedeutend. Während die mit *Calcium und Phosphorsäure* ernährten Tiere eine normale Zusammensetzung der Knochen zeigten, waren die Knochen der anderen Gruppe sehr stark verarmt an diesen Bestandteilen. Es war also, wie nicht anders zu erwarten, die Ansatzgröße stark unter ihren optimalen Wert herabgedrückt worden, aber nur für die im Minimum befindlichen Stoffe, nicht dagegen für die anderen Nährstoffe. Durch den Calcium- und Phosphorsäuremangel wurde die Ansatzgröße der anderen Nährstoffe nicht merklich beeinflußt, wodurch die Gültigkeit des *Gesetzes vom Minimum* durchbrochen ist. Außerordentlich wichtig ist aber andererseits, daß trotz Verarmung der Knochen an Calcium- und Phosphorsäure die Körpersäfte, Muskelgewebe und meisten Organe nicht in ihrem Gehalt an diesen Mineralstoffen verarmen (H. Aron und R. Sebauer[14]). Es scheint daraus hervorzugehen, daß ein ganz bestimmter Gehalt an Aschebestandteilen in den Organen usw. für die Abwicklung der Lebensvorgänge notwendig ist. Der hierfür benötigte Anteil wird in allererster Linie an diesen Stellen zum Ansatz gebracht.

Es kommt bei diesen Versuchen klar zum Ausdruck, daß *bei mangelnder Zufuhr* in der Nahrung der wachsende Organismus vor allem darauf bedacht ist, die zum Gewebs- und Organwachstum nötigen Mineralstoffe sich zu beschaffen. Ist in der Nahrung hieran Mangel, dann werden *die Knochen als Lieferungsquelle* herangezogen. Diese werden dann reicher an Wasser und entsprechend ärmer an Trockensubstanz und Asche, aber der für das Wachstum und die Lebensvorgänge notwendige Aschegehalt der Organmasse wird erhalten. Die Knochen werden in diesem abnormen Fall gewissermaßen als Reservedepot benutzt, ohne daß man sie in Wirklichkeit als solches bezeichnen könnte. Denn es tritt ja durch Entzug an Calcium und Phosphorsäure eine Verweichlichung des Stützgewebes ein, was natürlich auch nur vorübergehend und bis zu einem gewissen Grade möglich ist, widrigenfalls sehr bedeutende Schädigungen eintreten. Dieses Regulationsvermögen, das wir beim Wachstum beobachten können, ist für die Ernährung außerordentlich wichtig. Die Wirkung der Unterernährung an Aschebestandteilen läßt sich meistens im Verhalten der Tiere erst so spät erkennen, daß eine Abhilfe nicht mehr möglich ist. Es kann darum bei der Ernährung wachsender Tiere nicht genügend darauf geachtet werden, dieselbe betreffs der Aschebestandteile so zu gestalten, daß die optimale Ansatzgröße gewährleistet ist

Aus den genannten Versuchen geht auch hervor, daß für den *Ansatz von Calcium und Phosphorsäure* das Verhältnis zueinander eine Rolle spielt. Ist die Nahrung reich an Calcium, aber arm an Phosphorsäure, so kommt nur so viel Calcium zum Ansatz, wie die Phopshorsäuremenge zur Bildung von Calciumphosphat benötigt. Und umgekehrt ist die Calciummenge für den Ansatz maßgebend, wenn sie sich im Minimum befindet. Ein Ersatz des Calciums durch Strontium und Barium ist nur in geringem Maße möglich (C. L. Alsberg und O. Black[8], F. Lehnert[100—101], H. Stöltzner[202]).

Für den Calcium-Ansatz beim wachsenden Tier ist aber auch die Form seiner Bindung von Wichtigkeit. Es ist nämlich anzunehmen, daß das Calcium auch zur Neutralisation eines Säurenüberschusses verwandt wird. Für diesen Fall eignet es sich als Calciumkarbonat. R. Bartels[15a] hat diese Frage eingehender bearbeitet und kommt zu dem Schluß, daß ein rationelles Säurebasenverhältnis beim Ferkel von Wichtigkeit ist. In seinen Versuchen zeigten Schlämmkreide und Calciumchlorid „geradezu entgegengesetzte Wirkungen, je nachdem sie zu einer basenreichen oder basenarmen Nahrung zugesetzt wurden".

Die Asche spielt eine ganz bestimmte Rolle im wachsenden Organismus. „Viele wichtige Fragen des Wasser- und Salzstoffwechsels können besser beim Kind als beim Erwachsenen einer Lösung entgegengeführt werden" (P. Morawitz[138]). Warum der wachsende Organismus die verschiedenen Aschebestandteile in verschiedener Menge zum Ansatz bringt, welche Rolle die einzelnen davon spielen, wissen wir heute nicht sicher. Einige Funktionen konnten angeführt werden, aber im großen und ganzen ist man noch ziemlich unwissend. Eins ist sicher, nämlich daß man *auch bei den Mineralstoffen von einer „biologischen Wertigkeit"* sprechen kann. Außerdem spielt es im Stoffwechsel bzw. in der Ansatzgröße eine Rolle, ob die Aschebestandteile als Ionen gespalten sich im Organismus befinden (Kraus und Zondek[94]), oder ob sie in nichtionisierter Form vorhanden sind (organische Bindung, schwer lösliche Salze). Und nicht zuletzt muß man mit der Wechselwirkung der einzelnen Aschebestandteile untereinander rechnen.

Die Salze (besonders Halogen-Natrium) haben auch Bedeutung für die Regulation der Temperatur. Wahrscheinlich beruht diese auf der Wirkung einer Sympathicusreizung (L. Langstein und L. F. Meyer[98]).

Über den Einfluß der Salze wissen wir, daß völlige Salzentziehung in der Nahrung den Stickstoffansatz aufhebt (R. Th. v. Jaschke[83]). Es ist also für den *Eiweißansatz* beim wachsenden Organismus ein gewisser Salzgehalt in der Nahrung notwendig, wie umgekehrt der notwendige Mineralstoffansatz nur dann erfolgt, wenn der Eiweißgehalt der Nahrung ein genügend großer ist (A. Orgler[146—147]). Das gilt nicht allein für die Asche als solche, sondern im besonderen für einzelne Bestandteile derselben (A. W. Richards, W. Godden und A. D. Husband[165], St. Weiser[225]).

Von der *Fettzufuhr* scheint beim gesunden Säugling der Mineralstoffumsatz ziemlich unabhängig zu sein. Um so größer ist dagegen der *Einfluß der Kohlehydrate auf den Salzstoffwechsel*. Wie oben gezeigt wurde, führt die Zulage von Kohlehydraten zu größerer Wasserretention. Dadurch wird auch ein vermehrter Umsatz von Salzen hervorgerufen (R. Th. v. Jaschke[83]).

D. Die Organänderung während des Wachstums.

Es ist recht lehrreich, zu vergleichen, wie sich die Entwicklung und das Wachstum der einzelnen Organe im Verhältnis zum Gesamtorganismus gestaltet. Es lassen sich daraus Beziehungen für die allgemeine Physiologie des wachsenden Organismus ableiten, von denen das für die Ernährung Wichtigste hier besprochen werden soll. Leider wissen wir hier über die landwirtschaftlichen Nutztiere nur sehr wenig und sind deshalb darauf angewiesen, Analogieschlüsse von anderen Tieren und hauptsächlich vom Menschen zu ziehen.

Das Wachstum ist nicht ein Vorgang, der den Organismus in seiner Gesamtheit trifft, sondern die einzelnen Organe und Gewebsteile verhalten sich verschieden. (Daher sind die Wachstumsperioden von Roux nicht allgemein anwendbar, sondern nur für einzelne Teile. Auch innerhalb der Organe ist der Wachstumsrhythmus verschieden.) Es gibt Gewebe, die bis in die senile Involution hinein Wachstumsfähigkeit besitzen. ,,Der Rest an Wachstumsfähigkeit nach Abschluß der Ontogenese ist z. B. für die meisten Abkömmlinge des embryonalen Bindegewebes, für die Bindegewebe im engeren Sinne, für Knochen und Blut, ferner für die Wechselgewebe mit dauerndem Verschleiß an epithelialen Zellbeständen, wie die Schleimhäute, die äußere Haut, ein großer; er ist gering für die Drüsenzellen der Leber, der Nieren und anderer großer Drüsen; er gilt als nahezu gleich Null an den Nervenzellen des Gehirns und Rückenmarks, an den Herzmuskelfasern und der übrigen quergestreiften Muskulatur, sowie an den Sinneszellen von Auge und Ohr. Dieser Wachstumsrest dient der physiologischen und pathologischen Regeneration" (R. Rössle[169]).

Die wichtigsten Änderungen für die Organe des wachsenden Tieres finden in der Zeit unmittelbar im Anschluß an die Geburt statt. Dieses leuchtet ohne weiteres ein, wenn man daran denkt, daß der ganze Stoffwechsel des Fetus durch den mütterlichen Organismus stattfindet, also die Organe der Nährstoffaufnahme und der Exkretion noch funktionslos sind. Mit dem Beginn der Geburt trennen sich die beiden Organismen, und das junge Tier wird auf einmal in ganz neue Verhältnisse versetzt.

Da die *Atmung* während der Fetalzeit durch die Placenta besorgt wurde, hatte die *Lunge* keine Arbeit zu leisten und ist dementsprechend relativ klein. Auch ihre innere Struktur ist noch gewissermaßen ,,zusammengedrückt". Das ändert sich erst mit dem Beginn der Lungentätigkeit. Sie weitet sich recht schnell nach der Geburt und nimmt an Gewicht und Umfang zu. Der Beginn der Atmung wird durch folgenden Vorgang ausgelöst: Nachdem mit Einsetzen des Geburtsvorganges die Verbindung mit dem mütterlichen Organismus abgebrochen wird, hat das junge Tier keine Möglichkeit mehr zum Abtransport der entstehenden Kohlensäure. Es findet eine Vermehrung derselben im Blut statt und zugleich ein Mangel an Sauerstoff. Hierdurch wird das Atemzentrum gereizt, das seinerseits dann die Impulse zu den Atembewegungen aussendet.

Im Gegensatz zur kleinen Lunge finden wir beim Neugeborenen ein *relativ großes Herz*. Bezieht man das Gewicht desselben auf das des Gesamtorganismus und vergleicht dieses Verhältnis mit dem beim Erwachsenen gefundenen, so zeigt es beim Neugeborenen den höchsten Wert, der mit zunehmendem Alter zurückgeht. Diese Tatsache spricht dafür, daß an das Herz des Neugeborenen verhältnismäßig große Anforderungen gestellt werden, was mit dem lebhaften Stoffwechsel desselben in gutem Einklange steht. Um eine zahlenmäßige Vorstellung zu haben, sei vom Menschen angegeben (R. Th. v. Jaschke[83]):

Bei der Geburt 6,3 g Herz auf 1 kg Lebendgewicht⎫ W. Müller.
Erwachsen   4,84 g ,,   ,, 1 kg   ,,   ⎭

Bei der Geburt 0,89% des Gesamtgewichtes ⎫ Vierordt.
Erwachsen   0,52% ,,   ,,   ⎭

Weiter ist bemerkenswert, daß bei der Geburt sich die beiden Herzventrikel kaum unterscheiden. Erst allmählich verschiebt sich das Verhältnis zugunsten des linken Ventrikels, der ja die weitaus größere Arbeit zu leisten hat, nämlich die Versorgung der dem Hauptblutkreis angeschlossenen Gewebe und Organe, während die rechte Herzkammer nur den Lungenkreislauf zu versorgen hat. Diese Erscheinung ist im Hinblick auf die Stoffwechselvorgänge von Wichtigkeit. Man kann aber dieses Größerwerden des linken Ventrikels nicht als Hypertrophie betrachten, denn im Verhältnis zum Gesamtorganismus wird das ganze Herz ja kleiner. Entsprechend der Masse ist auch das Volumen des Herzens beim Neugeborenen relativ am größten. Beim Menschen beträgt das Verhältnis $\frac{\text{Herzvolumen}}{\text{Körpergewicht}}$ beim Neugeborenen 0,0069, beim Erwachsenen 0,0045 (R. Th. v. Jaschke[83]).

Besonders wichtig für die Ernährungsverhältnisse beim Wachstum ist noch das *Verhalten der Blutbahnen*. Man kann zunächst allgemein sagen, daß der junge Organismus ein relativ viel ausgedehnteres Blutbahnsystem besitzt. Die Zahl der Verzweigungen wie auch die Größe der Blutgefäße ist relativ viel größer als beim Erwachsenen. Damit steht in guter Übereinstimmung die große Wachstumsintensität des Säuglings. Die Capillaren sind teilweise sogar absolut größer, z. B. in den Nieren, im Darm, in der Lunge und Haut, was für die Erleichterung des Blutdurchganges von großer Bedeutung ist. Ferner ist das Lumen der Arterien und der Venen ziemlich gleich groß, während beim Erwachsenen die Venen doppelt so weit sind. Relativ betrachtet sind die Arterien dagegen weiter, die Venen enger als beim Erwachsenen. Daraus spricht auch wieder die sehr viel lebhaftere Stoffwechseltätigkeit (R. Th. v. Jaschke[83]).

Wie schon an anderer Stelle erwähnt, besitzt der Säugling einen außerordentlich hohen Wasserumsatz. Die Abgabe des Wassers durch Lunge und Haut ist beim jungen Organismus nicht unbeträchtlich, einmal der relativen Größe der Lungen wegen, und zum anderen bedingt durch die zarte Beschaffenheit der Haut. Die Hauptausführungsorgane sind jedoch die *Nieren*, und man kann wohl sagen, daß die Hauptfunktion derselben beim Säugling die Wasserabgabe ist, während die anderen Funktionen wenigstens dem Umfange nach zurücktreten. Diesen gesteigerten Ansprüchen können die Nieren nur dann gewachsen sein, wenn ihre Größe denselben angepaßt ist. Und so finden wir beim Neugeborenen schon wie auch beim Säugling auf gleiches Körpergewicht bezogen einen wesentlich höheren Nierenanteil als beim Erwachsenen (beim Menschen etwa doppelt so groß). Daß die Größe der Nieren nicht sekundär ist, etwa infolge einer durch die Verarbeitung größerer Wassermengen bedingten Hypertrophie, geht daraus hervor, daß dieses Verhältnis schon bei der Geburt vorhanden ist, und wir müssen auch hieraus folgern, daß der Stoffwechsel des jungen Tieres auf großen Wasserumsatz eingestellt ist.

Der Darm des Neugeborenen und des Säuglings unterscheidet sich von dem des Erwachsenen sowohl was Länge als auch den anatomischen Bau anlangt. Es ist wichtig zu wissen, daß der Darmtraktus erst im Laufe des Wachstums dem des Erwachsenen ähnlicher wird. Nur solche Nahrung kann vom Organismus aufgenommen werden, die für die entsprechende Entwicklungsstufe physiologisch ist. Daran ist besonders bei der Ernährung des Säuglings mit unphysiologischer Nahrung, also bei Milchersatz, zu denken. Bei unseren heute noch fast völlig fehlenden Kenntnissen über den Bau und die Leistungsfähigkeit des Verdauungstraktus unserer Haustiere im Säuglingsstadium ist in dieser Hinsicht hier besondere Vorsicht am Platze.

Im Laufe des Wachstums bildet sich der Darmtraktus sowohl seiner Leistung (Resorption) nach als auch seinem Bau nach um. Diese Änderungen sind teilweise auf Wachstumserscheinungen vor allem aber auf Ernährungsbedingungen zurückzuführen. Eingehend ist diese Frage von E. Mangold und K. Haesler[113a] untersucht worden. Sie fanden, daß eine Weitung des Verdauungskanales beim Säugetier dann eintritt, wenn nach der Verdauung im Magen und Dünndarm viel voluminöse Reststoffe unverdaut bleiben. In diesem Falle wird der Bakterienverdauungsraum besonders stark ausgebildet, während im entgegengesetzten Falle der Enzymverdauungsraum überwiegt.

Ganz ähnlich liegen die Verhältnisse beim *Magen*. Zu erwähnen ist vom Magen der Wiederkäuer, daß beim Neugeborenen hauptsächlich der Labmagen ausgebildet ist (s. MANGOLD, im 2. Bande dieses Handbuchs). Die Tätigkeit desselben ist so eingestellt, daß sie der Ernährung mit Milch entspricht. Erst allmählich entwickeln sich die anderen Abteilungen des Wiederkäuermagens.

Besonders groß ist *die Leber des Neugeborenen*. Beim Menschen beträgt sie $^1/_{15}$—$^1/_{28}$ des Körpergewichtes, gegenüber $^1/_{40}$ beim Erwachsenen. Beim normalen jungen Hunde ist das Lebergewicht ebenfalls sehr hoch, nämlich 5 % des Gesamtkörpergewichtes (P. IONEN[85]), mit einem hohen Glykogengehalt (4.36 %). Dieser sinkt zunächst ab und erreicht bei Hunden etwa in der vierten Lebenswoche den niedrigsten Wert, um dann allmählich wieder anzusteigen (D. HAX[71]). Es ist dagegen zu betonen, daß im Glykogen- und Fettgehalt der Leber beim Neugeborenen wie beim Säugling derselbe Antagonismus besteht wie beim Erwachsenen. Für das Neugeborene ist dabei von ausschlaggebender Bedeutung der Ernährungszustand der Mutter (P. IONEN[85]). Bei intrauteriner Unterernährung bekommen wir eine relativ kleine Leber mit geringem Gehalt an Reservestoffen. Das Wachstum der Leber ist nach der Geburt nicht so stark wie das des Gesamtorganismus. Dadurch geht also das relative Lebergewicht zurück. Außerdem findet eine größere Abgabe von Wasser statt, so daß man auch hier den physiologischen Austrocknungsprozeß erkennen kann. Findet eine Unterernährung an der Brust statt, so reagiert die Leber sofort, indem ein sehr geringes relatives Lebergewicht resultiert mit stark vermindertem Wasser- und Glykogengehalt (P. IONEN[85]).

Über das *Muskelgewebe* schreibt R. TH. V. JASCHKE[83], daß von dem Muskeleiweiß das Globulin beim Säugling fast in derselben Menge vorhanden ist wie beim Erwachsenen.

Während wir bei fast allen Geweben im Verlaufe des Wachstums eine nennenswerte Änderung in der chemischen Zusammensetzung finden, ist dieses beim *Blute* nicht so ausgesprochen der Fall. Der *Wassergehalt* desselben ist bei der Geburt höher als beim Erwachsenen. Es spiegelt sich in dieser Erscheinung der durch das Lebensalter bedingte Austrocknungsprozeß wieder. Allerdings ist zu erwähnen, daß während der Periode der physiologischen Gewichtsabnahme zunächst eine Wasserverarmung des Blutes eintritt, die durch die Bestimmung des Lichtbrechungsvermögens exakt bewiesen werden konnte (R. TH. V. JASCHKE[83]). Danach steigt der Blutwassergehalt wieder an, und zwar bis zum dritten Monat um 6—10 % (H. LEDERER[99]), wahrscheinlich in direktem Zusammenhange mit der Menge der aufgenommenen Milch. Erst dann beginnt ganz allmählich die physiologische Austrocknung im Blute. Daß der Trockensubstanzgehalt des Blutes beim Neugeborenen etwas geringer ist als beim Erwachsenen, konnte auch F. LUST[113] nachweisen, und diesem entsprechend fand E. REIS[164] bei Säuglingen bis zum 10. Lebensmonat einen geringeren Eiweißgehalt. Diese Verhältnisse sind sicherlich auf den Gehalt an Hämoglobin und Blutkörperchen zurückzuführen, deren Menge sich während der Entwicklung ändert (R. H. CHISHOLM[31]). Auch F. V. KRÜGER[94a] stellt fest, daß die Blutkörperchenzahl bei 6 Tage bis 8 Wochen alten Kätzchen bedeutend niedriger als bei ausgewachsenen Katzen ist. Dementsprechend ist auch die Katalasenzahl (bestimmt durch Zersetzung von Wasserstoffsuperoxyd) geringer. Die geringere katalatische Wirkung des Blutes wachsender Kätzchen ist auf gleiche Blutkörperchenzahl berechnet, aber dieselbe wie beim erwachsenen Tier. Das Blut des Neugeborenen unterscheidet sich von dem des Erwachsenen noch durch geringere Alkalescenz und größeren Salzgehalt. Der Milchsäuregehalt des Blutes beim jungen Organismus ist höher als beim erwachsenen. Es ist nicht ausgeschlossen, daß dieser mit der Wachstumsgeschwindigkeit in unmittelbarem Zusammenhange steht. Diese Ansicht erhält eine Stütze durch Versuche an Ratten, bei denen per os zugeführte Milchsäure einen wachstumsfördernden Einfluß zeigte (H. Vollmer[219]).

Wir sehen aus all diesen Erscheinungen, daß der wachsende Organismus zur Bewältigung seines erhöhten Stoffwechsels sich *relativ größerer Organmassen* bedient. Dies bildet neben dem höheren Wassergehalt der Organe und der Nahrung eine der Hauptvorbedingungen für den Ablauf einer normalen Ernährung beim Wachstum. Um einen Überblick zu bekommen, wie stark sich die einzelnen Bestandteile des Körpers während der Entwicklung gegeneinander verschieben, seien noch Zahlen von M. Rubner angeführt, die er beim Menschen fand.

Organverteilung.

	beim Mann %	beim Neugeborenen %
Skelet	15,9	15,7
Muskel	41,8	23,5
Fettgewebe	18,2	13,5
Drüsen und Rest . . .	24,1	47,3

Wir sehen aus diesen Zahlen, daß beim Neugeborenen beinahe die Hälfte des Lebendgewichtes auf Drüsen usw. entfällt und können daraus die große Bedeutung derselben für den Stoffwechsel des Säuglings ersehen.

E. Der Gas- und Kraftwechsel (s. Anm.).

Über den Einfluß des Wachstums auf den *Kraftwechsel* wissen wir im allgemeinen noch recht wenig. An landwirtschaftlichen Nutztieren sind nur wenige Untersuchungen bisher durchgeführt, und auch sonst sind die Verhältnisse bei den übrigen Tieren und den Menschen noch keineswegs geklärt. Es sollen darum, besonders auch im Hinblick darauf, daß dieses Kapitel an anderer Stelle schon eingehender behandelt wurde (s. Stigler und Steuber in diesem Bande des Handbuchs), nur die grundlegenden Gedanken hervorgehoben werden. Es darf wohl als sicher angenommen werden, daß die *Zellteilungsvorgänge* an sich eine gewisse Menge Energie verbrauchen. Dabei soll nicht die Vermehrung der Substanz gemeint sein, die selbstverständlich eine Vermehrung der Energie bedingt, sondern lediglich die Arbeit, die zur Durchführung der Teilung erforderlich ist. M. Kassowitz[88] weist darauf hin, daß das wachsende Kind nicht nur wegen seiner kleineren Dimensionen, sondern auch wegen seiner lebhaften Protoplasmaneubildung auf die Gewichtseinheit mehr Stoffe zersetzt und mehr Wärme produziert als der Erwachsene. Ebenso haben O. Warburg[221, 222] an Seeigeleiern und P. Morawitz[138] an roten und E. Grafe[63] an weißen Blutkörperchen nachweisen können, daß selbständige jugendliche Zellen gesetzmäßig einen größeren respiratorischen Stoffwechsel haben als ausgewachsene. Dies soll eine spezifische Eigenschaft jugendlicher Gewebselemente sein, die mit Zellteilung und Volumenzunahme nichts zu tun hat. Wir haben also beim jugendlichen Organismus einen größeren Energieverbrauch zu erwarten, der sich einmal aus der „Jugendlichkeit" der Gewebe erklärt, zum anderen aus dem für die Durchführung der Zellteilungsvorgänge notwendigen Bedarf. Dieser Wert ist in dem Wachstumsstadium am größten, wo die meisten Zellteilungen stattfinden, und am geringsten, wenn die Zahl derselben das Minimum erreicht. Da auch beim erwachsenen Tier noch Teilungsvorgänge stattfinden, wird der Wert auch hier noch eine gewisse Höhe erreichen. Allerdings dürfen wir annehmen, daß er hier relativ am geringsten ist. Dagegen ist der Wert bei höchster Wachstumsintensität am größten, also in der Zeit nach der Geburt. Dazwischen befinden sich die verschiedenen Übergangsstufen. So einfach und logisch diese Überlegungen sind, so bietet die *Bestimmung dieser Wachstumsleistung* große Schwierigkeiten, worauf E. Helm-

---

Anm. Siehe auch Nachtrag am Schlusse dieses Beitrages.

REICH[74] hinweist. Man kann nämlich den Ruhe-nüchtern-Umsatz des wachsenden und des nichtwachsenden Organismus nicht ohne weiteres vergleichen. Denn der wachsende Organismus muß, um überhaupt das Wachstum durchführen zu können, sich im Zustande reichlicher Ernährung befinden. Nun wissen wir aber, daß nach längerdauernder reichlicher Ernährung der Grundumsatz gesteigert ist (A. SCHLOSSMANN und H. MURSCHHAUSER[187, 190]). Wenn wir also beim wachsenden Organismus einen höheren Energieumsatz feststellen (A. FLEMING[53]) gegenüber dem des nicht mehr wachsenden, so weiß man nicht, wieviel durch das Wachstum bedingt ist und wieviel der physiologischen Steigerung durch die reichliche Ernährung zuzuschreiben ist.

Schon A. SCHLOSSMANN[186] hat auf die Notwendigkeit, den Grundumsatz zu bestimmen, hingewiesen. Der Einwand G. NIEMANNS[143], daß es einen eigentlichen *Grundumsatz beim Säugling* nicht gibt, weil der Wachstumsvorgang niemals ausgeschaltet werden kann, und daß man nur von einem Energieumsatz bei Ruhe und Nüchternheit sprechen könne, scheint mir nicht stichhaltig, da der Energieanteil für den Wachstumsvorgang sehr klein ist. Er beträgt nur 12% des Gesamtumsatzes oder nach W. CAMERERS[29] Schätzung 1,0—1,5 Calorien für 1 g Anwuchs. Besonders schwierig gestaltet sich natürlich die Bestimmung der *Wachstumsarbeit*, wenn dieselbe relativ klein ist, also bei Tieren, die eine geringe Wachstumsintensität besitzen, z. B. Rind, auch beim Menschen. Dagegen wird der Wert sicher hoch sein bei Tieren, die sehr schnell wachsen, z. B. beim Schwein (vgl. R. v. D. HEIDE und W. KLEIN[72]). Vielleicht ist es möglich, durch Bestimmung der Erhöhung des Energieumsatzes bei verschieden schnell wachsenden Tieren eine Vorstellung von der Wachstumsarbeit zu bekommen.

E. HELMREICH[74, 75] hat bei 14 Kindern zwischen 3—16 Jahren den Energieaufwand ermittelt, den ein und dieselbe Muskeltätigkeit (Beinheben in Rückenlage) bei kleinen und großen Kindern verursacht. Beim kleinsten 3 Jahre alten, 14 kg schweren Kinde wird der Grundumsatz nur um 20—25% gesteigert, bei den größten, 16jährigen Kindern um 80—100%. Die Muskeltätigkeit hat somit am Gesamtkraftwechsel des Kindes einen weitaus geringeren Anteil als beim Erwachsenen.

Zu erwähnen bleibt noch ein weiterer Grund für den höheren Energieumsatz des jungen Organismus gegenüber dem des Erwachsenen. Dieser Unterschied wird durch die verschiedene Größe bedingt und unterliegt denselben Gesetzen, die man beim Vergleich verschieden großer Tiere findet. Und zwar gilt hier die *Oberflächenregel*, d. h. daß alle Stoffwechselvorgänge, also auch der Kraftwechsel, nicht proportional dem Gewicht sich ändern, sondern proportional einer Fläche, z. B. der Körperoberfläche. Auf das sehr wichtige Kapitel der Flächenregel kann hier nicht näher eingegangen werden. Es sei auf die Arbeiten von M. STEUBER in diesem Bande verwiesen.

Über den *embryonalen Energieverbrauch* lassen sich naturgemäß nur wenig genaue Angaben machen. Die Wärmeabgabe des Embryo ist sehr gering, da er allseitig von dem mütterlichen Organismus umgeben ist. Es läßt sich denken, daß nicht nur synthetische Prozesse im Embryo stattfinden, sondern auch Abbauprozesse vor sich gehen, die ebenfalls einen gewissen Energiebedarf zeigen können. Dies erkennt man daran, daß im Meconium Stoffe ausgeschieden werden, die sicher als Abbauprodukte anzusehen sind.

Eingehendere Untersuchungen über den fetalen Energieverbrauch sind am *Hühnerembryo* angestellt worden. Hier ist die Frage besonders gut zu studieren, weil eine Nährstoffzufuhr von außen nicht stattfindet. Man hat gefunden (F. TANGL und A. v. MITUCH[213], CH. BOHR und K. HASSELBACH[22]), daß je Gewichtseinheit betrachtet im Vogelembryo die Stoffwechselprozesse praktisch gleich denen des erwachsenen Tieres sind. Daß das bebrütete Ei gewisse Mengen Energie verbraucht, ist einleuchtend. F. Tangl[207] nennt „die Menge der während der Entwicklung des Embryo umgewandelten chemischen Energie *Entwicklungsarbeit*" und weist nach, daß die hierfür nötige Energie aus dem Fett genommen wird. Der Gesamtfettgehalt des Eies sinkt also während der Bebrütung. *Energetische Betrachtungen für die erste Säugeperiode* sind von M. Rubner[175, 178] angestellt worden. Er fand, daß bei allen Tieren für die Erzeugung von 1 kg Lebendgewicht 4800 Calorien benötigt werden. Eine Ausnahme davon macht nur der Mensch. Entsprechend findet er bei Berechnung des „energetischen Nutzungsquotienten beim Wachstum", d. h. wieviel von 100 Calorien Zufuhr als Gewebsansatz abgelagert werden, folgende Zahlen:

Pferd	33,3 g	Hund	34,9 g
Rind	33,1 g	Katze	33,0 g
Schaf	38,2 g	Kaninchen	33,0 g
Schwein	40,0 g	Mensch	5,5 g

Diese Zahlen werden allerdings von H. Friedenthal[57, 58] angezweifelt.

M. Rubner[180, 181] weist darauf hin, daß der Betriebsstoffwechsel und Wachstumsgewinn in engem Zusammenhange stehen, und zwar so, daß der Nahrungsgewinn um so stärker anschwillt, je größer der relative Betriebsstoffwechsel durch die Kleinheit eines Tieres wird. Dabei darf man aber den Betriebsstoffwechsel nicht als „Wachstumsarbeit" auffassen, er stellt also keine Vermittlung von Energie zum Aufbau dar. Dies läßt sich daran erkennen, daß er nicht geändert werden kann, wenn man das Wachstum hemmt und den Stoffwechsel allein wirken läßt (M. Rubner[182], E. Nobecourt und H. Janet[144]).

Über die Besonderheiten, die der *Gaswechsel beim Wachstum* erleidet, wissen wir nur wenig. Beim menschlichen Säugling hat man festgestellt, daß die Atmung wesentlich höhere Werte beim jungen Organismus besitzt, als man nach der Flächenregel erwarten müßte (W. Klein, Fr. Müller und M. Steuber[89]).

Zu erwähnen wären noch Versuche von W. Klein und M. Steuber[90], die den Gaswechsel an einem Schaflamm untersuchten. Sie stellten fest, daß während der Säugezeit sowohl der Sauerstoffverbrauch als auch die Calorienproduktion ständig zurückgingen und erst mit Aufnahme festen Futters langsam wieder in die Höhe stiegen. Der Sauerstoffverbrauch ging proportional mit der Anwuchsgröße, was für die Behauptung M. Rubners spricht, daß Betriebsstoffwechsel und Wachstumsgewinn eng zusammenhängen. Wichtig ist noch, daß der Respirationsquotient regelmäßig während der Säugezeit 0,75 war; daraus geht hervor, daß neben dem Zerfall des Eiweißminimums vor allem Fett oxydiert worden ist.

F. Die Verdauung und Resorption beim Säugling.

Um Körpersubstanz aufzubauen, ist es im allgemeinen notwendig, die komplizierter zusammengesetzten Nahrungsstoffe in einfachere Bestandteile — eventuell bis zu ihren einfachsten Bausteinen — zu zerlegen. Dieses erreicht der Körper mit Hilfe seiner Fermente (vgl. dazu E. Mangold im 2. Band dieses Handbuchs). Danach müßte eigentlich schon das befruchtete Säugetierei im Besitz solcher Fermente sein. Denn nach Ansicht von I. Sobotta[195], der für die Ernährung des Eies in der vorplacentaren Periode das Hämoglobin angibt, wird dasselbe in feinkörniger Form aufgenommen, verdaut und dient dann dem Aufbau. Wenn das Ei an der Placenta festhaftet, findet der Nährstoffaustausch durch diese statt. Nun hat man in der Placenta verschiedene Fermente nachweisen können, und dadurch ist die Möglichkeit gegeben, daß in der Placenta die Stelle ist, wo die Nährstoffe abgebaut werden, ehe sie vom Embryo zum Aufbau verwandt werden. Dieser Ansicht scheint mir die Tatsache zu widersprechen, daß selbst der Säugling noch Eiweiß resorbiert ohne es vorher zu zerlegen. Es scheint demnach die *Resorption des arteigenen Eiweißes* wenigstens während der Fetal- und Säugezeit viel einfacher vor sich zu gehen. Es kann hier noch die Ansicht erwähnt werden, daß jeder Zelle die Eigenschaft, arteigenes Eiweiß auf- und abzubauen, zukommt, was daraus hervorgeht, daß parenteral zugeführtes Eiweiß mit gleichem Nutzen verwertet werden kann wie durch den Verdauungskanal zugeführtes (L. LANGSTEIN und L. F. MEYER[98]).

Wie man sich die Resorption beim jungen Säugling vorstellen kann, geht aus Untersuchungen W. v. MÖLLENDORFFS[136] hervor, der mittels vitaler Färbung an Mäusen nachweisen konnte, daß das Darmepithel beim neugeborenen Säuger noch eine recht große Durchlässigkeit besitzt. Sobald aber das Tier noch andere Nahrung neben der Milch aufnimmt, ändert sich dieses Verhalten. Es wird alsbald die normale Undurchlässigkeit hergestellt, die auch das erwachsene Tier gegenüber artfremden Stoffen besitzt. Man wird nicht fehlgehen, in diesem Verhalten des Darmepithels eine Tatsache von allgemeinerer Bedeutung zu sehen. Das geht besonders noch daraus hervor, daß das Meerschweinchen, welches ja bald nach der Geburt artfremde Nahrung aufnimmt, von vornherein ein undurchlässigeres Darmepithel besitzt.

Daß die *Resorption von Eiweiß beim Säugling* wesentlich einfacher sein muß als beim Erwachsenen, legen folgende Überlegungen nahe: 1. ist zum Aufspalten des Eiweißes in Albumosen und Peptone durch Pepsin eine saure Reaktion nötig, die wir aber weder beim Embryo, noch in der Placenta, noch beim jungen Säugling (wenigstens nicht in größerem Maße) finden. 2. geht aus Stoffwechselversuchen beim Säugling und besonders aus Untersuchungen ausgeheberten Mageninhaltes hervor, daß die Aufspaltung des Eiweißes durch Pepsin beim Säugling sehr gering ist (K. HESS[78]).

Wir besitzen eine Reihe von Untersuchungen über die Eiweißverdauung des Säuglings, von denen das allgemeiner Interessierende hervorgehoben sei. Zunächst weiß man heute sicher, daß die Salzsäuresekretion beim Säugling noch sehr gering entwickelt ist. Das geht einmal daraus hervor, daß der *Säuregrad des Magensaftes* zwischen p_H 3,2—5,0 schwankt, im Durchschnitt also bei p_H 4 liegt, einem Säuregrad, der das Wirkungsoptimum des Pepsins nicht erreicht. Die Annahme von D. MOGGI[137], daß die Caseinverdauung durch Pepsin nicht an einen höheren Säuregrad gebunden sei, dürfte wohl nicht zutreffen. Die Resorption von unzerlegtem Eiweiß läßt sich besser mit der schon angeführten größeren Durchlässigkeit der Darmwand erklären. Ein nennenswerter Abbau von Eiweiß kommt erst dann in Frage, wenn die Säuglingsnahrung mehr Eiweiß enthält als physiologisch ist, also wenn beim menschlichen Säugling der Eiweißgehalt der Frauenmilch überschritten wird (S. ROSENBAUM und M. SPIEGEL[171]).

Die Bedeutung der geringen Salzsäuremenge im Säuglingsmagen sieht K. HESS[78] darin, daß sie die Labwirkung vorbereitet. Dagegen glauben LESNÉ und Mitarbeiter[102], daß „die geringe Salzsäuresekretion die erste Manifestation einer Sekretion ist, die später notwendig und reichlich wird". Letztere Anschauung hat viel für sich und gewinnt besonders im Hinblick darauf, daß auch Fermente schon viel früher auftreten als ihrer Notwendigkeit entspricht, eine besondere Stütze. Die Größe der Salzsäuresekretion wäre also mit dem Entwicklungsgrade und nicht mit dem Ernährungsmodus verknüpft. Allerdings besteht daneben die Möglichkeit der Variation; wenn z. B. eine eiweißreichere Nahrung als Frauenmilch dem Säugling gereicht wird, setzt eine größere Salzsäuresekretion ein, wie schon erwähnt, so daß das Pepsin früher eine größere Wirksamkeit entfalten kann als normal ist.

Die Salzsäuresekretion beim Säugling ist so gering, daß ihr Einfluß auf den Säuregrad in den Hintergrund tritt. H. Behrendt[16] wies nach, daß beim jungen, ausschließlich mit Frauenmilch ernährten Säugling die aktuelle Acidität des Mageninhaltes durch die organischen Fettsäuren, die durch die Magenlipase aus dem Fett abgespalten werden, beherrschend beeinflußt wird (vgl. auch J. Krzywanek[95]).

Es sei an dieser Stelle noch darauf hingewiesen, daß G. Grósz[65] bei Kindern ebenfalls die verschiedenen Magensekretionstypen nachweisen konnte, wie man sie beim Erwachsenen kennt (Hyperacid, Normacid usw.).

Etwas anders verhält es sich mit der kernlösenden Fähigkeit des *Pankreassaftes*. Diese wird beim menschlichen Säugling erst im Laufe des 2. Lebensjahres entwickelt (I. v. Lucács[111, 112]). Dies geht aus Reagensglasversuchen hervor, bei denen durch Pankreassaft vom Erwachsenen die Kernstruktur zerstört wurde, während dem Säuglingspankreas diese Eigenschaft fehlt. Bilanzversuche von W. Einecke[43], nach denen größere Mengen (86—87 % der Nahrung) von Purinbasen resorbiert wurden, deutet Lukács in dem Sinne, daß aus den Zellkernen freie Purinbasen extrahiert werden können, ohne daß die Kernstruktur zerstört zu werden braucht (vgl. auch Fr. Müller[141]).

Daß bei der tryptischen Verdauung weder bei neutraler noch bei saurer Reaktion, weder bei genuiner Milch noch nach Labung, roh oder gekocht, sich eine Überlegenheit der arteigenen Milch zeigte, konnten E. Freudenberg und Stern[55] nachweisen.

Wichtig erscheint noch die Beobachtung von C. Nakagawa[142], daß die *Amylase des Speichels* eine beschleunigende Wirkung auf das Labferment zeigt, während der Speichel an sich umgekehrt wirkt, also die Gerinnung vermindert. Dies ist für die Ernährung des Säuglings wichtig, weil hierdurch kleinere Milchgerinnsel entstehen, die leichter verdaut werden können. Andererseits findet man hierin einen Grund für die recht hohe Speichelabsonderung beim Genuß von Milch, die von Ostertag und Zuntz[157] bei Ferkeln auf 38 g je Mahlzeit gefunden wurde. Es ist auffällig, daß trotz des hohen Wassergehaltes der Milch noch ca. 55 % des Gewichtes derselben an Speichel beigemengt werden.

Während die Amylase fördernd auf die Tätigkeit des Labfermentes wirkt, wird durch die Labung wiederum die Lipase im Magen aktiviert (H. Behrendt[16]) Demgegenüber stellte E. Freudenberg[54] fest, daß ,,die Lipolyse in den ersten Stadien der Magenverdauung die aktuelle Reaktion der Frauenmilch dem Labungsoptimum nähert und so die Labung begünstigt". Man darf wahrscheinlich zur Erklärung der scheinbar entgegengesetzten Ansichten annehmen, daß die Labung und die Lipolyse sich gegenseitig im günstigen Sinne beeinflussen. Jedenfalls spielt die *Lipase im Magen des Säuglings* eine wichtige Rolle, und es nimmt deshalb nicht Wunder, wenn dieselbe in recht kräftig wirkender Form schon bei Feten von 6 Monaten angetroffen worden ist (I. Ibrahim[84]).

Erwähnt sei noch, daß E. Freudenberg[54] im Magensaft des Säuglings eine Kinase fand, die auf die in der Frauenmilch enthaltene Lipase eingestellt ist, die Lipokinase des Magens.

Bekannt ist ferner noch, daß bei reichlicher Fettzufuhr Verdauungsstörungen eintreten, die auf eine mangelhafte Fettverdauung zurückgeführt wurden. Dies ist nach Dorlencourt und Spanien[40] nicht der Fall, denn in den Faeces erscheint das Neutralfett normal gespalten. Dagegen wird die Caseinverdauung nachteilig beeinflußt. Der Wirkungsmechanismus dieses Vorganges ist noch ungeklärt.

Über die Fähigkeit zur *Stärkeverdauung* wissen wir vom Menschen, daß sie bald nach der Geburt vorhanden ist (P. Haucqueville[69]), wobei nicht ausgeschlossen ist, daß mit zunehmendem Alter dieselbe an Intensität wächst (H. Simchen[194]). Bei Ferkeln findet schon in der 3. und 4. Lebenswoche eine kräftige Stärkeverdauung statt (W. WÖHLBIER[233]). Dagegen finden wir beim Wiederkäuer in den ersten Wochen der Säugezeit ein geringeres Vermögen zur Stärkeverdauung, was man daraus schließen kann, daß bei Verfütterung von größeren Mengen Stärke an Saugkälber Durchfall auftritt und Stärke in den Faeces nachzuweisen ist (R. SCHOLZ[189a]).

Es sei nun noch nach einer Zusammenstellung von R. TH. v. JASCHKE[83] angegeben, wann die einzelnen Fermente während der Entwicklung zum ersten Male nachgewiesen werden konnten:

Lab . . . . 4. Fetalmonat
Pepsin . . . . . 4.   ,,
Magenlipase . . . 6.   ,,
Erepsin . . . . . 5.   ,,
Pankreaslipase . . 3.—4. Lebensmonat (fehlt bei Neugeborenen),
Lactase . . . . . fehlt bei Frühgeburten und Feten,
Maltase . . . . . tritt sehr früh auf (Feten von 4—500 g),
Saccharase . . . tritt am frühesten auf (Feten von 150—200 g),
Amylase . . . . 4. Fetalmonat im Pankreas,
Sekretin, ein die Pankreassekretion auslösendes Hormon, findet sich im Darmschleimhautextrakt reifer Neugeborener regelmäßig, bei Frühgeburten wird es öfter vermißt.

G. Welche Anforderungen stellt das Wachstum an die Zusammensetzung der Milch?

Im Anschluß an die Geburt finden wir bei den Säugetieren eine Zeit, in der die Milch ausschließlich als Nahrung dient (s. LENKEIT und LINTZEL im 1. Band dieses Handbuchs). Man kann diese Säugezeit als Mittlerin zwischen der Fetalzeit, in der die Ernährung durch das mütterliche Blut erfolgte, und der späteren Lebenszeit betrachten, in der die Nahrung des Tieres aus artfremden Stoffen besteht. Während in der Fetalzeit der Säftestrom der Mutter dem Embryo die Nährstoffe in einer Form zuführt, die ihre Aufnahme leicht gestattet, und in einer Auswahl, die dem Fetus zuträglich ist, wird dieses Bestreben nach der Geburt in der Milch weiterhin verwirklicht. Erst nachdem sich das junge Tier längere Zeit auf die neuen Lebensbedingungen eingestellt hat, denen es durch die Geburt gegenübertritt (größere Wärmeabgabe, Benutzung des Verdauungstraktes, Atmung usw.), beginnt die allmähliche Gewöhnung an die artfremde Nahrung und die Entwöhnung von der Milch. Während dabei eine Anpassung des jungen Tieres an die Verarbeitungsmöglichkeit der Nahrung stattfindet, müssen wir in der Milch eine Nahrung sehen, die an die Bedürfnisse des Säuglings angepaßt ist (H. C. SHERMANN und Mitarbeiter[192, 193]). In diesem Kapitel soll die *Bedeutung der Milchernährung für den Säugling* behandelt werden.

Die Geburt trifft das junge Tier verschiedener Arten bei wesentlich voneinander abweichenden Geburtsgewichten. Dieser Umstand spielt für die Ernährung eine wichtige Rolle, denn die Wärmeabgabe ist bei den kleinen Tieren infolge der relativ großen Oberfläche wesentlich größer als bei großen Tieren, die ja eine kleinere relative Oberfläche besitzen. Dieser Umstand wird von Bedeutung für den Energiewert der Milch sein. Ferner ist von einschneidender Bedeutung die Wachstumsgeschwindigkeit des jungen Tieres, für die wir als bequemes Maß die Zeit kennengelernt haben, in der eine Verdoppelung des Geburtsgewichtes erreicht wird. Diese ist bei den einzelnen Tierarten verschieden lang. Nach H. ARON[9] benötigen zur Verdoppelung des Geburtsgewichtes:

Mensch	. .	180 Tage	Schwein	. .	8 Tage
Rind	. . .	35 ,, (ARON gibt 47 Tage an)	Hund	. . .	8 ,,
Ziege	. . .	20 ,,	Kaninchen	.	6 ,,
Schaf	. . .	12 ,,			

Die Unterschiede sind sehr groß, und wenn man auch bei den (in erwachsenem Zustande) kleineren Tieren die kürzeste Verdoppelungszeit findet, so ist das doch keineswegs als Richtschnur anzusehen (vgl. Schwein und Schaf). Für die Milchzusammensetzung würde sich daraus ergeben, daß die zugeführten Nährstoffe einmal zur Deckung des Erhaltungsbedarfes ausreichen und daß damit ferner die nötigen Nährstoffmengen zum Ansatz geliefert werden müssen. Letzterer besteht, wie aus den früher angeführten Tabellen über die Zusammensetzung der Tiere hervorgeht, hauptsächlich aus Eiweiß, daneben spielt bei den Tieren, die fettarm zur Welt kommen, der Fettansatz eine große Rolle. Dieses sind die Hauptgesichtspunkte, die für die Ernährung mit Milch maßgebend sind. Um Beziehungen zwischen Milchzusammensetzung und Wachstumsgeschwindigkeit ableiten zu können, fehlt uns heute noch eine Reihe von Unterlagen, von denen ich nur nennen möchte: Erhaltungsbedarf, Zusammensetzung der Tiere usw. Dennoch hat man verschiedentlich versucht, Gesetzmäßigkeiten aufzustellen.

Zunächst haben R. v. BUNGE und E. ABDERHALDEN[3] auf die Beziehung zwischen Wachstumsgeschwindigkeit und Fettgehalt der Milch hingewiesen.

Später kam H. ARON zu einer neuen Anschauung, die einen wesentlichen Schritt weiter bedeutet. H. ARON[9] unterscheidet *Ansatzstoffe und Umsatzstoffe*. Zu ersteren rechnet er das Eiweiß, Calcium, Magnesium und Phosphorsäure, während er zu den Umsatzstoffen Fett, Milchzucker, Kalium, Natrium und Chlor zählt. Diese Einteilung stimmt nicht ganz genau, wird aber den tatsächlichen Verhältnissen in weitgehendem Maße gerecht. Folgende Zusammenstellung von H. ARON zeigt ein recht gutes Übereinstimmen der Zahlen:

Tierart	in 100 Teilen Milch sind enthalten:			
	Calorien %	Eiweiß %	CaO, MgO, P₂O₅ %	K₂O, Na₂O, Cl %
Mensch	70	1,2	0,08	0,11
Rind	65	3,3	0,46	0,31
Ziege	80	5,0	0,6	0,29
Schaf	105	5,6	0,6	0,30
Schwein	170	7,5	0,8	0,36
Hund	135	9,7	1,0	0,38
Kaninchen	160	15,5	1,9	0,57

In neuerer Zeit hat W. L. POWERS[162] sich wieder mit dieser Frage befaßt. Er betont, daß eine Reihe von deutlichen Abweichungen vom Gesetz BUNGES bestehen und liefert dazu eine Reihe von Milchanalysen der verschiedensten Tierarten. Nach seiner Ansicht liegt die Hauptbedeutung der Milchzusammensetzung für die Wachstumsintensität in der calorischen Konzentration der Milch. Eine Ansicht, die auch L. POLLINI[160] auf Grund seiner Studien am Menschen vertritt.

Es erscheint mir allerdings fraglich, ob sich eine so relativ einfache Erklärung für die Zusammensetzung der Milch finden läßt. Berücksichtigt man die oben angeführten Bedingungen für die Ernährung des Säuglings, so läßt sich die Wahrscheinlichkeit nicht von der Hand weisen, daß die Verhältnisse wesentlich verwickelter liegen, als es nach den Ansichten der letztgenannten Autoren scheint. Von ausschlaggebender Bedeutung ist vor allem die tatsächlich aufgenommene Nährstoffmenge in Beziehung zum Nährstoffbedarf. Dazu muß man neben der Zusammensetzung der Milch auch die verzehrte Menge derselben wissen. Alle diese Versuche, *Beziehungen zwischen der Milchzusammensetzung und der Wachstumsgeschwindigkeit* festzustellen, machen stillschweigend zur Voraussetzung, daß die je Kilogramm Lebendgewicht *verzehrten Milchmengen* bei allen Tierarten gleich sind. Das ist aber keineswegs der Fall, wie folgende Zahlen zeigen:

Je Kilogramm Lebendgewicht werden an Milch täglich verzehrt:

Rind . . . . 170 g   Schaf . . . . . . 160 g
Schwein . . . . . 250 g   Mensch . . . . . . 150 g

Aber nicht nur unter den einzelnen Tierarten finden wir solche Unterschiede, sondern auch unter den Tieren derselben Art. A. Burr[28a] fand z. B. beim Schaf eine Schwankungsbreite von 120—160 g.

Auch bei Wurfgeschwistern mehrgebärender Tiere werden oft verschieden große Mengen Milch aufgenommen. Bei Ferkeln konnte ich folgende Milchmengen als Futterverzehr feststellen:

Bei Sau I: Ferkel 1 = 463 g täglich Gesamtverzehr an Milch
„ 2 = 731 g „ „ „ „
Bei Sau II: „ 1 = 882 g „ „ „ „
„ 2 = 696 g „ „ „ „
Bei Sau III: „ 3 = 371 g „ „ „ „
„ 1 = 709 g „ „ „ „

Zu ähnlichen Ergebnissen kam O. Ritzmann[167]. Er fand, daß das durch Gewichtszunahme festgestellte Wachstum der Lämmer in erster Linie von der Milchergiebigkeit der Mutterschafe abhängig war. Es wurden Lämmer von guten und schlechten Milchtieren mit Milch von verschiedenem Fettgehalt aufgezogen. Die Ergebnisse sind in folgender Tabelle zusammengefaßt:

Zahl der Schafe	Milchertrag	Mittlerer Fettgehalt der Milch %	Gewichtszunahme der Lämmer in Pfund bei einem Fettgehalt der Milch von									mittel
			2—3%	3—4%	4—5%	5—6%	6—7%	7—8%	8—9%	9 bis 10%	über 10%	
13	hoch . .	4,82	42,0	35,0	29,0	38,2	34,0	42,0	29,0	—	—	34,0
78	gut . . .	6,15	32,5	31,0	36,0	31,0	32,0	33,0	31,0	—	25,0	29,3
35	mittel .	6,05	—	25,0	22,5	27,5	26,5	24,0	26,0	25,0	22,0	24,6
12	schlecht .	6,03	—	15,0	21,0	19,0	26,0	19,0	22,0	23,0	9,0	19,0
	mittel		37,0	26,5	27,1	30,0	29,6	29,5	27,0	24,0	18,7	

Es geht aus diesem reichhaltigen Zahlenmaterial deutlich hervor, daß der Fettgehalt der Milch auf die Gewichtszunahme keinen Einfluß hat, sondern daß lediglich die *verzehrte Milchmenge den Ausschlag gegeben* hat.

Alle diese Tatsachen lassen erkennen, daß sich einfache Beziehungen zwischen Milchzusammensetzung und Wachstumsgeschwindigkeit nicht ohne weiteres aufstellen lassen können.

Noch deutlicher ist das zu erkennen, wenn man nicht nur die grobchemische Zusammensetzung der Milch betrachtet, sondern auch die Verschiedenheiten der einzelnen Nährstoffe in den Milcharten berücksichtigt (s. Lenkeit und Lintzel im 1. Band dieses Handbuchs). Obgleich hier noch weniger Zusammenhänge zwischen Wachstum und Milchzusammensetzung bekannt sind, können wir uns denken, in welcher Richtung dieselben zu suchen sind. Bei Tieren mit größerer Wachstumsintensität muß sich das Verhältnis der Ansatzstoffe zu den Umsatzstoffen zugunsten der ersteren verschieben. Aus der vorhin angegebenen Tabelle von H. Aron geht dieses Verhalten deutlich hervor. Mit zunehmender Wachstumsgeschwindigkeit steigt der Gehalt der Milch an Asche so, daß die Umsatzstoffe nur den 5fachen Wert erreichen, die Ansatzstoffe dagegen den 20fachen. Dabei hat F. Soxhlet[196] schon nachgewiesen, daß der Calciumgehalt der Milch nicht die Bedürfnisse des wachsenden Organismus befriedigt. Es setzt gegen Ende der Säugeperiode eine relative Mineralstoffarmut im jungen Tier ein als Folge der zu geringen Mineralstoffzufuhr. Diesen Fehlbetrag in der Milch durch Fütterung des Muttertieres ausgleichen zu wollen, ist zwecklos, denn die Zusammensetzung der Milch kann nur wenig durch Fütterung beeinflußt werden. Außerdem ist auch der Eisengehalt der Milch zu gering, worauf schon hingewiesen wurde. Der *Aschegehalt der Milch* bei den verschiedenen Tierarten ist so eingestellt, daß das Ascheminimum des jungen Tieres zu Ende der Säugezeit sicher erreicht wird, andererseits aber auch die Ascheverarmung des Muttertieres nicht zu weit getrieben wird. Es bestehen also sehr fein abgestimmte Verhältnisse in der Zusammensetzung des Aschegehaltes der Milch.

Zu erwähnen sind noch Versuche von A. L. Daniels[35] mit Ratten bei ausschließlicher Kuhmilchnahrung. Die Ratten wuchsen gut, doch litt die Fortpflanzungsfähigkeit, so daß die zweite Generation selten und schlecht aufgezogen wurde, die dritte Generation aber nie. Ausschließliche Milchnahrung wirkt also schädlich, abgesehen davon, daß die Ausnutzung mit zunehmendem Alter zurückgeht, wie schon vorhin besprochen wurde. Diese Schädigung wurde aber sofort aufgehoben, wenn der Milch 0,7—1,0 % Sojabohnenmehl beigegeben wurde. Der wirksame Teil desselben ist die Asche, denn es konnte derselbe gute Erfolg erreicht werden, wenn die Asche von Sojabohnenmehl zur Milch zugelegt wurde. Im Anschluß an diese Versuche wurde Stärkekleister mit Alaun, Natriumfluorid, Natriumsilikat und Mangansulfat gefüttert (1,5 g Salz je Tier und Tag), und dabei wieder eine sehr gute Wirkung erreicht, während die Salze einzeln gefüttert und verschieden kombiniert kein klares Bild ergaben. Über den Einfluß der Beifütterung von Salzen gibt F. Prylewski[163] Beobachtungen an, wonach durch Zugabe von Natriumchlorid und Tricalciumphosphat die durch das Kochen verlorengegangene Labungsfähigkeit der Milch wieder hergestellt werden konnte.

Ebenso wie wir in der Zusammensetzung der Asche der Milch bei den verschiedenen Tieren deutliche Unterschiede gefunden haben, so kennen wir auch Unterschiede für das Eiweiß. Welche Bedeutung diesem Umstande zukommt wissen wir heute noch nicht. Eine Zusammenstellung der für Frauenmilch und Kuhmilch gefundenen *Unterschiede in der Zusammensetzung des Milcheiweißes* finden wir bei L. Langstein und L. F. Meyer[98]:

Kuhmilcheiweiß   enthält 14,3% Albumin und 85,7% Casein
Frauenmilcheiweiß   ,,   38,5%   ,,   ,,   61,5%   ,,
In 100 g Kuhmilch   sind 0,2—0,3 g   ,,   ,,   2,7—3,0 g ,,
,, 100 g Frauenmilch ,,   0,6 g   ,,   ,,   0,8 g ,,

	C	H	S	P	N
Kuhmilchcasein	52,69	6,81	0,832	0,877	15,65
Frauenmilchcasein	53,01	7,14	0,71	0,25	14,60

Nach diesen Zahlen bestehen zwischen dem Eiweiß der Kuhmilch und der Frauenmilch recht deutliche Unterschiede, und man darf sicher überzeugt sein, daß dieselben bei den übrigen Milcharten ebenfalls vorhanden sind. Welche Bedeutung diesen Verschiedenheiten zukommt, wissen wir heute noch nicht, es ist aber anzunehmen, daß eine Beziehung zu den Wachstumsansprüchen besteht.

Eine andere Frage, die oft von verschiedenen Seiten behandelt worden ist, ist die, ob der Eiweißgehalt der Milch dem Ansatzvermögen des wachsenden Tieres angepaßt ist oder nicht. M. Rubner[175] ist der Ansicht, daß die Anpassung an die Wachstumsbedürfnisse eine derartig vollkommene ist, daß einerseits das physiologisch maximale Wachstum erzielt werden kann, andererseits aber kein Überschuß an Eiweiß vorhanden ist. Im allgemeinen wird diese Ansicht sicher zu Recht bestehen. Es ist aber nicht ausgeschlossen, und die Untersuchungen G. Fingerlings[48—50] machen es sehr wahrscheinlich, daß beim Rind die Verhältnisse etwas anders liegen. Nach Fingerlings Versuchen konnte die schlechte Ausnutzung des Milcheiweißes durch kohlehydratreiche bzw. fettreiche Beifütterung behoben werden, so daß er zu der Ansicht kommt, daß die Anpassung der Milch an die Wachstumsbedürfnisse des Kalbes bei fortschreitender Entwicklung nicht günstig ist. Es ist nicht ausgeschlossen, daß durch die einseitige Züchtung auf Milchleistung eine Verschiebung in der Milchsekretion des Rindes zuungunsten der normalen Ernährungsverhältnisse des Kalbes stattgefunden hat. Auch die Versuche von R. SCHOLZ[189a] ergaben bei Zufütterung von Kartoffelflocken eine bessere Ausnutzung des Milcheiweißes. Allerdings muß dann Diastase zugefüttert werden, da die Saugkälber von diesem Ferment noch nicht ausreichende Mengen selbst besitzen.

Es soll hier noch kurz auf Versuche mit künstlich gesäuerter Milch hingewiesen werden. C. MARIOT[114] empfiehlt die Zugabe von 8 cm³ (75 proz.) Milchsäure auf 1 l Milch, um dadurch das Wachstum pathogener Bakterien zu vermeiden. Er beobachtete sehr gute Gewichtsanstiege mit gutem Ansatz, dabei große Resistenz gegen Infektion und akute Ernährungsstörung. Er hält einen Säuregrad von PH 4,0 für den günstigsten. Ähnlich rät G. FABER[45] zu einem Ansäuern der Milch mit Salzsäure. Der Vorzug der künstlichen Säuerung der Milch liegt darin, daß man gegenüber der natürlich gesäuerten besser den gewünschten Säuregrad trifft. Die Verfütterung saurer Milch spielt bei der Entwöhnung von der Milchnahrung eine Rolle.

Eine besondere Bedeutung für die Säugezeit besitzt das *Colostrum* (s. Anm.). Dieses ist die erste Milch, die das Muttertier während der Lactation gibt (s. LENKEIT und LINTZEL im 1. Band dieses Handbuchs). Es unterscheidet sich von der gewöhnlichen Milch dadurch, daß es bei allen Tieren einen erheblich höheren Gehalt an Eiweiß und Fett besitzt, wogegen der Gehalt an Milchzucker eher geringer ist. Früher schrieb man dem Colostrum lediglich eine abführende Wirkung zu, die für die Ausstoßung des Meconiums von Wichtigkeit sein sollte. Ob das tatsächlich der Fall ist, scheint mehr als fraglich, denn der hohe Eiweißgehalt wirkt doch eher stopfend. Hingegen hat man durch Stoffwechselversuche in den ersten Lebenstagen und Brennwertbestimmungen der Colostralmilch nicht gering zu schätzende Eigenschaften der Ernährung mit Colostralmilch kennengelernt. L. LANGSTEIN[98] konnte feststellen, daß Kinder, die mit fertiger Frauenmilch ernährt wurden, in den ersten Tagen eine negative Stickstoffbilanz hatten, dagegen zeigte sich bei Colostralernährung eine Stickstoffretention (W. BIRK und F. EDELSTEIN[20]). Auch die Retention der Aschebestandteile geht bei Colostralernährung über die bei Ernährung mit Dauermilch hinaus. Es gibt aber auch Autoren, die diese günstigen Eigenschaften des Colostrums in Abrede stellen (KUTTNER und BRET RATNER[96]). R. TH. v. JASCHKE[83] weist darauf hin, daß wir eine ganze Reihe von Anhaltspunkten dafür besitzen, daß Colostrumeiweiß dem Serumeiweiß noch näher steht als selbst das artgleiche Frauenmilcheiweiß und jedenfalls dem Organismus viel weniger Arbeit zumutet. Es scheint, als ob Colostrumeiweiß, natürlich mit Ausschluß des Caseins, nicht einmal als blutfremd bezeichnet werden dürfte. Auf eine andere sehr interessante Beziehung haben LEWIS und WELLS[103] hingewiesen. Sie fanden nämlich, daß der menschliche Säugling bei der Geburt eine wichtige Art des Bluteiweißes, nämlich das Euglobulin, nicht besitzt. Da dieses aber als Träger schützender Antikörper des Blutes anzusehen ist, so muß dem Säugling möglichst schnell und reichlich dieser fehlende Bestandteil zugeführt werden. Dies geschieht durch das Colostrum, das einen auffallend hohen Gehalt an Euglobulin besitzt. Da der junge Säugling das Milcheiweiß unzersetzt resorbiert, gewinnt die Anschauung, daß das colostrale Eiweiß eine wichtige Rolle für die Zufuhr bestimmter Antigene spielt, sehr an Wahrscheinlichkeit.

Anm. Siehe Nachtrag am Schlusse dieses Beitrages.

Die künstliche Ernährung während der Säugezeit.

Im Anschluß an die Besprechung der Milchernährung seien einige Ausführungen über die künstliche Ernährung gemacht, die bei den landwirtschaftlichen Nutztieren zwar keine so große Rolle spielt wie beim Menschen, mitunter aber doch auch in der Praxis angewandt wird. Daß man dieselbe verhältnismäßig selten trifft, hat seinen Grund darin, daß durch Züchtung die Milchleistung auf eine recht beträchtliche Höhe gehoben worden ist. Und zwar wurde dies nicht immer als direkter Zweck angestrebt, sondern indirekt erreicht, indem man sich ein kräftiges und frohes Wachstum der Säuglinge als Zuchtziel setzte. So kommt es, daß wir heute fast alle Zuchtrassen unserer Haustiere als milchreich ansprechen können, so daß eine künstliche Ernährung des Säuglings wegen mangelnder Milchergiebigkeit des Muttertieres kaum in Frage kommen dürfte. Mitunter werden Ferkel mit Kuhmilch aufgezogen. Solche Tiere zeigen unbefriedigende Zunahmen und sind wenig widerstandsfähig (H. Bünger und Blöcker[27a]). Auch kommt es vor, daß Fohlen künstlich genährt werden. Doch gehören diese Fälle zu den Seltenheiten, z. B. wenn das Muttertier kurz nach der Geburt stirbt. Wesentlich größere Bedeutung hat die künstliche Ernährung beim Rind, indem Kälber mit entrahmter Kuhmilch ernährt werden und das fehlende Butterfett durch Surrogate ersetzt wird. Besonders in letzter Zeit wird wieder mit größerem Eifer an dieser Frage gearbeitet. Es gibt eine ganze Reihe von Untersuchungen, in denen die verschiedensten Ersatzmittel auf ihre Verwendungsmöglichkeit zur Erzielung normaler Gewichtszunahmen geprüft werden. An sich besteht natürlich die Möglichkeit, Tiere mit artfremder oder teilweise durch Surrogate veränderter Milch aufzuziehen. Dagegen dürfte es ebenso sicher sein, daß arteigene Muttermilch in unveränderter Form die beste Nahrung des Säuglings darstellt. Die Erkenntnis dieser Tatsache und die eingehende Bearbeitung dieser Frage nach physiologischen Gesichtspunkten danken wir den Pädiatern, deren Ansichten ich mich hier im weitesten Maße anschließen möchte.

Das ausschlaggebende Moment für den Erfolg der künstlichen Ernährung ist die Anpassung an die Wachstumsbedürfnisse. Je mehr man sich den durch das Wachstum gestellten Anforderungen nähert — ich denke dabei an die im Kapitel über die Zusammensetzung der Milch besprochenen Verhältnisse — und je weniger man den Tieren unnötige Stoffwechselarbeit auferlegt (Verarbeitung überflüssiger Aminosäuren usw.), desto größer wird der Erfolg sein. Am vollkommensten wird dieses natürlich durch die arteigene Milch erreicht, und da wieder am besten durch die der eigenen Mutter, was R. Th. v. Jaschke S. 227[83] sehr schön ausdrückt: „Die erste intravitale Ernährung des Kindes erscheint als eine Fortsetzung der intrauterinen, insofern als das Kind durch die Milch seiner Mutter auch nach der Geburt noch in den gleichen homologen Eiweißumsatz des mütterlichen Organismus eingeschaltet wird, wie in utero durch die Placenta." Wir müssen uns danach vorstellen, daß die Schwankungen, die innerhalb derselben Rasse in der Milchzusammensetzung der einzelnen Muttertiere auftreten, nicht belanglose Zufälligkeiten sind, sondern mit den Stoffwechselvorgängen während der Fetalzeit in enger Beziehung stehen. Dieses Verhalten soll man bei der Vornahme künstlicher Ernährung nicht außer acht lassen. Auch im Hinblick auf die Unterschiede des Milcheiweißes bei verschiedenen Tierarten kann der Erfolg mit artfremder Milch niemals derselbe sein, wie bei normaler Ernährung. Das gilt für die Neugeborenenzeit im allgemeinen, besonders aber für die Colostralernährung. Wenn man schon die künstliche Ernährung vornehmen will, so soll man wenigstens in der ersten Zeit nach der Geburt, wo also das junge Tier beachtlichen Änderungen unterworfen ist, die natürliche Ernährung nicht umgehen.

Ähnliches trifft zu, wenn man das Milchfett durch Kohlehydrate oder durch andere Fette zu ersetzen versucht. Es ist dabei sehr leicht möglich, daß infolge Fehlens der normalen Fette die ganze Zellorganisation in Mitleidenschaft gezogen wird und die Zelle erkrankt. Dieser Zustand wirkt dann sekundär auf den Stoffwechsel und den Darmtraktus ein, und Verdauungsstörungen sind die Folge. Allerdings kommen auch direkte Darmstörungen vor, wenn nämlich die Nahrung irgendwelche Reize ausübt oder wenn bei ungenügend steriler Nahrung Infektionen entstehen. Von besonderer Bedeutung ist noch der Umstand, daß *auch in den späteren Lebensjahren der Einfluß einer nicht zuträglichen Ernährung sich in der Leistungsfähigkeit, Widerstandsfähigkeit gegen Krankheiten usw. bemerkbar macht.* Aus diesem Grunde kommt eine Ersatzfütterung für Zuchttiere kaum in Frage, denn vorläufig ist noch für keines der in der landwirtschaftlichen Praxis angewandten Surrogate der Beweis erbracht, daß es einen einwandfreien Ersatz zu bieten vermag. Dagegen kann eine Ersatzfütterung für die nicht zur Zucht bestimmten Tiere oftmals wohl am Platze sein.

Die Erforschung der Einflüsse einer künstlichen Ernährung bietet naturgemäß ziemliche Schwierigkeiten. Denn wir müssen hier mit einer Eigenschaft aller Organismen rechnen, die für die Gesunderhaltung von großer Bedeutung ist, nämlich mit dem Anpassungsvermögen an die Enrährung (M. RUBNER[183]). Der junge Organismus besitzt in hohem Maße die Fähigkeit, sich Veränderungen der Nahrungsmenge und Nahrungsart anzupassen. Dadurch wird natürlich die Untersuchung der Verhältnisse bei künstlicher Ernährung wesentlich erschwert.

H. Synthetische Prozesse beim Wachstum.

Daß der wachsende Organismus Körpersubstanz aufbauen kann, wissen wir zur Genüge. Dabei wurde aber immer stillschweigend vorausgesetzt, daß ihm die einfachen organischen Bausteine schon fertig gebildet zur Verfügung standen. Für eine ganze Reihe von organischen Verbindungen konnte der Beweis erbracht werden, daß sie in der Nahrung entbehrlich sind, obgleich sie zum Aufbau der Körpersubstanz vom wachsenden Tier benötigt werden. Diese Substanzen müssen also vom Tier selbst synthetisiert worden sein. So wurde z. B. der Hühnerembryo auf Purinbasen untersucht (L. S. FRIDERICIA[56], A. KOSSEL[92], L. B. MENDEL[126]), wobei gezeigt wurde, daß solche im unbebrüteten Ei nicht vorhanden waren, dagegen eine Zunahme derselben mit dem Grade der Bebrütung stattfindet. Da sie von außen nicht zugeführt sein können, bleibt nur die Erklärung einer Synthese. Auch an jungen Hunden und Kaninchen (R. BURIAN und H. SCHUR[28]), sowie an wachsenden Ratten (E. V. McCOLLUM[116]) ist die Fähigkeit der *Synthese von Purinen* aus stickstoffhaltiger Substanz nachgewiesen worden, so daß diese Eigenschaft von allgemeinerer Bedeutung für den wachsenden Organismus zu sein scheint.

E. ABDERHALDEN[6] konnte in Versuchen an jungen Hunden nachweisen, daß der wachsende Organismus bei vollständigem Fehlen von Prolin und Arginin in der Nahrung diese Stoffe selbst synthetisieren kann. Wahrscheinlich wird Prolin aus Glutaminsäure gebildet, während man beim Arginin eine Synthese aus Harnstoff und Ornithin annehmen kann. Glykokoll kann leicht durch Abspaltung aus verschiedenen Aminosäuren gebildet werden. Dafür spricht ein Versuch von P. GROSSER[66], der durch Zulage von Benzoesäure zu glykokollfreier Nahrung doch reichlich Hippursäureausscheidung erzielen konnte. Der Beweis für die Synthese von Tyrosin während des Wachstums ist noch nicht einwandfrei erbracht (E. ABDERHALDEN und M. KEMPE[5]).

Ebenso hat man die Fähigkeit zur *Synthese organischer Phosphorverbindungen* für den wachsenden Organismus nachweisen können. Es ist dabei auch ganz gleich, ob die Phosphorsäure in der Nahrung in organischer oder anorganischer Bindung vorliegt (I. Gregersen[64], E. V. McCollum[116, 117], E. V. McCollum und I. Halpin[118]).

Es wurde bei der Besprechung des Körperfettes gezeigt, daß das „Zellfett" eine ganz bestimmte Konstitution besitzt, die durch die Art der Ernährung nur sehr wenig oder gar nicht beeinflußt werden kann (E. Abderhalden[4]). Selbst fettfrei ernährte Ratten (Th. Osborne und L. B. Mendel[150]) besitzen solches. Da auch der erwachsene Organismus zur Synthese von Fett aus anderen Nährstoffen befähigt ist, braucht es nicht wunderzunehmen, wenn auch schon der wachsende Organismus dazu in der Lage ist.

I. Unterernährung und Hunger beim Wachstum.

Bisher haben wir im allgemeinen nur die Fälle betrachtet, bei denen in der Nahrung soviel Nährstoffe zugeführt wurden, wie einem normalen Wachstumsbedarf entsprechen. Höchstens daß der eine oder der andere Nährstoff in unzureichender Menge vorhanden war. Es bietet nun interessante Gesichtspunkte, zu beobachten, wie sich der wachsende Organismus auf eine geringe Nährstoffzufuhr von sonst ausreichend zusammengesetzter Nahrung einstellt. Man kann dabei (z. B. L. Langstein und L. F. Meyer[98]) folgende Arten der Nahrungsbeschränkung unterscheiden:

1. Hunger = vollständiger Nahrungsentzug,
2. Unterernährung = partieller Nahrungsmangel:
   a) Quantitative Unterernährung = alle notwendigen Stoffe sind vorhanden, aber nicht in genügender Menge.
   b) Qualitative Unterernährung = ein oder mehrere Nahrungsbestandteile fehlen ganz oder sind unzureichend, während die sonstige Nahrung der Menge nach genügt.

Nach dem Gesetz vom Minimum müßte man annehmen, daß das Wachstum bei allmählicher Nahrungsbeschränkung nachläßt und schließlich ganz aufhört, nämlich dann, wenn die Menge der zugeführten Nährstoffe nur gerade den Erhaltungsbedarf deckt. Dieses ist aber keineswegs der Fall (W. Stoetzner[203]), und bei der reichhaltigen Literatur über die Frage der Unterernährung beim Wachstum haben wir heute schon recht gute Vorstellungen über das Regulationsvermögen des wachsenden Organismus für eine zu geringe Nahrungszufuhr.

Schon W. Camerer[29], dessen Arbeiten auf dem Gebiete des Wachstums beim Menschen auch hier für uns ein weitgehendes Interesse bieten, hat nachgewiesen, daß bei Unterernährung (je nach dem Grad derselben) das Längenwachstum verhältnismäßig wenig oder gar nicht hinter dem des beim normalen Säugling beobachteten zurückbleibt. Diese Tatsache ist in vielen anderen Arbeiten einwandfrei bestätigt (H. Aron[9]). Wenn also das Längenwachstum verhältnismäßig weniger leidet als die Gewichtszunahme, so bedeutet das nichts weiter, als daß das Skeletwachstum weniger in Mitleidenschaft gezogen wird, als das Wachstum der anderen Gewebsmasse. Diese Erscheinung kann man verhältnismäßig oft beobachten. Die Tiere verlieren ihre normalen äußeren Proportionen; sie werden „hochbeinig" (H. Henseler[76], H. F. Waters[223]). Es erweckt also durchaus den Anschein, daß das Skelet für den wachsenden Organismus von besonderer Bedeutung ist. Andererseits darf man dabei nicht vergessen, daß die Knochen einen verhältnismäßig geringen Energiewert besitzen, also infolge ihres geringen Fett- und Eiweißgehaltes an diesen Nährstoffen nur einen geringen Bedarf haben. Dennoch ist dieser Umstand nicht allein ausschlaggebend, denn wir haben vorhin gesehen, daß bei einseitigem Mineralstoffmangel das Skelet ebenfalls weiterwächst, nur daß dann ein geringerer Anteil an Aschesubstanz darin abgelagert wird. Die Kräfte, die das Wachstum des Stützgewebes regeln, scheinen also von besonderer Intensität zu sein.

Dem gegenüber leidet der Ansatz des Eiweißes (L. Moneton[139]) und vor allem des Fettes ganz außerordentlich, wie aus Versuchen H. Arons an jungen Hunden hervorgeht, von denen der eine normal, der andere unterernährt war:

	normal ernährt g		unterernährt g	
Gewicht am 1. Versuchtage	3340		3260	
Gewicht am 203. Versuchtage	5750		2850	

	absolute Menge g	% des Lebendgewichts	absolute Menge g	% des Lebendgewichts
Fett	271.5	4,6	7.7	0.3
Protein der Muskeln	632.3	10,7	110.1	4.0
Protein der Knochen	138.6	2,4	147.6	5,4
Asche der Knochen	131.0	2,2	126.3	4,7
Körperrest = Wasser, Muskelasche usw.	2661.6	45,2	1232.3	45,5
Fette in den Organen	137.7	2,3	5.0	0,2
Protein in den Organen	120,6	2,0	51.1	1,9
Gesamtmenge des Fettes	409.2	6,9	12.7	0,5
Gesamtmenge des Proteins	891.5	15,1	308,8	11.3

Wir sehen, daß der Aschebestand der beiden Tiere sich nicht wesentlich in seiner absoluten Größe unterscheidet, trotzdem das Gesamtgewicht des unterernährten Tieres gegen das Anfangsgewicht zurückgegangen ist. Der Prozentgehalt an Asche ist beim unterernährten Tiere höher, was nur der Ausdruck für den Mindergehalt an organischer Substanz ist. Denn wenn man den Gesamtfettgehalt vergleicht, desgleichen die Gesamtmenge an Protein, so sieht man, daß der Gewichtsunterschied der beiden Tiere durch den verschieden großen Gehalt der organischen Substanz bedingt ist. Es hat also durch diese Unterernährung das Wachstum des Stützgewebes keine wesentliche Schädigung erfahren, im Gegensatz zum Ansatz von Eiweiß und Fett. Bei größerer Unterernährung findet auch eine Schädigung des Knochenwachstums statt (I. Podhradský[159]). Wird einem jungen Tier die Nahrung vollständig entzogen, so tritt der Tod wesentlich schneller ein als beim erwachsenen Tiere. Der Grund hierfür ist in dem höheren Stoffwechselumsatz zu suchen.

Zu erwähnen ist noch, daß bei Unterernährung das Gehirn ebenfalls weiter wächst, ähnlich wie wir es bei dem Knochenwachstum gesehen haben (H. Aron[9]).

Ist durch Unterernährung die Gewichtszunahme einige Zeit unterbunden worden, so ist damit der Wachstumstrieb keineswegs erloschen, sondern das Tier wächst bei späterer hinreichender Ernährung weiter. Selbst verhältnismäßig lange Wachstumsstockungen schließen eine normale Entwicklung nicht aus. Erst wenn die Unterernährung über eine zu große Zeit ausgedehnt wurde, konnte das Gewicht normal ernährter Tiere nicht mehr erreicht werden (H. Aron[12]).

K. Über die Versuchsanstellung.

Auf zweierlei Art kann man die Erforschung der *Körpersubstanzvermehrung bei wachsenden Tieren* vornehmen, und zwar einmal mit Hilfe des *Stoffwechselversuches*, zum anderen durch *Gesamtanalysen ganzer Tiere* in verschiedenen Lebensaltern. Nach beiden Methoden kann man feststellen, wieviel Nährstoffe das Tier in einem bestimmten Entwicklungsstadium zur Vermehrung seiner Körpersubstanz benötigt. Aber beide Methoden haben ihre Schattenseiten, und es wird immer der Überlegung bedürfen, welcher von beiden bei gegebener Fragestellung der Vorzug zu geben ist bzw. ob nicht beide zu verbinden sind.

Will man den Nährstoffbedarf wachsender Tiere auf Grund der Gesamtanalysen berechnen, so ist der Einwand zu machen, daß unter den einzelnen Individuen derselben Art schon bei der Geburt nennenswerte Unterschiede bestehen können. Diese können sich um so mehr bemerkbar machen, je älter die Tiere werden (F. L. Roberts[168]). Um mit Hilfe dieser Methode zu Durchschnittswerten zu gelangen, ist man also darauf angewiesen, eine größere Anzahl von Tieranalysen ein und derselben Entwicklungsstufe durchzuführen. Es ist dieses unbedingt nötig, um die individuellen Unterschiede auszugleichen. Erst auf Grund solcher Durchschnittswerte können wir uns eine Vorstellung von dem Zuwachs und dem Nährstoffbedarf machen.

Andererseits haben wir bei Stoffwechselversuchen die Schwierigkeit, daß wir den wirklichen Zuwachs nicht von gewöhnlicher Retention unterscheiden können, da wir ja nur die Nährstoffmenge feststellen, die sich aus der Differenz von Futter und Ausscheidungen ergibt. Daraus lassen sich aber bekanntlich nicht ohne weiteres bindende Schlüsse ziehen, ob die retinierten Nährstoffe auch tatsächlich zur Bildung neuer Körpersubstanz verwandt worden sind. Außerdem kommt noch hinzu, daß es nicht möglich ist, längere Versuchsperioden bei jungen Tieren durchzuführen, da diese noch sehr empfindlich sind. Die Tierchen halten besonders in der Säugezeit die Unbequemlichkeiten, welche bei der Durchführung von Stoffwechselversuchen nicht zu vermeiden sind, bei längerer Dauer nicht aus. So konnte ich bei Ferkeln beobachten, die ich 12 Tage hintereinander in Zwangsställen hielt, daß die Tiere steife Glieder bekamen, ja es traten sogar Deformationen (krumme Beine usw.) ein, die sich zwar bald wieder durch normale Haltungsweise beheben ließen. Jedoch sieht man, daß längere Perioden für junge Tiere nicht in Frage kommen. Dadurch ist man natürlich der Gefahr ausgesetzt, daß man bei kürzeren Perioden ein Ergebnis bekommt, das von Zufälligkeiten abhängig ist und über die tatsächlichen durchschnittlichen Ansatzverhältnisse kein sicheres Bild ergibt. Ferner ist zu berücksichtigen, daß wir wahrscheinlich mit einem periodischen oder rhythmischen Wachstum rechnen müssen, über dessen Verlauf wir heute kaum andeutungsweise Kenntnisse besitzen. Auch hierdurch können die Ergebnisse von Stoffwechselversuchen weitgehend beeinflußt werden, und vor allem können wir dem periodischen Wachstum durch diese Versuchsanstellung nicht auf die Spur kommen. Es scheint also sehr fraglich, ob man auf diesem Wege überhaupt in der Lage ist, die Ansatzgröße beim wachsenden Tier zu bestimmen. H. Aron[9] ist der Ansicht, daß der Stoffwechselversuch in diesem Falle abzulehnen ist. Man kann allerdings daran denken, durch eine Reihe von Parallelversuchen zu mittleren Werten zu gelangen. Dieses ist unter gewissen Umständen sicher möglich, so daß die strikte Ablehnung H. Arons wohl nicht immer am Platze ist.

Daß der Stoffwechselversuch bei bestimmter Fragestellung das Gegebene sein kann, leuchtet ohne weiteres ein. So z. B. in allen den Fällen, wo es sich um die Erfassung von Vorgängen handelt, die sich in kurzer Zeit abspielen (z. B. bei der physiologischen Gewichtsabnahme des Neugeborenen). In derartigen Fällen hat der Stoffwechselversuch seine Berechtigung einwandfrei erwiesen.

Über die technische Durchführung von Versuchen mit jungen Tieren (besonders saugenden) liegen nicht viel Erfahrungen vor. Verhältnismäßig einfach ist es noch bei Kälbern, bei denen sowohl die Aufstellung in den üblichen Zwangsställen wie die Ernährung leicht zu bewerkstelligen ist, da man das Muttertier ohne jede Bedenken vom Kalbe trennen kann. Auch bei Ziegen und Milchschafen geht es noch relativ gut, nur muß man berücksichtigen, daß die jungen Tiere bei weitem nicht die Widerstandsfähigkeit besitzen wie ältere Tiere.

Wesentlich schwieriger wird es schon, wenn man Muttertier und Säugling nicht mehr trennen kann, weil es nicht möglich ist, das Muttertier zu melken. Die jungen Tiere müssen dann zur jedesmaligen Nahrungsaufnahme die Zwangsställe verlassen. Das Gewicht der Tiere muß jedesmal vor und nach dem Saugen festgestellt werden, um aus der Differenz dieser Gewichte die verzehrte Milchmenge feststellen zu können. Dazu muß man wieder Vorsorge treffen, daß zwischen den Wägungen kein Gewichtsverlust durch Harn- oder Kotlassen entsteht bzw. daß dieser Verlust festgestellt wird. Und zuletzt kommt hinzu, daß man die Tiere selbst bei kurzen Perioden nicht dauernd im Zwangsstall halten kann, sondern ihnen von Zeit zu Zeit etwas Bewegungsmöglichkeit verschaffen muß. Für Saugferkel ist eine Methodik ausgearbeitet (W. Wöhlbier[233]), die sich gut bewährt hat. Eine andere Versuchsanstellung, die darauf beruht, den Gewichtsverlust während bestimmter Zeiträume im Kontrollversuch festzustellen (Ostertag und Zuntz[157]), scheint mir nicht so sichere Werte zu geben.

Die Durchführung von Respirationsversuchen bei ganz jungen Tieren bietet große Schwierigkeiten und stellen sowohl an die Geschicklichkeit wie Erfahrung des Versuchsanstellers große Ansprüche.

Literatur.

(1) Abderhalden, E.: Das Verhalten des Hämoglobins während der Säuglingsperiode. Z. physiol. Chem. **34**, 500 (1901/02). — *(2)* Fütterungsversuche mit vollständig abgebauten Nährstoffen. Ebenda **77**, 22 (1912). — *(3)* Lehrbuch der physiologischen Chemie. Berlin u. Wien 1914. — *(4)* Abderhalden. E., u. C. Brahm: Ist das am Aufbau der Körperzellen beteiligte Fett in seiner Zusammensetzung von der Art des aufgenommenen Nahrungsfettes abhängig? Z. physiol. Chem. **65**, 330 (1910). — *(5)* Abderhalden, E., u. M. Kempe: Vergleichende Untersuchung über den Gehalt von befruchteten Hühnereiern in verschiedenen Entwicklungsperioden an Tyrosin, Glykokoll und an Glutaminsäure. Ebenda **53**, 398 (1907). — *(6)* Abderhalden, E., u. P. Rona: Weiterer Beitrag zur Frage nach der Verwertung von tiefabgebautem Eiweiß im Organismus des Hundes. Ebenda **52**, 507 (1907). — *(7)* Adamoff, W.: Ein Beitrag zur Physiologie des Glykogens. Z. Biol. **46**, 281 (1905). — *(8)* Alsberg, C. L., u. O. Black: Studien über Bariumfütterung. New York Proc. Soc. exper. Biol. a. Med. **9**, 37. — *(9)* Aron, H.: Biochemie des Wachstums. Handbuch der Biochemie 7, 152. 1927. — *(10)* Wachstum und Ernährung. Biochem. Z. **30**, 207 (1911). — *(11)* Weitere Untersuchungen über die Beeinflussung des Wachstums durch die Ernährung. Ref. Zbl. Kinderheilk. **3**, 579 (1913). — *(12)* Untersuchungen über die Beeinflussung des Wachstums durch die Ernährung. Berl. klin. Wschr. **51**, 972 (1914). — *(13)* Aron, H., u. K. Frese: Die Verwertbarkeit verschiedener Formen des Nahrungskalkes zum Ansatz bei wachsenden Tieren. Biochem. Z. **9**, 185 (1908). — *(14)* Aron, H., u. R. Sebauer: Untersuchungen über die Bedeutung der Kalksalze für den wachsenden Organismus. Biochem. Z. **8**, 1 (1908).

(15) Babák, E.: Über das Wachstum des Körpers bei der Fütterung mit arteigenen und artfremden Proteinen. Zbl. Physiol. **25**, 437 (1911). — *(15a)* Bartels, R.: Die Wirkung von Mineralzulagen auf den Calcium- und Phosphoransatz des Schweines in verschiedenen Lebensaltern und bei verschiedenem Grundfutter. Wiss. Arch. f. Landw. B. **3**, 278 (1930). — *(16)* Behrendt, H.: Über das Zustandekommen der aktuellen Magenacidität beim natürlich ernährten Säugling. Jb. Kinderheilk., 3. F. **56**, 115 (1927). — *(17)* Benjamin, F.: Stickstoffansatz und Wachstum bei einem Säugling. Vortrag a. d. Naturforschervers. Münster 1912. — *(18)* Betzold, von: Untersuchungen über die Verteilung von Wasser, organischer Materie und anorganischen Verbindungen im Tierreiche. Z. wiss. Zool. **8**, 487 (1912). — *(19)* Bickel, A.: Wachstumsfördernder Einfluß anorganischer Eisenverbindungen. Biochem. Z. **199**, 60 (1928). — *(20)* Birk, W., u. F. Edelstein: Ein Respirationsstoffwechselversuch am neugeborenen Kind. Mschr. Kinderheilk. **9**, 505 (1910). — *(21)* Bohr, Ch.: Der respiratorische Stoffwechsel des Säugetierembryo. Skand. Arch. Physiol. **10**, 413 (1900). — *(22)* Bohr, Ch., u. K. Hasselbach: Über die Kohlensäureproduktion des Hühnerembryos. Ebenda **10**, 149

(1900). — (23) Über die Wärmeproduktion und den Stoffwechsel des Embryos. Ebenda 14, 398 (1903). — (24) Brüning, H.: Untersuchungen über das Wachstum der Tiere jenseits der Säuglingsperiode bei verschiedener künstlicher Ernährung. Jb. Kinderheilk. 79, 305 (1914). — (25) Buglia, G.: Untersuchungen über die biologische Bedeutung und den Metabolismus der Eiweißstoffe. Z. Biol. 57, 365 (1911). — (26) Bunge, G. von: Weitere Untersuchungen über die Aufnahme des Eisens in dem Organismus des Säuglings. Z. physiol. Chem. 16, 173 (1892). — (27) Über die Aufnahme des Eisens in dem Organismus des Säuglings. Ebenda 17, 63 (1893). — (27ᵃ) Bünger, H., u. Blöcker: Versuche mit der Aufzucht mutterloser Ferkel. Landw. Jb. 72, Erg.-Bd. 214 (1930). — (28) Burián, R., u. H. Schur: Über Nucleinbildung im Säugetierorganismus. Ebenda 23, 55 (1896). — (28a) Burr, A.: Die Untersuchung der Milch zweier ostfriesischer Milchschafe während einer Lactation. Landw. Jb. 68, Erg.-Bd. 1, 178 (1929).

(29) Camerer, W.: in Pfaundler u. Schlossmann: Handbuch der Kinderheilkunde 1. Leipzig 1923. — (30) Carrol, W. E.: Die Mast von im Wachstum zurückgebliebenen Schweinen. Ref. Biedermanns Zbl. 54, 382 (1925). — (31) Chisholm, R. A.: On the pize and growth of the blood in the tame rats. Quart. J. exper. Physiol. London 4, 204. — (32) Cloetta, M.: Eisenresorption aus Hämatin und Hämoglobin. Arch. f. exper. Path. 37, 68 (1913). — (33) Corsdrehs, O.: Physiologie der Magensaftsekretion bei Säuglingen. Mschr. Kinderheilk. 36, 150 (1927). — (34) Czerny, A., u. H. Keller: Des Kindes Ernährung, Ernährungsstörungen usw. Leipzig u. Wien 1925.

(35) Daniels, A. L.: Ein Mangel der Milch an Mineralstoffen, angezeigt durch Wachstum und Fruchtbarkeit weißer Ratten. J. of biol. Chem. 63, 143 (1925). — (36) Dennstedt, M., u. Th. Rumpf: Weitere Untersuchungen über die chemische Zusammensetzung des Blutes und verschiedener menschlicher Organe. Z. klin. Med. 58, 84 (1906). — (37) Dherré, Ch., u. G. L. Grimmé: Einfluß des Alters auf den Calciumgehalt des Blutes. Soc. Biol. 60, 1022, 1031 (1906). — (38) Dibbelt, W.: Die Bedeutung der Kalksalze während der Schwangerschafts- und Stillperiode und der Einfluß einer negativen Kalkbilanz auf den mütterlichen und kindlichen Organismus. Zieglers Beitr. path. Anat. 48, 147. — (39) Pathogenese der Rachitis. Arb. pathol. Inst. Tübingen 6, 670 (1908); 7, 144 (1909). — (40) Dorlencourt u. Spanien: Untersuchungen über die Veränderung der Caseinverdauung durch das Milchfett. Bull. Soc. Pédiatr. Paris 22, 282 (1924). — (41) Drummond u. Coward: Ernährung und Wachstum bei Nahrung frei von Fett. Lancet 201, 698 (1921).

(42) Eckert, H.: Ursache und Wesen angeb. Diathesen. Berlin 1913. — (43) Einecke, W.: Über die kernlösende Fähigkeit der Säuglingsbauchspeicheldrüse. Mschr. Kinderheilk. 36, 1 (1927). — (44) Ellinghaus, I., E. Müller u. H. Steudel: Untersuchungen über den Stoffwechsel des Säuglings. Hoppe-Seylers Z. 150, 133 (1925). — (44ᵃ) Ellis, N. R., u. J. H. Zeller: Soft pork studies. IV. The influence of a ration low in fat upon the composition of the body fat of hogs. J. of biol. Chem. 89, 185 (1930).

(45) Faber, G.: Ernährung mit saurer Milch. Amer. J. Dis. Childr. 26, 401 (1923). — (46) Falk, P. Ch., u. Th. Scheffer: Untersuchungen über den Wassergehalt der Organe dürstender und nicht dürstender Hunde. Arch. physiol. Heilk. 13, 508 (1854). — (47) Fehling, H.: Beiträge zur Physiologie des placentaren Stoffverkehrs. Arch. Gynäk. 11, 522 (1872). — (48) Fingerling, G.: Beiträge zur Physiologie der Ernährung wachsender Tiere. 1. Ersatz von Vollmilch durch Magermilch mit und ohne Surrogate bei Saugkälbern. Landw. Versuchsstat. 68, 141 (1908). — (49) 2. Die Verwertung des Eiweißes durch Saugkälber. Ebenda 74, 57 (1911). — (50) 3. Eiweißbedarf wachsender Rinder. Ebenda 76, 1 (1912). — (51) Fingerling, G., A. Köhler u. Fr. Reinhardt: Untersuchungen über den Stoff- und Energieverbrauch wachsender Schweine. Ebenda 84, 149 (1914). — (52) Finkelstein, H.: Säuglingsernährung und Wachstum. Arch. of Pediatr. 41, 219 (1924). — (53) Fleming, A.: Einfluß des Wachstums auf den Grundstoffwechsel des Kindes. Amer. J. Dis. Childr. 25, 85 (1923). — (54) Freudenberg, E.: Zur Verdauungsphysiologie des Säuglings. 1. Fettverdauung. Z. Kinderheilk. 43, 437 (1927). — (55) Freudenberg, E., u. Stern: Über Eiweißverdauung beim Säugling. Jb. Kinderheilk., 3. F. 56, 109 (1924). — (56) Fridericia, L. S.: Harnsäureproduktion und Nucleoproteidgehalt im Ei. Skand. Arch. Physiol. 26, 1 (1912). — (57) Friedenthal, H.: Experimentelle Prüfung der bisher aufgestellten Wachstumsgesetze. Verh. physiol. Ges. Berlin 1909, 16. Juli. — (58) Wachstum des Körpergewichtes bei Mensch und Säugetier. Z. allg. Physiol. 9, 487 (1909). — (59) Arbeiten auf dem Gebiete der experimentellen Physiologie. Jena 1911. — (60) Friedjung, H.: Wien. klin. Wschr. 1907.

(61) Gerhartz, H.: Experimentelle Wachstumsstudien. Pflügers Arch. 135, 105 (1910). — (62) Goebel, F.: Über die Aminosäurefraktion im Säuglingsharn. Z. Kinderheilk. 34, 94 (1922). — (63) Grafe, E.: Die Steigerung des Stoffwechsels bei chronischer Leukämie und ihre Ursache (zugleich ein Beitrag zur Biologie der weißen Blutzellen). Arch. klin. Med. 102, 406 (1911). — (64) Gregersen, I. P.: Untersuchungen über den Phosphorstoffwechsel. Z. physiol. Chem. 71, 49 (1911). — (65) Grósz, G.: Die Bedeutung des fraktionierten Probe-

frühstückes bei Kindern. Ref. Zbl. Kinderheilk. **21**, 453 (1928). — (*66*) GROSSER, P.: Beitrag zur Bewertung des Albumingehaltes der Frauenmilch. Jb. Kinderheilk. **73**, 101 (1911). — (*67*) Der Gesamtstoffwechsel im Wachstum. Handbuch der normalen und pathologischen Physiologie **5**. Berlin 1928.

(*67ᵃ*) HAESLER, K.: Der Einfluß verschiedener Ernährung auf die Größenverhältnisse des Magendarmkanals bei Säugetieren. Z. Züchtung. B. **17**, 339 (1930). — (*68*) HAMMERSTEN, O.: Lehrbuch der physiologischen Chemie. München 1926. (*69*) HAUCQUEVILLE, P.: Über Stärkeverdauung beim Säugling. Bull. méd. **38**, 1303 (1924). — (*70*) HART, E., E. V., McCOLLUM u. I. FULLER: Die Rolle des anorganischen Phosphors bei der Tierernährung. Amer. J. Physiol. **23**, 246 (1908/09). — (*71*) HAX, D.: Tierexperimentelle Wachstumsstudien. Die chemischen Veränderungen der Organe im Verlauf der postuterinen Entwicklung. Pflügers Arch. **216**, 627 (1927). — (*72*) HEIDE, R. VON DER, u. W. KLEIN: Stoff- und Energieumsatz des Schweines bei Wachstum und Mast. Biochem. Z. **55**, 195 (1913). — (*73*) HEILNER, F.: Zur Physiologie der Wasserwirkung im Organismus. Z. Biol. **49**, 373 (1907). — (*74*) HELMREICH, E.: Die Besonderheiten des kindlichen Kraftwechsels. Klin. Wschr. **4**, 540 (1925). — (*75*) Der Kraftwechsel des Kindes. Abh. Gesamtgeb. Med. Wien **1927**, Nr 19. — (*76*) HENSELER, H.: Untersuchungen über den Einfluß der Ernährung auf die morphologische und physiologische Gestaltung des Tierkörpers. Kühns Arch. **3**, 243 (1913); **5**, 207 (1914). — (*77*) HERTWIG, G.: Physiologie der embryonalen Entwicklung. Handbuch der normalen und pathologischen Physiologie **14**, 1. Berlin 1926. — (*78*) HESS, K.: Über die Zunahme gelösten Stickstoffes im Säuglingsmagen. Mschr. Kinderheilk. **36**, 208 (1927). — (*79*) HOESSLIN, H.: Verh. Ges. Morph. u. Physiol. München **119** (1890). — (*80*) Das Wachstum unter dem Einfluß verschiedener Nahrungsmengen. Z. Biol. **85**, 175 (1926). — (*81*) HEUBNER, W.: Versuche über den Nahrungsphosphor. Münch. med. Wschr. **58**, 2543 (1911).

(*82*) JAKUBOWITSCH, W.: Über die chemische Zusammensetzung der embryonalen Muskeln. Arch. Kinderheilk. **14**, 355 (1895). — (*82ᵃ*) JANTZON, H.: Ein Beitrag zur Kenntnis des Nährstoffbedarfes und der Ausnutzung der Nahrung durch das wachsende Schaf. Z. Züchtung. **16**, 451 (1929). — (*83*) JASCHKE, R. TH. VON: Physiologie, Pflege und Ernährung des Neugeborenen. Deutsche Frauenheilkunde **3**. München 1927. (*84*) IBRAHIM, I.: Trypsinogen und Enterokinase bei Neugeborenen und Embryonen. Biochem. Z. **22**, 23 (1909). — (*85*) IONEN, P.: Tierexperimentelle Untersuchungen über den Einfluß „physiologischer Ernährung" auf den wachsenden Organismus. Z. Kinderheilk. **38**, 46 (1924). — (*86*) JUNKERSDORF, P.: Die hämoklastische Krise. Z. ges. Med. **30**, 110 (1922). — (*87*) JUNKERSDORF, P., u. P. IONEN: Einfluß „unphysiologischer Ernährung" auf den wachsenden Organismus. Z. Kinderheilk. **40**, 1 (1925).

(*88*) KASSOWITZ, M.: Der größere Stoffverbrauch des Kindes. Z. Kinderheilk. **6**, 240 (1913). — (*89*) KLEIN, W., FR. MÜLLER u. M. STEUBER: Beitrag zur Kenntnis des energetischen Grundumsatzes bei Kindern. Arch. Kinderheilk. **70**, 167 (1921). — (*90*) KLEIN, W., u. M. STEUBER: Der Zusammenhang zwischen Energieaufwand und Wachstumstrieb beim Lamm während seiner Entwicklung vom Säugling zum Wiederkäuer. Biochem. Z. **139**, 66 (1923). — (*91*) KOCHMANN, M., u. H. SEEL: Wirkung natürlich vorkommender Eisenverbindungen auf den Stoffwechsel. Ebenda **198**, 362 (1928). — (*92*) KOSSEL, A.: Weitere Beiträge zur Chemie des Zellkerns. Z. physiol. Chem. **10**, 248 (1886). — (*93*) KORENCHEVSKI, V.: Einfluß des Ernährungszustandes der Mutter auf das Geburtsgewicht. Biochemic. J. **17**, 597 (1923). — (*94*) KRAUS u. ZONDEK: Die Stellung der Elektrolyte im Organismus. Klin. Wschr. **3**, 707 (1924). — (*94ᵃ*) KRÜGER, F. v.: Katalasezahl und Katalaseindex des Blutes neugeborener Katzen. Biochem. Z. **202**, 18 (1928). — (*95*) KRZYWANEK, J.: Entwicklung der Verdauung wachsender Tiere. Arch. Tierheilk. **56**, 57 (1927). — (*96*) KUTTNER u. BRET RATNER: Die Bedeutung des Colostrums für das neugeborene Kind. Amer. J. Dis. Childr. **25**, 413 (1923).

(*97*) LANDSTEINER, K.: Über den Einfluß der Nahrung auf die Zusammensetzung der Blutasche. Z. physiol. Chem. **16**, 13 (1892). — (*98*) LANGSTEIN, L., u. L. F. MEYER: Säuglingsernährung und Säuglingsstoffwechsel. Wiesbaden 1914. — (*99*) LEDERER, H.: Die Bedeutung des Wassers für Konstitution und Ernährung. Z. Kinderheilk. **10**, 365 (1914). (*100*) LEHNERT, F.: Zur Frage der Substitution des Calciums im Knochensystem durch Strontium. Beitr. path. Anat. (Ziegler) **46**, 468 (1909). — (*101*) Zur Frage der Substitution des Calciums im Knochensystem durch Strontium. Ebenda **47**, 215 (1910). — (*102*) LESNÉ, COFFIN, ZIZINE u. PICQUARD: Untersuchungen über den Magenchemismus im Laufe der ersten und zweiten Kindheit. Bull. Soc. Pédiatr. Paris **25**, 359 (1927). — (*103*) LEWIS u. WELLS: Die Funktion des Colostrums. J. amer. med. Assoc. **78**, 863 (1922). (*104*) LIEBERMANN, VON: zitiert nach ARON, vgl. Nr 9. — (*105*) LIESENFELD, FR., H. DAHMEN u. P. JUNKERSDORF: Tierexperimentelle Wachstumsstudien. Pflügers Arch. **216**, 712 (1927). — (*105ᵃ*) LINTZEL: Über die Wirkung des aktiven Eisenoxyds auf Blutbildung und Wachstum bei weißen Ratten. Biochem. Z. **210**, 76 (1929). — (*105ᵇ*) Neuere Ergebnisse der Erforschung des Eisenstoffwechsels. Erg. d. Physiologie. **31**, 844 (1931). — *(106)* Lipschütz, A.: Zur Physiologie des Phosphorhungers im Wachstum. Pflügers Arch. **143**, 91 (1912). — *(107)* Untersuchungen über den Phosphorhaushalt des wachsenden Hundes. Arch. f. exper. Path. **62**, 210 (1910). — *(108)* Die biologische Bedeutung des Caseinphosphors für den wachsenden Organismus. Pflügers Arch. **143**, 99 (1912). — *(109)* Lochead, I., u. W. Cramer: Die Änderung im Glykogengehalt der Placenta und des Fetus. Ein Beitrag zur Chemie des Wachstums. Proc. roy. Soc. London **80**, 263 (1909). — *(110)* Loeb, J.: Über das Wesen der formativen Reizung. Berlin 1909. — *(111)* Lukács, I. von: Untersuchungen über den Pankreassaft beim Säugling. Mschr. Kinderheilk. **33**, 509 (1926). — *(112)* Die kernlösende Fähigkeit der Säuglingsbauchspeicheldrüse. Ebenda **37**, 194 (1927). — *(113)* Lust, F.: Wassergehalt des Blutes beim Säugling. Jb. Kinderheilk. **73**, 85, 179 (1910).

(113ᵃ) Mangold, E., u. K. Haesler: Der Einfluß verschiedener Ernährung auf die Größenverhältnisse des Magendarmkanals bei Säugetieren (nach Versuchen an Ratten). Wiss. Arch. Landw. B. **2**, 279 (1930). — *(114)* Mariot, C.: Ernährung mit saurer Milch. J. amer. med. Assoc. **81**, 2007 (1923). — *(115)* Maurer, E., u. St. Dietz: Wachstumsbeschleunigung durch Jod. Biochem. Z. **182**, 291 (1927). — *(116)* McCollum, E. V.: Nucleinsynthese im Tierkörper. Amer. J. Physiol. **25**, 120 (1909/10). — *(117)* Nucleinsynthese im Tierkörper. Univ. Wisconsin Agricult. Exp. Stat. Res. Bull. **1910**, Nr 8. — *(118)* McCollum, E., u. I. Halpin: Lecithinsynthese im Tierkörper. J. of biol. Chem. **11**, 13 (1910). — *(119)* McCollum, E. V., u. H. Steenbock: Fütterungsversuche mit Maisprotein. Univ. Wisconsin Agricult. Exp. Stat. Res. Bull. Nr 21. — *(120)* Meissl, E.: Untersuchungen über den Stoffwechsel des Schweines. Z. Biol. **22**, 63 (1886). — *(121)* Mendel, L. B.: Einfluß der Nahrung auf die chemische Zusammensetzung des Tierkörpers. Biochem. Z. **11**, 281 (1908). — *(122)* Gesichtspunkte für das Studium des Wachstums. Biochem. Bull. **3**, 156 (1914). — *(123)* J. amer. med. Assoc. **63**, 819 (1914). — *(124)* Mendel, L. B., u. Ch. S. Leavenworth: Wachstumsstudien. Amer. J. Physiol. **20**, 117 (1907/08). — *(125)* Chemische Wachstumsstudien V. Ebenda **21**, 69 (1908). — *(126)* Chemische Wachstumsstudien VI. Ebenda **21**, 77 (1908). — *(127)* Chemische Wachstumsstudien VII. Ebenda **21**, 85 (1908). — *(128)* Chemische Wachstumsstudien VIII. Ebenda **21**, 95 (1908). — *(129)* Mendel, L. B., u. Ph. Mitchell: Wachstumsstudien I. Ebenda **20**, 81 (1907/08). — *(130)* Wachstumsstudien II. Ebenda **20**, 97 (1907/08). — *(131)* Mendel, L. B., u. T. Saiki: Chemische Wachstumsstudien IV. Ebenda **21**, 64 (1908). — *(132)* Mendel, L. B., u. Th. Osborne: Science **36**, 722 (1908). — *(133)* Meyer, L. F.: Über den Wasserbedarf des Säuglings. Z. Kinderheilk. **5**, 1 (1913). — *(134)* Die Bedeutung des Wassers für den wachsenden Organismus. Naturwiss. **1**, 543 (1913). — *(135)* Miller, C. G.: Bedeutung des Kalium für das Wachstum junger Ratten. J. of biol. Chem. **55**, 61 (1923). — *(136)* Möllendorff, W. von: Beiträge zur Kenntnis der Stoffwanderungen bei wachsenden Organismen. Z. Zellforschg **2**, 129 (1925). — *(137)* Moggi, D.: Die sekretorischen Funktionen des Säuglingsmagen. Riv. Clin. pediatr. **25**, 361 (1927). — *(138)* Morawitz, P.: Über Oxydationsprozesse im Blut. Arch. f. exper. Path. **60**, 298 (1909). — *(139)* Moneton, L.: Biochemische Veränderungen des Fleisches von Rindern während der Unterernährung. J. of biol. Chem. **43**, 67 (1920). — *(140)* Müller, Fr.: Beiträge zur Frage nach der Wirkung des Eisens bei experimental erzeugter Anämie. Virchows Arch. **164**, 436 (1901). — *(141)* Untersuchungen über den Duodenalinhalt bei Säuglingen. Z. Kinderheilk. **43**, 571 (1927).

(142) Nakagawa, C.: Beziehung des Speichels zur Magensaftsekretion. Biochemic. J. **16**, 390 (1922). — *(143)* Niemann, G.: Der respiratorische Stoffwechsel des Säuglings. Vortr. 83. Vers. dtsch. Naturforsch. u. Ärzte Karlsruhe **1911**. — *(144)* Nobécourt, E., u. H. Janet: Grundumsatz bei Wachstumshemmung im Kindesalter. Presse méd. **30**, 741 (1922).

(145) Oppenheimer, C.: Die Fermente und ihre Wirkungen. Leipzig 1925. — *(146)* Orgler, A.: Beobachtungen an Zwillingen. Mschr. Kinderheilk. **9**, 170 (1910). — *(147)* Über den Ansatz bei natürlicher und künstlicher Ernährung. Biochem. Z. **28**, 359 (1910). — *(148)* Osborne, Th.: The chemistry of proteins. Harvey-Lecture. Philadelphia 1910/11. — *(149)* Osborne, Th., u. L. B. Mendel: Fütterungsversuche mit reinen Nährstoffen. Carnegie Inst. Washington Publ. Nr 156. — *(150)* Wachstum und Erhaltung bei künstlicher Ernährung. Proc. Soc. exper. Biol. a. Med. **1912**, April. — *(151)* Fütterungsversuche mit Rücksicht auf den Nährwert der Maisproteine. J. of biol. Chem. **14**, 31 (1913). — *(152)* Aminosäuren in der Ernährung und Wachstum. Ebenda **17**, 325 (1914). — *(153)* Die Hemmung des Wachstums und die Wachstumsfähigkeit. Ebenda **18**, 95 (1914). — *(154)* Erfordert das Wachstum präformierte Kohlehydrate in der Nahrung. Proc. Soc. exper. Biol. a. Med. **18**, 36 (1912). — *(155)* Wachstum mit Nahrung mehr als 90% Eiweiß. Ebenda **18**, 167 (1921). — *(156)* Ernährung und Wachstum bei einer Nahrung, der präformierte Kohlehydrate mangeln oder vollständig fehlen. J. of biol. Chem. **59**, 13 (1924). — *(157)* Ostertag u. Zuntz: Untersuchungen über die Milchsekretion des Schweines und die Ernährung der Ferkel. Landw. Jb. **37**, 201 (1908).

(*158*) PELLER, S.: Das intrauterine Wachstum und soziale Einflüsse. Z. Anat. II, Z. Konstit.-lehre **10**, 307 (1924). — (*159*) PODHRADSKÝ, I.: Das Wachstum bei absolutem Hunger. Arch. Entw.mechan. **52**/97, 532 (1923). — (*160*) POLLINI, L.: Energiewert der Frauenmilch und Wachstum des Kindes. Osp. magg. (Milano) **12**, 182 (1924). — (*161*) POTT, R.: Untersuchungen über die chemische Veränderung im Hühnerei während der Bebrütung. Landw. Versuchsstat. **23**, 203 (1879). — (*162*) POWERS, W. L.: Die angenommene Beziehung zwischen der Wachstumsgeschwindigkeit der Säuglinge und dem prozentualen Milcheiweißgehalt der gleichen Tierart. Trans. amer. pediatr. Soc. **38**, 91 (1926). — (*163*) PRYLEWSKY, F.: Untersuchungen über die Labung der Milch und Fütterungsversuche an Kälbern. Milchwirtsch. Zbl. **3**, 81 (1907).

(*163ᵃ*) RADEFF, T.: Über den Calcium-, Phosphor- und Stickstoffansatz junger Tiere in der Säugezeit (nach Versuchen an Hund, Kaninchen, Schwein und Ziege). Wiss. Arch. f. Landw. B. **3**, 639 (1930). — (*164*) REIS, E.: Die Blutkonzentration des Säuglings. Jb. Kinderheilk. **70**, 311 (1909). — (*165*) RICHARDS, A. N., W. GODDEN u. A. D. HUSBAND: Der Einfluß von Variationen im Natrium-Kalium-Verhältnis auf den N- und Mineralstoffwechsel des wachsenden Schweines. Biochemic. J. **18**, 651 (1924). — (*166*) RIESENFELD, E. H.: Die physiologische Gewichtsabnahme beim Neugeborenen und ihre Kontrolle. Amer. J. Obstetr. **6** (1923). — (*167*) RITZMANN, O.: Schafmilch, ihr Fettgehalt und Einfluß auf das Wachstum der Lämmer. J. agricult. Res. **8**, 29 (1917). — (*168*) ROBERTS, F. L.: Wachstum von Kindern, deren Gewicht unter dem Durchschnitt steht. J. amer. med. Assoc. **89**, 847 (1927). — (*169*) RÖSSLE, R.: Wachstum der Zellen und Organe. Handbuch der normalen und pathologischen Physiologie **14**, 1. Berlin 1926. — (*170*) ROSE, C. W., u. G. L. COX: Die Beziehung von Arginin und Histidin zum Wachstum. J. of biol. Chem. **61**, 747 (1924). — (*171*) ROSENBAUM, S., u. M. SPIEGEL: Über Eiweißverdauung im Säuglingsmagen. Jb. Kinderheilk., 3. F. **58**, 87 (1925). — (*172*) ROSENSTERN, I.: Über Inanition im Säuglingsalter. Erg. inn. Med. **7**, 332 (1911). — (*173*) ROSENTHAL, O., u. A. LASNITZKI: Stoffwechsel stationärer und wachsender Gewebe. Biochem. Z. **196**, 340 (1928). — (*174*) ROLOFF, F.: Über Osteomalacie und Rachitis. Arch. Tierheilk. **1**, 189 (1875). — (*175*) RUBNER, M.: Das Problem der Lebensdauer und seine Beziehung zu Wachstum und Ernährung. München 1908. — (*176*) Ernährungsvorgänge beim Wachstum des Kindes. Arch. f. Hyg. **66**, 81 (1908). — (*177*) Sitzgsber. Akad. Wiss. **9** (1908). — (*178*) Kraft und Stoff im Haushalt der Natur. Leipzig 1909. — (*179*) Die Beziehung des Kolloidalzustandes der Gewebe für den Ablauf des Wachstums. Sitzgsber. Akad. Wiss. **24** (1923). — (*180*) Die Regelung des Stoff- und Energieverbrauches beim Wachstum der Wirbeltiere. Naturwiss. **12**, 493 (1924). — (*181*) Über die Bildung der Körpermasse im Tierreich und deren Beziehung zum Energieverbrauch. Sitzgsber. Akad. Wiss. **25** (1924). — (*182*) Die Beziehung des Kolloidzustandes der Gewebe für den Ablauf des Wachstums. Biochem. Z. **148**, 187 (1924). — (*183*) RUBNER, M., u. O. HEUBNER: Die künstliche Ernährung eines normalen und eines atrophischen Säuglings. Z. Biol. **38**, 314 (1899).

(*184*) SCHKARIN, A. N.: Über den Einfluß der Nahrungsart der Mutter auf Wachstum und Entwicklung des Säuglings. Mschr. Kinderheilk. **9**, 65 (1910). — (*185*) SCHLOSSMANN, A.: Weitere Mitteilungen zur Frage der Physiologie und Ernährung des Säuglings. Vortrag 83. Vers. dtsch. Naturforsch. u. Ärzte Karlsruhe **1911**. — (*186*) Atrophie und respiratorischer Stoffwechsel. Z. Kinderheilk. **5**, 227 (1913). — (*187*) SCHLOSSMANN, A., H. MURSCHHAUSER u. C. OPPENHEIMER: Über den Gasstoffwechsel des Säuglings usw. Biochem. Z. **14**, 285 (1908). — (*188*) SCHLOSSMANN, A., u. H. MURSCHHAUSER: Der Grundumsatz und Nahrungsbedarf des Säuglings gemäß Untersuchungen des Gasstoffwechsels. Biochem. Z. **26**, 14, (1910). — (*189*) Über den Einfluß der vorangegangenen Ernährung auf den Stoffwechsel im Hunger. Ebenda **56**, 265 (1913). — (*189ᵃ*) SCHOLZ R.: Untersuchungen an Saugkälbern über die Ausnutzung des Milcheiweißes bei Zufütterung von Kohlehydraten. Die Tiernahrung **1**, 502 (1930). — (*190*) Der Stoffwechsel des Säuglings im Hunger. Ebenda **56**, 355 (1913); **58**, 483 (1914). — (*191*) SCHULZ, P.: Wachstum und osmotischer Druck bei Hunden. Z. Kinderheilk. **3**, 251, 494 (1911). — (*192*) SHERMANN, H. C., u. M. MAHLFELD: Wachstum und Fortpflanzung bei einfacher Nahrung. J. of biol. Chem. **53**, 41 (1922). — (*193*) SHERMANN, H. C., u. J. CROKER: Wachstum und Fortpflanzung bei einfacher Nahrung. Ebenda **53**, 50 (1922). — (*194*) SIMCHEN, H.: Über Stärkeverdauung. Arch. Kinderheilk. **75**, 6 (1924). — (*195*) SOBOTTA, I.: Über das Wachstum der Säugetierkeimblase im Uterus usw. Sitzgsber. physik.-med. Ges. Würzburg **5**, 68 (1911). — (*196*) SOXHLET, F.: 1. Ber. üb. d. Arbeit der k. u. k. landw. chem. Versuchsstat. Wien 1878. — (*197*) SPIEGLER, A.: Über den Stoffwechsel bei Wasserentziehung. Z. Biol. **41**, 239 (1901). — (*198*) SSAWRON, E.: Beitrag zur Frage über den Kreatinstoffwechsel bei Ferkeln. Pflügers Arch. **216**, 534 (1927). — (*199*) STEFFKO, W. H.: Der Einfluß des Hungerns auf das Wachstum usw. Zbl. Kinderheilk. **16**, 88 (1924). — (*200*) STEINITZ, F., zitiert nach ARON⁹. — (*200ᵃ*) STEUBER, M., u. H. SEIFERT: Der Milchzucker im Haushalt des wachsenden Organismus. Arch. Kohlk. **85**, 12 (1928). — (*201*) STILLING, H., u. I. VON MEHRING: Über künstliche Osteomalacie. Zbl. med. Wiss. **1889**.

803. — (202) Stoeltzner, H.: Über den Einfluß von Strontiumverfütterung auf die chemische Zusammensetzung wachsender Knochen. Biochem. Z. 12, 119 (1908). — (203) Stötzner, W.: Gilt von Bunges Gesetz des Minimums für Calcium und Eisen? Med. Klin. 5, 808 (1909). — (204) Stutzer, A.: Aschenbestandteile und Stickstoffgehalt von landwirtschaftlichen Erzeugnissen und gewerblichen Abfällen. Mentzel u. von Lengerkes Landw. Kal. 81, 110 (1928). — (205) Sure, B.: Aminosäuren als Nahrungsstoffe. J. of biol. Chem. 43, 443, 457 (1920). — (206) Suski, P. M.: Kann durch Ultraviolettbestrahlung der wachstumsfördernde Einfluß des Eisens verstärkt werden? Biochem. Z. 199, 69 (1928). (207) Tangl, F.: Beiträge zur Energetik der Ontogenese I. Z. physiol. Chem. 93, 327 (1903). — (208) Beiträge zur Energetik der Ontogenese II. Ebenda 98, 475 (1903). — (209) Untersuchungen über die Beteiligung der Eischale am Stoffwechsel des Eiinhaltes während der Bebrütung. Ebenda 121, 423 (1908). — (210) Die minimale Erhaltungsarbeit des Schweines. Biochem. Z. 44, 252 (1912). — (211) Tangl, F., u. K. Farkas: Beiträge zur Energetik der Ontogenese III. Z. physiol. Chem. 98, 490 (1903). — (212) Beiträge zur Energetik der Ontogenese IV. Ebenda 104, 624 (1904). — (213) Tangl, F., u. A. Mituch: Weitere Untersuchungen über die Entwicklungsarbeit und den Stoffumsatz im bebrüteten Ei. Ebenda 121, 438 (1908). — (214) Terroine, E. F., u. H. M. Mahler-Mendler: Der Stickstoffumsatz während des Wachstums. Arch. internat. Physiol. 28, 101 (1927). — (215) Thiemich, M.: Über die Herkunft des fetalen Fettes. Jb. Kinderheilk. 61, 174 (1905). — (216) Thomas, K.: Über die Zusammensetzung von Hund und Katze während der ersten Verdoppelungsperiode des Geburtsgewichtes. Arch. f. Anat. u. Physiol. (Physiol. Abt.) 1911, 9. — (217) Totis, B.: Die Bedeutung der Kohlehydrate in der Säuglingsernährung. Ref. Zbl. Kinderheilk. 13, 7 (1923). (218) Vollerthum, W.: Zur Kenntnis des Nährstoffbedarfs und des Wachstumsverlaufs bei frühreifen Fleischschafrassen. Z. Tierzüchtg 10, 419 (1927). — (219) Vollmer, H.: Wachstumsbeschleunigende Wirkung der Milchsäure. Klin. Wschr. 6, 1806 (1927). — (220) Voit, E.: Über die Bedeutung des Kalkes für den tierischen Organismus. Z. Biol. 16, 55 (1880). (221) Warburg, O.: Beobachtungen über die Oxydationsprozesse im Seeigelei. Hoppe-Seylers Z. 57, 1 (1908). — (222) Zur Biologie der roten Blutzellen. Ebenda 59, 112 (1909). — (223) Waters, H. F.: Der Einfluß der Ernährung auf die Gestalt der Tiere. Meeting of the Soc. Prom. agricult. Sci. 35. — (224) Weigert, R.: Über den Einfluß der Ernährung auf die chemische Zusammensetzung des Organismus. Jb. Kinderheilk. 61, 178 (1905). — (225) Weiser, St.: Über Calcium-, Magnesium-, Phosphor- und Stickstoffumsatz des wachsenden Schweines. Biochem. Z. 44, 279 (1912). — (226) Weiser, St., u. A. Zaitschek: Über den Einfluß der Menge des kohlensauren Kalkes und des Lebensalters auf den Kalk- und Phosphorumsatz des Yorkshireschweines. Fortschr. Landw. 3, 451 (1928). — (227) Wellmann, O.: Untersuchungen über den Umsatz von Ca, Mg und P bei hungernden Tieren. Arch. ges. Physiol. 120, 508 (1908). — (228) Fütterungsversuche an Kälbern und Ferkeln mit Vollmilch usw. Landw. Jb. 46, 500 (1914). — (229) Über den Stoff- und Energieumsatz junger Ferkel auf Grund von Fütterungsversuchen usw. Biochem. Z. 117, 119 (1921). — (230) Willcock, E. G., u. F. G. Hopkins: Die Bedeutung der einzelnen Aminosäuren im Stoffwechsel. J. of Physiol. 35, 88 (1906/07). — (231) Wilson, M. B.: Ernährung von Ferkeln mit abgerahmter Kuhmilch. Amer. J. Physiol. 8, 197 (1903). — (232) Wood, I. B., u. W. S. Mansfield: Erhaltungs- und Produktionsbedarf von Mutterschafen und Lämmern. J. Ministry Agricult. 35, 211 (1928). — (233) Wöhlbier, W.: Stoffwechselversuche zum Eiweißansatz bei saugenden Ferkeln. Biochem. Z. 202, 26 (1928). — (233a) Der Nährstoffbedarf säugender Sauen. Wiss. Arch. Landw. B. 3, 627 (1930). — (233b) Die Bedeutung des Wassers für das Wachstum der Tiere. Tierernährung. 2, 530 (1931). (234) Zagami, V.: Über die Wirkung einer ausschließlichen Milchnahrung. Arch. di Sci. biol. 9, 379 (1927). — (235) Zuntz, N.: Über die Minderwertigkeit der Fette Kohlehydraten gegenüber. Biochem. Z. 44, 290 (1912).

Nachtrag während der Korrektur.

Das *Colostrum* hat als wichtige Funktion die Übertragung von Immunstoffen durchzuführen. Versuche der Missouri Agricult. Exp. Sta.[1] ergaben eine starke Stütze für diese Ansicht. Tragende Kühe wurden gegen rote Blutkörperchen vom Pferd immunisiert. Die Hämolytika wurden im Colostrum gefunden (Globulin-Fraktion) und im Blut der Kälber, aber *nur* nach Ernährung mit Colostrum. Bei analogen Versuchen an legenden Hennen wurden im Eiweiß der Eier hämolytische Stoffe gefunden.

Das *Wachstum der Tiere* verläuft nicht gleichmäßig, sondern in bestimmtem *Rhythmus*. An der Missouri Agricult. Exp. Sta[3-7] ist von BRODY und Mitarbeitern der Versuch unternommen worden, gewisse Gesetzmäßigkeiten herauszuarbeiten. Dazu werden einige Begriffe eingeführt: Die Zunahme an Gewicht in der Zeiteinheit wird ,,time-rate`` (absolute Zunahme) genannt, die tägliche Gewichtszunahme in Prozent des Tages-Durchschnittsgewichts mit ,,percentage-rate`` (prozentuale Zunahme) bezeichnet. Das Wachstum kann in zwei Teile eingeteilt werden: 1. Die ,,self-accelerating phase``, während der die absolute Gewichtszunahme sich vergrößert, und 2. die ,,self-inhibiting phase``, in welcher die absolute Gewichtszunahme abnimmt. Eine größere Zahl von Tieren gleicher und verschiedener Tierarten ist auf diese Weise hin untersucht worden, wobei sich herausstellte, daß ganz erhebliche Unterschiede bestehen. Von allen untersuchten Tieren ist die *Taube* das am schnellsten ,,reifende`` Tier. Neben den Gewichtsänderungen sind auch die der Längenmaße[8-10] und die Oberfläche[2, 11] untersucht worden. Dabei wurde mit Hilfe eines *neuen Oberflächenmaßapparates* festgestellt, daß die Berechnung nach dem Gewicht nach einer etwas anderen Formel als bisher vorgenommen werden muß, und zwar: $SA = CW^n$, wo SA die Oberfläche bedeutet, W das Lebendgewicht, n eine Konstante, deren zahlenmäßiger Wert von der Gestalt des Tieres abhängt und von der Veränderung im spezifischen Gewicht desselben und C eine Konstante, deren Größe von den angewandten Einheiten und dem spezifischen Gewicht des Tieres abhängig ist. Nach MEEH ist $n = {}^2/_3$ oder 0,67, dagegen nach den hier besprochenen Untersuchungen 0,56. Für das Rind lautet die Formel $SA = 0,15 W^{0.56}$.

Über den *Nüchternumsatz* ergaben die Versuche der Missouri Agricult. Exp. Sta.[13], daß dieser bei *Ferkeln und Kälbern* etwa 12—15 Stunden nach der letzten Mahlzeit erreicht ist. Jedenfalls bleibt er dann ziemlich konstant. Dieser *Minimum-Stoffwechsel* beträgt bei Ferkeln im Gewicht 9—11 kg (3 Monate alt) etwa 800 Cal/m². Bei jungen Kälbern beträgt er nicht über 1000 Cal/m², bei Tieren über 5 Monate etwa 1300 Cal/m². — Als *Grundstickstoffwechsel* kann eine Harn-Stickstoffausscheidung bei einer Minimum-Stickstoffration betrachtet werden, welche noch normales Wachstum gestattet. Bei solchem beträgt bei Kälbern die Ausscheidung des Harnstoff- und Ammoniakstickstoffs 82% vom Gesamtstickstoff während des Wachstums. Auf 100 kg Körpergewicht werden insgesamt 30 g Stickstoff im Harn ausgeschieden. Diese Zahl ist bei Ferkeln von W. WÖHLBIER[233] ebenfalls gefunden worden. Die *Kreatininausscheidung* beträgt bei Kälbern 20 g auf 1 kg Körpergewicht.

Literatur.

(1) Missouri Agricult. Exp. Sta. Res. Bul. **96**. Growth and Development. 1. Quantitative Data. 1926. — *(2)* A New Method for Measuring Surface Area etc. Missouri Agricult. Exp. Sta. Res. Bul. **89** (1926). — *(3)* Growth Rates, their Evaluation and Significance. Ebenda Res. Bul. **97** (1927). — *(4)* Growth Rates During the Self-Accelerating Phase of Growth. Ebenda Res. Bul. **98** (1927). — *(5)* The Effect of Temperature on the Percentage-Rate of Growth of the Chick Embryo. Ebenda Res. Bul. **99** (1927). — *(6)* Growth Rates During the Self-Inhibiting Phase of Growth. Ebenda Res. Bul. **101** (1927). — *(7)* Equivalence of Age During the Self-Inhibiting Phase of Growth. Ebenda Res. Bul. **102** (1927). — *(8)* Relation Between Weight Growth and Linear Growth etc. Ebenda Res. Bul. **103** (1927). — *(9)* A Comparison of Growth Curves of Man and other Animals. Ebenda Res. Bul. **104** (1927). — *(10)* The Relation Between the Course of Growth and the Course of Senescence etc. Ebenda Res. Bul. **105** (1927). == *(11)* Further Investigations on Surface Area etc. Ebenda Res. Bul. **115** (1928). — *(12)* Additional Illustrations of the Influence of Food Supply on the Velocity Constant of Growth etc. Ebenda Res. Bul. **116** (1928). — *(13)* Energy and Nitrogen Metabolism During the First Year of Postnatal Life. Ebenda Res. Bul. **143** (1930). — *(14)* The Influence of Temperature and Breeding Upon the Rate of Growth of Chick Embryos. Ebenda Res. Bul. **149** (1930).

4. Der Einfluß der Vitamine auf den tierischen Stoffwechsel.

Von

Professor Dr. Fr. W. Krzywanek

Assistent des Tierphysiologischen Instituts der Universität Leipzig.

In Band 1 dieses Handbuches hat Schieblich in ausführlicher Weise das Wesen und die Einteilung der Vitamine beschrieben, und es ist meine Aufgabe, in den folgenden Zeilen dem Leser ein Bild von der Wirkung dieser merkwürdigen Substanzen auf die Funktionen des tierischen Körpers zu geben. Bei dem sehr großen Interesse und dem dadurch bedingten mächtigen Aufschwung, den die Vitaminforschung im Laufe der Zeit genommen hat, erscheint es heute beinahe als unmöglich, ein lückenloses Bild dieser Forschungen zu geben, da schon das Literaturverzeichnis einer derartigen Arbeit allein den für den ganzen Artikel zur Verfügung stehenden Raum einnehmen würde. Ich mußte mich daher einmal darauf beschränken, wirklich nur *die Tierversuche* zu bringen und die *Versuche am Menschen* unberücksichtigt zu lassen, dann aber auch diese nicht in voller Ausführlichkeit. So ist die ältere Literatur nur in ihren wichtigsten Vertretern herangezogen worden; leicht erreichbar ist sie z. B. bei Abderhalden und Schaumann[15], Hofmeister[226], Funk[165, 168] und Stepp[575] in großer Vollständigkeit enthalten. Bezüglich der Verhältnisse beim Menschen sei auf das neue Werk von Stepp und György[579] verwiesen, in dem alles Wissenswerte in wünschenswerter Vollständigkeit enthalten ist. Ich habe auch weiter z. B. die Frage der histologischen Veränderungen bei der Rachitis, die streng genommen ebenfalls in den Rahmen dieser Abhandlung gehören würde, fortgelassen, einmal um den Umfang nicht zu sehr anschwellen zu lassen, dann aber auch deshalb, weil gerade dieses Gebiet wie überhaupt die pathologische Anatomie der Avitaminosen in dem Werk von Stepp und György[579] von berufener Seite eine ganz eingehende Schilderung erfahren hat. Dafür habe ich mich bemüht, die Veränderungen, welche in diesen Werken immer etwas stiefmütterlich behandelt werden, in möglichster Vollständigkeit zu bringen, um dadurch eine wünschenswerte Ergänzung dieser unentbehrlichen Handbücher zu geben.

Der Grund, weshalb diese Fragen gern so kurz abgehandelt werden, liegt wohl in der Hauptsache darin, daß sichere Schlüsse bei vielen dieser Fragen nicht zu ziehen sind, da die Ansichten der einzelnen Autoren noch zu sehr auseinandergehen. Das ist natürlich ein sehr großer Nachteil, und die gestellte Aufgabe wird zu einer wenig dankbaren; das darf aber nicht dazu führen, daß die gefundenen Tatsachen und ausgesprochenen Ansichten *verschwiegen* werden; denn damit ist ein Fortschritt in der Wissenschaft nicht zu erzielen. Gerade das Aufdecken der Unstimmigkeiten und die Darlegung der verschiedenen Ansichten können Hinweise für die Richtung geben, in der sich die Forschung der nächsten Jahre bewegen möchte, um eine Aufklärung der strittigen Probleme zu ermöglichen. Von dieser Absicht aus mögen also die folgenden Zeilen beurteilt werden.

A. Der Einfluß der Vitamine auf den Eiweißstoffwechsel.

Im Kapitel „Eiweißstoffwechsel" im dritten Bande dieses Handbuches ist ausführlich dargelegt worden, welche Rolle die Bestimmung des N in den Einnahmen und Ausgaben des Körpers für die Erkenntnis des Eiweißstoffwechsels spielt. Es ist daher selbstverständlich, daß auch bei Versuchen, die sich mit den Wirkungen der Vitamine auf den Körper befassen, dem N-Stoffwechsel eine erhöhte Beobachtung zuteil geworden ist.

1. Veränderungen bei A-Mangel.

An weißen Ratten untersuchten so MORGAN und OSBURN[381] den Einfluß des Vitamin-A-Mangels in der Kost auf den Eiweißstoffwechsel, wobei sie in umfangreichen Versuchen nicht nur die N-Einnahme und -ausscheidung verfolgten, sondern neben dem Gesamt-N noch Ammoniak. Harnstoff, Allantoin, Harnsäure, Kreatin und Kreatinin bestimmten, um einen umfassenderen Einblick auch in den *intermediären N-Stoffwechsel* zu erhalten. Diese Versuche ergaben, daß bei den A-Mangeltieren 46—59 % des gesamten Harn-N in Form der erwähnten Verbindungen wieder gefunden werden konnten gegenüber 45—64% bei jungen und 51—81 % bei erwachsenen, vollständig ernährten Kontrolltieren. Die Ausscheidung in Form von *Allantoin* ging bei den Mangeltieren gegenüber den Kontrollen zurück, während im Gegensatz hierzu die N-Ausscheidung in Form von *Harnsäure* vermehrt war. Es hat also den Anschein, als ob der Rattenkörper bei A-Mangel Verbindungen, welche den Purinkern enthalten, nicht mehr zu synthetisieren vermag und daß er bei der folgenden Gewebseinschmelzung diese zurückhält, um sie wieder zu verwenden. Die Anteile des Purinkomplexes, welche nur zu Harnsäure oxydierbar sind, können im Gegensatz hierzu im Stoffwechsel keine weitere Verwendung finden und werden daher vermehrt im Harn ausgeschieden. McCAY und NELSON[344], welche ebenfalls die N-Ausscheidung im Harn A-arm ernährter Ratten verfolgten, konnten dagegen trotz hochgradiger Ausfallserscheinungen ein eindeutiges Bild einer N-Stoffwechselverschiebung nicht erhalten.

2. Veränderungen bei B-Mangel.

Über den N-Stoffwechsel der Ratte bei einer Nahrung, der nur Vitamin B fehlte, liegt eine ältere Untersuchung von DRUMMOND[125] vor. Dieser Autor fand keine Abweichung von der Norm mit Ausnahme einer vermehrten Kreatinausscheidung im Harn. Auch MATTILL[334], welcher die einzelnen N-Fraktionen im Blute bestimmte, fand bei B-frei ernährten und gesunden Ratten keine Unterschiede; bei den hungernden Ratten sah er dagegen eine Steigerung des Rest-N bei gleichzeitigem Sinken des Harnstoff-N. Die Versuche von DEUEL jun. und WEISS[123] an B-frei ernährten Hunden ergaben eine starke Vermehrung der N-Ausscheidung im Harn, welche sie nicht als durch den Hunger bedingt ansehen. Einen Beitrag zum N-Stoffwechsel des B-arm ernährten Kaninchens erbrachten weiter KOZOWA. KUSONOKI und HOSODA[288] durch Untersuchungen des Herzblutes auf den Rest-N-Gehalt, wobei sie denselben um ungefähr auf das Doppelte erhöht fanden. Reichlicher sind dagegen Untersuchungen ausgeführt an Vögeln. welche als das klassische Versuchstier für das antineuritische Vitamin gelten So untersuchte ALPERN[26] bei hungernden und nur mit geschliffenem Reis ernährten Tauben ebenfalls den Rest-N-Gehalt des Blutes und fand eine langsam ansteigende Erhöhung desselben im Verlauf der Avitaminose; ebenso verhielt sich der Amino-N, ein Befund, den er ebenso bei Hungertauben erzielen konnte. KUDRJAWZEWA[291] untersuchte bei ihren B-Tauben den Kreatingehalt in den Muskeln und fand ihn erhöht, also auch hier wieder das Bild des gesteigerten N-Stoffwechsels, ebenso wie in den Versuchen von RACCHIUSA[467] und CIACCIO[90]. die im Blute ihrer Tauben den Rest-N. Ammoniak-N und Amino-N zum Teil auf das Mehrfache erhöht fanden.

In neuerer Zeit haben weiter LAWROW und MATZKO[300] an Hühnern den N-Stoffwechsel bei der B-Avitaminose verfolgt. Auch sie fanden vom 7. Tage der Reisfütterung ab die *N-Bilanz negativ*, und zwar in der Hauptsache bedingt durch eine um 280 % vermehrte *Harnsäureausscheidung*, während die Menge des übrigen N sich nicht viel änderte. Die vermehrte Harnsäureausscheidung ist ein Zeichen des vermehrten Zellzerfalls und war auch, wie oben schon erwähnt, bei den Ratten von MORGAN und OSBURN[381] bei A-Mangel zu bemerken. Die Untersuchungen von THOMPSON und CARR[613] über die Blutzusammensetzung B-frei ernährter Hühner ergaben für den Rest-N sehr schwankende Werte, so daß aus diesen bindende Schlüsse nicht zu ziehen waren. Dagegen stiegen Kreatinin und Harnsäure nach vorangegeangenem Absinken beim Auftreten polyneuritischer Symptome beträchtlich an, während MUTO[404] bei seinen Hühnern auch einen Anstieg des Rest-N im Blute beobachten konnte.

3. Veränderungen bei C-Mangel.

Auch mit dem N-Stoffwechsel des Meerschweinchens bei der C-Avitaminose haben sich eine Reihe Forscher beschäftigt. PALLADIN und KUDRJOWZEFF[438] untersuchten bei ihren Tieren speziell den *Kreatinstoffwechsel* und fanden den Gehalt des Muskels an Kreatin erhöht (von 0,369 auf 0,508 %). Aus dieser Erhöhung resultiert eine *Kreatinurie*, die beim normalen Tier nicht vorhanden ist und beim Skorbuttier bis zum Tode langsam ansteigt. In späteren Versuchen konnten dann diese Befunde erhärtet und erweitert werden (PALLADIN[433, 437]); im Gehirn finden sich dagegen keine Veränderngen des Kreatingehaltes (PALLADIN und SSAWRON[439]). Ein besonders deutliches Bild des Kreatinstoffwechsels entsteht bei der Betrachtung des „*Kreatinkoeffizienten*"; unter diesem Wert versteht PALLADIN die Gesamtausscheidung von Kreatin- und Kreatinin-N in Milligramm durch 1 kg Versuchstier in 24 Stunden. Während dieser Koeffizient beim normalen Tier ungefähr 7,8 beträgt, liegt er beim skorbutischen Tier zwischen 20 und 30, ist also deutlich erhöht. Der Umsatz der übrigen N-haltigen Stoffe beim Skorbut ist dagegen nicht sehr erheblich gestört, nur die *Ammoniakausscheidung* steigt im Verlaufe der Krankheit ebenfalls langsam an.

Im Gegensatz zu diesen Befunden von PALLADIN haben NAGAYAMA und SATO[407] wohl eine Vermehrung der *Kreatin*ausscheidung im Harn und eine Erhöhung des Kreatinkoeffizienten, nicht aber eine solche des *Kreatinins* gefunden. Sie fanden ferner die *Harnsäure*ausscheidung normal und erst gegen Ende des Versuchs eine Neigung zu einer verminderten Ausscheidung, dagegen eine Vermehrung der NH3-Ausscheidung. Da diese Autoren auch beim Hungertier eine gleichsinnige Störung des Kreatinstoffwechsels sahen, halten sie noch nicht für erwiesen, daß diese Störung auch wirklich eine Folge des Mangels an Vitamin C ist.

Mit dem *Harnstoffgehalt des Blutes* und der Gewebe bei dieser Erkrankung beschäftigten sich weiter LEWIS und CARR[302] und RANDOIN und MICHAUX[476]. Während die ersteren den Harnstoffgehalt um ein Mehrfaches erhöht fanden, konnten die letzteren diese Befunde nicht bestätigen finden. Dieser Unterschied scheint darin seinen Grund zu haben, daß LEWIS und CARR mit einer Kost arbeiteten, welche neben dem C-Mangel noch andere Unterwertigkeiten aufwies, während RANDOIN und MICHAUX eine vollwertige Kost benutzten, in der nur das Vitamin C fehlte. Dagegen scheint nach den Untersuchungen von OZAWA, KUMURE, TAMURA und TANIGUCHI[430] der *Amino-N* im Verlaufe des Skorbuts eine Steigerung zu erfahren.

Was die Ausscheidung von *Gesamt-N* im Harn des skorbutischen Meerschweinchens anbelangt, so sah CARIDROIT[82] bei 4 C-frei ernährten Tieren zunächst eine Abnahme des Harn-N, dem im weiteren Verlauf der Krankheit eine *vermehrte N-Ausscheidung* folgte. Bei den 10 Versuchstieren von SCHEPILEW-SKAJA und JARUSSOVA[519] wurde kurze Zeit nach dem Beginn der Skorbut-ernährung mit dem Sinken der Nahrungsaufnahme die N-Bilanz negativ, auch dann, wenn das Tier den Hafer gern aufnahm und nicht an Körpergewicht verlor (JARUSSOWA[253]); die Bilanz konnte nur durch Zugabe von Kohl wieder zu einer positiven gemacht werden. Um den Fehler der zu geringen Nahrungs-aufnahme zu eliminieren, die auch SHIPP und ZILVA[549] als Grund für die negative Bilanz ansehen, fütterte JARUSSOWA[254] später ein Tier zwangsweise und stellte während der 40tägigen Versuchszeit bis zum Tode eine genaue N-Bilanz auf. Auch bei diesem Tier wurde trotz der Fütterung die *Bilanz negativ*, und zwar, wie JARUSSOWA annimmt, durch schlechtere Ausnutzung des Nahrungs-N: ein vermehrter Eiweißzerfall im Körper soll bei dem Versuchstier nicht statt-gefunden haben. Der Anstieg des Quotienten C/N (vgl. S. 730) beweist bei gleichbleibender N-Ausscheidung eine vermehrte C-Ausscheidung im Harn.

4. Veränderungen bei vitaminfreier Ernährung.

BICKEL[64, 66] (dort auch Literatur) hat weiter mit zahlreichen Mitarbeitern den Stoffwechsel des Hundes studiert, welcher eine *vitaminfreie Nahrung* erhielt. Bei seinen Versuchstieren herrschte also nicht Mangel an einem bestimmten Vitamin vor, sondern sämtliche Vitamine der Nahrung waren zerstört worden. In dieser Beziehung können also die Ergebnisse der BICKELschen Versuche die Frage nach der Stoffwechselwirkung der einzelnen Vitamine nicht beantworten: dieser Nachteil ist aber deshalb nicht so groß, weil, wie wir gesehen haben, die Wirkung des Mangels an einem Vitamin ungefähr dieselbe ist, wie wenn mehrere Vitamine in der Nahrung fehlen. Die Störungen im N-Stoffwechsel, die sich bei solchen Tieren einstellen, sind im Beginn der Krankheit zunächst noch gering, um im weiteren Verlaufe allerdings an Intensität zuzunehmen. Die *N-Ausscheidung* ist gesteigert, ohne daß aber eine wesentliche Verschiebung in den einzelnen *N-Fraktionen* eintritt (YOSHIU[666], ADACHI[24], COLLAZO[99]), so daß an-scheinend der erhöhte Eiweißabbau qualitativ in der gleichen Weise verläuft wie beim normalen Tier. Bei diesem erhöhten Eiweißabbau ist auch die Fähig-keit des Körpers zur Assimilation gestört: denn auch bei guter Resorption reichlicher N-Mengen bleibt die N-Bilanz negativ. Kurz vor dem Tode kann allerdings die N-Bilanz noch einmal positiv werden, der Körper also noch einmal N resorbieren, doch hält dieser Zustand nicht lange an, sondern macht bald wieder einer vermehrten Ausfuhr Platz, die bis zum Tode anhält (TSUJI[621], HIRABAYASHI[222]). Untersuchungen von USUELLI[629] an einem Hunde, der eben-falls autoklaviertes, vitaminfreies Fleisch erhielt, über den N-Stoffwechsel und die Verteilung der verschiedenen N-Fraktionen führten zu ähnlichen Ergeb-nissen wie die der BICKELschen Schule.

5. Die Wirkung einer vermehrten Eiweißzufuhr.

Aus allen diesen Versuchen ergibt sich, daß die Avitaminose ganz allgemein den *Eiweißstoffwechsel des Körpers in Unordnung bringt*, und zwar durch eine Erhöhung des N-Umsatzes. Die Wirkung der einzelnen Vitamine und die ganz allgemeine Avitaminose, bei der alle Vitamine der Nahrung zerstört sind, ist dabei ungefähr die gleiche. Es bleibt daher noch die Frage zu erörtern, welche Rolle die *Eiweißzufuhr* bei der Avitaminose spielt: denn es liegt auf der Hand, daß die Störungen des N-Stoffwechsels um so deutlicher auftreten können, je mehr Eiweiß in der Nahrung angeboten wird. So konnte denn auch TSCHERKES[618] nachweisen, daß Tauben, welche nur mit Fett gefüttert wurden, später und leichter erkrankten wie Tauben, denen neben dem Fett noch Casein gereicht wurde, und zwar erkrankten die letzteren eher und schwerer, je größer der Caseinanteil in der Nahrung war. Funk, Collazo und Kaczmarek[170], welche Tauben mit verschieden großen Eiweißgaben fütterten (12,5—75%), sahen allerdings im Gegensatz hierzu den Bedarf an Vitamin B immer geringer werden, je höher die Eiweißgaben lagen.

Versuche an Ratten scheinen dagegen die Ergebnisse von Tscherkes[618] zu bestätigen. Hartwell[204] hatte nämlich gefunden, daß die Zulage von Casein zum Futter einer säugenden Mutter bei den Jungen Krankheitssymptome hervorruft, die um so stärker wurden, je reichlicher die Eiweißzufuhr war. Die Tiere erhielten eine Nahrung, die nur aus Brot und Casein bestand. Bei 15 g Brot und 0,6 g Casein waren die Krankheitserscheinungen der Jungen noch leicht, bei 16 g Brot und 6 g Casein dagegen starben sämtliche Jungen; bei Zulage von Tomatensaft blieben dagegen die Jungen vollkommen gesund, und zwar konnte Hartwell feststellen, daß um so mehr Tomatensaft zugelegt werden mußte, je mehr Casein im Futter vorhanden war. Diese Befunde von Hartwell[204] wurden später durch Reader und Drummond[487] vollauf bestätigt. Diese Autoren fanden bei einem Futter, welches 10% Eiweiß und 4% B-Stoff enthielt, daß die Tiere normal wachsen, und mußten bei 70% Eiweiß in der Nahrung die Menge B-Stoff entsprechend erhöhen, um eine normale Wachstumskurve zu erzielen. Hassan und Drummond[205] versuchten dann weiter die Frage zu klären, ob die pathologischen Erscheinungen bei der eiweißreichen Nahrung auf einer *Störung der Verdauung und Resorption des Eiweißes* beruhen und stellten zu diesem Zweck N-Stoffwechselversuche mit Ratten an. Aus den Versuchen scheint hervorzugehen, daß bei einer Kost, die viel Eiweiß und wenig Vitamin enthält, der Eiweißstoffwechsel *nicht* gestört ist und daß das mangelnde Wachstum nicht hierauf zurückgeführt werden kann. Eine Aufklärung der näheren Verhältnisse steht bis heute demnach noch aus.

Wir sehen also aus dem Angeführten, daß der *Einfluß der Avitaminose auf den Eiweißstoffwechsel ein sehr großer* ist. Was dabei im Körper vor sich geht und warum diese Stoffwechselstörungen eintreten, ist dagegen schwer zu entscheiden. Man kann aber wohl mit Bickel annehmen — denn in diesem Sinne sprechen auch die Ergebnisse der anderen Autoren — daß bei der Avitaminose zunächst eine *Einschmelzung des Protoplasmas* eintritt, erkenntlich an dem Negativwerden der N-Bilanz, und daß erst beim Fortschreiten der Erkrankung ein *Zerfall der Kernsubstanzen* erfolgt, der an der gesteigerten Harnsäureausfuhr in den späteren Krankheitstagen deutlich in Erscheinung tritt. Wie schon erwähnt, treten diese Erscheinungen nicht nur beim Fehlen einzelner, sondern auch beim Fehlen sämtlicher Vitamine in der Nahrung ein, so daß die *Wirkung aller Vitamine auf den Eiweißstoffwechsel ungefähr in der gleichen Richtung verläuft.*

B. Der Einfluß der Vitamine auf den Kohlehydratstoffwechsel.

Eingehender als die Störung des Eiweißstoffwechsels ist die des Kohlehydratstoffwechsels untersucht worden, wobei sich viele interessante Befunde ergeben haben, ohne aber auch hierbei zu restlos befriedigenden Ergebnissen geführt zu haben. Da der *Zuckergehalt des Blutes* ein deutliches Bild des intermediären Kohlehydratstoffwechsels gibt, wollen wir uns zunächst mit dieser Frage beschäftigen. Bei A-arm ernährten Tieren ist, wie ich aus der Literatur entnehme, der Blutzucker bisher noch nicht untersucht worden, wohl aber bei Mangel an B und C und allen Vitaminen in der Nahrung.

I. Der Blutzucker.

1. Die Veränderungen bei B-Mangel.

Ausgehend von einer Angabe von FUNK[167, 172], nach der bei avitaminösen Vögeln eine *Hyperglykämie* auftritt, stellte COLLAZO[94] erstmalig im BICKELschen Institut genaue Untersuchungen über diese Frage an Tauben, Hühnern, Meerschweinchen und Hunden an. Diese Versuche ergaben, daß bei *Tauben* unmittelbar nach Beginn der vitaminfreien Fütterung eine *Senkung des Blutzuckers* eintritt, wobei der tiefste Stand ungefähr nach 10—14 Tagen erreicht wird. Nach dieser Zeit beginnt der Blutzucker wieder anzusteigen, und wenn die Tiere lange genug leben, so tritt eine *Hyperglykämie* ein. Immer tritt aber ganz kurz vor dem Tode, zu welcher Zeit er auch erfolgt, eine deutliche *Senkung des Blutzuckerspiegels* auf. Bei den untersuchten Hühnern verlief die Blutzuckerkurve ganz ähnlich, nur war die Hyperglykämie nicht so ausgesprochen wie bei den Tauben. Diese Ergebnisse von COLLAZO wurden später von WIERZCHOWSKI[654], RANDOIN und LESLEZ[474, 475], FISCHER[160] (welcher besonders deutlich eine Hyperglykämie während der Krämpfe beobachtete), KUZUKI[296], MUTO[404], THOMPSON und KARR[603], SUGIMOTO, YASUDA und KAKEGAWA[586], PUGLIESE[465], MONASTERIO[377] und REDENBAUGH[488] bestätigt. PUGLIESE[464] behauptet allerdings, daß die zunächst eintretende Blutzuckersenkung durchaus kein konstanter Befund zu sein braucht, sondern daß auch Erhöhungen um ca. $100^{0}/_{0}$ vorhanden sein können. Interessant ist weiter, daß eine ähnliche Abnahme des Blutzuckers auch bei *Hungertieren* eintritt, daß sie aber bei B-Tauben auch dann festgestellt werden kann, wenn die Tiere zwangsgefüttert werden, calorisch also eine ausreichende Nahrung erhalten.

Die *Ratte*, welche als Versuchstier für die wachstumsfördernde Komponente des Vitamins B dient, ist ebenfalls während der B-Avitaminose auf ihren Blutzucker untersucht worden. HIRAI[224] stellte unter den nötigen Vorsichtsmaßregeln derartige Untersuchungen an und fand Normalwerte für den Blutzucker zwischen 0,08 und $0,119^0/_0$. Wurden die Ratten nur mit poliertem Reis ernährt, so wiesen sie am 46. Versuchstage einen Blutzuckergehalt von noch ungefähr $0,1^0/_0$ auf, zwischen dem 60. und 107. Versuchstag dagegen einen solchen von $0,145—0,163^0/_0$, im Durchschnitt $0,156^0/_0$. Wir sehen also auch bei der Ratte gegen Ende der B-Mangelerkrankung eine Hyperglykämie auftreten, deren Ursache HIRAI nur in dem Mangel an Vitamin B suchen zu müssen glaubt. Diese *Hyperglykämie* trat nämlich bei Mangel an Vitamin A oder Mineralstoffen nicht auf, wohl aber bei einer Kost, die, mit Ausnahme des Vitamins B, für die Ratte als vollwertig anzusehen ist. Die hungernde Ratte zeigte demgegenüber eine Blutzuckersenkung bis auf $0,066^0/_0$. Die ausführlichen Untersuchungen von SURE und SMITH[596] sprechen dagegen nicht für diese Ansicht. In diesen Versuchen zeigten Tiere, welche in der Nahrung reichlich den Pellagrafaktor B_2, aber kein Vitamin B_1 (Antiberiberifaktor) erhielten, eine deutliche *Hypoglykämie*, die sich im Verlaufe des Versuches bei einzelnen Tieren noch vertiefte. Innerhalb 10 Tagen fiel z. B. der Blutzucker von 103 auf 50 mg $^0/_0$; gleichzeitig wurde eine starke Anämie und Anhydrämie beobachtet, wobei der Serumproteingehalt um 20% zunahm. Durch Zulage von Vitamin B_1 ließ sich der Blutzuckergehalt wieder erhöhen und die Zahl der Erythrocyten, die von 5,12 auf 4,03 Mill. gesunken war, wieder auf 6,8 Mill. vermehren. In einer weiteren Mitteilung[597] werden allerdings diese Schlußfolgerungen etwas eingeschränkt, da in diesen Versuchen die Hypoglykämie erst gegen Schluß des Versuches eintrat. In einer späteren Arbeit an 36 Ratten verschiedenen Alters konnten dann diese Autoren[598] im Anfangsstadium der Erkrankung eine *Hyperglykämie* feststellen, die aber nicht auf einer Vermehrung des echten vergärbaren Trauben-zuckers beruht, sondern auf einer Zunahme von nicht zuckerartigen reduzierenden Substanzen (Glutathion und Ergothionein[?]). Sie sind nunmehr geneigt, die in den letzten Versuchstagen auftretende Blutzuckersenkung als eine Hunger-erscheinung aufzufassen, ebenso wie die dann auftretende Acidosis. EGGLETON und GROSS[135] konnten dagegen bei normal und vitamin-B-frei ernährten Ratten einen Unterschied im Blutzucker überhaupt nicht feststellen; die am Ende des Versuchs bei ihren Tieren auftretende Blutzuckersenkung sehen diese Autoren ebenfalls als eine Begleiterscheinung der ungenügenden Nahrungsauf-nahme an. Zu gleichen Ergebnissen kamen auch ROSE, STUCKY und MENDEL[508] in ihren Rattenversuchen. HOSOKAWA[236] dagegen, welcher an *Kaninchen* arbei-tete, konnte bei diesen Tieren eine *Erhöhung des Blutzuckers* um 150% gegen Ende der Erkrankung (Lähmungsstadium) feststellen, während PALLADIN und KUDRJAWZEWA[436] bei ihren nur mit Reis gefütterten Kaninchen zuerst eine Senkung, dann einen Anstieg und gegen Ende der Erkrankung wieder eine Senkung des Blutzuckerspiegels sich entwickeln sahen.

Schließlich sind hier noch die Versuche von STUCKY und ROSE[584] an vitamin-B-frei ernährten Hunden zu erwähnen; bei diesen Tieren schwankte der Blutzuckergehalt nur innerhalb physiologischer Grenzen, so daß anzunehmen ist, daß die B-Avitaminose beim Hund auch bei voller Entwicklung auf den Blutzucker keinen Einfluß hat.

2. Die Veränderungen bei C-Mangel.

Auch mit dem Verlauf der Blutzuckerkurve des C-frei ernährten *Meer-schweinchens* haben sich eine Reihe Forscher befaßt. Es war schon erwähnt worden, daß COLLAZO[94] auch Meerschweinchen in den Kreis seiner Unter-suchungen einbezogen hatte. Bei diesen Tieren war, wenn die Tiere zeitig im ebenfalls festzustellenden hypoglykämischen Stadium starben, ,,die *Hypo-glykämie* enorm". Blieben die Tiere länger am Leben, so war das hypoglykämische Stadium weniger stark ausgeprägt, um dann ebenfalls in eine Hyperglykämie wie bei den Hühnern und Tauben bei der B-Avitaminose überzugehen. PALLA-DIN[431, 432] fand bei normal ernährten Meerschweinchen Blutzuckerwerte zwischen 0,092 und 0,104%, die sofort nach dem Übergang auf C-freie Kost erheblich anstiegen, um zwischen dem 9. und 15. Tage ein Maximum zwischen 0,19 und 0,229% zu erreichen. Im Anschluß hieran trat wieder eine Senkung ein bis auf 0,05 und 0,035% als Minimum; diese Hypoglykämie sieht PALLADIN[432] als für die letzte Skorbutperiode charakteristisch an; sie dauert bis zum Tode des Tieres. PALLADIN und UTEWSKI[440] konnten schließlich noch nachweisen, daß die von ihnen gefundene Blutzuckerkurve gleichsinnig verläuft, ob die Tiere eine Nahrung mit saurer Asche (Hafer) oder eine solche mit alkalischer Asche (im Autoklaven erhitzte Rüben und Karotten) erhielten.

MOURIQUAND, LEULIER und MICHEL[399] sahen bei C-freier Ernährung den Blutzucker von den Normalwerten 0,090—0,099% ansteigen; dieser An-stieg erfolgte aber auch bei Zulage von 20 cm³ Citronensaft zu der Skorbutkost (Hafer und Heu). RANDOIN und MICHAUX[477] fanden überhaupt keine ein-deutige Veränderung des Blutzuckerspiegels, sondern Schwankungen zwischen 0,1 und 0,15% wie beim normalen Tier, und auch NAGAYAMA, MACHIDA und TAKEDA[405] und EDELSTEIN und SCHMAL[134] konnten entweder überhaupt keine Veränderungen feststellen oder fanden sie so schwankend, daß ein einheitliches Bild aus ihnen nicht zu gewinnen war.

Wie man aus dem Gesagten ersieht, sind die Befunde bei der C-Avitaminose noch durchaus nicht einheitlich, so daß über diese Frage weitere Untersuchungen sehr erwünscht sind. Es scheint aus allem nur hervorzugehen, daß auch bei der C-Avitaminose eine Beeinflussung des Blutzuckers mit großer Wahrscheinlichkeit vorhanden ist.

II. Das Glykogen.

Im Zusammenhang mit der Frage des Blutzuckers ist auch der Glykogengehalt der Leber und anderer Organe öfter untersucht worden. Zur Veranschaulichung dieser Ergebnisse sei zunächst eine Zusammenstellung aus einer Arbeit von COLLAZO[95] angeführt (Tabelle 1). Aus den Werten geht hervor, daß am Ende der Avitaminose die *Glykogenvorräte des Körpers nahezu erschöpft sind*, während die Hungertiere immer noch über einige Reserven verfügen. Auch WIERZCHOWSKI[654] sah bei seinen Tauben und Hühnern den Glykogengehalt der Leber im Laufe der Krankheit bis zu ganz geringen Resten absinken (von 1,4% über 0,28 und 0,16% bis zu Spuren), ebenso wie auch ABDERHALDEN[9], SUGIMOTO, YASUDA und KAKEGAWA[586] und PUGLIESE[464, 465], welcher fand, daß, wenn die Gewichtsabnahme der Tiere 40% des ursprünglichen Gewichts überstieg, das Glykogen aus Leber und Muskeln fast vollständig verschwunden war. Schließlich seien noch die Befunde von KOYANAGI[287] angeführt, welcher ebenfalls ein fast vollkommenes Verschwinden des Leberglykogens bei seinen avitaminösen Tauben und Hühnern sah, während im Gehirn im Gegensatz zu den Normaltieren an verschiedenen Stellen nach dem Auftreten der motorischen Störungen reichlicher Glykogen anzutreffen war.

Tabelle 1. Gehalt verschiedener Tiere und verschiedener Organe an Glykogen. (Nach COLLAZO[95].)

Tierart	Glykogengehalt in %								
	Gefütterte Tiere			Hungertiere			Avitaminosetiere		
	Herz	Muskel	Leber	Herz	Muskel	Leber	Herz	Muskel	Leber
Taube		0,81	2,1		0,301	0,502		Spuren	
Huhn		0,97	3,1		0,393	0,149		0,093	0,1
Meerschweinchen . .		0,94	4,8		0,973	0,961		0,200	0,07
Hund	0,807	1,63	5,0	0,103	0,895	0,977	0,021	0,097	0

RANDOIN und LELESZ[474, 475] führen im Gegensatz zu den eben erwähnten Autoren den Glykogenschwund in den Organen nicht auf die Avitaminose, sondern auf die ungenügende Ernährung zurück. Nach ihnen finden sich noch wenige Tage vor dem Tode Glykogenvorräte in den Muskeln, die aber bei den *heftigen Krämpfen*, welche vor dem Tode auftreten, verbraucht werden. Das Leberglykogen braucht aber keineswegs vollkommen zu verschwinden. Die gegenteiligen Befunde der übrigen Autoren finden ihre Erklärung entweder in einer ungenügenden Nahrungsaufnahme oder in einer unzureichenden Ernährung insofern, als der geschliffene Reis nicht nur Mangel an Vitamin B, sondern auch noch an anderen wichtigen Stoffen aufweist.

Bei ihren B-frei ernährten Ratten sahen EGGLETON und GROSS[135] ebenfalls ein rasches Abfallen des Leberglykogens, das sie auf die verringerte Nahrungsaufnahme zurückführen, die bei ihren Tieren im Laufe des Versuchs um ungefähr die Hälfte gesunken war. SURE und SMITH[599] arbeiteten schließlich noch mit saugenden Ratten, deren Mütter B-frei ernährt wurden. Auch bei diesen jungen Tieren wurde ein sehr beträchtliches Absinken des Leberglykogens beobachtet, nämlich von 1300—1600 mg auf 20—110 mg pro 100 g Leber (als Glykose berechnet). Bei saugenden Albinoratten ist nach ihnen der deutliche Abfall des Leberglykogens das auffallendste chemische Merkmal einer reinen B-Avitaminose.

Auch bei C-frei ernährten Meerschweinchen fand PALLADIN[432] ein allmähliches Absinken des Leberglykogens, so daß gegen Ende der Krankheit nur
noch Spuren in der Leber vorhanden waren, während RANDOIN und MICHAUX[477],
der Ansicht sind, daß auch bei vollkommenem Mangel an C in der Nahrung die
Bildung von Glykogenreserven nicht unbedingt unmöglich ist, ebenso wie KOGA[279],
welcher bei seinen Meerschweinchen im Verlauf der C-Avitaminose keine Beeinflussung des Leber- und Muskelglykogens sah; die mitunter doch eintretende
beträchtliche Verminderung der Glykogenbestände führt er auf die Unterernährung zurück.

III. Die Milchsäure.

Im Anschluß an die Untersuchungen über die Glykogenreserven seien noch
kurz einige Arbeiten angeführt, welche sich mit der Milchsäure befassen. JONO[261]
bestimmte an der ausgeschnittenen durchströmten Leber von normal und
vitaminfrei ernährten Hühnern den Blutzucker, die Milchsäure und die anorganische Phosphorsäure und fand eine *Störung der Glykolyse und der Oxydation
der Milchsäure* bei den erkrankten Tieren. Auch TANAKA und ENDO[610] fanden
eine bedeutende Vermehrung der Milchsäurebildung in Harn, Blut und Muskulatur, die sie als Zeichen einer *Dyspnoe der Gewebszellen* ansehen. In jüngster
Zeit hat weiter noch PUGLIESE[466] Versuchsergebnisse mitgeteilt, aus denen
hervorgeht, daß, wenn der Milchsäuregehalt normaler Tauben = 100 gesetzt
wird, hungernde Tauben einen Gehalt von 80 im Blut und 92 in den Muskeln
aufweisen, während nur mit poliertem Reis ernährte Tiere einen Gehalt von 182
im Blut und 108 im Muskel besitzen. KINNERSLEY und PETERS[275, 276, 277] haben
dann interessanterweise auch den Milchsäuregehalt des Gehirns in den Kreis
der Untersuchungen gezogen und dabei festgestellt, daß im Verlauf der B-Avitaminose der Milchsäuregehalt in den einzelnen Teilen des Gehirns in verschiedenem
Ausmaße zunimmt, und zwar am meisten in den distalen Gehirnabschnitten.
Das Auftreten der nervösen Symptome führen diese Autoren auf einen vermehrten
Milchsäuregehalt ganz bestimmter Gehirnabschnitte zurück. Bei vitaminfrei
ernährten Hunden fand ROSENWALD[509] eine Steigerung des Milchsäuregehaltes
im Harn von 20 auf 100—200 mg, wofür er ebenfalls einen *inneren Sauerstoffmangel* verantwortlich macht, welcher die Oxydation der Milchsäure verhindert.
Endlich haben SHIPP und ZILVA[548] die Milchsäureausscheidung im Harn des
C-frei ernährten Meerschweinchens untersucht und dabei zwar eine Polyurie
gegen Ende der Krankheit feststellen können, den relativen Milchsäuregehalt des
Harns aber nicht verändert gefunden. Da dieselben Erscheinungen auch bei
unterernährten Meerschweinchen auftreten, auch wenn sie Citronensaft erhalten, sehen SHIPP und ZILVA die vermehrte Harnbildung und Milchsäureausscheidung als ein Skorbutsymptom nicht an.

IV. Die Wirkung einer vermehrten Kohlehydratzufuhr.

Es erscheint von großem Interesse, im Anschluß an die obigen Darlegungen
kurz auf die Frage einzugehen, wie sich die erwähnten Störungen des Kohlehydratstoffwechsels auf den Körper auswirken und welche Beziehungen zwischen diesen
Störungen und den in der Nahrung aufgenommenen Kohlehydraten bestehen,
ähnlich wie wir es bei den Eiweißkörpern getan haben. Schon FUNK[166] hatte
die Ansicht ausgesprochen, daß die Beriberi des Geflügels in irgendwelchen
Beziehungen zum Kohlehydratstoffwechsel stände, und zwar, daß der *Verbrauch an Vitamin B um so größer sei, je höher der Anteil der Kohlehydrate in
der Kost wäre.* ABDERHALDEN[11] konnte dann nachweisen, daß es nicht gelingt,
bei *hungernden Tieren* polyneuritische Erscheinungen auszulösen, also bei

Tieren, welche keine Kohlehydrate, sondern nur ihr eigenes Körperfett und -eiweiß verzehren. In weiteren Versuchen konnte er dann weiter den Nachweis erbringen, daß Tauben, welche mit gereinigten Nahrungsmitteln gefüttert wurden, dann nicht an Polyneuritis erkrankten, wenn in der Nahrung keine Kohlehydrate vorhanden waren, daß aber stets Krämpfe auftraten, wenn in der Nahrung, welche aus Casein, Mineralsalzen und einem Fettsäurenglyceringemisch bestand, das letztere durch Kohlehydrate ersetzt wurde[13].

COLLAZO[96] hat sich dann ebenfalls mit diesen Fragen beschäftigt und die Verhältnisse näher aufgeklärt. Gab er sieben Wochen lang vitaminfrei ernährten Hunden 80 g Traubenzucker per os, so zeigten diese Tiere eine größere und länger dauernde *Blutzuckererhöhung* als normal ernährte oder hungernde Tiere. Nach geringen Zuckergaben trat im Anschluß an die Hyperglykämie eine deutliche Hypoglykämie nach 5—6 Stunden ein. In einer weiteren Mitteilung berichtete COLLAZO[97] über die schweren Störungen, die bei Tieren im fortgeschrittenen Avitaminosestadium nach peroraler oder intravenöser Traubenzuckerzufuhr auftreten. *Hunde* zeigten dabei nach etwa 2—24 Stunden Erbrechen und Unvermögen zu stehen, Appetitlosigkeit, Schlafsucht und Atemstörungen, die *Meerschweinchen* zeigten ebenfalls Atemstörungen und Erschwerung der Lokomotion; die Tiere starben regelmäßig nach einiger Zeit. Bei den *Tauben* traten Opistotonus, klonische Zuckungen, Unvermögen zu fliegen, Lähmungserscheinungen an den Beinen und infolgedessen schwankender Gang auf; auch diese Tiere starben unter solchen Erscheinungen, oft trat der Tod aber auch unmittelbar ohne diese Begleiterscheinungen ein. Bei Hungertieren oder normal gefütterten Tieren traten dagegen derartige Störungen nicht auf, sondern diese ertrugen reaktionslos selbst die 20fachen Dosen Traubenzucker. Das Auftreten dieser schweren Erscheinungen führte COLLAZO zu der Annahme, daß durch die Zuckerzufuhr im kranken Körper *toxische Produkte* entstehen, welche diese Vergiftungserscheinungen auslösen (RUBINO und COLLAZO[513]), während ABDERHALDEN[11] in Übereinstimmung mit FUNK[166] eher an einen *Mehrverbrauch von Vitamin B durch die vermehrte Kohlehydratzufuhr* dachte, so daß die auftretenden Erscheinungen als reiner Vitaminmangel anzusehen wären.

Diese interessante Frage ist im Verlaufe der Zeit noch weiter eingehend bearbeitet worden. So fanden RANDOIN und SIMMONET[482], daß Tauben bei einer Nahrung, die 66% Kohlehydrat in Form von Stärke enthielt, erst nach $3\frac{1}{2}$ Monaten polyneuritische Erscheinungen zeigten; wurde aber die Stärke der Nahrung durch Dextrin oder Traubenzucker ersetzt, so traten unter starkem Gewichtsabfall schon nach etwa 20 Tagen polyneuritische Krämpfe auf. Als Erklärung für diese Befunde geben RANDOIN und SIMMONET an, daß bei Zufuhr der schlecht resorbierbaren Stärke die Tiere fast nur von Eiweiß und Fett leben, bei der Zufuhr von Traubenzucker und Dextrin dagegen die letzteren leicht resorbiert werden und daher die Tauben in der Hauptsache von Kohlehydraten leben, wodurch der rasche Eintritt der Krankheit bedingt ist. Der Bedarf der Tiere an Vitamin B scheint demnach in hohem Maße von dem *Angebot an leicht resorbierbarem Kohlehydrat in der Nahrung* abhängig zu sein (RANDOIN[469]). In Analogie zu den zitierten Versuchen von ABDERHALDEN[11] zogen RANDOIN und SIMMONET[482] aus diesen Versuchen den Schluß, daß es gelingen müßte, mit einer kohlehydratfreien Kost Tauben auch ohne Vitamin B am Leben zu erhalten. Solche Versuche wurden ausgeführt und ergaben[485], daß es *tatsächlich gelingt, mit einer kohlehydratfreien Nahrung Tauben bis über $3\frac{1}{2}$ Monate auch ohne Vitamin B auf ihrem Körpergewicht und anscheinend in gutem Gesundheitszustande zu erhalten.* Auch eine weitere Versuchsreihe spricht in dem oben erwähnten Sinne. Bei zwei Gruppen von Tieren, die ohne Vitamin B mit und ohne Kohlehydrat ge-

füttert wurden, fand ein Wechsel der Kost zu einer Zeit statt, in der die Kohle-
hydrattiere schon deutlich an Gewicht verloren hatten. Diese Tiere erholten
sich nun bei der kohlehydratfreien Kost bald und blieben während der $1^1/_2$ monatigen Versuchszeit gesund, während die nunmehr auf Kohlehydratkost gesetzten, vorher normalen Tiere rasch an Gewicht verloren und bald starben.
In einer weiteren Arbeit[483] konnten diese Ergebnisse wiederum bestätigt werden.
Es sei schon an dieser Stelle angeführt, daß die Durchführung ähnlicher Versuche an *B-frei ernährten Ratten* zu ganz gleichen Ergebnissen führte (RANDOIN
und SIMMONET[484]). Bis 6 Monate lang konnten diese Tiere die B- und kohle-
hydratfreie Kost ertragen; auch nahmen junge wachsende Ratten bei dieser
Kost längere Zeit zu, ohne aber das Gewicht der Kontrollen ganz zu erreichen,
wobei noch unentschieden ist, ob hierfür der Mangel an Kohlehydraten in der
Kost oder die ungenügende Nahrungsaufnahme verantwortlich zu machen ist.
Auch FISCHER[160] sah bei seinen Versuchen an 62 Tauben und 5 *Hühnern* ähnliche
Störungen des Kohlehydratstoffwechsels wie die eben zitierten anderen Autoren.

In demselben Sinne sprechen auch spätere Versuche von FUNK und
COLLAZO[169], welche Tauben auf eine bestimmte Nahrung setzten und ihnen
so viel Vitamin B zulegten, daß ihr Körpergewicht konstant blieb. Dann er-
setzten sie bei einigen Tieren die Stärke der Nahrung durch Eiweiß, so daß die
Nahrung statt 12,5% Eiweiß nunmehr 25,50 und 75% davon enthielt. Je
größer nun der Eiweißgehalt bzw. je *geringer der Kohlehydratgehalt* der Nahrung
war, *um so besser wuchsen die Tiere*, um so geringer war demnach, da die B-Zufuhr
die gleiche war, ihr Bedarf an Vitamin B. Wurden die Tiere später wieder auf
das eiweißarme Grundfutter gesetzt, so nahmen sie das bei der eiweißreichen
Fütterung gewonnene Körpergewicht wieder ab. In weiteren Versuchen konnten
COLLAZO und FUNK[101] noch den Nachweis erbringen, daß hohe Eiweißgaben in
Form von Eiereiweiß besonders wirksam waren, um den Bedarf an Vitamin B
herabzudrücken. Eine ähnliche Rolle scheint nach den Untersuchungen von
EVANS und LEPKOVSKY[153] auch das Fett zu spielen; denn es gelang diesen
Autoren, Tiere mit einer Nahrung, die 50% Fett enthielt, ohne Vitamin B
über 6 Monate ohne Anzeichen von Beriberi zu halten.

RANDOIN und LECOQ[472] versuchten dann die Frage nach der Wirksamkeit
der Kohlehydrate weiter dadurch zu klären, daß sie elf verschiedene gereinigte
Kohlehydrate daraufhin untersuchten, welche Wirkung sie in bezug auf den beschleunigten Ausbruch der Beriberisymptome bei B-frei ernährten Tauben aus-
übten. Sie untersuchten dabei: Glykose, Lävulose, Galaktose, Maltose, Saccha-
rose, Lactose, Glykogen, Reisstärke, Kartoffelstärke, Dextrin und Inulin. Der
Anteil dieser Kohlehydrate in der zwangsweise beigebrachten Kost betrug stets
66%. Die geringste Wirkung in der skizzierten Richtung hatte Lactose, Kartoffelstärke und Inulin, am schnellsten wirkten Galaktose, Glykose, Maltose
und Glykogen; die übrigen Kohlehydrate lagen in ihrer Wirkung zwischen diesen
beiden Extremen. RANDOIN und LECOQ[472] schließen aus diesen Versuchen,
daß der Tod um so eher eintritt, je *rascher das Kohlehydrat resorbiert* wird bzw.
je *schwerer es zu Glykogen aufgebaut* werden kann bzw. je *stärker es durch die
verursachte Glykämie* ist. Umgekehrt ist die Wirkung um so geringer, je langsamer seine Resorption vor sich geht oder je größer seine glykogenbildende
Fähigkeit ist. In weiteren Versuchen konnten RANDOIN und LECOQ[473] dann
noch feststellen, daß die Zugabe von täglich 0,2 g Diastase bei Tieren ohne B
aber mit viel schwer resorbierbarem Kohlehydrat in der Nahrung ebenfalls das
Eintreten des Todes beschleunigt. Durch Kochen der Nahrung kann man den
gleichen Erfolg erzielen, so daß auch diese Versuche dafür sprechen, daß bei
verbesserter Verdauungs- bzw. Resorptionsmöglichkeit der Kohlehydrate der Nah-

rung die Erscheinungen des B-Ausfalls schwerer auftreten, daß also der Bedarf des Organismus an Vitamin B von der Menge der resorbierten Kohlehydrate diktiert wird.

Aus dem Gesagten ist zu erkennen, daß in der Frage der Wirkung der Kohlehydratzufuhr beim B-mangelkranken Organismus sich die Untersucher wenigstens in den Grundzügen einig sind. Gegenteilige Befunde von KON[280] und GOTTMACHER und LITVAK[183] können dagegen nach ihrer Versuchsanordnung kaum als beweisend angesehen werden.

Die Wirkung einer vermehrten Kohlehydratfütterung hat weiter insofern noch eine gewisse Bedeutung, als bei der B-Avitaminose der Tauben die Möglichkeit eines *isodynamischen Ersatzes* der verschiedenen Nährstoffe nicht mehr in vollem Umfange gegeben ist (TSCHERKES[619], DESGREZ und BIERRY[122]); man kann nicht, ohne schwerwiegende Störungen befürchten zu müssen, Eiweiß oder Fett durch eine isodyname Menge Kohlehydrat ersetzen, wie es sonst in der Stoffwechselphysiologie möglich und üblich ist. Aus diesen Befunden ergibt sich daher die praktische Schlußfolgerung, *bei Vitaminmangel eine gemischte Nahrung zu verabreichen, in der das Fett eine dominierende Rolle spielt.*

Die Störungen des Kohlehydratstoffwechsels bei der Avitaminose sind also erheblich und eingreifend. Alle Befunde weisen darauf hin, daß eine *Verminderung des Zuckerverbrauchs* stattfindet, welchem allerdings der gesteigerte Abbau des Glykogens zu widersprechen scheint. Wir haben demnach im intermediären Kohlehydratstoffwechsel eine ähnliche Störung wie beim Diabetes vor uns; denn es hat sowohl bei der Avitaminose wie beim Diabetes den Anschein, als ob dem Organismus die erste Spaltung des Traubenzuckers unmöglich ist. Bevor wir aber auf diese Verhältnisse näher eingehen, scheint es vorteilhafter, zunächst den Einfluß der Vitamine auf den Gaswechsel zu besprechen, da sich hierbei weitere Aufklärungen über den Kohlehydratstoffwechsel ergeben werden.

C. Die Beeinflussung des Gaswechsels durch die Vitamine.

I. Gas- und Energiewechsel.

1. A-Mangel und Gaswechsel.

Den Gaswechsel bei A-arm ernährten Ratten untersuchte ARVAY[37, 39] und fand *keinen Einfluß des Vitamin-A-Mangels auf den Grundumsatz.* Auch die spezifisch-dynamische Wirkung der Nahrungsmittel war nicht verändert[38], während SEEL[535] in Versuchen von sehr langer Dauer (120 Tage) *eine Verminderung des Sauerstoffverbrauchs und der Kohlensäureausscheidung* nach Eintreten des Gewichtsstillstandes sah, die größer war als der Gewichtsverlust. Während z. B. am 31. Versuchstag der Gewichtsverlust gegenüber den Kontrolltieren 11% betrug, war der O_2-Verbrauch um 16% erniedrigt. Am 24. Tage, an dem ein Gewichtsverlust überhaupt noch nicht vorhanden war und sonstige Krankheitserscheinungen nicht zu bemerken waren, betrug die Abnahme des Sauerstoffverbrauchs trotzdem schon 31%.

2. B-Mangel und Gaswechsel.

Die wichtigste Veränderung im Gaswechsel vitamin-B-frei ernährter Tauben, über den umfangreiche und zahlreiche Untersuchungen vorliegen, ist in einem *Absinken der Verbrennungsvorgänge unter gleichzeitiger Verschiebung derselben* (Sinken des R Q) zu erblicken. Schon RAMOINO[468] hat diese Tatsache festgestellt, welche später öfter bestätigt worden ist. Besonders hat sich dann ABDERHALDEN[2] mit diesen Fragen experimentell beschäftigt und dabei gefunden, daß bei reiskranken Tauben eine ständige Abnahme der CO_2-Ausscheidung eintritt, die in diesen Versuchen als Maß für den Gaswechsel genommen wurde. In einer weiteren Arbeit konnte er[3] den Nachweis erbringen, daß *Unterschiede im Gaswechsel zwischen Hunger- und Reistauben* insofern bestehen, als bei den ersteren der Gaswechsel sehr schnell sinkt, bei den letzteren dagegen langsamer und daß er bei den letzteren auf Hefezufuhr wieder normal wird, während die Hungertauben auch bei Hefegaben auf ihrem Grundumsatz bleiben. Hand in Hand mit dem sinkenden Gaswechsel geht auch eine *Abnahme der Zahl der Atemzüge*, welche in der Norm ca. 62 betragen und während der Erkrankung auf 38 und im Krampfstadium sogar auf 18—24 heruntergehen (Abderhalden und Wertheimer[18]). In derselben Richtung liegen die Versuchsergebnisse von Caridroit[80], welcher ebenfalls eine Abnahme des gesamten Gaswechsels und des RQ (von 0,95 auf 0,7), dann Steigerung auf 0,8 fand. Im Gegensatz zu Magne und Simmonet[322] sind Gerstenberger und Burhans[176] allerdings der Meinung, daß während der B-Avitaminose die *Kohlehydratverbrennung in den normalen Bahnen* verläuft und auch Kartascheffsky[266] nimmt an, daß der Körper bis zum letzten Tage die Fähigkeit behält, Kohlehydrate zu verbrennen. Dies geht besonders deutlich aus seinen Versuchen hervor, in denen er Tauben nach vorangegangener Hungerperiode mit vitaminfreier Nahrung wieder auffütterte (Kartascheffsky[267]). In diesen Versuchen ergab sich nämlich trotz der Avitaminose, die weiter bestehen blieb, eine Vermehrung der Kohlensäureabgabe gegenüber dem Hunger und eine *Erhöhung des RQ bis auf Werte über 1,00.*

Mit der Frage der spezifisch-dynamischen Wirkung von Aminosäuren (Glykokoll) im Verlauf der B-Avitaminose beschäftigte sich Inawashiro[246]. Während diese bei normalen Tauben im Mittel zu $+22{,}3\%$ gefunden wurde, wiesen die erkrankten Tauben nur Werte zwischen $+7{,}4$ und $7{,}8\%$ auf; in einigen Fällen war eine solche überhaupt kaum nachweisbar. Auch war die Zeit bis zum Erreichen des Maximums bei den erkrankten Tieren viel länger. Auch diese Befunde erklärt der Autor mit einer Oxydationsstörung der von den Aminosäuren stammenden Oxy- oder Ketonsäuren.

Mit den *energetischen Verhältnissen* bei der B-Avitaminose der Tauben beschäftigen sich die Versuche von Novaro[421, 422, 423], aus denen hervorgeht, daß auch die *Wärmeabgabe* im Verlauf der Avitaminose sinkt, so daß am 3. bis 4. Tage die Wärmeabgabe nur noch 40—50% der normalen beträgt. Farmer und Redenbaugh[154] haben in neuerer Zeit ebenfalls derartige Versuche mit Tauben in einem Benedictschen Respirationsapparat angestellt und konnten ebenfalls eine Erniedrigung der Wärmeproduktion beim Auftreten der Krämpfe um durchschnittlich 32% gegenüber den Normalwerten feststellen. Zu ähnlichen Zahlen kamen auch Males und Lolli[323], wobei die Senkungen zum Teil noch beträchtlich tiefer lagen. Vom ersten bis letzten Versuchstag betrug z. B. die Calorienproduktion pro Kilogramm und Stunde bei einer Taube 8,2—4,8, bei einer anderen 8,0—3,25 und bei einer dritten 9,2—3,9 Cal. Allerdings muß hierzu bemerkt werden, daß hungernde Tauben eine ähnlich große Senkung der Wärmeproduktion, nämlich bis um 50%, zeigen können. Einen weiteren Beitrag zu dieser Frage erbrachte Chahovitch[87] durch Untersuchung des „Stoffwechselquotienten". Hierunter versteht er das Verhältnis zwischen dem „Spitzenumsatz" und dem Grundumsatz. Den ersteren bestimmt er durch Gaswechselversuche bei 1—2⁰, unterbrochen durch eiskalte Bäder, bekommt durch ihn also ein Bild der Fähigkeit des Organismus zur *Wärmeregulation.* Sowohl den Grundumsatz wie auch den Spitzenumsatz seiner Tauben fand Chahovitch während der ersten Tage der B-freien Fütterung erhöht, sah aber ein starkes Abfallen beider nach dem Auftreten der ersten Krankheitserscheinungen. Dabei fiel der Spitzenumsatz stärker als der Grundumsatz, so daß auch der Stoffwechselquotient abnahm. Im Zustand der B-Avitaminose ist demnach die Fähigkeit des Organismus vermindert, seine *Wärmeproduktion den Verhältnissen der Umgebung anzupassen.* Im Hunger sind dagegen beide Werte viel weniger herabgesetzt, so daß CHAHOVITCH eine umfangreiche Störung des Energiewechsels bei der B-Avitaminose annimmt.

Entsprechende Versuche über die Gaswechselstörungen bei mit poliertem Reis ernährten *Hühnern* haben ANDERSON und KULP[29, 30] durchgeführt und dabei ebenfalls ein Absinken der Wärmebildung bis um die Hälfte unter gleichzeitigem Sinken des RQ festgestellt. Bei ausgebildeter Polyneuritis wurde auch kurz nach der Nahrungsaufnahme, wenn der Kropf noch reichlich unverdauten Reis enthält, *der RQ kaum jemals höher als 0,75 gefunden*; aus diesen Befunden schließen Verfasser auf das Unvermögen der erkrankten Tiere, dieses Futter zu verwerten. In einem BENEDICT-TALBOTschen Respirationsapparat bestimmten TAKAHIRA und ISHIBASHI[607] ebenfalls den Gaswechsel von mit poliertem Reis ernährten Hühnern und fanden eine Herabsetzung nach der ersten Woche der Versuchsfütterung, die aber im übrigen in ganz ähnlicher Weise verlief wie bei den Hungertieren; ein gleiches Ergebnis hatten die Untersuchungen von TANAKA und ENDO[610]. CHAHOVITCH[85] bestimmte bei Hühnern ebenfalls den Grundumsatz und den Spitzenumsatz wie bei den Tauben (S. 726) und fand ein Absinken des Grundumsatzes erst nach dem 20. Tage der B-freien Fütterung. Die Störungen der Wärmeregulation kamen auch bei den Hühnern durch Sinken des Stoffwechselquotienten um ungefähr die Hälfte deutlich zum Ausdruck.

In neuerer Zeit haben nun LAWROW und MATZKO[299] die Ansicht ausgesprochen, daß die bisher in der Literatur vorliegenden Versuche, welche eine Verminderung des Gaswechsels bei der Avitaminose ergeben hatten, nicht voll beweisend erscheinen; sie befinden sich hierbei in Übereinstimmung mit DRUMMOND und MARRIAN[127]. Sie selbst führten im Respirationsapparat von SCHATERNIKOFF 9—10 Stunden dauernde Versuche an Hühnern im Beginn der Avitaminose aus und fanden nach 66 tägiger Vorfütterung mit Buchweizen ein *Gleichbleiben des Sauerstoffverbrauches* pro Kilogramm und Stunde auch bei alleiniger Reisdiät. Auch wenn polyneuritische Erscheinungen auftraten, blieb der O_2-Verbrauch unverändert. Entsprechend der höheren Stärkemenge in der Reisnahrung stieg dagegen die CO_2 Abgabe und damit der RQ, der während der ganzen Dauer der Reisfütterung *höher als 1,00 lag*. Erst bei Einsetzen des Hungers fand ein Absinken des Gaswechsels statt. Es ist natürlich schwer, sich mit diesen Befunden von LAWROW und MATZKO auseinanderzusetzen, da ihnen bisher zu viele gegenteilige Befunde entgegenstehen. Allerdings ist auch nicht von der Hand zu weisen, daß die Einwände, welche die beiden Forscher gegen die bisher vorliegenden Arbeiten erheben, in vielen Fällen nicht unberechtigt erscheinen, und man kann sich des Eindruckes nicht erwehren, daß manche Versuche mit ungeeigneter Methodik und in Unkenntnis der großen Schwierigkeiten, die sich oft bei Gaswechseluntersuchungen einstellen, durchgeführt worden sind.

Auch bei der *Ratte* als Versuchstier sind die durch B-Mangel verursachten Veränderungen des Gasstoffwechsels untersucht worden. Mit einer sehr einfachen Vorrichtung untersuchte MATTILL[332, 333] das Verhalten des RQ bei normalen und B-frei ernährten Ratten; während er bei den Hungertieren RQ-Werte zwischen 0,75 und 0,76 fand, lagen diese bei einer künstlich zusammengesetzten Kost aus Casein, Stärke, Schmalz, Butterfett, Salzen und Hefe zwischen 0,8 und 0,9. Wurde die Hefezulage weggelassen, so näherten sich die RQ-Werte denen bei Hunger, was MATTILL auf die geringe Futteraufnahme seiner Versuchstiere bei dieser Fütterung zurückführt. Bei der Fütterung von Zucker steigt auch bei B-Tieren der RQ auf 0,9, so daß anscheinend die Zuckerverbrennung auch bei B-Mangel nicht gehindert ist. Allerdings sind in der Arbeit keine Angaben darüber enthalten, wie lange die vitaminfreie Ernährung dauerte. Ferner stellte GULICK[195] an Ratten Untersuchungen über den Grundumsatz bei B-freier Ernährung an und fand ein starkes Absinken desselben. Wurde der Gaswechsel auf die Einheit der Oberfläche und ein erwachsenes Tier bezogen, so ergab sich nach 2 Monate langer Fütterung eine Senkung auf 69% des Normalwertes. Da Tiere mit B-Zufuhr, aber einer Beschränkung der Nahrung auf die gleiche Menge, wie sie die B-frei ernährten Tiere zu sich nahmen, ebenfalls eine Abnahme des Grundumsatzes auf 66% der Norm zeigten, führt GULICK die Grundumsatzsenkung auf die verminderte Nahrungsaufnahme zurück. Auch ARVAY[37, 39] sah bei seinen B-freien Ratten ein langsames Absinken des Grundumsatzes, der auch nicht durch überreichliche B-Gaben erhöht werden konnte, ebenso wie ZIH[672], welcher eine Parallelität zwischen Gewichts- und Grundumsatzsenkung fand. ARVAY[38] stellte weiter neben der Grundumsatzsenkung noch ein fast vollkommenes *Verschwinden der spezifisch-dynamischen Wirkung* der Nahrungsstoffe fest.

DEUEL JR. und WEISS[123] untersuchten weiter im Respirationscalorimeter den *Grundumsatz des Hundes* bei reinem Mangel an Vitamin B in der Nahrung und fanden im Verlauf der Avitaminose ein allmähliches Absinken der Wärmeproduktion, das vollkommen der eingetretenen Körpergewichtsabnahme entsprach. Der mangelnde Einfluß des Vitamins geht besonders deutlich aus der Feststellung hervor, daß am Tage vor dem Auftreten der polyneuritischen Erscheinungen und an den 4 Tagen, welche auf die Heilung durch ein Hefepräparat folgten, der *Grundumsatz vollkommen gleich blieb*, da sich das Körpergewicht noch nicht wesentlich gehoben hatte. Daß der Grundumsatz während der polyneuritischen Anfälle um ca. 25% erhöht war, liegt nach der Ansicht der Autoren an dem *gesteigerten Tonus der Muskulatur*, ist also nicht unmittelbar auf das fehlende Vitamin zurückzuführen. Auch durch überreichliche B-Zufuhr konnte der Grundumsatz eines Hundes nicht gesteigert werden, so daß die Autoren eine *Wirkung des Vitamins B auf den Gaswechsel des Hundes ablehnen.*

3. C-Mangel und Gaswechsel.

Bei Gaswechseluntersuchungen skorbutkranker Meerschweinchen fand GERSTENBERGER[176] *keine Veränderung* im RQ, hält deshalb den Kohlehydratstoffwechsel beim Skorbut nicht für gestört, während CHAHOVITCH[86] bei seinen Meerschweinchen einen deutlichen *Anstieg des Grundumsatzes* bis zu 100% feststellen konnte. Da der Spitzenumsatz (vgl. S. 726) dieser Tiere keine Veränderung zeigte, folgt aus dem vermehrten Grundumsatz ebenfalls eine *Erniedrigung des Stoffwechselquotienten* wie bei den Tauben und Hühnern, beim Meerschweinchen allerdings auf dem Wege über die Grundumsatzsteigerung. Die noch bleibende dritte Möglichkeit des *Absinkens des Grundumsatzes* im Skorbut ist ebenfalls beobachtet worden, und zwar von JARUSSOWA[253], welche sowohl den O_2-Verbrauch wie auch die CO_2-Abgabe mit der sinkenden Nahrungsaufnahme sich vermindern sah, und zwar war die Verminderung der CO_2-Abgabe stärker, wodurch der RQ ebenfalls kleinere Werte erreichte.

4. D-Mangel und Gaswechsel.

Es bleibt nun noch der Einfluß des antirachitischen Vitamins auf den Gaswechsel zu erörtern. Hierüber liegen Untersuchungen von SEEL[535, 536] vor, welcher ebenfalls eine *Senkung des Grundumsatzes an Ratten* während der Dauer der D-Avitaminose feststellen konnte; interessant ist, daß diese Senkung durch **Vigantolzufuhr** rasch wieder ausgeglichen wird. An *jungen Hühnern*, welche ebenfalls unter D-Mangel litten, untersuchten weiter BALDWIN, NELSON und McDONALD[47, 48] den Gaswechsel und fanden ebenfalls trotz nur geringer Appetitverminderung *Senkung des RQ* unmittelbar vor dem Auftreten der Ausfallserscheinungen (Beinschwäche) bis auf die Werte der reinen Fettverbrennung. Trotz Aufnahme von Kohlehydraten in der Nahrung scheint demnach, wie Verfasser annehmen, eine Verbrennung derselben im Körper nicht zu erfolgen. Nach Lebertranzufuhr oder Bestrahlung der Tiere steigt der RQ wieder bis auf Werte um 1,00 an, während zu gleicher Zeit die rachitischen Symptome verschwinden.

5. Vollkommene Avitaminose und Gaswechsel.

Zum Schluß sind noch die Versuche von ASADA[43] zu erwähnen, der mit vollkommen vitaminfrei ernährten *Ratten* arbeitete und ebenfalls eine *Herabsetzung des Sauerstoffverbrauchs* fand, wobei allerdings die Ergebnisse wegen der angewandten Methode nicht ganz überzeugend wirken. Endlich liegen noch die Arbeiten von GROEBBELS[186, 187, 188, 189, 190] vor, welcher besonders Wert auf eine *Steigerung des Umsatzes* dann legt, wenn die *Maus* von der vollwertigen auf die vitaminfreie Nahrung gesetzt wird. Als Ursache für diese Oxydationssteigerung sehen LAWROW und MATZKO[299] die gesteigerte Nahrungsaufnahme der Tiere während des Kostwechsels an, die sich auch in einem Gewichtsanstieg der Versuchstiere bemerkbar macht. Die verzehrten Futtermengen sind von GROEBBELS leider nicht angegeben, auch erscheint es fraglich, in so kurz dauernden Versuchen (15 Minuten Dauer) zu einer Lösung derartig komplizierter Probleme zu gelangen.

6. Folgerungen aus den bisherigen Versuchen.

Die so verschiedenen Ergebnisse der einzelnen Untersucher gestatten bisher die Frage nach dem Einfluß der Vitamine auf den Gaswechsel *noch nicht eindeutig* zu entscheiden. In der Haupsache wird es sich hierbei um Änderungen des *Umsatzes der Kohlehydrate* handeln, wie aus den *Änderungen des RQ* in den Versuchen hervorgeht. Jedenfalls sind sich die meisten Untersucher darüber einig, daß die Verbrennung der Kohlehydrate nicht mehr in der normalen Weise erfolgt, wie schon weiter oben bei der Besprechung des Kohlehydratstoffwechsels auseinandergesetzt worden ist. Das Sinken des RQ bei einer Kost, welche in der Hauptsache aus Kohlehydraten besteht, von einem Wert um 1,0 bei normalen Tieren auf die Werte der Fettverbrennung bei erkrankten Tieren scheint den Untersuchern Recht zu geben. Allerdings ist hiergegen der Einwand zu erheben, daß in vielen Fällen eine ungenügende, nicht ausreichend kontrollierte Nahrungsaufnahme bewirkte, daß nicht erkrankte, sondern eher Hungertiere zur Beobachtung kamen. Dies ist besonders in den schon einige Jahre zurückliegenden Versuchen der Fall, bei denen man die näheren Zusammenhänge noch nicht so genau erkannt hatte wie heute. Man muß daher an Gasstoffwechseluntersuchungen, die sich mit diesen Fragen beschäftigen, folgende Anforderungen stellen:

1. Die Tiere müssen mit einer calorisch ausreichenden Nahrung ernährt werden, welche alle zum Leben nötigen Stoffe in leicht verdaulicher Form mit Ausnahme des Vitamins enthält, welches auf seine Wirkung untersucht werden soll. Diese Forderung ist deshalb nicht einfach zu erfüllen, weil bei der gestörten Nahrungsaufnahme eine Zwangsfütterung nicht zu umgehen ist, wobei eine *Überfütterung* der Versuchstiere oft möglich ist, die aber ebenfalls zu vermeiden ist. Um hierfür geeignete Grundlagen zu haben, ist

2. bei Tieren, die nicht in wachsendem Zustand untersucht zu werden brauchen, eine *langdauernde Vorfütterung* mit einer derartigen vollständigen Nahrung unter Beobachtung des Gaswechsels zur Schaffung von Normalwerten unerläßlich. Erst dann wird dieselbe Nahrung in derselben Menge ohne das betreffende Vitamin verfüttert und der Gaswechsel weiter untersucht. Kostwechsel bei Beginn der vitaminfreien Periode wird immer wieder Fehler in die Untersuchungen hineinbringen. Solche Versuche sind daher langwierig, aber ich sehe keinen anderen Weg, um wirklich zu einwandfreien Ergebnissen zu kommen. Bei Versuchen mit Tieren im Wachstumsalter sind natürlich derartige Vorfütterungen nicht angängig. In diesem Falle müssen in umfangreichen Versuchen an anderen Tieren für jedes Gewicht *Standardwerte für die Aufnahme des Versuchsfutters* geschaffen werden, die um so genauer sein werden, je größer das verarbeitete Tiermaterial ist. Außerdem muß das verwandte Tiermaterial in seiner *Konstitution möglichst einheitlich* sein, also aus einer jahrelangen, eigenen Zucht stammen. Denn man stößt auch bei den gewöhnlichen Versuchen der Auswertung der Nahrungsmittel auf ihren Vitamingehalt, wie sie in unserem Institut seit Jahren an Tausenden von Ratten eigener Zucht ausgeführt worden sind und noch werden, immer wieder auf Tiere, welche Abweichungen von der Norm in ihrer Empfindlichkeit gegen Vitaminmangel zeigen. Wenn man dann unglücklicherweise solche Tiere in den Versuch bekommt, kann man sich nicht wundern, wenn die Ergebnisse dieser Versuche der Forschung neue Rätsel aufgeben.

3. Die dritte Anforderung, die an solche Versuche zu stellen ist, bezieht sich auf die Technik der Gaswechselversuche. Aus der Kohlensäureausscheidung allein sind bei ihrer Labilität kaum irgendwelche sicheren Schlüsse zu ziehen. Hier sind nur solche Apparaturen geeignet, welche eine *Bestimmung der CO_2-Ausscheidung und des O_2-Verbrauchs* und somit auch des RQ in stundenlangen Versuchen gestatten, *am besten noch verbunden mit einer direkten Calorimetrie*. Sollte die letztere nicht möglich sein, so ist die indirekte Berechnung der Calorienproduktion aus dem Sauerstoffverbrauch und dem RQ (nach ZUNTZ) noch zulässig.

Wenn man gegen diese Forderungen einwendet, daß solche Versuche zu langwierig seien und in den wenigsten Laboratorien geeignete Apparaturen hierfür vorhanden wären, so ist dem entgegenzuhalten, daß, wie die oben erwähnten bisherigen Versuchsergebnisse eindeutig beweisen, der Wissenschaft mit unzureichend angelegten Versuchen keinesfalls gedient ist, sondern daß diese die herrschende Verwirrung nur noch vermehren, nie aber aufklären können.

7. Die Bedeutung des Quotienten C:N im Harn.

An dieser Stelle sei noch einmal kurz auf die BICKELsche Theorie[64, 65, 66] der Verschiebung der Stoffwechselvorgänge im Körper eingegangen. Wie aus der gesteigerten N-Ausfuhr im Harn hervorgeht, ist bei der Avitaminose anscheinend die Verbrennung der Eiweißkörper im Körper vermehrt und ebenso die der Fette, wie aus der Besprechung des Fettstoffwechsels noch hervorgehen wird. Es müßte demnach die CO_2-Abgabe und der O_2-Verbrauch ebenfalls vermehrt sein; da dies aber nicht der Fall ist, müßte die verminderte Energieproduktion auf Kosten der Kohlehydrate gehen, ihr Umsatz also mit einem verminderten O_2-Verbrauch und einer verminderten CO_2-Produktion einhergehen. Da die Kohlehydrate auch während der Avitaminose, wenn auch verzögert, umgesetzt werden, kann der Abbau derselben nicht vollständig sein; es darf also als Endprodukt keine CO_2 entstehen, die im Gaswechselversuch erscheinen würde, sondern *der C muß entweder im Körper gestapelt werden oder denselben in einer anderen Form*

verlassen. Diese Überlegung führte BICKEL[66] (dort auch Literatur) zur Untersuchung des Harns seiner Versuchstiere auf den C-Gehalt und zur Betrachtung
des Harnquotienten C : N, den er tatsächlich in der Avitaminose erhöht fand,
trotz der ebenfalls vermehrten N-Ausscheidung. Dieser Befund der BICKELschen
Schule, der von SCHIMIZU[521], ROCHE[496, 497] und KON[281] auch bei B-frei ernährten
Ratten bestätigt werden konnte, scheint also dafür zu sprechen, daß der Abbau
der Kohlehydrate im an Vitaminen verarmten Körper nicht bis zu den End-
stufen wie im normalen Körper verläuft, sondern *daß der Kohlenstoff in Form*
noch oxydierbarer Produkte mit dem Harn vermehrt ausgeschieden wird. Da durch
Insulinzufuhr der Harnquotient C : N wieder auf normale Werte gebracht wird,
ergeben sich auch hier wieder Parallelen zwischen Avitaminose und Inkret-
mangel, über die in einem späteren Kapitel noch zu sprechen sein wird.

II. Die Gewebsatmung bei der Avitaminose.

Im Anschluß an die Betrachtung des Gaswechsels wollen wir auf die Frage
der Gewebsatmung eingehen, welche mit dem Gaswechsel in engen Beziehungen
zu stehen scheint. Denn ein herabgesetzter Gaswechsel des Organismus *kann*
durch eine herabgesetzte Oxydationsfähigkeit seiner einzelnen Zellen bedingt sein,
wenn man auch mit Vergleichen beider etwas vorsichtig sein muß, da in Versuchen
mit Gewebsbrei oder isolierten Organen die nervöse und humorale Wirkung, die
im Körper vorhanden ist, Einflüsse naturgemäß nicht mehr auszuüben vermag.

Von der Annahme ausgehend, daß der herabgesetzte Gaswechsel die Folge
einer verminderten Zelloxydation ist, hat ABDERHALDEN[1] als erster mitgeteilt, daß
die Muskelsubstanz einer Reistaube eine *stark herabgesetzte Gewebsatmung* zeigte,
die durch Zusatz eines Hefepräparates wieder zur ursprünglichen Norm gesteigert
werden konnte. In einer weiteren Arbeit mit SCHMIDT[16] konnte gezeigt werden,
daß die Herabsetzung der Atmung, bestimmt mit dem BARCROFTschen Mano-
meter, nur bei stark abgemagerten, reiskranken Tauben deutlich war und daß
auch andere, stark abgemagerte Tiere ohne B-Mangel ebenfalls einen sehr geringen Sauerstoffverbrauch zeigten. Untersuchungen an isolierten Organen
(ABDERHALDEN und WERTHEIMER[17]) ergaben ebenfalls eine deutliche Herabsetzung im Sauerstoffverbrauch; so verbrauchten z. B. 1 g Gehirn pro Stunde
200—250 mm³ O_2, bei erkrankten Tieren auch ohne größere Gewichtsabnahme
dagegen nur noch 40—100 mm³, so daß ABDERHALDEN[4] das B-Vitamin als einen
Katalysator ansah, welcher die Stoffwechselvorgänge beschleunigt, was sich besonders deutlich in der gesteigerten Gewebsatmung nach Hefezufuhr bemerkbar macht.

Unterdessen hatte HESS[211], von dem Gedanken ausgehend, daß bei der B-
Avitaminose die fermentativen Prozesse gestört seien, ebenfalls Untersuchungen
über die Gewebsatmung verschiedener Organe angestellt und darüber berichtet.
Die von ihm angewandte Methode war die von LIPSCHITZ mit m-Dinitrobenzol.
Auch HESS fand in seinen Versuchen im allgemeinen eine verringerte Gewebsatmung bei seinen reiskranken Tauben; auch einige Zeit nach der Heilung wiesen
diese Tiere noch eine verminderte Atmung auf, nur der Stoffwechsel des Gehirns
hatte wieder normale Werte erreicht. Diese Feststellung von HESS führte in
der Folge zu einer umfangreichen Polemik zwischen ihm[212, 213] und ABDER-
HALDEN[6, 7, 8, 9], auf die hier aber nicht näher eingegangen werden soll. HESS[211]
glaubte ferner in der Blausäureempfindlichkeit gesunder und reiskranker Tauben
ein Mittel in der Hand zu haben, seine Ansicht von der Störung der Ferment-
prozesse näher zu begründen, wobei ihm ABDERHALDEN ebenfalls nicht folgen
wollte. Blausäure bewirkt bekanntlich eine Hemmung der oxydativen Prozesse

und tatsächlich konnte Hess durch subletale Gaben von KCN bei gesunden Tauben beriberiartige Symptome auslösen. Spritzte er weiter Dosen, welche bei gesunden Tieren keinerlei Erscheinungen auslösen, bei Reistauben ein, die klinisch noch keine Zeichen der Erkrankung aufwiesen, so kam daraufhin das Krankheitsbild zum Ausbruch, so daß er annimmt, daß bei den erkrankten Tieren eine Verarmung des Körpers an Atmungsfermenten eingetreten ist. Gegen diese Schlußfolgerung von Hess erhob Abderhalden[7] den Einwand, daß wohl bei reiskranken Tauben die Gewebsatmung durch Vitaminpräparate zur Norm gehoben werden kann, nicht aber bei den Tieren, deren Gewebsatmung durch Blausäurevergiftung vermindert worden ist. Demgegenüber hielt Hess[213] seine Ansicht aufrecht; er erklärte diesen Unterschied damit, daß es sich bei der Avitaminose um eine Verarmung des Körpers an Atmungsferment handelte, während dieses durch Blausäurevergiftung „blockiert" wird, und daß wohl die Verarmung durch Zufuhr von Vitamin aufgehoben werden kann, nicht aber die Blockierung.

In weiteren Versuchen konnten Hess und Messerle[216] mit einer anderen Methode ihre früheren Befunde nochmals bestätigen. Hess[214, 215] selbst hat noch in einigen Arbeiten seine These von der Gleichheit der Avitaminose und der Blausäurevergiftung entgegen den Ansichten Abderhaldens verteidigt, und Roelli[498] hat im Hessschen Institut weitere Beweise dafür beizubringen versucht, daß die herabgesetzte Atmung des Beriberigewebes durch einen Mangel an „Strukturfaktor" der Atmung bedingt ist, gegen welche Erklärung Abderhalden[8] wieder Einwände methodischer Art erhebt. Dieselben Einwände gelten auch gegen die Arbeit von Rohr[499], welcher mit der Lipschitzschen Nitroreduktionsprobe ein Parallelgehen von Vitamin-B-Gehalt (Auswertung im Rattenversuch) und Gewebsatmung bei Meerschweinchenmuskeln und Organen feststellte.

Abderhalden selbst hatte in der Zwischenzeit seine Untersuchungen ebenfalls fortgesetzt. So hatte er[10] festgestellt, daß die polyneuritischen Erscheinungen nicht nur bei der Reiskrankheit auftreten, sondern auch bei der Ernährung mit reinen Nahrungsgemischen, denen der B-Gehalt entzogen worden war. Auch bei den so ernährten Tieren war eine starke *Herabsetzung der Gewebsatmung* deutlich bemerkbar, die ebenfalls nach Hefezufuhr wieder normale Werte erreichte. Mit diesen Befunden war der Theorie, welche alle diese Erscheinungen einer Reisvergiftung zuschrieb, der Boden entzogen. In einer weiteren Mitteilung konnte dann gezeigt werden (Abderhalden und Wertheimer[19]), daß die Herabsetzung der Zellatmung dadurch zustande kommt, daß *ein Teilvorgang der Oxydations-Reduktionsprozesse nicht ordnungsgemäß abläuft*, und zwar anscheinend ein Teil der Reduktion. Die Störung der Reduktion wird aber nicht durch das Fehlen von Reduktionsfermenten verursacht, wie durch Versuche gezeigt werden konnte (Abderhalden und Wertheimer[21, 22]). Durch Zusatz von Organkochsäften, in denen die Fermente zerstört sind, kann nämlich das Reduktionsvermögen wieder hergestellt werden. Kochsäfte von Tauben, die an Polyneuritis erkrankt sind, zeigen dagegen eine solche Wiederherstellung des Reduktionsvermögens nicht. Durch das Kochen der Säfte wird bewiesen, daß es sich hierbei *nicht um ein Ferment* handeln kann, sondern um eine Änderung der Wirkungsbedingungen, die allerdings bis jetzt noch nicht klarer erkannt worden ist. Ähnlich wie die Gewebe reiskranker Tauben verhalten sich auch die Gewebe normaler Tauben, wenn sie ausgewaschen sind und daher den Atmungsfaktor Meyerhofs verloren haben.

Neben Abderhalden und Hess mit ihren Mitarbeitern haben sich naturgemäß noch andere Forscher mit der Frage der Gewebsatmung bei der Avitaminose beschäftigt und sind zum Teil zu abweichenden Ergebnissen gekommen. So untersuchte FLEISCH[161] im HESSschen Institut die Blutgase normaler und reiskranker Tauben und ging dabei von dem Gedanken aus, daß der Unterschied im O_2-Gehalt des arteriellen und venösen Blutes geringer sein müßte, wenn tatsächlich bei der Beriberi eine Oxydationshemmung vorhanden ist. Er fand auch in seinen Versuchen, daß der Unterschied zwischen den beiden Blutarten gegenüber der Norm auf ungefähr die Hälfte vermindert war, und zwar durch eine sehr beträchtliche Erhöhung des Sauerstoffgehaltes des venösen Blutes. Dieses zeigt auch oft schon beim bloßen Anblick eine ausgesprochen hellrote, arterielle Farbe. An blausäurevergifteten Tauben wurden dabei ganz ähnliche Befunde erhoben, so daß durch diese Arbeit die HESSsche Theorie eine neue Stütze erfuhr.

AHLGREN[25] fand mit der THUNBERGschen Methylblaumethode ebenfalls eine Herabsetzung der Gewebsatmung bei reiskranken Tauben, sie sieht aber einen Beweis für eine *direkte* Einwirkung des Vitamins B auf die Gewebsatmung noch nicht für erwiesen an. Auch SHINODA[541], welcher die Gewebsatmung der Leber vitaminfrei ernährter Hunde untersuchte, fand fast regelmäßig eine bedeutende Zunahme des O_2-Verbrauchs bei der Zufügung von Vitamin zum Leberbrei; die Zunahme der CO_2-Ausscheidung war hingegen nicht so konstant. HÖJER[229] arbeitete ebenfalls mit der THUNBERGschen Methode an Muskeln C-frei ernährter Meerschweinchen und fand nur eine geringe Tendenz zur Verminderung. Dagegen konnte er durch Zulage von Citronensaft eine Erhöhung der Atmung von gesunden, noch viel stärker aber von C-kranken Geweben erzielen. Da auch bei sehr starken Verdünnungen diese Atmungsbeschleunigung auftrat, denkt HÖJER an eine ausgesprochene atmungssteigernde Wirkung des Vitamins C.

Hauptsächlich mit der *Gewebsatmung der innersekretorischen Organe* B-frei ernährter Tauben beschäftigte sich MIYAKE[376]. Auch er fand auf manometrischem Wege eine *Herabsetzung der Atmung*, die am ausgesprochensten bei den Geschlechtsdrüsen war; dann folgte die Milz und die Schilddrüse. Im Gegensatz hierzu war die Atmung der Nebennieren gesteigert. Der RQ der *Leberatmung* wurde ebenfalls erniedrigt gefunden, konnte aber durch B-Zulage wieder gehoben werden. Auch TSUKAMOTO[622] untersuchte den Sauerstoffverbrauch der Leber von Beriberitauben und fand gleichfalls verminderte Werte, während Hungertauben keine Abweichungen von der Norm aufwiesen.

Auf einem anderen Wege versuchten PALLADIN und UTEWSKI[441] Einblick in die Oxydationsprozesse des Gewebes zu gewinnen, indem sie nach dem NEUBERGschen Abfangverfahren die Menge des von einer bestimmten Gewichtsmenge *gebildeten Acetaldehyds* bestimmten. Auch diese Versuche ergaben eine *geringere Aldehydbildung* bei Reistauben gegenüber den Kontrolltieren, und zwar nahm mit dem Fortschreiten der Avitaminose auch die Aldehydbildung ab. Die untersuchten Hungertiere zeigten durchweg das gleiche Verhalten wie die Reistauben.

Während die bisher erwähnten Autoren alle eine Herabsetzung der Gewebsatmung fanden, fehlt es in der Literatur aber auch nicht an gegenteiligen Befunden. ROCHE[494, 495] stellte solche Versuche mit dem Mikrospirometer von KROGH an und fand *keine Unterschiede* in der Gewebsatmung zwischen normalen, Hungertauben und Reistauben; untersucht wurden hierbei Leber, Gehirn und Muskelgewebe. Die abweichenden Angaben der anderen Autoren führt ROCHE auf die von ihnen benutzten unzureichenden Methoden zurück. Auch DRUMMOND und MARRIAN[127] fanden bei der Untersuchung der Gewebsatmung in einem etwas modifizierten BARCROFT-Apparat in Muskulatur und Leber keine Änderung im

Sauerstoffverbrauch; normale, B-frei ernährte und mit Blausäure akut oder chronisch vergiftete Tauben verhielten sich in bezug auf ihre Gewebsatmung gleich. Bei der Beriberimuskulatur konnte auch durch Zusatz von Hefe eine Oxydationsvermehrung nicht erzielt werden. Ihre gegenteiligen Befunde führen diese Autoren nicht nur auf die andere Methode zurück, sondern sie halten den ganzen komplizierten Fragenkomplex noch für zu wenig geklärt, als daß sie die Widersprüche heute schon lösen könnten.

VÁSÁRHELYI[630, 631] endlich versuchte in das Wesen der oxydativen Störung dadurch näher einzudringen, daß er durch Gaswechselversuche an der überlebenden Muskulatur die Wirkung des Struktur- und Lösungsfaktors studierte. Hierunter sind die beiden Komponenten des MEYERHOFschen Atmungskörpers zu verstehen, von denen die eine löslich ist (Lösungsfaktor), während die andere als unlöslich in dem extrahierten Gewebe zurückbleibt (Strukturfaktor). Der MEYERHOFsche Atmungskörper steigert bekanntlich sehr stark den Sauerstoffverbrauch der Gewebe. Aus seinen Versuchen geht hervor, daß *weder der Lösungs- noch der Strukturfaktor bei der Beriberi vermindert* ist; dagegen sprechen diese Versuche für einen Einfluß der Schilddrüse im Stoffwechsel vitaminfrei ernährter Tiere, über den aber in einem späteren Kapitel zusammenhängend berichtet wird.

In den letzten Jahren ist auch der *Gehalt der Muskeln an Glutathion* mit in den Kreis der Untersuchungen gezogen worden, um festzustellen, ob in dieser Hinsicht bei der Avitaminose Abweichungen von der Norm vorhanden sind. So konnten RANDOIN und FABRE[470, 471] feststellen, daß bei unterernährten Vögeln der Glutathiongehalt der Muskeln sehr stark abnimmt. Bei B-frei ernährten Tauben finden sich in den ersten Tagen keine Änderungen, erst in den letzten Tagen fanden sie in der Skelettmuskulatur ebenfalls geringere Werte. In der Leber schien eine geringe Vermehrung vorhanden zu sein, doch geben die Autoren selbst an, daß die Schwankungen zu groß sind, um bindende Schlüsse zu ziehen. DRUMMOND und MARRIAN[127], YAOI[662, 663, 664] und MATTEI[331] fanden dagegen keine eindeutigen Veränderungen im Glutathiongehalt der Muskeln oder anderer Organe, vor allem auch deshalb, weil die Schwankungsbreiten bei normalen Tauben zu groß sind und die Abweichungen innerhalb der dadurch bedingten sehr großen Fehlergrenzen liegen.

In bezug auf die Veränderung der Gewebsatmung bei der Avitaminose sind demnach die Ansichten der verschiedenen Untersucher bisher ebenfalls noch nicht einheitlich. Wir können aber wohl kaum annehmen, daß sich die zahlreichen Forscher, welche eine Herabsetzung der Gewebsatmung gefunden haben, sämtlich getäuscht haben sollen; Forscher, wie ABDERHALDEN u. a., können unmöglich an methodischen Mängeln gescheitert sein. Es ist daher wohl doch anzunehmen, daß tatsächlich eine Herabsetzung der Gewebsatmung bei der Avitaminose, besonders bei der Beriberi, vorhanden ist und man kann nur hoffen, daß recht bald eine widerspruchslose Aufklärung dieser strittigen Frage erfolgt.

D. Die Veränderungen des Fettstoffwechsels bei der Avitaminose.

Bei der starken Körpergewichtsabnahme, die eines der Hauptmerkmale der Avitaminose ist, ist leicht einzusehen, daß hierbei auch die Fettdepots des Körpers nicht unangetastet bleiben werden und somit auch der Stoffwechsel der Fette eine Veränderung erfahren wird. Auch über diesen sind eine ganze Reihe von Untersuchungen angestellt worden, über die im folgenden kurz zusammenfassend berichtet werden soll.

Bei A-arm ernährten Ratten studierte DRUMMOND[126] den Stoffwechsel der Fette und fand in bezug auf die Speicherung des Körperfettes keine Abweichungen von der Norm; aus den Versuchen ging weiter hervor, daß die Ratten große Mengen von Fettsäuren resorbieren können und aus ihnen auch bei Mangel an Vitamin A Neutralfette zu synthetisieren vermögen. MORINAKA[387] untersuchte weiter den Fettstoffwechsel des vitaminfrei ernährten Hundes im BICKEL-schen Institut und fand, daß der Organismus auch nach mehrwöchentlicher vitaminfreier Ernährung Fettsäuren noch in normaler Weise verbrennen kann, da eine Vermehrung der flüchtigen Fettsäuren im Harn nicht auftrat. Eine Störung im Fettstoffwechsel B-frei ernährter Ratten fand dagegen JONO[259]. Dieser verminderte durch eine siebentägige mangelhafte Vorfütterung den Fettbestand der Tiere möglichst viel, worauf die Tiere die Versuchskost erhielten. Dabei ergab sich, daß von der zweiten Woche ab der B-frei ernährte Rattenkörper kein Fett mehr ansetzen kann, daß aber nach Zugabe von Vitamin B in kurzer Zeit eine Vermehrung der Fettdepots nachweisbar ist. Ähnliche Versuche mit Vitamin A und C führten zu keinen eindeutigen Ergebnissen, da die Versuchszeit nur sehr kurz gewählt wurde, um eine noch genügende Nahrungsaufnahme zu erzielen.

ÉDERER[133] fand in seinen Versuchen ebenfalls an Ratten, daß Fette nur bei gleichzeitiger Anwesenheit von Vitamin A und B in der Nahrung assimiliert werden können, ergänzt also in dieser Beziehung die Befunde von JONO[259], während LIANG und WACKER[303] nur auf die Gegenwart von Vitamin A bei einem ungestörten Fettstoffwechsel Wert legen, dessen Anwesenheit sie für die Synthese des Neutralfettes aus den Fettsäuren für unbedingt notwendig erachten; sie stehen also mit ihrer Ansicht in schroffem Gegensatz zu der Ansicht von DRUMMOND[126]. Ferner glauben sie, daß bei Vitamin-A-Mangel die Fähigkeit des Körpers vermindert wird, aus Kohlehydraten Fett zu bilden. In jüngster Zeit haben COLLAZO und MUNILLA[103] bei einem vorwiegend B-frei ernährten Hunde eine beträchtliche Ausscheidung von Fett im Harn nachweisen können, die bis zu 20 g im Tagesharn betragen konnte. Eine nähere Untersuchung dieses Fettes (der in heißem Äther lösliche Anteil der Trockensubstanz des Harns) hat bisher nicht stattgefunden. Da die Niere hierbei keine Degenerationserscheinungen aufwies, sprechen diese Befunde für eine bedeutende Störung des Fettstoffwechsels und können beim Eintreten der Kachexie im prämortalen Stadium eine gewisse Rolle spielen.

Um Einblicke in den *intermediären Stoffwechsel* zu erhalten, wurden weiter das Blut und einzelne Organe des Körpers auf ihren Fettgehalt mehrfach untersucht. So prüften CIACCIO und IEMMA[91] das Blut von Hunden und Tauben im Zustand des Hungers und der Avitaminose auf seinen Gehalt an Gesamtfett nach der Methode des ersteren und an den gesamten Fettsäuren (Methode von KUMAGAWA-SUTO). Bei den Tauben wurde hierbei eine deutliche Zunahme der Phosphatide und eine etwas weniger deutliche des Gesamtfettes gefunden, bei den Hunden eine Verminderung der Phosphatide und eine Vermehrung der gesamten Fettsäuren. COLLAZO und BOSCH[100] untersuchten ebenfalls bei Hunden und auch bei Meerschweinchen den Petrolätherextrakt des Blutes und sahen bei Beginn der vitaminfreien Fütterung ein leichtes Absinken, dann ein Ansteigen und schließlich wieder ein Absinken, aber nicht bis zur Erreichung des Ausgangswertes; im Phosphatidgehalt wurden typische Änderungen nicht gesehen. Während des Hungerns treten im allgemeinen die gleichen Veränderungen auf, trotzdem betrachten die Autoren die Lipämie als etwas für die Avitaminose typisches. Ebenso hält auch ASADA[41] die Erhöhung des Blutfettspiegels in der Avitaminose für charakteristisch; er sah eine besonders deutliche Erhöhung des Blutfettgehalts bei der P-Vergiftung gegenüber den normalen Tieren. Diese Erhöhung bei der P-Vergiftung während der Avitaminose hält er für ein Zeichen

der gestörten Fettassimilation der Körperzellen. An 7 Hunden fand auch
SHINODA[541] eine deutliche Vermehrung des Blutfettgehalts während der Erkrankung, während SHIZUAKI[550] bei Beriberihühnern eine Vermehrung des Blut-
fettgehaltes nicht konstatieren konnte, ebensowenig wie bei Hungertieren.

Den *Fettgehalt des ganzen Körpers* (ohne Magen- und Darminhalt) bei der
Avitaminose untersuchte weiter ASADA[40] und fand ihn am niedrigsten bei den
Tieren, die eine vitaminfreie Kost mit hohem Fettgehalt erhielten. Auch ONO-
HARA[426] bestimmte mit gleicher Methode den Fettgehalt ganzer Ratten und
konnte durch Insulinzufuhr die Abnahme der Fettdepots nicht aufhalten, so
daß er zu dem Schlusse kommt, daß die Fettzerstörung im vitaminkranken
Körper nicht nur eine Folge des gesteigerten Kohlehydratstoffwechsels ist, der
sich ja durch Insulin beeinflussen läßt, sondern daß noch eine weitere Störung
vorliegt, *die direkt am Fettstoffwechsel angreift* und wahrscheinlich ein Haften des
Fettes an den Körperzellen erschwert. ASADA[42] untersuchte dann weiter noch
den Fettgehalt der Leber und fand bei hungernden und vitaminfrei ernährten
Ratten ebenfalls eine Abnahme desselben. Auch in der Leber fand durch P-Vergiftung vitaminfrei ernährter Ratten eine Erhöhung des Fettgehaltes statt,
während bei den gesunden Tieren hierbei eine Herabsetzung desselben beobachtet wurde; hieraus geht anscheinend hervor, daß das in der Leber gespeicherte
Fett im Zustand der Avitaminose nur zu einem kleinen Teil verbrannt wird.

Den *Fettgehalt der Muskulatur* skorbutkranker Meerschweinchen fand IWA-
BUCHI[250] ebenfalls erniedrigt, besonders stark und auffällig aber den *Fettgehalt
der Nebennieren*, nämlich um $^3/_4$ bis $^4/_5$. Ebenso sahen NAGAYAMA und TAGAYA[408]
eine leichte Verminderung des Gehaltes der Gewebe skorbutkranker Meerschweinchen an Fettsäuren. Die unverseifbaren Substanzen erlitten nach ihnen im Verlauf der Erkrankung keine wesentliche Änderung; nur in den Nebennieren der
erkrankten Tiere fand sich eine sehr beträchtliche Herabsetzung des Gehalts an
unverseifbarer Substanz. OMURA[425], welcher mit B-frei ernährten Ratten arbeitete und bei ihnen Hirn, Leber, Niere und Muskel untersuchte, sah ebenfalls
eine Abnahme des Fettgehalts dieser Organe und in Bestätigung der Befunde
von ONOHARA[426] keinen günstigen Einfluß des Insulins auf die Fettspeicherung.
Endlich stellte noch KODAMA[278] Untersuchungen über den Fett- und Lecithin-
gehalt von Blut und Geweben bei Hähnen an, die mit einer B-freien Diät ernährt
wurden. Die *Fettsäuren des Blutes* waren im Gegensatz zu den Hungertieren
etwas gesteigert, ebenso die der Organe, während das Lecithin meist etwas vermindert war. Die Abnahme der Phosphatide war am ausgesprochensten in der
Niere, dann folgten Pankreas, Herz, Leber, Milz, Muskel und Lunge; die größte
Vermehrung der Fettsäuren wurde im Hoden gefunden, dann folgten in absteigender Reihenfolge Milz, Pankreas, Leber, Niere, Herz, Lunge und Muskel.

Durch einen Zufallsbefund konnten MOTTRAM, CRAMER und DREW[389] einen
Beitrag zur Frage der *Fettresorption bei Vitamin-B-Mangel* erbringen. Bekanntlich kann die Resorption des Fettes im Darm in zwei Formen stattfinden, einmal
in Form kleiner Tröpfchen, dann aber auch in Form feiner Streifen, die sich von
den interepithelialen Lücken nach dem Lymphraum hinziehen. Anscheinend ist
bei der Resorption in Streifenform die Verteilung der Fette eine sehr viel feinere,
diese Resorption also die günstigere. Gelegentlich von Untersuchungen über die
Fettresorption konnten nun diese Autoren feststellen, daß das Fett bei Abwesenheit von Vitamin B in der Nahrung *ausschließlich in Form von Tropfen resorbiert
wird*, während bei Anwesenheit von B die Resorption hauptsächlich in Form von
Streifen vor sich geht. Auch bei Zufuhr von Vitamin A und D in Form von Lebertran wurde öfters Resorption in Streifenform beobachtet. Wenn auch diese
Befunde keinen Anhalt für die Störungen des Fettstoffwechsels geben, denn die

Fettresorption ist ja, wie aus der Lipämie hervorgeht, bei der Avitaminose nicht unbedingt gestört, so sind sie doch interessant als ein Hinweis darauf, wie mannigfaltig die Wirkungen der Vitamine im Körper sind.

E. Cholesterinstoffwechsel.

Eng mit dem Fettstoffwechsel ist der Stoffwechsel des Cholesterins verknüpft, der, wie wir sehen werden, im allgemeinen dieselben Veränderungen wie der Fettstoffwechsel zeigt. Am zahlreichsten sind auch hier wieder Untersuchungen über den *Zusammenhang zwischen Geflügelberiberi und Cholesterinstoffwechsel* durchgeführt worden, die wir daher auch zunächst besprechen wollen.

1. Das Cholesterin bei der B-Avitaminose.

LAWRACZECK[298] kam bei Untersuchungen über den Cholesteringehalt der Muskeln und Organe verschiedener Tiere auf den Gedanken, auch die Organe von Reistauben zu untersuchen. In früheren Untersuchungen gemeinsam mit EMBDEN hatte es sich nämlich herausgestellt, daß der Cholesterin-, Sarcoplasma- und Restphosphorsäuregehalt verschiedener Muskeln und Organe um so höher lag, je größer die Leistung war, zu der das betreffende Organ befähigt ist. Bei den großen Schwächezuständen im an Vitaminmangel erkrankten Körper schienen daher Untersuchungen über diese Verhältnisse nicht aussichtslos. Die Untersuchungen von LAWRACZECK[298] ergaben nun, daß tatsächlich Unterschiede im Cholesteringehalt der Muskeln gesunder und reiskranker Tauben bestanden und zwar wurde bei ausgesprochener Beriberi eine *starke Vermehrung des Cholesterins* in den Skelettmuskeln, noch mehr aber im Blut gefunden; die Veränderungen im Cholesteringehalt des Herzens waren dagegen nicht ganz eindeutig. Auch bei hungernden Tieren, die mit einer unzulänglichen, aber Vitamin B enthaltenden Nahrung längere Zeit gefüttert wurden, bis sie stark abgemagert waren, ergab sich eine deutliche Erhöhung des Cholesterins im Muskel, nicht aber im Blut und im Herzen. HOTTA[237] führte dann im EMBDENschen Institut diese Versuche fort und dehnte die Analysen auch auf andere Organe aus. Zunächst konnte er dabei die Befunde von LAWRACZECK[298] bestätigen, fand dann aber weiter in Muskelmagen, Milz, Leber und Pankreas ebenfalls eine Erhöhung des Cholesterins bis auf das Doppelte der Normalwerte. Ebenso zeigte sich im Gehirn dieser Tiere schon im Beginn der Erkrankung eine deutliche Zunahme des Cholesterins; Niere, Nebenniere und Hoden wiesen dagegen keine Veränderungen in ihrem Cholesteringehalt auf. Daß diese Vermehrung im Gewebe und den Organen nicht durch den hohen Blutcholesteringehalt bedingt ist, geht daraus hervor, daß die Cholesterinvermehrung im Gewebe in vielen Fällen *größer war als die des Blutes* (HOTTA[238]). Weiter konnte dann HOTTA[238] noch zeigen, daß durch Zulage von Cholesterin zur Reisdiät die Anreicherung des Körpergewebes mit Cholesterin weiter begünstigt werden kann und daß so gefütterte Tauben in ihrem Verhalten wesentlich von B-Tauben abweichen. In einer weiteren Mitteilung mit BERBERICH[53] wurden diese Befunde noch genauer dargelegt, auf die hier aber nicht näher eingegangen werden soll. Das wichtigste Merkmal war, daß derartige, mit Cholesterin gefütterte Reistauben *nie Krampferscheinungen zeigten* und daß bei ihnen die Nahrungsaufnahme nicht so erheblich gestört war. Diese Befunde weisen also auf *Beziehungen zwischen Cholesterin und Nervenstörungen* hin.

SHIZUAKI[550] fand dann weiter in seinen Untersuchungen ebenfalls eine Zunahme des Cholesterins im Blute erkrankter und hungernder Tauben, dagegen keine solche im Muskelgewebe, während KODAMA[275] das Blutcholesterin stark, das in den Organen bei seinen Hähnen etwas vermehrt fand. Die Vermehrung war am stärksten im Pankreas, weniger in den Hoden, den Nieren, dem Herz und der Lunge; auch NITZESCU und CADARIU[418] fanden eine Erhöhung des Cholesterins im Blute auf ungefähr das doppelte der Norm. Was das Verhältnis des freien zum gebundenen Cholesterin in den Muskeln und der Leber anlangt, so fand BEZNÁK[58] bei der Beriberi keine Veränderung dieses Verhältnisses; gebundenes Cholesterin war nur in Spuren vorhanden, während die überwiegende Hauptmenge durch freies Cholesterin gebildet wurde.

VERZÁR, KOKAS und ÁRVAY[643] und VERÁR und BEZNÁK[640] untersuchten nun auch noch die *nervösen Organe des Körpers auf ihren Cholesteringehalt* und konnten ebenfalls eine *Zunahme* desselben im Stadium der Avitaminose feststellen. Einige der erhaltenen Werte sind in der folgenden Tabelle 2 angeführt, die den Berichten über die gesamte Physiologie (*31*, 553. 1925) entnommen ist, da mir das Original nicht zur Verfügung stand. Die Zunahme des Cholesterins wird bedingt durch die Zunahme des freien und des gebundenen Cholesterins, wie aus den Werten der Tabelle hervorgeht, und zwar ist die Zunahme des gebundenen stärker als die des ersteren.

Tabelle 2.

	Cholesterin-% im										
	Gehirn				Rückenmark				Flügelnerv			
	Ge-samt	frei	ge-bunden	frei : gebund.	Ge-samt	frei	ge-bunden	frei : gebund.	Ge-samt	frei	ge-bunden	frei : gebund.
5 Normale	1,19	0,66	0,53	1,23	4,75	2,75	2,00	1,39	1,81	0,96	0,85	1,07
6 Kranke	1,85	0,87	0,98	0,88	5,37	2,85	2,52	1,13	2,88	1,35	1,53	0,88
Differenz	+ 0,66	+ 0,21	+ 0,45	− 0,35	+ 0,62	+ 0,10	+ 0,52	− 0,26	+ 1,07	+ 0,39	+ 0,68	− 0,19

Ausgehend von den oben zitierten Untersuchungen von HESS[211] stellte schließlich MESSERLE[368] Untersuchungen darüber an, ob der vermehrte Cholesteringehalt die Ursache oder die Folge der verminderten Atmung ist. Zur Klärung dieser Frage wurde wieder auf die Methode der Blausäurevergiftung zurückgegriffen und auch tatsächlich bei derart vergifteten Tauben ebenfalls eine Vermehrung des Cholesterins in Niere, Leber, Gehirn und Brustmuskel gefunden. Die Erhöhungen sind allerdings nicht so stark wie bei der Beriberi. Da auch bei der Herabsetzung der Gewebsatmung durch Blausäure ein erhöhter Cholesteringehalt gefunden wurde, scheinen *Atmungsverminderung und Cholesterinvermehrung in Beziehungen zu stehen.* ,,Es ergibt sich dabei die Folgerung, daß der vermehrte Cholesteringehalt den Sekundäreffekt darstellt.‘‘

2. Das Cholesterin bei den anderen Avitaminosen.

Aber nicht nur an Tauben bei der Beriberi, sondern auch noch bei anderen Tieren und Avitaminosen wurde dem Cholesterinstoffwechsel Aufmerksamkeit geschenkt. So untersuchten LIANG und WACKER[303] bei A-frei ernährten Ratten den Gehalt des Körpers an Cholesterin und fanden eine *erhebliche Vermehrung desselben* auch bei fettfreier Ernährung, während JAVILLIER, ROUSSEAU und ÉMERIQUE[256] mit Ausnahme der Haut eine *Abnahme des Cholesterins* in sämtlichen Organen und Geweben bei der A-frei ernährten Ratte fanden; auch RANDOIN und MICHAUX[479, 480] sahen eine solche Abnahme des Cholesteringehaltes in den Nebennieren.

MOURIQUAND, LEULIER, MICHEL und IDRAC[400], welche *im Blut* gesunder und skorbutkranker Meerschweinchen den Cholesteringehalt bestimmten, fanden bei gesunden männlichen Tieren Werte zwischen 0,038 und 0,050 % (Durchschnitt

0,042%), bei weiblichen Tieren 0,021—0,06% (Durchschnitt 0,043%). Bei drei chronisch skorbutkranken Tieren ergaben sich Werte zwischen 0,016 und 0,1%, so daß aus den wenigen Versuchen und der großen Schwankungsbreite ein deutlicher Einfluß des Vitamins C auf den Cholesteringehalt des Blutes nicht angenommen werden kann. In weiteren Arbeiten (MOURIQUAND und LEULIER[394, 395, 396]) wurden auch die verschiedenen Organe in den Bereich der Untersuchungen gezogen, aber ebenfalls ohne daß eindeutige Ergebnisse erzielt werden konnten. Höchstens könnte von einer Herabsetzung des Cholesteringehaltes in den Nebennieren gesprochen werden, die besonders deutlich war, wenn der Skorbut mit Tuberkulose vergesellschaftet auftrat. Bemerkenswert war, daß sich die Änderung im Cholesteringehalt der Nebennieren nicht im Blut bemerkbar machte. Die von NAGAYAMA und TAGAYA[408] gefundene Herabsetzung des Gehalts der Nebennieren an unverseifbaren Substanzen (vgl. S. 736) rührt nach weiteren Untersuchungen von IGARASHI und TAGAYA[244] von der Abnahme des Cholesteringehaltes her. Neben diesem Befund konnte weiter noch eine deutliche Abnahme des Cholesteringehaltes der Lungen und eine leichtere der Hoden und der Muskeln festgestellt werden.

Schließlich müssen noch die Untersuchungen aus dem BICKELschen Institut Erwähnung finden, die sich mit der Wirkung der *Polyavitaminose* beschäftigen, bei der also sämtliche Vitamine in der Nahrung fehlten. So fand ASADA[40] bei der Analyse ganzer so ernährter Ratten eine *Abnahme des Cholesteringehaltes* im Verlauf der Avitaminose, der aber weniger ausgesprochen war als die Abnahme des Fettgehaltes. Bei seinen weiteren Untersuchungen mit der P-Vergiftung, über die schon berichtet worden ist, fand er[41] die Schwankungen des Cholesterins ungefähr parallel gehen mit den Schwankungen des Fettgehalts, während bezüglich des *Lebercholesterins* die Verhältnisse etwas anders lagen (ASADA[42]). Während nämlich beim normalen Tier nach der P-Vergiftung der Cholesteringehalt der Leber etwas schwankende Werte aufwies, war er, ebenso wie der Fettgehalt bei vitaminfrei ernährten Tieren *stets erhöht*.

Auch beim vitaminfrei ernährten Hund konnten COLLAZO und BOSCH[100] ein Parallelgehen zwischen Fettgehalt und Cholesteringehalt im Blut feststellen, also ebenfalls eine *Erhöhung des Blutcholesterins*, während SHINODA[541] bei seinen sieben Hunden die Schwankungen zu groß fand, um einwandfreie Schlüsse ziehen zu können. Mit der Cholesterinämie steht nur scheinbar im Widerspruch eine ältere Beobachtung von STEPP[577], welcher in der Galle eines vitaminfrei ernährten Hundes kein Cholesterin fand; denn die Cholesterinämie könnte ja dadurch bedingt sein, daß die Ausscheidung des Cholesterins auf dem natürlichen Wege über die Galle durch die Avitaminose eine Störung erfahren haben könnte.

Wenn man noch einmal kritisch die eben vorgelegte Literatur über den Fettstoffwechsel bei der Avitaminose überblickt, so kann man wohl sagen, daß in dieser Hinsicht die Verhältnisse etwas klarer liegen. Störungen scheinen auf jeden Fall zu bestehen und sehr vieles weist darauf hin, daß die Störungen im intermediären Stoffwechsel verankert liegen. Zur Zeit läßt sich aber eine genaue Analyse der hier vorgehenden Änderungen ebenfalls nicht geben; vielleicht ist auf dem von BICKEL vorgeschlagenen Wege der weiteren Forschung auch auf dem Gebiete des Fettstoffwechsels ein Erfolg beschieden.

F. Der Einfluß der Vitamine auf den Mineralstoffwechsel.

Über diese Frage sind sehr zahlreiche Untersuchungen, besonders über die Beziehungen des Vitamins D zum Mineralstoffwechsel angestellt worden, die wir im folgenden der Reihe nach für die einzelnen Vitamine besprechen wollen.

I. Vitamin A, B, C, E und Mineralstoffwechsel.

Einleitend seien einige Versuche von Morinaka[386] aus dem Bickelschen Institut erwähnt, welcher mit Mäusen arbeitete, die als alleinige Nahrung gekochten polierten Reis und ein Salzgemisch erhielten. Nach Tötung wurden die Körper gewogen, bis zur Gewichtskonstanz getrocknet und dann verascht; bestimmt wurde in der Asche Ca, Mg, P und K. Gegenüber den Kontrollen zeigten die vitaminfrei ernährten Tiere ungefähr den gleichen Wassergehalt, dagegen war der *Aschegehalt vermehrt*, da die Körpergewichtsabnahme während der Erkrankung hauptsächlich auf Kosten der aschearmen Weichteile vor sich geht. Ca und Mg wurden bei den erkrankten Tieren vermehrt gefunden, P ungefähr in gleicher Menge wie bei den Kontrollen, dagegen war der K-Gehalt erheblich vermindert. Von der Anschauung Bickels ausgehend, daß die Erkrankung nach Vitaminmangel durch eine Herabsetzung der Zellassimilationen hervorgerufen wird, untersuchte weiter Suda[585] ebenfalls an Mäusen die Wirkung der *Zufuhr von As*, welches bekanntlich assimilationsfördernd wirkt; die Versuche zeigten aber, daß sich auf diesem Wege eine Beeinflussung der Avitaminose nicht erzielen läßt, wobei dahingestellt bleiben muß, warum die As-Zufuhr keinen begünstigenden Einfluß hatte.

Um Grundlagen für etwaige quantitativ meßbare Wirkungen der Vitamine zu erhalten, untersuchten Euler und Myrbäck[140] den *Ca-Gehalt des Blutes von Ratten* und fanden bei Normaltieren mit großer Regelmäßigkeit Durchschnittswerte von 0,069 mg/cm³, welche auch bei *A-frei ernährten Ratten* nicht wesentlich abwichen. In einer weiteren Arbeit (Euler und Johansson[139]) wurden Normalwerte für die Zusammensetzung der Rattenknochen aufgestellt; in zwei Versuchen ergaben sich dabei die Werte der folgenden Tabelle 3. Das Ver-

Tabelle 3. Durchschnittliche Zusammensetzung der Knochen von weißen Ratten. (Euler und Johansson[139].)

Glühverlust	36,4%	36,5%
Ca-Gehalt	24,9%	25,1%
Mg-Gehalt	0,3%	0,1%
PO_4-Gehalt	34,2%	35,8%.

hältnis $Ca:PO_4$ beträgt demnach in der Rattentibia 0,7141. Auch Javallier, Allaire und Rousseau[255] untersuchten Ratten, welche eine an A arme Nahrung erhielten, bezüglich *der verschiedenen P-Fraktionen* gegenüber den Normaltieren. Wenn man die erhaltenen P-Werte in Beziehung setzt zu je 100 g lebender oder trockener Substanz, so ergibt sich folgendes: Die A-arm ernährten Tiere wiesen einen höheren Gehalt an Gesamt-P auf als die Kontrollen, der Gehalt an unlöslichem P (Calciumphosphat der Knochen) war ebenfalls erhöht; das Knochengerüst nahm also in geringerem Ausmaße an der Wachstumshemmung teil als die Weichteile; der Gehalt an Lipoid-P, Nuclein-P, löslichem anorganischen und löslichem organischen P war dagegen bei den erkrankten und den normalen Tieren nahezu gleich. Die geringe und uneinheitliche Verringerung des Nuclein-P spricht gegen die Arbeitshypothese der Verfasser, daß das Vitamin A in irgendeinem Stadium der Synthese der Kernbestandteile katalytische Wirkungen ausübt.

Auch an *Beriberitauben* wurde verschiedentlich sowohl der Mineralstoffgehalt als auch die Wirkung verschiedener Mineralien auf den Ausbruch und Ablauf der Erkrankung untersucht, um Abweichungen im Mineralstoffwechsel festzustellen. So untersuchte z. B. Suski[601] den Einfluß *verschiedener Eisenverbindungen* auf diese Erkrankung und fand, daß aktives Eisenoxyd und bestrahltes und nichtbestrahltes Eisensulfat den Gewichtssturz etwas aufzuhalten vermochte, daß der Eintritt des Todes aber nur durch bestrahltes Eisensulfat etwas verzögert wurde;

ungünstig wirkten dagegen Gaben von benzidinaktivem Eisencarbonat auf den
Verlauf der Beriberi ein. SAWANISHI[517] fand bei der Analyse des *Fe-Gehaltes
der Organe* an B-Mangel erkrankter Tauben stets einen gesteigerten Eisengehalt
der Leber und des Knochensystems, meist dagegen eine verminderte Hb-Menge.
Bezüglich des *Kaliumgehalts* von Leber und Skelettmuskel derartig erkrankter
Tauben fand JONO[258] in Übereinstimmung mit MORINAKA[386] bei Mäusen und den
Ergebnissen von GULIK[196] bei Hähnen gegenüber den normalen und Hungertieren
eine deutliche Verminderung desselben. In umfangreichen Untersuchungen hat
dann SHINZA[543, 544] die *Beziehungen des Kaliums zum Ausbruch der Beriberi*
studiert und kommt auf Grund seiner Ergebnisse zu der Ansicht, daß das Kalium
bei der Beriberi eine ähnliche Rolle spielt wie das Calcium und der Phosphor
bei der Rachitis, über die noch zu sprechen sein wird. Bei Zufütterung von K
an Reistauben vergeht nämlich eine viel längere Zeit bis zum Ausbruch der Erkrankung als bei der gleichen Ernährung ohne K-Zusatz. Wird weiter durch
Na-Zufuhr der Körper an K verarmt, so treten gegenüber den Kontrollen die
Krämpfe sehr viel schneller ein. Auch ist bei K-Zufuhr der Zeitpunkt des Aus-
bruchs der Krämpfe abhängig von der Resorbierbarkeit der zugeführten Kali-
lösung. Je *leichter das K resorbiert werden kann, um so schneller ist seine Wirkung,*
so daß wohl nicht daran zu zweifeln ist, daß *der Kaliummangel,* der ja, wie wir
eben gesehen haben, bei der Beriberi stets vorhanden ist, *in einer ursächlichen
Beziehung zum Ausbruch der Erkrankung steht.*

Bezüglich des *Phosphatidstoffwechsels* bei der Beriberi liegen die alten Untersuchungen von FUNK[164] vor, welcher erstmalig Gehirne erkrankter Tauben auf
ihren Gehalt an P und N untersuchte, um Einblicke in den Gehalt an *Lipoiden*
zu gewinnen. Die Ergebnisse von FUNK sind in der folgenden Tabelle zusammengestellt, welche aus FUNK[165] S. 149 entnommen ist.

Tabelle 4. Gehalt des Taubengehirns an N und P nach FUNK[165].

	Endgewicht der Tiere	Hirngewicht in g		N-Gehalt in		P-Gehalt in	
	g	feucht	trocken	%	mg	%	mg
Normale Tiere .	320	1.80	0,3848	9,77	37,6	1.84	7,0
Beriberitiere . .	232	1.75	0,3602	9,31	33.7	1.53	5.5
Geheilte Tiere .	259	1.82	0,3914	9,37	36.7	1.57	6.1
Hungertiere . .	269	1.98	0.4330	9.62	41.7	1.85	8.0

Wie aus den Werten der Tabelle 4 hervorgeht, ist bei den erkrankten Tieren
der P- und N-Gehalt des Gehirns erheblich niedriger, weshalb FUNK auf einen
Abbau der Phosphatide schloß; einen erheblichen Abfall des Lipoid-P im Verlauf der Avitaminose in den Nieren sah auch CIACCIO[89, 90], der am größten in
den Nieren war und dann der Reihenfolge nach in Leber, Herz, Muskeln und
Gehirn. Vor kurzem versuchten SCHMITZ und HIROAKA[523] die ebenfalls gefundene
Verarmung des Blutes und der Organe von Beriberitauben an Phosphatid durch
Injektion bzw. Verfütterung von Eilecithinemulsion wieder aufzuheben. Tatsächlich gelang es ihnen auch, durch die Injektion die Lebensdauer der Tiere
auf das Doppelte zu verlängern, ohne aber den Eintritt der Krämpfe verhindern
zu können. Während der ganzen Periode der Injektionen blieb der Phosphatidgehalt des Blutes normal; auch das Gehirn war wenig angegriffen und die Abnahme
der Erythrocyten, die bei Reistauben sonst stets vorhanden ist (vgl. S. 768)
wurde verzögert. Aus ihren Versuchen schließen SCHMITZ und HIROAKA, daß
*die Phosphatidverarmung des erkrankten Körpers durch ein Darniederlegen der
Synthese zustandekommt* und daß diese auch durch Zufuhr von Lecithin von außen
nicht wieder gesteigert werden kann. Endlich sind hier noch die Untersuchungen

von Pugliese[465] über den P-Gehalt der Brustmuskeln normaler und reiskranker Tauben anzuführen, aus denen eine beträchtliche Erhöhung des organischen und anorganischen P bei der Avitaminose deutlich hervorgeht; der Gehalt an anorganischem P betrug nämlich bei normalen Tauben 0,225, bei Hungertauben 0,205 und bei Beriberitauben 0,608, die entsprechenden Zahlen für den organisch gebundenen P waren 0,349, 0,323 und 0,779.

Hierher gehören ferner noch die Versuche von Suski[600], welcher KCl, NaCl, CaCl$_2$ und Harnstoff daraufhin untersuchte, ob Reistauben gegen die intravenöse oder intramuskuläre Zufuhr dieser Salze empfindlicher seien als normale Tauben; durch das Versuchsergebnis konnte diese Frage eindeutig verneint werden. Auch Hirabayashi[223] konnte zwischen der Zufuhr von NaCl oder derselben Menge „Zellsalz" und dem Ausbruch der Beriberi Unterschiede nicht feststellen. Als Zellsalz wurde ein Salzgemisch verabreicht, welches viel Jod, aber wenig Ca, K und P enthielt.

In Stoffwechselversuchen an Hühnern fanden Anderson und Kulp[30] bei der Beriberi die *K- und P-Bilanz schwach negativ;* ob dieser Befund, welcher in dem oben dargelegten Sinne der K- und P-Verarmung des Organismus spricht, hierfür herangezogen werden kann, ist allerdings zweifelhaft, da Verfasser selbst die negativen Bilanzen auf die verminderte Nahrungsaufnahme der beiden letzten Versuchswochen zurückführen.

Hinsichtlich des Mineralstoffwechsels *B-frei ernährter Ratten* habe ich in der Literatur nur eine Angabe von Funk und Levy[171] gefunden, welche den N-, P-, S- und Ca-Stoffwechsel B-frei ernährter Ratten vor und nach Zulage von B-Präparaten untersuchten. Aus ihren Versuchen schließen diese Forscher, daß durch die Zufuhr von B eine Verbesserung der Bilanz aller genannten Stoffe bewirkt wird.

Mit dem Mineralstoffwechsel *skorbutkranker Meerschweinchen* haben sich besonders französische Forscher beschäftigt. Die beim Skorbut zu beobachtende Knochenbrüchigkeit und die damit in Zusammenhang stehenden oft vorkommenden Spontanfrakturen weisen ja schon rein äußerlich auf Störungen des Ca- und P-Stoffwechsels hin. Es ist daher überraschend, daß Morel, Mouriquand, Michel und Thévenon[378] bei ihren Untersuchungen über den Aschen- und Ca-Gehalt von Knochen typisch skorbutkranker Meerschweinchen Unterschiede gegenüber den Normalwerten *nicht* finden konnten. Auch in weiteren Versuchen (Mouriquand, Leulier und Michel[398], Mouriquand und Leulier[396], Iwabuchi[250]) konnten solche Veränderungen selbst in den Endstadien des Skorbuts weder an den Knochen, noch an den Zähnen festgestellt werden.

Die *Ausscheidung von Ca* im Harn und Kot C-frei ernährter Meerschweinchen untersuchte Palladin[435] und fand im Laufe der 2. bis 3. Woche, Hand in Hand mit der verminderten Nahrungsaufnahme eine Verringerung der Ca-Ausscheidung. Popowa[461] fand im experimentellen Skorbut erhebliche Kalkverluste, auf Grund deren sich eine *Hypocalcämie* ausbildet, welche Palladin[435] im Verlaufe der Krankheit ebenfalls gesehen hatte, während Edelstein und Schmal[134] eine solche nicht bemerken konnten. In den Versuchen von Palladin sank der Blutkalkspiegel von 10,68—16,54 mg in 100 cm^3 am 21. Versuchstage bis auf 7,28 mg in 100 cm^3. Popowa[461] hält diese Störung des Ca-Stoffwechsels allerdings nicht für eine Folge des C-Mangels, sondern der allgemeinen Ernährungsstörungen im Gefolge des Skorbuts. Eine ähnliche starke Erniedrigung der *gesamten und anorganischen Phosphorsäure* im Blut in den letzten Tagen der Erkrankung sahen auch Euler und Myrbäck[140] bei ihren skorbutkranken Meerschweinchen, eine Tatsache, die von Nagayama und Munehisa[406] nicht bestätigt werden konnte; diese fanden in den meisten Fällen einen normalen P-Gehalt des Serums, ebenso auch einen normalen Ca-Gehalt, während die Ca- und P-Ausscheidung in Urin und Faeces im Beginn der Erkrankung etwas erhöht gefunden wurde, um aber im Verlauf der Erkrankung allmählich wieder abzunehmen. Es bleibt daher noch die Frage zu klären, warum trotz der erhöhten Ca-Ausscheidung und des erniedrigten Ca- und P-Spiegels im Blut der Körper nicht auf die in den Knochen reichlich vorhandenen Ca- und P-Bestände zurückgreift, und man muß abwarten, ob die von MOURIQUAND und LEULIER[396] in Aussicht gestellten weiteren Versuche eine Klärung dieser interessanten Frage herbeiführen werden.

Einen Beitrag zu der Frage des *Eisenstoffwechsels* skorbutkranker Meerschweinchen erbrachten schließlich noch RANDOIN und MICHAUX[478]. Im Gegensatz zum Fe-Gehalt des Blutes und der Milz, der auch im Skorbut nur geringe Änderungen zeigte, ging der *Fe-Gehalt der Leber*, der bei gesunden Tieren durchschnittlich 2 mg beträgt, vom 20. Versuchstage ab sehr erheblich zurück. Gegen Ende des Versuchs enthielt die Leber meist nur noch einen Fe-Gehalt von 0,45 mg; also auch die wichtigen Eisendepots in der Leber werden während des Skorbuts von dem Körper verbraucht.

Am Schlusse unserer Besprechungen über den Mineralstoffwechsel sind weiter noch zwei Arbeiten von SIMMONDS, BECKER und McCOLLUM[556, 557] zu erwähnen, die sich mit dem *Fe-Stoffwechsel von Ratten bei Mangel an Vitamin E* beschäftigten und welche die Annahme gestatten, daß zwischen der Eisenassimilation und dem Vitamin E Beziehungen bestehen, deren Natur aber noch vollkommen dunkel ist, zu dessen Klärung demnach noch weitere Arbeiten über dieses Gebiet abgewartet werden müssen.

II. Vitamin D und Ca- und P-Stoffwechsel bei der Ratte.

Im Gegensatz zu diesen wenig einheitlichen Befunden, die auch viel zu wenig zahlreich sind und zu wenig von einheitlichen Gesichtspunkten ausgehen, um irgendwelche wichtige und einwandfreie Schlüsse zu erlauben, sind die zahlreichen Untersuchungen über den Zusammenhang zwischen Vitamin D und Mineralstoffwechsel von besserem Erfolg gekrönt worden, so daß wir uns heute von diesen Beziehungen ein wesentlich klareres Bild machen können. Daß hier Zusammenhänge bestehen müssen, lag ja von vornherein infolge der äußeren Erscheinungen der Rachitis auf der Hand, ganz ähnlich wie bei der Skorbuterkrankung des Meerschweinchens, bei welchem wir ebenfalls typische Knochenveränderungen sehen, ohne daß diese allerdings nach unseren bisherigen Kenntnissen von typischen Veränderungen in der Zusammensetzung der Knochen begleitet zu sein scheinen. Im Gegensatz hierzu sind die Veränderungen in der Zusammensetzung der Knochen bei der Rachitis eindeutiger und wenigstens zum größten Teil heute geklärt.

Das Hauptversuchstier für das Studium der D-Wirkung ist in den letzten Jahren die *Ratte* geworden, an der demgemäß auch die weitaus überwiegende Zahl der Versuche ausgeführt worden sind. Wir wollen daher im folgenden zunächst die an diesen Tieren gefundenen Ergebnisse besprechen, trotzdem der Anstoß zu diesem Untersuchungen von Versuchen an *Hunden* ausgegangen ist, wie wir später noch erörtern werden. Auf die Frage der Identität zwischen Ratten- und Menschenrachitis wollen wir dabei hier nicht eingehen; bezüglich dieser Frage sei auf die Ausführungen von M. SCHIEBLICH im ersten Bande dieses Handbuches verwiesen, welcher diese Frage bejaht hat.

Die ersten Versuche über die Rattenrachitis wurden im Jahre 1921 von McCOLLUM, SIMMONDS, PARSONS, SHIPLEY und PARK[352] veröffentlicht. Sie beruhten auf Beobachtungen an mehr als 2000 Ratten, die sich auf 10 Jahre erstreckt hatten und in denen über 300 verschiedene Futterzusammensetzungen ausprobiert worden waren; mit diesen Untersuchungen wurden die Grundlagen für die weiteren, sich hieran anschließenden Forschungen über die Ätiologie der Rachitis gegeben. Schon aus diesen Versuchen ist, wenn auch noch nicht ganz eindeutig, zu erkennen, daß das Ca zur Vermeidung der Rachitis ebenso notwendig ist, wie die Zufuhr von *Vitamin D*, das damals noch als fettlöslicher Faktor A bezeichnet wurde. Schon in diesen Versuchen konnten die Verfasser weiter durch histologische Untersuchungen die Kalkfreiheit der Epiphysenknorpel und der angrenzenden Teile der Metaphyse feststellen und bereits 3 Tage nach der Zufuhr von Lebertran bei so erkrankten Tieren den Wiederbeginn der Kalkablagerungen nachweisen. In der kurze Zeit darauf folgenden nächsten Mitteilung[545] war schon die Wichtigkeit auch *der P-Zufuhr* in der Nahrung erkannt worden; die Schlüsse aus diesen Versuchen waren aber nicht ganz eindeutig, da man die Trennung von Vitamin A und D noch nicht kannte und die Versuchsergebnisse durch A-Mangel-Erkrankungen (Xerophthalmie) verwischt wurden. Diese Trennung von Vitamin A und D gelang erst 1922, indem McCollum, Simmonds, Becker und Shipley[356] nachweisen konnten, daß im Lebertran durch stundenlanges Durchleiten von Luft wohl das Vitamin A, nicht aber das Vitamin D zerstört wird. In weiteren Versuchen an einem umfangreichen Tiermaterial wurde dann die *Frage nach der Notwendigkeit des Ca- bzw. P-Anteils der Nahrung* eingehend untersucht. So wurde in einer Versuchsreihe[353] eine Nahrung verabreicht, welche alle Bestandteile in bester Zusammensetzung enthielt, nur wurde der Ca-Gehalt niedrig gehalten; P und Vitamin waren dagegen in reichlicher Menge enthalten, um einen Mangel an diesen Bestandteilen mit Sicherheit auszuschließen. Tiere mit dieser Kost (Nr 2581) starben früh und zeigten ausgesprochene rachitische Erscheinungen. Durch bloße Zulage von Ca in Form von Calciumcarbonat konnte mit derselben Kost gutes Wachstum und gute Fruchtbarkeit bei vollkommenem Fehlen von rachitischen Erscheinungen erzielt werden.

Aus allen diesen Versuchen geht hervor, daß Rachitis auftritt, *wenn in der Nahrung ein Mißverhältnis zwischen P und Ca besteht*, die Nahrung also viel Ca und wenig P enthält und umgekehrt *und wenn ferner das später erkannte Vitamin D in der Nahrung fehlt.* In späteren Versuchen[354] konnten dann diese früheren Befunde erhärtet und weiter dahin ausgebaut werden, daß *dem Verhältnis Ca : P in der Nahrung die größte Bedeutung zukommt.* Auch trotz hoher Vitamingaben kann Rachitis auftreten, wenn der Ca-Gehalt gegenüber dem P-Gehalt sehr erhöht ist; dabei ist ein P-Mangel gar nicht einmal erforderlich. P kann in der notwendigen Menge gegeben werden und verhindert bei einem Überschuß an Ca dennoch nicht den Ausbruch der Rachitis. *Das Verhältnis dieser beiden Stoffe in der Nahrung ist also wichtiger als der absolute Gehalt der Nahrung an diesen beiden Stoffen.* Schließlich konnte schon damals [547] die *Wichtigkeit des Sonnenlichtes* bei der Verhütung der Rachitis, das man bis dahin nur empirisch bei der menschlichen Rachitis angewandt hatte, im Tierexperiment bestätigt werden. Bei einer Kost mit reichlich Ca, dagegen wenig P und Vitamin wurden wohl die im Zimmer gehaltenen Tiere typisch rachitisch, nicht aber diejenigen, welche in Drahtkäfigen jeden Tag 4 Stunden ins Freie gebracht worden waren. Die Verfasser setzten daher die heilende Wirkung des Sonnenlichtes und des Lebertrans gleich, indem beide wohl das fehlende P in der Nahrung nicht ersetzen können, *wohl aber trotz des geringen P- und des reichlichen Ca-Angebotes dennoch einen normalen Ca- und P-Stoffwechsel in die Wege leiten können.*

Hess, Unger und Pappenheimer[219] kamen dann bei ihren Untersuchungen zu den gleichen Ergebnissen und Schlüssen und erweiterten sie später dahin (Hess, Unger und Pappenheimer[220]), daß bei schwacher Bestrahlung mit der

Quecksilberbogenlampe wohl die weißen Ratten geschützt werden, schwarze Ratten dagegen bei so geringen Dosen stets erkrankten: durch die Pigmentablagerung in der Haut wurde daher die Entwicklung der vollen Heilkraft der kurzwelligen Strahlen gehindert.

Unterdessen hatten andere Forscher das Rachitisproblem ebenfalls zum Gegenstand ihrer Untersuchungen gemacht. So berichtete KORENCHEWSKY[282] über Erzeugung von Rattenrachitis durch Fütterung mit einer an Ca und Vitamin armen Kost, die durch Zufuhr von Butter oder Lebertran geheilt werden konnte. STOELTZNER[581] stellte dann die These auf, daß das osteoide Gewebe nicht deshalb kalklos bleibt, weil das Ca-Angebot zu niedrig ist, sondern das Gewebe nimmt den Kalk nicht auf, *weil die Kalkbindung schlecht ist*. Er hielt demnach die Kalkstoffwechselstörung für eine sekundäre Erscheinung der Rachitis und glaubte deshalb, daß der Ca-Stoffwechselversuch bezüglich der Entstehung der Rachitis keinen Aufschluß geben könnte.

Wird in der Nahrung das Verhältnis Ca : P so eingestellt, daß *der P-Gehalt bei weitem den Ca-Gehalt überwiegt*, so treten keine rachitischen Erscheinungen auf, wohl aber andere, die für den P-Reichtum typisch sind (PARK, SHIPLEY, McCOLLUM und SIMMONDS[448]); aus diesen histologischen Bildern kann man schließen, daß der Körper in diesem Falle bestrebt ist, seinen Ca-Bedarf trotz des in der Nahrung mangelnden Ca dadurch zu decken, *daß er das Knochensystem angreift und aus ihm Ca herauslöst*. Diese Tiere werden sehr reich erregbar, so daß Ähnlichkeiten mit der *Tetanie* nicht von der Hand zu weisen sind, bei der ja bekanntlich der Ca-Stoffwechsel ebenfalls gestört ist (vgl. auch S. 749 und 750). In ihren weiteren Versuchen kamen dann diese Forscher zu der Ansicht[449], daß es *zwei Arten der Entstehung der Rachitis gibt*. Die eine Form entsteht, wenn in der Nahrung P in minimaler, Ca mindestens in optimaler Menge vorhanden ist („P-arme Rachitis"), die andere Form, wenn der Ca-Gehalt sehr niedrig, der P-Gehalt dagegen nahezu optimal ist („Ca-arme Rachitis"). Bei der Entstehung beider Arten ist ferner eine mangelhafte Zufuhr oder überhaupt das Fehlen des Vitamins D unerläßlich. *Dagegen ist bei optimaler Ca- und P-Darreichung das Vitamin D zur Verhütung der Rachitis nicht unbedingt notwendig*. In weiteren Versuchen konnte dann noch festgestellt werden[355], daß die histologischen Bilder dieser beiden Rachitisformen nicht gleichartig sind: so führt *Ca-Mangel* in der Kost zu Abbau und Auflösung von bereits in den Knochen abgelagerten Ca-Salzen, während bei *Mangel an P* in der Nahrung der Knochenaufbau nicht in normaler Weise von statten geht, so daß nur das letztere Bild der eigentlichen Rachitis des Menschen entspricht. PAPPENHEIMER, McCANN und ZUCKER[445, 446] und CHICK, KORENCHEVSKY und ROSCOE[88] kamen bei ihren Untersuchungen im allgemeinen zu den gleichen Schlußfolgerungen.

In *Stoffwechselversuchen* hatte McCLENDON[345] festgestellt, daß bei der Rachitis wohl die *Ca-Bilanz positiv* war, die *P-Bilanz* dagegen stets *negative Werte* aufwies; die Kontrollen dieser Versuche wurden bei der gleichen Nahrung, aber bei Sonnenbestrahlung gehalten. Bei *Zusatz von Lebertran* zur rachitogenen Kost wurden auch bei den erkrankten Tieren *beide Bilanzen wieder positiv*. Aus den Gewichtskurven und der P-Ausscheidung stellte McCLENDON[347] dann eine komplizierte Formel für den „rachitischen Index" auf, die folgendermaßen lautete: Rachitischer Index = mg tägliche Körpergewichtszunahme · 0,0022 — (mg tägliche P-Retention — 2). Ergibt diese Rechnung einen negativen Wert, so ist keine Rachitis vorhanden; rachitische Tiere zeigen dagegen stets positive Werte: für gesunde Tiere fand er demnach Werte zwischen — 1 und — 5, bei kranken Tieren Werte zwischen 0 und + 5. Eine allgemeinere Verbreitung ist allerdings dieser Formel nicht beschieden gewesen. In dreitägigen Stoffwechselversuchen bestimmte dann McClendon[348] weiter *das Verhältnis der retinierten Ca- und P-Mengen*, um evtl. hieraus Schlüsse auf die Schwere der Rachitis ziehen zu können. Aus diesen Versuchen ergab sich, daß auf Veränderungen in der Skelettzusammensetzung dann geschlossen werden konnte, wenn das Verhältnis P : Ca in den Ausscheidungen kleiner gefunden wurde als im Skelett. Weitere Versuche von McClendon[346] mit verschieden ausgemahlenen Mehlen, die sich nicht in ihrem Ca-, wohl aber in ihrem P-Gehalt unterschieden, zeigten ebenfalls bei zu geringem P-Gehalt eine Verschlechterung der Ca- und P-Retention unter Entstehen von Rachitiserscheinungen, also eine Bestätigung der oben dargelegten Befunde von McCollum und seinen Mitarbeitern.

Einen weiteren Beitrag zur Frage der Wichtigkeit des Verhältnisses Ca : P in der Nahrung erbrachten dann Shipley, Park, McCollum, Simmonds und Kinney[546] in Versuchen, die zu dem Zweck angestellt wurden, die Frage nach der Ersetzbarkeit des Ca durch Strontium nachzuprüfen. Auch in diesen Versuchen konnten die früheren Ergebnisse wieder bestätigt werden, daß Ca-Mangel bei reichlicher P-Zufuhr für die Auslösung der rachitischen Symptome richtungsangebend ist. In dieser Arbeit wurden auch weitere Ausführungen über den *Unterschied zwischen Rachitis und Osteoporose* gemacht, die danach einander nicht ausschließen, sondern sogar ineinander übergehen können; auch sind Mischformen beider Erkrankungen durchaus möglich. Als eine derartige Mischform sehen die Verfasser die Erscheinungen an, die bei großem Ca-Mangel in der Kost bei gleichzeitiger ausreichender P-Zufuhr auftreten, die demnach nicht als reine Rachitis anzusprechen sind.

Zur weiteren Klärung der Frage nach der Wirkung des Ca und P bei der Entstehung der Rachitis stellten McCann und Barnett[340] Untersuchungen über den *P- und Ca-Gehalt ganzer Körper* von gesunden und rachitischen Ratten an. Dabei wurde festgestellt, daß rachitische Ratten in Prozent des Körpergewichtes *weniger Ca und P* enthalten als normale Tiere, wie ja auch nach den bisherigen Ergebnissen nicht anders zu erwarten war. Bei Tieren, die durch Ca- oder durch P-Mangel erkrankt waren, fanden sich merkwürdigerweise keine Unterschiede im Ca- und P-Gehalt; waren die Tiere durch Zugabe von Lebertran oder Bestrahlung vor der Erkrankung geschützt, so wiesen sie trotz der gleichen Ernährung normale Ca- und P-Werte auf. Der Gesamt-P-Gehalt im Knochen rachitischer Tiere, bei denen ein Wachstumsstillstand eingetreten war, wurde im allgemeinen immer etwas niedriger gefunden als bei den Normaltieren.

Im Anschluß hieran sind noch die Versuche von Pappenheimer[443] zu erwähnen, welcher die Rippenknorpelgrenze von rachitischen und geheilten Ratten histologisch und röntgenologisch untersuchte, um sowohl die einsetzenden Veränderungen bei der Erkrankung wie auch die Vorgänge bei der Heilung in ausführlicher Weise darzulegen; wir können aber an dieser Stelle nicht näher auf diese Befunde eingehen, weil uns dies zu weit von unseren eigentlichen Betrachtungen fortführen würde.

Bei ähnlichen Untersuchungen der Knorpel-Knochengrenze der Rippen konnten Ambrožič und Wengraf[28] feststellen, daß die Störungen der Verkalkung 3 Wochen alter Tiere bei Rachitisdiät ungefähr nach 7—14 Tagen einsetzen und beschreiben genau die dabei vor sich gehenden histologischen Veränderungen. Howland und Kramer[242] stellten interessante Überlegungen über die Theorien der Ablagerung der Ca-Salze im Knochen und des P-Wertes des Serums an und kamen zur Aufstellung eines Index, aus dem sich ergeben soll, ob Rachitis vorliegt oder nicht. Sie bestimmten hierzu den *Ca- und P-Gehalt des Serums* in *Milligrammprozenten* und multiplizierten beide Werte; ist das Produkt niedriger als 30, so soll immer Rachitis bestehen, ergibt das Produkt Werte über 40, so soll Rachitis ausgeschlossen sein; zwischen 30 und 40 liegen die Werte für eine leichte bzw. heilende Rachitis.

Während alle diese Versuche in der Hauptsache von dem Ca- und P-Gehalt der Nahrung ausgingen, den Gehalt an Vitamin D aber etwas weniger betonen, führte GOLDBLATT[179] Versuche aus, aus denen auch *die Notwendigkeit einer Zufuhr von Vitamin D* in einwandfreier Weise hervorgeht. Zu diesem Zwecke fütterte er Ratten mit einem Futtergemisch, in welchem nur der Gehalt an Vitamin variierte, das aber sonst bei allen Tieren gleich zusammengesetzt war. Die Versuche ergaben dann auch erwartungsgemäß, daß *die Tiere mit der geringsten Vitaminzufuhr die schwersten, histologisch nachweisbaren Veränderungen zeigten.* Dies geht besonders deutlich aus den Analysenzahlen für den Ca-Gehalt der Knochen hervor, die in Prozenten der Trockensubstanz folgende Werte ergaben, wobei der Reihenfolge nach immer weniger Vitamin in der Nahrung vorhanden war: 20,59 %, 18,24 %, 16,03 %, 15,47 %, 15,09 % und 14,56 %. Im letzteren Falle wurde überhaupt kein Vitamin D in der Nahrung gereicht. Um dem Einwand einer zu geringen Anwesenheit von Ca in der Kost bei diesen Versuchen zu begegnen, wurde eine zweite Versuchsreihe angesetzt, in der in derselben Kost der *Ca-Anteil auf das doppelte bis vierfache* erhöht worden war. Nunmehr wurde zwar der Ca-Gehalt der Knochen etwas höher als vorher gefunden, doch lag dieser bei den Tieren mit geringen D-Gaben immer noch erheblich unter den Normalwerten.

PARK, GUY und POWERS[447] beschäftigten sich dann weiter mit der Frage nach der *Wirksamkeit des Lebertrans bei den beiden verschiedenen Formen der Rachitis.* Da aus ihren Versuchen hervorgeht, daß der Lebertran sowohl den erniedrigten Ca-Gehalt bei der Ca-armen und den erniedrigten P-Gehalt bei der P-armen Rachitis wieder zu normalen Werten führt, schlossen sie, daß sich die Lebertran- und damit die D-Wirkung nicht nur im Verdauungskanal, sondern *im ganzen intermediären Stoffwechsel* entwickelt, besonders auch deshalb, weil die Bestrahlung mit ultraviolettem Licht die gleiche Wirkung hat wie der Lebertran. BETHKE, STEENBOCK und NELSON[56], welche sich ebenfalls mit der Rattenrachitis beschäftigten, stellten darüber Versuche an, wie sich der Aschegehalt der Knochen und der P-und Ca-Gehalt des Blutes bei heranwachsenden Tieren verändern, um Grundlagen für die pathologischen Abweichungen zu schaffen. Bei Variierung der Nahrungsbestandteile sahen sie, daß Zulage von anorganischem P zu einer Grundnahrung den Ca- oder P-Gehalt des Blutes und der Knochen nicht beeinflußte; bei zu hohem P-Gehalt der Kost mit niedrigem D-Gehalt trat dagegen eine Senkung des Blutkalkgehaltes ein. War dagegen die Grundkost arm an Ca, so konnte Besserung durch Zugabe von Ca oder durch Lebertran erzielt werden. War das Wachstum durch Mangel an Ca oder an Vitamin gestört, so war der Ca-Gehalt von Blut und Skelett vermindert, während der P-Gehalt solche eindeutige Veränderungen nicht zeigte. TELFER[612], welcher im übrigen zu gleichen Ergebnissen kam, sah in seinen Versuchen nach Ca-Zufuhr bereits innerhalb 3—4 Tagen eine deutliche Erhöhung der Knochenasche; die Kalkausscheidung im Kot und Harn stieg dabei an, während die P-Ausscheidung im Kot ebenfalls anstieg, im Harn dagegen abnahm.

Von wie großer Bedeutung das Verhältnis Ca : P in der Nahrung ist, geht auch aus einer weiteren Arbeit von GOLDBLATT[180] hervor; dieser konnte mit einer künstlichen Nahrung, in der das Verhältnis P : Ca wie 1 : 0,86 war, keine Rachitis erzielen. Wurde aber in derselben Nahrung das Verhältnis auf 1 : 0,2 gebracht, so erkrankten die Tiere regelmäßig. Dabei spielt allerdings wahrscheinlich die geänderte Reaktion der Nahrungsasche eine Rolle, die aber noch nicht aufgeklärt ist. In dem gleichen Sinne sprechen auch Versuche von STEPP[576].

welcher dadurch eine nicht krankmachende Kost zu einer rachitogenen machte, daß er in ihr den Anteil des $CaCO_3$ von 1,5 auf 3,0% unter gleichzeitiger Herabsetzung des Dextringehaltes von 52,5 auf 51% erhöhte.

Von weiteren Arbeiten, die sich mit dem Ca- und P-Stoffwechsel beschäftigen, seien in chronologischer Reihenfolge nach folgende erwähnt. McClendon[349] machte das Verhältnis Ca : P in der Nahrung verantwortlich für die Entstehung der Rachitis oder der Osteoporose: niedriger Ca-Gehalt der Nahrung führt zu Osteoporose, niedriger P-Gehalt zu Rachitis, im ganzen also eine Bestätigung der Ansichten von McCollum und Mitarbeitern (vgl. S. 745). Pappenheimer[444] konnte bei seinen Ratten auf seiner Rachitisdiät 84 durch tägliche Einspritzung von 4 mg P in Form von Kaliumphosphat den Ausbruch der Rachitis verhindern und Lobeck[313] stellte ebenfalls Untersuchungen über die Frage nach der Wichtigkeit des Verhältnisses Ca : P an, wobei er in der Hauptsache die Befunde von McCollum und seinen Mitarbeitern bestätigen konnte. Er teilte aber weiter noch mit, daß sich durch Variieren des Ca- und P-Gehaltes der Nahrung nicht immer dieselben histologischen Bilder erzielen ließen. Die Wirkungen der *Injektionen von glycerinphosphorsaurem Ca* auf die Rattenrachitis untersuchten Korenchevsky und Carr[286] und fanden eine günstige Wirkung derselben in Übereinstimmung mit Versuchen an menschlichen Rachitikern, nämlich eine Erhöhung des Ca-Gehalts der Knochen. Eine Untersuchung von Robison und Soames[493] über den *organischen Phosphorsäureester* im Blute ergab keine bestimmten Anhaltspunkte dafür, daß eine Verminderung an diesem, auf dessen Verseifung die Kalkablagerung zurückgeführt wird, für die Entstehung der Rachitis notwendig ist. Die Wirkung der *Ultraviolettbestrahlung* auf Ratten, die nur *wenig Ca und P* in der Nahrung erhielten, untersuchten weiter Mitchell und Johnson[373] und sahen, daß auch unter diesen Bedingungen bei den bestrahlten Tieren kaum Rachitis auftrat, während die nicht bestrahlten Kontrollen mit derselben Nahrung deutliche Rachitis aufwiesen. Aus den Ca-Analysen der gesamten Tierkörper schlossen sie, daß durch die Bestrahlung ein Ca-Ansatz auch bei nur geringem Angebot desselben in der Nahrung erfolgt.

Die Versuche von Webster und Hill[650] führten neben der Bestätigung der bisher erkannten Befunde die Verfasser zu der Ansicht, daß durch Bestrahlung oder Lebertran die *Ca- und P-Resorption aus dem Darm* eine bessere wird und dadurch eine vermehrte Ausscheidung dieser Salze durch den Darm vermieden wird, die der Grund für die Erkrankung bei D-Mangel sein sollte. Zu ähnlichen Ergebnissen kam auch Schultzer[529] in seinen Versuchen, indem er fand, daß bei Lebertrangabe oder Bestrahlung die *Ausscheidung von Ca und P in den Faeces zurückging*, während die Retention nach Zufuhr von Phosphat in erster Linie durch Sinken der Ausfuhr im Harn zustande kam. Auch Howland[240, 241] stand auf dem gleichen Standpunkt, daß die Hauptursache der Rachitis die mangelnde Resorption der Kalksalze aus dem Darm ist. In einer weiteren Arbeit befaßte sich Schultzer[530] mit dem Gehalt des *Serums an Phosphat*, welcher nach Vitaminzufuhr ebenfalls wieder normale Werte erreichte, während gleichzeitig eine ebensolche Steigerung der vorher normalen Ca-Werte im Serum erfolgte. Durch Zufuhr von Phosphaten wurde dagegen nur der P-Spiegel des Serums gehoben, während der Ca-Spiegel unbeeinflußt blieb.

Dutcher, Creighton und Rothrock[130] untersuchten ebenfalls den *Gehalt des Mischblutes an anorganischem Phosphat* und den Aschegehalt der Knochen. Sie fanden dabei den ersteren im Verlaufe der rachitischen Erkrankung von 10 mg je 100 cm^3 auf 1,6 mg absinken, um sich dann aber wieder etwas zu heben. Der *Aschegehalt normaler Rattenknochen* liegt nach ihren Untersuchungen zwischen 40 und 62%, wobei die erstere Zahl für den Beginn, die letztere für das Ende

der Versuchszeit gilt. Bei rachitischen Ratten fällt der Aschegehalt innerhalb
3 Wochen auf 26,5% und beträgt in der 6. Woche nur noch 24%. SCHULTZ[528]
macht darauf aufmerksam, daß in Heilungsversuchen die Bestimmung des anorganischen P im Blutserum für die Diagnose brauchbarer ist als die Bestimmung
der Knochenasche. Eine Heilung kann bei noch gesenkten Serumphosphatzahlen
erfolgen, sofern der P-Spiegel bereits eine Neigung zur Erhöhung zeigt. So kann
auf eine Besserung der Rachitis schon dann geschlossen werden, wenn der P-Wert
über 3,0—3,5 mg% liegt.

MEDES[360] fütterte Ratten mit drei verschiedenen Kostarten, von denen eine
normal war, eine wenig P und eine dritte wenig Ca enthielt. Nach 5 Wochen
langer Fütterung erwiesen sich die Tiere mit der Normalkost als gesund, die
Tiere mit der P-armen Diät zeigten schwere Rachitis, die Ca-arm ernährten Tiere
keine Rachitis sondern *Osteoporose*. Durch die Veraschung ergab sich, daß das
Verhältnis P : Ca bei den ersteren Tieren mit 0,72 normal war, während bei den
Tieren mit der P-armen Diät das Verhältnis nur 0,6 betrug und bei diesen Tieren
auch der absolute Gehalt des Körpers an Ca und P stark herabgesetzt war. In
Stoffwechselversuchen an Ratten mit Zugabe von Spinat oder Lebertran zu einer
rachitogenen Kost sah weiter auch BOAS[73] die *Retention von Ca und P* zunehmen.
Als Nebenbefund wurde noch festgestellt, daß fast die gesamte Ca-Ausscheidung
(95—98%) auch bei der Ratte durch den Kot erfolgt und daß sich bei Zulage
von Vitamin D die Ausscheidung des P insofern etwas verschiebt, als nur die
Ausscheidung im Harn eine Steigerung, die im Kot dagegen eine Verminderung
erfährt.

Um einen weiteren Einblick in die Störungen des P-Stoffwechsels bei der
Rachitis zu gewinnen, untersuchten HENTSCHEL und ZÖLLNER[208, 209] *die einzelnen P-Fraktionen in den Muskeln rachitischer Ratten*; in bezug auf die *Gesamt-
phosphorsäure* fanden sie gegenüber den Kontrollen desselben Wurfes keine einheitlichen Veränderungen, wohl aber eine Erniedrigung der sofort vorhandenen
anorganischen Phosphorsäure. Weiter prüften sie noch die Fähigkeit der Muskulatur zur Synthese von Lactacidogen aus der vorhandenen anorganischen
Phosphorsäure mit Hexose. Auch diese Fähigkeit fanden sie erniedrigt und
sprechen diese Verminderung als die Folge einer verminderten Gewebsvitalität
an. Durch Bestrahlung der erkrankten Tiere konnten sowohl die Werte für
die Phosphorsäure als auch die synthetischen Fähigkeiten zu Normalwerten gesteigert werden. Mit Blutuntersuchungen rachitischer Ratten beschäftigten sich
weiter KARELITZ und SHOL[263] und fanden normale Kalk-, aber *erniedrigte*
P-Zahlen. In den Knochen ergab sich ebenfalls ein niedrigerer Gehalt an Mineralien. In Stoffwechselversuchen zeigten sich für Ca und P noch positive Bilanzen,
doch war die *Retention gegenüber der Norm vermindert*. Während dabei die Ca-
Retention noch etwa die Hälfte der normalen betrug, war die P-Retention sehr
viel mehr verschlechtert; sie betrug nämlich nur noch 20% der normalen Werte.
Die Retention war also für beide Mineralien verschlechtert, doch war die Ca-
Bilanz immer noch besser als die P-Bilanz. In einer weiteren Arbeit[264] wurde
in der von STEENBOCK angegebenen Diät Nr 2965, in welcher der Quotient
Ca/P = 4,25 ist, dieser Wert durch Zusatz von NaH_2PO_4 auf ungefähr 1,0 gebracht, worauf sich bei einigen derart gefütterten Tieren *tetanische Krämpfe*
entwickelten (vgl. S. 745 die Befunde von McCOLLUM). Bei der Untersuchung
des Serums dieser Tiere ergaben sich sehr hohe P- und sehr niedrige Ca-Werte,
also ähnliche Verhältnisse wie bei der Tetanie der Kinder. Die histologische
Untersuchung der Knochen ergab das Bild einer heilenden Rachitis und es war
lehrreich festzustellen, daß der Beginn der Kalkeinlagerung schon nach 24 Stunden einsetzte. Die Bilanz war sowohl hinsichtlich des Ca wie auch des P positiv;

dabei wurde der P stärker retiniert als das Ca, die Retentionswerte erreichten aber nicht die von gesunden, nichtrachitischen Ratten. Schultzer[531, 532, 533] beschäftigte sich ebenfalls mit diesen Fragen. In der ersten Mitteilung berichtete er über die Wirkung der Bestrahlung auf den Ca- und P-Stoffwechsel bei Ratten, die mit der McCollum-Diät 3143 gefüttert worden waren, die eine P-arme Diät darstellt. Auf die Bestrahlung hin erfolgte eine starke *Zunahme der P- und Ca-Retention* und zwar ebenfalls durch Verminderung der Ausscheidung im Kot; auch im Serum stieg der Ca- und P-Gehalt wieder bis zu normalen Werten an. Die Ca-arme Form der Rachitis mit hohen P- und verminderten Ca-Werten im Serum konnte ebenfalls durch Bestrahlung in dem Sinne beeinflußt werden, daß die Serumwerte zur Norm zurückgingen und die Retention eine bessere wurde. Wurde dagegen das Verhältnis Ca : P in der Nahrung durch Verminderung des Ca-Anteils ohne Erhöhung des P-Anteils der Norm genähert, so trat keine Rachitis auf und die Serumwerte ließen sich durch Bestrahlung nicht beeinflussen. In der zweiten Mitteilung wurde dann berichtet, daß sich durch Lebertranzufuhr genau das gleiche erreichen läßt wie durch die Bestrahlung. Die dritte Mitteilung endlich beschäftigte sich mit den Wirkungen derselben McCollumschen Diät, wenn ihr *Phosphate zugesetzt* wurden. Auch in diesem Falle wurde die Ca- und P-Retention stark gebessert. Die Zunahme der P-Retention schien hierbei auf einer *besseren Resorption* desselben zu beruhen, die Zunahme der Ca-Retention dagegen durch *Verminderung der Ca-Ausscheidung* im Harn bei gleichbleibender oder sogar erhöhter Ausfuhr im Kot. Die gleiche Wirkung der erhöhten Retention ließ sich auch durch Verringerung des Ca-Anteils der Kost erzielen, nur auf einem anderen Wege; hierdurch wurde nämlich die *Ausscheidung von Ca und P in den Faeces verringert.*

Ebenso wie die Zufuhr von P bewirkt auch *Hunger* eine starke Zunahme des Serum-P bei rachitischen Ratten unter gleichzeitiger Abnahme des Blutkalkspiegels. Diese Vorgänge untersuchten Shol und Bennett[551] genauer, indem sie ihre Ratten nicht vollständig hungern ließen, sondern ihre Nahrungsaufnahme um ungefähr $^2/_3$ beschränkten. Auch hierbei fand sich eine leichte Erhöhung des P-Spiegels, die Ca-Zahl nahm aber zunächst nicht ab. Da die Zunahme des Serum-P sehr langsam erfolgte, waren in den ersten 3—6 Wochen an den Knochen noch keine Anzeichen einer beginnenden Heilung zu bemerken; ihr Ca-Gehalt war deshalb ein pathologisch niedriger. Auch die Ca- und P-Bilanz war während der verringerten Nahrungszufuhr sehr verschlechtert und erreichte im Vergleich zur Vorperiode Minimalwerte. In weiteren Versuchen (Shol, Bennett und Weed[553]) wurde noch der Einfluß des Säure-Basen-Gehalts der Nahrung auf den Ca- und P-Stoffwechsel geprüft und die beste Retention bei „neutraler Nahrung" gefunden. Bei durch Lebertran oder Ergosterin geheilten Ratten wurde zwar eine Heilung innerhalb 14 Tagen erzielt[554], doch war hierbei die Erhöhung des Ca- und P-Spiegels im Serum nur gering. In einer weiteren Mitteilung[555] wurde über Versuche berichtet, in denen, ähnlich wie in den Versuchen von McCollum und Mitarbeitern, der Quotient Ca : P von 4,25 durch Phosphatgaben auf 2,0 gedrückt wurde. Die Folgen waren ähnlich, wie schon auf S. 745 und 749 geschildert wurde: es traten *tetanische Erscheinungen.* verbunden mit *Hypocalcämie* und *vermindertem Aschegehalt der Knochen* auf. Erhielten die Ratten zu dieser Nahrung Vitamin D, so daß Rachitis nicht auftreten konnte, so blieben die erhöhten P-Gaben ohne Einfluß auf die klinischen Erscheinungen, die Zusammensetzung des Serums und die der Knochen.

Ebenfalls mit dem Ca-Gehalt der Rachitisdiät befaßt sich eine weitere Arbeit von Schultzer[534]. Als Grundnahrung diente die McCollum-Diät 3143, deren Calciumcarbonatgehalt von 3 % auf 1,2 % vermindert wurde. Mit dieser Diät traten Knochenveränderungen und eine Änderung des säurelöslichen P nicht auf. Nachfütterung mit der umgeänderten Diät führte im Laufe von 12 Tagen zu Rachitis. Änderungen des P-Gehaltes des Nahrungsgemisches auf das Doppelte bewirkte keine Rachitis und keine Veränderung der P-Werte.

Neue Gesichtspunkte hinsichtlich dieses viel bearbeiteten Problems erbrachten vor kurzem COURTNEY, TISDALL und BROWN[105], indem sie ihr Augenmerk auf die *Reaktion im Darmkanal normaler und rachitischer Ratten* richteten. Während sie bei den ersteren im oberen Teil des Dünndarms stets saure Reaktion antrafen, die nach dem Enddarm zu immer alkalischer wurde, war bei den Rachitisratten schon im Dünndarm alkalische Reaktion festzustellen, die vom Coecum analwärts stärker wurde. Im Coecuminhalt rachitischer Ratten wurde weiter stets ein *höherer Ca-Gehalt* gefunden als bei den gesunden und bestrahlten Tieren, *während entsprechende Unterschiede im P-Gehalt nicht ersichtlich waren.* Diese Versuche, die noch weiter ausgebaut werden müssen, geben Hinweise darauf, daß bei der Rattenrachitis im Ca- und P-Stoffwechsel Unterschiede vorhanden sein müssen, die in den bisherigen Versuchen, in denen anscheinend ein Parallelgehen bzw. eine innige Vergesellschaftung des Stoffwechsels dieser beiden Mineralien vorherrschend war, nicht so deutlich zum Ausdruck kamen.

In Hinsicht auf unsere nunmehrigen Kenntnisse gewinnen auch Befunde von MACOMBER[321] eine wesentliche Bedeutung. Trotzdem sie, streng genommen, nicht hierher gehören, wollen wir sie doch kurz im Rahmen der Besprechung des Rachitisproblems erwähnen. MACOMBER untersuchte nämlich in zahlreichen Fällen die Auswirkung des Ca-Mangels in der Kost auf die Fruchtbarkeit der Ratten und die Aufzucht der Jungen. Da junge Ratten mit einem fast vollkommen unverknöcherten Skelett geboren werden, wird der Ca-Mangel der Mutter — für reichliche Zufuhr an Vitamin D wurde gesorgt — sich nicht sehr erheblich an den Jungtieren bemerkbar machen. Trotzdem die Muttertiere stets genügende Ca-Reserven besaßen, um den geringen Bedarf der Föten an diesem Element zu decken, trat doch häufig ein Absterben der Föten im Uterus ein. Hand in Hand hiermit ging eine deutliche Abnahme des Ca-Gehalts der mütterlichen Knochen. Während der Lactation, in der die Verknöcherung des Skeletts der Jungen erhebliche Fortschritte macht, kann das Muttertier bei Ca-armer Kost den Kalkbedarf der Jungen nicht mehr bestreiten. Als Folge tritt Wachstumsstörung und erhöhte Sterblichkeit der Jungen und Erkrankung der Mutter auf. Aus diesen Versuchen geht also die *Wichtigkeit der Ca-Zufuhr während der Trächtigkeit und der Lactation* ebenso deutlich hervor wie aus den zahlreichen über diese Frage bei verschiedenen Tieren angestellten Bilanzversuchen.

III. Versuche an anderen Tieren.

Wir hatten schon auf S. 743 erwähnt, daß der Anstoß zum Studium des Rachitisproblems von den Untersuchungen MELLANBYS *am Hunde* ausgegangen ist, über die er verschiedentlich berichtet hat (z. B. MELLANBY[363] und seine ausgezeichnete, umfangreiche Arbeit über die Zahnveränderungen, die unlängst erschienen ist[364]). Von vornherein hat MELLANBY diese Krankheit für eine Avitaminose gehalten und hat weiter auch angenommen, daß das antirachitische Vitamin mit dem fettlöslichen Faktor A nicht identisch ist, trotzdem es ihm nicht gelang, einwandfreie Beweise für diese Ansicht beizubringen. Diese ersten Versuche auch anderer Autoren beschäftigten sich aber in der Hauptsache entweder mit den auftretenden pathologischen Erscheinungen oder mit der Prüfung des Vorkommens des Vitamins D in den einzelnen Nahrungsmitteln. Auch mit der Entstehungsursache dieser Krankheit beschäftigten sich solche Versuche, wie z. B. die von PATON und WATSON[453], welche die Anschauung von MELLANBY, daß die Rachitis eine Avitaminose sei, streng ablehnten. Eine vermittelnde Stellung zwischen diesen beiden Ansichten nahm dann HOPKINS[235] ein, doch würde es zu weit führen, hier auf diese Fragen näher einzugehen, weil wir uns auf die Stoffwechseluntersuchungen beschränken müssen. Eine solche Untersuchung, die sich mit den Stoffwechselwirkungen des Vitamins D in ähnlicher

Weise wie in den oben beschriebenen Rattenversuchen beschäftigt, ist zunächst die Arbeit von FINDLAY, PATON und SHARPE[159]; diese Autoren stellten fest, daß beim Hund Rachitis nicht nur durch unzureichende Zufuhr von Ca entsteht. Bei der Erkrankung, die durch Ca-Armut in der Nahrung verursacht wird, verarmen *nur die Knochen an Ca*, die anderen Organe und auch das Blut zeigen dagegen stets normale Ca-Werte. Das Bild dieser durch Ca-Mangel hervorgerufenen Erkrankung hat demnach mit der Rachitis weniger Ähnlichkeit als mit der *Osteoporose*, ein Befund, welcher den späteren Ergebnissen von McCOLLUM und Mitarbeitern an Ratten durchaus entspricht. Weitere Untersuchungen über diese Fragen (PATON und WATSON[454]) ergaben dann, daß bei dieser Ca-armen Rachitis nicht nur der Ca-Spiegel, sondern auch der P-Spiegel des Serums unverändert blieb. Diese Autoren nahmen weiter an, daß die P-Retention durch die Ca-Retention beeinflußt würde, da trotz der beschränkten Ca-Zufuhr das Verhältnis dieser beiden Mineralien im Knochen das gleiche war wie beim Normaltier. STEENBOCK, HART, JONES und BLACK[573] machten Hunde durch eine Kost rachitisch, welche reichlicher Ca enthielt und bekamen bei diesen Tieren auf der Höhe der Krankheit eine deutliche *Erniedrigung des anorganischen Blut-P*. Durch Zufuhr von Lebertran konnte eine geringe Zunahme des Ca- und eine beträchtliche des P-Gehalts des Serums erzielt werden. Zu ganz ähnlichen Ergebnissen führten auch gleiche Untersuchungen an rachitischen Hühnern, wie hier eingeschaltet sei; bei diesen war neben dem erhöhten P- und Ca-Gehalt des Blutes auf Lebertranzufuhr auch eine deutliche Erhöhung des Aschegehaltes der Knochen zu bemerken. Zu ähnlichen Befunden kam auch TELFER[612], welcher fand, daß sich die Hunde in der gleichen Weise verhalten, wie die Ratten, über die schon oben S. 747 berichtet wurde. SHOL und BENNETT[552] stellten dann in neuerer Zeit *ausgedehnte Stoffwechseluntersuchungen* über den Ca- und P-Stoffwechsel an und kamen im allgemeinen zu gleichen Schlüssen, wie sie die Rattenversuche ergeben haben. Danach *ist auch beim Hund die Erzeugung einer Ca-armen Rachitis* möglich bei stark reduziertem Ca-Spiegel und normalen oder nur wenig verminderten P-Zahlen, die durch Lebertranzufuhr prompt zu Normalwerten gebracht werden können. Bilanzversuche ergaben eine Schädigung der P- und Ca-Retention, wobei die erstere derartig gestört war, daß öfter sogar *negative Bilanzen* beobachtet werden konnten; auch hier konnte durch Lebertranzufuhr die Retention beider Mineralien sofort gebessert werden. In einer erst vor kurzem erschienenen Arbeit kamen auch SKAAR und HÄUPL[561] zu den gleichen Ergebnissen und bringen noch zahlreiche Belege für ihre Ansicht, daß auch die experimentelle Hunderachitis mit der kindlichen Rachitis identisch ist.

Die Resorptionsverhältnisse bei der Rachitis des Hundes versuchten letzthin PEOLA und GUASSARDO[456] dadurch zu klären, daß sie an Hunden mit VELLA-Fisteln arbeiteten. Sie fanden bei den rachitischen Tieren den Blutkalk unverändert, dagegen ein Absinken des P-Spiegels. Wichtig erscheint die Feststellung, daß sich im Verlauf der Erkrankung die Resorptionsverhältnisse für *das Ca nicht ändern*; auch die P-Resorption ist im ersten Stadium der Erkrankung unverändert, sie sinkt aber im weiteren Verlauf schließlich bis auf die Hälfte ab. Nach ihnen kommt es primär durch eine bisher unbekannte Veränderung im Gewebe zu einer Umstellung des P-Umsatzes auf niedrigere Werte und als Folge dieser zu einer verringerten Resorption und einer vermehrten Ausscheidung der Phosphate.

Auch über die *experimentelle Rachitis des Kaninchens* liegen einige derartige Untersuchungen vor. So berichteten GOLDBLATT und MORITZ[181] über ihre Entstehung durch eine Kost, welche reichlich Ca, aber fast keinen P und kein Vitamin D enthielt und welche durch Zufuhr von Lebertran verhindert bzw. geheilt werden konnte. Umfangreiche und langdauernde Stoffwechselversuche von SJOLLEMA[560] ergaben ebenfalls eine günstige Wirkung der Lebertranzufuhr auf die Ca- und P-Bilanz; außerdem erlaubten die Versuche festzustellen, daß die Ca- und P-Bilanzen wenigstens beim Kaninchen durchaus nicht immer parallel gehen müssen, sondern daß auch bei einer negativen *Ca-Bilanz*, bei der die Ausscheidung das Dreifache der Aufnahme beträgt, die *P-Bilanz immer noch positiv sein kann.* Auch MELLANBY und KILLICK[365a] beschäftigten sich mit der Kaninchenrachitis und der Wirkung einer Ca-Zulage auf den Ausbruch derselben und RÉMOND, SOULA und CAUQUIL[491] versuchten den Zusammenhang zwischen der Entstehung der Rachitis und dem Lipoidstoffwechsel zu klären; die Versuche scheinen dafür zu sprechen, daß hier Beziehungen bestehen, nur muß diese Frage noch weiter geklärt werden, ehe bindende Schlüsse gezogen werden können.

Versuche von ORR, MAGEE und HENDERSON[428] an *Ferkeln* mit einer Ca-armen und P-reichen Kost sprechen in dem gleichen schon mehrfach dargelegten Sinne. Auch bei diesen Tieren führte Bestrahlung zu einer starken Ca- und P-Retention. Da in der Bestrahlungszeit die Ca- und P-Ausscheidung im Harn zunahm, dagegen in den Faeces erheblich abnahm, glauben die Autoren an eine *bessere Resorption der beiden Elemente im Darm* während der Bestrahlungsperiode. Die Knochen bestrahlter Tiere wiesen weiter einen deutlich höheren Ca- und P-Gehalt auf als die Knochen erkrankter Tiere. Hinsichtlich der Wirkung der Sonnenbestrahlung bei der Schweinerachitis kamen STEENBOCK, HART und JONES[572] zu ähnlichen Ergebnissen wie in den Rattenversuchen, doch waren aus technischen Gründen der Versuchsanordnung hier die Verhältnisse nicht ganz so deutlich. Dagegen entsprechen die Versuchsergebnisse von MAYNARD, GOLD-BERG und MILLER[339] wegen ihrer besseren Methodik durchaus denen der Rattenversuche.

Aus ihren Versuchen an *Ziegen* mit einer Kost, in der das Vitamin D fehlte, schließen endlich HART, STEENBOCK und ELVEHJEM[202], daß der Einfluß der Sonnenbestrahlung günstiger auf die Ca- und P-Resorption wirkt als die Verabreichung von Grünfutter. Jedenfalls konnte durch Sonnenbestrahlung die vorher *negative Ca-Bilanz in eine positive umgewandelt werden* und auch eine Steigerung des P-Spiegels im Blute erzielt werden.

Wir können die Stoffwechselwirkungen des Vitamins D auf den Mineralstoffwechsel nicht verlassen, ohne noch kurz auf zwei weitere Arbeiten einzugehen, die sich mit dem *Fe- und Mg-Stoffwechsel* bei der Rattenrachitis befassen. WALT-NER[648] konnte nämlich vor kurzem feststellen, daß bei Ratten, welche bei einer nicht rachitogenen Kost gehalten wurden, dann rachitische Erscheinungen auftraten, wenn in der Kost 2 % reduziertes Fe zugelegt wurde; auch mehrere andere Eisenverbindungen hatten eine gleiche Wirkung. Zugabe von Fe zu rachitogenen Diäten beschleunigt weiter den Ausbruch der Erkrankung. Als Ursache der Wirkung dieser größeren Eisengaben sieht WALTNER eine Schädigung des Knochenmarkes durch das Fe an. Schließlich konnte MEDES[361] ebenfalls in Rattenversuchen zeigen, daß durch die entstehende Rachitis eine Störung des Mg-Stoffwechsels nicht verursacht wird; der Gehalt erkrankter Tiere zeigte nämlich in der allgemeinen Schwankungsbreite die gleichen Mg-Werte wie bei gesunden Tieren.

Bei der Betrachtung der Ergebnisse über die Beziehungen des Vitamins D zum Mineralstoffwechsel, insbesondere dem Ca- und P-Stoffwechsel wird man bestätigt finden, daß hier schon eine weitgehende Aufklärung erfolgt ist. Die beiden Entstehungsmöglichkeiten der Rachitis und die Veränderungen des Blutes und der Knochen an diesen beiden Elementen geben wertvolle Hinweise nicht nur in diagnostischer Beziehung, sondern auch in Hinsicht auf die Stoffwechselveränderungen. Allerdings bleibt auch hier noch für die weitere Forschung genügend zu klären; denn über die Vorgänge, die hierbei im Körper ablaufen, sind wir bisher so gut wie gar nicht unterrichtet. Es bestehen wohl Theorien über die Wirkungsweise, wie z. B. über die gestörte Resorption der beiden Mineralien im Darm, doch ist keine dieser Hypothesen bisher allgemein anerkannt. Da wir aber heute in der glücklichen Lage sind, die Zufuhr an Vitamin D mit ziemlicher Genauigkeit dosieren zu können, ist zu hoffen, daß wir in absehbarer Zeit auch in dieser Hinsicht etwas klarer sehen werden. Wir müssen aber anerkennen, daß auf diesem wichtigen Gebiet, welches auch für die menschliche Pathologie von so grundlegender Bedeutung ist, schon sehr viel geleistet worden ist und daß Aussicht besteht, in nicht zu ferner Zeit gerade hier zu voller Klarheit zu kommen.

G. Die Beziehungen zwischen Vitaminen und innerer Sekretion.

(Vgl. hierzu auch den Abschnitt: Veränderungen der Organgewichte auf S. 775.)

Auch dieses Gebiet ist sehr umfangreich und verschiedentlich bearbeitet worden, wobei allerdings auch hier keineswegs eine Klärung dieser Beziehungen erfolgt ist. Wegen der raschen Wirkungen der Vitamingaben und der kleinen notwendigen Dosen, der Ähnlichkeit der Erscheinungen der Avitaminose mit manchen Erscheinungen bei Ausfall von Drüsen mit innerer Sekretion und anderer Überlegungen hat es nicht an Stimmen gefehlt, welche in den Vitaminen eine Art Hormone erblickten und Randoin und Simmonet[486] gehen neuerdings so weit, daß sie vorschlagen, die bisherigen Hormone als „Endohormone" und die Vitamine als „Exohormone" zu bezeichnen. Hierbei darf man aber nicht vergessen, daß bisher noch nicht ein einziger Versuch vorliegt, der *den Hormoncharakter eines Vitamins eindeutig bewiesen hätte*, wenigstens in Hinsicht auf das, was wir heute unter Hormonen verstehen. Es ist wohl nach den vorliegenden Untersuchungsergebnissen kaum daran zu zweifeln, wenn auch Kihn[273] auf einem gegenteiligen Standpunkt steht, daß einmal im Verlauf der Avitaminose Veränderungen an innersekretorischen Organen ablaufen, andererseits die Zufuhr von verschiedenen Hormonen den Ablauf der Avitaminose entscheidend beeinflussen kann. Damit ist aber immer noch nicht eine Identität dieser beiden Körperklassen gegeben und wir müssen eine solche solange ablehnen, bis sie nicht einwandfrei erwiesen ist. Bis dahin werden wir die Veränderungen der innersekretorischen Organe als eine ebensolche Störung des Gesamtstoffwechsels hinnehmen müssen, wie wir es mit den bisher abgehandelten einzelnen Teilgebieten des Stoffwechsels ja ebenfalls getan haben. Um den Überblick über die folgenden Ausführungen nicht zu sehr zu erschweren, wollen wir die einzelnen Drüsen mit innerer Sekretion nacheinander abhandeln, hierbei ebenfalls getrennt nach den einzelnen Vitaminen, wobei wir uns noch vor Augen halten wollen, daß Beziehungen sich auf dreierlei Weise auswirken können: 1. Es werden Veränderungen an der einzelnen Drüse festgestellt; 2. die Avitaminose verläuft anders, wenn die betreffende Drüse entfernt ist und 3. die Zufuhr des Sekrets einer bestimmten Drüse beeinflußt den Ablauf der Erkrankung.

I. Schilddrüse.

Die Xerophthalmie oder Keratomalacie ist bekanntlich eine der Haupterscheinungen bei A-Mangel in der Nahrung. Angeregt durch einen klinischen Fall beim Menschen stellte Wagner[646] Versuche darüber an, wie die Fütterung von Schilddrüse auf das Auftreten der Xerophthalmie wirkt und fand eine wesentliche Beschleunigung des Auftretens der ersten Symptome. Er nahm deshalb an, daß durch die Stoffwechselsteigerung, welche nach Schilddrüsenfütterung auftritt, auch die im Körper vorhandenen A-Reserven schneller verbraucht werden, worauf die Mangelerscheinungen eher eintreten müssen, eine Ansicht, die wir hinsichtlich der Schilddrüse noch öfter finden werden. Andererseits schloß v. Árvay[38] aus Gaswechselversuchen an A-frei ernährten Ratten, daß die Funktion der Thyreoidea bei A-Mangel nicht gestört sei; in demselben Sinne sprechen die Befunde von Hintzelmann[221], welcher bei der Untersuchung der Drüsen mit innerer Sekretion A-arm ernährter Ratten keine Veränderungen außer einer allgemeinen Atrophie finden konnte, für welche er die Unterernährung verantwortlich machte.

An *B-frei ernährten Tauben* untersuchte Korenchevsky[284] in verschiedenen Stadien der Erkrankung die histologische Struktur einiger innersekretorischer Organe, wobei er an der Schilddrüse Veränderungen fand, welche aber eindeutige Schlüsse noch nicht zuließen. Driel[124] fand bei seinen B-Tauben wie auch Simonnet[558] und Lopez-Lomba und Randoin[318] eine starke *Atrophie* der Schilddrüse und der anderen innersekretorischen Organe. Die Auswertung von Thyreoideaextrakten von Beriberitauben ergab weiter gegenüber den Kontrolltieren eine *Verminderung ihrer stoffwechselbeschleunigenden Wirkung*, so daß hier anscheinend eine Schädigung der Thyreoidea durch die B-Avitaminose vorlag (Verzár und Vásárhelyi[645]). Durch Thyroxineinspritzungen konnte Jono[262] das Leben erkrankter Tauben verkürzen, was ebenfalls wieder für die Ansicht von Wagner[646] spricht.

An einem *B-frei ernährten Hunde* untersuchten Kawakita, Suzuki und Kagoshima[271] ebenfalls die Änderungen im innersekretorischen Apparat und fanden hinsichtlich der Schilddrüse eine deutliche Abnahme ihres Kolloidgehaltes und Bucco[79] dieselbe atrophiert, während Tanaka[609] an Nebennieren, Milz, Geschlechtsdrüsen, Pankreasinseln und Thymus keine nennenswerten Veränderungen finden konnte.

Mima[372] untersuchte den Einfluß von Schilddrüsenverfütterung auf den Kohlehydratstoffwechsel des an Vitamin-B-Mangel erkrankten Hundes. Während bei gesunden Hunden nach Schilddrüsenfütterung die Insulinwirkung geschwächt, die Adrenalinwirkung aber verstärkt wird, zeigen Hunde im Frühstadium der Erkrankung das gleiche, im Spätstadium aber das umgekehrte Verhalten.

Auch an *B-frei ernährten Ratten* sind eine Reihe solcher Versuche durchgeführt worden; so konnte Scheer[518] auch bei diesen Tieren die Lebensdauer durch Zufuhr von Schilddrüsenpräparaten abkürzen, ein Ergebnis, das Nitta[416] bestätigen konnte. Zih[672] konnte ebenfalls an Ratten zeigen, daß durch die Zufuhr von Schilddrüse eine Steigerung des respiratorischen Gaswechsels erfolgte, der bis zum Vierfachen der Norm ansteigen konnte. Auch aus diesen Versuchen schließt er auf ein Nachlassen der Funktion der Schilddrüse im Verlauf der Avitaminose. v. Árvay[38] hat dann diese Versuche dahin erweitert, daß auch eine beträchtliche Verminderung der spezifisch-dynamischen Wirkung im Verlauf der Avitaminose eintritt, die er auf eine verminderte Erregbarkeit des vegetativen Nervensystems ebenfalls durch eine Abnahme der inneren Sekretion der Schilddrüse zurückführte. An Ratten und Kaninchen konnte schließlich Nitta[415] noch zeigen, daß die Erscheinungen der B-Avitaminose eher eintraten, wenn die Tiere Schilddrüsenpräparate zugefüttert erhielten; dagegen wurde durch Thyreoidektomie das Auftreten der Symptome herausgezögert, woraus hervorzugehen scheint, daß mit Schilddrüse gefütterte Tiere gegen B-Mangel empfindlicher, Tiere ohne diese aber unempfindlicher sind. Die bei B-Mangel auftretenden Störungen im

Knochenwachstum führen NISHIMURA und NITTA[414] ebenfalls auf Veränderungen der Schilddrüse durch den B-Mangel zurück.

Als einzige Veränderung in der Schilddrüse des *skorbutkranken Meerschweinchens* fand SCHMIDT[522] einen verminderten Kolloidgehalt, der durch Degeneration des Follikelepithels zustande kommt. Gleiche Befunde wurden auch von HARRIS und SMITH[201] erhoben; ferner wurden die Epithelzellen der Follikel höher und mit zahlreichen Vakuolen durchsetzt gefunden; auch schien die Zahl dieser Zellen gegenüber der Norm vermehrt zu sein. Da ähnliche Veränderungen an der Schilddrüse hungernder Meerschweinchen nicht gefunden wurden, wurden sie als für den C-Mangel typisch angesehen. ABDERHALDEN[12] konnte dann feststellen, daß *schilddrüsenlose Meerschweinchen* nicht eher, wohl aber schwerer an Skorbut erkrankten als die Normaltiere. Zur Zeit der Skorbuterkrankung waren dabei äußere Veränderungen im Sinne einer thyreopriven Kachexie noch nicht vorhanden. Den Einfluß der Zufütterung von Schilddrüse zur Skorbutdiät untersuchten endlich MOURIQUAND, MICHEL und SANYAS[393] und NOBEL und WAGNER[420], die ebenfalls einen schnelleren Eintritt und eine schwerere Erkrankung sahen; auch waren bei diesen Tieren die Knochenveränderungen viel ausgeprägter.

Über die Beziehungen zwischen *Vitamin D* und Schilddrüse liegt eine vorläufige Mitteilung von KUNDE und WILLIAMS[292] vor, aus der hervorzugehen scheint, daß bei thyreopriven Ratten bei einer Kost, bei der normale Ratten nicht rachitisch werden, eine Rachitis sich ausbilden kann, die durch Lebertran nicht zu heilen sein soll; doch dürfte hier eine Nachprüfung sehr am Platze sein. Untersuchungen von MOURIQUAND, LEULIER, BERNHEIM und SCHOEN[397] und von ROMINGER[500] hatten jedenfalls hinsichtlich des Zusammenhanges zwischen Schilddrüse und Rachitis ein völlig negatives Ergebnis.

Den Einfluß der Einspritzung innersekretorischer Produkte auf den Kohlehydratstoffwechsel des *vollkommen vitaminfrei* ernährten Hundes untersuchten schließlich COLLAZO und GOHSE[102], ohne aber hierbei Abweichungen von der Norm zu finden. PALLADIN, UTEWSKI und ERDMANN[442], welche an vollständig vitaminfrei ernährten Kaninchen und Meerschweinchen arbeiteten, sahen in bezug auf die N-, Kreatin- und Kreatininausscheidung bei schilddrüsenlosen und normalen Tieren ebenfalls keine Unterschiede, so daß sie einen Zusammenhang zwischen Vitaminen und Schilddrüsenhormon für wenig wahrscheinlich halten.

II. Epithelkörperchen.

Nur eine geringe Anzahl von Untersuchungen befaßten sich mit den Epithelkörperchen bei der Avitaminose. Bei der Untersuchung der Epithelkörperchen *A- oder B-arm ernährter Ratten* fand PLAUT[460] eine Verminderung des Gewichtes derselben parallel mit der Körpergewichtsabnahme. Da eine solche während der B-Avitaminose stärker in Erscheinung tritt, waren hier auch die größten Gewichtsverluste bei den Epithelkörperchen zu finden. Durch histologische Untersuchungen wurde festgestellt, daß das bei normalen Ratten in den Epithelkörperchen reichlich vorhandene Fett im Verlauf der B-Avitaminose fast restlos verschwindet, die Gewichtsabnahme daher hauptsächlich den Fettgehalt betrifft. Neue Untersuchungen von NITTA[417] über den Einfluß der Fütterung mit Nebenschilddrüse auf B-arm ernährte Ratten ergaben im Gegensatz zur Fütterung mit Schilddrüse eine günstige Wirkung auf den Ablauf der Erkrankung; die Körpergewichtsabnahme war nämlich in diesen Versuchen nicht so deutlich und infolgedessen der Fettgehalt der einzelnen Organe gegenüber den Kontrollen nicht so stark herabgesetzt und auch die motorischen Störungen traten verzögert ein. Wegen der engen Beziehungen, die im Symptomkomplex der Beriberi und der parathyreopriven Tetanie vorhanden sind, untersuchte MACCIOTTA[320] an Tauben und Hunden die Wechselwirkung dieses Hormons und des Vitamins B und kommt zu der Ansicht, daß zwischen beiden enge Beziehungen bestehen. Er nimmt an, daß das Nebenschilddrüsenhormon die Wirkung hat, im Organismus das Vitamin zu aktivieren, oder daß beide Substanzen trotz ihrer Verschiedenheit in demselben Maße regulierend und erregend auf das sympathische und parasympathische Nervensystem einwirken. Versuche von ROSE und STUCKY[503] hinsichtlich der Wirkung des Epithelkörperchenhormons auf gesunde und B-frei ernährte Ratten führten zu keinen eindeutigen Ergebnissen; ebenso hatte die Verabreichung von Epithelkörperchenhormon an Hunde, die an B-Mangel litten, keinen sichtbaren Einfluß auf die Magenbewegungen (ROSE, STUCKY und COWGILL[506]). Bei ihren *B-arm ernährten Hunden* konnten KAWAKITA, SUZUKI und KAGOSHIMA[271] histologische Veränderungen an den Epithelkörperchen nicht feststellen. *Rachitische Ratten* untersuchte dann weiter KORENCHEVSKY[283], ohne eindeutige Beziehungen zwischen Epithelkörperchen und dem Ausbruch der Erkrankung feststellen zu können, während HAMETT[198] die mitunter beobachtete Hypertrophie der Epithelkörperchen bei der Rachitis als ein Versuch des Körpers auffaßt, das Verhältnis Ca : P wieder zum Normalwert zu bringen.

III. Thymusdrüse.

Auch die Thymusdrüse ist in dieser Hinsicht nur wenig untersucht worden. Ebenso wie die anderen innersekretorischen Drüsen wird auch sie bei der *Taubenberiberi* oft atrophisch gefunden (DRIEL[124], KORENCHEVSKY[284], FINDLAY[157]); SIMMONET[558] und LOPEZ-LOMBA und RANDOIN[318] fanden sie zum Teil überhaupt verschwunden. Im Gegensatz zu den Versuchen mit Schilddrüse konnte SCHEER[518] durch Zugabe von Thymus das Leben seiner B-frei ernährten Ratten *verlängern*, was eine Bestätigung der Befunde von CARIDROIT[81] darstellt, welcher seine auf polierten Reis gesetzten Ratten nach Thymektomie kürzere Zeit leben sah als die unoperierten Tiere. Durch die Thymektomie nahm ferner das Gewicht der Nebennieren und der Schilddrüse der Reistiere um annähernd die Hälfte ab.

Entgegen diesen Befunden bei der Ratte sah LOPEZ-LOMBA[317] thymektomierte, *C-frei ernährte Meerschweinchen* etwas länger leben als die Kontrollen, wenn auch die Verlängerung keineswegs eine beträchtliche war. Die Ansicht von SWEET[604], daß die *Rachitis* nicht auf einem Vitaminmangel, sondern auf einer Hypofunktion innersekretorischer Organe, in der Hauptsache des Thymus, beruht, darf wohl heute als nicht mehr zutreffend bezeichnet werden.

IV. Hypophyse.

Eine Veränderung der Hypophyse bei der *Taubenberiberi* ist mehrfach beobachtet und beschrieben worden (DRIEL[124], KORENCHEVSKY[284]). Erst kürzlich haben SATWORNITZKAJA und SIMNITZKY[516] ausgedehnte Vakuolenbildungen in den basophilen Zellen beschrieben, die am 25. Versuchstage am deutlichsten waren, um dann wieder abzunehmen. Aus diesen Befunden darf wohl mit Recht auf eine *Steigerung der Drüsensekretion* geschlossen werden, die wahrscheinlich mit den beschriebenen Änderungen des Kohlehydratstoffwechsels zusammenhängt. Hierfür sprechen auch die Versuchsergebnisse von TAZAWA[611], welcher durch intramuskuläre Einspritzung von *Pituglandol* in mehreren Fällen die nervösen Erscheinungen bei reisgefütterten Tauben aufheben konnte, während Schilddrüsen- und Thymusextrakte und Adrenalin ohne Wirkung waren. *Die Wirkung des Hypophysenextraktes scheint demnach spezifisch zu sein.* Da auch beim *B-frei ernährten Hund* eine besonders deutliche Zunahme des Kolloids in der Intermediärzone der Hypophyse von Kawakita, Suzuki und Kagoshima[271] gefunden wurde, scheinen auch bei diesem Tier ähnliche Verhältnisse vorzuliegen wie bei der Taube.

V. Pankreas.

Schon bei der Besprechung des Kohlehydratstoffwechsels war wegen der oft dem Diabetes ähnlichen Erscheinungen auf Beziehungen zwischen Avitaminose und Insulin hingewiesen worden. Neben atrophischen Veränderungen auch dieser Drüse (Driel[124], Lopez-Lomba und Randoin[318]) sahen Bierry und Kollmann[67] bei Tauben mit wohlausgebildeten Krankheitserscheinungen sowohl die Zahl wie auch das Volumen der Langerhansschen Inseln *stark vermehrt*. Die leichte Besserung, die man bei beriberikranken Tauben durch Insulinzufuhr öfter erzielen kann, versuchte Shinoda[542] durch Versuche an der ausgeschnittenen Taubenleber zu klären. Über derartige Wirkungen der Insulinzufuhr berichtete auch Chahovitch[83], während Insulingaben während des Krampfstadiums die Erscheinungen deutlich verstärken sollen (Chahovitch[84]). Eine Nachprüfung dieser Befunde durch Vercellana[636] zeitigte dagegen in den meisten Fällen entgegengesetzte Ergebnisse und nur eine von 15 Tauben reagierte so wie die Tiere von Chahovitch, während hinwiederum die Befunde von Jono[262] für die Ansicht des letzteren sprechen. Nach Jono ist bei Reistauben nach Insulinzufuhr die Hypoglykämie stärker und länger anhaltend als bei normalen Tieren; auch ließ sich bei seinen Tauben durch regelmäßige Insulininjektionen ebenfalls das Leben verlängern und der Gewichtssturz aufhalten.

Trotzdem auch das Vitamin B beim Diabetiker den Blutzucker senken bzw. den Harn zuckerfrei machen kann (Mills[371]), weist Monasterio[377] auch auf die vorhandenen *Verschiedenheiten zwischen Insulin und Vitamin B* hin. Er denkt sich den Zusammenhang so, daß vielleicht der Insulinmangel den Vitaminbedarf des Körpers erhöht und daß andererseits der Körper den Vitaminmangel durch Insulinmehrproduktion auszugleichen bemüht ist, wodurch eine Hypertrophie des Pankreas zustande kommt. Jedenfalls sind auch hier noch viele Fragen ungeklärt.

Bei ihren *B-frei ernährten Hunden* sahen Kawakita, Suzuki und Kagoshima[271] ebenfalls eine hochgradige Hypertrophie der Langerhansschen Inseln, so daß auch in bezug auf das Pankreas bei B-Mangel zwischen Taube und Hund Ähnlichkeiten vorhanden sind.

Auch beim *skorbutkranken Meerschweinchen* wurde eine mächtige Hyperplasie der Langerhansschen Inseln öfter festgestellt (Schmidt[513], Monasterio[377], Borghi[75]). Der letztere sah besonders in den Langerhansschen Inseln zahlreiche Riesenzellen, die sich sehr stark mit Eisenhämatoxilin färbten, die aber im Pankreas gesunder Tiere nur in sehr geringer Zahl vorhanden sind. Aus seinen Versuchen mit Zuckerinjektionen jeden zweiten Tag, in denen diese Veränderungen nicht auftraten, die Langerhansschen Inseln vielmehr nur eine geringe Größe aufwiesen, schließt Borchi, daß *der Körper die starken Störungen des Kohlehydratstoffwechsels während der Avitaminose durch Hypertrophie und Hyperplasie der Langerhansschen Inseln auszugleichen versucht*. Bezüglich der Zufuhr von Insulin bei skorbutkranken Meerschweinchen ergaben die Versuche von Vercellana[636], daß die Zufuhr von 10 Welcome-Einheiten den Tod innerhalb 5 Stunden herbeiführt; der Tod erfolgt hierbei unter Krämpfen, doch sind bei der Autopsie nur die bekannten Skorbutveränderungen zu finden.

An dieser Stelle sind weiter noch die beiden Arbeiten von Onohara[426, 427] an vollkommen vitaminfrei ernährten Ratten und Hunden zu erwähnen. Von dem Gedanken ausgehende Versuche, die mit dem gestörten Kohlehydratstoffwechsel verbundenen Störungen des Fettstoffwechsels durch eine Besserung des ersteren durch Insulinzufuhr ebenfalls zu eliminieren, waren nicht von Erfolg gekrönt. Sowohl der Gesamtfettgehalt der ganzen Rattenkörper wie auch der Fettgehalt des Blutes der Hunde zeigte nach Insulinzufuhr keine irgendwie eindeutigen Änderungen.

VI. Nebennieren.

Bei der A-arm ernährten Ratte hatte HINTZELMANN[221], wie schon erwähnt, eine Atrophie sämtlicher innersekretorischer Drüsen gefunden. Er machte besonders darauf aufmerksam, daß eine Hypertrophie der Nebennieren bei diesen Tieren niemals festgestellt werden konnte. Bei der *B-frei ernährten Taube* dagegen sah DRIEL[124] eine *starke Hypertrophie der Nebenniere*, die immer wieder bestätigt werden konnte (z. B. KORENCHEVSKY[284], VERZÁR und BEZNAK[639], VERZÁR und PÉTER[644], BIERRY, PORTIER und RANDOIN-FANDARD[69], SIMMONET[558], LOPEZ-LOMBA und RANDOIN[318], FINDLAY[156], MARRIAN[325]), wobei die Hypertrophie in der Hauptsache auf die *Rindensubstanz* beschränkt war. Da dieser Nachweis bei der Taube wegen der eigenartigen Anordnung der Rinden- und Marksubstanz schwer zu führen ist, untersuchten VERZÁR und PÉTER[644] auch die Nebennieren *B-frei ernährter Ratten* und *Kaninchen*, bei denen Mark und Rinde deutlich getrennt ist. In diesen Versuchen konnte nun nachgewiesen werden, daß *die Rinde im Verlauf der Avitaminose um ungefähr 50 %* hypertrophiert. Während nämlich das Verhältnis Mark : Rinde bei den normalen Ratten 1 : 9 betrug, war es bei den erkrankten Tieren wie 1 : 14; die entsprechenden Zahlen für die Kaninchen waren 1 : 8 und 1 : 12. Während McCARRISON[341, 343] annahm, daß die hypertrophierte Nebenniere, für die er in der Hauptsache das Mark verantwortlich machte, auch einen höheren Adrenalingehalt aufweist, sahen VERZÁR und BEZNÁK[639] und BEZNÁK[57] im Verlaufe der Avitaminose eher eine *Abnahme des Adrenalingehaltes*, was ja erklärlich ist, wenn die Hypertrophie nur auf Kosten der Rinde geht, das Mark aber unverändert bleibt. SCHMITZ und REISS[525] haben dann versucht, diese Unstimmigkeiten dadurch zu klären, daß sie prüften, ob sich durch Zufütterung von Nebennierensubstanz die Veränderungen dieses Organs während der Avitaminose unterdrücken ließen. Diese Versuche ergaben, daß die orale Verabreichung von Nebennierensubstanz keine derartige Wirkung ausübte, daß dagegen bei intramuskulärer Zufuhr von Suprenototal (Dr. LABOSCHIN) die Veränderungen an den Nebennieren, am Blut (Lipoide) und auch die äußeren Krankheitserscheinungen *nicht eintraten*. Die Tiere schienen also äußerlich gesund, verloren allerdings ebenso an Gewicht wie die unbehandelten Reistauben. Aus dem Unterbleiben der Nebennierenhypertrophie in diesen Versuchen schlossen SCHMITZ und REISS[525], daß die *Ursachen der Hypertrophie in den Ansprüchen des Körpers an dieses Organ und nicht in diesem Organ selbst liegen*. Trotzdem schon in diesen Versuchen auf die Adrenalinfreiheit der verwandten Extrakte geachtet worden war, wurde doch noch aus verschiedenen Gründen geprüft (SCHMITZ und POLLACK[524]), welchen Einfluß das Adrenalin auf die eben erörterten Erscheinungen hatte. Im Gegensatz zu den Befunden von ARLOING und DUFOURT[34], welche durch Adrenalin eine Abkürzung der Lebensdauer gegenüber den Kontrolltauben gesehen hatten, verliefen die Versuche von SCHMITZ und POLLACK[524] vollkommen negativ, weshalb sie schlossen, daß die Wirkung des Nebennierenextraktes keine Adrenalinwirkung sei, sondern auf der Wirkung anderer noch nicht erkannter Stoffe beruhe.

Wir hatten schon oben erwähnt, daß VERZÁR und PÉTER[644] auch bei *B-frei ernährten Ratten und Kaninchen* eine derartige Hypertrophie der Nebennieren*rinde* beobachten konnten; auch PLAUT[460] fand eine erhebliche Vergrößerung dieser Organe. Schon Cramer[110] hatte bei B-frei ernährten Ratten und Mäusen den *Adrenalingehalt des Nebennierenmarkes normal* gefunden, dagegen war der Lipoidgehalt der Rinde fast vollkommen verschwunden. Auch er führte die Krankheitserscheinungen nicht auf eine Störung des Adrenalingehaltes der Nebennieren zurück, sondern er dachte an *Beziehungen zwischen Lipoidstoffwechsel und Nebennierenrinde.* Auch Gross[192] konnte Unterschiede im Adrenalingehalt des Blutes normaler und B-arm ernährter Ratten mit den von ihm verwandten Methoden nicht feststellen, trotzdem er auf Grund der Erscheinungen der B-Avitaminose auf solche schloß. Im Sinne der Befunde von Verzár und Péter[644] sprechen schließlich auch die Ergebnisse von Kawakita, Suzuki und Kagoshima[271] an B-arm ernährten Hunden, bei denen ebenfalls eine Hypertrophie der Nebennierenrinde gefunden wurde, während das Mark unverändert war.

Auf Beziehungen zwischen Nebennieren und Avitaminose deuten auch die Befunde von Estrada[137, 138] an *nebennierenlosen Ratten* hin. Diese Tiere erwiesen sich nämlich gegen B-Mangel viel empfindlicher als die normalen Ratten, so daß Estrada annimmt, daß bei Ausfall der Nebennieren der B-Bedarf eine wesentliche Steigerung erfährt. Während der Erkrankung findet weiter eine Gewichtsabnahme sämtlicher Organe wie bei den Normaltieren mit Ausnahme der Nieren statt, welche nach dem Tode eine verhältnismäßig erhebliche Vergrößerung aufwiesen.

Auch bei *C-frei ernährten Meerschweinchen* sind Veränderungen an den Nebennieren zu beobachten; über eine Vergrößerung derselben haben La Mer, Unger und Supplee[297], Bessesen[55] und Lopez-Lomba[316] berichtet. Driel[124] fand in der vergrößerten Nebenniere einen *verminderten Adrenalingehalt* und dementsprechend auch Schmidt[522] bei seinen histologischen Untersuchungen *Hypersekretionsstadien der Rinde* und eine *Hypoplasie des Markes.* Lindsay und Medes[309] fanden besonders an der Grenze zwischen Rinde und Mark hämorrhagische Infiltrationen, die an den Bindegewebssepten entlang bis in die Rindenschicht eindrangen. In Übereinstimmung mit den Ergebnissen von Cramer[110] bei B-arm ernährten Ratten fand auch Iwabuchi[249] in der Nebennierenrinde seiner Skorbutmeerschweinchen einen hochgradigen *Lipoidschwund.* An den Markzellen fiel ihm besonders die Abnahme der Größe und der Färbbarkeit der Kerne auf. Morelli, Bronchi und Bolaffi[380] sahen weiter in der Nebennierenrinde eine noch nicht näher erkannte Substanz (wahrscheinlich ein Lecithinderivat), welche *toxisch-hämolytische Wirkungen* auszuüben vermag und zwar hauptsächlich an den Capillaren angreift. Im Skorbut fanden sie diese Substanz reichlicher vorhanden als bei normalen Tieren; Cholin soll weiter die Wirksamkeit dieser Substanz hemmen. Da mit fortschreitendem Skorbut der *Cholingehalt der Nebennieren abnimmt,* kann man sich vorstellen, daß durch diese Störung des Lecithin-Cholesterin-Gleichgewichtes diese toxische Substanz ihre Wirkung besser entfalten kann, wodurch die schweren Hämorrhagien und hämolytischen Erscheinungen des Skorbuts eine Erklärung finden könnten.

Im Gegensatz zu diesen Befunden, welche eine erhöhte Adrenalinsekretion der Nebennieren im Skorbut nicht annehmen, steht die Annahme von Chahovitch[86], welcher wie schon S. 728 erwähnt, den Stoffwechselquotient skorbutkranker Meerschweinchen durch Erhöhung des Grundumsatzes um ungefähr das Doppelte deutlich vermindert fand. Da er auch bei normalen Tieren nach Adrenalininjektionen die gleichen Veränderungen sah, denkt er beim Skorbut an eine erhöhte Sekretionstätigkeit der Nebennieren.

Zum Schluß muß hier noch eine Arbeit von Henriksen[207] erwähnt werden, welcher an *vollkommen vitaminfrei* ernährten Ratten und Meerschweinchen arbeitete und bei diesen Tieren ebenfalls charakteristische Veränderungen der Nebennieren fand. Diese bestanden in der Hauptsache in degenerativen Erscheinungen an den Zellen, die bei den Meerschweinchen akut, bei den Ratten mehr chronisch verliefen. Auch das Fett der Rinden- und Markschicht zeigte gegenüber verschiedenen Färbungsmethoden eindeutige Unterschiede, aus denen aber bisher sichere Schlüsse noch nicht möglich waren. Im Gegensatz hierzu waren nach den Untersuchungen von STAMMERS[570] die Nebennieren von Ratten die ohne A, B und C gehalten wurden, nicht verändert.

VII. Geschlechtsdrüsen (einschl. äußerer Sekretion).

1. Die Wirkung der Vitamine A, B, C und D.

Es liegt auf der Hand, daß bei der großen Allgemeinempfindlichkeit der Keimdrüsen die schweren Schädigungen des Körpers durch Vitaminmangel nicht spurlos an diesen Drüsen vorübergehen werden; wir finden daher solche Störungen häufig, doch wird bei den Geschlechtsdrüsen die Wirkung in der Hauptsache eine einseitige sein, d. h. wir sehen wohl Schädigungen der Keimdrüsen durch Vitaminmangel aber umgekehrt keinen Einfluß dieser Drüsen auf den Verlauf der Avitaminose.

Bei *Mangel an Vitamin A* in der Nahrung kommt es oft zu Schädigungen der männlichen Keimdrüse, die sich nach ECKSTEIN[131] in einer Störung der Spermiogenese und in degenerativen Erscheinungen auch an den Zwischenzellen äußern. Auch Lähmung des Penis oder Priapismus ist öfter beobachtet worden, der letztere wahrscheinlich bedingt durch die toxische Wirkung der resorbierten Abbauprodukte des zerfallenden Hodengewebes. Veränderungen im weiblichen Sexualzyklus so ernährter Ratten haben dann EVANS und BISHOP[144] beschrieben. Die Follikel gelangten unter diesen Bedingungen nicht zum Sprung, weshalb die charakteristischen Veränderungen der Vaginalschleimhaut ausblieben; durch Zufuhr von Butter oder etwas fettem Fleisch konnten diese Störungen sofort behoben werden.

Von praktischer Wichtigkeit waren Schädigungen, die in Amerika auftraten, als die Farmer begannen, weißen Mais wegen seines höheren Ertrages statt gelben Mais anzubauen. Da der erstere kein Vitamin A enthält, traten bei den mit ihm gefütterten Schweinen schwere Schädigungen des Zentralnervensystems auf, darüber hinaus aber auch Störungen im Östralzyklus: die Tiere abortierten leicht oder brachten tote Junge zur Welt. War die Erkrankung schon weit fortgeschritten, so erfolgte durch Lebertran keine Heilung mehr, wohl aber im Anfangsstadium der Erkrankung (LIENHARDT[307]).

Veränderungen in den Hoden *B-frei ernährter Tauben* sind mehrfach festgestellt worden (z. B. DRIEL[124], KORENCHEVSKY[284], DUTCHER[129], PORTIER[462] GOTTA[182], LOPEZ-LOMBA und RANDOIN[318], MARRIAN und PARKES[326], ABDERHALDEN[14]), die sich in der Hauptsache auf eine *starke Atrophie* beschränkten. Die Gewichtsverluste der Hoden während der Erkrankung können 80% und mehr betragen. Derartige Atrophien sind auch beim *Ovarium* festgestellt worden (PORTIER[462], GOTTA[182], DULZETTO[128]). Neben der Atrophie wurden aber auch *degenerative Erscheinungen* beobachtet, die sich auch hier auf die Spermiogenese und die Zwischenzellen erstreckten. Nach ABDERHALDEN[14] kommt die Keimzellenentwickelung aber nicht vollständig zum Stillstand; Spermatogonienteilungen und wachsende Spermatocyten sind vorhanden, doch keine Spermaciden oder Samenfäden. Nach den Untersuchungen von MARRIAN und PARKES[326] hat das histologische Bild der geschädigten Keimdrüse eine große Ähnlichkeit mit dem nach Röntgenbestrahlung oder Cryptorchismus und Vasotomie. Bei den weiblichen Tieren fand DULZETTO[128] eindeutige Veränderungen in der interstitiellen Drüse, die von den bei Hungertieren erkennbaren Erscheinungen stark abwichen und die hauptsächlich die Lipoide betrafen. Die Hodenatrophie kann durch Zufuhr von Vitamin B wieder ausgeglichen werden (PORTIER[463]), auch wird das bei vitaminfreier Ernährung abgetragene Hodengewebe nach Zufuhr von B wieder durch funktionstüchtiges ersetzt, ein Zeichen, daß die *Regenerationsfähigkeit* durch B-Entzug nicht dauernd gestört wird. Es sei noch darauf hingewiesen, daß AMANTEA[27] diese Störungen nicht für eine Folge des B-Mangels, sondern der Inanition hält. Bei mit poliertem Reis und Sonnenblumenkernen ernährten Tauben konnten REITANO und SANFILIPPO[490] auch keine abnormen histologischen Veränderungen in den Testikeln beobachten, trotzdem die Tiere Störungen in ihrem sexuellen Verhalten aufweisen, vor allem in der Potentia coeundi.

C-frei ernährte Meerschweinchen weisen ebenfalls Veränderungen im Keimdrüsengewebe auf. BEZSSONOFF[59] beobachtete bei solchen Tieren *Hypertrophie der Hoden* und *Dauererektionen des Penis.* LINDSAY und MEDES[308, 310] und MEDES[359] beschrieben ausführlich die Veränderungen, die der Hoden dieser Tiere erleidet. In der Hauptsache beruhen diese bei sehr jungen Tieren auf einer verlangsamten Entwicklung der Hoden, bei älteren Tieren ebenfalls in einer Störung der Spermiogenese; die Zwischenzellen erschienen dagegen auch bei sehr ausgeprägtem Skorbut nicht verändert. Diese Veränderungen traten schon in einem sehr frühen Krankheitsstadium auf, bereits am 10. Tage der Skorbutkost ließen sie sich histologisch nachweisen. Auch diese Veränderungen sind denen nach Röntgenbestrahlung oder dem Fehlen anderer Vitamine ähnlich, so daß sie wohl *kaum auf eine spezifische Wirkung des C-Mangels* zurückgeführt werden können. Auch beim Meerschweinchen konnte, wenn die Erkrankung nicht schon zu weit fortgeschritten war, innerhalb 17 Tagen nach Aufhören mit der Skorbutkost eine fast vollständige *Regeneration* erzielt werden.

Aus den Versuchen mit dem Fehlen verschiedener Vitamine, die alle das gleiche Bild der Störungen ergaben, darf man von vornherein annehmen, daß der *Entzug sämtlicher Vitamine* ähnliche Veränderungen im Gefolge haben wird. Demgemäß sah YAMASAKI[661] bei seinen vitaminfrei ernährten Mäusen ebenfalls Abnahme der Spermatozoen und Atrophie der Follikel. MEYERSTEIN[370] fand bei seinen vitaminfrei ernährten Ratten die Hoden schon äußerlich viel kleiner und an den Zellen des samenbildenden Apparates degenerative Veränderungen, das Zwischengewebe dagegen erheblich vermehrt. Auch in den Ovarien konnten histologische Veränderungen festgestellt werden; auffallend war hier das vollkommene Fehlen der Corpora lutea, die bei den Normaltieren stets reichlich vorhanden waren.

Beziehungen zwischen dem *Fettstoffwechsel und den Geschlechtsdrüsen* versuchte ROST[510] dadurch aufzuklären, daß er kastrierte Ratten vitaminfrei fütterte. Er ging dabei von dem Gedanken aus, daß durch die Avitaminose eine Abnahme der Fettdepots eintritt, durch die Kastration dagegen eine Zunahme derselben. In den Versuchen zeigte sich aber zwischen den normalen und kastrierten Tieren hinsichtlich des Fettgehaltes *kein Unterschied.* Dagegen fand OMURA[424] bei B-frei ernährten Ratten und Kaninchen eine geringere Fettabnahme und ein verzögertes Eintreten der Avitaminose bei den kastrierten Tieren, so daß diese Befunde in dem von ROST[510] angedeuteten Sinne sprechen dürften. Durch Zufütterung großer Mengen von Hodensubstanz konnte die Avitaminose herausgezögert, durch Zufuhr kleinster Mengen beschleunigt werden, was aber wahrscheinlich mit dem B-Gehalt der Hoden selbst zusammenhängt.

2. Die Wirkung des Vitamins E.

Während die eben dargelegten Befunde mehr für eine Schädigung des Keimdrüsengewebes im Gefolge der durch die Avitaminose bedingten innersekretorischen und sonstigen schweren Störungen des Gesamtstoffwechsels sprechen, *eine spezifische Wirkung der Abwesenheit eines bestimmten Vitamins also nicht vorzuliegen scheint,* liegen die Verhältnisse bei Mangel an Vitamin E insofern etwas anders, als dieses erst 1922 von Evans und Bishop[145] entdeckte Vitamin seine Wirkung bei sonstiger vollkommener Gesundheit des Tieres *direkt und ausschließlich auf die Keimdrüsen richtet.* Seine genaue Wirkung hat dann Evans mit seinen Mitarbeitern Bishop und Burr[141, 146, 147, 148, 149, 150, 151, 152] in zahlreichen Arbeiten weitgehend geklärt. Diese Untersuchungen ergaben in bezug auf die Wirkung des Vitamins E in kurzem folgendes Bild: Die Wirkungen des E-Mangels auf die *männliche Ratte* (Versuche an anderen Tieren liegen noch nicht vor) besteht in einer *Degeneration der samenbereitenden Epithelien,* die zu einem vollkommenen Versiegen der Spermiogenese führt. Dabei kann längere Zeit das Verhalten der Tiere beim Begattungsakt und ihre Libido unverändert bleiben. Eine Regeneration dieser Veränderungen ist im allgemeinen nicht möglich, doch ist es neuerdings in einigen Fällen gelungen, durch monatelange Zufuhr von großen Dosen E eine wenigstens teilweise *Regeneration* zu erzielen. Im Gegensatz zu diesen Veränderungen an der männlichen Geschlechtsdrüse, die von denen bei Mangel an anderen Vitaminen nicht allzusehr verschieden sind, laufen bei *den weiblichen Tieren* alle Vorgänge bis zum Eintritt der Schwangerschaft und noch während der ersten Zeit derselben vollkommen normal ab. Hier ist also ein charakteristischer Unterschied zwischen dem E-Mangel und dem Mangel an anderen Vitaminen oder sonstigen Ernährungsstörungen deutlich gegeben, da bei diesen Veränderungen in den Ovarien mit Ausbleiben der Ovulation die Regel sind. Die Wirkung des E-Mangels äußert sich vielmehr in einem Absterben der allerdings vorher schon nicht ganz normal entwickelten Früchte im Uterus, die hiernach resorbiert werden (*Resorptionsschwangerschaft*). In bezug auf die Heilung durch E-Zufuhr sind ebenfalls deutliche Unterschiede zwischen Männchen und Weibchen vorhanden; denn bei den letzteren gelingt es leicht, diese Störungen zu beseitigen und wieder normale Schwangerschaften zu erzielen. Auch die Nachprüfungen und weiteren Forschungen anderer Autoren über die E-Wirkung (Mattil, Carman und Clayton[336], Mattill und Clayton[337, 338], Simonnet[559], Sure[588], Mason[327, 329], Bortolini[76], Suzuki, Nakahara und Hashimoto[603]) führten zu den gleichen Ergebnissen und brachten weitere Einzelheiten über die Wirkung und das Vorkommen des Vitamins E in den verschiedenen Nahrungsmitteln, so daß wir auf sie an dieser Stelle nicht näher einzugehen brauchen.

Am Ende unserer Ausführungen sind noch zwei Arbeiten von Bisceglie[70, 71] zu erwähnen, welcher bei E-frei ernährten Tieren auch die Veränderungen an den anderen innersekretorischen Drüsen untersuchte. Dabei fand er Hypertrophie der Schilddrüse, der Nebennieren und der Hypophyse, führt aber diese Veränderungen nicht auf das Fehlen des Vitamins E zurück, sondern sieht sie als *Folge der primären Schädigung der Keimdrüsen durch den E-Mangel an.* Nach seinen neuesten Untersuchungen[72] nimmt er ein gegenseitiges Abhängigkeitsverhältnis zwischen E-Vitamin und Follikelhormon an. Nach den Befunden von Mason[328] wiesen die innersekretorischen Organe mit Ausnahme der Hoden *histologische Veränderungen* nicht auf.

H. Der Einfluß der Vitamine auf die Tätigkeit einzelner, bestimmter Körperorgane.

Während wir in den vorhergegangenen Abschnitten den Einfluß der Vitamine auf den Gesamtstoffwechsel und seine einzelnen Teile betrachtet haben, dabei also immer den Körper als Ganzes ins Auge gefaßt haben, wollen wir im folgenden noch einige Wirkungen der Vitamine besprechen, die sich nur auf einzelne Organe der Körpers richten, wobei aber natürlich auch die eventuellen Änderungen im Gesamtstoffwechsel des Körpers zum Ausdruck kommen.

I. Die Auswirkungen des Vitaminmangels am Verdauungskanal.

Als Ursache für die bei vitaminfreier Ernährung stets zu beobachtende Körpergewichtsabnahme ist oft die verminderte Nahrungsaufnahme verantwortlich gemacht, ein Schluß, der ja auch durchaus berechtigt erscheint. Als aber durch verschiedene Mittel, wie z. B. Zwangsfütterung, bei der ja von einer verminderten Nahrungsaufnahme nicht mehr gesprochen werden kann, die Gewichtsverminderung auch nicht aufgehalten werden konnte, lag es nahe, den Grund für die doch zweifellos vorhandene schlechtere Ausnutzung der Nahrung in einer Veränderung im Verdauungskanal zu suchen. Diese könnte entweder in der verminderten Sekretion eines sonst normalen Verdauungssaftes oder in einer verminderten Fermentmenge desselben oder in motorischen Störungen zum Ausdruck kommen. Zur Entscheidung dieser Möglichkeiten sind nun eine ganze Reihe Versuche angestellt worden, über die im folgenden berichtet wird. Daß jedenfalls keine im Darmkanal gebildeten toxischen Produkte hierfür verantwortlich gemacht werden können, scheint aus den Untersuchungen von Messerle[367] hervorzugehen, welcher zur Prüfung dieser Frage adsorbierende Mittel an seine Ratten und Tauben verfütterte, um an diese die evtl. gebildeten toxischen Produkte zu adsorbieren. Da aber die so gefütterten Tiere eher starben als die unbehandelten Kontrollen, dürfte wohl die Möglichkeit einer Autointoxikation vom Verdauungskanal aus auszuschließen sein.

1. Kopfdarm.

Hierüber liegen nur wenige Untersuchungen vor. Uhlmann[626, 627] ist wohl der erste gewesen, welcher über eine sekretionsfördernde Wirkung eines Vitamin-B-Präparates nicht nur an den Speicheldrüsen, sondern auch an allen anderen Drüsen des Verdauungskanals berichtete und damit den Anstoß zu weiterer Forschung gab. Leider konnte bald darauf Cowgill[107] bei der Nachprüfung seiner Befunde an der Speicheldrüse des Hundes diese Ergebnisse keineswegs bestätigen. Er fand nicht nur bei gesunden Hunden keine Steigerung der Speichelsekretion nach B-Zufuhr, sondern auch nicht bei B-frei ernährten Tieren, bei denen ein solcher doch sicher hätte vermehrt auftreten müssen, wenn dem Vitamin B eine solche Wirkung zukommen würde. Zu gleichen Ergebnissen kamen auch Skarzynska-Gutowska[562], Mori[385] und Verzár und Bögel[641], so daß man annehmen muß, daß die von Uhlmann verwandten Präparate nicht rein genug waren, sondern andere, das vegetative Nervensystem erregende Stoffe enthielten. Bezüglich der Befunde von Uhlmann an den anderen Verdauungsdrüsen werden wir bei der Besprechung derselben das weitere erörtern.

Zum Kopfdarm zu rechnen ist auch noch der *Kropf der Vögel*. Es ist schon lange bekannt, daß bei an Beriberi erkrankten Vögeln die Reste des Futters sehr lange im Kropf liegen bleiben, weshalb schon immer auf eine Störung der motorischen Tätigkeit des Kropfes geschlossen wurde. Winokurow[655] hat dann den experimentellen Nachweis für diese Anschauung durch Aufschreiben der Kropfbewegungen reiskranker Hühner erbracht; durch Zufuhr von Vitamin B konnten auch hier wieder normale Verhältnisse hergestellt werden.

2. Magen.

Auch bezüglich der *Magensaftsekretion* konnten von Nachuntersuchern die oben zitierten Befunde von Uhlmann[626, 627] nicht rekonstruiert werden. Miya-

DERA[374], über dessen Ergebnisse auch BICKEL[63] zusammenfassend berichtet hat, NEVER[412, 413], SKARZYNSKA-GUTOWSKA[562] und KARR[265] konnten alle eine Störung der Magensaftsekretion während der Avitaminose *nicht* feststellen. Wenn während der Erkrankung die Magensaftsekretion gegenüber der Norm vermindert ist, so ist dies nicht eine Folge des Vitaminmangels, sondern die verabreichte Nahrung übt einen zu geringen Sekretionsreiz aus (BICKEL[63]); nach Futterwechsel geht die Sekretion sofort wieder zur Norm zurück. Dagegen sprechen die Befunde von DANYSZ-MICHEL und KOSKOWSKI[119] für eine solche Störung; diese fanden nämlich bei reiskranken Tauben die Magensaftsekretion nach Histamin wesentlich herabgesetzt. Auch BIERRY und KOLLMANN[68] nehmen eine sekretionsfördernde Wirkung des Vitamins B an, ohne allerdings Beweise für diese Annahme zu erbringen.

Dagegen lassen die wenigen Versuche über *Änderungen der Fermentwirkung des Magensaftes* Schlüsse auf eine *Herabsetzung der Pepsinbildung* zu. So berichteten DANYSZ-MICHEL und KOSKOWSKI[119], daß bei ihren Reistauben im Gegensatz zu den Hungertauben das Pepsin vollkommen fehlte. Auch GROEBBELS und SPERFELD[191] sahen bei ihren vitaminfrei ernährten Mäusen in der Magenschleimhaut auch nach zehntägigem Versuch immer noch reichliche Mengen von *Propepsin bei gehemmter Pepsinsekretion*. Demnach scheint sich während der Avitaminose die Pepsinvorstufe in der Magenschleimhaut anzusammeln. Allerdings lassen diese wenigen Versuche irgendwelche bindenden Schlüsse noch keineswegs zu.

Etwas eingehender bearbeitet ist der Einfluß des Vitaminmangels auf die *motorische Tätigkeit des Magens.* Hierüber liegen Untersuchungen vor von WRIGHT[660], MEYERSTEIN[370], COWGILL, DEUEL JR., PLUMMER und MESSER[108], GUARINO[193], ROSE, STUCKY und COWGILL[504, 505, 506, 507] und ROWLANDS und BROWNING[512], welche alle eine *Abnahme des Magentonus und der Magenperistaltik* bei den verschiedenen Avitaminosen und den verschiedenen Tieren gesehen haben. Allerdings traten diese Abweichungen oft erst auf, nachdem die Erkrankung schon weit fortgeschritten war und die Freßlust vollkommen darniederlag. Durch Zufuhr von Vitaminen konnte auch hier die motorische Tätigkeit leicht wieder zu einer normalen gesteigert werden. Einen negativen Befund bei seinen Versuchen über die Beeinflussung der Motilität durch den Vitaminmangel hatte nur SMITH[563], der bei seinen B-frei ernährten Hunden bei Aufschreiben der Magenbewegungen mit der Ballonsonde keine motorischen Störungen finden konnte. Allerdings stellte er diese Untersuchungen in einem verhältnismäßig frühen Stadium der Erkrankung an, da später durch das dauernde Erbrechen der Tiere gute Kurven nicht mehr aufzunehmen waren. Vor kurzem hat dann noch INAWASHIRO[245] über Versuche an Beriberitauben berichtet und bei diesen Tieren ebenfalls erst 2—3 Tage vor Ausbruch der Krämpfe gesehen, daß der Druck im Mageninneren fast vollkommen verschwindet (*Tonusabfall*) und daß zu dieser Zeit auch *die peristaltischen Bewegungen zum Stillstand kommen*. Wurde in diesem Zustand der Vagus gereizt, so reagierte Magen und Herz viel schwächer als bei den Normaltieren. Deshalb hält INAWASHIRO die Störungen der Magenmotilität für eine Folge der im Verlauf der Beriberi auftretenden *Vagusschädigung.* Gefördert werden könnte nach seiner Ansicht der Tonusabfall noch durch die Anstauung des Futters im Darmkanal, da auch bei gesunden Vögeln die Anwesenheit von reichlichen Futtermassen im Darm die Magenbewegungen hemmend beeinflußt.

3. Pankreas.

Die *Sekretion des Pankreas* ist bei reiskranken Hühnern nach Ansicht von UKAI und KIMURA[628] vermehrt; der Beweis für diese Ansicht erscheint aber keineswegs einwandfrei. COWGILL und MENDEL[109] konnten im Gegensatz zu

UHLMANN[626, 627] einen fördernden Einfluß des Vitamins B auf die Pankreassekretion nicht feststellen. Eine Verminderung der Pankreassekretion während der Avitaminose ist deshalb nicht anzunehmen, weil die Dünndarmschleimhaut auch während der Avitaminose die gleichen Mengen *Sekretin* enthält wie die Schleimhaut des normalen Tieres (COWGILL und MENDEL[109], ANREP und DRUMMOND[31]).

Hinsichtlich des *Fermentgehaltes des Pankreas* beriberikranker Tauben liegen verschiedene Untersuchungen vor, doch sind auch hier die Befunde nicht einheitlich. So berichten z. B. TSUKIYE und OKADA[623] und FARMER und REDENBAUGH[155] über eine deutliche *Herabsetzung des Fermentgehaltes*. Besonders die letzteren berichteten über eine Herabsetzung der spaltenden Wirkung auf Eiweiß, Fett und Kohlehydrate, die sehr beträchtlich war; im Krampfstadium war eine spaltende Wirkung auf Fette und Kohlehydrate überhaupt nicht mehr nachzuweisen. Diesen Untersuchungen gegenüber stehen die Befunde von TIGER und SIMONNET[614], ROTHLIN[511] und ARTOM[35], welche eine Herabsetzung der diastatischen Kraft des Pankreassaftes nicht finden konnten; ARTOM[35] sah sogar eine leichte Erhöhung der diastatischen Wirksamkeit, doch ist es schwer, aus diesen gegenteiligen Versuchen einen Schluß zu ziehen, da noch zu wenige Versuche über diese Frage angestellt worden sind. Daß Veränderungen möglich sind, geht auch aus den histologischen Untersuchungen von ARTOM[36] hervor, nach denen zwischen Hunger- und Beriberitauben ganz charakteristische *Unterschiede in der Struktur des Pankreas* vorhanden sind, aus denen sich aber bisher noch keine Anhaltspunkte für eine gestörte Tätigkeit der Bauchspeicheldrüse ergeben haben.

Bezüglich der Pankreasfermente des skorbutkranken Meerschweinchens habe ich in der Literatur nur eine Arbeit von SUNZERI[587] gefunden, welcher eine Änderung im Fermentgehalt (NaCl-Extrakte) während der Erkrankung ebenfalls nicht feststellen konnte.

4. Darm.

Auch die *Wirksamkeit der Darmfermente* ist bisher kaum untersucht worden. SUNZERI[587] beschäftigte sich bei seinen skorbutkranken Meerschweinchen auch mit dieser Frage und konnte ebenfalls keine Änderungen feststellen. ABDERHALDEN und WERTHEIMER[20] untersuchten bei der B-frei ernährten Gans die fermentative Wirkung verschiedener Organpreßsäfte, sahen im Gehalt der Leber an *Diastase* keine Unterschiede, dagegen eine Herabsetzung der Wirkung einer *Peptidase* während der Erkrankung, wahrscheinlich infolge der verringerten Nahrungsaufnahme. An Hunden mit Thiry-Vella-Fisteln untersuchte KAWAMURA[272] 1—5 Monate nach der Operation den Fermentgehalt und die Menge des Darmsaftes bei B-freier Fütterung (polierter Reis); Quantität und Fermentgehalt des Darmsaftes nahmen leicht ab, um nach Zufügung von Vitamin B wieder zur Norm zurückzukehren.

Untersuchungen der *H-Ionenkonzentration im Magen-Darmkanal* gesunder und B-frei ernährter Ratten durch SCHOUBYE[527] ergaben im allgemeinen keine bedeutenden Abweichungen von der Norm; bei den Normaltieren war die Reaktion im ganzen Darmkanal mit Ausnahme des distalen Ileums sauer, während bei den erkrankten Tieren die alkalische Reaktion dieses Teiles etwas analwärts verschoben war; bei diesen Tieren war nämlich die *höchste Alkalinität im Coecum* zu finden. Da bei Rachitisdiät der sonst saure Kot der Ratten alkalisch wird, untersuchten REDMAN, WILLIMOT und WOKES[489] den p_H im ganzen Magen-Darmkanal. Sie beschränkten sich hierbei nicht nur auf Ratten, sondern untersuchten weiter noch Meerschweinchen, Kaninchen und Mäuse, und stellten für diese Tiere Normal-p_H-Werte auf. In den Versuchen ergab sich, daß nicht nur die *Reaktion* der Faeces sondern die des ganzen Magen-Darmkanals *bei Rachitis-diät alkalisch wird,* daß also die Reaktion im Magen-Darmkanal mit der in den Faeces parallel geht. Auf Grund dieser Befunde stellen diese Autoren theoretische Überlegungen über die *Beziehungen zwischen Resorption von Ca und P und der veränderten Reaktion* an und nehmen solche Beziehungen an. Auch YODER[665] kommt nach seinen Versuchsergebnissen über den p_H des Darminhalts und die Ca- und P-Resorption daselbst zu ähnlichen Schlußfolgerungen (vgl. auch S. 748).

Auch die *Darmflora* ist mehrfach untersucht worden und in Beziehungen zur Avitaminose gebracht worden. Die Untersuchungen von CREEKMUR[116] an A-frei ernährten Ratten, von TOMITA, KOMORI und SENDJU[615] und von DANYSZ-MICHEL und KOSKOWSKI[119] an B-frei ernährten Tauben und von GRINEFF und UTEWSKAJA[185] an C-frei ernährten Meerschweinchen führten aber bisher nicht zu Ergebnissen, aus denen einwandfreie Schlüsse möglich wären, trotzdem solche Schlüsse gezogen worden sind. Es ist sicher, daß durch die verzögerte Inhaltsentleerung und die Verschiebung der Reaktion die normale Darmflora abgeändert wird, daß pathogene Keime überhand nehmen können und daß dadurch Schädigungen möglich sind, die beim gesunden Organismus nicht eintreten werden. Vorläufig erscheinen diese Veränderungen jedoch als *sekundäre Erscheinungen,* denen man eine zu große Bedeutung nicht zusprechen kann, ehe nicht größere Erfahrungen hierüber vorliegen. Bezüglich der Bedeutung der Bakterien und der Verschiebung der Darmflora sei auf die Ausführungen von M. SCHIEBLICH in dem Aufsatz „Die Mitwirkung der Bakterien bei der Verdauung" im 2. Bande dieses Handbuches verwiesen.

Bei der *Darmverstopfung des skorbutkranken Meerschweinchens* liegen anscheinend ganz ähnliche Verhältnisse vor. Daß diese Darmverstopfung sehr oft vorhanden ist, darf als sicher angenommen werden, aber auch sie ist anscheinend eine sekundäre Erscheinung. Wie im Skorbut die sämtlichen Funktionen des Körpers darniederliegen, wird auch die Motilität des Darmkanals gestört. Durch das lange Liegen der Inhaltsmassen in den Enddarmabschnitten können bei den lebhaften, im Inhalt ablaufenden Gärungs- und Fäulnisvorgängen sicher *toxische* Produkte entstehen, deren der Organismus bei fortgeschrittener Erkrankung schließlich nicht mehr Herr werden kann. Es ist daher von einigen Forschern die Ansicht vertreten worden, daß der Skorbut eine einfache Folge der Darmverstopfung, also eine *Autointoxikation* des Körpers ist (PITZ[458, 459], McCOLLUM und PITZ[351]), aber auch an gegenteiligen Ansichten hat es nicht gefehlt (HESS und UNGER[218], GIVENS und COHEN[178], COHEN und MENDEL[92], MOURIQUAND und MICHEL[391], LIOTTA[311], MATTEI[330]). Heute ist dieses damals umstrittene Problem nicht mehr als solches anzusehen, sondern dahin entschieden, *daß der Darmverstopfung in der Aetiologie des Skorbuts eine wichtige Rolle nicht zukommt* (vgl. auch S. 764). Es sei in diesem Zusammenhange noch erwähnt, daß nach den neuesten Untersuchungen von BEZSSONOFF[60, 62] dem Vitamin C eine fördernde Wirkung hinsichtlich der *Ausscheidung von Stoffwechselprodukten* (Phenolen) im Harn wahrscheinlich zukommt, die BEZSSONOFF[61] zur Grundlage einer neuen Methode zum Studium der Vitaminwirkung gemacht hat.

An Ratten und Meerschweinchen führte in letzter Zeit endlich BERGEIM[54] umfangreiche *Ausnutzungsversuche über die Wirkung des Mangels an Vitamin A, B, C und D* aus; große Unterschiede in der Ausnutzung der Nahrung konnten allerdings nicht gefunden werden, die Stärkeverdauung war sogar bei den kranken und gesunden Tieren gleich groß (90 %). Die Eiweißverdauung, die bei den Kontrollen durchschnittlich 68 % betrug, war bei den B-frei ernährten Ratten auf 51 %, bei D-frei ernährten Ratten auf 60 % herabgesetzt; dies waren die größten, überhaupt gefundenen Unterschiede. Diese Befunde sprechen eigentlich gegen eine erhebliche Verschlechterung der Resorption, die verschiedene Autoren, wie z. B. Never[412], Cramer[111] und Pierce, Osgood und Polansky[457] gefunden und z. T. für den Eintritt der Erkrankung verantwortlich gemacht haben.

II. Die Veränderung der Blutzusammensetzung im Verlauf der Avitaminosen.

1. Formelemente.

a) Erythrocyten.

Während bei der *A-frei ernährten Ratte* eine Veränderung der Zahl der Erythrocyten im Verlauf der Erkrankung im allgemeinen nicht eintritt (Cramer, Drew und Mottram[114], Sure, Kik und Walker[593], Sure, Kik und Smith[591]), ist von einer ganzen Reihe von Untersuchern bei der *Geflügelberiberi* eine *Abnahme der Zahl der roten Blutkörperchen und des Hämoglobingehaltes* während der Avitaminose gesehen und beschrieben worden. Auf diese Tatsache hat wohl zuerst Abderhalden[3] aufmerksam gemacht, welcher bei seinen Reistauben eine Abnahme der roten Blutkörperchen um ungefähr die Hälfte bei entsprechend vermindertem Hämoglobingehalt feststellen konnte. Weill, Arloing und Dufourt[651], Nitzescu und Cadariu[418], Kuzuki[296], Barlow[49], Barlow und Whitehead[50], Sawanishi[517] und Sartori[515] konnten ebenfalls an Tauben und Hühnern den Ausbruch einer solchen *Anämie* feststellen, so daß wohl diese Tatsache als gesichert anzusehen ist. Gegenteilige Befunde liegen nur vor von Soldani[566] und Sherif und Baum[538]; letztere fanden die Veränderungen zu schwankend, um daraus sichere Schlüsse ziehen zu können. Muto[404] will bei seinen Hühnern im Gegensatz zu den Hungertieren, welche eine Abnahme zeigten, eine Zunahme der Zahl der roten Blutkörperchen bei der Beriberi gesehen haben. Allerdings darf man bei den Beziehungen des Vitamins B zu der erwähnten Anämie nicht vergessen, daß gleichsinnige Veränderungen auch an Hungertieren festgestellt wurden, so daß es noch nicht als erwiesen gelten kann, daß diese Anämie wirklich eine direkte Folge des B-Mangels in der Nahrung ist, bzw. daß das Fehlen des Vitamins B als solches diese Veränderungen hervorruft, oder ob diese nicht vielmehr eine Folge der schweren Allgemeinerscheinungen ist. Angefügt sei noch, daß Sartori[515] die Resistenz dieser verringerten Erythrocyten im Verlauf der Avitaminose erhöht fand.

Bei Untersuchungen über die Blutkörperchen *B-frei ernährter Ratten* kamen Sure, Kik und Walker[592, 594] zu der Überzeugung, daß bei diesen Tieren die hämatopoetische Funktion gestört sei, was sie aus einer *Vermehrung der Erythrocytenzahl und des Hämoglobingehaltes* schlossen, die mitunter zur Beobachtung kam. Der *Färbeindex* bei einigen Tieren war beträchtlich über 1,00 gesteigert; Werte bis zu 2,00 kamen nicht allzuselten zur Beobachtung. Ebenso fanden Stucky und Rose[584] bei B-frei ernährten Hunden eine beträchtliche Vermehrung der Erythrocyten und des Hämoglobins, die sie auf eine Bluteindickung zurückführen möchten. An B-frei ernährten Kaninchen fanden dagegen Verzár und Kokas[642] ebenfalls eine *schwere Anämie* (4 000 000 rote Blutkörperchen gegen 5 250 000).

Trotzdem Herzog[210] beim *skorbutkranken Meerschweinchen* eine Veränderung der Formelemente des Blutes nicht gefunden hatte, haben doch eine ganze Reihe Nachuntersucher auch bei diesem Tier eine *Anämie im Verlauf des Skorbuts* feststellen können (Iwabuchi[250], Soldani[566], Mouriquand[390]). Der letztere fand z. B. eine deutliche Verminderung der Zahl der roten Blutkörperchen von etwa 5 518 000 innerhalb von 24 Tagen auf 3 250 000 und eine hiermit parallel gehende

Verminderung des Hämoglobingehaltes von 80 auf 65 %. Nach Zulage von Citronensaft gingen diese Werte innerhalb 13 Tagen wieder zur Norm zurück. Lesné, Vaglianos und Christou[301] sahen zunächst einen Anstieg bis auf 5 000 000 bis zum 10.—11. Tag, dann einen Abfall auf ungefähr 2 600 000, ohne daß hierbei histologische Modifikationen auftraten. Nach diesem Abfall fand aber dann wieder eine Zunahme auf den Ausgangswert statt, wenn diese auch nur langsam verlief. In der Zeit des Auftretens der Blutungssymptome fand sich weiter noch eine geringe Verlängerung der Gerinnungszeit. In Übereinstimmung mit Mouriquand[390] sah hingegen Liotta[312] ein stetiges Absinken der Erythrocytenzahl im Verlauf der Erkrankung bis ungefähr auf die Hälfte in der 4. Woche. Während Hanke und Koessler[199] Anämien nur mitunter auftreten sahen, dagegen stets ein abnormes Blutbild fanden (Polychromatophilie, Anisocytose, Poikilocytose), fand Jonas[257] bei seinen Tieren zuerst einen geringen Anstieg der Blutkörperchen- und Hämoglobinwerte, die vom 15. Tage eine Tendenz zum Sinken zeigten, ohne daß aber eine ausgesprochene Anämie auftrat. Schließlich untersuchten noch Verzár und Kokas[642] die Funktion des hämatopoetischen Apparates, ohne hierbei schwere Störungen zu finden. Die *Regeneration der Formelemente nach stärkeren Blutverlusten* verlief nämlich bei den Skorbuttieren in ungefähr der gleichen Zeit wie bei den gesunden Kontrollen.

Bei der Durchprüfung verschiedener Rachitisdiäten sah Happ[200] schließlich bei seinen Ratten bei der Ca-armen Diät in einigen Fällen *Anämie* auftreten, während bei P-armer Diät wohl sehr schwere rachitische Erscheinungen aber keine Veränderungen des Blutbildes beobachtet werden konnten. Auch Sure, Kik und Smith[591] sahen bei ihren D-Ratten Anämie auftreten, die sie auf eine Störung der Erythropoese zurückführen; ein Teil der Tiere zeigte auch einen erniedrigten Hämoglobingehalt.

Was endlich die Verhältnisse bei Vitamin-E-Mangel betrifft, so liegt eine Untersuchung ebenfalls von Sure, Kik und Walker[595] über diese Frage vor. Die Blutbildung von weiblichen Ratten im Stadium der Resorption der Feten infolge vorausgegangenen E-Mangels zeigte danach keinerlei Abweichungen von der Norm.

Hinsichtlich der Zahl der Erythrocyten ist auch an dieser Stelle auf die neuerkannte *Funktion der Milz als eines Blutkörperchenreservoirs* hinzuweisen, welche unter Umständen derartige Zählungen vollkommen illusorisch machen kann, worauf besonders Scheunert und Krzywanek[520] vor kurzem aufmerksam gemacht haben. Man wird vielleicht hier besser nach *Veränderungen im histologischen Bilde suchen müssen* und weniger Wert auf die Zahl legen, da bei Bestehen einer Anämie histologische Veränderungen stets vorhanden sein müßten.

b) Weiße Blutkörperchen.

Aus ihren Untersuchungen über das weiße Blutbild der vitaminfrei ernährten Ratte und Maus schließen Cramer, Drew und Mottram[112], daß durch die Avitaminose eine spezifische Beeinflussung des lymphoiden Gewebes verursacht wird, die der nach Röntgen- und Radiumbestrahlung sehr ähnlich ist. Als Folge der Atrophie der Lymphdrüsen und der Milz zeigte das Blutbild eine deutliche *Abnahme der Lymphozyten*, dagegen eine *Zunahme der polymorphkernigen Elemente*. Im Gegensatz zu diesen Befunden bei Mangel an allen Vitaminen erwies sich bei alleinigem Fehlen von Vitamin A in der Nahrung der *Lymphapparat nicht geschädigt*[113, 114], so daß in diesem Falle Veränderungen am weißen Blutbild nicht vorhanden waren.

Bei entsprechenden Untersuchungen an Vögeln konnten Weil, Arloing und Dufourt[651] eine deutliche Beeinflussung nicht feststellen, während Kuzuki[296] bei seinen reiskranken Tauben im Gegensatz zu Tieren mit Reis + Vitamin B die Ausbildung einer *Leukopenie* verfolgen konnte.

Bei B-arm ernährten Kaninchen sahen VERZÁR und KOKAS[642] wohl eine *Anämie* aber keine Verschiebung des weißen Blutbildes auftreten, während HAPP[200] bei B-frei ernährten Ratten nach dem Auftreten polyneuritischer Symptome eine schwere Leukopenie mit *Verschiebung des* ARNETH*schen Blutbildes nach links* feststellen konnte; bei seinen B-frei ernährten Hunden sah schließlich BUCCO[79] eine deutliche Vermehrung der mononucleären Zellen.

Über das weiße Blutbild des skorbutkranken Meerschweinchens liegen Untersuchungen von LIOTTA[312] und LESNÉ, VAGLIANOS und CHRISTOU[301] vor. Während der erstere einen wenig ausgeprägten Anstieg der Leukocytenzahl bei deutlicher *Zunahme der großen Mononucleären, Eosinophilen und Lymphocyten sah*, konnten die letzteren in der 2. Woche der Erkrankung ebenfalls eine deutliche *Zunahme der Mononucleären* feststellen, die aber in den letzten Tagen einer ausgesprochenen *Leukopenie* Platz machte.

c) Thrombocyten.

Wegen ihrer Bedeutung bei der Abwehr von Infektionen untersuchten CRAMER, DREW und MOTTRAM[114] bei A-frei ernährten Ratten die Zahl der Blutplättchen, die bei Normaltieren zu 700—900000 im Kubikmillimeter gefunden wurde. Im Verlauf der Erkrankung trat stets ein *deutliches Absinken* der Zahl dieser Elemente ein, die oft schon das Zeichen für die Avitaminose war, wenn äußerlich klinische Symptome noch nicht zu bemerken waren. Infektionen wie Xerophthalmie kamen erst dann zum Ausbruch, wenn die Zahl der Blutplättchen unter 300000 gesunken war, wobei es ganz gleichgültig war, ob dieser Abfall rasch oder langsam einsetzte. Durch A-Zufuhr nahm die Zahl der Plättchen in demselben Maße wieder zu, wie die klinischen Erscheinungen verschwanden. Ein ähnlich deutlicher Abfall der Zahl der Blutplättchen konnte auch durch Radiumbestrahlung erzielt werden. Da die Zählung der Blutplättchen nach diesen Befunden ein sehr gutes diagnostisches Mittel zur sehr frühzeitigen Feststellung eines A-Mangels wäre, prüften BEDSON und ZILVA[52] diese Ergebnisse nach, ohne sie leider bestätigen zu können. Auch sie fanden zwar eine *Verminderung der Plättchenzahl*, doch war diese so gering, daß bei der großen Schwankungsbreite der Normalbestimmungen sichere diagnostische Schlüsse nach ihrer Meinung nicht zu erzielen waren. Diese negativen Ergebnisse erklärten dann CRAMER, DREW und MOTTRAM[115] durch mangelhafte Technik der Nachuntersucher, gegen welche Erklärung sich BEDSON, PHILLIPS und ZILVA[51] in einer weiteren Arbeit wenden, in der auch mit verfeinerter Methode nur die gleichen Ergebnisse erzielt werden konnten. So stehen sich in dieser Frage zwei Ansichten gegenüber, von denen heute wohl noch nicht gesagt werden kann, welche die richtige ist. Für die Ansicht von CRAMER, DREW und MOTTRAM sprechen noch die Befunde von SHERIF und BAUM[538], welche in zwei Fällen von Keratomalacie ebenfalls eine hochgradige Verminderung der Blutplättchenzahl sehen konnten. Bei Mangel an Vitamin B oder C fanden sie dagegen keine Beeinflussung der Blutplättchenzahl, was mit den Befunden von HERZOG[210] übereinstimmt, welcher ebenfalls keine solche Abnahme eintreten sah.

2. Änderungen in der Chemie des Blutes.

Die Mehrzahl der hierhergehörenden Untersuchungen ist schon in anderen Abschnitten abgehandelt worden. So enthält der Abschnitt Eiweißstoffwechsel auf S. 714ff. die beobachteten Veränderungen im Gehalt an den verschiedenen N-Fraktionen (Rest-N, Kreatin, Kreatinin, Harnstoff usw.) und der Abschnitt

Kohlehydratstoffwechsel auf S. 719ff. die Veränderungen des Blutzuckers, so daß hier nur noch die Besprechung einiger weniger Bestandteile bleibt, die bisher noch nicht abgehandelt worden sind. Zu ihnen gehört der

a) Wassergehalt,

mit dem sich aber nur einige wenige Untersucher beschäftigt haben. So untersuchte RACCHIUSA[467] an Reistauben neben anderen Bestandteilen des Blutes auch seinen Gehalt an Trockensubstanz und fand ihn etwas erhöht, während er sich bei den Hungertauben als erniedrigt erwies. Eine sehr beträchtliche Zunahme der Blutkonzentration von 23 auf 44% beobachteten weiter SURE, KIK und WALKER[592] bei ihren 56 säugenden Ratten, deren Mütter B-frei ernährt wurden und auch ROSE und STUCKY[502] fanden ähnliche Auswirkungen des Vitamin-B-Mangels. Hierher gehören weiter noch alle die Arbeiten, welche eine Vermehrung der Erythrocyten und des Hämoglobingehaltes während der Avitaminose angeben, da diese Erhöhung in der Hauptsache auf einen Wasserverlust des Blutes zurückgeführt werden könnte, während dann natürlich die gefundenen Anämien für eine Vermehrung des Blutwassers sprechen würden.

b) Alkalireserve und p_H des Blutes.

Die Alkalireserve des Blutes ist in mehreren Fällen untersucht worden, da Beziehungen derselben von einigen Autoren sowohl zum Skorbut wie auch zur Rachitis vermutet worden waren. An vollkommen vitaminfrei ernährten Meerschweinchen, Hunden und Tauben untersuchte dieselbe COLLAZO[98] mit der Methode von VAN SLYKE und fand bei den Tauben nur eine geringe Herabsetzung, mitunter aber auch eine Vermehrung derselben. Eine ähnliche schwankende Wirkung bei B-frei ernährten Tauben und Hühnern sah auch MIYAKE[375], bei B-frei ernährten Ratten SURE und KIK[590]. Bei den Meerschweinchen und Hunden fand dagegen COLLAZO[98] im letzten Krankheitsstadium eine deutliche Verminderung und gleiche Veränderungen auch MIYAKE[375] bei seinen Hunden. COLLAZO[98] glaubt aber, daß diese Acidose nicht für die Avitaminose typisch ist, sondern eher eine Folge der mangelnden Freßlust ist, da Hungertiere im allgemeinen gleiche Veränderungen zeigen. Ebenso lehnen auch McCLENDON, COLE, ENGSTRAND und MIDDLEKAUF[350] und MOURIQUAND und MICHEL[392] einen *ursächlichen Zusammenhang zwischen Acidose und Skorbut* ab. In einer neueren Arbeit diskutierten MOURIQUAND, LEULIER und SÉDALLIAN[401] diese Frage erneut und kamen wiederum zu ihrer früheren Ansicht. Die Untersuchung des p_H ergab keinerlei Beeinflussung desselben, während die Alkalireserve zwar abnahm, aber so spät, durchschnittlich erst am 27. Tage, daß die hier schon bestehenden Skorbuterscheinungen nicht durch die Acidose bedingt sein können.

Bei menschlichen Rachitikern wurde öfter im Verlauf der Erkrankung eine Acidose festgestellt. (Näheres hierüber bei GYÖRGY[197].) Untersuchungen von LIÉGEOIS[304] an Hunden und Schweinen, die spontan an Rachitis erkrankt waren, scheinen auch bei diesen Tieren für eine Acidose zu sprechen. Die festgestellten Normalwerte für das Schwein lagen beim p_H 7,25 und beim CO_2-Bindungsvermögen 53%, bei Hunden $p_H = 7,4$, CO_2-Bindungsvermögen ebenfalls 53%. Während der Erkrankung fand nun eine Senkung statt, so daß schließlich der p_H Werte von 7,36 beim Schwein und 7,37 beim Hund erreichte; die entsprechenden Zahlen für das CO_2-Bindungsvermögen waren 37 bzw. 45 Vol.%, also deutlich acidotisch. Durch Zufuhr von Lebertran oder Vigantol erreichten in Analogie zum Menschen auch bei diesen Tieren die Werte wieder die Norm (LIÉGEOIS[305]), während bei gesunden Tieren eine Erhöhung dieser beiden Werte durch D-Zufuhr nicht zu erzielen war. Demnach hat es den Anschein, als ob diese Acidose eine

Folge des D-Mangels ist. In weiteren Untersuchungen konnten später diese Ansichten erneut eine Bestätigung erfahren (Liégeois und Lefèvre[306]).

c) Fermente des Blutes.

Bei A-frei ernährten Mäusen fand Gazanjuk[173] eine geringe Verminderung der *Proteasenzahl* des Blutes, die *Peroxydasezahl* des Blutes dagegen stärker vermehrt (Methode nach Bach). Bei der B-Avitaminose sahen Ukai und Kimura[628] zunächst eine leichte Verstärkung, später ein sehr beträchtliches Absinken der *amylolytischen Kraft* des Serums und ebenso Gentile[175], während Hungertauben eine starke Erhöhung der Glykolyse im Blut zeigten. Weiter fand Gentile[174] auch ein starkes Absinken des *antitryptischen Ferments* im Serum bei Ausbruch der Beriberi nach voraufgegangenem stärkeren Anstieg desselben.

Beim Skorbut des Meerschweinchens wurden bis jetzt folgende Veränderungen im Fermentgehalt des Blutes gefunden: Herabsetzung der Wirkung der *Diastase* (Gentile[175]), dasselbe aber nach ursprünglichem Anstieg (Palladin[432]), also das gleiche Verhalten wie beim Blutzucker, Herabsetzung der *Katalase* während der ersten 10 Tage, dann aber wieder Anstieg zur Norm (Gentile[175]), Konstantbleiben der Katalase (Palladin[434]), Anstieg der *antitryptischen Wirkung* des Serums, während diese im Hunger langsam und stetig abnimmt (Gentile[174]), Absinken der *Esterase*, Steigen der *Peroxydase* und *Protease* (Palladin[434]); die größten Veränderungen erreichte hierbei die Amylase, während die Veränderungen der übrigen Fermentwirkungen nur gering waren. Schließlich berichteten noch Randoin und Michaux[481] über ein beträchtliches Ansteigen des *Fibrinogens* im Blut von 0,175—0,300 bis auf 0,6%. Die C-frei ernährten Mäuse von Gazanjuk[173] endlich zeigten eine Verringerung der *Protease*, eine starke Vermehrung der *Peroxydase* und eine geringere der *Katalase* und die D-frei ernährten Ratten von Brok und Welcker[77] eine um die Hälfte verminderte *Glykolyse*. Aus den wenigen und uneinheitlichen Befunden ist demnach ein klares Bild bisher noch nicht zu gewinnen.

III. Die Veränderungen am Nervensystem.

Es kann hier nicht meine Aufgabe sein, eine vollständige *pathologisch-ana-tomische* Analyse der auftretenden Veränderungen zu geben; dies würde einmal über den Rahmen dieses Aufsatzes bei weitem hinausgehen, andererseits hat vor kurzem Kihn[273] eine ausgezeichnete Darstellung dieses Gebietes mit reichlichem Bildmaterial veröffentlicht, so daß hinsichtlich einer genauen Belehrung auf diese verwiesen werden kann. Wir wollen daher im folgenden uns an Hand einiger Literaturangaben in großen Zügen ein Bild davon machen, daß überhaupt derartige Veränderungen vorhanden sind, ohne aber genauer auf sie einzugehen.

Die schweren nervösen Erscheinungen, die bei der Beriberi des Geflügels, aber auch der anderen Tiere, das klinische Bild beherrschen, haben naturgemäß schon frühzeitig Anregung zur histologischen Analyse der Nervenveränderungen gegeben und es sind in der Folgezeit zahlreiche Arbeiten erschienen, die diese Veränderungen zur Darstellung brachten. Hier seien von neueren Arbeiten nach Funk[165] die Arbeiten von Schnyder[526], Riquier[492], Messerle[369], Findlay[156], Kimura[274], Kato, Shizume und Maki[270], Da Fano[117], Pazzini[455], Kura[293], Kura und Kasahara[294], Kura und Mizuno[295], Tsunoda und Kura[624], Nakamoto und Kasahara[409] und Ito[248] erwähnt, die sich mit den Veränderungen der peripheren Nerven, der Herznerven und des Zentralnervensystems bei an Beriberi erkrankten Vögeln befassen. Aber auch an anderen B-frei ernährten Tieren wurden derartige Untersuchungen angestellt, so z. B. von Ostertag und

Müller[429] (Hund), Da Fano[117] (Katze), Murata[403] und Meduna[362] (Kaninchen), Hofmeister[227] (Ratte), Henriksen[206] (Ratte und Meerschweinchen) und Hughes, Lienhardt und Aubel[243] (A-frei ernährtes Schwein). Ein sehr klares Bild von den überhaupt möglichen Veränderungen ergibt eine Zusammenstellung von Kihn[273] (S. 115), aus der alles Wichtige ersichtlich ist (Tabelle 5).

Tabelle 5. Die in der Avitaminose möglichen Veränderungen am Nervensystem. Nach Kihn[273] S. 115.

Typus I Gruppe der reinen Paren-chymschäden.	Typus II Gruppe der degenerativen Ver-änderungen mit Stasen-beimengungen.	Typus III Gruppe der hämorrhagisch-degenerativen Veränderungen.
Gesamtbild: Weit verbreitete schwere Zellschädigung, stabiler Abbau. Ubiqui-tärer Faserzerfall. In chro-nischen Fällen Übergang zu Typus II und III.	*Gesamtbild:* Schwerer Paren-chymzerfall unter Folge-erscheinungen von Stase und Thrombose. Mesen-chym lebhafter beteiligt.	*Gesamtbild:* Primäre hämor-rhagische Diathese, Zerfall des nervösen Gewebes, me-senchymale und gliöse Rei-zung. Stase.
Rückenmark: In akuten Fäl-len wie Gehirn. Faserzer-fall.	*Rückenmark:* Neuritis, sekun-däre Degeneration, Paren-chymschädigung der grauen Substanz.	*Rückenmark:* Wie bei II, Hämorrhagien in der grauen Substanz.
Peripherer Nerv: Nur in chro-nischen Fällen beteiligt.	*Peripherer Nerv:* Fast regel-mäßig beteiligt.	*Peripherer Nerv:* Häufig be-teiligt. Hämorrhagien.

Verteilung der Krankheitsbilder auf diese Typen:

Rattenkeratomalacie akut 　　akute Hühnerberiberi　　←— Meerschweinchenskorbut
Rattenrachitis akut 　　　　　　　　Taubenberiberi —→

　　←— chronische Rattenrachitis —→　　←— Rattenskorbut —→
　←— chronische Rattenkeratomalacie —→　　←— Kaninchenberiberi —→

　　　　　　　　　　　　akute Mäuseberiberi —→
　　　　　　　　　←— akute Rattenberiberi —→
　　　　　　　　　　←— chronische Hühnerberiberi —→
　　　　←— chronische Ratten- und Mäuseberiberi —→
　←— Sehr chronische Fälle von Rattenkeratomalacie —→

Neben diesen Arbeiten, die sich mit der pathologisch-anatomischen Seite der Nervenveränderungen befassen, liegen noch einige Untersuchungen über die *Physiologie des so geschädigten Nervensystems* vor. So untersuchten Katō und Shirai[269] die *Fortpflanzungsgeschwindigkeit* im Nerven und fanden sie bei B-Mangel herabgesetzt; durch Zufuhr von Vitamin konnte sie innerhalb weniger Stunden wieder zur Norm zurückgebracht werden. Durch eine originelle Ver-suchsanordnung konnte weiter der Beweis erbracht werden, daß diese B-Wirkung *peripher und nicht zentral angreift.* In einer anderen Versuchsreihe (Katō und Akiba[268]), in welcher die *H-Ionenkonzentration in dem den Nerven umgebenden Gewebe* festgestellt wurde, konnten bei der Beriberi p_H-Werte von 5,9—6,3 gegen-über Normalwerten von 6,8—6,9 gefunden werden, weshalb die Autoren als Grund für die Nervenlähmung eine Adsorption von H-Ionen annehmen. Spadolini[568] hat weiter aus seinen Versuchen, in denen nach Ausrottung sämtlicher Mesen-terialnerven ähnliche Erscheinungen wie bei Vitaminmangel auftraten, geschlos-sen, daß die Mangelerscheinungen die *Folge einer primären Schädigung der Mesen-terialganglien sind,* eine Annahme, mit der er bis jetzt aber anscheinend allein geblieben ist. v. Bonsdorff und Granit[74] fanden weiter noch bei A-arm er-nährten Ratten eine Steigerung der *Empfindlichkeit des Herzvagus* bei elektrischer Reizung, d. h. die A-frei ernährten Ratten reagierten schon bei einem Rollen-abstand des Induktoriums, bei dem gesunde Tiere noch keine Reaktion zeigten.

Interessant in dieser Beziehung sind auch die Versuchsergebnisse von
Bajandurow[45, 46], welcher mit *großhirnlosen Tauben* arbeitete und auch diese
Tiere nur mit Reis ernährte. Da bei diesen Tieren die Gewichtsverluste sehr viel
geringer waren als bei den Normaltieren, nimmt Bajandurow an, daß das
Zentralnervensystem zu der Gewichtsabnahme in irgendwelchen Beziehungen
steht. Dagegen traten bei den großhirnlosen Tauben die polyneuritischen Erscheinungen eher auf als bei den Kontrollen, doch sind auch bei diesen Tieren
die Erscheinungen durch B-Zufuhr, wenn auch etwas verzögert, wieder zum Verschwinden zu bringen.

Das Bild der Beriberi erinnert in vieler Hinsicht an das von *Tauben mit
zerstörtem Labyrinth.* Es lag deshalb die Annahme nahe, daß bei der Beriberi
eine Schädigung des Labyrinths bzw. seiner Nerven eintritt, trotzdem anatomische Veränderungen hier nicht nachweisbar sind. Tscherkes und Kupermann[620] haben die Frage, ob solche Beziehungen vorhanden sind, durch Versuche an Tauben zu klären versucht, denen 10 Wochen vor der Reisfütterung
das Labyrinth zerstört wurde. Nach Eintritt der Erkrankung unterschieden sich
diese Tiere in ihrem Verhalten aber in keiner Weise von Tieren mit Labyrinth,
so daß solche Beziehungen wohl nicht bestehen dürften.

IV. Charakteristische Veränderungen an anderen Organen.

Auch hier können wir nur ganz kurz mit einigen Worten auf die verschiedenen Erscheinungen hinweisen; für genaue Orientierung sei wieder der Artikel
von Kihn[273] vorgeschlagen.

1. Der Wassergehalt.

Wie bei der menschlichen Beriberi wurde von McCarrison[342] auch bei der
Vogelberiberi eine *trockene* und *hydrophische Form der Beriberi* unterschieden.
Demgemäß fand er bei der letzteren den Wassergehalt der Gewebe deutlich ver-
mehrt. Auch Lawaczeck[298] fand derartige Erhöhungen des Wassergehaltes, wie
aus der folgenden Tabelle 6 hervorgeht, die aus den betreffenden Stäben der
Tabellen 1 und 2 von Lawaczeck[298] zusammengestellt ist.

Tabelle 6.

Nr.	Normale Tauben			Nr.	Beriberitauben		
	Trockensubstanz in % im				Trockensubstanz in % im		
	Brust-muskel	Schenkel-muskel	Herz-muskel		Brust-muskel	Schenkel-muskel	Herz-muskel
1	28,63	25,63	—	7	22,67	22,02	—
2	28,21	24,60	23,35	8	27,52	22,64	22,89
3	28,68	26,15	23,95	9	24,47	21,15	21,32
4	27,39	25,16	23,43	10	19,81	21,47	20,36
6	28,14	27,09	24,32	11	23,67	22,20	21,74

Ähnliche Befunde konnten weiter noch von einer Reihe anderer Forscher
erhoben werden. Hotta[237] konnte nicht nur die Ergebnisse von Lawaczeck[298]
bestätigen, sondern fand auch bei der Untersuchung der übrigen Organe eine
Abnahme der Trockensubstanz in Niere, Leber und Gehirn. Jono[258, 260], Randoin und Fabre[471] und Ciaccio[89, 90] kamen bei Tauben ebenfalls zu ähnlichen
Ergebnissen, Jono[260] auch beim Hund und Krause[289] bei Tauben, während
bei Hühnern nur der Wassergehalt der Haut vermehrt war; die außerdem untersuchten B-frei ernährten Ratten und Meerschweinchen zeigten dagegen keine
Veränderungen im Wassergehalt.

Auch bei skorbutkranken Meerschweinchen konnte KRAUSE[289] keine Veränderungen im Wassergehalt der einzelnen Organe feststellen; dagegen fand IWABUCHI[250] den Gehalt an Trockensubstanz etwas erniedrigt und auch RANDOIN und MICHAUX[479] fanden den Wassergehalt von Leber und Milz deutlich erhöht, während die Nieren eine derartige Veränderung nicht aufwiesen (RANDOIN und MICHAUX[480]).

2. Veränderungen der Organgewichte.

(Vgl. hierzu auch den Abschnitt: Innere Sekretion auf S. 754ff.)

Bei *B-frei ernährten Tauben* sah ABDERHALDEN[5] mit Ausnahme einer Gewichtsabnahme des (leeren) *Magen-Darmkanals* gegenüber den Hungertieren keine eindeutigen Gewichtsverschiebungen. Mit seiner bekannten Fütterung, die einen Gewichtssturz des Tieres verhindert, untersuchte weiter SIMONNET[558] die Gewichtsveränderungen der einzelnen Organe. Diese Versuche sind deshalb besonders wertvoll, weil durch diese Fütterung die unberechenbaren Einflüsse, die durch die Abmagerung und den großen Gewichtsverlust bei reiner Reisfütterung gesetzt sind, ausgeschaltet werden. Bei den so gefütterten Tauben war der *Gewichtsverlust der Leber* nur ganz geringfügig, größer dagegen der des *Pankreas*. Die Untersuchungen von GOTTA[182] mit derselben Kost ergaben hinsichtlich der Leber die gleichen Befunde, größere Gewichtsverluste dagegen beim *Herz* und eine Gewichtsvermehrung der *Nieren*, die bei LOPEZ-LOMBA und RANDOIN[318] bei einer bis auf den B-Mangel sonst vollwertigen Kost ungefähr 10% betrug. An den anderen Organen fanden diese Autoren Zunahme der *Nebennieren* um 48%, unverändert das Gewicht von *Herz, Gehirn* und *Lunge*, Abnahme der *Hoden* um 15%, des *Pankreas* um 24%, der *Schilddrüse* um 28%, der *Leber* und *Milz* um ungefähr 45%. Diese Zahlen sind zu verstehen auf 1 kg Gewicht berechnet, wobei die B-frei ernährten Tiere bei Eintritt des Todes 30—35% ihres Körpergewichtes verloren hatten; sie sind also mit den Angaben von SIMONNET[558] nicht ohne weiteres vergleichbar. In einer weiteren Arbeit verfolgte dann LOPEZ-LOMBA[315] noch die Organgewichtsveränderungen im Verlauf der Avitaminose dadurch, daß er jeden Tag ein Tier tötete, die Organgewichte bestimmte und auf 1 kg Gewicht umrechnete. Dadurch konnte er zeigen, daß die Erkrankung in vier Perioden verläuft, von denen jede durch andere Gewichtsveränderungen charakterisiert ist. Bis zum 9. Tage ergaben sich nämlich bei keinerlei klinischen Erscheinungen Gewichtszunahme des Pankreas, Abnahme von Schilddrüse, Milz und Nebenniere; zwischen dem 9. und 14. Versuchstag nahmen Schilddrüse, Herz, Milz und Thymus zu, Nebenniere und Pankreas ab. In der dritten Periode (14.—23. Tag) ging die Schilddrüse wieder auf ihr ursprüngliches Gewicht zurück, während Milz, Leber, Thymus und Pankreas atrophierten, und Nebennieren und Hoden hypertrophierten. In der letzten Periode endlich setzte die starke Hypertrophie der Nebennieren ein, das Gewicht des Pankreas sank sehr rasch und Schilddrüse und Herz atrophierten wieder. An drei Gruppen von je 50 reinrassigen, gleichzeitig geschlüpften Hähnchen hat dann noch SOUBA[567] das Gewicht verschiedener Organe bei der Reiskrankheit festgestellt und dabei eine deutliche Abnahme der Größe und des Gewichts von Hoden, Milz, Herz und Nieren, eine geringe von Pankreas und Schilddrüse, dagegen eine mächtige Zunahme der Nebennieren festgestellt.

Die Organgewichtsveränderungen des *an Skorbut erkrankten Meerschweinchens* haben LA MER, UNGER und SUPPLEE[297] zum Gegenstand ihrer Studien gemacht und dabei keine Beeinflussung der *Leber*, dagegen eine leichte Zunahme der *Nieren* und des *Herzens* beobachtet. BESSESEN[55] fand bei seinen ausgedehnten Untersuchungen bei Vergleich mit den Normaltieren eine Gewichtsverminderung für *Herz, Leber, Pankreas, Ovarien* und *Haut*, während die Gewichtsverminderungen von *Gehirn, Augäpfeln, Milz, Schilddrüse* und *Darm* relativ geringer waren als die Körpergewichtsabnahme. Auch *Rückenmark, Lungen, Nieren, Nebenhoden, Hypophyse* und *Harnblase* zeigten kaum eine Abnahme ihres Gewichtes, während die *Nebennieren* eine sehr starke Vergrößerung aufwiesen. Diese mächtige Vergrößerung der *Nebennieren* sah auch Lopez-Lomba[316] bei seinen Skorbutmeerschweinchen, weiter noch eine Vergrößerung der *Schilddrüse*, dagegen kaum eine Veränderung von *Nieren* und *Milz*; Gewichtsverminderungen zeigten *Leber* und *Thymus*, eine nur sehr geringe außerdem die *Hoden*.

Wie bei den B-frei ernährten Tauben fanden Lopez-Lomba und Randoin[319] auch bei ihren Meerschweinchen einen periodischen Ablauf des Skorbuts hinsichtlich der auftretenden Organgewichtsveränderungen. Auch hier wurden die Tiere eines Versuchs nacheinander getötet und dabei gefunden, daß in der ersten Periode bis zum 6. Tage trotz Fehlens klinischer Erscheinungen bereits eine Atrophie von Thymus und Schilddrüse und eine Hypertrophie von Milz und Niere vorhanden war. In der nächsten Periode, die vom 6.—15. Tage reichte, begann die Hypertrophie der Nebennieren und eine gleichzeitige Vergrößerung der Nieren bei Verkleinerung von Schilddrüse und Thymusdrüse. Vom 19.—25. Tage waren die Nebennieren sehr klein, um in der letzten Periode vom 25. Tage ab gleichzeitig mit der Schilddrüse infolge von hämorrhagischer Infiltration wieder zuzunehmen, während die Hoden atrophierten.

Den *Verlust an Körpergewebe* im Verlaufe des Skorbuts demonstrieren sehr schön Versuche von Smith und Anderson[564], in denen zwei Gruppen von Tieren mit einer gleichen Kost gehalten wurden, nur daß die eine Gruppe trockenen, die andere frischen Kohl erhielt. Die Futteraufnahme wurde so reguliert, daß die Frischkohltiere nur genau dieselbe Menge erhielten, wie die Trockenkohltiere freiwillig aufnahmen. Während nun die letzteren an Skorbut erkrankten, blieben die ersteren auch bei der ungenügenden Nahrungsaufnahme gesund, wie ja nicht anders zu erwarten war. Interessant war aber, daß bei den Skorbuttieren das Körpergewicht sehr viel rascher abnahm als bei den Frischkohltieren; umgekehrt nahmen die ersteren nach Verabreichung von Frischkohl ziemlich rasch wieder zu und holten die unterernährten Tiere wieder ein, so daß anzunehmen ist, daß im *Verlauf des Skorbuts ein typischer Verlust von Körpergewebe* einsetzt, der nicht auf die verminderte Nahrungsaufnahme, sondern *auf das Fehlen des Vitamins C* zurückgeführt werden muß.

Untersuchungen über die Gewichtsveränderungen der Organe rachitischer Ratten führten Jackson und Carleton[251, 252] (dort auch ältere Literatur) nicht zu einwandfreien Schlüssen, da die Organe gesunder Ratten schon an sich eine große Schwankungsbreite aufweisen und die beobachteten Veränderungen zu gering waren, um ein endgültiges und zahlenmäßiges Urteil zu gestatten; es erübrigt sich daher auch, näher auf die erhaltenen Werte einzugehen.

Wir sehen demnach, daß auch in bezug auf die Organgewichtsveränderungen die Ergebnisse der verschiedenen Autoren keineswegs einheitlich sind, so daß hier ganz ähnliche Verhältnisse vorliegen wie bei den Veränderungen der Organe mit innerer Sekretion, die wir schon besprochen haben. Auch ist das bisher vorliegende Material keineswegs ausreichend zur Beantwortung einer solchen Frage. Man muß sich aber wundern, worin die *oft gerade entgegengesetzten Befunde* der verschiedenen Autoren ihren Grund haben und es erscheint doch zweifelhaft, daß die individuellen Unterschiede im Verhalten der einzelnen Tiere, die zweifellos besonders bei der Ratte in hohem Maße vorhanden sind, der einzige Grund für diese verschiedenen Ansichten sein sollten. Vorläufig stehen wir jedenfalls auch in dieser Hinsicht noch vor einem Rätsel.

3. Veränderungen an den Knochen und Zähnen des skorbutkranken Meerschweinchens.

Es war schon S. 742 darauf hingewiesen worden, daß im Verlauf des Skorbuts schon äußerlich eine Knochenbrüchigkeit der Versuchstiere in Erscheinung tritt, daß aber bezüglich des Ca- und P-Gehaltes der Knochen Veränderungen nicht gefunden werden konnten. Daß aber trotzdem Abweichungen von der Norm vorhanden sind, geht aus verschiedenen histologischen Untersuchungen hervor. Solche Veränderungen sah z. B. TOZER[617] schon nach ungefähr 14 Tage langer Skorbutfütterung, besonders deutlich an den Rippen. Hier konnte bei schweren Erkrankungen die *Knorpel-Knochengrenze* dadurch vollkommen in Unordnung geraten sein, daß die Knorpelzellen nicht mehr in Reihen standen, sondern durcheinander und daß außerdem die Trabekel verkürzt waren. Der Knochen war dabei meist an der einen oder anderen Seite der Grenzfläche gebrochen, wobei diese Bruchstellen von Blutungen umgeben waren. Die Markhöhle erwies sich meist mit Bindegewebe gefüllt, doch schien das Mark nicht atrophisch zu sein. Ähnliche Veränderungen sah auch STINER[580] und auch BROUWER[78] hält die Knochenbrüchigkeit nicht für eine Folge der Verschiebung des Ca- und P-Gehaltes, sondern bedingt durch histologische Veränderungen in der Knochenstruktur, wofür weiter HÖJER[228] die Degeneration und Reduktion der Osteoblasten verantwortlich macht. WOLBACH und HOWE[656] wiederum glauben an eine Unfähigkeit des Körpers, intercellulare Substanzen zu produzieren und zu erhalten, was sich besonders dort bemerkbar macht, wo diese Substanz verkalkt ist, wie also in der Matrix der Knochen; der Körper besitzt nicht mehr die Fähigkeit, diese Substanzen aus dem flüssigen in den festen Zustand überzuführen. Aus den Analysen von STATSMANN[571] scheint hervorzugehen, daß es sich bei den Veränderungen der Knochen im Skorbut in der Hauptsache um eine Wasserverminderung und Erhöhung der Trockensubstanz handelt. Während nämlich der Wassergehalt des normalen Knochens im Mittel 19% beträgt, liegt er beim erkrankten Knochen um $16,4\%$. Stickstoff und organische Substanz sind gegenüber der Norm nicht verändert, trotzdem der Trockensubstanzgehalt höher ist.

Bezüglich der *histologischen Veränderungen an den Kieferknochen und Zähnen* liegen eine ganze Reihe umfangreicher Untersuchungen vor. Während ZILVA und WELLS[674] eine fibröse Degeneration der Pulpa bei ihren Tieren gesehen hatten, bei der alle zelligen Bestandteile untergingen, bestehen nach HOWE[239] die Veränderungen im Ausfallen der Zähne, Schwund der Alveolen, Alveolarpyorrhöe, Entkalkungsvorgängen in den Zähnen und Verbiegungen derselben und der Kiefer. TOVERUD[616] sah weitgehende Degeneration der Pulpa und einen umfangreichen Ersatz des Orthodentin durch Osteodentin; Asche und Ca nahmen in diesen Zähnen ab, der Mg-Gehalt dagegen zu. Nach HÖJER[228] und HÖJER und WESTIN[232] ist das Hauptcharakteristikum, *daß statt des Dentins wirkliches Knochengewebe gebildet wird*. Die Odontoblastenschicht verschwindet, das bereits fertig verkalkte Dentin wird durch Zusammenfließen und Erweiterung der Dentinkanälchen porös, in der Pulpa selbst entstehen Gefäßerweiterungen, mitunter Blutungen, Nekrose, Atrophie und schließlich kommt es zur Resorption von Pulpaknochen, Dentin und Pulpagewebe. Den Ausfall dieser Untersuchungen hält HÖJER für so sicher und die Veränderungen für so charakteristisch und für so abhängig von der Menge des gereichten Vitamins C, daß er[230, 231] vorgeschlagen hat, *diese Methode zur quantitativen Bestimmung des Gehaltes der Nahrungsmittel an Vitamin C zu verwerten.*

Schließlich sind an dieser Stelle noch die sehr schönen Untersuchungen von WALKHOFF[647] zu erwähnen, der an einem sehr zahlreichen Meerschweinchenmaterial die Wirkung des C-Mangels bzw. der C-Hypovitaminose an trächtigen und nicht trächtigen Tieren studierte. Alle Erscheinungen an den Zähnen lassen sich dabei auf Minderung oder Verlust der Normalfunktion der beiden Arten von Zahnbildungszellen zurückführen. Besonders interessant ist, daß bei gleicher Schutzdosis von C-Vitamin die Zähne der trächtigen Tiere oft mehr zu leiden haben als die der nicht trächtigen. Die Feten scheinen die im Körper der Muttertiere vorhandenen Vitamine vor allem zum Aufbau der organischen Grundlage ihrer eigenen Zähne an sich zu reißen und als Folge davon die Zähne der Muttertiere zu größeren Anomalien der Struktur zu veranlassen, als es gewöhnlich bei den nicht trächtigen Tieren der Fall ist.

4. Die Beziehungen des A-Mangels zu den Augenerkrankungen.

Es ist schon seit langem bekannt, daß bei Fütterung mit A-freien Kostformen bei Ratten eine Augenerkrankung in vielen Fällen aufzutreten pflegt, die man schon 1915 als typische Keratomalacie erkannt hatte (ältere Literatur bei STEPP[577]), und man hat in der Folgezeit öfter Untersuchungen über die Ätiologie und Pathogenese dieser Erkrankung angestellt (STEPHENSON und CLARK[574], MENDEL[366], WASON[649], YUDKIN und LAMBERT[669, 670, 671], YUDKIN[667, 668], MORI[382, 383]). Während man früher verschiedene Entstehungsursachen dieser Erkrankung annahm, sind YUDKIN und LAMBERT[671] die ersten gewesen, die auf die *Veränderungen der Tränendrüse* und die damit einhergehende Eintrocknung der Hornhaut als Ursache für die Entstehung der Keratomalacie hinwiesen; fast zu der gleichen Zeit stellte auch MORI[383] die gleiche Ansicht auf. Es leuchtet ein, daß diese Erklärung sehr viel für sich hat und daß dadurch die schon früher angenommene Theorie der Infektion eine neue Stütze erfährt, indem an der durch die Austrocknung geschädigten Hornhaut die pathogenen Keime leichter haften können. Interessant ist weiter eine Beobachtung von YUDKIN[668], daß bei Fehlen von Vitamin A und von Phosphor in der Nahrung die Augenerkrankungen noch viel rascher eintreten und stürmischer verlaufen, so daß hierbei die Hornhaut unter dem Bilde einer eitrigen Keratitis vollkommen zum Einschmelzen kommt.

Das Versiegen der Sekretion während der A-Avitaminose der Ratte bleibt aber nicht nur auf die *Tränendrüsen* beschränkt. Schon MORI[383] war darauf aufmerksam geworden, daß auch die *Speicheldrüsen* und die *Schleimdrüsen von Kehlkopf* und *Luftröhre* ihre Sekretion einstellen und daß die Bronchopneumonie, die meist die Todesursache der Versuchstiere ist, hierin mit ihren Grund hat. Diese Befunde konnten dann später verschiedentlich bestätigt (MANVILLE[324], WOLBACH und HOWE[657, 658, 659]) und dahin erweitert werden, daß auch in *Harnblase, Nierenbecken* und *Uterus* eine derartige Veränderung vor sich geht, d. h. also, daß das normale Epithel in verhorntes Pflasterepithel umgewandelt wird. Es ist sehr lehrreich, daß die gleichen Veränderungen sich auch am *A-frei ernährten Meerschweinchen* nachweisen lassen (WOLBACH und HOWE[659]) und daß bei A-frei ernährten Ratten das schon vorhandene verhornte Plattenepithel im histologischen Bild oft eine Hyperkeratosis zeigt, aus der mitunter typische Carcinome oder Cancroide entstehen (FUJIMAKI, KIMURA, WADA und SHIMADA[163]). Wir haben es bei dieser Erscheinung also ebenfalls mit einer allgemeinen Stoffwechselstörung zu tun, welche durchaus nicht auf das Auge beschränkt bleibt, sondern von der die auftretende Keratomalacie nur ein besonders in die Augen fallendes Symptom ist.

Es sei hier noch angeführt, daß vor einiger Zeit McCOLLUM, SIMMONDS und BECKER[357, 358] und MORI[384] über die Entstehung einer Keratomalacie auch bei

Zufuhr von A in der Nahrung berichteten, für welche ein *ungenügendes Salz-gemisch* verantwortlich gemacht wurde, ohne daß aber bisher mit Sicherheit der Grund gefunden werden konnte. Dieser Befund scheint dafür zu sprechen, daß neben dem Vitamin A doch noch andere Faktoren in der Nahrung vorhanden sein müssen, um den Ausbruch der Keratomalacie zu verhüten; denn es war in diesen Versuchen besonders interessant, daß sich *diese Keratomalacie auch durch reichliche A-Zufuhr nicht beheben ließ.*

Weiter sei im Zusammenhang mit den Augenerkrankungen noch auf eine Arbeit von FRIDERICIA und HOLM[162] hingewiesen, welche bei ihren A-frei ernährten Ratten eine *Störung der Sehpurpurregeneration* feststellen konnten, welche früher in Erscheinung trat als die xerophthalmischen Erscheinungen und die bei Mangel an B in der Nahrung nicht beobachtet werden konnte. HOLM[233] konnte dann weiter durch eine sinnreiche Versuchsanordnung den Nachweis erbringen, daß diese Ratten tatsächlich an *Nachtblindheit* (Hemeralopie) litten, und daß diese Nachtblindheit schon nach dreiwöchiger A-freier Ernährung auftrat, also zu einer Zeit, zu der andere A-Mangelsymptome mit Ausnahme eines leichten Nachlassen des Wachstums noch nicht zu erkennen waren. Durch Zufütterung von A konnte diese Nachtblindheit innerhalb 2—3 Tagen regelmäßig wieder zum Verschwinden gebracht werden.

Die Frage der *Entstehung des Schichtstars* durch A-freie Ernährung sei in diesem Zusammenhange wenigstens mit einigen Worten gestreift. ECKSTEIN und SZILY[132, 605] hatten nämlich derartige Veränderungen gesehen und zwar bei säugenden Ratten, deren Mütter die McCOLLUMsche Diät 3142 erhielten, so daß es sich hierbei um Mangel an Vitamin D handelt, wie wir heute wissen. STEPP und FRIEDENWALD[578], welche diese Versuche nachprüften, konnten allerdings in keinem Falle auch bei Variierung der Versuchskost eine Entstehung von Schicht-star erzielen, lehnen daher die Folgerungen von ECKSTEIN und SZILY ab. Dem-gegenüber behaupten diese[606], daß die negativen Befunde auf die Verwendung einer anderen Kost zurückzuführen seien und machten besonders darauf aufmerk-sam, daß *ihre Kost kein Glutin enthielt.* Sie wollten diese Frage in weiteren Ver-suchen aufzuklären versuchen, schlugen aber schon damals (1925) für das etwa in Frage kommende neue Vitamin die Bezeichnung Z vor.

Soeben hat weiter noch MORELLI[379] auf Augenerkrankungen bei C-frei er-nährten Meerschweinchen hingewiesen, die denen beim skorbutkranken Menschen sehr ähnlich sind. Zu diesem Zweck untersuchte er seine Meerschweinchen täg-lich mit dem Augenspiegel, wobei zunächst eine bis zum 15. Tag dauernde *Hyper-ästhesie der Hornhaut* gefunden wurde. Während in den brechenden Medien und im Augenhintergrund auch in den späteren Erkrankungsstadien Veränderungen nicht festzustellen waren, traten *Blutungen verschiedenen Ausmaßes* und *Lidödeme* auf, die nach Zufuhr von Vitamin C rasch wieder zum Verschwinden kamen, auch wenn die Blutungen sehr umfangreich waren.

J. Der Einfluß der Vitamine auf die Fortpflanzung.

Wir haben schon auf S. 762 den Einfluß des Fehlens des Vitamins E in der Nahrung auf die Fortpflanzung besprochen und dabei gesehen, daß dieser Ein-fluß ein ganz typischer ist und nur auf das Fehlen des Vitamins E zurückgeführt werden muß. Es interessiert hier aber weiter noch die Frage, wie sich der Mangel an anderen Vitaminen außer E auf die Fortpflanzungstätigkeit des Körpers be-merkbar macht. Es ist ja bei den schweren Allgemeinerscheinungen im Verlauf der Avitaminosen von vornherein anzunehmen, daß auch Störungen der Ge-schlechtsfunktionen auftreten werden, die wir z. T. schon bei der Besprechung

der Keimdrüsen kennengelernt haben und die sich natürlich auch in einer veränderten Fruchtbarkeit, die bis zur Sterilität gehen kann, äußern werden. Es
ist daher jetzt unsere Aufgabe, an Hand einiger neuerer Arbeiten, die besonders
zum Studium dieser Verhältnisse angelegt worden sind, deren Ergebnisse kurz
zu besprechen.

I. A-Mangel und Fruchtbarkeit.

KORENCHEVSKY und CARR[285] prüften auf diese Weise den Einfluß des
A-Mangels auf die Fruchtbarkeit der männlichen Ratte und sahen, daß in diesem
Falle eine größere Anzahl von Kopulationen erfolglos war; kam aber eine
Befruchtung zustande, so schienen die Jungen schwächer und weniger widerstandsfähig zu sein, ohne daß sie aber sonst Abweichungen von der Norm aufwiesen. Die Ergebnisse dieser Untersuchungen stimmen also gut mit den histologischen Untersuchungen von ECKSTEIN[131] überein (vgl. S. 761). Ähnliche Ergebnisse zeitigten auch die Untersuchungen von SHERMAN und McLEOD[539], welche
bei A-armer Ernährung, die aber noch annähernd normales Wachstum ermöglichte, dennoch die Fortpflanzung geschädigt sahen. Auch wiesen diese Tiere
gegenüber A-reich ernährten Tieren ungefähr nur die halbe Lebensdauer auf.
Auch die Befunde von PARKES und DRUMMOND[451] sprechen in demselben Sinne.
Diese ernährten ihre Ratten A-frei bis zum Auftreten schwerer Mangelerscheinungen, gaben dann A in der Nahrung zu, worauf sich die Tiere wieder vollständig
erholten. Doch blieben sie unfruchtbar, ohne daß aber histologische Veränderungen zu finden waren, die für die Sterilität hätten verantwortlich gemacht
werden können. Deshalb nahmen PARKES und DRUMMOND als Ursache dieser
Unfruchtbarkeit physiologische Schwäche und Abneigung gegen die Kopulation
an. Beim Zusammenbringen dieser Tiere mit normalen wurde kein einziges so
erkrankt gewesenes Weibchen begattet, während von den erkrankten Männchen
nur eines mit einem normalen Weibchen kopulierte.

Daß nicht E-Mangel der Grund für eine solche Sterilität ist, sondern daß das
Vitamin A hierbei beteiligt ist, lehren neuere Versuche von EVANS[142], welcher
Ratten A-arm und E-reich ernährte und auch hierbei bei den weiblichen Tieren
eine gestörte Fortpflanzung sah. Nur 22% dieser so ernährten Tiere brachten
Junge zur Welt, bei den übrigen fehlte die Befruchtung des Eies oder seine Implantation, also ein ganz anderes Bild wie bei E-Mangel (S. 763). Interessant
war weiter die Feststellung, daß sich während der ganzen Trächtigkeitsdauer im
Vaginalausstrich verhornte Zellen fanden, während die normal ernährten Tiere
zu dieser Zeit hohe Zylinderzellen im Ausstrichpräparat zeigen. Dieser Befund
entspricht also den Angaben verschiedener Autoren bezüglich der Verhornung
des Epithels bei A-Mangel (vgl. S. 778). Allerdings läßt aus verschiedenen Gründen das Auftreten dieser Zellen im Vaginalpräparat nicht unbedingt nur auf
A-Mangel schließen, wie neueste Untersuchungen von COWARD[106] darzulegen
scheinen. Auch SURE[589] fand bei den A-arm ernährten Ratten (Keratomalacie) bei
reichlicher E-Zufuhr die Entwickelung einer Sterilität, so daß in dieser Beziehung
eine erfreuliche Übereinstimmung bei den einzelnen Autoren festzustellen ist.

Die Beziehungen des Überangebotes an Vitamin A (D?) zur Fruchtbarkeit
untersuchte SUZAKI[602] an Mäusen, konnte dabei aber nicht eine Verbesserung,
sondern eine Verschlechterung der Fruchtbarkeit beobachten. Im Uterus dieser
Tiere konnte er eine deutliche Muskelatrophie ohne Bindegewebswucherung feststellen, die Ovarien zeigten deutliche hyaline Degeneration der Follikel und wechselnde Verfettung des Follikelepithels und der Tecazellen, während das interstitielle Gewebe nur eine geringe Atrophie und eine Verringerung seines Fettgehaltes zeigte.

An dieser Stelle ist weiter noch eine Arbeit von HOET[225] zu erwähnen, welcher Untersuchungen an A-frei ernährten Tauben bezüglich der Legetätigkeit anstellte. Von den drei untersuchten Weibchen legte jedes Tier zwei Eier, welche auch bebrütet wurden; doch waren diese Eier insofern geschädigt, als die Embryonen entweder im Ei abstarben, oder die Jungen kurze Zeit nach dem Schlüpfen eingingen. Ein weiteres Gelege kam nicht mehr zustande.

II. B-Mangel und Fruchtbarkeit.

Bezüglich dieser Frage liegen allerdings nicht vollkommen übereinstimmende Untersuchungsergebnisse vor. Während nämlich PARKES und DRUMMOND[450] auch bei B-frei bzw. B-arm ernährten männlichen Ratten eine Sterilität eintreten sahen (Hodendegeneration), die bei längerem Bestehen sich als unreparabel erwies, und auch NELSON, JONES, HELLER, PARKS und FULMER[411] in bezug auf normale Fruchtbarkeit und Aufzucht dem Vitamin B eine größere Rolle zuschreiben als dem Vitamin A, kam MATTILL[335] auf Grund seiner Versuchsergebnisse zu einer anderen Anschauung. Von 21 Ratten, die wohl E aber kein B in der Nahrung erhielten, zeigten nämlich nur 2 Ratten Degenerationen, während die anderen stets lebende Spermatozoen im Nebenhoden aufwiesen. Dagegen konnten in den Versuchen mit B- und E-Mangel stets die für den letzteren typischen Ausfallserscheinungen festgestellt werden. Auch EVANS[173], welcher wohl als der Entdecker des Vitamins E auf diesem Gebiet als besonders kompetent anzusehen ist, führte kürzlich auf Grund sehr umfangreicher Versuche aus, daß sowohl bei chronischem wie auch akutem Mangel an Vitamin B bei reichlicher E-Zufuhr die männliche Keimdrüse anatomisch und funktionell nicht geschädigt wird. Das einzige Zeichen bei einer solchen Kost ist eine mitunter zu beobachtende *Begattungsunlust*, in welcher wahrscheinlich die öfter beobachtete Unfruchtbarkeit der männlichen Tiere ihre Erklärung findet.

III. C-Mangel und Fruchtbarkeit.

Bei dieser Frage ist sehr interessant das Ergebnis der Untersuchungen von NOBEL[419], welcher von vier trächtigen Meerschweinchen auf Skorbutkost nur eines erkranken sah, während die anderen gesund blieben; diese Tiere zeigten bei der histologischen Untersuchung das Bild einer Osteoporose, das sich auch bei dem einen getöteten Jungen ergab. Ähnliche Ergebnisse wiesen auch die Versuche von GERSTENBERGER, CHAMPION und SMITH[177] auf, welche ebenfalls einen viel milderen Ablauf der Krankheitserscheinungen bei den trächtigen Tieren bemerken konnten. Die sich aufdrängende Frage, ob bei Beginn der Schwangerschaft eine *Speicherung von C stattfindet*, welche diese Erscheinung erklären könnte, konnte im negativen Sinne entschieden werden. Die Autoren nehmen deshalb an, daß die durch die Schwangerschaft ausgelöste *Stoffwechseländerung* die Tiere befähigt, mit ihren C-Vorräten sparsamer umzugehen, oder daß sie die Tiere gegen den Skorbut unempfindlicher macht. Während demnach die Schwangerschaft einen günstigen Einfluß auf den Verlauf des Skorbuts ausübt, wird andererseits auch durch diesen die Fortpflanzungsfähigkeit des Meerschweinchens nicht gestört (KUČERA[290]), ein Befund, den schon vorher LOPEZ-LOMBA[314] auch für das C-frei ernährte Kaninchen nachgewiesen hatte.

IV. D-Mangel und Fruchtbarkeit.

Die günstige Wirkung der Bestrahlung von Hühnern mit künstlicher Höhensonne auf die Legetätigkeit und das Brutergebnis der Eier (HART, STEENBOCK,

Lepkovsky, Kletzien, Halpin und Johnson[203]) scheint in dem Sinne zu sprechen, daß bei Mangel an Vitamin D bei diesen Tieren die Fortpflanzungsfähigkeit Schaden leidet. Auch durch Lebertranzufuhr läßt sich ein sehr günstiges Ergebnis bei Hühnern erzielen (Holmes, Doolittle und Moore[234]); denn durch sie wird gesteigert: die Eierproduktion, das Durchschnittsgewicht der Eier, die Fruchtbarkeit der Eier, das Brutergebnis und die Lebensfähigkeit der geschlüpften Jungen. Trotz dieser gesteigerten Leistung war in den Versuchen auch das Lebendgewicht dieser Hühner größer und ihre Sterblichkeit geringer als die der Kontrollen. In Rattenversuchen konnte weiter festgestellt werden, daß auch der D-Gehalt der Eier der Lebertrantiere bedeutend höher war. Die Versuche von Hess, Russell, Weinstock und Rivkin[217] hatten genau das gleiche Ergebnis. Diese fütterten Hühner einen Sommer, Winter und Frühling hindurch mit einer D-armen Ration. Die Folge war eine Abnahme der Eierproduktion, des D-Gehaltes der Eier und ein Schlüpfergebnis von fast 0. Bei *Hühnern scheint demnach die reichliche Zufuhr von Vitamin D von ausschlaggebender Bedeutung für eine normale Fortpflanzung zu sein,* während Versuche an anderen Tieren bisher anscheinend noch nicht vorliegen.

K. Die Beziehungen der Vitaminmängel zu der Empfindlichkeit des Körpers gegen Bakterien und Gifte.

Wie wir erkannt haben, ist der Einfluß des Vitaminmangels auf den gesamten Körper ein so einschneidender, daß wir uns wundern würden, wenn ein so geschwächter Körper noch im vollen Besitze seiner immunisatorischen Kräfte wäre. Auf die Beziehungen zwischen Mangelerscheinungen und Infektionen haben wir schon mehrmals hingewiesen (z. B. S. 770 und 778); wir wollen daher zum Schluß unserer Ausführungen noch kurz auf die Arbeiten eingehen, die sich die nähere Aufklärung dieser Verhältnisse zum Ziel gesetzt haben.

1. Die Verhältnisse bei A-Mangel.

Die von Cramer, Drew und Mottram[114] gefundene *Abnahme der Blutplättchen* im Blute A-frei ernährter Ratten haben diese Autoren mit der verminderten Widerstandskraft des Organismus in Verbindung gebracht, ebenso wie Yudin und Lambert[671] und Mori[383] Beziehungen zwischen dem Versiegen der Tränensekretion und dem Entstehen der Keratomalacie anzunehmen geneigt sind. Auf die *Phagocytose* hat allerdings der A-Mangel keinen Einfluß, wie aus den Versuchen von Findlay und Mackenzie[158] hervorgeht; denn diese Autoren fanden bei der Zählung der phagocytierten Bakterien aus der Bauchhöhle mit Colibacillen und Staphylokokken infizierter Ratten auch bei den A-Mangeltieren die gleichen Werte wie bei den Kontrollen. Die Bildung der *Abwehrfermente des Blutes* (Agglutinine, Präcipitine, Hämolysine und Bakteriolysine) ist nach den Untersuchungen von Zilva[673] und Werkman[652] im Verlauf der A-Mangelerkrankung ebenfalls nicht verändert, während Tanaka[608] bei seinen A-Ratten gegenüber den Kontrollen eine etwas schwächere Bildung von Agglutininen und komplementbindenden Amboceptoren nach Typhus- und Cholerainfektion sah; doch war diese nicht erheblich und ließ sich durch reichliche A-Zufuhr nicht im günstigen Sinne beeinflussen, so daß Tanaka diese Abschwächung für eine Folge der allgemeinen Ernährungsstörung hält.

Die Frage, wodurch die Resistenzverminderung der A-arm ernährten Tiere zustande kommt, ist demnach heute noch nicht entschieden, trotzdem an der Tatsache selbst nicht gezweifelt werden kann, wie z. B. aus den Arbeiten von

DRUMMOND[126], WERKMAN[653], SHERMAN und McLEOD[539], SHERMAN und BURTIS[540], VERDER[638], TURNER, ANDERSON und BLODGETT[625], MELLANBY und GREEN[365] und DEAN[121] hervorgeht. Es erscheint durchaus möglich, daß diese Schädigung nicht eine spezifische Folge des A-Mangels ist, da, wie wir sehen werden, sie ganz ähnlich auch für die anderen Vitamine gilt, sondern daß sie vielleicht eine Folge der Ernährungsstörung ist, da ja auch im Hunger eine Resistenzverminderung des Körpers gegen Infektionen festzustellen ist.

2. Die Verhältnisse bei B-Mangel.

Auch bei der B-frei ernährten Taube konnte WERKMAN[652] eine verringerte *Bildung von Abwehrfermenten* nicht feststellen, während GUERRINI[194] bei seinen Tauben ein vollkommenes Fehlen der Agglutinine bemerken konnte. Jedenfalls ist auch die Beriberitaube für eine Infektion leichter empfänglich als ein gesundes Tier. Eine solche verminderte Widerstandskraft gegen Erkrankungen der Rachen- und Augenschleimhäute von diphtherieähnlichem Charakter hat ABDERHALDEN[4] festgestellt, gegen Entzündungen des Magen-Darmkanals GUERRINI[194], gegen Pneumokokken, Meningokokken, Colibacillen und B. enteritidis (GAERTNER) FINDLAY[157] (als Ursache nimmt dieser die verminderte Körpertemperatur an) und gegen Epithelioma contagiosum McCARRISON[342]. Nach der Theorie von ASCOLI[44] scheint die Empfindlichkeit des B-frei ernährten Organismus darauf zurückzuführen zu sein, *daß die Infektionserreger bei Abwesenheit von Vitamin im Körper eine höhere Virulenz erlangen.* Die Versuchsergebnisse von MORSELLI[388] sprechen für die gleiche Ansicht; denn in seinen Versuchen erwiesen sich die erkrankten Tiere gegen die Bakterien*gifte* bei Zufuhr derselben genau so widerstandsfähig wie die gesunden Tauben. Auch die Versuchsergebnisse von SETTI[537] liegen in derselben Richtung, da an Rotlauf- und Rauschbranderregern nachgewiesen werden konnte, daß *bei der Passage durch Beriberitauben ihre Virulenz sehr viel rascher zunimmt* als bei der Passage durch Normaltiere. Eine einmalige Passage durch eine Beriberitaube steigert die Virulenz dieser Keime in demselben Maße wie fünf Passagen durch eine gesunde Taube.

Besonders deutlich geht die Resistenzverminderung in der Avitaminose aus der Tatsache hervor, daß Beriberitauben im Verlauf der Erkrankung *ihre natürliche Immunität gegen Milzbrand verlieren*, wie mehrfach gefunden worden ist (D'ASARO BIONDO[120], GUERRINI[194], WERKMAN[653], CORDA[104]). Nach den Untersuchungen des letzteren scheint allerdings das Vitamin B hierbei nicht allein beteiligt zu sein, sondern auch dem Körpergewichtsverlust eine besondere Rolle zuzukommen.

Aber nicht nur die Resistenz gegenüber einer bakteriellen Infektion geht bei der B-Avitaminose verloren, sondern auch *andere Gifte* können in diesem Fall leichter angreifen. So ist nach den Untersuchungen von VERCELLANA[633] bei B-Ratten die Empfindlichkeit heraufgesetzt gegenüber Bariumcarbonat, bei den Tauben besonders auffällig gegenüber Strychnin, während die Hungertiere demgegenüber keine so deutliche Empfindlichkeitssteigerung zeigen (VERCELLANA[634]). Die Prüfung weiterer Gifte (VERCELLANA[632]) ergab ähnliche Resultate, aus denen VERCELLANA schließt, daß es sich bei diesem Verhalten der Tiere um ein Wechselspiel zwischen Toxinen, Fermenten und Antifermenten handelt, das im Verlauf der Erkrankung gestört ist.

Um die Wirkung des Vitamins an der glatten Muskulatur festzustellen, untersuchten STORM VAN LEEUWEN und VERZÁR[582, 583] verschiedene Gifte in dieser Beziehung (Adrenalin, Atropin, Cholin, Histamin) auch bei B-frei ernährten Hühnern, ohne aber gegen ihre Erwartung eine Beeinflussung der glatten Muskulatur durch den Vitaminmangel feststellen zu können. Dagegen sahen ARLOING und Dufourt[32, 33] bei Injektion von 0,25—0,5 mg Atropin bzw. 0,5 mg Pilocarpin jeden 2. Tag den Tod ihrer Versuchstauben eher eintreten als bei den unbehandelten Kontrollen. Wenn also auch an der glatten Muskulatur eine isolierte Wirkung nicht zu erzielen ist, *so scheint doch im vegetativen Nervensystem eine Störung vorhanden zu sein*, welche auf die entsprechenden Reizstoffe mit beschleunigtem Krankheitsausbruch reagiert.

Extrakte von *verschiedenen Giftpilzen* wertete schließlich Vercellana[637] bei reiskranken Tauben aus und fand, daß diese Tiere schon bei Dosen zugrunde gingen, die bei normal ernährten Tauben noch keinerlei Wirkung zeitigten; Hungertauben standen in ihrer Empfindlichkeit zwischen den Normal- und den Beriberitieren.

Daß auch der B-frei ernährte *Hund* gegen Infektionen weniger widerstandsfähig ist, zeigen sehr schön die Versuche von Rose[501], in denen ein Hund zufällig mit B. aerogenes capsulatus infiziert wurde. Während sich normale Hunde gegenüber der Infektion mit diesem Erreger refraktär verhielten, konnten nach kurzer Zeit B-freier Ernährung positive Blutkulturen erzielt werden. Die Keime verschwanden nach Zugabe von B aus dem Blut, traten aber nach Weglassen der B-Zufuhr wieder auf; dieses Verhalten konnte *15 Monate lang* beobachtet werden, ein schöner Beweis dafür, daß *der B-Mangel hierbei die dominierende Rolle spielte*.

3. Die Verhältnisse bei C-Mangel.

Auch beim Meerschweinchen sind im Verlauf des Skorbuts Unterschiede im *Gehalt des Blutes an Amboceptoren, Agglutininen und komplementbindenden Faktoren* nicht vorhanden (Zilva[673]), während Tanaka[608] wie bei den A-frei ernährten Ratten auch hier eine etwas geringere Antikörperbildung glaubte feststellen zu können; eine Verminderung der *Phagocytose* konnten Findlay und Mackenzie[158] auch bei den Meerschweinchen nicht erkennen.

Die Versuche von Cohendy und Wollman[93], welche an aseptischen Skorbutmeerschweinchen vorgenommen wurden, die nach Verfütterung von Cholerabakterien sehr rasch eingingen, sind für uns deshalb nicht brauchbar, weil diese größere Empfindlichkeit nicht nur auf den Skorbut zurückzuführen sein wird, sondern in diesen Versuchen der Beraubung des Darmkanals von der obligaten Bakterienflora eine viel größere Bedeutung zukommen wird. Dagegen sprechen die Versuche von Mouriquand, Rochaix und Michel[402] mit Milzbrand, Diphtherie und Pyocyaneus nicht für eine größere Empfindlichkeit der an Skorbut erkrankten Tiere gegen diese Infektion; im Gegenteil erwiesen sich sogar bei den beiden letzteren Infektionen die Normaltiere als stärker erkrankt. Demgegenüber konnten Nassau und Scherzer[410] durch Infektion mit Trypanosoma Brucei den Ausbruch des Skorbuts und den Eintritt des Todes im Vergleich mit den Kontrollen deutlich beschleunigen.

Die *Durchlässigkeit der Darmwand* für B. aertrycke konnte Grant[184] sowohl durch C-arme und D-reiche wie auch D-arme und C-reiche Ernährung erhöhen, wobei anscheinend das Ca im Darm eine begünstigende Rolle spielte. Auch Spadolini und Domini[569] glaubten an eine erhöhte Durchlässigkeit der Darmwand im Verlaufe der Avitaminose, was sie dadurch zu beweisen suchten, daß sie bei oraler Zufuhr das relativ ungiftige und langsam resorbierte Gunanidin und Curare verfütterten. Aus den bei erkrankten Tieren sehr viel schwereren Vergiftungserscheinungen schließen sie auf eine schnellere Resorption, bedingt durch eine erhöhte Durchlässigkeit der Darmwand.

Die Versuche von Vercellana[632, 633, 634, 635] am Meerschweinchen zeigten im allgemeinen das gleiche Verhalten, wie wir es oben bei den Ratten und Tauben gesehen hatten, wobei bei den Meerschweinchen besonders deutlich eine *Empfind-*

lichkeitssteigerung gegenüber Atropin, Strychnin, Alkohol, Spartein, Hyoscyamin, Nicotin, Adrenalin und Chinin in Erscheinung trat, bei den C-frei ernährten Kaninchen gegenüber Toxinen von Dysenteriebakterien und gegen Atropin. Auch gegenüber *Pilzgiften* wiesen die skorbutkranken Meerschweinchen eine erhöhte Empfindlichkeit auf (VERCELLANA[637]), ebenso die auf dieselbe Weise untersuchten B-frei ernährten Tauben.

Hierher gehört weiter noch eine Arbeit von ZOLOG[675], nach der bei sensibilisierten Meerschweinchen auf Skorbutdiät die tödliche Dosis der Reinjektion sehr viel größer ist als bei normal ernährten Tieren, während im Hunger derartige Unterschiede nicht beobachtet werden konnten. Bei einem 45 Tage (?) lang C-frei ernährten Meerschweinchen war eine achtmal höhere Dosis als beim Normaltier nötig, um den anaphylaktischen Schock auszulösen.

4. Die Verhältnisse bei D-Mangel.

Über diese Beziehungen liegen bisher nur geringe Erfahrungen vor. Auch bei solchen Tieren fanden SMITH und WASON[565] keine Beeinflussung der komplementbindenden Ambozeptoren und der bacteriotropen Fähigkeit gegenüber Staphylokokken, während allerdings das bactericide Verhalten für Typhusbacillen um ungefähr die Hälfte herabgesetzt war. Für eine Resistenzverminderung gegenüber Infektionen durch Mangel an Vitamin D sprechen auch die Versuche von EICHHOLZ und KREITMAIR[136] an Ratten und Hunden. Untersucht wurden an den ersteren Infektionen mit Pneumokokken und Paratyphus; bei den Hunden war die Empfindlichkeit gegenüber Tetrachlorkohlenstoff erhöht; denn rachitische Hunde starben bei Anwendung dieses Mittels zum Vertreiben von Ascariden schon an Dosen, welche normale Hunde anstandslos vertragen. Die Autoren sind daher der Ansicht, daß *alle Vitamine außer ihrer spezifischen Wirkung noch eine unspezifische gemeinsam haben*, die auf die Erhaltung der natürlichen Resistenz gerichtet ist. Man wird dieser Ansicht zustimmen können, denn bisher liegen Beweise für eine gegenteilige Annahme nicht vor.

Untersuchungen von ACKERT und SPINDLER[23] über die Frage, ob das Vitamin D und die Resistenz gegenüber einer Ascarideninfektion in Beziehungen zueinander stehen, hatten dagegen bei jungen Hühnern ein negatives Ergebnis.

5. Die Verhältnisse bei vollkommenem Vitaminmangel.

Es kann nach dem Vorhergesagten keinem Zweifel unterliegen, daß auch bei der Fütterung ohne alle Vitamine eine Resistenzverminderung eintreten wird. Versuche, die hierüber an verschiedenen Tieren angestellt worden sind, haben auch erwartungsgemäß eine solche Resistenzverminderung ergeben (ISHIDO[247], PARRINO und LEPANTO[452], SAIKI[514]), so daß sich eine weitere Besprechung dieser Frage erübrigt, um so mehr, als auch diese Untersuchungen Anhaltspunkte für den Grund dieser Resistenzverminderung nicht erkennen lassen.

L. Schlußbetrachtungen.

Wenn wir rückschauend noch einmal die dargelegten Stoffwechselstörungen an uns vorüberziehen lassen, so müssen wir wohl erkennen, daß der Einfluß der Vitamine auf den Körper *ein ganz gewaltiger ist*. Es gibt wohl kein Organ, das nicht im Verlauf einer Avitaminose eine Veränderung seiner Struktur und seiner Leistungsfähigkeit erleidet, wodurch sich dann Störungen in dem geregelten Ablauf des Gesamtstoffwechsels bemerkbar machen. In dieser Hinsicht nehmen also die *Vitamine* eine *Sonderstellung* ein; denn es gibt außer Störungen innersekretorischer Art kaum eine andere Erkrankung, die ebenfalls so vielfältige Wirkungen auszuüben vermag.

Wenn wir also auch sicher sein können, daß so winzige Mengen bisher unbekannter Stoffe so mächtige Wirkungen auf den Ablauf der Körperfunktionen auszuüben in der Lage sind, so müssen wir doch gestehen, daß wir über die *Art dieser Wirkung bisher etwas Sicheres noch nicht wissen*. Wir haben im Verlauf unserer Ausführungen einige *hypothetische* Erörterungen erwähnt, die in manchen Fällen auch sehr befriedigend klingen. Doch erklären diese einmal nur ein kleines Teilgebiet der Gesamtstörungen und dann sind sie auch noch nicht allgemein anerkannt. Soviel gerade auf diesem Gebiet schon gearbeitet ist, so wenig Genaues wissen wir; da aber nicht anzunehmen ist, daß in absehbarer Zeit das Interesse an diesen Fragen erlahmen wird, können wir hoffen, daß wir in einigen Jahren unsere Kenntnisse, die uns heute noch durchaus als mangelhaft erscheinen müssen, soweit vermehrt haben werden, daß gut gesicherte Theorien möglich sind. Wenn man bedenkt, daß noch vor ungefähr 10 Jahren anerkannte Forscher die Existenz der Vitamine überhaupt ableugneten, so sieht man erst, wie kurze Zeit der Wissenschaft bisher zur Verfügung stand, um wirklich einwandfreie Ergebnisse zu erzielen. Trotz der heute so viel zitierten Schnellebigkeit unserer Zeit wird aber die Wissenschaft immer längere Zeiträume brauchen, ehe ihre Ergebnisse fest fundiert und in der Allgemeinheit verankert sind.

Literatur (s. Anm.).

(1) ABDERHALDEN, E.: Weitere Beträge zur Kenntnis von organischen Nahrungsstoffen mit spezifischer Wirkung. II. Pflügers Arch. **182**, 133 (1920). — *(2)* Weitere Beiträge zur Kenntnis von organischen Nahrungsstoffen mit spezifischer Wirkung. IV. Gaswechseluntersuchungen an mit geschliffenem Reis mit und ohne Hefezusatz ernährten Tauben. Ebenda **187**, 80 (1921). — *(3)* Weitere Beiträge zur Kenntnis von organischen Nahrungsstoffen mit spezifischer Wirkung. IX. Ebenda **192**, 163 (1921). — *(4)* Weitere Beiträge zur Kenntnis von organischen Nahrungsstoffen mit spezifischer Wirkung. XI. Versuche an Tauben. Ebenda **193**, 329 (1922). — *(5)* Weitere Beiträge zur Kenntnis von organischen Nahrungsstoffen mit spezifischer Wirkung. XII. Vergleichende Untersuchungen über das Verhalten des Gewichtes und des Wassergehaltes von einzelnen Organen bei Tauben, die normal ernährt wurden bzw. ausschließlich geschliffenen Reis mit und ohne Hefezusatz erhielten bzw. vollständig hungerten. Ebenda **193**, 355 (1922). — *(6)* Ergänzung zu der Mitteilung von W. R. HESS: Die Rolle der Vitamine im Zellchemismus. Z. physiol. Chem. **119**, 117 (1922). — *(7)* Bemerkungen zu W. R. HESS: Die Rolle der Vitamine im Zellchemismus. Ebenda **122**, 28 (1922). — *(8)* Bemerkungen zu den Arbeiten von W. R. HESS u. KARL ROHR . . . und P. ROELLI . . . Ebenda **134**, 97 (1924). — *(9)* Weitere Beiträge zur Kenntnis von organischen Nahrungsstoffen mit spezifischer Wirkung. XIX. Vergleichende Fütterungsversuche mit Fleisch von normal und von ausschließlich mit geschliffenem Reis ernährten Tauben. Pflügers Arch. **197**, 89 (1922). — *(10)* Weitere Beiträge zur Kenntnis von organischen Nahrungsstoffen mit spezifischer Wirkung. XX. Vergleichende Fütterungsversuche mit verschiedenen reinen Nahrungsstoffen. Ebenda **197**, 97 (1922). — *(11)* Weitere Beiträge zur Kenntnis von organischen Nahrungsstoffen mit spezifischer Wirkung. XXI. Versuche mit reinen Nahrungsstoffen mit Überwiegen der Kohlehydrate bzw. eines Fettsäurenglyceringemisches. Ebenda **197**, 105 (1922). — *(12)* Weitere Beiträge zur Kenntnis von Nahrungsstoffen mit spezifischer Wirkung. XXIII. Vergleichende Versuche über das Verhalten von schilddrüsenlosen Meerschweinchen und solchen, die Schilddrüsen besitzen, gegenüber einer Nahrung, die zum Skorbut führt. Ebenda **198**, 164 (1923). — *(13)* Weitere Beiträge zur Kenntnis von organischen Nahrungsstoffen mit spezifischer Wirkung. XXVI. Ebenda **198**, 571 (1923). — *(14)* Weitere Beiträge zur Kenntnis der alimentären Dystrophie. Ebenda **217**, 88 (1927). — *(15)* ABDERHALDEN, E., u. H. SCHAUMANN: Beitrag zur Kenntnis von organischen Nahrungsstoffen mit spezifischer Wirkung. Ebenda **172**, 1 (1918). — *(16)* ABDERHALDEN, E., u. L. SCHMIDT: Weitere Beiträge zur Kenntnis von organischen Nahrungsstoffen mit spezifischer Wirkung. III. Ebenda **185**, 141 (1920). — *(17)* ABDERHALDEN, E., u. E. WERTHEIMER: Weitere Beiträge zur Kenntnis von organischen Nahrungsstoffen mit spezifischer Wirkung. X. Ebenda **192**, 174 (1921). — *(18)* Weitere Beiträge zur Kenntnis von organischen Nahrungsstoffen mit spezifischer Wirkung. XVII. Ebenda

---

Anm.: Die Literatur wurde bis Anfang 1931 berücksichtigt.

195, 460 (1922). — (*19*) Weitere Beiträge zur Kenntnis von organischen Nahrungsstoffen mit spezifischer Wirkung. XXIV. Weitere Studien über das Wesen der im Stadium der alimentären Dystrophie bei Tauben nach ausschließlicher Fütterung mit geschliffenem Reis auftretenden Störung der Zellatmung. Ebenda **198**, 169 (1923). — (*20*) Weitere Beiträge zur Kenntnis von organischen Nahrungsstoffen mit spezifischer Wirkung. XXVII. Versuche an Gänsen. Prüfung des Verhaltens der Zellfermente. Ebenda **198**, 583 (1923). — (*21*) Weitere Beiträge zur Kenntnis von organischen Nahrungsstoffen mit spezifischer Wirkung. XXVIII. Ebenda **199**, 352 (1923). — (*22*) Weitere Beiträge zur Kenntnis von organischen Nahrungsstoffen mit spezifischer Wirkung. XXX. Ebenda **202**, 395 (1924). — (*23*) Ackert, J. E., u. L. A. Spindler: Vitamin D and resistance of chickens to parasitism. Amer. J. Hyg. **9**, 292 (1929). — (*24*) Adachi, A.: Über den Harnsäure- und Allantoinstoffwechsel bei Avitaminose. Biochem. Z. **143**, 408 (1923). — (*25*) Ahlgren, G.: Avitaminose und Gewebsatmung. Skand. Arch. Physiol. **44**, 186 (1923). — (*26*) Alpern, D.: Untersuchungen über den Reststickstoffgehalt des Blutes bei avitaminösen und hungernden Tauben. Biochem. Z. **138**, 142 (1923). — (*27*) Amantea, G.: Beri-beri sperim. e funzioni sessuali nel colombo. Boll. Soc. Biol. sper. **1**, 463 (1926). — (*28*) Ambrožič, M., u. F. Wengraf: Über Rachitis und Wachstum. III. Z. Kinderheilk. **34**, 24 (1922). — (*29*) Anderson, R. J., u. W. L. Kulp: A study of the metabolism and the respiratory exchange in poultry during vitamine starvation. J. of biol. Chem. **50**, XXX (1922). — (*30*) A study of the metabolism and respiratory exchange in poultry during vitamine starvation and polyneuritis. Ebenda **52**, 69 (1922). — (*31*) Anrep, G. V., u. J. C. Drummond: Note on the supposed identity of the watersoluble vitamin B and secretin. J. of Physiol. **54**, 349 (1921). — (*32*) Arloing, F., u. A. Dufourt: Action de la pilocarpine sur la carence expérimentale du pigeon. C. r. Soc. Biol. **88**, 775 (1923). — (*33*) Effets de l'atropinisation sur les phénomènes de carence chez les pigeons soumis au régime du riz décortiqué. Ebenda **88**, 774 (1923). — (*34*) Intoxication et carence. Effets de l'adrénaline sur la carence expérimentale du pigeon. Ebenda **88**, 1037 (1923). — (*35*) Artom, C.: Sulle attività enzimatiche dell'apparato digerente nell'avitaminosi. Arch. Farmacol. sper. **33**, 127, 129, 145, 161 (1922). — (*36*) Sulle modificazioni istologiche del pancreas nell'avitaminosi. Arch. di Fisiol. **21**, 171 (1923). — (*37*) Arvay, A. von: Die Wirkung von Überfluß an A- und B-Vitamin in der Nahrung auf den Grundumsatz und die spezifisch-dynamische Wirkung der Nahrungsmittel. Pflügers Arch. **214**, 421 (1926). — (*38*) Die spezifisch-dynamische Wirkung bei Vitaminmangel. IX. Inkretion und Avitaminose. Biochem. Z. **192**, 369 (1928). — (*39*) Arvay, S.: Die Wirkung von Überfluß an A- und B-Vitamin in der Nahrung auf den Grundumsatz und die spezifisch-dynamische Wirkung der Nahrungsmittel. Magy. orv. Arch. **28**, 393 (1927). — (*40*) Asada, K.: Der Fettstoffwechsel bei der Avitaminose. I. Der Gesamtfettgehalt und Cholesteringehalt des Körpers bei normaler und avitaminöser Ernährung. Biochem. Z. **141**, 166 (1923). — (*41*) Der Fettstoffwechsel bei der Avitaminose. II. Der Gehalt des Blutes bei normalen, hungernden, avitaminösen und phosphorvergifteten Ratten an Gesamtfett, Neutralfett, Cholesterin und Cholesterinester. Ebenda **142**, 44 (1923). — (*42*) Der Fettstoffwechsel bei der Avitaminose. III. Der Fett- und Cholesteringehalt der Leber nach der Phosphorvergiftung bei normalen, hungernden und avitaminösen Ratten. Ebenda **142**, 165 (1923). — (*43*) Der Fettstoffwechsel bei der Avitaminose. IV. Über den Gaswechsel avitaminöser Ratten im nüchternen Zustande, während der Verdauung und nach Adrenalininjektion. Ebenda **143**, 387 (1923). — (*44*) Ascoli, A.: Über die Rolle der Vitamine und Avitaminosen in der Mikrobiologie. Avitaminose und Virulenzsteigerung. Z. physiol. Chem. **130**, 259 (1923).

(*45*) Bajandurov, B.: Verlauf der Avitaminose bei decerebrierten Tauben. Ž. eksper. Biol. i. Med. **4**, 194 (1926). — (*46*) Bajandurow, B. J.: Über Avitaminose bei Tauben, welche der Großhirnhemisphären beraubt sind. Biochem. Z. **182**, 442 (1927). — (*47*) Baldwin, F. M., V. E. Nelson u. C. H. McDonald: The influence of certain vitamin deficiencies on gaseous exchange in chicks. I. Rachitis. Amer. J. Physiol. **85**, 348 (1928). — (*48*) The influence of vitamin D deficiency of gaseous exchange in chicks. Ebenda **85**, 482 (1928). — (*49*) Barlow, O. W.: Studies on the anemia of rice disease. The effects produced by the addition of betaine hydrochloride, lactose, vitamins A and C, magnesium sulphate or mineral oil to the polished rice diet of pigeons. Ebenda **83**, 237 (1927). — (*50*) Barlow, O. W., u. R. W. Whitehead: A comparison of the body weights, erythrocyte counts and total blood volumes of normal, beri-beri, and fasting rats. The influence of lactose, mineral oil, and magnesium carbonate on the anemia of rice disease. Ebenda **89**, 548 (1929). — (*51*) Bedson, S. Phillips, u. S. S. Zilva: The platelet-count in rats suffering from vitamin-A deficiency. Brit. J. exper. Path. **4**, 305 (1923). — (*52*) The influence of vitamin A on the blood-platelets of the rat. Ebenda **4**, 5 (1923). — (*53*) Berberich, J., u. K. Hotta: Cholesterinuntersuchungen an Tauben bei experimentellen beriberiartigen Erkrankungen. Beitr. path. Anat. **73**, 11 (1924). — (*54*) Bergeim, O.: Digestive function in avitaminosis. Proc. Soc. exper. Biol. a. Med. **25**, 457 (1928). — (*55*) Bessesen, D. H.: Changes in organ weights of the guinea pig during experimental scurvey. Amer. J. Physiol. **63**, 245 (1923). — (*56*) Bethke, R. M., H. Steenbock u. M. T. Nelson: Fat-soluble vitamins. XV. Calcium and phosphorus relations to growth and composition of blood and bone with varying vitamin intake. J. of biol. Chem. **58**, 71 (1923). — (*57*) Beznák, A. von: Die Rolle der Nebennieren bei Mangel an Vitamin B. Biochem. Z. **141**, 1 (1923). — (*58*) Über den Zustand des Cholesterins in Leber und Muskel beim exp. Beri-Beri. Magy. orv. Arch. **27**, 237 (1926). — (*59*) Bezssonoff, N.: Sur une préparation antiscorbutique et sur le rôle de la vitamine A dans le scorbut expérimental. Bull. Soc. sci. Hyg. aliment. **11**, 14 (1923). — (*60*) L'action physiologique immédiate d'une vitamine. C. r. Acad. Sci. **186**, 914 (1928). — (*61*) Une méthode nouvelle pour caracteriser l'action physiologique immédiate des vitamines hydrosolubles. Bull. Soc. Chim. biol. **10**, 1179 (1928). — (*62*) Les effets physiologiques immédiats de l'avitaminose C. Ebenda **10**, 1199 (1928). — (*63*) Bickel, A.: Experimentelle Untersuchungen über den Einfluß der Vitamine auf Verdauung und Stoffwechsel und die Theorie der Vitaminwirkung. Klin. Wschr. **1**, 110 (1922). — (*64*) Das Wesen der Avitaminose. Nach experimentellen Untersuchungen über die Abmagerungsform dieser Krankheit. Biochem. Z. **146**, 493 (1924). — (*65*) Zur Kohlenstoffbilanz bei der Avitaminose. (Mit Bemerkungen zur Kohlenstoffbilanz beim Diabetes und zur Insulinwirkung.) Münch. med. Wschr. **71**, 1603 (1924). — (*66*) Weitere Untersuchungen über den Stoffwechsel bei der Avitaminose. Biochem. Z. **166**, 251 (1925). — (*67*) Bierry, H., u. M. Kollmann: Les îlots de Langerhans au cours de la polynévrite aviaire. C. r. Soc. Biol. **96**, 909 (1927). — (*68*) Sur le mode d'action de la vitamine B. C. r. Acad. Sci. **186**, 1062 (1928). — (*69*) Bierry, H., P. Portier u. L. Randoin-Fandard: Sur le mécanisme des lésions et des troubles physiologiques présentés par les animaux atteints d'avitaminose. C. r. Soc. Biol. **83**, 845 (1920). — (*70*) Bisceglie, V.: La vitamina della fertilità. Richerche sperim. sulle ghiandole sessuali e sull'apparato endocrino durante l'avitaminosi. Boll. Soc. med.-chir. Modena **28**, 41 (1927). — (*71*) La vitamina della fertilità. Richerche sperimentali sulle ghiandole sessuali e sull'apparato endocrino durante l'avitaminosi. Arch. di Sci. biol. **11**, 194 (1928). — (*72*) Sui rapporti tra vitamina della fertilità (E) ed ormone follicolare. Azione del liquido follicolare durante l'avitaminosi. Riv. Pat. sper. **4**, 119 (1929). — (*73*) Boas, M. A.: The anti-rachitic value of winter spinach. I. The influence of fresh green winter spinach upon the retention of calcium and phosphorus by young rats. Biochemic. J. **20**, 153 (1926). — (*74*) Bonsdorff, B. von, u. R. Granit: Über gesteigerte Sensibilität des Herzvagus bei Ratten infolge Mangels des fettlöslichen Vitamins in der Nahrung. Finska Läk.sällsk. Hdl. **70**, 79 (1928). — (*75*) Borghi, B.: Richerche istologiche sulle isole di Langerhans nello scorbuto sperimentale. Arch. Ist. biochim. ital. **1**, 69 (1929). — (*76*) Bortolini, S.: La vitamina della fecondazione. Riv. Pat. sper. **4**, 505 (1929). — (*77*) Brock, J., u. A. Welcker: Rachitisstudien. II. Weiterer Beitrag zur Glykolysefrage. Z. Kinderheilk. **43**, 193 (1926). — (*78*) Brouwer, E.: Über die chemische Zusammensetzung der skorbutischen Meerschweinchenknochen. Biochem. Z. **190**, 402 (1927). — (*79*) Bucco, M.: Sulla patogenesi delle sindromi da alimentazione incompleta. Gazz. internaz. med.-chir. **26**, 73, 85, 97, 113, 123, 133 (1920).

(*80*) Caridroit, F.: Contribution à l'étude du métabolisme des pigeons privés du facteur B. J. Physiol. et Path. gén. **20**, 189 (1922). — (*81*) Effects de la thymectomie sur les rats alimentés au riz poli. C. r. Soc. Biol. **90**, 1330 (1924). — (*82*) Variation de l'excretion azotée (azote total urinaire) au cours du scorbut expérimental. Ebenda **90**, 1379 (1924). — (*83*) Chahovitch, X.: Action de l'insuline sur le béribéri expérimental du pigeon. Ebenda **93**, 1333 (1925). — (*84*) Béribéri expérimental et insuline. Ebenda **93**, 652 (1925). — (*85*) Le quotient métabolique dans l'avitaminose B. Ebenda **94**, 227 (1926). — (*86*) Métabolisme énergétique au cours du scorbut expérimental. Etude du quotient métabolique. C. r. Acad. Sci. **182**, 1406 (1926). — (*87*) Métabolisme énergétique au cours du béribéri expérimental. Etude du quotient métabolique. Arch. internat. Physiol. **27**, 150 (1926). — (*88*) Chick, H., V. Korenchevsky u. M. H. Roscoe: The difference in chemical composition of the skeletons of young rats fed on diets deprived of fat-soluble vitamins and on a low phosphorus rachitic diet, compared with those of normally nourished animals of the same age. Biochemic. J. **20**, 622 (1926). — (*89*) Ciaccio, C.: Contributo allo studio delle alimentazioni incomplete. I. Richerche chimiche analitiche su tessuti di colombi digiuni e di colombi alimentati con riso brillato. II. Considerazioni generali sulle avitaminosi. Ann. Clin. med. **10**, 60 (1920). — (*90*) Contribution à l'étude des alimentations incomplètes. Recherches chimiques analytiques sur des tissus de pigeons à jeun et de pigeons alimentés avec du riz décortiqué. Arch. ital. de Biol. **72**, 1 (1923). — (*91*) Ciaccio, C., u. G. Iemma: Contributo allo studio delle alimentazioni incomplete. 3. Richerche analitiche riguardanti il comportamento delle sostanze grasse del sangue di animali sottoposti ad alimentazioni incomplete e di animali digiuni. Ann. di Clin. med. **11**, 260 (1921). — (*92*) Cohen, B., u. L. B. Mendel: Experimental scurvey of the guinea pig in relation to the diet. J. of biol. Chem. **35**, 425 (1918). — (*93*) Cohendy u. E. Wollman: Quelques résultats acquis par la méthode des élevages aseptiques. I. Scorbut expérimental. II. Infection cholérique du cobaye aseptique. C. r. Acad. Sci. **174**, 1082 (1922). — *(94)* Collazo, J. A.: Untersuchungen über den Kohlehydratstoffwechsel bei der Avitaminose. I. Über den Blutzucker. Biochem. Z. **134**, 194 (1922). — *(95)* Der Kohlehydratstoffwechsel bei Avitaminose. II. Glykogen und Avitaminose. Ebenda **136**, 20 (1923). — *(96)* Der Kohlehydratstoffwechsel bei Avitaminose. III. Über den Einfluß von Traubenzuckerzufuhr in kleinen und großen Mengen auf den Blutzucker beim normalen, hungernden und avitaminösen Körper. Ebenda **136**, 26 (1923). — *(97)* Untersuchungen über den Kohlehydratstoffwechsel bei der Avitaminose. IV. Über die toxische Wirkung intermediärer Stoffwechselprodukte nach der Zuführung verschiedener Zuckerarten bei der Avitaminose. Ebenda **136**, 278 (1923). — *(98)* Über die Alkalireserve des Blutplasmas bei Avitaminose. Ebenda **140**, 254 (1923). — *(99)* Versuche über den N-Stoffwechsel bei der Avitaminose. Ebenda **145**, 436 (1924). — *(100)* Collazo, J. A., u. G. Bosch: Über den Fettgehalt des Blutes bei der Avitaminose. Ebenda **141**, 370 (1923). — *(101)* Collazo, J. A., u. C. Funk: The requirements of vitamine B in the metabolism of foods containing proteins and carbohydrates in varying proportions. J. metabol. Res. **5**, 187 (1924). — *(102)* Collazo, J. A., u. S. N. Gohse: Über den Kohlehydratstoffwechsel bei der Avitaminose. V. Über den Einfluß von Produkten innersekretorischer Drüsen und einiger Arzneimittel auf die Reduktionswerte von Blut und Harn. Biochem. Z. **139**, 285 (1923). — *(103)* Collazo, J. A., u. A. Munilla: Sur la pathogénie de l'avitaminose B chez le chien: La lipurie. C. r. Soc. Biol. **99**, 1448 (1928). — *(104)* Corda, L.: Über die Bedeutung des Vitamins B bei natürlicher Immunität der Tauben gegen Milzbrand. Z. Hyg. **100**, 129 (1923). — *(105)* Courtney, A. M., F. F. Tisdall u. A. Brown: The calcium and phosphorus concentration in the intestinal contents of rats in relation to rickets. Canad. med. Assoc. J. **19**, 559 (1928). — *(106)* Coward, K. H.: The influence of vitamin A deficiency on the oestrus cycle od the rat. J. of Physiol. **67**, 26 (1929). — *(107)* Cowgill, G. R.: Studies in the physiology of vitamins. II. Does vitamin-B stimulate glands in a manner similar to the alkaloid pilocarpine? Proc. Soc. exper. Biol. a. Med. **18**, 290 (1921). — *(108)* Cowgill, G. R., H. J. Deuel jun., N. Plummer u. F. C. Messer: Studies in the physiology of vitamines. IV. Vitamin B in relation to gastric motility. Amer. J. Physiol. **77**, 389 (1926). — *(109)* Cowgill, G. R., u. L. B. Mendel: Studies in the physiology of vitamins. I. Vitamin B and the secretory function of glands. Ebenda **58**, 131 (1921). — *(110)* Cramer, W.: Vitamines and lipoid metabolism. Proc. physiol. Soc. 15. V. 1920; J. of Physiol. **54**, 2 (1920). — *(111)* On the mode of action of vitamins. Lancet **204**, 1046 (1923). — *(112)* Cramer, W., A. H. Drew u. J. C. Mottram: Similarity of effects produced by absence of vitamins and by exposure to X rays and radium. Ebenda **200**, 963 (1921). — *(113)* On the function of the lymphocyte and of lymphoid tissue in nutrition, with special reference to the vitamin problem. Ebenda **201**, 1202 (1921). — *(114)* On blood-platelets: Their behaviour in „Vitamin A" deficiency and after „radiation", and their relation to bacterial infections. Proc. roy. Soc., Ser. B **93**, 449 (1922). — *(115)* On the behaviour of platelets in vitamin A deficiency and on the technique of counting them. Brit. J. exper. Path. **4**, 37 (1923). — *(116)* Creekmur, F.: The intestinal bacterial flora of rats on a diet deficient in fat soluble vitamin A. J. inf. Dis. **31**, 461 (1922).

(117) Da Fano, C.: Nerve-fibre degeneration in deficiency disease in cats. J. of Physiol. **57**, XXIV (1923). — *(118)* Golgi's apparatus and Nissl's substance of nerve cells of the spinal cord and ganglia in deficiency diseases. Ebenda **57**, LVII (1923). — *(119)* Danysz-Michel u. W. Koskowski: Etude de quelques fonctions digestives chez les pigeons normaux, nourris au riz poli et en inanition. C. r. Acad. Sci. **175**, 54 (1922). — *(120)* D'Asaro Biondo, M.: L'importanza delle diverse vitamine nella difesa immunitaria dell'organismo. Policlinico **29**, 3 (1922). — *(121)* Dean, L. W.: The relation of deficiency diet to diseases of the sinuses. Ann. of Otol. **38**, 607 (1929). — *(122)* Desgrez, A., u. H. Bierry: Ration alimentaire et vitamines. C. r. Acad. Sci. **172**, 1068 (1921). — *(123)* Deuel jun., H. J., u. R. Weiss: The basal metabolism in vitamin B deficiency. Proc. Soc. exper. Biol. a. Med. **21**, 456 (1924). — *(124)* Driel, B. M. van: Vitamine und innere Sekretion. Nederl. Tijdschr. Geneesk. **64**, 1350 (1920). — *(125)* Drummond, J. C.: A study of the water-soluble accessory growth promoting substance in yeast. II. Its influence upon the nutrition, and nitrogen metabolism of the rat. Biochemic. J. **12**, 25 (1918). — *(126)* Researches on the fat-soluble accessory substance. II. Observations on its rôle in nutrition and influence on fat metabolism. Ebenda **13**, 81 (1919). — *(127)* Drummond, J. C., u. G. F. Marrian: The physiol. rôle of vitamin B. I. The relation of vitamin B to tissue oxydations. Ebenda **20**, 1229 (1926). — *(128)* Dulzetto, F.: Sulle modificazioni delle cellule interstiziali dell'ovario del colombo nell'avitaminosi e nel digiuno. Arch. di Sci. biol. **9**, 405 (1927). — *(129)* Dutcher, A.: Die Natur und Funktion des antineuritischen Vitamins. Proc. nat. Acad. Sci. Washington **6**, 10 (1920). — *(130)* Dutcher, R. A., M. Creighton u. H. A. Rothrock: Vitamin studies. XI. Inorganic blood phosphorus and bone ash in rats fed on normal, rachitic, and irradiated rachitic diets. J. of biol. Chem. **66**, 401 (1925).

(131) Eckstein, A.: Einfluß qualitativer Unterernährung auf die Funktion der Keimdrüsen. Pflügers Arch. 201, 16 (1923). — (132) Eckstein, A., u. A. von Szily: Lactation und Vitaminmangel. Klin. Wschr. 3, 15 (1924). — (133) Ederer, St.: Die Wirkung des fettlöslichen „A"- und des wasserlöslichen „B"-Faktors bei einseitiger Ernährung. Biochem. Z. 158, 197 (1925). — (134) Edelstein, E., u. S. Schmal: Der Blutchemismus bei experimentellem Meerschweinchenskorbut. Z. Kinderheilk. 41, 30 (1926). — (135) Eggleton, Ph., u. L. Gross: A note on the blood-sugar levels of rats fed with complete diets and diets deficient in vitamin B. Biochemic. J. 19, 633 (1925). — (136) Eichholz, W., u. H. Kreitmair: Resistenzverminderung infolge Vitamin-D-Mangel. Münch. med. Wschr. 75, 79 (1928). — (137) Estrada, O. P.: Die Sensibilität nebennierenberaubter Ratten gegen die Avitaminosis B. Rev. Soc. argent. Biol. 3, 347 (1927). — (138) Estrada, O. P.: Sensibilité des rats privés de surrenale à l'avitaminose B. C. r. Soc. Biol. 97, 1031 (1927). — (139) Euler, H. v., u. R. Johansson: Vergleichende Bestimmungen des PO₄-, Ca- und Mg-Gehaltes, die Tibia von Ratten und Meerschweinchen. Z. physiol. Chem. 148, 207 (1925). — (140) Euler, H. von, u. K. Myrbäck: Phosphat- und Calciumgehalt im Blut von Meerschweinchen und Ratten bei wechselnder Zufuhr von C- und A-Vitamin. Ebenda 148, 180 (1925). — (141) Evans, H. M.: Invariable occurrence of male sterility with dietaries lacking fat soluble vitamine E. Proc. nat. Acad. Sci. U. S. A. 11, 373 (1925). — (142) The effects of inadequate vitamin A on the sexual physiology of the female. J. of biol. Chem. 77, 651 (1928). — (143) The effect of inadequate vitamin B upon sexual physiology in the male. J. Nutrit. 1, 1 (1928). — (144) Evans, H. M., u. K. S. Bishop: On an invariable and characteristic disturbance of reproductive function in animals reared on a diet poor in fat soluble vitamine A. Anat. Rec. 23, 17 (1922). — (145) On the existence of a hitherto unknown dietar factor essential for reproduction. Amer. J. Physiol. 63, 396 (1923). — (146) The production of sterility with nutritional regimes adequate for growth and its cure with other foodstuffs. J. metabol. Res. 3, 233 (1923). — (147) Evans, H. M., u. G. O. Burr: The anti-sterility vitamine fat soluble E. Proc. nat. Acad. Sci. U. S. A. 11, 334 (1925). — (148) A new dietary deficiency with highly purified diet. Proc. Soc. exper. Biol. a. Med. 24, 740 (1927). — (149) The antisterility vitamine fat soluble E. Mit Unterstützung durch T. L. Althausen. Berkeley-Univ. California Press 1927. — (150) Vitamin E. II. The destr. effect of certain fats and fractions there of on the antister. vitam. in wheat germ and in wheat germ oil. J. amer. med. Assoc. 89, 1587 (1927). — (151) Vitamin E. The ineffectiveness of curative dosage when mixed with diets containing high proportions of certain fats. Ebenda 88, 1462 (1927). — (152) Development of paralysis in the sucking young of mothers, deprived of vitamin E. J. of biol. Chem. 76, 273 (1928). — (153) Evans, H. M., u. S. Lepkovsky: On some relations of vitamin B to fat and carbohydrate metabolism. Amer. J. Physiol. 90, 340 (1929).

(154) Farmer, Ch. J., u. H. E. Redenbaugh: A study of heat production in pigeons on diets deficient in vitamin B. Amer. J. Physiol. 75, 27 (1925). — (155) The decrease in digestive efficiency in polyneuritis columbarum. Ebenda 75, 45 (1925). — (156) Findlay, G. M.: An experimental study on avian beriberi. J. of Path. 24, 175 (1921). — (157) The relation of deprivation of vitamin B to body temperature and bacterial infection. Ebenda 26, 485 (1923). — (158) Findley, G. M., u. R. Mackenzie: Opsonons and diets deficient in vitamins. Biochemic. J. 16, 574 (1922). — (159) Findlay, L. D., D. N. Paton u. J. S. Sharpe: Studies in the metabolism of rickets. Quart. J. Med. 14, 352 (1921). — (160) Fischer, H. F.: Der Zuckergehalt des Blutes bei der experimentellen Beriberi der Vögel und der Einfluß des Vitamins B und des Insulins auf dieselbe. Inaug.-Dissert., Amsterdam 1925. — (161) Fleisch, A.: Blutgasanalysen bei geschädigter Gewebeatmung; ein Beitrag zum Wesen der Vogelberiberi. Arch. f. exper. Path. 95, 17 (1922). — (162) Fridericia, L. S., u. E. Holm: Experimental contribution to the study of the relation between night blindness and malnutrition. Influence of deficiency of fat-soluble A-vitamin in the diet on the visual purple in the eyes of rats. Amer. J. Physiol. 73, 63 (1925). — (163) Fujimaki, Y., T. Kimura, Y. Wada u. S. Shimada: On morphological changes of pavement epithelium in the rat fed upon A-vitamin defective diet. Trans. jap. path. Soc. 16, 207 (1928). — (164) Funk, C.: The effect of a diet of polished rice on the nitrogen and phosphorus of the brain. J. of Physiol. 44, 51 (1912). — (165) Über die physiologische Bedeutung gewisser bisher unbekannter Nahrungsbestandteile der Vitamine. Erg. Physiol. 13, 125 (1913). — (166) Studien über die Beriberi. XI. Die Rolle der Vitamine beim Kohlehydratstoffwechsel. Z. physiol. Chem. 89, 378 (1914). — (167) Wirkung von Substanzen, welche den Kohlehydratstoffwechsel beeinflussen, auf die experimentelle Beriberi. J. of Physiol. 53, 247 (1919). — (168) Die Vitamine, 2. Aufl. München u. Wiesbaden: J. F. Bergmann 1922. — (169) Funk, C., u. J. A. Collazo: Die Zusammensetzung der Nahrung und der Vitaminbedarf. Chem. Zelle 12, 195 (1925). — (170) Funk, C., J. A. Collazo u. J. Kaczmarek: Composition du régime et vitamine B. C. r. Soc. Biol. 92, 997 (1925). — (171) Funk, C., u. A. Levy: Mineral metabolism in rats under the influence of B and D

vitamines. J. metabol. Res. 4, 453 (1923). — (*172*) FUNK, C., u. VON SCHÖNBORN: The influence of a vitamine-free diet on the carbohydrate metabolism. J. of Physiol. 48, 328(1914).

(*173*) GAZANJUK, M.: Der Einfluß des Vitaminmangels auf die Katalase, die Protease, Peroxydase des Blutes und auf den Allgemeinzustand weißer Mäuse. Ukraïn. med. Visti 1926, 98. — (*174*) GENTILE, F.: Richerche sulle avitaminosi. Il potere antitriptico del siero di sangue nelle avitaminosi sperimentali. Arch. di Fisiol. 25, 33 (1927); Boll. Soc. Biol. sper. 1, 765 (1927). — (*175*) Richerche sulle avitaminosi. Sul comportamento di alcuni fermenti del sangue nelle avitaminosi. Arch. di Fisiol. 25, 21 (1927); Boll. Soc. Biol. sper. 1, 767 (1927). — (*176*) GERSTENBERGER, H. J., u. C. W. BURHANS: Respiratory quotient studies in scurvy and beriberi. J. of biol. Chem. 50, 37 (1922). — (*177*) GERSTENBERGER, H. J., W. M. CHAMPION u. D. N. SMITH: The effect of pregnancy on the course of scurvy in guinea-pigs. Amer. J. Dis. Childr. 28, 173 (1924). — (*178*) GIVENS, M. H., u. B. COHEN: The antiscorbutic property of desiccated and cooked vegetables. J. of biol. Chem. 36, 127 (1918). — (*179*) GOLDBLATT, H.: A study of the relation of the quantity of fat-soluble organic factor in the diet to the degree of calcification on the bones and the development of experimental rickets in rats. Biochemic. J. 17, 298 (1923). — (*180*) Experimental rickets in rats on a purified synthetic diet deficient in phosphorus and fat-soluble organic factors. Biochemic. J. 18, 414 (1924). — (*181*) GOLDBLATT, H., u. A. R. MORITZ: Experimental rickets in rabbits. J. of exper. Med. 42, 499 (1925). — (*182*) GOTTA, H.: Vitamine B et glandes sexuelles. C. r. Soc. Biol. 88, 373 (1923). — (*183*) GOTTMACHER, A., u. I. LITVAK: Zur Frage über die Rolle von Kohlehydrat bei der B-Avitaminose. Ž. ėksper. Biol. i Med. 11, 41 (1929). — (*184*) GRANT, A. G.: Effect of the calcium, vitamin C, vitamin D ratio in diet on the permeability of intestinal wall to bacteria. J. inf. Dis. 39, 502 (1926). — (*185*) GRINEFF u. S. UTEWSKAJA: Zur Pathogenese des Skorbuts. Z. exper. Med. 46, 633 (1925). — (*186*) GROEBBELS, F.: Neue Gesichtspunkte zum Vitaminproblem. Klin. Wschr. 1, 1548 (1922). — (*187*) Weitere Untersuchungen über das Vitaminproblem. Ebenda 1, 2130 (1922). — (*188*) Studien über das Vitaminproblem. I. Untersuchungen über den Gasstoffwechsel avitaminotisch ernährter weißer Mäuse. Z. physiol. Chem. 122, 104 (1922). — (*189*) Studien über das Vitaminproblem. II. Untersuchungen über den Einfluß der Vitaminzufuhr und des Hungerns auf Gasstoffwechsel, Gewicht und Lebensdauer vitaminfrei ernährter weißer Mäuse. Z. physiol. Chem. 131, 214 (1923). — (*190*) Studien über das Vitaminproblem. III. Weitere Untersuchungen über den Einfluß der Vitaminzufuhr auf Gasstoffwechsel, Gewicht und Lebensdauer vitaminfrei ernährter weißer Mäuse. Ebenda 137, 14 (1924). — (*191*) GROEBBELS, F., u. F. SPERFELD: Studien über das Vitaminproblem. IV. Mitt. Der Einfluß der Avitaminose auf die Magenverdauung weißer Mäuse. Ebenda 148, 290 (1925). — (*192*) GROSS, L.: The effects of vitamin-deficient diets on the adrenaline equilibrium in the body. Biochemic. J. 17, 569 (1923). — (*193*) GUARINO, F.: Richerche sulle avitaminosi. IV. Le ghiandole gastriche nelle avitaminosi. Sperimentale 81, 15 (1927). — (*194*) GUERRINI, G.: Richerche sulla avitaminosi. Pathologica 13, 447 (1921). — (*195*) GULICK, A.: The basal metabolism of white rats in relation to the intake of vitamin B. Amer. J. Physiol. 68, 131 (1924). — (*196*) GULIK, P. J. VAN: Examen microscopique de la localisation des composés du potassium dans quelques organes du coq dans le cas d'avitaminose. Arch. néerl. Physiol. 6, 328 (1922). — (*197*) GYÖRGY, P.: Rachitis. In STEPP-GYÖRGY: Avitaminosen und verwandte Krankheitszustände. Berlin: Julius Springer 1927.

(*198*) HAMMETT, F.: Rickets and parathyreoids. Endocrinology 8, 557 (1924). — (*199*) HANKE, M. T., u. K. K. KOESSLER: The effect of scurvey-producing diets and tyramine on the blood of guinea pigs. J. of biol. Chem. 80, 499 (1928). — (*200*) HAPP, W. M.: Occurence of anaemia in rats on deficient diets. Bull. Hopkins Hosp. 33, 163 (1922). — (*201*) HARRIS, D., u. E. A. SMITH: Histolog. study of the thyroid of the guinea pig in experimental scurvy. Amer. J. Physiol. 84, 599 (1928). — (*202*) HART, E. B., H. STEENBOCK u. C. A. ELVEHJEM: Dietary factors influencing calcium assimilation. V. The effect of light upon calcium and phosphorus equilibrium im mature lactating animals. J. of biol. Chem. 62, 117 (1924). — (*203*) HART, E. B., H. STEENBOCK, S. LEPKOVSKY, S. W. F. KLETZIEN, J. G. HALPIN u. O. N. JOHNSON: The nutritional requirement of the chicken. V. The influence of ultraviolet light on the production, hatchability, and fertility of the egg. Ebenda 65, 579 (1925). — (*204*) HARTWELL, G. A.: Mammary secretion. V. 1. Further research on the threshold and effects of protein „excess". 2. The quantitative relation of vitamin B to protein. Biochemic. J. 18, 785 (1924). — (*205*) HASSAN, A., u. J. C. DRUMMOND: The physiol. rôle of vitamin B. IV. The relation of certain dietary factors in yeast to growth of rats on diets rich in proteins. Ebenda 21, 653 (1927). — (*206*) HENRIKSEN, P.: Celluläre Veränderungen als Folge von Vitaminhunger. Norsk. Mag. Laegevidensk. 86, 265 (1925). — (*207*) Celluläre Veränderungen als Folge von Vitaminhunger. II. Leber, Milz, Nieren, Nebennieren. Ebenda 86, 540 (1925). — (*208*) HENTSCHEL, H., u. E. ZÖLLER: Über Stoffwechselveränderungen bei Rachitis. Mschr. Kinderheilk. 34, 248 (1926). — (*209*) Über Stoffwechselveränderungen bei Rachitis. I. Der Phosphatstoffwechsel in der Muskulatur bei der experimentellen Rattenrachitis. Z. Kinderheilk. 44, 146 (1927). — (210) Herzog, F.: Über experimentellen Skorbut bei Meerschweinchen. Frankf. Z. Path. 26, 50 (1921). — (211) Hess, W. R.: Die Rolle der Vitamine im Zellchemismus. Z. physiol. Chem. 117, 284 (1921). — (212) Die Rolle der Vitamine im Zellchemismus. Bemerkungen zu der „Ergänzung" von Emil Abderhalden. Ebenda 120, 277 (1922). — (213) Die Rolle der Vitamine im Zellchemismus. Erwiderung auf die Antwort Emil Abderhaldens. Ebenda 127, 196 (1923). — (214) Die Blausäurevergiftung als Methode der Avitaminoseforschung. Pflügers Arch. 198, 483 (1923). — (215) Toxikologische Untersuchungen im Dienste der Avitaminoseforschung. Arch. f. exper. Path. 103, 366 (1924). — (216) Hess, W. R., u. N. Messerle: Untersuchung über die Gewebeatmung bei Avitaminose. Z. physiol. Chem. 119, 176 (1922). — (217) Hess, A. F., W. C. Russell, M. Weinstock u. H. Rivkin: Relation of the antirachitic factor to reproduction in birds. Proc. Soc. exper. Biol. a. Med. 25, 651 (1928). — (218) Hess, A. F., u. L. J. Unger: The scurvey in guinea pigs. J. of biol. Chem. 35, 479 (1918). — (219) Hess, A. F., L. J. Unger u. A. W. Pappenheimer: III. Experimental rickets. The prevention of rickets in rats by exposure to sunlight. Proc. Soc. exper. Biol. a. Med. 19, 8 (1921). — (220) A further report on the prevention of rickets in rats by light rays. Ebenda 19, 238 (1922). — (221) Hintzelmann, U.: Mikroskopische Untersuchungen an den innersekretorischen Organen vitaminarm (Vitamin „A") ernährter Ratten. Arch. f. exper. Path. 100, 353 (1924). — (222) Hirabayashi, N.: Beitrag zum Stickstoff- und Mineralstoffwechsel bei der Avitaminose. Biochem. Z. 145, 18 (1924). — (223) Über die Bedeutung der Zellsalze für den Ablauf der avitaminösen Stoffwechselstörung. Ebenda 146, 208 (1924). — (224) Hirai, O.: Über den Einfluß von partiellem Mangel an Nahrung auf den Blutzucker. Trans. jap. path. Soc. 11, 20 (1921). — (225) Hoet, J.: Note relative à la déficience en vitamines A chez le pigeon. Biochemic. J. 18, 12 (1924). — (226) Hofmeister, F.: Über qualitativ unzureichende Ernährung. I. und II. Erg. Physiol 17, 1, 510 (1918). — (227) Studien über qualitative Unterernährung. I. Die Rattenberiberi. Biochem. Z. 128, 540 (1922). — (228) Höjer, J. A.: Studies in scurvy. Acta paediatr. 3, 1 (1924). — (229) Höjer, A.: The influence of lemon juice on tissue respiration of normal and scorbutic Guinea-pigs. Skand. Arch. Physiol. 46, 241 (1925). — (230) Method for determinig the antiscorbutic value of a foodstuff by means of histol. examination of the teeth of young guinea-pigs. Brit. J. exper. Path. 7, 356 (1926). — (231) Method for determination of the antiscorbutic value of foodstuffs by means of histological examination of guinea-pig-teeth. Physiologenkongreß Stockholm 1926, 79 (1926). — (232) Höjer, A., u. G. Westin: Skorbut der Kiefer und Zähne beim Meerschweinchen. Eine histo-pathologische Studie. Vjschr. Zahnheilk. 40, 247 (1924). — (233) Holm, E.: Demonstration of hemeralopia in rats nurished on food devoid of fat-soluble-A-vitamin. Amer. J. Physiol. 73, 79 (1925). — (234) Holmes, A. D., A. W. Doolittle u. W. B. Moore: Studies of the vitamin potency of cod-liver oils. XXI. The stimulation of reproduction by fat-soluble vitamins. J. amer. pharmaceut. Assoc. 16, 518 (1927). — (235) Hopkins, F. G.: Cameron prize lectures on the present position of the vitamin problem. Lect. II. Rickets as a deficiency disease. Brit. med. J. Nr 3278, 748 (1923). — (236) Hosokawa, M.: Über den Blutzucker des Kaninchens bei vitaminfreier Ernährung. J. of Biochem. 4, 323 (1924). — (237) Hotta, K.: Über das Verhalten des Cholesterins bei Taubenberiberi. II. Z. physiol. Chem. 128, 85 (1923). — (238) Über die Bedeutung des Cholesterins für die beriberiartige Erkrankung der Tauben. Ebenda 136, 1 (1924). — (239) Howe, P. R.: Influence des facteurs accessoires (vitamines) sur la dentition. Bull. Soc. sci. Hyg. aliment. 9, 308 (1921). — (240) Howland, J.: The etiology and pathogenesis of rickets. Medicine 2, 349 (1923). — (241) Experimenteller Beitrag zur Biologie der Rachitis. Erg. Physiol. 25, 517 (1926). — (242) Howland, J., u. B. Kramer: A study of the calcium and inorganic phosphorus of the serum in relation to rickets and tetany. Mschr. Kinderheilk. 25, 279 (1923). — (243) Hughes, J. S., H. F. Lienhardt u. C. E. Aubel: Nerve degeneration resulting from avitaminosis A. J. Nutrit. 2, 183 (1929).

(244) Igarashi, E., u. T. Tagaya: Studies in experimental scurvey. VI. On the amounts of unknown unsaponifiable substance and cholesterol in organ tissues of guinea pigs fed on a vitamin C free diet. J. of Biochem. 11, 239 (1929). — (245) Inawashiro, R.: Über die Motalitätsstörung des Muskelmagens bei reiskranken Vögeln und ihre Ursache. Tohoku J. exper. Med. 13, 79 (1929). — (246) Studien über den Gaswechsel bei Beriberi bzw. B-Avitaminose. IV. Mitt. Spezifisch-dynamische Wirkung der Aminosäuren bei B-avitaminösen Tauben. Ebenda 13, 65 (1929). — (247) Ishido, B.: Über Beziehungen der Avitaminose zur Wundheilung. Virchows Arch. 240, 241 (1922). — (248) Ito, H.: Über die sensible Lähmung bei der beriberiähnlichen Krankheit der Ente nebst Beiträgen zur Kenntnis der B-Avitaminose desselben Tieres. Trans. jap. path. Soc. 16, 202 (1928). — (249) Iwabuchi, T.: Über Nebennierenveränderungen beim experimentellen Skorbut, nebst einigen Angaben über die Knochenbefunde. Beitr. path. Anat. 70, 440 (1922). — (250) Über Organanalysen bei experimentellem Skorbut der Meerschweinchen nebst einigen Angaben über den Blutbefund. Z. exper. Med. 30, 65 (1922).

(251) JACKSON, C. M., u. R. CARLETON: Organ weights in albino rats with experimental rickets. Proc. Soc. exper. Biol. a. Med. 20, 181 (1922). — (252) The effect of experimental rickets upon the weights of the various organs in albino rats. Amer. J. Physiol. 65, 1 (1923). — (253) JARUSSOWA, N.: Gas- und Stickstoffwechsel bei dem experimentellen Skorbut der Meerschweinchen. Biochem. Z. 179, 104 (1926). — (254) Stickstoffbilanz und C/N-Koeffizient des Harns bei dem experimentellen, durch den Hunger nicht komplizierten Skorbut. Ebenda 198, 128 (1928). — (255) JAVALLIER, M., H. ALLAIRE u. S. ROUSSEAU: Phosphore nucléique et bilans phosphorés chez des souris carancées en facteurs liposolubles. Bull. Soc. Chim. biol. 10, 294 (1928). — (256) JAVILLIER, M., S. ROUSSEAU u. L. ÉMERIQUE: La composition chimique des tissus dans l'avitaminose A: Phosphore, extrait lipoïdique, cholestérol. C. r. Acad. Sci. 188, 580 (1929). — (257) JONAS, K.: Der Einfluß akzessorischer Nährstoffe auf das Blut. Mschr. Kinderheilk. 26, 545 (1923). — (258) JONO, Y.: Über den Kaligehalt der Leber und des Skelettmuskels bei Avitaminose. J. of orient. Med. 3, 47 (1925). — (259) Über die Störung von Fettneubildung im Organismus des Körpers bei Avitaminose. Ebenda 3, 48 (1925). — (260) Studien über den intermediären Stoffwechsel bei Avitaminose. II. Über die Störung des Wasserstoffwechsels. Ebenda 5, 29 (1926). — (261) Studien über den intermediären Stoffwechsel bei Avitaminose. III. Über die Bildung der Milchsäure in der Leber des avitaminösen Tieres. Ebenda 5, 63 (1926). — (262) Über den Einfluß einiger Hormone auf die Avitaminose der Tauben. Ebenda 6, 42 (1927).

(263) KARELITZ, S., u. A. T. SHOHL: Rickets in rats. I. Metabolism studies on high calcium-low phosphorus diet. J. of biol. Chem. 73, 655 (1927). — (264) Rickets in rats. II. The effect of phosphate added to the diet of ricketic rats. Ebenda 73, 665 (1927). — (265) KARR, W. G.: Metabolism studies with diets deficient in water-soluble (B) vitamine. Ebenda 44, 277 (1920). — (266) KARTASCHEFFSKY, E.: Zur Frage der Vitamine. I. Über den Einfluß des Vitaminhungers auf den Gaswechsel bei Tauben. Pflügers Arch. 214, 499 (1926). — (267) Zur Frage der Vitamine. II. Über die Auffütterung von Tauben mit vitaminfreier Nahrung nach vorhergehender Hungerperiode. Ebenda 215, 197 (1926). — (268) KATŌ, G., u. R. AKIBA: Hydrogen-ion concentration in immediate neighbourhood of sciatic nerve of a bird suffering from beriberi. J. Biophysics 1, 29 (1924). — (269) KATŌ, G., u. S. SHIRAI: On the point, upon which vitamine acts. Ebenda 1, 29 (1924). — (270) KATŌ, G., S. SHIZUME u. R. MAKI: The nature of the paralysis of nerve in the birds of beri-beri like disease. Jap. med. World 1, 14 (1921). — (271) KAWAKITA, S., S. SUZUKI u. S. KAGOSHIMA: Über die Reiserkrankung der Säugetiere. Vorl. Mitt. Trans. jap. path. Soc. 11, 23 (1921). — (272) KAWAMURA, K.: The influence of vitamin B on the intestinal secretion. The method of the quantitative estimation of the protein enzyme of the intestinal juice. Jap. J. of exper. Med. 7, 157 (1929). — (273) KIHN, B.: Zur pathologischen Anatomie der experimentellen Avitaminosen. In STEPP-GYÖRGY: Avitaminosen und verwandte Krankheitszustände. Berlin: Julius Springer 1927. — (274) KIMURA, O.: Über die Degenerations- und Regenerationsvorgänge bei der sogenannten „Reis-Neuritis" der Vögel. Dtsch. Z. Nervenheilk. 64, 153 (1919). — (275) KINNERSLEY, H. W., u. R. A. PETERS: Observations upon carbohydrate metabolism in birds. I. The relation between the lactic acid content of the brain and the symptoms of opithotonus in rice-fed pigeons. Biochemic. J. 23, 1126 (1929). — (276) A localized lactic acidosis in the brains of pigeons suffering from B_1 deficiency. J. of Physiol. 69, XI (1930). — (277) Carbohydrate metabolism in birds. II. Brain localisation of lactic acidosis in avitaminosis B, and its relation to the origin of symptoms. Biochemic. J. 24, 711 (1930). — (278) KODAMA, E.: On the content of fatty-like substances in cocks fed on vitamin B free diet. J. of Biochem. 5, 185 (1925). — (279) KOGA, Y.: Studies in experimental scurvey. VIII. Contribution to the study on the carbohydrate metabolism of guinea pigs fed on a vitamin C free diet. Ebenda 11, 461 (1930). — (280) KON, ST. K.: The effect of the administration of glycine to pigeons on a diet deficient in Vitamin B. Biochemic. J. 21, 837 (1927). — (281) On the carbon: nitrogen (C/N) ratio in the urine of rats deprived of one or both factors of the vitamin B complex. J. Nutrit. 1, 467 (1929). — (282) KORENCHEVSKY, V.: Experimental rickets in rats. Brit. med. J. Nr 3171, 547 (1921). — (283) The influence of parathyroidectomy on the skeleton of animals normally nourished, and on rickets and osteomalacia produced by deficient diet. J. of Path. 25, 366 (1922). — (284) Glands of internal secretion in experimental avian beri-beri. Ebenda 26, 382 (1923). — (285) KORENCHEVSKY, V., u. M. CARR: Further experiments on the influence of the parent's diet upon the young. I. The influence of the father's diet. Biochemic. J. 18, 1308 (1924). — (286) The effects of calcium glycerophosphate, sodium glycerophosphate and sodium dihydrogen phosphate upon the skeleton of rats kept on a diet deficient only in fat-soluble factor. Ebenda 19, 101 (1925). — (287) KOYANAGI, CH.: Experimental studies on an occurence of glykogen in the central nervous system of rice-neuritic pigeons and domestic fowls. Trans. jap. path. Soc. 16, 205 (1928). — (288) KOZOWA, S., M. KUSONOKI u. N. HOSODA: On the contents of nonprotein nitrogen in blood of human beriberi and avitaminosis of rabbits. Jap. med. World 5, 83 (1925). — (289) KRAUSE, D. J.: The water content of the tissues

in experimental beriberi. Amer. J. Physiol. **60**, 234 (1922). — (*290*) Kučera, C.: Einwirkung der Sonnenstrahlen auf die Vitamingehaltänderungen in Getreidekeimen, Wirkung der Avitaminose C auf Meerschweinchenfruchtbarkeit. Biol. Listy **13**, 337, 356 (1927). — (*291*) Kudrjawzewa, A.: Über den Einfluß der Polyneuritis auf den Kreatingehalt in den Muskeln. Z. physiol. Chem. **141**, 105 (1924). — (*292*) Kunde, M. M., u. L. A. Williams: The influence of the thyroid gland on experimental rickets. Proc. Soc. exper. Biol. a. Med. **24**, 631 (1927). — (*293*) Kura, N.: Beitrag zur Pathologie der Reiskrankheit. Über die Veränderung der Nervenendigung in der äußeren Haut der Taube. Kyoto-Ikadaigaku-Zasshi **1**, 49, 747 (1927). — (*294*) Kura, N., u. I. Kasahara: Ein Beitrag zur Pathologie der Reiskrankheit. Über die Veränderung der Nervenendigung im Piloarrectorenmuskel der Tauben. Ebenda **2**, 747 (1928). — (*295*) Kura, N., u. T. Mizuno: Beitrag zur Pathologie der Reiskrankheit. Über die Veränderungen der Nervenfaser im Kleinhirn der Taube. Trans. jap. path. Soc. **18**, 180 (1929). — (*296*) Kuzuki, S.: Über die Veränderungen des Blutbildes und der Hyperglykämie bei der Vitamin-B-Mangel-Krankheit des Geflügels. Ebenda **14**, 163 (1924).

(*297*) La Mer, V. K., L. J. Unger u. G. C. Supplee: Changes in organ weight produced by diets deficient in antiscorbutic vitamine. Proc. Soc. exper. Biol. a. Med. **18**, 32 (1920). — (*298*) Lawaczeck, H.: Über das Verhalten des Cholesterins bei der Taubenberiberi. Z. physiol. Chem. **125**, 229 (1923). — (*299*) Lawrow, B. A., u. S. N. Matzko: Über den Gaswechsel im Anfangsstadium der B-Avitaminose bei Vögeln. Biochem. Z. **179**, 332 (1926). — (*300*) Stickstoffumsatz bei einseitiger Ernährung. II. Der Stickstoffwechsel bei Hühnern während der B-Avitaminose. Ebenda **198**, 138 (1928). — (*301*) Lesné, Vaglianos u. Christou: Le sang au cours du scorbut expérimental aigu chez le cobaye. Nourisson **11**, 304 (1923). — (*302*) Lewis, H. B., u. W. G. Karr: Changes in the urea content of blood and tissues of guinea pigs maintained on exclusive oat diet. J. of biol. Chem. **28**, 15 (1916). — (*303*) Liang, B., u. L. Wacker: Studien über den Fett-, Cholesterin- und Steroidstoffwechsel im Organismus wachsender Ratten bei An- und Abwesenheit von Vitamin A. Biochem. Z. **164**, 371 (1925). — (*304*) Liégeois, F.: L'équilibre acide-base dans le rachitisme animal spontané. C. r. Soc. Biol. **98**, 1445 (1928). — (*305*) Equilibre acide-base et traitement du rachitisme. Ebenda **98**, 1448 (1928). — (*306*) Liégeois, F., u. A. Lefèvre: L'équilibre acide-base et la calcémie dans le rachitisme et l'osteomalacie spontanés chez le chien. C. r. Soc. Biol. Paris **102**, 957 (1929). — (*307*) Lienhardt, H. F.: Vitamin A requirements in hogs. Cornell Veterinarian **20**, 38 (1930). — (*308*) Lindsay, B., u. G. Medes: Histological changes in the testis of the guinea pig during scurvey and inanition. Proc. Soc. exper. Biol. a. Med. **22**, 177 (1924). — (*309*) Histological changes in the adrenal glands of guinea pigs subjected to scurvey and severe inanition. Ebenda **23**, 293 (1926). — (*310*) Histological changes in the testis of the guinea-pig during scurvey and inanition. Amer. J. Anat. **37**, 213 (1926). — (*311*) Liotta, D.: Sullo scorbuto sperimentale. II. L'influenca della costipazione intestinale nello sviluppo dello scorbuto. Arch. Farmacol. sper. **36**, 1 (1923). — (*312*) Sullo scorbuto sperimentale. III. Le modificazioni emoleucocitarie. Ebenda **36**, 76 (1923). — (*313*) Lobeck, E.: Über experimentelle Rachitis an Ratten. Frankf. Z. Path. **30**, 402 (1924). — (*314*) Lopez-Lomba, J.: La lapine soumise à un regime scorbutigène, peut se reproduire, et ses petits nourris de son lait ont une croissance normale. C. r. Soc. Biol. **89**, 24 (1923). —, (*315*) Modifications pondérables des organes chez le pigeon au cours de l'avitaminose B. C. r. Acad. Sci. **176**, 1417 (1923). — (*316*) Modifications pondérables des organes chez le cobaye au cours de l'avitaminose. Ebenda **176**, 1752 (1923). — (*317*) Prolongation de la survie dans le scorbut chez les cobayes thymectomisés. C. r. Soc. Biol. **89**, 370 (1923). — (*318*) Lopez-Lomba, J., u. Randoin: Contribution à l'étude de l'avitaminose B chez le pigeon. C. r. Acad. Sci. **176**, 1249 (1923). — (*319*) Etude du scorbut produit par un régime complet et biochimiquement équilibré, uniquement dépourvu de facteur C. Ebenda **176**, 1573 (1923).

(*320*) Macciotta, G.: Sui rapporti fra tetania ed avitaminosi da fattore B. Clin. pediatr. **11**, 1063 (1929). — (*321*) Macomber, D.: Effect of a diet low in calcium on fertility, pregnancy and lactation in the rat. J. amer. med. Assoc. **88**, 6 (1927). — (*322*) Magne, H., u. H. Simmonet: Sur les variations du quotient respiratoire chez le pigeon carencé. Influence des injections intraveineuses de glucose. Bull. Soc. Chim. biol. **4**, 419 (1922). — (*323*) Males, B., u. G. Lolli: Il metabolismo basale del piccione nel beriberi sperimentale. Boll. Soc. Biol. sper. **4**, 1009 (1929). — (*324*) Manville, I. A.: Pathologic changes occuring in white rats raised on diets deficient in vitamin A. Arch. int. Med. **35**, 549 (1925). — (*325*) Marrian, G. F.: The effect of inanition and vitamin B deficiency on the adrenal glands of the pigeon. Biochemic. J. **22**, 836 (1928). — (*326*) Marrian, G. F., u. A. S. Parkes: The effects of inanition and vitamin B deficiency on the testis of the pigeon. J. microsc. Soc. **48**, 257 (1928). — (*327*) Mason, K. E.: Testicular degeneration in albino rats fed a purified food ration. J. of exper. Zool. **45**, 159 (1926). — (*328*) The effect of purified diets, and their modifications, on growth and testicular degeneration in male rats. J. Nutrit. **1**, 311

(1929). — (*329*) The specifity of vitamin E for testis. I. Relation between vitamins A and E. J. of exper. Zool. **55**, 101 (1930). — (*330*) MATTEI, P. DI: Alimentazioni incongrue e vitamine antiscorbutiche. I. Arch. di Fisiol. **25**, 73 (1927). — (*331*) Il glutatione dei tessuti nel beriberi aviario. Biochimica e Per. sper. **15**, 366 (1928). — (*332*) MATTILL, H. A.: The utilization of sugar by rats deprived of vitamine B. J. of Biochem. **55**, 25 (1923). — (*333*) The utilization of carbohydrate by rats deprived of vitamin B. Ebenda **55**, 717 (1923). — (*334*) The effect of fasting and of vitamin B deprivation on the chemical composition of rat's blood. Proc. Soc. exper. Biol. a. Med. **20**, 537 (1923). — (*335*) The realation of vitamins B and E to fertility in the male rat. Amer. J. Physiol. **79**, 305 (1927). — (*336*) MATTILL, H. A., J. S. CARMAN u. M. M. CLAYTON: The nutritive properties of milk. III. The effectiveness of the X substance in preventing sterility in rats on milk rations high in fat. J. of biol. Chem. **61**, 729 (1924). — (*337*) MATTILL, H. A., u. M. M. CLAYTON: The influence of milk rations high and low in fats on the sex glands of male albino rats, with special reference to substance X. Ebenda **63**, 27 (1925). — (*338*) Vitamin E and reproduction on synthetic and milk diets. Ebenda **68**, 665 (1926). — (*339*) MAYNARD, L. A., S. A. GOLDBERG u. R. C. MILLER: The influence of sunlight on the mineral nutrition of swine. Proc. Soc. exper. Biol. a. Med. **22**, 494 (1925). — (*340*) McCANN, G. F., u. M. BARNETT: Experimental rickets in rats. IX. The distribution of phosphorus and calcium between the skeleton and soft parts of rats on rachitic and non-rachitic diets. J. of biol. Chem. **54**, 203 (1922). — (*341*) McCARRISON, R.: The genesis of oedema in beriberi. Proc. roy. Soc., Ser. B **91**, 103 (1920). — (*342*) The relation of faulty nutrition to the development of the epithelioma contagiosum of fowls. Brit. med. J. Nr **3266**, 172 (1923). — (*343*) Pathogenesis of deficiency disease. XII. Concerning the function of the adrenal gland and its relation to concentration of hydrogen-ions. Indian J. med. Res. **10**, 861 (1923). — (*344*) McCAY, C. M., u. V. E. NELSON: Metabolism and vitamin A. J. metabol. Res. **7/8**, 199 (1926). — (*345*) McCLENDON, J. F.: Metabolism of calcium and phosphoric acid on isorachitic diets. J. of biol. Chem. **50**, 11 (1922). — (*346*) Calcium phosphate metabolism showing the prevention of rickets by feeding clear grades of flour. Proc. Soc. exper. Biol. a. Med. **19**, 356 (1922). — (*347*) The diagnostic value of phosphate metabolism in experimental rickets. Ebenda **19**, 412 (1922). — (*348*) Calcium phosphate metabolism in the diagnosis of rickets. Amer. J. Physiol. **61**, 373 (1922). — (*349*) Production of rickets and osteoporosis on diets of purified food substances. Proc. Soc. exper. Biol. a. Med. **21**, 276 (1924). — (*350*) McCLENDON, J. F., W. C. COLE, O. ENGSTRAND u. J. E. MIDDLEKAUF: The effects of malt and maltextracts on scurvey and the alkaline reserve of the blood. J. of biol. Chem. **40**, 243 (1919). — (*351*) McCOLLUM, E. V., u. W. PITZ: The „vitamine" hypothesis and deficiency diseases. Ebenda **31**, 229 (1917). — (*352*) McCOLLUM, E. V., N. SIMMONDS, H. T. PARSONS, P. G. SHIPLEY u. E. A. PARK: Studies on experimental rickets. I. The production of rachitis and similar diseases in the rat by deficient diets. II. The effect of cod liver oil administered to rats with experimental rickets. Ebenda **45**, 333, 343 (1921). — (*353*) McCOLLUM, E. V., N. SIMMONDS, P. G. SHIPLEY u. E. A. PARK: Studies on experimental rickets. VI. The effects on growing rats of diets deficient in calcium. Amer. J. Hyg. **1**, 492 (1921). — (*354*) Studies on experimental rickets. VIII. The production of rickets by diets low in phosphorus and fat soluble A. J. of biol. Chem. **47**, 507 (1921). — (*355*) McCOLLUM, E. V., N. SIMMONDS, M. KINNEY, P. G. SHIPLEY u. E. A. PARK: Studies on experimental rickets. XVII. The effect of diets deficient in calcium and in fat-soluble A in modifying the histological structure of the bones. Amer. J. Hyg. **2**, 97 (1922). — (*356*) McCOLLUM, E. V., N. SIMMONDS, J. E. BECKER u. P. G. SHIPLEY: Studies on experimental rickets. XXI. An experimental demonstration of the existence of a vitamin which promotes calcium deposition. Bull. Hopkins Hosp. **33**, 229 (1922). — (*357*) McCOLLUM, E. V., N. SIMMONDS u. E. BECKER: On a type of ophthalmia caused by unsatisfactory relations in the inorganic portion of the diet. J. of biol. Chem. **53**, 313 (1922). — (*358*) Further studies on the cause of ophthalmia in rats produced with diets containing vitamin A. Ebenda **64**, 161 (1925). — (*359*) MEDES, G.: Germinal epithelium of guinea pigs during early stages of scurvey. Proc. Soc. exper. Biol. a. Med. **23**, 294 (1926). — (*360*) Rats on diets high in phosphorus and low in calcium. Ebenda **23**, 679 (1926). — (*361*) Magnesium metabolism on purified diets. J. of biol. Chem. **68**, 295 (1926). — (*362*) MEDUNA, L. V.: Experimentelle B-Avitaminose des Kaninchens. Arch. f. Psychiatr. **80**, 480 (1927). — (*363*) MELLANBY, E.: Accessory food factors (vitamines) in the feeding of infants. Lancet **198**, 856 (1920). — (*364*) Diet and the teeth: An experimental study. Pt. I. Dental structure in dogs. London: His Majesty's stat. Office 1929. — (*365*) MELLANBY, E., u. H. N. GREEN: Vitamin A as an anti-infective agens. Its use in the treatment of puerperal septicaemia. Brit. med. J. Nr **3569**, 984 (1929). — (*365a*) MELLANBY, M., u. E. M. KILLICK: Calcification in rabbits. J. of Physiol. **61**, 23 (1926). — (*366*) MENDEL, L. B.: The fat-soluble vitamine. N. Y. State J. Med. **20**, 212 (1920). — (*367*) MESSERLE, N.: De l'influence des substances adsorbantes ajoutées à une alimentation unilatérale sur le développement de l'état d'avitaminose. Arch. internat. Physiol. **19**, 103 (1922). — (*368*)

Der Cholesteringehalt der Gewebe von blausäurevergifteten, von beriberikranken und von gesunden Tauben. Z. physiol. Chem. **149**, 103 (1925). — (*369*) Histologische Befunde bei Vogelberiberi und bei Blausäurevergiftung. Virchows Arch. **262**, 305 (1926). — (*370*) Meyerstein, A.: Anatomische Untersuchungen zur Frage der akzessorischen Nährstoffe. Ebenda **239**, 350 (1922). — (*371*) Mills, C. A.: Treatment of diabetes with an acid-alkoholic extract of plant rich in Vitamin B. Amer. J. med. Sci. **175**, 376 (1928). — (*372*) Mima, T.: Über den Einfluß der verschiedenen innersekretorischen Organe auf den Blutzuckerspiegel des B-avitaminösen Hundes. I. Mitt. Einfluß der Schilddrüse und der Thymusdrüse. II.Mitt. Einfluß der Geschlechtsdrüsen. Fol. endocrin. jap. **5**, 3, 8 (1929). — (*373*) Mitchell, H. S., u. F. Johnson: Ultra-violet radiations in conditions of extreme calcium and phosphorus deficiency. Amer. J. Physiol. **72**, 143 (1925). — (*374*) Miyadera, K.: Über die Funktion der Verdauungsdrüsen bei Avitaminosen. Biochem. Z. **124**, 244 (1921). — (*375*) Miyake, E.: Über die Blutgase, besonders über die Beziehung derselben zur inneren Sekretion bei Tieren, die an Vitamin-A- oder B-Mangel leiden. Fol. endocrin. jap. **2**, 23, 593 (1926). — (*376*) Untersuchungen der Gewebsatmung der Organe, besonders der innersekretorischen Organe des mit poliertem Reis gefütterten Tieres. Ebenda **2**, 642 (1926). — (*377*) Monasterio, G.: Il ricambio degli idrati di carbonio e le ossidazioni intraorganiche nelle avitaminosi. Probl. Nutriz. **4**, 1 (1927). — (*378*) Morel, A., G. Mouriquand, P. Michel u. L. Thévenon: Sur l'absence de troubles électifs du métabolisme du calcium osseux dans le scorbut expérimental. C. r. Soc. Biol. **85**, 469 (1921). — (*379*) Morelli, E.: Sulle alterazioni oculari in caviesottoposte a regimi privi del fattore vitaminico C. Pathologica (Genova) **21**, 5 (1929). — (*380*) Morelli, E., V. Gronchi u. A. Bolaffi: Richerche sulla funzionalità surrenale nell'avitaminosi C. Sostanze ad azione lisocitinica nella patogenesi delle emorragie. Sperimentale **82**, 187 (1928). — (*381*) Morgan, A. F., u. D. F. Osburn: The effect of vitamin A deficiency upon the character of nitrogen metabolism. J. of biol. Chem. **66**, 573 (1925). — (*382*) Mori, S.: Primary changes in eyes of rats which result from deficiency of fat-soluble A in diet. J. amer. med. Assoc. **79**, 197 (1922). — (*383*) The changes in the para-ocular glands which follow the administration of diets low in fat-soluble A; with notes of the effect of the same diets on the salivary glands and the mucosa of the larynx and trachea. Bull. Hopkins Hosp. **33**, 357 (1922). — (*384*) The pathological anatomy of ophthalmia produced by diets containing fat-soluble A, but infavourable contens of certain inorganic elements. Amer. J. Hyg. **3**, 99 (1923). — (*385*) Über die parasympathisch erregenden Stoffe in Vitaminextrakten. Arch. f. exper. Path. **106**, 320 (1925). — (*386*) Morinaka, K.: Über die anorganischen Bestandteile des Körpers bei Avitaminose. Biochem. Z. **133**, 63 (1922). — (*387*) Wirkt Vitaminmangel spezifisch oxydationshemmend? Ebenda **135**, 603 (1923). — (*388*) Morselli, G.: L'avitaminosi in rapporto alle intossicazioni. Biochimica e Ter. sper. **11**, 1 (1924). — (*389*) Mottram, J. C., W. Cramer u. A. H. Drew: Vitamins, exposure to radium and intestinal fat absorption. Brit. J. exper. Path. **3**, 179 (1922). — (*390*) Mouriquand, G.: Indications cliniques et diététiques tirées de l'étude expérimentale du scorbut. Arch. internat. Physiol. **18**, 92 (1921). — (*391*) Mouriquand, G., u. P. Michel: Le scorbut expérimental du cobaye est-il dû à la constipation? C. r. Soc. Biol. **83**, 62 (1920). — (*392*) Scorbut et acidose. Ebenda **85**, 867 (1921). — (*393*) Mouriquand, G., P. Michel u. R. Sanyas: Extrait thyroïdien et lésions de carence expérimentale. Ebenda **88**, 214 (1923). — (*394*) Mouriquand, G., u. Leulier: Avitaminose C (avec ou sans tuberculose) et cholestérine du sang et des surrénales. C. r. Acad. Sci. **181**, 434 (1925). — (*395*) Sur la teneur en choléstérine de quelques organes des cobayes soumis au régime scorbutigène. C. r. Soc. Biol. **93**, 1314 (1925). — (*396*) Recherches experimentales sur la biochemie du scorbut. J. Physiol. et Path. gén. **25**, 308 (1927). — (*397*) Mouriquand, G., A. Leulier, M. Bernheim u. J. Schoen: Recherches sur les fixateurs du calcium. Presse méd. **36**, 209 (1928). — (*398*) Mouriquand, G., A. Leulier u. P. Michel: Dosage du phosphore et de la chaux du tissu osseux et des dents des animaux soumis à l'avitaminose C. C. r. Soc. Biol. **92**, 269 (1925). — (*399*) Avitaminose C et glycémie. Ebenda **92**, 271 (1925). — (*400*) Mouriquand, Leulier, Michel u. Idrac: Avitaminose C et cholestérinémie. C. r. Acad. Sci. **180**, 1699 (1925). — (*401*) Mouriquand, G., A. Leulier u. P. Sédallian: Le p_H et la réserve alcaline dans l'avitaminose C. Ebenda **185**, 551 (1927). — (*402*) Mouriquand, G., A. Rochaix u. P. Michel: Carence et infections expérimentales aiguës du cobaye. C. r. Soc. Biol. **89**, 247 (1923). — (*403*) Murata, M.: Beriberiähnliche Krankheit beim Säugetier. (Pathologisch-anatomischer Teil.) Trans. jap. path. Soc. **11**, 1 (1921). — (*404*) Muto, T.: Untersuchungen über die Veränderung der Blutbestandteile bei Avitaminose. Fukuoka-Ikwadaigaku-Zasshi **20**, 1269 (1927).

(*405*) Nagayama, T., H. Machida u. Y. Takeda: Studies in experimental scurvey. II. The carbohydrate metabolism of the animal, fed on a vitamin C free diet. J. of Biochem. **10**, 17 (1928). — (*406*) Nagayama, T., u. T. Munehisa: Studies in experimental scurvey. IV. The calcium and phosphorus metabolism of guinea pigs fed on a vitamin C free diet. Ebenda **11**, 191 (1929). — (*407*) Nagayama, T., u. N. Sato: Studies in experimental scurvey.

III. The nitrogen metabolism of the animal fed on a vitamin C free diet. Ebenda **10**, 27 (1928). — (*408*) NAGAYAMA, T., u. T. TAGAYA: Studies in experimental scurvey. V. The lipoid metabolism of the guinea pigs fed on a vitamin C free diet. Ebenda **11**, 225 (1929). — (*409*) NAKAMOTO, K., u. I. KASAHARA: Beitrag zur Pathologie der Reiskrankheit. Über die Veränderung der Nervenendigung im Herzmuskel bei der Reiskrankheit der Tauben. Trans. jap. path. Soc. **16**, 203 (1928). — (*410*) NASSAU, E., u. M. SCHERZER: Skorbut und Infekt beim Meerschweinchen. Klin. Wschr. **3**, 314 (1924). — (*411*) NELSON, V. E., R. L. JONES, V. G. HELLER, T. B. PARKS u. E. I. FULMER: Diet in relation to reproduction and rearing of Young. I. Observations on the existence of vitamin E. Amer. J. Physiol. **76**, 325 (1926). — (*412*) NEVER, H.: Avitaminose und Verdauungsorgane. Pflügers Arch. **218**, 554 (1928). — (*413*) NEVER, H. E.: Avitaminose und Verdauungsorgane. II. Mitt. Ebenda **224**, 787 (1930). — (*414*) NISHIMURA, S., u. K. NITTA: Über das Knochenwachstum bei B-Avitaminose und besonders den Einfluß der Schilddrüse auf dasselbe. I. Mitt. Über den Einfluß der Fütterung mit kleinen Mengen von Schilddrüsensubstanz auf das Knochenwachstum der B-avitaminösen Ratten. Fol. endocrin. jap. **4**, 83 (1929). — (*415*) NITTA, K.: Studien über den Einfluß der Schilddrüse auf die B-Avitaminose. I. Über den Einfluß der Schilddrüse auf den Fettgehalt einzelner Organe der B-Avitaminose-Ratten und -Kaninchen. Ebenda **3**, 54, 1478 (1928). — (*416*) Studien über den Einfluß der Schilddrüse auf die B-Avitaminose. II. Mitt. Über den Einfluß der Fütterung mit kleinen Mengen von Schilddrüsensubstanzen auf die B-Avitaminose-Ratten. Ebenda **3**, 55, 1544 (1928). — (*417*) Studien über den Einfluß der Fütterung mit Nebenschilddrüse auf die B-Avitaminose. Ebenda **4**, 63 (1928). — (*418*) NITZESCU, I. I., u. I. CADARIU: Le sang chez les pigeons dans l'avitaminose. C. r. Soc. Biol. **89**, 1245 (1923). — (*419*) NOBEL, E.: Über die Beeinflussung des experimentellen Meerschweinchenskorbuts durch die Gravidität. Z. exper. Med. **38**, 528 (1923). — (*420*) NOBEL, E., u. R. WAGNER: Beeinflussung von experimentellem Skorbut durch Schilddrüsenfütterung. Ebenda **38**, 181 (1923). — (*421*) NOVARO, P.: Richerche calorimetriche comparative sul digiuno e sull'avitaminosi. Pathologica **12**, 87 (1920). — (*422*) Richerche calorimetriche comparative sul digiuno e sull'avitaminosi. Ebenda **12**, 133 (1920). — (*423*) Richerche calorimetriche sul digiuno e sull'avitaminosi. III. Della convalescenza dal digiuno e della avitaminosi. Ebenda **12**, 183 (1920).

(*424*) OMURA, S.: Über den Einfluß der Geschlechtsorgane bei den B-Avitaminosen auf den Fettstoffwechsel. Fol. endocrin. jap. **4**, 32 (1928). — (*425*) Der Einfluß von Insulin bei den B-Avitaminosen auf den Fettstoffwechsel. Ebenda **4**, 97 (1929). — (*426*) ONOHARA, K.: Über den Einfluß der Insulinbehandlung auf den Fettgehalt des Körpers bei avitaminösen Ratten und verschiedenen Ernährungsbedingungen. Biochem. Z. **163**, 51 (1925). — (*427*) Untersuchungen über den Einfluß des Insulins auf den Blutfettgehalt bei der Avitaminose des Hundes. Ebenda **163**, 67 (1925). — (*428*) ORR, J. B., H. E. MAGEE u. J. M. HENDERSON: The effect of irradiation with the carbon arc on pigs on a diet high in phosphorus and low in calcium. J. of Physiol. **59**, 25 (1924). — (*429*) OSTERTAG, B., u. K. MÜLLER: Eine Spontanavitaminose des jungen Hundes. Z. Inf.krkh. Haustiere **34**, 74 (1928). — (*430*) OZAWA, S., K. KUMURE, O. TAMURA und S. TANIGUCHI: Einige biologische Untersuchungen über experimentelle Avitaminosen. Trans. jap. path. Soc. **11**, 19 (1921).

(*431*) PALLADIN, A.: Zur Biochemie des experimentellen Skorbuts. Wratschebnoje Djelo **6**, Nr 24/25 (1922). — (*432*) Beiträge zur Biochemie der Avitaminosen. I. Kohlehydratstoffwechsel bei experimentellem Skorbut. Biochem. Z. **152**, 228 (1924). — (*433*) Beiträge zur Biochemie der Avitaminosen. II. PALLADIN, A., u. A. KUDRJAWZEWA: Stickstoffwechsel (insbesondere Kreatinstoffwechsel) bei experimentellem Skorbut. Ebenda **152**, 373 (1924). — (*434*) Beiträge zur Biochemie der Avitaminosen. III. NORMAK, P.: Blutfermente bei experimentellem Skorbut. Ebenda **152**, 420 (1924). — (*435*) Beiträge zur Biochemie der Avitaminosen. IV. PALLADIN, A., u. E. SSAWRON: Kalkausscheidung und Blutkalk beim experimentellen Skorbut. Ebenda **153**, 86 (1924). — (*436*) Beiträge zur Biochemie der Avitaminosen. V. KUDRJAWZEWA, A.: Untersuchungen über den Stoffwechsel bei avitaminös ernährten Kaninchen. Ebenda **154**, 104 (1924). — (*437*) Avitaminose und Stoffwechsel. Physiologenkongreß Stockholm **1926**, 123 (1926). — (*438*) PALLADIN, A., u. A. KUDRJOWZEFF: Zur Biochemie des experimentellen Skorbuts. Wratschebnoje Djelo **6**, 63 (1923). — (*439*) PALLADIN, A., u. E. SSAWRON: Beiträge zur Biochemie der Avitaminosen. XI. Über den Einfluß des Skorbuts und des Hungerns auf die chemische Zusammensetzung, insbesondere auf den Kreatingehalt des Gehirns. Biochem. Z. **200**, 244 (1928). — (*440*) PALLADIN, A., u. A. UTEWSKI: Beiträge zur Biochemie der Avitaminosen. IX. Über den Einfluß des Charakters der Nahrung auf die Blutzuckerkurve bei experimentellem Skorbut und auf die Empfindlichkeit der Meerschweinchen gegen Insulin. Ebenda **199**, 377 (1928). — (*441*) Beiträge zur Biochemie der Avitaminosen. X. Acetaldehydbildung im Muskelgewebe von normalen, avitaminösen und hungernden Tauben. Ebenda **200**, 108 (1928). — (*442*) PALLADIN, A., A. UTEWSKI u. D. FERDMANN: Beiträge zur Biochemie der Avitaminosen. VIII. Über den Einfluß der Avitaminose normaler und thyreoidektomierter Kaninchen auf die Stickstoff-, Kreatinin- und Kreatinausscheidung und auf den Blutzucker. (Ein Beitrag zur Frage über den Zusammenhang zwischen Inkretion und Vitaminen.) Ebenda **198**, 402 (1928). — (*443*) PAPPENHEIMER, A. M.: Experimental rickets in rats. VI. The anatomical changes which accompany healing of experimental rat rickets, under the influence of cod liver oil or its active derivatives. J. of exper. Med. **36**, 335 (1922). — (*444*) A note on the prevention of experimental low-phosphorus rickets in rats by the subcutaneous admini-stration of potassium phosphate. Proc. Soc. exper. Biol. a. Med. **21**, 504 (1924). — (*445*) PAPPENHEIMER, A. M., G. F. McCANN u. T. F. ZUCKER: Experimental rickets in rats. IV. The effect of varying the inorganic constituents of a rickets-producing diet. J. of exper. Med. **35**, 421 (1922). — (*446*) Experimental rickets in rat. V. The effect of varying the organic constituents of a rickets-producing diet. Ebenda **35**, 447 (1922). — (*447*) PARK, E. A., R. A. GUY u. G. F. POWERS: A proof of the regulatory influence of cod liver oil on calcium and phosphorus metabolism. Amer. J. Dis. Childr. **26**, 103 (1923). — (*448*) PARK, E. A., P. G. SHIPLEY, E. V. McCOLLUM u. N. SIMMONDS: The effect of diets very high in phos-phorus and very low in calcium on the development of the bones in young rats. J. of biol. Chem. **50**, 7 (1922). — (*449*) Is there more than one kind of rickets? Proc. Soc. exper. Biol. a. Med. **19**, 149 (1922). — (*450*) PARKES, A. S., u. J. C. DRUMMOND: The effect of vitamin B deficiency on reproduktion. Proc. roy. Soc., Ser. B **98**, 147 (1925). — (*451*) The effects of fat-soluble vitamin A deficiency on reproduction in the rat. Brit. J. exper. Biol. **3**, 251 (1926). — (*452*) PARRINO, G., u. P. LEPANTO: I poteri immunitari nell'avitaminosi e nel digiuno. Boll. Ist. sieroter. milan. **4**, 319 (1925). — (*453*) PATON, D. N., u. A. WATSON: The aetiology of rickets: An experimental investigation. Brit. J. exper. Path. **2**, 75 (1921). — (*454*) The aetiology of rickets: An experimental investigation. II. Ebenda **4**, 177 (1923). — (*455*) PAZZINI, A.: Contributo alla conoscenza delle alterazioni funzionali del sistema nervoso nel beri-beri sperimentale dei colombi. Arch. di Fisiol. **21**, 351 (1923). — (*456*) PEOLA, F., u. G. GUASSARDO: Richerche sperimentali sull'assorbimento del calcio e del fosforo nel rachitismo sperimentale. Riv. Clin. pediatr. **28**, 583 (1930). — (*457*) PIERCE, H. B., H. S. OSGOOD u. J. B. POLANSKY: Absorption of glucose from alimentary tract of rats deprived of vitamin B complex. Proc. Soc. exper. Biol. a. Med. **26**, 347 (1929). — (*458*) PITZ, W.: Studies on experimental scurvey. II. The influence of grains, other than oats, and specific carbohydrates on the development of scurvey. J. of biol. Chem. **33**, 471 (1918). — (*459*) Studies on experimental scurvey. III. The influence of meat and various salts upon the development of scurvey. Ebenda **36**, 439 (1918). — (*460*) PLAUT, A.: Einige Be-funde bei Avitaminoseversuchen. Z. exper. Med. **32**, 300 (1923). — (*461*) POPOWA, D.: Über die Bedeutung des Ca für die Ernährung und einige biologische Prozesse des tierischen Organismus. Z. Kinderheilk. **45**, 242 (1928). — (*462*) PORTIER, P.: Modifications du testicule des oiseaux sous l'influence de la carence. C. r. Acad. Sci. **170**, 755 (1920). — (*463*) Régéné-ration du testicule chez le pigeon carencé. Ebenda **170**, 1339 (1920). — (*464*) PUGLIESE, A.: Nuovi contributi alla conoscenza delle avitaminosi. I. L'iperglicemia è un fenomeno costante nelle avitaminosi? Arch. di Sci. biol. **11**, 182 (1928). — (*465*) Nuovi contributi alla cono-scenza delle avitaminosi. II. Il contenuto in fosforo inorganico (A), in lattacidogeno ed in glicogene dei muscoli pettorali dei colombi normali, a digiuno ed in avitaminosi. Ebenda **12**, 251 (1928). — (*466*) Nuovi contributi alla conoscenza delle avitaminosi. III. Il con-tenuto in acido lattico del sangue e dei muscoli pettorali dei colombi normali a digiuno ed in avitaminosi. Arch. Farmacol. sper. **49**, 91 (1930).

(*467*) RACCHIUSA, S.: Contributo allo studio delle alimentazioni incomplete. 2. Richerche analitiche riguardanti il residuo secco e varie frazioni azotate del sangue di colombi alimen-tati con riso brillato di colombi digiuni. Ann. di Clin. med. **11**, 271 (1921). — (*468*) RAMOINO, P.: Contribution à l'étude des alimentations incomplètes. Recherches sur l'échange gazeux dans les alimentations avec du riz. Arch. ital. de Biol. **65**, 1 (1916). — (*469*) RANDOIN, L.: Influence comparée des lipides et des glucides du régime sur l'évolution de l'avitaminose B. C. r. Acad. Sci. **186**, 1438 (1928). — (*470*) RANDOIN, L., u. R. FABRE: Recherches comparatives sur la teneur en glutathion de quelques tissus et du sang, chez le pigeon normal, chez le pigeon sous-alimenté et chez le pigeon privé de vitamines B. Ebenda **185**, 151 (1927). — (*471*) Glutathion et avitaminose B chez le pigeon. Bull. Soc. Chim. biol. **9**, 1027 (1927). — (*472*) RANDOIN, L., u. R. LECOQ: L-évolution de l'avitaminose B dans ses rapports avec la constitution des glucides du régime. C. r. Acad. Sci. **184**, 1347—1349 (1927). — (*473*) Influence des ferments amylolytiques sur l'évolution de l'avitaminose B provoquée au moyen de régimes riches en amidon. J. Pharmacie **6**, 340 (1927). — (*474*) RANDOIN, L., u. E. LELESZ: Variations comparatives de la glycémie artérielle (effective et protéidique) et de la teneur du fois en glycogène chez le pigeon normal et chez le pigeon soumis à un régime déséquilibré par manque de facteur hydro-soluble B. C. r. Acad. Sci. **180**, 1366 (1925). — (*475*) Avitaminose B, glycémie et réserves glycogéniques. Bull. Soc. Chim. biol. **8**, 15 (1926). — (*476*) RANDOIN, L., u. A. MICHAUX: Variations du taux de l'urée dans le sang du cobaye sous l'influence d'un régime déséquilibré par manque de facteur antiscorbutique. C. r. Acad. Sci. **180**, 1063 (1925). — (*477*) Réserves glycogéniques et glycémie artérielle (effective et protéidique) au cours du scorbut expérimental. Ebenda **181**, 1179 (1925). — (*478*) Variations de la teneur en fer du foie, de la rate et du sang, sous l'influence d'un régime déséquilibré par absence complète de vitamine antiscorbutique. Ebenda **185**, 365 (1927). — (*479*) Variations comparatives de la teneur du foie et de la rate en eau, acides gras et cholesterol, chez le cobaye normal et chez le cobaye soumis à un régime privé de vitamine antiscorbutique. Ebenda **187**, 146 (1928). — (*480*) Sur la teneur des reins en eau, acides gras et choléstérol, chez le cobaye normal et chez le cobaye soumis à un régime scorbutigène. C. r. Soc. Biol. **99**, 584 (1928). — (*481*) Variations comparatives de la teneur du sang en calcium et en fibrinogène chez le cobaye normal et chez le cobaye soumis à un régime privé de vitamine antiscorbutique. Ebenda **100**, 11 (1929). — (*482*) RANDOIN, L., u. H. SIMMONET: Influence de la nature et de la quantité des glucides présents dans une ration privée de facteur B sur la précocité de l'apparition des accidents de la polynévrite aviaire. C. r. Acad. Sci. **177**, 903 (1923). — (*483*) Équilibre alimentaire, isodynamie et substances élémentaires fondamentales. Bull. Soc. Chim. biol. **6**, 601 (1924). — (*484*) Croissance et entretien du rat soumis à un régime artificiel privé à la fois de facteur B et des glucides. C. r. Acad. Sci. **179**, 1219 (1924). — (*485*) Sur l'équilibre alimentaire. Entretien du pigeon au moyen d'un régime totalement privé de facteur hydro-soluble B. Ebenda **179**, 700 (1924). — (*486*) Hormones et vitamines. A propos d'une nouvelle dénomination des vitamines. Bull. Soc. Chim. biol. **10**, 745 (1928). — (*487*) READER, V., u. J. C. DRUMMOND: Relation between vitamin B and protein in the diet of growing rats. Physiol. rôle of vitamin B. II. Biochemic. J. **20**, 1256 (1926). — (*488*) REDENBAUGH, H. E.: Blood sugar changes in avian polyneuritis. Proc. Soc. exper. Biol. a. Med. **24**, 842 (1927). — (*489*) REDMAN, TH., ST. G. WILLIMOTT u. F. WOKES: The p_H of the gastro-intestinal tract of certain rodents used in feeding exper., and its possible signifiance in rickets. Biochemic. J. **21**, 589 (1927). — (*490*) REITANO, R., u. G. SANFILIPPO: Sul comportamento delle ghiandole surrenali e del testicolo nei colombi a regime di riso brillato entegrato e da semi di girasole. Boll. Soc. Biol. sper. **4**, 515 (1929). — (*491*) RÉMOND, A. L., C. SOULA u. G. CAUQUIL: Rate et rachitisme. Bull. Acad. Méd. **100**, 825 (1928). — (*492*) RIQUIER, G. C.: Sur le béribéri expérimental des pigeons avec référence particulière à l'anatomie pathologique. Revue neur. **2**, 13 (1923). — (*493*) ROBISON, R., u. K. M. SOAMES: A chemical study of defective ossification in rachitic animals. Biochemic. J. **19**, 153 (1925). — (*494*) ROCHE, J.: La respiration des tissus dans l'avitaminose et l'inanition. C. r. Acad. Sci. **180**, 467 (1925). — (*495*) La respiration des tissus. II. Avitaminose et inanition. Arch. internat. Physiol. **24**, 413 (1925). — (*496*) Des variations du rapport C/N urinaire du rat au cours de l'inanition et de la carence en facteur B. Différenciation de la mort par inanition et de la mort avitaminose B. C. r. Soc. Biol. **99**, 671 (1928). — (*497*) Du rôle des l'inanition dans la mort par carence en facteur B. Remarques sur les variations du rapport C/N urinaire au cours de l'avitaminose B chez le rat. Ebenda **100**, 849 (1929). — (*498*) ROELLI, P.: Die Aktivierung der Invitroatmung durch Muskelkochsaft, untersucht an verschiedenen Gewebearten von gesunden Tauben, Beriberitauben und Hungertauben. Z. physiol. Chem. **129**, 284 (1923). — (*499*) ROHR, K.: Vergleichende Untersuchungen über die Atmungsgröße verschiedener Gewebearten und ihren Gehalt an Vitaminfaktor B. Ebenda **129**, 248 (1923). — (*500*) ROMINGER, E.: Rachitis und innere Sekretion. Gelingt es mit Hilfe des ABDERHALDENschen Dialysierverfahrens, eine Störung innersekretorischer Drüsen bei der Rachitis nachzuweisen? Z. Kinderheilk. **11**, 387 (1914). — (*501*) ROSE, W. B.: Relation of vitamin „B" to infection and immunity with special reference to bacillus Welchii. Proc. Soc. exper. Biol. a. Med. **25**, 657 (1928). — (*502*) ROSE, W. B., u. C. J. STUCKY: Anhydremia in rats suffering from lack of what has been called vitamin B. Ebenda **25**, 687 (1928). — (*503*) Studies in the physiology of vitamins. VIII. The effect of parathormone on normal and vitamin B-deficient rats. Amer. J. Physiol. **91**, 513 (1930). — (*504*) ROSE, W. B., CH. J. STUCKY u. G. R. COWGILL: Studies in the physiology of vitamins. X. Further contributions to the study of gastric motility in vitamin B deficiency. Ebenda **91**, 531 (1930). — (*505*) Studies in the physiology of vitamins. XI. The effect of insulin on gastric atonity in vitamin B deficiency. Ebenda **91**, 547 (1930). — (*506*) Studies in the physiology of vitamins. XII. The effect of parathormone on gastric motility in vitamin B-deficient and normal dogs. Ebenda **91**, 554 (1930). — (*507*) Studies in the physiology of vitamins. XIII. The relation of gastric motility to anhydremia in vitamin B-deficient dogs. Ebenda **92**, 83 (1930). — (*508*) ROSE, W. B., CH. J. STUCKY u. L. B. MENDEL: Studies in the physiology of vitamins. IX. Hemoglobin, sugar and chloride changes in the blood of vitamin B-deficient rats. Ebenda **91**, 520 (1930). — (*509*) ROSENWALD, L.: Vermehrte Milchsäureausscheidung durch den Harn bei der Avitaminose als Beweis für die Störung des Kohlehydratstoffwechsels usw. Biochem. Z. **168**, 324 (1926). — (*510*) ROST, F.: Fettgehalt von kastrierten Tieren bei vitaminfreier Kost. Bruns' Beitr. **138**, 647 (1927). — (*511*) ROTHLIN, E.: Untersuchungen über den Gehalt an diastatischem Ferment des Pankreas bei Beriberitauben. Z. physiol. Chem. **121**, 300 (1922). —

(512) Rowlands, M. J., u. E. Browning: The relation of deficiency of vitamin B to atony of the stomach. Lancet 214, 180 (1928). — (513) Rubino, P., u. J. A. Collazo: Untersuchungen über den intermediären Kohlehydratstoffwechsel bei Avitaminose. I. Glykogenbildung und -umsatz bei der Avitaminose. Biochem. Z. 140, 258 (1923).

(514) Saiki, T.: Disposition und Ernährung. Dtsch. med. Wschr. 1927, 53, 517. — (315) Sartori, C.: Sopra alcune modificazioni del sangue negli animali digiunanti, a dieta avitaminata ed a dieta ridotta. Richerche sperim. Pathologica 20, 288 (1928). — (516) Satwornitzkaja, S. A., u. W. S. Simnitzky: Experimentell-morphologische Studie über die Veränderungen im Hirnanhang bei Avitaminose B. Virchows Arch. 269, 54 (1928). — (517) Sawanishi, K.: An analysis of the iron content of the organs of pigeons suffering from avitaminosis. Orient. J. Dis. Infants 3, 44 (1928). — (518) Scheer, K.: Über Beziehungen zwischen Vitaminen und Hormonen. Z. Kinderheilk. 39, 166 (1925). — (519) Schepilewskaja, N., u. N. Jarussova: Zur Frage nach dem experimentellen Skorbut der Meerschweinchen. Biochem. Z. 167, 245 (1926). — (520) Scheunert, A., u. Fr. W. Krzywanek: Die Milz als Blutkörperchenreservoir. Methodische Bemerkungen zur Frage des Zusammenhanges von Blutbeschaffenheit und Konstitution. Z. Tierzüchtg 9, 113 (1927). — (521) Schimizu, K.: Experimentelle Untersuchungen über die Kohlenstoffausscheidung durch den Harn in der Norm, bei der Avitaminose, der Unterernährung und dem Hunger. Zugleich ein Beitrag zur Energetik im menschlichen und tierischen Körper. Biochem. Z. 153, 424 (1924). — (522) Schmidt, B.: Mikroskopische Veränderungen der endokrinen Drüsen bei experimentellem Skorbut (C-Avitaminose) der Meerschweinchen. Med.-biol. Ž. 1925, 40, 45 (1925). — (523) Schmitz, E., u. T. Hiraoka: Über den Phosphatidstoffwechsel bei der B-Avitaminose der Tauben. Biochem. Z. 193, 1 (1928). — (524) Schmitz, E., u. H. J. Pollack: B-Avitaminose und Nebenniere. II. Über das Verhalten von B-avitaminösen Tauben gegen Adrenalin und Cholin. Ebenda 195, 428 (1928). — (525) Schmitz, E., u. M. Reiss: B-Avitaminose und Nebenniere. Ebenda 183, 328 (1927). — (526) Schnyder, K.: Pathologisch-anatomische Untersuchungen bei experimenteller Beriberi. Arch. Verdgskrkh. 20, 147 (1914). — (527) Schoubye, N.: Studies on the hydrogen ion concentration in the different regions of the intestinal canal in animals on a normal diet and on a diet containing no vitamin B. Acta med. scand. Suppl.-Bd 26, 537 (1928). — (528) Schultz, O.: Experimentelle Rachitis bei Ratten. V. Über chemische Versuchskontrollen. Arch. Tierheilk. 59, 408 (1929). — (529) Schultzer, P.: Le métabolisme du phosphore et du calcium chez je jeunes rats soumis au régime rachitigène riche en calcium, sous l'influence des rayons ultraviolets, de l'huile de foie de morue et des phosphates. C. r. Soc. Biol. 93, 1005 (1925). — (530) Le calcium et le phosphore minéral du sérum des rats rachitiques sous l'influence de différents traitements. Ebenda 93, 1005 (1925). — (531) Studien über P- und Ca-Stoffwechsel bei mangelhaften Kostformen. I. Die Einwirkung ultravioletten Lichtes. Biochem. Z. 188, 409 (1927). — (532) Studien über P- und Ca-Stoffwechsel bei mangelhaften Kostformen. II. Die Einwirkung von Lebertran. Ebenda 188, 427 (1927). — (533) Studien über P- und Ca-Stoffwechsel bei mangelhaften Kostformen. III. Veränderung des P- und Ca-Gehaltes der Kost. Ebenda 188, 435 (1927). — (534) Studies on phosphorus and calcium metabolism. Acta med. scand. Suppl.-Bd. 26, 560 (1928). — (535) Seel, H.: Über den Einfluß der Vitasterine A und D auf den resp. Grundumsatz bei Ratten. Arch. f. exper. Path. 128, 102 (1928). — (536) Über die Wirkung des weißen Phosphors und des Vitasterins D (Vigantol) auf den respiratorischen Ruheumsatz bei rachitischen jungen Ratten. Naunyn-Schmiedebergs Arch. 140, 194 (1929). — (537) Setti, C.: Avitaminose e virulentazione in vivo. Biochimica e Ter. sper. 14, 137 (1927). — (538) Sherif, S., u. H. Baum: Avitaminöse Krankheitsbilder und Thrombocyten mit Berücksichtigung des roten Blutbildes. Arch. Kinderheilk. 80, 269 (1927). — (539) Sherman, H. C., u. F. L. McLeod: Relation of vitamin A to growth, reproduction and longevity. Proc. Soc. exper. Biol. a. Med. 22, 75 (1924). — (540) Sherman, H. C., u. M. P. Burtis: Vitamin A in relation to growth and to subsequent susceptibility to infection. Ebenda 25, 649 (1928). — (541) Shinoda, G.: Stoffwechseluntersuchungen bei Avitaminose. Pflügers Arch. 203, 365 (1924). — (542) Studien über intermediären Kohlehydratumsatz im Hunger und Avitaminose. Biochem. Z. 149, 1 (1924). — (543) Shinza, R.: Über die durch Kaliumentziehung aus dem Körper entstandene Polyneuritis der Säugetiere und Vögel. Günstige Wirkung der Kaliumsalze gegen menschliche Beriberi. II. Sci. Rep. Gov. Inst. inf. Dis. 2, 513 (1923). — (544) Potassium deficiency in animals and birds causing a pathological condition like beri-beri, and the therapeutic effect of potassium salts on the patients of beri-beri. III. Ebenda 5, 591 (1927). — (545) Shipley, P. G., E. A. Park, E. V. McCollum u. N. Simmonds: Studies on experimental rickets. III. A pathological condition bearing fundamental resemblances to rickets of the human being resulting from diets low in phosphorus and fatsoluble A. Bull. Hopkins Hosp. 32, 160 (1921). — (546) Shipley, P. G., E. A. Park, E. V. McCollum, N. Simmonds u. E. M. Kinney: Studies on experimental rickets. XX. The effects of strontium administration on the histological structure of the growing bones. Ebenda

33, 216 (1922). — *(547)* SHIPLEY, P. G., E. A. PARK, G. F. POWERS, E. V. McCOLLUM u. N. SIMMONDS: II. The prevention of the development of rickets in rats by sunlight. Proc. Soc. exper. Biol. a. Med. **19**, 43 (1921). — *(548)* SHIPP, H. L., u. S. S. ZILVA: Metabolism in scurvy. I. The lactic excretion of scorbutic guinea-pigs. Biochemic. J. **22**, 408 (1928). — *(549)* Metabolism in scurvy. II. The nitrogen absorption and retention of guinea pigs. Ebenda **22**, 1449 (1928). — *(550)* SHIZUAKI, T.: Über den Gehalt des Muskels und Blutes an Fett und Lipoiden bei mit poliertem Reis gefütterten und bei unterernährten Hühnern. Acta Scholae med. Kioto **6**, 461 (1924). — *(551)* SHOL, A. T., u. H. B. BENNETT: Rickets in rats. III. Metabolism of calcium and phosphorus of rats on restricted food intakes. J. of biol. Chem. **74**, 247 (1927). — *(552)* Rickets in Dogs. Metabolism of calcium and Phosphorus. Ebenda **76**, 633 (1928). — *(553)* SHOL, A. T., H. B. BENNETT u. K. L. WEED: Rickets in rats. IV. The effect of varying the acid-base content of the diet. Ebenda **78**, 181 (1928). — *(554)* Rickets in rats. V. Comparison of effects of irradiated ergosterol and cod liver oil. Proc. Soc. exper. Biol. a. Med. **25**, 551 (1928). — *(555)* Rickets in rats. VI. Effect of phosphate added to the diet of non ricketic rats. Ebenda **25**, 669 (1928). — *(556)* SIMMONDS, N., J. E. BECKER u. E. V. McCOLLUM: The relation of vitamin E to iron assimilation. J. of biol. Chem. **74**, 58—69 (1927). — *(557)* The relation of vitamin E to iron assimilation. J. amer. med. Assoc. **88**, 1047 (1927). — *(558)* SIMONNET, H.: Alimentation artificielle chez le pigeon. Régime complet d'équilibre nutritif carencé en facteur B. Bull. Soc. Chim. biol. **3**, Nr 10 (1921). — *(559)* Influence de la carence en facteur lipo-soluble sur les fonctions de reproduction. Ann. de Physiol. **1**, 332 (1925). — *(560)* SJOLLEMA, B.: Studies in inorganic metabolism. I. The influence of cod liver oil upon calcium and phophorus metabolism. J. of biol. Chem. **57**, 255 (1923). — *(561)* SKAAR, T., u. K. HÄUPL: Zur Kenntnis der experimentellen Rachitis. Virchows Arch. **271**, 100 (1929). — *(562)* SKARZYNSKA-GUTOWSKA, M.: Action physiologique de la vitamine B. Phénomènes de sécrétion de quelques glandes. C. r. Soc. Biol. **99**, 1168 (1928). — *(563)* SMITH, E. A.: Gastric motility in vitamin B deficiency in the dog. Amer. J. Physiol. **80**, 485 (1927). — *(564)* SMITH, A. H., u. W. E. ANDERSON: Postscorbutic nutrition in the guinea pig. J. of biol. Chem. **59**, 8 (1924). — *(565)* SMITH, G. H., u. I. M. WASON: Serological factors of natural resistance in animals on a deficient diet. J. of Immun. **8**, 195 (1923). — *(566)* SOLDANI, S.: Richerche sul sangue nelle avitaminosi sperimentali. Clin. vet. **52**, 80 (1929). — *(567)* SOUBA, A. J.: Influence of the antineuritic vitamin upon the internal organs of single comb white leghorn cockerels. Amer. J. Physiol. **64**, 181 (1923). — *(568)* SPADOLINI, I.: Avitaminosi e lesioni sperimentali dei nervi mesenterici. Arch. di Fisiol. **20**, 159 (1922). — *(569)* SPADOLINI, I., u. G. DOMINI: Precoci alterazioni della permeabilità intestinale in avitaminosi a lento decorso. Scorbuto attenuato della cavia. Boll. Soc. Biol. sper. **3**, 771 (1928). — *(570)* STAMMERS, A. D.: Some observations on certain pathological changes resulting from inanition. Trans. roy. Soc. S. Africa **13**, 341 (1926). — *(571)* STATSMANN, L.: Zur chemischen Zusammensetzung skorbutischer Knochen. Biochem. Z. **217**, 395 (1930). — *(572)* STEENBOCK, H., E. B. HART u. J. H. JONES: Fat-soluble vitamins. XVIII. Sunlight in its relation to pork production on certain restricted rations. J. of biol. Chem. **61**, 775 (1924). — *(573)* STEENBOCK, H., E. B. HART, J. H. JONES u. A. BLACK: Fat-soluble vitamins. XIV. The inorganic phosphorus and calcium of the blood used as criteria in the demonstration of the existence of a specific antirachitic vitamin. Ebenda **58**, 59 (1923). — *(574)* STEPHENSON, M., u. A. B. CLARK: A contribution to the study of keratomalacia among rats. Biochemic. J. **14**, 502 (1920). — *(575)* STEPP, W.: Einseitige Ernährung und ihre Bedeutung für die Pathologie. Erg. inn. Med. **15**, 257 (1917). — *(576)* Über gleichzeitige experimentelle Erzeugung schwerer Xerophthalmie und Rachitis bei jungen Ratten. Ein einfaches Verfahren für Demonstrationszwecke. Erg. Physiol. **24**, 67 (1925). — *(577)* Die experimentellen Grundlagen der Vitaminlehre. In STEPP u. GYÖRGY: Avitaminosen und verwandte Krankheitszustände. Berlin: Julius Springer 1927. — *(578)* STEPP, W., u. J. S. FRIEDENWALD: Zur Frage der experimentellen Erzeugung von Schichtstar bei jungen Ratten durch Vitaminmangel der Nahrung. Klin. Wschr. **3**, 2325 (1924). — *(579)* STEPP. W., u. P. GYÖRGY: Avitaminosen und verwandte Krankheitszustände. Berlin: Julius Springer 1927. — *(580)* STINER, O.: Die Veränderungen der Knochen beim chronischen Skorbut der Meerschweinchen. Mitt. Lebensmittelunters. **19**, 75 (1928). — *(581)* STOELZNER, W.: Kalkstoffwechselversuch und Rachitis. Mschr. Kinderheilk. **22**, 236 (1921). — *(582)* STORM VAN LEEUWEN, W. u. F. VERZÁR: Über die Empfindlichkeit für Gifte bei Tieren, die an Avitaminosen leiden. Versl. Akad. Wetensch. Amsterd., Wis- en natuurkd. Afd. **29**, 654 (1921). — *(583)* The sensitiveness to poisons in avitaminous animals. J. of Pharmacol. **18**, 293 (1921). — *(584)* STUCKY, CH. J., u. W. ROSE: Studies in the physiology of vitamins. VII. Hemoglobin, solids, sugar and chloride changes in the blood od vitamin B deficient dogs. Amer. J. Physiol. **89**, 1 (1929). — *(585)* SUDA, G.: Kann die avitaminöse Wachstumshemmung durch anorganische Substanzen kompensiert werden? Biochem. Z. **138**, 269 (1923). — *(586)* SUGIMOTO, K., Y. YASUDA u. S. KAKEGAWA: On the variations of several substances in the diff. organs and blood of fowls kept on polished rice. Trans. of the 6. congr. of the Far Eastern assoc. of trop. med., Tokyo 1, 279 (1926). — *(587)* Sunzeri, G.: Gli enzimi pancreatici ed enterici nello scorbuto sperimentale. Probl. Nutriz. 3, 28 (1926). — *(588)* Sure, B.: The rôle of vitamin E in lactation. J. of biol. Chem. 67, 49 (1926). — *(589)* Dietary requirements for fertility and lactation: A dietary sterility associated with vitamin A deficiency. J. agricult. Res. 37, 87 (1928). — *(590)* Sure, B., u. M. C. Kik: Vitamin requirements of nursing young. VIII. Effect of vitamin B deficiency on alkaline reserve of blood of nursing young of albino rat. Proc. Soc. exper. Biol. a. Med. 27, 860 (1930). — *(591)* Sure, B., M. C. Kik u. M. E. Smith: Further studies on the biochemistry of avitaminosis. J. of biol. Chem. 87, 42 (1930). — *(592)* Sure, B., M. C. Kik u. D. J. Walker: Vitamin requirements of nursing young. IV. A quantitative biological method for the study of vitamin B requirements of nursing young. Marked anhydremia associated with marked disturbance in hematopoietic function of nursing young suffering from vitamin B deficiency. Ebenda 78, 18 (1928). — *(893)* The effect of avitaminosis on hematopoietic function. I. Vitamin A deficiency. Ebenda 83, 375 (1929). — *(594)* The effect of avitaminosis on the hematopoietic function. II. Vitamin B deficiency. Ebenda 83, 387 (1929). — *(595)* The effect of avitaminosis on hematopoietic function. III. Vitamin E deficiency. Ebenda 83, 401 (1929). — *(596)* Sure, B., u. M. E. Smith: Effect of vitamin deficiencies on carbohydrate metabolism. I. Hypoglycemia associated with anhydremia and disturbance in hämatopoietic function in nursing young of the albino rat suffering from uncomplicated vitamin B deficiency. Ebenda 82, 307 (1929). — *(597)* The effect of vitamin deficiencies on carbohydrate metabolism. II. True blood sugar and alkaline reserve in uncomplicated vitamin B deficiency of growing and adult albino rats. Amer. J. Physiol. 90, 535 (1929). — *(598)* The effect of vitamin deficiencies on carbohydrate metabolism. III. The influence of uncomplicated vitamin B deficiency on concentration of true sugar, reducing non sugar, and alkaline reserve in the blood of the albino rat. J. of biol. Chem. 84, 727 (1929). — *(599)* Vitamin requirements of nursing young. IX. Effect of vitamin B deficiency on glykogen content of liver of nursing young of albino rat. Proc. Soc. exper. Biol. a. Med. 27, 861 (1930). — *(600)* Suski, P.: Beschleunigt Salzzufuhr bei avitaminösen Tieren den Ausbruch nervöser Störungen? Biochem. Z. 139, 253 (1923). — *(601)* Suski, P. M.: Über den Einfluß der Verfütterung verschiedener aktiver Eisenverbindungen auf den Verlauf der Avitaminose bei Reistauben. Ebenda 188, 459 (1927). — *(602)* Suzaki, R.: Experimental study of the changes in the female genitals caused by diet and its influence upon fertility. I. Experiment of feeding mice with excess ration of vitamin A. Kinki Fujinkwa Gakkwai Zasshi 9, 25 (1926). — *(603)* Suzuki, U., W. Nakahara u. N. Hashimoto: The sterility of white rats maintained on certain synthetic diets. Jap. med. World 8, 31 (1928). — *(604)* Sweet, G. B.: The etiology of rickets. Brit. med. J. Nr 3182, 1067 (1921). — *(605)* Szily, A. von, u. A. Eckstein: Vitaminmangel und Schichtstargenese. Katarakte als eine Erscheinungsform der Avitaminose mit Störung des Kalkstoffwechsels bei säugenden Ratten, hervorgerufen durch qualitative Unterernährung der Muttertiere. Klin. Mbl. Augenheilk. 71, 545 (1923). — *(606)* Neuer Beitrag zur Frage der experimentellen Starerzeugung bei jungen Ratten durch Vitaminmangel der Nahrung. Klin. Wschr. 4, 919 (1925).

(607) Takahira, H., u. E. Ishibashi: Metabolism of fowls kept on normal food, fasting, polished rice and vitamin-B deficient food. Trans. of the 6. congr. of the Far Eastern assoc. of trop. med., Tokyo 1, 239 (1926). — *(608)* Tanaka, H.: Über die Beziehung zwischen Vitamin und Antikörperbildung. Kyoto-Ikadaigaku-Zasshi 1, 13, 75 (1927). — *(609)* Tanaka, K.: Über Organmilchsäure und Lactacidogen bei der B-Avitaminose des Hundes. Fol. endocrin. jap. 4, 39 (1928). — *(610)* Tanaka, Sh., u. M. Endo: Über den Stoffumsatz bei Kakke und Geflügelberiberi. Trans. of the 6. congr. of the Far Eastern assoc. of trop. med., Tokyo 1, 149 (1926). — *(611)* Tazawa, R.: Weitere Untersuchungen zur Erforschung der sogenannten Avitaminose. Biochem. Z. 137, 105 (1923). — *(612)* Telfer, S. V.: Studies in calcium and phosphorus metabolism. III. The absorption of calcium and phosphorus and their fixation in the skeleton. Quart. J. Med. 17, 254 (1924). — *(613)* Thompson, T. J., u. I. L. Carr: The relation of certain blood constituents to a deficient diet. Biochemic. J. 17, 373 (1923). — *(614)* Tiger, R., u. H. Simonnet: Sur les variations de l'activité amylolytique du pancréas et du foie de pigeon carencé. Bull. Soc. Chim. biol. 3, Nr 10 (1921). — *(615)* Tomita, M., Y. Komori u. Y. Sendju: Beiträge zur Kenntnis der Avitaminose. Z. physiol. Chem. 158, 80 (1926). — *(616)* Toverud, G.: The influence of diet on teeth and bones. J. of biol. Chem. 58, 583 (1923). — *(617)* Tozer, F. M.: The effect on the giuneapig of deprivation of vitamin A and of the antiscorbutic factor, with special reference to the condition of the costochondral junctions of the ribs. J. of Path. 24, 306 (1921). — *(618)* Tscherkes, L.: Die Bedeutung der Vitamine im Haushalte des tierischen Körpers. I. Die Rolle der Proteine und Kohlehydrate bei Vitaminhunger. Biochem. Z. 133, 75 (1922). — *(619)* Tscherkes, L. A.: Studien über B-Avitaminose. I. Ebenda 167, 203 (1926). — *(620)* Tscherkes, L. A., u. T. M. Kupermann: Über die Lokalisierung der Störungen des

Nervensystems bei B-Avitaminose. I. Entwicklung der B-Avitaminose bei Tauben mit zerstörtem Labyrinth. Z. exper. Med. **52**, 464 (1926). — *(621)* Tsuji, M.: Über den Stoffwechsel bei vitaminfreier Ernährung. Biochem. Z. **129**, 194 (1922). — *(622)* Tsukamoto, E.: Über die Gewebsatmung der Leber bei B-Avitaminose. Tohoku. J. exper. Med. **11**, 142 (1928). — *(623)* Tsukiye, S., u. T. Okada: Über den Einfluß des Vitamins (B) auf die Verdauungsfunktion. J. of Biochem. **1**, 445 (1922). — *(624)* Tsunoda, T., u. N. Kura: Experimentelle Studien über die morphologischen Veränderungen der Hautnervenendigungen bei der Vogelberiberi oder Reiskrankheit. Virchows Arch. **267**, 421 (1928). — *(625)* Turner, G. R., D. E. Anderson u. Ch. G. Blodgett: Microbic studies of acute infections in animals (albino rat) deprived of an adequate supply of vitamin A. Proc. Soc. exper. Biol. a. Med. **26**, 233 (1928).
   (626) Uhlmann, Fr.: Beitrag zur Pharmakologie der Vitamine. Z. Biol. **68**, 419 (1918). — *(627)* Weiterer Beitrag zur Pharmakologie der Vitamine. Ebenda **68**, 457 (1918). — *(628)* Ukai, T., u. O. Kimura: Beiträge zur Reiskrankheit der Hühner. Trans. jap. path. Soc. **11**, 24 (1921). — *(629)* Usuelli, F.: L'alimentazione autoclavata. III. Il ricambio solido nell'alimentazione con carne autoclavata. Biochimica e Ter. sper. **13**, 319 (1926).
   (630) Vásárhelyi, B.: Untersuchung über Gewebsatmung bei Mangel an Vitamin B. Pflügers Arch. **212**, 239 (1926). — *(631)* Untersuchung über die Änderung der Gewebsatmung bei Mangel an Vitamin „B". Magy. orv. Arch. **27**, 258 (1926). — *(632)* Vercellana, G.: La sensibilità alle sostanze tossiche degli animali in avitaminosi in confronto cogli animali a vitto normale ed a digiuno. Arch. di Biol. **1**, 236 (1924). — *(633)* La sensibilità alle sostanze tossiche degli animali in avitaminosi in confronto cogli animali a vitto normale ed a digiuno. Ann. Igiene **35**, 785 (1925). — *(634)* La sensibilità alle sostanze tossiche degli animali in avitaminosi in confronto cogli animali a vitto normale ed a digiuno. II. Veleni e digiuno. Ebenda **35**, 860 (1925). — *(635)* La sensibilità alle sostanze etc. III. Il comportamento dei conigli a vitto normale, a dieta esclusiva d'avena autoclavata ed a digiuno verso l'atropina. Ebenda **35**, 953 (1925). — *(636)* L'azione dell'insulina nei piccioni e nelle cavie in avitaminosi. Ebenda **36**, 575 (1926). — *(637)* A proposito della sensibilità alle sostanze tossiche degli animali in avitaminosi in confronto cogli animali a vitto normale. L'azione dei veleni dei funghi. Ebenda **38**, 364 (1928). — *(638)* Verder, E.: Effect of diets in vitamin A or B on resistance to parathyphoid-enteritidis organismus. J. inf. Dis. **42**, 589 (1928). — *(639)* Verzár, F., u. A. von Beznák: Die Funktion der Nebennieren bei Mangel an Vitamin B. Arb. II. Abt. wiss. Stefan-Tisza-Ges. in Debreczen **1**, 75 (1923). — *(640)* Die Bindung des Cholesterins im Nervensystem bei Mangel an Vitamin B. Mitt. II. Abt. wiss. Stefan-Tisza-Ges. in Debreczen **1925**, H. 4. — *(641)* Verzár, F., u. J. Bögel: Untersuchungen über die Wirkung von akzessorischen Nahrungssubstanzen. Biochem. Z. **108**, 185 (1920). — *(642)* Verzár, F., u. E. Kokas: Die Funktion des hämatopoetischen Apparates bei Avitaminosen, besonders beim experimentellen Skorbut. (Innere Sekretion und Avitaminose.) V. Pflügers Arch. **206**, 688 (1924). — *(643)* Verzár, F., E. Kokas u. Á. Árvay: Die Bildung des Cholesterins im Nervensystem bei Mangel an Vitamin B (Avitaminose und Inkretion). III. Ebenda **206**, 666 (1924). — *(644)* Verzár, F., u. F. Péter: Die Hypertrophie der Nebennierenrinde bei Mangel an Vitamin B (Avitaminose und Inkretion). II. Ebenda **206**, 659 (1924). — *(645)* Verzár, F., u. B. Vásárhelyi: Die Funktion der Thyreoidea bei Mangel an Vitamin B (Avitaminose und Inkretion). IV. Ebenda **206**, 675 (1924).
   (646) Wagner, R.: Über experimentelle Xerophthalmie. Arch. f. exper. Path. **97**, 441 (1923). — *(647)* Walkhoff, O.: Die Vitamine in ihrer Bedeutung für die Entwicklung, Struktur und Widerstandsfähigkeit der Zähne gegen Erkrankungen. Berlin: H. Meußer 1929. — *(648)* Waltner, K.: Über die Wirkung großer Mengen Eisens. I. Über die Wirkung des Eisens auf die Knochenentwicklung. Biochem. Z. **188**, 381 (1927). — *(649)* Wason, I. M.: Ophthalmia associated with a dietary deficiency in fat-soluble vitamin (A). A study of the pathology. J. amer. med. Assoc. **76**, 908 (1921). — *(650)* Webster, A., u. L. Hill: The causation and prevention of rickets. Brit. med. J. Nr 3360, 956 (1925). — *(651)* Weill, E., F. Arloing u. A. Dufourt: Sur l'hématologie du pigeon carencé par alimentation au riz décortiqué. C. r. Soc. Biol. **86**, 1175 (1922). — *(652)* Werkman, C. H.: Immunologic significance of vitamins. I. Influence of the lack of vitamins on the production of specific agglutinins, precipitins, hemolysins and bacteriolysins in the rat, rabbit and pigeons. J. inf. Dis. **32**, 247 (1923). — *(653)* Immunologic significance of vitamins. II. Influence of lack of vitamins on resistance of rat, rabbit and pigeon to bacterial infection. Ebenda **32**, 255 (1923). — *(654)* Wierzchowski, Z.: Vitaminstudien. II. Mém. Inst. nat. pol. écon. rurale à Pulawy **5**, 15 (1924). — *(655)* Winokurow, S. L.: Die motorische Funktion des Kropfes bei experimenteller Polyneuritis. Pflügers Arch. **210**, 576 (1925). — *(656)* Wolbach, S. B., u. P. R. Howe: The effect of the scorbutic state upon the production and maintenance of intercellular substances. Proc. Soc. exper. Biol. a. Med. **22**, 400 (1925). — *(657)* The epithelial tissues in experimental xerophthalmia. Ebenda **22**, 402 (1925). — *(658)* Tissue changes following deprivation of fat-soluble A vitamin. J. of exper. Med. **42**, 753 (1925). — *(659)*

Vitamin A deficiency in the guinea-pig. Arch. of Path. 5, 239 (1928). — (660) Wright, S.: The effect of B-vitamin on the appetite. Lancet 201, 1208 (1921).

(661) Yamasaki, Y.: Experimentelle Untersuchungen über den Einfluß des Vitamin- oder Zellsalzmangels auf die Entwicklung von Spermatozoen und Eiern. Virchows Arch. 245, 513 (1923). — (662) Yaoi, H.: Glutathione and reducing power of muscle in vitamin B deficiency. Proc. imp. Acad. Tokyo 4, 233 (1928). — (663) Glutathione and reducing power of muscle in vitamin B deficiency. Jap. med. World 8, 85 (1928). — (664) Glutathione and reducing power of muscle in vitamin B deficiency. Sci. Rep. Gov. Inst. inf. Dis. (Tokyo) 6, 277 (1928). — (665) Yoder, L.: Effect of antirachitic vitamin on the phosphorus, calcium and p_H in the intestinal tract. J. of biol. Chem. 74, 321 (1927). — (666) Yoshiue, S.: Über den Stickstoffwechsel bei der Avitaminose. Biochem. Z. 148, 1 (1924). — (667) Yudkin, A.M.: Ovular manifestations of the rat which result from deficiency of vitamin A in the diet. J.amer. med. Assoc. 79, 2206 (1922). — (668) An experimental study of ophthalmia in rats on rations deficient in vitamin A. Arch. of Ophthalm. 53, 416 (1924). — (669) Yudkin, A. M., u. R. A. Lambert: Location of the earliest changes in experimental xerophthalmia of rats. Proc. Soc. exper. Biol. a. Med. 19, 275 (1922). — (670) Lesions in the lacrimal glands of rats in experimental xerophthalmia. Ebenda 19, 376 (1922). — (671) Pathogenesis of the ocular lesions produced by a deficiency of vitamine A. J. of exper. Med. 38, 17 (1923).

(672) Zih, A.: Die Wirkung des Thyreoidea-Inkrets auf den Gaswechsel bei Mangel an B-Vitamin. Pflügers Arch. 214, 449 (1926). — (673) Zilva, S. S.: The influence of deficient nutrition on the productions of agglutinins, complement and amboceptor. Biochem. J. 13, 172 (1919). — (674) Zilva, S. S., u. F. M. Wells: Changes in the teeth of the guinea-pig produced by a scorbutic diet. Proc. roy. Soc. 90, 505, 633 (1919). — (675) Zolog, M.: Action de l'absence de vitamine C sur l'anaphylaxie. C. r. Soc. Biol. 91, 215 (1924).

5. Der Einfluß des Lichtes auf Ernährung und Stoffwechsel der landwirtschaftlichen Nutztiere.

Von

Professor Dr. Ernst Mangold

Direktor des Tierphysiologischen Instituts der Landwirtschaftlichen Hochschule Berlin.

Mit 21 Abbildungen.

A. Einleitung.

Obwohl die Verehrung der Sonne als lebensweckendes und -erhaltendes Element so alt ist wie die Kultur des Menschen, und obwohl die Bedeutung der strahlenden Energie für die Pflanze und ihren Aufbau organischer Substanz schon sehr lange bekannt und genau untersucht ist, blieb es der neuesten Zeit vorbehalten, den Einfluß des Lichtes auf die höheren Tiere einschließlich des Menschen zu erkennen, näher zu erforschen und bewußt zu verwerten.

Unterstützt durch immer neue Errungenschaften der physikalischen Strahlen- lehre und der Technik suchen Biologen und Mediziner jetzt das Versäumte nach- zuholen. Kliniker der verschiedensten Richtungen, Physiologen und Pharmako- logen, Biologen und Entwicklungsmechaniker, physiologische und landwirt- schaftliche Chemiker, und besonders auch die Tierzüchter, überbieten sich heute in geradezu fieberhafter Produktion experimenteller Arbeiten, um die gesamte Biologie des Lichtes zu einem festen Lehrgebäude auszubauen und die strahlende Energie jeglicher Art für Menschen und Tiere nutzbar zu machen.

Als ich im Frühjahr 1928 den Plan zu diesem Handbuch faßte und mir diesen Beitrag über den Einfluß des Lichtes auf Ernährung und Stoffwechsel vorbehielt, war gerade im Hinblick auf die landwirtschaftlichen Nutztiere die Lichtliteratur noch äußerst arm. Doch besonders drüben in U. S. A. waren schon fleißige Forscher am Werke, und heute sind bereits alle Arten der Nutztiere im gesunden und kranken Zustand auf ihre Beeinflußbarkeit durch Licht untersucht, und dank dieser rastlosen Arbeit erscheint es schon möglich und auch reizvoll, ein abgerundetes Bild davon zu entwerfen, wieweit die *strahlende Energie bei unseren Nutztieren auf Ernährung, Stoffwechsel und Leistungen* einzuwirken vermag.

Wir wollen aber gleich unser Thema umgrenzen. *Röntgenstrahlen und radioaktive Einwirkungen* sollen hier unberücksichtigt bleiben, weil ihre biologische Bedeutung sich bis heute noch fast ganz auf ihre medizinisch-diagnostische und -therapeutische Anwendung beschränkt, ihre Wirkung auf tierische Organismen aber größtenteils in das Gebiet der experimentellen Pathologie gehört.

In diesem Handbuch, das zur Aufgabe hat, Ernährung und Stoffwechsel als Teil der Tierphysiologie zu behandeln, soll vielmehr nur vom ,,*physiologischen Licht*", von *Sonne* und natürlichem *Tageslicht*, die Rede sein, und von deren Ersatz durch *künstliche Lichtquellen*, die sichtbare oder unsichtbar-*ultraviolette* Strahlen entsenden.

Der *spezielle Hauptteil* dieser Arbeit soll alle bisherigen Erfahrungen über die Einflüsse des Lichtes bei den Nutztieren verschiedener Art in systematischer Gliederung kritisch sichtend zusammenfassen, wobei die gesamte, bis Ende 1931 hierüber erschienene Literatur berücksichtigt ist.

Dem speziellen ist ein kürzerer *allgemeiner Hauptteil* vorangestellt, der dem generellen Verständnis der biologischen Lichtwirkungen dienen und zeigen soll, welche Einflüsse des Lichtes auf die physiologischen Organfunktionen und besonders auf den Stoffwechsel der Tiere bekannt sind, und wie diese nach dem heutigen Stande der Wissenschaft erklärt werden können.

Dieser *allgemeine Teil* erschien notwendig, um für den Leser einen sachlichen und kritischen Standpunkt zu gewinnen, von dem aus er hinsichtlich der Lichtwirkung auf landwirtschaftliche Nutztiere sowohl die bisherigen Erfahrungen wie auch die Zukunftsmöglichkeiten und ihre Grenzen zu beurteilen vermag. Daher brauchte in diesem Abschnitt keine vollständige Zusammenfassung der gesamten biologischen Lichtliteratur, sondern *nur ein Überblick über die wichtigsten Tatsachen* und ihre Verknüpfungen, mit Hervorhebung besonders charakteristischer Erscheinungen durch geeignete Beispiele, erstrebt zu werden. Von der gesammelten, etwa 2000 Nummern umfassenden Literatur wurde deshalb hier nur eine Auswahl berücksichtigt.

Für eine, auch nur auszugsweise, zusammenfassende Darstellung der gesamten Lichtbiologie im Rahmen dieses Handbuches sind auch die experimentellen Ergebnisse und ihre physikalischen Grundlagen heute schon längst viel zu umfangreich. Da aber schon der *spezielle*, auf die Nutztiere bezügliche Teil, infolge des enormen Anwachsens der einschlägigen Literatur gerade seit der Entstehung des Planes zu diesem Handbuch, viel weiter ausgedehnt werden mußte, als ursprünglich beabsichtigt war, andererseits hier aber natürlich die volle handbuchmäßige Ausführlichkeit gewahrt bleiben sollte, so mußte der *allgemeine Teil* auf das Äußerste beschränkt werden. Dies schien insofern auch angängig, als heute bereits auf neueste Zusammenfassungen der einschlägigen Literatur hingewiesen werden kann, wie sie für die Physik des Lichtes im Handbuch der Physik von GEIGER und SCHEEL[69], für die Lichttherapie in dem von HAUSMANN und VOLK[119], für die gesamte Strahlenheilkunde, Biologie, Pathologie und Therapie in demjenigen von LAZARUS[180], und für das ganze Gebiet einschließlich der physikalischen Grundlagen und auch der pflanzenphysiologischen Lichtwirkungen in der soeben erschienenen Photobiologie von PINCUSSEN[246] enthalten sind.

Ferner kann hier auch die Lichtbiologie im Sinne der Physiologie des Auges und der Lichtsinnesorgane keine Berücksichtigung finden, obgleich diese bei den

Tieren oft in ausgesprochener Beziehung zur Ernährung stehen, indem sie die Nahrungssuche ermöglichen und auch die phototaktischen Bewegungen der niederen Tiere vielfach vom Ernährungszustande abhängig sind und mit dem Stoffwechsel in gegenseitiger Beeinflussung stehen.

Endlich sei noch hervorgehoben, daß auch auf die *Wärmewirkung des Lichts* nicht besonders eingegangen werden soll, weil ihre Bedeutung für die Tiere keine andere ist als die der in anderer Weise zugeführten Wärmeenergie, und weil sie daher physiologisch keine spezifische Lichtwirkung darstellt. Vielmehr kann vorausgeschickt werden, daß unter den hier mit Rücksicht auf die höheren Tiere und besonders deren Ernährung und Stoffwechsel zu behandelnden physiologischen Einflüssen im wesentlichen die *chemischen Wirkungen des Lichtes* zu verstehen sind.

B. Allgemeiner Teil.

I. Die chemischen Wirkungen des Lichtes

sind bei den Pflanzen schon viel länger und genauer bekannt als bei tierischen Organismen. Die Mitwirkung des Lichtes bei der Assimilation in den grünen Pflanzenteilen sichert zugleich die Erhaltung der organischen Welt. Unter dem Einfluß der Lichtenergie zerlegt die Pflanze die Kohlensäure, indem sie den Kohlenstoff zum Aufbau organischer Substanz verwertet, den bei der Atmung entliehenen Sauerstoff aber wieder an die Atmosphäre zurückerstattet. Durch dieses von Priestley 1771 erkannte und von Ingenhouss 1779 völlig klargelegte Wechselspiel erhält das Licht die richtige Sauerstoffbilanz aufrecht, die für den Fortbestand jeglichen Daseins auf unserem Planeten unentbehrlich ist. Die Quelle jeder Kraft auf Erden ist die Sonne, ihr Licht liefert die Energie für den Betrieb aller Organismen (Neuberg[221]).

Bei tierischen Organismen datieren, abgesehen von der Erforschung der Lichtsinnesfunktionen des Auges, die ersten experimentellen Ergebnisse aus den Jahren 1824, als Edwards[53] den Einfluß des Lichtes auf die Entwicklung der Froscheier, und 1855, als Moleschott[210] diesen Einfluß auf den Atmungsgaswechsel der Frösche untersuchte.

Ein näheres Verständnis derartiger physiologischer Lichtwirkungen wurde indessen erst durch Neuberg angebahnt, dem der Nachweis gelang, daß das *Licht* imstande ist, zahlreiche *organische Bestandteile des Tierkörpers* in ihrer chemischen Zusammensetzung *zu verändern*. In umfangreichen Untersuchungen konnte Neuberg[218, 219, 220, 221] zeigen, daß fast alle physiologisch wichtigen organischen Stoffe sich als lichtempfindlich erweisen, wenn sie in Gegenwart von Metallsalzen der Sonne oder bestimmten künstlichen Strahlenarten ausgesetzt werden. So wurden Eiweißkörper, Aminosäuren, Fette, Zuckerarten, Glykogen, besonders bei Zusatz von Eisen in Gestalt von 0,5—1% Ferrisulfat, durch Sonnenlicht unter Verkleinerung der Moleküle zu labileren Umwandlungsprodukten abgebaut. Bei diesen photochemischen Umsetzungen spielten jene Mineralstoffe die Rolle der die Reaktion beschleunigenden Katalysatoren.

Die grundlegende Bedeutung dieser Neubergschen Entdeckung lag darin, daß hierdurch erst vorstellbar wurde, wie das Licht durch photokatalytische Umwandlung gewisser Stoffe im Tierkörper in dessen Stoffwechsel einzugreifen vermochte.

An verschiedenen *Typen photochemischer Vorgänge* unterschied Neuberg[220] schon damals:

1. Momentane Lichtwirkung, wie bei der Photographie,

2. langsam verlaufende Lichtwirkungen, wie Verblassen von Farbstoffen, Synthesen, Spaltungen, wechselseitige Oxydation und Reduktion,

3. Lichtwirkungen unter dem Einfluß von Sensibilisatoren, wie bei der Farbenphotographie,

4. Lichtwirkungen unter dem Einfluß von Katalysatoren, wie die Abbauvorgänge an Eiweiß, Fett und Zuckerarten bei Gegenwart von Metallsalzen,

5. photochemische Umlagerung, wie Polymerisationen.

In diese Gruppen müssen sich nach NEUBERG auch die *biologischen Lichtwirkungen* eingruppieren lassen.

Die Lichtwirkung kann auch nach Aufhören der Belichtung noch andauern, und zwar sind derartige *photochemische Nachwirkungen* sowohl nach der Bestrahlung organischer Stoffe wie auch bei Organismen, z. B. Kaulquappen und Bakterien, bekannt geworden (vgl. NEUBERG[220]).

Heute sind bereits zahlreiche im Tierkörper vorkommende organische Stoffe genauer auf ihre chemischen, kolloidchemischen und physikalischen *Veränderungen unter dem Einfluß der strahlenden Energie verschiedener Lichtquellen* und besonders dem der vorzugsweise chemisch wirksamen ultravioletten Strahlen untersucht. Hier sei besonders an die systematisch ausgedehnten Untersuchungen von HAUSMANN[118], SPIEGEL-ADOLF[304] und ihrer Mitarbeiter aus dem Laboratorium für Lichtbiologie des Wiener Physiologischen Instituts über die *Veränderungen der Eiweißkörper durch Strahlenwirkung*, sowie an die einschlägigen Arbeiten von SCHANZ[269], ferner MOND[211], LIEBEN[183] erinnert und auf zusammenfassende Arbeiten von v. EULER[60], BACHER[12], SPIEGEL-ADOLF[303], NODDACK[225], NEUBERG und SIMON[222] hingewiesen.

In Anbetracht der wichtigen Rolle, welche die *Fermente* nicht nur für die Aufschließung der Nährstoffe bei der Verdauung, sondern auch als organische Katalysatoren der Stoffwechselvorgänge im Tierkörper spielen, verdient eine besondere Beachtung die Tatsache, daß in zahlreichen Fällen auch eine *Beeinflussung der Fermentwirkungen* durch Bestrahlung beobachtet werden kann, wie dies hauptsächlich aus den hierüber systematisch durchgeführten Arbeiten von PINCUSSEN[243. 246] hervorgeht.

Von *physikalisch-chemischen Wirkungen des Lichts* ist, wie BEITZKE[19] hervorhebt, auch bekannt, daß das Licht die Viskosität zu steigern, die Oberflächenspannung herabzusetzen, die Wasserstoffionenkonzentration zu erhöhen und den Dispersitätsgrad der Kolloide so zu ändern vermag, daß bei starker Bestrahlung Ausflockung erfolgt.

Das Zustandekommen einer chemischen Strahlenwirkung erklärt GUDDEN[377] damit, daß durch die Zufuhr verhältnismäßig großer Energiebeträge an einzelne Moleküle oder Molekülteile die Erreichung beliebiger Energielagen ermöglicht wird. Es werden nach seiner Auffassung keine chemischen Bindungen durch Strahlung geknüpft, sondern nur die Vorbedingungen dafür geschaffen.

II. Zur Bestrahlungstechnik.

Auf die Technik der *künstlichen Lichtquellen*, ihre physikalischen Grundlagen und ihre methodische Handhabung kann im Rahmen dieses Handbuchs nicht näher eingegangen werden, da in diesem Werke die Arbeitsmethoden hinter der den Hauptzweck erfüllenden Darstellung der Tatsachen und ihrer Zusammenhänge zurücktreten müssen. Daher sei auf die einschlägigen Werke der physikalischen, technischen und biologisch-methodischen Literatur verwiesen (z. B. Handbuch der Physik von GEIGER und SCHEEL[69] 20, Handbuch der Lichttherapie von HAUSMANN und VOLK[119], in diesem besonders HAUER[105], Handbuch von LAZARUS[180], PINCUSSEN[246], von EULER[60], BACH[6], BACH und ROHR[8], JESIONEK[150], KRAUSE[164], sowie die einschlägigen Zeitschriften Strahlenkunde, Radiology[251]u. a.).

Hier sei nur kurz die in Deutschland für alle chemischen, physiologischen und klinischen Bestrahlungszwecke gebräuchlichste Ultraviolettquelle, die *Quarz-Quecksilber-Dampflampe*, in Gestalt der Hanauer „*künstlichen Höhensonne*" erwähnt, weil mit ihr die meisten der in unserem allgemeinen wie speziellen Teil angeführten Versuche angestellt wurden Auf die Technik ihrer Verwendung zur Milchbestrahlung soll später etwas näher eingegangen werden (s. S. 884). Für die Tierbestrahlung werden die wichtigsten methodischen Angaben, die besonders die Dauer, Intensität und Häufigkeit der Bestrahlung und die Entfernung der

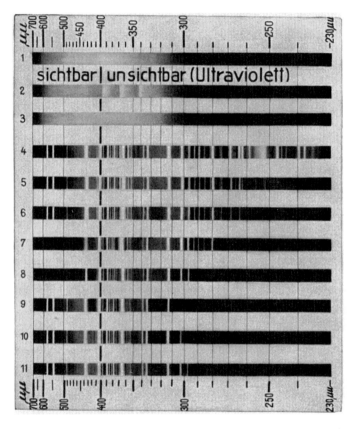

Abb. 190.   Spektrum verschiedener Lichtquellen. Wellenlängen in Millionstel mm ($\mu\mu$). Nr. 1. Sonne in der Ebene;   Nr. 2. Kohlenbogenlampe;   Nr. 3. Solluxlampe (weißglühende Wolframspirale);   Nr. 4. Quarzlampe „künstliche Höhensonne", ohne Filter;   Nr. 5. Quarzlampe durch 1,3 mm Klar-Uviolglas;   Nr. 6. Quarzlampe durch 2,6 mm (doppelt) Klar-Uviolglas;   Nr. 7. Hanauer Quarzlampe durch 1,3 mm Uviolglas-Blaufilter Normal; Nr. 8. Hanauer Quarzlampe durch 2,6 mm (doppelt) Uviolglas-Blaufilter;   Nr. 9. Hanauer Quarzlampe durch sehr dünnes Fensterglas (1 mm);   Nr. 10. Hanauer Quarzlampe durch Zelluloidschirm 0,25 mm;   Nr. 11. Hanauer Quarzlampe durch Glimmerschirm 0,05 mm. (Nach BACH[6]).

Lichtquelle vom Tierkörper betreffen, im speziellen Teil jeweils bei der Darstellung der verschiedenen Versuchsreihen der Autoren gemacht werden.

Im Jahr 1905 gelang es dem Physiker KÜCH der Hanauer Quarzlampengesellschaft, Bergkristalle zu glasklaren Stücken zu schmelzen und aus diesem geschmolzenen Quarzglas die Quarzlampe herzustellen. In dieser wird Quecksilberdampf im Vakuum durch elektrischen Strom zur höchsten Glut gebracht, wodurch ein Licht von außerordentlicher Stärke und Reichtum an ultravioletten Strahlen erzeugt wird. Auf dieser Grundlage entstanden die künstlichen Höhensonnen von BACH, JESIONEK und KROMAYER (BACH[6]).

In Amerika wird zu den gleichen Zwecken auch die COOPER-HEWITT-Lampe verwendet.

Zur Veranschaulichung der Wirksamkeit der künstlichen Höhensonne ist in Abb. 190 der Gehalt an ultravioletten Strahlen in ihrem Spektrum (Nr. 4) im Vergleich zu dem der natürlichen Sonne der Ebene (Nr. 1), und die Absorption durch verschiedene Glasfilter, besonders die Undurchlässigkeit des Fensterglases, für die Ultraviolettstrahlen zu ersehen.

Die unterschiedliche Durchlässigkeit von Quarzplatten und Fensterglas für den kurzwelligen Teil des Spektrums geht auch aus der Abb. 191 nach HAUSMANN

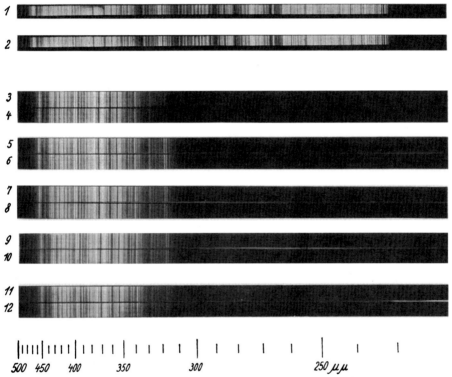

Abb. 191. Licht-Durchlässigkeit von Quarz- und Glasplatten. 1. Spektrum des freien Eisenfunkens; 2. nach Durchgang durch eine beschmutzte Quarzplatte von 1,53 mm Dicke; 3. nach Durchgang durch eine gereinigte Oberlichtplatte von 3,60 mm Dicke; 4. nach Durchgang durch dieselbe Glasplatte wie bei 3 in stark beschmutztem Zustande; 5. nach Durchgang durch ein gereinigtes Fensterglas von 1,75 mm Dicke; 6. nach Durchgang durch dasselbe Fensterglas wie bei 5 in beschmutztem Zustande; 7. nach Durchgang durch ein gereinigtes Fensterglas von 2,18 mm Dicke; 8. nach Durchgang durch dasselbe Fensterglas wie bei 7 in beschmutztem Zustande; 9. nach Durchgang durch ein gereinigtes Fensterglas von 3,11 mm Dicke; 10. nach Durchgang durch dasselbe Fensterglas wie bei 9 in beschmutztem Zustande; 11. nach Durchgang durch ein gereinigtes Fensterglas von 5,35 mm Dicke; 12. nach Durchgang durch dasselbe Fensterglas wie bei 11 in beschmutztem Zustande. Die Wellenlängen sind in $\mu\mu$ ausgedrückt. (Nach HAUSMANN und KRUMPEL[115].)

und KRUMPEL[115] hervor, die zugleich beweist, daß eine Beschmutzung durch Verstaubung die Durchlässigkeiten nicht wesentlich verändert, während die Dicke der Glasscheiben natürlich einen Einfluß hat.

Allerdings ist die Absorption kurzwelliger Strahlen durch Glas keine so große, wie gewöhnlich angenommen wird, da gewöhnliche Fenstergläser nach HAUSMANN und KRUMPEL[114] in der Regel die Strahlen bis ungefähr 325 $\mu\mu$ hindurchlassen. Es geht also auch ein Teil der unsichtbaren Strahlen des Spektrums durch gewöhnliche Gläser hindurch; doch beginnt die Absorption bei diesen meist gerade bei denjenigen Strahlen, deren vorbeugende oder heilende Wirkung auf die Rachitis ihre besondere biologische Wirksamkeit beweist.

Besonders im speziellen Hauptteil werden uns mancherlei Tierversuche beschäftigen, in denen neuere, von der Industrie mit dem Ziele der *größeren Ultraviolettdurchlässigkeit hergestellte Glasarten an Stelle von Fensterglas* verwendet wurden, wobei vielfach auch die Durchlässigkeitsgrenzen physikalisch festgestellt werden konnten.

Hier seien daher nur zur Orientierung über diese Bestrebungen und ohne Anspruch auf Vollständigkeit einige dieser neueren Glasarten, die mehr oder weniger ultraviolett durchlässig sein sollen, angeführt (vgl. u. a. Arcularius[3]):

1. Uviolglas von Schott in Jena,
2. Uviolfensterglas, dasselbe wie 1, von den Farbenglaswerken in Pirna,
3. Ultraviolglas der Sendlinger Opt. Werke in Berlin-Zehlendorf, Zeiß-Ikon, Görtz-Werke,
4. Ultravitglas nach Schmidt, der Glashüttenwerke Hirsch in Kunzendorf, Niederlausitz,
5. Vitaglas nach F. E. Lamplough der Glashütte Chance Brothers, Smethwick (Birmingham)[329]; in Amerika Vitaglas Corporation, New York, 50 East 42nd Street.
6. Cel-O-Glas (vgl. z. B. Russell und Howard[265, 263]).
7. Corexglas (s. z. B. Wyman und Holmes[349]).
8. Jubarglas von Lorch & Hamm, Zweibrücken, Rheinpfalz.
9. Cedraglas von Haver & Boecker, Oelde in Westfalen.
10. Bicellaglas von Kalle & Co., Wiesbaden-Biebrich.
11. Cellonkunstglas, aus Celluloseacetat.
12. Windolite, aus Acetocellulose.
13. Pollopas, nach Pollak, durch Kondensation von Formaldehyd und Harnstoff.
14. Flex-O-Glas (s. z. B. Cochran und Bittenbender[43]).

Im übrigen wird die für die Tierversuche außerordentlich verschieden gestaltete Methodik der Bestrahlungen im speziellen Teil bei den einzelnen dort angeführten Untersuchungen berücksichtigt werden.

III. Die Einwirkung des Lichtes auf die Haut.

Da die *chemischen Wirkungen* des Lichtes nach dem Grotthuss- (1818) Draperschen (1841) Gesetz (Näheres s. z. B. Pincussen[246]) nur von demjenigen Teil der strahlenden Energie ausgeübt werden können, der absorbiert wird, so dürfen auch chemische Lichtwirkungen auf den tierischen Organismus nur dann erwartet werden, wenn strahlende Energie von Teilen des Tierkörpers absorbiert wird, während alle reflektierten Strahlen unwirksam bleiben. Daher ist eine biologische Lichtwirkung nur denkbar, soweit die Haut als äußere Bedeckung des Körpers und Angriffspunkt des Lichtes Strahlen entweder selbst absorbiert oder aber durchläßt, damit sie von darunterliegenden Zellen oder Geweben absorbiert werden können.

Die *Regulierung der Lichtaufnahme*, wie Pincussen[246] es nennt, muß demnach durch die Haut stattfinden.

Daß die Haut selbst lichtempfindlich ist und Veränderungen erfährt durch strahlende Energie, die sie offenbar absorbiert haben muß, ist vom Sonnenbrande der weißen Rasse und von der durch wiederholte Wirkung des Sonnenlichts hervorgerufenen Pigmentierung der weißen Haut, sowie von den Lichtkrankheiten der Haut (s. später S. 826, 900) schon längst bekannt. Die Bildung des Hautpigmentes kommt nach Block (zit. nach Beitzke[19]) durch die Wirkung des Lichtes auf ein in den Zellen der Oberhaut enthaltenes oxydierendes Ferment zustande, das seinerseits die Umwandlung eines tyrosinartigen Körpers veranlaßt. Die Lichtwirkung ist hier also eine katalytische Fermentaktivierung. Die ersten Versuche, die Lichtwirkung auf die Haut bewußt zu verwenden, sind in der neueren Zeit wohl die des Dänen NIELS FINSEN (s. z. B. BIE[24]) gewesen, der mit guten Erfolgen bei Hauttuberkulose die heute für die verschiedensten Heilzwecke angewandte *Lichttherapie* begründete (über diese siehe das Handbuch von LAZARUS).

Seitdem sind die Wirkungen des Lichtes auf die gesunde und kranke Haut eingehend studiert worden (s. ROST und KELLER[262], LAZARUS[180]). Hierbei wurde besonders auch die Rötung, Verbrennung und Pigmentierung, das sog. *Lichterythem der Haut*, unter der Wirkung der Ultraviolettstrahlen künstlicher Lichtquellen näher untersucht. Dieses tritt nach einer gewissen Latenzzeit auf, besteht für eine mehr oder minder lange Dauer, wird von Pigmentbildung gefolgt und hinterläßt eine Gewöhnung der betreffenden Hautstelle. Es wird durch eine Reizung der Epidermiszellen selbst, sowie der Hautnerven und Hautgefäße ausgelöst, deren Reaktionen sich dabei in komplizierter Weise verflechten. Dabei wird die erythembildende Wirkung des Ultraviolettlichts zugleich durch die Wärmestrahlung beeinflußt (s. MEMMESHEIMER[204]).

Für diese Erythembildung wurden, u. a. besonders von HAUSSER und VAHLE[121], genau die wirksamen Wellenlängen der Strahlen und für jede Wellenlänge die erforderliche Energie bestimmt. Hierbei wurde das BUNSEN-ROSCOEsche Gesetz bestätigt, wonach es bei den angewandten Wellenlängen gleichgültig ist, ob kurz mit großer Intensität oder länger mit geringerer Intensität bestrahlt wird (s. auch PINCUSSEN[246]). An dieser Stelle seien die Forschungsergebnisse von ELLINGER[368] angeführt, der sich mit den chemischen Vorgängen der Erythembildung befaßt hat. Nach ELLINGER — im übrigen in Übereinstimmung mit KROGH u. a. — spielen für die Ätiologie des Lichterythems mindestens zwei Körper eine Rolle, die beide histaminähnliche Wirkung zeigen. Es handelt sich um einen schnell diffusiblen, der sich anscheinend präformiert in der Haut findet und bei allen Hautalterationen, die mit einem Erythem beantwortet werden, wirksam ist, und um einen anderen, langsamer diffusiblen Stoff, der eine besondere Rolle beim Ultravioletterythem spielt. Als diesen zweiten Körper sieht ELLINGER das beobachtete Umwandlungsprodukt aus Histidin an. Auf seine Entstehung werden die ersten histologisch nachweisbaren Veränderungen der Haut nach Ultraviolettbestrahlung zurückgeführt, und mit Hilfe dieses Körpers wird die Latenzzeit des Ultravioletterythems erklärt. Nach BEITZKE[19] dient das Hauptpigment als Schutz gegen weitere zu starke Belichtung und steht auch zugleich im Dienste der Wärmeregulation. Bei Negern hat man gefunden, daß eine zehnmal so große Dosis ultraviolettes Licht als bei Europäern erforderlich ist, um ein Erythem zu erzeugen. Das Pigment vermag auch, kurzwellige Strahlen in langwellige Strahlen, und hiermit die chemischen in Wärmestrahlen umzuwandeln. Die Wärme kann, da sie dicht an der Oberfläche des Körpers entsteht, durch Strahlung und Leitung wieder an die Umgebung abgegeben werden. Im Gegensatz hierzu dient bei den Kaltblütern die Hautpigmentschicht, da sie hier tiefer liegt, und die Wärme daher nicht nach außen abgeleitet werden kann, umgekehrt als Wärmespeicher. Das Pigment kann nach der Anschauung von LOEWY[398] dem Körper nur Schutz gegen das Eindringen längerwelliger sichtbarer und ultraroter Strahlen geben, ist aber am Strahlenschutz gegen das Ultraviolett unbeteiligt. Gegen dieses schützt, wie neuerdings MIESCHER[405] festgestellt hat, die Zunahme der Hornschicht der Epidermis. Die Hornschichtdicke ist demnach der maßgebende Faktor für die größere oder geringere Empfindlichkeit der Haut gegen Ultraviolettbestrahlung. Nach PINKUS[414] macht eine Hornlage von 70 μ jede Menge von ultraviolettem Licht unschädlich. Als weiteres Lichtschutzmittel gegen zu starke Bestrahlung gibt Pinkus die Reflektion aus Auflagerungen auf der Haut (Talg, Aufrauhungen) an.

Den Einfluß des Luftdruckes auf die Erythem- und Pigmentbildung der Haut studierten Schmidt-Labaume und Uhlmann[427] und fanden, daß bei Unterdruck, wobei an der Haut eine Hyperämie auftrat, eine stärkere Lichtreaktion eintrat als bei Überdruck mit Anämie. Noch auf andere Weise wird durch das Licht selbst ein Lichtschutz für die Haut geschaffen. Wie Spiegel-Adolf und Krumpel gefunden haben, wird Serumalbumin durch Bestrahlung mit der Quarzquecksilberdampflampe so verändert, daß das Absorptionsvermögen innerhalb der Strahlenbezirke von 400—267 $\mu\mu$ quantitativ erheblich zunimmt. Hausmann und Spiegel-Adolf[118] fanden entsprechend, daß bei Ultraviolettbestrahlung menschlicher Haut die erythemerzeugende Wirkung stark abgeschwächt wurde, wenn die Strahlen eine vorbestrahlte Lösung von Serumalbumin passiert hatten, im Vergleich zu unbestrahlter Lösung. Es scheint hiernach möglich, daß es sich bei der erworbenen zellulären Immunität der Haut um vermehrte Absorption in vorbestrahltem Gewebe handelt.

Als *biologisch wirksame Strahlen* erwies sich bei diesen Versuchen besonders der Anteil des Spektrums von 310—280 $\mu\mu$, der zu Ehren des bekannten und erfolgreichen Lichtforschers als Dorno-Strahlung bezeichnet wird (s. Memmesheimer[204]).

Über die *Eindringungstiefe der Strahlen* bzw. die *Strahlendurchlässigkeit der Haut* sind auf Grund der verschiedenartigsten Beobachtungen und Versuche zahlreiche Angaben in der Literatur zu finden (vgl. Memmesheimer[204], Pincussen[246]). Nach neueren Untersuchungen von Bachem[9] mit Reed[11] und Kunz[10] ist die Penetrationskraft des Ultraviolett für die menschliche Haut doch größer, als früher angenommen wurde; dabei spielen alle verschiedenen Schichten der Haut, Hornschicht, Epidermis, Corium, Unterhaut-, Fett- und Bindegewebe, Hautpigment, Blut, eine Rolle, indem sie eine verschiedene Absorption auf die strahlende Energie ausüben. In Versuchen an der lebenden Haut von Hunden lag das Maximum der Absorption bei 302 $\mu\mu$[11]. Im übrigen geben Bachem und Reed[356, 357] an, daß der Grad des Eindringens der Strahlen in die Haut weniger durch Absorption als durch Streuung bedingt wird. Nachgewiesen ist, daß die Ultraviolettstrahlen bis zu den Hautcapillaren eindringen und vom Hautcapillarblut — mehr von dessen Zellen als von dessen Plasma — absorbiert werden (s. Loewy). Nach den Untersuchungen von Hasselbalch[379] und Lucas[399] muß man damit rechnen, daß etwa 55% der Strahlen von den Wellenlängen 313 $\mu\mu$, bis zu 26% von 294 $\mu\mu$ bis zu den Kapillaren der Haut durchdringen können.

Bei *Tieren* ist die *Reaktionsweise der Haut* grundsätzlich die gleiche wie beim Menschen, nur wird sie bei den Tieren durch das hier meist vorhandene Hautpigment stark gedämpft. Auch bei Hunden z. B. läßt sich, wie u. a. aus den Versuchen von Binder[26] hervorgeht, durch Ultraviolettbestrahlung der rasierten Haut eine heftige Entzündung mit Blasenbildung und nachfolgender Abschuppung hervorrufen. Wenn unmittelbar nach dem Abklingen dieser Reaktion jedesmal eine erneute Bestrahlung erfolgt, so nimmt die Dauer und Intensität der neuen Reaktion stufenweise ab (Gewöhnung). Wenn dagegen einen Monat lang mit den Bestrahlungen pausiert wird, so zeigt die Haut bei neuer Bestrahlung wieder ihre ursprüngliche Empfindlichkeit und Reaktion.

Auf Grund dieser Möglichkeiten, auch auf die pigmentierte Haut der Tiere durch Licht intensive Wirkungen hervorzurufen, wird die *Bestrahlungstherapie bei Haustieren*, besonders bei Ekzemen und anderen Hautkrankheiten, sehr allgemein verwendet (Näheres und Literatur siehe bei Binder[26]).

Auch beim Kaninchen wurde in Versuchen von MACHT, BELL, ELVERS[191] die Durchlässigkeit der Bauchhaut für die langwelligeren Ultraviolettstrahlen gleich denjenigen der menschlichen Haut befunden.

Daß das Licht auch auf die voll behaarte Haut der Tiere, besonders an den mit unpigmentiertem Fell bedeckten Stellen, einzuwirken vermag, geht aus zahlreichen Erfahrungen hervor, die im *speziellen Teil* zu erwähnen sind, und am einleuchtendsten wohl aus den Lichterkrankungen der Tiere (s. S. 900).

IV. Einwirkungen des Lichtes auf das Blut.

1. Die Lichtaufnahme des Blutes.

Wie wir später, z. B. bei der Wirkung des Lichts auf den Mineralstoffwechsel, sehen werden, können unter dem Einfluß der Bestrahlung beträchtliche, chemisch nachweisbare Veränderungen im Blute festgestellt werden. Wenn wir annehmen, daß diese als direkte Wirkungen der strahlenden Energie auf die im Blute kreisenden organischen Stoffe auftreten, wie sie ja nach den obenerwähnten Versuchsergebnissen von NEUBERG, HAUSMANN, SPIEGEL-ADOLF u. a. (s. S. 807) ohne weiteres verständlich erscheinen, so ist zunächst zu bedenken, daß es natürlich ganz auf die *Lichtdurchlässigkeit der Haut* ankommen muß, wieweit die Strahlen das Blut erreichen und zu beeinflussen vermögen. Auf diese Durchlässigkeit der Haut für strahlende Energie ist im vorigen Abschnitt eingegangen worden. Jedenfalls ergibt sich aus dieser die Möglichkeit einer direkten Lichtwirkung auf das Blut. Eine solche wurde in anschaulicher Weise von SCHLÄPFER[276] nachgewiesen, der entdeckte, daß außerhalb oder auch innerhalb des Tierkörpers (bei Albinokaninchen) belichtetes Blut eine größere *Photoaktivität* besitzt, als unbelichtetes, indem es viel stärker auf die photographische Platte wirkt (vgl. auch SCHLÄPFER[277], HENNING und SCHÄFER[126], BECK[18], KŘÍŽENECKÝ[166]). Hiernach mußte das Blut in Anbetracht der nahen Beziehungen, in denen es zu den Körperorganen steht, in welchen sich die wesentlichen Stoffwechselvorgänge vollziehen, geeignet erscheinen, auch diese infolge seiner eigenen, durch das Licht hervorgerufenen Veränderungen in nachhaltiger Weise zu beeinflussen.

Über diese, die Lichtwirkung vermittelnde Rolle des Blutes hat wohl zuerst GROBER[73] grundlegende Anschauungen geäußert. Er sieht die Bedeutung der Blutfarbe, in Analogie zu den Verhältnissen beim Chlorophyll der Pflanzen, in einer komplementären *chromatischen Adaptation*, an den das Blut erreichenden Anteil des Spektrums, und spricht die Annahme aus, daß das Blut in der Haut die blauen und die inneren ultravioletten Strahlen absorbiert, um die hierdurch erhaltene Energie für den Organismus nutzbar zu machen. GROBER bezeichnet den *Blutfarbstoff* Hämoglobin direkt als einen *für die Aufnahme von Sonnenenergie* besonders angepaßten Stoff.

Auch NEUBERG[220, 221] bezeichnete bereits von allen Geweben des Organismus das ständig kreisende *Blut als den Lichtacceptor par excellence* und hob hervor, daß die Blutschichten der Körperoberfläche zugleich auch wie eine Schutzdecke den direkten Zutritt größerer Lichtmengen zu den tiefer liegenden Geweben verhindern.

Diese Anschauungen von GROBER und NEUBERG sind durch neuere Untersuchungen vollkommen bestätigt worden. Von SCHUBERT[282] hatte zunächst in Übereinstimmung mit HAUSSER und VAHLE[121] für die Durchlässigkeit des Blutes und Serums bei 302 $\mu\mu$ eine scharfe Grenze der Absorption gefunden. Im Anschluß hieran ergab sich, daß die Absorption durch die roten Blutkörperchen viel 100mal stärker ist als im Serum. Indem er sodann spektrographisch das Verhältnis der einfallenden und der reflektierten Strahlung an der Haut des normal durchbluteten und des blutleer gemachten menschlichen Arms bestimmte, gelang es von Schubert, da sich hierbei von der blutgefüllten Haut erhebliche Rückstrahlungsverluste im Vergleich zur blutleeren Haut ergaben, nachzuweisen, daß das Blut durch die Haut hindurch ultraviolettes Licht von bestimmter Wellenlänge in bestimmten Prozentverhältnissen absorbiert und daß somit auch das *Blut selbst tatsächlich als Angriffsfläche der ultravioletten Strahlen* angesehen werden kann.

Schon 1912 vermutete Neuberg[220] auch eine besondere *Beziehung der Lipoide zur Lichtwirkung,* indem gewisse Zellbestandteile wie namentlich Lecithin und Cholesterin unter den photokatalytischen Einflüssen infolge langsamer Oxydation selbstleuchtend würden. Jedenfalls sei es gerade hiernach durchaus denkbar, daß die dem Organismus zuströmende und vom Blute absorbierte strahlende Energie teilweise in chemische Energie umgewandelt würde und dem Organismus als solche zu gute käme. Es würde also, im Einklang mit der von Grober geäußerten Anschauung, der Blutfarbstoff eine funktionelle Beziehung zum Lichtgenuß der Tiere besitzen und in bescheidenem Umfange eine Rolle spielen, die in mancher Hinsicht an die des Blattfarbstoffs der grünen Pflanzen erinnert (Neuberg[220] [221]).

Daß tatsächlich der Fett- und Lipoidstoffwechsel durch Bestrahlung beeinflußt werden, konnte Pincussen[245] mit Zuckerstein und Kultjugin feststellen, in deren Versuchen an bestrahlten Meerschweinchen und Kaninchen Veränderungen des Gehalts an Gesamtfett und an Cholesterin wie auch an fettspaltendem Ferment im Blute auftraten. Nach der Meinung von Bauer[16] beruht die bei niederen Tieren (Krebsen) angegebene Lichtwirkung auf die Fettbildung nicht auf einer echten Photosynthese, sondern nur auf einer Reaktionsbeschleunigung durch das Licht. Hierbei hätten wir es also mit einer Photokatalyse des Stoffwechsels zu tun.

In diesem Zusammenhange und unter Hinweis auf die Beziehungen zwischen den Lipoiden (Ergosterin, Windaus) zum Vitamin D sei hier auch hervorgehoben, daß durch zahlreiche Tatsachen die *Entstehung des antirachitischen Vitamin D in der Haut* unter dem Einfluß der Bestrahlungen und der Übergang des in der Haut gebildeten Vitamins in den Körper als erwiesen gelten kann (s. auch Memmesheimer[204]).

Unlängst hat Beitzke[19] zur Erklärung der Allgemeinwirkungen des Lichtes auf den Organismus die beiden Möglichkeiten hervorgehoben, nach denen sie durch das *Blut* vermittelt werden können, indem die Lichtstrahlen nämlich entweder direkt auf das die Haut durchströmende Blut einwirken, oder indem die durch die Lichtwirkung in der Haut gebildeten Stoffwechselprodukte in das Blut übergehen. Jedoch scheint auch noch eine weitere Möglichkeit vorzuliegen, daß nämlich diese *Veränderungen der Bluteigenschaften* zunächst auf das Nervensystem einwirken, und daß von diesem erst die allgemeine Beeinflussung des Körpers und seines Stoffwechsels ausgeht.

In dieser letzteren Weise könnten auch die Veränderungen der Atmung und des Gaswechsels unter dem Lichteinfluß erklärt werden. Denn auf die *Atmung* kann das Licht offenbar in der Weise einwirken, daß die Bestrahlung zunächst die *Wasserstoffionenkonzentration im Blute* nach der sauren Seite verschiebt und daß hierdurch in der bekannten Weise das Atemzentrum erregt wird. Hiernach würde also diese Wirkung über das Blut und Zentralnervensystem gehen (vgl. Beitzke[19]).

Daß strahlende Energie das Blut auch durch die behaarte oder befiederte Haut zu erreichen vermag, geht aus mancherlei im folgenden Abschnitt erwähnten Erfahrungen hervor. Behandelt seien hier zunächst die tatsächlich zu beobachtenden

2. Veränderungen des Blutes durch das Licht.

a) Lichtwirkungen auf das Blut innerhalb des Tierkörpers.

Denn diese Veränderungen erscheinen im Hinblick auf die Licht- und Bestrahlungsversuche an Nutztieren besonders wichtig.

Dabei richtet sich das Augenmerk zunächst auf die

Zahl der roten Blutkörperchen, mit welcher der Gehalt des Blutes an Hämoglobin im allgemeinen parallel geht, an jenem eisenhaltigen Blutfarbstoff, dem der tierische Organismus seine lebhafte Sauerstoffaufnahme und Kohlensäureabgabe verdankt.

Hier ist von Interesse, daß, entgegen der Annahme, wonach ein dauernder Aufenthalt in nur mangelhaft beleuchteten Räumen allein schon eine *Blutarmut* (Anämie, Mangel an roten Blutkörperchen) verursache, durch GROBER[74] an den in Kohlenbergwerken arbeitenden Zechenpferden, die vielfach Jahre lang tief unter der Erdoberfläche ihren Dienst verrichten, gezeigt wurde, daß auch Säugetiere bei sehr mangelhaften Beleuchtungsverhältnissen nicht nur gesund und leistungsfähig bleiben können, sondern auch keine Blutarmut zu bekommen brauchen.

In neueren Arbeiten haben sich LAURENS und seine Mitarbeiter mit diesen Fragen beschäftigt. Vergleichende Beobachtungen von LAURENS und SOOY[179] an Albinoratten, deren einzelne Gruppen sechs Monate lang bei 1. Zimmerlicht, 2. sonnigem Tageslicht, 3. diffusem Tageslicht, 4. Dunkelheit, gehalten wurden, wiesen, wie die Tabelle 1 zeigt, sehr beträchtliche Unterschiede in den Zahlen der *roten Blutkörperchen* wie übrigens auch der *Blutplättchen* auf. Allerdings denkt LAURENS bei dieser günstigen Wirkung von Sonne und Tageslicht schon selbst an den durch sie bedingten Einfluß der lebhafteren Bewegung und der frischen Luft. Die weißen Blutkörperchen zeigten keine charakteristischen Unterschiede.

Tabelle 1 (nach LAURENS und SOOY).
Zahl der roten Blutkörperchen bei Albinoratten bei verschiedenem Lichtgenuß (in Millionen je Kubikmillimeter Blut nach 1—6 Monaten).

Beleuchtung	1. Monat	2. Monat	4. Monat	6. Monat
1. Zimmerlicht	2,2	2,8	4,5	7,3
2. Sonnenlicht.	2,2	3,0	6,8	11,0
3. Diffuses Tageslicht . .	2,2	2,7	6,0	9,5
4. Dunkelheit	2,2	2,6	4,2	6,0

In weiteren Versuchen von LAURENS[177] mit MAYERSON, GÜNTHER[178] und MILES[208] wurden Hunde in kürzeren (15—28 Tage) und längeren (8 Monate) Perioden der Dunkelheit ausgesetzt, wobei sich folgende Veränderungen der Blutkörperverhältnisse ergaben (Tabelle 2):

Tabelle 2 (nach LAURENS und MILES).
Blutveränderungen durch Dunkelheit.

Dunkelwirkung	15—28 Tage	8 Monate
1. Zahl der roten Blutkörperchen	anfangs Abnahme, dann Rückkehr zur Norm	anfangs Abnahme, dann 3 Monate lang Zunahme, dann stetige Abnahme
2. Hämoglobin	ganz entsprechend den roten Blutkörperchen	
3. weiße Blutkörperchen	anfangs Zunahme, dann Rückkehr zur Norm	anfangs Zunahme, dann stetige Abnahme
4. Blutplättchen	wie die roten Blutkörperchen	Abnahme
5. Blutgerinnungszeit	verlängert	verlängert
6. Blut-Trockensubstanz	nimmt ab	—

Diesen Veränderungen stehen diejenigen nach der Wiederzulassung der Hunde zum Licht gegenüber. Die Zahl der roten Blutkörperchen zeigte nach der kürzeren Dunkelperiode noch eine Zeitlang ein Fluktuieren, nach der längeren sogar noch weitere Abnahme, bis schließlich wieder die Norm erreicht war; auch die der weißen zeigte im zweiten Falle noch eine längere Zunahme, dann Abnahme bis zur Norm; die der Blutplättchen in beiden Fällen Zunahme und Rückkehr zur Norm.

Zum Vergleiche wurden nun auch Versuche mit *Bestrahlung von Hunden* mittels der Kohlenbogenlampe angestellt. In der Versuchsreihe von Miles und Laurens[209] hatte eine 8 Tage lang täglich 1stündige Bestrahlung der Tiere für die *roten Blutkörperchen* anfangs Zunahme, dann Abnahme, und eine 8 Tage lang 2stündige Bestrahlung von Anfang an Abnahme zur Folge. Als Nachwirkung der wiederholten Bestrahlungen trat hier wie bei Laurens und Mayerson[201] eine Zunahme ein, die als Beweis einer Stimulation der blutbildenden Organe aufgefaßt wird; diese Reizwirkung war offenbar während der Bestrahlungsperioden zunächst noch durch eine *Zunahme des Blutvolums* verschleiert, die aus der *Abnahme der Gesamttrockensubstanz* des Blutes zu erkennen war und naturgemäß eine *relative Abnahme der Blutkörperchen* ergeben mußte, die übrigens auch die weißen Blutkörperchen und die Blutplättchen betraf.

Es zeigte sich hier, daß einfache *Bestimmungen der Blutkörperchenzahl* und auch *chemische Untersuchungen des Blutes* ohne weiteres noch *keinen eindeutigen Aufschluß über die Wirkung des Lichtes* auf die Blutverhältnisse ergeben können.

Aus den Versuchen von Laurens ging ferner hervor, daß auch verschiedene *indirekte Wirkungen von Licht und Dunkelheit* die Blutbefunde beeinflussen, so besonders die bei den Hunden nach Verbringen ins Dunkle noch tagelang bestehende Aufregung, Unruhe und Bellanstrengung, und nach Rückkehr zum Lichte die erneute Steigerung der Bewegungen, ferner die hiermit verbundenen *Änderungen der Freßlust*.

Für die Wirkung der Bestrahlungen ergab sich auch ein großer Einfluß der verschiedenen Dauer, Intensität und Häufigkeit der Bestrahlungen. Dabei zeigte sich schon ein *Einfluß der einzelnen Bestrahlungen auf das Blut*, indem dadurch jedesmal eine vorübergehende Zunahme des Blutplasmas um 6—37% (Blutverdünnung, Abnahme der Blutkörperchen) eintrat, die erst nach 5 Stunden zur Norm zurückkehrte und bei jeder neuen Bestrahlung in einem, von der Dosierung der Bestrahlung und der Länge der seit der vorhergehenden Bestrahlung vergangenen Zeit abhängigen Ausmaße, wiederkehrte. Foster[372] bestrahlte Ratten, die durch Milchdiät anämisch gemacht worden waren, täglich 10 Minuten aus 35 cm Abstand mit Hg-Bogenlicht und fand Zahl und Größe der Erythrocyten und den Hämoglobingehalt vermehrt. Dosen von weniger als 5 Minuten waren wirkungslos. In diesem Zusammenhang sei die Arbeit von Lövinsohn[397] erwähnt, in der er mitteilt, daß bei Rana fusca die Zahl der Erythrocyten durch Bestrahlung mit einer Hg-Quarzlampe um 14—16% gesteigert wurde; bei der Benutzung einer Vita-Lux-Lampe (Osram) wurde bis zu 40% Erhöhung der Erythrocytenzahl beobachtet.

In Versuchen *am Menschen* konnte Traugott[327] unter dem Einfluß täglicher Ultraviolettbestrahlung keinerlei Änderung in der Zahl der roten Blutkörperchen feststellen, wohl aber eine schon nach 15 Minuten merkliche und nach 30 Minuten im Durchschnitt bereits 26% betragende Zunahme der *weißen Blutkörperchen*, und ferner auch Vermehrung der Blutplättchen mit Beschleunigung der Blutgerinnungszeit. Pincussen[413] fand bei Meerschweinchenversuchen keinen Einfluß der Bestrahlung auf die Phagocyten.

Beim *Menschen* haben die Versuche besondere Bedeutung zur Lösung des alten Problems, ob die im *Höhenklima* sich vollziehende Vermehrung der roten Blutkörperchen und des Hämoglobins allein schon durch die Höhenlage, als Anpassungsreaktion auf den verminderten Luftdruck und Luftsauerstoff, hervorgerufen wird oder aber durch die Mitwirkung der Sonnenstrahlen.

Für letzteres schienen Erfahrungen aus dem Tieflande zu sprechen, wonach im Dunkeln eine Verminderung des Gesamtblutes (OERUM, GRAWITZ, BERING, zitiert nach KOLOZS[163]), bei anämisierten Hunden aber durch Lichtwirkung eine beschleunigte Blutregeneration (KESTNER) auftreten sollte.

Dagegen konnte KOLOZS[163] im Löwyschen Institut in Davos an Kaninchen und Meerschweinchen durch Quarzlampenbestrahlung keine Vermehrung der roten Blutkörperchen, wohl aber eine solche der Blutplättchen beobachten. Auch BERNER[20] hatte keine Vermehrung der Erythrocyten und des Hämoglobingehaltes gefunden. ITOH[384] bestrahlte Meerschweinchen täglich 10 Minuten mit ultraviolettem Licht und fand die phagocytische Wirkung der meisten Blutzellen auffallend aktiviert. Die nach der Behandlung auftretende Leukocytose verlief im allgemeinen fast parallel mit der Verschiebung der Phagocytose. Nach BUNGENBERG und DE JONG[364] eignet sich das differenzierte weiße Blutbild des Meerschweinchens seiner Schwankungen wegen nicht zur Verfolgung der durch irgendwelche Behandlung eintretenden Störungen. Die Gesamtzahl der weißen Blutzellen war hingegen ungleich konstanter. Nach längerer Zeit fortgesetzter Bestrahlung mit ultraviolettem Licht erfolgte beim Meerschweinchen eine Steigerung dieser Zahl. Die Zahl der polychromatophilen Zellen im Blut längere Zeit bestrahlter Tiere nahm zu; die der vitalkörnigen Zellen blieb unverändert. LAURENS und MAYERSON[394] bestrahlten von 18 Hunden, die eine gleichmäßige Kost erhielten und die durch subcutane Acetatphenylhydracininjektionen anämisch gemacht waren, 8 mit Kohlenbogenlicht, 3 mit der Quarzlampe. Der Rest diente zur Kontrolle. Die bestrahlten Tiere hatten eine schnellere Blutregeneration als die Kontrolltiere. Keine Unterschiede wurden gefunden bezüglich der Retikulocyten, weißen Blutkörperchen, Blutplättchen und der Resistenz der Erythrocyten. Es sei auch der Arbeit von BUTZ und BÖTTGER[365] Erwähnung getan, nach der die Bestrahlung von Kaninchen keinen Einfluß auf den Hämoglobingehalt des Blutes der Versuchstiere zeigte.

Überblickt man die vielen vorliegenden Versuchsergebnisse, von denen hier nur eine Auswahl angeführt worden ist, so bekommt man keineswegs ein klares, eindeutiges Bild. Sicher zu sein scheint bis jetzt nur eine Tatsache, daß bei anämischen Tieren durch Einfluß des Lichtes der Blutwiederersatz schneller erfolgt als bei Nichtbestrahlung (KESTNER, LAURENS-MAYERSON). LOEWY[398] will dies als experimentelle Grundlage annehmen für seine Erfahrungen, nach denen bei anämischen Kindern durch Aufenthalt an der See Blutzellenzahl und Blutfarbstoff zu normalen Werten erhöht werden.

Außerordentlich interessant sind die wenigen Arbeiten, die sich mit der Frage des Einflusses der Ultraviolettbestrahlung auf den Säure-Basenhaushalt des Organismus befassen. Leider bringen sie noch ziemlich widersprechende Ergebnisse. Obwohl MORAN und REED[406] keinen Einfluß von Bestrahlungen auf Kohlensäurebindungskurven des Blutes beweisen, und obwohl ESSINGER und GYÖRGY[369] keinen Einfluß der Bestrahlung an kleinen Kindern auf die Ausscheidung der sauren Valenzen in Urin feststellen konnten, scheinen andere Untersuchungen doch dafür zu sprechen, daß die Ultraviolettbestrahlung eine Wirkung auf den Säure-Basenhaushalt auszuüben imstande ist. DE GHELDERE und DE BOOVER[375] fanden bei bestrahlten Kaninchen eine kurzdauernde Erniedrigung der Alkalireserve. KROETZ[391] hat nach Bestrahlung von Menschen eine leichte Verminderung des p_H des Blutes festgestellt. Ederer[367] zeigten Selbstversuche, daß schwache Bestrahlung keinen Einfluß auf die alveolare CO_2-Spannung, mittelstarke eine Steigerung und starke eine Senkung derselben in der Alveolarluft bedingen. Bei Diabetikern stieg nach Pincussen[413] nach Bestrahlung die Alkalireserve; dasselbe beobachteten Leonhardt und Schaptel[396] bei Bestrahlung kranker Kinder mit der Quarzlampe. Da Störungen im Säure-Blasengleichgewicht stets von Elektrolytenverschiebungen begleitet werden, untersuchte Glass[376] die Veränderung der Chlorverteilung im Blut bei Bestrahlung. Er fand, daß nach ultravioletter Bestrahlung von Kaninchen 2 bis 4 Stunden nach der Bestrahlung, beim Menschen 24 Stunden hernach, eine Verschiebung des Chlors zugunsten der Blutkörperchen besteht. Diese Erscheinung spricht für eine Veränderung des Säure-Basengleichgewichtes des Blutes in acidotischer Richtung.

b) Lichtwirkungen auf das Blut außerhalb des Tierkörpers.

An den *roten Blutkörperchen* wird durch direkte *Ultraviolett*bestrahlung als charakteristische Veränderung *Hämolyse* (Auflösung der roten Blutkörperchen) hervorgerufen, wie zuerst durch Schmidt-Nielsen 1906 gezeigt wurde. Yamamoto[435] fand nach Bestrahlung einer Menschenblutemulsion in einer NaCl-Lösung mit künstlicher Höhensonne (2 HSE) weder Hämolyse der Erythrocyten noch Farbumwandlung. Mit der gleichen Dosis Licht bestrahlte rote Blutkörperchen zeigten eine leichte Resistenzverstärkung gegen verschieden tonische NaCl-Lösungen. Eine Erklärung findet Yamamoto in der vermutlichen Permeabilitätsänderung der Zellmembran. Hausmann und Loewy[117] prüften in Davos auch das direkte Sonnenlicht auf diese Wirkung und fanden an Erythrocyten von Kaninchenblut, das sie in Quarzröhrchen dem Lichte aussetzten, daß die *Lichthämolyse* schon durch die dortige Februarsonne und in geringerem Grade noch durch die Himmelsstrahlung hervorgerufen wurde, und zwar auch noch bei Filterung des Lichtes durch Glas, das nur bis 325—307 $\mu\mu$ durchlässig war. Sie halten diese Erscheinung für geeignet, über die verschiedene biologische Wirkung des Sonnen- und Himmelslichtes zu verschiedenen Jahreszeiten näheren Aufschluß zu geben. Bei Vitro-Versuchen beobachtete Lepeschkin[395] bei intensiver Sonnenbestrahlung schon nach 10 Minuten Beginn der Hämolyse. Auch diffuses Sonnenlicht setzt die osmotische Resistenz herab, bei in Quarzgefäßen aufbewahrtem Blut allerdings nicht.

Nach Hausser-Vahle und Sonne nimmt die Hämolysewirkung im kurzwelligen Bereich von 313—240 $\mu\mu$ erst allmählich und dann in steilem Anstiege zu.

Daß die roten Blutkörperchen für ultraviolette Strahlen z. B. durch den Blutfarbstoff Hämatoporphyrin noch besonders sensibilisiert werden können, ist durch Hausmann und Sonne[109] gezeigt worden.

Auch die *Lichtwirkung auf die weißen Blutkörperchen* ist außerhalb des Körpers untersucht worden. Dabei konnte Fleischmann[64] an Leukocytensuspensionen vom Pferd und Kaninchen weder durch lang- noch kurzwellige Strahlen einen Einfluß auf die Phagocytose erzielen, wenn er die Wärmewirkung ausschloß. Erst nach 50 Minuten langer Ultraviolettbestrahlung mit künstlicher Höhensonne zeigte sich eine Wirkung, und zwar der Beginn des Absterbens, der sich durch Aufhören der amöboiden Bewegungen und der Phagocytose kundgab.

3. Anhang.   Lichtwirkung auf die Blutgefäße.

Die Wirkung des Lichtes auf das kreisende Blut ist naturgemäß in hohem Grade von der Menge und Geschwindigkeit abhängig, mit der das Blut die Haut durchströmt. Diese werden aber vom Zustand der Blutgefäße beeinflußt.

In dieser Hinsicht ist es eine bekannte Tatsache, daß sich die Blutcapillaren der Haut im Lichte ausdehnen, während bei längerem Aufenthalt im Dunkeln (LOEWY weist auf Polarnachtexpeditionen hin) eine eigentümliche Blässe auftritt. Natürlich muß bei diesen Blutgefäßreaktionen zwischen den Wirkungen der Wärme- und der Ultraviolettstrahlen streng unterschieden werden.

Daß sich die Blutverteilung im Körper unter dem Lichteinfluß durch Änderungen des Kontraktionszustandes der Blutgefäße verändern kann, geht aus den Versuchen von KIMMERLE[159] und A. MEYER[207] hervor. Ersterer beobachtete bei Erwachsenen als Reaktion auf Bogenlampenbestrahlung (40 und 20 Amp., 0,5—1,5 m Entfernung, 20—40 Minuten Dauer) eine ausgesprochene *Senkung des* Blutdrucks, die bei Gesunden 10—20 mm Hg, bei Patienten mit erhöhtem Blutdruck 40—50 mm Hg betrug; und letzterer sah bei 24 Kindern nach $1/2$—1 stündiger Bestrahlung durch künstliche Höhensonne mit Glühlampenkranz fast ausnahmslos eine Blutdrucksenkung von durchschnittlich 10,8 mm Hg auftreten.

Vielleicht beruht die Wirkung mindestens teilweise auf der *Abnahme der vasokonstriktorischen Wirksamkeit des Blutserums*, die von FELDMANN und AZUMA[61] am Blutserum von Kaninchen als Folge direkter, natürlicher Sonnenbestrahlung festgestellt wurde.

V. Die Einwirkungen des Lichtes auf Stoffwechsel und Wachstum.

1. Allgemeine Stoffwechsel-Wirkungen.

Daß im Gegensatz zu den grünen Pflanzen bei den tierischen Organismen, einschließlich des Menschen, das Sonnenlicht keine unerläßliche Lebensbedingung für die Aufrechterhaltung eines „normalen" Stoffwechselablaufs und der Gesundheit darstellt, ist mehrfach bestätigt worden ... Schon 1913 konnte NEUBERG[221] darauf hinweisen, daß *Lichtmangel* bei Gewöhnung wenig oder gar nicht schädlich zu sein scheine. Wenn auch die im Dunkel des Verdauungskanals anderer Tiere lebenden Darmparasiten und die Vertreter der typischen Höhlenfauna als besondere Anpassungsformen zu betrachten sind, so hat sich doch, wie schon erwähnt, durch die Untersuchungen von GROBER[74] herausgestellt, daß z. B. auch jahrelang unter Tag in Bergwerken lebende Pferde bei entsprechend günstigen Ernährungsbedingungen gesund und arbeitsfähig bleiben.

Und auch das Leben des Menschen in der Polarnacht bringt im allgemeinen nur psychisches Unbehagen, aber keine deutlich erkennbaren Gesundheitsschädigungen mit sich.

Andererseits geht aus zahlreichen Erfahrungen und experimentellen Untersuchungen hervor, daß der menschliche und tierische Stoffwechsel durch erhöhten Lichtgenuß eine Steigerung erfährt. Hierbei entsteht allgemein die *Frage nach den Angriffspunkten der Lichtwirkung* im Tierkörper: denn es ist keineswegs immer ohne weiteres ersichtlich, ob die Lichtwirkungen direkt gewisse am Stoffwechsel beteiligte Organe betreffen oder ob sie als indirekte Einflüsse aufzufassen sind.

So wird z. B. nach NEUBERG[220] der von ADUCCO und BIDDER und SCHMIDT beobachtete schnellere Verfall hungernder Tiere im Licht durch die hierdurch bedingte größere Häufigkeit und Lebhaftigkeit der Muskelbewegungen und den damit verbundenen größeren Stoffverbrauch verursacht. Nach ALEXANDER und REVECZ[2] wird die Erhöhung des Stoff- und Energieverbrauchs unter dem Lichteinfluß durch die infolge der optimalen Sinnesreize eintretende Tätigkeitssteigerung des Gehirns vermittelt.

Im speziellen Teil dieser Abhandlung werden wir noch sehen, wie besonders beim *Geflügel* die Steigerung der täglichen Belichtungsdauer zu erhöhter Aktivität hinsichtlich der Futteraufnahme und dadurch zu einer Steigerung des Produktionsstoffwechsels führt. Auch bei *Kaninchen* fanden Pearce und Allen[237] eine bessere Gewichtszunahme im Hellen als im Dunkeln, wo sie sich indessen auch vollkommen gesund erhielten.

Für die Tatsache der *Allgemeinwirkung des Lichtes auf den Menschen* kann die Bewährung der von Bernhard und Rollier eingeführten *Sonnenbehandlung* der chirurgischen Tuberkulose als Beweis dienen. Nach Bier[25] sollen indessen hierbei nicht ausschließlich die ultravioletten Strahlen wirken; nach seiner Erfahrung sind daher bei künstlichen Lichtquellen besser solche zu verwenden, die sämtliche Arten der Sonnenstrahlen und besonders auch die Wärmestrahlen enthalten. Ebenso betont Hagemann[78] den Wert auch der roten und ultraroten Strahlen für die Allgemeinbehandlung.

In diesem Zusammenhange ist von Interesse, daß D. Rancken (zitiert nach Backmund[13]) hinsichtlich der günstigen *Allgemeinwirkung der Ultraviolettbestrahlung auf den Menschen* zu dem Schluß gekommen war, daß die von der Haut aufgenommene Lichtwirkung auf das *Nervensystem* wirkt und dessen Funktionsvermögen auf der Höhe hält, was wiederum allen Körperorganen durch Schaffung günstiger Innervationsverhältnisse zugute kommt. In gleichem Sinne gelangte Backmund[13] im Löwyschen Institut in Davos auf Grund ergographischer Untersuchungen am Menschen zu dem Ergebnis, daß nach Bestrahlung größerer Körperabschnitte mit künstlicher Höhensonne eine erhebliche Steigerung der Muskelleistung auftritt, und daß diese Leistungssteigerung durch eine Allgemeinwirkung der Strahlen auf das Nervensystem zustande kommt.

Hiernach sind die *Einflüsse des Lichtes auf den Stoffwechsel oft durch indirekte Wirkungen*, die z. T. durch das Nervensystem vermittelt werden, bedingt.

Im Hinblick der Bedeutung der Schilddrüse für den normalen Ablauf des Stoffwechsels seien die Ergebnisse einiger neuerer Arbeiten mitgeteilt, die sich mit der Frage der *Einwirkung des Lichtes auf die Schilddrüse* beschäftigen. Bergfeld[362] untersuchte im Davoser Institut weiße Ratten, die teils im Dunkeln, teils in für ultraviolettes Licht undurchlässigen Behältern gehalten wurden. Bei den Versuchstieren zeigte sich eine ausgesprochene „Unruhe im Parenchym" der Schilddrüse, die durch Vermehrung der Follikel, Mangel an Kolloid und ein auffallend hohes Follikelepithel gegenüber der ruhenden Drüse gekennzeichnet waren. Bei Tieren, die ultraviolettem oder Sonnenlicht ausgesetzt waren, nimmt das Parenchym zugunsten zahlreicher mit Kolloid gefüllter Follikel ab. Bergfeld nimmt für das bemerkenswerte Verhalten der Schilddrüse die Ultraviolettbestrahlung in Anspruch. Der angeschnittenen Frage ging Rosenkranz[420] in Ergänzung dieser Versuche nach, indem er unter den gleichen Bedingungen in Davos Rinder und Kaninchen untersuchte. Er kam zu denselben Ergebnissen. von Fellenberg[370] stellte im Anschluß an diese Versuche fest, daß das Schilddrüsengewicht und der Jodgehalt der Schilddrüse bei im Dunkeln und im Hellen gehaltenen Tieren keine Unterschiede zeigten. Turner[431] bestätigte die obigen Forschungsergebnisse durch Hühnerversuche. Die 4 Wochen alten Tiere wurden in einem Raum gehalten, der mit Nr. 48 Pittsburger Bernsteinglas versehen war, das für ultraviolettes Licht absolut undurchlässig ist. Die Kontrolltiere lebten in einem Stallraum mit gewöhnlichem Fensterglas und wurden zweimal wöchentlich mit einer Quecksilberdampflampe bestrahlt. Die Versuche dauerten 62 bis 164 Tage. Die Schilddrüsen der Versuchstiere waren bedeutend vergrößert, tiefpurpurrot gefärbt und zeigten im mikroskopischen Bild epithele Hyperplasie und auffallenden Schwund des Kolloids. Higgins, Foster und Sheard[382] beschäftigten sich ebenfalls mit diesem Problem.

Bezüglich des *Atmungsstoffwechsels* hatte MOLESCHOTT[210] beim Frosch, PETTENKOFER und VOIT[240] beim Menschen, eine *Steigerung des Gaswechsels* festgestellt, HASSELBALCH und LINDHARD[103, 185] hatten diese auf eine Erhöhung der Erregbarkeit des Atemzentrums durch die intensive Belichtung zurückgeführt (vgl. oben S. 814 BEITZKE; vgl. auch ELSNER-TRIERENBERG[58]). Im Höhenklima von Teneriffa fand ZUNTZ[352, 353] mit DURIG, v. SCHRÖTTER und NEUBERG ein individuell verschiedenes Verhalten der einzelnen Versuchspersonen und bei manchen weder die Atemmechanik noch den Gaswechsel verändert, so daß sich kein abschließendes Urteil über den Anteil der Dauer, Intensität und Flächenwirkung des Lichtes auf den Stoffwechsel gewinnen ließ. Auch hier waren offenbar indirekte und besonders psychische Wirkungen beteiligt und bei den Versuchspersonen in verschiedenem Grade ausgeprägt.

Hinsichtlich der *Lichtwirkungen auf den Grundumsatz* sei im übrigen auf den Beitrag von M. STEUBER in diesem 4. Bande des Handbuchs hingewiesen.

Ohne hier auf die zahlreichen, auf den verschiedensten Gebieten des Stoffwechsels gemachten Erfahrungen über den Einfluß des Lichtes näher eingehen zu können (vgl. PINCUSSEN[183]), sollen hier, mit Rücksicht auf ihre, wie wir im speziellen Teil sehen werden, für die landwirtschaftlichen Nutztiere hervorragende Bedeutung,

2. Die Wirkungen des Lichtes auf den Mineralstoffwechsel

noch kurz besonders gewürdigt werden. Diese sind an verschiedenen physiologischen Versuchstierarten unter Verwendung der verschiedensten Lichtquellen untersucht worden.

Hinsichtlich der Nutztiere sei auf den speziellen Teil verwiesen.

Unter der Wirkung des *Sonnenlichtes*, und zwar durch täglich 7stündige Belichtung, konnte PINCUSSEN[244] bei Kaninchen erhebliche *Veränderungen des Mineralgehaltes der Organe*, besonders des Ca-, K-, Mg-Gehaltes von Leber, Herz, Lungen und Haut, feststellen, durch die die sonst ziemlich konstanten Normalwerte für das Verhältnis K/Ca sowie Ca/Mg beträchtliche Verschiebungen erfuhren.

Ähnlich fanden LOEWY und PINCUSSEN[186] bei Ratten nach 26 Tage lang durchgeführter täglicher Bestrahlung mit einer Osramlampe (500 Watt), die neben den sichtbaren Lichtstrahlen auch ultraviolette lieferte, deutliche Veränderungen der Mineralverhältnisse der Organe, und zwar im Sinne einer *relativen Erhöhung des Kalkgehalts*.

LAURENS untersuchte mit MAYERSON und GUNTHER[200, 199, 198] an Hunden zunächst den *Einfluß der Dunkelheit*, der sich für die ersten 18—28 Tage als Stoffwechselreiz geltend machte und Erhöhung des Phosphorgehalts im Blute wie auch des Chlor- und Stickstoffgehalts und der Gesamtacidität im Harne verursachte. Hierbei wirkten indessen offenbar die Einflüsse der nach dem Verbringen ins Dunkle lange bestehenbleibenden Aufregungen und gesteigerten Bewegungen der Tiere mit. Nach Aufhören der Dunkelperiode zeigte sich dann auch unter dem *Einfluß der Rückkehr zum Licht* eine ähnliche erneute Steigerung des Stoffwechsels für kurze Zeit.

Bestrahlungsversuche derselben Autoren[198, 199] (Kohlenbogenlampe 25 bis 30 Amp.: Wellenlängen hauptsächlich über 300 $\mu\mu$, doch auch bis 218 $\mu\mu$; 40 cm Entfernung: täglich 1 Stunde lang Rückenbestrahlung) ergaben ebenfalls *Steigerung* des N-Stoffwechsels, des Blutphosphorgehalts, der Ca- und P-Retention und Herabsetzung des Blutzuckergehalts. Bei wiederholter Bestrahlung des Bauches anstatt des Rückens wurde dagegen *Herabsetzung* des Ca- und P-Gehalts im Blute beobachtet, was auf mancherlei Zufälligkeiten und nicht leicht festzustellende Einflüsse der jeweils angewendeten Bestrahlungsmethodik hinweisen dürfte.

Solche niedrigen Ca- und P-Werte im Blute wurden von diesen Autoren auch schon unmittelbar im Anschluß an *einzelne Bestrahlungen* beobachtet und als Folge einer Blutgefäßerweiterung und Wasserdiffusion aus den Geweben angesehen.

Dieser Hinweis darauf, daß bei den Versuchen über die Einflüsse des Lichtes auf den Mineralstoffwechsel nicht nur direkte einheitliche Wirkungen, sondern *auch indirekte Wirkungen*, die durch physiologische Änderungen in bestimmten Organsystemen bedingt sein können, in Betracht gezogen werden müssen, ist für die spätere Besprechung der Versuche an Nutztieren von besonderer Bedeutung, da gerade auch bei diesen die Mineralanalysen des Blutes eine große Rolle spielen.

3. Der Einfluß des Lichtes auf das Wachstum.

Über höhere Tiere werden wir im speziellen Teil zahlreiche Erfahrungen an landwirtschaftlichen Nutztieren mitzuteilen haben. An dieser Stelle mögen einige kurze Hinweise genügen, um zu zeigen, daß der tierische Wachstumsprozeß in Beziehung zum Licht steht. Beschleunigt wurde unter Ultraviolettbestrahlung die Entwicklung von Anopheleslarven (SCHLÜRNS, zit. nach LOEWY[398]), auch scheint die Entwicklung von Kaulquappen durch eine solche einen schnelleren Ablauf zu nehmen (KESTNER). BENDT[360] bestrahlte Rana temporaria und R. esculenta in verschiedenen Furchungs- und Larvenstadien und stellte fest, daß die Froschlarven von 4—9 mm sich durch erhöhte Lichtempfindlichkeit auszeichnen. Die Blastulae-Stadien vertragen mehr Licht als die Entwicklungsstadien gestreckter Larven. Dieses Ergebnis steht im Widerspruch mit dem BERGONIÉ-TRIBONDEAUschen Gesetz, nach dem mit fortschreitender Zelldifferenzierung die Strahlenempfindlichkeit vermindert werden soll.

Von Erfahrungen an höheren Tieren mögen einige Ergebnisse aus Rattenversuchen als Belege dienen. ECKSTEIN (zit. nach LOEWY) fand bei Ratten unter Ultraviolettbestrahlung kein beschleunigtes Wachstum, FOSTER[372] beobachtete sogar bei stärkerer Bestrahlung Wachstumshemmung. STEIN und LEWIS[428] teilen nach Versuchen in Colorado mit, daß tägliche Sonnenbestrahlung von 3,75 Minuten Dauer für gesundes Wachstum von Ratten genügte.

MURPHY und DE RENYI[407] behandelten 120 schwangere Ratten mit Beckenbestrahlung (200—1600 R). Von diesen warfen 34 Junge innerhalb 22 Tagen nach der letzten Bestrahlung. Die durchschnittliche Zahl der Jungen dieser Würfe betrug 3,6, die der Kontrollwürfe 7. Von 14 Tieren, die 400 oder mehr R empfangen hatten, gebaren 5 defekte Junge; ein Teil der Tiere zeigte Wachstumsstörungen an den Extremitäten. Die Häufigkeit, mit der diese defekten Jungen geboren wurden, ging etwa konform mit der Intensität der Bestrahlung. LUDWIG und VON RIES[400] hielten gravide Ratten und später deren Junge in Käfigen mit Fenster-, Rot- und Blauglas. Die unter Rot gehaltenen Tiere zeigten kräftigeres Wachstum als die Blauglasratten, die ihrerseits noch schwerer als die Kontrolltiere waren.

Ferner sei erwähnt, daß LAURENS und SOOY[179] diesen Einfluß bei Albinoratten deutlich ausgeprägt fanden. Sie zogen diese in Gruppen auf, von denen 1 dauernd in völliger Dunkelheit blieb und täglich nur 15 Minuten lang zur Fütterung rotes Lampenlicht erhielt, 2, 3, 4 dauernd bei gewöhnlicher Zimmerbeleuchtung gehalten wurden, wozu bei 3 noch die tägliche Exposition am diffusen Tageslicht, und bei 4 die am Sonnenlicht hinzutrat. Das Wachstum gestaltete sich unter diesen Gruppen deutlich am besten bei 4 und in absteigender

Reihenfolge bei 3, 2, 1 immer schlechter. AISIKOWITSCH[354] kommt nach Versuchen an Kaninchen zu dem Schluß, daß eine zusätzliche Bestrahlung der Tiere, sei es während der Trächtigkeit als auch während der Säugezeit, eine bessere Entwicklung der Nachkommenschaft gewährleistet.

VI. Die Vitamin-Wirkungen des Lichtes.

auf den Stoffwechsel, das Wachstum und die Ernährung beziehen sich, soweit bis jetzt bekannt, nur auf den Ersatz und die Aktivierung des antirachitischen Vitamins D durch die ultravioletten Strahlen. Auf die allgemeinen Grundlagen und Tatsachen dieser Zusammenhänge wurde in diesem Handbuche bereits im 1. Bande (S. 256) von SCHIEBLICH in seiner großen Zusammenfassung über die Vitamine ausführlich eingegangen. Ferner kann auch auf den im vorliegenden Bande unmittelbar vorhergehenden Beitrag von KRZYWANEK über die besonderen Einflüsse der Vitamine auf Ernährung und Stoffwechsel der Nutztiere hingewiesen werden (s. S. 341). Überdies ist auf die Beziehungen des Lichtes zur Regulierung des Mineralstoffwechsels durch Vitamine auch von LINTZEL im 3. Bande (S. 274ff.) schon eingegangen worden.

Daher erscheint es überflüssig, in diesem allgemeinen Teil noch eine umfassende Übersicht über die besonders im Hinblick auf die *Rachitisverhütung* wichtige Literatur zur Vitaminwirkung des Lichtes zu geben, soweit sich diese auf Erfahrungen am Menschen und anderen Tieren, besonders an Ratten, erstreckt.

Dagegen darf hier hervorgehoben werden, daß die Vitaminwirkungen des Lichtes, soweit sie sich auf die landwirtschaftlichen Nutztiere beziehen, im folgenden speziellen Teil meines Beitrages in den einzelnen Abschnitten über Geflügel, Wiederkäuer und Schweine, bei ersterem auch in einem besonderen die Rachitis behandelnden Kapitel, unter eingehendster Berücksichtigung der gesamten hierüber bisher vorliegenden Literatur dargestellt sind: dort finden sich die bisherigen Erfahrungen über die Beziehungen des Lichtes zum Mineralstoffwechsel, zur Rachitisbehandlung und zur Anreicherung des Tierkörpers und seiner Produkte mit antirachitischem Vitamin, wie auch die Vitaminaktivierung des Futters durch Bestrahlung, für die verschiedenen Nutztierarten im einzelnen wiedergegeben.

Auf andere Vitamine sind bisher keine Einflüsse des Lichtes nachgewiesen worden. Insbesondere ist in bezug auf das antineuritische Vitamin durch KRIZENECKY[165, 167] gezeigt worden, daß die *Beriberi von Tauben*, die durch einseitige Fütterung mit poliertem Reis hervorgerufen wird, durch ultraviolette Bestrahlung der Tiere mittels der Hanauer Quarzquecksilberdampflampe weder verhütet noch geheilt werden kann, selbst wenn sich die Bestrahlung nach Ausrupfen des Gefieders auf die ganze Rückenfläche der Tiere erstreckt. Ergänzend wurde von MORINI[212] nachgewiesen, daß auch die *ultraviolette Bestrahlung des Futters* von Tauben, die durch Fütterung mit jeweils $2^1\!/_2$ Stunden lang gekochtem Futter (Reis, Hefe, Körner) an Polyneuritis erkrankt waren, die Vitaminaktivität des Futters in keiner Weise wiederherstellen konnte.

Auch beim *Meerschweinchenskorbut* fand KŘÍŽENECKÝ[167, 168] weder eine Schutz- noch Heilwirkung der Ultraviolettbestrahlung. Dagegen sah er einen *Einfluß der Ultraviolettbestrahlung auf die Augenreiche der Ratten* insofern als bei erwachsenen Tieren die sonst durch Reisdiät hervorgerufene Xerophthalmie, sowie der Haarausfall, durch die Bestrahlung verhütet werden konnte, wobei diese Tiere allerdings infolge der hierdurch bedingten Beschleunigung ihres Stoffwechsels früher zugrunde gingen. Bei jungen Ratten ergab sich auch für diese Avitaminose keinerlei Beeinflussung durch die Bestrahlung.

VII. Sensibilisierung für Licht und Lichtkrankheiten.

1. Photosensibilisatorische Substanzen.

Die soeben erwähnten Erfahrungen über die Beziehungen des Lichtes zu den Vitaminen und besonders die Vitaminaktivierung in der Haut befindlicher Stoffe und des Ergosterins zeigen uns, daß die Lichtwirkung ganz bestimmte chemische Substanzen des tierischen Organismus zum Angriffspunkt haben kann, deren Veränderungen ihrerseits erst wieder die physiologischen Vorgänge des Stoffwechsels beeinflussen. Daher kann man auch sagen, daß jene Substanzen die Lichtwirkung auf den Organismus vermitteln und diesen erst für den Lichtreiz empfindlich machen, sensibilisieren.

Photosensibilisierende Substanzen spielen überall bei den Lichtwirkungen auf Organismen eine bedeutende Rolle. Schon in dem Abschnitt über chemische Wirkungen des Lichts sahen wir, daß nach Neuberg Spuren von Metallsalzen, besonders von Eisen, als Katalysatoren die organischen Stoffe des Tierkörpers für die chemische Zersetzung durch Licht sensibilisieren können. Neuberg (1913) und Schanz[271, 270] haben seinerzeit auch bereits darauf hingewiesen, daß wir uns schon mit der gewöhnlichen Nahrung solche *Photokatalysatoren* und ebenso auch *photosensible Stoffe* zuführen und letztere auch im eignen Stoffwechsel bilden (z. B. Traubenzucker, Milchsäure, Harnstoff, Hämatoporphyrin).

Die nähere Erforschung der *Photosensibilisation* knüpft sich an die Entdeckung von Raab[249], daß die Giftigkeit fluorescierender Stoffe auf Infusorien (Paramaecium caudatum) stark zunimmt, wenn die mit jenen Stoffen versetzte Lösung, in der sich diese Organismen befinden, dem Lichte ausgesetzt werden. Diese *photodynamische Wirkung der fluorescierenden Substanzen* ist seitdem bei den verschiedensten Organismen vom Bacterium bis zum Menschen, sowie auf einzelne Organe und für die verschiedensten Stoffe nachgewiesen und besonders von Tappeiner und Jodlbauer [323, 321, 154, 322], von Hausmann[106—110] und seinen Mitarbeitern, sowie Noack[224], systematisch untersucht worden.

Das Grundphänomen einer solchen Wirkung besteht z. B. darin, daß Infusorien, zu deren Kulturflüssigkeit Eosin zugesetzt wird, im Tageslicht, und noch schneller bei Sonnenbestrahlung, zugrunde gehen, während der Eosinzusatz durchaus nicht schädlich wirkt, wenn sie im Dunkeln bleiben. *Nicht Sonne oder Eosin allein, sondern nur ihre Kombination, wirkt schädigend und selbst tödlich.* Ohne hier auf die theoretischen Zusammenhänge (hierüber s. u. a. Pincussen[246], Baur[358]) und die zahlreichen, in den erwähnten und anderen Arbeiten niedergelegten Versuche näher eingehen zu können, sei als Beispiel für die Photosensibilisation von Säugetieren durch fluorescierende Farbstoffe angeführt, daß nach Raab bei Mäusen eine subcutane Einspritzung von 0,2—0,4 g Eosin je Kilogramm Tier genügt, um durch Sonnenbelichtung in 2 Tagen eine Nekrose der Ohren hervorzurufen, und daß nach John[155] 0,5 cm³ einer 0,005proz. Lösung von Trypaflavin bei einer weißen *Maus*, falls sie danach ins Licht gebracht wird, schon hinreicht, um sie in weniger als 24 Stunden zu töten, während sie im Dunkeln am Leben bleibt.

Nach allen derartigen Erfahrungen handelt es sich bei diesen photodynamischen Erscheinungen um ausgesprochen *oligodynamische Wirkungen*, indem schon minimale Mengen gewisser katalytisch wirkender Substanzen den Einfluß des Lichtes bis zur schädlichen oder gar tödlichen Wirkung erhöhen.

Dafür daß diese photosensibilatorischen Einflüsse gerade besonders den ganzen Stoffwechsel und seine Einzelvorgänge betreffen, sei angeführt, daß Pincussen[242] an albinotischen und weiß-schwarzen *Kaninchen* nach Sensibilisierung durch Einspritzung des fluorescierenden Farbstoffs Erythrosin unter dem Einfluß einer täglich 6 stündigen Sonnenbestrahlung im Februar und März in Davos eine deutliche Steigerung des Eiweißstoffwechsels feststellen konnte, die sich aus der Untersuchung des Harns ergab.

In Anbetracht der *antirachitischen Wirkung* des Lichtes, die uns im speziellen Teil ausgiebig beschäftigen wird, sei noch erwähnt, daß man auch schon bei der Behandlung der kindlichen Rachitis von der *Sensibilisierung durch Eosin* zur Verstärkung dieser Wirkung gute Erfolge gesehen hat (GYÖRGY, GOTTLIEB, PILLING[241]).

Von besonderem Interesse für die Frage, wieweit Photosensibilisatoren schon normalerweise den Stoffwechsel der Tiere zu beeinflussen vermögen, ist die von HAUSMANN[106], ALLISON[355] und KOLMER[162] gefundene Tatsache, daß auch von den gewöhnlichsten natürlichen Farbstoffen von Pflanzen und Tieren, *Chlorophyll* und Blutfarbstoffen (Hämatoporphyrin) eine solche Wirkung ausgeht. HAUSMANN und LÖHNER[116] zeigten später im Davoser Institut, daß bei Mäusen durch gewisse Einflüsse, wie Narkose oder Luftdruckherabsetzung, auch wieder eine photobiologische *Desensibilisierung*, d. h. eine Abschwächung oder Aufhebung der photodynamischen Wirkung, herbeigeführt werden kann. RIESSER und HADROUSSEK[417] zeigten, daß ultraviolette Strahlen im tierischen Organismus eine Steigerung der Gewebsoxydation hervorrufen können, und es erscheint unter diesen Voraussetzungen möglich, durch eine derartige Vorbehandlung Änderungen der Giftigkeit bei solchen Giften zu erzielen, deren im Organismus gebildeten Oxydationsprodukte wirksam sind (s. auch VOLLMER und BEHR[432]).

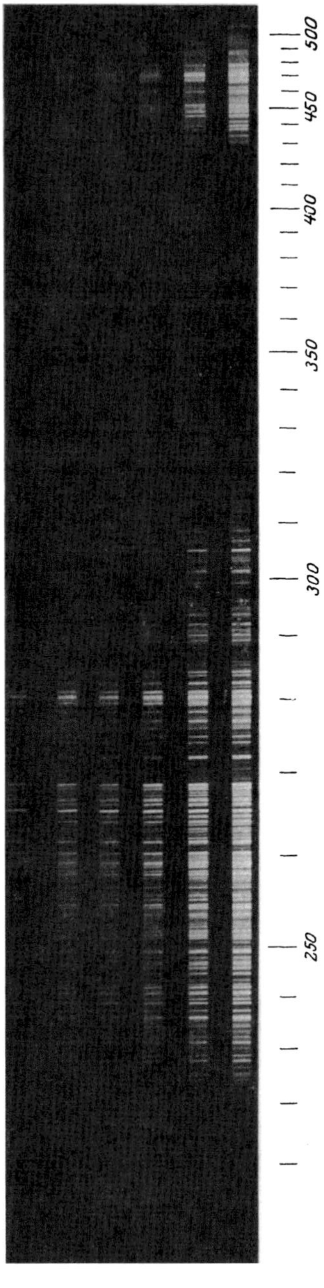

Für die Frage, welche Photosensibilisatoren des Tierkörpers die Lichtwirkung auf seinen Stoffwechsel vermitteln, ist natürlich die von HAUSMANN[108] in ausgedehnten Versuchsreihen systematisch studierte Tatsache, daß *Blutfarbstoffe* jene Fähigkeit besitzen, von besonderer Bedeutung, nachdem wir oben gesehen haben, daß das kreisende Blut imstande ist, durch die Haut hindurch strahlende Energie zu absorbieren. HAUSMANN und KRUMPEL[113] haben auch in der Absorption der Strahlenbezirke von unter 300 bis über 400 $\mu\mu$ Wellenlänge durch Hämatoporphyrinlösungen (s. Abb. 192) die physikalische Grundlage für diese Wirkungen nachweisen können.

Abb. 192. Absorptionsspektren einer alkalischen Hämatoporphyrin-Chlorhydratlösung der Konzentration $^1/_{1000}$ bei den Belichtungszeiten $7^1/_2$, 15, 30, 60, 120 und 240 Sekunden in 1 mm Schichtdicke. Wellenlängen in Milliontel mm. (Nach HAUSMANN und KRUMPEL.[294])

Wenn somit durch die Vermittlung körpereigener und bluteigener Photosensibilisatoren die physiologischen Wirkungen des Lichtes verständlich werden, so gilt dies in gleicher Weise auch für die *photopathologischen Erscheinungen.*

2. Die Lichtkrankheiten.

des Menschen und der Tiere. Hinsichtlich der *Lichtpathologie des Menschen* darf hier auf die einschlägigen medizinischen Werke verwiesen werden (z. B. Jesio-nek[151], Askanazy[4], Hausmann und Haxthausen[112], und müssen hier einige Andeutungen genügen, die das Verständnis ähnlicher *Lichtkrankheiten der Tiere* erleichtern können.

Hausmann[109] unterschied *Lichterkrankungen* zweierlei Art, je nachdem diese bei Lebewesen normaler Lichtempfindlichkeit oder aber bei solchen auftreten, deren Lichtempfindlichkeit durch gewisse Umstände gegen die Norm gesteigert ist. Zu letzteren gehören die *exogen*, durch Stoffe der Nahrung, und die *endogen*, durch im Körper selbst gebildete Substanzen, verursachten Photosensibilisations-erkrankungen.

Beim Menschen sind es zunächst *Hautkrankheiten*, die durch Licht hervor-gerufen werden können. Die Empfindlichkeit der Haut in dieser Hinsicht geht ja schon aus der „Verbrennung" der Haut an der Sonne und dem Gletscherbrand hervor. Als ernstere Erkrankungen sind das Xeroderma pigmentosum und der Seemannskrebs zu nennen. Hier sei erwähnt, daß es neuerdings gelungen ist, durch regelmäßig wiederholte Ultraviolettbestrahlung bei Ratten im Laufe von 20 Wochen Carcinome zu erzeugen (Putschar und Holtz[248]).

Sehr bekannt sind die jahreszeitlich bedingten *Lichtdermatosen* (Hydroa, Prurigo), die besonders im Frühling auftreten. Der Komplex „*Frühling*" läßt sich hierfür nicht ohne weiteres in die einzelnen dabei bedeutungsvollen Faktoren auflösen. Er stellt nach Bettmann[22] die Gesamtheit der kosmisch-meteoro-logischen Bedingungen dar, die im Frühjahr den menschlichen Organismus in komplizierter Weise labilisierend und sensibilisierend beeinflussen. Hierbei spielt aber das Licht eine Hauptrolle.

Als *exogene* Lichtkrankheit wird die *Pellagra* aufgefaßt. Daß sie auf einer sensibilisierenden und krankmachenden Wirkung von Stoffen beruht, die mit der Maisnahrung eingeführt werden, geht aus ihrer Beschränkung auf die vor-zugsweise Mais genießenden Völker hervor. Daß sie eine Lichtkrankheit ist, wird dadurch wahrscheinlich gemacht, daß sie im Winter zurückgeht oder ganz verschwinden kann, und daß sich, wie Raubitschek[252] nachwies, auch bei Mäusen durch Mais pellagraähnliche Zustände, aber nur im Licht, hervorrufen lassen.

Unter den *endogenen* Lichtkrankheiten des Menschen sei hier der von Gün-ther[76] näher studierte *Porphyrismus oder die Porphyrinurie* erwähnt, die akut auftreten, aber auch angeboren sein kann, und bei der die Lichtempfindlichkeit bestimmter Stellen der Körperoberfläche im Laufe der Jahre zu schweren Ver-stümmelungen führen kann.

Als eines der wichtigsten Symptome tritt bei dieser Erkrankung zunächst die Lichtempfindlichkeit der Kranken hervor, indem sich an allen dem Sonnen-licht zugänglichen Stellen schwere Entzündungserscheinungen entwickeln. Daß diese Überempfindlichkeit mit den Harn- und Kotfarbstoffen, dem von Hans Fischer[62] dargestellten *Hämatoporphyrin* bzw. dem Uro- und Koproporphyrin, in ursächlichem Zusammenhange steht, ergab sich aus den obenerwähnten Versuchen von Hausmann, durch welche die photosensibilisatorische Eigenschaft des Hämatoporphyrins nachgewiesen wurde.

Auf die *Lichtkrankheiten der Haustiere* soll am Schlusse des speziellen Teiles eingegangen werden (s. S. 900).

C. Spezieller Teil.

I. Allgemeine hygienische Bedeutung des Lichtes für die Tierhaltung.

Von der günstigen Wirkung des Lichtes auf die Gesundheit der Tiere sind die erfahreneren Tierzüchter schon lange überzeugt gewesen. In scharfem Gegensatze hierzu steht einmal die auch heute immer noch, besonders in kleineren Betrieben, in viel zu weitem Maße verbreitete Haltung der Tiere in lichtarmen Ställen und zweitens die Tatsache, daß man erst in neuester Zeit begonnen hat, die physiologischen Wirkungen des Lichtes auf die landwirtschaftlichen Nutztiere in wissenschaftlicher Weise durch vergleichende, mit verschiedener Belichtung durchgeführte Versuche experimentell und systematisch zu untersuchen. Derartige Forschungen wurden besonders durch die in kurzer Zeit zu riesigem Umfange anwachsenden Arbeiten über die Vitamine angeregt und gefördert, als amerikanische Autoren fanden, daß gewisse Vitaminwirkungen durch Lichteinflüsse ersetzt werden können; ferner auch dadurch, daß die fortschreitende Technik allerlei neue Beleuchtungsquellen für die Behandlung des Menschen und auch der Nutztiere zur Verfügung stellte.

Die älteren Erfahrungen, z. B. von GROUVEN[75], daß die mehr oder minder große Helligkeit des Stalles die Futteraufnahme und -ausnutzung und damit die Fütterungsnormen beeinflußt, oder die von HAUBNER[104], der in seiner Gesundheitspflege der Haustiere auf die den Stoffwechsel steigernde Wirkung des Lichtes hinwies, blieben anscheinend wenig beachtet und jedenfalls ohne Einfluß auf die wissenschaftliche Untersuchung der Ernährung und des Stoffwechsels der Nutztiere.

Heute aber wird allgemein auf die wichtige hygienische Bedeutung reichlicher Belichtung für die Tierhaltung hingewiesen (KRONACHER[169]), wobei nicht nur die Erfahrungen der landwirtschaftlichen Betriebe, sondern auch die der zoologischen Gärten zugrunde gelegt werden können (LEDERER[181], SOKOLOWSKY[300]), in denen die künstliche Höhensonne besonders bei Tieren aus sonnenreichen Ländern längst vielfach im Gebrauch ist (SOKOLOWSKY[299]).

Die *allgemeine hygienische Bedeutung des Lichtes für die Haus- und Nutztiere* erstreckt sich nach allem, was wir bereits im allgemeinen Teil erwähnten, wie nach den hier im speziellen Teil noch ausführlicher darzustellenden Erfahrungen. auf *verschiedenartige direkte und indirekte Wirkungen des Lichtes*, von denen besonders folgende hervorgehoben seien:

1. Auffinden, Erkennen, Auswählen des Futters mittels der Augen als Lichtsinnesorgane.

2. Anregung der Freßlust durch den Anblick des Futters.

3. Anregung zu körperlichen Bewegungen nach Art psychischer Reaktionen; hierdurch Anregung von Blutkreislauf und Atmung, Stoffwechsel und Futteraufnahme.

4. Anregung des Stoffwechsels durch Vermittlung der chemischen Lichtwirkungen auf Haut und Blut.

5. Anregung des Wachstums.

6. Leistungssteigerung für verschiedene tierische Produktionen, Ansatz, Eiproduktion, als Folge von 1—5.

7. Spezielle Wirkung auf den Mineralstoffwechsel, besonders den Kalkstoffwechsel: hierdurch

8. Schutz- und Heilwirkung gegen Rachitis.

9. Vitaminisierung des Futters; hierdurch Wirkung wie 7 und 8.

10. Anreicherung der Milch und Eier mit antirachitischem Vitamin, als Folge von 7 und 9.

11. Prophylaktische Wirkung gegen Krankheiten, besonders Infektionskrankheiten, teils durch Stärkung der Konstitution, teils durch bakterientötende Wirkung des Lichtes.

12. Behandlung von Krankheiten durch Licht und Bestrahlung.

Während auf die Punkte 3—10 teils schon im allgemeinen Teil eingegangen wurde, teils im speziellen Teil näher einzugehen sein wird, und hinsichtlich der *Lichttherapie in der Veterinärmedizin* auf die einschlägigen Werke und Arbeiten verwiesen werden darf (z. B. Liebert[184], Sokolowsky[300]), sei hier nur einiges hervorgehoben, was die

1. Prophylaktische Wirkung des Lichtes gegen Krankheiten, besonders Infektionskrankheiten

betrifft. Daß zwischen Licht und Krankheit ein Zusammenhang besteht, ist eine aus der jahreszeitlichen Statistik der Erkrankungs- und Todesfälle beim Menschen bekannte Tatsache. Die Ursachen ihrer alle Jahre in gleicher Weise wiederkehrenden *Schwankungen mit der Jahreszeit* liegt z. T. auch in anderen Faktoren, z. B. der ungünstigen Witterung im Winter, zum großen Teil aber in der kürzeren und weniger intensiven Sonnenbestrahlung der „schlechten Jahreszeit". Der Mangel an Lichtwirkung macht sich dabei für den Menschen z. T. durch psychische Erscheinungen geltend (Zunahme der Selbstmorde im Winter), die bei den Tieren nicht in dieser Weise zum Ausdruck kommen. Hinsichtlich anderer Wirkungen des jahreszeitlichen Lichtmangels, und zwar gerade derjenigen, welche Ernährung und Stoffwechsel betreffen, haben Mensch und Tier indessen in gleicher Weise die Folgen zu tragen. Dies gilt besonders von dem *Vitaminmangel* der Nahrung, der im Winter für beide durch den Mangel an grünen Pflanzen und frischen Früchten bedingt wird. Dabei wird dieser Mangel auch indirekt noch vom Tier auf den Menschen übertragen, da die Milch und Butter bekanntlich im Winter weniger vitaminreich sind. Allgemein läßt sich daher auch feststellen, daß die jahreszeitliche Statistik der menschlichen Erkrankungen in einer Kurve verläuft, die mit ihren Gipfeln zeitlich mit dem niedersten Stande des Vitamingehaltes der im allgemeinen zur Verfügung stehenden Nahrung zusammenfällt (von Hahn).

Auch für die jahreszeitlichen *Schwankungen der Infektionskrankheiten* werden beim Menschen die Ursachen in letzter Linie im Wechsel der Lichtmenge und -intensität gesehen (Madsen u. a.).

Zwar gibt es hier auch Ausnahmen, in denen die Häufigkeit einer Krankheit mit der Steigerung des natürlichen Lichtes wächst; so wird die im Frühjahr festzustellende Zunahme der Malaria darauf zurückgeführt, daß das Sonnenlicht die Rezidive auslöst (Lenz[182]). Indessen geht im allgemeinen mit der Verlängerung der Sonnentage eine Abnahme der Erkrankungen einher, was teils auf die die Resistenz gegen Infektionen erhöhende, teils auf die die Infektionskeime abtötende Wirkung des Lichtes zurückgeführt werden kann.

Ganz entsprechend wird auch für die Nutztiere in der *ungenügenden Versorgung der Ställe mit natürlichem Licht* eine Steigerung der Seuchengefahr erblickt (Mahlstedt[192], Sokolowsky[300]) und wird demgegenüber auf die

2. Baktericide Wirkung des Lichtes

hingewiesen. Der Einfluß des Lichtes auf Bakterien wurde bereits 1878 von Downes und Blunt[50] gekennzeichnet: direktes Sonnenlicht wie auch diffuses Tageslicht schädigt und hemmt das Wachstum zahlreicher Bacillen wie auch anderer Pilze und einzelliger Mikroorganismen. Daß die baktericide Wirkung von den ultravioletten Strahlen ausgeht, hat zuerst STROEBEL[316] richtig gewürdigt. ROBERT KOCH erkannte im Sonnenlicht einen der größten Feinde der Tuberkelbacillen, und von UFFELMANN, BUCHNER und TAVEL wurde hervorgehoben, daß sich die Sonne an der Desinfektion des Straßenstaubs wie an der Selbstreinigung der Flüsse beteiligt (vgl. NEUBERG[221]).

Es kann hier nicht im einzelnen auf die hygienische Literatur hinsichtlich der entwicklungshemmenden und abtötenden Wirkung des Lichtes auf Bakterien eingegangen werden (z. B. WIDMANN[345], VON GUTFELDT und PINCUSSEN[378]). Daher mögen hier zur Orientierung über die in Betracht kommenden Tatsachen und Probleme nur zwei Arbeiten der allerneuesten Zeit von EHRISMANN[55] herangezogen werden. EHRISMANN verglich zunächst die *bactericide Wirkung einiger Ultraviolettquellen,* und zwar der Sonnenstrahlen, Wolfram-Glühlampen, Kohlenbogen- und Hg-dampflampen, wobei die letztere auch hier ihre starke Wirksamkeit erwies, während die der Wolfram-Glühlampen der einer milden Sonnenstrahlung gleichkam. Bei der Quecksilberdampflampe verhält sich die baktericide Wirkung proportional der Wattzahl, mit der die Lampe belastet wird.

Verschiedene *pathogene Bakterienarten* zeigten gegenüber den Ultraviolettstrahlen eine verschiedene Empfindlichkeit; diese steigt in der Reihenfolge: Diphtherie-, Colibacillen, Staphylokokken, Cholera-, Typhusbacillen.

Bezüglich der für die Abtötung der Bakterien erforderlichen *Wellenlängen* fand EHRISMANN[55] mit NÖTHLING, daß diese Wirkung des streng monochromatischen ultravioletten Lichts zwischen 297 und 265 $\mu\mu$ ($= 2970$ und 2560 Angström) einen steilen Anstieg aufweist. Bei Untersuchungen, die sich auf Staph. aureus und Bact. coli bezogen, konnte GATES[373] zeigen, daß bei der bakteriziden Wirkung des Lichtes bei 260—270 $\mu\mu$ ein ausgesprochenes Wirkungsmaximum liegt und daß die frühere Annahme, mit fallender Wellenlänge größere Wirkung, nicht ohne weiteres richtig ist.

Über den *Mechanismus und Chemismus der bakteriziden Wirkung des Lichts* konnte EHRISMANN feststellen, daß der primäre Effekt nicht so sehr auf eine Beschleunigung des chemischen Abbaues der Bakterieneiweißkörper (Bildung von Aminosäuren), als vielmehr auf einen kolloidchemischen Vorgange zurückzuführen ist, der sich in einer Aufhellung der Bakteriensuspension äußert, die auf dem Inlösunggehen von Zellbestandteilen beruht und weiter zur Auflösung der Zellen führt.

Über das spezielle bakteriologische Interesse hinaus erscheinen diese Feststellungen von Bedeutung und geeignet, das Verständnis für die *Angriffsweise und Wirkung des Lichtes* auch bei höheren Organismen klären zu helfen.

Im besonderen Hinblick auf die *Geflügelzucht* hat neuerdings HUNDHAMMER[146] über die *bakterienabtötende Wirkung der Ultraviolettbestrahlung* verschiedene Versuchsreihen durchgeführt. Hierbei ergab sich, daß an Strohhäcksel oder Sand haftende Keime, z. B. von Bacterium pullorum, selbst bei Bestrahlung aus kürzester Entfernung nicht abgetötet wurden. Auch zeigte sich nach photographischen Versuchen, daß die Tiefenwirkung der Ultraviolettstrahlen bei Sand nur 1—1,5 und bei Strohhäcksel nur 0,5—1 mm tief reichte. Im Gegensatz zu O. SCHULTZ[284] hält HUNDHAMMER bei der baktericiden Wirkung der Bestrahlung das gebildete *Ozon* für unbeteiligt. Auch ergaben Versuche an Mäusen, die nach Impfung mit bestrahlten Kulturen von Bact. avisepticum starben, im Einklang mit SCHULTZ, daß die baktericide Wirkung der Ultraviolettstrahlen zu gering ist, um für eine sichere Sterilisierung in Betracht zu kommen. ROSS und ROBERTSON[418, 421] infizierten Ratten bei rachitischer Kost mit Salmonella muriotitis und hielten 41 Tiere von diesen hinter Vitaglas, 32 Tiere hinter Fensterglas.

Von der ersten Gruppe starben 49%, von der zweiten 72%. Sie schließen daraus, daß die Ultraviolettstrahlen die Widerstandsfähigkeit gegen Infektion erhöhen. Dieselben Autoren infizierten später mit dem genannten Enteritiserreger 89 Ratten, die auf rachitiserregende Kost gesetzt waren, und behielten von diesen nur 5% am Leben. 94 Ratten erhielten dieselbe Grundkost, doch war in dieser bestrahltes Weizenmehl zur Vermischung genommen worden. Trotz der Infektion blieben hier 30% am Leben.

II. Die Bedeutung des Lichtes für das Geflügel (Eiproduktion, Aufzucht, Ernährung und Stoffwechsel des Geflügels).

1. Wirkungen des Lichtes bei Bestrahlung der Hennen.

Der Einfluß des Lichtes auf Produktion, Befruchtungs- und Schlüpffähigkeit der Eier, sowie auf den Gehalt an Vitamin D.

a) Bei Ultraviolettbestrahlung der Legehennen.

Nachdem die medizinische Wissenschaft am Menschen die heilende Wirkung erkannt hatte, die von dem Sonnenlicht ausgeht, und die besonders von seinen im dunklen Teil des Sonnenspektrums liegenden und schon lange als chemisch wirksam befundenen, ultravioletten Strahlen bedingt wird, gab ihr die Technik zunächst in der künstlichen Höhensonne und Uviollampe Lichtquellen an die Hand, die durch ihre allgemeinere Anwendbarkeit ein rasches Fortschreiten der Kenntnis von den therapeutischen und physiologischen Wirkungen der kurzwelligen Strahlen ermöglichten. An der ungeheuren Entwicklung, die dieses Forschungsgebiet in kurzer Zeit erleben konnte, hat der *Tierversuch* einen hervorragenden Anteil genommen, und gerade durch ihre *Versuche am Geflügel* waren amerikanische Forscher dazu berufen, ungeahnte Einblicke in die Zusammenhänge zwischen Licht und Stoffwechsel zu eröffnen, wobei besonders die Beziehungen des Lichtes zur Rachitis und den Vitaminen ein reiches Arbeitsprogramm boten.

So gingen HART und STEENBOCK, nachdem sie mit HALPIN[83] die außerordentlich leichte Anfälligkeit der *Küken* für *Rachitis* sichergestellt und HESS[131] die antirachitische Eigenschaft der Eier nachgewiesen hatte, von der Hypothese aus, daß die Ursache für das den Geflügelzüchtern bekannte *Absinken der Schlüpffähigkeit der Eier im Winter* wohl in einem Mangel an antirachitischem Vitamin in den Eiern selbst gelegen sein könne, und begannen mit ihren Mitarbeitern[97], *den Einfluß der ultravioletten Strahlen auf die Eierproduktion und besonders auf die Schlüpffähigkeit* der Eier von Hennen, die verschiedene Mengen antirachitischen Vitamins erhielten, experimentell genau zu erforschen, wie es vorher und gleichzeitig auch durch HUGHES, PAYNE und LATSHAW[144] geschah. Die letztgenannten Forscher fanden eine sehr beträchtliche *Steigerung der Eiproduktion und Schlupffähigkeit durch Ultraviolettbestrahlung* ihrer Leghornhennen. Die eine Gruppe, die 16 Wochen lang täglich 10 Minuten lang bestrahlt wurde, legte in derselben Zeit 497 Eier, in der die nicht bestrahlte Kontrollgruppe nur 124 Eier lieferte und einige Todesfälle aufwies. Auch die Schlupffähigkeit der Eier der bestrahlten Hennen ergab mit 78%, gegenüber 40% bei den unbestrahlten, einen starken Vorsprung.

HUGHES und PAYNE[143—145] hatten bei ihren Versuchen mit Latshaw[144] über die Wirkung einer verschieden intensiven Ultraviolettbestrahlung der Hennen auf die Schlupffähigkeit ihrer Eier zunächst die Hypothese aufgestellt, daß die dabei auftretenden Unterschiede durch den verschiedenen *Gehalt an antirachitischem Vitamin in den Eiern* bedingt sei. Dies konnten sie in weiteren Versuchen mit TITUS und MOORE[145] als Tatsache bestätigen, da es sich zeigte, daß bei den reichlich bestrahlten Hennen viel mehr antirachitisches Vitamin in den Eiern vorhanden war, als bei den nur wenig bestrahlten. Der Vitamingehalt der Eier wurde hierbei dadurch ermittelt, daß *die Eier der verschieden stark bestrahlten Hennen* (außer der Schale) *an 1 Woche alte Leghornküken verfüttert wurden*, indem für jede Gruppe von 10 Küken täglich 1 Ei gegeben wurde, und zwar bei einer gleichen Grundnahrung, durch die unter gewöhnlichen Bedingungen in 4 bis 6 Wochen Rachitis zu erwarten war. Die Küken wurden nach der Herkunft der an sie verfütterten Eier in 4 Gruppen geteilt; diese Eier stammten von Hennen, die folgendermaßen behandelt waren:

Gruppe 1. Sonnenlicht direkt + täglich 30 Minuten Ultraviolett,
„   2.   „   durch Glasfenster + 30 Minuten Ultraviolett,
„   3. Sonnenlicht direkt,
„   4.   „   durch Glasfenster.

Nach 10 Wochen war das Durchschnittsgewicht der Küken bei Gruppe 1) 450 g, 2) 390 g, 3) 473 g, 4) 294 g, so daß die günstige Wirkung des direkten Sonnenlichts und der künstlichen Ultraviolettbestrahlung auf die Hennen deutlich an der Gewichtszunahme der mit ihren Eiern gefütterten Küken hervortrat. Am besten wirkte das Sonnenlicht allein, während die zusätzliche Ultraviolettbestrahlung seine Wirkung nicht mehr steigern, wohl aber bei der Glasfenstergruppe zum großen Teil ersetzen konnte.

Die gleiche Reihenfolge für die Gewichte der Küken zeigten auch die Werte für den *Prozentgehalt an Kalk-, Phosphor- und Gesamtasche in ihren Knochen* (Tabelle 3), nur waren hier die Gruppen 1 und 3 so gut wie gleich: ganz entsprechend verhielt es sich auch mit dem Kalk- und Phosphorgehalt ihres Blutes.

Rachitis trat, wie nach der Grundnahrung zu erwarten, in Gruppe 4 bei allen Tieren in schwerster Form, bei Gruppe 2 nur sehr schwach auf, während 1 und 3 frei davon blieben.

Tabelle 3.

Gruppe	Calcium	Phosphor	Asche
1	20,54	9,20	51,4
2	19,25	8,70	48,1
3	20,05	9,06	49,5
4	15,73	7,32	40,7

So erwies sich tatsächlich der *antirachitische Vitamingehalt der Eier als abhängig von der Intensität der Ultraviolettbestrahlung.*

Und weiter zeigte sich auch hier wieder, daß die *Schlüpffähigkeit der Eier verschieden bestrahlter Hühnergruppen* mit ihrem Gehalt an antirachitischem Vitamin zusammenhängt: denn die Schlüpffähigkeit der Eier der 4 Hühnergruppen betrug bei 1) 67,43, bei 2) 71,63, bei 3) 75,45 und bei 4) 52,9 %. Dies und die Tatsache, daß Eintagsküken aus antirachitisch minderwertigeren Eiern weniger Kalk enthielten, deutete darauf hin, daß die *Störungen des Mineralstoffwechsels schon vor dem Schlüpfen* beginnen.

Bei den ausgedehnten Versuchen von HART und STEENBOCK[97] und ihren Mitarbeitern wurden zunächst 4 Gruppen von je 12 weißen Leghornhennen, die selbst im Frühjahr 1923 geschlüpft waren, und deren Legetätigkeit seitdem genau bekannt war, vom 1. Januar 1925 an im Geflügelhaus der Wisconsin Universität unter sonst ganz gleichen Bedingungen hinter geschlossenen Fenstern und tagsüber mit elektrischer Beleuchtung bei einem normalen Grundfutter gehalten. Jeder Gruppe wurde auch ein Hahn beigegeben: zwischen den ersten 3 Gruppen wurden die Hähne, die selbst aber nicht bestrahlt wurden, stets nach 24 Stunden, der Reihe nach, ausgewechselt, während der der 4. Gruppe in dieser allein bestrahlt wurde. Die täglichen Zusatzbedingungen waren zunächst folgende:

Gruppe 1. 10 Minuten Ultraviolettbestrahlung der Hennen,
„ 2. nur Grundfutter,
„ 3. dazu 5% getrocknete Schweineleber,
„ 4. 10 Minuten Bestrahlung des Hahns.

Die Bestrahlung erfolgte mit einer Cooper-Hewitt Quarzlampe aus 30 Zoll Entfernung.

Der *Erfolg der Bestrahlung der Hennen* zeigte sich zunächst deutlich in der *Eiproduktion*. Diese übertraf (s. Tabelle 4) bei der bestrahlten Gruppe bei weitem die der anderen.

Im April trat bei allen nichtbestrahlten Gruppen *Rachitis* auf, und in Gruppe 3 und 4 starben einige Tiere. Daher erhielt im April die Gruppe 3 eine Zugabe von 5% Lebertran und 4 eine tägliche Bestrahlung von 10 Minuten, wonach bei 4 die Eiproduktion bedeutend anstieg, während die Lebertrangruppe 3 sich viel weniger und langsamer besserte.

Tabelle 4
(nach Hart, Steenbock und Mitarbeitern).

Gruppe	Februar	März	Mai	Juni
1	173	178	189	115
2	73	59	37	29
3	68	47	89	72
4	69	45	183	150

Um den *Zusammenhang zwischen der Rachitis und der mangelnden Bestrahlung* aufzudecken, wurde der *Gehalt an anorganischem Phosphor im Blute* von 6 bestrahlten und 6 nichtbestrahlten Hennen untersucht und bei ersteren zu 4,5—6,9 mg je 100 cm^3 des Blutserums festgestellt, während bei den nichtbestrahlten nur 2,8—4,2 mg gefunden wurden.

Den Verschiedenheiten in der Eiproduktion ging der *Einfluß der Bestrahlung auf die Fruchtbarkeit und Schlüpffähigkeit der Eier* vollkommen parallel, wie der Auszug aus einer Tabelle von Hart, Steenbock und Mitarbeitern[97] zeigen möge (s. Tabelle 5).

Für das relativ günstige Ergebnis, das hinsichtlich der Fruchtbarkeit der Eier bei Gruppe 4, bei der nur der Hahn bestrahlt wurde, unverkennbar ist, im Gegensatz zu der Eiproduktion dieser Gruppe (s. Tabelle 4 auf S. 832), ziehen die Autoren vermutungsweise die Möglichkeit heran, daß die Hennen Exkremente des bestrahlten Hahnes aufnehmen konnten, oder daß eine gewisse Übertragung von antirachitischem Vitamin mit der Samenflüssigkeit stattfand.

Tabelle 5.

Gruppe	Monat	Befruchtung der Eier in %	Schlüpffähigkeit der befruchteten Eier in %
1	Februar	93	66
	März	94	64
	Mai	96	68
2	Februar	90	35
	März	70	20
	Mai	70	—
3	Februar	89	20
	März	60	10
	Mai	71	41
4	Februar	89	44
	März	84	11
	Mai	89	76

Um die Beziehungen zwischen *verringerter Schlüpffähigkeit und Herabsetzung des Gehaltes an Mineralien oder antirachitischem Vitamin in den Eiern* näher zu prüfen, analysierten Hart, Steenbock und ihre Mitarbeiter weiter auch noch den *Kalk- und Phosphorgehalt der Eier* von bestrahlten und nichtbestrahlten Hennen. Hierbei fand sich denn auch eine geringe Vermehrung des *Kalkgehaltes der Eischalen* der bestrahlten Hennen gegenüber unbestrahlten; dagegen bestanden im Kalk- und Phosphorgehalt des Eiweiß und Dotters in beiden Gruppen keine merklichen Unterschiede.

Grimes und Salmon[72] hatten in den Eiern der bestrahlten Hennen mehr Kalk und Phosphor gefunden.

Am deutlichsten fanden HART und STEENBOCK den *Zusammenhang zwischen Schlüpffähigkeit und Kalkstoffwechsel* darin, daß die Embryonen der Eier der bestrahlten Hennen zur Schlüpfzeit, nach 21 Tagen der Bebrütung, fast 2mal soviel Kalk enthielten, als die der nichtbestrahlten. Hiernach mußte angenommen werden, daß die bei letzteren herabgesetzte Schlüpffähigkeit auf eine *verringerte Fähigkeit der Embryonen, sich den Kalk aus der Eischale nutzbar zu machen,* zurückzuführen war. Da diese Herabsetzung der Mineralverwertung von dem Vorhandensein einer zu geringen Menge des antirachitischen Faktors abhängig gedacht werden konnte, so war als Schlußstein dieser Untersuchungen von HART und STEENBOCK von großer Bedeutung die Prüfung der Eier der bestrahlten und nichtbestrahlten Hennen auf ihren Gehalt an antirachitischem Vitamin, die mittels Verfütterung dieser Eier an Ratten vorgenommen wurde. Hierbei ergab sich tatsächlich, in Analogie zu den bereits erwähnten ähnlichen Versuchen von HUGHES und PAYNE an Küken, daß die *antirachitische Eigenschaft des Dotters aus den Eiern der bestrahlten Hennen fast 10 mal so groß* war als bei den nichtbestrahlten.

Aus England wurde zur gleichen Zeit von ORR und seinen Mitarbeitern[234] über Erfolge der Bestrahlung für Eiproduktion und Schlüpffähigkeit berichtet. Sie hatten Junghennen in 4 Gruppen zu 20 Stück geteilt; Gruppe 1 erhielt nur ein Grundfutter, 2 wurde täglich 10 Minuten aus 3 Fuß Entfernung mit der Quecksilberquarzlampe bestrahlt, 3 erhielt statt dessen einen Zusatz von 20 % Lebertran, 4 eine Mineralzulage. Die *Eiproduktion* wurde hierdurch gegenüber Gruppe 1 bei 2, 3, 4 erhöht im Verhältnis von 27,7 zu 65; 61,1; 54,7. Die *Schlüpffähigkeit*, die gegenüber 47,77 % bei 2, 3, 4 62,95; 40,59; 57,74 % betrug, wurde hiernach am meisten durch Bestrahlung, dagegen nicht durch Lebertran gesteigert. Die von CHARLES und HEYWANG angestellten Versuche (zit. nach SALMON[424]) erstreckten sich auf den Einfluß des Lichtes und des Lebertrans auf die Brutfähigkeit der Eier. Von 4 Gruppen legender Hennen diente eine zur Kontrolle; eine zweite erhielt Lebertran als Zulage zur Grundfutterration. Die Gruppen 3 und 4 wurden täglich 30 Minuten den Strahlen einer Quecksilberdampflampe bzw. einer elektrischen Bogenlampe in Entfernung von 4 englischen Fuß (120 cm) ausgesetzt. Die Durchschnittsprozente der Fruchtbarkeit betrug in den entsprechenden Gruppen 93,9; 87,4; 87,6 und 89,3 %. Der Schlüpfprozentsatz sämtlicher bebrüteter Eier war 50,27; 58,41; 54,19; 57,31 %. Die Versuchsergebnisse laufen mit von den ORR[234] und seinen Mitarbeitern angegebenen nicht konform. HENDRICKS, LEE und GODFREY[381] fanden ebenfalls bei legenden Hennen, die unter Abschluß von direktem Sonnenlicht und grüner Nahrung gehalten wurden, durch Zugaben von Lebertran zum Grundfutter oder ultravioletter Bestrahlung die Eierproduktion verbessert. Auch soll die Dicke der Eischalen und das Eigewicht vergrößert worden sein. Als Calciumquelle erwiesen sich Austernschalen als außerordentlich geeignet.

Auch MERCER und TOZER[305] verglichen den *Einfluß der Ultraviolettbestrahlung der Legehennen auf die Eiproduktion* mit derjenigen einer Zugabe von Lebertran und ferner auch von bestrahltem Cholesterin. Hierbei wurden 5 Gruppen von je 6 Rhode-Island-Hennen in geräumigen Häusern getrennt und mit großen Grasausläufen bei gleichem und reichlichem Grundfutter gehalten. Die Gruppe 1 erhielt nur dieses, bei 2 traten täglich 5 cm³ Lebertran hinzu, bei 3 wurden die „toppings" 15 Minuten lang bei 9 Zoll Entfernung mit Ultraviolett bestrahlt, bei 4 und 5 wurden 5 cm³ Öl mit 25 mg Cholesterin gegeben, das 12 Minuten bei 1 Fuß Entfernung mit Ultraviolett bestrahlt war; bei 5 wurden die Tiere außerdem selbst noch täglich 15 Minuten lang aus 18—24 Zoll Entfernung mit der Quecksilberdampflampe bestrahlt. Bei dieser Behandlung legten die 5 Gruppen vom 14. Januar bis 31. März 259, 237, 232, 221, 211 Eier. Hieraus schließen die

Autoren, daß *unter sonst günstigen Ernährungs- und Haltungsbedingungen, besonders bei Freiluftauslauf und reichlich Grünfutter*, durch Lebertran oder *durch Bestrahlung der Tiere oder ihres Futters keine Steigerung der Eiproduktion* zu erzielen ist. Bei der Gruppe 5 fanden sich überdies 6 kleine, dotterlose Eier.

In Deutschland hatte inzwischen auch Römer[256, 258], der hier zuerst die Versuche aufnahm, an Gruppen von je 10 2jährigen Hennen keinen sicheren Erfolg für die *Eiproduktion* durch Ultraviolettbestrahlung feststellen können, die er bei 2 Gruppen von November bis März täglich $1/_2$ Stunde lange durchführte. Während die eine dieser Gruppen mit 262 Eiern 11 Stück mehr legte als die unbestrahlte Kontrollgruppe, blieb die andere bestrahlte Gruppe mit 196 Eiern um 85 Stück hinter ihrer unbestrahlten Kontrollgruppe zurück, die 281 Eier legte. Daher denn Römer[257] davor warnt, bei Zuchthennen im Winter die Bestrahlung zu verwenden. Quacks[415] Beobachtungen über den Einfluß der Bestrahlung erstreckten sich über den Zeitraum von einem Jahr. Als Versuchsmaterial dienten einjährige Leghornhennen, sowie Früh- und Spätbruten. Der Bestrahlungsversuch wurde vom 3. Dezember 1929 bis 30. Januar 1931 mit einer durchschnittlichen täglichen Bestrahlungsdauer von etwa 12 Minuten durchgeführt. Durch die Bestrahlung konnte kein Einfluß auf Erhöhung der Legeleistung festgestellt werden.

Auch in Schweden wurde der Einfluß der künstlichen Höhensonne auf die Eierproduktion untersucht. Birger Rösiö[261] bestrahlte von 2 Gruppen von je 200 Leghornhennen, die sich vom 1.—10. März mit 380 bzw. 376 Eiern als vollkommen gleich leistungsfähig gezeigt hatten, die letztere vom 11. März bis 10. April täglich aus $1^1/_2$ m Höhe bis zu 25 Minuten lang, und erhielt von dieser dabei 2791 Eier gegenüber 2322 bei der unbestrahlten Kontrollgruppe, somit eine *Steigerung der Eiproduktion* um 20%. Dabei waren beide Gruppen im übrigen viel im Freien und an der Frühlingssonne.

b) Bei direkt oder durch verschiedene Gläser wirkendem Sonnenlicht.

Schon lange ist die *günstige Wirkung freien Auslaufs* auf die Gesundheit und Leistungsfähigkeit des Geflügels bekannt. Man hat sie sich wohl meist durch die gesunde, den Stoffwechsel und die Freßbegier steigernde Wirkung der natürlichen Bewegung erklärt, z. T. auch durch die den Tieren im Auslauf gegebene Möglichkeit, durch Aufnahme von Würmern und Insekten ihre Nahrung und besonders ihre Eiweißzufuhr zu ergänzen und vielseitiger zu gestalten. Von Dürigen[52] wird neben der Gras- und Wurmweide auch die hygienische Bedeutung der Sand- und Wasserbäder dabei betont.

Nach den neuen Erkenntnissen über die physiologischen Wirkungen des Lichts liegt es nahe, auch die Vorteile des freien Auslaufes der sonst im Stall gehaltenen Tiere mindestens teilweise in dieser Richtung zu suchen. Es käme dabei nicht nur die Wirkung der natürlichen Strahlungen auf die Tiere selbst, sondern auch deren vitamin-aktivierender Einfluß auf das im Freien aufgenommene Futter in Frage.

Hier fehlt es nun noch fast völlig an exakten Untersuchungen, bei denen Gesundheit und Leistungen der als Kontrollgruppen im Stall gehaltenen Tiere verglichen werden müßten mit denen solcher Tiere, die freien Auslauf haben, wobei dieser wieder, teils mit teils ohne die Möglichkeit ergänzender Futteraufnahme einzurichten und auch die letztere nach Art und Menge zu kontrollieren wäre.

Die wenigen bisherigen Versuche sind daher nicht überzeugend. So hat Bobby[28] 2 Gruppen von weißen Leghorn 5 Monate lang, beginnend vom 1. November, unter sonst gleichen Bedingungen im Stall gehalten, und nur der einen den täglichen Auslauf auf Grasplätze gestattet, während die andere niemals der direkten Sonnenwirkung ausgesetzt war. Der *Eiertrag der Auslaufgruppe* erwies sich dann um 20% höher als bei der Stallgruppe, obwohl bei dieser der Futterverzehr angeblich der größere war. Vielleicht hatte aber doch jene Gruppe im Auslauf ihren Futterverzehr in unkontrollierter Weise ergänzt. Sonst würde ihre höhere Eiproduktion bei geringerer Futteraufnahme mit nachher zu erwähnenden Erfahrungen der anderen Autoren in Widerspruch stehen, wonach der vermehrte Eiertrag unter Lichtwirkung auf die hierdurch angeregte Steigerung der Nahrungsaufnahme zurückzuführen ist.

Über die *Schlüpffähigkeit der Eier* und zugleich auch über die Rentabilität der Eiproduktion unter dem Einfluß des Sonnenlichts hat WHEELER[344] ähnliche Versuche über 4 Jahre ausgedehnt. Seine Hühner wurden während der Wintermonate hinter gewöhnlichen Glasfenstern gehalten und hiernach gruppenweise dem direkten oder reflektiertem Sonnenlicht ausgesetzt oder weiter hinter Fensterglas gehalten. Die letztgenannte Gruppe zeigte hierauf Ernährungsstörungen und schnelle Abnahme der Schlüpffähigkeit, während die übrigen Gruppen mit freiem oder auch nur alle 10—20 Tage wiederholtem Genuß des Sonnenlichts, und besonders die Hennen, die an allen schönen sonnigen Tagen herauskamen, eine hohe Eierproduktion und einen hohen Prozentsatz an schlüpffähigen Eiern aufwiesen.

Während umfassendere Versuche mit exakten Vergleichswerten zwischen Stallhaltung mit und ohne Auslauf mit freiem Lichtgenuß anscheinend bisher nicht vorliegen, ist die *Wirkung des Sonnenlichts bei Stallhaltung* mehrfach in der Weise untersucht worden, daß es teils direkt durch die offnen Stallfenster, teils durch die geschlossenen, aus gewöhnlichen oder besonderen Glasarten bestehenden Fenster zugelassen und ferner die Wirkung dieser Beleuchtungsarten noch durch Ultraviolettbestrahlung verstärkt wurde.

Fensterglas läßt, wie oben erwähnt (S. 809), so gut wie keine ultravioletten Strahlen des Sonnenlichtes hindurch, indem es diese vielmehr absorbiert. Daher hat sich die Industrie, angesichts der neu erkannten Bedeutung der ultravioletten Strahlen für Mensch und Tier, bemüht, an Stelle des gewöhnlichen Fensterglases *andere Glasarten für Fensterzwecke* herzustellen, die einen möglichst großen Teil der kurzwelligen Strahlen des Sonnenspektrums durchlassen sollen (s. S. 810).

Es liegen nun aus den letzten Jahren schon einige *Erfahrungen am Geflügel mit künstlichen Fenstergläsern* vor.

So fanden HART und STEENBOCK[93] mit ihren Mitarbeitern, daß der Brüterfolg bei weißen Leghorns, die das Sonnenlicht durch *gewöhnliche Glasfenster* erhielten, im Februar 40, im März 13 und im April 0% betrug, während die täglich 30 Minuten lang mit *Ultraviolett* bestrahlten Tiere im Februar eine Schlüpffähigkeit von 78, im März 63 und im April 78% erzielten. Eine Gruppe, bei der das Licht an sonnigen Tagen durch die stets offenen Fenster drang, ergab im Februar 58, im März 39 und im April 72%. Die entsprechenden Prozente betrugen auch unter *Cel-O-Glas* 58, 39 und 72 und unter *Vitaglas* 57, 47 und 80%. Bei Ersatz der Fenster durch weiße Leinwand erhielten sie dagegen nur 44, 28 und 33%, und hinter Glasfenstern bei 5% Lebertranzusatz 63, 30 und 55%. Bei Ausschluß des Sonnenlichts ohne Bestrahlung sank die Eiproduktion stark und die Schlüpffähigkeit in 3 Monaten auf Null herab.

Ebenso hat auch SMITH[297] bei seinen Versuchen über die gelieferte Zahl, Befruchtung und Schlüpffähigkeit der Eier außer der Beeinflussung durch verschiedene Futterarten auch die durch Bestrahlung berücksichtigt und 6 Gruppen von je 20 Hennen mit 1 Hahn beobachtet; hier fand sich bei der Sonnenscheingruppe (das *Sonnenlicht* hatte durch *Cel-O-Glas* Zutritt) eine verringerte Futter-

aufnahme und eine Eiproduktion bzw. Schlüpffähigkeit von 34,7 bzw. 65,3%
gegenüber 35,69 bzw. 50% bei der Grundfutterkontrollgruppe; auch der Unterschied in der Resistenz gegen Beinschwäche erwies sich als gering.

Deutlichere Unterschiede erhielten Sheard und Higgins[293, 294], die einen
Winter hindurch 3 Gruppen mit je 5 Hühnern und 1 Hahn so verteilten, daß
1 in einem Käfig mit ultraviolettdurchlässigen Fenstern aus *Vitaglas*, 2 und 3
mit *gewöhnlichen Glasfenstern* gehalten wurden, wobei 3 noch eine *Lebertranzulage*
von 2% des Körpergewichts bekam. Unter diesen war die gelieferte Zahl und
die Fruchtbarkeit der Eier am größten bei der Lebertrangruppe 3, ähnlich dieser
auch bei Vitaglas, während die Fensterglasgruppe ohne Lebertran um 50 bzw.
40% hinter diesen zurückblieb.

Die durch das Vitaglas hindurchgelassene Ultraviolettenergie der Wintersonne hatte demnach die gleiche Wirkung gehabt wie die Lebertranzulage.

Auch weitere Versuche der New Jersey Station[223] über die *Wirksamkeit
des durch Cel-O-Glas durchgelassenen Sonnenlichtes* als Vitamin-D-Ersatz ergaben,
daß die geringste Eierproduktion und Qualität der Eier bei denjenigen Hühnern
festzustellen war, die hinter gewöhnlichen Glasfenstern, durch die sie keine
kürzeren Ultraviolettwellenlängen als bis 3200 Ångström erhielten, und ohne
Vitamin D im Futter gehalten wurden. Im Gegensatz zu der Cel-O-Glasgruppe
war bei diesen Hühnern auch der Aschengehalt der Knochen nicht größer als
bei den bei gleicher Ernährung ganz im Dunkeln gehaltenen Tieren. In diesen
beiden Gruppen trat auch schwere Rachitis auf.

c) Bei künstlicher Stallbeleuchtung.

„Zu den Mitteln, die man zwecks Steigerung der Produktion und insbesondere
zwecks stärkerer Erzeugung von Wintereiern anwendet, zählt die künstliche
Beleuchtung des Hühnerstalles, in Verbindung mit Darreichung außerordentlicher Futterration zur Nacht, um durch die zweifache Anregung die Hühner zu
vermehrtem Eierlegen zu veranlassen. In Amerika zuerst ausgeprobt und jetzt
dort allgemein verbreitet, hat diese Einrichtung auch in England, Holland und
zunächst noch vereinzelt auch in Deutschland Aufnahme gefunden. Es handelt
sich darum, den Hühnern vom Spätherbst an die Tages- und Futterzeit zu verlängern, indem man vorm Schlafengehen und morgens vorm Aufstehen den
Stall künstlich hell erleuchtet."

Mit diesen Worten kennzeichnet Dürigen S. 539[52] treffend den Stand der
Dinge. Wir wollen hier über diese ernährungs- und produktionsphysiologischen
Zusammenhänge berichten, um zu zeigen, welche Möglichkeiten hier vorliegen
und welche Grenzen ihnen gezogen sind.

In Nordamerika haben zahlreiche Versuchsstationen *erhöhte Eierproduktion
durch künstliche elektrische Stallbeleuchtung* während der Wintermonate erzielt.
So wurden in den Versuchen von Clickner[42] an den New Jersey Stationen je
2 Gruppen von 100 weißen Leghorns vom 1. November bis 1. April im Stall
gehalten, der bei der einen täglich noch vom frühen Morgen bis zum Hellwerden
künstlich beleuchtet war; und diese Gruppe lieferte in dieser Zeit 6992 Eier
gegenüber 5595 Eiern bei der unbeleuchteten Kontrollgruppe.

An der Delaware-Station wurden derartige Versuche von Tomhave und
Mumford[326] während dreier Jahre durchgeführt. 2 Gruppen von je 100 weißen
Leghorns wurden in ganz gleicher Weise gefüttert und gehalten; der einen Gruppe
wurde aber ihr *Tag durch künstliche Beleuchtung verlängert*, und zwar nach
mehreren Untergruppen in verschiedener Weise: B 1 und B 2 durch eine, im
Oktober morgens um 5 Uhr, und von da ab täglich immer früher beginnende
und den Tag auf 13—14 Stunden verlängernde Beleuchtung mit einer 40-Watt-

Wolframlampe ohne Reflektor, bei B 3 mit 3 ebensolchen Lampen, doch *mit* Reflektoren. Während der 5 Monate lang dauernden Versuchszeit betrug die Steigerung der Eiproduktion gegenüber der Kontrollgruppe bei den Gruppen B 1, B 2, B 3 25 %; 14,2 %; 54 %. Die stärker beleuchtete Gruppe war also die beste; auch waren die Kosten der Eiproduktion bei den beleuchteten Gruppen geringer. Irgendwelche Nachteile der Beleuchtung ergaben sich nicht. Am Ende der 5 Monate war das Durchschnittsgewicht der Gruppe 3 um 0,3 Pfund höher als bei der ohne künstliche Beleuchtung durchgeführten Gruppe.

Auch die South Dakota Station ([301, 302]) hat in aufeinanderfolgenden Wintern, zwischen 15. Dezember und 1. Mai bei den Gruppen mit künstlicher Stallbeleuchtung eine Steigerung der Eiproduktion von 38 % der Kontrollgruppen auf 48 %, bzw. von 30 auf 49 %, erzielt, die übrigens durch künstliche Erwärmung an den kalten Tagen noch erhöht werden konnte. Ebenso teilten auch CLAYTON[41], KABLE, FOX und LUNN[156] mit 13stündiger Helligkeitsdauer. PARKHURST[236], KEMPSTER und PARKES[157], günstige Erfahrungen mit.

Auch die Wirkung einer die *ganze Nacht dauernden künstlichen Beleuchtung* auf die Legefähigkeit im Winter ist untersucht worden, und zwar durch KENNARD[158] in einem Beitrage der Ohio Station zu diesen Problemen. Von 3 Gruppen mit je 40 Leghorns, die vom 1. Dezember bis 1. März beleuchtet wurden, zeigte die eine, mit einer anfänglichen Eiproduktion von 19 %, nach 2 Wochen 39 und nach 4 Wochen 57 % und legte im ganzen durchschnittlich 49 Eier; eine andere mit 40 % Anfangsproduktion stieg entsprechend auf 65 und 75 % und legte 57 Eier im Durchschnitt. Die Mortalität war bei beiden bis zum Juni 12,5 %.

Aus Holland führt DÜRIGEN[52] (S. 540) Versuche von WELLEMANN an, in denen die Eierproduktion von je 33 weißen Leghorns mit und ohne künstliche Stallbeleuchtung, und bei je 38 Rhodeländern ebenso vom 12. Oktober bis 31. Januar festgestellt und verglichen wurde. Der Erfolg war überzeugend (s. Tabelle 6), indem die künstliche Stallbeleuchtung einen Mehrertrag bei den Leghorns von 135 % und bei den Rhodeländern von 352 Stück Eiern zur Folge hatte. Auch TUKKER[328],

Tabelle 6.

	Leghorns		Rhodeländer	
	mit	ohne	mit	ohne
	künstlicher Beleuchtung		künstlicher Beleuchtung	
Oktober . . .	30	19	37	16
November . .	333	108	192	89
Dezember . .	484	209	729	480
Januar . . .	247	129	732	753
Eierzahl	1094	465	1690	1338

der die abendliche Stallbeleuchtung vorzog und diese vom 1. Dezember bis 20. März täglich 4 Stunden durchführte, hatte Mehrertrag im Vergleiche zur Kontrollgruppe.

Auch in Deutschland hat sich, durch Versuche von R. RÖMER S. 228[257] in der Cröllwitzer Versuchsanstalt, die nutzbringende Verwendbarkeit *elektrischer Stallbeleuchtung* für die *Steigerung der Eierproduktion* deutlich erwiesen. Ein solcher Beleuchtungsversuch wurde vom 1. November 1927 bis 29. Februar 1928 mit Leghornhennen aus 3 Jahrgängen durchgeführt. Hierbei wurde den beleuchteten Gruppen durch die täglich um 4 Uhr morgens automatisch erfolgende Einschaltung der Starklichtlampen im Stall der „Arbeitstag" *um 3 Stunden verlängert*, wobei ihnen sogleich die offenen Selbstfütterer zur Verfügung standen. Das Ergebnis der Eierleistung bei der beleuchteten und unbeleuchteten Gruppe ist, getrennt nach den Versuchsmonaten und nach den Jahrgängen der Hennen, aus der Tabelle 7 zu ersehen.

Diese Tabelle zeigt sehr deutlich die günstige Wirkung der Verlängerung des Wintertages durch die elektrische Stallbeleuchtung. Insgesamt ergab sich in

Tabelle 7. Wirkung der Stallbeleuchtung auf die Eierproduktion
(nach R. Römer 258).

Jahrgang	Normale Kontrollgruppe			Beleuchtete Gruppe		
	1925	1926	1927	1925	1926	1927
November. . .	51	57	330	—	33	141
Dezember . . .	—	211	663	50	267	701
Januar	34	112	1166	251	735	1355
Februar	200	734	1357	1299	1079	1792
März	716	1324	1742	1466	1621	1959
Summe	1001	2438	5258	3066	3735	5948

dieser Versuchszeit bei der beleuchteten Gruppe eine Eierleistung von 12 749 Stück und hiermit ein Mehr von 4052 Eiern gegenüber den in „normaler" Weise gehaltenen Hennen (8697 Eier). Bemerkenswert erscheint hierbei, daß die Eiproduktion bei den Tieren der vorigen Jahrgänge verhältnismäßig weit mehr gesteigert war als bei den Junghennen des laufenden Jahrganges. Allgemein war die *Leistungssteigerung* auch im März *noch als Nachwirkung* zu bemerken.

In Ergänzung dieses Versuches, bei dem die Gruppen ein gleichartiges Futter erhielten, wurde zu den beiden Gruppen der 1926er Hennen, die „normal" 2438 und „beleuchtet" 3735 Eier ergeben hatten, noch eine Gruppe von „intensiv" gehaltenen Hennen in Vergleich gebracht. Diese wurden zum Unterschied von den „normalen" Tieren, die einen Stall mit Auslauf hatten, dauernd im Stall ohne Auslauf, aber auch wieder mit elektrischer Frühbeleuchtung gehalten und bekamen noch ein aus Keimhafer und Lebertran bestehendes Zusatzfutter; ihre Eierleistung war dementsprechend mit 3984 Eiern noch höher als bei der ohne Intensivfütterung, aber mit Bestrahlung, gehaltenen Gruppe. Römer weist hierbei besonders auf den Nachteil des im Auslauf zu beobachtenden Herumstehens der Hühner in Schnee und Schmutz hin.

Ferner betont Römer noch, daß man wohl mit Fehlschlägen zu rechnen habe, wenn man die Eier derartig mit Beleuchtung intensiv gehaltener Hennen zur Brut verwenden will. Der diesbezügliche Vergleich der *Schlüpffähigkeit der Eier* aus den Monaten Januar bis April von den beiden Hühnergruppen, deren eine von November bis Ende Februar die elektrische Frühbeleuchtung erhalten hatte, bestätigt dies (Tabelle 8). Zugleich geht aus dieser Tabelle hervor, daß diese ungünstige Wirkung auf das Schlüpfergebnis allmählich wieder nachläßt (vgl. Monat April).

Tabelle 8. Schlüpffähigkeit der Eier von den Hennen ohne und mit elektrischer Frühbeleuchtung
(nach R. Römer[258] in Prozent).

Monat	ohne	mit
	Frühbeleuchtung	
Januar . . .	71,4	55,1
Februar . . .	54,6	50,3
März . . .	56,6	49,0
April . . .	66,8	76,4

Wie aus allen diesen Erfahrungen hervorgeht, läßt sich durch die Verlängerung des Freß- und Arbeitstages der Legehühner mit elektrischer Stallbeleuchtung um einige Stunden *schon in den Wintermonaten eine Eierproduktion erzielen, wie sie sonst erst im Frühling einsetzt.* Auch Nils Hansson[79, 81] erhielt, indem er den Tag durch Morgen- und Abendbeleuchtung auf 12—14 Stunden verlängerte, im Januar und Februar Legeprozente wie im April und Mai und fand, daß die Legetätigkeit bei Aussetzen der Beleuchtung auch wieder nachläßt.

In Übereinstimmung mit diesen Erfahrungen fordern auch von Wendt und Müller-Lenhartz[343] eine Regelung der Lichtverhältnisse im Hühnerstall durch künstliche Beleuchtung so, daß die Tiere 14 Stunden genügendes Licht haben.

Dieser Forderung genügte QUACK[415] in seinen Versuchen, in denen er sich mit der künstlichen Verlängerung des Tages beschäftigte, indem er seine Versuche auf einen 13—13$^{1}/_{2}$stündigen Lichttag einstellte. Die Versuche wurden vom 3. Dezember 1929 bis zum 20. Februar 1931, bzw. bei einer Gruppe bis zum 20. März 1931, durchgeführt. Bei allen Gruppen mit Zusatzbeleuchtung zeigte sich eine Leistungssteigerung gegenüber den unbeleuchteten Gruppen. Bei den Frühbruten betrug sie in den Monaten Dezember bis März 20,85%, bei den Spätbruten 76,23% und bei den einjährigen Hennen 34,13%. Die Ergebnisse waren bei kombinierter Morgen- und Abendbeleuchtung besser als bei reiner Morgenbeleuchtung. Eine Untersuchung der Jahresleistung ergab eine Mehrleistung zwischen 6,65% und 15,19% durch Nachtbeleuchtung, was einer Mehrleistung von 7—20 Eiern entspricht.

Die Frage, ob der Arbeitstag der Hühner durch eine künstliche *Morgenbeleuchtung oder Abendbeleuchtung* verlängert werden soll, ist offenbar mehr zugunsten der Beleuchtung in den Morgenstunden zu beantworten. Nach Erfahrungen in Tschechnitz (ZORN, Marschall VON BIEBERSTEIN) erschien diese als die natürlichere, im Gegensatz zur Abendbeleuchtung, bei der die Tiere oft schon nach kurzer Zeit doch die Sitzstangen aufsuchten, so daß der Zweck verfehlt wurde.

Andere raten außer zur Morgenbeleuchtung von 5 Uhr an auch noch zu einer solchen abends von 20—21 Uhr, und zur Benutzung der überall verwendbaren Benzin- oder Petroleumvergaserlampen mit Schaltuhren, zum selbsttätigen Ein- und Ausschalten des Lichtes (SCHMIDT[278]). Als *Gesamtlänge des Arbeitstages* werden meist 12—14 Stunden empfohlen.

Auch nach H. PETER[238] bewährt sich die künstliche Stallbeleuchtung, am besten 4 Stunden täglich, und zwar als *Frühbeleuchtung* und mit zusammenhängender Belichtung des Stallbodens, als unentbehrliches Mittel zur Erzeugung von Wintereiern; auch ungünstige Einflüsse auf die Nachkommenschaft konnten dabei nicht festgestellt werden.

Zweifellos läßt sich also die *künstliche Stallbeleuchtung* dazu benutzen, um eine *erhöhte Produktion der im Preise hochstehenden Wintereier* und damit einen größeren finanziellen Gewinn von den Hühnern zu erzielen (S. 109[256], RÖMER[257], SCHMIDT[278]).

Auch wird angegeben, daß sich die Produktionskosten für die Eier durch die beschleunigte Legetätigkeit trotz der hinzutretenden Beleuchtungskosten verringern (TOMHAVE und MUMFORD[326], WELLEMANN, s. DÜRIGEN[52], RÖMER, nach englischen und eigenen Versuchen[256]). Nach CLAYTON[41] ist diese *Rentabilität* je nach den Monaten verschieden, so daß sich die Legehühner im Januar besser mit künstlicher Stallbeleuchtung, im November und März aber besser ohne diese rentieren. Auch KENNARD und CHAMBERLAIN[387] verbesserten durch Nachtbeleuchtung die Wintereierproduktion, ohne daß nachteilige Wirkungen auf Fruchtbarkeit und Bebrütbarkeit der Eier feststellbar waren. Die Autoren machen wahrscheinlich, daß die Nachtbeleuchtung ein wertvolles Hilfsmittel sein kann, um frühreife, spätbrütende Hühner zu ziehen.

Überhaupt ist die *Wirkung der Stallbeleuchtung auf die Legetätigkeit von der Jahreszeit abhängig.* Nach TOMHAVE und MUMFORD[326] hatte sie nach Anfang März keinen Erfolg mehr. In South Dakota[301] erreichten die ohne elektrische Stallbeleuchtung gehaltenen Kontrollgruppen die Eiproduktion der beleuchteten erst im Juni; nach KABLE, Fox und LUNN[156] aber auch schon im März; und nach KEMPSTER und PARKS[157], die ihren Versuch vom 13. Oktober bis 30. April ausdehnten, schon im Februar und März, so daß sie im ganzen Durchschnitt sogar von den beleuchteten Hühnern eine geringere Eiproduktion erzielten als von den nicht beleuchteten (im Verhältnis 87,2 zu 92,3).

Nach derartigen Erfahrungen entsteht die *Frage, ob durch die künstliche Stallbeleuchtung eine höhere Jahresproduktion an Eiern zu erzielen ist.* So nimmt Dürigen[52] an, daß sich die *Jahresleistung der Hühner mit und ohne Beleuchtung* ausgleicht. Nach Römer[256] hatte aber in den englischen Versuchen doch die vom Oktober bis Mitte März täglich abends von 8.30 bis 9.55 Uhr beleuchtete Gruppe von 48 Sussexhennen eine höhere Jahresleistung ihres Eierertrages (s. Tabelle 9).

Tabelle 9.

	mit	ohne
	elektrischer Stallbeleuchtung	
Oktober 1924 bis 17. März 1925	6235	4472
März bis September 1925	4051	5232
	10286	9704

Hier stehen sich also noch verschiedene Erfahrungen gegenüber, die nur durch weitere systematische und exakte Untersuchungen geklärt werden können.

Dies gilt zugleich auch für die Frage, ob sich durch die Verlängerung des winterlichen Arbeitstages und die erhöhte Legetätigkeit in dieser Jahreszeit *nachteilige Folgen der künstlichen Stallbeleuchtung* einstellen. Während Römer[256] davor warnt, auch Zuchthennen in dieser Weise zu intensivieren, Dürigen[52] über Eileitererkrankungen der beleuchteten Tiere berichtet, und nach Kable, Fox und Lunn[156] bei den in einem Winter beleuchteten Legehennen im 2. Jahr ein Rückgang der Eierproduktion im Vergleich zu anderen gleichaltrigen Tieren eintrat, wird bei den Versuchen in Dakota[302] besonders hervorgehoben, daß für diese Tiere als Lege- und Bruthühner in den folgenden Jahren keinerlei schädliche Wirkungen zu bemerken waren.

Die eigentliche *Ursache der beschleunigten Eiproduktion bei Stallbeleuchtung* wird allgemein auf eine hierdurch verlängerte und *vermehrte tägliche Futteraufnahme* zurückgeführt[302, 236, 256]. Diese betrug nach Kempster und Parks[157] vom Oktober bis April im Durchschnitt 10%; nach Tukker[328] war in der ganzen Zeit vom Dezember bis zum nächsten Oktober der Futterverzehr der im Winter beleuchteten beim Körnerfutter etwas geringer und beim Mischfutter etwas größer als bei den unbeleuchteten.

Kable, Fox und Lunn[156] beobachteten zwar auch, daß die größere Eierzahl mit erhöhter Futteraufnahme zusammenfiel, stellten aber zugleich fest, daß die letztere nicht einfach allein von der täglichen Zahl der Lichtstunden abhinge.

Der physiologische Einfluß der Beleuchtung auf die Nahrungsaufnahme der Hühner

ist auch bereits durch systematische Versuche geklärt worden, die Katz und Beck[17] vom tierpsychologischen und sinnesphysiologischen Standpunkt aus durchgeführt haben. Da sich das Geflügel bei der Nahrungsaufnahme nicht durch den Geruchs- oder Tastsinn, sondern durch den Gesichtssinn leiten läßt, so verglichen sie zunächst die *Futteraufnahme bei verschiedener Beleuchtungsstärke* und stellten fest, daß die Hühner bei stark herabgesetzter Beleuchtung nur den größten Hunger stillen und fast nur die Hälfte der gewohnten Futtermenge aufnehmen. Auch picken sie im verdunkelten Raum meist im Sitzen oder in der Hockstellung, um die Körner besser sehen zu können.

Sodann verglichen sie den Einfluß verschiedenfarbigen Lichts und fanden, daß bei roter und gelber Beleuchtung 15—17% mehr, und bei grüner oder blauer 21—23% weniger gefressen wird als bei normaler Tagesbeleuchtung. Wie auch weitere Versuche mit Futteraufnahme von farbigem Untergrund bestätigten, geht offenbar von Rot und Gelb ein starker Anreiz zum Fressen aus. Da die

Hühner aber in sehr bemerkenswerter Weise beim Übergang sowohl von stark herabgesetzter wie von farbiger Beleuchtung zum gewöhnlichen hellen Licht stets erneut zu fressen beginnen und bei diesem „Nachfressen" ziemlich viel Futter aufnehmen, so ließ sich durch anfängliche farbige Beleuchtung mit folgendem Nachfressen im Hellen stets eine größere Futteraufnahme erzielen, als wenn die ganze Fütterung im Hellen stattgefunden hatte. Diese Mehraufnahme an Nahrung betrug für 6 Hühner im Durchschnitt bei Rot 29%, bei Gelb 30, bei Grün 20 und bei Blau 8%.

Aus diesen schönen und interessanten psychologischen Fütterungsversuchen lassen sich *für die Praxis der Geflügelfütterung* Schlüsse ziehen und *Vorschläge* ableiten, deren Anwendung Erfolge zu versprechen scheinen: Man müßte die Fütterung stets oder wenigstens öfters zunächst bei rotem oder gelbem Licht, das durch entsprechend gefärbte Glasscheiben oder dünne Papierschirme leicht hergestellt werden kann, vornehmen und, wenn die Tiere mit dem Fressen aufgehört haben, durch Entfernen der farbigen Scheiben das helle, gewöhnliche weiße Licht der Tagesbeleuchtung oder einer künstlichen Lichtquelle wirken lassen. Auf diese Weise müßte eine Mehraufnahme von Futter zu erzielen sein — im Vergleich zu derjenigen bei dauernd gleicher Beleuchtung ohne Farben.

2. Wirkungen des Lichtes bei Bestrahlung der Eier auf deren Schlüpffähigkeit.

Schon HART, STEENBOCK[97] und ihre Mitarbeiter hatten im Rahmen ihrer großen Versuchsreihen auch bereits experimentell die Frage in Angriff genommen, ob etwa eine direkte Bestrahlung der Eier ihre Schlüpffähigkeit beeinflussen könne, und hatten Hühnereier 1—40 Minuten lang *ultraviolett bestrahlt*, ohne jedoch irgendeine günstige Wirkung dieser Maßnahme feststellen zu können. Da sich dabei aber auch ebensowenig eine Schädigung der Eier ergab, so nahmen sie an, daß das Ultraviolettlicht die Eierschalen wohl gar nicht durchdringe.

Im Gegensatz hierzu fanden SHEARD und HIGGINS[293], daß die Bestrahlung der Hühnereier mit der *Quarzlampe* die Bebrütungsdauer um 24—28 Stunden abkürzen könne, und daß besonders unter ungünstigen Brutbedingungen noch 30% der Eier, gegenüber 13% der unbestrahlten Kontrolleier, zum Schlüpfen gebracht werden können. Hiernach mußten also doch die Ultraviolettstrahlen den Stoffwechsel der bebrüteten Eier günstig beeinflußt und die Eischale und Eimembran durchdrungen haben; letzteres war auch tatsächlich der Fall, wie diese Autoren durch die photographische Wirksamkeit der Bestrahlung durch die Eischale und -membran hindurch experimentell feststellten.

Ähnliche Unterschiede im Vergleich zu den unbestrahlten Eiern erhielten SHEARD und HIGGINS[293] auch, wenn sie Eier nur durch ein in ihre Schale eingesetztes Quarzfenster hindurch bestrahlten, während der gleiche Erfolg durch ein solches aus gewöhnlichem Glase bestehendes Fenster nicht erzielt wurde.

Auch KUCERA[172] und CHOLEVCUK[38, 39] berichteten über günstige Erfolge der *Ultraviolettbestrahlung der Eier.* Ersterer fand die Zahl der geschlüpften Küken und deren Lebensfähigkeit in den ersten Tagen als Folge der Quarzlampenbestrahlung deutlich erhöht, und hiermit stimmen auch die Ergebnisse von CHOLEVCUK[38, 39] überein. Dieser führte die Bestrahlung ganz systematisch mit einer Quarzlampe von 533 W im Abstand von 60 cm in der Weise aus, daß er die Eier zunächst einmal vor dem Einlegen in den Brutapparat und dann vom 3.—19. Bebrütungstage täglich gruppenweise mit verschiedener, von 1—20 Minuten gesteigerter Wirkungsdauer bestrahlte.

Bei einer Bestrahlungsdauer von 1, 2, 5, 10, 15, 20 Minuten wurden 86,2; 75; 67,7; 56,6; 96,6 und 57,7 % Küken ausgebrütet. Die Bestrahlungsdauer von 15 Minuten erwies sich also am günstigsten. Den Unterschied in der Entwicklung erhellt folgende Tabelle:

Tabelle 10.

Brütung im	Eier	Prozent der Embryonen am 7. Tage entwickelt	Prozent der Küken
Juni	bestrahlt	91,3	76,1
	nicht bestrahlt	65,9	54,6
	bestrahlt	+ 25,4	+ 21,5
Juli	bestrahlt	88,2	78,4
	nicht bestrahlt	64,1	59,0
	bestrahlt	+ 24,1	+ 19,4
August . . .	bestrahlt	74,6	61,2
	nicht bestrahlt	65,7	48,6
	bestrahlt	+ 8,9	+ 12,6
Summe im Durchschnitt	bestrahlt	83,5	70,7
	nicht bestrahlt	65,4	53,0
	bestrahlt	+ 18,1	+ 17,7

Die Bestrahlung erhöhte also die Zahl der ausgebrüteten Küken durchschnittlich um 17,7 %. Dabei war die *Lebensfähigkeit der Küken* aus den bestrahlten Eiern größer, denn in der Juni-Juli-Serie bis zum 25.—27. Tage nach der Ausbrütung ging von den bestrahlten Küken keines ein, von den unbestrahlten dagegen 7,6—33,3 %; und in der Augustserie hatten die Küken der bestrahlten Eiergruppen noch eine um 24—27 % geringere Mortalität. Nur in der Gewichtszunahme konnte kein Unterschied zwischen den *Küken aus bestrahlten und unbestrahlten Eiern* festgestellt werden.

Über den *Angriffspunkt der Ultraviolettstrahlen am Hühnerembryo* hat Hinrichs[139] Versuche in der Weise angestellt, daß er Eier eröffnete, die herausgenommene Keimscheibe 10 Minuten bis 2 Stunden lang aus 7—12 Zoll Entfernung mittelst der Cooper-Hewitt-Quarz-Quecksilberdampflampe bestrahlte und die dadurch hervorgerufenen Schädigungen und Zerfallserscheinungen beobachtete. Hierbei fand er, daß die in der größten physiologischen Tätigkeit begriffenen Körperregionen des Embryo am leichtesten durch die Bestrahlung in ihrer Entwicklung beeinflußt werden. Indem er ferner die Bestrahlung nur durch ein in die Eischale und Eihaut geschnittenes Fenster hindurch vornahm, das hiernach mit Paraffin wieder verschlossen wurde, konnte Hinrichs auch die Entwicklung von Mißbildungen hervorrufen.

Auch der Einfluß der *Bestrahlung der Eier mit Sonnenlicht auf ihre Schlüpffähigkeit* wurde, und zwar von Fronda und Belo[68] an Hühner- und Enteneiern, untersucht. Von 2 Gruppen mit je 57 Enteneiern wurde die eine während der ersten 14 Tage der Bebrütung täglich 15—30 Minuten lang direktem Sonnenlicht ausgesetzt; bei dieser wurde eine Schlüpffähigkeit von 50,91 %, gegenüber 39,28 % bei der unbesonnten Kontrollgruppe, erzielt. Die Hühnereier, im ganzen 1267, wurden in 6 Abteilungen zu je 5 Gruppen geteilt; von diesen blieb 1 unbesonnt, 2 wurde vor dem Einlegen in den Brutapparat 30 Minuten lang der Sonne ausgesetzt, 3 außerdem noch jeden 6. bis zum 18. Tag ebenso bestrahlt, 4 ebenso alle 3 Tage, und 5 an jedem Tage. Die Schlüpffähigkeit ergab sich für diese Gruppen zu 1) 56,78; 2) 64,41; 3) 62,86; 4) 74,11; 5) 73,1 %, so daß also zwischen der unbesonnten Kontrollgruppe und den am häufigsten der Sonne ausgesetzten ein bedeutender Unterschied zutage trat; diesem entsprach auch die Sterblichkeit, die 43,21; 35,6; 37,15; 25,89; 26,89 % betrug.

Hiernach wird von FRONDA und BELO eine alle 3 Tage zu wiederholende Sonnenbestrahlung der Bruteier empfohlen.

3. Wirkungen des Lichtes bei Bestrahlung der Küken.

Nach den allgemeinen Erfahrungen über die Möglichkeit, besonders den Mineralstoffwechsel (s. o. S. 821) und die Knochenbildung junger wachsender Tiere durch Bestrahlung verschiedener Art günstig zu beeinflussen, sowie das die Rachitis (Knochenweiche, Beinschwäche) verhütende Vitamin durch Licht z. T. zu aktivieren (s. o. S. 823), z. T. auch, ebenso wie den Wachstumsfaktor, zu ersetzen, lag es nahe, die Ultraviolettbestrahlung auch bei Küken anzuwenden und auf eventuelle günstige *Beeinflussung ihres Wachstums und Kalkstoffwechsels*, ihrer Futteraufnahme, *Gewichtszunahme und Knochenbildung*. sowie ihrer Mortalität, zu prüfen.

Derartige Versuche liegen daher bereits in großer Anzahl vor.

a) Bei Ultraviolettbestrahlung der Küken.

Zunächst berichteten HART und STEENBOCK mit LEPKOWSKY[95], daß sie bei Küken, die ein vitaminarmes Grundfutter erhielten, ebenso durch Ultraviolettbestrahlung wie durch Beigabe von Klee zum Futter ein gutes Wachstum erzielen konnten.

Diese *gegenseitige Ersetzbarkeit von Licht und Vitaminnahrung* ging in ähnlicher Weise aus den ebenfalls 1924 mitgeteilten Versuchen von MITCHELL und CARD (zitiert nach CHOMKOVICZ S. 72[40]) hervor, in denen Küken zwar auch im völligen Dunkel gediehen, aber nur wenn ihnen genügend Hefe und Lebertran zugelegt, oder aber wenn sie zeitweilig ultraviolett bestrahlt wurden; sonst gingen sie zugrunde, wobei sie auch Symptome der Augenweiche zeigten.

Ebenso fand GOODALE[70], daß zwar auch Lebertran das Wachstum der Küken fördere und das Auftreten der Beinschwäche verhindere, noch besser aber ein Grundfutter mit täglicher Ultraviolettbestrahlung von 10 Minuten Dauer aus einer COOPER-HEWITT-Lampe von 110 Volt. Auch 1 Minute Bestrahlung der Küken beschleunigt schon ihr Wachstum, während dieses aber durch eine allzulange Bestrahlungsdauer gehemmt wird.

RÖMER[256, 257] hat an Februarküken *keinen praktischen Erfolg* mit der Ultraviolettbestrahlung erzielen können, die er bei der einen Gruppe von 75 Tieren 4 Wochen lang täglich, zunächst mit 5, und zuletzt mit 45 Minuten Bestrahlungsdauer, aus einer Quarzlampe durchführte. Das Durchschnittsgewicht der bestrahlten war hiernach allerdings mit 214 g deutlich erhöht gegenüber 200 g bei den unbestrahlten; doch wurde das Auftreten von Fällen mit Beinschwäche durch diese Bestrahlung nicht verhütet, sondern erst durch Lebertran gebessert und durch die Gewährung freien Auslaufs im März schnell geheilt.

Im Hinblick auf die nachher zu erwähnenden Erfolge von BIRGER RÖSIÖ, der ebenfalls in den ersten 4 Wochen der Bestrahlungsbehandlung keinen Gewichtsunterschied zwischen der bestrahlten und unbestrahlten Gruppe feststellen konnte, wie er aber in den folgenden Wochen seines fortgesetzten Versuchs deutlich hervortrat, spricht das Ergebnis der RÖMERschen Versuche nicht ohne weiteres dagegen, daß vielleicht bei weiterer Bestrahlung doch noch ein stärkerer Unterschied hätte eintreten können. Ferner scheint sich auch zu ergeben, daß je nach den im übrigen günstigen oder ungünstigen Ernährungs- und Beleuchtungsbedingungen eine Wirkung künstlicher Bestrahlung in früherer oder erst in späterer Zeit bemerkbar wird.

Eingehende Versuche haben dann WALTHER, WALTHER und SOMMER[339] in Hohenheim durchgeführt. Sie hatten zunächst in einem Versuche 4 Wochen alte Junghennen der Legerassen: rebhuhnfarbige Italiener, weiße Leghorn, Rheinländer, auf 2 Gruppen von 31 bzw. 32 Stück verteilt, von denen die eine 4 Wochen lang täglich mit einer Hanauer- Quecksilberquarzlampe aus 1—1¹/₂ m Entfernung mit steigernder Dauer, anfangs 5 Minuten und zuletzt 15 Minuten lang, bestrahlt wurde. Nach 44 Tagen wurde die durchschnittliche *Gewichtszunahme* festgestellt. Diese war in Prozent des Anfangsgewichts praktisch gleich (bestrahlt 347,7%, unbestrahlt 346,9%), und absolut eher günstiger bei der unbestrahlten Gruppe (Zunahme pro Tag bestrahlt 7,18%, unbestrahlt 7,74%). Leider wird die Jahreszeit nicht angegeben; da aber beide Gruppen in einem hellen Hühnerhaus mit freiem Auslauf gehalten wurden, also offenbar reichlich Sonnenlicht genossen, so steht das Ergebnis damit im Einklang, daß die *Ultraviolettbestrahlung bei sonst schon unter ausreichendem Lichtgenuß gehaltenen Tieren keine wesentliche Leistungssteigerung* mehr bewirken kann. Auch war die Versuchszeit wohl zu kurz, zumal in den ersten 3 Wochen nur 5—10 Minuten lang bestrahlt wurde und erst in der 4. (letzten) Woche zu der etwas wirksameren Dauer von 15 Minuten übergegangen wurde. Daher erscheint dieser Versuch zur Lösung der Frage nicht ganz erschöpfend.

In einem 2. Versuche wurde dann aber von 2 Gruppen mit je 12, erst 2 Tage alten *Küken* (Leghorn-Rheinländer-Kreuzung) die eine, wieder beginnend mit 5 und von der 3.—6. Woche an mit 20 Minuten langer Dauer, und diesmal auf 60 cm Entfernung, ultraviolett bestrahlt; ferner wurde hier auch das Trocken- und Weichfutter dieser Gruppe täglich bestrahlt. Bei dieser, im Vergleich zum 1. Versuche wesentlich intensiveren Behandlung war nun auch, obgleich auch diese Tiere alle hell und mit Auslauf gehalten wurden, ein *Erfolg der Bestrahlung* zu verzeichnen: die bestrahlte Gruppe hatte in allen Wochen einen *höheren Futterverbrauch* und zeigte entsprechend auch im Durchschnitt von 39 Tagen mit 5,9 g, gegenüber 5,2 g bei der unbestrahlten Gruppe, einen höheren täglichen *Gewichtszuwachs*. Auch ihre Befiederung war rascher und in stärkerem Maße erfolgt. Der Futterverzehr für jedes Gramm der Gewichtszunahme war bei beiden Gruppen gleich. Immerhin war also auch hier der Erfolg nicht so wesentlich, daß eine Verwendung der Höhensonne unter sonst günstigen Aufzuchtsbedingungen hätte empfohlen werden können.

Viel durchschlagender war nun ein weiterer Versuch von Walther und Sommer, der mit 5 Gruppen von je 9 drei Tage alten *Küken unter sonst ungünstigen Haltungsbedingungen* mit kleinen, in einem Laboratorium aufgestellten Kükenheimen, durchgeführt wurde, so daß Luft- und Lichtgenuß und Bewegung unzureichend waren. Hier wurden nun *teils die Tiere, teils das Futter, teils beide, bestrahlt*, und zwar auf 1 m Entfernung und schon in 10 Tagen auf 30 Minuten steigend, und trat je nach der Intensität dieser Behandlung die *günstige Wirkung der Bestrahlung* deutlich hervor. Wie die Tabelle 11 erkennen läßt, war es am besten, wenn Tiere und Futter bestrahlt wurden, hiernach kam die Bestrahlung der Tiere allein, dann die des Futters allein. Am allerbesten aber schnitt eine 5. Vergleichsgruppe ab, die *unbestrahlt* blieb, aber eine *Milchzulage* erhielt.

Tabelle 11.

Gruppe	Verluste	Durchschnittl. Anfangsgewicht	Durchschnittl. Endgewicht	Durchschnittl. tägliche Zunahme	Wenn Gruppe 1 = 100, ergibt sich	Täglicher Futterverzehr	Futterbedarf zu 1 g Gewichtszunahme
1. unbestrahlt	7	31,0	147,5	2,6	100	10,4	4,0
2. Tiere bestrahlt	4	31,6	221,0	4,2	117	15,5	3,7
3. Futter bestrahlt	4	31,8	214,0	4,0	121	15,5	3,9
4. Tiere und Futter bestrahlt	2	31,0	238,6	4,6	139	18,3	4,0
5. Milchzulage	4	30,6	256,0	5,0	142	20,0	4,0

Aus diesem Ergebnis heben WALTHER und SOMMER noch besonders hervor, daß die *günstige Wirkung der Bestrahlung* nicht auf einer besseren Ausnutzung des Futters, sondern *auf vermehrter Futteraufnahme* beruht.

Wenn hier also unter sonst *ungünstigen Haltungsbedingungen* zwar auch wieder allein durch zweckmäßige Futterzulage, aber doch auch durch Bestrahlung der Küken ein günstiges Ergebnis erzielt werden konnte, so stimmen mit den erstgenannten Versuchsreihen von WALTHER und SOMMER diejenigen von BIRGER RÖSIÖ[261] überein, in denen auch die Lichtverhältnisse schon an sich so günstige waren — da die Versuche sich vom 7. Mai bis 2. Juli erstreckten und die Tiere freien Auslauf hatten —, daß durch die künstliche Ultraviolettbestrahlung keine enormen Erfolge zu erwarten waren. Um so bemerkenswerter erscheint immerhin die erreichte Höhe der günstigen Wirkung: von 2 Gruppen von 899 bzw. 593 Leghornküken, die alle am 3. Mai geschlüpft und am 7. Mai durchschnittlich 80 g schwer waren, erreichte die eine, die vom 7. Mai bis 2. Juli aus 1,4 m Höhe mit einer Hanauer Höhensonne anfangs mit 2, später mit 15—45 Minuten Dauer bestrahlt wurde, in ihrem Durchschnittsgewicht schon bis zum 18. Juni einen Vorsprung von 20,6% und hatte am 2. Juli mit 490 g, gegenüber 415 g der unbestrahlten, ein um 18,1% höher liegendes Durchschnittsgewicht. Die Mortalität war mit 4,7% gegenüber 5,9% dagegen nur wenig verringert.

Neuerdings kam auch SOHNER[298] auf Grund seiner in der Geflügelfarm Grinzing durchgeführten Versuche und der dabei alljährlich gemachten Beobachtung, daß die in den ersten Monaten des Jahres geschlüpften Küken hinter denen späterer Bruten erheblich in der Entwicklungsfreudigkeit zurückbleiben und gegenüber Krankheiten weniger widerstandsfähig sind, zu dem unzweifelhaften Schlusse, daß dem *Sonnenlicht ein großer Einfluß auf das Wachstum der Jungtiere* zugeschrieben werden müsse. SOHNER wiederholte in anderer Weise die Versuche der früheren Autoren, indem er, z. T. im Gegensatz zu jenen, besonderen Wert auf die Einheitlichkeit des Tiermaterials und auf die *gleichzeitige* Durchführung der verschiedenen Versuchsreihen legte. Die Fütterung wurde mit einer Standardfuttermischung der Geflügelfarm Grinzing durchgeführt.

Diese Untersuchungen teilen sich in einen *Sommerversuch* und zwei Winterversuche mit Küken einer Wyandottezucht.

I. Der *Sommerversuch* wurde im Mai 1929 mit 500 Küken begonnen und 8 Wochen lang durchgeführt, wobei die 4 Gruppen der Küken in getrennten Ställen gehalten wurden.

Die *Lichtbehandlung* der einzelnen Gruppen geschah folgendermaßen:

Gruppe 1, 129 Küken, tägliche Bestrahlung frühmorgens vor Tageslicht mit Vakuum-Quecksilberdampflampe, System Hanau, 220 Volt Gleichstrom, 2,5 Amp.; beginnend mit 5 Minuten, bis 40 Minuten gesteigert; aus 100 cm, später 50 cm Entfernung; erst die Tiere allein, dann an den gefüllten Futterschalen bestrahlt.

Gruppe 2, 125 Küken ebenso, doch mit Filter aus ultraviolett durchlässigem Glase (bis 2850 A durchlassig); 10 Minuten bis 3 Stunden aus 1 m bis 60 cm Entfernung.

Gruppe 3, 122 Küken, ohne künstliche Bestrahlung.

Gruppe 4, 134 Küken, Vitaluxlampe (Wolfram-Glühlampe der Osram-Ges.), 300 W., 220 Volt, mit Aluminiumreflektor, 30 Minuten bis 5 Stunden aus 1 m Entfernung.

Die Verarbeitung des aus diesen Versuchen gewonnenen Zahlenmaterials erfolgte nach der von JOHANNSEN eingeführten biometrischen Methode mit *Berechnung der prozentischen Gewichtszunahme* nach Mittelwert, mittlerem Fehler des Mittelwerts, Standardabweichung oder Streuung, Variationskoeffizient.

Abgesehen von den weiblichen, mit Quarzlampe belichteten Küken erwiesen sich in diesem Sommerversuch, wie die Tabelle 12 zeigt, alle belichteten Gruppen in den ersten 4 Wochen hinsichtlich der Zunahme oder des Nährstoffverbrauchs oder in bezug auf beides der unbelichteten als überlegen; dieser Vorsprung glich sich aber in den folgenden Wochen, die schon ganz in die hellere Sonnenzeit fielen, vollkommen wieder aus.

Tabelle 12. Zunahme und Nährstoffverbrauch bei Bestrahlung, in Gramm (nach Sohner).

Gruppe	1.—4. Woche		5.—8. Woche	
	Zunahme	Nährstoffverbrauch	Zunahme	Nährstoffverbrauch
1	93,3	278,4	241,7	664,75
2	99,5	300,9	248,3	721,47
3	94,8	255,4	251,4	683,73
4	101,8	262,2	232,3	664,28

II. Im folgenden *Winterversuche* wurde versucht, die *zweckmäßigste Belichtungsdauer* festzustellen. Hierbei wurden vom 13. November an 125 eben geschlüpfte Wyandotteküken in 3 Ställen gehalten, die morgens vor Tageslicht mit elektrischer Glühbirne und abends mit Zusatzbeleuchtung, im ganzen 12—13 Stunden lang, belichtet wurden. Die Bestrahlung der Tiere geschah folgendermaßen: 13.—27. November: Gruppe 1 Quarzlampe, 5—30 Minuten, 60 cm; Gruppe 2 Quarzlampe, 5—15 Minuten, 60 cm; 27. November bis 11. Dezember: umgekehrte Beleuchtung der Gruppen 1 und 2; 11. Dezember: Beleuchtung wieder gewechselt; Gruppe 3 ohne Zusatzbestrahlung; nur Glühbirne.

In diesem Versuche war die *Gewichtszunahme der Küken* in den ersten 2 Wochen am besten bei der Gruppe 3. Hiernach aber wurde sie bei 1 und 2 so viel besser, daß die Küken dieser Gruppen nach 6 Wochen die 3. Gruppe schon bedeutend überholt hatten und ihr mit einer relativen Gewichtszunahme von 725,8—765,3% gegenüber 716,3% beträchtlich überlegen waren. Dem *besseren Wachstum* ging bei den bestrahlten Tieren, allerdings in geringerem Maße, auch eine *bessere Futterverwertung* parallel.

III. In dem weiteren, im Januar begonnenen *Winterversuche* wurden noch *andere Lichtquellen* in ihrer Wirkung mit der Quarzlampe verglichen. Auch hier ergab sich wieder, wie die Tabelle 13 zeigt, eine beträchtliche *Überlegenheit der bestrahlten Gruppen*, die sich hier übrigens auch in einer deutlichen *Verbesserung der Futterverwertung* äußerte.

Tabelle 13. Wachstum der Küken bei Bestrahlung (nach Sohner).

Gruppe	Zahl der Küken	Art der Zusatz-bestrahlung	Tägliche Dauer der Bestrahlung	Zunahme nach 8 Wochen in % des Schlüpfgewichtes	
				♂	♀
1	106	Quarzlampe	1—10 Minuten	841,4	695,5
2	107	75-Watt-Glühbirne	bis 4 Stunden	828,7	712,2
3	106	Vitaluxlampe	$^1/_2$—2 Stunden	795,1	643
4	?	keine	—	678,1	662,5

Diese Versuche von Sohner[298] zeigen somit eindeutig, daß eine *künstliche Zusatzbestrahlung* bei sonst ungünstigen Lichtverhältnissen, wie sie *im Winter* vorliegen, durchaus am Platze ist und Nahrungsverbrauch, Futterverwertung und Gewichtszunahme verbessert. Eine täglich 2stündige Belichtung der Küken im Januar bis März mit einer 75-Watt-Glühlampe kommt einer täglich 10 Minuten langen Bestrahlung mit der Quarzlampe fast gleich.

Noch bessere Erfolge versprach sich SOHNER von der Kombination einer Bestrahlung aus einer 60-Watt-Glühbirne, zur Verlängerung des Tages auf 12—14 Stunden, mit einer solchen aus einer Quarzlampe von 5—10 Minuten Dauer. *Über den April hinaus erscheint aber eine künstliche Zusatzbestrahlung bei sonst normalen Haltungsbedingungen nicht erforderlich.* Die von FROBOESE[371] mitgeteilten Bestrahlungsbeobachtungen an Küken stimmen mit denen SOHNERS[298] überein, und auch er hält eine Bestrahlung wachsender Küken über den April hinaus für unzweckmäßig. Hinsichtlich des Versagens der Cröllwitzer Versuche führt dieser Autor ins Feld, daß zu lange belichtet wurde und daß die schädliche Wirkung der reichlichen Wärmestrahlung nicht beachtet wurde.

Im Gegensatz zu einigen der hier erwähnten Versuche trat in denen von KUCERA[172] bei Küken *kein deutlicher Einfluß* auf ihre Entwicklung hervor; dies galt nach diesem Autor bei 20 Tage alten Küken, während ältere besser auf die Bestrahlung reagierten, und zu lange Bestrahlung wie bei GOODALE ungünstig wirkten. Auch größere Versuchsreihen von NILS HANSSON[80, 82] verliefen nicht besonders ermutigend. Bei seinen gemeinsam mit AKESON durchgeführten Versuchen sollte zunächst festgestellt werden, ob die *Bestrahlung* bei Tieren, die in *normaler Weise aufgezogen* und mit der üblichen Zugabe von *Lebertran* zum Futter ernährt wurden, einen die Leistung noch steigernden Einfluß ausüben kann. Zu diesem Zwecke blieben die Gruppen 1, 3, 5, 7 unbestrahlt, während 2, 4, 6 bestrahlt wurden; Futterverbrauch und Gewichtszunahme wurden genau aufgezeichnet. Lebertran wurde zu 1—1,5 % des Trockengewichts dem Futter zugesetzt. Die Bestrahlung erfolgte mittelst einer Quarzlampe mit 2500 Normalkerzenstärke, und zwar stets abends aus 1 m Höhe, anfangs jeden 2. Tag 2 Minuten lang, von der 2. Woche ab täglich, und zwar bis zur 5. Woche 10 Minuten, von da ab 6 Minuten lang. Die Versuchsgruppen umfaßten 165—267, im ganzen 1517 Küken.

Als Ergebnis trat zwischen der Gesamtheit der bestrahlten und andererseits der nicht bestrahlten Gruppen, während *der vom März bis Mai dauernden* Versuchszeit von 56 Tagen, hinsichtlich des erzielten Durchschnittsgewichts und der Sterblichkeit *gar kein Unterschied hervor.*

Im *Futterverbrauch* war ein geringer, nur wenig die Fehlergrenzen überschreitender Unterschied bemerkbar mit einem Plus für die gesamten bestrahlten Gruppen, die je Tag und Tier 27,4 g Futtereinheiten mit 3,72 g verdaulichem Eiweiß aufgenommen hatten, gegenüber 25,1 und 3,32 bei den unbestrahlten; wenn man jedoch mit HANSSON, aus gewissen Gründen des Versuchsverlaufs, je eine der bestrahlten und der unbestrahlten Einzelgruppen von der Berechnung ausschließt, so ergibt sich für alle übrigen *bestrahlten ein erhöhter Futterverbrauch* von 30,0 Grammfuttereinheiten mit 4,11 g verdaulichem Eiweiß gegenüber den unbestrahlten mit 26,2 und 3,47.

Die *Erhöhung der Futteraufnahme* um 2,3—3,8 Grammfuttereinheiten = 9,2 bis 14,5 % mehr Futter und die dadurch gegebene Möglichkeit schnelleren Wachstums scheint sich andeutungsweise auch in dem täglichen Zuwachs auszudrücken, der im Gesamtdurchschnitt bei den Bestrahlungsgruppen 7,14 g und ohne Bestrahlung 6,91 betrug. Doch wog diese Steigerung der Zunahme den erhöhten Futterverbrauch nicht völlig auf, da der *Futterverbrauch je Kilogramm Zunahme* bei den bestrahlten Küken im Gesamtdurchschnitt 3,93 Futtereinheiten gegenüber 3,70 bei den unbestrahlten betrug, also um 6,0—6,2 % erhöht war.

Alles in allem darf man wohl aus diesen Ergebnissen von NILS HANSSON wieder den Schluß ziehen, daß bei der ersten Aufzucht der Küken, sofern sie unter sonst normalen Bedingungen und bei reichlicher Ernährung mit Lebertranzusatz erfolgt, eine regelmäßige Ultraviolettbestrahlung mit der Quarzlampe im steigenden Frühjahr nicht mehr mit Sicherheit einen praktisch in Betracht kommenden Vorteil bietet.

Überdies beobachtete HANSSON bei täglich 10 Minuten langer Bestrahlung nach 3—4 Wochen eine gewisse Lichtscheu der Küken und mehrere Fälle verklebter Augen, d. h. von Bindehautentzündung.

Ein *sicher positives Ergebnis der Ultraviolettbestrahlung von Küken* muß aber wieder aus den Versuchen aus New Brunswick von RUSSELL, MASSENGALE und HOWARD[267] entnommen werden. RUSSELL und seine Mitarbeiter benutzten hierbei *zum Nachweis der Bestrahlungswirkung die chemische Untersuchung der Knochenbildung*, und prüften hierdurch zugleich die *Wirkungsdauer einer einmaligen Ultraviolettbestrahlung*.

Sie teilten 360 14 Tage alte Leghornküken in 5 Gruppen, von denen die 1. unbestrahlt blieb und die anderen einer einmaligen Ultraviolettbestrahlung auf 3 Fuß Entfernung und von 45, 90, 180, 270 Minuten Dauer ausgesetzt wurden. Hierbei wurde von einer COOPER-HEWITT-Lampe *durch Cel-O-Glas hindurch* bestrahlt, das keine kürzeren Wellenlängen als 2800 Å durchläßt, so daß eventuelle Schädigungen durch noch kürzere Wellenlängen verhindert werden konnten; zugleich setzt dieses Glas die Wirksamkeit der Ultraviolettstrahlen auf ein Drittel herab, so daß jene Bestrahlungsdauern effektiv einer direkten Bestrahlung von 15, 30, 60, 90 Minuten entsprachen. Als Maßstab für die Beurteilung der Wirkungsdauer der Bestrahlung diente die *Analyse der Knochenasche und des Kalk- und Phosphorgehaltes im Blute der Küken*. Diese Analysen wurden in jeder Woche an einigen Tieren jeder Gruppe ausgeführt.

Es ergab sich hieraus, daß sich die Wirkungsdauer einer einmaligen Bestrahlung auf die Knochenbildung bei einer Bestrahlungsdauer von 45 Minuten (durch Cel-O-Glas) auf 1 Woche, und bei 90—270 Minuten auf 2 Wochen erstreckte, und daß, der Knochenbildung entsprechend, auch der *Kalk- und Phosphorgehalt des Blutes in direktem Verhältnis zur Länge der Bestrahlungsdauer* steht.

Während die meisten der bisherigen *Bestrahlungsversuche an Küken* mit der COOPER-HEWITT- und der Hanauer Quarzquecksilberdampflampe angestellt wurden, haben RÖMER und RÜHLE[259] auch eine umfangreiche Versuchsreihe mit der *Osram-Vitaluxlampe* durchgeführt. Dies ist eine Glühlampe mit einem Kolben aus ultraviolett-durchlässigem Glase, die ähnlich wie die Sonne Wärme-, Licht- und Ultraviolettstrahlung bis herab zu einer Wellenlänge von etwa 270 $\mu\mu$ erzeugt. Sie könnte also für biologische Zwecke überall da am Platze sein, wo mit der Sonnenbestrahlung gute Erfolge zu erzielen sind.

Dieser Versuch wurde mit 2 Gruppen von Küken angesetzt, deren eine 91 Rhodeländer und 29 Italiener und deren andere 91 Rhodeländer und 28 Italiener umfaßte, wobei nur die eine Gruppe bestrahlt wurde, aber beide ein gleichartiges Futter erhielten. Die Bestrahlung des einen Stalles wurde mit 2 Vitaluxlampen durchgeführt, die tägliche Bestrahlungsdauer erstreckte sich dabei von der 2. bis zur 5. Woche auf 7—9 und 19—21 Uhr, von der 6. Woche bis zum Ende der 70 Tage des Versuchs (25. Februar bis 6. Mai 1930) von 7—9 und 17—19 Uhr. Beide Gruppen erhielten auch Tages- und Sonnenlicht täglich von gleicher Dauer, die Vitaluxbestrahlung der einen bildete eine Beleuchtungszulage für sie.

Der in der Tabelle 14 niedergelegte Erfolg entsprach nicht den Erwartungen. Der Futterverzehr und die durchschnittliche Gewichtszunahme in der ganzen Zeit waren vielmehr bei den Vitaluxküken geringer als ohne diese Zusatzbeleuchtung. Daher verlief dieser Versuch auch durchaus unrentabel.

Tabelle 14. Gewichtszunahme der Küken mit und ohne
Vitalux-Zusatzbeleuchtung (nach RÖMER und RÜHLE).

Datum	Rasse	ohne Vitalux		mit Vitalux	
		Zahl der Tiere	Durchschnittl. Gewicht in g	Zahl der Tiere	Durchschnittl. Gewicht in g
25. II.	Rhodeländer	91	41,5	91	42,9
	Italiener	28	39,3	29	39,7
6. V.	Rhodeländer	87	1067	88	1010
	Italiener	28	876,8	27	856,3

Ferner führte QUACK[415] Versuche durch, um die Ultraviolettbestrahlung
in ihrer Wirkung auf das Kükenwachstum zu studieren. Die Bestrahlung wurde
vom 31. März 1930 bis 1. August 1930 ausgeübt, und zwar in 3 Gruppen Küken
mit verschiedenen Brutdaten. Es zeigte sich bei allen Gruppen eine fast gleichmäßige Entwicklung, und zwar betrugen die durchschnittlichen täglichen Zunahmen in Gramm für die ersten 8 Wochen bei Gruppe 1) der Hennenküken
9,49, bei Gruppe 2) 8,23, bei Gruppe 3) 8,31. Jedoch zeigte sich bei der weiteren
Entwicklung Gruppe 2 überlegen. Für die ersten 10 Wochen betrug die durchschnittliche tägliche Zunahme bei Gruppe 1) 9,33 g, bei Gruppe 2) 9,72 g, bei
Gruppe 3) 8,25 g. Gruppe 1 wurde 3 Wochen lang täglich 7 Minuten, Gruppe 2
täglich 7 Minuten während der Dauer von 4 Wochen, Gruppe 3 6 Wochen täglich 8 Minuten im Durchschnitt bestrahlt. Die Sterblichkeit war bei Gruppe 3
geringer als bei den Küken der entsprechenden Kontrollgruppe. Ferner zeigte
sie eine stärkere Befiederung und konnten deshalb den Übergang von der
Batterie- zur Stallhaltung ohne Verluste überstehen.

Überblickt man die große Zahl der vorliegenden Versuche, deren Ziel das
Studium der Wirkung der Ultraviolettbestrahlung auf das wachsende Küken
war, dann kommt man zu dem Schluß, daß eine Beantwortung der Frage in
klarer, eindeutiger Weise heute noch keineswegs möglich ist. Weitere systematische Untersuchungen in eingeschlagener Richtung dürften weiteres Material
zur Lösung des angezogenen Problems liefern.

b) Bei direkt oder durch verschiedene Glasarten wirkendem
Sonnenlicht.

In ähnlicher Weise wie bei den Legehennen wurde auch der *Einfluß des
Sonnenlichtes auf die Entwicklung der Küken* mehrfach untersucht. So haben
SHEARD und HIGGINS[291, 292] 250 Küken, die 1 Woche alt waren, auf 8 Gruppen
verteilt und bei verschieden dosiertem Zutritt des Sonnenlichtes gehalten, das
durch 1. Vitaglas, 2. Fensterglas, 3. Blauglas, 4. Gelbglas filtriert die Tiere erreichte.

Diesen Versuchen kommt noch dadurch eine besondere Bedeutung zu, daß
hier, wie es zur irrtumfreien Beurteilung solcher Versuche eigentlich immer geschehen müßte, in exakter Weise die *Wellenlängen* der durch die verschiedenen
Glasarten durchgelassenen bzw. absorbierten Lichtstrahlen festgestellt und hierdurch die *Qualität des Lichtes jeweils ersichtlich* war.

1. Das Vitaglas ließ bis zu 60 % der Ultraviolettstrahlen des Sonnenlichtes,
im ganzen 90 % aller Lichtenergie hindurch.

2. Das Fensterglas schirmt die kurzwelligen ab und ließ nur Wellenlängen
bis zu 310 $\mu\mu$ hindurch.

3. Das Blauglas absorbierte 680—520 $\mu\mu$ und ließ viel Ultraviolett passieren,
während 4. das gelbe Amberglas nur 500—700 $\mu\mu$ hindurchließ.

Es wurden nun 2 Serien von Küken in je 4, den verschiedenen Glasarten
entsprechenden Gruppen bei vitamin-D-freiem Grundfutter aufgezogen, wobei

die der einen Serie immer Lebertran in Menge von 2 % des Körpergewichts erhielten, die der anderen dagegen nicht. 2 Monate lang blieb die *Gewichtszunahme* in allen 4 Gruppen jeder Serie gleich, doch erreichten hier schon die der *Lebertranserie* ein größeres Durchschnittsgewicht, das aber bei dieser Serie in allen 4 Gruppen trotz des verschiedenartigen Lichtgenusses auch nach 6 Monaten noch übereinstimmte.

Dagegen zeigte sich innerhalb der *Serie ohne Lebertran* ein deutlicher Unterschied, indem die Blau- und Gelbglasgruppen in ausgesprochenem Maße hinter den Fenster- und Vitaglasgruppen zurückblieben. Im Vergleich zur Vitaglasgruppe war die mit Fensterglas nur um 10 %, Blauglas dagegen um 20 %, Gelbglas 30 %, in ihrer Gewichtszunahme zurückgeblieben.

Aus diesen Versuchen ergibt sich daher als wichtige Tatsache, daß *für eine normale Entwicklung der Küken die Wellenlängen 290—320 μμ des Sonnenlichts notwendig sind, die freilich in hohem Grade durch Lebertran ersetzt werden können.*

Sheard und Higgins[291] suchten zugleich auch die Zusammenhänge zwischen *Lichtmangel und innerer Sekretion* zu klären und fanden unter dem Einfluß der Blau- und Gelbgläser *Veränderungen der Nebenschilddrüsen* (Epithelkörperchen) im Sinne einer Hyperplasie oder Hypertrophie. Diese histologischen Veränderungen, die sie[138] bei den Blau- und Gelbglas-Küken schon in den ersten Wochen auftreten sahen, konnten da das Blauglas ja mehr Ultraviolettstrahlen durchläßt als das Fensterglas, demnach nicht auf Fehlen der Ultraviolettstrahlen, sondern auf Lichtmangel überhaupt zurückgeführt werden. Die Epithelkörperchen vergrößerten sich hierbei nach Sheard und Martin[295] bis auf das 9fache ihrer normalen Größe. Sheard[425] führte dann in Verbindung mit Higgins und Foster Versuche durch, in denen sie Hähnchen hinter Lichtfiltern hielten, die Wellen von 270—400 μμ durchlassen (Corexglas), oder hinter Filtern, die Wellen von 500 μμ bis an die Grenze des sichtbaren Spektrums (Amber) den Durchtritt gestatten. Die Tiere waren im Wachstum gehemmt, und die Parathyreoidea war nicht normal entwickelt. Für normales Wachstum und normale Entwicklung der Nebenschilddrüse ist der sichtbare und der ultraviolette Anteil der Strahlenenergie notwendig, denn Ergänzungsbestrahlung mit einer luftgekühlten Quecksilberquarzlampe (10—15 Minuten täglich) von Hähnchen, die hinter Bernsteinfiltern gehalten wurden, bewirkte normales Wachstum und normale Entwicklung der Parathyreoidea. Der ultraviolette Anteil des Sonnenlichtes, der von Corexglas durchgelassen wird, genügt nicht, um die Abwesenheit von Vitamin D in der Nahrung oder des ultravioletten Teiles des ungefilterten Sonnenlichtes zu kompensieren. Mikroskopische Untersuchungen der Femora der 3—5 Monate alten Tiere, die hinter Bernstein- oder Corexfilter gehalten worden waren, zeigten, daß die langwelligen Anteile des Sonnenlichtes für normale Verkalkung allein nicht ausreichen. Die Verfasser kommen auf Grund ihrer Untersuchungen zu dem Schluß, daß *normales Wachstum und normale Entwicklung an beide Strahlenarten, sowohl an die langwelligen sichtbaren als auch an die ultravioletten Strahlen, gebunden sind.*

Genannt sei ferner die Arbeit von Russel und Howard[422], deren Küken bei eintägigem Wintersonnenlichtgenuß gute Knochenbildung aufwiesen und keine Beinschwäche bekamen. Ferner untersuchten diese Autoren die Durchlässigkeit von Cel-O-Glas für ultraviolette Strahlen und fanden eine solche bestätigt, denn Küken, die hinter derartigen Glasfenstern gehalten wurden, wurden vor Rachitis bewahrt.

Eine groß angelegte Untersuchung über das *Wachstum von Küken bei verschiedenartigen Fenstergläsern* verdanken wir Römer und Rühle[260], die 2 Versuche, beide im Winter (November-Januar), den einen 1928/29 mit Jung, den anderen 1929/30, in Cröllwitz durchführten. Hierbei wurden die 3 × 6 m großen Aufzuchthäuser mit je 2 Abteilen benutzt. 6 solche Abteile wurden mit Fenstern aus je einer von 6 verschiedenen Glasarten versehen, die auf diese Weise verglichen werden konnten, und wurden mit je etwa 70 Leghornküken besetzt. Da die Tiere niemals ins Freie gelassen wurden und im Winter 1929/30 von den 70 Tagen der Versuchsdauer 58 als Sonnentage bezeichnet werden konnten, waren die Bedingungen für die verschiedene Wirkung der in verschiedenem Grade ultraviolettdurchlässigen Glasarten durchaus günstig. Auf diese Weise wurden die in der Tabelle angeführten Glasarten verglichen. Das Spektrum für Fensterglas reichte nur bis 310 $\mu\mu$, das des Cellonglases bis 290 $\mu\mu$. Das Ultraviolettglas ließ von Wellenlänge 320 $\mu\mu$ noch 79—89 und von 290 $\mu\mu$ noch 30—37 % hindurchtreten.

Wie die Übersicht der Tabelle 15 zeigt, ergaben sich nun in beiden Jahren hinsichtlich des *Durchschnittgewichts der Küken* der einzelnen Gruppen am Ende des jedesmal 70 tägigen Versuches überraschenderweise gar *keine verwertbaren Unterschiede*, die auf die verschiedene Glasart hätten zurückgeführt werden können. Nur die Cellongruppe bleibt das eine Mal mit 10 % unter dem Gesamtdurchschnitt, den sie aber das zweite Mal mit 3 % übertrifft. Auch die 8,2 bzw. 7,4 %, um welche die Ultravit- und die Cedraglasgruppe das erste Mal über dem Gesamtdurchschnitt liegt, erweist sich im 2. Versuche nicht als typisch. Alle übrigen Gruppen unterscheiden sich in ihrem Durchschnittsgewicht nur mit 0,0—4,7 % von dem Gesamtdurchschnitt für alle Gruppen des betreffenden Jahres.

Tabelle 15. D u r c h s c h n i t t s g e w i c h t u n d S t e r b l i c h k e i t d e r L e g h o r n - k ü k e n n a c h 70 V e r s u c h s t a g e n b e i A b s c h l u ß d u r c h v e r s c h i e d e n a r t i g e G l a s f e n s t e r (nach RÖMER und RÜHLE).

Glasart	1. Versuchsjahr 1928/29		2. Versuchsjahr 1929/30		
	Gewicht in g	über oder unter dem Gesamtdurch- schnitt in %	Gewicht in g	über oder unter dem Gesamtdurch- schnitt in %	Verluste der Tiere in %
Fensterglas . .	620	+0,2	717	+2,7	21,7
Ultraviolettglas .	590	− 4,7	675	−2,9	17,8
Ultravitglas . .	670	+8,2	677	−2,6	7,1
Cedraglas . . .	665	+7,4	694	+0,2	16,5
Cellonglas . . .	555	− 10,3	717	+3,2	14,3
Jubarglas . . .	615	+0,6	695	+0,0	14,3
Gesamtdurch- schnitt	619		695		

In dieser ganzen Tabelle beziehen sich die einzigen auffallenden Unterschiede auf die in den *Verlustprozenten* sich ausdrückende Sterblichkeit der hinter den verschiedenartigen Fenstern aufgezogenen Küken. Hier liegt die Zahl bei *Fensterglas am ungünstigsten*, was mit den Erfahrungen anderer Versuche im Einklang steht und wohl mit der ungünstigsten Ultraviolettdurchlässigkeit des Fensterglases im Zusammenhange stehen dürfte. Und während die Sterblichkeit bei allen übrigen Gruppen fast genau die gleiche ist, hebt sich nur das Ultravitglas mit nur 7 % Verlusten günstig hervor. Leider fehlen hier die Zahlen für den Versuch 1928/29, die zeigen könnten, ob wenigstens die Ergebnisse für Fensterglas und Ultravitglas als typisch anzusehen sind.

Leider fehlen auch, zur Lösung der Frage, ob der im ganzen vollkommen ohne verschiedene Ergebnisse für die 6 verschiedenen Glasarten verlaufene Versuch als entscheidend angesehen werden kann, gewisse Angaben, deren Bedeutung RÖMER und RÜHLE selbst hervorheben; es handelt sich dabei um die Frage, ob bei der klimatischen Lage des Versuchsgebiets überhaupt noch ultraviolette Strahlen von der Sonne her bis dorthin durchdringen konnten. In diesem Sinne ist kürzlich von anderer Seite her z. B. auch geltend gemacht worden, daß es besonders in den unteren Stockwerken der menschlichen Behausungen gerade in den großen Städten keinen Zweck haben würde, ultraviolettdurchlässige Gläser für die Fenster zu benutzen, da dort bis in die Erdbodennähe so gut wie gar keine ultravioletten Strahlen mehr hinabdringen. Da nun das hier in Betracht kommende Cröllwitz unmittelbar bei der großen Fabrikstadt Halle in der Atmosphäre eines dichtbesetzten Industriegebietes liegt und je nach der Windrichtung auch von den Gasen aus weiteren enormen Industrieanlagen überweht wird, so erscheint in der Tat die von Römer und Rühle selbst aufgeworfene Frage von größter Wichtigkeit, und ist zu bedauern, daß nicht zugleich tägliche rein physikalische Messungen über die das Versuchsgebiet treffende Ultraviolettenergie angestellt und verwertet werden konnten, um festzustellen, ob denn überhaupt Ultraviolettstrahlung zur Verfügung stand, die, je nach der Durchlässigkeit der verschiedenen verwendeten Gläser in verschiedenem Grade die Versuchstiere der einzelnen Gruppen erreichen konnte.

Im Hinblick auf manche schon erwähnte, besonders amerikanische, mit deutlichen Erfolgen verlaufene Versuche, macht es fast den Eindruck, als wenn bei den Cröllwitzer Versuchen vielleicht praktisch gar keine Ultraviolettenergie die verschiedenen Fenster erreichte. Vielleicht würden die gleichen Versuche in höher und in reinerer Atmosphäre gelegenen Geflügelanstalten doch eine Differenzierung der Eignung der verschiedenen Glasarten als Fenster für die Winterstallungen ergeben.

c) Bei elektrischer Stallbeleuchtung.

Sehr allgemein verbreitet ist in Nordamerika die Aufzucht der Küken in großen Käfigbatterien, die in zimmerartigen Räumen mehrstöckiger Häuser aufgestellt sind, und in welchen den Tieren im wesentlichen nur die künstliche Beleuchtung aus gleichmäßig verteilten elektrischen Glühlampen zur Verfügung steht, bei der sie aber zunächst 6 Wochen lang aufgezogen werden, bis sie dann auf die im Freien stehenden Hühnerhäuser verteilt werden. Je ein Käfig dieser „batteries" beherbergt anfangs 50, später 20 usw. Küken. Wie ich auf der Station des Dr. Thompson in New Brunswick durch Dr. Platt erfuhr, ermöglicht diese räumliche Konzentration eine so rationelle Bedienung, daß 1 Pfleger bequem in der Lage ist, auf diese Weise allein bis zu 8000 Küken aufzuziehen, wobei auch die Beschränkung des Futters auf Mash, ein Mischfutterpulver aus Körnern mit Fleischzusatz, das nur durch Knochenmehl und Kalkgrit ergänzt zu werden braucht, dieses Verfahren der Geflügelindustrie erleichtert.

Hierfür hat man nun auch die günstigste Belichtungsdauer erprobt, und festgestellt, daß sich täglich 14 Stunden dieser alleinigen elektrischen Beleuchtung am besten bewähren, um die Tiere möglichst viel Futter aufnehmen zu lassen; bei längerer Dauer scheinen die Küken zu reichlich Futter aufzunehmen, um dieses, und besonders das verzehrte Eiweiß, noch verarbeiten zu können.

Parkhurst[235] konnte in Versuchen an spät (im Mai) geschlüpften weißen Leghorns, von denen die eine Gruppe zu 120 Tieren den Winter über, vom Oktober bis März, durch elektrische Beleuchtung eine tägliche Helligkeitsdauer von 12 Stunden erhielt, feststellen, daß hierdurch deutlich der *Futterverzehr und die Gewichtszunahme gesteigert* wurden.

Auf eine *vermehrte Futteraufnahme durch Nachtfütterung bei künstlicher Stallbeleuchtung* zielte auch Zaratan[350] mit einer in primitiverer Weise mit Petroleumlampen durchgeführten gruppenweisen Beleuchtung seiner Küken hin. Die vermehrte Futteraufnahme bezog sich dabei auf Körnerfutter. Hierbei fand er im Vergleich zu den ohne Nachtfütterung aufgezogenen Kontrollgruppen in den ersten 7 Wochen zwar noch keinen sicheren Unterschied, von da ab aber einen zunehmenden Gewichtsunterschied zu gunsten der Nachtfütterung, so daß diese Tiere im Alter von 12 Wochen im Gesamtdurchschnitt 27 % schwerer waren und auch ein rascheres Wachstum des Gefieders und erheblich geringere Sterblichkeit zeigten als die anderen.

4. Licht und Rachitis beim Geflügel.

Schon in den vorhergehenden Abschnitten war neben dem Einfluß des Sonnenlichts oder künstlicher Ultraviolettbestrahlung auf die Produktion und Schlüpffähigkeit der Eier wie auf das Wachstum der Küken mehrfach auch von der die *Beinschwäche* verhütenden Wirkung der strahlenden Energie die Rede. Auf Grund dieser experimentellen und auch anderweitiger praktischer Erfahrungen wird von den Geflügelzüchtern (s. z. B. LANDIS[175]) ziemlich allgemein angenommen, daß direktes Sonnenlicht den Mineralstoffhaushalt in bedeutendem Maße unterstützt.

Hier soll nun noch über die zahlreichen Untersuchungen berichtet werden, in denen mehr ausschließlich die *antirachitische Wirkung des Lichtes* in Betracht gezogen wurde.

Z. T. lassen sich auch hier die mit direktem oder filtriertem Sonnenlicht gemachten Erfahrungen nicht von den mit künstlicher Ultraviolettbestrahlung gewonnenen Ergebnissen trennen: soweit es durchführbar ist, sollen aber doch diese beiden Gruppen von Versuchen gesondert besprochen werden.

Als Vorbemerkung hierzu sei gleich hervorgehoben, daß die Autoren sehr oft einfach vom Auftreten oder Nichtauftreten der Rachitis oder der Beinschwäche berichten, ohne daß genauere Angaben über die Erkrankung der Tiere gemacht werden; sehr oft fehlt leider jede Mitteilung über die Knochenbefunde, wie sie exakt nur durch Röntgendurchleuchtung oder histologische Untersuchung der Knochen, oder chemische Analyse der Knochenasche, erhoben werden können. Experimente mit genaueren derartigen Untersuchungen sind daher auch heute noch dringend zu wünschen.

a) Verhütung und Heilung der Rachitis durch Sonnenlicht.

Die *Lichtwirkung als Ersatz für das antirachitische Vitamin* haben beim Geflügel wohl zuerst HART und STEENBOCK mit LEPKOWSKY und HALPIN[96] beschrieben (s. o. S. 830). Bei *Küken*, die mit einem an Vitamin A bzw. D armen Grundfutter aufgezogen wurden, wirkte eine tägliche *Sonnenbestrahlung* von 30 Minuten stärker antirachitisch als ein Zusatz von 5% frischem Klee. Bald darauf wurde auch von NELSON, HELLER und FULMER[217] an Küken festgestellt, daß sie diese auch ohne Bestrahlung im verschlossenen Stall bis zur vollen Geschlechtsreife aufziehen konnten, wenn sie ihnen ein geeignetes Futter mit Lebertran verabreichten. Wenn sie statt des letzteren frischen Klee gaben, erkrankten aber die nicht beleuchteten Tiere nach 6—8 Wochen an Rachitis, von der sie dann durch *Sonnenlicht* wieder geheilt werden konnten.

BOVIE[29] verglich 3 Gruppen von 1 Woche alten Küken: 1 erhielt das Sonnenlicht nur durch Fensterglas, das gerade die Wellenlängen 290—310 $\mu\mu$ fernhielt, die bei 2 durch tägliche Ultraviolettbestrahlung von 15 Minuten Dauer reichlich geliefert wurden; 3 konnte sich freien Auslaufs mit natürlicher Sonne erfreuen. Am besten gedieh die Gruppe 2, die am 56. Tage bereits doppelt soviel wog wie 1 und auch röntgenologisch den besten Knochenbefund zeigte, der den der Gruppe 3 übertraf, die im übrigen wie Gruppe 2 gedieh. Bei 1 wurde durch die Röntgenuntersuchung der Kalkmangel in den Beinknochen festgestellt, auch war hier die Entwicklung der sekundären Geschlechtsmerkmale verzögert.

BETHKE und KENNARD[21, 228] teilten Leghornhühner im Alter von 21 Wochen in 5 Gruppen: 1 und 2 erhielten überhaupt keine Belichtung, 3, 4, 5 erhielten täglich 30 Minuten lang Sonnenlicht, und zwar 3 direkt, 4 durch Drahtglas, 5 durch ein Fabrikglas hindurch. Bei 1 und 2 hatte nach 5 Wochen die Hälfte der Tiere, nach 9 Wochen alle Tiere deutliche Beinschwäche: diese 2 Gruppen wurden nun weiter geteilt und erhielten von jetzt ab täglich eine Bestrahlung,

1a 15 Minuten Sonne direkt, 2a durch Drahtglas, 3a durch Fabrikglas, 4a statt dessen 5 Minuten Quarzlampenlicht aus 36 Zoll Entfernung. Hierauf zeigten diese 4 Gruppen nach 4 Wochen nur noch sehr leichte Fälle von Beinschwäche und alle auch gute Gewichtszunahme.

Die *Aschenanalyse der Beinknochen* ergab nach dieser Gesamtzeit von 13 Wochen den höchsten Asche- und Kalkgehalt bei den ultraviolett bestrahlten und hiernach bei den Tieren mit direkter Sonnenbeleuchtung, während die anderen Gruppen darin zurückstanden.

Nach Versuchen von Laurens und Mayerson[394], die sie in New Orleans durchführten, zeigte direkte Sonnenbestrahlung im Oktober/März erst nach einer täglichen Expositionsdauer von 4—5 Minuten, im April schon von 2—3 Minuten, sichere Prophylaxe der Beinschwäche an. Bei indirekter Sonnenbestrahlung wurden als entsprechende Zahlen 62 bzw. 23 Minuten ermittelt. Verfolgt wurde die Wirkung durch Beobachtung des allgemeinen Gesundheitszustandes, Röntgeno-gramme, Blut-Ca- und P-Bestimmungen.

In Herveys[130] Versuchen an den New Jersey-Stationen zeigte sich wieder die überragende Bedeutung des freien *Lichtgenusses als Vorbeugungsmittel gegen Beinschwäche*, indem diese bei freiem Auslauf und dabei noch 2% Lebertran nicht auftrat, wohl aber schon nach 5 Wochen bei denjenigen Küken, die, mit oder ohne Lebertran, im Geflügelhaus das *Sonnenlicht* nur durch Fensterglas erhielten. Auch 10 Tage lang durchgeführte tägliche, 10 Minuten dauernde Ultraviolettbestrahlung vermochte bei diesen die Beinschwäche nicht zu heilen.

Verschiedene Glasarten wurden ferner von Cochran und Bittenbender[43] an der Jowa-Station auf ihre *Durchlässigkeit für die antirachitisch wirksamen Strahlen* der Sonne geprüft. Dabei wurden Cel-O-Glas, Flex-O-Glas, Drahtglas und Fabrikglas so durchlässig für Ultraviolett gefunden, daß die Beinschwäche bis zum Alter von 10 Wochen verhindert werden konnte. Besonders in den *Wintermonaten* genügte gewöhnliches Fensterglas nicht, um die Beinschwäche zu verhüten, und wurden daher jene Ersatzglasarten empfohlen.

Daß auch die *Wintersonne*, obwohl sie unsere Atmosphäre weniger reich mit ultravioletten Strahlen versorgt, bei direkter Einwirkung das Wachstum der Küken fördert und das Auftreten der Beinschwäche verhütet, hat Goodale[70] beobachtet und die Indiana-Station[153] in 3 jährigen Versuchen bestätigt, wobei sich ergab, daß bei ausreichendem Lichtgenuß der Wintersonne auch Lebertran keine bessere Entwicklung mehr hervorruft.

Ähnlich hatten Russell und Massengale[266] bei ihren Versuchen an der New Jersey-Station in New Brunswick gefunden, daß das *Wintersonnenlicht*, wenn es den Tieren durch ein ultraviolett-durchlässiges Ersatzglasfenster (Cel-O-Glas) zugänglich gemacht wird, bei Küken bis zu 11 Wochen die Bein-schwäche verhindert, also ebenso wirkt, wie eine tägliche Ultraviolettbestrahlung von 15 Minuten. Die Ergebnisse sprachen sogar dafür, daß die Ultraviolett-bestrahlung der Wintersonne die Knochenbildung noch etwas besser fördert, als die Ultraviolettbestrahlung mit der Quarzquecksilberlampe (siehe auch Russel und Howard [422]).

Diese Versuche wurden ergänzt durch Hart, Scott, Halpin, Johnson[86]: während ihre Küken vom November bis Januar hinter gewöhnlichem Fenster-glas deutliche Symptome der Beinschwäche zeigten und ihre Beinknochen 33—37% Asche enthielten, hatten die hinter Corningglas und hinter Vitaglas gehaltenen 45—49%, hinter Cel-O-Glas 46—48%, hinter Flaxglas 41—45%, und nach direktem Sonnenlicht 42—46% Asche; bei allen diesen Gruppen kamen auch keine Fälle von Beinschwäche vor.

Die *jahreszeitlichen Unterschiede in der antirachitischen Wirkung der Sonnen-strahlen* wurden auf der Cornell-Station[44] an Küken geprüft. Da die erfolgreiche Wirkung eine im Sommer 2, 5, im Frühjahr 10 und im Winter 40 Minuten lange tägliche Bestrahlung erforderte, so ließ sich sagen, daß jene Wirkung bei der Sommersonne 4 mal so stark ist als bei der Frühlingssonne und bei dieser 4 mal so stark wie im Winter. Mussehl und Ackerson[408] bildeten 4 Versuchsgruppen von je 35 Küken, die alle bei demselben Grundfutter gehalten wurden. Gruppe 1 diente als Kontrollgruppe. Gruppe 2 bekam eine Lebertranzulage, Gruppe 3 wurde dem direkten Sonnenlicht zugänglich gemacht, während Gruppe 4 täglich 20 Minuten mit einer Sunlight-Lampe (Type S-1) bestrahlt wurde. Der durchschnittliche Aschegehalt der Tibien betrug nach Abbrechung des Versuchs in den einzelnen Gruppen: 37,64%, 45,74%, 46,01%, 40,92%. Die Tiere der Gruppe 1 waren, wie sowohl ihr Gesundheitszustand als auch die Aschenanalysen ergaben, rachitisch, während die Tiere der anderen 3 Gruppen als normal bezeichnet werden.

Der *Vergleich der direkten Sonnen- und der Ultraviolettbestrahlung hinsichtlich ihrer antirachitischen Wirkung*, den Heuser und Norris[137] an der Cornell-Universität ausführten, ergab, daß eine tägliche Sonnenbestrahlung von durchschnittlich 11 Minuten im Hochsommer (bei 42,5° nördlicher Breite) genügt, um bei jungen Hühnern Rachitis zu verhindern und bis zu 8 Wochen lang normales Wachstum zu gewährleisten. Dieselbe Wirkung hatte die Ultraviolettbestrahlung mit einer Hg-Dampflampe aus 90 cm Entfernung bei täglich durchschnittlich 13,7 Minuten Dauer; tägliche Bestrahlung von nur 9 Minuten konnte Rachitis nicht vollkommen verhüten. Heuser und Norris halten aber doch die Sonnenbeleuchtung für besser als die Ultraviolettbestrahlung, da die der ersteren ausgesetzten Hühner größere Lebhaftigkeit und glatteres Gefieder zeigten.

Über Erfahrungen an einer anderen Geflügelart berichten Palit[410] und Mitarbeiter, die fanden, daß Tauben, die im Dunkeln gehalten wurden, bei alleiniger Reiskost schneller polyneuritisch wurden wie jene bei gleicher Fütterung, die dem Sonnenlicht ausgesetzt waren.

b) Verhütung und Heilung der Rachitis durch künstliche Ultraviolettbestrahlung.

I. Der Tiere selbst.

Außer den schon im vorigen Abschnitt erwähnten Versuchen, in denen die antirachitische Wirkung des Sonnenlichtes der verschiedenen Jahreszeiten mehrfach auch mit der der künstlichen Ultraviolettlampe verglichen wurde, sind noch weitere Versuche mit Ultraviolettbestrahlung angestellt worden. So sind aus neuerer Zeit noch Versuche von G. T. Klein[161] zu nennen, der diese mit mehreren Gruppen von Küken bei einem sonst ausreichenden, aber antirachitisch ungenügenden Grundfutter anstellte. Hierbei erhielt die eine Gruppe eine Zugabe von 2% bestrahlten Baumwollsaatmehls und das Licht durch Fensterglas; eine zweite das Licht von einer Quecksilberbogenlampe, die täglich $8\frac{1}{4}$—$9\frac{1}{2}$ Stunden brannte; andere Gruppen erhielten: 3 Licht nur durch Fensterglas, 4 dasselbe mit 0,5% Lebertran, 5 täglich 15 Minuten Quecksilberquarzlampe, 6 direktes Sonnenlicht durch die offnen Fenster.

In diesen Versuchen konnte Sonnenlicht durch Fensterglas und auch bestrahltes Baumwollsaatmehl das Auftreten von Rachitis nicht verhindern, wohl aber die Ultraviolettbestrahlung mit Wellenlängen bis zu 300 $\mu\mu$ herab.

Ferner liegen noch weitere Ergebnisse vor. So hatten über Ultraviolettbestrahlung und Mineralbedarf bereits Grimes und Salmon[72] an weißen Leghorns festgestellt, daß sie bei mineralarmem Mischfutter nur dann gesund blieben, wenn sie bestrahlt wurden, ohne dies aber unter rachitisähnlichen Symptomen erkrankten und z. T. starben.

Auch die *zur antirachitischen Wirkung erforderliche Dauer der Ultraviolett-behandlung* wurde geprüft, indem Hart, Steenbock, Halpin, Johnson[87] feststellten, daß Küken bei einem Futter aufgezogen werden konnten, das aus Casein, Dextrin, Hefe, Agar, Salz, getrocknetem Klee bestand, wenn sie täglich 5 Minuten der Ultraviolettbestrahlung ausgesetzt wurden; während ein nur 1 Minute langes Bestrahlen mit 3 tägigen Zwischenpausen nicht für ein normales Wachstum ausreichte.

Die Art der *antirachitischen Wirkungsweise und die Wellenlängen* des hierbei wirksamen Strahlenbereiches hat Maughan[195, 196] in systematischen Versuchen festzustellen vermocht; ersteres, indem er verschiedene Körperteile rachitischer Hühner gesondert bestrahlte. Hierbei fand er, daß die *befiederte Haut der Hühner keine genügende Durchlässigkeit für die Ultraviolettstrahlen* besitzt; ebensowenig die Augen. Auch erwies sich die *Bestrahlung der Atemluft* als unwirksam. Erst die tägliche 1 Minute dauernde Bestrahlung der ganzen Tiere aus mindestens 56 cm Entfernung vermochte Rachitis in 95 % der Fälle im Laufe von 28 Tagen zu heilen.

Auch *genaue Bestimmungen der zur Verhütung der Rachitis wirksamen Wellenlängen bei Küken* verdanken wir Maughan[196], der bei diesen Untersuchungen an der Cornell-Universität sehr eingehend die *Durchlässigkeitsverhältnisse für die kurzwelligen Strahlen* berücksichtigte.

Die kürzesten Wellenlängen des Ultraviolett aus dem Sonnenspektrum werden schon durch die Atmosphäre absorbiert. Gewöhnliches Fensterglas läßt nur durch bis zu 3300 Å und absorbiert die kürzeren Wellenlängen. Gerade diese sind aber zur Rachitisheilung oder -verhütung erforderlich, hauptsächlich diejenigen zwischen 3300 und 2900Å; diese werden gelegentlich auch Lebensstrahlen (vital rays) genannt. Natürlich fällt aber die Grenze zwischen wirksamen und unwirksamen Strahlen nicht genau mit der Durchlässigkeitsgrenze des Fensterglases zusammen. Und bei Wintersonne oder in nördlichen Gegenden muß ein Glas prozentisch mehr von den hier spärlicheren ultravioletten Strahlen durchlassen, um noch eine Wirkung zu gestatten.

Hess und Weinstock[135] hatten 1923 gefunden, daß Wellenlängen über 3240 Å keine Heilwirkung für Rachitis mehr haben, wohl aber Strahlen von 3126 Å[136] (1925), und Hess und Anderson[134] (1927) glauben, daß noch kurzwelligere Strahlen als die im Sonnenlicht enthaltenen die größte antirachitische Wirkung ausüben.

Maughan[196] bestimmte nun so nahe wie möglich die spezifisch antirachitischen Wellenlängen für Küken, indem er Glasfilter von verschiedener Art und Dicke verwendete, um aus dem Licht einer Quarzquecksilberdampflampe verschiedene Wellenlängen zu absorbieren und die Tiere gruppenweise der ganzen Strahlenenergie oder nur bestimmten Strahlenbezirken auszusetzen.

Für diese Versuche wurden 157 weiße Leghornküken verwendet.

Entwicklung und Symptome der Kükenrachitis infolge des Lichtmangels.

Wenn die antirachitisch wirksamen Strahlen in der Belichtung fehlen, so entwickelt sich bei Küken, auch wenn sonst alles im Futter vorhanden ist, was unter der Voraussetzung einer gewissen Sonnenbestrahlung eine normale Entwicklung gewährleisten würde, insbesondere auch bei reichlichem Kalk- und Phosphorangebot, regelmäßig die Kükenrachitis. Die Zeit ihres Auftretens hängt von zahlreichen Faktoren ab, so von dem Futter und der Sonnenbestrahlung der

Henne vor und zu der Zeit, als sie das Ei legte; wenn sie z. B. Lebertran oder sonstiges Vitamin D bekommen hatte, oder reichlich mit natürlicher oder künstlicher Ultraviolettbestrahlung behandelt wurde, so verzögert sich hierdurch der Eintritt der Rachitis bei den Küken. Diese Verzögerung kann 1—3 Wochen betragen.

Die Symptome der Lichtmangelrachitis traten oft gleich in sehr ausgesprochenem Maße auf, in anderen Fällen dagegen nur allmählich. Gewöhnlich

A B C

Abb. 193. Kükenrachitis vor und nach Strahlenbehandlung. A Küken, 7 Monate alt, durch Bestrahlung geheilt. Dasselbe ist in C unter dem Pfeil in einer Gruppe schwer rachitischer Küken zu sehen, und in B rechts im Alter von 10 Wochen nach erst 10 tägiger Strahlenbehandlung. In B links ein gleichaltriges Küken, das nach gleichfalls schwerer Rachitis 4 Wochen schon länger bestrahlt wird. (Aus MAUGHAN.)

ist die „Beinschwäche" das erste Zeichen, dem dann rasch das Zurückbleiben des Wachstums und das Struppigwerden des Federkleides folgen. Die Gelenkschwäche zeigt sich darin, daß die Füße im Sitzen vorwärts am Körper entlang ausgestreckt werden, so daß das Tier auf Brust und Schenkel hockt (Abb. 193). Die Fortbewegung ist sichtlich schmerzhaft und beschwert. Schließlich liegt das Tier auf der Seite und die Beine werden schlaff ausgestreckt. Im Fall der Seitenlage ist die Futteraufnahme erschwert, wodurch starke Unterernährung zustande kommt. Wenn indessen Futter und Wasser in leicht erreichbaren Gefäßen gereicht und die Tiere zur regelmäßigen Futteraufnahme angehalten werden, so ergibt sich kein Grund, daß sie an der Rachitis eingehen müßten, jedenfalls nicht in den ersten 6 Wochen nach dem Einsetzen der schweren Symptome. Auch dann ist es noch fraglich, ob sie eigentlich an der Rachitis selbst sterben. Denn diese

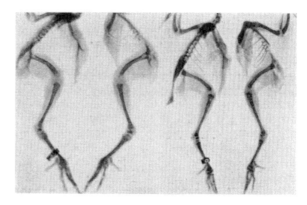

Abb. 194. Kükenrachitis im Röntgenbild. Links Frührachitis bei 4 Wochen alten Küken, rechts normales Küken, gleichaltrig. (Aus MAUGHAN.)

prädisponiert die Tiere infolge der Verringerung ihrer Resistenz für andere Erkrankungen, besonders für Nasenkatarrh und andere Erkältungen.

Anatomisch zeigen sich die Veränderungen am deutlichsten am Skelett. Sie sind besonders in den Röntgenaufnahmen an der Aufhellung der Knochenschatten (Abb. 194) und den unscharfen, verwaschenen Konturen der voneinander weiter abstehenden Knochenenden zu erkennen, ferner auch an den Verbiegungen der Rippen und des Brustbeins, die durch die Verlegung des Gewichts auf diese Skeletteile bei der dauernden Hocklage sowie durch den Kalkmangel dieser Knochen zustande kommen.

In den vorliegenden Untersuchungsreihen von Maughan[196] wurden die *Röntgenaufnahmen auch zur Kontrolle der Strahlenheilwirkung* in gewissen Zeitabständen wiederholt. Ebenfalls wurde durch *regelmäßige Gewichtskontrolle* der einzelnen, zu jeder Gruppe von 10 Tieren gehörigen Küken, und aus den tabellarischen Zusammenstellungen dieser Gewichte, ein genaues Bild vom Wachstumsverlauf der zehn verschieden bestrahlten Gruppen gegeben. Als Futter wurde ein unter normaler Haltung und Sonnenbelichtung für normales Wachstum als völlig ausreichend bewährtes Körnermash mit reichlich Kalk und Phosphor gegeben.

Die *Bestrahlung* wurde gruppenweise folgendermaßen differenziert:

Gruppe 1 ohne Bestrahlung;
  „   2 Bestrahlung durch gewöhnliches Fensterglas;
  „   3 durch ein grünes, 7,2 mm dickes Glas;
  „   4 durch ein helles, fast alle sichtbaren Lichtstrahlen durchlassendes Glas von 2 mm Dicke;
  „   5 durch ein gleiches helles Glas von 4 mm Dicke;
  „   6 Bestrahlung 30 Sekunden ohne Filter;
  „   7 Bestrahlung 60 Sekunden ohne Filter;
  „   8 Bestrahlung durch dunkles Purpurglas, das viel ultraviolette und wenig sichtbare Strahlen durchließ;
  „   9 durch ein gleiches helles Glas wie Gruppe 4, von 5 mm Dicke;
  „ 10 Bestrahlung 10 Minuten ohne Filter.

Als *Lichtquelle* diente eine Uviarc 110 Volt Cooper-Hewitt-Quarzquecksilberlampe, die mit 80 Volt gespeist wurde und deren Brenner sich $22^1/_2$ Zoll über dem Boden der hölzernen Bestrahlungsboxen befand. Im übrigen wurde der ganze Raum nur durch elektrische Mazdalampen erleuchtet.

Als physikalische Grundlage der Versuche wurde die von den *einzelnen Lichtfiltern* durchgelassene totale Strahlungsenergie für die einzelnen Wellenlängen und für 1 Minute Expositionszeit in Prozent der ohne Filter wirksamen Strahlung angegeben (s. Tabelle 16).

Tabelle 16. Von den Glasfiltern durchgelassene Lichtenergie, bei 1 Minute Expositionszeit, in Prozent der ohne Filter = 100 gesetzten (nach Maughan).

Filter	Wellenlänge in Å							
	2755	2804	2894	2926	2968	3024	3,126	3324
ohne Filter	100	100	100	100	100	100	100	100
Filter der Gruppe 4	—	—	20	33	59	100	170	246
„ „ „ 9	—	—	—	9	32	105	370	940
„ „ „ 5	—	—	—	—	12	50	292	1170
„ „ „ 2	—	—	—	—	—	—	—	346
ohne Filter 30 Sek. .	50	50	50	50	50	50	50	50
„ „ 10 Min. .	1000	1000	1000	1000	1000	1000	1000	1000

Bei der für diese Versuche von Maughan durch Shapiro[288] ausgeführten *Messung der Durchlässigkeit der verschiedenen Filtergläser* für die effektive Strahlungsenergie wurde ein Quarzsektorphotometer in Verbindung mit einem Quarzspektographen nach Hilger benutzt, nach der von Howe und Gibson entwickelten Methode.

Um nun einen Anhaltspunkt für die Festsetzung der bei den verschiedenen Filtern anzuwendenden *Bestrahlungsdauer* zu haben, wurde von Maughan[196] zunächst angenommen, daß die Wellenlänge 3024 Å besonders antirachitisch wirksam sei, und die Bestrahlungsdauer bei Verwendung der verschiedenen Filter dementsprechend nach Maßgabe der Tabelle (Wellenlängen in Å, Tabelle 16) variiert.

Als *Maßstab für die antirachitische Wirkung* auf die Tiere dienten: 1. der Allgemeinzustand, 2. die Gewichtszunahme, 3. der Sektionsbefund, 4. die Röntgenaufnahme, 5. die Kalk- und Phosphoranalyse des Blutserums, 6. der Aschengehalt der Oberschenkelknochen.

Von diesen Ergebnissen sei hier nur das Gesamtresultat angeführt. Die *Reihenfolge der verschiedenen Bestrahlungsarten nach ihrer Heilwirkung* ordnet sich danach folgendermaßen:

Gruppe	Filter	Heilwirkung %	Gruppe	Filter	Heilwirkung %
1	unbestrahlt	0	4	helles Glas 2 mm	78
2	Fensterglas	0	3	grünes ,,	82
5	helles Glas 4 mm	8	7	1 Minute ohne Filter	95
9	,, ,, 5 ,,	45	10	10 Minuten ,, ,,	100
6	$^1/_2$ Minute ohne Filter	67	11	Sonnenlicht	100
8	Purpurglas	74			

Hieraus konnte ersehen werden, daß die *Wellenlängen der antirachitisch wirksamen Strahlen zwischen 3130 und 2650* Å liegen. 3130 Å selbst scheint keine solche Wirkung mehr, die unter 2896 Å liegenden nur noch eine schwache Wirkung, zu haben. Die stärkste Wirkung haben 2968 Å; bei 3024 Å beträgt sie noch etwa ein Viertel davon.

Auch die *Menge der Ultraviolettbestrahlung, die zur Rachitisheilung bei Hühnchen erforderlich* ist, wurde von MAUGHAM und DYE[197] festgestellt. Bei experimentell rachitisch gemachten Tieren genügte eine 28 Tage lang durchgeführte tägliche Bestrahlung von 1 Minute, wenn die Lampendistanz $22^1/_2$ Zoll betrug, und von 2 Minuten bei 30 Zoll Entfernung. Die täglichen Bestrahlungen konnten auch durch wöchentlich einmalige Bestrahlung bei einer Gesamtdauer von $37^1/_2$ Minuten ersetzt werden. Auf unbefiederte junge Hühnchen erwies sich die Strahlenwirkung deutlich stärker als bei bereits mit Federn versehenen Tieren.

Hier seien noch Versuche von RUSSELL[263] erwähnt, in denen er feststellen konnte, daß das als ultraviolett-durchlässiges Fensterglas verwendete Cel-O-Glas etwa 33—40% der für die Knochenbildung wirksamen Strahlen durchläßt. Für diese Untersuchungen wurden aus den bei verschiedener Bestrahlungsbehandlung gehaltenen Gruppen von Küken jede Woche 4—8 Tiere zur *Analyse der Knochenasche* herausgenommen. RUSSELL denkt daran, durch diese physiologische Vergleichsmethode neben der Acetonmethylenmethode dahin zu gelangen, die Wirkung der Sonnenstunden in Stunden der Quarzquecksilberlampe auszudrücken.

Einen Fingerzeig, wo der Angriffspunkt der Ultraviolettstrahlen beim Geflügel zu sehen ist, kann man vielleicht aus den Versuchen von TAIT und HOU[142] gewinnen. Diese Autoren machten 8 Küken *rachitisch*, von denen sie bei 4 die *Bürzeldrüse* (Öldrüse, Glandula uropygialis) entfernt hatten, und versuchten sie dann durch Ultraviolettbestrahlung zu heilen. Dies gelang auch bei den Normaltieren vollkommen, während die ohne Öldrüse praktisch keine Besserung zeigten. Nach HOU wäre es daher denkbar, daß die Federn bei den Tieren, die noch ihre Bürzeldrüse besitzen, von der Cholesterin abgeschieden wird, nach Bestrahlung mit Sonnenlicht oder Höhensonne Vitamin D enthalten; dies wurde übrigens auch durch Versuche an rachitischen Ratten, die mit Federn gefüttert wurden, wahrscheinlich gemacht. In einer späteren Arbeit teilt HOU[383] mit, daß experimentell-rachitische Hühner mit intakter Bürzeldrüse durch Ultraviolettbestrahlung jeder beliebigen Körperstelle rasch und sicher geheilt werden können.

Nach Entfernung der Bürzeldrüse erwies sich die Bestrahlung des Körpers oder der Kopfgegend als wirkungslos, während Bestrahlung der Beine auch bei diesen Tieren die Rachitis zu beheben vermochte. Es wird schwer sein, für den näheren Mechanismus dieser Wirkung eine Erklärung zu finden.

In Deutschland hat bisher anscheinend nur R. Römer[258] bei Versuchen mit *Bestrahlung von Küken* auf die antirachitische Wirkung geachtet. Dabei wurde festgestellt, daß aufgetretene Beinschwäche, bedingt durch enge Raumhaltung, allein durch Bestrahlung nicht zu beseitigen war; dagegen ließ die Beigabe von Lebertran Besserung eintreten, und konnte die Beinschwäche in 2 Tagen behoben werden, als die Küken ins Freie und an die Sonne gebracht wurden.

Nachdem nunmehr eine Beschreibung von der Entwicklung und den Symptomen der Kükenrachitis gegeben worden ist, nachdem an Hand der besprochenen Arbeiten die Faktoren herausgeschält worden sind, deren Fehlen zu ihrer Entstehung führen, sei erwähnt, daß wir im Vigantol ein Präparat in der Hand haben, das in der Kükenaufzucht wertvolle Hilfe leisten kann. Experimentelle Untersuchungen über die Wirkung des Vigantols liegen vornehmlich bei Ratten und Hunden vor. Massengale und Nussmeier[401] verfolgten die Wirkung von Vigantolgaben an Küken und fanden, daß das aktivierte Ergosterin in konzentrierter sowohl als auch in verdünnter Lösung weniger wirksam ist, Knochenweiche zu verhindern, wie die Ration Lebertran, die dem Betrag äquivalent ist. Klein und Russel[389] fanden vom verfütterten Ergosterin bei 4 Wochen alten Küken 26,5% der gegebenen Ratteneinheiten im Kot wieder, vom Lebertran, auf RED bezogen, 43,1%. Hall und King[388] fütterten Plymouth-Küken mit einem Grundfutter, das erfahrungsgemäß in 8 Wochen 100% Rachitis zu erzeugen die Eigenschaft hatte. Der ersten Gruppe wurde nur tropfenweise Vigantol (0,016 mg) zugegeben. Bei der zweiten Gruppe wurde 3 Tieren je Tag 1 cm³, 3 Tieren 3 cm³ und 3 Tieren 6 cm³ (1 cm³ = 0,6 mg) Vigantol gegeben. Von der 7. Woche ab wurden die Dosen derart erhöht, daß

Tabelle 17 (nach King und Hall).

Nr.	Tägliche Vigantoldosis cm³	Gesamtmenge bestrahlten Ergosterins mg	Fütterungsdauer Wochen	Serum-Ca	Serum-P	Knochenphosphatase	Nierenphosphatase	Darmphosphatase
				mg je 100 cm³		mg hydrolysierter Phosphor		
1	1	3,40	11	12,6	6,5	0,031	0,250	0,043
2	1	16	4	starb(s.Anm.)	—	—	—	—
3	1	403	12	13,7	6,0	0,005	0,123	0,031
4	3	1370	13	14,4	5,6	0,030	0,164	0,049
5	3	1019	11	16,6	5,7	0,011	0,201	0,040
6	3	2531	19	16,0	4,2	0,000	0,121	0,017
7	6	72	3	starb(s.Anm.)	—	—	—	—
8	6	2740	13	13,3	3,4	0,019	0,112	0,079
9	6	2470	12	11,2	4,1	0,019	0,170	0,132
				normale Gruppe				
1	1 Tropfen täglich, ent- spre- chend 0,016 mg Ergo- sterin	—	14	12,5	7,5	0,055	0,254	0,018
2		—	16	13,5	6,9	0,034	0,294	0,032
3		—	7	10,7	6,2	0,076	0,256	0,064
4		—	16	12,8	7,3	0,197	0,276	0,073
5		—	16	13,0	6,4	0,020	0,311	0,094
6		—	13	10,6	7,6	0,085	0,260	0,034
7		—	14	10,3	6,0	0,066	0,196	0,050
8		—	14	11,1	6,4	0,178	0,227	0,032
9		—	18	10,3	7,2	—	—	—

Anm. Cachexia, perikardische Infusion.

die Tiere in den einzelnen Gruppen erhielten 9, 27, 54 mg bestrahltes Ergosterin je Tag. Nach der 9. Woche wurden diese Tiere anämisch, bekamen Beinschwäche und zeigten empfindliche Augen. Die erste Gruppe blieb normal. Die dritte Gruppe, die Kontrollgruppe, zeigte typisch rachitische Symptome. Histologische Studien zeigten keine Beeinflussung von Aorta, Leber, Nieren und Eingeweiden. Die Knochen der Tiere der Gruppe 2 zeigten dünnen, weichen Schaft, der mit dickem, gallertartigem Mark gefüllt war, während die Knochen der Tiere der Gruppe 3 brüchig und breiter, oft flach und gebogen waren. Das Mark zeigte nicht die oben erwähnte gelatineartige Konsistenz. Die Studie zeigt, daß lange verabreichte oder große Dosen Vigantol bei der Kükenfütterung zu Appetitverlust, Gewichtsverlust und endlich zu schweren Nährschäden und Tod führen können. Ferner verfolgten die Autoren die Schwankungen des Phosphatasegehaltes im Knochen als zahlenmäßig feststellbaren Ausdruck der durch dieses Enzym hervorgerufenen fortschreitenden Entkalkung des Knochens. Die Vigantolhühner hatten, wie die Tabelle 17 zeigt, weniger als die Hälfte der Phosphatase in den Knochen wie die normalen, und es scheint die Annahme berechtigt, daß der Knochenabbau mit der Verringerung des Enzyms verbunden ist, das die Bildung und die Erhaltung der Knochen besorgt (ROBISON[419]). Über Vigantolschäden und deren klinisches Bild liegt ein reiches Material bei vielen Tieren vor. Im Rahmen dieser Arbeit kann auf diese interessanten Fragen leider nicht eingegangen werden, insbesondere nicht auf deren theoretische Erklärungen.

II. Wirkung der Milch bestrahlter Kühe auf die Geflügel-Rachitis.

In dem folgenden Hauptabschnitt über den Einfluß des Lichtes auf milchgebende Tiere wird vielfach die Rede davon sein, daß Küken als Testobjekte zur Prüfung der *Milch bestrahlter Kühe* auf ihre Schutz- und Heilwirkung für Rachitis verwendet wurden, und ebenso auch von den gleichen Wirkungen der *direkt selbst bestrahlten Milch*. Aus diesen späteren Ausführungen wird entsprechend umgekehrt auch zu den uns hier jetzt interessierenden Fragen hervorgehen, wie weit auf diesem Wege *indirekte Wirkungen des Lichtes auf die Rachitis beim Geflügel* zu erreichen sind.

Nur auf eine speziellere Untersuchung der *für Küken antirachitischen Wirkung der Milch ultraviolett bestrahlter Kühe* sei hier als Beispiel noch besonders eingegangen. GOWEN[71] hat mit MURRAY, GOOCH und AMES solche Versuche an Rhode-Island- und weißen Leghornküken durchgeführt, die zunächst durch entsprechende Mangelfütterung klinisch und röntgologisch rachitisch gemacht und hiernach mit der Milch bestrahlter und, zur Kontrolle auch unbestrahlter, Holsteinkühe gefüttert wurden. Die Bestrahlung der Kühe erfolgte 1 Monat hindurch mit täglich 15, und einen weiteren Monat mit 30 Minuten Dauer aus einer COOPER-HEWITT-Wechselstromlampe. In dem Versuche mit den Rhode-Island-Küken waren nach 50 Tagen die mit der Milch von bestrahlten Kühen behandelten Tiere auch nach Ausweis der Röntgenbilder wieder frei von Rachitis, während sich diese bei den Tieren, die Milch von unbestrahlten Kühen erhielten, klinisch und röntgologisch bis zu schwersten Erscheinungen weiter entwickelt hatte.

Ebenso zeigten im Leghornversuch nach 38 Tagen 4 von den 5 mit Milch bestrahlter Kühe behandelten Küken nur noch eine ganz geringe Steifigkeit, während 4 von den 5 mit Milch der unbestrahlten Kühe behandelten Küken eine beständige Zunahme ihrer Rachitis aufwiesen und nur das 5. dieser Gruppe, das auch anfangs nur eine geringe Entwicklung der Rachitis gezeigt hatte, eine nur geringe Verstärkung der Erscheinungen erkennen ließ.

III. Bestrahlung des Futters.

Hier sollen nun noch die wenigen und noch keineswegs einheitlichen Erfahrungen mitgeteilt werden, die über die *antirachitische Wirkung der Bestrahlung anderer Futtermittel* bei Hühnern gemacht wurden.

Wenn es O. Schultz[283] gelang, ein haltbares Milchfettsterin herzustellen (Liposterin G der Firma Kersten in Grabenstein), das sich nach Ultraviolettbestrahlung als hochwirksam gegen Rachitis auch der Hühner erwies, so gehört dies noch zu den an anderer Stelle wiedergegebenen Versuchen über die Wirkung bestrahlter Milch (s. S. 874). Die gleiche Wirkung konnte Schultz auch mit anderen mit Futtermehl zu einem „Aufbaumehl" vereinigten tierischen und pflanzlichen Ölen erreichen. Im Gegensatze hierzu konnten Mussehl und Marsden[215] durch Fütterung mit bestrahltem Maisöl die Beinschwäche beim Geflügel nicht verhindern.

Und für betrahlten *Weizen*, der 15 Minuten lang aus 1 Fuß Abstand bestrahlt worden war, ergaben die Versuche der Idaho-Station[149] bei den damit gefütterten Hühnern sogar eine Vermehrung der Rachitisfälle und der Sterblichkeit.

c) Pseudo-Rachitis und Licht.

Im Zusammenhange mit diesen Ausführungen über Rachitis und Licht muß noch eine Erkrankung und ihr Verhältnis zur Betrahlung erwähnt werden, die leicht mit Rachitis verwechselt werden kann und gegen die sich das Licht anscheinend machtlos erweist. Es handelt sich um die von Norris, Heuser und Wilgus[226] beschriebene *Beinlähmung der Küken*, die wohl den Eindruck einer Vitaminmangel-Krankheit macht und für deren Verhütung nach Norris die Milch ein neues Vitamin enthalten sollte. Hart, Kletzien und Scott[84] haben nun 5 Jahre lang diese Krankheit studiert und nach ihren Ursachen gesucht. Hierbei hielten sie stets 3 Gruppen zu je 16 Küken unter Vermeidung einer Vitamin-D-Zufuhr und bei folgenden Beleuchtungsverhältnissen: Gruppe 1 mit Auslauf in der Sonne, 2 im Vorraum des Laboratoriums bei täglich 10 Minuten Ultraviolettbestrahlung aus einer Quarzlampe, 3 in einem Kellerraum. Auch sie beobachteten nun in diesen Jahren eine Anzahl von Fällen jener Beinlähmung, die mit Gelenkschwellungen und Zehenverkrümmungen einhergeht, und fanden, daß sie besonders bei den am raschesten wachsenden Tieren auftrat. Da sie zwar am seltensten bei den auf dem Sandplatz, aber doch auch gelegentlich bei diesen in der Sonne aufwachsenden Küken, und häufiger auch bei den ultraviolett bestrahlten vorkam, und überdies sämtliche Tiere die ganze Zeit ad libitum abgerahmte Milch und Milchpulver zum Grundfutter erhielten, endlich auch die von Zeit zu Zeit an einzelnen Tieren der verschiedenen Gruppen ausgeführten Aschenanalysen der Knochen (Tibia) einen ausgezeichneten Kalkansatz ergaben, so stellten Hart, Kletzien und Scott hierdurch fest, daß *diese der Rachitis äußerlich ähnelnde Kükenkrankheit sicher keine Rachitis* ist und daß auch in der Milch kein Vitamin dagegen vorhanden sein kann.

5. Wirkungen des Lichtes bei Bestrahlung des Futters auf die Leistungen des Geflügels.

Wenn wir von der soeben besprochenen und, wie wir sahen, durchaus nicht unbestrittenen Möglichkeit absehen, durch Bestrahlung des Futters beim Geflügel der Rachitis entgegenzuwirken, so bleiben noch einige Erfahrungen über andere Wirkungen der Futterbestrahlung beim Geflügel hier zu erwähnen.

Über positive Ergebnisse berichtet O. Schultz[283], der als Wirkung der Fütterung der Legehennen mit seinem, bestrahltes Milchfettsterin oder be-

strahlte Öle enthaltenden Aufbaumehl eine Steigerung des Gewichtes und der
Schlüpffähigkeit der Eier, sowie der Lebensfähigkeit der Küken angibt.

Einen außerordentlichen Erfolg würde es bedeuten, wenn sich die von
ANGER[5] erhaltenen Ergebnisse bestätigen ließen, der im Winter vom 1. Januar
bis 15. Februar von 5 Hennen, die bestrahltes Futter erhielten, 128, dagegen von
der Kontrollgruppe, die das gleiche Futter unbestrahlt bekam, nur 63 Eier erzielte.

Demgegenüber sah man bei den Versuchen der Idaho Station[149] bei Fütterung mit bestrahltem Weizen eine Verringerung der Eiproduktion und der
Schlüpffähigkeit der Eier eintreten.

Auch auf das *Wachstum der Küken* konnten WALTHER und SOMMER[339] kaum
einen ersichtlichen Erfolg feststellen, als sie der einen Gruppe von je 22 (8 Tage
alten) Küken durch 35 Tage täglich ein Futter gaben, das vorher auf 1 m Entfernung bestrahlt worden war, während die andere Gruppe es unbestrahlt erhielt;
denn bei der Futterbestrahlungsgruppe betrug die tägliche Zunahme auch nur
4,94 g gegenüber 4,7 g bei der anderen, und der Futterverbrauch je Gramm Gewichtszunahme 4,89 gegenüber 5,12 g (s. a. o. Tabelle 11 auf S. 844).

III. Einfluß des Lichtes auf Wiederkäuer und auf die Milch.

1. Einfluß des Lichtes auf Wachstum und Entwicklung.

Die bisher vorliegenden Versuche über die Wirkung des Sonnenlichts und
der künstlichen Bestrahlung auf die Entwicklung und Gewichtszunahme junger
wachsender Wiederkäuer sind ohne positives Ergebnis verlaufen.

So konnten MORRISON und RUPEL[213] keinen Einfluß der Sonnenbestrahlung
auf das Wachstum von Kälbern feststellen, die sie im übrigen bei einer sehr vielseitigen und reichlichen Ernährung aufzogen. Und ebenso brachten die Untersuchungen von GULLICKSON und ECKLES[77] ein völlig negatives Resultat, da,
soweit sich wenigstens auf Grund der Gewichtszunahmen und allgemeinen Beobachtungen der Entwicklung sagen ließ, die Entziehung des Sonnenlichts bei
Kälbern von 1 Woche bis zu 2 Jahren ohne Einfluß blieb.

Auch mit *künstlicher Ultraviolettbestrahlung* konnten keine Erfolge erzielt
werden. VÖLTZ und KIRSCH[332, 333, 160, 334] haben in einer größeren Versuchsreihe
die *Wirkung der natürlichen und künstlichen Bestrahlung auf die Konstitution des
Gesamtorganismus bei Kühen* untersucht. Diese Versuche wurden mit Vergleichung von 18 Jungrindern durchgeführt, die bei quantitativer Fütterung auf
3 Gruppen verteilt wurden, deren 1. bei dauernder Stallhaltung künstlich bestrahlt wurde, deren 2. bei dauernder Stallhaltung unbestrahlt blieb, und deren
3. im Stall mit täglich 3stündigem Auslauf gehalten wurde.

Die künstliche Bestrahlung fand mittelst eines Jesionek-Doppelbrenners der
Hanauer Quarzlampengesellschaft statt, und zwar über dem Rücken der Tiere
aus 1 m Entfernung. Von den je 6 Tieren der bestrahlten und unbestrahlten
Stallgruppe, die mit gleichem Anfangsgewicht von durchschnittlich 183 kg eingestellt wurden, hatten die bestrahlten nach 44 Tagen im Durchschnitt 5 kg
mehr als die unbestrahlten zugenommen. Doch hatte sich während des Versuchs
auch ein *nachteiliger Einfluß der Bestrahlungen* herausgestellt, indem diese bei
2stündiger Dauer die Freßlust und Gewichtszunahme herabsetzte, so daß schließlich auf eine $1/2$stündige Bestrahlung heruntergegangen werden mußte.

Die vergleichende *Feststellung der Körpermaße* ergab zwischen diesen beiden
Gruppen keine wesentlichen Unterschiede, die übrigens bei der nur 44tägigen
Versuchsdauer wohl auch kaum zu erwarten waren.

Nach Fortsetzung des Versuches, unter Einbeziehung der 3. Gruppe mit
täglichem Auslauf, stellten sich am Ende der Gesamtdauer des Versuches nach

77 Tagen die Gewichtszunahmen und die Futterverwertung bei dieser 3. Gruppe
als die besten heraus. Auch in der Nachentwicklung aller 3 Gruppen bei Weidegang blieb diese, vorher unter den natürlichsten Bedingungen gehaltene Gruppe
den beiden anderen weit voraus, sowohl an Gewichtszunahme wie auch in der
Entwicklung des Brustmaßes, der Hüftbreite und der Rumpflänge; dies war auf
die regelmäßige Betätigung der Muskeln bei der Bewegung im Auslauf zurückzuführen.

Hinsichtlich der Ultraviolettbestrahlung ergab sich jedenfalls, daß *bei gesunden wachsenden Rindern bei dauernder Stallhaltung kein wesentlicher Einfluß der
künstlichen Höhensonne auf die Entwicklung und Konstitution* zu verzeichnen war.

Zwei japanische Forscher, Kenzo Iguchi und Soichi Kozuki[385], bestrahlten
6 Airshire-Kälber 16 Wochen lang täglich 2 Stunden auf 1 m Entfernung mit
einer Hanovia Quarz-Quecksilberdampflampe. Ihre Versuchsanordnung war
folgende: zwei Gruppen, aus je 3 Kälbern bestehend, wurden abwechselnd je
4 Wochen bestrahlt. Gruppe A wurde in der ersten und dritten Periode, Gruppe B
in der zweiten und vierten bestrahlt. Die durchschnittliche tägliche Gewichtszunahme jeder Gruppe in jeder Periode betrug:

	1. Periode kg	2. Periode kg	3. Periode kg	4. Periode kg
Gruppe A.........	0,66	0,50	0,61	0,68
Gruppe B.........	0,57	0,42	0,49	0,66

Vergleicht man die durchschnittlichen Tageszunahmen der beiden Gruppen
während der bestrahlten und der unbestrahlten Perioden, dann ergibt sich im
ersten Fall eine Gewichtszunahme von 0,59 kg gegen 0,56 kg im letzten, Zahlen,
die so wenig in ihrer Größenordnung voneinander abweichen, daß irgendwelche
Schlüsse nicht daraus gezogen werden können. Im Gegensatz zu den Beobachtungen von Völtz erwies sich hier eine zweistündige Bestrahlung nicht als
nachteilig; die Kälber drängten sich während der Bestrahlung unter die Lampe
wegen der dort herrschenden Wärme und käuten wieder.

2. Einfluß des Lichtes auf den Kalk- und Phosphorstoffwechsel von Milchkühen und -ziegen.

Hart, McCollum und Humphrey[85] hatten 1909 wohl als erste gezeigt, daß
bei *milchgebenden Tieren* über lange Perioden eine *negative Bilanz des Kalkstoffwechsels* zu bestehen pflegt. Diese für *Kühe* gemachte Feststellung konnten
Steenbock und Hart[307] auch an *Ziegen* bestätigen. Diese Autoren hatten bei
ihren groß angelegten und mit systematischer Konsequenz durchgeführten Untersuchungen an der Wisconsin Agricultural Experiment Station in Madison zunächst
dem *Kalkstoffwechsel der landwirtschaftlichen Nutztiere* (s. Anm.) durch exakte Bilanzversuche an *Schweinen und Ziegen* ihre Arbeit gewidmet, wobei sie besonders
auch die *Kalkausscheidung im Darm* berücksichtigten. So fanden sie, daß die
Kalkaufnahme offenbar funktionell von verschiedenen Organen des Körpers
abhängt, und daß die Milchdrüse bei voller Tätigkeit dem Knochensystem Kalk
und Phosphor entziehen kann. Zugleich verursachen die normalen Darmsekre-
tionen durch ihren Kalkgehalt eine Herabsetzung des Verdauungskoeffizienten
für den Kalk, so daß sie schon unter normalen Verhältnissen bei geringer Kalk-
zufuhr die Kalkbilanz negativ gestalten. Die Kalkausscheidung im Harn geht

---

Anm. Über deren Kalkstoffwechsel im allgemeinen s. W. Lintzel: Der Mineralstoffwechsel, im dritten Bande dieses Handbuchs.

mit derjenigen durch den Darm dabei durchaus nicht parallel und kann bei schweren intestinalen Kalkverlusten unverändert bleiben. STEENBOCK und HART hatten dabei auch darauf hingewiesen, daß bei der Milchziege ein wesentlicher *Einfluß von frischem, grünem Weidegras im Vergleich zum Dürrheu* auf den Kalkstoffwechsel ausgeübt wird, der eine vermehrte Resorption des Kalks und einen besseren Ansatz desselben im Skeletsystem verursacht.

Um dieses „Etwas", das offenbar mit dem Grünfutter aufgenommen wird, näher zu ergründen, verglichen HART und STEENBOCK und HOPPERT[91] die Wirkung verschiedener grüner und trockener Futterpflanzen nebst Orangensaft und Lebertran auf die Kalkassimilation bei lactierenden und bei trockenstehenden *Ziegen* und fanden in ihren an 5 Tieren durchgeführten Mineralstoffwechselversuchen, daß, im Gegensatz zum Orangensaft, sowohl *frisches Gras* und grüner Hafer, letzterer in ähnlicher Weise auch, wenn er *in direkter Sonne getrocknet* war, und ferner auch Lebertran, den Kalkansatz deutlich zu steigern und negative Kalkbilanzen in positive umzuwandeln vermochten.

HART und STEENBOCK gingen nun mit ELVEHJEM[89] dazu über, *das Licht direkt auf die Milchtiere einwirken* zu lassen, und führten weitere Untersuchungen an 1 nichtmilchgebenden und 2 lactierenden Ziegen durch. Die Tiere wurden planmäßig durch die Art der Fütterung zu einer negativen Calciumbilanz gebracht und dann der Behandlung mit *Ultraviolettbestrahlung* unterworfen. Dabei wurde der Kalk und Phosphor in den Einnahmen wie in sämtlichen Ausgaben — Harn, Kot, Milch — und ferner auch im Blute bestimmt. Tatsächlich ließ sich auch nach täglich 20 Minuten langer Bestrahlung der Tiere mittels der Quarzquecksilberlampe eine *Umwandlung der negativen Kalkbilanz in eine deutlich positive* beobachten, und auch der Gehalt des Blutes an anorganischem Phosphor erwies sich hiernach als wesentlich erhöht.

Die Autoren schlossen damals hieraus, daß für den Kalk- und Phosphoransatz beim Vieh das Sonnenlicht vielleicht von praktisch größerer Bedeutung sei als die grünen Pflanzen im Futter.

In einem späteren Versuche an einer lactierenden Ziege gelang es aber STEENBOCK und HART[98] nicht mehr, diese Verbesserung der negativen Kalkbilanz durch die Bestrahlung zu bestätigen.

Auch ORR, MAGEE und HENDERSON[233] hatten inzwischen nach Untersuchungen im Rowett Research Institute in Aberdeen, durch die sie den Eindruck gewannen, daß die *Kalk- und Phosphorassimilation* bei lactierenden Tieren im Sommer besser ist als im Winter, und daß dies nicht allein auf das Futter zurückzuführen sei, vermutet, daß die *Ultraviolettstrahlen* der hier gesuchte Faktor seien. Ihre vorläufigen Versuche mit *Bestrahlung von Milchziegen durch die Kohlenbogenlampe* ergaben aber zunächst keinen Einfluß auf die Milchleistung.

Unterdessen veröffentlichten HART, STEENBOCK und ELVEHJEM[89] ihre erwähnten Ergebnisse. ORR, HENDERSON und MAGEE[233] fanden dann auch ihrerseits bei ihren Versuchsziegen unter dem Einfluß der Bestrahlung eine deutliche Verminderung der Kalkverluste des Körpers. Sie gingen davon aus[125], daß nach den bis dahin vorliegenden Untersuchungen und Hypothesen verschiedener Autoren folgende Faktoren die *Kalk- und Phosphoraufnahme bei Milchtieren* beeinflussen könnten:

1. Das Stadium der Lactation;
2. Der Kalk- und Phosphorgehalt des Futters;
3. Die Art organischer Nahrungsbestandteile hinsichtlich der Verdaulichkeit ihres Kalkes und Phosphors und hinsichtlich des antirachitischen Vitamins;
4. ein im Nervensystem gelegener Faktor. Sie fügten hierzu die Berücksichtigung auch der *Sonnenbestrahlung*, von der sie nach dem Ausfall ihrer vorher

schon an Schweinen angestellten Versuche annahmen, daß sie ebenfalls noch die
Vorgänge zu komplizieren vermöchte.

Da, wie erwähnt, bei voller Lactation stets eine negative Kalkbilanz besteht,
hatte sich Orr[124] das Ziel gesteckt, in der Prälactationsperiode möglichst große
Kalkreserven zu schaffen und während der Lactation möglichst viel Mineralien
in leicht aufnehmbarer Form zu geben.

Orr, Henderson und Magee[124, 125, 233, 231] führten nun ihre *Versuche über
den Mineralstoffwechsel an lactierenden Ziegen mit Ultraviolettbestrahlung* durch (s.
Abb. 195), indem sie bei jedem Versuche eine 14—21 Tage dauernde Bestrahlungsperiode zwischen 2 ebenso lange Perioden ohne Bestrahlung einschalteten. Die
Bestrahlung wurde dabei täglich mittels einer 10-A-Kohlenbogenlampe so aus-

Abb. 195.   Ultraviolettbestrahlung der Ziege im Stoffwechselkäfig.
(Nach Orr, Magee, Henderson, Crichton [231].)

geführt, daß immer $^1/_6$ des Tieres bestrahlt wurde. Im übrigen erhielten die Aufent-
haltsräume der beiden Versuchstiere das Licht nur durch Glasfenster hindurch.

In 4 derartigen Versuchen[124, 125] erhielten sie eine schwache aber *deutliche
Steigerung der Ca-Retention* durch die Bestrahlung mit der Kohlenbogenlampe
(täglich 1 Stunde aus 3 Fuß Entfernung), und zwar erfolgte diese Steigerung
durch eine verminderte *Ca-Ausscheidung in den Faeces*, während die Milchver-
hältnisse nicht deutlich beeinflußt wurden und auch die Kalkausscheidung im
Harn die gleiche blieb.

Tabelle 18.   Kalkstoffwechsel der Ziege bei Bestrahlung (nach Orr,
Henderson, Magee).

	Ca täglicher Durchschnitt					
	1. Versuch		2. Versuch		3. Versuch	
	Vor-periode g	Bestrahlungs-periode g	Vor-periode g	Bestrahlungs-periode g	Vor-periode g	Bestrahlungs-periode g
Einnahmen . .	4,98	5,27	8,38	8,38	6,55	6,53
Ausgaben . . .	5,22	5,11	8,79	8,58	6,80	8,54
Bilanz	—0,24	0,16	—0,41	—0,20	—0,26	—0,01

Die günstige Wirkung der Bestrahlung auf den Kalkstoffwechsel beruhte also hier auf einer Steigerung der Kalkresorption im Darm (in Bestätigung von STEEN-BOCK und HART[307], HUSBAND, GODDEN und RICHARDS[147]). Sie erwies sich indessen auch vom Lactationsstadium abhängig, indem sie besonders bei voller Lactation die Kalkverluste verhinderte.

Die *Phosphorbilanz* ging in diesen Versuchen nur in geringem und inkonstantem Maße der Kalkbilanz parallel[125].

Diese in ähnlicher Weise auch bereits von ihnen selbst (s. o. S. 864) angestellten Versuche wurden von STEENBOCK und HART mit SCOTT[60] dann auch auf *Milchkühe zunächst unter dem Einfluß des direkten Sonnenlichts* ausgedehnt. Die mit genauen *Analysen des gesamten Kalkstoffwechsels* verbundenen Versuche wurden teils im Juni, teils im September, in 2—4 Wochen langen Perioden, so durchgeführt, daß immer eine Periode mit Sonnenlichtgenuß einer solchen mit Ausschluß des Sonnenlichts folgte. Für die Sonnenlichtperioden wurden die 3 Holsteinkühe, die zu den Versuchen dienten, in besonders hierfür errichteten „Sonnenlicht-Stoffwechselställen" gehalten, die eine maximale Einwirkung des direkten Sonnenlichts gestatteten.

Es ergab sich, daß die Junisonne bei täglich 45—60 amerikanische Pfund Milch gebenden Kühen die bei einer bestimmten Art der Fütterung bestehende *negative Kalkbilanz wohl zu verringern*, nicht aber völlig auszugleichen vermochte.

Auch unter der Wirkung der Septembersonne überwogen bei Timotheehheufütterung bei 40—45 Pfund Milch liefernden Kühen die negativen Kalkbilanzen, während bei der verhältnismäßig *geringen Milchleistung* von 25—30 Pfund bei gleicher Fütterung *durch die Sonnenwirkung das Calciumgleichgewicht* hergestellt wurde.

Noch in weiteren Versuchen gelang es HART, STEENBOCK, SCOTT und HUMPHREY[98] nicht, durch direkte *Bestrahlung mit natürlichem Sonnenlicht bei Milchkühen während hoher Milchleistung* bei einer bestimmten Fütterungsweise ein Gleichgewicht der Kalkbilanz zu erzielen. Dagegen ließ sich durch tägliche Zulage von 200 g CaO jenes Gleichgewicht herstellen; hierbei war es auch gleichgültig, ob die Kühe im Stalle oder möglichst im direkten Sonnenlichte gehalten wurden. Offenbar war das im frischen Grase und im übrigen Futter enthaltene Angebot an Vitamin D schon ausreichend für die gute Kalkverwertung.

Noch in weiteren Versuchen zeigten die letztgenannten Autoren[99—101], daß es *bei Kühen mit starker Milchleistung offenbar nur sehr schwer gelingt, den Kalk- und Phosphorstoffwechsel durch Vitamin-D-Zufuhr zu beeinflussen.* Denn bei Kühen, die täglich 40—50 amerikanische Pfund Milch gaben, ließ sich weder durch direkte Ultraviolettbestrahlung der Tiere, noch durch Lebertrangaben, noch durch Luzerneheu nach starker Sonnenbestrahlung, eine Wirkung auf die Ca- und P-Assimilation erreichen.

Um größere Mengen Vitamin D zuzuführen, verwandten HART, STEENBOCK, SCOTT und HUMPHREY[306] daher *ultraviolett bestrahlte Hefe*, die sich so vitaminreich erwiesen hatte, daß 200 g davon annähernd 4000 g Lebertran ersetzen konnten. In den hierauf neuerdings 8 Wochen lang durchgeführten Stoffwechselversuchen derselben Forscher[94] an 3 frisch lactierenden Holsteinkühen, bei denen Fütterungsperioden mit und ohne bestrahlter Hefe abwechselten, und wobei sowohl die Ca- und P-Bilanz wie auch der Ca- und P-Gehalt des Bluts genau festgestellt, auch die *antirachitische Wirksamkeit der Milch* wie der Faeces dieser Kühe an Küken geprüft wurde, ergab sich nun zwar wieder eine deutliche *Anreicherung der Milch mit Vitamin D*, doch auch hier wieder keinerlei Änderung des Ca- und P-Gehaltes im Blute oder in der Milch unter dem Einfluß der Fütterung mit bestrahlter Hefe.

Auch mit der von denselben Autoren[92] erprobten Wirkung des Lebertrans war also bei den Milchkühen der Einfluß des Sonnenlichts nicht zu vergleichen.

Schließlich kamen Hart und Steenbock[88] noch in weiteren Versuchen zu dem Schlusse, daß die *Sonnenbestrahlung der Kühe im Hochsommer keinen Einfluß auf die Ausnutzung des Kalkes* im Futter ausübt.

Ihre Untersuchungen führten Hart, Steenbock, Scott und Humphrey[88, 99], indem sie auch den *Einfluß der künstlichen Ultraviolettbestrahlung auf den Kalk-Phosphor-Stoffwechsel der Milchkühe* prüften, zu dem Schlusse, daß in dieser Hinsicht *Unterschiede zwischen Ziege und Kuh* bestehen. Die Kühe wurden hierbei nach einer Vorperiode von 3 Wochen 4 Wochen lang läglich 1 Stunde lang aus 22 Zoll Entfernung mittelst einer Hanauer bzw. einer Cooper-Hewitt-Lampe über den Rücken bestrahlt, wobei jedesmal die Futterreste zur Vermeidung der Futterbestrahlung besonders abgeschirmt wurden. Die Kühe gaben dabei 35 bis 55 Pfund Milch.

Hier zeigte sich nun, daß auch diese *Ultraviolettbestrahlung anscheinend gar keinen* oder höchstens einen sehr geringen direkten *Einfluß auf den Kalk-Phosphor-Stoffwechsel der Milchkuh* ausübte. *Auch auf die Milchproduktion war überhaupt kein Einfluß zu bemerken*, und ebensowenig auf den Kalk- und Phosphorgehalt der gelieferten Milch.

Die *Kühe stehen hiernach im Gegensatze zu anderen Tieren, wie Ziege, Huhn, Ratte, die in dieser Hinsicht durch die kurzwelligen Strahlen günstig beeinflußt werden*. Die Autoren denken zur Erklärung dieses Gegensatzes an die Möglichkeit, daß die dickere Haut der Kühe diese Strahlen nicht genügend eindringen läßt, oder daß ihr die Stoffe fehlen, die durch die Bestrahlung aktiviert werden.

Sie schließen weiter, daß die Kühe ihr *antirachitisches Vitamin hiernach offenbar ausschließlich mit dem Futter* aufnehmen.

Im übrigen lehnen sie eine im allgemeinen günstige Wirkung des Sonnenlichts auch auf die Kühe nicht ab.

Völtz[330] hat eine solche günstige *Wirkung des Sonnenlichts auch für Schafe* betont, da junge, frühreife Lämmer trotz einwandfreier Ernährung bei absoluter Stallhaltung an Rachitis erkrankten, im Gegensatz zu ihren Artgenossen, die täglichen Auslauf ins Freie hatten.

Tabelle 19. Gehalt des Blutserums bestrahlter und unbestrahlter Kühe an Ca und P (nach Bünger[33]. Durchschnittswerte der Gruppen von je 3 Kühen).

Gruppe	Ca			P		
	Versuchsperioden			Versuchsperioden		
	ohne Bestrahlung. mg %	mit Bestrahlung. mg %	ohne Bestrahlung. mg %	ohne Bestrahlung. mg %	mit Bestrahlung. mg %	ohne Bestrahlung. mg %
I. unbestrahlt	11,66	13,67[1]	11,05	6,0	6,6[1]	6,4
II. Rücken bestrahlt .	11,59	15,87	11,15	5,9	6,6	5,7
III. Euter bestrahlt .	13,27	14,23	11,29	6,6	6,4	6,7
IV. Rücken und Euter bestrahlt	11,83	14,13	11,94	5,0	6,1	5,4

Eine vollkommene Bestätigung der *Wirkungslosigkeit der Ultraviolettbestrahlung bei Kühen auf deren Kalk- und Phosphorstoffwechsel* ergaben noch ganz neuerdings die sorgfältigen Versuche von Bünger[33] mit Meetz und Bischoff, auf deren Methodik später im Abschnitt über die Milchleistung eingegangen wird (s. S. 872). Da hier die im Ca- und P-Gehalt des Blutserums auftretende

Anm. [1] Blieb auch hier unbestrahlt.

geringe Steigerung während der mittleren Versuchsperiode nicht nur bei den Kühen der 2.—4. Gruppe zu beobachten war, die am Rücken, bzw. am Euter bestrahlt wurden, sondern auch bei denen der ersten dauernd unbestrahlt bleibenden Gruppe (s. Tabelle 19), so konnte diese Änderung im Mineralstoffgehalt des Bluts nicht auf die Bestrahlungen zurückgeführt werden.

Auch die *Wirkung der Bestrahlung der Kühe auf den Gehalt der Milch an Mineralstoffen*, an Rohasche, CaO und P_2O_5, hat BÜNGER[33] mit MEETZ bei diesen Versuchen durch wöchentlich wiederholte chemische Analysen der Milch der einzelnen Tiere, quantitativ genau zu erfassen gesucht. Es ergab sich aber *kein Einfluß der Bestrahlungen*, wie aus der Tabelle 20 hervorgeht, die auch die in einer bei Gruppe 1 und 4 angefügten 4. Versuchsperiode mit Weidegang erhaltenen Werte für die Gesamtasche enthält.

Tabelle 20. Gehalt der Milch bestrahlter und unbestrahlter Kühe an Gesamtasche (nach BÜNGER. Mittelwerte in % Gesamtasche für die einzelnen Gruppen von je 3 Kühen in den einzelnen Versuchsperioden).

| | Versuchsperioden | | | |
Gruppe	ohne Bestrahlung %	mit Bestrahlung %	ohne Bestrahlung %	Weide %
I. unbestrahlt	0,75	0,74[1]	0,76	0,73
II. Rücken bestrahlt . .	0,73	0,72	0,73	—
III. Euter bestrahlt . . .	0,75	0,75	0,78	—
IV. Rücken und Euter bestrahlt	0,73	0,72	0,73	0,74

Auch die besonderen Analysen der Milch auf ihren Gehalt an CaO und P_2O_5 ergaben nur sehr geringe und unregelmäßige Schwankungen und keinen nachweisbaren Zusammenhang zwischen diesen Mineralstoffen in der Milch und der Bestrahlung der Tiere.

Angesichts der Tatsache, daß sich Milchkühe bei guter Milchleistung stets in der ersten Periode der Lactation in negativer Kalkbilanz befinden, und nach ihren vergeblichen Versuchen, dieses Verhältnis durch Bestrahlung der Kühe zu bessern, gingen HART, STEENBOCK und TEUT[102] noch von einer anderen Seite an die Frage heran, auf welche Weise am besten der Vitamin-D-Bedarf der Kuh gedeckt werden kann. Sie hatten schon 1925 im Anschluß an den Nachweis von STEENBOCK und HART, daß die *antirachitische Wirkung eines Futters durch Ultraviolettbestrahlung gesteigert* werden kann, mit ELVEHJEM und KLETZIEN[308] gezeigt, daß dies auch für Heu gilt, und daß *Kleeheu durch Sonnenlichtbestrahlung* eine den Kalkstoffwechsel beträchtlich erhöhende Wirkung bekommt, die das im Dunkeln gewonnene Kleeheu nicht besitzt.

Sie erweiterten nun[102] 1929 diese Ergebnisse durch neue Versuche mit *Luzerneheu*, das in verschiedenen Expositionszeiten dem *Einfluß der Sonnenbestrahlung* ausgesetzt wurde, und dessen Wirkung sowohl auf den Kalkstoffwechsel gut lactierender Kühe wie auf die Rachitisverhütung bei weißen Ratten untersucht wurde.

Zur Prüfung kam dabei Heu verschiedener Herkunft: 2 Heuarten aus Colorado, deren eine nur wenig (nach dem Schnitt nur noch 3 Stunden), deren andere aber, vom gleichen Feld und aus derselben Zeit, mehrere Tage länger dem Sonnenlicht ausgesetzt worden war; ferner ein Heu aus Wisconsin, ebenfalls Luzerne erster Schnitt, das 3 Tage lang der Sonne ausgesetzt worden war: als 4. Heu ein ebenso behandeltes aus Wisconsin vom 2. Schnitt. Von diesen Heuarten

---

Anm. [1] Blieb auch hier unbestrahlt.

wurden neben einem Grundfutter an die 3 Holsteinkühe täglich je 10 amerikanische Pfund verfüttert, und zwar in einer 1. Periode von 3 Wochen das Coloradoheu 1 und in einer 2. Periode von 4 Wochen bei einer Kuh das Coloradoheu 2, bei den anderen Wisconsinheu 1. Die mit Analysen von Kot, Harn und Milch festgestellten *Kalkbilanzen* erwiesen sich beim Colorado 1 durchweg negativ; durch Colorado 1 und Wisconsin 1 wurden die Kalkverluste wohl nachweisbar, aber doch im ganzen wenig, verringert, und keine der Heuarten konnte ein Gleichgewicht zwischen sämtlichen Kalkeinnahmen und -ausgaben bewirken, obwohl sie alle, wie die Rattenversuche ergaben, antirachitische Wirkung besaßen.

Hiernach vermuteten die Verfasser, daß die Kalkresorption im Darm nicht durch den antirachitischen, sondern durch andere Faktoren bedingt wird.

Auch der *Einfluß bestrahlter Hefe auf den Kalk- und Phosphorstoffwechsel der Milchkuh* wurde von HART, STEENBOCK, KLINE und HUMPHREY[94] untersucht, nachdem sie weder durch direkte Bestrahlung der Tiere noch durch Lebertran oder stark besonntes Luzerneheu einen solchen Einfluß hatten finden können. Indessen auch die 8 Monate durchgeführte Beifütterung von bestrahlter Hefe, die sich als reich an Vitamin D erwies, ergab keinen solchen Einfluß, denn weder der Kalk-Phosphor-Gehalt des Blutes, noch der prozentige Kalk- und Phosphorgehalt der gelieferten Milch ließen bei den sorgfältig durchgeführten Analysen und Stoffwechselversuchen eine Änderung erkennen. Die 3 Versuchskühe erhielten hierbei zum Grundfutter täglich 200 g bestrahlte Hefe, die in ihrer Vitaminwirkung etwa 4000 g vitaminaktiven Lebertrans entsprechen; die Bestrahlung derselben erfolgte in dünner Lage und 2 Stunden lang mit einer Quecksilberdampflampe aus 3 Fuß Entfernung. Der Vitamin-D-Gehalt wurde an Ratten geprüft. Die Milch der Kühe erwies sich entsprechend außerordentlich reich an Vitamin D.

3. Einfluß des Lichtes auf die Milchleistung.

a) Bestrahlung des ganzen Tieres.

Im Anschluß an ihre schon erwähnten, den Mineralstoffwechsel betreffenden, wie auch durch weitere Versuche, waren HART und STEENBOCK[88, 99, 98] zu der Auffassung gelangt, daß die Sonnenbestrahlung der Kühe im Sommer *keinen Einfluß auf ihre Futterausnutzung und ihre Milchleistung* ausübt. Den Abfall der Milchleistung im Sommer bei stark milchenden Kühen führten diese Autoren ebenso auf die Erschöpfung ihrer Kalkreserven wie auf den Einfluß der Hitze und der Fliegen zurück.

Auch hatten sie [88, 99] von der künstlichen *Ultraviolettbestrahlung* der Kühe vom Rücken her keinerlei Einfluß auf die Größe ihrer Milchproduktion beobachten können. BERNHARDT[361] gibt an, daß die Milch der Kühe, die auf der Sonnenseite der Berge weideten, höheren Fettgehalt aufwies als bei den Tieren, die sich auf der Schattenseite desselben Tales ihr Futter suchten.

b) Bestrahlung des Euters.

Über die *Wirkung der Euterbestrahlung bei Kühen auf ihre Milchleistung* sind von IGUCHI und MITAMURA[152] Versuche mitgeteilt worden. Sie fanden bei 2 Kühen bei einer 14 Tage täglich 30 Minuten lang durchgeführten Bestrahlung mit der Quarzquecksilberdampflampe aus 25 cm Entfernung, daß diese Tiere 4,77% mehr Milch mit einem um 8,73% höheren Fettgehalt lieferten als die unbestrahlten Tiere, und schlossen hieraus auf die Möglichkeit, auf diese Weise eine *Steigerung der Milchleistung* hervorzurufen. Das geringe Plus an Milch und Fett erscheint allerdings noch nicht überzeugend. Ebenso dürften auch die 2,92 bzw.

4,24 %, um welche die Milch bzw. deren Fettgehalt durch *Bestrahlung des Futters* der Kühe gesteigert wurden, innerhalb der Fehlergrenzen liegen. Bei Bestrahlung nicht nur des Trockenfutters, sondern auch der Maissilage (1,5 Stunden aus 60 cm), die neben Kraftfutter gereicht wurde, soll angeblich die Leistung an Milch um 28,4 und an Fett um 15,9 % gesteigert worden sein.

Hiergegen fanden STEENBOCK und HART und ihre Mitarbeiter[311] bei 2 Kühen *keinen günstigen Einfluß der Euterbestrahlung auf die Milchmenge.* Die durchschnittliche Milchmenge betrug vielmehr bei diesen Kühen (Nr. 7 und 8) für jede der 4 Wochen der Vorperiode ohne Bestrahlung 181 bzw. 166 amerikanische Pfund Milch mit 3,7 bzw. 8,3 % Butterfett; dagegen für die Wochen der Bestrahlungsperiode (Euter 30—60 Minuten täglich bestrahlt) 153 bzw. 140 Pfund mit 4 bzw. 3,8 % Fett.

Ebensowenig ergab sich eine charakteristische Veränderung der Milchmenge bei den anderweitig bestrahlten Kühen.

Eingehendere Untersuchungen über die *Wirkung der Ultraviolettbestrahlung des Euters auf die Milchleistung der Kühe* sind neuerdings von KROON[170] in Utrecht mitgeteilt worden. Bei 2 Färsen, die sich beide *in der zweiten Hälfte der Lactationsperiode* befanden, wurde die tägliche Milchproduktion in folgendermaßen eingeteilten 7tägigen Perioden festgestellt:

1. Ohne Bestrahlung; 2. mit Bestrahlung des noch behaarten Euters (Hanauer Quarzlampe, aus 1 m Entfernung, am 1. Tage 5 Minuten, am 2. Tage 10, am 3.—7. Tage 15 Minuten lang); 3. mit Bestrahlung des enthaarten Euters; 4. ohne Bestrahlung.

Bei diesen beiden Tieren war *kein Einfluß auf die Milchproduktion* nachweisbar.

Bei einem 2. Versuche standen die beiden Versuchstiere *im Beginne der Lactation.* Hier wurde eine wesentlich extensivere Bestrahlung angewendet, und zwar jeden Tag $^3/_4$ Stunden lang, zuerst gleichzeitig beide Hinterviertel $1^1/_4$ Stunde lang und dann noch jedes Vorderviertel für $^1/_4$ Stunde, so daß deutliches Erythem, Abblättern und Pigmentierung der Haut eintrat. Die Perioden wurden diesmal eingeteilt: 1. ohne Bestrahlung, 2. mit Bestrahlung des gleich anfangs enthaarten Euters.

Auch bei diesen Tieren war *keine Beeinflussung der Milchproduktion* zu bemerken, ebensowenig auch bei 2 weiteren Färsen, bei denen die Bestrahlung noch weiter gesteigert wurde, so daß sie bei beiden aus $^1/_2$ m Entfernung und z. T. mit verlängerter Dauer erfolgte.

c) Vergleichende Bestrahlung des Euters, Rückens und anderer Körperteile.

KROON[170] hat diese Versuche mit Rücksicht auf die vorher erwähnten günstigen Ergebnisse der Euterbestrahlung, über die IGUCHI und MITAMURA[152] berichtet hatten, sowie auf die schon oben (S. 865) erwähnten Arbeiten, besonders eine Mitteilung von HENDERSON[124], nach denen die negative Calciumbilanz der Milchziege bei Bestrahlung in eine positive umschlug, noch weiter differenziert. Hierbei verglich er bei 3 Kühen die *Wirkung der Ultraviolettbestrahlung 1. des Euters, 2, des Futters, 3. der ganzen Kuh,* wofür er Lampen von 2000 Kerzen Stärke verwendete. Das, diesmal nicht enthaarte, Euter wurde täglich von hinten und vorn im ganzen $1^1/_2$ Stunden lang bestrahlt. Die Bestrahlung wurde immer nur in der zweiten der 3 Versuchswochen durchgeführt, so daß die Leistung der Bestrahlungswoche an Milch und Fett mit der Leistung der Vor- und Nachperiode wie auch mit der einer unbestrahlten Kontrollkuh verglichen werden konnte.

Für die Bestrahlung am ganzen Tier, die täglich je $^1/_2$ Stunde auf jede Seite des Rumpfes wirkte, wurde außer einer nicht albinotischen noch eine *Albinokuh* verwendet, um bei deren unpigmentiertem Fell eine größere Aussicht auf eine Bestrahlungswirkung zu haben.

Bei allen 3 Bestrahlungsarten wurde indessen, da die Milch- und Fettleistungen der Bestrahlungswoche mit an sich auch nur sehr geringen absoluten Unterschieden, fast ausnahmslos zwischen den Leistungen der Vor- und Nachwoche lagen, *keinerlei günstige Beeinflussung* erzielt.

Wenn demgegenüber das von den japanischen Forschern mitgeteilte Ergebnis als zutreffend anerkannt werden könnte, so ließe sich dies, wie schon Kroon selbst erörtert, nur so erklären, daß bei den japanischen Versuchskühen ein die Milchsekretion fördernder Vitaminfaktor gefehlt hat, der durch die Bestrahlung ersetzt werden konnte, während sich bei den Utrechter Tieren die Leistung schon auf voller Höhe befand.

Weitere *Euterbestrahlungen* hat Kroon[170] auch noch an 2 Ziegen unternommen, bei denen eine tägliche, mit 10 Minuten beginnende, bis auf $^1/_2$ Stunde gesteigerte und hiermit 8 Tage lang beibehaltene Ultraviolettbestrahlung mit einer 1000-Kerzen-Lampe nach v. Pirquet aus 60 cm Entfernung nicht nur keine Erhöhung, sondern sogar eine Verringerung des Milchertrages zur Folge hatte, und auch nach Aufhören der Milchsekretion kein erneuter Beginn derselben dadurch hervorgerufen werden konnte.

Als entscheidend für die Frage nach dem *Werte der Bestrahlung für die Milchleistung der Kühe* dürfen wohl die umfangreichen und sorgfältigen Versuche von Bünger[34, 33] angesehen werden, der bei 12 Kühen, die in 4 Gruppen zu je 3 geteilt wurden, nicht nur die Größe der Milch- und Milchfettproduktion, sondern auch den Gehalt der Milch an Kalk und Phosphor sowie an Vitamin D und ferner auch die Zahl der roten Blutkörperchen und den Kalk- und Phosphorgehalt im Blute, unter dem Einfluß der Bestrahlung des Euters oder des Rückens untersuchte.

Die Gruppeneinteilung war hierbei folgende:

Gruppe 1 ohne Bestrahlung;
  „   2 Bestrahlung des Rückens;
  „   3 Bestrahlung des Euters;
  „   4 Bestrahlung des Euters und Rückens.

Dieser Versuch fand statt vom 2. April bis 31. Mai. In der vorhergehenden und der nachfolgenden Periode blieben alle Gruppen unbestrahlt. In allen 3 Perioden wurden zur Prüfung der physiologischen Wirkungen der Bestrahlung oder Nichtbestrahlung die folgenden Feststellungen gemacht:

1. Milchertrag (Milchmenge, Fettgehalt, Fettmenge),
2. Gewicht und Gesundheitszustand der Kühe,

Tabelle 21. Milcherträge bei Bestrahlung (nach Bünger).

Versuchsperioden	Gruppe I unbestrahlt			Gruppe II Rücken bestrahlt			Gruppe III Euter bestrahlt			Gruppe IV Rücken u. Euter bestrahlt		
	Milch kg	Fett %	Fett g	Milch kg	Fett %	Fett g	Milch kg	Fett %	Fett g	Milch kg	Fett %	Fett g
Vorperiode ohne Bestrahlungen	15,26	3,09	471	16,16	3,32	536	16,42	3,35	550	15,72	3,22	506
Hauptperiode mit Bestrahlungen bei II, III, IV	15,77	3,04	479	15,71	3,31	520	16,01	3,37	540	16,27	3,01	490
Nachperiode ohne Bestrahlungen	15,30	3,25	497	14,54	3,49	508	15,52	3,52	546	15,62	3,19	499
Durchschnittsergebnis (das der Gruppe I = 100 gesetzt)	100	100	100	100,1	101,3	101,4	97,7	102,2	99,9	100,7	98,1	99,0

3. Blutbild, Gehalt des Blutes der Kühe an Ca und P,
4. Gehalt der Milch an Gesamtasche, Ca und P,
5. Antirachitische Wirksamkeit der Milch.

Die Fütterung und Stallhaltung der Kühe aller Gruppen war, abgesehen von den Bestrahlungen, während der Versuche vollkommen die gleiche.

Die Bestrahlungen wurden mit Hanauer Quarzquecksilberdampflampen in einem besonders hergerichteten Bestrahlungsstand des Stalles, beginnend mit täglich 10 Minuten aus 100 cm Entfernung und steigend auf 30 Minuten aus 75 cm Abstand vom Rücken bzw. Euter durchgeführt. Für die Bestrahlung des Rückens wurde ein JESIONEKbrenner, für die des Euters, die je 10 Minuten lang von rechts, von links und von hinten stattfand, eine BACH-Höhensonne nach v. PIRQUET verwendet.

Wie die Tabelle 21 zeigt, halten sich die in den einzelnen Versuchsperioden mit und ohne Bestrahlung auftretenden Änderungen der Milch- und Fettmengen und des Fettgehalts in äußerst geringen Grenzen, ohne irgendeine Beeinflussung durch die Bestrahlung des Rückens oder Euters erkennen zu lassen; daher weichen auch die Durchschnittsergebnisse von dem der unbestrahlten Kontrollgruppe nur innerhalb der selbstverständlichen Schwankungen und Fehlergrenzen ab.

Auch die durchschnittliche *Gewichtszunahme der Kühe* während des Versuchsabschnittes lag für die Gruppen II, III, IV, mit 19, 16, 24 kg und im Mittel 20 kg, auf gleicher Höhe wie bei Gruppe I (20 kg) und deuteten so auf ein gleichbleibendes Allgemeinbefinden hin.

Bei diesen Bestrahlungsversuchen von BÜNGER[33] an Kühen ergab sich auch keine besondere Wirkung der Bestrahlungen auf das Blutbild sowie auf den Ca- und P-Gehalt des Blutes und der Milch.

d) Bestrahlung des Futters.

Nachdem KROON[170] in Utrecht, wie wir oben sahen (S. 871) in seinen Versuchen über den Einfluß der Bestrahlung der ganzen Kühe, des Euters oder des Futters, auf die Milch- und Milchfettproduktion stets negative Resultate erhalten hatte, führte er[171], veranlaßt durch das Erscheinen der Arbeiten von WACHTEL[338] und von POELT[247] noch eine weitere Versuchsreihe mit *Fütterung bestrahlter Hefe bei Milchkühen* aus.

Hierfür wurde die trockene bzw. feuchte Hefe mittelst der JESIONEK-Lampe $1/2$ Stunde lang aus 1 m Abstand bestrahlt, wobei sie alle 5 Minuten gut umgerührt wurde. Die zu diesen, gegen Ende der Stallzeit, im März bis April stattfindenden Versuchen herangezogenen Kühe befanden sich im Beginne der Lactation. Die Fütterung wurde in den 5 Wochen der beiden, mit trockner bzw. mit nasser Hefe angestellten Versuche, so eingeteilt, daß alle Tiere dasselbe Futter und eine Kontrollkuh nur in der 3. und 4. Woche unbestrahlte Hefe erhielt, während 2 Kühe in der 2. Woche $1/4$ kg unbestrahlte, in der 3. und 4. bestrahlte und in der 5. Woche wieder unbestrahlte Trockenhefe bzw. nasse Hefe erhielten.

Wie die Ergebnisse zeigten, stieg die Milchproduktion bei den beiden Kühen unter dem Einfluß der bestrahlten Trockenhefe um 20 bzw. 10 l je Woche. Bei zwei anderen stieg sie durch die bestrahlte nasse Hefe um 14 bzw. 18 l, nachdem sie hier allerdings um die Häfte dieses Betrages schon bei der gleichen Menge *unbestrahlter* nasser Hefe gestiegen war.

Im ganzen ließe sich hiernach, ähnlich wie nach WACHTEL und POELT, *bei Zufütterung von bestrahlter trockner oder nasser Hefe mit einer Steigerung des Milchertrages von 2—3 l im Tagesdurchschnitt rechnen.*

Der Fettgehalt der Milch wurde dagegen nicht beeinflußt.

e) Anhang: Einfluß der Bestrahlung der Brust auf die Milchmenge bei stillenden Frauen.

Zum Vergleich dürfte es von Interesse sein, die bisherigen Erfahrungen über die Wirkung der Ultraviolettbestrahlung auf die Milchleistung der menschlichen Brustdrüse hier heranzuziehen.

Stolte und Wiener[315] haben wohl als erste über eine *Hebung der Milchmengen bei stillenden Müttern durch Lichtbehandlung* berichtet. Bei ihren Versuchen bestrahlten sie in 20 Fällen die Brust stillender Frauen mit Höhensonne, und zwar mit eingeschaltetem Heizlampenkranz der Quarzlampe zunächst aus 80, später aus 70 und evtl. 60 cm Entfernung, zuerst 5—7 und schließlich 25—45 Minuten lang, anfangs täglich, dann nur noch mindestens 2 mal in der Woche, wobei sie auch deutliche Hautreaktionen erstrebten.

Nach ihren Beobachtungen soll auf die Bestrahlungen hin mitunter eine vermehrte Milchproduktion so stürmisch einsetzen, daß sie zu Stauungen führen kann. Auf diese Weise sollten auch Frauen, die bei den ersten Kindern nie genug Milch gehabt hatten, zu ausreichendem Stillen gebracht worden sein. Die Autoren wollen sogar bis dahin keinen einzigen Versager gehabt haben und sprechen daher der Höhensonne eine hervorragend günstige Wirkung auf die Brustfunktion zu. Leider haben diese Autoren vergleichende Beobachtungen mit und ohne Höhensonne, wie auch Angaben über die vor oder nach den Bestrahlungen erhaltenen Milchmengen, nicht mitgeteilt, so daß aus ihrer Darstellung exakte physiologische Schlüsse gar nicht entnommen werden können.

Im gleichen Jahre berichteten auch Donelly[48] sowie Chisholm und McKillop[37] über gute Resultate der Höhensonnenbestrahlung bei stillenden Müttern.

Mit dem von Stolte empfohlenen Verfahren hat dann auch Vogt[337] unter Einhaltung der gleichen Bestrahlungstechnik bei 30 stillenden Müttern die Brüste bestrahlt und so gut wie keinen Mißerfolg gesehen. Es soll dabei fast stets gelungen sein, sofern die Bestrahlung lange genug fortgesetzt werden konnte, allein durch die Bestrahlung die Milchabsonderung deutlich zu steigern und die Trinkmengen zu heben. Leider werden auch hier keinerlei Angaben über die vor, während und nach der Bestrahlungsbehandlung erhaltenen Milchmengen gemacht, auch von den Gewichtskurven der Kinder nur allgemein der günstige Verlauf erwähnt, so daß auch diese Beobachtungen physiologisch nicht verwertbar sind.

Aus beiden Mitteilungen geht auch nicht deutlich hervor, ob die Autoren eine solche Milchsteigerung durch die Bestrahlung nur für Fälle krankhafter Minderleistung annehmen, oder ob die Beobachtungen sich auch auf völlig im Rahmen des Physiologischen verlaufende Fälle beziehen.

Diese Angaben fanden denn auch durch weitere Untersuchungen keine Bestätigung. So konnten diese angeblich günstigen Erfolge bei Frauen mit Hypogalaktie von Freund[66] nicht bestätigt werden, so daß dieser Autor die Möglichkeit einer Steigerung der Milchsekretion bei vorübergehendem Stocken der Milchabsonderung durch Bestrahlungsbehandlung nur im Sinne einer suggestiven Einwirkung zuzugeben bereit ist.

Wesentlich eingehender prüfte auch noch Drossel[51] den *Einfluß der Ultraviolettbestrahlung der Brüste auf die Milchleistung stillender Mütter*, indem sie mit 5 Minuten beginnend und jedesmal um 2—3 Minuten, bis auf 20 Minuten, steigernd, in den ersten 3 bis 4 Wochen etwa 12—14 Bestrahlungen aus 80 cm Abstand vornahm. Zum überwiegenden Teil reagierten die Frauen hierauf mit stärkeren Erythemen und daraus entstehenden subjektiven Beschwerden. Diese mit täglicher Messung der Milchleistung durch gewichtsmäßige Feststellung der Trinkmengen verbundene Behandlung konnte in 15 Fällen längere Zeit durchgeführt werden. Leider ist nicht gesagt, welche Lichtquelle verwendet wurde. Aus dem Vergleich der Trinkmengen zu Beginn der Bestrahlungen und nach 3—4 Wochen dieser Behandlung ergab sich aber, da die Milchmenge in 4 Fällen zurückging und auch sonst mit und ohne Bestrahlung beträchtliche Schwankungen zeigte, daß ein *Einfluß der Brustbestrahlung auf die von den Müttern gelieferten Milchmengen nicht anerkannt* werden konnte.

4. Einfluß des Lichtes auf die antirachitische Vitaminwirkung der Milch.

a) Bei Bestrahlung der milchgebenden Tiere.

Über den *Einfluß des Sonnenlichts* auf den wachstumsfördernden und antirachitischen Faktor der Kuhmilch hatte zunächst Luce (S. 716)[187] gezeigt, daß dieser bei der Sommerweide, im Vergleich zu Stallfütterung im Dunkeln, vermehrt war. Zugleich erwies er sich von der *Art des Futters* abhängig, indem die Milch durch frisches Grasfutter stärker mit dem Wachstumsfaktor angereichert wurde als bei trocknem Futter.

Direkte Bestrahlung der Kühe hatte keinen deutlichen Einfluß ergeben.

Bei der Fortsetzung dieser Versuche mit derselben Jerseykuh (S. 1279)[187] ergab sich bei einer an fettlöslichem Vitamin armen Kost, daß auch die Exposition an der Sommersonne den Vitamingehalt der gelieferten Milch nicht ausgleichen konnte.

Auch wurde bei dunkler Stallhaltung ein kaum geringerer Gehalt der Milch an *Wachstumsfaktor* (Rattenversuche) erzielt, so daß der Unterschied innerhalb der Versuchsfehlergrenzen zu liegen schien.

Dagegen ließen weitere Beobachtungen auf eine *Beteiligung der Sonnenbelichtung der Kuh an der Bildung des antirachitischen Vitamins* in ihrer Milch schließen; doch erwies sich auch hier die *Fütterung als Hauptsache*, denn ein Vitaminmangel darin konnte durch die Sonne allein nicht ausgeglichen werden. Die *Sonnenbestrahlung hat also nur bis zu einem gewissen Grade die Wirkung, den antirachitischen Vitamingehalt der Milch auf gewisser Höhe zu halten.*

Damals traten Boas und Chick[27] dafür ein, daß der günstige Einfluß des Weideganges auf die Anreicherung der Milch mit antirachitischem Vitamin besonders auf der Lichtwirkung beruhe.

Chick und Roscoe[36] setzten die von Luce[187] begonnenen Studien fort, indem sie bei Ratten das A-Vitamin oder D-Vitamin durch Milch von Kühen zu ersetzen suchten, die unter verschiedenen Ernährungs- und Belichtungsbedingungen gehalten wurden. Hierbei wurden die Milchproben pasteurisiert und bis zum Verbrauch gekühlt aufbewahrt. Als *Maßstab für die wachstumsfördernde Wirkung* der Milch diente die von Luce[188] standardisierte „Wachstumseinheit".

Der *A-Vitamin-Gehalt der Milch* erwies sich hierbei als *unabhängig von der Sonnenbelichtung*, da die Kühe, die im verdunkelten Stalle frisches Grünfutter erhielten, ebensoviel A-Vitamin in ihrer Milch produzierten wie auf der Weide. Dagegen sank der A-Vitamin-Gehalt auf ein Minimum, wenn statt Grünfutter nur Körner- und Wurzelfrüchte gegeben wurden.

Der *D-Vitamin-Gehalt der Milch* erwies sich indessen als *abhängig von der Belichtung*, doch zugleich ebenfalls *auch von der Fütterungsart*, da der Vitamin-D-gehalt bei Sonnenbestrahlung der Kühe während Wurzel- und Körnerfütterung geringer war als während Grünfütterung.

Der *maximale A- und D-Vitamin-Gehalt der Milch fand sich bei den Kühen im Sommer auf der Weide*. Die Butter von solcher Milch bewahrte ihren Vitamin-Gehalt in gefrorenem Zustande über 2 Jahre lang.

Da sie besonders nach Versuchen mit Verfütterung von *bestrahltem und unbestrahltem Heu*, sowie nach ihren früheren Bestrahlungsversuchen an Ziegen, die Ansicht von Luce für ungerechtfertigt hielten, daß die Fütterung für die antirachitische Wirkung der Milch wichtiger sei als die Bestrahlung der Tiere selbst, untersuchten auch Steenbock und Hart mit ihren Mitarbeitern[311] schon bei ihren bereits oben (s. S. 868) erwähnten Versuchen über die Kalkbilanzen bestrahlter Kühe[90, 99], sowie in weiteren Versuchsreihen an 9 Kühen, die Frage nach dem *Einfluß der Bestrahlung der Kühe auf die antirachitische Wirkung der Milch.*

I. *Versuche mit Sonnenbestrahlung der Kühe.*

In den oben schon geschilderten Versuchen von Steenbock, Hart und ihren Mitarbeitern[90, 99, 311] wurden drei Holsteiner Kühe zunächst vom Januar bis Mai 1925 im Stalle, dann bis Mitte Juni täglich 6 Stunden der Sonne ausgesetzt und schließlich mit der Herde draußen, gehalten.

Die Milch von diesen und von 3 anderen Kühen wurde beständig durch Verfütterung an Ratten auf ihre antirachitische Wirkung untersucht. Dabei ergab

sich, gegen die Erwartung, *in der Sonnenperiode keine Steigerung*, und erst am
Ende des Sommers ein Anstieg auf etwa die doppelte Wirkung im Vergleich zu
der ersten Stallperiode; dieser schien indessen durch die in dieser Zeit notwendig
gewordene Änderung der Fütterung bedingt zu sein.

Auch die

II. *Versuche mit direkter Ultraviolettbestrahlung der Kühe,*

die vom November bis Januar täglich $1/2$ Stunde lang mit periodenweisem
Wechsel der bestrahlten Körpergegend, Rücken, Kopf, Euter, mit einer COOPER-
HEWITT-Lampe oder einer Hanauer Höhensonne aus 20 Zoll Entfernung stattfand, ergaben keinen Unterschied im Vitamin-D-Gehalt der Milch gegenüber
den unbestrahlten Kontrollperioden. Hierbei wurden Kühe von verschieden
starker Pigmentierung verwendet, darunter eine auf dem ganzen Rücken und
eine zu $7/8$ weiße Kuh.

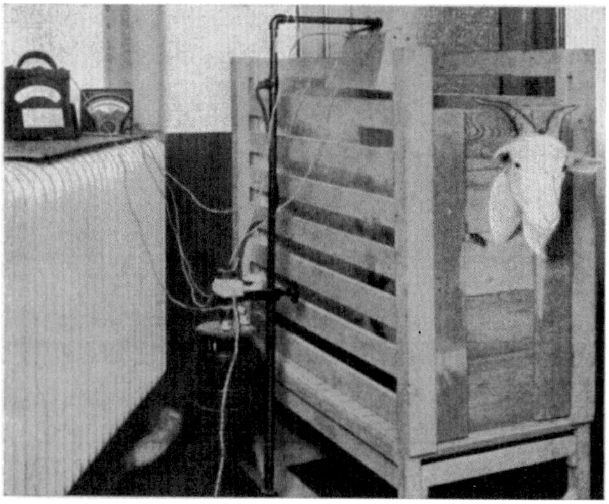

Auch die Technik der
Fütterungsversuche zur
Vitaminprobe an Ratten
wurde, teils im Vorbeu-
gungs-, teils im Heilver-
such, besonders sorgfältig
gehandhabt und die Er-
gebnisse aus den *Röntgen-
bildern* und genau mit-
geteilten *Aschenbestim-
mungen der Knochen* ab-
geleitet.

Aus diesen 3 Jahre
lang fortgesetzten Versu-
chen, die im Gesamtergeb-
nis, wenn überhaupt, nur
einen geringen *Einfluß
der Sonnen- und der künstlichen Ultraviolettbestrahlung* auf die antirachi-
tische Wirkung der Milch

Abb. 196. Ultraviolettbestrahlung der Ziege mit künstlicher Höhensonne.
(Aus STEENBOCK und HART[312].)

erkennen ließen, zogen diese Autoren[311] den Schluß, daß die *bessere Qualität
der Sommermilch und -butter ihre Ursache in anderen Faktoren als in der Wirkung
der Sonne auf die Milchkühe haben muß.*

Bei *Ziegen* hatten STEENBOCK und HART[310] *positive Erfolge der Ultraviolettbestrahlung der Tiere auf die antirachitische Wirkung ihrer Milch* feststellen können.
Sie sahen dabei die antirachitische Wirkung durch die Bestrahlung auf das
Doppelte steigen. Dieselben Autoren[312] setzten diese Versuche auch noch an
einer Ziege fort, die täglich 30 Minuten mit einer COOPER-HEWITT-Lampe (50 V
4 A) aus 6—8 Zoll Entfernung über dem Rücken des geschorenen Tieres bestrahlt
wurde. Hier ergab sich wieder einwandfrei, daß die *direkte Bestrahlung der Ziege
die antirachitische Wirksamkeit ihrer Milch erhöht*, und zwar trat dieser Erfolg
bereits deutlich hervor, nachdem das Tier erst 4 Tage und im ganzen erst 2 Stunden lang bestrahlt worden war. Um das Tier hierbei zu verhindern, den antirachitisch steigernden Faktor irgendwie anders als durch die Hautbestrahlung
aufzunehmen, wurde das Tier in einem Holzkäfig gehalten, dessen Einrichtung
es sogar darin verhinderte, sich zu lecken und dadurch etwaige wirksame Stoffe
der eigenen Haut aufzunehmen (Abb. 196).

Da sich bei dieser lactierenden Ziege die negative Kalkbilanz unter der Strahlenbehandlung nicht besserte, so war hierdurch zugleich der Beweis erbracht, daß die früher beobachtete *Verbesserung der Kalkbilanz bei der lactierenden Ziege* (S. 865) *nicht mit dem die antirachitische Wirkung der Milch steigernden Einfluß der Ultraviolettbestrahlung zusammenhängt.*

Inzwischen hatten in Deutschland auch schon VÖLTZ und KIRSCH mit FALKENHEIM[331, 335, 336] Versuche aus dem Jahre 1926 über den Einfluß der Bestrahlung einer *Kuh mit künstlicher Höhensonne und Sonnenlicht auf die Sekretion von antirachitischer Milch* mitgeteilt. Hierbei wurde diese eine Kuh im Gegensatz zu dem sonst unter völlig gleichen Bedingungen gehaltenen Kontrolltier nach der vitaminreichen Vorperiode täglich 2 mal je $1/2$ Stunde aus 75 cm Entfernung über dem Rücken mit einer JESIONEK-Lampe der Hanauer Quarzlampengesellschaft bestrahlt und die antirachitische Wirksamkeit der Milch stets durch prophylaktische und Heilversuche an Ratten geprüft, die durch je nach 7—14 Tagen stattfindende Röntgenaufnahmen und z. T. auch mit Analysen des Knochenkalks und des Serumphosphats untersucht wurden.

Mit großer Übereinstimmung ging sowohl aus diesen Prophylaxe- wie Heilversuchen[336] die *antirachitische Überlegenheit der Milch der bestrahlten Kuh* hervor. Nur in einer Versuchsperiode machte sich auch bei der gegen Rachitis prophylaktisch unwirksamen Milch der *unbestrahlten* Kuh doch im Heilversuch eine schwache positive Wirkung bemerkbar.

Auch Weidekühe, die im August und September der *natürlichen Sonne* ausgesetzt waren, gaben, außer 2 Tieren, eine antirachitisch wirksame Milch; wie schon frühere Autoren vermuten VÖLTZ und KIRSCH, daß dies teils durch die direkte Sonnenbestrahlung der Tiere und teils durch den höheren Vitamin-D-Gehalt des Weidefutters bedingt war.

VÖLTZ und KIRSCH[336, 333] haben aus diesen Versuchen für die praktische Tierhaltung die Anregung abgeleitet, die Milchkühe nicht nur auch im Winter täglich eine Zeitlang ins Freie zu bringen, sondern auch zur Verhinderung von Rachitis mit Quarzlampen zu bestrahlen.

Wie VÖLTZ und KIRSCH, so kam auch GOWEN im Gegensatz zu HART und STEENBOCK zu einem für die Bestrahlung günstigen Ergebnis.

Auch GOWEN[71] prüfte die *antirachitische Wirksamkeit der Milch von ultraviolett bestrahlten Kühen,* und zwar an *Küken,* die klinisch und röntgologisch rachitisch gemacht waren. Die 3 Holsteiner Versuchskühe erhielten durch 1 Monat zunächst keine Bestrahlung, im 2. Monat wurden 2 Kühe täglich 15 Minuten und im 3. Monat 30 Minuten aus 3 Fuß Abstand über dem Rücken mit einer COOPER-HEWITT-Wechselstromlampe bestrahlt. Der Ausfall der Fütterung der Küken mit der Milch der bestrahlten Tiere sowie der unbestrahlten Kontrollkühe zeigte, daß *die Milch der bestrahlten Kühe die größere antirachitische Wirksamkeit* hatte, während die der unbestrahlten nicht imstande war, die Rachitis zu heilen oder auch nur ihren Fortschritt zu hemmen.

BRUCK-BIESOK, v. PIRQUET und WAGNER[32] bestrahlten 1926 2 Kühe täglich 1 Stunde aus 50 cm mit der Hanauer JESIONEK- Quarzlampe, um die antirachitische Wirksamkeit ihrer Milch zu steigern. Während STÖLTZNER mit der von VÖLTZ und KIRSCH bestrahlten Milch bei Kindern im Heilversuch den antirachitischen Wert dieser Milch nicht mit Sicherheit nachweisen konnte, gelang es v. PIRQUET und seinen Mitarbeitern mit der Milch ihrer bestrahlten Kühe zwar nicht, zwei florid rachitische Säuglinge zu heilen, obwohl Ratten dabei sowohl die rachitisheilende wie -verhütende Wirkung eindeutig zeigten, in Bestätigung der Versuche von VÖLTZ; wohl aber konnten sie die antirachitische Wirkung in

einem Prophylaxeversuch an 6 von 8 Säuglingen bestätigen. Sie halten daher
die Milch der mit Quarzlampe bestrahlten Kühe zur Rachitisprophylaxe bei
normal-zeitig geborenen Kindern für geeignet.

Völlig *ergebnislos* sind aber dann wieder die neuesten sehr sorgfältigen Versuche verlaufen, in denen Bünger[33] mit Kulterer und Rominger die Milch
der Kühe aus den schon oben mehrfach erwähnten Bestrahlungsversuchen
(s. S. 872) an jungen Ratten im Anfangsgewicht von 30—50 g auf ihre antirachitische Wirksamkeit sowohl in Prophylaxe- wie in Heilversuchen prüfte. Die
Entwicklung der Ratten wurde hierbei durch die fortgesetzte Gewichtskontrolle,
die rachitischen Erscheinungen und ihre Heilung durch Röntgenaufnahmen,
kontrolliert. Durchgreifend bessere antirachitische Wirkungen der Milch der
bestrahlten Kühe waren aber, nach den ausführlich von Bünger wiedergegebenen
Protokollen sämtlicher einzelner Versuche, weder im Heil- noch im Schutzversuch
festzustellen. Ebensowenig ergaben sich, wie die Tabelle 22 zeigt, verwertbare
Unterschiede in der körperlichen Entwicklung zwischen den mit der Milch der
Kühe aus den verschiedenen Gruppen und Versuchsperioden gefütterten Ratten
sowie bei einer ohne Milch ernährten Kontrollgruppe von Ratten.

Tabelle 22. Antirachitische Wirkung der Milch bestrahlter und
unbestrahlter Kühe (nach Bünger[33]) (Gewichte der Ratten, auf das
Anfangsgewicht = 100 reduziert, in Gruppen-Durchschnittswerten).

Gruppe der Kühe	Heilversuch	Schutzversuch
I. unbestrahlt	129	213
II. Rücken bestrahlt	137	215
III. Euter bestrahlt	137	207
IV. Rücken und Euter bestrahlt . .	139	210
Ratten-Kontrollgruppe	134	200

Gegenüber diesen eigenen, auf Grund der Versuche an 12 Kühen erhobenen,
völlig negativen Ergebnissen führt Bünger die, vorher bereits erwähnten, positiven Resultate von Völtz und Kirsch[333, 336] auf Zufälligkeiten zurück, denen
ihre nur mit 1 bestrahlten Kuh und 1 Kontrollkuh ausgeführten Versuche unterliegen konnten, und ferner darauf, daß die Milch ihrer bestrahlten Kuh einen
ungewöhnlich hohen Kalkgehalt aufwies.

Bünger hält daher auch verallgemeinernde Folgerungen aus allen diesen
Versuchen hinsichtlich der Verwendung der künstlichen Bestrahlungen für die
landwirtschaftliche Praxis der Milchviehhaltung noch für verfrüht und gelangt
dazu, selbst von solchen Maßnahmen abzuraten.

Demgegenüber haben indessen ganz neuerdings wieder Falkenheim und
Kirsch[60a] Stellung genommen und die im Einklange mit jenen amerikanischen
Arbeiten positiv verlaufenen Versuche von Völtz und Kirsch gerechtfertigt.
Hierbei betonen sie, daß die von Bünger stets auf 1 cm³ Kuhmilch beschränkte
Menge sehr wohl nicht ausgereicht haben könnte, um den Schwellenwert für
eine Heil- oder Schutzwirkung bei der Ratte zu erreichen, und heben hervor, daß
bei der antirachitisch sehr verschiedenen Wirksamkeit der Kuhmilch, die sie
durch eine Tabelle (s. Tabelle 23) belegen, auch bei der durch direkte Bestrahlung maximal angereicherten Milch für die Ratte nach Falkenheim stets 2 bis
3 cm³ benötigt werden. Sie stimmen daher Bünger durchaus zu, daß, wie in
dessen Versuchen, 1 cm³ Milch von bestrahlten Kühen im Rattenversuch noch
keine antirachitische Wirksamkeit entfalten könne; sie kommen aber im Gegensatze zu Bünger auch wieder zu dem Schlusse, daß die Milch durch die Bestrahlung der Kühe antirachitisch wirksam gemacht wird.

Tabelle 23. Antirachitische Wirkung verschiedener Milchsorten
(nach FALKENHEIM und KIRSCH).

Milchsorten	bei der Ratte			beim Säugling
	vollständig	unvollständig	gar nicht	
Vollmilch bei gewöhnlicher Stall-haltung (Kuh 151)	—	—	8 cm³ u. mehr	gar nicht
Vollmilch bei Stallhaltung vor der Bestrahlung	—	—	—	gar nicht
während der Bestrahlung (Kuh 154)	4—6 cm³	3 cm³ (u. weniger?)	—	unvollständig
Vollmilch bei Weidegang August—September (Fräuleinhofer Milch)	6 cm³	4 cm³	—	—
Vollmilch bei Weidegang im Herbst, September—November (Waldauer Milch)	—	5—7 cm³	—	—
Direkt bestrahlte Frisch-Vollmilch (Apparat HELMECKE)	2—3 cm³	0,5—1 cm³	—	vollständig
Ultractina Trockenvollmilch . .	2—3 cm³	0,5—1 cm³	—	vollständig

b) Bei Bestrahlung des Futters.

Wie der Einfluß der Bestrahlung des Futters an Stelle der Tiere selbst schon auf deren Kalk- und Phosphorstoffwechsel untersucht worden war, so ist dies auch hinsichtlich der die antirachitische Wirkung erhöhenden Bedeutung der Bestrahlung geschehen.

So verwendeten HART, STEENBOCK, SCOTT und HUMPHREY[306], [94], wie wir schon an anderer Stelle erwähnten, um Kühen bei hoher Milchleistung größere Mengen von Vitamin D zuzuführen, *ultraviolett bestrahlte Hefe,* die sich so vitamin-aktiv erwiesen hatte, daß 10 g davon etwa 200 g Lebertran ersetzen konnten. Hierdurch erreichten sie denn auch eine deutliche *Steigerung des Vitamin-D-Gehalts in der Milch* der mit diesem Beifutter behandelten Kühe.

Hier sind auch die *Versuche von* WACHTEL[338] *mit bestrahlter Hefe* zu erwähnen, wonach durch ein Präparat „Cenomilchquell", das aus bestrahlter Hefe mit Malzextrakt besteht und an Vitamin B und D reich ist, bei Kühen die Milch vermehrt und vitaminhaltiger werden soll, so daß WACHTEL dieses Mittel auch für stillende Frauen empfiehlt (vgl. oben S. 873).

STEENBOCK und HART[309] teilten noch in einer weiteren Veröffentlichung, in der sie aufs neue betonen, daß die bisherigen Versuche, durch die Bestrahlung der Kühe selbst eine Anreicherung ihrer *Milch an antirachitischem Vitamin* zu erzielen, durchaus nicht von überzeugenden Erfolgen begleitet waren, wieder Versuche mit, eine solche Anreicherung *durch Verfütterung bestrahlter Hefe* herbei-zuführen. Hierbei fand die Bestrahlung der Hefe teils mit der COOPER HEWITT-Lampe, teils mit der Hanauer Höhensonne statt. Diese Versuche ergaben, daß bestrahlte Hefe tatsächlich, in einer Menge von 50 g je Tag und Kuh, die anti-rachitische Wirksamkeit der Milch steigert.

Selbst 10 g riefen noch eine nachweisbare Erhöhung des Vitamin-D-Gehaltes in dem aus der Milch der betreffenden Kühe gewonnenen Butterfett hervor: diese Wirkung von 10 g bestrahlter Hefe entsprach etwa derjenigen der Verfütterung von 180 g Lebertran.

Da andererseits selbst bei Verfütterung von 200 g bestrahlter Hefe keinerlei nachteilige Beeinflussung der Milchleistung und ihres Fettgehaltes festzustellen

war, so empfehlen diese Autoren als *praktische Maßnahme für die Milchvieh-
fütterung die tägliche Gabe bestrahlter Hefe als Mittel, um die antirachitische Wirksamkeit der Milch zu erhöhen.*

Thomas und MacLeod[430] teilen mit, daß die Milch von mit bestrahlter
Hefe (in täglichen Dosen von 10000, 30000 und 60000 Ratteneinheiten) oder
von mit bestrahltem Ergosterin (in täglichen Dosen von 15000, 45000, 135000
Ratteneinheiten, in Öl gelöst) gefütterter Kühe eine 2—16fach höher anti-
rachitische Wirkung zeigt als die Milch an gleicher Grundkost gehaltener, ohne
Zusätze ernährter Kontrolltiere.

c) Bei Bestrahlung der Milch.

I. Versuche an Ratten.

Über die *antirachitische Aktivierung von Cholesterin und Nahrungsmitteln*
durch Ultraviolettbestrahlung hat zuerst A. F. Hess 1924[132] Mitteilung gemacht
(vgl. auch Elsner-Trierenberg[58]). So fand er 0,1 cc bestrahlten Baumwoll-
samen- oder Leinsamenöls bei Ratten im Prophylaxeversuch antirachitisch ausreichend wirksam. Bald darauf veröffentlichten Steenbock und Black[305] ähnliche Erfolge mit verschiedenen Nahrungsmitteln. Hiernach fand Hess 1925[133]
die gleiche Wirkung bei gereinigtem Cholesterin, das zu 0,1 cc täglich gegeben
oder subcutan injiziert bei Ratten prophylaktisch wirkte. Es ergab sich dann
durch Versuche mit besonderen Strahlenfiltern, daß die das Cholesterin akti-
vierenden Strahlen die gleiche Wellenlänge besitzen wie diejenigen, die sich bei
direkter Bestrahlung der Tiere als wirksam erwiesen hatten, ungefähr 300 $\mu\mu$,
während Wellenlängen über 313 $\mu\mu$ diese Wirkung nicht hervorbrachten.

Auch die Phytosterine der pflanzlichen Öle erwiesen sich in gleicher Weise
aktivierbar (Webster und Hill[342]).

Hess fand weiter, daß das aktivierte Cholesterin ultraviolette Strahlen
in geringerem Maße absorbiert als gewöhnliches Cholesterin. Schließlich gelang es ihm auch (1926), menschliche *Haut* und *Kalbs*haut durch Bestrahlung zu *aktivieren* und dies an Ratten nachzuweisen, da nur die mit unbestrahlter Haut (1 g täg-
lich) gefütterten Kon-
trolltiere an *Rachitis* erkrankten. Der Unter-
schied zeigte sich auch
deutlich im Gehalt des
Blutes an anorganischem
Phosphor (Tabelle 24).

Tabelle 24 (nach A. F. Hess).

Rachitiserzeugende Diät, dazu:	Rachitis	Blut-Phosphor anorgan. mg %
menschliche Haut, bestrahlt . . .	keine	2,97
menschliche Haut, nicht bestrahlt	geringe	1,04
Kalbshaut, bestrahlt	keine	2,95
Kalbshaut, nicht bestrahlt . . .	geringe	1,25

Hess schloß hieraus, daß das *Cholesterin in der Haut normalerweise durch
ultraviolette Bestrahlung aktiviert* wird und daher auch die Sonnenbestrahlung
der Haut diese Wirkung hervorzubringen vermag.

Durch diese höchst bemerkenswerten Versuche war eine Basis für den chemischen Nachweis der Ultraviolettwirkung auf die Rachitis geschaffen.

Über die antirachitische und die Kalkretention fördernde Wirkung ultraviolett bestrahlter Trockenmilch haben weiter Supplee und Dow[318] an weißen
Ratten Versuche durchgeführt.

Sie verglichen hierbei die antirachitische Aktivierbarkeit der aus *Sommer-
und Wintermilch hergestellten Trockenmilch* durch die Ultraviolettbestrahlung mit
einer Hanauer Quarz-Quecksilberdampflampe in Versuchen an weißen Ratten,
deren Knochen sie röntgenologisch und mittels Aschenanalysen untersuchten.
Dabei fanden sie, daß beide Trockenmilcharten für die Anreicherung mit anti-

rachitischen und die Knochenbildung fördernden Eigenschaften eine gleiche potentielle Kapazität besitzen. Die absolute Steigerung war bei der Wintertrockenmilch größer, da sie von vornherein weniger an diesen Eigenschaften besitzt als die Sommermilch.

Weiter konnten auch schon SUPPLEE und DOW[319] feststellen, daß Trockenmilch, die vor oder nach der Trocknung mittelst einer COOPER HEWITT-Quarzquecksilberdampflampe bestrahlt wird, die bei Ratten durch Vitamin-A-freie Ernährung hervorgerufene *Augenweiche* zu heilen vermag. Hiernach hat also die Bestrahlung keine Zerstörung oder jedenfalls keinen Mangel des *Vitamin A in der Milch* zur Folge (s. Abb. 197 a und b).

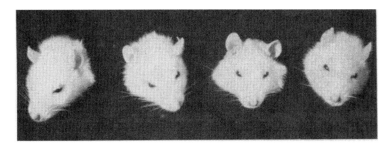

a

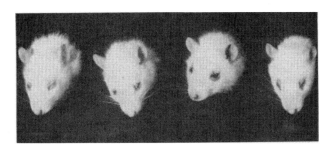

b

Abb. 197 a und b. Heilwirkung der bestrahlten Milch auf die Augenweiche der Ratten.
a 4 Ratten mit schwerer Ophthalmie infolge Vitamin-A-Mangel. b dieselben Tiere nach 10 Tagen täglicher
Beifütterung von 10 cc bestrahlter Trockenmilch. (Nach SUPPLEE u. DOW[319].)

Daß, wie schon erwähnt, auch die *Wintermilch nach Bestrahlung* eine heilende Wirkung auf die Rachitis bei Ratten entfaltet, zeigte auch RUSSELL in New Brunswick mit BUTTON und KAHLENBERG[264] durch Versuche, in denen *Eiskrem aus Wintersahne* diese Heilwirkung nur aufwies, wenn vorher 10—20 Minuten lang eine Bestrahlung in dünner Schicht mittels einer COOPER HEWITT-Lampe aus 4—12 Zoll Entfernung stattgefunden hatte.

COWARD[45], der die antirachitische Anreicherung der bestrahlten Milch im Gegensatz zur unbestrahlten gleichfalls bestätigte, berechnete auch den Vitamin-D-Gehalt derselben im Vergleich zu dem des Lebertrans in Äquivalentzahlen.

In Deutschland wurde die Schutz- und Heilwirkung der bestrahlten Milch für die Rattenrachitis durch zahlreiche Arbeiten bestätigt. Hierbei ergab sich, daß nach den Versuchen von SCHEER[272], ROSENTHAL[273], RIETSCHEL[255] bei Ratten 0,03 cc, und bei kleinen Kindern 300—500 cc nach SCHOLL *bestrahlter Milch* täglich genügten, um Rachitis in 4 Wochen zu heilen, und nach BAMBERGER[14] 0,75—1,0 cc davon junge Ratten gegen die Erkrankung zu schützen vermochten.

Auf die ebenfalls hierher gehörigen Versuche mit bestrahlter Milch bei rachitischen Ratten von Scheimpflug[275] werden wir bei den Ausführungen über die Technik der Milchbestrahlung eingehen.

II. Versuche an Kindern.

Die aus den Versuchen an Ratten hervorgehende Tatsache der antirachitischen Aktivierung der Milch und ihrer Produkte durch Bestrahlung bot natürlich nicht nur theoretisches Interesse, sondern gewann ihre hauptsächliche Bedeutung im Hinblick auf die Verwendung der Milch als Vorbeugungs- und Heilmittel gegen die Rachitis der Kinder. So lag es nahe, diese Versuche mit bestrahlter Milch auch auf die kindliche Rachitis auszudehnen.

Im Anschluß an die vorher erwähnten Rattenversuche war es Hess 1926 auch bereits gelungen, die kindliche Rachitis mit bestrahlten Nahrungsmitteln zu heilen. Am besten gelang dies mit *Trockenmilch*, die in dünnen Schichten aus 1 Fuß Entfernung *bestrahlt* wurde. Ebenso ging es mit *Cholesterin*, das jedoch sofort seine antirachitische Wirksamkeit verlor, sobald es getrocknet oder in Wasser gelöst wurde, dagegen nicht bei Aufbewahrung in Öl.

Besonders die Basler Kinderklinik hat dann diese moderne Rachitistherapie aufgenommen und interessierte sich frühzeitig für die Ergebnisse der amerikanischen Forscher über die Bestrahlung der Nahrungsmittel.

So konnten Hottinger und Wieland[346, 347] 1929 schon über 4jährige Erfahrungen berichten. Sie hatten besonders die antirachitische Wirkung der Schweizer Dauer-Trockenmilch untersucht, die als „Ravix" auch die anderen Vitamine, besonders C-Vitamin, intakt hält. Ravix erwies sich neben den Ergosterinpräparaten als zuverlässigstes Rachitisheilmittel und blieb $^1/_4$ Jahr lang in dieser Wirksamkeit haltbar.

Als noch besser für die allgemeine Rachitisprophylaxe empfehlen Hottinger und Wieland indessen die bestrahlte Frischmilch, die allerdings in 24 Stunden verbraucht werden müsse.

Auch gegen die Osteomalacie der Erwachsenen hatte Hottinger[141] die bestrahlte Milch als Heilmittel erprobt. Durch täglichen Genuß von 1 l derselben ergab sich dabei auch eine Erhöhung des Kalkgehaltes im Blutserum; die Wirkung entsprach etwa derjenigen von 5 mg bestrahlten Ergosterins.

Nachdem Reyher[253] darauf hingewiesen hatte, daß die Bestrahlung der Milch zur antirachitischen Aktivierung den Nachteil haben könne, daß dabei das antiskorbutische *Vitamin C* zerstört würde, wurden von Hottinger[140] wegen dieser Befürchtung besondere Untersuchungen angestellt, in denen an Meerschweinchen bei einer Skorbut erzeugenden Fütterung mit Hafer und Heu verschiedene Milchpräparate auf ihren *Vitamin-C-Gehalt* geprüft wurden. Hierbei ergab sich, daß Nestle-Milch und hochsterilisierte Frischmilch kein Vitamin C enthält, deutsche Trockenmilch nur wenig, und daß Schweizer Trockenmilch das C-Vitamin zunächst zwar wie Rohmilch enthält, aber durch längeres Lagern verliert. Dagegen erlitt diese Schweizer Trockenmilch „Ravix" durch die Bestrahlung und hiernach selbst durch kurzes Aufkochen keine Verluste an Vitamin C. Reich-Huber[416] bestätigt die Richtigkeit des Reyherschen[253] Hinweises.

Auch die Greifswalder Kinderklinik hat mit *bestrahlter Frischmilch als Schutz- und Heilmittel für Rachitis* sehr gute Erfahrungen gemacht. Degkwitz, Bamberger[14] und Schönen[280] konnten mit Frischmilch, die mittels der Hanauer oder Scheidtschen Lampe ultraviolett bestrahlt war und 3—12 Monate lang den Säuglingen gegeben wurde, Rachitis vollkommen verhüten, und konnten damit auch die stärkste Rachitis heilen. Schädliche Folgen konnten selbst bei

200—400 cc täglicher Gaben von bestrahlter Milch nicht festgestellt werden. Die mit der Hanauer Lampe bestrahlte Milch erwies sich dabei als die wirksamere. Diese Kliniker empfehlen auf Grund ihrer Erfahrungen die bestrahlte Frischmilch zur Rachitisprophylaxe besonders für Kinder, die unter ungünstigen sozialen und hygienischen Verhältnissen aufwachsen.

Weiter hatte SCHEER[272] in Frankfurt sowohl im Tierexperiment wie in der Klinik mit der Bestrahlung der Milch in einer Kohlensäureatmosphäre zur Behandlung der Rachitis so gute Erfolge, daß dort eine Großbestrahlungsanlage für den gesamten Milchkonsum geschaffen wurde und eine vollbestrahlte Therapiemilch sowie eine zu 33% aus bestrahlter Milch bestehende Milch auf ärztliche Verordnung abgegeben werden.

Für die *bestrahlte Frischmilch* wurde die günstige Erfahrung bei Kindern auch noch durch BRATUSCH-MAREIN und SIEGL[30], DE SANCTIS, ASHTON, SPRINGFIELD[268], WATSON und FINLEY[340], bestätigt. Auch sonst hat man in England von ärztlicher Seite der bestrahlten Milch Beachtung geschenkt. NABARRO und HICKMANN[216] haben eine Methode beschrieben, bei der die Milch in dünner Schicht an der Ultraviolettlampe vorbeifließt, ohne daß sie dabei an Vitamin A verliert. Im Vergleich zu ihrer vorher nur sehr geringen antirachitischen Wirksamkeit wurde diese Eigenschaft durch eine 8 Sekunden lang dauernde Exposition auf das 9fache gesteigert. Dabei erwies sich eine selbst bis zu 30 Sekunden dauernde Bestrahlung ohne Nachteil auf den Gehalt der Milch an Vitamin A. Die mit der bestrahlten Milch ernährten Kinder wuchsen beträchtlich schneller als vorher bei unbestrahlter Milch.

Gegen die Verwendung bestrahlter Milch zur Rachitisprophylaxe sind nur wenige Stimmen laut geworden. So hält SCHOEDEL[279] in seinem Gutachten die bisherigen Versuchsreihen mit der in Kohlensäure-Atmosphäre bestrahlten Milch noch für zu klein und weist auf die Gefahr der Zerstörung des B- und C-Vitamins bei Zutritt von Sauerstoff hin. Für eine großzügige Rachitisprophylaxe im Volksganzen hält er zunächst nur das aktivierte Ergosterin als pharmazeutisches Präparat für geeignet. Auch STOELTZNER[314] will der bestrahlten Milch das Vigantol vorziehen, weil seine antirachitische Wirkung besser dosierbar sei. Und HENTSCHEL und KOSZKOWSKI[128] kommen zu dem Schlusse, daß die bestrahlte Frischmilch bis jetzt weder prophylaktisch noch therapeutisch zu empfehlen sei.

Schließlich nehmen REYHER und WALKHOFF[254] nach tierexperimentellen und klinischen Untersuchungen an, daß die Ultraviolettbestrahlung in den betreffenden Stoffen kein antirachitisches Vitamin, sondern eine toxisch wirkende Substanz hervorruft, die zwar symptomatisch zur Kalkablagerung am rachitischen Knochen führt, aber nicht den kausalen Heilfaktor der Rachitis darstelle, vielmehr auch noch schädliche Nebenwirkungen (Blutzerfall, Kalkablagerungen an Herz und Nieren) habe. Sie warnen daher vor Überstürzung der Rachitisbehandlung durch ultraviolettbestrahlte Stoffe sowie durch Vigantol. Diesen Anschauungen ist DEGKWITZ[46] entgegengetreten.

Es sei noch erwähnt, daß man auch in anderer indirekter Weise bereits versucht hat, bestrahlte Milch zur Verhütung der Rachitis bei Kindern nutzbar zu machen. So empfehlen SCHEER und SANDELS[274], *stillenden Müttern täglich 500 cc bestrahlter Milch* zu reichen, um sie dadurch instand zu setzen, selbst eine genügend antirachitisch wirksame Milch zu geben.

III. Die bakterienabtötende Wirkung der Milchbestrahlung.

Da dem Lichte, wie wir schon oben erwähnten (s. S. 828) eine bakterienabtötende Wirkung zukommt, so ist natürlich auch die Frage von Interesse, wie weit bei der Ultraviolettbestrahlung der Milch mit einer solchen Wirkung, die hierbei ja eine willkommene Begleiterscheinung sein würde, gerechnet werden kann. Nachdem bereits frühere Autoren (vgl. O. Schultz S. 316[284]) Milch mit dem Ziele der Sterilisierung bestrahlt hatten, wobei sie teils günstige, teils weniger deutliche Wirkungen beobachten konnten, hat besonders O. Schultz[284] mit Milch und Sahne derartige Versuche durchgeführt. Hierbei war an der Milch in allen Fällen eine bactericide Wirkung der Ultraviolettbestrahlung festzustellen, selbst wenn die Schichtdicke der Milch bei der Bestrahlung über 1 mm betrug; eine absolute Sterilität der Milch war indessen nicht zu erreichen.

Auch bei *Bakterienreinkulturen* sah Schultz zwar unverkennbare Wachstumshemmung und -Verminderung der Keimzahl unter dem Einfluß einer 30 Minuten langen direkten Bestrahlung mit Höhensonne aus 40 cm Entfernung, doch keine durchgreifende Abtötung eintreten.

In weiteren Versuchen fand Schultz, daß es für diese Ultraviolettwirkung auf Bakterien außer auf die Schichtdicke auch auf die Art und besonders die Viscosität des Mediums ankommt, in dem sie sich befinden. Während bei verschiedenen pathogenen Bakterien, wie Streptokokken, Coli- und Tuberkelbakterien bei Ausstrichkulturen und Agarsuspensionen bis zu 1 mm Schichtdicke, eine 30 Minuten lange Bestrahlung aus 60 cm Abstand oft genügte, um sie ganz oder teilweise abzutöten, konnte zwar bei vorher *sterilisiertem Rahm* selbst bei 5 mm Schichtdicke die Sterilität durch Ultraviolettbestrahlung ziemlich aufrecht erhalten werden; eine *absolute Sterilität* einer vorher nicht sterilisierten Sahne war aber *ebensowenig wie bei der Milch zu erreichen*.

Die bactericide Wirkung der Ultraviolettbestrahlung führt Schultz auf das hierbei gebildete Ozon zurück.

IV. Zur Technik der Milchbestrahlung.

Es hat sich herausgestellt, daß manche Widersprüche in der Erfahrung mit bestrahlter Milch auf die verschiedene Methodik der Bestrahlung zurückzuführen waren. Ohne weiteres erscheint es bei der leichten Absorbierbarkeit und geringen Tiefenwirkung der ultravioletten Strahlen verständlich, daß die Art der Technik hier eine sehr bedeutende Rolle spielen muß. Für die Milchbestrahlung wird es offenbar auf die Kombination der ultraviolett-stärksten Lichtquelle mit der zweckmäßigsten Bestrahlungsapparatur ankommen (Bach[7]).

Als *Lichtquellen* kommen daher besonders die Quarz-Quecksilberdampflampen in Betracht.

Allgemein kommt für die *Ultraviolettbestrahlung* von Nahrungsmitteln in größeren Mengen bei *Flüssigkeiten* das Umrühren oder das Vorbeifließenlassen in dünner Schicht unter der Lichtquelle, bei *festen Nahrungsmitteln* ein dem letzteren entsprechendes mehrmaliges Vorbeifallenlassen, in Anwendung (Dorcas[78]). So wurde die Bestrahlung der Milch ursprünglich in flachen Schalen ausgeführt. Dann ließ man die Milch in dünner Schicht an der äußeren Oberfläche röhrenförmig konstruierter Quarzlampen herabrinnen. Hierdurch wurde zugleich mit der antirachitischen Aktivierung eine ungünstige und eigenartige Veränderung des Geschmackes und Geruchs sowie eine gelbliche Verfärbung der Milch verursacht, die nach Tiede und Reyher[325] hauptsächlich auf das durch die ultravioletten Strahlen aus dem Luftsauerstoff gebildete Ozon zurückzuführen war. Dabei mußte durch die Ozonbildung auch eine schädigende Wirkung auf verschiedene Vitamine der Milch befürchtet werden.

Daher wurde nach Windaus die Bestrahlung der Milch unter Luftabschluß vorgenommen, wobei die Milch unter Luftabschluß durch einen in die Quarzlampe versenkten Kolben aus Quarz hindurchströmte.

Sodann ging man, um die Ozonwirkung zu vermeiden, zur Bestrahlung der Milch in einer Kohlensäureatmosphäre über, wobei die Milch zunächst durch Mischung mit CO_2 möglichst sauerstoffarm gemacht wurde.

Da aus der CO_2 unter der Wirkung der Ultraviolettbestrahlung Formaldehyd entstehen könnte, wurde von BANDEL[15] an Stelle der CO_2 eine Wasserstoffatmosphäre empfohlen.

In Deutschland hat die Quarzlampengesellschaft in Hanau mehrere *Apparaturen zur Milchbestrahlung* herausgebracht. Hier ist die SCHEIDT-Lampe zu erwähnen (vgl. ADAM[1]), ein System mit Edelgasen gefüllter Quarzröhren, mit Speisung durch hochgespannten Wechselstrom; hierbei fließt die vorher mit CO_2 gesättigte Milch direkt an den Quarzröhren entlang.

Besonders bewährt hat sich die Hanauer Apparatur mit der Lampe nach Dr. SCHOLL.

Wieviel es für die Bestrahlung zur antirachitischen Aktivierung auf die dabei verwendete *Technik* ankommt, haben die Versuche von HENTSCHEL[128] gezeigt, dessen mit der Milchbestrahlung erzielte ungünstige Ergebnisse wahrscheinlich dadurch bedingt waren, daß er nicht unter den optimalen Bedingungen der von der Hanauer Quarzlampengesellschaft gegebenen Vorschriften bestrahlte, indem er für die SCHOLL-Lampe einen Bachbrenner mit 110 Volt Gleichstrom verwendete, an Stelle des vorgeschriebenen JESIONEK-Brenners mit 220 Volt Wechselstrom, durch welchen die für den SCHOLL-Apparat erforderliche größere Ultraviolettenergie geliefert werden muß.

Die *Bestrahlung der Milch ohne Luftverdrängung*, also bei Sauerstoffanwesenheit, ruft die schon er-

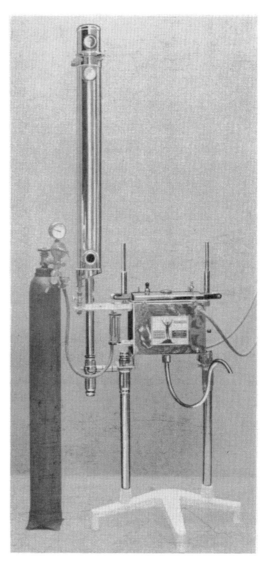

Abb. 198. Milchbestrahlungsapparat der Hanauer Quarzlampengesellschaft nach DR. SCHOLL. Stundenleistung 60 l Milch. (Aus SCHEIMPFLUG, S. 459[275].)

wähnte Ozonentwicklung hervor. Ozon bewirkt aber eine Oxydation gewisser Eiweißstoffe der Milch, die ihr jenen widerlichen, ranzigen Geschmack und Geruch nach Tran, verbrannten Haaren oder Horn verleiht, welche Veränderung man als *Jecorisation* (nach dem lateinischen Oleum jecoris, Lebertran) bezeichnet. Bei Bestrahlung unter Kohlensäureatmosphäre und richtiger Handhabung des Apparates ist eine geschmackliche Veränderung der Milch nicht wahrnehmbar,

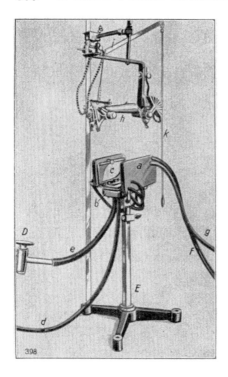

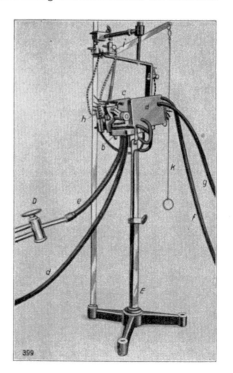

a   b

Abb. 199a und b.   Höhensonnenbestrahlungszelle nach ·DR. SCHOLL.   (Hanauer Quarzlampengesellschaft.)
Stundenleistung 15 l Milch.   a Quarzbrenner außer Tätigkeit.   b Quarzbrenner in Bestrahlstellung.

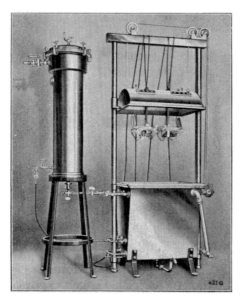

Abb. 200. Große Apparatur zur Milchbestrahlung nach
SCHOLL. (Hanauer Quarzlampengesellschaft.)
Stundenleistung 250 l Milch.

außer daß durch die Kohlensäure ein leicht prickelnder, erfrischender Geschmack entsteht, der aber nach kurzer Zeit wieder verschwindet (vgl. SCHEIMPFLUG[275]).

In diesem Zusammenhange sei erwähnt, daß in Amerika, wie FRAZIER[65] mitteilt, das Bureau of Dairy Industry auch dem *Geruch und Geschmack* nach Kartenpapier besondere Beachtung geschenkt hat, den *Vollmilch und Sahne,* im Gegensatz zu abgerahmter Milch, annehmen kann, wenn sie in Flaschen verschlossen 8—26 Stunden dem Tageslicht ausgesetzt wird, während derselbe im Dunkeln selbst nach 7 Tagen noch nicht auftritt.   Hier scheinen also auch *lichtkatalytische Vorgänge beteiligt zu sein.*

Sehr dankenswerte und aufklärende vergleichende Versuche über die antirachitische *Wirksamkeit der mit verschiedener Technik bestrahlten Milch* hat ganz neuerdings SCHEIMPFLUG[275] durchgeführt, wobei er die rachitisheilende *Wirkung an Ratten* prüfte und Milch verwendete, die auf zwei verschiedene Arten

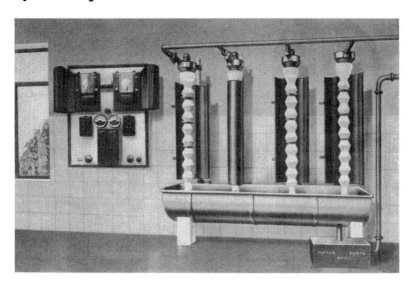

Abb. 201. Milchbestrahlungsapparat nach HOFFMANN. Anlage mit 4 Einzelapparaten. (Aus SCHEIMPFLUG[275].)

bestrahlt wurde. Und zwar erstreckte sich der Vergleich auf den Milchbestrahlungsapparat nach Dr. SCHOLL der Hanauer Quarzlampengesellschaft und auf den Milchbestrahlungsapparat nach HOFFMANN.

Der Milchbestrahlungsapparat nach SCHOLL (s. Abb. 198) besteht aus einem Milchreservoir, in dem die Milch durch Kohlensäure oder Stickstoff entlüftet werden kann, und dem eigentlichen Bestrahlungsgefäß. Dieses ist ein doppelwandiger, mit Wasserkühlung versehener Kasten, in dem eine kippbare Quecksilberdampflampe aus Quarzglas angebracht ist. Zu beiden Seiten der Lampe rieselt die Milch in feiner Verteilung herab. Der Bestrahlungsraum ist hermetisch zu schließen und die Luft wird hier gleichfalls *durch Kohlensäure verdrängt.*

Diese von SCHEIMPFLUG verwendete mittlere Apparatur zur Milchbestrahlung nach SCHOLL hat eine

Abb. 202. Ratten nach rachitischer Erkrankung mit ultraviolett (links nach HOFFMANN, rechts nach SCHOLL) bestrahlter Milch behandelt. (Nach SCHEIMPFLUG[275].)

Stundenleistung von 60 l. Ein kleiner Apparat mit 15 l je Stunde ist in Abb. 199 dargestellt, eine Großapparatur für Molkereien in Abb. 200.

Auch der HOFFMANNsche Milchbestrahlungsapparat (Abb. 201) besteht aus einer Lichtquelle und der Rieselvorrichtung. Erstere wird hier aber von einer 1,20 m langen GEISSLER-Röhre aus Quarzglas mit Kondensatorelektroden und Argonquecksilberfüllung dargestellt. Die Rieselvorrichtung wird durch ein eng- maschiges Gitter gebildet, das als stumpf kegelförmig zusammengesetzter Mantel um das Glimmrohr angeordnet ist. Die herabrieselnde Milch soll infolge Ober- flächenspannung das feine Maschenwerk benetzen und so in dünnster Schicht der Bestrahlung ausgesetzt sein.

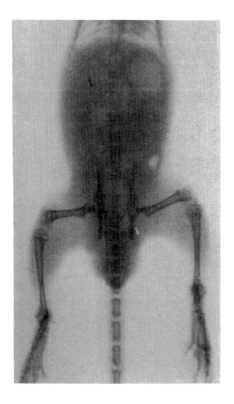
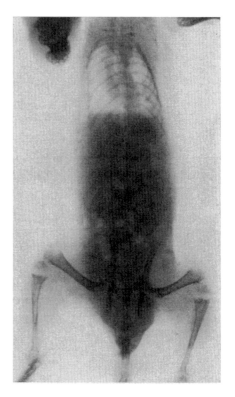

Abb. 203. Ratte, gesund vor Versuchsbeginn.   Abb. 204. Ratte, rachitisch, 42 Tage rachitogen
(Nach SCHEIMPFLUG[275].)   gefüttert. (Nach SCHEIMPFLUG[275].)

Der Stromverbrauch ist ein sehr geringer und entspricht etwa dem einer 50kerzigen Glühlampe. Der Strom wird durch das Drahtnetz und die abfließende Milch zur Erde geleitet.

Leider wird hier in der Praxis das Herabfließen der Milch in Form eines Milchhäutchens, dessen Dicke, um mit ultravioletten Strahlen durchdrungen zu werden, höchstens 1 mm betragen soll, nicht erreicht.

SCHEIMPFLUG hat nun Vergleichsversuche mit nach SCHOLL und nach HOFF- MANN bestrahlter Milch an Ratten durchgeführt. Die Tiere wurden hierfür durch die von PAPPENHEIM u. a. angegebene, Rachitis erzeugende Kost krank- gemacht und dann im Alter von 35—38 Tagen mit täglich 1 cc der nach SCHOLL bzw. HOFFMANN bestrahlten Milch behandelt. Während nun in der SCHOLL- Milchgruppe schon nach wenigen Tagen die Krankheitssymptome schwanden und alle Tiere bei gleichmäßiger Gewichtszunahme am Leben blieben, ver- endeten in beiden anderen Gruppen 52% der Tiere früher oder später und

trat bei allen Gewichtsabnahme ein (Abb. 202). Das Ergebnis der Röntgenaufnahmen (s. Abb. 203—205) bestand am 24. Tage der Milchfütterung darin,
daß von den SCHOLL-Milchtieren 4 geheilt und 2 weitgehend gebessert waren,
während die Tiere mit unbestrahlter Milchzulage nur eine geringgradige Besserung und die der HOFFMANN-Milchgruppe keine größere Heilungstendenz zeigten
als die mit unbestrahlter Milch. Weitere
Versuche zeigten übrigens, daß 0,03 cc nach
SCHOLL bestrahlter Milch noch nicht zur
Heilung der Rattenrachitis ausreichten.

Auch die Anwendung der von McCOL-
LUM, SIMMONDS, SHIPLEY und PARK angegebenen *Linienprobe*, bei der die *Verkal-
kungszone der Knochen* mikroskopisch untersucht wird, bestätigte das Ergebnis der
Röntgenbilder.

Als Ursache für die Unwirksamkeit
der nach HOFFMANN bestrahlten Milch ergaben die direkten *Messungen der Ultra-
violettintensität* mit dem KELLERschen
Erythemdosimeter, daß beim HOFFMANN-
Brenner zur Erreichung der gleichen Stan-
dardschwärzung wie bei der SCHOLL-Lampe
selbst bei halber Entfernung eine 725mal
so lange Bestrahlungszeit erforderlich war.
Ebenso ergab die Messung mit dem Röhren-
elektrometer Mekapion von STRAUSS, daß
sich die Ultraviolettintensitäten der beiden
Systeme bei den für die praktische Milchbestrahlung in Betracht kommenden Bren-
nerabständen (4 cm bei der SCHOLL-Lampe,
2 cm bei der HOFFMANN-Lampe) verhielten
wie 5700 : 1, d. h. daß die Ultraviolettinten-
sität beim HOFFMANN-Brenner viel zu gering ist.

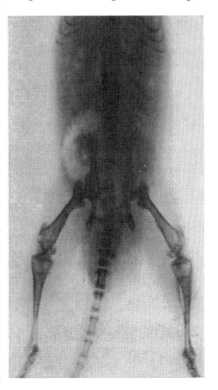

Abb. 205. Ratte, Rachitis geheilt durch 24 Tage
lange, weiter rachitogene Fütterung plus täglich
1 cm³ SCHOLL-Milch. (Nach SCHEIMPFLUG[275].)

Es kann nicht Aufgabe des vorliegen-
den Handbuchabschnittes sein, auf die Einzelheiten und die verschiedenen, besonders in Deutschland und Amerika ausgebildeten Verfahren der Milch-
bestrahlungstechnik einzugehen. Doch mag ergänzend noch erwähnt sein, daß
unlängst von HEINE[122] ein „Vitaminisator" angegeben wurde, ein Bestrahlungs-
apparat, mit dem allein die Sahne bestrahlt wird, die nachher der unbestrahlten Magermilch in ursprünglichem Verhältnis wieder beigemischt werden soll.

IV. Einfluß des Lichtes auf Schweine.

1. Kalk-Phosphor-Stoffwechsel.

Besonders eingehend wurde der *Einfluß natürlicher und künstlicher Bestrahlung auf das Wachstum und den Kalk-Phosphorstoffwechsel junger Schweine* zuerst
in Schottland durch ORR, HENDERSON, MAGEE, CRIGHTON im Rowett-Research-
Institute untersucht, die bereits 1924[232] mitteilten, daß hier bei gewissen Arten
der Fütterung durch das Licht der Kohlenbogenlampe eine deutliche Verstärkung
der Ca- und P-Retention zu erzielen sei. Schon 1919/20 hatte ORR[229] bei Aufzucht

von 3 Ferkelgruppen mit gleicher Ernährung beobachtet, daß die Gruppe, die einen freien Auslauf auf Steinpflaster zur Verfügung hatte, besser gedieh und etwas höhere Gewichtszunahme zeigte, und hatte in einem weiteren, vom Juli bis Oktober durchgeführten Versuche einen noch größeren Gewichtsvorsprung der Lichtgruppe gegenüber einer im Dunkeln gehaltenen Gruppe, die Tiere der gleichen Würfe enthielt wie jene, erzielt.

Im Anschluß hieran wurde von Henderson[123, 124] die günstige Wirkung der *Ultraviolettbestrahlung auf den Kalk-Phosphoransatz bei Schweinen* durch Stoffwechselversuche mit Knochenanalysen an Schweinen im Alter von 10 Wochen festgestellt. Eine täglich einstündige Bestrahlung mit der Kohlenbogenlampe aus 3 Fuß Entfernung steigerte während 24 Tagen bei dem mit ungünstigem Phosphor-Kalk-Magnesiumverhältnis der Nahrung gehaltenen Ferkel deutlich die Kalk- und Phosphorretention im Vergleiche zu dem unbestrahlten Kontrolltier. Doch trat dabei nicht zugleich auch eine Förderung des Gesamtwachstums ein. Da die Kalk- und Phosphorausscheidung im Harn dabei anstieg, im Verhältnis zur Ausscheidung im Kot, so mußte eine *bessere Resorption der Mineralien vom Darm aus* angenommen werden (vgl. bei Wiederkäuern oben S. 865, 870).

Bei ausreichender und ausgeglichener Ca- und P-Zufuhr ergab dagegen die täglich einstündige Bestrahlung während 52 Tagen nur eine kaum merklich erhöhte Retention im Vergleich zu einem im Dunkeln und einem bei diffuser Beleuchtung gehaltenen Schwein.

Hieraus konnte geschlossen werden[124], daß die *Bestrahlung beim Schwein nur unter gewissen ungünstigen Ernährungsbedingungen eine wesentliche Steigerung des Kalk- und Phosphoransatzes* bewirkt, und daß diese dann die Folge einer vermehrten Resorption im Darme ist. Inzwischen hatten Maynard, Goldberg und Miller[202, 203] an der Cornell-Universität über den Einfluß des Sonnenlichts auf die *Knochenentwicklung* wachsender Schweine 2 Versuchsreihen, die eine im Sommer, die andere im Winter, durchgeführt, deren Ergebnisse sie durch *histologische und chemische Untersuchung der Oberschenkelknochen* für die unter verschiedenen Bedingungen gehaltenen Gruppen verglichen. Die Schweine wurden bis zu 35—50 kg aufgezogen und dann analysiert. Von den tabellarisch zusammengefaßten Ergebnissen seien hier für die einzelnen Versuchstiere des Sommer- und Winterversuches die für den ganzen Verlauf charakteristischen Angaben über den Aschengehalt der Knochen wiedergegeben (Tabelle 25).

Tabelle 25 (nach Maynard, Goldberg und Miller).

Schwein Nr.	Behandlung		Sommertiere Knochenanalysen		Wintertiere Knochenanalysen	
			Trockensubstanz %	Asche %	Trockensubstanz %	Asche %
1	Grundfutter		44,35	13,61	49,89	11,55
2	,,	+Sonne	56,45	19,22	57,20	17,12
3	,,	+Mineralzulage	57,59	22,25	—	—
4	,,		44,15	11,25	53,61	13,12
5	,,	+Sonne	61,10	18,16	62,65	19,05
6	,,	+Mineralzulage	58,00	22,27	—	—
7	,,		51,37	13,74	52,11	16,25
8	,,	+Sonne	60,14	16,93	63,71	18,82
9	,,	+Mineralzulage	62,62	22,65	—	—
10	,,		—	—	51,92	18,58
11	,,	+Sonne	—	—	55,52	18,62

Die Tabelle zeigt ganz allgemein, und auch im Winter, deutlich die günstige Wirkung der Sonne auf den Gehalt an Trockensubstanz und Asche in den Knochen

der lediglich mit dem Grundfutter aufgezogenen Tiere. Günstiger als die Sonnenbelichtung wirkte indessen eine zum Grundfutter gegebene Mineralzulage (s.
Tab. 25). Noch günstiger hatte sich aber schon in früheren Versuchen der Verfasser eine mineralreiche Fütterung auf der Weide erwiesen, die den Tieren die
Kombination von mineralreichem Futter und Sonnenlicht bot. Ebenso würde
zweifellos auch in diesen späteren Versuchen eine solche Kombination die besten
Knochenverhältnisse ergeben haben.

Alle nur bei Grundfutter ohne Sonne oder Mineralzulage gehaltenen Schweine
der Sommer- und Winterversuche (8 Tiere) zeigten im Laufe der 4 Monate die
Entwicklung einer ausgesprochenen Steifigkeit der Beine, während von den
8 entsprechenden mit Sonnenlicht aufgezogenen Tieren nur eines der Winter-
gruppen steif wurde.

Im übrigen fand sich kein Unterschied bei den mit Sommer- und den mit
Wintersonne aufgezogenen Schweinen. Offenbar war also auch *die Wintersonne
wirksam genug*, um eine maximale Kalkassimilation zu erzielen.

Als Ergebnis für die praktische Schweinezucht empfehlen die Verfasser
nach ihren Versuchen, die Zuchtsauen und wachsenden Schweine zur besseren
Gewährsleistung einer normalen Knochenentwicklung und zur Verhütung der
Beinsteifigkeit auch im Winter täglich eine Zeitlang ins Freie zu bringen.

Auch ORR[231, 230] und seine Mitarbeiter halten die Schlußfolgerung für
gerechtfertigt, daß ein erhöhter Genuß des Sonnenlichtes bei wachsenden
Schweinen eine Steigerung ihrer allgemeinen Resistenz und eine Abnahme
der Fälle von Rachitis mit sich bringt. Sie meinen auch, daß selbst im
Winter, bei voll ausreichender Ernährung, der natürliche Sonnenschein hierfür
genügt, wenn jede Sonnenstunde ausgenutzt wird, daß es aber für den Winter
auch gut sei, zur künstlichen Ultraviolettbestrahlung entsprechende Lampen
bereitzuhalten.

Die Einschätzung der Wintersonne erhielt noch ihre Bekräftigung durch
SINCLAIR[296], der die *Wirkung der Wintersonne und des Lebertrans auf Wachstum
und Mineralstoffwechsel von Ferkeln* verglich, die alle mit derselben Grundfutterration aufgezogen wurden, und von denen die Gruppe 1 im Stall ohne *Sonnenlicht*,
2 mit freiem Auslauf, 3 zuerst ohne, dann mit Auslauf, 4 im Stall mit *Lebertran*-
zugabe, gehalten wurde. Wie die *Kalk- und Phosphor*bestimmung in Blut und
Knochen ergab, zeigten die Knochen der der Wintersonne ausgesetzten Ferkel
einen höheren Prozentgehalt an Gesamtasche und an Calcium. Außerdem
wiesen diese Tiere auch erhöhte Gewichtszunahmen auf, die jedoch noch von
denen der Lebertrantiere übertroffen wurden. Bei den ohne Sonnenlicht und
Lebertran gehaltenen Tieren entwickelte sich Steifigkeit der Beine, die also durch
Wintersonne wie durch Lebertran verhindert werden konnte.

Über die *Wirkung des Lebertrans und anderer Öle auf den Kalk- und Phosphorstoffwechsel bei Ferkeln* hatten schon früher HUSBAND, GODDEN und RICHARDS[147]
bemerkenswerte Versuche mitgeteilt, in denen sie die 2—4 Monate alten Ferkel
bei einem, zu abnehmender Ca- und P-Retention führenden, Grundfutter aus
Körnermischung hielten und den *Einfluß von Lebertran, Leinsamenöl und Olivenöl
auf die Kalk-Phosphorbilanz* untersuchten. Hierbei fanden sie, daß alle 3 Öle
die Ca- und P-Retention zu steigern vermochten, und daß diese Wirkung schneller
bei Lebertran und Olivenöl als bei Leinsamenöl eintrat.

Da nun die beiden letzteren so gut wie kein Vitamin D enthalten, so gelangten diese Forscher zu der Auffassung, *daß die günstige Wirkung der Ölzulagen
zum Körnerfutter auf den Ca- und P-Stoffwechsel in der Hauptsache auf dem Öl
als solchem beruhe* und nicht auf einem, darin wohl gar nicht enthaltenen, fettlöslichen und antirachitischen Vitamin.

Daß das *Tiervigantol* indessen ein ausgezeichnetes *Heilmittel für die rachitische Erkrankung junger Schweine* ist, wurde im Tierphysiologischen Institut durch die Arbeit von Petersen[239] erwiesen, der durch die genaue Kontrolle des Mineralstoffwechsels feststellen konnte, daß der Kalk- und Phosphoransatz des rachitischen Tieres unter der Vigantolwirkung rasch zur Norm zurückgeführt wird. Die täglichen Gewichtszunahmen blieben in den Perioden des Stoffwechselversuchs ohne Vigantol unter 300 g, mit Vigantol stiegen sie an und stabilisierten sich bei ungefähr 500 g. Der tägliche Ca-Ansatz betrug in den Perioden ohne Vigantol 0,6—2,1 g, in den Perioden mit Vigantol 4,3—7,0 g Ca. Der tägliche P-Ansatz betrug ohne Vigantol 0,5—1,0 g und mit Vigantol 1,7—2,5 g. Der Ansatzquotient Ca/P ließ in den Perioden ohne Vigantol durch seine Schwankungen die Unregelmäßigkeiten des Stoffwechsels, in denen mit Vigantol die Stabilisierung desselben erkennen.

2. Wachstum.

Besonders eindrucksvolle Versuche über die *Bedeutung des Lichtes für die Schweinezucht* hat dann Shaw[289] in Saskatschewan ausgeführt. Für den ersten Versuch, der als Winterversuch Ende Dezember 1927 begann, wurden Yorkshireferkel aus 5 Würfen möglichst gleichmäßig auf 4 Gruppen von je 9 Tieren verteilt, so daß jede Gruppe 7 Tiere im Alter von 2 Monaten und 2 von 4 Monaten enthielt. Die Gruppen kamen in gleichartige Stallabteilungen, doch stand der 1. ein freier Auslauf mit direktem Tages- und Sonnenlicht zur Verfügung, während die 2. das Licht durch ein gewöhnliches Glasfenster, die 3. durch ein Vitaglasfenster erhielt und die 4. vollkommen im Dunkeln gehalten wurde. Das Futter bestand bei allen Gruppen in gleicher Weise aus Hafer, Weizen, Buttermilch und einer Mineralmischung.

Nach einer Versuchsdauer von 126 Tagen zeigten die einzelnen Gruppen die in der Tabelle 26 angegebenen Gewichtsverhältnisse.

Tabelle 26. Lichtwirkung bei Schweinen (nach Shaw).
Zahlen in Durchschnittswerten.

Gruppe	Zahl der Schweine	Anfangsalter Monate	Anfangsgewicht Pfund	Endgewicht Pfund	Zunahme Pfund
1. offener Hof	2	4	82,0	251,0	169,0
2. Fensterglas	2	4	84,5	253,0	168,5
3. Vitaglas	2	4	93,0	254,5	161,5
4. dunkel	2	4	79,0	237,5	158,4
1. offener Hof	7	2	41,5	144,3	102,8
2. Fensterglas	7	2	42,0	113,1	71,1
3. Vitaglas	7	2	42,1	123,3	81,2
4. dunkel	7	2	36,1	107,5	71,4

Aus dieser Tabelle geht deutlich hervor, daß die 2 Schweine in jeder Gruppe, die erst mit 4 Monaten in den Versuch eintraten, verhältnismäßig nur geringe Unterschiede in ihrer Gewichtszunahme zeigten. Sie waren offenbar bereits imstande gewesen, sich unter den verschiedenen Beleuchtungsbedingungen doch in gleicher Weise zu entwickeln; anscheinend hatten sie alle bis zum Versuchsbeginn einen genügenden Vorrat an Vitamin D zur Verfügung, so daß dann auch während des Versuches keine Rachitis auftreten konnte.

Die schon mit 2 Monaten in den Versuch einbezogenen 7 Tiere in jeder Gruppe bedurften dagegen für ihre normale Entwicklung noch sehr des Lichtes, denn die 2.—4. Gruppe blieb weiter hinter derjenigen zurück, die im offenen Auslauf das volle Tages- und Sonnenlicht genoß (s. Abb. 206); und selbst die

Fensterglasgruppe wies keine bessere Zunahme als die Dunkeltiere auf, während die Vitaglasgruppe etwas günstiger abschnitt. Das Vitaglas erwies sich bei der spektrographischen Prüfung als durchlässig für Ultraviolett bis hinab zu 2600 Ångström. Allerdings wurden auch in der Vitaglasgruppe, in der 1 Tier sogar starb, ebenso wie in der Fensterglasgruppe, 4 Tiere rachitisch, und nur in der Sonnenlichtgrup-

pe blieben alle normal. Die Wiederholung dieses Versuches, im nächsten Jahre genau in derselben Weise, führte grundsätzlich auch zum gleichen Ergebnis, nur entwickelten sich diesmal alle Tiere der 2.—4. Gruppe schlecht, und traten in jeder derselben bei 5 von 8 Tieren Rachitis und 2—3 Todesfälle auf (s. Abb. 207), während die der Lichtgruppe sämtlich normal heranwuchsen, ebenso wie bei etwa 150 anderen Ferkeln, die in beiden Jahren neben dem Stalle dieser Gruppe unter den gleichen Bedingungen gehalten wurden, kein einziger Fall von Rachitis auftrat.

Abb. 206. Schweine des gleichen Wurfs; das rechte aus der Lichtgruppe, normal, das linke aus der Dunkelgruppe, schwer rachitisch. Versuch im Alter von 2 Monaten begonnen, Dauer 126 Tage. (Nach SHAW[289].) (Dean of the Faculty of Agriculture, University of Saskatoon, Sask. Canada.)

Im Anschluß an diese Winterversuche wurde jedesmal den am Leben gebliebenen Tieren der Fenster- und Dunkelgruppe der volle Lichtgenuß gewährt,

Abb. 207. Tiere aus der Fensterglas-, Vitaglas- und Dunkel-Gruppe, rachitisch. (Nach SHAW.)

worauf sich ihr Zustand schon in wenigen Tagen ersichtlich und dann weiter, z. T. bis zur Heilung, besserte (s. Abb. 208).

In noch einem dritten gleichartigen *Winterversuche*, im dem nur 2 Gruppen mit 8 Tieren verglichen wurden, von denen die eine das Licht im offenen Auslauf, die andere nur durch Fensterglas erhielt, war der Unterschied zwar auch in der durchschnittlichen Gewichtszunahme sehr deutlich (109,4 und 85,3 Pfund), viel stärker aber trat er dadurch hervor, daß in der Lichtgruppe keines der Tiere, in der Fensterglasgruppe dagegen alle 8 Tiere mehr oder minder stark an Rachitis erkrankten.

Endlich wurde auch in einem Sommerversuche, der vom 28. Juni 1929 an 145 Tage lang fortgesetzt wurde, die Entwicklung von je 8 Ferkeln verglichen, wobei die erste Gruppe das Licht direkt durch ein offenes, die 2. durch ein Fensterglas-, und die 3. durch ein Vitaglasfenster erhielt (s. Abb. 209). Auch hierbei war die 1. Gruppe am Ende des Versuches mit einer durchschnittlichen Gewichts-

Abb. 208. Dieselben Tiere von Abb. 207, zwei Monate später, Heilung der Rachitis durch Aufenthalt im Freilicht-Auslauf. (Nach SHAW.)

zunahme von 156,6 Pfund den anderen (mit 141,6 und 138,5) weit voraus; daß diesmal bei den letzteren keine Rachitis auftrat, konnte auf die Beifütterung von frischer Luzerne zurückgeführt werden.

Nach diesen *günstigen Erfahrungen über den Einfluß des direkten Tages- und Sonnenlichtes auf das Wachstum der Ferkel* wird man SHAW beipflichten müssen, wenn er für die Ferkelaufzucht die Forderung stellt, den Tieren durch Gewährung

Abb. 209. Versuchsställe für Schweine zur Prüfung der Lichtwirkung. Rechts offenes Fenster, in der Mitte gewöhnliches Fensterglas, links Vitaglas. (Nach SHAW[289].);

eines freien Auslaufs täglich, und *auch im Winter*, den direkten Genuß des natürlichen Lichtes zu bieten.

In Deutschland hat man mit der *Ultraviolettbestrahlung bei Schweinen* ganz verschiedene und entgegengesetzte, teils günstige, teils indifferente, teils völlig negative Ergebnisse erzielt.

Auffallend günstige Erfahrungen hat K. SCHWAB[286, 287] mitgeteilt, der Sauen, tragend und dann mit ihren Ferkeln nach deren Geburt noch 5—7 Wochen lang mit künstlicher Höhensonne, und teils zugleich aus einer Solluxlampe zur Erwärmung der Neugeborenen, nach folgendem Plane bestrahlte (s. Tab. 27).

Tabelle 27. Bestrahlungsplan für Schweine (nach Schwab).

Tag	Dauer Minuten	Entfernung cm	Woche	Dauer Minuten	Entfernung cm
1.	5	120	3.	30	100
3.	5	100	4.	30	80
5.	10	100	5.	30	80
7.	10	100	6.	60	130
9.	15	100	7.	60	120
10. bis 14.	15	100	8. bis 10.	60	120

Die Ergebnisse zweijähriger Beobachtungen bestanden darin, daß die Ferkel der bestrahlten Gruppen beträchtlich schneller zunahmen und ihre Sterblichkeit vollkommen unterdrückt wurde. Dagegen brachte die Bestrahlung bei Kümmerern keine Vorteile und konnte auch eine falsche Ernährung nicht ausgleichen.

Abortieren fand bei den bestrahlten Sauen nicht statt. Schwab empfahl daher, die Sauen, sobald man ihre Trächtigkeit erkannt habe, und schließlich noch 6 bis 8 Wochen lang gemeinsam mit ihren Ferkeln, zu bestrahlen (s. Abb. 210).

Sehr viel weniger deutlich war das Ergebnis der Bestrahlungsversuche bei von Ziegesar-Piontken[351]. Hier wurde von 2 gleichzeitig geborenen Würfen der eine (ohne die Mutter) täglich (nach Angaben von W. Kirsch) mit Höhensonne bestrahlt, anfangs 5 Minuten bis täglich 2mal 1 Stunde lang. Von diesem Wurfe waren 2 Tage nach der Geburt 2 Tiere tot. Nach dem Absetzen wurden dann die Sauferkel beider Würfe bestrahlt, die Eberferkel aber nicht. Es blieben nun die bestrahlten Sauferkel der Sau Nr. 2 ebenso hinter den Sauferkeln der Sau 1 zurück wie die unbestrahlten Eberferkel der Sau 2 hinter denen der Sau 1. Hiernach erschienen die Ferkel der Sau 1 durch erbliche Anlagen als die besseren. Vielleicht waren die

Abb. 210. Bestrahlung im Schweinestall. Vorn Solluxlampe zur Erwärmung der Neugeborenen; tiefer rechts künstliche Höhensonne. (Nach Schwab[286].)

Ferkel der einen Gruppe auch schon dadurch im Vorteil gewesen, daß ihre Mutter nach dem Eingehen zweier Ferkel nur noch 7 zu ernähren gehabt hatte. Jedenfalls ließ sich hier die positive Wirkung nicht ohne weiteres auf Rechnung der Höhensonne setzen. Allerdings wäre es denkbar, daß die bestrahlten Sauferkel der Sau 2 *ohne* die Bestrahlung noch weiter hinter den anderen zurückgeblieben wären.

Zum völlig entgegengesetzten Ergebnis wie Schwab, nämlich zur Ablehnung und Warnung von der Anwendung der künstlichen Höhensonne bei der Ferkelaufzucht gelangte K. MÜLLER-RUHLSDORF[214] mit KRÜGER und STAHL, die ihre Versuche genau nach der von SCHWAB angegebenen Technik mit einer Hanauer Quarzlampe aus 1—1,2 m Abstand an 10 Sauen durchführten, die sie während der ganzen Säugezeit mit ihren Ferkeln bestrahlten. Hierbei erschien die Versuchszeit (18. Januar bis 8. April) wegen des sonstigen Lichtmangels noch besonders günstig für das Zutagetreten der Bestrahlungswirkung.

Die Tiere wurden in 2 Gruppen eingeteilt:

1. 5 Sauen mit 53, vom 15. bis 29. Januar geborenen Ferkeln,
2. 5 Sauen mit 56, vom 1. bis 6. Februar geborenen Ferkeln.

In beiden Gruppen betrug das Durchschnittsgewicht der neugeborenen Ferkel 1,3 kg.

Der Versuchsverlauf führte zu einem überraschend *negativen Ergebnis* (s. Tabelle 28).

Tabelle 28.   Bestrahlung von Saugferkeln (nach MÜLLER, KRÜGER, STAHL).

Geburtsdatum 1918	Zahl der geborenen Ferkel	Geburts-gewicht kg	Zahl der nach 10 Wochen noch lebenden Ferkel	Gewicht der nach 10 Wochen noch lebenden Ferkel kg
I. Bestrahlte Gruppe.				
15. Januar	12	13,55	9	184,8
20. „	10	14,00	7	142,4
21. „	7	10,60	6	130,9
22. „	11	13,80	7	132,3
29. „	13	15,80	7	128,4
Summe	53	67,75	36	718,8
Durchschnitt	10,6	13,55	7,2	143,8
II. Nichtbestrahlte Gruppe.				
1. Februar	11	14,60	9	177,4
3. „	12	14,20	10	187,1
4. „	10	12,85	9	178,8
6. „	10	15,05	9	195,6
6. „	13	15,90	10	237,9
Summe	56	72,60	47	976,8
Durchschnitt	11,2	14,52	9,4	195,4

Da nämlich die unbestrahlten Ferkel nach 10 Wochen ein viel höheres Gewicht erreichten, so war von einer rascheren Gewichtszunahme der bestrahlten hier nichts zu merken. Und da die Zahl der zu dieser Zeit noch lebenden bei den bestrahlten Gruppen durchweg stärker abgenommen hatte (s. Tab. 28), so hatte auch die Herabminderung der Sterblichkeit völlig versagt.

Nach diesen sorgfältig durchgeführten Versuchen muß es also überhaupt *fraglich* erscheinen, *ob die Ultraviolettbestrahlung bei Ferkeln auf Wachstum und Sterblichkeit einen Einfluß* auszuüben vermag. Der eventuelle Erfolg in diesem Sinne ist jedenfalls so unsicher, daß MÜLLER, KRÜGER, STAHL vor unnützer Anwendung des Verfahrens warnen.

Weiter konnte auch ESSKUCHEN[59] in vier mit der „JESIONEK-Lampe" durchgeführten Bestrahlungsversuchen bei Schweinen weder eine günstige Beeinflussung der Ferkelgeburtsgewichte, noch eine bessere Entwicklung der Jungtiere, noch eine Verringerung der Sterblichkeit erzielen. Hingegen wurden bei der Bestrahlung von sog. Kümmerern Erfolge zugunsten der Quarzlampe festgestellt. Verfasser hält es aber für richtiger, dem Kümmern der Ferkel durch bessere Ställe vorzubeugen und dafür zu sorgen, daß möglichst viel von den ultravioletten Strahlen des Sonnenlichtes in das Stallinnere eindringen kann.

Wenn wir die hier wiedergegebenen gesamten bisherigen Erfahrungen über die Wirkung des natürlichen Lichtes und die künstliche Bestrahlung bei Schweinen überblicken, scheint sich als positives Ergebnis lediglich herauszuschälen, daß es möglich ist, das Wachstum der jungen Schweine, wohl *besonders bei ungünstigen Fütterungsverhältnissen*, und, hinsichtlich der Ausnutzung der zugeführten Mineralstoffe, auch ihren *Kalk- und Phosphoransatz, durch natürliches Tages- und Sonnenlicht*, auch im Winter, zu steigern, während einwandfreie günstige Erfolge künstlicher Ultraviolettbestrahlung bei den Schweinen und insbesondere bei der Ferkelaufzucht, nicht vorliegen.

Ergänzend sei hier noch erwähnt, daß ein *Einfluß der Ultraviolettbestrahlung auch auf die Blutbildung junger Schweine* nicht festgestellt werden konnte. Um dies zu untersuchen, haben MATTHEWS, DOYLE und WHITING[194] mehrere Sauen schon lange Zeit vor und dann noch nach dem Ferkeln, ebenso auch die Ferkel selbst noch 13 bzw. 38 Tage lang, täglich 15—40 Minuten lang aus 28 Zoll Entfernung bestrahlt. Es ergab sich aber weder für die Zahl der roten Blutkörperchen noch für den Hämoglobingehalt des Blutes der Ferkel eine Steigerung.

Eine günstige Wirkung der künstlichen Bestrahlung scheint auf Schweine nur indirekt bis zu einem gewissen Grade erzielt werden zu können, und zwar durch

3. Bestrahlung des Futters.

Nach ihren Versuchen mit Fütterung von Ferkeln mit bestrahlter Magermilch gelangten nämlich SCHRÖDER und BIERMANN[281] zu der Annahme, daß die so gefütterten Tiere im Krankheitsfalle eine größere Resistenz zeigen als die mit unbestrahlter Magermilch gefütterten Ferkel, und stellten fest, daß auch bei schlecht wachsenden Ferkeln (Kümmerern) nach dem Verfüttern der bestrahlten Magermilch eine verhältnismäßig gute Entwicklung einsetzte.

Bei gesunden Ferkeln wurde dagegen durch die Bestrahlung der verfütterten Magermilch keine Beschleunigung des Wachstums erzielt.

4. Hauterythem bei Schweinen.

Hier sei noch eine theoretisch bemerkenswerte Arbeit von F. ELLINGER[57] erwähnt. Nachdem P. TRENDELENBURG beobachtet hatte, daß aus der Aminosäure Histidin unter Bestrahlung mit Ultraviolettlicht ein Körper von histaminähnlicher Wirkung entsteht, und nachdem es bei Meerschweinchen nicht gelungen war, diesen Stoff in der Haut nachzuweisen, wählte ELLINGER drei Läuferschweine dazu, um an deren hinsichtlich der *Erythembildung sich ähnlich wie die menschliche* verhaltenden Haut jenen Nachweis zu versuchen. Hierfür wurde den Tieren sowohl aus einem vorher mit der Hanauer Quarz-Quecksilberlampe bestrahlten Hautfeld als auch von unbestrahlten Hautstellen ein Stück Haut excidiert, mit Chloroform extrahiert, mit salzsaurem Wasser ausgeschüttelt, und diese Auszüge teils bei Katzen in die Jugularvene injiziert, um etwaige Änderungen des Blutdrucks zu beobachten, teils am überlebenden Dünndarm von Meerschweinchen auf ihre Wirksamkeit geprüft. Die Versuche lieferten aber kein sicheres positives Ergebnis dafür, daß als *Ursache des Lichterythems der Haut bei Schweinen* eine unter der Wirkung der Ultraviolettstrahlen erfolgende Bildung eines histaminartigen Stoffes beteiligt wäre.

V. Einfluß des Lichtes auf Kaninchen.

Wenn auch das Kaninchen nicht als ausgesprochenes landwirtschaftliches Nutztier angesehen werden kann, wollen wir ihm doch einen kurzen Abschnitt in dieser Abhandlung zubilligen. Zunächst ist zu bemerken, daß eine gewisse wirtschaftliche Bedeutung dem Kaninchen nicht abzusprechen ist, und daß andererseits auch das Kaninchen als sehr bequemes Versuchstier als Objekt

für manche Versuche gedient hat, die mit Großvieh wegen vieler Schwierigkeiten nicht durchzuführen waren. Im allgemeinen sind die an Kaninchen bearbeiteten Fragen an gegebener Stelle in dieser Darstellung schon erörtert
worden. Hier seien nur der Vollständigkeit halber die noch nicht berücksichtigten
Arbeiten einer Betrachtung unterzogen.

AISIKOWITSCH[354] hielt Kaninchen während ihrer Trächtigkeit bei Dunkelheit.
Die von den Dunkeltieren geborenen Jungen hatten einen auffallend hohen
Wassergehalt des Gesamtkörpers und waren ärmer an Mineralsalzen, insbesondere
Ca- und P-Salzen, im Vergleich zu bei Tageslicht gehaltenen Tieren. Die Bestrahlung mit ultraviolette mLicht als Zusatz zum Aufenthalt in Tageslicht
bewirkte eine merkliche Erhöhung des Mineralsalzgehaltes und eine geringe
Herabsetzung des Wassergehaltes. Die Sterblichkeit der Nachkommenschaft
bestrahlter oder im Tageslicht befindlicher Tiere war geringer als die der Dunkeltiere. Die Wachstumsgeschwindigkeit und das Endgewicht war größer für die
Nachkommen bestrahlter oder im Licht gehaltener Tiere. In allen Fällen scheint
eine zusätzliche Bestrahlung, sei es während der Trächtigkeit als auch während
der Säugezeit, eine bessere Entwicklung der Nachkommenschaft zu gewährleisten.

Am Kaninchen zeigte GIGON[374], daß Licht und Kohlehydratstoffwechsel in
Beziehungen stehen. Glykosezufuhr per os führte zu einer stärkeren Zunahme
des Gesamtkohlenstoffs des Blutes als der meist geringgradigen Glykosevermeh-
rung entspricht. Bei Kaninchen, die 5 Wochen in einem Behälter mit dunkel-
rotem Licht gehalten wurden, trat nach Glykosezufuhr ebenfalls Hyperglykämie
auf, doch fehlte die starke Kohlenstoffanreicherung. Der Autor schließt, daß
beim Tier der Kohlehydratstoffwechsel durch das Licht günstig beeinflußt wird.
Eine andere Änderung des Stoffwechsels durch Bestrahlung teilen PINCUSSEN
und TAKUMA[412] mit. Im Herzen und in der Leber ist bei bestrahlten Tieren der
Fettgehalt vermindert; nach einer gewissen Zeit ist das Fett im Blut vermehrt
und mit ihm ein Butyrin spaltendes Ferment. Bei Bestrahlung von Kaninchen
mit einer hochkerzigen Glühlampe wird die Lipase in Herz und Leber stark
geschädigt. Auch die Quarzlampe schädigt die Leberlipase nach öfterer Anwendung, hingegen nicht die des Herzens.

Über die Funktion der Haut bei der Bestrahlung waren an gegebener Stelle
nähere Ausführungen gemacht worden, doch sei hier eine Arbeit von HOU[383]
erwähnt, der durch Steenbocksche Kost Kaninchen rachitisch machte und sie
durch Bestrahlung ganz kleiner Hautbezirke (1,5 cm²) wieder zu heilen vermochte.
Allerdings erwies sich vorheriges Rasieren der Haut als notwendig. OKUYAMA[409]
beschäftigte sich mit dem Problem der Rachitisheilung durch Verfütterung
von bestrahltem Futter. Ihm gelang es, die erkrankten Kaninchen sowohl
durch Gaben unbestrahlten Hafers als auch bestrahlten Hafers zu heilen, doch
soll die Wirkung des letzteren intensiver gewesen sein. Auch die Wirkung des
bestrahlten Ergosterins auf den Kaninchenorganismus ist verschiedentlich
geprüft worden (WARKANY[434], LAAS[393], PFANNENSTIEL[411] u.a.). Als besonders
interessant möchte ich die Arbeit von MICHELAZZI[404] herausgreifen, dessen
Kaninchen nach subcutaner Verabreichung von 5 cm³ 20proz. Vigantols rasch
abmagerten, kachektisch wurden und nach $^1/_2$—1 Monaten starben. Injizierte
er den Kaninchen dieselbe Menge Vigantol intravenös, so lebten sie über 4 Monate
bei bester Gesundheit. Die genaue Todesursache war nicht festzustellen, da
sowohl die gestorbenen als auch die nach 4 Monaten getöteten Tiere hochgradige
Verkalkung der Aorta zeigten, die kaum spontan zum Tode geführt haben kann.

STERN[429] injizierte intravenös seinen Versuchskaninchen Ca und fand bei
normaler Haut keine Ca-Anreicherung, hingegen eine Wasserausscheidung und

Ca-Ausschwemmung. Bei bestrahlter Haut kam es zu einer beschleunigten Wasserausscheidung und einem beschleunigten Ausgleich der Ca-Erhöhung, wobei diese schon vorher geringer war als unter normalen Bedingungen.

VI. Bestrahlungsversuche an Bienen.

Daß auch bei den Bienen die Ultraviolettbestrahlung von Einfluß auf ihre Stoffwechsel- und Entwicklungsvorgänge sein kann, geht aus den Untersuchungen von STITZ und BEYER[313] sowie von TANNICH[320] hervor.

In den Versuchen von STITZ und BEYER wurden die einem Versuchsvolk entnommenen Waben mit ansitzenden Bienen mittels der Hanauer Quecksilber-dampf-Quarzlampe einzeln belichtet. Ein gleichstarkes und unbelichtetes Volk wurde zur Kontrolle beobachtet. Bei Belichtungszeiten von 5—9 Minuten je Tag (Lampe 1 m entfernt) wurde vermehrtes Wohlbefinden und lebhafterer Flugbetrieb sowie verstärkte Bautätigkeit des Versuchsvolkes festgestellt. Bei weiterer Steigerung der Belichtungszeiten wurde die Entwicklung der Larven um 2 Tage verkürzt. Bei übertrieben starker Belichtung (20 Minuten bei 80 cm Lampenabstand) kamen die Bienen aus ihren Brutzellen hervor, ehe sie voll-ständig reif waren. Die Versuchstemperaturen betrugen 22—27° C bei der kür-zesten, bis 37° bei der längsten Bestrahlung.

TANNICH konstruierte, nachdem Bestrahlungen eines Versuchsvolkes mit der Quarzlampe von oben her (auf die Wabenkanten) ohne nennenswerten Einfluß geblieben waren, einen Eiwabenstock, der eine Bestrahlung der Wabenfläche gestattete. Das Volk wurde 10mal in Abständen von je 3 Tagen jedesmal 15 Mi-nuten lang aus 1 m Entfernung bestrahlt. Die Puppen wurden unter Drahtnetzen auf das Ausschlüpfen kontrolliert; es ergab sich eine Verkürzung der Entwick-lungsdauer um einen Tag. Um zu prüfen, ob die Bestrahlung nachträglich schädliche Einwirkungen erweisen würde, wurden 800 Bienen des Versuchsvolkes und ebensoviele eines Kontrollvolkes beim Schlüpfen gezeichnet. Beim be-strahlten Volk erreichten das Ende der 7. Lebenswoche 75,75 %, im Kontrollvolk 6,01 %; 8 Wochen alt wurden im Versuchsvolk 47,88 %, im Kontrollvolk 1 %. Das Ende der 9. Lebenswoche erreichten im Versuchsvolk noch 5,13 %, im Kontrollvolk war keine der gezeichneten Bienen mehr am Leben. Es ist dem-nach im bestrahlten Volk eine Erhöhung der Lebensdauer erzielt worden. Ein Gewichtsunterschied zwischen den geschlüpften Bienen vom Versuchs- und Kontrollvolk bestand nicht; ebenso nicht bei 4 Wochen alten Bienen.

VII. Einfluß des Lichtes auf Fische.

Es ist eine bekannte Tatsache, daß auch die niederen Tiere auf Lichtreize reagieren. Fast alle Tiere sind mehr oder weniger lichtempfindlich, zeigen eine bestimmte Phototaxis. Der beschränkte Rahmen dieser Abhandlung verbietet auch hier auf interessante Einzelheiten einzugehen. Die Fische erfordern aber als landwirtschaftliche Nutztiere auf jeden Fall eine kurze Betrachtung, wenn-gleich gerade auf diesem Gebiet wenig Literatur vorliegt. Nach MESECK und SCHIEMENZ[403] brauchen die Gewässer ebenso wie ein Acker Licht und Sonne, um hohe Fischerträge zu bringen; die Ufer der Gewässer sollen licht und kahl sein, damit das Licht bis auf den Grund dringen kann, damit die Tier- und Pflanzenwelt dort gedeiht. CROWELL und MACCAY[366] weisen darauf hin, daß es praktisch wichtig sein würde, wenn man in der Lage wäre, durch Bestrahlung Fischparasiten zu teilen, ohne die Fische zu schädigen. Sie versuchten daher fsetzustellen, in welchem Grade Fische gegen ultraviolettes Licht empfindlich sind. Sie bestrahlten junge Saiblinge von 5—6 cm Länge im Wasser aus verschiedener Entfernung mit und ohne Unterbrechung verschieden lange. Haempel und Lechler[380] gingen denselben Weg. Eier und Brütlinge von Saibling, Seeforelle, Bachforelle und Hecht wurden mit einer Quarzlampe behandelt, deren Intensität in 100 cm Entfernung sich zu dem Gehalt der Sonnenstrahlen an ultravioletten Strahlen wie 3,67 : 2,1 verhielt. Die Intensität der ultravioletten Strahlen entsprach somit in dieser Entfernung der Lampe zuzüglich der Absorption der 9,5—17 cm Wassertiefe, in der die Eier oder Brütlinge lagen, ungefähr der eines klaren, heißen Sommernachmittags. Die Bestrahlungsdauer betrug $^1/_2$, 1, 2, 5 und 10 Minuten und wurde täglich wiederholt. Es zeigte sich, daß die Eier und Brütlinge der einzelnen Fischarten und die gleiche Art in den verschiedenen Altersstadien gegen ultraviolette Strahlen verschieden empfindlich sind. *Immer aber trat eine schädigende Wirkung zutage.* Auch bei größerer Brut wurde erhöhte Sterblichkeit beobachtet. Der Grund ist in einem verfrühten Schlüpfen der Brut zu suchen. Frisch befruchtete Eier sind empfindlicher wie solche im Augenpunktstadium.

Auch auf diesem Gebiet dürften weitere Untersuchungen viel Interessantes und vielleicht auch für die praktische Fischzucht Auswertbares bringen.

VIII. Fütterungs-Lichtkrankheiten bei Haustieren.

Daß das Licht bei Mensch und Tier nicht nur eine segensreiche Wirkung entfaltet, sondern im Übermaße oder bei Steigerung der Lichtempfindlichkeit des Organismus auf diesen auch krankheitserregende und unter Umständen selbst tödliche Einflüsse auszuüben vermag, wurde schon im letzten Abschnitt des Allgemeinen Teiles des vorliegenden Beitrages gezeigt (s. S. 824). Dort wurden auch bereits die endogenen und exogenen Ursachen der Lichtüberempfindlichkeit und als exogene die mit der Nahrung eingeführten *Photosensibilisatoren* erwähnt. Auf solchen beruhen nun auch einige Erkrankungen, die, wenn auch im allgemeinen selten, bei verschiedenen unserer Nutztierarten auftreten.

1. Buchweizenkrankheit (Fagopyrismus).

Sehr bekannt ist die *Buchweizenkrankheit der Rinder* (*Fagopyrismus*, auch Buchweizenausschlag oder -exanthem genannt, englisch buckwheatpoisoning), die durch das Zusammenwirken von Licht und Fütterung mit Buchweizen (Fagopyrum esculentum) hervorgerufen werden kann. Sie kommt auch bei Schafen, Pferden (Ehrenberg[54]) und Schweinen (Eisenblätter[56], Bruce[31]) vor, wird schon seit 1536 in der Literatur erwähnt, wie aus dem Literaturverzeichnis von Merian[206] hervorgeht, und bereits vor 100 Jahren hat Hertwig[129] ihre doppelte Ätiologie richtig erkannt, indem er darauf hinwies, daß sie durch die Buchweizenfütterung viel mehr bei weißen und weiß-fleckigen Schweinen als bei schwarzen ausgelöst wird, und auch nur dann, wenn die Tiere auch der Sonne ausgesetzt werden. Ebenso stellte Wedding 1887 für Rinder fest, daß nur die weißen und nicht die dunkeln Tiere durch Buchweizenfütterung erkranken und daß die hellen durch künstliche Schwärzung oder durch dunkle Ställe davor geschützt werden können.

Die Krankheit äußert sich zunächst als Hautausschlag der weißen oder gefleckten Hautstellen in Gestalt einer zur Nekrose führenden Dermatitis, die mit Juckreiz verbunden ist, und in schweren Fällen auch mit Gehirnerscheinungen und Atemnot, gelegentlich auch mit tödlichem Ausgange verbunden sein kann (E. Weber[341], Fröhner[67]). In der Regel wird sie durch Aufgabe der Buchweizenfütterung und durch Haltung im dunkleren Stalle geheilt.

Um die Pathogenese dieser Erkrankung aufzuklären, haben zahlreiche Forscher Versuche mit Buchweizenfütterung an Haustieren und Laboratoriumstieren durchgeführt. Da erst ganz neuerdings LUTZ und SCHMID[190] in einer leicht zugänglichen Arbeit eine kritische Übersicht über diese Literatur gegeben haben, so erübrigt sich hier eine ausführliche Wiedergabe. Während der Mensch diese Überempfindlichkeit für Licht durch Buchweizennahrung nicht bekommt (BEITZKE[19]), gelingt es, sie bei Kaninchen, Meerschweinchen und Mäusen hervorzurufen (MERIAN[206], ZUNTZ und OEHMKE[227], BICHLMAIER[23], J. FISCHER[63], SHEARD, CAYLOR, SCHLOTTHAUER[290]).

HUTYRA und MAREK[148] wiesen, wie auch schon VON TAPPEINER, darauf hin, daß die Lichtschädigung durch einen im Buchweizen enthaltenen fluorescierenden Körper hervorgerufen wird, wie auch HAUSMANN[109] und HAXTHAUSEN[112] den Fagopyrismus als durch einen Farbstoff der Buchweizenpflanze verursachte Sensibilisationskrankheit erklärten.

Die neuesten experimentellen Untersuchungen von LUTZ und SCHMID[190], die an Mäusen und Meerschweinchen durchgeführt wurden, haben zum Mechanismus und Chemismus dieser merkwürdigen Erkrankung folgendes ergeben: Für die verbreitete Annahme, daß der Photosensibilisator des Buchweizens in einem spezifischen Buchweizenchlorophyll zu suchen sei, fanden sich keine Anhaltspunkte. Mit Alkohol extrahierte Blätter, Blüten, Heu oder Samen von Buchweizen verursachen die Krankheit nicht. Dagegen lassen sich durch den wäßrigen Anteil des alkoholischen Blütenextraktes schwere Intoxikationen und Schädigungen des Zentralnervensystems hervorrufen; *der Blütenextrakt enthält also den Sensibilisator*. Der als Photosensibilisator wirksame Stoff bleibt 2 bis 36 Tage im Organismus des Meerschweinchens zurück. Das Vorhandensein eines Fagopyrum-Anthocyans in den Blüten konnte wahrscheinlich gemacht werden. Das Auftreten der Krankheit ist von der Art der Lichtquelle, der Lichtintensität und der Bestrahlungsdauer abhängig.

2. Hartheukrankheit (Hypericismus).

Nach HAUSMANN und ZARIBNICKY[120] sind auch die Wirkungen der Hypericumarten auf Haustiere als Lichterkrankungen zu deuten und auch schon von HEUSINGER (1846) als solche aufgefaßt worden. Letzterer führt ältere Berichte aus Italien an, wonach die Aufnahme von Hypericum crispum den weißen Schafen gefährlich werden könne, indem sie unter Ausfallen der Wolle in 3 Wochen sterben, und wonach daher dort, wo die Pflanze wächst, nur schwarze Schafe gehalten werden.

Nach Mitteilungen von PAUGOUÉ und MAYER, die HAUSMANN anführt, ferner nach LANGE[176], HENRY[127] und DIETRICH[47], wird Hypericum perforatum in ähnlicher Weise den Pferden, die weiße Abzeichen haben, gefährlich, indem es Lippenschwellungen, Hautausschläge, Lähmungs- und Erregungszustände herbeiführt.

Die Grundlage hierfür im Sinne einer Photosensibilisation sind dadurch gegeben, daß die Hypericumarten erhebliche Mengen verschiedener Farbstoffe enthalten, von denen z. B. das von CERNY[35] dargestellte Hypericin eine starke rote Fluorescenz aufweist, und daß die photodynamische Wirkung alkoholischer fluorescierender Blütenauszüge vom Johanniskraut durch HAUSMANN und ZARIBNICKY[120] auf rote Blutkörperchen nachgewiesen werden konnte.

3. Kleekrankheit (Trifoliasis).

HAUSMANN und GLÜCK[111] berichten über einen Fall von Klee-Erkrankung in Schweden (Schwedenklee), der schwarz-weiße Holländerkühe betraf, die in hellem Sonnenlicht auf Kleefeldern weideten und außer Zahnfleischrötung an den unpigmentierten Hautstellen Rötung und Pustelbildung bekamen. Nach Lutz[189] (S. XVII) sprechen auch bei dieser Krankheit, für die er noch eine ganze Anzahl von Fällen aus der Literatur anführt, alle Umstände dafür, daß sie ebenfalls auf einer Sensibilisierung durch im Klee enthaltene photodynamische Stoffe beruht.

4. Luzernekrankheit.

Hutyra und Marek[148], Kühn[173] und Wolf[348] haben auch Hautausschläge bei Pferden und Rindern nach Aufnahme größerer Mengen von Luzernekraut beschrieben, für die Lutz[189] (S. XVIII) die Wahrscheinlichkeit annimmt, daß es sich auch hier um eine Photosensibilisationswirkung handelt.

5. Tribulosis ovium.

Endlich hat Theiler[324] für eine in Südafrika bei Schafen, welche die zur Blütezeit giftige Tribulus terrestris aufnehmen, eintretende, mit Schwellungen und Hautnekrose einhergehende und zum Tode führende Krankheit durch Tierversuche nachgewiesen, daß sie auf einer für Sonnenlicht sensibilisierenden und sich im ganzen Körper verteilenden Substanz beruht, so daß er empfiehlt, dort den Weidegang auf die Nachtzeit zu verlegen.

6. Maiskrankheit (Maidismus).

Ob diese gelegentlich nach Maisgenuß bei Tieren beobachtete Erkrankung, ebenso wie die Pellagra beim Menschen, auf im Mais enthaltene fluorescierende Farbstoffe und deren photodynamische Wirkung zurückzuführen ist, wie es nach Umnus (zit. nach Lutz[189], S. XX) und Suarez[317] den Anschein hat, ist nach Rachmilewitz[250] noch unentschieden.

Auch für den

Lathyrismus,

einen Krankheitszustand, der bei der Verfütterung von Platterbsen (Lathyrus Cicera und sativus) durch eine von den Samen ausgehende, in allen Teilen der Pflanze vorhandene giftige Substanz hervorgerufen werden kann und sich beim Menschen in Bewegungsstörungen, bei Tieren in Atembeschwerden und Erstickungskrisen äußert (Maleval[193]), scheint ein Zusammenhang mit der Belichtung der erkrankenden Individuen nicht sicher nachgewiesen zu sein.

Alles in allem lassen uns diese *Fütterungslichtkrankheiten* der Haustiere wichtige Aufklärungen gewinnen, und bestätigen durch die hier in das Pathologische übergehenden Erscheinungen, wie mannigfaltig und verwickelt die *Beziehungen des Lichtes zur Ernährung und seine physiologischen Wirkungen auf den Stoffwechsel der Tiere* sein können.

Literatur (siehe auch den Nachtrag am Schlusse).

(1) Adam, A.: Klin. Wschr. 7, 1825 (1928). — (2) Alexander: F. G. u. Révécz: Biochem. Z. 44, 95 (1912). — (3) Arcularius: Dtsch. landw. Tierzucht 32, 485 (1928). — (4) Askanazy: Aschoff, Pathol. Anat. 3. Aufl. 1 (1913). — (5) Auger, L.: C. r. Soc. Biol. Lyon 1928.
(6) Bach, H.: Natursonne, Kohlenbogenlampe oder Quarzlampen. Original Hanau. 1926. Bestrahlung Nr. F. 507. — (7) Bach, H.: Milchwirtsch. Forschgn 6, 530 (1928). — (8) Bach, H. u. F. Rohr: Anleitung für Bestrahlungen mit der Quarzlampe „Künstliche Höhensonne." 17. Aufl. Leipzig: Kabitzsch 1927. — (9) Bachem, A.: Amer. J. Physiol. 91, 58 (1929). — (10) Bachem, A. u. J. Kunz,: Proc. Soc. exper. Biol. a. Med. 25, 456 (1928); Fortschr. Med. 46, 1145 (1928). — (11) Bachem, A. u. Reed: Amer. J. Physiol. 90, 271,

600 (1929). — (12) BACHÉR, F.: Abderh. Handb. d. biol. Arbeitsmethoden. Liefg 254 (1928).
— (13) BACKMUND, K.: Münch. med. Wschr. 1929, 230. — (14) BAMBERGER, PH.: Dtsch.
med. Wschr. 54, 1116 (1928); 55, 1547 (1929). — (15) BANDL, E.: Fortschr. Landw. 3, 645
(1928). — (16) BAUER, V.: Z. allg. Physiol. 13, 389 (1912). — (17) BECK, G.: Z. Psychiol.
118, 283 (1930). — (18) BECK, O.: Klin. Wschr. 1927, 818. — (19) BEITZKE, H.: Der Mensch
und das Licht. Graz: Leuschner u. Lubensky 1929. — (20) BERNER: Strahlenther. 1916, 105.
— (21) BETHKE u. KENNARD: Poultry Sci. 6, 290 (1927); Exp. Stat. Rec. 59, 265. —
(22) BETTMANN: Münch. med. Wschr. 1920, 656. — (23) BICHLMAIER, H.: Mschr. prakt.
Tierheilk. 23 (1912). — (24) BIE, V. u. H. SCHRAMM: Die Anwendung des Lichtes in der
Medizin und Finsens Lebenswerk. Wiesbaden: J. F. Bergmann 1905. — (25) BIER, A.:
Münch. med. Wschr. 1921, 243. — (26) BINDER, O.: Beiträge z. Strahlentherapie i. d. Tierheilkunde. Vet.-med. Diss. Leipzig 1925. — (27) BOAS u. CHICK: Biochem. J. 18, 433 (1924).
— (28) BOBBY, F. C.: Harper Adams Utility Poultry J. 12, 432 (1926—27); Exp. Stat. Rec.
58, 168 (1928). — (29) BOVIE: Arch. physic. Ther. 7 (1926); Ber. wiss. Biol. 3, 613 (1927). —
(30) BRATUSCH-MARRAIN u. SIEGL: Arch. Kinderheilk. 89 (1929); Wien. klin. Wschr. 40,
1279 (1929). — (31) BRUCE, E. A.: J. amer. vet. med. Assoc. 52, 190 (1922); Vet. Review
2, 203 (1922). — (32) BRUCK-BIESOK, v. PIRQUET, WAGNER: Klin. Wschr. 6, 952 (1927). —
(33) BÜNGER: Z. Züchtung 19, 395 (1930). — (34) D. L. G. Futterausschuß-Sitzung vom
4. Februar 1930.

(35) CERNY: Z. physiol. Chem. 73, 361 (1911). — (36) CHICK u. ROSCOE: Biochem. J.
20, 632 (1926); Exp. Stat. Rec. 59, 573 (1928). — (37) CHISHOLM, C. u. McKILLOP:
Zbl. Kinderheilk. 21, 327 u. 927. — (38) CHOLEVCUK: C. r. Biol. 100, 586 (1929). — (39) Wirkung d. Quarzlampe auf Eier u. Hühner. Biol. Listy 14, 207 (1929). — (40) CHOMKOWIC:
Wiss. Arch. f. Landw. Abt. B 2, 70 (1930). — (41) CLAYTON: Mississippi Stat. Rep. 1927,
34 ff.; Exp. Stat. Rec. 62, 66 (1930). — (42) CLICKNER: New Jersey Stat. Rep. 1926,
380; Exp. Stat. Rec. 57, 765 (1927); Arch. Geflügelk. 2, 256 (1928). — (43) COCHRAN u.
BITTENBENDER: Jowa Stat. Bul. 246, 170 (1928); Exp. Stat. Rec. 59, 71 (1928). — (44) Cornell Stat.: New York Cornell Stat. Rep. 1929, 61; Exp. Stat. Rec. 62, 765 (1930). — (45)
COWARD: Lancet (London) 1929; Exp. Stat. Rec. 62, 692 (1930).

(46) DEGKWITZ: Münch. med. Wschr. 1928, Nr 38. — (47) DIETRICH, K.: Berl. tierärztl. Wschr. 40, 304. — (48) DONELLY: Amer. J. physic. Ther. 11, Nr 8 (1928). — (49) DOR-
CAS, M. J.: Food indust. 1, 504 (1929); Exp. Stat. Rec. 62, 593 (1930). — (50) DOWNES
u. BLUNT: Proc. roy. soc. 1877, 488; 1878, 199. — (51) DROSSEL: Dtsch. med. Wschr. 55,
62 (1929). — (52) DÜRIGEN: Die Geflügelzucht 2, 539. Berlin: Parey 1927.

(53) EDWARDS, W. F.: Les agents physiques de la vie. Monographie. Paris 1824. —
(54) EHRENBERG: Verbesserungen bei unserer Pferdefütterung. 3. Flugschrift d. Schles.
Tierzuchtverbände. Breslau 1928. — (55) EHRISMANN, O.: Z. Hyg. 110, 746 (1929; 111,
618 (1930). — (56) EISENBLÄTTER, Veröff. aus d. Jahresveterinärber. d. beamt. Tierärzte
Preußens 1903, 30. — (57) ELLINGER, FR.: Arch. f. exper. Path. 149, 343 (1930). — (58) ELS-
NER-TRIERENBERG, H.: Der Einfluß des Lichtes auf Stoffwechsel u. Ernährung. Diss.
Landw. Hochschule Berlin 1930. — (59) ESSKUCHEN: Dtsch. landw. Tierzucht 1930, 757.

(60) v. EULER: Untersuchungsmethoden biochem. wichtiger Lichtwirkungen. Abderhaldens
Handb. Bioch. Arbeitsmeth. I. Aufl. 7, 587 (1913).

(60a) FALKENHEIM, C. u. W. KIRSCH: Z. Tierzüchtg 1931. — (61) FELDMANN, L. u.
Y. AZUMA: Z. exper. Med. 62, 259 (1928). — (62) FISCHER, H.: Münch. med. Wschr. 1916, 377;
1923, 1143; Strahlenther. 18, 185 (1924). — (63) FISCHER, J.: Diss. Bern 1909. — (64) FLEISCH-
MANN, W.: Pflügers Arch. 210, 612 (1925). — (65) FRAZIER, W. C.: J. Dairy Sci. 11, 375
(1928); Exp. Stat. Rec. 60, 571 (1929). — (66) FREUND: Z. Kinderheilk. 46, 429 (1928);
Dtsch. med. Wschr. 1928, 1948. — (67) FRÖHNER, E.: Lehrb. d. Toxikol. f. Tierärzte. Stuttgart 1919. — (68) FRONDA u. BELO: Philippine Agr. 16, 474 (1928); Exp. Stat. Rec. 59,
665 (1928).

(69) GEIGER, H. u. SCHEEL: Handb. d. Physik. Berlin: Julius Springer 1926. — (70)
GOODALE: Amer. J. Physiol. 79. Ber. Physiol. 39, 767 (1927). — (71) GOWEN, J. W., J. M.
MURRAY, M. E. GOOCH, F. B. AMES: Science 63, 97 (1926). — (72) GRIMES u. SALMON: Kansas
Stat. Rep. 1923/24. — (73) GROBER, J.: Z. allg. Physiol. 10, 63 (1910). — (74) Dtsch. Arch.
klin. Med. 129. — (75) GROUVEN, H.: Vorträge über Agrikultur-Chemie. Köln 1862, 731.
— (76) GÜNTHER, H.: Dtsch. Arch. klin. Med. 105, 89 (1911); Münch. med. Wschr. 1921,
220; Erg. Path. 20, 608 (1922). — (77) GULLICKSON u. ECKLES: J. Dairy Sci. 10, 87 (1927);
Ber. Physiol. 44, 181 (1928).

(78) HAGEMANN, R.: Dtsch. med. Wschr. 1913, Nr 30. — (79) HANSSON, N.: Z. Tier-
züchtg 13, 185 (1928). — (80) Medd. Centralanst. Försökväs Nr 344 (1928) (Dtsch. Zu-
sammenfassung); Fortschr. Landw. 1929, 436. — (81) Fütterung der Haustiere. 2. Aufl.
S. 234, Dresden: Steinkopff 1929. — (82) Z. Tierzüchtg 15, 29 (1929). — (83) HART, HALPIN,
STEENBOCK: J. of biol. Chem. 52, 379 (1922). — (84) HART, E. B., KLETZIEN, SCOTT: Poultry
Sci. 9, 308 (1930). — (85) HART, McCOLLUM u. HUMPHREY: Wisconsin Exp. Stat. Rec.

Bull. **5** (1909). — (*86*) Hart, Scott, Halpin, Johnson: Wisconsin Stat. Bull. **405**, 41 (1929); Exp. Stat. Rec. **61**, 165 (1929). — (*87*) Hart, Steenbock u. a.: J. of biol. Chem. **65** (1925). — (*88*) Hart u. Steenbock: Exp. Stat. Rec. **59**, 73 (1928). — (*89*) Hart, Steenbock, Elvehjem: J. of biol. Chem. **62**, 117 (1924). — (*90*) Hart, Steenbock, Elvehjem, Scott, Humphrey: Ebenda **67**, 371 (1926). — (*91*) Hart, Steenbock, Hoppert: Ebenda **48**, 33 (1921). — (*92*) Hart, Steenbock, Kletzien, Scott: Ebenda **71**, 271 (1927). — (*93*) Hart, Steenbock, Kletzien, Scott, Halpin, Johnson: Wisconsin Stat. Bull. **396**, 47 (1927); Exp. Stat. Rec. **59**, 70 (1928). — (*94*) Hart, Steenbock, Kline, Humphrey: J. of biol. Chem. **86**, 145 (1930). — (*95*) Hart, Steenbock, Lepkowsky: Ebenda **40** (1924). — (*96*) Hart, E. B., Steenbock, Lepkowsky, Halpin: Ebenda **58** (1923). — (*97*) Hart, Steenbock, Lepkowsky, Kletzien, Halpin, Johnson: Ebenda **65**, 579 (1925). — (*98*) Hart, Steenbock, Scott, Humphrey: Ebenda **71**, 263 (1927). — (*99*) Ebenda **73**, 59 (1927). — (*100*) Ebenda **84**, 359 (1929). — (*101*) Ebenda **84**, 367 (1929). — (*102*) Hart, Steenbock, Teut, Humphrey: Ebenda **84**, 367 (1929). — (*103*) Hasselbalch, K. A. u. Lindhard: Skand. Arch. **25**, 361 (1911). — (*104*) Haubner, G. C.: Die Gesundheitspflege d. landw. Haussäugetiere. 4. Aufl., S. 155. Dresden 1881. — (*105*) Hauer, F.: Methoden d. Lichtmessung i. Ultraviolett u. Die künstlichen Lichtquellen. Handb. d. Lichttherapie v. W. Hausmann u. Volk. Berlin: Julius Springer 1927. — (*106*) Hausmann, W.: Biochem. Z. **12**, 331 (1908); **14**, 275 (1908); **30**, 305 (1911). — (*107*) Über opt. Sensibilisatoren i. Tier- u. Pflanzenreich. Abderhaldens Fortschr. d. naturwiss. Forschung **6** (1912). — (*108*) Grundzüge d. Lichtbiologie u. Lichtpathologie. Strahlenther. Sonderbd. **8** (1923). — (*109*) Strahlenther. **22**, 205 (1926). — (*110*) Ebenda **34**, 87 (1929). — (*111*) Hausmann, W. u. E. Glück: Svensk Veterinär Tidskrift **30**, 173. — (*112*) Hausmann, W. u. Haxthausen: D. Lichterkrankungen d. Haut. Berlin: Urban u. Schwarzenberg 1929. — (*113*) Hausmann, W. u. O. Krumpel: Über d. Absorption d. Porphyrine i. Ultraviolett. Biochem. Z. **186**, 203 (1927). — (*114*) Wien. klin. Wschr. **1927**, Nr. 9. — (*115*) Strahlenther. **27**, 386 (1928). — (*116*) Hausmann, W. u. L. Löhner: Über photobiol. Desensibilisation von Warmblütern im luftverdünnten Raume. Biochem. Z. **173**, 7 (1926). — (*117*) Hausmann, W. u. Loewy, A.: Ebenda **173**, 1 (1926). — (*118*) Hausmann, W. u. Spiegel-Adolf: Klin. Wschr. **1927**, 2182. — (*119*) Hausmann, W. u. R. Volk: Handb. d. Lichttherapie. Berlin: Julius Springer 1927. — (*120*) Hausmann, W. u. F. Zaribnicky: Klin. Wschr. **8**, 74 (1929). — (*121*) Hausser, K. W. u. W. Vahle: Strahlenther. **13**, 41 (1921). — (*122*) Heine, D.: Tierärztl. Wschr. **1929**, Nr 47. — (*123*) Henderson, J. M.: Biochem. J. **19**, 52 (1925). — (*124*) Henderson, J. M., Scott: J. Agr. **9**, 33 (1926). — (*125*) Henderson, J. M. u. E. H. Magee: Biochemic. J. **20**, 363 (1926). — (*126*) Henning, N. u. W. Schäfer: Biochem. Z. **177**, 109 (1926). — (*127*) Henry: Berl. tierärztl. Wschr. **40**, 259. — (*128*) Hentschel, H. u. Rostowsky: Münch. med. Wschr. **76**, 1422, 1437 (1929); Klin. Wschr. **9**, 95 (1930). — (*129*) Hertwig: Praktische Arzneimittellehre f. Tierärzte. Berlin 1833. — (*130*) Hervey, G. W.: Arch. f. Geflügelk. **1**, 160 (1928). — (*131*) Hess, A. F.: Amer. Med. Ass. **81**, 15 (1923). — (*132*) Amer. J. Dis. Child. **28**, 256 (1924); Science **60**, 269 (1924). — (*133*) J. of biol. Chem. **63**, 305 (1925); **64**, 181, 193 (1925). — (*134*) Hess, A. F. u. Anderson: J. amer. med. Assoc. **89**, 1222 (1927). — (*135*) Hess, A. F. u. Weinstock: J. amer. med. Assoc. **80**, 687 (1923). — (*136*) J. of biol. Chem. **64**, 181 (1925). — (*137*) Heuser, G. F. u. Norris: Poultry Sci. **8**, 89 (1929); Ber. Physiol. **54**, 613 (1930). — (*138*) Higgins u. Sheard: Amer. J. Physiol. **85**, 299 (1928). — (*139*) Hinrichs, M. A.: J. of exper. Zool. **47** (1927); Ber. ü. d. w. Biol. **6**, 66; Ber. Physiol. **43**, 632 (1928). — (*140*) Hottinger: Klin. Wschr. **6**, 1793 (1927). — (*141*) Z. Kinderheilk. **44**, 282 (1927). — (*142*) Hou, Hsiang-Ch'uan: Chin. J. Physiol. **2**, 345 (1928); Ber. ü. d. w. Biol. **10**, 38 (1929). — (*143*) Hughes, Paine, Hinshaw: Report of the Worlds-Poultry Congress Ottawa, Canada **1927**, 214. Ottawa: Mortimer & Co. 1928. — (*144*) Hughes, Payne, Latshaw: Science **60**, 549 (1924); Poultry Sci. **4**, 151 (1925). — (*145*) Hughes, Payne, Titus, Moore: J. of biol. Chem. **66**, 595 (1925). — (*146*) Hundhammer, W.: Tierärztl. Rdsch. **1930**, 157. — (*147*) Husband, Godden, Richards: Biochem. J. **17**, 707 (1923). — (*148*) Hutyra u. Marek: Spez. Pathol. u. Ther. d. Haustiere **2**, 920 (1913); auch (1922). — (*149*) Idaho Station: Idaho Stat. Bull. **164**, 37 (1929); Exp. Stat. Rec. **61**, 861 (1929). — (*150*) Jesionek, A.: Lichtbiologie. Experimentelle Grundlagen d. modernen Lichtbehandlung. Braunschweig 1910. — (*151*) D. Strahlenpathol. d. Haut einschl. Pigmentproblems. Im Handb. d. ges. Strahlenheilkunde v. Paul Lazarus. München: J. F. Bergmann ab 1927. — (*152*) Iguchi u. Mitamura: J. Facult. Agr. Hokkaido Univ. **24**, 39 (1928); Exp. Stat. Rec. **60**, 863 (1929). — (*153*) Indiana Station: Indiana Stat. Rep. **1927**, 47; **1928**, 53; Exp. Stat. Rec. **61**, 365 (1929). — (*154*) Jodlbauer, A.: Strahlenther. **2**, 71 (1913). — (*155*) John, H.: Biochem. Z. **155**, 159 (1925). — (*156*) Kable, Fox, Lunn: Oregon Stat. Bull. **231** (1928); Exp. Stat. Rec. **59**, 665 (1928). — (*157*) Kempster u. Parks: Exp. Stat. Rec. **62**, 68 (1930); Missouri Stat. Bull. **272**, 17, 77 (1929). — (*158*) Kennard: Ohio Stat. Bimo. Bull. **141**, 195 (1929); Exp. Stat. Rec. **62**, 369 (1930). — (*159*) Kimmerle, A.: Münch. med. Wschr. **1921**, 1359 u. **1922**, 108. —

(*160*) KIRSCH: Z. Tierzüchtg **12**, 499 (1928); Landw. Ztg **1928**, 641. — (*161*) KLEIN, G. T.: Poultry Sci. **7**, 31 (1927); Exp. Stat. Rec. **59**, 464 (1928). — (*162*) KOLMER, W.: Biochem. Z. **15**, 12 (1908). — (*163*) KOLOZS, E.: Ebenda **222**, 310 (1930). — (*164*) KRAUSE: Strahlen- u. Lichtbehandlung. GULEKE, PENTZOLD, STINTZING: Handb. d. ges. Therapie. 6. Aufl., Bd. 5. Jena: G. Fischer 1926/27. — (*165*) KRIZENECKY, J.: Pflügers Arch. **204**, 467 (1924); **211**, 663 (1925). — (*166*) Sbornik Ceskoslovenske Akademie Zemedelske **3 A**, 587 (1928). — (*167*) Strahlenther. **31**, 601 (1929). — (*168*) Sbornik Ceskoslovenske Akademie Zeme- delske **4 A** (1929). — (*169*) KRONACHER: Züchtungslehre **1929**, 310. — (*170*) KROON, H. M.: Z. Tierzüchtg **17**, 303 (1930). — (*171*) Z. Tierzüchtg **19**, 441 (1930). — (*172*) KUCERA: C. r. Soc. Biol. Paris **102**, 391 (1929). — (*173*) KÜHN: Berl. tierärztl. Wschr. **1894**, 521. — (*174*) KULT- JUGIN: Biochem. Z. **186**, 36 (1927).

(*175*) LANDIS, J.: Zur Mineralstoffversorgung des Geflügels. Kleines Jahrb. f. Ge- flügelzüchter. Zofingen: Tierwelt-Verlag 1929. — (*176*) LANGE, E.: Berl. tierärztl. Wschr. **38**, 411 (1922). — (*177*) LAURENS: Proc. Soc. exper. Biol. a. Med. **22**, 171 (1924). — (*178*) LAURENS, H., H. S. MAYERSON, L. GÜNTHER: Ebenda **1924**, XXII. — (*179*) LAURENS, H. and J. W. SOOY: Ebenda **22**, 112, 114 (1924). — (*180*) LAZARUS: Handb. d. ges. Strahlen- heilk., Biologie, Pathologie u. Therapie. München: J. F. Bergmann 1927. — (*181*) LEDERER: Bl. Aquar-kde **38** (1927); Ber. wiss. Biol. **4**, 504 (1927). — (*182*) LENZ, F.: Münch. med. Wschr. **1920**, 697. — (*183*) LIEBEN, F.: Biochem. Z. **184**, 453 (1927); **187**, 307 (1927). — (*184*) LIEBERT: Strahlenther. **3** (1913). — (*185*) LINDHARD, J.: Skand. Arch. Physiol. **26** (1912). — (*186*) LOEWY u. PINCUSSEN: Biochem. Z. **212**, 22 (1929). — (*187*) LUCE, E. M.: Biochem. J. **18**, 717, 1279 (1924). — (*188*) Exp. Stat. Rec. **52**, 277. — (*189*) LUTZ, H. E. W.: Über Fago- pyrismus. Phil. Diss. Zürich 1930. — (*190*) LUTZ, H. E. W. u. G. SCHMID: Biochem. Z. **226**, 67 (1930).

(*191*) MACHT, BELL, ELVENS: Amer. J. Physiol. **76** (1926). — (*192*) MAHLSTEDT: Dtsch. tierärztl. Wschr. **1927**, 231. — (*192*) MALEVAL, E.: Französ. Diss. Toulouse 1926; Dtsch. tierärztl. Wschr. **1927**, 823. — (*194*) MATHEWS, DOYLE, WHITING: Amer. J. Physiol. **88** (1929); Exp. Stat. Rec. **61**, 861 (1929). — (*195*) MAUGHAN, G. H.: Amer. J. Physiol. **85**, 392 u. 393 (1928); Ber. Physiol. **47**, 533 (1929). — (*196*) Amer. J. Physiol. **87**, 381 (1928); Ber. Physiol. **50**, 62 (1929). — (*197*) MAUGHAN, G. H. u. J. A. DYE: Proc. Soc. exper. Biol. a. Med. **27**, 158 (1929); Ber. Physiol. **55**, 719 (1930). — (*198*) MAYERSON, H. S.: Amer. J. Physiol. **81** (1927). — (*199*) MAYERSON, H. S., L. GÜNTHER u. H. LAURENS: Ebenda **75**, 399 (1926). — (*200*) Ebenda **75**, 421 (1926). — (*201*) MAYERSON, H. S. u. H. LAURENS: Ebenda **86**, 1 (1928). — (*202*) MAYNARD, GOLDBERG, MILLER: J. of biol. Chem. **65**, 643 (1925). — (*203*) Proc. Soc. exper. Biol. a. Med. **22**, 469, 494 (1925). — (*204*) MEMMES- HEIMER, A.: Klin. Wschr. **9**, 337 (1930). — (*205*) MERCER u. TOZER: J. Min. Agr. Gt. Brit. **34** (1927); Exp. Stat. Rec. **58**, 268 (1928). — (*206*) MERIAN, L.: Arch. f. Anat. u. Physiol. **1915**, 161. — (*207*) MEYER, A.: Münch. med. Wschr. **1922**, Nr. 23. — (*208*) MILES, A. L. u. H. LAURENS: Amer. J. Physiol. **75**, 443 (1926). — (*209*) Ebenda **75**, 462 (1926). — (*210*) MOLESCHOTT, J.: Wien. med. Wschr. **1855**, Nr. 43. — (*211*) MOND, R.: Pflügers Arch. **196**, 540 (1922); **200**, 374 (1923). — (*212*) MORINI, E.: Biochimica e. Ter. sper. **16**, 495 (1929); Ber. Physiol. **54**, 15 (1930). — (*213*) MORRISON, F. B. u. RUPEL (Wisconsin): Wisconsin Bull. **396**, 37 (1927); Exp. Stat. Rec. **59**, 73 (1928). — (*214*) MÜLLER, KRÜGER, STAHL: Z. Schweinezucht **1928**, 731. — (*215*) MUSSEHL u. MARSDEN: Poultry Sci. **7**, 41 (1927); Exp. Stat. Rec. **59**, 464 (1928).

(*216*) NABARRO, D. u. J. O. HICKMANN: Lancet **1930 I**, 127; Exp. Stat. Rec. **63**, 295 (1930). — (*217*) NELSON, HELLER u. FULMER: Ohio Stat. Bull. **382** (1924). — (*218*) NEUBERG, C.: Biochem. Z. **13**, 305 (1908); **17**, 270 (1909); **27**, 271 (1910); **29**, 279 (1910). — (*219*) Z. Baln. **3**, Nr. 19 (1910/11). — (*220*) Ebenda **5**, Nr. 22/24 (1912/13). — (*221*) Bezie- hungen des Lebens zum Licht. Berlin: Allg. Med. Verlagsanstalt 1913. — (*222*) NEU- BERG, C. u. SIMON: Handb. d. ges. Strahlenheilkunde von PAUL LAZARUS. München: J. F. Bergmann ab 1927. — (*223*) New Jersey Station: New Jersey Stat. Rep. **1929**. 8; Exp. Stat. Rec. **63**, 365 (1930). — (*224*) NOACK, K.: Z. Bot. **12**, 273 (1920). — (*225*) NODDACK: Photochemie. GEIGER u. SCHEEL, Handb. d. Physik Bd. 10. Berlin: Julius Springer. — (*226*) NORRIS, L. C., HEUSER, WILGUS: Poultry Sci. **9**, 79 (1930).

(*227*) OEHMKE, W.: Zbl. Physiol. **22**, 685 (1909). — (*228*) Ohio Station: Poultry exp. Ohio Stat. Bull. **402**, 88 (1927); Arch. Geflügelk. **1928**, 221. — (*229*) ORR, J. B.: Rowett Research Institute Report **1922**, 79. — (*230*) ORR, J. B. u. CRICHTON: Trans. Highland agric. Soc. Scottland **1927**. — (*231*) ORR, J. B., J. M. HENDERSON, A. CRICHTON: Ebenda **1926**. — (*232*) ORR, J. B., J. M. HENDERSON, MAGEE: J. Physiol. **59** (1924). Proceed. XXV. — (*233*) ORR, J. B., MAGEE, J. M. HENDERSON: Biochem. J. **19**, 569 (1925). — (*234*) ORR, J. B., MOIR, ESSLEMONT, ROBERTSON, HUMPHREY: Scott. J. Agricult. **8** (1925); Exp. Stat. Rec. **57**, 1927.

(*235*) PARKHURST: Harper Adams Util. Poultry J. **13**, 629 (1927—28); Exp. Stat. Rec. **60**, 861 (1929). — (*236*) J. Ministry Agricult. Lond. **36**, 960 (1930); Ber. wiss. Biol.

14, 74 (1930). — *(237)* Pearce, L. u. van Allen: J. of exper. Med. **44** (1926). — *(238)* Peter, H.: Biol. generalis **5**, 675 (1929); Fortschr. Landw. **1930**, 428. — *(239)* Petersen, C.: Arch. f. Tierernährung u. Tierz. **5** (1931). — *(240)* Pettenkofer u. C. Voit: Ber. Münch. Akad. d. Wiss. **1866**. — *(241)* Pilling: Dtsch. med. Wschr. **1924**, 1608. — *(242)* Pincussen, L.: Biochem. Z. **150**, 36 (1924). — *(243)* Ebenda **152**, 406 (1924); **168**, 457 (1926); **171**, 1 (1926); **195**, 79, 87, 96 (1928); **203**, 334 (1928); **207**, 410, 416, 426 (1929); **215**, 398 (1929). — *(244)* Ebenda **182**, 359 (1927). — *(245)* Ebenda **207**, 426 (1929). — *(246)* Photobiologie. Leipzig: Thieme 1930. — *(247)* Poelt: Dtsch. landw. Presse **57**, Nr. 16 (1930). — *(248)* Putschar u. Holtz: Klin. Wschr. **9**, 1475 (1930).

(249) Raab, O.: Z. Biol. **39**, 537 (1900); **44**, 16 (1902). — *(250)* Rachmilewitz, M.: Klin. Wschr. **8**, 1819 (1929). — *(251)* Radiology: J. of the Radiol. Soc. of North America. — *(252)* Raubitschek, H.: Wien. Klin. Wschr. **1910**, Nr 26. — *(253)* Reyher, P.: Klin. Wschr. **5**, 2341 (1926). — *(254)* Reyher, P. u. Walkhoff: Münch. med. Wschr. **1928**, Nr 25. — *(255)* Rietschel, P.: Med. Klin. **34**, 1064 (1928). — *(256)* Römer, R.: Neuere Erfahrungen u. Bestrebungen auf d. Gebiete der Geflügelzucht. 3. Aufl. Berlin: D.L.G. 1928. — *(257)* Prakt. Geflügelfütterung. 7. Aufl., S. 84. Berlin: Pfenningstorff 1929. — *(258)* Arch. Geflügelk. **4**, 394 (1930). — *(259)* Römer, R. u. E. Rühle: Ebenda **4**, 399 (1930). — *(260)* Ebenda **4**, 406 (1930). — *(261)* Rösiö, Birger: Geflügelbörse **1929**, Nr 67 u. 70. — *(262)* Rost, G. A. u. Ph. Keller, Handb. d. Haut- u. Geschlechtskrankh. von J. Jadassohn **5**. Berlin: Julius Springer 1929. — *(263)* Russell, W. C.: Science **65**, 619 (1927). — *(264)* Russell, Button, Kahlenberg: J. Dairi Sci. **12**, 231 (1929). — *(265)* Russell, W. u. C. H. Howard: Poultry Sci. **8**, 290 (1929). — *(266)* Russell, W. C. u. O. N. Massengale: Ebenda **7**, 85 (1928). — *(267)* Russell, W. C., Massengale, Howard: J. of biol. Chem. **78**, XXI (1928); **80**, 155 (1928).

(268) De Sanctis, Ashton, Stringfield: Arch. Ped. **46**, Nr 5 (1929); Exp. Stat. Rec. **62**, 594 (1930). — *(269)* Schanz, F.: Münch. med. Wschr. **1915**, 643, 1315. — *(270)* Biochem. Z. **71**, 413 (1915). — *(271)* Pflügers Arch. **161**, 384 (1915); **169**, 82 (1917); **190**, 311 (1921). — *(272)* Scheer, K.: Münch. med. Wschr. **75**, 642 (1928); Med. Klin. **34**, 16 (1928); Strahlenther. **31**, 295 (1929). — *(273)* Scheer, K., Rosenthal: Die antirachitische Wirkung von in Kohlensäureatmosphäre bestrahlter Milch. Z. Kinderheilk. **44** (1927). — *(274)* Scheer, K. u. Sandels: Münch. med. Wschr. **1930**, Nr 36. — *(275)* Scheimpflug, W.: Milchwirtsch. Forschgn **10**, 455 (1930). — *(276)* Schläpfer: Pflügers Arch. **108**, 537 (1905); **114** (1906). — *(277)* Z. Biol. **63**, 521 (1914). — *(278)* Schmidt-Haburg: Pfennigstorffs Kalender für Geflügelzüchter **1931**, 227. — *(279)* Schoedel, J.: Münch. med. Wschr. **75**, 644 (1928). — *(280)* Schönen: Dtsch. med. Wschr. **55**, 1629 (1929). — *281)* Schröder, E. u. Biermann: Dtsch. tierärztl. Wschr. **1929**, 449; Fortschr. Landw. **5**, 23 (1930). — *(282)* v. Schubert: Dtsch. med. Wschr. **52**, 903 (1926). — *(283)* Schultz, O.: Berl. tierärztl. Wschr. **43**, 584 (1927). — *(284)* Dtsch. tierärztl. Wschr. **43**, 315 (1927). — *(285)* Schwab, K.: Münch. tierärztl. Wschr. **78**, 561, 574 (1927). — *(286)* Dtsch. landw. Presse **54**, 563 (1927). — *(287)* Vet. J. **84**, 550 (1928). — *(288)* Shapiro, C. V.: Amer. J. Physiol. **87**, 396 (1928). — *(289)* Shaw, A. M.: Sci. Agricult. **11**, 1 (1930). — *(290)* Sheard, Caylor, Schlotthauer: J. of exper. Med. **47**, 1013 (1928). — *(291)* Sheard u. Higgins: Amer. J. Physiol. **85**, 290 (1928). — *(292)* Sheard u. Higgins: Science **67**, 493 (1928). — *(293)* Proc. Soc. exper. Biol. a. Med. **26**, 615 (1929). — *(294)* Ebenda **27**, 467 (1930); Ber. wiss. Biol. **15**, 70 (1930). — *(295)* Sheard u. Martin: Dtsch. med. Wschr. **1928**, 1274. — *(296)* Sinclair: Sci. Agr. **9**, 629 (1929); Exp. Stat. Rec. **61**, 666 (1929). — *(297)* Smith, R. M.: Arkansas Stat. Bull. **231**, 38 (1928); Exp. Stat. Rec. **60**, 859 (1929). — *(298)* Sohner, A.: Arch. Geflügelk. **4**, 221 (1930). — *(299)* Sokolowsky, A.: Tierheilk. u. Tierzucht **7**, 73 (1929). — *(300)* Geflügelhaltung, Haus- u. Pelztierzucht S. 384, Hamburg: Antäus-Verlag 1930. — *(301)* South Dakota Stat.: South Dakota Stat. Rep. **1927**, 28; Exp. Stat. Rec. **58**, 766 (1928). — *(302)* South Dakota Stat. Rep. **1928**, 26; Exp. Stat. Rec. **61**, 62 (1929). — *(303)* Spiegel-Adolf: Erg. Physiol. **27**, 832 (1928). — *(304)* Biochem. Z. **186**, 181 (1927); **190**, 28 (1927); **197**, 197 (1928); **204**, 14 (1929); **208**, 32, 45 (1929); **213**, 475 (1929); **214**, 175 (1929); Klin. Wschr. **1928**, 1592; Strahlenther. **29**, 367 (1928). — *(305)* Steenbock u. Black: Z. biol. Chem. **61**, 405 (1924). — *(306)* Steenbock, Black, Nelson, Hoppert: Proc. Amer. Soc. Biol. Chem. **6**, 17 (1924); J. of biol. Chem. **63**, XXV (1925). — *(307)* Steenbock u. Hart: J. of biol. Chem. **14**, 59 (1913). — *(308)* Steenbock, Hart, Elvehjem, Kletzien: Ebenda **66**, 425 (1925). — *(309)* Steenbock, Hart, Hanning, Humphrey: Ebenda **88**, 197 (1930). — *(310)* Steenbock, Hart, Riising, Hoppert: Ebenda **74**, LXXIII (1927). — *(311)* Steenbock, Hart, Riising, Hoppert, Basherov, Humphrey: Ebenda **87**, 103 (1930). — *(312)* Steenbock, Hart, Riising, Kletzien, Scott: Ebenda **87**, 127 (1930). — *(313)* Stitz, J. M. u. Beyer: Arch. Bienenkde **8** (1927). — *(314)* Stoeltzner: Münch. med. Wschr. **1929**, Nr 22. — *(315)* Stolte, K. u. C. Wiener: Dtsch. med. Wschr. **54**, 259 (1928). — *(316)* Stroebel: Ebenda **1901**, 69, 87. — *(317)* Suarez, P.: Biochem. Z. **77**, 17 (1916). — *(318)* Supplee u. Dow: J. of biol. Chem. **73**, 617 (1927). — *(319)* Ebenda **75**, 227 (1927).

(*320*) Tannich, A.: Arch. Bienenkde 10, 49 (1929). — (*321*) Tappeiner, H. v.: Erg. Physiol. 8, 698 (1909). — (*322*) Tappeiner, H. v. u. Jodlbauer: Die sensibilisierende Wirkung fluorescierender Substanzen. Leipzig: Vogel 1907. — (*323*) Dtsch. Arch. klin. Med. 80, 427 (1904); 84, 529 (1905); Strahlenther. 2, 84 (1913). — (*324*) Theiler, A.: Union of South Africa Dept. of agric. Rep. of vet. Research 7 u. 8 (1920). — (*325*) Tiede, E. u. P. Reyher: Naturwiss. 14, H. 31 (1926). — (*326*) Tomhave u. Mumford: Delaware Stat. Bull. 151 (1927); Exp. Stat. Rec. 58, 168 (1928). — (*327*) Traugott, K.: Münch. med. Wschr. 1920, 344. — (*328*) Tukker: Veldbode 1928, Nr 1340, 1097 (Holländisch); Fortschr. Landw. 1929, 220. —

(*329*) Vita-Glas: Brit. J. Actinother. 1927, Nr 10. — (*330*) Völtz: Dtsch. landw. Tierzucht 1925, Nr 36. — (*331*) Mitt. d. D.L.G. 50, 1027 (1926). — (*332*) Ebenda 1928, 157. — (*333*) Völtz, W.: Schr. Königsberg. gelehrte Ges. 5, 11 (1928). — (*334*) Völtz u. Kirsch: Z. Tierzüchtg 12, 499 (1928); Fortschr. Landw. 1929, 118. — (*335*) Völtz, W., W. Kirsch, u. C. Falkenheim: Klin. Wschr. 5, 375, 2071 (1926). — (*336*) Landw. Jb. 65, 375 (1926/27). — (*337*) Vogt, E.: Dtsch. med. Wschr. 1928, 1367.

(*338*) Wachtel: Münch. med. Wschr. 1929, 1513; Klin. Wschr. 1930, 228. — (*339*) Walther, A. R., A. Walther, Sommer: Arch. Geflügelkde 1, 7 (1927). — (*340*) Watson u. Finlay: Lancet (London) 1929 II, 704; Exp. Stat. Rec. 62, 594 (1930). — (*341*) Weber, Ew.: D. Krankheiten d. Rindes. Berlin 1927. — (*342*) Webster u. Hill: Brit. Med. J. 1925, 956. — (*343*) v. Wendt, G. u. W. Müller-Lenhartz: D. wirtschaftl. Ernährung d. Huhns. Hannover: W. Jänecke 1930. — (*344*) Wheeler: New York State Stat. Bull. 572, 14 (1929); Exp. Stat. Rec. 62, 68 (1930). — (*345*) Widmann: Münch. Med. Wschr. 1919, Nr 30. — (*346*) Wieland: Z. Kinderheilk. 47, 643 (1929). — (*347*) Wieland, E.: Dtsch. med. Wschr. 55, 1296 (1929). — (*348*) Wolf, A.: Allatorvosi Lapok. 48 11 (1925). —

(*349*) Wyman, Holmes, Smith, Stockbarger, Pigott: Amer. J. Dis. Childr. 37, 473 (1929).

(*350*) Zaratan: Philipp. Agriculturist 18, 387 (1929); Arch. Geflügelkde 4, 133, 167 (1930). — (*351*) v. Ziegesar-Piontken: Ill. Landw. Ztg 49, 65 (1929). — (*352*) Zuntz, N.: Med. Klin. 1912, Nr 14. — (*353*) Zuntz, N., Durig, v. Schrötter, Neuberg: Z. Baln. 5, 13 (1912).

Nachtrag zur Literatur.

(*354*) Aisikowitsch: Z. physik. Ther. 40, 153 (1931). — (*355*) Allison: Helvet. chim. Acta 13, 788 (1930).

(*356*) Bachem: Strahlenther. 39, 30 (1930). — (*357*) Bachem u. Reed: Amer. J. Physiol. 93, 629 (1930). — (*358*) Baur: Helvet. chim. Acta 12, 793 (1929). — (*359*) Baumgartner, King u. Page: Biochem. Z. 213, 170 (1929). — (*360*) Bendt: Zool. Jb. allg. Zool. u. Phys. 47, 623 (1930). — (*361*) Bernhardt: Strahlenther. 35 (1930). — (*362*) Bergfeld: Ebenda 39, 245 (1931). — (*363*) Bourdillon, Gadum u. Jenkins: Proc. roy. Soc. Lond. B 106, 388 (1930). — (*364*) Bungenberg u. de Jong: Nederl. Tijdschr. Geneesk. 1930 I, 3092. — (*365*) Butz u. Böttger: Z. Tierzüchtg 21, 48 (1931).

(*366*) Crowell u. MacCay: Science (N. Y.) 1930 II, 582.

(*367*) Ederer: Biochem. Z. 132, 107 (1922). — (*368*) Ellinger: Naunyn-Schmiedebergs Arch. 149, 343 (1930); 153, 120 (1930); Strahlenther. 38, 521 (1930). — (*369*) Essinger u. György: Biochem. Z. 149, 344 (1925).

(*370*) Fellenberg, v.: Biochem. Z. 235, 205 (1931). — (*371*) Froboese: Dtsch. landw. Geflügelztg 34, 203 (1930). — (*372*) Foster: Proc. Soc. exper. Biol. a. Med. 27, 892 (1930).

(*373*) Gates: J. gen. Physiol. 14, 31 (1930); Ber. Physiol. 59 (1931). — (*374*) Gigon: Strahlenther. 34, 592 (1929). — (*375*) Gheldere, de, u. de Boover: Soc. Biol. 94, 784, 1263 (1926). — (*376*) Glass: Biochem. Z. 231, 45 (1931). — (*377*) Gudden: Strahlenther. 34, 544 (1931); Naunyn-Schmiedebergs Arch. 147, 18 (1929); Ber. Physiol. 59, 363 (1931). — (*378*) Gutfeldt, v., u. Pincussen: Zbl. Bakter. I Orig. 118, 187 (1930).

(*379*) Hasselbalch: Skand. Arch. 25, 55 (1911). — (*380*) Haempel u. Lechler: Z. vergl. Physiol. 14, 265 (1931). — (*381*) Hendricks, Lee u. Godfrey: J. agricult. Res. 43, 517 (1931). — (*382*) Higgins, Foster u. Sheard: Amer. J. Physiol. 94, 91 (1930). — (*383*) Hou: Chin. J. Physiol. 4, 345 (1930); 5, 11 (1931); Ber. Physiol. 56, 512 (1931).

(*384*) Itoh: Okayama-Igakkai Zasshi (jap.) 43, 1134 (1931).

(*385*) Kenzo Iguchi u. Soichi Kozuki: Sonderdruck (japanisch) 1929. — (*386*) Keller: Strahlenther. 39, 320 (1931). — (*387*) Kennard u. Chamberlain: Ohio Sta. Bull. 476, 22 (1931). — (*388*) King u. Hall: Poultry Sci. 10, 132 (1931); Biochem. Z. 229, 315 (1930). — (*389*) Klein u. Russel: J. of biol. Chem. 93, 693 (1931). — (*390*) Kreitmair u. Moll: Münch. med. Wschr. 75, 637 (1928). — (*391*) Kroetz: Biochem. Z. 151, 146, 449 (1924). — (*392*) Kolbe: Z. Fleisch- u. Milchhyg. 41, 47 (1931).

(*393*) Laas: Virchows Arch. 278, 346 (1930). — (*394*) Laurens u. Mayerson: Amer. J. Physiol. 93, 686 (1930); Proc. Soc. exper. Biol. a. Med. 27, 893 (1930). — (*395*) Lepeschkin:

Science (N. Y.) **1931** I, 568. — (*396*) Leenhardt u. Schaptel: Soc. Biol. **97**, 17 (1927). — (*397*) Lövinsohn: Zool. Jb., Abt. Zool. u. Phys. **47**, 329 (1930). — (*398*) Loewy: Dtsch. med. Wschr. **21**—**28** (1931). — (*399*) Lucas: Biochem. J. **25**, 57 (1931). — (*400*) Ludwig u. v. Ries: Dtsch. med. Wschr. **18**, 774 (1931).

(*401*) Massengale u. Nussmeier: J. of biol. Chem. **87**, 415 (1930); Exp. Sta. **64**, 760 (1931). — (*402*) Mayerson u. Laurens: J. of Nutrition **4**, 351 (1931). — (*403*) Meseck: Fischerei-Ztg **10**, 181 (1928). — (*404*) Michelazzi: Riv. Pat. sper. **5**, 505 (1930); Ber. Physiol. **58**, 828 (1931). — (*405*) Miescher: Strahlenther. **35** (1930). — (*406*) Moran u. Reed: Proc. Soc. exper. Biol. a. Med. **24**, 179 (1926). — (*407*) Murphy u. de Renyi: Surg. etc. **50**, 861 (1930); Ber. Biol. **16**, 146 (1931). — (*408*) Mussehl u. Ackerson: Poultry Sci. **10**, 68 (1931). (*409*) Okuyama: Trans. jap. path. Soc. **20**, 49 (1930).

(*410*) Palit, Kaul u. Dhar: J. physic. Chem. **34**, 737 (1930). — (*411*) Pfannenstiel: Riv. Pat. sper. **5**, 505 (1930); Ber. Physiol. **58**, 828 (1931). — (*412*) Pincussen u. Takuma: Biochem. Z. **223**, 341 (1931). — (*413*) Pincussen: Klin. Wschr. **10**, 1865 (1931); Strahlenther. **39**, 103 (1930). — (*414*) Pinkus: Fortschr. Ther. **5**; Dtsch. med. Wschr. **19**, 823 (1931).

(*415*) Quack: Dissert., Breslau 1931; Landw. Jb. **74**, 228 (1931).

(*416*) Reich-Huber: Wien. klin. Wschr. **1931** I, 765. — (*417*) Riesser u. Hadroussek: Naunyn-Schmiedebergs Arch. **155**, 139 (1930). — (*418*) Robertson u. Ross: Proc. Soc. exper. Biol. a. Med. **27**, 999 (1930). — (*419*) Robison: Biochem. J. **17**, 286 (1923). — (*420*) Rosenkranz: Klin. Wschr. **10**, 1022 (1931); Dtsch. med. Wschr. **57**, 1215 (1931). — (*421*) Ross u. Robertson: Soc. exper. Biol. et Med. Proc. **28**, 443 (1930). — (*422*) Russel u. Howard: J. of biol. Chem. **91**, 493 (1931).

(*423*) Salmon: Pensylvania Sta. Bull. **213**, 28 (1927). — (*424*) Arch. Geflügelkde **3/4**, 114 (1931). — (*425*) Sheard, Higgins u. Foster: Amer. J. Physiol. **93**, 686 (1930); **94**, 84 (1930). — (*426*) Sheard u. Higgins: J. of exper. Zool. **57**, 205 (1930). — (*427*) Schmidt-Labaume u. Uhlmann: Strahlenther. **38**, 54 (1930). — (*428*) Stein u. Lewis: Amer. J. Dis. Childr. **41**, 62 (1931). — (*429*) Stern: Klin. Wschr. **10**, 1944 (1931).

(*430*) Thomas u. MacLeod: Science (N. Y.) **1931** I, 618. — (*431*) Turner: Proc. Soc. exper. Biol. a. Med. **28**, 204 (1930); Ber. Physiol. **60**, 357 (1931).

(*432*) Vollmer u. Behr: Naunyn-Schmiedebergs Arch. **155**, 219 (1930); Arch. f. exper. Path. **155**; Dtsch. med. Wschr. **16**, 691 (1931).

(*433*) Watchorn: Biochem. J. **24**, 631 (1930). — (*434*) Warkany: Klin. Wschr. **10**, 1791 (1931).

(*435*) Yamamoto: Arb. med. Univ. Okayama **2**, 219 (1930).

Sachverzeichnis.

Handbuch der
Ernährung und des Stoffwechsels der landwirtschaftlichen Nutztiere
als Grundlagen der Fütterungslehre

Verlag von Julius Springer in Berlin W 9

Printed in the United States
By Bookmasters